# Periodic Table of Elements

**KEY**

An element: 79 (Atomic number), **Au** (Symbol), Gold (Name), 196.9665 (Atomic mass)

- Metals
- Semimetals
- Nonmetals

Group number, U.S. system / IUPAC system; Period number

| Period | 1A (1) | 2A (2) | 3B (3) | 4B (4) | 5B (5) | 6B (6) | 7B (7) | 8B (8) | 8B (9) | 8B (10) | 1B (11) | 2B (12) | 3A (13) | 4A (14) | 5A (15) | 6A (16) | 7A (17) | 8A (18) | Period |
|---|---|---|---|---|---|---|---|---|---|---|---|---|---|---|---|---|---|---|---|
| 1 | 1<br>**H**<br>Hydrogen<br>1.0079 | | | | | | | | | | | | | | | | | 2<br>**He**<br>Helium<br>4.0026 | 1 |
| 2 | 3<br>**Li**<br>Lithium<br>6.941 | 4<br>**Be**<br>Beryllium<br>9.0122 | | | | | | | | | | | 5<br>**B**<br>Boron<br>10.811 | 6<br>**C**<br>Carbon<br>12.011 | 7<br>**N**<br>Nitrogen<br>14.0067 | 8<br>**O**<br>Oxygen<br>15.9994 | 9<br>**F**<br>Fluorine<br>18.9984 | 10<br>**Ne**<br>Neon<br>20.1797 | 2 |
| 3 | 11<br>**Na**<br>Sodium<br>22.9898 | 12<br>**Mg**<br>Magnesium<br>24.3050 | | | | | | | | | | | 13<br>**Al**<br>Aluminum<br>26.9815 | 14<br>**Si**<br>Silicon<br>28.0855 | 15<br>**P**<br>Phosphorus<br>30.9738 | 16<br>**S**<br>Sulfur<br>32.066 | 17<br>**Cl**<br>Chlorine<br>35.4527 | 18<br>**Ar**<br>Argon<br>39.948 | 3 |
| 4 | 19<br>**K**<br>Potassium<br>39.0983 | 20<br>**Ca**<br>Calcium<br>40.078 | 21<br>**Sc**<br>Scandium<br>44.9559 | 22<br>**Ti**<br>Titanium<br>47.88 | 23<br>**V**<br>Vanadium<br>50.9415 | 24<br>**Cr**<br>Chromium<br>51.9961 | 25<br>**Mn**<br>Manganese<br>54.9380 | 26<br>**Fe**<br>Iron<br>55.847 | 27<br>**Co**<br>Cobalt<br>58.9332 | 28<br>**Ni**<br>Nickel<br>58.693 | 29<br>**Cu**<br>Copper<br>63.546 | 30<br>**Zn**<br>Zinc<br>65.39 | 31<br>**Ga**<br>Gallium<br>69.723 | 32<br>**Ge**<br>Germanium<br>72.61 | 33<br>**As**<br>Arsenic<br>74.9216 | 34<br>**Se**<br>Selenium<br>78.96 | 35<br>**Br**<br>Bromine<br>79.904 | 36<br>**Kr**<br>Krypton<br>83.80 | 4 |
| 5 | 37<br>**Rb**<br>Rubidium<br>85.4678 | 38<br>**Sr**<br>Strontium<br>87.62 | 39<br>**Y**<br>Yttrium<br>88.9059 | 40<br>**Zr**<br>Zirconium<br>91.224 | 41<br>**Nb**<br>Niobium<br>92.9064 | 42<br>**Mo**<br>Molybdenum<br>95.94 | 43<br>**Tc**<br>Technetium<br>(98) | 44<br>**Ru**<br>Ruthenium<br>101.07 | 45<br>**Rh**<br>Rhodium<br>102.9055 | 46<br>**Pd**<br>Palladium<br>106.42 | 47<br>**Ag**<br>Silver<br>107.8682 | 48<br>**Cd**<br>Cadmium<br>112.411 | 49<br>**In**<br>Indium<br>114.82 | 50<br>**Sn**<br>Tin<br>118.710 | 51<br>**Sb**<br>Antimony<br>121.757 | 52<br>**Te**<br>Tellurium<br>127.60 | 53<br>**I**<br>Iodine<br>126.9045 | 54<br>**Xe**<br>Xenon<br>131.29 | 5 |
| 6 | 55<br>**Cs**<br>Cesium<br>132.9054 | 56<br>**Ba**<br>Barium<br>137.327 | 57<br>**La**<br>Lanthanum<br>138.9055 | 72<br>**Hf**<br>Hafnium<br>178.49 | 73<br>**Ta**<br>Tantalum<br>180.9479 | 74<br>**W**<br>Tungsten<br>183.85 | 75<br>**Re**<br>Rhenium<br>186.207 | 76<br>**Os**<br>Osmium<br>190.2 | 77<br>**Ir**<br>Iridium<br>192.22 | 78<br>**Pt**<br>Platinum<br>195.08 | 79<br>**Au**<br>Gold<br>196.9665 | 80<br>**Hg**<br>Mercury<br>200.59 | 81<br>**Tl**<br>Thallium<br>204.3833 | 82<br>**Pb**<br>Lead<br>207.2 | 83<br>**Bi**<br>Bismuth<br>208.9804 | 84<br>**Po**<br>Polonium<br>(209) | 85<br>**At**<br>Astatine<br>(210) | 86<br>**Rn**<br>Radon<br>(222) | 6 |
| 7 | 87<br>**Fr**<br>Francium<br>(223) | 88<br>**Ra**<br>Radium<br>227.0278 | 89<br>**Ac**<br>Actinium<br>(227) | 104<br>**Rf**<br>Rutherfordium<br>(261) | 105<br>**Db**<br>Dubnium<br>(262) | 106<br>**Sg**<br>Seaborgium<br>(263) | 107<br>**Bh**<br>Bohrium<br>(262) | 108<br>**Hs**<br>Hassium<br>(265) | 109<br>**Mt**<br>Meitnerium<br>(266) | 110<br>**Ds**<br>Darmstadtium<br>(271) | 111<br>**Rg**<br>roentgenium<br>(277) | 112<br>**—**<br>—<br>(277) | | 114<br>**—**<br>—<br>(285) | | 116<br>**—**<br>—<br>(289) | | | 7 |

Numbers in parentheses are mass numbers of radioactive isotopes.

| | Period | | | | | | | | | | | | | | | Period |
|---|---|---|---|---|---|---|---|---|---|---|---|---|---|---|---|---|
| Lanthanides | 6 | 58<br>**Ce**<br>Cerium<br>140.115 | 59<br>**Pr**<br>Praseodymium<br>140.9076 | 60<br>**Nd**<br>Neodymium<br>144.24 | 61<br>**Pm**<br>Promethium<br>(145) | 62<br>**Sm**<br>Samarium<br>150.36 | 63<br>**Eu**<br>Europium<br>151.965 | 64<br>**Gd**<br>Gadolium<br>157.25 | 65<br>**Tb**<br>Terbium<br>158.9253 | 66<br>**Dy**<br>Dysprosium<br>162.50 | 67<br>**Ho**<br>Holmium<br>164.9303 | 68<br>**Er**<br>Erbium<br>167.26 | 69<br>**Tm**<br>Thulium<br>168.9342 | 70<br>**Yb**<br>Ytterbium<br>173.04 | 71<br>**Lu**<br>Lutetium<br>174.967 | 6 |
| Actinides | 7 | 90<br>**Th**<br>Thorium<br>232.0381 | 91<br>**Pa**<br>Protactinium<br>231.0359 | 92<br>**U**<br>Uranium<br>238.0289 | 93<br>**Np**<br>Neptunium<br>(237) | 94<br>**Pu**<br>Plutonium<br>(244) | 95<br>**Am**<br>Americium<br>(243) | 96<br>**Cm**<br>Curium<br>(247) | 97<br>**Bk**<br>Berkelium<br>(247) | 98<br>**Cf**<br>Californium<br>(251) | 99<br>**Es**<br>Einsteinium<br>(252) | 100<br>**Fm**<br>Fermium<br>(257) | 101<br>**Md**<br>Mendelevium<br>(258) | 102<br>**No**<br>Nobelium<br>(259) | 103<br>**Lr**<br>Lawrencium<br>(260) | 7 |

## Common Functional Groups

| General Formula | Example | Name |
|---|---|---|
| RH | $CH_3CH_2CH_3$ | **Alkane** (Alkanes have no functional group.) |
| $RCH{=}CH_2$ | $CH_3CH_2CH{=}CH_2$ | **Alkene** (The functional group is the carbon–carbon double bond.) |
| $RC{\equiv}CH$ | $CH_3C{\equiv}CH$ | **Alkyne** (The functional group is the carbon–carbon triple bond.) |
| ArH | 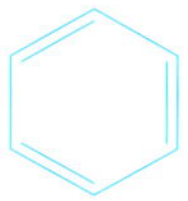 | **Arene** (A six-membered ring with three double bonds has different reactions than an alkene so it is given a different name. Arenes or **aromatic rings** can have alkyl or other groups attached to the ring.) |
| RX | $CH_3CH_2CH_2Cl$ | **Alkyl halide** (The functional group is the carbon–halogen bond.) |
| ROH | $CH_3CH_2OH$ | **Alcohol** (The functional group is the $C{-}O{-}H$.) |
| ROR | $CH_3CH_2OCH_3$ | **Ether** (The functional group is the $C{-}O{-}C$. The alkyl groups on the O can be the same or different.) |
| $RNH_2$ | $CH_3CH_2CH_2NH_2$ | **Amine** (The $C{-}N$ is the functional group. The other H's on the N can be replaced with alkyl groups.) |
| $R\overset{\overset{O}{\parallel}}{C}H$ | $CH_3CH_2\overset{\overset{O}{\parallel}}{C}H$ | **Aldehyde** (The functional group is the $C{=}O$ with at least one H on the C.) |
| $R\overset{\overset{O}{\parallel}}{C}R$ | $CH_3\overset{\overset{O}{\parallel}}{C}CH_3$ | **Ketone** (The functional group is the $C{=}O$ with two alkyl groups on the C. The alkyl groups need not be the same.) |
| $R\overset{\overset{O}{\parallel}}{C}OH$ | $CH_3CH_2\overset{\overset{O}{\parallel}}{C}OH$ | **Carboxylic acid** (The functional group is the $\overset{\overset{O}{\parallel}}{C}OH$.) |
| $R\overset{\overset{O}{\parallel}}{C}Cl$ | $CH_3\overset{\overset{O}{\parallel}}{C}Cl$ | **Acyl chloride** (The functional group is the $\overset{\overset{O}{\parallel}}{C}Cl$.) |
| $R\overset{\overset{O}{\parallel}}{C}O\overset{\overset{O}{\parallel}}{C}R$ | $CH_3\overset{\overset{O}{\parallel}}{C}O\overset{\overset{O}{\parallel}}{C}CH_3$ | **Acid anhydride** (The functional group is the $\overset{\overset{O}{\parallel}}{C}O\overset{\overset{O}{\parallel}}{C}$. The alkyl groups may be different.) |
| $R\overset{\overset{O}{\parallel}}{C}OR$ | $CH_3\overset{\overset{O}{\parallel}}{C}OCH_2CH_3$ | **Ester** (The functional group is the $\overset{\overset{O}{\parallel}}{C}OC$.) |
| $R\overset{\overset{O}{\parallel}}{C}NH_2$ | $CH_3CH_2\overset{\overset{O}{\parallel}}{C}NHCH_3$ | **Amide** (The functional group is the $\overset{\overset{O}{\parallel}}{C}N$. The other groups on the N may be H's or alkyl groups.) |
| $RC{\equiv}N$ | $CH_3CH_2CH_2C{\equiv}N$ | **Nitrile** (The functional group is the carbon–nitrogen triple bond.) |

# 유기화학

ORG[illegible] CHEM[illegible]Y

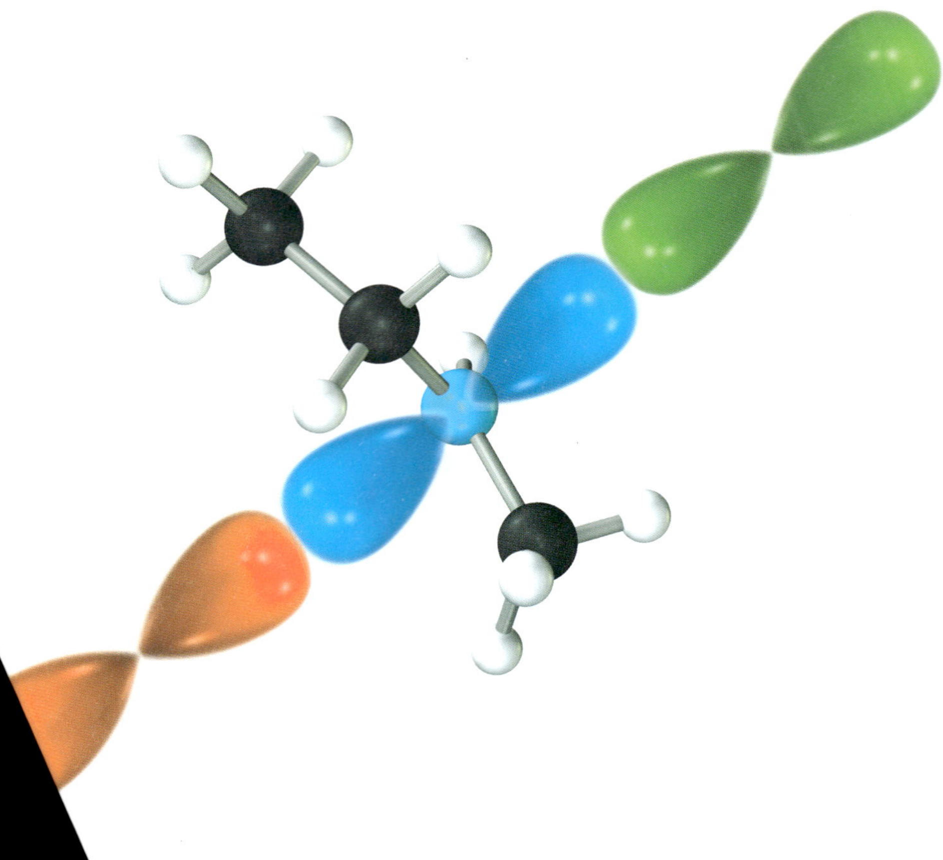

second edition

# 유기화학 ORGANIC CHEMISTRY

JOSEPH M. HORNBACK

화학교재편찬연구회

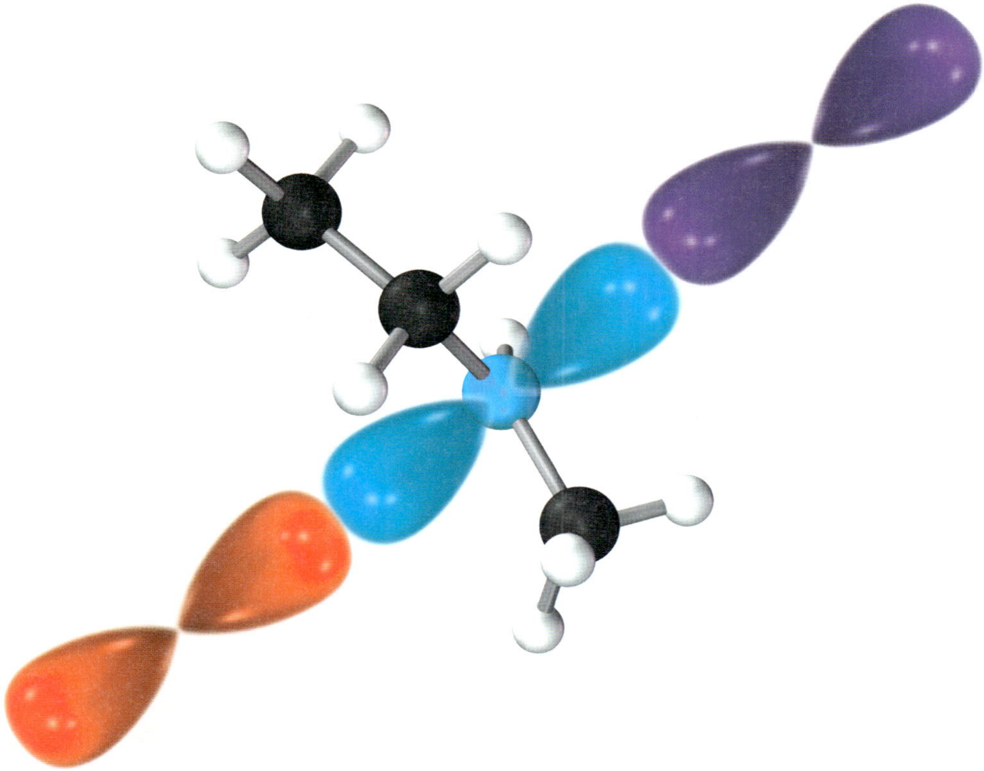

CENGAGE Learning™

녹 문 당

Organic Chemistry, 2nd Edition
Joe Hornback

This edition first published in 2008 jointly by
Cengage Learning Korea Limited and Nokmoondang.



ISBN-13: 978-89-88684-58-0

Cengage Learning Korea Ltd.
Suite 1801 Seokyo Tower Building
353-1 Seokyo-Dong Mapo-Ku
Seoul 121-837 Korea
Tel: (82) 2 322 4926
Fax: (82) 2 322 4927

Cengage Learning products are represented in Canada by Nelson Education, Ltd.

For product information, visit cengageasia.com

Printed in Korea
1 2 3 4 11 10 09 08

# 저자 서문

이 교재는 화학, 생화학, 생물과학 및 건강 관련분야를 전공하는 학생들이 이수해야 할 첫 번째 유기화학 과정에서 사용할 수 있도록 시도되었다. 이 교재의 독특한 편제는 이 분야의 대부분의 다른 교재와는 현저한 차이가 있다. 특별히 이 교재는 작용기에 따르지 않고 유기반응 메카니즘에 따라 편집되어 있다. 작용기법을 사용한 교재에서 볼 수 있는 모든 재료를 다 포함하고 있지만 메카니즘 항을 바탕으로 해서 배열되어 있다.

유기화학 과정은 과학도들에게는 중심과목이 된다. 유기화학과 생물학에서 차지하는 고유의 중요성 이외에 유기화학은 많은 학생들에게 새로운 추리와 논리 형태를 소개해 주고 개발해 준다. 이 과목을 다 기억하려는 학생들에게는 사실 이 과정은 기가 질리는 과목이다. 이 교재의 목적은 이 막대한 양의 자료를 조직화하는 데 성공할 수 있게 학생들을 돕고, 유기화학을 이해할 수 있도록 흥미를 자극하며, 이 분야의 논리와 미를 드러내고, 많은 반응을 다 기억하는 방법을 마련해 주는 데 있다.

작용기를 근거로 한 방법보다는 반응 메카니즘을 근거로 한 편제의 사용이 항상 마음에 들었다. 나는 메카니즘 접근법이 학생들에게 무엇이 일어났는가를 기억하는 대신에 왜 일어났는가를 이해할 수 있도록 해주리라 믿는다. 이 교재를 집필하면서 나의 목적은 학생들에게 분명하고, 이해할 수 있고, 접근하기 쉬운 유기화학을 제공하려고 시도하였다. 메카니즘은 학생들이 중요한 개념을 배우기보다는 유기화학 작용을 배우도록 돕는 원리를 조직화하는 데 사용된다. 대학원 수준 혹은 수준이 높은 학부 교재와는 달리 이 교재는 메카니즘의 백과사전이 되도록 시도하지는 않았다. 일반적이고 몇 가지 반응을 조직화한 메카니즘을 강조하였으며 한편 특수한 메카니즘은 전혀 다루지 않았다.

## 이 개정판에서 달라진 점

### 편제

처음 세 장은 결합의 복습과 유기화합물의 소개로 구성된다. 작용기를 소개하였다. 공명을 폭넓게 다루었고 몇 가지 예도 제시하였다. 산-염기 화학을 4장에서 논의하였다. 이 반응은 반응성에 미치는 구조의 영향을 포함해서 반응의 일반적 특성을 소개하는 데 사용된다.

모든 작용기의 명명법은 5장과 12장에서 다루었다. 이 개정판에서 입체화학은 두 장에서 다루었다: 6장에서는 시스-트랜스 이성질체와 회전 형태를 논의하였고 7장에서는 카이랄 분자를 소개하였다.

8장에서는 친핵성 치환반응을 논의하면서 유기반응을 다루기 시작하였다. 각 장을 더 잘 통제할 수 있도록 제거반응은 9장에서 분리해서 다루었다. 10장에서 치환과 제거반응의 합성에의 이용을 논의하였고 역합성 분석을 소개하였다. 이 장에서는 많은 반응을 포함하고 있지만 학생들은 기억하는데 많이 의존하지 않도록 친전자체와 친핵체 혹은 8과 9장에서 배운 염기를 확인하는 것을 강조하였다. 11장은 알켄과 알카인에 대한 친전자성 첨가를 다루었다. 8장에 소개한 카보양이온의 작용은 여기서 대단히 유용하다. 합성에 대한 절을 이 장에 추가하였다.

IR 분광학은 13장, 수소와 탄소 NMR 분광학은 14장에서 다루었다. 장의 합리적 분량과 장 순서의 융통성을 위하여 두 과제는 분리하여 다루었다. 질량 분광학과 UV-가시선 분광학은 원한다면 선택과제로 할 수 있도록 15장에서 다루었다.

방향족 화학은 이 개정판에서는 일찍이 다루었다: 16장은 방향족성, 17장은 방향족 치환반응을 소개하였다. 18장과 19장은 카보닐기에서 치환반응을 다루었다. 장의 분량을 고려하여 알돌과 에스터 축합을 20장으로 분리하여 다루었다. 엔올레이트와 연관 친핵체의 반응을 포함시켰다. 21장에서는 라디칼 화학을 소개하였다.

모든 장은 순서가 다르게 배열할 수 있도록 가능한 한 독립적이 되도록 시도하였다. 예를 들어 분광학의 장은 이 교재에서 기술한 것보다 먼저 혹은 뒤에 다룰 수 있도록 하였다. 카보닐 화학을 18, 19, 20장에서 다룬 것보다 더 먼저 다루고 싶으면 12장 후에 곧 다룰 수도 있다.

15장을 제외하고는 1장에서 21장은 이 과정에서 반드시 다루어야 할 과제이다. 나머지 장은 선택과제이다. 이들은 고리화 협동반응, 합성 및 중합체의 장을 포함한다. 더 생화학적 과제를 다룬 장－탄수화물, 아미노산 및 단백질, 뉴클리오티드 및 핵산과 다른 천연물－은 중요한 생분자의 유기화학을 다루고 있다.

### 분광학

13장과 14장은 각각 IR과 NMR 분광학을 다루고 UV-가시선 분광학과 질량 분광학은 15장에서 논의하였다. 이 장들은 다른 장의 영향을 받지 않고 사정에 따라 일찍 혹은 늦게 다룰 수도 있다. 많은 스펙트럼과 문제를 제시하고 있으며 모든 스펙트럼은 분명하게 하기 위하여 다시 그렸다. 모든 작용기는 이미 다루었으므로 모든 작용기에 대한 분광학은 동시에 소개하였다. 새로운 작용기가 소개될 때마다 다시 스펙트럼 논의를 할 필요는 없다.

### 합성

유기화합물을 합성하는데 반응의 이용을 초기에 도입하였으며 반응이 제시된 모든 장에서 이것이 중요한 부분이다. 8장에서 "다음 변환을 시키려면 어떤 시약과 용매를 사용해야 하는가? "와 "할로겐화 알킬로부터 다음 화합물을 어떻게 제조할 수 있는가를 나타내어라" 라는 문제와 같이 합성을 처음으로 소개하였다. 10장에서는 합성 대등체 (하이드록사이드에 대한 아세테이트와 암모니아에 대한 프탈아미드)의 개념을 소개하였다. 10.15절에서는 유기합성의 전략과 역 합성분석을 다루었으며 합성문제는 더 복잡해진다. 11장의 합성에 대한 새로운 절에서 역 합성분석 화살을 소개하였고 문제수준도 높아졌다. 이 과정은 나머지 장에서도 반복된다. 23장에서는 이전의 장에서 다루었던 모든 반응을 다 모아 놓았다. 합성전략에 대한 추가적 논의, 보호기의 사용 및 더 길고 복잡한 합성의 제시가 마련되어 있다. 표 23.1에 중요한 탄소-탄소 결합-형성 반응과 표 23.2에서는 이 교재에서 제시한 반응을 작용기에 따라 수록하였다. 표는 합성을 설계하는데 대단히 유용하며 대부분의 교재를 요약하는 데 사용할 수 있다.

# 역자 서문

유기화학은 최근 상당한 변모가 이루어져서 수준이 높은 많은 유기화학 교재가 출판되고 있으며 교재의 분량도 점점 방대해지고 있다. 따라서 상당한 수준의 교과서를 찾기가 힘들다. 이 수준에 맞는 교재로 J M. Hornback의 "Organic Chemistry" 제2판을 우리말로 옮기게 되었다.

이 교과서는 전통적인 유기화학 체제에서 벗어나 반응 메카니즘을 중심으로 다루어져 있기 때문에 암기할 부분은 될 수 있는 대로 줄이고 유기화학 전반에 걸친 기초지식을 집중적으로 습득할 수 있도록 시도하고 있다. 그러면서도 전통적 체제인 작용기의 순서에 맞추어 편집도 되어 있으므로 강의의 묘미를 살리면 더 유효한 교재라고 생각된다. 교재의 분량을 줄이기 위하여 "Focus On"과 문제의 일부를 생략하였다.

번역에 사용한 용어와 화합물명은 대한화학회에서 제정한 새로운 술어집을 사용하였다. 역자들은 원저자가 의도했던 바를 잘 담도록 노력하였으나 뜻하지 않은 오역이나 미숙한 점이 많으리라 생각된다. 많은 지적 있으시기를 바란다.

끝으로 이 교재의 번역에 응해주신 녹문당의 김중현 사장님과 편집과 교정에 참여하여 주신 여러분께 감사를 드린다.

2008년 2월

역자

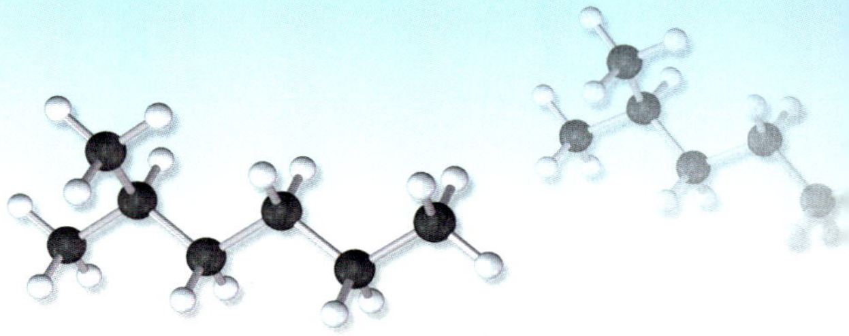

# 차례

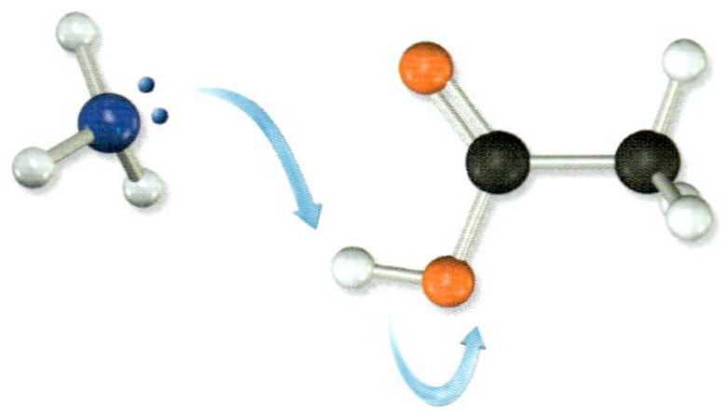

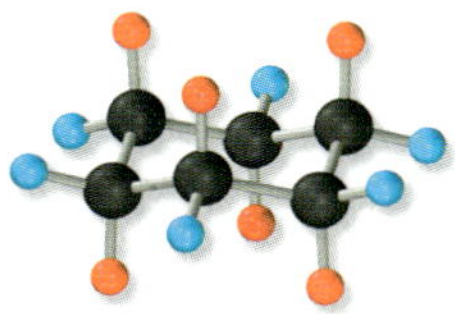

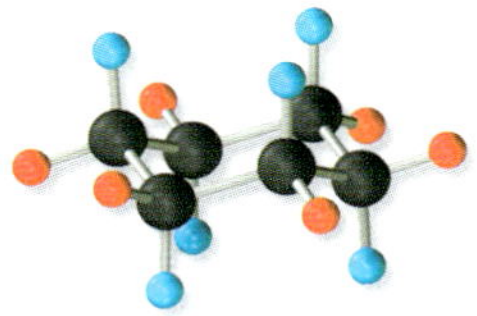

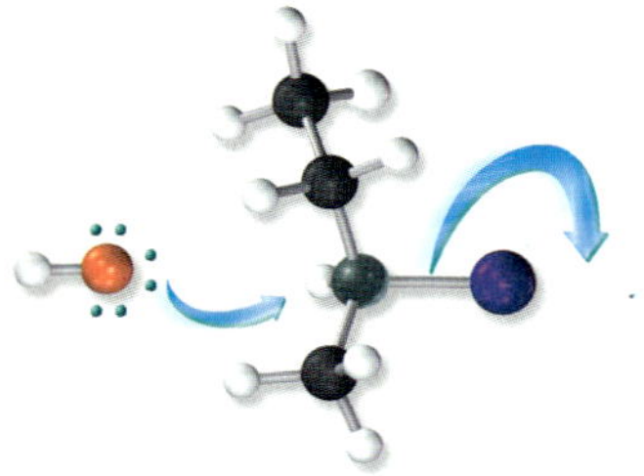



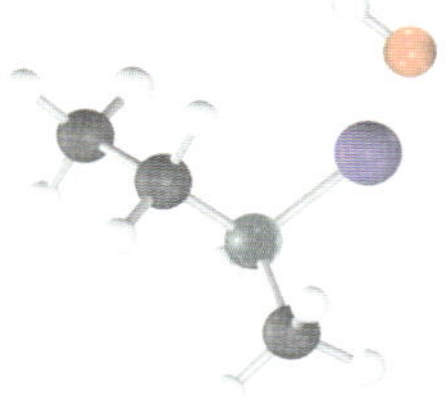

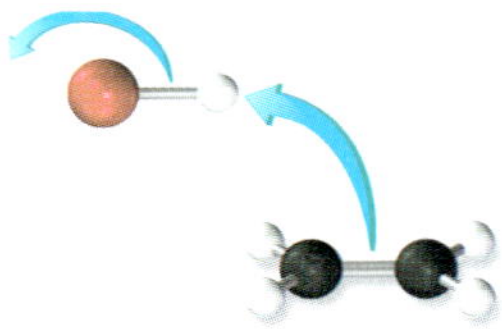

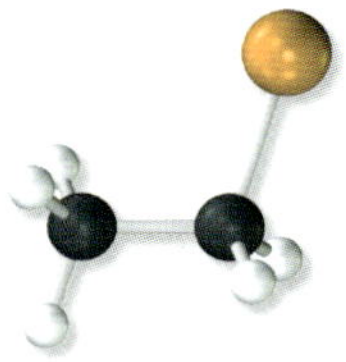



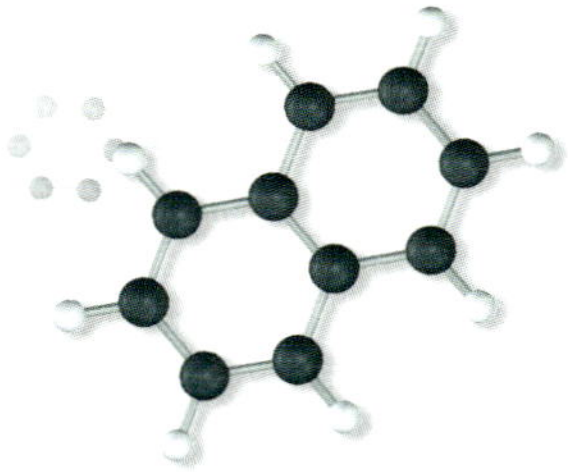

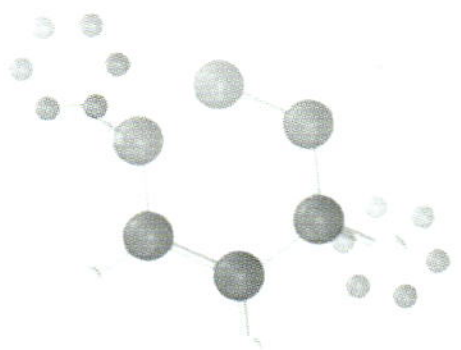



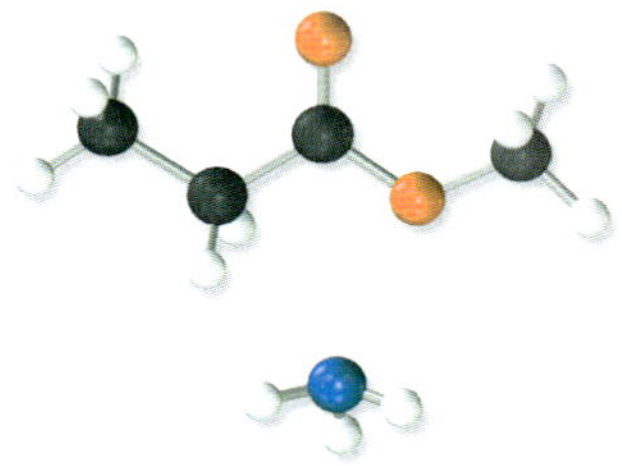



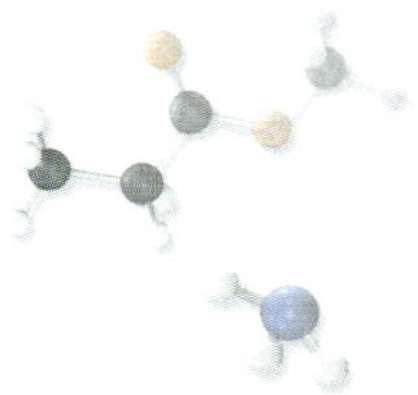

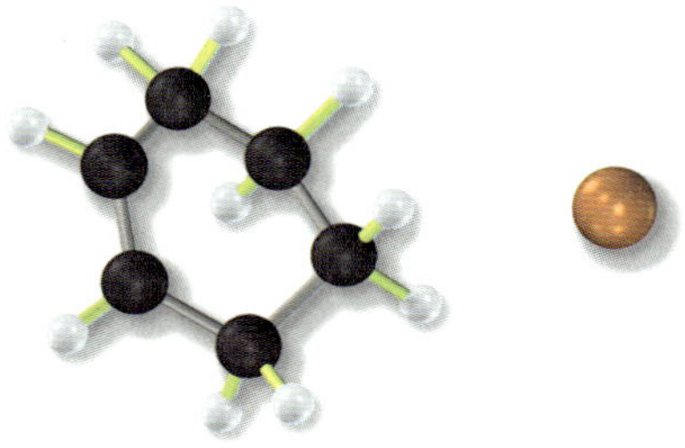



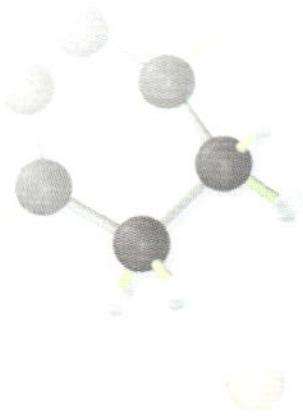



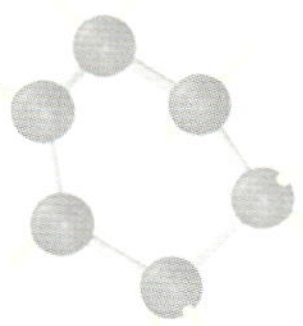

## Chapter 26 아미노산, 펩타이드 및 단백질 949

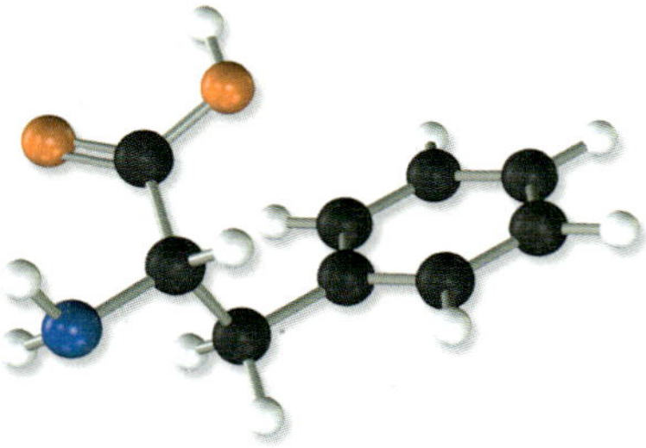



## Chapter 27 뉴클리오티드와 핵산 985

## Chapter 28 다른 천연물 1005

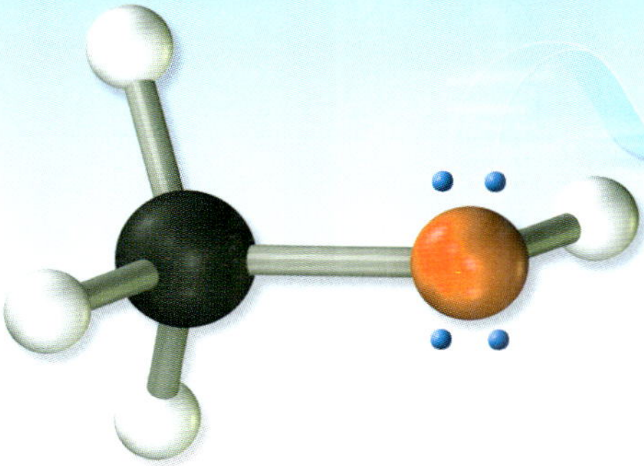

CHAPTER 1

# 화학결합에 대한 간단한 모형

### 유기화학 숙달

- Lewis 구조 그리기
- 형식하전 결정
- 구조의 안정성 추정
- 공명의 간단한 예의 이해
- 극성결합의 인식
- 분자모양의 결정
- 분자의 쌍극자 능률의 결정

이 장에서 유기화학 과목의 여행을 시작한다. 유기화학 분야를 간략하게 개관하여 왜 화학의 독립된 한 분야로 다루어지는가를 나타내었다. 분자구조와 원자들을 유지하고 있는 결합을 그림으로 나타내는 데 진력하였다. Lewis설을 이온과 공유결합을 설명하는 데 사용하였다. 분자 내의 원자들의 형식전하, 공명의 간단한 소개, 극성결합, 분자의 모양 및 극성분자를 다루었다. 이들 대부분은 일반화학 과제에 대한 복습이지만 유기화학에 대한 응용을 강조하였다.

## 1.1 유기화학 분야

첫 번째 의문은 “유기화학은 무엇이며 어떻게 화학의 독립된 한 분야로 될 수 있었는가?”이다. 유기화학 역사의 간략한 개관은 어떻게 화학 분야가 유기와 무기화학에서 유래했으며 왜 이 분야가 오늘날까지 지속할 수 있는가를 이해하는 데 도움을 줄 것이다.

현재 유기물질로 분류되어 있는 설탕, 알코올 및 아세트산(빙초산)과 같은 몇 가지 화합물은 옛날부터 알려져 왔다. 그러나 1700년 후반에 이르러서야 Carl Wilhelm Scheele에 의해 유기화합물의 분리에 대한 개척적인 연구가 시작되었다. 그는 동물지방에서 글리세롤, 포도에서 타타르산, 신 우유에서 락트산, 레몬에서 사이트르산 및 많은 다른 화합물을 분리하였다. 그 당시 N. Scheele뿐만 아니라 어느 화학자도 이 화합물들의 구조를 알지 못했으며 어떤 원소로 구성되어 있는지조차 알지 못하였다. 화합물을 분류할 수 있는 좋은 방법이 없었기 때문에 오직 그들의 원천에 따라 분류하였다. 식물과 동물에서 얻어진 화합물을 그들의 궁극적인 원천이 생명체라는 것을 나타내기 위하여 **유기**라고 불렀으며, 광물계에서 얻어진 화합물을 **무기**라고 불렀다.

일반적으로 유기화합물의 화학적 물리적 성질이 무기화합물의 성질과는 다르기 때문에 자원에 따른 분류는 합리적인 것처럼 보였다. 전형적인 유기화합물은 전형적인 무기화합물(염)보다 낮은 온도에서 녹고 끓는다. 유기화합물은 무기화합물에 더 쉽게 열에 의해 분해된다. 이와 같은 차이점들은 그 당시 많은 화학자들로 하여금 유기화합물은 그들을 만든 유기체의 생명력을 함유하고 있다고 믿게 하였다(**생명력설**).

유기화학은 현대화학의 아버지로 알려진 Antoine Lavoisier에 의해 더욱 발전되었다. 1774년에 그는 유기화합물은 연소되어 이산화탄소와 물로 된다는 것을 증명하였으며 이 사실은 유기화합물이 주로 탄소, 수소 및 산소로 구성되어 있음을 의미한다. 그 후에 그는 동물로부터 얻어진 어떤 유기화합물은 질소를 포함한다는 것을 제시하였다.

1808년에 John Dalton은 무기화학을 이해하는 데 중요한 역할을 한 원자설을 제안하였다. 기본적으로 Dalton의 설은 원소는 원자라고 부르는 작고 분할할 수 없는 입자로 구성되어 있으며 이 원자들은 적은 정수비로 결합하여 화합물을 형성한다고 가정하였다.

원자설은 많은 무기화합물의 성분을 설명하는 데 도움을 주지만 유기화합물의 복잡성을 설명하는 데는 많은 도움을 주지는 못한다. $H_2O$, NO 및 $NO_2$와 같이 상대적으로 단순한 무기화합물과는 대조적으로 $C_2H_2$, $C_2H_4$, $C_2H_6$ 및 $C_3H_8$와 같이 소수의 원소로 구성되지만 그 비가 다양한 많은 수의 유기화합물이 존재한다. 이와 같은 어려움이 1808년에 **유기화학**이라는 용어를 만들고 1827년에 이 과제에 대해 처음으로 교재를 저술한 J. Berzelius로 하여금 원자설과 다른 화학법칙들을 유기화학에 적용할 수 있는가에 대한 의문을 갖게 하였다.

그 당시 Berzelius와 다른 화학자들에 의해 지지를 받고 있던 생명력설의 철학은 생명체만이 유기화합물을 만들 수 있다는 것이었다. Friedrich Woehler가 그렇지 않다는 것을 처음으로 시사하였다. 1828년에 Woehler는 무기화합물인 사이안산 암모늄을 가열하면 유기화합물인 요소가 생성된다는 것을 발견하였다. 이 실험은 생명력설에 모순되기도 하지만 이 두 화합물은 같은 화학식($CH_4N_2O$)을 가지며 **이성질체**(*isomer*, 같은 화학식을 가진 다른 화합물)의 초기 예 중의 하나이기 때문에 더욱 혼란을 야기하였다.

광물계와는 달리 유기화합물을 만들 수 있는 생명력은 존재하지 않으며 자원으로 유기체가 전유물이 아니라는 것이 알려져 있기는 하지만 아직도 화합물을 유기와 무기로 분류하는 것이 유용하다. 오늘날 **유기화학**(*organic chemistry*)을 탄소화합물의 연구로 정의한다. 이 분류는 탄소와 그 화합물의 독특한 화학적 작용 때문에 아직도 유용하다. 탄소는 그 자신 강한 단일결합을 형성하며 이것이 탄소 사슬을 형성하고 엄청난 다양한 화합물을 형성한다. 유기화합물은 무기화합물과는 전혀 달리 작용한다. 유기반응을 수행하고 연구하며, 생성된 유사한 화합물을 분리하고 이 화합물들을 확인하기 위하여 특별한 실험적 기술이 개발되었다.

유기와 무기의 구별이 거대한 화학을 조직화하는 데 유용하지만 이 구분은 다소 임의적이다. 예를 들면 클로로필 또는 헤모글로빈과 같은 탄소와 금속을 다 함유한 화합물은 그것을 연구하는 사람에 따라 유기와 무기화합물로 생각할 수 있다. 유기화학과 생화학을 구별하는 선을 긋는 것도 힘들다(필요하지도 않다).

## 1.2 간단한 원자구조

유기분자 구조와 이 분자들이 어떻게 반응하는가를 이해하기 위하여 원자들이 서로 연결되어 있는 결합에 대한 인식도가 필요하다. 몇 가지 다른 모델 또는 그림이 화학결합을 기술하는 데 사용된다. 어떤 그림을 사용하는 가는 무엇을 달성하려 하는 가에 따라서 결정된다. 이 장에서는 전자의 공유쌍인 공유결합을 기술한 가장 간단한 그림을 배우게 되고 분자를 나타내는 데 Lewis 구조를 사용할 것이다. 이 모델은 복잡하지 않으므로 지금 사용하는 데 적합하다. (3장에서는 결합에 대한 더 복잡한 모델을 배우게 된다.) 이 장에서 다루게 될 대부분은 복습이다.

분자를 다루기 전에 원자의 구조를 복습할 필요가 있다. 원자의 대부분의 질량은 **핵(nucleus)**에 집중되어 있다. 핵은 양으로 하전된 양성자(proton)와 중성인 **중성자(neutron)**로 구성되어 있다. 양성자 때문에 생긴 핵의 전하를 상쇄하기 위하여 원자는 핵주위에 있는 **껍질(shell)** 또는 **궤도함수(orbital)**에 같은 수의 음 **전자(electron)**를 갖는다. 가장 바깥 전자껍질에 있는 전자는 원자가 어떻게 결합하는가를 조절해 주기 때문에, 원자는 보통 외각 전자점으로 둘러싸인 각각의 원자부호로 나타낸다. 몇 가지 흥미있는 원소에 대한 이와 같은 표현을 그림 1.1에 나타냈다. 원자의 **원자가껍질(valence shell)**에 있는 전자 수는 주기율표에 있는 원자의 족의 수와 같다.

**문제 1.1** 이 원자들의 Lewis 구조를 써라.
**a)** 브로민 **b)** 칼슘 **c)** 게르마늄

결합은 가장 간단한 모델에서 바깥 전자껍질이 채워짐으로 생기는 특별한 안정성의 결과라고 생각된다. 이미 바깥 전자껍질이 채워진 헬륨, 네온 및 아르곤과 같은 이상기체는 결합을 형성하려는 경향이 거의 없다. 이 목적을 달성하는 두 방법은 이온결합과 공유결합이다.

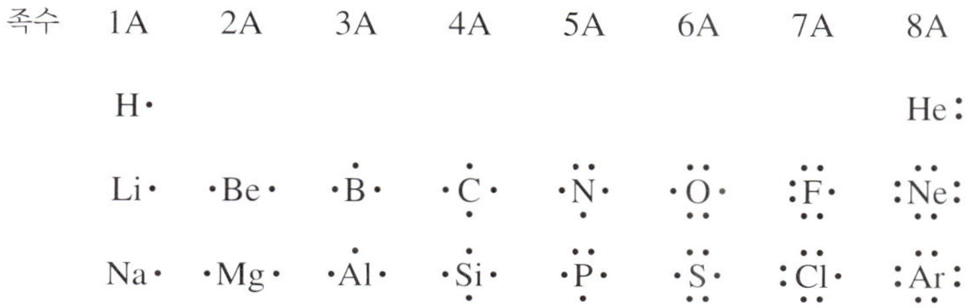


**그림 1.1 유기화학에서 흥미 있는 몇몇 원자에 대한 Lewis 구조.** 원자부호는 핵과 내부 껍질전자를 나타낸다. 점은 바깥 껍질(원자가껍질)에 있는 전자를 나타낸다.

## 1.3 이온결합

**이온결합(ionic bonding)**에서는 이상기체와 같은 수의 전자를 갖도록 전자를 얻거나 또는 잃은 원자를 나타낸다. 전자는 하전되어 있기 때문에 전자를 얻거나 또는 잃은 결과로 하전된 원자 또는 이온을 형성한다. 이런 형태의 결합은 주기율표의 왼편에 있는 금속과 오른편에 있는 비금속이 결합할 때 생성된다. 플루오르화 리튬과 산화 마그네슘 형성의 두 가지 예를 그림 1.2에 나타냈다.

---

**문제 1.2** 구성 원소로부터 이들 화합물의 형성에 대한 반응식을 Lewis 구조를 사용하여 나타내어라.

**a)** 염화 칼슘 **b)** 황화 소듐

---

반대 전하를 가진 이온은 서로 끌어당기기 때문에 양으로 하전된 양이온과 음으로 하전된 음이온 간의 인력에 의해 이온결합이 형성된다. 전형적인 이온결합 화합물은 녹는점이 큰 고체이다. 고체 결정에서 양이온은 동일한 몇 개의 음이온으로 둘러싸여 있다. 각 음이온은 양이온에 의해 동등하게 끌려 있다. 마찬가지로 음이온은 동등한 몇 개의 양이온에 의해 둘러싸여 있으며 동등하게 끌려 있다. 이 다중 상호작용 때문에 특수한 양이온이 특수한 음이온에만 결합되어 있다고 말할 수 없다. 그러므로 분자는 한 양이온과 한 음이온과의 결합에만 적용할 수 있기 때문에 이온결합 화합물의 분자를 말할 수 없다.

각 양이온과 몇 개의 음이온, 그 역의 인력이 상호작용 결정을 전체를 통해서 확산되어 강력한 인력의 망상조직을 형성한다. 이것을 인력의 삼차원적 조직이라고 생각할 수 있다. 이 힘을 깨트리기 위하여 많은 양의 열에너지를 필요로 한다. 그러므로 이온결합 화합물은 항상 녹는점과 끓는점이 높다. 예를 들면 염화 마그네슘의 녹는점은 708°C이고 끓는점은 1412°C이다.

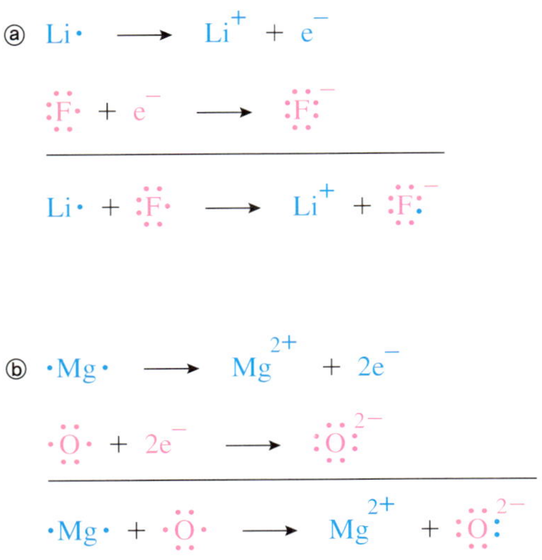

**그림 1.2** ⓐ 플루오르화 리튬과 ⓑ 산화 마그네슘의 형성.

리튬이 영족기체 배열을 얻기 위한 가장 용이한 방법은 1개의 전자를 잃는 것이다. 생성된 리튬 양이온은 헬륨과 같은 수의 전자를 갖는다.

플루오르는 1개의 전자를 쉽게 얻는다. 플루오르화 음이온은 네온과 같은 수의 전자를 갖는다.

이 두 방정식은 이온결합 화합물 플루오르화 리튬의 형성을 나타내기 위하여 합친다.

마그네슘은 원자가껍질에 있는 2개의 전자를 잃고 네온의 전자배열을 갖는다.

산소는 2개의 전자를 얻어서 네온의 전자배열을 가질 수 있다.

이 두 방정식은 이온결합 화합물 산화 마그네슘의 생성을 나타내기 위하여 합친다.

이 방법으로 탄소가 영족기체의 전자배열을 얻기 위해서 4개의 전자를 얻거나 잃어야 한다. 이것은 $C^{4+}$양이온(헬륨배열) 또는 $C^{4-}$음이온(네온배열)이 된다. 이 두 이온이 부피가 적어져서 전하의 농도가 진해지면 이들 이온은 불안정하게 되고 높은 에너지 화학종이 된다. 부피에 대한 전하의 비가 커지기 때문에 탄소는 다른 방법, 즉 공유결합에 의해 영족기체의 배열을 얻게 된다. 다른 많은 원자들도 이런 방법으로 안정한 전자배열을 얻는다.

## 1.4 공유결합

**공유결합(covalent bonding)**에서 원자는 영족기체의 전자배열이 되도록 전자를 공유한다. 공유전자는 결합에 참여한 두 원자에 대한 전체전자의 일부로 간주된다. 두 수소원자로부터 수소분자가 형성되는 간단한 예를 고려해보자. 각 수소원자는 원자가껍질에 1개의 전자를 가지고 있으며 2개의 전자(헬륨배열)를 가지려고 한다. 1개의 전자를 가진 2개의 수소가 접근하면 이 전자들을 공유한다. 생성된 분자의 각 수소는 그 원자가껍질에 2개의 전자를 가지게 된다. 공유결합에서 공유전자쌍은 다음의 중간 구조에서와 같이 선으로 나타낸다.

$$\mathrm{H}\cdot + \mathrm{H}\cdot \longrightarrow \mathrm{H}{:}\mathrm{H} \text{ 또는 } \mathrm{H{-}H} \text{ 또는 } \mathrm{H_2}$$

이 경우에 한 수소는 다른 수소에 강하게 결합된다. 그러므로 이 두 수소원자는 수소분자를 형성한다고 할 수 있다. 그러나 이 수소분자와 다른 수소분자와의 인력은 대단히 약하다. 이 힘을 극복하고 개개의 수소분자로 분리하는데 가해주어야 할 열에너지의 양은 대단히 작다. 수소분자는 대단히 낮은 녹는점과 끓는점(거의 절대영도, mp = −259°C, bp = −252°C)을 가지며 정상적인 온도와 압력에서 기체이다. 일반적으로 공유결합 화합물은 분자 내의 원자 사이에서는 강력한 결합을 가지지만 다른 분자와는 약한 인력만을 가진다. 그러므로 공유결합 화합물은 이온결합 화합물보다 상당히 낮은 온도에서 녹고 끓는다.

탄소는 유기화학을 공부하는 데 중심을 이루므로 그 결합을 생각해보자. 탄소는 원자가껍질에 4개의 전자를 가지고 있다. 이들 전자를 사용하여 네온(원자가껍질에 8개의 전자)의 전자배열을 얻는다. 다른 원자의 4개의 전자와 4개의 공유결합을 형성한다. 그러므로 4개의 수소와 1개의 탄소가 결합하여 형성하는 가장 간단한 화합물은 메테인, $CH_4$이다. 각 공유결합은 강력하지만 메테인 분자간의 인력은 대단히 약하다. 메테인은 −182°C에서 녹고 −164°C에서 끓는다.

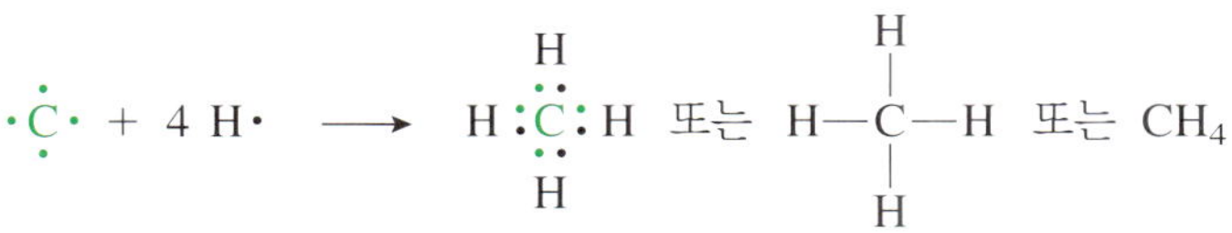

## 1.5 Lewis 구조

원자가껍질에 있는 모든 전자를 점으로 나타낸 구조를 **Lewis 구조**라고 부른다. $H_2O$에 대한 Lewis 구조를 그림 1.3에 나타냈다. 이런 형태로 큰 분자를 그리는 것은 지루하므로 분자를 나타내는 몇 가지 속기법이 있다. 예를 들어 $CH_4$에 대한 앞의 예와 물에 대한 그림 1.3을 보라. 물에 대한 모든 표현은 같은 분자를 기술한 것이다. 구조를 볼 때마다 그 구조가 의미하는 것을 정확히 이해했는가를 주의 깊게 확인해야 한다. 예를 들어 물을 그림 1.3의 세번째 구조로 나타냈다면 산소는 2개의 비공유전자쌍이 생략되었다는 것을 알아야 한다. 이들 비공유 전자쌍이 존재하지 않는다면 구조는 대단히 불안정하고 비정상적인 이온종이 되어야 한다. **구조의 비정상적 특성을 분명히 나타내지 않으면 안된다.** 구조를 나타내는 다양한 방법에 친숙하게 되기까지는 만나게 되는 각 구조를 주의해서 살펴보고 정확하게 나타내지 않은 비공유전자쌍을 포함한 완전한 Lewis 구조를 주의 깊게 그려야 한다.

유기화학에서 중요한 원자에 의해 형성되는 몇 개의 결합을 배울 필요가 있다. 대부분의 경우 수소는 1개의 공유결합을 형성하므로 바깥 껍질에 2개의 전자를 수용한다. 공유결합 화합물에서 주기율표의 2주기 원자들은 바깥 껍질에 8개의 전자만을 수용한다. [이것을 **8전자계 규칙(octet rule)**이라 부른다.] 이렇게 하기 위하여 탄소는 4개의 결합을 형성하는 것을 이미 살펴보았다. 같은 형태로 몇몇 다른 2주기 – 원자들이 즐겨 형성하는 결합의 수를 결정할 수 있다. 유기화학에서 흥미있는 원소들에 대한 중성분자에서 흔히 형성되는 결합의 수를 표 1.1에 수록하였다.

**문제 1.3** 이들 원소로부터 형성되는 가장 간단한 중성분자에 대한 Lewis 구조를 써라.
**a)** 탄소와 염소 **b)** 수소와 브로민

표 1.1에 나타낸 결합의 수는 중성 구조를 형성하고 이들 각 원소에 대한 공통의 수이지만 다른 결합배열도 가능하다. 예를 들면 어떤 경우에 산소는 비공유전자쌍을 사용하여 제3의 결합을 형성한다. 이 경우에 산소는 결합형성에 두 전자를 필요로 하고 전자-부족 원자를 형성한다. 그러나 산소는 아직도 바깥 껍질에 8개의 전자를 갖는다. 더 많은 예를 2장에 나타냈다.

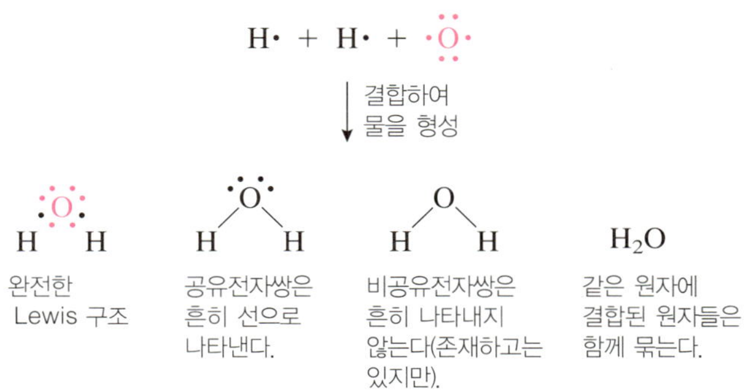


그림 1.3 물의 구조를 나타내는 데 사용되는 여러 가지 방법.

**표 1.1** 몇 가지 원소에 의해 흔히 형성되는 결합의 수

| 원자 | 결합의 수 | 예 | | |
|---|---|---|---|---|
| H | 1 | H—H | 또는 | $H_2$ |
| C | 4 | 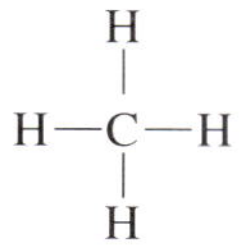 | 또는 | $CH_4$ |
| N | 3 | 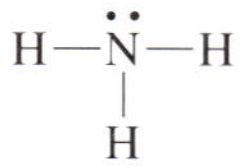 | 또는 | $NH_3$ |
| O | 2 | 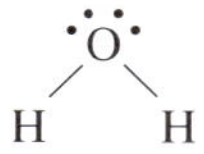 | 또는 | $H_2O$ |
| X* | 1 |  | 또는 | HBr |

*X는 모든 할로겐(F, Cl, Br 및 I)을 나타낸다.

표 1.1은 주기율표의 같은 족에 있는 다른 원자들에 의해 형성되는 결합의 수를 예측할 수 있다. 같은 족에 있는 원소들은 원자가껍질에 같은 전자의 수를 갖는다. 그러므로 이 원소들은 같은 결합을 형성하며 유사한 화학을 갖는다. 탄소와 같은 족에 있는 실리콘은 4개의 결합을 형성한다. 질소와 같은 족에 있는 인은 3개의 결합 산소와 연관이 있는 황은 2개의 결합을 형성한다. 모든 할로겐(F, Cl, Br, I)은 1개의 결합을 가진 공유화합물을 형성한다. 그러나 주기표의 3주기 이후의 원소들은 바깥 껍질에 8개 이상의 전자(10과 12전자가 보통이다)를 가지므로 표 1.1에 제안한 결합의 수보다 더 많은 결합을 형성한다. 이러한 경우에 대해 다음에 더 자세히 기술하겠다.

**문제 1.4** 수소와 황으로부터 형성되는 가장 간단한 중성 화합물에 대한 Lewis 구조를 써라.

Lewis 구조를 보고 그 구조에 의해 나타내는 화합물의 안정성을 판정할 수 있는 능력이 유용하다. 그 화합물은 분리될 수 있고 병에 넣을 수 있는가? 이 화합물은 유사한 다른 화합물보다 더 안정한가? 분자가 안정한가를 결정할 수 있는 가장 중요한 요인은 8전자계 규칙을 만족하고 있는가에 있다. 2주기 원자 주위에 8개 보다 더 적은 전자를 가진 화합물은 알려져 있기는 하지만 대단히 불안정하다. (그러나 이와 같은 화합물은 몇 가지 화학반응에서 관찰되는 불안정하고 대단히 반응성이 큰 중간체이다.) 2주기 원자 주위에 8개 이상의 전자를 가진 화합물도 대단히 불안정하다. 안정한 분자에서 수소는 2개의 전자를 가진다. (후에 안정성에 영향을 미치는 더 예민한 요인을 논의할 것이다.)

에테인을 예로 들어보자. 에테인에 대한 분자식 $C_2H_6$는 안정성을 판정할 수 있는 충분한 정보를 제공해 주지 못한다. 그 구조를 검토해보자. 에테인의 Lewis 구조는 두 탄소와 2개의 전자를 가진 각 수소에 대해 8전자계 규칙을 만족시켜 주고 있다는 것을 나타내 주고 있다. 그러므로 에테인은 안정한 화합물이 될 것으로 예측된다.

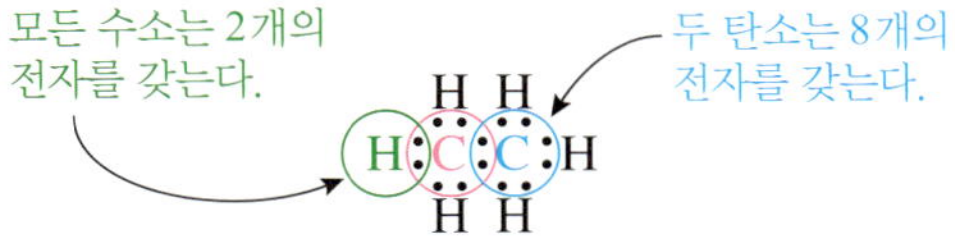


## 예제 1.1

다음 화학종의 안정성을 검토하여라.

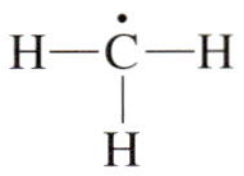

### 풀이

이 화학종은 탄소 주위에 7개의 전자를 가진다. 8전자계 규칙을 만족시키지 못하고 있기 때문에 불안정하리라 예측된다.

**문제 1.5** 이 구조들의 안정성을 검토하여라.

**a)**

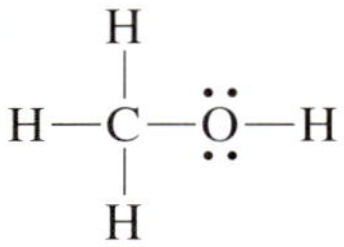

**b)**

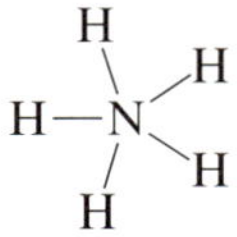

분자식이 알려진 화합물에 대한 안정한 Lewis 구조를 쓸 수 있는 능력이 필요하다. 예를 들어 $CH_4O$에 대한 Lewis 구조를 써보자. 우선 얼마나 많은 전자를 사용하는가? $CH_4O$는 중성이므로 구조에서 나타낸 총 전자 수는 포함된 중성원자의 원자가껍질에 있는 총 전자 수와 같다. 이 경우에 총 14개의 전자에 대하여 탄소는 4개의 전자, 각 수소는 1개의 전자를 기여하고, 산소는 6개의 전자를 기여한다. 이것이 화합물이 중성이라는 것을 확인하기 위하여 전자를 계산하는 한 방법이다. 만일 화합물이 한 단위의 양전하를 띠고 있으면, 총 전자보다 1개의 전자가 적고 한 단위의 음전하에 대해서는 1개의 전자가 더 많다. 다음에 8전자계 규칙을 만족하는 구조로 원자들을 조립한다. 수소 이외의 원자들도 같은 방법으로 처리하고 수소로 원자가를 채운다. $CH_4O$에 대한 그림 1.4에 이 과정을 나타냈다.

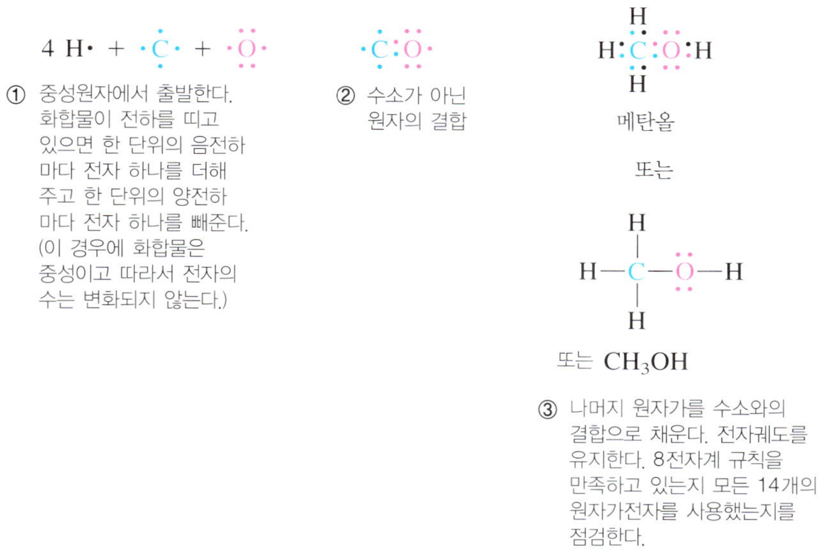


**그림 1.4** 메탄올, $CH_4O$에 대한 Lewis 구조를 써라.

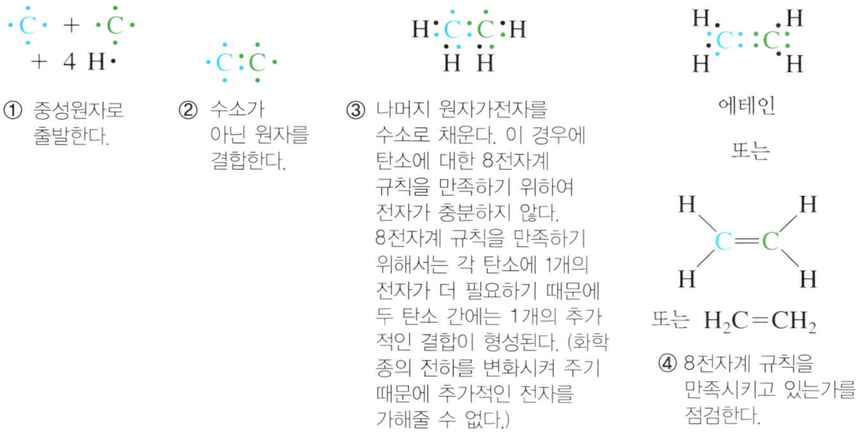


**그림 1.5** 에테인, $C_2H_4$의 Lewis 구조를 써라.

때때로 1개 이상의 결합이 1보다 더 큰 원자가를 가진 원소들 사이에서 필요하다. 원자들 사이에 단일결합만 사용하게 된다면 모든 원자가 8전자계 규칙을 만족하기 위해서는 전자가 부족하다. 원자간에 추가적인 전자공유가 필요하고 결과적으로 이중결합과 삼중결합이 형성되어야 한다. 분자에서 원자들이 8전자계를 완성하기 위하여 2개의 전자가 더 필요하게 되고 두 원자 간에 추가적인 결합이 형성되게 된다. $C_2H_4$와 HCN에 대한 그림 1.5와 그림 1.6에서 이 과정을 각각 설명하였다.

**그림 1.6** 시안화 수소, HCN에 대한 Lewis 구조를 써라.

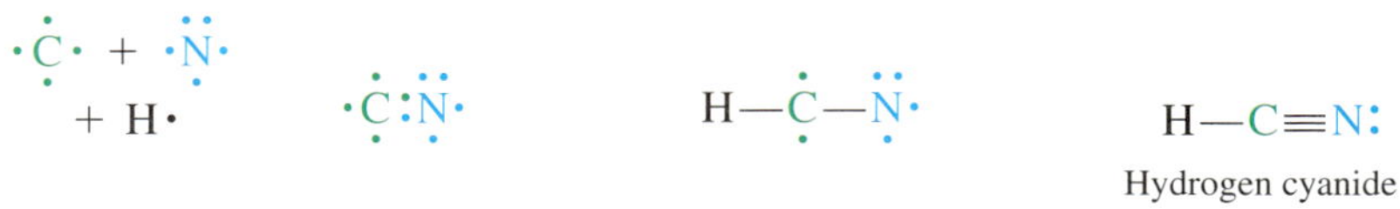


① 중성원자로 시작한다.

② 비수소 원자를 결합한다.

③ 수소를 가해준다. 이 경우에 원자가를 채우기 위하여 더 많은 결합이 필요하기 때문에 수소를 가해준다. C와 N은 8전자계를 만족하기 위해서는 2개의 전자가 더 필요하다. 그러므로 C와 N 사이에는 2개의 추가적인 결합이 필요하다.

④ 8전자계 규칙을 만족하고 있는지 모든 원자가 전자를 만족하고 있는지를 점검하여라.

## 예제 1.2

$CH_2O$에 대한 Lewis 구조를 써라.

### 전략

그림 1.5와 그림 1.6에서 사용한 같은 과정을 반복한다.

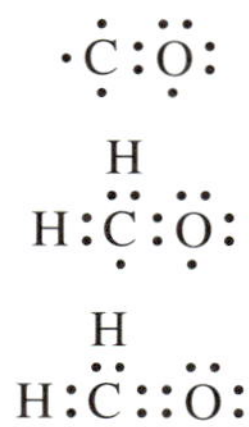

**1.** 중성원자로 출발하여 비수소 원자를 결합시킨다.

**2.** 수소를 가해준다.

**3.** 원자의 원자가가 만족되어 있지 않으면 원자간에 추가적인 결합이 필요하다.

**4.** 모든 원자가 8전자계를 만족시키고 있는가를 점검하여라.

### 풀이

C와 O를 결합한다. 수소를 가해준다. 이 경우에 탄소가 원자가를 만족시키지 못하고 있기 때문에 탄소에 가해준다. C와 O는 8전자계를 만족시키기 위해서 1개의 전자가 더 필요하기 때문에 두 번째 결합이 필요하다. 8전자계를 만족시키고 원자가전자를 모두 사용했으므로 이 구조는 허용된 구조이다.

**문제 1.6** 다음 화합물의 Lewis 구조를 써라.

**a)** $C_3H_8$ **b)** $C_2H_2$ **c)** $CH_3N$ **d)** $NH_3O$

# 1.6 공유이온

전하를 가진 많은 공유결합 화합물이 있다. 이것은 공유 양이온과 공유 음이온을 가진 이온결합 화합물에서 생긴다. 예를 들면 염화 수소와 암모니아가 반응하여 염화 암모늄을 생성하는 다음과 같은 산-염기반응을 고려해보자. $NH_4$는 전하가 +1인 양이온이고 Cl은 −1의 전하를 가진 음이온이라는 것을 어떻게 결정할 수 있는가? 몇 가지 다른 방법이 Lewis 구조에서 전하를 결정하는 데 사용된다. 전하는 양성자와 전자의 수에 의해 결정되므로 단순히 양성자 수로부터 총 전자 수를 빼어 결정할 수 있다. 암모늄 양이온의 경우에 질소의 7개의 양성자에 4개의 수소의 4개의 양성자를 더하고 10개의 전자(Lewis 구조에 있는 8개의 전자와 질소의 1s 껍질에 있는 2개의 전자)를 뺀다. 모두 합치면 +1의 전하가 된다(7 + 4 − 10 = +1).

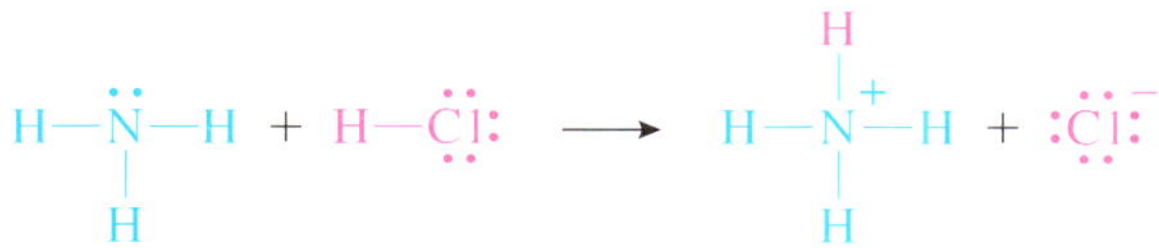

전하를 결정하는 다른 방법은 화학반응에서 전하는 균형을 이루어야 한다는 것이다. 앞의 반응에서 방정식 왼편의 총 전하는 영이다. 그러므로 방정식이 오른편의 총 전하도 영이 되어야 한다. 암모늄 양이온의 전하가 +1이라는 것이 이미 계산되었으므로 염소 음이온의 전하도 −1이 되어야 한다. 전하라는 관점에서 반응을 가시화해보자. 앞의 반응에서 전자가 없는 수소가 Cl로부터 N로 이동하였다. 전자가 없는 수소는 양성자이므로 반응은 양전하의 한 단위가 Cl로부터 N로 이동하였다. 전하를 결정하는 최종 방법은 형식전하에 의한 방법이다.

**문제 1.7** Lewis 구조를 사용하여 HCl과 $H_2O$의 반응에 대한 균형방정식을 써라.

## 1.7 형식전하

형식전하는 공유 화학종에서 그것이 이온이거나 중성이거나 에는 무관하게 원자간에서 대략적인 전하의 분배를 결정하는 데 사용되는 방법이다. 원자의 **형식전하(formal charge)**는 결합하기 전 중성원자에 있는 원자가전자의 수(이 수는 원자의 족의 수와 같다)에서 대상이 된 구조에 있는 원자의 비공유전자 수와 공유전자 수의 반을 빼주어 정의한다.

$$\text{형식전하} = (\text{원자에 있는 원자가전자 수}) - (\text{비공유전자 수}) - \frac{1}{2}(\text{공유전자 수})$$

암모늄 이온에 있는 원자의 형식전하의 계산은 그림 1.7에 나타냈다. 공유분자에 있는 모든 원자의 형식전하의 합은 분자의 총 전하와 같다.

그림 1.7 암모늄 이온, $NH_4^+$에 대한 형식전하의 계산.

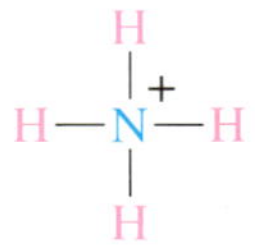

암모늄 이온

$$FC_H = 1 - \frac{1}{2}(2) = 0$$

(H에 대한 원자가전자; 공유전자의 수)

$$FC_N = 5 - \frac{1}{2}(8) = +1$$

(N에 대한 원자가전자; 공유전자의 수)

$$총\ 전하 = +1 + 4(0) = +1$$

(N에 대한 형식전하; H에 대한 형식전하)

이들 전하를 계산하는 과정을 분석해보면 형식전하를 이해하는 데 도움이 될 것이다. 본질적으로 이미 기술한 첫 번째 방법에서와 같이 양성자와 전자의 수를 계산함으로써 전하를 결정한다. 모든 원자가전자를 원자로부터 제거하면 나머지 이온은 족의수와 같은 양전하를 갖는다. 이 양전하로부터 Lewis 구조의 원자 주위에 있는 평균전자의 수(음전하)를 뺀다. 원자 주위의 평균전자 수는 비공유전자 수와 공유전자 수의 반을 더해준 것이다.

이 과정을 관찰할 수 있는 다른 방법은 원자에 대한 모든 결합을 대칭적으로 절단하는 것이다. 즉 각 원자에 대해 각 결합마다 1개의 전자를 남긴다. 형식전하는 생성된 화학종의 전하를 결정함으로써 계산할 수 있다.이 과정을 그림 1.8의 하이드록사이드 이온에 대해 나타내었다.

그림 1.8 하이드록사이드 이온, $OH^-$에 대한 형식전하의 계산.

$$FC_O = 6 - \frac{1}{2}(2) - 6 = -1$$

(O에 대한 원자가전자; 공유전자의 수; 비공유전자의 수)

$$FC_H = 1 - \frac{1}{2}(2) = 0$$

또는

두 원자를 결합하는 결합을 절단하고 각 원자에 1개의 전자를 남긴다.

원자가전자 껍질에 7개의 전자를 가진 산소원자는 −1의 전하를 가진다.

원자가전자 껍질에 1개의 전자를 가진 수소원자는 중성이다.

산소와 수소의 전하의 합은 하이드록사이드 음이온에 있는 전하 −1이다

## 예제 1.3

이 화학종의 각 원자에 대한 형식전하를 계산하여라.

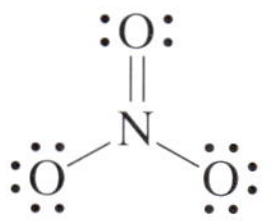

### 풀이

형식전하는 방정식으로부터 계산할 수 있다.

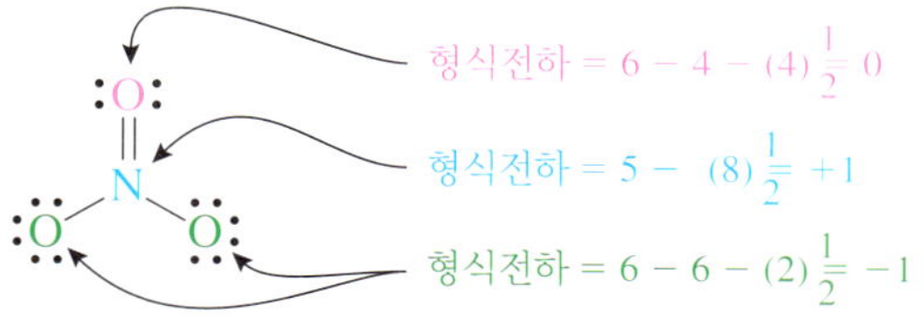


형식전하는 각 결합의 절단으로부터 생성되는 화학종으로부터 계산할 수 있다. 각 결합에서 1개의 전자는 각 원자에 남겨둔다.

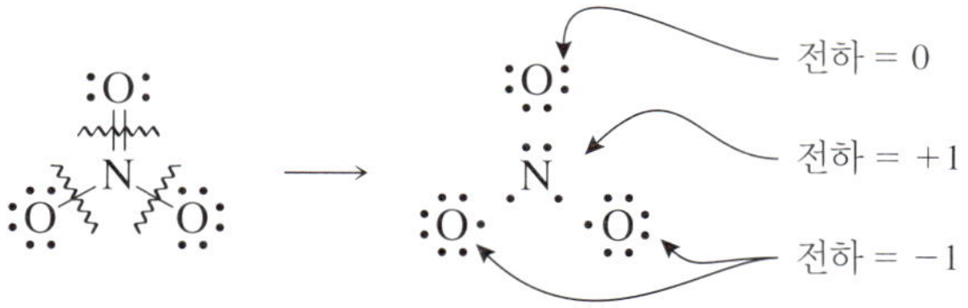


**문제 1.8** 다음 수소를 제외한 각 원자의 형식전하를 계산하고 화학종의 총 전하를 결정하여라.

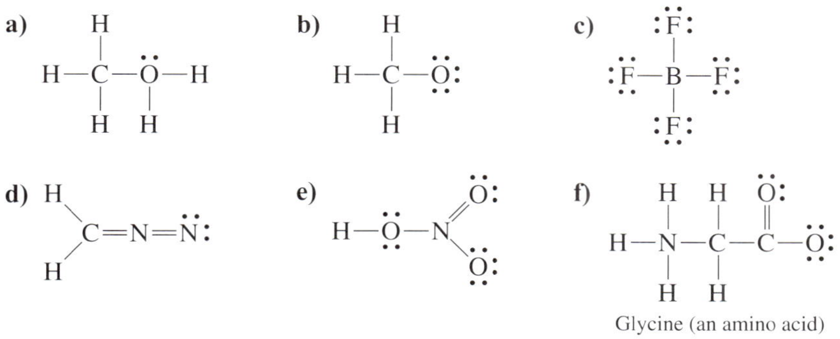


유기화학을 계속 공부해가면 많은 원자의 형식전하를 계산하지 않고도 알게 되기 시작할 것이다. 공유결합을 하는 대부분의 원자들은 형식전하가 영이다. 예를 들

면 2개의 결합과 2개의 비공유전자쌍을 가진 산소와 같이 4개의 결합을 가진 탄소는 중성이다. 1개의 결합과 3개의 비공유전자쌍을 가진 산소는 형식전하가 −1이다.

특별한 Lewis 구조로 나타낸 화합물의 안전성을 평가하는 가장 중요한 기준은 구조가 8전자계 규칙을 만족하고 있는가 아닌가에 달려 있다. 다른 전하는 끌어당기기 때문에 에너지는 양과 음전하를 분리하는데 필요하다. (마찬가지로 같은 전하는 밀어내기 때문에 그들을 결합시키려면 에너지가 필요하다.) 그러므로 형식전하의 존재는 분자를 불안정하게 한다. 이것은 형식전하를 가진 구조가 불안정한 분자를 나타낸다는 것을 의미하는 것은 아니며 다른 조건이 다 같을 때 더 작은 형식전하를 가진 구조가 더 안정하다는 것을 의미한다.

예를 들어 탄소, 수소 및 질소 원자 1개씩으로 형성되는 분자를 고려해보자. 이 원자들을 8전자계 규칙을 만족하는 2가지 다른 방법으로 조립할 수 있다[이것은 같은 분자식을 가지며 결합된 원자의 다른 배열을 가진 화합물의 다른 예이다. 이와 같은 화합물을 **구조이성질체(constitutional isomer 또는 structural isomer)**라고 부르며 유기화학에서 흔한 이성질체이다.] 수소가 C가 아닌 N에 결합되어 있으면 오른편이 있는 구조가 얻어진다.

$$\mathrm{H{-}C{\equiv}N\!:} \qquad \mathrm{H{-}\overset{+}{N}{\equiv}\overset{-}{C}\!:}$$

HCN은 모든 원자에서 형식전하가 영이다. 한편 HNC는 질소의 형식전하가 +1이고 탄소의 형식전하는 −1이다. 그러므로 HCN이 HNC보다 더 안정하리라 예측할 수 있다. 사실이 그렇다. 안정성의 차가 이 예보다 더 적은 많은 구조 이성질체를 만나게 된다. 이와 같은 경우에는 더 세밀한 논의가 어느 것이 더 안정한가를 예측하는 데 사용되지 않으면 안된다. 예측은 실험적 측정 없이는 이루어질 수 없다.

---

**문제 1.9** 한 원자의 수소, 산소 및 염소로 형성되는 다음과 같은 구조 이성질체의 안정성을 예측하여라.

$$\mathrm{H{-}\ddot{\underset{\cdot\cdot}{Cl}}{-}\ddot{\underset{\cdot\cdot}{O}}\!:} \quad \text{또는} \quad \mathrm{H{-}\ddot{\underset{\cdot\cdot}{O}}{-}\ddot{\underset{\cdot\cdot}{Cl}}\!:}$$

---

그림 1.9는 더 복잡한 예로, 나이트로메테인에 대한 Lewis 구조의 축조를 설명하고 있다. 이 경우에 몇 가지 합리적인 구조 이성질체가 가능하다. 그러므로 우선 **연결성(connec tivity)** 또는 어느 원자가 어느 원자와 결합되었는가를 결정 해야 한다. 그림 1.9에 나타낸 연결성이 주어지면 8전자계 규칙을 만족하는 가장 합리적인 구조는 형식전하를 가지게 된다. 이것은 상당히 안정한 분자를 나타낸다.

그림 1.9에서 나이트로메테인에 대해 나타낸 구조는 실험적인 자료와 일치하지 않는다. 이 구조에 의하면 2개의 산소는 다르다. 한 산소는 질소와 단일결합을 가지며 형식전하가 −1이다. 다른 산소는 질소와 이중결합을 가지며 형식전하는 영이다. 그러나 여러 가지 실험은 이 두 산소가 같다는 것을 나타내준다. 질소에 대한 결합은 단일결합과 이중결합 사이에 있는 동일한 길이와 세기를 가지고 있으며 같은 전하를

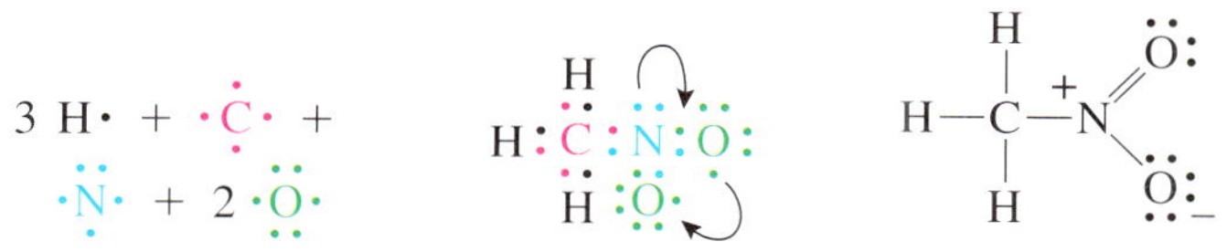

① 결합되지 않은 원자로부터 시작한다. 몇 가지 합리적인 구조 이성질체가 가능하므로 연결성을 논의해야 한다. 나이트로메테인은 C에 결합된 H들, N에 결합된 C 및 N에 결합된 2개의 O를 갖는다.

② 첫 번째 시도에서 모든 원자가 8전자계 규칙을 만족시키기 위해서 2개의 전자가 더 필요한 구조를 얻었다. 그러므로 이중결합이 있어야 한다. 화살은 이렇게 되기 위하여 어떻게 전자를 이동해야 하는가를 나타내준다.

③ 이 구조는 8전자계 규칙을 만족시켜준다.

그림 1.9 나이트로메테인, $CH_3NO_2$의 Lewis 구조 쓰기.

가지고 있다. Lewis 구조가 분자의 정확한 묘사를 할 수 없는 경우를 설명하기 위하여 공명의 개념을 적용한다.

## 1.8 공명

그림 1.10에 나타낸 것처럼 나이트로메테인에 대하여 2개의 Lewis 구조를 쓸 수 있다. 한 구조는 한 산소와 이중결합을 가지며 다른 구조는 다른 산소와 이중결합을 가지게 되므로 이 두 구조는 다르다. 이 구조들은 같은 안정성을 가지게 되므로 나이트로메테인에 대한 동등한 표현이 된다.

이런 경우에 실제구조를 정확하게 나타내는 구조는 없다. 실제구조는 이 두 구조의 **공명혼성체(resonance hybrid)**이다. 이것은 두 구조에 의한 극한표현의 혼합이다. 예를 들면 한 구조는 질소와 산소 중의 한 산소와 이중결합을 형성하며 한편 이 같은 두 원자는 다른 구조에서는 단일결합으로 연결되어 있다. 질소와 이 산소 사이의 실제결합은 단일결합보다는 크고 이중결합보다는 작다. 같은 분석을 다른 산소에 적용하면 이 두 산소에 대한 결합은 동일하다. 더욱이 한 공명구조에서 산소는 중성이고 다른 구조에서 음전하를 가지므로 공명 혼성체에서 실제 전하는 전 음전하의 반이 된다.

그림 1.10의 마지막 구조는 공명 혼성체의 구조를 나타내려고 시도하였다. 질소와 산소 사이에 부분결합(점선으로 나타내었다)과 두 산소에 의해 공유되는 전자쌍이 있으므로 이 구조는 이상하게 보인다. 산소와 질소가 8전자계 규칙을 만족하고 있는지 아니지를 결정하는 것은 대단히 어렵다. 혼성구조로 분자를 나타내기보다는 정상적인 Lewis 구조와 공명화살을 사용한다.

그림 1.10의 첫 번째 구조가 나이트로메테인의 실제구조에 대한 정확한 표현이 아닌 것처럼 나이트로메테인의 안정성에 대한 정확한 평가의 기준이 되지 못한다. 화합물은 어느 공명구조가 나타내는 것보다 더 안정하다. 이 여분의 안정성을 **공명안정화에너지(resonance stabilization energy)**라고 부른다.

**그림 1.10 나이트로메테인에 대한 공명구조.** 나이트로메테인에 대해 동등한 2개의 구조를 쓸 수 있다. 원자가 이동할 수 없다고 규정하면 이들 구조는 다른 구조이다.

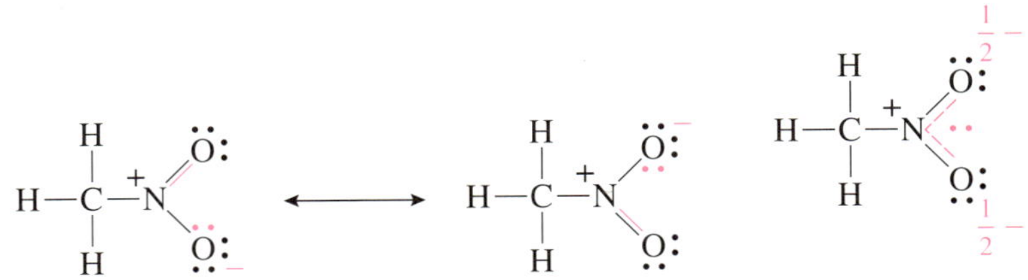

나이트로메테인

나이트로메테인에 대해 동등한 2개의 구조를 쓸 수 있다. 원자가 이동할 수 없다고 규정하면 이들 구조는 다른 구조이다.

이 두 구조의 공명혼성체인 실제구조를 나타내기 위하여 이중머리 화살을 사용하였다.

두 구조가 동등하기 때문에 혼성체에 동등하게 기여한다.

실제구조는 두 공명구조의 혼성이다. 이 구조는 부분결합을 나타내는데 점선을 사용하여 혼성구조를 나타내려고 시도하였다. 이 구조는 각 산소원자에 대한 부분결합과 각 산소에 부분적으로 위치한 비공유전자쌍을 가진다. 이와 같은 혼란한 구조를 사용하기보다는 Lewis 구조와 공명화살을 사용한다.

공명을 흔히 사용하게 되므로 그것이 무엇을 의미하는지 정확히 이해하는 것이 대단히 중요하다. 공명은 분자의 구조가 나이트로메테인 경우의 앞과 뒤의 구조로 변한다는 것을 의미하는 것은 아니다. 산소 중의 한 산소와의 결합이 한때는 이중결합이었다가 다른 순간에는 단일결합이 된다는 것을 의미하는 것도 아니다. 대신에 구조는 정적이어서 개개의 구조의 평균이다. 이중머리 **공명화살**(***resonane arrow***)은 공명에만 사용되고 **평형화살**(***equilibrium arrow***)과 혼동해서는 안된다. 평형화살은 분자가 실제로 구조가 변하는 평형반응에 사용된다.

$\longleftrightarrow$ 공명화살　　　$\rightleftarrows$ 평형화살

공명은 분자에 대해 1개 이상의 합리적인 Lewis 구조를 쓸 수 있을 때 사용된다. 다른 공명구조를 쓸 때 모든 원자는 동일한 위치에 있으며 비공유전자와 다중결합만이 달라진다. 3장에서 더 발전된 결합을 다루게 되면 공명은 무엇을 의미하며 언제 사용되는지를 다 잘 이해하게 될 것이다.

**문제 1.10** 실험결과는 아세트산 이온의 두 산소가 동일하다는 것을 나타내준다. 공명을 사용하여 이 결과를 설명하여라.

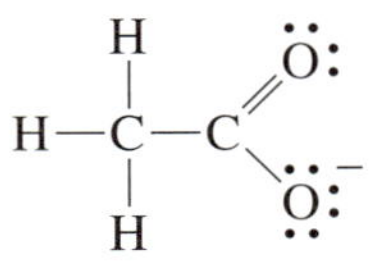

## 1.9 극성결합

형식전하를 계산하면 공유전자쌍은 결합을 형성하는 원자들 주위에 동일하게 점유된다. 이것은 원자가 같을 때만 사실이다. 다른 두 원자와 전자들은 동등하게 공유될

필요가 없다. 전자를 더 많이 공유하는 원자는 결합에 참여하는 원자들의 **전기음성도(electronegativities**, 전자 끄는 능력)에 의해 결정된다. 공유전자쌍에 의해 나타내는 전자밀도는 전기음성도가 큰 원자에서 더 크다.

표 1.2에 유기화학자에게 흥미 있는 원자의 전기음성도를 수록하였다. 전기음성도는 주기율표의 주기에서 왼편에서 오른편(영족기체를 포함해서)으로 갈수록 족에서 위로 갈수록 증가한다는 것을 기억하여라. 탄소와 수소가 대략 같은 전기음성도를 갖는다는 것을 기억하여라. 가장 흥미 있는 원자의 전기음성도의 순서는 다음과 같다.

$$H \approx C < Br < Cl = N < O < F$$

전기음성도의 증가 →

공유결합의 전자는 더 많은 시간을 전기음성도가 큰 원자 주위에서 보내기 때문에 이 원자는 형식전하가 나타내는 것보다 더 음전하를 가진다. 염화수소 분자를 생각해보자. Lewis 구조에서 두 원자의 형식전하는 영이다. 그러나 염소는 수소보다 전기음성도가 더 크다. 그러므로 공유전자쌍은 수소 주위에서보다 염소 주위에서 더 많은 시간을 보낸다. 염소는 Lewis 구조가 더 큰 전자밀도를 가지며 약간의 음전하를 띠게 된다. 마찬가지로 수소는 작은 전자밀도를 가지며 약간의 양전하를 가진다. 공유결합의 전자는 동등하지는 않지만 아직도 공유되어 있으므로 각 원자의 전하량은 1보다 작다. 염소에는 부분 음전하와 수소에는 부분 양전하를 띠게 된다. 그리스 문자 델타(δ)에 따라오는 전하의 부호를 이와 같은 전하를 나타내는 데 사용한다.

$$\overset{\delta+}{H}-\overset{\delta-}{\ddot{\underset{\cdot\cdot}{Cl}}}\!: \quad \text{또는} \quad \overleftrightarrow{H-Cl}$$

결합에 참여하는 두 원자의 같지 않은 전기음성도가 전하분리를 일으키면 그 결합을 **극성(polar)**이라고 한다. 염화수소는 극성결합을 가진다. 전하분리는 분자내

**표 1.2** 몇 가지 원소에 대한 전기음성도 값의 Pauling 척도

| Group | | | | | | |
|---|---|---|---|---|---|---|
| **1A** | **2A** | **3A** | **4A** | **5A** | **6A** | **7A** |
| H | | | | | | |
| 2.1 | | | | | | |
| Li | Be | B | C | N | O | F |
| 1.0 | 1.5 | 2.0 | 2.5 | 3.0 | 3.5 | 4.0 |
| Na | Mg | | Si | P | S | Cl |
| 0.9 | 1.2 | | 1.8 | 2.1 | 2.5 | 3.0 |
| | | | | | | Br |
| | | | | | | 2.8 |
| | | | | | | I |
| | | | | | | 2.5 |

양과 음극인 **쌍극자(dipole)**를 생성한다. 전하분리 양($e$)과 전하분리 거리($d$)의 적을 **쌍극자 능률($\mu$)**이라 부른다.

$$\mu = (e)(d)$$

쌍극자 능률은 방향과 양을 가진 벡터이다. 쌍극자 능률은 염화수소에서 이미 나타낸 쌍극자의 양극 끝에서 음극 끝으로 향한 화살로 나타낸다.

전하, $e$의 양은 $10^{-10}$ 정전기적 단위(esu)이고 거리, $d$는 $10^{-10}$ m이므로 $\mu$는 $10^{-20}$ esu m이다. 데바이 단위(D)는 $1 \times 10^{-20}$ esu m로 정의한다. HCl의 쌍극자 능률은 1.1D이다.

어느 결합의 쌍극자의 방향과 상대적인 양은 결합에 참여하는 원자의 전기음성도로부터 예측할 수 있다. 예를 들면 산소는 탄소보다 전기음성도가 크기 때문에 산소와 탄소 간의 결합의 전자는 산소 주위에서 더 많은 시간을 유지한다. 그러므로 산소는 쌍극자의 음극에 있게 된다. 탄소와 수소 간의 결합에서 두 원소는 유사한 전기음성도를 가진다. 그러므로 전자가 거의 동등하게 공유하면 약한 극성결합을 나타내며 이 결합을 **무극성결합(nonpolar bond)**이라 부른다.

**문제 1.11** 이 결합들의 쌍극자의 방향을 나타내어라.

| | | | |
|---|---|---|---|
| **a)** C—N | **b)** O—N | **c)** O—Cl | **d)** C—Cl |
| **e)** B—O | **f)** C—Mg | **g)** C—C | **h)** C—H |

화합물의 물리적 성질과 화학반응이 전하의 상호작용에 의존하므로 결합극성의 개념은 대단히 중요하다. 예를 들면 양전하를 찾는 시약은 탄소-산소결합의 탄소에 끌리게 된다.

지금까지 개개의 결합의 쌍극자를 예측할 수 있다. 분자의 전체 쌍극자 능률은 개개의 결합 쌍극자의 벡터합이다. 결합 쌍극자가 분자의 전체 쌍극자 능률을 예측하는 데 사용하기 전에 결합의 삼차원적 방향을 알아야 한다. 즉 분자의 모양을 알 필요가 있다.

## 1.10 분자의 모양

분자의 모양은 이론적인 고려가 아니라 실험을 통해서 결정한다. 그러나 각 분자의 모양을 기억하는 것을 원하지 않는다. 대신 Lewis 구조를 보고 분자의 모양을 예측할 능력이 필요하다. 몇 가지 모델이 이렇게 하는 데 사용된다. 가장 오래된 방법이 **원자가껍질 전자쌍 반발설(valence shell electron pair repulsion theory)**이며 두자어 *VSEPR*로 부른다. 이름이 의미하는 것처럼 원자가껍질에 있는 전자쌍이 서로 반발하여 가능한 한 멀리 떨어져 있으려고 한다. 유기화학에서 가장 중요한 *VSEPR*의 일부를 여기서 복습하게 될 것이다. 규칙은 다음과 같다.

### ▶▶ 규칙 1

**원자가껍질에 있는 전자쌍은 서로 반발하여 가능한 한 멀리 떨어져 있다.** 예를 들면 중심 원자 주위에 4개의 전자쌍이 배열되어 가능한 한 멀리 떨어져 있기 위해서는 그들은 정사면체의 정점에 위치해야 한다. 다른 전자쌍의 수로부터 가능한 한 가장 멀리 배열하여 생성되는 기하구조는 그림 1.11에 나타냈다.

분자의 모양을 나타내려고 할 때 종이 위에 삼차원적 대상을 어떻게 나타내는 가 하는 문제에 봉착한다. 어떤 결합은 페이지의 앞으로 다른 것은 뒤로 뻗어 있다. 보통 진한 쐐기는 페이지 면의 앞으로 뻗어 나온 결합을 나타내는 데 사용된다. 점선 쐐기는 페이지 면의 뒤로 뻗어 나간 결합을 나타내는 데 사용된다. 이 규약은 그림 1.11에서 분자모양을 나타내는 데 사용된다. 그림 1.12는 사면체 분자 $CH_4$에 대한 모양을 나타낸다. 이차원적인 그림으로부터 분자의 삼차원적인 모양을 그리는 것은 어렵다. 이 과정이 쉽게 될 때까지 모델 세트를 사용하는 것이 유용하다.

| 전자쌍의 수 | 기하구조 | 예 |
|---|---|---|
| 2 | 직선형 |  |
| 3 | 평면삼각형 |  |
| 4 | 사면체 | 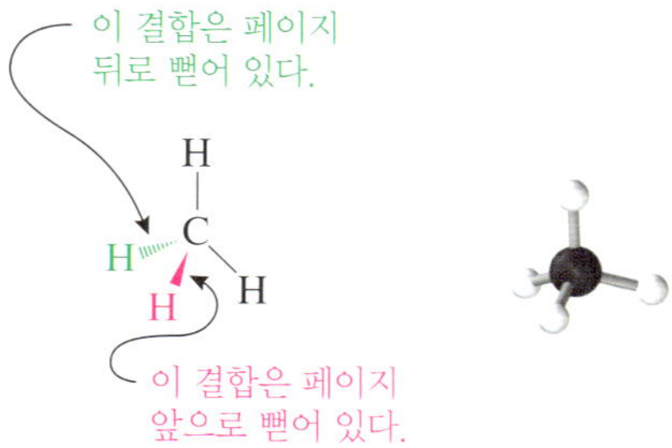 |
| 5 | 삼각 이중피라미드 | 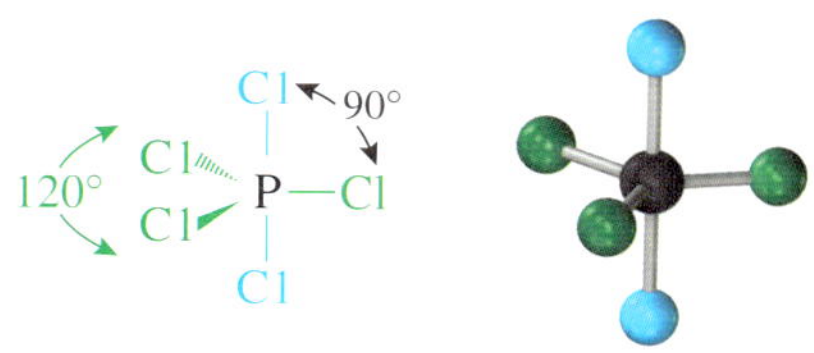 |
| 6 | 팔면체 |  |

그림 1.11 VSEPR설에 의한 분자의 모형.

**그림 1.12** 메테인, $CH_4$의 모양.

메테인의 공과 막대 모델
(원자들은 크기를 나타내지 않았다.)

메테인의 공간채움 모델
(원자의 정확한 상대적 크기를 나타냄)

### ▶▶ 규칙 2

**비공유전자쌍은 공유전자쌍보다 다른 쌍을 더 많이 반발한다.** 다른 원자 주위에서 시간을 보내는 공유전자쌍은 모든 시간을 그 원자 주위에서 보내는 비공유전자쌍보다 반발에 대하여 전하 농도를 많이 제공할 수 없다는 것은 합리적인 것처럼 보인다.

그림 1.13에 나타낸 암모니아, $NH_3$의 모양을 고려해보자. 암모니아는 원자가껍질에 4개의 전자쌍을 갖는다. 3개의 공유전자쌍과 1개의 비공유전자쌍을 갖는다. 이 4개의 전자쌍은 사면체 배열을 갖는다. 그러나 비공유전자상은 공유전자쌍보다 더 많이 반발하므로 공유전자쌍은 더 가깝게 밀어주어 결합각은 정확한 사면체 결합각 109.5°보다 107°가 된다. 보통 분자에서 전자의 위치가 아니라 원자의 위치를 나타내므로 암모니아는 **피라미드 분자**라고 부른다. 즉 질소와 3개의 수소는 피라미드를 형성한다. 그림 1.13은 물의 모양을 나타냈다. 사면체 배열을 가진 4개의 전자쌍이 있다. 2개의 비공유전자쌍은 공유전자쌍을 더 가깝게 밀어준다. 그 결과로 물은 결합각이 105°인 굽은 분자가 된다.

### ▶▶ 규칙 3

이중과 삼중결합은 1개의 공유전자쌍처럼 취급한다.

**그림 1.13** ⓐ 암모니아 ⓑ 물 분자의 모양.

공과 막대 모델

공간채움 모델

ⓐ 암모니아의 3개의 공유전자쌍과 비공유전자쌍은 질소 주위에 사면체로 배열된다. 질소와 3개의 수소에 의해 생성되는 기하구조는 피라미드이다. HNH 결합각은 109.5°(사면체의 결합각)보다 작다. 비공유전자쌍은 결합에서 공유전자쌍보다 더 크게 작용하기 때문이다.

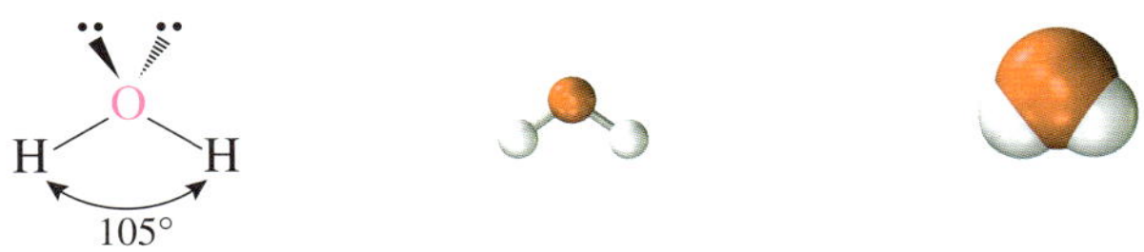


공과 막대 모델

공간채움 모델

ⓑ 물의 2개 공유전자쌍과 2개의 비공유전자쌍은 사면체로 배열된다. 3원자의 기하구조는 굽어 있고 2비공유전자쌍의 반발 때문에 HOH 각은 105°보다 작다.

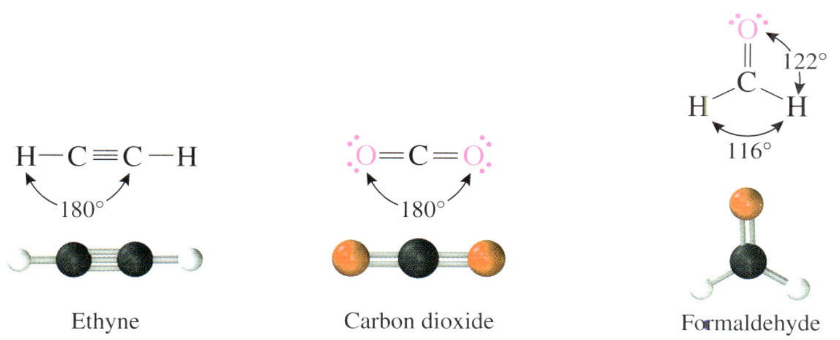


그림 1.14 ⓐ 에타인, $C_2H_2$; ⓑ 이산화탄소, $CO_2$; ⓒ 폼알데하이드, $CH_2O$의 모양.

ⓐ VSEPR설을 사용하기 위하여 삼중결합을 1개의 전자쌍처럼 간주하였다. 그러므로 각 탄소는 2개의 전자쌍을 갖는다. 기하구조는 각 탄소에 대해 직선형이고 전체로 직선형이다.

ⓑ 각 이중결합은 1개의 전자쌍으로 간주한다. 그러므로 탄소는 2개의 전자쌍을 가지며 기하구조는 직선형이다.

ⓒ 이중결합은 1개의 전자쌍으로 간주하며 탄소에 대한 기하구조는 평면삼각형이다. 예상되는 결합각은 120°이다. 실제로 HCO각은 120°이다. 이와 같은 벗어남은 결합이 같지 않기 때문이다. 사실 산소에 대한 이중결합은 수소에 대한 단일결합보다 더 클 것으로 예측된다.

이 규칙은 이용한 몇 가지 예를 그림 1.14에 나타냈다. VSEPR설과 추가적인 규칙을 사용하면 분자의 모양을 더 정확하게 예측할 수 있다. 예를 들면 $CH_2O$의 HCO 결합각은 그림 1.14에 나타낸 것처럼 120°보다 약간 크다는 것을 예측할 수 있다. 그러나 정확한 기하구조를 알 필요는 없다. $CH_2O$의 구조는 대략 평면삼각형이라는 것을 알면 충분하다.

**문제 1.12** 다음 화합물들의 탄소에서 기하구조를 예측하여라.

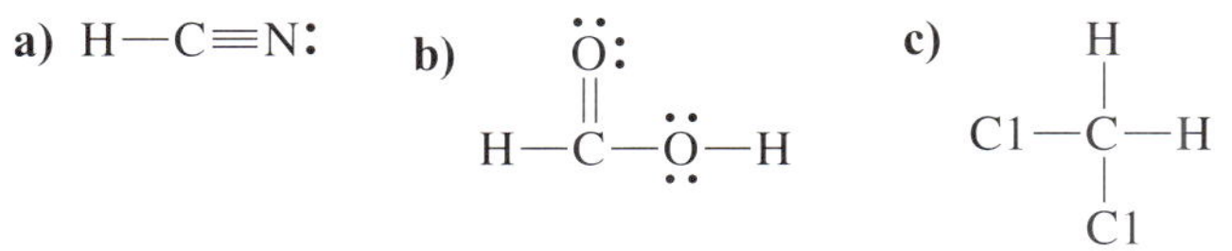

**문제 1.13** 지정된 원자에서 다음 화합물의 기하구조를 예측하여라.

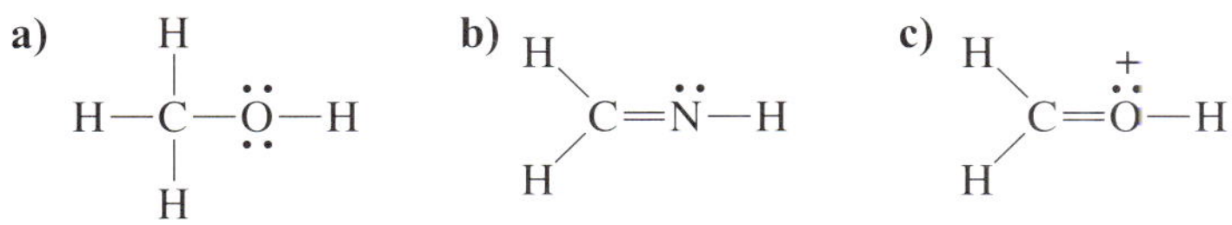

a) 탄소에서, 산소에서

b) 탄소에서, 질소에서

c) 탄소에서, 산소에서

## 1.11 쌍극자 능률

분자 전체의 쌍극자 능률은 개개의 결합쌍극자의 벡터합이다. 분자의 모양이 알려지면 벡터합은 그 분자의 쌍극자 능률의 방향을 예측하는 데 사용된다. 몇 가지 예를 그림 1.15에 나타냈다. 예측은 실험결과와 일치하였다. 예를 들면 $CO_2$는 실험으로 컴퓨터 생성 정전기적 퍼텐셜 지도는 분자의 계산된 전자밀도를 나타내는데 색을 사용하였다. 전자 많은 영역은 적색, 전자 부족 영역은 청색으로 나타냈다.

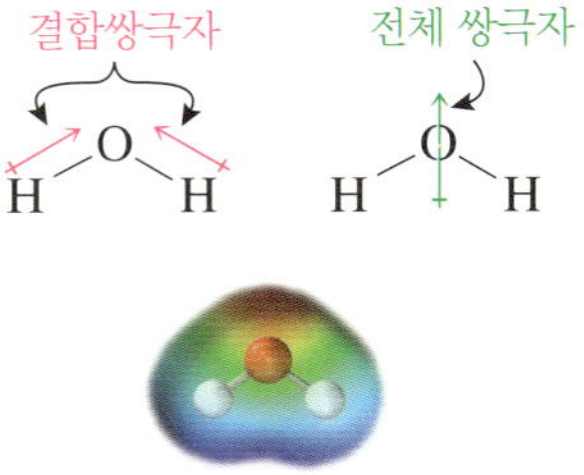


물($H_2O$)에 대한 정전기적 퍼텐셜 지도

왼편 구조는 물의 개개의 결합쌍극자를 나타내었다. 오른쪽 구조에 나타낸 벡터합은 분자 전체 쌍극자 능률의 방향을 나타낸다. 그 양은 1.8 D이다.

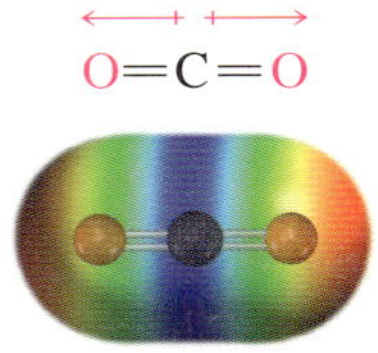

이산화탄소($CO_2$)에 대한 정전기적 퍼텐셜 지도

$CO_2$의 개개의 결합쌍극자는 반대방향으로 향한다. 이것들은 벡터합으로 상쇄되므로 이 화합물의 쌍극자 능률은 영이다.

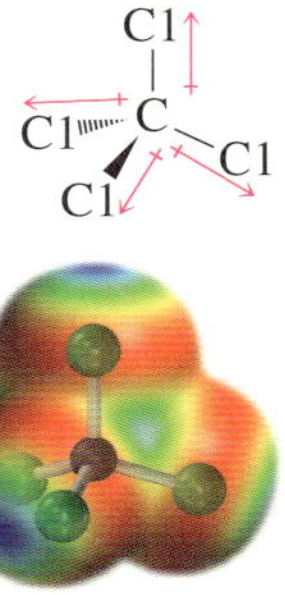

사염화탄소($CCl_4$)에 대한 정전기적 퍼텐셜 지도

$CCl_4$의 개개결합은 벡터합으로 상쇄되어 전체 쌍극자 능률은 영이다.

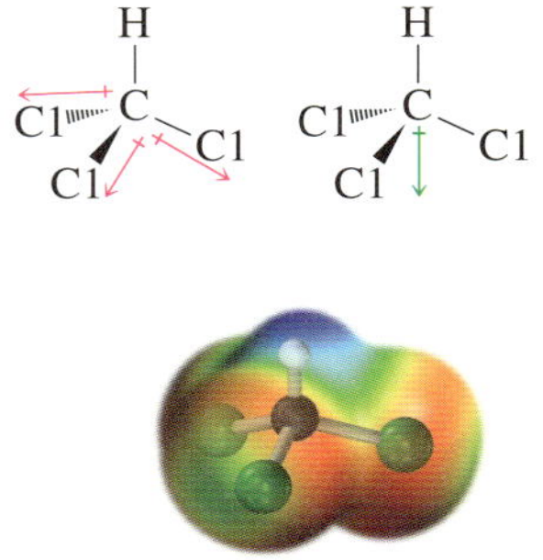

트라이클로로메테인($HCCl_3$)에 대한 정전기적 퍼텐셜 지도

$HCCl_3$에 대한 개개의 결합쌍극자를 처음 구조에서 나타내었다. 벡터 합으로 전체 쌍극자 능률은 1.9 D이고 방향은 두 번째 구조에서 나타내었다.

**그림 1.15 결합쌍극자로부터 쌍극자 능률을 얻는다.**

쌍극자 능률이 영이라는 것이 알려졌다. 이것은 무극성 분자이다. 결합은 극성이기 때문에 결합 쌍극자가 상쇄 되어야만 가능하다. 그러므로 $CO_2$는 직선형 분자이다. 한편 물은 극성이기 때문에 쌍극자 능률은 1.8 D이고 직선형 분자는 아니다. 무극성 탄소-탄소와 탄소-수소결합을 가진 분자는 작은 쌍극자 능률을 가지며 무극성이라고 말할 수 있다.

## 예제 1.4

이 화합물의 쌍극자 능률의 방향을 예측하여라.

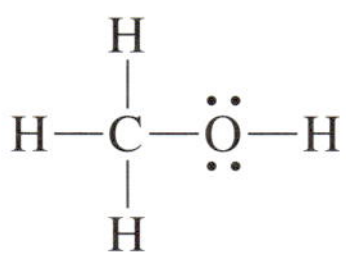

### 전략

VSEPR설은 분자에서 각 원자에서 기하구조와 전체 모양을 결정하는 데 사용된다. 원자의 전기음성도의 차를 근거로 해서 결합이 극성인지를 결정한다. 이 결합들의 개개 결합쌍극자에 대한 방향을 제시하여라. 분자의 전체 쌍극자에 대한 대략의 방향을 얻기 위하여 결합쌍극자의 벡터합의 결과를 산출하여라.

### 풀이

문제 1.13에서 이 분자의 4개의 결합전자쌍을 가진 탄소에서 기하구조가 사면체라는 것을 알 수 있었다. 산소(2개의 결합전자쌍과 2개의 비공유전자쌍)에서 전자쌍의 기하구조는 사면체이므로 C—O—H 원자의 기하구조는 굽어 있다. C—H 결합은 무극성이고 O—H와 O—C 결합은 다 극성이다. 산소가 탄소 또는 수소보다 전기음성도가 크기 때문에 산소에서 결합극성의 음성 말단이 생성된다. 벡터합으로 얻어진 전체 쌍극자 능률을 여기에 나타냈다.

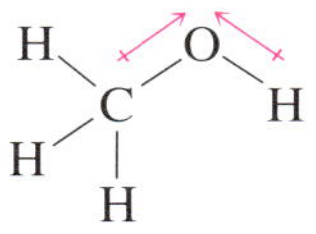

결합쌍극자

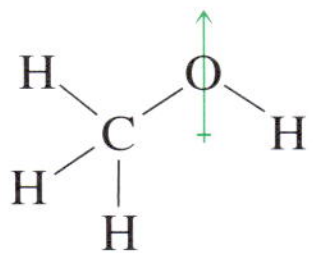

전체 쌍극자

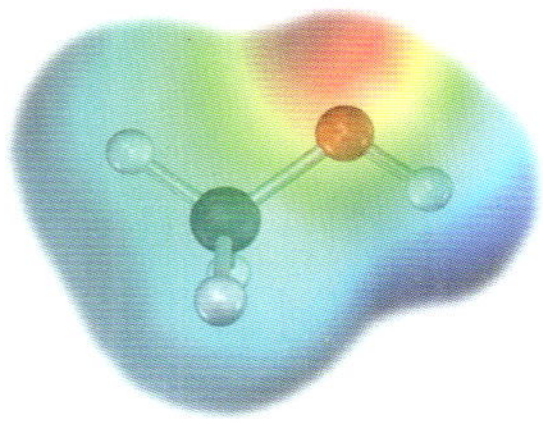

**문제 1.14** 다음 화합물의 쌍극자 능률의 방향을 예측하여라.

**a)**

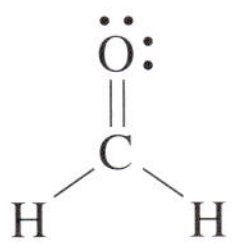

**b)**

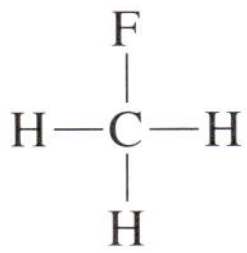

**c)**

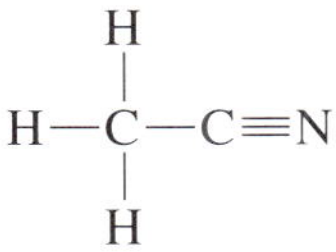

다음 장에서 여기서 다룬 간단한 결합이 분자의 안정성을 이해하고 예측하는 데 사용될 것이다. 분자의 구조가 어떻게 물리적 화학적 성질에 영향을 미치는가를 배우게 될 것이다.

## 추가문제

**1.15** 다음 화합물의 결합이 이온 또는 공유결합인지를 설명하고 Lewis 구조를 써라.

**a)** KCl **b)** $NCl_3$ **c)** NaCN **d)** KOH

**1.16** P와 H로부터 형성되는 가장 간단한 중성분자에 대한 분자식은 무엇인가? 이 화합물에 대한 Lewis 구조를 쓰고 모양을 예측하여라.

**1.17** 다음 화합물들의 Lewis 구조를 써라.

**a)** $CH_5N$ **b)** $C_2H_5Cl$ **c)** $N_2$ **d)** $CH_2S$ **e)** $C_2H_3F$ **f)** $CH_4S$

**1.18** 다음 화합물에서 수소를 제외한 모든 원소의 형식전하를 계산하여라.

**a)** 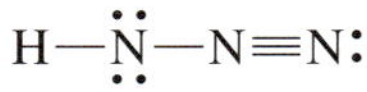 **b)** 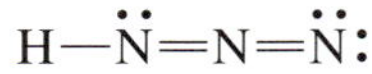 **c)** 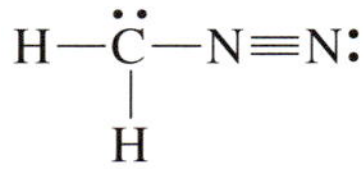

**d)** 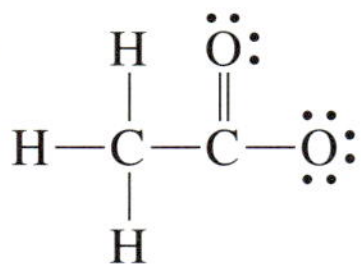 **e)** 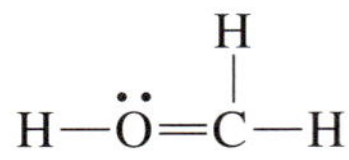 **f)** 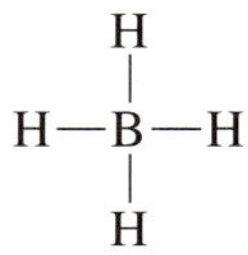

**1.19** 다음 두 구조 중 어느 구조가 더 안정한가를 설명하여라. 이성질체인가 또는 공면구조인가를 설명하여라.

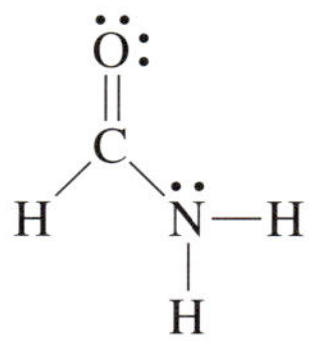 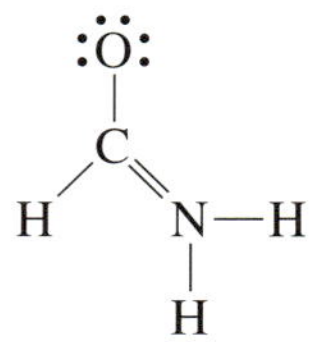

**1.20** 일산화탄소(CO)에 대한 Lewis 구조를 써라. 원자의 형식전하를 계산하고 이 화합물의 안정성을 설명하여라.

**1.21** 진한 쐐기와 점선 쐐기 선을 사용하여 다음 분자의 모양을 나타내어라. 각 극성결합의 결합쌍극자를 나타내고 각 분자의 전체 쌍극자를 나타내어라.

**a)** 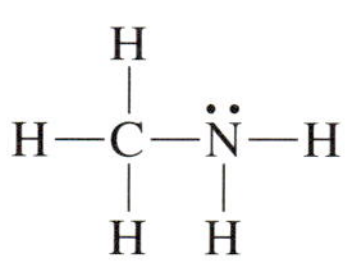 **b)** 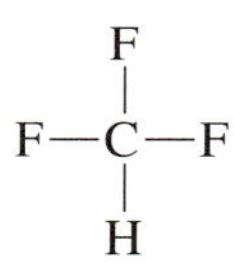 **c)** 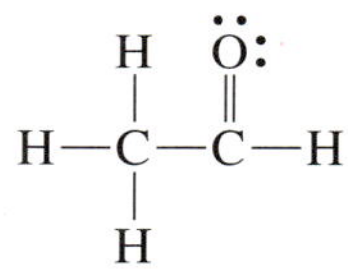

**1.22** 다음 화합물에서 수소를 제외한 각 원자의 기하구조를 예측하여라.

**a)** 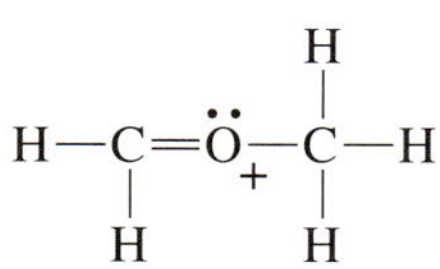 **b)** 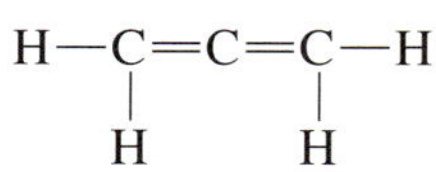

**1.23** **a)** 다음 음이온의 비공유전자쌍을 나타내어라. S는 형식전하가 −1이고 다른 원자의 형식전하는 영이다.

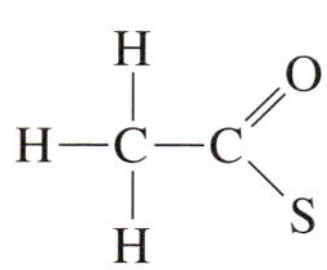

**b)** 이 이온에 대한 공명구조를 써라.

1.24 두 탄소가 산소에 결합된 $C_2H_6O$에 대한 Lewis 구조를 나타내어라. 산소에서 이 분자의 기하구조는 무엇인가? 분자에 대한 쌍극자의 방향을 나타내어라.

1.25 $NO_2^-$에 대한 Lewis 구조를 나타내어라. (두 산소는 질소에 결합되어 있다.) 공명구조를 나타내어라.

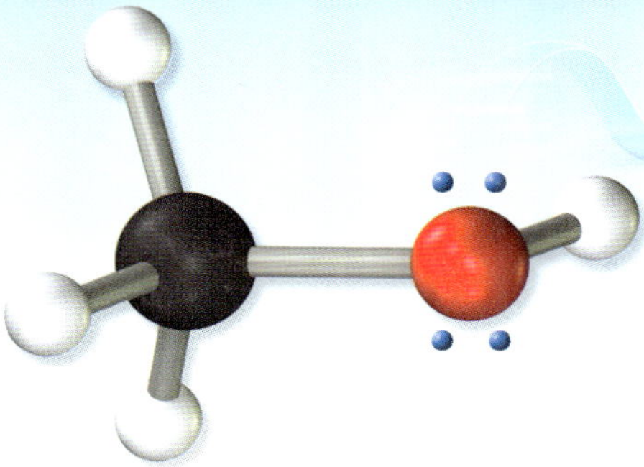

# CHAPTER 2 유기화합물

**유기화학 숙달**

- 안정한 결합배열의 인지
- 결합세기와 결합길이에 대한 경향의 이해
- 구조 이성질체 그리기
- 불포화도의 계산과 이용
- 선구조, 축소구조 및 골격구조의 사용
- 분자간의 인력이 녹는점, 끓는점 및 용해도에 어떻게 영향을 미치는가를 이해
- 작용기 인지

이제 결합에 대한 기본적 이해를 새롭게 해서 유기화합물을 더 자세히 공부할 준비를 해야 한다. 이 장의 목적은 간단한 유기화합물에 대한 더 많은 경험을 쌓는 것이다. 어떻게 원자가 연결되며(분자의 구조) 그들의 구조가 어떻게 성질에 영향을 미치는가를 배우게 될 것이다. 이 장에서 결합길이와 결합세기의 논의를 포함해서 분자에서 원자가 어떻게 결합하는가의 기술을 시작할 것이다. 다음에 분자의 원자가 어떻게 연결되는가를 나타낸 구조식을 자세히 논의할 것이다. 유기화학에서 구조식은 대단히 중요하다. 대부분의 분자식에서 원자는 많은 다른 방법으로 조립되어 이성질체를 형성할 수 있기 때문이다. 그러므로 분자에 대한 구조식은 특정한 화합물을 규정할 필요가 있다. 구조식을 그리는 데 유용한 불포화도를 소개하였다. 어떻게 화합물의 구조가 그 화합물의 물리적 성질을 평가할 수 있는가를 배우게 될 것이다. 화합물이 실온에서 고체, 액체 혹은 기체가 될 것인가 혹은 물에 용해될 것인가를 예측할 수 있다. 끝으로 가장 중요한 개념, 작용기를 소개할 것이다.

## 2.1 통상적 결합상태

1장에서 8전자계 규칙을 만족하고 있는 분자가 안정하게 된다는 것을 배웠다. 더욱이 분자의 형식전하의 존재는 불안정의 요인이 된다. 원자가 결합되는 통상적 방법은 두 기준을 사용해서 이해할 수 있다. 그러므로 탄소는 보통 4개의 결합을 형성한다. 다른 배열은 8전자계 규칙을 만족하지 않으며 혹은 탄소에 전하를 가진다. 그러나 탄소는 가끔 더 불안정한 결합배열의 하나와 만나게 된다. 다양한 원자에 대한 통상적 및 비통상적 결합상태를 그림 2.1, 그림 2.2 및 그림 2.3에 나타냈다.

**그림 2.1 ⓐ 수소와 ⓑ 탄소에 대한 결합배열.**

ⓐ 수소는 항상 1개의 결합을 가진다. 예외는 드물다.

ⓑ 가장 안정한 형태에 있는 탄소는 4개의 결합을 갖는다. 단일결합, 이중결합 및 삼중결합이 될 수 있다. 이것들은 탄소의 가장 보편적인 결합상태이다.

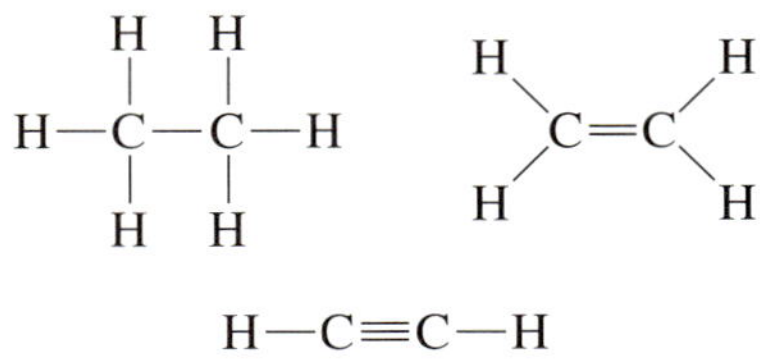

탄소는 때때로 음전하와 3개의 결합만을 가진다. 이와 같은 **카보음이온**(carbanion)은 위에 있는 화합물보다 불안정하지만 상당히 중요하다.

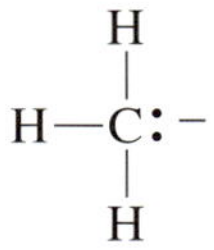

카보음이온

탄소의 원자가 전자껍질에 7개의 전자만을 가진 탄소 **라디칼**(radical)과 탄소에 양이온과 6개의 전자만을 가진 **카보양이온**(carbocation)은 8전자계 규칙을 만족키지 못하고 있으며 대단히 불안정하다. 이 화학종들은 어떤 화학반응에서 대단히 반응성이 큰 전이 중간체로 발견된다.

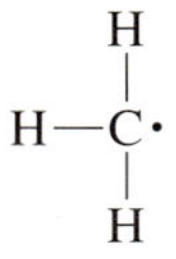

라디칼

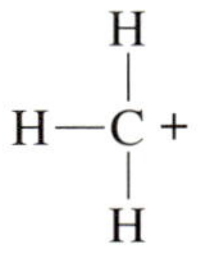

카보양이온

---

**문제 2.1** 다음의 각 화학종들을 8전자계 규칙과 형식전하를 근거로 해서 논의하여라.

**a)**

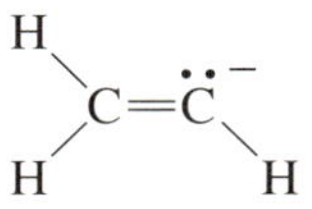

**b)**

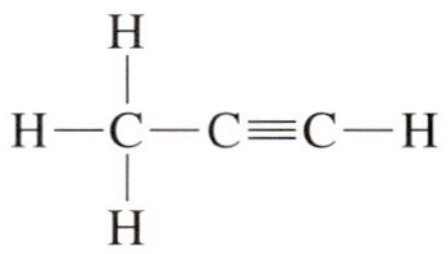

**c)**

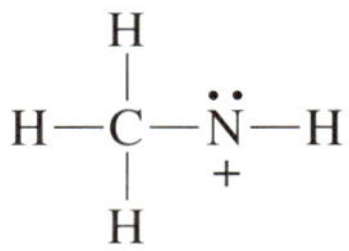

**d)**

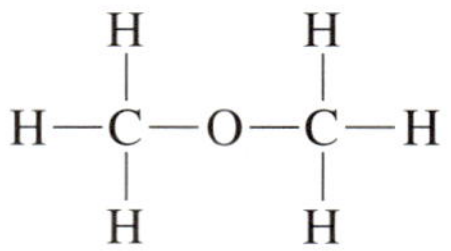

**e)**

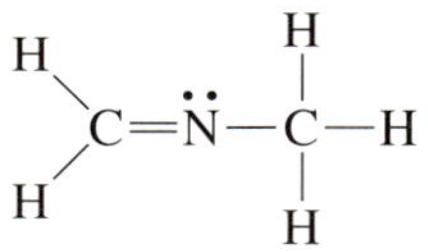

---

탄소는 때때로 음전하와 3개의 결합만을 가진다. 이와 같은 **카보음이온(carbanion)**은 위에 있는 화합물보다 불안정하지만 상당히 중요하다.

탄소의 원자가 전자껍질에 7개의 전자만을 가진 **탄소라디칼(radical)**과 탄소에 양이온과 6개의 전자만을 가진 **카보양이온(carbocation)**은 8전자계 규칙을 만족키지 못하고 있으며 대단히 불안정하다. 이 화학종들은 어떤 화학반응에서 대단히 반응성이 큰 전이 중간체로 발견된다.

## 2.2 결합세기와 결합길이

그림 2.1, 그림 2.2 및 그림 2.3에서 설명한 결합상태에 있는 결합들은 안정하다. 이것은 이들 결합절단에 상당량의 에너지를 화합물에 가해주어야 한다는 것을 의미한

ⓐ 질소는 항상 1개의 비공유전자쌍과 3개의 결합을 갖는다. 결합은 단일결합, 이중결합 및 삼중결합이 된다.

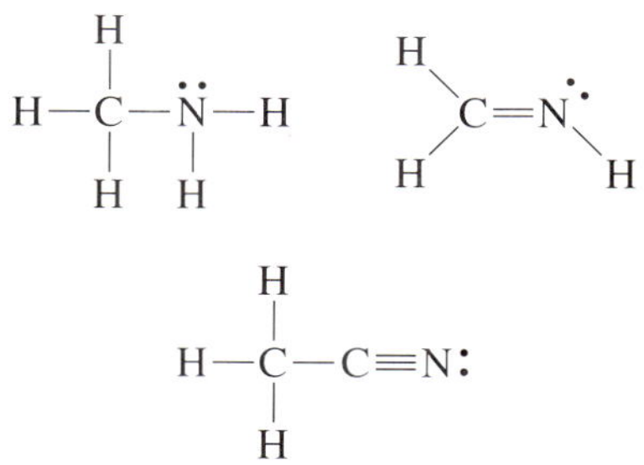

또한 질소는 4개의 결합과 양전하 혹은 2개의 비공유전자쌍, 2개의 결합 및 음전하를 가진다. 이 두 화학종은 8전자계 규칙을 만족하고 있기 때문에 상당히 보편적이다.

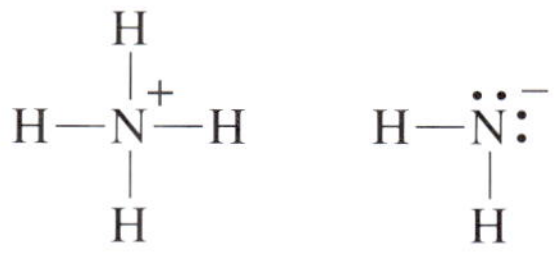

ⓑ 산소는 항상 2개의 결합과 2개의 전자쌍을 갖는다. 결합은 단일 혹은 이중결합이 될 수 있다.

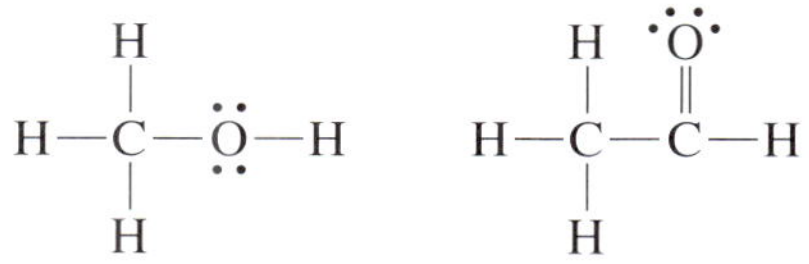

1개의 결합, 2개의 전자쌍 및 음전하 혹은 3개의 결합, 1개의 비공유전자쌍 및 양전하를 가진 산소는 상당히 보편적이다.

ⓒ 할로겐은 항상 1개의 결합과 3개의 비공유전자쌍을 갖는다. 또한 안정한 음이온으로도 발견된다. 더욱이 Cl, Br 및 I는 원자가 껍질에 8개 이상의 전자를 가질 수 있다.

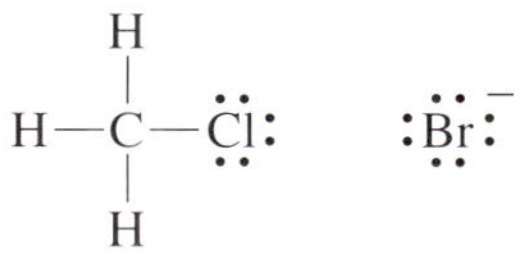

**그림 2.2** ⓐ 질소, ⓑ 산소 및 ⓒ 할로겐에 대한 결합배열.

ⓐ 인은 주기율표에서 질소 바로 밑에 있기 때문에 유사한 결합 경향을 갖는다. 그러므로 인은 3개의 결합과 1개의 비공유전자쌍을 가진다. 그러나 인은 주기율표에서 3주기에 있기 때문에 원자가 전자껍질에 8개 이상의 전자를 수용할 수 있다.

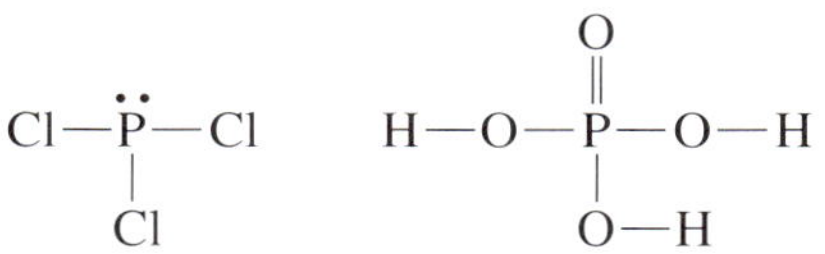

ⓑ 황은 주기율표에서 산소 밑에 있다. 그러므로 황은 2개의 결합과 2개의 비공유전자쌍을 갖는다. 황은 그 원자가껍질에 8개 이상의 전자를 수용할 수 있다.

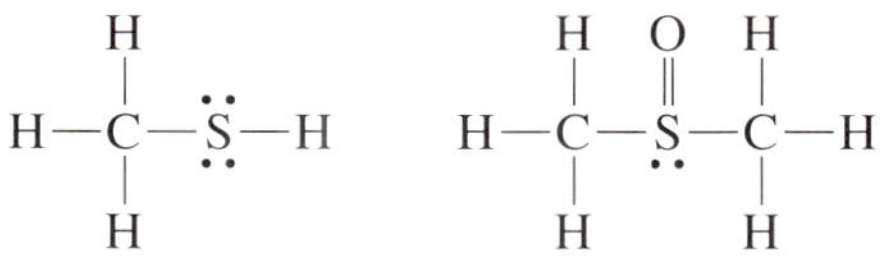

**그림 2.3** ⓐ 인과 ⓑ 황에 대한 결합배열.

다. 이 결합의 세기를 **결합해리에너지(bond dissociation energy)**라고 한다. 이것은 기체상태에서 균일형태로 결합을 분해하는데 가해주는 에너지 양으로 정의된다. 즉 결합이 대칭적인 방법으로 절단되어 각 원자에 1개의 전자만 남는다. 예를 들어 다음에 나타낸 에테인의 한 탄소-수소결합의 균일분해에는 98 kcal/mol(410 kJ/mol)의 에너지를 가해 줄 필요가 있다. 그러므로 에테인의 C — H 결합에 대한 결합해리

에너지는 98 kcal/mol(410 kJ/mol)이다.

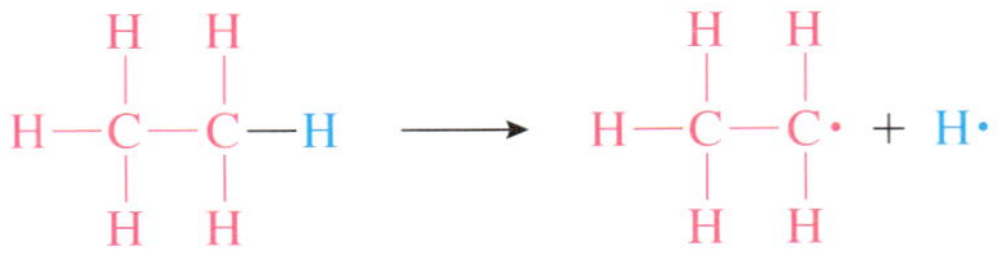

+98 kcal/mol
(+410 kJ/mol)

C — H 결합해리에너지는 모든 화합물에서 같은 것은 아니다. 탄소에 결합된 다른 탄소에 의존한다. 예를 들면 메테인, $CH_4$에 대한 C — H 결합해리에너지는 에테인에 대한 98 kcal/mol(410 kJ/mol)에 비하여 104 kcal/mol(435 kJ/mol)이다. 물론 다른 결합해리에너지는 포함한 원자에 대한 다른 결합에 의존한다.

표 2.1에 흥미 있는 많은 결합에 대한 전형적인 결합해리에너지를 수록하였다. 표 2.2에 같은 결합에 대한 대략의 결합길이를 수록하였다. 이 정보로부터 수를 기억하지 말고 어떤 경향성을 식별할 수 있는가를 살펴보아라.

1. 결합길이와 결합세기 간에는 상관관계가 있다: 더 강한 결합은 결합길이가 더 짧아진다.
2. H와 2주기 원소 C, N 및 O간의 결합은 모두 강하고 100 kcal/mol(418 kJ/mol)에 접근 한다. 결합길이는 약 1Å(1Å = $10^{-10}$ m = 100 pm)이다.
3. C와 다른 2주기 원소와의 결합은 상당히 강하고 70~80 kcal/mol(290~335 kJ/mol) 근처이다. 결합길이는 모두 1.5Å 정도이다. 다원자가 원자에 대해서는 탄소만이 탄소 자신과 다른 원소와 강한 결합을 형성한다. 예를 들면 8전제 규칙을 만족하고 있는 경우라도 O — O 결합해리에너지는 34 kcal/mol(142 kJ/mol)이고 N — O에 대해서는 단지 39 kcal/mol(163 kJ/mol)이다. 원자에 결합된 비공유전자쌍간의 반발 때문에 이 결합들은 C — C 결합보다 약하다. 이런 이유로 결합된 탄소 사슬만을 발견할 수 있다.
4. 탄소-할로겐 결합은 할로겐의 원자번호가 커질수록 더 약해지고 더 길어진다. 주기표의 3주기와 그 이후 주기의 다른 원자를 포함하는 결합에 대해서도 동일하다. 예를 들면 Si — Si 결합은 C — C 결합보다 상당히 더 약하다.
5. 이중과 삼중결합은 단일결합보다 더 강하고 더 짧다. 그러나 C — C 이중결합은 C — C 단일결합보다 2배가 되지 않고 삼중결합은 3배 강한 것은 아니다. 한편 C — O 이중결합은 C — O 단일결합보다 2배 이상 강하다. 그러므로 C — O 이중결합은 보편적이고 중요한 결합이다.

대부분의 유기화합물은 일차적으로 탄소에 대한 공유결합에 근거를 두고 있다. 이 탄소들은 다른 탄소와 사슬 혹은 고리로 결합되어 있다. 또한 수소와 결합될 수 있다. 더욱이 C가 O, N(H와 결합할 수 있다) 및 할로겐(특별히 Cl과 Br)과 결합된 화합물은 보편적이다. S와 P 혹은 다른 원소를 포함하고 있는 화합물은 안정하지만 보편적이지는 않다. 탄소는 C, N 혹은 O와 이중결합될 수 있다. 혹은 C와 N과 삼중결합될 수 있다.

**표 2.1 전형적인 결합해리에너지**

| 결합 | 결합해리에너지 |
|---|---|
| C — H | 98(410) |
| N — H | 92(385) |
| O — H | 109(456) |
| C — C | 81(339) |
| C — N | 66(276) |
| C — O | 79(330) |
| C — F | 116(485) |
| C — Cl | 79(330) |
| C — Br | 66(276) |
| C — I | 52(217) |
| C = C | 145(606) |
| C ≡ C | 198(828) |
| C ≡ O | 173(723) |
| C ≡ N | 204(854) |

* 단위는 kcal/mol(kJ/mol)

**표 2.2 대략 결합길이**

| 결합 | 결합길이 |
|---|---|
| C — H | 1.10 |
| N — H | 1.00 |
| O — H | 1.00 |
| C — C | 1.54 |
| C — N | 1.47 |
| C — O | 1.41 |
| C — F | 1.38 |
| C — Cl | 1.78 |
| C — Br | 1.94 |
| C — I | 2.14 |
| C = C | 1.34 |
| C ≡ C | 1.20 |
| C = O | 1.20 |
| C ≡ N | 1.16 |

* 단위 Å(Å = $10^{-10}$ m)

## 2.3 구조이성질체

지금까지 얻은 경험으로 분자식에 대한 구조를 쉽게 그릴 수 있고 또한 이 구조로 나타낸 화합물의 안정성을 대략적으로 평가할 수 있다. 예를 들어 분자식 $C_2H_6O$인 화합물에 대한 구조를 나타내보자. 수소원자가 없는 C — C — O 또는 C — O — C 배열로 출발하는가에 따라 2가지 방법으로 이 원자들을 조립할 수 있다.

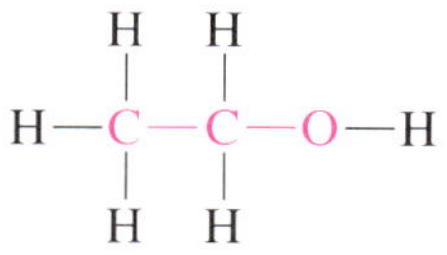

Ethanol
(ethyl alcohol)

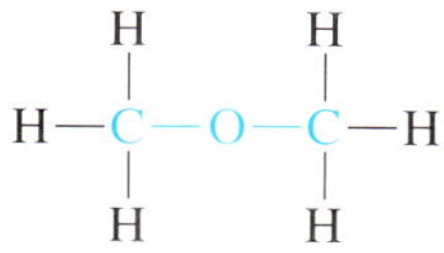

Dimethyl ether

두 구조 중 어느 구조가 옳은가? 다 8전자계 규칙을 만족하고 있으며 형식전하도 없어서 비교적 안정하다는 것을 예측할 수 있다. 지금까지 배운 것을 근거로 해서 어느 구조가 더 안정한지 예측할 수 없다. 사실 이들 화합물은 대단히 안정해서 시약병에 넣을 수 있다. 그러나 이들은 다른 화합물이다. 에틸 알코올은 음료에서 발견되는 알코올이며 실온에서 액체이다. 대조적으로 다이메틸 에터는 실온에서 기체이며 독성이 있다. 1.7절에서 언급한 것처럼 같은 분자식을 가지며 결합된 원자의 배열이 다른 (다른 구조 또는 다른 연결) 이와 같은 화합물을 **구조이성질체(constitutional isomer 또는 structural isomer)**라 부른다. 구조이성질체는 유기화합물에서 대단히 보편적이다. 이것이 논의 중인 화합물이 왜 분자식보다는 구조로 나타낼 필요가 있는가에 대한 또 다른 이유이다.

분자에서 원자의 수가 증가함에 따라 가능한 구조이성질체의 수가 증가한다. 표 2.3에 나타낸 일련의 **탄화수소**(탄소와 수소만으로 형성된 화합물)를 생각해보자. 분

**표 2.3** 일련의 탄화수소에 대한 구조이성질체의 수

| 분자식 | 구조이성질체의 수 |
|---|---|
| $CH_4$ | 1 |
| $C_2H_6$ | 1 |
| $C_3H_8$ | 1 |
| $C_4H_{10}$ | 2 |
| $C_5H_{12}$ | 3 |
| $C_6H_{14}$ | 5 |
| $C_7H_{16}$ | 9 |
| $C_8H_{18}$ | 18 |
| $C_9H_{20}$ | 35 |
| $C_{10}H_{22}$ | 75 |
| $C_{20}H_{42}$ | 366,319 |
| $C_{30}H_{62}$ | 4,111,846,763 |

**그림 2.4** $C_6H_{14}$에 대한 구조이성질체

첫 번째 이성질체는 6개 탄소의 곧은 사슬로 시작된다. 다음에 수소를 가해주면 이성질체 ①이 생성된다. 이 이성질체는 C의 연속사슬로 되어 있다. 분자의 모양을 나타내는 것은 아니기 때문에 탄소사슬을 직선으로 그리거나 굽게 그리거나 문제가 되지 않는다. 다음 그림은 이성질체 ①을 나타내는 다른 방법이다.

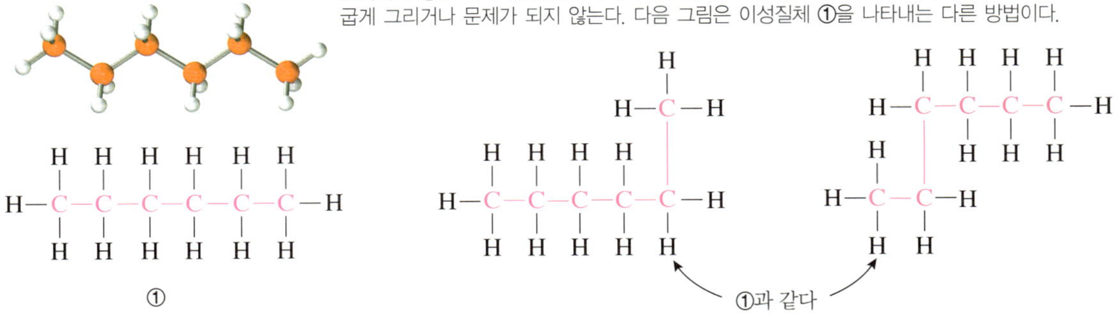


두 번째 이성질체는 5개의 C사슬로 출발한다. 나머지 탄소를 탄소사슬의 안쪽에 가해준다(나머지 탄소를 탄소사슬의 말단에 가해주면 이성질체 ①이 생성된다). 이렇게 하는 데는 두 가지 방법이 있는데 이성질체 ②와 ③이 생성된다. 다음의 최종 구조를 회전시키면 이성질체 ②와 같아진다.

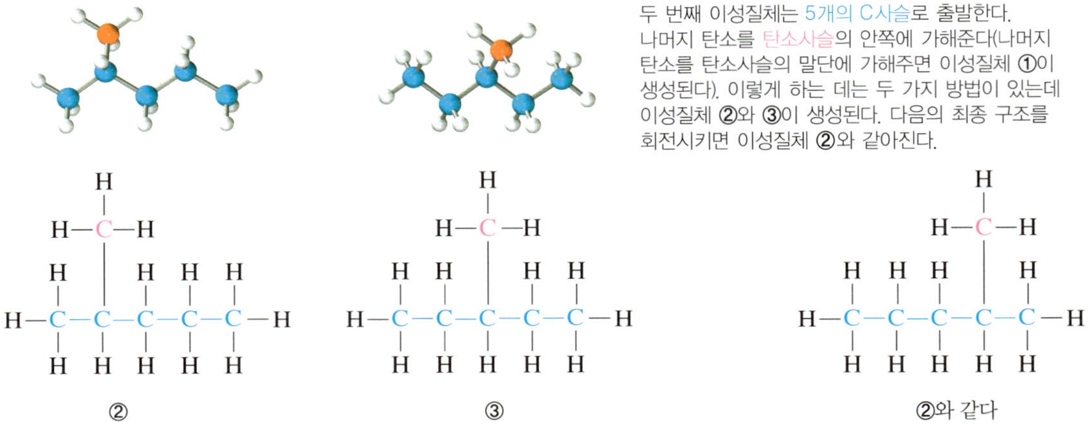


전체 이성질체는 5개이다. 마지막 2개의 이성질체를 얻기 위하여 4개의 C로 시작한다. 이성질체 ④와 ⑤와 같이 나머지 2개의 C를 중앙 탄소에 가해준다. 어떤 다른 배열도 이 5개의 이성질체 중의 하나가 생성된다. 예를 들어 나머지 탄소를 두 탄소 사슬로 해서 중앙 탄소사슬에 가해주면 이성질체 ③의 굽은 형태가 생성된다.

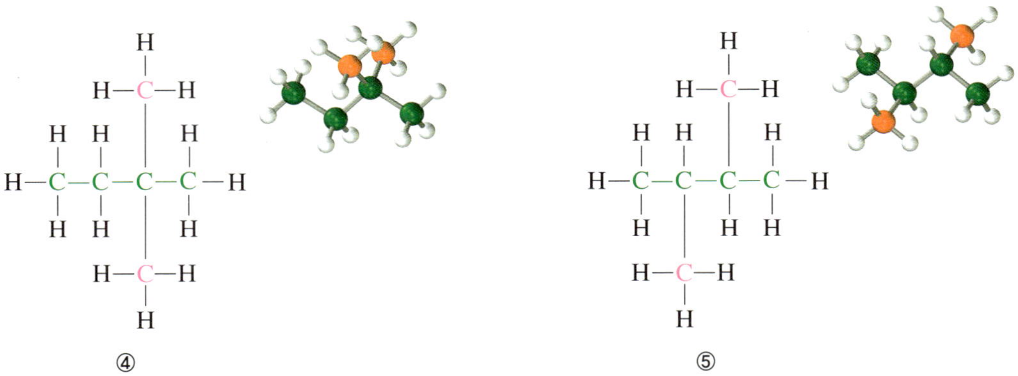


자식 $CH_4$를 가진 화합물은 1개이지만 분자식 $C_{10}H_{22}$를 가진 75개의 구조이성질체(75개의 모든 구조이성질체는 제조되어 확인되었다)가 존재하고 분자식 $C_{30}H_{62}$는 4백만 이상의 이성질체가 존재한다.

주어진 분자식으로부터 이성질체 수를 계산하는 일반적인 방법은 아직도 개발되지 못하였다. 이 문제는 너무 복잡하다. 그러나 몇 가지 방법이 특수한 경우에 적용

하기 위하여 개발되었다. 그 중 하나가 분자식 $C_{30}H_{62}$에 대해 이성질체의 수를 결정하는 데 사용된다. 더 최근에 그라프설이라 부르는 수학의 한 형태가 어떤 형태의 분자식에 대해 성공적으로 적용되었다. 그러나 일반적 해결은 문제로 남겨졌다. 따라서 특별한 분자식의 이성질체 수를 결정할 때는 모든 구조를 그려보아야 한다. 분명히 이것은 간단한 경우에만 이루어질 수 있다.

얼마나 무한한 수의 유기화합물이 알려졌는가? Chemical Abstract Service(CAS)는 출판되는 모든 화학문헌을 조사하여 문헌에 보고된 모든 화합물을 표로 만들어 수록하였다. 이 대부분의 화합물이 유기화합물이다. CAS는 2003년까지 2천2백만 이상의 화합물을 등록 수록하였다.

초보자는 특정한 분자식에 대한 모든 이성질체를 빠트리거나 중복되지 않게 그리는 것은 어렵다. 그러나 체계적인 방법을 사용하면 간단한 예에서는 쉽게 그릴 수 있다. 이 과정을 그림 2.4에서 $C_6H_{14}$에 대해 설명하였다. 이 구조들은 이성질체의 연결만을 나타내었을 뿐 분자의 모양은 나타내지 않았다. 개개의 구조가 뒤틀려 있다 할지라도 연결이 같은 한은 그 구조는 같은 이성질체를 나타낸다.

**문제 2.2** 분자식 $C_5H_{12}$를 가진 3개의 구조이성질체를 써라.

## 예제 2.1

분자식 $C_5H_{11}Cl$을 자진 8개의 구조이성질체가 있다. 각 이성질체의 구조를 써라.

### 전략

이와 같은 문제에서 가능한 한 체계화하는 것이 중요하다. H와 같이 Cl의 원자가도 1이다. 그러므로 $C_5H_{11}$은 $C_5H_{12}$의 1개의 H를 Cl로 치환하여 생성된다. $C_5H_{12}$는 3개의 이성질체(문제 2.2를 보라)를 갖는다. 이들 각각은 다른 $C_5H_{11}Cl$ 이성질체 세트를 형성한다. 그러므로 $C_5H_{12}$의 각 이성질체로 출발하여 다른 H를 Cl로 치환한다.

### 풀이

$C_5H_{12}$의 곧은-사슬 이성질체로 출발한다. 이 화합물은 3개의 다른 수소를 가진다. 이 수소를 염소로 치환하면 $C_5H_{11}Cl$의 3개의 이성질체가 생성된다.

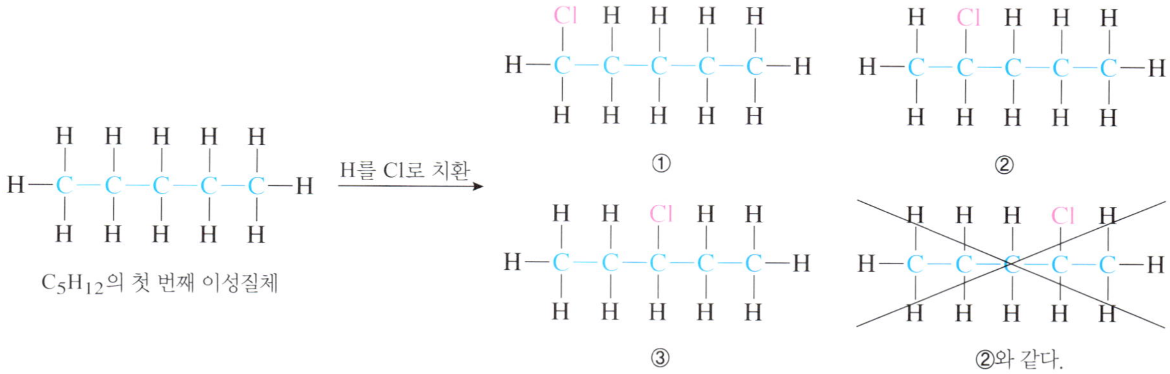

$C_5H_{12}$의 제2의 이성질체는 $C_5H_{11}Cl$의 4개의 이성질체를 생성한다.

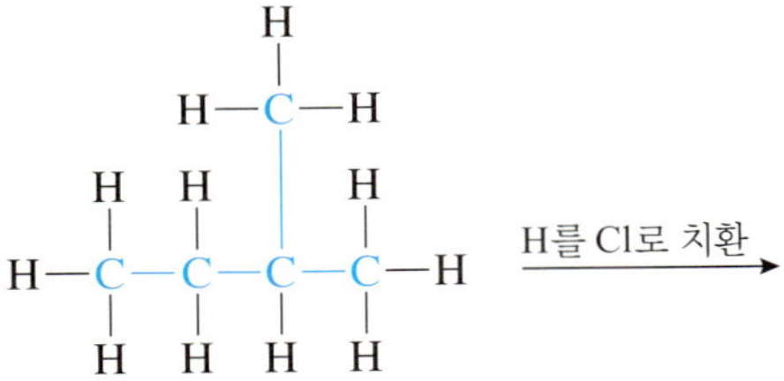

$C_5H_{12}$의 두 번째 이성질체

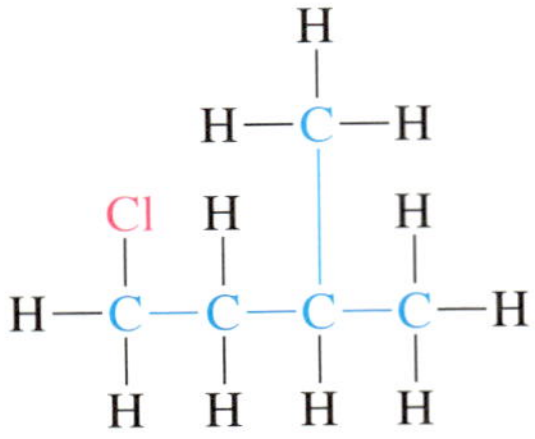

④

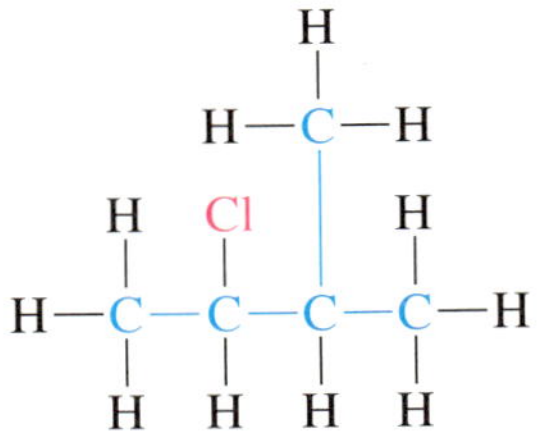

⑤

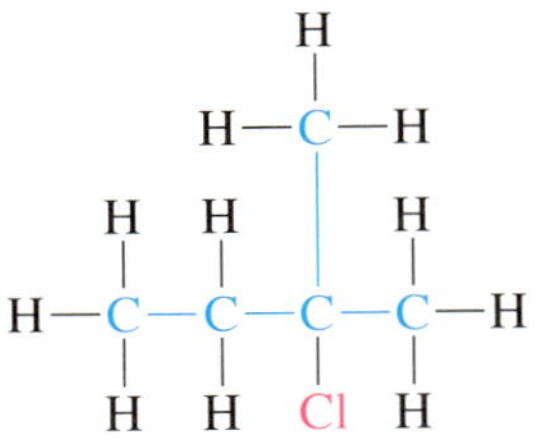

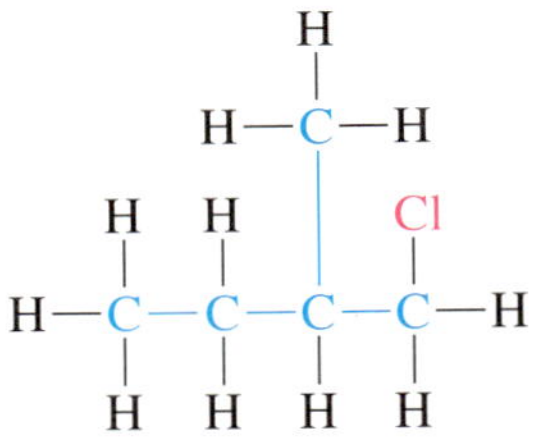

$C_5H_{12}$의 제3의 이성질체는 대칭이다. 모든 수소는 동일하기 때문에 $C_5H_{11}Cl$의 1개의 이성질체가 생성된다. 모두 8개의 이성질체를 얻을 수 있다.

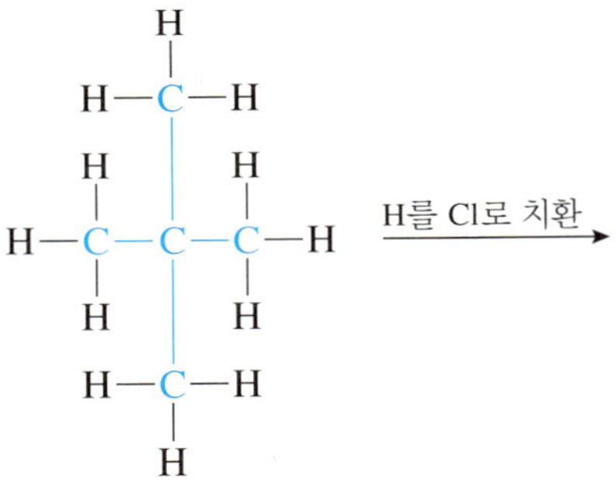

$C_5H_{12}$의 세 번째 이성질체

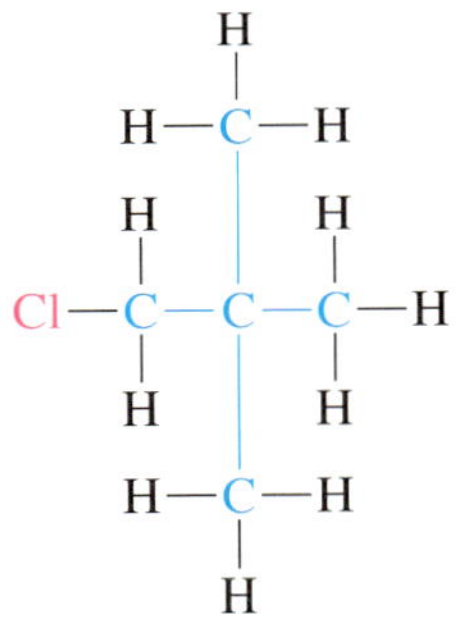

⑧

**문제 2.3** 분자식 $C_4H_{11}O$는 7개의 이성질체를 생성한다. 구조를 나타내어라.

**문제 2.4** 이들 구조가 같은 화합물인지 이성질체인지를 결정하여라.

a)

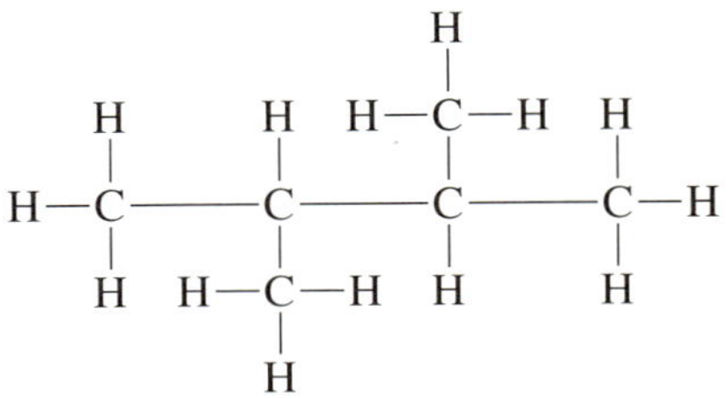

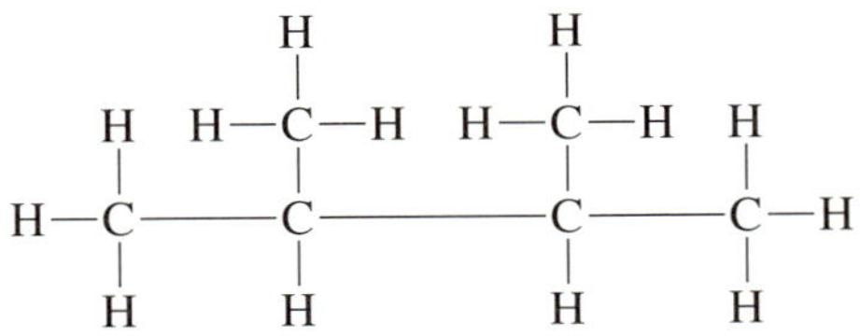

b) 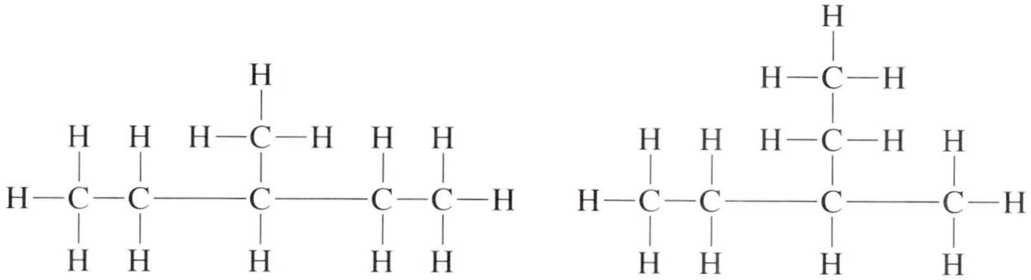

c) 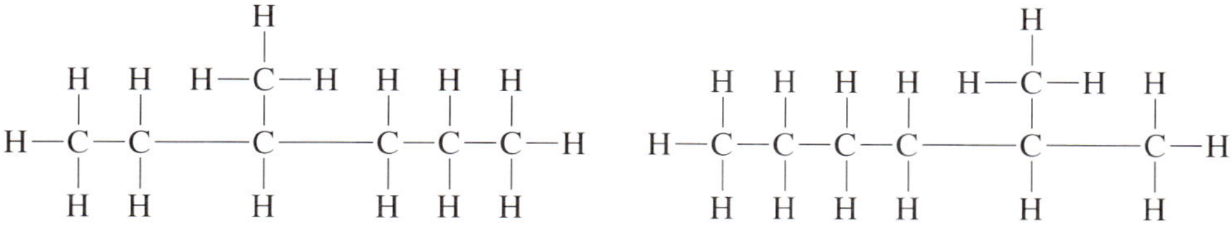

d) 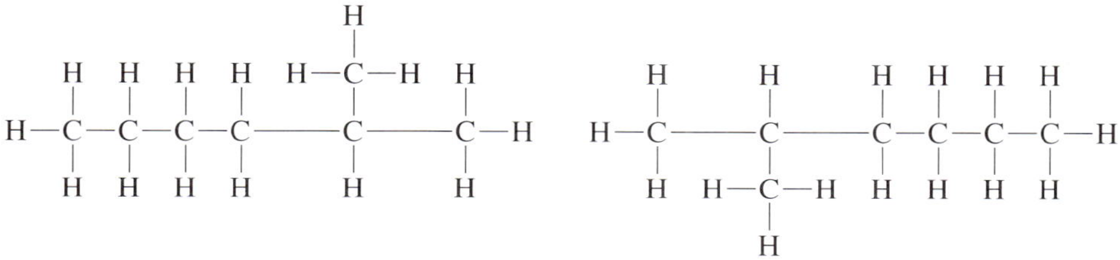

## 2.4 불포화도

특정한 분자식에 대한 이성질체를 그리는 것은 분자식에 있는 수소의 수를 탄소의 수와 비교함으로써 쉽게 그릴 수 있다. 이와 같은 비교로 **불포화도**를 계산할 수 있다. 불포화도는 분자식에 맞는 (이중결합이 존재하는가 아닌가?) 가능한 구조에 대한 유용한 정보를 제공해주고 이성질체를 그리는 출발점을 제시해준다.

그림 2.4에 나타낸 이성질체는 6개 탄소를 가진 화합물이 가질 수 있는 최대의 수소 수를 갖는다. H의 최대 수는 존재하는 탄소 수로부터 쉽게 계산할 수 있다. 각 C는 2개의 H를 갖는다. 단 말단 C는 1개의 C만이 결합되어 있기 때문에 1개의 H가 더 추가된다. 그러므로 $n$개의 C는 $2n + 2$개의 최대 수소를 갖는다. 최대 수소 수를 갖는 탄화수소에 대한 일반식은 $C_nH_{2n+2}$이다. 예를 들면 $C_5H_{12}$는 5C에 대해 H의 최대 수[2(5) + 2 = 12]를 갖는다.

이중결합이 존재하면 화합물에 있는 수소 수는 어떻게 될 것인가를 생각해보자. 이중결합을 형성하기 위하여 이웃하는 각 탄소원자로부터 수소가 제거되어야 한다. 그러므로 1개의 이중결합을 갖는 화합물은 최대 수보다 2개 더 적은 수소 수를 갖는다.

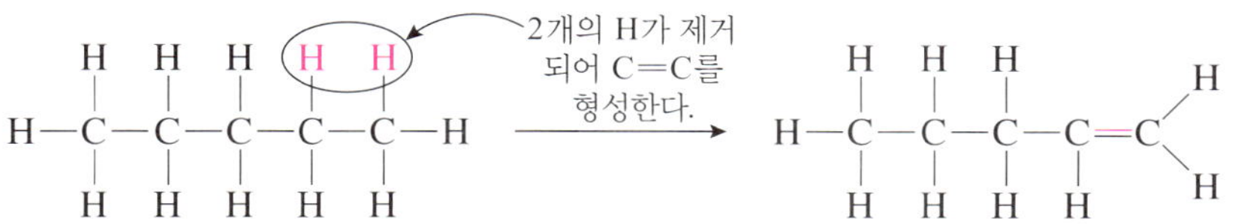


$C_5H_{12}$ $C_5H_{10}$

마찬가지로 탄소사슬로부터 고리가 형성될 때 결합을 형성하기 위하여 말단 C로부터 1개의 수소가 제거되어야 한다. 고리를 가진 화합물은 최대 수소 수보다 2개 적은 수소를 갖는다.

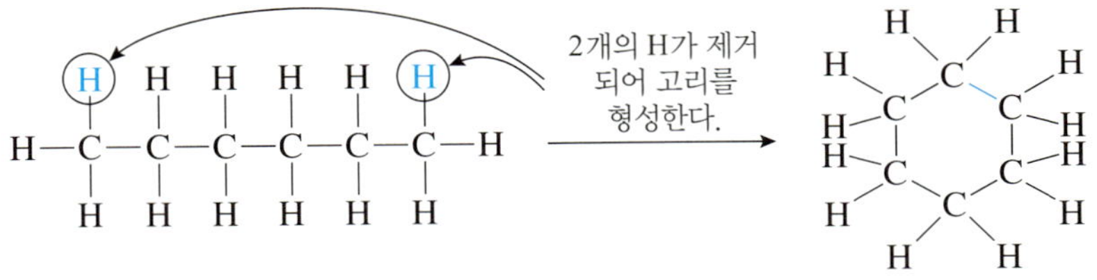


$C_6H_{14}$ $C_6H_{12}$

분자식이 최대 수소 수$(2n + 2)$보다 2개 더 적은 수소를 갖는 화합물은 1개의 이중결합 또는 1개의 고리를 포함한다. 다중결합의 총 수와 고리의 합을 **불포화도 (degree of unsaturation, DU)**라 부른다. 화합물의 DU는 다음 식으로 계산된다.

$$DU = \frac{(\text{가능한 최대 H수}) - (\text{실제 H수})}{2}$$

분자식이 $C_nH_x$인 탄화수소에 대한 불포화도는

$$DU = \frac{(2n + 2) - x}{2}$$

여기서 $n$ = 실제 C수

$x$ = 실제 H수

이성질체를 그릴 때 DU는 대단히 유용하다. 간단한 예로 분자식 $C_5H_{10}$인 구조 이성질체를 그린다고 생각해보자. $C_5H_{10}$에 대한 DU는 $[2(5) + 2) - 10]/2 = 1$이다. 그러므로 이 화합물은 1개의 이중결합 또는 1개의 고리를 갖는다. 5개의 C와 1개의 이중결합 또는 1개의 고리를 갖는 화합물은 이 분자식에 맞는다. $C_5H_{10}$은 3개의 이성질체만을 가지나 H의 수가 2개 줄어들면 이중결합과 고리가 변하기 때문에 실제로는 이성질체의 수가 증가한다.

구조가 더 복잡해지면 **선(line)** 또는 **Kekulé 구조**로 그린다. 각 결합을 선으로 나타내면 시간을 절약할 수 있다. 같은 원자에 결합된 원자를 묶는 방법은 **축소구조식 (condensed structure)**을 형성한다. 골격구조(*skeletal structure*)라 부르는 더 빠른 방법은 C — C 결합을 선으로 나타낸다. 다른 원자가 없으면 각 선은 말단에 C를 갖고 있음을 의미한다. C에 있는 수소는 나타내지 않았다. (그러나 탄소를 C로 나타내면 수소도 H로 나타낸다.) 모든 다른 원자(N, O, Cl 등)들은 이 원자들에 결합된 수소와 같이 나타낸다. 비공유전자쌍은 나타낼 수도 있고 나타내지 않을 수도 있다. 때때로 특정한 특성을 강조하기 위하여 여러 가지 방법을 혼합한다. 그림 2.5에 $C_5H_{10}O$의 4개의 가능한 이성질체를 여러 가지 방법을 사용하여 나타냈다.

| 선 혹은 Kekulé 구조 | 축소구조식 | 골격구조 | 분자모델 |
|---|---|---|---|
| 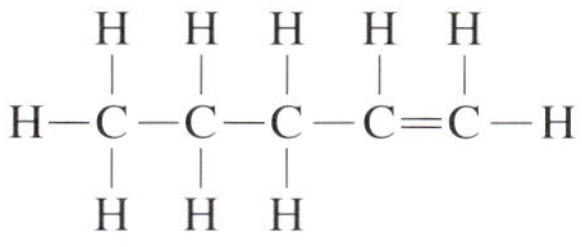 | $CH_3CH_2CH_2CH=CH_2$ |  | 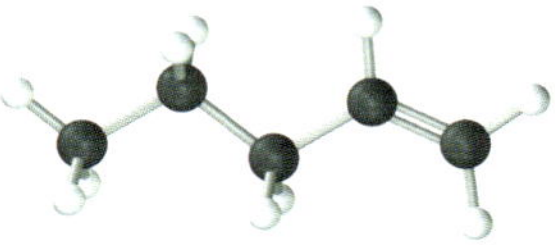 |
| 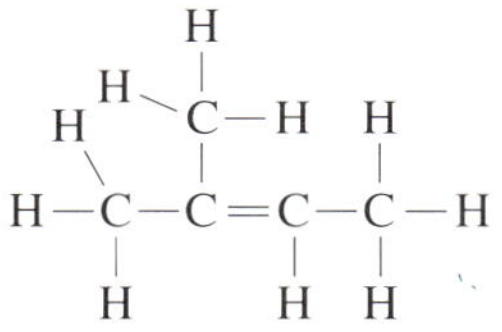 | 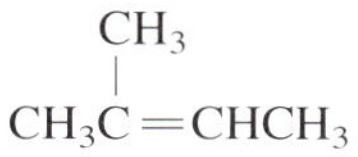<br>or<br>$(CH_3)_2C=CHCH_3$ | 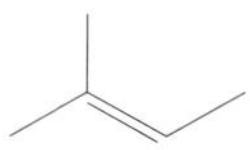 | 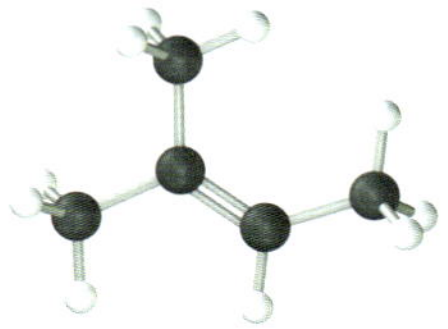 |
| 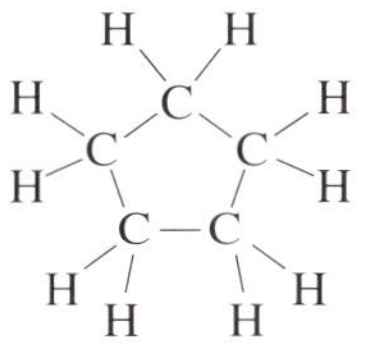 | 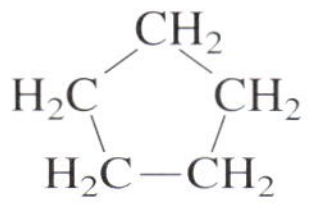 | 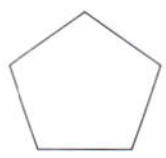 | 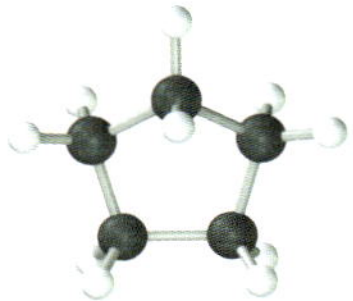 |
| 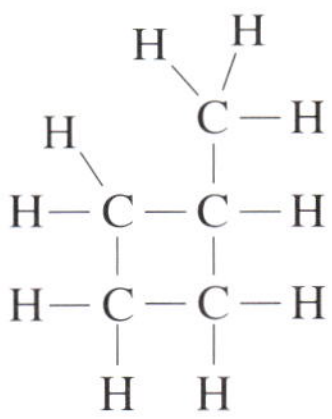 | 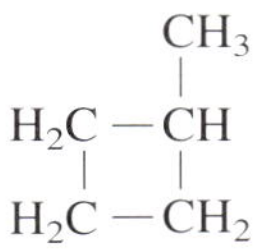 | 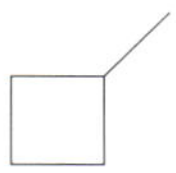 | 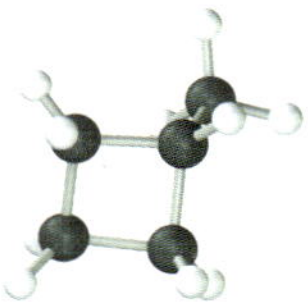 |

ⓐ 이것은 C가 다른 하나의 C와 결합을 나타낸다. 이것은 원자가를 완성하기 위하여 3개의 수소와 결합된다.

ⓑ 이것은 C가 다른 2개의 C와의 결합을 나타낸다. 이것은 나타내지 않은 2개의 수소와 결합되어 있다.

ⓒ 이것은 다른 탄소와 결합된 C 이중결합을 나타낸다. 이것은 나타내지 않은 2개의 수소와 결합되어 있다.

**그림 2.5** $C_5H_{10}$의 몇 가지 이성질체에 대한 선, 축소, 골격구조 및 분자모델

**문제 2.5** 다음 분자식에 대한 DU를 계산하고 각각에 대한 2개의 구조이성질체를 써라.

**a)** $C_{10}H_{22}$ **b)** $C_9H_{16}$ **c)** $C_6H_6$

**문제 2.6** 다음 구조를 골격구조로 변환하여라.

**a)**

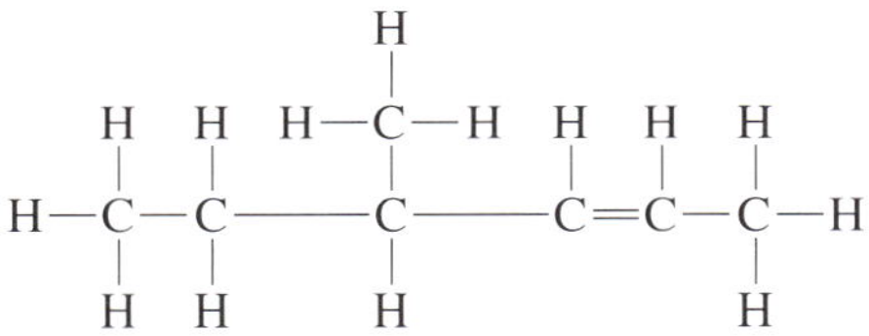

**b)**

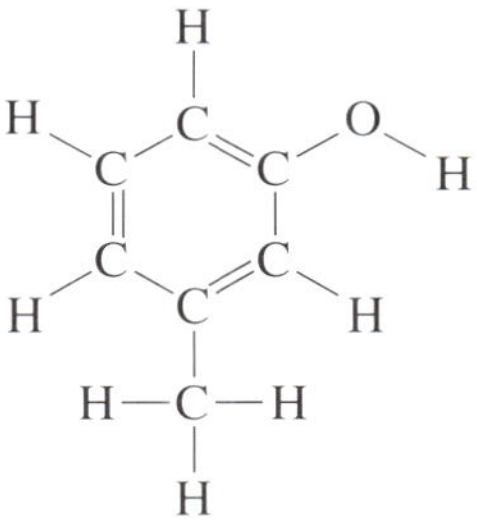

c) $CH_3CH_2C(=O)CH_2CH(CH_3)_2$ (O 이중결합이 세 번째 C 위에 표시됨)

d) $CH_3CH(CH_3)CH_2NHCH_2CH_2CH_3$ ($CH_3$가 두 번째 C 위에 표시됨)

**문제 2.7** 골격구조를 선구조로 변환하여라.

a) 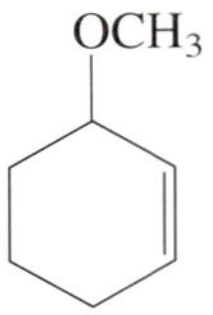


b) 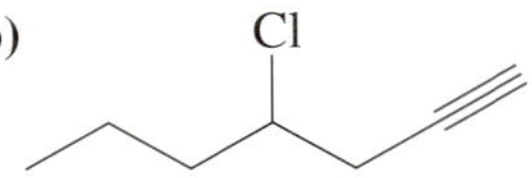


c) 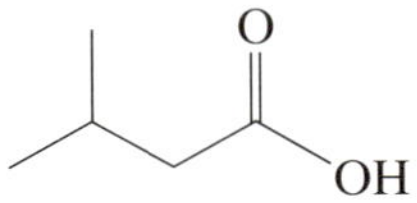


d) 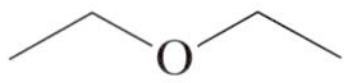


**문제 2.8** 다음 구조는 같은 화합물인가 또는 이성질체인가를 나타내어라.

a) 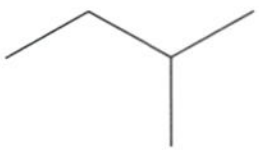 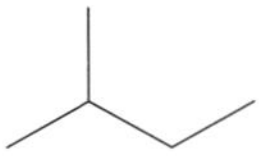

b) 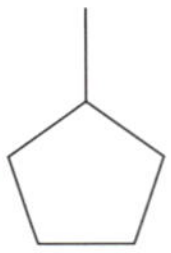 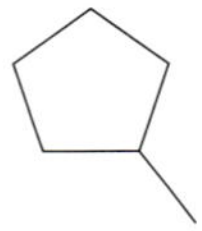

c) 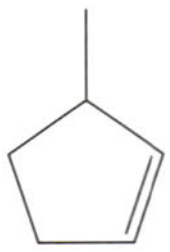 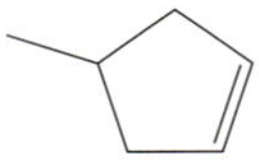

d) 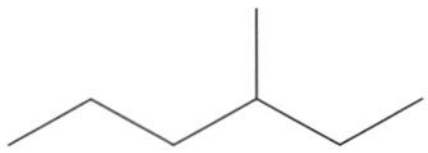 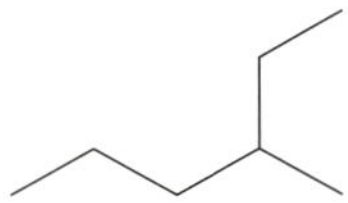

e) $CH_3CH(CH_3)CH_2CH_2CH_3$ ($CH_3$가 두 번째 C 위에 표시됨)   $CH_3CH_2CH_2CH(CH_3)CH_3$ ($CH_3$가 네 번째 C 위에 표시됨)

f) $CH_3CH_2CH(CH_3)CH_2CH_2CH_3$ ($CH_3$가 세 번째 C 위에 표시됨)   $CH_3CH_2CH_2CH_2CH(CH_3)CH_3$ ($CH_3$가 다섯 번째 C 위에 표시됨)

C와 H 외의 원자를 자진 분자식에 대한 DU를 계산할 수 있다. 할로겐은 1가이기 때문에 DU계산에서 수소와 같이 간주한다. 예로 $C_5H_{11}Cl$은 $C_5H_{12}$와 같이 계산하고 DU는 영이며 포화되어 있다.

산소는 2가이다. 산소가 구조에 가해질 때 수소 수의 변화 없이 C와 H 또는 두 C간에 삽입된다. 그러므로 DU계산에서 산소는 무시할 수 있다. $C_6H_{10}O$에 대한 DU는 $C_6H_{10}$에서와 같은 2이다. 이 화합물은 2개의 이중결합, 1개의 삼중결합, 1개의 이중결합과 1개의 고리 또는 2개의 고리를 가져야 한다. DU 계산에서 산소의 존재를 무시한다 하더라도 산소는 DU에 기여하는 이중결합 또는 고리의 특성에는 참여한다. 그림 2.6에 $C_6H_{10}O$에 대한 몇 가지 이성질체를 나타냈다.

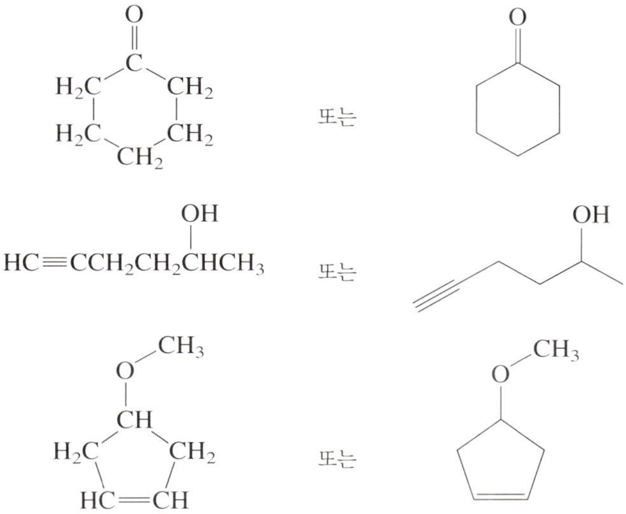


그림 2.6 $C_6H_{10}O$에 대한 세 가지 구조이성질체

끝으로 DU 계산에서 질소의 영향을 생각해보자. 질소는 3가이다. N을 두 원자사이에 삽입하여 구조에 가해주면 N의 원자가를 만족시키기 위하여 1개의 수소를 가해주어야 한다. 그러므로 화합물에 존재하는 각 질소는 H의 최대 수를 1증가시켜 준다. 예로 $C_{10}H_{15}N$에 대한 H의 최대 수는 $2(10) + 2 + 1 = 23$이다. DU는$(23-15)/2 = 4$이다.

구조를 나타내는 속기법을 사용할 때는 주의해야 한다. 유기화학을 처음 시작하는 학생은 보통 수소를 잊고 있거나 또는 이와 같은 구조에서 다른 특성을 인식하지 못하고 있다. 구조에 대해 친숙해지고 분자의 모든 특성을 자동적으로 상상할 수 있을 때까지 각 탄소와 모든 수소를 나타낸 완전한 구조를 그리는 것이 좋은 생각이다.

## 예제 2.2

$C_8H_{12}BrO$에 대한 DU를 계산하여라.

**풀이**

Br는 H로 계산하고 O는 무시하므로 분자식은 $C_8H_{14}$인 것처럼 계산한다.

$$DU = \frac{1}{2}[(2)(8)+2-14]=2$$

**문제 2.9** 다음 분자식에 대한 DU를 계산하고 각각에 대한 2개의 구조이성질체를 써라.

**a)** $C_{10}H_{20}O$ **b)** $C_6H_9N$ **c)** $C_7H_{14}F_2$ **d)** $C_6H_8ClN$ **e)** $C_9H_{15}NO$

**문제 2.10** 다음 각 구조에 대한 DU를 결정하여라.

a)

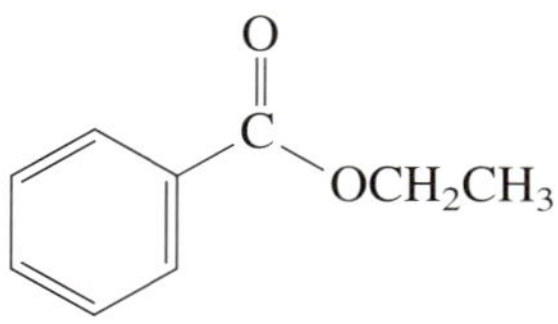

b)

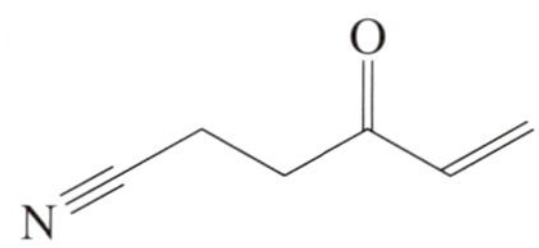

c)

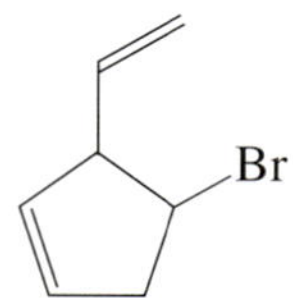

d)

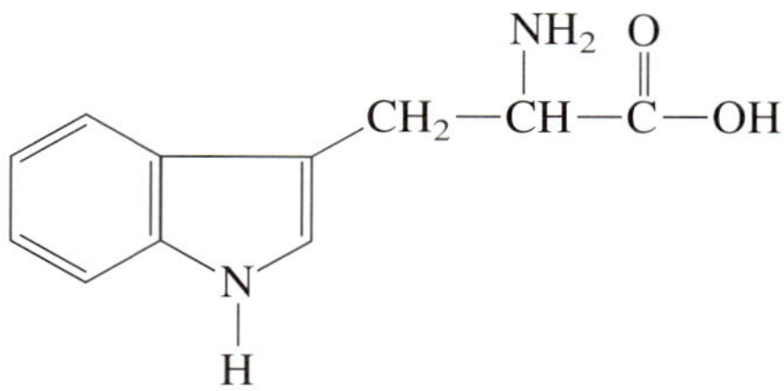

Tryptophan (amino acid)

e)

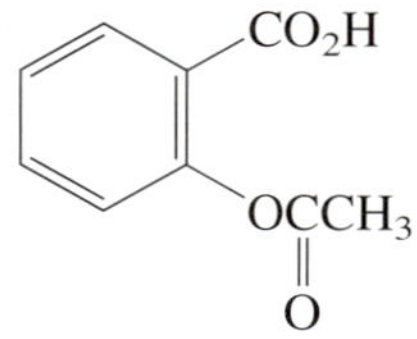

Acetylsalicylic acid
(aspirin)

## 2.5 물리적 성질과 분자구조

화합물의 **물리적 성질(physical properties)**은 녹는점, 끓는점 또는 특정 용매에서 용해도와 같은 성질이다. 이런 성질은 모두 분자간의 인력의 세기에 의존한다. 분자간 인력은 한 분자의 전하 또는 부분전하가 다른 분자의 전하 또는 부분전하와의 상호작용에 의해 생성된다. 양과 음 중심 간의 인력은 전하의 양이 증가할수록 거리가 감소할수록 강해진다. 중요한 전하-전하 상호작용의 다양한 형태를 그림 2.7에 나타냈다.

**이온-이온(ion-ion)** 상호작용은 그들이 최대 전하를 포함하고 있기 때문에 가장 강하다. 예로 결정격자에서 소듐과 염소이온을 유지해 주는 힘의 세기는 188 kcal/mol(788 kJ/mol)이다. (이것을 전형적인 공유결합세기 100 kcal/mol(418 kJ/mol)와 비교해 보아라.) 이 힘을 제어하기 위하여 가해주어야 하는 열에너지 양이 크기 때문에 이온결합 화합물은 전형적으로 높은 녹는점과 끓는점을 가진다. 예로 NaCl은 801°C에서 녹고 한편 $CH_3Cl$은 −98°C에서 녹는다.

이온이 극성분자와 상호작용하면 보다 적은 전하가 참여하기 때문에 **이온-쌍극자(ion-dipole)** 인력의 상호작용으로 생성되는 양은 이온-이온 인력에 의해 생성되는 것보다 상당히 작다. 인력의 세기는 전하량이 감소함에 따라 계속 감소한다. 그러므로 극성분자 서로간(**쌍극자-쌍극자, dipole-dipole**)의 인력은 극성분자에 대한 이온의 그것보다 더 약하다. 무극성분자에 대한 극성분자(**쌍극자-유발쌍극자, dipole-induced dipole**)의 인력은 더 약하다. 무극성분자간(**순간쌍극자-유발쌍극자, instantaneous dipole-induced dipole** 또는 **London force**)의 인력은 가장 약하다. 그러나 큰 분자의 총 **London 힘**은 상당히 커서 화합물의 물리적 성질에 중요한 영향을 미친다. 이들 마지막 세 상호작용을 **van der Waals 힘**이라 부르고 대략 5~0.5 kcal/mol(20~2 kJ)이다.

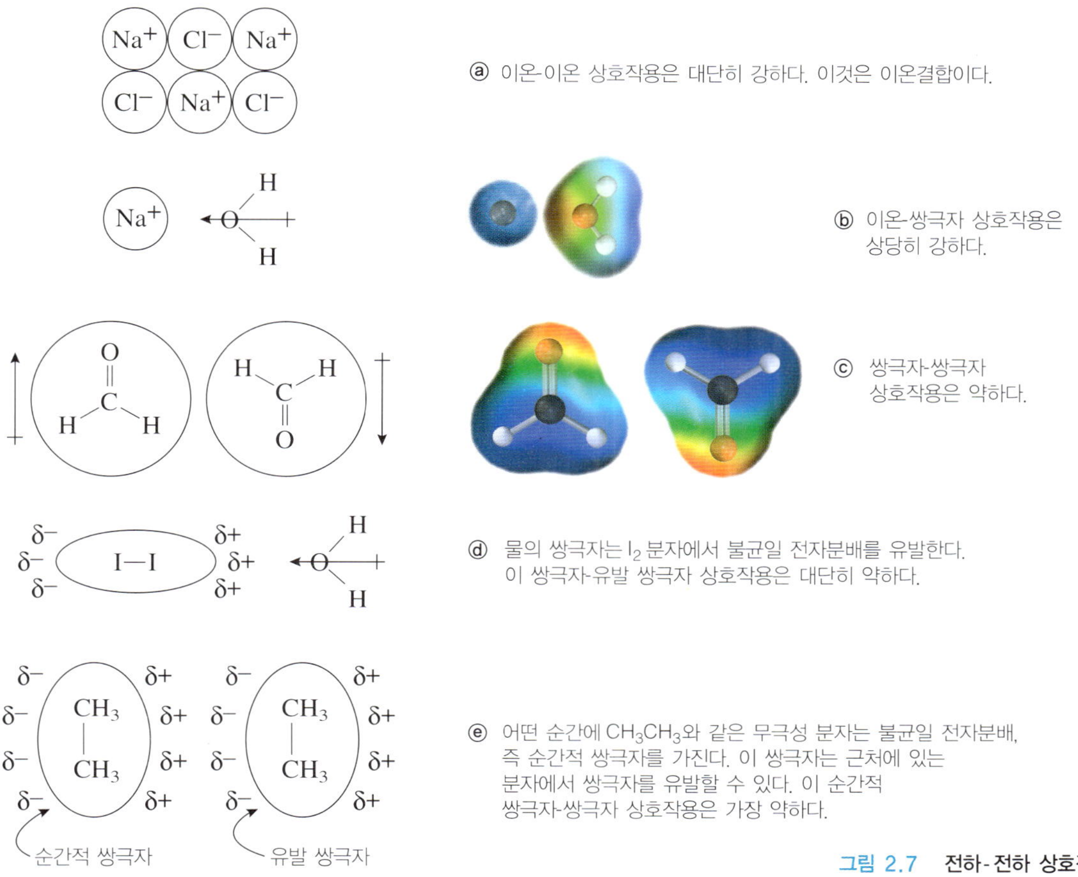


**그림 2.7** 전하-전하 상호작용 형태.

전하-전하 상호작용의 다른 중요한 형태는 **수소결합(hydrogen bonding)**이다. 그림 2.8에 설명한 이 상호작용은 쌍극자-쌍극자 상호작용의 특별한 형태이다. 수소결합에서 전기음성 원자(O, N 또는 F)에 대한 수소는 쌍극자의 양극이며 다른 분자의 쌍극자(O, N 또는 F)의 음극에 끌린다. 수소의 크기가 작기 때문에 부분전하는 더 가깝게 접근할 수 있고 보통의 인력보다 더 강한 수소결합이 형성한다. 수소결합의 세기는 대략 3~8 kcal/mol (12~34 kJ/mol)이다. C — H 결합은 극성이 아니기 때문에 H들은 감지할 수 있는 정도의 수소결합을 형성하지 않는다.

**그림 2.8** 수소결합의 예.

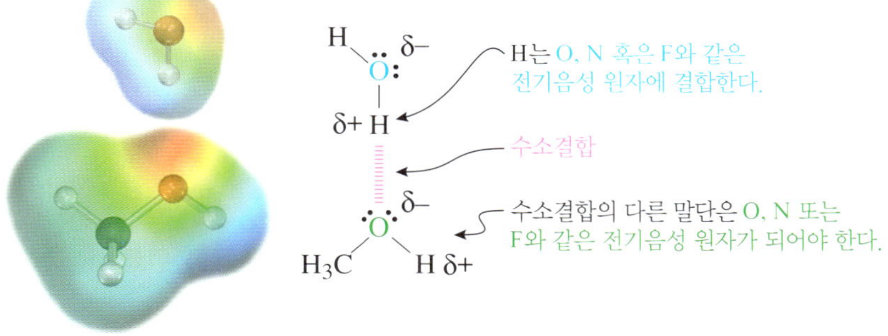

**문제 2.11** 다음 화합물에서 어떤 형태의 분자간 인력이 발견되는가?

**a)** $CH_3CH_2CH_3$ **b)** $CH_3OCH_3$ **c)** $CaCl_2$ **d)** $CH_3OH$

**문제 2.12** 액체 암모니아, $NH_3(l)$에 존재하는 수소결합을 나타내어라.

## 2.6 녹는점, 끓는점 및 용해도

결정고체의 분자는 분자간의 인력이 최대가 되도록 대단히 규칙적인 형태로 배열되어 있다. 분자의 진동을 증가시켜 고체를 녹이기 위해서는 열에너지를 공급해주어야 한다. 분자간의 인력을 부분적으로 극복하여 그 이웃과 완전히 분리되지는 않지만 더 자유롭게 움직일 수 있도록 해준다. 분자간의 힘이 크면 클수록 녹는점은 높아진다. 그러므로 이온결합 화합물은 극성 화합물보다 높은 온도에서 녹고 극성 화합물은 무극성 화합물보다 더 높은 온도에서 녹는다. 극성과 무극성 화합물의 녹는점은 분자량이 증가함에 따라 증가하는 데 큰 분자는 London 힘이 더 크기 때문이다. 끝으로 화합물의 모양이 대단히 중요해서 녹는점에 대한 극적인 효과를 일으킨다. 더 대칭인 분자는 결정격자에 더 잘 채워지고 가깝게 접근할 수 있어서 인력이 더 커지고 따라서 녹는점이 높아진다. 이 효과의 몇 가지 예를 표 2.4에 나타냈다.

큐베인으로 알려진 화합물은 분자식 $C_8H_8$의 이성질체의 하나이다. 8개의 탄소는 육면체의 정점에 배열된다. 이것은 녹는점에 대한 모양 효과의 극단적인 예이다.

**표 2.4** 구조에 대한 녹는점 의존관계의 예

| 화합물 | | 녹는점(°C) | 설명 |
|---|---|---|---|
| NaCl | 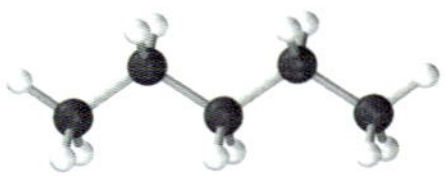 | 801° | 이온결합 화합물은 높은 녹는점을 가진다. |
| LiF | | 842° | 작은 이온은 서로 접근해 있다. |
| $CH_3CH_2CH_3$ | | −190° | 작은 (작은 분자질량) 무극성 화합물은 낮은 녹는점을 갖는다. |
| $CH_3CH_2CH_2CH_2CH_3$ Pentane | | −130° | 작은 (작은 분자질량) 무극성 화합물은 낮은 녹는점을 갖는다. |
| $CH_3$ above and below: $CH_3\overset{\mid}{\underset{\mid}{C}}CH_3$ ($CH_3$, $CH_3$) 2,2-Dimethylpropane | 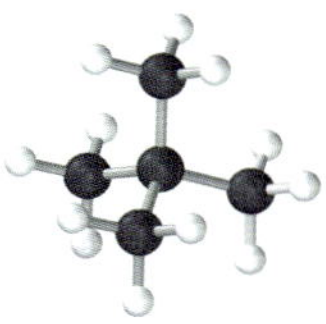 | −71° | 이 펜테인의 이성질체는 더 조밀한 구형을 가지므로 결정격자 속에 더 잘 채워질 수 있으므로 상당히 높은 녹는점을 가진다. |
| $CH_3CH_2CH_2\overset{O}{\overset{\parallel}{C}}H$ Butanal | | −99° | 뷰탄알은 펜테인과 같은 분자질량과 모양을 갖는다. 이것은 펜테인보다 높은 녹는점을 가진다. 극성 C=O기의 쌍극자-쌍극자 힘이 분자들 간에 더 강하게 작용하고 있기 때문이다. |

분자식 $C_8H_{18}$을 가진 곧은-사슬 탄화수소 옥테인은 −57°C에서 녹는다. 큐베인은 대칭형이기 때문에 결정격자에 더 잘 채워진다. 큐베인의 녹는점은 131°C이다.

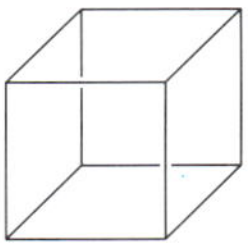
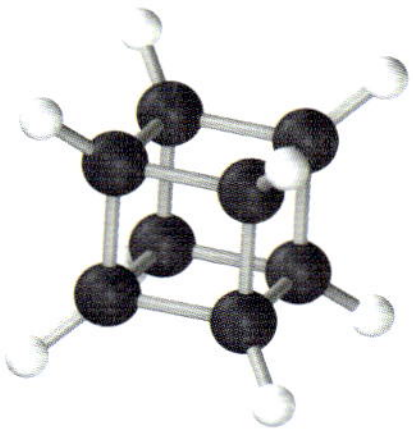

Cubane
mp = 131°C

$CH_3CH_2CH_2CH_2CH_2CH_2CH_2CH_3$

Octane
mp = −57°C

**문제 2.13** KBr 혹는 $CH_3Br$은 왜 높은 녹는점을 가질 것으로 기대할 수 있는가를 설명하여라.

액체상에서 분자는 항상 다른 분자와 접근해 있어서 작용하고 있기는 하지만 자유롭게 움직일 수 있다. 기체가 증기상태로 들어가기 위해서는 분자간에 작용하는 힘을 완전히 극복하기 위하여 충분한 에너지를 가해주어야 한다. 그러므로 녹는점의 경우에서와 같이 끓는점은 분자간에 작용하는 힘이 강해질수록 증가한다. 그러나 끓는점에 대한 분자모양의 효과는 녹는점에 대한 효과와는 전혀 다르다. 액체는 규칙적이 아니므로 대칭인 화합물은 높은 끓는점을 갖지 않는다. 실제로 긴 봉 형태 분자는 같은 분자질량을 가진 구형분자보다 더 큰 표면적을 가지고 있다. 따라서 봉

**표 2.5** 구조에 대한 끓는점 의존관계의 예

| 화합물 | 정상 끓는점(°C) | 설명 |
|---|---|---|
| NaCl | 1413° | 이온결합 화합물은 높은 끓는점을 가진다. |
| LiF | 1676° | 작은 이온은 서로 접근해 있다. |
| $CH_3CH_2CH_3$ | 42° | 작은 무극성 화합물은 낮은 끓는점을 갖는다. |
| $CH_3CH_2CH_2CH_2CH_3$ Pentane | 36° | |
| 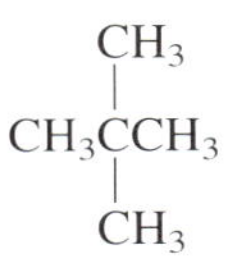 2,2-Dimethylpropane | 10° | 이 이성질체는 더 대칭이므로 더 높은 녹는점을 가지지만 펜테인의 봉 형태는 더 큰 표면적을 가짐으로 London 힘의 증가하고 높은 끓는점을 가진다. |
|  Butanal | 76° | 뷰탄알은 펜테인과 같은 분자질량을 갖는다. 이것은 극성 C═O기 때문에 펜테인 보다 높은 끓는점을 가진다. |
| $CH_3CH_2CH_2CH_2OH$ 1-Butanol | 117° | 1-뷰탄올은 서로 수소결합을 형성하기 때문에 위에 있는 다른 화합물보다 상당히 높은 끓는점을 가진다. |

형태 분자는 London 힘의 증가하고 다소 높은 끓는점을 가진다. 더욱이 수소결합의 존재는 녹는점보다 끓는점을 더 많이 증가시켜준다. 이 효과의 몇 가지 예를 표 2.5에 나타냈다.

**문제 2.14** 다음 이성질체 중 어느 것이 더 높은 끓는점을 가지는가? 설명하여라.

$CH_3CH_2CH_2OH$ 또는 $CH_3CH_2OCH_3$

화합물을 용매에 용해하면 그 화합물의 분자는 분리된다. 이분자들은 용매 분자를 분리하면서 섞인다. 그러므로 용질분자를 유지하고 있는 힘과 용매 분자를 유지하고 있는 힘을 극복하기 위해서는 에너지를 공급해 주어야한다. 상당한 에너지가 용질과 용매간의 상호작용으로 되돌아온다. 보통 용질분자간의 인력과 용매분자간의 인력을 극복하기 위해서 가해주어야 하는 에너지의 총 양은 용질과 용매분자간의 상호작용으로 방출되는 에너지양보다 다소 크다. 전체적으로 에너지는 계에 가해주어야 한다. 즉 과정은 **흡열(endothermic)**이다. 엔탈피 변화는 양의 변화이다($\Delta H > 0$).

왜 용액은 항상 형성되는가? 반응이 자발적인가 아닌가는 과정의 엔탈피와 엔트로피에 의존한다. **엔트로피(entropy, S)**는 불규칙의 척도이다. 계에서 불규칙이 증가($\Delta S > 0$)하는 과정은 유리하다. 대부분의 용액과정은 흡열(엔탈피에 의해 불리, $\Delta H > 0$)이지만 용액은 용질과 용액이 분리되어 더 불규칙(엔트로피에 의해 유리, $\Delta S > 0$)하게 된다. 그러므로 과정이 큰 흡열이 아니면 유리한 엔트로피 변화가 용질을 용해시킬 수 있다. 과정이 너무 흡열인가 아닌가는 용질과 용매를 잘 검토함으로서 평가할 수 있다. 용질 분자간의 인력 또는 용매 분자간의 인력이 용질과 용매 분자간의 인력보다 상당히 크면 그 과정은 너무 흡열이 되고 용액은 형성되지 않는다. 다른 말로 하면 용액에 있는 새로운 상호작용은 용질과 용액에서 옛 상호작용에 대한 힘과 비교해야 한다. 이것은 용질과 용매가 유사해서 그들 사이의 힘이 순수한 용질 또는 용매에서의 힘과 크기가 유사하다는 것을 의미한다. 보편적인 방법으로 표현하면 "같은 것은 같은 것을 용해한다"이다. 이것은 용질과 용매의 극성이 유사하다는 것을 의미한다.

염화 소듐은 대단히 극성인 용매인 물에 용해한다. 물분자와 소듐과 염소 이온간의 상호작용은 이온 자체의 상호작용보다 강력하지는 않지만 용해과정을 최소의 흡열과정이 되도록 하는 능력이 있다. 엔트로피는 전 과정을 유리하게 해준다. 염화 소듐은 펜테인과 같은 무극성용매에 용해되지 않는다. 펜테인 분자와 이온간의 상호작용이 이온 간의 힘에 비해 너무 약하기 때문에 전체과정은 엔트로피가 극복하기에는 너무 큰 흡열과정이 된다.

펜테인과 물을 섞으면 분리된 층을 형성한다. 펜테인과 물분자간의 인력이 물분자간의 힘보다 상당히 작기 때문이다. 펜테인은 **친유성(hydrophobic**, 물을 싫어하는) 화합물이라 부른다. 에탄올, $CH_3CH_2OH$는 무극성, 친유성 부분($CH_3CH_2$)과 극성 **친수성(hydrophilic**, 물을 좋아하는) 부분(OH)을 갖는다. 두 부분의 효과는 경쟁적이어서 이 경우에는 친수성 부분이 우세하다. 따라서 에탄올은 물에 **섞인다(misci-**

**ble**, 모든 비율에서 혼합된다). 예측할 수 있는 대로 분자의 친유성 부분이 커지면 화합물은 물에 대한 용해도가 감소한다. 그러므로 뷰탄올, $CH_3CH_2CH_2CH_2OH$은 물에 다소 용해(7.4 g/100 mL)하며 헥산올($CH_3CH_2CH_2CH_2CH_2CH_2OH$)은 더 적게 용해된다. 많은 유기화합물은 큰 친유성 부분을 가지고 있어서 본질적으로 물에 불용성이다. 그러나 이들은 에탄올, 다이에틸 에터($CH_3CH_2OCH_2CH_3$) 및 다이클로로메테인($CH_2C_{12}$)과 같은 극성이 적은 용매에는 용해된다.

Ethanol, $CH_3CH_2OH$

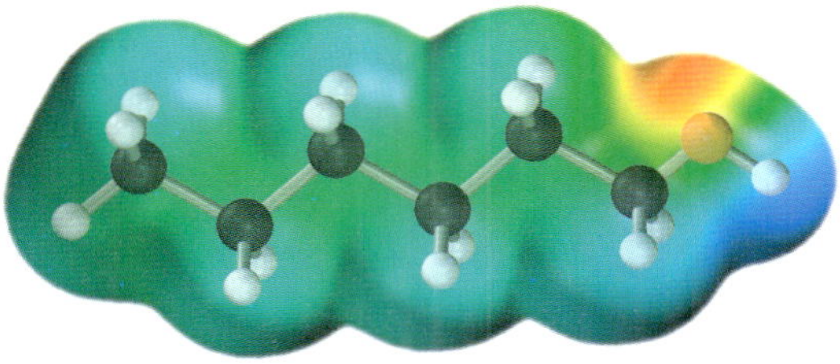

Hexanol, $CH_3CH_2CH_2CH_2CH_2CH_2OH$

**문제 2.15** 다음 화합물 중 어느 것이 물에 더 잘 용해되는가? 설명하여라.

$CH_3CH_2CH_2CH_2\overset{\overset{\displaystyle O}{\|}}{C}OH$ 또는 $CH_3CH_2CH_2CH_2CH_2\overset{\overset{\displaystyle O}{\|}}{C}OH$

## 2.7 작용기의 도입

가능한 유기화합물의 수는 사실상 무한정이다. 어떻게 이 모든 것에 대한 화학을 배울 수 있겠는가? 다행히도 새로운 화합물이 생길 때마다 새로운 화학반응의 전부를 배울 필요는 없다. 분자의 나머지 부분이 어떻게 보이든 간에 특정한 배열 또는 원자의 모임이 대단히 유사한 화학을 가진다.

두 화합물 $CH_3CH_2CH_2OH$와 $CH_3CH_2CH_2CH_2OH$를 고려해보자. 이들은 대단히 유사하여 유사한 물리적 성질을 가진다. OH기의 극성과 수소결합은 C와 H만을 포함한 유사한 화합물보다 높은 끓는점을 갖게 해준다. 두 번째 화합물은 더 큰 분자 질량을 갖고 있어서 다소 높은 끓는점을 가질 것으로 기대된다. 또한 OH기는 물에 대한 용해도에 관여한다. 두 번째 화합물은 더 큰 무극성 부분을 가짐으로 첫 번째 보다 물에 대한 용해도가 작다. 사실 이 예측은 확인 되었다. 이 두 화합물이 대단히 유사한 화학반응을 일으킨다는 것을 발견한다는 것은 놀라운 사실이 아니다. 그러므로 한 화합물의 반응을 이해하면 다른 화합물의 반응에 대해서도 쉽게 이해할 수 있다.

유기화학을 배우면서 양과 음전하 또는 부분 전하 간의 인력이 많은 화학반응에서 도움이 된다는 것을 발견하게 된다. 흔히 반응은 분자의 극성 부분에 끌린 시약에 의해 시작된다. 그러므로 두 분자의 반응은 극성 부분에서 일어난다. O—H와 C—O

결합이다. C—C 단일결합과 C—H 결합은 반응성이 없다. 화학반응이라는 견지에서 분자가 얼마나 많은 C—C 또는 C—H 결합을 가지고 있는가는 별 문제가 되지 않는다. 그러므로 다음의 모든 화합물은 유사한 화학작용을 나타낸다.

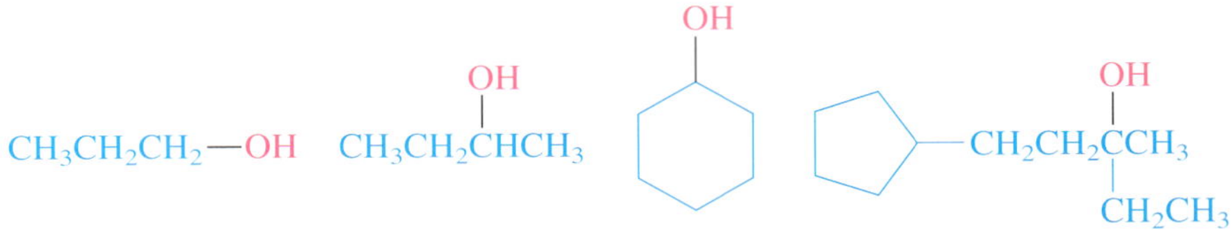

분자를 두 부분으로 구성되어 있다고 보는 것이 유용하다. 한 부분은 다른 C(H가 결합된)와 단일결합 된 C만을 가진다. 이 원자들의 모임을 **알킬기(alkyl group)**, **탄소골격(carbon skeleton)** 또는 **탄소골격(carbon framework)**이라 부르고 화학반응에는 거의 영향을 미치지 못한다. 분자의 다른 부분을 **작용기(functional group)**라 부른다. 앞에 있는 모든 화합물은 같은 작용기 OH기를 가지며 알킬기는 다르다. OH작용기를 가진 화합물의 부류를 알코올이라 부른다. 일반적으로 알킬기는 *R*로 나타내며 그러므로 모든 알코올은 *ROH*로 표기한다.

작용기의 개념은 유기화학에서 대단히 강력한 조직화 특성이다. 같은 작용기를 가진 모든 화합물은 탄소골격과는 무관하게 유사한 반응성을 나타낸다. 한정된 작용기만이 중요성을 가진다. 이 작용기들을 각 작용기가 속하는 부류의 이름과 같이 표 2.6에 수록하였다. 이들 작용기를 공부하는 것이 무엇보다 중요하다. 유기화합물을 볼 때마다 어디서 반응이 일어나는가를 알아보기 위하여 작용기에 초점을 맞추고 확인할 필요가 있다. 작용기의 반응을 알고 있으면 그 화합물의 반응에 대해 많은 것을 알게 될 것이다.

더 복잡한 화합물은 1개 이상의 작용기를 갖는다. 예로 자연에서 발견되는 중요한 아미노산인 알라닌은 아민과 카복실산 작용기를 갖는다.

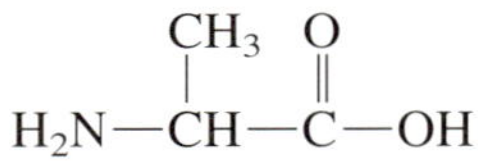

Alanine
(amino acid)

다음 장에서 궤도함수를 사용하여 결합을 다시 한번 더 다루게 될 것이다. 이것은 어떤 결합은 안정하고 어떤 결합은 불안정한가에 대한 이유를 더 잘 설명해 줄 것이다.

**표 2.6 통상 작용기**

| 일반 분자식 | 예 | 이름 |
|---|---|---|
| RH | $CH_3CH_2CH_3$ | **Alkane**(알케인은 작용기를 갖지 않는다.) |
| $RCH{=}CH_2$ | $CH_3CH_2CH{=}CH_2$ | **Alkene**(작용기는 탄소-탄소 이중결합) |
| $RC{\equiv}CH$ | $CH_3C{\equiv}CH$ | **Alkyne**(작용기는 탄소-탄소 삼중결합) |
| ArH | 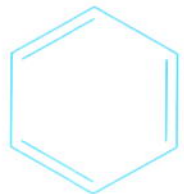 | **Alkane**(3개의 이중결합을 가진 6-원자고리는 알켄과는 다른 반응을 하므로 다른 이름으로 부른다. 아렌 또는 방향족 고리는 고리에 결합된 알킬 또는 다른 작용기를 가진다.) |
| RX | $CH_3CH_2CH_2Cl$ | **Alkyl halide**(작용기는 탄소-할로겐결합) |
| ROH | $CH_3CH_2OH$ | **Alcohol**(작용기는 C — O — H) |
| ROR | $CH_3CH_2OCH_3$ | **Ether**(작용기는 C — O — C. O에 있는 알킬기는 같거나 또는 다르다.) |
| $RNH_2$ | $CH_3CH_2CH_2NH_2$ | **Amine**(작용기는 C — N. N에 결합된 H는 알킬기로 치환할 수 있다.) |
| $R\overset{O}{\overset{\|}{C}}H$ | $CH_3CH_2\overset{O}{\overset{\|}{C}}H$ | **Aldehyde**(작용기는 C에 적어도 1개의 H를 가진 C ═ O이다.) |
| $R\overset{O}{\overset{\|}{C}}R$ | $CH_3\overset{O}{\overset{\|}{C}}CH_3$ | **Ketone**(작용기는 C에 2개의 알킬기를 가진 C ═ O이다. 알킬기는 같을 필요가 없다.) |
| $R\overset{O}{\overset{\|}{C}}OH$ | $CH_3CH_2\overset{O}{\overset{\|}{C}}OH$ | **Carboxylic acid**(작용기는 $\overset{O}{\overset{\|}{C}}OH$ 이다.) |
| $R\overset{O}{\overset{\|}{C}}Cl$ | $CH_3\overset{O}{\overset{\|}{C}}Cl$ | **Acyl chloride**(작용기는 $\overset{O}{\overset{\|}{C}}Cl$ 이다.) |
| $R\overset{O}{\overset{\|}{C}}O\overset{O}{\overset{\|}{C}}R$ | $CH_3\overset{O}{\overset{\|}{C}}O\overset{O}{\overset{\|}{C}}CH_3$ | **Acid anhydride**(작용기는 $\overset{O}{\overset{\|}{C}}O\overset{O}{\overset{\|}{C}}$ 이다. 알킬기는 다를 수 있다. ) |
| $R\overset{O}{\overset{\|}{C}}OR$ | $CH_3\overset{O}{\overset{\|}{C}}OCH_2CH_3$ | **Ester**(작용기는 $\overset{O}{\overset{\|}{C}}OC$ 이다.) |
| $R\overset{O}{\overset{\|}{C}}NH_2$ | $CH_3CH_2\overset{O}{\overset{\|}{C}}NHCH_3$ | **Amide**(작용기는 $\overset{O}{\overset{\|}{C}}N$ 이다. N에 있는 다른 기는 H 또는 알킬기가 될 수 있다. ) |
| $RC{\equiv}N$ | $CH_3CH_2CH_2C{\equiv}N$ | **Nitrile**(작용기는 탄소-질소 삼중결합이다.) |

**문제 2.16** 다음 각 화합물에서 존재하는 작용기는 무엇인가?

a) $CH_3CH_2CH_2CH_2OCH_3$ b) 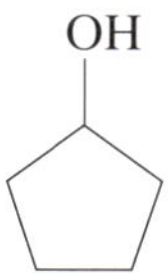 c) $CH_3CH_2CH_2CO_2H$

d) 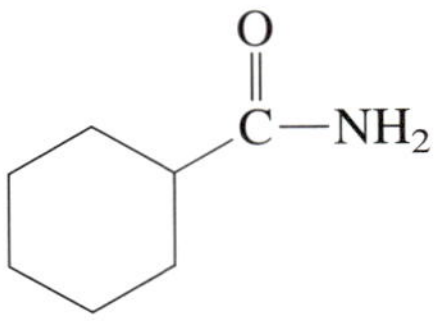

e) 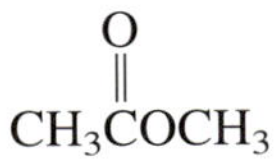

f) 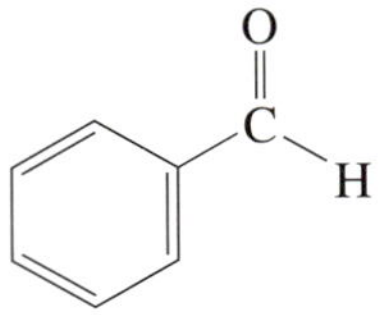

## 추가문제

**2.17** 다음 구조를 골격구조로 변환시켜라.

a) 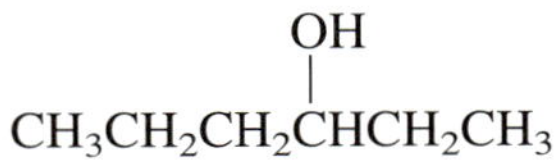

b) 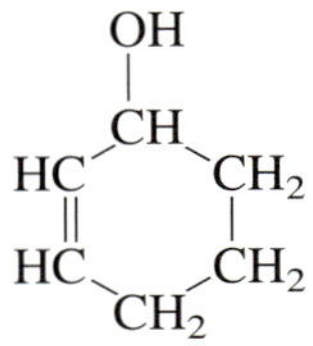

c) 

d) 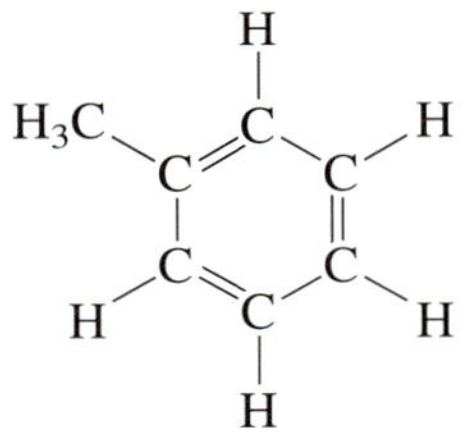

e) 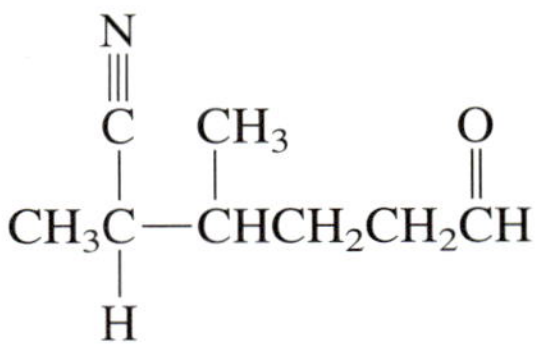

f) 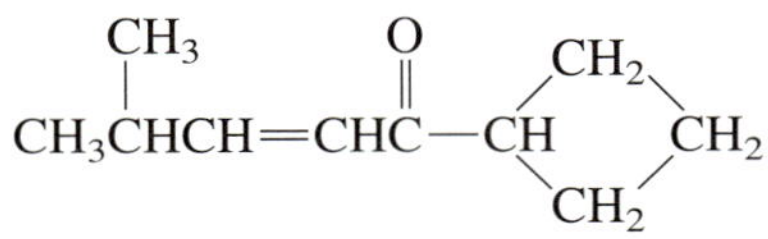

g) 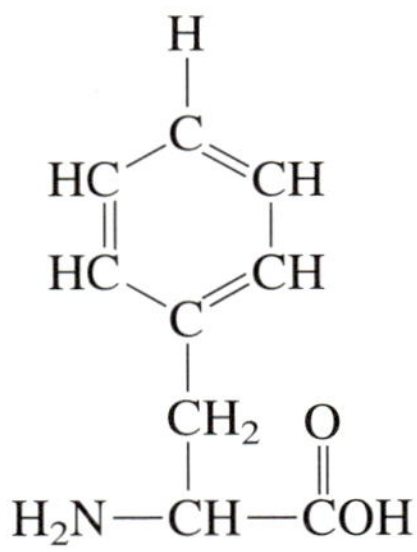

Phenylalanine
(amino acid)

**2.18** 다음과 같은 속기표현을 모두 원자결합 및 비공유전자쌍으로 나타낸 구조로 변환시켜라.

a) 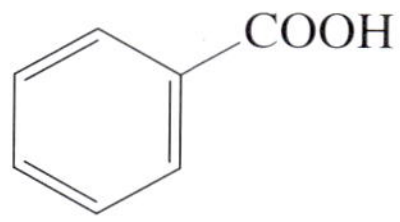


b) 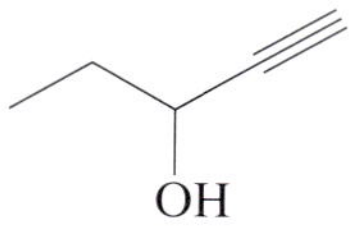


c) 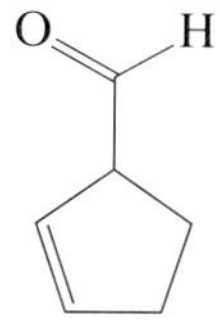


d) 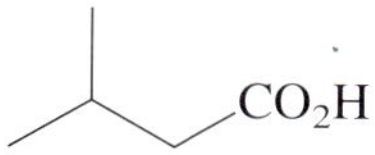


e) 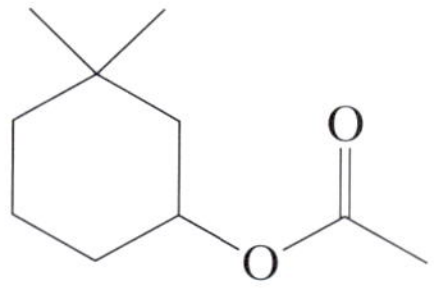


f) 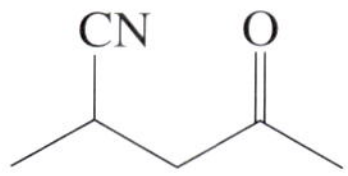


**2.19** 문제 2.17에 있는 각 화합물에 있는 작용기의 이름은 써라.

**2.20** 문제 2.18에 있는 각 화합물에 있는 작용기의 이름은 써라.

**2.21** 다음 화합물들은 같은 화합물을 나타내는지 또는 이성질체를 나타내는지를 결정하여라.

a) 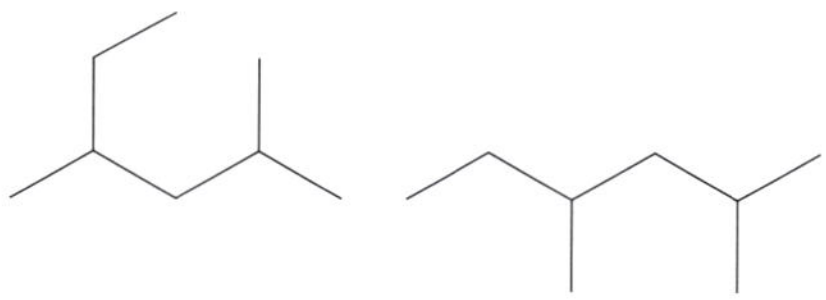

b) 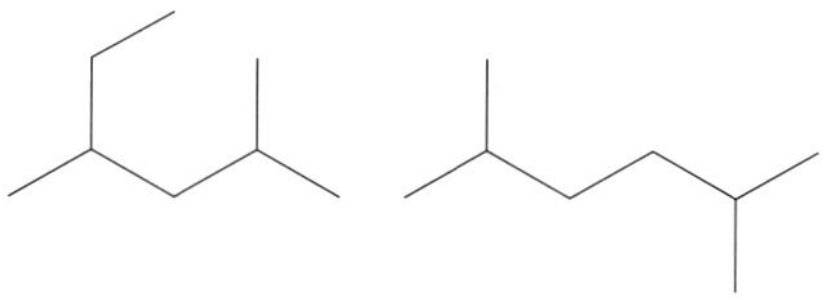

c) 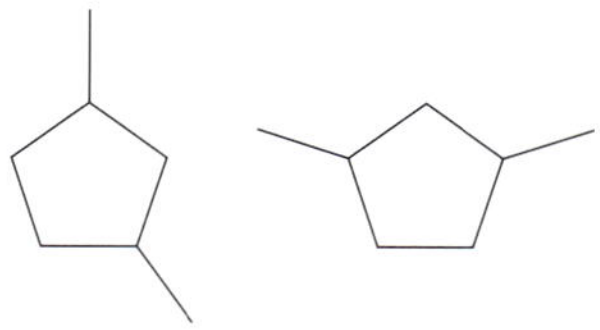

d) 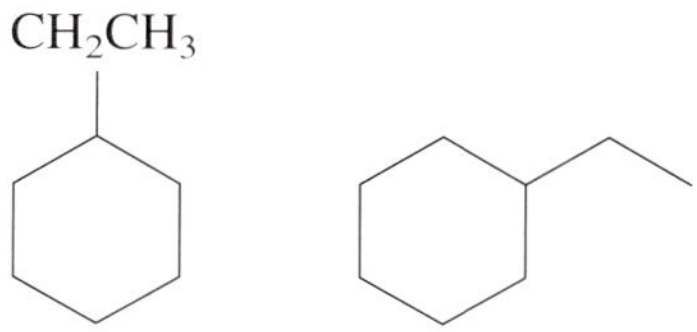


e) 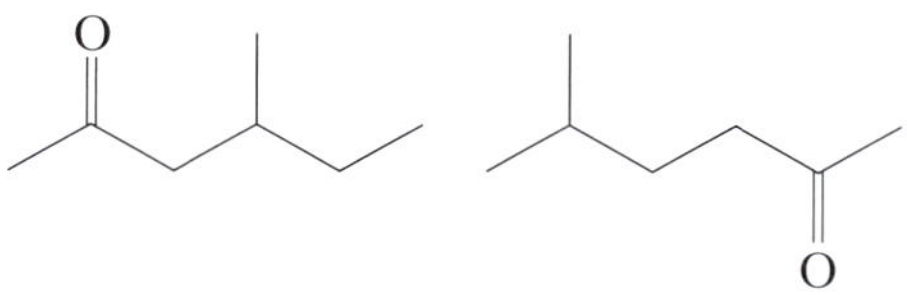


f) 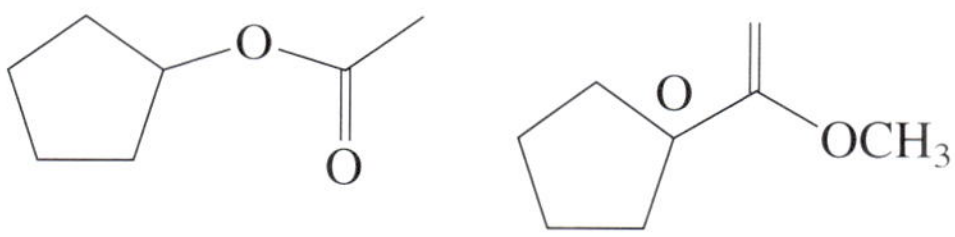

**2.22** 다음 분자식에 대한 모든 이성질체를 써라. 각각에 대한 총수를 괄호 안에 넣었다.

**a)** $C_3H_8O$ (3) **b)** $C_4H_9Cl$ (4) **c)** $C_4H_8$ (5) **d)** $C_7H_{16}$ (9)

**2.23** 분자식 $C_4H_6O$는 많은 이성질체를 갖는다.

**a)** 탄소-산소 이중결합을 가진 3개의 이성질체를 써라. 각 구조에는 어떤 작용기가 존재하는가?

**b)** 이 분자식을 가진 3개의 알코올을 써라.

**c)** 이 분자식을 가지며 틴소-탄소 이중결합이 없는 에터를 써라.

**2.24** 그림 2.5에 나타낸 $C_5H_{10}$의 10개 이성질체 중 4개를 써라. 이 분자식을 가진 4개의 다른 이성질체를 써라.

**2.25** 다음 분자식에 대한 DU를 계산하고 수록한 제한에 맞는 구조를 써라.

**a)** $C_5H_9NO$ (아민이 아니다)

**b)** $C_7H_{12}O$ (케톤)

**c)** $C_6H_{14}O$ (수소결합이 없다)

**d)** $C_7H_8$ (방향족 화합물)

**2.26** $C_8H_{17}N$는 나이트릴 작용기를 가질 수 있는가? 그 이유를 설명하여라.

**2.27** 다음 혼합물에서 생길 수 있는 모든 다른 수소결합을 나타내어라.

**a)** $CH_3CH_2OH$와 $H_2O$

**b)** $CH_3OH$와

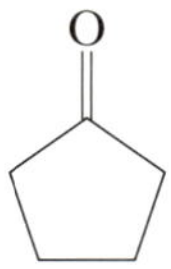

**2.28** 알코올 이성질체의 하나는 mp = 26°C이고, bp = 82°C이다. 다른 하나는 mp = −90°C와 bp = 117°C이다. 어느 이성질체가 높은 녹는점을 가지며 어느 이성질체가 높은 끓는점을 가지는지를 설명하여라.

**2.29** 다음 한 쌍의 화합물에서 끓는점의 차이를 설명하여라.

**a)** $CH_3(CH_2)_6CH_3$ bp: 126°C
$CH_3(CH_2)_8CH_3$ bp: 174°C

**b)** $CH_3CH_2CH_2OH$ bp: 97°C
$CH_3CH_2OCH_3$ bp: 11°C

**c)** $CH_3CH_2CH_3$ bp: 42°C
$CH_3OCH_3$ bp: 23°C

**2.30** 다음 이성질체간에 녹는점의 차이를 설명하여라.

mp = −140°C

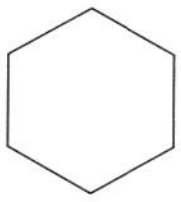

mp = 7°C

**2.31** 다음 화합물 중 어느 것이 더 높은 녹는점을 가질 것인가를 설명하여라.

**a)** 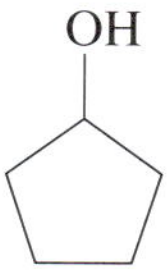 또는 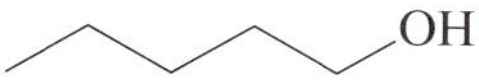

**b)** $CH_3(CH_2)_{18}CH_3$ 또는 $CH_3(CH_2)_{29}CH_3$

Beeswax

**c)** 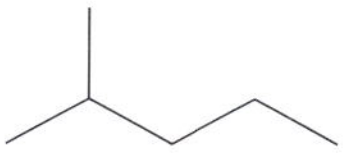 또는 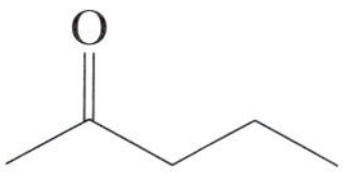

**2.32** 다음 화합물 중 어느 것이 더 높은 끓는점을 가질 것인가를 설명하여라.

**a)** 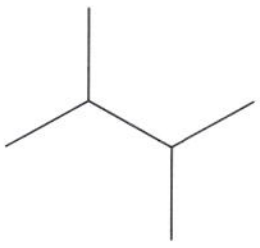 또는 

**b)** $CH_3CH_2\overset{\overset{\displaystyle O}{\|}}{C}OH$ 또는 $CH_3CH_2CH_2\overset{\overset{\displaystyle O}{\|}}{C}H$

**c)** $CH_3CH_2OCH_2CH_3$ 또는 $CH_3CH_2CH_2OCH_2CH_2CH_3$

**d)** 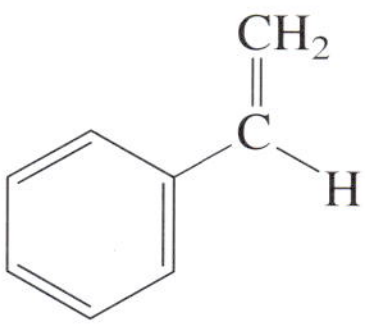 또는 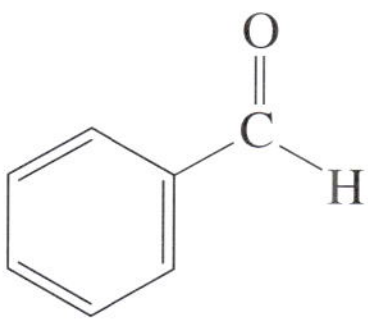

**2.33** 다음 두 염 중 어느 것이 더 헥세인에 잘 용해될 것인가를 설명하여라.

$\overset{+}{N}H_4\ \overset{-}{Cl}$ 또는 $\overset{+}{N}(CH_2CH_2CH_2CH_3)_4\ \overset{-}{Cl}$

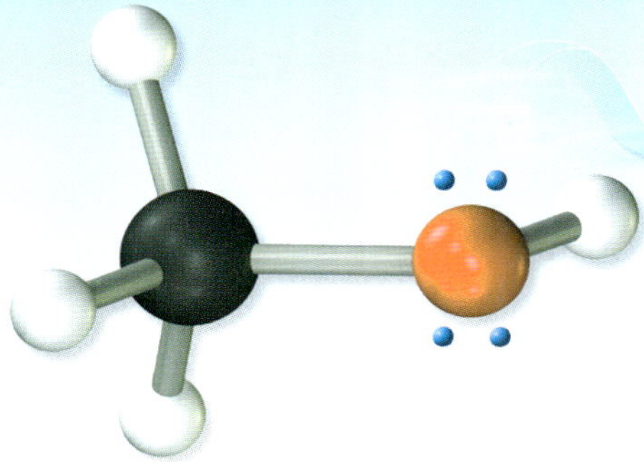

CHAPTER 3

# 궤도함수와 결합

### 유기화학 숙달

- 원자궤도함수에 전자배정
- 시그마와 파이결합의 인식
- 결합과 반결합 궤도함수를 형성하는데 간단한 MO이론의 사용
- 분자에서 원자의 혼성의 확인
- 겹쳐져서 분자궤도함수를 형성하는 원자궤도함수의 확인
- 공명의 이해와 응용
- 분자궤도함수의 이해

1장에서 두 원자간에 공유하는 전자쌍에 의한 공유결합을 기술하였다. 이 장의 목적은 전자궤도함수를 적용한 모델을 사용하여 결합을 더 깊게 살펴보려고 한다. 이 모델은 결합과 반응성을 좀 더 잘 이해하도록 해줄 것이다. 원자궤도함수의 복습으로 장이 시작된다. 원자궤도함수의 상호작용으로 분자궤도함수가 형성될 때 어디서 결합이 생성되는 가를 논의할 것이다. 공명이 유기화학에서 대단히 중요하기 때문에 상당한 관심을 이 과제에 집중해야 한다. 궤도함수의 아이디어는 공명을 더 잘 이해하는 데 도움을 준다. 끝으로 공명을 어떻게 사용하고 언제 중요한 가의 몇 가지 예를 제시하였다.

이 교재의 후반부에는 1과 2장에서 사용했던 것처럼 분자를 나타내는 데 선 구조 또는 골격구조를 사용한다. 그러나 항상 이 장에서 제시해 준 모델을 마음속에 간직해야 한다. 그렇게 하면 관찰을 설명하는데 결합에 대한 더 좋은 그림이 필요할 때 이 모델을 사용할 수 있다.

이 장에서 다룬 대부분은 일반화학에서 배운 것들의 복습이다. 여기서는 유기화학에서 중요한 결합 개념에 더 집중하였다.

## 3.1 원자궤도함수

전자는 파동성을 가졌다는 것을 일반화학에서 이미 공부하였다. 화학자는 파동역학의 방정식을 전자파를 기술하는 데 사용한다. 원자의 핵 주위를 돌고 있는 전자에 대한 파동방정식을 풀면 일련의 **원자궤도함수(atomic orbital)**가 주어진다. 이들 궤도함수는 전자가 궤도함수에 점유될 때 전자전하 밀도의 위치를 기술한다. 이것을 기술하는 다른 방법은 궤도함수의 모양이 전자를 발견할 수 있는 확률이 대단히 높은 핵 주위 영역을 나타낸다. 이것은 전자가 대부분의 시간을 보내는 단순한 공간이다.

그림 3.1은 여기서 가장 흥미가 있는 궤도함수의 모양을 나타내었다. 첫 번째 궤도함수 그림은 가장 낮은-에너지 궤도함수, **1*s* 궤도함수(1*s* orbital)**이다. 이것은 모든 *s* 궤도함수와 같이 구형이다. 그림에 나타낸 것처럼 궤도함수의 수학적 부호(플러스)이다. 이 부호는 전하와는 관계가 없다. 이것은 단순히 파동함수(파동방정식에 대한 풀이)가 전체 궤도함수를 통해서 양의 수학적 값을 가진다는 것을 나타내준다. 이 수학적 부호는 원자궤도함수가 결합하여 분자궤도함수를 만들 때 필요하다.

에너지가 증가하는 순서로 다음 궤도함수는 **2*s* 궤도함수(2*s* orbital)**이다. 1*s* 궤도함수와 같이 이것은 구형을 갖는다. 1*s* 궤도함수보다 더 크다. 즉 핵으로부터 멀리 떨어져 있다. 2*s* 궤도함수는 파동함수의 수학적 부호가 양인 영역과 부호가 음인 다른 영역을 가진다. 파동함수의 값이 영인 영역도 가진다. 이와 같은 영역(이 경우에는 구의 표면)을 **마디(node)**라 부른다. 특정한 점에서 전자를 발견할 수 있는 확률은 그 점에서 파동함수에 대한 값의 제곱에 비례한다. 그 점에서 파동함수가 양 또는 음의 값을 갖더라도 문제가 되지 않는다. 제곱하면 항상 양의 값을 나타내기 때문이다. 마디에서 파동함수의 제곱은 영이다. 이것은 마디에서 전자밀도가 영이라는 것을 의미한다. 일반적으로 궤도함수가 더 많은 마디를 포함하면 궤도함수의 에너지는 더 높아진다. 마디는 분자궤도함수에서 대단히 중요하다.

그림 3.1에 나타낸 2*s* 궤도함수 다음으로 높은 에너지를 가진 궤도함수는 **2*p* 궤도함수(2*p* orbital)**이다. 이 궤도함수는 *s* 궤도함수와 같은 구 대칭이 아니다. 이 전체의 모양은 핵의 반대편에 전자를 발견할 수 있는 확률이 큰 아령 모양이다. 궤도함수의 한 귓불은 양의 수학적 부호를, 다른 것은 음의 수학적 부호를 가지며 그 사이에 평면마디가 존재한다. 그림 3.1에 나타낸 것처럼 궤도함수의 귓불은 *z*-축을 향해

**그림 3.1 원자궤도함수의 모양 ⓐ 1*s*, ⓑ 2*s*, ⓒ 2*p*.**

ⓐ

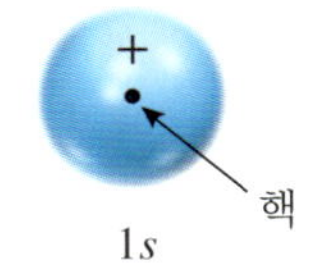


1*s* 궤도함수는 가장 낮은 에너지 원자궤도함수이다. 이것은 마디가 없다. 즉 함수의 수학적 부호는 어느 곳이나 양이다.

ⓑ

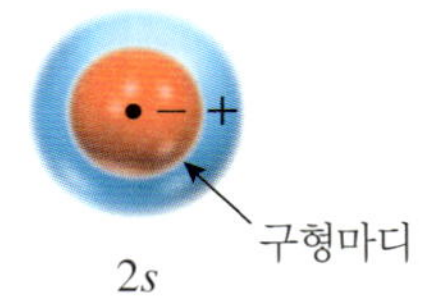


궤도함수가 다음 높은 에너지 궤도함수이다. 이것은 1*s* 궤도함수보다 더 크고 구형마디를 가진다.

ⓒ

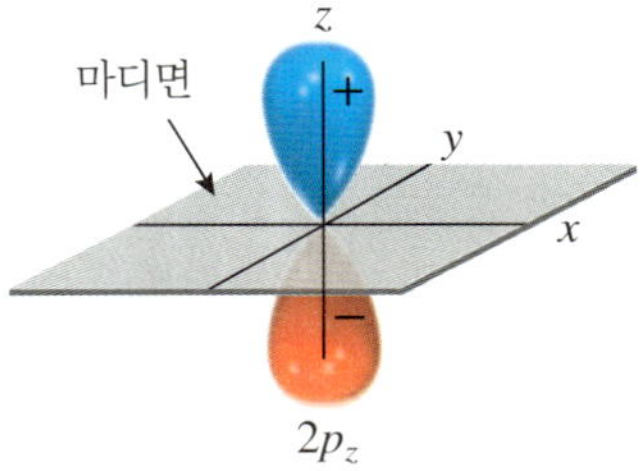


2*p*는 2*s* 다음의 높은 에너지 궤도함수이다. 이것은 평면마디를 가진다. 여기서 나타낸 궤도함수는 $2p$로 궤도함수이고 *x*-*y*면은 마디면이다. 즉 *x*-*y*면에서 파동함수에 대한 값은 영이고 전자밀도는 없다. 2*p* 궤도함수는 보통 왼편에 나타낸 것처럼 그린다. 실제 모양은 오른편에 나타낸 컴퓨터 생성버전과 더 많이 닮았다.

있고 궤도함수를 $2p_z$ 궤도함수라 부르고 $x$-축과 $y$-축으로 형성되는 면은 마디면이 된다. 모두 같은 에너지를 가진 3개의 $2p$ 궤도함수가 있다. 같은 에너지를 가진 궤도함수를 퇴화되었다고 부른다. 3개의 $2p$ 궤도함수는 서로 수직이다. 그림 3.1에 나타낸 것처럼 한 궤도함수는 $z$-축($2p_z$)을 향하고 있으며 다른 두 궤도함수는 $x$-축과 $y$-축($2p_x$와 $2p_y$)을 향한다.

그림 3.1의 궤도함수 그림은 유기화학에서 흥미 있는 것 중이 하나이다. 유기화합물에 있는 가장 보편적인 원자는 H, C와 다른 2주기 원자이기 때문이다. 그러나 때때로 주기율표의 3주기 또는 그 이상의 주기에 속하는 원자들도 발견된다. 세 번째 껍질에 있는 궤도함수는 2개의 마디를 가진다. **3*s*와 3*p* 궤도함수(3*s* orbital, 3*p* orbital)**는 더 크고 추가적인 구형마디가 추가되는 이외에는 2*s*와 2*p* 궤도함수와 같다. 구형마디는 결합에 대한 모양에는 영향을 미치지 않는다. 그러므로 3*s*와 3*p* 궤도함수는 분자궤도함수를 형성할 때 2*s*와 2*p* 궤도함수와 같이 취급한다. 추가해서 3주기의 원자는 **3*d* 궤도함수(3*d* orbital)**를 갖는다. 필요하다면 후에 *d* 궤도함수가 참여하는 결합을 다루게 될 것이다.

**문제 3.1** 3*s* 원자궤도함수를 2*s* 궤도함수와 비교하여라.

원자의 전자배열은 전자가 그 궤도함수에 어떻게 분배되는가를 나타낸다. 전자는 계의 전체 에너지가 최소가 되도록 궤도함수에 배열된다. 다음 일련의 규칙은 원자에 대한 전자배열을 빨리 얻는 데 사용된다.

1. 각 전자는 가장 낮은 궤도함수부터 채워진다.
2. 각 궤도함수는 최대 2개의 전자를 수용할 수 있고 이들은 반대스핀을 가져야 한다. 이것을 **Pauli의 배타원리(Pauli exclusion principle)**라 하며 4개의 모든 양자수가 같은 전자는 없다고 설명한다. 만일 같은 궤도함수에 있는 2개의 전자가 같은 3개의 양자수를 갖는다면 네 번째 양자수(스핀 양자수)는 달라야 한다.
3. 퇴화된 궤도함수가 있다면 처음에 같은 스핀을 가진 전자가 1개씩 첨가된다. 모든 퇴화된 궤도함수에 1개의 전자로 채워지면 반대스핀을 가진 전자가 추가적으로 가해진다. 이것을 **Hund 규칙(Hund' s rule)**이라 한다.

그림 3.2는 주기율표의 첫 번째 두 열에 있는 원자에 대한 전자배열을 나타냈다. 이 에너지준위 그림은 에너지가 증가(가장 낮은 에너지 궤도함수가 바닥에 있다)하는 순서로 원자궤도함수를 나타냈고 화살(화살의 방향이 스핀을 나타낸다)로 이들 궤도함수의 전자점유를 나타냈다. 이 그림은 앞의 규칙으로부터 쉽게 그릴 수 있다. 예로 탄소는 6개의 전자를 갖는다. 첫 번째 두 전자는 가잔 낮은 궤도함수, 1*s* 궤도함수(규칙 1)에 반대스핀(규칙 2)으로 점유된다. 같은 방법으로 다음 두 개의 전자는 2*s* 궤도함수에 채워진다. 3개의 퇴화된 2*p* 궤도함수가 있기 때문에 이 두 전자는 같은 스핀을 가지고 다른 궤도함수에 채워진다(규칙 3).

Hund 규칙은 무엇을 의미하는가? 탄소를 다시 한번 고려해보자. 같은 전하를 가

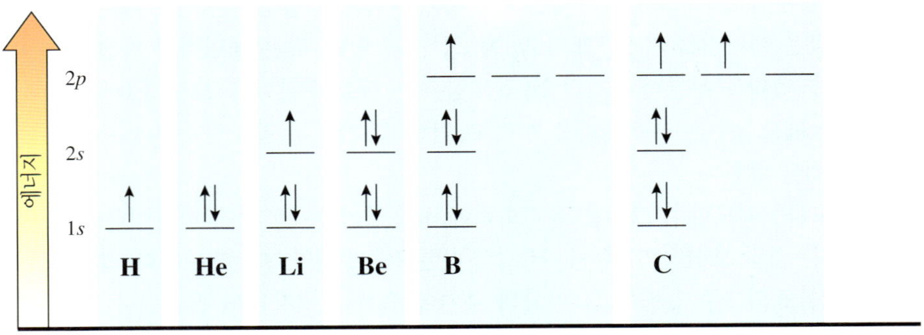


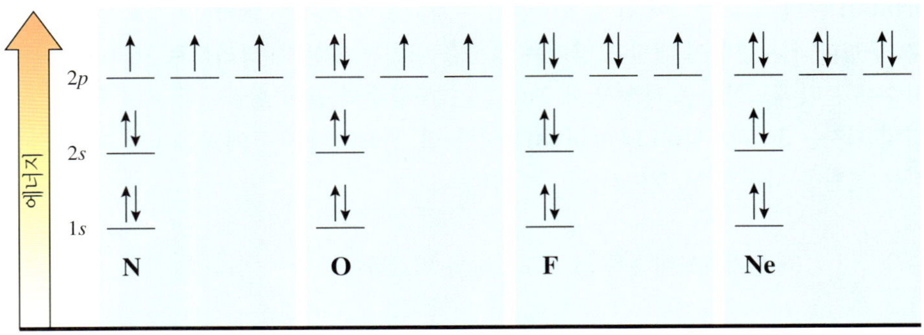


**그림 3.2 원자궤도함수 에너지준위도.** 이 그림을 단순화하기 위하여 궤도함수들은 다른 원자에 대해 같은 에너지로 나타냈다. 실제로 궤도함수의 에너지는 원자에 있는 양자의 수가 증가할수록 감소한다. 그러므로 플루오린의 2*p* 궤도함수는 산소의 2*p* 궤도함수보다 에너지가 낮다.

진 전자들은 서로 밀어 낸다는 것을 기억하여라. 이 전자-전자 반발은 전자가 다른 영역에 있으면 낮은 에너지를 생성하여 최소화된다. 만일 탄소의 2*p* 궤도함수에 있는 두 전자가 같은 스핀을 가진다면 다른 2*p* 궤도함수에 있어야 한다. (만일 두 전자가 같은 2*p* 궤도함수에 같이 있다면 Pauli의 배타원리에 어긋난다.)

그림 3.2는 원자에 대한 **바닥상태(ground state)** 또는 **가장 낮은 에너지상태(lowest energy state)**에 대한 전자배열을 나타냈다. 다른 전자배열은 에너지가 높고 **들뜬상태(excited state)**라 부른다. 예로 1*s* 궤도함수에 2개의 전자를 가진 탄소는 들뜬상태에서 2*s* 궤도함수에 1개의 전자와 2*p* 궤도함수에 3개의 전자를 가진다. 이와 같은 들뜬 탄소원자는 여분의 에너지가 제거되어 제3의 2*p* 전자가 2*s* 궤도함수로 되돌아오는 짧은 시간 동안만 존재한다.

**문제 3.2** 이 원자들의 원자궤도함수 에너지준위도를 나타내어라.

**a)** Si **b)** Al **c)** Cl

**문제 3.3** 이 원자들이 바닥상태에 있는지 들뜬상태에 있는지를 나타내어라.

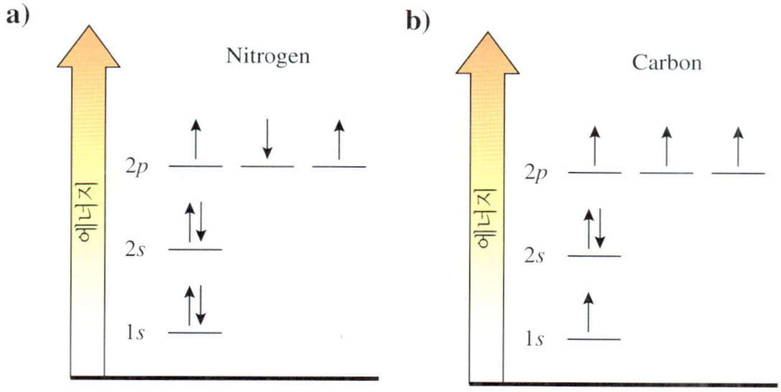


## 3.2 분자궤도함수

분리된 원자에 있는 전자는 그 원자의 원자궤도함수에 있다. 원자가 접근하여 결합을 형성하면 전자에는 어떤 현상이 일어나는가? 간단한 Lewis 모델에서 몇몇 전자들은 공유되어 있는 것처럼 나타냈다. 궤도함수 모델에서는 공유된 전자는 한 원자에서 벗어난 궤도함수로 나타냈다. 이와 같은 궤도함수를 **분자궤도함수(molecular orbital)**라 부른다.

MO의 모양은 분자에서 전자밀도가 높은 영역을 나타낸다. 새로운 궤도함수가 형성되려면 궤도함수가 겹쳐져야 하기 때문에 MO는 반응을 이해하는 데 대단히 유용하다. 그러므로 MO는 새로운 결합 형성하는데 궤도함수가 겹쳐지기 위해 분자가 어떻게 접근하는가를 이해하는 데 도움을 준다. 분자궤도함수는 특별히 분광학(15장), 방향족 화합물(16장) 및 고리형 협동반응(22장)의 논의에서 유용하다.

AO에 대해 이전에 적용했던 모든 것을 MO에 적용한다. 전자를 발견할 수 있는 확률이 큰 결합원자의 핵 주위 영역을 기술한 MO의 모양은 중요하다. 간단한 분자인 $H_2$에서 무엇이 일어났는가를 고려해보자.

먼저 MO의 모양을 생각해보자. 원자궤도함수의 겹침으로 생기는 분작궤도함수를 고려해보자. 원자가 통상적인 결합거리에 있을 때 AO는 겹쳐진다. 이 겹침이 일어나면 전자파는 강화되고 전자밀도는 증가한다. 또는 전자파는 상쇄되고 전자밀도는 감소한다. 그림 3.3의 왼편은 두 수소가 정상 결합거리로 분리되어 있을 때 두 다른 수소($H_a$와 $H_b$)의 1$s$ 궤도함수의 겹침을 나타낸다. 두 원자궤도함수는 상호작용으로 2개의 분자궤도함수를 형성한다. MO는 AO의 직선결합(**LCAO 근사**라 부른다)으로 나타낸다. 이것은 AO는 합해지고($1s_a+1s_b$) 감해져서($1s_a-1s_b$) MO를 형성한다는 것을 의미한다.

그림 3.3에서 AO는 겹침 영역에서 같은 수학적 부호를 가진다. ($1s_a+1s_b$)결합에서 파동함수의 크기는 겹침 영역에서 증가하고 여기서 전자밀도도 증가한다. 핵 간의 전자밀도가 증가하면 더 안정한 궤도함수가 된다. 즉 MO는 AO보다 에너지가 더 낮다. 이와 같은 MO를 **결합 MO(bonding MO)**라 한다. ($1s_a-1s_b$)결합에서 파동함

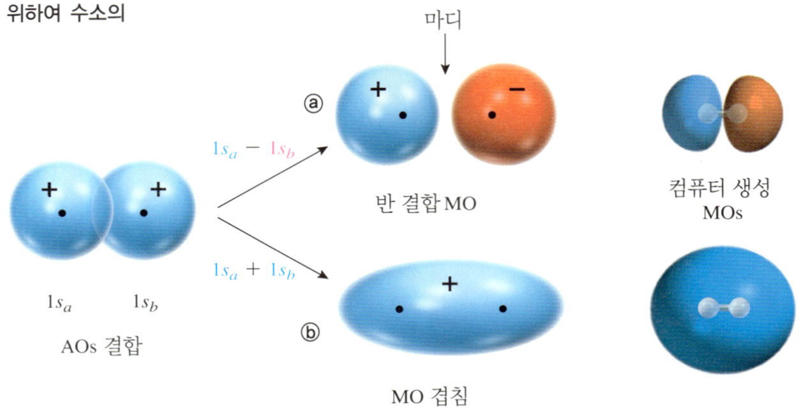


그림 3.3 분자궤도함수를 형성하기 위하여 수소의 1$s$ 궤도함수가 결합.

수의 양은 핵간 영역에서 감소하고 실제로 두 핵을 연결하는 선에 대해 수직인 면에 따라 상쇄된다. 이것은 마디를 생성하고 핵간의 전자밀도가 감소한다. 생성된 MO는 AO보다 불안정하며 **반결합 MO(antibonding MO)**라 부른다. 일반적으로 MO를 나타낼 때 마디가 많아지면 그 MO의 에너지는 더 커진다.

그림 3.4에 이들 MO의 에너지를 나타냈다. 분리된 수소 원자의 1$s$ AO의 에너지를 그림의 왼편과 오른편에 나타냈다. MO의 에너지는 그림의 중앙에 나타냈다. 결합 MO는 그림에서 $\Delta E$로 나타낸 에너지양만큼 1$s$ AO보다 에너지가 작다. 간단한 그림에서 반결합 MO는 $\Delta E$만큼 AO보다 에너지가 더 크다. (더 정교하게 설명하면 반결합 MO는 실제로 1$s$ 궤도함수보다 $\Delta E$ 이상 에너지가 더 크다.)

분자궤도함수도 원자의 원자궤도함수에서 전자가 채워질 때 사용했던 같은 규칙에 따라 전자가 채워진다. 이 경우에는 2개의 전자이다. 이것은 결합 MO에 채워진다. 분자의 안정성은 전자의 총에너지로 결정된다. 이 경우에는 $H_2$ 분자는 분리된 전자보다 2($\Delta E$)만큼 더 안정하다. 다른 말로 말하면 공유결합을 절단하는데 $H_2$ 분자에 2($\Delta E$)의 에너지를 가해주어야 한다. 이 경우에서와 같이 반결합 MO는 보통 전자를 갖고 있지 않으며 분자의 에너지에 영향을 미치지 못한다. 그러나 그들은 실제로 존재하며 분광학의 들뜬 형태와 몇 가지 화학반응과 같은 특수한 경우에는 점유될 수 있다.

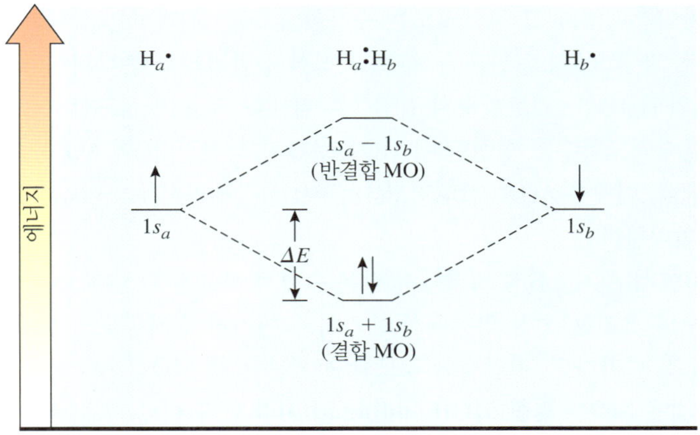


그림 3.4 $H_2$ 분자궤도함수에 대한 에너지준위 그림.

두 수소 간에 형성되는 결합은 **시그마(σ)결합[sigma(σ) bond]**의 한 예이다. 일반적으로 시그마결합의 MO는 핵간 축(두 핵을 잇는 선)에 대해 대칭인 모양을 갖는다. 다른 말로 말하면 핵을 연결하는 선에 대해 수직인 면으로 MO를 절단하면 MO의 단면은 원이 된다. 이것을 그림 3.5에 나타냈다. 시그마결합에서 핵간 축 주위에 결합의 한 원자의 AO의 회전은 AO의 겹침에 영향을 미치지 못한다. 따라서 이것은 결합의 에너지에는 영향을 미치지 못한다.

$H_2$에 대한 MO그림은 Lewis 구조와 완전히 일치한다. 이것은 두 원자 사이에 전자쌍을 공유하면 분리된 원자보다 더 안정한 분자를 생성한다는 것을 나타낸다. 이것은 수소의 원자가가 왜 1인가를 설명해준다. 불안정한 상태인 반결합 MO에 채워지지 않는 한 추가되는 전자가 채워질 공간이 없다. MO 이론은 $He_2$와 같은 분자가 왜 존재하지 않는 가를 이해하는데 도움을 준다. 수소와 같이 두 헬륨은 1*s* AO를 사용하여 결합과 반결합 MO를 형성한다. 이들 MO에는 4개의 전자를 수용할 수 있다. 그러므로 결합 MO와 반결합 MO는 모두 전자로 채워진다. 결합 MO에 있는 전자의

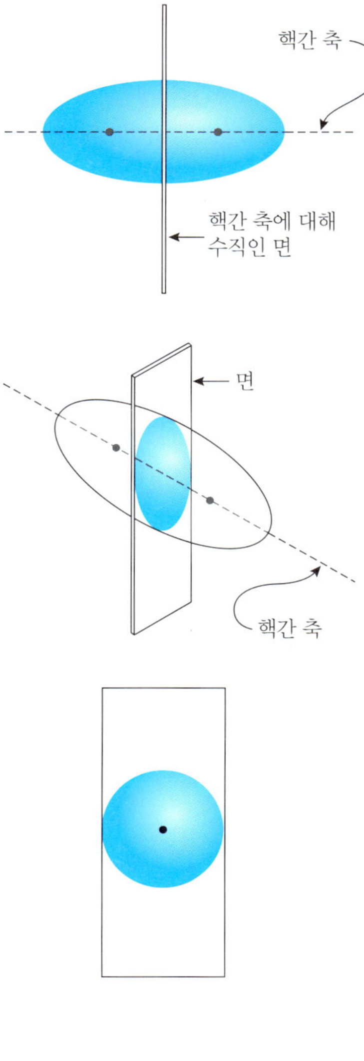


시그마 MO의 이 모양은 두 핵을 통과하는 선에 대해 수직이다. 즉 핵간 축에 대해 수직이다. 핵간 축에 대해 MO를 수직으로 절단한 면은 이 투시도에서 선으로 나타난다.

이 모양에서 MO는 다소 기울어져 있다. 핵간 축에 대해 MO를 수직으로 절단한 면을 더 분명하게 볼 수 있다.

이것은 MO를 절단한 면에 대해 수직하게 핵간 축을 위에서 밑으로 본 모양이다. 이 그림에서 MO가 대칭인 단면을 쉽게 볼 수 있다. 그러므로 이것은 시그마결합으로 분류된다.

**그림 3.5** 시그마결합의 몇 가지 모양.

안정성은 반결합 MO에 있는 전자의 불안정성에 의해 상쇄되는 것보다 더 크다. 전자는 분리된 원자에 있을 때 실제로 더 안정하다.

**문제 3.4** $He_2$에 대한 MO의 에너지준위 그림을 나타내고 이들 MO에 전자가 어떻게 배열되는가를 나타내어라.

2개 이상의 원자를 가진 더 복잡한 분자에서는 어떻게 될 것인가? 정확하게 말하면 분자에 있는 모든 원자에 확충할 수 있는 MO를 사용하게 된다. 그러나 이러한 MO는 대부분의 경우에서 필요로 하는 것보다 더 복잡하다. 대신 **원자가결합설**(valence bond theory)이라 부르는 근사를 사용한다. 이 이론은 두 원자 주위에 편재된 MO를 형성하는 두 결합 원자의 AO의 겹침에 사용된다. 이 **편재된 MO(localized MO)**는 더 용이하게 가시화될 수 있고 공유전자쌍에 의한 결합 형태에 해당된다. 후에 두 원자이상에 확충한 **비편재 MO** 사용을 필요로 하는 특수한 경우를 다루게 될 것이다.

MO가 두 원자간에 편재된 근사를 사용하면 그 그림은 생각보다는 복잡하지 않다. 같은 일이 매번 일어난다. 다음과 같이 일반화할 수 있다.

1. 결합 원자에 있는 두 AO가 두 MO를 생성하기 위하여 겹쳐진다. 더 복잡한 경우에는 많은 수의 MO가 초기에 포함했던 같은 수의 AO를 생성한다.
2. 겹침 AO는 MO의 모양에 접근하는 데 사용할 수 있다. 두 AO의 한 결합은 낮은 에너지의 결합 MO를 형성하고 다른 결합은 핵 간에 마디를 가진 높은 에너지의 반결합 MO를 형성한다.
3. AO에 대해 전자 배정에 사용했던 같은 규칙을 MO에 대한 전자 배정에 사용한다. 보통 MO에 채워질 충분한 전자가 있으며 반결합 MO는 비어 있다.
4. 결합에너지는 전자의 총에너지와 같다. AO의 전자와 비교하여 전자의 에너지는 전자의 수 × ($\Delta E$)만큼 에너지가 작다.
5. ($\Delta E$)의 양은 AO의 겹침이 증가할수록 증가한다. 그러나 원자들이 가깝게 접근하면 핵간의 반발이 우세하여 전체에너지는 대단히 빨리 증가한다.

이 규칙을 사용하면 더 복잡한 경우도 분석할 수 있다.

## 3.3 단일결합과 $sp^3$ 혼성

간단한 유기분자 메테인($CH_4$)을 고려해보자. 먼저 4개의 CH결합을 나타내는 Lewis 구조를 살펴보자.

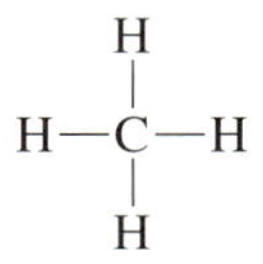

Methane

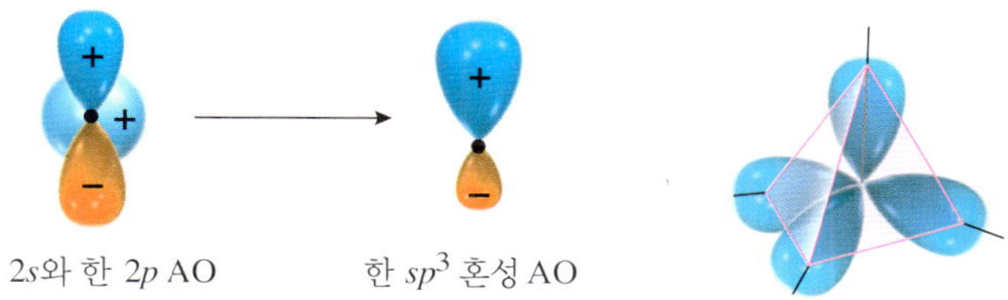


2s 궤도함수의 일부와 2p 궤도함수의 일부가 더 해진다. 두 AO가 다 양이면 생성되는 궤도함수는 더 큰 귓불을 가진다. 한편 p 궤도함수는 음이고 s 궤도함수는 양이면 귓불의 크기는 감소한다.

4개의 $sp^3$ 혼성 AO는 사면체의 꼭지점을 향한다. AO의 작은 뒤 귓불은 생략되었다.

**그림 3.6** $sp^3$ **혼성 원자궤도함수.**

MO그림에서 Lewis 구조에 있는 각 결합은 결합 MO(반결합 MO)이다. 더욱이 MO 모델은 실험결과와 잘 일치하고 있다. 실험은 메테인에 있는 모든 결합이 동일하고 사면체 기하구조를 나타내준다. 그러므로 메테인은 사면체 배열을 가진 4개의 동등한 결합 MO를 가져야 한다.

탄소의 AO로부터 생성된 각 MO는 한 수소의 AO와 겹쳐진다. 원자의 원자가 껍질에 있는 AO만이 사용된다. 탄소로부터 얻을 수 있는 4개의 궤도함수는 $2s$와 3개의 $2p$ AO이다. 그러나 이 탄소궤도함수를 직접 사용하면 문제가 생긴다. 먼저 4개의 동일한 궤도함수가 필요하지만 탄소 $2s$ AO와 수소의 $1s$ AO와 겹쳐져 생기는 MO는 탄소 $2p$ AO와 수소의 $1s$ AO와 겹쳐져 생기는 MO와는 분명히 다르다. 다음에 탄소의 $2p$ 궤도함수는 탄소에 사면체로 배열되어 있는 수소의 정확한 기하구조를 나타내주지 못한다. 이것은 AO 간의 약한 겹침, 적은($\Delta E$)값 및 약한 결합을 형성한다.

일반화학으로부터 이 문제에 대한 해결방법을 기억하고 있을 것이다. $2s$와 3개의 $2p$ AO가 수학적으로 평균화된 4개의 동등한 **혼성 AO(hybridized AO)**를 형성한다. 1개의 $1s$와 3개의 $p$ 궤도함수가 결합하여 생성되므로 새로운 AO를 $\boldsymbol{sp^3}$ **혼성($\boldsymbol{sp^3}$ hybridized)**이라 한다. 혼성 AO는 결합하는 데 이상적이다. 이들은 다 동등하고 사면체 기하구조를 갖는다. 더욱이 각 혼성 AO는 결합될 다른 원자를 향해 있는 궤도함수의 큰 귓불와 다른 면에는 적은 귓불를 가진다. 이 혼성 AO의 방향성은 다른 AO와 상호작용으로 MO를 형성할 때 최대 겹침이 이루어진다. 혼성과정과 $sp^3$ 혼성 AO는 그림 3.6에 나타냈다.

이제 어떻게 메테인에 대한 MO가 형성되는 것인가 살펴보자. 그 과정은 바로 전에 살펴본 바와 같다. 그림 3.7은 탄소의 $sp^3$ 혼성 AO가 수소의 $1s$ AO와 겹쳐져서 낮은 에너지결합 MO와 높은 에너지 반결합 MO가 생성된다. 이들은 다 시그마 MO이다. (별표는 $\sigma^*$와 같이 반결합 *MO*를 나타내는 데 사용된다.) 결합의 두 전자는 결합 MO에서 발견된다. 같은 과정이 다른 세 결합에서도 일어난다. 4개의 결합 MO를 그림 3.7에 나타냈다.

그림 3.8에 나타낸 다소 더 복잡한 예인 에테인, $C_2H_6$를 고려해보자. 분자의 기하구조는 포함된 원자의 혼성을 말해준다. 간단한 유기화합물에서 사면체 기하구조를 가진 원자는 $sp^3$ 혼성이다. 그러므로 에테인에 있는 두 탄소는 $sp^3$ 혼성이다. 메테

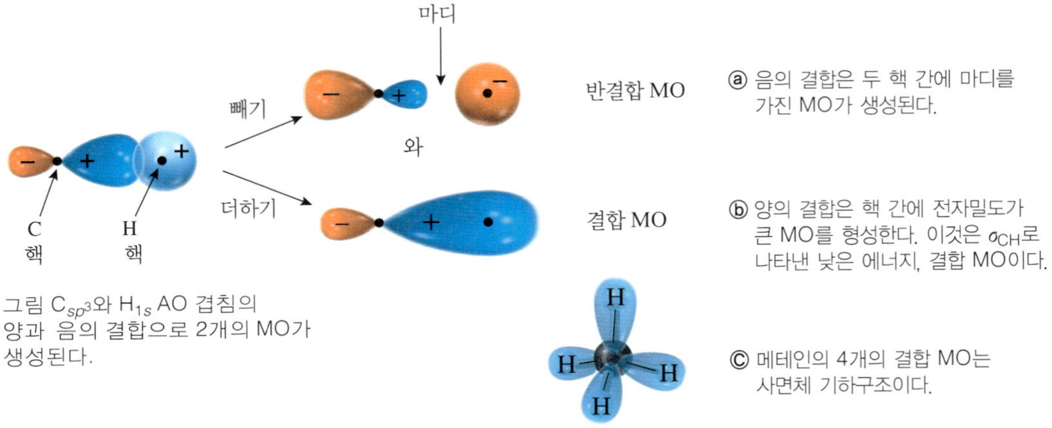


**그림 3.7** 메테인의 시그마결합에 대한 궤도함수 그림. ⓐ 반결합 MO, ⓑ 결합 MO, ⓒ 4개의 결합 MO.

인과 같은 방법으로 CH결합을 형성한다. 다음에 나타낸 것처럼 각 탄소는 $sp^3$ AO의 겹침에 의해 CC결합이 형성된다.

원자가 $sp^3$ 이외의 혼성을 가질 수 있지만 유사한 그림을 모든 시그마결합에 적용할 수 있다.

$NH_3$와 $CH_3OH$에 대한 MO 그림을 그림 3.8에 나타냈다. 암모니아에서 질소 주위의 4개의 전자쌍 중 3개는 결합전자쌍이고 1개는 비공유전자쌍이다. VSEPR설을 근거로 전자쌍의 기하구조는 사면체이다. (보통 일어나는 이상적 구조로부터 다소의 벗어남은 걱정할 필요가 없다.) 그러므로 질소의 혼성은 $sp^3$이다. NH결합에 대한 MO는 CH결합 형성과 같이 형성된다. 다른 점은 N에 있는 비공유전자쌍이다. 이들 전자는 질소에 있는 $sp^3$-혼성, 반결합 AO에 있다. 메탄올에 대한 그림에서 산소에 $sp^3$ 혼성인 2개의 전자쌍, 반결합 AO가 있다는 것을 주목하여라.

**그림 3.8** ⓐ 에테인, ⓑ 암모니아 및 ⓒ 메탄올의 결합에 대한 궤도함수의 그림. (여러 가지 궤도함수의 뒤에 있는 작은 귓불은 생략되었다.)

ⓐ

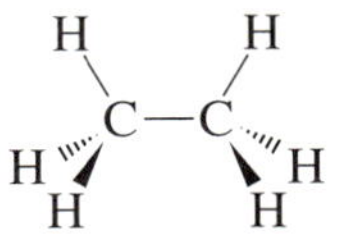


에테인의 각 탄소는 4개의 결합을 가지므로 각 탄소에서 기하구조는 사면체이고 혼성은 $sp^3$이다.

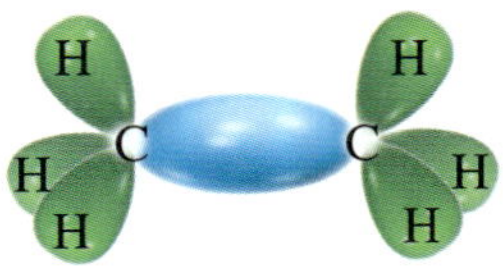

CH 시그마결합은 H 1*s* AO와 C $sp^3$ AO와의 겹침으로 형성된다($\sigma_{Csp^3+H1s}$). 다른 CH결합은 같다. CC 시그마결합은 두 탄소의 C $sp^3$ AO의 겹침으로 생성된다($\sigma_{Csp^3+Csp^3}$).

그림 3.8 (계속)

ⓑ

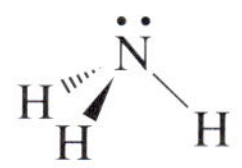

Ammonia

암모니아의 4개의 전자쌍(3개의 결합전자쌍과 비공유전자쌍)의 기하구조는 사면체이고 혼성은 $sp^3$이다.

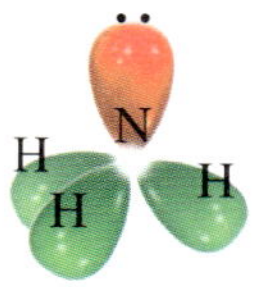

질소의 비공유전자쌍은 $sp^3$ 혼성이고 반결합 AO이다. 3개의 NH결합은 $\sigma_{Nsp^3+H1s}$이다.

ⓒ

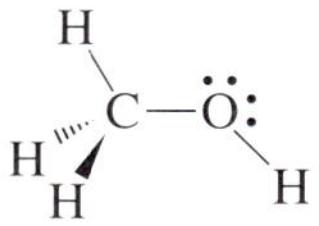

Methanol

메탄올의 탄소는 4개의 결합전자쌍을 갖는다. 그러므로 사면체이고 $sp^3$ 혼성이다. 산소의 4개의 전자쌍의 기하구조는 사면체이고 $sp^3$혼성이다.

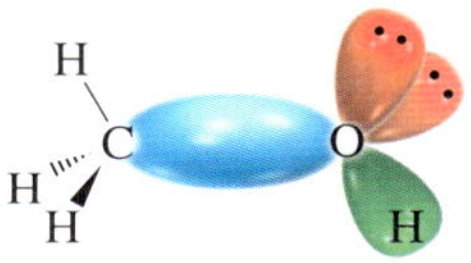

그림을 간단히 하기위하여 CH결합에 대한 궤도함수는 나타내지 않았다. 이들은 에테인에 있는 CH결합과 같다. O의 비공유전자쌍은 $sp^3$이고 반결합 AO이다. OH결합은 O $sp^3$ AO가 H 1$s$ AO와 겹쳐져서 생성된다($\sigma_{Osp^3+H1s}$). CO결합은 각 원자에 있는 $sp^3$ AO의 겹침으로 생성된다

**문제 3.5** $CH_3OCH_3$에서 다른 종류의 결합을 형성하기 위하여 겹쳐지는 원자궤도함수의 형태를 나타내어라. (예로 탄소 $sp^3$ AO와 수소 1$s$ AO.) 산소의 비공유 전자에 의해 어떤 종류의 궤도함수가 점유되는가?

## 3.4 이중결합과 $sp^3$ 혼성

다음에 이중결합을 가진 화합물에는 어떤 현상이 일어나는가 살펴보자. 이중결합을 가진 간단한 유기화합물은 에텐(에틸렌), $C_2H_4$이다. 그림 3.9a에 나타낸 Lewis 구조를 살펴보는 것으로부터 시작해보자. 에텐의 모든 원자는 동일 평면에 놓여 있다. 각 탄소의 기하구조는 평면 삼각형이고 결합각은 대략 120°이다. MO 그림은 이 실험결과와 잘 일치한다.

화합물이 이중결합을 가지면 그 중 한 결합은 항상 시그마결합이고 이미 기술한 것과 같은 방법으로 형성된다. 그러나 두 번째 결합은 다른 양상으로 형성된다. 우선 시그마결합을 고려해보자.

에텐에서 각 탄소는 3개의 시그마결합을 형성하는데 2개는 수소와 1개는 다른 탄소와 형성한다. 그러므로 평면 삼각 기하구조를 가진 3개의 AO는 시그마결합을 형성하기 위하여 필요하다. 이번에는 혼성 AO는 2$s$와 2개의 2$p$ AO($2p_x$와 $2p_y$)로부터 형성된다. 이것은 3개의 **$sp^2$-혼성 AO($sp^2$-hybridized AO)**를 형성한다. 각 AO는 $sp^3$ AO와 같은 일반적인 형태를 갖는다. 각 궤도함수는 한 방향을 향하는 궤도함수의 큰 귓불과 반대 방향을 향하는 궤도함수의 작은 귓불을 갖는다. 그림 3.9b에서와

그림 3.9 **에텐의 결합과 궤도함수 그림.**

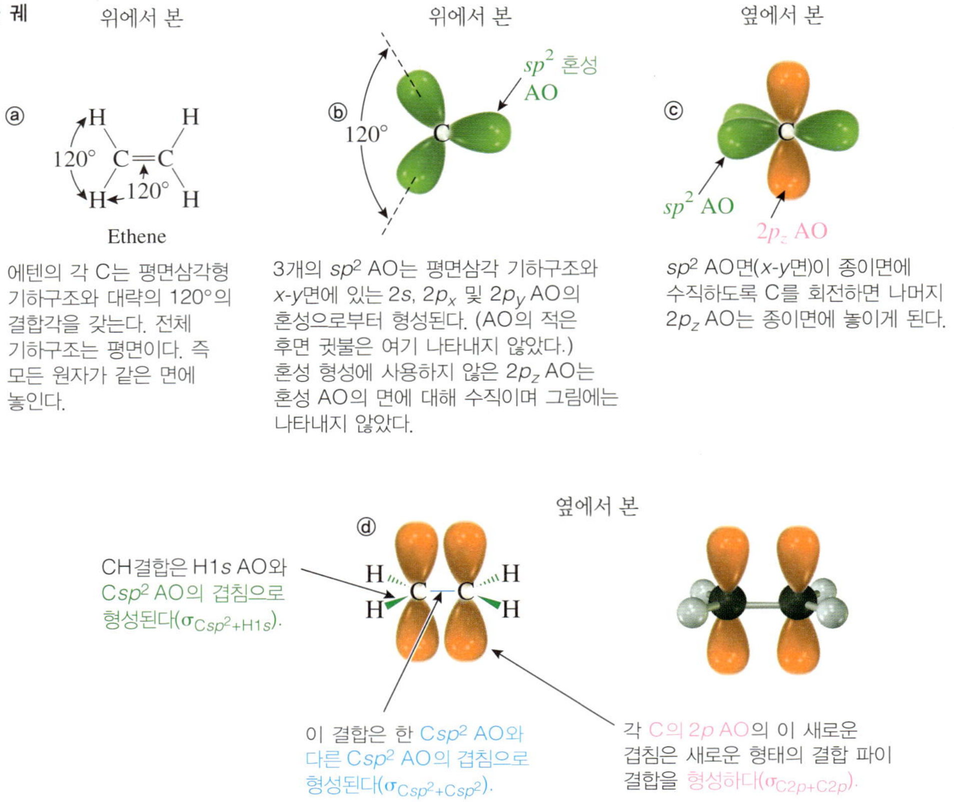


같이 세 궤도함수는 동일하고 평면삼각형 기하구조를 갖는다.

$sp^2$ 혼성 AO의 형성은 3개의 $2p$ 궤도함수 중 2개만을 사용하기 때문에 1개의 $2p$ 궤도함수 $2p_z$ AO가 남아 있다. $2p_z$ AO는 $sp^2$ 혼성 AO에 대해 수직이다. ($sp^2$ 혼성 AO는 $2p_x$와 $2p_y$ AO로부터 형성되기 때문에 $x$-$y$면에 놓이게 된다.) 모든 4개의 AO(3개의 $sp^2$ AO와 1개의 $2p$ AO)를 그림 3.9c에 나타냈다.

에텐의 시그마결합에 대한 MO는 전과 같은 유사한 방법으로 AO의 겹침에 의해 형성된다. 각 CH결합은 탄소의 $sp^2$ 혼성 AO와 H의 $1s$ AO와의 겹침으로 형성된다. 2개의 CC결합의 하나는 시그마결합이고 각 탄소의 $sp^2$ 혼성 AO의 겹침으로 형성된다. 두 번째 CC결합은 각 탄소에 남아 있는 비혼성 $2p$ AO를 포함한 다른 형태의 겹침에 의해 형성된다. 그림 3.9d에 나타낸 것처럼 이들 궤도함수는 서로 평행하다. 이들은 원자의 윗면과 아랫면에서 겹쳐지고 서로 직접 향하고 있는 궤도함수보다는 덜 겹쳐진다. 서로 직접 바라보고 있는 궤도함수가 아니라 평행한 궤도함수의 새로운 형태의 겹침은 **파이결합(pi bond)**라 부르는 새로운 형태의 결합을 형성한다.

그림 3.10은 더 상세한 겹침을 나타낸다. MO 형성과정은 전과 같다. 2개의 AO가 겹쳐진다. 양의 결합($2p_a + 2p_b$)에서 궤도함수는 핵의 위와 아래 영역을 보강하여 낮은 에너지, 결합 MO를 형성한다. 음의 결합($2p_a + 2p_b$)에서 궤도함수는 핵간 영역이 상쇄되어 새로운 마디가 형성되고 높은 에너지, 반결합 MO가 생성된다. 궤

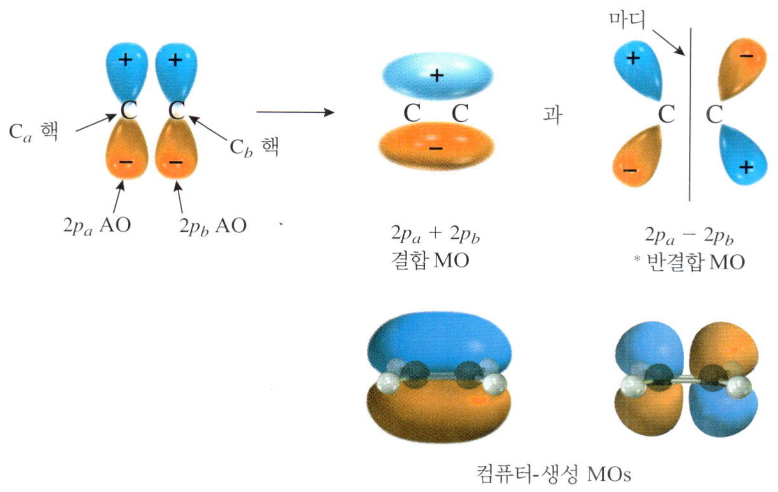


**그림 3.10** 파이결합과 파이 반결합 궤도함수의 형성.

도함수는 핵 간 축에 대해 대칭이 아니므로 시그마 궤도함수가 없다. 이런 형태의 궤도함수를 파이결합이라 부른다.

파이 MO의 에너지는 그림 3.11에 나타냈다. 이 MO에 채울 전자는 2개(이중결합의 두 번째 전자쌍)이다. 보통 결합 MO에는 전자가 채워지고 반결합 MO는 비어 있다. 파이 MO를 형성하는 $p$ AO의 겹침이 시그마 MO를 형성하는 AO의 겹침보다 빈약하기 때문에 $\Delta E$는 시그마 MO보다 파이 MO에 대한 것이 더 작다. 그러므로 빈약한 겹침에 의해 파이결합이 시그마결합보다는 약하게 된다. 표 2.1로부터 CC 단일결합에 대한 결합해리에너지는 81 kcal/mol(339 kJ/mol)이다. 한편 CC 이중결합에 대해서는 145 kcal/mol(607 kJ/mol)이다. 이중결합의 시그마결합이 단일결합의 시그마결합과 대략 같은 결합세기를 가진다면 대략적인 파이결합의 세기는 $145 - 81 = 64$ kcal/mol(268 kJ/mol)로 계산할 수 있으며 시그마결합보다는 상당히 약하다.

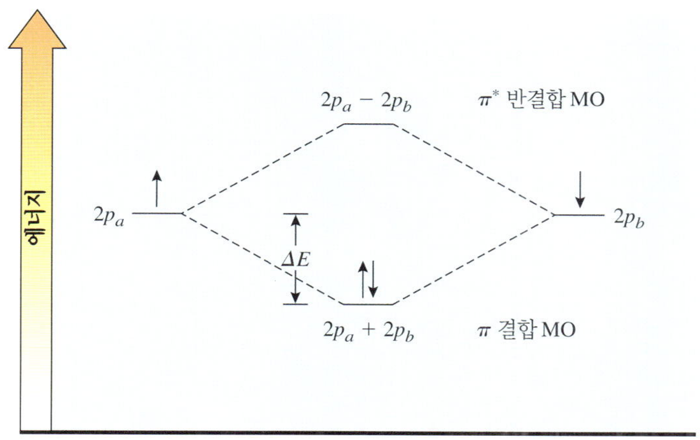


**그림 3.11** 파이결합과 반결합 분자궤도함수의 에너지.

이 MO 그림은 왜 에텐의 모든 원자가 같은 면에 놓이게 되는가를 설명해준다. 파이결합 형성에 사용할 수 있는 각 탄소의 *p* 궤도함수는 탄소와 결합된 2개의 수소로 형성된 평면에 수직이다. C와 결합된 2개의 수소로 이루어진 평면이 다른 C와 결합된 2개의 수소로 이루어진 평면과 같지 않다면 *p* 궤도함수는 평행이 될 수 없고 겹침은 감소한다. 겹침은 감소하고 Δ*E*도 감소하며 전자의 에너지는 증가한다. 전자는 불안정하다.

그림 3.12는 한 HCH기의 면을 다른 HCH기의 면에 대해 회전하면 어떤 현상이 일어날 것인가를 설명해준다. 그림 3.12b는 파이결합을 형성하는 *p* 궤도함수의 최대 결합을 가진 평면 에텐을 나타냈다. CC 결합에 대해 한 탄소를 90º 회전하면 그림 3.12b에 나타낸 기하구조를 형성한다. 이 회전은 시그마결합을 형성하는 겹침의 정도는 변하지 않으므로 에너지에는 영향을 미치지 않는다. (이와 같은 이유로 에텐의 CC 시그마결합의 유사한 회전은 쉽게 일어난다.) 그러나 에텐의 파이결합의 *p* 궤도함수는 수직이다. 그들은 전혀 겹쳐지지 않으며 Δ*E*는 영이 되고 파이결합은 절단된다. 그러므로 이와 같은 회전을 일으켜 파이결합을 절단하려면 충분한 에너지 대략 20 kcal/mol(84 kcal/mol)을 가해주어야 한다. 실온에서는 대략 20 kcal/mol(268 kJ/mol)의 열에너지를 얻을 수 있다. 이보다 더 많은 에너지가 필요한 과정은 실온에서는 일어나지 않는다. 그러므로 그림 3.12에 나타낸 회전은 일어나지 않는다.

간단한 유기화합물은 평면삼각 기하구조를 가진 원자에 대해 ***sp*² 혼성(*sp*² hybridization)**을 사용하였다. 그림 3.13에 나타낸 $CH_2NH$를 고려해보자. C에서 기하구조는 평면삼각이고 *sp*² 혼성이다. 이것은 마치 에텐의 탄소 중 하나인 것처럼 보인다. VSEPR설은 N을 원자가껍질에 3개의 전자쌍(비공유전자쌍, NH결합의 전자쌍

**그림 3.12** 에텐의 탄소-탄소 결합의 회전.

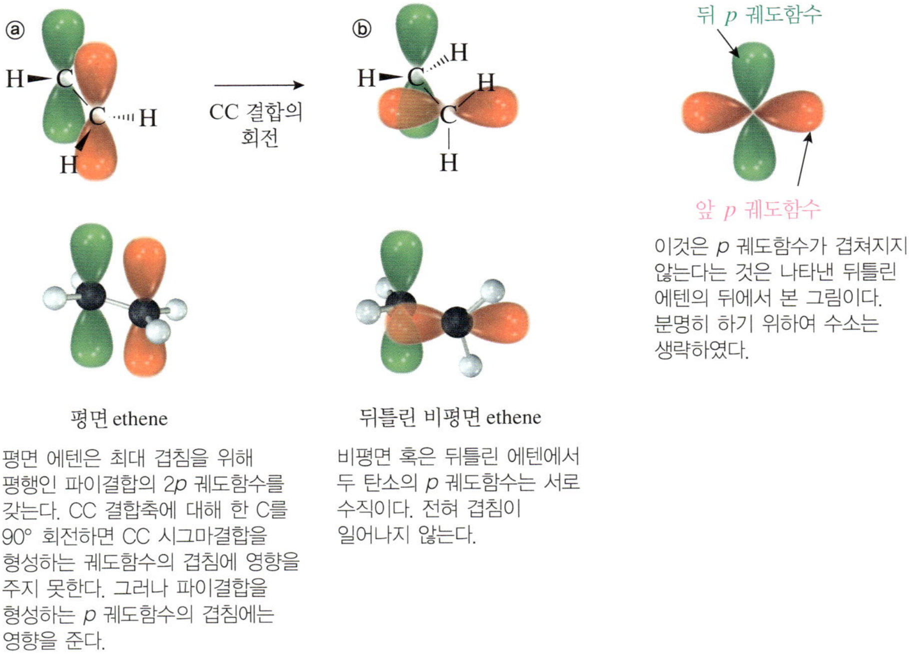

$CH_2NH$에서 모든 결합각은 대략 120°이고 분자는 전체로 평면 기하구조를 갖는다. C와 N 모두 $sp^2$ 혼성이다. CH 결합은 에텐에서의 결합과 같다. NH 결합은 H 1$s$ AO와 N $sp^2$ AO와 겹침으로 생성된다($\sigma_{Nsp^2+H1s}$). 비공유전자쌍은 N에 있는 비결합 $sp^2$ AO이다. CN 시그마결합은 N $sp^2$ AO와 C $sp^2$ AO의 겹침으로 생성된다($\sigma_{Csp^2+Nsp^2}$). 다른 CN 결합은 N 2$p$ AO와 C 2$p$ AO의 겹침으로 생성된 파이결합이다.

$CH_2O$에서 결합각은 대략 120°이고 기하구조는 평면이다. C는 $sp^2$ 혼성이다. O는 $sp^2$ 혼성으로 처리한다. 2개의 비공유전자쌍은 각각 O에 있는 비결합 $sp^2$ AO에 존재한다. CO 시그마결합은 O $sp^2$ AO와 C $sp^2$ AO의 겹침으로 형성된다($\sigma_{Csp^2+Osp^2}$). 다른 CO 결합은 O 2$p$ AO와 C 2$p$ AO의 겹침으로 형성된 파이결합이다.

**그림 3.13** 메탄이민, $CH_2NH$와 폼알데하이드, $CH_2O$에 대한 궤도함수 그림.

및 1개의 전자쌍으로 간주된 2개의 이중결합전자쌍)을 가진 것처럼 취급한다. 그러므로 질소는 평면삼각 기하구조를 갖는다. 한 전자쌍에 수소가 결합되어 있다는 것을 제외하고는 탄소와 같다. $CH_2NH$ 전체는 에텐과 대단히 유사하다. CN 이중결합은 1개의 시그마결합과 1개의 파이결합으로 이루어져 있다. 기하구조는 평면이고 CNH 결합각은 대략 120°이다. N의 비공유전자쌍은 $sp^2$ 혼성이고 비결합 AO이다.

그림 3.13 $CH_2O$의 구조를 나타낸다. VSEPR 설은 산소의 이중결합과 2개의 전자쌍에 대한 평면삼각 기하구조를 예측할 수 있고 $sp^2$ 혼성으로 처리할 수 있다. 그림은 1개의 CO 시그마결합과 1개의 CO 파이결합을 가진 에텐과 유사하다. 그러나 산소에 있는 $sp^2$-혼성과 비결합 AO에 있는 2개의 전자쌍은 다르다.

**문제 3.6** 이 분자에서 N과 각 C에서 혼성은 무엇인가? 결합과 그것을 형성하기 위하여 겹쳐지는 궤도함수의 형태를 지적하여라. (예: $\sigma_{Csp^3+H1s}$)

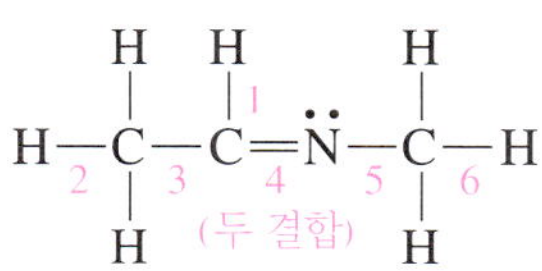

## 3.5 삼중결합과 *sp* 혼성

삼중결합을 가진 간단한 화합물은 에타인(아세틸렌), HC ≡ CH이다. 에타인의 Lewis 구조는 그림 3.14a에 나타냈다. CC결합 중의 하나는 시그마결합이다. 다른 2개는 파이결합이다.

각 탄소는 수소와 1개의 시그마결합과 다른 탄소와 1개의 시그마결합을 형성한다. 그러므로 직선형 기하구조를 가진 두 혼성 AO가 필요하다. 이 혼성 AO는 2*s* AO와 2*p* AO부터 형성된다. 그림 3.14b에 나타낸 것처럼 생성된 두 ***sp*-혼성 AO(*sp*-hybridized AO)**는 동등하고 직선 기하구조를 갖는다. 그들은 다른 혼성 AO와 같은 일반적인 모양을 갖는다. 큰 귓불은 한 방향을 향하고 작은 귓불은 반대 방향을 향하고 있다.

이제 각 탄소에 남아 있는 *sp* 혼성 AO에 대해 수직인 2개의 2*p* AO가 있다. 이들 각각은 다른 탄소의 2*p* AO와 겹쳐져서 2개의 파이결합을 형성한다. 이들 파이결합을 그림 3.14c에 나타냈다. 파이결합은 동일하고 MO는 같은 에너지를 가지므로 이들은 퇴화되었다고 한다.

CC결합 축에서 한 탄소를 회전하면 분자의 기하구조에는 영향을 미치지 못한다. 결합각도 변하지 않는다. 그러므로 이와 같은 회전이 일어나는가는 걱정할 필요가 없다.

**직선 기하구조**를 갖는 원자는 MO를 형성하는데 *sp*-혼성 AO를 사용한다. 다른 예는 문제 3.7과 문제 3.8에서 고려해보자.

그림 3.14 ⓐ Lewis 구조, ⓑ 2개의 *sp* AO, ⓒ 삼중결합의 1개의 시그마와 2개의 파이결합.

ⓐ

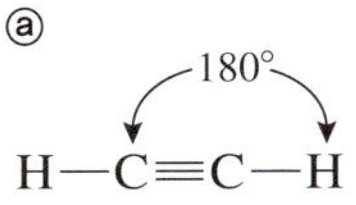


에타인은 결합각이 180°인 직선 분자이다.

ⓑ

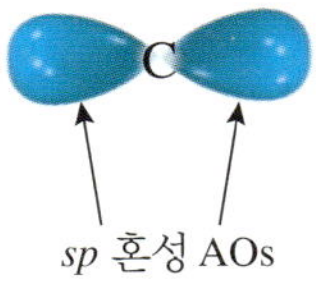


2*s*와 2$p_x$ AO의 혼성은 2개의 *sp* 혼성 AO를 형성한다. (AO의 작은 검은 귓불은 나타내지 않았다.) *sp* AO는 직선 기하구조를 가지며 다른 혼성 AO와 유사한 모양을 가진다. 사용되지 않은 2개의 *p* 궤도함수($p_y$와 $p_z$)는 혼성 AO에 대해 수직이다.

ⓒ

각 C — H는 H1*s* AO와 C *sp* 혼성 AO와의 겹침으로 형성된다($\sigma_{Csp+H1s}$). C — C 시그마결합은 각 탄소의 C *sp* 혼성 AO의 겹침으로 형성된다($\sigma_{Csp+Csp}$). 한 탄소원자의 *p* 궤도함수는 다른 탄소원자의 *p* 궤도함수와 겹쳐져서 2개의 파이결합(녹색과 적색)을 형성한다($\pi_{C2p+C2p}$). 한 파이결합의 *p* 궤도함수는 다른 파이결합의 *p* 궤도함수와 수직이다. 삼중결합의 3개의 결합은 1개의 시그마와 2개의 파이결합으로 이루어져 있다.

**문제 3.7** 시안화수소, H — C ≡ N에서

**a)** N와 C에서 혼성은 무엇인가? **b)** 세 CN 결합의 형태는 무엇인가? 이들을 형성하기 위하여 어떤 궤도함수가 겹쳐야 하는가? **c)** N에 있는 비공유전자는 어떤 형태의 궤도함수인가? **d)** 어떻게 궤도함수 겹쳐져서 파이결합을 형성하는가를 나타내는 분자를 그려라.

**문제 3.8** 이 분자에서 각 C에서 혼성은 무엇인가? 결합과 결합을 형성하는데 겹쳐진 궤도함수의 형태를 지적하여라.

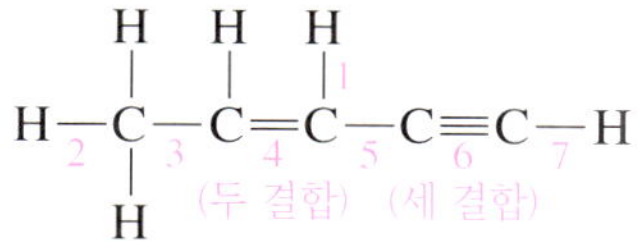

**문제 3.9** 이들 분자에서 H를 제외한 각 원자의 혼성을 나타내어라. 지정한 각 결합과 결합을 형성하는 데 겹쳐진 궤도함수의 형태를 지적하여라.

**a)**
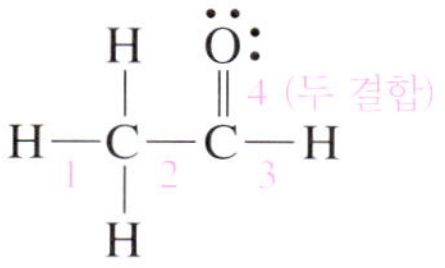

**b)**
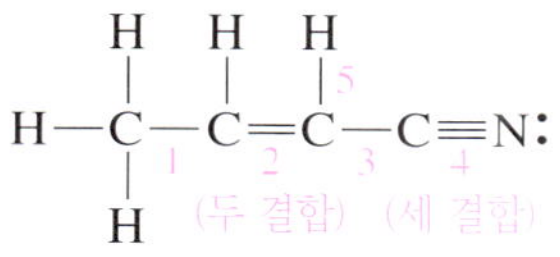

**c)**
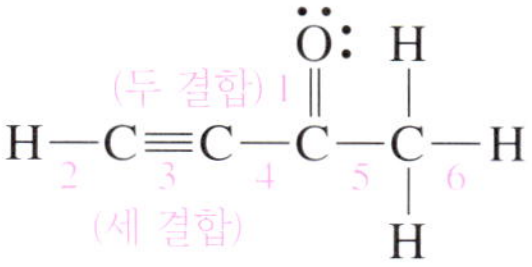

**d)**
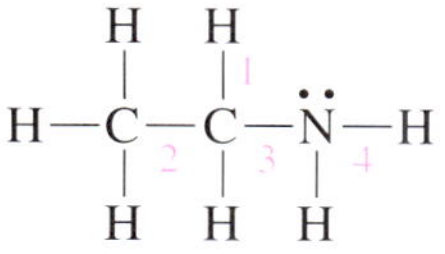

## 3.6 공명과 MO이론

지금까지 나타낸 모든 경우에 결합의 그림은 각 MO가 두 원자에만 편재되었다는 근사에 의해 얻어진다. 때때로 이 편재 MO는 어떤 결합에 대해서는 좋은 모델이 아니다. 편재 MO가 실패한 경우는 정상적인 Lewis 구조가 부적절한 경우와 같다. 이 경우에 결합을 기술하는 데 공명이 필요하다. 이와 같은 분자에서 결합을 기술하는 데 **비편재 MO(delocalized MO**, MO는 두 원자 이상의 AO를 포함)를 사용하는 것이 편리하다. 사실 공명과 비편재 MO는 결합의 같은 형태를 기술하는 다른 방법일 뿐이다. 비편재 MO로 깊이 빠져들 필요는 없다. 그러나 공명을 더 잘 이해하기 위하여 그들을 간단히 논의할 필요가 있다. 계속해서 잘 논의하는데 적합한 공명 그림을 발견해보자.

**그림 3.15** 폼산 음이온에 대한 공명과 궤도함수 그림.

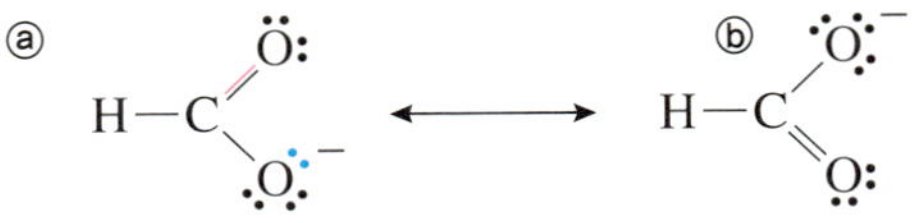

Formate anion

폼산 음이온은 두 동등한 Lewis 구조(ⓐ와 ⓑ)를 그릴 수 있는 이온의 예이다. 실제구조는 이 두 구조의 공명혼성체이다. 공명구조간에는 이중머리 화살을 사용한다는 것을 기억하라. 공명구조 간에는 평형 화살(⇄)을 사용해서는 안 된다.

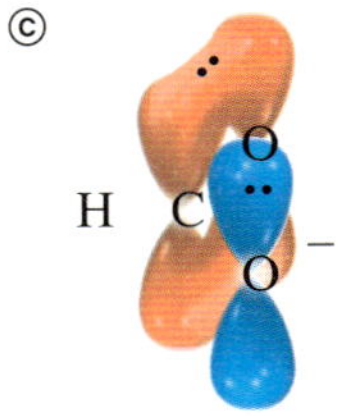


이것은 폼산 음이온에 대한 궤도함수 그림을 나타내려는 시도이다. 이것은 ⓐ부에 있는 Lewis 구조에 해당한다. (공명에 포함되지 않은 각 산소의 2개의 비공유전자쌍을 나타내지 않았다.) 2개의 적색 $p$ 궤도함수는 겹쳐져서 파이결합을 형성한다. 1개의 비공유 전자쌍은 다른 산소의 청색 궤도함수에 있다. 이 청색 $p$ 궤도함수는 다른 산소의 적색 $p$ 궤도함수와 같이 탄소에 있는 적색 $p$ 궤도함수와 겹쳐진다.

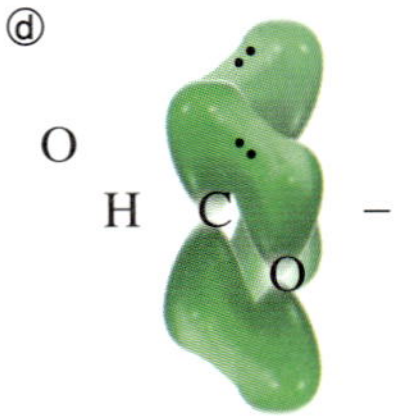


폼산 음이온에 대한 정확한 그림을 얻기 위하여 3개의 모든 겹침 $p$ 궤도함수를 포함한 비편재 MO를 사용할 필요가 있다 (하나는 각 O로부터 하나는 C로부터). 이 3개의 AO는 3개의 MO를 형성하기 위하여 겹쳐진다. 이 3개의 MO에는 4개의 전자(ⓐ와 ⓑ부에 있는 Lewis 구조에 파이전자와 1개의 비공유전자쌍으로 나타낸)가 있다. 이 그림은 이 3개의 MO의 모양을 나타내려고 하지는 않았고 그들을 형성하는 데 겹쳐진 궤도함수만을 나타냈다.

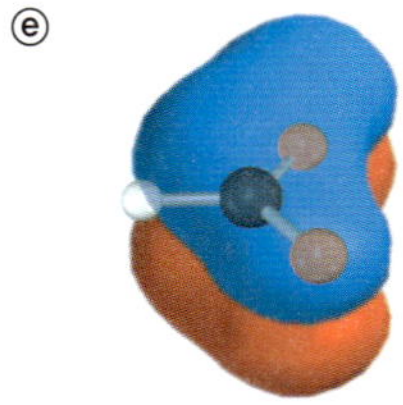


이것은 가장 낮은 에너지 파이결합 MO의 컴퓨터 생성 그림이다. 3개의 $p$ 궤도함수는 이 MO를 생성하기 위하여 마디 없이 겹쳐진다. 이것은 마치 원자면의 위와 아래에 전자밀도를 가진 파이결합 MO와 같다. 가장 낮은 에너지 파이 MO를 나타낸 이와 같은 그림은 전 교재를 통해서 $p$ 궤도함수가 비편재 MO를 형성하기 위하여 어떻게 겹쳐지는가를 가시화하는 데 도움을 주기 위해 마련되었다.

그림 3.15에 나타낸 폼산 음이온을 생각해보자. 첫 번째 Lewis 구조 a는 이 공유 이온의 구조를 정확하게 나타낼 수 없다. 첫 번째 구조와 대등한 제이의 Lewis 구조 b를 그릴 수 있기 때문이다. 실제구조는 이들 두 구조의 공명혼성체이다. 실험은 두 CO 결합이 동등하고 단일결합과 이중결합 중간의 결합길이를 가지며 더욱이 각 산소는 약 $-1/2$의 같은 전하를 가진다.

그림 3.15c는 폼산 음이온에서 AO가 어떻게 겹쳐져서 편재 MO를 형성하는가를 나타내려고 시도하였다. 이 편재 MO 그림에서 탄소의 $p$ 궤도함수는 그림 3.15a에 대응하는 위에 있는 산소와 파이결합을 형성한다. 이 구조에서 아래 산소는 3개의 비공유전자쌍을 가진다. 이 경우에 아래 산소에 있는 비공유전자쌍을 가진 $p$ 궤도함수는 탄소의 $p$ 궤도함수와 겹쳐져서 파이결합을 형성한다. 이것은 제이의 Lewis 구조 b에 해당한다.

이러한 경우 그림 3.15c에서 시도했던 것처럼 탄소의 $p$ 궤도함수와 산소의 $p$ 궤도함수의 겹침은 무시할 수 없다. 대신 세 $p$ 궤도함수는 탄소와 두 산소를 포함한 MO 형성에 사용되어야 한다. 3개의 AO는 3개의 비편재 파이 MO를 형성하는 데 상호작용한다. 이 3개의 비편재 MO의 2개는 4개의 전자를 포함한다. 그림 3.15의 d는 비편재 그림에서 어떻게 궤도함수가 겹쳐지는가를 나타내준다.

비편재 MO의 모양과 에너지의 상세한 논의를 16과 22장까지 미루게 될 것이다. 그러나 비편재가 MO의 에너지를 낮추어 주기 때문에 비편재 MO에 있는 전자의 총에너지는 가상적인 편재 MO에 있는 같은 전자의 총에너지보다 작다. 전자는 비편재 MO에 있을 때 더 안정하다. 이 안정성 또는 에너지 낮춤을 **공명안정화**(*resonance stabilization*)라 부른다.

일반적으로 콘쥬게이트 분자, 즉 이웃 원자의 일련의 3개 또는 그 이상의 겹침 평행 *p* 궤도함수를 가진 분자에 대해 공명(또는 비편재 MO)을 사용할 필요가 있다. 그림 3.15에 나타낸 폼산 음이온은 탄소와 2개의 산소에 있는 3개의 평행 *p* 궤도함수 때문에 콘쥬게이트 된다. 그러나 궤도함수가 평행이 아니거나 또는 그들 사이에 여분의 원자가 있으면 겹침은 연속될 수 없고 콘쥬게이트 되지 않는다. 몇 가지 예를 연습문제 3.1과 3.10에 제시하였다.

## 예제 3.1

이 화합물에서 어느 파이결합이 콘쥬게이트 되었는지 설명하여라.

$$CH_2{=}CH{-}CH{=}CH{-}CH_2{-}CH{=}CH_2$$

### 풀이

어느 결합이 콘쥬게이트 되어 있는지 보기 위한 가장 좋은 방법은 파이결합을 형성하는 *p* 궤도함수를 나타내는 분자를 그리는 것이다.

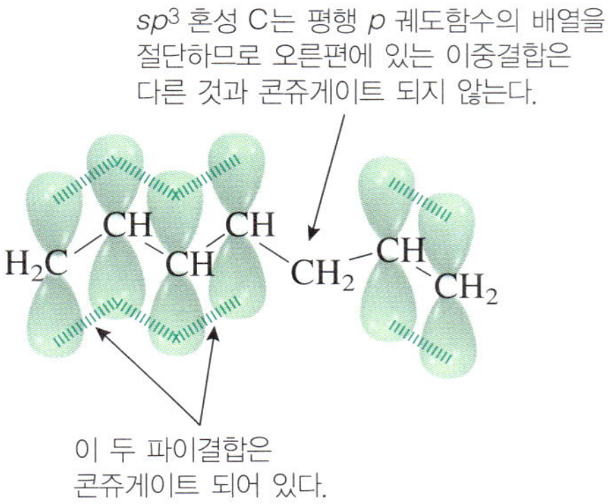


**문제 3.10** 다음 화합물에서 콘쥬게이트 파이결합에 원을 그려라.

**a)** 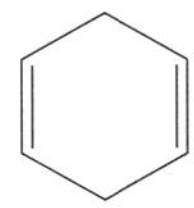

**b)** $CH_3{-}CH{=}CH{-}C({=}O){-}CH_3$

**c)** $CH_3{-}CH{=}CH{-}C{\equiv}N$

**d)** $H{-}C{\equiv}C{-}CH{=}CH{-}C({=}O){-}H$

**e)** $CH_3{-}CH{=}CH{-}CH_2{-}C({=}O){-}CH_3$

## 예제 3.2

이 화합물에서 지시된 원자의 혼성은 무엇인가?

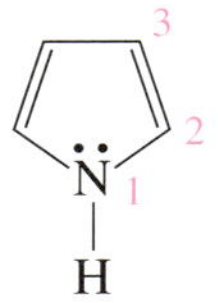

### 풀이

탄소 2와 3은 $sp^2$ 혼성이다. 질소 1은 비공유전자쌍을 가지며 파이결합의 이웃에 있다. 그러므로 $sp^2$ 혼성이고 전자의 "비공유쌍"은 $p$ 궤도함수에 있다. 이 $p$ 궤도함수는 파이결합의 $p$ 궤도함수와 콘쥬게이트 되어 추가적 공명안정화가 이루어진다.

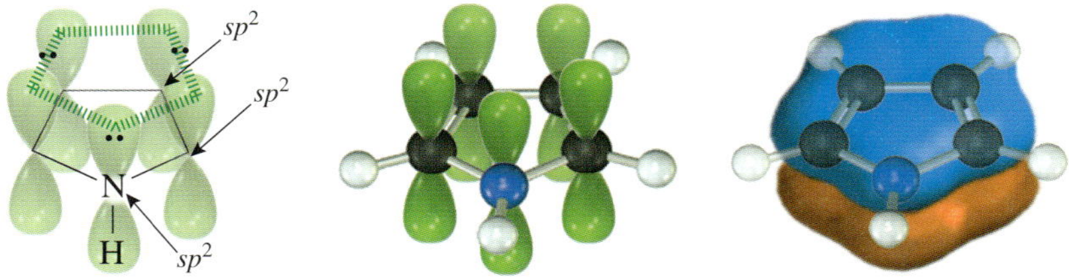


**문제 3.11** 이 화합물에서 지시한 원자의 혼성은 무엇인가?

**a)** $CH_3CH{=}CH{-}NH{-}CH_3$ (1 2 3 4 5)

**b)** 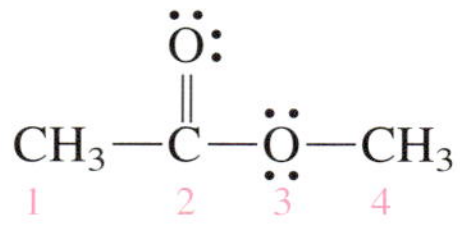

**c)** $CH_2{=}CH{-}\ddot{O}{-}CH_3$ (1 2 3 4)

**d)** 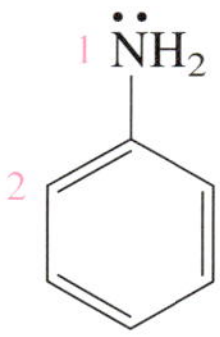

## 3.7 공명구조의 규칙

공명은 유기화학에서 대단히 중요한 개념이다. 화합물이 얼마나 반응성이 클 것인가와 반응성이 큰 분자의 자리를 결정하는 데 도움을 준다. 다음 규칙은 공명구조를 그리고 중요성을 결정하는 데 도움이 된다.

### ▶▶ 규칙 1

공명구조를 그릴 때 원자의 핵은 움직이지 않고 콘쥬게이트 $p$ 궤도함수에 있는 파이와 비결합 전자만을 이동한다.

그림 3.15의 폼산 음이온에서 본 것처럼 공명구조는 파이결합 배열과 콘쥬게이트계를 형성하는 일련의 이웃 $p$ 궤도함수에 있는 전자배열의 다른 방법이다.

## 예제 3.3

이 구조가 공명구조를 나타내는지를 설명하여라.

**풀이**

이것은 공명구조가 아니다. 몇 개의 전자의 위치를 변화시키기 위해서는 H를 아래 O에서 위 O로 움직여야 한다.

**문제 3.12** 이 구조들이 공명구조를 나타내는지 아니지를 설명하여라.

a)

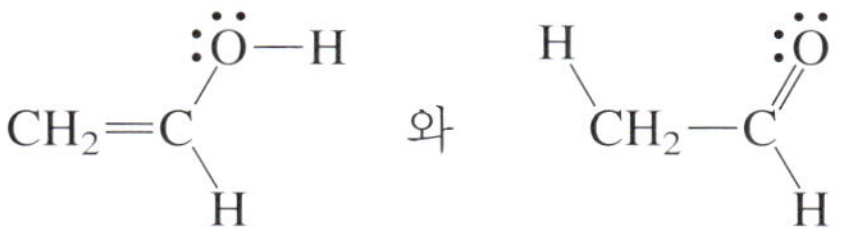

b)

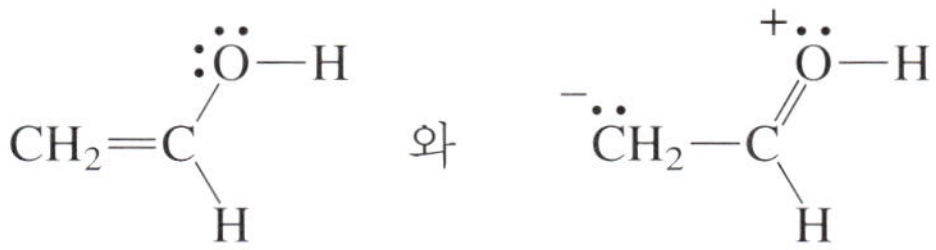

c) $CH_3CH{=}CH{-}CH_3$ 와 $CH_3CH_2{-}CH{=}CH_2$

### ▶▶ 규칙 2

각 공명구조는 같은 수의 전자와 같은 총전하를 가져야 한다.

한 공명구조가 중성이면 다른 공명구조도 전체적으로 중성이 되어야 한다. 원래의 구조는 그렇지 않더라도 다른 공명구조는 형식전하를 가질 수 있다. 그러나 각 양의 형식전하는 음의 형식전하와 균형 잡혀야 한다. 각 구조에서 같은 전자수를 유지하려면 파이와 비공유전자의 합이 같아야 한다. 흔히 공명구조는 같은 수의 파이결합과 같은 수의 비공유전자쌍을 가진다.

## 예제 3.4

왜 오른편에 있는 구조는 왼편에 있는 구조에 대해 합리적인 공명구조가 아니라는 이유를 설명하여라.

$$CH_2{=}\overset{+}{N}{=}\ddot{N}{:}^{-} \quad \text{와} \quad CH_2{-}\overset{+}{N}{\equiv}N{:}$$

### 풀이

구조는 같은 수의 전자와 같은 총전하를 갖고 있지 않다. 오른편에 있는 구조에는 전자쌍 하나가 없고 C의 형식전하는 옳지 않다. (C는 +1의 형식전하를 가진다.) 왼편에 있는 구조는 4개의 파이전자와 4개의 비공유전자를 가진다. 오른편에 있는 구조는 4개의 파이전자와 2개의 비공유전자쌍을 가진다. 정확한 공명구조는 다음과 같다.

굽은 화살을 사용하여 전자의 궤도를 유지하는 데 어떻게 도움을 주는가를 주목하여라. 편이상 화살은 항상 전자가 있는 구조로부터 이동하려고 하는 다음 구조로 향하고 있다. 여기서 화살은 오른편 구조, C의 전자쌍이 되는 왼편구조의 CN 파이결합의 전자를 나타내며. 오른편에 있는 새로운 NN 파이결합의 전자가 되는 왼편 구조의 N에 있는 전자쌍을 나타낸다.

**문제 3.13** 왜 오른편에 있는 구조는 왼편에 있는 구조에 대한 합리적 공명구조가 아니라는 이유를 설명하여라.

**a)** 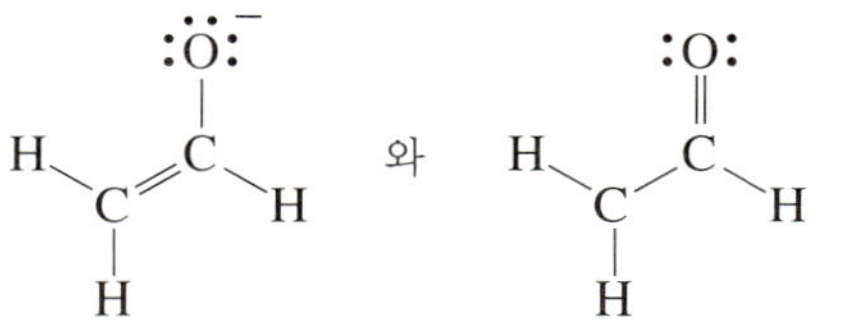

**b)** $CH_3{-}CH{=}CH{-}\overset{+}{C}H_2$ 와 $CH_3{=}CH{-}CH{=}CH_2$

**c)** $H{-}\ddot{N}{=}\overset{+}{N}{=}\overset{-}{\ddot{N}}{:}$ 와 $H{-}\ddot{N}{=}N{-}\ddot{\underset{..}{N}}{:}$

**d)** 

### ▶▶ 규칙 3

**공명구조의 상대적 안정성은 Lewis 구조의 안정성을 판정할 때 도입한 같은 규칙에 의해 판정한다. 구조에서 8전자계 규칙, 형식전하의 수와 위치 및 전하간의 상호작용 등이다.**

8전자계 규칙을 만족하기 위하여 가깝게 접근하기 때문에 항상 많은 결합을 가진 구조는 적은 결합을 가진 구조보다 안정하다. 양과 음 전하의 분리는 에너지가 필요하기 때문에 더 적은 형식전하를 가진 구조는 항상 안전하다. 형식전하의 위치 또한 중요하다. 형식전하를 가진 구조에서 다른 전하가 근접해 있으면 더 안정하다. 음의 형식전하는 전기음성도가 더 큰 원자에, 양의 형식전하는 전기음성도가 작은 원자에 있는 구조가 더 안정하다.

## 예제 3.5

다음 공명구조의 안정성의 순서를 써라. 이 화합물의 실제구조와 고명 안정화에 대해 기술하여라.

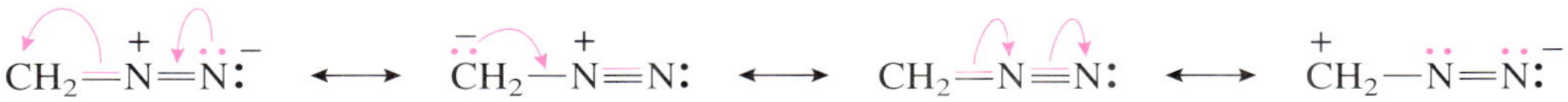

### 전략

먼저 구조가 8전자계 규칙을 만족하고 있는가를 검토하여라. 일반적으로 8전자계 규칙을 만족하고 있는 구조는 그렇지 않은 구조보다 안정하다. 일반적으로 많은 파이결합을 가진 구조는 8전자계 규칙을 더 잘 만족하고 있으며 파이결합이 적은 구조보다 더 안정하다(8전자계 규칙이 초과되지 않는 한). 다음에 구조의 형식전하를 살펴보자. 일반적으로 적은 형식전하를 가진 구조가 더 안정하다. 다른 조건이 같으면 전기음성도가 더 큰 원자에 음의 형식전하를 가진 구조 또는 전기음성도가 적은 원자에 양의 형식전하를 가진 구조가 더 안정하다. 끝으로 같은 전하는 반발한다는 것을 기억하여라. 그러므로 같은 전하가 접근해 있는 구조는 불안정하다. 같은 방법으로 반대전하는 끌어 당긴다. 그러므로 반대전하가 멀리 분리되어 있는 구조는 불안정하다.

### 풀이

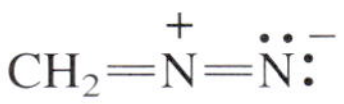

이 구조는 형식전하를 갖고 있지만 8전자계 규칙을 만족시키고 있기 때문에 가장 안정한 공명구조이다.

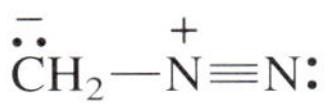

이 구조는 모든 원자가 8전자계 규칙을 만족시키고 있다. 그러나 이것은 전의 구조보다 다소 불안정하다. 음의 형식전하가 전기음성도가 더 큰 N이 아니라 전기음성도가 더 적은 C에 있기 때문이다.

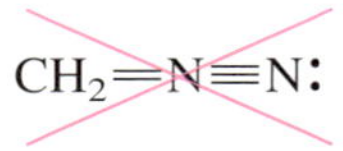

중심에 있는 질소는 10개의 전자를 가지고 있기 때문에 이 구조는 대단히 불안정하다.

$$\overset{+}{C}H_2-\ddot{N}=\ddot{N}:^-$$

이 구조는 C에서 8전자계 규칙을 만족하고 있지 않기 때문에 처음 두 구조보다 상당히 더 불안정하다. (이것은 처음 두 구조보다 적은 파이결합을 가진다.)

처음 두 구조는 공명혼성체에 대해 중요한 기여를 한다. 한편 마지막 두 구조는 중요하지 않다. 첫 번째 구조가 다소 더 안정하기 때문에 더 음전하가 C가 아니라 N에 있고 공명혼성체에 대한 기여도가 더 크다. 두 개의 중요한 공명구조를 가지므로 화합물은 공명안정화 된다.

**문제 3.14** 이들 공명구조의 안정성에 대한 순위를 정하여라.

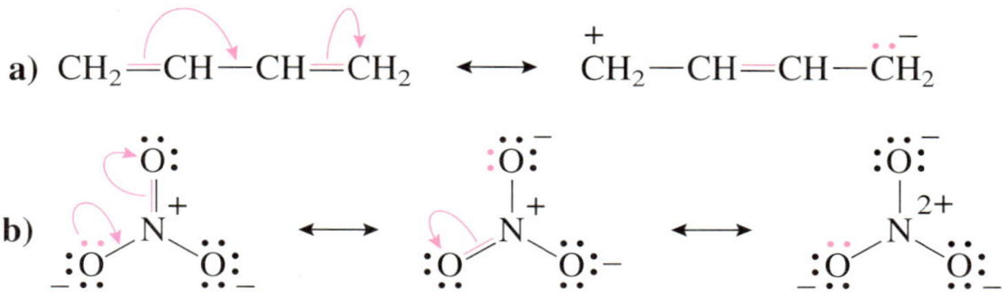

### ▶▶ 규칙 4

실제구조는 가장 안정한 공명구조와 가장 많이 유사하다.

다른 말로 하면 더 안정한 공면구조는 공명혼성체에 더 많이 기여하고 더 중요하다고 할 수 있다. 안정성이 같은 구조는 동등하게 기여한다.

### ▶▶ 규칙 5

공명안정화 에너지는 중요한 공명구조의 수가 증가할수록 증가한다.

예로 화합물이 두 동등한 공명구조를 가지면 어느 한쪽보다 상당히 더 안정하다. 이것은 큰 공명안정화 에너지를 가졌다고 할 수 있다. 화합물이 두 공명구조를 가지나 한 구조가 다른 구조보다 상당히 더 안정하면 실제구조는 더 안정한 공명구조와 더 많이 닮았다. 에너지도 더 안정한 구조의 에너지와 비슷하다.

**문제 3.15** 문제 3.14에 나타낸 예에 대한 실제 구조와 공명안정화에 대해 논의하여라.

## 3.8 공명 상호작용의 형태

그림 3.16에서 그림 3.20은 공명개념을 적용한 보편적인 결합형태를 설명해준다. 각 경우에 $p$ 궤도함수의 콘쥬게이트 계열이다. 몇몇 $p$ 궤도함수는 파이결합의 일부이다. 다른 $p$ 궤도함수는 전자쌍(그림 3.16), 1개의 전자(그림 3.17)를 포함할 수 있다. 또는 전자를 포함하지 않을 수도 있다(그림 3.18). 공명은 전기음성도(그림 3.19)가 다른 원자간의 파이결합과 파이결합의 고리화에 대해서도 중요하다(그림 3.20). 공명

**그림 3.16** 파이결합 다음에 비공유전자쌍을 포함하는 공명: ⓐ 아세트산 음이온, ⓑ 아세트산, ⓒ 아세톤 음이온.

ⓐ

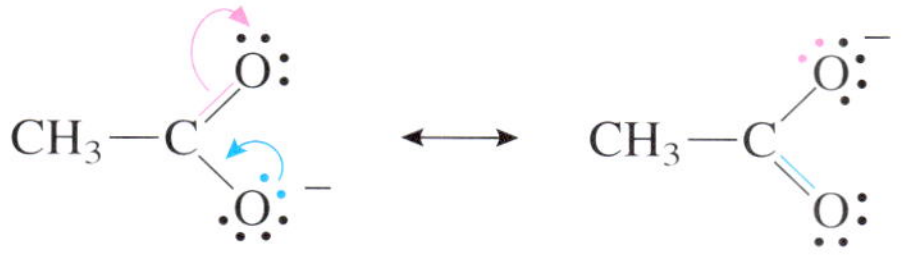

Acetate anion

이것은 아세트산 음이온이다. 화살은 어떻게 전자가 첫 번째 공명구조로부터 새로운 구조로 이동하여 트랙을 유지하는가를 돕는 데 사용된다. 아래 산소의 비공유전자쌍은 두 번째 구조의 파이결합이 되기 위하여 이동한다. 파이전자는 위 산소의 비공유전자쌍이 되기 위하여 이동한다. 공명구조는 항상 같은 전체 전하를 가지며 이 경우에는 −1이다. 이들 구조는 동등해서 공명혼성체에 동등하게 기여한다. 두 중요한 공명구조를 가진 아세트산 음이온은 큰 공명안정화가 이루어진다. 이것은 한 구조만을 근거로 해서 예측하는 것보다는 상당히 안정하다.

ⓑ

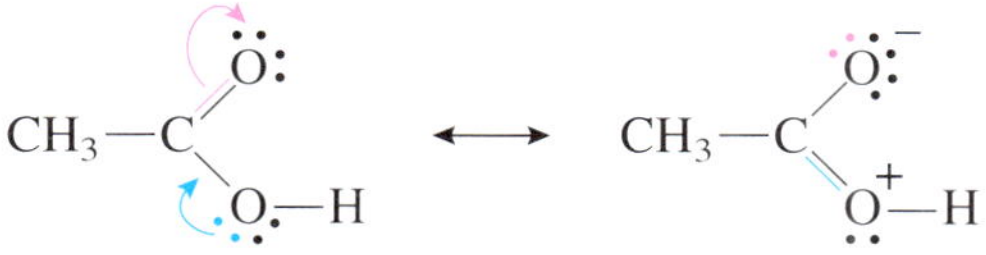

Acetic acid

이것은 중성 분자인 아세트산이다. 아세트산 음이온에 대한 ⓐ부분에서 나타낸 것처럼 아세트산에 대해서도 유사한 공명구조를 쓸 수 있다. 이 경우에는 두 공명구조가 같지 않다. 두 번째 구조는 전체로 중성이기는 하지만 2개의 형식전하를 갖는다. 그러므로 첫 번째 구조는 두 번째 구조보다 더 안정하고 공명혼성체에 대한 기여가 크다. 아세트산은 아세트산 음이온보다 공명안정화가 적다. 첫 번째 구조보다 약간 안정화 되어 있을 뿐이다.

ⓒ

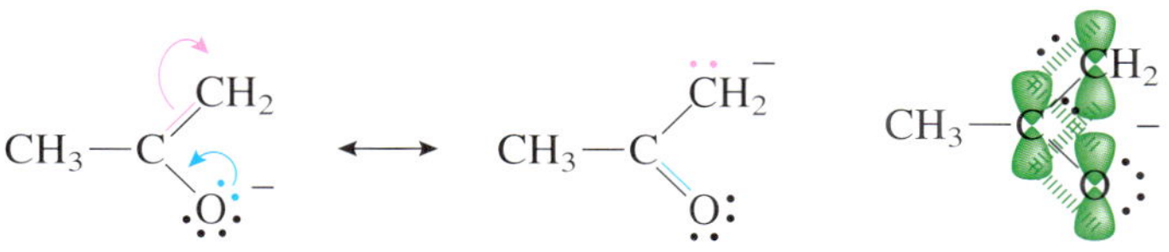

acetone 음이온

이 음이온은 아세트산 음이온과 유사하다. 그러나 $CH_2$가 1개의 산소로 치환되어 있다. 같은 형태의 공명구조를 쓸 수 있다. 두 구조 다 중요하지만 음전하가 전기음성도가 더 큰 산소원자에 위치하고 있기 때문에 첫 번째 구조가 더 많은 기여를 한다. 이 음이온은 아세트산 음이온보다는 적지만 상당히 큰 공명안정화를 이루고 있다. 오른편에 있는 그림은 이 이온의 콘쥬게이트 $p$ 궤도함수를 나타낸다.

**그림 3.17 파이결합 이웃에 1개의 전자를 포함한 공명.**

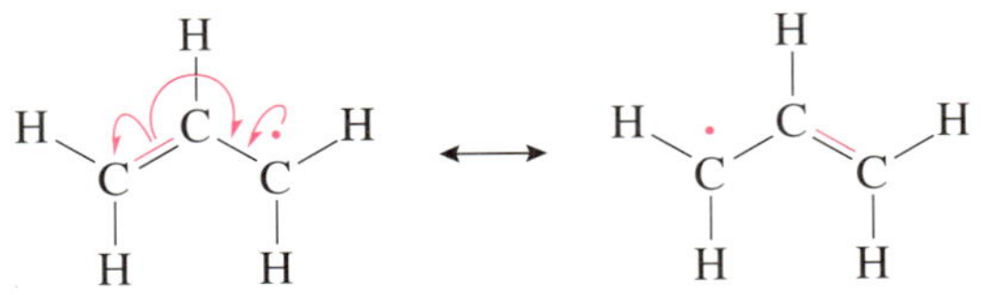

Allyl radical

알릴 라디칼은 홀수의 전자를 가진다. 홀 전자는 *p* 궤도함수에 있으므로 화학종은 콘쥬게이트 되어 있다. 두 동등한 공명구조를 갖는다. 8전자계 규칙을 만족하고 있지 않으므로 이 라디칼은 불안정하고 반응성인 화학종이다. 그러나 큰 공명안정화 에너지를 가지기 때문에 편재되지 않은 1개의 구조를 근거로 해서 예측할 수 있는 것보다는 안정하다. 굽은 화살은 전자쌍이 아니라 1개의 전자이동을 나타내는 데 사용된다.

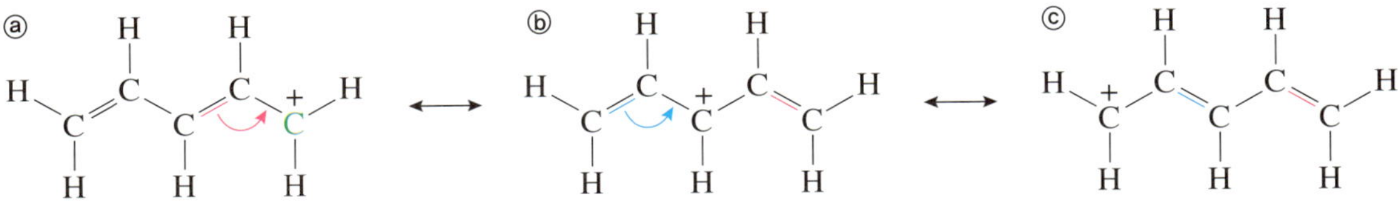

Lewis 구조 ⓐ에서 양전하를 가진 C는 비어 있는 *p* 궤도함수를 가진 $sp^2$ 혼성이다. 그러므로 분자는 다음 ⓓ와 같이 일련의 5개의 콘쥬게이트 *p* 궤도함수를 갖는다. 한 쌍의 파이전자가 이동하여 중심 탄소에 양전하가 위치한 ⓑ를 형성한다. 한 쌍의 파이전자가 이동하여 왼편 탄소에 양전하가 위치한 ⓒ를 형성한다. ⓐ와 ⓒ는 완전히 동등하고 ⓑ는 상당히 유사하다. 세 구조는 모두 공명혼성체에 중요한 기여자이고 이온은 큰 공명에너지를 가진다. 어느 구조에서나 한 탄소원자에서 8전자계 규칙을 만족하고 있지 않기 때문에 이것은 반응성이 큰 화학종이다. 그러나 공명안정화가 없는 탄소에 양전하를 가진 유사한 이온보다는 반응성이 작다. 끝으로 두 말단 탄소와 중심 탄소는 다소 양전하를 가지며 전자가 부족하다. 전자 풍부 화학종과의 반응은 이 세 탄소에서 일어날 수 있다.

ⓓ

이 그림은 이 양이온에 있는 일련의 5개의 콘쥬게이트 *p* 궤도함수의 겹침을 나타낸다. 수소는 그림을 분명하게 하려고 삭제하였다.

**그림 3.18 파이결합 이웃에 비어 있는 *p* 궤도함수를 포함한 공명.**

구조는 합리적인 Lewis 구조를 그리기 위하여 다르기는 하지만 *p* 궤도함수에 전자를 배열할 수 있는 다양한 방법이다. 전에 기술한 것처럼 대부분의 경우 화합물에 대한 공명구조는 같은 수의 파이결합과 같은 수의 비공유전자쌍을 갖는다. 그러나 그림 3.19에 이 수가 같지 않은 경우를 나타냈다. 그림 3.19의 구조가 다른 안정성이 다르다는 것을 주목하여라.

어떻게 언제 공명 모델을 사용할 수 있을 것인가 하는 경험을 얻기 위하여 이 그림을 주의해서 살펴보아라. 다시 한 구조를 다른 구조로 변화시키는데 어떻게 전자를 재배열해야 하는가를 나타내는데 굽은 화살을 사용한다는 것을 주목하여라. 이 화살은 전자가 현재 있는 구조에서 새로운 구조 어디로 이동할 것인가를 지시해준다. 화살은 전자가 트랙을 유지하는 데 도움을 줄 유용한 수단이다. 끝으로 전체 공명혼성체에 대한 기여에서 상대적 중요성을 어떻게 결정할 것인가를 나타내기 위하여 각 쌍의 공명구조를 주의해서 비교하여라.

이 예의 탄소와 산소와 같이 분자가 전기음성도가 상당히 다른 원자간의 파이결합을 가진다면 파이전자가 전기음성도가 더 큰 원자로 이동한 공명구조를 나타냈다(이 경우에는 두 개의 평행한 *p* 궤도함수만을 포함한다는 것에 주목하여라).전자는 ⓒ에서 와같이 결코 전기음성도가 적은 원자로 이동하지는 않는다. 이 화합물은 ⓐ와 같으며 ⓑ는 다소 기여하고 ⓒ는 전혀 기여하지 않는다. 공명안정화가 적지만 탄소는 ⓑ를 고려하지 않고 기대했던 것보다는 더 양의 전하를 갖는다.

**그림 3.19 전기음성도가 다른 원자간의 파이결합을 포함한 공명.**

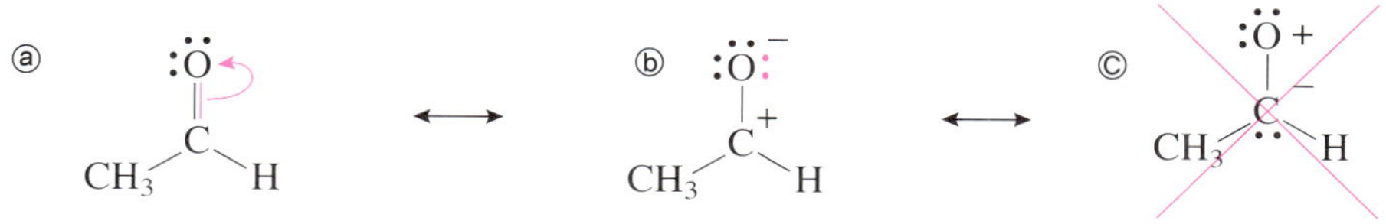

Ethanal(acetaldehyde)

ⓐ는 가장 안정한 공명구조이며 공명혼성체에 가장 많이 기여한다.

구조 ⓑ는 탄소에서 8전자체 규칙을 만족하고 있지 않기 때문에 공명혼성체에 기여는 적다. 이런 구조는 포함된 원자가 전기음성도가 다를 때만 중요하다.

전자를 전기음성도가 적은 원자로 이동하여 전기음성도가 적은 원자에 음의 형식전하가 있고 양의 형식전하가 더 전기음성도가 큰 원자에 있는 ⓒ와 같은 공명구조는 중요하지 않으며 나타내지 않았다.

CC 이중결합에 대한 이와 같은 공명구조는 나타내지 않는다.

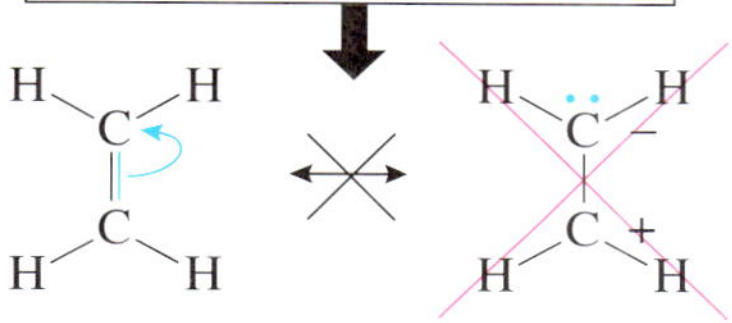

**그림 3.20 이중결합 고리를 포함한 공명.**

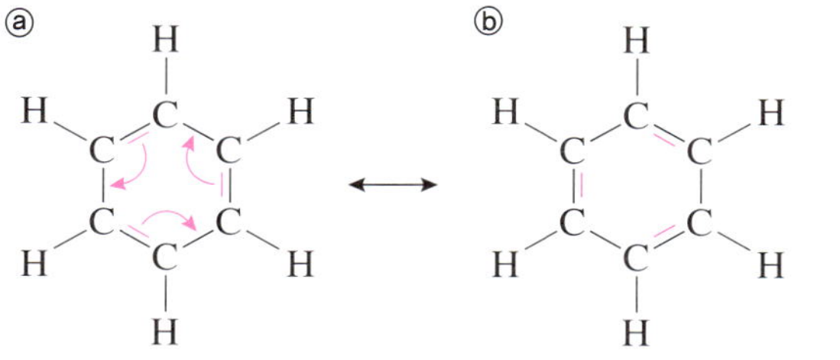

Benzene

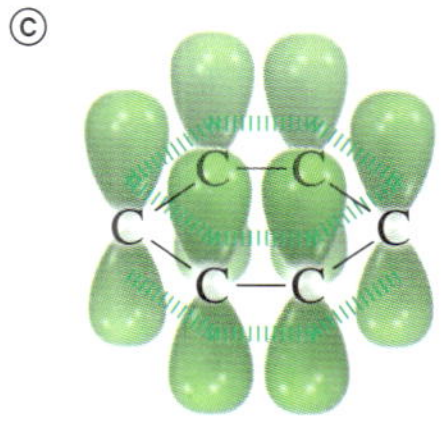

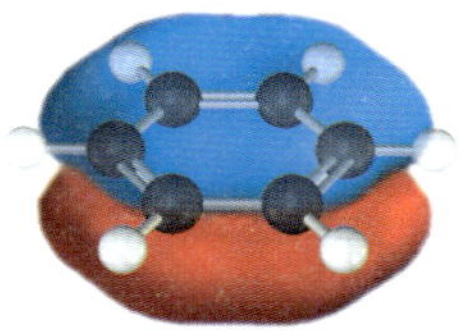

벤젠에 대한 간단한 구조는 이중결합의 고리를 나타낸다. ⓒ부분에서 볼 수 있는 것처럼 이중결합의 *p* 궤도함수는 고리 주위에서 완전히 확장된 콘쥬게이트계를 형성한다. ⓐ에서 전자를 이동하면 동등한 공명구조 ⓑ가 생성된다. 구조 ⓐ와 ⓑ는 공명혼성체에 동등하게 기여한다. 이 구조는 벤젠의 모든 CC 결합이 동등하다는 실험사실과 잘 일치한다. 결합길이는 1.40 Å이고 전형적인 이중결합(1.34 Å)보다는 길고 전형적인 단일결합(1.54 Å)보다는 짧다. 벤젠은 대단히 큰 공명 에너지를 가진다.

콘쥬게이트 고리를 형성하는 평행 *p* 궤도함수를 가진 이와같은 분자는 기대할 수 있는 것보다 특별히 더 안정하다. 16장에서 이와 같은 분자를 더 자세히 다루겠다.

ⓒ부분은 벤젠 파이결합의 *p* 궤도함수가 어떻게 고리 주위에서 완전한 순환으로 겹쳐지는지를 나타내준다. 수소는 구조를 분명하게 나타내기 위하여 생략하였다. 다른 형태를 ⓓ부분에 나타냈다.

벤젠의 가장 낮은 에너지 파이 MO의 컴퓨터 생성 그림은 어떻게 *p* 궤도함수가 겹쳐져서 고리에 있는 원자면의 위와 아래로 연속적인 전자운을 형성하는가를 나타내준다. 이것은 가장 낮은 에너지 파이 MO이다. *p* 궤도함수가 겹쳐질 때 새로운 마디가 생성되지 않기 때문이다.

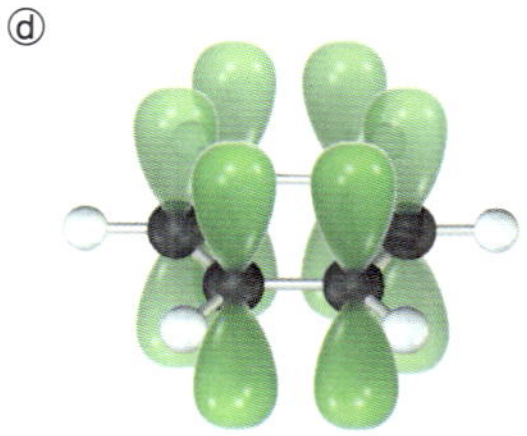

**문제 3.16** 다음 화학종에 대한 중요한 공명구조를 써라. 굽은 화살을 사용하여 새로운 공명구조를 형성하기 위하여 어떻게 전자가 이동하는가를 나타내어라.

a) 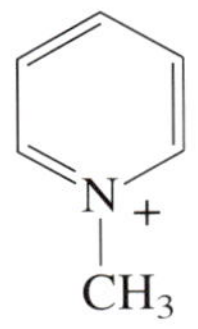

b) 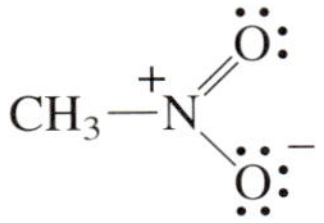

c) 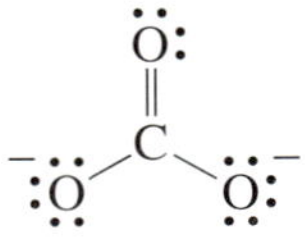

d) 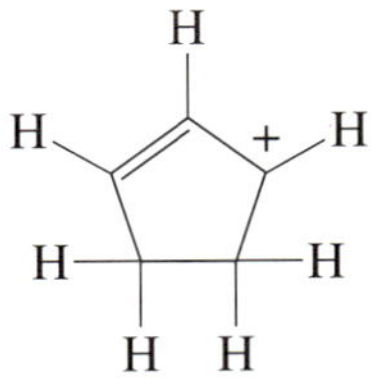

e) 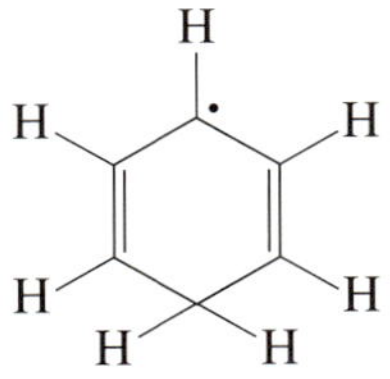

많은 화합물은 앞에서 기술한 공명 형태의 결합을 포함한다. 그림 3.21 페놀의 산소로부터 양성자($H^+$)가 제거되어 생성된 음이온에 대한 공명구조를 나타낸다.

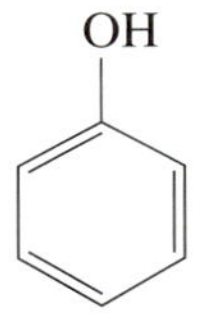

Phenol

**그림 3.21** **페놀로부터 생긴 이온에 대한 공명구조.**

양성자를 잃고 페놀로부터 생긴 이온은 공명혼성체에 중요한 기여를 하는 5개의 중요한 공명구조를 갖는다.

공명구조 ⓐ와 ⓑ는 동등하다. 두 구조는 공명혼성체에 동등하게 기여한다.

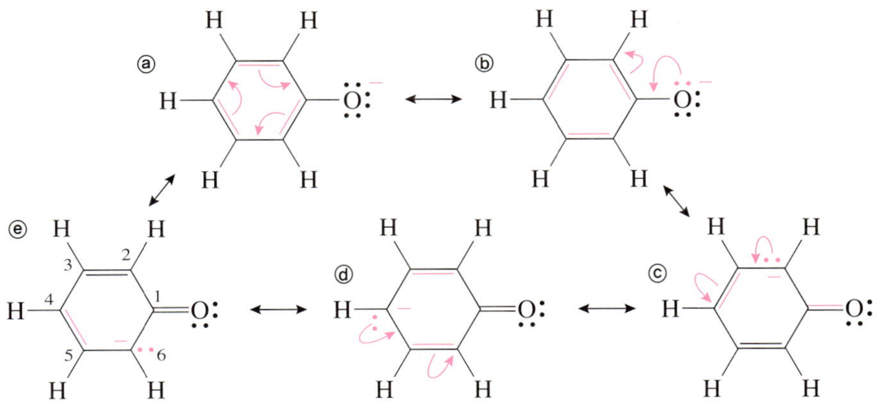

공명구조 ⓒ, ⓓ 및 ⓔ는 더 전기음성인 O보다 C에 음전하를 가진다. 이런 이유 때문에 이들은 ⓐ와 ⓑ보다 공명혼성체에 적은 기여를 한다. 이 두 구조는 동등하며 다른 구조들은 유사한 안정성을 가진다. 그러므로 ⓒ, ⓓ 및 ⓔ는 공명혼성체에 대해 대략 같은 기여를 한다.

이 공명구조들은 모두 3개의 파이결합과 3개의 비공유전자쌍을 가진다. 중요한 공명구조의 수가 크기 때문에 이 음이온 공명안정화가 크다. 어느 한 공명구조가 나타내는 것보다 대단히 안정하다. 여러구조에서 음전하의 위치를 관찰해 보면 흥미롭다. 공명은 고리가 탄소 2,4 및 6에서 전자밀도가 증가한다는 것을 나타내준다.

이 이온은 벤젠고리에 있는 이중결합 고리 다음에 비공유전자쌍을 가진다. 공명구조는 그림 3.16과 3.20에 나타낸 형태의 조합이다. 이온은 5개의 중요한 공명구조를 가지며 공명안정화가 커진다. 더욱이 산소는 공명을 고려하지 않았을 때 기대했던 것과 비교하여 전자밀도가 감소한다. 고리원자는 밀도가 증가한다. 다음에 이 공명구조가 어떻게 이 이온의 화학작용을 정확하게 예측할 수 있는가를 다루게 될 것이다.

그림 3.17는 알릴 라디칼에 대한 두 동등한 공면구조를 나타낸다. 규칙 5에 따라 이 라디칼은 상당한 공명안정화를 가진다. 탄소 중의 하나가 8전자계 규칙을 만족시키고 있지 않기 때문에 불안정한 화학종이지만 공명안정화가 없는 라디칼에 비해서 상당히 더 안정하다.

이 여분의 안정화는 결합해리 에너지를 살펴보면 알 수 있다. 2.2절에 에테인의 CH 결합의 결합해리 에너지가 98 kcal/mol(410 kJ/mol)임을 수록하였다. 이것은 CH 결합의 하나를 균일 분해하는 데 에테인에 가해주어야 하는 에너지이다.

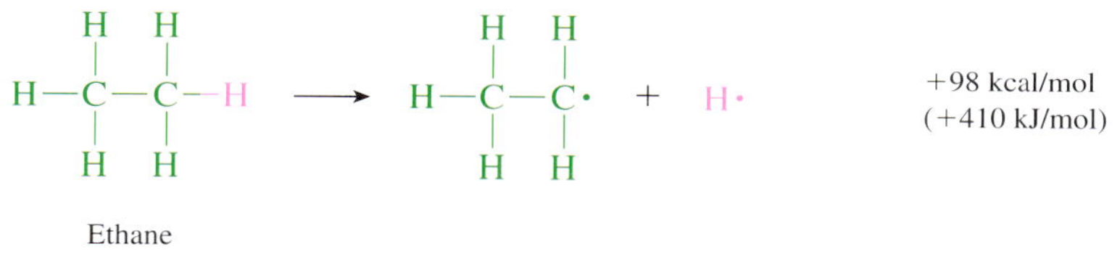


이것은 프로펜의 $sp^3$-혼성 탄소와 수소 간의 결합의 하나를 절단하는 데 필요한 에너지양과 비슷하다. 그러나 이 CH 결합 절단은 85 kcal/mol(356 kJ/mol)만을 가해줄 필요가 있다. 이것은 에테인의 CH 결합보다 13 kcal/mol(54 kJ/mol) 더 약하다.

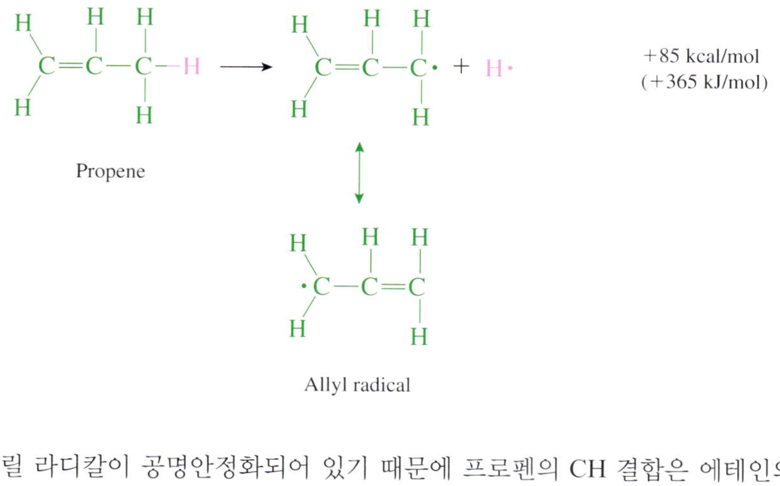


알릴 라디칼이 공명안정화되어 있기 때문에 프로펜의 CH 결합은 에테인의 CH 결합보다 약하다. 에틸 라디칼은 공명안정화되지 않는다. 이들 결합해리 에너지의 차로 알릴 라디칼의 공명안정화를 평가할 수 있다: 13 kcal/mol(54 kJ/mol).

그림 3.22는 CC 이중결합과 콘쥬게이트 되어 있는 CO 이중결합을 가진 화합물에 대한 공명구조를 나타냈다. 공명구조는 그림 3.18과 그림 3.19에 있는 형태의 조

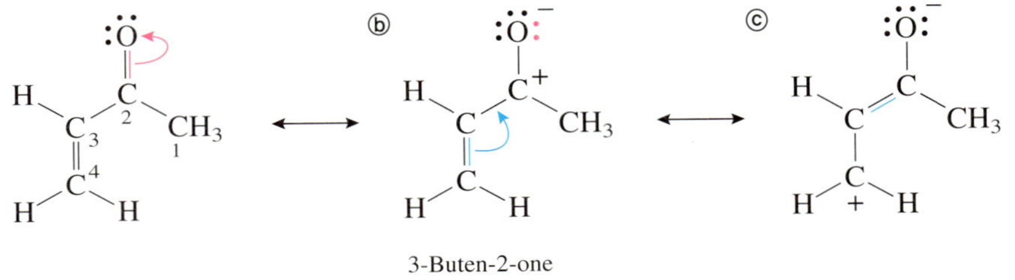


**그림 3.22** 3-Buten-2-one에 대한 공명구조.

ⓐ는 CO 이중결합과 콘쥬게이트 CC 이중결합을 가진다. 이 공명구조는 모든 원자가 8전자체 규칙을 만족하고 있으며 형식전하를 갖고 있지 않다. 이것은 공명혼성체의 주 기여체이다.

ⓑ에서 CO 이중결합의 전자는 그림 3.19에 나타낸 같은 방법으로 더 전기음성인 산소에 이동한다. 이 구조는 적은 파이결합을 가지며 C가 6개의 전자만을 가지기 때문에 공명혼성체에 대한 부 기여체이다.

ⓒ도 공명혼성체에 대한 부 기여체이다.

3-Buten-2-one은 적은 공명안정화를 가진다. 이것은 구조 ⓐ와 같다. 흥미 있게도 공명구조는 탄소 2와 4 전자가 부족하다는 것을 나타내준다.

합이다. 구조 a는 모든 원자가 8전자계 규칙을 만족시키고 형식전하가 없으므로 다른 구조보다 안정하다. 공명혼성체에 대한 기여가 가장 크다. 그러므로 실제구조는 이 공명구조를 가장 많이 닮았다(규칙 4). 화합물의 실제 에너지는 가장 중요한 공명구조의 에너지와 비슷하다. 다른 말로 하면 이 화합물은 적은 공명안정화를 가진다. 그러나 구조 b와 c가 공명혼성체에 대해 적은 기여를 한다고 하더라도 이 구조들은 탄소 2와 4에서 전자가 부족하다는 것을 나타내주기 때문에 중요하다. 이들 탄소의 전자 결핍성이 화합물의 화학반응을 조절한다.

개개의 공명구조는 분리된 실체가 아니라는 것을 기억하여라. 실제 구조, 공명혼성체는 여러 가지 공명구조의 평균적인 통계구조이다. 두-머리 화살(⟷)은 공명에만 사용될 수 있다.

## 예제 3.6

아닐린의 중요한 공명구조를 그려라. 각 새로운 공명구조를 형성하기 위하여 전자가 어떻게 이동할 것인가를 나타내는데 굽은 화살은 사용하여라. 공명혼성체에 대한 상대적 기여와 화합물의 전체 공명안정화에 대해 논의하여라.

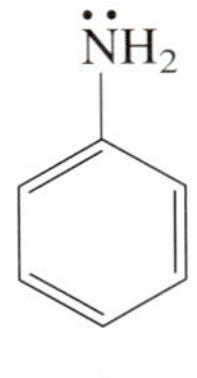


Aniline

### 전략

구조를 검토하고 공명에 포함된 궤도함수의 콘쥬게이트계를 결정하여라. 다음에 주어진 공명 상호작용의 형태를 결정하여라. 공명구조를 그리고 8전자계 규칙을 사용하여 상대적 안정성과 형식전하의 수와 위치를 평가하여라. 더 안정한 공명구조가 공명혼성체에 더 많은 기여를 하고 같은 안정성을 가진 구조는 같은 기여를 한다. 분자가 몇 가지 중요한 공명구조를 가지면 큰 공명안정화를 나타낸다. 한편 한 공명구조가 다른 것보다 상당히 더 안정하다면 분자는 이 구조와 많이 닮았으며 에너지도 이 구조의 에너지와 비슷하다. 이것은 적은 공명안정화를 가진다.

**풀이**

질소는 *p* 궤도함수에 비공유전자쌍을 가진 $sp^2$ 혼성이다. 이것은 고리 이중결합과 이중결합의 이웃에 전자쌍을 포함한 공명형태의 조합이다. 사실 이 경우는 그림 3.21의 페놀로부터 유도된 음이온의 경우와 대단히 유사하다. 중요한 공명구조는 다음과 같다.

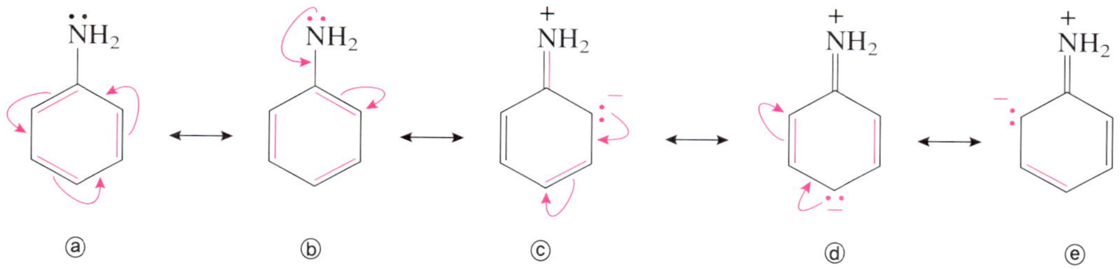

구조 a와 b는 동등하고 공명혼성체에 같은 기여를 한다. 형식전하 때문에 구조 c, d 및 e는 기여가 작다. 전체적으로 이 화합물은 공명안정화된다.

**문제 3.17** 다음 화학종의 중요한 공명구조를 써라. 굽은 화살을 사용하여 각 새로운 공명구조를 형성하는데 기여를 어떻게 전자를 움직여야 할 것인지를 나타내어라. 공명혼성체에 대한 각 구조의 상대적 기여와 화학종이 공명안정화를 검토하여라.

a) 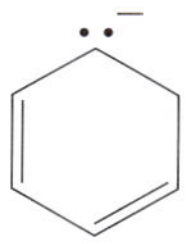 b) 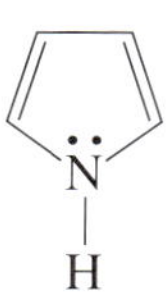 c) 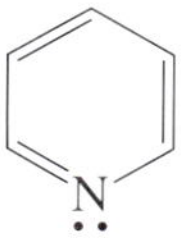 d) 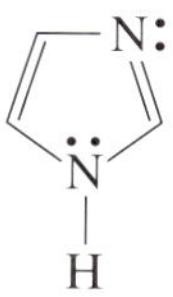

e) 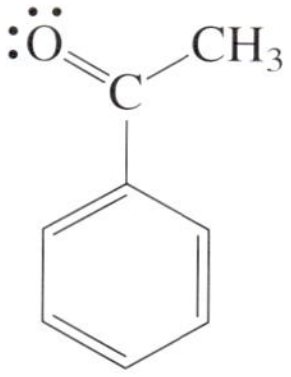 f) $CH_3—C(=\ddot{O}:)—\ddot{O}—CH_3$

## 3.9 분자궤도함수 에너지

3.2절에서 두 원자궤도함수가 겹쳐질 때 두 분자궤도함수가 형성된다는 것을 설명해준다. 이들 MO 중의 하나는 상호작용하는 AO보다 에너지가 낮고 다른 것(반결합 MO)은 AO보다 에너지가 높다. 편재 MO에 사용하는 이 모델은 두 원자 이상을 가진 분자에 대해서는 근사적이기는 하지만 대부분의 경우에 적절하다. 이 모델을 사용하면 MO의 에너지가 어떻게 큰 분자에 배열되는가를 알 수 있다.

일반적으로 낮은 에너지 MO는 시그마결합 MO이다. AO 간의 좋은 겹침은 $\Delta E$가 커지기 때문에 낮은 에너지가 된다. 같은 이유로 시그마 반결합 MO는 항상 높은-에너지 궤도함수이다. 파이결합 MO는 시그마결합 MO만큼 에너지가 낮지는 않다. $p$ 원자궤도함수의 겹침은 파이결합에서 좋지 않기 때문에 $\Delta E$는 작아진다. 비슷한 이유로 파이반결합 MO는 시그마반결합 MO만큼 에너지가 높지는 않다. 끝으로 결합도 반결합도 아닌 비결합 궤도함수는 에너지가 결합과 반결합 MO사이에 있다.

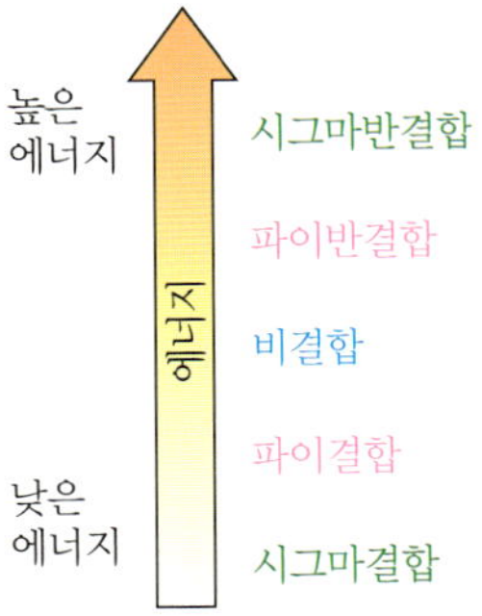


그림 3.23은 에테인에 대한 MO 에너지준위 그림이다. 이 분자는 6개의 CH 결합과 1개의 CC 결합을 가지므로 7개의 σ 결합 MO과 대응하는 반결합 MO가 있다. 다른 시그마결합 MO(또는 반결합 MO)는 다른 에너지를 가지지만 이 차이는 그렇게 중요하지 않다. 그러므로 이 교재에 있는 MO 에너지준위 그림은 같은 에너지에 있는 MO들을 나타낸다.

에테인에 대한 Lewis 구조는 이 분자에 14개의 전자가 있다는 것을 나타낸다.

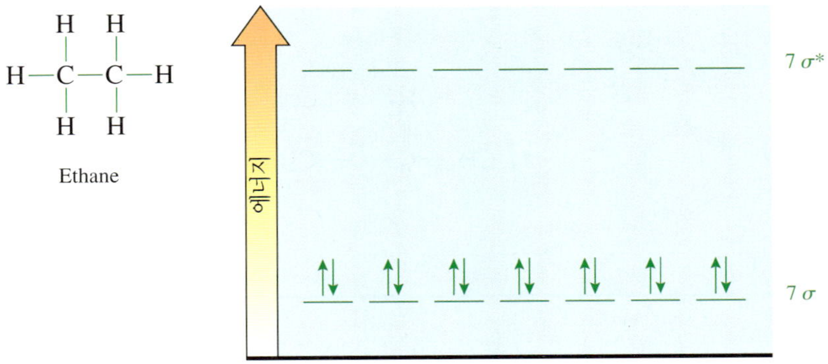


**그림 3.23** 에텐, $C_2H_4$에 대한 분자궤도함수 에너지준위 그림.

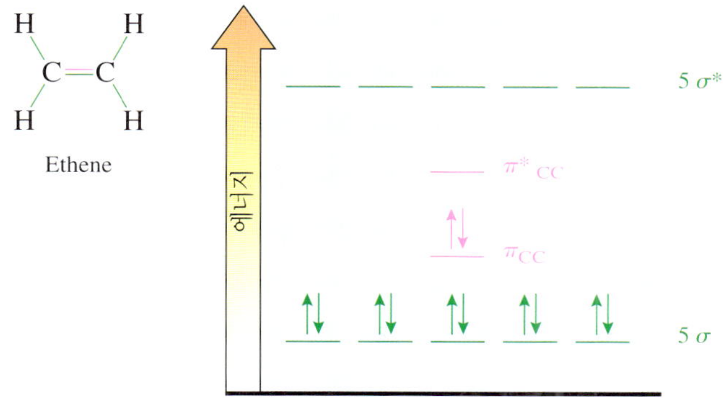


그림 3.24 에텐, $C_2H_4$에 대한 분자궤도함수 에너지준위 그림.

이 14개의 전자를 전에 사용했던 같은 규칙에 따라 MO그림에 배열하면 결합 MO는 전자로 채워지고 반결합 MO는 비어 있다. 이것은 MO 에너지준위 그림을 그릴 때 전형적으로 일어나는 현상이다. 즉 결합 MO는 채워지고 반결합 MO는 비어 있다. 이것은 낮은 에너지 배열이고 분자에 대한 바닥 전자상태라 부른다. 전자의 다른 배열은 불안정하며 들뜬 전자상태라 한다.

그림 3.24는 에텐에 대한 MO 에너지준위 그림을 나타낸다. 이 분자는 4개의 CH 시그마결합, 1개의 CC 시그마결합 및 1개의 CC 파이결합을 가진다. 이들 각 결합에는 결합 MO와 반결합 MO가 있다. 그림은 시그마 MO가 같은 에너지를 갖는다는 것을 나타낸다. 그러나 파이결합 MO는 시그마결합 MO보다 에너지가 높다. Lewis 구조는 이들 MO에 12개의 전자가 있다는 것을 나타내준다. 결합 MO는 채워지고 반결합 MO는 비어 있다.

그림 3.25는 폼알데하이드에 대한 유사한 그림을 나타냈다. 차이는 산소에 2개의 비공유전자쌍의 존재이다. 이 전자들은 산소 비결합 AO에 있다. 비결합 궤도함수는 대략 에너지준위 그림의 중간에 있다. 이번엔 12개의 전자가 궤도함수에 있다. 결합과 비결합 궤도함수는 채워져 있고 반결합 궤도함수는 비어 있다.

그림 3.23, 3.24 및 3.25와 유사한 그림은 이 교재에 있는 모든 분자에 적용할 수 있다. 16장과 22장에서 비편재 MO를 검토할 때 파이 MO의 에너지준위를 변형

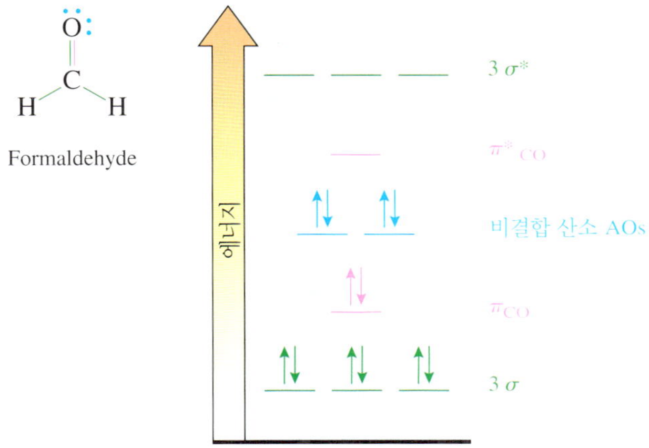


그림 3.25 폼알데하이드, $CH_2O$에 대한 분자궤도함수 에너지준위.

할 필요가 있다. 그러나 이 파이 MO는 시그마결합과 시그마반결합 MO 사이의 에너지에 머물러 있다.

**문제 3.18** 다음 화합물의 MO에 대한 에너지준위 그림을 나타내어라.

**a)** H—C≡N:  **b)**
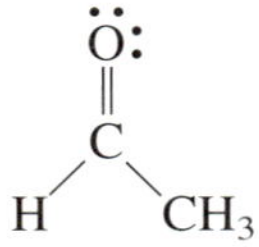
**c)** $CH_3—\ddot{N}H_2$

## 추가문제

**3.19** 이 3*d* 원자궤도함수에서 두 평면마디의 위치를 나타내어라.

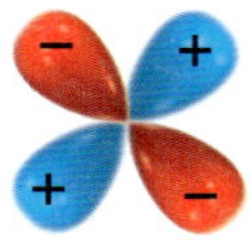

**3.20** 다음 화합물에서 수소를 제외한 모든 원자의 혼성은 무엇인가?

**a)** $CH_3—NH_2$  **b)** $CH_2{=}CHCH_2C{\equiv}N$  **c)**

**d)**
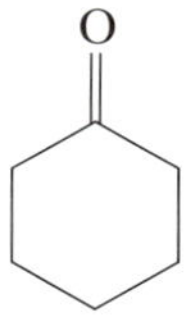
**e)**
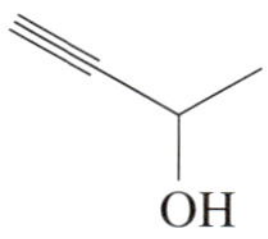
**f)**
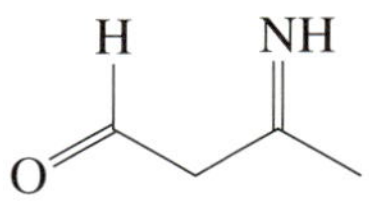

**3.21** 다음 분자에서 수소를 제외한 각 원자의 혼성을 나타내라. 결합을 형성하는 데 겹쳐진 각 지시된 결합과 궤도함수의 형태를 나타내어라.

**a)**
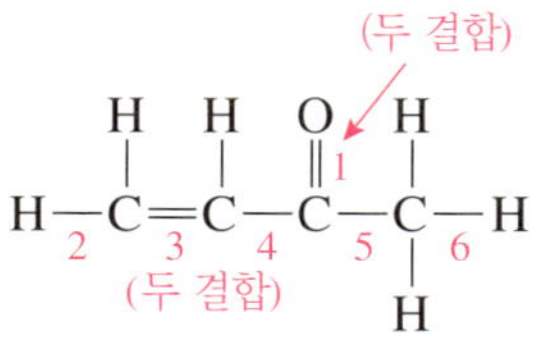
**b)**
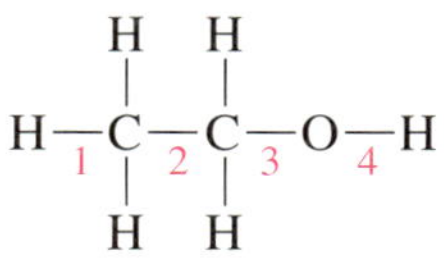
**c)**
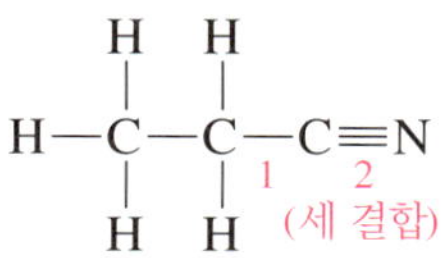
**d)**
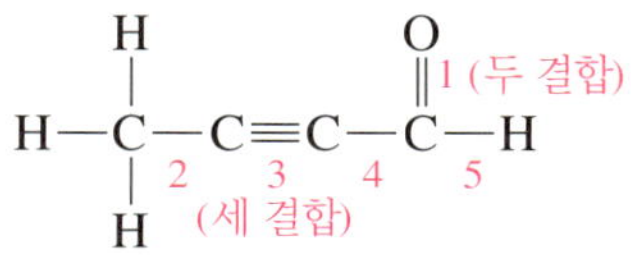

3.22 다음 화합물에서 수소를 제외한 모든 원자의 혼성은 무엇인가?

a) 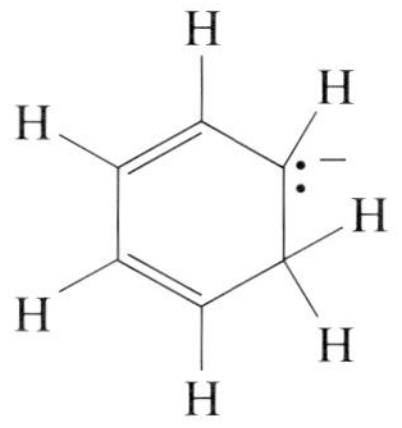

b) 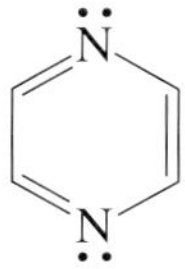

c) 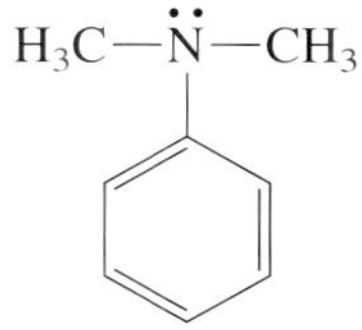

d) 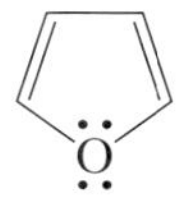

e) 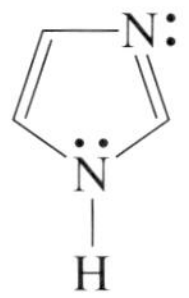

f) 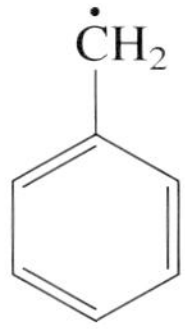

g) 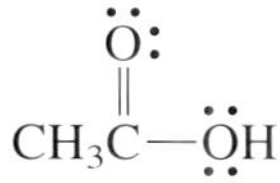

h) 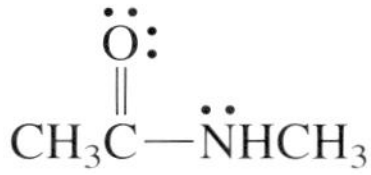

3.23 이 분자들의 콘쥬게이트 부분을 구성하는 $p$ 궤도함수를 그려라.

a) 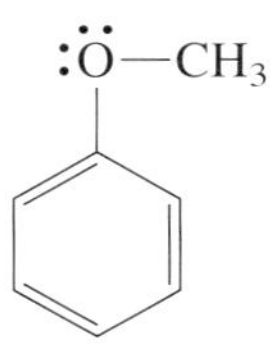

b) $CH_2{=}CH{-}\ddot{N}H_2$

c) $H{-}C{\equiv}C{-}CH{=}CH_2$

3.24 이 화합물들에 대한 중요한 공명구조를 나타내어라. 굽은 화살을 사용하여 전자가 새로운 공명구조를 형성하기 위하여 어떻게 이동하는가를 나타내어라.

a) 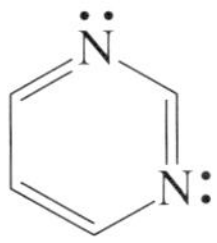

b) 

c) 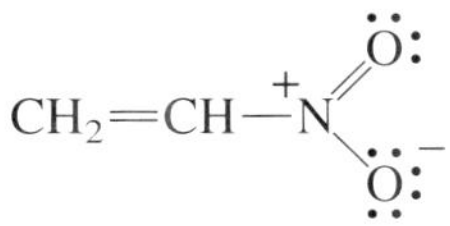

d) 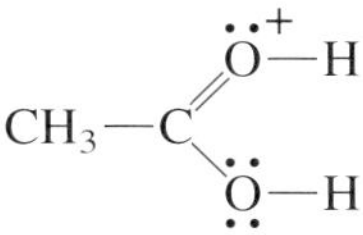

e) $H{-}C{\equiv}C{-}\ddot{C}H_2^{-}$

3.25 이 예에서 추가된 구조 또는 구조가 첫 번째 구조로 나타낸 화합물의 공명혼성체에 대한 중요한 기여체가 아니다. 그 이유를 설명하여라.

a) 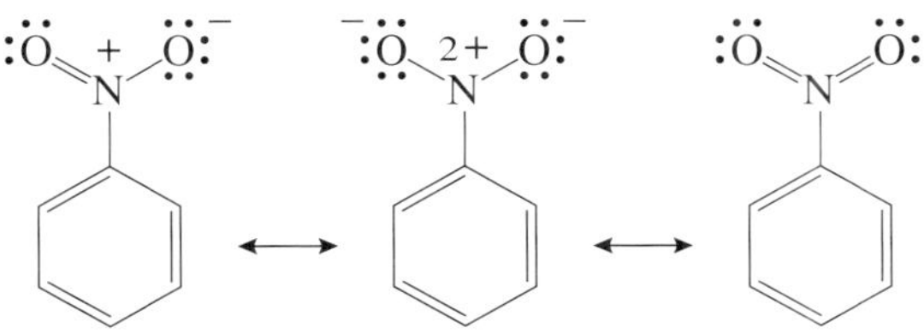

**b)**

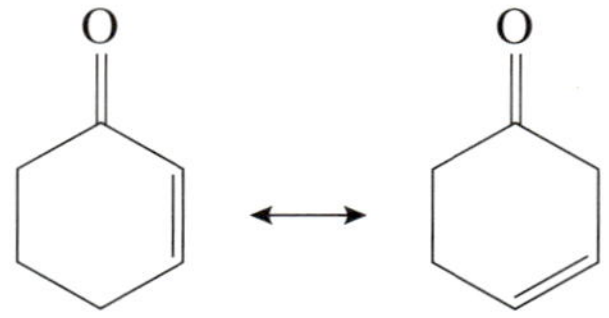

**c)**

**d)**

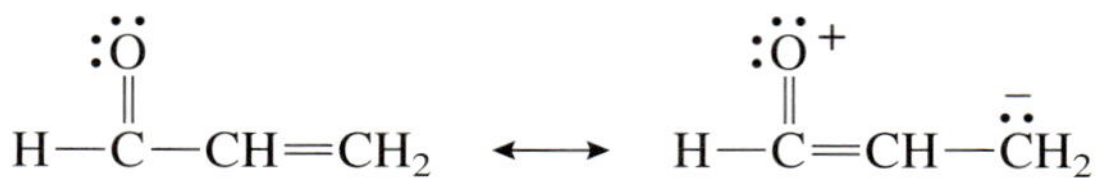

**3.26** 다음 화학종에 대한 중요한 공면구조를 그리고 각각의 공명혼성체에 대한 기여를 논의하여라. 이 화학종들이 공명안정화가 클 것인가 작을 것인가를 설명하여라.

**a)**

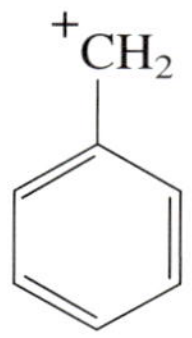

**b)**

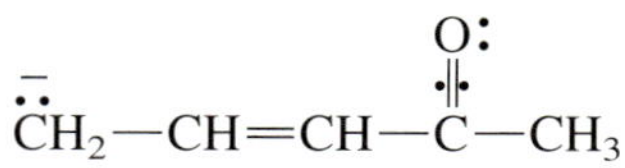

**c)**

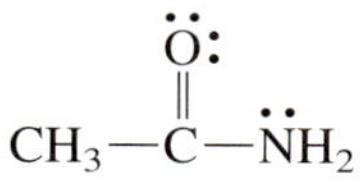

**d)**

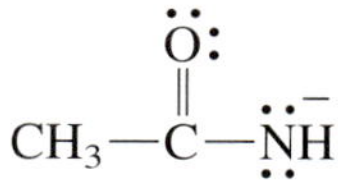

**e)**

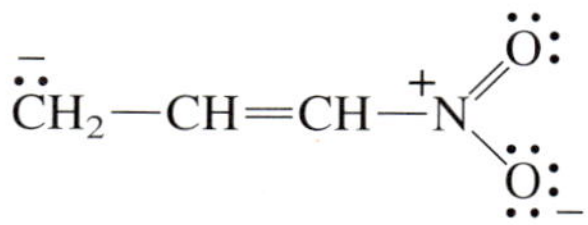

**f)**

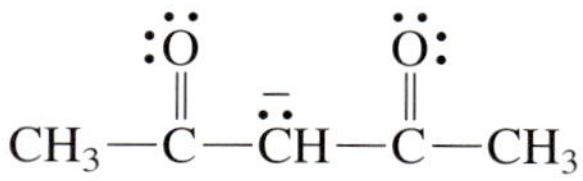

**3.27** 왜 이 탄소 양이온이 상당히 안정한가를 설명하여라.

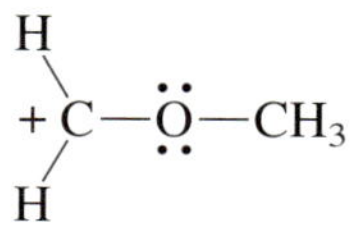

**3.28** 이 음이온 중의 하나가 다른 것보다 더 안정하다는 것을 설명하여라.

**a)**

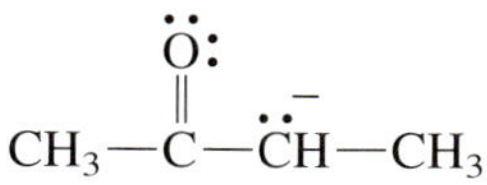

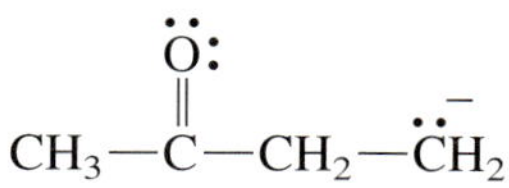

**b)**

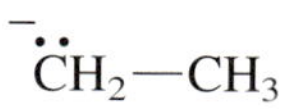

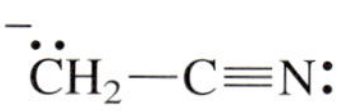

**3.29** 이 탄소양이온 중의 하나는 다른 것보다 더 안정한 이유를 설명하여라.

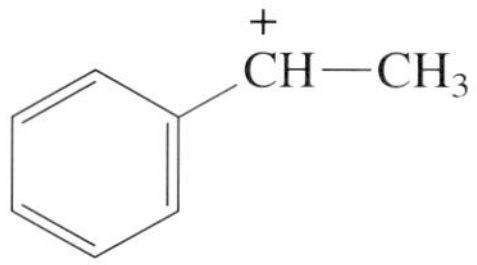

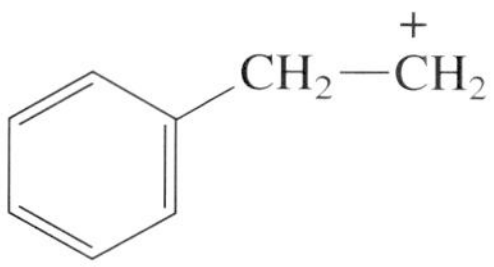

**3.30** 이 화합물에 대한 MO에 대한 에너지준위 그림을 나타내어라.

**a)** $H{-}C{\equiv}C{-}CH_3$

**b)** $CH_3{-}\ddot{\underset{\cdot\cdot}{O}}{-}H$

**c)** 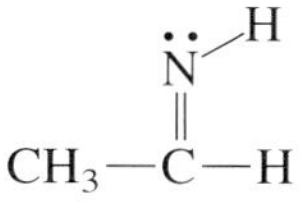

CHAPTER 4

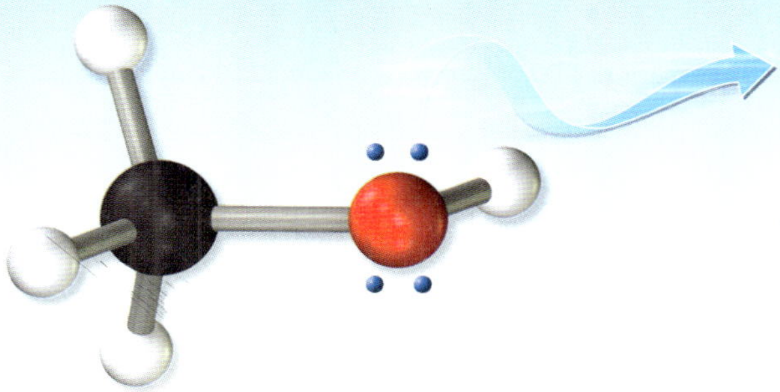

# 산-염기 반응

### 유기화학 숙달

- 산-염기 반응에 대한 방정식 쓰기
- Lewis산과 염기 인식
- 산-염기 평형 이해
- 산과 염기의 세기에 영향을 미치는 인자 이해
- 산과 염기의 상대적 세기의 예측
- 화합물에서 가장 산성인 양성자의 확인

이 장에서는 첫 번째 화학반응인 산-염기 반응 혹은 양성자 이동을 상세히 검토하였다. 산-염기 반응은 간단하지만 유기화학에서는 대단히 중요하다. 1개 혹은 그 이상의 양성자 이동단계를 포함하는 복잡한 반응이기 때문이다. 더욱 이 장의 중요한 목적은 반응에 대한 많은 개념을 소개하는 것이다. 산-염기 반응에서 배운 대부분은 후반부의 다른 반응에 응용할 수 있다.

산-염기 반응은 평형반응이므로 평형의 개념을 복습한다. 이 반응들의 속도를 다루었다. 장의 대부분은 산 혹은 염기의 구조가 어떻게 산 혹은 염기 세기에 영향을 미치는가를 논의하였다. 산의 구조가 변하면 산의 세기에 어떤 변화가 생길 수 있는지 예측할 수 있다. 이렇게 함으로써 산이 얼마나 센 가를 기억하는 데 도움을 주고 이전에는 보지 못했던 산 혹은 염기의 세기를 어떻게 평가할 것인가를 도와 줄 뿐만 아니라, 다른 반응의 속도와 평형에 대한 구조적 변화의 효과를 예측할 수 있다.

## 4.1 정의

산과 염기의 몇 가지 정의가 있다. **Bronsted-Lowry 정의**에 따르면 **산(acid)**은 양성자 주개이고 **염기(base)**는 양성자 받개이다. 수소를 가진 화합물은 Bronsted-Lowry 산으로 작용할 수 있다(산의 세기는 엄청나게 변할 수 있지만). 그러므로 H—A는 산을 나타내는 일반식으로 사용된다. 양성자를 받기 위하여 대부분의 염은 양성자와 결합을 형성하는 데 사용되는 비공유전자쌍을 가진다. 그러므로 B:는 일반염기를 나타내는 데 사용된다. 산-염기 반응에 대한 일반 방정식을 다음에 나타냈다.

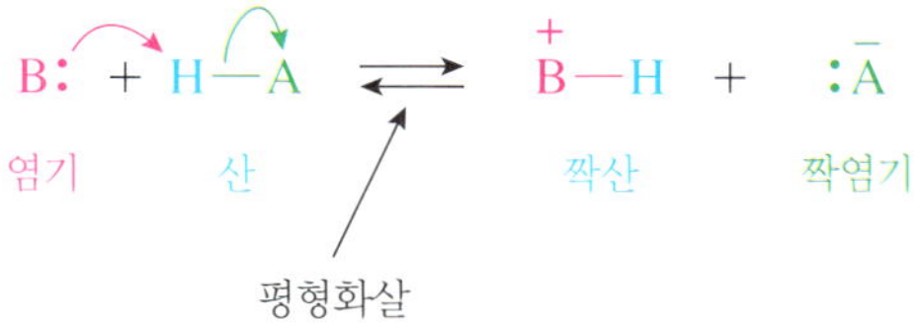

이 반응에서 양성자는 산으로부터 염기로 이동한다. 염기의 비공유전자쌍은 양성자와 새로운 결합을 형성하는 데 사용된다. 한편 H—A결합의 전자는 비공유쌍으로 A에 남는다. 이전에 굽은 화살은 공명구조에서 전자의 재배치를 나타내는 데 사용되었다. 유기화학자는 이 화살을 반응에서 전자의 이동을 나타내는 데 사용된다. 화살은 반응물의 Lewis 구조가 생성물의 Lewis 구조로 변화될 때 전자의 궤도유지를 돕는 일종의 부기장부이다. 화살은 항상 전자가 어디서부터 와서 어디로 가는가를 지시해준다. 화살은 수소(혹은 다른 원자)가 어디서 와서 어디로 가는가를 지시해 주지는 않는다.

## 예제 4.1

암모니아, $NH_3$는 산 혹은 염기로 작용하는지 설명하여라.

**풀이**

$NH_3$는 수소를 포함하고 있기 때문에 산으로 작용할 수 있고 비공유전자쌍을 갖고 있기 때문에 염기로 작용할 수 있다. 그것은 물과 작용하기 때문에 염기라고 생각한다. 그러나 강한 염기의 존재에서 $NH_3$는 산으로 반응한다. 많은 유기반응은 강력한 염기 시약을 함유하기 때문에 수소-함유 화학종이 양성자를 줄 수 있는 능력을 알 필요가 있다.

**문제 4.1** 다음 각 화학종이 산으로 작용하는지 염기로 작용하는지를 나타내어라.

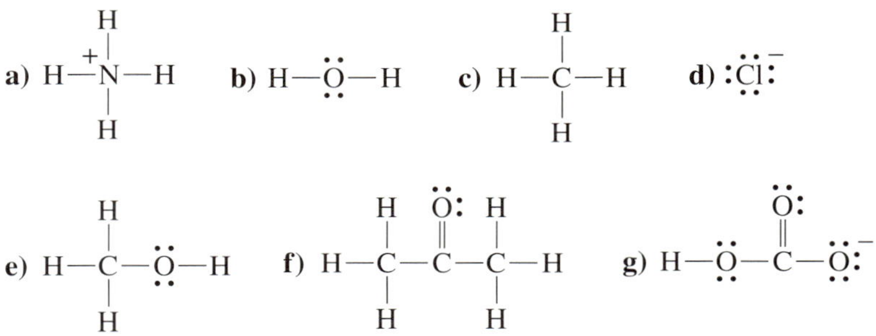

산-염기 반응은 가역 혹은 평형과정이다. 가역반응에서 $BH^+$는 산으로 $A^-$는 염기로 작용한다. 그러므로 $BH^+$는 염기 B의 **짝산(conjugate acid)**이고 $A^-$는 산 HA의 **짝염기(conjugat base)**이다. 고유 산-염기 반응에서 전하는 앞의 일반 방정식으로 나타낸 것과는 다르다. 양성자는 양성으로서 반응에서 한 단위의 양전하가 산으로부터 염기로 이동한다. HA와 B의 초기 전하는 변할 수 있고 그러니 B는 항상 BH보다 한 단위 더 음전하이고 HA는 항상 A보다 한 단위 더 양이다.

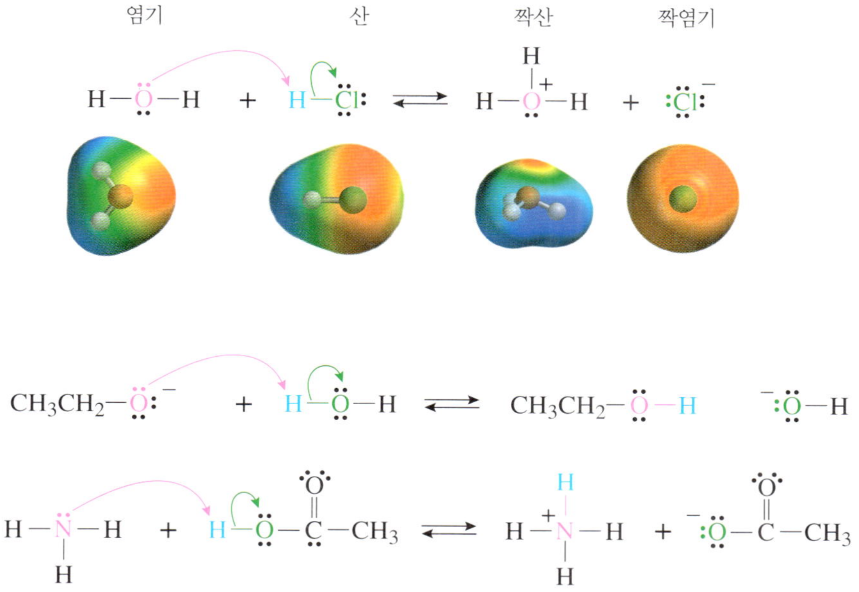


**그림 4.1** 몇 가지 산-염기 반응

**문제 4.2** 다음 화학종의 짝산을 나타내어라.

**a)** $CH_3-\ddot{\underset{..}{O}}-H$ **b)** $H-\ddot{\underset{..}{O}}:^-$ **c)** $CH_3-\ddot{N}H_2$

**문제 4.3** 다음 화학종의 짝염기를 나타내어라.

**a)** $H-\ddot{\underset{..}{O}}-H$ **b)** $H-\ddot{O}^+(H)-H$ **c)** $H-\ddot{N}(H)-H$ **d)** $H_3C-CH_3$ (H–C(H)(H)–C(H)(H)–H)

수소와 비공유전자쌍을 가진 화합물은 반응조건에 따라 산 혹은 염기와 반응할 수 있다. 물, 암모니아 및 알코올은 강한 염기 존재에서 산과 반응하고 강한 산 존재에서 염기와 반응하는 화합물의 예이다. 산-염기 반응의 특성적인 예를 그림 4.1에 나타냈다. 물은 첫 번째 방정식에서는 염기이고 두 번째 방정식에서는 산이다.

**문제 4.4** 산-염기 반응을 완결하여라. 굽은 화살을 사용하여 반응에서 전자의 이동을 나타내어라.

| | 염기 | 산 | | 짝산 | 짝염기 |
|---|---|---|---|---|---|
| **a)** | $^-:\ddot{N}H_2$ | $+\ H_2\ddot{O}:$ | $\rightleftharpoons$ | | |
| **b)** | $CH_3\ddot{\underset{..}{O}}:^-$ | $+\ H_3\ddot{O}:^+$ | $\rightleftharpoons$ | | |

**Lewis 정의**에 따라 산은 전자쌍 받개이고 염기는 전자쌍 주개이다. 모든 Bronsted-Lowry 염기도 Lewis 염기이다. 그러나 Lewis 산은 양성자성 산이 아닌 많은 화학종을 포함한다. $H^+$ 대신에 전자쌍 받개로 작용하는 다른 전자-부족 화학종을 가진다. Lewis 산-염기 반응 예는 다음 반응에 의해 주어진다. 이 반응에서 $BF_3$의 붕소는 전자-부족(원자가껍질에 6개의 전자만을 가진다)이다. 에터의 산소는 Lewis 염기이고 전자쌍을 붕소와 결합을 형성하는 데 사용된다. 그렇게 해서 붕소의 8전자계 규칙을 완성한다.

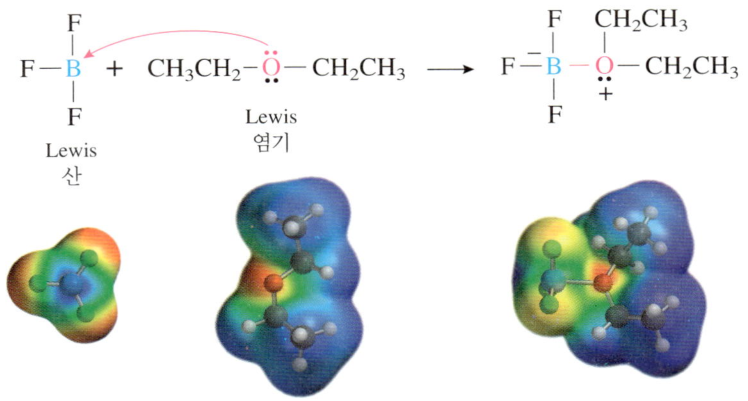


**문제 4.5** 다음 화학종이 Lewis 산인가 염기인가를 나타내어라.

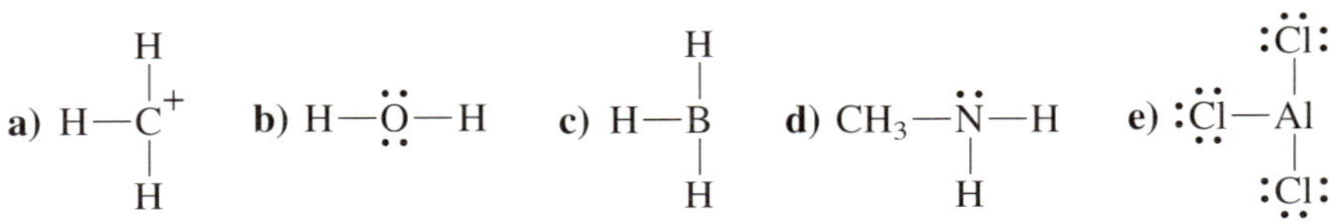

이 교재에서 혼란을 피하기 위하여 Bronsted-Lowry 산 혹은 염기에 대해 산 혹은 염기라는 용어를 사용하였고 다른 형태에 대해서는 Lewis 산 혹은 Lewis 염기라는 용어를 사용하였다.

## 4.2 산-염기 평형

염기와 산의 반응은 짝염기 짝산 생성물과 평형을 이루고 있다. 염기인 물(용매)과 많은 산과의 반응에 대한 산 해리 혹은 산도상수라 부르는 평형상수가 결정되었다. 이들은 여러가지 참고서적에서 발견할 수 있다. 몇 가지 간추린 산도상수를 4.9절의 표 4.2에 수록하였다.

물에서 아세트산의 이온화 반응인 다음 산-염기 평형을 고려해보자.

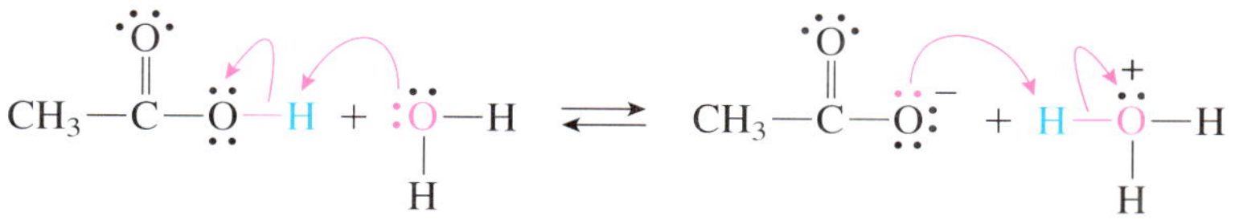

이 반응에 대한 평형상수는

$$K = \frac{[CH_3CO_2^-][H_3O^+]}{[CH_3CO_2H][H_2O]}$$

물은 용매이므로 다량으로 존재하고 그 농도는 반응하는 동안 대략 일정하다. 그러므로 새로운 평형상수인 **산도상수(Acidity, $K_a$)**를 사용한다. 앞의 반응에 대한 $K_a$의 방정식은

$$K_a = K[H_2O] = \frac{[CH_3CO_2^-][H_3O^+]}{[CH_3CO_2H]} = 1.8 \times 10^{-5}$$

산도상수는 산의 세기의 척도이다. 특정한 산에 대항 산도상수가 대략 1이라면 평형에서 산의 양과 그 짝염기의 양이 같다. 물에서 거의 완전히 해리하는 강산은 산도상수가 1보다 크다. 물속에서 소량만이 해리하는 약산은 1보다 적은 평형상수를 가진다. 아세트산의 산도상수는 $1.8\times10^{-5}$이고 적은 양의 아세트산만이 물속에서 이온화된다.

유기화학에서 만나게 되는 산도상수는 대략 $10^{10}$에서 $10^{-50}$까지 다양하게 변한다. 범위가 넓기 때문에 이 값을 나타낼 때 대수 눈금 pH로 나타내는 것이 편리하다. 그러므로 $pK_a$는 다음과 같이 정의한다.

$$pK_a = -\log K_a$$

## 예제 4.2

화합물의 $pK_a$가 10이라면 $K_a$는 얼마인가?

### 풀이

$pK_a$가 정수이므로 계산은 간단하다. $pK_a$ = 정수이므로 $K_a = 1\times10^{-\text{정수}}$이다. 그러므로 $pK_a = 10$이고 $K_a = 1\times10^{-10}$이다.

**문제 4.5** 다음 예에서 $K_a$ 혹은 $pK_a$의 공백을 메워라.

**a)** $pK_a = -4$; $K_a = ?$

**b)** $K_a = 1\times10^{-16}$; $pK_a = ?$

**c)** $pK_a = 38$; $K_a = ?$

**d)** $K_a = 1\times10^{6}$; $pK_a = ?$

$K_a$ 혹은 $pK_a$로부터 산의 세기를 빨리 알아내는 것은 중요하다. 산의 세기가 증가하면 $K_a$는 증가하고 $pK_a$는 감소(더 음이 된다)한다. 염기의 세기는 짝산의 $K_a$(혹은 $pK_a$)로부터 결정할 수 있다. 강한 산은 약한 짝염기를 가지며 약산은 강한 짝염기를 가진다. 이 관계를 다음과 같이 요약하였다.

| 강산 | $K_a > 1$ | 음의 $pK_a$ | 약한 짝염기 |
|---|---|---|---|
| 약산 | $K_a < 1$ | 양의 $pK_a$ | 강한 짝염기 |

**문제 4.7** 다음 화합물이 물보다 약한 산 혹은 강한 산인 지를 나타내어라(물에 대한 $K_a$는 $1.8\times10^{-16}$이다; $pK_a$는 15.74).

**a)** $HClO_4$ $(K_a = 10^{10})$ **b)** $HC\equiv CH$ $(pK_a = 25)$

**c)** $HOC(=O)OH$ $(pK_a = 6.35)$ **d)** $CH_3CH_3$ $(K_a = 10^{-50})$

**문제 4.8** 다음 화학종이 하이드록사이드 이온보다 더 약한 염기 혹은 강한 염기 인가를 나타내어라. 짝산에 대한 $K_a$와 $pK_a$ 값은 다음과 같다.

**a)** $:\ddot{N}H_2^-$ $(K_a = 10^{-38})$ **b)** $CH_3CH_2\ddot{C}H_2^-$ $(pK_a = 50)$

**c)** $\ddot{N}H_3$ $(pK_a = 9.24)$ **d)** $:\ddot{Cl}:^-$ $(pK_a = -7)$

일반 산-염기 반응을 고려해보자.(전하는 생략하였다)

$$H{-}A + B: \rightleftharpoons A: + H{-}B$$

이 반응에 대한 평형상수 ($K$)는

$$K = \frac{K_a\,(HA)}{K_a\,(HB)}$$

HA가 HB보다 강한 산이면 $K$는 1 보다 크고 평형에서 방정식의 오른편이 더 유리하다. 즉 생성물(A와 HB)의 농도가 반응물(HA와 B)의 농도보다 더 크다. HB가 HA보다 더 강산이면 $K$는 1 보다 작고 평형은 왼편으로 기운다. 일반적으로 **평형은 더 약산과 더 약한 염기의 형성이 유리하다.**(강한 산은 약한 짝염기를 가지며 약한 염기는 항상 약한 산과 방정식의 같은 면에 있다.)

예로 다음 반응을 고려해보자.

$$H{-}Br + H_2O \rightleftharpoons Br^- + H_3O^+$$

HBr($K_a$ = $10^9$ 혹은 p$K_a$ = −9)은 $H_3O^+$($K_a$ = 55 혹은 p$K_a$ = −1.74)보다 강한 산이므로 이 평형은 오른편이 유리하다. 반응에 대한 평형상수 $K_a$는 1.8 × $10^7$이다. 이 평형상수는 상당히 크기 때문에 남아 있는 HBr의 양을 실험적인 방법으로 측정할 수 없다. 실제적으로는 평형은 완전히 오른편으로 치우쳐 있다. HBr과 같은 강산은 물에서 완전히 해리된다. 대단히 강한 산의 세기를 물에서 측정할 수 없다. 물과 HBr의 반응에 대한 평형상수와 같이 큰 평형상수는 직접 측정할 수 없고 간접적인 방법으로 측정한다. 그러므로 표 4.2에 수록한 대단히 강한 산에 대한 p$K_a$값은 근사적이다. 그러나 항상 산-염기 반응에서 평형의 위치를 예측할 만큼은 충분히 정확하다.

그림 4.2에 유기화학에서 흔히 만나는 몇몇 산의 세기 눈금을 나타내었다. 눈금의 왼편은 과염소산($HClO_4$), 브롬화수소(HBr) 및 황산($H_2SO_4$)과 같은 강산이다. 모두 $H_3O^+$보다는 상당히 더 강한 산이고 물에 완전히 이온화된다. $H_2O$보다 강산이고 $H_3O^+$보다 약산은 물에서 부분적으로 해리되고 약산이라 부른다. 카복실산과 암모니아와 아민의 짝산이 이 부류에 속한다. $H_2O$와 비슷하거나 약산은 물에서 해리되지 않고 대단히 약산이라 부른다. 그러나 이들은 물보다는 약한 산성인 용매에서 대단히 강한 염기의 존재에서 산으로 작용한다. 대부분의 유기화합물은 이 부류에 속한다. 물과 산의 세기가 비슷한 알코올(p$K_a$ 약 16)로부터 물보다는 산성이 약한 알데하이드와 케톤(p$K_a$ 약 20), 극히 산성이 약한 알케인(p$K_a$ 약 50)에 이르기까지 이 부류에 속한다.

그림 4.2 몇몇 산의 세기를 나타내는 눈금.

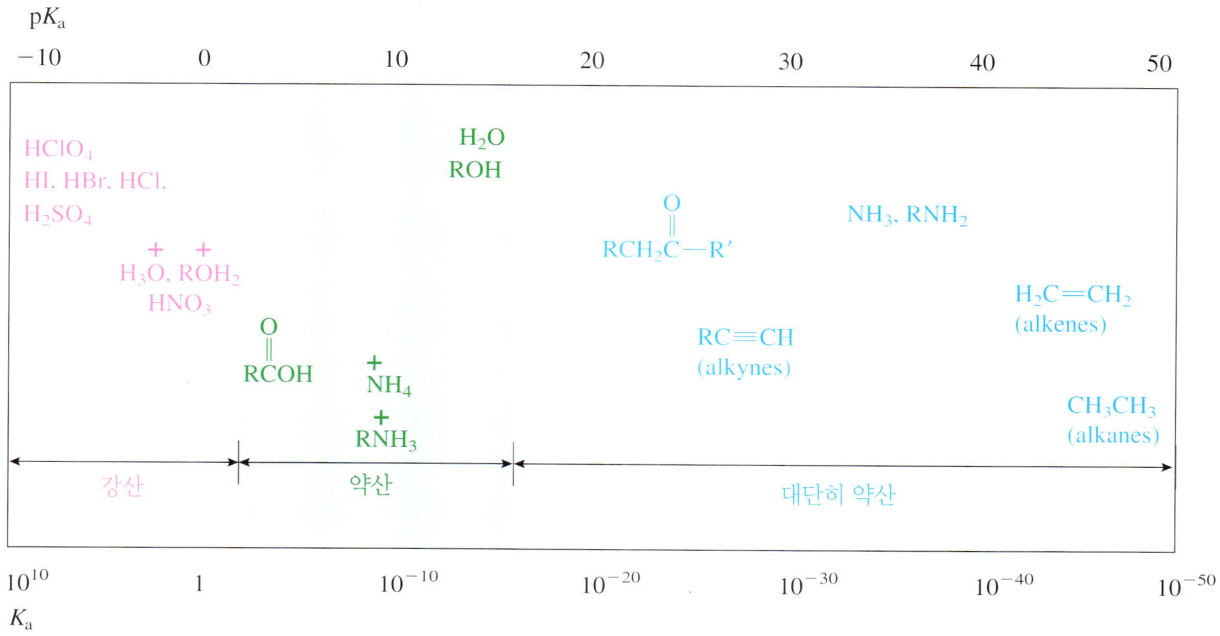

## 예제 4.3

그림 4.2를 사용하여 평형에서 이 반응의 반응물이 유리한가 혹은 생성물이 유리한가를 예견하여라.

$$CH_3\ddot{C}H_2^- + HC{\equiv}CH \rightleftharpoons CH_3CH_3 + HC{\equiv}C\!:^-$$

### 풀이

그림 4.2로부터 HC ≡ CH는 $CH_3CH_3$보다 강산이다. 평형은 약산이 유리하기 때문에 이 반응이 평형에 도달하면 더 많은 생성물이 남게 된다.

**문제 4.9** 그림 4.2에서 얻을 수 있는 정보를 사용하여 이 반응의 평형위치를 예견하여라. 즉 평형에서 반응물의 농도가 클 것인지 생성물의 농도가 클 것인지를 예견하여라.

a) 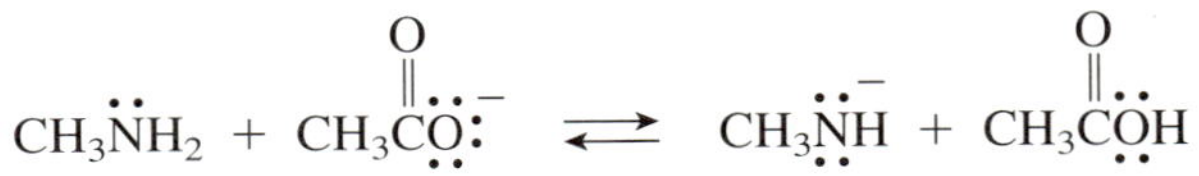

b) 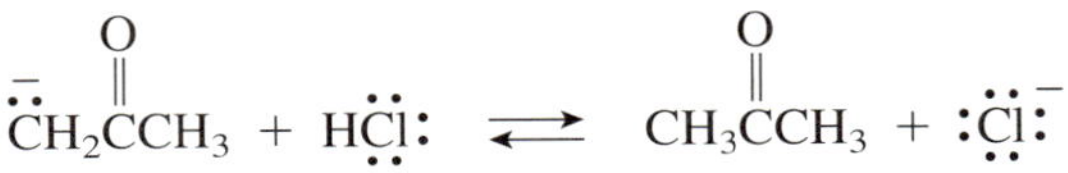

**문제 4.10** 그림 4.2의 정보를 사용하여 문제 4.4에 있는 반응의 평형위치를 예견하여라.

반응에 대한 평형상수는 방정식으로 나타낸 그 반응의 자유에너지의 변화와 관계가 있다.

$$\Delta G^\circ = -RT \ln K$$

표준 자유에너지 변화 ($\Delta G^\circ$), 기체상수 ($R$), 절대온도 ($T$)

반응이 자발적이 되기 위해서는 $K$는 1보다 커야 한다. 즉 $\Delta G^\circ$는 음이어야 한다. 유기화학자들은 반응물과 생성물의 자유에너지를 같은 눈금으로 나타낸 그림이 대단히 유용하다는 것을 발견하게 될 것이다. 그림 4.3은 두 일반 반응에 대한 이와 같은 그림을 나타냈다. 이 그림에서 그림의 왼편은 반응물이 생성물보다 에너지가 높다. 그러므로 $\Delta G^\circ(G_{생성물}-G_{반응물})$는 음이고 $K$는 1보다 크다. 반응은 자발적으로 생성물로 진행된다. 즉 자발적으로 낮은 에너지 혹은 안정한 화합물로 진행된다. 이러한 상황이 그림의 (b)부분에서는 거꾸로 변한다. 반응물이 더 안정하고 $\Delta G^\circ$는 양이고 $K$는 1보다 작다. 평형에서 반응물이 더 유리하다.

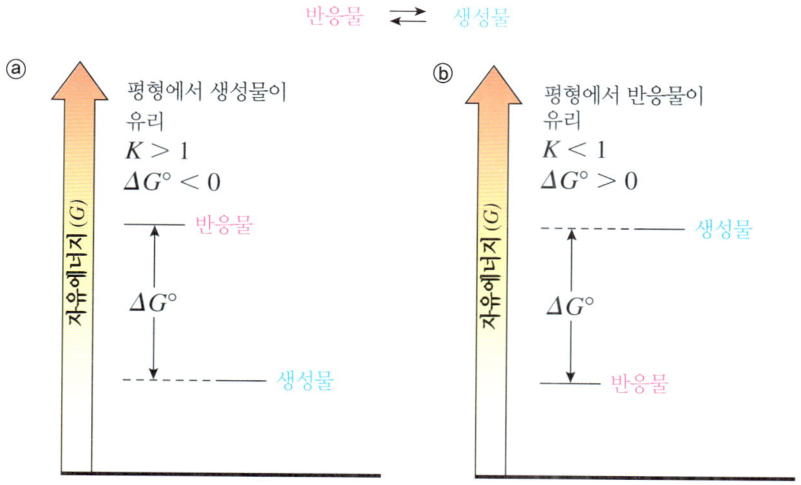


**그림 4.3 반응물과 생성물의 자유에너지.** (a) 생성물이 반응물보다 더 안정하고 평형에서 생성물이 유리하다. (b) 반응물이 더 안정하고 유리하다.

**문제 4.11** 문제 4.9에 있는 반응에 대해 그림 4.3에서와 같은 그림을 그려라.

## 4.3 산-염기 반응의 속도

일반화학에서 배운 것을 회상해보면 유리한 평형상수가 반응이 일어난다는 보증을 하는 데 충분하지 않다. 더욱이 반응의 속도는 상당히 빨라야 한다. 반응의 속도는 몇 가지 요인에 의해 지배된다. 첫 번째 산과 염기의 경우에 반응물은 충돌해야 한다. 이 충돌에서 분자는 새로운 결합을 형성하는 궤도함수가 겹치기 시작할 수 있도록 적당히 배열되어야 한다. 반응물의 궤도함수에 대한 필요한 배향을 반응의 **입체전자적 요구(stereoelectronic requirement)**라 한다. (*Stereo*는 삼차원적 공간을 의미한다.) 산-염기 반응에서 충돌은 비공유전자쌍에 의해 점유된 염기의 원자궤도함수가 산성 수소의 1*s* 궤도함수와 겹쳐지기 시작할 수 있도록 일어난다. 아세트산과 암모니아의 반응에서 입체전자적 요구를 다음과 같은 그림으로 나타내었다. 대신에 질소 궤도함수가 아세트산 분자의 다른 부분에 부딪쳐서 충돌이 일어난다면 충돌은 산-염기 반응을 일으키지 못할 것이다.

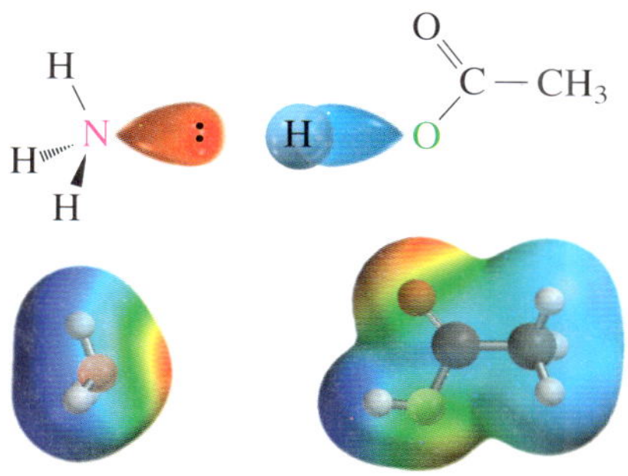

또 대부분의 반응에서 반응물과 생성물이 에너지 장벽으로 분리되어 있다는 것을 기억하고 있을 것이다. 그러므로 반응을 일으키기 위한 충돌에 대한 최종요구는 충돌은 이 에너지 장벽을 넘어야 할 충분한 에너지를 마련해주어야 한다. 이 여분의 에너지를 반응에 대한 **활성화에너지(activation energy)**라 부른다. 활성화에너지는 더 복잡한 반응을 다룰때 더 자세히 고려하게 될 것이다. 지금은 산-염기 반응에 대한 활성화에너지는 보통 작다는 것을 알고 있으면 충분하다.

반응이 진행됨에 따라 계의 자유에너지가 어떻게 변하는가를 나타내는 그림이 대단히 유익하다. 그림 4.3과 같이 이와 같은 그림에서 자유에너지, $G$는 $y$-축에 있고 반응의 진행정도는 $x$-축에 나타낸다. 그러므로 반응물은 이 그림의 왼편에 생성물은 오른편에 나타냈다. 그림 4.4는 물에서 HBr의 이온화에 대한 이와 같은 그림을 나타냈다. HBr은 강한 산성이므로 이 반응에 대한 $\Delta G°$는 음이고 $K_a > 1$이다. 생성물이 반응물보다 안정하므로 평형에서 생성물이 유리하다. 반응물의 에너지를 생성물의 에너지로 연결하는 선은 반응과정에서 에너지가 어떻게 변하는가를 나타내준다. 반응이 진행에 따라 처음에는 약간의 에너지가 증가하지만 생성물로 반응이 더 진행되면 에너지는 감소한다. 반응이 넘어야 할 에너지 장벽의 크기는 활성화에너지, $\Delta G^‡$이다. 이 경우에는 $\Delta G^‡$가 대단히 작으므로 에너지 장벽을 쉽게 넘을 수 있고 반응은 대단히 빠르다. 반응진행에 대한 에너지 그림은 대단히 유용하며 이후 계속해서 다루게 될 것이다.

반응에 대한 **메카니즘(mechanism)**은 반응에서 개개의 단계를 나타낸다. 이것은 반응이 진행됨에 따라 핵과 전자가 어떻게 움직이며, 어떻게 결합이 변화하고 결합형성과 절단의 순서를 나타내준다. 산-염기 반응은 대단히 단순한 메카니즘이다. 이것은 수소와 산 간의 결합절단과 수소와 염기 간의 결합형성을 포함하는 한 단계로 구성되어 있다. 반응진행에 대한 에너지 그림은 반응물과 생성물 간의 단 하나의 에너지 장벽만을 갖는다. 더 복잡한 유기반응에 대한 메카니즘은 다른 결합이 형성되고 절단되는 몇 가지 다른 단계를 포함한다. 각 단계는 그 단계의 생성물과 반응물을 분리하는 에너지 장벽을 갖는다. 반응 메카니즘은 대단히 중요하다. 더 복잡한

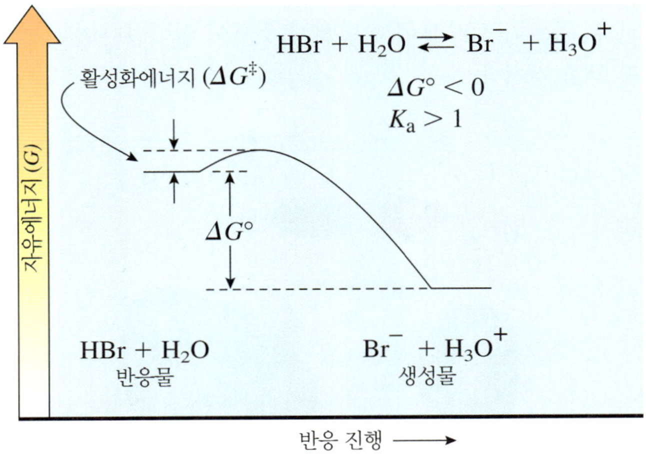


**그림 4.4** $H_2O$와 HBr의 반응에서 반응진행에 대한 에너지 그림.

반응에 대한 메카니즘의 이해는 어떻게 속도를 증가시켜주며 어떻게 형성되는 생성물의 양을 최대로 할 수 있는 가와 같은 반응의 특성을 예측할 수 있게 해준다.

활성화에너지는 대단히 작기 때문에 입체전자적 요구는 문제가 되지 않으며 대부분의 산-염기 반응은 다른 형태의 유기반응에 비하여 대단히 빠르다. 그러므로 산-염기 반응의 속도를 고려해 줄 필요는 없다. 산-염기를 포함한 몇 단계를 포함한 메카니즘을 가진 유기반응에서 산-염기가 아닌 다른 한 단계가 항상 속도를 조절해 준다.

## 예제 4.4

이 반응에 대한 반응진행에 대한 자유에너지 그림을 나타내어라.

$$CH_3\overset{\overset{O}{\|}}{C}OH + H_2O \rightleftharpoons CH_3\overset{\overset{O}{\|}}{C}O^- + H_3O^+$$

### 풀이

먼저 반응물과 생성물 어느 것이 더 안정한가를 결정하여야 한다. 아세트산은 약한 산(그림 4.2를 보라)이므로 평형에서 반응물이 유리하다. 즉 $K_a < 1$과 $\Delta G^o > 0$이다. 다음 그림은 그림 4.4에 나타낸 것의 역이다. 이 경우 활성화에너지 $\Delta G^‡$는 $\Delta G^o$보다 다소 크다. 이것은 역반응에 대한 활성화장벽이 작다는 것을 의미한다.

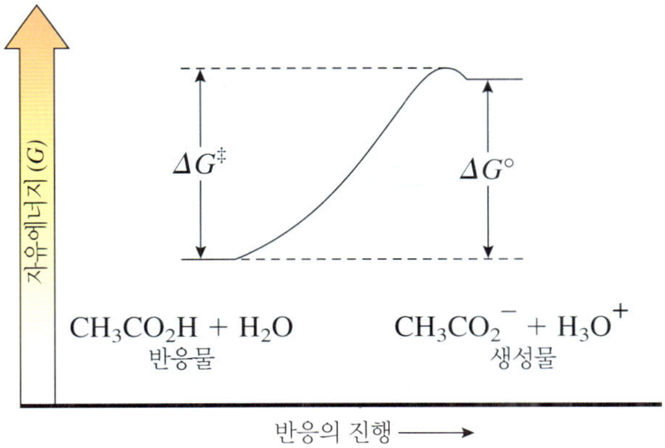


**문제 4.12** 다음 반응에 대한 반응진행에 대한 자유에너지 그림을 나타내어라.

$$HCl + NH_3 \rightleftharpoons Cl^- + {}^+NH_4$$

## 4.4 산도에 대한 수소에 결합된 원자의 효과

산의 세기를 결정해주는 여러 가지 요인, 즉 왜 한 화합물은 다른 화합물보다 강한 산인가을 이해하는 것이 중요하다. 이와 같은 이해는 특정한 화합물이 강산 혹은 약산인가를 쉽게 기억하게 해준다. 더욱이 이것은 화합물의 구조적인 변화가 그의 $K_a$값에 어떤 영향을 미칠 것인가를 정성적으로 예측을 할 수 있게 해준다. 그러므로 이 장의 나머지 대부분은 산의 구조가 어떻게 그 세기에 영향을 미치게 되는가를 다루게 될 것이다. 다루어야 할 효과는 수소가 결합되어 있는 원자, 전하 혹은 극성 결합, 수소결합, 수소가 결합된 원자의 혼성 및 공명이다. 먼저 산성 수소가 결합된 원자의 결합을 고려해보자.

다음 산-염기 반응을 고려해보자.

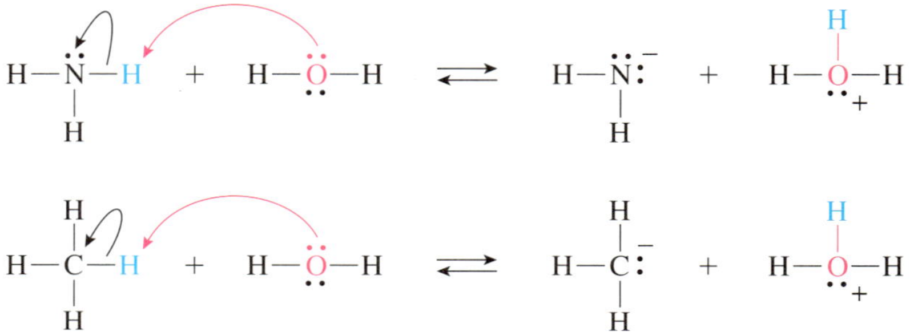

탄소에 결합된 수소는 질소에 결합된 수소보다 $10^{12}$배 산성이 더 작다. 이것은 탄소와 질소의 전기음성도를 고려해서 설명할 수 있다. 질소는 탄소보다 전기음성도가 더 크다. $NH_2^-$의 질소에 있는 비공유전자쌍은 낮은 에너지 궤도함수에 있으며 $CH_3^-$의 탄소에 있는 비공유전자쌍보다 더 안정하다. 그러므로 $NH_2^-$는 $H^+$와 결합을 형성하는데 더 안정한 전자쌍을 사용하려는 경향이 적어지고 따라서 이것은 $CH_3^-$보다 약한 염기가 된다. $NH_3$는 유사한 탄소화합물보다 더 강한 산이다. 원자의 전기음성도가 증가함에 따라 짝염기의 안정성이 증가하기 때문에 산도는 주기율표에서 왼편에서 오른편으로 갈수록 증가한다.

| | $CH_4$ | $NH_3$ | $H_2O$ | HF |
|---|---|---|---|---|
| $pK_a$ | 50 | 38 | 15.7 | 3 |

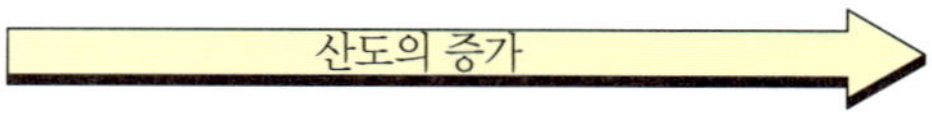


이 순서를 근거로 해서 많은 유용한 예측을 할 수 있다. 예로 강한 염기와 반응하는 메탄올, $CH_3OH$를 고려해보자. 어느 수소가 제거될 것인가? 어느 수소가 더 산성인가? 산소가 탄소보다 더 전기음성이므로 산소에 있는 수소가 탄소에 있는 수소보다 더 산성이다. 일어나는 반응은 다음과 같다.

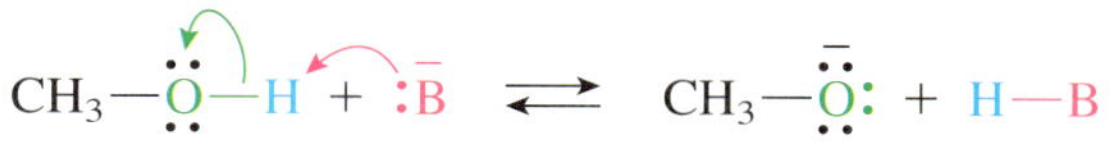

일반적으로 다른 조건이 같으면 산소산(O에 결합된 H)이 탄소산(C에 결합된 H)보다 산성이 더 크다.

주기표의 족 내에서 비교해보면 전기음성도가 더 이상 조절인자가 아니다. 산도는 주기율표의 족에서 위로부터 밑으로 갈수록 증가한다. 이때 전기음성도는 감소한다.

| | HF | HCl | HBr | HI |
|---|---|---|---|---|
| $pK_a$ | 3 | −7 | −9 | −10 |
| | | $H_2O$ | $H_2S$ | |
| $pK_a$ | | 15.7 | 7 | |

산도의 증가 →

이 경향에 대한 설명의 일부는 족의 바닥에 있는 원자는 수소와 약한 결합을 형성한다. 더 큰 원자 궤도함수는 수소의 1*s* 궤도함수와 잘 겹쳐지지 않기 때문이다. 약한 결합은 양성자를 더 쉽게 떼어낼 수 있다. 음전하를 더 잘 수용할 수 있는 더 큰 음이온의 능력은 이런 경향성에 기여한다.

**문제 4.13** 어느 화학종이 더 강한 산인가?

**a)** $H_2S$ 또는 HCl **b)** $\overset{+}{P}H_4$ 또는 $\overset{+}{N}H_4$ **c)** $CH_3CH_3$ 또는 $H_2S$

**문제 4.14** 어느 음이온이 더 강한 염기인가?

**a)** $HO^-$ 또는 $HS^-$ **b)** $CH_3\overset{-}{N}H$ 또는 $CH_3\overset{-}{O}$

## 예제 4.5

이 화합물에서 가장 산성인 수소는 어느 것인가?

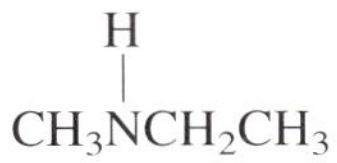

### 풀이

다른 효과가 작용하지 않는다면 질소에 있는 수소는 탄소에 있는 수소보다 더 산성이다. 질소가 탄소보다 더 전기음성이기 때문이다

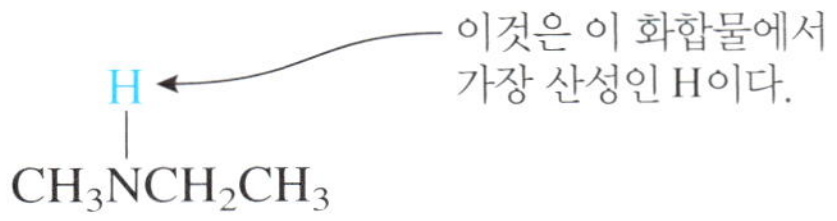


**문제 4.15** 다음 각 화합물에서 어느 것이 가장 산성인 수소인가?

**a)** $H_2NCH_2CH_2OH$ **b)** $CH_3CH_2OH$ **c)** $CH_3SH$

## 4.5 유발효과

그 분자의 다른 곳에서 일어나는 반응에 대한 분자 내의 쌍극자의 효과를 **유발효과 (inductive effect)**라 부른다. 아세트산과 클로로아세트산의 두 카복실산을 고려해보자.

| $CH_3COOH$ | $ClCH_2COOH$ |
|---|---|
| Acetic acid | Chloroacetic acid |
| p$K_a$ = 4.76 | p$K_a$ = 2.86 |

염소로 아세트산의 1개의 수소를 치환하면 약 100배의 산도가 증가한다. 이 분자에서 산성 수소는 산소에 결합된 하나의 수소이므로 실제로 염소는 반응하는 결합으로부터 몇 개의 결합 떨어져서 효과를 나타낸다. 그림 4.5는 C — Cl결합의 쌍극자가 어떻게 산의 에너지를 증가시키고(a) 한편 짝염기의 에너지를 감소(b)하는 가를 나타내준다. 염소의 유발효과는 산을 불안정화하고 짝염기를 안정화한다. 그림 4.6은 이 유발효과가 아세트산과 비교한 클로로아세트산의 산-염기 반응에 대한 $\Delta G^o$

**그림 4.5** ⓐ 클로로아세트산과 ⓑ 그 짝염기에서 전하 상호작용

**그림 4.6** 산-염기 반응에서 자유에너지 변화에 대한 유발 효과.

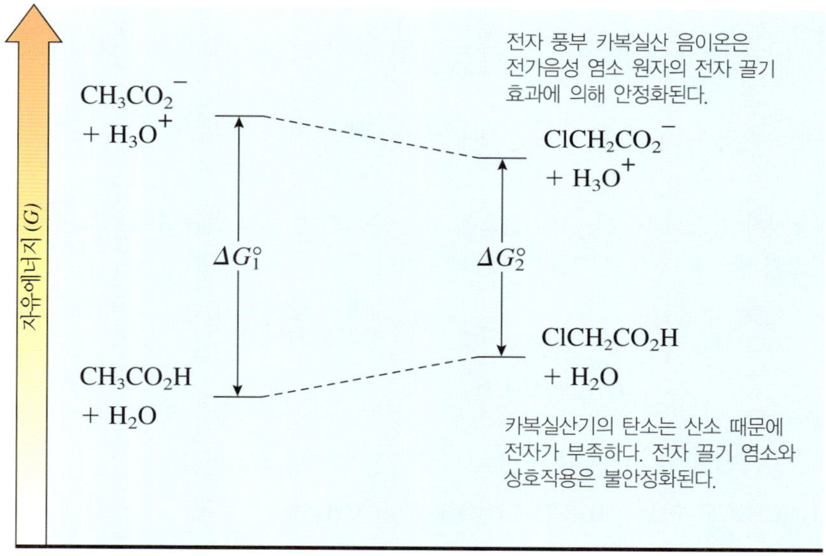

를 어떻게 변화시켜 주는가를 나타내준다. 클로로아세트산은 염소의 유발효과에 의해 아세트산에 비해 불안정화된다. 대조적으로 클로로아세트산의 짝염기는 아세트산의 짝염기에 비해 안정화된다. 그러므로 클로로아세트산의 산-염기 반응에 대한 $\Delta G^o{}_2$는 아세트산에 대한 $\Delta G^o{}_1$ 보다 작다. 클로로아세트산에 대한 $K_a$값이 더 크기 때문에 아세트산보다 더 강한 산이다.

유기화학자들은 흔히 작용기의 유발효과를 거론한다. 염소는 유발효과 때문에 수소에 비해 전자-끄는기이다. 즉 이것은 수소에 비해 결합 대상으로부터 전자밀도를 끌어당긴다. 대부분의 작용기가 수소보다 더 전기음성인 원자를 포함하기 때문에 이들은 유발 전자-끌기이다. 다음은 유발 전자-끄는기의 일부를 수록하였다.

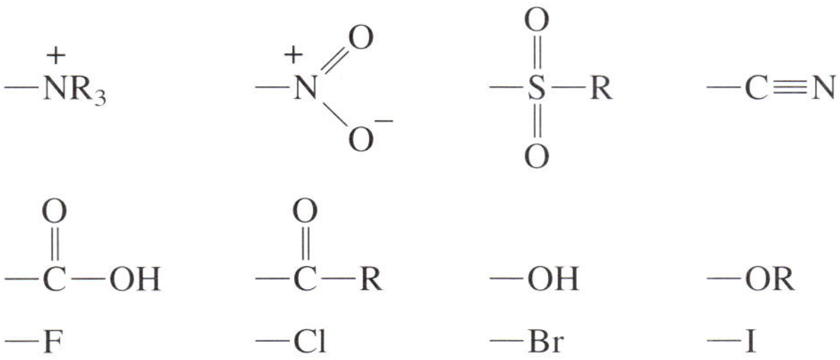

유발 전자-끄는기

대조적으로 유발효과 때문에 몇 개의 작용기만이 수소에 비해 전자−주는기이다. 이들 중 2개는 음으로 하전된 산소원자 때문에 전자가 많다. 더욱이 $CH_3$와 $CH_2CH_3$와 같은 알킬기는 많은 경우에서 약한 전자-주는기로 작용한다.

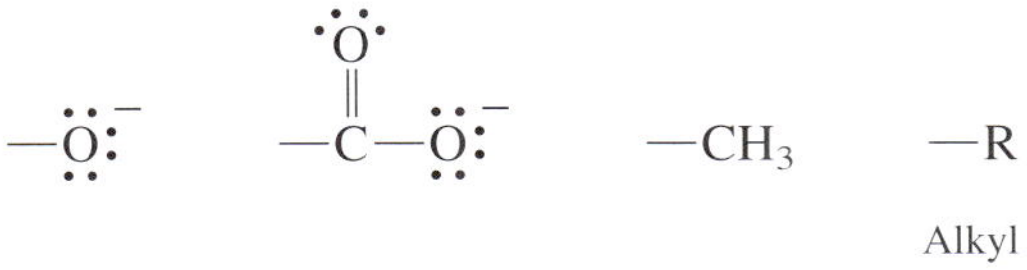


유발 전자-주는기

전자-끄는기로 수소를 치환하면 전자-부족 부위를 불안정화하고 전자-많은 부위를 안정화한다. 짝산은 산보다 항상 더 전자가 많기 때문에 수소를 전자-끌기로 치환하면 더 강한 산이 된다. 수소를 전자-주는기로 치환하면 반대효과를 나타낸다. 표 4.1에 카복실산의 산도에 마치는 몇 가지 유발효과의 예를 수록하였다.

**문제 4.16** 어느 화합물이 더 강한 산인가를 설명하여라.

**a)** $CHF_2CO_2H$ 또는 $CH_2FCO_2H$

**b)** $CHF_2CO_2H$ 또는 $CHBr_2CO_2H$

**c)** $CH_3OCH_2CO_2H$ 또는 $CH_3CO_2H$

**표 4.1 몇 가지 카복실산의 산의 세기에 대한 유발효과**

| 화합물 | $pK_a$ | 설명 |
|---|---|---|
| $H\overset{O}{\overset{\|}{C}}OH$ | 3.75 | |
| $CH_3\overset{O}{\overset{\|}{C}}OH$ | 4.76 | $CH_3$는 약한 전자-주는기이다; 산의 세기는 감소한다. |
| $ClCH_2\overset{O}{\overset{\|}{C}}OH$ | 2.86 | Cl은 약한 전자-끄는기이다; 산의 세기는 증가한다. |
| $FCH_2\overset{O}{\overset{\|}{C}}OH$ | 2.66 | F는 더 전기음성이므로 Cl보다 더 강한 전자-끄는기이다. |
| $ICH_2\overset{O}{\overset{\|}{C}}OH$ | 3.12 | I는 전기음성이 작으므로 Cl보다 더 약한 전자-끄는기이다. |
| $ClCH_2CH_2\overset{O}{\overset{\|}{C}}OH$ | 3.98 | Cl은 반응 부위로부터 멀리 있다; 유발효과는 거리가 증가할수록 급격하게 감소한다. |
| $Cl_3C\overset{O}{\overset{\|}{C}}OH$ | 0.65 | 3개의 Cl은 1개의 Cl보다 강력한 유발효과를 갖는다. |
| $HO\overset{O}{\overset{\|}{C}}-\overset{O}{\overset{\|}{C}}OH$ | 2.83 | $CO_2H$ 기는 전자 끄는기이다. |
| $^{-}O\overset{O}{\overset{\|}{C}}-\overset{O}{\overset{\|}{C}}OH$ | 5.69 | $CO_2^-$ 기는 전자 주는기이다; 이것은 아세트산 보다 약산이다. |

## 4.6 수소결합

산성 수소는 분자내의 다른 원자와 수소결합을 형성하기 때문에 산의 세기는 감소한다. 정상적인 시그마결합에 추가해서 수소결합을 절단해야 하기 때문에 염기가 양성자를 제거하기가 더 어렵다. 그러나 이 효과는 수소결합에 포함된 작용기의 유발효과로 복잡해진다(그림 4.7).

*o*-아세틸벤조산(그림 4.7)에서 유발효과와 수소-결합효과는 반대방향으로 작용한다. 유발효과는 산의 세기를 증가시켜주고 수소결합은 감소시킨다. 이 특별한 경우에는 두 효과는 거의 상쇄되지만 이것은 항상 기대할 수 없다. 일반적으로 효과의 방향, 즉 산을 강화시켜줄 것인지 약화시켜 줄 것인지를 쉽게 결정할 수 있다. 그러나 효과의 양을 측정하는 것은 대단히 어렵다. 효과가 반대가 되는 *o*-아세틸벤조산의 경우에 어느 효과가 더 큰지 예측하기가 힘들다. 아무런 효과가 없는 모델 화합물보다 산이 강해질 것인지 약해질 것인지 예측할 수 가없다. 그러므로 예측의 대부

그림 4.7 유발효과와 수소결합 효과

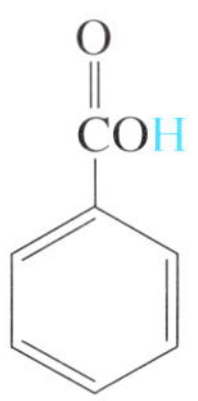

Benzoic acid
p$K_a$ = 4.19

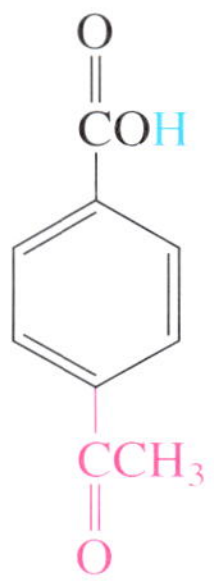

*p*-Acetylbenzoic acid
p$K_a$ = 3.70

$CH_3C{=}O$기(아세틸기)는 전자 - 끄는기이다. 이 기가 카복실산 기에 대해 반대 고리위치에 치환되면 그 유발효과는 벤조산에 비해 이 산의 세기를 증가시켜준다.

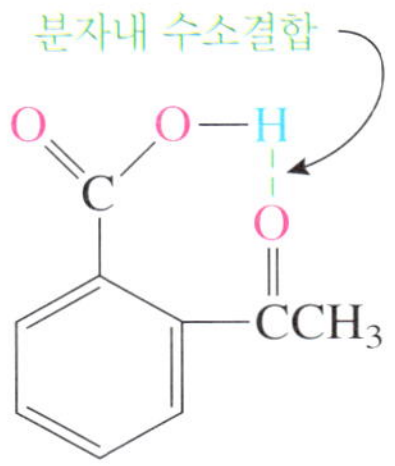


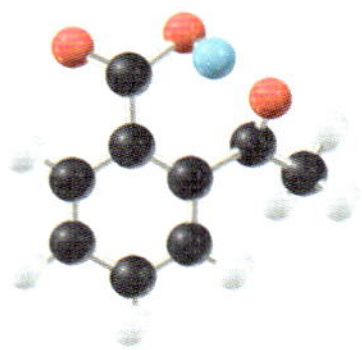

*o*-Acetylbenzoic acid
p$K_a$ = 4.13

아세틸기가 벤조산기에 대해 이웃위치에 치환되면 더 강한 산이 된다. 두 기가 가깝게 접근하면 유발효과가 증가하기 때문이다. 그러나 이 산은 앞의 예보다는 약한 산이다. 그 p*K*a는 벤조산과 유사하다. 산-강화 유발효과는 카복실산기의 수소와 아세틸기의 산소 간에 형성되는 수소결합의 산-약화 효과에 의해 상쇄된다.

분은 정량적이라기보다는 정성적이다. 한 화합물이 다른 화합물보다 더 강한 산(빠르게 반응한다)이라고 결정할 수는 있으나 얼마나 더 강(더 빠르게)한가를 정확하게 예측할 수는 없다.

## 4.7 혼성

다음 예가 나타내는 것처럼 수소에 결합된 원자의 혼성은 그 수소의 산도에 큰 효과를 나타낸다.

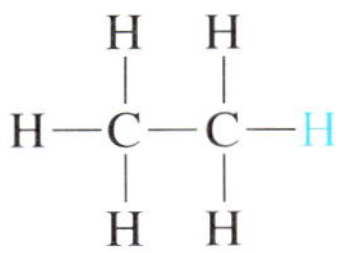

Ethane
p$K_a$ = 50

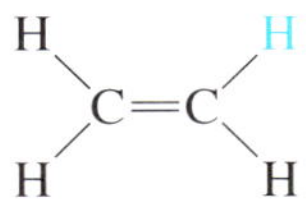

Ethene
p$K_a$ = 44

Ethyne
p$K_a$ = 25

이 계열에서 에테인의 $sp^3$에서 에텐의 $sp^2$와 알카인의 $sp$로 혼성이 변함에 따라 산도는 증가하고 p$K_a$는 감소한다. 이것은 각 화합물의 짝염기에 있는 비공유전자쌍의 상대적 안정성 때문이다.

그림 4.8은 결합을 형성하는 $s$와 $p$ 궤도함수에 비한 혼성 궤도함수의 에너지를 나타냈다. $sp$ 궤도함수는 50% $p$ 궤도함수와 50% $s$ 궤도함수로 구성한다. 그러므로

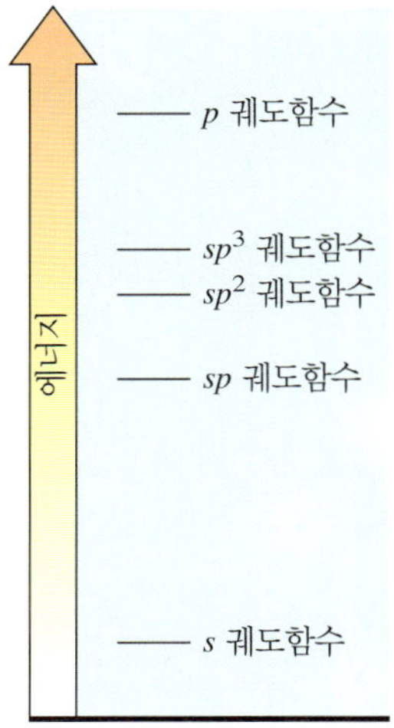


**그림 4.8** *s*와 *p* 원자궤도함수에 비한 혼성 원자궤도함수의 에너지

그 에너지는 *s*와 *p* 궤도함수 중간에 있다. 유사하게 $sp^2$ 궤도함수의 에너지는 *s*와 *p* 궤도함수 에너지 차이의 67%만큼 *s* 궤도함수의 에너지보다 높다. $sp^3$ 궤도함수의 에너지는 이차의 75%만큼 *s* 궤도함수의 에너지보다 높다.

에테인의 짝염기의 비공유전자쌍은 탄소의 $sp^3$ 원자 궤도함수에 채워져 있다. 에텐의 짝염기의 비공유전자쌍은 탄소의 $sp^2$ 원자 궤도함수에 채워져 있다. $sp^2$ 궤도함수는 낮은 에너지에 있기 때문에 에텐의 짝염기에 있는 비공유전자쌍은 에테인의 짝염기의 $sp^3$ 궤도함수에 있는 전자보다 더 안정하다. 그러므로 에텐은 에테인보다 더 강한 산이다. 에타인의 짝염기의 전자는 에너지가 낮은 *sp* 궤도함수에 있기 때문에 에타인은 더 강한 산이 된다.

궤도함수 에너지를 사용한 이 설명은 전기음성도라는 개념으로 해석할 수도 있다. 전기음성도와 궤도함수 에너지는 직접 관계가 있다. 예로 플루오린이 왜 산소보다 전기음성인 가하는 이유는 플루오린의 2*p* 궤도함수의 에너지가 산소의 2*p* 궤도함수의 에너지보다 낮기 때문이다. 채워지는 전자는 낮은 에너지 궤도함수에 채워지기를 좋아하므로 플루오린은 더 전기음성이다. *sp* 궤도함수는 $sp^2$ 궤도함수보다 에너지가 낮으므로 *sp*-혼성탄소는 $sp^2$-혼성탄소보다 전기음성도가 더 크다. 그러므로 4.4절에서와 같은 이유를 사용하여 *sp*-혼성탄소에 결합되어 있는 수소는 $sp^2$-혼성탄소에 결합된 수소보다 더 산성이 되어야 한다.

**문제 4.17** $CH_3CH_2C{\equiv}CH$에서 어느 수소가 가장 강한 산성수소인가?

## 4.8 공명

공명에 의한 안정화는 유기화학에서 많은 관찰을 설명하는 데 사용된다. 생성물의 공명안정화는 평형을 극적으로 오른편, 즉 생성물로 이동할 수 있다. 공명은 반응에 대한 활성화에너지를 낮추어 주어 반응속도를 상당히 증가시킨다. 공명이 어떻게 산-염기 평형에 영향을 미치는가에 대한 검토는 이후의 다른 반응의 평형과 속도를 공부할 때 대단히 유용하게 사용된다.

물에서 아세트산과 에탄올의 산-염기 반응을 고려해보자.

$$CH_3CH_2OH + H_2O \rightleftharpoons \underset{\text{Ethoxide ion}}{CH_3CH_2O^-} + H_3O^+ \qquad pK_a = 16$$

$$CH_3\overset{\overset{\displaystyle O}{\|}}{C}OH + H_2O \rightleftharpoons CH_3\overset{\overset{\displaystyle O}{\|}}{C}O^- + H_3O^+ \qquad pK_a = 4.76$$

아세트산은 에탄올보다 약 $10^{11}$배 더 강산이다. 두 화합물에서 산성 수소는 산소에 결합되어 있다. 에탄올의 $CH_2$를 C = O로 치환하면 산도가 엄청나게 증가한다. 이런 증가의 일부분은 카보닐기 산소의 유발효과 때문이지만 그러나 그 효과는 이것에만 기인하기에는 너무 크다.

아세트산 산도의 극적인 증가에 기여하는 다른 요인은 공명안정화이다. 에탄올과 에톡사이드 이온이라 부르는 그 짝염기도 공명안정화되지 않는다. 아세트산과 짝염기인 아세트산 음이온의 공명구조는 다음과 같이 쓸 수 있다.

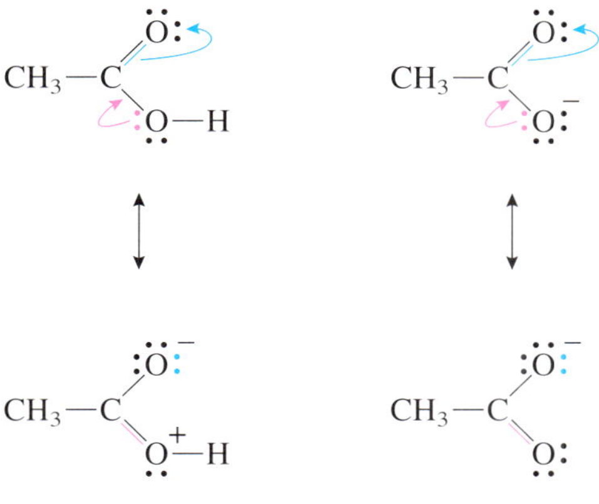


그림 3.16에서와 같이 아세트산은 적은 양의 공명안정화만을 가진다. 아래 있는 구조가 공명혼성체에 대한 부 기여체이기 때문이다. 아세트산 이온은 혼성체에 대한 동등한 두 기여체를 가지므로 큰 공명안정화가 이루어진다.

그림 4.9에 이 에너지 변화를 나타냈다. 아세트산은 적은 양의 공명안정화만을 가지므로 그 에너지는 에탄올에 비해 다소 낮다. 그러나 아세트산 이온은 많은 양의 공명안정화를 가지므로 그 에너지는 에톡사이드 이온에 비하여 상당히 낮아진다. 그러므로 $\Delta G^{o}{}_{a}$ 는 $\Delta G^{o}{}_{e}$보다 작고 아세트산은 에탄올보다 강한 산이 된다.

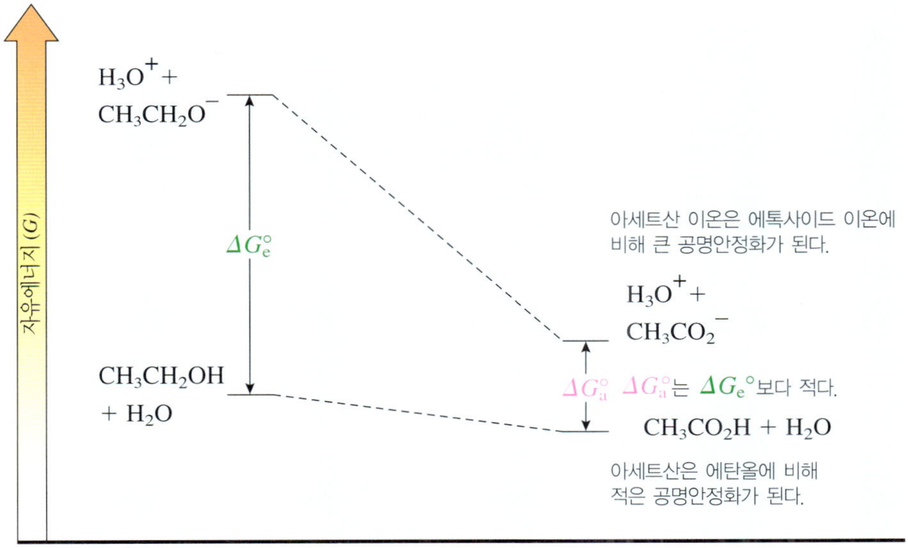


**그림 4.9 물에서 산으로서 아세트산과 에탄올의 반응에 대한 에너지 그림.** 아세트산이온은 에톡사이드 이온에 비해 큰 공명안정화가 된다. 아세트산은 에탄올에 비해 적은 공명안정화가 된다.

즉 염기 아세트산 이온의 비공유전자쌍은 공명에 의해 비편재(두 산소에 분산된다)된다. 이 전자쌍은 안정화되고 이 전자쌍을 시그마결합에 편재하여 공명 에너지를 잃어버리는 양성자와의 결합을 덜 일으킨다. 더 강한 산이 되기 위한 산-염기 반응의 가장 일반적인 공명효과는 짝염기에 있는 비공유전자쌍의 비편재화와 안정화이다.

$CH_3CH_2OH$

Ethanol
p$K_a$ = 16

더 분명하게 하기 위하여 다음 예를 생각해보자. 물의 1개의 H를 $CH_3CH_2$로 치환하면 산도에 적은 효과만을 가지며 에탄올(그리고 다른 알코올)은 물과 유사한 p$K_a$를 가질 것으로 기대된다. 에탄올의 p$K_a$는 16이고 물에 대한 p$K_a$는 15.74이다.

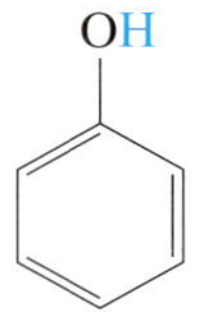


Phenol
p$K_a$ = 10

페놀은 알코올과 유사하다. 그러나 OH가 알킬기가 아니라 방향족 고리에 결합되어 있다. p$K_a$는 10이고 에탄올보다 $10^6$배 더 강한 산이다. 방향족 고리는 산도를 크게 증가시켜준다. 페놀의 짝염기에 대한 5개의 중요한 공명구조를 쓸 수 있다. 그중 하나는 모든 방향족 화합물에 존재하는 벤젠 공명구조이다. 이것은 산과 짝염기를 동등하게 안정화시켜주기 때문에 염기도에는 영향을 주지 못한다. 다른 것들은 염기성 산소의 비공유전자쌍의 하나를 비편재하여 염기를 안정화하고 더 약한 염기가 되게 한다.(같은 공명구조를 페놀 자체에 대해 쓸 구 있지만 형식전하를 갖기 때문에 중요하지 않다.) 더욱이 비편재된 전자쌍이 여러 공명구조에서 고리 주위의 하나 거른 위치에 점유된다는 것을 주목하여라. 이 두 관찰은 다음 논의에서 유용하다. 마지막 3개의 공명구조는 처음 2개보다 중요하지 않다. 음전하가 더 전기음성인 산소가 아니라 탄소에 있기 때문이다. 그러므로 공명안정화의 전체량은 2개의 동등한 공명 기여체를 가진 아세트산 음이온만큼 크지 않다. 페놀은 아세트산보다는 약산이다.

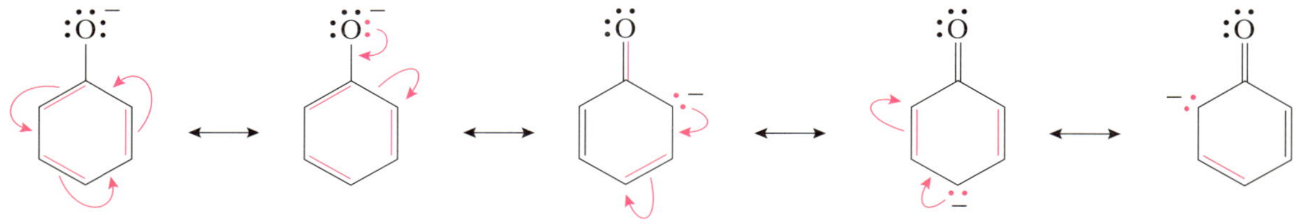

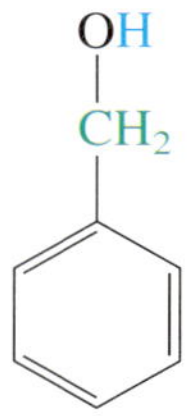


Benzyl alcohol
p$K_a$ = 16

일견하여 벤질 알코올은 페놀과 유사하고 p$K_a$가 거의 10이 될 것으로 기대된다. 그러나 실제로는 16근처이다. 산의 세기로는 페놀보다는 에탄올에 더 많이 닮았다. OH와 방향족 고리 간의 $CH_2$는 산소와 고리에 있는 전자 간의 상호작용을 방해한다. $CH_2$는 마치 절연체와 같이 작용한다. 즉 산소에 있는 전자는 $CH_2$ 때문에 고리의 이중결합과 콘쥬게이트 되지 않는다. 공명은 짝염기의 비공유전자쌍을 포함하지 않는 한 산의 세기에 영향을 미치지 못한다. 이 경우에 공명은 산과 짝염기를 다 안정화 시켜주기 때문에 산도에는 영향을 미치지 못한다.

*p*-나이트로페놀의 p$K_a$는 7.15이다. 이것은 페놀보다 700배 더 강한 산이다. 이것은 일부분 나이트로기의 전자-끄는 유발효과에 기인한다. 그러나 나이트로기는 짝염기의 비공유전자쌍의 추가적인 비편재화를 제공해준다. 전자가 나이트로기에

결합된 탄소에 있으면 나이트로기의 산소로 비편재화 된다. 이 여분의 공명안정화는 이 화합물의 산도 증가에 대한 중요한 원인이 된다.

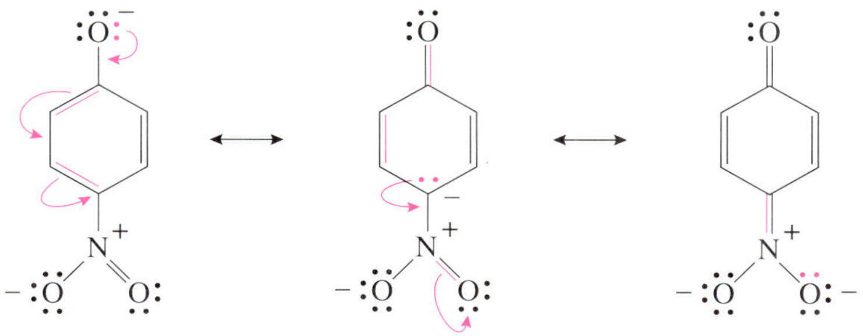

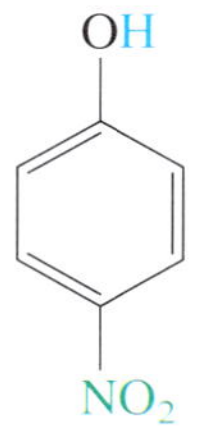

*p*-Nitrophenol
p$K_a$ = 7.15

*m*-나이트로페놀의 p$K_a$는 8.36이다. 나이트로기가 고리의 이 위치에 치환되면 OH기와 접근해 있어서 유발효과는 더 강해지지만 산도 증가에 같은 효과를 나타내지 못한다. 그 이유는 이 이성질체에서 전자가 나이트로기로 비편재화되는 공명구조가 없기 때문이다. 전자쌍이 나이트로기가 결합된 탄소에 있지 않은 짝염기의 공명구조를 살펴보면 전자쌍은 나이트로기의 산소로 비편재화될 수 없다.(전자쌍은 하나 거른 위치에 비편재화 된다는 것을 기억하여라.) 이 경우 나이트로기는 유발효과만을 나타낸다.

*o*-나이트로페놀은 이웃 탄소에 결합된 OH와 $NO_2$기를 가진다. 그 p$K_a$는 7.22이다. 이 이성질체는 *p*-나이트로페놀과 같은 형태의 공명안정화를 가진다. 나이트로기는 OH(산 강화)와 근접해있기 때문에 나이트로기의 유발효과는 강해지지만 산성수소는 나이트로기의 산소와 수소결합을 형성한다(산 약화). 이 경우에 이 두 효과는 거의 상쇄된다.

피크르산은 p$K_a$가 0.42인 강산이다. 짝염기의 전자쌍을 비편재화 하는 3개의 나이트로기의 산-강화 효과는 대단히 크다.

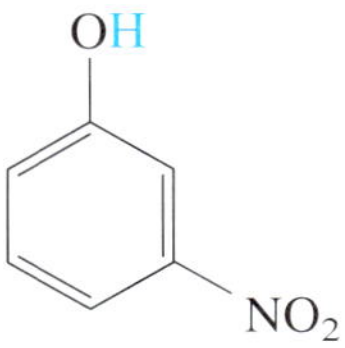

*m*-Nitrophenol
p$K_a$ = 8.36

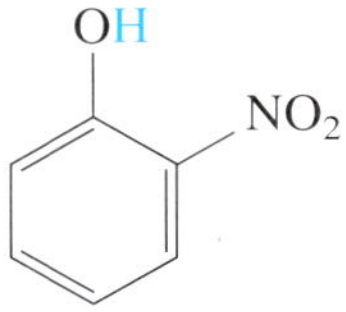

*o*-Nitrophenol
p$K_a$ = 7.22

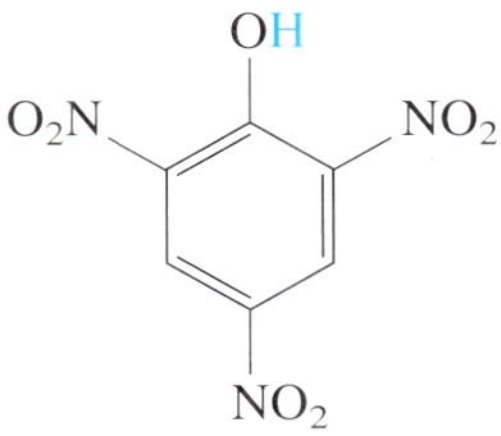

2,4,6-Trinitrophenol
(picric acid)
p$K_a$ = 0.42

암모늄 이온은 p$K_a$가 9.24인 약산이다. 이미 페놀에 대한 유사한 논의를 근거로 해서 아닐린의 짝산은 그 짝염기의 공명안정화 때문에 암모니아 이온보다 더 강산이다. 이것은 $10^4$배 이상 더 강산이다. p$K_a$는 4.63이다.

$NH_4^+$

$pK_a$ = 9.24

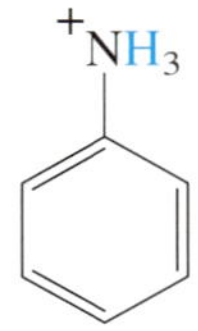


Conjugate acid of aniline
$pK_a$ = 4.63

아닐린과 암모니아는 어느 것이 더 강산인가? 적용했던 같은 이유로 아닐린은 공명안정화된다. 염기성 전자쌍은 고리로 비편재화되고 공유결합을 형성하는 데 덜 이용되며 따라서 더 약한 염기이다.(물론 아닐린의 짝산이 암모니아 이온보다 강하다면 아닐린은 암모니아보다 약한 염기가 되어야한다.)

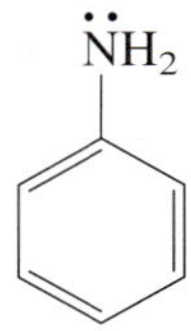


Aniline

*p*-시아노아닐린의 시아노기는 전자-끄는 유발효과를 나타내며 공명에 의해 염기의 전자쌍이 비편재화된다. *p*-나이트로페놀과 같은 이유를 근거로 해서 *p*-시아노아닐린의 짝산은 아닐린의 짝산보다 더 강한 산이다. 사실 이 경우에 $pK_a$는 1.74이다.

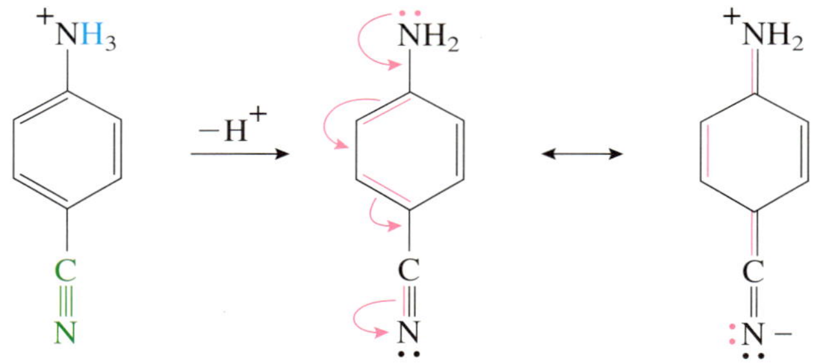


$pK_a$ = 1.74 *p*-Cyanoaniline

$CH_3CH_3$

Ethane
$pK_a$ = 50

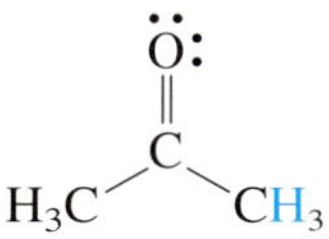


Acetone
$pK_a$ = 20

$pK_a$가 약 50인 에테인과 같은 알케인은 유기화학에서 발견할 수 있는 가장 약한 산이다. 이들의 짝염기는 너무 강하기 때문에 다른 덜 약한 염기를 만드는데 사용한 방법으로는 만들 수 없다. 아세톤의 pKa는 대략 20이다. C=O는 에테인에 비해서 이웃 탄소의 수소의 산도를 $10^{30}$만큼 증가시켜준다. 이 경우에 짝염기의 전자는 전기음성 산소원자에 비편재화 되어 산도를 엄청나게 증가시켜준다.(아세트산의 경우와 유사하다.) 이와 유사한 음이온은 유기화학에서 대단히 중요하며 그 짝산에 실험실에서 얻을 수 있는 대단히 강한 염기를 처리하여 쉽게 얻을 수 있다. 이들은 반응에서 중요한 시약 혹은 중간체로 발견된다.

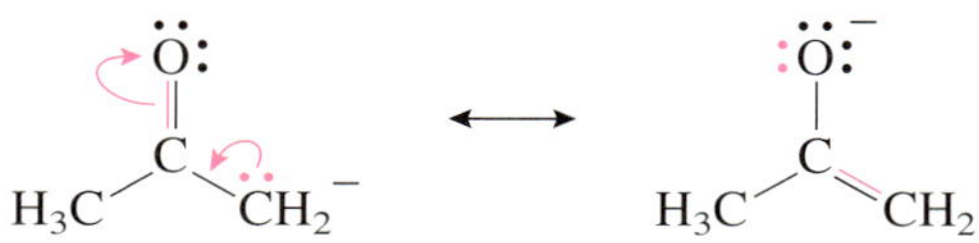

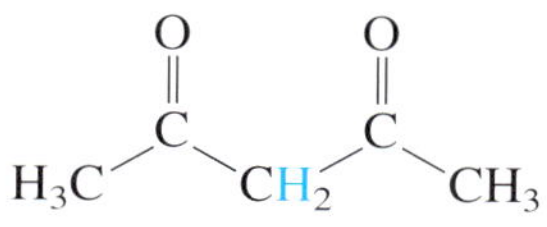

2,4-Pentanedione
$pK_a = 9$

2,4-펜타디이엔의 가장 산성 수소는 두 C=O사이에 있는 탄소에 있다. 이 수소를 떼어내어 생긴 짝염기의 새로운 비공유전자쌍은 두 산소원자에 비편재화 된다. 추가적인 공명안정화는 이 화합물을 더 강한 산이 되도록 해 준다. $pK_a$는 9이고 물보다는 강한 산이다.

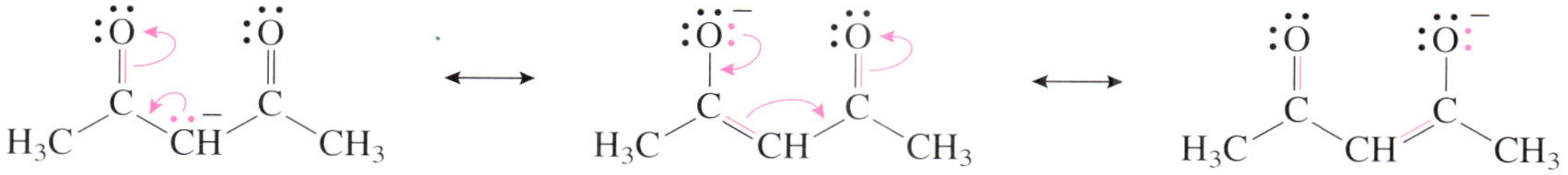

이 예는 산의 세기를 예견하는데 공명안정화의 중요성을 설명해준다. 공명은 항상 산보다 짝염기를 더 안정시켜준다는 것을 기억하여라. 산도가 증가하는 효과가 되기 위해서는 공명은 짝염기에 새롭게 생성되는 비공유전자쌍을 포함해야 한다. 이 전자쌍이 비편재화되어 양성자와 결합하는데 덜 사용해야 한다. 이것은 짝염기는 더 약하게, 산은 더 강하게 해준다.

**문제 4.18** 나이트로페놀의 메타 이성질체의 짝염기에 대한 공명구조를 나타내고 나이트로기가 파라 이성질체의 경우보다 이 이온의 안정화에 효과가 작다는 것을 설명하여라.

## 예제 4.6

어느 화합물이 더 강산인가를 설명하여라.

$$CH_3CH_3 \text{ or } CH_3NO_2$$

### 전략

먼저 각 화합물에 있는 산성 수소를 확인한다. 이 수소가 제거되었을 때 형성되는 짝염기를 그린다. 산의 세기에 영향을 미치는 다섯 요인을 기억하여라. (1) 수소가 결합된 원자, (2) 유발효과, (3) 산성 수소가 포함되는 수소결합, (4) 수소가 결합된 원자의 혼성, (5) 공명효과이다. 고려되는 경우 어떤 효과가 작용하는지 결정하여라. 비교하려는 다른 화합물의 어느 원자에 수소가 결합되는가(인자 1)? 유발효과에 의해 산도에 영향을 미칠 수 있는 극성결합이 있는가(인자 2)? 수소결합을 할 수 있는 전기음성 원자 근처에 수소가 있는가(인자 3)? 수소가 결합된 원자의 혼성이 다른가(인자 4)? 혹은 짝염기가 형성되면서 전자쌍이 생성되는가(인자 5)? 다음에 어느 산 혹은 어느 짝염기가 이 효과에 의해 안정화되는가를 결정한다.

### 풀이

각 화합물은 한 가지 형태의 수소만을 가지므로 제거되어 짝염기를 형성할 수 있는 수소를 쉽게 확인할 수 있다. $CH_3NO_2$로부터 짝염기의 전자쌍은 NO 파이결합 이웃에 있다. 따라서 공명에 의해 안정화된다. $CH_3CH_3$의 짝염기는 공명안정화되지 않으므로

$CH_3NO_2$가 더 강산이다.

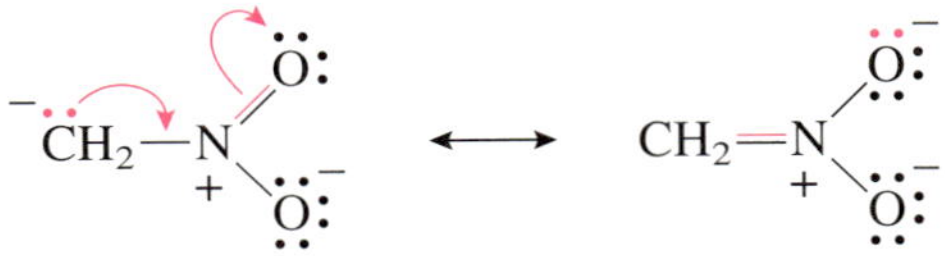

**문제 4.19** 어느 화합물이 더 강산인지를 설명하여라.

**a)** 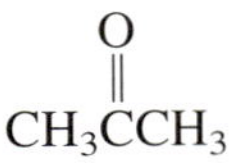 또는 

**b)** 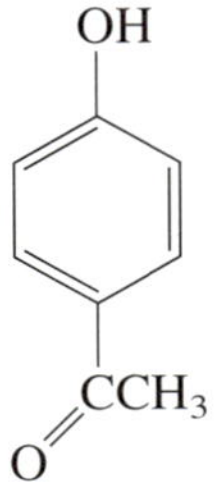 또는 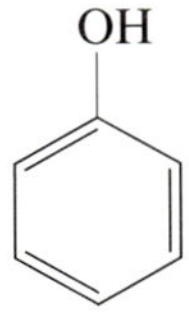

**c)** 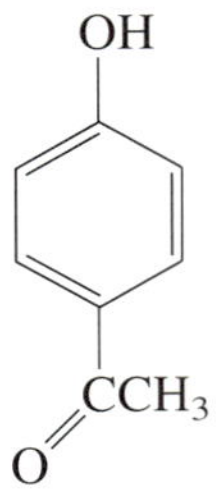 또는 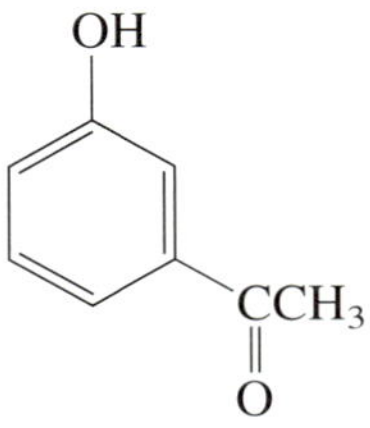

**d)**  또는 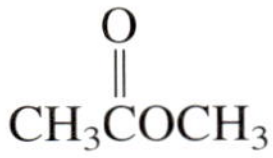

**e)** 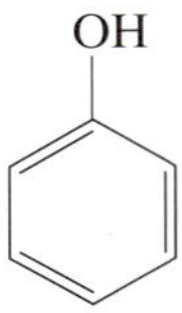 또는 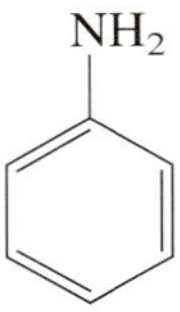

**문제 4.20** 어느 화합물이 더 약염기를 설명하여라.

**a)** 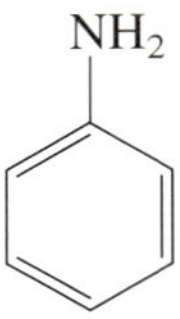 또는 

**b)** 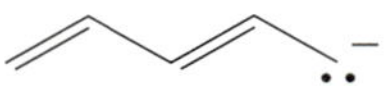 또는 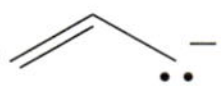

## 4.9 산과 염기 표

표 4.2에 몇 가지 무기와 유기산에 대한 p$K_a$값을 수록하였다. 보편적으로 많은 작

용기의 예도 수록하였다. 표 4.2와 4.4절~4.8절에 나타낸 추리를 사용하면 대부분 유기화합물의 산의 세기를 잘 평가할 수 있다.

**표 4.2 몇 가지 선택된 화합물에 대한 대략의 산도상수**

| 산 | 짝염기 | $pK_a$ | 이름 |
|---|---|---|---|
| $FSO_3H$ | $FSO_3^-$ | <−12 | Fluorosulfonic acid (a "super acid") |
| $HClO_4$ | $ClO_4^-$ | −10 | Perchloric acid |
| $HI$ | $I^-$ | −10 | Hydroiodic acid |
| $H_2SO_4$ | $HSO_4^-$ | −10 | Sulfuric acid |
| $HBr$ | $Br^-$ | −9 | Hydrobromic acid |
| $HCl$ | $Cl^-$ | −7 | Hydrochloric acid |
| 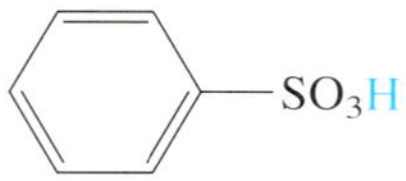 | 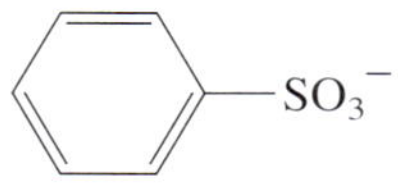 | −6.5 | Benzenesulfonic acid (note similarity to sulfuric acid) |
| $ROH_2^+$ | $ROH$ | −2 | Conjugate acid of an alcohol (note similarity to $H_3O^+$) |
| $H_3O^+$ | $H_2O$ | −1.74 | Conjugate acid of water (hydronium ion) |
| $HNO_3$ | $NO_3^-$ | −1.4 | Nitric acid |
| $HF$ | $F^-$ | 3.17 | Hydrofluoric acid |
| $RC(=O)OH$ | $RC(=O)O^-$ | 4–5 | Carboxylic acids |
| 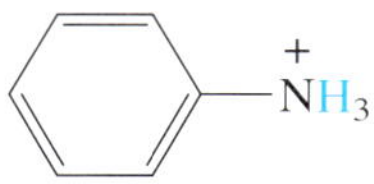 | 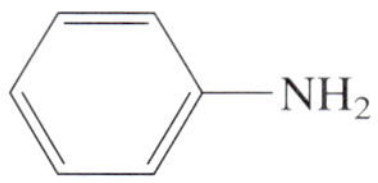 | 4.63 | Conjugate acid of aniline |
| $HOC(=O)OH$ | $HOC(=O)O^-$ | 6.35 | Carbonic acid |
| $CH_3C(=O)CH_2C(=O)CH_3$ | $CH_3C(=O)\ddot{C}^-HC(=O)CH_3$ | 9 | 2,4-Pentanedione |
| $NH_4^+$ | $NH_3$ | 9.24 | Ammonium ion |
| $HC{\equiv}N$ | $^-C{\equiv}N$ | 9.31 | Hydrogen cyanide |
| $R\overset{+}{N}H_3$ | $RNH_2$ | 10–11 | Conjugate acid of amines |
| 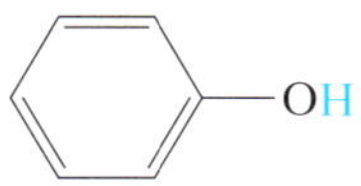 | 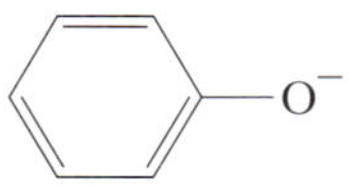 | 10 | Phenol |
| $RCH_2NO_2$ | $R\ddot{C}^-HNO_2$ | 10 | Nitroalkanes |

**표 4.2 몇 가지 선택된 화합물에 대한 대략의 산도상수 (계속)**

| 산 | 짝염기 | p$k_a$ | 이름 |
|---|---|---|---|
| $CH_3\overset{O}{\overset{\|}{C}}CH_2\overset{O}{\overset{\|}{C}}OCH_2CH_3$ | $CH_3\overset{O}{\overset{\|}{C}}\overset{-}{\ddot{C}}H\overset{O}{\overset{\|}{C}}OCH_2CH_3$ | 11 | Ethyl acetoacetate |
| $CH_3CH_2O\overset{O}{\overset{\|}{C}}CH_2\overset{O}{\overset{\|}{C}}OCH_2CH_3$ | $CH_3CH_2O\overset{O}{\overset{\|}{C}}\overset{-}{\ddot{C}}H\overset{O}{\overset{\|}{C}}OCH_2CH_3$ | 11 | Diethyl malonate |
| $H_2O$ | $HO^-$ | 15.74 | Water |
| $RCH_2OH$ | $RCH_2O^-$ | 16 | Alcohols (note similarity to water) |
| $R\overset{O}{\overset{\|}{C}}NH_2$ | $R\overset{O}{\overset{\|}{C}}\overset{-}{\ddot{N}}H$ | 17 | Amides |
| $R\overset{O}{\overset{\|}{C}}CH_2R'$ | $R\overset{O}{\overset{\|}{C}}\overset{-}{\ddot{C}}HR'$ | 20 | Ketones |
| $RO\overset{O}{\overset{\|}{C}}CH_2R'$ | $RO\overset{O}{\overset{\|}{C}}\overset{-}{\ddot{C}}HR'$ | 25 | Esters |
| $RCH_2—CN$ | $R\overset{-}{\ddot{C}}H—CN$ | 25 | Nitriles |
| $RC\equiv CH$ | $RC\equiv C:^-$ | 25 | Alkynes |
| $H_2$ | $H:^-$ | 35 | Hydrogen (conjugate base is hydride) |
| $CH_3\overset{O}{\overset{\|}{S}}CH_3$ | $CH_3\overset{O}{\overset{\|}{S}}\overset{-}{\ddot{C}}H_2$ | 38 | Dimethylsulfoxide (conjugate base is dimsyl ion) |
| $\ddot{N}H_3$ | $\overset{-}{:\ddot{N}}H_2$ | 38 | Ammonia (conjugate base is amide ion) |
| 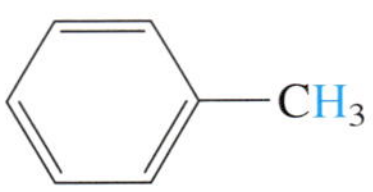 | 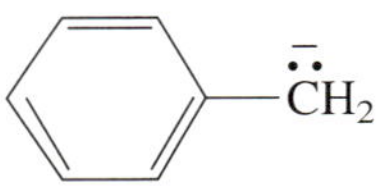 | 41 | Toluene |
| $CH_2=CH—CH_3$ | $CH_2=CH—\overset{-}{\ddot{C}}H_2$ | 43 | Propene |
| $CH_2=CH_2$ | $CH_2=\overset{-}{\ddot{C}}H$ | 44 | Ethene |
| $CH_3CH_3$ | $CH_3\overset{-}{\ddot{C}}H_2$ | 50 | Ethane |

**문제 4.21** 표 4.2를 사용하여 다음 반응에 대한 평형에서 반응물 또는 생성물이 유리한가를 예측하여라.

a) 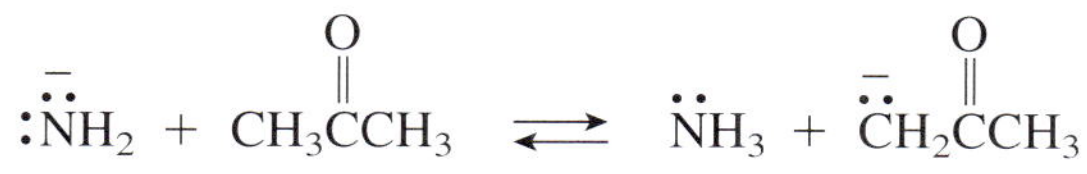

b) 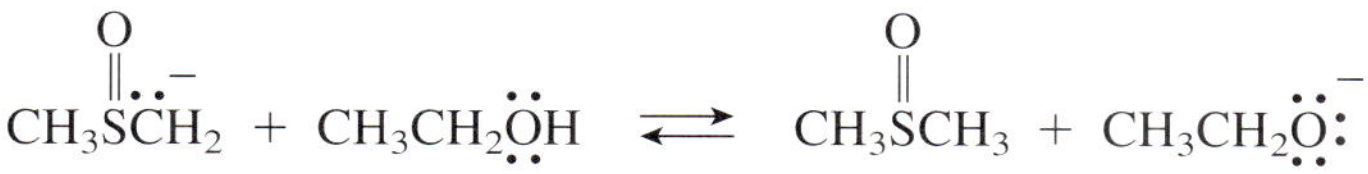

c) 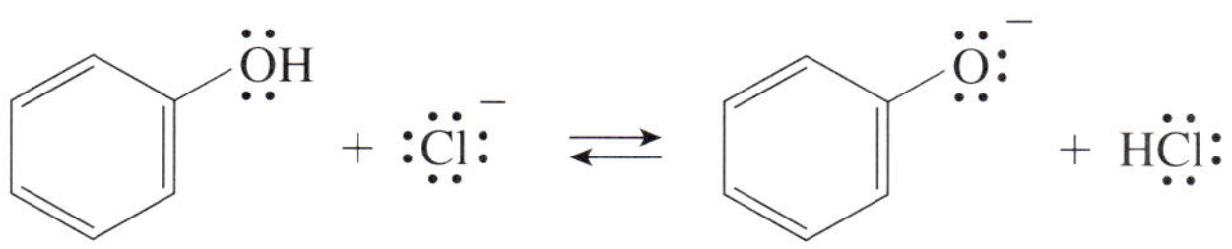

표 4.3에 유기화학에서 사용하는 몇 가지 보편적인 산을 수록하였다. 강산이 필요하면 황산과 염산이 선택된다. 황산에 대한 *p*-톨루엔설폰산의 유사성에 대해 주목하여라. 이것은 강산이며 큰 유기기를 가지고 있기 때문에 유기용매에 잘 용해된다. 물과 알코올은 많은 강한 유기염기와 반응하기에 충분한 산성이다.

표 4.4 유기화학에서 사용하는 몇 가지 보편적인 염기를 수록하였다. 뷰틸리튬은 많은 반응에서 대단히 강력한 염기로 작용하지만 보통 표에 수록한 강염기를 제조하는데 사용된다. 다이아이소프로필아마이드화 리튬, 아마이드화 소듐, 딤실 음이온 및 수소화 소듐은 반응에서 사용하는 일데하이드, 케톤 및 에스터의 짝염기를 제조하는데 사용된다. *t*-뷰톡시화 포타슘은 대부분 알코올의 짝염기보다 더 강한 염기가 필요할 때 사용된다.

수산화 소듐과 에톡시화 소듐은 적당한 염기로 만족하는 많은 반응에서 사용된다. 탄산염과 중탄산염은 유기반응의 마무리에서 산을 제거할 때 사용된다. 이 많은 염기에서 양이온이 소듐인지 혹은 포타슘인지는 문제가 되지 않는다.

반응에서 산과 염기를 선택할 때 주의를 요한다. 반응을 일으키기 위해서는 충분히 강해야지만 반응성이 크지 않은 작용기에서 원하지 않는 반응을 일으킬 만큼 강해서는 안된다.

**표 4.3 유기화학에서 사용하는 보편적인 산**

| 산 | p$K_a$ | 이름 |
|---|---|---|
| $H_2SO_4$ | −10 | Sulfuric acid |
| HCl | −7 | Hydrochloric acid |
| 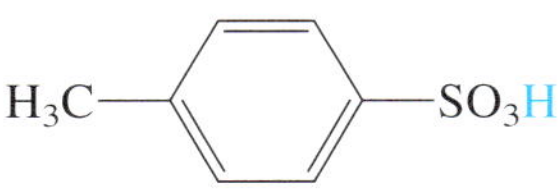 | −7 | *p*-Toluenesulfonic acid |
| $CH_3CO_2H$ | 4.8 | Acetic acid |
| $H_2O$ | 15.7 | Water |
| $CH_3OH$ or $CH_3CH_2OH$ | 16 | Methanol or ethanol |

**표 4.4 유기화학에서 사용하는 보편적인 염기**

| 염기 | p$K_a$ of Conjugate Acid | 이름 |
|---|---|---|
| $CH_3CH_2CH_2CH_2Li$ | 50 | Butyllithium |
| 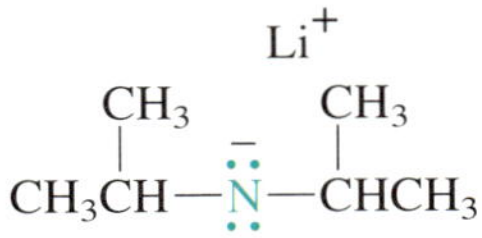 | 38 | Lithium diisopropylamide (LDA) |
| $^{-}:\ddot{N}H_2\ \ Na^+$ | 38 | Sodium amide |
|  | 38 | Dimsyl anion (conjugate base of dimethyl sulfoxide) |
| $H:^{-}\ \ Na^+$ | 35 | Sodium hydride |
| 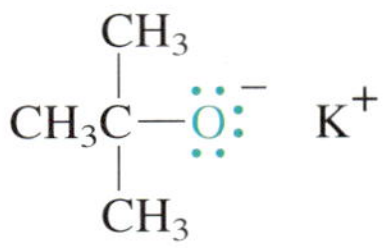 | 19 | Potassium *tert*-butoxide |
| $CH_3CH_2\ddot{\underset{..}{O}}:^{-}\ \ Na^+$ | 16 | Sodium ethoxide |
| $H\ddot{\underset{..}{O}}:^{-}\ \ Na^+$ | 15.7 | Sodium hydroxide |
| $CO_3^{2-}$ 2 $Na^+$ | 10.3 | Sodium carbonate |
| HCO3⁻ $Na^+$ | 6.4 | Sodium bicarbonate |
| 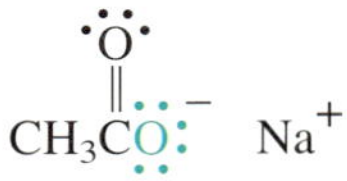 | 4.8 | Sodium acetate |

끝으로 −2(강한 산)보다 더 음인 p$K_a$와 16(대단히 약한 산)보다 더 큰 p$K_a$는 간접적인 방법으로만 측정할 수 있다. 그러므로 이 표에 수록된 값들은 대략적인 것이다.

## 4.10 작용기의 산도와 염기도 그리고 용매

표 4.2에서 볼 수 있는 것처럼 대부분 작용기는 약산이거나 약염기이다. 그들은 수용액에서 산 또는 염기로 작용하기에는 너무 약하다. 그러므로 중성이라고 말한다. 보편적인 작용기 중에서 이 규칙에 대해 3가지 예외가 있다. 카복실산(p$K_a$=5)과 치환된 페놀(p$K_a$ = 10)은 약산이다. 암모니아와 같이 아민은 약한 염기이다. 0.1 *M* 아세트산($CH_3COOH$) 용액의 pH는 약 3이다. 페놀은 더 약산이고 0.1 *M* 용액의

pH는 5.5이다. $CH_3NH_2$의 0.1 *M* 용액의 pH는 약 11이다.

이 산성과 염기성 성질은 이들 작용기를 확인하는 데 도움을 준다. 미지의 화합물이 수용성이면(적은 R 기) 화합물의 수용액의 pH는 그것을 포함하고 있는 작용기에 대한 중요한 단서를 제공해준다. 미지화합물이 물에 녹지 않으면 수용성 산과 염기에서의 용해도는 같은 정보를 제공해준다. 예를 들면 물에 용해되지 않는 카복실산을 고려해보자. 이 산을 수산화 소듐의 수용액에 가해주면 다음 반응이 일어난다.

$$\underset{\substack{pK_a = 5 \\ \text{물에 불용}}}{\mathrm{R}\overset{\overset{\mathrm{O}}{\|}}{\mathrm{C}}\mathrm{OH}} + \mathrm{Na^+\,OH^-} \longrightarrow \underset{\text{물에 용해}}{\mathrm{R}\overset{\overset{\mathrm{O}}{\|}}{\mathrm{C}}\mathrm{O^-\ Na^+}} + \underset{pK_a = 16}{\mathrm{H_2O}}$$

하이드록사이드 이온이 충분히 강한 염기이기 때문에 이 반응에 대한 평형은 완전히 오른편으로 이동한다. 불용성 카복실산은 짝염기로 변환되고 이온결합화합물과 같이 물에 용해된다. 그러므로 카복실산은 염기성 용액에 용해된다.(더 정확하게는 산은 반응하고 생성물은 용해된다.) 치환된 페놀은 수산화 소듐 수용액에 용해된다. 약한 염기를 사용함으로써 카복실산과 구별할 수 있다. 중탄산 이온($HCO_3^-$)은 카복실산과 반응하기에 충분히 강한 염기이나 페놀은 반응하지 않는다. (탄산, $H_2CO_3$에 대한 p$K_a$는 6.35이다.) 그러므로 수산화 소듐과 중탄산 소듐 수용액에 용해하는 화합물은 카복실산이다. 수산화 소듐 수용액에 용해하고 중탄산 소듐 수용액에는 녹지 않는 화합물은 페놀이다.

다음 방정식과 같이 아민은 물에 불용이고 산과 반응하여 물에 녹는 염을 형성한다. 염산은 충분히 강한 산이기 때문에 이 평형에서 방정식의 생성물 편으로 완전히 이동한다.

$$\mathrm{RNH_2} + \mathrm{HCl} \longrightarrow \mathrm{RNH_3^+\ Cl^-}$$

이 작용기의 산성 혹은 염기성 성질은 중성분자로부터 이들을 분리하는 데 사용할 수 있다. 예를 들면 나프탈렌과 벤조산 혼합물의 분리를 생각해보자.

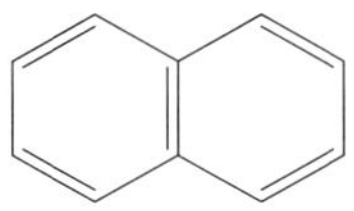

Naphthalene

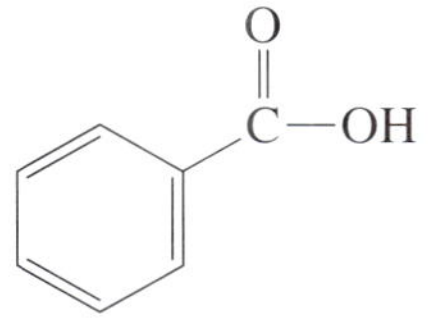


Benzoic acid

이 화합물 중 어느 것도 물에 용해되지 않는다. 그러나 다이클로로메테인($CH_2Cl_2$)과 같은 극성이 적은 용매에는 용해된다. 이 용액을 수산화 소듐 수용액으로 추출하면 벤조산은 반응하여 염을 형성하고 수용액상에 용해된다. 그러므로 두 액상이 분리되면 카복실산 염은 수용액상에 있고 나프탈렌은 다이클로로메테인에 남아 있다. 카복실산을 회수하기 위하여 그 짝염기를 양성자화할 필요가 있다. 이렇게 하기 위하여 염산과 같은 강산으로 처리한다. 다음과 같은 방정식에서 나타낸 평형은 약한 산, 카복실산이 유리하다. 이 산은 용액으로부터 침전된다.

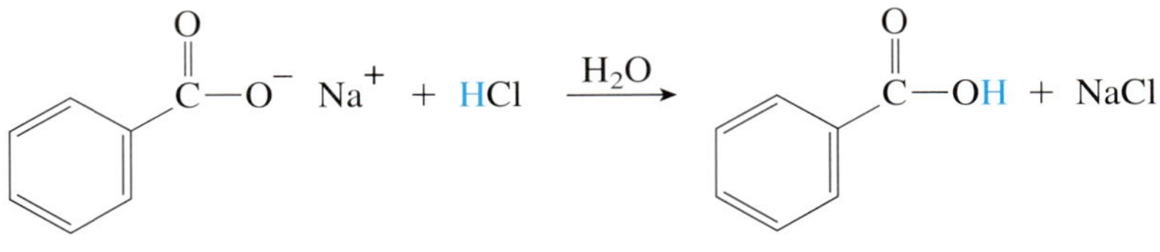

침전

페놀은 유사한 과정에 의해 중성분자로부터 분리된다. 아민에 대해 산 추출단계에 이어 용액을 염기성으로 해주면 중성분자로부터 아민을 분리할 수 있다.

유기반응을 설계할 때 용매의 성질과 특별히 산성 수소를 포함하고 있는지를 고려해주어야 한다. 유기반응에 적용되는 많은 시약은 대단히 강한 염기이다. 이와 같은 시약의 사용은 약한 산성용매라 하더라도 피해야 한다. 예를 들면 반응에서 아미드화 소듐, $NaNH_2$의 사용을 생각해보자. 이 강한 염기는 에탄올 혹은 물과 같은 용매 속에서는 사용할 수 없다. 이 두 화합물은 산소에 약한 산성 수소를 포함하고 있기 때문이다. 다음 방정식으로 나타낸 산-염기 반응이 일어나서 염기성 아마이드 음이온이 파괴된다.

$$Na^+ \; :\ddot{N}H_2^- + H\ddot{O}CH_2CH_3 \longrightarrow Na^+ \; ^-:\ddot{O}CH_2CH_3 + :NH_3$$

특정한 용매에 사용될 수 있는 가장 강한 염기는 그 용매의 짝염기이다. 이런 이유 때문에 염기는 흔히 용매로 그 짝산을 사용한다. 예로 $NH_2^-$는 용매로서 액체 $NH_3$에서 사용된다.($NH_3$는 $-33°C$에서 끓기 때문에 반응은 낮은 온도에서 수행해야 한다.) $OH^-$는 흔히 물을 용매로 사용하고 에톡사이드 이온은 용매로 에탄올을 사용한다. 딤실 음이온은 용매로 DMSO를 사용한다.

Dimsyl anion　　　*Di*methyl*s*ulf*o*xide DMSO

에터는 강한 염기성 시약을 포함한 반응에 대한 용매로 사용된다. 에터는 산성 수소를 갖고 있지 않으며 시약을 용해하는 데 충분한 극성을 갖는다. 사용되는 에터는 다이에틸 에터, 테트라하이드로퓨레인(THF) 및 다이메톡시에케인(DME)이다. 이 화합물들은 약산이기 때문에 강한 염기와 사용할 수 있다.

$CH_3CH_2OCH_2CH_3$

Diethyl ether
"ether"

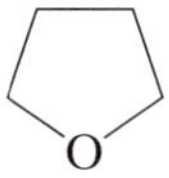

Tetrahydrofuran
THF

$CH_3OCH_2CH_2OCH_3$

Dimethoxyethane
DME

**문제 4.22** 다음 각 용매가 이 음이온을 포함한 반응을 받아들일 수 있는지를 설명하여라.

$$CH_3C{\equiv}C{:}^- \xrightarrow[\text{용매}]{}$$

**a)** 액체 $NH_3$ **b)** $CH_3CH_2OH$ **c)** $CH_3CH_2OCH_2CH_3$

강한 염기가 약한 산성용매와 사용하는 것과 마찬가지로 강한 산은 약한 염기용매와 반응한다. 예로 염화 수소와 브로민화 수소는 수용액에서 완전히 이온화된다.

$$HCl + H_2O \longrightarrow H_3O^+ + Cl^- \qquad pK_a = -7$$

$$HBr + H_2O \longrightarrow H_3O^+ + Br^- \qquad pK_a = -10$$

HCl과 HBr은 다른 $pK_a$를 갖지만 물속에서 세기는 같다. 실제로 존재하는 산은 하이드로늄 이온, $H_3O^+$이기 때문이다. 특정한 용매에서 생성될 수 있는 가장 강한 산은 그 용매의 짝산이다. 강한 산은 용매와 반응하여 용매의 짝산을 생성한다. 이것을 **평준화 효과**(*leveling effect*)라 부른다.

순수한 황산은 물속에 있는 황산보다는 강산이다. 황산 수용액의 산은 실제로 $H_3O^+$이기 때문이다. 초강산은 100% $H_2SO_4$보다 강한 산이다. 초강산의 한 예는 플루오로설폰산이다. 전기음성 플루오린의 유발효과는 이산을 황산보다 강한 산으로 만든다.

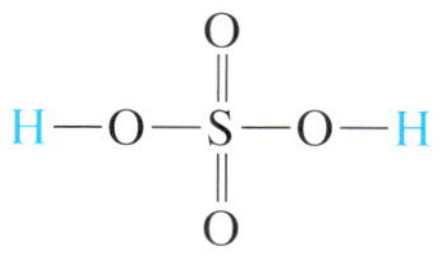

Sulfuric acid

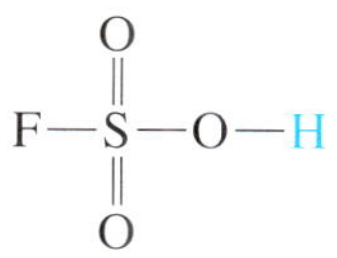

Fluorosulfonic acid

액체 플루오로설폰산은 대단히 약한 염기를 양성자화하는 데 사용될 수 있다. 오플루오르화 안티모니, $SbF_5$와 같은 Lewis 산을 가해주면 더 강한 산이 된다. 이것은 플루오로설폰산의 짝염기와 착물을 형성하여 염기도를 감소한다. 요술산(magic acid)으로 알려진 이 혼합물은 대단히 산성이 크기 때문에 다음 방정식과 같이 탄소-탄소 파이결합의 전자쌍과 같은 대단히 약한 염기를 양성자화할 수 있다. 생성되는 카보양이온은 요술산 용액에서는 안정하기 때문에 그 성질을 연구할 수 있다.

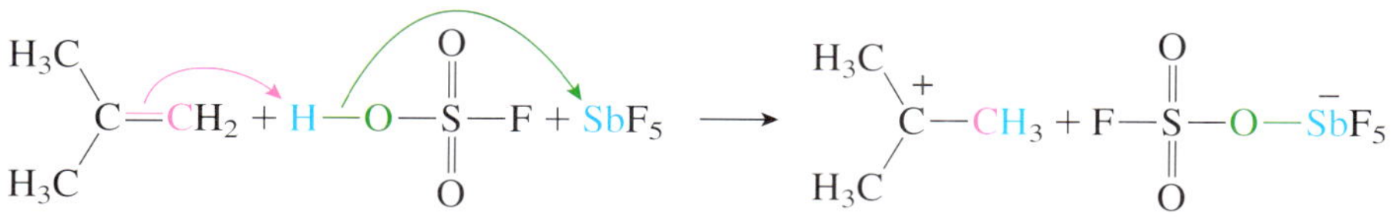

대단히 약한 염기　　Lewis 산　　카보양이온

George Olah는 카보양이온과 초강산에 대한 업적으로 1994년 노벨 화학상을 수상하였다.

## 추가문제

**4.23** 다음 각 화학종의 짝산을 나타내어라.

**a)** 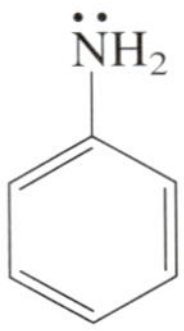 **b)** 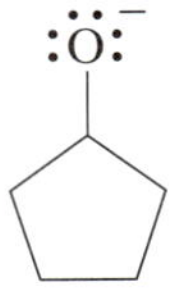 **c)** $CH_3CH_2CH_2OH$

**d)** $CH_3C{\equiv}C^-$ **e)** 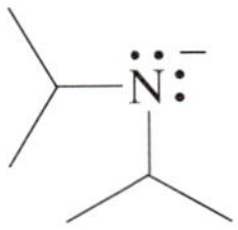

**4.24** 다음 화합물의 가장 안정한 짝산을 나타내어라.

**a)** $CH_3CH_2OH$ **b)** $HOC(=O)CH_2CH_2OH$ **c)** $H_2NCH_2CH_2OH$

**4.25** 다음 중 어느 것이 Lewis 산으로 작용하는가?

**a)** $BCl_3$ (Cl—B(Cl)—Cl) **b)** $CH_4$ (H—C(H)(H)—H) **c)** $CH_3\overset{+}{C}H_2$

**4.26** 다음 중 어느 것이 Lewis 염기로 작용하는가?

**a)** $CH_3—O—CH_2CH_3$ **b)** $CH_3CH_2CH_3$ **c)** $CH_3NH_2$

**d)** $CH_3\overset{+}{N}H_2(CH_3)$ **e)** $CH_3C(=O)OH$

**4.27** 다음 화합물에 대한 p$K_a$를 계산하여라.

**a)** $HC(=O)OH$ ($K_a = 1.75 \times 10^{-4}$) **b)** $CH_3CH_3$ ($K_a = 10^{-50}$)

**4.28** 다음 화합물에 대한 $K_a$를 계산하여라.

**a)** $HC{\equiv}CH$ (p$K_a$ = 25) **b)** $HC{\equiv}N$ (p$K_a$ = 9.31)

**4.29** 어느 화합물이 더 강산인지를 설명하여라.

**a)** $CH_3C(=O)NH_2$ 또는 $CH_3C(=O)OH$ **b)** 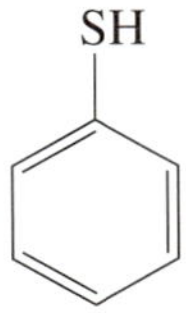 또는 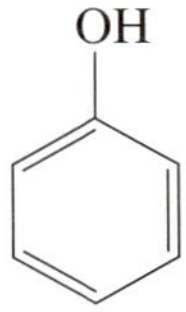

c) $CH_3CH_2CH_2CH_3$ 또는 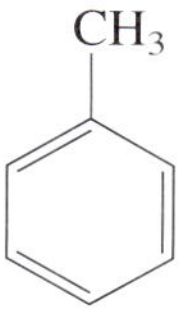 d) 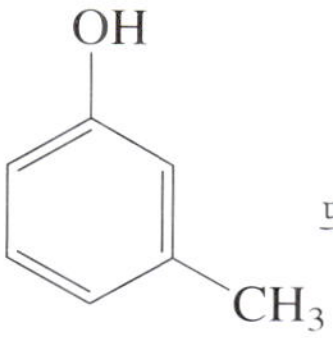 또는 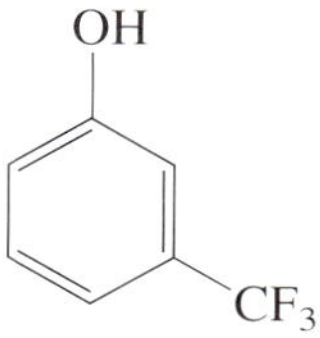

e) $CH_3NH_2$ 또는 $CH_2{=}NH$

**4.30** 어느 화학종이 더 강염기인지를 설명하여라.

a) 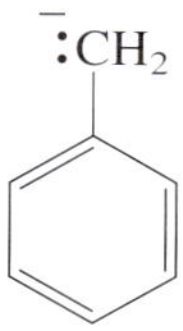 또는 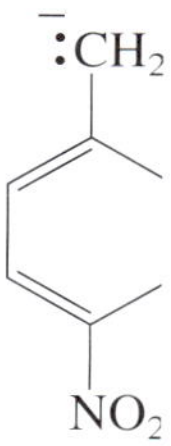 b) 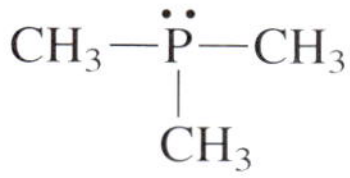 또는 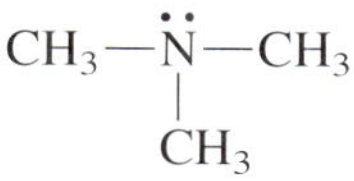

c) 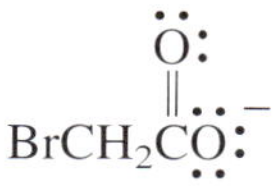 또는 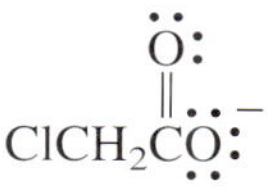 d)  또는 

**4.31** 이 화합물들을 산도가 증가하는 순서로 배열하여라.

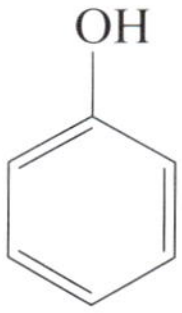 $CH_3OH$  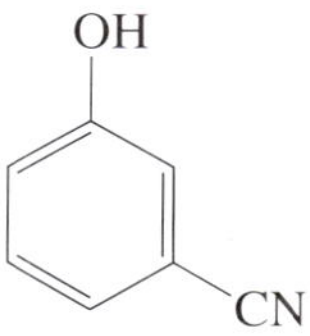

**4.32** 이 화합물들을 염기도가 증가하는 순서로 배열하여라.

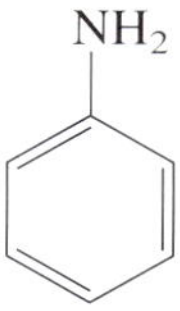 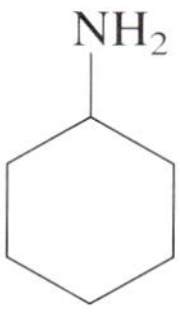  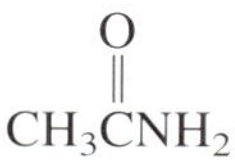

**4.33** 이 화합물들을 산도가 증가하는 순서로 배열하여라.

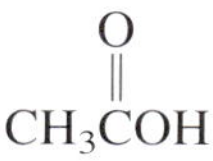 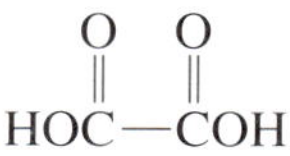 

**4.34** 이 장에 있는 표를 사용하여 평형에서 반응물 또는 생성물 어느 것이 유리한지를 예측하여라.

a) 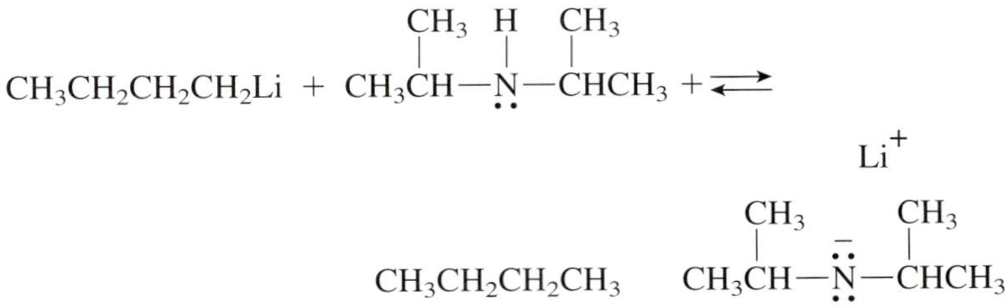

b) 

c) 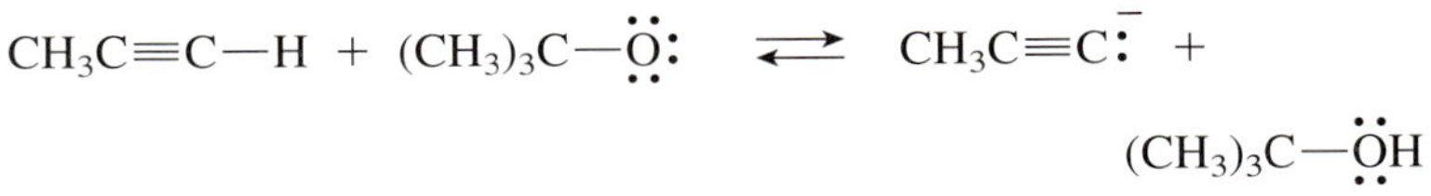

**4.35** 반응에서 전자의 이동을 나타내는 굽은 화살을 사용하여 가장 합리적인 방법으로 평형반응을 완결하여라. 반응물 또는 생성물 어느 것이 유리한지를 예측하여라.

a) 

b) 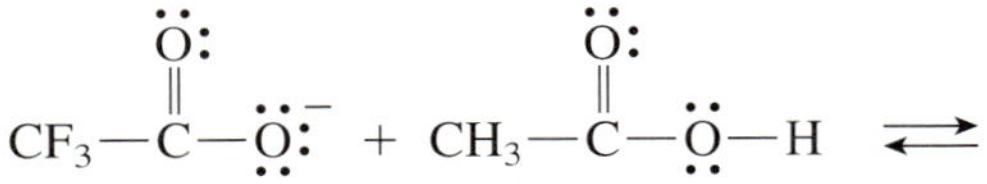

c) 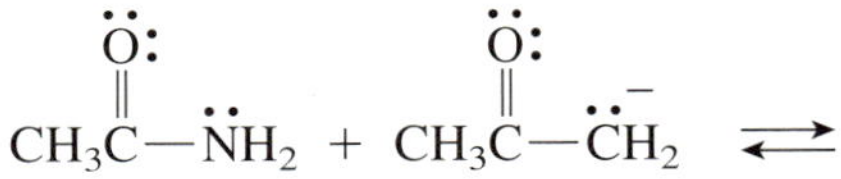

d) 

**4.36** 다음 각 화합물에서 가장 산성인 수소를 확인하여라.

a) 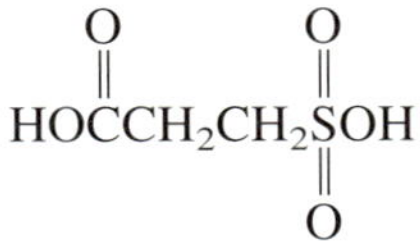

b) $CH_3CH_2CH_2C{\equiv}N$

c) 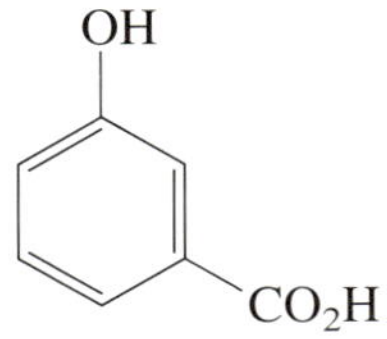

d) 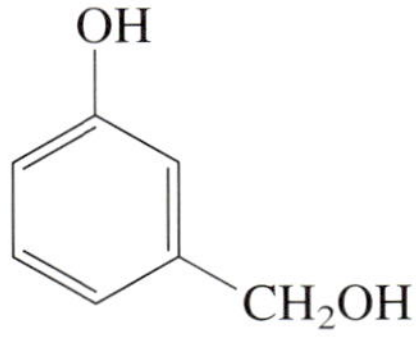

e) 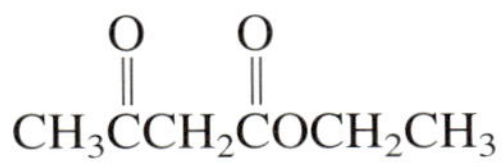

f) 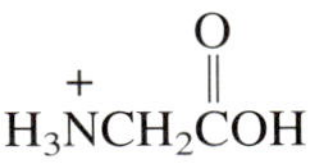

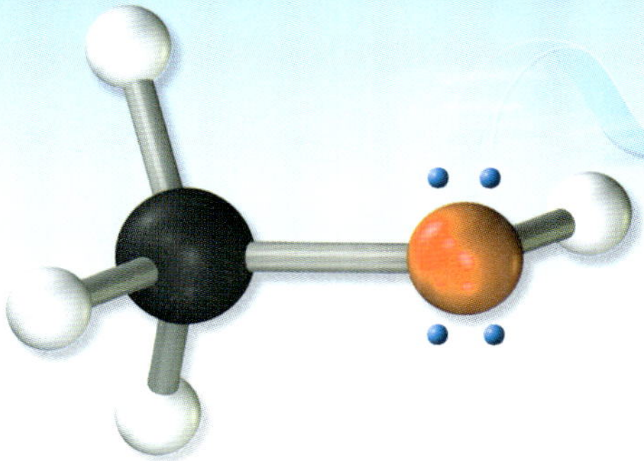

CHAPTER 5

# 작용기와 명명법 I

### 유기화학 숙달

- 체계적인 명명법을 사용하여 알케인의 명명
- 이름으로부터 알케인의 구조쓰기
- 복잡한 알킬기의 명명
- 사이클로알케인, 알켄, 알카인, 할로겐화 알킬, 알코올, 에터 및 아민의 명명
- 화합물의 이름으로부터 구조 쓰기
- 이들 작용기를 가진 화합물의 대략적인 물리적 성질의 예측

2장에서 유기화합물의 수는 실제로 무한정하다는 것을 기술하였다. 작용기는 이 무한한 수의 화합물을 조직화하기 위하여 도입하였다. 화학반응은 작용기에서 일어나며 같은 작용기를 가진 화합물은 유사한 반응을 일으키기 때문이다. 작용기는 대단히 중요하기 때문에 그들에 대해 더 많이 배울 필요가 있다. 이 장에서 대략 반 정도의 작용기를 더 자세히 다루게 될 것이다. 물리적 성질(녹는점, 끓는점 및 용해도), 천연 원천 및 이들 각 작용기의 용도를 다루었다.

이 장에서 다루어야 할 가장 중요한 과제는 유기 명명법이다. 모든 화합물은 그것을 쓰고 부를 수 있는 이름이 필요하다. 화합물이 한번 유일한 이름으로 확인되면 보고된 물리적 화학적 성질을 발견하기 위하여 참고서적(Handbook of Chemistry and Physics 또는 Chemical Abstracts)에서 그 이름을 찾아 볼 수 있다. 그러므로 간단한 유기화합물의 명명에 대한 체계적인 방법을 다루었다.

## 5.1 알케인

탄소와 수소만을 포함한 유기화합물을 **탄화수소(hydrocarbon)**라고 부른다. 가장 간단한 탄화수소 형태인 **알케인(alkane)**의 탄소간의 결합은 모두 단일결합이다. 알케인은 이중결합이나 삼중결합을 갖지 않는다. 알케인은 분자식이 $C_nH_{2n+2}$이므로 DU는 영이다. 그들은 작용기가 없다. **사이클로알케인(cycloalkane)**은 고리를 가지는 것을 제외하고는 알케인과 대단히 유사하다. 다섯, 여섯 및 일곱 탄소를 가진 고리가 가장 보편적이다. 적은 고리(셋과 네고리)는 드물다. 큰 고리(일곱 탄소 이상)는 고리 크기가 증가할수록 희귀해진다.

$CH_3CH_2CH_2CH_2CH_3$

Pentane,
alkane

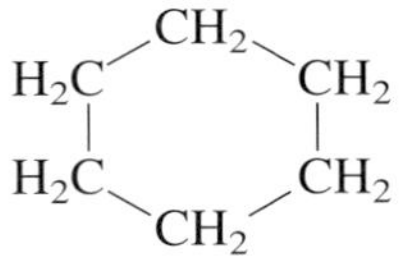

Cyclohexane,
cycloalkane

탄소와 수소의 전가음성도가 비슷하기 때문에 탄소-탄소결합과 탄소-수소결합은 결합쌍극자를 갖지 않는다. 알케인과 사이클로알케인은 무극성 화합물이다. 유일한 분자간 상호작용은 London 힘(순간 쌍극자-유발 쌍극자)이고 대단히 약하다. 이런 이유로 알케인은 낮은 끓는점과 낮은 녹는점을 가진다. 표 5.1에 나타낸 것처럼 메테인은 −162ºC에서 끓고 그러므로 실온에서 기체이다. 표면적이 증가할수록 London힘이 증가하기 때문에 끓는점과 녹는점은 분자량이 증가할수록 증가한다. 펜테인은 작은 알케인으로 실온에서는 액체이다. 아이코세인($C_{20}H_{42}$)과 같은 대단히 큰 알케인은 밀납 고체이다(밀납은 $C_{31}H_{64}$를 포함한다). 일반적으로 사이클로알케인은 더 대칭이기 때문에 비고리 상대보다 더 높은 온도에서 녹는다(표 5.1에서 헥세인과 사이클로헥세인을 비교하여라). 사이클로알케인은 또한 상당히 높은 온도에서 끓는다.

무극성 때문에 알케인은 물에 녹지 않는다. 그들은 **친유성(hydrophobic)** 화합물이다. 그들은 물보다 작은 질량(C와 H)의 원자로 구성되어 있기 때문에 액체 알케인은 물(O와 H)보다 밀도가 작다. 물과 액체 알케인의 혼합물은 윗층이 알케인인 두 층을 형성한다. 유기 실험실에서 사용되는 많은 용매는 주로 탄소와 수소로 구성된 화합물이므로 물보다는 밀도가 적다. 염소와 같이 분자가 더 무거운 원소를 포함한 용매는 물보다 밀도가 크다.

알케인은 비활성 화합물이고 흔히 **파라핀(paraffin**, 라틴어의 비친화에서 왔다) 이라 부른다. 그들은 절단되기가 어려운 강력한 C—C와 C—H결합을 갖는다. 모든 전자쌍은 상대적으로 안정한 시그마결합 MO에 있다. 그들은 극성자리를 갖고 있지 않으며 Lewis 산 혹은 염기시약에 끌리는 비공유전자쌍이 없다. 그러므로 이 교재에서는 알케인을 포함한 몇 가지 반응만을 다루게 될 것이다.

2.7절에 분자는 두 부분으로 구성되어 있다고 보는 것이 편리하다는 것을 나타내었다. 반응이 일어나는 작용기와 화합물의 골격을 형성하는 알킬기로 구성되어 있다. 알킬기는 알케인 그 자체이며 알케인과 같이 반응에 참여하지 않는다. 반응은 작용기에서 일어나기 때문에 알킬기의 정확한 구조는 문제가 되지 않는다.

알케인은 천연에 천연가스와 기름으로 축적되어 있다. 주성분이 메테인인 천연가스는 적은 양의 에테인, 프로페인 및 뷰테인을 포함한다. 석유는 알케인과 다른 탄화수소의 복잡한 혼합물이다. 석유는 증류로 정제한다. 끓는점을 근거로 한 여러 가지 증류분획을 표 5.2에 나타냈다.

**표 5.1** 몇 가지 알케인의 물리적 성질

| 화합물 | 이름 | 녹는점 | 끓는점 |
|---|---|---|---|
| $CH_4$ | Methane | −183 | −162 |
| $CH_3CH_3$ | Ethane | −183 | −89 |
| $CH_3CH_2CH_3$ | Propane | −187 | −42 |
| $CH_3CH_2CH_2CH_3$ | Butane | −138 | −0.5 |
| $CH_3CH_2CH_2CH_2CH_3$ | Pentane | −130 | 36 |
| $CH_3CH_2CH_2CH_2CH_2CH_3$ | Hexane | −94 | 69 |
| 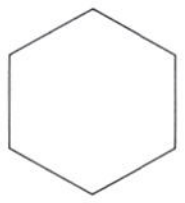 | Cyclohexane | 6.5 | 80 |
| $CH_3(CH_2)_5CH_3$* | Heptane | −91 | 98 |
| $CH_3(CH_2)_6CH_3$ | Octane | −57 | 126 |
| $CH_3(CH_2)_7CH_3$ | Nonane | −51 | 151 |
| $CH_3(CH_2)_8CH_3$ | Decane | −30 | 174 |
| $CH_3(CH_2)_{18}CH_3$ | Eicosane | 36 | 345 |

속기는 긴 사슬 알케인을 나타내는 데 사용된다. $CH_3(CH_2)_5CH_3$는 $CH_3$ 사이에 5개의 $CH_2$가 있다는 것을 의미한다. 탄소사슬은 전부 5개의 탄소를 갖는다.

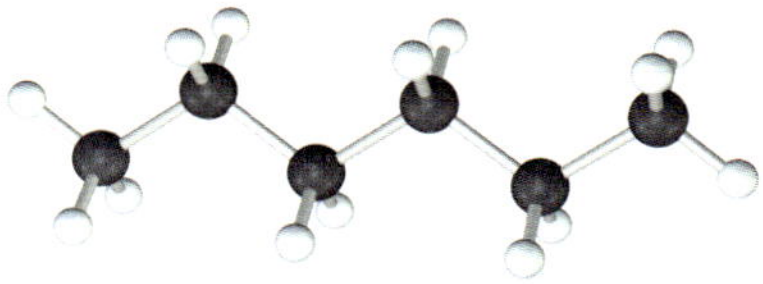

Hexane

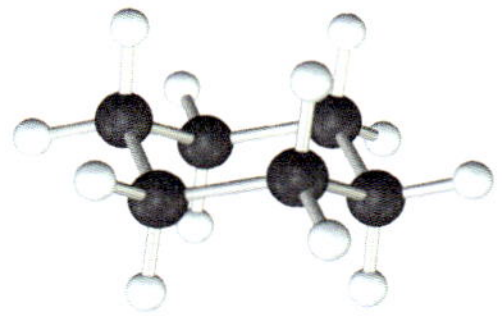

Cyclohexane

**표 5.2** 석유의 증류 분획에 대한 끓는점

| 증류 분획 | 끓는점 | 설명 |
|---|---|---|
| 천연가스 | 20°C 이하 | $C_1$–$C_4$ 알케인; 주로 공업과 가정용 연료로 사용된다. |
| 석유와 리그로인 | 20~120°C | $C_5$–$C_7$ 화합물; 대부분은 적은 알케인, 화학 공업에 대한 주원료로 열분해된다. |
| 휘발유 | 100~200°C | $C_7$–$C_{10}$ 화합물; 곧은 사슬 알케인을 다량 포함한다. 연소시 폭발 혹은 녹(knock)한다. 촉매로 분해하고 개질되면 가지 알케인이 생성된다. 더 원활하게 연소된다. |
| 등유 | 200~300°C | $C_{12}$–$C_{18}$ 화합물; 제트 연료와 디젤 연료로 사용된다. |
| 경유와 윤활유 | 300°C 이상 | 더 큰 알케인; 윤활유로 사용된다. 대부분은 크래킹이라는 촉매과정에 의해 가솔린을 제조하는 데 사용된다. |
| 찌꺼기 | 비휘발성 | 아스팔트와 비튜멘 |

알케인의 가장 중요한 용도는 연료이며, 연소과정에서 열과 전기가 생성된다.

$$C_nH_{2n+2} + (3n+1)/2\ O_2 \longrightarrow n\ CO_2 + (n+1)\ H_2O + \text{열}$$

엄청난 양의 천연가스와 석유제품이 매일 연소된다. 연소과정에서 더 중요한 것은 생성되는 열이고 반응의 화학적 생성물, 이산화탄소 및 물은 아니다. 그러나 많은 과학자들은 이 반응에서 생성되는 엄청난 양의 이산화탄소가 지구의 온난화 현상을 일으키게 될 것이라고 우려하고 있다.

화학실험실에서 알케인의 주 용도는 용매이다. 화학적으로 불활성인 성질은 화학반응에 직접 간여하지 않기 때문에 많은 반응에서 유용한 용매가 된다. 그러나 이들은 극성 혹은 이온성 화합물은 용해할 수 없으므로 그 용도가 제한된다.

## 5.2 알케인의 보편적인 명명법

유기화합물의 수는 실제로 무한정이다. 각 화합물은 그 화합물을 다루고 쓸 때 사용할 수 있는 이름이 필요하다. 더욱이 화합물의 물리적 성질을 찾아볼 필요가 있다. 화합물을 수록한 표와 색인은 알파벳 순으로 나열한 화합물의 이름을 사용한다.

유기화학 초기에는 화합물이 발견되면 분리한 원천에 따라 명명하였다. 부패한 버터에서 분리한 네-탄소 카복실산은 버터의 라틴어인 *butyrum*으로부터 뷰티르산이라고 부르게 되었다. 초기 유기화학자들은 화합물의 명명에서 체계화되어야 할 필요성을 인식하고 있었다. 그러므로 뷰티르산으로부터 제조되는 알케인을 뷰테인이라고 불렀다. 이성질성 네-탄소 알케인이 발견되었을 때 아이소뷰테인이라 불렀다. 뷰테인은 곧은 **사슬(straight-chain)** 혹은 **가지 없는(unbranched)** 알케인이다. 이와 같은 알케인을 **정상(normal)**이라 하고 지금까지 접두어 *n*-으로 사용하였다. 뷰테인에 대한 옛 정보를 근거로 한 다른 이름은 *n*-뷰테인이다. 그러나 현재 *n*-는 번거롭기 때문에 가지 없는 알케인에는 접두어를 생략하여 사용하지 않는다. 아이소뷰테인은 가지 알케인이다. 5개의 탄소를 가진 알케인에는 3개의 이성질체가 존재한다. 가지 없는 이성질체는 펜테인이라 부른다. 가지가 하나인 이성질체를 아이소펜테인이라 부른다. 나머지 이성질체는 다른 접두어가 필요하다. 이것을 네오펜테인이라 부른다.

Butyric acid

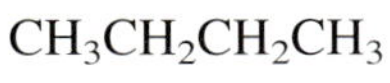
Butane

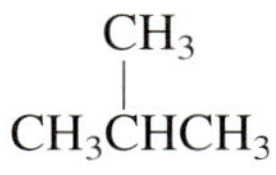
Isobutane

Pentane

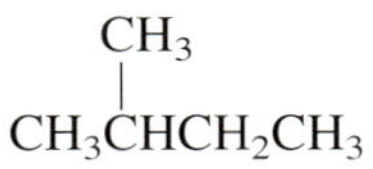
Isopentane

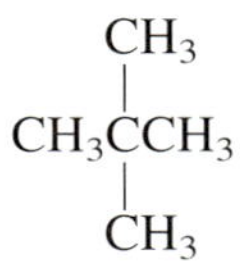
Neopentane

이 이름들을 **속명(common name)** 혹은 **관용명(trivial name)**이라 부른다. 알케인의 크기가 증가할수록 이성질체의 수는 극적으로 증가한다. 큰 알케인의 각 이성질체에 대해 다른 접두어를 마련하는 과정을 반복하는 것은 대단히 번거롭다. 더욱이 모든 접두어를 익힌다는 것은 기를 질리게 한다. 데케인은 75개의 이성질체를 갖는다. 분명히 체계적인 명명법이 필요하다.

## 5.3 알케인의 체계적 명명법

사용하는데 간단하고 기억을 최소로 하는 알케인 명명(그리고 다른 유기화합물)의 체계적 방법은 순수와 응용화학의 국제연합(International Union of Pure and Applied Chemistry)에 의해 개발되었다. 이 명명법을 IUPAC 명명법이라 부른다.

알케인을 명명하는 단계를 살펴보기 전에 IUPAC명명이 무엇과 같은지 살펴보자. 근본적으로 각 알케인은 다양한 가지 혹은 기가 결합된 곧은-사슬 골격으로 간주한다. 아이소펜테인에 대한 IUPAC 이름은 2-메틸뷰테인이다. 이 이름은 골격에서 탄소의 수를 지정해주는 어근, 골격에 있는 곁가지 위치와 곁가지 기의 탄소수를 지정해주는 수와 접두사 및 작용기를 지정해주는 어미로 구성되어 있다.

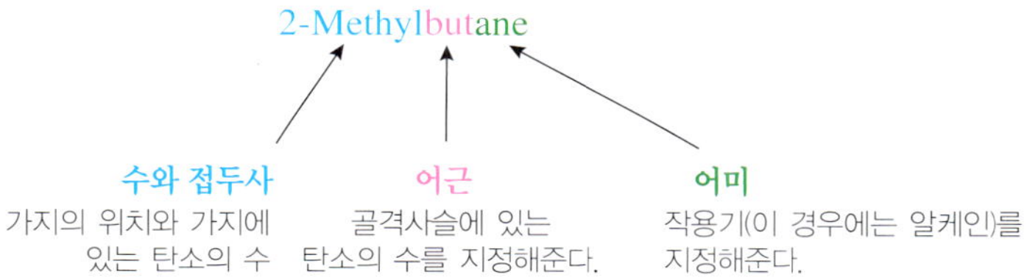


이제 IUPAC 방법에 의해 어떻게 알케인을 명명할 것인지를 검토해보자.

### ▶▶ 1단계

화합물에 있는 가장 긴 연속 탄소사슬을 찾아라. 이 골격에 있는 탄소 수는 어근을 결정한다(표 5.3을 보라). 만일 길이가 같은 2개의 사슬이 있으면 곁가지의 수가 많은 사슬을 선택한다.(이렇게 하면 명명하기가 용이한 단순한 곁가지기가 된다.)

화합물의 이름은 화합물이 어떻게 그려져 있는가와는 관계가 없다는 것을 이해하는 것이 중요하다. 화합물에 대한 그림에서 가장 긴 연속사슬은 곧은 수평선으로 나타낼 필요는 없다. 각 구조는 굽어 있거나 비틀려 있거나에는 관계없이 가장 긴 사슬을 확인하기 위하여 주의해서 검토해야 한다. 몇 가지 예에서 가장 긴 사슬을 적색으로 나타냈다.

가장 긴 사슬은 5개의 탄소를 갖는다.
어근은 펜트-이다.

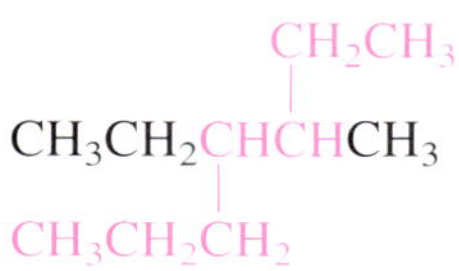


가장 긴 사슬은 7개의 탄소를 갖는다.
어근은 헵트-이다.

**표 5.3 골격사슬에서 탄소수가 지정하는 어근의 이름**

| 탄소수 | 어근 |
|---|---|
| 1 | meth- |
| 2 | eth- |
| 3 | prop- |
| 4 | but- |
| 5 | pent- |
| 6 | hex- |
| 7 | hept- |
| 8 | oct- |
| 9 | non- |
| 10 | dec- |
| 11 | undec- |
| 12 | dodec- |
| 13 | tridec- |
| 14 | tetradec- |
| 15 | pentadec- |
| 20 | eicos- |
| 21 | heneicos- |
| 22 | docos- |
| 23 | tricos- |
| 30 | triacont- |

*1~4개의 탄소를 포함하는 골격의 어근은 이 알케인에 대한 속명에서 왔다. 5개 이상의 탄소의 골격에 대해서는 체계적인 어근(그리스어로부터 온)을 적용하였다.

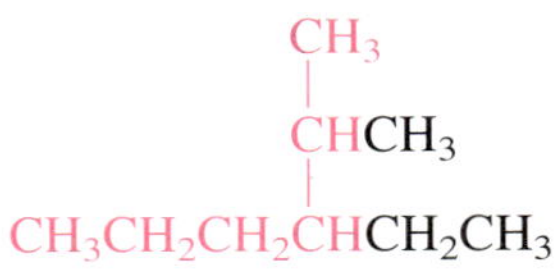

바르다

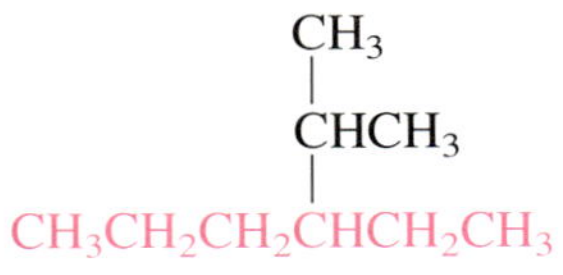

틀리다

이 화합물에 대해 두 다른 6-탄소사슬이 있다. 한 곁가지만을 가진 오른편 구조보다 2개의 곁사슬을 가지고 있는 왼편 구조를 사슬로 선택한다.

### ▶▶ 2단계

접미사를 연결하여라. 알케인에 대해서는 –에인(–ane)이다.

1, 2단계는 곁가지가 없는 알케인의 명명에 필요한 것이다. 예로 7개의 탄소를 가진 곧은-사슬 알케인은 헵테인이다.

$$CH_3CH_2CH_2CH_2CH_2CH_2CH_3$$

Heptane

곁가지 알케인을 명명하기 위하여 곁가지기의 명명과 어근 사슬에 그 기를 위한 추가적 단계가 필요하다.

### ▶▶ 3단계

어근 사슬에 있는 탄소에 번호를 붙인다. 첫 번째 곁가지가 있는 탄소가 더 적은 수가 되는 말단에서부터 시작한다. 두 말단이 첫 번째 곁사슬과 같은 거리에 있으면 다음 곁사슬이 있는 탄소가 더 적은 수가 되는 말단을 선택한다.

다음 예를 고려해보자.

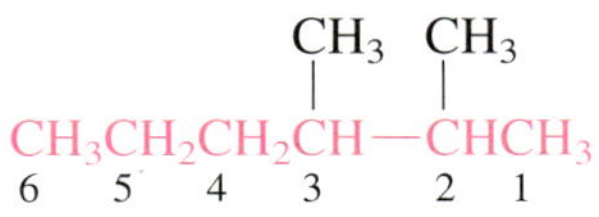

이 구조에 대해 바른 번호 붙임은 오른편 탄소로부터 시작한다. 다음에 첫 번째 곁가지기는 C-2에 결합되어 있다. 바르지 않은 번호부침은 왼편에서 시작한다. 첫 번째 결가지는 C-4에 결합되어 있다.

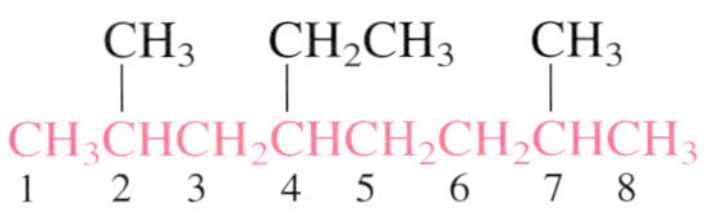

이 구조에 대해 바른 번호 붙임은 왼편 탄소에서 시작한다. 첫 번째 곁가지는 C-2, 두 번째 는 C-4에 결합되어 있다. 오른편 탄소에서 시작한다면 첫 번째 곁가지는 C-2, 두 번째는 C-5에 결합되어 있다.

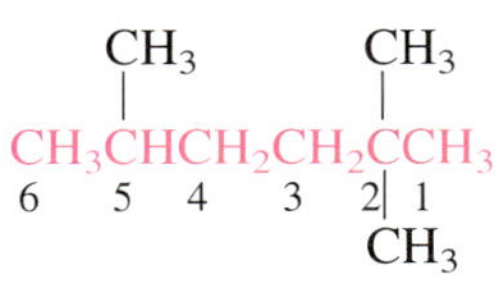

이 구조에 대해 바른 번호 붙임은 오른편 탄소에서 시작한다. 출발점이 오른편 탄소 혹은 왼편 탄소인가에는 무관하게 첫 번째 곁가지는 C-2에 있다. 그러나 오른편 탄소에서 시작한다면 두 번째는 C-2에 결합되어 있다. 출발점이 왼편 탄소이면 C-5에 있다.

즉 어근 사슬의 각 말단으로부터 한번에 한 탄소씩 안쪽으로 진행된다. 한 탄소에는 기가 결합되어 있고 다른 탄소에는 결합되어 있지 않은 첫 번째 차이점에서 기가 결합된 탄소에 더 가까운 말단을 선택하여 번호 붙임을 시작한다.

### ▶ 4단계

어근에 결합된 기를 명명하여라. 곧은-사슬기에 대하여 탄소 수가 지정한 전과 같은 어근을 사용하고 어미 –일(–yl)을 붙인다.

| $CH_3—$ | $CH_3CH_2—$ | $CH_3CH_2CH_2CH_2CH_2—$ |
|---|---|---|
| Methyl | Ethyl | Pentyl |

기는 알케인에서 수소 하나를 떼어내어 나타낸다. 이것은 그 자체 완전한 화합물은 아니다. 그러나 나머지 원자가에 결합되어야 할 것이 필요하다.

### ▶ 5단계

번호, 기, 어근 및 어미의 순서로 한 단어가 되도록 이름을 조립한다. 하이픈을 사용하여 이름과 번호를 분리한다.

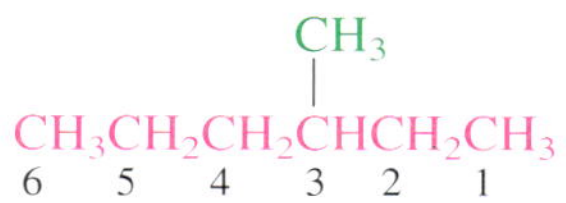

3-Methylhexane

몇 개의 다른 기가 존재하면 알파벳 순으로 배열한다. 몇 개의 동일한 기가 존재하면 얼마나 많은 기가 존재하는가를 나타내기 위하여 다이-, 트라이-, 테트라- 등의 접두사를 사용한다. 번호는 각 기의 위치를 나타내기 위하여 필요하다. 예로 2,2,3-트라이메틸은 3개의 메틸기가 존재하며 2개는 골격의 C-2에 1개는 C-3에 결합되어 있다는 것을 나타내준다. 알파벳 순으로 할 목적으로 기의 수를 나타내는 접두사를 사용하지 말라. 예로 트라이에틸(triethyl)은 *e*로 수록되므로 이름에서 메틸(methyl) 앞에 온다.

다음 화합물을 명명하기 위하여 이 단계들을 사용해보자.

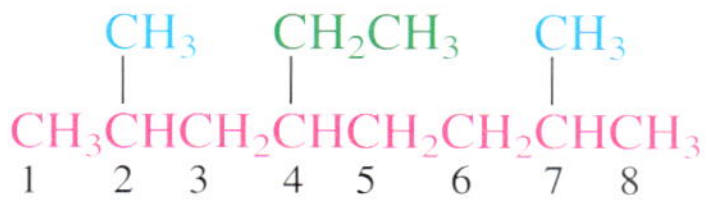

4-Ethyl-2,7-dimethyloctane

이미 가장 긴 사슬이 8개의 탄소를 갖는다는 것을 결정하였다. 번호 붙임은 왼편 탄소에서 시작해야 한다. 세 개의 기가 어근 사슬에 결합되어 있다. 2개의 메틸기와 1개의 에틸기이다. 그러므로 체계적 혹은 IUPAC 이름은 4-에틸-2,7-다이메틸옥테인이다. 하이픈은 문자와 수를 분리하는 데 사용된다. 일련의 수를 분리하는데 콤마를 사용한다. 다이메틸(dimethyl)은 알파벳 순으로 *m*이므로 이름에서 에틸(ethyl) 다음에 온다.

**문제 5.1** 다음 화합물에 대한 IUPAC 이름을 써라.

**a)** 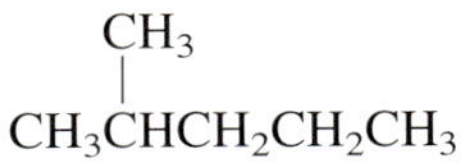 **b)** 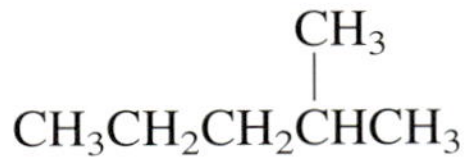

**c)** 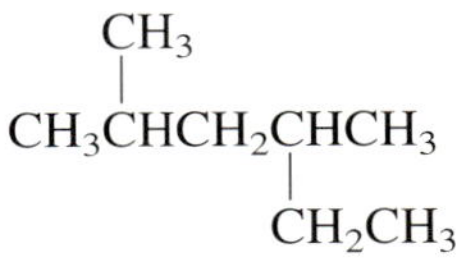 **d)** 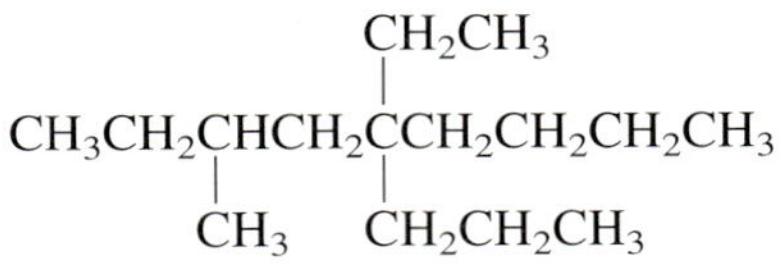

**e)** 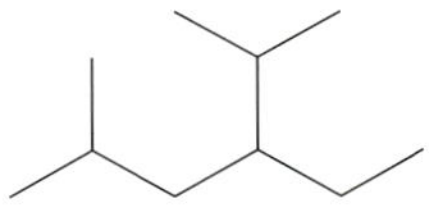 **f)** 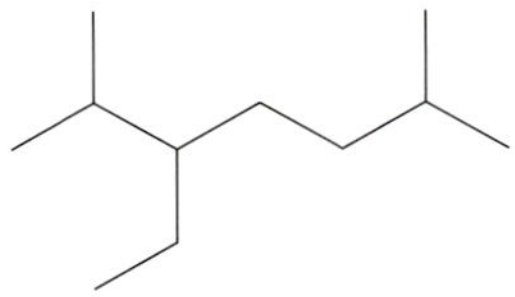

## 예제 5.1

2,2,5-트라이메틸헵테인의 구조를 써라.

### 전략

이름을 알고 화합물의 구조를 쓰는 것은 간단한 과정이다. 먼저 어근에 의해 나타낸 탄소 수를 가진 사슬을 쓴다. 어느 편이든 말단에서 시작하여 사슬에 번호를 붙인다. 적당한 위치에 적당한 기가 결합한다.

### 풀이

어근은 헵트-이므로 7개의 탄소사슬을 쓴다. 사슬에 번호를 붙이고 3개의 메틸기를 가해준다. C-2에 2개와 C-5에 1개를 가한다.

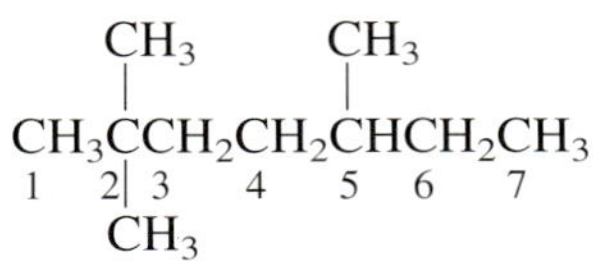

**문제 5.2** 다음 화합물의 구조를 써라.

**a)** 4-메틸옥테인 **b)** 2,4-다이메틸-5-프로필데세인

## 예제 5.2

2-에틸페테인이라는 이름의 틀린 점은 무엇인가? 이 화합물의 바른 이름을 써라.

**풀이**

먼저 이름이 제안한 구조를 쓴다.

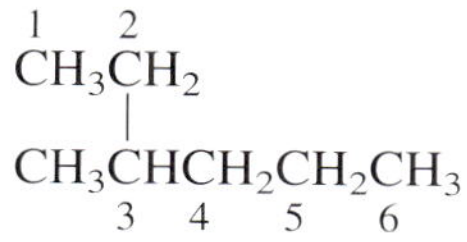

이 구조를 살펴보면 가장 긴 사슬은 5개의 탄소가 아니라 6개의 탄소를 갖는다. 그러므로 정확한 이름은 3-메틸헥세인이다.

**문제 5.3** 이 이름에서 무엇이 틀렸는가? 각 경우에 대한 바른 이름을 써라.
**a)** 5,5-다이메틸-3-에틸헥세인 **b)** 2-다이메틸펜테인

---

지금까지 만난 어근 사슬에 결합된 기는 곧은-사슬이 아니라 곁가지이다. 이와 같은 복잡한기는 화합물을 명명할 때 사용한 유사한 형태로 명명한다. 그러나 어미 -일을 가지는 것은 이들이 완전한 화합물이 아니고 결합을 완성하기 위하여 무엇인가 결합될 필요가 있다. 복잡한 기의 명명을 그림 5.1에서 기술하였다.

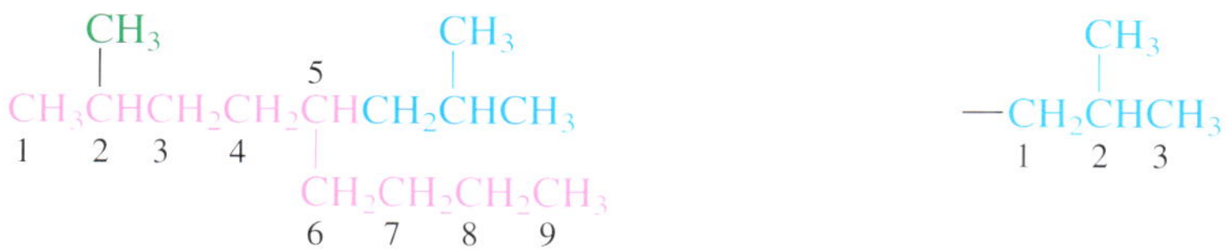

**그림 5.1** 복잡한 기를 가진 화합물의 명명

이 화합물에서 가장 긴 사슬(적색)은 9개의 탄소를 갖는다. 첫 번째 기가 2위치에 있으므로 왼편 탄소에서 번호 붙임을 시작한다. 위치 5에 결합된 기(청색)는 곁가지를 갖는다. 화합물은 치환된 노네인이다. 그러나 위치 5에 있는 복합기를 어떻게 명명할까?

여기 그 기가 있다. 알케인을 명명 했을 때 사용했던 같은 방법으로 명명한다. 주 사슬에 결합된 탄소로 시작하는 가장 긴 사슬을 선택한다. 전과 같이 어근은 가장 긴 사슬의 탄소수로 결정한다. 어미 -일(-yl)은 이것이 완전한 화합물이 아니라 기라는 것을 나타내는 데 사용된다. 그러므로 이 기를 치환된 프로필기로 명명한다. 복합기의 어근 사슬에 번호 붙임은 용이하다. 주 사슬에 결합된 사슬은 1번이다. 복합기의 이름은 2-메틸프로필이다.

전체 이름을 명명할 때 혼란을 피하기 위하여 복잡한 기의 이름을 괄호 안에 넣는다. 주 사슬에 결합된 복잡한 기의 위치를 지정하는 번호는 괄호 밖에 있다. 그러므로 화합물의 이름은 2-메틸-5-(2-메틸프로필)노네인이다.

## 예제 5.3

이 복합기의 이름은 무엇인가?

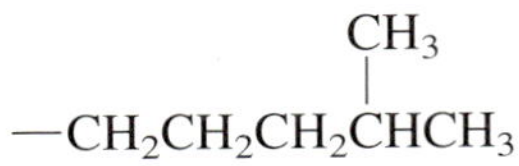


**전략**

주 사슬에 결합된 탄소로부터 시작하는 가장 긴 사슬을 선택한다. 주 사슬에 결합된 탄소가 1번이 되도록 탄소사슬에 번호를 붙인다. 이 사슬에 결합된 기에 그 위치를 나타내는 번호를 붙인다. 화합물의 전체 이름을 쓸 때 주 사슬에서 기의 위치를 나타내는 번호를 앞에 둔 복합기의 전체 이름을 괄호 안에 넣는 것을 잊어서는 안 된다.

**풀이**

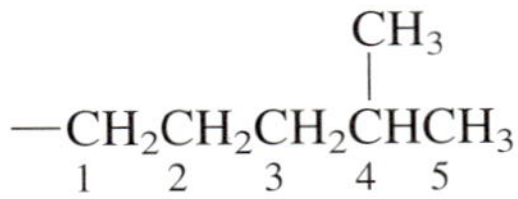


이 경우에 가장 긴 사슬은 5개의 탄소를 갖는다. 주 사슬에 결합된 탄소에서 시작하여 번호를 붙일 때 메틸기는 C-4에 있다. 그러므로 기의 이름은 (4-메틸펜틸)이다.

---

**문제 5.4** 다음 복합기에 대한 이름을 써라.

**a)** 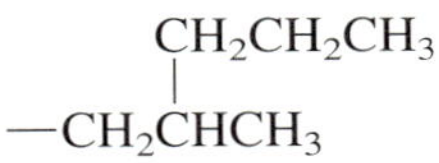


**b)** 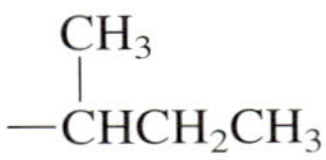


**c)** 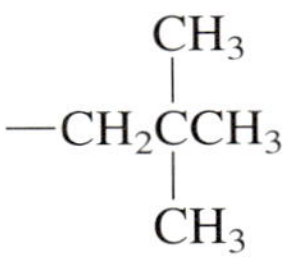


---

**문제 5.5** 이 화합물을 명명하여라.

**a)** 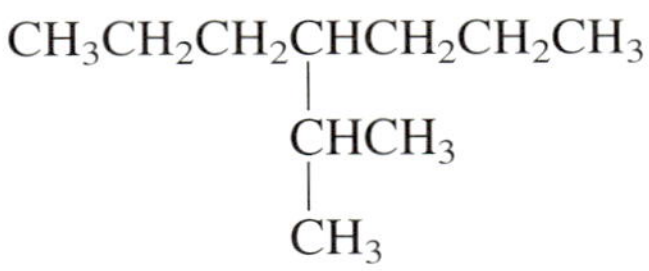


**b)** 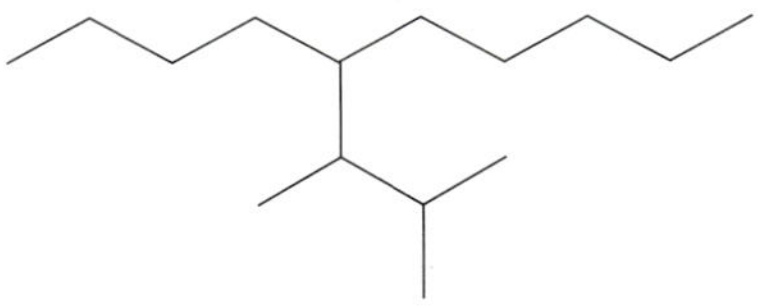

---

## 예제 5.4

4-(1,1-다이메틸에틸)데케인에 대한 구조를 써라.

**풀이**

화합물은 데케인이므로 주 사슬에는 10개의 탄소가 있다. 데케인 사슬의 C-4에 결합된 탄소에 2개의 메틸기가 결합된 에틸기가 있다.

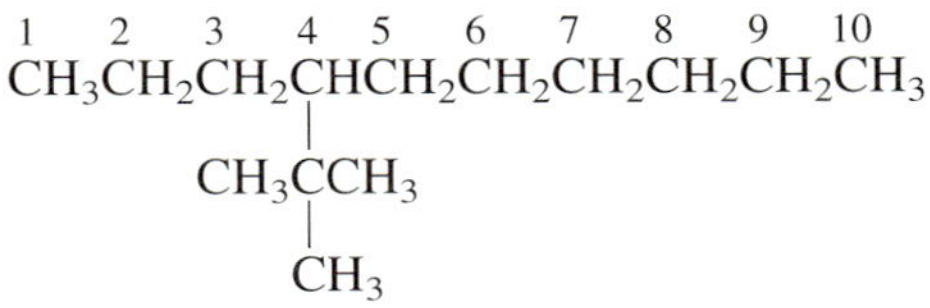

**문제 5.6** 다음 화합물의 구조를 써라.

**a)** 4-(1-메틸에틸)헵테인 **b)** 3-에틸-7-메틸-5-(1-메틸프로필)운데케인

탄소에 결합된 탄소 혹은 작용기의 화학적 반응성은 그것에 결합된 다른 탄소의 수에 따라 변한다. 그러므로 화학적 반응성을 논의할 때 얼마나 많은 다른 탄소가 결합되어 있는가에 따라 탄소를 구별하는 것이 유용하다. **1차 탄소(primary carbon)**는 1개의 다른 타소와, **2차 탄소(secondary carbon)**는 2개의 다른 탄소와, **3차 탄소(tertiary carbon)**는 3개의 다른 탄소와, **4차 탄소(quaternary carbon)**는 4개의 다른 탄소와 결합된다.

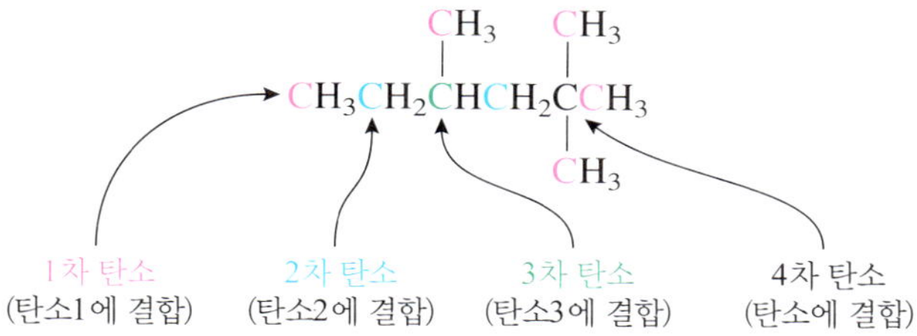


**문제 5.7** 다음 화합물에 있는 각 탄소를 1차, 2차, 3차 혹은 4차로 지정하여라.

**a)** 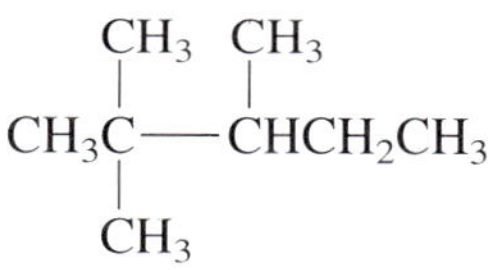


**b)** 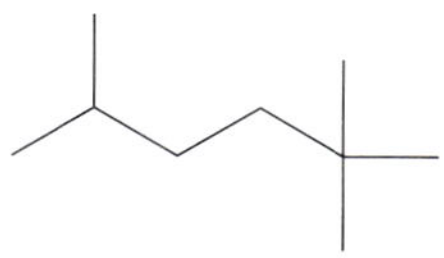

**c)** 2,3-다이메틸펜테인

끝으로 지금 살펴본 기의 명명에 대한 체계적인 방법 이외에 기의 속명을 발견하게 될 것이다. IUPAC 명명법은 체계적인 이름의 일부로 속명의 사용을 허용하고 있다.(IUPAC 명명법은 같은 화합물에 대해 다른 이름을 허용한다. 그러나 같은 이름을 가진 두 화합물은 없다.) 표 5.4는 몇 가지 기, 체계적인 이름, 속명 및 기에 대한 약어를 나타내었다.(약어는 명명에는 사용되지 않는다.) 표에는 4개의 뷰틸기가 있다. 기억을 돕기 위하여 *sec*-뷰틸기는 2차 탄소를 거쳐 결합되며 *tert*-뷰틸기는 3차 탄소를 거쳐 결합된다. 이탤릭체 접두어 *sec*-와 *tert*-는 알파벳 순에는 사용되지 않는다. *sec*-뷰틸은 알파벳 순으로 *b*이다. 그러나 아이소뷰틸은 알파벳 순으로 *i*이다.

**문제 5.8** 기에 대한 속명을 사용하여 이 화합물을 명명하여라.

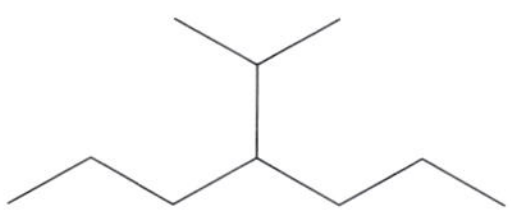

**문제 5.9** 4-*t*-뷰틸-2,3-다이메틸옥테인의 구조를 써라.

**표 5.4 체계적 이름, 속명 및 몇몇 기에 대한 약어**

| 기 | 체계적 이름 | 속명 | 약어 |
|---|---|---|---|
| $CH_3—$ | Methyl | | Me |
| $CH_3CH_2—$ | Ethyl | | Et |
| $CH_3CH_2CH_2—$ | Propyl | | Pr |
| $CH_3$<br>\|<br>$CH_3CH—$ | 1-Methylethyl | Isopropyl | *i*-Pr |
| $CH_3CH_2CH_2CH_2—$ | Butyl | | Bu |
| $CH_3$<br>\|<br>$CH_3CHCH_2—$ | 2-Methylpropyl | Isobutyl | *i*-Bu |
| $CH_3$<br>\|<br>$CH_3CH_2CH—$ | 1-Methylpropyl | *sec*-Butyl | *sec*-Bu (or *s*-Bu) |
| $CH_3$<br>\|<br>$CH_3C—$<br>\|<br>$CH_3$ | 1,1-Dimethylethyl | *tert*-Butyl | *tert*-Bu (or *t*-Bu) |
| $—CH_2—$ | | Methylene | |
| 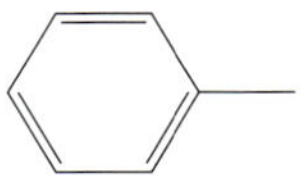 | Phenyl | | Ph |

속명을 IUPAC 명명에서 사용할 수 있다.

## 5.4 사이클로알케인의 체계적 명명법

IUPAC 방법에 의해 사이클로헥세인 명명에 사용되는 절차는 알케인에 대해 사용했던 것과 유사하다. 고리에 있는 탄소 수를 지정해주는 어근과 접두어 사이클로-를 결합하여 고리를 포함한 화합물이라는 것을 나타내준다. 고리탄소에 번호를 붙이는 규칙은 다음과 같다.

하나의 기만이 고리에 결합되어 있으면 번호는 필요치 않다.

다중 치환기를 가진 고리는 한 치환기로부터 번호 붙임을 시작하여 나머지 치환기들이 가장 적은 번호가 되도록 번호를 붙인다.

몇 가지 예는 다음과 같다.

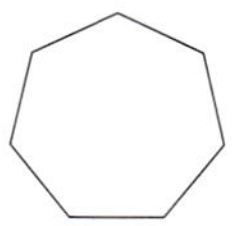

Cycloheptane

(고리에는 7개의 탄소가 있다.)

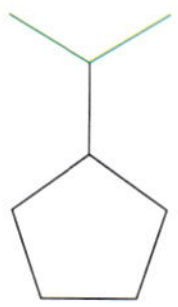

Isopropylcyclopentane or (1-methylethyl)cyclopentane

(고리에 있는 모든 위치가 동일하기 때문에 아이소프로필기의 위치를 나타내는 번호는 필요치 않다.)

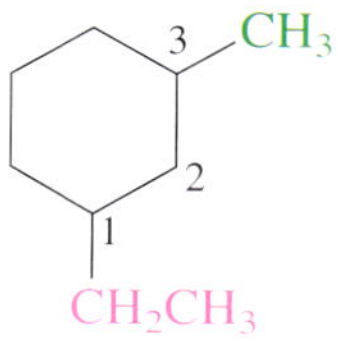


1-Ethyl-3-methylcyclohexane

(번호의 수가 가능한 한 적게 되기 위하여 에틸기에서 시작하여 메틸기로 가능한 한 짧은 경로로 진행된다.)

알킬사슬이 고리보다 더 많은 탄소를 가지는 경우에 화합물은 접미사가 -일인 치환기인 고리를 가진 알케인으로 명명한다.

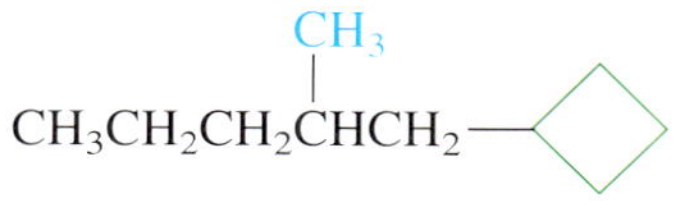


1-Cyclobutyl-2-methylpentane

(가장 긴 알킬사슬에 5개의 탄소가 있다. 한편 고리는 4개의 탄소만을 가진다. 그러므로 고리는 알케인 사슬에 결합된 치환기로 명명한다.)

**문제 5.10** 다음 화합물을 명명하여라.

**a)**

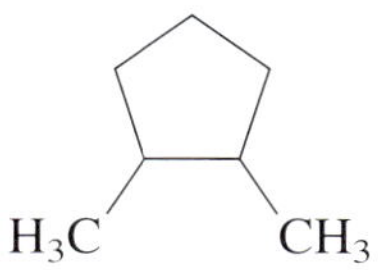


**b)**

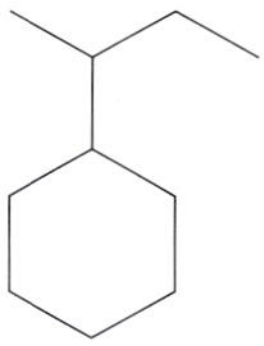

**c)**

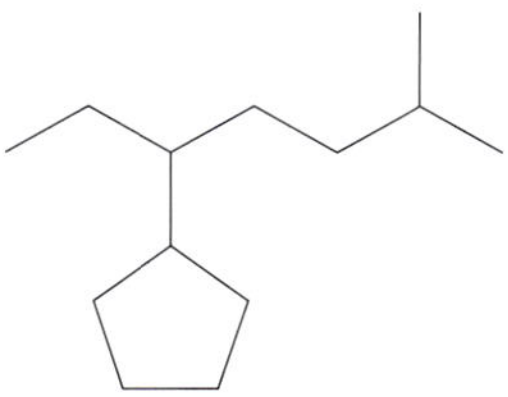

**d)**

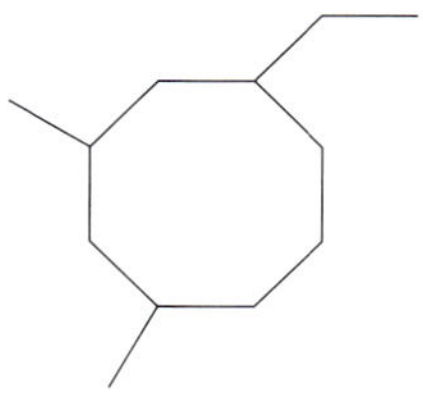

**문제 5.11** 다음 화합물에 대한 구조를 써라.

**a)** 1,1-다이메틸사이클로헥세인  **b)** 에틸사이클로프로페인

## 5.5 알켄

**알켄(alkene)**은 1개 이상의 탄소-탄소 이중결합을 갖는다. 화합물의 불포화도를 계산할 때 같은 탄소 수를 갖는 알케인과 비교하여 알켄에 존재하는 이중결합마

다 분자식에서 2개의 수소가 감소한다. **불포화(unsaturated)**라는 용어는 알켄을 기술하는 데 사용되며 실제로 화학적 유발을 일으킨다. 이중결합 혹은 삼중결합을 포함하는 화합물은 수소기체와 반응하여 알케인을 형성한다. 화합물이 더 이상 수소와 반응하지 않으면 **포화되었다(saturated)**고 한다. 수소와 반응하는 알켄 혹은 알카인 같은 화합물은 불포화되었다고 한다. 이 용어를 요리용 기름 혹은 마아가린과 관련해서 많이 사용하게 될 것이다. 다중 불포화 유는 몇 가지 탄소-탄소 이중결합을 포함하는 화합물로 구성된다. 대조적으로 포화지방은 이중결합을 포함하지 않은 유사한 화합물로 구성된다.

알켄은 알케인과 유사하게 명명한다.

**1.** 이중결합의 탄소를 포함하는 가장 긴 사슬이 어근이 된다.

**2.** 알켄에 사용하는 어미는 -엔(-ene)이다. 하나 이상의 이중결합을 가진 화합물에 대해서는 어미로 -다이엔, -트라이엔 등이 사용된다.

**3.** 첫 번째 이중결합이 적은 번호가 되는 말단으로부터 어근에 번호를 붙인다. 이 첫 번째 탄소의 번호는 이름에서 이중결합의 위치를 지정하는 데 사용된다. 이 번호는 어근의 앞에 혹은 어근과 어미 사이에 놓인다.

몇 가지 예가 다음과 같다.

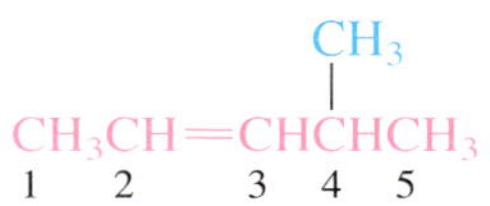

4-Methyl-2-pentene or 4-methylpent-2-ene

(메틸기가 아니라 이중결합이 번호 붙임을 결정한다.)

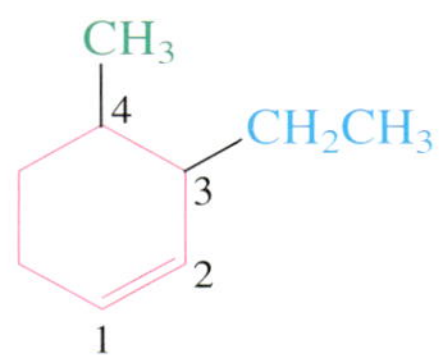

3-Ethyl-4-methylcyclohexene

(번호 붙임은 번호 1과 2를 가진 이중결합의 탄소에서 시작하여 나머지 치환기가 적은 번호가 되는 방향으로 진행된다. 사이클로헥세인의 이중결합은 항상 1위치에 있으므로 1은 사용하지 않는다. 그러나 고리에 다른 기가 있으면 이중결합의 정확한 위치를 지정하는 것은 간단하지 않다. 그러므로 이 화합물은 3-에틸-4-메틸사이클로헥스-1-엔으로 명명한다. 이 경우 1은 생략할 수 있다.)

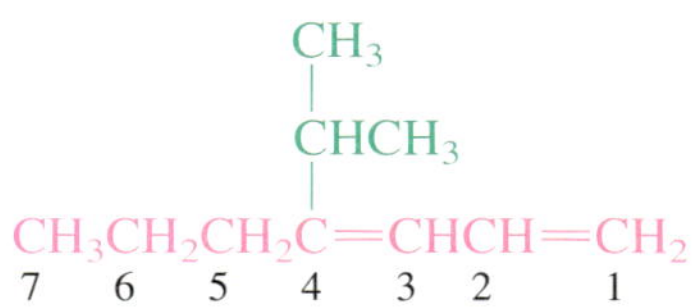

4-Isopropyl-1,3-heptadiene 또는 4-isopropylhepta-1,3-diene

(hept a diene에서 a에 주목하여라. 어미의 첫 글자가 자음일 때는 편하게 발음할 수 있도록 어근에 a를 가해준다.)

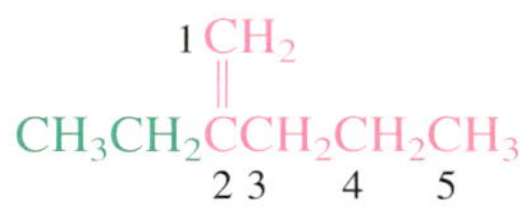

2-Ethyl-1-pentene 또는 2-ethylpent-1-ene

(이중결합의 두 탄소는 어근사슬의 일부이어야 한다.)

## 예제 5.5

다음 알켄을 명명하여라.

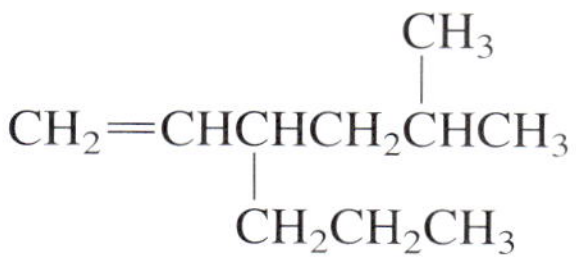

### 풀이

이중결합(첫 번째 우선권)의 두 탄소를 포함하고 많은 곁가지(두 번째 우선권)를 가진 가장 긴 사슬을 선택하여라.

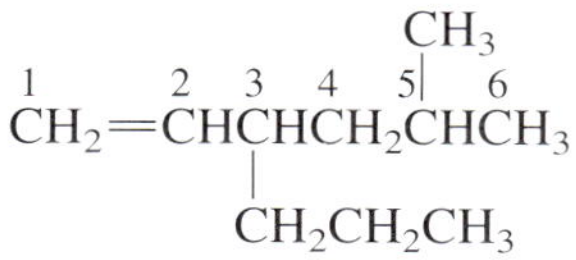

왼편 말단에서 번호 붙이기를 시작하면 이중결합의 탄소는 작은 번호를 갖는다. C-3에 프로필기와 C-5에 메틸기를 가지므로 이름은 5-메틸-3-프로필-1-헥센이다.

**문제 5.12** 다음 화합물을 명명하여라.

**a)** 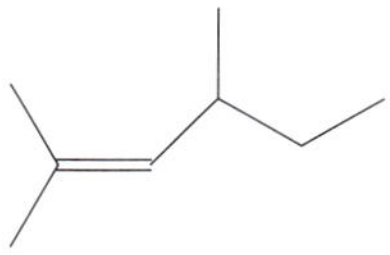

**b)** 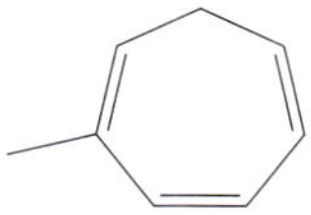

**c)** 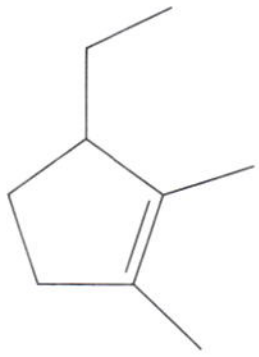

**문제 5.13** 다음 화합물의 구조를 써라.

**a)** 3-에틸-3-헥센 **b)** 사이클로뷰텐 **c)** 3-프로필-사이클로헥사-1,4-다이엔

이중결합을 포함하는 몇 가지 화합물기에 대한 속명을 표 5.5에 수록하였다.

알켄의 극성은 알케인의 극성과 많이 다르지 않다. 그러므로 알켄의 물리적 성질은 대응하는 알케인의 그것과 유사하다. 예로 1-펜텐은 −138°C에서 녹고 30°C에서 끓는다. 이 값은 −130°C에서 녹고 36°C에서 끓는 펜테인의 값과 비슷하다.

그러나 알켄의 화학적 성질은 이중결합의 존재로 극적으로 달라진다. 탄소-탄소 파이결합은 탄소-탄소 혹은 탄소-수소 시그마결합보다 상당히 약하다. 이 때문에 주어진 조건에서 시그마결합에는 영향을 미치지 않고 파이결합에만 선택적으로 반응을 일으키게 할 수 있다. 파이결합은 알켄의 반응 장소이며 여기서 대부분의 화학반응이 일어난다. 이것이 왜 불포화지방이 포화지방보다 더 잘 부패되는가 하는 이유이다. 파이결합은 산소와 반응을 일으킬 수 있는 장소를 제공해준다.

**표 5.5 이중결합을 포함하는 몇 가지 화합물과 기에 대한 속명**

| 화합물 혹은 기 | 속명 |
|---|---|
| $CH_2{=}CH_2$ | Ethylene |
| $CH_2{=}CHCH_3$ | Propylene |
| $CH_2{=}CHCH_2CH_3$ | Butylene |
| $CH_2{=}\overset{CH_3}{\overset{\vert}{C}}CH_3$ | Isobutylene |
| $CH_2{=}C{=}CH_2$ | Allene |
| $CH_2{=}CH{-}$ | Vinyl group |
| $CH_2{=}CHCH_2{-}$ | Allyl group |

알켄은 천연물로 생성되며 특히 터펜이라 부르는 천연물은 식물에서 생성된다. 예로 리모넨은 감귤과 회향풀의 씨에서 발견되며 β-케로틴은 당근에서 발견되는 오렌지 안료로 고도로 콘쥬게이트된 분자이며 비타민 A의 중요한 선구물질이다. 흥미롭게도 알켄 중에서 제일 간단한 에텐은 자연에서 중요한 역할을 한다. 에텐은 식물 호르몬에서 발견되며 과일을 익게 한다.

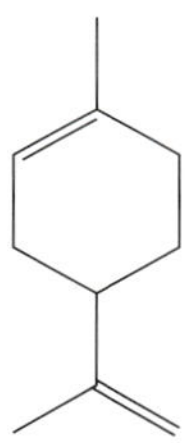

Limonene

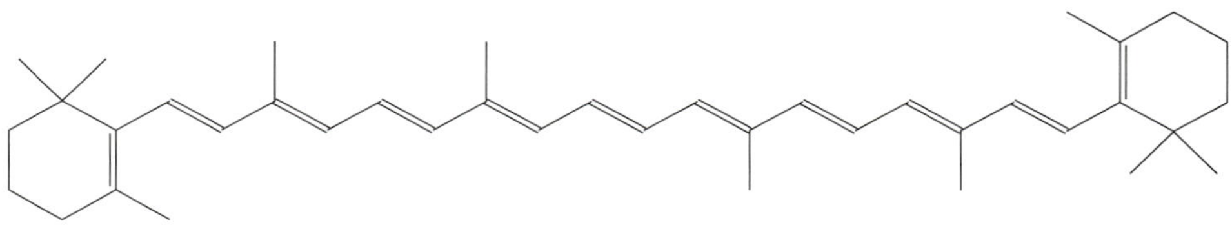

*β*-Carotene

가장 간단한 두 알켄인 에틸렌(에텐)과 프로필렌(프로펜)은 미국의 화학공업에서 가장 많이 생산되는 화합물이다. 48조 파운드 이상의 에틸렌과 28조 파운드 이상의 프로필렌이 탄화수소의 열분해에 의해 매년 생산된다. 이 알켄은 폴리에틸렌과 폴리프로필렌과 같은 플라스틱을 제조하는 데 사용되고 에틸렌글라이콜(부동액)과 같은 수많은 화학약품을 제조하는 출발 물질로 사용된다.

## 5.6 알카인

**알카인(alkyne)**은 탄소-탄소 삼중결합을 가진 화합물이다. 3장에서 기술한 것처럼 삼중결합은 1개의 시그마결합과 2개의 파이결합으로 구성되어 있다. 알카인에 있는 각 삼중결합은 대응하는 알케인보다 4개의 수소가 더 적다. 알카인은 불포화합물이다.

알카인은 어미가 -아인(-yne)인 것을 제외하고는 알켄의 명명과 동일하다. 번호 붙임에 같은 규칙을 적용한다. 몇 개의 삼중결합을 가진 화합물은 어미 -다이인, -트라이인 등을 사용한다. 이중결합과 삼중결합을 포함한 화합물에 대해서는 어미로 -엔아인을 사용한다. 몇 가지 예는 다음과 같다.

$HC{\equiv}CH$

Ethyne or acetylene

아세틸렌은 속명이다. 알카인은 한때 아세틸렌이라 부르던 부류이다.)

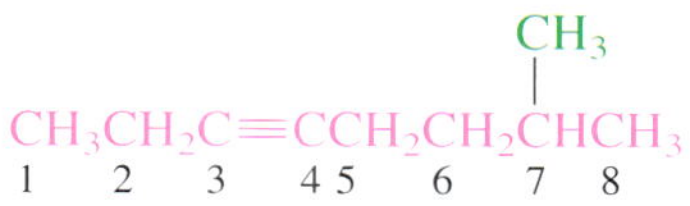

7-Methyl-3-octyne
또는
7-Methyloct-3-yne

(삼중결합의 첫 번째 탄소가 가장 적은 수가 되도록 번호를 붙인다.)

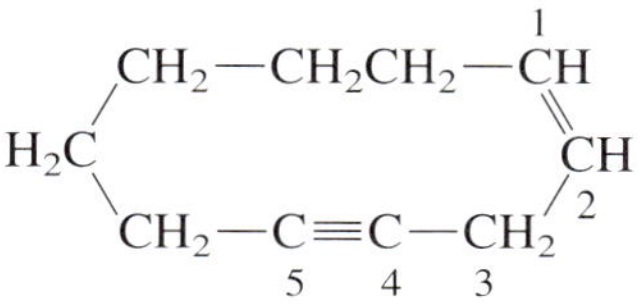

1-Cyclodecen-4-yne
or cyclodec-1-en-4-yne

(번호 붙임이 같은 경우 이중결합이 삼중결합보다 적은 수를 갖는다.)

$HC{\equiv}C{-}CH{=}CH{-}CH{=}CHCH_3$
1 2 3 4 5 6 7

3,5-Heptadien-1-yne
or hepta-3,5-dien-1-yne

(이 경우에는 삼중결합이 더 적은 번호를 가졌지만 이중결합과 삼중결합에 대해 가능한 한 적은 번호가 되도록 한다. 이름에서 3과 5의 위치는 다이엔이고 1은 -아인이다.)

**문제 5.14** 다음 화합물을 명명하여라.

**a)** 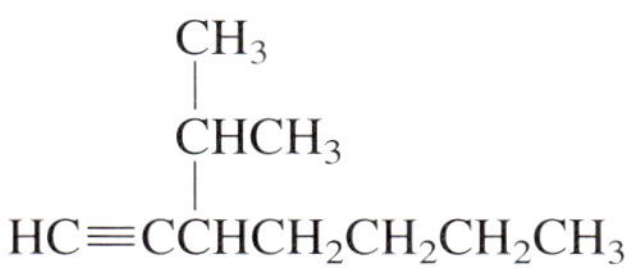

**b)** 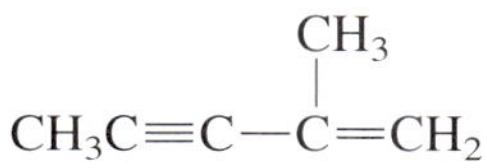

**c)** 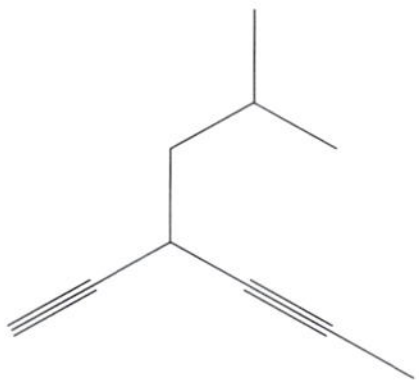

**문제 5.15** 다음 화합물의 구조를 써라.

**a)** 1-펜타인 **b)** 2,3,4-트라이메틸-5-운데사인

알카인의 물리적 성질은 같은 탄소 수를 가진 알켄과 알케인의 성질과 대단히 유사하다. 예로 헥세인, 1-헥센, 1-헥사인의 끓는점은 각각 69°C, 63°C 및 71°C이다.

파이결합 때문에 알카인의 화학적 성질은 알켄과 유사하다. 그들은 알켄과 같은 반응을 일으키며 두 파이결합에서 반응한다.

알카인은 자연에서 알켄만큼 흔하지 않다. 알카인은 공업에서 덜 중요하다. 아세틸렌은 높은 온도에서 연소되는 옥시아세틸렌 용접 토치의 연료로 많이 사용된다.

## 5.7 할로겐화 알킬

할로겐은 수소와 같은 원자가를 가진다. 수소 대신에 1개 이상의 할로겐으로 치환된 유기화합물을 **할로겐화 알킬(alkyl halide)**이라 부른다. 이 화합물들은 치환기로 할로겐을 가진 알케인으로 명명한다. 할로겐에 대한 기의 이름은 플루오로-, 클로로-, 브로모- 및 아이오도-이다. 다음에 간단한 할로겐화 알킬의 속명을 나타냈다. 알킬기의 이름 다음에 할로겐의 이름이 온다.

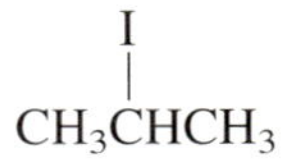

2-Iodopropane
또는
isopropyl iodide

$CH_3CH_2CH_2CH_2Br$

1-Bromobutane
또는
butyl bromide

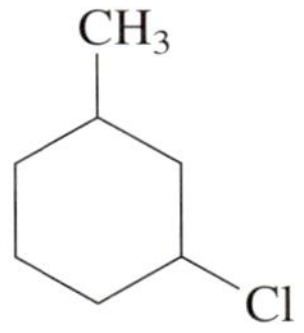

1-Chloro-3-methylcyclohexane

다른 조건이 같으면
알파벳 순으로 해서 클로로가
작은 번호를 갖는다.

**문제 5.16** 다음 화합물을 명명하여라.

a) 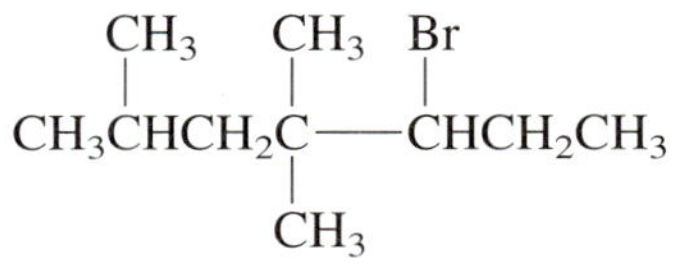

b) 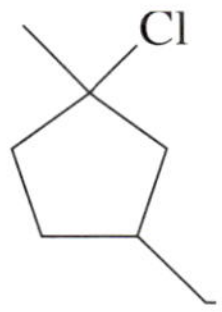

**문제 5.17** 3-브로모-4-뷰틸사이클로헥센의 구조를 써라.

탄소-할로겐 결합은 다소 극성이다. 그러나 대부분의 할로겐화 알킬은 알케인보다 그렇게 극성이 크지 않기 때문에 할로겐화 알킬의 물리적 성질은 같은 분자량을 가진 알케인의 성질과 많이 다르지 않다. 예로 1-클로로뷰테인(MW = 92.5 g/mol)의 끓는점은 78ºC이고 한편 헥세인(MW = 86 g/mol)의 끓는점은 69ºC이다. 일반적으로 할로겐화 알킬은 물에 녹지 않는다. 더 무거운 할로겐 원자가 존재하므로 할로겐화 알킬은 물보다 밀도가 크다. 예를 들면 실험실에서 보통 사용하는 다이클로로메테인을 물과 혼합하면 두 액층이 형성된다. 다이클로로메테인은 밑에 있는 층이다.

할로겐화 유기화합물은 공업에서 대단히 중용하다. 많은 수의 할로겐을 포함한 이 화합물들은 화학적으로 불활성이고 열에 안정한 화합물이므로 냉동기, 공업용 용매, 그리스 제거제 및 에어로솔 추진제 등으로 사용된다.

| | |
|---|---|
| $CF_2Cl_2$ | 클로로플루오로탄소 12, 후레온은 안정성이 크고 낮은 독성 때문에 냉동기계, 냉·난방기 및 연무추진제로 사용된다. 안정성 때문에 환경문제를 일으킨다. 상층대기에 도달할 때까지 분해되지 않고 자외선 광에 의해 탄소-염소 결합이 절단된다. 생성된 염소 원자는 오존분해를 촉진하여 오존구멍을 형성한다. 최근에 이물질과 다른 안정한 후레온은 사용이 금지 되었다. |
| $CF_3Br$ | 이 화합물은 할로겐화물 소화기로 사용된다. 많은 다클로로와 브롬화 유기물은 다양한 용도의 방염제로 사용된다. |
| $CCl_3CH_3$ | 1, 1, 1-트라이클로로에테인은 옷을 드라이클리닝에 사용하는 데 사용되는 용매이다. 과거에는 사염화탄소가 사용되었으나 간을 손상하며 발암성물질로 알려졌다. |
| $CF_3CHBrCl$ | 할로테인은 흔히 사용되는 마취제이다. 클로로폼은 최초의 마취제의 하나이다. 사염화탄소와 같이 간을 손상한다. |

## 5.8 알코올

**알코올(alcohol)**은 하이드록시기(—OH)를 포함한 화합물이다. 간단한 알코올의 속명은 에틸 알코올 혹은 아이소프로필 알코올과 같이 알킬기 이름 다음에 알코올이 온다. IUPAC체계에서 알코올은 알코올이 유래한 탄화수소의 이름에서 온다. 그러므로 탄화수소의 끝에 있는 에(*e*)를 어미 -올(-ol)로 치환하여 명명한다. 하이드록시기가 결합된 탄소를 포함한 가장 긴 사슬을 어근으로 선택하여 이 탄소가 가능한 가장적은 번호가 되도록 번호를 붙인다.

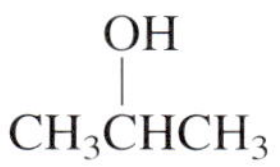

2-Propanol 또는 isopropyl alcohol

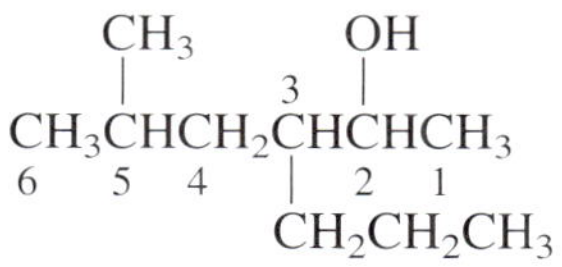

5-Methyl-3-propyl-2-hexanol

(모체사슬은 OH기에 결합된 탄소를 포함한다. 이탄소가 적은 번호가 되도록 사슬에 번호를 붙인다.)

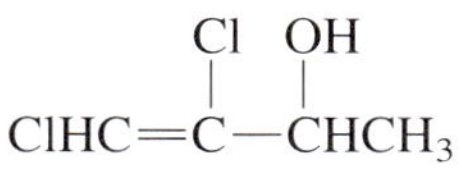

3,4-Dichloro-3-buten-2-ol

(탄소-탄소 이중결합을 나타내주는 3의 위치와 하이드록시기를 나타내주는 2의 위치를 주목하여라. 이중결합이 아니라 하이드록시기가 적은 번호가 되도록 번호를 붙인다. OH기가 이중결합보다 우선권이 있다고 말한다. 다른 형태의 이름, 3,4-다이클로로뷰트-3-엔-2올은 이중결합과 OH의 위치를 나타내는 데 혼란이 적다.)

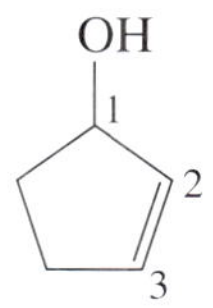

2-Cyclopentenol

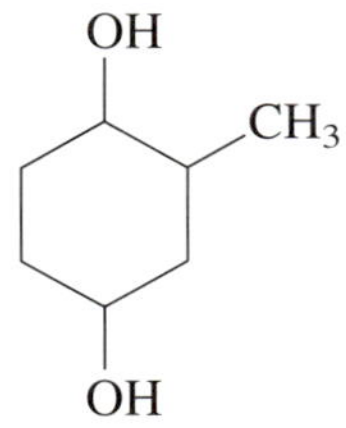


2-Methyl-1,4-cyclohexanediol 또는 2-methylcyclohexan-1,4-diol

(어미-다이올은 2개의 하이드록시기의 존재를 나타내는데 사용된다.
트라이올은 3개의 하이드록시기를 나타낸다.)

---

**문제 5.18** 다음 화합물을 명명하여라.

**a)** $CH_3CH_2\overset{OH}{\overset{|}{C}}HCH_3$ **b)** $CH_3CH_2\underset{CH_3}{\underset{|}{\overset{OH}{\overset{|}{C}}}}CH_2CH_2CH_3$

**c)** 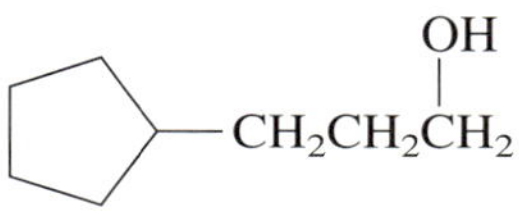


**d)** 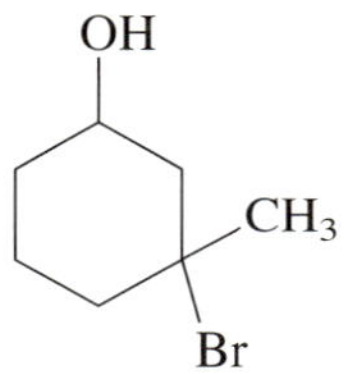


---

**문제 5.19** 다음 화합물의 구조를 써라.

**a)** 2-메틸사이클로헥산올 **b)** 4-메틸-4-펜텐-2올

---

알코올의 화학반응은 하이드록시기가 결합된 탄소에 얼마나 많은 탄소가 결합되어 있는가에 따라 달라진다. 그러므로 알코올을 1차, 2차, 혹은 3차로 분류하는 것이 유용하다. **1차 알코올(primary alcohol)**는 1차 탄소에 하이드록시기를 가지며 **2차 알코올(secondary alcohol)**은 2차 탄소에 하이드록시기를 가지며 **3차 알코올(tertiary alcohol)**은 3차 탄소에 하이드록시기를 가진다.

| $CH_3CH_2CH_2CH_2OH$ | $CH_3CH_2\overset{OH}{\overset{|}{C}}HCH_3$ | $CH_3\underset{CH_3}{\underset{|}{\overset{OH}{\overset{|}{C}}}}CH_3$ |
|---|---|---|
| 1-Butanol<br>1차 alcohol | 2-Butanol<br>2차 alcohol | 2-Methyl-2-propanol<br>3차 alcohol |

알코올의 물리적 성질은 하이드록시기의 존재에 의해 극적인 영향을 받는다. 하이드록시기의 극성은 유사한 분자량을 가진 알케인보다 높은 온도에서 녹게 한다.

다음 표에 있는 페테인과 1-뷰탄올의 녹는점을 비교해보자. 하이드록시기는 수소결합을 형성할 수 있고 증발과정에서 끊어져야 하므로 끓는점에 미치는 하이드록시기의 효과는 상당히 크다.

| $CH_3CH_2CH_2CH_2CH_3$ | $CH_3CH_2CH_2CH_2OH$ |
|---|---|
| Pentane | 1-Butanol |
| 72 g/mol | 74 g/mol |
| mp −130°C | mp −90°C |
| bp 36°C | bp 117°C |

하이드록시기는 극성이고 수소결합을 형성할 수 있기 때문에 **친수성(hydrophilic)**이다. 그러므로 알코올은 알케인보다는 물에 더 잘 용해한다. 3개의 탄소 수 까지를 포함한 적은 알코올은 물과 잘 섞인다. 즉 물과 모든 비율로 혼합된다. 알코올의 알킬기(친유성 부분)가 커지면 물에 대한 용해도는 감소한다. 그러므로 1-페탄올은 2.7 g/100 mL 정도 물에 용해되고 1-헵탄올은 0.1 g/100 mL정도 용해한다. 그러나 1-데칸올은 물에 용해되지 않는다.

알코올은 자연에 널리 분포되어 있다. 메탄올은 나무의 증류에서 얻어지기 때문에 목정이라고 알려져 있다. 독성이 크기 때문에 섭취하면 장님이 되거나 사망한다. 에탄올은 알코올 음료로 사용된다. 장미로부터 얻어진 2-페닐에탄올과 박하로부터 얻어진 멘톨과 같은 다른 간단한 알코올은 천연향료와 조미료의 성분이다. 알코올은 화학합성에서 중요한 중간체이다. 이들은 다양한 화학적 과정에서 용매로 사용된다. 에틸렌글라이콜은 부동액과 다크론과 같은 중합체를 제조하는 데 사용된다.

## 5.9 에터

**에터(ether)**는 산소에 결합된 두 탄화수소기를 가진 화합물이다. 간단한 에터에 대해서는 속명이 보통 사용된다. 각 알킬기를 명명하고 다음에 에터라는 말을 붙인다. 그러므로 $CH_3OCH_2CH_2CH_3$는 메틸 프로필 에터이다. 체계저인 명명에서 알케인이라고 부르는 큰 기에 결합된 적은기와 산소를 **알콕시(alkoxy)**치환기라고 명명한다. 복잡한 에터는 IUPAC체계를 사용하여 명명한다. 그러나 간단한 에터에 대한 IUPAC 이름은 거의 사용되지 않는다. 다이에틸 에터(혹은 에틸 에터)는 드물게 사용되는 에톡시에테인이다.

| | $CH_3CH_2OCH_2CH_3$ | $CH_3OC(CH_3)_2CH_3$ | 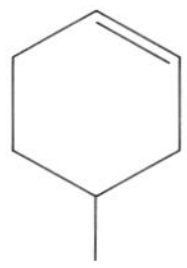 $OCH_2CH_3$ |
|---|---|---|---|
| 속명 | Diethyl ether | Methyl *t*-butyl ether | 4-Ethoxy-cyclohexene |
| IUPAC | Ethoxyethane | 2-Methoxy-2-methylpropane | |

**문제 5.20** 다음 화합물을 명명하여라.

**a)** $CH_3OCH_2CH_3$

**b)** 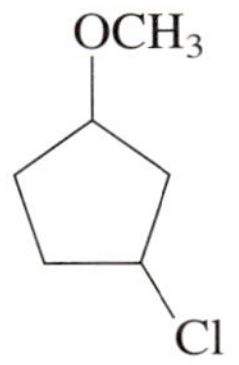


탄소-산소결합 때문에 에터는 다소 극성이다. 그러나 에터는 수소결합을 형성할 수 없기 때문에 그 녹는점과 끓는점은 알코올 이성질체의 그것보다 비슷한 분자량을 가진 탄화수소의 그것과 유사하다. 예로 에틸 에터(35ºC)의 끓는점은 펜테인(36ºC)의 그것과 유사하고 그 이성질체 1-뷰탄올(117ºC)보다는 상당히 낮다. 그러나 에터의 산소는 수소결합의 Lewis 염기 상대로 참여할 수 있다. 이것이 물에서 에터의 용해도가 유사한 알코올의 그것과 비슷하다는 이유가 된다. 예로 물에서 다이에틸 에터의 용해도가 8.4 g/100 mL이고 한편 1-뷰탄올의 용해도는 7.4 g/100 mL이다. 알코올의 경우에서와 같이 물에 대한 에터의 용해도는 알킬기의 크기가 증가할수록 감소한다.

에터로 알려진 다이에틸 에터는 마취제로 사용되어 왔다. 중요한 단점은 에터가 가연성이고 휘발성이라는 점이다. 공기와의 혼합물은 폭발할 수 있다. 이런 이유 때문에 에터는 메톡시플루레인과 같은 위험성이 적은 마취제로 대치되었다.

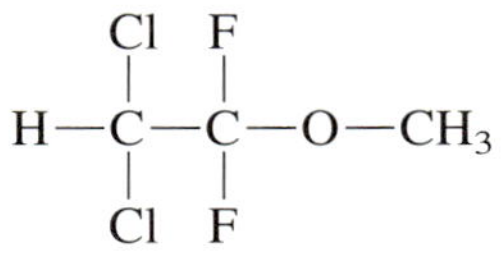


Methoxyflurane

유기시험실에서 에터의 주 용도는 반응에 대한 용매이다. 에터는 무극성이기 때문에 많은 유기화합물을 용해할 수 있고 산소에 있는 전자는 알카리 금속 양이온과 상호작용으로 염을 용해하는 데 돕는다. 더욱이 에터는 산이 아니며 반응성이 크지 않다. 이런 이유 때문에 특별히 에터는 강한 염기 시약을 포함하는 반응에서 유용하다. 다이에틸 에터 이외에 용매로 사용되는 다른 에터에는 1,2-다이메톡시에테인(DME)과 고리에터 테트라하이드로퓨란(THF) 및 1,4-다이옥세인이 있다.

$CH_3OCH_2CH_2OCH_3$

1,2-Dimethoxyethane
DME

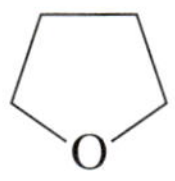


Tetrahydrofuran
THF

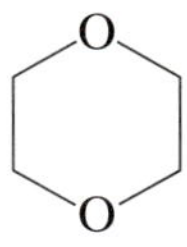


1,4-Dioxane

## 5.10 아민

아민은 1개 이상의 수소를 알킬기 또는 아릴기로 치환한 암모니아 유도체라고 생각할 수 있다. **1차 아민(primary amine)**은 1개 알킬 혹은 아릴기가 결합된 질소를 갖는다. **2차 아민(secondary amine)**은 2개의 기가 결합된 질소를 갖는다. **3차 아민(tertiary amine)**은 3개의 기, **4차 암모늄 염(quaternary ammonium salt)**은 4개의 알킬기가 결합된 질소를 갖는다. 여기서 1차, 2차 및 3차라는 용어는 다른 작용기에 있을 때와는 다른 의미를 갖는다. 아민의 경우에는 질소에 결합된 탄소기의 수를 의미한다. 알코올과 할로겐화 알킬의 경우에는 하이드록시 또는 할로겐 치환기에 결합된 탄소에 결합된 탄소기의 수를 나타낸다.

$CH_3CH_2CH_2CH_2NH_2$

Butylamine
1차 amine

$CH_3CH_2NHCH_2CH_3$

Diethylamine
2차 amine

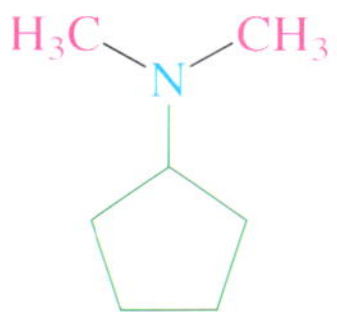

*N*,*N*-Dimethylcyclopentylamine
3차 amine

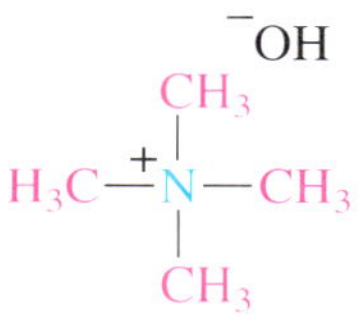

Tetramethylammonium hydroxide
4차 ammonium salt

간단한 아민에는 보통 속명이 사용된다. 이 이름에서 어미 -아민을 알킬기의 이름에 추가한다. 접두사 다이-, 트라이- 및 테트라-를 몇 개의 동일한 기가 질소에 결합될 때 사용된다. 질소에 결합된 다른 기를 가진 2차와 3차 아민에서 가장 큰 기에 어미 -아민을 사용한다. 수 대신에 N-을 질소에 결합된 다른 기를 나타내는 데 사용된다. 산과 아민의 반응으로 형성되는 이온결합 화합물을 암모늄 염이라고 부른다. 몇 가지 아민의 속명을 앞의 예에 나타냈다.

*N*,*N*-Dimethylpropylamine

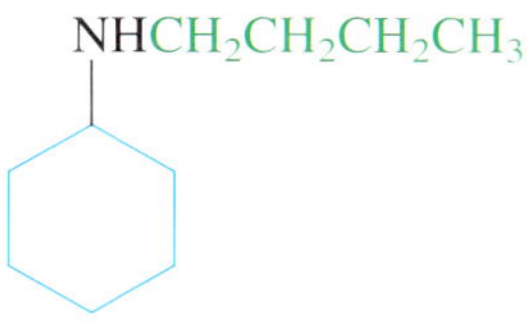

*N*-Butylcyclohexylamine

$CH_3CH_2CH_2\overset{+}{N}H_3\ Cl^-$

Propylammonium chloride

**문제 5.21** 다음 화합물을 명명하여라.

**a)** $CH_3CH_2CH_2NH_2$

**b)** 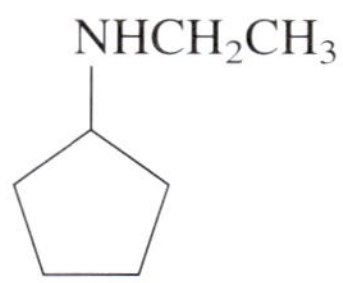

특별히 방향족 고리를 포함한 아민 혹은 질소가 고리의 일부인 아민에 대해 많은 관용명이 있다. 몇 가지 중요한 예는 다음과 같다.

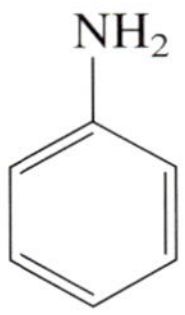


Aniline

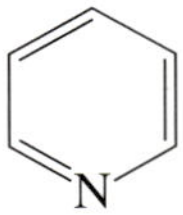


Pyridine

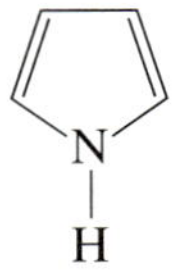


Pyrrole

더 복잡한 아민에 대해서는 체계적인 명명법이 적용된다. 이와 같은 이름은 알코올의 명명에 적용했던 것과 대단히 유사한 방법으로 이루어진다. 질소가 결합된 가장 긴 사슬을 어근으로 선택하고 질소가 결합된 탄소가 더 적은 번호가 되도록 번호를 붙인다. 어미-아민을 결합한다. 질소에 결합된 다른 기에는 접두사 *N*-을 사용한다.

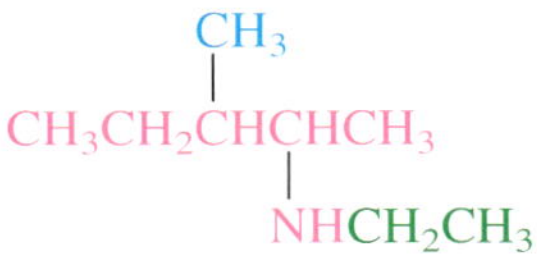


*N*-Ethyl-3-methyl-2-pentanamine

(질소에 결합된 탄소를 포함한 가장 긴 사슬을 어근으로 선택하고 질소에 근접한 말단으로부터 번호를 붙인다. 에틸기 역시 질소에 결합되어 있다는 것을 나타내기 위하여 수 대신에 접두사 *N*-을 사용한다.)

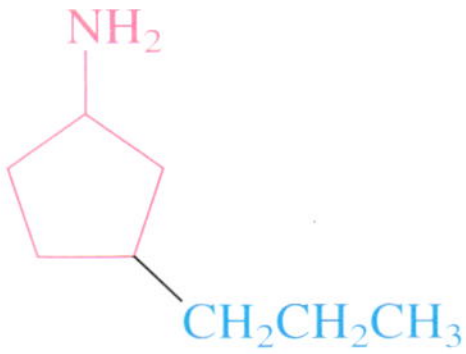


3-Propylcyclopentanamine

(질소에 결합된 탄소에서 번호 붙임을 시작한다.)

탄소-탄소 이중결합과 삼중결합 이외에 다른 한 작용기만이 이름에서 어미로 지정될 수 있다. 예로 화합물이 알코올과 아민 작용기를 가지면 그 중 하나만이 어미로 지정될 수 있다. 다른 것은 접두어를 사용하여 기로 명명해야 한다. 알코올 작용기는 아민 작용기보다 우선권을 가지므로 질소기는 알코올의 주 사슬에 있는 아미노-기(혹은 알킬아미노-기)로 명명한다. 다음에 그 예를 나타냈다.

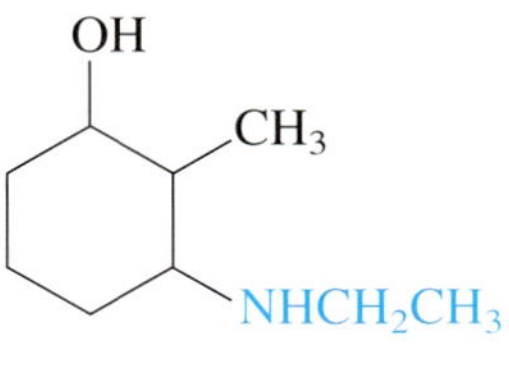


3-Ethylamino-2-methylcyclohexanol

(하이드록시기는 아미노기보다 우선권이 있고 어미와 번호 붙임을 결정하는데 사용된다.)

**문제 5.22** 다음 화합물을 명명하여라.

a) 

b) 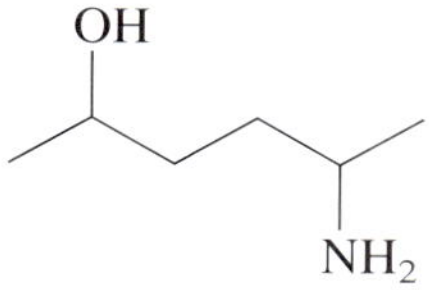

**문제 5.23** 다음 화합물의 구조를 써라.

**a)** 브롬화 다이메틸암모늄 **b)** *N*-메틸\-3-(1-메틸프로필)-2-옥탄아민

질소가 있기 때문에 아민은 극성 화합물이다. 녹는점과 끓는점은 비슷한 분자 질량을 가진 탄화수소의 그것보다 더 높다. 알코올과 같이 1차와 2차아민은 수소결합을 형성할 수 있다. 그러나 질소는 산소보다 전기음성도가 작기 때문에 아민의 경우에서 수소결합의 세기는 더 약하다. 그 결과 1차와 2차 아민의 끓는점은 유사한 알코올의 끓는점보다 상당히 낮다. 예로 뷰틸아민은 78°C에서 1-뷰탄올은 117°C에서 끓는다. 3차 아민 분자는 질소에 결합할 수소가 없으므로 서로 수소결합을 형성할 수가 없다. 그러므로 3차 아미의 물리적 성질은 에터의 성질과 유사하다. 분자량이 적은 아민은 암모니아 혹은 생선과 같은 냄새를 가지며 어떤 것은 대단히 불쾌한 냄새를 가진다. 카다베린과 푸트레신의 냄새를 상상해보라.

$NH_2CH_2CH_2CH_2CH_2NH_2$ — Putrescine

$NH_2CH_2CH_2CH_2CH_2CH_2NH_2$ — Cadaverine

아민은 식물과 동물의 자연계에 널리 존재한다. 에핀에피린(아드레날린)과 같은 천연아민은 암페타민과 같은 몇 가지 합성 아민과 같이 동물에서 생리학적으로 활성이다. 니코틴과 모르핀과 같이 식물에 존재하는 아민은 염기성이고 산으로 추출하여 분리할 수 있기 때문에 **알칼로이드(alkaloid)**라 부른다. 식물에서 산 수용액으로 추출할 때 아민은 다음과 같은 방정식에 따라 양성자화된다.

$$RNH_2 + HCl \rightleftharpoons R\overset{+}{N}H_3\ \overset{-}{Cl}$$

생성된 염을 수용액에 용해하고 나머지 식물 물질로부터 용이하게 불리할 수 있다.

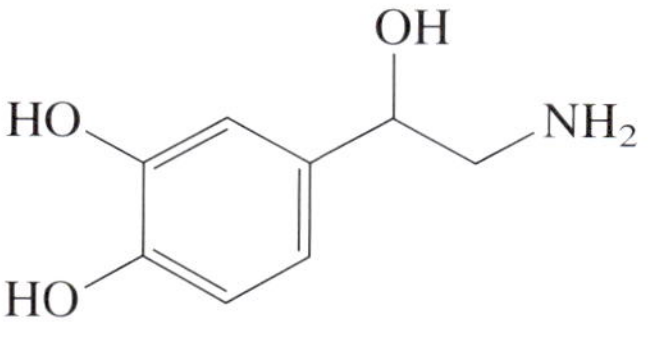

Epinephrine

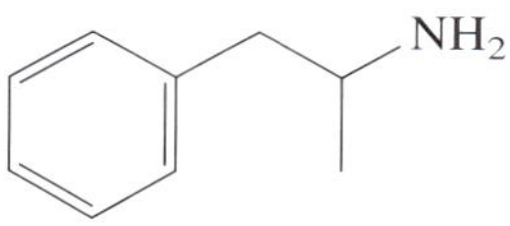

Amphetamine

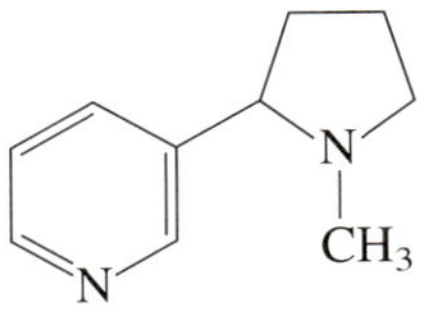

Nicotine

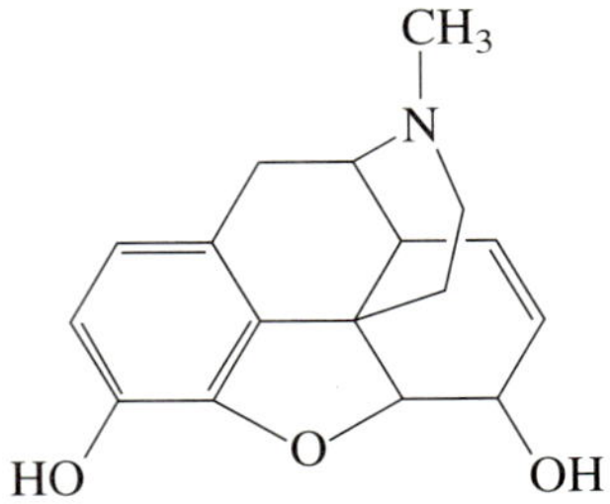

Morphine

## 추가문제

**5.24** 다음 화합물을 명명하여라.

**a)** 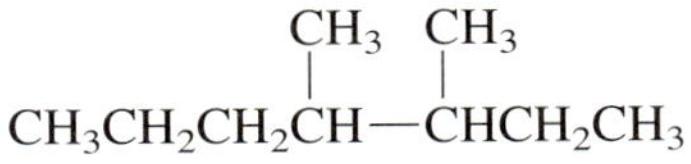

**b)** 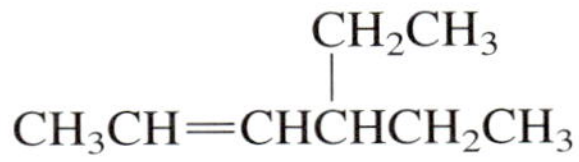

**c)** 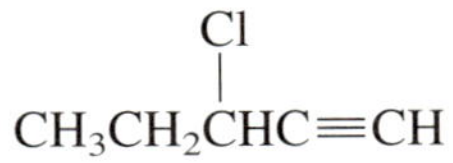

**d)** 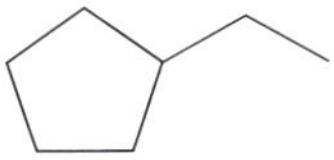

**e)** 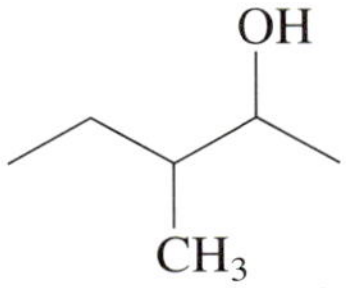

**f)** 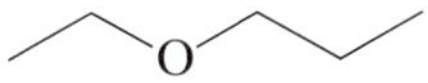

**g)** 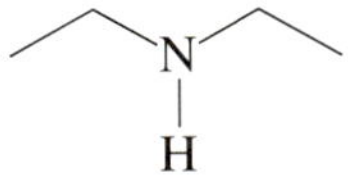

**5.25** 다음 화합물의 구조를 써라.

**a)** 5-에틸-4-메틸노네인 **b)** 2-메틸-1,3-헥사다이엔

**c)** 3-메틸사이클로펜탄올 **d)** 3-옥타인

**e)** *sec*-뷰틸사이클로헥세인 **f)** *tert*-뷰틸 알코올

**5.26** $C_6H_{14}$의 이성질체의 이름을 써라.

**5.27** 지적한 각 탄소원자가 1차, 2차, 3차 혹은 4차인지를 나타내어라.

a) 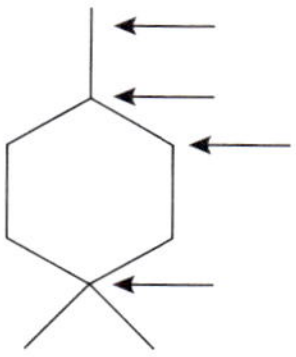

b) 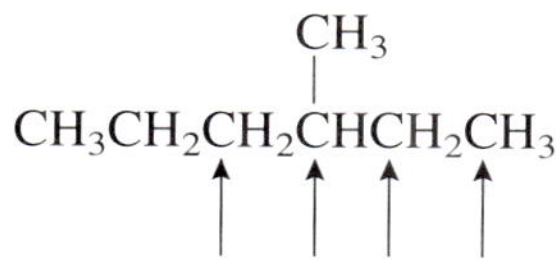


**5.28** 다음 요구에 맞는 화합물을 써라.

**a)** 1차 알코올 **b)** 3차 알코올 **c)** 2차 할로겐화 알킬 **d)** 2차 아민

**5.29** 다음 화합물의 이름에서 틀린 점은 무엇인가? 각 화합물에 대한 바른 이름을 써라.

a) 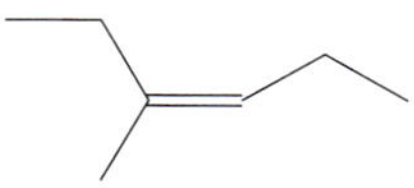

2-Ethyl-2-pentene

b) 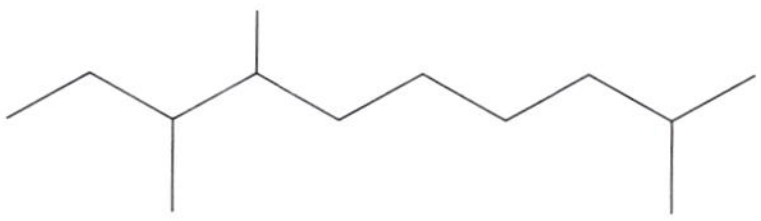

3,4,9-Trimethyldecane

c) 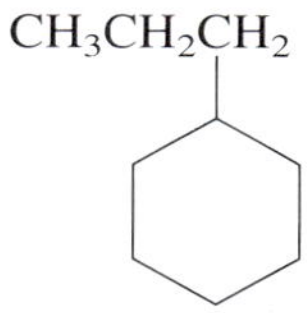


3-Cyclohexylpropane

d) 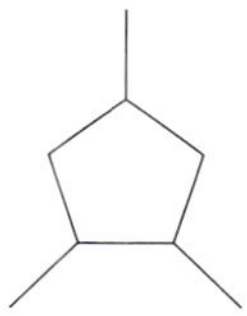

1,3,4-Trimethylcyclopentane

e) 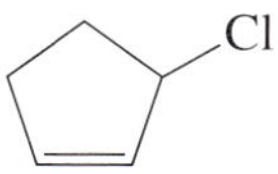


1-Chloro-2-cyclopentene

f) 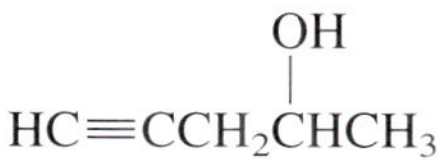


1-Pentyn-4-ol

g) 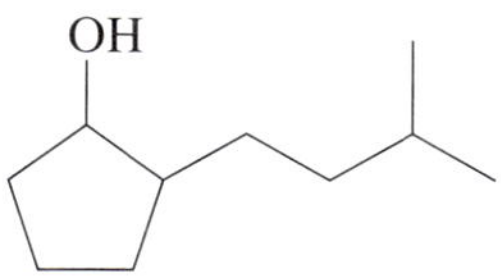


2-2-Methylbutylcyclopentanol

h) 

1-Methyl-1-pentenamine

i) 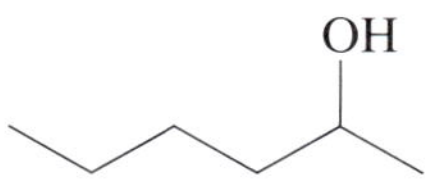


1-Methylpentanol

**5.30** 다음 화합물을 명명하여라.

**a)** 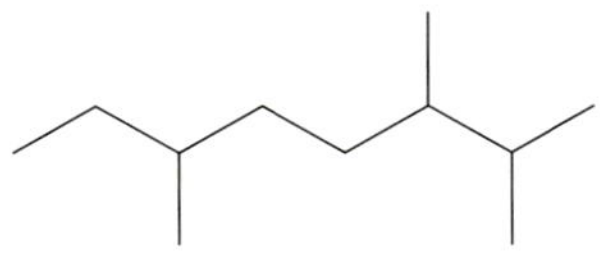

**b)** 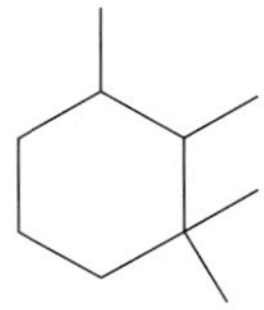

**c)** 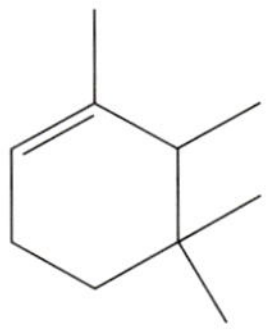

**d)** 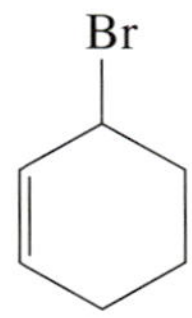


**e)** 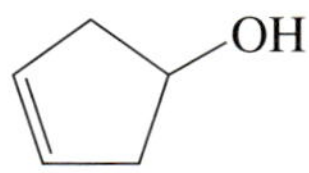


**f)** $CH_2{=}CHCH_2C{\equiv}CH$

**g)** 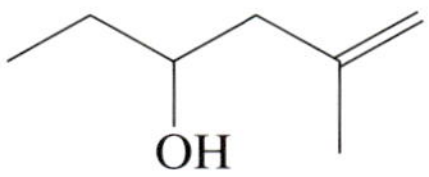


**h)** 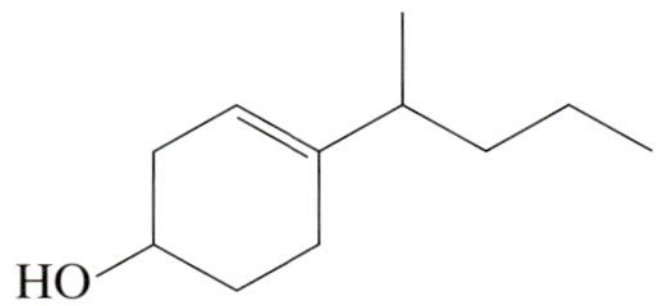


**i)** 

**j)** 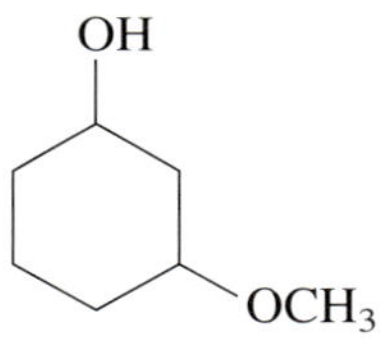


**k)** 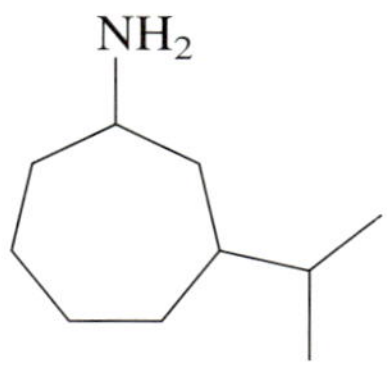


**l)** 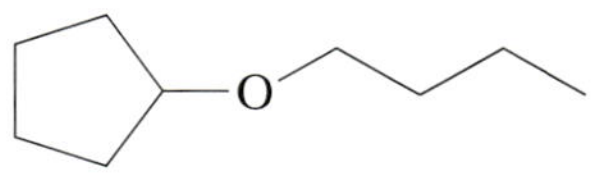


**5.31** 다음 화합물의 구조를 써라.

**a)** 1,5-다이브로모-2,2-다이클로로-4-에틸-4-메틸-3-헥산올

**b)** 2,2,5,5-테트라메틸사이클로헥스-3-엔올

**c)** *tert*-뷰틸아민

**d)** 1,2-사이클로펜테인다이올

**e)** 다이뷰틸 에터

**f)** *N*,*N*-다이에틸뷰틸아민

**g)** 3-아이소뷰틸사이클로펜탄올

**h)** 5-(1,2,2-트라이메틸프로필)노네인

**5.32** 다음 천연물에 대한 체계적인 이름을 써라.

**a)** 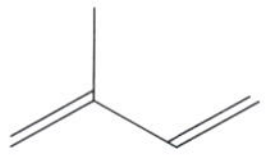 Isoprene

**b)** $\underset{\text{OH}}{CH_2}-\underset{\text{OH}}{CH}-\underset{\text{OH}}{CH_2}$ Glycerol (지방에서 얻음)

**c)** 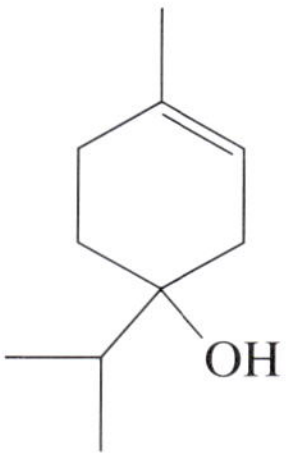 Terpinen-4-ol (a terpene)

**d)** 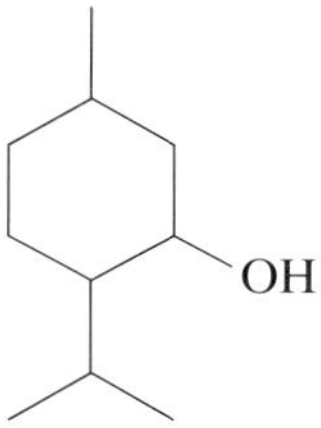 Menthol (박하유의 성분)

**e)** 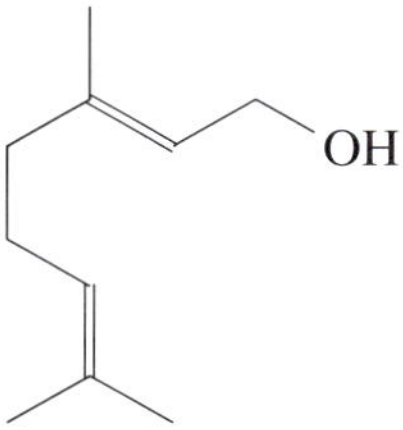 Geraniol (장미로부터 얻은)

**f)** $H_2NCH_2CH_2CH_2CH_2CH_2NH_2$ Cadaverine

**g)** $CH_3(CH_2)_2CH{=}CHCH{=}CH(CH_2)_8CH_2OH$ Bombykol (누에나방 암컷의 성유인제)

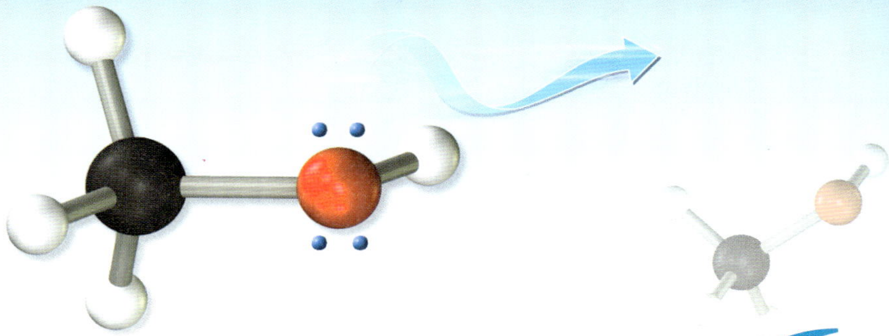

CHAPTER 6

# 입체화학 I:

## 시스-트랜스 이성질체와 회전배열

### 유기화학 숙달

- 시스-트랜스 이성질체 인식과 상대적 안정성의 평가
- 시스-트랜스 위치배열의 지정
- 단일결합에 대한 회전배열의 결정과 상대적 안정성의 평가
- 고리분자에서 스트레인의 형태와 상대적 양의 이해
- 사이클로헥세인 유도체의 의자 회전배열의 이해
- 사이클로헥세인 유도체의 회전배열의 상대적 안정성의 결정

1장에서 원자 주위의 결합에 대한 기하구조를 공부하였다. 예로 $sp^3$-혼성탄소의 4개의 결합은 사면체 기하구조를 갖는다. 이와 같은 탄소가 결합하면 어떤 현상이 일어날까? 다른 탄소에 있는 결합간의 기하학적 관계는 무엇인가? 분자의 전체모양은 무엇인가? 하나 이상의 모양이 가능한가? 그렇다면 그들은 에너지가 다른가? 상호변환이 가능한가? 그렇다면 얼마나 빠른가? 이것들과 다른 의문점들을 **입체화학(stereochemistry)** 혹은 유기분자의 삼차원적 구조를 다루는 이 장과 다음 장에서 대답해줄 것이다. 이 장에서는 새로운 형태의 이성질체, **입체이성질체(stereoisomer)**를 만나게 될 것이다. 구조이성질체와는 달리 입체이성질체는 같은 결합과 연결을 갖지만 결합의 삼차원적 배향이 다르다.

이 장에서는 화합물에서 탄소-탄소 이중결합으로 생기는 입체이성질체의 형태를 검토하기 시작할 것이다. 다음에 명명할 때 입체이성질체를 구별할 수 있는 방법을 제안하였다. 이어서 단일결합의 회전으로 생기는 다양한 형태의 분자모형을 논의하였다.

입체이성질체의 이해는 이 화합물들이 다른 물리적 성질과 다른 화학적반응을 가지기 때문에 대단히 중용하다. 한 이성질체와는 반응하고 다른 이성질체와는 반응하지 않는 반응이 있고 한 입체이성질체만을 생성하고 다른 이성질체는 생성하지 않는 다른 반응도 있다. 이 반응들은 실험실과 생체 내에서 일어나는 생화학반응들이다. 그러므로 입체화학의 이해는 유기화학에서 대단히 중요하다.

이차원적으로 나타낸 구조의 그림만을 살펴보고 유기분자의 삼차원적 모양을 이해한다는 것은 어렵다. 모델의 사용은 이 장에서 제안한 과제를 이해하는 데 도움이 된다.

## 6.1 시스-트랜스 이성질체

2-뷰텐의 구조를 쓴다고 생각해보자. 구조 $CH_3CH=CHCH_3$는 빨리 쓸 수 있다. 분자의 모양은 어떻게 나타낼 것인가 특히 이중결합을 포함하는 탄소결합의 기하 구조는 어떻게 될 것인가를 생각해보자. 3장에서 다룬 것처럼 이중결합의 각 탄소는 $sp^2$ 혼성이며 따라서 평면 삼각 기하구조를 갖는다. 더욱이 파이결합의 *p* 궤도함수가 최대 겹침이 되려면 이중결합의 두 탄소와 여기에 결합된 4개의 모든 수소가 같은 면에 놓이지 않으면 안 된다. 이와 같은 조건을 근거로 2-뷰텐을 그릴 수 있는 두 가지 방법이 있다. 한 구조는 두 메틸기를 이중결합의 같은 면에 있으며 다른 구조는 이중결합의 반대 면에 두 메틸기를 갖는다.

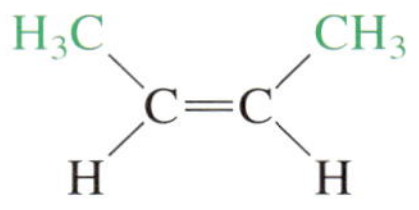

*cis*-2-Butene

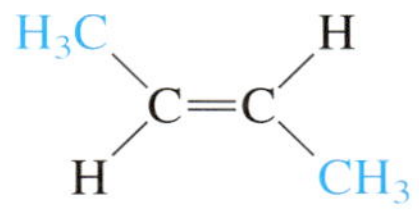

*trans*-2-Butene

| *cis*-2-Butene | | *trans*-2-Butene |
|---|---|---|
| 0.33 | 쌍극자 능률 | 0 |
| 4°C | 끓는점 | 1°C |
| −139°C | 녹는점 | −106°C |

이 구조는 같은 결합을 가지므로 구조이성질체이다. 그러나 이들은 삼차원에서 이 결합들의 배열이 다른 입체이성질체이다. 이중결합의 한 면과 다른 면에서 기의 배열이 다른 이와 같은 입체이성질체를 **시스-트랜스 이성질체(cis-trans isomer)**라 부른다. 시스-라는 용어는 이중결합의 같은 면에 같은 기를 가진 입체이성질체를 나타낼 때 트랜스-라는 용어는 같은 기가 반대 면에 있는 이성질체를 나타낼 때 사용된다. 2-뷰텐의 시스-와 트랜스-이성질체는 다른 화합물이며 다른 물리적, 화학적 성질을 갖는다. 예로 두 화합물 다 무극성 화합물이지만 시스-뷰텐은 작은 쌍극자 능률을 갖는다. 트랜스-2-뷰텐에서 작은 결합쌍극자의 벡터는 상쇄되어 그 쌍극자 능률은 영이 된다. 두 이성질체의 끓는점은 비슷하지만 트랜스-이성질체는 더 높은 온도에서 녹는다. 직선형 분자 모양을 가지고 있어서 결정격자로 더 잘 채워질 수 있기 때문이다.

한 시스-트랜스 이성칠체가 다른 이성질체로 변환되기 위해서는 그림 6.1에 나타낸 것처럼 탄소-탄소 이중결합이 회전하지 않으면 안 된다. 3장에서 논의 한 것처럼 이와 같은 회전은 파이결합의 *p* 궤도함수의 겹침이 감소한다. *p* 궤도함수가 서로 수직이 될 때까지 90°회전하며 알짜 겹침은 없다. 이 지점에서 파이결합은 절단된다. 이 과정에 역으로 회전이 계속되면 파이결합은 완전히 재형성되어 다른 이성질체가 생성된다. 3장에서 이 과정에서 필요한 에너지의 양은 탄소-탄소 이중결합의 세기와 단일결합의 세기의 차로 산출되며 대략 60 kcal/mol(250 kJ/mol)이다. 실온에서 얻을 수 있는 열에너지는 20 kcal/mol(84 kJ/mol)이다. 이 양보다 작은 활성화 에너지를 가진 반응은 실온에서 대단히 빨리 일어나고 한편 더 큰 에너지가 필요한 반응은 늦다. 그러므로 실온에서 시스-트랜스 이성질체의 상호변환은 대단히 느리다(너무 늦어서 반응이 일어나지 않는다고 할 수 있다). 시스-트랜스 이성질체는 분리할 수 있

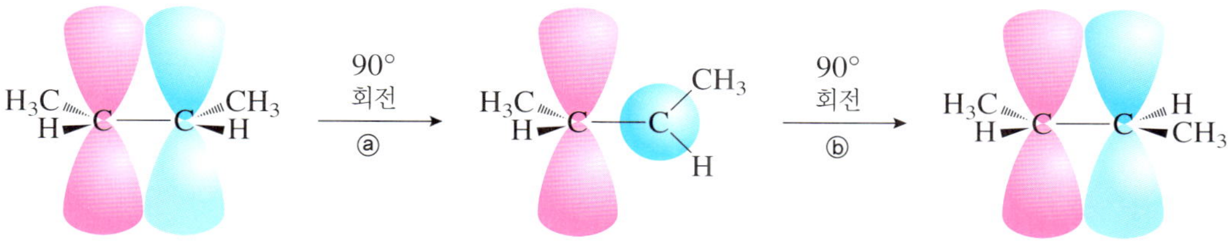


*cis*-2-Butene
(옆에서 본)

*trans*-2-Butene

시스-2-뷰텐의 파이결합의 $p$ 궤도함수는 종이 면에 있고 이중결합의 탄소원자에 결합되어 있는 원자에 의해 이루어진 면은 종이 면에 대해 수직이다. 트랜스-이성질체로 변환하기 위하여 이중결합의 한 탄소원자를 이중결합을 축으로 해서 회전해야 한다.

ⓐ 오른편 탄소를 90° 회전하면 중앙에 있는 구조가 생성된다. 왼편 $CH_3$—C—H에 의해 이루어진 면은 오른편에 있는 $CH_3$—C—H에 의해 이루어진 면에 대해 수직이다. 왼편 C의 적색 $p$ 궤도함수는 종이 면에 있고 오른편 C의 청색 $p$ 궤도함수는 종이 면에 대해 수직이다. 따라서 두 궤도함수는 서로 수직이다. 그러므로 이들 $p$ 궤도함수 간에는 겹침이 일어날 수 없고 파이결합은 절단된다.

ⓑ 오른편 탄소의 90° 회전으로 트랜스-2-뷰텐이 생성된다.

**그림 6.1 이중결합의 회전에 의한 시스-와 트랜스-2-뷰텐의 상호변환.**

고 각각의 성질을 연구할 수 있다.

시스-트랜스 이성질 현상을 나타내는 알켄은 이중결합의 한 말단에 있는 두 기가 달라야 하고 다른 말단의 두 기도 달라야 한다. 다음과 같은 구조에서 A는 B와 달라야 하고 D는 E와 달라야 한다. 이런 경우에 이중결합의 두 탄소를 입체중심이라 한다. **입체중심(stereocenter)** 혹은 **입체생성원자(stereogenic atom)**는 두 기를 교환하여 입체이성질체를 생성하는 원자로 정의한다.

시스-트랜스 이성질체가 존재하기 위하여:

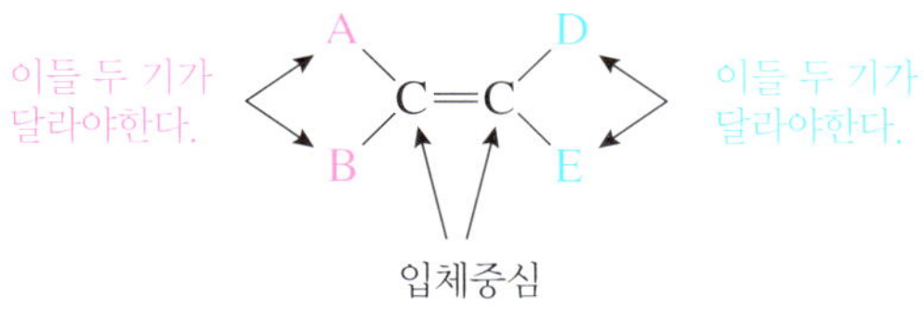


**문제 6.1** 다음 중 어느 화합물이 시스-트랜스 이성질 현상을 나타내는가? 이성질체가 존재하면 두 이성질체의 구조를 써라.

**a)** $CH_3CH_2CH{=}CHCH_3$ **b)** $CH_3CH_2CH{=}CH_2$

**c)** $CH_3C(CH_3){=}CHCH_3$ **d)** $CH_3C(Cl){=}CHCH_2CH_3$

2-뷰텐의 시스-트랜스 이성질체는 보통 다른 물리적 성질을 갖는다. 그러므로 다소 다른 안정성을 갖는 것도 놀라운 일이 아니다. 시스-2-뷰텐과 트랜스-2-뷰텐의 상대적 안정성은 이들 화합물이 수소와 반응할 때 생성되는 열을 비교하여 결정할 수

있다. (이 반응을 촉매가 필요하기 때문에 촉매 수소화반응이라 부른다.) 2-뷰텐의 경우 시스-트랜스 이성질체의 촉매 수소화반응으로 같은 생성물, 뷰테인을 생성한다.

시스-이성질체가 수소와 반응하면 28.6 kcal/mol(120 kJ/mol)의 열이 생성된다.

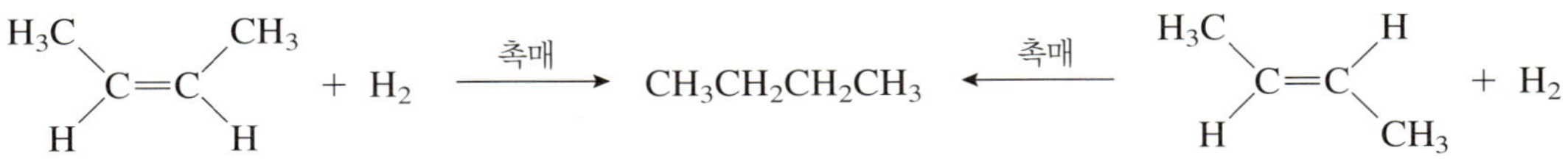


한편 트랜스-이성질체도 같은 반응에서 27.6 kcal/mol(115 kJ/mol)의 열을 생성한다. 두 반응에서 생성물은 같은 에너지를 가지므로 생성된 열의 차는 출발 알켄의 에너지 차에 기인한다. 시스-이성질체가 더 많은 열을 생성하므로 이것은 트랜스 이성질체보다 에너지가 더 높다(불안정). 그림 6.2에 나타낸 에너지 그림을 살펴보면 잘 이해할 수 있다. 트랜스-뷰텐과 수소는 뷰텐보다 27.6 kcal/mol 더 높은 에너지를 가지며 시스-2-뷰텐과 수소는 28.6 kcal/mol 더 높다. 이것은 시스-이성질체가 트랜스 이성질체보다 에너지가 1.0 kcal/mol(4.2 kJ/mol)더 높다는 것을 의미한다.

왜 시스-2-뷰텐은 트랜스-2-뷰텐보다 다소 불안정한가? 구조 이성질체는 다른 결합을 가지며 총 결합에너지는 다르리라 예측할 수 있다. 그러나 시스-트랜스 이성질체의 경우에는 결합이 같기 때문에 그 차이는 더 미세하다. 이런 경우에 에너지 증가는 분자 내의 스트레인에 기인한 것으로 평가된다. **무리(strain)**는 최적결합 기하구조로부터 벗어나게 하여 분자를 불안정하게 하는 인자이다.

다른 원자는 같은 공간 영역을 점유할 수가 없다. 결합되지 않은 원자가 서로 가깝게 접근(van der Waals 반경 내로)하면 서로 밀어낸다. 비결합원자가 너무 가깝게 접근하도록 압박한 구조를 가진 분자는 이 반발력을 부분적으로 해소하기 위하여 결합길이와 결합각이 뒤틀린다. 이것이 빈약한 궤도함수의 겹침을 일으키고 약한 결합과 높은 에너지의 불안정한 분자를 형성한다. 이런 형태의 불안정화 스트레인

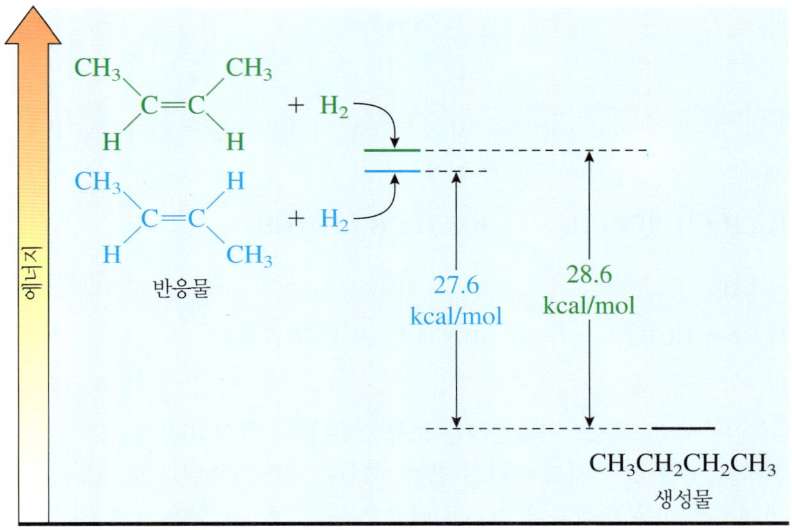


**그림 6.2** 이성질체 2-뷰텐의 촉매 수소화에 대한 에너지 그림

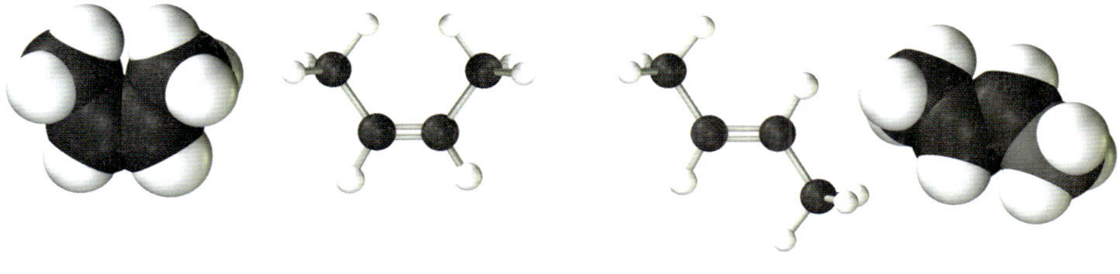

*cis*-2-Butene *trans*-2-Butene

그림 6.3 이성질체 2-뷰텐의 촉매 수소화에 대한 에너지 그림

을 **입체적 붐빔(steric crowding)** 혹은 **입체적 무리(steric strain)**라 한다. 시스-2-뷰텐이 트랜스-2-뷰텐보다 불안정하게 되는 이유는 이런 형태의 스트레인 때문이다. 시스-이성질체에서 메틸기의 수소는 이중결합의 경직한 기하구조 때문에 너무 가깝게 접근하도록 압박한다. 이것은 입체적 붐빔에 기인한 시스-이성질체의 작은 에너지 증가를 일으킨다.

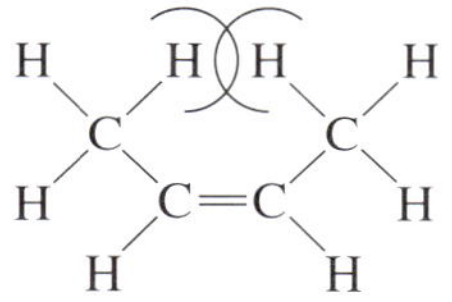

이중결합의 평면 기하구조는 각 메틸기의 수소가 너무 가깝게 접근하도록 압박하여 약간의 입체적 무리를 생성한다.

이 경우에 수소의 van der Waals 반경이 약간 겹쳐져서 스트레인에너지는 작다. 그러나 트랜스-이성질체는 이중결합의 반대 면에 큰 메틸기를 가지고 있어서 입체적 붐빔에 의한 불안정성은 없다. 시스-2-뷰텐의 입체적 상호작용의 존재와 트랜스-2-뷰텐의 이와 같은 상호작용의 부재는 원자의 상대적 크기를 나타낸 그림 6.3의 컴퓨터-생성 모델에서 더 잘 관찰할 수 있다. 알킬기만으로 치환된 알켄의 경우에 더 큰 알킬기를 가진 시스-트랜스 이성질체에서 트랜스가 더 안정화된다. 기하 이성질체 간의 에너지 차는 알킬기가 커질수록 증가한다.

**문제 6.2** 다음 화합물에 대한 시스-트랜스 이성질체의 구조를 쓰고 어느 것이 더 안정한가를 설명하여라.

**a)** $CH_3CH_2CH{=}CHCH_3$

**b)** 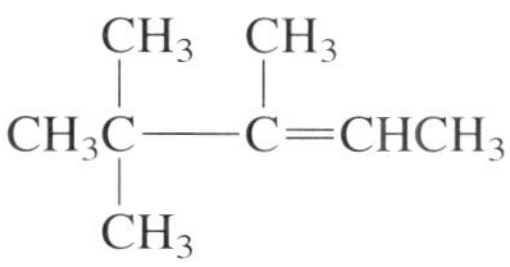

## 6.2 시스-트랜스 이성질체의 위치배열의 결정

분자에 있는 입체중심에서 기의 삼차원적 배열을 **위치배열(configuration)**이라 한다. 시스-트랜스 이성질체의 배열을 결정하는 한 가지 방법은 시스와 트랜스라는 용어를 사용하는 것이다. 그러나 이 용어는 많은 경우에 모호하다. 예를 들면 다음과 같은 이성질체 1-클로로-1-플루오로-1-프로펜은 시스-혹은 트랜스-입체이성질체인가?

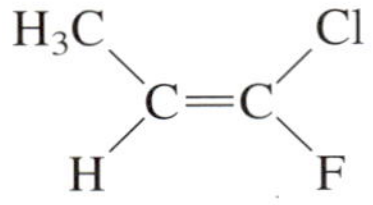


시스는 기준으로 사용되는 두 기가 이중결합의 같은 편에 있다는 것을 의미하고 트랜스는 반대편에 있다는 것을 의미한다. 그러나 어느 것이 기준기인가? 2-뷰텐의 경우에서와 같이 흔히 같은 두 기를 기준기로 사용한다. 그러나 앞의 예에서는 같은 두 기가 없다. 이와 같은 화합물의 위치배열을 결정하기 위하여 이중결합의 말단에 있는 두 기 중 어느 것이 더 높은 순위를 가지며 기준으로 사용할 수 있는지를 결정하는 일련의 규칙이 필요하다. 종래의 시스-트랜스 방법과 혼란을 피하기 위하여 새로운 방법은 높은-순위기가 이중결합의 같은 면 혹은 반대 면에 있는지를 나타내는 다른 용어를 사용한다. 높은-우선순위기가 이중결합의 같은 면에 있으면 ***Z***(독일어의 zusammen에서 왔으며 "함께"라는 의미이다)로 명명하고 반대 면에 있으면 그 위치배열은 ***E***(독일어의 entgegen에서 왔으며 "반대"라는 의미이다)로 명명한다.

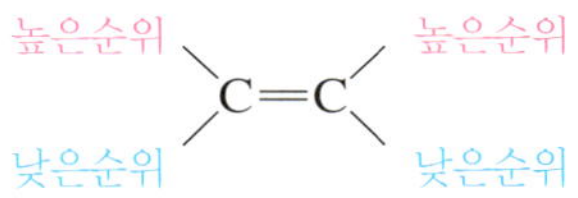


***Z***

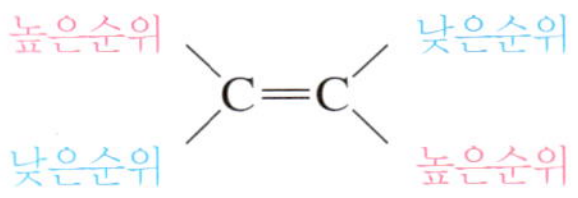


***E***

Cahn-Ingold-Prelog 순위 결정규칙으로 알려진 일련의 규칙에 의해 순위가 기에 배정된다. Cahn-Ingold-Prelog 순위 결정규칙은 이것을 개발한 세 화학자의 이름을 따서 명명되었다. 이 규칙은 이중결합의 탄소에 결합된 원자의 원자번호를 사용한다.

### ▶▶ 규칙 1

이중결합의 탄소에 결합된 두 원자 중 큰 원자번호를 가진 원자가 높은 우선순위를 갖는다.

이것은 앞에서 살펴본 입체이성질체 클로로프루오로프로펜의 위치배열을 결정하는 데 필요한 유일한 규칙이다. 이중결합의 왼편탄소에 결합된 두 원자에서 C가 H보다 큰 원자량을 가진다. 그러므로 메틸기는 수소보다 높은 우선순위를 갖는다. 오른편 탄소에서 Cl이 F보다 우선순위가 높다. 우선순위가 높은 기, $CH_3$와 Cl이 이중결합의 같은 편에 있으므로 이 입체이성질체의 위치배열은 *Z*이다. 화합물의 이름은 (*Z*)-1-클로로-1-플루오로-1-프로펜이다.

### ▶▶ 규칙 2

**탄소에 결합된 두 원자가 같다면 그것들에 결합된 원자들을 우선순위가 감소하는 순서를 비교한다. 첫 번째로 달라지는 점에서 결정된다.**

첫 번째로 달라지는점에 도달할 때까지 사슬의 원자에 대해 계속할 필요가 있다. 이 규칙의 응용을 다음 예에 나타냈다.

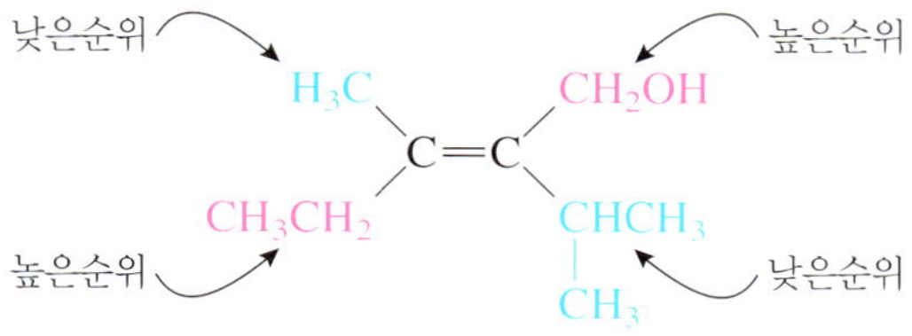


(*E*)-2-Isopropyl-3-methyl-2-penten-1-ol

이중결합의 이 끝에 있는 탄소에 결합된 원자는 다 탄소이다. 그러므로 이들 각 원자에 결합된 세 원자를 비교해야 한다. 위 C(메틸기의 C)에 결합된 원자는 H, H 및 H이다. 아래 C(에틸기의 $CH_2$의 C)에 결합된 원자는 C, H 및 H이다. 위 탄소에 있는 가장 우선순위가 높은 원자는 H이고 아래 탄소에서는 C이다. 따라서 아래에 있는 에틸기가 높은 우선순위를 가진다.

이중결합의 이 끝에 있는 탄소에 결합된 원자는 다 탄소이다. 위 탄소에 결합된 원자는 O, H 및 H이다. 아래 탄소에 결합된 원자는 C, C 및 H이다. 우선순위가 감소하는 순서에 따라 첫 번째 비교는 O대 C이다. O가 원자번호가 크므로 위의 기가 우선순위가 높다. 결정은 첫 번째 차이점에서 이루어진다. 아래 탄소에 결합된 두 번째 기는 위 탄소에 결합된 두 번째 기보다 원자번호가 크다는 사실은 결과에 아무런 영향을 미치지 못한다.

### ▶▶ 규칙 3

**이중결합과 삼중결합이 이중결합에 결합된 기의 일부분이면 그들을 각각 2개 혹은 3개의 단일결합으로 구성되어 있는 것처럼 처리한다.**

이것을 더 쉽게 가시화하는 방법은 이중결합의 두 번째 결합을 같은 종류의 원자에 대한 단일결합으로 대치한다. 다음 바이닐기에 대해 설명한 것처럼 이중결합의 두 대상에 대해 이루어진다.

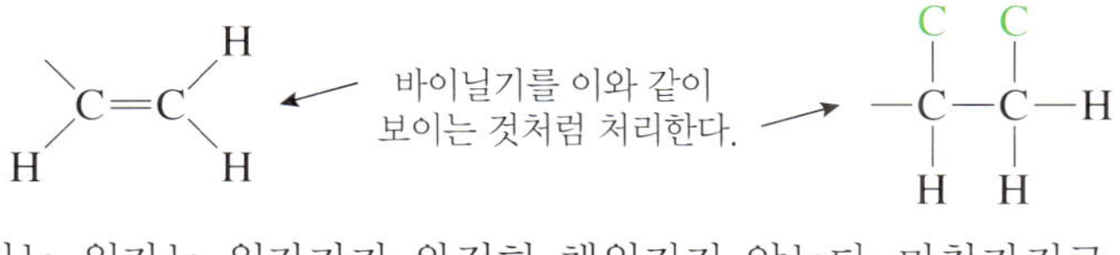


새로 가해지는 원자는 원자가가 완전히 채워지지 않는다. 마찬가지로 삼중결합의 제2, 제3 결합은 같은 종류의 원자에 대한 단일결합으로 대치된다. 시아노기에 대한 것을 다음 예에 나타냈다.

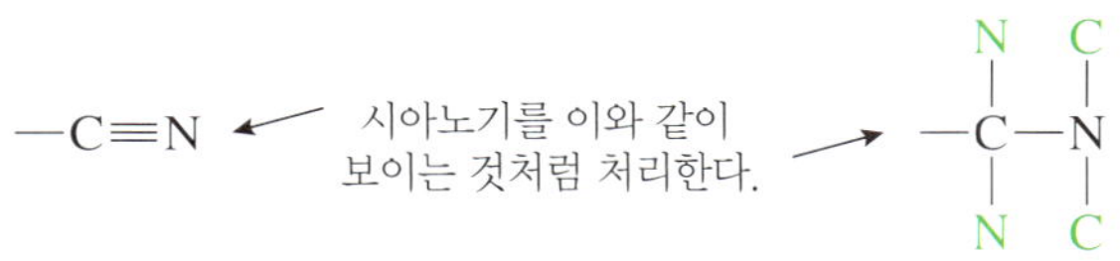


다음 예는 규칙 3의 사용을 설명하는 데 도움을 준다.

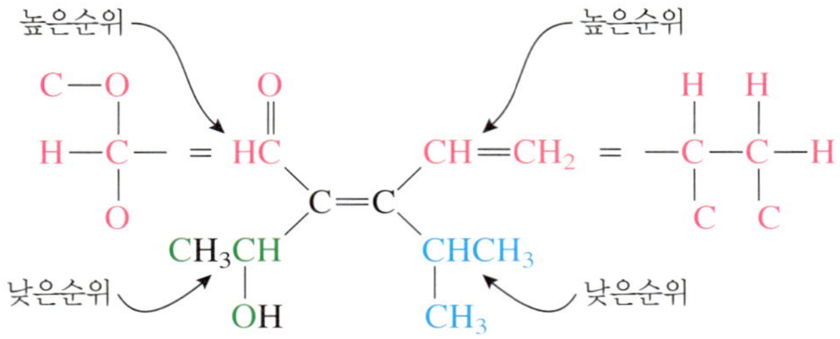


이중결합의 이 편은 위의 기(알데하이드)가 우선순위가 높다. 이 탄소는 O, O 및 H에 결합되고 한편 밑에 있는 탄소는 O, C 및 H에 결합되어 있다.

이중결합의 이 편은 위의 기(바이닐)가 우선순위가 높다. 이 탄소는 C, C 및 H에 결합되고 한편 밑에 있는 탄소도 동일하다. 바이닐기 밖의 다음 탄소는 C, H 및 H에 결합되고 한편 밑에 있는 기의 다음 탄소는 H, H 및 H에 결합되어 있다.

우선순위가 높은 기가 같은 편에 있기 때문에 이것은 (*Z*) – 이성질체이다.

---

**문제 6.3** 이들 기 중 어느 것이 우선순위가 더 높은가?

**a)** $-CH_3$ 또는 $-CH_2CH_3$

**b)** $-\overset{O}{\overset{\|}{C}}OH$ 또는 $-\overset{O}{\overset{\|}{C}}NH_2$

**c)** $-CH_2CH_2CH_3$ 또는 $-CH_2CH_2CH_2CH_3$

**d)** $-CH_2CH_2CH_3$ 또는 $-C\equiv N$

**e)** 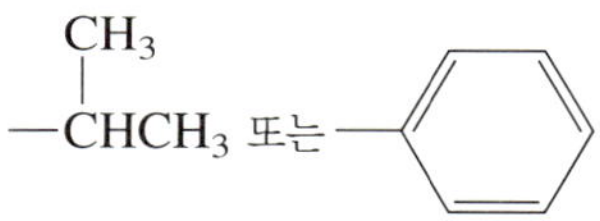

---

## 예제 6.1

이 알켄은 *Z* 혹은 *E* 위치배열을 가지겠는가?

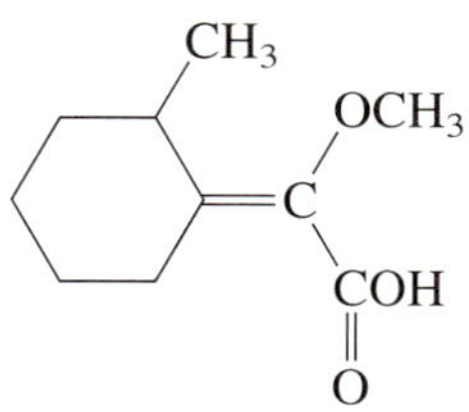

### 풀이

왼편에서는 위의 탄소가 우선순위가 높다. 위 탄소에는 2개의 C와 1개의 H가 결합되고 한편 아래 탄소에는 1개의 C와 2개의 H가 결합되어 있기 때문이다. 오른편의 위에 있는 기의 산소는 직접 탄소-탄소 이중결합에 결합되어 있고 아래에 있는 기의 탄소보다 우선순위가 높다. 우선순위가 큰 기가 같은 편에 있기 때문에 이 화합물은 (Z) – 이성질체이다.

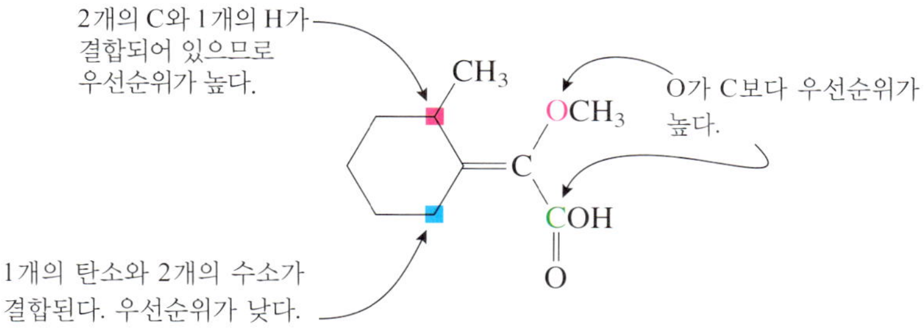


**문제 6.4** 다음 화합물을 $Z$ 혹은 $E$ 이성질체로 나타내어라.

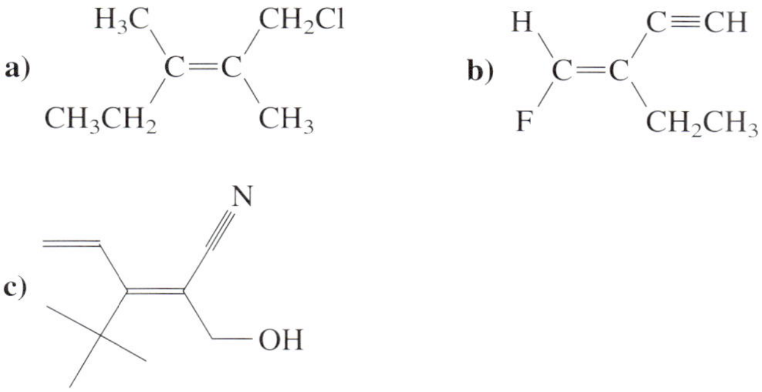

## 6.3 회전배열

이제 단일결합을 포함한 분자의 모양을 고려해보자. 3장에서 다룬 것처럼 단일결합에 포함된 원자는 결합을 형성하는 궤도함수의 겹침에 영향을 미치지 않고 결합 축 주위를 회전할 수 있다. 결합에너지가 영향을 받지 않기 때문에 원자는 단일결합 주위를 자유롭게 회전할 수 있다. 단일결합의 회전에 의해 가정할 수 있는 다양한 모양을 **회전배열(conformation)**이라 부른다. Derek Barton은 회전배열 분야의 연구로 1969년에 노벨상을 수상하였다.

간단한 예로 에테인의 경우를 생각해보자. 탄소-탄소 시그마결합 회전으로 이 분자에 대한 몇 가지 다른 회전배열을 갖는다. 그림 6.4에 이들 회전배열에 대한 두 극단을 나타내었다. **가리움 회전배열(eclipsed conformation)**은 한 탄소의 각 수소가 다른 탄소의 한 수소에 가능한 접근해 있다. **엇갈린 회전배열(staggered conformation)**은 한 탄소의 수소가 다른 탄소의 수소와 가능한 한 멀리 떨어져 있다. 다른 회전배열은 이 두 극단의 중간에 있다.

실험은 가리움 회전배열이 엇갈린 회전배열보다 다소 불안정(2.9 kcal/mol [12.1 kJ/mol])하다는 것을 나타내준다. 그 동안 이 관찰에 대한 다양한 설명이 제안되었다. 현재의 가설은 이 안정성의 차이는 가리움 회전배열보다 엇갈린 회전배열에서

그림 6.4 에테인의 ⓐ 가리움과 ⓑ 엇갈린 회전배열과 Newman 투영도.

**ⓐ 가리움 회전배열**

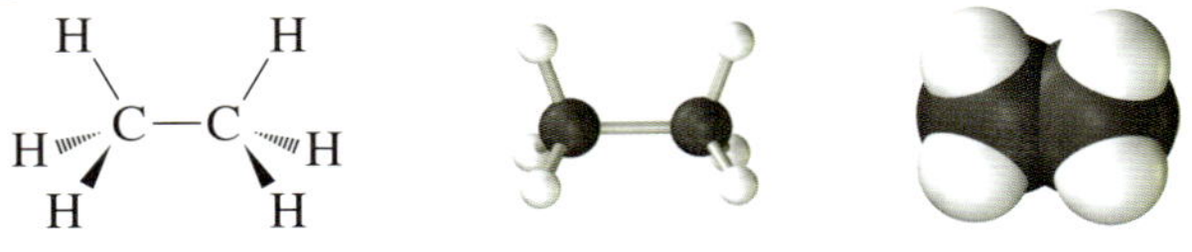

Ethane

에테인의 가리움 회전배열의 한 탄소에 있는 각 탄소-수소 결합은 다른 탄소의 탄소-수소 결합과 일치하고 있다. 분자의 끝이 앞을 향하게 하여 보면 이것을 더 쉽게 볼 수 있다. 다음과 같은 이런 그림을 Newman 투영도라 한다.

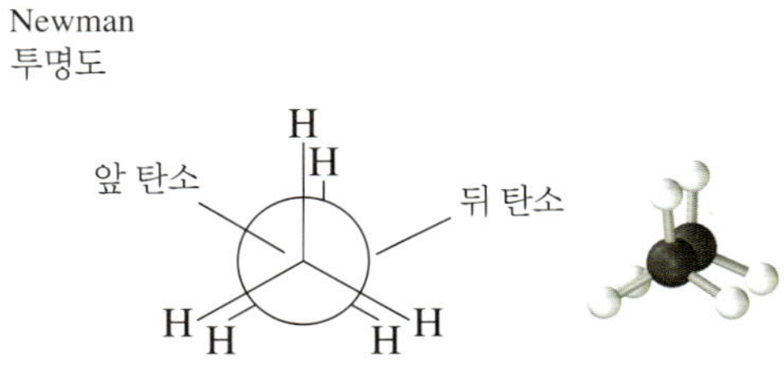


Newman 투영도에서 분자의 끝이 앞을 향하게 하여 보기 때문에 한 탄소는 다른 탄소의 바로 뒤에 있다. 앞 탄소는 3개의 탄소-수소 결합의 교차점으로 나타내며 뒤 탄소는 원으로 나타낸다. 뒤 탄소-수소 결합은 앞 탄소-수소 결합의 바로 뒤에 있다는 것을 쉽게 볼 수 있다.

**ⓑ 엇갈린 회전배열**

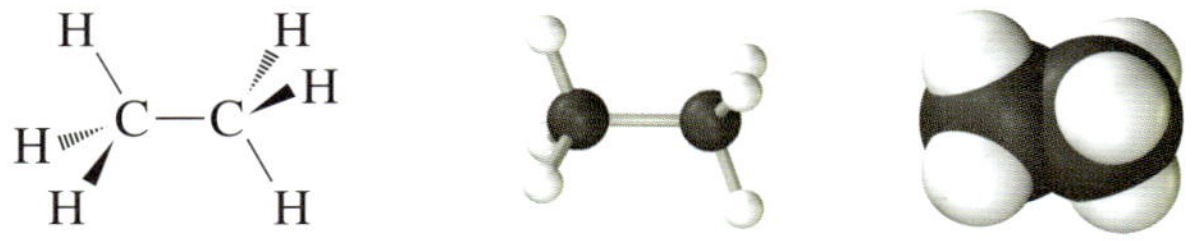

Ethane

에테인의 엇갈린 회전배열에서 한 탄소에 있는 탄소-수소 결합은 다른 탄소에 있는 두 탄소-수소 결합 사이의 각을 이등분한다. 이것도 Newman의 투영도로 잘 볼 수 있다.

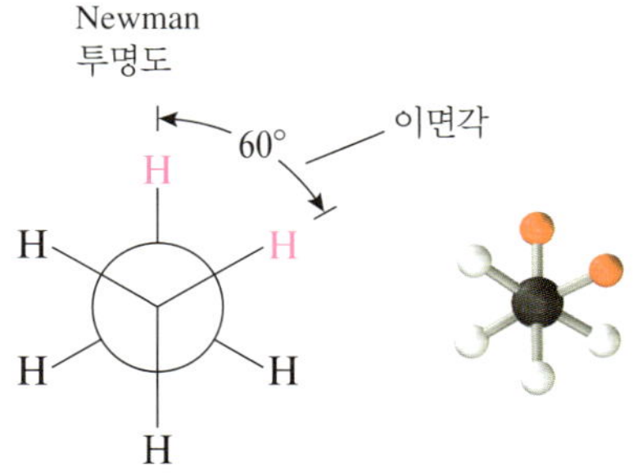


각 탄소-수소 결합이 어떻게 다른 탄소에 있는 두 탄소-수소 결합 사이의 각을 이등분하는가를 주목하여라. 앞 탄소의 각 수소는 뒤 탄소의 두 수소 사이에 완전히 엇갈려 있다. 뒤 탄소의 수소는 같은 방법으로 엇갈려 있다. 이면각(dihedral angle)은 평평한 투영도에서 앞 탄소에 있는 표지기와 뒤 탄소에 있는 표지기 사이의 각으로 정의한다. 이 경우에 적색 수소는 표지기이고 이면각은 60°이다.

분자궤도함수간의 더 유리한 상호작용에 의해 생긴다는 것이다. 이 시점에서 이 설명에 대해 더 깊이 관여할 필요가 없다. 중요한 것은 엇갈린 회전배열이 가리움 회전배열보다 더 안정하다는 사실이다. 가리움결합에 의해 생기는 불안정성을 **비틀림**

**무리(torsional strain)**라 한다. 3개의 탄소-수소 결합 가리움쌍과 이런 상호작용에서 생기는 총 에너지 증가는 2.9 kcal/mol(12.1 kJ/mol)이기 때문에 각 가리움 상호작용은 가리움 회전배열을 약 1 kcal/mol(4 kJ/mol)만큼 불안정화 한다.

에테인의 탄소-탄소 결합의 회전으로 회전배열의 에너지에 어떤 현상이 일어날 것인가를 고려해보자. 가리움 회전배열에서는 초기에 에너지가 가장 높은 점에 있다. 회전이 일어나면 엇갈린 회전배열에서 에너지는 점점 감소하여 60° 회전에서 최소가 된다. 회전을 계속하면 120° 회전에서 새로운 가리움 회전배열에 도달할 때까지 에너지는 증가한다. 이 과정은 360° 회전이 진행되는 동안 두 번 반복된다. 이 회전에서 이면각에 대한 에너지의 도시를 그림 6.5에 나타냈다. 엇갈린 회전배열을 이 그림의 최소에 위치하고 가리움 회전배열과는 2.9 kcal/mol(12.1 kJ/mol)의 에너지 언덕으로 분리된다. 실온에서 20 kcal/mol(83.7 kJ/mol)의 열에너지를 얻을 수 있으므로 엇갈린 회전배열에 있는 에테인 분자는 가리움 회전배열이 의해 제기된 에너지 장벽을 넘을 수 있는 충분한 에너지를 얻을 수 있다. 이 회전을 실온에서 대단히 빨리 일어난다. 대부분의 단일결합회전에 대한 장벽은 3~5 kcal/mol(12~21 kJ/mol) 범위에 있으므로 대부분의 단일결합에 대한 회전은 빨리 일어난다. 그러므로 다른 회전배열은 분리할 수 없으므로 이성질체로 간주될 수 없다.

다음에 프로페인의 경우를 생각해보자. 회전배열 분석은 두 동일한 탄소-탄소 결합의 어느 하나에서 이루어질 수 있다. 엇갈림과 가리움의 두 극단 회전배열이 존재한다. 에테인의 경우와의 다른 점은 2개의 수소-수소 가리움 상호작용과 1개의 수소-메틸 가리움 상호작용이다.

그림 6.5 에테인의 회전배열에서 이면각에 대한 에너지의 도시.

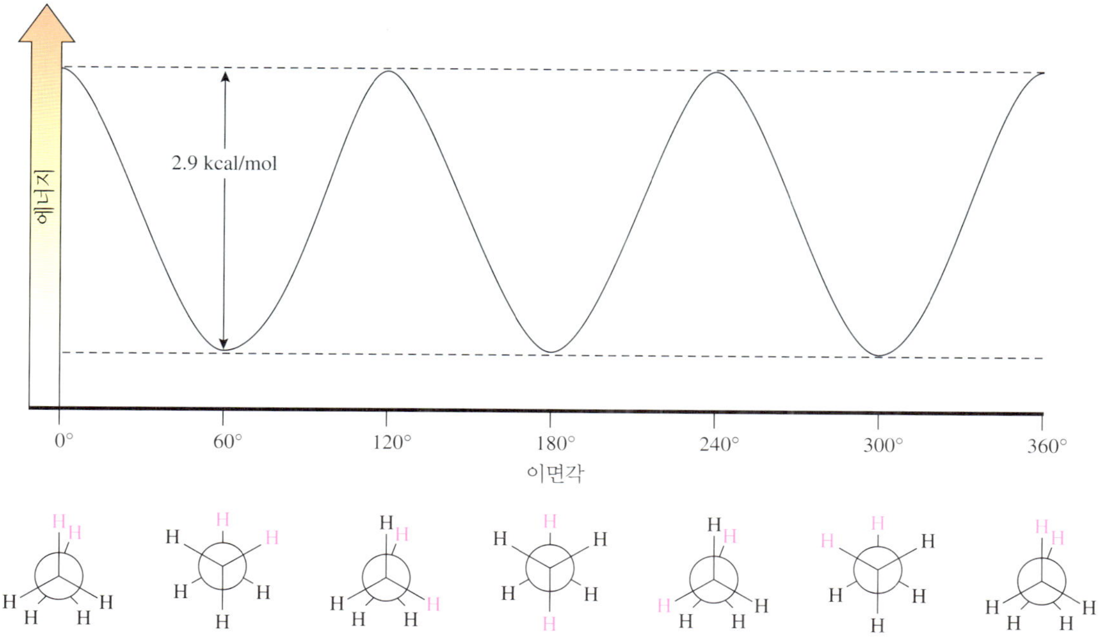

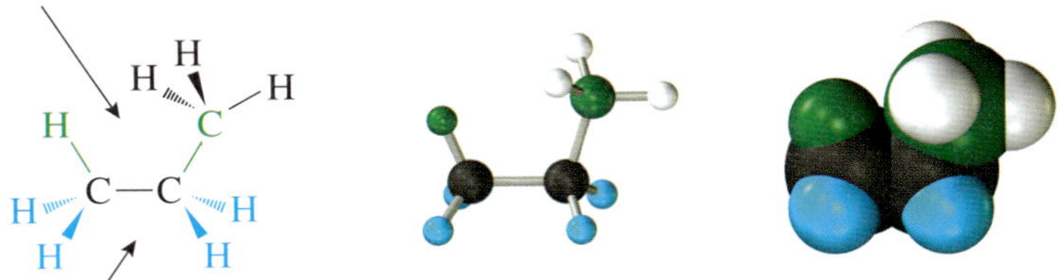


Propane

가리워진 메틸과 수소 사이의 반발은 두 수소 사이의 반발보다 다소 크다. 사실 프로페인의 가리움 회전배열은 엇갈린 회전배열보다 3.3 kcal/mol(13.8 kJ/mol) 더 에너지가 높다. 에테인의 경우에서와 같이 이 값에 각 H가 H와의 상호작용으로 1 kcal/mol(4 kJ/mol) 기여를 한다면 메틸과 수소 사이의 가리움 상호작용은 반발에너지에 약 1.3 kcal/mol(5.4 kJ/mol) 기여해야 한다. 이것은 일차적으로 C — H결합과 C — C결합 사이의 비틀림무리에 기인하며 탄소의 수소와 메틸기의 수소 사이의 작은 입체적 스트레인에 기인한다. 프로페인의 이면각에 대한 에너지의 도시는 엇갈린 회전배열과 가리움 회전배열과의 에너지 차가 3.3 kcal/mol이라는 것 이외에는 에테인의 그것과 동일하다.

**문제 6.5** 프로펜의 한 C — C결합의 회전배열에 대한 이면각 대 에너지를 도시하여라.

뷰텐은 더 복잡한 예이다. 여기서는 두 다른 형태의 탄소-탄소 결합이 있다. 탄소 1과 탄소 2(또는 탄소 3과 탄소 4) 사이의 회전에 의해 얻어지는 회전배열 분석은 프로페인의 분석의 경우와 대단히 유사하다. 메틸기보다는 한 탄소에 에틸기가 있다는 차이가 있다. 그러나 탄소 2와 탄소 3사이의 결합에 대한 회전배열 분석이 더 흥미 있는 경우를 마련해준다. 이 경우에 각 탄소는 1개의 메틸기와 2개의 수소를 갖는다. 다른 상호작용을 일으키는 다양한 회전배열을 그림 6.6에 나타냈다.

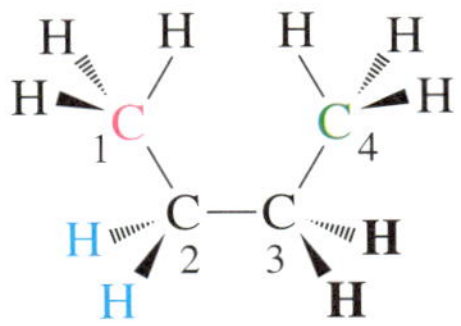

Butane

뷰테인의 C2–C3결합에 대한 회전배열 분석은 각 탄소에 메틸기와 2개와 수소가 결합되어 있기 때문에 전의 예보다 더 복잡하다. 몇 가지 다른 상호작용이 회전배열에서 일어난다.

메틸기를 이면각의 표지기로 사용하여 이들 회전배열의 에너지 도시를 그림 6.7에 나타냈다. 이 그림에서 가장 낮은 에너지 최소는 안티 회전배열이다. 두 고우시

**그림 6.6** 뷰테인의 회전배열

**ⓐ 안티 회전배열**

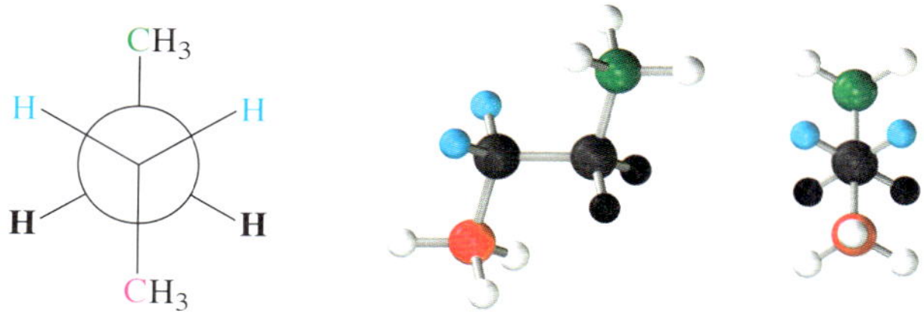


Butane

이 경우에 메틸기, 두 기는 이면각이 180°이며 안티라고 한다. 안티 회전배열은 뷰테인의 가장 안정한 회전배열이다. 이것은 엇갈림 배열이고 2개의 큰 메틸기가 가능한 한 가장 멀리 떨어져 있기 때문이다.

**ⓑ 고우시 회전배열**

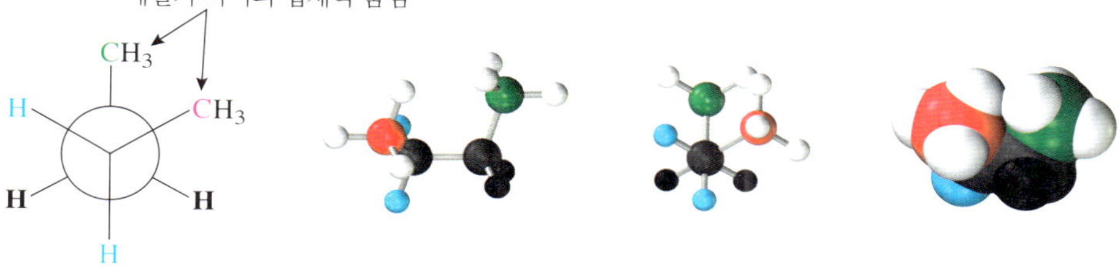


그들 사이의 이면각이 60°이면 두 기는 고우시가 된다고 말한다. 고우시 회전배열은 안티 회전배열보다 0.8 kcal/mol(3.3 kJ/mol) 에너지가 더 높다. 엇갈려 있기 때문에 비틀림 무리는 없다. 더 높아진 에너지는 붐비는 메틸기의 상호작용에 의해 생기는 적은 양의 입체적 무리에 기인한다.

**ⓒ 가리움 회전배열**

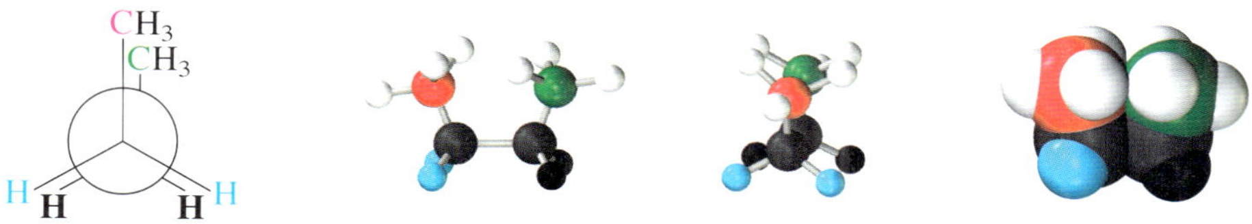


이 가리움 회전배열은 H와 가리움 상호작용을 하는 2개의 H와 $CH_3$와 가리움 상호작용을 하는 1개의 $CH_3$를 갖는다. 메틸기 사이의 가리움 상호작용은 수소간의 상호작용보다 더 불안정화한다. 이 회전배열은 안티 회전배열보다 약 4.5 kcal/mol(19 kJ/mol) 더 불안정하다. 에테인의 경우에서와 같이 H와 2개의 H와의 상호작용은 이 값에 대해 각각 1 kcal/mol 기여하고 $CH_3$와 $CH_3$의 상호작용은 나머지 2.5 kcal/mol (10.5 kJ/mol)기여한다. 이 값은 비틀림 무리와 입체적 무리에 기인한다.

**ⓓ 가리움 회전배열**

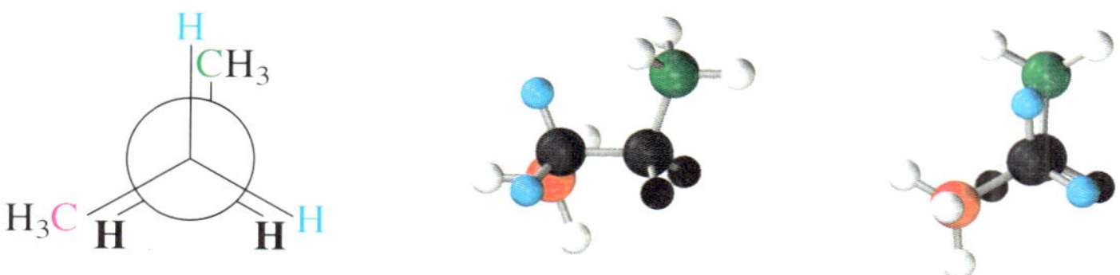


이 가리움 회전배열은 H와 상호작용하는 2개의 $CH_3$와 H와 상호작용하는 1개의 H를 갖는다. 여기서 H와 $CH_3$의 상호작용은 프로페인의 경우에 작용했던 같은 양의 에너지(1.3 kcal/mol)를 기여한다면 이 회전배열은 3.6 kcal/mol(15 kJ/mol)만큼 불안정화될 것으로 기대된다. 이 값은 실험치 3.7 kcal/mol (15.5 kJ/mol)과 잘 일치한다.

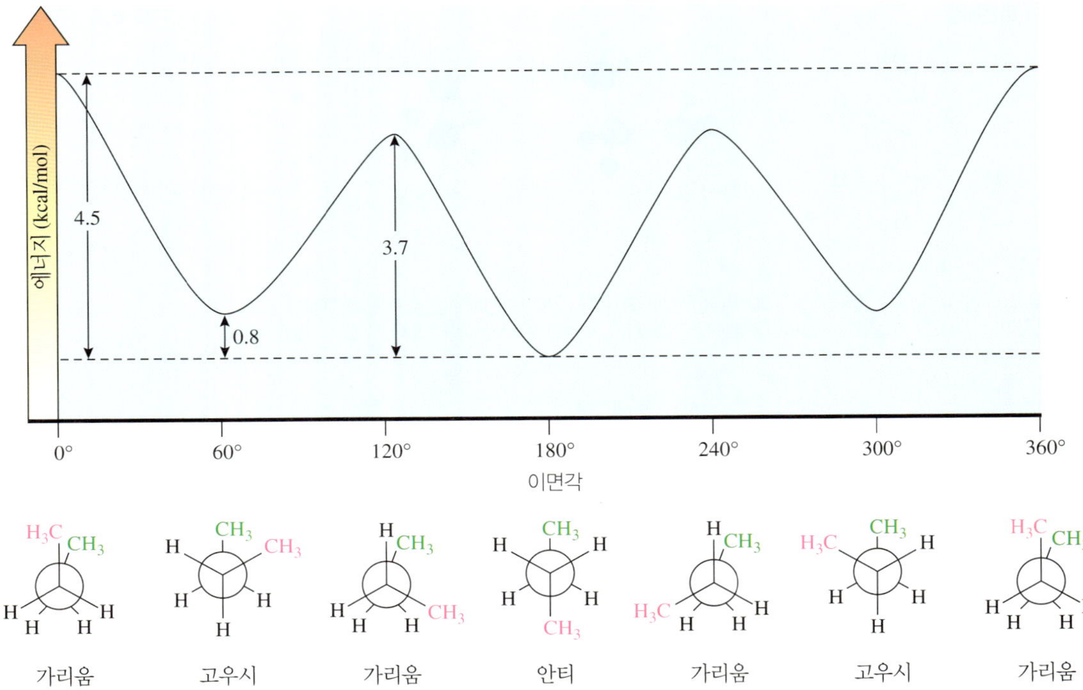


그림 6.7 **뷰테인의 회전배열에 대한 이면각 대 에너지 도시.**

회전배열에서 역시 최소를 나타내며 안티 회전배열보다 0.8 kcal/mol(3.3kJ/mol) 더 불안정하다. 메틸기가 가리워진 배열에서 가장 높은 에너지 장벽은 안티배열보다 4.5 kcal/mol(19 kJ/mol) 에너지가 더 높다. 그러므로 실온에서 이 탄소-탄소 결합의 회전은 대단히 빠르다. 고우시와 안티 회전배열은 평형에 있으며 이 경우에 분자의 70%가 더 안정한 안티 회전배열에 있다.

## 예제 6.2

2-메틸뷰테인의 C2 — C3에서 회전배열에 대한 이면각 대 에너지를 도시하여라.

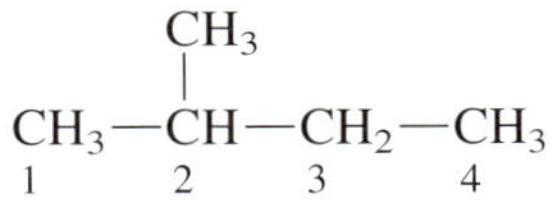

### 전략

Newman 투영도를 사용하여 C2 — C3결합의 회전배열을 그리기 시작한다. 가리움 회전배열에서 출발하여 앞 탄소(혹은 뒤)를 60° 회전한다. 같은 방향으로 탄소를 계속 회전하여 60° 회전할 때마다 회전배열을 그리고 전체회전이 360°가 되어 원래의 회전배열에 도착할 때까지 계속한다. 이제 회전배열의 에너지를 지정한다. 일반적으로 가리움 회전배열은 엇갈린 회전배열보다 에너지가 높다. 큰 기가 가리워진 회전배열은 작은기가 가리워진 회전배열보다 에너지가 더 높다. 다음에 엇갈린 회전배열의 에너지를 평가한다. 고우시 상호작용의 수가 증가하면 회전배열의 에너지가 증가한다.

**풀이**

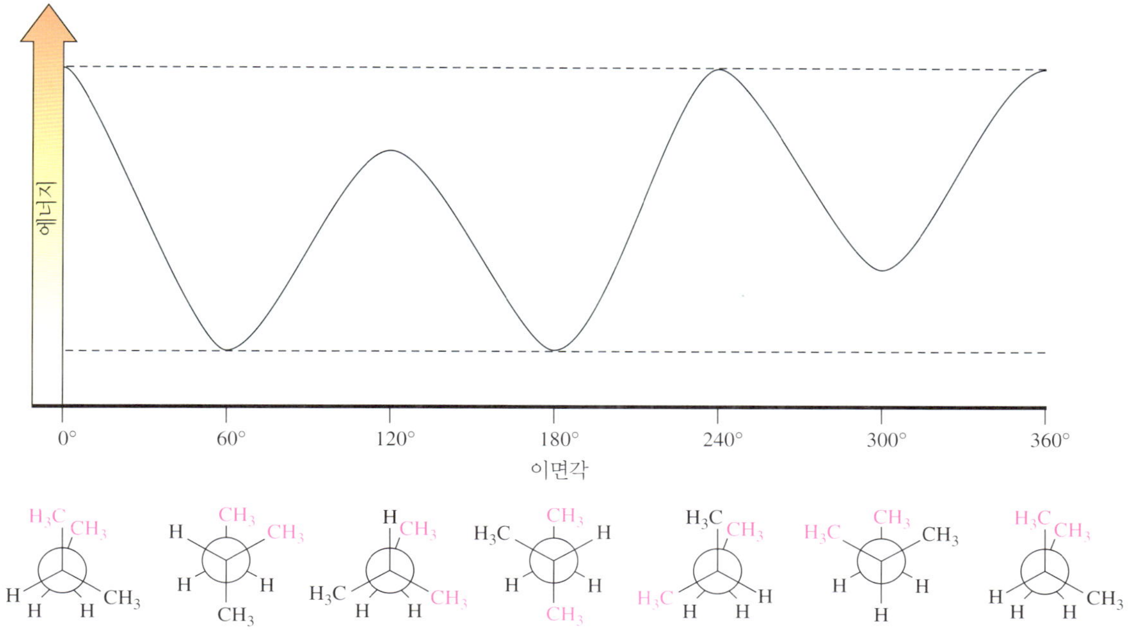


먼저 3개의 가리움 회전배열을 조사한다. 0°와 240° 회전배열은 $CH_3$와 $CH_3$, $CH_3$와 H, 1개의 H와 H 가리움 상호작용을 가지므로 그들은 같은 양의 무리에너지를 갖는다. 120° 회전배열은 3개의 $CH_3$와 H 상호작용을 가지므로 다른 배열보다 무리에너지가 더 작다. 즉 에너지가 낮다. 60° 상호작용과 180° 상호작용 엇갈린 회전배열은 1개의 고우시 상호작용을 가지므로 두 고우시 상호작용을 가진 300° 상호작용 엇갈린 회전배열보다 에너지가 낮다.

**문제 6.6** 2,3-다이메틸뷰테인의 C2 — C3결합에서 가장 높은 에너지 회전배열의 Newman투영도를 그려라.

다른 알케인의 회전배열 분석도 같은 방법으로 이루어진다. 직선형 알케인에 대한 가장 안정한 회전배열은 모든 탄소-탄소 결합에서 안티인 소위 지그재그 회전배열이다. 헥세인에 대한 지그재그 회전배열이 다음과 같다.

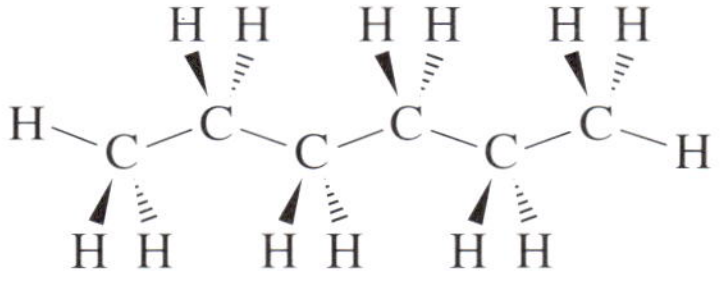

Hexane

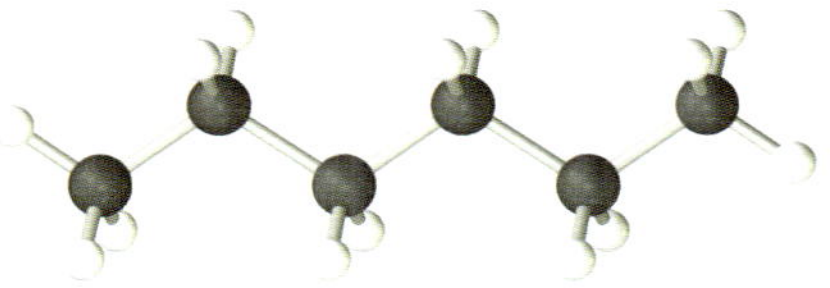

탄소-탄소 결합의 자유 회전은 1개 이상의 이들 결합에 대해 고우시인 많은 다른 결합을 형성한다. 지그재그 회전배열이 가장 안정한 배열이기는 하지만 많은 다른 회

전배열도 약간 에너지가 높을 뿐 실온에서 쉽게 얻을 수 있다. 각 분자의 모양은 다양한 가능성이 있는 형태로 재빨리 변한다. 끝으로 극성 치환기의 존재는 쌍극자와 수소결합 간의 상호작용 때문에 회전배열 선택에 극적효과를 미치며 복잡하게 한다. 이와 같은 인자는 모양뿐만 아니라 효소와 다른 단백질과 같은 복잡한 생물학적 분자의 작용의 조절을 돕는다.

## 6.4 고리분자의 회전배열

탄소사슬이 고리를 형성하기 때문에 사이클로알케인은 비고리 알케인보다 덜 유동성이다. 회전배열의 수는 극적으로 감소한다. 더욱이 사이클로알케인은 모양이 고정되어 있어서 상당한 무리에너지를 갖게 된다. 실험실에서 이 무리에너지를 측정하는 한 방법은 열량계에서 알케인을 연소하여 그때 생성하는 열(연소열)의 양을 측정한다. 연소열은 고리에 있는 탄소와 수소 수에 대해 보정해주어야 한다. 예로 사이크로헥세인($C_6H_{12}$)은 사이크로프로페인($C_3H_6$)의 두 배의 원자를 갖는다. 그러므로 다른 요인이 같으면 몰당 두 배의 열이 생성될 것으로 기대된다. 이것에 대해 보정하는 가장 쉬운 방법은 몰당 연소열을 고리에 있는 $CH_2$기의 수로 나누는 것이다. 이것이 $CH_2$기의 몰당 연소열이다. 이 값을 가지 없는 긴-사슬 알케인과 같은 무리가 없는 표준 화합물과 비교한다.

3개의 탄소에서 9개의 탄소를 가진 사이클로알케인에 대한 연소열의 값을 표 6.1에 수록하였다. $CH_2$기당 가장 작은 연소열은 무리가 없다고 생각되는 사이클로헥세인에서 발견된다. 다른 사이클로헥세인에서 생성되는 여분의 열은 무리에너지에 해당

**표 6.1 연소열과 몇 가지 사이클로알케인의 무리에너지**

| 고리크기 | $CH_2$당 연소열 | $CH_2$당 무리에너지 | 총 고리 무리 |
|---|---|---|---|
| 3 | 166.3<br>(695.8) | 8.9<br>(37.2) | 26.7<br>(111.6) |
| 4 | 163.9<br>(685.8) | 6.5<br>(27.2) | 26.0<br>(108.8) |
| 5 | 158.7<br>(664.0) | 1.3<br>(5.4) | 6.5<br>(27.0) |
| 6 | 157.4<br>(658.6) | 0 | 0 |
| 7 | 158.3<br>(662.3) | 0.9<br>(3.7) | 6.3<br>(25.9) |
| 8 | 158.6<br>(663.6) | 1.2<br>(5.0) | 9.6<br>(40.0) |
| 9 | 158.8<br>(664.4) | 1.4<br>(5.8) | 12.6<br>(52.2) |

*단위는 kcal/mol이다. 괄호 안에 있는 단위는 kJ/mol이다.

한다. 예로 사이클로프로페인에 대한 $CH_2$당 연소열은 166.3 kcal/mol(696 kJ/mol)이고 사이클로헥세인에 대한 것은 157.4 kcal/mol(659 kJ/mol)이다. 8.9 kcal/mol(37 kJ/mol)의 차이는 사이클로프로페인에 대한 $CH_2$당 무리에너지 양이다. 사이클로프로페인은 3개의 $CH_2$기를 가지기 때문에 사이클로프로페인에 대한 총 무리에너지는 26.7 kcal/mol(111 kJ/mol)의 3배이다. 다른 사이클로알케인에 대한 $CH_2$당 스트레인에너지와 총 고리 무리에 대한 값을 표 6.1에 수록하였다. 사이클로프로페인과 사이클로뷰테인은 사이클로헥세인에 비해 큰 무리에너지를 가진다. 한편 다른 사이클로알케인은 상당히 작은 양의 무리에너지를 가진다.

사이클로헥세인의 회전배열을 검토해보면 이 스트레인에너지의 원인을 결정할 수 있다. 가장 작은 사이클로프로페인에서 시작해보자. 무엇이 이와 같은 큰 양의 무리에너지를 생기게 하는가를 이해할 수 있다(그림 6.8).

연소열 데이터로부터 사이클로프로페인은 26.7 kcal/mol(111.6 kJ/mol)의 무리에너지를 가진다. 이 무리의 대부분은 각 스트레인의 기인하며 비틀림무리도 대단히 중요하다. 이 무리에너지는 사이클로로프로페인이 정상적인 알케인 혹은 사이클로알케인보다 더 반응성이 큰 원인이 된다. 그러나 사이클로프로페인이 반응이 크기는 하지만 유기화학에서 그들은 상당히 보편적으로 존재한다.

사이크로뷰테인의 4개의 탄소가 한 평면에 있다면 그 탄소들은 사각형을 형성한다. 사가형의 각은 90°이므로 사이클로프로페인 만큼 크지는 않지만 약간의 각무

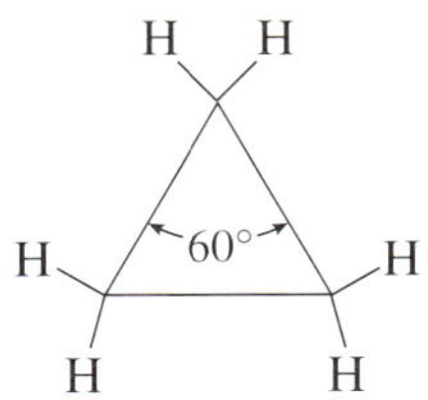


ⓐ 사이클로프로페인의 3개의 탄소는 수평 삼각형을 형성한다. C—C—C각은 60°이다. 그러나 구조에서 기대할 수 있는 것처럼 각 탄소에서 혼성이 $sp^3$이면 $sp^3$ 혼성 AO간의 각은 109.5°이다.

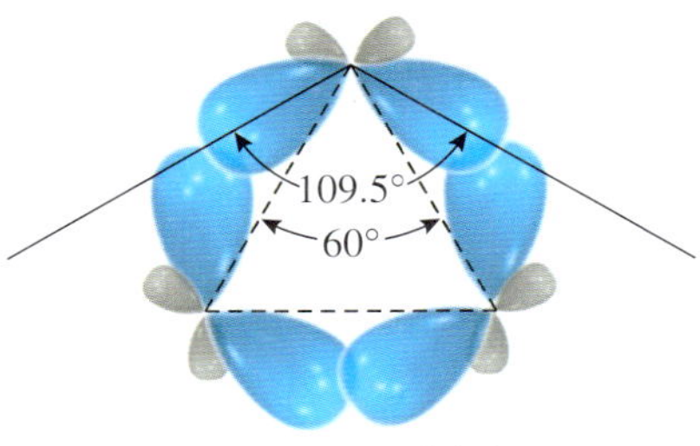


사이클로프로페인의
C—C 결합을 형성하는 궤도함수

ⓑ 한 탄소에 있는 $sp^3$ 혼성 AO간의 각이 이들 궤도함수가 결합된 탄소 사이의 각보다 넓다면 궤도함수는 바로 탄소를 향할 수가 없다. 대신에 여기서 나타낸 것처럼 핵을 연결하는 선에서 다소 밖으로 향하고 있다. 결합의 궤도함수가 서로를 향하고 있지 않기 때문에 겹침의 양은 감소한다. 이것이 사이클로프로페인의 C—C결합을 정상적인 C—C결합보다 약하게 한다. 이런 형태의 불안정화를 각무리(angle strain)라 한다.

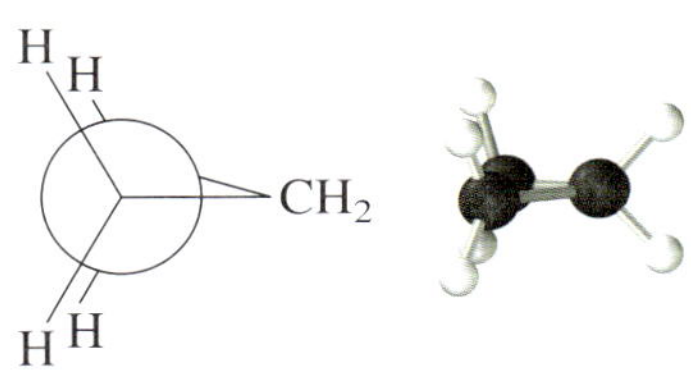


ⓒ 각무리 이외에 사이클로프로페인은 상당한 양의 비틀림무리를 가진다. C—C결합을 밑으로 한 Newman 투영도를 보면 잘 이해할 수 있다. 이 그림에서 볼 수 있는 것처럼 각 C—C결합은 분자의 경직성에 의해 가리움 회전배열을 유지한다.

**그림 6.8** ⓐ 결합각, ⓑ 각무리 및 ⓒ 비틀림무리.

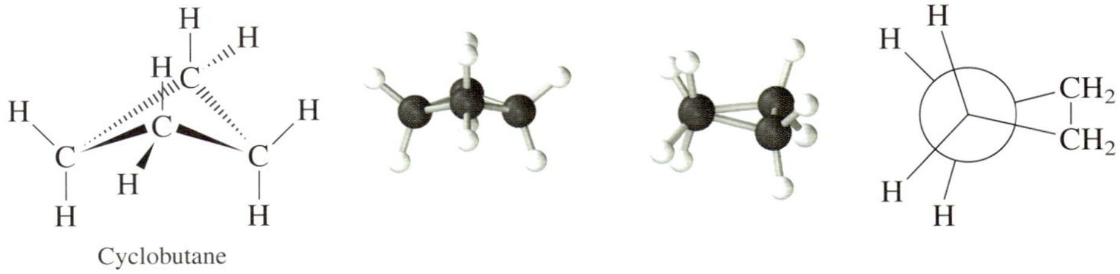


그림 6.9 사이클로뷰테인.

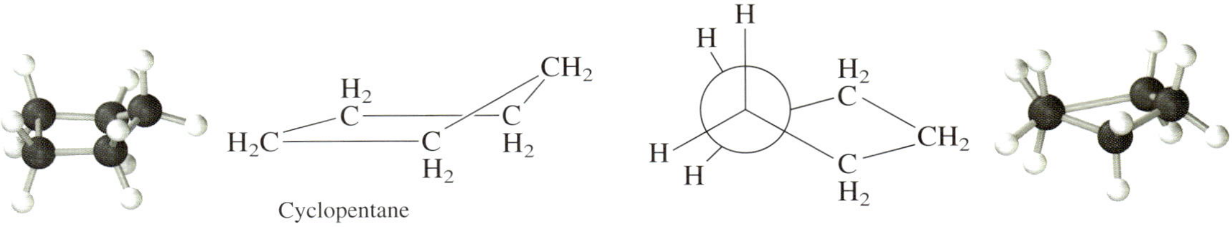


그림 6.10 사이클로펜테인.

리를 가진다. 평면 사이클로뷰텐은 각 C — C결합이 가리워지기 때문에 상당한 비틀림무리를 갖는다. 사이클로뷰테인의 탄소는 평면으로부터 뒤틀려 있기 때문에 비틀림무리는 각무리가 증가할수록 감소한다. 작은 비틀림에 대해 각무리의 증가는 비틀림무리의 감소보다 작다. 그러므로 사이크로뷰테인의 가장 낮은 에너지 회전배열은 다소 평면이 아니다. 탄소의 평면 간의 각은 약 35°이다(그림 6.9). 사이클로뷰테인은 총 무리에너지 26.0 kcal/mol(108.8 kJ/mol)에 기여하는 각무리와 비틀림무리를 갖는다. 수소는 더 이상 완전히 가리워져 있지 않다. 사이클로뷰테인은 사이클로프로페인보다 무리가 적지만 만들기가 어렵기 때문에 사이클로프로페인 고리보다 보편적이 아니다.

정오각형의 각은 108°이다. 그러므로 평면 사이클로페테인은 거의 각무리가 없다. 그러나 평면 사이클로뷰테인과 같이 각 C — C결합은 가리움 회전배열을 유지하고 있기 때문에 상당한 비틀림무리를 가진다. 사이클로펜테인은 이 비틀림무리를 해소하기 위하여 평면으로부터 뒤틀려 있을 것으로 기대된다. 한 낮은 에너지 회전배열에서 한 탄소는 평면으로부터 접혀져 있어서 그 전체모양이 봉투와 같다(그림 6.10). 이것은 각무리를 크게 증가시키지 않고 대부분의 비틀림무리를 해소한다. 전체적으로 사이클로펜테인은 6.5 kcal/mol(27 kJ/mol)의 대단히 작은 무리를 가진다. 이것은 대단히 보편적인 고리계이며 천연 화합물에 널리 분포되어 있다.

## 6.5 사이클로헥세인의 회전배열

사이클로헥세인 고리는 실제로 무리가 없기 때문에 대단히 중요하다. 이것이 왜 6원자 고리를 포함한 화합물이 대단히 보편적인가 하는 이유이다. 사이크로헥세인이 평면이라면 C — C — C 각은 120°이고 $sp^3$ 혼성 AO의 각 109.5°보다는 대단히 크다. 그러나 비평면이 되면 고리의 각은 감소한다. **의자 회전배열(chair conformation)**

과 **보트 회전배열(boat conformation)**이라는 각무리가 완전히 해소된 두 비평면 회전배열이 존재한다. 이들 회전배열을 그림 6.11과 6.12에 각각 나타내었다. 사이클로헥세인의 의자 형태체는 모든 C — C결합에 대해 완전한 엇갈려 있으므로 비틀림

그림 6.11 사이클로헥세인의 의자 회전배열. ⓐ 의자 회전배열, ⓑ Newman 투영도, ⓒ 축방향 수소, ⓓ 수평방향 수소.

**ⓐ 의자 형태배열**

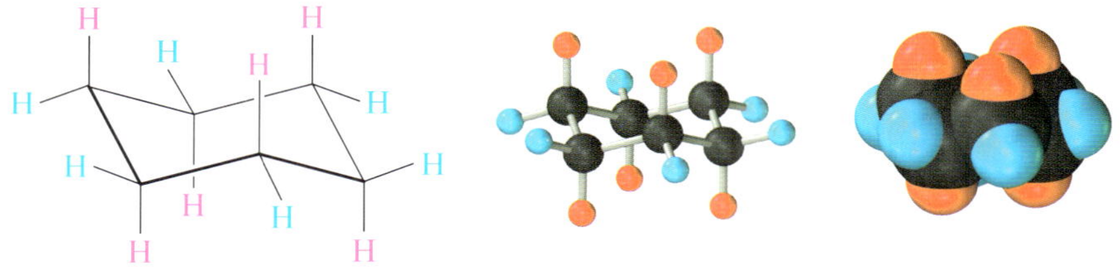

모든 C—C—C결합 각은 109.5°이므로 이 회전배열은 각무리가 없다. 더욱이 모든 C—H결합이 완전히 엇갈려 있기 때문에 비틀림무리도 없다. 고리의 반대 면에서 C—C결합을 밑으로 한 Newman 투영도를 살펴보면 잘 이해할 수 있다.

**ⓑ Newman 투영도**

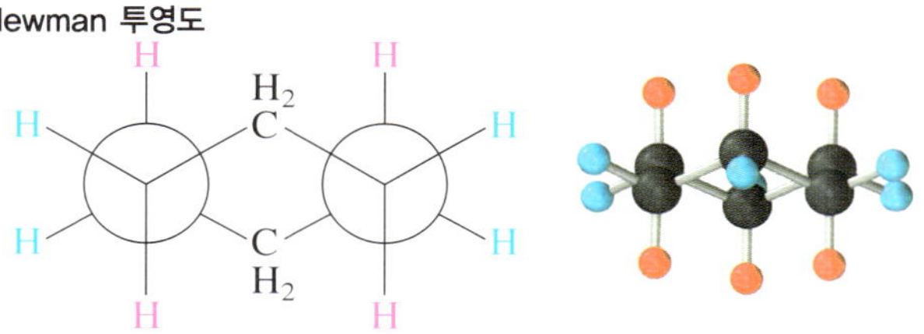

모든 결합이 엇갈린 배열을 Newman 투영도에서 분명히 볼 수 있다. C—C결합을 밑에서 투영하면 같은 그림을 볼 수 있다. 분자에 있는 모든 C—C결합은 수소가 완전히 엇갈린 회전배열에 있다.

**ⓒ 축방향 수소**

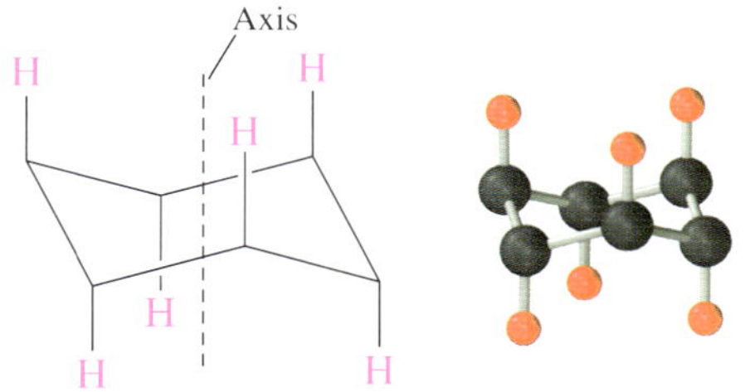


의자 회전배열에서 사이클로헥세인은 두 형태의 수소를 갖는다. 한 형태의 결합은 고리축에 대해 평행이다. 축방향 결합은 고리 주위에 교대로 위 아래로 존재한다.

**ⓓ 수평방향 수소**

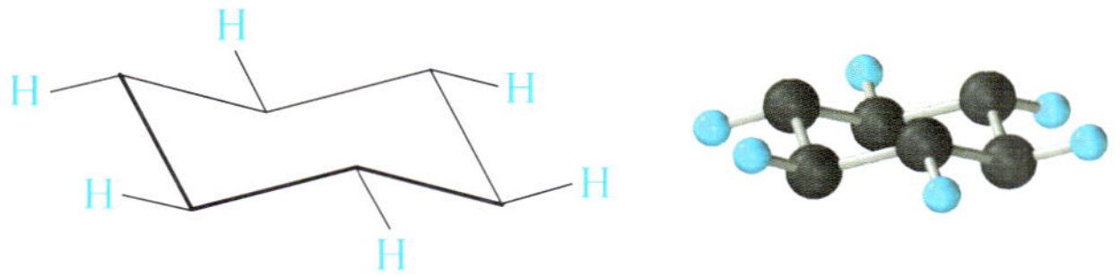

다른 수소들은 고리로부터 밖으로 향하고 있다. 그들은 고리의 적도 주위에 놓이기 때문에 수평방향 수소라고 부른다. 두 형태의 수소를 다 나타낸 구조 ⓐ로 돌아가서 축방향 수소(적색)와 수평방향 수소(청색)를 확인하자. Newman의 투영도에 의해 마련된 축방향과 수평방향 수소를 살펴보자.

**그림 6.12** 사이클로헥세인의 보트 회전배열. ⓐ 보트 회전배열, ⓑ Newman 투영도, ⓒ 꼬임 보트 회전배열.

**ⓐ 보트 회전배열**

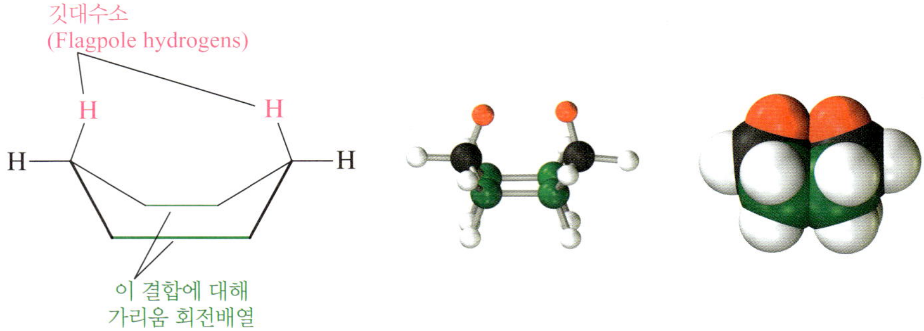


의자 회전배열과 같이 보트 회전배열의 모든 C—C—C결합 각은 109.5°이므로 이 회전배열은 각 무리가 없다. 그러나 이것은 다른 형태의 무리를 갖는다. 깃대 수소라 부르는 두 적색 수소는 서로 가깝게 접근하여 입체적 무리가 생긴다. 더욱이 녹색결합에 대한 회전배열은 가리워진다. 이것을 Newman 투영도에서 더 잘 관찰할 수 있다.

**ⓑ Newman 투영도**

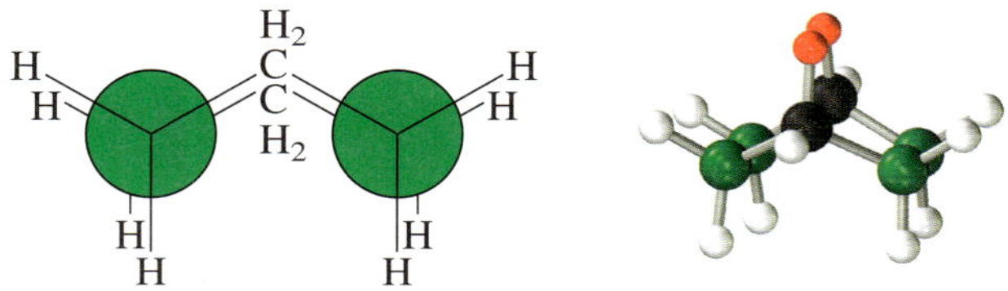


Newman 투영도는 보트 회전배열의 두 결합이 가리워져 있다는 것을 나타내준다. 가리워진 상호작용에 기인한 비틀림무리와 깃대 수소의 상호작용에 기인한 입체적 무리는 보트 회전배열이 의자 회전배열보다 에너지가 높게 해준다. 보트 회전배열은 꼬이기에 충분한 유동성을 가지므로 전체 무리에너지를 다소 감소시켜준다.

**ⓒ 꼬임 보트 회전배열.**

꼬임 보트 회전배열에서 보트의 뱃머리와 선미는 다소 꼬여 있다. 이것은 깃대 상호작용을 감소하고 약간의 비틀림무리를 해소해주지만 각 무리는 생긴다. 전체적으로 꼬임 보트 회전배열은 의자 회전배열 만큼은 아니지만 보트 회전배열보다 다소 안정하다.

무리가 없다. 즉 아무런 무리가 존재하지 않는다. 한편 보트 형태체는 깃대 수소의 상호작용에 의한 입체적 무리와 비틀림무리를 다 갖는다. 이것은 의자 형태체보다 6 kcal/mol(25 kJ/mol)더 불안정하다. 보트의 입체적 무리와 비틀림무리는 꼬임에 의해 다소 해소된다. 꼬임 보트 회전배열은 의자 회전배열보다 약 5 kcal/mol(21 kJ/mol) 더 불안정하다.

그림 6.11은 사이클로헥세인의 의자 형태체에서 **축방향(axial)** 수소와 **수평방향(equatorial)** 수소라 부르는 두 다른 형태의 수소가 존재를 나타내준다. 축방향 C — H결합은 고리의 축에 대해 평행이다. 수평방향 C — H결합은 고리로부터 적도를 향해 뻗어 있다. 축방향 수소와 수평방향 수소를 포함해서 사이클로헥세인의 의

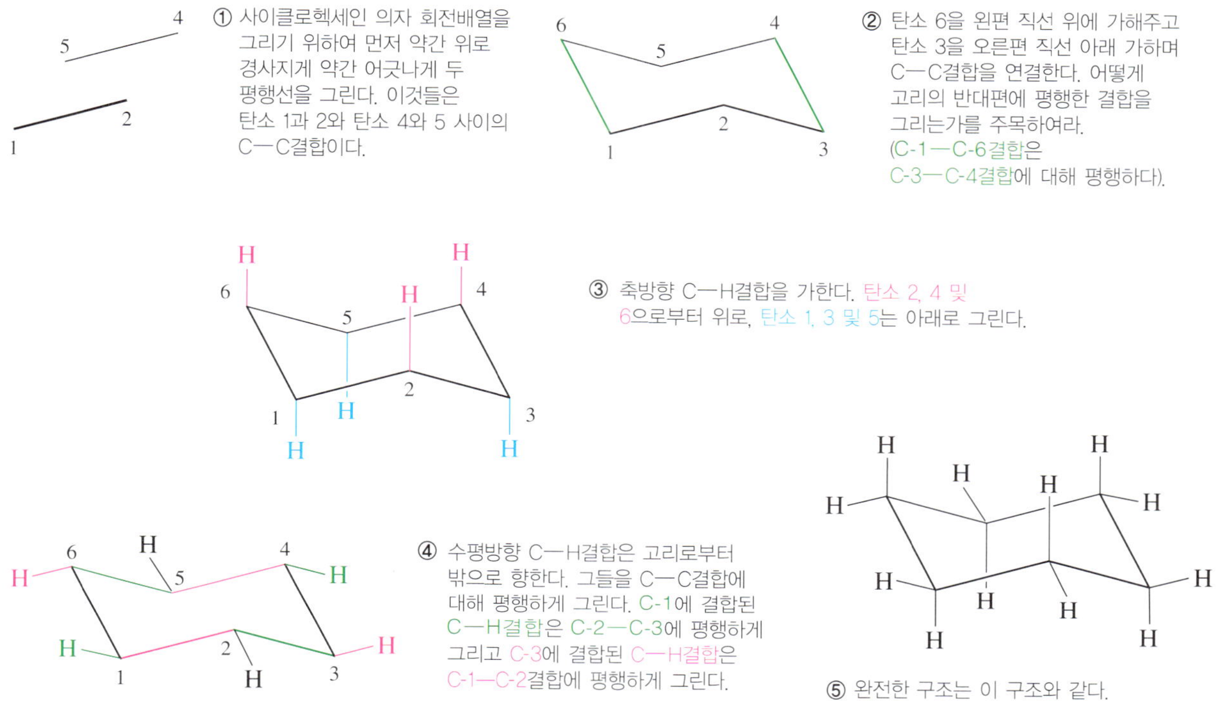


**그림 6.13** **의자 사이클로헥세인을 그리는 다섯 단계.**

자 회전배열을 그리는 데 도움을 줄 단계를 그림 6.13에 나타냈다.

사이클로헥세인의 의자 회전배열은 경직하지 않다. 그림 6.1에 나타낸 것처럼 이것은 꼬임 보트 회전배열과 고리-플립과정으로 새로운 의자 회전배열로 변환시킬 수 있다.(분명하게 하기 위하여 모든 수소를 다 나타내지는 않았다)

고리-플립과정에서 C1은 위로 플립하여 꼬임 보트로 되고 C4는 아래로 플립하여 다른 의자 회전배열이 생성된다. 반대 탄소가 이와 같이 플립하면 모든 축방향과 수평방향결합이 상호변환된다. 축방향에 있는 모든 수소는 수평방향으로 변환되고 수평방향에 있는 모든 수소는 축방향으로 변환된다. 왼편 의자에 있는 축방향의 적색 수소는 오른편에 있는 수평방향 수소로 변환된다는 것을 그림 6.14에 나타냈다.

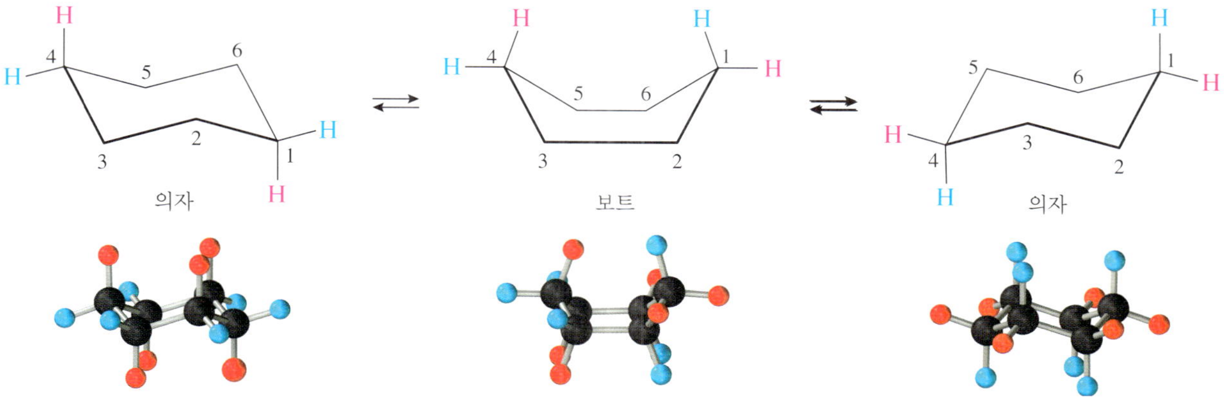


**그림 6.14** **고리-플립.** 의자 사이클로헥세인은 보트와 새로운 의자로 변환시킬 수 있다.

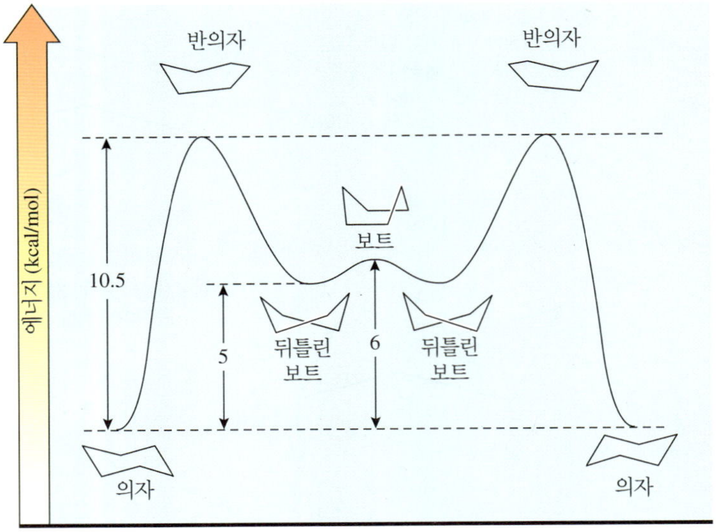


그림 6.15 사이클로헥세인 고리-플립 과정에 대한 에너지 그림.

이 고리-플립과정에 대해 필요한 에너지를 그림 6.15에 나타냈다. 반의자 회전배열로 부르는 가장 높은 에너지 장벽은 의자 회전배열보다 약 10.5 kcal/mol(44 kJ/mol) 에너지가 더 높다. 실온에서 얻을 수 있는 20 kcal/mol(83.7 kJ/mol)의 에너지는 이 장벽을 넘는 수 있는 충분한 에너지이다. 그러므로 이 고리-플립은 빠르다. 이것은 실온에서 초당 약 100,000번 일어난다.

## 6.6 다른 고리의 회전배열

사이클로헥세인보다 큰 고리의 회전배열 분석은 더 복잡하다. 이들 고리는 사이클로헥세인보다 보편적이 아니므로 그들의 회전배열을 간단히 논의하였다. 표 6.1에서 볼 수 있는 것처럼 7-원자고리 화합물 사이클로헵테인은 작은 양의 무리만을 갖는다. 분명히 각무리를 피하기 위해서는 비평면이다. 이것은 약간의 비틀림무리를 가지나 전체 무리는 사이크로헥세인의 그것과 비슷하다. 보편적인 고리계이다.

8에서 11 탄소를 가진 더 큰 고리는 사이클로헥세인보다 더 큰 무리를 갖는다. 이들은 비평면이지만 사면체의 결합각 109.5°보다 너무 큰 결합각 때문에 다소 무리를 갖는다. 그들은 약간의 비틀림무리도 갖는다. 더욱이 이들 고리는 **고리횡단(transannular)** 또는 **교차-고리무리(cross-ring strain)**라는 새로운 형태의 무리를 갖는다. 이것은 몇 가지 C—H결합이 고리의 중심을 향하고 있기 때문에 생긴다. 이들 결합의 수소는 고리의 다른 편에 있는 원자와의 상호작용으로 입체적인 붐빔이 생긴다. 12 탄소 이상의 고리는 더 이상 고리횡단무리는 없으며 본질적으로 무리는 없다.

벤젠고리를 포함한 화합물은 대단히 보편적이고 중요하다. 벤젠의 탄소는 $sp^2$ 혼성이며 결합각은 정육각형의 결합각과 일치하는 120°이다. 그러므로 벤젠은 각무리가 없는 평면분자이다. 평면으로부터 벗어나면 각무리를 증가시키고 콘쥬게이트 파이계의 $p$ 궤도함수의 겹침을 감소하기 때문에 고정되어 있다.

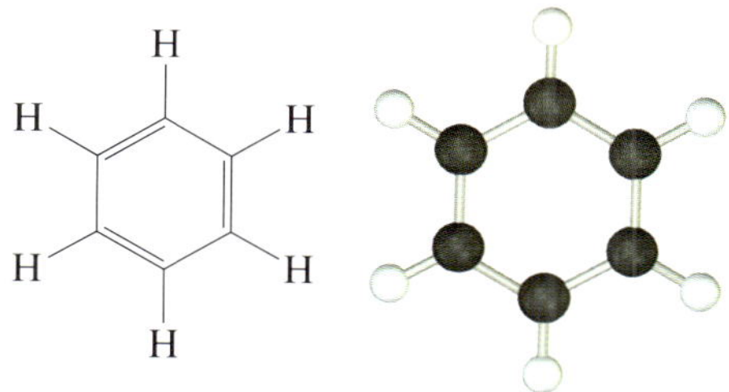


Benzene

요약하면 작은 (3~4원자)고리는 일차적으로 각무리와 약간의 비틀림무리의 기여로 큰 무리를 갖는다. 5, 6 및 7원자 고리는 거의 무리가 없다. 8, 9, 10 및 11원자 고리는 다양한 상호작용에 기인 한 무리를 갖는다. 큰 고리(12원자 이상)는 대단히 작은 무리를 갖는다. 그러나 흔히 발견할 수 있는가를 결정하는 것은 고리의 안정성이 아니라 그것이 생성되는 확률이다. 유기화합물에서 가장 흔히 발견될 수 있는 고리는 3, 5, 6 및 7원자를 가진 고리이다.

## 6.7 1개의 치환기를 가진 사이클로헥세인이 회전배열

사이클로헥세인 고리에 치환기가 존재하면 어떤 현상이 일어날 것인가? 간단한 예로 메틸사이클로헥세인을 고려해보자. 전과 같이 고리-플립과정에 의해 상호변환될 수 있는 두 의자 회전배열이 있다. 이 경우에 두 회전배열은 동일하지 않다. 그림 6.16에 나타낸 것처럼 메틸기는한 회전배열에서는 수평방향에 있고 다른 배열에서는 수직방향에 있다. 수직방향 메틸기를 가진 회전배열은 수평방향 메틸기를 가진 회전배열보다 1.7 kcal/mol(711 kJ/mol) 더 불안정하다. 메틸기와 C3과 C5에 있는 수소간의 입체적 상호작용 때문이다.[이것을 **1,3-이축방향 상호작용(1,3-diaxial interaction)**이라 한다].

실제로 메틸 치환기의 경우 각 1,3-이축방향 상호작용은 뷰테인의 고우시 회전배열에서 두 메틸기간의 상호작용과 동일하다. 그림 6.16의 끝부분에서 고리의 C1—C2결합에 대한 Newman 투영도를 나타냈다. 탄소 1에 있는 메틸기와 탄소 3 간의 이면각은 60°이고 고우시 뷰테인에 있는 메틸기간의 이면각과 같다. C1—C6 결합에 대한 Newman 투영도에서 볼 수 있는 것처럼 축방향 메틸기도 C5에 대해 고우시이다. 뷰테인에서 고우시 상호작용이 회전배열을 0.8 kcal/mol(3.3 kJ/mol)만큼 불안정화하기 때문에 축방향 메틸기와 두 고우시 상호작용에 의해 야기되는 불안정화는 뷰테인의 경우의 2배인 1.6 kcal/mol(6.6 kJ/mol)이 된다. 이 값은 메틸기의 **축방향 무리에너지(axial strain energy)**에 대한 실험치 1.7 kcal/mol(7.1 kJ/mol)과 잘 일치한다.

**문제 6.7** 에틸사이클로헥세인에 대한 두 의자 회전배열을 그려라. 어느 것이 더 안정한가?

ⓐ

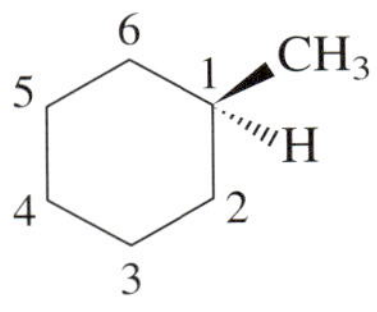


ⓑ 의자 회전배열

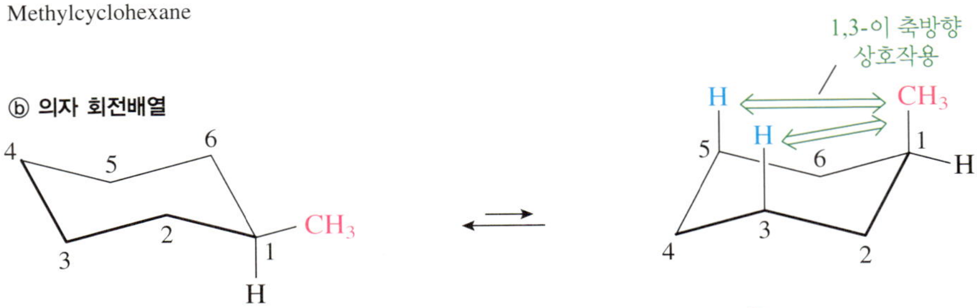


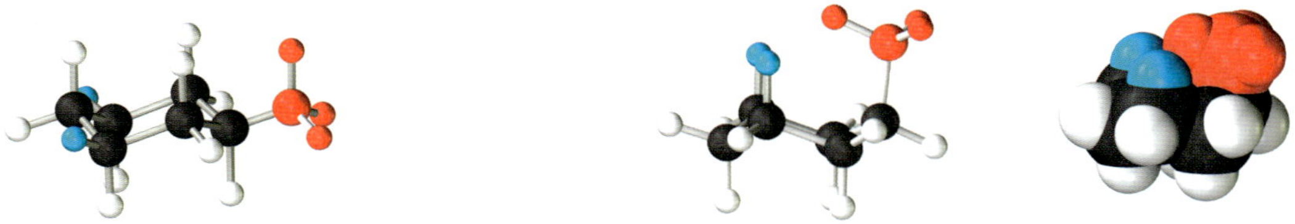


ⓒ Newman 투영도

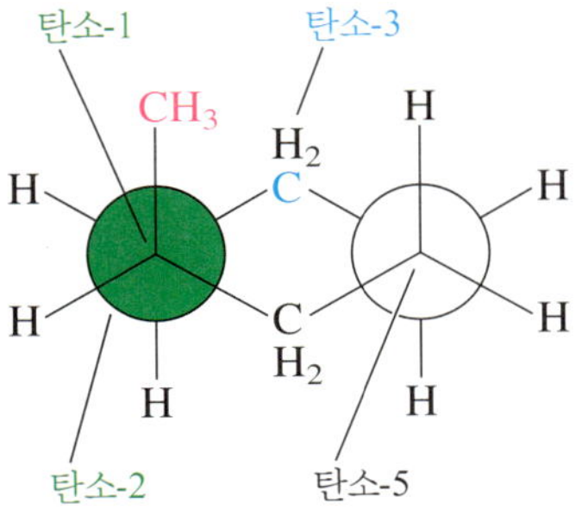


**그림 6.16 메틸사이클로헥세인의 회전배열. ⓐ 평평한 고리 투시도, ⓑ 의자 회전배열 및 ⓒ Newman 투영도.**

메틸사이클로헥세인의 두 회전배열은 빠른 상호변환을 하며 평형에 있다. 수평방향 메틸기를 가진 형태체는 축방향 메틸기를 가진 형태체보다 안정하므로 평형에서 수평방향 형태체가 더 많은 양 존재한다. 축방향 무리에너지는 회전배열간의 자유에너지 차이므로 방정식 $\Delta G^o = -RT \ln K$을 사용하여 과정에 대한 평형상수를 계산할 수 있다. $\Delta G^o$가 $-1.7$ kcal/mol($-7.1$ kJ/mol)인 값을 사용하여 평형상수를 계산하면 실온에서 18이다. 그러므로 이 경우에 메틸사이클로헥세인의 95%가 수평방향 메틸기를 가지며 5%만이 축방향 메틸기를 가진다.

## 예제 6.3

메틸사이클로헥세인에 대한 축방향과 수평방향 회전배열의 상호변환에 대한 평형상수는 18이다. 평형에 존재하는 각 회전체의 백분율을 구하여라.

**풀이**

$$\text{축방향} \rightleftharpoons \text{수평방향} \qquad K = \frac{[\text{수평방향}]}{[\text{축방향}]} = 18$$

[수평방향] = $X$%로 놓으면 [축방향] = $(100-X)$%이다.

$$\frac{[X]}{[100-X]} = 18$$

$$X = 1800 - 18X$$

$$19X = 1800$$

$$X = 95\%(\text{수평방향})$$

일반적으로 치환기가 수소보다 크면 사이클로헥세인 고리에서 1,3-이축방향 상호작용을 피하기 위하여 수평방향이 더 유리하다. 몇 가지기에 대한 축방향 무리에너지를 표 6.2에 수록하였다. 에틸기와 아이소프로필기의 값은 메틸기보다 약간 크고 *tert*-뷰틸기는 상당히 크다. 에틸기와 아이소프로필기는 회전하기 때문에 이 기에 있는 수소원자는 축방향 수소와 상호작용할 수 있으나 효과적인 입체적 붐빔은 메틸

**표 6.2** 유기화학에서 사용하는 보편적인 염기

| 작용기 | 축방향 무리에너지 | 작용기 | 축방향 무리에너지 |
|---|---|---|---|
| $-C{\equiv}N$ | 0.2 (0.8) | $-CH_3$ | 1.7 (7.1) |
| $-F$ | 0.25 (1.0) | $-CH_2CH_3$ | 1.8 (7.5) |
| $-C{\equiv}CH$ | 0.4 (1.7) | $-CH(CH_3)CH_3$ | 2.2 (9.2) |
| $-Br$ | 0.5 (2.1) | $-Ph$ | 2.9 (12.1) |
| $-Cl$ | 0.5 (2.1) | $-C(CH_3)_2CH_3$ | 4.9 (20.5) |
| $-OH$ | 0.9 (3.8) | | |
| $-NH_2$ | 1.4 (5.9) | | |
| $-C(=O)OH$ | 1.4 (5.9) | | |

* 단위는 kcal/mol. 괄호 안의 값은 kJ/mol 단위.

기와 크게 다르지 않다. 대조적으로 *tert*-뷰틸기는 그 메틸기의 하나가 더 심각한 1,3-축방향 상호작용을 일으킨다. 그 결과로 큰 축방향 무리에너지가 생기고 *tert*-뷰틸 사이클로헥세인에서는 거의 수평방향 회전체로 존재한다(99.9%이상).

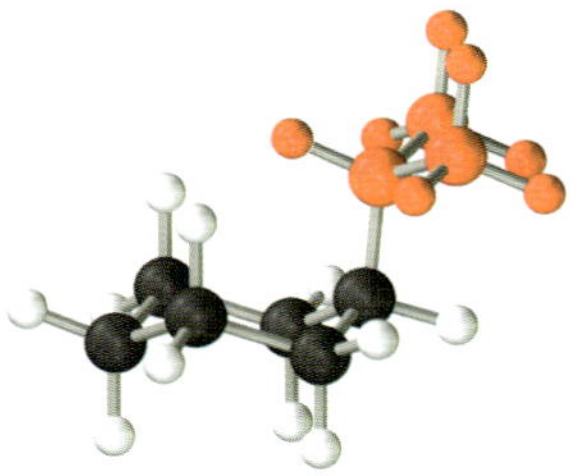

아이소프로필기가 축방향인
아이소프로필사이클로헥세인의 회전배열

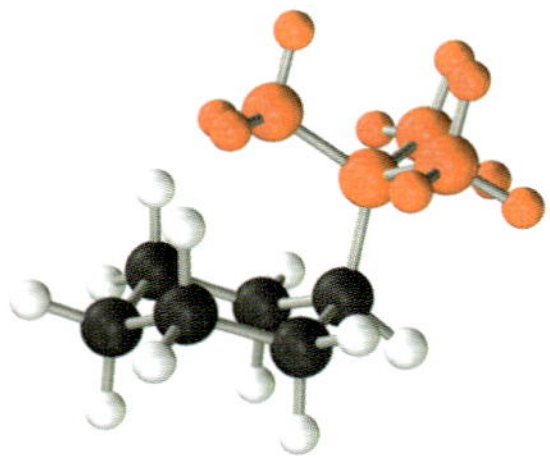

*t*-뷰틸기가 축방향인
*t*-뷰틸사이클로헥세인의 회전배열

**문제 6.8** 이들 화합물 중 어느 화합물이 평형에서 더 많은 축방향 회전배열을 가지겠는가?

**a)**
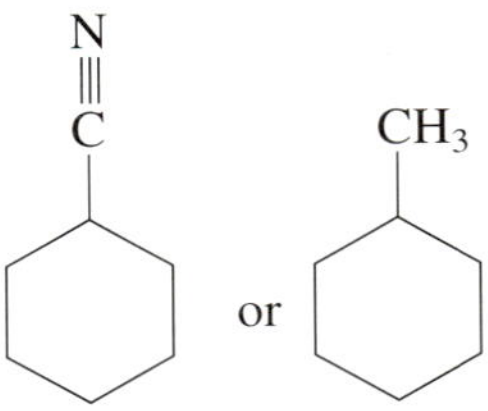


**b)**
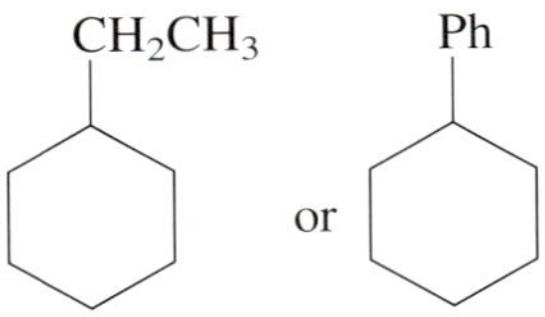


**c)**
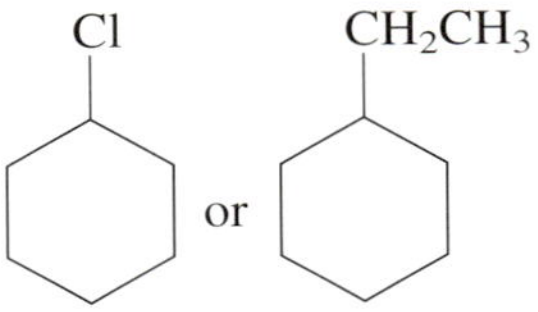


**문제 6.9** 브롬은 염소보다 더 크다. 두 원자는 동일한 축방향 불안정에너지를 갖는다. 그 이유를 설명하여라.

## 6.8 2개 혹은 그 이상의 치환기를 가진 사이클로헥세인의 회전배열

2개 혹은 그 이상의 기가 고리에 존재하면 입체이성질체가 생길 가능성이 있다. 입체이성질체의 존재는 회전배열과는 독립적이다. 다른 입체이성질체는 다른 회전배열을 갖기 때문에 입체이성질체를 먼저 분석해야 한다. 고리 화합물이 실제로는 의자나 혹은 다른 회전배열 갖고 있지만 고리화합물의 입체이성질체를 평평한 고리라고 생각하고 검토하는 것이 더 용이하다. 모든 입체이성질체를 확인하면 각각의 회전배열을 면밀히 조사할 수 있다.

간단한 이치환 사이클로헥세인인 1,2-다이메틸사이클로헥세인을 고려해보자. 종이면에 고리를 평평하게 그리면 각 탄소에 있는 한 치환기는 종이면의 위로 돌출되고 다른 치환기는 아래로 투사된다. 이 경우는 알켄에서 일어나는 시스-트랜스 이성질체와 유사하다. 두 메틸기는 고리면의 위(시스-이성질체)에 있을 수도 있고 혹은 하나는 위에 하나는 아래(트랜스-이성질체)에 있을 수도 있다.

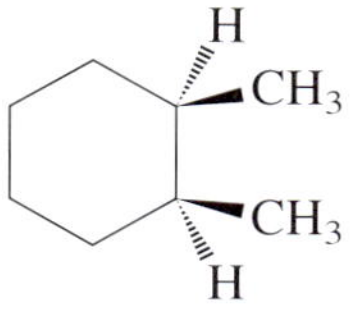


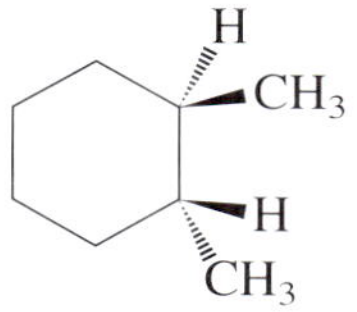


*cis*-1,2-Dimethylcyclohexane *trans*-1,2-Dimethylcyclohexane

두 화합물은 같은 결합을 갖지만 공간에서 이 결합의 배열이 다르다. 그들은 입체이성질체이다. 시스-트랜스 이성질체와 같이 결합이 절단되지 않고는 상호변환이 일어날 수 없다. 이 과정은 실온에서는 일어날 수 없다. 이런 형태의 이성질체는 6-원자고리화합물 뿐만 아니라 어떤 고리화합물에서도 존재할 수 있다.

**문제 6.10** 다음 화합물의 입체이성질체를 써라.

**a)** 1,3-다이메틸사이클로헥세인 **b)** 1,2-다이메틸사이클로프로페인

**c)** 1-클로로-3-메틸사이클로펜테인

1,2-다이클로로사이클로헥세인의 각 입체이성질체의 회전배열을 고려해보자. 시스-이성질체의 회전배열을 그림 6.17에 나타냈고 트랜스-이성질체의 회전배열을 그림 6.18에 나타냈다. 이 그림에서 볼 수 있는 것처럼 시스-1,2-다이메틸사이클로헥세인은 두 회전체의 혼합물로 존재한다. 이 회전체들은 1개의 축방향 메틸기와 1개의 수평방향 메틸기를 가지며 2.5 kcal/mol(10.4 kJ/mol)의 같은 무리에너지를 갖는다. 트랜스-이성질체는 전적으로 두 수평방향 메틸기를 가진 회전배열로 존재한다. 무리에너지는 0.8 kcal/mol(3.3 kJ/mol)이다. 그러므로 트랜스-이성질체는 시스-이성질체보다 한 축방향 메틸기에 의해서 생기는 무리에너지인 1.7 kcal/mol (7.1 kJ/mol)만큼 더 안정하다.

이 결과를 1,3-과 1,4-다이메틸사이클로헥세인에 대해 일반화하는 데는 주의를 요한다. 우선 축방향과 수평방향 위치가 어떻게 변하는지를 검토해보자.

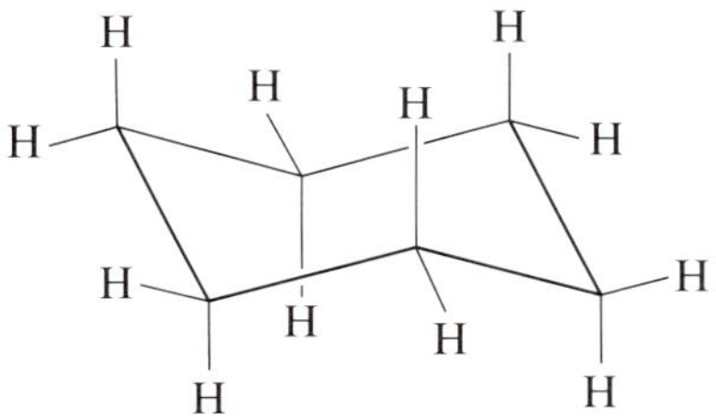

사이클로헥세인 의자 회전배열의 이 그림에서 종이면의 윗면에 가깝게 있는 수소는 한 탄소의 축방향에 있고 이웃탄소에 있는 수소는 수평방향에 있다. 이 교대는 전체 고리를 통해 반복된다.

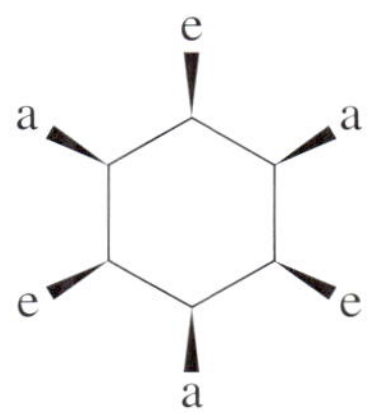


이 평평한 그림에서 종이면 위에 있는 결합은 고리를 돌아가면서 교대로 축방향이 되기도 하고 수평방향이 되기도 한다. 두 의자 회전배열의 어느 것을 검토하느냐에 따라 특정한 탄소의 "윗" 결합이 축방향이나 수평방향이 될 수 있다. 특정한 탄소에서 "윗" 결합이 축방향에 있으면 두 이웃 탄소에 있는 "윗" 결합은 수평방향이 된다.

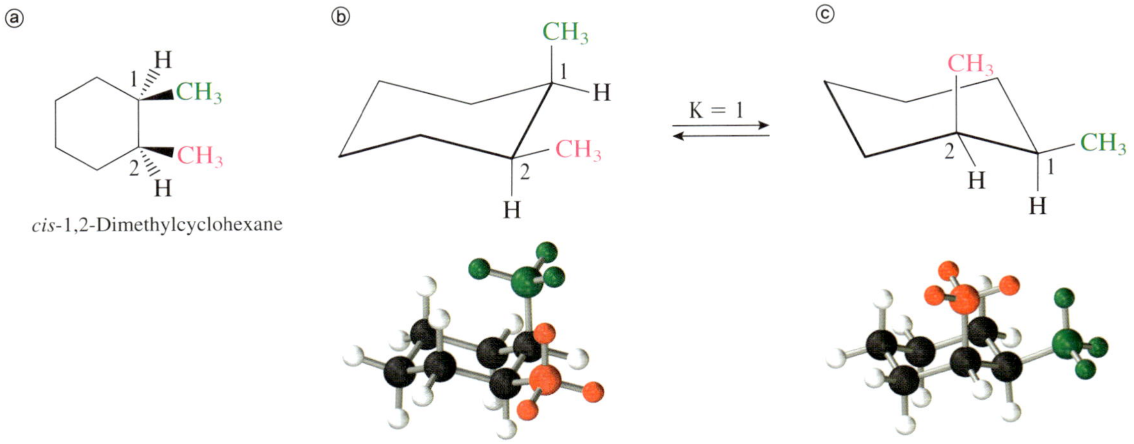


ⓐ 두 메틸기가 다 종이면 위에 있다.

ⓑ 두 메틸기가 다 종이면 위에 있기 때문에 두 메틸기는 수소보다 종이면 위쪽에 더 가깝게 그린다. C-1에 있는 메틸기는 축방향이고 C-2에 있는 메틸기는 수평방향에 있다. 축방향 메틸기에 기인한 1.7 kcal/mol(7.1 kJ/mol)와 메틸기간의 고우시 상호작용에 기인한 0.8 kcal/mol(3.3 kJ/mol)이 합쳐져서 이 회전체의 전체 무리에너지는 2.5 kcal/mol(10.4 kJ/mol)이다.

ⓒ 고리-플립과정으로 생성되는 의자 회전배열은 종이면의 위쪽에 가까운 두 메틸기를 갖는다. 이제 C-1에 있는 메틸기는 수평방향이고 C-2에 있는 메틸기는 축방향에 있다. 두 회전배열은 1개의 축방향 메틸기와 1개의 수평방향 메틸기를 가지므로 무리에너지는 동일하다. 고리-플립과정에 대한 평형상수는 1.0이다.

**그림 6.17** 시스-1, 2-다이메틸사이클로헥세인의 회전배열.

**그림 6.18** 트랜스-1, 2-다이메틸사이클로헥세인의 회전배열.

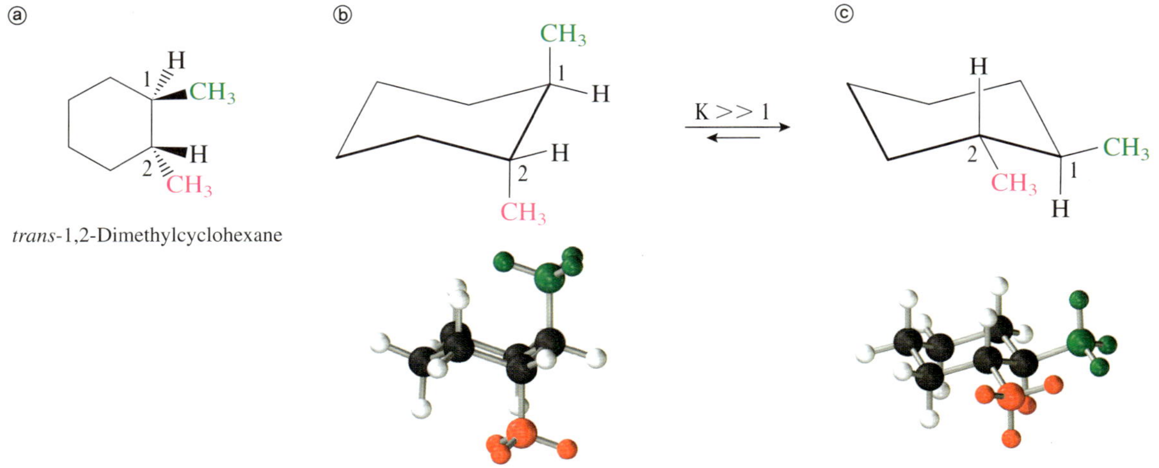


ⓐ 두 메틸기는 고리면의 반대편에 있다.

ⓑ C-1에 있는 메틸기는 종이면 위쪽에 더 가깝게 있고 C-2에 있는 메틸은 종이면 바닥에 가깝게 있다. 축방향 메틸기에 기이한 무리에너지는 1.7 kcal/mol(7.1 kJ/mol)이므로 이 회전체의 전체 무리에너지는 이 값의 두 배인 3.4 kcal/mol(14.2 kJ/mol)이다.

ⓒ 고리–플립과정으로 생성되는 의자 회전배열은 수평방향의 두 메틸기를 가지므로 다른 배열보다 상당히 더 안정하다. 여기서 나타내는 유일한 무리에너지는 두 메틸기간의 고우시 상호작용에 기인한 0.8 kcal/mol(3.3 kJ/mol)이다. 그러므로 이 회전체는 약 2.6 kcal/mol(3.3 kJ/mol) ⓑ보다 더 안정하다. 평형은 ⓒ가 대단히 유리하다.(>99%)

이 이해를 근거로 다른 다이메틸사이클로헥세인에 대한 경우를 분석할 수 있다. 먼저 시스-1, 3-다이메틸사이클로헥세인의 경우를 고려해보자. 한 회전배열(더 불안정한)에서는 두 메틸기가 모두 축방향이 되고 더 안정한 다른 회전배열에서는 두 메틸기가 모두 수평방향이 된다. 이 축방향 회전배열의 총 무리에너지는 표 6.2에 있는 축방향 불안정화에너지로부터 직접 계산할 수 없다. 이 표에 수록된 무리에너지는 메틸기와 고리의 같은 면에 있는 두 축방향 수소간의 1,3-이축방향 상호작용에 대한 것이다. 그러나 두 붐비는 메틸기간의 1,3-이축방향 상호작용에 의해 생기는 불안정화는 상당히 크다. 그러므로 이축방향 회전배열은 1개의 축방향 메틸기에 의해 생기는 불안정화에너지의 두 배보다 더 큰 총 무리에너지를 가질 것으로 기대된다(2 × 1.7 = 3.4 kcal/mol[14.2 kJ/mol]보다 크다). 두 메틸기가 다 수평방향에 있는 다른 회전배열은 무리에너지가 없고 이축방향 회전배열보다 상당히 더 안정하다. 두 회전배열은 빠르게 상호변환되고, 어느 한 순간에 분자의 대부분(99.9% 이상)은 두 메틸기가 수평방향에 있는 회전배열을 갖는다. 이 회전배열이 상당히 더 안정하다.

트랜스-1, 3-다이메틸사이클로헥세인에 대해 어느 회전배열에서도 한 메틸기는 축방향이고 한 메틸기는 수평방향에 있다. 두 회전배열은 1.7 kcal/mol(7.1 kJ/mol)의 무리에너지를 가지며 상호변환에 대한 평형상수는 1.0이다. 트랜스-이성질체는 이 축방향 메틸기 때문에 시스-이성질체보다 1.7 kcal/mol(7.1 kJ/mol)만큼 더 불안정하다.

## 예제 6.4

시스-1, 3-다이메틸사이클로헥세인의 두 의자 회전배열을 그려라. 각 메틸기는 축방향인지 수평방향인지를 나타내어라.

**풀이**

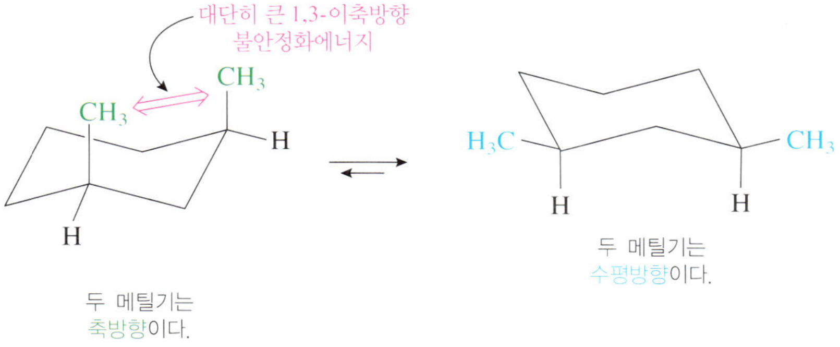


**문제 6.11** 트랜스-1, 3-다이메틸사이클로헥세인의 두 의자 회전배열을 그려라. 각 메틸기는 축방향인지 수평방향인지를 나타내어라.

**문제 6.12** 1, 4-다이메틸사이클로헥세인의 두 입체이성질체를 고려해보자.

**a)** 시스-이성질체의 회전배열에서 각 메틸기는 축방향인가 수평방향인가를 설명하여라.

**b)** 트랜스-이성질체의 회전배열에서 각 메틸기는 축방향인가 수평방향인가를 설명하여라.

**c)** 어느 입체이성질체가 더 안정하가를 설명하여라.

**d)** 안정한 입체이성질체의 더 안정한 회전배열을 그려라.

---

고리에 두 동일하지 않은 기가 있으면 어떻게 될 것인가? 1-메틸-4-페닐사이클로헥세인의 경우를 고려해보자. 시스-이성질체에서 한기는 축방향에 다른 기는 수

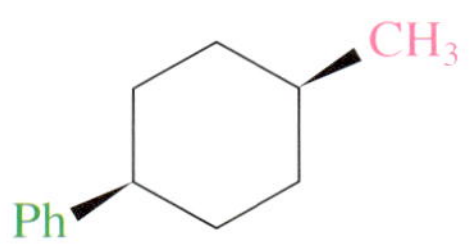

*cis*-1-Methyl-4-phenylcyclohexane

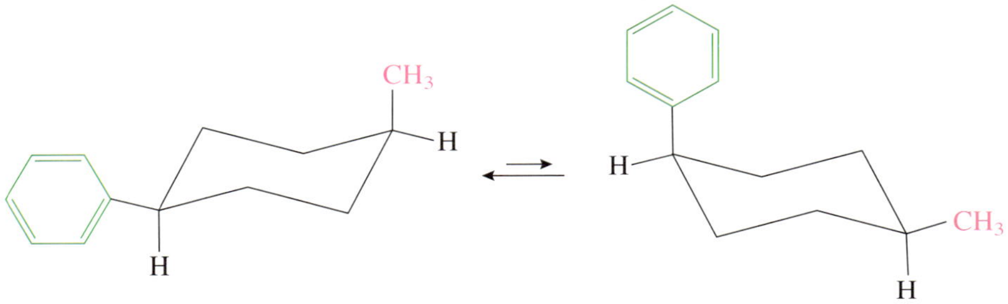

이 회전배열은 한 축방향 메틸과 한 수평방향 페닐을 갖는다. 이것은 1.7 kcal/mol(7.1 kJ/mol)의 무리에너지를 갖는다.

이 회전배열은 한 축방향 페닐과 한 수평방향 메틸을 갖는다. 이것은 2.9 kcal/mol(12.1 kJ/mol)의 무리에너지를 갖는다.

평방향에 있다.

페닐기에 대한 축방향 불안정화에너지는 메틸기에 대한 것보다 크다. 그러므로 페닐기가 수평방향에 있는 회전배열은 $2.9-1.7=1.2$ kcal/mol(5.0 kJ/mol)만큼 더 안정하고 평형에서 지배적이다.

트랜스-1-메틸-4-페닐사이클로헥세인의 회전배열은 두 기가 수평방향에 있거나 혹은 모두 축방향에 있다.

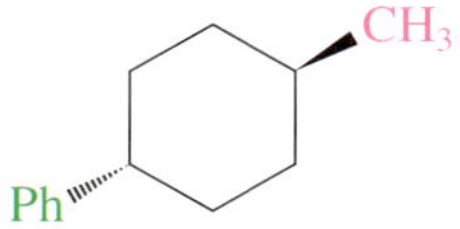

*trans*-1-Methyl-4-phenylcyclohexane

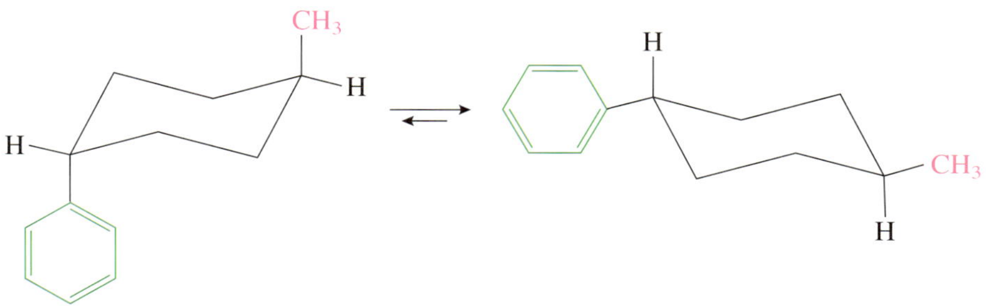

이 회전배열은 두 기가 모두 축방향에 있다. 이것은 1.7 + 2.9 = 4.6 kcal/mol(19.2 kJ/mol)의 무리에너지를 갖는다.

이 회전배열은 두 기가 모두 수평방향에 있다. 이것은 무리에너지를 갖지 않는다.

두 기가 다 수평방향인 회전배열은 다른 회전배열보다 더 안정하다. 트랜스-입체 이성질체는 축방향 메틸기에 의해 생기는 무리(1.7 kcal/mol (7.1 kJ/mol))만큼 시스-이성질체보다 더 안정하다.

많은 다른 치환된 사이클로헥세인 입체이성질체에 대해서도 같은 방법을 적용할 수 있다. 기 사이에 1,3-축방향 상호작용이 있는 예 혹은 고리가 쌍극자가 작용하는 극성기로 치환된 예는 상당히 더 복잡하다.

**문제 6.13** 3-아이소프로필사이클로헥산올의 두 입체이성질체를 고려해보자.

**a)** 각 입체이성질체에서 어느 것이 더 안정한 회전배열인가?

**b)** 어느 입체이성질체가 얼마 만큼 더 안정한가?

## 예제 6.5

1-에틸-3-메틸사이클로헥세인의 한 입체이성질체의 다음 회전배열에서 치환기는 시스인가 트랜스인가? 에틸기는 축방향인가 수평방향인가? 메틸기는 축방향인가 수평방향인가? 나타낸 회전배열 혹은 고리-플립으로 생성된 회전배열 중 어느 것이 더 안정한가? 나타낸 화합물 혹은 입체이성질체 중 어느 것이 더 안정한가?

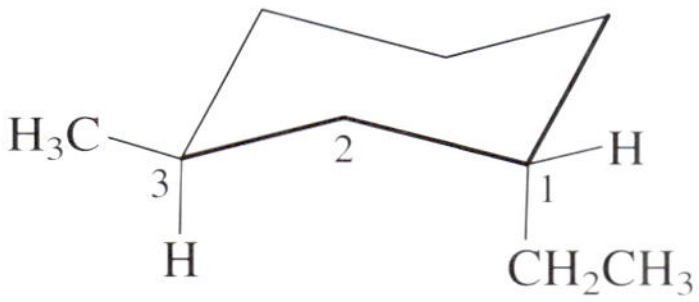


### 풀이

C-3에서 메틸기는 H보다 종이면의 위쪽에 가깝게 있고 C-1에서 H는 에틸기보다 더 위쪽에 가깝게 있다. 그러므로 에틸은 메틸에 대해 트랜스이다. 이것은 트랜스-1-에틸-3-메틸사이클로헥세인의 의자 회전배열의 하나이다. 나타낸 회전배열에서 메틸은 수평방향이고 에틸은 축방향이다. 축방향 메틸과 수평방향 에틸을 가진 고리-플립 회전배열은 다소 더 안정하다. 나타낸 화합물의 입체이성질체인 시스-1-에틸-3-메틸사이크로헥세인은 더 안정하다. 에틸과 메틸이 다 수평방향인 회전배열을 가지기 때문이다.

**문제 6.14** 다음 화합물에 대해 치환기가 시스인지 혹은 트랜스인지를 나타내고 축방향 혹은 수평방향인지를 나타내어라. 회전배열과 다른 의자 회전배열 중 어느 것이 더 안정한지를 나타내어라. 또 다음에 나타낸 화합물과 그 입체이성질체의 하나와는 어느 것이 더 안정한지도 나타내어라.

a) 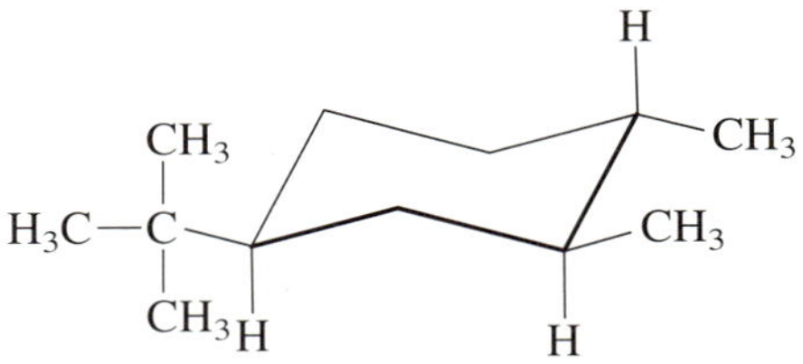

b) 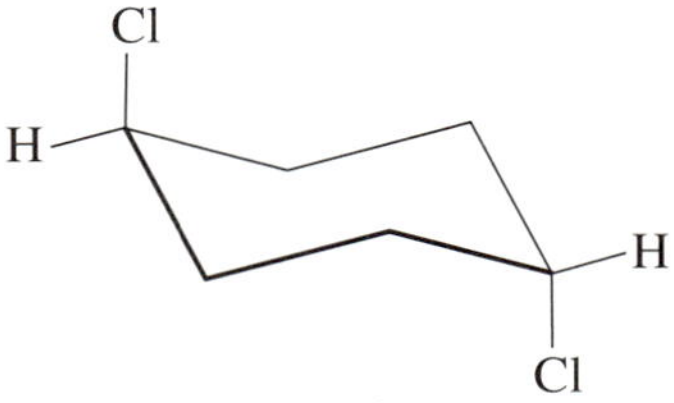

c) 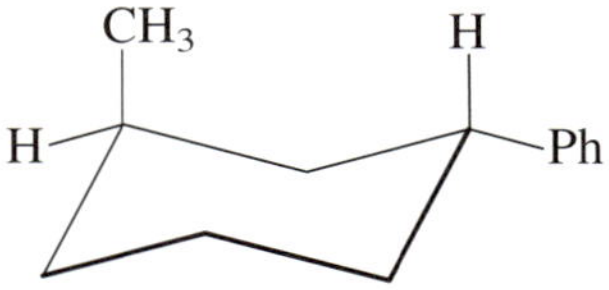

## 추가문제

**6.15** 다음 화합물에 대한 모든 시스-트랜스 이성질체를 써라.

**a)** $CH_3CH = CHCH = CHCH_2CH_3$

**b)** $CH_3CH = CHCH = CHCH_3$ **c)** $CH_3CH = CHCH = CH_2$

**6.16** 다음 중 어느 기가 우선순위가 높은가?

**a)** $-C{\equiv}CH$ or 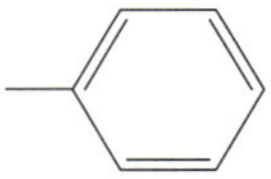

**b)** 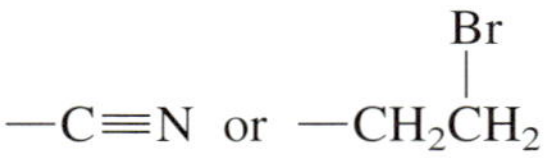

**c)** 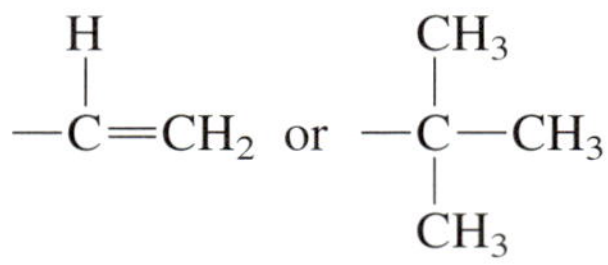

**d)** 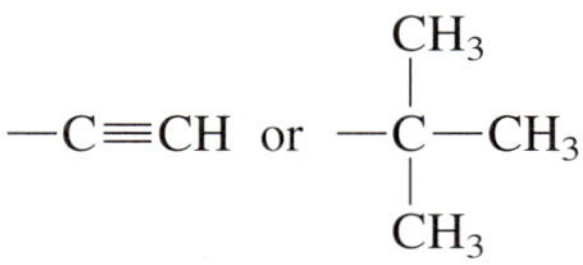

**6.17** 다음 화합물의 위치배열을 *Z* 혹은 *E*로 나타내어라.

**a)** 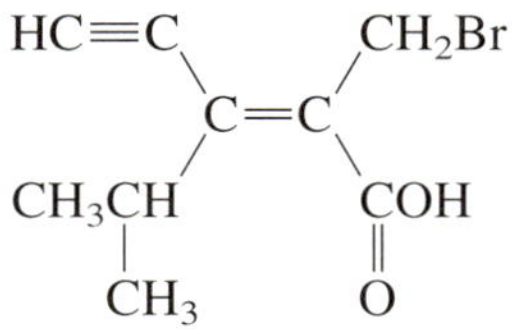

**b)** 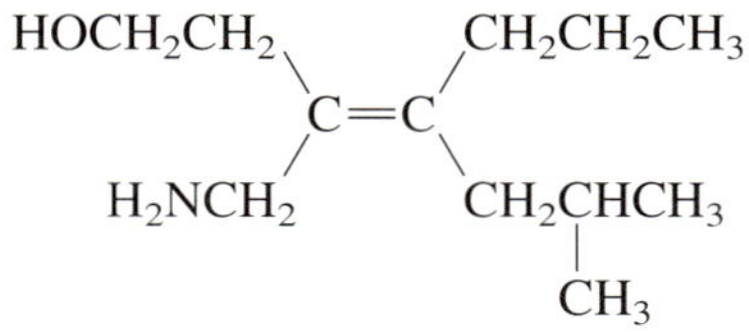

**c)** 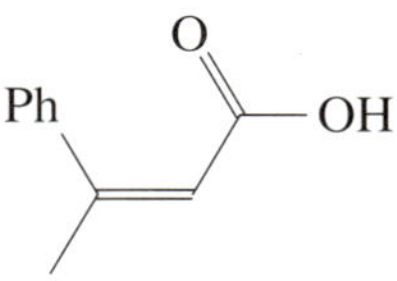

**d)** 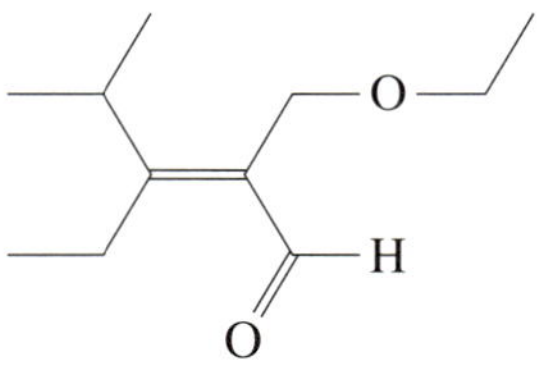

**6.18** 2-메틸프로페인에 대한 이면각 대 에너지 도시가 프로페인에 대한 것과는 어떻게 다른가?

**6.19** 2,3-다이메틸뷰테인의 회전배열에 대한 C — C3결합에서 이면각 대 에너지 도시를 나타내어라.

**6.20** 다음 화합물의 존재하는 기하구조와 무리의 형태를 검토하여라.
**a)** 사이클로프로페인 **b)** 사이클로뷰테인 **c)** 사이클로페테인
**d)** 사이클로헥세인 **e)** 사이클로데케인

**6.21** — C ≡ N기와 — C ≡ CH기에 대한 축방향 무리에너지는 $CH_3$기에 대한 것보다 상당히 더 작다는 것을 설명하여라.

**6.22** 1,1,3-트라이메틸사이클로헥세인의 의자 회전배열을 그리고 어느 회전배열이 더 안정한가를 나타내어라.

**6.23** 이 화합물의 시스와 트랜스 입체이성질체를 그리고 그 안정성을 설명하여라.

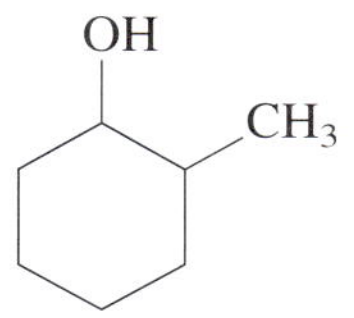

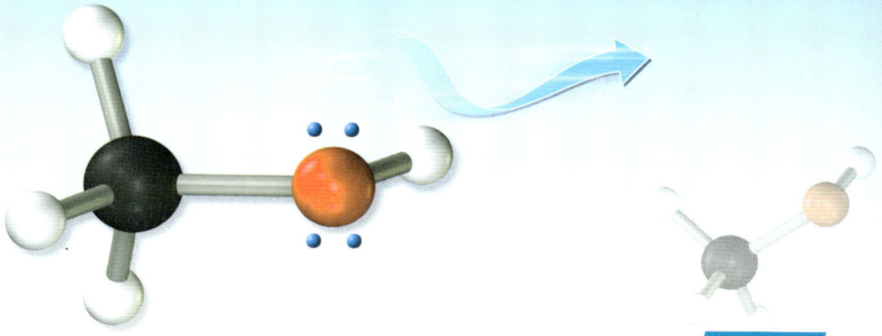

# 입체화학 II: 카이랄분자

CHAPTER 7

### 유기화학 숙달

- ▶ 카이랄화합물의 확인과 카이랄중심 결정
- ▶ 대칭면의 결정
- ▶ 카이랄중심의 위치배열의 설계
- ▶ 거울상이성질체가 다른 성질을 가질 때
- ▶ 광학적 활성의 이해
- ▶ 메소 입체이성질체
- ▶ 거울상이성질체 분리법의 이해
- ▶ Fischer 투영도의 사용
- ▶ 다른 형태의 카이랄분자의 확인

이 장에서는 가장 예민한 새로운 형태의 입체이성질체를 소개한다. 이와 같은 형태의 입체이성질체는 단일결합 탄소의 사면체 기하구조 때문에 생긴다. 이 입체이성질현상을 기술한 후 어떠한 경우에 이러한 입체이성질체가 생기는지를 어떻게 알 수 있는가를 다루게 될 것이다. 다음에 이들 입체이성질체의 위치배열을 결정하는 방법을 기술할 것이다. 언제 그들의 성질이 달라지는가를 검토한 후 더 복잡한 예를 기술한다. 끝으로 어떻게 그들을 만들며 어떻게 분리할 것인가를 검토할 것이다.

## 7.1 카이랄분자

2-클로로뷰테인과 같은 대단히 간단한 분자일 지라도 지금 언급한 새로운 형태의 이성질현상을 나타낸다. 이런 형태의 입체이성질현상을 나타나게 하는 2-클로로뷰테인의 구조적 특성은 그 탄소 중의 하나가 그것에 결합된 4개의 서로 다른 기를 갖는다.

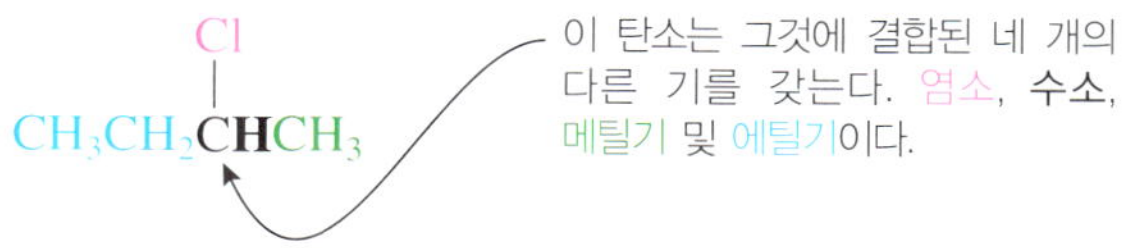


이 새로운 형태의 이성질체를 보기 위하여 이 탄소에 주위에 4개의 기의 배열을 주의해서 검토해야한다. 다음 구조는 이 탄소 주위에 기의 배열을 나타낸다. 물론 이 탄소는 $sp^3$ 혼성이고 사면체 구조를 갖는다. 원래 구조의 **거울상**을 나타내었다.

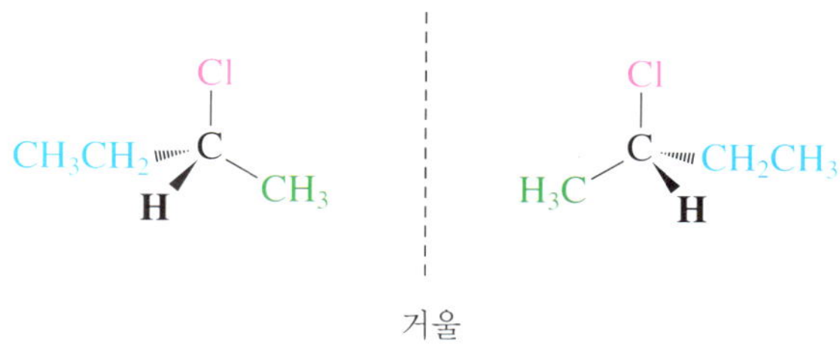

이 두 구조를 주의해서 살펴보면 그들은 동일하지 않다는 것을 알 수 있다. 오른편 구조를 C — Cl결합을 축으로 해서 180° 회전하면 더 분명하게 알 수 있다.

이것은 왼편 구조이다.

이것은 C — Cl 결합 주위를 180° 회전한 오른편 구조이다.

이 두 구조에서 염소와 메틸기는 같은 위치에 결합되어 있으나 수소와 에틸은 그렇지 않다. 한 구조를 에틸기와 수소가 같은 위치를 차지하도록 회전하면 염소와 메틸기는 같은 자리를 차지하지 않는다. 두 구조는 서로 겹쳐지지 않는다. 이 구조들을 아무리 회전하여도 같은 구조가 될 수 없다. 즉 그들은 **겹쳐질 수 없는 거울상(nonsuperimposable mirror image)**이다. 이 두 구조가 동일하게 되는 한 가지 방법은 한 구조에 있는 두 기를 교환하는 것이다. 물론 이렇게 되려면 결합의 절단을 요구하며 실온에서는 일어날 수 없다. 그림 7.1에 이 화합물의 삼차원적 구조를 나타냈다.

2-클로로뷰테인과 같은 분자를 **카이랄(chiral)**이라 한다. 카이랄분자는 두 입체이성질체의 어느 하나로 존재한다. 이들 입체이성질체, 한 쌍의 겹쳐질 수 없는 거울상을 **거울상이성질체(enantiomer)**라 부른다.

카이랄인 몇몇 일상의 물건을 생각해보면 이 종류의 입체이성질체를 쉽게 이해할 수 있다. 카이랄 대상의 한 예는 손(chiral이라는 용어는 그리스어의 손이라는 kheir에서 유래하였다)이다. 왼손과 오른손은 거울상이성질체이다. 그들은 겹쳐질 수 없는 거울상이다. 일상의 물건으로 카이랄인 다른 예는 발, 장갑, 골프채, 나사 및 필적이다. 이 모든 대상들은 손잡이성을 나타낸다. 카이랄이 아닌 대상은 양말, 벙어리장갑, 야구방망이, 나사드라이버 및 연필이다.

---

**문제 7.1** 다음 물건이 카이랄인지 아닌지를 나타내어라.

**a)** 골프공 **b)** 야구장갑 **c)** 시계 **d)** T-셔츠
**e)** 예복용 와이셔츠 **f)** 자동차

---

## 7.2 카이랄분자의 인식

분자가 카이랄이라는 것을 어떻게 인식할 것인가? 가장 확실한 방법은 분자의 모델을 만들고 그 거울상의 모델을 만드는 것이다. 두 모델이 겹쳐지면 분자는 카이랄이

**그림 7.1** 2-클로로뷰테인의 입체이성질체

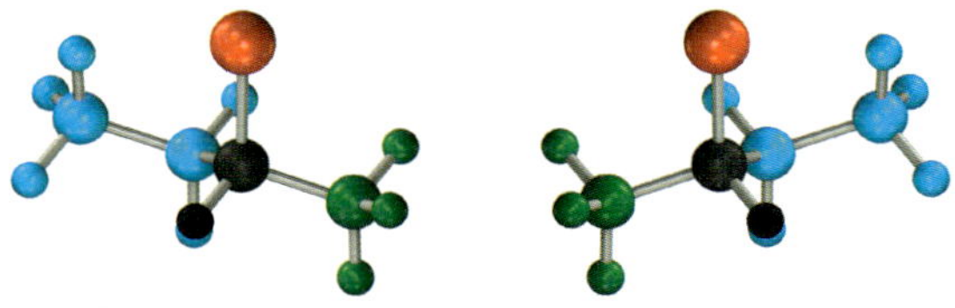

아니다. 겹쳐지지 않으면 카이랄이다. 그러나 이 방법은 지루하고 무엇이 분자를 카이랄이 되게 하는가를 이해하는 데 도움을 주지 못한다. 더 빠르고 더 교육적인 방법이 필요하다.

카이랄이 되게 하는 2-클로로뷰테인의 특성은 4개의 다른 기가 결합된 탄소의 존재이다. 이런 탄소는 입체 중심의 다른 형태이다. 최근에 이와 같은 탄소 혹은 4개의 다른 기가 결합된 사면체 원자를 기술하는 용어는 **카이랄성 중심(chirality center)**이라 한다.(재래에 사용되던 용어는 카이랄 탄소원자 혹은 비대칭 탄소원자이다.) 유일한 입체 중심으로 1개의 카이랄성 중심을 갖는 분자는 카이랄이다.(곧 배우게 되겠지만 다중 카이라성 중심을 가진 분자는 모두는 아니지만 대부분 카이랄이다.) 그러므로 카이랄분자를 확인하는 다른 방법은, 약간의 연습이 필요하기는 하지만, 단일 카이랄성 중심을 찾는 것이다. 2개의 동일한 기(모든 이중결합 탄소와 삼중결합 탄소)가 결합된 탄소는 카이랄성 중심이 아니라는 것을 기억하여라. 다음 예를 고려해보자.

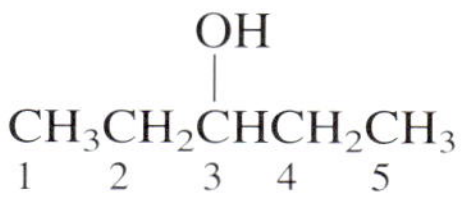

이 화합물은 카이랄성 중심을 갖고 있지 않기 때문에 카이랄이 아니다. 탄소 1, 2, 4 및 5가 모두 적어도 2개의 수소와 결합되어 있다. 탄소 3은 1개의 수소, 1개의 하이드록시 및 2개의 에틸기가 결합되어 있다.

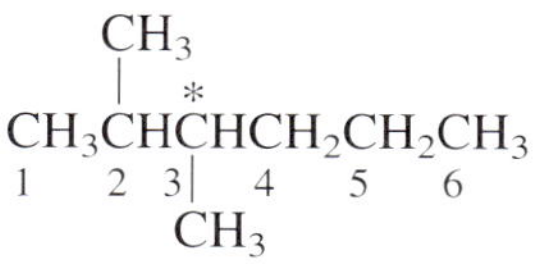

탄소 1, 4, 5 및 6은 모두 2개 이상의 수소와 결합되어 있다. 그러므로 이들은 카이랄성 중심이 아니다. 탄소 2는 2개의 메틸기와 결합되어 있기 때문에 역시 카이랄성 중심이 아니다. 그러나 탄소 3은 4개의 다른 기가 결합되어 있으므로 카이랄성 중심이다. 분자는 1개의 카이랄성 중심을 갖기 때문에 카이랄이다. 카이랄성 중심은 때때로 별표로 표식한다.

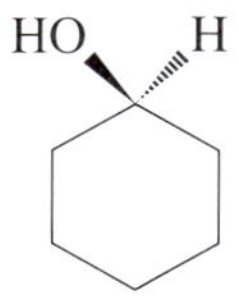

고리화합물은 다루기가 어렵다. 이 경우에 하나를 제외한 모든 탄소는 2개의 수소가 결합되어 있으므로 카이랄성 중심을 갖지 않는다. 수소와 하이드록시가 결합된 탄소는 어떻게 될 것인가? 이 탄소에 결합된 다른 두 "기"는 고리 탄소에 있다. 이 기들은 고리에서 어느 방향으로 진행하든 동일하다. 그러므로 탄소는 카이랄성 중심이 아니며 분자는 카이랄이 아니다. 카이랄성을 분석하는 데는 회전배열을 고려할 필요가 없다.

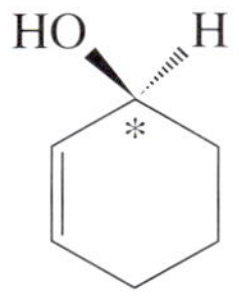

위의 예와는 대조적으로 수소와 하이드록시기가 결합된 탄소는 이 분자에서 카이랄성 중심이다. 고리에서 한 방향으로 진행하면 첫 번째 맞나는 탄소는 이중결합의 일부이다. 다른 방향에서는 그렇지 않다. 고리계에서는 두 방향으로 고리를 돌면서 한 번에 한 탄소씩 비교한다. 어떤 점에서 차이점을 발견하면 그 기는 다르다.

**문제 7.2** 다음 화합물이 카이랄인지를 결정하여라. 카이랄분자에 대해서는 카이랄성 중심에 별표를 하여라.

a) 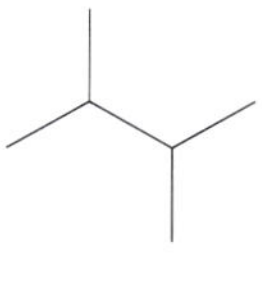

b) 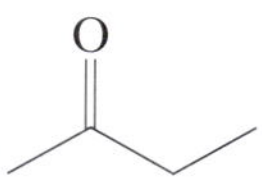

c) 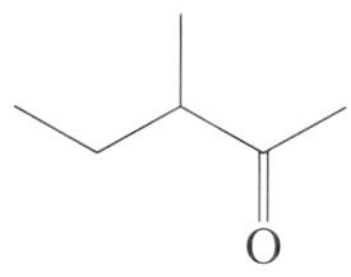

d) 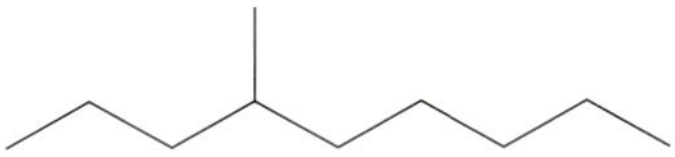

e) 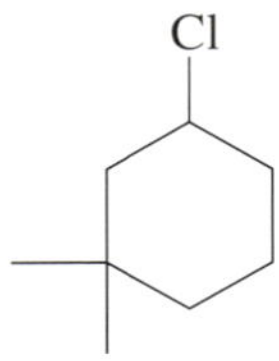


f) 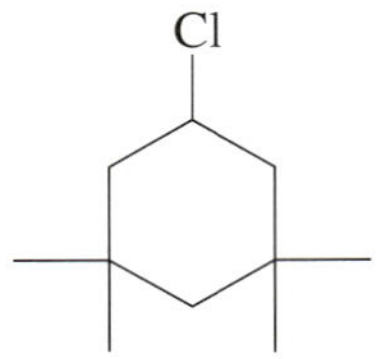


분자가 카이랄인가를 결정하는 마지막 방법은 대칭성을 검토하는 것이다. 대상이 몇 가지 다른 종류의 대칭을 가질 수 있지만 여기서 관여하는 유일한 종류는 **대칭면(plane of symmetry)** 또는 **거울면(mirror plane)**이다. 대상의 중심을 통과하는 가상적인 면이 대상을 서로 거울상인 두 부분으로 나누면 그 대상은 대칭면을 갖는다. 대칭면을 갖는 분자는 카이랄이 아니다. 대부분의 경우(전부는 아니지만) 대칭면이 존재하지 않으면 분자는 카이랄이다. 몇 가지 예를 그림 7.2에 나타냈다.

그림 7.2 **대칭면을 갖거나 갖지 않는 몇 가지 대상과 분자.**

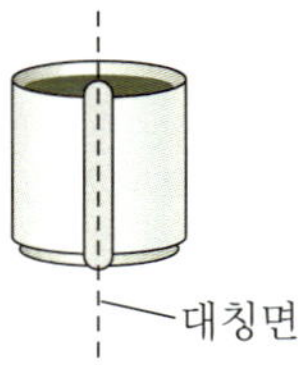


컵은 수직으로 통과하여 손잡이를 이등분하는 대칭면을 갖는다. 카이랄이 아니다.

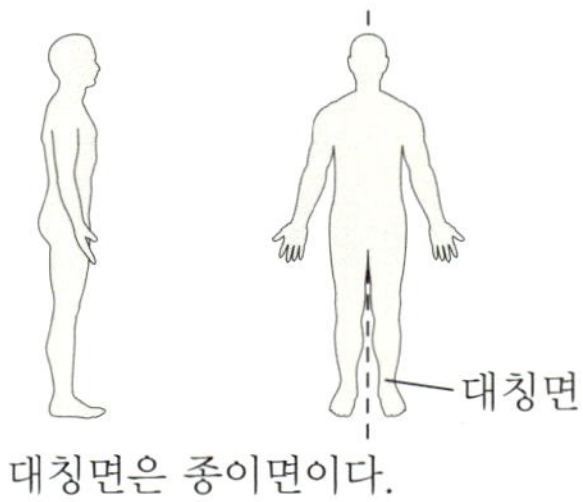


이상적인 인간의 모습에서 두 대칭면의 그림이 존재한다. 그림은 카이랄 부분(손과 같은)을 갖고 있기는 하지만 한 카이랄 부분이 다른 부분의 거울상이 되도록 쌍으로 배열되어 있다. 전체적으로 인간은 카이랄이 아니다.

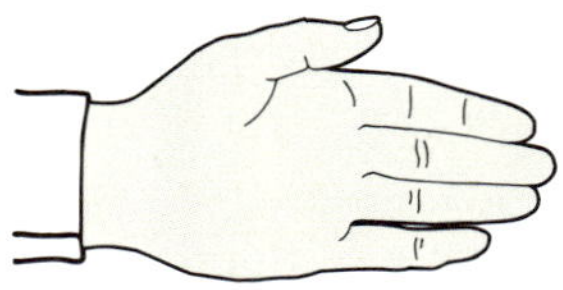

손은 대칭면을 갖고 있지 않으므로 카이랄이다.

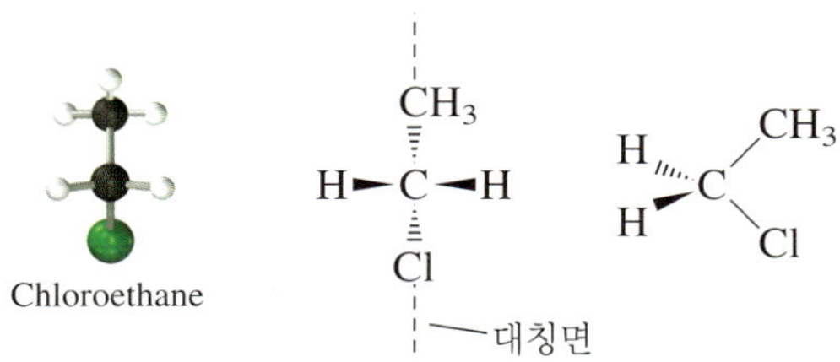


클로로뷰테인은 두 탄소와 염소를 통과하는 대칭면을 갖는다. 대칭면은 왼편 그림에서는 종이면에 대해 수직이고 오른편 그림에서는 종이면에 있다. 수소는 서로 대칭이다. 이 화합물은 카이랄이 아니다.

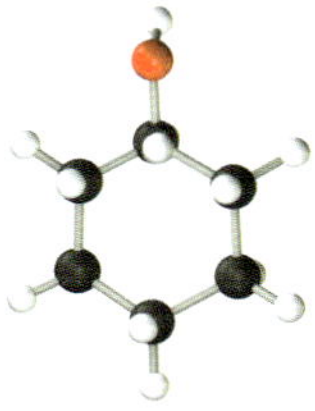

Cyclohexanol

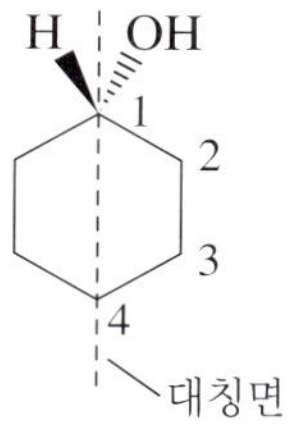


사이클로헥산올은 카이랄성 중심을 갖고 있지 않기 때문에 카이랄이 아니다. 종이면에 대해 수직인 대칭면을 갖고 있기 때문에 같은 결론에 도달할 수 있다. 대칭면은 수소와 하이드록시기가 결합된 탄소 1과 탄소 4를 통과한다. 고리의 한 편은 다른 편과 대칭이다.

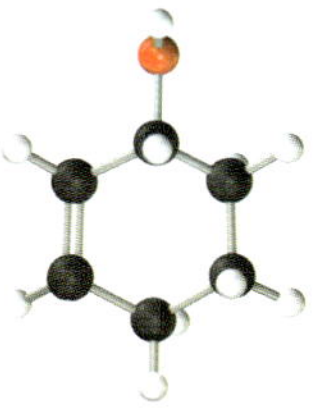

2-Cyclohexenol

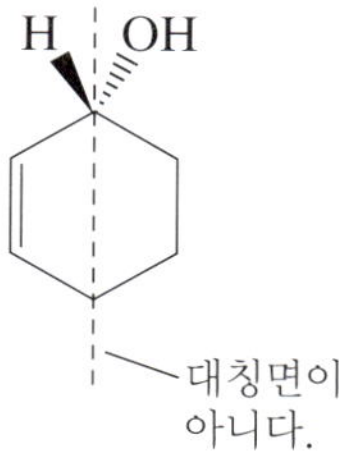


2-사이클로헥센올에서 고리의 한편은 다른 편과 대칭이 아니다. 그러므로 대칭면을 갖고 있지 않으며 카이랄분자이다.

**문제 7.3** 다음 대상과 분자가 대칭면을 갖는가를 나타내어라.

**a)** 이상적인 인간의 얼굴 **b)** 연필 **c)** 귀

**d)** 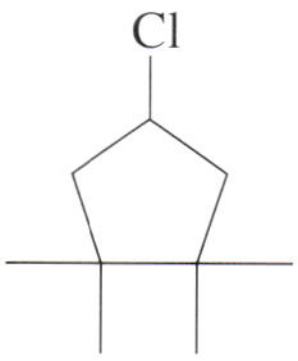

**e)** 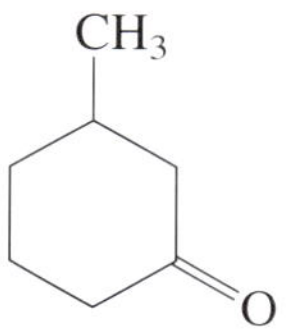

**f)** 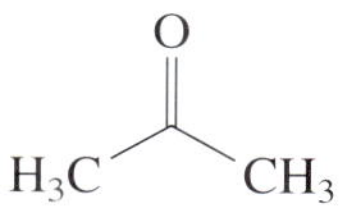

**g)** 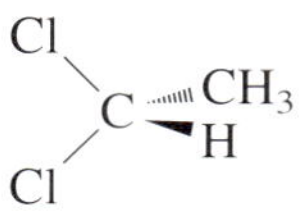

**h)** 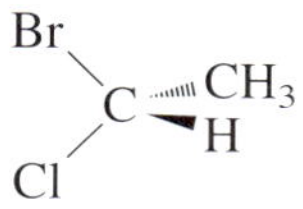

## 7.3 거울상이성질체의 위치배열의 결정

카이랄화합물의 한 거울상이성질체를 가지고 연구한다고 생각해보자. 어떤 거울상이성질체를 그린 것인지를 어떻게 나타낼 수 있을까? 참고문헌에서 어떻게 이 거울상체의 성질을 찾아볼 수 있는가? 카이랄성 중심에 4개의 기의 삼차원적 배열을 나타내 주는 거울상이성질체의 위치배열을 지정하는 방법이 필요하다. 많은 일상 물체의 경우에 왼편 신발 혹은 오른손잡이 골프채와 같이 오른편과 왼편이라는 용어가 사용된다. 6.2절에서 Cahn-Ingold-Prelog 순위 결정 규칙과 *Z*와 *E*라는 표식을 사용하여 기하이성질체의 위치배열을 어떻게 결정하는가를 다루었다. 거울상이성질체의 위치배열을 결정하는 방법은 기하이성질체의 경우에서와 같은 규칙을 사용한다.

카이랄화합물의 위치배열을 결정하기 위하여 다음 단계가 사용된다.

▶▶ **1단계**

6.2절에 나타낸 Cahn-Ingold-Prelog 순위 결정 규칙을 사용하여 카이랄성 중심에 결합된 4개의 기에 대해 1~4까지의 우선순위를 정한다. 가장 우선순위가 높은 기는 1번이 되고 가장 낮은 우선순위 기는 4번이 된다.

▶▶ **2단계**

카이랄중심으로부터 번호 4의 기에 대한 결합이 관찰자로부터 가능한 한 멀리 배치되도록 하여 분자를 본다. 1기로부터 2, 2에서 3으로 진행되는 원의 방향이 시계방향인가 반대방향인가를 결정한다. 이 회전이 시계방향이면 배열은 *R*(오른편이라는 라틴어 rectus에서 유래)이다. 회전이 반대방향이면 위치배열은 *S*(왼편이라는 라틴어 sinister에서 유래)이다.

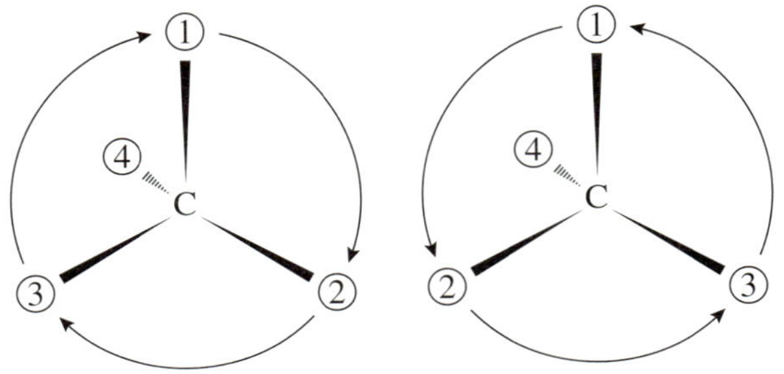


Clockwise rotation, so *R*
시계방향 회전, *R*

Counterclockwise rotation, so *S*
반시계방향 회전, *S*

**그림 7.3 위치배열의 결정.**
(a) (*S*)-2-클로로뷰테인과
(b) (*R*)-2-사이클로헥센올

그림 7.3은 이 규칙을 사용하여 어떻게 위치배열을 나타낼 것인가에 대한 예를 수록하였다.

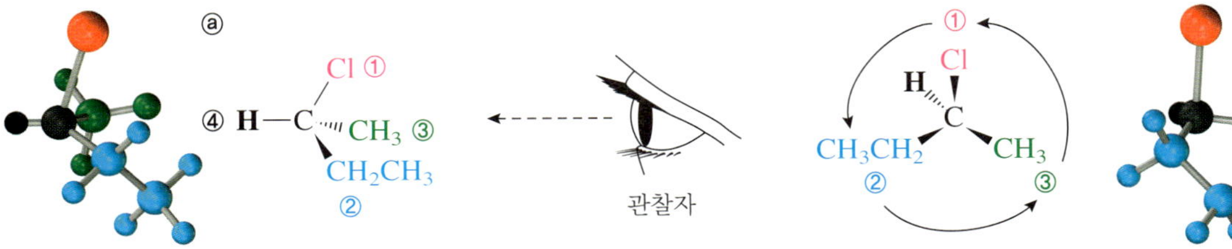


(*S*)-2-Chlorobutane

(*S*)-2-Chlorobutane

기의 우선순위는 염소 = 1, 에틸 = 2, 메틸 = 3 및 **수소** = 4이다. 오른편에서 보면 탄소로부터 수소에 대한 결합이 관찰자로부터 가장 멀리 배치된다. 1 → 2 → 3 → 1은 시계반대방향이다. 그러므로 위치배열은 *S*이다. 구조를 회전하면 더 용이하게 볼 수 있다.

이 그림에서 구조를 회전하면 탄소로부터 수소에 대한 결합이 관찰자로부터 될 수 있는 한 멀리 배치된다. 이제 1 → 2 → 3 →1의 방향이 시계반대방향이라는 것을 쉽게 볼 수 있다.

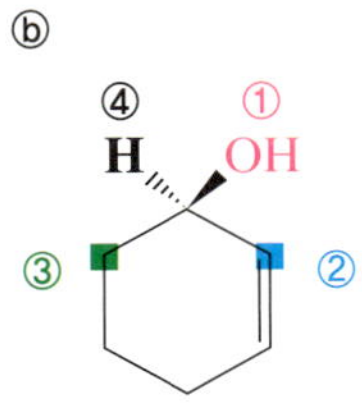


(*R*)-2-Cyclohexenol

카이랄성 중심은 OH기가 결합된 고리 탄소이다. 가장 우선순위가 큰 기는 OH이고 우선순위가 낮은 기는 H이다. 카이랄성 중심 오른편에 있는 고리 탄소는 다른 탄소와 이중결합 되어 있으므로 다른 탄소보다 우선순위가 높다. 가장 낮은 순위의 기인 수소를 관찰자로부터 가장 멀리 배치하면 1 → 2 → 3 → 1의 회전방향은 시계방향임을 쉽게 볼 수 있다.

**문제 7.4** 이 분자들의 카이랄성 중심에 결합된 기들의 우선순위를 결정하고 *R* 혹은 *S* 위치배열인가를 결정하여라.

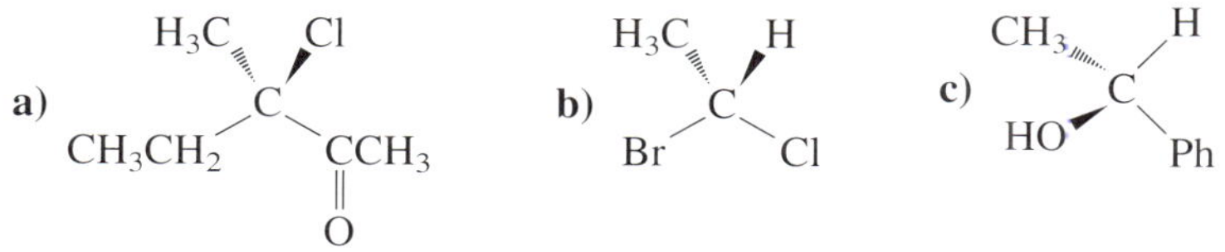

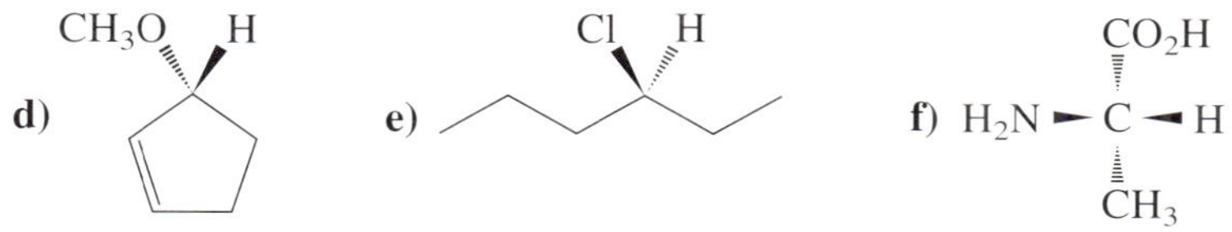

Alanine
(아미노산)

## 예제 7.1

(*S*)-2-뷰탄올의 구조를 그려라.

### 전략

입체화학이 없는 구조를 그려라. 카이랄성 중심을 확인하고 여기에 결합된 4개의 기에 대한 우선순위를 결정하여라. 사면체탄소를 그리고 결합에서 우선순위가 가장 낮은 기를 관찰자로부터 가장 멀리 배치한다. (*R*)-거울상이성질체인 경우에는 1로부터 시계방향위치에 2기를 배치한다. (*S*)-거울상이성질체인 경우에는 1로부터 시계방향의 반대 위치에 2기를 배치한다.

### 풀이

우선순위는 OH=1; $CH_2CH_3$=2; $CH_3$=3; 및 H=4이다. 관찰자로부터 먼 결합에 H를 배치한다. 임의의 결합에 OH를 배치한다. (*S*)-거울상체이므로 OH에 대해 시계방향의 반대 위치에 에틸기를 배치한다.

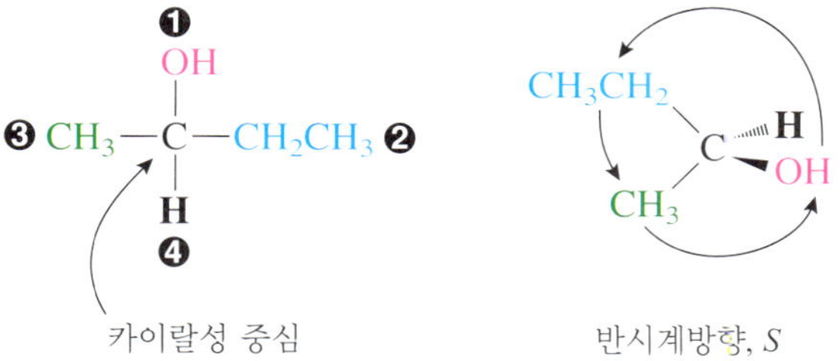


**문제 7.5** 다음 화합물들의 구조를 그려라.

**a)** (*R*)-3-에틸사이클로헥센　　**b)** (*R*)-2-브로모헵텐

카이랄성 중심에 기들의 삼차원적 배열을 **절대 위치배열(absolute configuration)**이라 한다. 1951년 특별한 X-선 기술이 개발되기까지는 화합물의 절대 위치배열을 결정하는 것은 불가능하였다. 많은 화합물의 한 거울상이성질체의 시료를 얻을 수 있었지만 그 거울상이성질체가 *R* 혹은 *S* 절대 위치배열을 갖는가를 결정하는 실험방법이 없었다. 입체화학적 효과가 잘 알려진 반응을 사용하여 한 카이랄분자를 다른 카이랄분자로 변환시킬 수 있기 때문에 유기화학자들에게 이것은 중요한 문제가 아니다. 그러므로 한 화합물의 위치배열을 다른 화합물의 위치배열과 연관시키는 것이 가능하다. 화합물의 **상대 위치배열(relative configuration)**로 알려졌다. 예로 하이드록시기가 결합되어 있는 바로 그 자리에 염소를 치환하는 것으로 알려진 반응을 사용하여 2-뷰탄올의 한 거울상이성질체를 2-클로로뷰테인으로 변환시킨다면 두 화합물은 같은 상대배열을 갖는다. 여기에 나타낸 것처럼 출발물질이 (*R*)-2-뷰탄올이면 생성물은 (*R*)-2-클로로뷰테인이다.

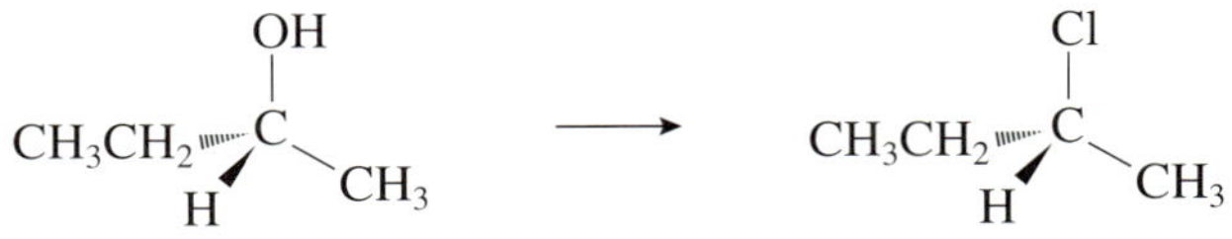

(*R*)-2-Butanol (*R*)-2-Chlorobutane

출발물질인 2-뷰탄올 거울상체의 절대배열이 알려져 있지 않으면 생성물 2-클로로뷰테인의 절대배열도 알 수 없다. 그러나 반응은 하이드록시기가 결합되어 있는 바로 그 자리에 염소를 치환하는 것으로 알려져 있기 때문에 두 화합물은 같은 상대배열을 갖는다. 흔히 화합물의 상대배열을 알고 있으면 고려하에 있는 화학적 문제를 충분히 해결할 수 있다. 물론 한 화합물의 절대배열이 결정되면 이것에 관계가 있는 배열을 가진 다른 화합물의 절대배열을 결정할 수 있다.

## 7.4 거울상이성질체의 성질

거울상이성질체는 언제 다른 성질을 가지는가? 카이랄인 일상의 대상으로 비유하는 것이 도움이 될 것이다. 언제 당신의 손은 다른 성질을 나타내는가? 장갑을 낄 때 달라진다. 글을 쓸 때 달라진다. 악수할 때 달라진다. 이 대상들 혹은 활동들의 공통점은 무엇인가? 장갑, 쓰기 및 악수는 모두 카이랄이다. 손은 카이랄 대상 혹은 활동의 한 거울상체와 상호작용할 때 달라진다. 마찬가지로 거울상이성질성 분자는 카이랄 환경에 있을 때 달라진다. 일반적으로 카이랄 환경은 어떤 카이랄화합물의 거울상이성질체가 있는 경우이다. 그렇지 않으면 그들의 성질은 같다. 예를 들면 천연물 케톤(*R*)-과 (*S*)-카본은 동일한 녹는점, 끓는점, 에탄올에서 용해도 및 연소열을 갖는다. 그러나 이들은 카이랄 용매의 한 거울상이성질체에서는 다른 용해도를 가지며 냄새도 다르다(코의 냄새 수용체는 카이랄이다). (*R*)-카본은 카라웨이와 같은 냄새이고 (*S*)-카본은 박하와 같은 냄새이다. 중요한 차이점은 거울상이성질체는 카이랄시약의 거울상이성질체와 다른 속도로 반응한다는 것이다.

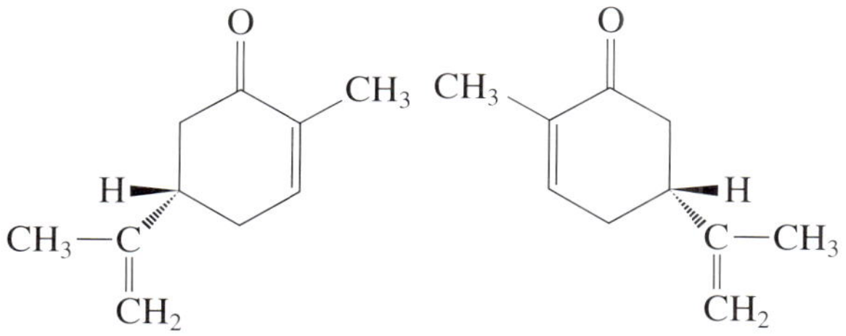


(*S*)-Carvone (*R*)-Carvone

시료에 카이랄분자의 존재를 검출하는 데 사용되는 가장 보편적인 방법은 시료와 면-편광의 상호작용을 적용하는 것이다.

정규광파는 파동의 진행방향에 대해수직한 모든 방향으로 진동하는 전자기장으로 구성된다. 이 부분을 보게 된다면 진동은 화살을 따라 일어나야 한다.

정규광선을 편광판에 통과시키면 한 방향으로 진동하는 전자기장이 갖는 광파를 제외한 모든 광파는 걸러진다. 그 결과 **면-편광(plane-polarized light)** 빔이 생긴다. 진동은 단일 면에서 일어난다.

면-편광을 카이랄화합물의 한 거울상체를 함유한 시료에 통과시키면 광의 편광면은 회전된다.[면편광을 회전시키는 시료를 **광학적으로 활성(optically active)**이라고 한다.] 이 회전을 검출할 수 있는 편광계라 부르는 간단한 기구의 골격도를 그림 7.4에 나타냈다. 이 장치에서 분석되는 유기화합물은 순수한 액체 혹은 비카이랄 용매의 용액으로 시료관에 넣는다. 면-편광을 시료에 통해주면 편광면은 회전된다. 관찰된 회전량은 $\alpha$도로 분석 편광계에 의해 측정된다. 빔이 시계방향으로 회전되면 $\alpha$는 양의 값을 가지며 시계반대방향으로 회전되면 음의 값을 갖는다.

그림 7.4 **편광계의 골격도**

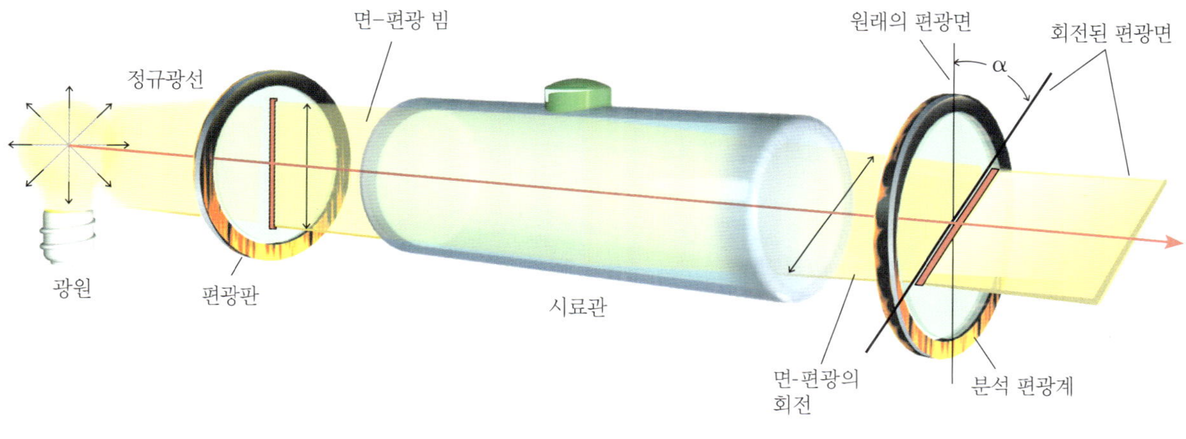

특정한 화합물에 대해 관찰된 회전은 화합물의 농도, 시료관의 길이 및 사용한 광의 파장에 의존한다. 소듐 D선(파장 = 589 nm)이라 부르는 소듐램프에 의해 생기는 황색광이 사용된다. 각 카이랄화합물에 대해 고유한 특성을 나타내는 고유회전은 실험실에서 얻어진 측정치로부터 다음 방정식에 의해 계산할 수 있다.

고유회전 (소듐 D선을 사용) → $[\alpha]_D$

관찰된 회전 (도) → $\alpha$

$$[\alpha]_D = \frac{\alpha}{(c)\ (l)}$$

농도 (g/mL) → $(c)$

시료관의 길이 (dm) → $(l)$

거울상이성질체는 면-편광을 같은 양 회전하나 방향은 반대이다. 광을 시계방향으로 회전하는 거울상체를 **우회전성(dextrorotatory)**, (*d*) 혹은 (+)이라 하고 시계 반대방향으로 회전하는 거울상체를 **좌선성(levorotatory)**, (*l*) 혹은 (−)이라 한다. 카이랄화합물을 만나게 되는 보편적인 방법은 거울상이성질체의 같은 혼합물이다. 이 혼합물을 **라세미혼합물(racemic mixture)** 혹은 **라세미체(racemate)**라 한다. 라세미혼합물은 *d*, *l* 혹은 (±)로 나타내며 한 거울상체에 의한 회전은 다른 거울상체에 의해 상쇄되기 때문에 면-편광의 회전은 없다. 물론 한 거울상체가 다른 것보다 과잉으로 존재하며 광학적으로 순수하지도 않고 완전히 라세미화 되지 않은 혼합물도 있을 수 있다.

몇 가지 화합물의 절대배열을 회전방향으로부터 예측할 수 있는 방법이 있으나 그 과정은 대단히 복잡하다. 그러므로 화합물이 면-편광을 회전하는 관찰은 그 화합물이 카이랄이라는 것과 한 거울상체가 다른 것보다 과잉으로 존재한다는 것을 나타내 줄 뿐이다. 시료가 한 거울상체를 포함하고 있으면 고유 회전을 측정할 수 있다. 고유회전이 일정하다는 것은 녹는점 혹은 끓는점과 마찬가지로 화합물을 확인하는데 사용할 수 있다. 예로 슈크로오스의 고유회전은 $[\alpha]_D = +66.37$이고 (−)-2-뷰탄올은 $[\alpha]_D = -13.9$이다. 2-뷰탄올의 (*l*)-거울상체가 실제로 *R* 절대배열을 갖는다고 할 수는 없다. 일반적으로 절대배열(*R* 혹은 *S*)과 면-편광의 회전방향(+ 혹은 −)과는 관계가 없다.

**문제 7.6** 2-펜탄올의 두 거울상체를 고려해보자. 다음 사항이 사실인지, 거짓인지 혹은 이 정보로는 결정할 수 없는지를 설명하여라.

**a)** (*R*)-2-펜탄올은 (*S*)-2-펜탄올보다 더 강산이다.

**b)** 두 거울상체는 같은 끓는점을 갖는다.

**c)** 두 거울상체는 물에 대한 용해도가 같다.

**d)** (*S*)-2-펜탄올은 면-편광을 시계반대방향으로 회전한다.

**e)** (*d*)-2-펜탄올은 면-편광을 시계방향으로 회전한다.

## 7.5 다중 카이랄성 중심을 가진 분자

분자가 1개 이상의 카이랄성 중심을 가지면 사정은 다소 복잡해진다. 가장 간단한 가능성을 고려해보자. 2개의 카이랄성 중심을 가진 분자를 생각해보자. 각 카이랄성 중심은 *R* 혹은 *S*절대 배열을 갖는다. *RR*, *SS*, *RS* 및 *SR*의 4개의 가능한 조합이 있다. 카이랄분자의 거울상, 즉 거울상체는 모든 카이랄중심에서 반대 위치배열(반전된 위치배열)을 갖는다. 그러므로 *RR*과 *SS* 입체이성질체는 *RS*와 *SR* 입체이성질체와 같이 거울상체이다. 이와 같이 비거울상 입체이성질체를 **부분입체이성질체(diastereomer)**라고 부른다. 이들은 전부는 아니지만 몇 카이랄중심에서 반대 위치배열을 갖는다.

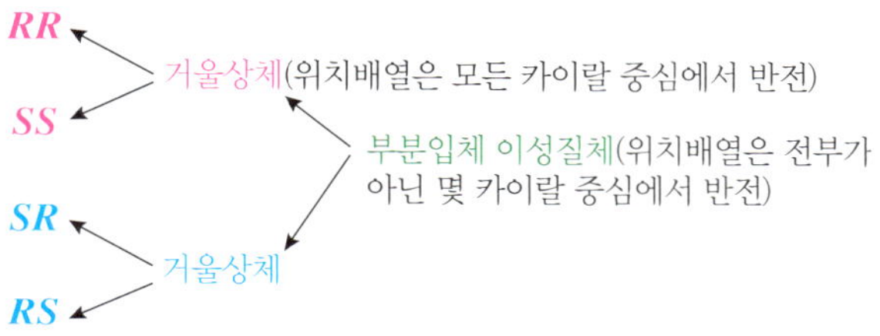


전에 나타낸 것처럼 거울상체는 카이랄 환경에 놓일때를 제외하고는 동일한 성질을 갖는다. 한편 부분입체이성질체는 거울상이 아니며 모든 환경에서 다른 성질을 갖는다. 그들은 다른 물리적 화학적 성질을 갖는다.

카이랄중심이 2개 이상인 분자에도 같은 분석을 적용할 수 있다. 각 카이랄중심은 *R* 혹은 *S* 위치배열을 갖는다. 가능한 입체이성질체의 수는 간단한 확률 설을 사용하여 계산할 수 있다. 카이랄중심의 수가 $n$인 분자는 최대 $2^n$ 입체이성질체를 갖는다.

$$\text{최대 입체이성질체의 수} = 2^n \quad (n = \text{카이랄중심의 수})$$

예로 2-(메틸아미노)-1-페닐-1-프로판올의 경우를 고려해보자.

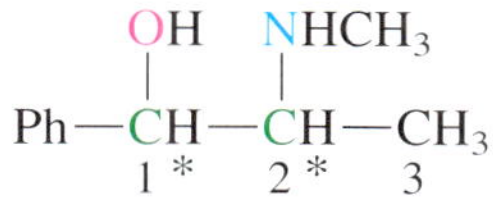


탄소 1과 탄소 2는 다 카이랄중심이다. 그러므로 $2^2 = 4$개의 입체이성질체가 있다. (1*R*,2*S*)-입체이성질체는 −6.3의 고유회전을 가지며 (−)에페드린으로 알려져 있다. 이 물질은 감기 치료에 사용되는 기관지 확장제이고 출혈 완화제이다. 이것은 또한 마황의 주 활성 성분이다. 미국의 식품의약품국은 2004년에 혈압과 맥박의 상승을 포함한 부작용 때문에 마황을 포함한 식이요법 보조제의 판매를 금지하고 있다. (−)-에페드린의 거울상체는 (1*S*, 2*R*)-입체이성질체로 천연물로 존재하지 않는다. 이 물질은 (−)-에페드린과 같은 녹는점을 가지지만 생리학적 성질은 다르다. 면-편광을 (+)-방향으로 회전한다. 라세미혼합물, (*d*,*l*)-에페드린은 결정격자에 더 잘 채워지므

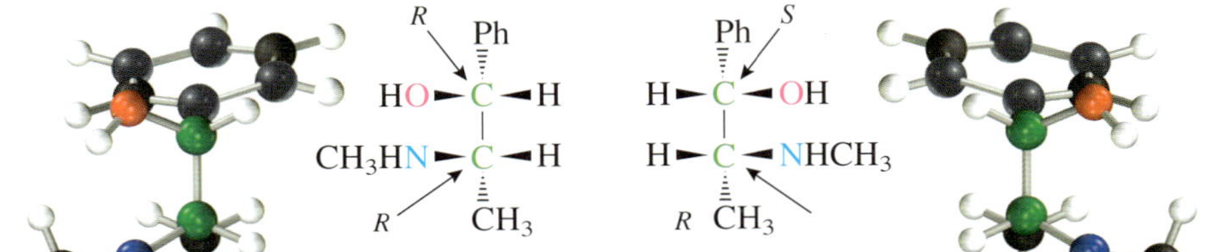

(1$R$,2$S$)-입체이성질체
(−)-ephedrine
mp: 40°C
$[\alpha]_D$: −6.3

(1$S$,2$R$)-입체이성질체
(+)-ephedrine
mp: 40°C
$[\alpha]_D$: +6.3

로 어느 거울상체보다 높은 녹는점(76°C)을 가진다.

(−)-에페드린의 거울상체를 그리는 한 방법은 (−)-에페드린 구조의 오른편에 종이면에 대해서는 수직하게 거울을 놓고 그린다. 원래의 구조의 거울상을 그릴 때 오른편에 있는 구조 (+)-에페드린이 생성된다. 거울상체를 그리는 다른 방법은 각 카이랄성 중심에서 두 기를 교환하는 것이다(카이랄성 중심에서 두 기를 교환하면 카이랄성 중심에서 위치배열이 반전된다). 그러므로 (−)-에페드린의 탄소 1에서 OH와 H가 교환되고 탄소 2에서 $CH_3NH$와 H가 교환되면 오른편에 있는 (+)-에페드린의 그림이 얻어진다.

에페드린의 부분입체이성질체를 그리기 위하여 한 카이랄성 중심에서 두 기를 교환하고 다른 카이랄중심에서는 위치배열은 유지한다. 예로 (−)-에페드린의 전 그림에서 H와 $NHCH_3$를 교환하면 생성되는 입체이성질체는(1$R$,2$R$)-입체이성질체이다. 이것은 (−)-유사에페드린으로 알려져 있으며 코의 충혈완화제로 사용된다. 유사에페드린의 두 거울상체는 에페드린과는 대단히 다른 물리적 상수를 갖는다.

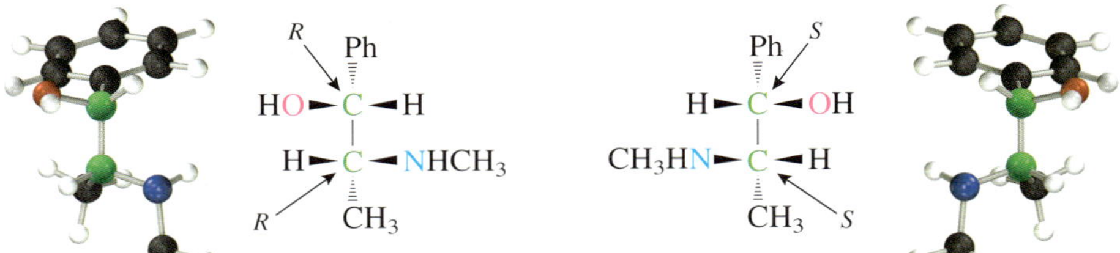

(1$R$,2$R$)-입체이성질체
(−)-pseudoephedrine
mp: 118°C
$[\alpha]_D$: −52

(1$S$,2$S$)-입체이성질체
(+)-pseudoephedrine
mp: 118°C
$[\alpha]_D$: +52

**문제 7.7** 2-브로모-3-클로로뷰테인의 모든 입체이성질체를 그리고 거울상체이고 부분 이성질체인지를 나타내어라.

다른 예로 화합물 콜레스테롤을 고려해보자.

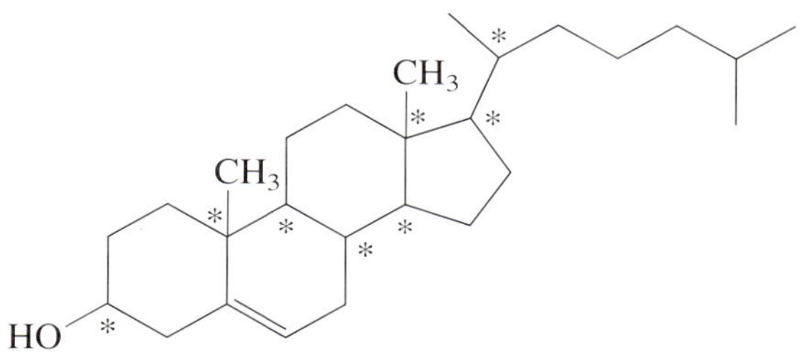

Cholesterol

콜레스테롤은 스테로이드라 부르는 천연물의 부류에 속한다. 스테로이드는 1개의 5-원자와 3개의 6-원자고리가 콜레스테롤과 같은 형태로 서로 접해 있는 특성을 가진다. 이 화합물은 8개의 카이랄성 중심을 가지며 따라서 $2^8 = 256$개의 입체이성질체를 가진다. 그 중 하나가 콜레스테롤이다. 다른 하나는 콜레스테롤의 거울상체이다. 다른 254개는 콜레스테롤의 부분입체이성질체이다. 256 가능성 중에서 자연에서는 콜레스테롤 한 개만을 생성한다.

**문제 7.8** 이 화합물에서 각 카이랄중심에 별표를 하고 각 경우에 대한 입체이성질체의 최대 수를 계산하여라.

**a)** 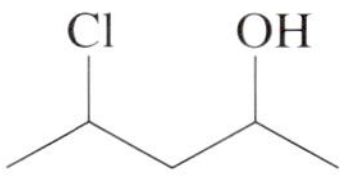

**b)** 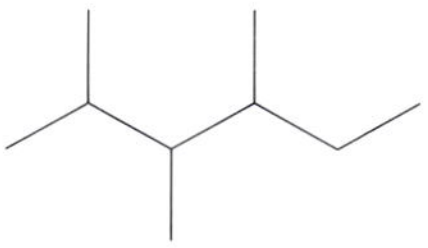

**c)** 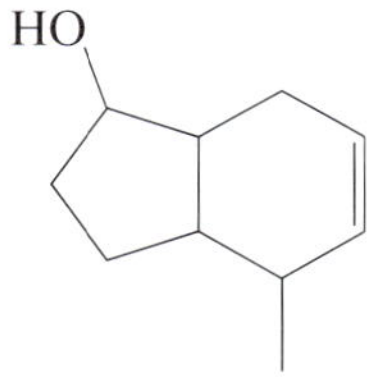

**d)** 

때때로 위의 규칙에 의해 예측할 수 있는 것보다 적은 수의 입체이성질체가 존재한다. 이런 현상은 한 화합물에서 동일한 카이랄중심이 대칭일 때 일어난다. 한 예로 타타르산의 경우를 생각해보자.

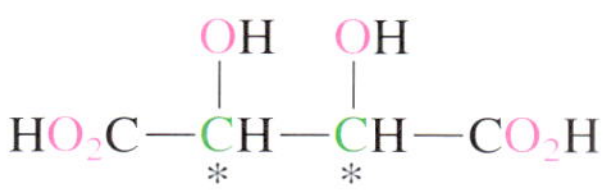

Tartaric acid

이 화합물은 2개의 카이랄성 중심을 가지므로 총 4개의 입체이성질체를 가질 것으로 기대된다. 그러나 각 카이랄중심은 탄소에 결합된 동일한 기를 가지므로 실제로는 4개보다 더 적은 입체이성질체가 존재한다. 분석은 에페드린에서와 같은 방법으로 처리할 수 있다. 예로 (2*R*,3*R*)-이성질체를 그리는 것으로 시작해보자. 다음에 이것의 거울상인 (2*S*,3*S*)-입체이성질체를 그린다. 두 화합물은 겹쳐질 수 없는 거울상이며 거울상이성질체이다.

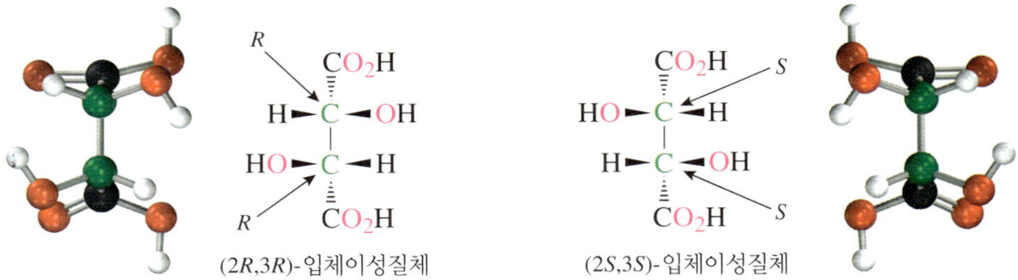

(2*R*,3*R*)-입체이성질체
(+)-tartaric acid
mp: 169–170°C
$[\alpha]_D$: +12.0

(2*S*,3*S*)-입체이성질체
(–)-tartaric acid
mp: 169–170°C
$[\alpha]_D$: –12.0

(+)-타타르산은 식물과 과일(천연물)에서 생성된다. 모노포타슘 염은 주석영이라 부르며 베이킹 파우더의 성분이다. (−)-타타르산은 자연에서는 흔하지 않으며 서아프리카 나무의 열매에서만 발견된다.

이 화합물의 부분입체이성질체는 한 카이랄성 중심에 있는 H와 OH를 교환하여 그릴 수 있다. 이 화합물의 거울상도 나타냈다.

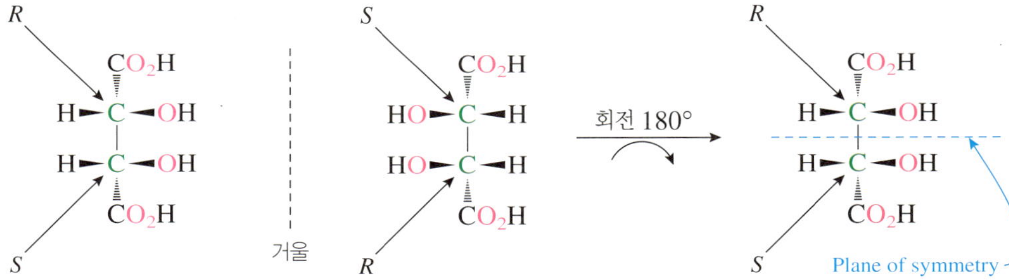


(2*R*,3*S*)-입체이성질체
*meso*-tartaric acid
mp: 159–160°C

(2*S*,3*R*)-입체이성질체
*meso*-tartaric acid
mp: 159–160°C

이 거울상을 주의 깊게 살펴보면 실제로 이들은 동일하다는 것을 알 수 있다. (2*S*,3*R*)-입체이성질체를 종이면에서 180° 회전하면 오른편에 있는 구조가 되고 이것은 왼편에 있는 (2*R*,3*S*)-입체이성질체와 동일하다. 화합물은 그 거울상과 겹쳐지기 때문에 카이랄이 아니고 면-편광을 회전하지 못한다. 이 화합물이 카이랄이 아니라는 것을 결정하는 다른 방법은 C2-C3결합을 이등분하는 대칭면을 갖는다는 것이다. 카이랄성 중심이 있으면서도 카이랄을 나타내지 않는 이와 같은 화합물을 **메소-입체이성질체 (*meso*-stereoisomer)**라 부른다. 메소-타타르산은 인공적이고 자연에서는 생산되지 않는다. 전체적으로 타타르산은 3개의 입체이성질체만을 가진다. 카이랄 부분입체이성질체(흔히 *d*,*l*-부분입체이성질체)의 2개의 거울상과 1개의 메소-부분입체이성질체를 갖는다.

대칭성 때문에 번호붙임은 타타르산의 어느 쪽 끝에서든 시작할 수 있다. (2*R*,3*S*)-타타르산은 (2*S*,3*R*)-타타르산과 같다. 카이랄성 중심의 하나는 다른 것의 거울상이다. 즉 메소-타타르산은 내부 대칭면을 갖는다. 일상의 예에서 이상적인 인간의 모습을 생각해보자. 모습에서 손과 발과 같은 카이랄 부위를 갖고 있지만 왼편과 오른편 거울상체의 쌍으로 이루어져 있으므로 내부 대칭면을 갖는다. 동일한 카이랄성 중심이 대칭으로 배열된 분자를 만나게 되면 항상 메소-입체이성질체가 생기며 따라서 입체이성질체의 총수는 $2^n$ 규칙에 의해 기대할 수 있는 수보다 적다.

**문제 7.9** 2,3-다이클로로뷰테인의 모든 입체이성질체를 그려라. 어느 것이 면-편광을 회전하며 어느 것이 메소인지를 나타내어라.

## 7.6 입체이성질체와 고리화합물

이미 다룬 고리화합물의 시스-와 트랜스-입체이성질체는 입체이성질체 형태의 특별한 경우에 해당된다. 예로 1,2-다이메틸사이클로헥세인의 경우를 고려해보자.

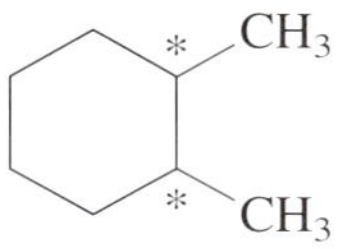


두 기의 카이랄성 중심을 가지므로 이 분자는 4개의 입체이성질체를 가질 것으로 기대된다. 그러나 카이랄성 중심이 동일하므로 실제로는 4개의 입체이성질체보다 적은 수의 이성질체를 가질 것으로 기대된다. 사실 분석은 타타르산에서와 동일하다. 2개의 거울상체의 *d*,*l*-쌍과 메소 부분입체이성질체를 합쳐서 총 3개의 입체이성질체가 존재한다.

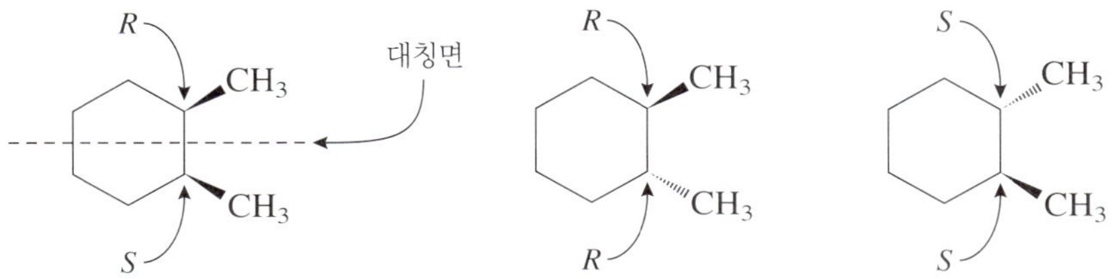


*meso*-입체이성질체
(1*R*,2*S*) or (1*S*,2*R*)
시스-부분입체이성질체

(1*R*,2*R*)-입체이성질체 (1*S*,2*S*)-입체이성질체

트랜스-부분입체이성질체의 거울상체

시스-부분입체이성질체는 메소이다. 이것은 두 메틸기 사이의 고리결합을 이등분 하는 대칭면을 갖는다. 카이랄이 아니며 면-편광을 회전하지 못한다. 트랜스-부분입체이성질체는 거울상체의 쌍으로 존재한다. 이 입체 화학적 차이는 고리의 존재에 의존

하는 것은 아니다. 사실 카이랄성 중심을 연결하는 결합의 반대결합에서 고리가 절단되는 것으로 생각된다. 결과적으로 생성된 3,4-다이메틸헥세인은 3개의 입체이성질체를 갖는다. 1개의 메소-부분이성질체와 *d,l*-부분이성질체의 두 거울상체이다. 3,4-다이메틸헥세인의 메소-와 *d,l*-부분입체이성질체가 다르다는 것을 보는 것보다 1,2-다이메틸사이클로헥세인의 시스-와 트랜스-부분입체이성질체를 보는 것이 더 용이하다.

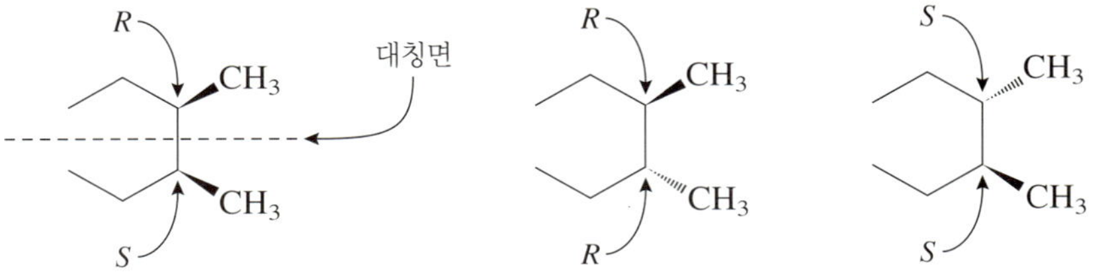


*meso*-3,4-Dimethylhexane (3*R*,4*R*)-Dimethylhexane (3*S*,4*S*)-Dimethylhexane

사이클로헥세인 고리는 평면이라기보다는 의자모양을 가지고 있지만 위와 같은 입체 화학적 분석에서는 평면 고리를 사용한 그림으로 분석하였다.(이것은 대부분의 다른 고리에도 적용된다.) 의자 회전배열은 빠르게 상호변환되어 평균 모양은 평면이라고 생각할 수 있다. 시스-1,2-다이메틸사이클로헥세인의 한 의자 회전배열을 주의해서 분석해보면 그 거울상과 겹쳐지지 않는 카이랄임을 나타내준다. 그러나 고리-플립된 회전배열은 원래 회전배열의 거울상체이다. 실온에서 형태체가 빠르게 상호변환 되기 때문에 그 화합물은 카이랄이 아니다. 이 결과는 고리계에만 있는 것은 아니다. 메소-3,4-다이메틸헥세인의 몇 가지 회전배열은 카이랄이고 항상 거울상이성질성 회전배열이 있고 그들 간의 상호변환은 빠르다. 이와 같은 분자에서 내부 대칭면을 찾을 때는 가장 대칭적인 회전배열을 사용하는 것이 필요하다.

**문제 7.10** 1,2-다메틸사이클로프로페인의 모든 입체이성질체를 그려라. 어느 것이 면-편광을 회전하는지 설명하여라.

## 예제 7.2

이 화합물이 면-편광을 회전할 수 있는지 설명하여라.

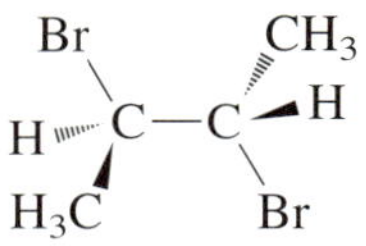


**풀이**

두 카이랄성 중심에 같은 기가 결합되어 있기 때문에 이 화합물은 메소이다. 이것을 결정하기 위하여 회전배열을 적어도 한 쌍의 같은 기가 가리워진 더 대칭인 회전배열로 변환시켜야 한다. 오른편 탄소를 180° 회전하면 이 회전배열이 된다. 탄소-탄소결합을 이등분하는 대칭면을 확인할 수 있다. 그러므로 이것은 메소-입체이성질체이다. 메소-입체이성질체는 카이랄이 아니고 면-편광을 회전하지 않는다.

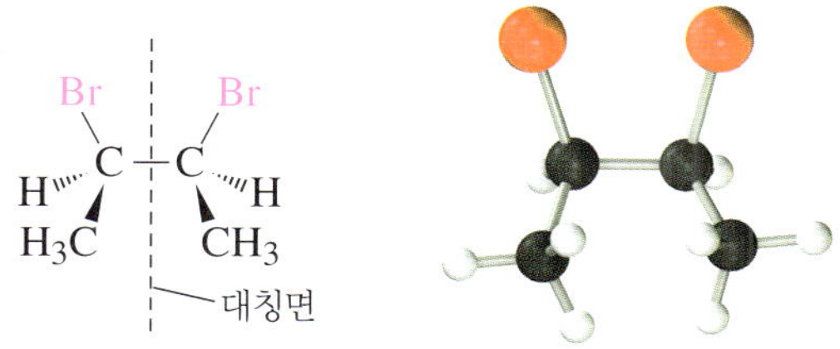


2,3-Dibromobutane

**문제 7.11** 다음 화합물은 면-편광을 회전할 수 있는지 설명하여라.

**a)** 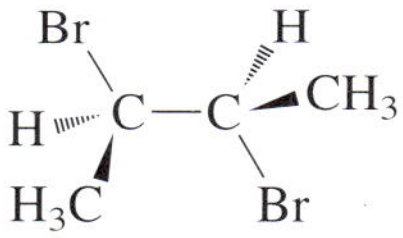


**b)** 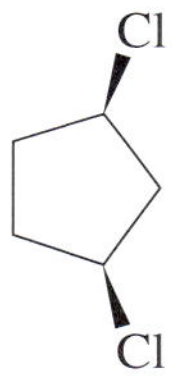


**c)** 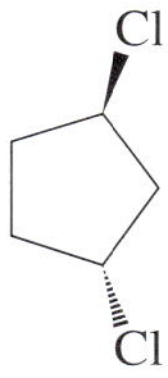


**d)** 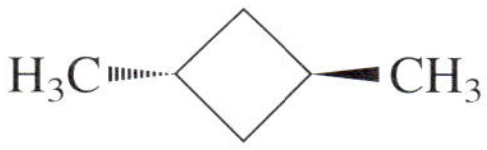


## 7.7 분할: 거울상체의 분리

라세미혼합물의 거울상체를 분리하는 과정을 **분할(resolution)**이라 부른다. 이렇게 하기 위하여 거울상체가 다른 성질을 갖도록 환경을 카이랄로 만들어 주어야 한다. 이러한 다른 성질을 분리과정에 적용할 수 있다.

라세미체를 분할하는 고전적 방법은 거울상체의 혼합물을 다른 카이랄화합물의 한 거울상체와 반응시키는 것이다. 생성물은 서로 부분입체이성질체이고 재결정 혹은 크로마토그래피와 같은 통상적 방법을 사용하여 분리할 수 있다. 이 후에 분리한 부분입체이성질체를 원래 화합물의 거울상체로 되돌릴 수 있다. 그림 7.5에 라세미 카복실산을 어떻게 분할할 수 있는가를 나타내었다.

때때로 적용되는 다른 분할방법은 라세미혼합물의 한 거울상체도 선택적 반응을 하는 카이랄한 시약인, 효소를 이용하는 것이다. 반응하지 않은 출발물질의 거울상체

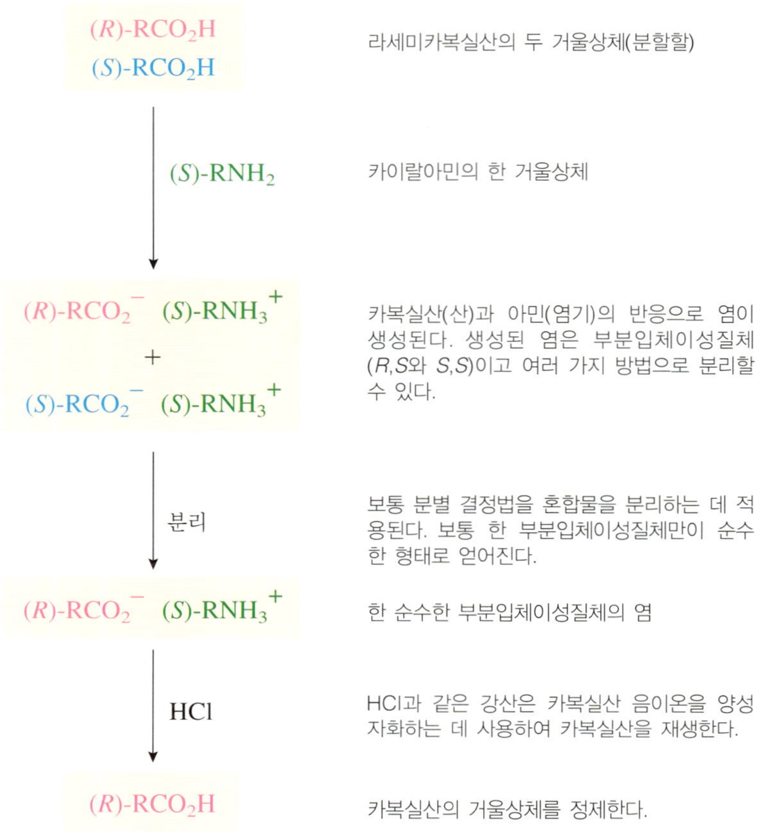


**그림 7.5** 라세미카복실산의 분할.

를 분리하거나 혹은 생성물의 단일 거울상체를 얻을 수 있다. 예로 Louis Pasteur는 (±)-타타르산을 penicillium glaucum에 의해 발효시켰을때 (+)-거울상이성질체만이 대사되는 것을 발견하였다. 반응하지 않은 (−)-타타르산은 발효혼합물로부터 회수할 수 있다.

중요성이 커지고 있는 또 하나의 방법은 카이랄상을 사용한 크로마토그래피이다. 실리카 구슬의 표면에 카이랄화합물이 공유결합된 카이랄 정지상을 사용한다.

## 7.8 Fischer 투영도

이들 카이랄분자 특히 1개 이상의 카이랄성 중심을 가진 카이랄분자를 이차원적으로 나타내는 데는 몇 갖지 특별한 규정이 필요하다. 이 목적을 위하여 보통 쐐기와 점선을 사용한다. 다른 방법은 유기 입체 화학분야의 개척자인 Emil Fischer에 의해 개발되었다. Fischer 투영도를 그리기 위하여 카이랄성 중심에 대한 수평결합을 종이면 위에, 수직결합은 종이면 뒤에 투영하도록 분자를 배열한다. 다음 (*R*)-글리세르알데하이드의 Fischer 투영도에서 나타낸 것처럼 Fischer 투영도에서 결합들을 종이면에 투영하고 카리랄 중심에서 교차한다.

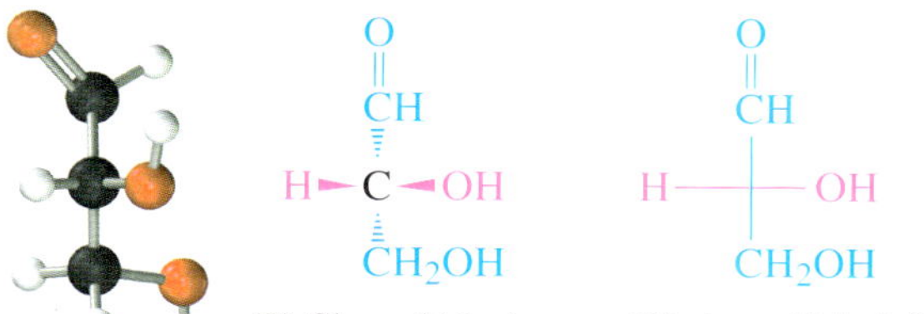

(*R*)-Glyceraldehyde　　(*R*)-glyceraldehyde의 Fisher 투영도

**문제 7.12** 다음 화합물의 Fischer 투영도를 그려라.

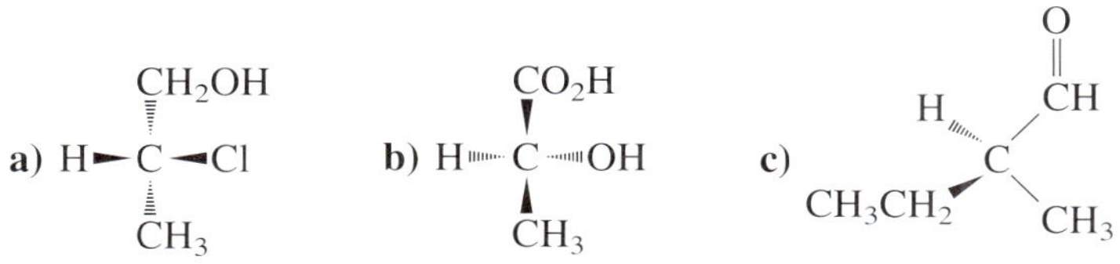

그들은 삼차원 대상을 이차원적으로 표현했으므로 위치배열의 변화를 피하기 위하여 Fischer 투영도를 조절할 때는 대단히 조심해야 한다. 구조를 종이면 위로 올려서는 안된다. 면 내에서 180° 회전은 허용되나 90°와 270° 회전은 허용되지 않는다. (*S*)-알라닌에 대해 다음에 설명한 것처럼 종이면에서 그림을 180° 회전하면 그 위치배열은 변하지 않는다. 종이면에서 90° 혹은 270° 회전하거나 종이면 밖으로 180° 회전하면 모두 원래 구조의 거울상체를 나타낸다. 문제가 있으면 그림의 구조를 조절하기 전에 구조에 대한 삼차원적인 표현을 그려보는 것이 도움이 될 것이다. 수평결합은 종이면 위에 수직결합은 종이면 아래에 투영되어 있다는 것을 기억하여라.

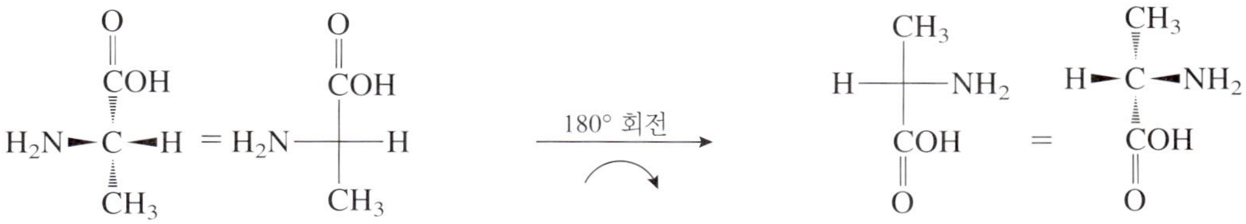

(*S*)-Alanine ⟵ 동일 ⟶ (*S*)-Alanine

Fischer 투영도는 하나 이상의 카이랄 중심을 갖는 화합물의 경우에 특히 유용하다. 예를 들면 메소-타타르산에서 대칭면을 발견하는 것이 더 쉽다. 정규 구조의 경우에서와 같이 Fischer 투영도에서 두 기의 상호변환은 카이랄성 중심에서 위치배열의 반전을 일으킨다. 그러므로 메소-타타르산의 아래 카이랄중심에서 H와 OH의 상호변환은 그 카이랄중심에서 위치배열이 반전된다. (2*R*,3*R*)-입체이성질체인 (+)-타타르산이 된다. 이 입체이성질체는 대칭면을 갖지 않는다는 것을 쉽게 알 수 있다.

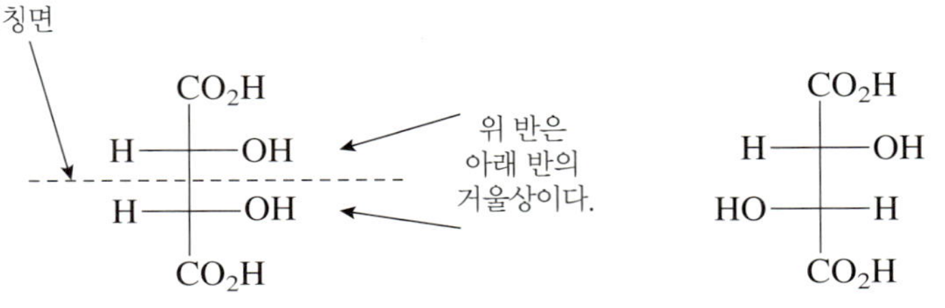


*meso*-Tartaric acid

(+)-Tartaric acid
(2*R*,3*R*)-stereoisomer

## 예제 7.3

다음 화합물의 위치배열을 *R*과 *S*로 지정하여라.

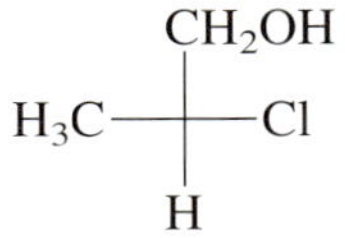

### 풀이

이런 형태의 문제를 푸는 방법은 입체화학을 나타낸 구조를 그리고 전의 예와 같이 진행한다.

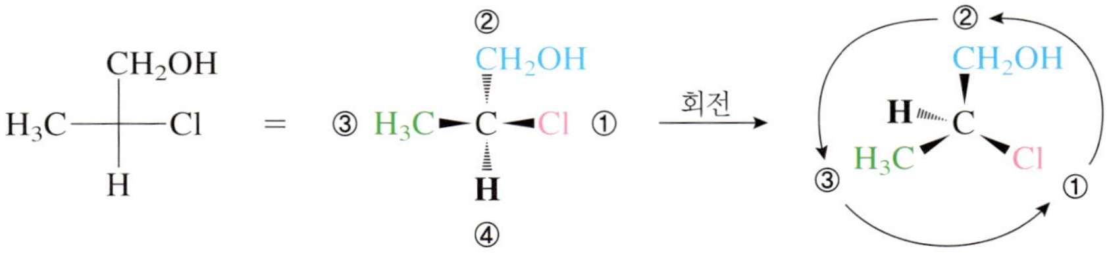


*S*

위치배열은 Fischer 투영도로부터 직접 배정할 수 있다. 우선 기에 대한 우선순위를 결정한다.

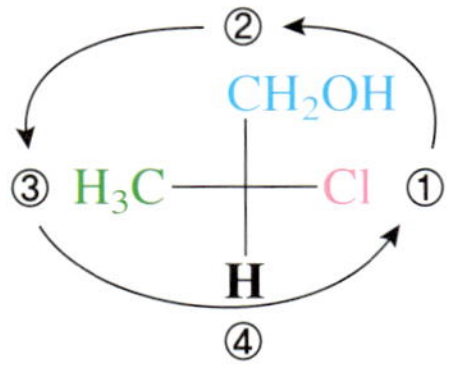

*S*

이 경우에서와 같이 적용기, 4기를 수직결합에 결합하면 관찰자로부터 멀리 있다. 그러므로 1 → 2 → 3으로 진행되는 회전의 방향은 바로 위치배열이 된다. 이 경우에 회전은 시계반대방향이므로 위치배열은 *S*이다.

4기가 수평결합에 결합되면 관찰자를 향하게 되고 잘못된 방향에서 분자를 보게 된다.

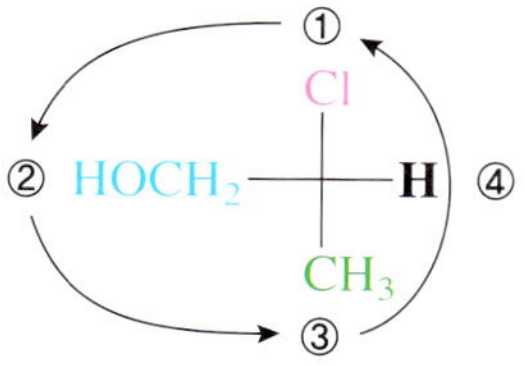


*R*

이것은 위치배열이 1 → 2 → 3으로 진행되는 회전의 방향에 의해 주어진 위치배열의 반대가 된다는 것을 의미한다. 이 예의 경우에 회전의 방향은 시계반대방향이지만 그러나 H는 관찰자를 향하고 있으므로 위치배열은 *R*이다.

**문제 7.13** Fischer 투영도로 나타낸 다음 화합물의 위치배열을 *R*과 *S*로 지정하여라.

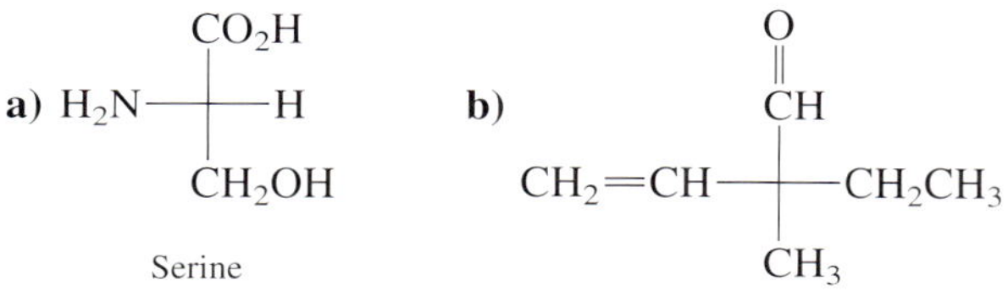


## 7.9 거울상이성질체를 생성하는 반응

비카이랄분자의 반응은 카이랄 생성물을 생성하는 카이랄성 중심을 도입한다. 예로 촉매존재에서 수소와 케톤과의 반응은 탄소-산소 이중결합에 수소가 첨가되어 2-뷰탄올을 생성한다.

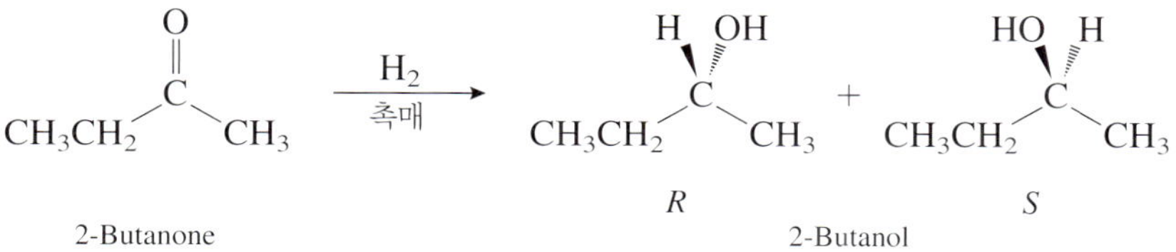


출발 케톤은 카이랄이 아니지만 생성물 알코올은 카이랄이다. 수소가 케톤을 위로부터 접근하면 (*R*)-2-뷰탄올이 생성되고 밑에서 접근하면 (*S*)-2-뷰탄올이 생성된다. 왜 수소가 한 방향으로 접근하는 것이 유리한 가에 대한 이유는 분명하지 않다. 사실 두 거울상체가 정확히 같은 양이 생산된다면 생성물은 라세미체이다. 반응에서 카이랄이라는 것 이외에 다른 것이 없는 한, 생성되는 거울상이성질체는 같은 에너지를 가지며 같은 양이 생성된다. 반응하는 모든 시약이 비카이랄(라세미체)이면 생성물은

라세미체가 되어야 한다. 초기반응혼합물이 면-편광을 회전하지 않으면 생성되는 혼합도 면-편광을 회전하지 않는다. 한편 초기반응 혼합물의 한 성분이 카이랄이고 한 거울상체만이 존재된다면 생성되는 거울상체는 같은 양이 생성되지 않는다. 카이랄 생성물의 한 거울상체만을 생성하는 합성방법을 비대칭 합성이라 한다. 현대의 유기화학자가 직면한 가장 흥미 있는 연구 분야 중의 하나이다.

## 7.10 다른 카이랄화합물

지금까지 살펴본 모든 카이랄화합물은 하나 혹은 그 이상의 탄소에 4개의 다른 기가 치환된 화합물이다. 그러나 카이랄화합물이 되는 다른 경우가 있다. 몇 가지 다른 가능성을 다음에 기술하였다.

### 다른 사면체 원자

물론 탄소가 아닌 다른 사면체 원자도 그 카이랄성 중심에 4개의 다른 기가 결합되어 있으며 이와 같은 원자를 포함한 화합물은 거울상체의 쌍으로 존재할 수 있다. 다음과 같은 4차 암모늄염과 실리콘 화합물을 포함한 많은 화합물이 만들어져서 분할되었다.

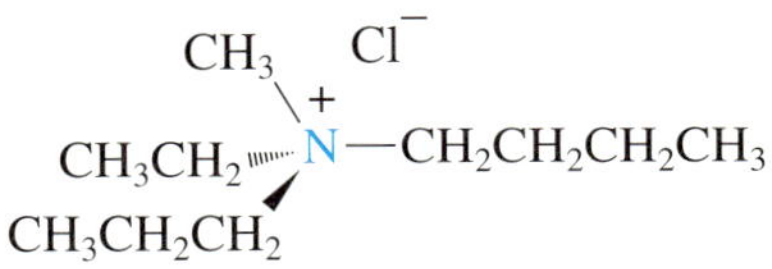


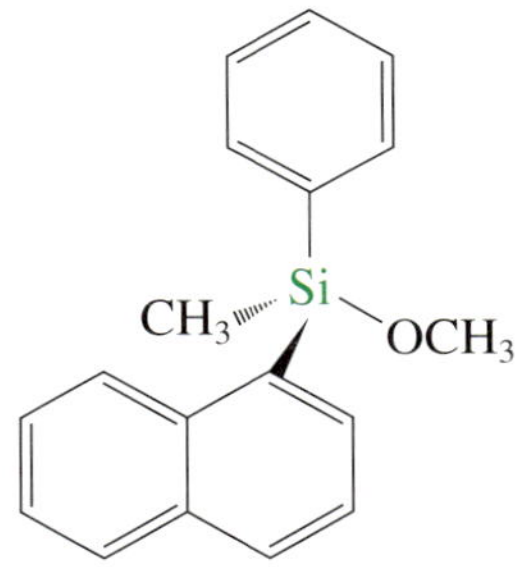


### 피라미드 원자

3개의 단일결합을 가진 질소는 피라미드 기하구조를 갖는다. 질소에 결합된 3개의 기가 다르면 질소는 입체 중심이며 화합물은 거울상체의 쌍으로 존재한다. 사정은 사면체 탄소와 대단히 유사하나 결합 하나 대신에 비공유 전자쌍을 가진다. 그러나 3개의 결합만을 가지므로 기들은 우산이 뒤집히듯 질소의 다른 편으로 이동할 수 있다. 이 결과 위치배열의 반전이 일어난다. 활성화 장벽은 대단히 적어서 약 5 kcal/mol(21 kJ/mol)이다. 그러므로 반전은 실온에서 대단히 빠르게 일어나며 초당 $10^{11}$번 일어난다. 두 거울상체가 대단히 빨리 상호 변환되기 때문에 그들은 분리할 수가 없다. 화합물은 라세미체로 작용하며 빨리 상호 변환되는 거울상이성질체 형태의 존재는 무시할 수 있다.

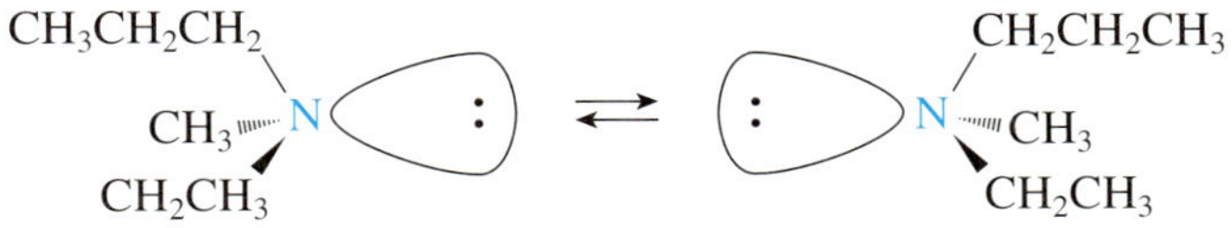

그러나 큰 반전장벽을 가진 다른 피라미드 원자를 포함하는 화합물은 분할할 수 있다. 예로 인 화합물(반전장벽은 약 30 kcal/mol)과 황화합물(반전장벽은 약 35 kcal/mol)이 있다.

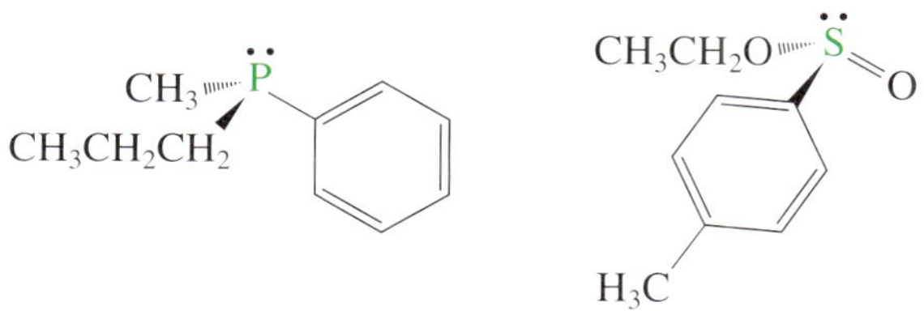

## 치환된 알렌

알렌은 두 이웃 탄소-탄소결합을 갖는다. 이 기하구조는 정상적인 알켄과 같은 평면이 아니다. 중심 탄소는 *sp*혼성이며 직선형 기하구조를 갖는다. 두 이중결합에 사용되는 두 *p* 궤도함수는 서로 수직이다. 그러므로 두 이중결합의 면은 수직이다. 알렌의 한편 끝에 있는 두 수소는 같은 면에 놓여 있고 다른 끝에 있는 두 수소는 수직이다.

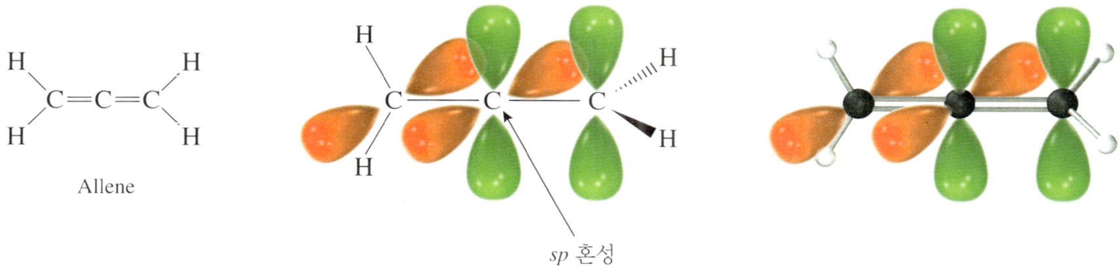


1875 이전에 van' t Hoff는 적당히 치환된 알렌은 카이랄이라는 것을 지적하였다. 알렌의 한쪽 끝에 있는 두 기가 다르고 다른 끝에 있는 두 기도 다르면 화합물은 카이랄이고 시스-트랜스 이성질체가 아니라 거울상체의 쌍으로 존재한다. 다음 다이카복실산과 같은 몇 가지 카이랄 알렌이 제조되어 분할되었다.

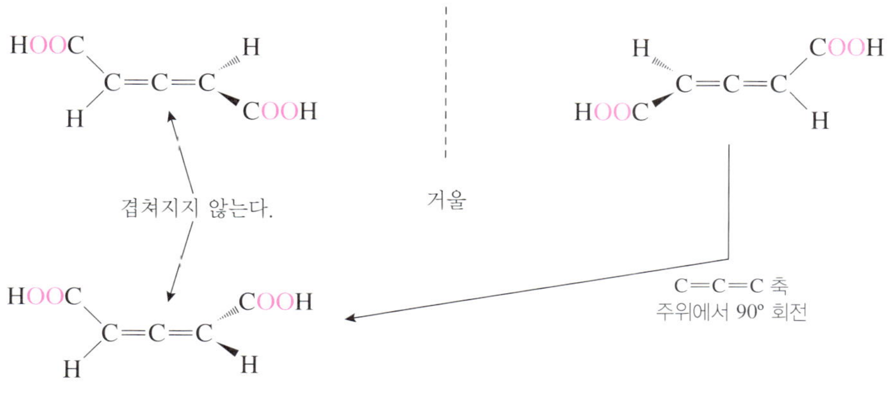

### 바이페닐

단일결합에 의해 두 벤젠고리 연결에 의해 형성된 화합물을 바이페닐이라 부른다. 한 고리의 오쏘 위치에 있는 수소와 다른 고리의 오쏘 위치에 있는 수소와의 입체적 상호작용으로 고리면은 서로 수직이 된다. 두 고리의 오쏘 위치가 적당히 치환되어 있으면 화합물은 카이랄이고 거울상체로 분할될 수 있다. 오쏘 위치의 기들은 두 가지 목적으로 사용된다. 첫 번째로 각 고리에 있는 두 오쏘 치환기는 바이페닐이 대칭면을 갖지 않도록 달라야 하며 그러므로 카이랄이 된다. 더욱이 두 고리를 연결하는 단일결합의 회전은 거울상체를 상호변환하기 때문에 오쏘기들은 그들의 입체적 상호작용이 이 위치배열의 변화에 대한 에너지장벽을 높일 수 있도록 충분히 커야 한다. 기가 충분히 크면 실온에서 회전은 늦어지며 화합물은 분할할 수 있다. 예로 다음 치환된 바이페닐의 거울상체는 실온에서 상호변환되지 않고 화합물은 분할될 수 있다. 연결된 단일결합의 회전은 더 높은 온도에서 일어난다. 라세미화에 대한 반감기는 118°C에서 78분이다.

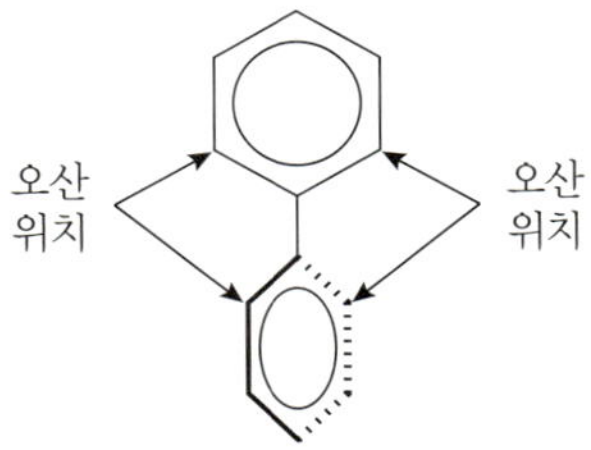

Biphenyl

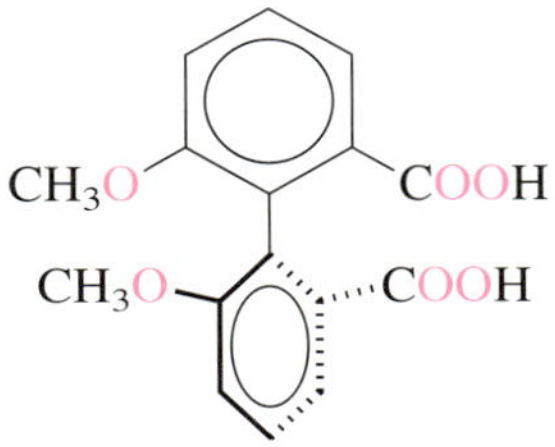


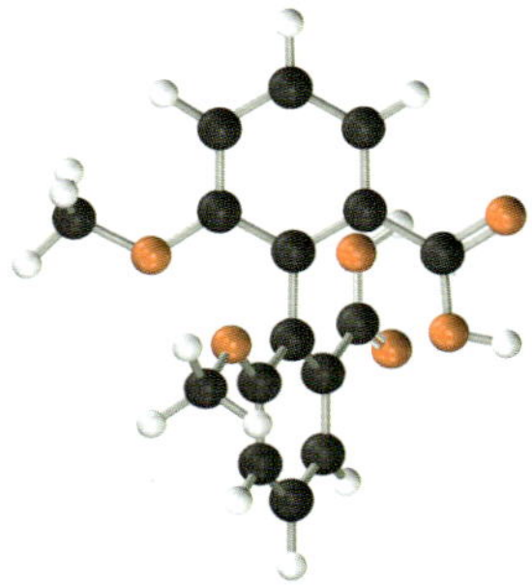

### 나선분자

분자가 나선 기하구조를 받아들이게 되면 카이랄분자의 다른 흥미 있는 부류가 된다. 나사를 돌리는 것과 같이 나선의 돌림은 오른손잡이 혹은 왼손잡이가 된다. 접합된 6개의 방향족 고리를 가진 헥사헬리센이 그 한 예이다. 분자는 말단 고리의 심각한 입체적 상호작용을 피하기 위하여 나선형태를 받아들여야 한다. 헥사헬리센은 분할되었으며 +3640의 엄청난 고유 광회전도를 갖는다.

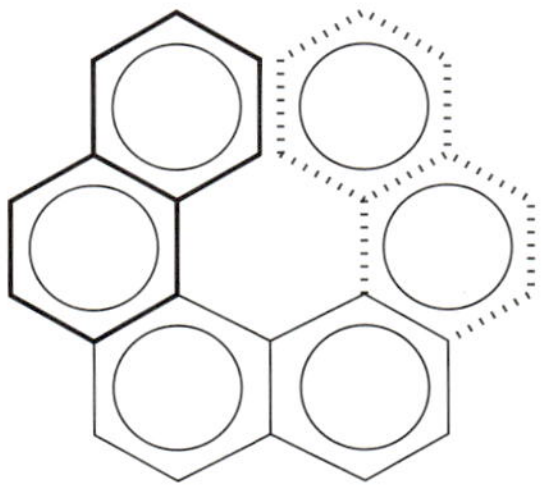
Hexahelicene

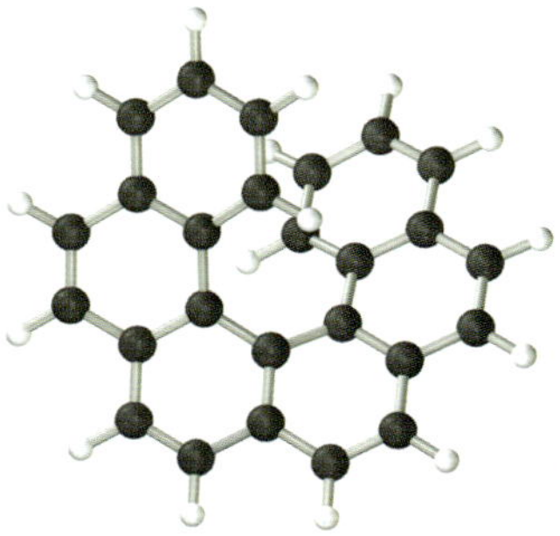
위에서 본

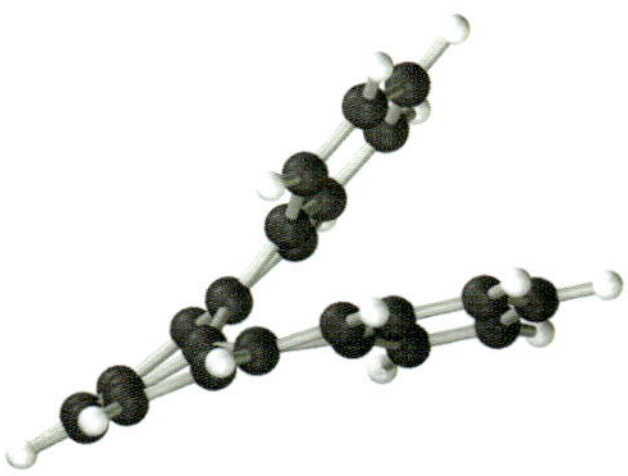
옆에서 본

**문제 7.14** 다음 각 화합물이 카이랄인지 혹은 아닌지를 설명하여라.

a) 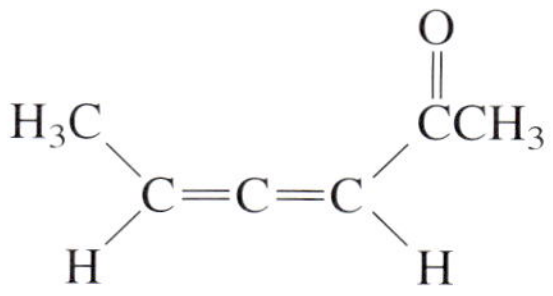

b) 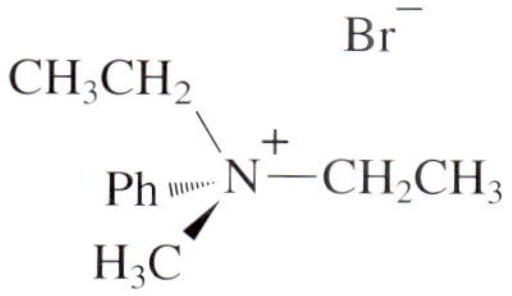

c) 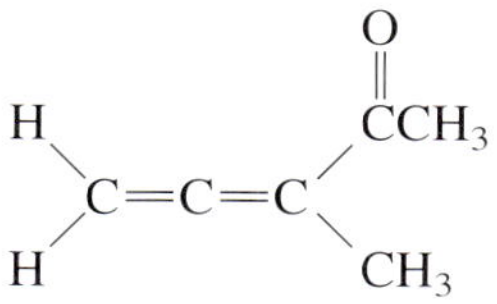

d) 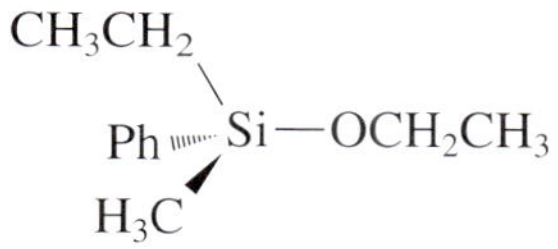

e) 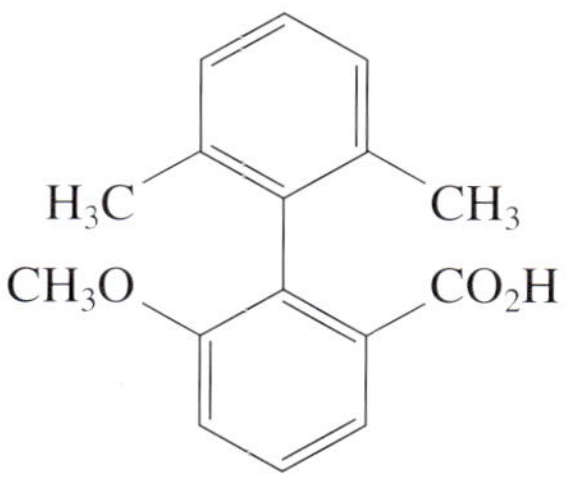

f) 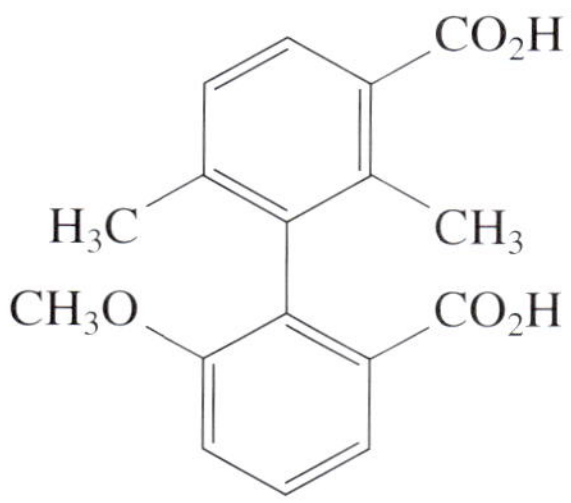

**문제 7.15** 이 바이페닐은 카이랄이지만 분할되지 않았다. 그 이유를 설명하여라.

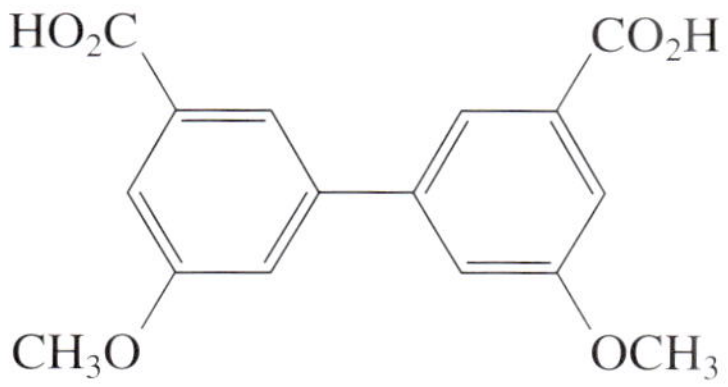

## 추가문제

**7.16** 다음 화합물의 위치배열을 *R*과 *S*로 지정하여라.

a) 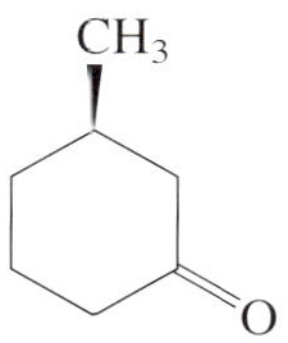

b) 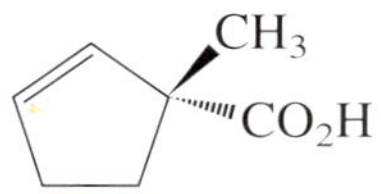

c) 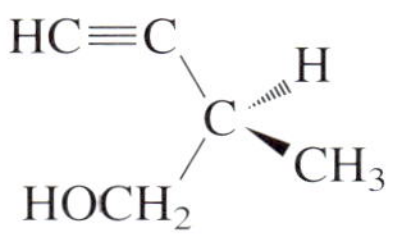

d) 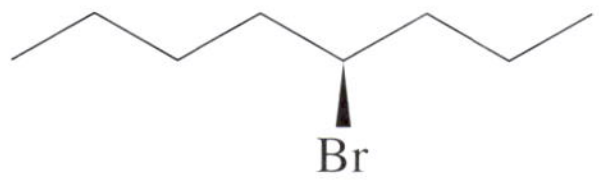

**e)** 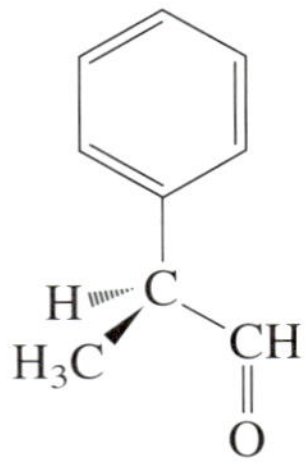

**f)** 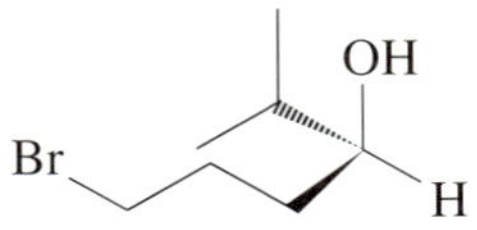

**g)** 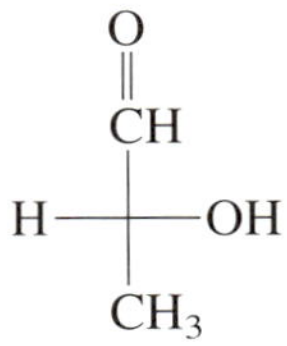

**h)** 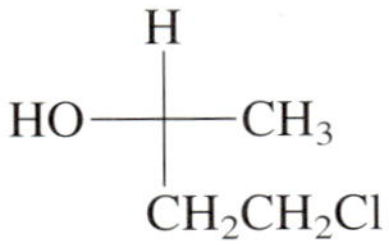

**i)** 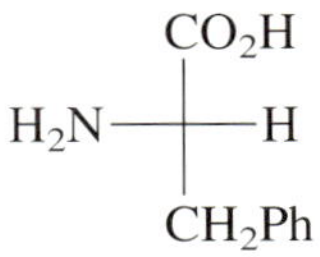

Phenylalanine

**7.17** 다음 화합물의 구조를 써라.

**a)** (*R*)-3-클로로-1-펜텐 **b)** (*S*)-1-메틸-2-사이클로헥산올

**7.18** 다음 화합물의 입체이성질체의 수를 결정하여라.

**a)** 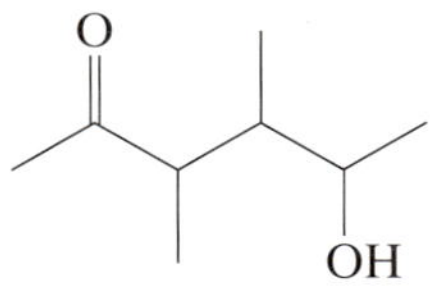

**b)** 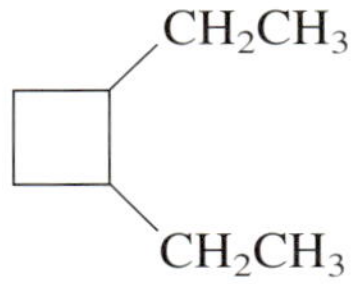

**c)** 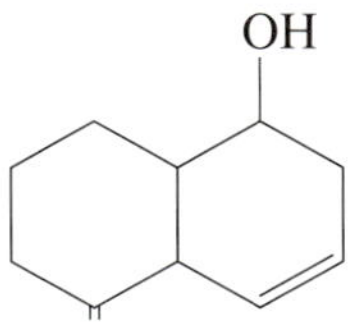

**d)** 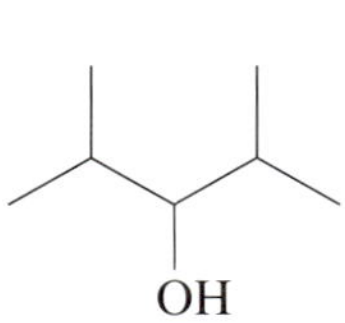

**7.19** 다음 화합물의 모든 입체이성질체를 써라.

**a)** $CH_3CH{=}CH\overset{OH}{\overset{|}{C}}HCH_3$ **b)** $CH_3CH{=}CH\overset{OH}{\overset{|}{C}}HCH{=}CHCH_3$

**7.20** 다음 화합물이 면-편광을 회전할 수 있는지 없는 지를 설명하여라.

**a)** 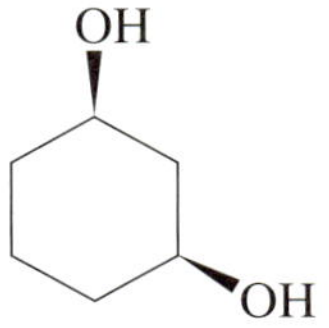

**b)** 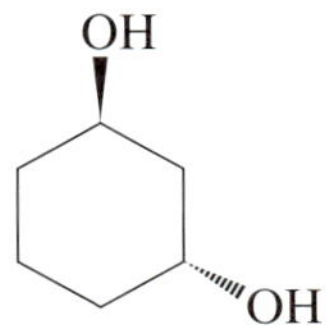

c) 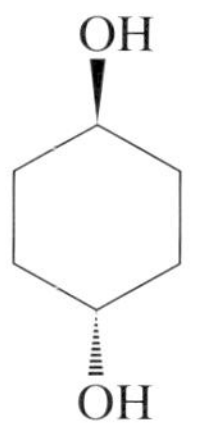

d) 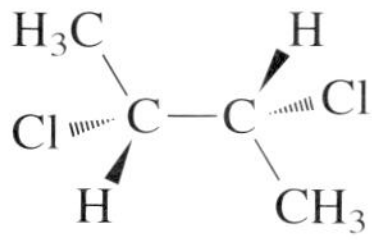

e) 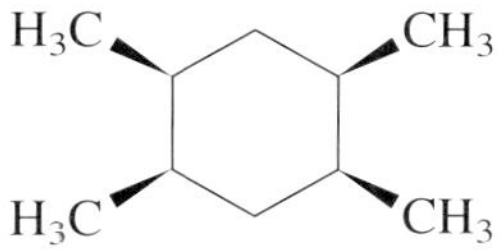

f) 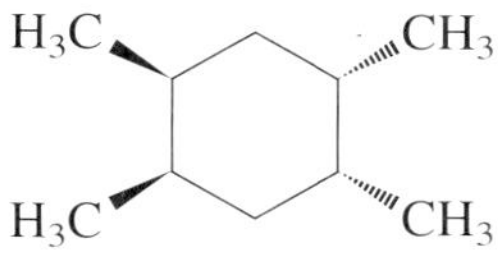

g) 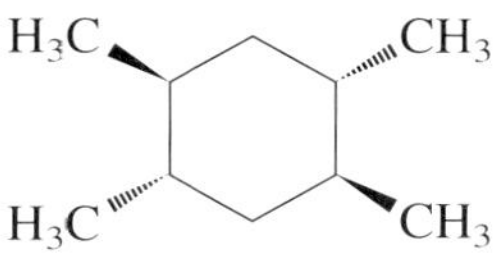

h) 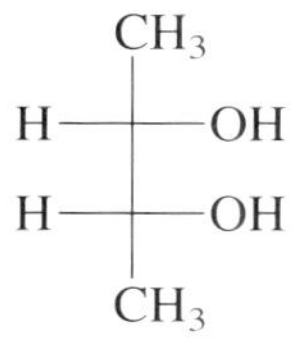

i) 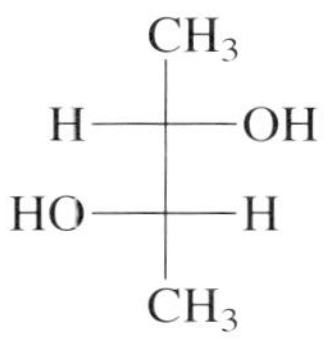

**7.21** 이 카복실산의 두 거울상체를 고려해보자.

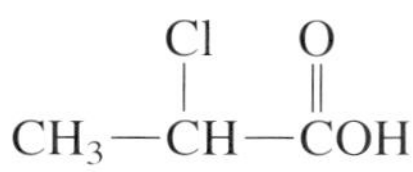

다음 각 사항이 사실인지, 거짓인지 혹은 이 정보로는 결정할 수 없는지를 설명하여라.

**a)** 거울상이성질체는 같은 녹는점을 가진다.

**b)** 거울상이성질체는 같은 끓는점을 가진다.

**c)** 거울상이성질체는 물에서 같은 용해도를 가진다.

**d)** 거울상이성질체는 같은 면-편광 회전량을 가진다.

**e)** 거울상이성질체는 같은 방향의 면-편광 회전을 한다.

**f)** 거울상이성질체는 같은 p$K_a$를 가진다.

**g)** 거울상이성질체는 메탄올과 같은 반응속도를 가진다.

**h)** 거울상이성질체는 수용액에서 같은 pH를 가진다.

**i)** 거울상이성질체는 (*S*)-2-뷰탄올과 같은 반응속도를 가진다.

**j)** (*R*)-거울상이성질체는 시계방향으로 면-편광을 회전한다.

**k)** 이 반응은 (*S*)-거울상이성질체보다 (*R*)-거울상이성질체를 더 많이 생성한다.

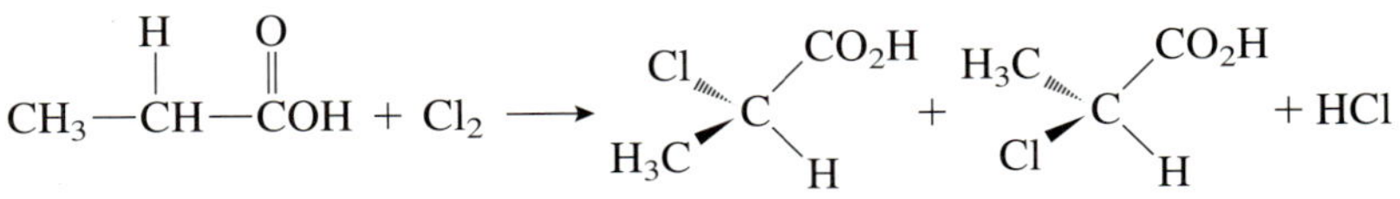

**7.22** 다음 쌍의 화합물은 동일구조, 구조 이성질체, 거울상체 혹은 부분 이성질체인지를 확인하여라.

**a)** 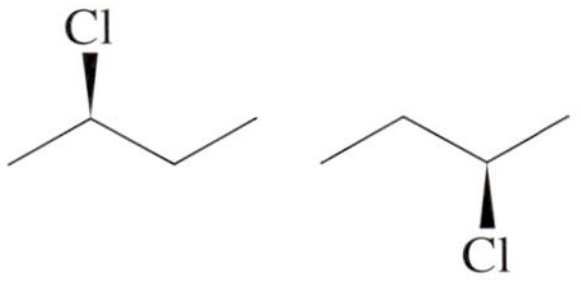

**b)** 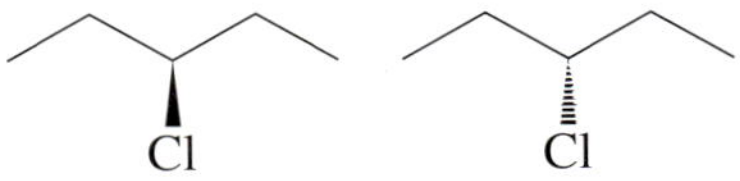

**c)** 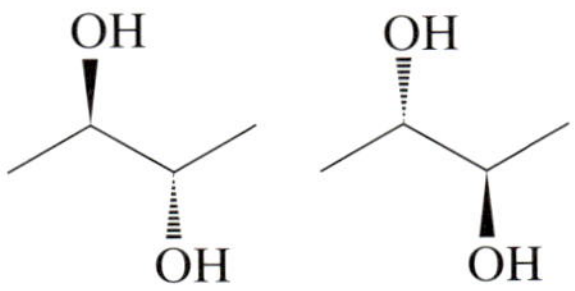

**d)** 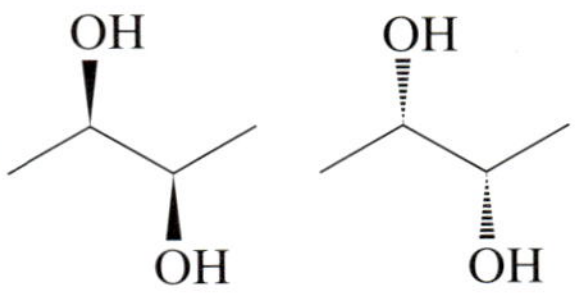

**e)** 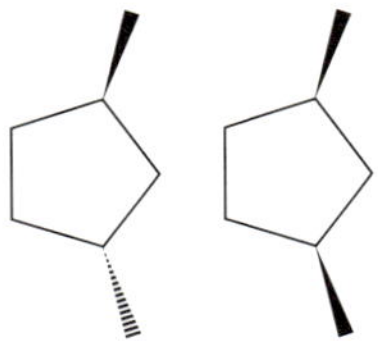

**f)** 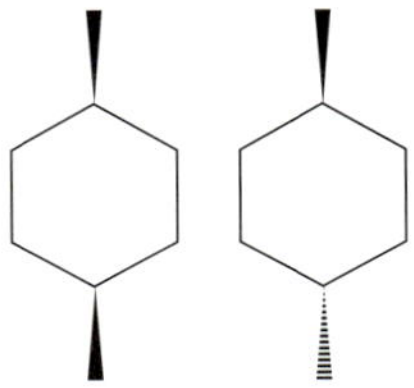

**g)** 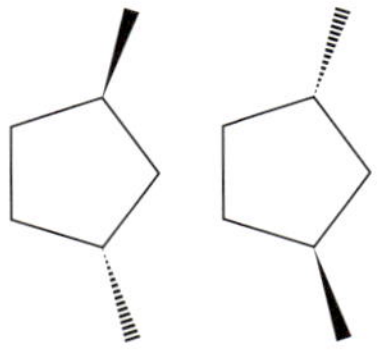

**h)** 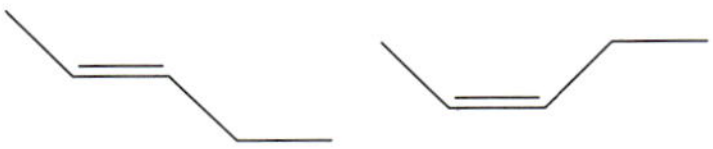

**i)** 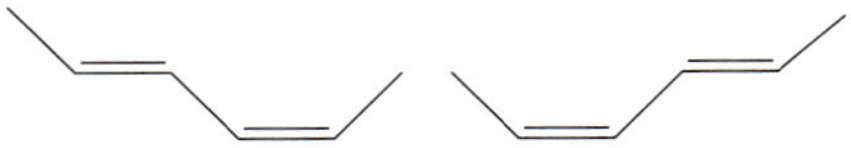

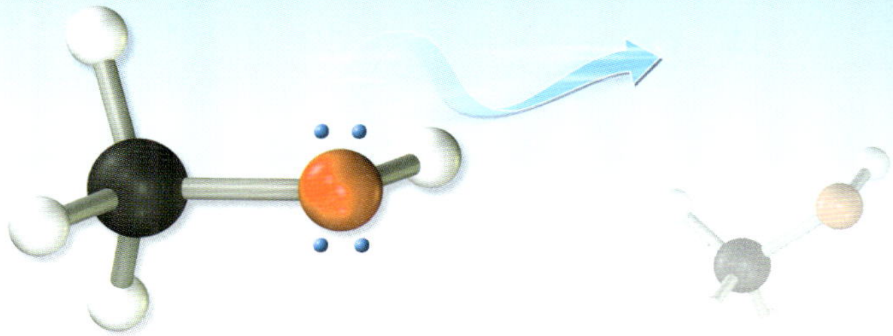

CHAPTER 8

# 친핵성 치환반응

### 유기화학 숙달

- ▶ 치환반응을 일으키는 두 메카니즘의 이해
- ▶ 친핵체와 이탈기의 인식과 반응성을 조절하는인자의 이해
- ▶ 치환반응의 속도를 조절하는 인자의 이해
- ▶ 특정한 반응에서 어떤 메카니즘이 일어날 것인지를 예측
- ▶ 치환반응 생성물의 예측
- ▶ 생성물의 입체화학의 예측
- ▶ 언제 자리옮김이 일어날 것인가를 인식
- ▶ 경쟁반응으로부터 형성되는 생성물의 예측

이 장에서 처음으로 유기반응의 자세한 논의를 시작한다. 치환반응에서 탄소에 결합된 기는 다른 기로 치환된다. 이 반응의 간단한 예는 다음과 같다.

$$HO^- + \ Cl - CH_3 \rightarrow HO - CH_3 + Cl^-$$

이 반응은 탄소에 결합된 한 기를 다른 기로 치환할 수 있기 때문에 대단히 중요하고 유용하다. 반응은 산-염기 반응을 이해하는데 돕기 위하여 4장에서 도입했던 것과 같은 개념을 사용하여 상당히 자세하게 검토하였다.

치환반응의 다음과 같은 특성을 검토하였다.

- 반응이 일어나는 두 기본적 경로 혹은 메카니즘
- 반응의 입체화학, 즉 탄소가 카이랄성 중심일 때 일어나는 현상
- 탄소에 있는 다른 기가 반응에 미치는 영향
- 이 반응에서 염소 이온과 하이드록사이드 이온 대신에 사용할 수 있는 다른 기
- 경쟁반응

  9장에서 경쟁반응을 더 자세히 검토할 것이다. 그리고 10장에서 이 반응들을 다른 화합물을 제조하고 합성하는데 이용할 것이다.

## 8.1 일반반응

하이드록사이드 이온과 클로로메테인과의 반응을 상세히 검토해보자. 하이드록사이드 이온은 메틸기의 염소와 치환된다. 이런 형태의 반응을 치환반응이라 부른다.

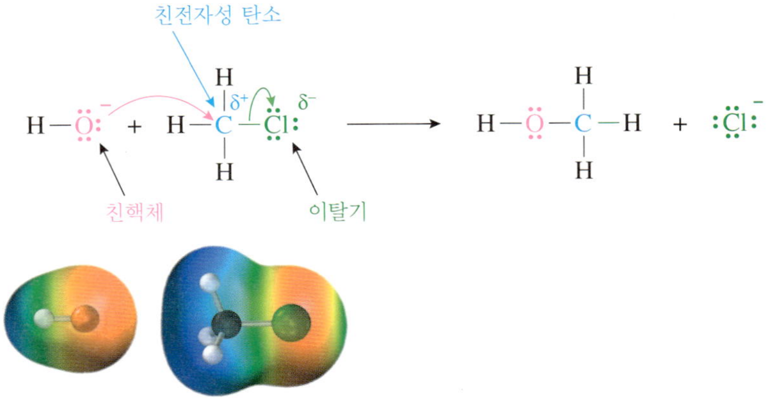


이 치환반응에서 하이드록사이드 이온은 탄소와 결합을 형성하는 비공유 전자쌍의 하나를 사용하여 Lewis 염기로 작용한다. 탄소는 Lewis 산-염기 착물의 Lewis산 부분으로 작용한다. 그러므로 이 치환반응은 Lewis산-염기반응으로 볼 수 있다. 탄소가 포함되는 반응에서 유기 화학자들은 Lewis 산과 염기에 대해 특별한 용어를 사용한다. Lewis 염기는 **친핵체(nucleophile)**라 부르고 "핵을 좋아하는(nucleus loving)"이라는 그리스어로부터 유래하였다. 친핵체는 전자-풍부 화학종으로 전자-빈약 부위를 찾는다. 친핵체는 이 전자-결핍 부위와 결합을 형성하는데 그 전자쌍을 사용한다. Lewis 산은 **친전자체(electrophile)**라 부르고 "전자를 좋아하는(electron loving)"이라는 그리스어로부터 유래하였다. 친전자체는 전자-빈약 화학종으로 전자-풍부 부위인, 친핵체를 찾는다. 친전자체는 친핵체로부터 전자쌍을 받을 수 있고 결합을 형성할 수 있다. 앞의 반응에서 하이드록사이드 이온은 친핵체이고 $CH_3Cl$은 친전자체이다. 더 구체적으로 산소는 하이드록사이드 이온의 친핵성 원자이다. $CH_3Cl$의 탄소는 탄소-염소 결합의 편극화로 전자가 부족하고 친전자성 원자이다. 반응에서 친핵체는 친전자체에 끌려 결국은 친핵체 원자와 친전자체 원자 간에 결합을 형성한다. 탄소의 원자가가 초과하는 것을 피하기 위하여 염소는 탄소-염소 결합의 전자를 가지고 떨어져 나간다. 염소를 **이탈기(leaving group)**라 부른다. 앞 반응에서 반응물의 전전기적 포텐셜 그림에서 전자-풍부 영역(친핵성 부위)은 적색으로 전자-빈약 영역(친전자성 부위)을 청색으로 나타냈다.

친핵체와 친전자체의 개념은 유기화학에서 가장 중요한 개념 중의 하나이다. 이 교재에서 배우게 될 대부분의 반응은 친전자체에 대한 친핵성 결합을 포함한다. 분자를 잘 살펴보고 친핵성과 친전자성 부위를 확인하면 분자가 반응이 어디에서 일어나며 어떤 종류의 상대가 필요한지를 확인할 수 있다. 친핵체는 친전자체와 반응하기 때문이다.

친핵체가 이탈기와 치환되기 때문에 이런 형태의 반응을 **친핵성 치환반응(nucleophilic substitution reaction)**이라 부른다. 친핵성 치환반응에 대한 일반식은 다음과 같다.

$$\mathrm{Nu}{:}^{-} + \mathrm{R}{-}\mathrm{L} \longrightarrow \mathrm{Nu}{-}\mathrm{R} + {:}\mathrm{L}^{-}$$

여기서 $\mathrm{Nu}{:}^{-}$는 일반 친핵체를 나타내며 R-L은 탄소기(R)에 결합된 일반 이탈기 (L)를 나타낸다.

## 8.2 반응 메카니즘

4장에서 소개한 것처럼 반응 메카니즘은 반응이 진행됨에 따라 핵과 전자가 어떻게 움직이며 결합이 어떻게 변하는가를 나타낸다. 반응 메카니즘은 반응에서 개개의 단계를 나타낸다. 즉 결합이 형성되고 절단되는 순서이다. 예로 친핵성 치환반응은 탄소와 이탈기 간의 결합절단과 탄소와 친핵체 간의 결합형성을 포함한다. 이 반응을 위한 세 가능한 단계, 즉 세 가능한 메카니즘이 있다. (1) 먼저 이탈기에 대한 결합이 절단되고 친핵체에 대한 결합이 형성된다. (2) 먼저 친핵체에 대한 결합이 형성되고 다음에 이탈기에 대한 결합이 절단된다. (3) 결합절단과 결합형성이 동시에 일어난다. 경로 (1)과 (3)이 일어난다. 메카니즘 (2)는 일어나지 않는다. 친핵체가 먼저 결합을 형성하는 중간체는 탄소에 대해 5개의 결합을 가지며 탄소의 원자가를 초과하기 때문에 형성되지 않는다.

반응에 대한 어떤 메카니즘은 실험적인 확증을 근거로 해서 제거할 수가 있지만 반응이 특정한 메카니즘을 따른다는 것을 증명할 수는 없다. 모든 실험적인 사실이 그 메카니즘과 일치한다는 것을 나타내 줄 뿐이다. 일차적으로 중요한 실험적 정보의 하나는 반응을 지배하는 속도법칙이다. 가능한 메카니즘에 의해 예측할 수 있는 속도법칙은 실험실에서 결정한 속도법칙과 잘 일치해야 한다. 일치하지 않으면 메카니즘은 배제되어야 한다. 이 친핵성 치환반응의 경우에 실험적 연구를 통해서 기질(R-L), 친핵체 및 반응조건에 따라 두 가지 다른 속도법칙을 따른다는 것을 알 수 있다. 이것은 반응에 대한 두 가지 다른 메카니즘이 있다는 것을 의미한다.

## 8.3 이분자 친핵성 치환반응

클로로메테인과 하이드록사이드 이온의 반응을 고려해보자.

$$\mathrm{HO}^{-} + \mathrm{CH_3CH_2}{-}\mathrm{Cl} \longrightarrow \mathrm{CH_3CH_2}{-}\mathrm{OH} + \mathrm{Cl}^{-}$$

실험실에서 이 반응의 연구는 반응속도가 하이드록사이드 이온과 클로로메테인의 농도에 의존한다는 것을 나타내준다. 즉 반응은 2차 속도법칙에 따른다.

$$\text{속도} = k[\mathrm{EtCl}][\mathrm{OH}^{-}]$$

속도법칙이 특정한 화학종의 농도에 의존한다는 것은 화학종이 반응의 가장 느린 단계 혹은 가장 느린 단계의 전 단계에 포함될 필요가 있다. 그러므로 이 경우에 하이드록사이드 이온과 클로로메테인은 반응의 가장 느린 단계에 존재하게 된다.

이 속도법칙은 같은 단계에서 이탈기(염소 이온)에 대한 결합이 절단되고 친핵체(하이드록사이드)에 대한 결합이 동시에 형성되는 메카니즘(3)과 잘 일치한다. 단일 단계로 일어나는 반응을 **협동반응(concerted reaction)**이라 한다. 두 화학종(하이드록사이드 이온과 클로로메테인)은 이 단계에 포함되기 때문에 이 분자반응이라 한다. 그러므로 이 반응은 **이분자 친핵성 치환반응(bimolecular nucleophilic substitution)** 혹은 **$S_N2$** 반응이라 한다.

반응이 진행됨에 따라 자유에너지가 어떻게 변하는가를 나타내는 그림을 4장에 소개하였고 대단히 유용하다. 그림 8.1에 $S_N2$ 반응에 대한 이와 같은 그림을 나타냈다. 이 그림에서 자유에너지, $\Delta G^o$를 $y$축에 나타냈고 반응물이 생성물로 얼마나 진행되었는가를 나타내는 척도인 반응의 진행을 $x$축에 나타냈다. 반응물은 그림의 왼편에 생성물은 오른편에 나타냈다.

이 경우에 생성물은 반응물보다 에너지가 낮다. 그러므로 $\Delta G^o$는 음이다. 반응은 **자유에너지 감소과정(exogonic)**이다. 이와 같은 반응은 오른편으로 자발적으로 일어난다(자유에너지가 양인 반응은 **endergonic**이라 하고 자발적이 아니다. **발열(exothermic)**과 **흡열(endothermic)**이라는 용어는 엔탈피 변화 [$\Delta H^o$]가 각각 음과 양인 반응을 나타낸다).

메카니즘이라는 견지에서 더 중요한 것은 반응물에서 생성물로 반응이 진행됨에 따라 계의 에너지가 어떻게 변하는가에 있다. 반응이 시작되면 염소에 대한 결합은 끊어지기 시작하고 하이드록사이드 이온과의 결합이 형성되기 시작한다. 초기에 결합이 절단되는 데 필요한 에너지가 다른 결합이 형성되면서 되돌아오는 에너지보다 크다. 그러므로 에너지는 증가한다. 계의 에너지는 결합의 절반이 형성(혹은 절단)되는 정점에 도달할 때까지 계속 증가한다. 이 에너지 최대에서 착물의 구조를 **전이상태(transition state)**라고 부른다. 다음에 새로운 결합을 형성하는 에너지감소가 염소의 이탈로 결합이 절단되는 데 따른 에너지증가보다 크기 때문에 에너지는 감소하기 시작한다. 반응물과 전이상태 간의 에너지 차를 **활성화 자유에너지**, $\Delta G^{\ddagger}$ **(free energy of activation)**라 한다.

그림 8.1에 나타낸 반응진행 대 자유에너지 그림은 협동반응에 대해 전형적인 것이다. 반응물과 생성물 사이에는 단 하나의 에너지 정점과 전이상태가 있고 극소는 없다.

$S_N2$ 반응에 대한 전이상태는 무엇과 같은가? 반응진행 대 자유에너지 그림에서 극대이기 때문에 생성물로 향한 혹은 반응물로 되돌아오는 에너지 변화는 에너지 내리받이이고 전이상태의 수명은 대단히 짧다. 그렇기 때문에 이것을 직접 관찰할 수 없으며 그 구조에 대한 정보도 직접적인 방법으로는 얻을 수 없다. 그러나 전이상태는 5-배위 탄소, 즉 5개의 결합을 가진 탄소이다. 3개의 정상적인 결합과 2개의 부분결합을 갖는다. 전이상태에 있는 이 결합의 기하구조는 반응의 입체화학을 연구함으로 결정할 수 있다.

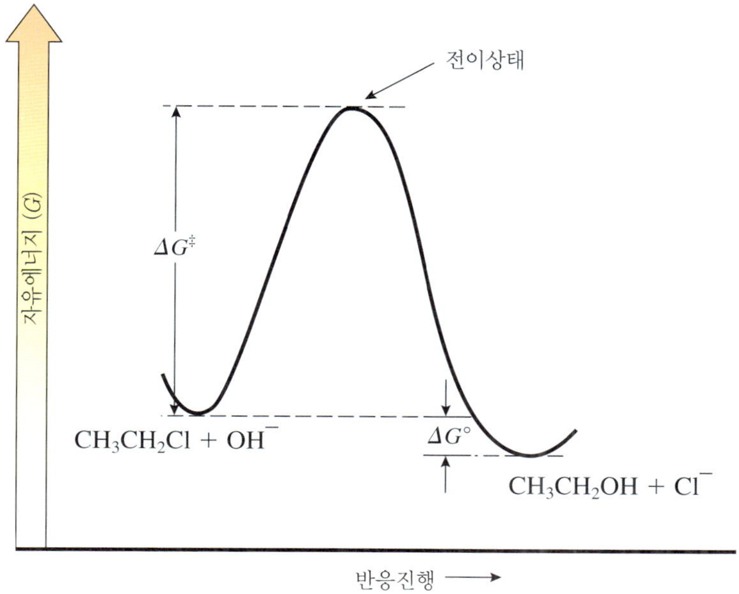


그림 8.1 클로로뷰테인과 하이드록사이드 이온의 $S_N2$ 반응에 대한 반응진행 대 자유에너지 그림.

## 8.4 $S_N2$ 반응의 입체화학

4개의 서로 다른 기가 결합된 카이랄성 중심인 탄소에 이탈기가 결합되면 $S_N2$ 반응에서 어떤 현상이 일어날 것인가? 가능한 입체화학적 결과를 (S)-2-클로로뷰텐과 하이드록사이드 반응에 대한 그림 8.2에서 설명하였다. 가능성 1에서 생성물은 반응물과 같은 상대적 위치배열을 갖는다. 이 경우 반응은 **위치배열의 유지(retention of configuration)**되면서 일어난다. 가능성 2에서는 생성물은 반응물에 대해 반대인 상대 위치배열을 갖는다. 이 경우에는 **위치배열의 반전(inversion of configuration)**되면서 일어난다. 가능성 3에서는 입체화학의 완전한 임의성이 생성물에서 일어난다. 반응은 **라세미화(racemization)**가 일어나서 50% 반전과 50% 유지가 일어난다(물론 부분 라세미화로 반전 대 유지 비율이 달라질 가능성이 있다).

하이드록사이드 이온과 2-클로로뷰테인의 반응이 실험실에서 일어나면 속도는 두 화학종의 농도에 의존한다. 이것은 반응이 $S_N2$ 메카니즘에 따라 일어난다는 것을 의미한다. 반응에 대한 입체화학의 연구는 생성물은 위치배열의 반전으로 형성된다. 즉 (*S*)-2-클로로뷰테인은 그림 8.2의 가능성 2에 대응하는 (*R*)-2-뷰탄올이 생성된다. 같은 결과가 모든 $S_N2$ 반응에서 발견된다. $S_N2$ 반응은 반응중심에서 배열의 반전으로 일어난다.

$S_N2$ 반응은 항상 위치배열이 반전되면서 일어나기 때문에 전이상태의 더 좋은 모형을 그릴 수 있다. 친핵체는 이탈기의 반대편(**후-면 공격, back-side attack**)으로 탄소에 접근한다. 도입기 하이드록사이드와 이탈기 염소와 부분결합을 가진 전이상태

가능성 1: 위치배열의 유지

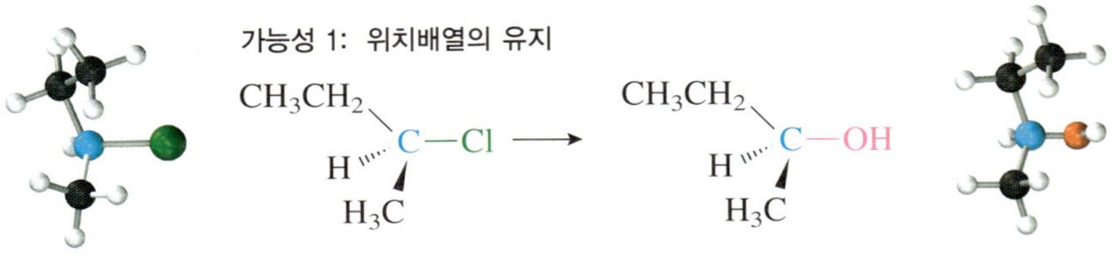

(S)-2-Chlorobutane (S)-2-Butanol

하이드록사이드는 원래 염소가 결합되었던 바로 그 자리에 결합한다. 생성물은 반응물과 같은 상대 입체배열을 갖는다. 반응은 위치배열이 유지되면서 일어난다.

가능성 2: 위치배열의 반전

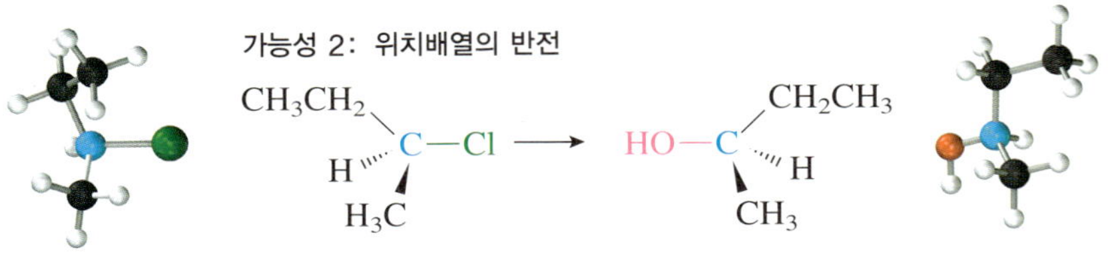

(S)-2-Chlorobutane (R)-2-Butanol

하이드록사이드는 원래 염소가 결합되었던 반대 위치에 결합한다. 생성물은 반응물과 반대의 상대 입체배열을 갖는다. 반응은 위치배열이 반전되면서 일어난다.

가능성 3: 라세미화

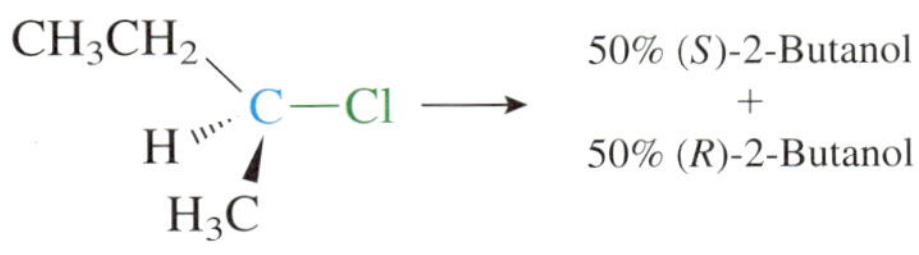

(S)-2-Chlorobutane

하이드록사이드는 원래 염소가 결합되었던 같은 자리와 반대자리에 결합한다. 입체화학이 완전히 상실된다. 반응은 라세미화로 일어난다.

**그림 8.2** 하이드록사이드 이온과 (*S*)-2-클로로뷰테인의 반응에 대한 가능한 입체화학적 결과.

구조는 다음 구조로 나타내었다. 그림 8.3에는 이 과정이 어떻게 일어나는가를 나타내는 데 궤도함수를 사용하였다.

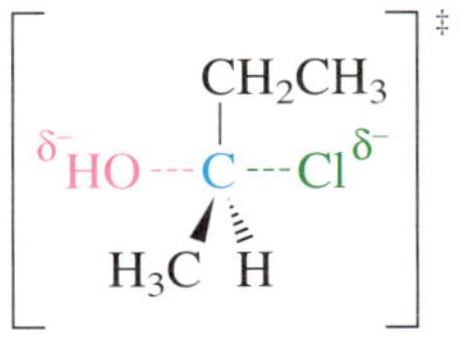

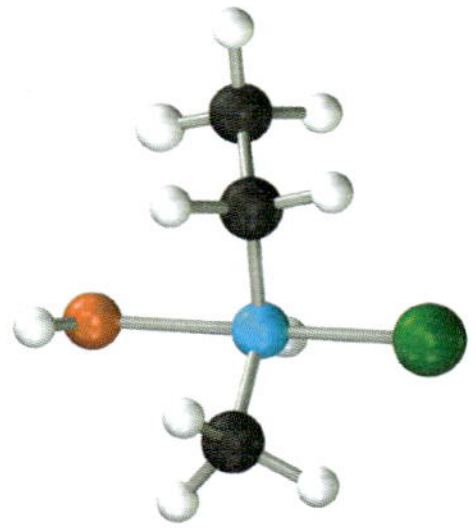

$S_N2$ 전이상태

입체화학은 반응중심에서 반전된다는 것을 기억하라. 이탈기가 결합된 탄소 이외에는 형성되고 절단되는 결합은 없으므로 다른 카이랄 중심에서 입체화학은 변하지 않는다. $S_N2$ 반응의 더 많은 예를 다음에 나타냈다.

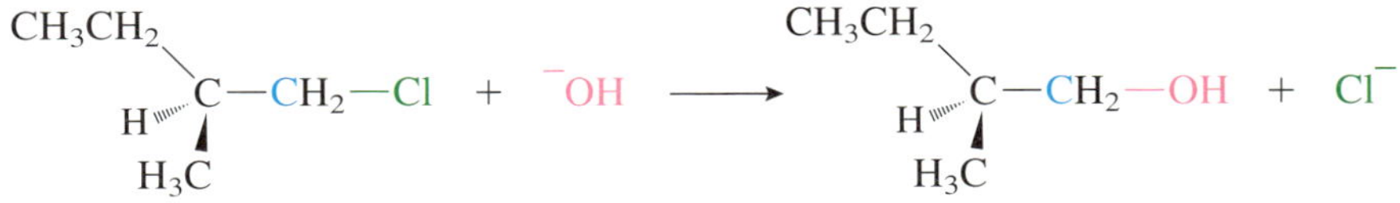

반응은 카이랄 중심을 포함하지 않으므로 입체화학은 변하지 않는다.

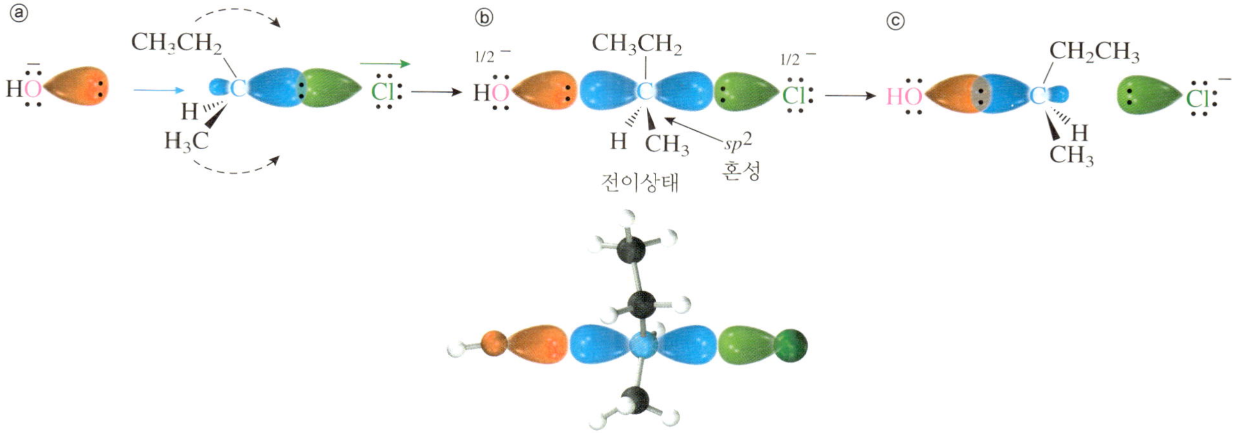


ⓐ 친핵체는 이탈기의 반대편에서 탄소에 접근한다. 비공유 전자쌍을 포함한 친핵체의 원자궤도함수는 이탈기와 시그마결합을 형성하고 있는 탄소의 $sp^3$ 궤도함수의 뒤 귓불과 상호작용하기 시작한다. 친핵체가 계속 접근하면 이탈기는 탄소로부터 멀어지면서 3개의 다른 기는 혼성이 변하면서 오른편으로 이동한다.

ⓑ 전이상태에서 탄소는 삼각평면 기하구조를 가지며 $sp^2$ 혼성화된다. 친핵체의 AO는 탄소에 있는 $p$ 궤도함수의 귓뿔과 겹쳐지고 이탈기의 AO는 이 궤도함수의 다른 귓뿔과 겹쳐진다. 전체적인 기하구조는 Nu와 L에 대해 부분결합을 가진 삼각 피라미드이고 각각에 대해 약 1/2의 음전하를 갖는다.

ⓒ 친핵체가 계속 접근하면 탄소와 이탈기 사이의 거리는 계속 증가하여 다른 3개의 기는 오른편으로 이동한다. 탄소의 혼성은 다시 $sp^3$로 변하고 그 기하구조는 사면체로 되돌아간다. 친핵체는 원래 이탈기가 결합되었던 자리의 반대편에 결합한다.

**그림 8.3** 궤도함수로 나타낸 ($S$)-2-클로로뷰테인과 하이드록사이드의 $S_N2$ 반응의 메카니즘.

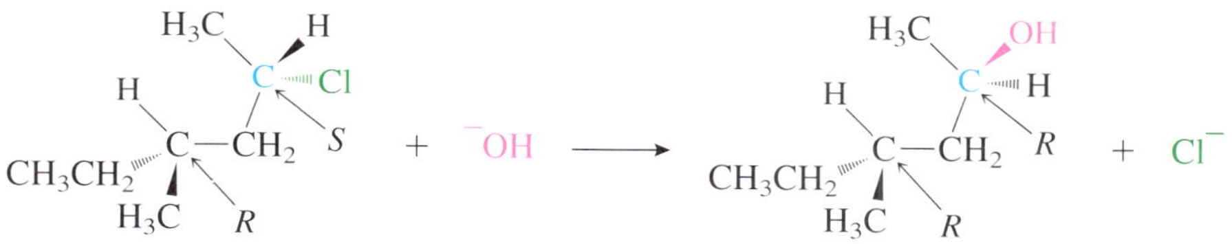

반응중심에서 입체화학은 반전된다. 다른 카이랄성 중심이 반응에 포함되지 않기 때문에 입체화학의 변환은 없다. 다음 예도 비슷하다.

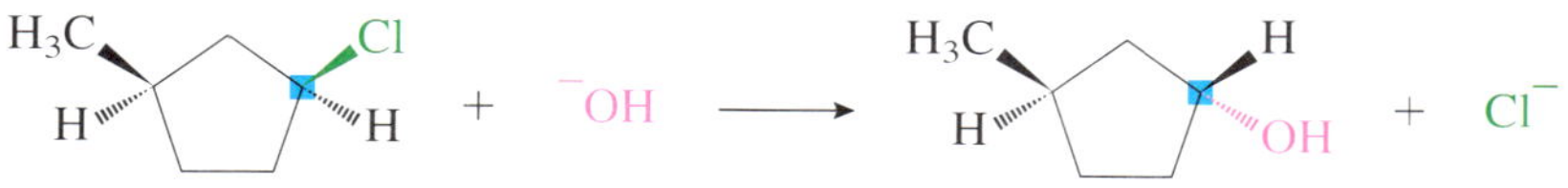

**문제 8.1** 다음 $S_N2$ 반응의 입체화학을 포함한 생성물을 나타내어라.

a) 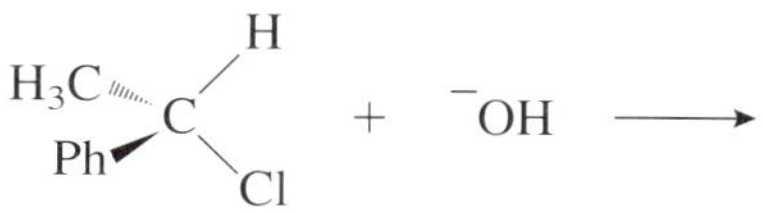

b) 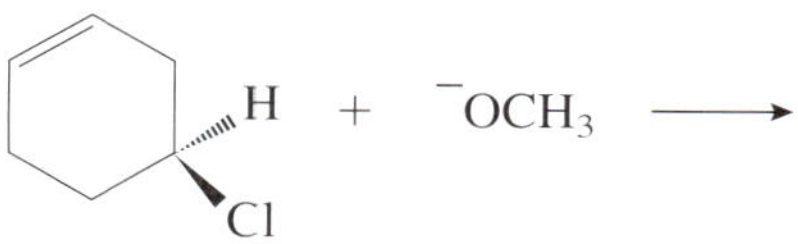

c) 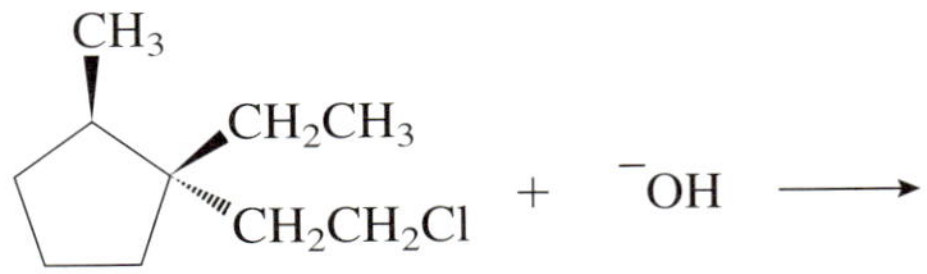

## 8.5 $S_N2$ 반응의 속도에 대한 치환기의 효과

이제 친전자성 탄소에 결합된 다른 기들이 $S_N2$ 반응의 속도에 어떻게 영향을 미치는지 생각해보자. 표 8.1에 몇 가지 반응에 대한 $S_N2$ 반응의 상대적 속도를 수록하였다. 이 표에서 염화 에틸의 상대속도를 1로 정하고 다른 화합물의 속도를 이 값에 비교하였다.

표에 있는 처음 6개의 화합물을 검토해보면 흥미 있는 경향을 관찰할 수 있다. 염화 메틸은 염화 에틸보다 상당히 빨리 반응한다. 다른 1차 염화물, 염화 프로필과 염화 뷰틸은 염화 에틸과 거의 같은 속도로 반응한다. 그러나 염화 아이소프로필은 염

**표 8.1 선택한 화합물에 대한 $S_N2$ 반응의 상대적 속도**

| 이름 | 구조 | 상대적 속도 |
|---|---|---|
| Methyl chloride | $CH_3Cl$ | 30 |
| Ethyl chloride | $CH_3CH_2Cl$ | 1 |
| Propyl chloride | $CH_3CH_2CH_2Cl$ | 0.4 |
| Butyl chloride | $CH_3CH_2CH_2CH_2Cl$ | 0.4 |
| Isopropyl chloride | $CH_3$<br>\|<br>$CH_3CHCl$ | 0.025 |
| *tert*-Butyl chloride | $CH_3$<br>\|<br>$CH_3CCl$<br>\|<br>$CH_3$ | 0 |
| Neopentyl chloride | $CH_3$<br>\|<br>$CH_3CCH_2Cl$<br>\|<br>$CH_3$ | $10^{-5}$ |
| Allyl chloride | $CH_2{=}CHCH_2Cl$ | 40 |
| Benzyl chloride | 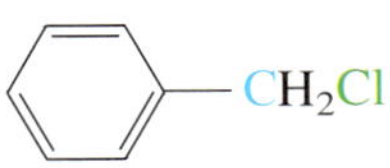 | 120 |
| Chloroacetone | O<br>‖<br>$CH_3CCH_2Cl$ | $10^5$ |

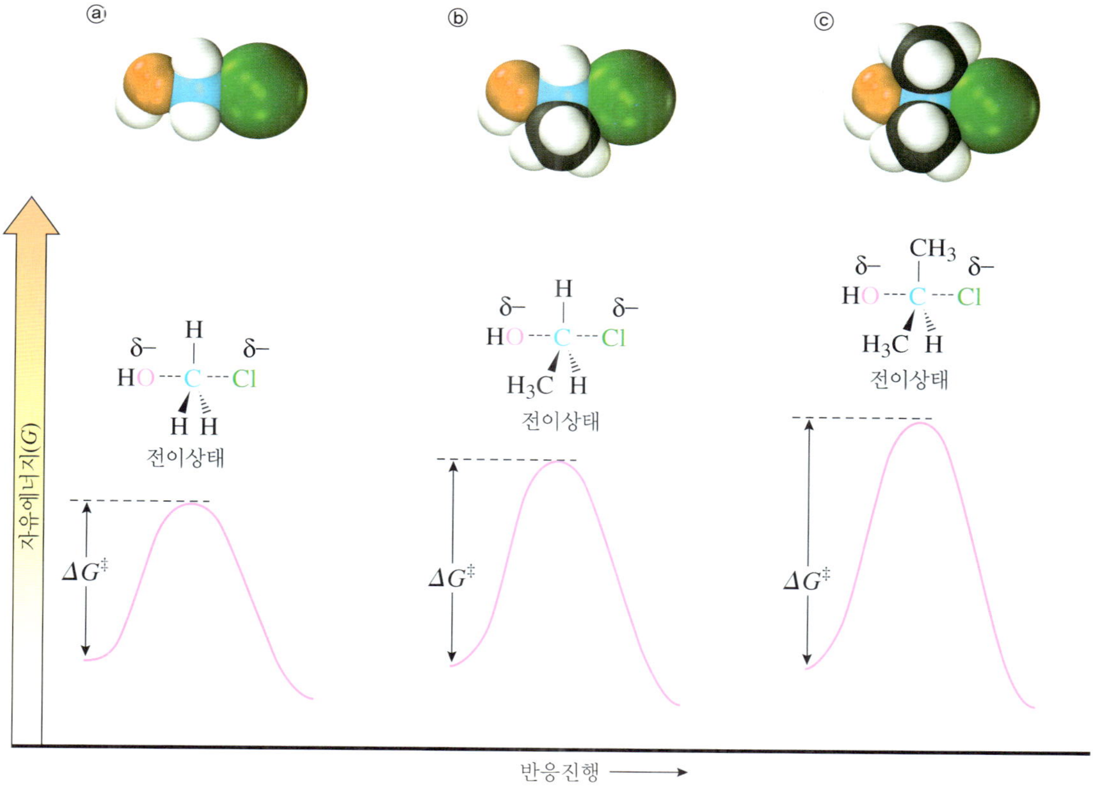


그림 8.4 하이드록사이드 이온과 (a) 염화메틸, (b) 염화에틸 및 (c) 염화아이소프로필의 $S_N2$ 반응에 대한 반응진행 대 자유에너지 그림.

화 에틸보다 40배 더 늦게 반응하고 염화 *t*-뷰틸은 실제로는 전혀 $S_N2$ 반응을 일으키지 않는다. (염화 *t*-뷰틸이 치환생성물을 만든다면 곧 배우게 될 다른 메카니즘을 따르게 된다)

$S_N2$ 반응의 속도는 염화 메틸의 친전자성 탄소에 있는 1개의 수소를 메틸기로 치환할 때마마다 극적으로 감소한다. 그러므로 메틸기의 한 수소를 치환하면 염화 에틸이 되고 속도는 30배 감소한다. 두 번째 수소를 메틸기로 치환하면 염화 아이소프로필이 되고 속도는 40배 감소한다. 3개의 메틸기가 치환되면 염화 *t*-뷰틸이 되며 화합물은 $S_N2$ 반응에 대해 반응성이 없다. 이 효과는 수소의 크기에 비한 메틸기의 크기 때문에 생기는 결과이며 **입체효과(steric effect)**라 한다. 입체효과는 친전가성 탄소에 있는 기의 크기가 증가함에 따라 생기는 무리 에너지의 증가 때문에 생긴다.

그림 8.4는 이 효과를 설명한다. 하이드록사이드 이온과 염화 메틸, 염화 에틸 및 염화 아이소프로필의 $S_N2$ 반응에 대한 반응진행 대 자유에너지 그림을 나타냈다. 염화 메틸의 경우에는 친핵체인 하이드록사이드 이온과 수소의 상호작용으로 대단히 작은 입체적 무리가 생성된다. 염화 에틸의 경우에는 친전자성 탄소에 있는 친핵체와 메틸기의 상호작용으로 전이상태에서 더 많은 입체적 무리가 생성되어 에너지를 증가시킨다. 이것은 $\Delta G^{\ddagger}$를 증가시키며 반응이 늦어진다. 염화 아이소프로필인 경우 전이상태에서 친핵체와 두 메틸기의 상호작용은 더 큰 입체적 무리를 생성하며 더 반응

이 늦어진다. 3개의 메틸기가 존재하면 염화 *t*-뷰틸의 경우에는 전이상태에서 대단히 큰 무리가 생겨서 $S_N2$ 반응의 속도는 극도로 느려진다.

그림 8.5에 이 효과의 다른 양상을 나타냈다. 이것은 표 8.1에 있는 몇 가지 분자의 컴퓨터-생성 공간-채움 모형을 나타냈다. 친전자성 탄소에 결합된 메틸기의 수가 증가함에 따라 그 탄소의 후면에서 접근하여 전이상태에 도달하는 친핵체의 어려움의 증가를 설명한다.

다른 1차 알킬기는 메틸기와 비슷한 효과를 나타낸다. 염화 메틸에 있는 친전자성 탄소에 있는 수소를 메틸기 대신에 에틸기로 치환하면 속도가 약간 더 감소한다(표

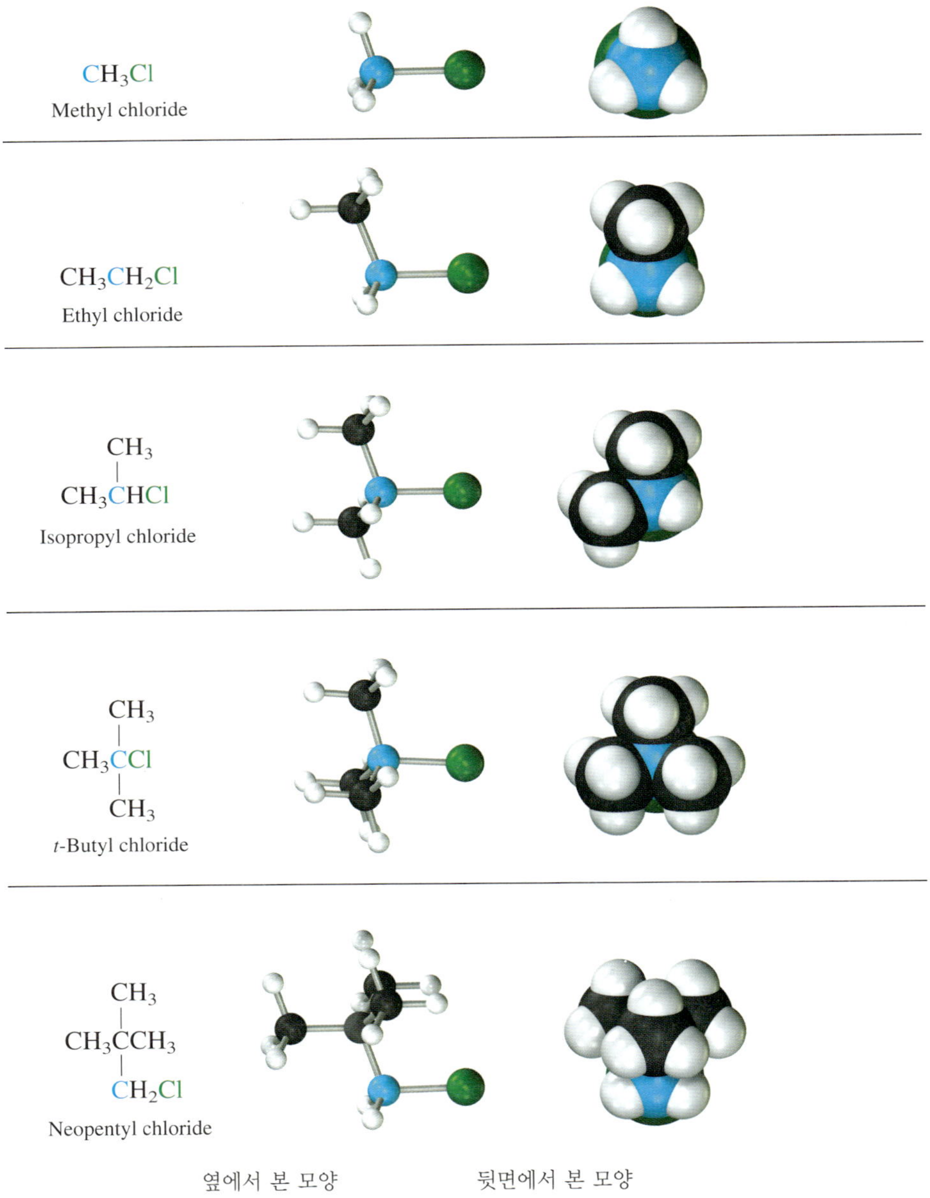


**그림 8.5** 몇 가지 염화알킬. 염소는 녹색, 친전자성 탄소는 청색.

8.1에 있는 염화 에틸과 염화 프로필의 상대속도를 비교하여라). 이것은 이 메카니즘이 관여하는 한 에틸기는 메틸기보다 약간 더 크기 때문에 6장에서 논의한 이들 기의 축방향 불안정화와 일치한다는 결과를 나타내준다.

요약하면 $S_N2$ 반응의 속도는 친전자성 탄소의 입체적 요인에 의해 조절된다. 입체적 장애로 반응을 나타냈다. 그 탄소에 결합된 탄소기의 수를 근거로 해서 나타낸 반응성의 순서는 다음과 같다.

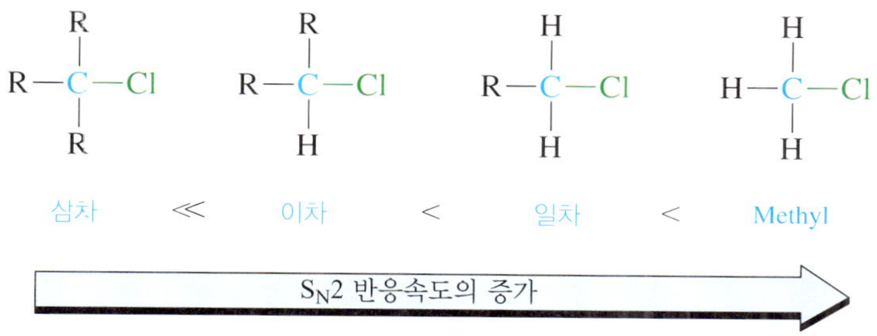


예외가 있기 때문에 유기화학의 규칙을 맹목적으로 따라서는 안 된다. 표 8.1을 살펴보면 1차 염화물인 염화 네오펜틸은 2차 염화물인 염화 아이소프로필보다 2500배 더 느리게 반응한다. 염화 네오펜틸을 잘 살펴보면 이 벗어남에 대한 이유를 발견할 수 있다. 친전자성 탄소는 1차이기는 하지만 그것에 결합된 기는 대단히 부피가 큰 *t*-뷰틸기이다. 단일 *t*-뷰틸기는 친핵체의 후면-접근을 방해하고 전이상태 에너지를 두 메틸기보다 더 많이 증가시킨다. 그림 8.5에 이 기의 공간-채움 그림을 나타냈다.

끝으로 표 8.1은 다른 1차 염화 알킬보다 상당히 더 빠른 3개의 1차 염화 알킬, 염화알릴, 염화벤질 및 클로로아세톤을 수록하였다. 이것은 전이상태의 공명안정화로 반응속도를 증가시켜준다. 이 화합물의 각각은 활성자리 이웃에 파이결합을 가지며 콘쥬게이트 전이상태를 형성한다. 전이상태에서 친전자성 탄소에 있는 $p$ 궤도함수는 이웃 파이결합의 $p$ 궤도함수와 겹쳐진다. 콘쥬게이트 전이상태에 의한 안정화는 반응을 대단히 더 빠르게 해준다. 염화아릴의 반응에 대한 전이상태를 다음에 나타냈다.

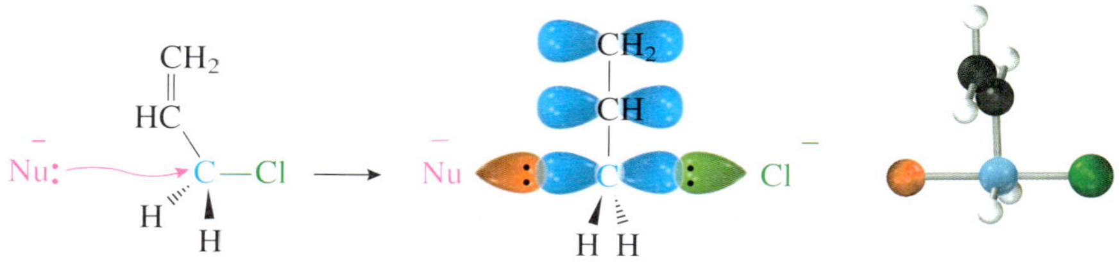

3-Chloro-1-propene
(allyl chloride)

전이상태

**문제 8.2** 다음 $S_N2$ 반응에 대해 어느 화합물이 더 빠른지를 설명하여라.

a) 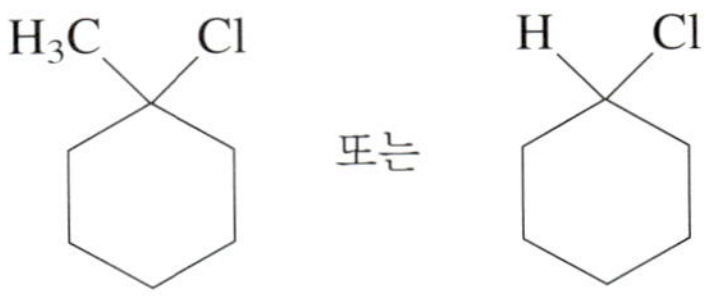

b) 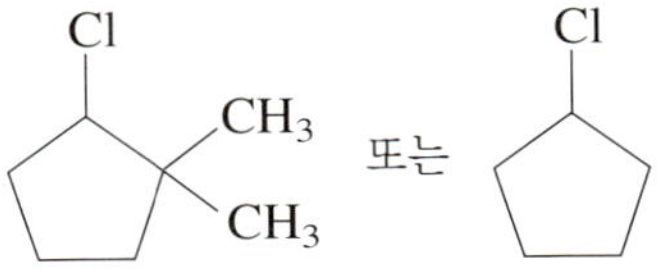

c) 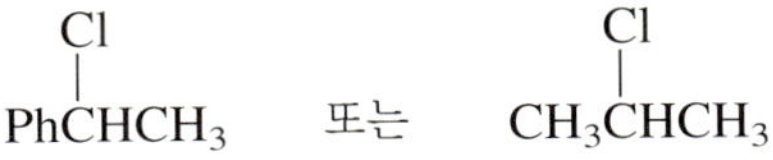

**문제 8.3** 다음 화합물을 $S_N2$ 반응속도가 감소하는 순으로 배열하여라.

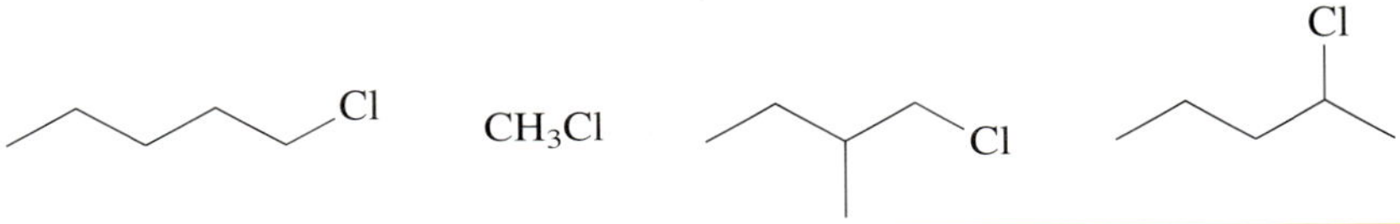

## 8.6 일분자 친핵성 치환반응

이제 염화 *t*-뷰틸과 아세트산 이온을 생각해보자.

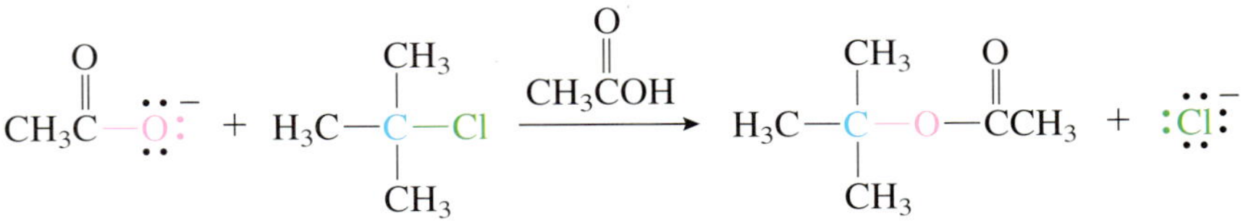

이 반응은 염화 메틸과 하이드록사이드 이온과의 반응과 유사하다. 그러나 아세트산 음이온의 산소가 친핵체로 작용한다. (화살표위에 나타낸 $CH_3CO_2H$은 반응에 대한 용매이다) 그러나 이 반응을 실험실에서 연구하면 반응속도는 염화 *t*-뷰틸의 농도에만 의존한다. 전적으로 아세트산 음이온의 농도에는 무관하다. 반응은 일차 속도식에 따른다.

$$속도 = k[t\text{-BuCl}]$$

이 반응은 $S_N2$ 반응의 속도식과는 다른 속도식을 따르기 때문에 이 반응은 다른 메카니즘에 의해 진행된다.

속도법칙이 염화 *t*-뷰틸의 농도에만 의존한다는 사실은 반응의 속도를 결정하는 전이상태에서 염화 *t*-뷰틸만이 참여한다는 것을 의미한다. 아세트산 이온은 이 전이상태 단계 이후에야 참여하게 되므로 이 메카니즘은 한 단계 이상이 되어야 한다. 반응의 속도를 결정해주는 전이상태를 포함하는 단계에서 한 분자(염화 *t*-뷰틸)만이 참여하기 때문에 이 단계를 일분자 단계라고 한다. 그러므로 이 반응을 **일분자 친핵성 치환반응(unimolecular nucleophilic substitution)** 혹은 **$S_N1$** 반응이라 한다.

$S_N1$ 반응은 다음 두 단계로 진행된다.

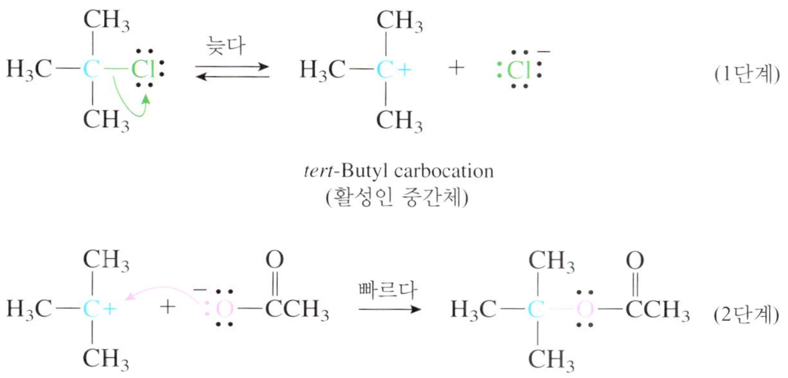


이 메카니즘에서 첫 단계에서 염소에 대한 결합이 절단되고 두 번째 단계에서 아세테이트에 대한 결합이 형성된다. $S_N1$ 메카니즘에 대한 반응의 진행 대 자유에너지 그림을 그림 8.6에 나타냈다. 이 반응에서 두 단계의 각각은 에너지 정점과 에너지가 최소인 반응물과 생성물을 분리하는 전이상태를 갖는다. 이 경우에는 첫 단계에 대한

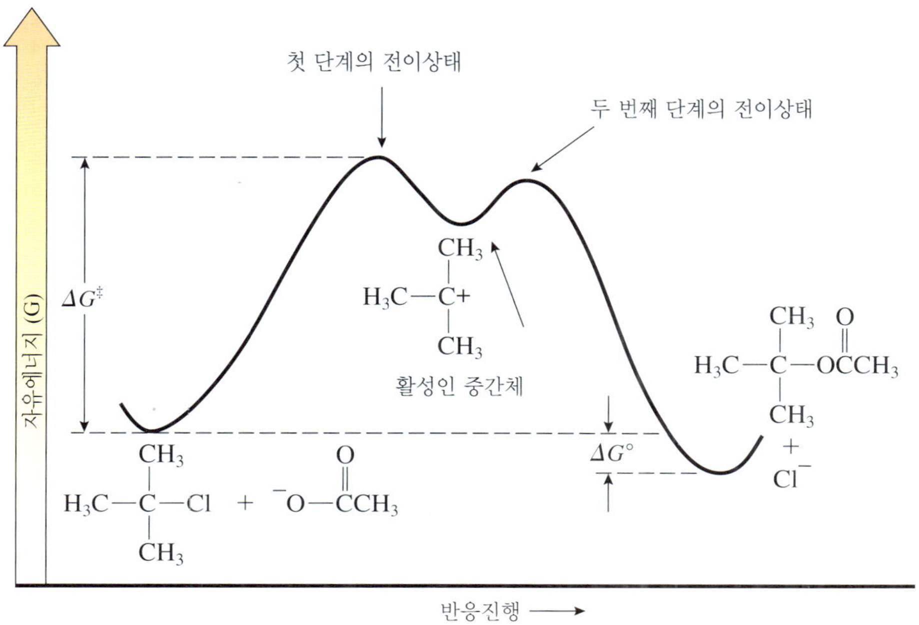


그림 8.6 염화 *t*-뷰틸(2-클로로-2-메틸프로페인)과 아세트산 음이온과의 $S_N1$ 반응에 대한 반응의 진행 대 자유에너지 그림.

전이상태가 더 큰 에너지를 갖는다. 분자가 일단 첫 단계의 높은-에너지 장벽을 넘게 되면 두 번째 단계의 낮은-에너지 장벽을 재빨리 넘을 수 있는 충분한 에너지를 갖게 된다. 첫 단계는 반응의 속도를 결정하기 때문에 **속도-극한(rate-limiting)** 또는 **속도-결정 단계(rate-determining step)**라 부른다. 이것은 반응에 대한 병목과 같이 작용한다. 이 반응의 속도는 속도결정 단계에서 단 하나의 분자만이 참여하기 때문에 염화 *t*-뷰틸의 농도에만 의존한다. 그러므로 이 메카니즘은 실험적으로 결정한 속도법칙과 잘 일치한다.

일반적으로 비협동반응은 몇 단계로 진행되며 반응진행 대 자유에너지 그림에서 각 단계에 대해 분리된 전이상태를 갖는다. 반응경로에서 1개 혹은 그 이상의 중간체가 존재하며 에너지 최소에 위치한다. 이들 중간체는 상대적으로 높은 에너지를 가지며 $S_N1$ 반응에서 카보양이온 형성과 같은 일시적 존재이거나 혹은 낮은 에너지에 존재하며 더 긴 수명을 기질 수도 있다. 전이상태의 하나가 다른 것보다 더 높은 에너지를 가지면 그 단계가 속도결정단계이다. 속도결정단계 이후에 메카니즘에 포함되는 분자는 반응에 대한 속도법칙에는 포함되지 않는다.

**문제 8.4** 상대적으로 안정한 중간체를 가지고 두 단계로 일어나며 두 번째 단계의 전이상태가 가장 높은 에너지 전이상태인 반응에 대한 반응진행 대 자유에너지 그림을 그려라.

염소 이온이 메카니즘의 첫 단계에서 이탈하면 **활성인 중간체(reactive intermediate)**가 형성된다. 이 활성인 중간체는 높은 에너지의 활성인 화학종이다. 대부분의 조건에서 대단히 짧은 수명을 가진다. 그러나 이것은 에너지 곡선의 최소점에 위치하기 때문에 전이상태와는 다르다. 이것은 적기는 하지만 정방향 혹은 역방향으로 넘어야 할 활성화 장벽을 가진다. 그 수명은 짧지만 전이상태의 수명보다는 상당히 길다. 어떤 조건에서는 활성인 중간체를 실험적으로 관찰할 수가 있다.

이 반응에서 형성되는 특정한 반응 중간체 **카보양이온(carbocation)**이라 부른다. 이것은 3개의 결합과 양전하를 가진 탄소를 갖는다. 이 탄소는 원자가껍질에 6개의 전자만을 가지며 8전자계를 만족하고 있지 못하기 때문에 대단히 불안정하다. 양으로 하전된 탄소에서 삼각평면 기하구조와 $sp^2$ 혼성을 갖는다.

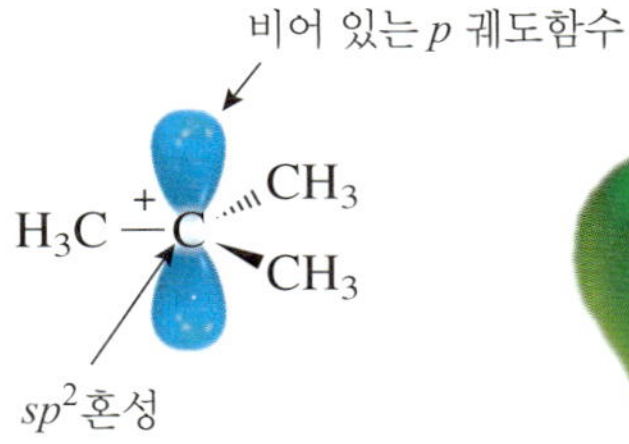

*tert*-Butyl carbocation

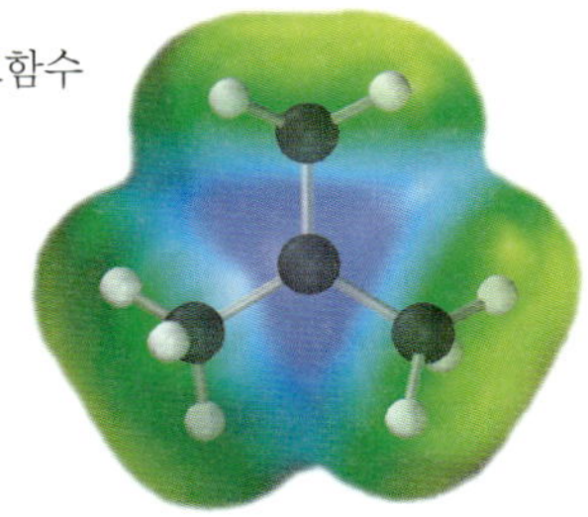

카보양이온은 유기화학에서 활성인 중간체의 가장 중요한 형태의 하나이다. 그들은 $S_N1$ 반응 이외의 많은 반응에서도 발견된다.

이제 이 반응에 대한 전이상태를 살펴보자. 전이상태의 구조는 무엇인가? 구조를 더 잘 이해하면 다양한 인자가 어떻게 그 안정성에 영향을 미치는가를 예측하는데도 도움을 주고, 또한 같은 인자가 어떻게 반응속도에 영향을 미치는가를 예측하는 데 도움을 준다. 전이상태는 반응물인 염화 *t*-뷰틸과 생성물인 *t*-뷰틸 카보양이온의 구조의 중간구조를 갖는다. 탄소와 부분적으로 절단된 염소 사이의 결합을 가지며 다음 구조에 나타낸 것과 같이 나타낼 수 있다.

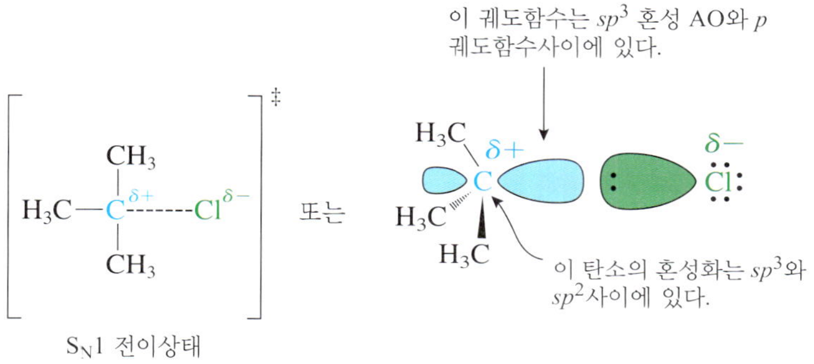


그림 8.7 Hammond 가설을 사용하여 (a) 자유에너지 감소과정과 (b) 자유에너지 증가과정에 대한 전이상태의 구조를 예측하여라.

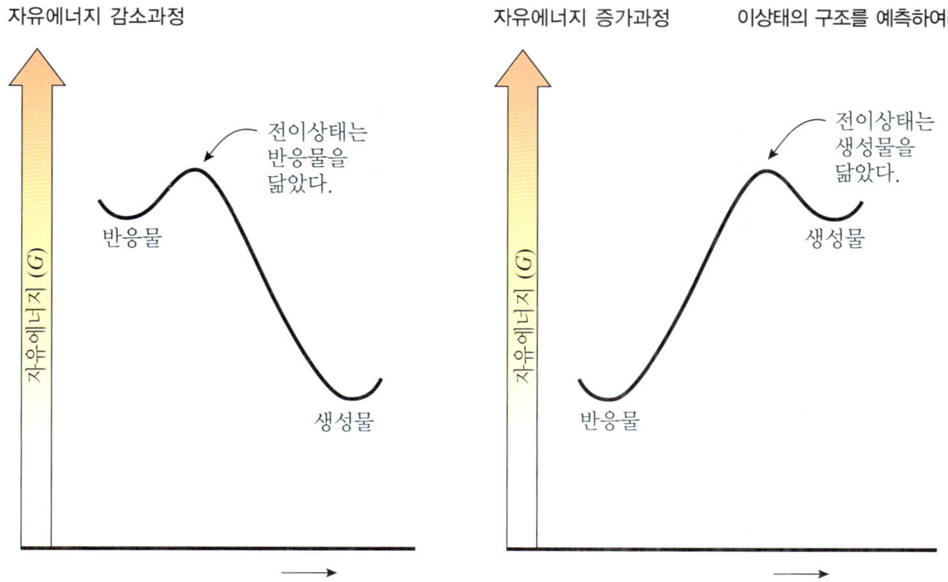


ⓐ 자유에너지 감소과정에서 반응물이 생성물보다 에너지가 높으면 전이상태의 에너지는 생성물보다는 반응물의 에너지와 더 유사하다. 그러므로 전이상태의 구조는 생성물보다는 반응물의 구조와 더 유사하다. 만일 반응에서 결합이 형성된다면 그 결합은 전이상태에서 반 이상 형성된다. 결합이 절단된다면 반 이상 절단된다.

ⓑ 자유에서지 증가과정에서 생성물이 반응물보다 에너지가 높으면 전이상태의 에너지는 반응물보다는 생성물의 에너지와 더 유사하다. 그러므로 전이상태의 구조는 생성물의 구조에 더 가깝다. 만일 반응에서 결합이 형성된다면 그 결합은 전이상태에서 반 이상이 형성된다. 결합이 절단된다면 반 이상이 절단된다.

이것은 탄소에 부분 양전하와 염소에 부분 음전하를 갖는다. 탄소의 혼성은 반응물의 혼성, $sp^3$와 카보양이온의 혼성, $sp^2$ 사이에 있다.

전이상태에 있는 결합은 반 이상 혹은 반 이하 절단될 것인가? **Hammond 가정**은 이와 같은 질문에 대한 해답을 줄 것이다. 반응단계에 대한 전이상태의 구조는 에너지가 유사한 화학종(반응물 혹은 그 단계에서 생성물)의 구조와 유사하다. 생성물이 반응물보다 높은 에너지를 가지면 전이상태 구조는 반응물보다는 생성물과 더 유사하다. 반대로 반응물이 생성물보다 에너지가 높으면 전이상태의 구조는 생성물보다는 반응물의 구조와 더 유사하다(그림 8.7을 보라). 카보양이온은 출발물질인 할로겐화 알킬보다 높은 에너지를 가지므로 $S_N1$ 반응에 대한 전이상태의 구조는 결합이 반 이상 절단된다. 카보양이온의 구조와 유사하다.

**문제 8.5** 그림 8.1에 나타낸 $S_N2$ 반응에 대한 반응진행 대 자유에너지 그림을 고려해보자. 이 반응에 대한 전이상태에서 C—Cl결합은 반 이하, 대략 반 혹은 반 이상 절단될 것인가?

## 8.7 $S_N1$ 반응의 속도에 미치는 치환기 효과

친전자성 탄소에 결합된 다른 기는 $S_N1$ 반응의 속도에 어떻게 영향을 미칠 것인가? 표 8.2에 염화 아이소프로필의 속도를 1로 취하여 이것과 비교한 몇 가지 화합물에 대한 $S_N1$ 반응의 상대적 속도를 수록하였다. 염화 메틸과 염화 에틸은 표에 수록하지 않았다. 메틸과 간단한 1차 염화 알킬은 $S_N1$ 메카니즘에 의해서는 반응하지 않는다. 대단히 유리한 $S_N1$ 조건에서도 이들 장애를 받지 않는 화합물들은 $S_N2$ 메카니즘에 의해

**표 8.2** 몇 가지 화합물에 대한 $S_N1$ 반응의 상대적 속도

| 이름 | 구조 | 상대적 속도 |
|---|---|---|
| Isopropyl chloride | $CH_3CH(CH_3)—Cl$ | 1 |
| *tert*-Butyl chloride | $CH_3C(CH_3)_2—Cl$ | $1 \times 10^5$ |
| Allyl chloride | $CH_2{=}CHCH_2—Cl$ | 3 |
| Benzyl chloride | $PhCH_2—Cl$ | 30 |
| Diphenylmethyl chloride | $Ph_2CH—Cl$ | $1 \times 10^4$ |
| Triphenylmethyl chloride | $Ph_3C—Cl$ | $1 \times 10^9$ |

반응한다.

$S_N1$ 반응에 대해 카보양이온의 생성이 속도-결정단계이다. 이 단계에 대한 전이상태는 카보양이온과 닮았다. 카보양이온을 안정화하는 변화는 전이상태를 안정화하고 반응의 속도를 빠르게 한다. 카보양이온의 안정화가 $S_N1$ 반응의 속도를 조절한다. 많은 연구는 다음과 같은 카보양이온 안정도의 순서를 나타내준다.

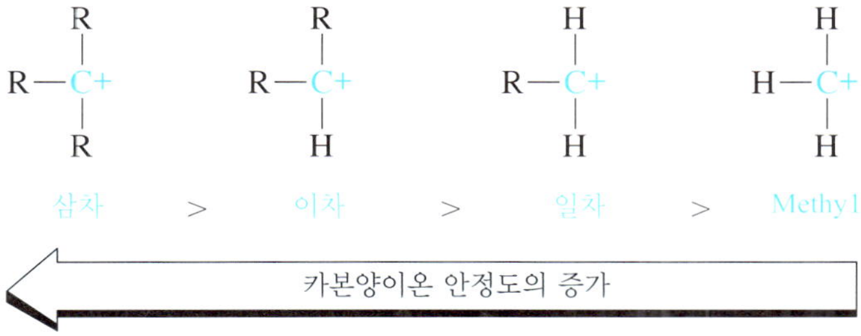


카보양이온은 몇 가지 다른 반응의 중간체로 나타내기 때문에 이 안정화 순서는 대단히 중요하다.

이 순서는 카보양이온에 있는 수소를 메틸기로 치환하면 상당히 안정화된다는 것을 나타내준다. (다른 알킬기의 치환도 같은 안정화를 유발한다.) 카보양이온의 비어있는 *p* 궤도함수와 이웃탄소의 시그마결합 MO의 겹침에 기인한다. 이 겹침은 콘쥬게이트계를 형성하고 전자밀도가 시그마결합으로부터 전자-부족 탄소로 이동한다. 이 겹침을 에틸 카보양이온에 대해 다음과 같이 설명할 수 있다.

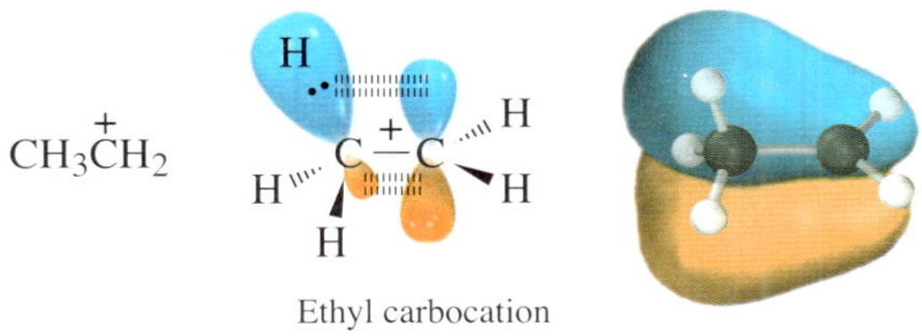

Ethyl carbocation

시그마 MO와 비어 있는 *p* AO는 평행은 아니지만 동일 평면에 있기 때문에 파이결합의 겹침과 유사하다. 이 겹침으로 시그마결합의 전자가 비어 있는 *p* 궤도함수로 비 편재화 되어 카보양이온을 안정화한다. 다른 시그마결합도 시그마결합 MO와 *p* AO가 이웃탄소에 있는 한 같은 방법으로 비어있는 *p* 궤도함수와 상호작용할 수 있다. 이와 같은 안정화 상호작용을 **하이퍼콘주게이션**(*hyperconjugation*)이라 부른다.

표 8.2를 더 살펴보면 염화알릴과 염화벤질은 $S_N1$ 반응에 대해 1차계에서 기대했던 것보다 더 빠른 속도를 갖는다. 카보양이온을 잘 살펴보면 이와 같은 반응성의 증가는 이웃 이중결합 혹은 벤젠고리에 의한 공명안정화에 기인한 것이다. 공명안정화는 페닐기의 추가 치환으로 증가하며 염화 다이페닐메틸과 염화 트라이페닐메틸의 반응속도로 설명할 수 있다(표 8.2).

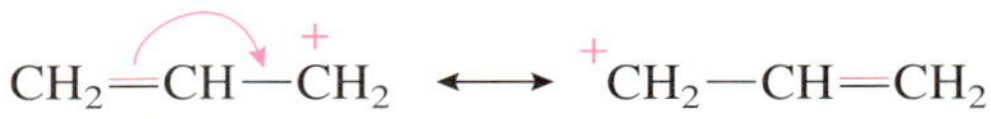

Allyl carbocation

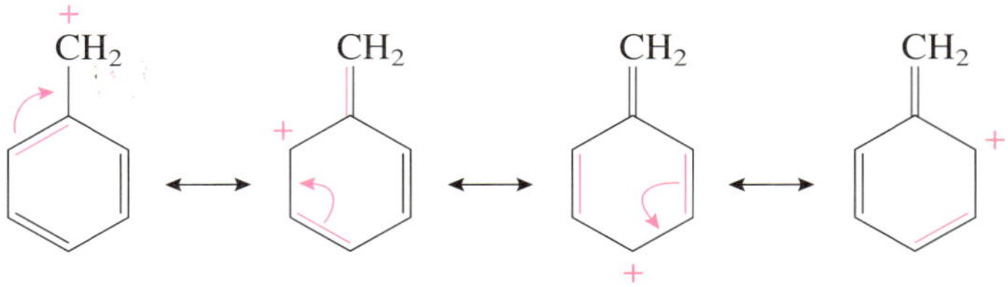

Benzyl carbocation

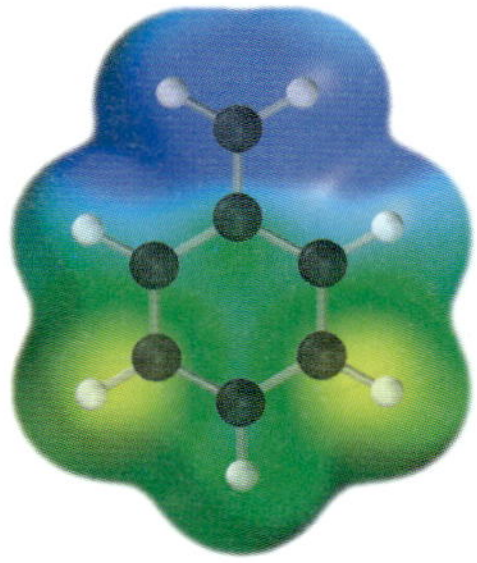

**문제 8.6** 어느 화합물이 $S_N1$ 반응의 속도가 더 빠른가를 설명하여라.

a) 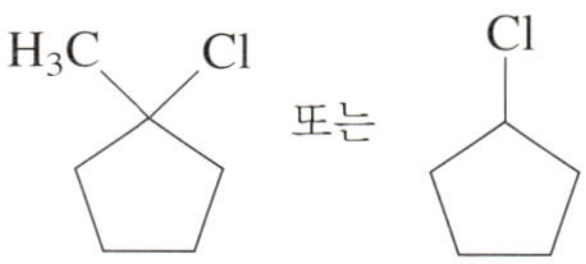

b) 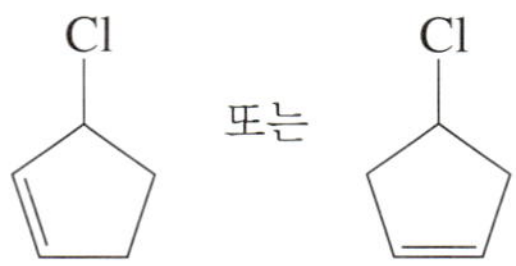

c) 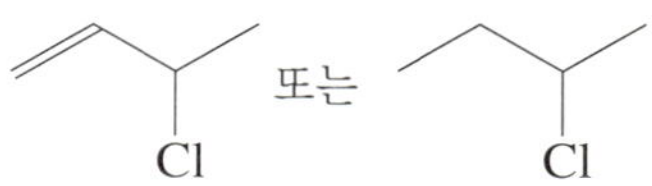

d) 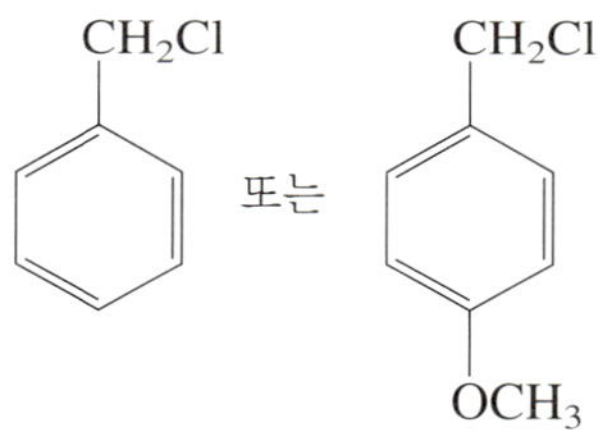

**문제 8.7** 다음 화합물을 $S_N1$ 반응속도가 감소하는 순서로 배열하여라.

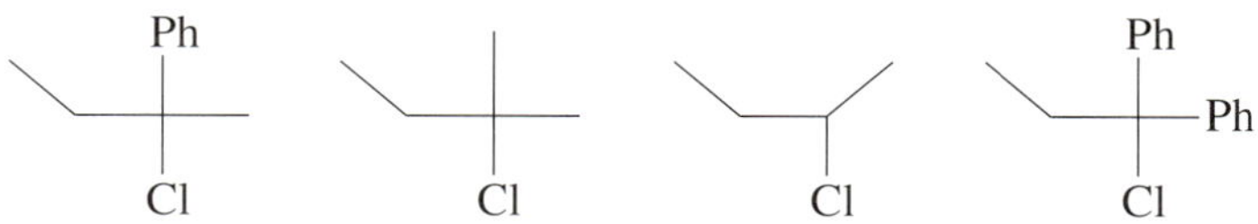

## 8.8 $S_N1$ 반응의 입체화학

이탈기가 카이랄성 중심 탄소에 결합되어 있으면 $S_N1$ 반응에서 어떤 현상이 일어날 것인가? $S_N1$ 반응에 대한 일반적인 결과는 라세미화이다. 생성물은 위치배열이

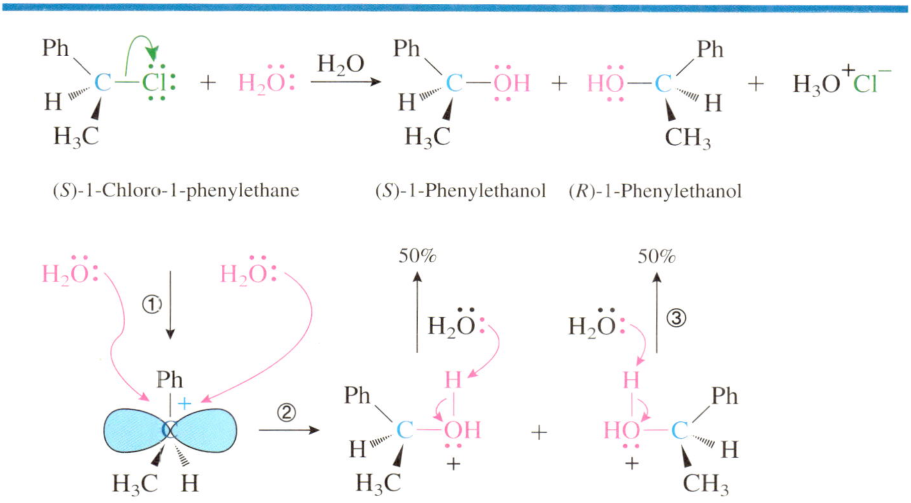


**그림 8.8** 수용액에서 (*S*)-1-클로로-1-페닐메테인의 $S_N1$ 반응의 메카니즘과 입체화학.

① 이 $S_N1$ 반응에서 형성되는 카보양이온은 $sp^2$ 혼성이고 평면이다. 카이랄이 아니기 때문에 생성물은 라서미화된다. 친핵체(이 경우에 물)는 어느 면으로든지 동등하게 접근하여 같은 양의 *R*과 *S* 거울상체를 형성한다. 중성인 물에서 하이드록사이드의 농도는 대단히 낮기 때문에 하이드록사이드 이온이 아니라 물이 친핵체로 작용한다.

② 친핵체가 물로 작용하면 초기 생성물은 알코올의 짝산이다.

③ 반응의 최종단계에서 염기성 용액에 의해 양성자화된 알코올로부터 양성자가 제거된다. 이 염기는 보통 용매 분자로 이 경우에는 물이다.

50% 반전과 50% 유지로 형성된다. 예를 들면 물과 (*S*)-1-클로로-1-페닐에테인의 반응은 라세미 1-페닐-1-에탄올이 생성되며 그림 8.8에서 설명하였다. 이 반응에서 반응물의 입체화학적 특성은 생성물이 형성되는 경로의 무작위성에 있다. 이것은 반응경로에서 카이랄이 아닌 몇 가지 중간체가 생긴다는 것을 의미한다. $S_N1$ 반응의 경우에 카보양이온 중간체는 $sp^2$ 혼성이고 삼각평면 기하구조를 갖는다. 평면 탄소는 카이랄성 중심이 아니기 때문에 왜 반응이 라세미화가 되는가를 설명해준다.

많은 $S_N1$ 반응은 라세미화로 진행되지만 많은 다른 반응들은 생성물의 위치배열에서 유지보다는 반전이 더 많이 이루어진다. 이것은 카보양이온의 극도로 짧은 수명에 기인한다. 그림 8.9에 나타낸 것처럼 카보양이온이 형성될 때 이탈기는 원래 결합되어 있던 카보양이온 편에 머물게 된다. 이 화학종은 **이온쌍(ion pair)**이라 부른다. 친핵체가 이온쌍을 공격할 때 이탈기는 카보양이온의 전면을 봉쇄하여 반전이 유리하다. 시간이 지남에 따라 이탈기는 확산되어 자유 카보양이온을 형성되고 친핵체는 어느 면으로든지 동등하게 공격하여 반전과 유지가 동등하게 이루어진다. 카보양이온의 수명이 증가하면 자유 카보양이온이 더 많이 생성되고 더 완전한 라세미화가 일어난다. 카보양이온의 수명은 그 안정성이 증가에 따라 증가하며 또한 특정한 반응에서 사용한 친핵체와 용매에도 의존한다. 물에서 1-클로로-1-페닐에테인의 반응이 왜 같은 화합물이 아세트산 포타슘을 포함한 아세트산에서 반응과 다른 입체화학적 결

**그림 8.9** 아세트산 포타슘을 포함한 아세트산에서 (*S*)-1-클로로-1-페닐메테인의 $S_N1$ 반응의 입체화학.

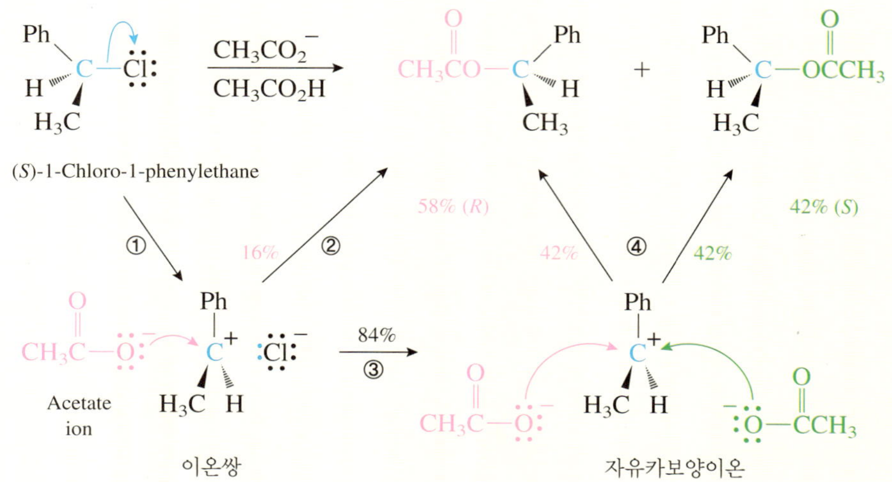


① 이 $S_N1$ 반응에서 형성되는 초기 화학종은 직접 이웃한 위치에 염소가 있는 카보양이온이다. 이 이온을 **이온쌍(ion pair)**이라 부른다. 이온쌍에 대한 친핵체의 반응과 카보양이온으로부터 음이온의 확산이 경쟁적으로 일어난다.

② 이 특정한 반응조건에서 16%의 이온쌍은 친핵체인 아세트산 음이온과 반응한다. 염소이온은 이온쌍의 한 면을 봉쇄하므로 아세트산 음이온은 반대면으로만 공격할 수 있다. 그러므로 이 단계에서 친핵체가 반응하면 위치배열이 반전된 생성물이 형성된다.

③ 84%의 이온쌍에 대해서는 친핵체가 공격하기 전에 염소이온이 확산된다.

④ 친핵체는 자유 카보양이온의 어느 면으로나 동등하게 접근하여 동등한 양의 유지와 반전 위치배열 생성물이 형성 된다(각각 42%). 최종결과는 42 % 유지와 16% + 42% = 58% 반전이다. 반응은 다소 과잉의 반전을 동반한 라세미화가 일어난다.

과를 생성한다(그림 8.9). 카보양이온은 그림 8.9의 조건보다 그림 8.8의 반응조건에서 더 긴 수명을 갖는다. 친핵체가 공격하기 전에 염소이온이 이탈할 수 있는 시간적 여유가 있어서 그 결과 라세미 생성물이 형성된다. 그림 8.9의 짧은-수명 카보양이온은 일부 이온-쌍 단계에서 반응하여 유지보다는 반전이 더 많이 이루어진다.

## 예제 8.1

이 반응의 입체화학을 포함한 생성물을 나타내어라.

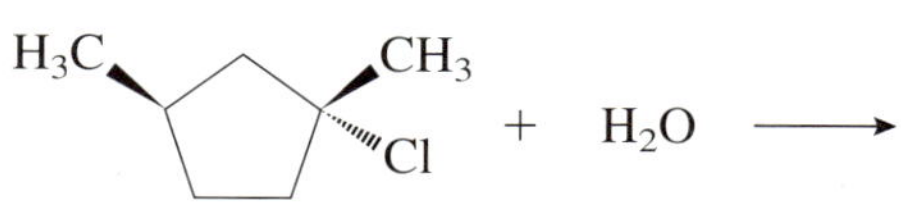

### 전략

먼저 이탈기, 친전자성 탄소 및 친핵체를 확인하여라. 다음에 입체화학을 결정하기 위해서는 반응이 $S_N1$ 혹은 $S_N2$ 메카니즘을 따르는가를 결정해야 한다. 이탈기가 3차 탄소에 결합되면 반응은 $S_N1$ 메카니즘에 의해 일어난다. $S_N1$ 반응에 대해 친전자성 탄소에 있는 이탈기를 친핵체로 치환하면 반응중심에서 입체화학이 상실된다.

**풀이**

이탈기는 염소이고 3차 탄소에 결합되어 있으므로 반응은 $S_N1$ 메카니즘에 따르게 된다. 반응중심에서 평면 카보양이온이 생성되므로 친핵체 $H_2O$는 사이클로펜테인 고리의 어느 면에서도 결합을 형성할 수 있다. 친전자성 탄소에서 입체화학은 소실되고 다른 카이랄성 중심은 반응에 참여하지 않기 때문에 변화가 없다. 두 생성물, 메틸기가 시스인 생성물과 트랜스인 생성물은 부분입체이성질체이기 때문에 에너지가 서로 다르다. 이들을 형성하는 전이상태의 에너지도 다르다. 그러므로 모든 카보양이온이 자유 양이온이라 하더라도 두 알코올 생성물은 같은 양이 생성될 필요는 없다. 그러나 생성물의 안정도가 크게 다르지 않을 때에는 비슷한 양을 기대할 수 있다.

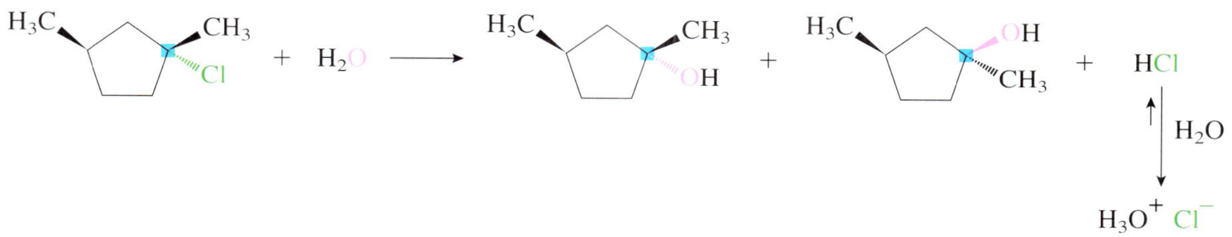


**문제 8.8** 다음 $S_N1$ 반응에 대한 입체화학을 포함한 생성물을 나타내어라.

a) 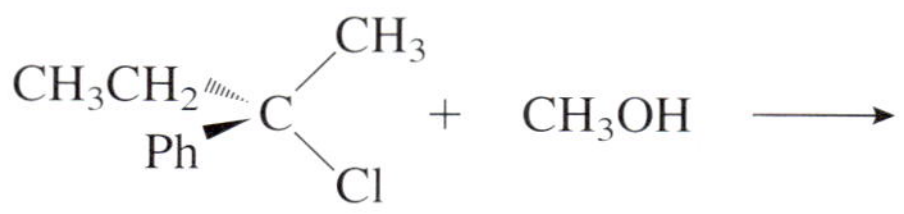


b) 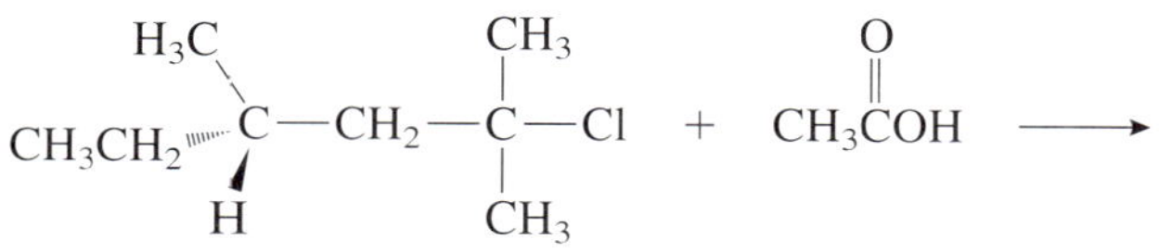


## 8.9 이탈기

이탈기에 대한 결합은 $S_N1$과 $S_N2$ 반응 모두 속도-결정 단계에서 절단된다. 그러므로 이탈기의 구조는 이 두 반응의 속도에 영향을 미친다. 지금까지 보아온 유일한 이탈기는 염소이온이지만 다른 많은 것들이 있다. 일반적으로 이탈기가 안정하면 할수록 자유 화학종으로 더 빨리 이탈된다. 이 안정성은 화학종의 염기성이 반영된 것이다. 더 안정하면 할수록 염기성은 더 약해진다. 일반적으로 $S_N1$과 $S_N2$ 반응에 사용되는 이탈기는 약한 염기이다. 표 8.3에 가잔 중요한 이탈기와 $S_N1$ 반응에서 그들의 상대

**표 8.3** 몇 가지 중요한 이탈기의 대략적인 반응성

| 구조 | 이탈기 | 이름 | 상대적 반응성 |
|---|---|---|---|
| R—Cl | $Cl^-$ | Chloride | 1 |
| R—Br | $Br^-$ | Bromide | 10 |
| $R-\overset{+}{O}H_2$ | $OH_2$ | Water | 10 |
| R—I | $I^-$ | Iodide | $10^2$ |
| 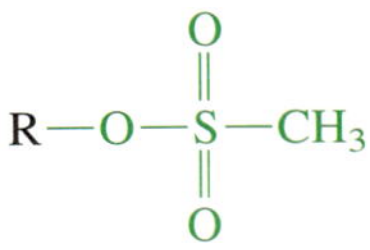 | 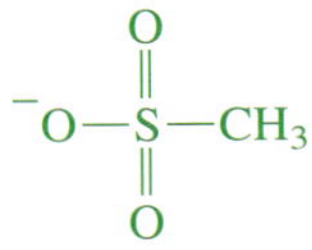 | Mesylate (methane-sulfonate) | $10^4$ |
| 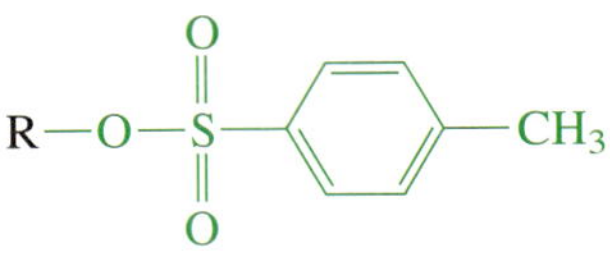 | 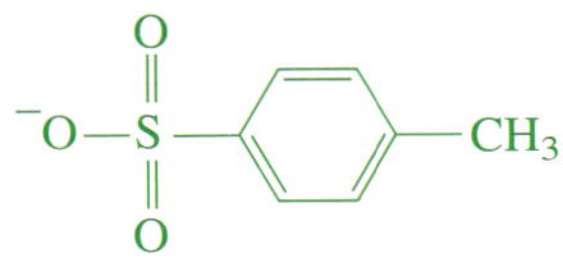 | Tosylate (*p*-toluene-sulfonate) | $10^4$ |

적 반응속도를 나타내었다. $S_N2$ 반응에 대해서도 같은 속도효과를 발견하였다.

표 8.3에서 볼 수 있는 것처럼 할라이드의 이탈능력은 주기율표에서 아래로 갈수록 증가한다. 즉 $Cl^-$는 가장 느리고 $Br^-$는 더 빠르고 $I^-$가 가장 빠르다. 이 순서는 주기율표의 족에서 아래로 내려감에 따라 일어나는 염기도의 감소에 비례한다. 플루오르화 이온 ($F^-$)은 너무 느리기 때문에 이탈기로 사용할 수 없다.

**문제 8.9** 다음 반응이 $S_N1$ 혹은 $S_N2$ 메카니즘을 따를 것인지를 설명하여라. 어느 반응이 더 빠른가를 설명하여라.

**a)** 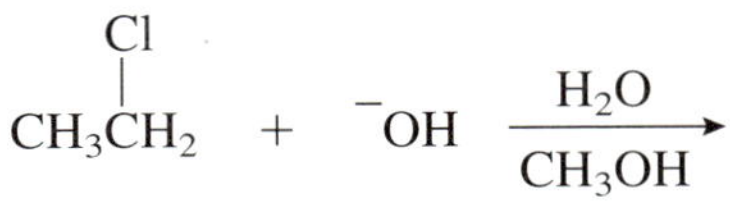

또는 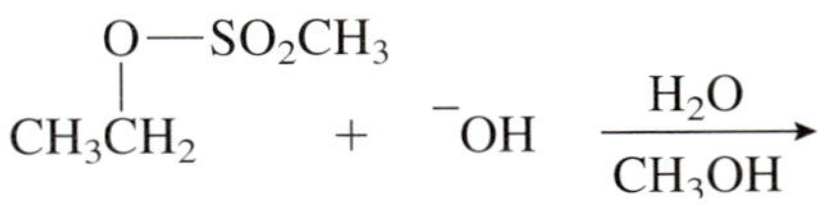

**b)** 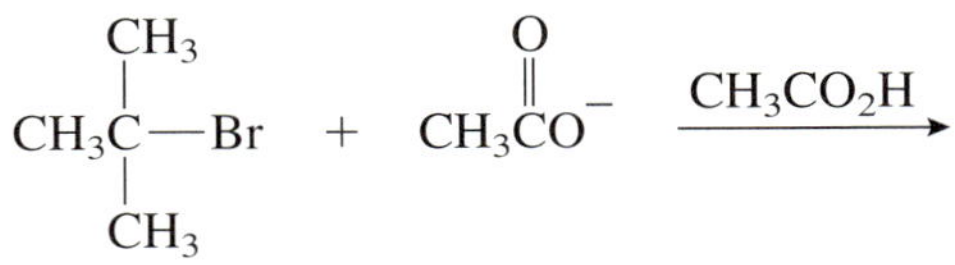

또는 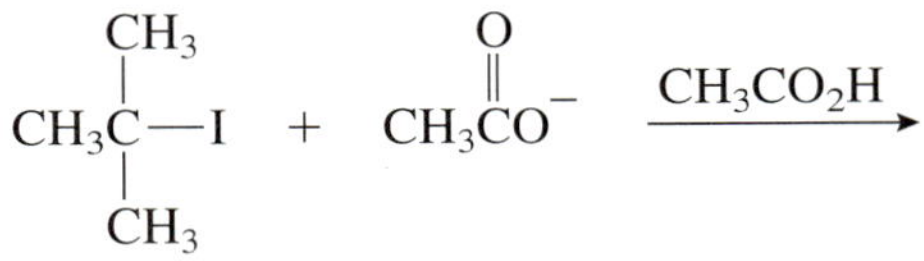

알코올은 대단히 흔하고 다양한 방법으로 쉽게 제조할 수 있기 때문에 친핵성 치환반응에서 이탈기로 OH를 사용하는 것이 유용하다. 그러나 $OH^-$는 $S_N1$와 $S_N2$ 반응에서 이탈기로 작용하기에는 너무 염기성이 크다. 이 반응에 대한 기질로 알코올을 사용하기 위해서는 OH기를 보완하여 더 좋은 이탈기로 변환시킬 필요가 있다. 이 목적을 달성하기 위하여 몇 가지 방법이 개발되었다. 알코올의 반응이 산성 용액에서 수행된다면 산소는 양성자화되어 $ROH_2^+$를 형성한다. 이제 이탈기는 물이고 반응성은 브롬이온과 견줄 만하다. (물론 이 이탈기를 사용하면 친핵체는 산성 용액에서 안정해야 한다.) 한 예를 다음 방정식에 나타냈다.

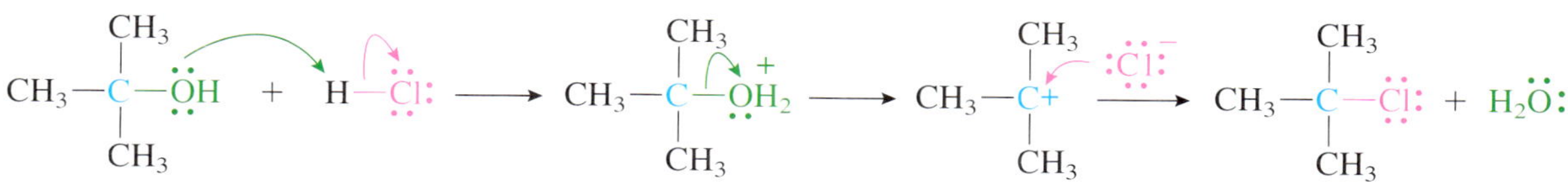

알코올의 하이드록시기를 이탈기로 변환하는 데 사용되는 다른 방법은 수소를 산소의 염기도를 감소시켜주는 몇 가지 다른 기로 치환하는 것이다. 이 목적에 일반적으로 사용되는 기는 $SO_2R$기이다. 알코올의 수소를 이 기로 치환하면 표 8.3에 나타낸 것처럼 메실레이트 혹은 토실레이트 에스터를 생성한다. 황산수소 음이온(황산의 짝염기)과 비슷한 설폰산 음이온은 약한 염기이고 우수한 이탈기이다.

Sulfonate anion　　Bisulfate anion

## 문제 8.10

**a)** 이 반응에 대한 메카니즘의 모든 단계를 나타내어라. 메카니즘의 각 단계에서 전자의 이동을 굽은 화살로 나타내어라.

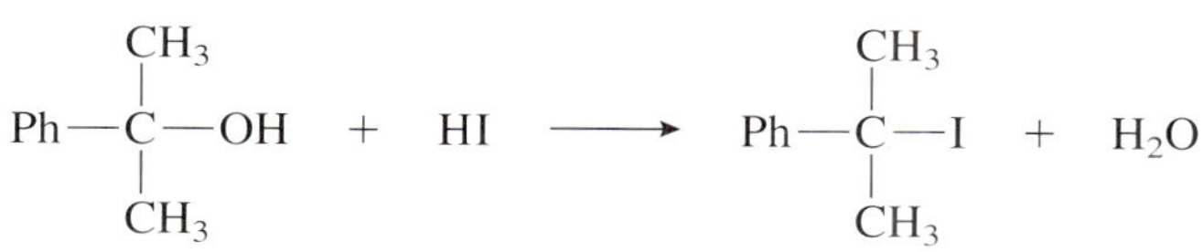

**b)** 이 반응에 대한 반응진행 대 자유에너지 그림을 나타내어라.

일차와 이차 알코올은 대응하는 염화 설폰일과의 반응으로 메실레이트 혹은 토실레이트 에스터로 쉽게 변환시킬 수 있다. 3차 알코올로부터 생성된 메실레이트와 토실레이트 에스터는 너무 반응성이 커서 분리할 수 없다. 흔히 부산물로 생성되는 염산을 제거하기 위하여 피리딘을 이 제조의 용매로 사용한다. 한 예로 메테인설폰산 에스터(메실레이트)의 제조를 다음 방정식에 나타냈다.

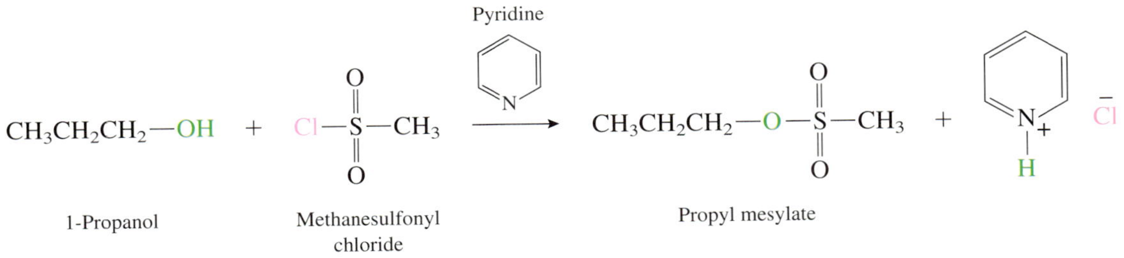

혹은 더 일반적인 형태로:

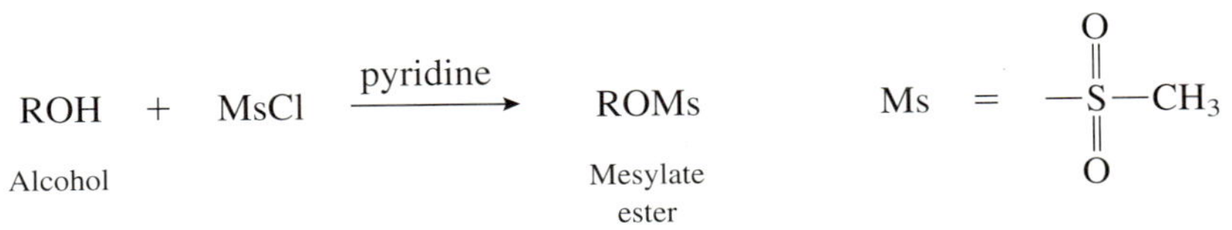

토실레이트 에스터 제조의 예를 다음 방정식에 나타냈다.

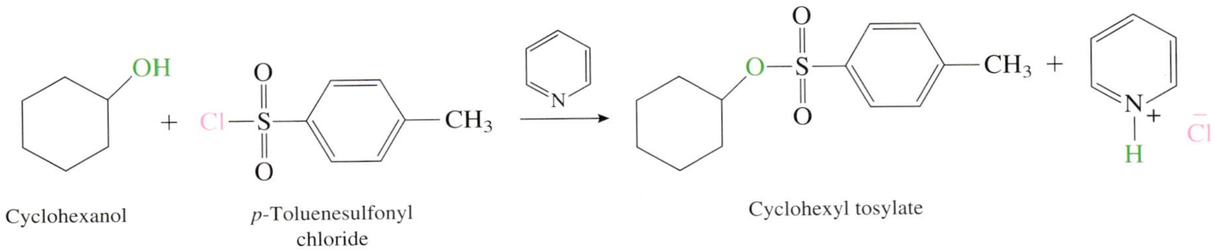

혹은 더 일반적 형태:

요약하면 할라이드 이온, $Cl^-$, $Br^-$, 및 $I^-$은 이 친핵성 치환반응에 대한 가장 보편적인 이탈기이다. 알코올의 OH는 산용액에서 양성자화 혹은 메실레이트 혹은 토실레이트 에스터로 변환되어 이탈기로 변환될 수 있다. 알코올의 $OH^-$와 같이 에터의 $OR^-$는 이탈하기에는 염기성이 너무 크다. $NH_2^-$(아민으로부터), $H^-$(알케인의 C—H결합의 절단으로) 및 $R_3C^-$(알케인의 C—C결합의 절단으로부터 카보음이온)는 염기성이 너무 강하여 이 반응에서 이탈기로 작용하지는 않는다.

토실레이트 이탈기는 $S_N2$ 반응의 입체화학을 결정하는 고전적 실험의 하나에서 사용되었다. 지금은 이 이탈기에 대해 알고 있기 때문에 실험에서 이 이탈기가 $S_N2$ 반응이 배열의 반전으로 일어난다는 사실을 확증하는 데 어떻게 돕고 있는 가를 알게 되었다.

$S_N2$ 반응은 위치배열의 반전으로 일어난다는 것을 나타내는 실험을 설계하는 것

은 보기만큼 그렇게 간단하지가 않다. 예를 들어 $S_N2$ 반응의 입체화학을 결정하기 위하여 하이드록사이드와 2-클로로뷰테인과의 반응으로 2-뷰탄올을 생성한다.

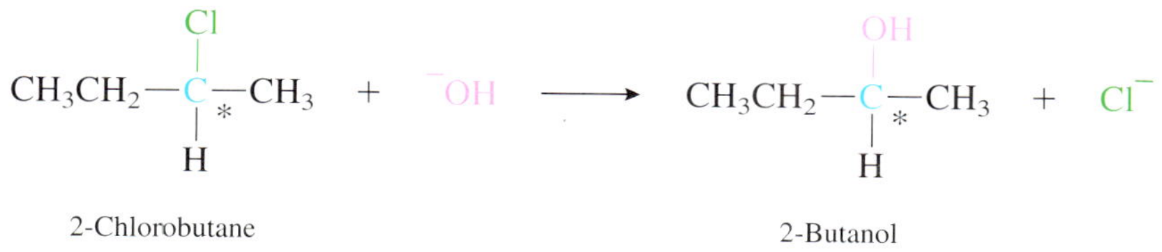


먼저 이 반응은 $S_N2$ 반응에 의해 진행된다는 것을 입증해야 한다. 그렇게 하기 위하여 반응에 대한 실험적 속도법칙을 결정한다. 반응은 2차 속도법칙을 따르기 때문에 속도 = *k*[2-클로로뷰테인][하이드록사이드 이온]이고 반응은 $S_N2$ 메카니즘에 의해 진행된다. 다음에 생성물의 입체화학을 연구한다. 출발물질 2-클로로뷰테인은 $[\alpha]$ = +8.5를 갖고 반응에서 형성된 2-뷰탄올 $[\alpha]$ = −13.9를 갖는다.이 정보로 무엇을 추론할 수 있는가? 회전의 부호와 화합물의 위치배열과는 아무런 관계가 없다. 출발물질 2-클로로뷰테인과 생성물 2-뷰탄올은 회전에 대해 반대부호를 갖지만 그들이 같은 혹은 반대 상대적 위치배열을 갖는지는 알 수 없다. 그러므로 반응은 위치배열의 유지 혹은 반전으로 일어나는가를 결정하는 것은 불가능하다. 더욱이 비교하기 위해 2-뷰탄올의 고유회전을 알고 있지 않은 한 생성물은 부분적으로 라세미화된다.

반응의 입체화학을 결정하기 위하여 반응물의 위치배열이 생성물의 위치배열과 연관된 방법을 발견해야 한다. 다음 실험은 이것을 이루기 위하여 사용하는 한 방법을 나타냈다. $[\alpha]$ = +1.12를 가진 2-옥탄올의 시료를 $[\alpha]$ = +0.90인 토실레이트 에스터로 변환시켰다. 이 반응에서 알코올의 O를 염화 *p*-톨루엔설폰일의 Cl로 치환하였다. 알코올의 C—O결합은 이 반응에서 절단되지 않기 때문에 토실레이트 에스터는 알코올과 같은 위치배열을 갖지 않으면 안 된다.

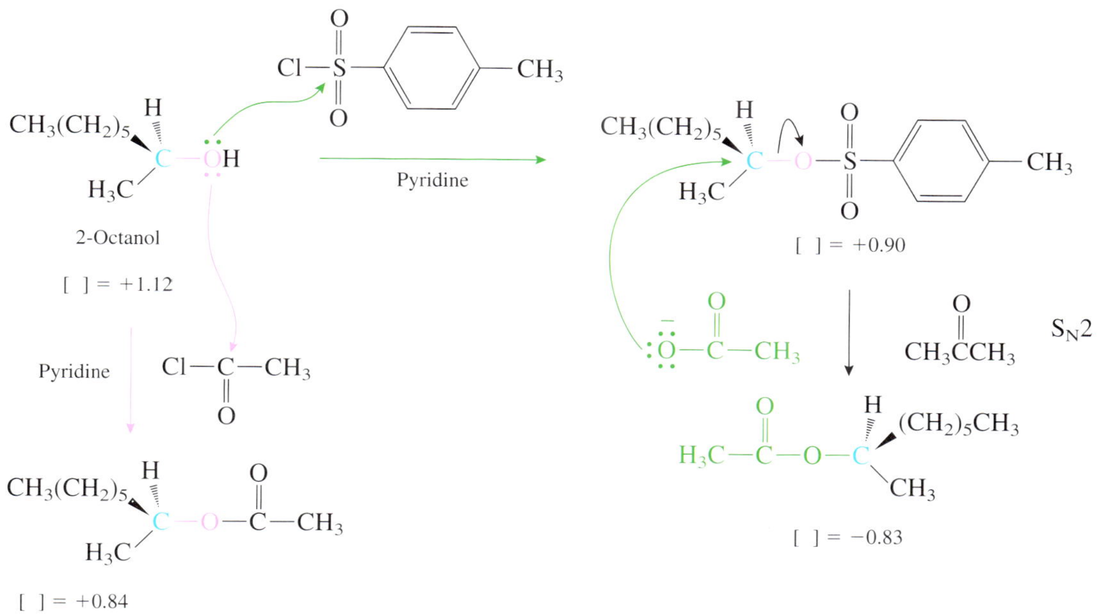

용매로 아세톤을 사용하여 아세트산 이온과 토실레이트 에스터의 $S_N2$ 반응은 $[\alpha] = -0.83$인 에스터를 생성한다. (생성물의 위치배열은 이 실험 만으로는 결정할 수 없다)

그 입체화학을 결정하기 위하여 에스터는 다른 방법으로 제조할 수 있다. 염화 아세틸($CH_3COCl$)과 출발 알코올의 반응은 $[\alpha] = +0.84$인 에스터를 생성한다. 토실레이트 에스터 형성과 같은 이 반응은 알코올의 탄소-산소 결합절단을 포함하지 않는다. 그러므로 이 반응에서 얻어진 에스터는 알코올과 *p*-톨루엔설폰산 에스터와 같은 위치배열을 가져야 한다. 이 에스터의 회전($[\alpha] = +0.84$)을 $S_N2$ 반응의 생성물에서 얻어진 에스터의 그것($[\alpha] = -0.83$)과 비교해보면 상대 위치배열이 반대라는 것을 나타내준다. 그러므로 $S_N2$ 반응은 실험 오차 내에서 완전한 위치배열의 반전으로 일어난다. $S_N2$ 반응이 위치배열의 반전으로 진행된다는 것을 결정하기 위해서는 이 반응 회로에서 어느 화합물의 절대 위치배열을 알 필요는 없다. 출발 알코올은 거울상적으로 순수할 필요는 없으며 순수한 거울상체로 구성될 필요는 없다. 실제로 실험에 사용한 출발 2-옥탄올의 거울상성 순도는 11%이다.

다른 많은 실험이 이루어졌으며 각 경우의 결과는 동일하다. $S_N2$ 반응은 항상 위치배열의 완전한 반전으로 진행된다는 것이 알려졌다.

## 8.10 친핵체

$S_N1$ 반응의 경우에서는 친핵체는 속도-결정 단계에 참여하지 않는다. 그러므로 친핵체의 변화는 반응의 생성물은 변화시킬 수 있어도 $S_N1$ 반응의 속도에 영향을 미치지 못한다. 반대로 $S_N2$ 반응에서 친핵체가 속도-결정단계에서 공격하기 때문에 친핵체의 변화는 반응속도에 극적인 영향을 미친다.

무엇이 좋은 친핵체를 만드는가? 친핵성 치환반응은 산-염기반응과 유사하다. 산-염기반응에서 수소는 한 염기에서 다른 염기로 이동한다. 친핵성 치환반응에서 탄소기는 한 친핵체(Lewis 염기)에서 다른 친핵체로 이동한다. 친핵체의 세기는 염기의 세기에 비례한다. 그러나 친핵체는 탄소와 반응하고 염기는 수소와 반응하기 때문에 친핵체와 염기 사이에는 다소 차이가 있다. 다음과 같은 규칙이 적용된다.

### ▶▶ 규칙 1

친핵성 원자가 주기율표의 같은 주기에 있으면 친핵체의 세기는 염기의 세기에 비례한다. 예를 들면 다음과 같다.

$$H_2O < NH_3$$

$$CH_3OH \approx H_2O < CH_3CO_2^- < CH_3O^- \approx HO^-$$

염기의 세기 증가/친핵체의 세기 증가 →

### ▶▶ 규칙 2

친핵체의 세기는 주기율표의 족에서 아래로 갈수록 증가한다. 예를 들면

$$RO^- < RS^-$$

$$R_3N < R_3P$$

$$F^- < Cl^- < Br^- < I^-$$

친핵체 세기 증가/염기 세기 감소 ⟶

이 경우에 친핵체 세기의 변화는 염기 세기의 변화의 반대이다. 이것은 적은 이온과 물 혹은 알코올의 용매분자간에 일어나는 강력한 수소결합 때문이다. 친핵체 주위에 용매분자의 밀집 배열이 친전자성 탄소로 접근을 어렵게 한다.

### ▶▶ 규칙 3

입체적 붐빔이 친핵성도를 감소시킨다. 예를 들면

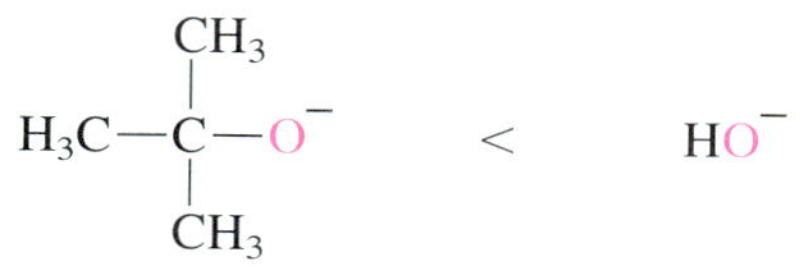

더 약한 친핵체, 더 강한 염기 / 더 강한 친핵체 더 약한 염기

친전자성 탄소에 붐비는 기가 존재하면 $S_N2$ 반응의 속도가 늦어지므로 친핵체에 붐비는 기가 존재하면 마찬가지로 반응속도가 늦어진다. *t*-뷰톡사이드 이온의 입체 붐빔은 비록 이 이온이 더 강한 염기이기는 하지만 하이드록사이드 이온보다 약한 염기이다. 그러므로 *t*-뷰톡사이드 이온은 친핵체가 아니라 강한 염기가 필요할 때 사용된다.

## 예제 8.2

어느 반응이 더 빠르게 진행될 것인지 설명하여라.

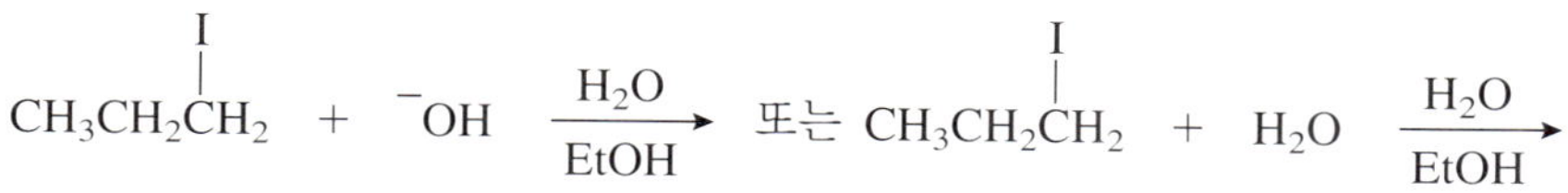

**전략**

먼저 이탈기, 친전자성 탄소 및 친핵체를 확인하여라. 이탈기가 1차 탄소이면 반응의 메카니즘은 $S_N2$이다. 이탈기가 3차 탄소이면 메키니즘은 $S_N1$이다. 다음에 두 반응의

차를 확인하고 이 차가 속도에 어떻게 영향을 미치는가를 분석한다.

**풀이**

이탈기가 1차 탄소이므로 반응은 $S_N2$ 메커니즘에 의해 진행된다. 하이드록사이드가 물보다는 강한 염기이고 더 좋은 친핵체이므로 왼편 반응이 더 빠르다.

---

**문제 8.11** 다음 반응 중 어느 것이 더 빠르게 진행될 것인지 설명하여라.

a) 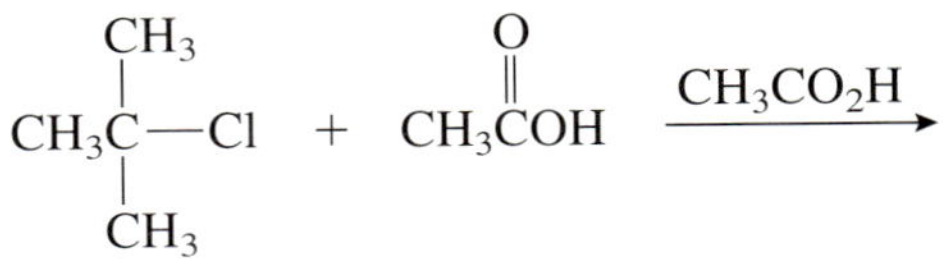

또는 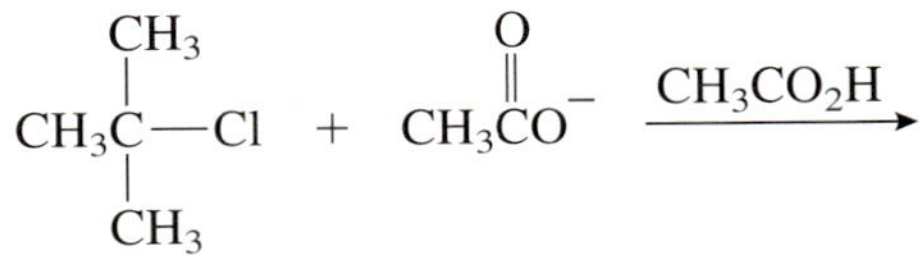

b) 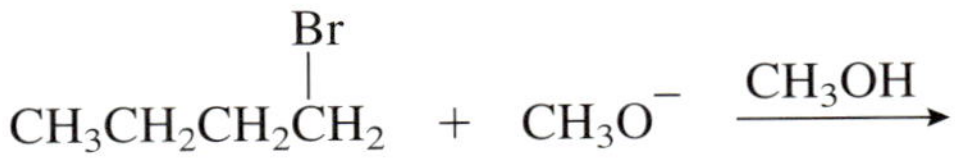

또는 

c) 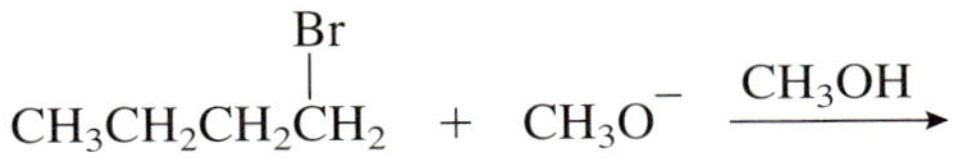

또는 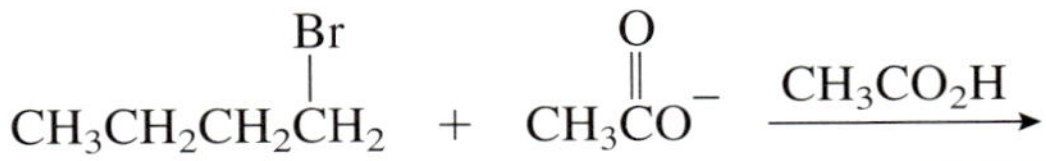

---

**문제 8.12** 다음 반응에 대한 생성물과 메커니즘을 나타내어라. 메커니즘의 각 단계에서 굽은 화살로 전자의 이동을 나타내어라.

a) 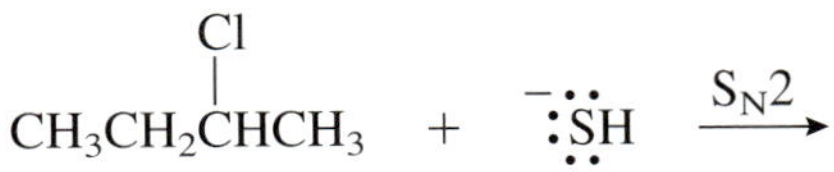

b) 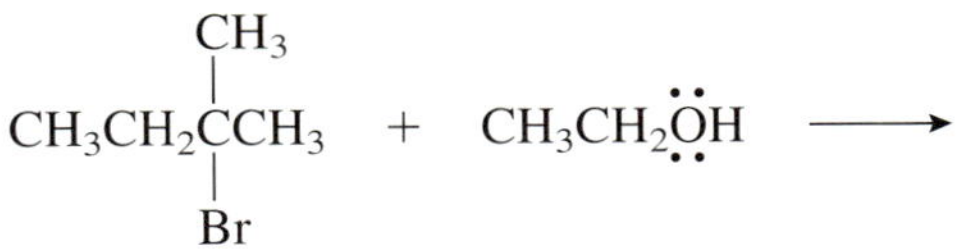

c) 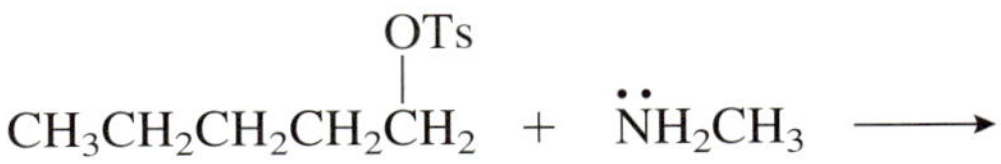

d) 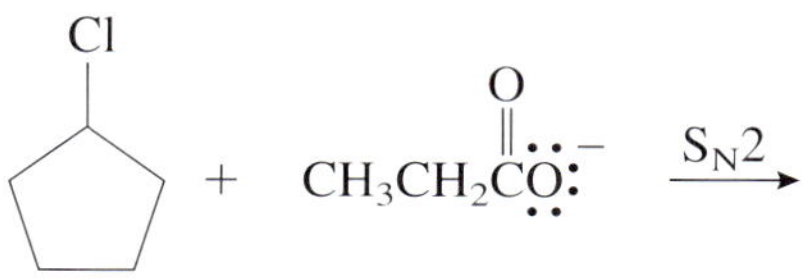

문제 8.13 이 반응에 대한 메카니즘의 모든 단계를 나타내어라.

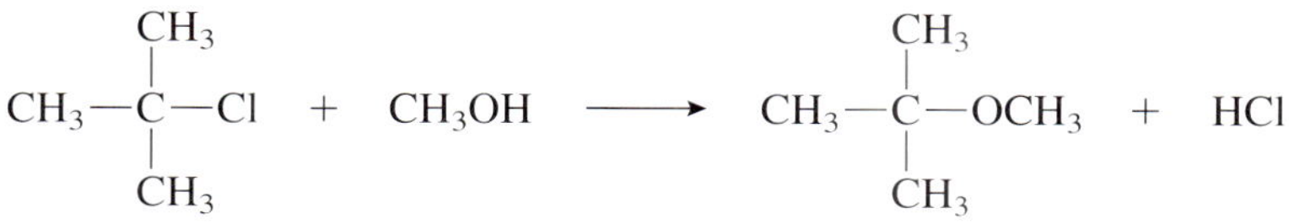

## 8.11 용매효과

용매는 유기반응에서 몇 가지 역할을 한다. 시약이 용해되면 서로 접촉하게 된다. 시약과 반응해서도 안되고 분해되어서도 안된다. 더욱이 이온 혹은 극성 분자(반응물, 중간체 혹은 생성물)를 포함한 반응에 대해 용매의 극성은 반응속도에 극적인 영향을 미친다.

극성 용매는 이온과 극성분자를 안정화하는 데 도움을 준다. 반응속도에 미치는 용매 극성효과를 이해하기 위하여 반응물의 극성은 전이상태의 극성과 비교해야 한다. 반응물 혹은 전이상태가 더 극성이면 용매의 극성이 증가함에 따라 안정화된다. 전이상태가 반응물보다 더 극성이면 용매의 극성이 증가함에 따라 반응물보다 전이상태가 더 안정화된다. 이것은 $\Delta G^{\ddagger}$를 감소하고 반응은 빨라진다. 반대로 반응물이 전이상태보다 더 극성이고 용매의 극성이 증가하면 반응물이 더 안정화된다. $\Delta G^{\ddagger}$는 커지고 반응속도는 느려진다.

그림 8.10은 $S_N1$ 반응에 대한 반응진행 대 에너지 곡선으로 용매극성의 결과를 설명해준다. 카보양이온과 유사한 전이상태가 반응물보다 더 극성이기 때문에 $S_N1$ 반응의 속도는 더 극성인 용매에서 상당히 더 빠르다.

$S_N2$ 반응의 속도에 대한 용매극성 효과는 처음 친핵체에 존재했던 전하에 의존한다. 친핵체가 음전하를 가지면  반응은 다음과 같이 나타낼 수 있다.

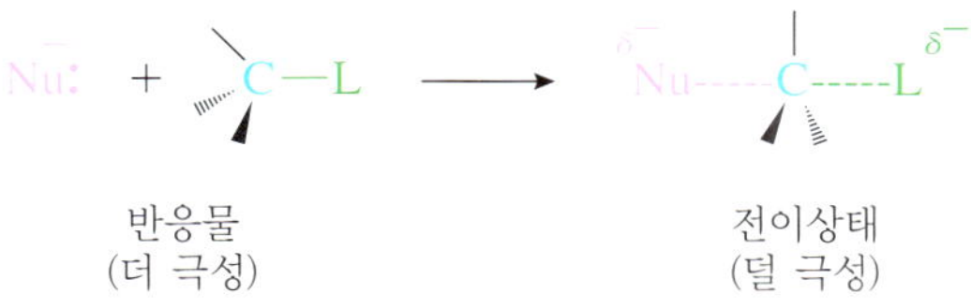


반응물과 전이상태가 모두 전체 전하가 −1이지만 이 전하는 전이상태에서 더 많이 분산된다. 용매의 극성이 증가하면 전이상태보다 반응물, 친핵체의 응집된 전하를

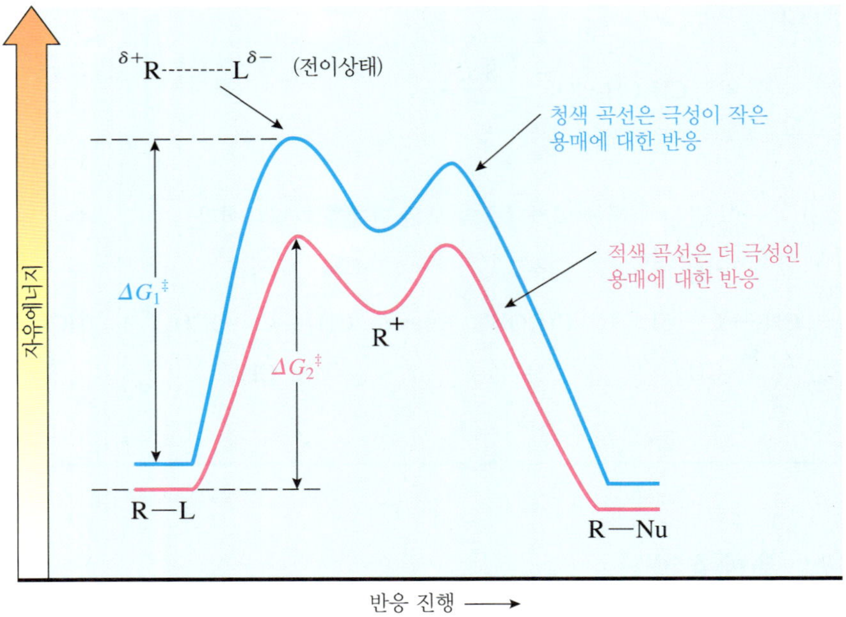


**그림 8.10 $S_N1$ 반응에서 용매극성 변화효과.** 전이상태가 반응물보다 더 극성이면 용매의 극성이 증가함에 따라 반응물보다 전이상태가 더 안정화된다. 이것은 극성이 작은 용매에서 활성화 에너지, $\Delta G1^\ddagger$가 극성용매에서 활성화 에너지, $\Delta G_2^\ddagger$보다 크다는 것을 의미한다. 그러므로 더 극성용매에서 반응이 빨라진다. 이 그림은 $S_N1$ 반응에도 적용할 수 있다.

더 안정화하여 반응속도가 느려진다. 그러므로 음의 친핵체가 참여하는 $S_N2$ 반응의 속도는 더 극성인 용매에서 더 느려진다.

$S_N2$ 반응에서 친핵체가 중성이면 반응을 다음과 같이 나타낼 수 있다.

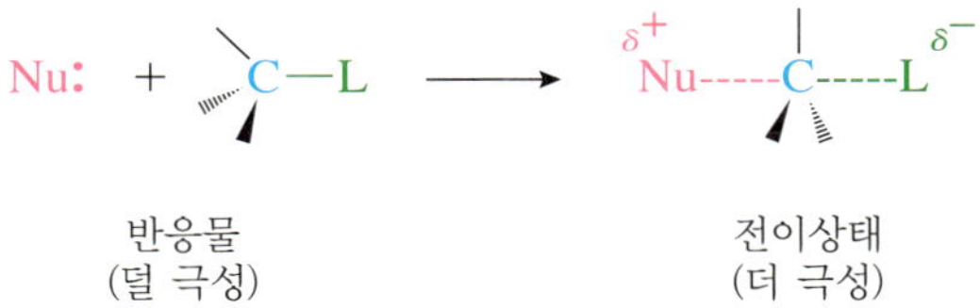


반응물은 중성이고 전이상태에서 전하가 부분적으로 생성된다. 이 경우에 용매가 더 극성으로 되면 전이상태는 반응물보다 더 안정화된다. 그러므로 중성인 친핵체가 참여하는 $S_N2$ 반응의 속도는 극성용매가 되면 더 빨라진다.

이 극성효과에 추가해서 친핵체와 수소결합을 형성할수 있는 용매의 능력은 $S_N2$ 반응의 속도에 영향을 미친다. 이와 같은 용매를 **양성자성 용매(protic solvent)**라 부르고 질소나 산소에 결합되어 있는 수소원자를 가진다. (물, 알코올, 및 카복실산은 양성자성 용매의 예이다.) 친핵체는 특히 작고 양이온 일수록 양성자성 용매에서 용매분자와 강한 수소결합을 형성한다. 이것은 용매분자가 친핵체의 친전자체에 대한 접근을 막아주기 때문에 친핵체의 반응성을 약화시켜준다.

그러므로 **비양성자성 용매**는 친핵체의 반응성을 증가시켜주며 $S_N2$ 반응에 대해 유리하다. 이 용매는 수소결합을 할 수 있는 수소를 갖고 있지 않기 때문에 친핵체와 수소결합을 할 수 없다. 예를 들면 다음 반응은

$$Cl^- + CH_3{-}I \longrightarrow CH_3{-}Cl + I^-$$

**표 4.4 치환반응에 대한 몇 가지 용매**

| 이온화능력의 증가 | 이름 | 구조 | |
|---|---|---|---|
| ↑ | Trifluoroacetic acid | $CF_3C(=O)OH$ | 이것은 극성 양성자성 용매이다. 이 용매들은 이온을 안정화하며 유리한 기질을 가진 $S_N2$ 반응에도 사용할 수 있지만 특히 $S_N1$ 반응에 대해 유리하다. |
| | Water | $H_2O$ | |
| | Methanol | $CH_3OH$ | |
| | Acetic acid | $CH_3C(=O)OH$ | |
| | Ethanol | $CH_3CH_2OH$ | |
| | Dimethylsulfoxide (DMSO) | $CH_3S(=O)CH_3$ | 비양성자성 용매이지만 상당히 극성을 가지고 있기 때문에 기질과 친핵체를 다 용해할 수 있다. 친핵체는 양성자성 용매에서보다 이 용매에서 더 반응성이 크기 때문에 특별히 $S_N2$ 반응에서 유리하다. |
| | Dimethylformamide (DMF) | $HC(=O)N(CH_3)_2$ | |
| | Acetone | $CH_3C(=O)CH_3$ | |

양성자성 용매, 메탄올보다 비양성자성용매, 다이메틸포름아마이드에서 백만 배 더 빠르다(그림 8.4를 보라).

8.10절의 규칙 2에서 논의 한 것처럼 수소결합은 주기율표의 족에서 아래로 갈수록 친핵체의 세기의 증가하는 원인이 된다. 강한 수소결합을 형성하는 족의 위에 있는 적은 음이온은 약한 수소결합을 형성하는 족의 밑에 있는 큰 음이온보다 양성자성용매에서 반응성이 더 작아진다. 비양성자성 용매에서는 수소결합은 중요하지 않고 이 반응성의 순서는 반대가 된다. 다이메틸폼아마이드, 염소이온은 브롬이온보다 좋은 친핵체이며 브롬이온은 아이오드이온보다 좋은 친핵체이다.

표 8.4에 이온화 능력이 감소하는 순서로 몇 가지 일반적인 용매를 수록하였다(혹은 이온을 안정화할 수 있는 능력).

## 예제 8.3

암모니아와 1-클로로프로페인의 반응에서 용매로 20% $CH_3OH$/80% $H_2O$ 혹은 40% $CH_3OH$/60% $H_2O$을 사용했을 때 어느 용매에서 반응이 더 빠를 것인가를 설명하여라.

$$CH_3CH_2CH_2Cl \quad + \quad NH_3$$

**풀이**

이것은 중성인 친핵체를 가진 $S_N2$ 반응이다. 먼저

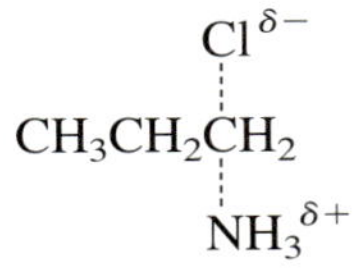

전이상태

반응에 대한 전이상태는 반응물보다 더 극성이므로 더 극성인 용매에서 반응이 더 빠르다. 물은 메탄올보다 더 극성이다. 그러므로 반응은 40% $CH_3OH$/60% $H_2O$보다 20% $CH_3OH$/80% $H_2O$에서 더 빠르다.

**문제 8.14** 그림 8.8에 나타낸 카보양이온은 그림 8.9에 나타낸 조건에서 보다 더 긴 수명을 갖는다. 그 이유를 설명하여라.

**문제 8.15** 다음 반응에서 어느 용매에서 반응이 더 빠를 것인가를 나타내어라.

**a)** 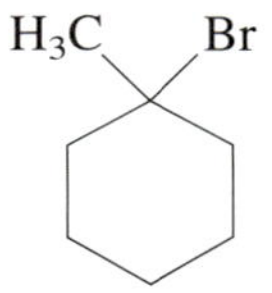 $CH_3OH$ 또는 $CH_3CH_2OH$

**b)** 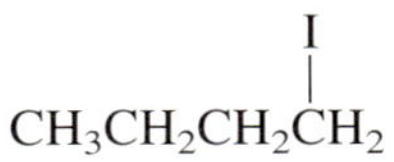 + $^-OH$ $CH_3OH$ 또는 50% $CH_3OH$ 50% $H_2O$

**c)** 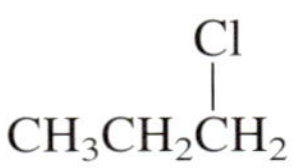 + $:\bar{C}{\equiv}N:$ $CH_3CH_2OH$ 또는 DMSO

## 8.12 $S_N1$과 $S_N2$ 반응 간의 경쟁

특정한 반응을 검토하고 $S_N1$ 혹은 $S_N2$ 메카니즘에 해 진행될 것인가를 결정할 수 있다.

$S_N1$ 경로는 다음 환경에서 유리하다.

1. 카보양이온은 안정화된다(삼차 혹은 공명안정화 카보양이온이 가장 많이 안정화된다; 이차 카보양이온은 다른 인자가 유리하다면 안정화된다; 1차 카보양이온은 형성되지 않는다).

2. 용매는 극성이다(전이상태를 안정화한다).
3. 빈약한 친핵체만이 존재한다(빈약한 친핵체가 존재하면 경쟁 $S_N2$ 반응의 속도가 늦어진다).

$S_N2$ 경로는 다음과 같은 환경에서 유리하다.

1. 친전자체 탄소는 입체적으로 장애를 받지 않는다(메틸과 1차 탄소에서 반응이 우세하다; 2차 탄소에서 반응은 받아들일 만하다; 3차 탄소에서는 $S_N2$ 반응은 일어나지 않는다).
2. 강한 친핵체가 존재한다.
3. 용매는 비양성자성이다(친핵체의 반응성을 증가시킨다).

이 원리를 근거로 해서 표 8.5에 다른 형태의 친전자성 탄소기에서 일어나는 유리한 메카니즘을 수록하였다. 메틸기와 1차 탄소에 이탈기가 결합된 화합물은 $S_N2$ 메카니즘에 의해 반응한다. 2차, 아릴 및 벤질 탄소에 이탈기가 결합된 화합물은 용

**표 8.5** 여러 가지 탄소 기질에 대한 유리한 치환 메카니즘

| 형태 | 대표적인 구조 | 유리한 메카니즘 |
|---|---|---|
| Methyl | $CH_3—L$ | $S_N2$ |
| Primary | $RCH_2—L$ | $S_N2$ |
| Secondary |  | $S_N2$(좋은 친핵체; 용매는 양성자성이 될 수 있지만 비양성자성이 더 좋다) 또는 $S_N1$(빈약한 친핵체와 극성 용매) |
| Tertiary | 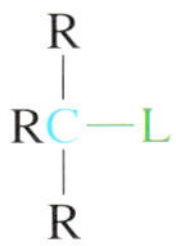 | $S_N1$ |
| Allylic | $CH_2{=}CHCH_2—L$ | $S_N2$(좋은 친핵체; 용매는 양성자성이 될 수 있지만 비양성자성이 더 좋다) 또는 $S_N1$(빈약한 친핵체와 극성 용매) |
| Benzylic | 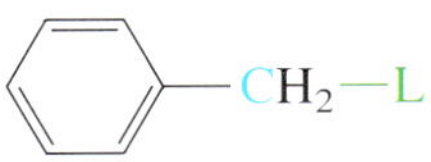 | |
| Neopentyl | 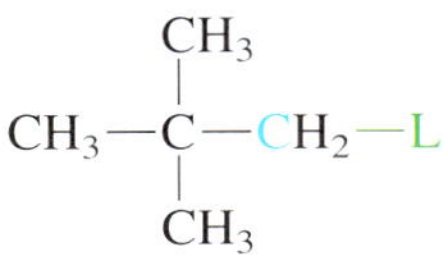 | 대단히 느린 $S_N1$과 $S_N2$(비양성자성 용매에서 $S_N2$의 수득률은 상당하다.) |
| Vinylic | 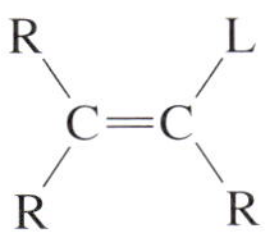 | 정상적 반응조건에서 $S_N1$과 $S_N2$에 대해 불활성이다. |
| Aromatic | 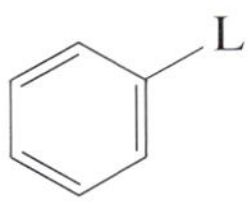 | |

매와 친핵체에 따라 어느 메카니즘으로도 반응할 수 있다. 이탈기가 3차 탄소에 결합된 화합물은 $S_N1$ 메카니즘에 의해 반응한다. 네오펜틸 형태의 탄소에 결합된 이탈기를 가진 화합물은 $S_N1$ 메카니즘(생성된 카보양이온은 일차이기 때문에)에 의해 반응하지 않고 $S_N2$ 메카니즘에 의해 천천히 반응한다(*t*-뷰틸기에 의해 상당한 양의 입체적 장애가 생성되기 때문이다). 그러나 비양성자성 용매를 사용하면 $S_N2$ 반응에서 상당한 수득률을 얻을 수 있다.

표 8.5에서 마지막 두 예는 $sp^2$ 혼성 탄소, 바이닐 탄소 혹은 방향족 탄소에 결합된다. 정상적인 조건에서 이런 형태의 화합물은 친핵성 치환반응에 대해 불활성이다. 강한 C—L결합, $sp^2$ 혼성 탄성에서 카보양이온의 형성의 어려움 및 이탈기의 반대면으로부터 친핵체의 접근에 대한 여분의 입체적 장애 때문이다. (특별히 유리한 조건에서 이 화합물의 $S_N1$ 반응을 일으키게 할 수 있다.)

## 예제 8.4

다음 반응이 $S_N1$ 또는 $S_N2$ 메카니즘을 따를 것인지를 설명하여라.

**a)** 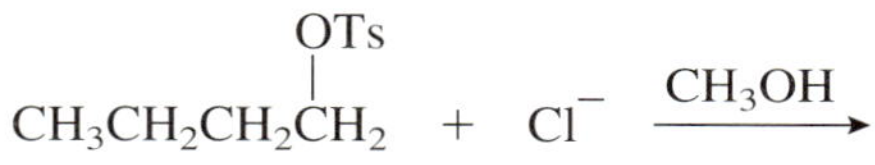

**b)** 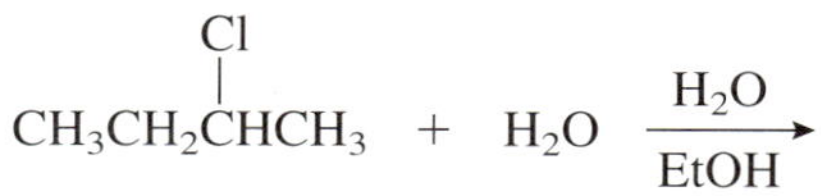

### 전략

이탈기, 친전자성 탄소(이탈기에 결합된 탄소), 친핵체 및 용매(항상 화살 위에)를 확인한다. 친전자성 탄소는 메틸 혹은 1차 탄소이면 메카니즘은 $S_N2$이다. 친전자성 탄소는 3차이면 메카니즘은 $S_N1$이다. 친전자성 탄소가 2차, 알릴, 혹은 벤질이라면 친핵체와 용매를 검토해야 한다. 좋은 친핵체이면 메카니즘은 $S_N2$이다. (비양성자성 용매는 친핵체를 더 강하게 해준다.) 빈약한 친핵체와 극성 용매에서 메카니즘은 $S_N1$이다.

### 풀이

**a)** 이탈기는 1차 탄소에 있으므로 반응은 $S_N2$ 메카니즘을 따른다. 친해체와 용매는 문제가 되지 않는다.

**b)** 이탈기는 2차 탄소에 있으므로 메카니즘은 친핵체와 용매에 의존한다. 물은 친핵체이고 용매의 한 성분이 된다. 물은 강한 친핵체가 아니고 용매($H_2O/CH_3CH_2OH$)는 극성이기 때문에 $S_N1$ 메카니즘에 따른다.

**문제 8.16** 다음 반응이 $S_N1$ 또는 $S_N2$ 메카니즘을 따르는지를 설명하여라.

a) 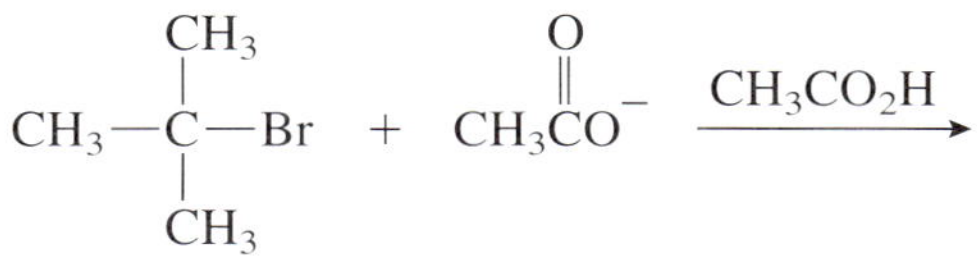

b) 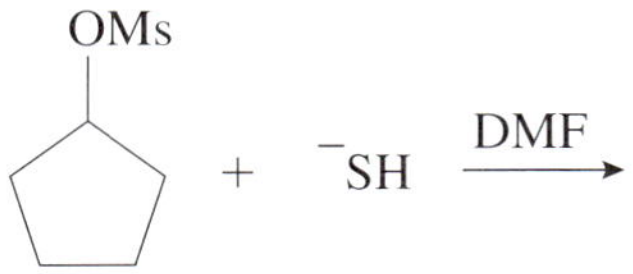

c) 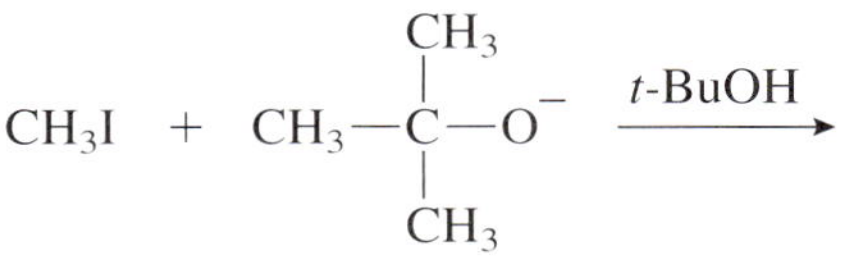

d) 

e) 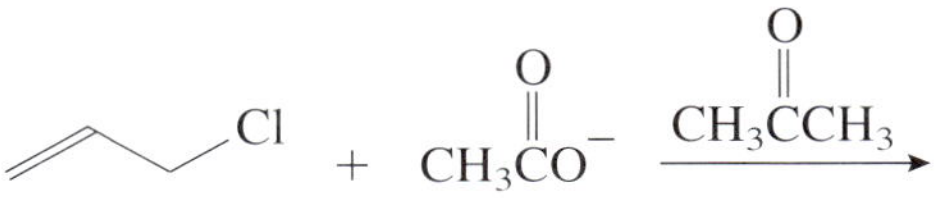

f) 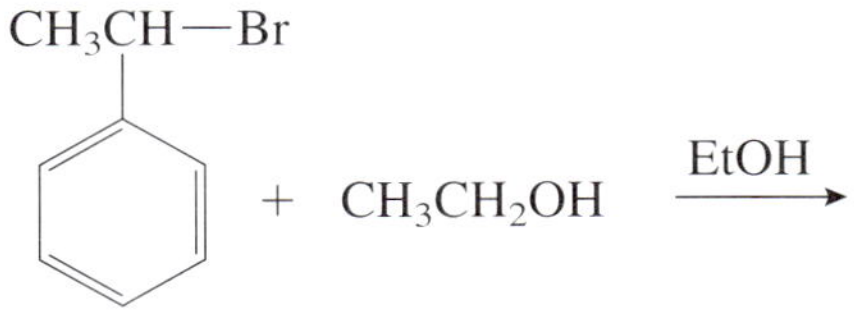

## 8.13 분자내 반응

지금까지 논의한 반응은 **분자간 반응(intermolecular reaction)**이다. 2개의 분리된 분자로 되어 있다. 친핵체와 이탈기를 가진 화합물이다. 친핵체와 이탈기가 같은 분자에 있을 가능성도 있다. 이러한 경우에 반응은 **분자내 반응(intramolecular reaction)**이다. 즉 같은 분자내 반응이다. 분자간 친핵성 치환반응의 예와 비견할 수 있는 분자내 반응은 다음에 나타냈다.

분자간 반응 상대속도

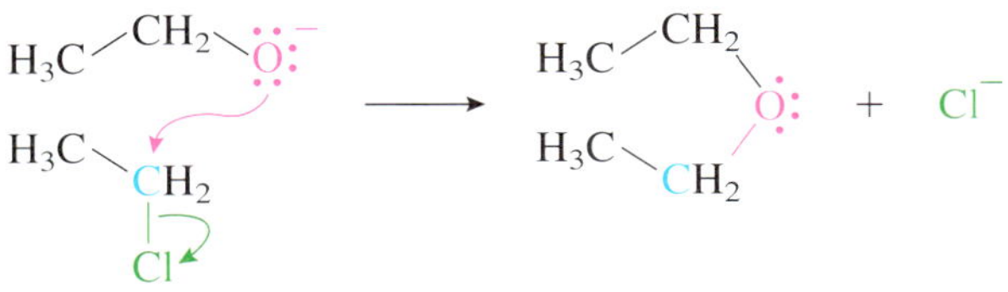

1

분자내 반응 상대속도

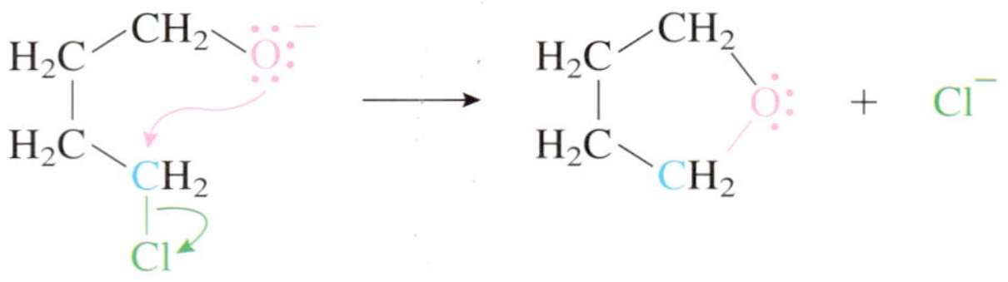

5000

친핵체와 친전자성 탄소가 일련의 원자에 의해 결합되어 있기 때문에 분자내 반응은 고리를 형성한다. 형성된 고리가 셋, 다섯 혹은 여섯 원자 고리이면 분자간 반응보다 더 유리하다. 예를 들면 앞이 분자내 반응은 분자간 반응보다 5000배 더 빨리 일어난다.

분자내 반응은 엔트로피가 유리하다. 엔트로피는 계의 불규칙의 척도라는 것을 생각해보아라. 계를 규칙적으로 하기 위해서는 에너지가 가해진다. 계의 엔트로피가 감소한다. 분자간 반응의 경우에 친핵체와 친전자체는 불규칙한 초기 위치에서 접근해야 한다. 이것은 계의 규칙이 증가가 요구되고 엔트로피가 불리한 과정이다. 분자내 반응의 경우에는 친핵체는 연결된 탄소사슬에 의해 친전자체에 접근해 있다. 그러므로 반응을 위한 친핵체의 위치변화가 계의 규칙을 약간 변화시킬 뿐이다. 즉 친핵체는 언제나 친전자체 근처에 근접해 있어서 반응에 필요한 적합한 배향을 얻기가 용이하다.

전에 언급한 것처럼 3-, 5- 혹은 6- 원자 고리는 분자내 반응에서 더 유리하다. 3-원자 고리의 경우에는 무리 에너지의 증가는 그 형성을 불리하게 한다. 즉 이것은 반응의 엔트로피 변화를 더 양으로 (불리하게)만든다. 그러나 반응중심이 서로 가깝게 접근해 있으면 반응에 대한 엔트로피 변화는 대단히 유리하다. 이 경우에 엔트로피는 엔탈피를 우선한다. 3-원자 고리는 대단히 반응성이 크지만 실험실에서 쉽게 만들 수 있다. 대조적으로 4-원자 고리에 대한 무리-에너지는 아직도 크고 반응중심이 멀리 떨어져 있기 때문에 엔트로피 변화는 유리하지 않다. 엔탈피 효과는 엔트로피 효과보다 크다. 그 결과 4-원자 고리는 더 만들기가 어렵다. 5- 와 6-원자 고리를 형성하는 반응은 친전자체와 친핵체가 멀리 떨어져 있다. 그러나 실제로 이 고리는 무리가 없기 때문에 유리한 엔탈피 기여가 있다. 엔트로피 효과는 적지만 실험실에서 5 혹은 6 원자 고리를 쉽게 제도할 수 있다. 이들 고리는 천연에서 생기는 가장 보편적인 화합물이다. 더 큰 고리는 엔트로피 효과가 더 이상 도움이 되지 못하기 때문에 쉽게 제조할 수 없다.

**문제 8.17** 다음 반응의 생성물을 나타내어라. (산-염기반응은 항상 친핵성 치환반응보다 상당히 더 빠르다는 것을 기억하여라.)

**a)**

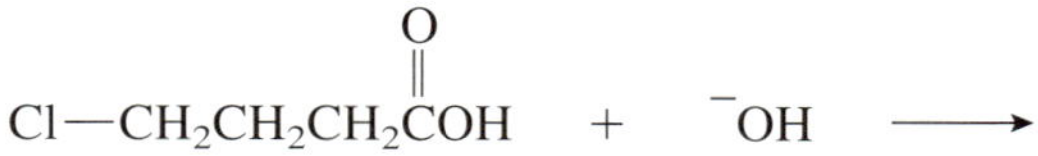

b) 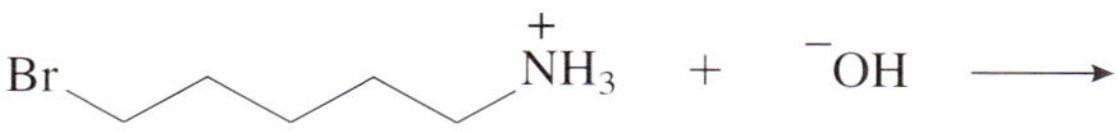


# 8.14 경쟁반응

어떤 조건에서는 $S_N1$과 $S_N2$ 반응은 경쟁하게 된다는 것을 이미 살펴보았다. 더욱이 다른 반응들도 이 두 반응과 경쟁한다. 특정한 화합물을 만들려고 할 때 경쟁반응이 생기면 원하는 화합물의 수득률을 낮아지고 정제해야 하는 문제가 생긴다.

이웃 탄소로부터 이탈기와 수소를 잃는 **제거반응(elimination reaction)**은 이 두 탄소 간에 이중결합이 형성되고 $S_N1$과 $S_N2$ 반응과 경쟁한다. 그림 8.11에 $S_N2$ 조건에서 제거와 치환생성물을 형성하는 반응을 나타내었다. 친핵체가 염기이기 때문에 경쟁이 일어난다. 이것이 염기로 작용하면 이탈기에 대해 이웃 탄소로부터 양성자가 제거되어 제거생성물이 형성된다.

$S_N1$ 메카니즘에서 제거와 치환 간의 경쟁은 친핵체가 염기로 작용할 수 있는 능력에서 생긴다. 그러나 이 경우에 경쟁은 반응의 카보양이온 단계에서 일어난다. 그림 8.12에 예를 나타냈다. 제거반응은 9장에서 더 상세히 논의할 것이다. 10장에서 치환생성물이 필요할 때 제거반응을 최소로 하고 알켄이 원하는 생성물일 때 제거를 최대로 하는 방법을 제시하였다. 제거반응은 치환반응에서 수득률을 감소시킨다는 것을 이해하는 것이 중요하다.

그림 8.11 $S_N2$와 제거반응의 경쟁

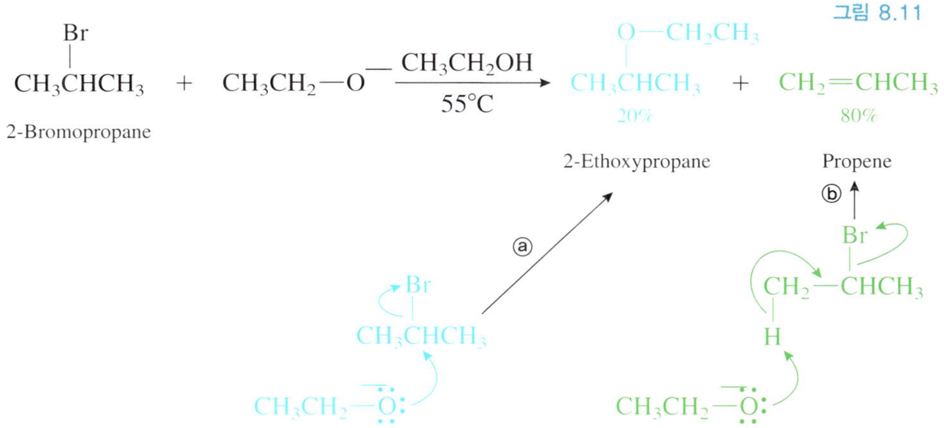


ⓐ 에톡사이드 이온은 친핵체로 작용하여 탄소를 공격하고 $S_N2$ 생성물을 형성한다.

ⓑ 에톡사이드는 염기로 작용하여 양성자를 떼어내어 제거생성물을 형성한다. 부산물은 에탄올이다.

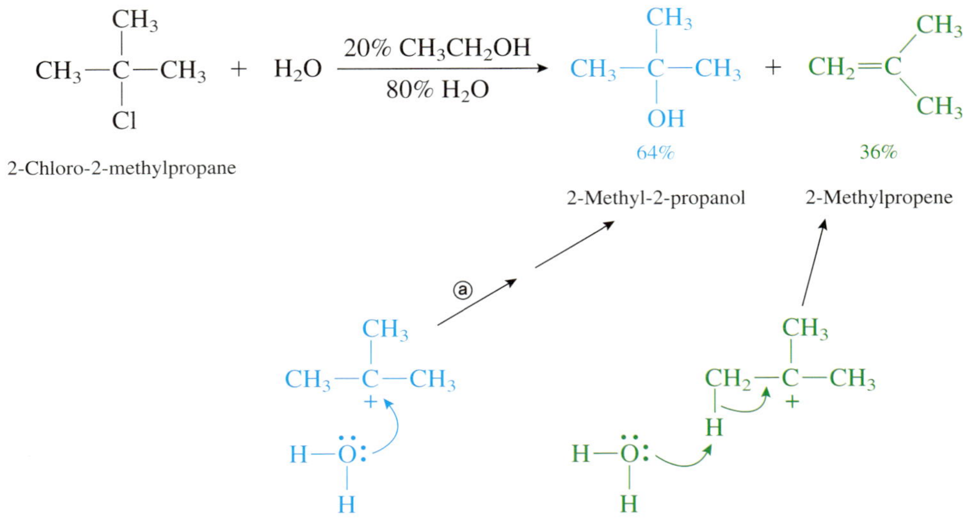


ⓐ 물은 친핵체로 작용하여 카보양이온과 결합하여 양성자를 제거한 후 치환생성물을 형성한다.

ⓑ 물은 염기로 작용하여 양이온성 탄소에 이웃한 탄소로부터 양성자를 떼어내어 제거생성물을 형성한다.

**그림 8.12** **$S_N1$과 제거반응의 경쟁**

**문제 8.18** 이 반응에서 생성되는 치환과 제거생성물을 나타내어라.

a) 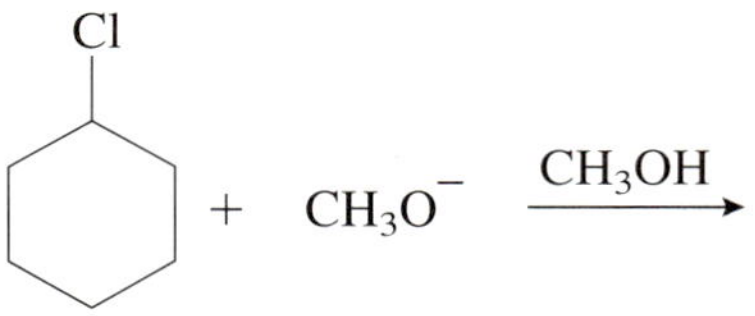

b) 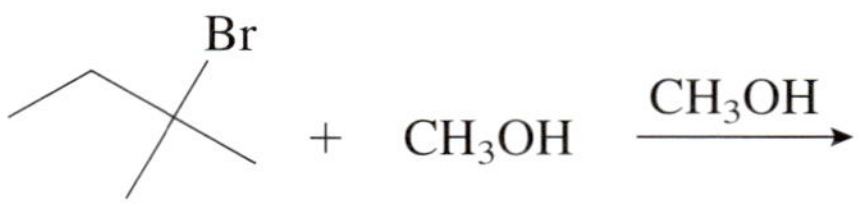

c) 

추가적인 복잡성이 $S_N1$ 반응에서 일어난다. 처음 형성된 카보양이온은 더 안정한 카보양이온으로 자리옮김한다. 이와 같은 자리옮김은 수소 혹은 다른 기가 양으로 하전된 탄소로부터 결합 전자쌍을 가지고 이동함으로써 일어난다. 이웃한 원자 간에 수소는 H: $^-$(**하이드라이드, hydride**)로 이동하므로 이 과정을 1,2-하이드라이드 이동이라 부른다. 알킬기의 유사한 이동(1,2-알킬이동)도 일어난다. 1,2-하이드라이드 이동을 포함하는 자리옮김의 예를 다음에 나타냈다.

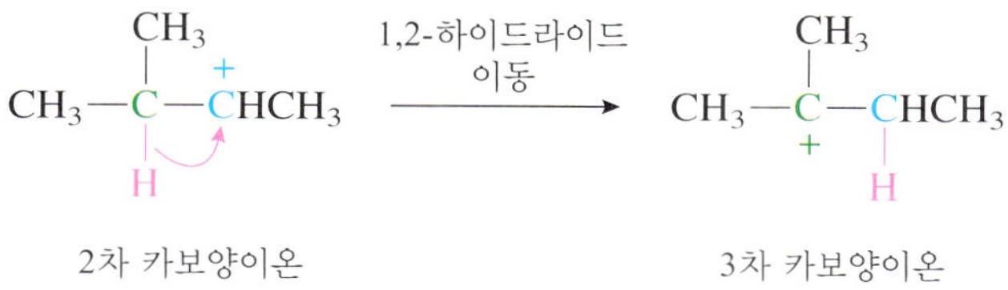

초기 카보양이온은 2차이므로 이 자리옮김은 유리하다. 그러므로 생성물은 더 안정한 3차 카보양이온이다. 1,2-알킬이동을 포함한 예를 다음에 나타냈다.

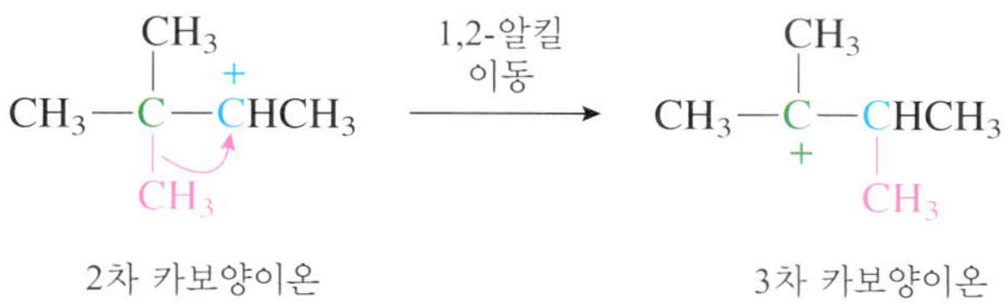

2차 카보양이온으로부터 더 안정한 3차 카보양이온으로 변화는 이 자리옮김을 유리하게 한다. 자리옮김하는 카보양이온이 안정하기만 하다면 이 자리옮김은 대단히 보편적이고 항상 일어난다. 그러므로 카보양이온 중간체를 통해 진행되는 반응이라고 생각되면 카보양이온은 자리옮김의 가능성을 검토해 보아야한다. 그림 8.13에 카보양이온의 자리옮김으로 치환과 제거생성물이 형성되는 $S_N1$ 반응을 나타내었다.

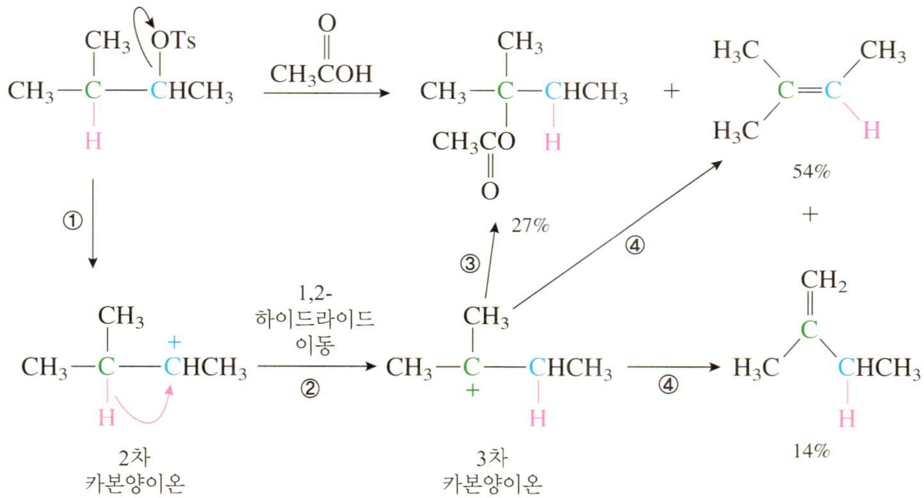

**그림 8.13** 카보양이온의 자리옮김을 포함한 $S_N1$ 반응의 메카니즘.

① 이 반응에서 초기에 형성된 카보양이온은 2차이다. 이 양이온으로부터는 소량의 생성물만이 생성된다.

② 대신에 1,2-하이드라이드 이동으로 더 안정한 3차 카보양이온으로 자리옮김 한다.

③ 3차 카보양이온은 27%의 치환생성물(SN1)과 ④ 68%의 제거생성물을 생성한다. 이 경우에는 어느 이웃 탄소가 수소를 잃는가에 따라 두 가능한 제거생성물이 존재한다.

**문제 8.19** 카보양이온에서 기대할 수 있는 자리옮김 카보양이온을 나타내어라.

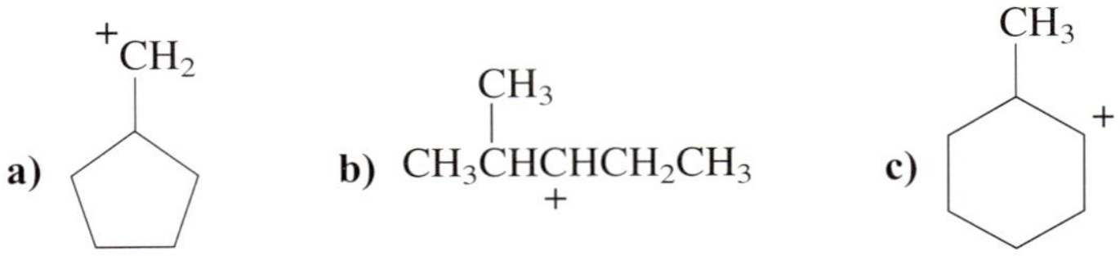

끝으로 알릴 카보양이온을 생성하는 $S_N1$ 반응은 친핵체와 결합할 수 있는 1개 이상의 반응자리가 형성된다는 것을 이해하는 것이 중요하다. 친핵체는 공명구조에서 양전하를 가진 탄소에 결합할 수 있다. 알릴 양이온이 대칭이 아니면 두 생성물이 얻어진다. 하나는 정상적이고 다른 하나는 자리옮김 생성물이다. 다음에 알릴 자리옮김 예를 나타냈다.

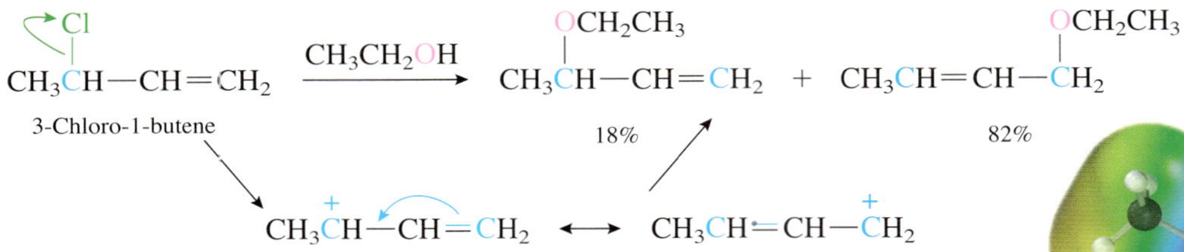


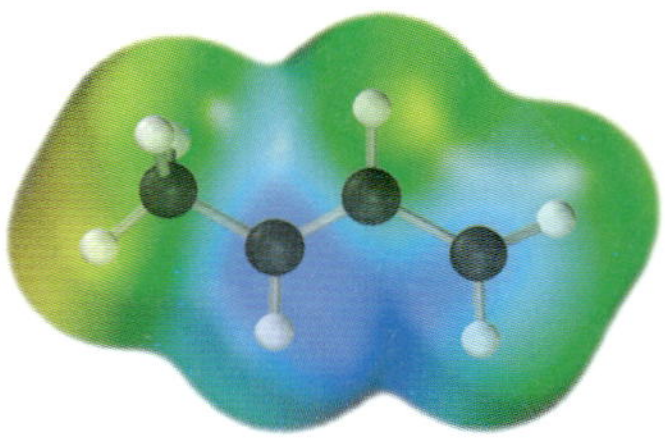

알릴 카본양이온

이 자리옮김은 이미 기술한 카보양이온의 자리옮김과는 본질적으로 다르다. 알릴 카보양이온은 부분적 양 하전을 띤 두 탄소를 가지며 이 두 탄소와 친핵체가 다 반응할 수 있다. 한 공명구조는 다른 공명구조로 자리옮김하지 않는다. 이와 같은 공명안정화 카보양이온으로부터 두 생성물이 생성되지 않는다는 것은 놀라운 사살이다.

## 예제 8.5

이 반응에 대한 치환생성물을 나타내어라.

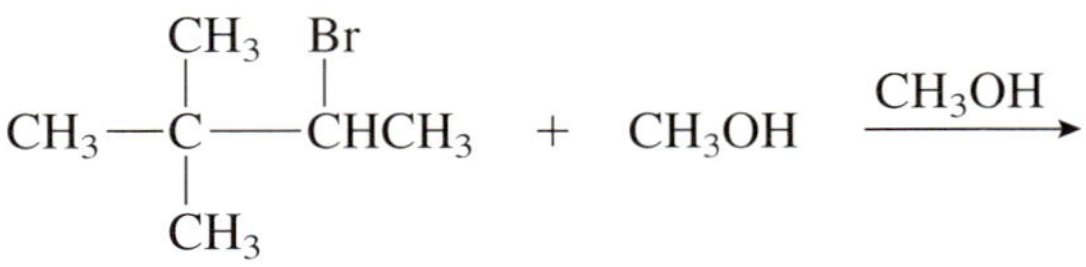

### 전략

언제나 $S_N1$ 반응을 만나게 되면 카보양이온의 자리옮김 가능성을 검토해보는 것이 중요하다. 친전자성 탄소의 이웃에 있는 탄소가 친전자성 탄소보다 많은 탄소기로 결합되어 있으면 자리옮김이 일어난다. 이와 같은 경우에 적어도 생성물의 일부는 친전자성 C에 대해 이웃한 C로부터 수소 또는 알킬기가 이동하여 형성된 카보양이온으로부터 생성된다.

**풀이**

이탈기(Br)는 2차 탄소이다. 반응은 빈약한 친핵체($CH_3OH$)와 극성 용매($CH_3OH$)를 포함하므로 $S_N1$ 메카니즘에 따르게 된다. 초기 카보양이온은 2차이고 메틸기의 이동으로 3차 카보양이온으로 자리옮김한다.

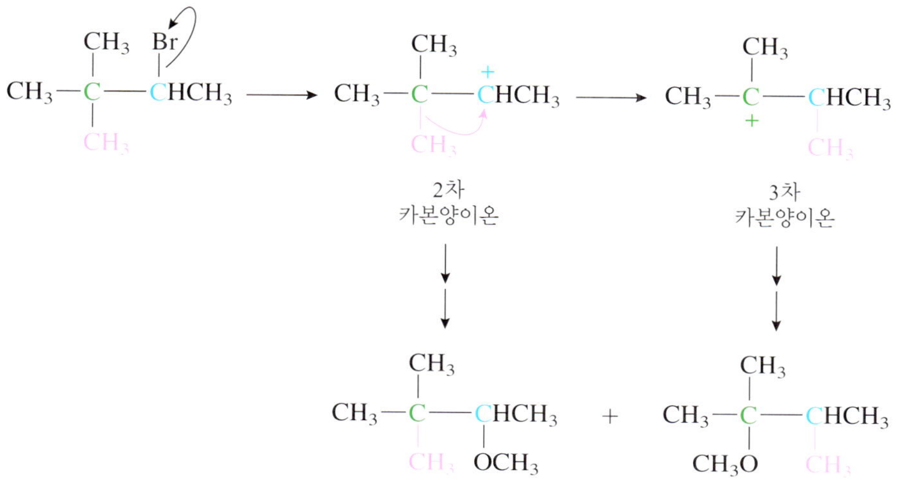


**문제 8.20** 이 반응에 대한 치환생성물을 나타내어라.

a)
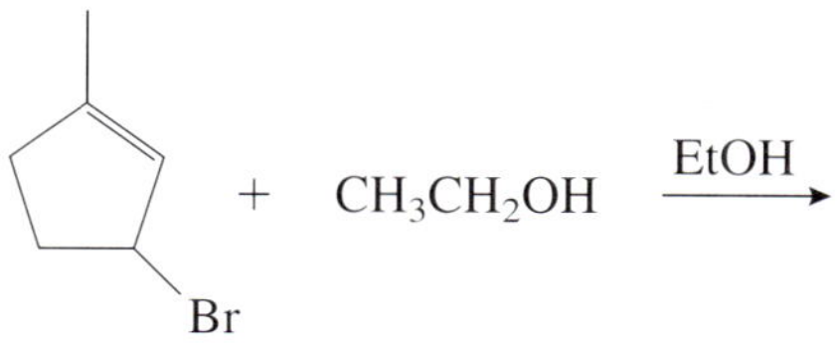

b)
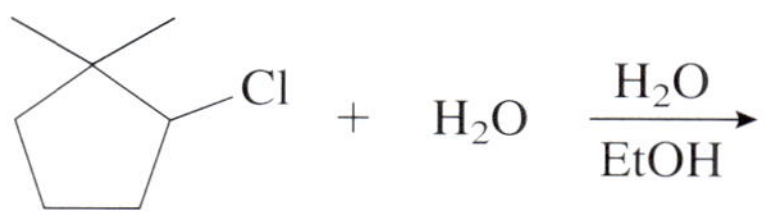

**문제 8.21**

**a)** 이 반응에 대한 메카니즘의 모든 단계를 나타내어라. 메카니즘의 각 단계에서 전자의 이동을 굽은 화살로 나타내어라.

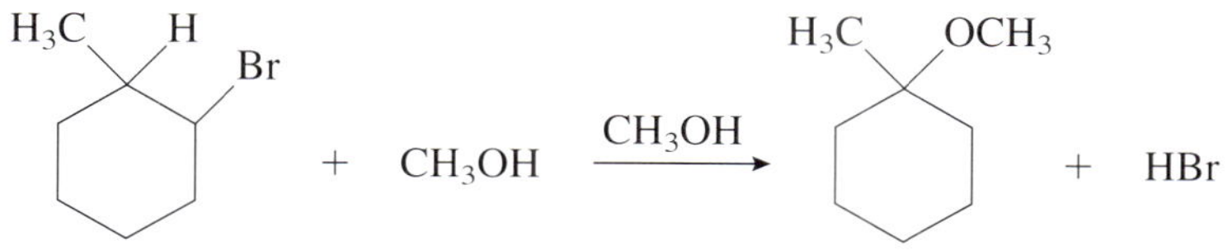

**b)** 이 반응에 대한 반응진행 대 자유에너지 그림을 나타내어라.

표 8.6에 $S_N1$과 $S_N2$ 반응의 특성을 요약하였다.

**표 8.6 $S_N1$과 $S_N2$ 반응의 요약**

| | $S_N1$ | $S_N2$ |
|---|---|---|
| **메카니즘** | 두 단계<br>$R—L \longrightarrow R^+ \longrightarrow R—Nu$ | 일 단계<br>$R—L + Nu^- \longrightarrow R—Nu + L^-$ |
| **반응속도론** | 일차<br>속도 = k[R—L] | 이차<br>속도 5 k[R—L][$Nu^2$] |
| **친핵제 효과** | 속도에 영향을 미치지 못한다<br>($S_N2$가 늦어지기 때문에 약한 친핵체가 유리하다) | 친핵체가 강해지면 속도는 빨라진다 |
| **탄소구조 효과** | 삼차 > 이차<br>$R^+$의 공명안정화가 중요하다 | 메틸 > 일차 > 삼차 |
| **입체화학** | 라세미화<br>(과잉의 반전이 가능하다) | 반전 |
| **용매효과** | 극성용매가 유리하다 | 비양성자성 용매가 유리하다 |
| **경쟁반응** | 제거, 자리옮김 | 제거 |

## 추가문제

**8.22** 이 화합물 중 어느 것이 $S_N2$ 반응의 속도가 더 빠른가?

a)  또는 

b) 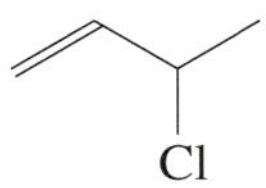 또는 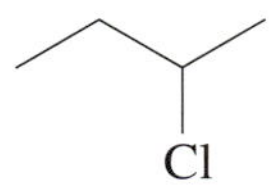

c) 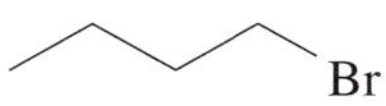 또는 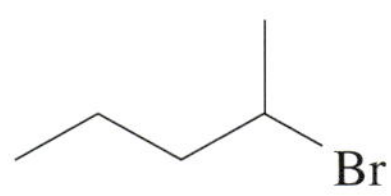

d) 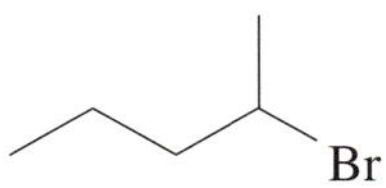 또는 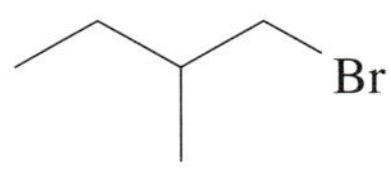

e) 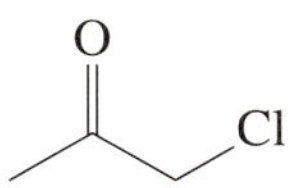 또는 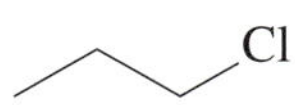

**8.23** 이 화합물 중 어느 것이 $S_N1$ 반응의 속도가 더 빠른가?

**a)** 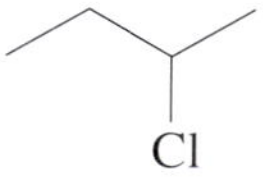 또는 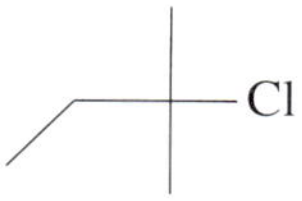

**b)** 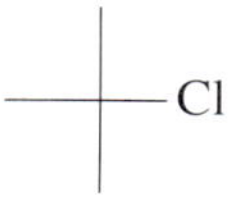 또는 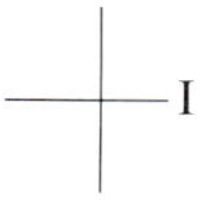

**c)** 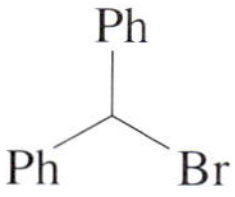 또는 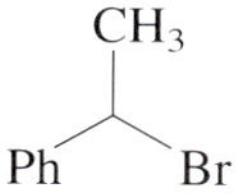

**d)** 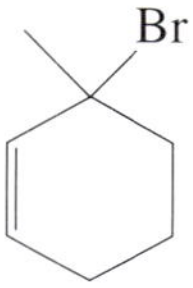 또는 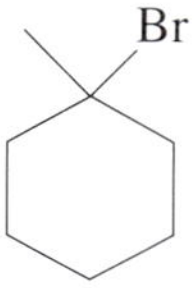

**e)** 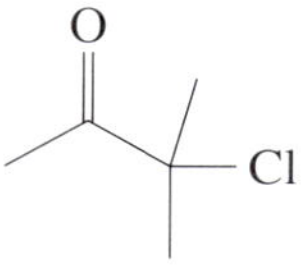 또는 

**8.24** 다음 화합물을 $S_N2$ 반응의 속도가 증가하는 순서로 배열하여라.

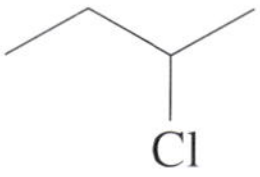 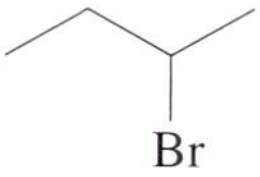 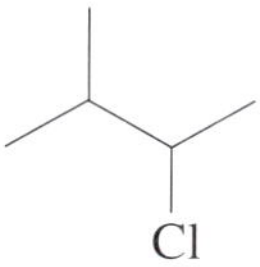 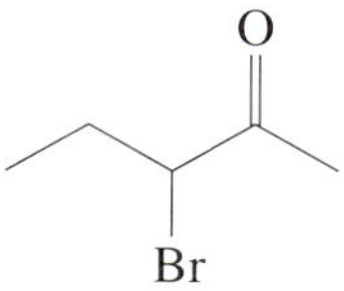

**8.25** 다음 화합물을 $S_N1$ 반응의 속도가 증가하는 순서로 배열하여라.

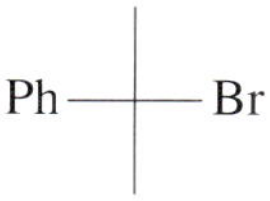 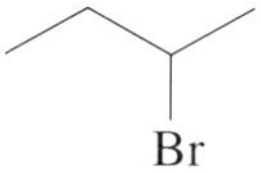 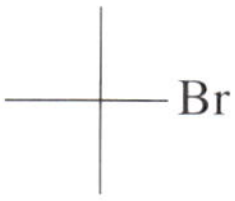 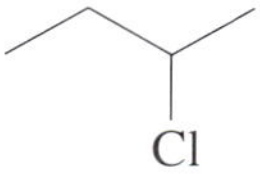

**8.26** 이 반응에 대한 생성물을 나타내고 각 화합물이 $S_N1$ 혹은 $S_N2$ 메카니즘에 따를 것인가를 설명하여라.

**a)** 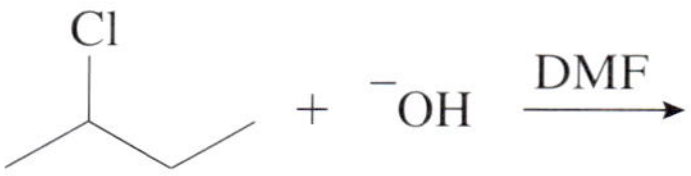

**b)** 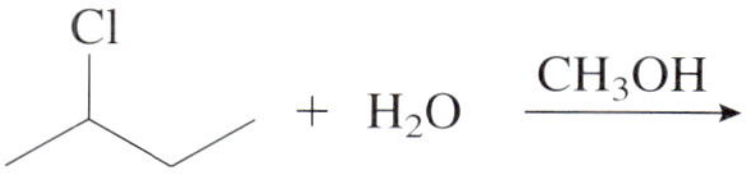

c) 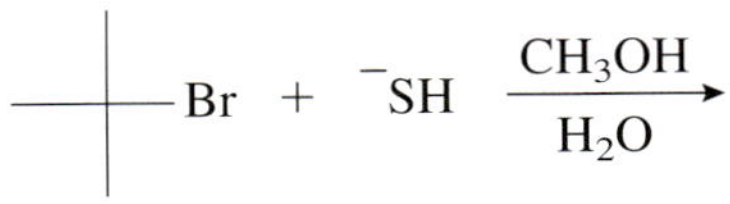

d) 

e) 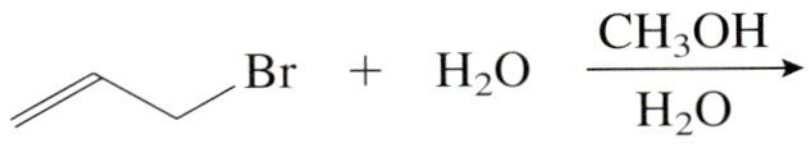

f) 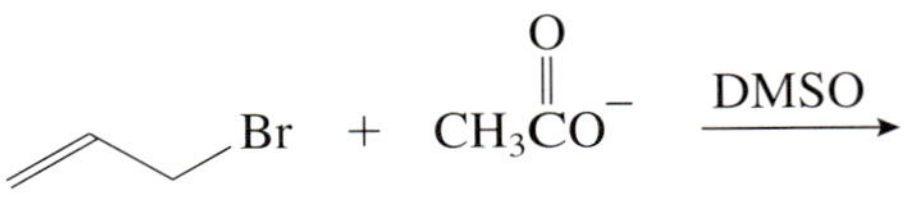

**8.27** 다음 반응에 대한 치환생성물을 써라. 적당한 곳에 생성물의 입체화학을 나타내어라.

a) 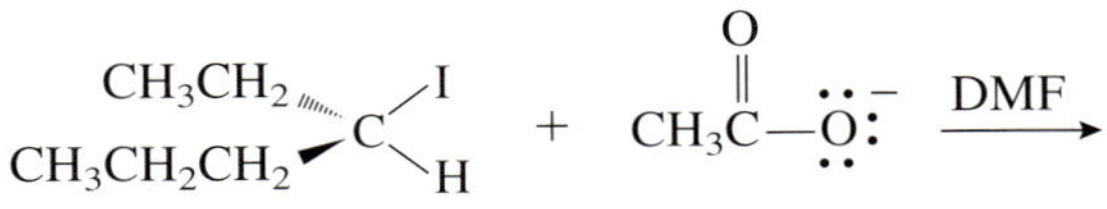

b) 

c) 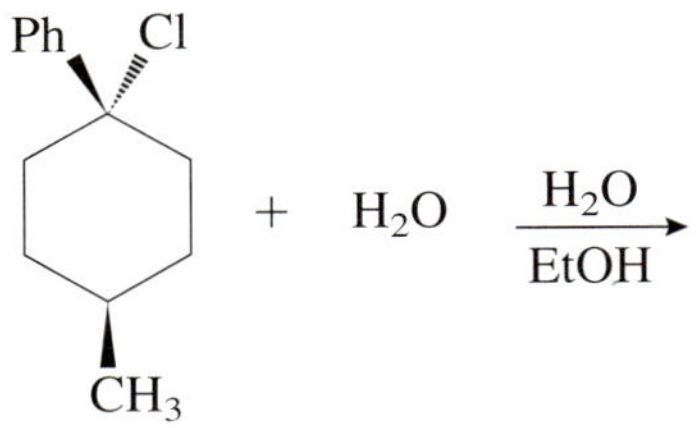

d) 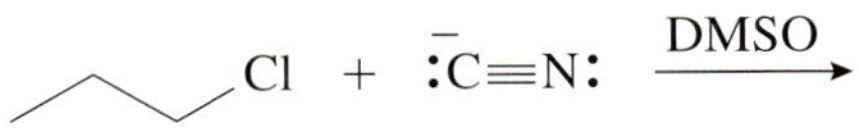

e) 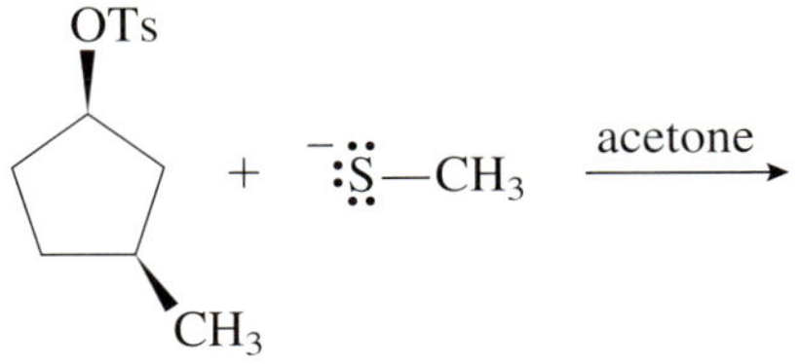

f) 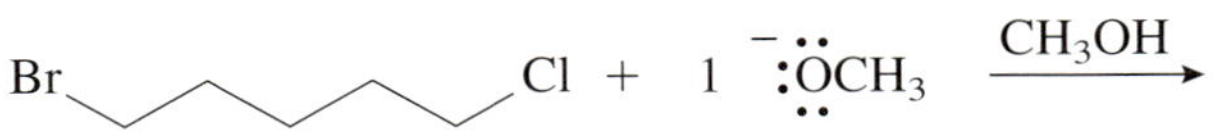

**g)** 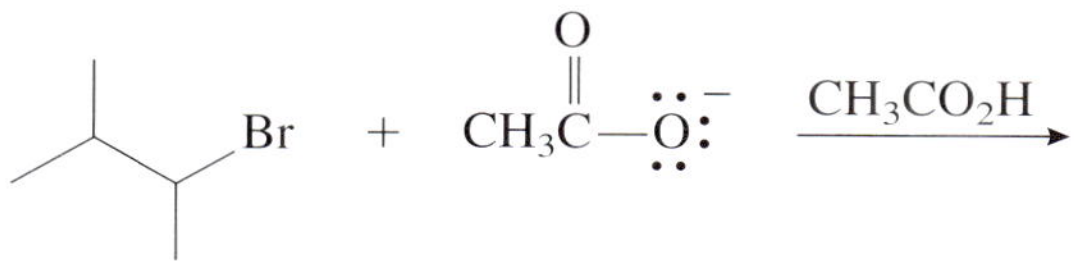

**h)** 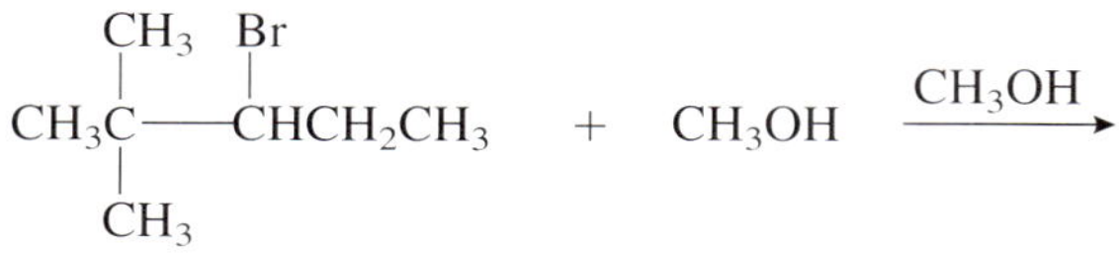

**i)** 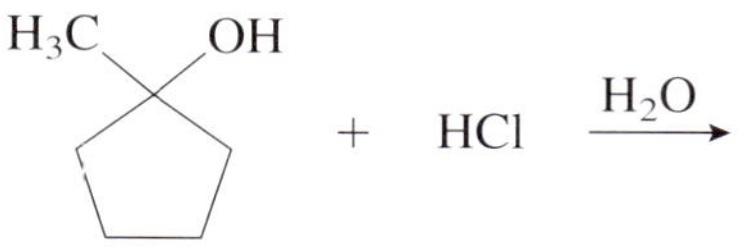

**j)** 

**k)** 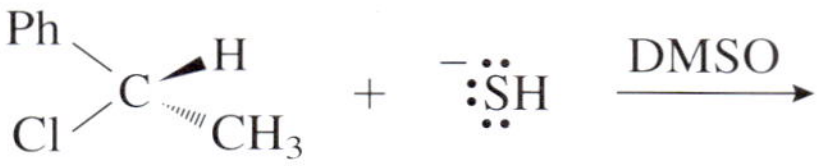

**l)** 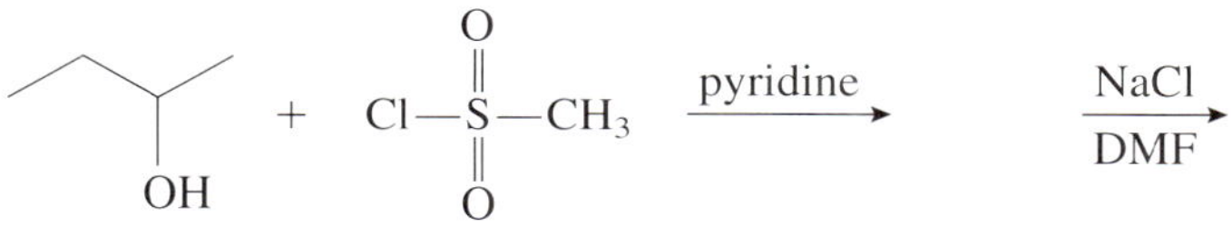

**m)** $CH_3CH_2CH_2CH_2Br + NaI \xrightarrow{\text{acetone}}$

**8.28** 다음 각 쌍의 반응은 $S_N1$ 또는 $S_N2$ 메카니즘을 따를 것인가를 설명하여라. 다음 쌍 중 어느 것이 더 빠른 속도로 진행될 것인가를 설명하여라.

**a)** 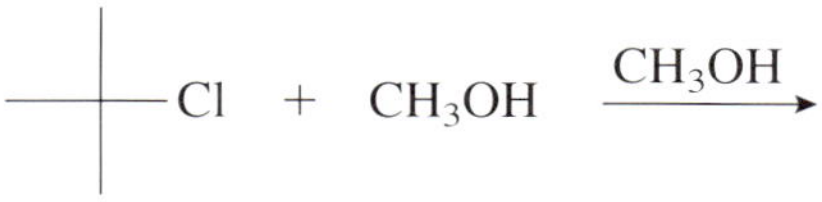

또는 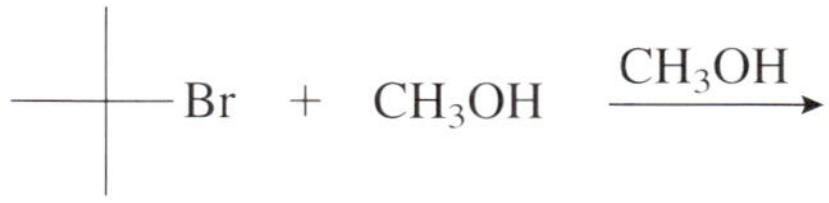

**b)** 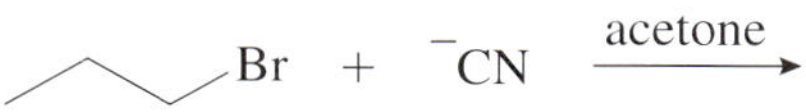

또는 

c) 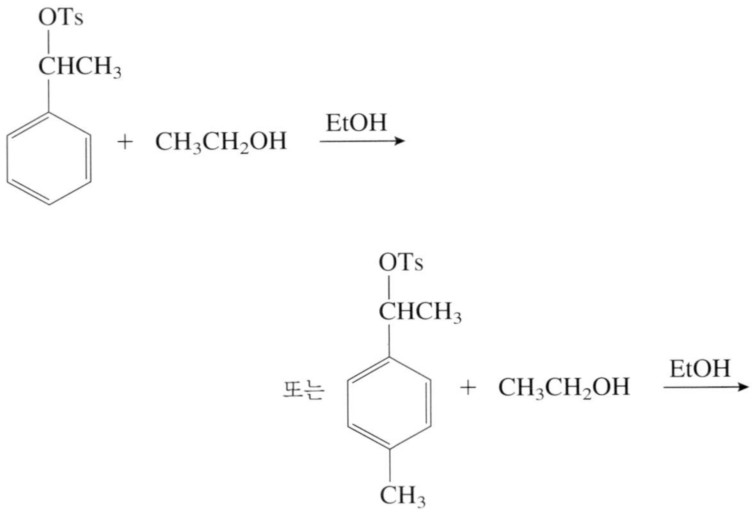

d) 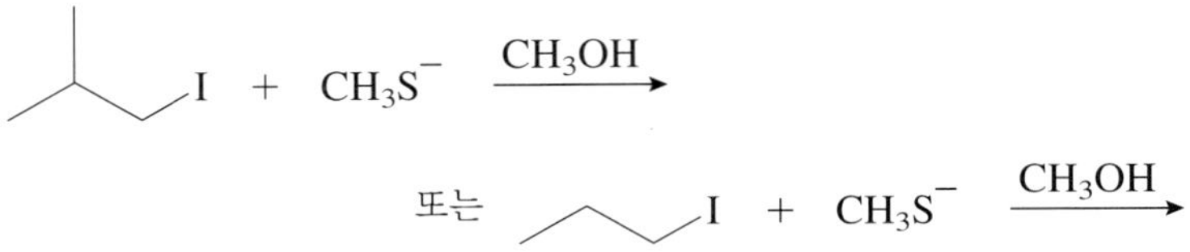

e) 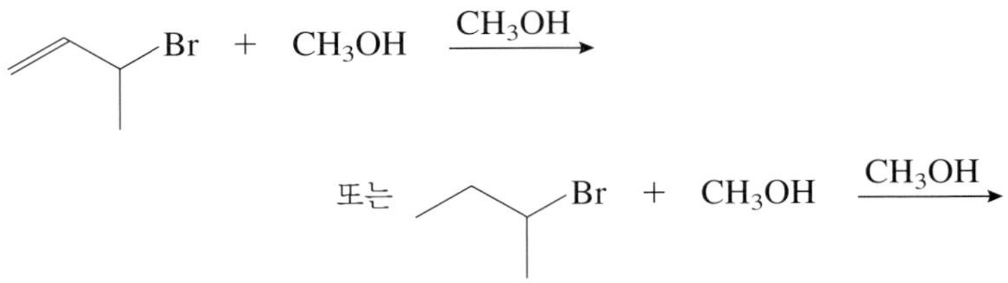

f) 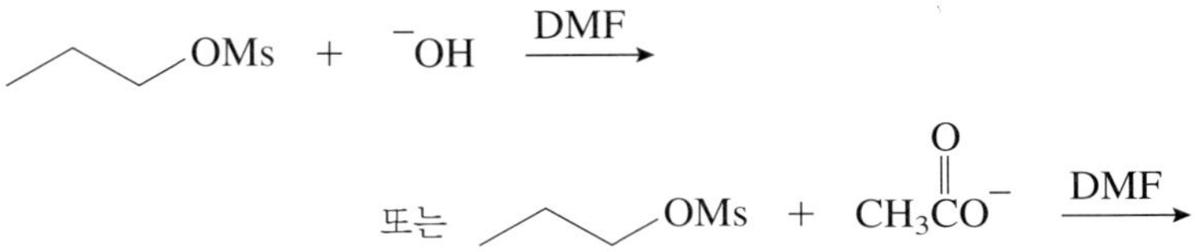

g) 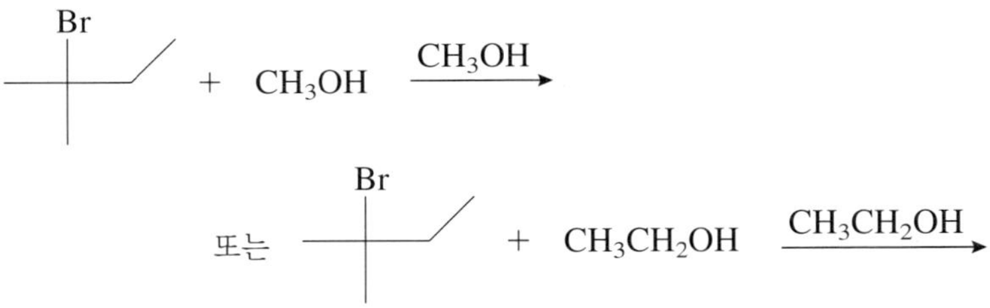

h) 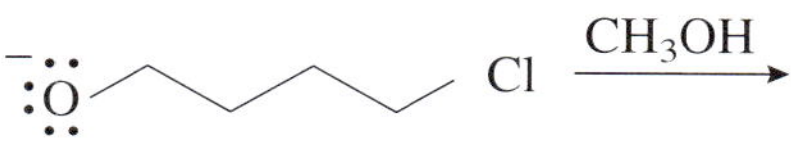

또는 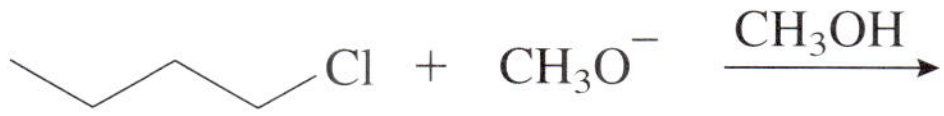

i) 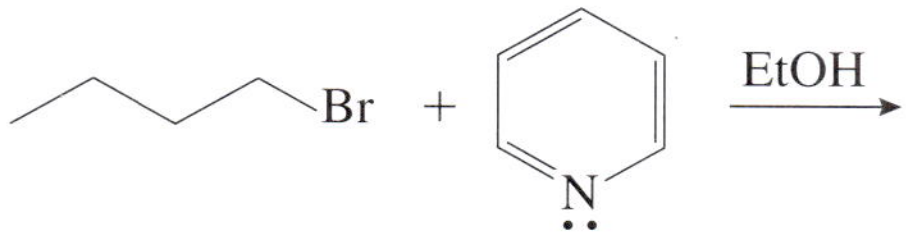

또는 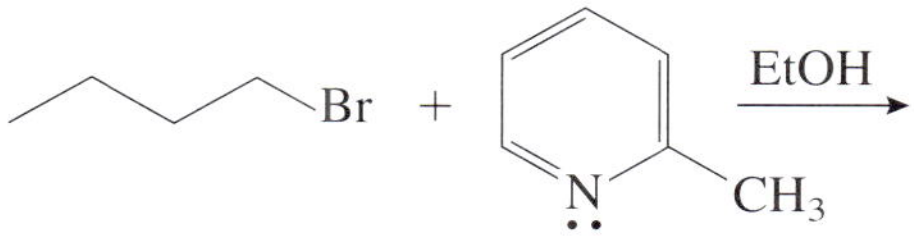

**8.28** 이들 반응의 메카니즘에서 모든 단계를 나타내어라.

a) $$CH_3-\overset{\displaystyle CH_3}{\underset{\displaystyle CH_3}{\overset{|}{\underset{|}{C}}}}-Br + CH_3CH_2OH \xrightarrow{\text{EtOH}}$$

$$CH_3-\overset{\displaystyle CH_3}{\underset{\displaystyle CH_3}{\overset{|}{\underset{|}{C}}}}-OCH_2CH_3 + CH_3CH_2\overset{+}{O}H_2 \ \ \overset{-}{Br}$$

b) $$CH_3CH_2CH_2\overset{\displaystyle Cl}{\overset{|}{C}}H_2 + CH_3O^- \xrightarrow{\text{DMSO}}$$

$$CH_3CH_2CH_2\overset{\displaystyle OCH_3}{\overset{|}{C}}H_2 + Cl^-$$

c) $$CH_3CH_2\overset{\displaystyle OH}{\underset{\displaystyle CH_3}{\overset{|}{\underset{|}{C}}}}CH_3 + \underset{Br^-}{H_3O^+} \xrightarrow{H_2O} CH_3CH_2\overset{\displaystyle Br}{\underset{\displaystyle CH_3}{\overset{|}{\underset{|}{C}}}}CH_3 + 2\ H_2O$$

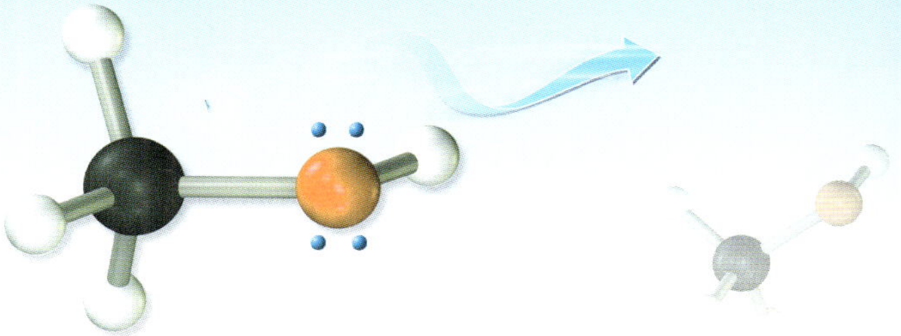

CHAPTER 9

# 제거반응

### 유기화학 숙달

- ▶ 제거반응에서 입체화학을 포함한 E2 메카니즘의 이해
- ▶ 제거반응에서 입체화학을 포함한 E1 메카니즘의 이해
- ▶ Zaitsev와 Hofmann 규칙을 사용한 제거생성물의 예측
- ▶ 제거반응 생성물의 예측
- ▶ 치환과 제거반응의 주 반응경로의 예측

8장에서 본 것처럼 제거반응은 친핵성 치환반응과 경쟁한다. 이 두 반응은 이 경쟁을 조절할 수 있으면 합성에서 대단히 유용하다. 이 장에서는 제거반응이 일어난 두 반응 메카니즘, 반응의 입체화학, 제거의 방향 및 제거반응과 치환반응 간의 경쟁을 조절할 수 있는 인자를 다루게 될 것이다. 이 인자를 근거로 해서 치환생성물이 요구된다면 제거를 최소화하고, 혹은 알켄이 원하는 생성물이라면 제거를 최대로 하는 데 사용되는 방법을 제시하였기 때문에 대단히 중요하고 유용하다. 반응은 산-염기 반응의 이해를 돕기 위해 4장에서 도입한 같은 개념을 사용하여 상당히 자세하게 검토하였다.

## 9.1 일반 반응

8.14절에서 기술한 것처럼 제거반응(elimination reaction)은 이웃 탄소로부터 양성자와 이탈기를 잃고 이중결합이 형성될 때 일어난다. 일반적으로 반응은 다음과 같이 나타낼 수 있다.
(이 일반 방정식은 이 결합들이 형성되고 절단되는 순

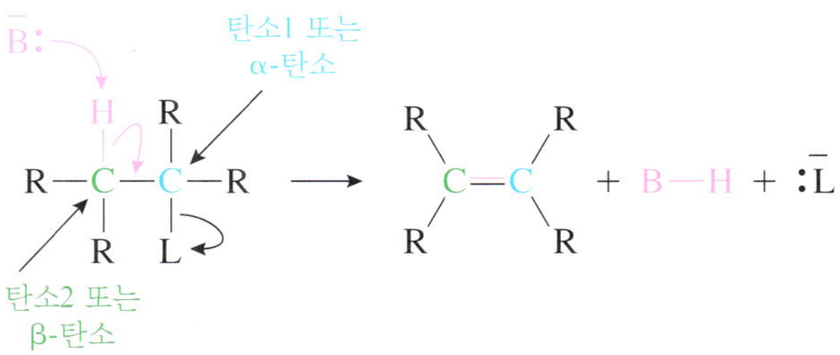


서를 나타내려고 하지는 않았다. 즉 반응의 메카니즘을 나타내려고 하려고 시도한 것은 아니다.) 이탈기에 결합된 탄소가 1이면 탄소 2에서 양성자가 제거된다. 그

러므로 반응을 **1,2제거반응(1,2-elimination)**이라 부른다. (작용기에 결합된 탄소를 α-탄소라고 하면 이웃 탄소는 β-탄소라 한다. 그러므로 **β-제거반응(β-elimination)**이라 한다.)

친핵성 치환반응의 경우에서와 같이 이 제거반응에 대한 두 메카니즘이 존재한다. 한 메카니즘은 협동이고 $S_N2$ 반응에 평행하며 한편 다른 것은 카보양이온을 포함하며 $S_N1$ 반응에 평행하다. 협동 메카니즘을 먼저 논의하자.

## 9.2 이분자 제거반응

에탄올에서 브롬화 *t*-뷰톡사이드와 에톡사이드 이온과의 반응은 제거반응 생성물 2-메틸프로펜을 생성한다.

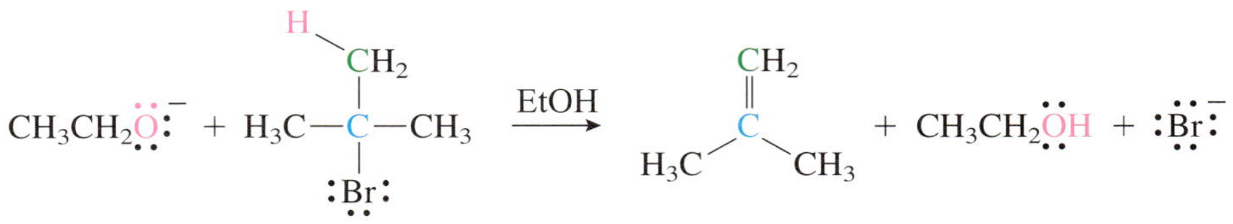


이 반응은 이차-반응 속도법칙에 따른다.

$$속도 = k[EtO^-][t\text{-}BuBr]$$

속도법칙은 협동 혹은 1단계 메카니즘과 일치한다. 두 화학종 에톡사이드 이온과 브롬화 *t*-뷰틸이 이 단계에서 반응하기 때문에 **이분자 제거반응(bimolecular elimination)** 혹은 **E2 반응(E2 reaction)**이라 한다. 이 반응은 할로겐화 알킬에 강한 염기로 처리할 때 보편적인 반응이다. 많은 친핵체들이 염기성이므로 E2 반응은 $S_N2$ 반응과 경쟁적이다.

이 협동반응의 메카니즘은 몇 가지 결합의 동시에 절단과 형성을 포함한다. 염기가 수소와 결합을 형성하기 시작하면 탄소-수소 결합과 탄소-브롬 결합이 절단되기 시작하고 파이결합이 형성되기 시작한다. 전체과정과 전이상태를 다음과 같이 나타낼 수 있다.

**문제 9.1** 다음 반응의 제거생성물을 나타내어라.

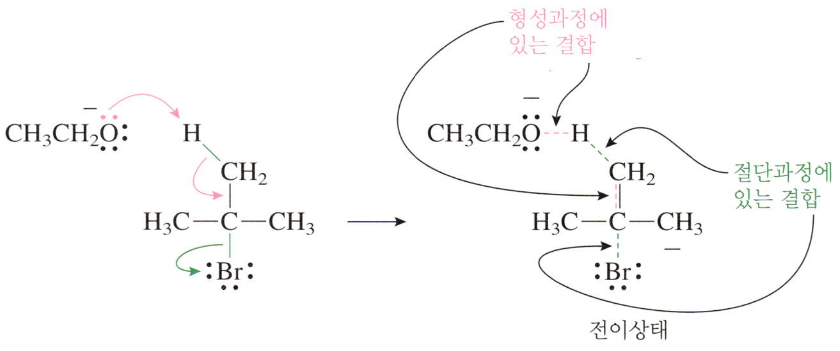

a) 

b) 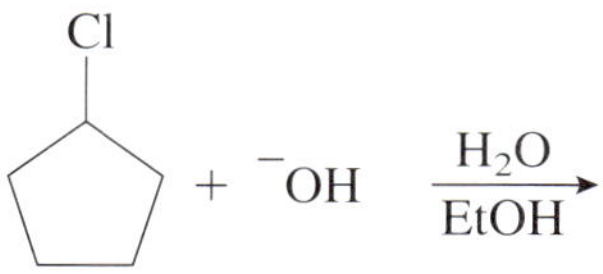

c) 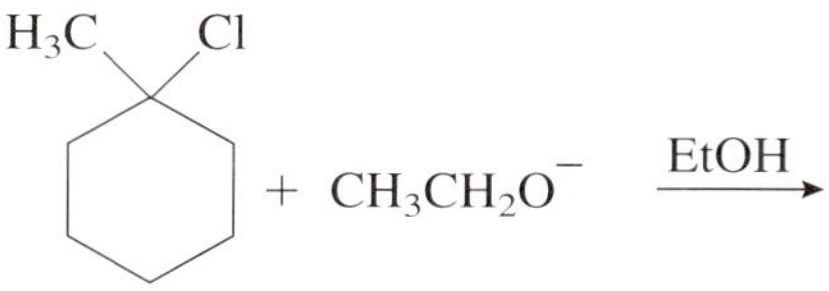

E2에 대해 나타낸 메카니즘을 지지해주는 증거는 무엇인가? 실험 속도법칙을 통해서 염기와 할로겐화 알킬 모두가 전이상태 혹은 전이상태 전 단계에 나타난다는 것을 알 수 있다. 다른 많은 실험적 테크닉을 이용하여 반응에 대해 제안된 메카니즘이 과연 가장 합리적인가를 테스트 할 수 있다. 그 중 몇 가지는 화합물에 있는 1개 이상의 원자를 흔치 않은 동위원소로 치환하는 것이다. 예를 들면 수소원자($^1_1H$)를 중수소원자($^2_1H$ 혹은 D) 또는 삼중수소($^3_1H$ 혹은 T) 원자로 치환할 수 있다. 정상적인 탄소($^{12}_6C$) 원자는 $^{13}_6C$ 혹은 $^{14}_6C$ 로 치환할 수 있다. 동위원소 치환은 화합물의 화학적 작용에 대단히 적은 영향만을 미치기 때문에 동위원소로 치환된 화합물은 같은 반응을 일으키며 치환되지 않은 화합물과 같은 메카니즘이 적용된다. 한 형태의 실험은 반응물이 생성물로 변환될 때 표식된 원자의 경로를 추적하는 데 동위원소를 사용한다.

다른 형태의 실험은 반응속도에 대한 동위원소 효과를 연구하는 것이다. 다른 분자 질량이 다르기 때문에 동위원소는 반응의 속도에 작은 영향을 미친다. 중수소는 보통 수소의 두 배의 질량이기 때문에 C—D 결합에 대한 결합해리에너지는 C—H 결합에 대한 그것보다 약 1.2 kcal/mol(5.0 kJ/mol)더 크다. 이 결합이 반응의 속도-결정단계에서 절단된다면, 수소가 중수소를 치환될 경우 반응속도가 감소될 것이다. 더 강한 C—D결합을 절단하기 위하여 더 많은 에너지를 공급해주어야 하기 때문이다. 이것을 속도론적 동위원소 효과라 한다.

예로 다음 제거반응의 실험속도를 중수소로 치환된 유사체의 반응속도와 비교해보자.

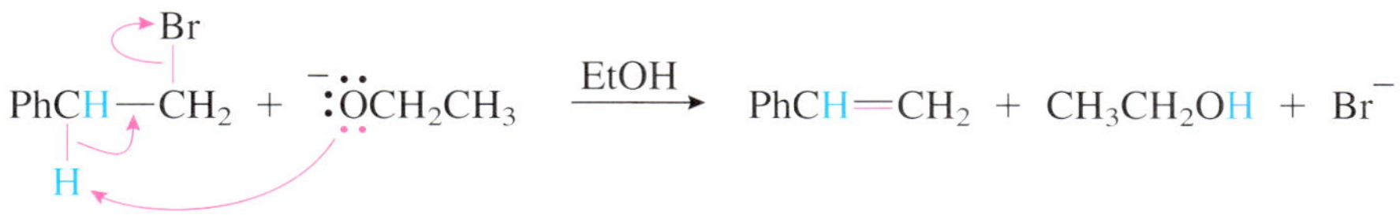

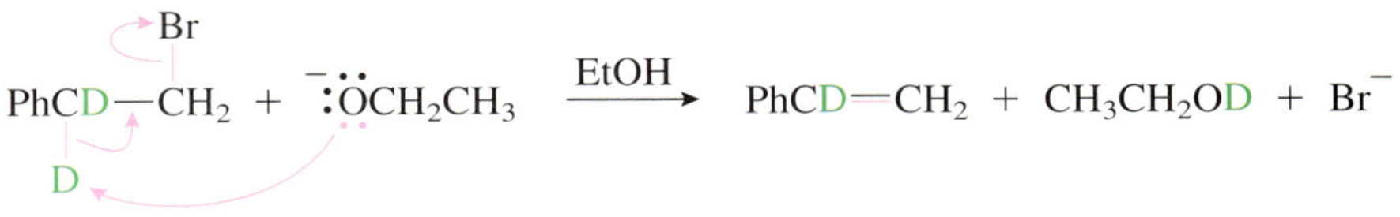

중수소화 화합물은 7.1배 더 늦게 반응한다. 이것은 큰 중수소 동위원소 효과이며 이 반응의 속도-결정단계에서 C—D결합이 절단된다는 것을 나타낸다. 이 실험결과는 메카니즘이 E2라는 것을 증명 (실험은 메카니즘을 증명하지는 못하지만 반증할 수는 있다)하지는 못하지만, 제시된 메카니즘과 부합된다.

대조적 예로 다음 반응들은 거의 같은 속도로 일어난다.

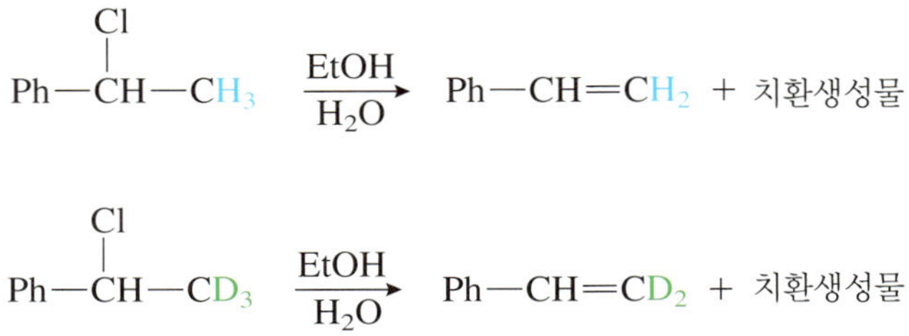

정상적인 화합물이 중수소로 치환된 화합물보다 단지 1.2배만 빠르다는 사실은 C—D결합이 속도-결정단계에서 절단되지 않는다는 것을 의미한다. 그러므로 이 반응은 E2 메카니즘에 의해 진행되지 않는다.

## 9.3 E2 반응의 입체화학

몇 개의 결합이 동시에 형성되고 절단되는 E2 제거반응과 같은 반응에서는 반응이 진행됨에 따라 이 결합사이에 특정한 입체화학적 관계가 요구된다. 반응의 초기에 새로운 결합을 형성하려는 궤도함수의 겹침이 시작되기 때문에 **입체전자적 요구(stereoelectronic requirements)**가 생긴다. 반응이 진행됨에 따라 이 겹침은 증가하고 전이상태가 안정화되어 다른 결합이 절단되는데 소모되는 에너지를 보상할 수 있다.

E2 반응의 경우에는 탄소-수소 시그마결합의 탄소 $sp^3$ 궤도함수는 탄소-이탈기 시그마결합의 탄소 $sp^3$ 궤도함수가 파이결합을 형성하기 위하여 겹쳐지기 시작한다. 이것은 이 두 시그마결합이 같은 평면에 놓여질 것이 요구된다. 그들은 동일평면상에 있어야한다. 두 결합은 C—C결합의 **신-준평면 회전배열(syn-periplanar conformation)**에 혹은 C—C결합의 **안티-준평면 회전배열(anti-periplanar conformation)**에 있을 수도 있다. 이 회전배열은 그림 9.1에 나타냈다. 반응이 진행됨에 따라 수소와 이탈기에 대한 결합은 늘어지기 시작하고 두 탄소는 혼성이 $sp^3$에서 $sp^2$로 변화되기 시작한다. 처음에 수소와 이탈기에 결합되었던 궤도함수는 $sp^3$로부터 파이결합의 $p$궤도함수로 변화된다.

다음 Newman의 투영도에 나타낸 것처럼 신-준평면 회전배열은 모든 결합이 가리워져 있고 한편 안티-준평면의 모든 배열은 엇갈려 있다.

ⓐ 신제거반응

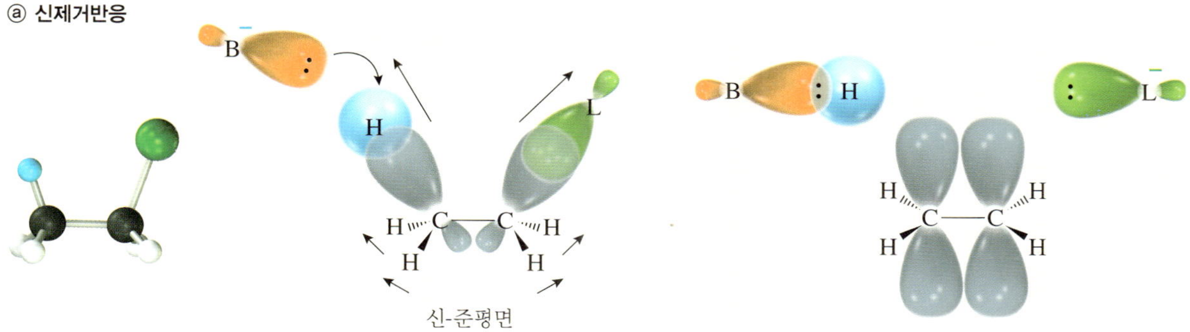


신-준평면 회전배열에서 C—H와 C—L 시그마결합은 동일평면상에 있으며 C—C결합의 같은 면에 있다. 수소와 이탈기에 대한 결합이 절단되기 시작하면 각 탄소의혼성은 $sp^2$로 변하기 시작한다. 두 $sp^3$ 궤도함수는 파이결합의 $p$ 궤도함수로 변화된다.

ⓑ 안티제거반응

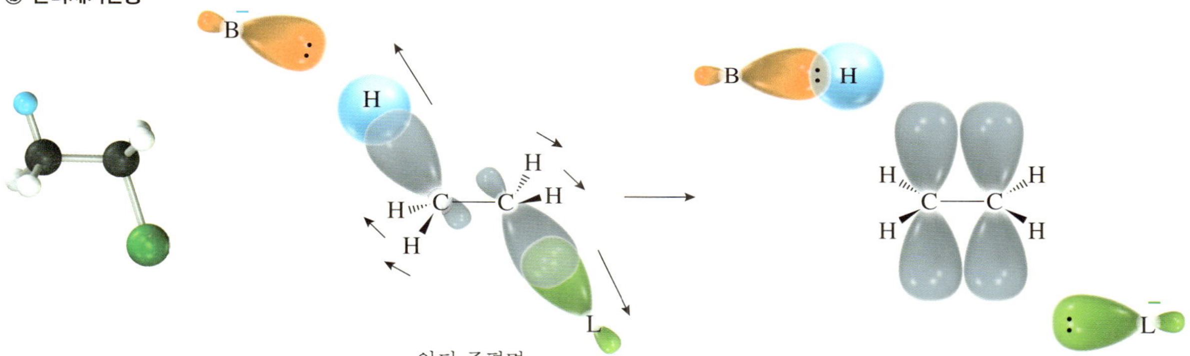


안티-준평면 회전배열에서 C—H와 C—L 시그마결합은 동일평면상에 있으며 C—C결합의 반대면에 있다. 수소와 이탈기에 대한 결합이 절단되기 시작하면 각 탄소의 혼성은 변하기 시작한다. 두 $sp^3$ 궤도함수는 파이결합의 $p$ 궤도함수로 변화된다.

그림 9.1 (a) 신-준평면과 (b) 안티-준평면 회전배열로부터 E2 제거반응의 메카니즘.

안티-준평면은 가리워져 있지 않고 엇갈려 있기 때문에 더 안정하다. 그러므로 안티제거가 E2 반응에서는 유리하다. 1-브로모-1, 2-다이페닐프로페인의 부분입체이성질체의 제거반응을 그림 9.2에 나타냈다. 안티제거반응이 유리하기 때문에 (1*R*, 2*R*)-부분이성질체는 알켄의 (*Z*)-이성질체만을 생성한다.(1*S*, 2*R*)-브롬화물은 (*E*)-알켄을 생성한다.

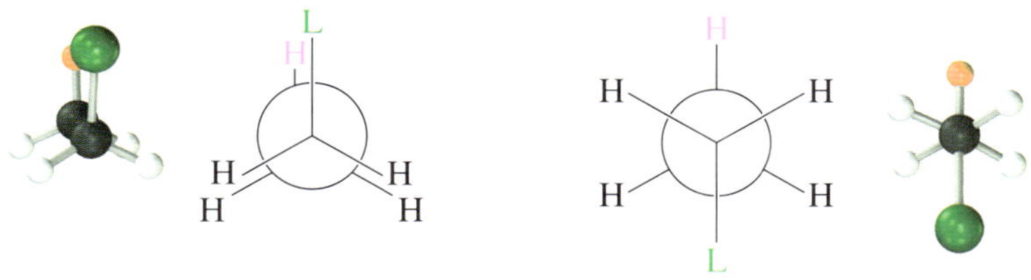


신-준평면
회전배열

안티-준평면
회전배열

**그림 9.2** 부분입체이성질체 1-브로모-1,2-다이페닐프로페인이 1,2-다이페닐-1-프로펜의 (a) (*Z*)-입체이성질체와 (b) (*E*)-입체이성질체를 생성하는 E2 제거반응의 입체화학과 메카니즘.

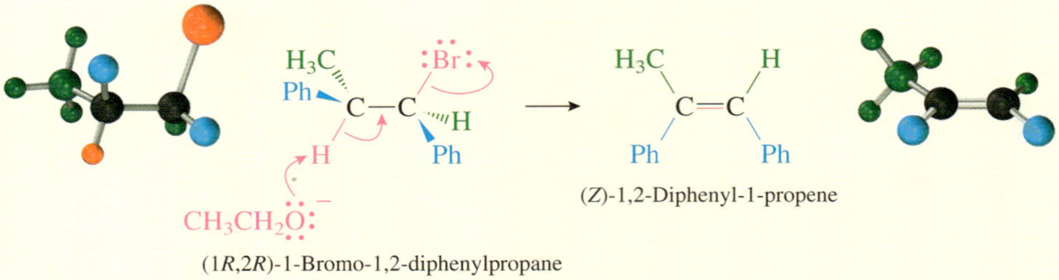


ⓐ E2 제거반응에 의해 (1*R*,2*R*)-1-브로모-1,2-다이페닐프로페인이 (*Z*)-1,2-다이페닐-1-프로펜만을 생성한다. 이 결과는 반응이 완전히 안티-준평면 회전배열로부터 일어난다는 것을 나타낸다. 이 화합물의 거울상체, (1*S*,2*S*)-1-브로모-1,2-다이페닐프로페인도 E2 제거반응이 일어나면 (*Z*)-알켄만을 생성한다.

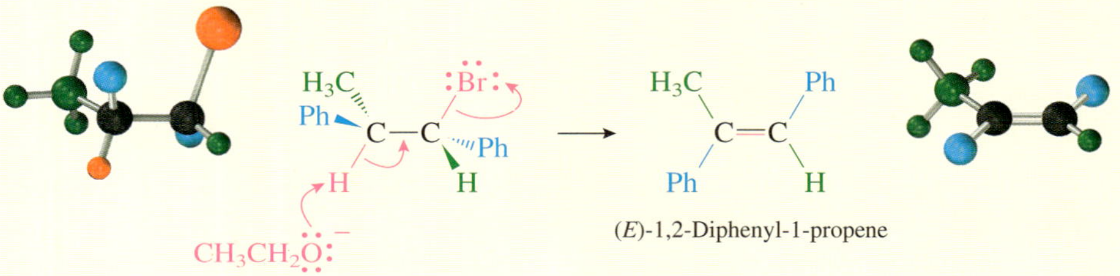


ⓑ E2 제거반응에 의해 (1*S*,2*R*)-1-브로모-1,2-다이페닐프로페인이 (*Z*)-1,2-다이페닐-1-프로펜만을 생성한다. 이 결과는 반응이 완전히 안티-준평면 회전배열로부터 일어난다는 것을 나타낸다. 이 화합물의 거울상체, (1*S*,2*S*)-1-브로모-1,2-다이페닐프로페인도 E2 제거반응이 일어나면 (*E*)-알켄만을 생성한다.

## 예제 9.1

이 제거반응 생성물의 입체화학을 나타내어라.

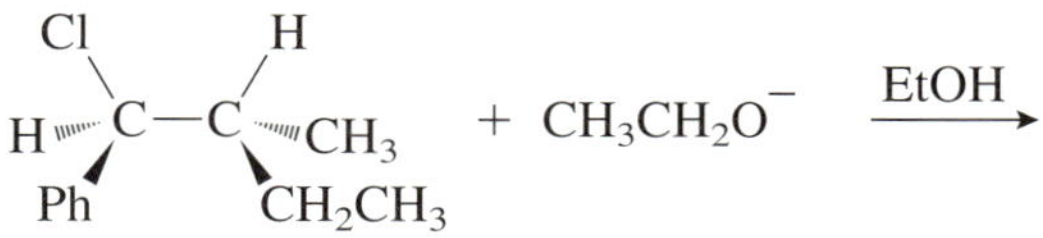


### 전략

먼저 이 반응에서 제거되는 H와 이탈기(L)를 확인하여라. E2 제거반응은 H와 L이 안티-준평면 기하구조를 가진 회전배열을 요구한다. 그림에서는 이와 같은 회전배열을 갖고 있지 않으므로 이와 같은 회전배열이 되도록 다시 그려야한다. 제거가 일어날 때 반응물에서 H-C-C-L에 의해 이루어진 같은 면에 기들이 있으면 시스 알켄이 생성된다.

### 풀이

원래의 그림에서는 제거되는 H와 Cl은 신이다. 그러므로 C—C결합을 180°회전할 필요가 있다. 안티제거반응은 생성물의 (*E*)-이성질체를 생성한다.

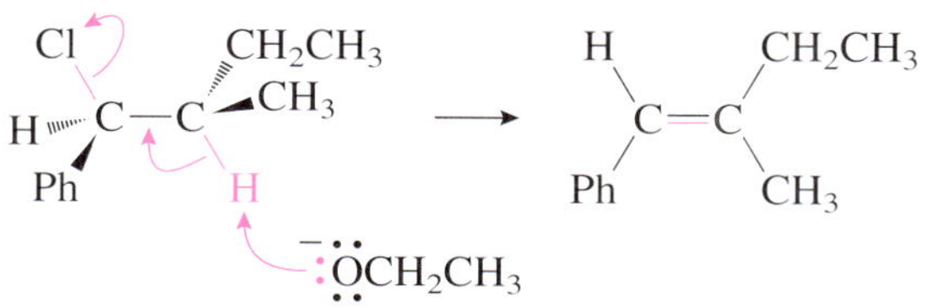

**문제 9.2** 입체화학을 포함한 이 제거반응의 생성물을 나타내어라.

a) 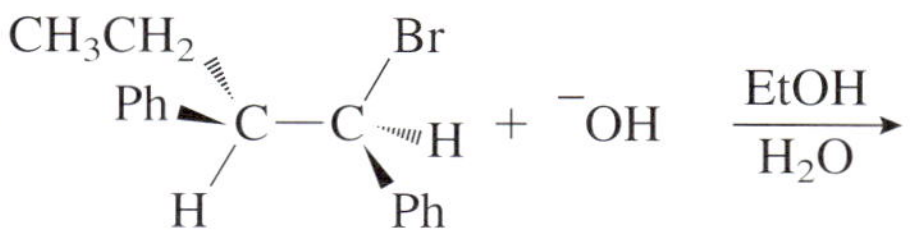

b) 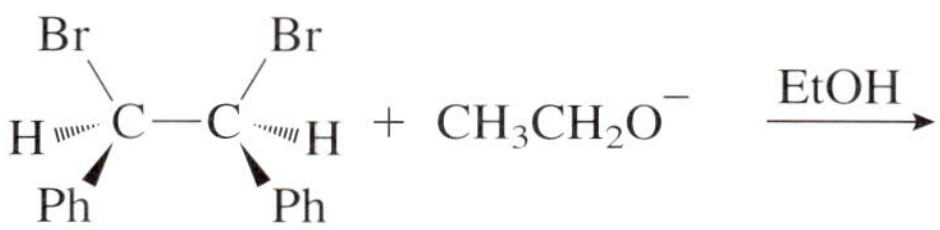

**문제 9.3** 에탄올 용매에서 에톡시화 소듐을 사용하여 (1*R*,2*S*)-1-브로모-1,2-다이페닐프로페인의 제거반응으로 기대되는 생성물은 무엇인가?

**문제 9.4** 시스와 트랜스 알켄이 안티제거반응에 의해 이 화합물로부터 형성될 수 있다. 이들 각 화합물을 형성하는 데 필요한 회전배열의 Newman 투영도를 그려라. 이 투영도를 근거로 이 화합물 중 어느 화합물이 더 많이 생성될 것인지를 예측하여라.

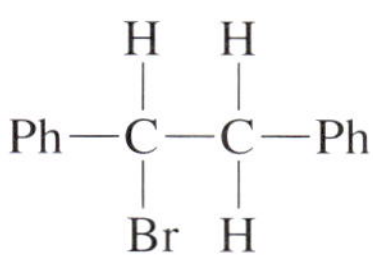

신제거가 일어나기 위해서는 분자는 높은-에너지 가리움 회전배열에 있게 되므로 신제거는 안티제거보다 불리하다. 신제거는 이탈기와 수소가 가리움 회전배열에 있는 경직분자에서 일어난다. 예를 들면 그림 9.3에 나타낸 두 고리화합물은 대단히 경직되어 있다. C2—C3결합의 Newman 투영도에서 볼 수 있는 것처럼 Br과 D는 가리워져 있다. (이 모형을 통해서 이 분자가 경직되어 있고 Br과 D가 서로 가리워져 있는 것을 알 수 있다.) 안티제거로부터 신제거를 구별하기 위하여 중수소를 표지로 사용한다. 신제거는 D와 Br을 잃게 되므로 생성물은 중수소를 포함하지 않는다. 한편 안티제거는 H와 Br을 잃게 되므로 생성물은 중수소를 포함한다. 강한 염기존재에서 94%의 알켄생성물은 중수소를 포함하지 않는다. 그러므로 신제거로부터 생성된 것이다.

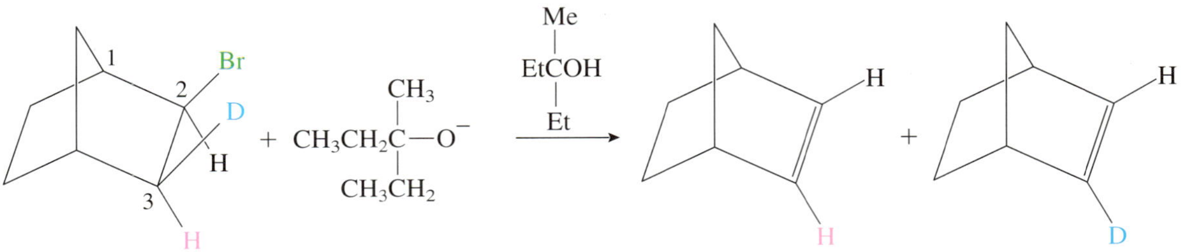


94%
Br + D 잃음
신제거

6%
Br + D 잃음
안티제거

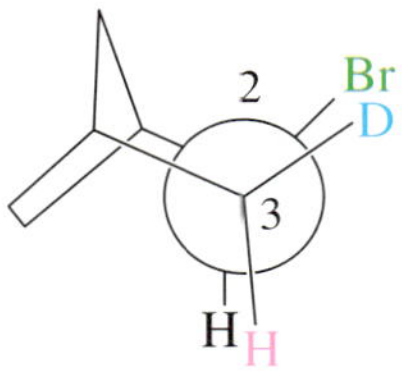


Newman 투명도

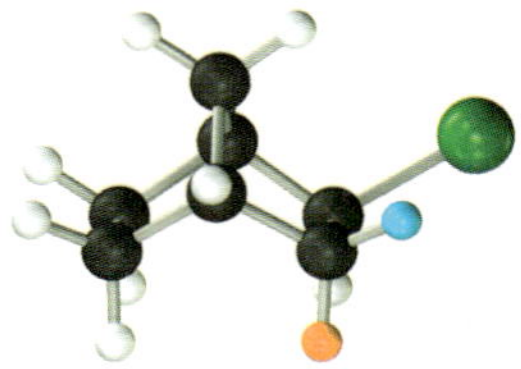

그림 9.3 경직분자에서 신제거.

C3에 있는 수소와 브롬은 안티 관계에 있지 않으므로 안티제거생성물은 많이 생성되지 않는다(이들 간의 이면각은 120°이다). 그러므로 이 수소와 브롬의 제거는 반응의 초기단계에서 궤도함수의 빈약한 겹침으로 생성된다.

사이클로헥세인 고리에서 일어나는 안티제거에서 이탈기와 수소는 트랜스이어야한다. 더욱이 두 기가 다 축방향인 회전배열에서만 안티-준평면이 된다. 이 **트랜스-이축방향 제거(*trans*-diaxial elimination)**를 염화멘틸은 그림 9.4에서 염화 네오멘틸은 그림 9.5에서 설명하였다. 이들 치환된 염화사이클로헥실은 부분입체이성질체이다. 염소 치환체의 위치배열만이 다르다. 그러나 그림 9.4와 9.5에 나타낸 것처럼 이 두 화합물을 강한 염기인 에톡사이드 이온으로 처리하면 이 차이는 극적으로 다른 작용을 나타낸다.

이들 사이클로헥세인 유도체의 제거반응의 분석은 주의해서 해야 한다. 먼저 염소가 축방향인 의자 회전배열을 검토해야 한다. 염화멘틸(그림 9.4를 보라)의 경우 이 회전배열은 3개의 기가 모두 축방향이고 고리-플립 회전배열보다 상당히 불안정하다. 그러나 여기서 수소와 염소가 안티-준평면이기 때문에 제거는 이 회전배열에서 일어난다. 반응은 큰 활성화에너지를 가진다. 높은-에너지 회전배열의 무리 에너지가 전이상태에 존재하기 때문에 반응은 상당히 느리다. 또한, 반응성이 큰 회전배열은 단일 수소가 염소에 대해 안티-준평면 관계를 가진다. 이 수소만이 제거반응에서 제거되어 단일 알켄이 생성된다.

이와는 대조적으로 염소가 결합된 탄소에서 반대 회전배열을 가진 염화 네오멘틸은 염소가 축방향인 활성인 회전배열(그림 9.5를 보라)에서 아이소프로필과 메틸기가 모두 수평방향에 있다. 이 두기는 염소보다 축방향 무리에너지(표 6.2)가 더 크기 때문에 반응성이 큰 회전배열이 더 안정하다. 제거에 대한 전이상태에서 입체적 무리가 더 적기 때문에 활성화에너지는 작다. 이 결과로 염화 네오멘틸이 염화멘틸

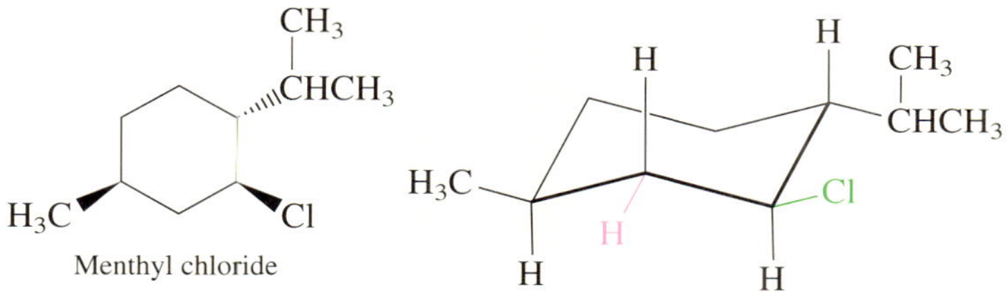


Menthyl chloride

ⓐ 염화멘틸의 가장 안정한 의자회전배열은 모든 3개의 모든 치환기가 수평방향에 있다. 그러나 염소는 축방향에 있지 않으므로 제거는 이 회전배열로부터 일어나지 않는다.

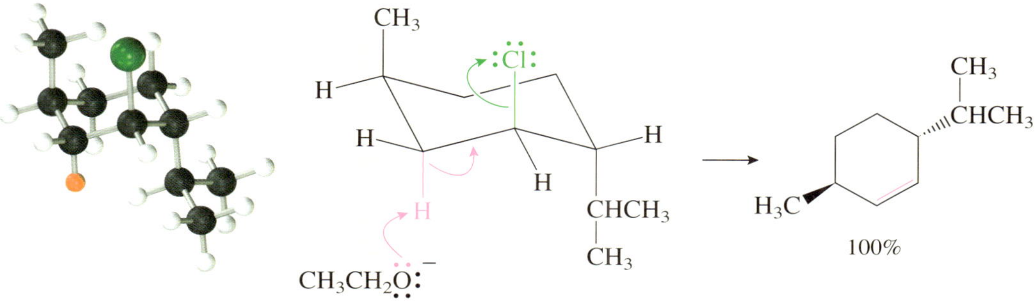


ⓑ 다른 의자 회전배열은 모든 세 치환기가 축방향에 있기 때문에 더 불안정하다. 이것은 회전배열 평형에서 적은 퍼센트만을 구성한다(약 0.06%). 염소와 수소가 트랜스-이축방향 배열을 하고 있기 때문에 안티제거가 이 회전배열에서 일어난다. 적색 수소가 염소에 대해 안티이므로 이것이 제거반응에 참여할 수 있는 유일한 수소이다. 이것이 단일 알켄을 생성한다. 이 불안정한 회전배열로 고리-플립하는 데 필요한 에너지 일부를 포함해서 활성화에너지 때문에 반응은 상당히 느리다.

**그림 9.4** **염화 메틸의 E2 제거반응의 메카니즘과 입체화학.**

보다 40배 더 빨리 반응한다.

그림 9.5에서 볼 수 있는 것처럼 염화 네오멘틸은 염소에 대해 안티-준평면 기하구조인 두 수소를 갖는다. 이 수소 중 어느 하나가 제거반응에서 제거되어 두 알켄이 형성된다. (지금까지 나타낸 모든 예는 한 알켄만이 형성될 수 있도록 선택하였다.) 이제 제거의 방향성에 대해 다루어 보자. 한 알켄 이상이 생성될 때 어느것이 주생성물인지를 예측할 수 있는 방법을 배우게 된다.

**문제 9.5** 다음 제거반응의 생성물을 나타내어라.

**a)**

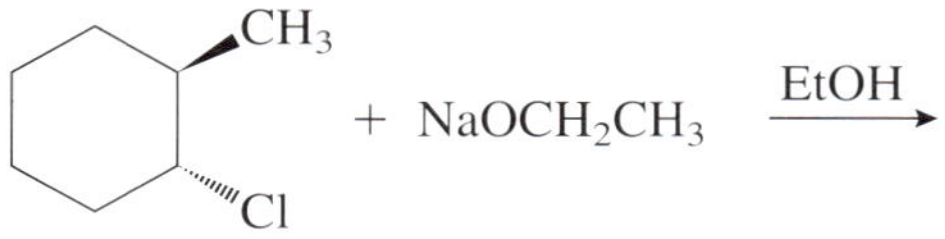


**b)**

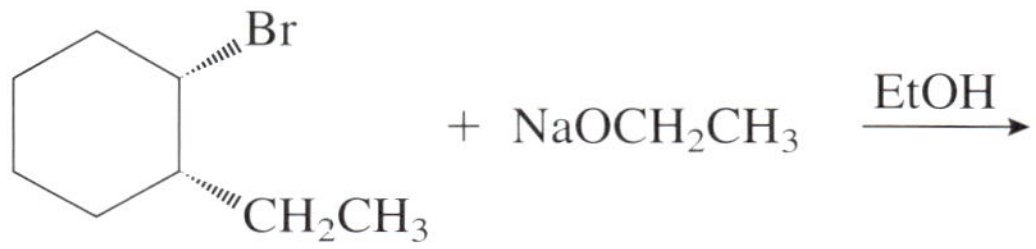

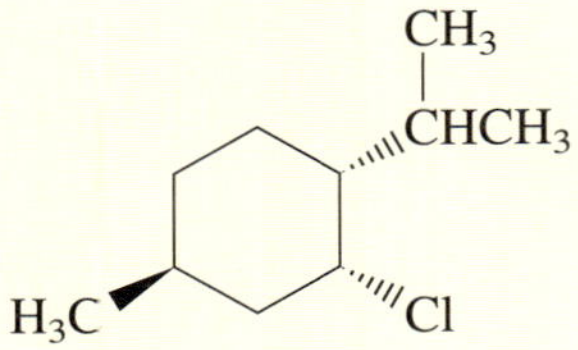


Neomenthyl chloride

염화 네오메틸은 염소의 위치배열만이 다른 염화멘틸의 부분입체이성질체이다 .

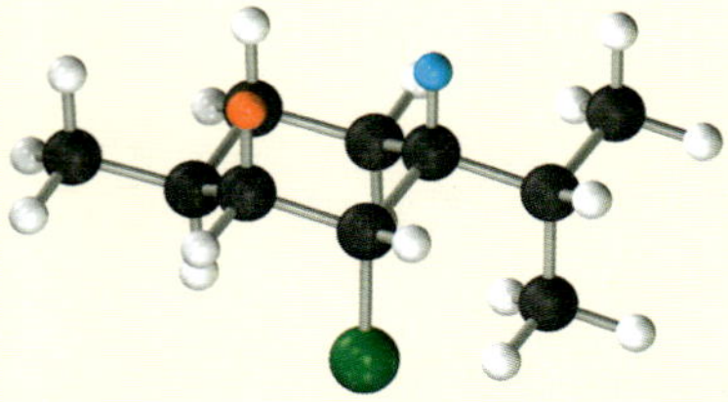

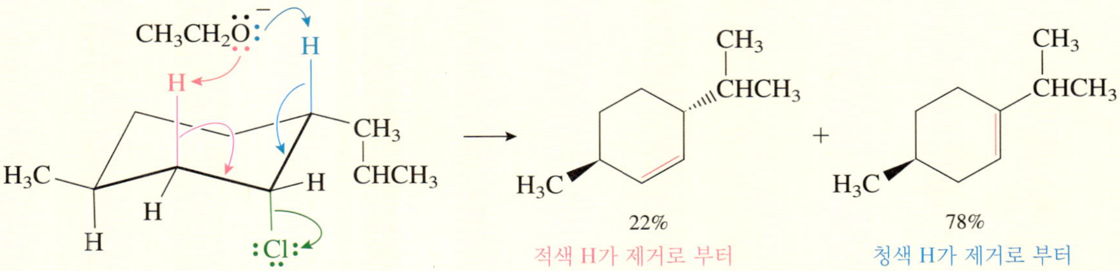


염소가 축방향에 있는 제거반응에 필요한 회전배열은 수평방향에 있는 메틸기와 아이소프로필기를 갖는다. 적색수소와 청색수소는 염소에 대해 안티이므로 어느 것이나 제거될 수 있다. 그러므로 두 알켄이 제거반응에 의해 생성된다. 요구되는 회전배열이 더 안정한 배열이기 때문에 이 반응은 염화멘틸의 반응보다 더 유리하다. 즉 이 회전배열은 더 큰 메틸과 아이소프로필기가 다 수평반향에 있고 전이상태에서 여분의 무리가 없기 때문에 안정하다. 이러한 이유로 염화 네오멘틸은 염화멘틸보다 40배 더 빨리 제거된다.

**그림 9.5 염화 네오멘틸의 E2 제거반응의 메카니즘과 입체화학.**

**문제 9.6** 다음 화합물 중 하나는 에탄올에서 에톡시화 소듐으로 처리하면 E2 메카니즘에 의해 쉽게 반응한다. 다른 것은 그렇지 않다. 그 이유를 설명하여라.

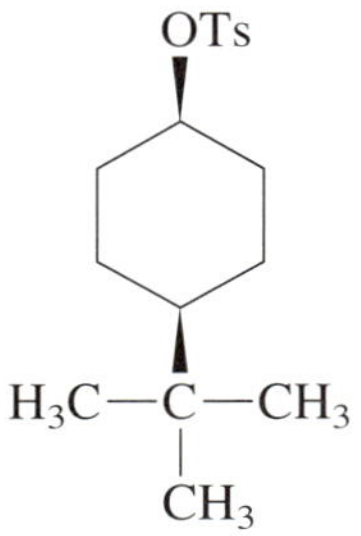


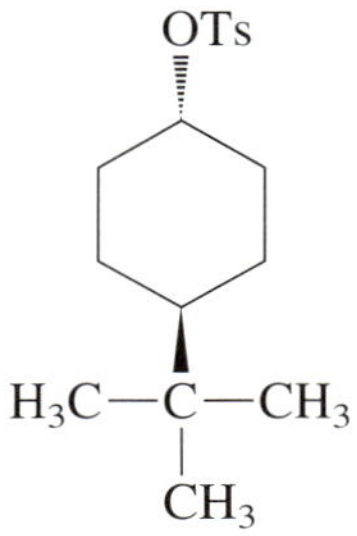


## 9.4 제거의 방향

8장에서 치환반응의 입체화학을 논의하였다. 즉 반응이 카이랄성 중심 탄소에서 일어나면 입체화학에 어떤 현상이 일어날 것인가. 이 절에서 제거반응의 **위치화학 (regiochemistry)**, 즉 반응이 2개 혹은 그 이상의 구조이성질체를 생성한다면 어떤 현상이 일어날 것인가. 제거반응에서 생성될 수 있는 구조이성질체는 다른 위치에 이중결합을 갖는다. 그림 9.5에 나타낸 것처럼 염화 네오멘틸로부터 염화수소가 제거되어 양이 다른 두 구조 이성질체를 생성한다.

이 반응에서 어느 화합물이 더 많이 생성될 것인가를 예측할 수 있다. 대부분의 E2 반응은 **Zaitsev 규칙**에 따른다.

### ▶▶ Zaitsev 규칙

주 알켄 생성물은 이중결합의 탄소에 더 많은 치환기를 가진 화합물이다(더 많이 치환된 생성물).

염화 네오멘틸의 경우 주 생성물은 이중결합의 탄소에 결합된 4개의 기 중 3개의 탄소기와 1개의 수소를 갖는다. 한편 부 생성물은 2개의 탄소기와 1개의 수소가 결합되어 있다.

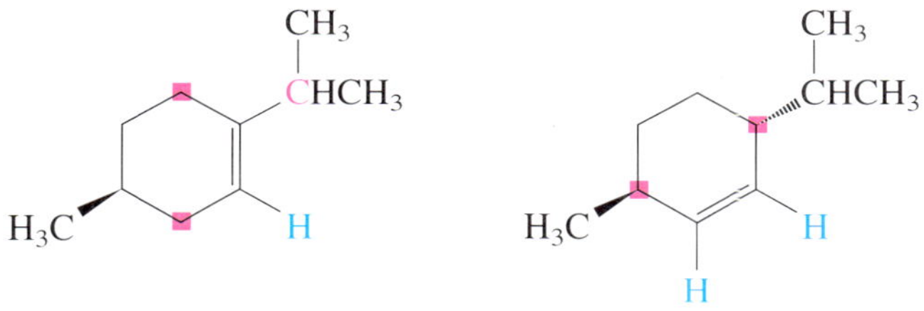


주 생성물(78%)

이 생성물은 이중결합에 3개의 탄소와 1개의 수소가 결합되어 있다.

부 생성물(22%)

이 생성물은 이중결합에 2개의 탄소와 2개의 수소가 결합되어 있다.

다른 예는 염기로 에톡시화이온을 사용한 2-브로모뷰티인의 제거반응이다. 주 생성물은 고도로 치환된 알켄이다.

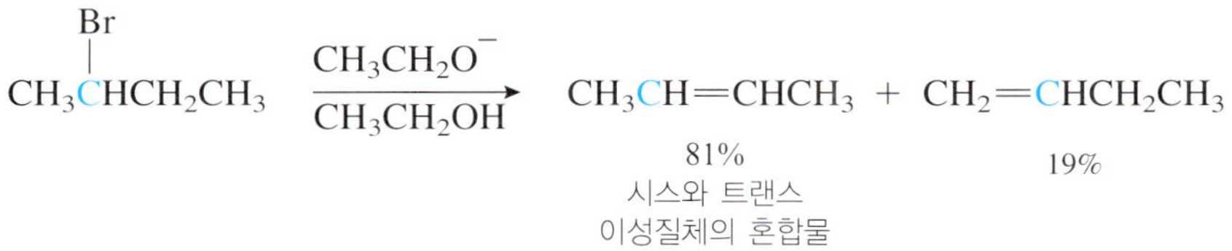


그러나 Zaitsev 규칙에 따르는 반응은 덜 치화된 생성물을 다소 생성한다는 것을 주목하여라.

Zaitsev 규칙은 **실험규칙(empirical rule)**이다. 이것은 이론이 아니라 실험결과에 근거를 두고 있다. 유기화학의 어느 분야에도 이론적인 해석이 고려되지 않았던 1875년에 처음으로 제안되었다. 지금은 메카니즘이 알려져서 고도로 치환된 생성물을 형성하는 전이상태가 덜 치환된 생성물을 형성하는 전이상태보다 에너지가 더 낮다는 것을 알고 있다. 왜 그렇게 되는지 검토해보자.

반응열을 이용한 많은 연구는 고도로 치환된 알켄이 덜 치환된 알켄보다 더 안정하다는 것을 나타내준다. 그러므로 탄소-탄소 이중결합이 포함된 화합물에 대한 안정도의 순서는 다음과 같다.

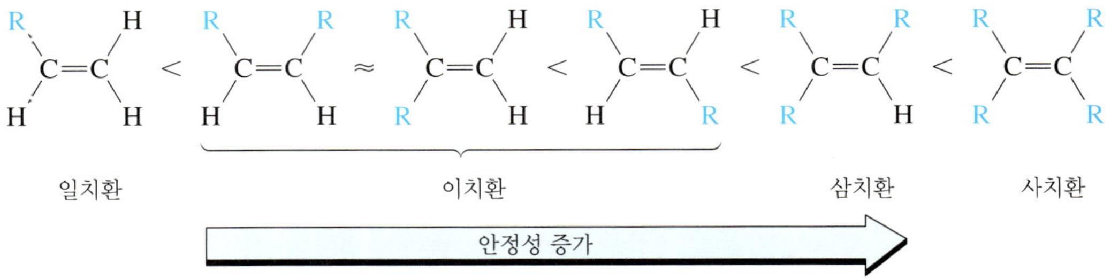


논란의 소지는 있기는 하지만 안정성의 증가는 이중결합에 있는 알킬기의 수가 증가함에 따라 생길 수 있는 하이퍼 콘쥬게이션 양의 증가의 결과라고 가정된다. 이것은 탄소에 있는 알킬기의 수가 증가함에 따라 카보양이온이 안정화되는 같은 형태의 상호작용이다(8.7절을 보라).

제거반응에서 고도로 치환된 생성물의 형성은 더 안정한 전이상태에 기인한 낮은 에너지 생성물의 결과이다. 이것을 **생성물 형성지배(product development control)**라고 부른다. 이 반응에서 반응물과 생성물 사이의 중간 구조를 가진 전이상태는 안정화의 양은 적지만 생성물을 안정화시켜주는 같은 인자에 의해 안정화된다. 이것을 그림 9.6에서 2-브로모뷰테인의 제거반응에 대한 반응진행 대 에너지 그림으로 설명하였다. 더 안정한 알켄, 2-뷰텐이 주 생성물(81%)이다. 그러나 두 생성물에 대한 전이상태 간의 에너지차가 크지 않기 때문에 상당한 양(19%)의 부 생성물, 1-뷰텐이 형성된다.

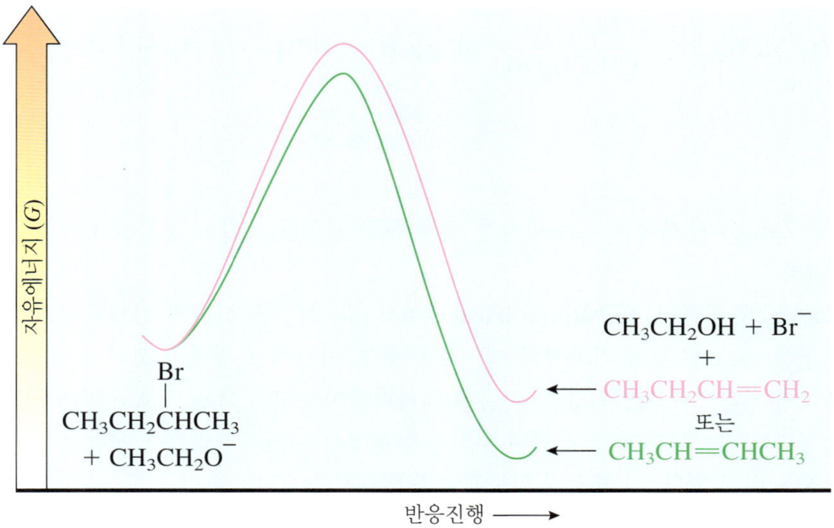


그림 9.6 2-브로모뷰테인의 제거반응에 대한 반응진행 대 자유에너지 그림.

## 예제 9.2

이 제거반응 생성물의 입체화학을 나타내어라..

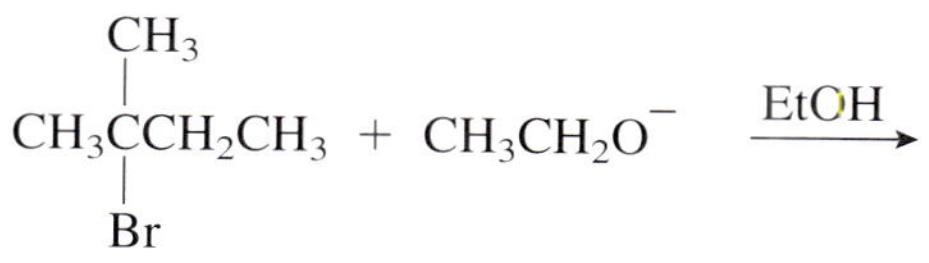

### 풀이

이 반응에서 두 알켄이 형성될 것으로 기대된다. Zaitsev 규칙에 따라 더 많이 치환된 알켄이 주 생성물이다.

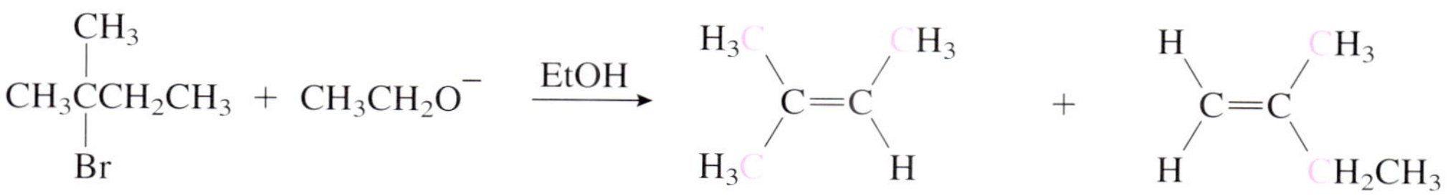

주 생성물　　　부 생성물

주 생성물은 이중결합의 탄소에 3개의 알킬기를 가진 삼치환 알켄이다.

이중결합의 탄소에 2개의 알킬기를 가진 이치환 알켄이다.

**문제 9.7** 다음 $S_N2$ 반응의 입체화학을 포함한 생성물을 나타내어라.

a) 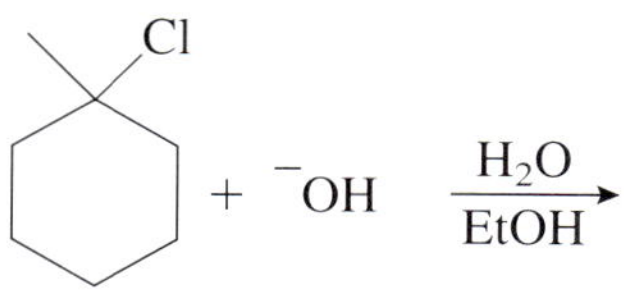

b) 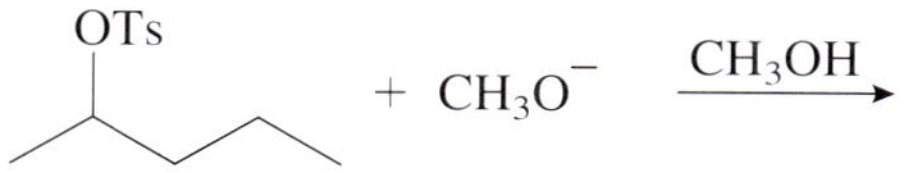

c) 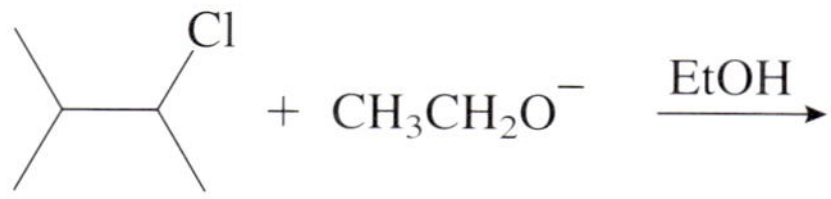

**문제 9.8** 에탄올에서 에톡시화이온과 2-브로모뷰테인의 반응은 81%의 (*Z*)-와 (*E*)-2-뷰텐의 혼합물을 생성한다. 이 혼합물에서 어느 입체이성질체가 유리한가를 설명하여라.

대부분의 E2 반응은 Zaitsev 규칙에 따르지만 몇 가지 예외가 있다. 주요한 예외의 하나는 **Hofmann 제거(Hofmann elimination)**로 알려졌다. 이 반응을 일으킬 수 있는 화합물은 4차 질소원자를 가지고 있다. 즉 4개의 알킬기가 결합되어 있기 때문에 양전하를 띤 질소이다. 이 이온을 하이드록사이드 이온과 같은 염기의 존재에서 가열해주면 3개의 알킬기를 가진 질소가 이탈기로 작용한다. Hofmann 제거반응의 예를 다음 방정식에 나타냈다.

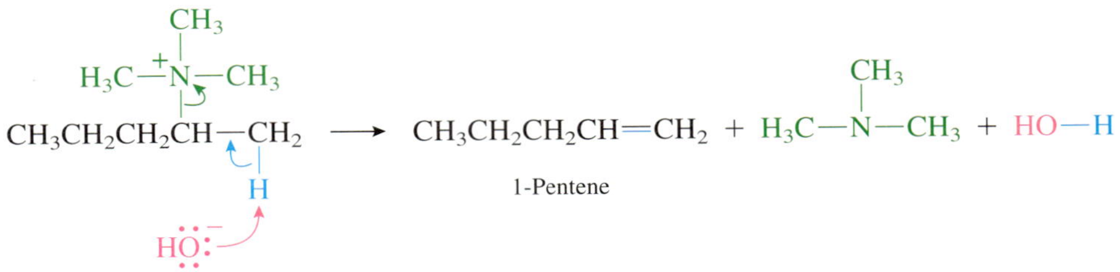

이 예에서 1-펜텐과 2-펜텐은 가능한 생성물이다. 반응은 대부분 덜 치환된 생성물인 1-페텐을 형성한다. 이 제거반응은 **Hofmann 규칙**에 따른다.

### ▶▶ Hofmann 규칙

주 알켄생성물은 이중결합의 탄소에 적은 수의 알킬기가 결합되어 있다(덜 치환된 생성물).

이 반응에서 1-펜텐의 고수득률로 예시한 것처럼 덜 치환된 생성물에 대한 선택이 대단히 강력하다.

앞의 예에서 질소에 결합된 다른 3개의 치환기가 β-탄소를 갖지 않은 메틸기이므로 펜틸기에서만 제거가 일어날 수 있다. 그러나 질소에 결합된 하나 이상의 알킬기가 메틸기보다 크면 원칙적으로 이들 기 중의 하나에서 제거가 일어난다. 주 경로가 덜 치환된 알켄이 생성되는 경로가 된다는 것을 Hofmann 규칙으로 예측할 수 있다. 한 예를 다음 방정식으로 나타냈다.

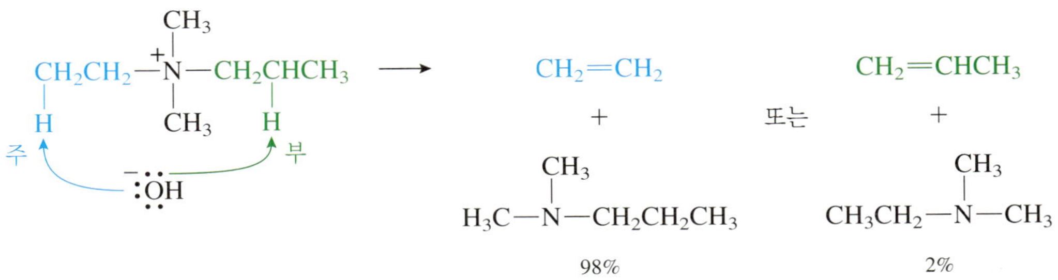

이 경우에 α-수소(β-탄소에 있는 수소)는 에틸 혹은 프로필기로부터 제거된다. Hofmann 규칙에 따라 덜 치환된 알켄, 에텐이 주 생성물로 확인되었다.

## 예제 9.3

이 반응의 생성물을 나타내고 주 생성물을 지정하여라.

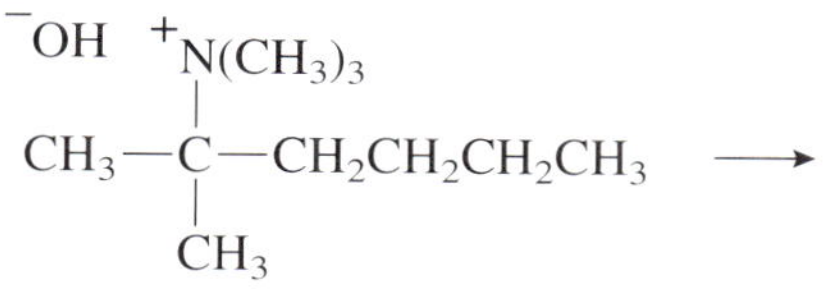

### 풀이

이 제거반응은 Hofmann 규칙에 따른다. 그러므로 덜 치환된 알켄이 주 생성물이 된다.

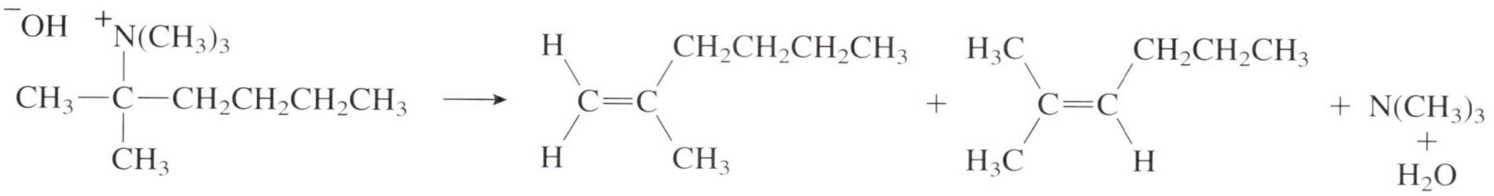

주 부

**문제 9.9** 이 반응의 생성물을 나타내고 주 생성물을 지정하여라.

a) 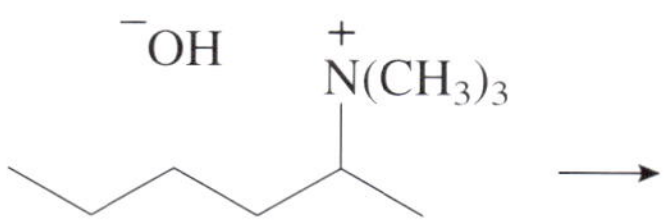

b) 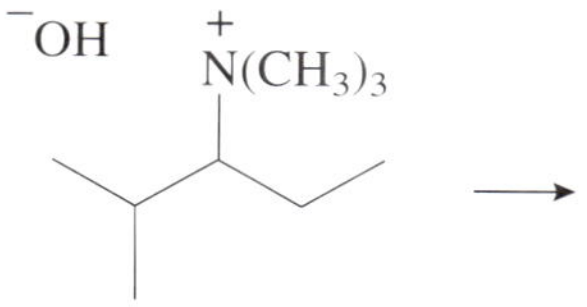

c) 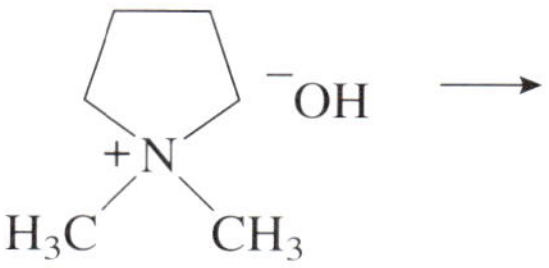

d) 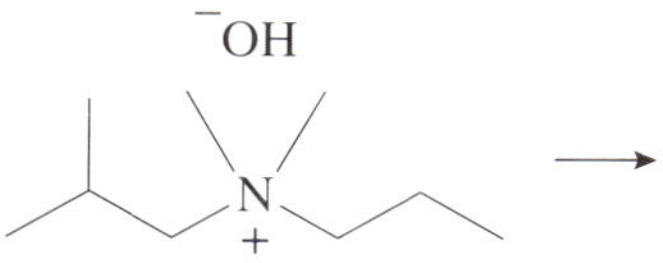

Hofmann 제거가 왜 덜 치환된 알켄(덜 안정한 알켄)을 더 많이 생성하는가에 대한 이유는 대단히 복잡하다. 반응은 상대적으로 빈약한 이탈기를 가지기 때문에 강한 염기를 적용하면 다른 E2 반응의 경우에서 보다 Hofmann 제거에 대한 전이상태에서 탄소-수소 결합절단이 더 많이 진행된다. 그러므로 이 결합절단의 용이성은 반응의 위치화학 결정에 도움을 준다. 알킬기는 다소 전자를 주는 기이므로 덜 치환된 탄소에 있는 수소는 많이 치환된 탄소에 있는 수소보다 더 산성이다. 그 결과로 Hofmann 제거에서 염기는 더 산성인 수소를 제거하여 덜 치환된 생성물의 형성을 유리하게 하는 경향이 있다.

입체효과 또한 이 반응의 위치화학 결정에 중요하다는 것을 가정할 수 있다. Hofmann 제거에서 이탈기의 크기가 커지면(3차 아민) 염기는 입체적 장애가 적은 수소, 알킬기가 적은 탄소에 결합된 수소를 공격한다. 입체적 효과는 Hofmann 제거 이외의 다른 반응에서도 중요하다. 예를 들면 염기로 *t*-뷰톡사이드 이온을 사용한 2-브로모뷰테인의 제거반응에서 입체적 장애가 큰 강한 염기를 사용하면 다음 방정식에서 나타낸 것처럼 2-뷰텐보다는 1-뷰텐이 더 많이 생성된다.

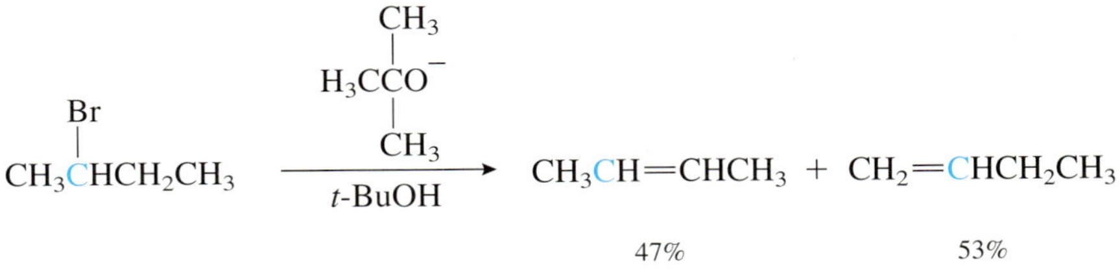

반면에 제거에서 염기로 에톡사이드 이온을 사용하면 19% 1-뷰텐만이 생성된다. 전체적으로 Hofmann 제거에서 덜 치환된 생성물의 형성은 입체적 장애와 더 산성 수소의 제거가 유리하다는 데 기인한다.

E2 반응의 위치화학에 영향을 미치는 마지막 인자는 새로운 이중결합이 다른 이중결합 혹은 벤젠고리와 콘쥬게이트될 수 있을 때 일어난다. 공명안정화 때문에 콘쥬게이트 생성물은 비콘쥬게이트 생성물보다 상당히 더 안정하다. 전이상태에서 콘쥬게이션의 부분적 형성은 콘쥬게이트 생성물이 항상 주 생성물이 되도록 충분히 안정화된다. 예를 들면 다음 제거에서 다른 가능한 생성물은 더 많이 치환되어 있지만 98%의 콘쥬게이트 생성물을 형성한다.

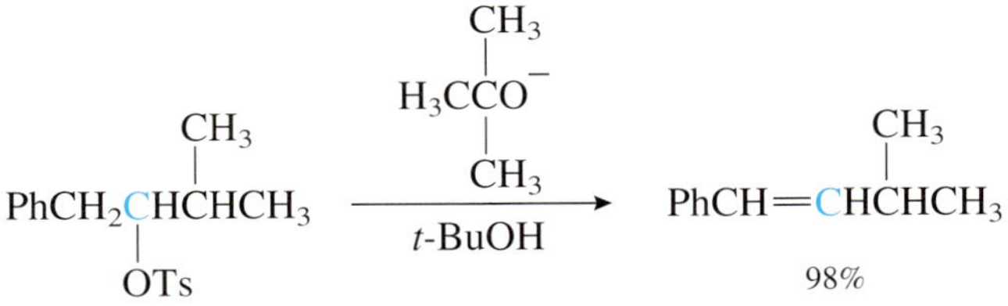

요약하면 E2 반응의 위치화학은 다음과 같은 규칙을 사용하여 예측할 수 있다.

**1.** 대부분의 E2 반응은 Zeitsev 규칙에 따른다; 많이 치환된 알켄이 주 생성물이다.
**2.** Hofmann 제거는 Hofmann 규칙에 따른다; 덜 치환된 알겐이 주 생성물이다.
**3.** 콘쥬게이트 알켄은 항상 비콘쥬게이트 알켄보다 유리하다.

**문제 9.10** 다음 제거반응의 주 생성물을 나타내어라.

**a)** 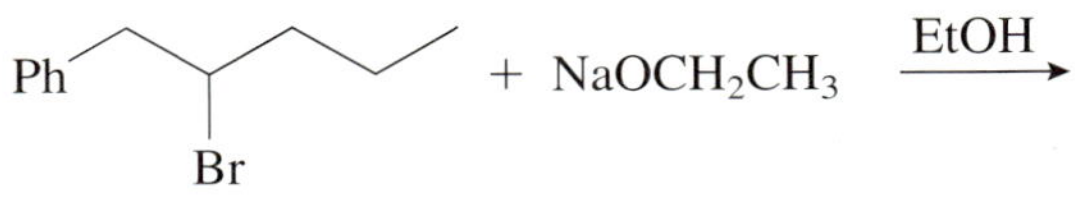

b) 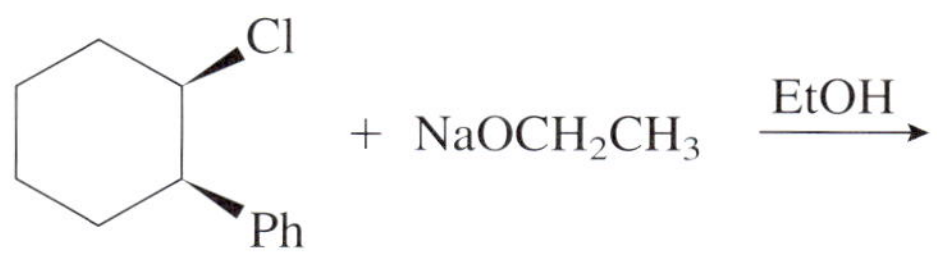

c) 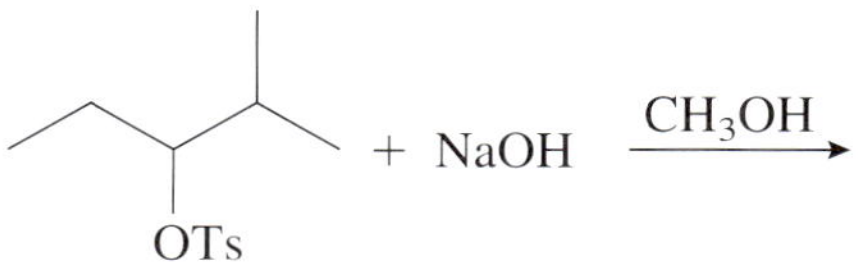

d) 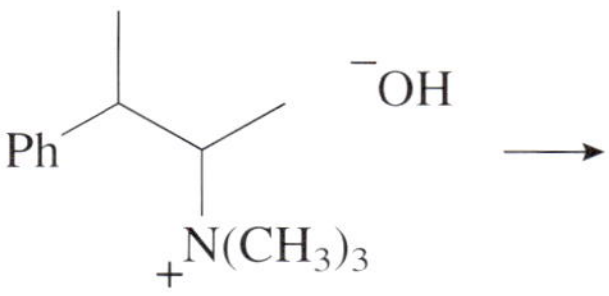

## 9.5 일분자 제거

9.2절의 시작에서 나타낸 에톡사이드 이온과 브롬화 *t*-뷰틸의 반응은 E2 반응에서 2-메틸프로펜을 형성하였다. 이 반응에서 에톡사이드 이온이 존재하지 않으면 E2 제거는 대단히 느리고 치환과 제거생성물이 모두 형성된다.

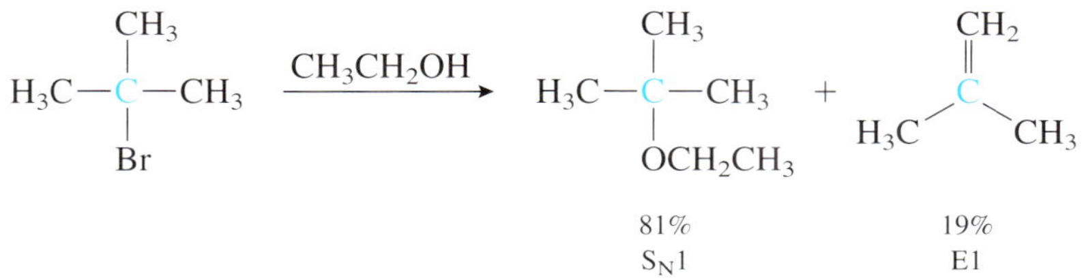

두 생성물의 속도는 1차 속도법칙에 따른다는 것이 발견되었다.

$$\text{속도} = k[t\text{-BuBr}]$$

치환생성물은 출발 브롬화알킬이 3차이기 때문에 $S_N1$ 메카니즘에 의해 형성된다는 것을 쉽게 이해할 수 있다. 제거반응도 같은 속도법칙을 따르기 때문에 그 속도-결정단계는 $S_N1$ 반응에서와 같이 브롬화 *t*-뷰틸 한 분자만을 포함하게 된다. 그러므로 제거반응은 **일분자제거(unimolecular elimination)** 혹은 **E1 반응(E1 reaction)**이라 한다.

두 메카니즘은 같은 속도-결정단계를 가지므로 E1 반응은 $S_N1$ 반응과 같은 속도법칙을 따른다. 그림 9.7에 카보양이온의 형성을 나타내었다. 메카니즘의 두 번째 단계에서 에탄올은 친핵체로서 카보양이온과 작용하여 $S_N1$ 생성물을 형성하거나 혹은 염기로 작용하여 E1 생성물을 형성한다. 이 특정한 조건에서 치환을 일으키는 전이상태는 전이를 일으키는 전이상태보다 다소 에너지가 낮다. 따라서 치환생성물이

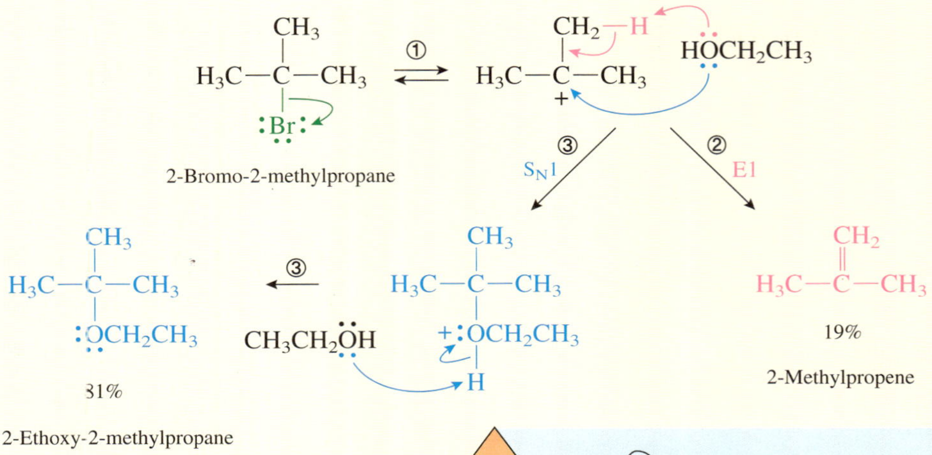


① 치환과 제거에 대한 속도-결정단계는 카보양이온 형성이다. ② 제거와 ③ 치환간의 경쟁은 제2단계에서 일어난다. 치환을 일으키는 전이상태는 다소 에너지가 낮다. 따라서 치환생성물이 제거생성물보다 더 많이 생성된다. 반응진행 대 자유에너지 그림을 오른편에 나타냈다.

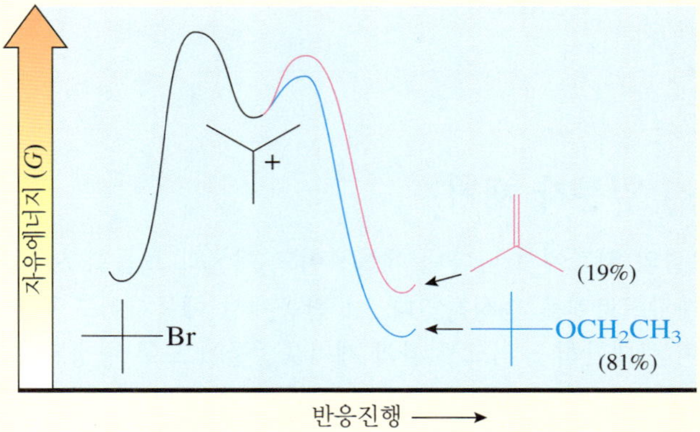


**그림 9.7** 브롬화 *t*-뷰틸 (2-브로모-2-메틸프로페인)의 $S_N1$ 치환과 E1 제거반응의 메카니즘.

주 생성물이다. 제거가 가능하다면(β-수소가 있다면), 제거생성물은 항상 $S_N1$ 반응의 치환생성물을 동반한다. 제거생성물의 양을 조절하기가 어렵기 때문에 이 반응이 다른 화합물을 제조하는 유용성을 감소시킨다. 더욱이 카보양이온 자리옮김은 치환생성물을 자리옮김하는 것과 같이 제거생성물도 자리옮김할 수 있다.

**문제 9.11** 2-메틸-2-프로판올을 황산으로 처리하면 2-메틸프로펜이 형성된다. 이 반응에 대한 메카니즘에서 모든 단계를 나타내어라. 메카니즘의 각 단계에서 전자의 이동을 굽은 화살로 나타내어라.

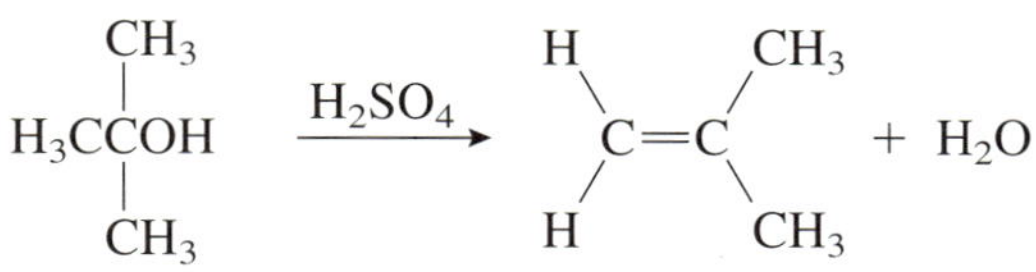

**문제 9.12** 이 반응에 대한 메카니즘의 모든 단계를 나타내어라. 다른 어떤 생성물이 형성될 것으로 기대되는가?

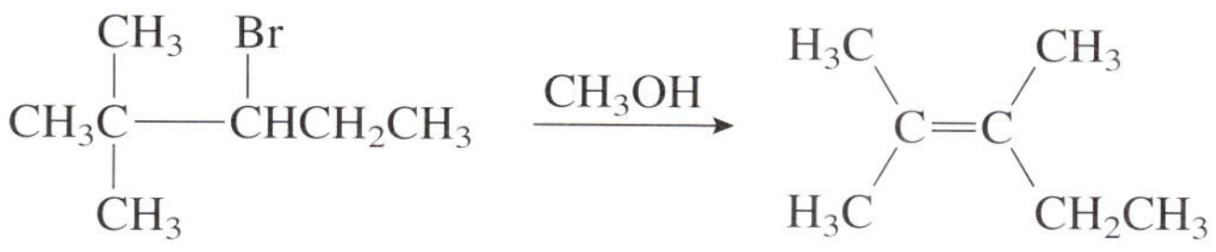

## 9.6 E1 반응의 위치화학과 입체화학

E1 반응에서 위치이성질체가 가능하다면 생성물 분배는 Zaitsev 규칙에 따르게 된다. $S_N1$/E1 조건(좋은 염기 혹은 친핵체가 존재하지 않는 에탄올과 물의 극성 혼합 용매에서)에서 2-브로모-2-메틸뷰테인의 반응은 64%의 치환생성물(물이 친핵체로 작용하면 알코올이 생성되고 알코올이 친핵체로 작용하면 에터가 생성된다), 30%의 많이 치환된 알켄 및 6%의 덜 치환된 알켄을 생성한다.

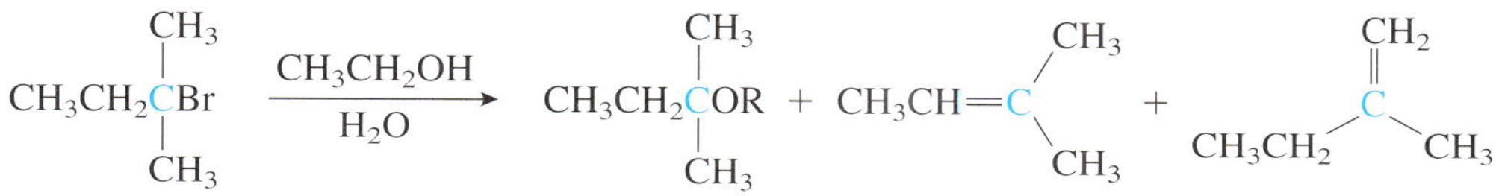

(R = H or $CH_2CH_3$)
64% 30% 6%

E2 반응에서와 같이 생성물 형성조절 조건에서 알켄의 상대적 수득률은 더 안정한 알켄이 유리하다.

E2 반응과는 달리 이탈기와 수소의 상대적 입체화학은 E1 제거반응에서는 중요하지 않다. 반응의 첫 단계에서 이탈기는 분리되어 평면 카보양이온을 형성한다. 이 단계에서 C—H결합이 절단되기 시작하면서 파이겹침이 일어나도록 C—H결합은 카보양이온의 비어 있는 *p* 궤도함수와 평행으로 배열되어야 한다. 그러므로 사이클로헥세인 고리를 포함하는 E1 반응에 대해 트랜스-이축방향 제거는 일어나지 않는다. 예를 들면 $S_N1$/E1 조건에서 염화멘틸의 반응은 다음 방정식과 같은 생성물의 분배를 나타낸다.

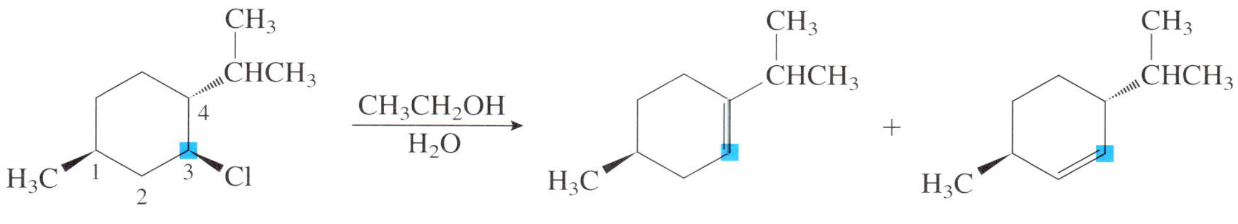

Menthyl chloride — 3-Menthene 47% — 2-Menthene 22%

+ 31% 치환생성물

염화멘틸의 E2 반응은 트랜스-이축방향 제거에 의해 형성될 수 있는 알켄이 단 하나이므로 100% 2-멘텐이 생성된다. 대조적으로 E1 반응은 입체화학이 중요하지 않기 때문에 두 알켄을 생성한다. 주 생성물은 Zaitsev 규칙에 따라 3-멘텐(더 안정한 생성물)이다.

## 예제 9.4

이 반응의 생성물을 나타내어라.

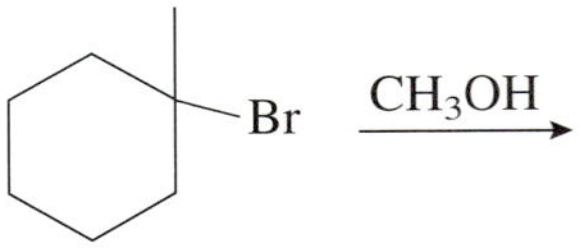


### 풀이

브롬은 3차 탄소에 결합되어 있다. 강한 염기가 존재하지 않으면 $S_N1$/E1 메카니즘에 의해 진행된다. 치환생성물이 유리하다. E1 반응은 Zaitsev 규칙에 따른다. 그러므로 1-메틸사이클로헥센이 메틸렌 사이클로헥세인보다 더 많이 형성된다.

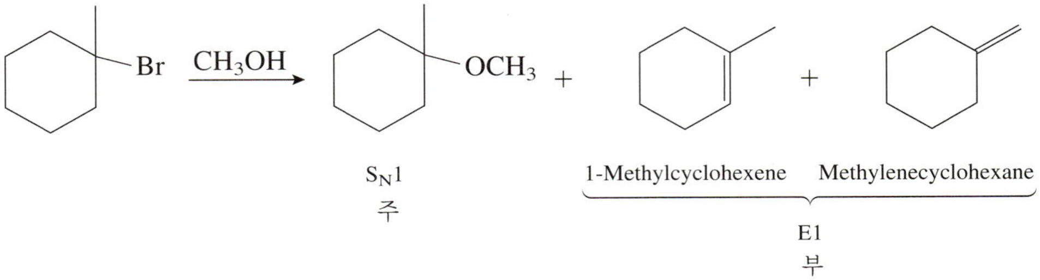


**문제 9.13** 다음 $S_N2$ 반응의 입체화학을 포함한 생성물을 나타내어라.

a) 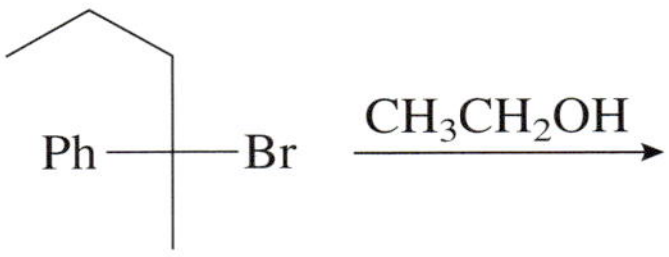


b) 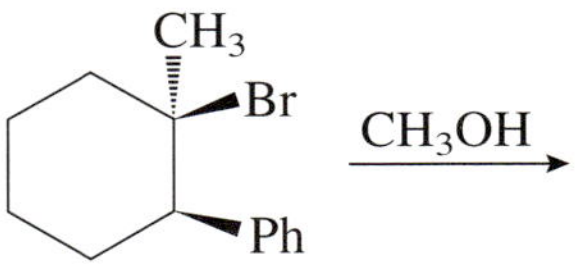


c) 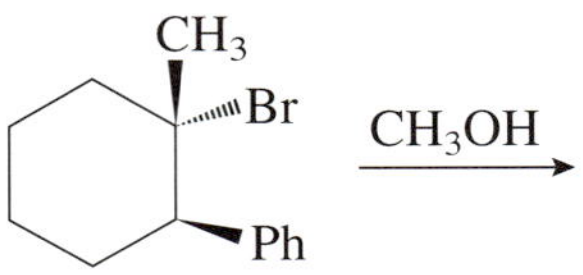


d) 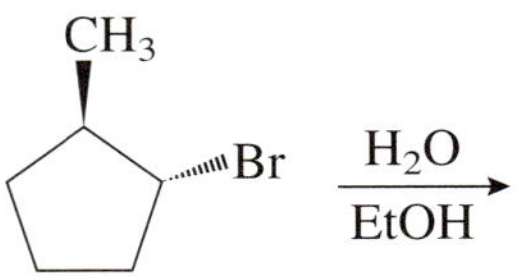


**문제 9.14** 다음 반응의 생성물을 나타내어라.

a) 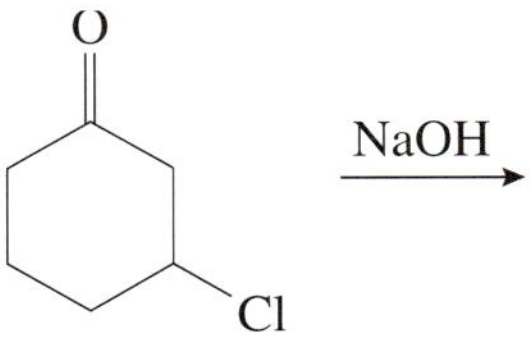


b) 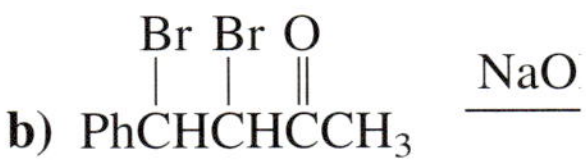

## 9.7 제거와 치환반응 간의 경쟁

이들 반응에서는 4개의 다른 메카니즘이 경쟁한다. 즉 $S_N1$, $S_N2$, E1 및 E2이다. 일어나는 각 메카니즘의 정도는 기질, 염기 혹은 친핵체의 동일성 및 용매와 같은 다중 인자에 의존한다. 이들 인자가 이들 메카니즘의 특정한 하나를 유리하게 한다면 어느 것이 우세한가를 예측할 수 있다. 그러나 이 인자가 다른 메카니즘에도 유리하면 예측은 대단히 어렵다. 사실 몇 가지 가능한 메카니즘이 특정한 반응에서 동시에 일어난다. 그러나 실험실에서 이 반응들을 사용할 때는 항상 특정한 치환생성물 혹은 특정한 제거생성물을 제조하려고 시도한다. 한 메카니즘이 다른 메카니즘보다 빠르고 원하는 치환 혹은 제거생성물의 수득률이 최대가 되도록 반응조건을 주의해서 선택할 가능성이 있다.

다음은 이들 메카니즘의 경쟁을 조절해주는 인자를 일반화하여 요약한 것이다.

### $S_N2$와 E2

이 두 경로는 반응의 속도-결정단계에서 친핵체 혹은 염기와 탄소 기질과의 반응을 요구된다. 좋은 염기 혹은 친핵체의 존재는 이 메카니즘들이 $S_N1$과 E1보다 유리하다. 입체적 장애가 $S_N2$와 E2 간의 경쟁에서 중요한 인자이다. 입체적 장애에 의해 치환이 늦어지고 제거는 그렇지 않다는 사실을 다음 예로 나타내었다. 이 예에서 강한 염기이고 친핵체인 에톡사이드 이온의 존재는 $S_N1$/E1경로보다 $S_N2$/E2 메카니즘이 더 유리하다. 친전자성 탄소가 1차에서 2차와 3차로 변화되면 친전자성 탄소에서 입체장애가 증가하고 $S_N2$ 반응의 속도를 느려진다. 그러므로 반응 메카니즘은 완전한 $S_N2$로부터 완전한 E2로 변환된다. E2는 입체적 장애로 늦어지지 않기 때문에 삼차 탄소에 이탈기를 가진 기질은 강한 염기의 존재에서 $S_N1$ 치환보다는 E2제거가 일어난다.

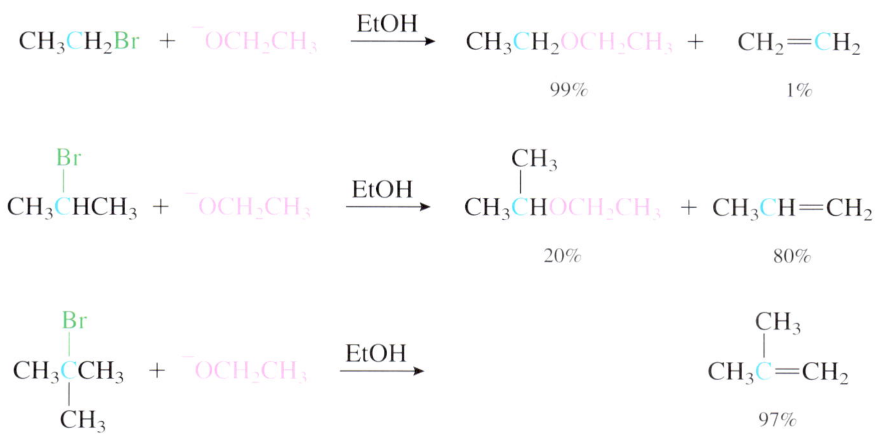

8장에서 염기의 세기가 증가하면 친핵체의 세기가 증가한다는 사실을 논의하였다. (염기성/친핵성 원자가 주기표의 같은 주기에 있는 한.) 그러므로 $S_N2$와 E2 반응의 속도는 염기와 친핵체의 세기가 증가함에 따라 증가한다. 그러나 많은 실험적결과는 강

한 염기(역시 강한 친핵체)는 약한 염기(역시 약한 친핵체)보다 제거 대 치환의 비를 증가시켜준다. 예를 들면 강한 염기이고 친핵체인 에톡사이드와 2-브로모프로페인의 반응으로 20% 치환과 80%제거가 이루어진다. 대조적으로 약한 염기와 친핵체인 아세트산 이온과 2-브로모뷰테인의 반응은 치환생성물을 높은 수득률로 생성한다.

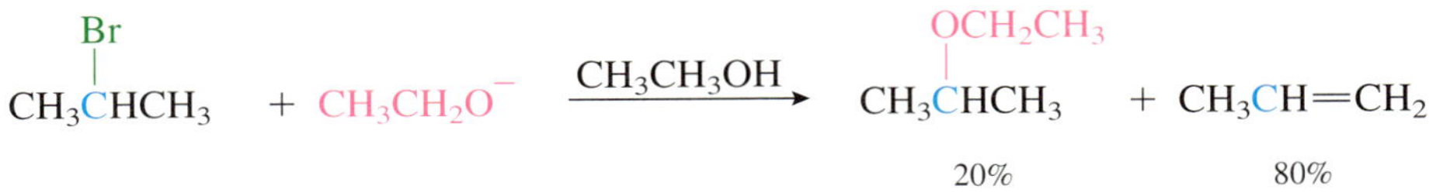

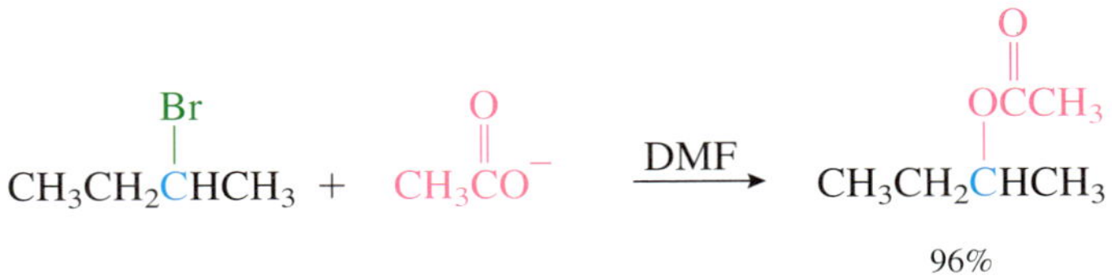

반응 온도는 치환과 제거의 상대적 양에 영향을 미친다. 보통 제거의 백분율은 높은 온도에서 증가한다. 이것은 제거가 분자를 토막으로 절단한다는 사실로부터 생긴다. 그러므로 제거는 치환보다 엔트로피에 의해 더 유리해진다. 온도가 증가하면 방정식 $\Delta G = \Delta H - T\Delta S$에서 엔트로피 항이 더 중요하게 되고 제거의 양은 증가한다. 이 효과를 다음 방정식에서 설명하였다.

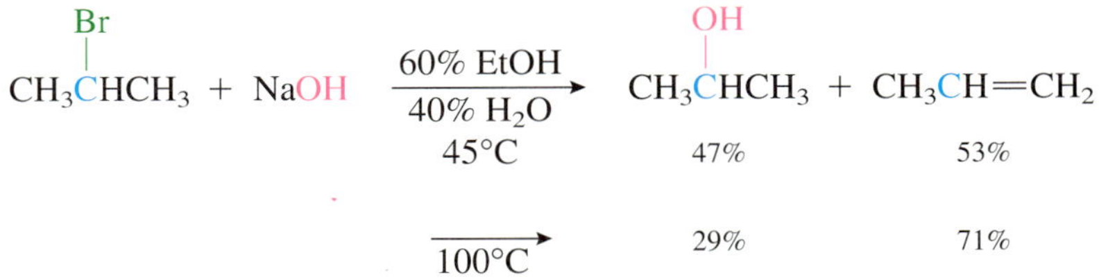

요약하면 $S_N2$와 E2간의 경쟁에서 약한 염기인 친핵체, 최소의 입체적 장애 및 낮은 온도는 치환을 최대로 하는 데 사용된다. 한편 강한 염기, 최대 입체적 장애 및 높은 온도는 최대 제거를 위해 사용된다.

### $S_N1$과 E1

이 두 메카니즘은 속도-결정 카보양이온의 형성을 포함하므로 극성용매에서 3차 혹은 2차 기질에서 가장 흔히 일어난다. 반응조건은 $S_N2$와 E2 경로가 유리한 강한 염기 혹은 친핵체를 피하기 위하여 중성 혹은 산성이어야 한다. 어떤 화합물이 생길 것인가를 조절해주는 단계가 속도-결정단계 다음에 오기 때문에 치환 대 제거의 비를 조절하는 것은 대단히 어렵다. 몇 가지 제거는 항상 $S_N1$ 반응을 동반한다. 한 예를 그림 9.7의 방정식에 나타내었다.

치환 혹은 제거반응을 유기합성에 사용할 때 치환생성물 혹은 제거생성물 중 어느 것이 형성되는 주 생성물이 될 것인가를 조절할 수 있다. 합성에서 이들 반응에 사용되는 탄소 기질에 관하여 다음과 같이 요약할 수 있다.

### 메틸 기질: $CH_3L$

메틸 기질은 $S_N2$ 반응에 대해 우수하다. β-탄소가 없으므로 제거반응이 일어나지 않는다. 메틸 카보양이온은 대단히 불안정하므로 $S_N1$ 메카니즘도 일어나지 않는다.

### 1차 기질: $RCH_2L$

입체장애가 작기 때문에 이 화합물은 모든 친핵체와 $S_N2$ 반응에 대해 우수하다. 그러나 좋은 친핵체가 아닌 강한 염기를 사용하면 E2 경로가 유리하게 된다. 염기가 입체적으로 붐비기 때문이다. 다음 방정식에서 나타낸 것처럼 가장 보편적인 *t*-뷰톡시화 포타슘은 이런 역할에 상용된다.

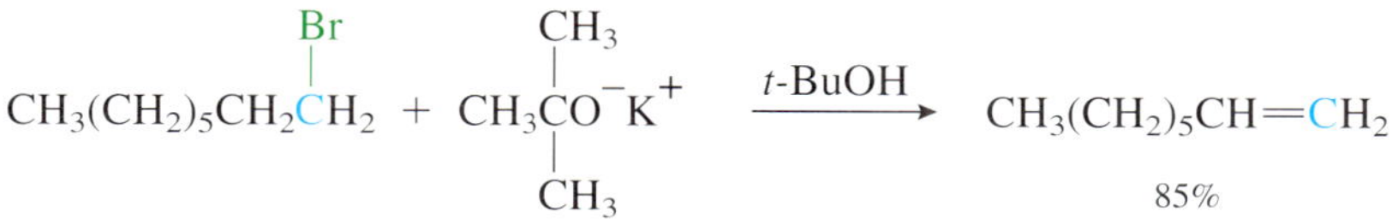

1차 기질은 알릴 혹은 벤질이 아닌 한 $S_N1$ 혹은 E1 메카니즘을 따르지 않는다. 일차 카보양이온의 에너지가 너무 크기 때문이다.

### 2차 기질: $R_2CHL$

2차 기질은 4개의 메카니즘에 의해 반응할 수 있다. 너무 염기성이 크지 않은($CH_3CO_2^-$, $RCO_2^-$, $CN^-$, $RS^-$) 친핵체로 처리하면 $S_N2$ 메카니즘에 의해 좋은 수득률로 치환생성물을 생성한다. $OH^-$ 혹은 $OR^-$와 같은 강한 염기로 처리하면 E2 메카니즘에 의해 우선적으로 제거생성물을 형성할 수 있다. 좋은 친핵체 혹은 염기가 없는 극성 용매에서 반응하면 $S_N1$ 메카니즘에 의해 우선적으로 치환생성물이 얻어진다. E1 메카니즘에 의해 약간의 제거반응이 동반된다. 다음 방정식에서 $S_N1$과정에 의해 에터 제조에서 알코올을 친핵체와 용매로 사용(**용매화반응, solvolysis reaction**)한 예를 나타내었다. 강한 염기, $EtO^-$ 친핵체는 E2 메카니즘에 의해 제거를 일으키기 때문에 사용할 수 없다.

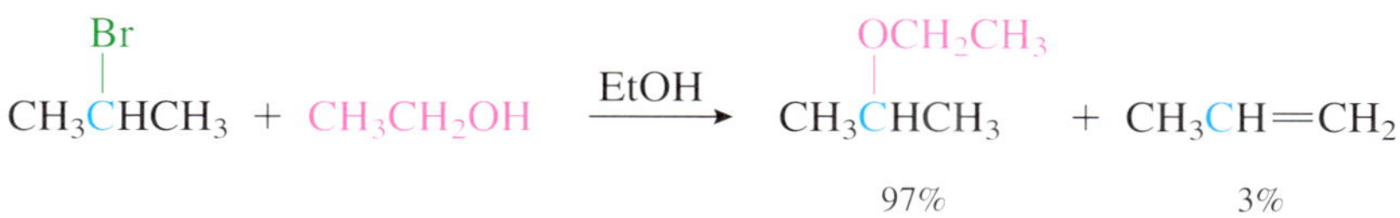

### 3차 기질: $R_3CL$

3차 기질은 너무 장애를 받기 때문에 $S_N2$ 반응은 일어나지 않는다. 그러므로 치환반응이 필요하면 $S_N1$ 조건 (극성, 염기 없는)에서 이루어 져야한다. 항상 수용할 만한 수득률이 얻어진다. 그러나 보통 E1 경로에 의해 상당한 제거가 일어난다. 기질을 강한 염기(보통 $OH^-$ 혹은 $OR^-$)로 처리하면 E2 메카니즘에 의해 우수한 수득률로 제거생성물을 얻을 수 있다.

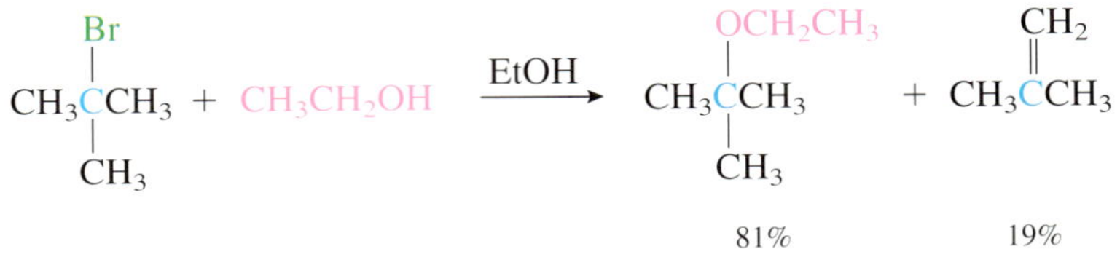

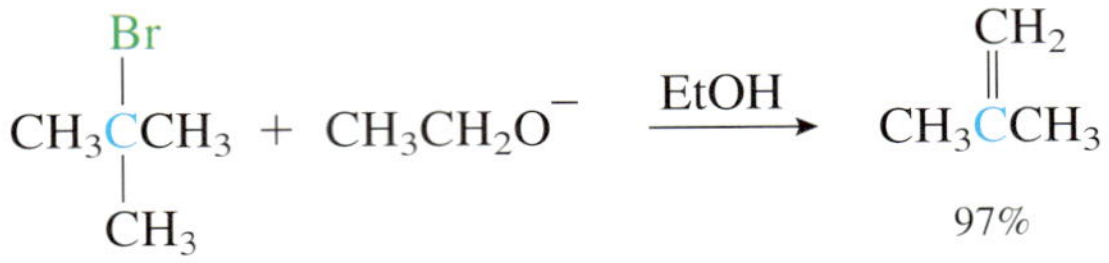

10장에서 이들 모든 반응의 합성에의 이용을 더 상세하게 논의하게 될 것이다.

## 예제 9.5

다음 반응에 대한 치환과 제거생성물을 나타내어라. 어떤 메카니즘이 일어나며 어떤 생성물이 주 생성물이 될 것인지 설명하여라.

**a)** $CH_3CH_2CH_2CH_2Cl + CH_3O^- \xrightarrow{CH_3OH}$

**b)** 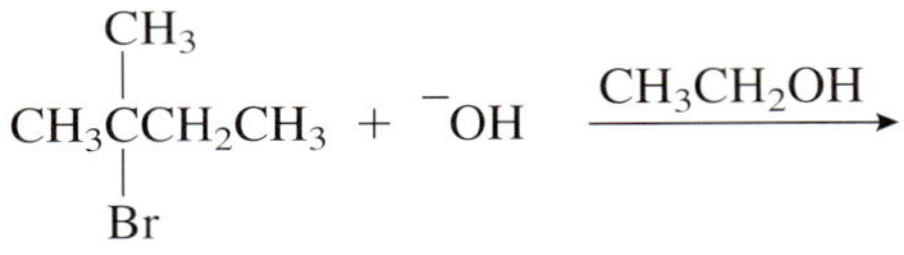

**c)** 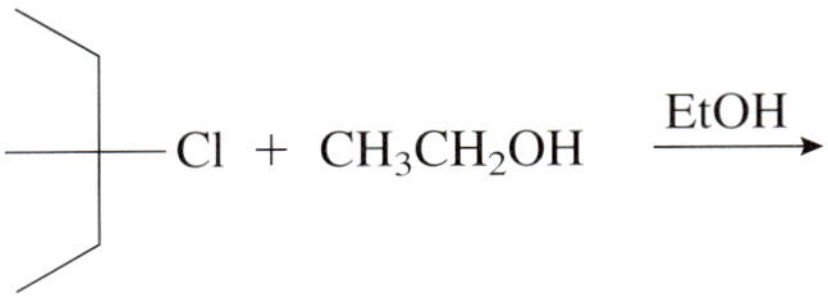

### 전략

먼저 이탈기, 친전자성 탄소 및 친핵체 혹은 염기를 확인하여라. 친전자성 탄소의 성질은 가능한 메카니즘을 제한해주기 때문에 잘 검토해야 한다. 이 탄소가 메틸이면 메카니즘은 $S_N2$이다. E2 메카니즘을 촉진하기 위하여 사용한 *t*-뷰톡시화 포타슘과 같은 입체적 장애가 큰 염기가 아닌 한 탄소가 1차이면 메카니즘은 $S_N2$이다. 친핵성 탄소가 3차이면 산성 혹은 중성조건에서는 메카니즘은 $S_N1$과 E1이고 강한 염기(보통 $HO^-$,$CH_3O^-$ 혹은 $CH_3CH_2O^-$) 존재에서는 E2이다. 친전자성 탄소가 2차이면 모든 메카니즘이 가능하며 친핵체와 용매를 고려하지 않으면 안된다. 적당히 강한 염기($CH_3CO_2^-$, $RCO_2^-$, $CN^-$, $RS^-$)인 좋은 친핵체의 존재에서 용매가 비양성자성이면 메카니즘은 $S_N2$이다. 강한 염기(보통 $HO^-$, $CH_3O^-$ 혹은 $CH_3CH_2O^-$)의 존재에서 메카니즘은 E2이다. 좋은 친핵체가 존재하지 않고 극성용매에서 강한 염기가 존재하면 메카니즘은 $S_N1$이다. 카보양이온의 가능한 공명안정화는 $S_N1$ 반응을 더 유리하게 해 준다. 유리한 조건에서 공명안정화 카보양이온을 형성할 수 있는 화합물은 친핵성 탄소가 일차이면 $S_N1$메카니즘에 의해 반응할 수 있다. 따라야 할 메카니즘이 일단 결정되면 반응의 입체화학과 위치화학을 고려한다($S_N2$에 대해 반전; $S_N1$에 대해 라세미화; 안티제거와 E2에 대한 Zaitsev 규칙; E1에 대해 Zaitsev규칙).

## 풀이

**a)** 이탈기, Cl은 1차 탄소에 결합되어 있다. 메톡사이드 이온은 강한 친핵체이고 강한 염기이나 입체적 장애는 없다. 그러므로 반응은 $S_N2$ 메카니즘을 따르게 될 것이다. 제거는 많이 일어나지 않는다. 1차 탄소에서는 입체화학이 가시화되지 않는다.

$$CH_3CH_2CH_2CH_2Cl + CH_3O^- \xrightarrow{CH_3OH} CH_3CH_2CH_2CH_2OCH_3$$

**b)** 이탈기(Br)는 3차 탄소에 결합되어 있다. 하이드록사이드 이온은 강한 염기이다. E2 메카니즘에 따른다. Zaitsev 규칙에 따르면 더 많이 치환된 알켄이 주 생성물이다.

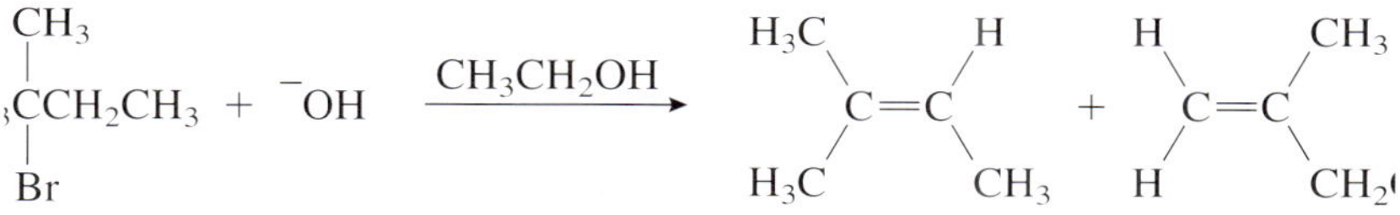

주 부

**c)** 이탈기는 3차에 있고 강한 염기가 존재하지 않으므로 반응은 $S_N1$과 E1 메카니즘에 따른다. 보통 치환이 주 생성물이고 상당량의 제거생성물이 형성된다. Zaitsev규칙에 따르면 더 많이 치환생성물이 알켄보다 유리하다.

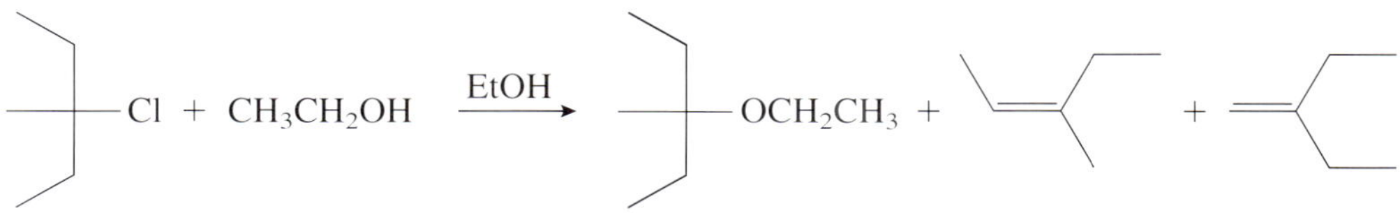

주($S_N1$) *Z* + *E* 부(E1) 흔적(E1)

**문제 9.15** 다음 반응의 치환과 제거생성물을 나타내어라. 어느 메카니즘이 일어나며 어느 생성물이 주 생성물로 기대되는지 설명하여라.

**a)** 

**b)** 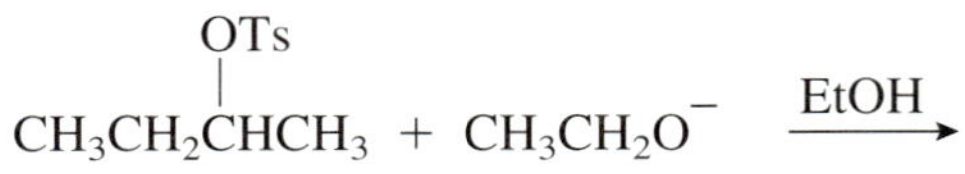

**c)** 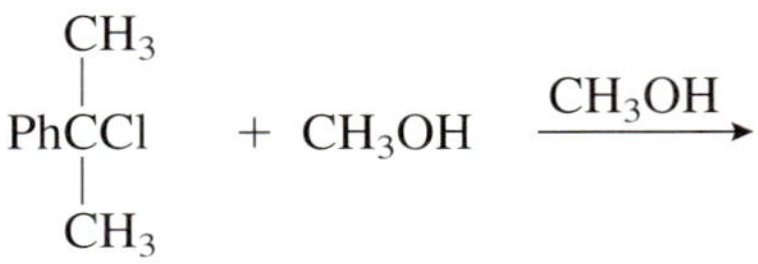

**문제 9.16** 다음 반응에서 어느 메카니즘이 유리한지를 설명하고 주 생성물을 나타내어라.

**a)** 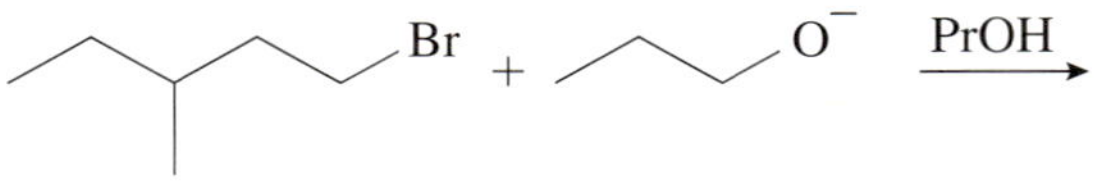

**b)** 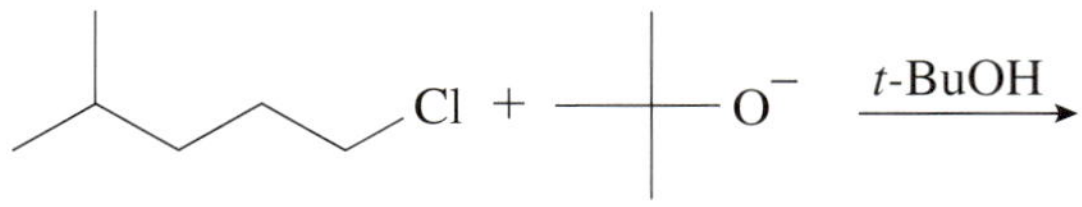

**c)** 

**d)** 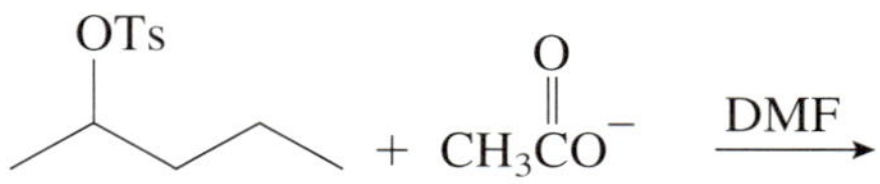

**e)** 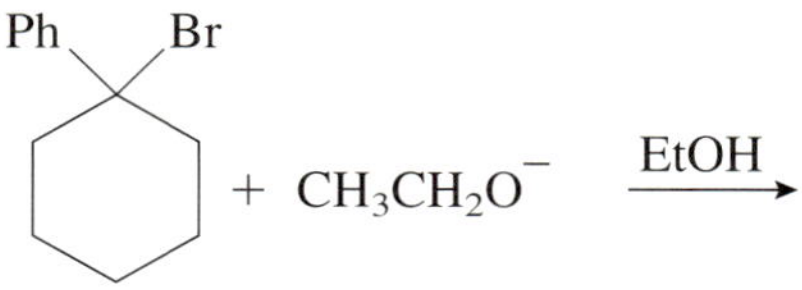

**f)** 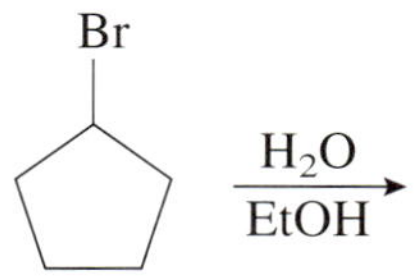

치환반응과 경쟁하는 제거반응에 대한 두 메카니즘을 표 9.1에 요약하였다.

**표 9.1** 제거반응의 요약

| | E1 | E2 |
|---|---|---|
| **메카니즘** | 2단계 | 1단계 |
| | R—L ⟶ $R^+$ ⟶ alkene | R—L + $B^-$ ⟶ alkene + BH + $L^-$ |
| **반응속도론** | 일차 | 이차 |
| | 속도 = $k$[RL] | 속도 = $k[RL][B^-]$ |
| **경쟁반응** | $S_N1$ | $S_N2$ |
| **입체화학** | 유리한 회전배열이 없음 | 안티-준평면 제거<br>(사이클로헥세인에서 트랜스-이축방향) |
| **위치화학** | Zaitsev 규칙: | Zaitsev 규칙: |
| | 더 많이 치환된 알켄이 유리 | 더 많이 치환된 알켄이 유리<br>(Hofmann 제거는 Hofmann 규칙에 따른다: 덜 치환된 알켄이 유리) |
| | 콘쥬게이션은 항상 유리 | 콘쥬게이션은 항상유리 |
| **치환과경쟁** | E1은 항상 $S_N1$을 동반한다. | E2는 강한 염기, 입체장애 및 고온에서 유리 |

# 추가문제

**9.17** 다음 반응의 제거생성물을 나타내어라. 하나 이상의 생성물이 가능하면 어느 것이 주 생성물인지를 지적하여라.

**a)** 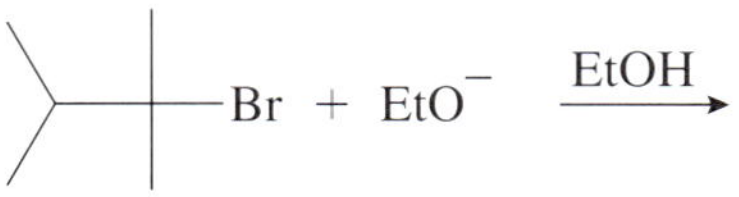

**b)** $CH_3CH_2\overset{+}{N}(CH_3)_2CH_2CH_2CH_2CH_3\ \ ^-OH \longrightarrow$

**c)** 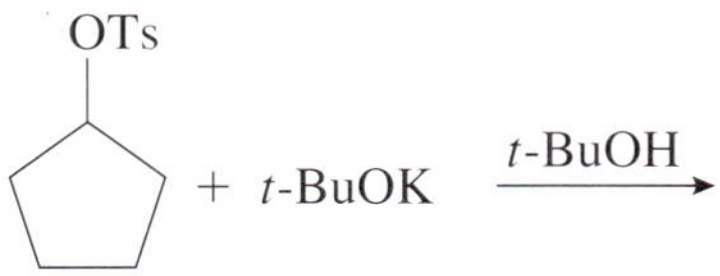

**d)** 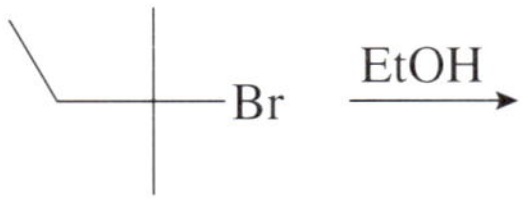

**e)** $Ph_2CHCH_2OTs + t\text{-BuOK} \xrightarrow{t\text{-BuOH}}$

f) 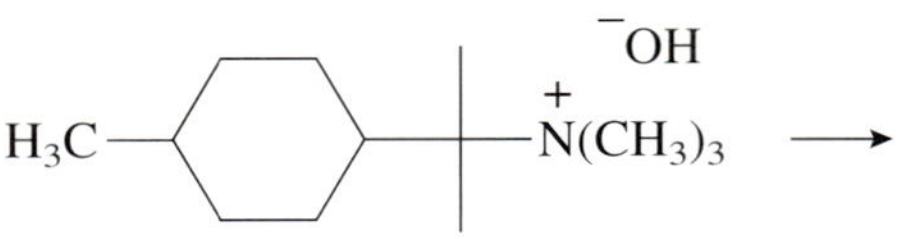

g) 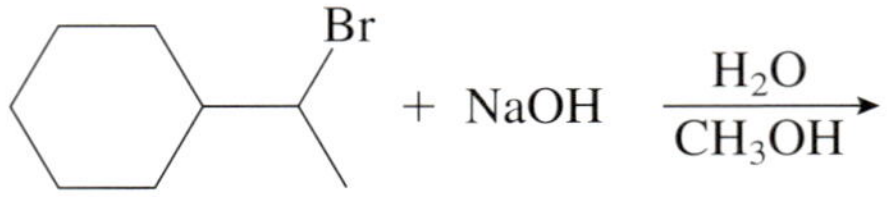

h) 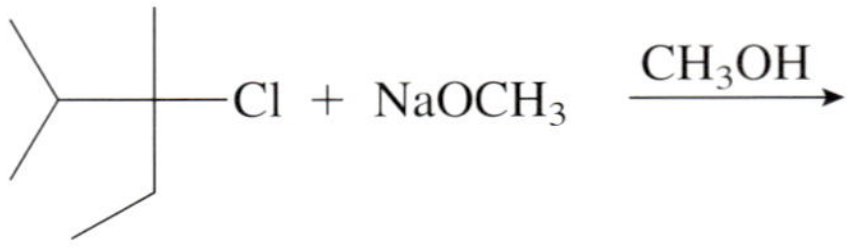

i) 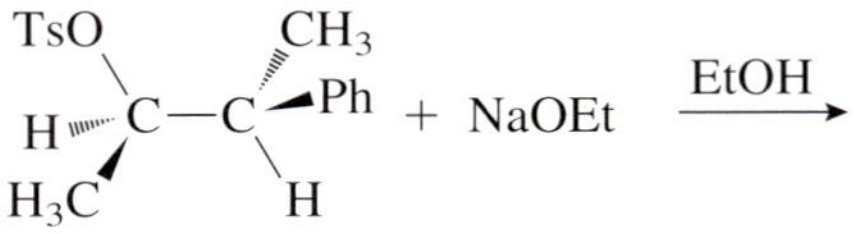

j) 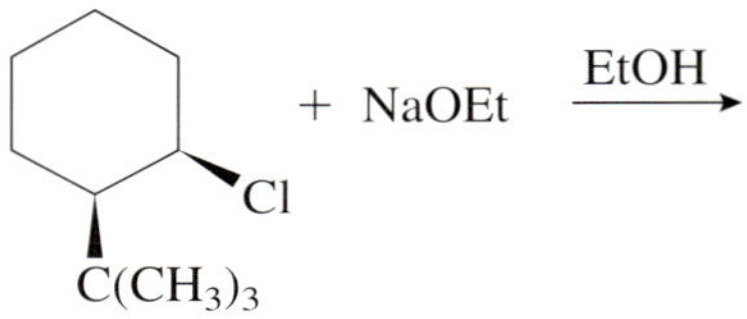

k) 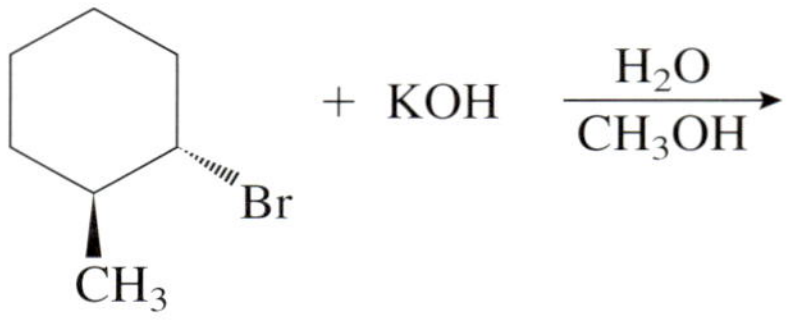

l) 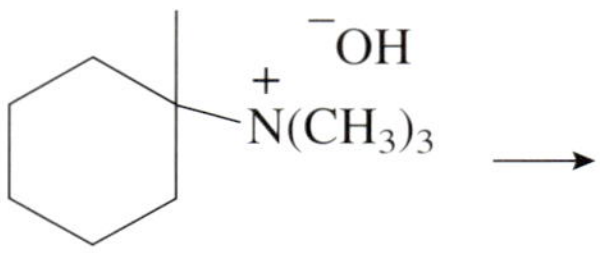

m) 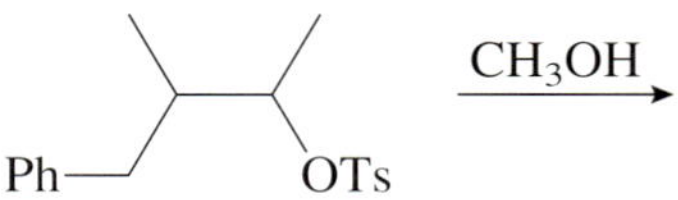

**9.18** 다음 반응은 어떤 메카니즘을 따를 것인지를 설명하고 주 생성물을 나타내어라.

a) 

b) 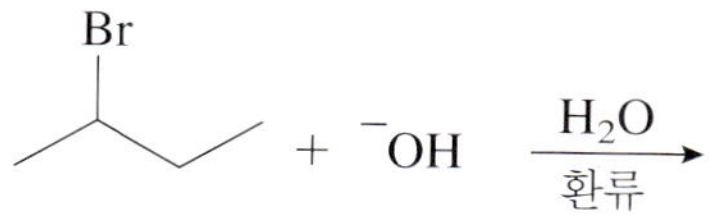


c) 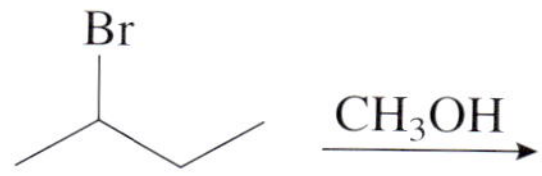


d) 

e) 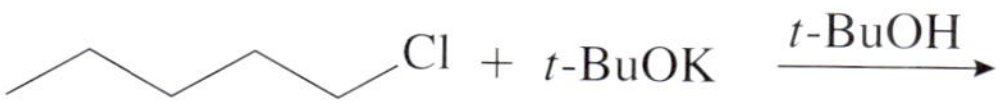


f) 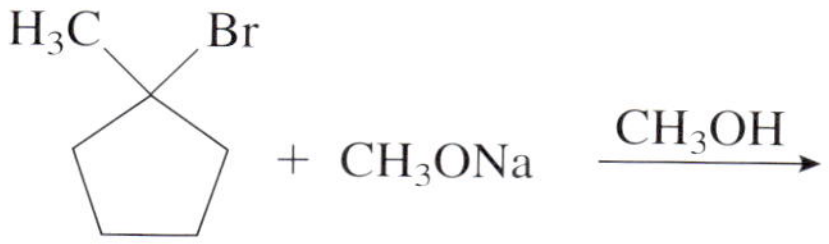


g) 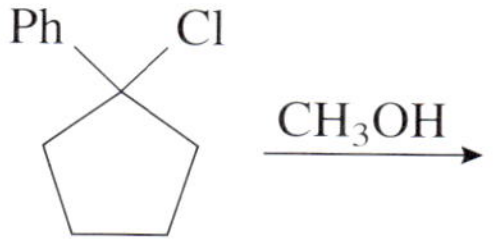


**9.19** 이 반응에 대한 메카니즘의 모든 단계를 나타내어라. 이 반응에서는 어떤 치환 생성물이 형성될 것인가?

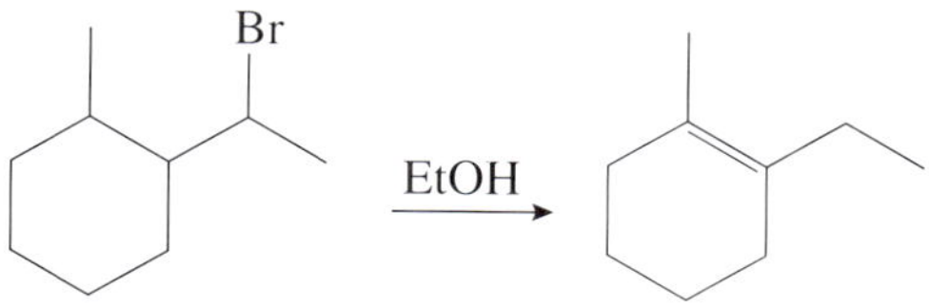


**9.20** 반응의 생성물을 써라. 에탄올에서 에톡사이드 대신에 *t*-BuOH에서 *t*-BuO⁻로 변화시키면 생성물의 성분은 어떻게 변할 것인가?

**9.21** 다음 이성질체를 제외한 1,2,3,4,5,6-헥사클로로사이클로헥세인의 모든 입체이성질체는 대단히 비슷한 E2 반응의 속도를 갖는다. 이 이성질체는 다른 것보다 7000배 더 속도가 느리다. 그 이유를 설명하여라.

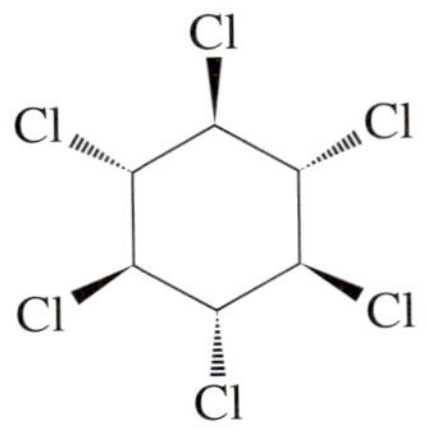

**9.22** 이 반응의 생성물을 나타내어라.

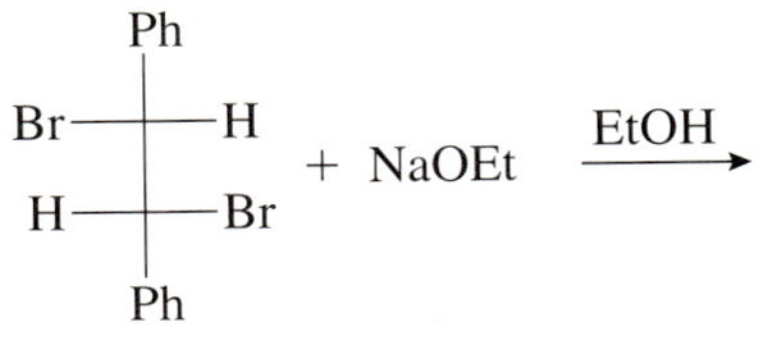

**9.23** *t*-뷰탄올에서 *t*-뷰톡시화 포타슘과 이 화합물의 시스-이성질체와의 반응은 트랜스 이성질체보다 500배 더 빠르다. 그 이유를 설명하여라.

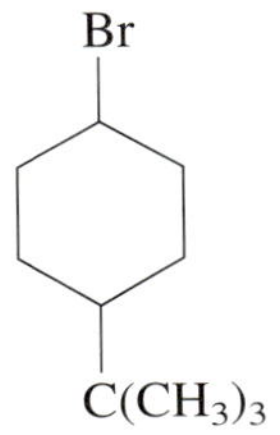

**9.24** 다음 화합물 중 어느 것이 E2 제거의 속도가 더 빠른가를 설명하여라.

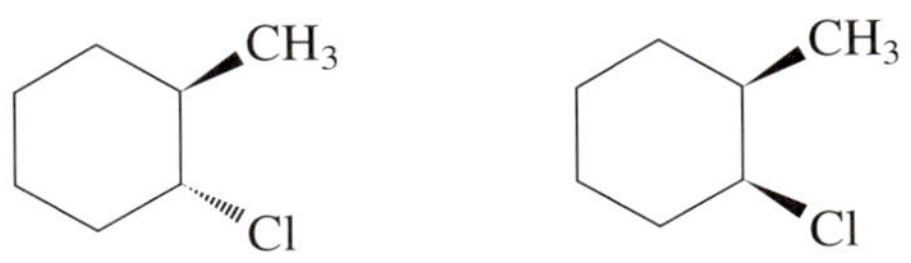

**9.25** 다음 변환을 수행하기 위하여 어떤 시약과 반응 조건을 사용할 수 있는가?

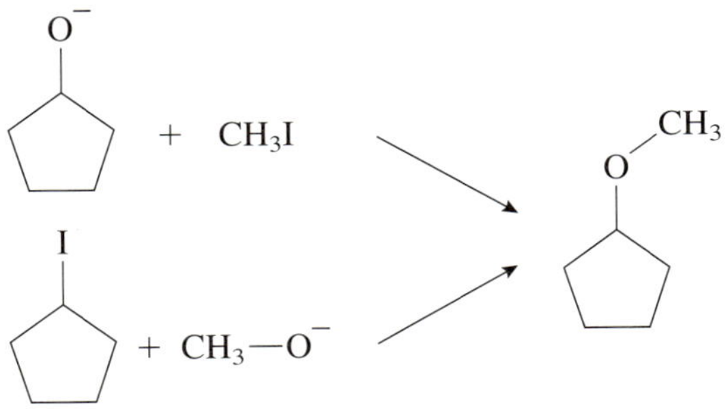

CHAPTER 10

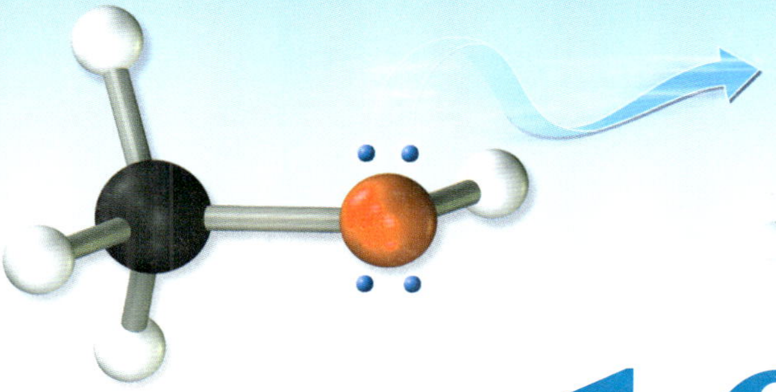

# 치환과 제거반응의 합성에 이용: 작용기의 상호변환

**유기화학 숙달**

- ▶ 치환과 제거반응의 주 생성물의 예측
- ▶ 치환과 제거반응의 입체화학의 예측
- ▶ 치환과 제거반응의 메카니즘
- ▶ 치환과 제거반응을 이용한 화합물의 합성

앞 두 장에서 치환과 제거반응의 메카니즘을 상세히 검토하였다. 이 장의 목적은 이 반응들을 다른 유기화합물을 만드는 유기합성 분야에 어떻게 사용하는가를 살펴보는 데 있다. 이 장에서 반응은 생성되는 화합물의 형태에 따라 분류한다. 먼저 치환반응을 다룬다. 이 반응은 다른 친핵체를 사용하여 할로겐화 알킬과 알코올을 에터, 에스터, 아민 및 알케인과 같은 다른 화합물로 변환시킬 수 있다. 더욱이 두 탄소 친핵체를 도입하였다. 치환반응에서 탄소 친핵체의 사용은 유기화합물 합성에서 대단히 중요한 일부분인 탄소-탄소결합을 형성한다. 이 치환반응의 각각에 대해 그 반응이 가질 수 있는 제한과 함께 수득률에 영향을 미칠 수 있는 요인을 검토하였다. 다음에 이중결합과 삼중결합을 포함한 화합물을 제조하는 제거반응의 사용과 이 반응들의 한계점을 다루었다.

처음에는 이 장에 매우 많은 수의 반응이 있는 것처럼 보인다. 친전자체는 친핵체와 반응한다는 것을 기억하는 것이 성공의 열쇠이다. 각 반응에서 친전자성 탄소(이탈기와 결합된)와 친핵체 혹은 염기를 확인할 수 있고 두 치환 메카니즘과 두 제거 메카니즘 간의 경쟁에 영향을 미치는 요인을 기억하고 있으면 배워야할 점은 상당히 더 쉬워진다.

## 10.1 치환반응

일반적으로 $S_N2$ 메카니즘에 의해 진행되는 반응은 $S_N1$ 메카니즘에 의해 진행되는 반응보다 합성에 더 많이 이용된다. 입체화학의 상실 혹은 자리옮김과 같은 복잡성이 카보양이온을 포함하는 반응에 동반되기 때문이다. $S_N2$ 반응의 수득률을 감소시켜 주는 주 인자는 경쟁 제거반응이다. 제거반응은 반응부위의 입체적 장애를 최소화하면 감소될 수 있다.

메틸 혹은 일차 탄소에 결합된 이탈기를 가진 화합물은 $S_N2$ 치환반응에서 항상 우수한 수득률을 나타낸다. 이탈기가 이차 탄소에 결합되어 있으면 약한 염기성 친핵체에 대해 상당한 수득률을 나타낸다. 그러나 강한 염기인 친핵체는 이차 기질에 대해 상당한 양의 제거반응을 일으킨다. 이와 같은 경우에 $S_N1$ 경로 혹은 한 단계 이상을 포함한 직접적인 경로에 의해 원하는 생성물을 제조할 필요가 있다. 이탈기가 삼차 탄소에 결합되어 있으면 $S_N2$ 메카니즘은 일어나지 않는다. 이와 같은 경우에 치환은 $S_N1$이 되고 제거반응이 다소 허용된다.

이와 같은 치환반응이 어떻게 다양한 작용기를 제조하는 데 사용되는지를 살펴보자.

## 10.2 알코올의 제조

알코올은 다음 장에서 기술할 많은 반응으로부터 얻을 수 있다. 이런 이유 때문에 치환반응을 사용하여 다른 작용기를 합성할 수 있는 출발물질이다. 필요하다면 이들은 물과 하이드록사이드 이온을 친핵체로 사용하여 할로겐화 알킬로부터 제조할 수 있다. 친핵체로 하이드록사이드를 사용한 반응에 대한 일반 방정식은 다음과 같다.

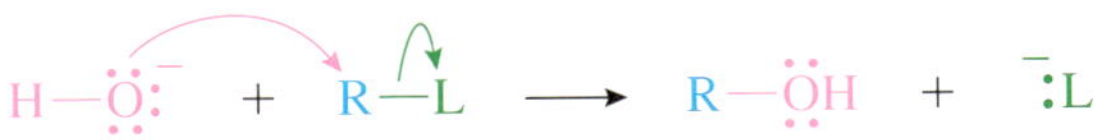

물의 짝 염기인 하이드록사이드 이온은 강한 염기이고 강한 친핵체로 $S_N2$ 메카니즘에 의해 반응한다. 다음 예에서 설명한 것처럼 하이드록사이드 이온은 일차 할로겐화 알킬과 반응하여 알코올을 좋은 수득률로 형성한다.

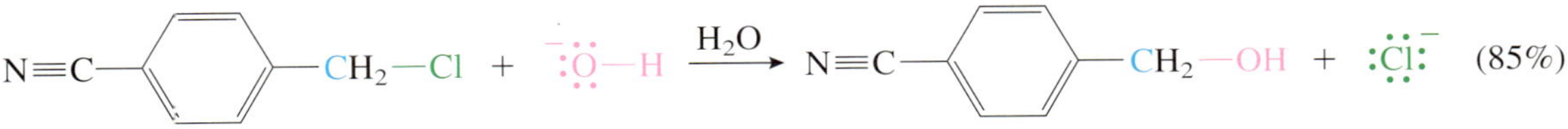

화합물이 특별히 $S_N2$ 반응에 대해 유리한 이차 할로겐화 알킬(할로겐화 알릴, 벤질 혹은 카보닐기의 이웃) 하이드록사이드 이온과의 반응에 대해서도 수득률은 상당히 높다. 다음에 그 예를 나타냈다.

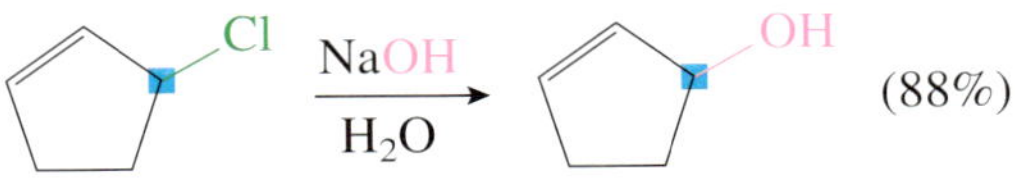

하이드록사이드 이온은 비활성 이차 할로겐화물에는 친핵체로 드물게 사용되며 삼차 할로겐화물에는 거의 사용되지 않는다. 이와 같은 화합물에 대해서는 OH로 할로겐화물의 치환은 친핵체로 물을 사용하거나 $S_N1$조건에서 수행할 수 있다.

$$H_2\ddot{O}: \; + \; R{-}L \; \longrightarrow \; R{-}OH \; + \; H{-}L$$

다음 방정식에서 나타낸 것처럼 할로겐화 알킬은 용매로 물을 사용하여 가열해 준다(화살의 위와 아래에 나타낸 Δ는 가열을 나타내는 데 사용된다).

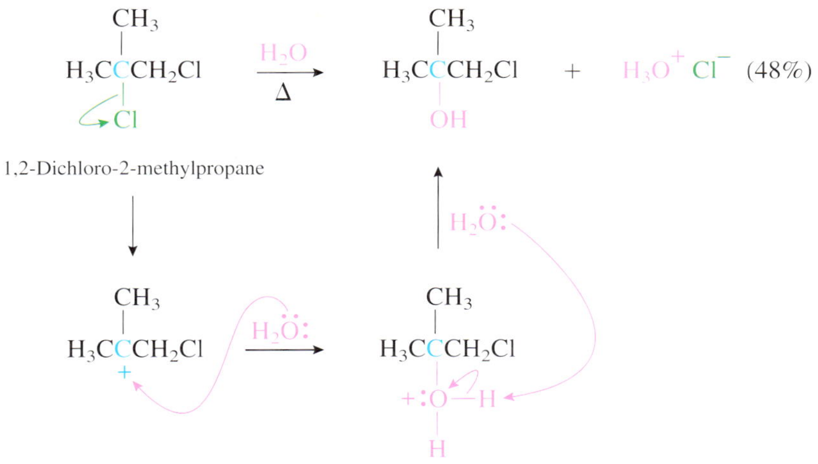

이 반응에 대한 메카니즘($S_N1$)을 나타내었다. 친핵체는 하이드록사이드 이온이 아니라 물이다. 산소에 있는 두 번째 양성자는 산소가 탄소에 결합되기 전까지는 소멸되지 않는다. 친핵체가 용매인 이와 같은 반응은 **용매화반응(solvolysis reaction)**이라 한다. 물이 친핵체와 용매인 이 특정한 경우를 **가수분해반응(hydrolysis reaction)**라 부른다.

**문제 10.1** 다음 반응의 생성물을 나타내어라.

**a)** 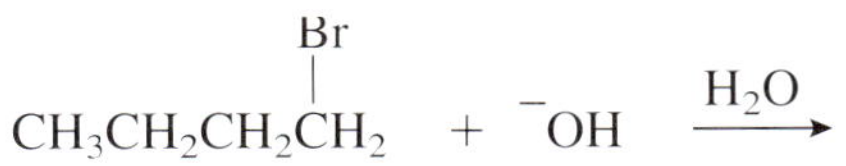

**b)** 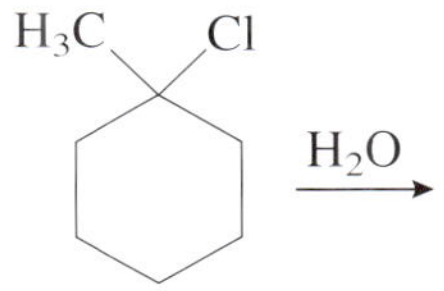

**문제 10.2** 1,2-다이클로로-2-메틸프로페인을 물에서 가열해 주면 두 염소의 하나만이 하이드록시기로 치환된다. 그 이유를 설명하여라(앞의 가수분해반응을 참고하여라).

이차 할로겐화 알킬과 하이드록사이드 이온의 반응은 수득률이 좋지 않다. 강한 염기인 하이드록사이드 이온은 많은 제거반응을 일으킨다. 시약의 반응성이 너무 크기 때문에 원하는 생성물의 수득률이 좋지 않은 경우는 흔하다. 이 문제를 해결하기 위하여 시약의 반응성을 보완하는 것이다. 즉 원하는 반응의 수득률을 높이기 위하여 시약의 반응성을 감소시킨다. 이것은 반응성을 감소시켜 주는 기를 시약에 결합시켜 이룰 수 있다. 이 보완된 시약을 원하는 반응에 사용한다. 마지막에 보완된 기를 시약으로부터 제거한다.

이 기술은 치환반응을 사용하여 수득률을 높여 알코올을 제조하는 데 사용된다. 하이드록사이드 이온의 수소를 산소의 염기성을 감소시켜 주는 기로 치환한다. 친핵체의 염기성의 감소는 치환반응보다 제거반응의 속도를 더 감소시켜 준다. 그 결과 생성혼합물에서 치환생성물의 비가 증가한다. 치환이 이루어진 후 수소와 치환하는데 사용했던 기를 제거하지 않으면 안된다. 전체 변환은 할로겐과 OH의 치환이다.

수소와 치환하는 데 사용하고 산소의 염기성을 감소시켜 주는 기는 아세틸기이다. 그러므로 아세트산 음이온을 하이드록사이드 이온보다 친핵체로 사용한다.

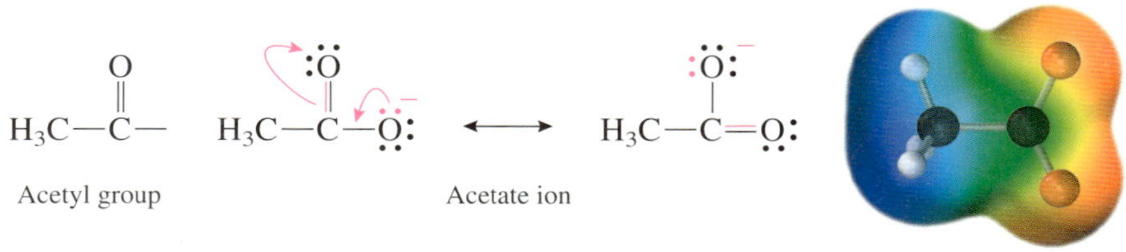


공명 안정화 때문에 아세트산 음이온은 하이드록사이드 이온보다 약한 염기이다. 이런 이유 때문에 아세트산 이온은 이차 기질과의 $S_N2$ 반응에서 친핵체로 사용하면 치환반응 생성물의 수득률을 높일 수 있다. 생성되는 아세트산 에스터는 염기와 물과의 반응에 의해 원하는 알코올로 좋은 수득률로 변환될 수 있다. 이 단계는 $S_N2$ 치환은 아니다. 대신 친핵체인 하이드록사이드 이온이 친전자체인 카보닐 탄소를 공격하기 시작한다. 결국 카보닐 탄소와 산소 간의 단일결합이 절단된다. 에스터 가수분해에서 초기 $S_N2$ 단계에서 형성된 탄소-산소결합을 포함하고 있지 않기 때문에 제거는 문제가 되지 않으며 탄소-산소결합은 변하지 않고 남아 있다. 이 과정의 예를 그림 10.1에 나타냈다.

그림 10.1에 설명한 과정에서 최종 생성물이 하이드록사이드 이온을 직접 사용했을 때와 동등하므로 아세트산 이온은 하이드록사이드 이온의 **합성 대등체 (synthetic equivalent)**라 한다. 그러나 두 단계과정은 하이드록사이드 이온과 2-브로모뷰테인의 지접적인 치환반응에 의해 얻어지는 것보다 2-부탄올의 수득률을 더 높여준다. 반응을 더 잘 조절하고 수득률을 높이기 위하여 시약의 염기성 혹은 친핵성을 감소시키는 카보닐기의 사용은 유기합성에서 일반적인 전략이다.

**그림 10.1** 친핵체로 아세트산 이온을 사용한 알코올의 제조.

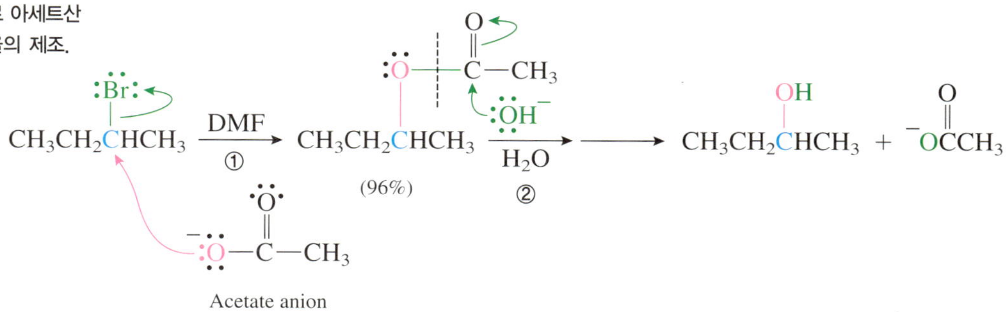


① 아세트산 이온은 특별히 다이메틸폼아마이드와 같은 비양성자성 용매를 사용하면 이차 탄소에서 $S_N2$ 반응에 의해 좋은 수득률을 나타낸다.

② 두 번째 단계는 $S_N2$ 반응이 아니다. 대신 산소와 카보닐기 간의 녹색결합은 다른 메카니즘에 의해 절단된다. 적색 CO 결합은 절단되지 않으므로 그 입체화학은 이 단계에서 변하지 않고 이 조건에서는 제거반응도 일어나지 않는다. 이 두-단계반응의 알짜 효과는 Br에 대한 OH기의 치환이다.

**문제 10.3** 그림 10.1에서 이 반응에 대해 나타낸 결합절단을 근거로 하여 생성물의 입체화학을 예측하여라. 그 이유를 설명하여라.

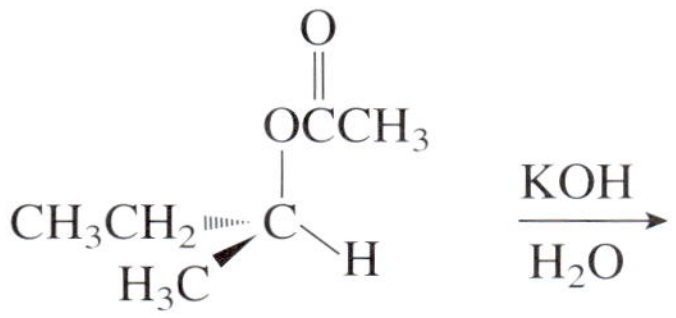

**문제 10.4** 다음 반응의 생성물을 나타내어라.

a) 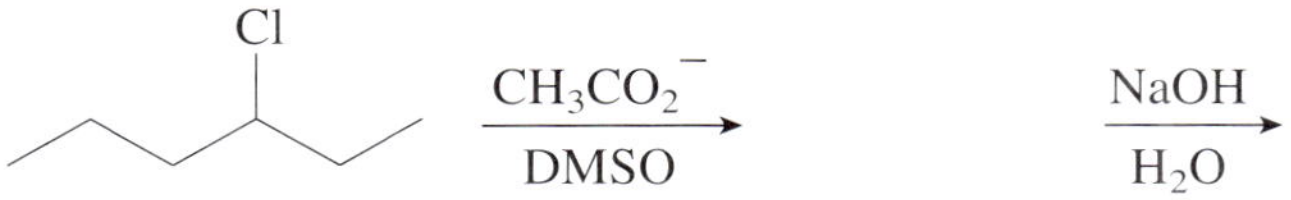

b) 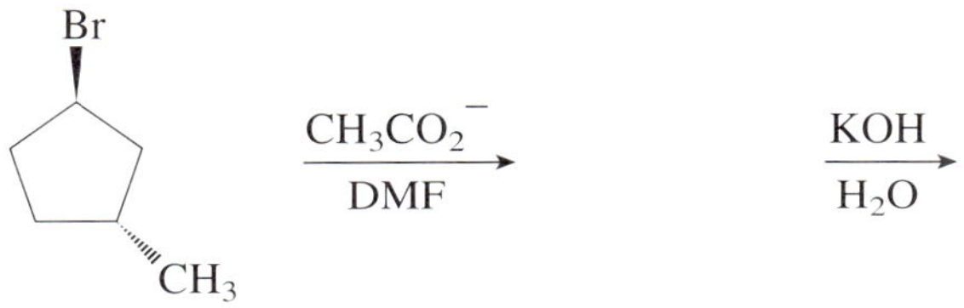

## 10.3 에터의 제조

에터는 알코올 혹은 그 짝염기인 알콕사이드를 친핵체로 사용하여 제조한다. 알콕사이드와의 반응에 대한 일반 방정식을 다음에 나타냈다.

$$R-\ddot{\underset{..}{O}}:^{-} + R'-L \longrightarrow R-O-R' + :L^{-}$$

알콕사이드를 친핵체로 사용하면 반응을 **Williamson 에터 합성(Williamson ether synthesis)**이라 한다. 알콕사이드 이온의 염기도는 하이드록사이드 이온의 그것과 견줄 만하므로 친핵체로 하이드록사이드 이온의 사용에 대한 많은 논의가 또 여기 적용된다. 그러므로 알콕사이드는 $S_N2$ 메카니즘에 의해 반응하며 $S_N2$ 한계의 대상이 된다. 일차 할로겐화 알킬과 설폰산 에스터와는 좋은 수득률을 나타낸다. 그러나 제거가 유리하기 때문에 이차와 삼차 기질과는 사용되지 않는다.

다음 방정식으로 나타낸 것처럼 알콕사이드 이온 친핵체는 알코올이 소듐 금속과의 반응으로 제조된다.

$$2\ CH_3CH_2\ddot{\underset{..}{O}}-H \quad + \quad 2\ Na\cdot \longrightarrow 2\ CH_3CH_2\ddot{\underset{..}{O}}:^{-}\ Na^{+} \quad + \quad H-H$$

페놀은 알코올보다는 강산이므로 친핵성 페녹사이드 이온은 하이드록사이드 이온 혹은 탄산 이온과 같은 염기와 페놀의 반응에 의해 제조할 수 있다.

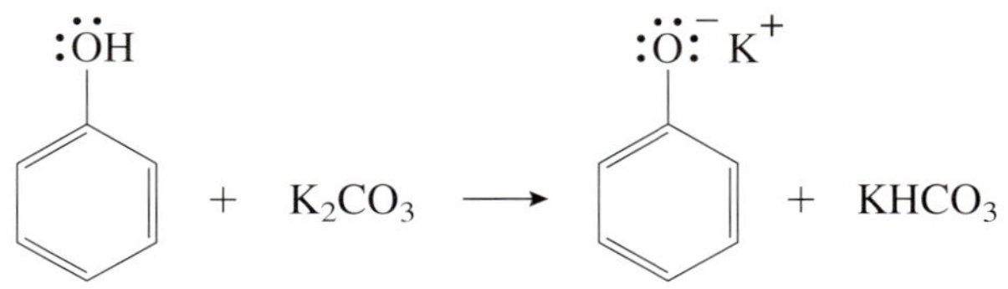

Williamson 에터 합성의 몇 가지 예를 다음 방정식에 나타냈다.

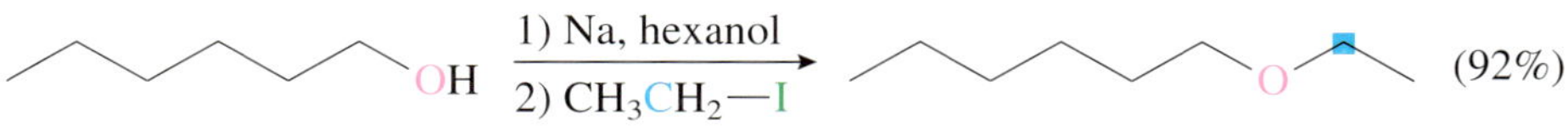

이와 같은 방정식에서 화살 위의 시약은 분리된 단계의 순서에 따라 가해주고 한 번에 다 가해 주어서는 안 된다. 그러므로 1단계에서 소듐 금속을 반응에 대한 용매이고 반응물인 헥산올에 가해준다. 알코올과 소듐의 반응이 완결된 후 형성된 알코올의 짝염기를 2단계에 나타낸 시약에 가해준다. 제2단계에서 알콕사이드 이온은 친핵체로 작용하여 아이오도에테인의 이탈기를 치환하여 에터를 형성한다.

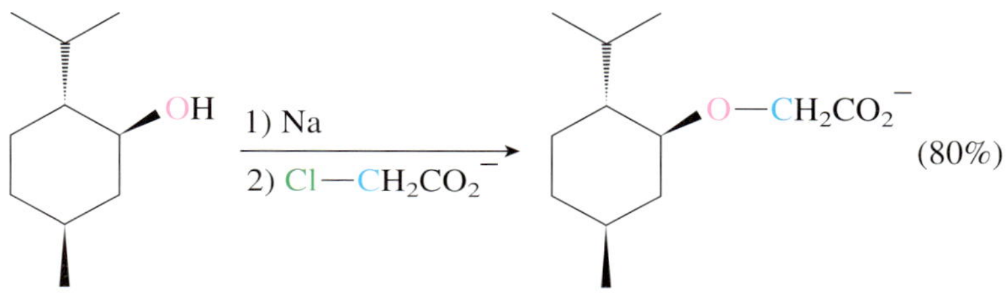

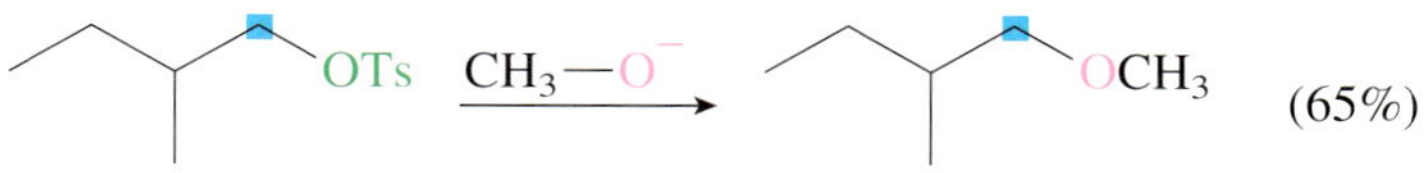

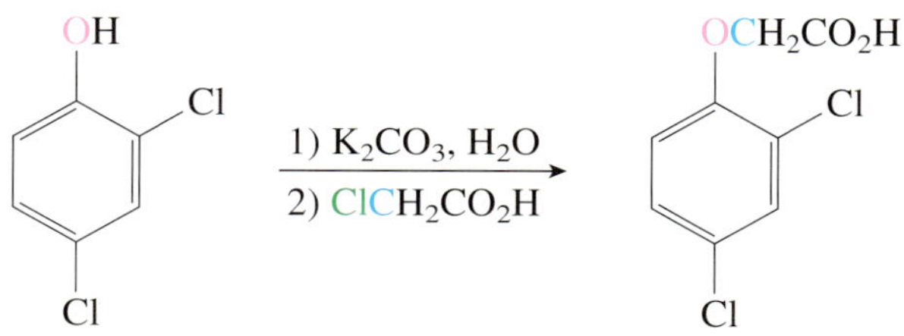

2,4-Dichlorophenoxyacetic acid
(2,4-D, 중요한 제초제)

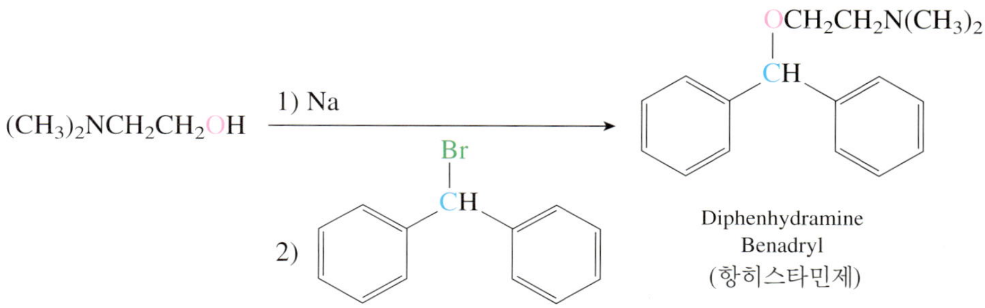

Diphenhydramine
Benadryl
(항히스타민제)

**문제 10.5** 다음 반응의 생성물을 나타내어라.

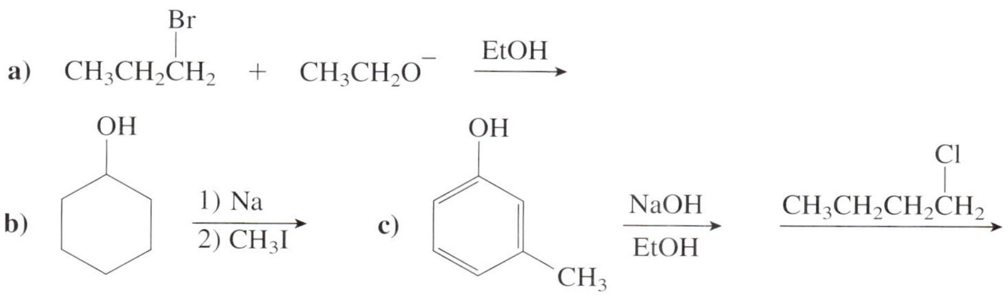

**문제 10.6** 다이펜하이드라민은 아미노 알코올과 브로모다이페닐메테인의 가열로 합성될 수 있다. 이 화합물에서 왜 질소보다 산소가 친핵체로 작용하는 이유를 나타내어라. 어떤 인자가 N에 유리한가? 어떤 인자가 O에 유리한가? 이 경우에 어느 인자가 이길 것인가?

비대칭 에터는 보통 두 다른 Williamson 에터 합성에 의해 제조될 수 있다. 예를 들면 그림 10.2에 나타낸 것처럼 에틸 아이소프로필 에터의 제조는 브롬화 아이소프로필(친전자체)과 에톡시화 이온(친핵체)의 반응 혹은 브롬화 에틸(친전자체)과 아이소프로폭시화 이온(친핵체)의 반응에 의해 합성할 수 있다. 어느 경로가 더 좋은 경로인가? 에톡사이드 이온은 강한 염기이기 때문에 이탈기가 이차 탄소에 결합되어 있으

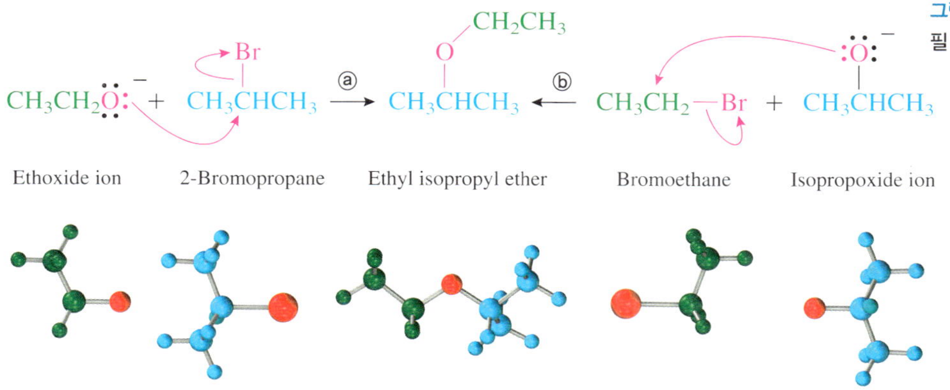


**그림 10.2** 에틸 아이소프로필 에터의 두 가능한 합성.

ⓐ 이 반응은 이차 탄소에 결합된 브롬이 가진다. 에톡사이드 이온과 같은 강한 염기를 사용하면 치환($S_N2$)보다는 제거(E2)가 주 반응이고 원하는 에터의 수득률은 빈약하다.

ⓑ 대조적으로 브롬은 이 반응에서 일차 탄소에 결합된다. 제거반응이 적게 일어나고 원하는 에터의 수득률은 다른 반응에서보다 이 반응에서 더 크다. 이것은 에틸 아이소프로필 에터를 합성하는 더 좋은 방법이다.

면 상당한 제거가 일어난다. 그러므로 일차 할로겐화물(브롬화 에틸)을 사용하는 경로가 높은 수득률의 치환 생성물을 형성한다.

**문제 10.7** 어느 경로가 이들 에터를 합성하는 더 좋은 방법인가를 설명하여라.

**a)** 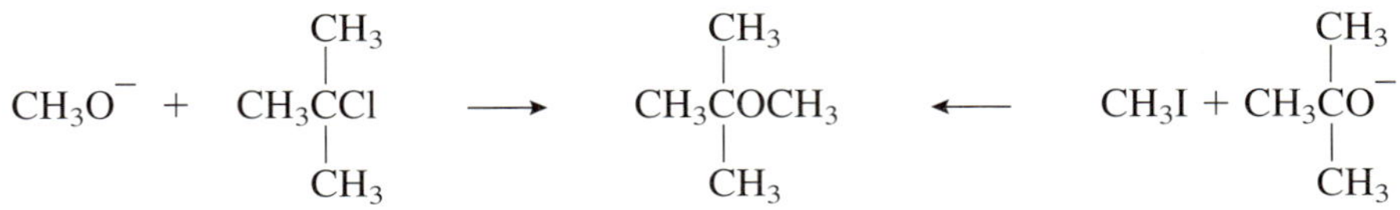

**b)** 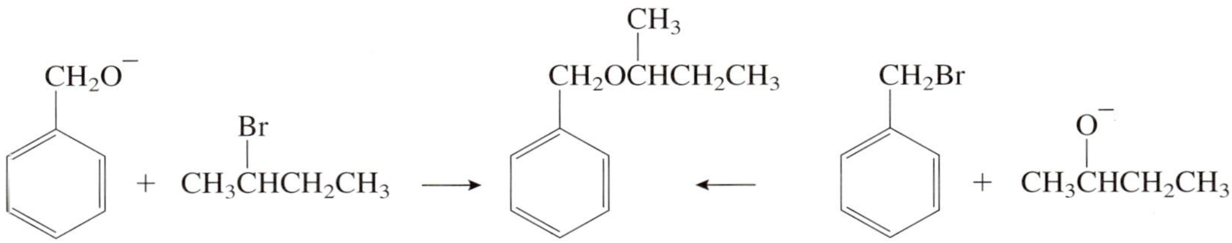

## 예제 10.1

할로겐화 알킬과 알코올로부터 이 에터를 합성하기 위한 방법을 나타내어라.

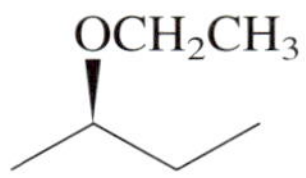

### 풀이

E2 메카니즘에 의한 경쟁 제거를 최소화하기 위하여 일차 할로겐화 알킬에 이차 알코올의 짝염기로 처리한다.

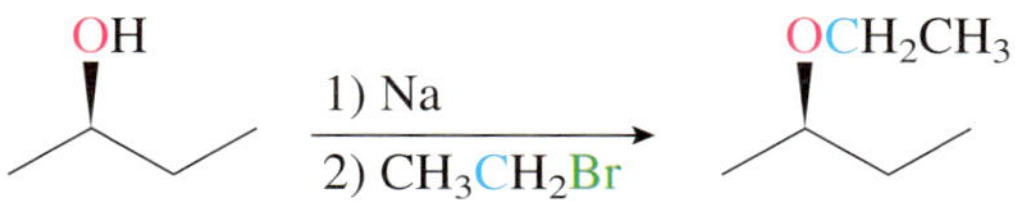

**문제 10.8** 할로겐화 알킬과 알코올을 출발물질로 하여 다음 에터의 합성을 제안하여라.

**a)** $CH_3OCH_2CH_2CH_2CH_3$ **b)** 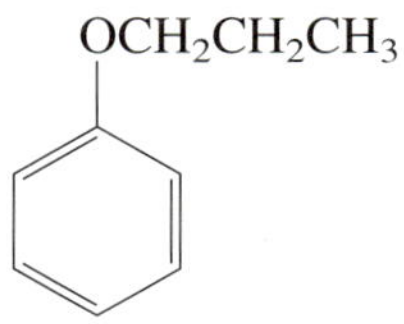 **c)** 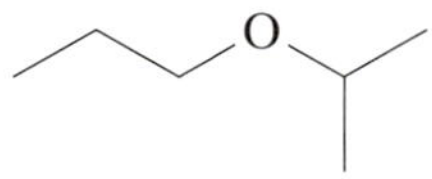

에테르는 친핵체로서 알코올을 사용하여 제조할 수 있다.

$$R{-}O{-}H \quad + \quad R'{-}L \longrightarrow R{-}O{-}R' \quad + \quad HL$$

이탈기가 이차 혹은 삼차 탄소에 결합되어 있으면 반응은 $S_N1$ 메카니즘을 따르고 제거의 문제를 피하기 위해 선호하는 방법이다. 반응이 산성조건에서 이루어지면 알콕사이드 이온은 산에서는 존재할 수 없기 때문에 알코올이 친핵체로 사용된다. 그 예를 다음 방정식에 나타냈다. 첫 번째 예에서 에탄올은 용매이므로 반응은 **가에탄올분해(ethanolysis)**이다.

$$Ph{-}C(CH_3)_2{-}Cl \quad + \quad CH_3CH_2OH \xrightarrow{EtOH} Ph{-}C(CH_3)_2{-}OCH_2CH_3 \quad + \quad HCl \quad (87\%)$$

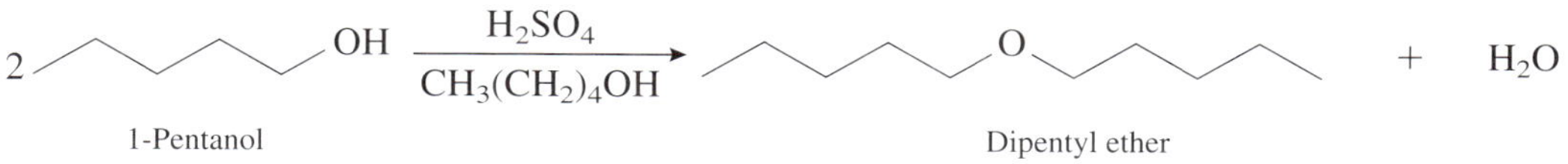


**문제 10.9** 다음 반응의 생성물을 나타내어라.

a) 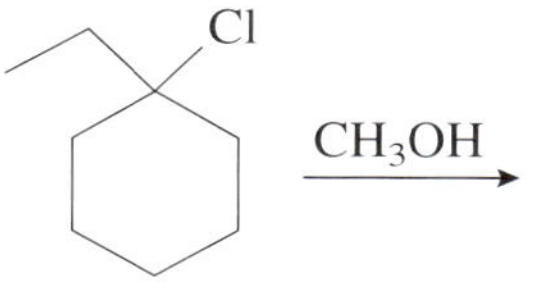


b) $(CH_3)_3COH \xrightarrow[CH_3CH_2OH]{H_2SO_4}$

c) $Ph_2CHOH \quad + \quad HOCH_2CH_2Cl \xrightarrow{H_2SO_4}$

**문제 10.10** 황산과 1-페탄올의 반응으로 다이펜틸 에테르를 형성하는 메카니즘에서 모든 단계를 나타내어라.

끝으로 분자내 친핵성 치환에 의한 고리 에테르의 형성은 다음 반응에서 나타낸 것처럼 생성되는 고리가 3, 5 혹은 6 원자고리 생성이 유리하다.

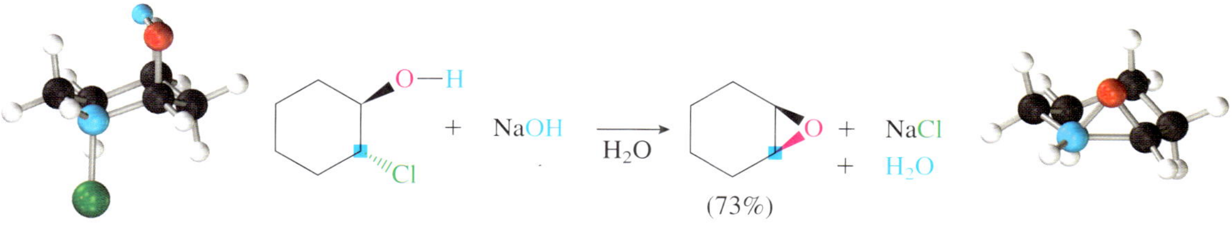


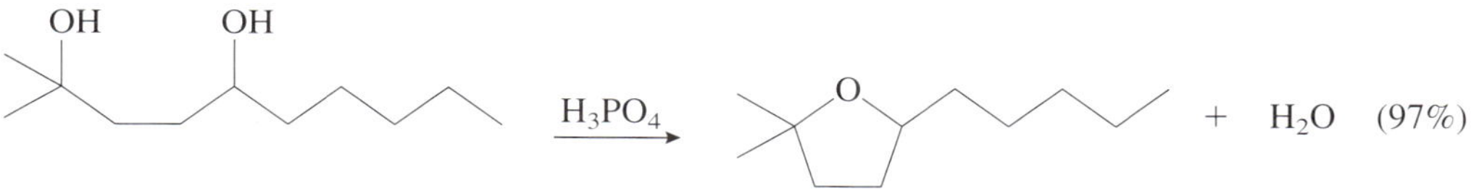

**문제 10.11** 앞 방정식에서 나타낸 수산화 소듐과 트랜스-2-클로로사이클로헥산올의 반응에 대한 메카니즘의 각 단계를 나타내어라. 왜 시스-2-클로롤사이클로헥산올이 유사한 반응을 나타내지 않는지를 설명하여라.

**문제 10.12** 이 반응에 대한 입체화학을 포함한 생성물을 나타내어라.

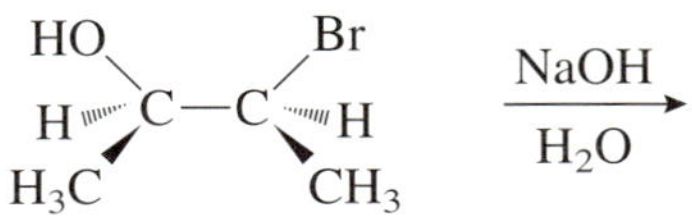

**문제 10.13** 산성조건 때문에 이 반응은 $S_N1$ 메카니즘에 의해 진행된다. 어느 하이드록시기가 이 반응에서 이탈기로 작용하는가? 이 반응에 대한 메카니즘에서 모든 단계를 나타내어라.

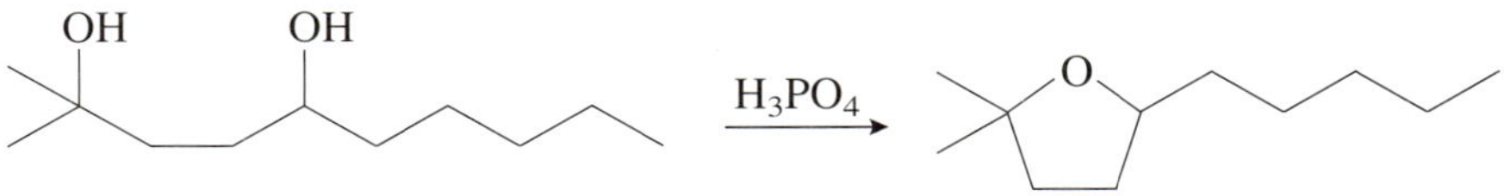

## 10.4 에스터의 제조

에스터는 다음 방정식에서 나타낸 것처럼 친핵체로 카복실산 염을 사용하여 제조할 수 있다.

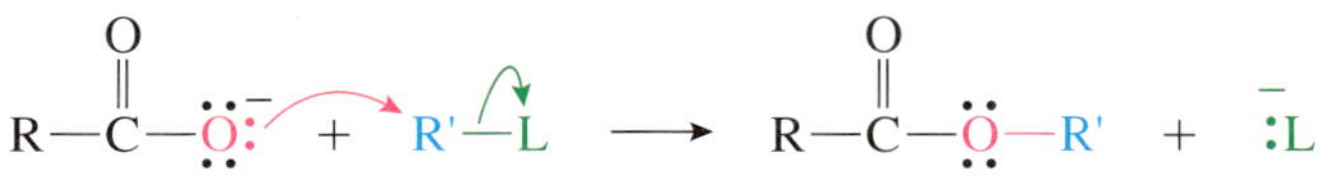

카복실산 염은 약한 염기성이기 때문에 이탈기가 일차 혹은 이차 탄소에 결합되어 있으면 제거는 문제가 되지 않는다. 몇 가지 예를 다음 방정식에 나타냈다.

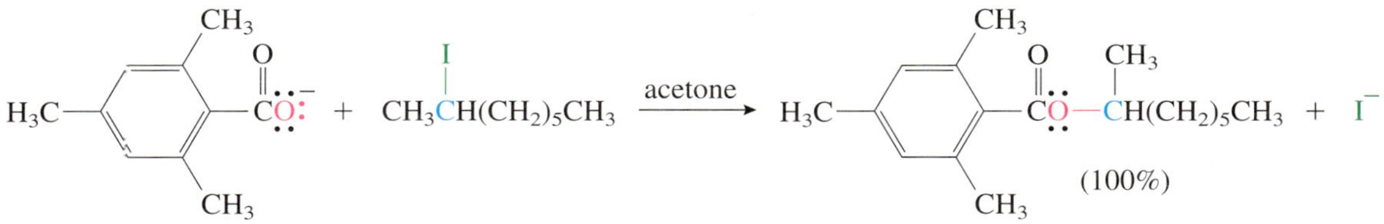

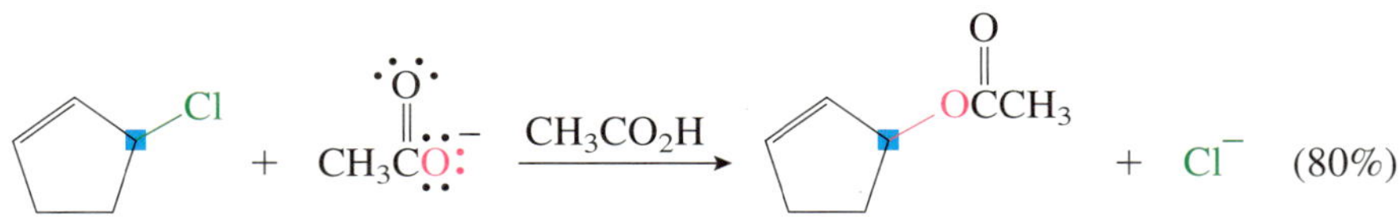

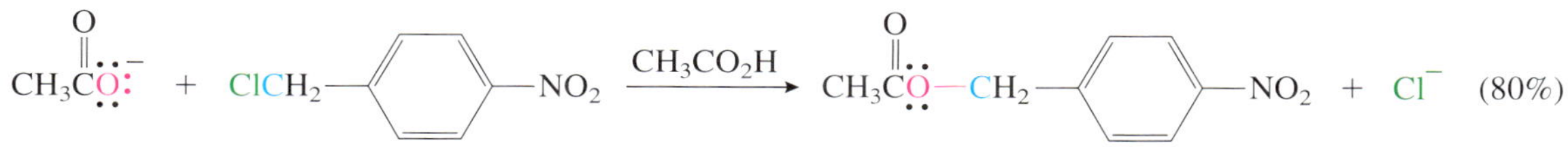

**문제 10.14** 다음 반응의 생성물을 나타내어라.

**a)** 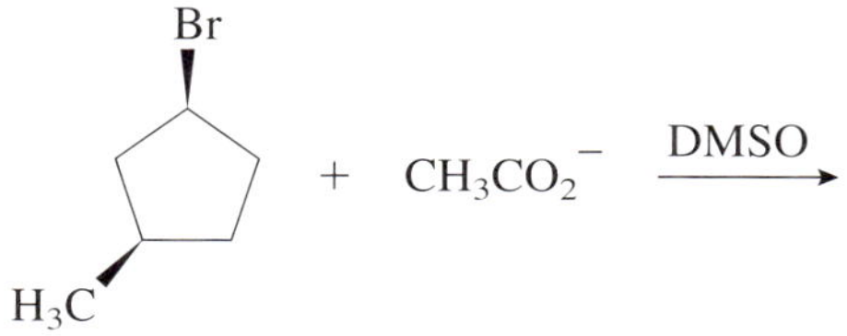

**b)** 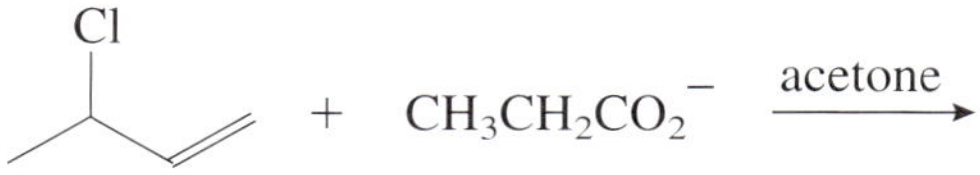

**c)** 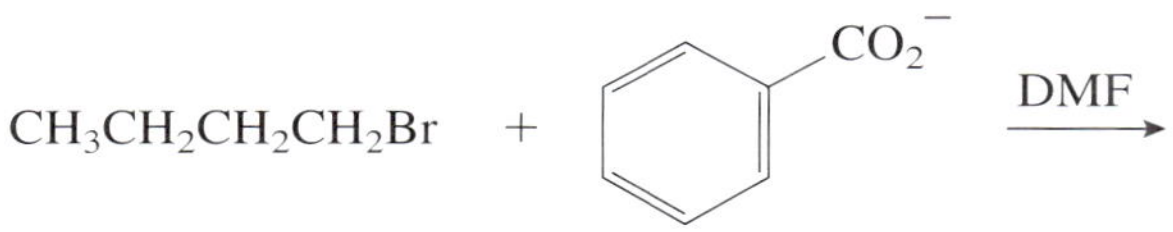

## 10.5 할로겐화 알킬의 제조

치환반응에 의해 할로겐화 알킬을 제조할 때, 알코올을 쉽게 얻을 수 있기 때문에 보통 알코올로부터 출발한다. 하이드록사이드 이온은 빈약한 이탈기이다. 그러므로 다음 방정식에서 설명한 것처럼 OH를 먼저 산에 의한 양성자화 혹은 설폰산 에스터 혹은 유사한 에스터로 변환하여 좋은 이탈기로 변환시켜야 한다.

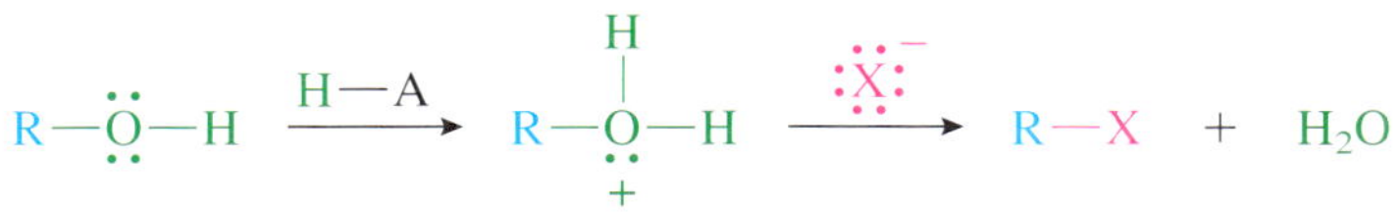

알코올의 양성자화는 반응에서 친핵체를 마련해 주는 할로겐산 HCl, HBr 및 HI를 사용하여 이루어진다. 일차 알코올도 공명-안정화된 카보양이온을 형성하지 않는 한 $S_N2$ 경로를 따를 수 있지만 이 반응조건은 $S_N1$ 메카니즘에 유리하다. 산 HBr과 HI는 대부분의 알코올과 반응하지만 알코올이 일차 혹은 이차이면 약한 산인 HCl은 촉매로 $ZnCl_2$가 필요하다. 그 예를 다음 방정식에 나타냈다.

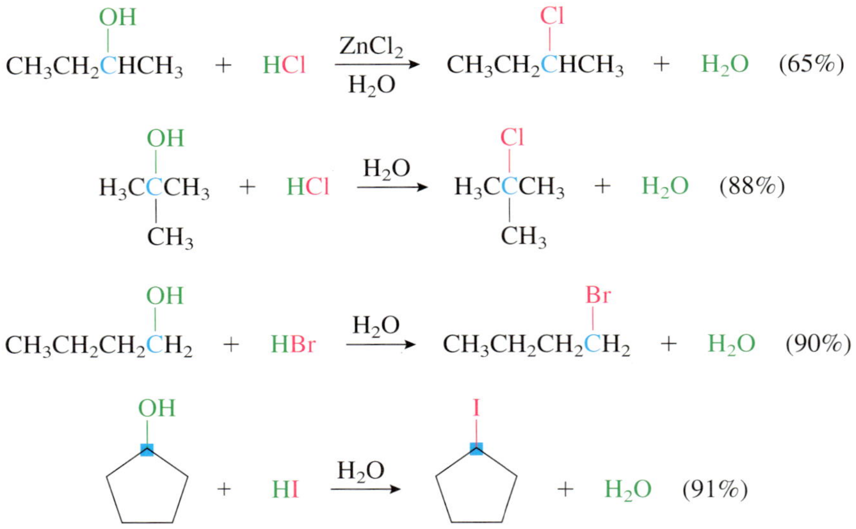

## 예제 10.2

물에서 HBr과 1-부탄올의 반응에 대한 메카니즘의 모든 단계를 나타내어라.

### 풀이

반응물은 일차 알코올이므로 메카니즘은 $S_N2$가 되어야 한다. 먼저 하이드록시기를 양성자화한다. 다음에 브롬 이온이 친핵체로 작용한다.

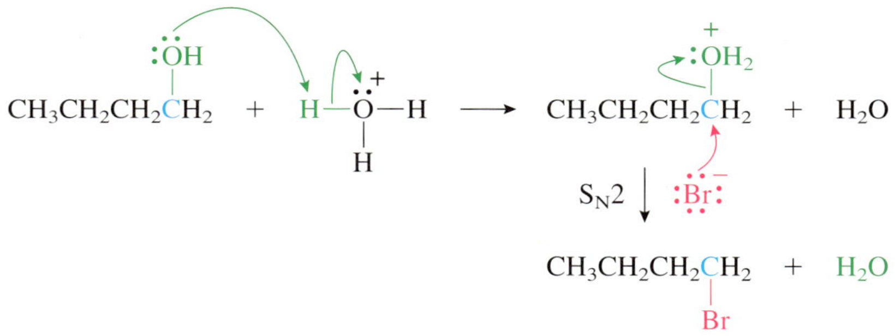

**문제 10.15** 물에서 HCl과 2-메틸-2-부탄올과의 반응에 대한 메카니즘의 모든 단계를 나타내어라.

알코올을 설폰산 에스터로 변환시키고 다음에 친핵체로 할로겐화물을 사용한 $S_N2$ 치환은 일반적으로 사용하는 다른 방법이다.

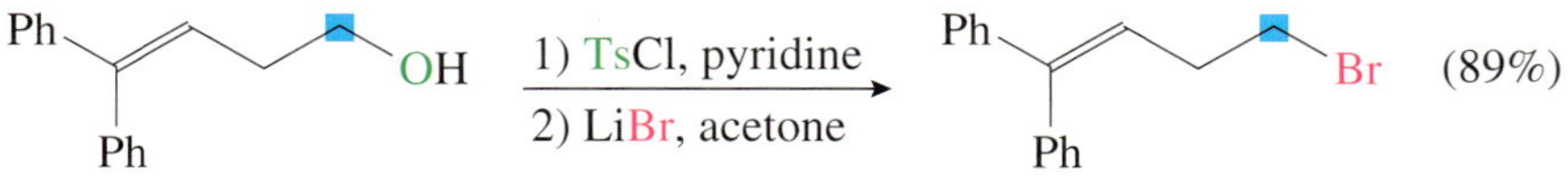

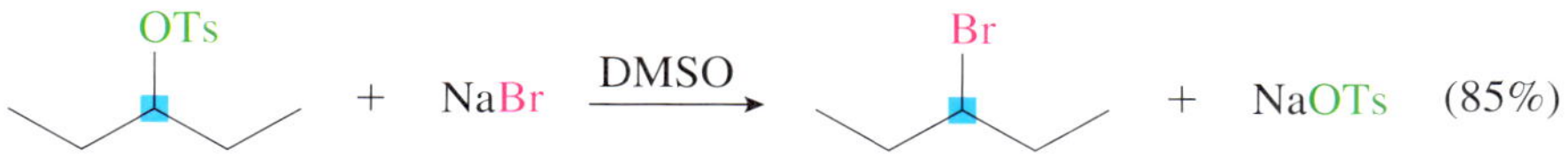


설폰산 에스터 방법은 알코올을 염화 알킬로 변환하는데 두 단계가 필요하다. 한 단계로 이 변환을 일으킬 수 있는 시약은 염화 싸이온일, $SOCl_2$이다. 설폰산 에스터의 형성과 유사한 반응에서 이 시약은 알코올의 수소와 치환하여 산소를 더 약한 염기, 더 좋은 이탈기로 만들어준다. 그러나 이 중간체는 분리되지 않았다. 대신에 이 중간체는 반응과정에서 생성되는 친핵체 염소 이온과 즉시 반응한다(화합물의 구조에 따라 메카니즘은 $S_N1$ 혹은 $S_N2$일 수 있다). 이탈기는 다음에 이산화 황과 염소 이온으로 분해 된다. 전체 반응과정을 그림 10.3에 나타내었다. 다음 방정식에서 나타낸 것처럼 이 방법은 좋은 수득률로 염화 알킬을 형성할 수 있다. $SO_2$와 HCl은 기체인 부산물로 할로젠화 알킬의 분리를 용이하게 한다.

$$CH_3(CH_2)_4CH_2{-}OH + SOCl_2 \longrightarrow \underset{(61\%)}{CH_3(CH_2)_4CH_2{-}Cl} + SO_2(g) + HCl(g)$$

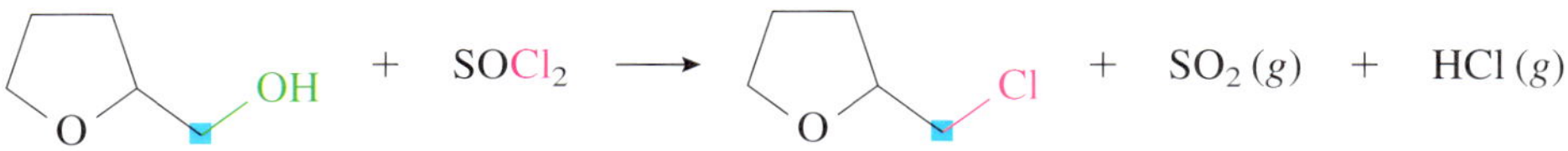


(75%)

**그림 10.3** 염화 알킬을 생성하는 염화 싸이온일과 알코올과의 반응 메카니즘.

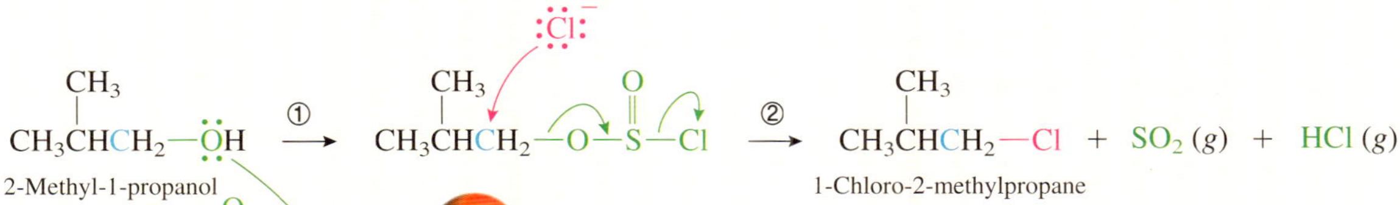

② 염소 이온은 이 이탈기를 치환한다. 이 경우에 이탈기는 일차 탄소이기 때문에 $S_N2$ 메카니즘에 따른다.

① 설폰산 에스터의 형성과 유사한 반응에서 알코올의 산소는 염소로 치환된다. 부산물은 염화 수소이다. 이것은 산소를 클로로설파이트 이탈기로 변환시킨다.

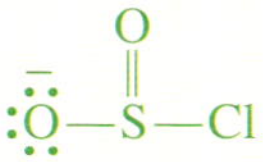


이 이온은 약한 염기이기 때문에 좋은 이탈기이다. 상당히 강한 산인 아황산($pK_a$ 1.9)의 짝염기, 아황산 수소 이온과 유사하다.

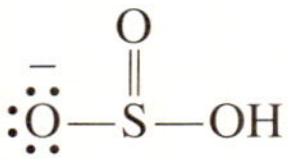


Bisulfite ion

시약 $PBr_3$와 $PI_3$는 한 단계로 알코올을 브롬화 알킬과 아이오드화 알킬로 변환하는 데 사용된다. 반응은 염화 싸이온일에 대해 기술한 것과 유사하다. 먼저 알코올의 산소는 인을 공격하여 할로겐을 치환하고 산소를 더 좋은 이탈기로 변환시킨다. 다음에 할로겐 이온은 이 이탈기를 치환하여 할로겐화 알킬을 생성한다. 몇 가지 예를 다음 방정식에 나타냈다.

$$CH_3CH_2CH_2CH_2{-}OH \xrightarrow{PBr_3} CH_3CH_2CH_2CH_2{-}Br \quad (93\%)$$

$$CH_3CH_2CH(OH)CH_2CH_3 \xrightarrow{PBr_3} CH_3CH_2CH(Br)CH_2CH_3 \quad (90\%)$$

$$CH_3CH_2CH_2{-}OH \xrightarrow{PI_3} CH_3CH_2CH_2{-}I \quad (90\%)$$

한 할로겐은 이탈기로 다른 할로겐 이온은 친핵체로 사용하는 $S_N2$ 반응은 할로겐화 알킬을 제조하는 데 사용되는 마지막 방법이다. 다음에 그 일반 방정식을 나타냈다.

$$:\ddot{\underset{..}{X}}:^- + R{-}\ddot{\underset{..}{X'}}: \rightleftharpoons R{-}\ddot{\underset{..}{X}}: + :\ddot{\underset{..}{X'}}:^-$$

그러나 이것은 평형반응이다. 생성물은 치환된 할로겐화 이온과 반응하여 출발물질을 재형성한다. 반응이 합성에 유용하게 되기 위해서는 평형에서 생성물이 유리하게 되는 방법을 발견해야 된다. 아세톤을 용매로 사용하면 염화 혹은 브롬화 알킬과 아이오드화 소듐의 반응으로 아이오드화 알킬을 제조하는 데 사용할 수 있다. 이 경우에 염화 소듐과 브롬화 소듐은 아세톤에 용해되지 않고 침전되기 때문에 평형에서 아이오드화 알킬이 유리하다. 그러므로 Le Chatelier의 원리에 따라 평형은 오른편으로 이동한다.

$$CH_3CH(Br)CH_2C{\equiv}N + NaI \xrightarrow{\text{acetone}} CH_3CH(I)CH_2C{\equiv}N + NaBr\,(s) \quad (96\%)$$

**문제 10.16** 다음 반응의 생성물을 나타내어라.

a) 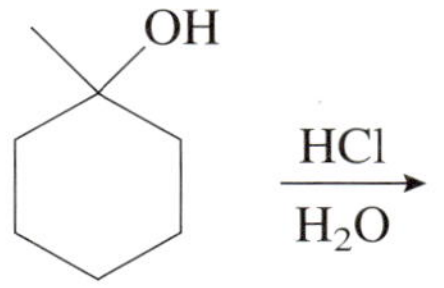

b) 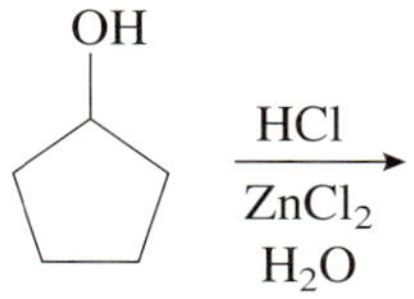

c) 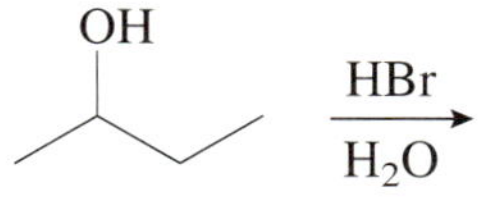

d) $CH_3CH_2CH_2OH \xrightarrow[H_2O]{HI}$

e) 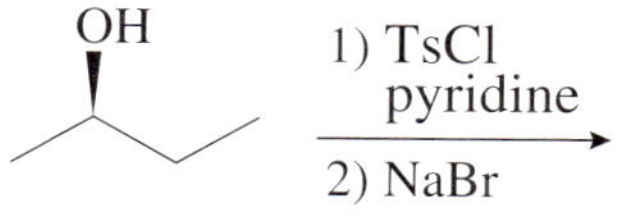

f) 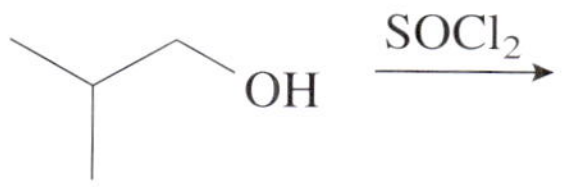

g) 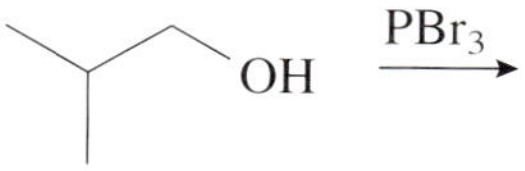

h) 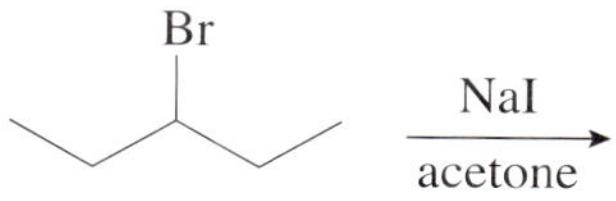

i) 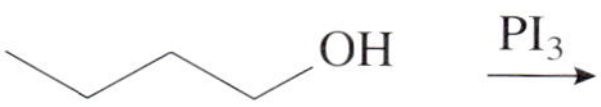

j) 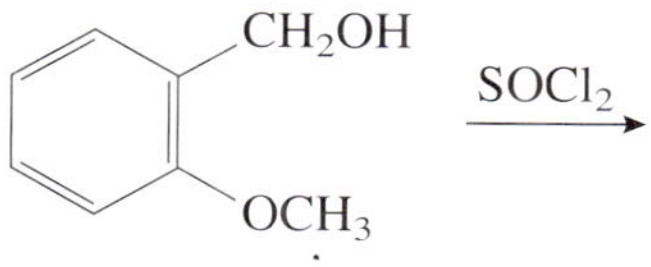

**문제 10.17** 알코올로부터 할로겐화 알킬을 제조하는 데 사용되는 시약을 제시하여라.

a) 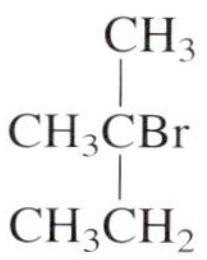

b) 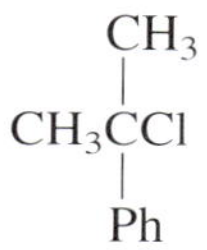

c) 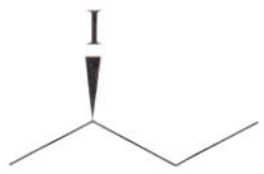

d) 

e) 

f) 

# 10.6 아민의 제조

암모니아와 가려지지 않은 아민은 좋은 친핵체이다. 그러므로 이민은 $S_N2$ 반응으로 적당한 할로겐화 알킬과 설폰산 에스터와 이 친핵체와의 반응에 의해 쉽게 제조할 수 있다. 이 예를 다음 일반 방정식으로 나타내었다.

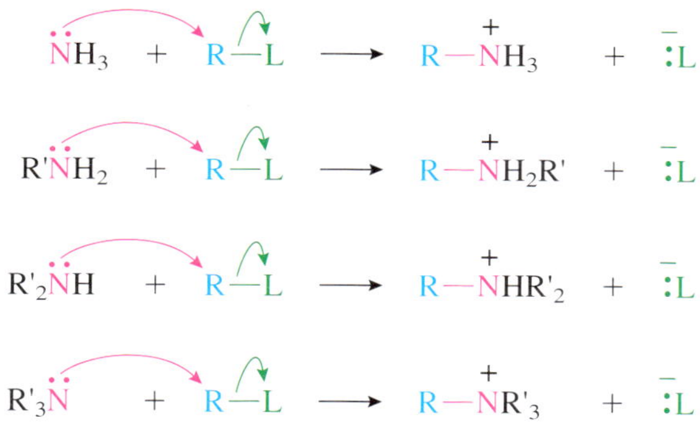

다음 반응에서 설명한 것처럼 이 방법은 이차 아민을 친핵체로 사용하여 좋은 수득률로 삼차 아민을 얻을 수 있다. 사차 암모늄 염은 삼차 아민을 친핵체로 사용하여 제조할 수 있다.

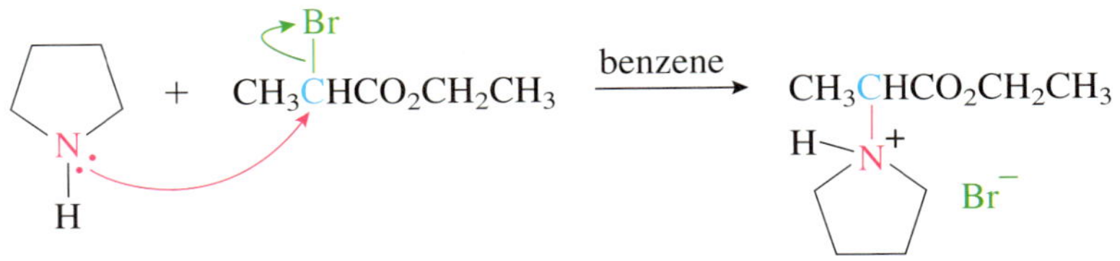

그러나 이 반응은 암모니아가 친핵체이면 유용하지 않다. 초기생성물인 일차 아민이 암모니아보다 더 강한 염기이고 더 강한 친핵체이기 때문이다. 그러므로 일차 아민은 친핵체로 반응하여 부산물로 이차아민을 생성한다(그림 10.4를 보라). 친핵체에 1개 이상의 알킬기가 결합되어 있기 때문에 이 반응을 **다중알킬화 반응(multiple alkylation)**이라 부른다. 반응을 유리하게 하기 위하여 과잉의 암모니아를 친핵체로 사용하면 상당한 양의 이차 아민이 형성된다. 같은 이유로 친핵체로 일차 아민을 사용하면 원하는 이차 아민 이외에 삼차 아민이 생성된다.

**문제 10.18** 다음 반응의 생성물을 나타내어라.

**a)** $(CH_3CH_2)_2NH + CH_3CH_2Br \xrightarrow{CH_3OH}$

**b)** $CH_3CH_2N(CH_3)CH_3 + CH_3I \xrightarrow{ether}$

**그림 10.4** 친핵체로 암모니아를 사용한 다중 알킬화 반응의 메카니즘.

① $S_N2$ 반응에서 암모니아가 친핵체로 작용하여 브롬을 치환한다.

② 평형과정에서 생성된 암모늄염은 암모니아와 같은 염기에 양성자를 잃고 일차 아민이 된다. 일차 아민은 강한 염기이므로 암모니아보다는 더 좋은 친핵체이다.

③ 과잉의 암모니아가 존재하면 약간의 일차 아민은 반응하여 이차 아민을 생성한다.

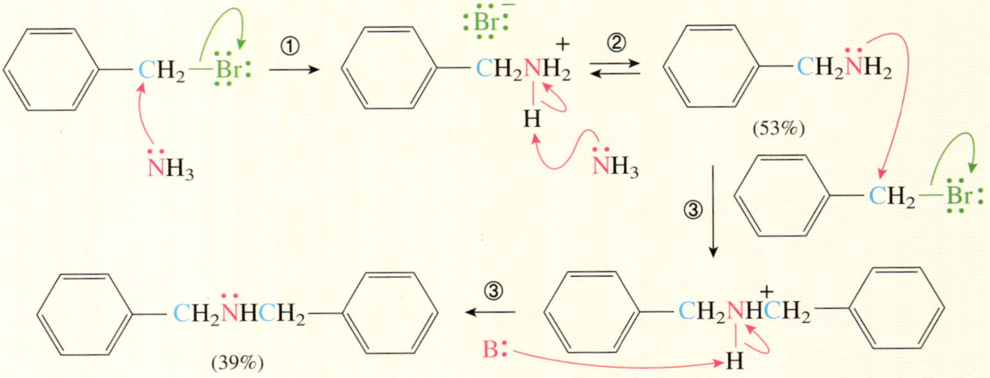

8배의 과잉의 암모니아를 사용하는 이 특정한 경우에 생성물의 혼합물은 53%의 일차 아민과 39%의 이차 아민으로 구성된다.

암모니아가 할로겐화 알킬과 반응하는 다중 알킬화 문제 때문에 Gabriel 합성이라 부르는 다단계 반응이 일차 아민을 제조하기 위하여 개발되었다. 이 방법은 반응성을 감소시키기 위하여 카보닐기를 질소에 결합시킨다는 점에서 알코올을 제조하기 위한 아세트산 에스터법과 유사하다. 치환이 완결되면 원하는 일차 아민을 얻기 위하여 카보닐기를 제거한다. Gabriel 합성에서 암모니아의 합성 대등체는 프탈이미드이다(이미드는 질소에 두 카보닐기가 결합된다). 두 카보닐기가 참여하는 공명 때문에 프탈이미드의 질소에 있는 전자는 염기성 혹은 친핵성이 크지 않다.

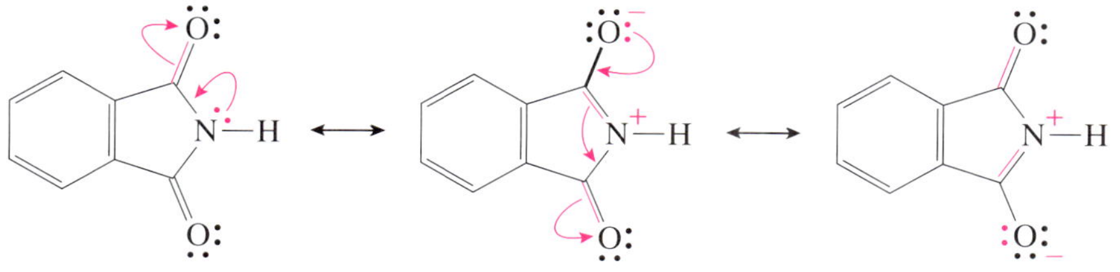

Phthalimide

그러므로 질소의 양성자는 이 질소를 친핵체로 사용하기 위하여 제거해야 한다. 이 수소는 프탈이미드에서와 같이 짝염기의 공명 안정화 때문에 상당히 산성($pK_a$ = 9.9)이다. 하이드록사이드 이온은 이 양성자를 제거하기에 충분한 세기의 염기이므로 프탈이미드의 짝염기를 생성한다. 이 친핵체와 할로겐화 알킬 혹은 설폰산 알킬 에스터와의 $S_N2$ 반응에 의해 질소에 알킬기가 결합된 치환된 프탈이미드를 생성한다. 이 알킬화된 프탈이미드의 질소에 있는 전자는 친핵체가 아니므로 다중 알킬화될 위험은 없다. 다음에 원하는 일차 아민을 얻기 위하여 그림 10.1에서 기술한 에스터 가수분해와 유사한 반응으로 카보닐기를 제거한다. 그림 10.5를 요약한 과정과 추가적인 예를 다음 방정식에 나타냈다.

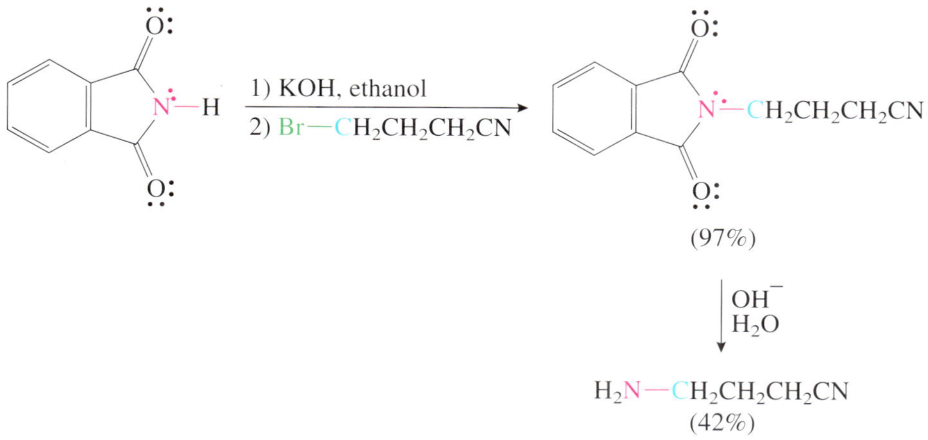

그림 10.5 **일차 아민의 Gabriel 합성.**

① 공명 때문에 프탈이미드의 질소에 있는 전자쌍은 염기성이 크지 않으며 친핵성도 아니다. 질소에 있는 수소는 그 짝염기가 공명 안정화되므로 정상적 아민의 수소보다 더 산성이다. 산성이 크므로 하이드록사이드 이온과 같은 염기에 의해 완전히 제거된다.

② 생성된 프탈이미드 음이온은 $S_N2$ 반응에서 좋은 친핵체이다.

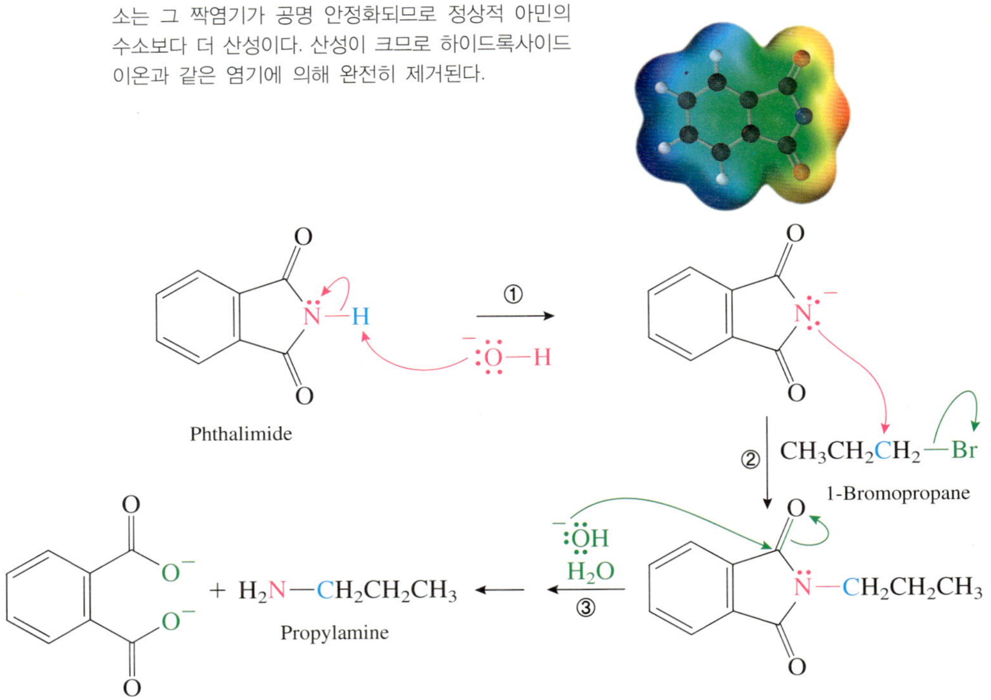


③ 원하는 아민이 염기와 프탈이미드의 반응으로 생성된다. 조건은 그림 10.1에 나타낸 에스터 절단의 조건과 유사하다. 메카니즘은 친전자성 카보닐 탄소에 친핵체인 하이드록사이드 이온이 공격으로 시작하여 결국 질소와 카보닐 간의 결합이 절단된다. 유사한 반응이 다른 카보닐 탄소에서도 일어난다. 전체적으로 프탈이미드는 암모니아의 합성 대등체이다.

프탈이미드 자체와 같이 알킬화된 프탈이미드도 친핵체가 아니므로 다중 알킬화가 일어날 문제는 없다. 이 과정의 다음 단계는 질소에 있는 카보닐기를 수소로 치환하는 것이다.

**문제 10.19** 다음 반응의 생성물을 나타내어라.

**a)**

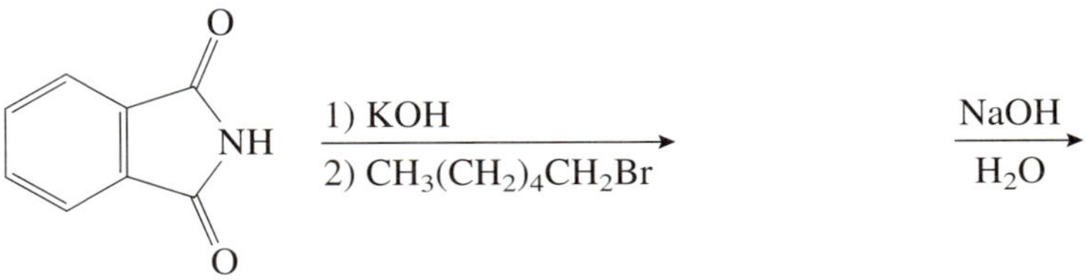


**b)**

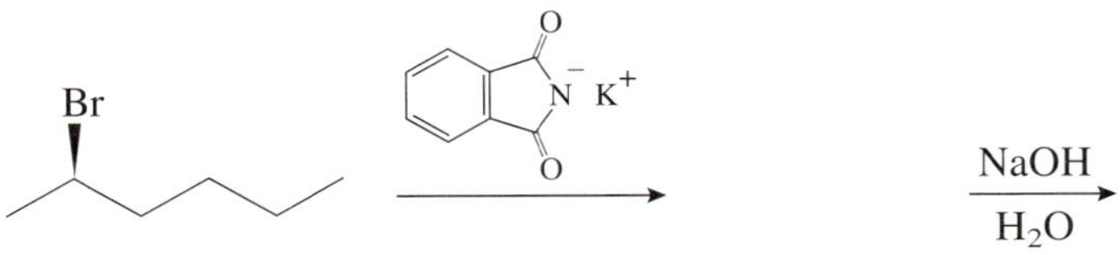

**문제 10.20** 할로겐화 알킬로부터 이 아민을 제조하는 데 사용되는 방법을 제시하여라.

$$PhCH_2CH_2NH_2$$

## 10.7 탄화수소의 제조

탄화수소는 다음 일반 방정식에 따라 이탈기를 수소로 치환하여 제조한다. 이것은 친전자체로 비공유 전자쌍과 음전하를 가진 수소, 즉 **수소화 이온(hydride ion)**이 필요하다.

$$H\!:^- + R\text{—}L \longrightarrow R\text{—}H + :L^-$$

Hydride ion

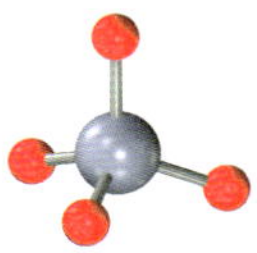

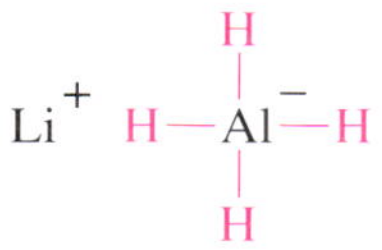

Lithium aluminum hydride

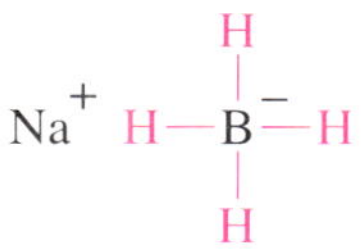

Sodium borohydride

$LiAlH_4$, 수소화 알루미늄 리튬과 $NaBH_4$, 수소화 붕소 소듐은 수소가 알루미늄 혹은 붕소 금속 원자와 공유결합되어 있지만 친핵성 수소화 음이온을 포함한 것처럼 반응한다. 그러나 수소는 이 금속들보다 더 전기음성이 크므로 각 수소는 부분적으로 음전하를 갖는다. 이 편극화 때문에 화합물은 수소화 음이온의 원천으로 반응한다. 수소화 알루미늄 리튬은 반응성이 큰 화합물로 물이나 알코올과 같은 약한 산성화합물과 격렬하게 반응한다. 이 반응은 에터와 같은 불활성 용매를 사용해야 한다. 수소화 붕소 소듐은 반응성이 다소 약하고 용매로 알코올이나 혹은 알칼리성 수용액을 사용할 수 있다. 두 시약을 사용한 반응은 모두 $S_N2$ 제한을 받는다. 즉 이탈기가 일차 혹은 이차 탄소에 결합되어 있을 때만 작용한다. 이탈기를 수소로 치환하는데 이 시약들을 사용한 예를 다음 방정식에 나타내었다.

$$CH_3(CH_2)_4\underset{}{C}H(Br)CH_3 + LiAlH_4 \xrightarrow{Et_2O} CH_3(CH_2)_4CH(H)CH_3 \quad (92\%)$$

$$PhCH_2\text{—}Br + NaBH_4 \xrightarrow{(CH_3OCH_2CH_2)_2O} PhCH_2\text{—}H \quad (86\%)$$

**문제 10.21** 다음 반응의 생성물을 나타내어라.

a) 

b) 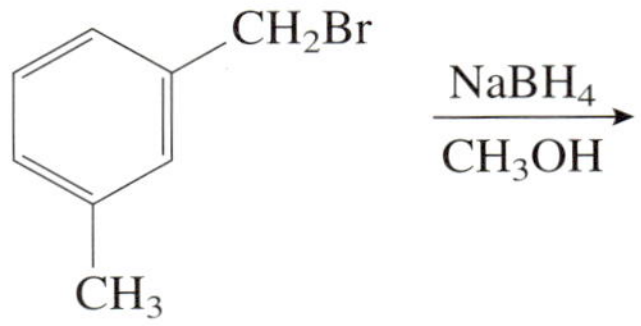

## 10.8 탄소-탄소결합의 형성

탄소-탄소결합을 형성하는 반응은 작은 화합물을 큰 화합물로 변환될 수 있기 때문에 유기합성에서 대단히 중요하다. 친핵성 치환반응에 의한 이와 같은 결합형성에는 다음 일반 방정식으로 나타낸 것처럼 탄소 친핵체, **카보음이온(carbanion)**이 필요하다.

$$R'\!:^{-} + R{-}L \longrightarrow R'{-}R + :L^{-}$$

이 절에서 두 개의 중요한 친핵체를 소개한다. 다른 중요한 탄소 친핵체를 20장에서 다룰 것이다.

첫 번째 탄소 친핵체, 시안아이드 이온은 적당한 세기의 염기이고 좋은 친핵체이다.

$$:\overset{-}{C}{\equiv}N:$$

Cyanide ion

시안아이드 이온은 $S_N2$ 메카니즘에 의해 반응하고 비양성자성 용매는 그 반응성을 증가시키는 데 사용된다. 이탈기가 일차 탄소에 결합되어 있으면 치환의 수득률은 우수하다. 경쟁적 제거반응 때문에 이차 탄소에 대해 수득률은 낮아지지만 아직도 받아 들일 만하다. 삼차 기질은 $S_N2$ 과정에서 기대할 수 있는 것처럼 반응은 일어나지 않는다. 시안아이드 이온의 치환은 화합물에 한 탄소를 가해 주며 추가적 합성조작으로 새로운 작용기를 도입할 수 있다. 몇 가지 예를 다음 방정식에 나타내었다.

$$CH_3CH_2CH_2CH_2{-}Cl + \overset{+}{Na}\ :\overset{-}{C}{\equiv}N: \xrightarrow{DMSO} CH_3CH_2CH_2CH_2{-}C{\equiv}N: + NaCl \quad (92\%)$$

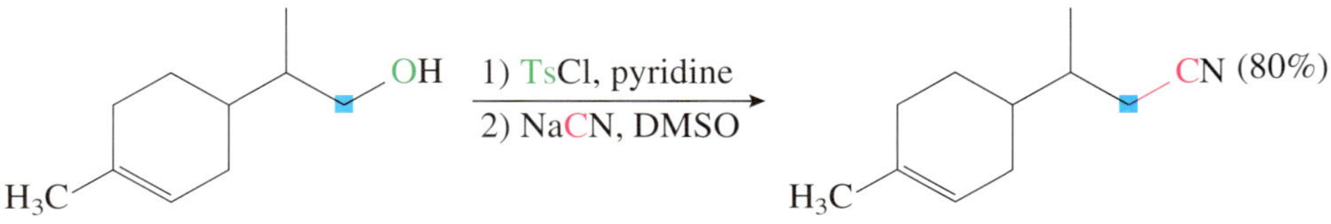

중요한 친핵체의 두 번째 기는 **아세틸화 음이온(acetylide anion)**이다. 이 친핵체는 1-알카인을 아마이드 이온과 같은 대단히 강한 염기로 처리하여 생성할 수 있다.

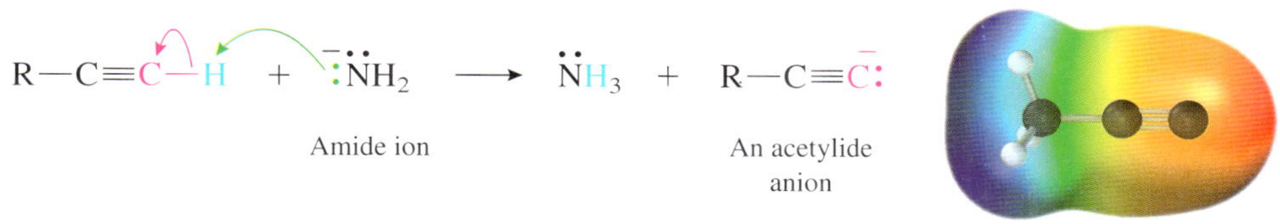


4장에서 검토한 것처럼 탄소-탄소 삼준결합의 양성자는 그것이 결합된 탄소의 *sp* 혼성 때문에 상당히 산성이다. 양성자는 충분히 산성이므로 강한 염기로 제거할 수 있다. 보통 아미드화 소듐($NaNH_2$)은 암모니아의 짝염기이며 액체 암모니아 용매에서 양성자를 제거하는 데 사용한다. 아마이드 이온은 강한 염기성이기 때문에 위 방정식용매에서 평형은 완전히 오른편에 있다.

아세틸화 이온은 강한 친핵체이기 때문에 $S_N2$ 메카니즘에 의해 반응한다. 이탈기가 일차 탄소에 결합되어 있으면 치환생성물은 좋은 수득률로 얻어진다. 음이온이 강한 염기이기 때문에 이차 기질도 주로 치환 생성물을 형성한다. 몇 가지 예를 다음 방정식에 나타내었다. 마지막 예는 에타인이 어떻게 두 수소가 연속 단계에서 알킬기로 두 번 알킬화되는가를 나타냈다.

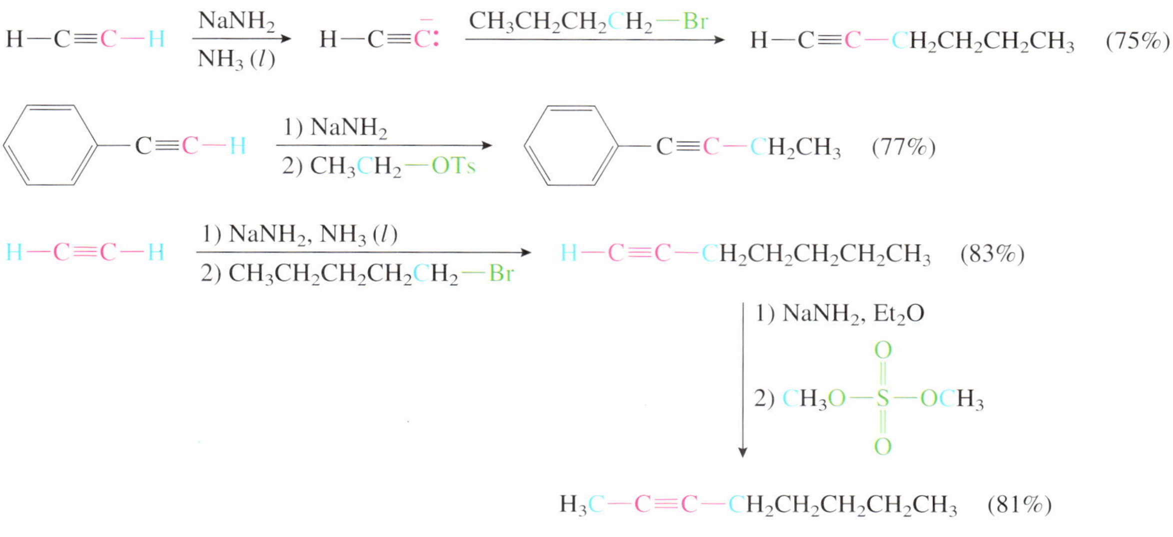

**문제 10.22** 다음 반응의 생성물을 나타내어라.

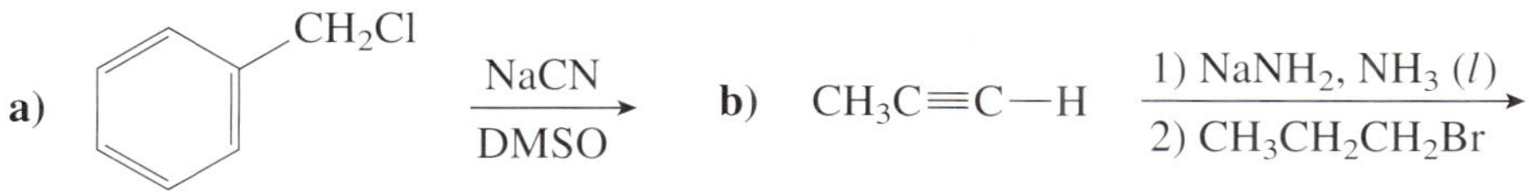

c) 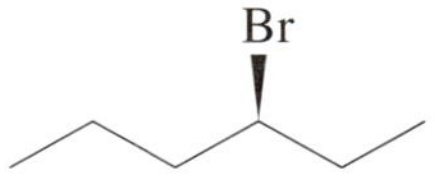 $\xrightarrow[\text{DMSO}]{\text{NaCN}}$

d) $HC{\equiv}CH \xrightarrow[\text{2) } CH_3CH_2Br]{\text{1) } NaNH_2,\ NH_3\ (l)} \quad \xrightarrow[\text{2) } CH_3I]{\text{1) } NaNH_2}$

e) 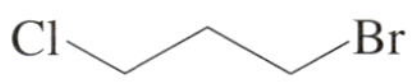 + 1 NaCN $\xrightarrow{\text{DMF}}$

f) 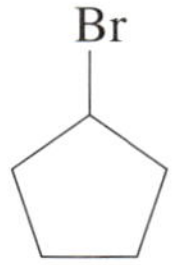 + $HC{\equiv}C{:}^-$ $\xrightarrow{NH_3\ (l)}$

---

**문제 10.23** 할로겐화 알킬로부터 다음 화합물을 제조하는 방법을 제시하여라.

a) 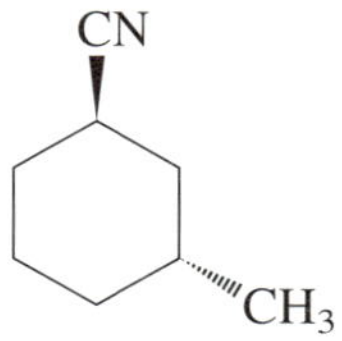

b) $HC{\equiv}CCH_2CH_2\overset{CH_3}{\overset{|}{C}}HCH_3$

c) $CH_3C{\equiv}CCH_2Ph$

---

## 10.9 인과 황 친핵체

황은 주기율표에서 산소 바로 밑에 있다. 그러므로 황화합물은 대응하는 산소화합물보다 약한 염기이고 좋은 친핵체이다. 황화합물은 $S_N2$ 반응에서 우수한 친핵체이고 상대적으로 약한 염기이기 때문에 제거반응은 문제가 되지 않는다. 일차와 이차 기질에서 수득률은 좋다. 유사한 이유로 인 화합물은 $S_N2$ 반응에서 일차와 이차 기질로 처리하면 좋은 수득률이 얻어진다. 다음 방정식에 이 친핵체를 사용한 예를 나타냈다.

$$CH_3{-}\ddot{\underset{..}{S}}{:}^- \ + \ Cl{-}CH_2CH_2OH \xrightarrow{\text{ethanol}} CH_3{-}\ddot{\underset{..}{S}}{-}CH_2CH_2OH \ + \ Cl^- \quad (80\%)$$

$$:\ddot{\underset{..}{S}}{:}^{2-} \ + \ 2\ CH_3CH_2CH_2{-}Br \xrightarrow{\text{ethanol}} CH_3CH_2CH_2{-}S{-}CH_2CH_2CH_3 \ + \ 2\ Br^- \quad (85\%)$$

$$Ph_3P{:} \ + \ CH_3{-}Br \xrightarrow{\text{benzene}} Ph_3\overset{+}{P}{-}CH_3 \quad Br^- \quad (99\%)$$

Triphenylphosphine　　　　A phosphonium salt

$$Ph_3P: \; + \; PhCH{=}CHCH_2Cl \xrightarrow{\text{xylene}} PhCH{=}CHCH_2\overset{+}{P}Ph_3 \; Cl^- \quad (92\%)$$

트라이페닐포스핀은 포스포늄염을 생성하기 때문에 유기화학자에게는 대단히 중요한 인 친핵체이다. 이 포스포늄염은 18장에서 다루게 될 알켄의 중요한 제조에 대한 출발물질이다.

---

**문제 10.24** 다음 반응의 생성물을 나타내어라.

**a)** 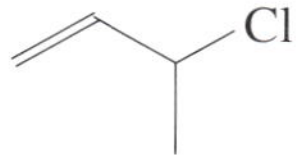 $+ \; PhS^-Na^+ \xrightarrow{CH_3OH}$

**b)** $Ph_3P \; + \; CH_3CH_2CH_2Br \xrightarrow{\text{benzene}}$

**c)** $CH_3CH_2CH_2CH_2S^- \; + \; CH_3I \xrightarrow{EtOH}$

**d)** $NaSCH_2CH_2SNa \; + \; BrCH_2CH_2Br \xrightarrow{CH_3OH}$

---

## 10.10 에폭사이드의 고리열림

8.9절에서 하이드록실기 산소의 양성자화에 의해 알코올로부터 이탈기, 물의 생성을 다루었다. 다음 방정식에 나타낸 것처럼 같은 방법으로 에터 산소의 양성자화로 이탈기, 알코올을 생성한다.

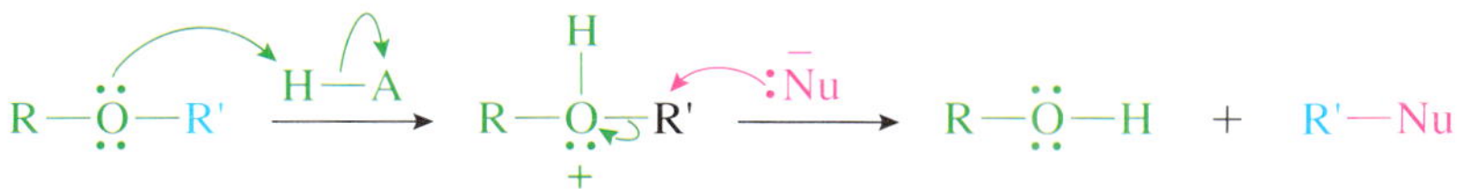

이 반응은 알코올의 반응보다 격렬한 반응조건이 필요하므로 많은 경우에 수득률이 낮다. 이런 이유 때문에 반응은 보통 합성에 사용할 수 없다.

**에폭사이드(epoxide**, 옥시레인으로 알려진)는 세 원자 고리 에터이다.

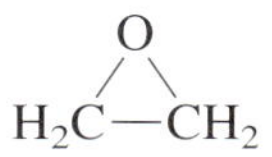

An epoxide

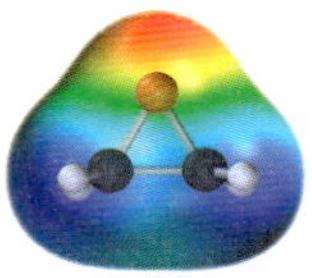

사이클로프로페인과 같이 에폭사이드는 큰 고리 무리를 갖고 있으며 정상적인 에터보다는 반응성이 크다. 이 고리 무리 때문에 에폭사이드의 한 탄소-산소결합은 친핵성 치환반응에 의해 절단된다. 다음 방정식은 그 예를 나타낸다.

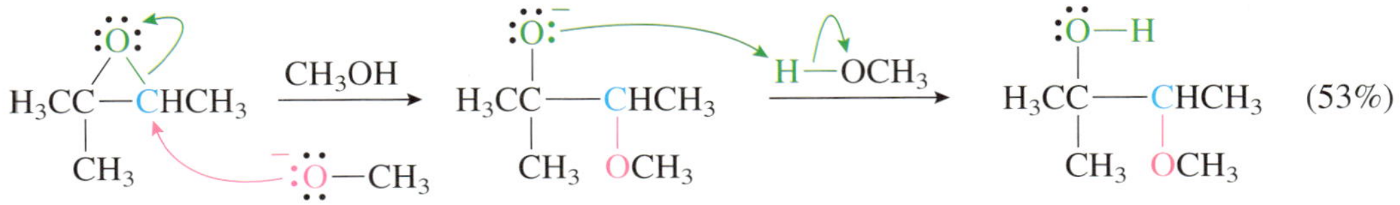

에폭사이드 고리의 두 탄소는 다 친핵성이기 때문에 얼핏보기엔 친핵체인 메톡사이드 이온과 반응할 것으로 기대된다. 그러나 이 경우에 염기성 혹은 중성 조건에서 에폭사이드의 반응은 $S_N2$ 메카니즘을 따르게 된다. 그러므로 친핵체는 장애가 없는 이차 탄소에서 반응하여 위치배열의 반전을 일으킨다.

앞의 반응에서 이탈기($RO^-$)는 대단히 강한 염기이다. 8장에서 논의한 것처럼 $HO^-$와 $RO^-$은 정상적인 친핵성 치환반응에서 이탈기로 작용하기에는 너무 염기성이 크다. 그러나 에폭사이드의 특별한 경우에 탄소-산소결합이 절단되고 고리가 열림으로 상당한 양의 무리가 해소되기 때문에 $RO^-$는 이탈기로 작용할 수 있다.

에폭사이드의 친핵성 고리열림은 산성용액에서도 이루어진다. 산소는 더 좋은 이탈기가 되기 위하여 우선 양성자화된다. 이 반응은 전형적인 $S_N1$ 조건이지만 실제 메카니즘은 $S_N1$과 $S_N2$ 사이에 있다. 즉 반응은 두 메카니즘의 특성을 다 갖는다. 입체화학은 $S_N2$ 메카니즘에서 예측할 수 있는 것이며 친핵체는 이탈 산소의 반대면에서 접근한다. 위치화학은 $S_N1$ 메카니즘에 대해 예측할 수 있는 것이며 치환은 더 안정한 카보양이온 탄소에서 일어난다. 이 결과 산성에서 절단되는 탄소-산소결합이 염기성에서 절단되는 결합과 달라진다. 다음 반응의 생성물과 앞 반응의 생성물을 비교함으로써 알 수 있다.

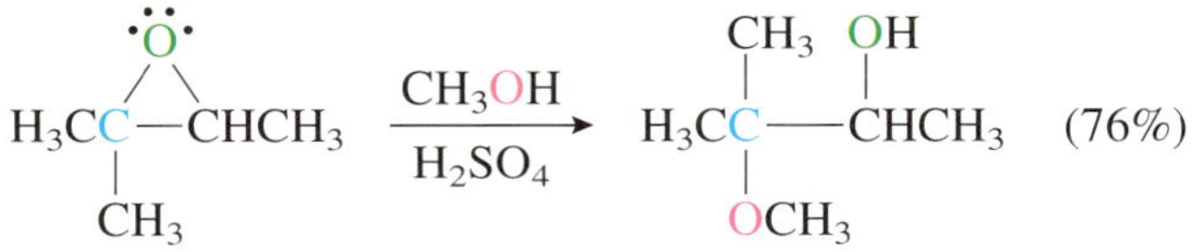

배열의 반전으로 진행되는 다른 예를 다음 방정식에 나타냈다.

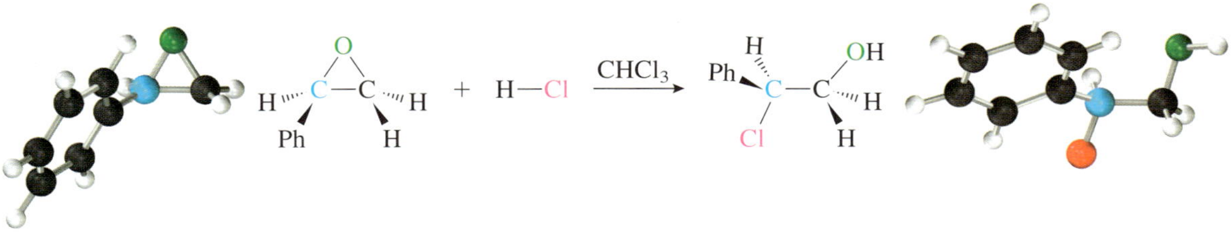

이와 같은 반응은 $S_N2$ 메카니즘(입체화학)과 $S_N1$ 메카니즘(위치화학)의 특성을 다 가지고 있기 때문에 $S_N2$ 메카니즘의 경계에 있다고 말한다. 전이상태 기하구조는 $S_N2$ 반응이 그것과 유사하다. 그러나 이탈기에 대한 결합은 친핵체가 형성하는 결합보다 더 많은 정도 절단되어 탄소에 상당한 양전하를 형성한다. 그러므로 탄소에 이 양전하를 가진 전이상태는 더 안정한 카보양이온이 되도록 되는 것이 유리하다.

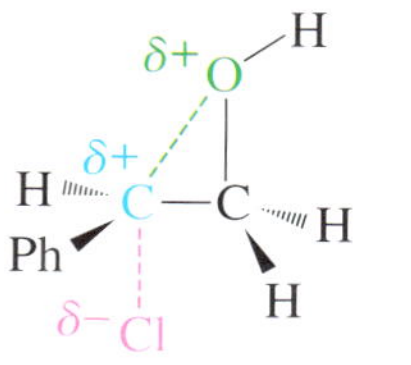

이 전이상태는 페닐기에 결합된 탄소에 양전하를 갖는다. 페닐기는 양전하를 안정화하여 전이상태를 더 안정화한다. 관찰된 생성물이 얻어지는 반응경로는 이 전이상태를 통해 진행된다.

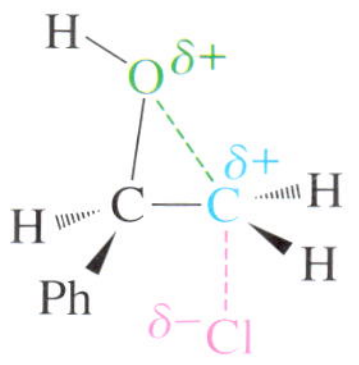

이 전이상태는 더 불안정한 일차 탄소에 양전하가 형성된다. 그 결과 이 전이상태로부터 생성물이 관찰되지 않는다.

에폭사이드의 다른 친핵성 치환반응의 예를 다음 방정식에 나타냈다.

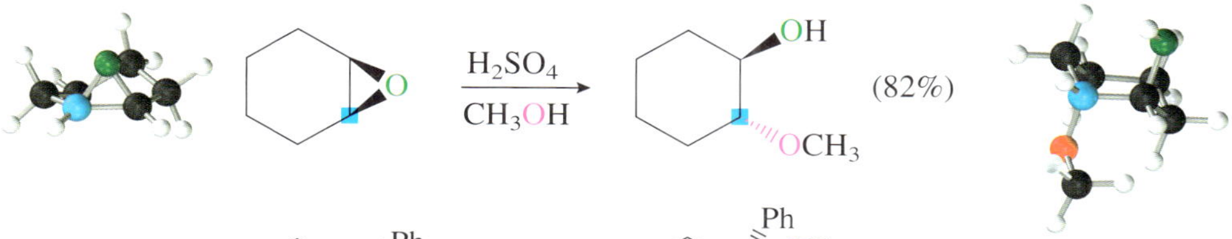

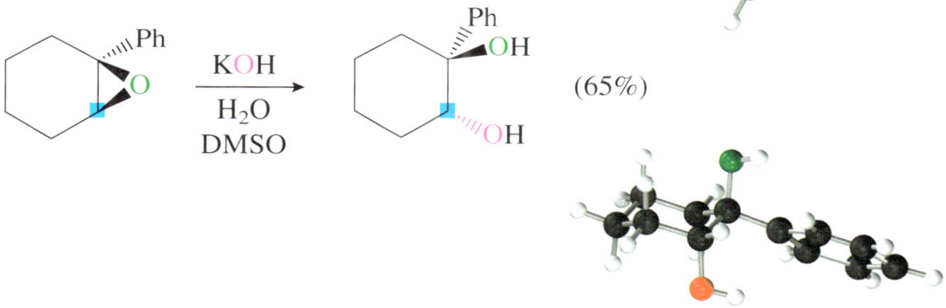

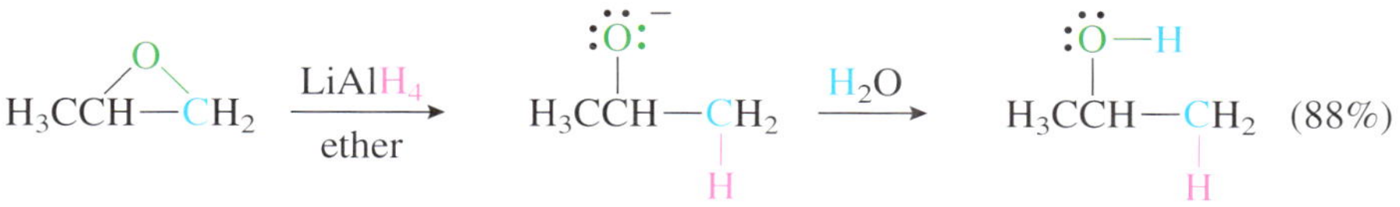

**문제 10.25** 다음 반응의 생성물을 나타내어라.

**a)** 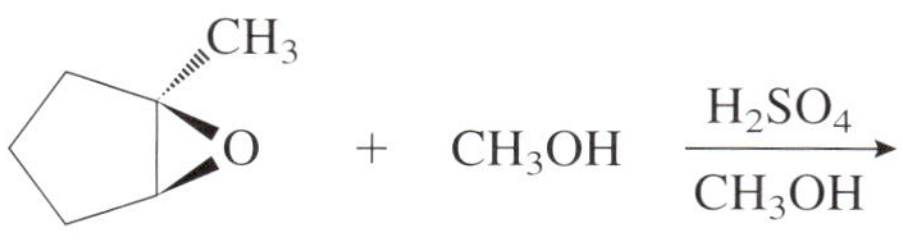

**b)** 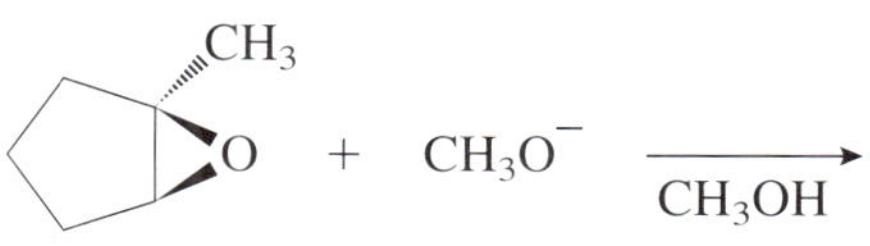

**c)** 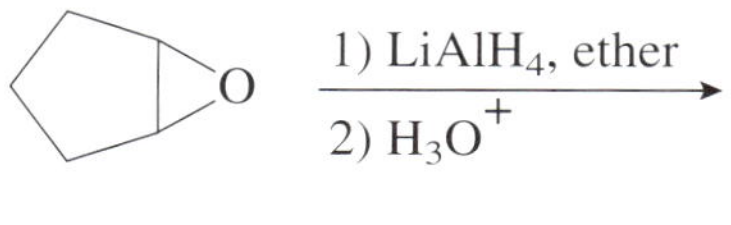

## 10.11 할로겐화 수소의 제거

제거반응은 다소의 제한이 있기는 하지만 알켄을 제조하는 유용한 방법이다. 한 가지 문제는 제거와 치환 간의 경쟁이다. 제거의 대부분은 E2 메카니즘이 유리한 조건에서 이루어진다. 이 경우 입체적 장애는 경쟁 $S_N2$ 경로의 속도를 느리게 하는 데 사용된다. 삼차 기질과 대부분의 이차 기질은 강한 염기로 처리하면 제거생성물을 좋은 수득률로 형성한다. 입체적 장애가 큰 염기는 치환을 최소로 하기 위하여 일차 기질에 적용할 수 있다.

제거반응에서 일어나는 다른 문제는 반응의 위치화학이다. 9장에서 나타낸 것처럼 대부분의 제거는 Zaitsev 규칙에 따르며 주 생성물로 더 많이 치환된 알켄을 생성한다. 그러나 덜 치환된 생성물도 상당량 생성된다. 더욱이 시스와 트랜스 이성질체가 생성되면 생성물 혼합물은 더 복잡해진다. 이와 같은 이성질체 혼합물의 분리는 대단히 어려우므로 제거반응은 알켄을 제조하는 가장 좋은 방법이 아니다. 그러나 한 가지 생성물만 얻을 수 있다면 혹은 반응혼합물에서 한 생성물이 대단히 우세할 것으로 기대된다면 이 제거반응은 대단히 유용하다.

그러므로 강한 염기와 할로겐화 알킬의 반응은 알켄의 제조에 적용된다면 이성질체의 혼합물은 생성되지 않는다. 이 제거반응에 보통 사용되는 강한 염기는 수산화 소듐, 수산화 포타슘, 메톡시화 소듐($NaOCH_3$) 및 에톡시화 소듐($NaOCH_2CH_3$)이다. *t*-뷰톡시화 포타슘(*t*-BuOK)은 장애를 덜 받는 기질에 대해 경쟁하는 치환을 피하기 위하여 특히 사용된다. 설폰산 에스터도 이탈기로 사용될 수 있다. 몇 가지 예를 다음 방정식에 나타내었다.

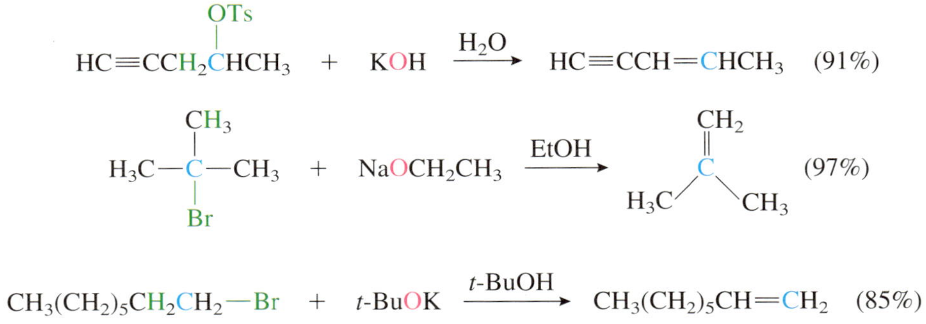

**문제 10.26** 다음 반응의 생성물을 나타내어라.

**a)** 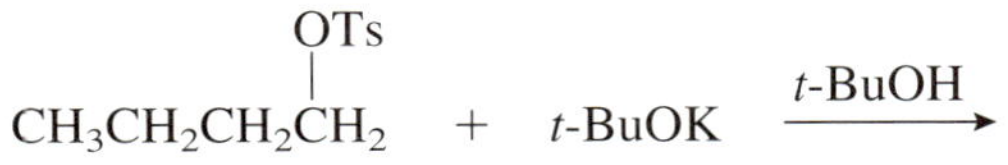

**b)** 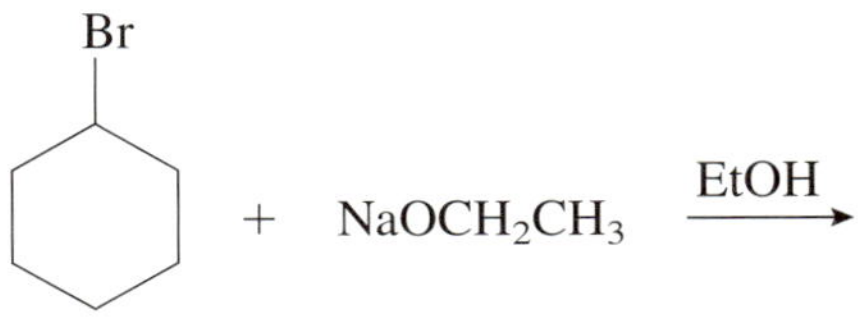

c) 

d) $CH_3CH_2\underset{CH_2CH_3}{\overset{Br}{C}}CH_2CH_3 + KOH \xrightarrow[CH_3OH]{H_2O}$

**문제 10.27** 다음 제거반응이 알켄을 제조하는 좋은 방법이라는 것을 설명하여라.

a) 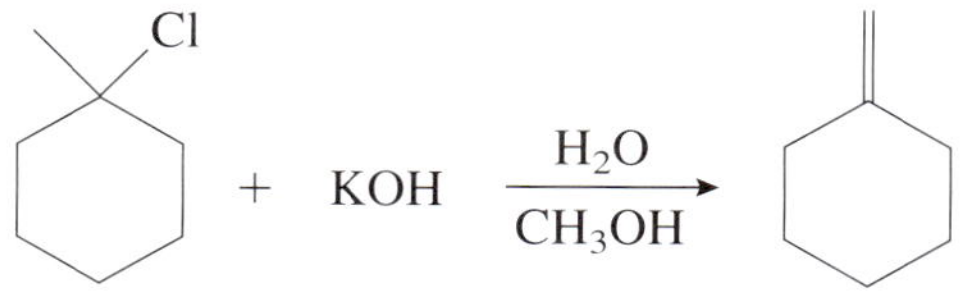

b) $PhCH_2\overset{Cl}{C}HCH_3 + NaOEt \xrightarrow{EtOH} PhCH{=}CHCH_3$

**문제 10.28** 다음 반응이 2-펜텐을 제조하는 좋은 합성법이라는 것을 설명하여라.

$$CH_3CH_2\overset{Br}{C}HCH_2CH_3 + CH_3O^- \xrightarrow{CH_3OH} CH_3CH{=}CHCH_2CH_3$$

$$CH_3\overset{Br}{C}HCH_2CH_2CH_3 + CH_3O^- \xrightarrow{CH_3OH} CH_3CH{=}CHCH_2CH_3$$

# 10.12 알카인의 제조

알카인은 다이할로알케인으로부터 두 분자의 HX의 제거로 제조된다. 이 반응은 대단히 강한 염기성 조건이 필요하므로 높은 온도에서 수산화 포타슘 혹은 강염기 아미드화 소듐($NaNH_2$)이 보통 사용된다. 다음 방정식으로 그 예를 나타냈다.

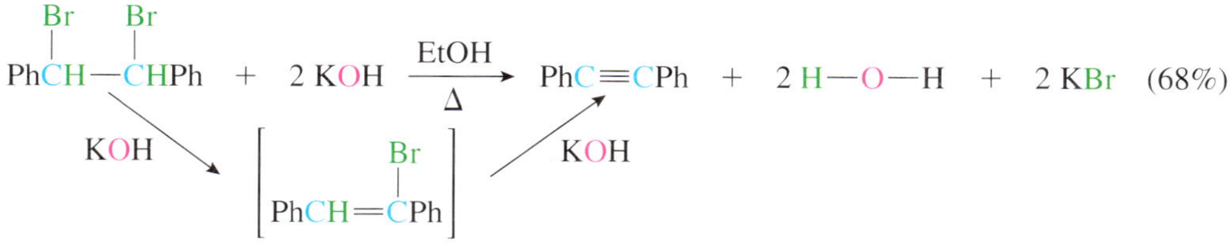

A vinyl halide

$$Ph\overset{Br}{C}H-\overset{Br}{C}H_2 + 3\,NaNH_2 \xrightarrow{NH_3\,(l)} PhC{\equiv}\overset{-}{C}\!:\overset{+}{Na} + 3\,H-NH_2 + 2\,NaBr$$

$$\downarrow H_2O$$

$$PhC{\equiv}CH \quad (50\%)$$

이 반응에서 첫 번째 HX분자의 제거로 이중결합의 탄소의 하나에 할로겐이 결합된 알켄, 할로겐화바이닐이 생성된다. 두 번째로 더 어려운 제거(이것이 강한 염기가 필요한 이유이다)는 삼중결합을 형성한다. 그러므로 다음 반응에서 나타낸 것처럼 할로겐화바이닐은 알카인을 제조하는 데 사용한다.

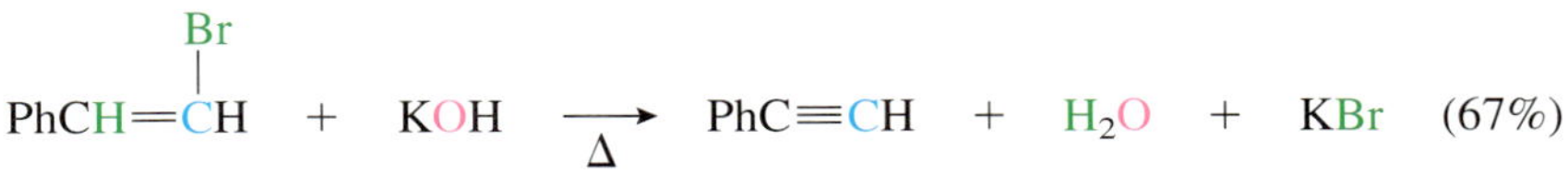


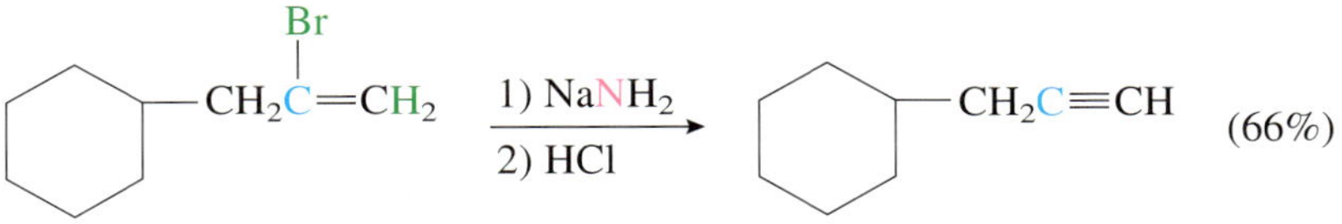


**문제 10.29** 이 반응의 생성물을 예측하여라.

a)

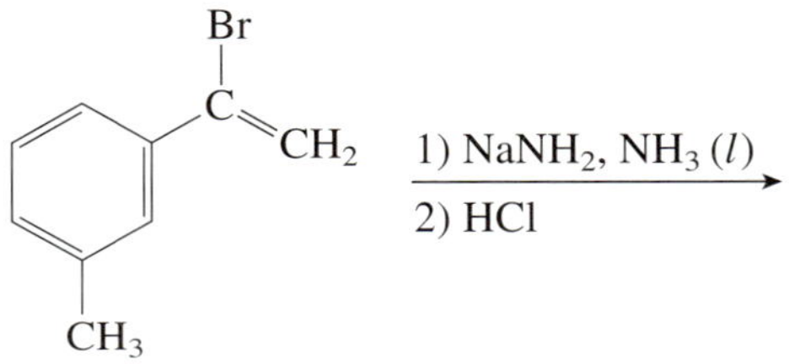


b)

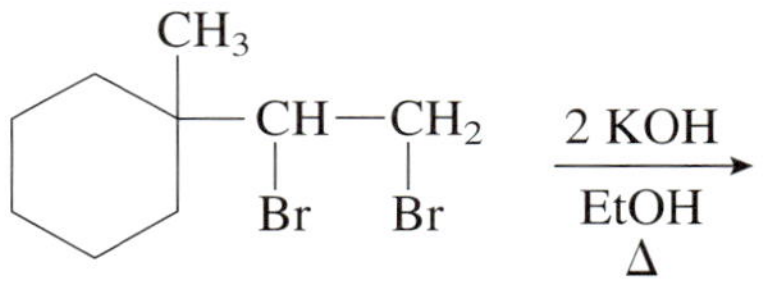


## 10.13 탈수

10.5절에서 할로겐산 HX와 알코올의 반응으로 할로겐화 알킬을 생성하는 반응을 기술하였다. 할로겐산 대신에 황산 혹은 인산을 사용하면 반응은 다른 경로로 진행되며 제거 생성물이 형성된다. 물이 제거되기 때문에 반응을 **탈수**라고 부른다.

사이클로헥산올의 탈수에 대한 메카니즘은 그림 10.6에 나타낸 것처럼 사이클로헥센을 생성한다. 일반적으로 이 반응은 E1 메카니즘에 따르며 따라서 삼차 알코올이 이차 알코올보다 반응성이 더 크다. 카보양이온 단계에서 제거와 치환이 경쟁적이다. 탈수반응에 대한 조건에서 치환을 일으키는 좋은 친핵체가 존재하지 않기 때문에 제거가 유리하다. 황산과 인산의 짝염기($HSO_4^-$와 $H_2PO_4^-$)는 친핵성이 크지 않다. 반응이 산 촉매이기 때문에 적은 양의 산이 필요하다. 즉 산은 메카니즘의 최종 단계에서 재생된다.

탈수반응은 다소 제한된다. 메카니즘은 E1이고 카보양이온을 포함하기 때문에

그림 10.6 사이클로헥산올의 E1 탈수의 메카니즘.

① 양성자가 좋은 이탈기를 형성하기 위하여 산으로부터 알코올의 산소로 이동한다.

② 물이 제거되어 카보양이온을 형성한다. 이것은 E1 메카니즘이다. 반응혼합물에 좋은 친핵체가 없으면 경쟁 $S_N2$ 메카니즘에 의한 치환을 피할 수 있다. 대조적으로 HCl과 같은 친핵성 짝염기를 가진 산을 사용하면 친환생성물이 형성된다.

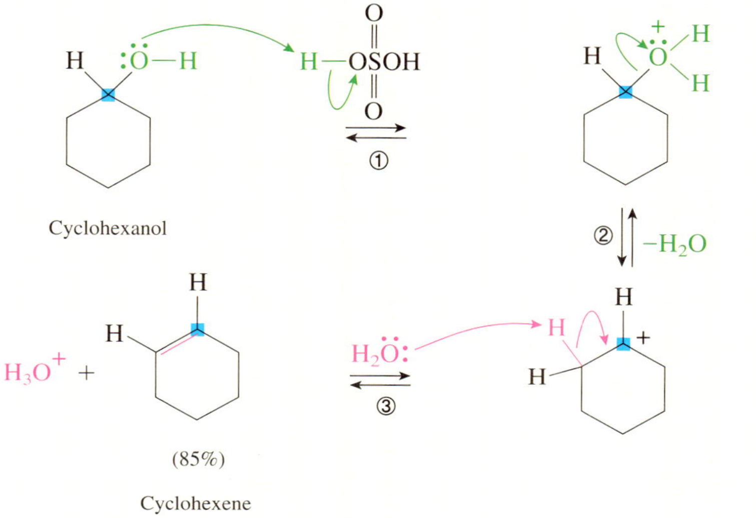


③ 반응 혼합물에서 물과 같은 약한 염기가 양성자를 제거하면 알켄을 생성한다. 이 단계에서 ①에서 사용했던 산이 재생된다. 산은 소모되지 않기 때문에 반응은 산에 의한 촉매반응이다.

자리옮김이 가능하다. 그림 10.7에 카보양이온 자리옮김을 포함하는 예를 나타냈다. 더욱이 이성질체가 생성되고 한 생성물을 크게 유리하게 해주는 안자가 존재하지 않는 한 반응은 실용적이 아니다. 이런 제한을 알고 있으면 다음 예에서 설명한 것처럼 반응을 유용하게 할 수 있다.

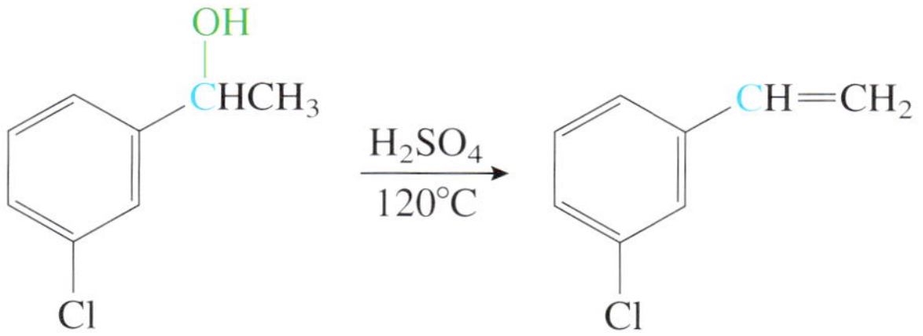


(81%)

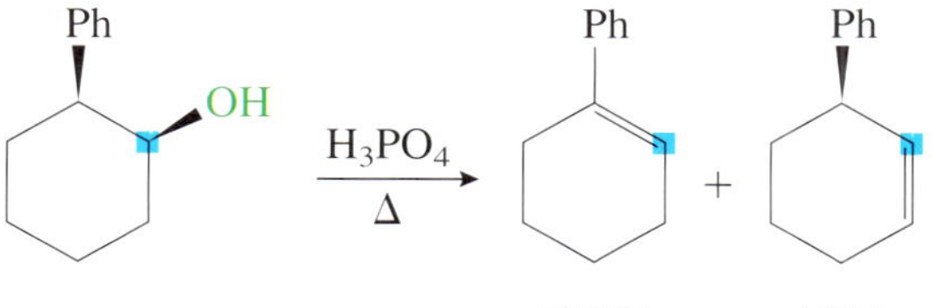


(88%) (4%)

**그림 10.7** **자리옮김을 포함한 E1 탈수의 메카니즘.**

① 하이드록시기의 산소는 양성자화된다.

② 물이 제거되면서 카보양이온이 재생된다. 중간체로 카보양이온을 포함하는 반응은 항상 자리옮김 반응을 검토해야 한다.

③ 이 경우에 이웃 탄소로부터 메틸기의 이동으로 이차 카보양이온을 더 안정한 삼차 카보양이온으로 변환된다.

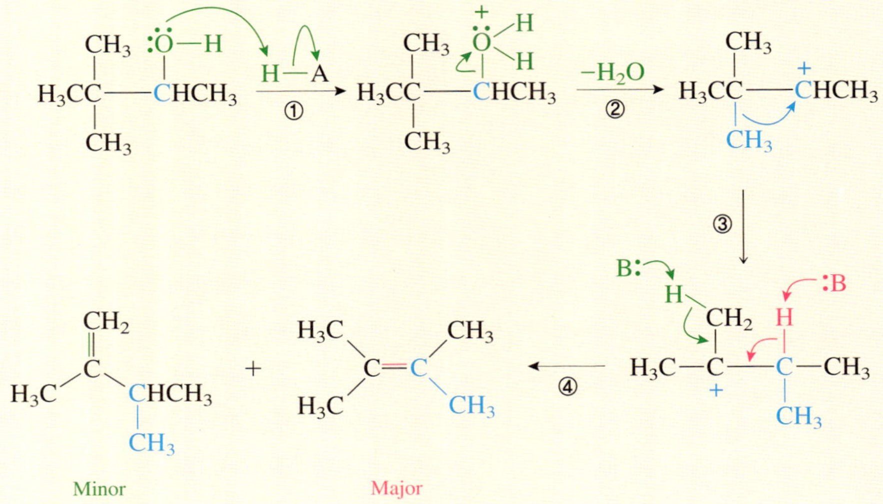


④ 삼차 카보양이온은 양성자를 잃고 두 이성질체를 생성할 수 있다. E1 제거는 Zaitsev 규칙에 따르기 때문에 주 생성물은 더 많이 치환된 알켄이 생성된다. 또한 자리옮김하지 않은 카보양이온으로부터 몇 가지 생성물이 형성될 수 있다.

**문제 10.30** 다음 반응의 생성물을 나타내어라.

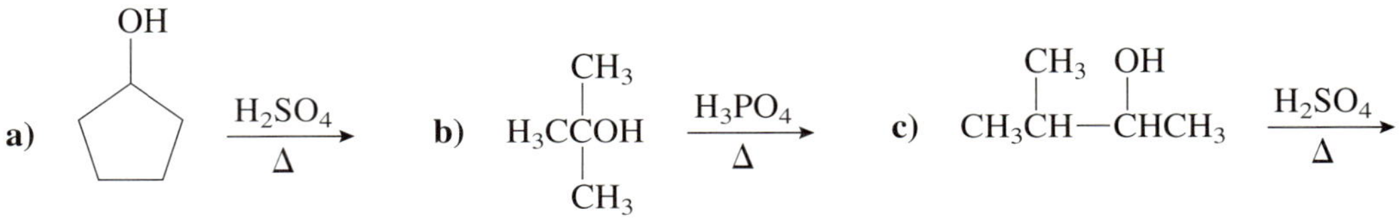

## 10.14 탄소-산소 이중결합 형성에 대한 제거반응; 산화반응

산화는 전자를 잃고 환원은 전자를 얻는 것으로 정의하였다. 이 정의를 공유결합 화합물에 사용하면 상화산태를 모든 원자에 대해 지정할 수 있다. 유기화합물에 대해 이렇게 할 수 있기는 하지만 더 간단한 정의를 사용할 수 있다. **산화(oxidation)**는 화합물의 산소함량의 증가 혹은 수소함량의 감소하는 반응이다. 마찬가지로 **환원(reduction)**은 화합물의 산소함량의 감소 혹은 수소함량의 증가하는 반응이다. 이 정의에 의

하면 알코올을 카보닐기로 변환은 반응에서 두 수소가 감소했기 때문에 산화반응의 한 예이다. 탄소−산소 이중결합에 두 수소가 첨가되는 이 반응의 역은 환원이다.

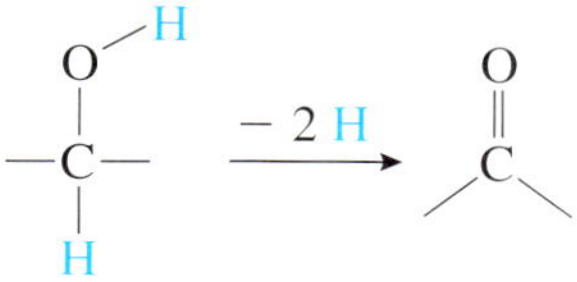

일차 알코올의 산화는 알데하이드를 형성한다. 알데하이드가 더 산화되면 카복실산이 용이하게 생성된다. 그러므로 알데하이드 단계에서 반응을 정지하려면 특별한 시약을 적용해야 한다. 이차 알코올은 케톤으로 산화된다. 삼차 알코올은 대부분의 산화제에 불활성이다.

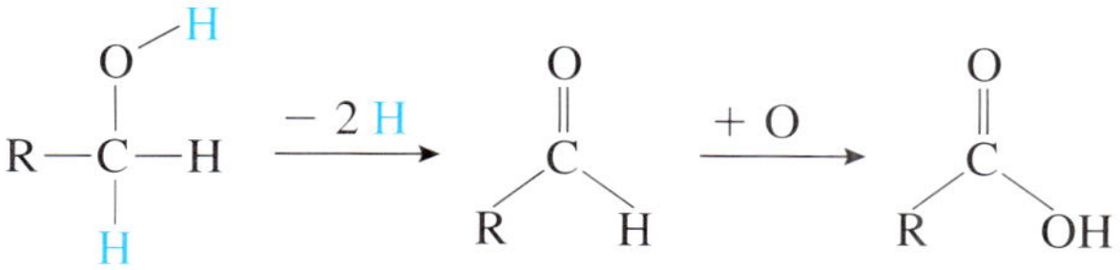

1차 alcohol　　Aldehyde　　Carboxylic acid

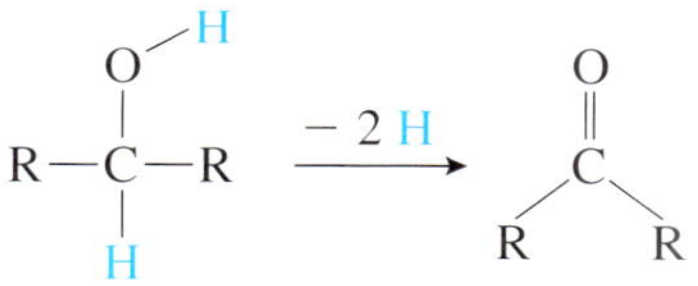

2차 alcohol　　Ketone

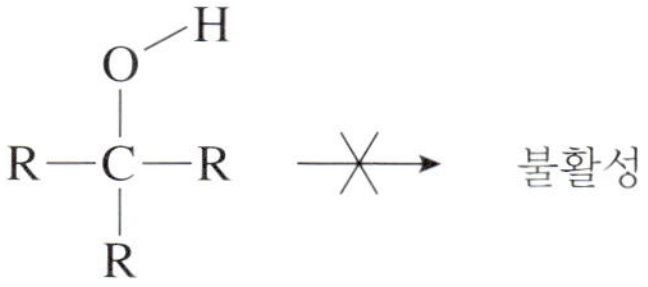


3차 alcohol

앞 반응이 이루어지려면 이탈기로 작용할 수 있는 기, 즉 결합 전자쌍을 가지고 이탈할 수 있는 기로 산소에 있는 수소를 치환할 필요가 있다. 다음 방정식은 이 장에서 나타낸 다른 제거와 이 과정의 유사성을 나타내 준다. 여기서 차이는 이탈기가 탄소에 있지 않고 산소에 있다는 것이다.

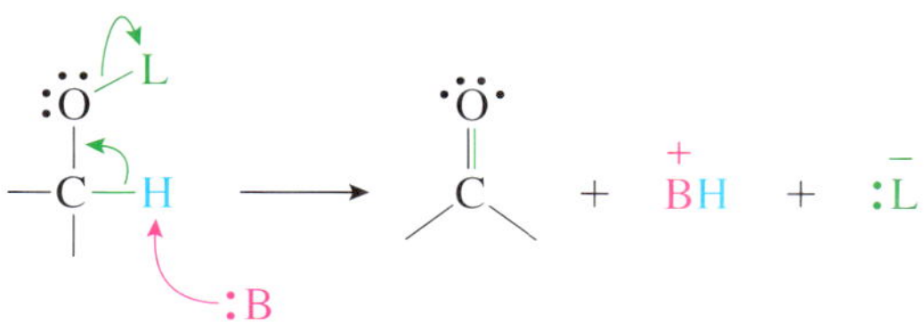

이 반응에서 이탈기로 사용하는 화학종은 대부분 산화상태가 높은 금속이다. 금속이 이탈되면 금속-산소결합의 전자쌍을 가지고 이탈하기 때문에 환원된다. 많은 수의 산화제가 다양한 경우에 사용할 수 있도록 개발되었다. +6 산화상태를 가진 크롬이 가장 유용하게 사용된다. 3개의 크롬산화제가 알데하이드를 카복실산으로 효과적으로 산화하는 다른 두 산화제($Ag_2O$와 $KMnO_4$)와 함께 표 10.1에 수록하였다. 크롬산에 의해 2-프로판올을 2-프로판온으로 산화하는 단순화한 메카니즘을 그림 10.8에서 나타내었다. 이 시약을 사용한 산화의 예를 다음 방정식으로 나타내었다.

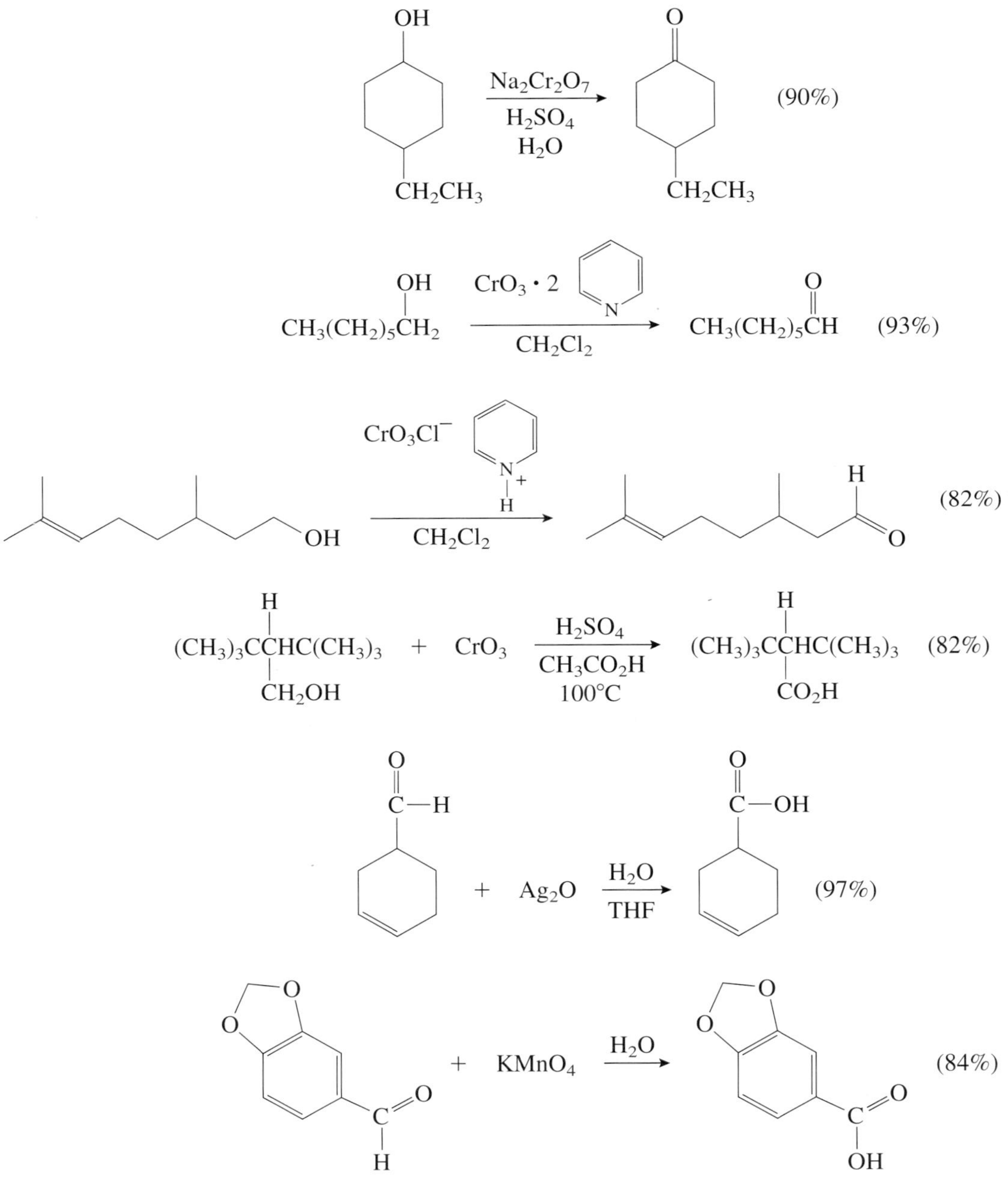

**표 10.1** 몇 가지 유용한 산화제

| 시약 | 설명 |
|---|---|
| $Na_2Cr_2O_7$, $K_2Cr_2O_7$, or $CrO_3$ in $H_2SO_4$ and $H_2O$ | 산성조건이 허용되는 간단한 알코올에 사용된다; 이차 알코올을 케톤으로 산화할 수 있다; 일차 알코올을 카복실산으로 산화하는 데 사용된다. |
| $CrO_3$ · 2 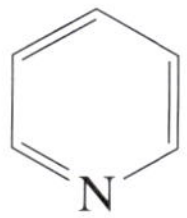 | 삼산화크롬-피리딘 착물은 비산성 조건이 필요할 때 사용된다; 이차 알코올을 케톤으로 변환하고 혹은 알차 알코올을 알데하이드로 산화하고 더 이상 산화하지 않는다. |
| $\bar{C}rO_3Cl$ 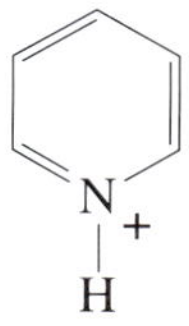 | 클로로크롬산 피리디늄(PCC)은 예민한 화합물에 유용하다; 이차 알코올을 케톤 혹은 일차 알코올을 더 이상 산화하지 않고 알데하이드로 산화한다. |
| $KMnO_4$ or $Ag_2O$ | 과망간산 포타슘과 산화은은 알데하이드를 카복실산으로 산화하는 데 사용된다. |

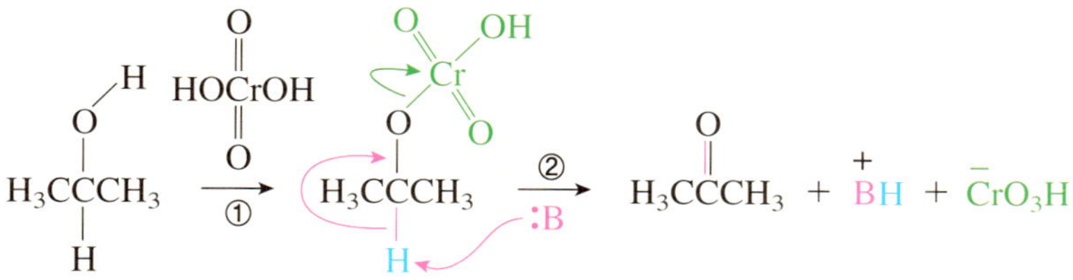

**그림 10.8** 2-프로판올의 2-프로판온으로 산화에 대한 메카니즘.

이것은 $Cr^{6+}$에 의한 2-프로판올의 산화에 대한 단순화한 메카니즘이다.

① 첫 단계는 산과 알코올이 반응하여 크롬산 에스터를 형성하는 반응을 포함한다(이 단계에 대한 메카니즘은 지금 중요하지 않다).

② 크롬은 결합 전자쌍을 가지고 이탈한다. 전체적으로 2-프로판올은 아세톤으로 산화되고 +6 산화상태($H_2CrO_4$)에 있는 크롬은 +4 산화상태($H_2CrO_3$)로 환원된다. 메카니즘은 크롬의 최종 산화상태가 +3이 되는 추가적인 단계를 가진다.

**문제 10.31** 다음 반응의 생성물을 써라.

a) 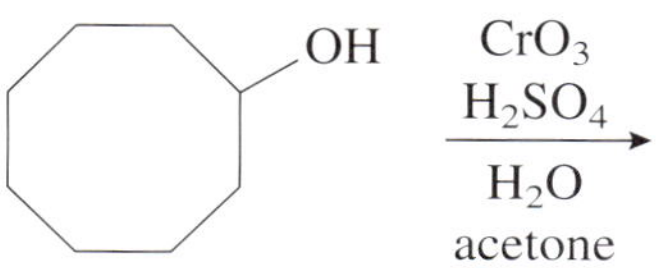


b) 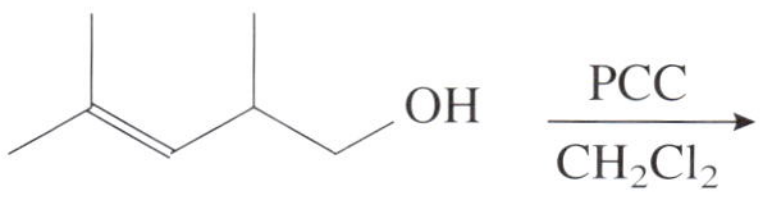

c) 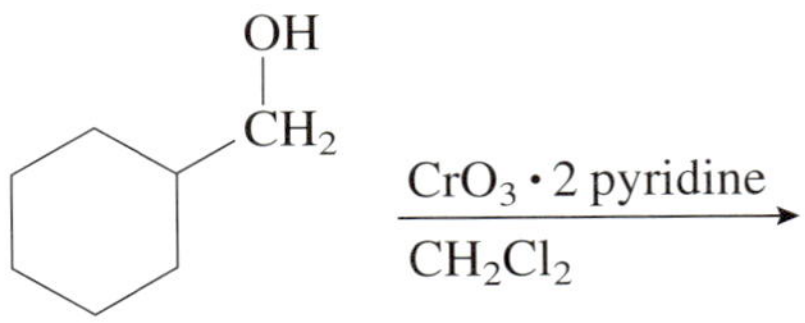


d) 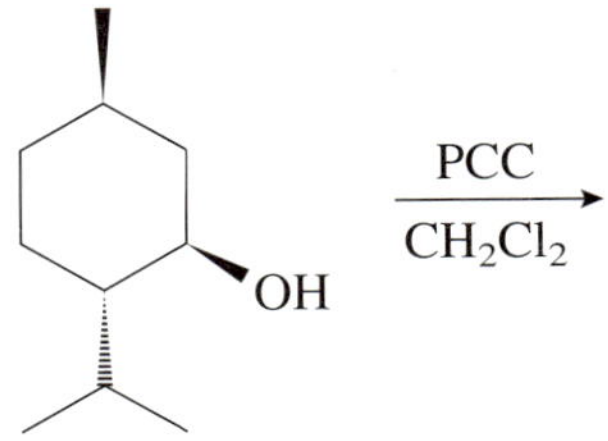


e) 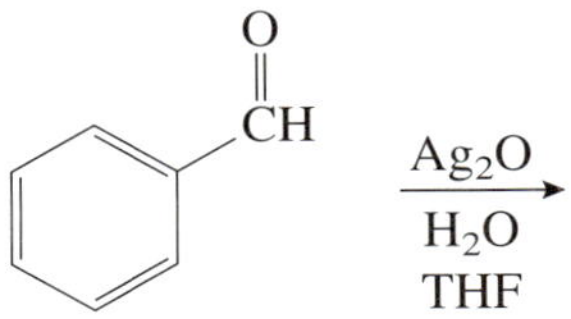


## 10.15 유기합성의 전략

실험실에서 유기화학자가 직면하게 되는 보편적인 문제는 화합물을 얻기가 어렵다는 점이다. 화합물은 새로운 의약품으로 실험될 필요가 있으며 가정한 반응 메카니즘을 실험하는 데 필요하다. 화합물을 얻을 수가 없으면 화학자는 그것을 합성하는 일에 직면하게 된다. 먼저 문헌을 조사하여 누군가가 이미 그 화합물을 합성하였는지를 알아보아야 한다. 화합물이 합성되지 않았거나 혹은 보고된 제조가 힘들거나 수득률이 좋지 않으면 화학자는 그 화합물의 새로운 합성을 설계해야 한다. 유기화학자는 어떻게 이런 문제에 접근할 것인가?

화학자들은 얻을 수 있는 몇 가지 화합물을 원하는 화합물, **과녁(target)**으로 어떻게 변환시킬가를 고려하는 것으로부터 시작하지는 않는다. 대신 필요한 질문은 "간단한 화합물로부터 새로운 과녁화합물을 만드는 데 사용할 수 있는 반응은 무엇인가?"이다. 더 간단한 화합물은 새로운 과녁화합물이 되고 이 과정은 공업적으로 얻을 수 있는 화합물이 될 때까지 반복된다. 전체적으로 많은 단계가 제안된 합성에 포함된다. 과녁화합물로부터 역작업을 하는 이 과정을 **역합성 분석(retrosynthetic analysis)**이라 부른다. 과녁화합물에 대해 몇 가지 경로를 가정할 수 있다. 가장 좋은 경로는 반응 단계의 수, 각 단계의 수득률 및 전체 비용 등 몇 가지 인자에 의존한다. 사실 어느 경로가 좋은가는 왜 그 화합물이 필요한가에 의존한다. 연구실에서 적은 양의 화합물만이 필요하다면 시간을 가장 중요하게 고려해야 한다. 대신에 화합물을 공업적 단위로 대량 생산해야 한다면 비용이 가장 중요한 고려해야 할 인자가 된다.

몇 가지 예가 이 과정을 분명히 하는 데 도움이 될 것이다. 과녁으로 벤질 사이클로펜틸 에터를 생각해보자.

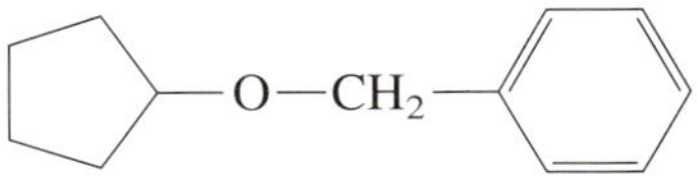


Benzyl cyclopentyl ether

먼저 에터는, 친전자체로 할로겐화 알킬과 친핵체로 알콕사이드 음이온과의 치환반응, 즉 Williamson 에터 합성에 의해 제조될 수 있다. 과녁 에터를 합성할 수 있는 두 가지 방법을 다음에 나타냈다.

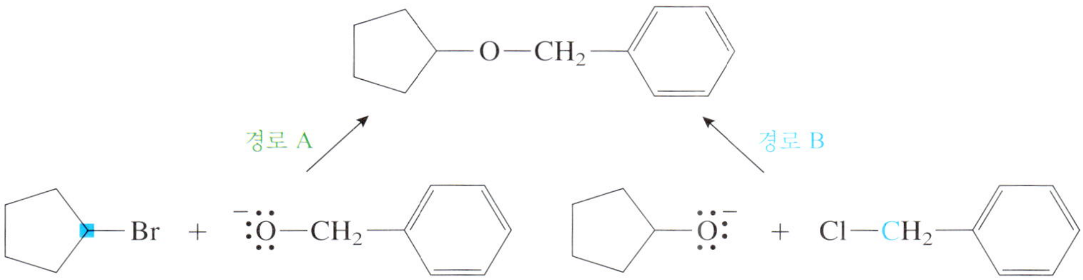


다음에 두 반응을 검토하여 어느 방법이 과녁화합물을 좋은 수득률로 생성할 수 있는가를 결정해야 한다. 강한 염기성 친핵체와 이차 할로겐화 알킬이 결합된 경로 A는 E2 메카니즘에 의해 제거로부터 주 생성물이 생성된다. 한편 경로 B는 제거반응을 일으킬 수 없는 일차 할로겐화 알킬을 사용한다. 이 화합물은 벤질자리이기 때문에 $S_N2$ 치환에 대해 우수한 기질이다. 경로 B가 분명히 선택된다.

할로겐화 알킬로 출발해야 한다는 규정 때문에 염화 벤질은 우수한 출발물질이 된다. 그러나 아직도 알콕사이드 이온을 제조해야 한다. 이것은 사이클로펜탄올의 짝염기이므로 소듐 금속과 알코올과의 반응에 의해 만들어진다.

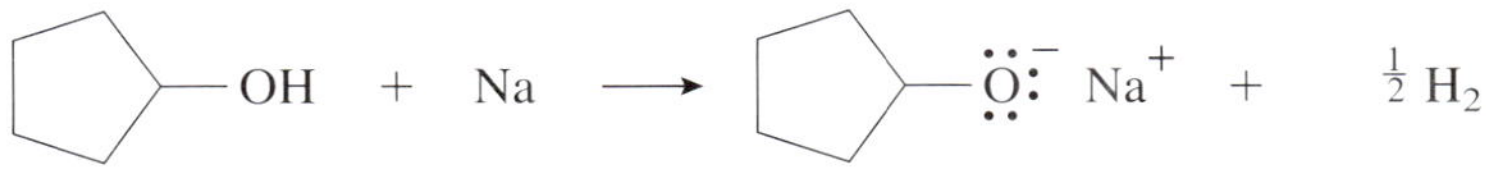

Cyclopentanol

이제 과녁은 사이클로펜탄올이다. 알코올은 친핵체로 하이드록사이드 이온과의 반응에 의해 일차 할로겐화 알킬로부터 합성할 수 있다. 그러나 강한 염기성 친핵체와 이차 할로겐화 알킬의 결합은 상당한 양의 제거생성물이 형성된다. DMSO와 같은 비양성자성 용매에서 브로모사이클로펜테인을 아세트산 이온으로 처리한 후 사이클로펜탄올로 에스터가 절단된다.

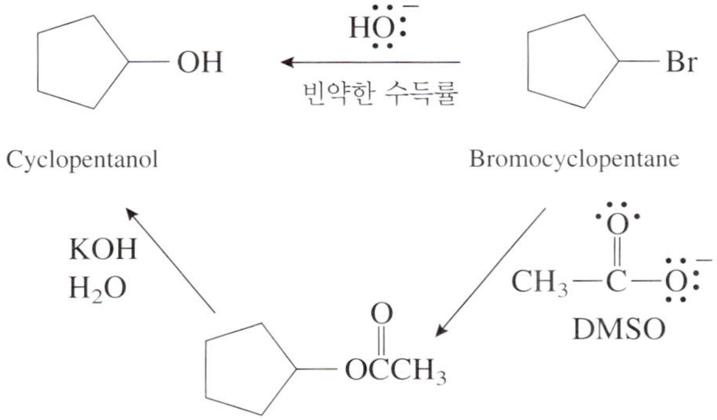

정방향으로 나타내면 벤질 사이클로펜틸 에터의 제안된 합성은 다음과 같다.

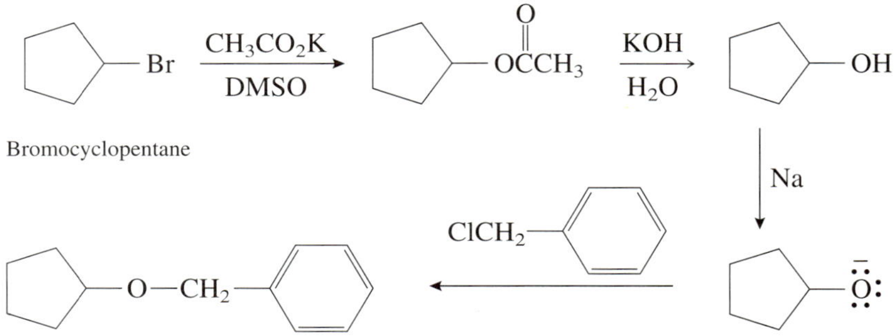


지금까지 몇 가지 반응만이 제안되었지만 이 합성문제는 대단히 용이하다. 그러나 추가적인 문제를 배우게 되면 합성은 길어지고 더 복잡해진다. 역합성 분석을 사용한 가치는 더 분명해진다.

## 예제 10.3

지시한 출발물질을 사용하여 다음 화합물을 합성하여라.

**a)** $HC{\equiv}CH$로부터 $CH_3CH_2C{\equiv}CCH_2CH_2CH_3$

**b)** 할로겐화 알킬로부터

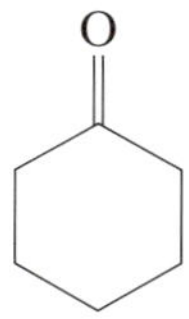


**c)**

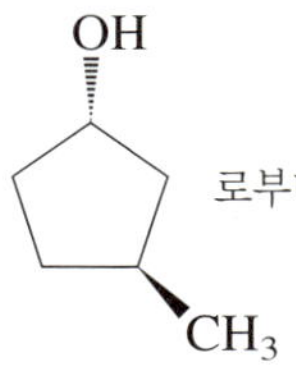


로부터

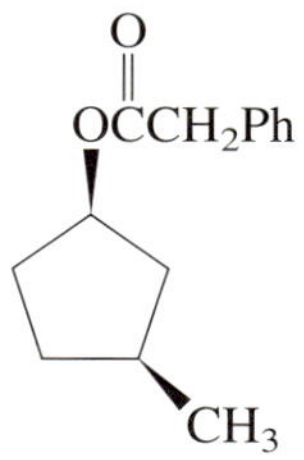


### 전략

합성문제에서 역합성 분석을 사용하여라. 이것은 얻을 수 있는 화합물에 도달할 때까지 역으로 작업하는 것을 의미한다. 이 문제는 출발물질을 규정해주는 추가적 단서를 제공해준다. 이 경우 목표화합물에 있는 탄소가 출발물질의 어느 탄소로부터 왔는가를 확인하는 데 사용된다. 합성에서 어느 탄소-탄소결합이 형성되며 어느 작용기를 어떻게 보완할 필요가 있는가를 확인해야 한다. 어떤 경우에는 이 검토로 전체 경로가 분명해진다. 다른 경우에는 한 번에 한 단계씩 역으로 진행할 필요가 있다. 각 단계에서 검토를 반복한다.

## 풀이

**a)** $$CH_3CH_2C{\equiv}CCH_2CH_2CH_3 \xleftarrow[\text{2) } CH_3CH_2CH_2I]{\text{1) } NaNH_2,\ NH_3\,(l)} CH_3CH_2C{\equiv}CH \xleftarrow[\text{2) } CH_3CH_2Br]{\text{1) } NaNH_2,\ NH_3\,(l)} HC{\equiv}CH$$

Ethyne

처음 목표는 이치환 알카인이다. 출발물질 에타인의 삼중결합에 있는 두 탄소는 목표화합물에 있는 삼중결합의 두 탄소가 된다. 그러므로 삼중결합의 두 탄소에 새로운 탄소-탄소결합을 형성할 필요가 있다. 이것은 $S_N2$ 반응에서 아세틸라이드 친핵체와 할로겐 이탈기에 결합된 적당한 알킬기의 사용을 제지해준다. 알킬기를 가해주는 순서는 큰 차가 없다. 1-알카인을 아미드화 소듐으로 처리하고 다음에 할로겐화 알킬이 반응한다.

이 과정을 반복하여 다른 알킬기를 알카인에 도입한다.

**b)** 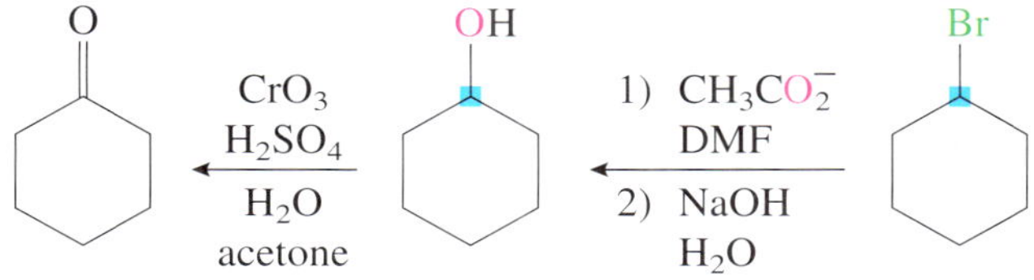

Cyclohexanol

먼저 탄소골격을 변화시켜서는 안 된다는 것에 주목하여라. 작용기만을 브롬에서 케톤으로 변화시켜야 한다. 직접 변화시키는 방법은 모르지만 이차 알코올의 산화에 의해 케톤을 만드는 방법은 알고 있다.

목표는 이차 알코올인 사이클로헥산올이다. 하이드록사이드 이온과 이차 할로겐화 알킬과의 반응은 E2 메카니즘에 의해 상당한 양의 제거 생성물을 형성한다. 하이드록사이드 이온의 합성 대등체로 아세트산 이온을 사용하면 더 좋은 결과를 얻을 수 있다.

**c)** 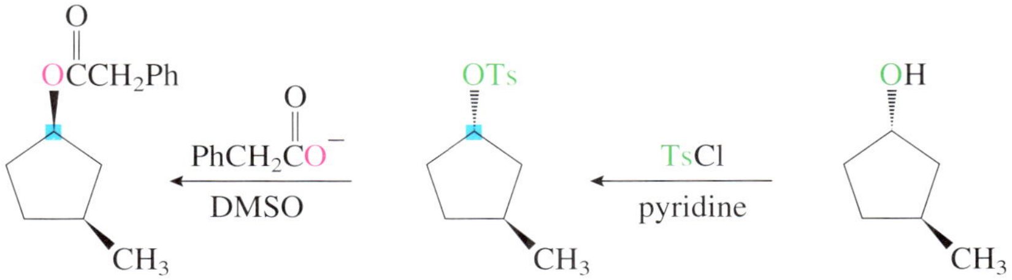

출발물질과 목표를 비교하면 하이드록시기를 위치배열이 반전되면서 에스터기로 치환할 필요가 있다는 것을 알 수 있다. 그러므로 OH를 $S_N2$ 반응을 일으킬 수 있도록 이탈기로 변환시킬 필요가 있다. OH기를 토실레이트 혹은 메실레이트 에스터로 변환시킨다. 다음에 DMSO와 같은 비양성자성 용매에서 친핵체로 카복실산 음이온을 사용하여 $S_N2$반응을 일으킨다.

---

**문제 10.32** 지시한 출발물질을 사용하여 다음 화합물을 합성하여라.

**a)** CN 결합이 없는 화합물로부터 $CH_3CH_2CH_2CH_2\overset{+}{N}(CH_3)_3\ I^-$

**b)** 할로겐화 알킬로부터 $CH_3CH_2O\underset{}{\overset{CH_3}{\overset{|}{C}}}HCH_2CH_3$

c) 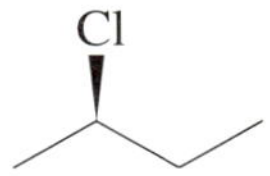 로부터 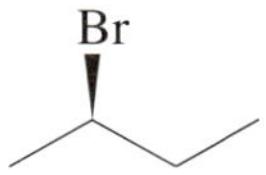

d) 에폭사이드로부터 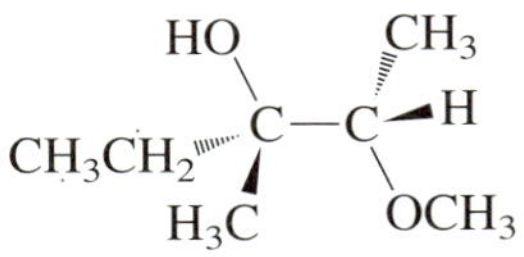

e) $HC{\equiv}CH$로부터 $PhCH_2C{\equiv}C$로부터

---

이 장에서 다룬 치환반응을 표 10.2에 요약하였고 제거반응을 표 10.3에 요약하였다.

**표 10.2 치환반응의 요약**

| 반응 | 설명 |
|---|---|
| **10.2절 알코올의 제조** | |
| $R{-}X + {}^{-}\!:\ddot{O}{-}H \longrightarrow R{-}OH$ | $S_N2$ 조건; 강한 염기, 1차 기질은 상당한 제거반응을 일으킨다. |
| $R{-}X + H_2O \longrightarrow R{-}OH$ | $S_N1$ 조건(1차는 제외); 가수분해(용매화) |
| $R{-}X \xrightarrow[2)\ KOH,\ H_2O]{1)\ CH_3CO_2^-} R{-}OH$ | $S_N2$ 조건; 약한 염기, 2차 기질은 제거문제가 없다.<br>수산화이온의 합성대등체 |
| **10.3절 에터의 제조** | |
| $R{-}L + {}^{-}\!:\ddot{O}{-}R' \longrightarrow R{-}O{-}R'$ | $S_N2$ 조건; Williamson 에터합성; 강한 염기이므로 2차 기질은 대부분 제거반응을 일으킨다. 같은 생성물을 형성하는데 두 경로가 있다. |
| $ROH + Na \longrightarrow R{-}\ddot{O}\!:^{-}\ Na^+$ | 알콕사이드 친핵체와 염기의 제조 |
| $PhOH + K_2CO_3 \longrightarrow Ph{-}\ddot{O}\!:^{-}\ K^+$ | 페녹사이드 친핵체의 제조 |
| $R{-}L + HOR' \longrightarrow R{-}O{-}R'$ | $S_N1$ 조건; (1차 이외에) 용매화 |
| **10.4절 에스터의 제조** | |
| $R{-}L + {}^{-}\!:\ddot{O}{-}\overset{O}{\overset{\Vert}{C}}R' \longrightarrow R{-}\ddot{O}{-}\overset{O}{\overset{\Vert}{C}}R'$ | $S_N2$ 조건; 약한 염기이므로, 2차 기질에서 수득률이 좋다. |
| **10.5절 할로겐화 알킬의 제조** | |
| $R{-}OH + HCl \longrightarrow R{-}Cl$<br>or $HBr$ → $R{-}Br$<br>or $HI$ → $R{-}I$ | $S_N1$ 조건(1차 이외에); 자리옮김을 살펴보아라.<br>1차와 2차 알코올에서 HCl은 $ZnCl_2$를 필요로 한다. |

**표 10.2 치환반응의 요약 (계속)**

| 반응 | 설명 |
|---|---|
| R—OH $\xrightarrow[2)\ :\ddot{X}:^-]{1)\ TsCl}$ R—X | $S_N2$ 조건 |
| R—OH + $SOCl_2$ or $PBr_3$ or $PI_3$ ⟶ R—Cl or R—Br or R—I | $S_N1$ 또는 $S_N2$; 염화싸이온일인, 삼브롬화인, 삼요오드화인은 알코올을 염화, 브롬화 혹은 요오드화알킬로 변화시키는 일단계 반응을 제시해 준다. |
| R—$\ddot{X}$: + :$\ddot{X}$:$^-$ ⟶ R—$\ddot{X}$: + :$\ddot{X}$:$^-$ | $S_N2$ 조건; 평형을 일으킨다. |
| **10.6절 아민의 제조** | |
| R—L + $\ddot{N}H_3$ ⟶ R—$\overset{+}{N}H_3$ | $S_N2$ 조건; 다 알킬화의 문제; 3차 아민과 4차 암모늄염은 수득률이 좋다. |
| 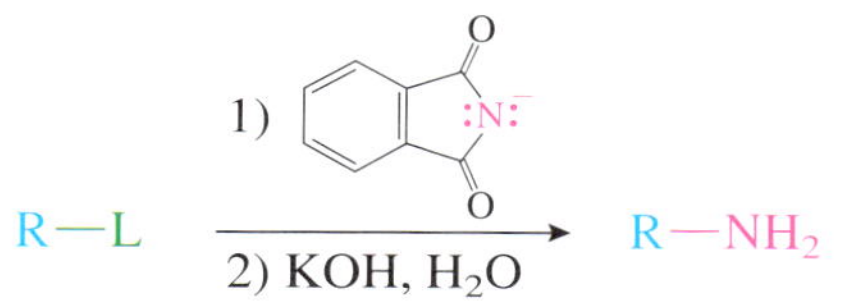 | $S_N2$ 조건; Gabriel 합성; 합성 암모니아의 합성대등체 2차 기질은 수득률이 좋다. |
| **10.7절 탄화수소의 제조** | |
| R—L $\xrightarrow{LiAlH_4\ or\ NaBH_4}$ R—H | $S_N2$ 조건; 수소화리튬 알루미늄과 수소화 붕소 소듐은 1차와 2차 기질에서 좋은 수득률을 나타낸다. |
| **10.8절 탄소–탄소결합 형성** | |
| R—L + :$\bar{C}$≡N: ⟶ R—CN | $S_N2$ 조건; 시인화이온은 약한 염기이다. 2차 기질과는 좋은 수득률을 나타낸다. |
| R—L + :$\bar{C}$≡C—R' ⟶ R—C≡ | $S_N2$ 조건; 아세트라이드이온은 강한 염기이다.<br>1차 기질에만 수득률이 만족스럽다. |
| H—C≡C—R' + $^-$:$\ddot{N}H_2$ ⟶ :$\bar{C}$≡( | 아마인드이온은 보통 아세틸라이트 음이온을 제조하는 염기로 사용된다. |
| **10.9절 인과 황 친핵체** | |
| R—L + $^-$:$\ddot{S}$—H or $^-$:$\ddot{S}$—R' ⟶ R—S—H or R—S—R' | $S_N2$ 조건; 설파이드는 약한 염기이고 좋은 친핵체이다. 1차, 2차 기질과는 좋은 수득률을 나타낸다. |
| R—L + :$PPh_3$ ⟶ R—$\overset{+}{P}Ph_3$ | $S_N2$ 조건; 포스핀은 약한 염기이고 좋은 친핵체이다. |
| **10.10절 에폭사이드의 고리열림** | |
| 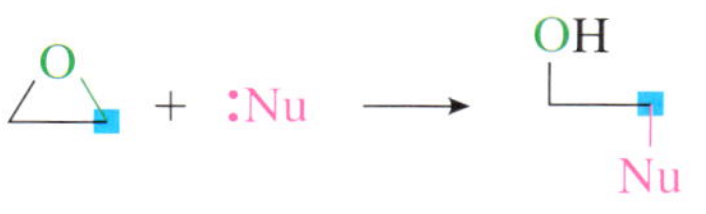 | 염기에서 친핵체는 반전($S_N2$)으로 덜 붐비는 탄소에 결합된다; 산성에서 친핵체는 반전(경계 메카니즘)으로 더 치환된 탄소에 결합된다. |

**표 10.3 제거반응의 요약**

| 반응 | 설명 |
|---|---|
| **10.11절 할로겐화 수소의 제거** | |
| 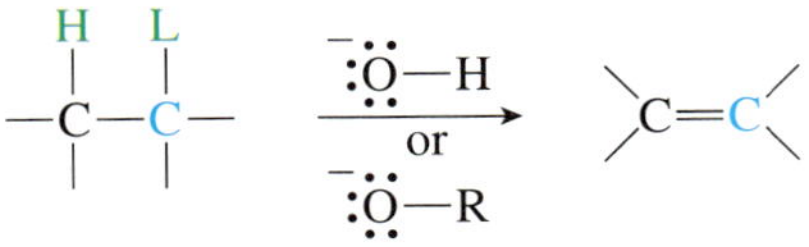 | E2 조건; 안티제거와 Zaitsev 규칙; 염기 또는 기질의 입체적 장애는 경쟁 $S_N2$ 반응을 느리게 한다. |
| **10.12절 알카인의 제조** | |
| 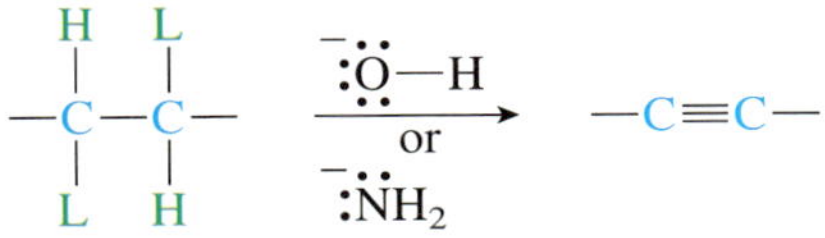 | E2 |
| 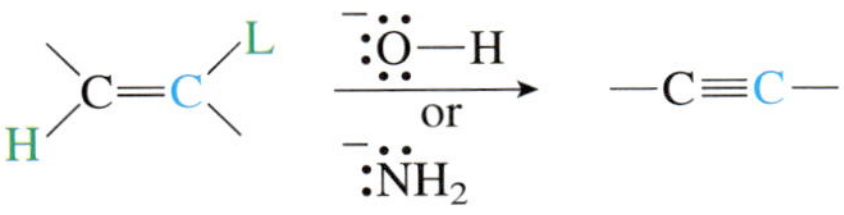 | E2 조건; 할로겐화바이닐은 위 반응의 중간체이다. |
| **10.13절 탈수** | |
| 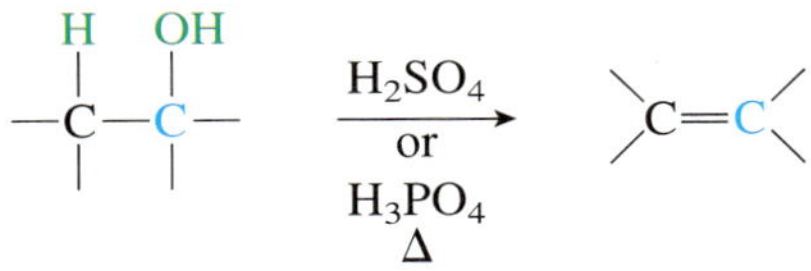 | E1 조건; 탈수반응; Zaitsev 규칙; 속도는 카보양이온의 안정선에 의존한다. 자리옮김을 살펴보아라. |
| **10.14절 탄소-산소 이중결합을 형성하는 제거; 산화반응** | |
| 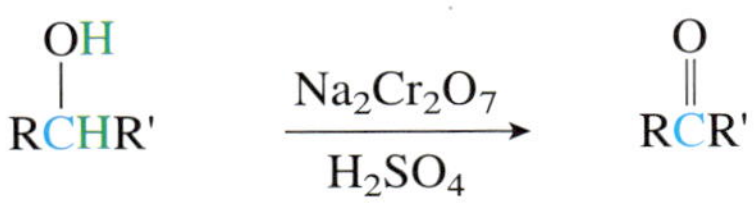 | 2차 알코올은 케톤으로 1차 알코올은 카복실산으로 변환된다. $K_2Cr_2O_7$ 또는 $CrO_3$도 사용할 수 있다. |
| 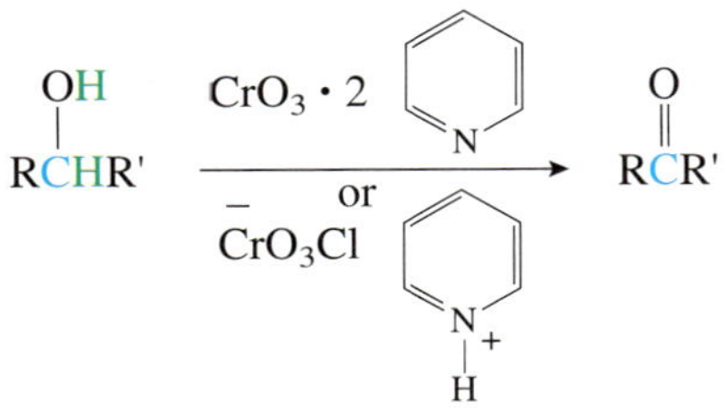 | 이 두 시약은 1차 알코올로 부터 알데하이드를 제조하는 데 사용된다. |
| 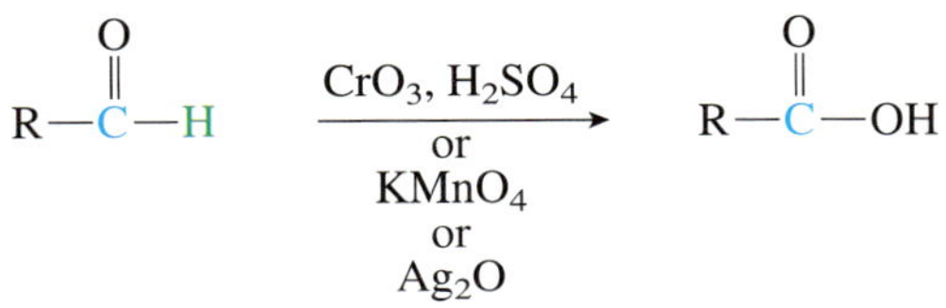 | 크롬(VI), 과망간산 이온 혹은 산화은은 알데하이드를 카복실산으로 산화하는 데 사용된다; $Cr^{6+}$도 1차 알코올을 카복실산으로 산화한다. |

## 추가문제

**10.33** 다음 반응의 생성물을 나타내어라.

**a)** 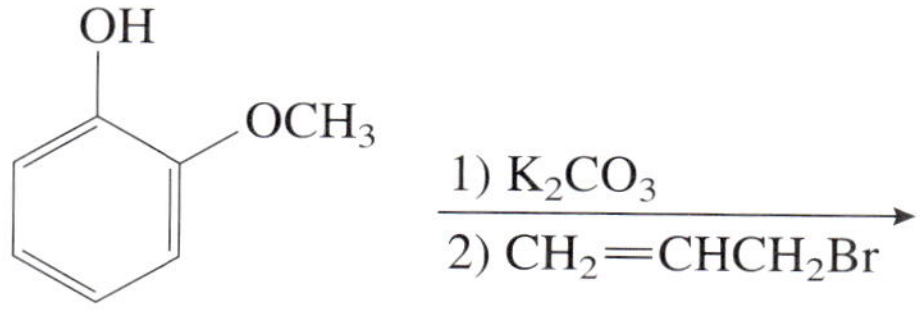

**b)** 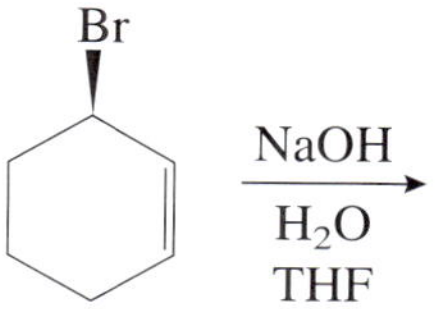

**c)** 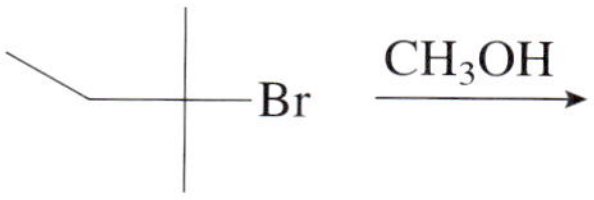

**d)** 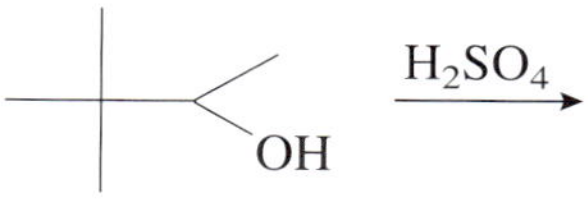

**e)** $CH_3CH(OH)CH_3 \xrightarrow{SOCl_2}$

**f)** 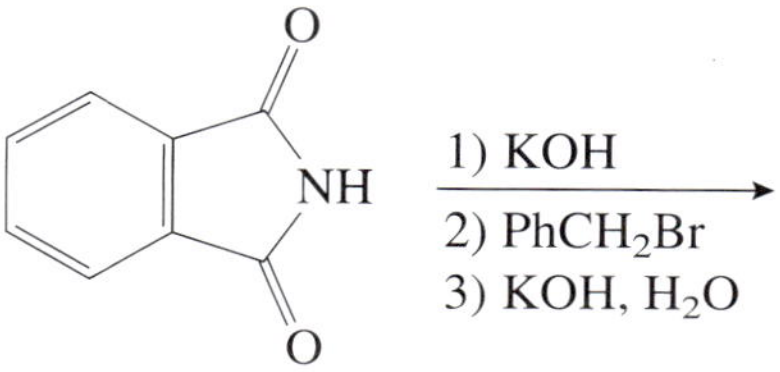

**g)** 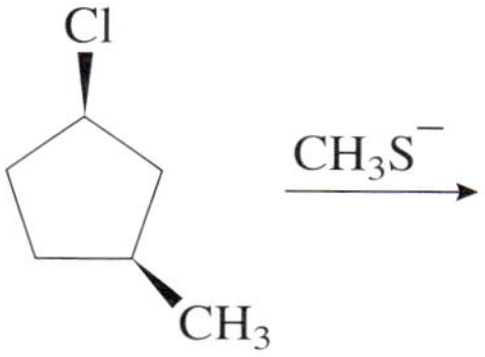

**h)** 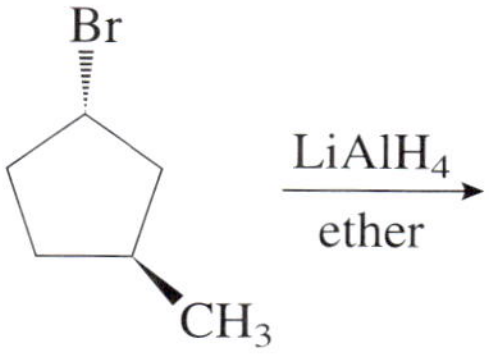

**i)** $CH_3CH_2CH_2CH_2Br \xrightarrow[DMSO]{NaCN}$

**j)** $CH_3CH_2C\equiv CH \xrightarrow[\text{2) } PhCH_2CH_2CH_2Br]{\text{1) } NaNH_2,\ NH_3\ (l)}$

**k)** 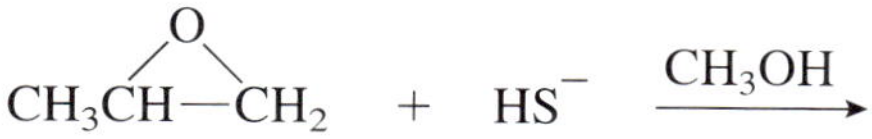

**l)** 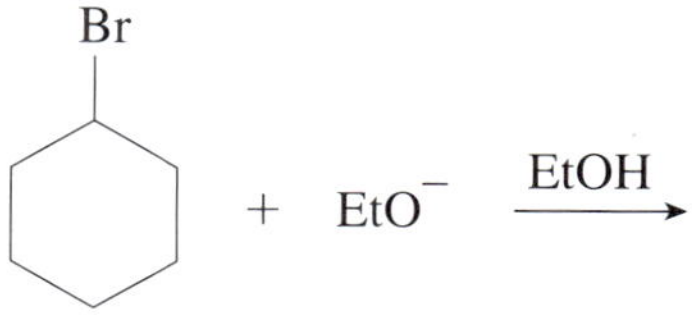

**m)** $PhCH(Cl)CH(Cl)Ph \xrightarrow[H_2O,\ \Delta]{KOH}$

**n)** 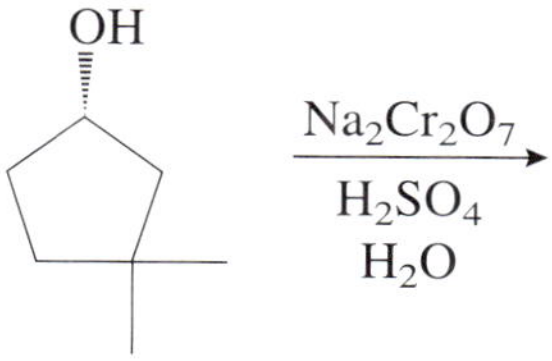

**o)** $CH_3CH_2CH(CH_3)CH_2CH_2OH \xrightarrow[CH_2Cl_2]{PCC}$

**10.34** 1-부탄올을 다음 화합물로 변환시키는데 사용될 수 있는 반응을 나타내어라.

**a)** 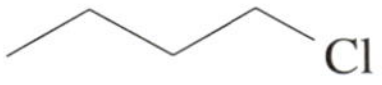


**b)** 

**c)** 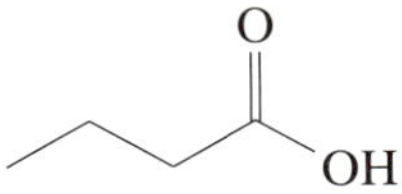


**d)** 

**e)** 

**f)** 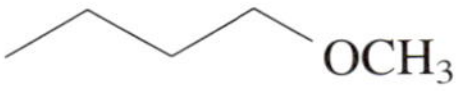


**g)** 

**h)** 

**i)** 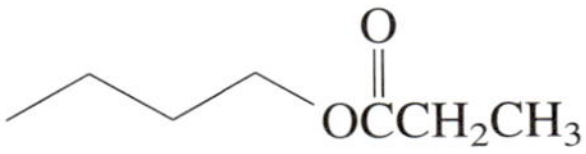


**j)** 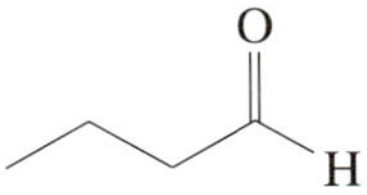


**10.35** 에폭사이드를 다음 화합물로 변환시키는 데 사용될 수 있는 반응을 나타내어라.

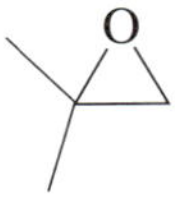


한 단계 이상이 필요하다.

**a)** 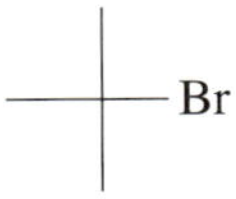


**b)** 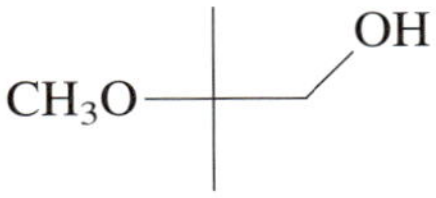


**c)** 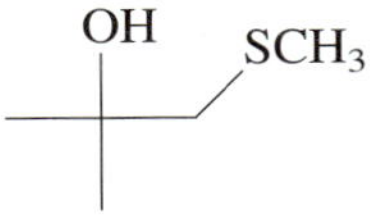


**10.36** 다음 반응의 생성물을 나타내어라.

**a)** 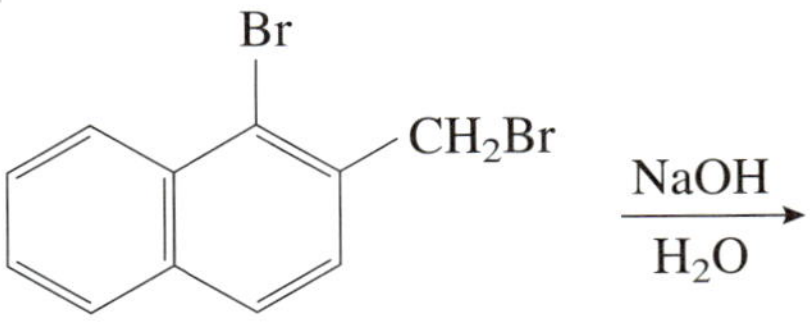


**b)** 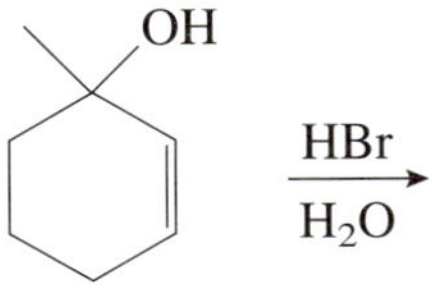

(2 products)

**c)** 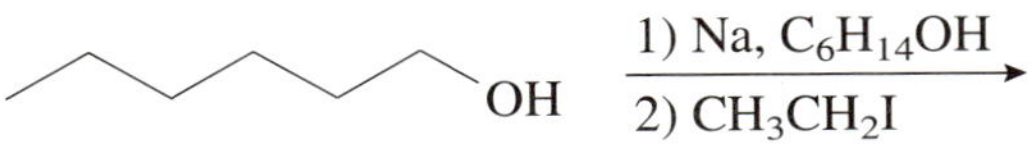


**d)** 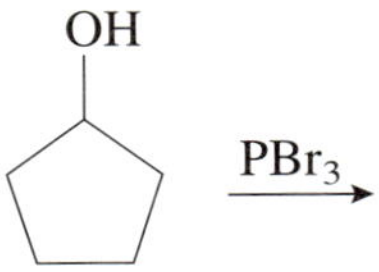


**e)** 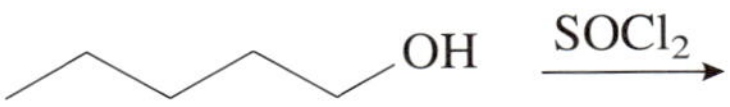


**f)** 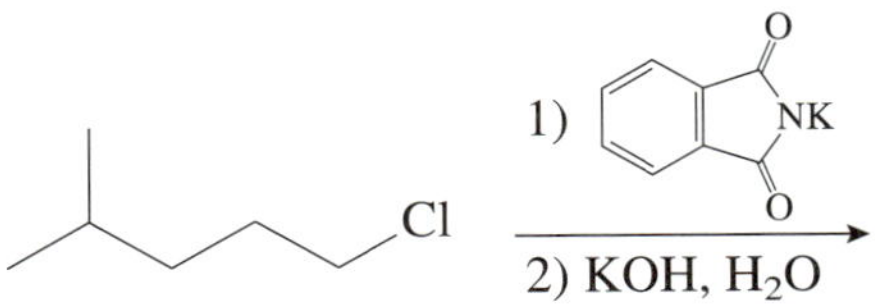

**g)** $Ph_3P + CH_3CH_2Br \xrightarrow{\text{benzene}}$

**h)** 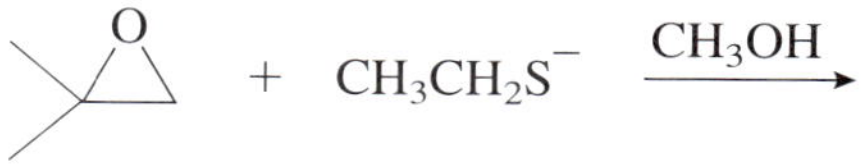


**i)** $PhCH(CH_3)OH \xrightarrow[\Delta]{H_2SO_4}$

**j)** 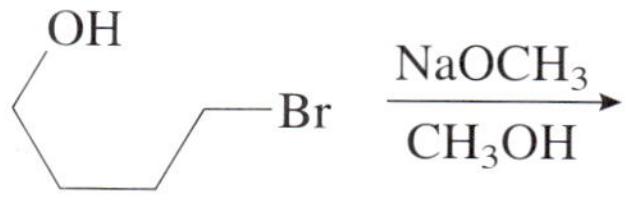

(고리를 가진 생성물)

**k)** 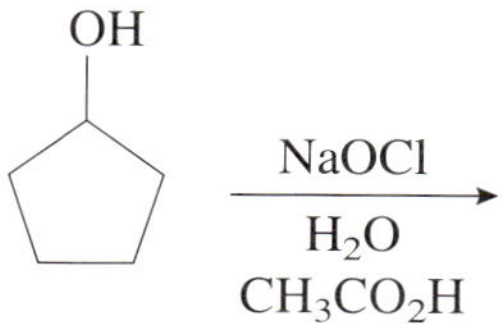


**l)** $PhCH_2Cl + CH_3CH_2\overset{O}{\overset{\|}{C}}O^- \xrightarrow{CH_3CH_2CO_2H}$

**m)** 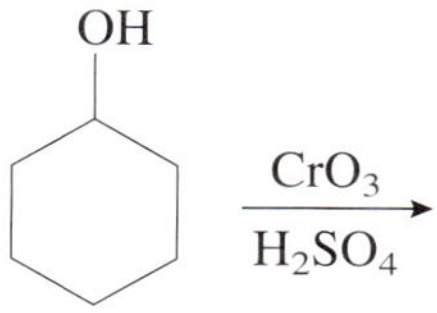


**n)** 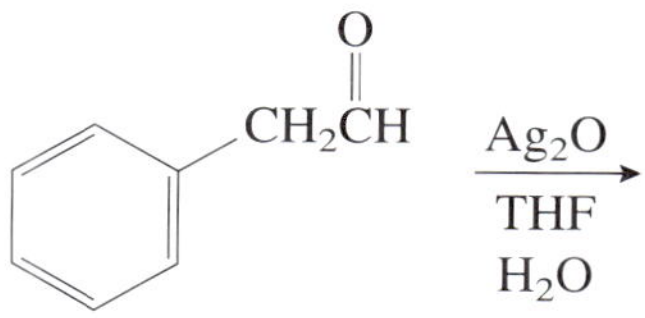


**o)** 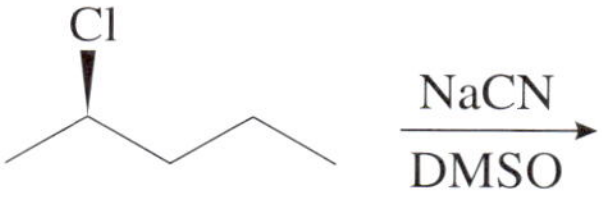


**p)** $CH_3CH_2CH_2C{\equiv}CH \xrightarrow[\text{2) } CH_3CH_2CH_2Br]{\text{1) } NaNH_2,\ NH_3\ (l)}$

**q)** 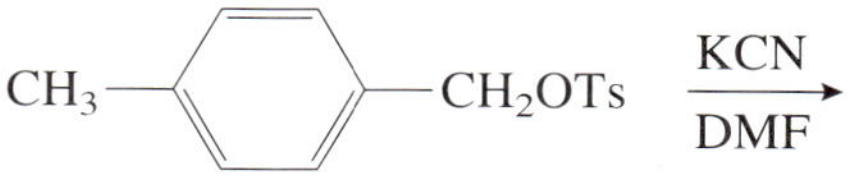


**r)** $PhCH_2CH_2\overset{OH}{\overset{|}{C}}H_2 \xrightarrow[CH_2Cl_2]{PCC}$

**10.37** 다음 변환을 완성시키는데 사용되는 시약을 제시하여라.

**a)** 

**b)** 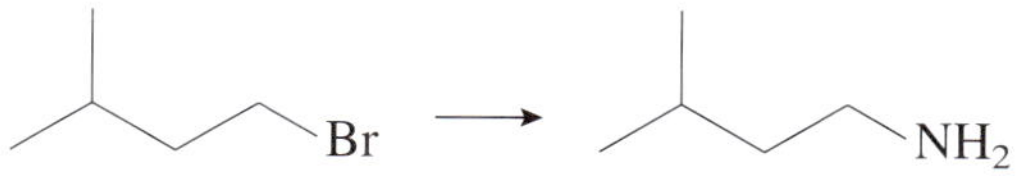


**c)** 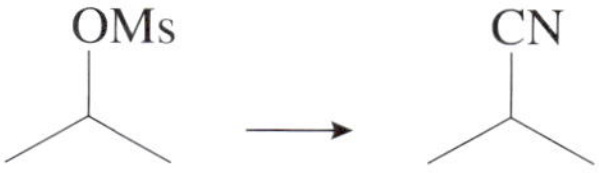


**d)** 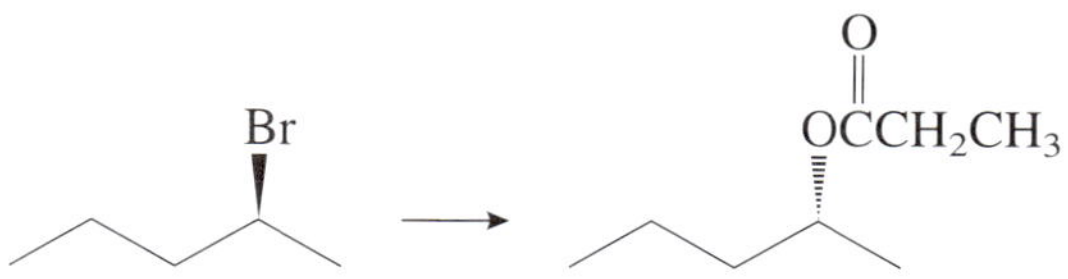


**e)** 

**f)** 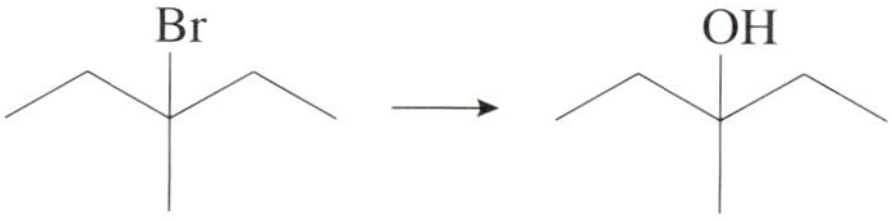


**g)** 

**h)** 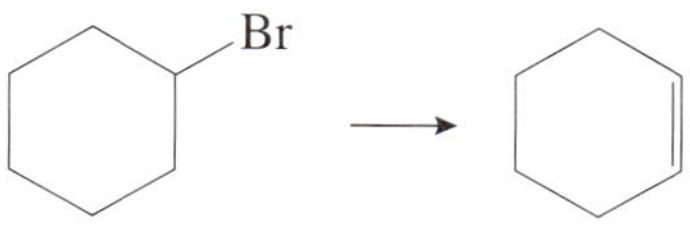


**i)** $PhCH_2CHBr_2 \longrightarrow PhC{\equiv}CH$

j) $CH_3CH_2Cl \longrightarrow CH_3CH_2OCH_3$

k) 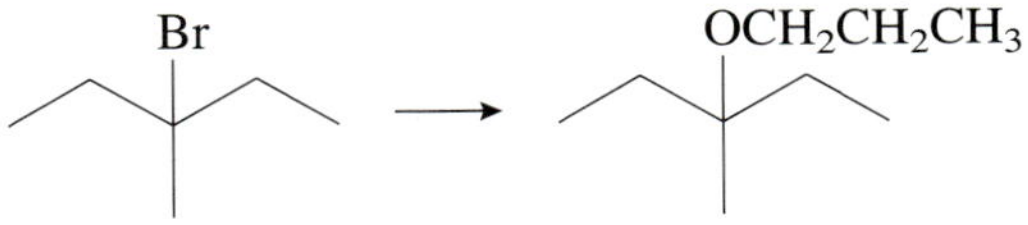

l) 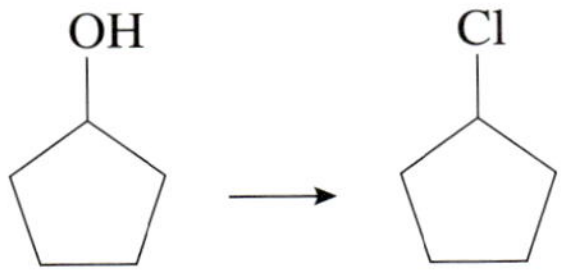

m) 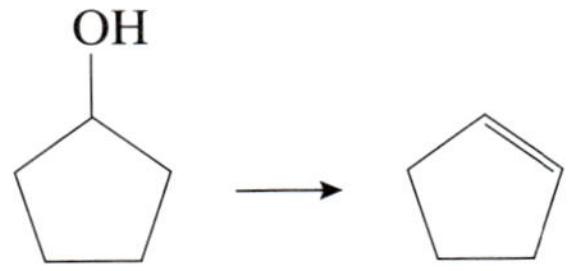

n) 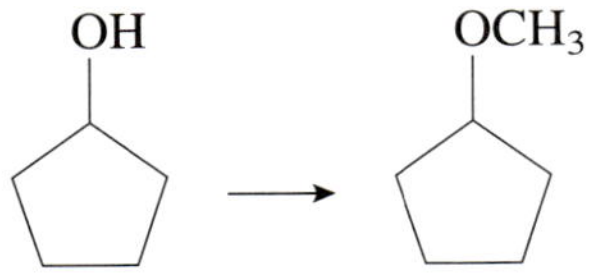

o) 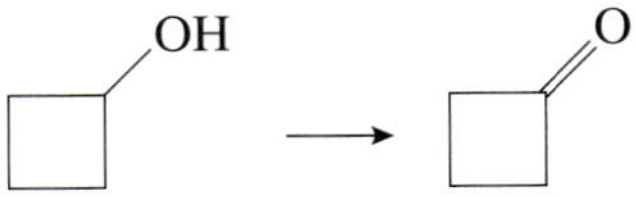

p) 

q) 

r) 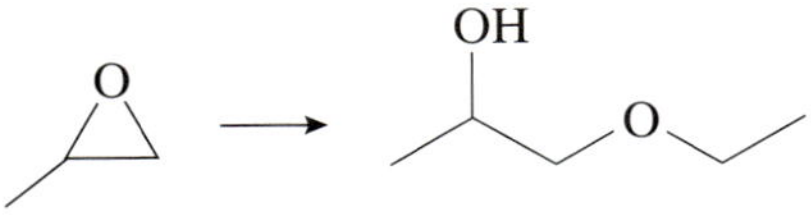

s) 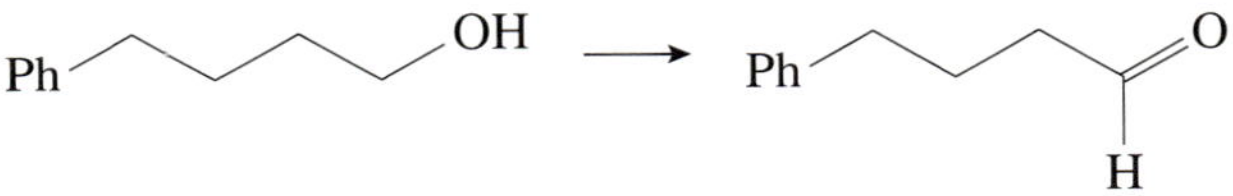

t) 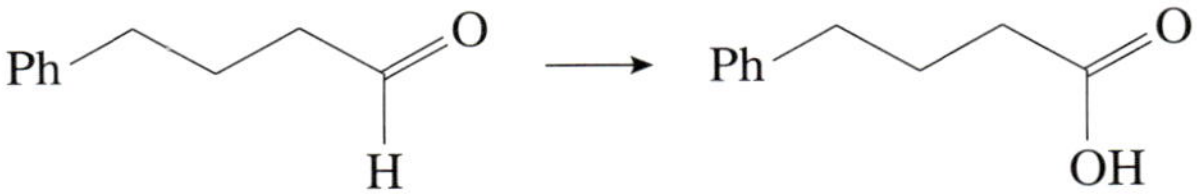

**10.38** 할로게화 알킬로부터 다음 물질을 어떻게 합성할 수 있는지를 나타내어라.

a) 헵테인

b) $PhCH_2CH_2CH_2NH_2$

c) $PhCH_2C{\equiv}CH$

d) 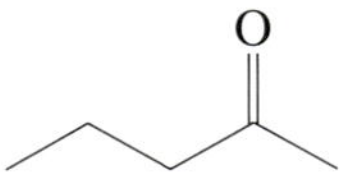

e) 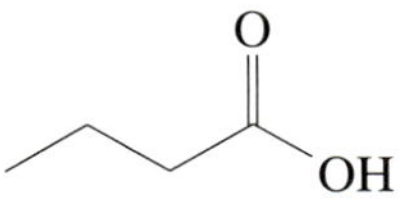

f) 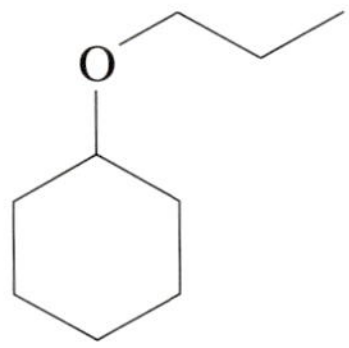

g) 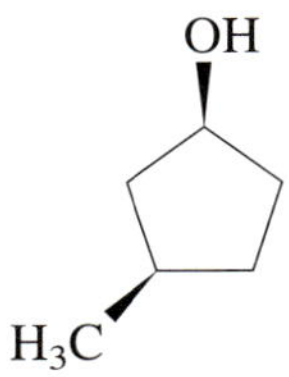

**10.39** 주어진 물질로부터 다음 합성을 하여라.

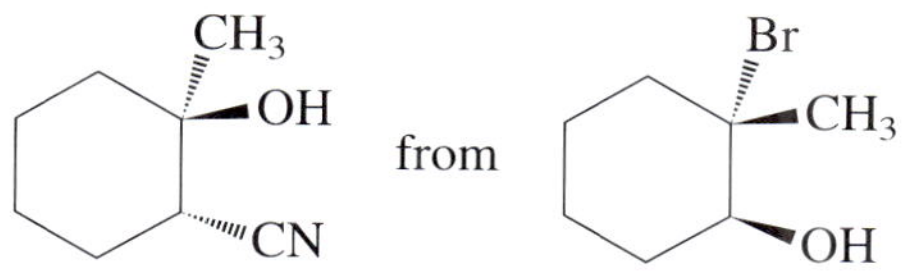

**10.40** 다음 반응에서 틀린점은 무엇인가? 설명하여라.

**a)** 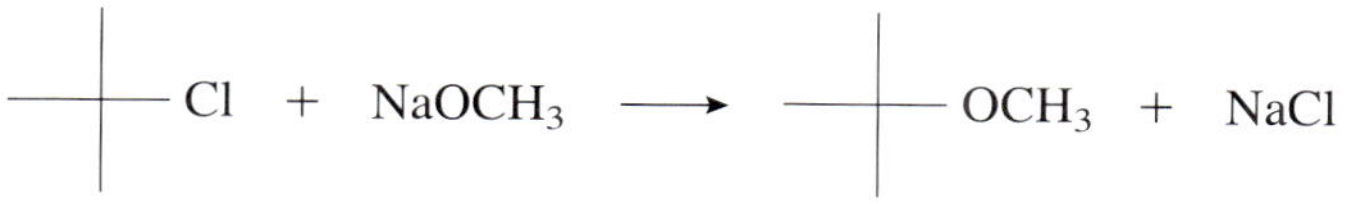

**b)** 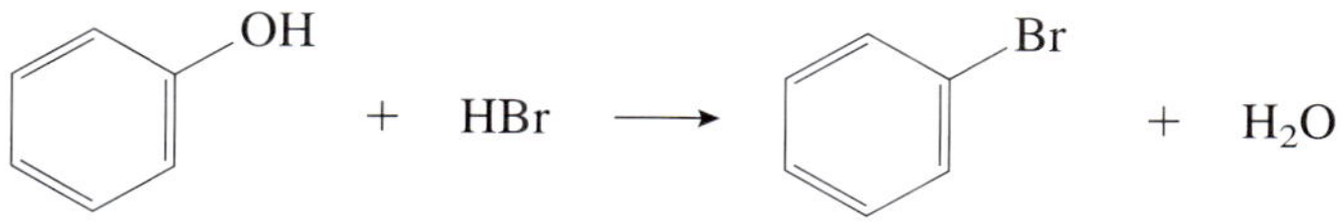

**c)** 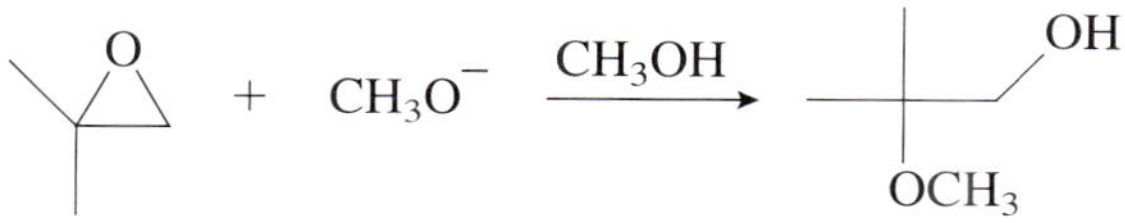

**d)** 

**10.41** 다음 합성에서 틀린점은 무엇인가? 설명하여라.

**a)** 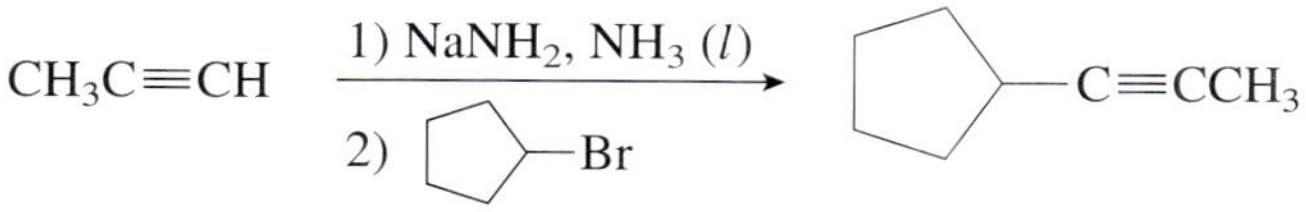

**b)** $CH_3CH_2I \quad + \quad NH_3 \xrightarrow{H_2O} CH_3CH_2-\overset{+}{N}H_3\ I^-$

**c)** 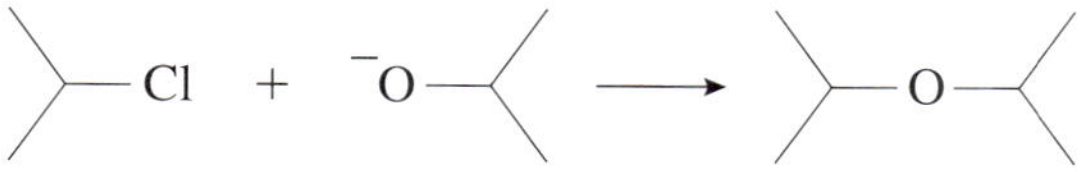

**d)** 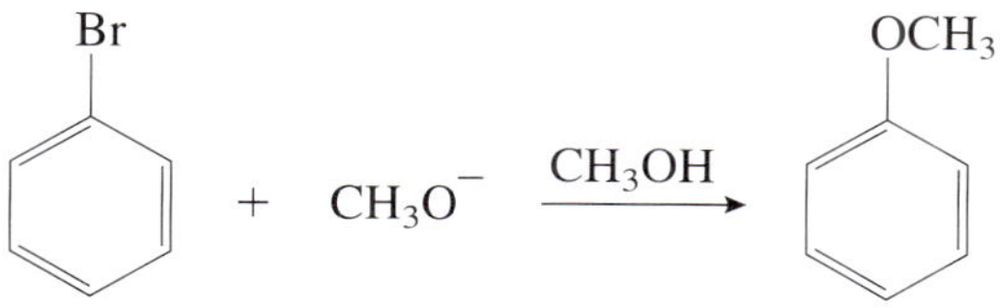

**e)** 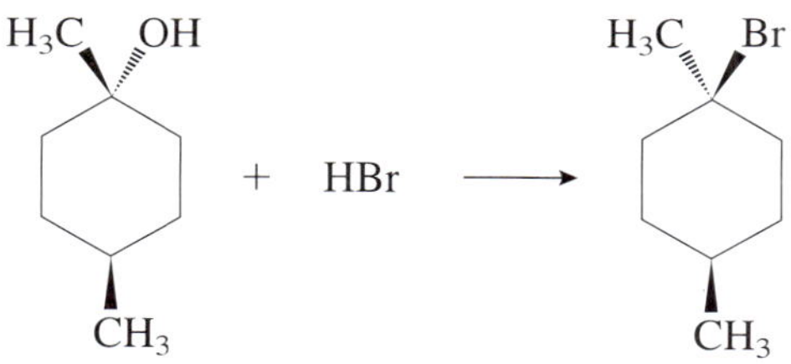

f) 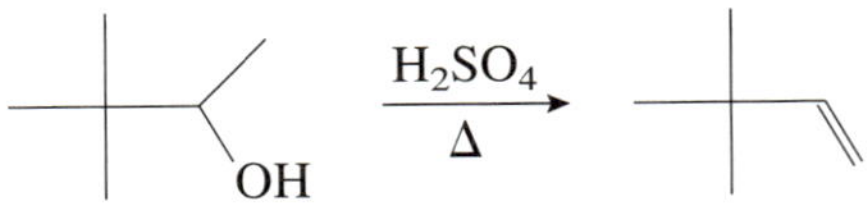

**10.42** 다음 반응에 대한 메카니즘의 모든 단계를 나타내어라. 전자의 이동을 나타낼 때 굽은 화살을 사용하여라.

a) 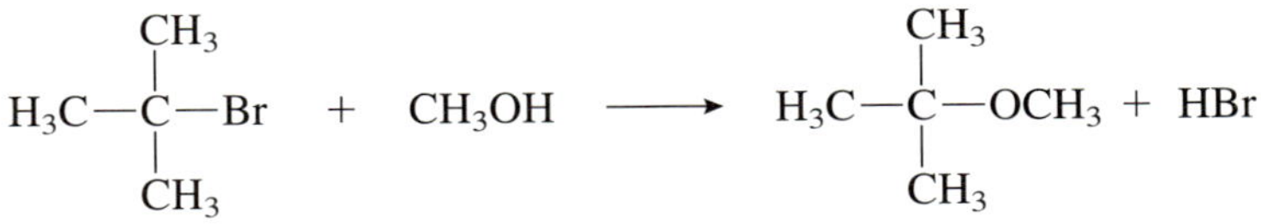

b) $2\ CH_3CH_2OH \xrightarrow{H_2SO_4} CH_3CH_2OCH_2CH_3 + H_2O$

c) 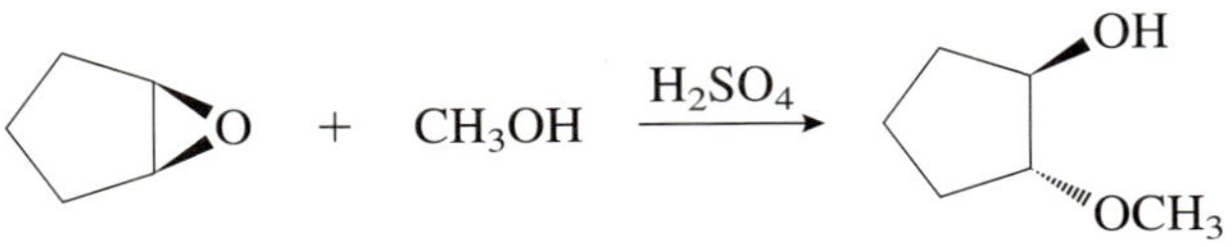

d) 

e) 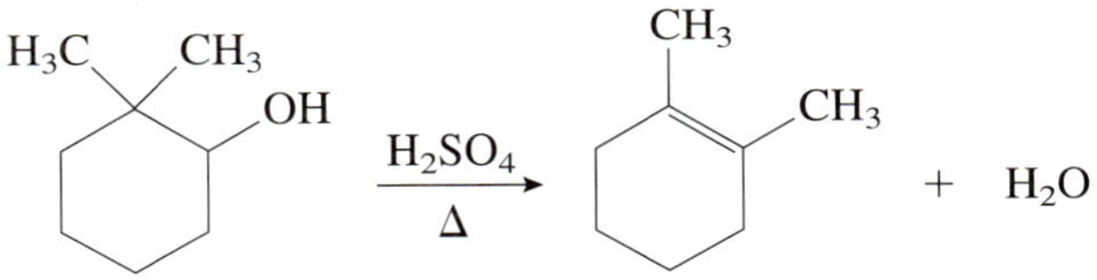

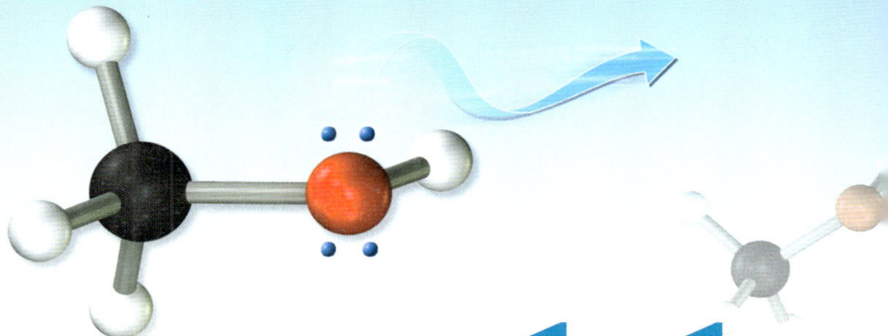

CHAPTER 11

# 탄소-탄소 이중결합과 삼중결합에 대한 첨가반응

**유기화학 숙달**

- 알켄에 대한 첨가반응의 결과로 위치화학과 입체화학을 포함한 생성물의 예측
- 알카인에 대한 첨가반응의 결과로 위치화학과 입체화학을 포함한 생성물의 예측
- 이 첨가반응 메카니즘의 이해
- 언제 자리옮김이 일어날 수 있는지를 인식
- 첨가의 속도가 알켄의 구조에 따라 어떻게 변하는가를 예측
- 콘쥬게이트 다이엔의 첨가생성물의 예측
- 첨가반응을 이용하여 다른 화합물의 합성

이 장에서 제시한 반응은 탄소-탄소 이중결합과 삼중결합에 대한 두 작용기 – 친전자체와 친핵체의 첨가반응이다. 이 첨가반응의 다음 예에서 에텐의 탄소에 대한 양성자(친전자체)와 염소 이온 (친핵체)의 첨가로 클로로에테인을 생성한다.

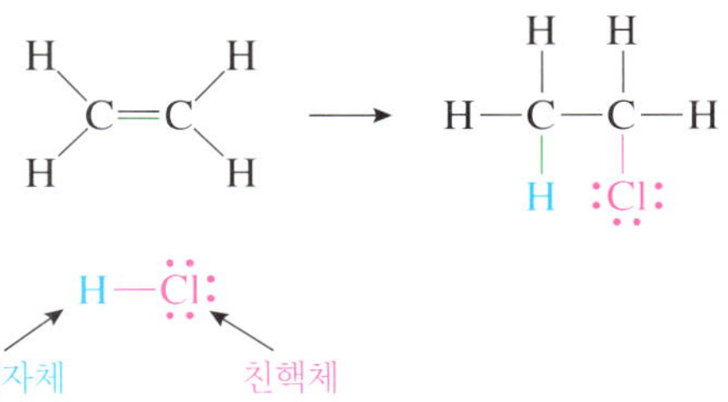


이 반응의 특성을 다음에 기술하였다.

반응 메카니즘
반응속도에 미치는 이중결합에 있는 치환기효과
반응의 위치화학
반응의 입체화학
이 반응을 일으키는 친전자체와 친핵체의 여러 가지 조합
다른 시약으로 일어날 수 있는 메카니즘, 위치화학 및 입체화학의 다양성
탄소-탄소 삼중결합에서 일어날 수 있는 유사한 반응

많은 반응을 이 장에서 제시하였다. 이전의 반응에서와 같이 친전자체와 친핵체를 확인하면 이 모든 반응을 기억하는 일이 대단히 용이하다. 일반 메카니즘을 중심으로 다른 시약에 의해 메카니즘에 어떤 변화가 일어날 것인가를 논의하게 될 것이다.

## 11.1 일반 메카니즘

이 첨가반응의 가장 간단한 형태는 두 단계로 일어난다. 먼저 친전자체가 이중결합에 첨가되어 카보양이온 중간체를 형성한다. 두 번째 단계에서 친핵체가 카보양이온에 첨가된다. 이 단계는 $S_N1$ 반응의 두 번째 반응과 동일하다. 이중결합과 반응하는 처음 화학종이 친전자체이므로 **친전자성 첨가반응(electrophilic addition reaction)** 이라 한다.

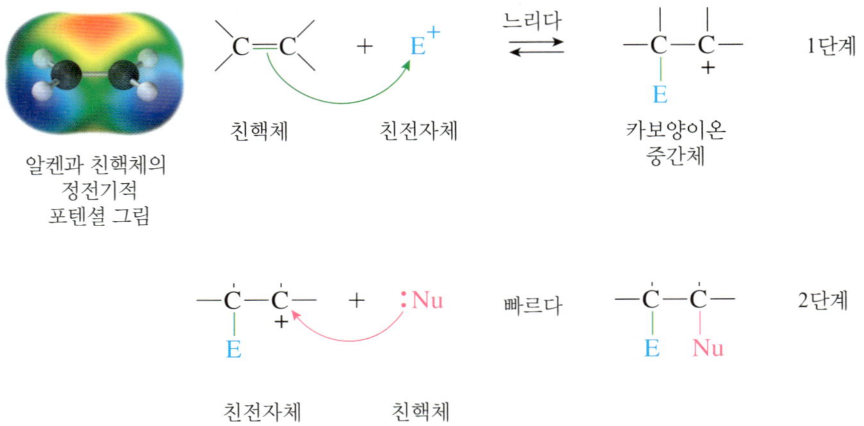


첫 단계에서 친핵체는 알켄 혹은 알켄의 가장 높은-에너지 전자쌍이다. 즉 이중결합의 파이 전자이다. 이 전자들은 높은 에너지 반결합 MO가 아니라 결합 MO에 있기 때문에 약한 친핵체이다. 그러므로 그들과 반응하기 위하여 $H^+$와 같은 상대적으로 강한 친전자체가 필요하다. 대부분의 이들 첨가반응에서 상당히 강한 Lewis 산인 친전자체를 파괴하지 않도록 산성 혹은 중성 조건에서 일어난다.

첫 단계의 생성물은 에너지가 높은 카보양이온 중간체이다. 이 활성인 중간체 형성은 메카니즘의 늦은 단계이다. $S_N1$ 반응에서와 같이 이 단계에 대한 전이상태는 카보양이온과 유사하다. 그러므로 카보양이온을 안정화시켜 주는 구조적 특성은 또한 전이상태를 안정화시켜 준다. 따라서 활성화 장벽이 낮아지고 반응속도가 빨라진다. 8장에서 카보양이온을 안정화시켜 주는 다양한 특성을 다루었다. 양성 탄소에 전자-주는 알킬기가 존재하면 카보양이온을 안정화한다. 삼차 카보양이온은 이차 카보양이온보다 안정하고 이차 카보양이온은 일차 카보양이온보다 안정하다. 그러므로 이중결합에 있는 알킬 치환기는 반응을 촉진한다. 카보양이온의 공명 안정화는 반응을 빠르게 한다. 전자 끌기가 존재하면 카보양이온은 불안정화하고 반응속도가 늦어진다. 더 안정한 카보양이온이 생길 수 있으면 카보양이온은 쉽게 자리옮김한다. 자리옮김은 이 친전자성 첨가반응에서 일어나므로 카보양이온이 자리옮김을 하는지를 알아보기 위하여 항상 살펴보아야 한다.

두 번째 단계는 $S_N1$ 메카니즘의 두 번째 단계와 같으므로 물과 할로겐화 이온과 같은 유사한 친핵체가 발견된다. 추가적으로 이 반응을 일으키는 새로운 친전자체와 친핵체를 발견하게 된다. 이러한 시약들은 이미 제안되었던 메카니즘이 변화를 가져온다. 그러나 친핵체가 먼저 첨가되어 결국 친전자체가 처음 이중결합의 한 탄소에 결합되고 친핵체가 다른 탄소에 결합되어 생성물이 형성되는 일반 메카니즘은 변하지 않는다. 보편적으로 적용되는 친전자체와 친핵체의 다양한 조합을 살펴보고 각 경우에 어떻게 반응에 영향을 미치는지를 논의하게 될 것이다.

**문제 11.1** 다음 알켄을 HCl과의 반응속도가 증가하는 순서로 배열하여라.

**a)** $CH_3CH_2CH{=}CH_2$ $CH_2{=}CH_2$ $CH_3CH_2\underset{}{C}(CH_3){=}CH_2$

**b)**

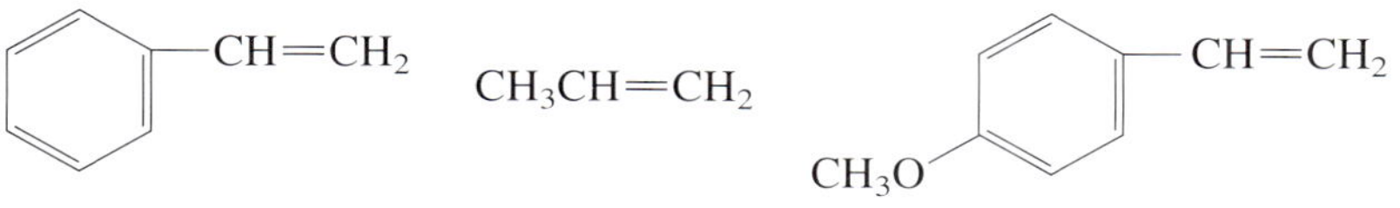


## 11.2 할로겐화 수소의 첨가

모든 할로겐산, HF, HCl, HBr 및 HI는 알켄에 첨가되어 할로겐화 알킬을 형성한다. 염화 수소가 2-뷰텐에 첨가되는 예를 다음 방정식에 나타냈다.

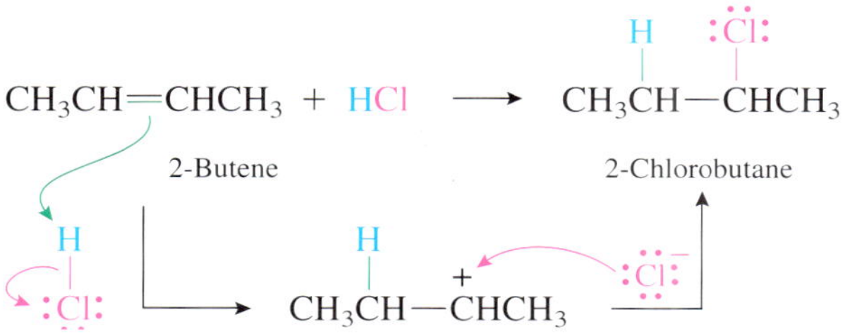


이 예에서 친전자체는 양성자이고 친핵체는 염소 이온이다. 메카니즘은 앞 절에서 기술한 것과 같다. 먼저 친전자성 양성자가 첨가되어 카보양이온 중간체를 생성한다. 다음에 염소 친핵체가 카보양이온에 첨가된다.

2-뷰텐은 대칭인 알켄이므로 처음에 어느 탄소에 양성자가 결합되는가는 문제가 되지 않는다. 한 생성물 2-클로로뷰텐만이 생성된다. 비대칭 알켄의 경우, 즉 이중결합의 두 탄소에 다른 치환기를 가진 알켄은 어느 탄소가 친전자체와 결합하며 어느 탄소가 친핵체와 결합하느냐에 따라 두 생성물을 형성한다. 예를 들면 프로펜과 염화 수소의 반응으로 1-클로로프로페인과 2-클로로프로페인이 생성될 수 있다.

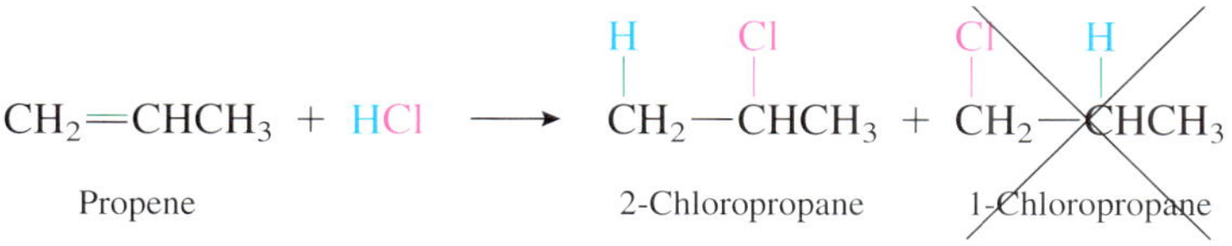


유일한 생성물　이 생성물은 형성되지 않는다.

이 반응이 실험실에서 일어나면 2-클로로프로페인만이 형성된다. 1-클로로프포페인은 생성되지 않는다. 첨가의 두 가능한 배향 중 한 생성물만이 생성되는 이와 같은 반응은 **위치특이성반응(regiospecific reation)**이라 부른다(한 가능한 배향만이 우선적으로 생성되지만 다른 배향의 생성물도 약간 생성되는 반응을 **위치선택성반응(regioselective reaction)**이라 한다).

1869년 Vladimir Markovnikov는 많은 첨가반응의 위치화학을 연구하였다. 이 결과를 근거로 해서 알켄의 첨가반응의 방향을 예측하는 데 사용할 수 있는 실험 규칙을 제안하였다.

### Markovnikov 규칙

알켄에 대한 HX의 첨가반응에서 H는 수소가 더 많은(알킬 치환기가 더 적은) 탄소에 결합되고 X는 수소가 더 적은(알킬 치환기가 더 많은) 탄소에 결합된다.

한 예로 Markovnikov 규칙은 2-메틸프로펜에 대한 브롬화 수소의 첨가반응에서 2-브로모-2-메틸프로페인이 생성된다는 것을 예측할 수 있다.

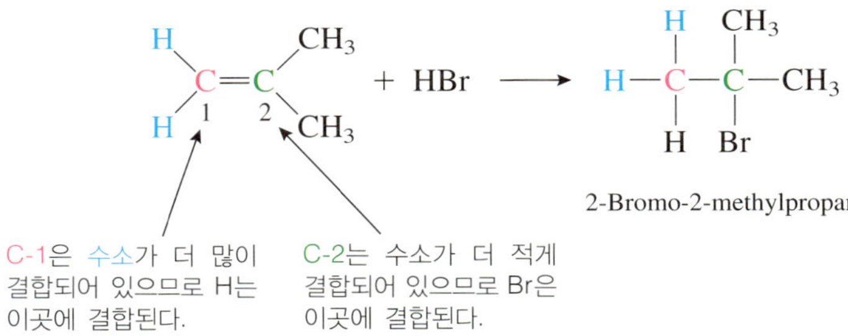


2-Bromo-2-methylpropane

반응이 실험실에서 일어나면 Markovnikov 규칙에 의해 예측할 수 있는 생성물만이 관찰된다.

Markovnikov 규칙은 실험법칙이다. 즉 이것은 실험결과에 근거를 두고 있다. 이것이 제안될 당시에는 유기반응 메카니즘의 개념은 형성되지 않았다. 그러므로 왜 H는 한 탄소에 결합되고 X는 다른 탄소에 결합되는가 하는 이론적 근거를 마련하는 것은 불가능하였다. 지금은 그 반응에 대한 메카니즘을 알고 있으므로 이 반응이 왜 위치 특이성인지를 쉽게 이해할 수 있다. 사실 가능한 두 생성물을 형성하는 첨가에 대한 메카니즘을 쓸 때 이미 카보양이온에 대해 알고 있는 것을 근거로 유리한 생성물을 예측할 수 있다. 실험규칙에 대해 예외인 경우를 쉽게 구별할 수 있기 때문에 반응의 메카니즘을 근거로 해서 예측하는 것이 더 좋다.

프로펜에 대한 HCl의 참가의 두 가능한 방향에 대한 메카니즘은 다음과 같다.

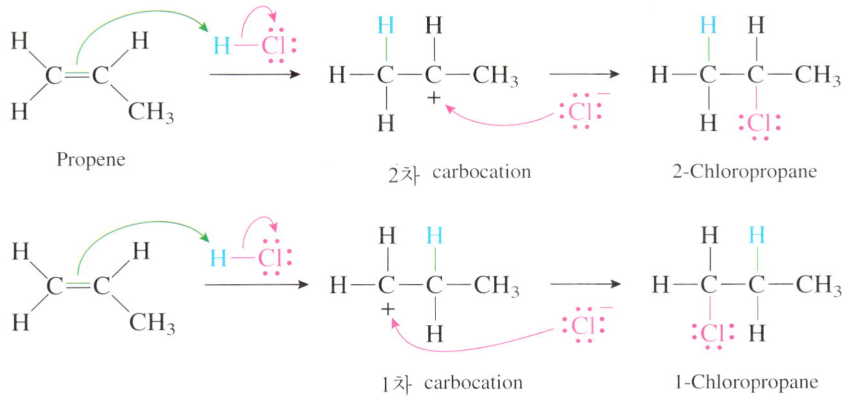


Markovnikov 생성물 2-클로로프로페인을 생성하는 첫 번째 메카니즘은 이차 카보양이온을 거쳐 진행된다. 관찰되지 않은 생성물 1-클로로프로페인을 생성하는 두 번째 메카니즘은 일차 카보양이온을 거쳐 진행된다. 이차 카보양이온은 일차 카보양이온보다 에너지가 낮기 때문에 첫 번째 메카니즘이 두 번째 메카니즘보다 유리하다. 사실 이차 카보양이온 형성이 일차 카보양이온 형성보다 대단히 빠르기 때문에 첫 번째 메카니즘이 두 번째 메카니즘을 배제하고 일어난다.

이제 Markovnikov 규칙의 원인을 이해할 수 있다. 양성자가 수소가 더 많은 탄소에 결합되면 친핵체가 결합되는 양의 탄소에 더 많은 알킬기가 결합되어 있고 더 안정한 카보양이온이 생성된다. 이 메카니즘적 이유를 근거로 한 Markovnikov 규칙의 더 현대적 형태를 다음과 같이 정의 할 수 있다.

**▶▶ 메카니즘-근거 규칙**

더 안정한 카보양이온이 형성되도록 친전자체가 첨가된다.

생성물에서 친전자체는 더 불안정한 카보양이온이 되는 탄소에 결합되며 친핵체는 더 안정한 카보양이온이 되는 탄소에 결합된다는 것을 의미한다. 후에 Markovnikov 규칙에 대한 예외를 발견하게 될 것이다. 그러나 이 예외는 아직도 메카니즘을 근거로 한 규칙에 따른다.

다음 방정식에 할로겐화 수소 첨가에 대한 몇 가지 예를 나타냈다. 각 예에서 볼 수 있는 것처럼 실제로 생성되는 생성물을 보기 전에 생성물의 위치화학을 예측하여 보아라.

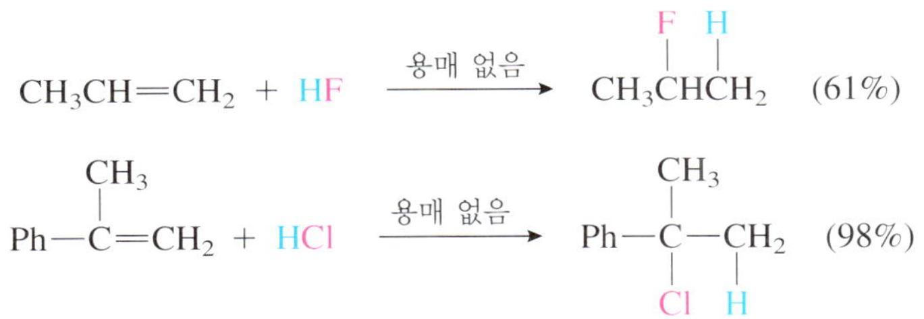

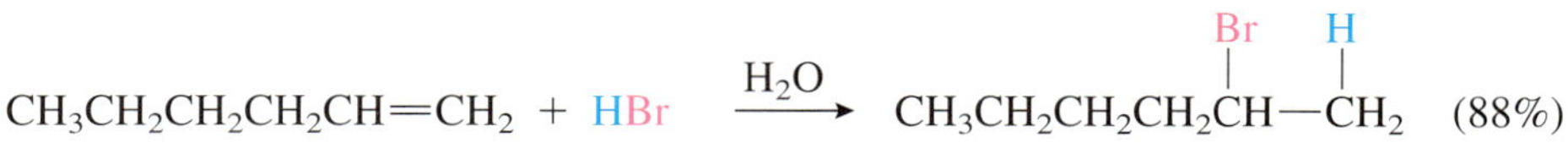

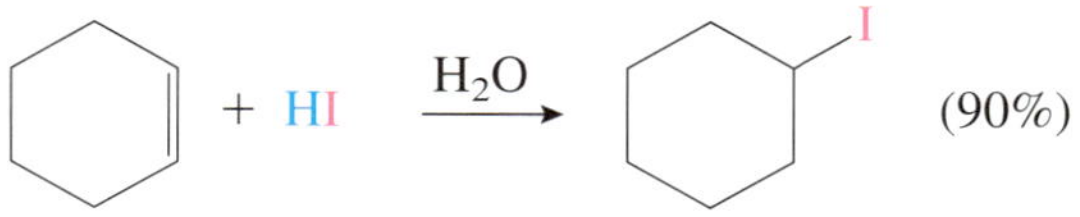

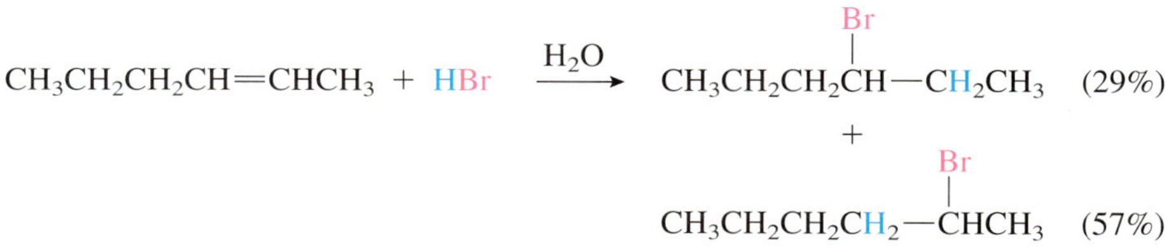

**문제 11.2** 2-헥센과 HBr과의 반응에서 형성되는 카보양이온의 구조를 쓰고 왜 두 생성물이 형성되는가를 설명하여라.

## 예제 11.1

이 반응의 생성물을 써라.

$$PhCH{=}CHCH_3 + HBr \longrightarrow$$

### 전략

친전자체와 친핵체를 확인하여라. 이 문제에서 친전자체는 $H^+$이고 친핵체는 브롬화 음이온이다. $H^+$는 다른 탄소에서 더 안정한 카보양이온이 생성되도록 한 탄소에 결합된다. 친핵체인 브롬화 음이온은 다른 탄소에 결합된다.

### 풀이

$H^+$의 첨가에 의해 형성될 수 있는 두 가능한 카보양이온은 다음 방정식에 나타냈다.

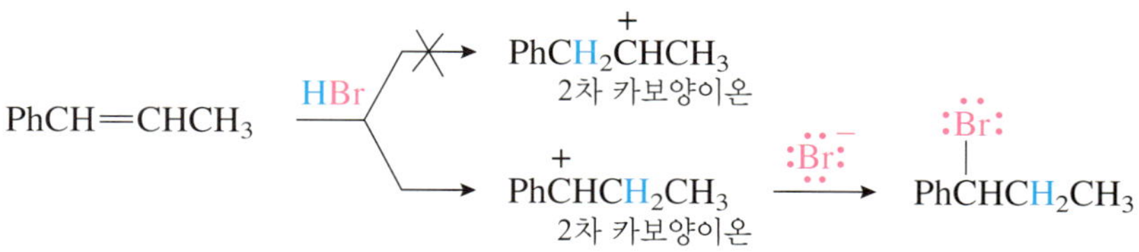

공명 안정화 때문에 이차 벤질 카보양이온은 이차 카보양이온보다 더 안정하므로 생성물은 페닐기가 결합된 탄소에 브롬(친핵체)이 결합된다.

**문제 11.3** 다음 반응의 생성물을 써라.

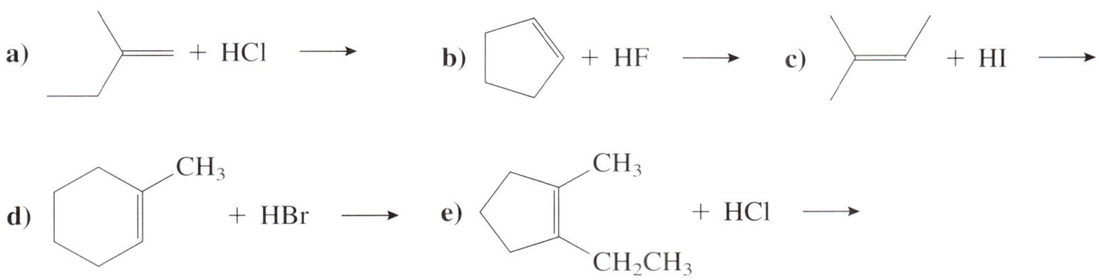

다음에 이 반응들의 입체화학을 고려해보자. 전체적으로 첨가반응은 제거반응의 역반응이다. 제거 반응의 경우에서와 같이 첨가에도 신과 안티의 두 가능한 입체화학이 존재한다.

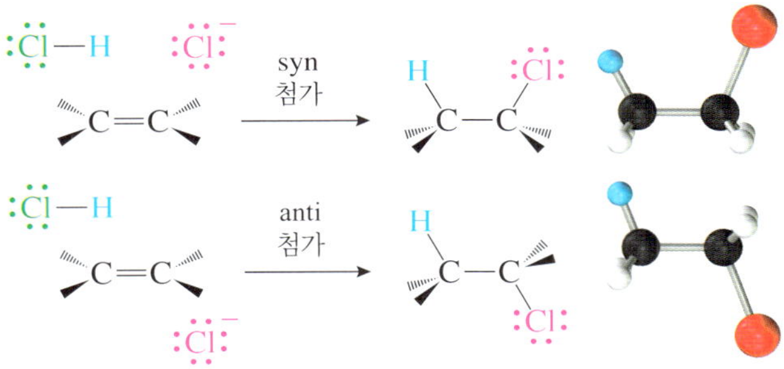

신 첨가에서 친전자체와 친핵체는 이중결합의 같은 편에서 첨가되고 안티 첨가는 이 면의 반대편으로부터 첨가된다.

알켄에 대한 할로겐화 수소 첨가에 대한 메카니즘은 카보양이온 중간체를 거쳐 진행된다. $S_N1$ 반응의 경우에서와 같이 친핵체는 평면 카보양이온의 어느 편으로든지 동일하게 접근한다. 그러므로 생성물은 신과 안티 첨가의 혼합물이 생성된다. 사실 이것이 정상이다. 그러나 몇 가지 조건에서 입체화학은 신 첨가가 우세하고 한편 다른 조건에서는 안티 첨가가 유리하다. 이온 쌍 형성이 유리한 무극성 용매에서 반응이 일어나면 안티 첨가가 일어난다. 이것이 어떻게 이 반응의 입체화학에 영향을 미치는 가하는 상세한 점은 대단히 복잡하다. 다행이 양성자가 첨가되는 탄소는 적어도 한 수소가 이미 결합되어 있기 때문에 할로겐화 수소가 첨가되는 대부분의 반응에서 입체화학은 문제가 되지 않는다. 이런 경우에 신 첨가와 안티 첨가는 동일한 생성물을 형성한다. 입체화학은 이 장의 후반에서 논의 할 몇 가지 다른 반응에서 더 중요하다.

카보양이온은 이 반응에서 중간체이기 때문에 자리옮김이 일어날 수 있다. 다음 예에 나타낸 초기에 형성되는 카보양이온 이차이다. 일부(17%)는 카보양이온이 자리옮김하기 전에 염소 이온, 친핵체가 결합된다. 그러나 대부분(83%)의 카보양이온은 더 안정한 삼차 카보양이온으로 자리옮김한다. 염소 이온과 반응하면 자리옮김 생성물을 형성한다.

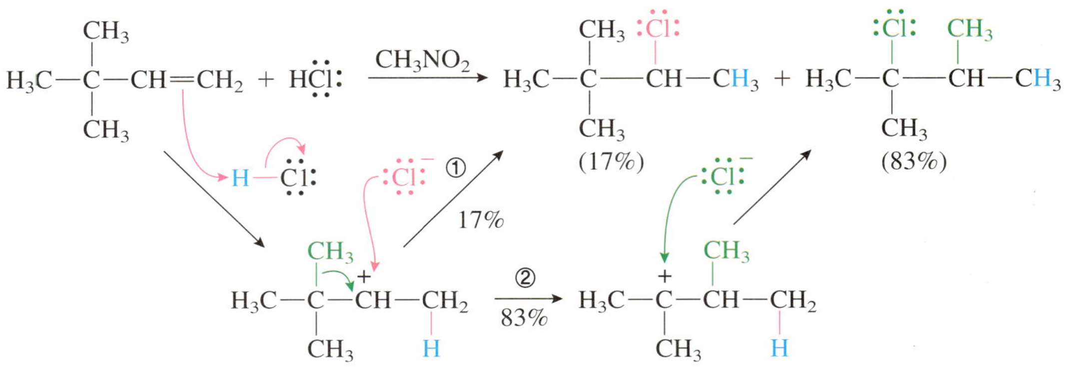

① 이 이차 카보양이온은 염소 이온과 반응(17%)하고
② 더 안정한 삼차 카보양이온(83%)으로 자리옮김한다.

A tertiary carbocation

할로겐화 수소는 또한 알카인의 삼중결합에 첨가된다. 반응의 위치화학은 Markovnikov 규칙에 따른다. 파이결합의 하나에 첨가되면 염화 바이닐이 생성되고 두 파이결합에 다 첨가되면 다이할로알케인이 생성된다. 몇 가지 예를 다음 방정식에 나타냈다.

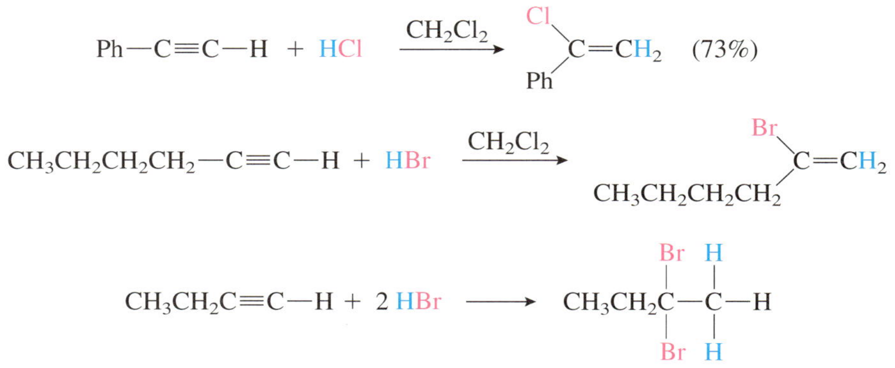

## 예제 11.2

이 반응의 생성물을 나타내어라.

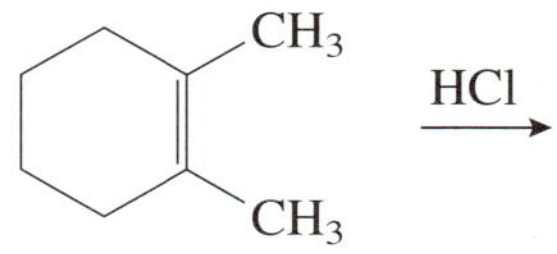

**풀이**

알켄에 대한 HCl의 첨가는 카보양이온 중간체를 거쳐 진행되기 때문에 신과 안티 첨가 생성물이 항상 형성된다. 그러므로 H와 Cl이 시스와 트랜스인 생성물이 기대된다.

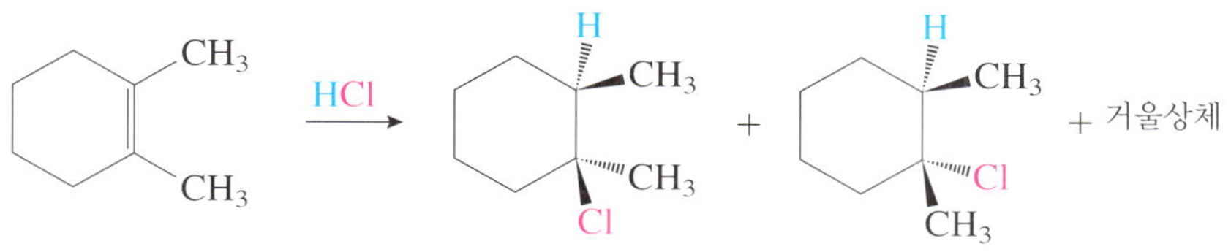


---

**문제 11.4** 다음 반응의 생성물을 나타내어라.

**a)** $CH_3CH(CH_3)CH{=}CH_2 \xrightarrow{HBr}$ **b)** $PhC{\equiv}CH \xrightarrow{HBr}$

**c)** 

---

## 11.3 물의 첨가(수화)

알켄을 비친핵성 짝산을 가진 황산과 같은 강산으로 처리하면 이중결합에 물의 원소(H와 OH)가 첨가된다. 이 반응은 할로겐산의 첨가와 많은 유사성을 가진다. 먼저 $H^+$가 첨가되어 카보양이온을 형성하고 물은 친핵체로 작용한다. 반응은 Markovnikov 규칙에 따르고 입체화학은 카보양이온을 포함하는 반응에 대해 기대할 수 있는 것과 같다. 즉 입체화학은 문제가 되지 않는다. 몇 가지 예를 다음 방정식에 나타냈다. 메카니즘은 산-촉매 알코올의 탈수에 대한 E1 메카니즘의 역이다.

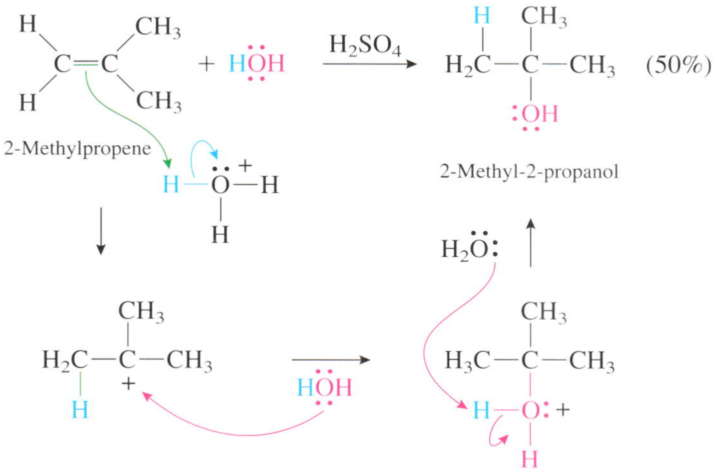


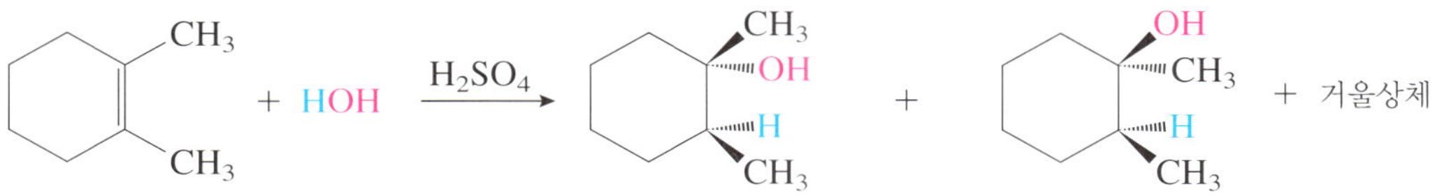


1,2-Dimethylcyclohexene   *cis*-1,2-Dimethylcyclohexanol   *trans*-1,2-Dimethylcyclohexanol

강산성 조건이기 때문에 이 반응의 수득률은 상당히 낮다. 더욱이 다음 예에 나타낸 것처럼 반응조건은 카보양이온의 자리옮김에 유리하다.

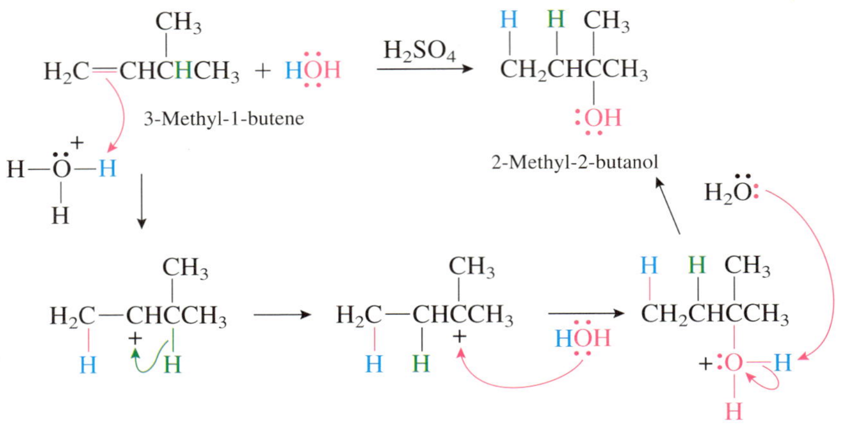


이런 이유 때문에 산-촉매 수화는 알켄으로부터 알코올을 제조하는 선택된 방법이 아니다. 수득률이 높은 같은 변환을 동반하는 다른 반응을 11.6절에 기술하였다.

**문제 11.5** 다음 반응의 생성물을 나타내어라.

a) 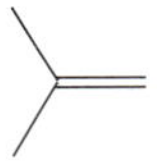 + $H_2O$ $\xrightarrow{H_2SO_4}$

b) 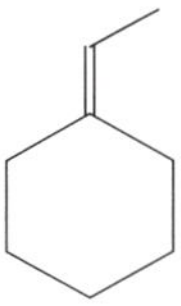 + $H_2O$ $\xrightarrow{H_2SO_4}$

c) 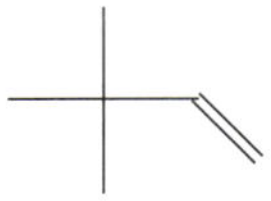 + $H_2O$ $\xrightarrow{H_2SO_4}$

**문제 11.6** 황산 촉매에 의한 프로펜에 대한 물의 첨가 메카니즘의 모든 단계를 나타내어라. 이 반응에서 프로펜 혹은 페닐프로펜 어느 것이 더 속도가 빠른가를 설명하여라.

## 11.4 할로겐의 첨가

다음 예에서 설명한 것처럼 탄소-탄소 이중결합에 $Cl_2$와 $Br_2$의 첨가로 이할로겐화물이 생성된다. 다른 할로겐은 보통 사용되지 않는다. $F_2$는 너무 반응성이 크고 $I_2$는 반응성이 크지 않기 때문이다. 이 반응들은 항상 $CCl_4$, $CHCl_3$ 혹은 $CH_2Cl_2$와 같은 불활성 용매에서 수행한다.

$$CH_3CH{=}CHCH_2CH_3 + Cl_2 \xrightarrow{CHCl_3} CH_3CHCl{-}CHClCH_2CH_3 \quad (81\%)$$

2-Pentene → 2,3-Dichloropentane

$$PhCH{=}CH{-}C({=}O)OCH_2CH_3 + Br_2 \xrightarrow{CCl_4} PhCHBr{-}CHBr{-}C({=}O)OCH_2CH_3$$

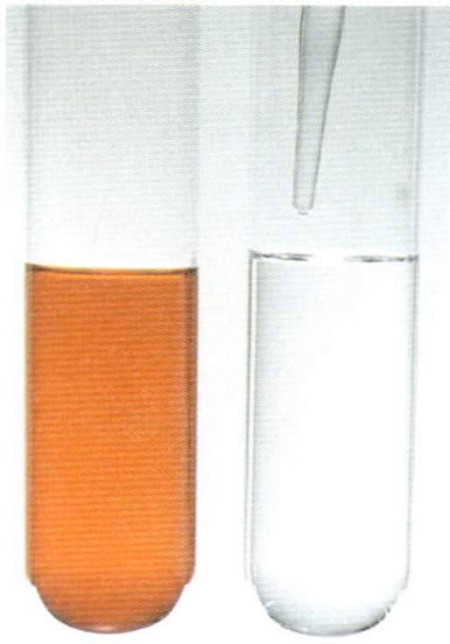

사염화 탄소에서 $Br_2$의 용액은 적색이다. 몇 방울의 알켄을 가하면 색이 사라진다.

브롬과의 반응은 미지 화합물에서 이중결합(혹은 삼중결합)의 존재를 확인하는 고전적 방법이다. 이 시험에서 미지 화합물을 $CCl_4$ 혹은 $CH_2Cl_2$와 같은 용매에 녹이고 브롬용액에 몇 방울 가해준다. 브롬용액은 적-갈색을 띤다. 미지 화합물이 탄소-탄소 이중결합 혹은 삼중결합을 포함하고 있으면 첨가반응은 거의 순간적이다. 첨가 생성물은 무색이므로 브롬색은 빨리 사라진다. 이것이 불포화에 대한 양성반응이다.

이 첨가에 대한 메카니즘은 할로겐화 수소의 첨가에 대한 메카니즘과는 다르다. 그림 11.1에 나타낸 것처럼 이중결합의 파이전자에서 할로겐의 친전자성 공격으로 시작된다. 브롬-브롬 결합이 불균일한 방법으로 절단되어 전자가 부족한 브롬은 친전자체로 작용하여 이중결합에 첨가된다. 그러나 이 첨가에서 카보양이온은 생성되지 않는다. 대신 공격하는 브롬에 있는 비공유 전자쌍은 다른 탄소와 결합을 형성한다. 이 세 가지 사건이 동시에 일어난다. 브롬-브롬결합 절단, 파이전자는 한 탄소와 친전자성 브롬간의 결합을 형성하고 첨가되는 브롬에 있는 비공유 전자쌍은 다른 탄소와 결합을 형성한다. 그 결과 양으로 하전된 브롬을 포함한 세-원자 고리, 즉 **브로모늄 이온(bromonium ion)**이다. 브로모늄 이온은 더 안정하기 때문에 카보양이온 대신에 형성된다. 두 탄소와 브롬 주위에 8개의 전자를 갖는다. 팔전자체 규칙을 만족하고 있기 때문에 양전하가 더 전기음성인 브롬에 있더라도 더 안정화된다. 염소도 간단한 알켄에 같은 메카니즘에 의해 반응한다.

브로모늄 이온과 같은 새로운 중간체를 처음 만나게 되면, 그것이 어떻게 작용할 것인가를 예측할 수 있는 다른 유사한 화학종과 비교해야 한다. 양으로 하전된 헤테로 원자를 포함한 다른 3-원자 고리를 본 적이 있는가? 해답은 10.10절에서 다룬 양성자화된 에폭사이드이다. 브로모늄 이온의 화학은 양성자화된 에폭사이드의 그것과 유사하다. 이것은 친핵체, 브롬 이온과 반응하여 고리가 열린다. 양성자화된 에폭사이드의 경우에서와 같이 이 친핵체의 공격은 $S_N2$와 $S_N1$ 반응의 특성을 갖는다. 입체화학은 $S_N2$ 반응의 입체화학이다. 친핵성 브롬 이온이 이탈기의 반대편에서 접근한다. 전체적으로 두 브롬의 안티 첨가가 일어난다. 위치화학은 $S_N1$ 반응의 그것과 같다. 친핵체는 더 안정한 카보양이온이 되는 탄소에 결합한다. 물론 이 반응에서 어느 브롬이 친전자체가 되며 어느 브롬이 친핵체가 되는지는 말할 수 없다. 그러나 후에 친전자체와 친핵체를 구별할 수 있는 유사한 반응을 다루게 될 것이다.

2-뷰텐과 브롬과의 반응의 입체화학을 검토해보자.

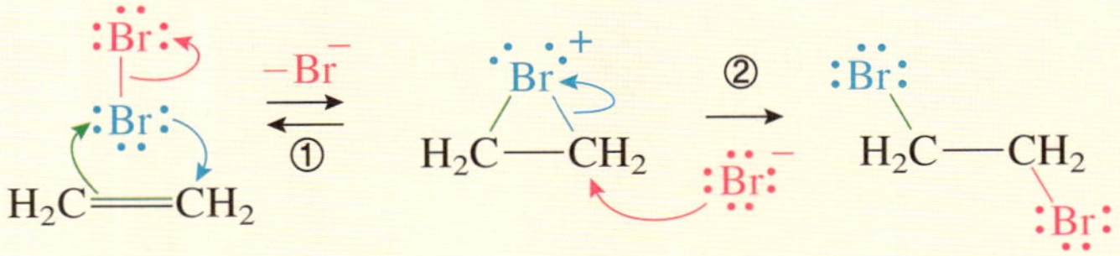


Ethene　　Bromonium ion　　1,2-Dibromoethane

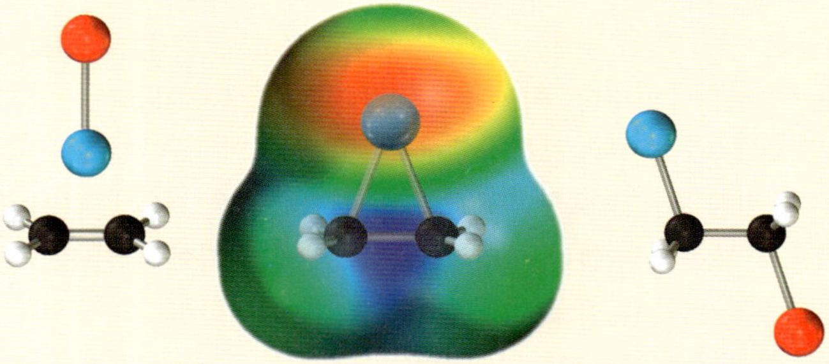

① 친전자체는 브롬분자이다. 이 Br이 이탈하면 다른 Br이 친전자체가 되고 알켄이 파이전자에 끌린다. 이 단계에서 카보양이온이 형성되면 다음 구조와 같다.

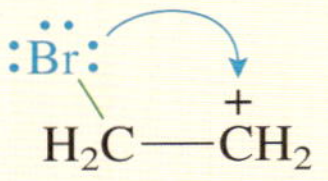


그러나 이 카보양이온에서 Br은 양의 탄소에 접근해 있어서 탄소와 결합을 형성하는 데 비공유전자쌍을 쉽게 사용할 수 있다. 생성된 화학종 브로모늄 이온은 모든 원자가 다 8전자계 규칙을 만족하고 있기 때문에 카보양이온보다 더 안정하다. 카보양이온은 반응에서 실제로 생성되지 않는다. 대신 브로모늄이온이 직접 생성된다. 브롬2브롬 결합이 절단되면서 동시에 두 개의 탄소-브롬 결합이 형성된다.

② 이온은 구조와 반응에서 양성자화된 에폭사이드와 유사하다. 그러므로 친핵성 브롬 이온이 3-원자 고리를 열기 위하여 공격할 때 다른 브롬의 반대편으로부터 접근한다. 결과는 이중결합에 대한 두 브롬의 안티 첨가이다.

**그림 11.1** **에텐에 대한 브롬의 첨가 메카니즘.**

$$\underset{\text{2-Butene}}{CH_3CH{=}CHCH_3} + Br_2 \xrightarrow{CCl_4} \underset{\text{2,3-Dibromobutane}}{CH_3\overset{Br}{\overset{|}{C}}H-\overset{Br}{\overset{|}{C}}HCH_3}$$

입체화학을 고려하면 출발 알켄에는 두 입체이성질체(시스와 트랜스)와 생성물 이브롬화물의 세 입체이성질체($d$-, $l$-과 메소-이성질체)가 존재한다. ($Z$)-2-뷰텐과 브롬의 반응을 그림 11.2에 나타냈고 ($E$)-2-뷰텐과 브롬과의 반응을 그림 11.3에 나타냈다. 그림에서 볼 수 있는 것처럼 ($Z$)-2-뷰텐에 대한 안티 첨가는 라세미 혼합물로 ($d$,$l$)-2,3-다이브로모뷰테인만을 생성한다. ($E$)-2-뷰텐에 대한 안티 첨가는 메소-부분 이성질체만을 생성한다. 반응은 **입체특이성(stereospecific)**이다. 즉 반응물의 한 부분 이성질체는 생성물의 한 부분이성질체만을 생성한다.

친전자성 첨가에 대해 기대할 수 있는 것처럼 이중결합에 알킬기가 많이 치환될수록 반응속도는 증가한다. 전자-주는 알킬기는 알켄을 더 친핵체로 만든다. 표 11.1

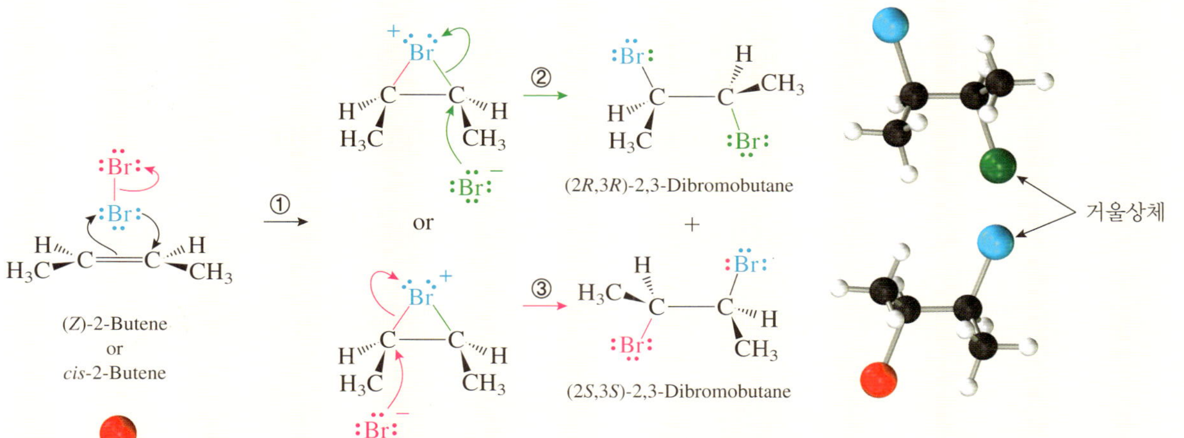


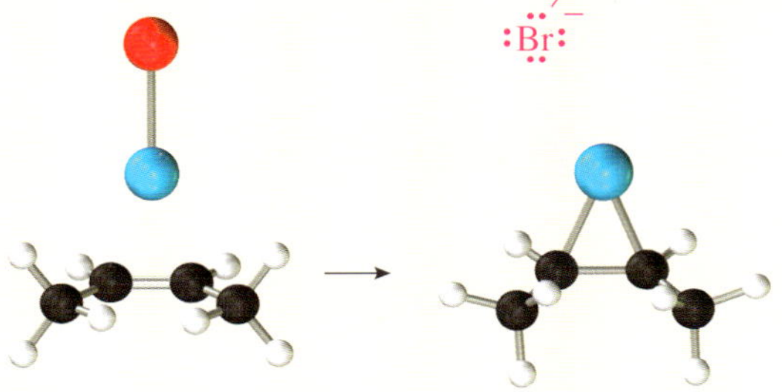

① 두 새로운 C—Br결합은 같은 Br에 대한 것이기 때문에 이중결합의 같은 면 그림에서는 윗면에서 형성된다. 그러므로 브로모늄 이온은 신 첨가로 생성된다. 브롬은 신 형태로 첨가되기 때문에 출발 알켄에서 시스인 메틸기는 브로모늄 이온에서도 시스이다. 브롬 이온 친핵체는 이탈 양성 브롬의 반대면인 밑면으로 접근한다. 두 탄소는 동등하기 때문에 브롬 이온은 두 탄소에 동등하게 공격한다.

② (2*R*,3*R*)-2,3-다이브로모뷰테인은 브롬 이온이 녹색 화살에 따라 접근하여 생성된다. 두 브롬이 이중결합에 안티로 첨가된다.

③ (2*S*,3*S*)-2,3-다이브로모뷰테인은 브롬 이온이 적색 화살 따라 접근하여 생성된다. 이 화합물은 그 위에 있는 화합물의 거울상 이성질체이다. 두 이브롬화물은 동량 생성된다. 출발물질이 카이랄이 아니기 때문에 생성물은 라세미체이다.

**그림 11.2** (Z)-2-뷰텐(시스-2-뷰텐)에 대한 브롬첨가 메카니즘.

에 일련의 알켄의 브롬화에 대한 상대적 속도를 수록하였다. 이 표에서 볼 수 있는 것처럼 에텐의 네 개의 수소를 메틸기로 치환하면 반응속도는 2만 배 증가한다.

**표 11.1 브롬에 대한 알켄의 상대적 반응속도**

| 알켄 | 상대 속도 | 알켄 | 상대 속도 |
|---|---|---|---|
| 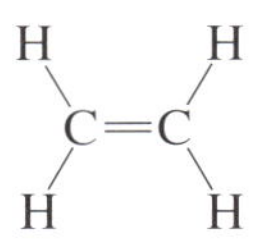 | 1 | 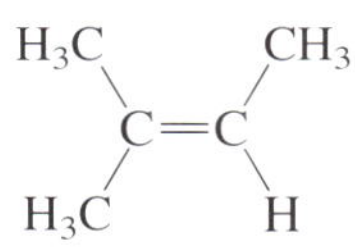 | $1 \times 10^5$ |
| 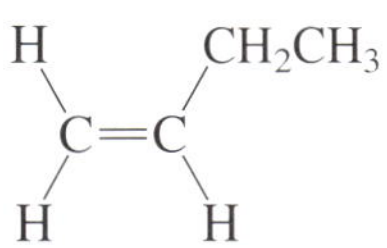 | $1 \times 10^2$ | 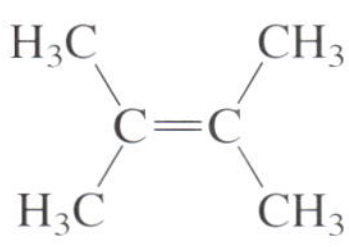 | $2 \times 10^6$ |
| 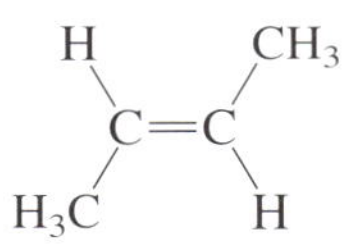 | $2 \times 10^3$ | | |

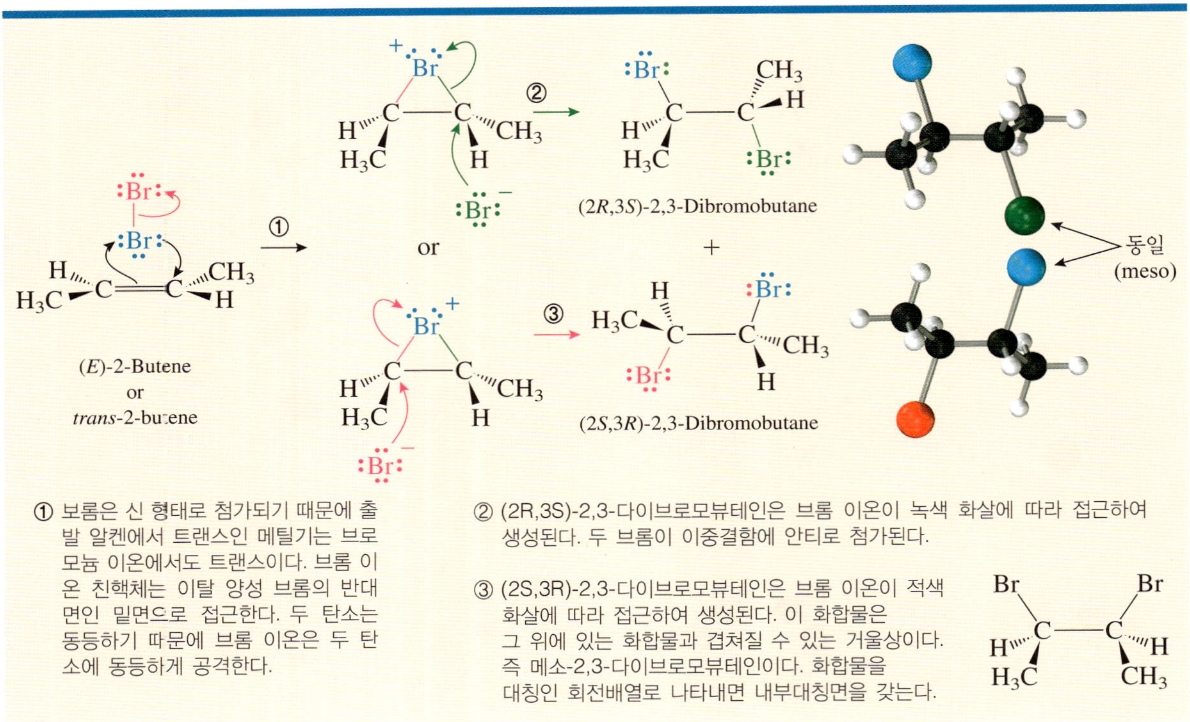


**그림 11.3** (*E*)-2-뷰텐(트랜스-2-뷰텐)에 대한 브롬 첨가 메카니즘.

이 첨가반응의 몇 가지 예를 다음 방정식으로 나타내었다. 각 과정은 두 할로겐 원자의 첨가로 진행된다. 마지막 예에서 알카인에서 출발하여 두 브롬이 트랜스로 결합된다.

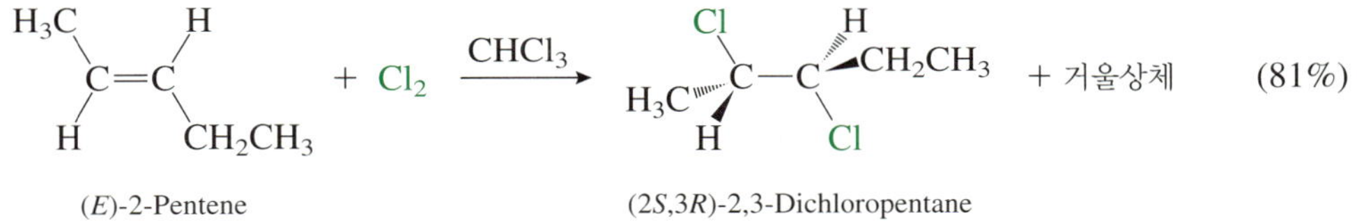


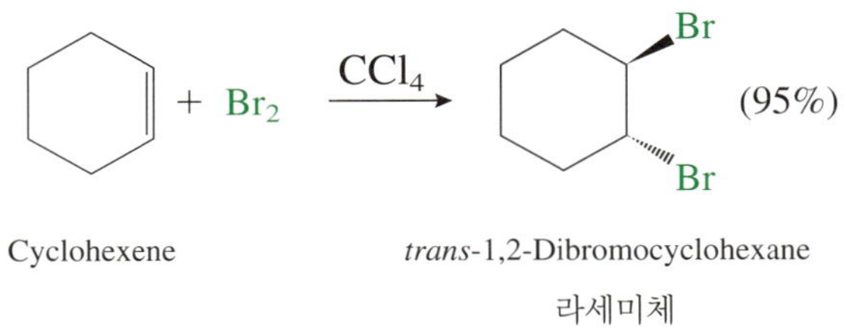


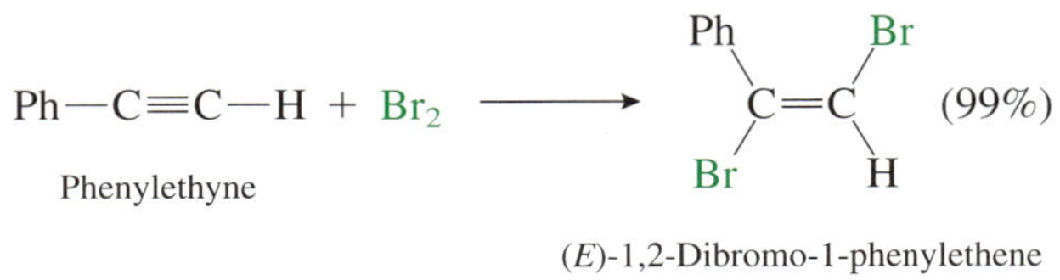

**문제 11.7** 다음 반응의 생성물을 나타내어라.

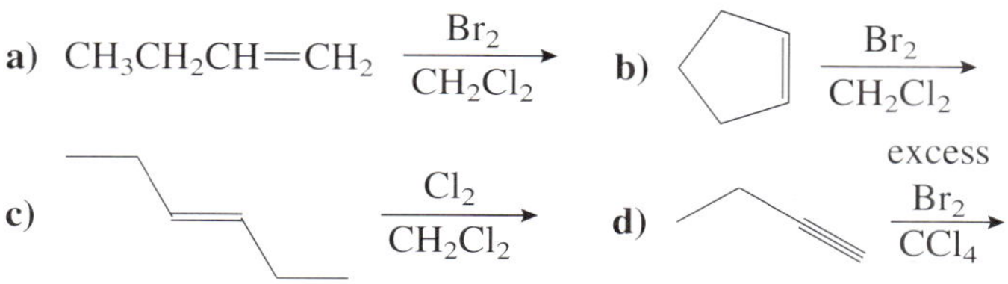


**문제 11.8** 이 반응의 메카니즘에서 입체화학을 포함한 모든 단계를 다 나타내어라.

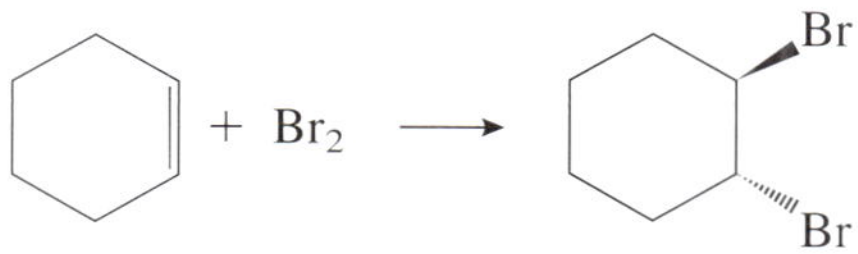


**문제 11.9** $Br_2$와의 반응에서 다음 화합물 중 어느 것이 더 빠른가를 설명하여라.

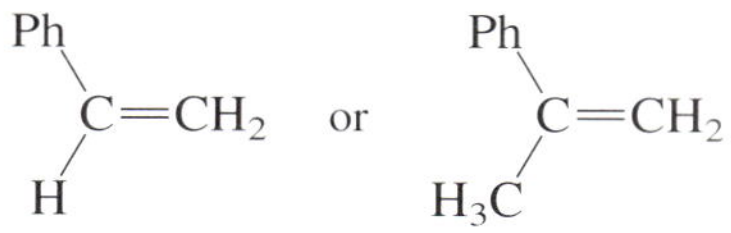


## 11.5 할로하이드린 형성

전 절에서 기술한 알켄과 염소와 브롬의 반응은 $CCl_4$와 $CH_2Cl_2$와 같은 불활성 용매에서 수행한다. 이 반응에서 할로늄이온과 반응하는 유일한 친핵체는 할로겐 음이온이다. 그러나 반응을 물과 같은 친핵성 용매에서 수행하면 물분자가 친핵체로 작용하여 이중결합에 할로겐과 하이드록시기가 첨가된다.

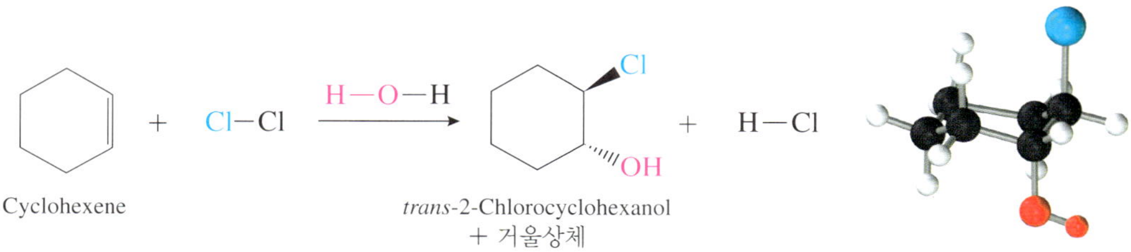


Cyclohexene

*trans*-2-Chlorocyclohexanol
+ 거울상체
(halohydrin)

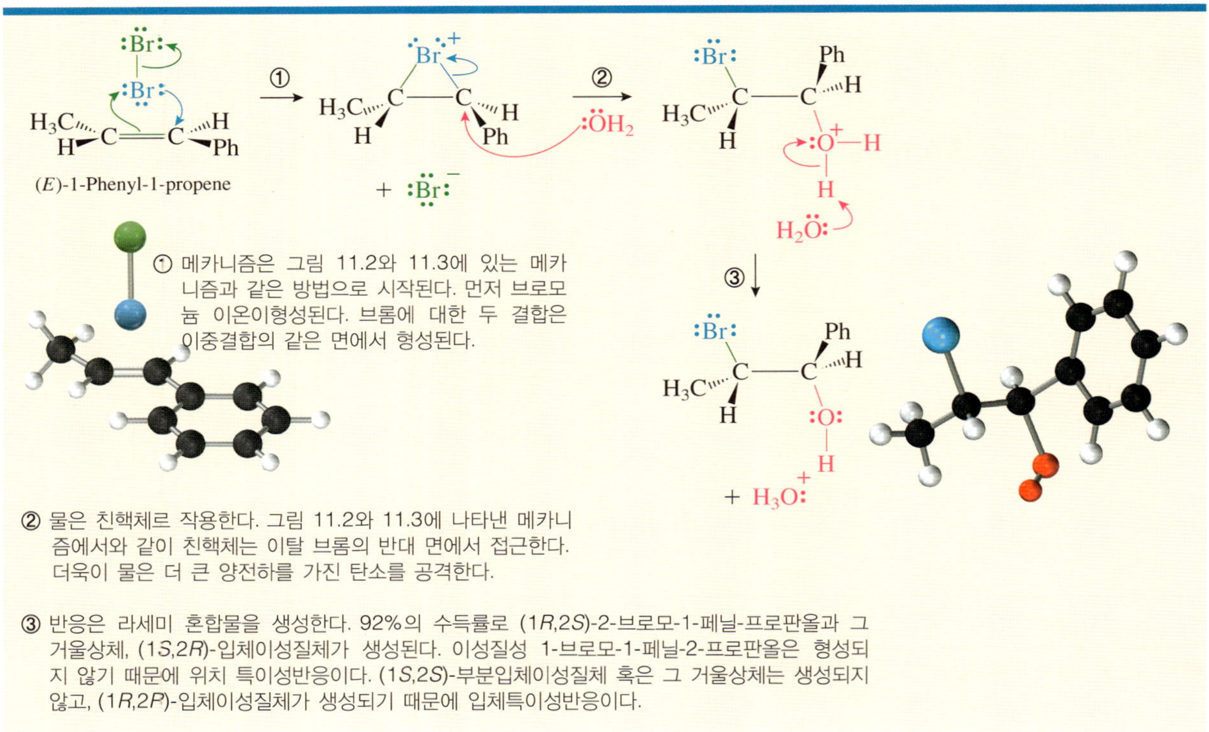


**그림 11.4 물에서 알켄에 대한 브롬의 첨가 메카니즘.**

생성물을 할로하이드린이라 부른다. 물분자의 농도가 할로겐 음이온보다 크기 때문에 물이 친핵체로 작용하는 경쟁에서 이겨 할로하이드린만이 상당량 생성된다.

이 반응의 메카니즘은 11.4절에서 기술한 할로겐의 첨가 메카니즘과 대단히 유사하다. 전과 같은 방법으로 먼저 클로로늄이온이 형성된다. 다음에 물은 친핵체로 작용하여 치환하는 염소의 반대편에서 탄소에 접근한다. 이것은 염소와 하이드록시기의 안티 첨가를 생성한다. 할로늄이온의 열림과 양성자화된 에폭사이드의 열림의 경우에서와 같이 물에 의한 할로늄이온 고리열림은 $S_N2$와 $S_N1$ 반응의 특성을 갖는다. 이것은 $S_N2$ 입체화학(반전)과 $S_N1$ 위치화학(친핵체는 카보양이온에서 더 안정한 탄소에 공격한다)으로 진행된다. 여기서 친전자체와 친핵체는 다르다. 어느 탄소에 어느 친핵체가 첨가되는지 볼 수 있다. 이 반응의 메카니즘을 그림 11.4에 나타냈다. 이 예에서 반응의 입체화학과 위치화학을 생성물에서 관찰할 수 있다.

이 할로하이드린의 용도 중 가장 중요한 것 중의 하나는 에폭사이드의 제조이다. 할로하이드린을 NaOH 혹은 KOH와 같은 염기로 처리하면 다음 예에서와 같이 알코올의 양성자 이탈과 이어서 분자 내 친핵성 치환반응이 일어난다. 친핵성 산소는 반대편에서 염소를 치환하여 그 탄소에서 위치배열의 반전을 일으킨다.

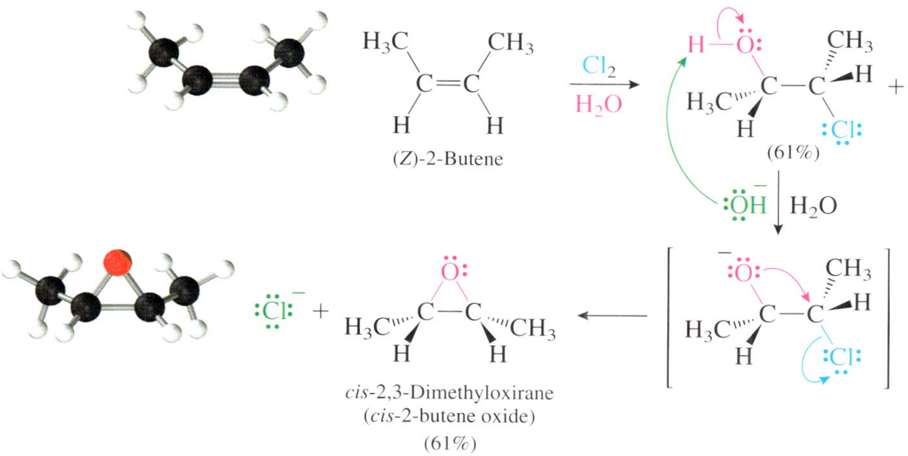

## 예제 11.3

다음 반응의 생성물을 나타내어라.

$$CH_3CH_2CH{=}CH_2 \xrightarrow[H_2O]{Cl_2}$$

**풀이**

먼저 클로로늄이온이 형성된다. 다음에 물은 친핵체로 작용하여 클로로늄이온의 더 양성자를 띤 탄소를 공격한다. 이 경우에 물에 의해 공격을 받는 것은 일차 탄소라기보다는 이차 탄소이다.

**문제 11.10** 다음 반응의 생성물을 나타내어라.

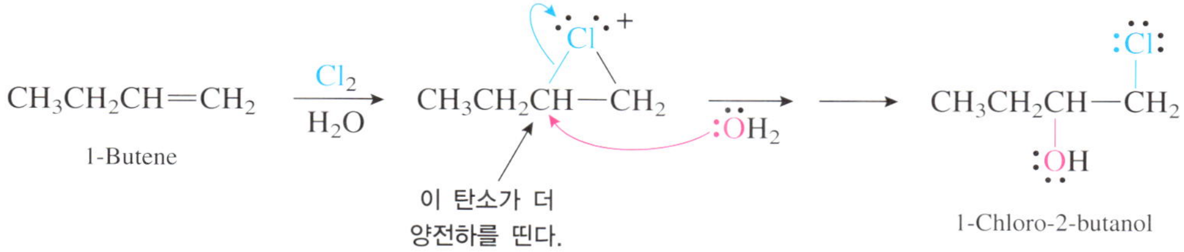


**문제 11.11** 알코올에서 브롬과 알켄의 반응 생성물로 에터를 생성한다. 다음 반응에 대한 메카니즘을 나타내고 생성물의 입체화학을 설명하여라.

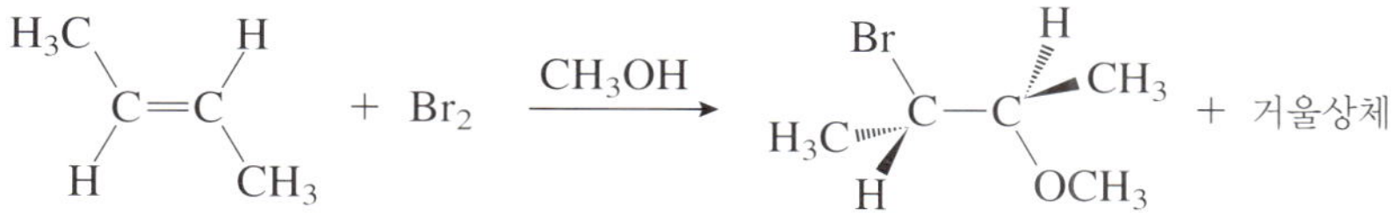

**문제 11.12** 메탄올과 아이소뷰틸렌의 반응으로 MTBE의 형성에 대한 메카니즘의 모든 단계를 나타내어라.

## 11.6 옥시수은화반응-환원

11.3절에서 기술한 수화반응에 추가해서 옥시수은화-환원반응은 두-단계반응으로 탄소-탄소 이중결합에 대해 물의 원소를 첨가하는 데 사용할 수 있다. 먼저 알켄은 물에서 아세트산 수은, $Hg(O_2CCH_3)_2$과 반응하고 이어서 수산화 소듐용액에 있는 수소화붕소 소듐으로 처리한다.

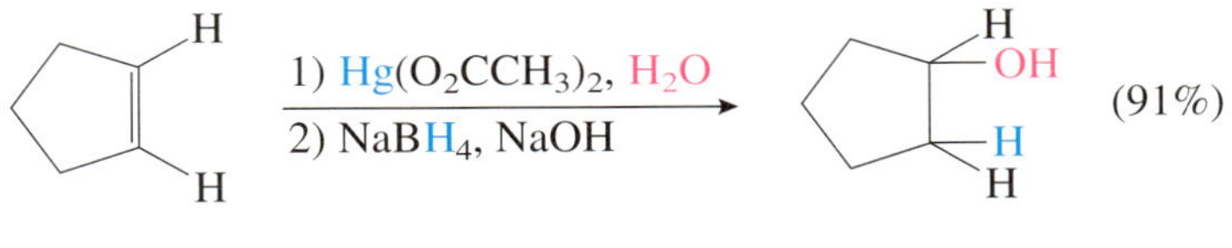


이 반응은 두 단계를 포함하고 있지만 같은 플라스크에서 순차적으로 일어난다. 이 반응은 산-촉매 첨가반응보다 수득률이 높기 때문에 알켄의 수화에 대해 유리한 반응이고 자리옮김이 일어나지 않는다.

그림 11.5는 이 반응에 대해 가정한 메카니즘을 나타내었다. 먼저 친전자성 수은 화학종은 이중결합에 첨가되어 고리 머큐리늄 이온을 형성한다. 할로하이드린 형성에 대한 그림 11.4에 나타낸 메카니즘과 이 메카니즘이 얼마나 유사한지를 주목하여라. 초기 생성물은 이중결합에 대한 Hg와 OH의 안티첨가로 형성된다. 두 번째 단계에서 수소화붕소 소듐은 불규칙한 입체화학을 가지고 수은을 수소로 치환한다. 전체 결과는 Markovnikov 배향으로 H와 OH가 첨가된다.

추가적인 예를 다음 방정식에 나타냈다. 모든 예에서 높은 수득률에 주목하여라. 마지막 예는 중간체가 카보양이온이 아니라 머큐리늄 이온이기 때문에 자리옮김은 일어나지 않는다. 물의 산-촉매 첨가에 의한 이 알코올의 제조는 완전한 자리옮김 생성물을 형성한다.

$$CH_3CH_2CH_2CH_2CH{=}CH_2 \xrightarrow[\text{2) NaBH}_4\text{, NaOH}]{\text{1) Hg(O}_2\text{CCH}_3)_2\text{, H}_2\text{O}} CH_3CH_2CH_2CH_2\underset{OH}{CH}-\underset{H}{CH_2} \quad (96\%)$$

1-Hexene　　　　2-Hexanol

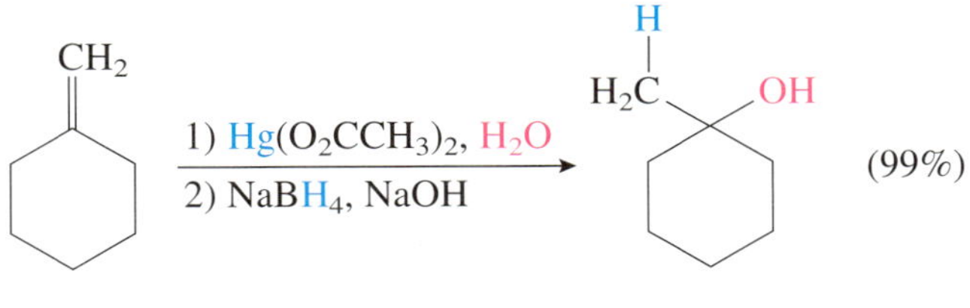

① 단순화하기 위하여 아세트산 수은을 공유결합으로 나타냈다. 수은은 5d 부껍질이 채워져 있다. 5d 비공유 전자 중 2개를 나타냈다. 반응의 첫 번째 단계에서 아세트산 음이온은 이탈되어 수은 친전자체를 생성한다.

② 수은, 친전자체는 브로모늄 이온 형성과 유사한 과정에서 이중결합에 첨가된다.

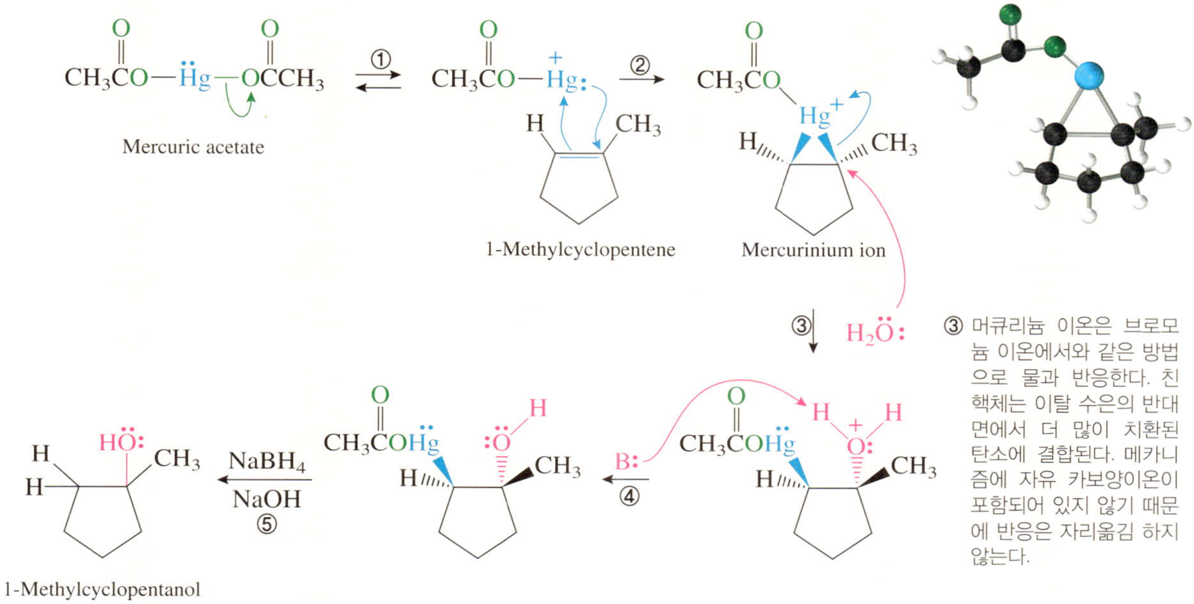


③ 머큐리늄 이온은 브로모늄 이온에서와 같은 방법으로 물과 반응한다. 친핵체는 이탈 수은의 반대면에서 더 많이 치환된 탄소에 결합된다. 메카니즘에 자유 카보양이온이 포함되어 있지 않기 때문에 반응은 자리옮김 하지 않는다.

⑤ 수소화붕소 소듐은 복잡한 메카니즘에 의해 수은을 수소로 치환한다. 대부분의 경우에서와 같이 이 특정한 경우에 두 수소가 결합된 탄소에 수은이 결합되므로 전체반응의 입체화학은 문제가 되지 않는다.

④ 물과 아세트산이온과 같은 염기 용액은 양성자를 제거한다.

**그림 11.5 아세트산 수은을 사용한 알켄의 수화반응 메카니즘.**

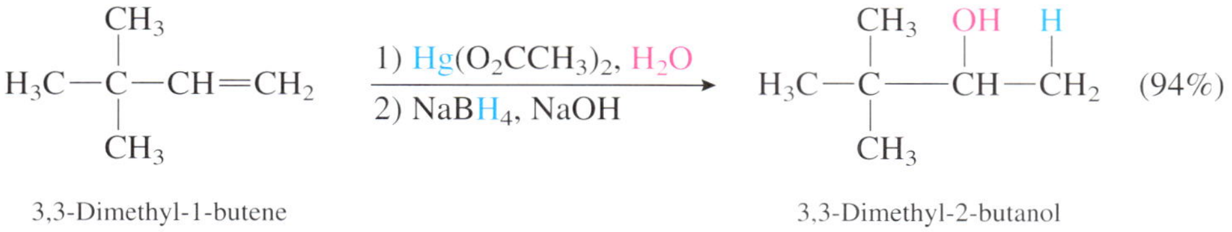


알카인에 대한 물의 첨가는 수은(II)염의 존재에서 도움을 받는다. 보통 반응은 황산과 같은 강산과 $HgSO_4$ 혹은 $H_2O$와 같은 수은 염의 존재에서 물속에서 이루어진다. 이 경우에 수은은 반응조건에서 수소와 동시에 치환되기 때문에 두 번째 단계는 필요하지 않다. 첨가는 Markovnikov 배향으로 이루어지며 입체화학은 문제가 되지 않는다.

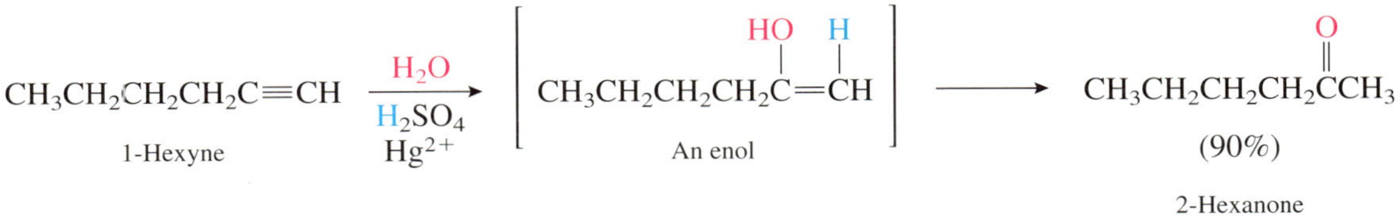


초기 생성물은 탄소-탄소 이중결합에 결합된 하이드록시기를 갖고 있다. 이와 같은 화합물은 **엔올(enol)**이라 부르고 불안정하여 보통 분리할 수 없다. 이와 같은 엔올은 더 안정한 케톤 이성질체로 자발적으로 자리옮김한다. 케톤과 엔올은 **토토머(tautomer)**라고 부른다. 양성자와 이중결합의 이동을 포함한 이 반응은 **케토-엔올 토토머화반응(keto-enol tautomerization)**이라고 부르고 대단히 빠르다. 대부분의 경우 케톤이 더 안정하며 평형에서 존재하는 엔올의 양은 검출할 수가 없다. 산성에서 이 토토머화반응에 대한 메카니즘을 그림 11.6에 나타냈다. 알카인의 수은-촉매 수화반응은 케톤을 제조하는 좋은 방법이며 다음 예에 나타냈다.

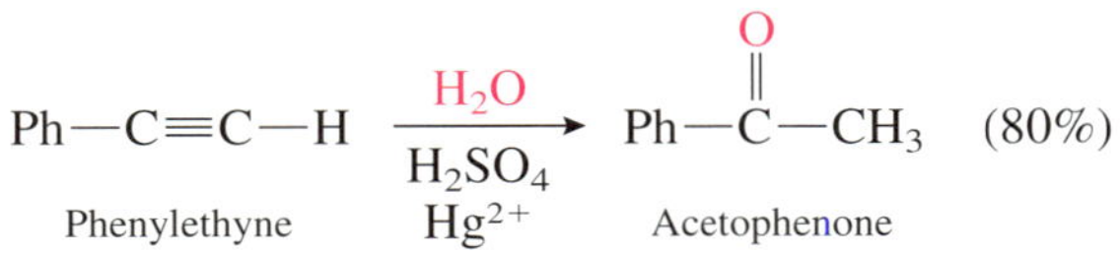


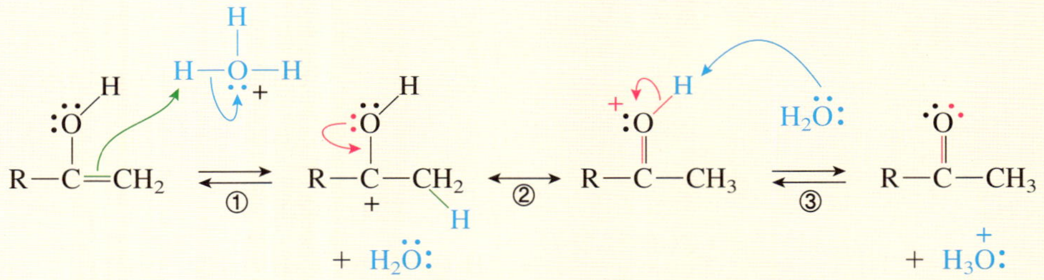


① 산 존재에서 엔올의 이중결합은 양성자화된다. 메카니즘의 이 단계는 할로겐화 수소의 첨가 메카니즘과 알켄에 대한 산-촉매 첨가의 첫 번째 단계와 동일하다. 하이드록실기가 결합된 탄소에 양전하가 생성되도록 첨가가 일어난다. 이 카보양이온이 공명에 의해 안정화되기 때문이다.

② 오른편에 있는 공명구조는 왼편에 있는 공명구조보다 안정하다. 이 구조의 모든 원자가 8전자계를 만족하고 있기 때문이다. 양이온은 케톤의 짝산이다. 이 양이온은 보통 카보양이온보다 에너지가 낮기 때문에 이것을 생성하는 전이상태 에너지도 낮다(Hammond 가정). 그러므로 이것은 쉽게 형성되며 양성자의 첨가는 대단히 빠르다.

③ 토토머화반응을 완성하고 산소에 있는 양성자를 제거하기 위하여 물과 같은 염기가 필요하다. 토토머화 반응은 어느 방향으로든지 빠르게 일어나며 평형에서는 케톤 토토머가 대단히 유리하다.

그림 11.6 케톤에 대한 엘올의 토토머화반응 메카니즘.

**문제 11.3** 다음 반응의 생성물을 나타내어라.

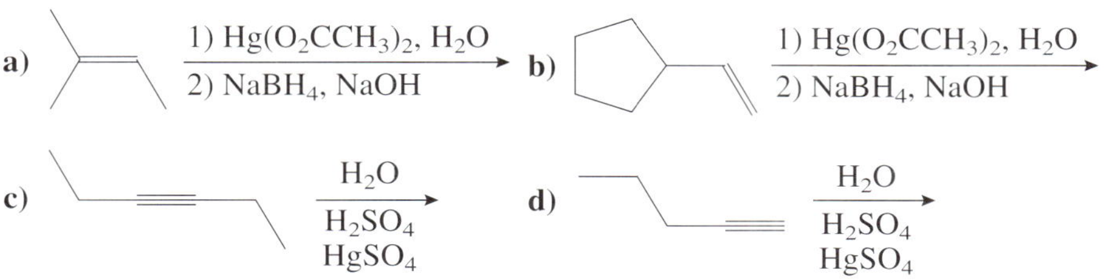

**문제 11.14** 어느 반응이 3-헥산온 합성에 유리한지를 설명하여라.

$$CH_3CH_2C{\equiv}CCH_2CH_3 \xrightarrow[H_2SO_4,\ HgSO_4]{H_2O} CH_3CH_2\overset{O}{\overset{\|}{C}}CH_2CH_2CH_3 \xleftarrow[H_2SO_4,\ HgSO_4]{H_2O} CH_3C{\equiv}CCH_2CH_2CH_3$$

3-Hexanone

## 11.7 수소화붕소 첨가반응-산화반응

알켄에 대한 물의 원소 H와 OH의 첨가에 대한 다른 방법은 H.C. Brown에 의해 개발되었다. 그는 이 업적으로 1979년에 노벨상을 수상하였다. 이 반응에서 알켄은 테트라하이드로퓨란에서 먼저 보레인 착물($BH_3$)과 반응한다. 다음에 초기 생성물은 과산화 수소의 염기성 용액과 반응한다. 다음 방정식에 그 예를 나타냈다.

$$\underset{\text{1-Pentene}}{CH_3CH_2CH_2CH{=}CH_2} \xrightarrow[2)\ H_2O_2,\ NaOH]{1)\ BH_3,\ THF} \underset{\text{1-Pentanol}}{CH_3CH_2CH_2\overset{H}{\overset{|}{C}H}-\overset{OH}{\overset{|}{C}H_2}} \quad (95\%)$$

이 반응의 가장 흥미 있는 특성은 위치화학이다. Markovnikov 규칙과는 반대로 수소는 더 많은 알킬기가 있는 탄소에 결합되고 하이드록시기는 더 많은 수소가 있는 탄소에 결합된다. 그러므로 수소화붕소 첨가반응은 탄소-탄소 이중결합에 대한 물의 **반-Markovnikov 첨가(anti-Markovnikov addition)**가 생성된다. 수화반응 혹은 옥시수은화반응-환원과 비교해서 반대 위치화학을 가진 것이 이 반응의 특성이 다.

수소화붕소 첨가반응-산화반응은 Markovnikov 규칙에 의해 예측할 수 있는 반대 위치화학을 가진 생성물을 형성한다. 이제 이 반응의 메카니즘을 살펴보자.

보레인은 카보양이온과 같은 구조를 갖는다. 보레인은 삼각평면 기하구조를 가진 $sp^2$ 혼성이고 비어 있는 $p$ 궤도함수를 가진다. 중성이지만 붕소 주위에 6개의 전자만을 가지므로 전자가 부족하다. 이것은 강한 Lewis 산이다. 전자결핍 화합물은 불안정성을 제거하기 위하여 비정상적 결합을 형성한다. 보레인의 경우에는 두 분자가 결합하여 다이보레인 한 분자를 형성한다.

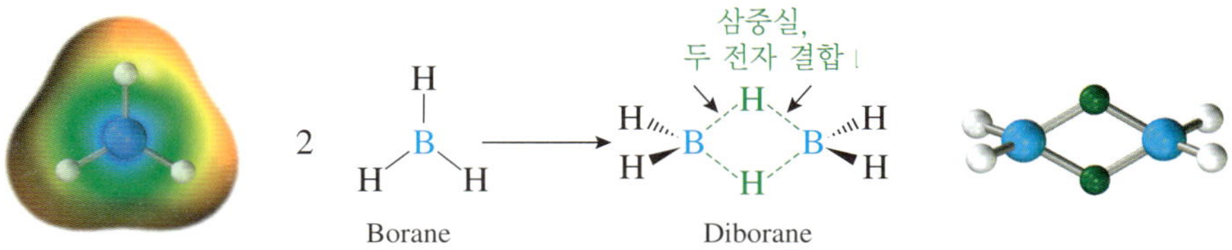


다이보레인은 대단히 비정상적인 결합이다. 두 B—H—B 결합은 삼중심 두-전자 결합이다. 즉 두 전자가 이들 세 원자, 한 수소와 두 붕소에 의해 공유된다. 이것이 전자-부족 화학종에서 붕소가 8전자계 규칙을 만족할 수 있는 유일한 방법이다. 테트라하이드로퓨란 용액에서 붕소는 Lewis 염기로 작용하는 테트라하이드로퓨란의 산소 착물로 존재한다.

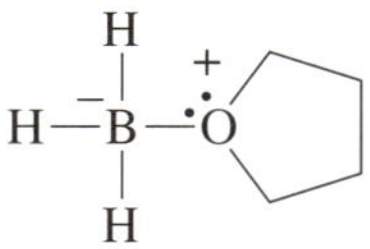

Borane–tetrahydrofuran 착물

그러나 반응하는 화학종이 $BH_3$라고 생각하여 붕소화 수소 첨가반응을 이해하는 것이 더 용이하다.

그림 11.7에서 나타낸 것처럼 반응의 첫 단계에서 보레인은 알켄에 첨가된다. 반응은 탄소-탄소 이중결합의 파이전자와 친핵성 붕소의 반응에 의해 개시된다. 그러나 카보양이온은 형성되지 않는다. 대신 탄소에 양전하가 생기기 시작함에 따라 수소가 친핵체로서 붕소로부터 이 탄소에 제공된다. 전체 과정은 협동반응으로 두 결합(C—B와 C—H) 절단과 두 결합(B—H와 C—C pi) 형성이 고리 네-원자 전이상

**그림 11.7** **프로펜의 수소화 붕소 첨가반응에 대한 메커니즘**

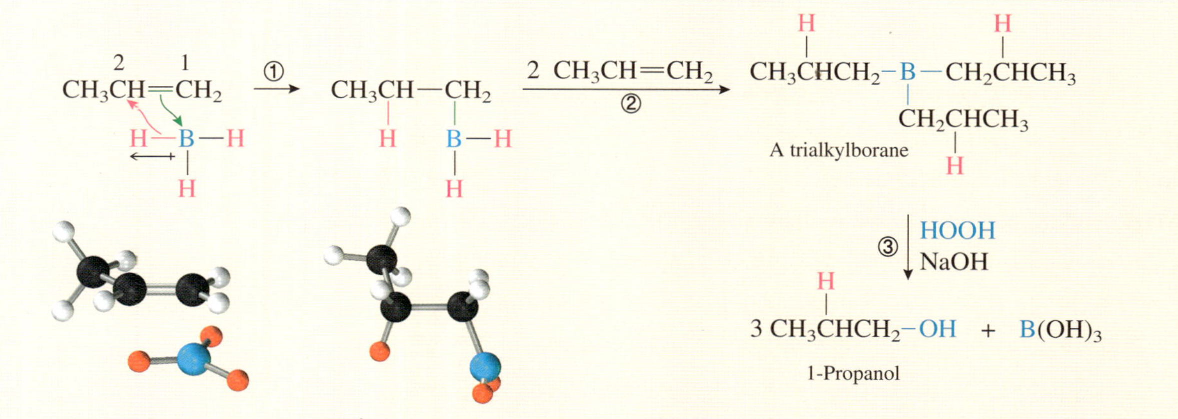


① 비어 있는 *p* 궤도함수를 가진 붕소는 친전자체로 작용한다. C-2에 양전하가 생기기 시작하면 수소는 붕소보다 더 전기음성도가 크기 때문에 부분적인 음전하를 띠게 되며 친핵체로 작용한다. 한 단계에서 C—H와 C—B 결합은 형성되고 B—H와 C—C pi 결합은 절단된다. Markovnikov 규칙의 메카니즘 형태에 따라 친전자체 붕소는 수소가 더 많이 결합된 탄소에 첨가된다.

② 다른 두 B—H 결합도 알켄분자에 첨가된다. 전체 결과는 한 보레인 분자가 세 개의 알켄분자와 반응하여 세 개의 알킬기가 붕소에 결합된 트라이알킬보레인을 생성한다.

③ 반응의 다음 단계에서 과산화 수소는 각 C—B 결합은 절단되어 C—OH와 B—OH 결합으로 치환한다.

태에서 동시에 일어난다(그림 11.8을 보라). 각 붕소-수소결합은 반응성이 커서 트라이알킬보레인이 생성되도록 두 번 더 반복된다. 반응의 두 번째 단계는 과산화 수소를 도입하여 탄소-붕소결합을 탄소-산소결합으로 변환시킨다.

반응의 위치화학은 수소가 더 많이 결합된 탄소에 친전자체(이 경우에는 붕소)가 첨가되는 규칙에 따른다. 이 방향성에 대한 이유는 친전자체가 더 안정한 카보양이온이 생성되도록 첨가된다는 것이다. 그림 11.7에 나타낸 것처럼 카보양이온은 수소화붕소 첨가반응 메카니즘에 포함되지 않는다. 왜 이 규칙에 따르는가? 반응에서 완전히 하전된 카보양이온은 형성되지 않지만 전이상태에서 다소의 전하가 생성된다. 전이상태에서 붕소-탄소결합이 수소-탄소결합보다 더 많이 생성된다. 그림 11.8에 나타낸 것처럼 이 결과 붕소에는 약간의 음전하와 탄소에는 약간의 양전하가 생성된다. 더 안정한 전이상태는 많은 알킬 치환기를 가진 탄소에 양전하를 갖는다. 이 전이상태를 형성하기 위하여 친전자체는 수소가 더 많이 결합된 탄소에 첨가되어야 한다. 탄소에 있는 전하가 한 단위의 양전하보다는 적기 때문에 두 전이상태의 에너지차는 카보양이온 중간체를 통해 진행되는 첨가반응에 대한 경우보다 작다. 반응의 적은 양이 덜 안정한 전이상태를 통해서 진행된다. 그리고 반응은 위치 선택적이고 위치 특이성은 아니다. 그러나 부 생성물의 양이 항상 적기 때문에 무시할 수 있다. 입체적 인자도 역시 이 반응에서는 중요하다. 그러므로 수소보다 큰 붕소가 이중결합의 장애가 적은 탄소에 첨가된다.

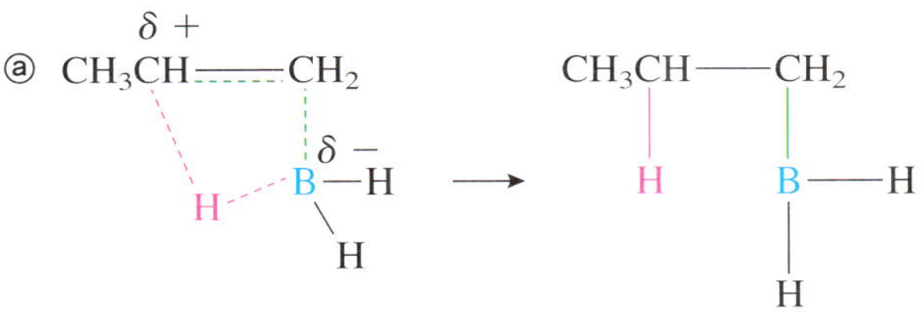


**그림 11.8** **프로펜에 대한 보레인 첨가의 가능한 전이상태.**

ⓐ 프로펜에 대한 보레인 참가의 고리 전이상태에는 네 부분 결합, 두 형성(B—C와 C—H)과 두 절단(B—H와 C—C) 결합이 있다. 그러나 B—C 결합은 C—H 결합보다 더 많이 형성되고 C—C pi 결합은 B—H 결합보다 더 많이 절단된다. 그 결과 전하의 분배를 나타낸다. 이 배향에서 첨가가 일어난다면 부분 양전하가 이차 탄소에 생긴다. 더욱이 큰 붕소가 덜 치환된 탄소로 접근하기 때문에 이 전이상태는 입체적으로 덜 붐비게 된다.

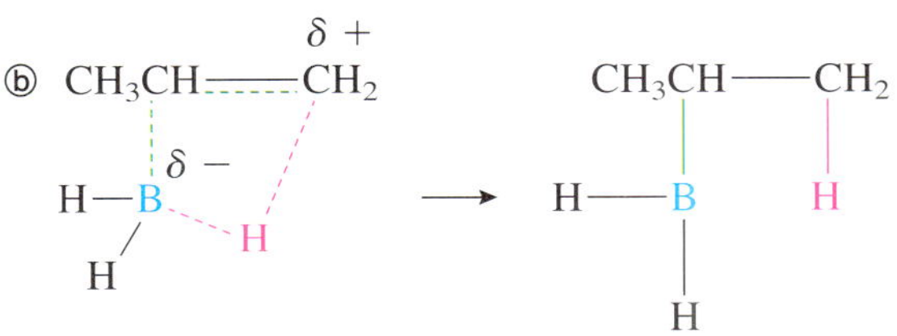


ⓑ 이 배향에서 첨가가 일어난다면 부분 양전하가 일차 탄소에서 생긴다. 이 경우에 전하는 ⓐ 경우보다 더 불안정해진다. 그러므로 이 전이상태는 ⓐ 경우보다 불리하다. 이 전이상태는 입체적 견지에서도 불리하다.

전이상태의 에너지 차는 대부분의 반응이 ⓐ 경우의 배향에 따라 일어나기에 충분하다. 여기서 친전자체는 많은 수소가 결합된 탄소에 첨가된다. ⓑ 경우의 배양에 의해 다소의 생성물이 형성되기도 하지만 그 양이 대단히 적기 때문에 무시할 수 있다.

반응의 입체화학은 어떻게 될 것인가? 붕소와 수소는 서로 결합되어 있기 때문에 협동반응에서 신 형태로 첨가되어야 한다. 붕소가 이중결합의 한 면으로 첨가되고 붕소에 결합된 수소는 다른 면으로 첨가될 수는 없다. 그러나 더 관심 있는 것은 하이드로시기의 입체화학이다. 하이드록시기는 위치배열이 완전히 보존되며 붕소를 치환한다. 그러므로 반응은 위치선택성과 위치특이성 형태로 일어난다. H와 OH는 반-Markovnikov 배향과 신 입체화학으로 첨가된다. 몇 가지 설명적인 예를 다음 방정식에 나타냈다.

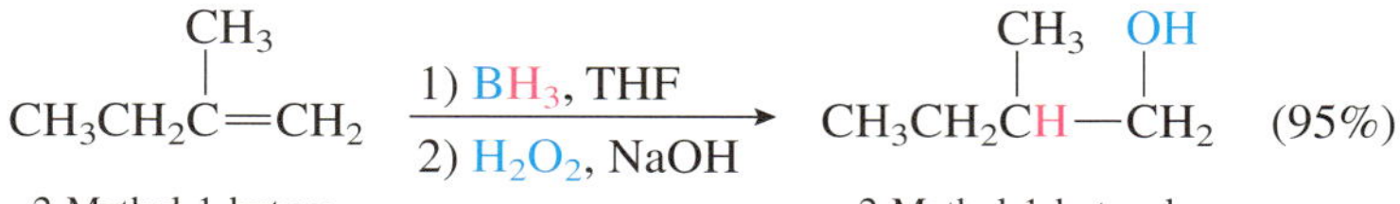

2-Methyl-1-butene → 2-Methyl-1-butanol

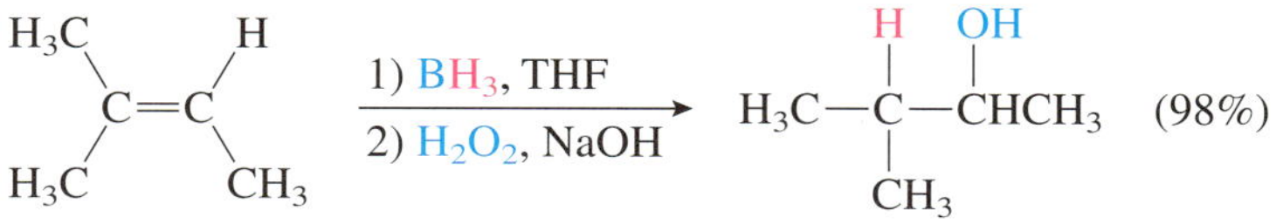

2-Methyl-2-butene → 3-Methyl-2-butanol

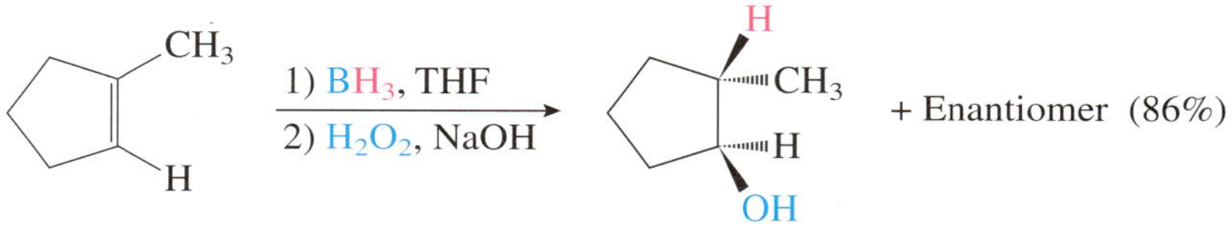

1-Methylcyclopentene → *trans*-2-Methylcyclopentanol

**문제 11.15** 다음 반응의 생성물을 나타내어라.

a) 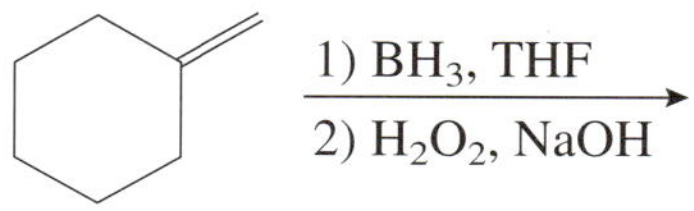

b) 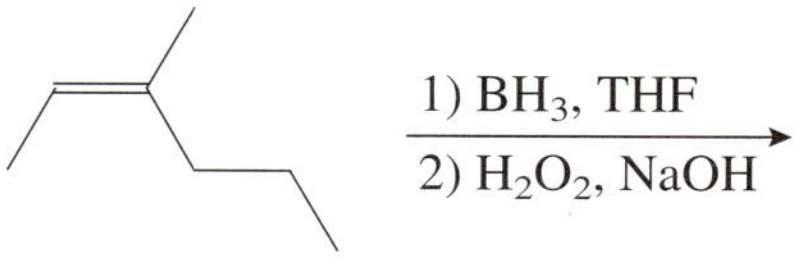

c) 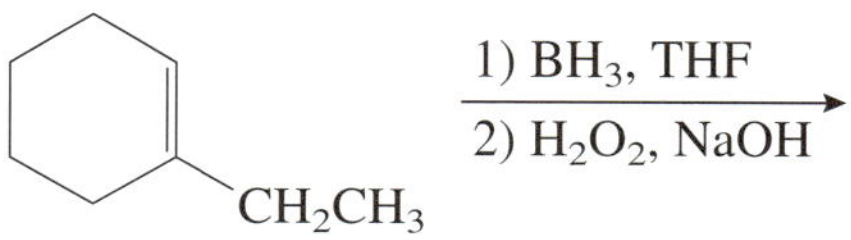

**문제 11.16** 이 수소화붕소 첨가반응은 두 생성물을 형성한다. 생성물을 쓰고 어느 것이 주 생성물인지를 설명하여라.

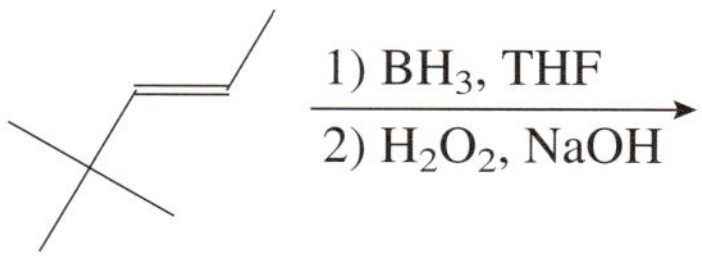

## 예제 11.4

알켄으로부터 이 알코올을 어떻게 제조하는지를 나타내어라.

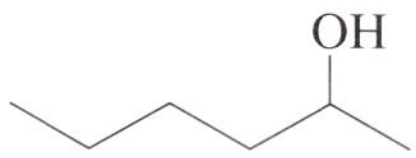


### 전략

하이드록시기는 원래 알켄의 이중결합 탄소의 하나에 결합되어야 하므로 먼저 이 기준에 맞는 모든 알켄을 그린다. 알켄을 검토하여 원하는 탄소에 OH기가 선택적으로 첨가될 가능성이 있는가를 결정해야 한다. OH는 Markovnikov 배향(산-촉매 수화반응 혹은 옥시수은화-환원) 혹은 반-Markovnikov 배향(수소화붕소 첨가반응-산화)에 따라 첨가될 수 있다. 그러나 비슷하게 치환된 두 탄소 사이에서는 선택하기가 어렵다.

### 풀이

2-헥산올을 제조하는 데 사용되는 두 알켄은 1-헥센과 2-헥센이다.

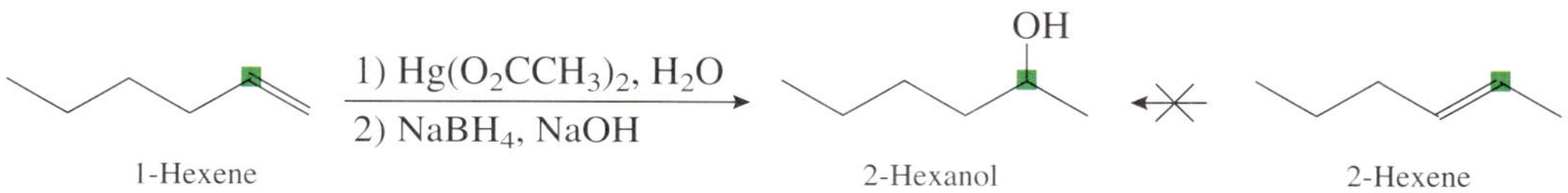


옥시수은화반응 혹은 산-촉매 수화반응에 의해 1-헥센의 탄소 2에 하이드록시기를 위치 특이성으로 첨가된다. 그러나 두 탄소가 다 일치환이기 때문에 2-헥센의 탄소 2에만 선택적으로 하이드록시기를 첨가할 수는 없다. 그러므로 1-헥센으로 출발하는 경로를 선택한다.

**문제 11.17** 알켄으로부터 다음 알코올의 제조를 제안하여라.

a) 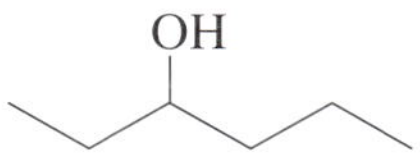


b) 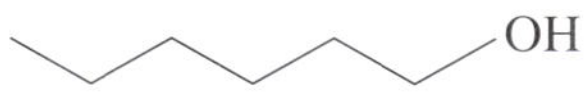


c) 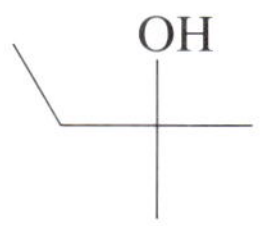


수소화붕소 첨가반응은 알카인에도 유용하다. 다음 예에 나타낸 것처럼 염기성 과산화 수소로 처리한 생성물은 엔올이다. 엔올은 자발적으로 케톤으로 토토머화되므로 분리할 수가 없다. 이것은 알카인을 수화하여 케톤을 생성하는 다른 방법을 제공해준다.

이미 언급한 것처럼 탄소-탄소 이중결합에 대한 보레인 혹은 알킬-치환보레인의 첨가는 입체장애에 대해 대단히 민감하다. 이중결합의 말단에 있는 에틸기와 붕소기의 입체적 붐빔 때문에 앞의 바이닐 보레인에는 두 번째 붕소가 첨가되지 않는다. 붕소가 대략 탄소와 같은 크기라고 생각하면 바이닐보레인은 삼치환 알켄에 해당된다.

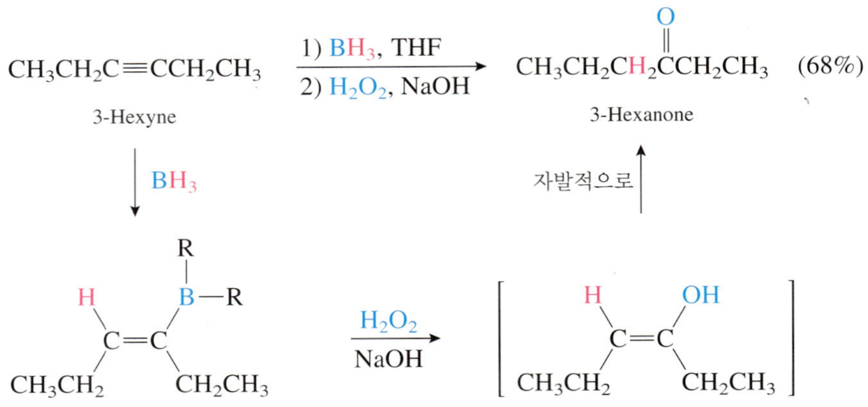


3-헥사인은 탄소사슬의 중앙에 삼중결합을 가지므로 내부 알카인이라 부른다. 대신에 탄소사슬의 말단에 삼중결합을 가진 알카인은 1-알카인 혹은 말단 알카인이라 하고 이 반응에서 사용된다. 이 반응은 알데하이드를 합성하는 유용하게 될 것이다. 붕소는 1-알카인의 말단 탄소에 첨가된다. 염기성 과산화 수소와의 반응은 알카인에 대한 물의 반-Markovnikov 첨가로부터 생성되는 엔올을 생성한다. 이 엔올의 토토머화로 알데하이드가 생성된다. 불행히도 1-알카인으로부터 생성되는 바이닐보레인은 다음 반응식에서와 같이 두 번째 당량의 붕소와 반응한다. 말단 탄소에 두 붕소가 결합된 생성물은 염기성 과산화 수소로 처리하여도 알데하이드가 생성되지 않는다.

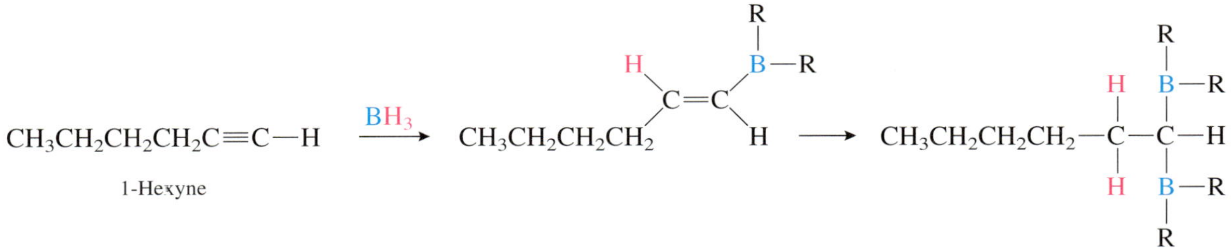


이 1-알카인에 대한 첨가에서 더 많은 수소가 결합된 말단 탄소에 붕소가 결합된다. 생성되는 바이닐보레인은 이치환 알켄으로 보이며 내부 알카인르로부터 생성되는 바이닐보레인보다  장애가 덜하다. 바이닐보레인은 장애가 적기 때문에 두 번째 붕소가 첨가되어 말단 탄소에 두 붕소기가 치환된 알케인이 생성된다.

수소화붕소 첨가반응을 1-알카인을 알데하이드로 변환시키는 데 사용하려면 바이닐보레인 단계에서 첨가를 중지할 수 있는 방법이 필요하다. 바이닐보레인의 말단 탄소에 충분한 입체적 장애가 없다는 것이 문제이다. 해법은 바이닐보레인의 붕소에 결합된 다른 알킬기에 여분의 입체장애를 도입하는 것이다. 붕소에 이미 결합된 두 붐빔 R기를 가진 보레인, $R_2BH$을 수소화붕소 첨가반응 시약으로 사용된다. 이와 같은 시약의 하나를 보레인과 두 당량의 2-메틸-2-뷰텐과의 반응에 의해 다이시아밀보레인이라는 다이알킬보레인을 생성한다.

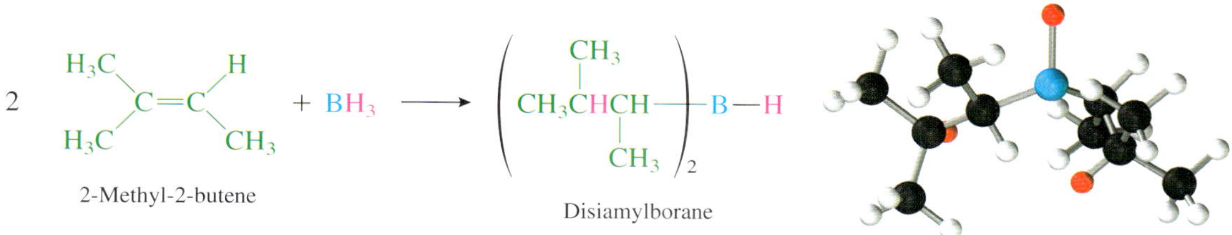


붕소에 두 붐비는 알킬기가 결합되어 있으면 세 번째기가 첨가되기가 어렵다. 입체적 효과 때문에 다이시아밀보레인은 아이소아밀렌, 삼치환 알켄에 첨가될 만큼 반응성이 크지 않다. 그러나 생성물인 1-아카인에 첨가되어 바니닐보레인을 생성할 수 있을 만큼 충분히 반응성이 크지만 그러나 바이닐보레인과 반응하는 데는 입체적 장애가 크다. 바이닐보레인의 염기성 과산화 수소에 의한 산화로 좋은 수득률로 알데하이드를 생성한다. 다음에 그 예를 나타냈다.

$$\underset{\text{1-Hexyne}}{CH_3CH_2CH_2CH_2C{\equiv}CH} \xrightarrow[\text{2) } H_2O_2\text{, NaOH}]{\text{1) disiamylborane}} \underset{\text{Hexanal}}{CH_3CH_2CH_2CH_2CH_2\overset{\displaystyle O}{\overset{\|}{C}}H} \quad (88\%)$$

**문제 11.18** 다음 반응의 생성물을 나타내어라.

**a)** 

**b)** 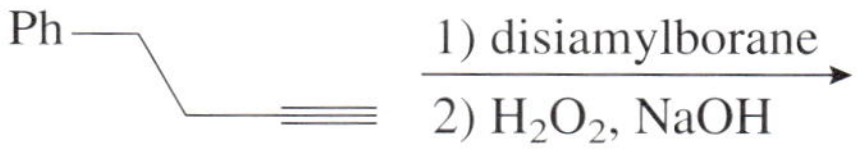


## 예제 11.5

1-클로로프로페인으로부터 2-펜탄온의 합성을 나타내어라.

$$CH_3CH_2CH_2\overset{\displaystyle O}{\overset{\|}{C}}CH_3$$

**풀이**

역합성을 기억하여라. 목표 케톤은 다섯 개의 탄소를 갖는다. 출발물질은 세 개의 탄소만을 가지므로 탄소-탄소 결합 형성이 필요하다. 1-클로로프로펜의 C1에서 친핵성 치환반응이 일어날 수 있다. 그러므로 케톤으로 변환시킬 수 있는 두-탄소 친핵체가 필요하다. 이 요구에 맞는 탄소-탄소 결합 형성반응은 아세틸화 음이온의 알킬화이다. 한번 탄소-탄소 결합이 형성되면 알카인의 수화반응을 삼중결합을 케톤으로 변환시키는데 사용할 수 있다.

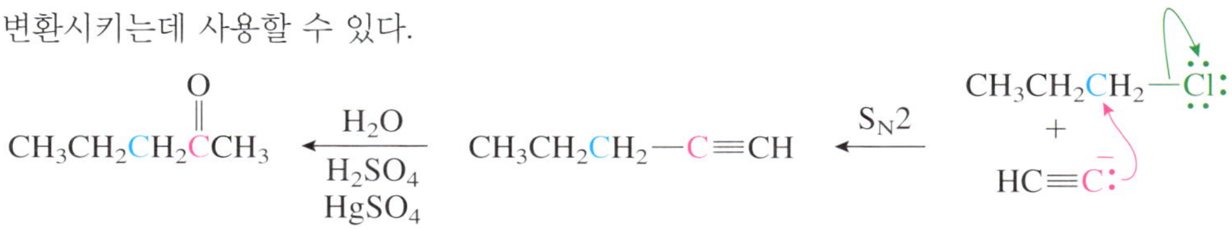

**문제 11.19** 1-브로모뷰테인으로부터 다음 화합물이 합성을 나타내어라.

a) 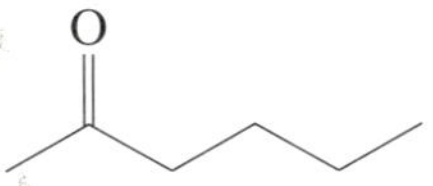

b) 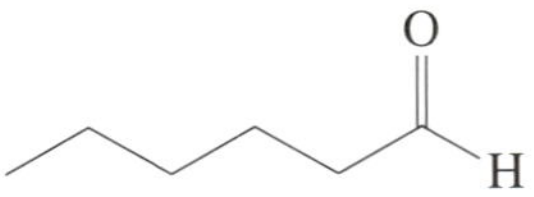

c) 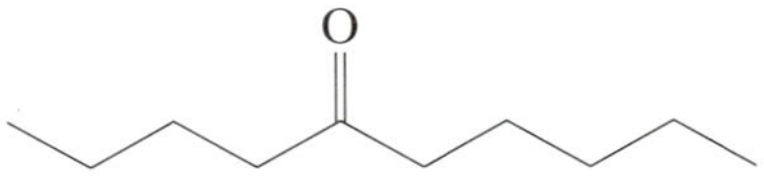

**문제 11.20** 이 반응의 생성물을 나타내어라.

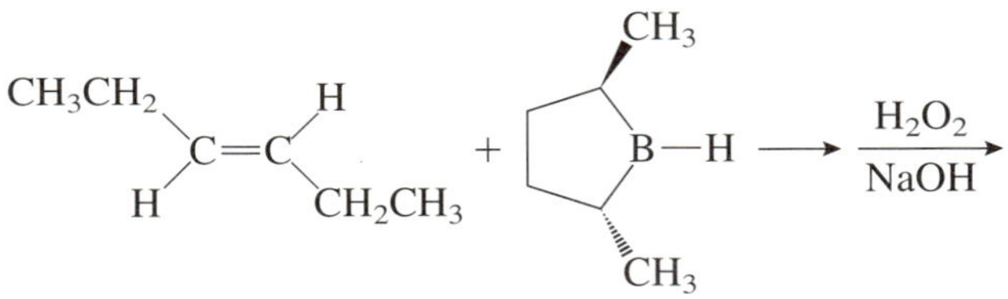

**문제 11.21** 어떻게 수소화붕소 첨가반응이 (*R*)-2-뷰탄올 제조에 사용될 수 있는지를 설명하여라.

## 11.8 카벤의 첨가

**카벤(carbene)**은 두 결합과 비공유 전자쌍의 탄소를 가진 활성이 큰 화학종이다. 이것은 카보양이온과 같이 대단히 불안정하며 반응에 순간적인 중간체로 존재한다. 가장 간단한 카벤 $CH_2$를 메틸렌이라 부른다. 이것은 $sp^2$ 혼성이다. 비공유 전자쌍은 $sp^2$ 혼성 AO의 하나에 채워지며 다른 두 AO는 수소와 결합을 형성하는 데 사용된다. 탄소에 있는 나머지 AO는 채워지지 않은 *p* 궤도함수이다.

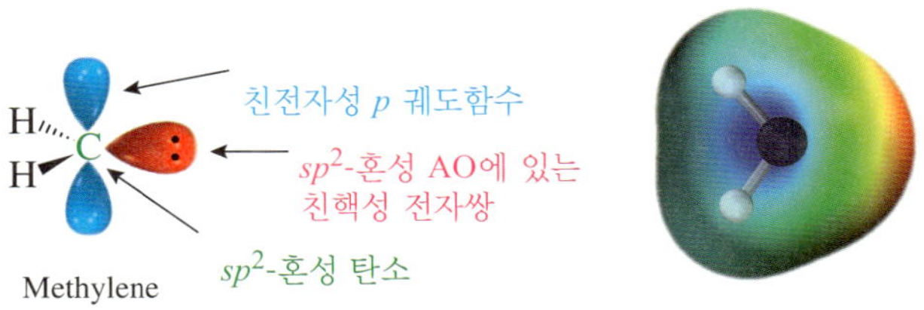


비어 있는 *p* 궤도함수는 친전자성이고 비공유 전자쌍은 친핵체이다. 카벤은 알켄에 대한 $Br_2$의 첨가반응에서 만나는 친전자성 브롬과 옥시수은화반응에서 친전자성 수은 화학종과 유사하다. 이들은 같은 원자에 친전자성 부위(비어 있는 궤도함수)와 친핵성 부위(비공유 전자쌍)를 갖는다. 이 두 화학종은 친전자체와 친핵체로 반응하여 세-원자고리 브로모늄 이온과 머큐리늄 이온을 각각 형성한다.

카벤도 세-원자 고리, 사이클로프로페인을 형성한다. 그러나 이 경우에 고리는 전하를 갖지 않기 때문에 친핵체와 반응이 연속되기보다는 이 단계에서 반응이 중지된다.

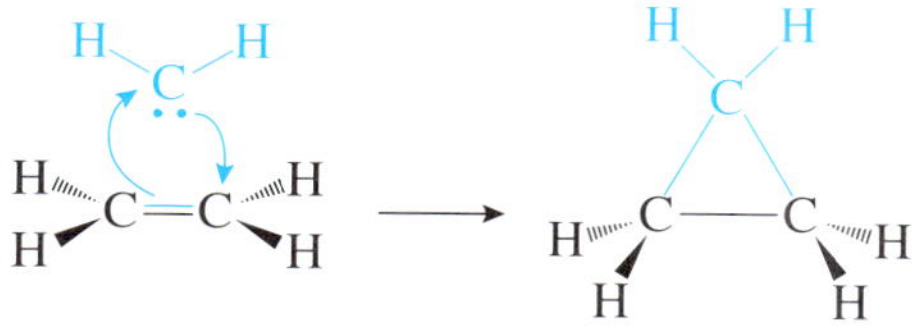

Cyclopropane

물론 친전자체와 친핵체가 같은 원자에 있기 때문에 첨가반응은 신 형태로 진행된다.

이 활성인 카벤은 어떻게 생성되는가? 사가의 탄소로부터 두 기를 제거하면 전자쌍 하나가 남는다. 이렇게 하는 데는 3가지 방법이 있다. 첫 번째 방법은 다이아조화합물로부터 $N_2$의 제거이다. 가장 간단한 다이아조 화합물은 다이아조메테인이다.

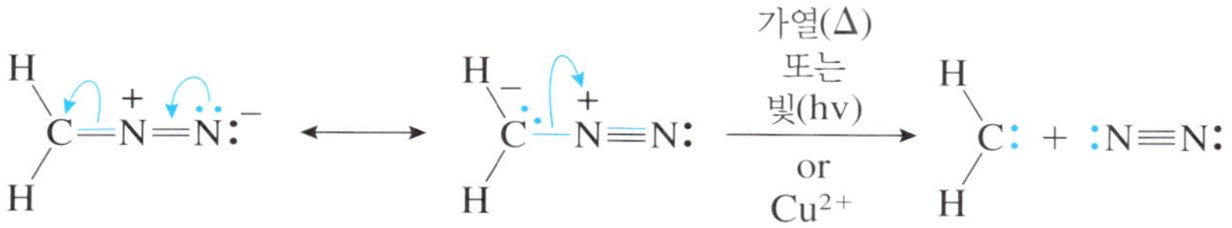

Diazomethane

다이아조 화합물은 상당히 불안정하며 쉽게 질소가 제거되어 카보양이온을 형성한다. 안정한 $N_2$의 제거는 높은-에너지 카벤을 형성하는 원동력이 된다. 제거반응은 열, 광의 조사 및 $Cu^{2+}$와 같은 금속 양이온의 존재에 의해 유발된다. 알켄의 존재에서 카벤이 생성되면 다음 예에서 나타낸 것처럼 사이클로프로페인 고리를 형성한다. 생성물의 입체화학을 주목하여라.

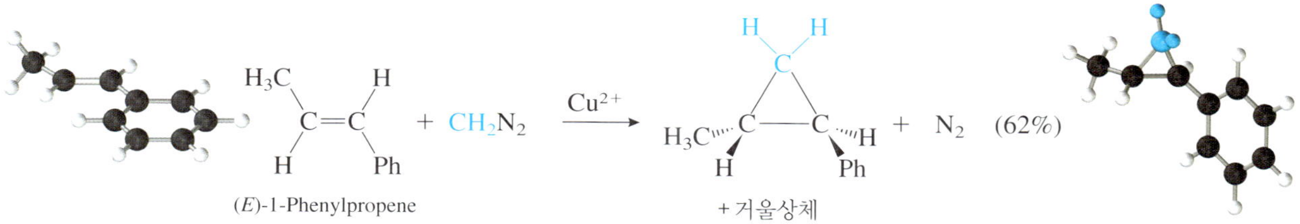

(*E*)-1-Phenylpropene

+ 거울상체

*trans*-1-Methyl-2-phenylcyclopropane

카벤을 생성하는 두 번째 방법은 같은 탄소로부터 양성자와 염소 이온 혹은 브롬 이온과 같은 이탈기의 제거이다.

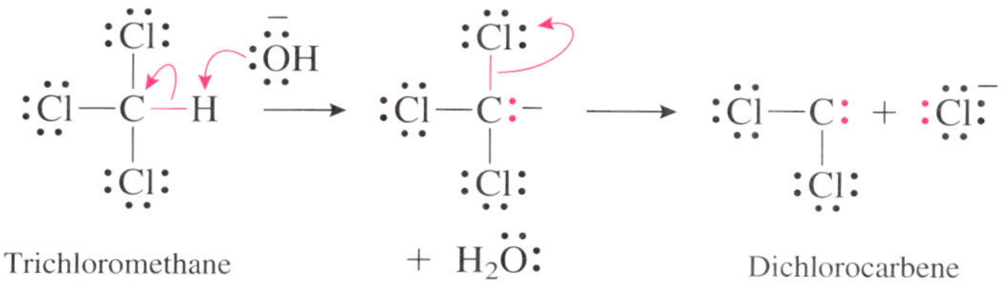

Trichloromethane (chloroform)

Dichlorocarbene

이와 같은 반응은 같은 탄소에서 두 기가 제거되기 때문에 **1,1-제거반응 혹은 α-제거반응(1,1-elimination or α-elimination)**이라 한다. 9장에서 논의한 알켄 생성 제거반응을 **1,2-제거반응 혹은 β-제거반응(1,2-elimination or β-elimination)**이라 한다. 생성물로 카벤이 생성되기 때문에 1,1-제거가 1,2-제거보다 불리하고 1,2-제거가 배제되었을 때만 일어난다. 강한 염기의 존재에서 클로로폼과 브로모폼은 1,1-제거를 일으켜 다이클로로카벤과 다이브로모카벤을 각각 생성한다. 메카니즘은 1,2-제거와는 다르다. 먼저 양성자가 제거되고 다음에 할로겐 이온이 제거된다. 할로겐의 전자-끄는 효과로 수소는 하이드록사이드 이온 혹은 알콕사이드 이온과 같은 강 염기에 의해 제거될 수 있을 만큼 강한 산이 된다. 할로겐 이온은 짝염기로부터 이탈기로 작용하여 카벤을 생성한다. 카벤이 알켄존재에서 생성되면 다음 예에서와 같이 사이클로프로페인 유도체가 생성된다.

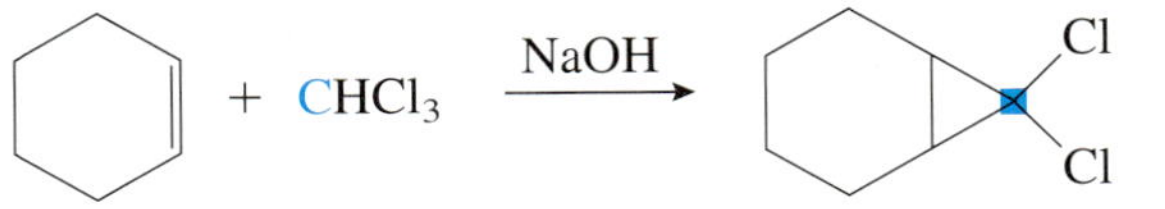


(83%)

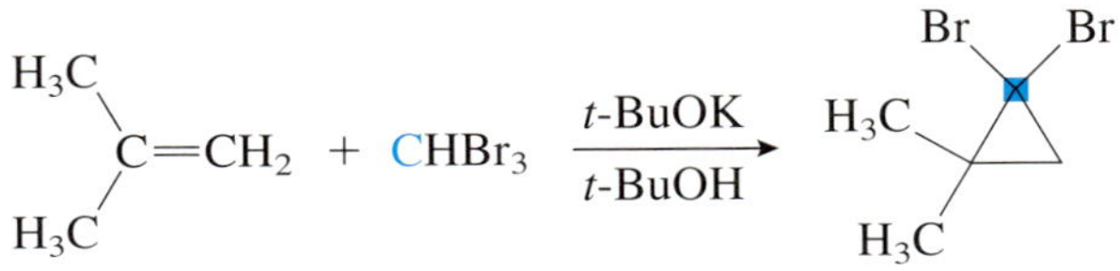


(65%)

탄소-탄소 이중결합에 사이클로프로페인 고리를 형성하는 다른 방법은 **Simmons-Smith반응**이라 부른다. 이 반응은 실제로 카벤을 포함하지 않고 카벤과 같이 반응하는 **카벤류(carbenoid)**라고 하는 유기금속 화학종을 포함한다. 이 화학종은 아연과 구리합금으로부터 아연금속과 다이클로로메테인의 반응으로부터 생성된다.

$$CH_2I_2 + {:}Zn(Cu) \longrightarrow I{-}CH_2{-}Zn{-}I$$

Diiodomethane   A carbenoid Reacts like $\ddot{C}H_2$

이 카벤 생성에 대한 메카니즘과 알켄과의 반응은 여기서는 다루지 않을 것이다. 이것은 메틸렌처럼 반응한다는 것을 기억하여라. 다음 예에 나타낸 것처럼 Simmons-Smith반응은 사이클로프로페인 유도체를 제조하는 우수한 방법이다. 두 번째 방정식에서 입체화학에 주목하여라.

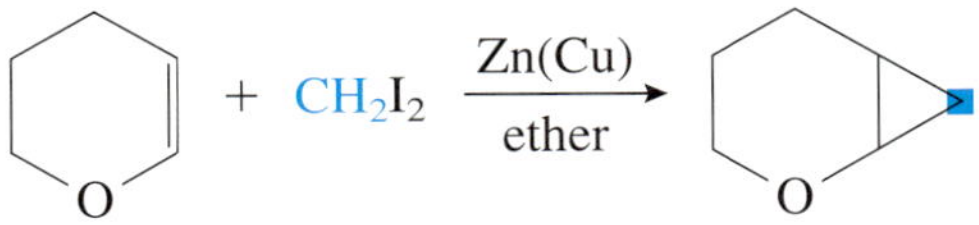


(66%)

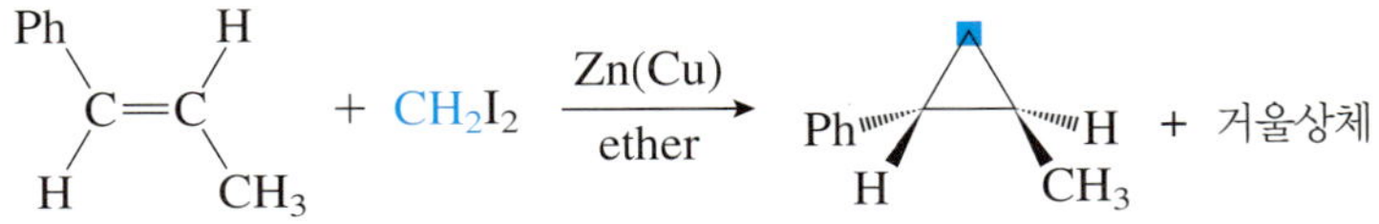


(54%)

이 절에서 설명한 알켄과 카벤의 반응은 사이클로프로페인을 합성하는 가장 좋은 방법이다.

**문제 11.22** 다음 반응의 생성물을 나타내어라.

a) 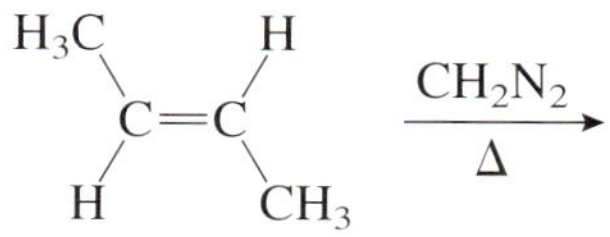

b) 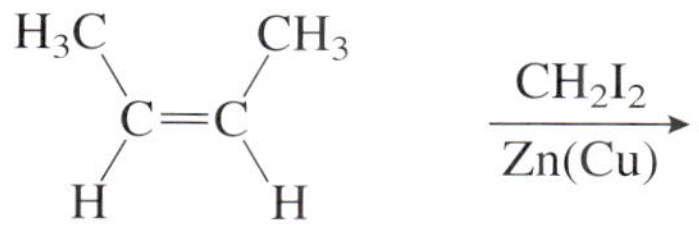

c) 

d) 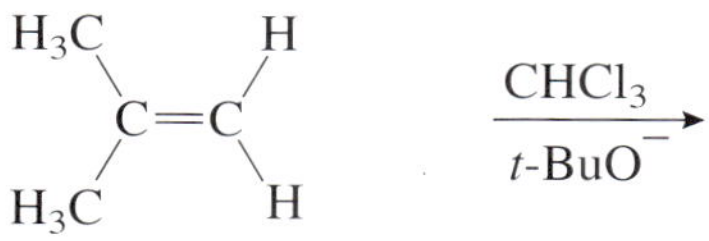

## 11.9 에폭시화반응

산소 원자는 원자가 껍질에 6개의 전자만을 갖고 있기 때문에 카벤과 유사하다. 카벤과 같이 알켄과의 반응에서 친전자체와 친핵체로 작용할 수 있고 산소를 포함한 세-원자 고리, 에폭사이드를 형성한다.

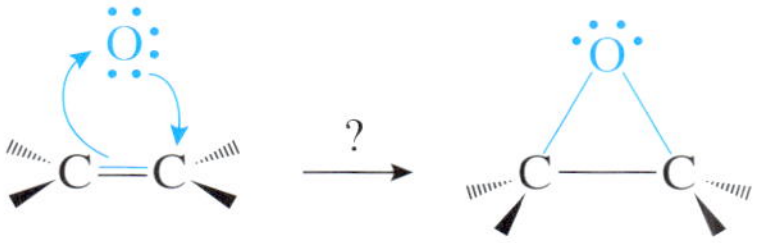

An epoxide

실험실에서 산소 원자를 따로 구할 얻을 수 없기 때문에 과카복실산이 이 변환을 수행할 수 있는 시약이다. 과산화 수소, HOOH는 산소-산소 결합을 갖는다. 과카복실산 역시 산소-산소결합을 갖고 있으며 알켄과 반응할 때 친전자성 산소 원으로 작용할 수 있다. 이 반응의 생성물은 에폭사이드이다.

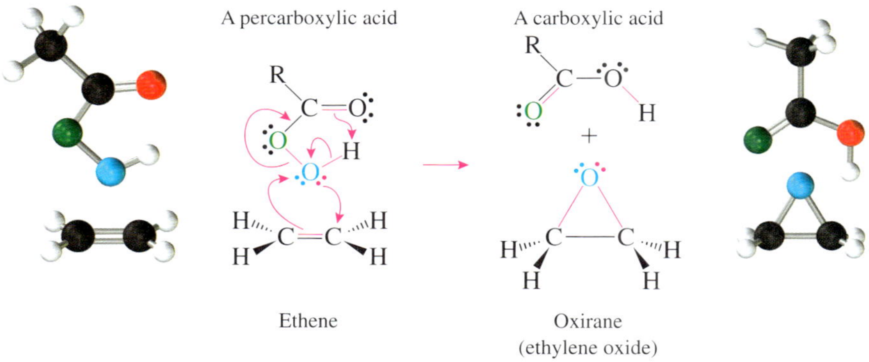


이 에폭시화반응은 협동적이다. 이 한 단계에서 모든 결합이 절단되고 형성되기 때문에 대단히 복잡해 보인다. 청색 산소에 주목해서 과정이 단계적으로 일어난다는 것을 상상해 보아라. 양성자와 녹색 산소의 1,1-제거로 정상 카복실산과 산소 원자가 생성된다. 알켄에 대한 친전자체인 산소의 참가로 에폭사이드가 생성된다. 이 모든 것이 한 단계에서 일어난다.

이 메카니즘을 살펴보면 R기의 성질이 이 반응에서 크게 영향을 미치지 않는다는 것을 제시해준다. 다음 예에서 설명한 것처럼 사실 상당히 많은 과카복실산이 알켄을 에폭시화하는 데 사용된다. 기대했던 대로 첨가는 신 입체화학으로 일어난다.

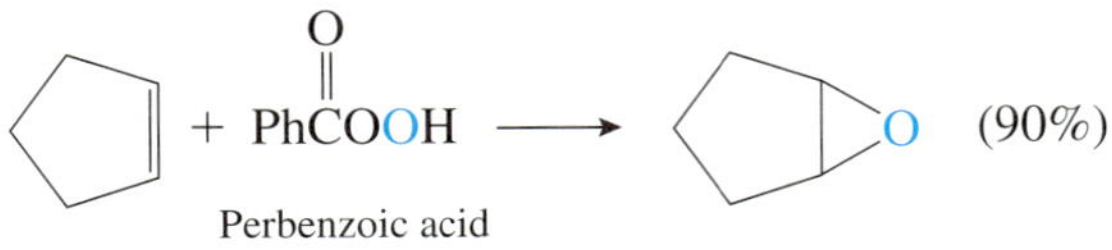


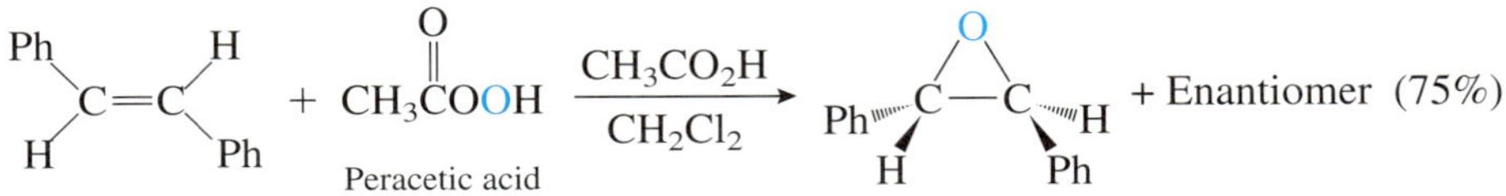


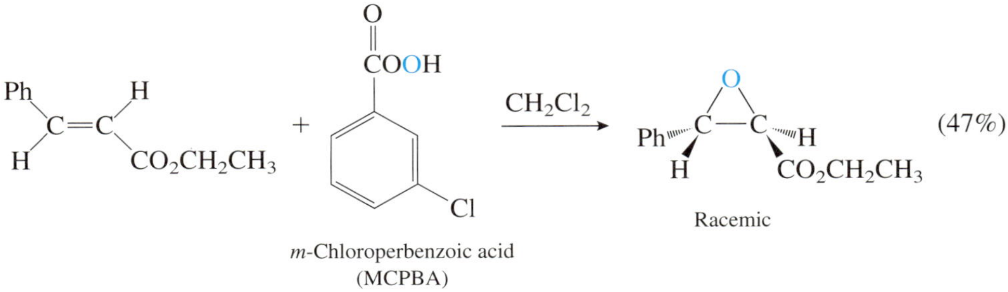


**1.23** 다음반응의 생성물을 나타내어라.

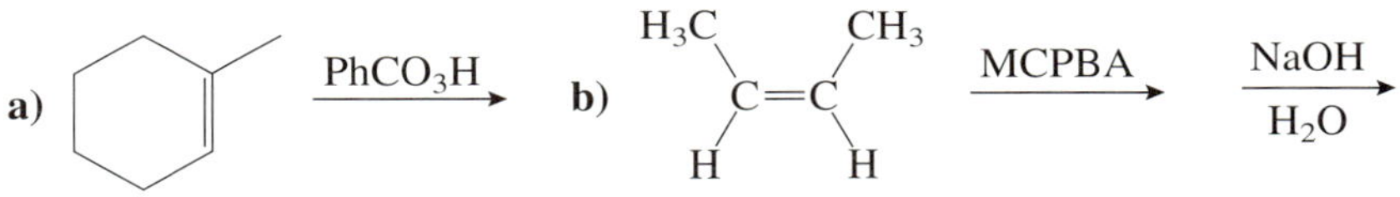


## 11.10 하이드록실화반응

탄소-탄소 이중결합의 두 탄소에 하이드록시기를 가해주는 두 시약이 있다. 사산화 오스뮴, $OsO_4$와 과만강산 포타슘, $KMnO_4$ 이다. 이것들은 금속에 결합된 한 산소가 친전자체로 작용하고 다른 산소는 친핵체로 작용하는 유사한 메카니즘을 통해 반응한다. 이 반응을 사산화 오스뮴의 반응에 대한 다음 방정식으로 설명하였다.

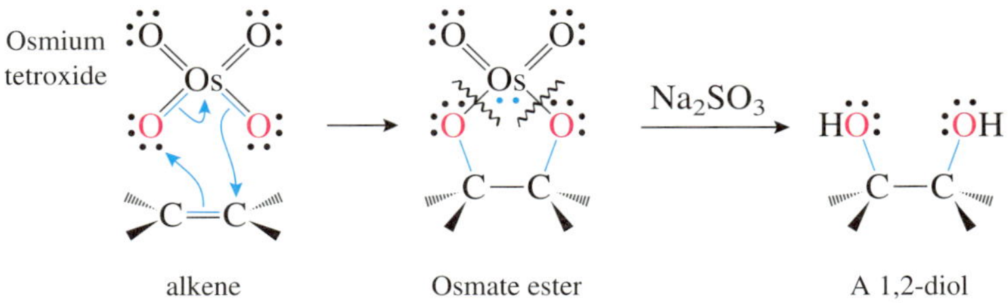

오스메이트 에스터 고리 중간체는 분리되지 않는다. 대신 오스뮴-산소결합이 아황산 소듐, $Na_2SO_3$와 같은 시약을 사용하여 절단하면 1,2-다이올이 형성된다. 친전자성과 친핵성 산소가 같은 금속에 결합되어 있기 때문에 이중결합의 같은 면으로 접근하여 신 첨가가 일어난다.

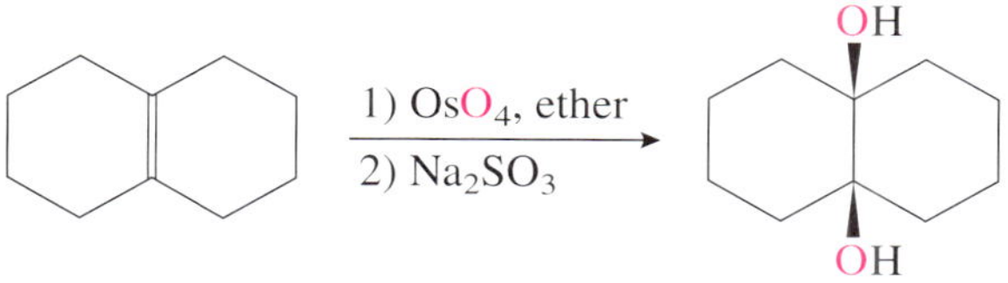

(81%)

과만강산 포타슘을 적용한 반응은 염기성 용액에서 수행한다. 이 반응은 유사한 메카니즘에 의해 진행되며 중간체 과만강산 에스터는 반응조건에서 직접 분해된다. 두 하이드록실기는 신 첨가로 생성된다. 이 반응의 수득률은 50% 이하로 사산화 오스뮴을 사용했을 때보다 상당히 낮다. 다음 반응은 수득률이 좋은 반응 예이다.

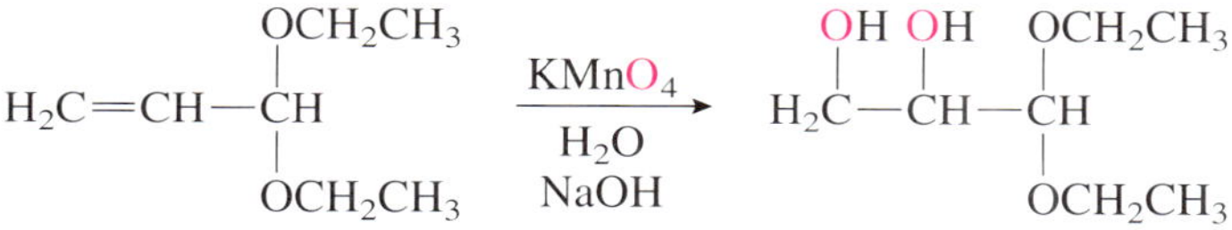

(67%)

과만강산 포타슘을 사용한 하이드록시화반응은 수득률이 낮지만 사산화 오스뮴을 사용한 반응은 나름대로 제한이 있다. 오스뮴 시약은 대단히 비싸고 독성이 크다. 이 문제를 해결하기 위하여 *t*-뷰틸 과산화물과 같은 추가적인 산화제의 존재에서 촉매량의 사산화 오스뮴을 필요로 하는 방법이 개발되었다. 반응은 전과 같이 고리 오스메이트 에스터로 진행된다. 과산화물은 에스터를 다이올로 절단하는 데 사용된다. 중요한 점은 오스뮴이 다시 사산화 오스뮴으로 산화되어 이 순환이 반복된다는 점이다. 그러므로 적은 양의 사산화 오스뮴이 필요할 뿐이다. 수득률을 다음 예에 나타냈다. 생성물의 입체화학에 주목하여라.

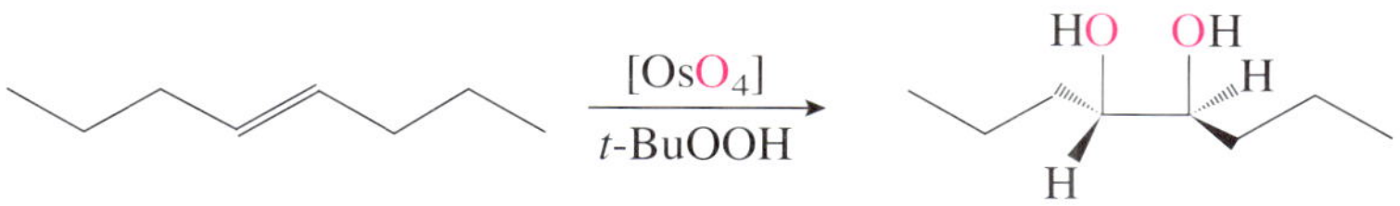

(73%)

(*E*)-4-Octene

Racemic
(*d,l*)-4,5-Octanediol

**문제 11.24** 다음 반응의 생성물을 나타내어라.

**a)** 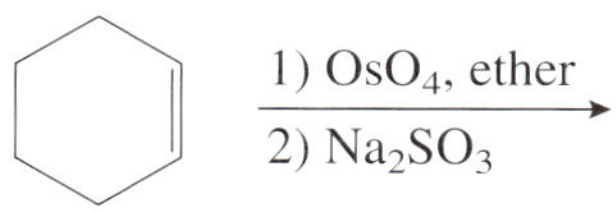

**b)** 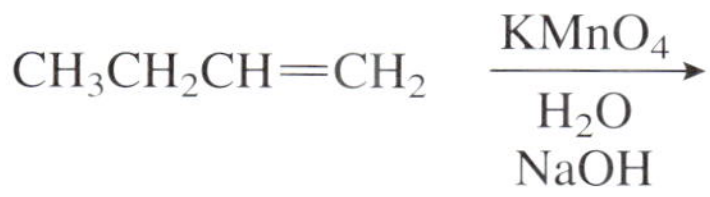

**c)** 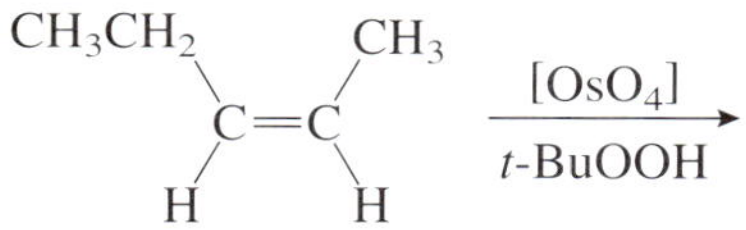

**문제 11.25** (*Z*)-2-뷰텐으로부터 다음 화합물을 합성하여라.

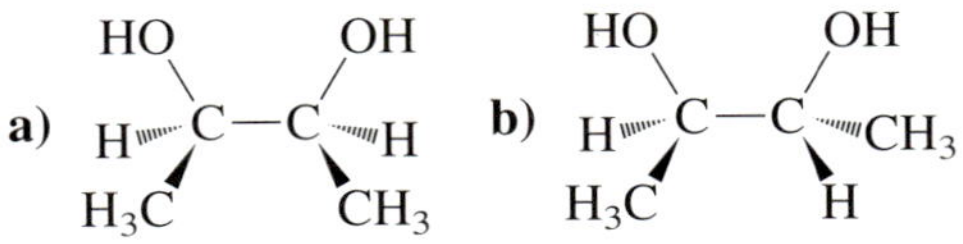

# 11.11 가오존 분해

오존, $O_3$는 상층 대기권에서 산소의 형태로 발견된다. 상층 대기권에 오존이 존재하면 해로운 자외선을 흡수하여 지구표면에 도착하는 것을 막아주는 이점이 있다. 오존은 또한 지구표면에서 스모그의 성분으로 발견된다. 반응성이 크기 때문에 그 존재는 해롭다. 오존의 중요한 반응 중의 하나는 알켄과의 반응이다. 그 결과 다음 예에서 설명한 거처럼 탄소-탄소 이중결합이 절단된다. 오존은 우선 이중결합에 첨가된다. 이 첨가에서 한 산소원자는 친전자체로 작용하고 다른 산소는 친핵체로 작용한다. 실제로 메카니즘은 고리화 협동반응(22장을 보라)의 예이다. 몰오존화물이라 부르는 초기생성물은 자발적으로 오존화물로 자리옮김한다. 오존화물은 보통 분리되지 않는다. 대신 O—O 결합을 절단하기 위하여 환원제(황화 다이메틸)로 처리하면 두 카보닐 화합물이 생성된다. 이 연쇄로 탄소-탄소 이중결합의 절단되고 탄소-산소 이중결합이 생성된다.

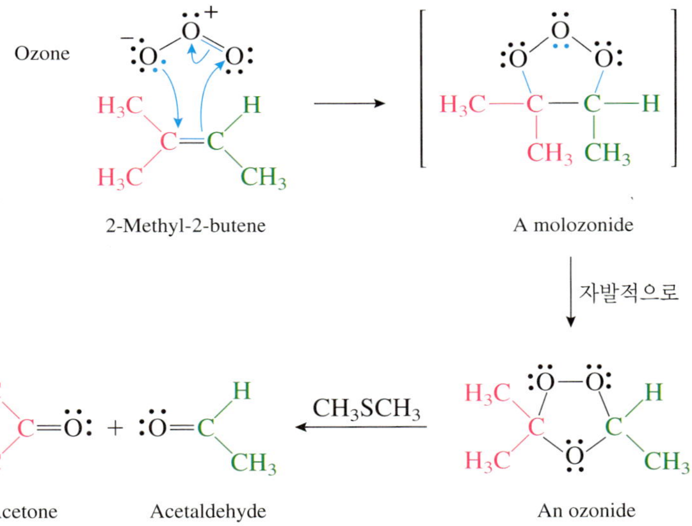

몇 가지 예를 다음 방정식에 나타냈다.

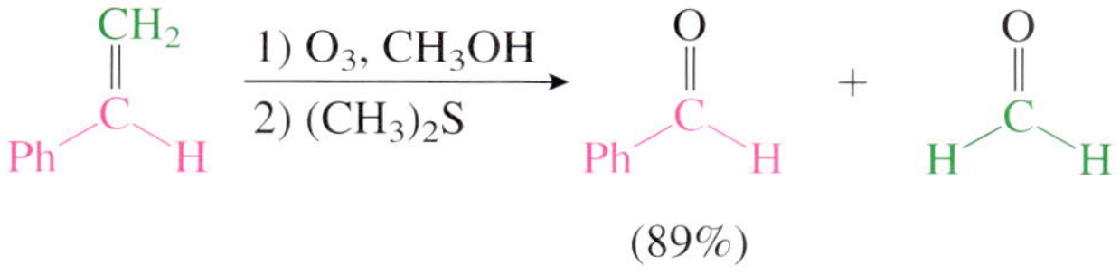

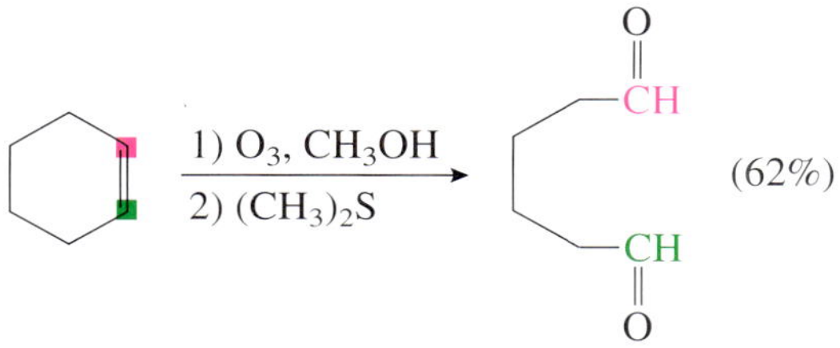

**문제 11.26** 다음 반응의 생성물을 나타내어라.

a) $CH_3CH_2CH{=}CH_2 \xrightarrow[2)\ (CH_3)_2S]{1)\ O_3,\ CH_3OH}$

b) 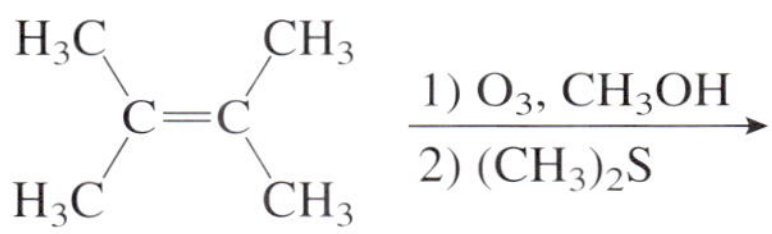

c) 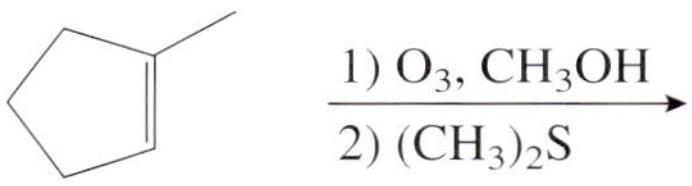

d) 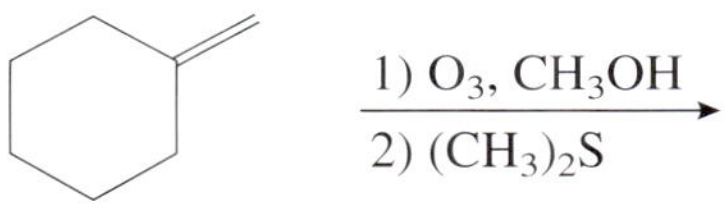

e) 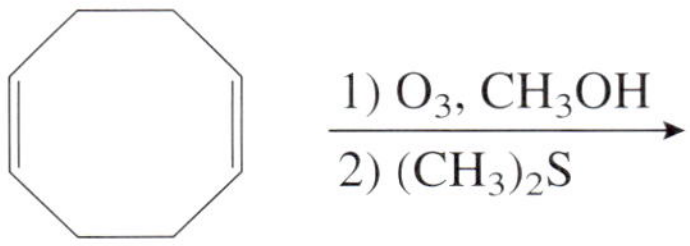

가오존 분해반응은 큰 분자를 작은 분자로 분해하는 반응이므로 합성에는 흔히 사용되지 않는다. 합성에서는 작은 분자로부터 큰 분자를 합성하려고 시도하고 있다. 그러나 가오존 분해반응은 적당한 알켄을 얻을 수만 있다면 알데하이드 혹은 케톤을 제조하는 유용한 방법을 제공해준다. 이와 같은 예의 하나가 위 방정식에서 나타낸 것처럼 사이클로헥센의 절단에 의해 다이알데하이드를 생성하는 것이다

가오존 분해반응의 역사적으로 중요한 응용은 구조결정 영역이다. 구조적 문제를 단순화하기 위하여 복잡한 분자를 몇 개의 토막으로 절단한다. 개개의 토막을 확인한 후 머릿속으로 원래의 분자로 재조합할 수 있다. 알켄은 오존과의 반응으로 알데하이드와 케톤으로 분해된다.

이 과정에 대한 이유를 설명하는 간단한 예를 살펴보자. 분자식 $C_5H_{10}$인 미지 화합물을 고려해보자. 이 화합물은 DU(불포화도) = 1이다. 그러므로 이 화합물은 탄소-탄소 이중결합 혹은 고리를 포함한다. 이 두 구조적 특성 중 어느 것이 존재할 것인가를 어떻게 결정할 수 있는가? 이렇게 하는 한 방법은 11.4절에서 기술한 실험을

사용하는 것이다. 미지의 용액에 브롬용액을 몇 방울 가하여 이 실험을 수행하면 브롬색이 즉시 사라진다. 이것은 화합물이 이중결합을 포함하고 있다는 것을 나타내준다. 고리를 포함하는 $C_5H_{10}$의 모든 이성질체는 제외될 수 있지만 아직도 이 분자식을 가진 다섯 개의 이성질체 알켄이 존재한다.

다음 단계는 오존과 미지 알켄과의 반응 후 황화 다이메틸로 처리하는 것이다. 이 반응 생성물을 분리하고 확인(다른 화학적 실험과 그들의 물리적 성질에 의해)한다. 다음 방정식으로 나타낸 것처럼 두 알데하이드가 생성된다.

$$\underset{C_5H_{10}}{\text{미지 alkene}} \xrightarrow[2)\ (CH_3)_2S]{1)\ O_3} \underset{\text{Acetaldehyde}}{CH_3\overset{\overset{O}{\|}}{C}H} + \underset{\text{Propanal}}{H\overset{\overset{O}{\|}}{C}CH_2CH_3}$$

역으로 생각해서 오존에 의해 분해되어 이 두 알데하이드를 생성할 수 있는 알켄은 무엇인가? 이들 알데하이드에 있는 카보닐기의 두 탄소는 원래의 알켄에서 서로 이중으로 결합되어야 한다. 그러므로 미지 알켄은 2-펜텐이다.

$$CH_3CH{=}CHCH_2CH_3$$

2-Pentene

문제는 완전히 해결된 것은 아니다. 원래의 알켄은 2-펜텐의 시스- 혹은 트랜스-이성질체인지는 알지 못하고 있기 때문이다. 이 문제를 해결하기 위해서는 더 많은 정보가 필요하다.

## 예제 11.6

가오존 분해로 프로판알의 2 당량을 생성하는 알켄은 무엇인가?

$$H\overset{\overset{O}{\|}}{C}CH_2CH_3 \quad \text{(2 당량)}$$

Propanal

### 풀이

가오존 분해반응은 탄소-탄소 결합을 두 카보닐기로 절단한다. 카보닐기로부터 알켄으로 역으로 작업하면 이중결합에 의해 카보닐기의 두 탄소가 연결된다. 이 예에서 2 당량의 알데하이드가 형성되므로 두 카보닐 화합물은 동등하다. 원래의 알켄은 대칭인 3-헥센이다. 물론 이 정보를 근거로는 *E* 혹은 *Z* 입체이성질체인지는 결정할 수 없다.

$$CH_3CH_2\overset{\overset{O}{\|}}{C}H + H\overset{\overset{O}{\|}}{C}CH_2CH_3 \xleftarrow[2)\ (CH_3)_2S]{1)\ O_3,\ CH_3OH} CH_3CH_2CH{=}CHCH_2CH_3$$

**문제 11.27** 가오존 분해로 다음의 화합물을 생성하는 알켄을 나타내어라.

a) $CH_3\overset{O}{\overset{\|}{C}}CH_2CH_3 + CH_3\overset{O}{\overset{\|}{C}}H$

b) 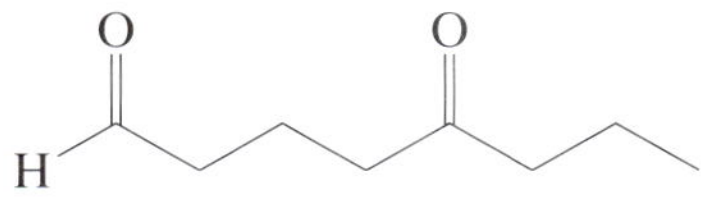

c) $CH_3\overset{O}{\overset{\|}{C}}CH_2CH_2\overset{O}{\overset{\|}{C}}H + H\overset{O}{\overset{\|}{C}}H + CH_3\overset{O}{\overset{\|}{C}}H$

## 11.12 촉매 수소화반응

금속 촉매의 존재에서 수소와 알켄과의 반응은 탄소-탄소 이중결합에 수소가 첨가된다.

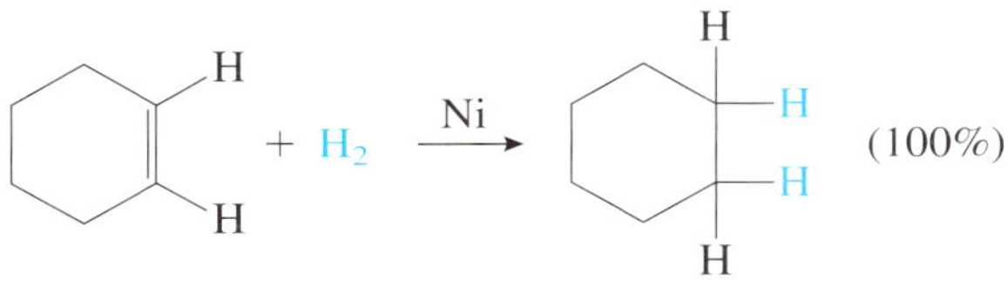

Dihydropyran Tetrahydropyran

이 반응에서 사용되는 보편적인 촉매는 니켈, 팔라듐 및 백금이다. 위의 예에서와 같이 니켈도 흔히 사용되지만 팔라듐과 백금이 보통 더 많이 사용된다.

이 반응은 알켄에 대한 친전자성 첨가를 포함하지 않으므로 이 장에 포함될 수 없다. 그러나 알켄에 대한 첨가이므로 여기에 포함시키는 것이 편리하다. 반응은 금속의 표면에서 일어난다. 그러므로 촉매는 표면적을 최대로 하기 위하여 잘 부수거나 분말상태로 사용한다. 백금 촉매에서 반응 메카니즘의 단순화한 형태를 그림 11.9에 나타냈다. 금속표면에서 원자의 미사용 원자가가 수소-수소결합을 절단하고 수소-금속 결합 형성하며 알켄의 탄소-탄소 파이결합과 착물을 형성하는 데 사용된다. 다음에 수소는 탄소로 이동하여 새롭게 형성된 알케인은 금속표면으로부터 이탈한다. 금속 원자는 자유롭게 되어 이 과정이 반복된다. 알켄에 대한 첨가의 입체화학은 알켄이 네 개의 알킬기로 치환되었을 때만 차이가 있다. 이와 같은 경우에 반응은 완전히 입체특이성인 경우는 드물지만 주생성물은 신 첨가로부터 생성된다. 이것은 두 수소가 금속표면에 초기에 결합된 이중결합의 측면에 결합된다는 메카니즘과 일치한다.

촉매 수소화반응을 온화한 조건에서 수행하면 반응은 대단히 선택적이다. 알켄의 탄소-탄소 이중결합과 알카인의 탄소-탄소 삼중결합은 쉽게 반응하고 방향족고리의 탄소-탄소이중결합과 탄소-산소 이중결합은 이 반응조건에서는 불활성이다. 첨가반응의 입체화학은 처음 두 예에서는 차이가 없다. 마지막 예에서 주생성물은 신 첨가의 결과이다.

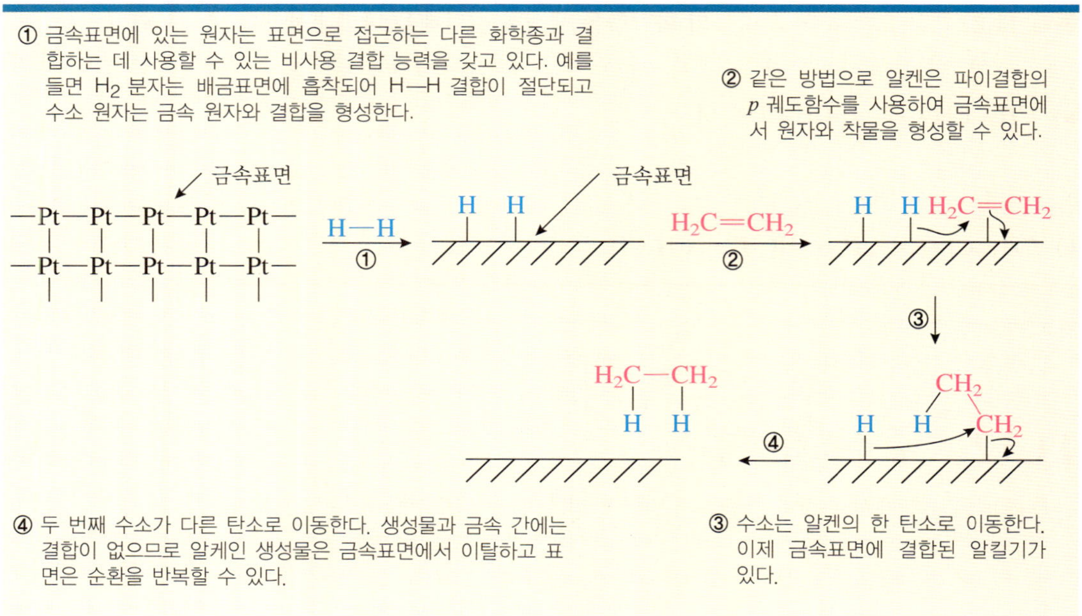


**그림 11.9** 알켄의 촉매 수소화 반응에 대한 메카니즘.

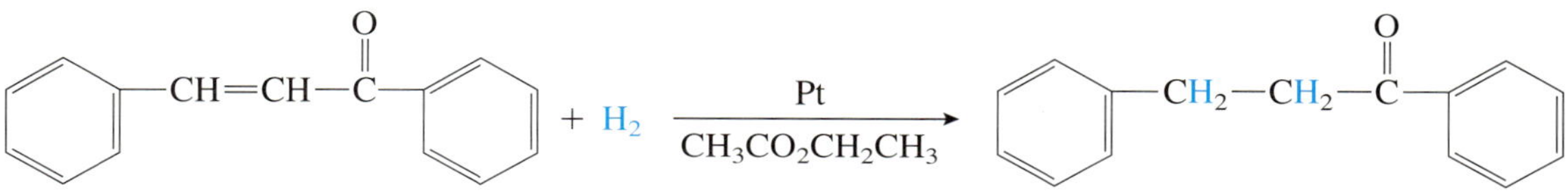

(95%)

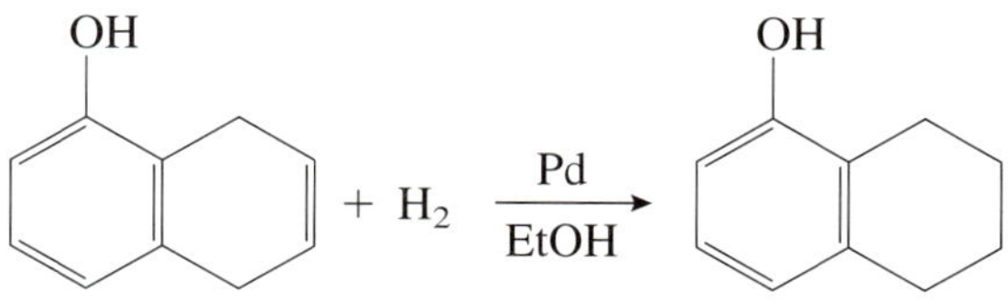

(88%)

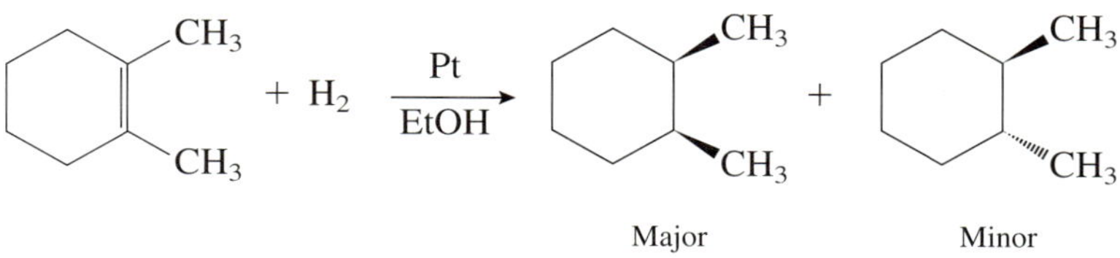

알카인은 2 당량의 수소와 반응하여 알케인을 생성한다. 그러나 알카인은 1 당량의 수소와 반응할 수 있으며 특별히 촉매로 Lindlar 촉매를 사용하면 알켄 단계에서 반응을 중지할 수 있다. Lindlar 촉매는 팔라듐의 비활성화된 형태로 정상적인 촉매보다는 반응성이 작다. 이 방법은 수소의 신 첨가로 좋은 수득률로 시스-알켄을 생성한다.

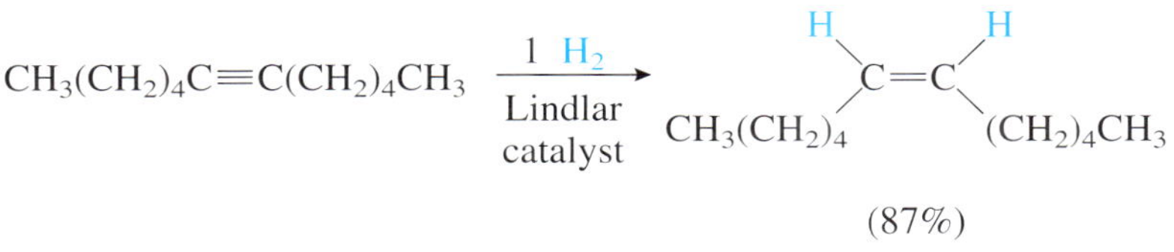


A *cis*-alkene

**문제 11.28** 다음 반응의 생성물을 나타내어라.

**a)** 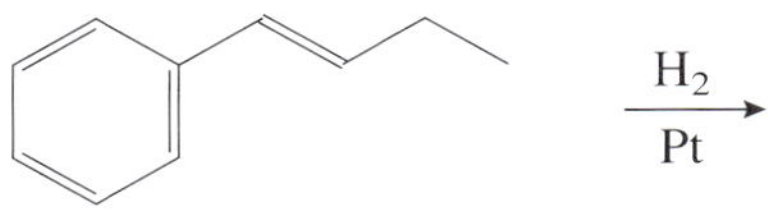


**b)** 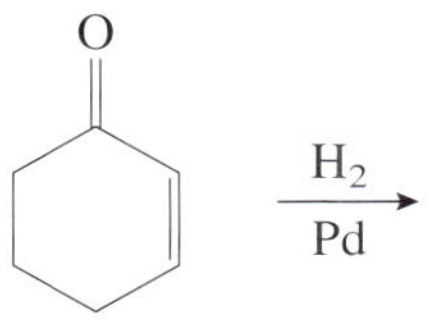


**c)** $CH_3C{\equiv}CCH_2CH_3 \xrightarrow[\text{Pd}]{2\ H_2}$  **d)** $CH_3C{\equiv}CCH_2CH_3 \xrightarrow[\text{Lindlar catalyst}]{1\ H_2}$

**e)** 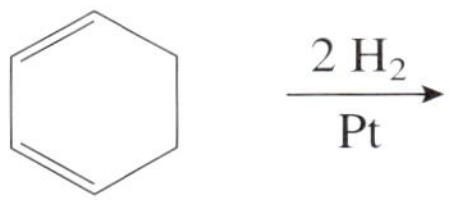


## 11.13 콘쥬게이트 다이엔의 첨가

콘쥬게이트 다이엔에 대한 할로겐화 수소를 1당량 첨가하면 빠른 반응을 일으킨다. 혼합생성물의 형성을 다음 예에서 설명하였다.

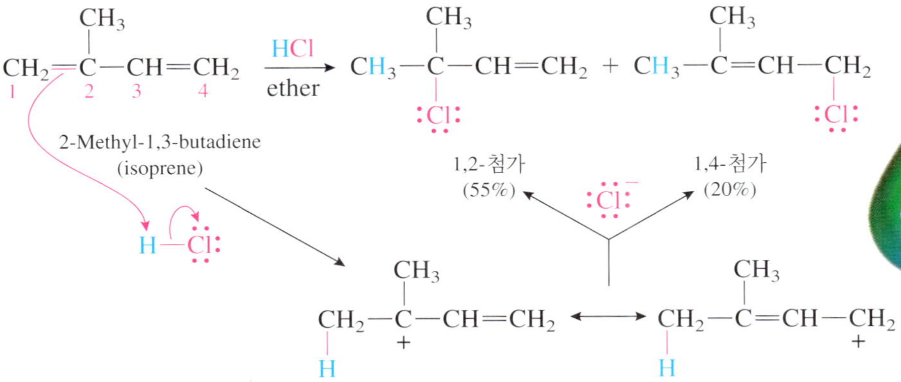


1,1-dimethylallyl 카보양이온

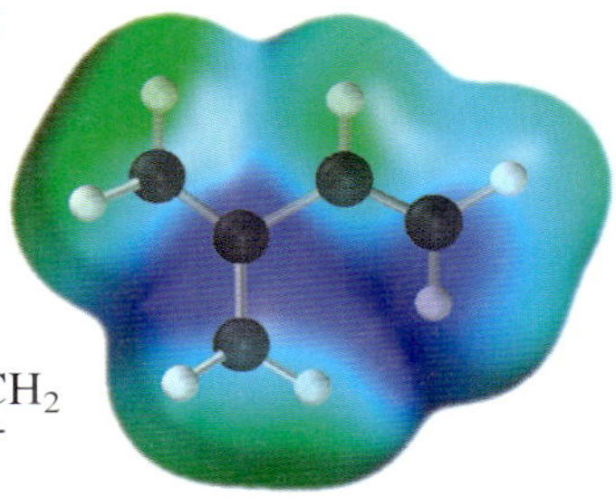

1,1-dimethylallyl 카보양이온의 정전기적 포텐셜 그림

2-메틸-1,3-뷰타다이엔과 염화수소의 반응은 양성자가 탄소 1에 염소 이온이 탄소 2에 첨가된 생성물(1,2-첨가)이 55%, 양성자가 탄소 1에 염소 이온이 탄소 4에 첨가된 생성물(1,4-첨가)이 20% 생성된다. 이 반응에 대한 메카니즘과 카보양이온의 작용으로 이 결과를 쉽게 설명할 수 있다. 반응은 탄소 1에 양성자의 첨가로 1,1-메틸

알릴 카보양이온 생성으로부터 시작한다. 이 카보양이온은 두 공명구조를 갖는다. 양전하는 탄소 2와 탄소 4에 부분적으로 분배된다. 염소 이온 친핵체는 이 탄소의 어느 하나를 공격하여 두 생성물을 형성한다. 사실 카보양이온에 양전하가 분배되기 때문에 혼합생성물이 형성되지 않는다면 정상이 아니다. 왼편에 있는 공명구조는 삼차 탄소에 양전하가 있기 때문에 공명혼성체에 대한 기여도가 더 크다. 이 특별한 경우에 주 생성물은 염소이온 친핵체가 양전하가 큰 탄소를 공격하여 생성된다. 카보양이온 자리옮김을 포함하는 반응과 이 반응을 혼동해서는 안된다. 이 카보양이온은 자리옮김하지 않는다. 두 친전자성 자리를 가진 공명혼성체이다.

왜 탄소 1이 초기에 양성자화 되는 유일한 탄소인가? 메카니즘적 규칙에 따르면 친전자체인 양성자는 가장 안정한 카보양이온이 생성되도록 첨가된다. 양성자가 탄소 1에 첨가되면 공명 안정화된 카보양이온이 생성된다. 다른 탄소에 첨가되면 다음과 같은 카보양이온이 생성된다.

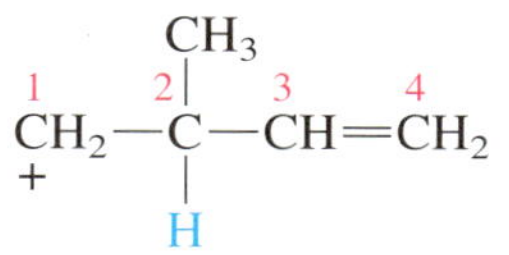

양성자가 탄소 2에 첨가되어 생성된 탄소양이온은 일차 탄소에 양전하를 가지며 공명 안정화되지 않는다. 이 카보양이온은 대단히 불안정하여 생성되지 않는다.

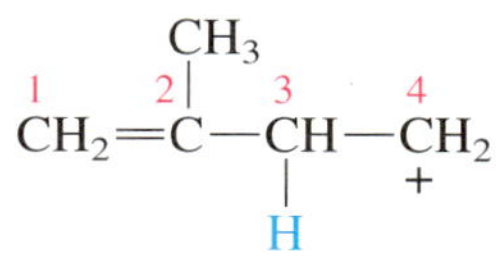

양성자가 탄소 3에 첨가되어 생성된 탄소양이온은 일차 탄소에 양전하를 가지며 공명 안정화되지 않는다. 이 카보양이온은 대단히 불안정하여 생성되지 않는다.

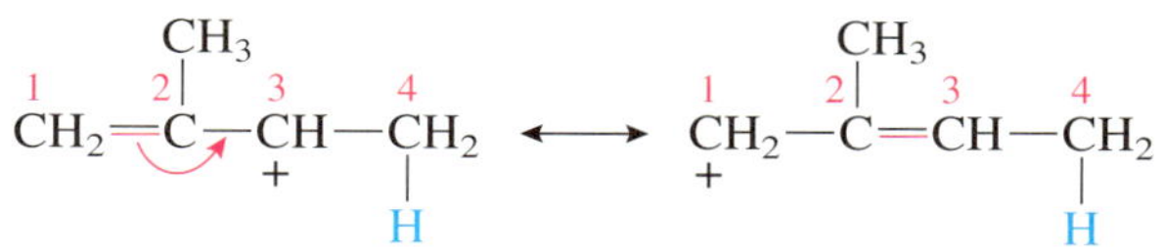

양성자가 탄소 4에 첨가되어 생성된 탄소양이온은 두 공명구조를 갖는다. 그러므로 위의 두 카보양이온보다 상당히 더 안정하다. 이 카보양이온에 대한 공명구조에서 양전하는 이차와 일차 탄소에 있다. 그러므로 이것은 탄소 1에 양성자가 첨가되어 생성된 카보양이온, 양전하가 삼차 탄소와 일차 탄소에 있는 카보양이온보다 불안정하다. 메카니즘적 규칙에 따라 탄소 1에 양성자가 첨가되면 가장 안정한 카보양이온이 생성된다.

**문제 11.29** 이 반응에 대한 메카니즘의 모든 단계를 나타내어라. 첨가의 위치화학을 설명하여라.

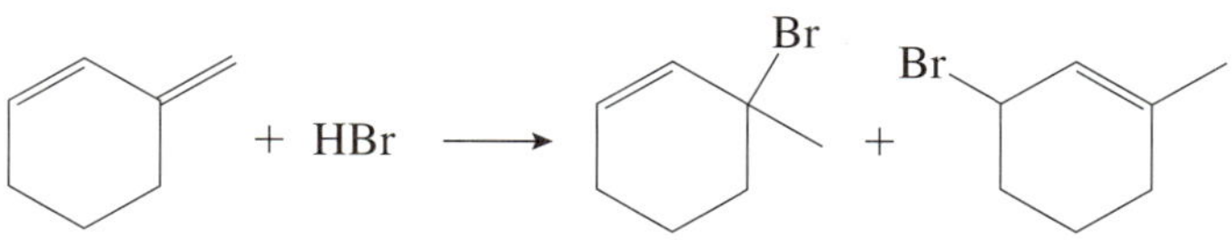

**문제 11.30** 다음 반응의 생성물을 나타내어라.

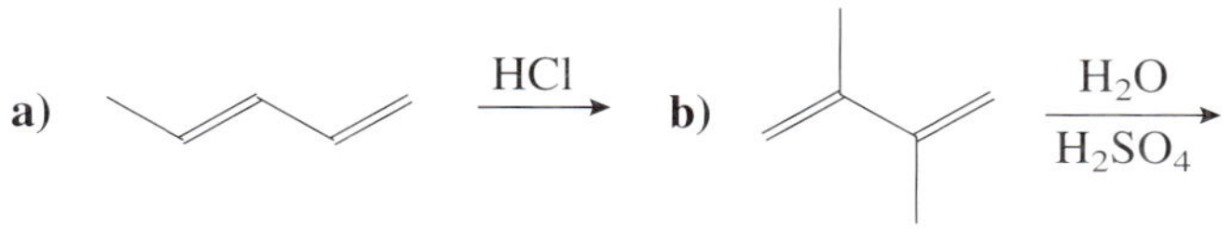


콘쥬게이트 다이엔에 친전자체의 첨가로 생성되는 생성혼합물의 성분은 반응을 수행하는 온도에 따라 변한다. 예를 들면 −80°C에서 1,3-뷰타다이엔에 HBr의 첨가되면 주 생성물은 1,2-첨가에 의해 형성된다. 45°C에서 반응을 수행하면 주 생성물은 1,4-첨가에 의해 생성된다.

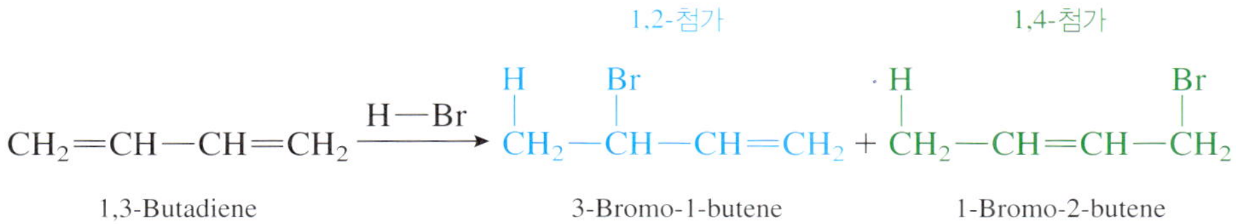


| | 3-Bromo-1-butene | 1-Bromo-2-butene |
|---|---|---|
| At −80°C | 80% | 20% |
| At 45°C | 15% | 85% |

그림 11.10은 1,3-뷰타다이엔에 대한 HBr의 첨가에 대한 반응진행 대 자유에너지 그림을 나타냈다. 낮은 온도에서 반응은 **속도조절(kinetic control)반응**이다. 생성물의 형성속도는 어느 생성물이 주 생성물인가를 결정해준다. 이 경우에 1,2-첨가생성물의 형성에 대한 활성화 에너지($\Delta G^{\ddagger}$)는 1,4-첨가생성물의 형성에 대한 것보다 작다. 그러므로 1,4-첨가생성물은 더 안정하기는 하지만 1,2-첨가생성물은 더 빨리 생성된다.

**그림 11.10** 1,3-뷰타다이엔에 대한 HBr의 첨가에 대한 반응진행 대 자유 에너지그림.

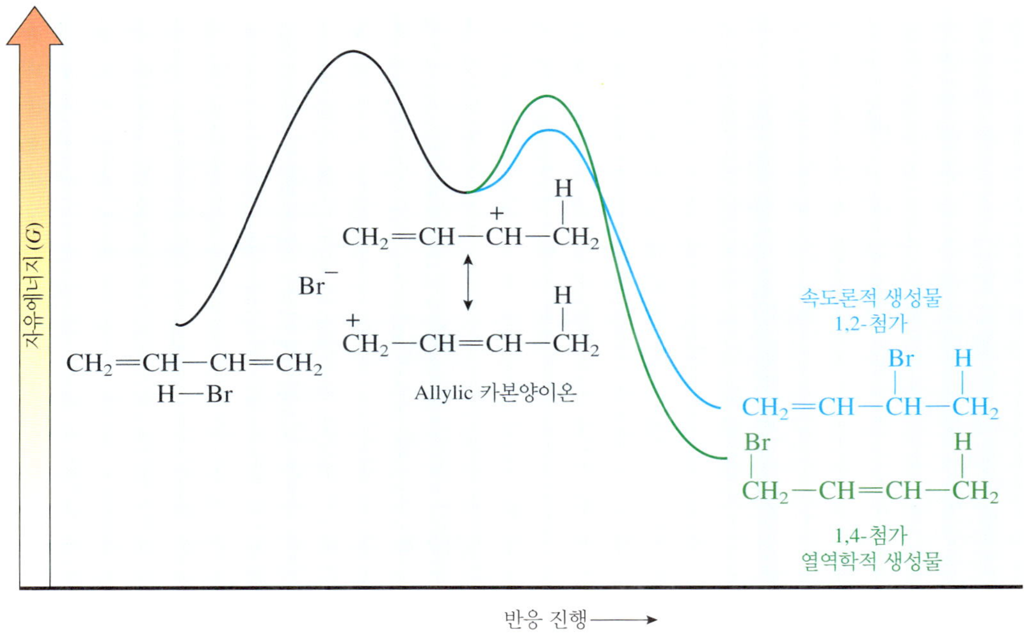

높은 온도에서 반응은 가역적이 되며 **열역학 조절(thermodynamic control)**에 있다. 어느 생성물이든 $S_N1$ 형태의 이온화반응에 의해 알릴 카보양이온으로 재생성될 수 있는 충분한 에너지를 얻을 수 있다는 것을 의미한다. 다음에 다른 화합물이 형성된다. 그 결과 생성물은 평형에 있다. 평형에서 생성물의 양은 그들 간의 에너지 차 ($\Delta G$)에 의해 조절된다. 이 경우에 1,4-첨가생성물은 1,2-첨가생성물보다 더 안정하다. 그러므로 평형 혼합물에서 더 많이 존재한다. 낮은-온도반응 생성 혼합물(1,2-첨가생성물 80%와 1,4-첨가생성물 20%)을 45°C로 가열해주면 평형 혼합물(1,2-첨가생성물 15%와 1,4-첨가 생성물 85%)이 생성된다.

## 11.14 합성

10.15절에서 기술한 것처럼 유기화학자가 보편적으로 직면하게 되는 일은 공업적으로 얻을 수 없는 원하는 물질의 합성이다. 이제 이 장에서 첨가반응을 다루었으므로 더 복잡한 합성을 설계해보자.

합성을 설계하는 가장 좋은 방법은 역합성 분석을 사용하는 것이다. 원하는 목표로부터 간단한 화합물로 역으로 작업하여 얻을 수 있는 화합물에 도달할 때까지 계속한다. **역합성 화살(retrosynthetic arrow)**이라는 특별한 형태의 반응화살이 이와 같은 합성 분석에 사용된다. 다음 예에서 나타낸 것처럼 역합성 화살은 목표로부터 반응물로 향하고 있다. 보통 변환을 일으킬 수 있는 몇 가지 방법을 생각해 볼 필요는 있지만 변환을 일으킬 수 있는 시약을 정하지는 않는다. 역합성 분석으로 합리적인 출발물질을 얻은 후 합성은 모든 필요한 시약을 포함해서 정방향으로 나타낸다.

$$\text{목표 화합물} \Longrightarrow \text{출발물질}$$

↑ 역합성 화살

탄소-탄소 결합 형성반응은 합성에서 대단히 중요하다. 더 작은 화합물로부터 더 많은 탄소를 포함한 더 큰 화합물을 합성할 수 있기 때문이다. 이것은 탄소 친전자체와 탄소 친핵체의 반응이 요구된다. 지금까지 만난 가장 중요한 친핵체는 시안아이드 이온과 아세틸라이드 이온(10.8절)이다. 아세틸라이드 이온은 시스-알켄 (11.12절)으로 환원될 수 있다. 이 장의 모든 첨가 생성물은 단순한 알카인으로부터 얻을 수 있다.

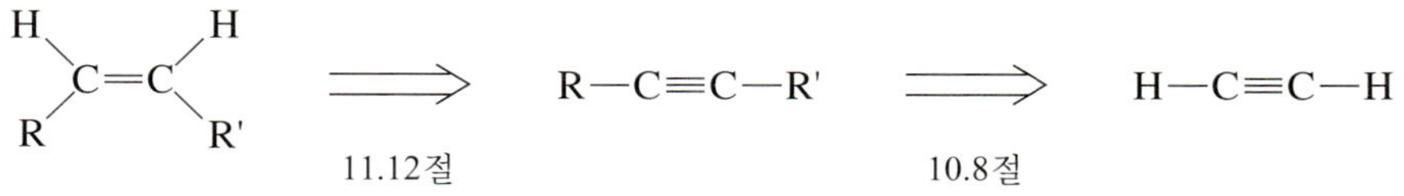

에타인으로부터 2-헵탄온의 합성을 시도해보자.

$$\underset{\text{Ethyne}}{HC{\equiv}CH} \quad \text{으로 부터} \quad \underset{\text{2-Heptanone}}{CH_3CH_2CH_2CH_2CH_2\overset{O}{\overset{\|}{C}}CH_3}$$

출발물질은 2개의 탄소만을 가지며 목표 화합물은 7개의 탄소를 가지기 때문에 탄소-탄소 결합 형성이 필요하다. 출발물질은 알카인이므로 탄소-탄소 결합 형성을 위하여 친핵체로 아세틸라이드 음이온을 사용한다. 어떻게 케톤 작용기를 도입할 것인가? 11.6절에 케톤을 생성하는 알카인의 수화반응을 기술하였다. 역합성 분석은 다음과 같다.

정방향으로 나타내면 합성은 다음과 같다.

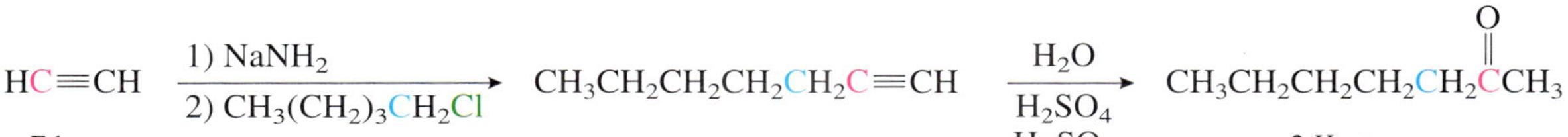

Ethyne　　2-Heptanone

다른 예를 들어보자. 이번에는 프로파인으로부터 메소-2,3-뷰테인다이올을 제조해보자.

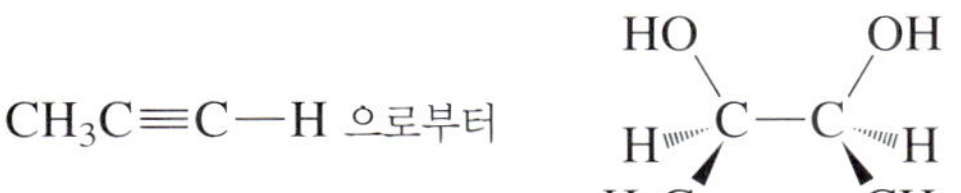

Propyne

meso-2,3-Butanediol

다이올은 (*Z*)-2-뷰텐의 신 하이드록실화로 제조할 수 있다. 시스-알켄은 2-뷰타인의 하이드로실화로 제조하고 2-뷰타인은 프로파인으로부터 제조할 수 있다. 역합성 분석은 다음과 같다.

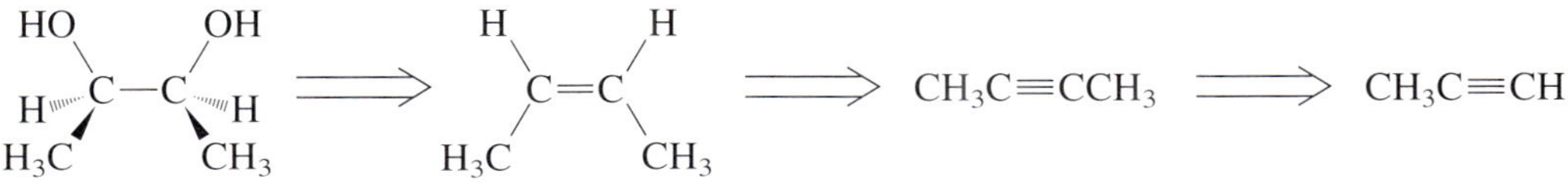

정방향으로 나타내면 합성은 다음과 같다.

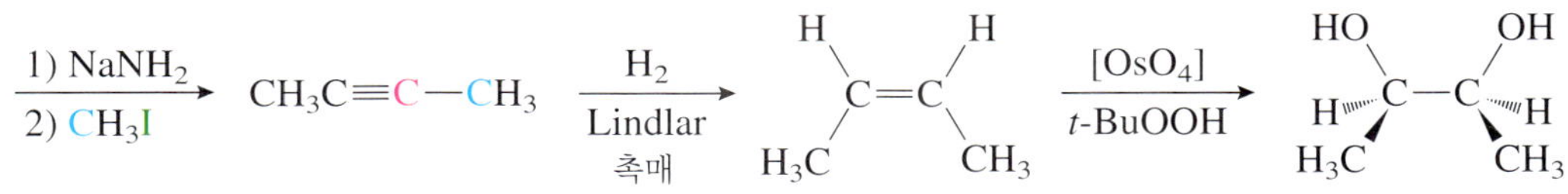

Propyne

*meso*-2,3-Butanediol

**문제 11.31** 지시된 출발물질로부터 다음 화합물을 합성하여라. 생성물이 카이랄이면 거울상체가 생성될 수도 있다.

**a)** $CH_3CH_2CH_2CH{=}CH_2$ 로부터 $CH_3CH_2CH_2CH_2CH_2OCH_3$

**b)** $HC{\equiv}CH$ 로부터 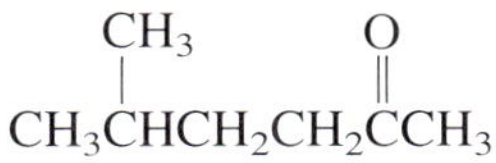

**c)** $HC{\equiv}CH$ 로부터 

**d)** $HC{\equiv}CH$ 로부터 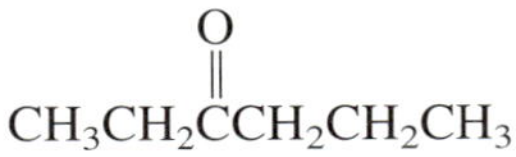

**e)** $CH_3C{\equiv}CCH_3$ 로부터 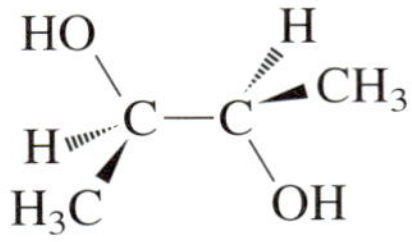

**f)**  로부터 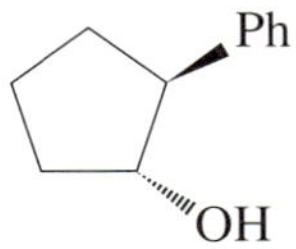

**g)** $CH_3CH_2CH_2CH{=}CH_2$ 로부터 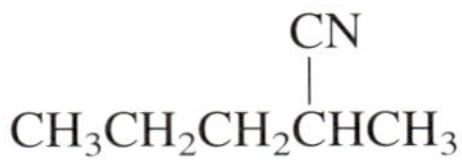

**h)** $CH_3CH_2CH{=}CH_2$ 로부터 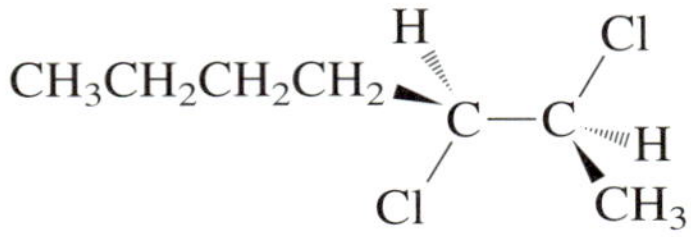

---

표 11.2에 양성자 친전자체가 첨가되어 카보양이온 중간체를 생성하는 반응을 요약하였다. 표 11.3에 3-원자고리 중간체를 통해서 진행되는 반응을 요약하였다. 표 11.4에 같은 분자에 친핵체와 친전자체가 결합된 반응을 요약하였다. 표 11.5에 수소가 이중결합 혹은 삼중결합에 첨가되는 데 사용할 수 있는 촉매반응을 요약하였다.

**표 11.2 카보양이온 메카니즘에 따르는 첨가반응**

이 반응은 알켄에 양성자가 첨가되어 카보양이온 중간체를 형성한다.
두번째 단계에서 친핵체가 첨가된다.

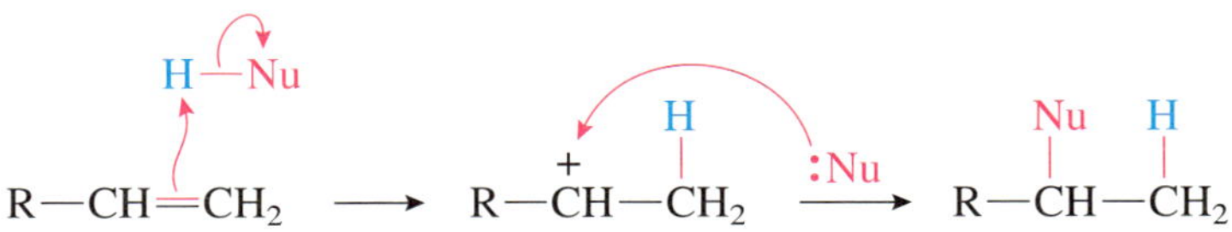

| 시약 | 생성물 | 설명 |
|---|---|---|
| H—Cl<br>(HF, HBr, HI)<br>(11.2절) | 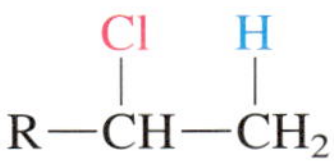 | 모든 반응은 Markovnikov 배향에 따라 진행되며 입체화학은 불규칙하다. 카보양이온의 자리옮김을 살펴보아라. |
| $H_3O^+$ (11.3절) | 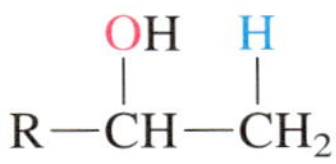 | |

**표 11.3** 세-원자 고리 중간체를 거쳐 진행되는 첨가반응

친전자체가 비공유 전자쌍을 갖고 있으면 첨가되어 세-원자 고리를 형성한다. 고리가 하전되어 있지 않으면 반응은 여기서 정지된다. 고리가 양으로 하전되어 있으면 친핵체가 공격하여 고리가 열린다.

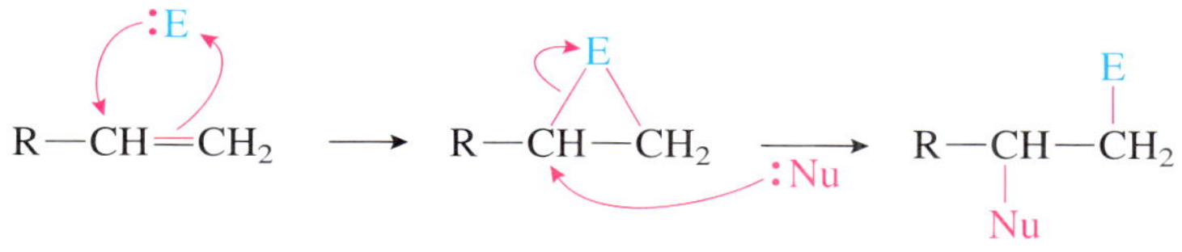


Syn 첨가 Anti 첨가

중성이면 여기서 정지 E가
+이면 Nu가 첨가

| 시약 | 생성물 | 설명 |
|---|---|---|
| $CH_2N_2$<br>($CHX_3/OH^-$)<br>($CH_2I_2$, Zn/Cu)<br>(11.8절) | 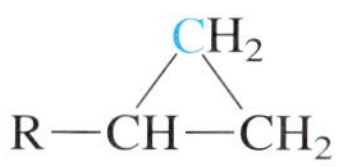 | 카벤이 첨가되어 사이클로프로페인 유도체를 형성한다. 신첨가이다. Simmons-Smith 반응은 메틸렌과 같이 반응하는 카벤류를 생성한다. |
| $R'CO_3H$ | 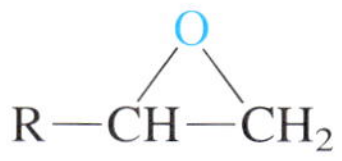 | 과카복실산은 알켄에 신첨가로 에폭사이드를 형성한다. |
| $Cl_2$ ($Br_2$)<br>(11.9절) | 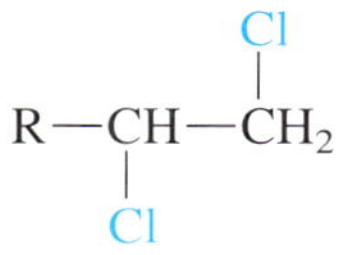 | 염소와 브롬은 안티 입체화학으로 첨가된다. |
| $Cl_2/H_2O$<br>($Br_2/H_2O$)<br>(11.4절) | 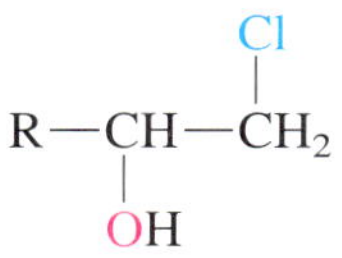 | 물이 용매이면 $C1_2$와 $Br_2$가 첨가되어 할로하이드린을 형성한다. OH는 더 많이 치환된 탄소에 첨가된다. 안티 입체화학으로 첨가된다. |
| 1) $Hg(O_2CCH_3)_2$, $H_2O$<br>2) $NaBH_4$, NaOH<br>(11.6절) | 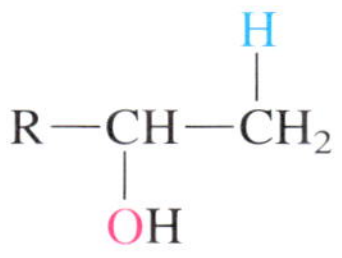 | 옥시수은화 반응은 자리옮김하지 않고 Markovnikov 규칙에 따라 물이 첨가되는 반응이다. |
| $Hg^{2+}$, $H_2O$, $H_2SO_4$<br>(11.6절) | 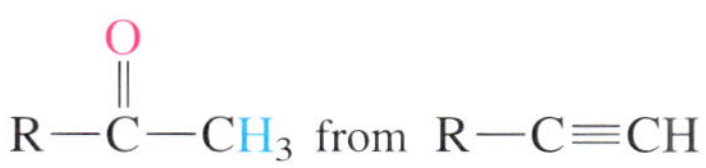 | 처음 생성물은 엔올이고 케톤으로 토토머화 한다. |

### 표 11.4 친핵체와 친전자체가 연결된 첨가반응

친전자체와 친핵체가 같은 분자에 존재하면 신 입체화학으로 동시 첨가가 일어난다.

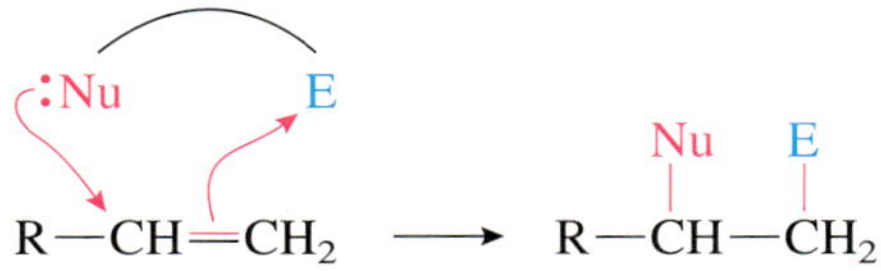


신 첨가

| 시약 | 생성물 | 설명 |
|---|---|---|
| 1) $BH_3$, THF<br>2) $H_2O_2$, NaOH<br>(11.7절) | 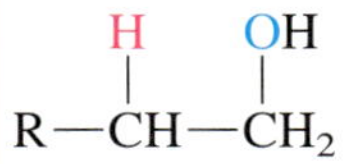 | 수소화붕소 첨가반응은 신 입체화학에 의해 물의 반 Markovnikov 첨가를 일으킨다. |
| 1) Disiamylborane<br>2) $H_2O_2$, NaOH<br>(11.7절) | 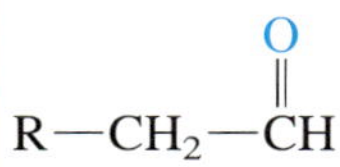 $R-C\equiv CH$ 로 부터 | 붐비는 보렌인과 l-알카인의 반응으로 알데하이드가 생성된다. |
| $OsO_4$, *t*-BuOOH<br>or<br>$KMnO_4$, $H_2O$, NaOH<br>(11.10절) | 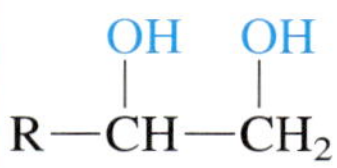 | 사산화 오스뮴과 과망간산염은 아렌에 하이도록시기의 신 첨가를 일으킨다. |
| 1) $O_3$<br>2) $(CH_3)_2S$<br>(11.11절) | 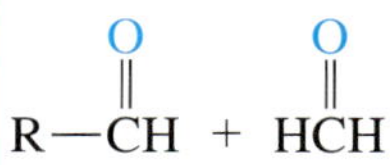 | 오존은 알켄을 두 카보닐 화합물로 절단하는데 사용된다. |

### 표 11.5 촉매 수소화 첨가반응

| 시약 | 생성물 | 설명 |
|---|---|---|
| $H_2$, 촉매<br>(Ni, Pd, Pt)<br>(11.12절) | 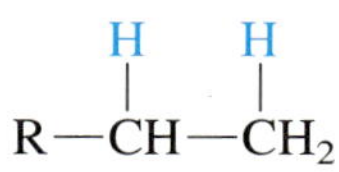 | 촉매 수소화로 수소가 알켄에 첨가된다. |
| $H_2$<br>Lindlar 촉매<br>(11.12절) | 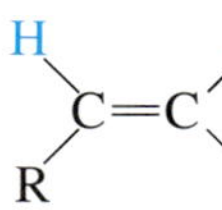 from $R-C\equiv C-R$ | Lindlar 촉매를 사용하여 알카인에 수소가 첨가되면 시스-알켄을 생성한다. |

## 추가문제

**11.32** 다음 반응이 생성물을 나타내어라.

**a)** 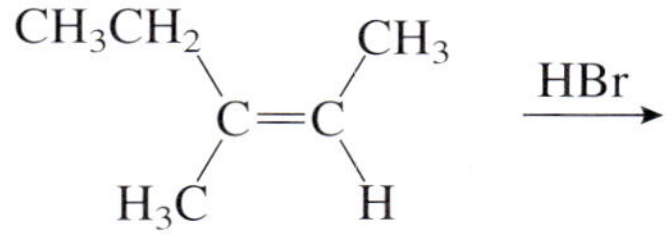


**b)** 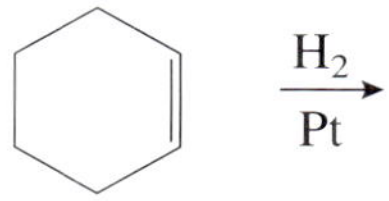


**c)** 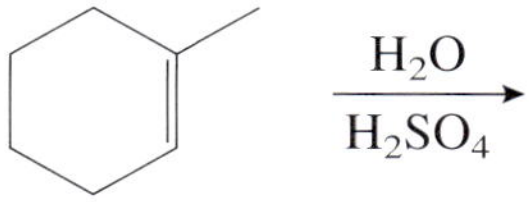


**d)** 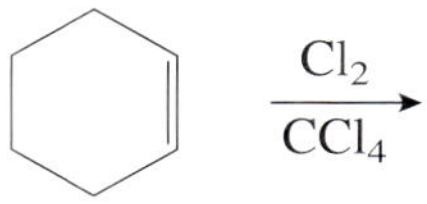


**e)** $CH_3CH_2CH_2C{\equiv}CH \xrightarrow[H_2SO_4,\ HgSO_4]{H_2O}$

**f)** 

**g)** 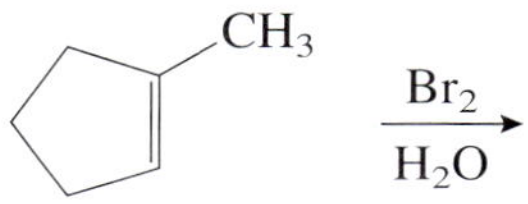


**h)** 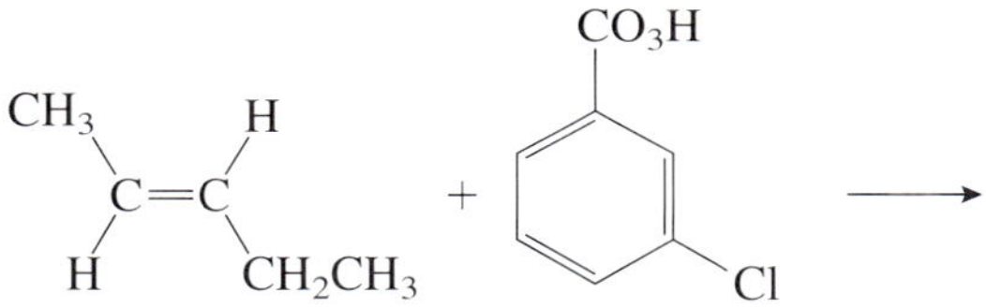


**i)** 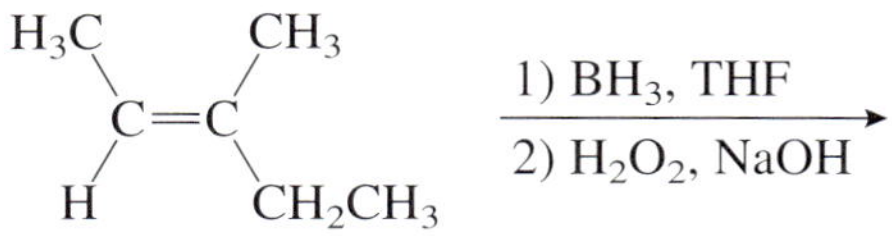


**j)** 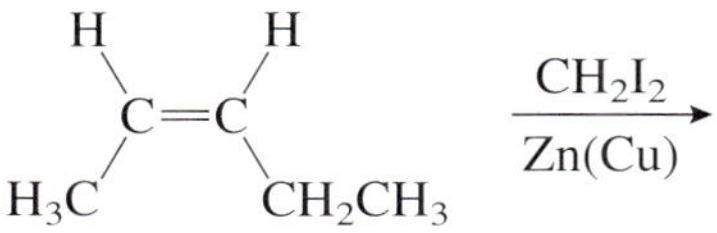


**k)** 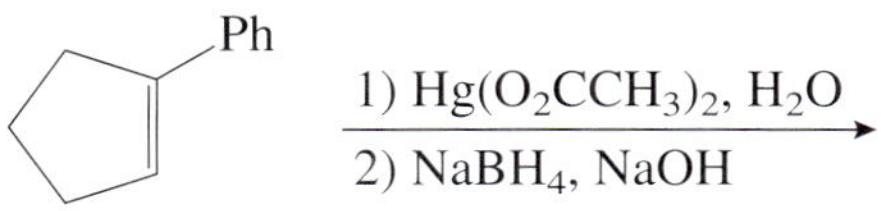


**l)** $PhC{\equiv}CH \xrightarrow{2\ HCl}$

**m)** $CH_3CH_2C{\equiv}CCH_2CH_3 \xrightarrow[\text{Lindlar 촉매}]{1\ H_2} \xrightarrow[t\text{-BuOOH}]{[OsO_4]}$

**n)** $PhCH_2C{\equiv}CH \xrightarrow[2)\ H_2O_2,\ NaOH]{1)\ \text{disiamylborane}}$

**11.33** 다음 반응이 생성물을 나타내어라.

**a)** 

**b)** 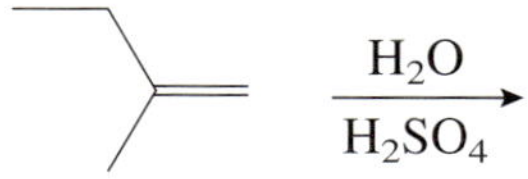

**c)** 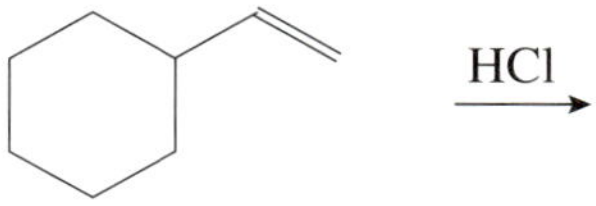

**d)** $PhC{\equiv}CPh \xrightarrow[H_2SO_4,\ HgSO_4]{H_2O}$

**e)** 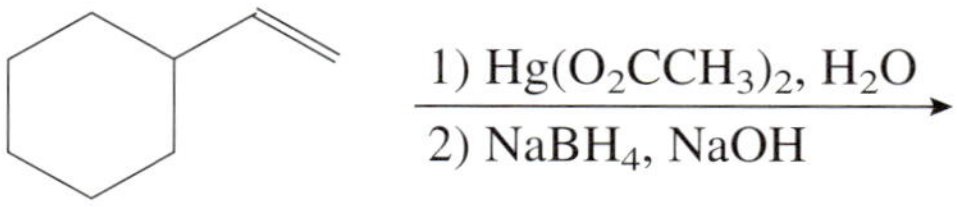

**f)** $CH_3CH(CH_3)CH_2CH{=}CH_2 \xrightarrow[2)\ H_2O_2,\ NaOH]{1)\ BH_3,\ THF}$

**g)** $CH_3CH_2CH_2C{\equiv}CH \xrightarrow[2)\ H_2O_2,\ NaOH]{1)\ (CH_3CH(CH_3)CH(CH_3))_2BH}$

**h)** 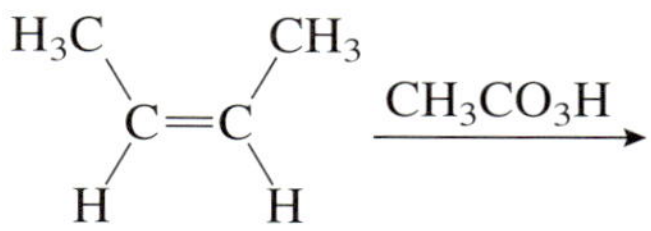

**i)** 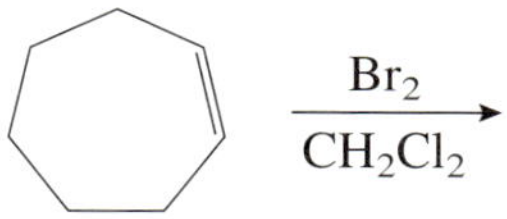

**j)** 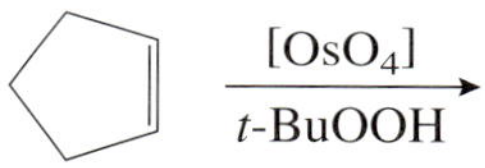

**k)** 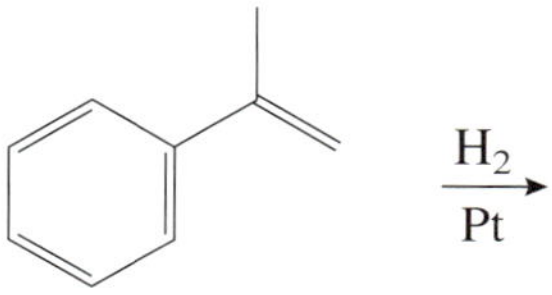

**l)** 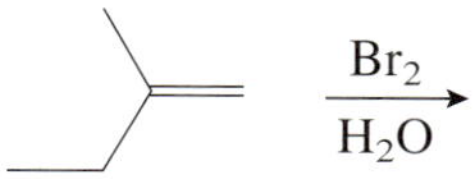

**m)** 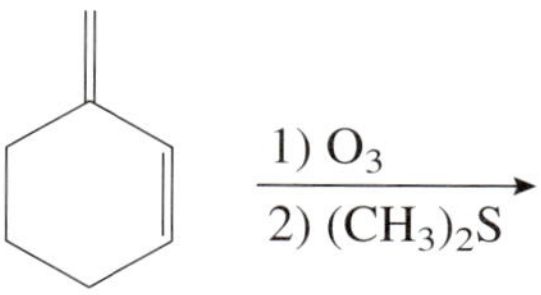

**n)** $CH_3C{\equiv}CCH_3 \xrightarrow[CCl_4]{1\ Br_2}$

**o)** 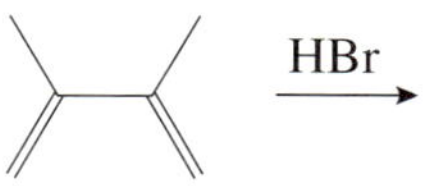

**11.34** 다음 시약과 1-프로필사이클로펜텐과의 반응 생성물을 써라.

**a)** $Br_2$, $CCl_4$

**b)** $Br_2$, $H_2O$

**c)** 1) $BH_3$, THF; 2) $H_2O_2$, NaOH

**d)** HBr

**e)** $H_2O$, $H_2SO_4$

**f)** [$OsO_4$], *t*-BuOOH

**g)** 1) $O_3$; 2) $(CH_3)_2S$

**11.35** 이 생성물을 형성하는 알켄을 나타내어라. 어떤 경우에는 하나 이상의 해답이 있을 수 있다.

a) 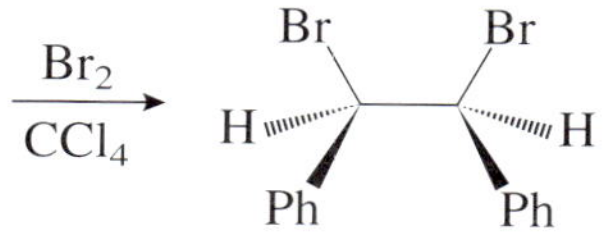

b) 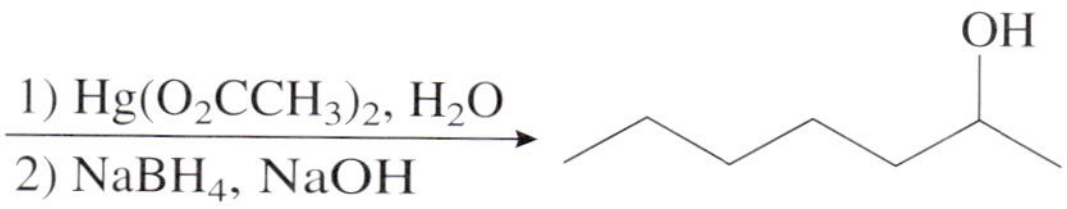

c) 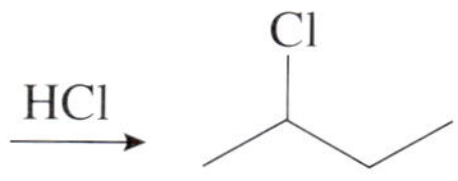

d) 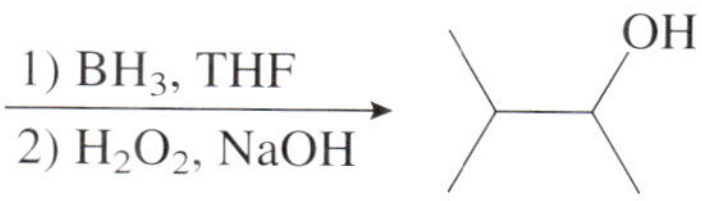

e) 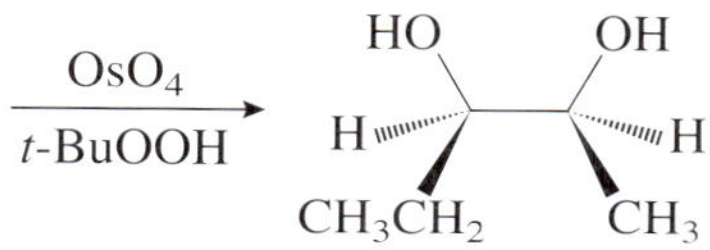

f) 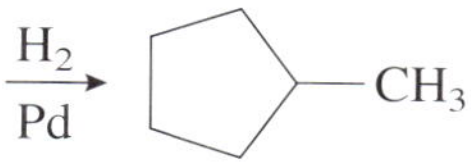

**11.36** 다음 반응에 대한 메카니즘을 나타내어라. 중요한 곳에서는 입체화학을 나타내어라.

a) 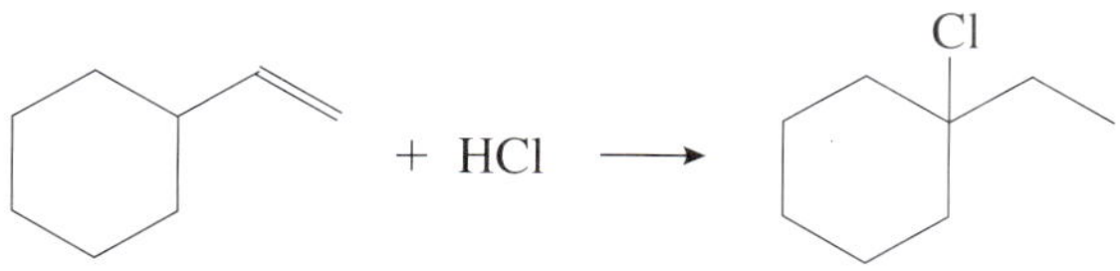

b) 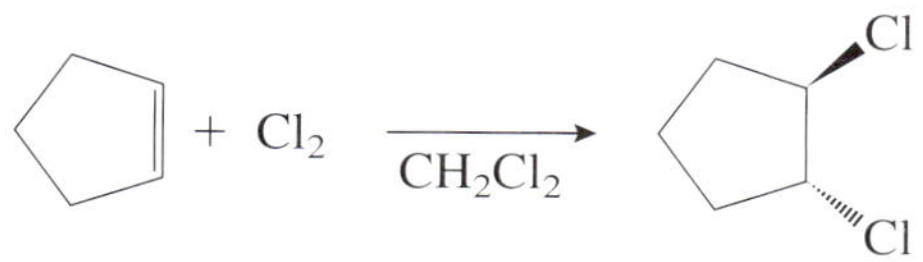

c) 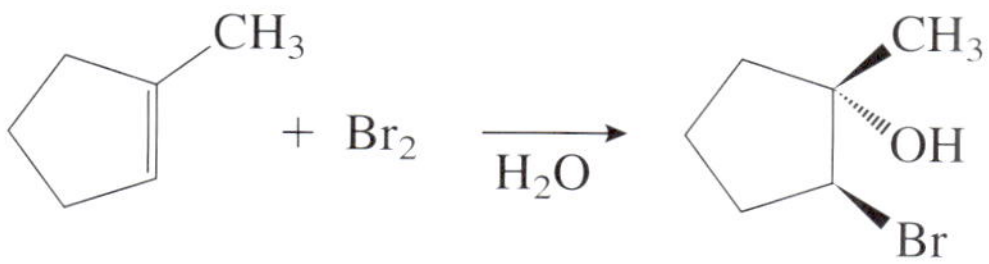

d) 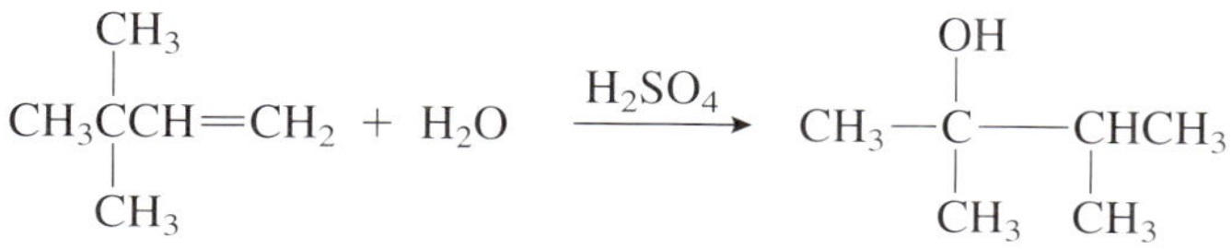

e) 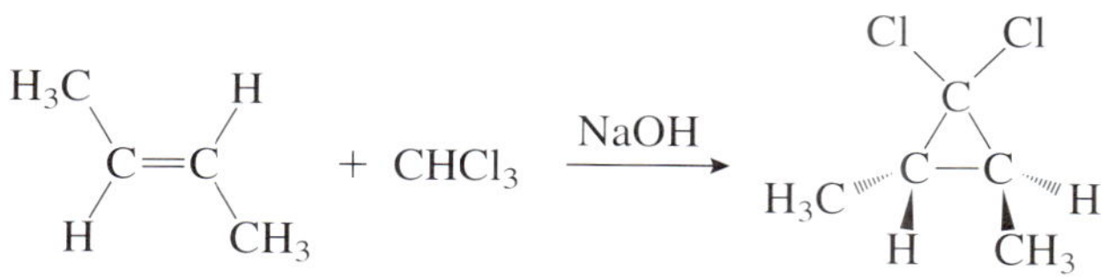

**11.37** 1-펜텐을 다음 화합물로 변환시키는 데 사용할 수 있는 반응을 나타내어라. 한 단계 이상이 필요할 수도 있다.

**a)** 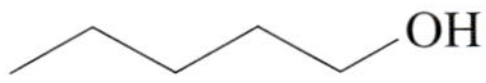
**b)** 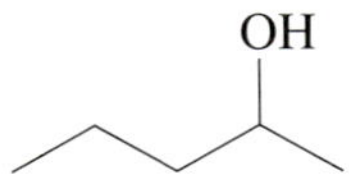

**c)** 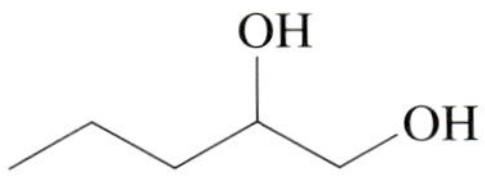
**d)** 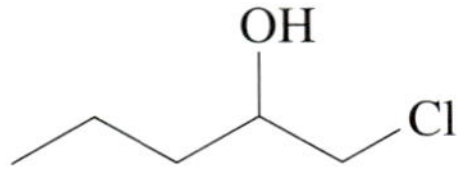

**e)** 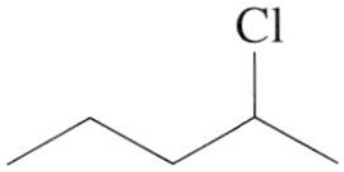
**f)** 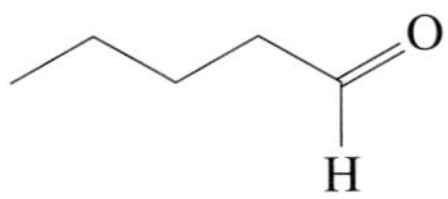

**g)** 
**h)** 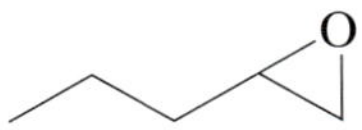

**11.38** 지시된 출발물질로부터 다음 물질을 합성하여라. 한 단계 이상이 필요할 수도 있다. 생성물이 카이랄이면 거울상체가 생성될 수도 있다.

**a)** $CH_3C{\equiv}CH$로부터 $CH_3\overset{\overset{\displaystyle O}{\|}}{C}CH_2CH_3$

**b)** $CH_3C{\equiv}CH$로부터 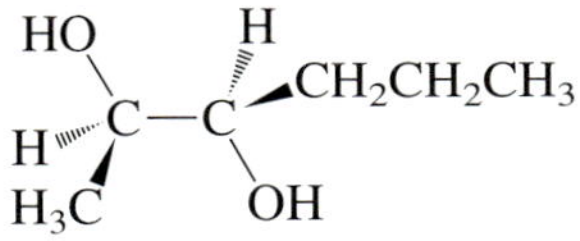

**c)** $CH_3C{\equiv}CH$로부터 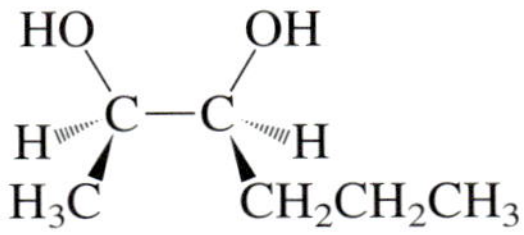

**d)** 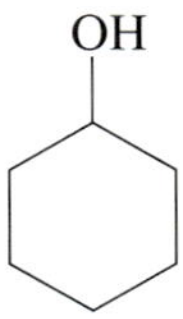 로부터 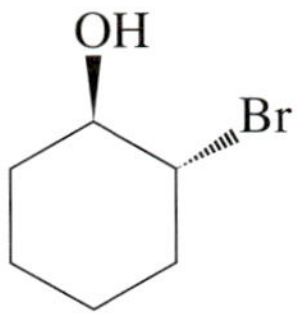

**e)** $HC{\equiv}CH$로부터 $CH_3CH_2CH_2CH_2\overset{\overset{\displaystyle OH}{|}}{C}H_2$

**f)** $CH_3C{\equiv}CH$로 부터 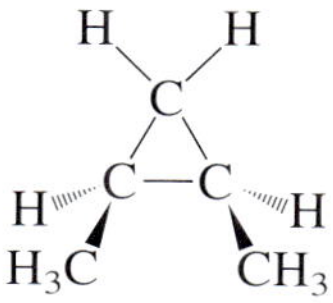

**g)** 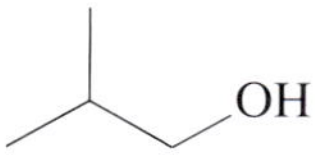 로부터 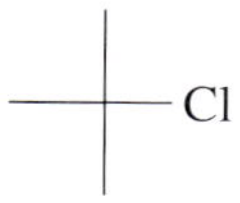

**h)** 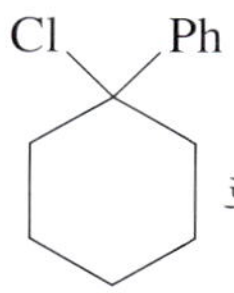 로부터 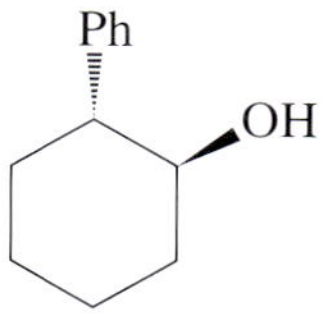

**11.39** 알카인 수화반응은 $Hg^{2+}$를 가하지 않아도 일어날 수 있다. 메카니즘의 모든 단계를 나타내어라.

$$PhC{\equiv}CH + H_2O \xrightarrow{H_2SO_4} Ph\overset{\overset{\displaystyle O}{\|}}{C}CH_3$$

**11.40** HCl과의 반응에서 어느 화합물이 더 빠르겠는가 설명하여라.

$$CH_3CH_2OCH{=}CH_2 \xrightarrow[H_2SO_4]{H_2O} CH_3CH_2O\overset{\overset{\displaystyle OH}{|}}{C}HCH_3$$

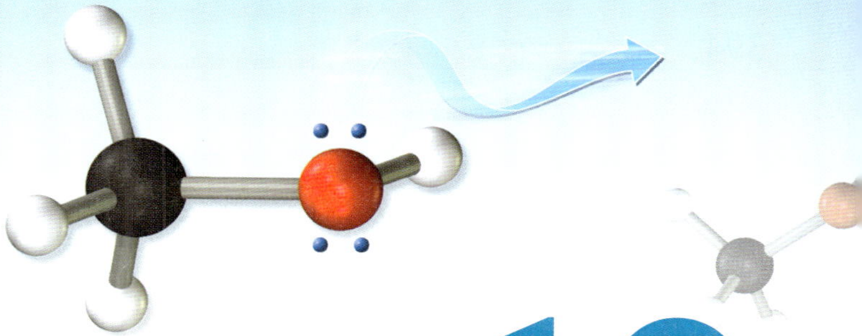

# 작용기와 명명법 II

CHAPTER 12

**유기화학 숙달**

- 방향족 화합물, 페놀, 알데하이드, 케톤, 카복실산, 산 염화물, 무수물, 에스터, 아마이드 및 나이트릴의 명명
- 이름으로부터 이 화합물의 구조 쓰기
- 황과 인을 포함한 보편적 작용기의 인식
- 1개 이상의 작용기를 포함한 화합물의 명명
- 이들 화합물의 물리적 성질이 존재하는 작용기에 어떻게 의존하는가를 이해

이 장은 5장에서 끝난 곳으로부터 시작한다. 5장에서 다루지 않은 명명법, 물리적 성질 ,천연자원 및 중요한 작용기의 사용을 다루겠다. 명명법 규칙은 5장의 명명법을 확충하여 새로운 작용기에 대한 다른 접미어로 다룰 것이다. 한 개 이상의 작용기를 가진 화합물을 어떻게 명명할 것인가를 다루게 될 것이다.

## 12.1 방향족 탄화수소

**방향족 화합물(aromatic compound)**의 완전한 정의는 16장까지 기다려야 한다. 지금은 벤젠과 그 치환된 유도체에만 한정한다. 그들을 **아렌(arene)**이라 부른다. 이 방향족 화합물은 세 콘쥬게이트 이중결합과 6-원자 고리를 갖는다. 아렌을 만드는 것은 콘쥬게이트 이중결합의 순환이다. 다음에 그 예를 나타냈다.

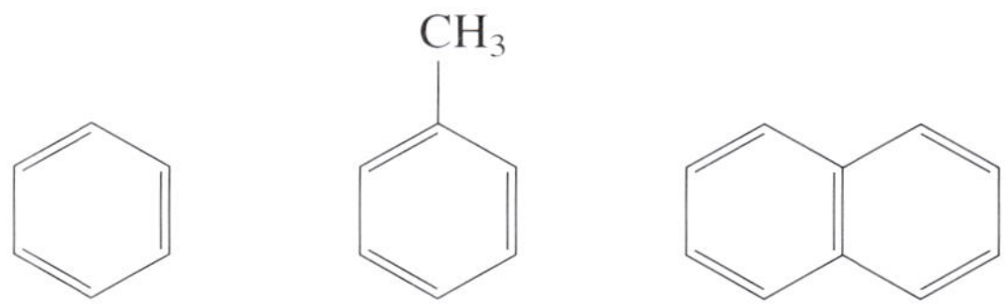

Benzene Toluene Naphthalene

유기화학을 많이 배우게 되면 많은 유기 화합물은 강한 냄새(때때로 불쾌한)를 갖는다는 것을 알게 될 것이다. 방향족 화합물은 다른 화합물보다 더 방향을 갖는다. 예를 들어 기회가 있으면 톨루엔과 사이클로헥센의 냄새를 비교해 보아라. 사실 **방향성**이라는 용어는 그 화합물의 구조가 알려지기 전에 원래 방향 때문에 이 화합물들 주어졌다. 그러나 현재 방향성은 전혀 다른 의미를 포함하고 있다. 현재 유기화학자에게 방향족 화합물이란 콘쥬게이트 $p$ 궤도함수의 순환 때문에 특별히 안정화된 화합물이라는 것을 의미한다.

방향족 화합물은 모체 혹은 어근으로 벤젠을 사용하여 명명한다. 알케인 사슬에 결합된 기를 명명할 때 사용했던 같은 방법으로 고리에 결합된 치환기를 명명한다(사이클로헥사트라이엔은 벤젠 혹은 방향족 화합물을 명명하는 데 **결코** 사용해서는 안된다). 안정하기 때문에 방향족 화합물은 흔하고 유기화합물의 초기에 분리되었다. 원래 이 화합물에 주어졌던 많은 속명은 유기화학의 용어 속에 남아 있다. 예를 들면 메틸벤젠이라는 이름은 거의 들은 적이 없고 변함없이 톨루엔으로 부른다. 중요한 이들 속명을 필요할 때마다 소개할 것이다. 벤젠 고리에 몇 개의 치환기가 존재하면 사이클로알케인 고리에서와 같은 방법으로 고리에 번호를 붙인다. 즉 친환기의 번호가 될 수 있는 데로 적게 되도록 번호를 붙인다. 더욱이 **이치환 벤젠**에 대해서는 특별한 용어가 사용된다. 이웃 탄소(1과 2 위치)에 두 치환기가 있으면 **오쏘** 혹은 *o*-라 하고 1과 3위치에 있는 두 치환기는 메타, 혹은 *m*- 그리고 위치 1과 4에 있는 두 치환기는 **파라**, 혹은 *p*-이다. 끝으로 6개 이상의 탄소를 가진 알킬기가 벤젠고리에 결합되어 있으면 이 화합물은 **페닐(phenyl)** 치환기를 가진 알케인으로 명명한다. 몇 가지 예는 다음과 같다.

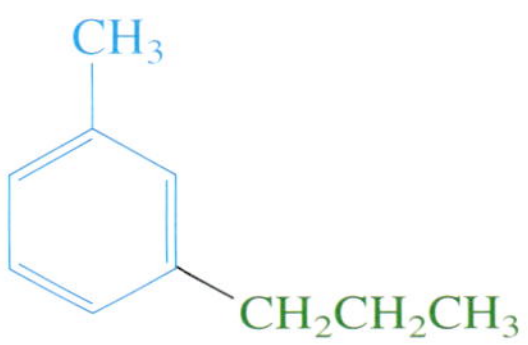


*m*-Propyltoluene
or 3-propyltoluene

*p*-Dimethylbenzene
or 1,4-Dimethylbenzene

(다이메틸 벤젠에 대한 속명은 자이렌이다. 그러므로 이것은 *p*-자이렌이다.)

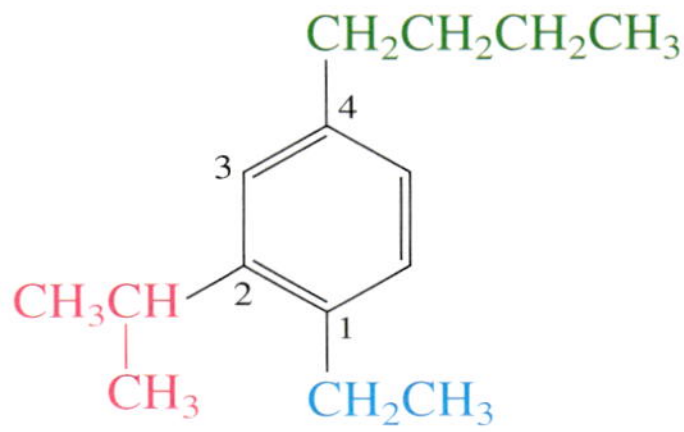


4-Butyl-1-ethyl-2-isopropylbenzene

(번호붙임은 에틸에서 시작하면 번호는 1, 2 및 4이다 뷰틸에서 시작하면 번호는 1, 3 및 4이다.)

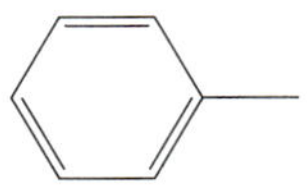

The phenyl group

(이 기는 구조를 그릴 때 Ph로 생략할 수 있다.)

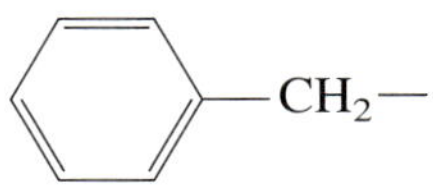


The benzyl group

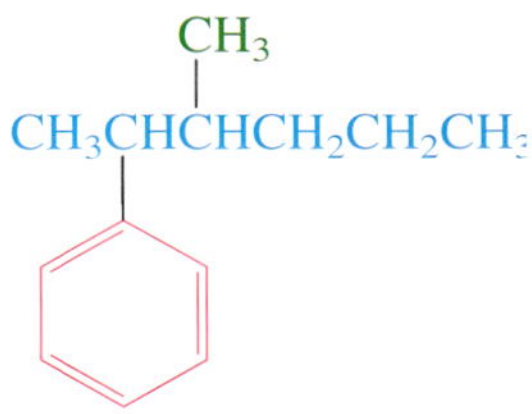


3-Methyl-2-phenylhexane

(이 경우에 더 크거나 혹은 더 많이 치환된 알킬기를 어근으로 선택한다.)

**문제 12.1** 다음 화합물의 이름을 써라.

**a)** 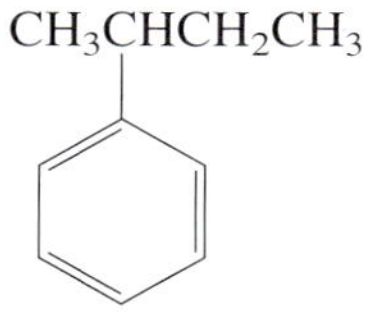

**b)** 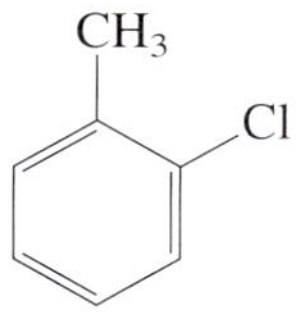

**c)** 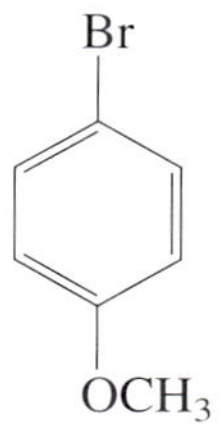

**d)** 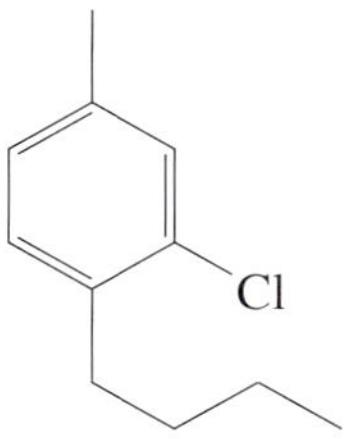

**e)** 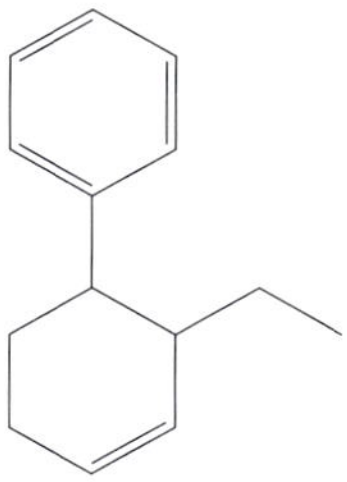

**f)** 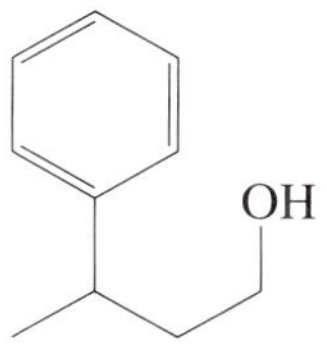

**문제 12.2** 다음 화합물의 이름을 써라.

**a)** *p*-에틸톨루엔

**b)** *m*-다이클로로벤젠

**c)** 2-페닐-3-헵타인

**d)** 브로모-1-클로로-3-펜틸벤젠

**e)** *o*-자이렌

**f)** 벤질 메틸 에터

방향족 탄화수소는 무극성이다. 그들의 물리적 성질은 비슷한 질량을 가진 알케인의 성질과 비슷하다. 그러나 사이클로알케인의 경우에서와 같이 많은 방향족 탄화수소의 대칭인 모양은 높은 녹는점을 갖게 한다. 예를 들면 벤젠의 녹는점과 끓는점은 사이클로헥세인의 그것과 거의 동일하다. 예상할 수 있는 대로 벤젠과 물의 혼합물은 두 층을 형성하고 벤젠은 위층에 있다.

방향족 화합물은 화학적 반응이 알켄과 비슷할 것으로 기대된다. 그러나 그들의 반응은 극적으로 다르다. 방향족 화합물은 알켄보다 반응성이 대단히 작다. 반응성이 감소하는 원인은 콘쥬게이트 *p* 궤도함수의 특별한 순환의 결과로 방향족화합물이 크게 안정화되기 때문이다. 반응성의 이 큰 차가 방향족 화합물이 왜 알켄과 다르게 분류되는 이유이다. 이 반응성의 차의 예로써 $Cl_2$가 알켄에 빠르게 첨가되는 조건에서 벤젠을 $Cl_2$로 처리해도 반응이 일어나지 않는다. 더 격렬한 조건, $AlCl_3$와 같은 Lewis 산 촉매존재에서 반응은 일어난다. 그러나 생성물은 벤젠고리의 콘쥬게이트 계가 유지된다. 알켄에서 일어났던 첨가반응보다는 염소가 고리의 수소를 치환한다. 한 기가 다른 기로 치환되는 이 반응은 다른 형태의 치환반응이고 방향족 화합물의 가장 중요한 반응이다.

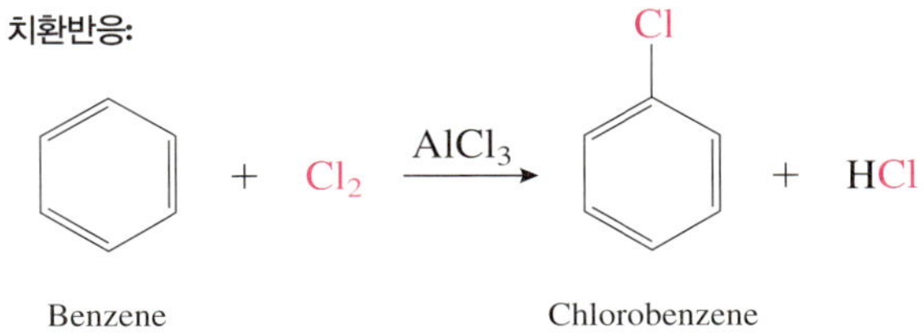


방향족 화합물은 안정하기 때문에 천연에서 다양하게 발견된다. 흔히 방향족 고리는 다른 작용기와 결합된다. 벤젠 자체는 London의 가로등에 사용되는 가스가 농축된 유상물질로부터 1825년 Michael Faraday에 의해 처음으로 분리되었다. 방향족 고리를 포함한 다른 천연물의 예는 석유에 있는 큐멘(아이소프로필벤젠)이다. 여성호르몬 에스트론은 복잡한 고리계의 일부로 벤젠고리를 갖는다. 벤조[a]피렌은 일련의 접합 방향족 고리를 갖는다. 벤조[a]피렌은 많은 물질이 연소할 때 생성되는 발암물질이다. 이것은 그을림에서 발견되며 담배연기에서 발견되는 중요한 발암물질이다.

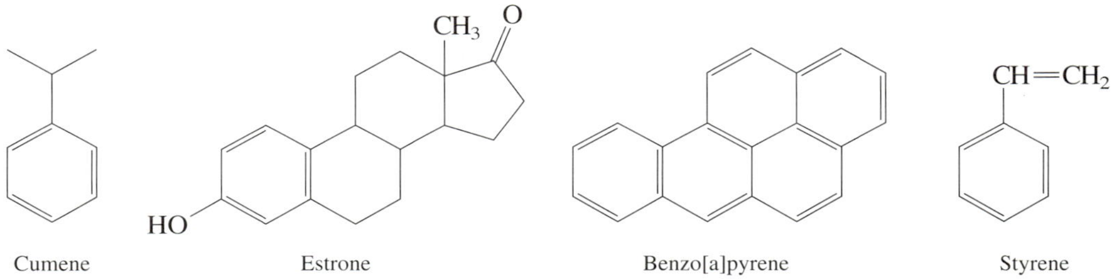


벤젠은 석유공업에서 생산되는 중요한 화합물이다. 여러 가지 석유분획의 균열과 개질에 의해 매년 16억 갤런 이상 생성된다. 이들의 대부분은 스타이렌 생산에 사용된다. 스타이렌 은 폴리스타이렌으로 중합된다. 대량 생산되는 다른 아렌은 톨루엔, 큐멘, *o*-자이렌 및 *p*-자이펜이다. 한때 벤젠은 유기 실험실에서 중요한 용매로 사용되었다. 그러나 최근에는 건강에 해로운 효과 때문에 그 사용이 점차적으로 폐기되고 있다. 벤젠에 오랫동안 노출되면 골수억제와 백혈병을 유발한다.

## 12.2 페놀

**페놀(phenol)**은 방향족 고리에 직접 결합된 하이드록시를 가진 화합물이다. 방향족 고리에 있는 산소의 전자를 비편재화하여 하이드록시기의 반응성을 변화시켜준다. 그러므로 페놀은 알코올로 분류되기보다는 그 자체의 작용기를 갖는다. 이 부류의 화합물 중 가장 간단한 것은 페놀이다. 다른 것들은 많은 속명을 갖고 있기는 하지만 치환된 페놀로 명명된다.

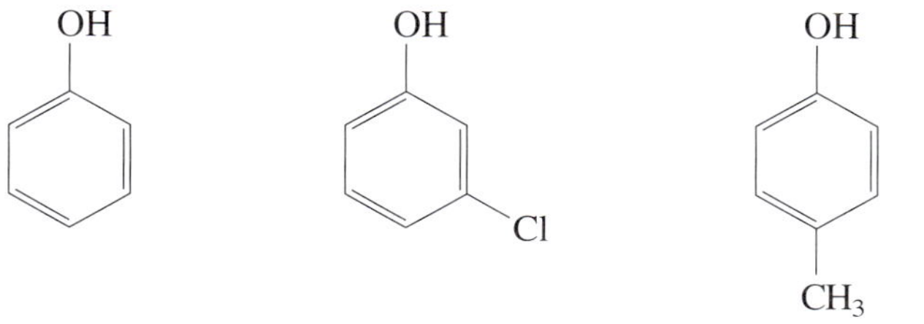


Phenol　　*m*-Chlorophenol　　*p*-Methylphenol (*p*-cresol)

**문제 12.3** 다음 화합물에 대한 이름을 써라.

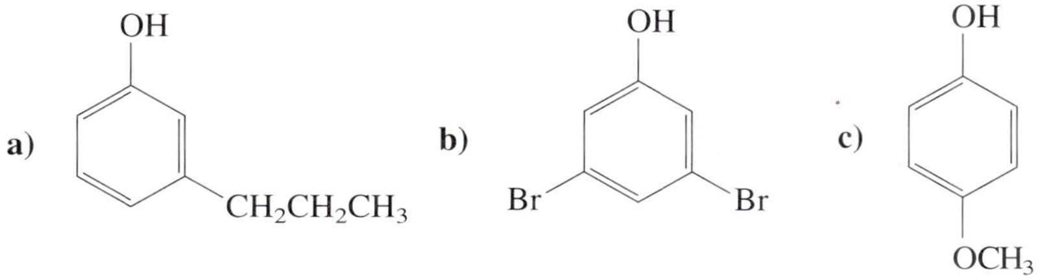


**문제 12.4** 다음 화합물의 구조를 써라.

**a)** *o*-에틸페놀 **b)** *m*-크레솔 **c)** 2,6-다이나이트로페놀

페놀의 화학적 반응은 방향족 고리 혹은 하이드록시기에서 일어난다. 4장에서 논의한 것처럼 짝염기의 공명 안정화 때문에 알코올보다는 강한 산이다. 수산화 소듐은 대부분의 페놀을 완전히 탈양성자라 할 만큼 충분히 강한 염기이다. 생성된 음이온(페놀산음이온)은 유용한 친핵체이다.

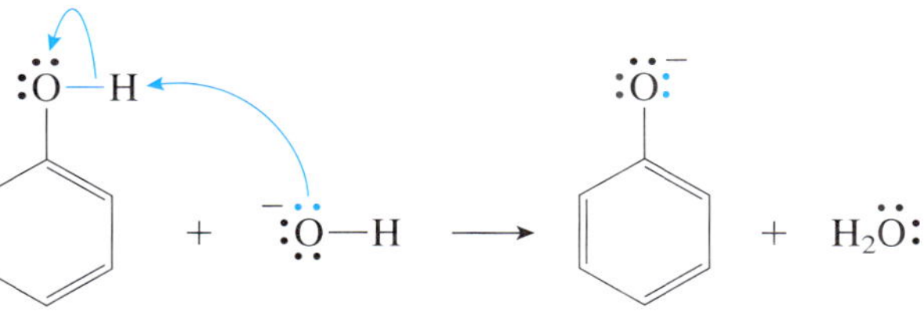


**문제 12.5** 페놀의 짝염기에 대한 공명구조를 써라.

**문제 12.6** 페놀의 p$K_a$는 10, 에탄올은 16 및 탄산은 6.35이다. 다음 방정식을 완성하고 평형에서 반응물 혹은 생성물이 유리한가를 예측하여라.

a) 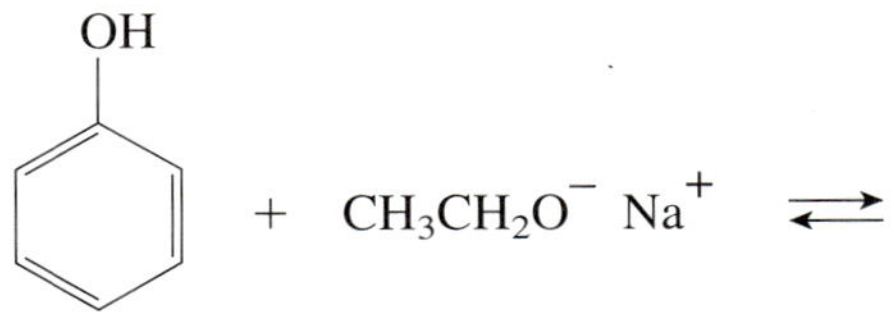

b) 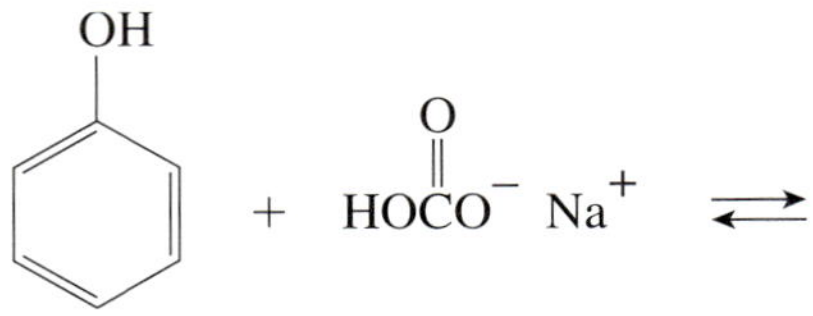

페놀은 중요한 공업용 화합물이다. 매년 30억 파운드 이상이 생산된다. 페놀의 주 용도는 살균제와 중합체의 생산이다. 자연에서 간단한 페놀은 드물지만 치환기와 작용기가 다중화된 복잡한 페놀은 흔하다.

## 12.3 알데하이드와 케톤

탄소-산소 이중결합은 **카보닐기(carbonyl group)**라 부른다. 카보닐기를 포함한 화합물은 그들이 일으키는 다양한 반응 때문에 유기화학에서 대단히 중요한 화합물이다. **알데하이드(aldehyde)**는 적어도 한 수소가 카보닐기에 결합되어 있다. **케톤(ketone)**의 경우에는 카보닐기에 2개의 탄소원자가 결합되어 있다.

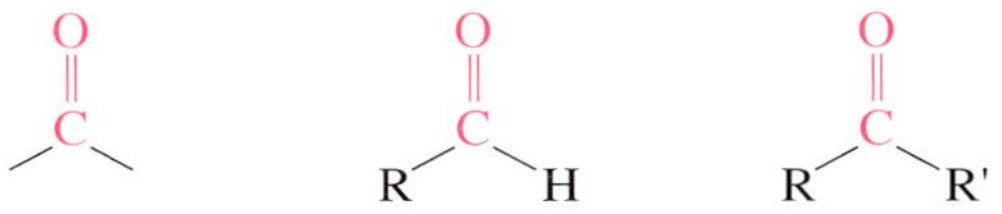

Carbonyl group　　Aldehyde　　Ketone

지금까지 다룬 다른 작용기와 같이 알데하이드를 명명하는 첫 단계는 작용기, 카보닐기를 포함한 가장 긴 사슬을 찾는 것이다. 알데하이드의 카보닐기가 사슬의 말단에 있기 때문에 번호 붙임은 항상 카보닐기에서 출발한다. 알데하이드를 명명하는 데 사용되는 어미는 -알이다.

간단한 알데하이드의 속명이 흔히 사용된다. 이 속명은 연관 카복실산의 속명에서 유래하였으며 어미 산(-ic acid)을 어미 -알데하이드(-aldehyde)로 대치한다. 그러므로 아세트산과 연관된 알데하이드는 아세트알데하이드이다. 알데하이드의 카보닐기가 고리계에 결합되어 있으면 그 화합물을 어미 -카브알데하이드(carbaldehyde)를 가진 탄화수소로 명명한다.

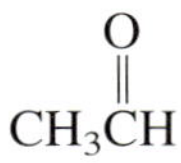

Ethanal

(속명은 아세트산에서 온 아세트알데하이드이다.)

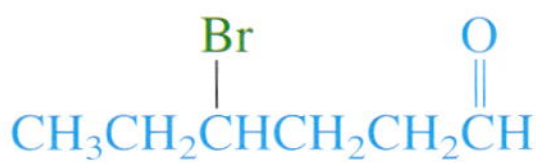

4-Bromohexanal

(알데하이드의 카보닐기의 번호는 항상 1번이기 때문에 번호를 붙일 필요가 없다.)

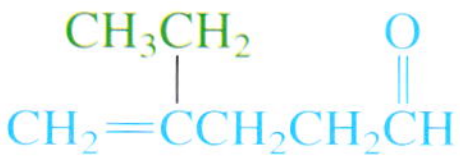

4-Ethyl-4-pentenal

(카보닐기와 탄소-탄소 이중결합을 포함한 가장 긴 사슬을 어근으로 선택한다. 번호붙임은 카보닐 탄소에서 시작한다.)

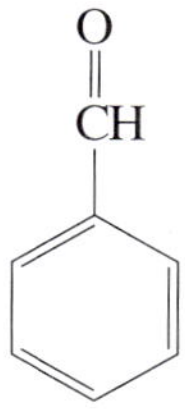

Benzaldehyde

(벤조산에서 온 이 이름은 이 알데하이드의 체계적 이름이다. 치환된 유도체를 명명하는 데 사용된다.)

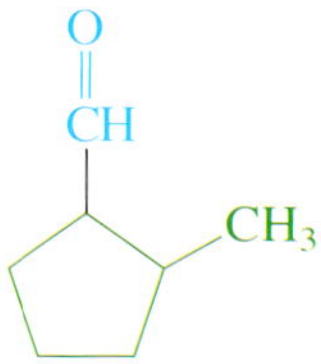

2-Methylcyclopentanecarbaldehyde

(어미 -카브알데하이드는 모체 고리에 결합된 -CHO 기를 나타낸다.)

케톤의 명명에서는 카보닐기를 포함하는 가장 긴 사슬을 모체로 선택한다. 이 사슬은 카보닐 탄소가 가능한 가장 적은 번호가 되도록 번호를 붙인다. 속명은 경우에 따라 사용된다.

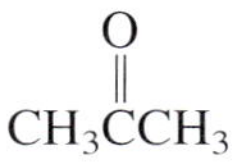

2-Propanone

(이 화합물은 보통 아세톤이라는 속명으로 부른다.)

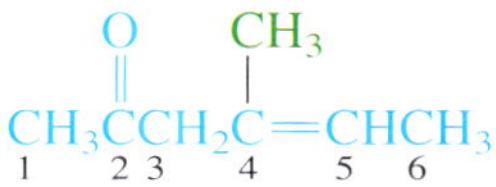

4-Methyl-4-hexen-2-one
or
4-methylhex-4-en-2-one

(카보닐기와 탄소-탄소 이중결합을 포함한 모체를 선택한다. 카본닐 탄소가 적은 번호가 되도록 번호를 붙인다.)

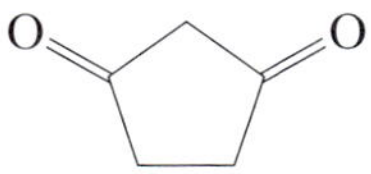

1,3-Cyclopentanedione
or
cyclopentane-1,3-dione

("e"는 "cyclopentan"과 "dione"의 발음을 돕기 위하여 가해준다.)

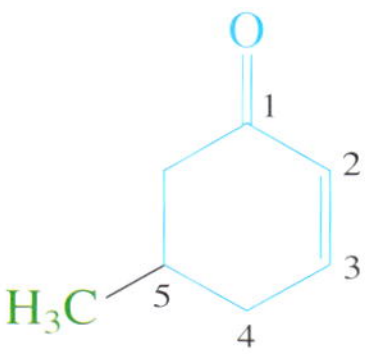

5-Methyl-2-cyclohexenone
or
5-methylcyclohex-2-enone

(먼저 카보닐기 다음에 탄소-탄소 이중결합이 가장 작은 번호가 되도록 번호를 붙인다.)

**문제 12.7** 다음 화합물을 명명하여라.

a) $CH_3CH_2CH_2CH_2CH_2\overset{O}{\overset{\|}{C}}H$

b) 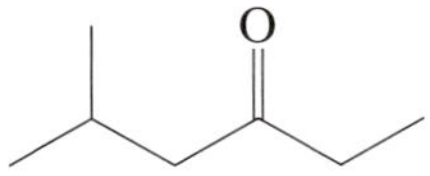

c) 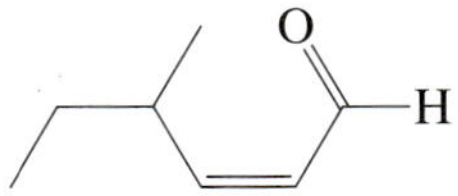

d) 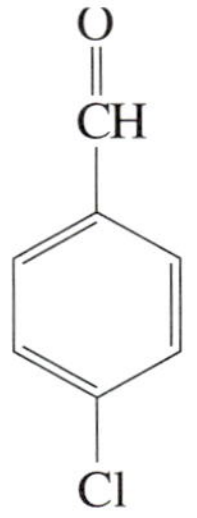

e) 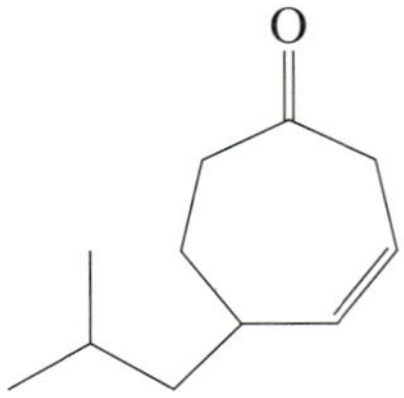

f) $CH_3\overset{O}{\overset{\|}{C}}CH_2\overset{O}{\overset{\|}{C}}CH_3$

g) 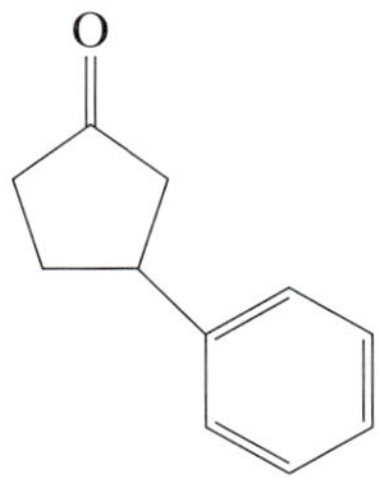

h) 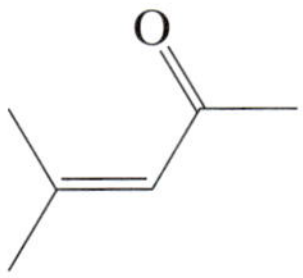

**문제 12.8** 다음 화합물의 구조를 써라.

**a)** (*Z*)-옥트-3-엔-2-온
**b)** 3-에틸헵탄알
**c)** 2,4-펜타다이엔알
**d)** 3,4-다이메틸벤즈알데하이드
**e)** 1-페닐-1-프로판온
**f)** 2,2,6,6-테트라메틸사이클로헥산온

알데하이드의 카보닐기는 탄소-산소 단일결합보다 극성기이다. 그러나 알데하이드 분자는 전기음성인 원자에 수소가 없기 때문에 다른 알데하이드 분자와 수소결합을 형성할 수 없다. 그러므로 알데하이드의 끓는점은 극성이 적은 유사한 에터보다는 더 높고 다른 알코올 분자와 수소결합을 형성할 수 있는 알코올보다는 낮다. 카보닐기의 산소가 수소결합의 Lewis 염기로 작용하기 때문에 분자량이 작은 알데하이드는 알코올과 마찬가지로 물에 용해된다. 같은 논의를 케톤에 적용할 수 있다.

알데하이드와 케톤은 카보닐기를 가지기 때문에 많은 화학반응을 공유한다. 그들의 반응을 산-염기 단계로 시작한다. 4장의 논의에서와 같이 카보닐기의 이웃탄소, **$\alpha$-탄소($\alpha$-carbon)**에 있는 양성자는 p$K_a$가 약 20인 약산이다. 강한 염기는 다음 방정식에서 설명한 것처럼 $\alpha$-탄소로부터 양성자를 제거할 수 있다. 알데하이드와 케톤을 구별할 수 있는 특성은 알데하이드는 산으로 산화되고 케톤은 대부분의 산화제에 대해 불활성이다. 알데하이드와 케톤을 그들이 일으키는 반응의 다양성 때문에 유기실험실에서 가장 중요한 작용기로 사용된다.

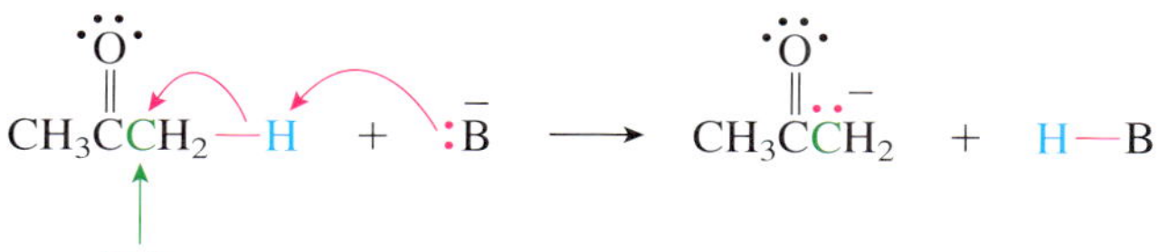


**문제 12.9** 다음 화합물에서 어느 것이 가장 강한 산성 수소인가를 설명하여라.

a) 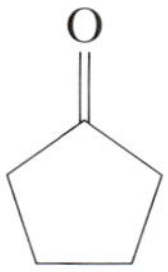

b) 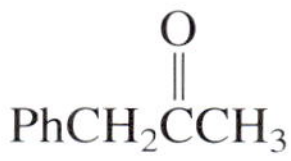

c) 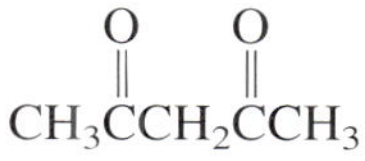

**문제 12.10** a) 수산화 소듐은 아세톤의 α-탄소로부터 양정자를 완전히 제거하는 데 충분히 강한 염기인가? 즉 수산화 소듐이 염기라면 이 평형은 완전히 오른편으로 이동할 수 있는가?

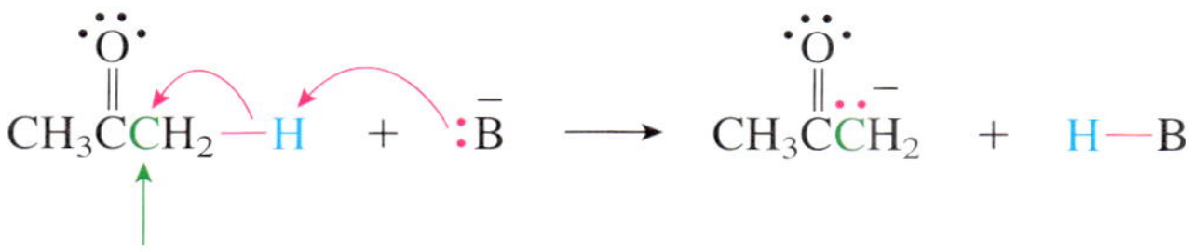


b) 어떤 염기가 아세톤으로부터 양성자를 완전히 떼어 내는 데 사용될 수 있겠는가?(표 4.4를 보라)

알데하이드와 케톤은 상쾌한 냄새를 갖는다. 이들은 자연과 인공 향료의 성분으로 발견된다. 예를 들면 사이트랄은 강한 레몬냄새를 가지며 레몬과 오렌지유에서 발견된다. 신남알데하이드는 강한 육계피향을 가지며 육계피유에서 발견된다. 바닐린은 바닐라의 주 성분이다. 장뇌는 녹나무에서 분리되며 도포약, 흡입제 및 사향정으로 사용된다. 사향정은 사향냄새를 가지며 여러 가지 향료에 사용된다.

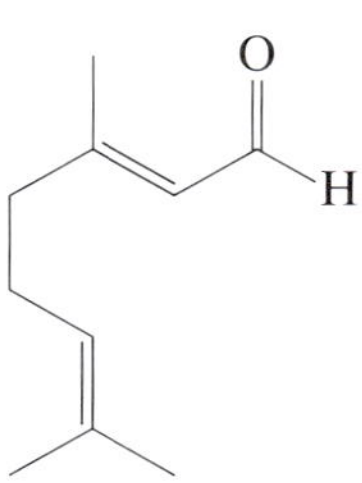

Citral

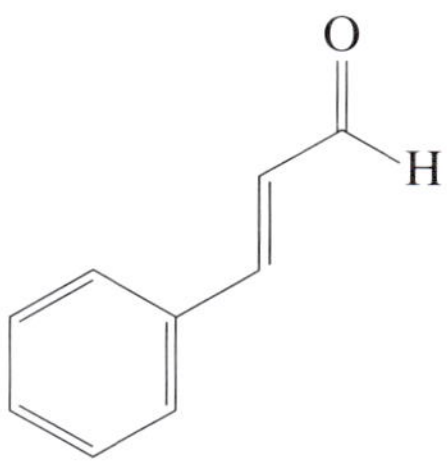

Cinnamaldehyde

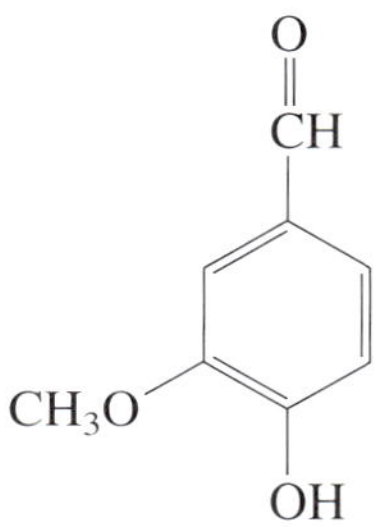

Vanillin

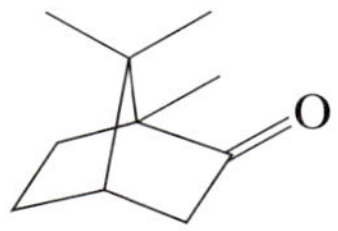

Camphor

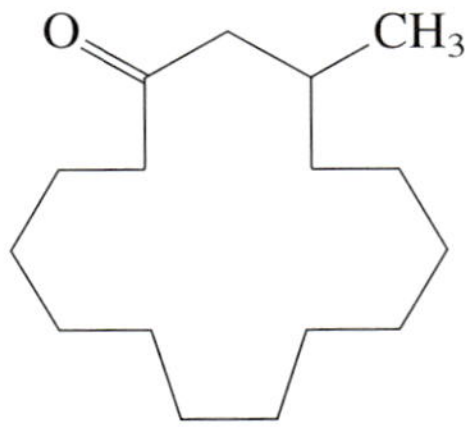

Muscone
(3-methylcyclopentadecanone)

## 12.4 카복실산

**카복실산(carboxylic acid)**은 하이드록실기가 카보닐기에 결합된 카복시기를 포함한 화합물이다. 카복실산에 대한 체계적 이름은 카복실기를 포함한 가장 긴 사슬을 어근으로 사용해서 그 말단에 어미 -산(-oic acid)을 가해 준다. 알데하이드에서와 같이 사슬에서 번호붙임은 카복실기의 탄소로부터 시작한다.

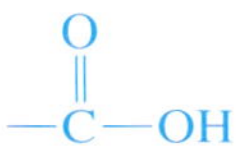

Carboxy group

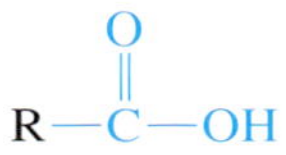

Carboxylic acid

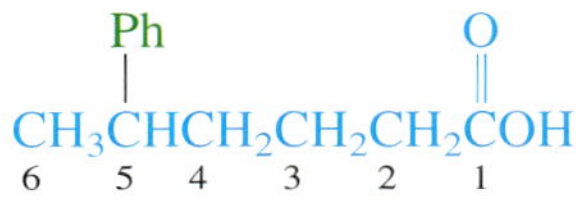

5-Phenylhexanoic acid
(번호붙임은 항상 카복시 탄소에서 시작한다.)

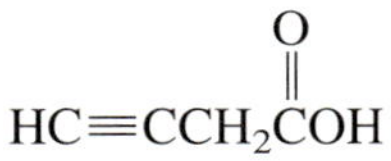

3-Butynoic acid

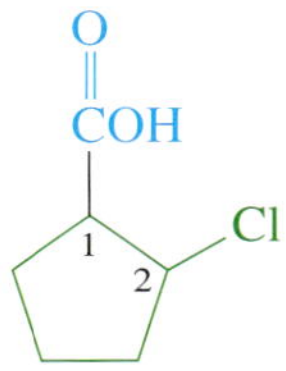

2-Chlorocyclopentanecarboxylic acid
(알데하이드의 명명에서 -카보알데하이드 어미를 사용한 것과 같다. 고리에 카복시기가 결합된 고리 화합물은 고리의 이름에 어미 -카복실산을 붙인다.)

카복실산은 산성인 특성 때문에 천연물질로부터 쉽게 분리할 수 있다. 그러므로 유기화학 역사의 초기에 많은 카복실산이 분리되어 속명을 얻은 것이 대단히 많다. 많은 속명이 유기문헌에 남아 있다. 이 중 친숙한 것은 개미(라틴어로 개미는 *formica* 이다)에서 분리한 폼산과 식초(라티어로 식초는 *acetum*이다)로부터 분리한 아세트산이다. 이미 언급한 것처럼 네-탄소에 대한 어근은 네-탄소산, 뷰틸산의 속명에서 온 뷰트-(but-)이다. 뷰틸산은 산패한 버터(라틴어로 버터는 *butyrum*이다)에서 분리하였다. 마찬가지로 세-탄소사슬에 대한 어근은 세-탄소산, 프로피온산에 대한 속명에서 온 프로-(prop-)이다. 이 산은 지방에서 유래하는 가장 작은 산이며 그 이름은 그리스어 프로-(첫 번째)와 피온(지방)으로부터 유래하였다. 방향족 카복실산은 벤조산의 유도체로 명명된다.

Formic acid
(methanoic acid)

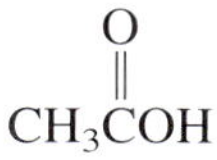

Acetic acid
(ethanoic acid)

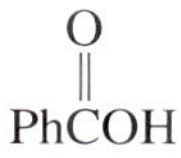

Benzoic acid

**문제 12.11** 다음 화합물의 이름을 써라.

**a)** 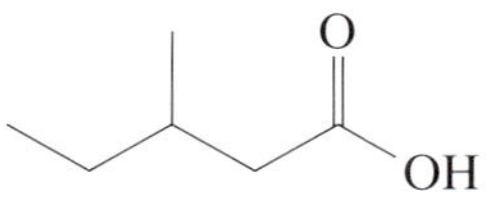

**b)** 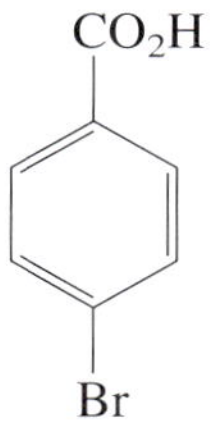

**c)** 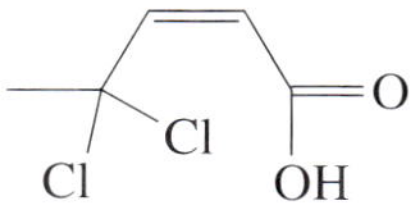

**d)** 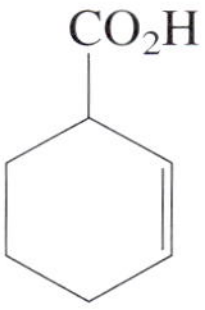

**e)** 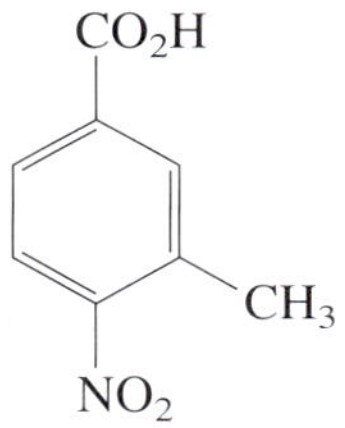

**f)** 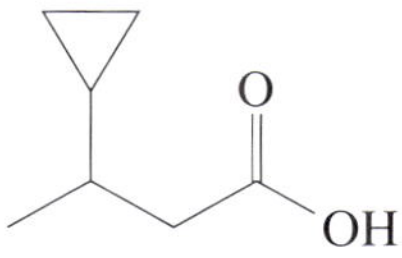

**문제 12.12** 다음 화합물의 구조를 써라.

**a)** 6-브로모-3,5-다이클로로헥산

**b)** 사이클로뷰테인카복실산

**c)** *m*-클로로벤조산

**d)** (*E*)-3-페닐-2-프로펜산

카복시기는 카보닐기 혹은 하이드록시기보다 더 극성이므로 다른 카복시기와 수소결합을 형성할 수 있다. 그러므로 카복실산은 유사한 분자량을 가진 알코올보다 높은 녹는점과 끓는점을 갖는다. 알코올의 경우처럼 분자량이 작은 카복실산은 물과 섞인다. 탄화수소기가 증가함에 따라 용해도는 감소한다.

**문제 12.13** 수소결합은 아세트산의 경우 대단히 강력하다. 기체상태에서도 두 분자는 두 수소결합에 의해 이합체를 형성한다. 아세트산의 수소결합이합체에 대한 구조를 제시하여라.

카복실산은 약한 산이다. 다음 방정식에서 설명한 것처럼 카복시기의 산소에 결합된 수소를 주면서 반응한다.

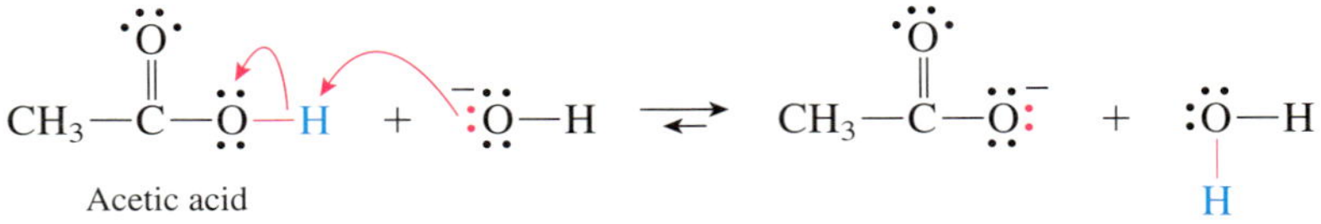

Acetic acid

카복실산은 자연에 존재하지만 대부분은 에스터와 아마이드로 발견된다. 아세트산은 매년 30억 파운드가 생성되는 공업용 화학물질이다. 아세틸살리실산(아스피린)과 이뷰프로펜과 같은 몇 가지 산은 의약분야에서 많이 사용된다.

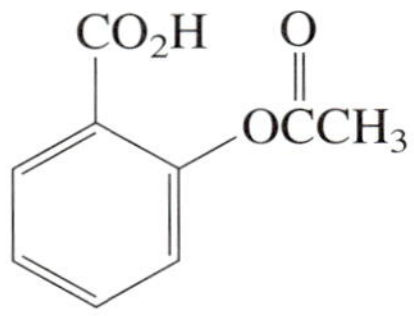

Acetylsalicylic acid
(aspirin)

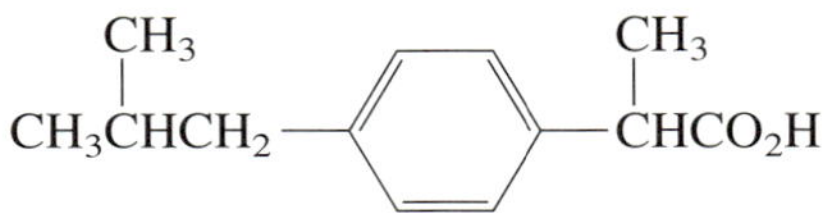

Ibuprofen

## 12.5 카복실산 유도체

카복실산의 하이드록시기를 제거하면 알킬기가 결합된 카보닐기가 남게 된다. 이 기를 **아실기(acyl group)**라 부른다. 아실기에 수소가 결합되면 알데하이드가 된다. 카

**표 12.1 카복실산 유도체**

| 구조 | 작용기의 이름 | 어미 |
|---|---|---|
| $R-C(=O)-Cl$ | Acid chloride<br>or acyl chloride | -yl chloride |
| $R-C(=O)-O-C(=O)-R'$ | Acid anhydride | -ic anhydride |
| $R-C(=O)-O-R'$ | Ester | -ate |
| $R-C(=O)-NH_2$ | Amide | -amide |
| $R-C\equiv N$ | Nitrile | -nitrile |
| $R-C(=O)-O^-$ | Carboxylate salt | -ate |

본이 결합되면 케톤이 된다. 하이드록시기가 결합되면 카복실산이 생성된다. 그러나 아실기에 Cl 혹은 $NH_2$와 같은 다른 **헤테로 원자(heteroatom**, C 혹은 H가 아닌)가 결합되면 카복실산 유도체라 부르는 일련의 화합물이 생성된다. 이 중 중요한 것과 이름과 명명에 사용된 어미를 표 12.1에 수록하였다.

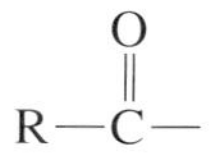

Acyl group

카복실산 유도체는 모두 그들이 생성되는 카복실산과 같은 어근을 사용하여 명명한다. 어근은 항상 카보닐 탄소로부터 시작하며 이 탄소가 항상 1번이 된다.

**산 염화물**(혹은 **염화아실**)은 카복실산의 하이드록시기를 염소로 치환하여 생성된다. 다른 산 할로겐화물도 존재하지만 드물다. 산 염화물은 카복실산 이름의 -산(-ic acid)을 -일 클로라이드(-yl chloride)혹은 염화-일로 치환하여 명명한다.

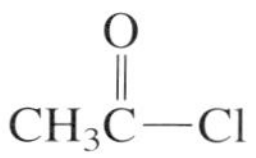

(대응하는 카복실산의 속명은 아세트산이다. -산을 -일 클로라이드로 대치한다.)

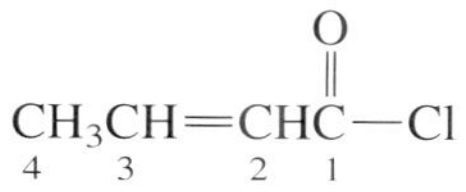

(대응하는 카복실산은 2-뷰텐산이다.)

**산 무수물(acid anhydride)**은 한 산의 아실기로 다른 산의 하이드록시 수소를 치환하여 생성한다. 두 카복실산 분자로부터 물이 제거되어 생성되기 때문에 무수물이라 부른다(한 산으로부터 H와 다른 산으로부터 OH 제거). 같은 카복실산의 두 분자로부터 생긴 대칭인 무수물이 가장 많이 발견된다. 이것은 산의 이름에 어미로 무수물을 사용하여 명명한다(카복실산 이름의 *acid*를 *anhydride*로 대치하여 명명한다).

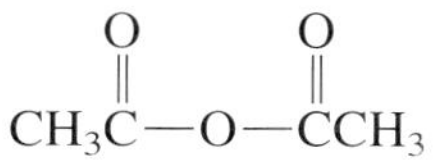

Acetic anhydride
(ethanoic anhydride)

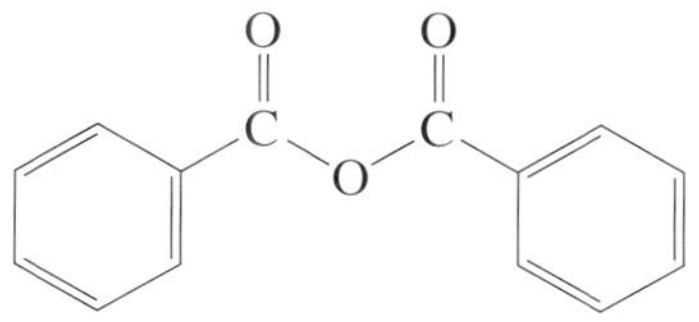

Benzoic anhydride

**에스터(ester)**는 알코올과 카복실산의 결합으로 생성된다. 알코올의 알콕시 (OR)기로 산의 하이드록시기를 치환하여 만들어진다. 그러므로 에스터의 이름은 알코올 부분과 산 부분을 명명해야 한다. 이름은 분리된 두 단어를 사용한다. 산의 이름 뒤에 알킬기의 이름을 붙인다(먼저 R기를 어미 -yl을 사용하여 명명하고 이름에서 이 단어를 먼저 사용한다. 다음에 산 부분을 어미 -ic acid를 -ate로 치환한다. 이것의 이름의 두 번째 단어이다).

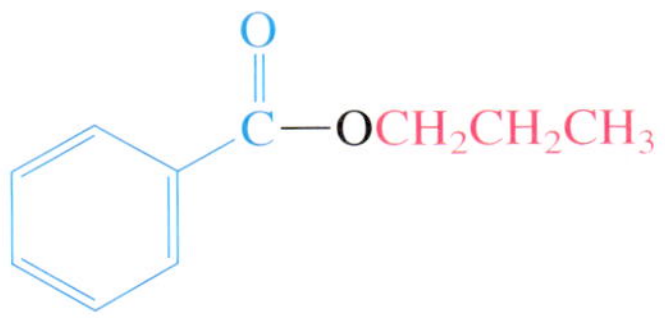

Propyl benzoate

(이 에스터의 적색 부분은 알코올[프로판올]부터 왔고 청색 부분은 카복실산[벤조산]으로부터 왔다. 각 에스터의 어느 부분이 산에서 왔고 어느 부분이 알코올에서 왔는지를 정확히 확인하여라. 프로필과 벤조에이트는 띄어 쓴다.)

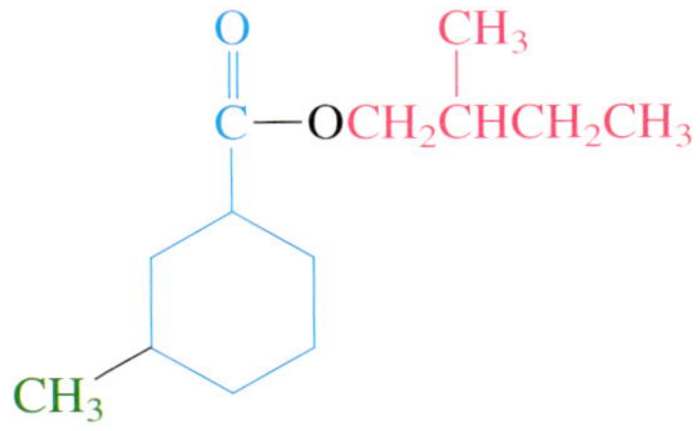

(2-Methylbutyl) 3-methylcyclohexanecarboxylate

(에스터의 알코올 부분의 복잡한 기는 알케인의 복잡한 기와 같은 방법으로 명명한다.)

**아미이드(amide)**는 카복실기의 OH를 $NH_2$(일차 아마이드), NHR(이차 아마이드) 혹은 $NR_2$(산차 아마이드)기로 치환한 것과 같다. 아마이드를 명명하기 위하여 한 말단에 카보닐기를 가진 가장 긴 사슬을 어근으로 선택한다. 체계적인 이름은 이 어근에 대한 **탄화수소 이름**의 어미 -에(-e)를 -아마이드(-amide)로 치환하여 명명한다. 또한 아마이드의 이름은 산의 속명에서 -ic 혹은 -oic acid를 -amide로 치환하여 명명한다. 질소에 결합된 다른 기를 접두어 *N*-로 명명한다.

Pentanamide
a primary amide

(이 이름은 다섯 탄소 탄화수소, 펜테인에서 왔다.)

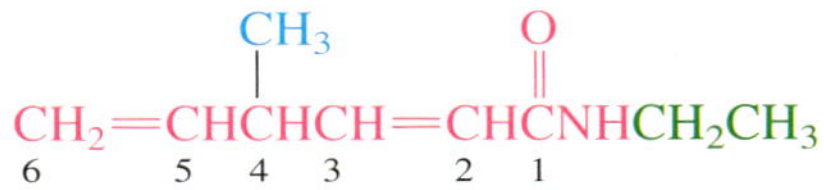

*N*-Ethyl-4-methyl-2,5-hexadienamide
or *N*-ethyl-4-methylhexa-2,5-dienamide
a secondary amide

(*N*-는 에틸기가 질소에 결합되었다는 것을 나타내는 데 사용된다.)

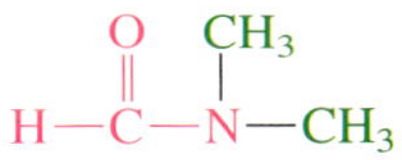

*N,N*-Dimethylformamide
(DMF), a tertiary amide

(한 개의 탄소를 가진 카복실산은 폼산이다.)

**나이트릴**은 아실기를 갖고 있지 않기 때문에 다른 카복실산 유도체와는 관계가 없는 것처럼 보인다. 그러나 그들은 일차 아마이드로부터 물이 제거되어 생성되는 것처럼 보이고(N로부터 H와 카보닐기의 O가 제거) 그들의 화학적 반응이 다른 카복실산 유도체와 연관되어 있다. 그러므로 그들을 다른 카복실산 유도체에 포함시키는 것이 편리하다. 그들은 아마이드와 같은 방법으로 명명한다. 즉 -나이트릴(-nitrile)을 탄화수소의 이름에 붙인다. (— CN 기의 탄소를 계산하는 것을 잊어서는 안된다. 이 탄소가 1번이 된다.) 속명은 카복실산의 속명 -익 산(-ic acid)을 -오나이트릴(-onitrile)로 치환하여 얻는다. 복잡한 화합물에서 — CN기는 사이아노기로 명명한다.

$\underset{5}{CH_3}\underset{4}{C}\equiv\underset{3}{C}\underset{2}{CH_2}\underset{1}{C}\equiv N$

3-Pentynenitrile

(이것은 체계적 이름이다. CN의 C는 1번이기 때문에 연관된 탄화수소는 3-페타인이다.)

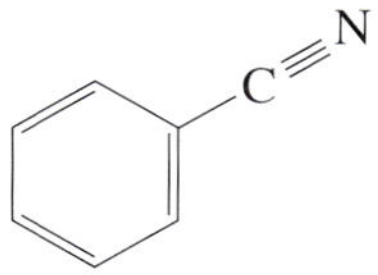

Benzonitrile

(연관된 카복실산은 벤조산이다.)

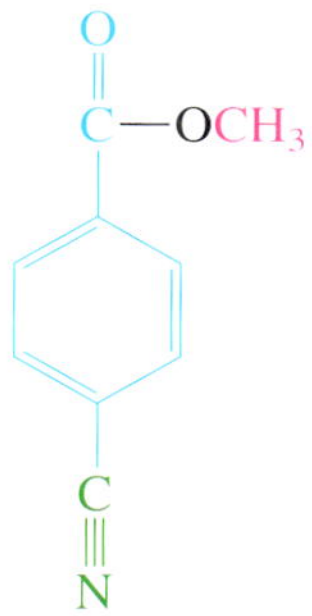

Methyl 4-cyanobenzoate

(1개 이상의 작용기를 가진 이와 같은 복잡한 화합물에서 —CN은 할로겐과 같은 방법으로 어근에 결합된 치환기, 사이아노기로 명명한다.)

**문제 12.14** 다음 화합물의 이름을 써라.

a) 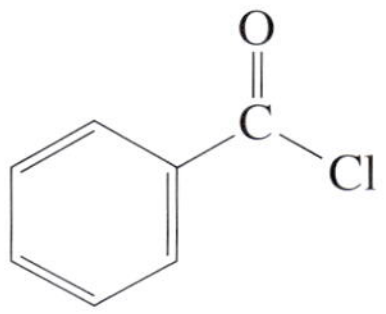

b) $CH_3CH_2\overset{O}{\overset{\|}{C}}O\overset{O}{\overset{\|}{C}}CH_2CH_3$

c) $CH_3CH_2\overset{O}{\overset{\|}{C}}OCH_3$

d) 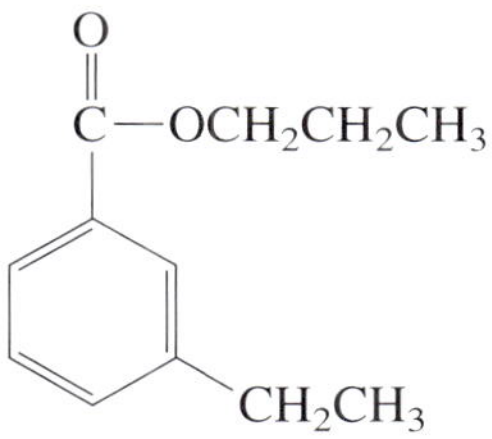

e) 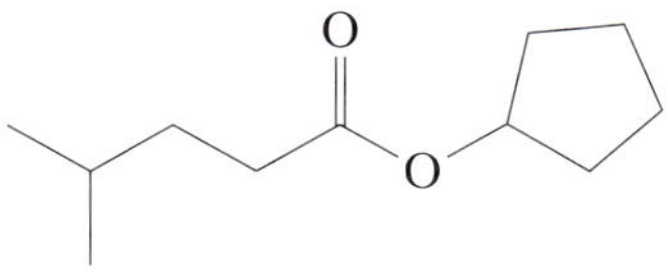

f) 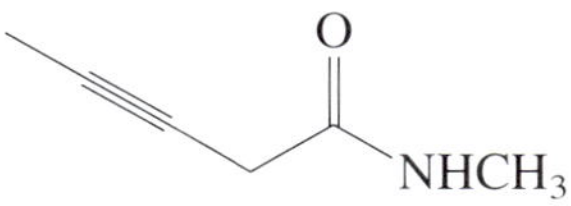

g) 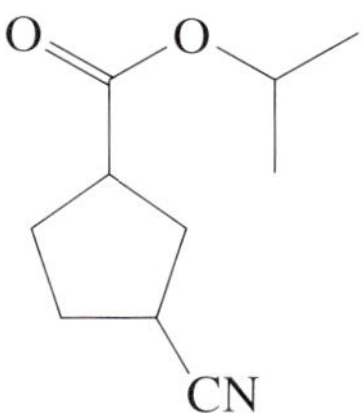

h) 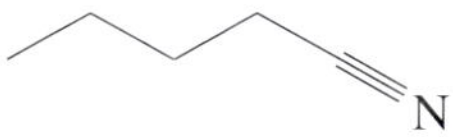

i) 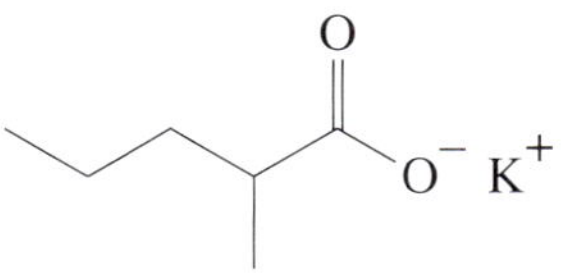

**문제 12.15** 다음 화합물의 구조를 써라.

**a)** 염화 펜탄오일
**b)** *N*,*N*-다이메틸아세트아마이드
**c)** 펜탄산 무수물
**d)** 소듐 *p*-나이트로벤조에이트
**e)** 헥산아마이드
**f)** 아세트산 아이소프로필
**g)** 벤조산 벤질
**h)** 사이클로펜테인카복실산 에틸
**i)** 3-클로로벤조나이트릴
**j)** 3-메틸헵테인나이트릴

**카복실산 염(carboxylate salts)**은 카복실산 음이온(음이온은 카복실산의 OH로부터 양성자를 제거하여 형성된다)과 양이온으로 구성한다. 이들은 에스터와 같은 방법으로 두 단어를 사용하여 명명한다. 첫 단어는 양이온을 나타내며 두 번째 단어는 어미 -에이트(-ate)를 사용하여 카복실산 음이온을 명명한다.

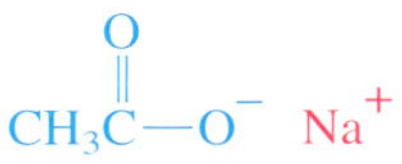
Sodium acetate

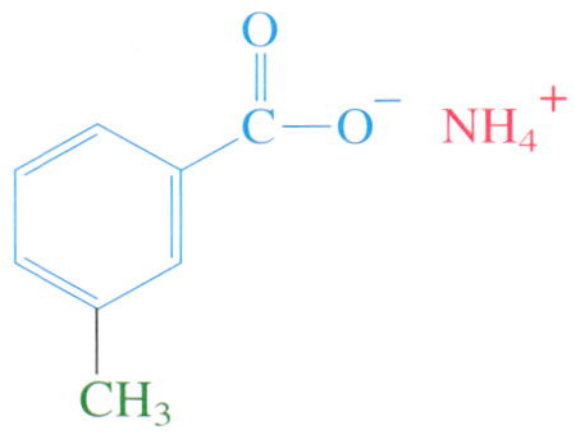
Ammonium 3-methylbenzoate

산 염화물, 산 무수물 및 에스터는 모두 카보닐기를 포함한다. 그러나 이 극성 기의 존재에서 그들의 녹는점과 끓는점에는 적은 영향만을 미친다. 그러나 아마이드는 공면혼성체에 대한 하전된 공명구조의 기여 때문에 상당히 더 극성이다. 더욱이 질소에 결합된 수소를 가진 일차와 이차 아마이드는 그들 자신 수소결합을 형성할 수 있다. 이런 이유 때문에 아마이드는 비슷한 분자량을 가진 카복실산보다 높은 온도에서 녹고 끓는다.

An amide

표 12.2에 거의 같은 분자 질량을 가지고 다양한 다른 작용기를 포함한 일련의 화합물의 녹는점과 끓는점을 수록하였다. 극성 카보닐기를 도입하면 녹는점과 끓는점이 증가한다. 에스터에 대한 효과는 적지만 알데하이드와 케톤에 대해 특히 끓는점이 높다. 알코올에 대해서는 수소결합 때문에 끓는점이 더 증가한다. 카보실산은 카보닐기의 극성, 수소결합 때문에 더 녹는점과 끓는점이 증가한다. 끝으로 아마이드는 큰 극성과 수소결합을 형성할 수 있는 능력이 결합된 결과로 가장 높은 녹는점과 끓는점을 나타낸다.

**표 12.2** 비슷한 분자 질량을 가진 화합물의 녹는점과 끓는점에 미치는 작용기 효과의 비교

| 구조 | 작용기 | mp (°C) | bp (°C) |
|---|---|---|---|
| $CH_3CH_2OCH_2CH_3$ | Ether | −116 | 35 |
| $CH_3\overset{O}{\overset{\|}{C}}OCH_3$ | Ester | −98 | 57 |
| $CH_3CH_2CH_2\overset{O}{\overset{\|}{C}}H$ | Aldehyde | −99 | 76 |
| $CH_3CH_2\overset{O}{\overset{\|}{C}}CH_3$ | Ketone | −86 | 80 |
| $CH_3CH_2CH_2CH_2OH$ | Alcohol | −90 | 117 |
| $CH_3CH_2\overset{O}{\overset{\|}{C}}OH$ | Carboxylic acid | −21 | 141 |
| $CH_3CH_2\overset{O}{\overset{\|}{C}}NH_2$ | Amide | 81 | 213 |

**문제 12.16** 어느 화합물이 더 높은 녹는점 혹은 끓는점을 가지는가를 설명하여라.

**a)** $CH_3CH_2CH_2\overset{O}{\overset{\|}{C}}NH_2$ 혹은 $CH_3\overset{O}{\overset{\|}{C}}N(CH_3)_2$, 녹는점

**b)** $CH_3CH_2CH_2\overset{O}{\overset{\|}{C}}OH$ 혹은 $CH_3CH_2\overset{O}{\overset{\|}{C}}OCH_3$, 끓는점

**c)** 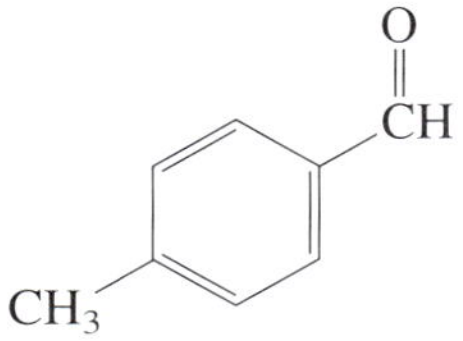 혹은 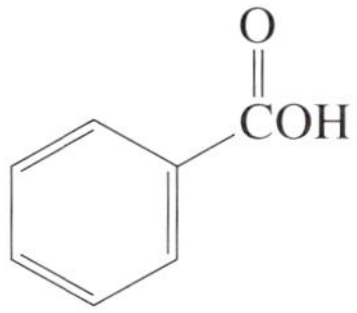 , 끓는점

**d)** $CH_3CH_2CH_2\overset{O}{\overset{\|}{C}}OH$ 혹은 $CH_3CH_2CH_2\overset{O}{\overset{\|}{C}}NH_2$, 녹는점

일반적으로 산 염화물과 산 무수물은 자연에 존재하기에는 너무 반응성이 크고 나이트릴은 자연에 드물다. 한편 에스터와 아마이드는 대단히 보편적이다. 많은 에스터는 상쾌한 냄새를 가지며 과일과 꽃의 향기로운 냄새의 성분이 된다. 그들은 천연과 인공 조미료의 성분이 된다. 예를 들면 아세트산 아이소펜틸은 강한 바나나향을 가지며 뷰탄산 메틸은 인공 럼주 조미료로 사용된다. 전형적인 지방은 긴 사슬 지방산과 트라이올인 글리세롤로부터 형성되는 트라이에스터이다.

Isopentyl acetate

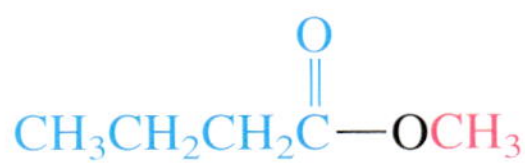

Methyl butanoate

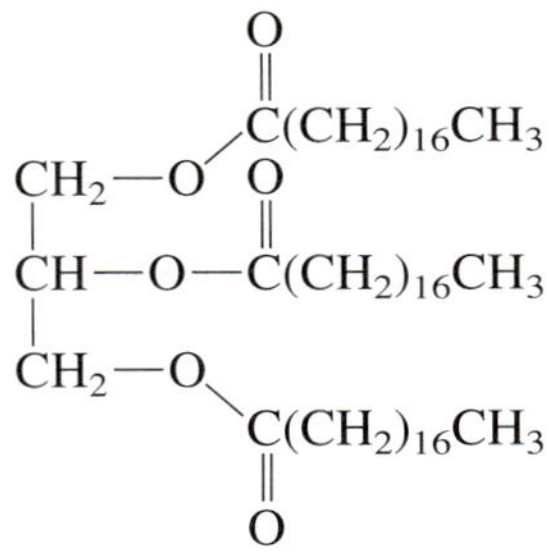

지방

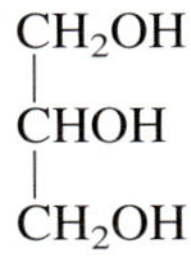

Glycerol

아마이드는 생리적 활성을 나타낸다. 아세트아미노펜, 진통제와 리제르그산의 다이에틸 아마이드(LSD), 환각제는 그 예이다. 단백질의 중요한 펩타이드 결합은 실제로는 아마이드결합이다. 다이메틸폼아마이드(DMF)와 다이메틸아세트아마이드(DMA)는 유기 실험실에서 중요한 용매이다. 이들은 극성이 커서 비극성 유기 화합물 이외에 많은 이온성 시약을 녹일 수 있다. 아마이드의 질소와 카보닐 기 간의 강한 결합과 산으로 작용할 수 있는 수소가 없기 때문에 반응성이 약하고 비양성자성이기 때문에 특별히 $S_N2$에 대해 좋은 용매이다.

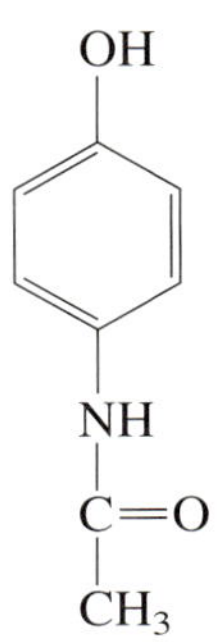

Acetaminophen

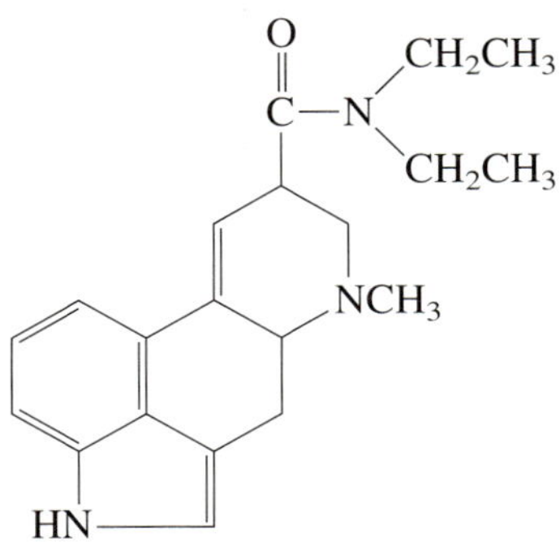

Lysergic acid diethylamide (LSD)

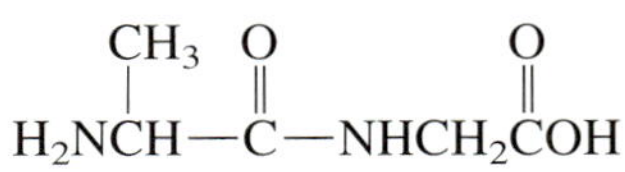

A dipeptide

Dimethylformamide
(DMF)

Dimethylacetamide
(DMA)

## 12.6 황과 인 화합물

황은 주기표에서 산소 바로 아래에 있다. 산소와 같이 2가를 나타낸다. 그러므로 알코올과 에터의 황 유사체를 흔히 만나게 된다. 그러나 황은 주기표의 3주기에 있기 때문에 더 높은 원자가를 가질 수 있다. 황에 대한 넷 혹은 여섯 결합을 가진 구조는 흔하다. 유기화학에서 중요한 "확충된 원자가" 화합물은 한 개 혹은 두 개의 여분의 산소와 결합된 황을 갖는다.

마찬가지로 인은 주기표에서 질소 바로 밑에 있다. 그러므로 원자가는 3이다. 인에 대해 5개의 결합을 가진 확충된 원자가를 가진 구조, 특히 산소에 대한 여분의 결합이 있는 구조가 보편적이다. 이 교재는 모든 가능한 황과 인 화합물에 관여하지 않으며 그 명명에 많은 시간을 소비하지 않는다. 대신 유기화학과 생화학에서 가장 중요한 것만을 간추릴 것이다. 몇 가지 보편적인 황화합물의 논의에서부터 시작해보자.

알코올의 황 유사체를 **싸이올(thiol)** 혹은 **머캅탄(mercaptan)**이라 한다. 이들은 알코올과 같은 일반적인 방법으로 명명한다. 탄수화물의 이름에 어미 -싸이올(-thio)을 가해준다(화학에서 싸이- 혹은 싸이오- 는 그리스어 황(*theion*)으로부터 왔으며 황을 포함한 화합물이라는 것을 나타내는 데 사용된다). 그러므로 에탄올의 황 유사체, $CH_3CH_2SH$는 에테인싸이올이라고 부른다. 탄화수소 이름의 말단 "에(e)"는 발음을 돕기 위하여 사용된다. 에터의 황 유사체는 **설파이드(sulfide)**라 부른다. 에터와 같은 방법으로 명명하며 에터를 설파이드로 대치한다. 다음에 싸이올과 설파이드의 예를 나타내었다.

3-Methyl-1-butanethiol

2-Butene-1-thiol

Dimethyl sulfide

유기 황화합물, 특히 휘발성(낮은 분자 질량) 싸이올의 특성은 불쾌한 냄새를 갖는다. 예를 들면 3-메틸-1-뷰테인싸이올과 2-뷰텐-1-싸이올은 스컹크 냄새의 성분이다. 메테인싸이올과 에테인싸이올을 소량 무색인 천연 가스에 가해주면 새는 것을 쉽게 검출할 수 있다. 싸이올과 설파이드의 화학적 성질은 알코올과 에터의 성질과는 다르다. 싸이올은 알코올보다는 상당히 강한 산이며 이 화합물의 황 원자는 그 유사체의 산소보다 더 친핵성이다. 이들은 치환반응에서 우수한 친핵체이다.

유기 화학에서 중요한 다른 황 화합물은 **설폭사이드(sulfoxide)**와 **설폰(sulfone)** 작용기에서와 같이 황에 결합된 추가적인 산소를 갖는다. 이 화합물의 화학은 이 교재에서 상세히 다루지 않겠다. 그러나 다이메틸설폭사이드(DMSO)는 많은 유기반응에서 사용되는 중요한 용매라는 것을 주목하여라. 상당히 극성이므로 이 용매는 유기 화합물과 무기 시약을 다 용해한다. 반응성이 없기 때문에 많은 반응에서 간섭하지 않는다. 또한 비양성자성 용매이다.

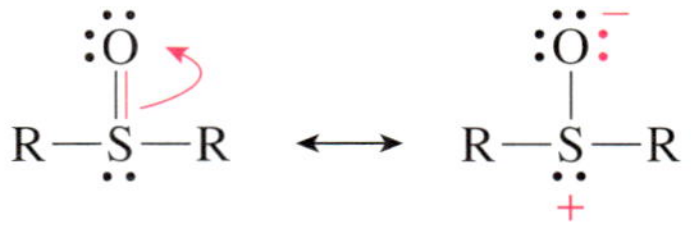

A sulfoxide

A sulfone

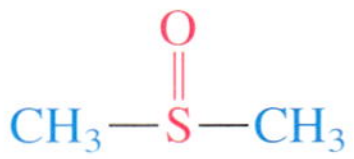

Dimethylsulfoxide
(DMSO)

황-포함 화합물의 다른 중요한 기는 황산으로부터 얻을 수 있다. 황산의 OH의 하나를 탄소 기로 치환하면 **설폰산(sulfonic acid)**이라 부르는 새로운 작용기를 형성한다. 설폰산은 강한 산이며 세기가 황산과 비슷하다. *p*-톨루엔설폰산은 유기용매에 용해되는 강산이 필요할 때 사용된다. 설폰산의 화학은 카복실산의 그것과 유사하다. 그러므로 카복실산 유도체와 같이 설폰산 유도체는 염화 설폰일, 설폰산 에스터 및 설폰아마이드를 포함한다. 다음 예에 나타낸 것처럼 이 화합물들의 명명법은 탄화수소의 이름에 -설폰(-sulfon)을 붙인다. 카복실산 유도체에 대해 사용했던 것과 같은 최종 어미를 붙인다.

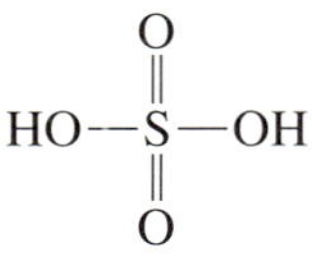

Sulfuric acid

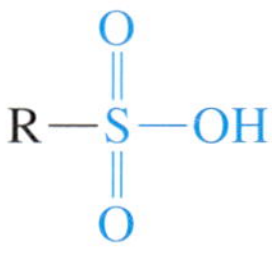

A sulfonic acid

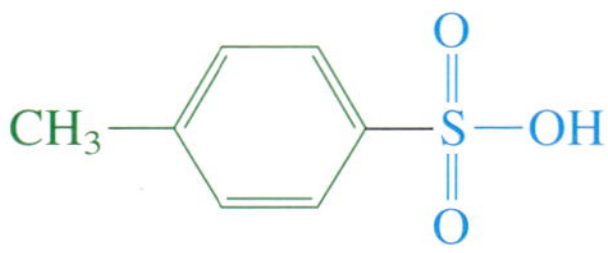

*p*-Toluenesulfonic acid
(어미 -설폰산(-sulfonic acid)을 탄화수소 이름에 붙인다.)

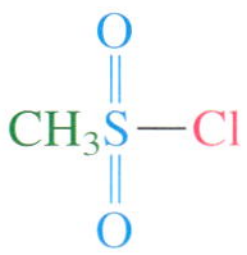

Methanesulfonyl chloride
(sulfonyl chloride)

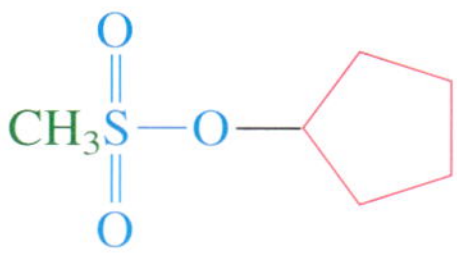

Cyclopentyl methanesulfonate
(sulfonate ester)

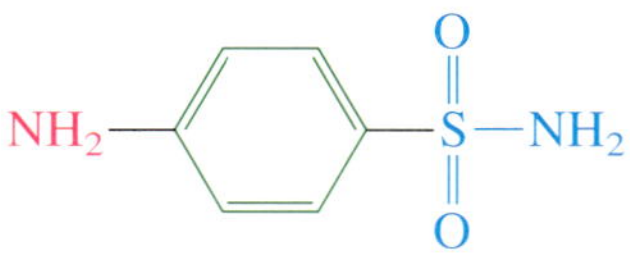

*p*-Aminobenzenesulfonamide
(sulfonamide)
(설파닐아마이드, 설파제로 더 잘 알려져 있다.)

아민의 인 유사체를 **포스핀(phosphine)**이라 부른다. 모체 $PH_3$는 포스핀이라 부르며 불쾌한 냄새를 가진 독성이 있는 기체이다. 트라이페닐포스핀은 유기반응에 응용되는 좋은 친핵체이다. 인산에서 유도되는 에스터는 생체 내에서 중요한 역할을 한다. 인산의 하나, 둘 및 모든 세 OH기를 OR기로 치환하면 다양한 인산 에스터로 치환된다. 물에서 산-염기반응에 의해 생성되는 음이온은 인산 이알킬 수소의 이온화에 의해 생성되며 특별히 생물계에서 중요하다. 이 작용기는 DNA와 RNA의 골격을 형성한다. 다른 예로 포스파티딜콜린은 세포막의 중요한 성분인 인지질이다.

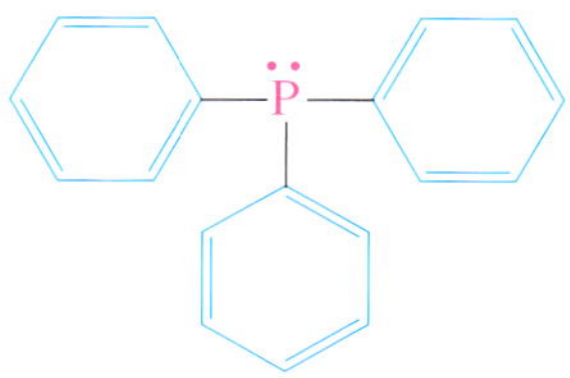

Triphenylphosphine

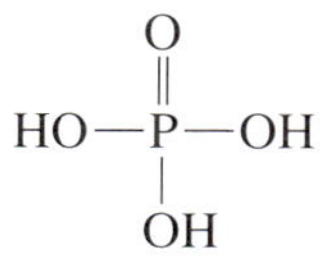

Phosphoric acid

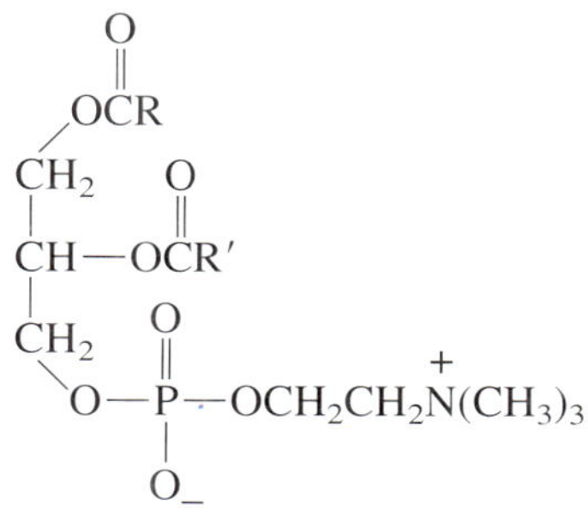

Phosphatidylcholine

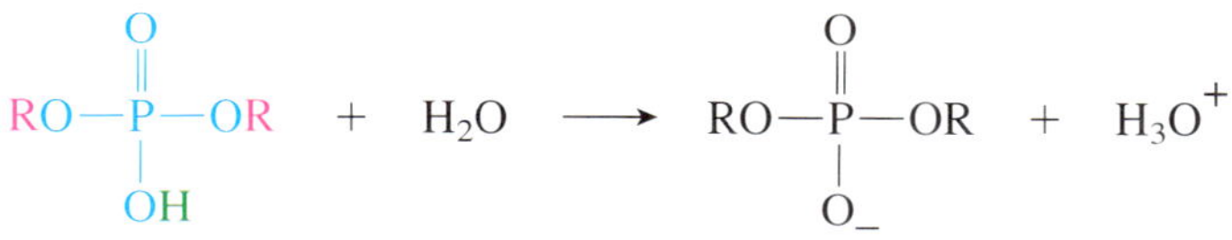

dialkyl hydrogen phosphate

**문제 12.17** 다음 화합물의 이름을 써라.

a) 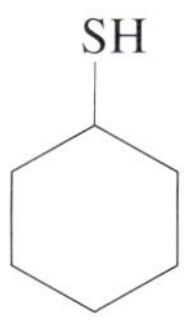

b) 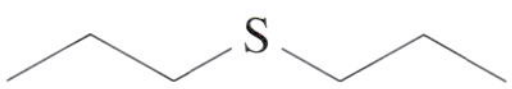

c) 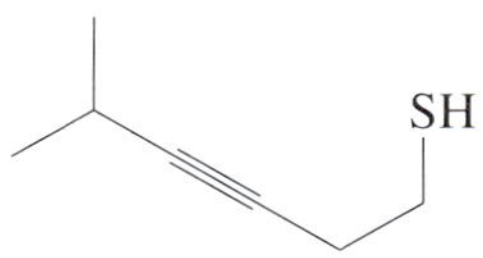

d) 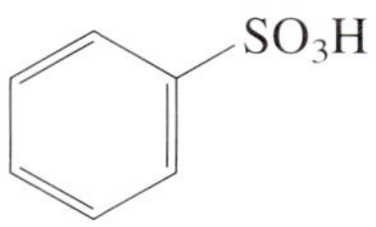

e) 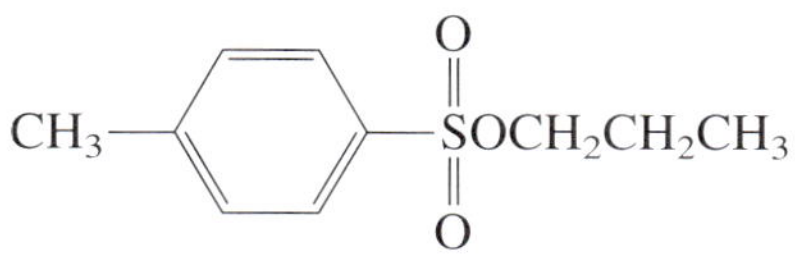

**문제 12.18** 다음 화합물의 구조를 써라.

**a)** 2-뷰테인싸이올

**b)** 베젠싸이올

**c)** 메테인설폰산 아이소프로필

**d)** *p*-브로모벤젠설폰산

**e)** 페닐 트라이클로로메틸 설파이드

## 12.7 몇 가지 작용기를 가진 화합물의 명명

지금까지 이 교재에서 만난 대부분 화합물은 상당히 단순하다. 더욱이 단항 개의 작용기를 포함한 탄소-탄소 이중결합 혹은 삼중결합은 -아인올 혹은 -다이엔올과 같은 접미사를 사용하여 명명할 수 있다. 그러나 한 개 이상의 헤테로원자 작용기를 포함한 화합물에 대해서는 이 작용기 중의 하나만을 접미사로 사용하여 명명할 수 있다. 알코올과 케톤 작용기를 가진 다음 화합물을 예로 생각해보자.

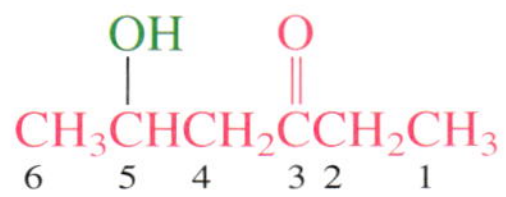

5-Hydroxy-3-hexanone
혹은
5-hydroxyhexan-3-one

두 작용기를 다 어미로 나타낼 수 없기 때문에 그 중 하나를 우선순위가 높은 작용기로 선택하여 번호붙임과 어미를 조절하는 데 사용된다. 접두사는 주 사슬에서 낮은-우선순위 작용기의 존재를 나타내는 데 사용된다. 앞의 화합물의 경우에는 알코올보다 케톤이 우선순위가 높기 때문에 -온 어미가 사용된다. 카보닐 탄소가 적은 번호가 되도록 오른편 탄소로부터 번호붙임이 시작된다. OH기의 이름은 하이드록시이다. 그러므로 화합물의 이름은 5-하이드록시-3-헥산온이다. 표 12.3에 선택한 몇 가지 작용기의 이름과 우선순위를 수록하였다. 다른 복잡한 분자의 명명에 대한 예를 다음에 나타냈다.

**표 12.3 선택된 작용기의 우선순위**

| 작용기 | 접두어 | |
|---|---|---|
| Carboxylic acid | | 가장 높은 우선순위 |
| Ester | | ↑ |
| Acid chloride | | |
| Amide | | |
| Aldehyde | oxo- | |
| Nitrile | cyano- | |
| Ketone | oxo- | |
| Alcohol | hydroxy- | |
| Amine | amino- | 가장 낮은 우선순위 |
| Ether | alkoxy- | |
| Halogen | fluoro-, chloro-<br>bromo-, iodo- | |
| $-NO_2$ | nitro- | |

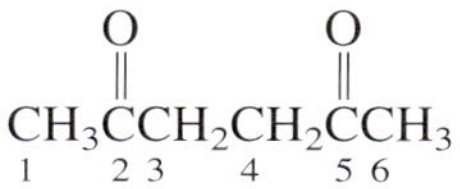

2,5-Hexanedione
혹은
hexan-2,5-dione

(몇 개의 동일한 작용기가 존재하면 다이-, 트라이- 등으로 나타낼 수 있다.)

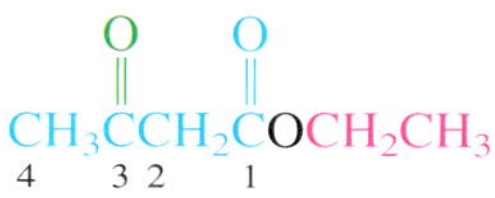

Ethyl 3-oxobutanoate
(ethyl acetoacetate)

(에스터기는 우선순위가 높기 때문에 번호붙임과 어미를 결정한다. 케톤기를 접두사 옥소-에 의해 명명한다. 속명에서 $CH_3C{=}O$ 기는 아세틸 혹은 아세토라 부른다.)

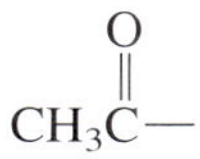

The acetyl 혹은 aceto group

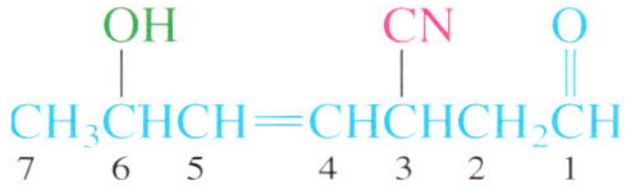

3-Cyano-6-hydroxy-4-heptenal

(알데하이드가 우선순위가 높은 작용기이므로 OH와 CN을 접두사기로 나타낸다.)

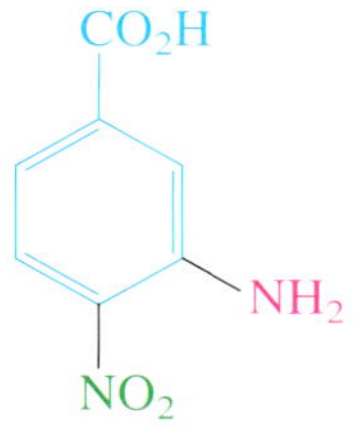

3-Amino-4-nitrobenzoic acid

(산기가 가장 높은 우선순위를 갖는다.)

**문제 12.19** 다음 화합물의 체계적 이름을 써라.

a) 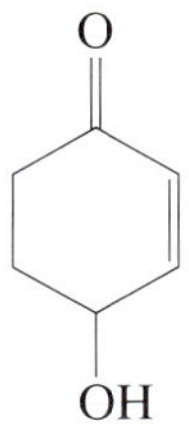

b) 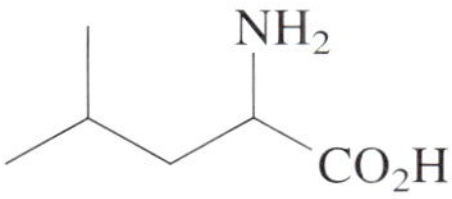

Leucine
(amino acid)

c) 

d) 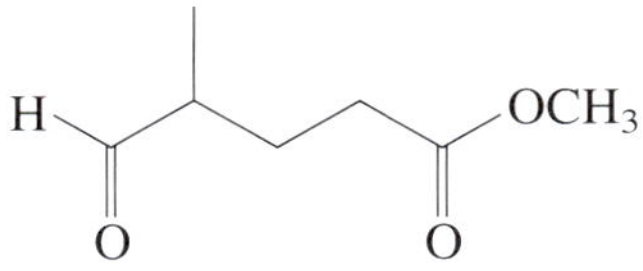

e) 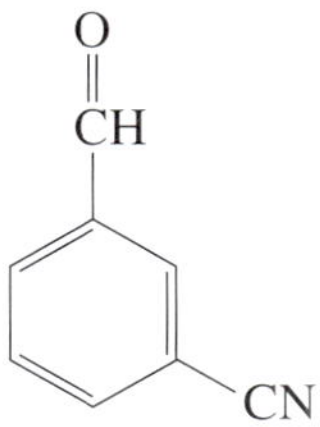

f) 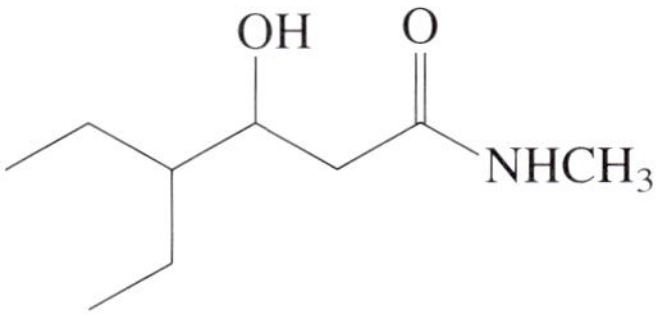

g) 

h) 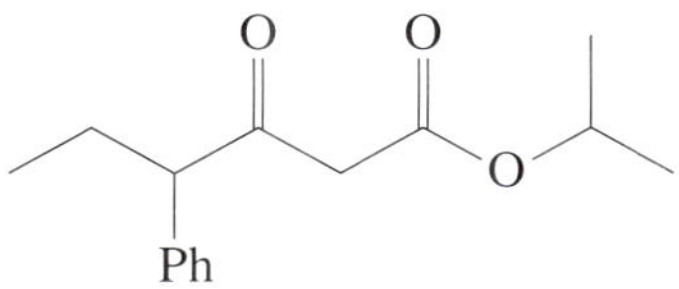

**문제 12.20.** 다음 화합물의 구조를 써라.

**a)** 1,6-헥산다이산
**b)** 2-에틸-2-하이드록시뷰탄산 에틸
**c)** 2-아미노-3-사이클로헥실-1-프로판올
**d)** 2-하이드록시-5-옥텐산 *t*-뷰틸
**e)** 2-N,N-3-트라이메틸-2-옥소뷰탄아마이드
**f)** 2-아미노-3-페닐프로피온산

살펴본 바와 같이 유기 명명은 대단히 복잡한 과제이다. 그러므로 모든 유기화합물을 다 명명할 수 있을 것으로 기대할 수는 없다. 그러나 5장과 이 장에서 규칙과 예를 근거로 한 명명의 지식은 유기화학에서 읽고 논의하기에 충분하다.

끝으로 유기 명명은 정확한 과학이 아니라는 것을 알아야 한다. 복잡한 분자에서 분명치 않은 경우가 있고 하나 이상의 정확한 체계적 명명이 생길 수 있다. 더욱이 복잡한 분자는 짧은 속명으로는 확인할 수 없고 다루기 힘든 길고 복잡한 체계적 이름으로 확인할 수 있다. 예로 코데인의 체계적 이름은 대부분의 화학자에게 화합물에 대한 즉각적인 정보를 거의 제공하지 못하고 있다. 그러므로 실제로 많은 화합물에 대한 속명이 계속 만들어지고 있다. 예를 들어 체계적 이름, 펜타사이클로[4.2.0.0$^{2,5}$.0$^{3,8}$.0$^{4,7}$] 옥테인은 그 구조를 알아보기 위하여 연필과 종이를 사용해서 주의해서 분석해보지 않으면 안 된다. 그러나 이 화합물이 처음 합성되었을 때 주어진 속명은 즉시로 이 화합물의 구조를 머릿속에 그릴 수 있게 해준다. 이 화합물의 속명은 큐벤이다.

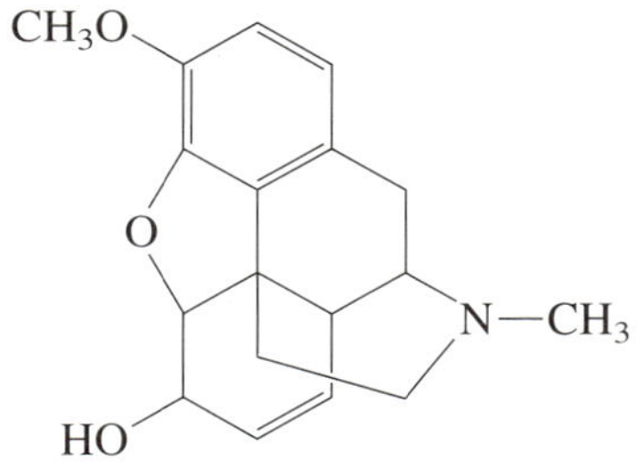


Codeine

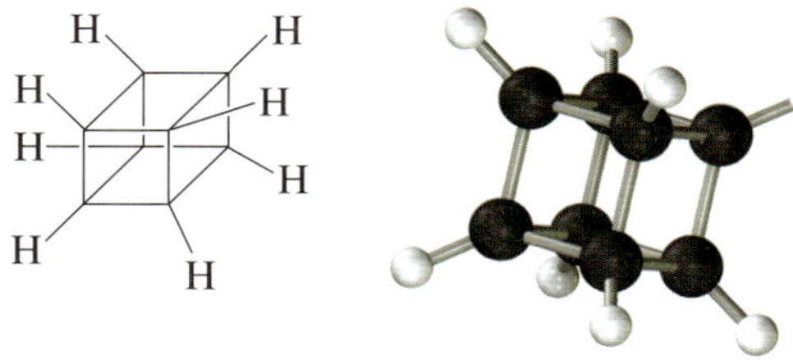


Cubane

# 추가문제

**12.21** 다음 화합물의 이름을 써라.

**a)** 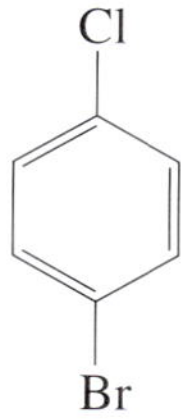

**b)** 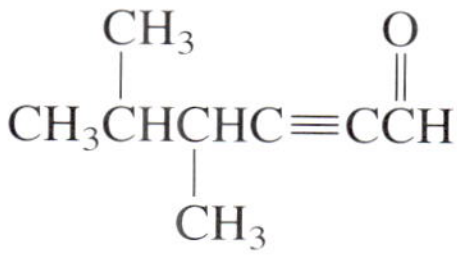

**c)** 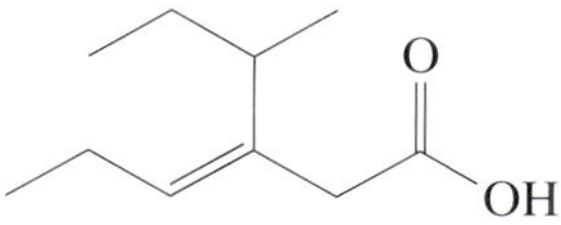

**d)** 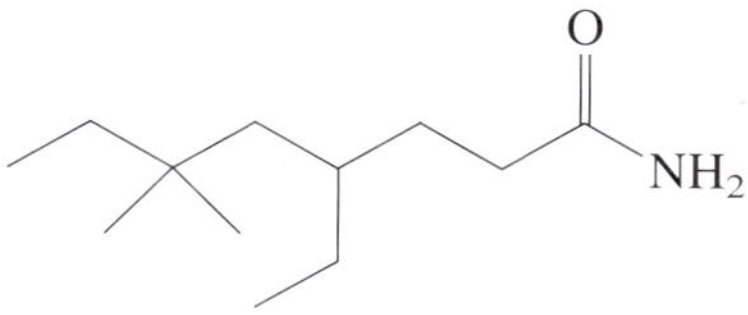

**e)** 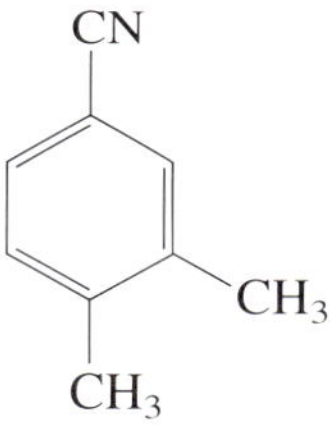

**f)** $CH_3\overset{\overset{\large O}{\|}}{C}OCH_3$

**g)** 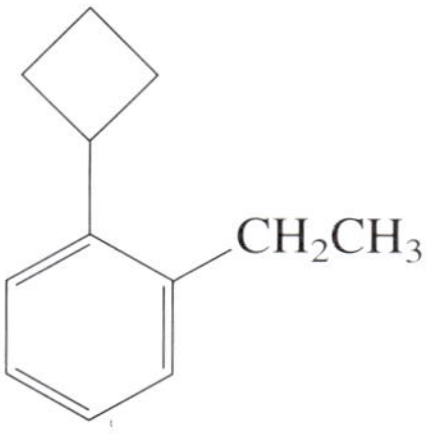

**h)** 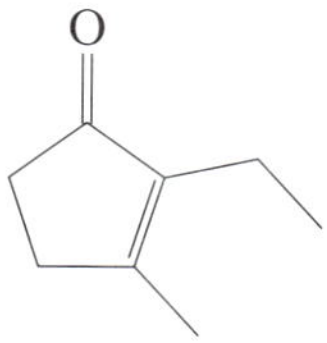

**i)** 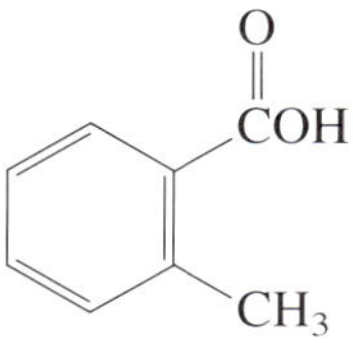

**j)** 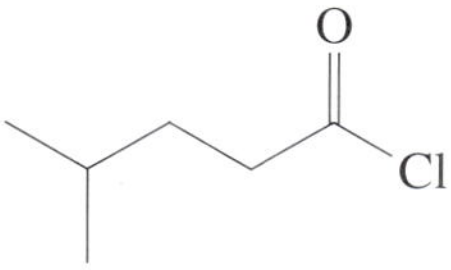

**k)** 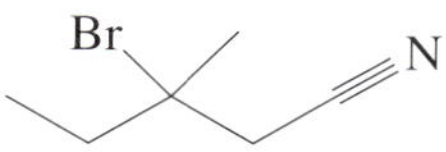

**l)** 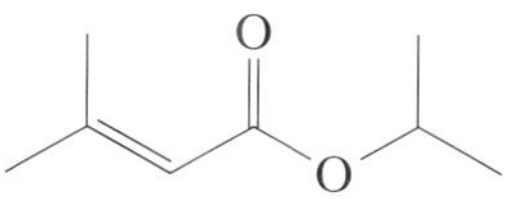

m) 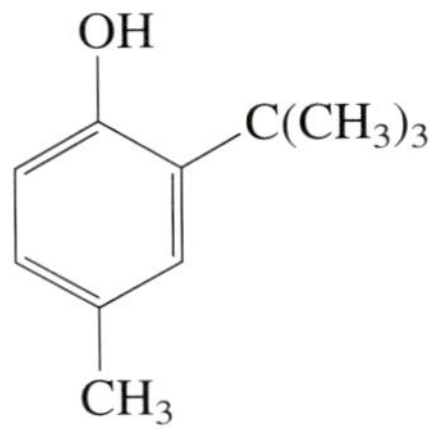

n) 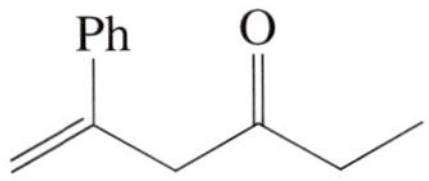

o) 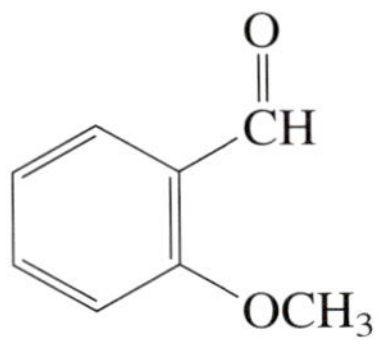

p) 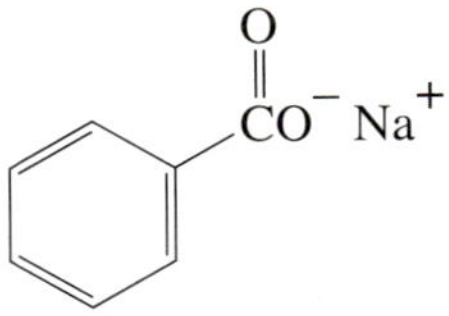

q) 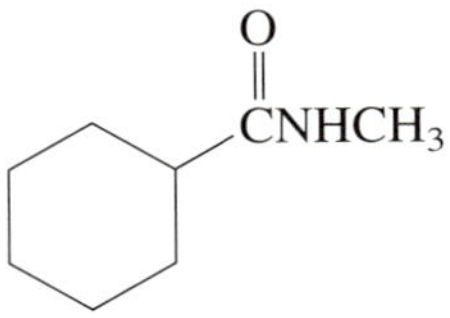

r) 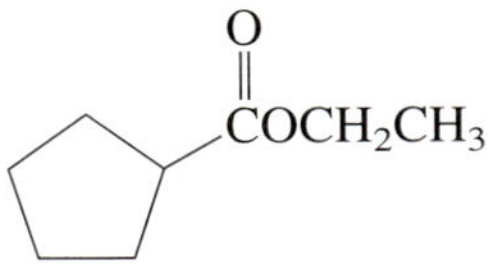

**12.22** 다음 화합물의 구조를 써라.

**a)** 3-메톡시벤조산
**b)** *p*-페닐페놀
**c)** *p*-톨루엔설폰산 2-메틸뷰틸
**d)** 4-사이아노-3,5-다이메틸옥탄알
**e)** 아세트산 소듐
**f)** 2,4-다이나이트로톨루엔
**g)** 3-하이드록시-4-옥소헥산산 에틸
**h)** 염화아세틸
**i)** 2-클로로벤조산 에틸
**j)** 페닐 바이닐 설파이드
**k)** 1,2,4,5-테트라메틸벤젠
**l)** 2,4-사이클로옥타다이엔온
**m)** 아세토나이트릴
**n)** 3-아이소프로필-4-헵텐산 프로필
**o)** *N*-메틸펜탄아마이드
**p)** 2,5-헥세인다이온
**q)** 4-(1-메틸프로필)벤즈알데하이드
**r)** 뷰탄산 무수물
**s)** 4-하이드록시헵탄산
**t)** 2,2-다이에틸사이클로뷰테인카복실산실산

**12.23** 다음 화합물의 이름을 써라.

a) 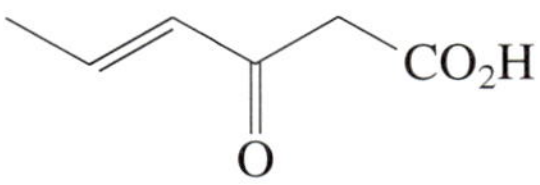

b) 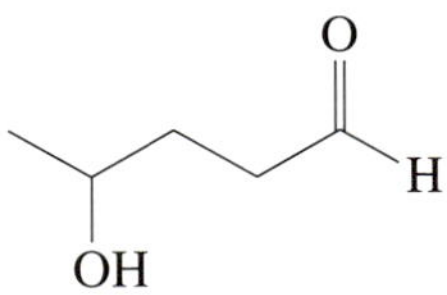

c) 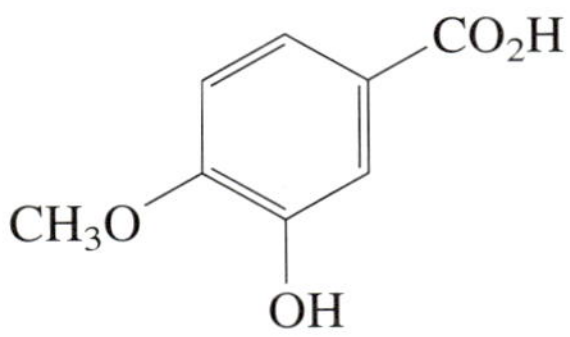

d) 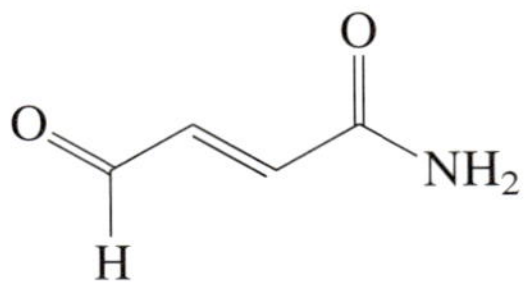

**12.24** 다음 화합물 중 어느 것이 녹는점 혹은 끓는점이 높은가를 설명하여라.

**a)** 녹는점 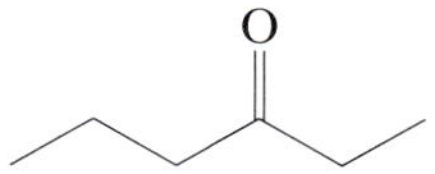 혹은 

**b)** 끓는점 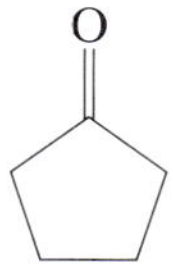 혹은 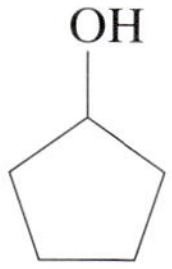

**c)** 끓는점 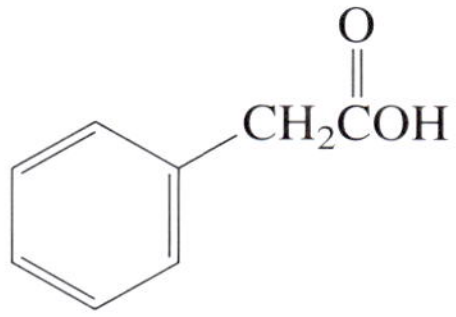 혹은 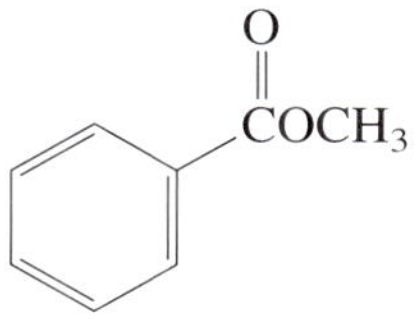

**12.25** 다음 화합물에는 어떤 작용기가 존재하는가?

**a)** $CH_3CH_2-P(CH_3)-Ph$

**b)** 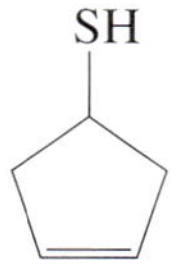

**c)** 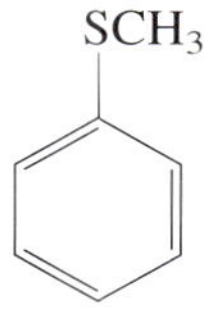

**d)** $CH_3CH_2S(=O)Ph$

**e)** $CH_3S(=O)_2CH_3$

**f)** $CH_3CH_2S(=O)_2OH$

**12.26** 다음 화합물에서 가장 산성인 자리를 확인하여라.

**a)** 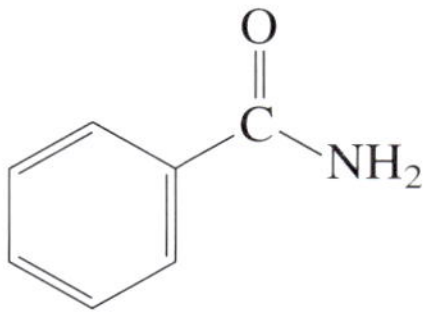

**b)** 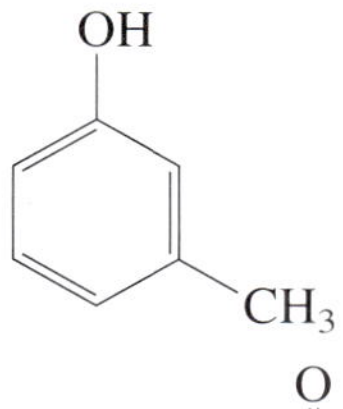

**c)** $CH_3C(=O)OCH_2CH_2CH_3$

**d)** $CH_3CH_2C(=O)CH_2CH_3$

**e)** $CH_3CH_2CH_2C(=O)OH$

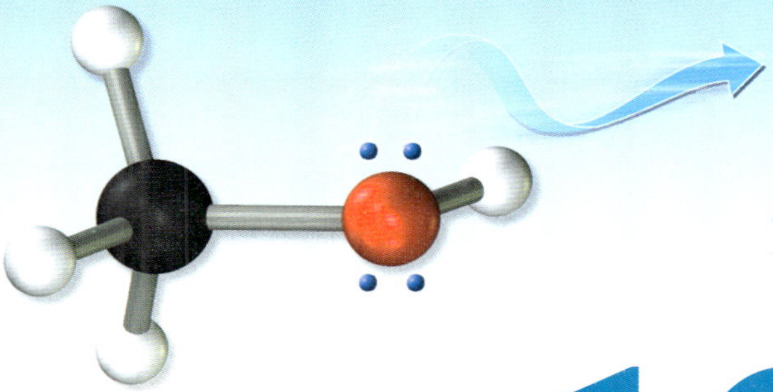

CHAPTER 13

# 적외선 분광학

**유기화학 숙달**

- 적외선 스펙트럼에 있는 중요한 흡수의 예측
- IR 스펙트럼으로부터 화합물 작용기의 결정

유기화학자가 실험실에서 만나게 되는 중요한 일의 하나가 미지화합물의 구조를 결정하는 것이다. 미지화합물은 반응혼합물로부터 분리한 화합물이거나 혹은 의심스러운 약품 시료일 수도 있다. 이런 경우에 화학자들은 항상 어떤 구조가 될 것인가를 생각한다. 식물 혹은 동물에서 분리한 화합물일 수도 있다. 이 경우 이 화합물에 대한 정보를 얻기가 어렵다. 이와 같은 화합물의 구조를 결정하는 것이 엄청난 일이어서 때로는 구조를 결정하는 데 몇 년씩 걸렸던 것이 그렇게 먼 과거가 아니다. 일반적 방법은 미지화합물을 여러 가지 다른 화학반응에 적용하는 것이다. 이들 각 반응은 구조에 대한 상당한 정보를 제공해준다. 분명히 조각 그림 끼워 맞추기와 같이 구조를 조립할 수 있다. 이 과정의 간단한 예를 가오존분해를 사용하여 11.11절에서 설명하였다.

현재 유기화학자들은 짧은 시간에 화합물을 확인할 수 있는 강력한 기기에 의존한다. 이 기기를 사용하면 한 시간 이내에 미지화합물의 구조를 결정할 수 있다. 가장 강력한 세 가지 방법을 이 장과 다음 장에서 도입 하였다. 적외선 분광법과 양성자와 탄소-13 핵자기 공명 분광학이다. **분광학(spectroscopy)**은 전자기 복사선과 분자와의 상호작용에 관한 연구이다.

이 장은 전자기 복사선과 분광학의 논의로 시작한다. 다음에 적외선 분광학을 도입한다. 분자에 존재하는 작용기를 적외선 스펙트럼을 비교하여 어떻게 확인할 것인가를 배우게 될 것이다. 다음 장에서는 핵자기 공명 분광학이 탄화수소 부분의 정보를 제공해 줌으로써 어떻게 적외선 분광학을 보충해줄 것인가를 배우게 될 것이다. 이 기술을 결합하면 미지화합물을 확인하기위한 충분한 정보를 얻을 수 있다.

## 13.1 전자기 복사선

전자기 복사선은 광에 대한 일반적인 용어이다. 눈으로 감지할 수 있는 가시광선이 아니라 적외선, 자외선 및 마이크로파를 포함한 다른 많은 형태를 포함한다. 광은 입자성과 파동성을 갖는다. 광은 **파장(wavelength)** $\lambda$에 의해 특성을 갖는다. 파장은 광파의 한 완전한 사이클의 거리이다. 즉 파의 연속적인 정점 간의 거리이다. 파장은 센티메터, 나노메터와 같은 길의 단위를 갖는다.

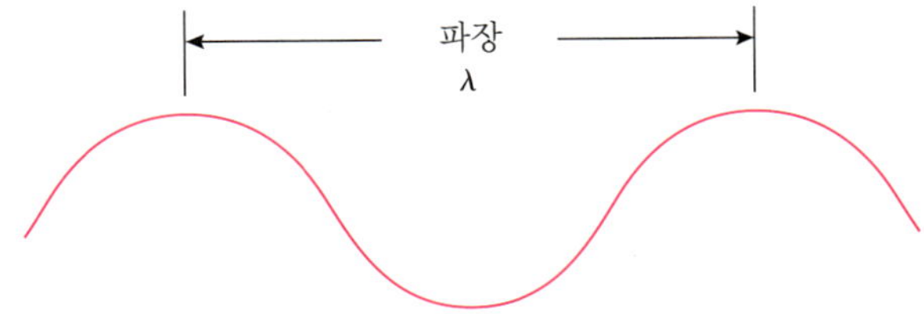


또한 광은 **주파수(frequency)** $\nu$는 1초간에 한 점을 통과하는 파의 사이클 수이다. 주파수의 단위는 초$^{-1}$($s^{-1}$)이고 초당 사이클 혹은 헤르츠(Hz)라 한다. 파장과 진동수의 곱은 광의 속도 ($c$)와 같다.

$$\lambda\nu = c = 3.00 \times 10^8 \text{ m s}^{-1}$$

광자($\epsilon$)의 에너지는 진동수와 Planck 상수의 곱 혹은 Planck 상수와 광속의 곱을 파장으로 나눈 것과 같다.

$$\epsilon = h\nu = hc/\lambda$$
$$h = \text{Planck 상수} = 1.58 \times 10^{-37} \text{ kcal s}(6.63 \times 10^{-37} \text{ kJ s})$$

몇 가지 에너지 값은 kcal/mol(혹은 kJ/mol) 단위를 갖는다. 예를 들어 전형적인 공유 단일-결합세기는 50~100 kcal/mol(210~240 kcal/mol) 범위에 있다. 실온에서 얻을 수 있는 에너지량은 약 20 kcal/mol(84 kJ/mol)이다. 그러므로 비교할 목적으로 광자 한 몰($E$)의 에너지 단위로 kcal/mol(kJ/mol)을 사용하는 것이 편리하다. 이것은 $\epsilon$를 Avogadro수($N = 6.02 \times 10^{23}$ mol$^{-1}$)를 곱한 것과 같다.

$$E = 9.53 \times 10^{-14} \text{ s kcal/mol})(\nu)$$
$$\text{또는 } E = (2.86 \times 10^{-5} \text{ m kcal/mol})(1/\lambda)$$

kJ/mol 단위로는

$$E = (3.99 \times 10^{-13} \text{ s kJ/mol})(\nu)$$
$$\text{또는 } E = (1.20 \times 10^{-4} \text{ m kJ/mol})(1/\lambda)$$

여기서 진동수 $\nu$는 $s^{-1}$ 단위 혹은 파장 $\lambda$는 미터(m) 단위이다. 광의 에너지는 진동수에 직접 비례하며 파장에는 반비례한다.

| **낮은-에너지 광** | **높은-에너지 광** |
|---|---|
| 낮은 주파수 | 높은 주파수 |
| 긴 파장 | 짧은 파장 |

**문제 13.1** 다음 양을 계산하여라.

**a)** 주파수가 $9.00 \times 10^{12}$ Hz인 광의 파장

**b)** 파장이 310 nm인 광의 주파수

**c)** 주파수가 $9.00 \times 10^{12}$ Hz인 광의 에너지(kcal/mol 혹은 kJ/mol)

**d)** 파장이 310 nm인 광의 에너지(kcal/mol 혹은 kJ/mol)

## 13.2 분자와 전자 복사선의 상호관계

3장에서 원자의 전자가 점유할 수 있는 궤도함수를 검토하였다. 이들 궤도함수의 에너지는 **양자화** 되어 있다. 예를 들면 1*s* 궤도함수와 2*s* 궤도함수의 에너지 사이의 중간 에너지를 가진 궤도함수는 없다. 전자 궤도함수의 에너지가 양자화되어 있을 뿐만 아니라 분자의 에너지상태도 양자화되어 있다. 이 사실 때문에 분광학이 가능하다.

설명하기 위하여 두 에너지 상태만을 가진 가상적 분자를 고려해보자(그림 13.1을 보라). 처음에 분자는 낮은 에너지를 갖는다. 즉 **바닥상태(ground state)**에 있다. 분자가 두 상태 간의 에너지 차와 똑같은 에너지를 가진 광, 즉 $h\nu = \Delta E$인 주파수를 가진 광과 상호작용하면 분자는 광을 흡수하여 **들뜬상태(excited state)**라고 부르는 높은-에너지상태로 들뜬다. 광의 에너지가 두 상태의 에너지차와 일치하지 않으면 광은 흡수되지 않는다. **스펙트럼(spectrum)**은 광의 주파수(혹은 파장)에 대한 흡수된 광의 양을 도시한 것이다. 스펙트럼은 분자의 에너지 준위에 대한 정보를 제공해준다. 이 에너지 준위는 분자의 구조에 의존하기 때문에 실제로 이 정보는 화합물의 구조를 결정하는 데 사용된다.

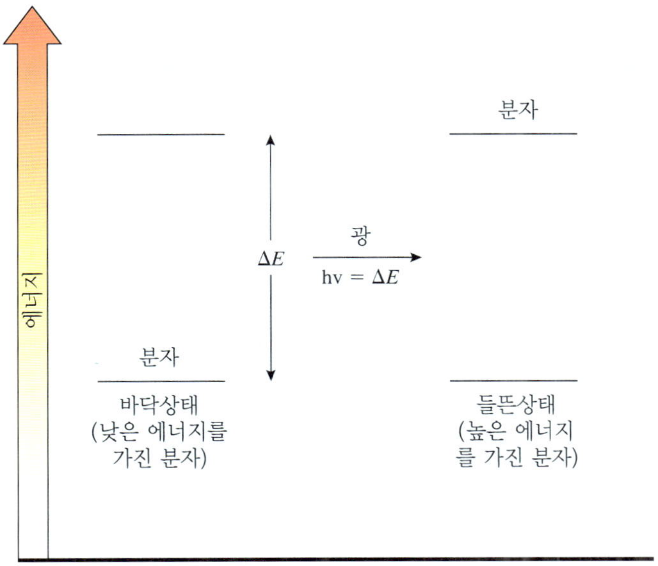


그림 13.1 가상적 분자의 두 에너지 상태.

다음은 흡수 분광계의 간소화한 체계적 그림이다.

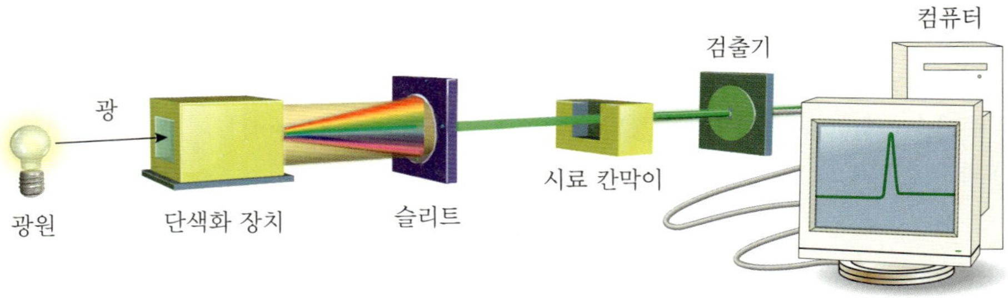


적당한 광원으로부터 얻은 광은 단색화 장치에 통과시킨다. 단색화 장치는 광을 여러 가지 파장으로 분산하는 프리즘과 같은 장치이다. 단색화 장치로부터 나온 광은 광의 어느 파장이 흡수되는가를 측정하기 위하여 시료에 통과시킨다. 검출기는 각 파장에

**그림 13.2 흡수 스펙트라의 형태: ⓐ 선 스펙트럼과 ⓑ 넓은 띠 스펙트럼.**

ⓐ 몇 개의 에너지 준위만이 존재하므로 그들 간의 간격은 충분히 크다. 선 스펙트럼이 생성된다.

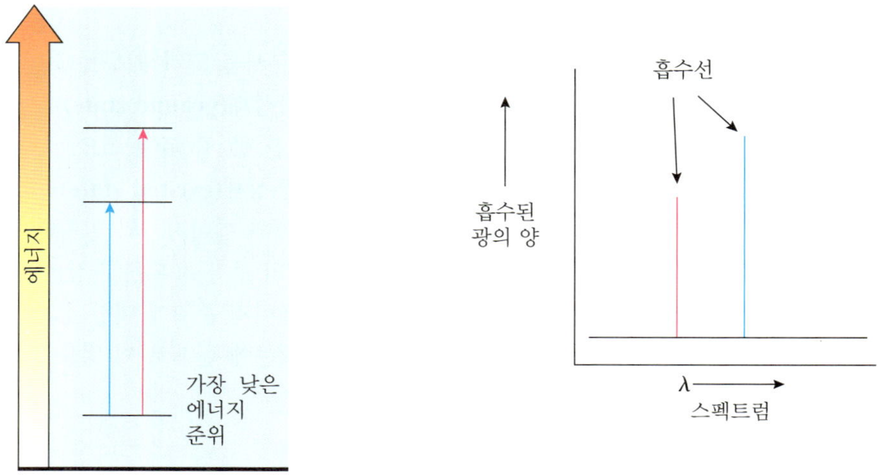


ⓑ 각 에너지 준위에 많은 근접한 간격의 부 준위가 존재하면 개개의 선이 분할될 수 없기 때문에 흡수는 넓은 띠로 나타난다.

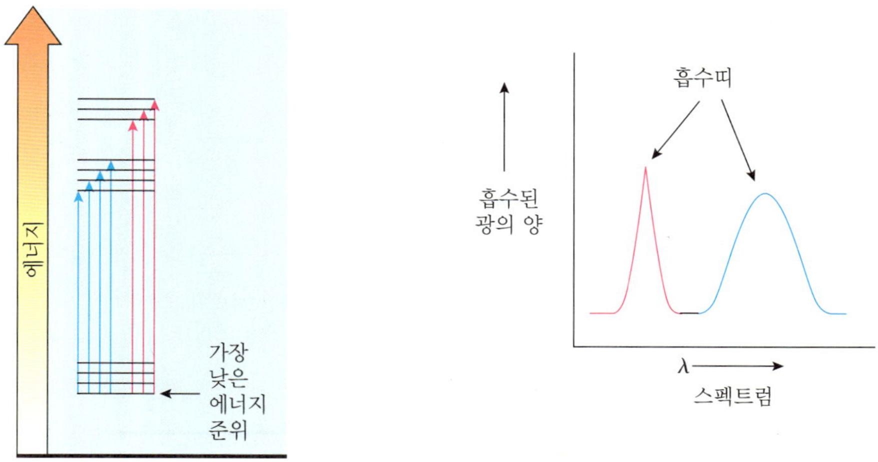

서 강도를 결정하는 데 사용된다. 그 결과를 기록계에 보내 스펙트럼을 그린다. 현재 데이터를 모으고 저장하고 스펙트럼을 그리는 전 과정은 컴퓨터화되어 있다.

어떤 분광학의 형태는 몇 개의 잘-분리된 에너지 준위만이 존재한다. 이와 같은 경우에 매번 좁은 범위의 파장만이 흡수된다. 분자는 낮은-에너지상태로부터 높은-에너지상태로 들뜨기 때문에 각 전이에 대한 흡수선이 나타난다. 스펙트럼은 이 흡수선들로 구성되어 있다. 그러나 더 일반적으로는 각 에너지상태에서 에너지 부 준위가 존재한다. 이 경우에는 근접한 간격을 둔 파장들이 흡수한다. 선이 분할될 수 없을 정도로 너무 근접해 있어서 넓은 봉우리가 나타난다. 그림 13.2에서 이 두 경우를 설명하였다.

## 13.3 전자기 스펙트럼

전자기 폭사선의 스펙트럼은 그림 13.3에 나타낸 것처럼 에너지가 큰 우주선으로부터  낮은-에너지의 라디오 파의 범위에 있다. 우주선과 감마선의 에너지는 대단히 크기 때문에 이 복사선은 대부분의 물질을 통과한다. 높은 에너지 광자를 흡수할 수 있을 만큼 충분한 에너지에 의해 분리된 상태가 존재하지 않기 때문이다. 그러나 대부분의 다른 형태의 복사선은 흡수하고 다양한 다른 형태의 들뜬상태를 형성한다.

유기화학자가 가장 많이 사용되는 분광학의 형태는 적외선 광 혹은 라디오 범위에 있는 복사선을 사용하는 것이다. 적외선 범위에 있는 광은 공유결합의 진동에너

그림 13.3 **전자기 스펙트럼.**

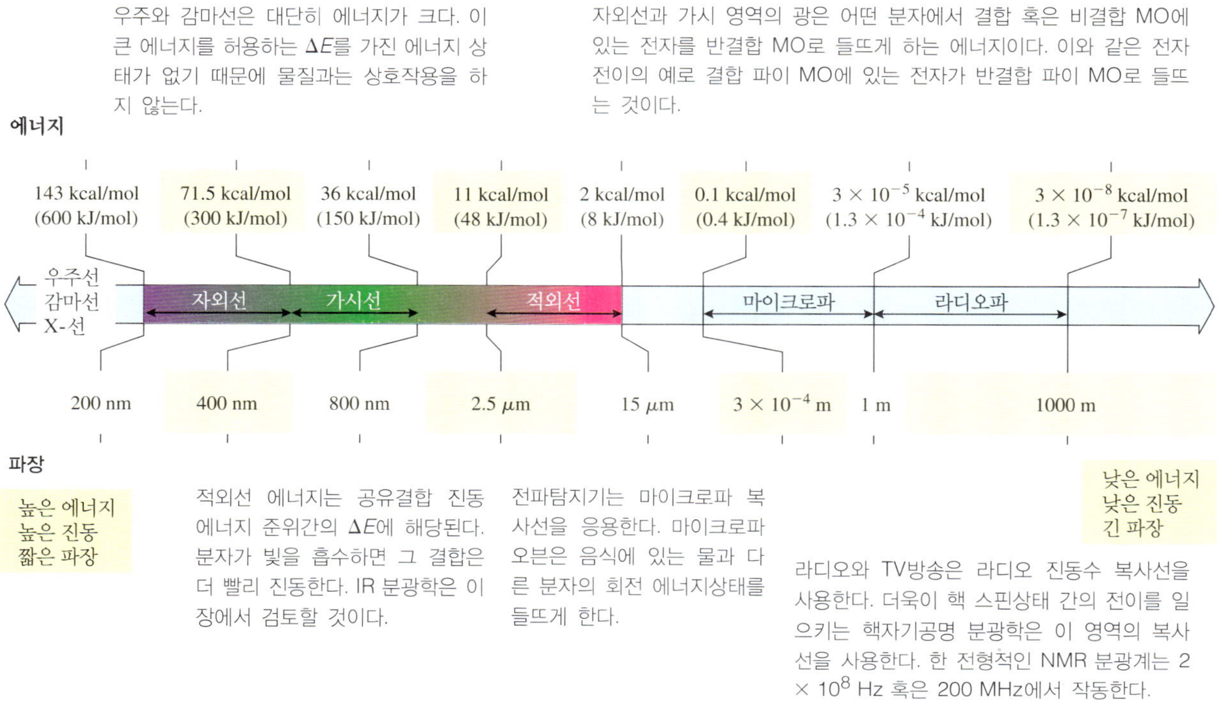

지상태의 에너지 분리에 해당하는 에너지를 갖는다. 적외선 스펙트럼은 결합 형태와 분자에 있는 작용기에 대한 정보를 제공한다. 핵자기공명 분광학은 라디오 영역의 대단히 낮은 에너지 복사선을 이용한다. 핵스핀상태 사이의 전이를 포함하며 분자에 있는 수소와 탄소에 대한 정보를 제공해준다.

**문제 13.2** 주파수 $9.00 \times 10^{13}$ Hz를 갖는 광의 종류는 무엇인가?

**문제 13.3** NMR 분광기는 $4 \times 10^{8}$ Hz(400 MHz)에서 작용한다. 이 복사선의 에너지는 무엇인가?

## 13.4 적외선 분광학

공유결합의 원자는 절대 영도에서도 가만히 있지 않는다. 그들은 용수철에 연결된 구와 같이 계속 진동한다. 분자 규모의 모든 에너지와 같이 진동에너지도 양자화된다. 실온에서 대부분의 분자는 낮은 진동에너지 준위에 있다. 에너지 준위간의 분리는 1~14 kcal/mol(4~60 kJ/mol) 범위에 있다. 이 에너지는 적외(IR)복사선에 해당한다. 그러므로 IR 복사선을 화합물의 시료에 통과시키면 광이 흡수되고 광의 에너지가 두 진동에너지 준위 간의 에너지 준위와 일치하면 높은 진동상태로 들뜬다. 각 진동에너지 준위가 많은 근접한 간격의 진동에너지 준위를 갖기 때문에 IR 흡수는 선이 아니라 띠로 나타난다.

분자에는 두 진동형태가 있다. 결합된 원자간의 거리 진동인 신축과 결합각 진동인 굽힘이다. 이 진동은 몇 개의 원자에서 짝지어진다. 예로 $CH_2$의 신축진동과 굽힘진동을 여기 나타냈다.

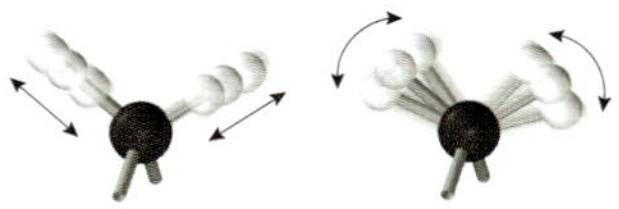

신축　　　굽힘

전형적인 유기분자는 많은 신축, 굽힘 및 결합을 가지므로 많은 흡수띠가 있다. 그러나 특정한 진동이 이들 띠의 어디에 해당하는지 알 필요는 없다. IR을 사용하는 한 가지 방법은 미지화합물의 스펙트럼을 알려진 화합물의 스펙트럼과 비교하여 미지화합물을 확인하는 것이다. 사람과 지문과 같이 IR 스펙트럼이 같은 두 화합물은 없다. 그러므로 미지화합물의 스펙트럼이 기지화합물의 스펙트럼과 같으면 미지화합물의 확인은 이루어진다.

그러나 IR 분광학이 미지화합물을 확인하는 데 유용하게 사용되는 특성은 특정한 형태의 공유결합은 스펙트럼에서 항상 같은 위치에서 흡수띠를 생성한다는 데 있다. IR 스펙트럼을 검토함으로써 화합물에 존재하는 작용기를 확인할 수 있다. 그

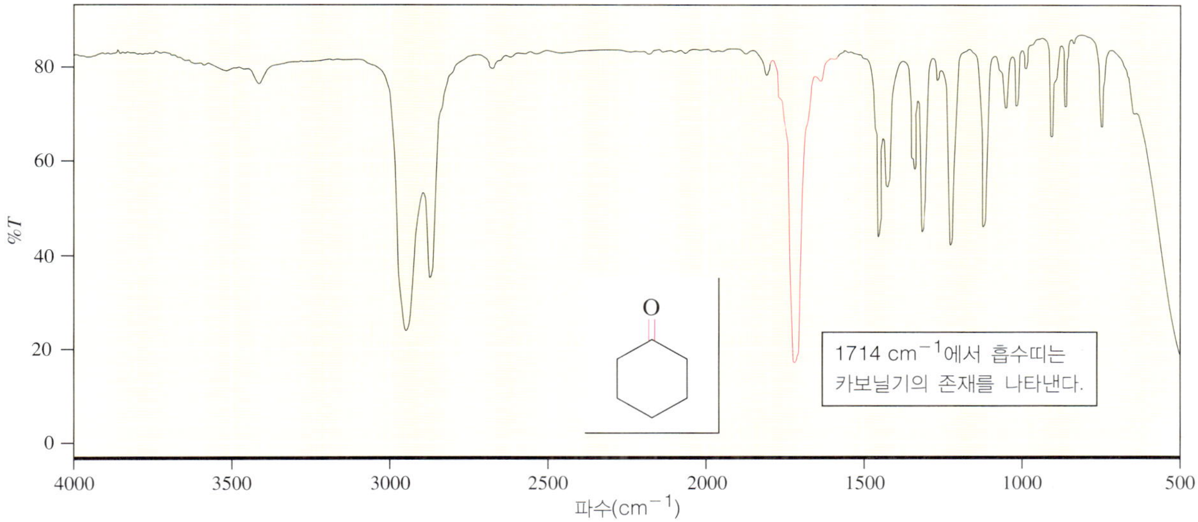


투과 백분율 (%*T*)은 맨 위가 100%*T*가 되도록 *y*축에 대해 도시하였다.

$cm^{-1}$ 단위인 파수는 *x*축에 도시하였다. 이 스펙트럼을 얻기 위하여 사용한 IR 분광계는 4000으로부터 500 $cm^{-1}$의 영역에 적용된다.

**그림 13.4** **사이클로헥산온의 적외선 스펙트럼.**

러므로 IR 스펙트럼을 검토함으로써 미지화합물이 케톤, 에스터 혹은 알코올인지 확인할 수 있다.

그림 13.4는 사이클로헥산온의 전형적 IR 스펙트럼을 나타냈다. 광투과 백분율(%$T$)을 $y$축에 도시하였다. 스펙트럼의 상부는 100% 투과를 나타낸다. 그러므로 흡수띠는 스펙트럼의 밑으로 내려온다. 스펙트럼의 강도를 정성적으로 w(약한, 높은 %$T$), m(중간) 혹은 s(강한, 낮은 %$T$)로 기술한다. 흡수띠의 위치는 파장 혹은 주파수 대신에 파수($\overline{\nu}$)로 나타낸다. $cm^{-1}$ 단위인 **파수(wavenumber)**는 파장에 역비례한다.

$$\overline{\nu} = 1/\lambda$$

파수는 에너지에 직접 비례한다. 즉 큰 파수의 광은 높은 에너지를 갖는다. 이 교재에 있는 대부분의 IR 스펙트럼에서 다루고 있는 파수범위는 4000 $cm^{-1}$(높은 에너지)부터 500 $cm^{-1}$(낮은 에너지)까지이다.

IR 분광법이 얼마나 유용한가를 미리보기 위하여 사이클로헥산온의 1714 $cm^{-1}$(그림 13.4)에서 강한 흡수띠를 주목하여라. 이 띠는 카보닐기의 존재에 의한 것이다. 카보닐기를 가진 모든 화합물은 1700 $cm^{-1}$의 영역에서 비슷한 흡수를 나타낸다. 그러므로 미지화합물의 스펙트럼에서 이와 같은 흡수띠가 존재한다면 미지화합물이 카보닐기를 가졌다는 강력한 증거가 된다.

## 13.5 일반화

특정한 IR 전이의 파수에 대한 대략적인 값을 다음 방정식으로 계산할 수 있다.

$$파수 = \bar{\nu} = \frac{1}{2\pi c}\sqrt{\frac{k}{M}}$$

여기서 $k$는 결합에 대한 힘의 상수이고 $M$은 결합된 원자의 환산질량이다. 힘의 상수, $k$는 결합의 세기와 관계가 있고 결합의 세기가 강해질수록 더 커진다. 이것은 굽힘 진동에 대한 것보다 결합-신축 진동에 대한 것이 더 크다. 이 정보를 근거로 해서 흡수의 위치에 대한 다음과 같은 일반화를 이룰 수 있다.

1. 큰 힘의 상수 때문에 강한 결합은 약한 결합보다 더 큰 파수에서 흡수한다.
2. 같은 이유로 결합 신축은 굽힘보다 더 큰 파수에서 흡수한다.
3. 가벼운 수소 원자를 포함한 결합은 작은 환산 질량을 가진다. 그러므로 무거운 원자를 포함한 결합보다 더 큰 파수에서 흡수한다.

IR 에너지가 흡수되고 진동에너지 준위간의 전이가 일어나기 위해서는 진동이 일어남에 따라 분자의 쌍극자 능률이 변해야 한다. 흡수의 강도는 이 변화의 양에 비례하고 더 극성결합에 대해 더 커진다. 그러므로 극성결합은 무극성 결합보다 강한 흡수(적은 $\%T$)를 나타낸다. 무극성의 대칭 진동에 의한 흡수는 대단히 약하거나 혹은 전혀 흡수가 없다.

**문제 13.4** 이들 중 어느 결합이 높은 파수에서 신축진동에 대한 흡수를 가지는 가를 설명하여라.

**a)** C — H 또는 C — D **b)** C ═ C 또는 C ≡ C **c)** C — Cl 또는 C — I

편이상 적외선 스펙트럼은 다음과 같은 영역으로 분류한다.

**높은 에너지** $\bar{\nu} = 4000\ cm^{-1}$ — **낮은 에너지** $\bar{\nu} = 500\ cm^{-1}$

**수소 영역** 3800~2700 $cm^{-1}$

**삼중-결합 영역** 2300~2000 $cm^{-1}$

**이중-결합 영역** 1900~1500 $cm^{-1}$

**단일-결합 영역**
**굽힌 영역**
**지문 영역**
1500~500 $cm^{-1}$

3800에서 2700 $cm^{-1}$의 높은 에너지 영역을 **수소 영역(hydrogen region)**이라 부른다. O — H, N — H 및 C — H 결합 신축에 의한 흡수는 여기서 일어난다. 수소가 가벼운 원자이기 때문에 이 흡수띠는 에너지가 높다. C — C와 C — O 결합과 같은 무거운 원자를 포함한 모든 결합은 낮은 에너지에서 흡수한다. 다음은 2300에서 2000 $cm^{-1}$까지의 **삼중-결합 영역(triple-bond region)**이 온다. CN과 CC 삼중-결합 신축에 의한 흡수는 여기서 일어난다. 이 들은 가장 강한 결합이기 때문에 이중-결합이나 단일-결합보다 높은 파수에서 일어난다. 이중-결합은 삼중-결합보다 약하기 때문에 1900에서 1500 $cm^{-1}$까지의 이중-결합 영역은 낮은 에너지에 있다. CO, CN 및 CC 이중-결합 신축에 의한 흡수는 이 영역에서 일어난다. 끝으로 1500에서

500 $cm^{-1}$까지의 단일-결합 영역은 낮은 에너지에 있다. 더욱이 단일-결합 신축에 의한 흡수와 굽힘에 의한 흡수는 이 영역에서 일어난다. 이 영역에서는 항상 많은 띠가 있기 때문에 각각을 특정진동으로 지정하는 것은 힘들다. 그러나 이 영역에서 생기는 수많은 띠는 스펙트럼을 비교하는 데 특별히 유용하다. 그러므로 **지문 영역 (fingerprint region)**으로 알려져 있다.

## 13.6 수소 영역

가벼운 수소 원자와 산소, 질소 및 탄소 원자 간의 결합은 이 영역에서 흡수한다. 띠의 위치는 C—H < N—H < O—H 순서로 증가하는 결합의 세기에 의존한다. C—H에 대한 흡수는 3330에서 2700 $cm^{-1}$의 영역의 낮은 에너지에서 나타난다. C—H 결합세기는 탄소 원자의 혼성에 의해 $H—C_{sp3} < H—C_{sp2} < H—C_{sp}$ 순으로 증가하기 때문에 다소 변한다. 수소와 $sp^3$-혼성 탄소 간의 결합에 대한 흡수는 3000에서 2850 $cm^{-1}$까지의 영역에서 일어난다. 모든 유기화합물은 이런 형태의 많은 C—H 결합 때문에 이 영역에서 몇 개의 띠를 갖는다. 이 결합은 대단히 극성은 아니지만 결합의 수 때문에 흡수는 상당히 강하다. 한 예를 그림 13.5의 옥테인의 스펙트럼에 나타냈다. 이 그림에 있는 IR 스펙트럼을 비교할 때 모든 흡수띠를 다 확인하려고 시도해서는 안 된다. 대신 이제 다루려고 하는 스펙트럼의 특정한 부분에 초점을 맞춘다. 이 특정한 스펙트럼에서는 C—H 결합에 의한 흡수이다. 대부분의 스펙트라는 확인해야 할 추가적인 띠를 가진다.

그림 13.5 옥테인의 적외선 스펙트럼.

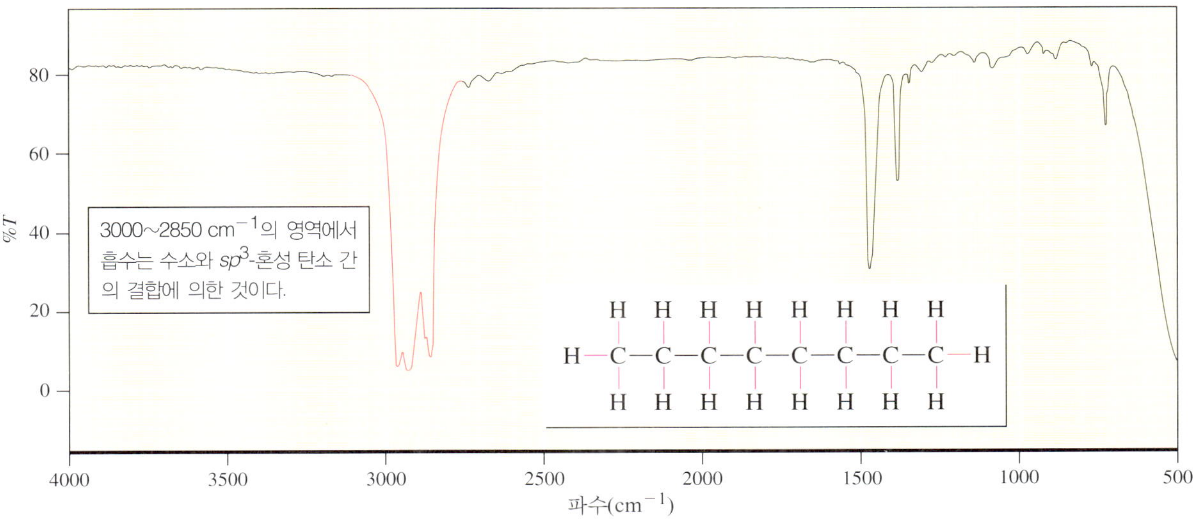


**알케인:** 대부분의 화합물은 알킬 부분을 가지고 있으므로 CH 결합에 의한 3000~2850 $cm^{-1}$ 영역에서 흡수띠를 가진다. 알케인을 구별할 수 있는 특성은 하이드록시와 카보닐기 등이 없다는 점이다. 알케인의 스펙트럼은 다른 작용기를 가진 화합물의 흡수보다 적은 흡수를 나타낸다.

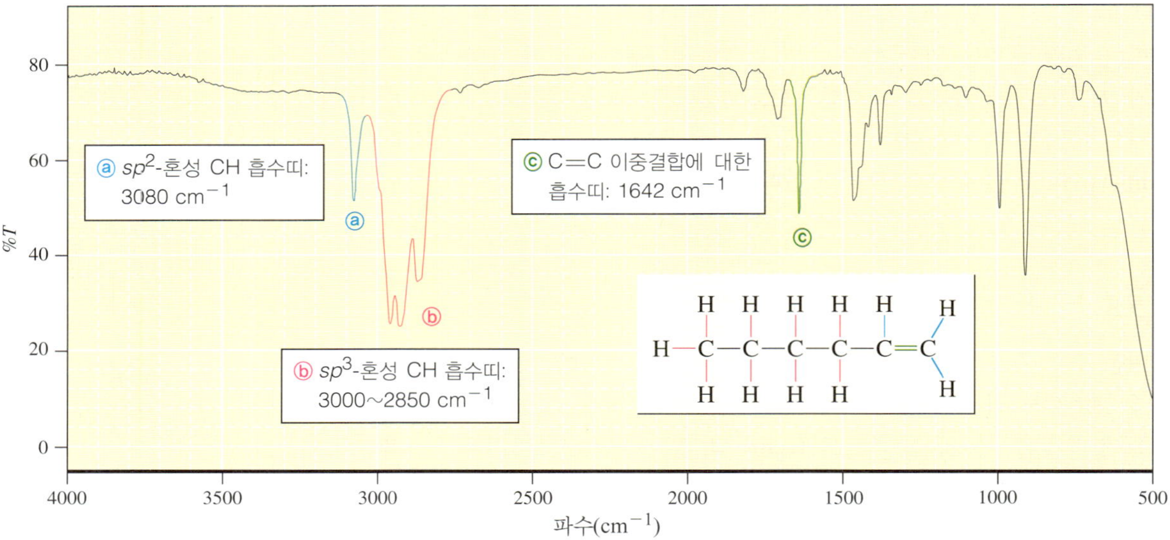


수소가 $sp^2$-혼성 탄소에 결합된 띠는 3000 $cm^{-1}$보다 더 큰 파수에서 나타난다.
수소가 $sp^3$-혼성 탄소에 결합된 띠는 3000 $cm^{-1}$보다 더 적은 파수에서 나타난다.

**알켄:** 대부분의 알켄은 탄소가 $sp^2$-혼성인 CH 결합에 의한 3100~3000 $cm^{-1}$ 영역과 CC 이중결합에 의한 1660~1640 $cm^{-1}$의 영역에서 흡수띠를 가진다. 그러나 이중결합이 사치환이면 CH 흡수는 사라진다. 더욱이 CC 이중결합이 극성이 아니므로 흡수는 약해진다.

**그림 13.6** **1-헥센의 적외선 스펙트럼.**

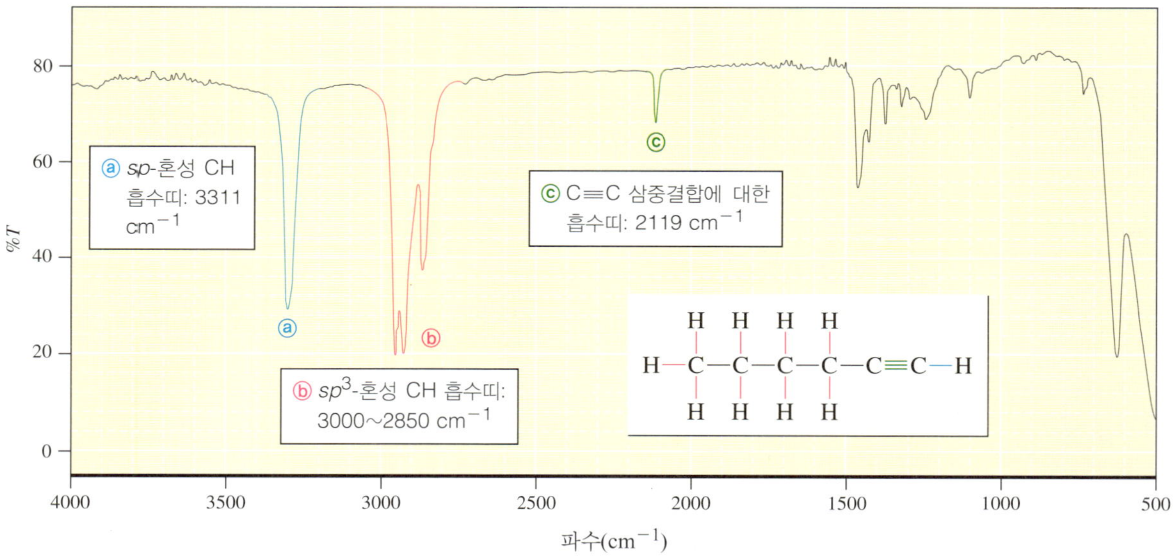


**알카인:** 탄소사슬의 말단에 삼중결합이 있는 말단 알카인은 수소와 $sp$-혼성 탄소 간의 C—H 결합에 의한 3000 $cm^{-1}$ 영역과 CC 삼중결합에 의한 2150~2100 $cm^{-1}$의 영역의 흡수띠에 의해 쉽게 확인할 스 있다.

**그림 13.7** **1-헥사인의 적외선 스펙트럼.**

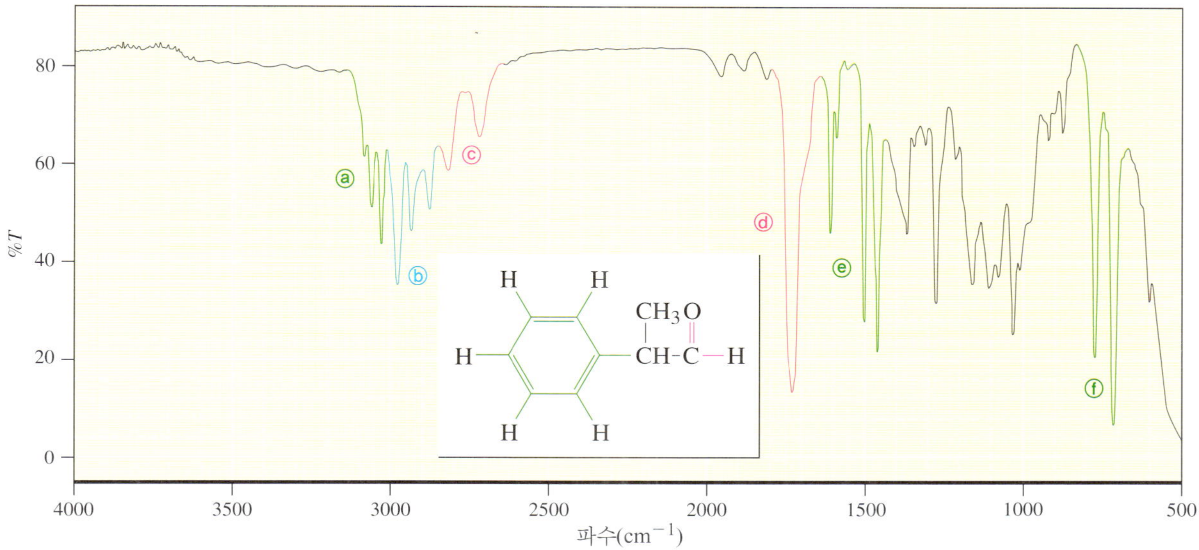


ⓐ $sp^2$-혼성 CH 결합(3100~3000 $cm^{-1}$)
ⓑ $sp^3$-혼성 CH 결합(3000~2850 $cm^{-1}$)
ⓒ 알데하이드 CH 결합(2820과 2720 $cm^{-1}$에서 두 띠)
ⓓ 알데하이드의 카보닐에 대한 흡수띠: 1724 $cm^{-1}$
ⓔ 방향족 고리 골격의 진동에 의한 띠: 1602, 1580, 1493 및 1450 $cm^{-1}$
ⓕ 방향족 고리의 CH 굽힘 진동에 의한 띠: 760과 700 $cm^{-1}$

**알데하이드:** 2830과 2700 $cm^{-1}$에서 두 띠가 나타나고, 카보닐기에 의한 흡수가 있으면 알데하이드 존재에 대한 증거가 된다. 알데하이드의 카보닐에 대한 띠는 1730 $cm^{-1}$ 근처에서 생긴다. 콘쥬게이션 되면 낮은 파수로 이동한다.

그림 13.8 **2-페닐프로판알의 적외선 스펙트럼**

수소와 $sp^2$-혼성 탄소 간의 결합은 수소와 $sp^3$-혼성 탄소 간의 결합보다 더 강하다. 그러므로 더 높은 파수, 3100에서 3000 $cm^{-1}$ 영역에서 나타낸다. 3000 $cm^{-1}$는 알켄과 알케인의 흡수를 구별하는 선이다. 그림 13.6에 나타낸 1-헥센의 스펙트럼은 두 형태의 수소에 대한 띠를 나타낸다.

수소가 $sp^2$-혼성 탄소에 결합된 1-알카인에서 C — H 결합이 가장 강한 결합이다. 그러므로 1-알카인의 C — H 신축은 모든 C — H 결합의 가장 큰 파수, 3300 $cm^{-1}$에서 일어난다. 1-헥사인의 스펙트럼을 그림 13.7에 나타냈다.

끝으로 알데하이드의 수소와 카보닐 탄소 간의 C — H 결합은 2830~2700 $cm^{-1}$영역에서 두 개의 흡수가 생기며 알케인 C — H 흡수와 구별할 수 있다. C — H 결합에 의한 세 다른 흡수를 그림 13.8에 나타낸 2-페닐프로판알의 스펙트럼에서 볼 수 있다.

O — H 결합은 C — H 결합보다 강하기 때문에 흡수띠는 높은 에너지 3600 $cm^{-1}$ 영역에서 나타난다. 그러나 이 위치에서 띠는 O — H기 간의 분자간 수소결합을 무시할 수 있는 증기상태 혹은 대단히 묽은 용액에서만 관찰할 수 있다. 대부분의 IR 스펙트라는 이런 조건에서는 얻을 수 없다. 대신 시료는 상당히 진하거나 순수한 액체이다. 이 조건에서 수소결합은 대단히 중요하고 O — H 결합 흡수는 약해진다. 흡수는 3550~3200 $cm^{-1}$의 낮은 파수로 이동한다. 두 상대의 분리와 기하구조에 따라

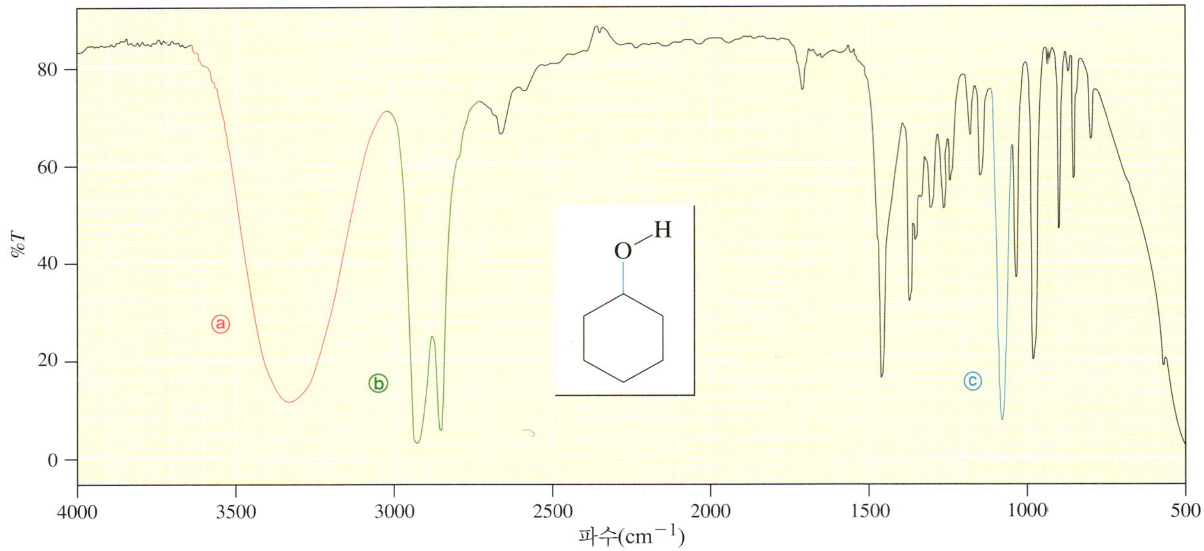


ⓐ OH에 대한 흡수띠: 3332 $cm^{-1}$. 이 띠가 스펙트럼에 있는 다른 띠와 비교해서 얼마나 넓은 가를 주목하여라.

ⓑ $sp^3$-혼성 CH 흡수띠: 3000~2850 $cm^{-1}$

ⓒ CO 신축진동: 1067 $cm^{-1}$

**알코올:** 알코올은 수소-결합된 OH기에 기인하는 3550~3200 $cm^{-1}$ 영역에서 강하고, 대단히 넓은 흡수는 띠로 특성 지워진다. 1300~1000 $cm^{-1}$영역에서 CO 결합에 대한 강한 띠를 나타낸다. 물론 이 흡수는 지문영역에서 다른 많은 띠와 같이 일어나기 때문에 확인하기가 어렵다.

**그림 13.9 사이클로헥산올의 적외선 스펙트럼.**

각 수소결합의 세기가 다소 달라지기 때문에 띠는 대단히 넓어진다. O—H 결합은 대단히 극성이기 때문에 이 흡수는 대단히 강하다. 그림 13.9는 사이클로헥산올의 IR 스펙트럼을 나타낸다. 스펙트럼에서 이 띠는 다른 띠보다 더 넓다.

카복실산은 대단히 강한 수소결합을 형성하기 때문에 O—H기에 대한 띠는 대단히 넓고 중심이 3000 $cm^{-1}$ 근처인 낮은 파수로 이동한다. 이 결합은 C—H 흡수와 겹쳐진다. 그러나 이 띠는 넓기 때문에 쉽게 구별할 수 있다. 그림 14.10에서 설명한 것처럼 C—H 흡수는 강력한 O—H 흡수에 겹쳐진다.

N—H 결합의 세기는 O—H와 C—H 결합 사이에 있다. 그러드로 두 기 사이, 3400~3250 $cm^{-1}$ 영역에서 흡수된다. O—H 흡수와 같이 수소결합 재문에 넓게 되지만 수소결합이 약하기 때문에 그 정도는 적다. N—H 띠의 영역이 O—H 띠와 겹쳐지지만 N—H 띠는 O—H 띠보다 더 좁고 강도가 약하기 때문에 두 형태를 구별할 수 있다. 일차 아민은 이 영역에서 두 띠를 나타내지만 이차 아민은 한 개의 띠만을 나타낸다. 예를 그림 13.11과 13.12에 나타냈다.

총체적으로 수소 영역이 대단히 유용하다. O—H와 N—H의 존재를 확증할 수 있고 네 개의 다른 C—H 결합을 확인할 수 있다. 화합물에 존재하는 정확한 작용기를 스펙트럼의 다른 영역을 검토함으로써 확정할 수 있다.

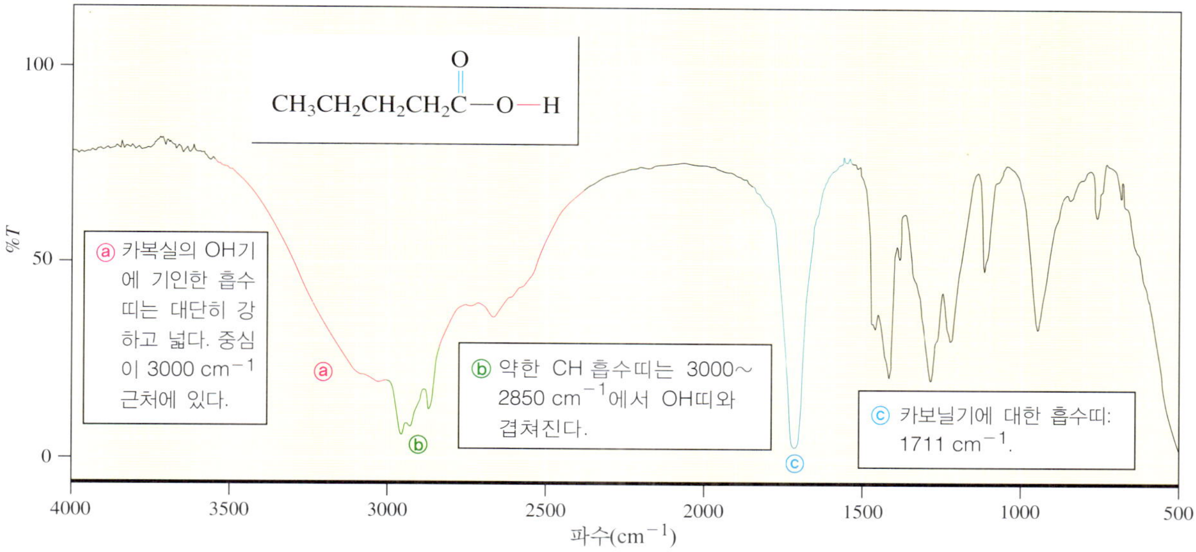


**카복실산:** 카보실산은 1710 $cm^{-1}$ 근처의 카보닐 흡수와 3000 $cm^{-1}$ 근처에 중심이 있는 대단히 넓은 OH띠로 쉽게 알아볼 수 있다. 이 띠는 알코올의 OH띠보다 더 넓고 낮은 파수에서 나타난다. CH 띠는 카복실산의 OH 흡수에 겹쳐진다.

그림 13.10 **펜탄산의 적외선 스펙트럼.**

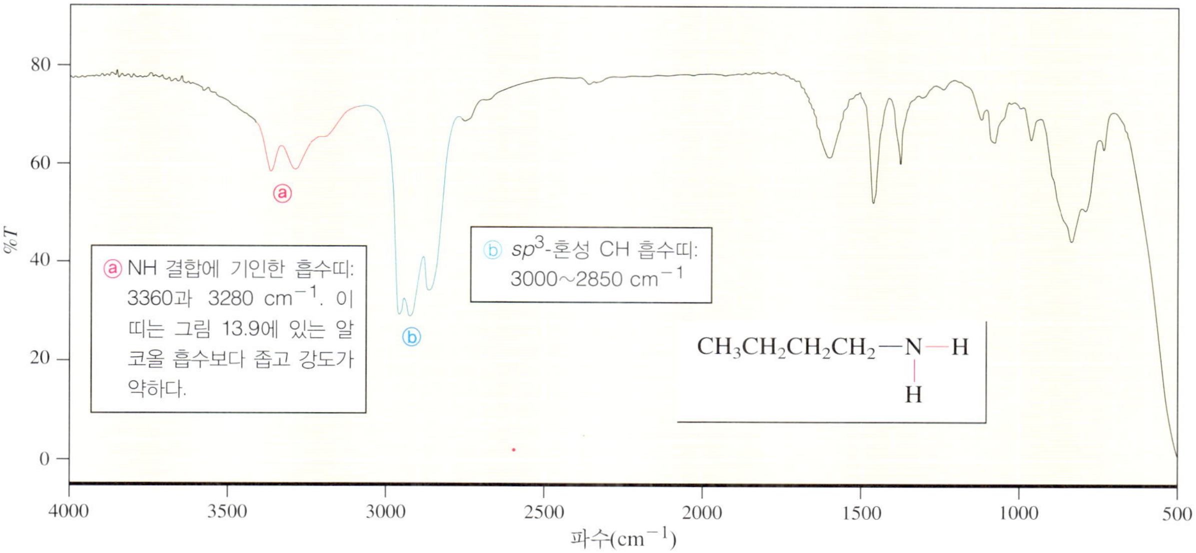


**일차 아민:** 일차 아민은 NH기에 기인하는 3400~3250 $cm^{-1}$ 영역에서 나타나는 두 흡수띠로 특성 지어진다. 이 흡수는 OH기에 기인한 흡수띠와 같은 영역에서 나타난다. 그러나 좁고 강도가 약하다. CN 결합 신축에 기인한 흡수띠는 사용하기가 대단히 힘들다. 이 흡수는 지문 영역에서 일어나고 강도가 약하기 때문이다.

그림 13.11 **뷰틸아민의 적외선 스펙트럼.**

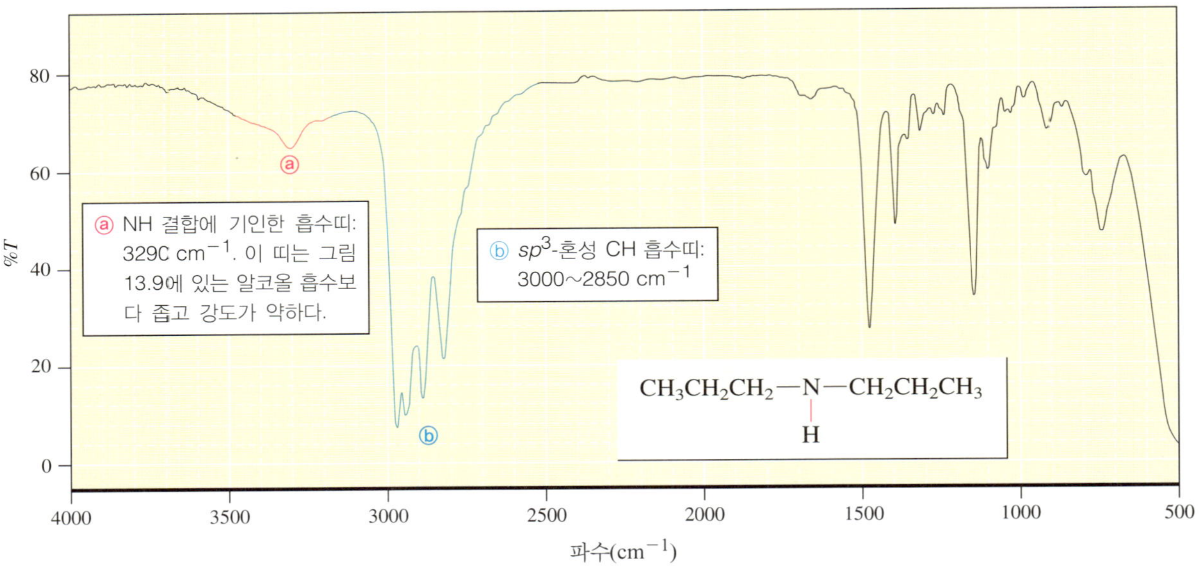


**이차 아민:** 이차 아민은 NH기에 기인하는 3400~3250 cm$^{-1}$ 영역에서 나타나는 흡수띠로 특성 지어진다. 일차 아민과는 대조적으로 이차 아민은 이 영역에서 하나의 흡수띠만을 나타낸다. 이 흡수는 OH기에 기인한 흡수띠와 같은 영역에서 나타나지만 띠가 좁고 강도가 약하기 때문에 구별할 수 있다. CN 결합 신축에 기인한 흡수띠는 사용하기가 대단히 힘들다. 이 흡수는 지문 영역에서 일어나고 강도가 약하기 때문이다.

**그림 13.12** **다이프로필아민의 적외선 스펙트럼.**

**문제 13.5** 다음 화합물의 IR 스펙트럼의 수소 영역에서 흡수띠의 위치와 다른 주목할 만한 특성을 나타내어라.

**a)** $CH_3CH{=}CH\overset{O}{\overset{\|}{C}}OH$

**b)** 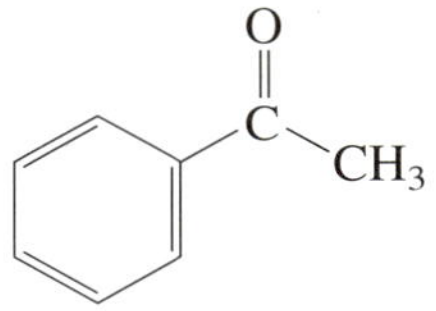

**c)** 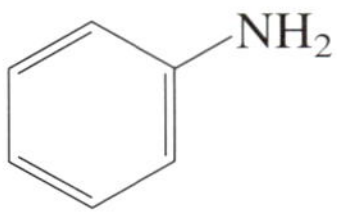

**d)** $CH_2{=}CHCH_2CH_2OH$

**e)** $CH_3CH_2NHCH_2CH_3$

**f)** $CH_3CH_2CH_2\overset{O}{\overset{\|}{C}}H$

## 13.7 삼중결합 영역

강한 삼중결합의 큰 힘의 상수는 2300~2000 cm$^{-1}$ 영역에서 흡수를 일으킨다. 사이아노기 혹은 나이트릴의 CN 삼중결합 신축은 2260~2220 cm$^{-1}$영역에서 일어난

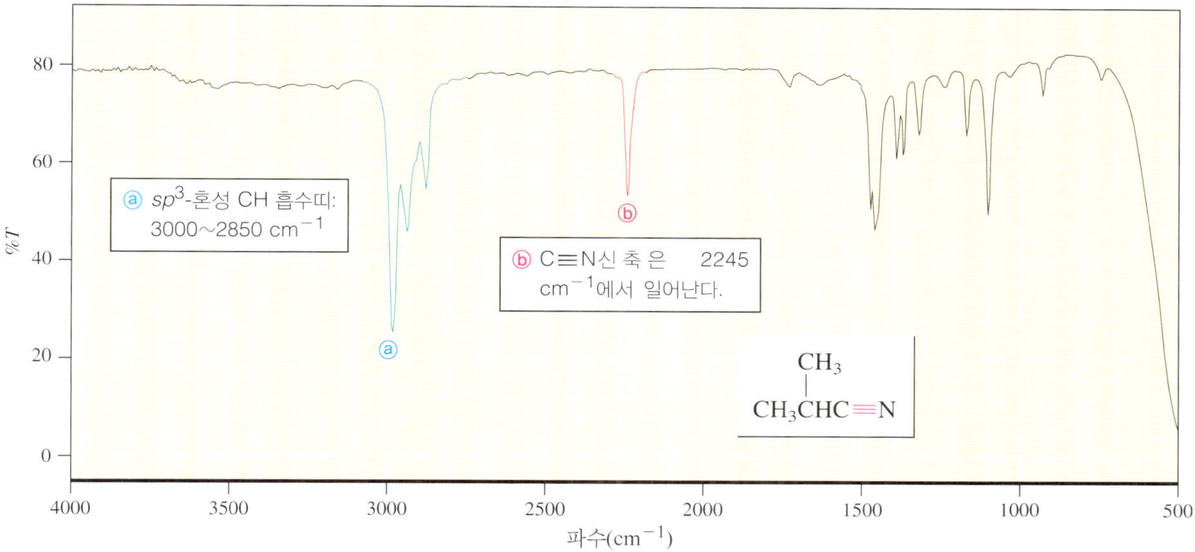


**나이트릴:** 나이트릴은 2260~2220 $cm^{-1}$ 영역에서 나타나는 CN 삼중결합에 기인한 흡수에 의해 쉽게 확인할 수 있다. 결합이 극성이기 때문에 이 띠는 상당히 강하다.

**그림 13.13** 2-메틸프로판나이트릴의 적외선 스펙트럼.

다. CN 삼중결합에 대한 흡수띠의 예를 그림 13.13에 나타냈다. 알카인의 CC 삼중결합 신축은 2150~2100 $cm^{-1}$ 영역에서 일어난다. 이 띠를 1-알카인의 그림 13.7에서 볼 수 있다. 삼중결합의 두 탄소에 비슷한 치환기를 가지면 진동하는 동안에 쌍극자 능률의 변화가 없기 때문에 흡수는 대단히 약하거나 일어나지 않는다.

**문제 13.6** 3-헥사인의 스펙트럼에서보다 1-헥사인의 IR 스펙트럼에서 삼중결합의 존재를 더 쉽게 검출할 수 있는 이유를 설명하여라.

## 13.8 이중결합 영역

이중결합 영역은 1900에서 1500 $cm^{-1}$에 걸쳐 존재한다. 카보닐기는 1700 $cm^{-1}$의 일반영역에서 흡수띠를 가진다. CO 이중결합은 극성이 크기 때문에 이 띠는 대단히 강하다. 카보닐기는 여러 가지 작용기에서 일어나기 때문에 대단히 유용하다. 더욱이 띠의 정확한 위치는 카보닐 탄소에 결합된 다른 기에 대한 정보를 제공해준다. 표 13.1은 보편적 작용기에 대한 카보닐 흡수에 대한 대략적인 위치를 수록하였다. 카보닐기가 CC 이중결합 혹은 방향족 고리와 콘쥬게이션 되면 흡수띠의 위치를 20~40 $cm^{-1}$만큼 감소시킨다. 이것은 탄소와 산소 간의 단일결합을 가진 공명혼성체의 구조에 기여 때문이다.

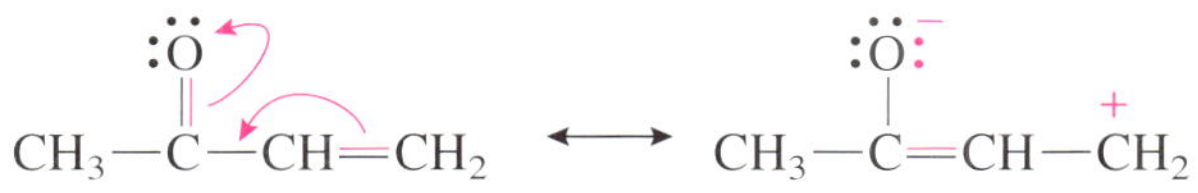

**표 13.1 다양한 카보닐기의 적외선 흡수띠의 위치**

| 작용기 | | 카보닐 흡수의 기본 위치 ($cm^{-1}$) |
|---|---|---|
| R—C(=O)—R′ | Ketone | 1715 |
| R—C(=O)—H | Aldehyde | 1730 |
| R—C(=O)—OH | Carboxylic acid | 1710 |
| R—C(=O)—OR′ | Ester | 1740 |
| R—C(=O)—O—C(=O)—R | Anhydride | 1820과 1750<br>(두 띠) |
| R—C(=O)—Cl | Acyl chloride | 1800 |
| R—C(=O)—$NH_2$ | Amide | 1690~1630(약간 더 낮은 파수에서 추가적 띠를 갖는다.) |

카보닐 탄소가 5-원자고리의 일부이면 흡수띠의 위치는 약 30 $cm^{-1}$만큼 증가한다.

**문제 13.7** 자동차의 배기가스는 다양한 탄화수소의 배기가스를 포함한다. 왜 3000~2900 $cm^{-1}$ 영역은 이 화합물의 양을 모니터할 수 있는 가장 좋은 영역인가?

## 예제 13.1

이 화합물의 IR 스펙트럼에서 카보닐에 대한 흡수띠의 위치를 예측하여라.

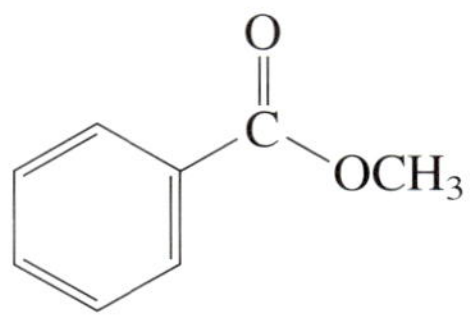

**풀이**

이 화합물은 에스터이고 카보닐기는 방향족 고리와 콘쥬게이션 되어 있다. 예견된 위치는 1740 − (20~40) = 1720에서 1700 $cm^{-1}$이다.

**문제 13.8** 다음 화합물의 카보닐기에 대한 IR 스펙트라에서 흡수띠의 위치를 예측하여라.

a) 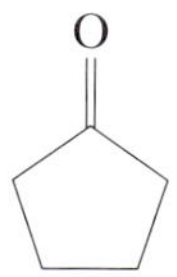 b) $CH_3CH{=}CH\overset{O}{\overset{\|}{C}}H$ c) 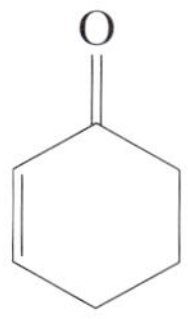 d) 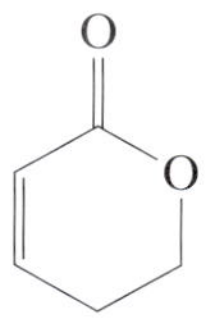 e) 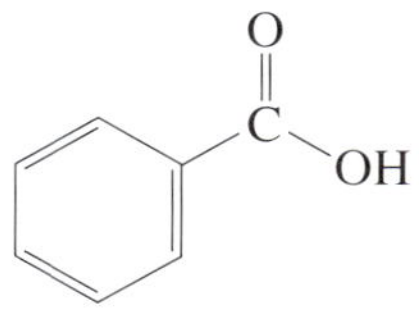

화합물에서 카보닐기 : 1 존재를 IR 스펙트럼에서 쉽게 확인할 수 있다. 피크의 정확한 위치와 스펙트럼이 나머지 부분에서 특별한 작용기와 연관된 다른 흡수들을 검토해 보면 카보닐을 포함한 어떤 작용기가 존재하는가를 확인할 수 있다. 예를 들면, 카보닐기에 대한 띠 이외에 카복실산은 O — H영역에서 대단히 넓은 띠를 가지며 알데하이드는 2830~2900 $cm^{-1}$ 영역에서 C — 17에 의한 띠를 갖는다. (그림 13.8과 13.10을 보라) 모든 카보닐-포함 작용기를 구별할 수 있는 방법을 13.10절에 기술 하였다. 실제로 화합물에 존재하는 작용기를 결정하기 전에 스펙트럼에 나타난 특정 작용기에 대한 모든 흡수를 검토하여라.

**문제 13.9** 이 화합물들을 구별하는 데 IR 분광학이 어떻게 사용되는지를 설명 하여라.

a) $CH_3CH_2CH_2\overset{O}{\overset{\|}{C}}CH_3$ and $CH_3CH_2CH_2CH_2\overset{O}{\overset{\|}{C}}H$

b) 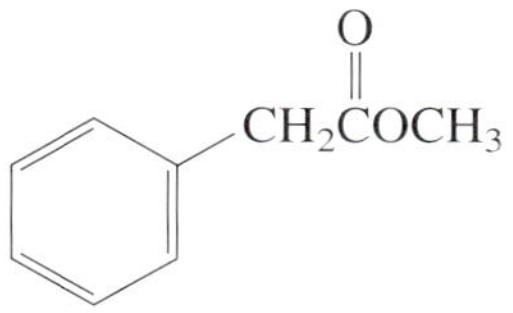 and 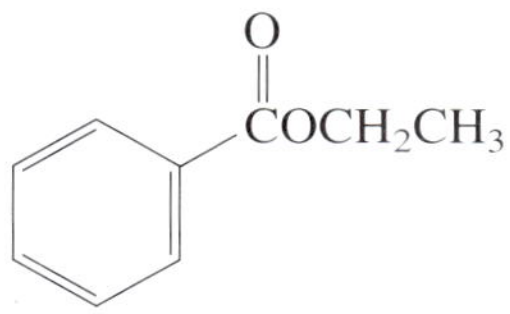

c) $CH_3CH{=}CH\overset{O}{\overset{\|}{C}}OCH_3$ and $CH_3CH{=}CHCH_2\overset{O}{\overset{\|}{C}}OH$

탄소-질소에 대한 흡수띠는 카보닐기의 흡수보다 약간 낮은 파수에서 일어난다. 그러나 이 작용기를 포함한 화합물은 흔하지 않기 때문에 그들의 IR 스펙트럼을 이 교재에서는 상세히 다루지 않겠다.

알켄은 1660에서 1640 $cm^{-1}$의 영역에서 탄소-탄소 이중결합에 기인하는 흡수를 나타냈다(그림 13.6을 보라). 이 띠는 콘쥬게이션에 의해 낮은 파수로 이동한다. 이것은 상당히 무극성 작용기이기 때문에 흡수띠는 대단히 약하다. 그러므로 이 영역의 흡수만을 근거로 해서 화합물에 CC 이중결합이 존재하는가를 결정하는 것은 조심해야 한다. 이중결합이 극성기로 치환되거나 카보닐기로 콘쥬게이션 되면 흡수의 세기는 증가한다.

방향족 화합물은 벤젠고리의 골격변화에 기인한 네 흡수를 나타낸다. 이 흡수들은 대략 1600, 1580, 1500 및 1450 $cm^{-1}$에서 일어난다(그림 13.8을 보라). 그러나 강도는 변한다. 반향족 고리의 존재를 확인하기 전에 스펙트럼의 다른 영역에서 확증을 발견해야 한다.

이 영역에서 흡수를 나타내는 마지막 작용기는 나이트로기이다. 1550과 1380 $cm^{-1}$에서 두 강한 흡수띠를 나타낸다. 카보닐띠와 같이 나이트로기가 방향족 고리와 콘쥬게이션 되면 낮은 파수로 이동한다. 이 띠는 다른 많은 띠가 있는 영역에서 나타나지만 나이트로기가 대단히 극성이어서 대단히 강한 흡수를 나타내기 때문에 식별할 수 있다. 2-나이트로톨루엔의 스펙트럼을 그림 13.14에 나타냈다.

## 13.9 지문 영역

1500 $cm^{-1}$ 이하의 영역에서 단일-결합 신축과 다양한 굽힘 변환에 의한 많은 흡수를 포함한다. 띠의 수가 많기 때문에 특정한 작용기에 대한 이들 흡수를 확인하는 것은 힘들다. 이 교재에서는 이 영역의 사용은 한정되어 있다. 그러나 그 이름이 암

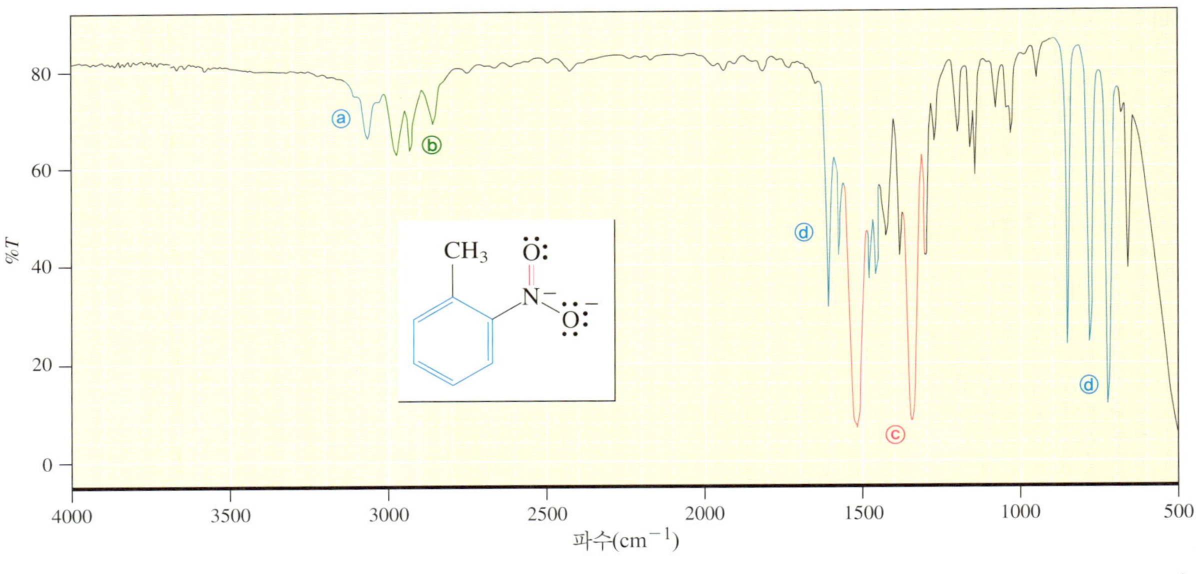


이 스펙트럼에서 두 형태의 CH 결합을 확인할 수 있다.

ⓐ $sp^2$-혼성 CH 결합(3100~3000 $cm^{-1}$)

ⓑ $sp^3$-혼성 CH 결합(3000~2850 $cm^{-1}$)

ⓒ 나이트로 기에 의한 흡수띠: 1523과 1347 $cm^{-1}$ 나이트로기가 벤젠고리와 콘쥬게이션 되기 때문에 정상보다는 낮은 파수로 이동한다.

ⓓ $sp^2$ CH 신축 변환에 기인한 흡수(3100~3000 $cm^{-1}$)는 방향족 고리 때문이다; 1612, 1577, 1500 및 1461 $cm^{-1}$에서 고리골격의 변환; 859, 788 및 728 $cm^{-1}$에서 CH 굽힘 변환

**나이트로 화합물:** 나이트로기를 포함한 화합물은 1550과 1380 $cm^{-1}$ 에서 두 강한 흡수띠를 나타내므로 확인할 수 있다. 나이트로기가 방향족 고리와 콘쥬게이션 되면 낮은 파수로 이동한다.

**그림 13.14** 2-나이트로톨루엔의 적외선 스펙트럼.

시하듯이 미지화합물의 동일성을 확인하기 위하여 미지화합물의 스펙트럼과 기지화합물의 스펙트럼을 비교하는 영역이 이 영역이다. 물론 전체 스펙트럼이 일치해야 하지만 많은 흡수를 나타내는 지문 영역이 동일성을 확인하는 것이 중요하다.

지문 영역에서 알아야할 한 띠는 1300~1000 $cm^{-1}$의 영역에서 생기는 C — O 신축이다. 결합이 극성이기 때문에 강한 흡수를 나타낸다. 에스터의 카보닐 탄소와 산소 간의 C — O 단일결합에 기인한 흡수가 특별히 유용하다. 이 띠는 카보닐기의

**표 13.2** 적외선 스펙트럼 영역에 있는 중요한 흡수띠

| 위치 $cm^{-1}$ | 기 | 설명 |
|---|---|---|
| 3550–3200 | —O—H | 강한 강도, 넓은 띠 |
| 3400–3250 | —N(—)—H | 약한 강도와 OH보다 좁은 띠; $NH_2$는 두 띠를 NH는 한 개의 띠를 나타낸다. |
| 3300 | ≡C—H | 뾰족한, C는 *SP* 혼성 |
| 3100–3000 | =C(—)—H | C는 $SP^2$ 혼성 |
| 3000–2850 | —C(—)(—)—H | C는 $SP^3$ 혼성: 3000 $cm^{-1}$는 이 형태의 C—H 띠와 앞 형태의 띠간의 분리선이다. |
| 2830–2700 | —C(=O)—H | 두 띠 |
| 2260–2200 | —C≡N | 중간 정도 |
| 2150–2100 | —C≡C— | 약한 강도 |
| 1820–1650 | —C(=O)— | 강한 강도, 정확한 위치는 치환기에 의존한다(표 13.1을 보라). |
| 1660–1640 | >C=C< | 약한 강도 |
| 1600–1450 | 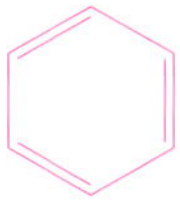 | 강도가 다른 네 개의 띠 |
| 1550과 1380 | $—NO_2$ | 두 강한 강도의 띠 |
| 1300–1000 | —C(—)(—)—O— | 강한 강도 |
| 900–675 |  | 강한 강도 |

흡수보다 더 넓고 강하며 에스터와 케톤을 구별할 수 있는 방법을 제공해준다.

끝으로 대부분의 방향족 화합물은 900~675 $cm^{-1}$ 영역에서 1개 이상의 강한 흡수띠를 갖는다. 예로 2-페닐프로판알(그림 13.8)은 760~700 $cm^{-1}$에서 강한 띠를 갖는다. 이 흡수와 1600~1400 $cm^{-1}$와 3100~3000 $cm^{-1}$에서의 흡수의 존재는 화합물 속에 벤젠고리가 존재한다는 것을 확증해준다.

## 13.10 IR 스펙트럼의 해석

미지화합물의 IR 스펙트럼의 해석은 실험과 실습을 요구하는 예술이다. 많은 스펙트럼을 다루어보면 O — H에 기인한 흡수를 N — H기에서 생기는 흡수띠와 구별하는 것이 더 쉬워진다.

표 13.2에 지금까지 논의한 다양한 흡수띠의 위치를 요약하였다. 이 흡수를 근거로 해서 화합물에 존재하는 작용기의 성질을 결정할 수 있다. 많은 작용기들은 몇 가지 특성 흡수의 존재를 요구하며 스펙트럼의 특정 영역에서 띠가 존재하지 않으면 특정 기의 존재를 제외하는 데 사용할 수 있다.

주 작용기 부류에 속하는 화합물의 적외선 스펙트럼은 이 장의 그림에서 제공하였다. 각 그림에 작용기에 대한 중요한 흡수띠를 요약하였다. 표 13.3은 중요한 작용기와 작용기를 포함한 전형적인 화합물의 IR 스펙트럼을 나타낸 그림의 목록을 요약하였다.

IR 스펙트럼을 주의해서 살펴보면 다양한 카보닐-포함 작용기를 구별할 수 있다. 물론 모두 카보닐 흡수를 가진다. 그러나 산 염화물은 비정상적인 높은 파수에서 나타내며 산 무수물은 이 영역에서 두 개의 띠를 갖는다. 아마이드는 비정상적으로 낮

**표 13.3** 작용기의 IR 스펙트럼

| 작용기 | 그림 | 페이지 | 작용기 | 그림 | 페이지 |
|---|---|---|---|---|---|
| Alkane | 13.5 | 509 | Alkene | 13.6 | 510 |
| Alkyne | 13.7 | 510 | Arene | 13.8 | 511 |
| | | | | 13.14 | 521 |
| Alcohol | 13.9 | 512 | | 13.15 | 523 |
| Ether | 13.16 | 524 | | 13.18 | 526 |
| Primary amine | 13.11 | 513 | | 13.22 | 529 |
| Secondary amine | 13.12 | 514 | Nitro compound | 13.14 | 521 |
| Tertiary amine | 13.17 | 525 | Nitrile | 13.13 | 515 |
| Ketone | 13.4 | 507 | Aldehyde | 13.8 | 511 |
| | 13.18 | 526 | Carboxylic acid | 13.10 | 513 |
| Ester | 13.19 | 527 | Anhydride | 13.20 | 528 |
| Amide | 3.21 | 528 | Acyl chloride | 13.22 | 529 |

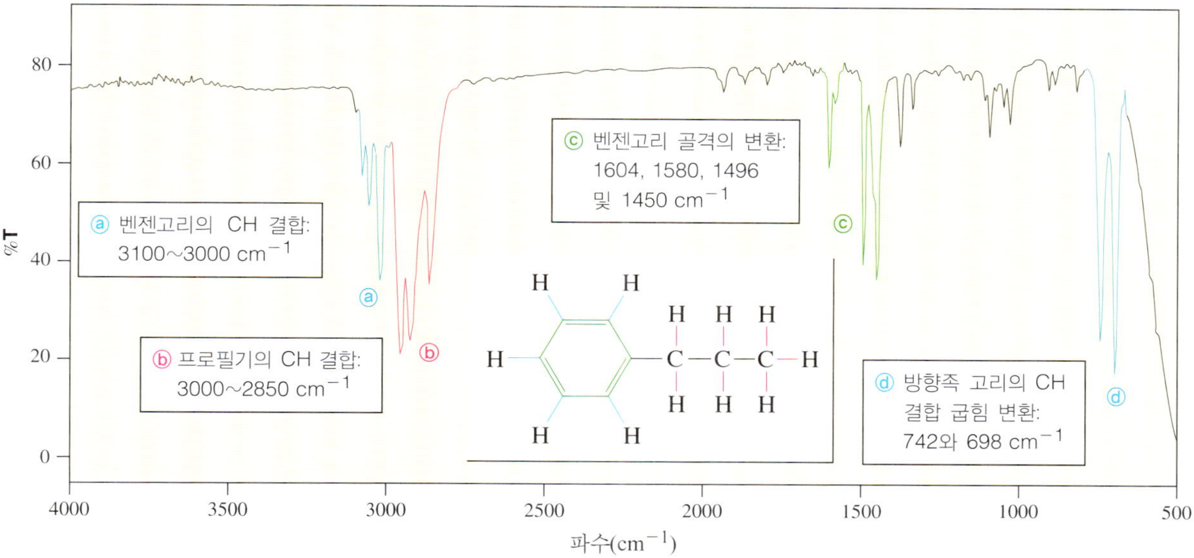


**아렌:** 방향족 고리에 수소를 가진 아렌은 3100과 3000 cm$^{-1}$에서 흡수를 나타낸다. 그들은 벤젠고리의 골격변화에 기인한 대략 1600, 1580, 1500 및 1450 cm$^{-1}$에서 다양한 강도의 4개의 흡수를 나타낸다. 더욱이 대부분의 방향족 화합물들은 방향족 고리의 CH결합 굽힘 진동에 기인한 900과 675 cm$^{-1}$에서 적어도 한 개의 강한 흡수를 나타낸다. 이러한 띠를 사용한 확인은 이들 띠가 지문 영역에서 생기기 때문에 주의를 요하기는 하지만 이러한 모든 띠의 존재는 화합물이 벤젠고리를 포함하고 있다는 증거가 된다.

그림 13.15 **프로필벤젠의 적외선 스펙트럼.**

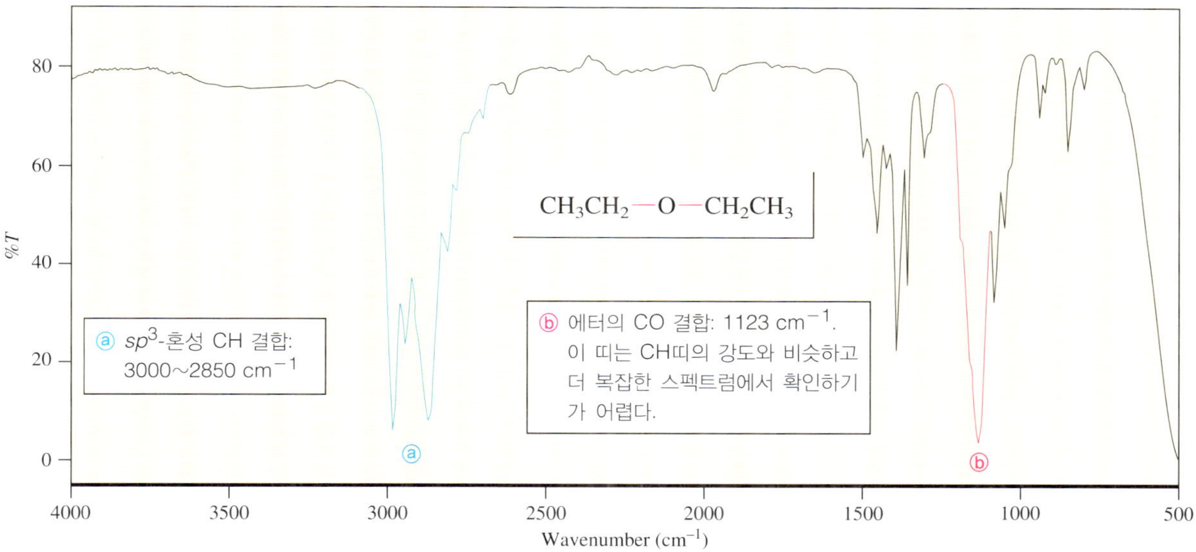


**에터:** 에터는 CO 결합에 기인한 1300~1000 cm$^{-1}$ 영역에서 1개 이상의 강한 띠를 갖는다. 알코올의 경우에서와 같이 이 띠는 다른 많은 흡수와 같이 지문 영역에서 생기므로 확인하기는 어렵다. 화합물의 분자식에서 산소의 존재를 알고 있으면 OH, 카보닐 혹은 다른 가능한 산소-포함한 작용기가 없으며 에터의 존재를 추론할 수 있다.

그림 13.16 **다이에틸 에터의 적외선 스펙트럼.**

은 파수에서 이 띠를 가지며 이 영역에서 추가적인 띠를 갖기도 한다. NH 띠도 나타낼 수도 있다. 카복실산은 대단히 넓은 O — H 띠에 의해 쉽게 구별할 수 있으며 알데하이드는 2830~2700cm$^{-1}$에서 C — H 띠에 의해 구별할 수 있다. 에스터를 확인하기 위하여는 C — O 띠에 의한 강력한 흡수가 1300~1000 cm$^{-1}$ 영역에서 나타나야 한다. 이 특성적인 띠가 없으면 화합물은 케톤이라는 것을 제시해준다. 그러나 특정한 작용기 부류에 의한 미지화합물의 확정은 가정일 뿐이다. 이런 경우에 다른 분광학적 방법 혹은 화학적 실험과 같은 다른 방법을 통해 추가적으로 확증을 얻어야 한다. 다른 반대되는 증거를 무시해서는 안 된다.

IR 스펙트럼으로부터 미지화합물에 존재하는 작용기를 확인하려고 할 때 수소를 포함한 어떤 형태의 결합이 존재하는가를 결정하기 위하여 4000~2700 cm$^{-1}$ 영역의 검토로부터 시작하는 것이 좋다. 다음에 삼중결합의 존재를 나타내는가를 살펴보기 위하여 2300~2100 cm$^{-1}$ 영역을 검토한다. 다음에 1800~1350 cm$^{-1}$ 영역에서 카보닐, CC 이중결합, 방향족 고리 및 나이트로기에 의한 흡수를 검토한다. 끝으로 1300~1000 cm$^{-1}$ 영역에서 C — O 흡수와 900~675 cm$^{-1}$ 영역에서 방향족 고리띠를 살펴본다.

주의해야 할 두 가지 점이 있다. 첫 번째로 스펙트럼을 과잉 설명해서는 안 된다. 허용된 영역에서 약한 띠만이 생성될 때는 작용기 존재를 결정하는 데 주의를 요한다. 미지의 스펙트럼을 같은 작용기를 가진 기지화합물의 스펙트럼과 비교하는 것이 도움이 된다. 두 번째로 최종결정이 다른 모든 데이터와 일치하는가를 확인하여라. 2830~2700 cm$^{-1}$ 영역에서 두 띠를 가진 스펙트럼은 카보닐기에 의한 흡수를 나타내지 않는 한 알데하이드의 스펙트럼이라 할 수 없다.

문제를 풀어보자. 미지화합물의 IR 스펙트럼을 그림 13.23에 나타냈다. 먼저 수소 영역을 살펴보자. 3600~3100 cm$^{-1}$ 영역에서 흡수가 없다는 것은 화합물이 O — H 혹은 N — H기를 갖고 있지 않다는 것을 나타내준다. 3100~3000 cm$^{-1}$ 영역에서의 띠는 $sp^2$-혼성 탄소에 결합된 수소의 존재를 나타내므로 화합물은 1개 이상의 CC 이중결합을 갖고 있어야 한다. 3000~2850 cm$^{-1}$ 영역에서 흡수는 화합물에 $sp^3$-혼성 탄소에 결합된 수소를 나타내준다. 다음에 삼중결합 영역을 살펴보면 삼중결합 된 작용기의 존재를 나타내주지 않는다.이중결합 영역으로 계속 진행하면 1722 cm$^{-1}$에서 강한 흡수는 카보닐기의 존재를 나타내준다. 이것은 카복실산(OH가 없음) 혹은 알데하이드(2830~2700 cm$^{-1}$ 영역에서 흡수가 없음)의 일부가 아니다. 미지화합물은 아마이드(N — H 없음, 카보닐 흡수가 너무 높다), 무수물(두 번째 카보닐 띠가 없음) 혹은 산 염화물(카보닐 위치가 너무 낮다)이 아니다. 이제 에스터와 케톤만이 남는다. 1282 cm$^{-1}$에서 강한 흡수는 미지화합물은 에스터라는 것을 제시해준다. 3100~3000과 746 cm$^{-1}$에서 흡수와 1607, 1591, 1489 및 1437 cm$^{-1}$에서 띠는 벤젠고리의 존재를 나타내준다. 에스터의 카보닐기는 정상적 위치(1740 cm$^{-1}$)보다 다소 낮은 파수(1722 cm$^{-1}$)에서 일어난다. 이것은 콘쥬게이션 되었다는 것은 나타내준다. 그러므로 미지화합물은 아마도 방향족 고리를 가진 에스터일 것이다. 에스터는 콘쥬게이션 되어 있다. 그러나 이 결정은 다른 방법으로 얻어진 증거로 확증될

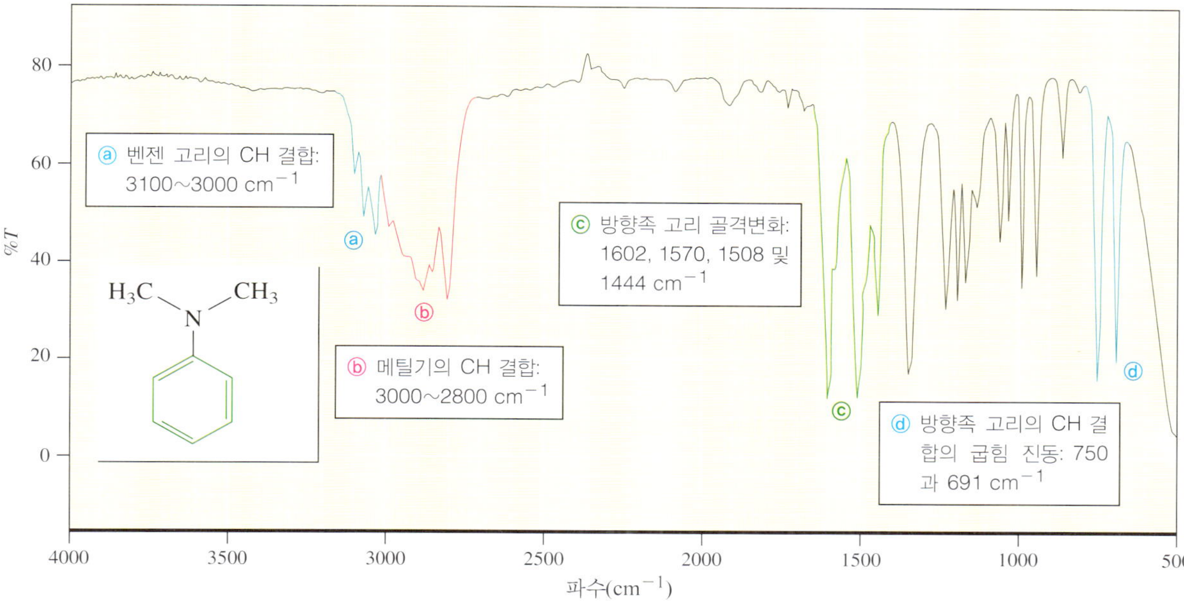


**그림 13.17** N,N-다이에틸아민의 적외선 스펙트럼.

**삼차 아민:** 삼차 아민은 NH 결합을 갖고 있지 않으므로 3400~3250 $cm^{-1}$ 영역에서 아미노기에 대한 증거는 없다. CN 결합 -신축진동은 지문 영역에서 확인하기가 어렵기 때문에 삼차 아민은 IR 스펙트럼으로 쉽게 확인할 수 없다. 이런 경우에는 화학적 방법이 도움이 된다.

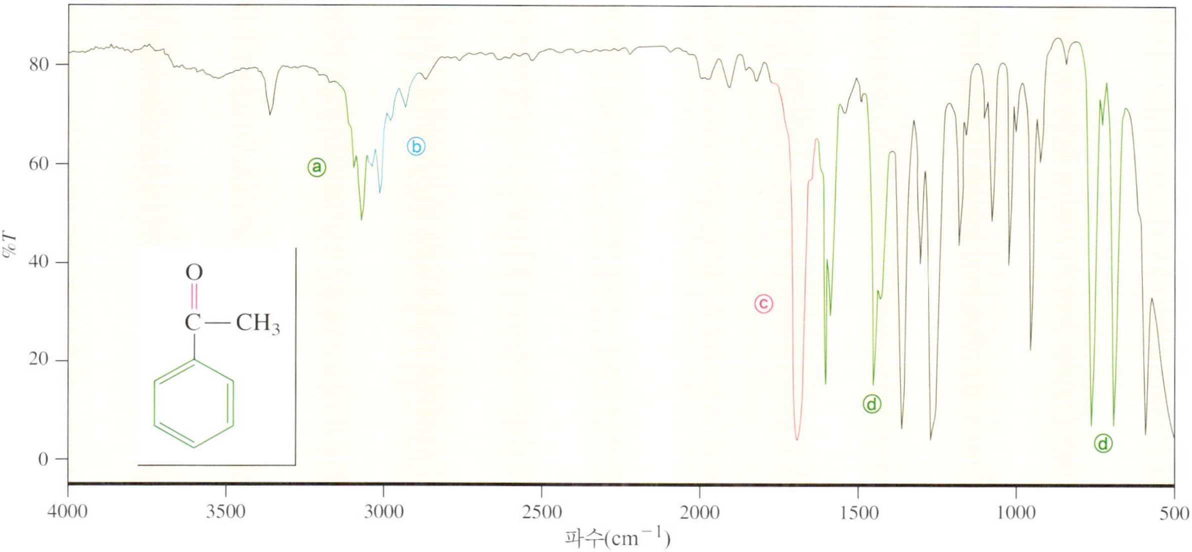


ⓐ 벤젠고리의 CH 결합: 3100~3000 $cm^{-1}$

ⓑ 메틸기의 CH 결합: 3000~2850 $cm^{-1}$

ⓒ 카보닐기: 1685 $cm^{-1}$. 방향족 고리와 콘쥬게이션 된 케톤의 카보닐기는 예측할 수 있다. 1715 − (20~40) = 1695~1675 $cm^{-1}$

ⓓ 방향족 고리 변화: 1599, 1579, 1449, 760 및 691 $cm^{-1}$. 이 스펙트럼에서 1500 $cm^{-1}$ 근처의 결합은 대단히 약하다.

**그림 13.18** 아세토페논의 적외선 스펙트럼.

**케톤:** 케톤의 카보닐기는 1715 $cm^{-1}$에서 흡수띠를 갖는다. 카보닐기가 콘쥬게이션 되면 이 띠는 낮은 파수로 이동한다. 카보닐기가 5-원자고리의 일부이면 높은 파수로 이동한다. 케톤은 다른 특성기를 갖고 있지 않다. 그러므로 다른 작용기가 없으면 작용기를 포함한 다른 카보닐과 구별할 수 있다. 케톤을 확인하는 데는 화학적 실험이 도움이 된다.

때까지는 가정일 뿐이다. 미지화합물은 실제로 3-메틸베조산 메틸이다.

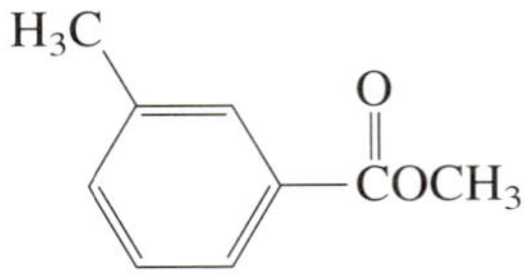

Methyl 3-methylbenzoate

미지화합물의 정확한 확인은 IR 스펙트럼의 근거만으로 확인될 수 없다. 그러나 화합물에 존재하는 정보는 유용하다. 다음과 같은 작용기의 존재를 결정할 수 있다.

| | | |
|---|---|---|
| O—H | N—H | C—H 의 형태 |
| C≡C | C≡N | |
| C=O 의 형태 | C=C | 방향족 고리 |
| C—O | $NO_2$ | |

IR 스펙트럼은 화합물의 탄화수소 부분에 대한 정보는 제시하지 못한다. 그러나 이것은 14장에서 논의할 핵자기공명 분광학으로 마련된다. 이 두 형태의 분광학의 결합은 유기화학에서 대단히 유용하다.

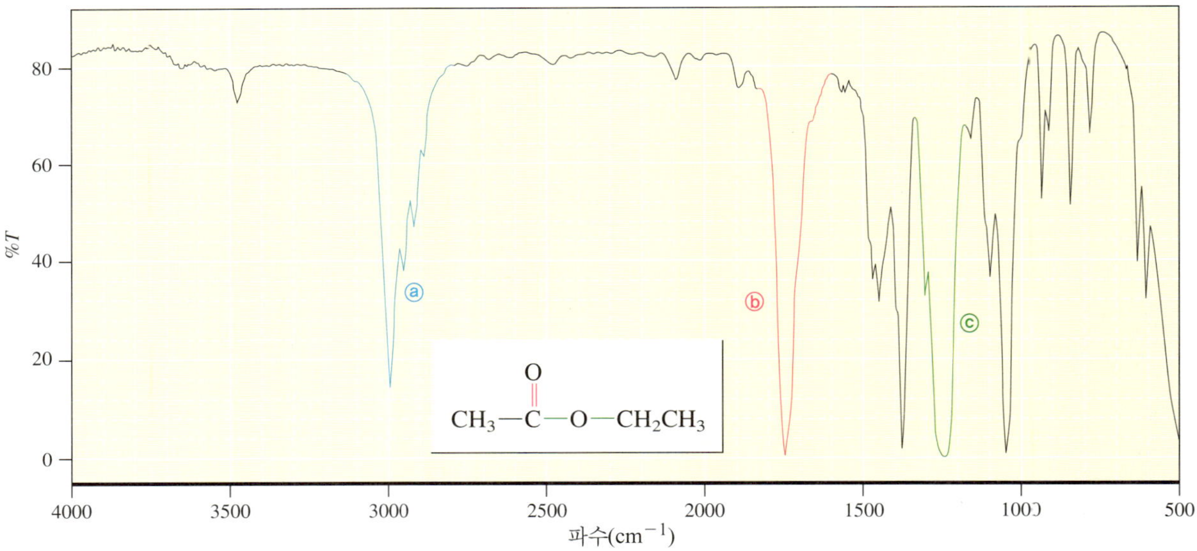


ⓐ $sp^3$-혼성 CH 결합: 3000~2850 $cm^{-1}$

ⓑ 1742 $cm^{-1}$에서 강한 띠는 에스터의 카보닐기에 기인한다.

ⓒ 1241 $cm^{-1}$에서 흡수는 에스터의 CO 단일결합에 기인한 것이다.

**에스터:** 에스터는 1740 $cm^{-1}$에서 카보닐 띠를 나타낸다. 에스터는 CO 단일결합 영역 1300~1000 $cm^{-1}$에서 강한 흡수를 나타낸다. 케톤과 구별하는 데 사용할 수 있다. 이 띠는 폭과 강도가 카보닐 띠와 비슷하다. 화학적 실험이 에스터로부터 케톤을 구별하는 데 사용된다.

**그림 13.19 아세트산 에틸의 적외선 스펙트럼.**

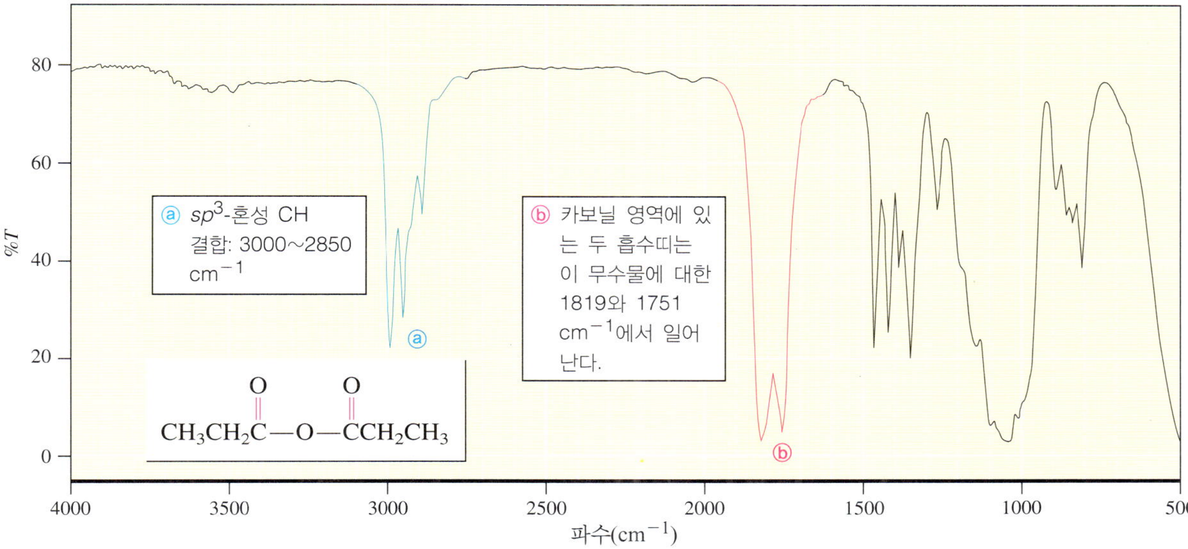


**무수물:** 무수물은 카보닐 영역. 하나는 1820과 1750 cm$^{-1}$의 두 띠의 존재에 의해 특성 지어진다.

그림 13.20 **프로판산 무수물의 적외선 스펙트럼.**

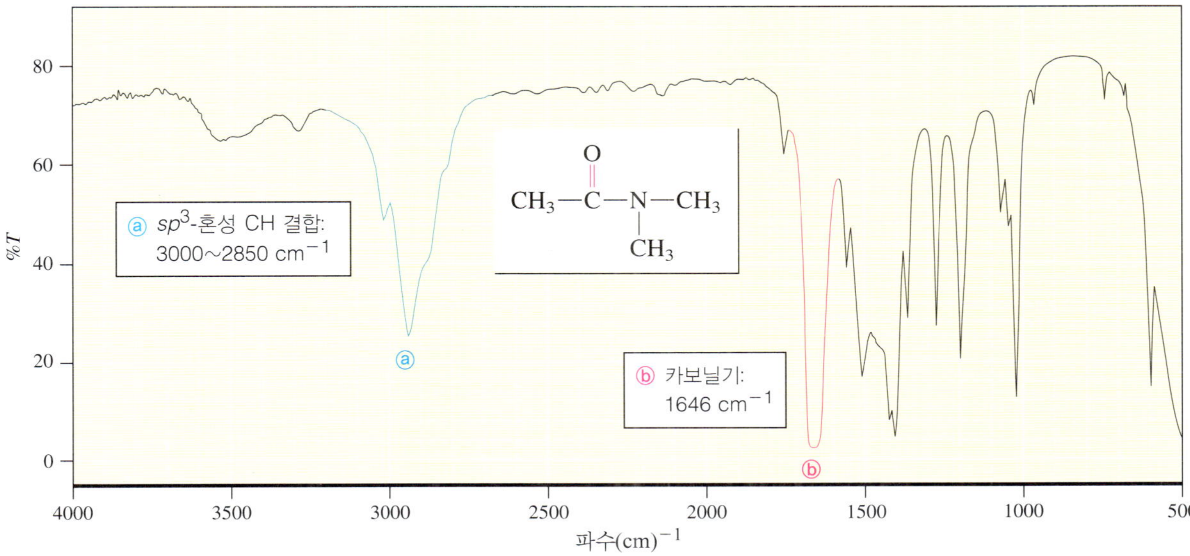


**아마이드:** 아마이드의 카보닐기에 대한 흡수는 다른 카보닐 띠보다 낮은 파수인 1690~1630 cm$^{-1}$ 영역에서 나타난다. 암모니아 혹은 일차 아민으로부터 생성된 아마이드는 NH 결합에 기인한 수소 영역에서 띠를 갖는다.

그림 13.21 **N,N-다이메틸아세트아마이드의 적외선 스펙트럼.**

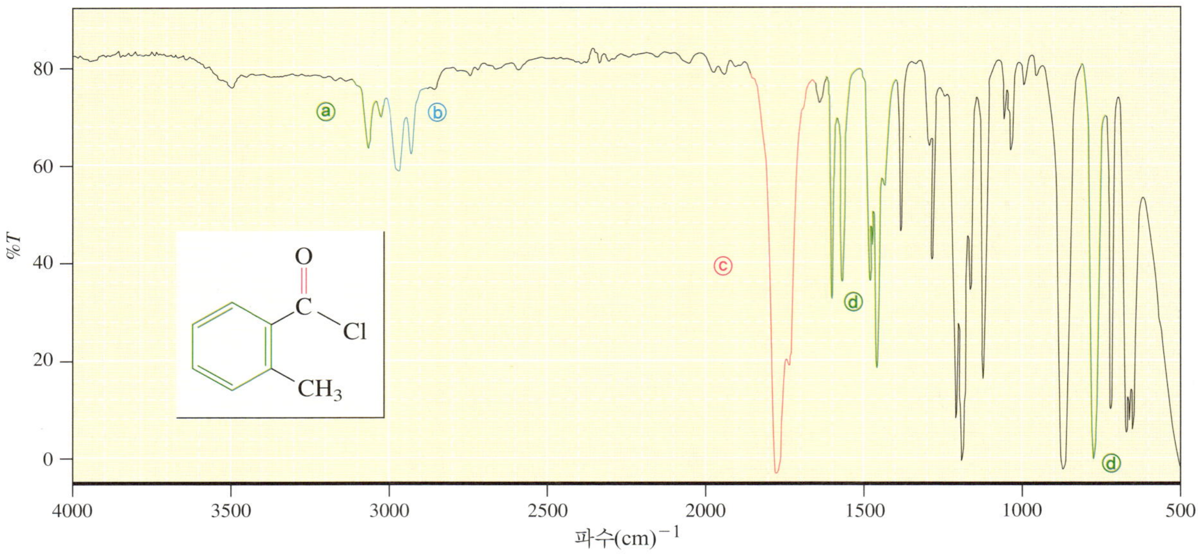


ⓐ 벤젠고리의 CH 결합: 3100~3000 cm$^{-1}$
ⓑ $sp^3$-혼성 CH 결합: 3000~2850 cm$^{-1}$
ⓒ 카보닐기: 1773 cm$^{-1}$
ⓓ 방향족 고리: 1601, 1569, 1478, 및 770 cm$^{-1}$

**염화 아실:** 염화 아실의 카보닐기는 1800 cm$^{-1}$ 근처의 높은 파수에서 나타난다. 이 화합물에서 카보닐기는 벤젠고리와 콘쥬게이션 되기 때문에 약 30cm$^{-1}$만큼 낮은 파수로 이동한다.

**그림 13.22** **염화 *o*-톨릴의 적외선 스펙트럼.**

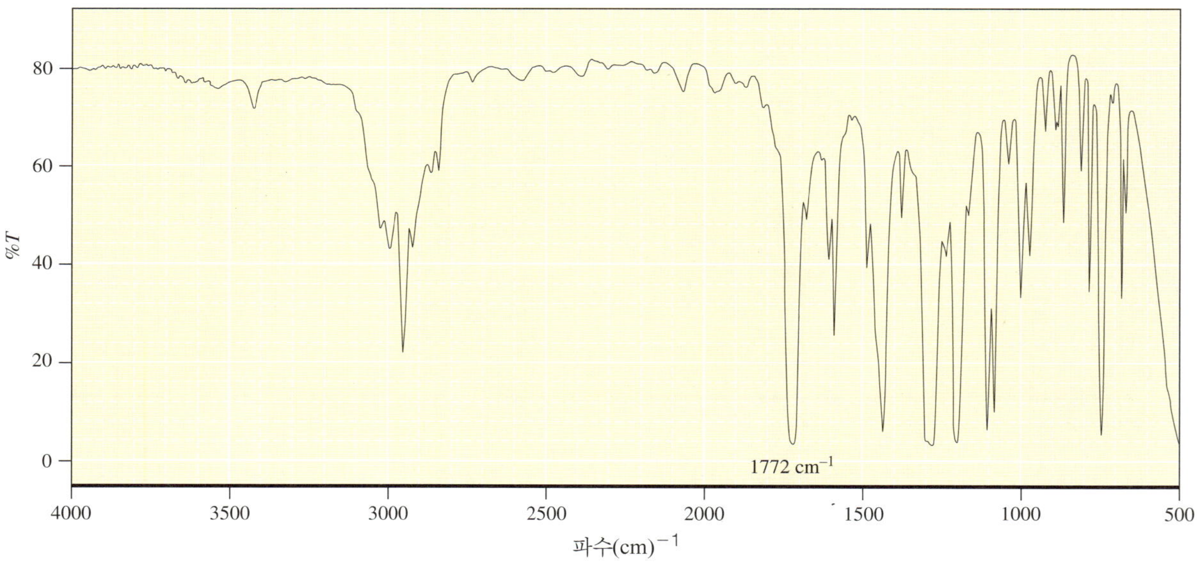


**그림 13.23** **미지화합물의 적외선 스펙트럼.**

**문제 13.10** 다음 화합물들의 IR 스펙트럼에서 중요한 흡수띠의 위치를 써라.

**a)** 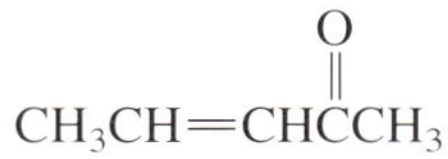 **b)** 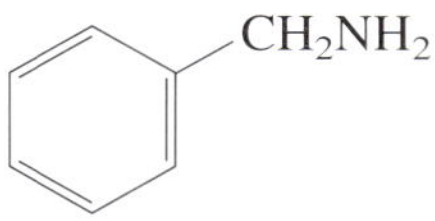 **c)** 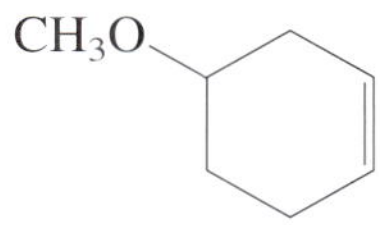

**d)** $CH_3CH_2CH_2OH$ **e)** 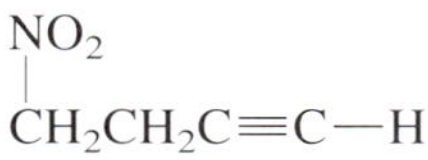 **f)** 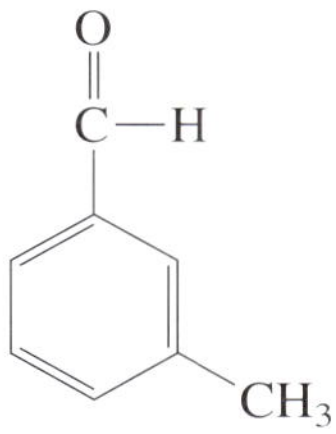

**문제 13.11** 어떻게 IR 분광학을 다음 화합물을 구별하는 데 사용할 수 있는가를 설명하여라.

**a)** $CH_3CH_2CH{=}CH_2$ 와 $CH_3CH_2C{\equiv}CH$

**b)** 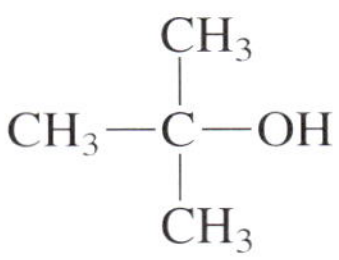 와 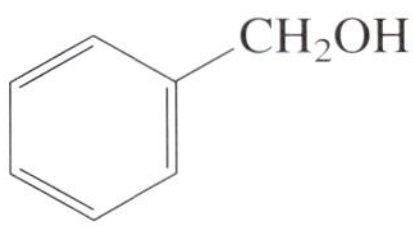

**c)** 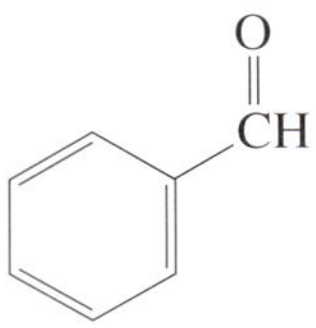 와 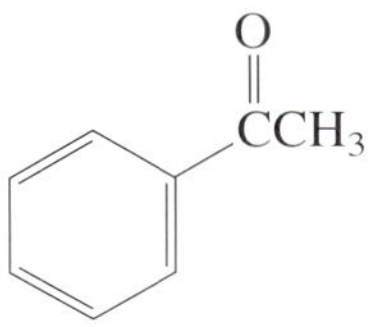

**d)** $CH_3CH_2CH_2CH_2NH_2$ 와 $CH_3CH_2NHCH_2CH_3$

## 예제 13.2

이 IR 스펙트럼을 가진 화합물에 어떤 작용기가 존재할 수 있는가를 설명하여라.

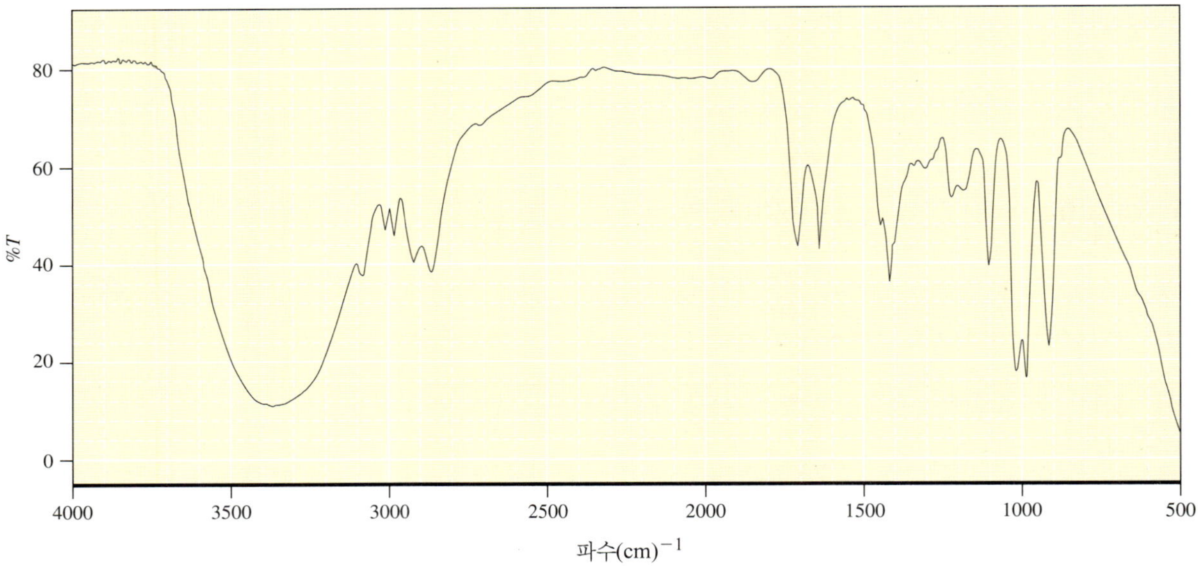


### 풀이

3300 cm$^{-1}$에 중심이 있는 넓은 흡수는 하이드록실기의 존재를 나타낸다. 3005 cm$^{-1}$에서 흡수는 $sp^2$-혼성 C에 결합된 수소의 존재를 나타낸다. 이것은 1646 cm$^{-1}$에서 CC 이중결합에 대한 흡수를 제시해준다. 3000~2850 cm$^{-1}$의 영역에서 흡수는 $sp^3$-혼성 탄소에 결합된 H의 존재를 나타낸다. 화합물은 CC 이중결합을 갖고 있지만 방향족 고리의 존재에 대한 증거는 없다. 1600~1450 cm$^{-1}$ 영역에서 4개의 띠와 900~675 cm$^{-1}$에서의 띠가 존재하지 않기 때문이다.

요약하면 IR 스펙트럼으로 확인할 수 있는 구조적 특성은 다음과 같다.

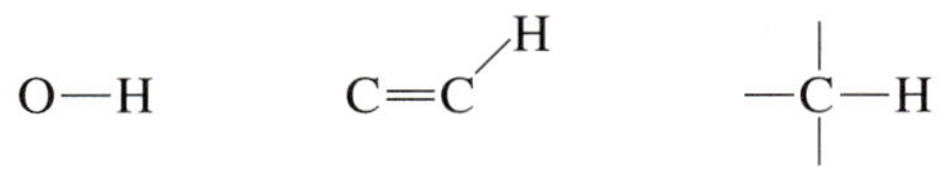

이 스펙트럼은 2-프로펜-1-올 혹은 알릴 알코올이다. 구조는 IR 스펙트럼만으로는 결정할 수 없지만 결과는 이 구조와 일치한다.

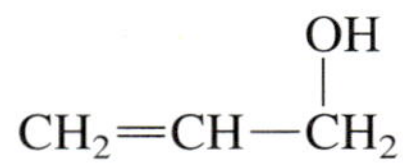

2-Propen-1-ol (allyl alcohol)

**문제 13.12** IR 스펙트럼을 근거로 해서 다음 화합물에 어떤 작용기가 존재하는가를 설명하여라.

**a)**

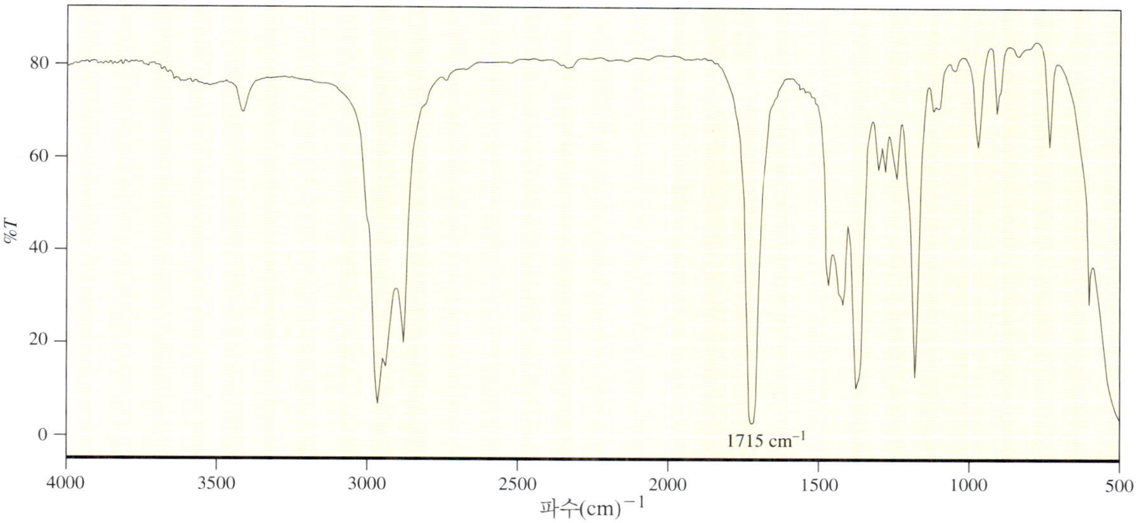


**b)**

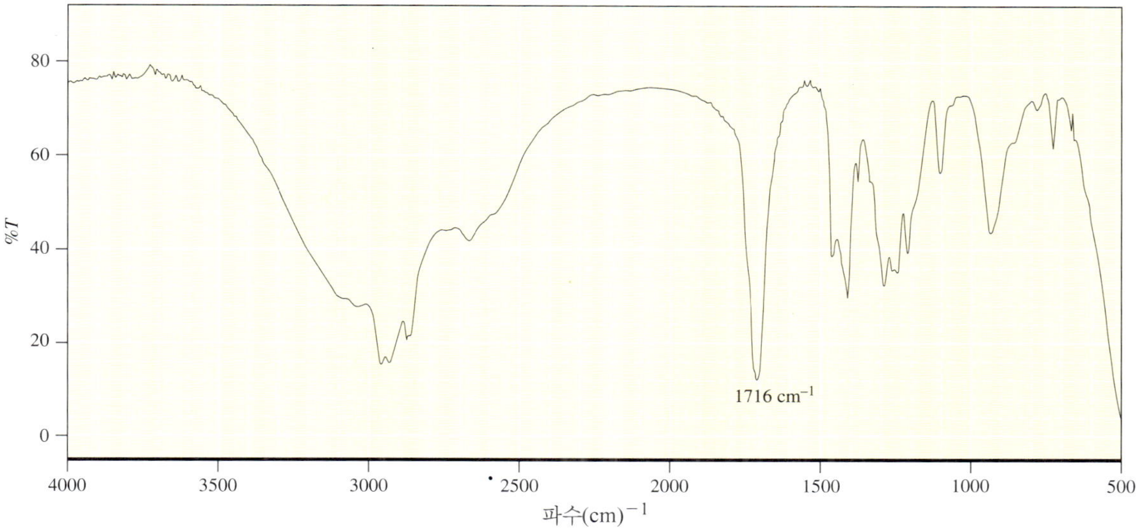

c)

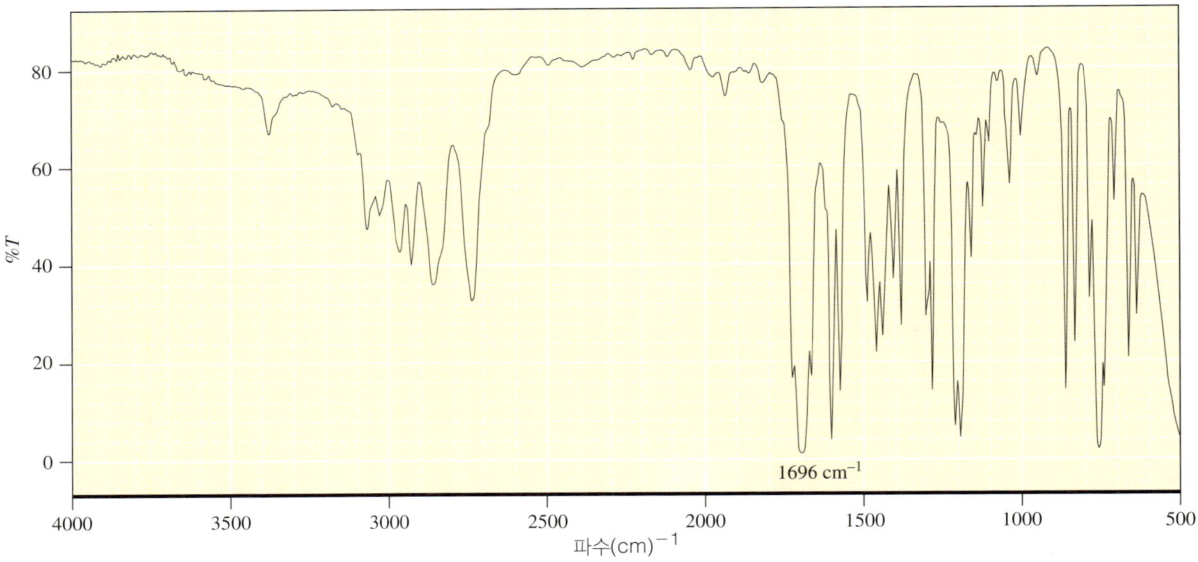


## 추가문제

**13.13** 다음 화합물들의 IR 스펙트럼에서 중요한 흡수띠의 위치를 나타내어라.

**a)** $HC{\equiv}CCH_2CH_2NH_2$ **b)** $HOC(=O)CH_2CH_2CH_2C{\equiv}N$

**c)** $CH_3CH_2C(=O)OCH_2CH_2CH_3$ **d)** 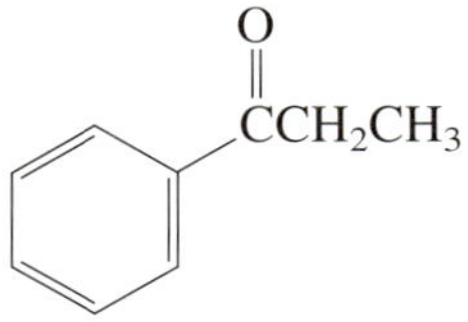

**13.14** IR 스펙트럼을 근거로 해서 다음 화합물에 어떤 작용기가 존재하는가를 설명하여라.

**a)**

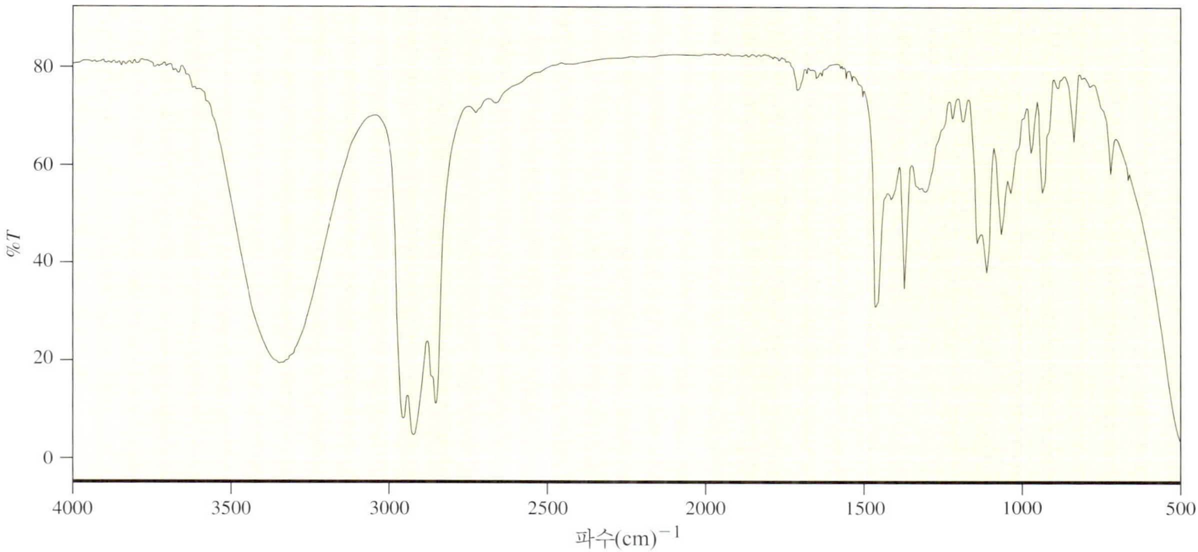


**b)**

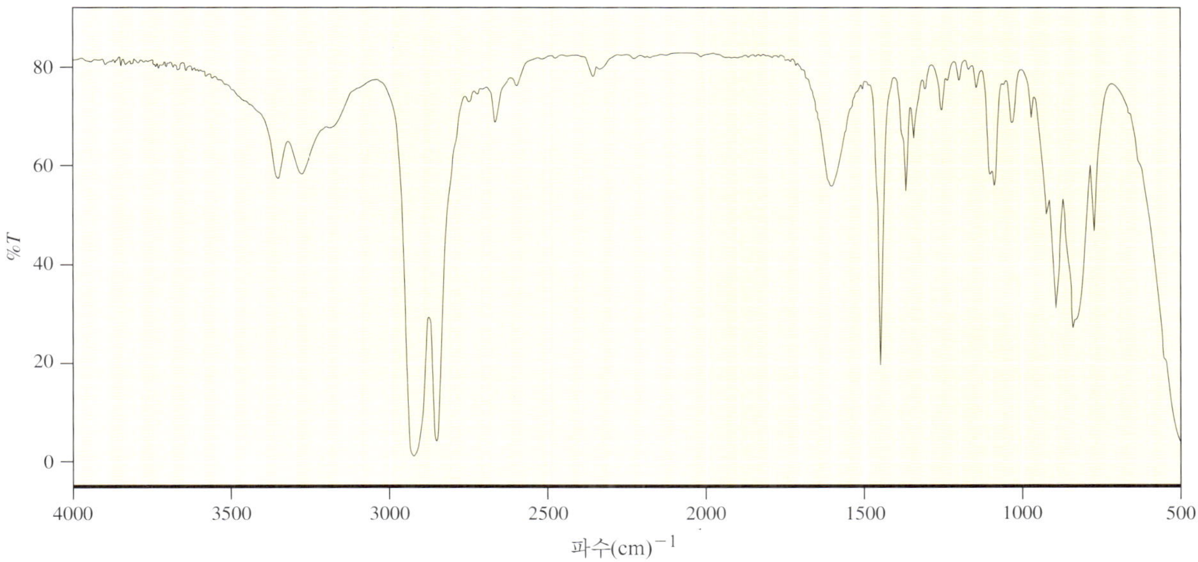

c)

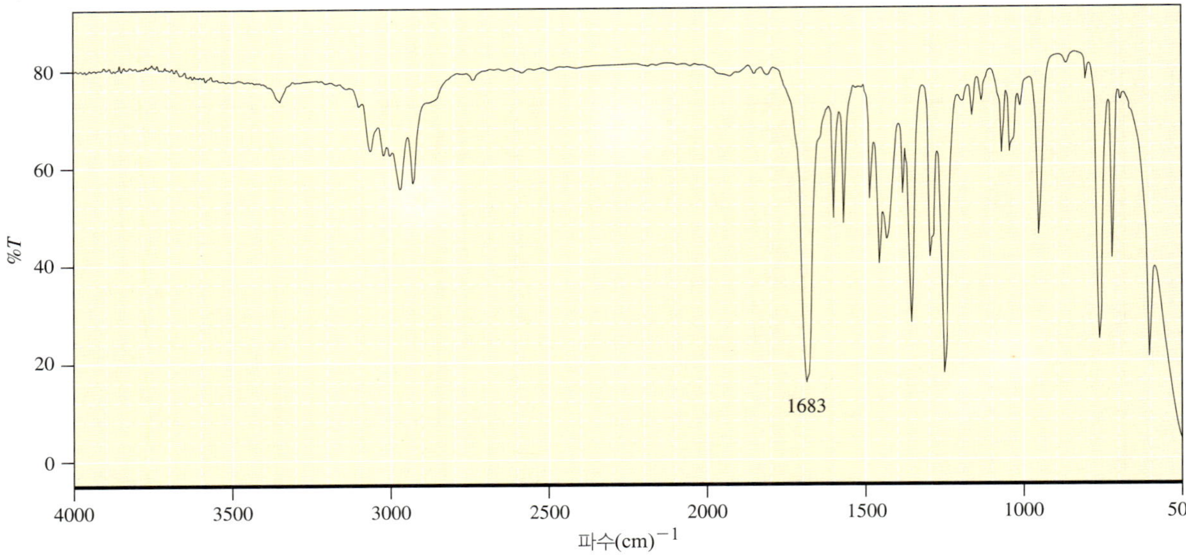
80
60
40
20
0
%T
1683
4000
3500
3000
2500
2000
1500
1000
500
파수(cm)$^{-1}$

d)

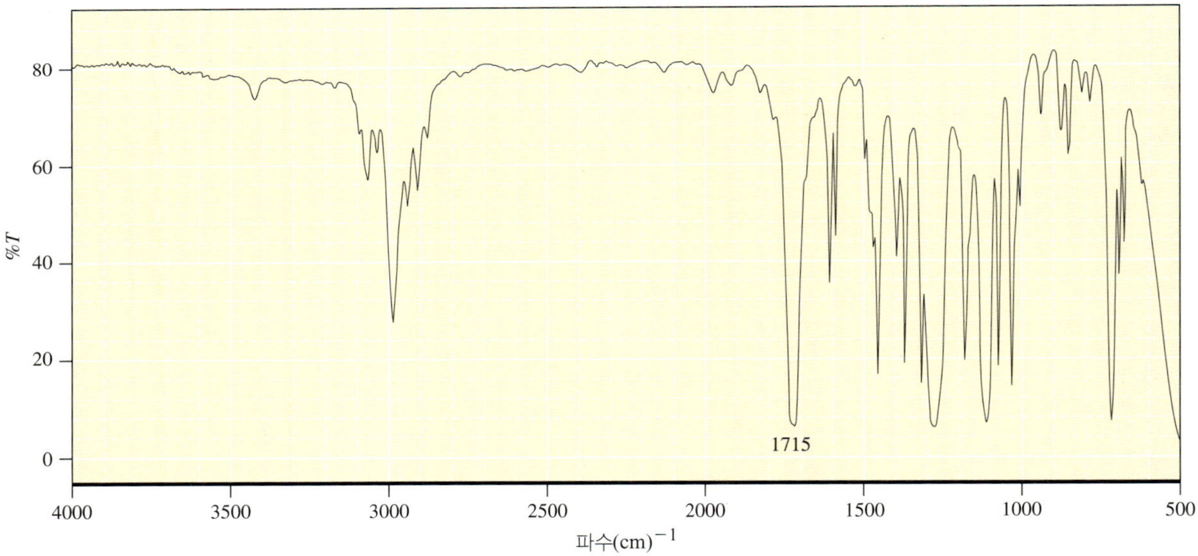
80
60
40
20
0
%T
1715
4000
3500
3000
2500
2000
1500
1000
500
파수(cm)$^{-1}$

**13.15** 어떻게 IR 분광학을 다음 화합물을 구별하는 데 사용할 수 있는가를 설명하여라.

a)   와 

b) 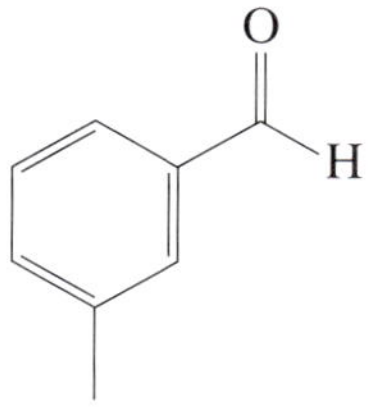

와 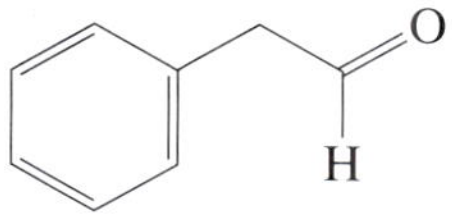


c) 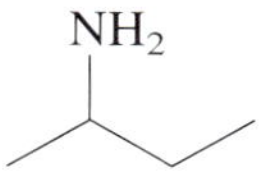

와 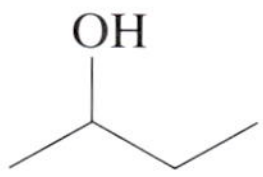


d) 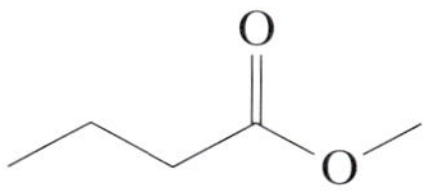

와 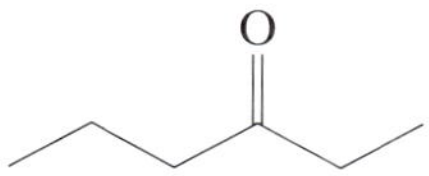


e) 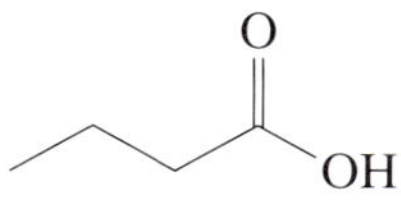

와 

f) 

와 

**13.16** 이 IR 스펙트럼을 가진 화합물에 어떤 작용기가 존재할 수 있는가를 설명하여라.

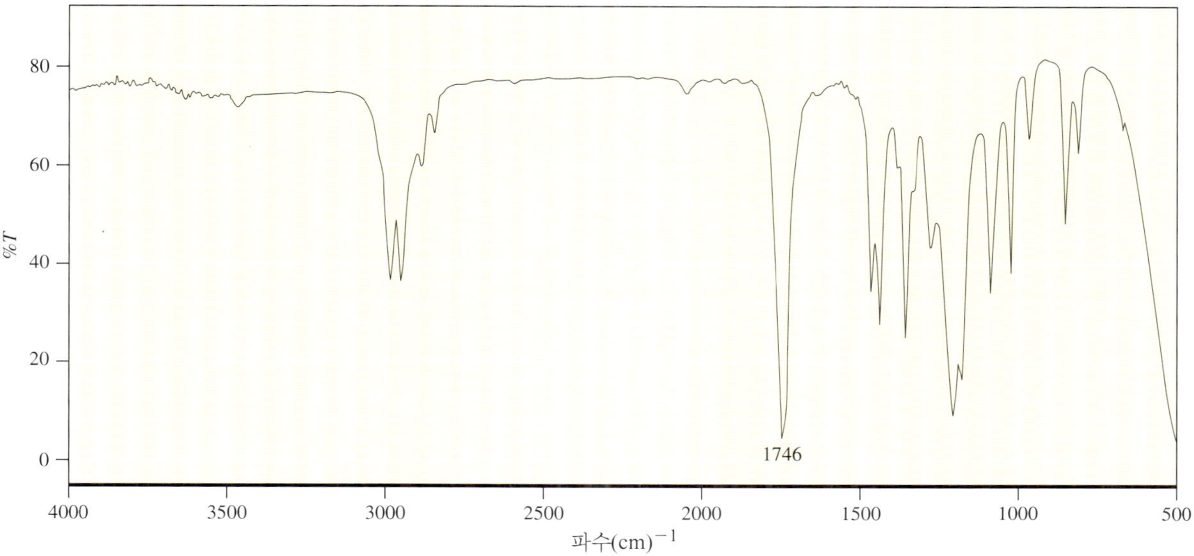

**13.17** 이 IR 스펙트럼을 가진 화합물에 어떤 작용기가 존재할 수 있는가를 설명하여라.

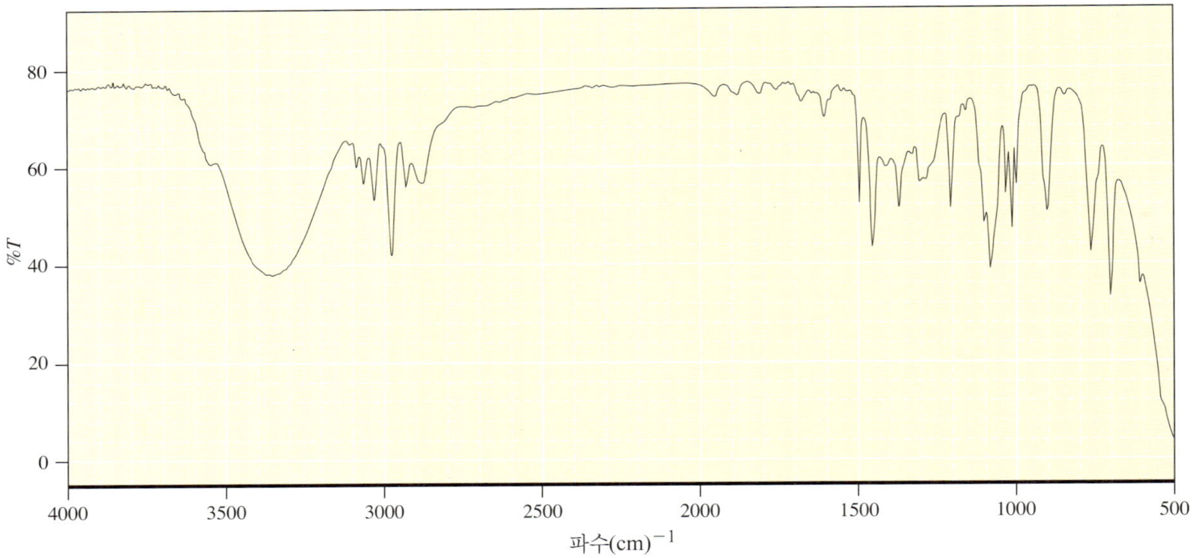


**13.18** 이 IR 스펙트럼을 가진 화합물에 어떤 작용기가 존재할 수 있는가를 설명하여라.

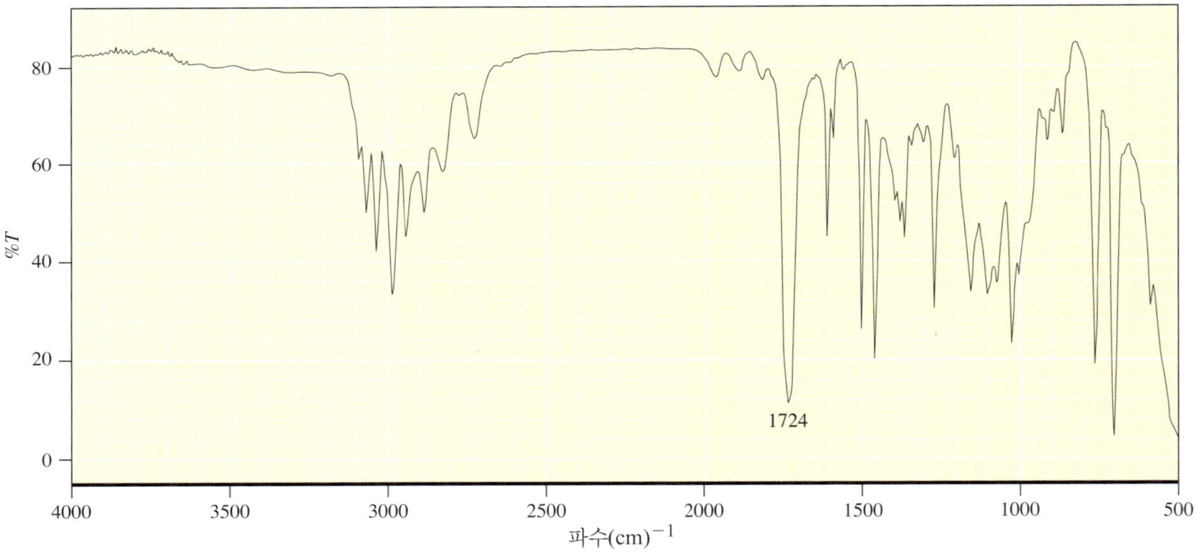

**13.19** 이 IR 스펙트럼을 가진 화합물에 어떤 작용기가 존재할 수 있는가를 설명하여라.

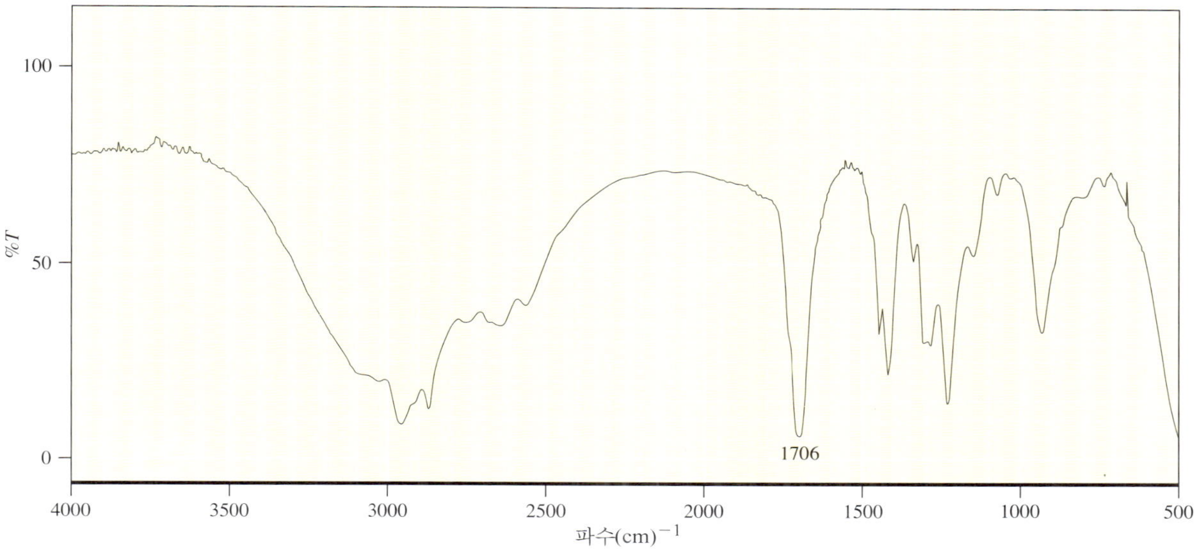


**13.20** 이 IR 스펙트럼을 가진 화합물에 어떤 작용기가 존재할 수 있는가를 설명하여라.

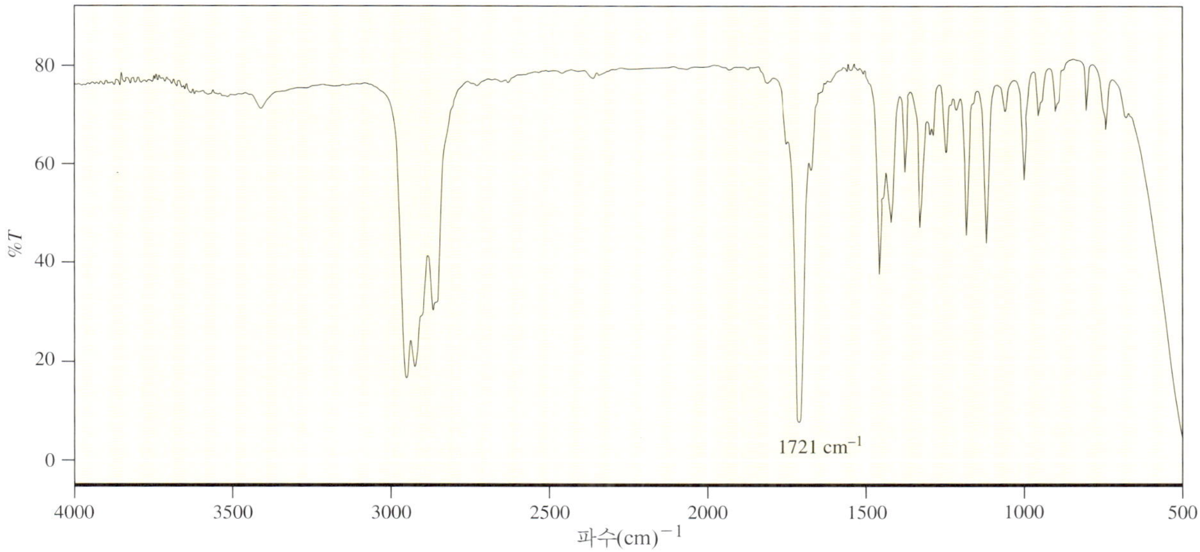

**13.21** 다음 IR 스펙트럼을 가진 분자식 $C_5H_{12}O$인 화합물의 가능한 구조를 제안하고 그 이유를 설명하여라.

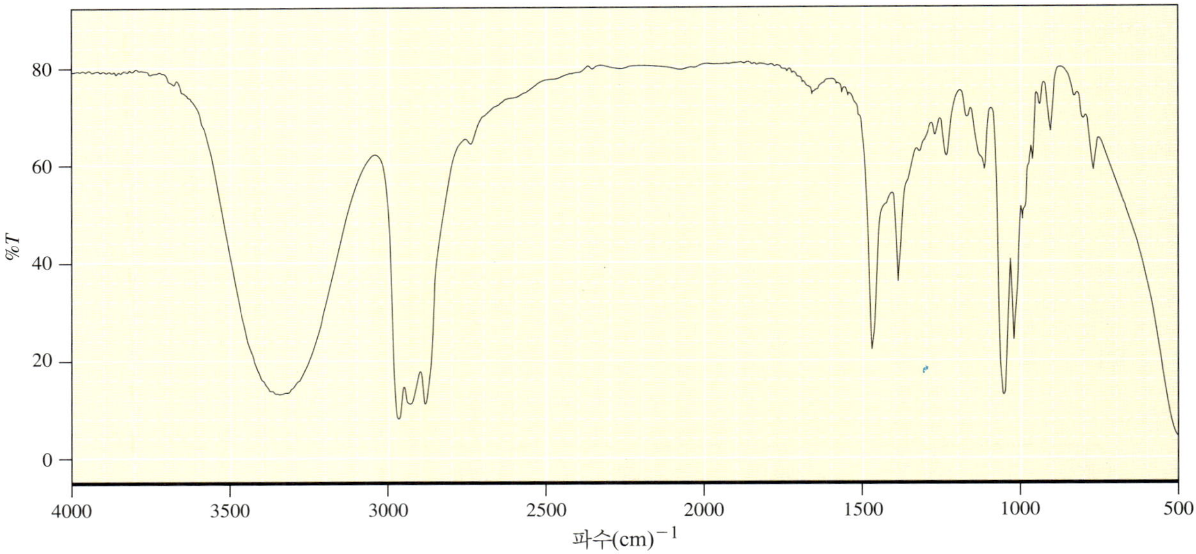


**13.22** 다음 IR 스펙트럼을 가진 분자식 $C_6H_{12}O_2$인 화합물의 가능한 구조를 제안하고 그 이유를 설명하여라.

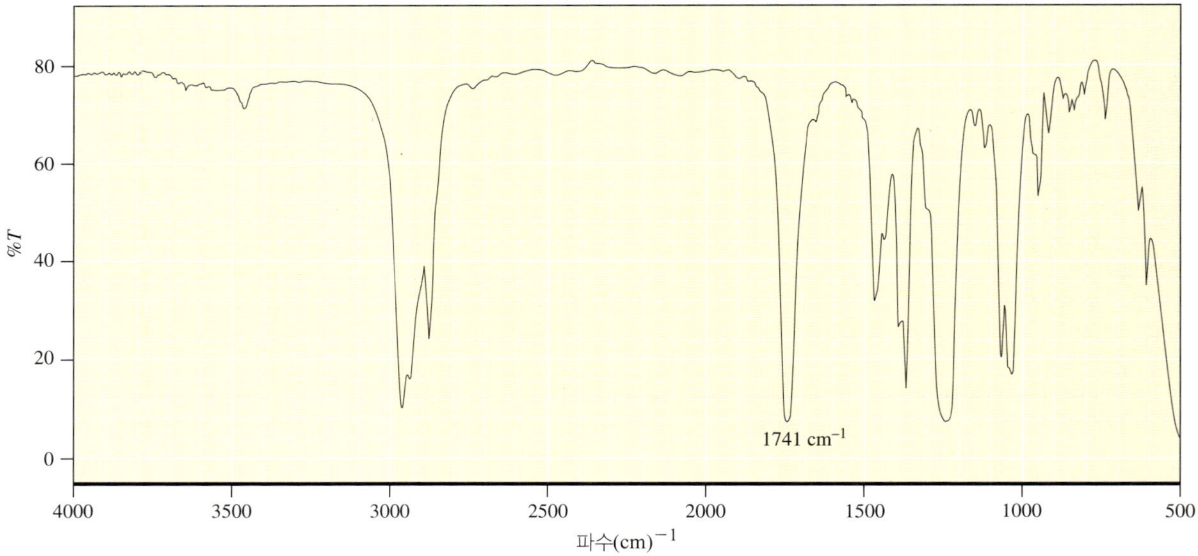

**13.23** 다음 IR 스펙트럼을 가진 분자식 $C_5H_7NO_2$인 화합물의 가능한 구조를 제안하고 그 이유를 설명하여라.

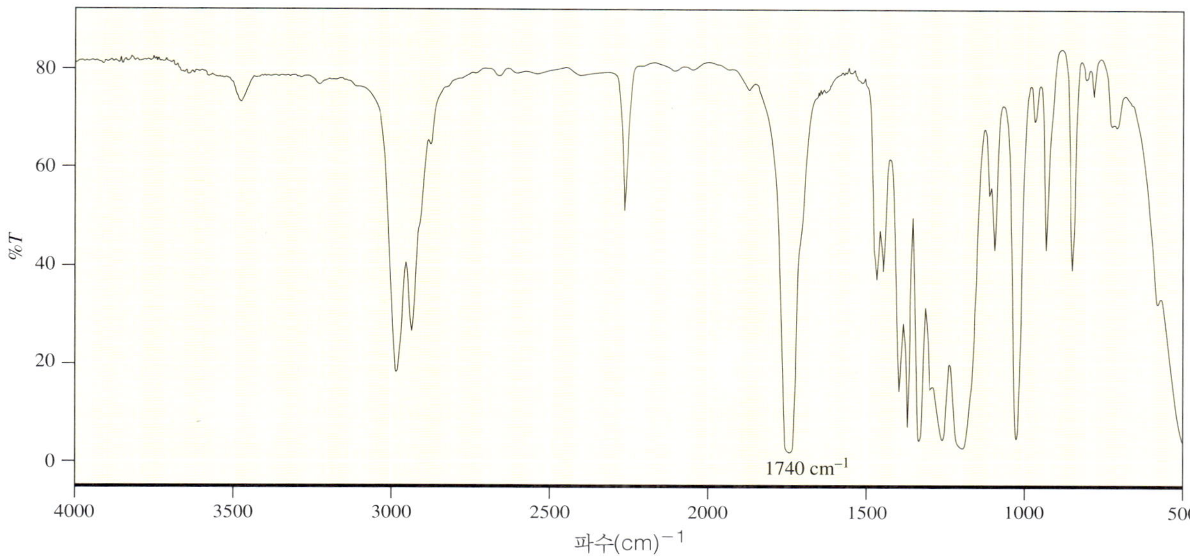


**13.24** 다음 IR 스펙트럼을 가진 분자식 $C_7H_{12}O$인 화합물의 가능한 구조를 제안하고 그 이유를 설명하여라.

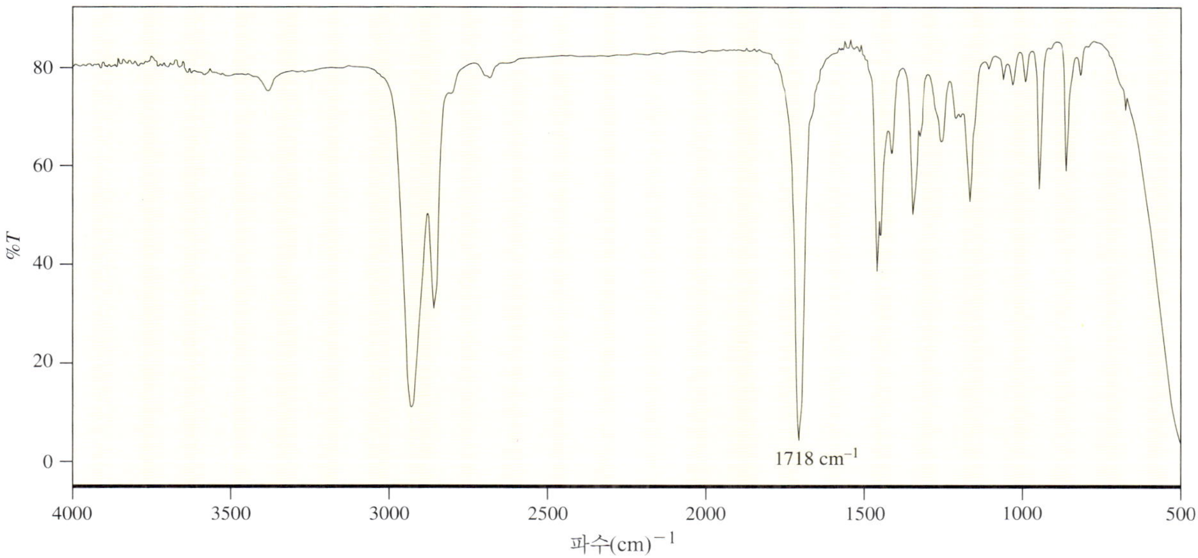

**13.25** 다음 IR 스펙트럼을 가진 분자식 $C_9H_{10}O$인 화합물의 가능한 구조를 제안하고 그 이유를 설명하여라.

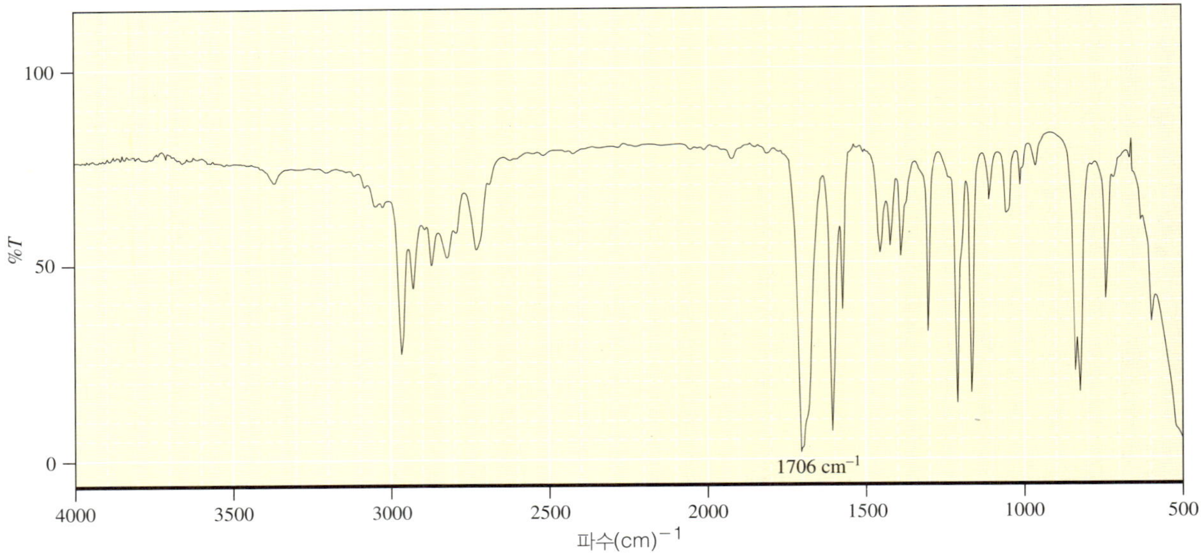

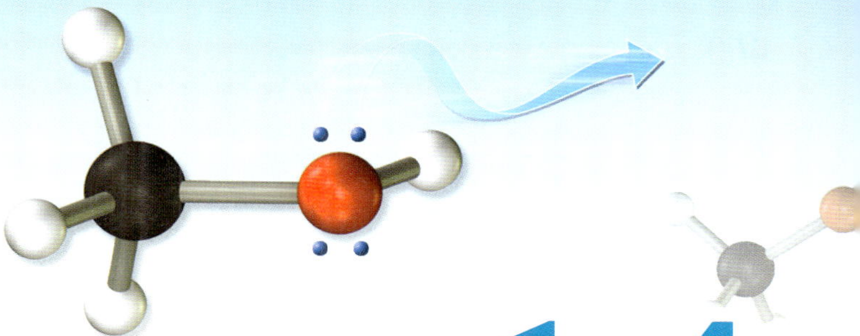

# 핵자기공명 분광학

CHAPTER 14

### 유기화학 숙달

- 화합물의 $^{1}$H-NMR 스펙트럼에서 화학적 이동, 다중도 및 봉우리 면적의 예측
- 화합물의 $^{13}$C-NMR 스펙트럼에서 봉우리 수와 화학적 이동의 예측
- $^{1}$H-NMR 스펙트럼과 $^{13}$C-NMR 스펙트럼의 검토에 의해 화합물의 탄화수소 골격의 결정
- IR과 NMR 분광학을 이용한 화합물의 구조 결정

13장에서 검토한 것처럼 적외선 분광학은 화합물에 존재하는 작용기를 결정하는 데 사용된다. 이 장에서는 양성자와 탄소-13 핵자기공명(NMR) 분광학을 논의할 것이다. NMR 분광학은 분자의 탄화수소 부분의 정보를 제공하기 때문에 적외선 분광학을 보완한다. IR과 NMR 분광학의 결합은 미지화합물의 구조를 결정하는 데 충분한 데이터를 마련해 준다.

먼저 양성자 자기 분광학을 검토한다. 이 기술에 대한 이론을 간단히 검토한 후 화합물의 탄화수소 부분의 구조를 결정하는데 $^{1}$H-NMR 분광학을 이용할 것이다. 다음에 화합물에 있는 탄소에 대한 정보를 얻기 위한 $^{13}$C-NMR의 이용을 기술하였다. 끝으로 이 기술의 다양한 결합으로 미지 유기화합물의 구조를 확인한 예를 검토하였다.

## 14.1 양성자 자기공명 분광학

몇 가지 원소의 동위원소의 핵이 자장에 존재하면 두 상태로 분리된다. 이 에너지상태 간의 전이는 NMR 분광학의 기술을 이용하여 연구할 수 있다. 많은 핵은 이런 현상을 나타내지만 유기 화학자가 많이 사용하는 두 원소는 수소 핵(양성자, $^{1}$H)과 원자 질량이 13인 탄소($^{13}$C)동위원소 핵이다.

양성자 자기공명 분광학은 화합물에 있는 다른 종류의 수소의 상대적 수, 그들에 결합된 탄소의 성질 및 어느 수소가 가깝게 있는가에 대한 정보를 제공해 준다. 이 정보로부터 화합물의 탄화수소 부분의 구조에 대한 정보를 얻을 수 있다. 적외선 스펙트럼으로부터 얻은 작용기에 대한 지식을 결합하면 NMR 스펙트럼으로 부터 화합물의 구조를 확정할 수 있다.

NMR 기술의 이론을 살펴보기 전에 시료 스펙트럼에서 몇 가지 정보를 얻을 수 있는가를 살펴보자. 그림 14.1은 3-펜탄온의 $^{1}$H-NMR 스펙트럼을 나타냈다. 흡

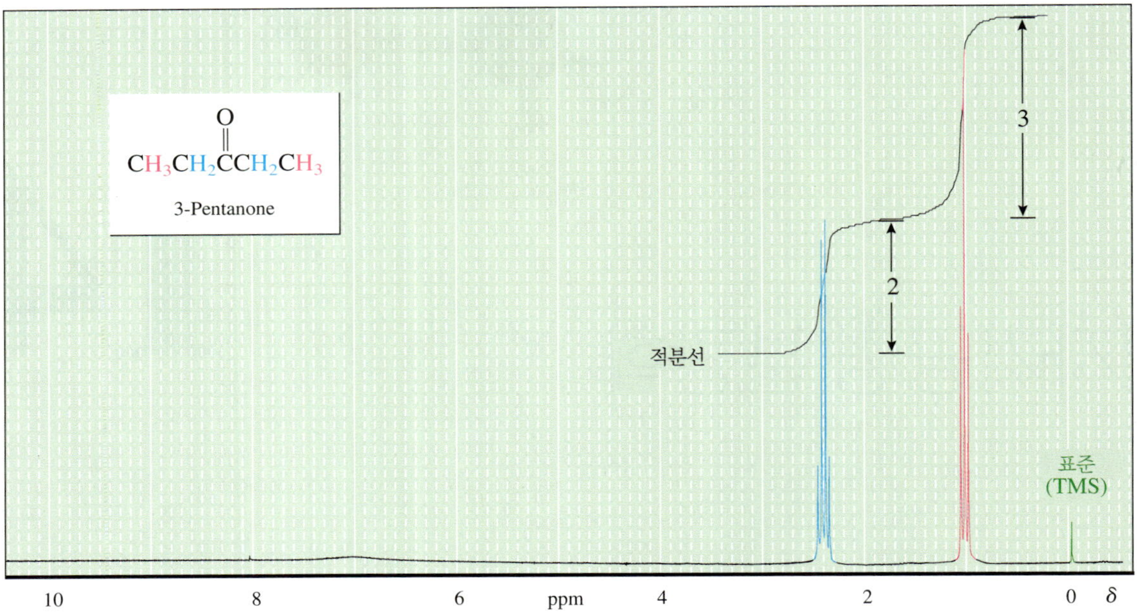


그림 14.1 3-펜탄온의 $^1$H-NMR 스펙트럼

수 봉우리는 IR 스펙트럼과는 대조적으로 스펙트럼 바닥에 있는 기준선 위로 뻗어 있다.

NMR 스펙트럼에서는 세 가지 형태의 정보를 나타낸다.

1. *x*-축의 위치. **화학적 이동(chemical shift)**은 수소가 결합된 탄소(혹은 다른 원자)에 대한 정보를 제공한다.
2. 각 기의 봉우리 수. **다중도(multiplicity)**는 봉우리를 만드는 수소 혹은 그 수소에 가까운 다른 수소에 대한 정보를 제공한다.
3. **적분(integral)**. 봉우리 군의 면적은 봉우리 군을 생성하는 수소의 수에 비례한다.

많은 NMR 분광계에서 적분은 봉우리의 전체 면적에 비례해서 높이가 증가하도록 선의 형태로 스펙트럼에 그린다. 각 단계의 높이는 각 단계의 봉우리를 생성하는 수소 수에 비례한다. 높이는 각 형태의 수소의 상대적 수를 제공하는 작은 정수비로 나타낸다. 해석을 단순화하기 위하여 이 교재에 있는 스펙트럼은 이미 적분되어 봉우리의 각 군에 대한 상대적 수소 수를 나타냈다. 그러나 수소의 실제 수는 적분에 의해 제공된 수의 배수이다.

## 14.2 $^1$H-NMR의 이론

$^1$H-NMR 이론에 대한 다음 논의는 핵자기공명 분광학을 공부하는 데 필요하다. $^1$H를 포함해서 몇 가지 핵의 전하는 핵의 축을 중심으로 회전한다. 이 회전하는 전하는 작은 자장을 생성한다. 더 검토하기 위해서 핵은 작은 막대자석이라고 생각할 수 있다.

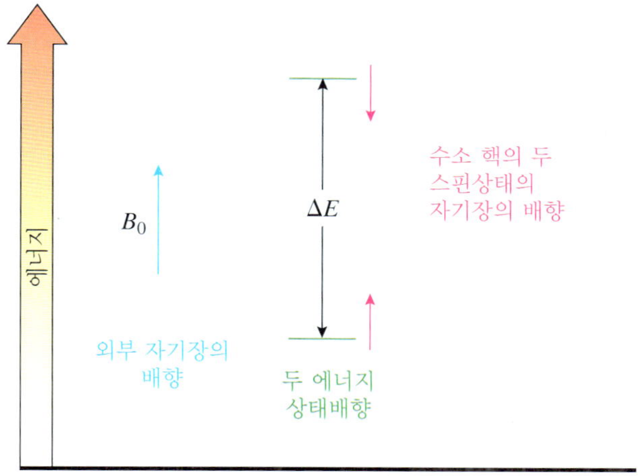


그림 14.2 자장에 있는 수소 핵의 두 스핀 상태에 대한 에너지 준위 그림.

정상적 환경에서 수소 핵은 에너지가 같은 두 가능한 스핀상태를 가진다. 그러나 외부 자기장, 즉 실험실에서 큰 자석의 극 사이에 놓여지면 스핀상태는 에너지가 달라진다. 그림 14.2에 나타낸 것처럼 한 상태는 외부자장 $B_0$와 같은 방향으로 배향된 자장을 가지며 외부자장과 반대방향으로 배향된 자장을 가진 다른 상태보다 에너지가 낮다. 에너지가 다른 두 상태에서 분광학이 이루어진다.

두 상태 간의 에너지 차는 다음 방정식과 같이 외부 자기장의 세기와 연관되어 있다.

$$\Delta E = h\gamma B_0/2\pi$$

여기서 $B_0$는 외부 자기장의 세기이고 $\gamma$는 원자핵의 종류에 따라 달라지는 자기회전 비율이다.

자기 회전 비율은 대단히 작다. 그러므로 $\Delta E$는 대단히 큰 자석을 사용하더라도 대단히 작다. 예로 초기 NMR 분광계는 14,000 가우스(혹은 1.4-테슬라) 자석을 사용하였다. 이 장치에 대해 $\Delta E$는 약 $10^{-8}$ kcal/mol이고 주파수가 $60 \times 10^{-6}\ s^{-1}$ 혹은 60 MHz의 복사선이 요구된다. 두 에너지 상태가 이와 같이 적은 에너지량이 다르기 때문에 낮은 에너지를 가진 핵이 수는 높은 에너지를 가진 수보다 약간 크다.

$\Delta E$가 크면 더 좋은 스펙트럼이 얻어지므로 더 강한 자장이 필요하다. 그러므로 많은 현대 NMR 장치는 1.4 테슬라보다 더 큰 자장을 가진 헬륨액체로 냉각시킨 초전도 자석을 사용한다. 200 MHz(4.67 테슬라 자석)와 400 MHz(9.33 테슬라 자석)이 상당히 보편적이지만 더 큰 자석을 가진 장치가 사용되기도 한다. 이 교재에서 사용한 스펙트럼은 200 MHz 혹은 400 MHz에서 가동한 기기로부터 얻은 것이다.

$^{13}C$, $^{19}F$, $^{2}H$ 및 $^{31}P$와 같은 다른 핵도 핵스핀을 갖고 있으며 NMR 기술을 연구하는 데 사용된다. 그러나 이 핵들의 $\gamma$가 다르기 때문에 수소와는 다른 영역에서 나타나고 $^{1}$H-NMR 스펙트럼에서는 볼 수 없다. $^{12}C$와 $^{16}O$는 유기화합물에서는 대단히 흔하지만 핵 스핀을 갖고 있지 않기 때문에 NMR 흡수는 일으키지 않는다.

그림 14.3은 NMR 분광기의 골격도를 나타냈다. 시료를 적당한 용매에 용해하

그림 14.3 NMR 분광기의 골격도.

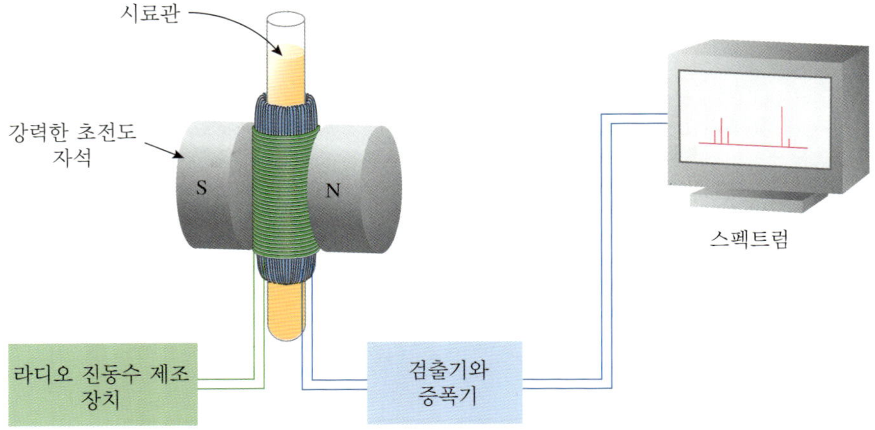


고 얇은 유리관에 넣는다. 이 관을 강력한 자장의 극 사이에 넣는다. 원래의 기기에서는 라디오 영역에 있는 전자기 복사선의 진동수를 일정하게 유지하고 자장의 세기를 천천히 변화시킨다. 자장의 세기가 수소 핵의 에너지상태의 차가 되면 복사선의 에너지와 어울리게 되고 수소 핵은 복사선의 에너지를 흡수한다. 이때 공명이 된다고 말한다. 전체 스펙트럼을 주사하는 데는 몇 분 걸린다. 스펙트럼을 얻는 데 시간이 걸리기 때문에 현재 이런 형태의 기기는 거의 사용되지 않는다.

현대의 NMR기기는 자장을 일정하게 유지하고 시료를 라디오-진동수 복사선의 펄스로 짧게 조사한다. 모든 핵은 동시에 들뜬다. 핵이 평형 입자 수로 돌아오면 복잡한 신호가 생긴다. 컴퓨터는 이 신호를 푸리에 변환(FT)이라는 수학적 처리를 사용하여 정상적인 스펙트럼으로 변환시킨다. FT-NMR의 이점은 스펙트럼을 몇 초 내에 얻을 수 있다는 점이다. 이것은 스펙트럼의 질을 향상시키는 데 사용되는 신호 평균화를 허용한다. 신호 평균화에서 많은 스펙트럼이 콤퓨터에 의해 모인다. 각 스펙트럼에서 잡음이 제멋대로이기 때문에 스펙트럼이 더해지면 이것을 상쇄하고 핵의 신호는 더 강해진다. 이와 같은 방법으로 짧은 시간에 적은 양의 화합물을 가지고 좋은 스펙트럼을 얻을 수 있다.

화합물에 있는 모든 수소 핵이 동일한 자장의 세기에서 흡수하면 NMR 기술은 사용하지 못할 것이다. 그러나 공명에 필요한 정확한 자장은 수소 주위의 국부적 환경에 의존한다. 분자 내에 있는 전자는 순환하고 외부 자기장과 반대인 자장을 생성한다. 그러므로 전자에 의해 생기는 자장은 수소를 외부 자기장으로부터 부분적으로 가린다. 전자 밀도가 분자의 장소에 따라 변하기 때문에 다른 수소는 고정된 진동수 복사선을 흡수하는 다른 자장 세기를 요구한다. 이 변화는 200 MHz에서 작동하는 기기에서는 대단히 작아서, 약 2500 Hz 혹은 0.001%이므로 이 차를 검출할 수 있는 고분할에서 NMR 스펙트럼을 얻지 않으면 안 된다.

## 14.3 화학적 이동

이미 언급한 것처럼 수소 신호의 화학적 이동은, 즉 수소가 공명을 일으키는 데 필요한 자기장이 수소의 화학적 환경에 따라 다소 변한다. 화학적 이동을 측정하기 위하여 적은 양의 기준물질, 테트라메틸실레인(TMS)를 시료에 가해준다. 관심 있는 봉우리와 TMS에 기인한 봉우리 간의 분리(헤르츠로)를 측정한다. TMS는 단 하나의 봉우리만을 가지며 다른 흡수와 겹쳐지지 않는 영역에서 봉우리가 생기기 때문에 기준으로 선정하였다. 그림 14.4은 아세톤 스펙트럼에서 기준물질로 TMS의 사용을 설명하고 있다.

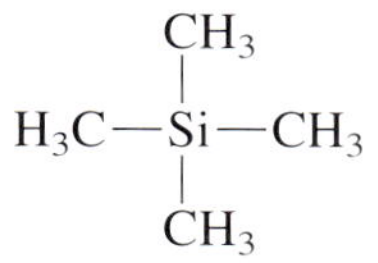

Tetramethylsilane (TMS)

전형적인 NMR 스펙트럼의 도시에서 자기장의 세기는 왼편에서 오른편으로 갈수록 증가한다. TMS의 양성자는 다른 양성자보다 높은 자장에서 흡수하므로 그림 14.4에서 볼 수 있는 것처럼 TMS의 신호는 스펙트럼의 오른편 끝에서 생긴다. 대부분의 다른 형태의 수소에 대한 신호는 TMS 봉우리의 왼편에 나타난다. NMR 스펙트럼의 왼편을 **낮은 장(downfield)**, 오른편을 **높은 장(upfield)**이라 부른다. 이 스펙트럼에서 아세톤의 흡수는 TMS로부터 436 Hz에서 일어난다.

그림 14.4 200 MHz에서 아세톤의 $^{1}$H-NMR스펙트럼.

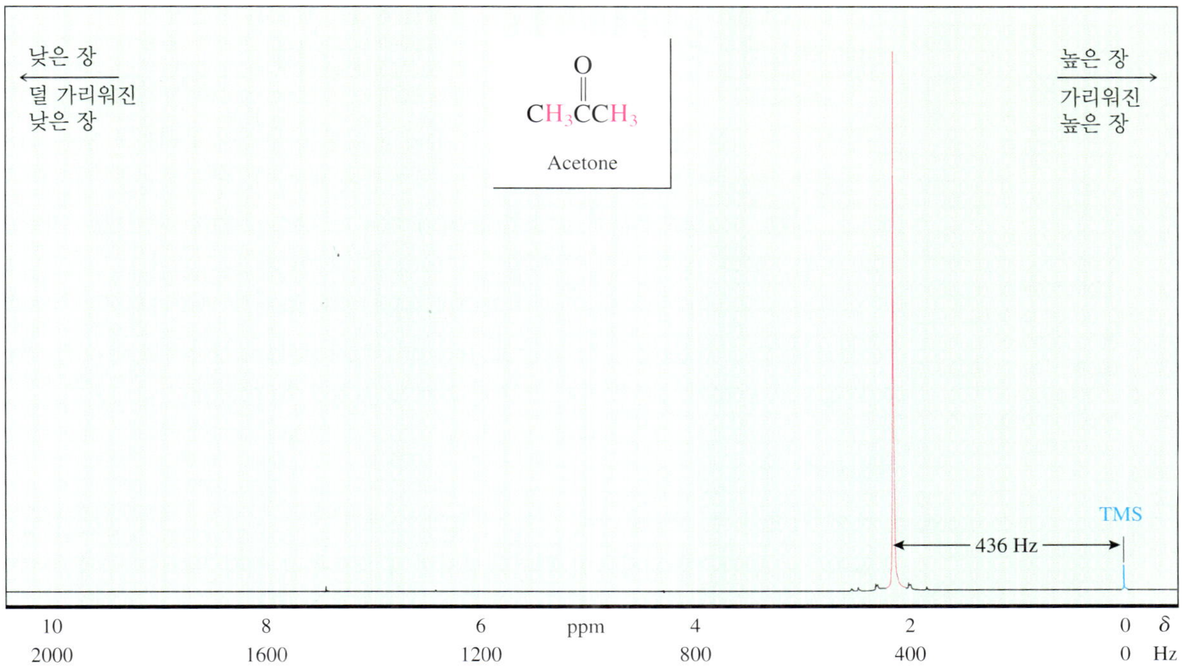

수소의 두 핵 스핀 상태의 분리는 NMR기기의 자기장 세기, $B_0$에 직접 비례한다. 헤르츠 단위의 화학적 이동도 자기장의 세기에 직접 비례한다. 200 MHz의 진동수에서 가동되는 4.67-T 자석을 가진 기기에서 아세톤 봉우리는 TMS로부터 436 Hz 낮은 장에서 나타난다. 400 MHz의 진동수에서 가동되는 두 배 강한 자석을 가진 분광기에서 아세톤 봉우리는 TMS로부터 2배 낮은 장인 872 Hz에서 생긴다. 화학적 이동은 스펙트럼을 얻는 데 사용되는 기기와는 상관이 없으며 헤르츠 단위의 화학적 이동을 가동한 기기의 진동수로 나누어 얻는다. 그 결과를 $10^6$배하면 더 편리한 값을 얻을 수 있다. **백만분의 일(part per million, ppm)** 혹은 $\delta$라 부르는 화학적 이동의 값은 기기의 가동 진동수에 의존하지 않는다.

$$\delta = \frac{\text{봉우리의 관찰된 위치 (Hz)}}{\text{기기의 가동 진동수 (Hz)}} \times 10^6$$

200 MHz의 기기에서 아세톤에 대한 봉우리는 436 Hz에서 일어나기 때문에 화학적 이동는 2.18 $\delta$이다.

$$\frac{(436\ \text{Hz})(10^6)}{(200 \times 10^6\ \text{Hz})} = 2.18\ \delta$$

이 봉우리는 가동 진동수와는 무관하게 다른 기기에서도 2.18 $\delta$에서 생긴다. 그림 14.4에 $\delta$ 값을 나타냈다.

**문제 14.1** 벤젠수소에 대한 흡수는 60 MHz에서 작동하는 기기에서 TMS로부터 444 Hz 낮은 장에서 나타난다.

**a)** $\delta$ 단위로 이 흡수의 위치를 계산하여라.

**b)** 200과 400 MHz 기기에서 이 흡수의 위치를 헤르츠 단위로 계산하여라.

**c)** 400 MHz 기기에서 이 흡수의 위치는 $\delta$ 단위로 얼마인가?

앞에서 논의한 것처럼 분자내 수소의 화학적 이동은 수소를 둘러싸고 있는 전자의 영향을 받는다. 움직이는 전자는 외부 자기장에 반대인 적은 자장을 생성한다. 전자는 외부 자기장으로부터 수소를 가리기 때문에 수소에 의해 감지되는 자장의 세기는 감소한다. 많은 양의 전자 밀도에 의해 둘러싸인 수소는 공명조건에 도달하기 위하여 외부 자기장은 더 강해져야 한다. 이와 같은 수소는 가로막힌다고 말하고 그 흡수는 보다 높은(낮은 $\delta$) 화학적 이동에서 나타난다. 마찬가지로 수소가 적은 전자 밀도로 둘러싸이면 벗겨지고 그 흡수는 낮은(높은 $\delta$) 이동에서 나타난다.

### 유발효과

탄소에 결합된 수소를 고려해 보자. 수소의 화학적 이동은 그 탄소에 결합된 다른 원자에 의존한다. 이 원자들이 전기음성이면 수소로부터 전자 밀도를 끌어당겨 벗겨주고 흡수는 더 높은 $\delta$에서 일어난다. 전기 음성도가 다른 원자에 결합된 메틸기 수소의 대략적인 화학적 이동은 다음과 같다.

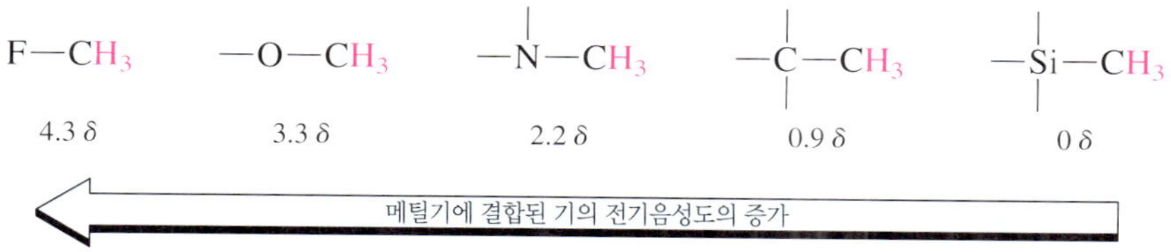


전기음성 원자는 근처에 있는 수소를 벗겨주어 낮은 장으로 이동한다.

메틸기에 결합된 원자가 더 전기음성이 될수록 수소에 대한 흡수는 낮은 장으로 이동한다. TMS에 대한 봉우리는 대부분의 유기화합물의 봉우리보다는 높은 장에서 일어난다. 규소는 유기화합물에 있는 대부분의 다른 원소보다 전기음성이 작기 때문이다.

탄소는 수소보다 다소 전기음성이다. 그러므로 이차 탄소에 있는 수소의 흡수는 일차 탄소에 결합된 수소보다 약간 낮은 장(대략 0.3 δ)에서 흡수된다. 삼차 탄소에 결합된 수소 봉우리는 더 낮은 장에서 일어난다.

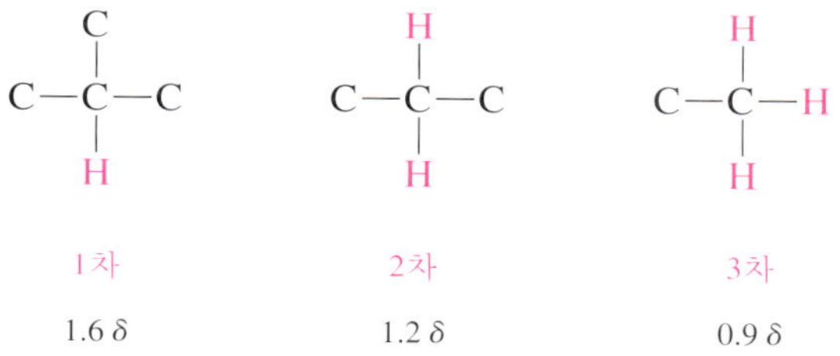


## 파이 전자효과

파이 MO에 있는 전자는 시그마 MO에 있는 전자보다 핵에 의해 덜 끌려 있기 때문에 외부 자기장에서 더 쉽게 순환한다. 분자의 기하구조에 따라 관심 있는 수소에서 이 순환전자의 자장은 외부자장과 같은 방향으로 배열하여 낮은 장 이동을 일으킨다. 혹은 반대로 배열하여 높은 장 이동을 일으킨다. 이 효과는 벤젠 유도체에서 특히 뚜렷하다. 고리의 콘쥬게이트 궤도함수에 있는 전자의 순환에 의해 생성되는 자기장은 고리중심에서 외부자장과는 반대가 된다. 그러나 수소가 위치한 고리 외변에서는 외부 자기장과 같은 방향이다.

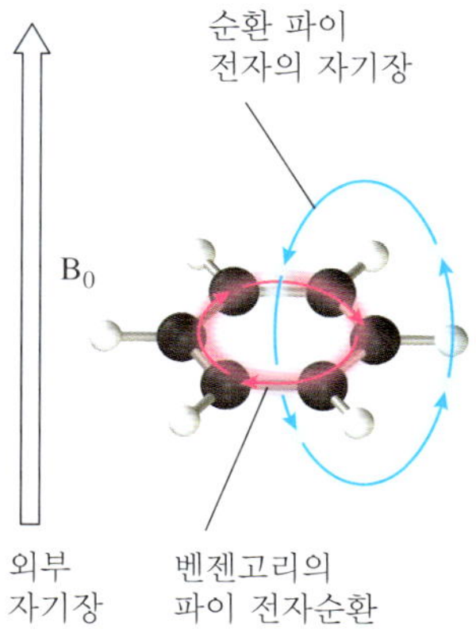


이 "고리 전류효과"는 방향족 고리에 결합된 수소에 대한 큰 낮은 장 이동을 일으킨다. 벤젠 수소의 흡수는 7.4 δ에서 나타난다. 비슷하지만 더 적은 효과가 알켄 이중결합의 수소에도 일어나서 역시 낮은 장으로 이동한다. 사이클로헥센의 바이닐 수소의 흡수는 5.7 δ에서 나타난다. 알데하이드의 카보닐 탄소에 결합된 수소는 산소의 추가적 유발효과 때문에 낮은 장 10 δ 근처에서 나타난다. 놀랍게도 말단 알카인의 탄소 1의 수소는 높은 장 1.8 δ 근처에서 나타난다. 이 경우 순환 전자에서 생긴 자기장은 수소에서 외부 자기장과 반대가 되고 높은 장 이동을 일으킨다.

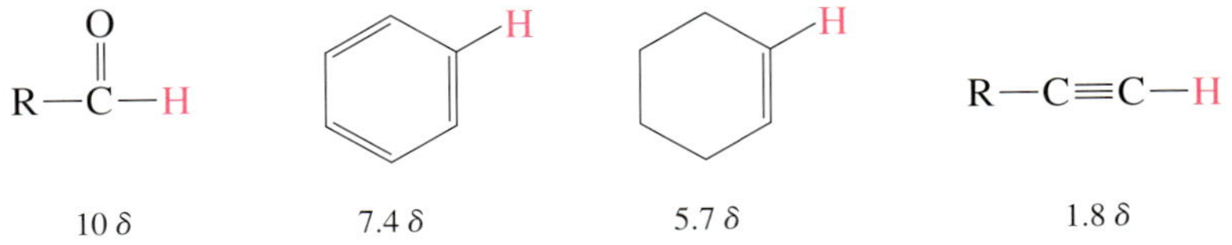


파이결합 탄소에 결합된 수소에 대한 대략적인 화학적 이동

### 헤테로 원자에 결합된 수소

산소와 질소에 결합된 수소의 화학적 이동은 농도와 온도에 의존한다. 수소결합의 정도가 이 인자들에 따라 변하기 때문이다. 알코올에 대한 봉우리는 2~5 δ에서 아민에 대한 봉우리는 1~3 δ에서 일어난다. 강력한 수소결합에 의해 이합체를 형성하는 카복실산의 수소에 대한 봉우리는 10~13 δ에서 일어나고 대단히 특성적이다.

지금까지 $^{1}$H-NMR 스펙트럼에서 얼마나 많은 신호가 생길 것인가 하는 문제는 직접 다루지 않았다. 수소는 화학적으로 동등하지 않는 한 다른 화학적 이동을 갖는다. 화학적으로 동등하다는 것은 수소가 동등한 화학반응을 갖는다는 것을 의미한다. 예로 메틸기의 세 수소가 화학적으로 동등하다는 것은 분명하다. 그러나 많은 화합물에 대해 수소가 화학적으로 동등하다는 것은 분명치 않다. 이것을 결정해주는 한 가지 방법은 문제의 수소를 한 번에 하나씩 가상적인 기 A로 치환하는 그림을 그리는 것이다. 생성된 가상적 화합물이 동등하면 수소는 화학적으로 동등하고 같은 화학적 이동을 갖는다. 생성된 가상적 화합물이 이성질체이면 수소는 달라지고 다른 NMR 신호를 갖는다. 예로 1,2-다이메틸벤젠을 고려해보자. 이 화합물에 대해 얼마나 많은 NMR 신호를 기대할 수 있는가? 두 메틸기의 수소가 화학적으로 동등한가를 결정해보자. 한 메틸기 혹은 다른 메틸기의 수소를 가상적 기로 치환하여 생성된 구조는 동일하다. 그러므로 메틸기의 수소는 화학적으로 동일하다.

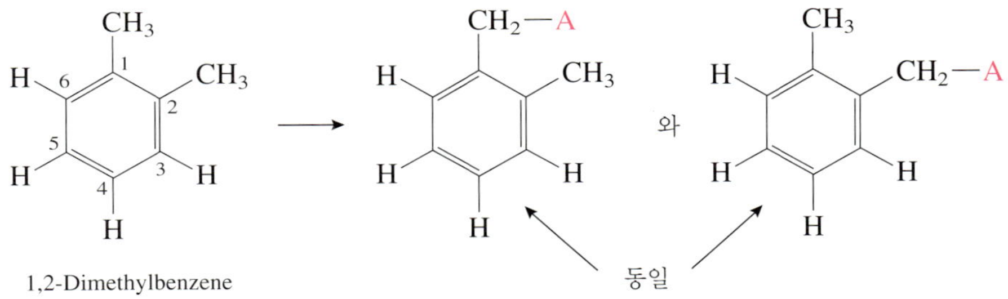


유사한 변환으로 C-3과 C-6에 있는 두 수소는 C-4와 C-5에 있는 두 수소와 같이 화학적으로 동등하다. 그러므로 NMR 스펙트럼에서 세 개의 흡수가 기대된다. 6개의 메틸수소에 대한 것이 하나이고 C-3과 C-6에 있는 두 수소에 대한 것과 C-4와 C-5에 있는 두 수소에 대한 것이다. 후자의 두 형태의 수소는 대단히 유사하고 유사한 화학적 이동을 가질 것으로 기대된다. 이와 같은 수소는 어떤 경우에는 같은 위치에서 흡수하지만 화학적으로 동등하지 않기 때문에 다른 경우에는 다른 화학적

이동을 갖는다.

어떤 경우에는 좀 더 민감하다. 브로모에테인의 $CH_2$의 두 수소를 고려해보자. 이들은 화학적으로 동등한가? 이 수소를 치환하여 생성된 두 가상적 화합물은 거울상체이다. 이 수소를 **거울상성 자리(enantiotopic)**라고 부르고 카이랄이 되는 기가 존재할 때만 달라진다. 그러므로 두 수소는 동일한 화학적 이동을 갖는다. 이 화합물에서는 두 NMR 흡수가 기대된다. 하나는 $CH_3$기에 대한 것이고 다른 하나는 $CH_2$기에 대한 것이다.

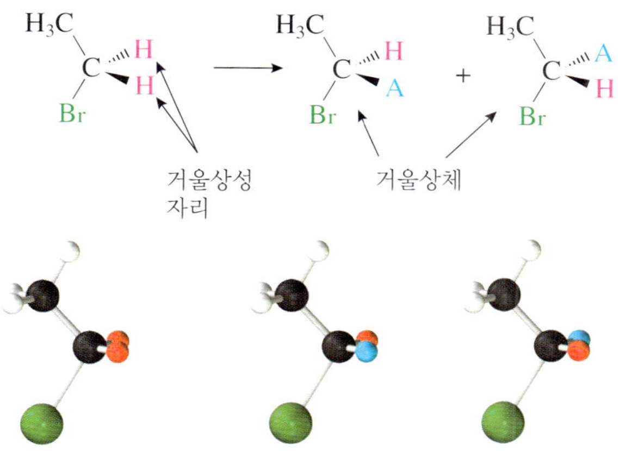


2-브로모뷰테인에서 얼마나 많은 신호가 기대되는가? C-2에 있는 단일 H와 같이 각 말단에 있는 메틸기는 분명히 다르다. 일견하여 C-3에 있는 두 H는 동일하지만 가상적 기로 치환하면 부분이성질체가 생성된다. 이와 같은 수소를 **부분입체 이성질성 자리(diastereotopic)**라 하고 다른 화학적 이동을 갖는다.

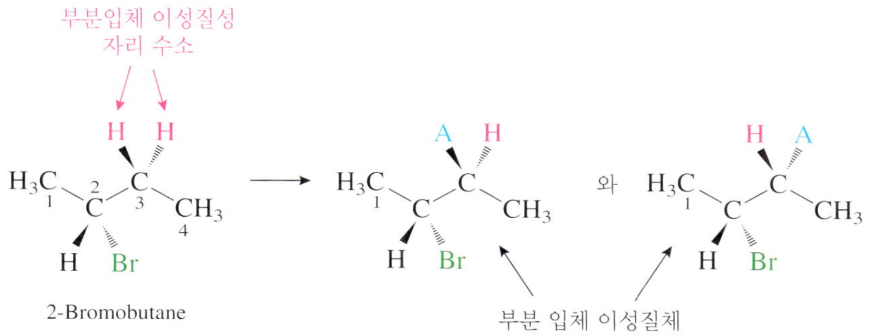


그러므로 2-브로모뷰테인에는 5개의 다른 형태의 수소가 있다. 그러나 C-3에 있는 부분입체 이성질성 자리 수소의 화학적 이동은 대단히 비슷하다. 일반적으로 카이랄 중심이 존재하면 $CH_2$기의 두 수소는 부분입체 이성질성 자리이다.

## 예제 14.1

다음 화합물의 $^{1}$H-NMR 스펙트럼에서 얼마나 많은 흡수가 기대되는가?

a) 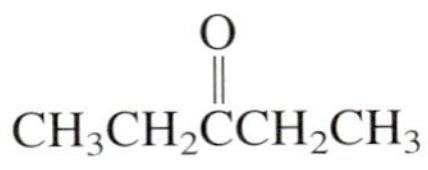

b) 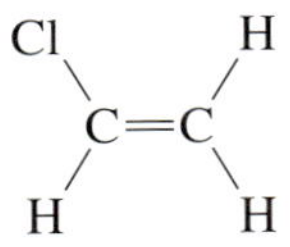

### 풀이

**a)** 이 가상적 화합물이 동일하기 때문에 $CH_2$기는 화학적으로 동등하다.

 는 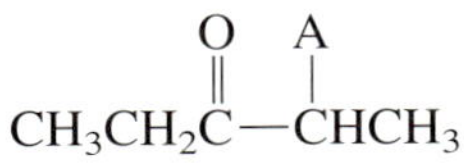 와 동일하다

마찬가지로 $CH_3$기도 동일하다. 그러므로 3-펜탄온의 스펙트럼에는 두 흡수만이 있다(그림 14.1을 보라).

**b)** C-2에 있는 수소는 부분입체 이성질성 자리이므로 그들을 치환하면 부분입체 이성질체가 생성된다. 부분입체 이성질성 자리 수소는 다른 화학적 이동을 갖는다. 그러므로 클로로에텐의 모든 세 수소는 화학적으로 동등하지 않다. 스펙트럼에는 세 개의 신호가 나타난다.

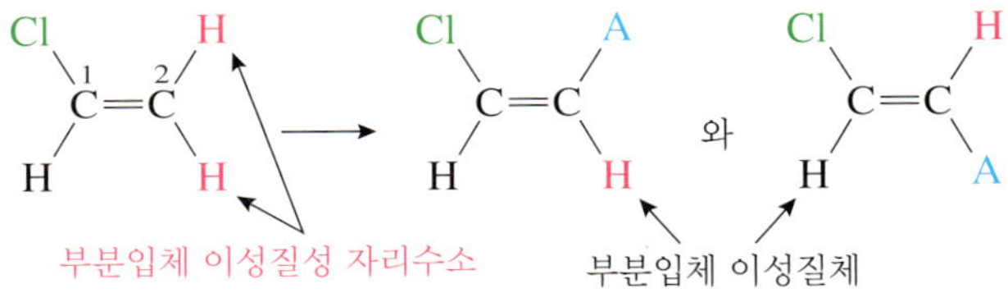


**문제 14.2** 다음 화합물의 $^{1}$H-NMR 스펙트럼에서 얼마나 많은 흡수가 기대되는가?

a) 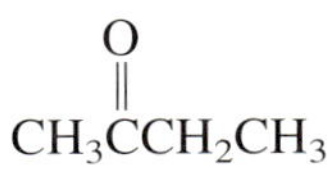

b) 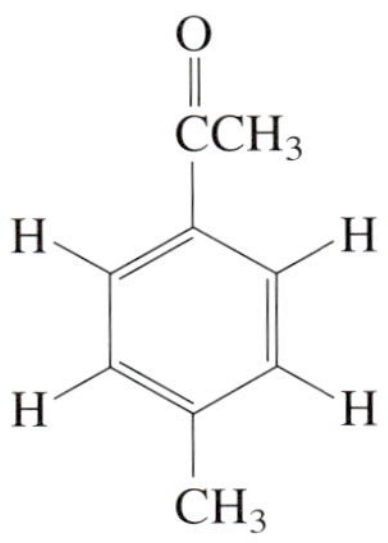

c) 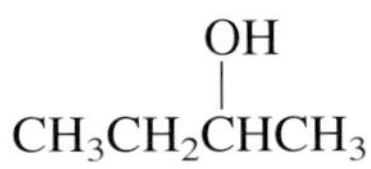

d) 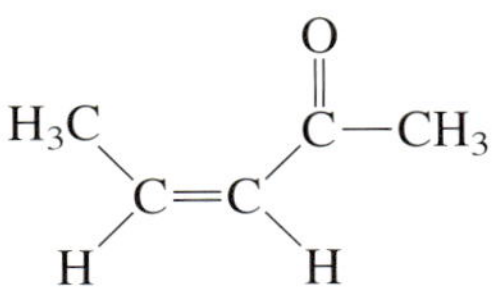

e) 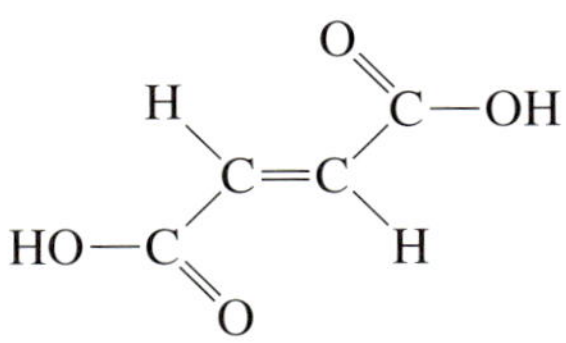

NMR 스펙트럼에서 다양한 형태의 수소가 나타내는 화학적 이동 영역의 유용한 요약을 다음 그림에 나타냈다.

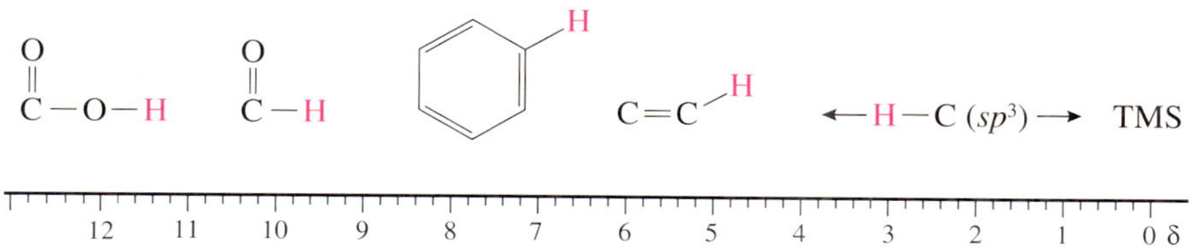


겹쳐지는 영역이 있기는 하지만 봉우리의 위치는 어떤 형태의 수소가 있는가를 제시해준다. 예로 10 δ의 영역에서 봉우리는 알데하이드에 기인하는 것이며 7~8 δ의 영역에서의 흡수는 방향족 고리에 있는 수소의 존재를 제시해준다. 이와 같은 배정은 IR 스펙트럼의 검토에 의해 확정할 수 있다.

NMR 분광학에 대한 더 고급교재에는 여러 가지 다른 종류의 수소에 대한 화학적 이동의 값을 수록한 자세한 표를 포함하고 있다. 이 표를 사용하면 대부분의 양성자의 화학적 이동을 잘 예견할 수 있다. 최근에는 화학적 이동을 정확히 예견할 수 있는 컴퓨터 프로그램이 허용된다. 그러나 NMR 사용을 효율적으로 하기 위하여 정확히 화학적 이동을 예견할 필요는 없다. 표 14.1은 완전한 표의 요약한 형태이며 우리의 필요에 충분하다. 이것은 가장 보편적인 형태의 수소의 대략적인 화학적 이동을 수록하였다. 표 14.1의 값은 $CH_3$ 수소에 대한 것이다(메틸기); $CH_2$ 수소(메틸렌기)는 $CH_3$ 값보다 0.3 δ 낮은 장에서 CH 수소(메틴기)는 0.7 δ 낮은 장에서 나타난다. 수소 근처에 추가적인 작용기가 존재하면 추가적인 낮은 장 이동을 일으킨다. 추가적인 작용기가 수소가 결합된 같은 탄소에 결합되어 있으면 낮은 장 이동은 상당히 크다. 효과는 거리에 따라 급격히 감소한다. 그러므로 추가적인 작용기가 수소가 결합된 탄소 이웃에 결합되어 있으면 낮은 장 이동은 작다. 거리가 이보다 더 커지면 효과는 무시할 수 있다.

어떻게 표 14.1이 화합물에 있는 수소에 대한 스펙트럼에서 화학적 이동을 결정하는 데 사용할 수 있는가를 살펴보자. 1-프로판올을 고려해보자. 하이드록시 수소에 대한 화학적 이동은 시료의 온도와 농도에 의존하므로 정확히 예측할 수는 없지만 2~5 δ 영역이 될 것으로 기대된다(특정한 시료에서는 2.3 δ 에서 나타낸다). C-1에 있는 수소는 전기음성 산소에 접근해 있기 때문에 더 낮은 장에서 나타난다. 표 14.1로부터 O—$CH_3$의 수소에 대한 예측위치는 3.3 δ이다. C-1에 있는 수소는 $CH_3$기라기보다는 $CH_2$의 일부이기 때문에 이보다 다소 낮은 장에서 나타난다(실제 위치는 3.5 δ이다). C-2에 있는 수소는 전기음성 산소로부터 멀리 있기 때문에 높은 장에서 나타난다. 이들은 표 14.1의 C—$CH_3$에 대한 위치로부터 0.9 δ 낮은 장에서 나타날 것으로 기대된다. $CH_2$의 일부이고 산소로 약간 이동해 있기 때문이다(실제 위치는 1.5 δ이다). C-3에 있는 수소는 하이드록시기로부터 멀리 떨어져 있기 때문

**표 14.1** $^{1}$H-NMR 스펙트럼에서 수소에 대한 대략적인 화학적 이동

| 수소의 형태 | 화학적 이동 ($\delta$) | 수소의 형태 | 화학적 이동 ($\delta$) |
|---|---|---|---|
| —C—$CH_3$ | 0.9 | Cl—$CH_3$ | 3.0 |
| C=C—$CH_3$ | 1.6 | O—$CH_3$ | 3.3 |
| C≡C—H | 1.8 | C(=O)—O—$CH_3$ | 3.7 |
| N—H | 1–3 | $O_2N$—$CH_3$ | 4.1 |
| O—H | 2–5 | F—$CH_3$ | 4.2 |
| R—O—C(=O)—$CH_3$ | 2.0 | C=C—H | 5.5–6.5 |
| C(=O)—$CH_3$ | 2.2 | 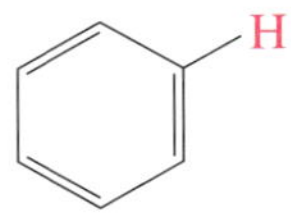 | 7–8 |
| N—$CH_3$ | 2.2 | C(=O)—H | 10 |
| I—$CH_3$ | 2.2 | C(=O)—O—H | 12 |
| N≡C—$CH_3$ | 2.2 | | |
| Ph—$CH_3$ | 2.3 | | |
| Br—$CH_3$ | 2.7 | | |

에 더 높은 장에서 나타난다. C—$CH_3$에 대한 표 14.1에서 예측 위치는 0.9 $\delta$이다(실제 위치는 0.9 $\delta$이다).

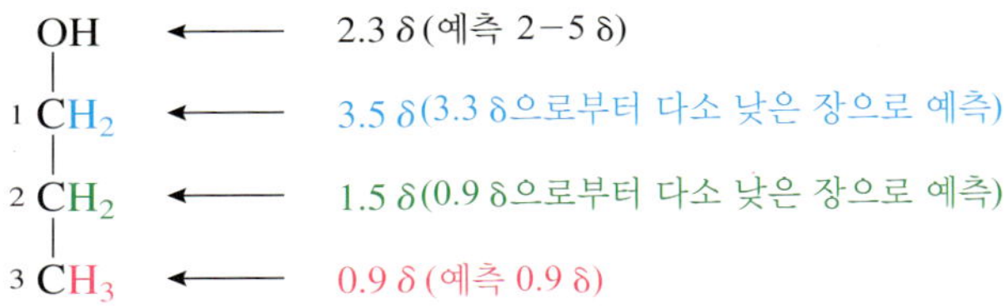


다른 예는 1-에틸-4-메틸벤젠(*p*-에틸톨루엔)이다. 이 화합물은 5개의 다른 형태의 수소를 갖는다: 직접 고리에 결합된 $CH_3$, 에틸기의 $CH_2$, 메틸기에 대해 오쏘인 두 수소 및 메타인 두 수소이다. 벤젠고리의 두 형태의 수소는 7~8 $\delta$ 영역에서 나타날 것으로 기대된다. 메틸과 에틸은 무극성이기 때문에 그들의 화학적 이동은 비슷하다(실제로 7.1 $\delta$에서 나타난다). 방향족 고리의 메틸기는 Ph—$CH_3$에 대해 표 14.1의 값으로부터 2.3 $\delta$에서 나타날 것으로 기대된다(실제 위치는 2.4 $\delta$). 에틸기의 $CH_2$는 $CH_3$가 아니고 $CH_2$이기 때문에 2.3 $\delta$보다는 다소 낮은 장에서 나타난다(실제 위치는 2.6 $\delta$이다).에틸기의 $CH_3$가 가장 높은 장에서 나타난다. 방향족 고리 근체에 있기 때문에 0.9 $\delta$(C—$CH_3$)보다 약간 낮은 장으로 이동할 것으로 기대된다(실제 위치는 1.2 $\delta$ 이다).

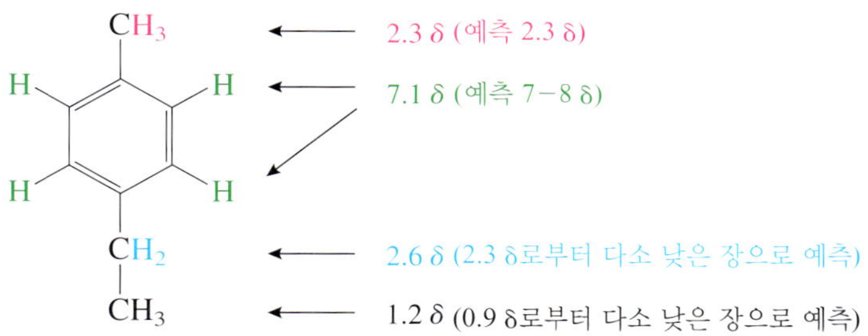


1-에틸-4-메틸벤젠의 실제 NMR 스펙트럼을 그림 14.5에 나타냈다. 두 형태의 방향족 수소는 너무나 유사하기 때문에 이 분광계의 분해능에서는 단일 봉우리로 나타난다. 에틸기의 $CH_2$는 네 선이 한 벌로 나타나고 **사중선**이라 부른다. 에틸이 $CH_3$는 세 선이 한 벌로 나타나며 **삼중성**이라 부른다. 이 다중 봉우리는 **스핀 짝지음**으로부터 생긴다. 이 짝지음 양식을 분석해보면 $CH_2$ 근처에는 세 개의 수소가 있고 $CH_3$ 근처에는 두 개의 수소가 있다는 것을 알 수 있고 화합물은 에틸기를 포함하고 있다는 것을 결정할 수 있게 해준다. 스핀 짝지음이 어떻게 작용하는지를 살펴보자.

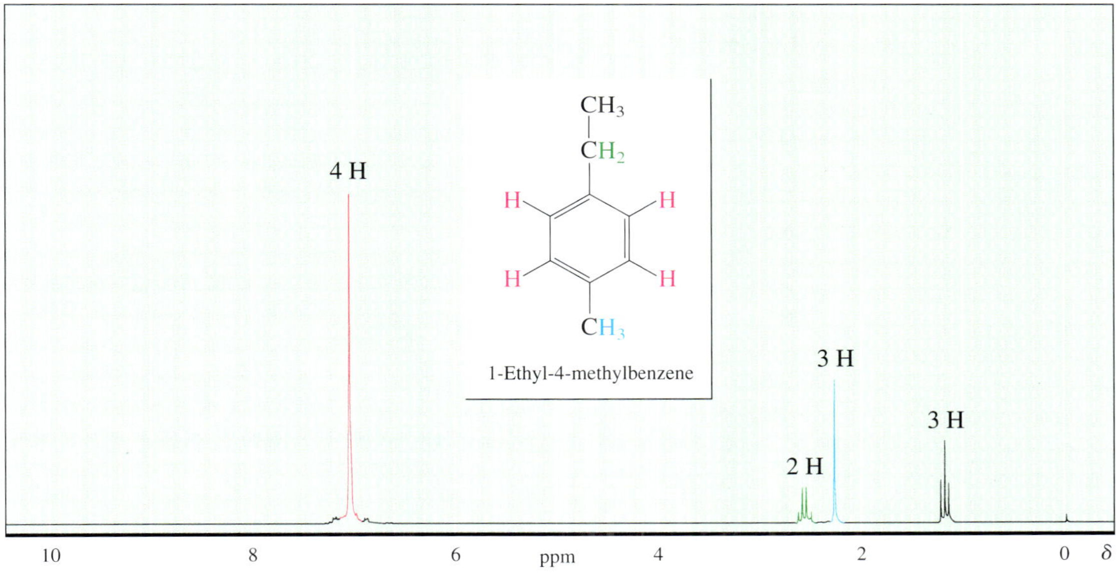


**그림 14.5 1-에틸-4-메틸벤젠의 $^{1}H$-NMR 스펙트럼.**
봉우리의 각 군 위에 나타낸 수는 면적이며 봉우리 군에 대한 상대적 수소원자 수를 나타낸다.

## 예제 14.2

다음 화합물에서 다른 수소에 대한 대략적인 화학적 이동을 예측하여라.

**a)** 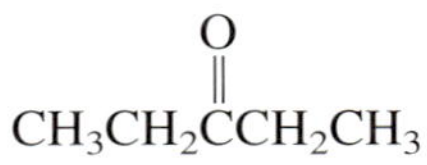

**b)** 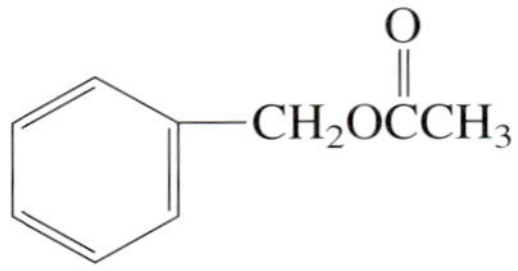

### 풀이

**a)** 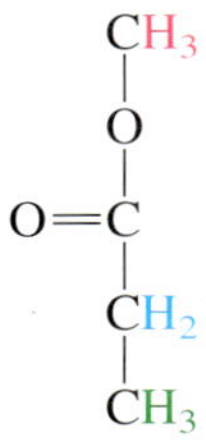

3.7 $\delta$

표 14.1에 의하면 에스터의 O에 결합된 $CH_3$의 H는 3.7 $\delta$에서 나타날 것으로 예상된다(실제 위치는 3.7 $\delta$).

2.0 $\delta$로부터 다소 낮은 자장

에스터의 카보닐 C에 결합된 $CH_3$의 H는 2.0 $\delta$에서 나타날 것으로 예측된다. 이것은 $CH_2$이므로 위치는 이 값으로부터 다소 낮은 장이 된다. (실제 위치는 2.3 $\delta$이다).

0.9 $\delta$로부터 약간 낮은 장

다른 탄소에 결합된 $CH_3$의 H는 0.9 $\delta$에서 나타날 것으로 예측된다. 이것은 에스터기의 근처에 있으므로 위치는 이 값으로부터 다소 낮은 장이 된다(실제 위치는 1.1 $\delta$이다).

**b)** 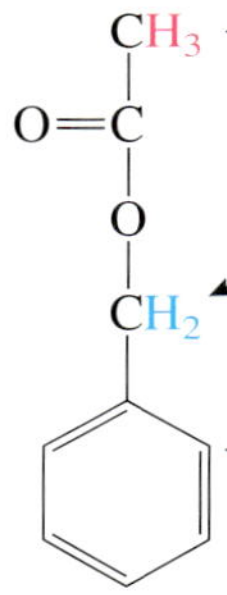

2.0 $\delta$

이것은 에스터의 카보닐 C에 결합된 $CH_3$에 대한 값이다(실제 위치는 2.1 $\delta$이다).

3.7 $\delta$로부터 상당히 낮은 장

에스터의 $CH_3O$에 대한 표 14.1로부터의 값은 3.7 $\delta$이다. 페닐기가 이 탄소에 결합되어 있으면 신호는 상당히 낮은 장으로 이동할 것으로 기대된다(실제위치는 5.1 $\delta$이다).

7−8 $\delta$

세 개의 다른 종류의 수소(치환기에 대한 *o*, *m* 및 *p*)가 있지만 그들은 비슷한 화학적 이동을 가질 것으로 기대된다(이 모든 H는 실제 스펙트럼에서는 7.4 $\delta$ 근처에서 나타난다).

---

**문제 14.3** 다음 화합물에서 다른 수소에 대한 대략적인 화학적 이동을 예측하여라.

**a)** 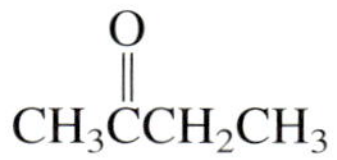 **b)** 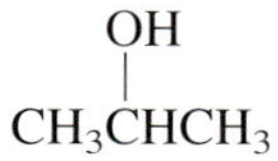 **c)**  **d)** 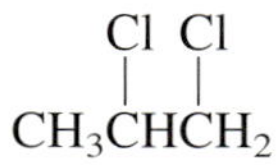

---

## 14.4 스핀 짝지음

스핀 짝지음에 의해 얻어진 정보는 $^1$H-NMR 스펙트럼의 가장 유용한 부분이다. 분자에 있는 각 수소는 적은 막대자석이라고 생각할 수 있다. 특정한 수소는 외부 자석의 큰 자장 이외에 근처에 있는 다른 수소의 적은 자장을 감지한다. 이것이 다중 봉우리로 흡수의 갈라짐을 일으킨다. 신호의 다중도 혹은 봉우리의 수로부터 신호를 일으킨 수소 가까이에 있는 수소를 결정할 수 있다.

스핀 짝지음을 위하여 수소들은 다른 화학적 이동을 가져야하며 수소의 적은 자기장의 효과는 거리에 따라 급격히 감소하기 때문에 상당히 가깝게 접근해 있어야 한다. 같은 탄소에 결합 된 수소(**같은자리 수소, geminal hydrodgen**)는 서로 부분입체 이성질성 자리에 있고 다른 화학적 이동을 가지면 짝지음 한다. 이웃원자에 결합된 수소, **이웃자리 수소(vicinal hydrogen)**는 짝지음한다. 이보다 더 멀리 떨어져 있는 수소 사이에는 보통 짝지음을 관찰할 수 없다. 그러나 파이결합을 포함한 경우에는 세 탄소에 의해 분리된 수소 사이에서도 적은 짝지음을 관찰할 수 있다. 지금까지는 이웃자리 수소의 짝지음이 가장 보편적이다.

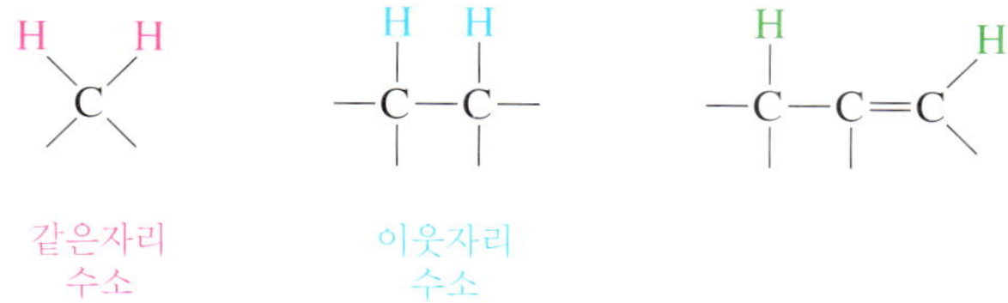


가장 간단한 가능한 경우를 고려해보자. $H_a$라고 하는 한 개의 수소가 $H_x$라고 하는 다른 수소와 상호작용한다. $H_a$는 큰 외부 자기장 이외에 $H_x$의 적은 자기장을 감지한다. 양성자의 두 스핀상태 간의 에너지 차가 대단히 작기 때문에 대략 50%의 분자에서 $H_x$의 자기장은 외부 자기장과 같은 방향으로 배향되고 다른 50%의 분자는 반대방향으로 배향된다. $H_a$가 감지하는 총 자기장은 외부 자기장과 근처의 수소에 의한 자기장의 합이다. 50%의 분자에서는 $H_x$의 자기장이 외부 자기장과 같은 방향으로 배향되어 있어서 $H_a$에서 자기장은 증가한다. 이 경우에 $H_a$에서 공명을 일으키기 위하여 더 약한 외부 자기장을 필요로 한다. 이것은 약간 낮은 장 위치에서 봉우리가 나타나도록 $H_a$에 대한 흡수를 일으킨다. 한편 50%의 분자에서는 $H_x$의 자기장이 외부 자기장과 반대방향으로 배향되어 있어서 $H_a$에서 자기장은 감소한다. 공명을 일으키기 위하여 더 큰 외부 자기장을 필요로 하고 약간 높은 장 위치에서 흡수가 나타난다. 그 결과 $H_a$의 흡수는 두 근접한 봉우리, **이중선(doublet)**으로 나타난다. 이중선을 생성하는 자기장의 배향이 같기 때문에 이중선의 두 봉우리는 같은 면적을 갖는다. 이 과정을 갈라짐 도표 혹은 나무 도표라 부르는 다음 예로 나타내었다.

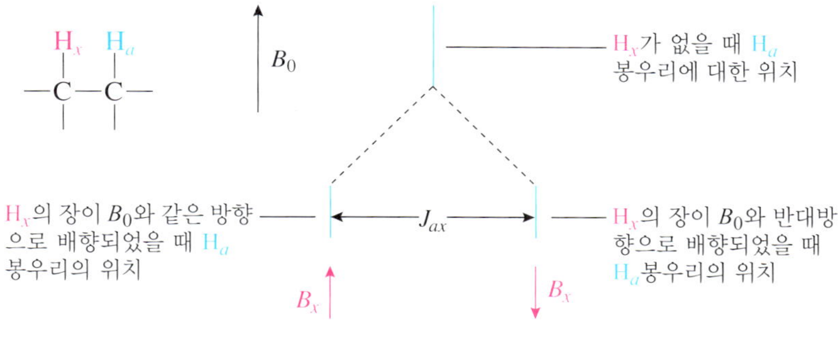

두 봉우리 간의 거리를 **짝지음 상수(coupling constant)**, $J_{ax}$라 부른다. 짝지음 상수는 헤르츠 단위를 가지며 기기의 가동 진동수에 의존하지 않는다. 이것은 0~20 Hz 범위에 있으며 이웃자리 수소에 대해 전형적인 값은 6 Hz이다.

앞의 예에서 $H_x$에 대한 분석도 동일하다. $H_a$에 의해 이중선으로 갈라진다. 짝지음 상수도 정확히 같다. 이 계의 NMR 스펙트럼은 두 이중선을 갖는다. 하나는 $H_a$에 대한 것이고 다른 하나는 $H_x$에 대한 것이다. 각 이중선의 두 봉우리 간의 거리, $J_{ax}$는 동일하다. 어느 수소의 화학적 이동도 이중선의 중심에 있다.

다음에 한 수소, $H_a$와 두 동일한 양성자, $H_x$와 상호작용하는 경우를 고려해보자. 두 H에 의한 자기장은 외부 자기장과 모두 같은 배향, 하나만 같은 배향 혹은 두 수소가 다 반대로 배향될 수 있다. 다음에 그 갈라짐 도표를 나타냈다.

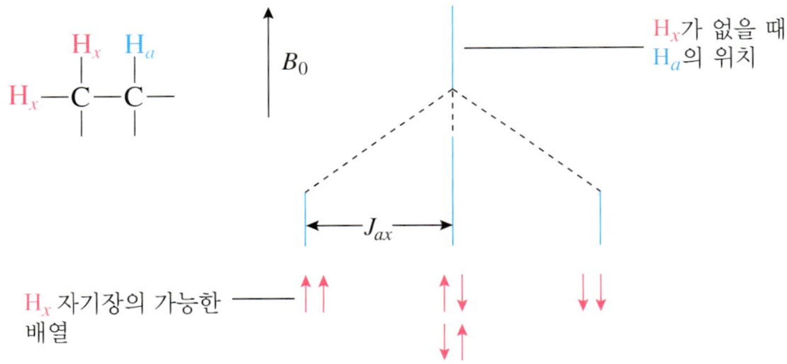


$H_a$에 대한 흡수는 두 $H_x$에 의해 봉우리의 상대적 높이가 1:2:1 비인 삼중선으로 갈라진다. $H_x$에 대한 흡수는 한 개의 $H_a$에 의해 이중선으로 갈라진다. 짝지음 상수, $J_{ax}$는 삼중선의 두 이웃 봉우리 간의 간격 혹은 두 이중선의 봉우리 간의 간격이다. 이와 같은 예를 1,1,2-트라이클로로에테인의 NMR 스펙트럼으로 그림 14.6에 나타냈다.

더 복잡한 경우로 한 탄소의 세 수소($H_x$)가 이웃 탄소에 있는 두 수소($H_a$)와 짝짓는 경우를 고려해보자. 다음 갈라짐 도표는 $H_a$에 대한 신호는 1:3:3:1의 높이 비로 네 개의 봉우리, 사중선으로 갈라진다는 것을 나타내준다.

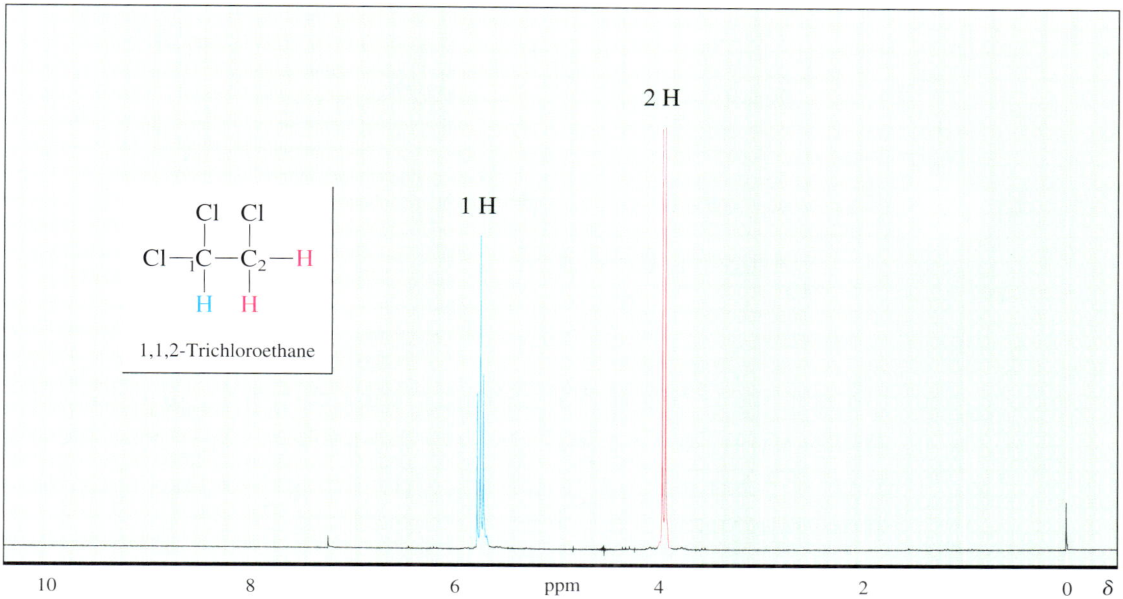


**그림 14.6 1,1,2-트라이클로로에테인의 $^{1}$H-NMR스펙트럼.**
C-1에 전기음성인 두 개의 Cl이 있기 때문에 이 탄소에 있는 수소는 상당히 낮은 장에서 나타난다. 이 신호는 C-2에 있는 두 H에 의해 삼중선으로 갈라진다. C-2에 있는 두 수소는 C-1에 있는 하나의 수소에 의해 이중선으로 갈라진다.

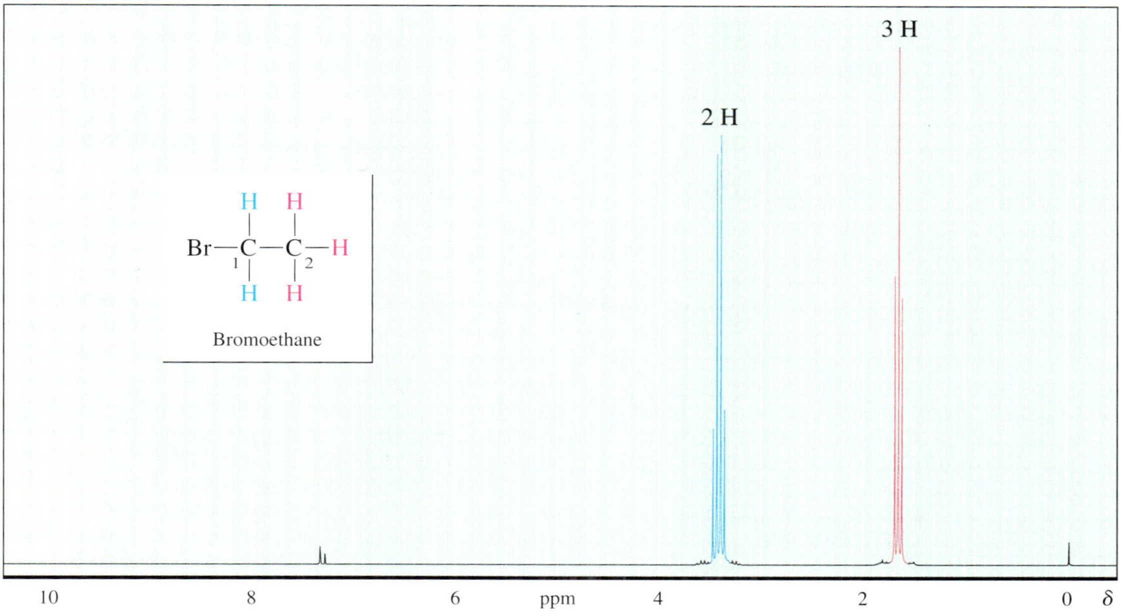


**그림 14.7 브로모에테인의 $^{1}$H-NMR 스펙트럼.**
C-1에 전기음성인 Br이 있기 때문에 이 탄소에 있는 두 수소의 흡수는 상당히 낮은 장에서 나타난다. 이 신호는 C-2에 있는 세 개의 H에 의해 사중선으로 갈라진다. C-2에 있는 세 수소는 C-1에 있는 두 수소에 의해 삼중선으로 갈라진다.

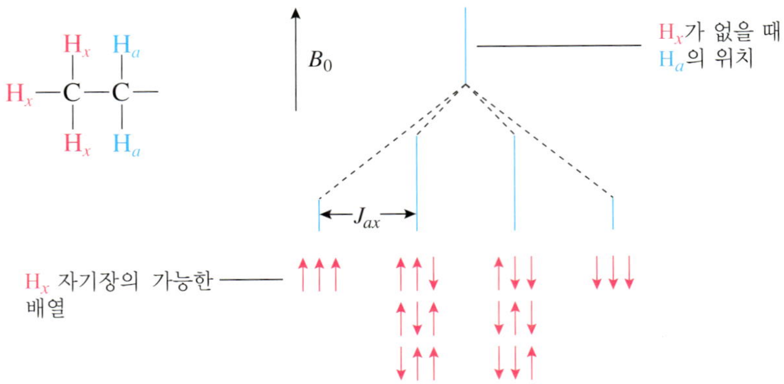


$H_x$에 대한 신호는 두 $H_a$에 의해 삼중선으로 갈라진다. 그림 14.7에 나타낸 브로모에테인의 NMR 스펙트럼은 이와 같은 예를 나타내준다. 두 수소에 의한 낮은 장 사중선과 세 수소에 의한 높은 장 삼중선은 에틸기의 특성이며 NMR스펙트럼에서는 대단히 보편적이다.

**n개의 동등한 수소와 짝짓는 수소는 n + 1개의 봉우리로 갈라진다.**

이와 유사한 분석을 다른 가능한 짝지음 조합에도 적용할 수 있다. 일반적으로 봉우리의 강도는 갈라짐의 밖에서 중앙으로 갈수록 증가한다. 봉우리 수가 증가 할수록 제일 밖에 있는 봉우리는 작아지고 스펙트럼에서 확인하기가 어려워진다.

끝으로 양성자가 동등하지 않은 수소와 짝지으면 어떤 현상이 일어날 것인가를 생각해보자. 다음 갈라짐 도표로 나타낸 세 이웃한 탄소에 결합된 세 수소의 경우를 생각해보자.

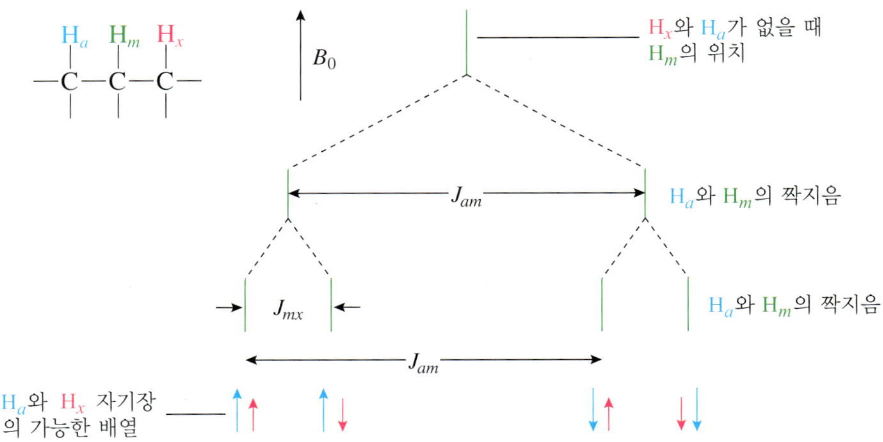


이와 같은 배열에서 $H_m$은 $H_a$, $H_x$와 짝짓지만 $H_a$와 $H_x$가 서로 짝짓기에는 너무 멀리 떨어져 있다. $H_a$와 $H_x$는 화학적으로 동등하지 않으므로 $H_m$와 다른 짝지음 상수를 갖는다. $J_{am} > J_{mx}$라고 가정한다. 갈라짐 도표도 연속적인 두 짝지음으로 얻을 수 있다. 먼저 $H_m$에 대한 신호는 $H_a$에 의해 이중선으로 갈라진다. 다음에 이들 봉

우리는 다시 이중선으로 갈라진다.

이런 경우에서 생성되는 스펙트럼에서 $H_m$의 신호는 이중선의 이중선으로 갈라진다. 한편 $H_a$와 $H_x$의 봉우리는 이중선으로 나타낸다.

**문제 14.4** $J_{am} = J_{mx}$일 때 $H_m$에 대한 흡수의 다중도를 예측하고 설명하여라.

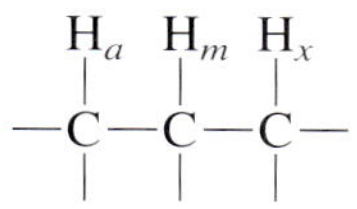

**문제 14.5** $J_{am}$ , $J_{mx}$라고 가정하고 $H_m$의 흡수에 대한 나무도표를 그려라.

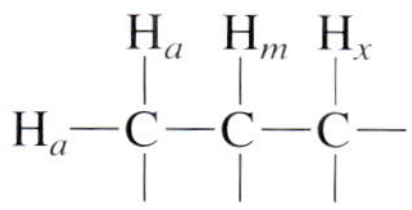

## 예제 14.3

이 기에 있는 수소에 대한 다중도를 예측하여라.

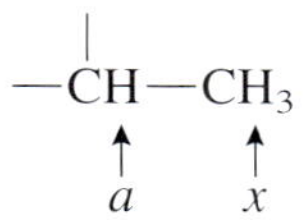

**풀이**

$H_a$는 3개의 H에 의해 갈라진다. 그러므로 그 흡수는 사중선으로 나타난다. $H_x$의 수소는 한 개의 $H_a$에 의해 갈라져서 이중선으로 나타난다.

**문제 14.6** 이 기의 수소에 대한 흡수의 다중도를 예측하여라. $a$로 표식한 수소는 $x$로 표식한 수소와는 다르고 $a$로 표식한 모든 수소는 동일하고 $x$로 표식한 모든 수소는 동일하다고 가정한다.

**a)** 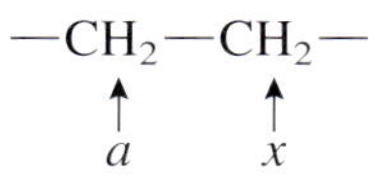

**b)** 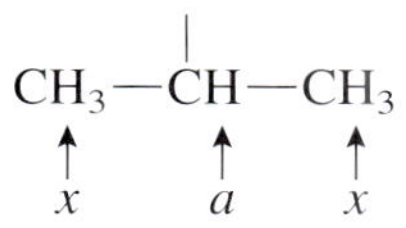

**c)** 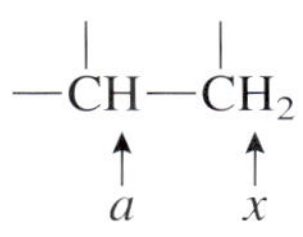

**d)** 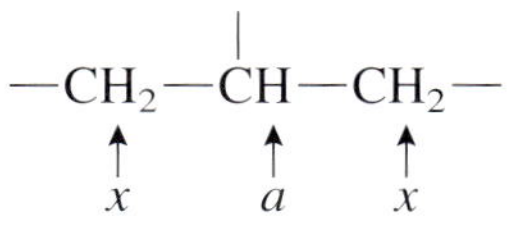

**e)** 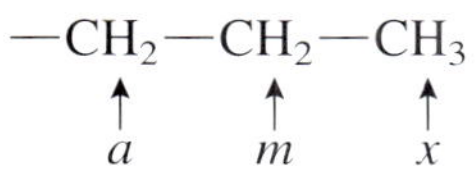

$J_{am} = J_{mx}$로 가정

## 14.5 복잡한 짝지음

지금까지 검토한 갈라짐 양식은 일차-짝지음이라 부른다. 그러나 짝짓는 수소 간의 화학적 이동의 차가 적어질수록 갈라짐 양식은 더 복잡해진다. 첫 번째 징후는 **기울림(leaning)**으로 다중선 봉우리 높이의 일그러짐에서 관찰된다. 한 예로 브로모에테인의 스펙트럼(그림 14.7)에서 삼중선의 낮은 장 봉우리는 높은 장 봉우리보다 약간 더 크다. 삼중선은 다른 수소의 사중선에 "기울어져" 있다. 그러나 일차-짝지음으로부터 벗어남은 대단히 작아서 삼중선과 사중선을 쉽게 알아볼 수 있다.

그림 14.8는 짝짓는 수소의 화학적 이동이 비슷한 스펙트럼을 나타내었다. 방향족 고리의 두 수소는 스핀 짝지음으로 이중선으로 나타난다. 이 경우 일그러짐은 더 심하다. 밖에 있는 봉우리는 안에 있는 봉우리보다 상당히 작다. 화학적 이동의 차가 적어질수록 밖에 있는 봉우리가 안에 있는 봉우리에 비해 상대적으로 더 작아진다. 두 개 이상의 수소가 이와 같이 복잡한 짝지음을 포함하면 이외의 봉우리가 생기고 갈라짐 양식은 더 복잡해진다. 이와 같은 갈라짐 양식을 **다중선(multiplet)**이라 부르며 설명하기가 어렵다. 그러나 스펙트럼에서 다중선의 존재는 복잡한 짝지음이 일어나는 구조적 특성을 가진 구조가 있다는 정보를 제공해준다.

자장의 세기와 가동 진동수가 커지는 NMR기기에서는 짝지음 양식은 일차에 더 가까워진다. 자장의 세기가 증가함에 따라 화학적 이동의 차가 증가하기 때문이다. 그러므로 주어진 두 기기에서, 더 높은 진동수에서 가동하는 기기로부터 측정한 스펙트럼을 더 잘 해석할 수 있다.

**그림 14.8 2,3,6-트라이클로로페놀의 $^1$H-NMR 스펙트럼** 하이드록시기의 H는 5.9 δ에서 나타나지만 갈라지지는 않는다. 방향족 고리에 있는 두 H는 짝지음하여 각각 이중선을 나타낸다. 짝지음 상수가 작기 때문에 이중선은 일그러진다. 밖에 있는 봉우리가 안에 있는 봉우리보다 상당히 더 작다.

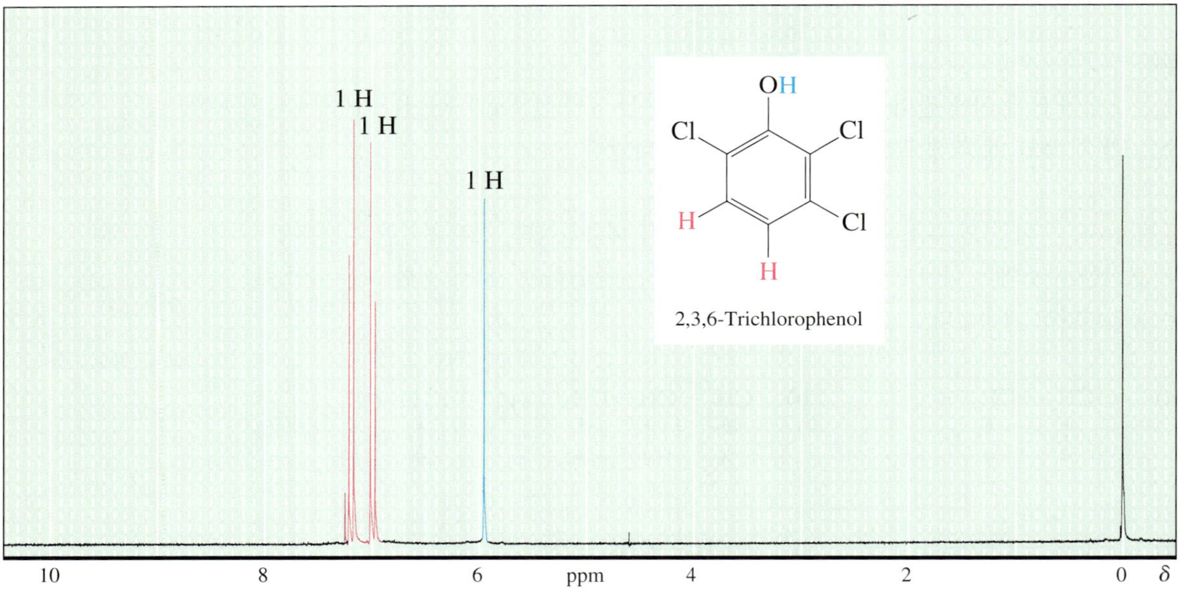

## 14.6 화학적 교환

NMR은 느린 카메라와 같다. 즉 셔터가 오랫동안 열려 있는 카메라이다. 카메라의 셔터가 열려 있을 때 상이 움직이면 희미한 사진이 된다. 마찬가지로 두 환경 사이를 빨리 이동하는 수소는 두 환경의 화학적 이동의 평균 화학적 이동에서 나타난다. 예를 들면 사이클로헥세인의 수직방향과 수평방향 수소는 다른 화학적 이동을 갖는다. 그러나 실온에서 그들은 고리-플립 과정에 의해 빨리 교환되기 때문에 사리클로헥세인의 NMR 스펙트럼은 두 위치의 평균에서 한 봉우리로 나타난다. 스펙트럼을 대단히 낮은 온도에서 측정하면 두 형태의 수소에 대한 분리된 봉우리가 나타나도록 고리-플립이 천천히 일어난다.

메탄올($CH_3OH$)의 스펙트럼은 이 효과의 다른 예를 나타낸다. 만일 짝지음이 일어나면 하이드록시 수소는 사중선으로 나타나고 메틸 수소는 이중선으로 나타날 것으로 기대된다. 그러나 메탄올이 극도로 순수하지 않으면 짝지음은 관찰할 수 없다. 이 알코올의 정상적 시료에 흔적 양의 산(혹은 염기)이 존재하면 다음과 같은 산-염기반응에 의해 하이드록시 수소의 빠른 교환이 일어난다.

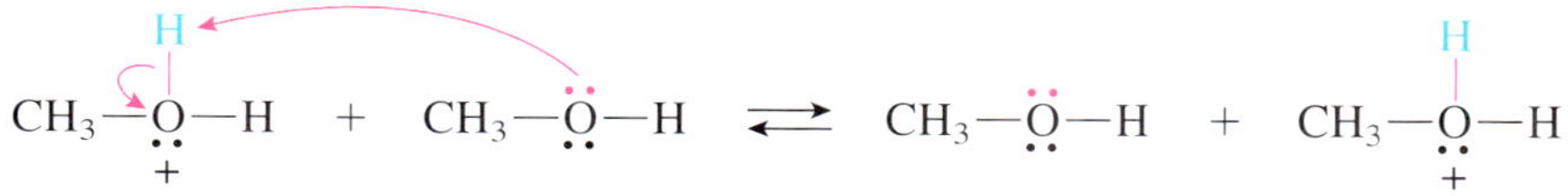

이 반응은 너무 빠르기 때문에 NMR이 메틸기 수소를 조사하는 동안에 많은 다른 수소가 산소에 결합된다. 이 수소의 50%는 자기장과 같은 방향으로 배향되며 50%는 반대방향으로 배향되어 평균 장은 영이다. 그러므로 메틸기에 기인한 봉우리와 하이드록시 수소에 기인한 봉우리는 갈라지지 않는다. 스펙트럼은 두 단일선이다.

일반적으로 산소 혹은 질소에 있는 수소는 이 빠른 교환과정의 대상이며 근처에 있는 수소와 짝짓지 않는다. 그러나 어떤 시료에서는 짝지음이 일어나기 때문에 주의를 요한다.

## 14.7 중수소

중수소(원자질량이 2인 수소의 동위원소)의 핵은 스핀 양자상태를 가지지만 자기회전비율이 수소의 것과는 다르기 때문에 $^1$H-NMR 스펙트럼에는 나타나지 않는다. 더욱이 중수소와 수소 간의 스핀 짝지음이 대단히 작으므로 갈라짐은 무시할 수 있다. 그러므로 중수소는 본질적으로 $^1$H-NMR에서는 볼 수 없다는 것이 유용한 특성이다. 예로 NMR 스펙트럼을 측정하기 위해 시료를 용해하는 데 사용되는 용매는 신호를 나타내지 않는다. 사염화탄소가 사용될 수 있지만 극성이 아니기 때문에 많은 유기화합물이 용해되지 않는다. 클로로폼의 중수소 유사체, $CDCl_3$는 대단히 유용한 용매로 NMR 스펙트럼을 얻는 데 가장 많이 사용된다. 더 비싼 용매로는 아세톤, 벤젠 혹은 DMSO의 중수소 유사체가 특별한 목적에 사용된다. 중수소는 유기반응 메카니즘의 연구에서 표지하는 데 사용된다. 반응물에서 수소를 중수소로 치환한다. 다음에 NMR 분광학에서 어느 신호가 사라졌는가를 조사함으로써 생성물에서 이 중수소의 위치를 결정하는 데 사용된다.

## 예제 14.4

2-뷰탄온의 ¹H-NMR 스펙트럼을 예측하여라. 각 형태의 수소에 대한 대략적인 화학적 이동, 다중도 및 면적을 포함해서 예측하여라.

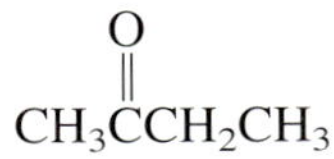

2-Butanone

### 풀이

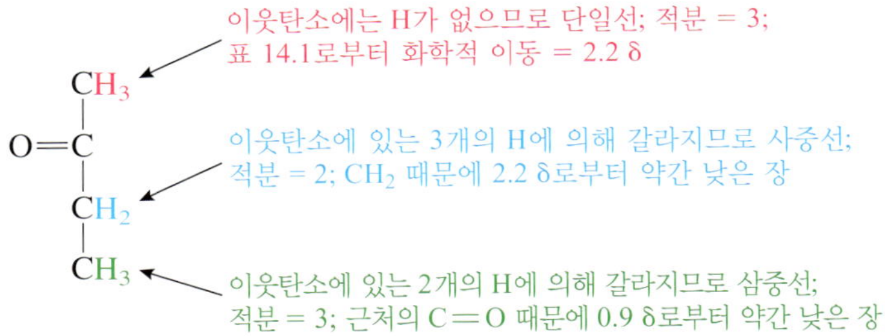


**문제 14.7** 각 형태의 수소에 대한 대략적인 화학적 이동, 다중도 및 적분을 포함해서 다음 화합물의 ¹H-NMR 스펙트럼을 예측하여라.

**a)** $CH_3CH_2OH$

**b)** 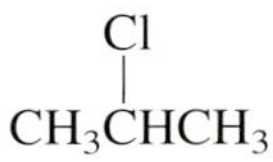

**c)** $CH_3CH_2OCH_2CH_3$

**d)** 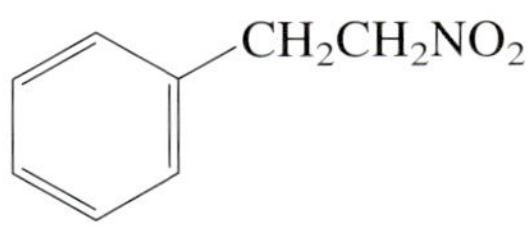

**e)** 

**f)** $CH_3CH_2CH_2Cl$

**g)** $CH_3CHCl_2$

## 14.8 [1]H-NMR 스펙트럼의 해석

NMR 스펙트럼에는 많은 정보가 있다. 다음 일련의 단계에서 화합물의 구조를 결정하는데 이 정보를 효과적으로 사용하는 방법을 제시하였다.

**1 단계.** 봉우리의 일반적 위치를 조사한다. 이 조사의 목적은 알데하이드 수소, 방향족 수소 및 알킬기의 존재와 같은 화합물의 일반적 특성을 결정하는 데 있다. 이 시점에서 너무 특이성이 되도록 시도해서는 안된다.

**2 단계.** 다른 종류의 수소에 대한 적분을 조사한다. 실제 수는 이 비의 곱이 된다. 분자식을 알 수 있으면 실제 수를 결정할 수 있다.

**3 단계.** 짝지음 양식을 조사한다. 이것은 확인할 수 있는 화합물의 토막이 되기 때문에 가장 중요한 단계이다. 특정한 수소에 대한 신호의 봉우리 수는 근처에 얼마나 많은 수소가 있는가를 말해 준다. 봉우리 수보다 하나 적은 수소가 근처에 존재한다. 신호가 네 개의 선(사중선)으로 갈라지면 근처에 세 개의 수소가 존재한다. 짝지음은 상호관계이다. 즉 두 수소의 신호가 한 개의 수소와의 짝지음으로 이중선으로 갈라진다면 스펙트럼의 어디에서든 이 두 수소에 의해 삼중선으로 갈라지는 이 한 개 수소에 대한 신호가 나타난다.

**4 단계.** 임시구조를 그린다. 이 시점에서 다양한 토막을 짝지음 양식, 화학적 이동, IR 스펙트럼 및 분자식으로 확인할 수 있다. 이 토막들로부터 임시 구조를 조립할 수 있다.

**5 단계.** 모든 정보가 이 구조와 일치하는가를 결정하여라. 화학적 이동이 각 형태의 수소와 일치하는가를 살펴보아라. 각 형태의 다중도와 적분을 점검한다. 모든 데이터와 일치하는 봉우리 조합의 다른 방법을 찾아본다.

예를 들어보자. 그림 14.9는 분자식이 $C_9H_{12}$인 미지화합물의 NMR 스펙트럼을 나타냈다. 분자식을 알면 우선 불포화도를 계산할 수 있다. 이 경우 DU는 4이다. 그러므로 화합물은 총 네 개의 고리와 파이결합을 포함한다. 일반적 위치를 조사하면 방향족 영역(7.2 $\delta$)에서 다중선과 높은 장의 알킬 영역에서 두 다중선을 나타낸다. 적분은 이들 수소의 비가 5:1:6이라는 것을 나타내준다. 12개의 수소가 있기 때문에 실제 수는 5, 1 및 6이다. 방한족 영역에 있는 5개의 수소는 일 치환 벤젠고리의 존재를 나타내준다.

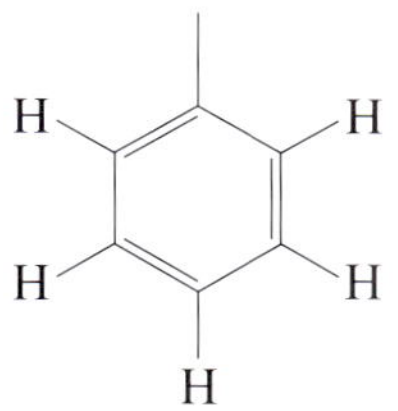

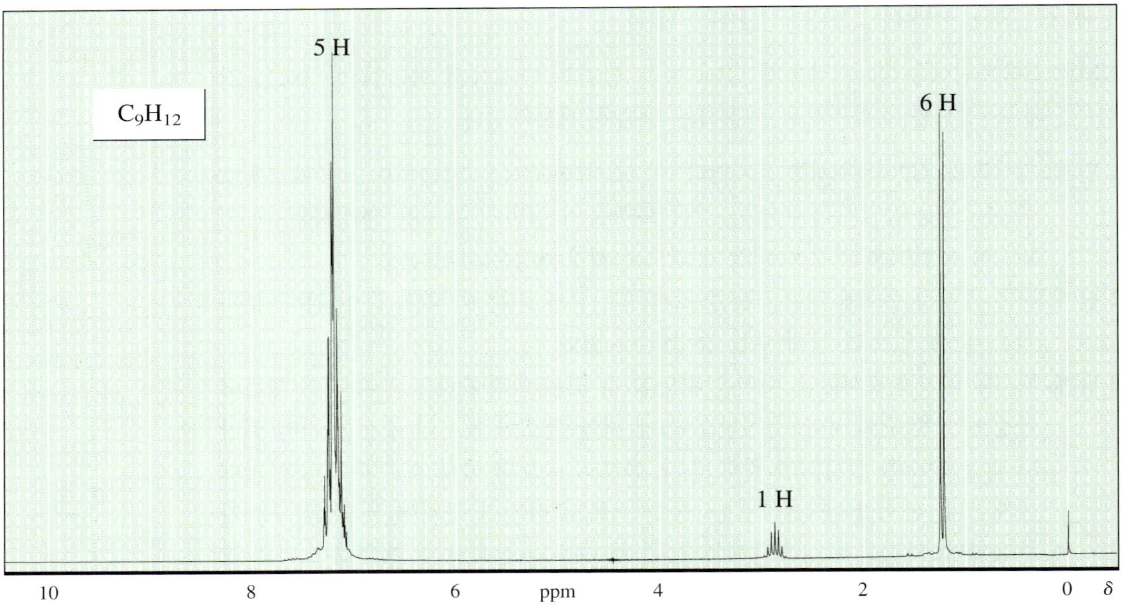


그림 14.9 분자식 $C_9H_{12}$를 가진 미지화합물의 $^1$H-NMR 스펙트럼.

고리에 있는 치환기는 무극성이기 때문에 5개의 모든 수소는 비슷한 화학적 이동을 갖는다. 1개의 수소에 의한 2.9 δ에서 신호는 7개의 선(칠중선)을 포함한다. 이것은 근처의 6개의 수소와 짝지음한다. 6개의 동일한 수소에 의한 1.2 δ에서 신호는 이중선이므로 이 수소들은 1개의 수소와 짝지어야 한다. 이 정보로부터 아이소프로필 토막이 존재해야 한다.

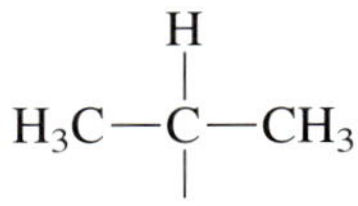

더 이상의 신호가 없으므로 이 봉우리를 구조로 조립할 준비가 되어 있다. 이 경우에 아이소프로필기는 벤젠고리에 결합된다. 미지화합물은 다음과 같다.

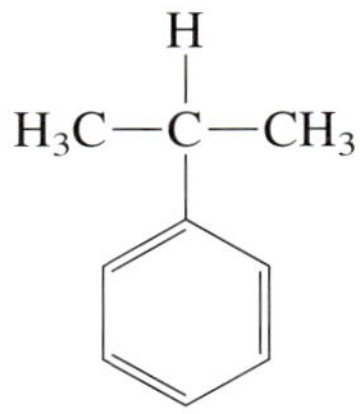

이 화합물은 방향족 영역에 5개의 수소를 갖는다. 3개의 다른 형태의 방향족 수소(아이소프로필기에 대해 오쏘, 메타 및 파라)가 있기는 하지만 그들의 화학적 이동은 비슷하므로 복잡한 다중선으로 근접해서 나타난다. 고리에 결합된 탄소에 있는 1개의 수소는 삼차 탄소에 있기 때문에 2.3 δ(Ph—$CH_3$)보다 낮은 장에서 나타난다.

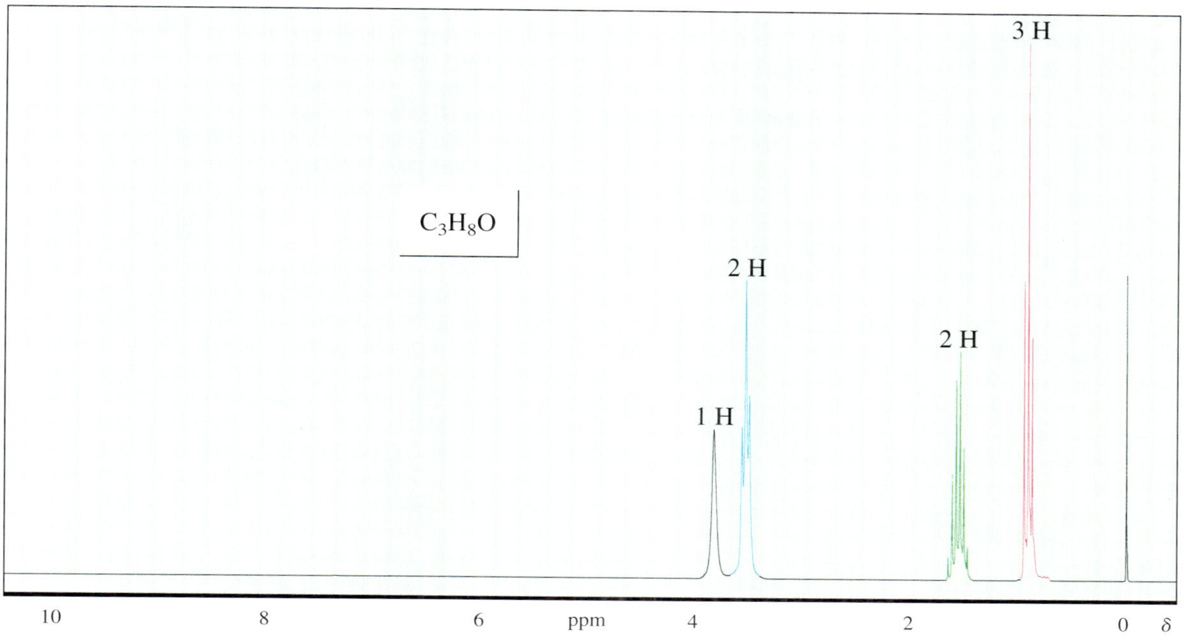


**그림 14.10** $C_3H_8O$인 미지화합물의 ¹H-NMR 스펙트럼.

이 화합물은 IR 스펙트럼에서 OH를 나타낸다. DU는 0이다. NMR 스펙트럼은 알킬-형태 H만을 나타낸다. 이 경우에 총 수소는 8개이기 때문에 적분은 H의 실제 수를 나타낸다. 3.8 δ에서 1개의 수소에 의한 넓은 단일선은 하이드록시 H에 기인한 것이다. 이 수소는 빠른 화학적 교환 때문에 짝지음하지 않는다. 3.5 δ에서 두 H는 삼중선으로 나타나며 1.5 δ에서 나타나는 두 H와 짝짓는다. 0.9 δ에서 세 수소는 삼중선을 나타내며 1.5 δ에서 나타나는 두 H와 역시 짝짓는다. 1.5 δ에서 두 수소는 3 + 2 = 5H와 짝지어서 6개의 선, 육중선을 나타낸다. 이 정보로 $CH_2CH_2CH_3$ 토막을 가정할 수 있다. 이것을 OH와 결합하면 미지화합물은 1-프로판올이라는 것을 나타낸다. 예측된 화학적 이동은 스펙트럼의 그것과 잘 일치한다.

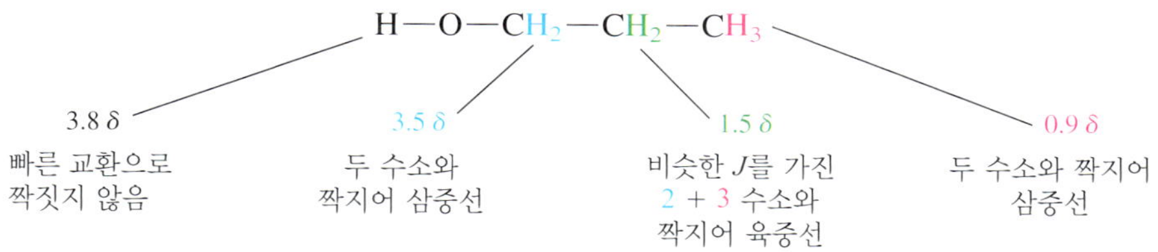


이 수소는 두 동일한 메틸기의 6개의 동등한 수소와 짝지음으로 칠중선으로 나타난다. 메틸 수소는 근처의 페닐기의 효과 때문에 0.9 δ로부터 다소 낮은 장에서 나타난다. 그들은 한 개의 양성자와 짝지어 이중선으로 나타난다. 스펙트럼의 모든 특성은 이 구조와 일치한다.

그림 14.10에 다른 예를 나타내었다. 이 경우의 흥미 있는 특징은 중심 $CH_2$기에 대한 신호의 다중성이다. 이들 수소는 한편의 두 수소와 다른 편의 세 수소와 짝짓고 있어서 3 × 4 = 12선으로 나타난다. 그러나 짝지음 상수가 비슷하기 때문에 동등한 5개의 수소가 갈라짐에 참여 하는 것처럼 작용하여 신호는 6개의 선을 나타낸다. 이것은 회전배열 제한을 최소화하는 알킬사슬에 있는 수소를 포함한 짝지음의 전형이다.

**문제 14.8** $^{1}$H-NMR 스펙트럼으로부터 다음 화합물의 구조를 결정하여라.

**a)** 분자식은 $C_3H_6O$이다.

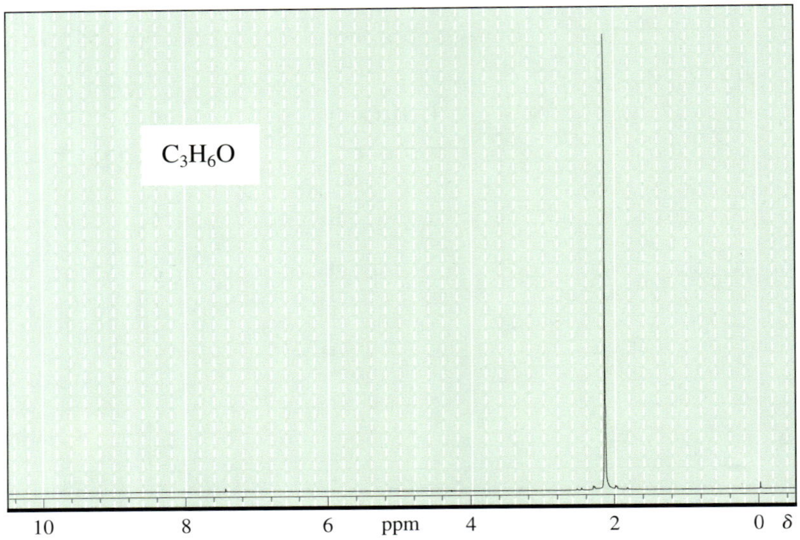


**b)** 분자식은 $C_8H_{10}$이다.

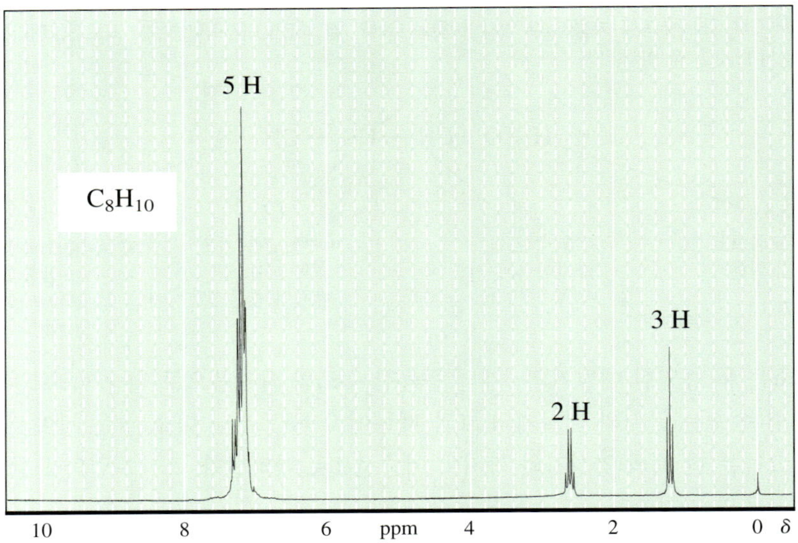

**c)** 분자식은 $C_2H_4O$이다.

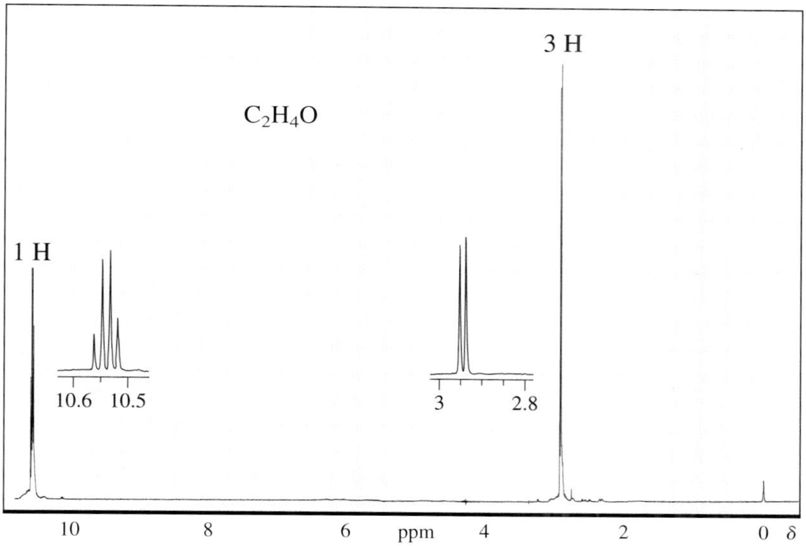


**d)** 분자식은 $C_5H_{10}$이다.

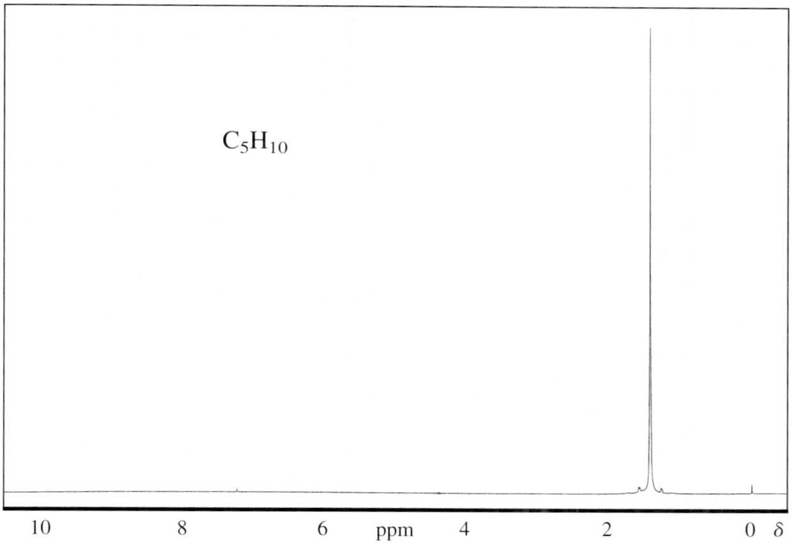

**e)** 분자식은 $C_5H_{10}O_2$이다.

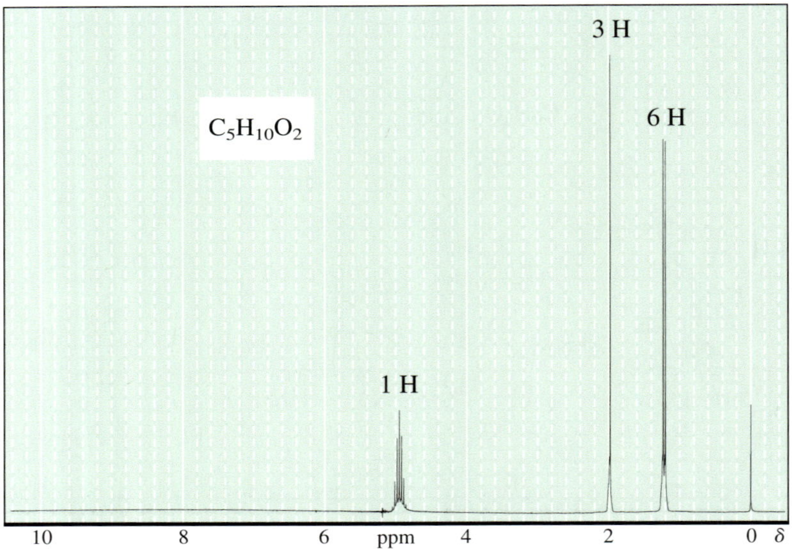


**f)** 분자식은 $C_4H_9Cl$이다.

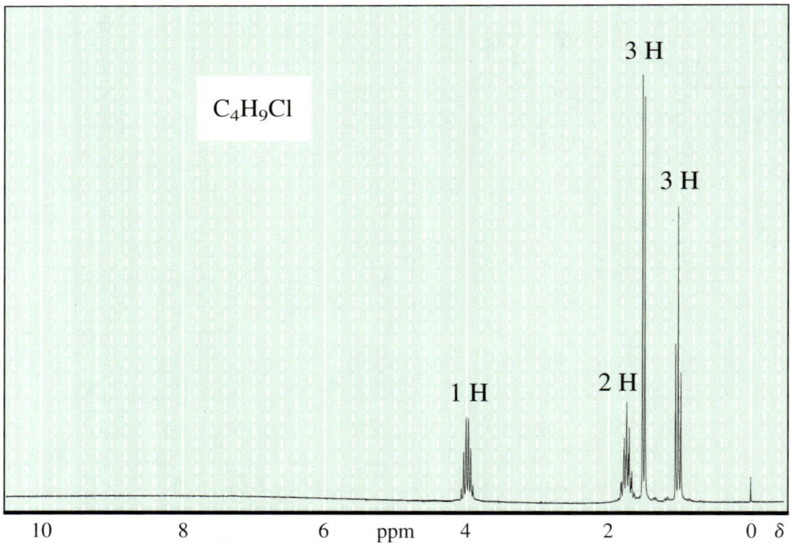


## 14.9 탄소-13 자기공명 분광학

7개의 중성자를 가진 탄소 동위원소, $^{13}C$는 탄소원자의 1.1%를 구성하고 있다. 외부 자장에 노출되면 수소의 경우와 마찬가지로 에너지가 다른 두 핵 스핀상태를 갖는다. 이 핵을 사용한 분광학($^{13}C$-NMR)은 화합물에 있는 탄소사슬에 대한 직접적

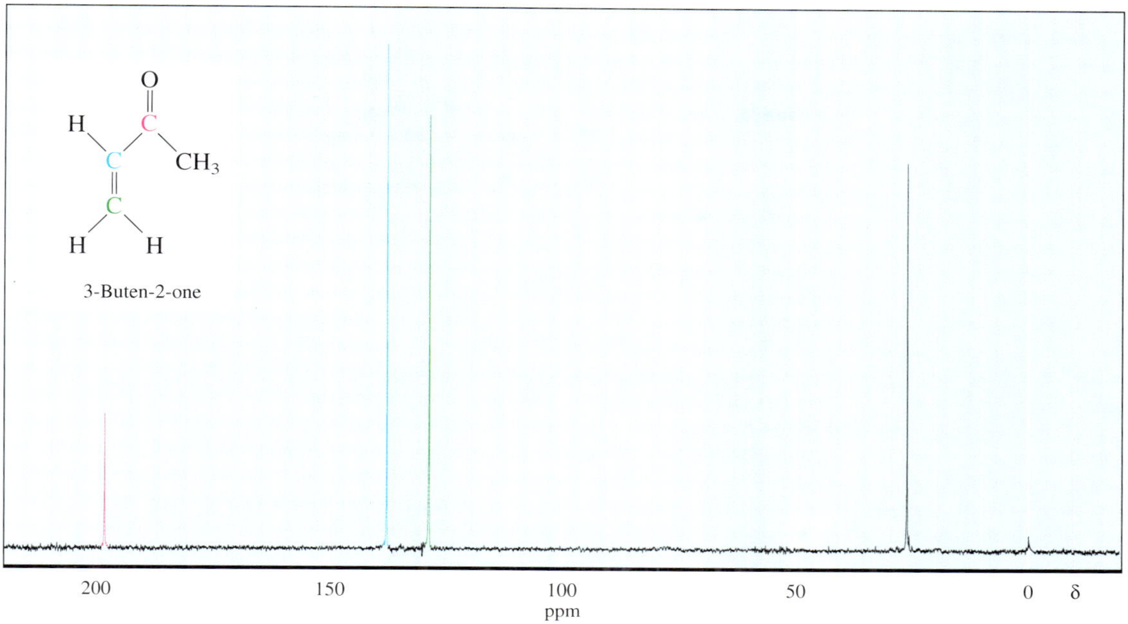


그림 14.11 3-뷰텐-2-온의 $^{13}$C-NMR 스펙트럼.

인 정보를 제공한다. 이 정보는 $^{1}$H-NMR 분광학으로부터 얻을 수 있는 정보를 보강해준다.

그림 14.11에 3-뷰텐-2-온의 $^{13}$C-NMR 스펙트럼을 나타냈다. $^{1}$H-NMR과는 대조적으로 각 탄소의 봉우리는 예리한 단일선을 나타낸다. 화학적 이동은 기준으로 TMS 탄소를 사용하여 측정한다. 화학적 이동범위는 $^{1}$H-NMR보다 $^{13}$C-NMR에서 더 크다. 봉우리는 TMS로부터 240 ppm 낮은 장까지 이동한다. 그러므로 다른 탄소로부터 생긴 봉우리들의 겹침은 수소 봉우리의 겹침보다 상당히 적다. $^{13}$C-NMR 스펙트럼을 조사해보면 화합물에 존재하는 모든 다른 형태의 탄소를 구별할 수 있다.

## 예제 14.5

벤조산의 $^{13}$C-NMR 스펙트럼에서 얼마나 많은 다른 흡수띠가 생길 것인가?

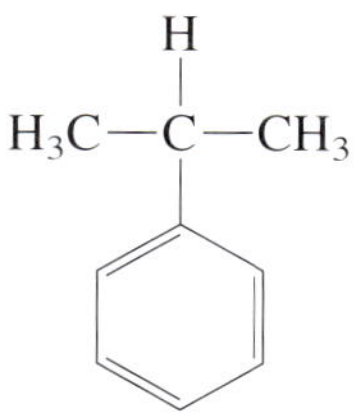

### 풀이

화합물은 대칭 면을 가지므로 몇 탄소는 다른 탄소와 화학적으로 동일하다. 5개의 다른 형태의 탄소가 있다. C-7, C-1, C-2 = C-6, C-3 = C-5 및 C-4이다. 그러므로 $^{13}$C-NMR 스펙트럼에는 5개의 흡수가 있다.

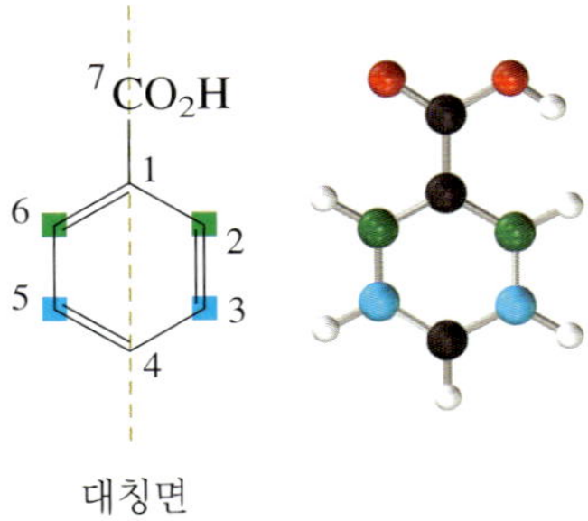


**문제 14.9** 다음화합물의 $^{13}$C-NMR 스펙트럼에는 얼마나 많은 다른 흡수 띠가 생길 것인가?

**a)** 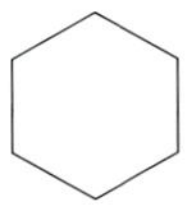

**b)** $CH_3CH_2CH_2CH_2CH_3$

**c)** $CH_3\overset{\overset{\large O}{\|}}{C}CH_2CH_2CH_2CH_3$

**d)** 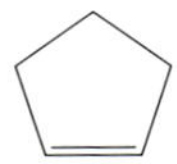

근처에 있는 원자의 전기음성도와 같은 수소의 화학적 이동을 조절해 주는 인자는 탄소의 화학적 이동에 유사한 효과를 미친다. 그러므로 탄소에 대한 화학적 이동은 수소에 대한 것보다 약 2배 더 크기는 하지만 서로 비례한다. 알킬탄소는 가장 높은 장에서 나타나며 산소와 같은 전기음성 원소에 결합된 탄소는 낮은 장에서 나타난다. 방향족 고리의 탄소는 더 낮은 장에서 나타난다. 카보닐기의 탄소는 가장 낮은 장에서 나타나기 때문에 쉽게 구별할 수 있다. 다음 도표는 유기화합물에서 발견할 수 있는 여러 가지 형태의 탄소에 대한 대략적인 화학적 이동을 제시하였다.

탄소의 화학적 이동이 수소의 화학적 이동보다 20배 더 크다는 차이 이외에는 양성자 화학적 이동에 대한 도표와 유사하다. 표 14.2에 탄소의 화학적 이동을 더 상세히 요약하였다.

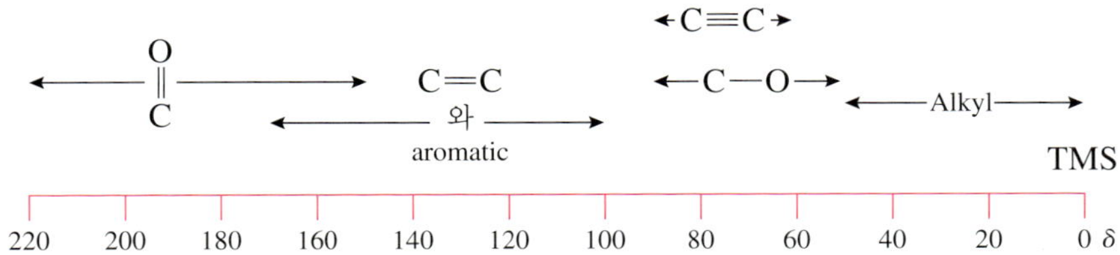

**표 14.2** $^{13}$C-NMR 스펙트럼에서 탄소의 대략적인 화학적 이동

| 탄소의 형태 | 화학적 이동 |
| --- | --- |
| 1° Alkyl, $RCH_3$ | 0–40 |
| 2° Alkyl, $RCH_2R$ | 10–50 |
| 3° Alkyl, $RCHR_2$ | 15–50 |
| Alkyl halide or amine, $-\overset{\vert}{\underset{\vert}{C}}-X$ (X = Cl, Br, or $\overset{\vert}{N}-$) | 10–65 |
| Alcohol or ether, $-\overset{\vert}{\underset{\vert}{C}}-O$ | 50–90 |
| Alkyne, $-C\equiv$ | 60–90 |
| Alkene, $>C=$ | 100–170 |
| Aryl, $C_6H_5$ ring $C-$ | 100–170 |
| Nitriles, $-C\equiv N$ | 120–130 |
| Amides, $-\overset{O}{\overset{\Vert}{C}}-\overset{\vert}{N}-$ | 150–180 |
| Carboxylic acids, esters, $-\overset{O}{\overset{\Vert}{C}}-O$ | 160–185 |
| Aldehydes, ketones, $-\overset{O}{\overset{\Vert}{C}}-$ | 180–215 |

대부분의 화합물의 화학적 이동을 더 정확히 예측하기 위하여 많은 표, 실험 방정식 및 컴퓨터 프로그램이 사용된다. 그러나 여기 나타낸 제한된 정보만 가지고도 많은 스펙트럼에서 봉우리를 근거로 해서 탄소를 지정할 수 있다. 예를 들면 그림 14.11에 있는 198.0 $\delta$에서 봉우리는 카보닐 탄소를 지정해주고 26.1 $\delta$에서 봉우리는 메틸 탄소에 기인한다. 두 알켄 탄소는 137.5와 128.5 $\delta$에서 나타난다.

**문제 14.10** 다음 화합물의 $^{13}$C-NMR 스펙트럼에 있는 흡수에 대한 탄소를 지정하여라.

**a)** 1-뷰탄올; 61.4, 35.5, 19.1 및 13.6 $\delta$에서 흡수

**b)** 사이클로헥산온; 209.7, 41.9, 26.6 및 24.6 $\delta$에서 흡수

이제 $^{13}C$-NMR 스펙트럼에서 스핀 짝지음에 대해 논의해보자. 이 동위원소의 낮은 천연 존재비 때문에 $^{13}C-^{13}C$ 짝지음은 관찰할 수 없다. 특정한 $^{13}C$은 1%만의 이웃 $^{13}C$만을 가지므로 갈라진 봉우리는 갈라지지 않은 봉우리에 비하여 대단히 적다. 그러나 탄소와 수소 간의 갈라짐은 대단히 강하고 몇 가지 간섭 봉우리에 의해 분리되더라도 일어난다. 짝지음으로 생성된 스펙트럼은 항상 복잡하고 해석하기가 어렵기 때문에 **넓은 띠 짝풀림(broadband decoupling)**이라는 방법을 사용하여 C—H 짝지음을 제거한다. 이 방법에서 얻으려는 스펙트럼에 있는 시료는 모든 수소를 들뜨게 하는 라디오-진동수 복사선 띠로 동시에 조사한다. 이것은 각 수소는 두 스핀상태 간에서 빠르게 플립하여 두 자기장 배열은 영으로 평균화된다.

몇 가지 방법이 탄소에 결합된 수소 수를 결정하기 위하여 개발되었다. 오래된 방법을 **공명-비김 짝풀림(off-resonance decoupling)**이라 부른다. 직접 결합된 수소와 탄소를 짝짓고 그러나 장거리- 짝지음을 제거한다. 공명-비김 짝풀림에서 $CH_3$는 사중선 , $CH_2$는 삼중선, CH는 이중선 및 수소가 없는 C는 단일선을 나타낸다. 새롭고 더 편리한 방법을 **DEPT-NMR**(distortionless enhancement by polarization transfer)이라 부른다. 탄소에 결합된 수소 수를 결정하는 데 사용된다. DEPT 방법에서는 3개의 스펙트럼이 얻어진다. 하나는 정상적인 넓은 띠 짝풀림 스펙트럼이다. 다른 스펙트럼(DEPT 90° 스펙트럼)은 한 개의 수소(CH)만이 결합된 탄소만이 나타내는 특별한 조건에서 얻어진다. 세 번째 스펙트럼(DEPT 135°)은 CH와 $CH_3$는 양의 흡수를 나타내고 $CH_2$는 음의 흡수를 나타내는 조건에서 얻어진다. 이들 스펙트럼의 정보를 종합하면 각 봉우리는 $CH_3$, $CH_2$, CH 혹은 C기로 지정할 수 있다. 그러므로 넓은 띠 짝풀림 스펙트럼에서 나타나는 신호는 수소가 결합되지 않은 C에 기인한다. DEPT 90° 스펙트럼에서 나타나는 신호는 CH기에 의한 것이다. DEPT 135°에서 음의 봉우리로 나타나는 신호는 $CH_2$기에 의한 것이고 DEPT 90°에는 없는 양의 봉우리로 나타나는 신호는 $CH_3$기에 기인한다. 그림 14.12에 2-프로펜산 에틸의 DEPT와 넓은 띠 짝풀림 스펙트럼을 나타냈다. 스펙트럼을 더 하거나 빼는 컴퓨터 기술을 사용하여 많은 현대적 NMR 분광계는 자동적으로 DEPT의 결과를 세 스펙트럼으로 나타낸다. 하나는 $CH_3$기 다른 하나는 $CH_2$기, 또 다른 하나는 CH기에 의한 봉우리만을 나타낸다. 넓은 띠 짝풀림과 결합하면 각 탄소의 수소 수를 쉽게 결정할 수 있다. 이 교재에서 나마지 $^{13}C$-NMR 스펙트럼은 DEPT에서 얻어진 정보를 가진 각 봉우리를 C, CH, $CH_2$ 혹은 $CH_3$로 나타낸 넓은 띠 짝풀림 스펙트럼이다.

$^{13}C$-NMR 스펙트럼을 좀 더 살펴보면 봉우리의 높이는 이 봉우리에 해당하는 탄소 수에 직접 비례하지 않는다는 것을 발견하게 될 것이다. 탄소 수 이외의 인자가 봉우리의 면적에 영향을 미친다. 실험적으로 정확한 적분을 얻을 수 있기는 하지만 그 과정은 복잡하며 시간낭비이다.

요약하면 상당한 정보를 $^{13}C$-NMR 스펙트럼으로부터 얻을 수 있다. 먼저 다른 탄소의 수를 계산할 수 있고 분자의 대칭성에 대한 정보를 제공해준다. 두 번째 탄소의 화학적 환경을 화학적 이동으로부터 유추할 수 있다. 세 번째 DEPT 스펙트럼으로부

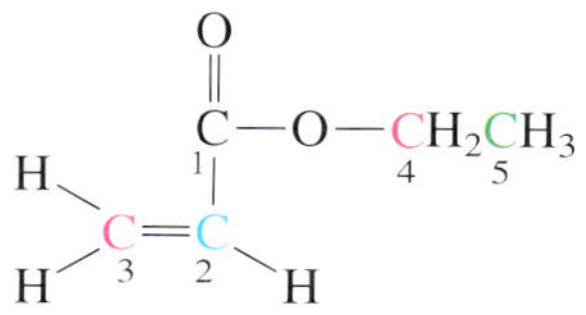

Ethyl 2-propenoate

**넓은 띠 짝풀림 스펙트럼**

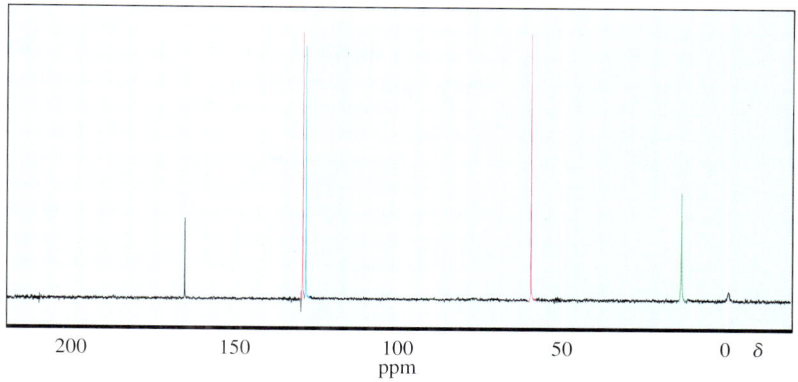


**DEPT 90° 스펙트럼**
(CH기의 탄소만이 나타난다).

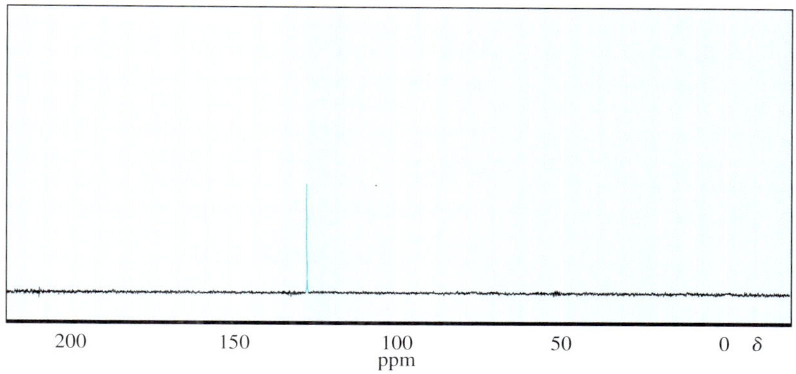


**DEPT 135° 스펙트럼**
($CH_2$기의 탄소는 음의 흡수를 나타내고 CH와 $CH_3$기의 탄소는 양의 흡수를 나타낸다).

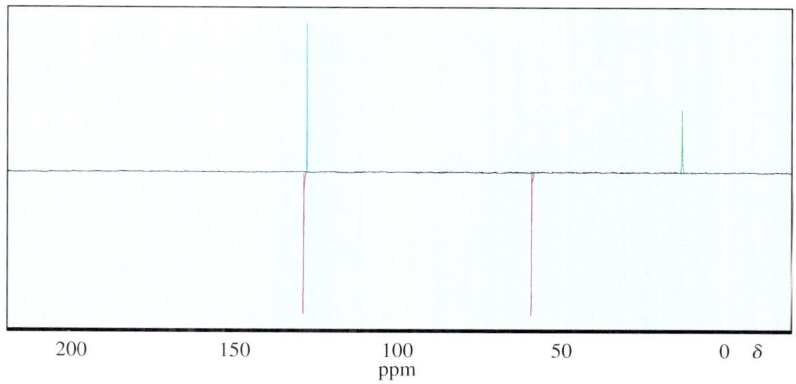


**그림 14.12** 2-프로펜산 에틸의 넓은 띠 짝풀림과 DEPT $^{13}$C-NMR 스펙트럼.
봉우리는 다음과 같이 지정한다. 166 δ에서 봉우리는 넓은 띠 짝풀림 스펙트럼에서만 일어나기 때문에 H(C–1)가 결합되지 않은 탄소에 기인한다. 129.7 δ에서 봉우리는 DEPT 135° 스펙트럼에서 음의 봉우리로 나타나기 때문에 알켄 $CH_2$(C–3)에 기인한다. 128.7 δ에서 봉우리는 DEPT 90° 스펙트럼에서 나타나기 때문에 알켄 CH(C–2)에 기인한다. 60 δ에서 봉우리는 DEPT 135° 스펙트럼에서 음의 봉우리로 나타나기 때문에 알켄 $CH_2$(C–4)에 기인한다. 14 δ에서 봉우리는 DEPT 135° 스펙트럼에서 양의 봉우리로 나타나고 DEPT 90° 스펙트럼에는 나타나지 않기 때문에 $CH_3$(C–5)에 기인한다.

터 각 탄소에 얼마나 많은 수소가 결합되어 있는가 하는 정보를 얻을 수 있다. 이와 같은 정보는 $^{1}$H-NMR 스펙트럼에 의해서도 얻을 수 있다. 그러나 두 형태의 스펙트럼은 상보적 정보를 제공하여 한 스펙트럼으로부터 얻은 추론을 확고히 해 준다. $^{1}$H-NMR 스펙트럼을 해석하는 데 너무 복잡한 경우에는 $^{13}$C-NMR 스펙트럼이 특히 유용하다.

$^{13}$C-NMR 분광학을 사용하여 구조를 결정한 몇 가지 예를 들어보자. 그림 14.13에 $C_8H_{10}$의 스펙트럼을 나타냈다. 먼저 계산한 DU는 4이다. 스펙트럼은 네 다른 형태의 탄소만을 가지기 때문에 화합물은 대칭성을 갖는다. 대칭이면 스펙트럼에서 나타낸 수소의 수를 세어 볼 필요가 있다. 그렇게 하면 화합물에서 어느 신호가 한 개 이상의 동일 탄소인가를 알려준다. 이 경우에서 스펙트럼에서 토막 $C_4H_5$를 가해 주면 분자식이 얻어진다. 이것은 탄소의 반과 수소의 반에 해당하며 각 형태의 두 탄소가 존재한다는 것을 제시해준다. 화학적 이동을 조사해보면 한 가지 알킬 형태와 세 알켄/방향족 형태를 나타낸다. 벤젠고리는 DU가 4에 해당한다. 19.5 $\delta$에서 신호는 메틸기에 기인한다. 125.9와 129.7 $\delta$에서 신호는 한 개의 수소에 결합된 탄소에 기인하고 136.2 $\delta$에서 신호는 수소가 결합되지 않은 탄소에 기인한다. 실제로 이와 같은 형태의 탄소가 두 개 존재한다면 토막은 2 $CH_3$, 2 CH, 2 CH 및 2 C 토막은 용이하게 다이메틸벤젠(자이렌)으로 조립할 수 있다. 그러나 자이렌에는 오쏘, 메타 및 파라의 세 이성질체가 존재한다.

그림 14.13 $C_8H_{10}$의 $^{13}$C-NMR 스펙트럼.

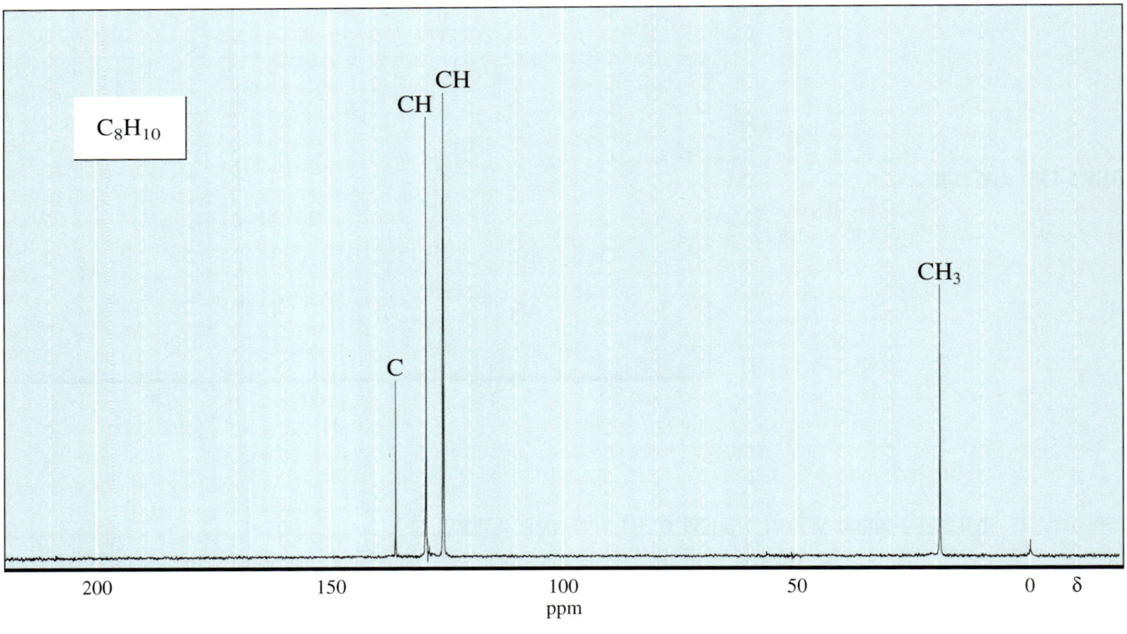

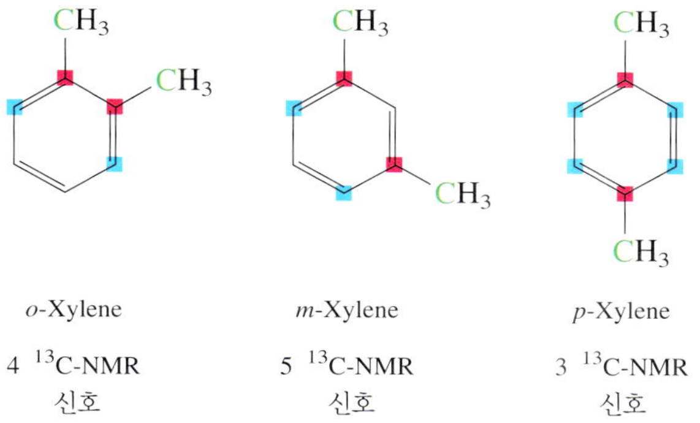

이 이성질체들은 다른 대칭성을 갖기 때문에 $^{13}C$-NMR 스펙트럼으로 구별할 수 있다. 오쏘 이성질체는 네 개, 메타 이성질체는 다섯 개, 파라 이성질체는 세 개의 탄소만이 다르다. 미지 화합물은 오쏘 자이렌이 되어야 한다. 이 화합물은 $^{1}H$-NMR 스펙트럼을 근거로 자이렌 이성질체의 하나로 확인할 수 있다.

다른 예로 그림 14.14에 나타낸 $C_6H_{12}O$의 스펙트럼을 고려해보자. DU는 1이다. $^{13}C$-NMR 스펙트럼을 살펴보면 5개의 다른 형태의 탄소를 나타낸다. 그러므로 동등한 화학적 이동을 가진 두 탄소가 있어야 한다. 스펙트럼은 9개의 수소만을 가지므로 여분의 탄소는 다른 $CH_3$기의 하나와 동등한 $CH_3$기를 가져야 한다. 207.3δ에서 봉우리는 카보닐 탄소에 기인한다(이것은 1의 DU에 해당한다). 이것은 수소를 결합하고 있지 않기 때문에 두 탄소가 결합되어야 하고 미지 화합물은 케톤이다. 스펙트럼의 나머지 봉우리로부터 다음과 같은 토막을 추정할 수 있다.

그림 14.14 $C_6H_{12}O$의 $^{13}C$-NMR 스펙트럼.

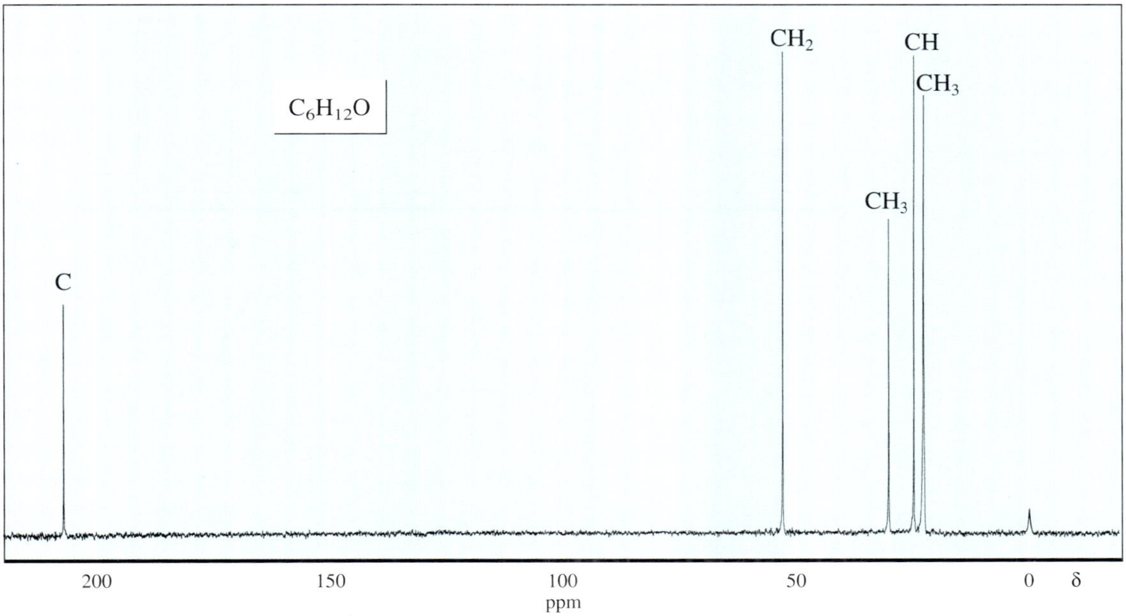

| $-\overset{O}{\overset{\Vert}{C}}-$ | $CH_2$ | $CH_3$ | CH | $CH_3$ |
|---|---|---|---|---|
| 207.3 δ | 53.0 δ | 30.4 δ | 25.0 δ | 22.8 δ |

이 토막들을 합치면 $C_5H_9O$이므로 실제 분자식이 $C_6H_{12}O$가 되기 위해서는 추가적인 $CH_3$기가 필요하다. 더 낮은 장에서 나타나는 두 알킬기는 53.0 δ에서 $CH_2$와 30.4 δ에서 $CH_3$는 전기 음성인 카보닐기에 결합되어 있다. 나머지 봉우리를 합치면 미지 화합물은 4-메틸-2-펜탄온이다. 아이소뷰틸기의 두 메틸기는 화학적으로 동등하며 22.8 δ에서 나타난다.

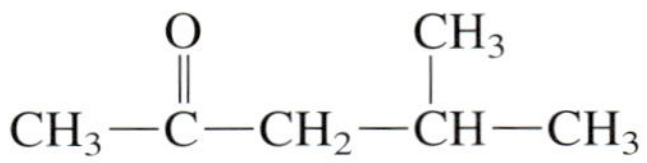

4-Methyl-2-pentanone

**문제 14.11** [13]C-NMR 스펙트럼으로부터 이들화합물의 구조를 결정하여라.

**a)** 분자식 $C_7H_5ClO$

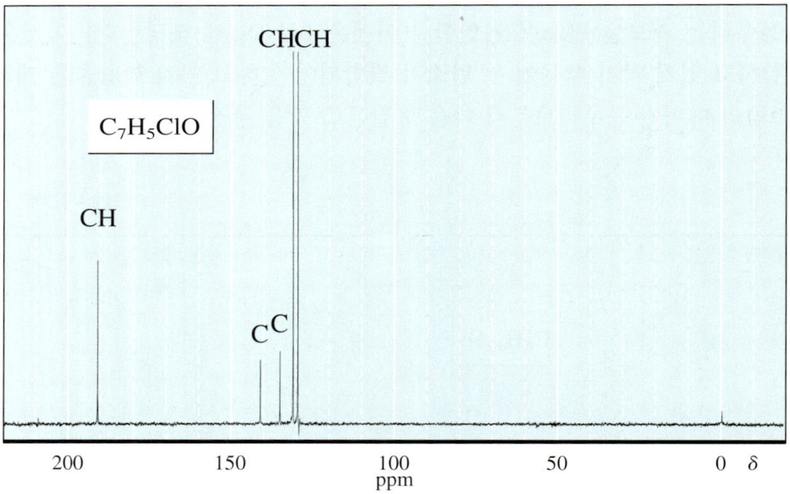

**b)** 분자식 $C_5H_{10}$

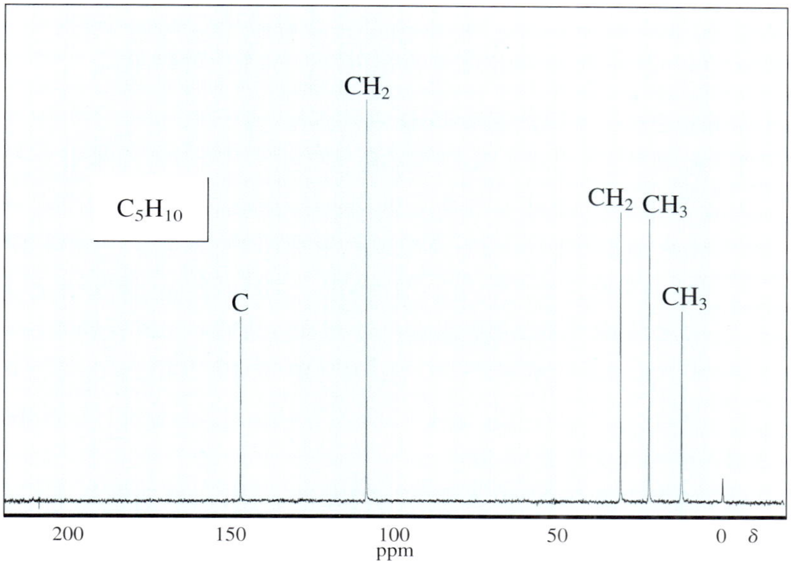


**c)** 분자식 $C_6H_{10}$

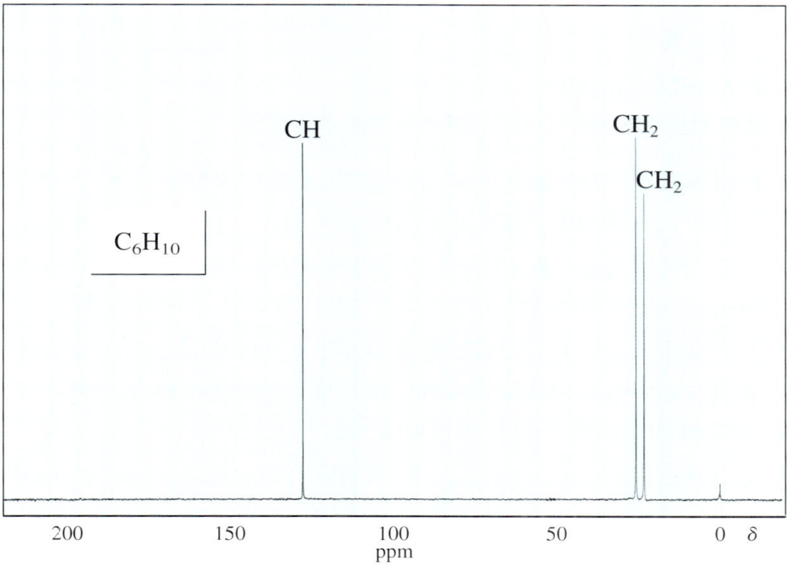

## 14.10 IR과 NMR 스펙트럼을 이용한 문제풀이

실험실에서 실제로 접하게 되는 대부분의 구조결정 문제는 이들 분광학적 방법의 조합에 의해 해결할 수 있다. 다음과 같은 일반적인 전략이 적용된다.

**1단계.** 분자식을 얻을 수 있으면 불포화도를 계산한다.

**2단계.** 작용기를 결정하기 위하여 IR스펙트럼을 검토한다. 분자식에 의해 얻을 수 있는 정보를 잊어서는 안 된다. 예를 들면 하나의 산소를 포함한 화합물은 카복실산이 될 수 없으며 DU가 3인 화합물은 벤젠고리를 포함할 수 없다. IR 스펙트럼에서 제시된 구조적 특성은 $^1$H-NMR 스펙트럼을 분석해보면 곧 확인될 수 있다. 예로 IR 스펙트럼만을 근거로 해서는 방향족 고리의 존재를 확인하기가 어렵다. 그러나 벤젠고리에 있는 수소는 NMR 스펙트럼의 특성적 영역에서 나타난다. 마찬가지로 알데하이드기의 H와 카복실산의 H는 NMR 스펙트럼에서 쉽게 확인할 수 있다.

**3단계.** 이미 기술한 대로 $^1$H-NMR 스펙트럼을 검토한다. 봉우리의 일반적 위치를 검토한다. 다른 종류의 수소의 비에 대한 적분을 검토한다. 짝지음 양식을 검토한다. 검토하고 있는 수소에 대해 짝짓는 근처의 수소 수는 봉우리 수보다 하나 적다.

**4단계.** $^{13}$C-NMR 스펙트럼을 검토한다. 동등한 탄소의 존재를 알아보기 위하여 봉우리의 수를 계산한다. 카보닐, 방향족 및 알켄 탄소를 확인하기 위하여 화학적 이동을 사용한다.

**5단계.** 임시 구조를 설정한다.

**6단계.** 모든 정보가 가정한 구조와 일치하는가를 점검한다.

IR과 $^1$H-NMR을 사용하여 미지 화합물의 구조를 결정해 보자. 그림 14.15는 $C_4H_8O_2$의 IR과 $^1$H-NMR 스펙트럼을 나타냈다. DU는 1이다. IR스펙트럼을 검토해보면 수소 영역에서 $sp^3$ 혼성탄소에 결합된 수소만을 나타낸다. 강력한 카보닐 흡수가 1746 $cm^{-1}$에서 나타난다. CO 이중결합은 1개의 불포화도에 의한 것이다. 카복실산과 알데하이드에 대한 영역에서 흡수띠가 존재하지 않는다는 것은 화합물이 케톤 혹은 에스터임을 나타내준다. 1204 $cm^{-1}$에서 강한 흡수는 화합물이 에스터라는 것을 제시해준다. 이것은 카보닐 위치에 의해 지지를 받는다.

NMR 스펙트럼에서 흡수는 알킬 영역에서만 일어난다. 3.66 $\delta$에서 3 H의 단일선은 메틸기를 나타내준다. 2.32 $\delta$에서 사중선은 메틸기의 세 H에 의해 갈라진 $CH_2$기에 의한 것이다. 이 $CH_3$기는 1.12 $\delta$에서 삼중선으로 나타난다. 이 두 신호는 에틸기의 존재를 나타내준다.

IR과 NMR 스펙트럼을 근거로 해서 다음과 같은 토막이 존재한다는 것을 알 수 있다.

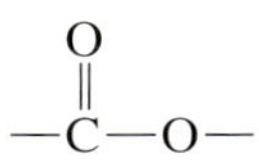

$CH_3—$ $CH_3—CH_2—$

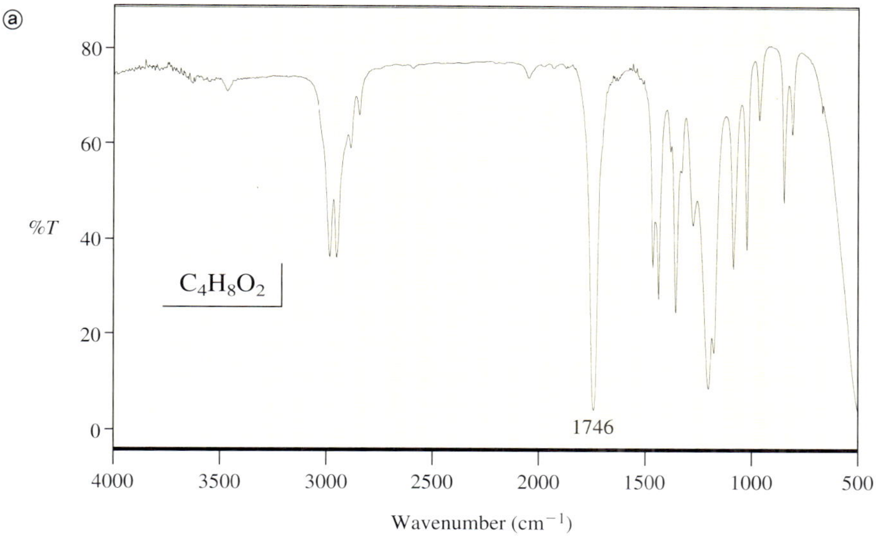


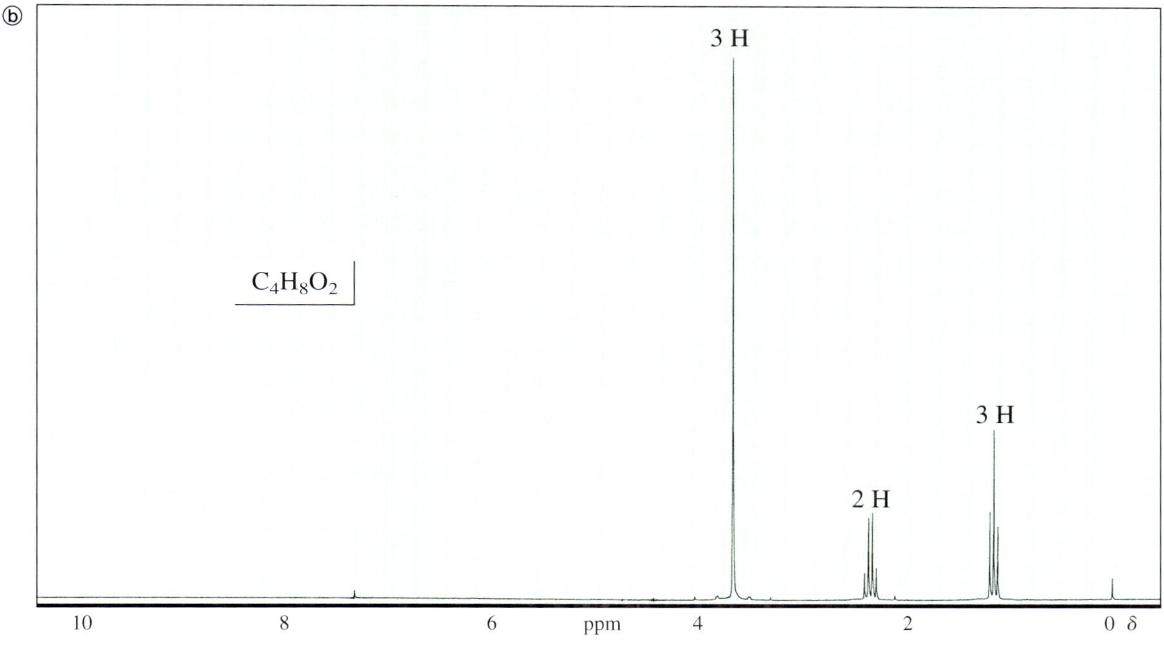


그림 14.15 $C_4H_8O_2$의 ⓐ IR과 ⓑ$^1$H-NMR 스펙트럼.

이 토막으로부터 두 가능한 에스터를 조합할 수 있다.

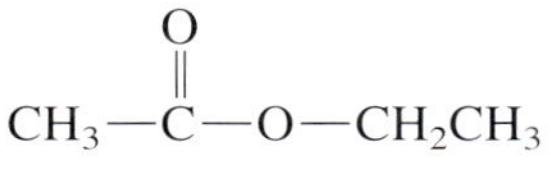

Ethyl acetate

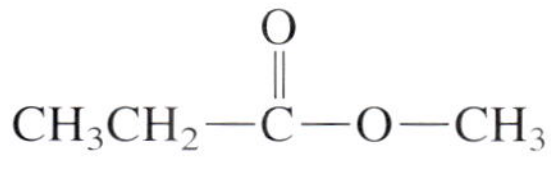

Methyl propanoate

이들 에스터는 화학적 이동을 근거로 해서 쉽게 구별할 수 있다. 표 14.1에 의하면 아세트산 에틸의 카보닐에 결합된 메틸기는 2.0 $\delta$ 근처에서 에틸기의 $CH_2$는 3.7보다 다소 낮은 장에서 나타날 것으로 예측된다. 프로판산 메틸에서 에스터의 산소에 직접 결합된 메틸기는 3.7 $\delta$에서, 카보닐기에 결합된 $CH_2$는 2.0 $\delta$보다 약간 낮은 장에서 나타날 것으로 기대된다. $CH_3$에 대한 신호가 에틸기의 $CH_2$에 대한 신호보다 낮은 장에서 나타나므로 $CH_3$는 산소에 결합되어야 한다. 화합물은 프로판산 메틸이다.

다음에 IR과 두 형태의 NMR을 사용한 예를 다루어보자. 그림 14.16은 $C_8H_{19}N$에 대한 IR, $^1$H-NMR 및 $^{13}$C-NMR 스펙트럼을 나타냈다. 이 화합물에 대한 DU는 영이므로 이 화합물은 파이결합과 고리를 갖지 않는다. 질소의 존재를 근거로 해서 DU = 0 이므로 미지화합물은 아민이다. IR 스펙트럼에서 3000~2800 $cm^{-1}$에서 흡수 띠는 $sp^3$-혼성탄소에 결합된 수소를 나타낸다. 3280 $cm^{-1}$에서 적은 흡수는 이 화합물이 이차 아민임을 나타내준다. 그러나 이와 같은 약한 띠를 지정할 때는 주의를 요한다.

$^1$H-NMR 스펙트럼에서 2.61 $\delta$에서 일그러진 삼중선으로 나타날 수 있다. 이것은 이 신호에 의한 수소가 두 수소 근처에 있다는 것을 제시해준다. 그러나 짝지음은 일차로부터 벗어나기 시작한다. 1.2~1.6 $\delta$ 사이에 나타나는 복잡한 다중선은 복잡한 짝지음을 가진 8개의 수로를 나타낸다. 0.9 $\delta$ 근처의 봉우리는 일그러진 삼중선과 비슷하고 낮은 장편으로 겹쳐진 봉우리이다.

이 경우에 $^1$H-NMR 스펙트럼은 유용한 정보를 많이 제공하지 못하지만 $^{13}$C-NMR 스펙트럼은 대단히 유용하다. 스펙트럼은 네 개의 봉우리만을 가지므로 화합물은 대칭이라는 것을 나타내준다. 각 형태는 두 탄소를 포함한다. 세 개의 $CH_2$와 한 개의 $CH_3$기가 존재한다. 이 토막들은 뷰틸기로 조립할 수 있다. 질소 근처에 있는 탄소는 더 낮은 장으로 이동한다.

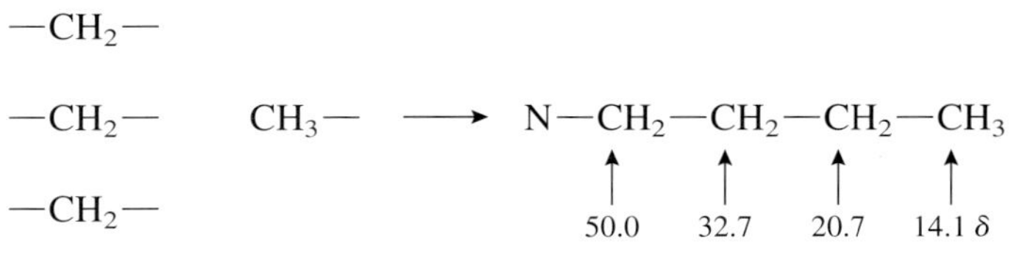


분자의 대칭성을 근거로 해서 화학적으로 동등한 뷰틸기를 갖지 않으면 안 된다. 이것은 18개의 수소에 해당된다. 19번째 수소는 질소에 결합된다. 이들 토막은 조립하면 다이뷰틸아민이 생성된다.

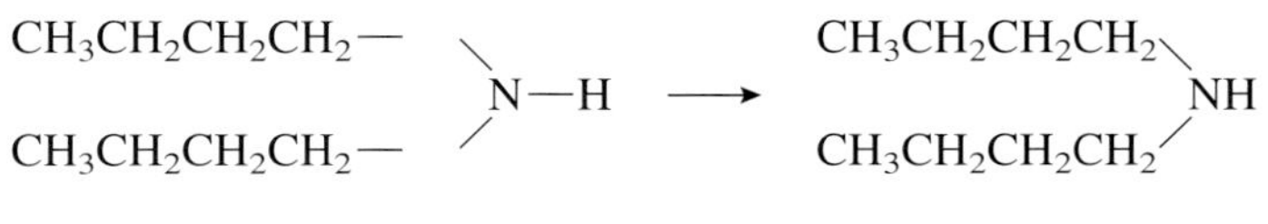


Dibutylamine

ⓐ
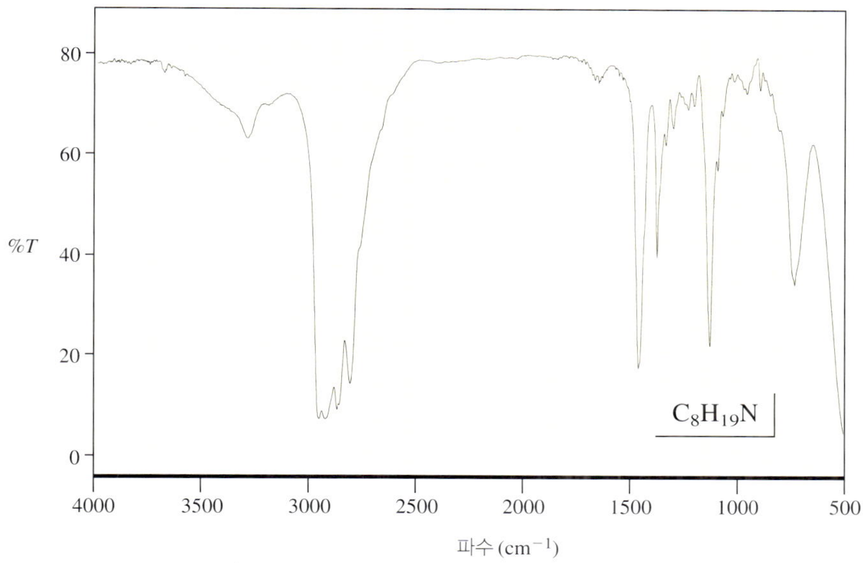


ⓑ
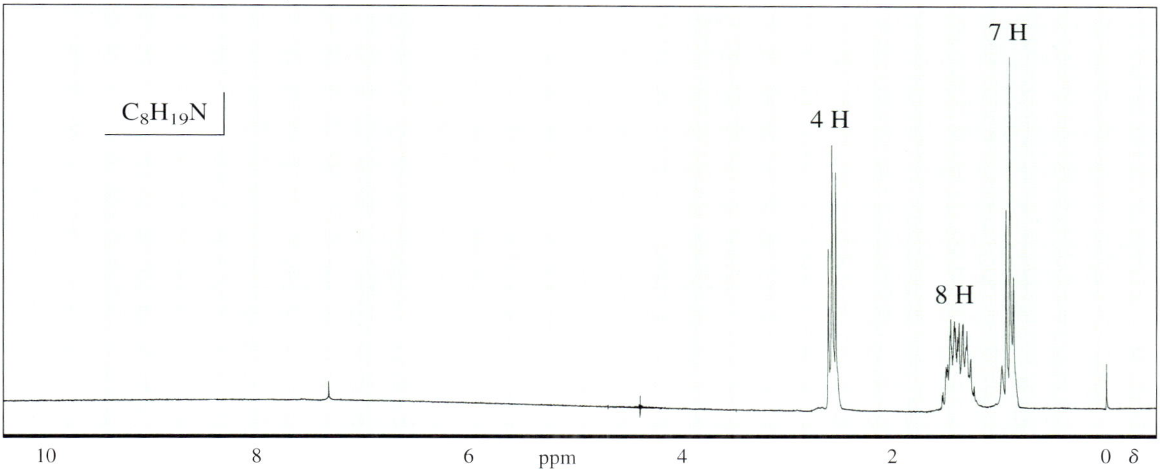


ⓒ
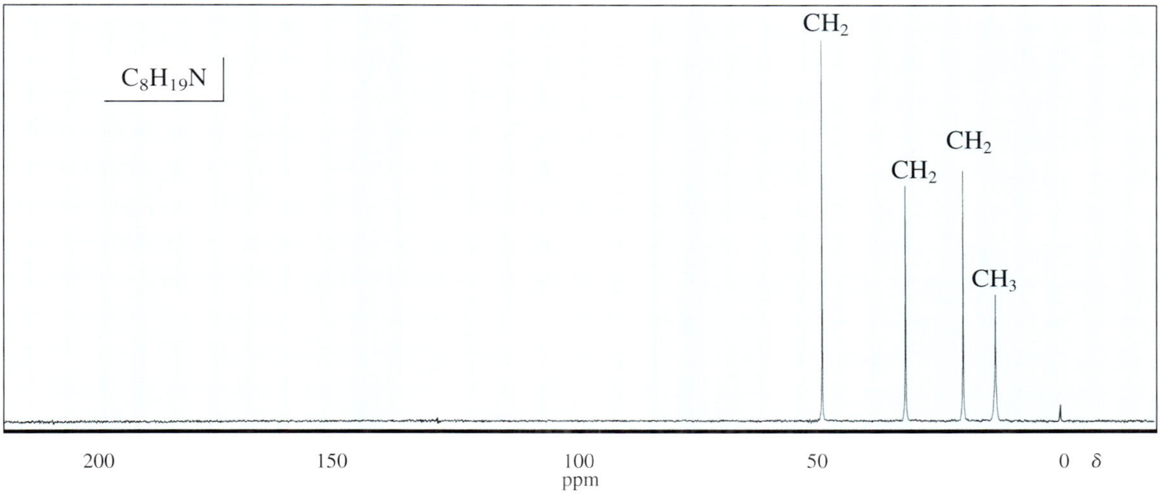


그림 14.16 $C_8H_{19}N$에 대한 ⓐ IR, ⓑ $^1$H-NMR 및 ⓒ $^{13}$C-NMR 스펙트럼.

이 시점에서 이 구조가 ¹H-NMR 스펙트럼에서 화학적 이동과 짝지음과 일치하는가를 확인해야 한다. N에 결합된 H는 일그러진 삼중선의 낮은 장에 있는 1 $\delta$ 근처의 봉우리에 해당한다.

이 장은 구조문제를 해결하는데 IR과 NMR 스펙트럼의 사용에 대한 예와 일반적 기준을 마련해준다. 그러나 각 문제는 독자적이므로 정확한 해법은 문제마다 다르다. 이 방법의 사용에 적응하기 위한 가장 좋은 방법은 가능한 한 많은 문제를 풀어 보는 것이다.

**문제 14.12** ¹³C-NMR 스펙트럼으로부터 다음 화합물의 구조를 결정하여라.

**a)** 분자식은 $C_9H_{10}O$ 이다.

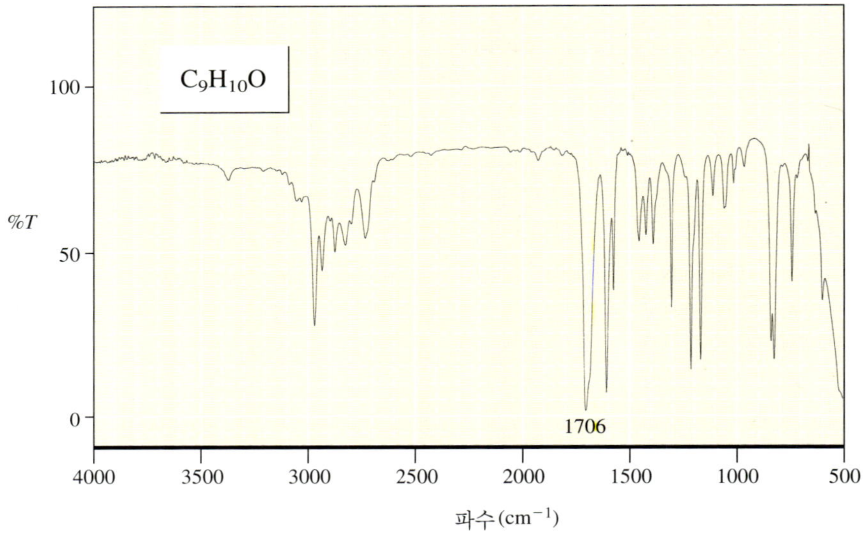


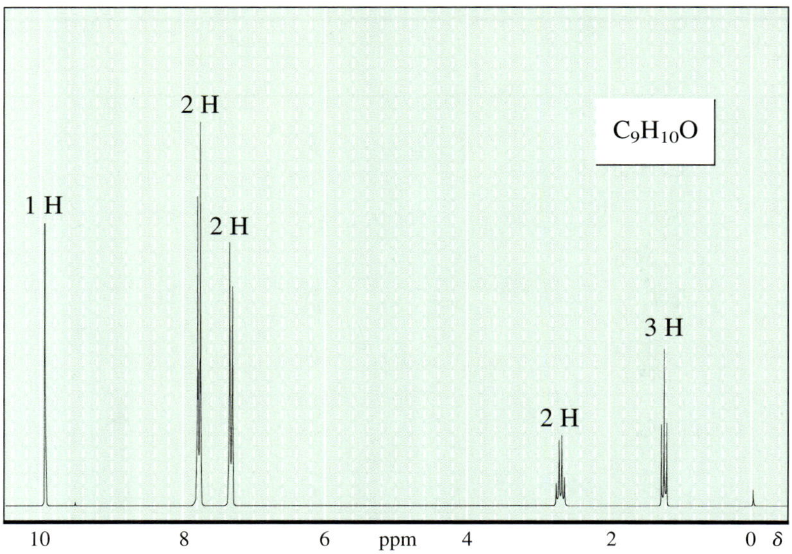

**b)** 분자식은 $C_5H_9O_2$ 이다.

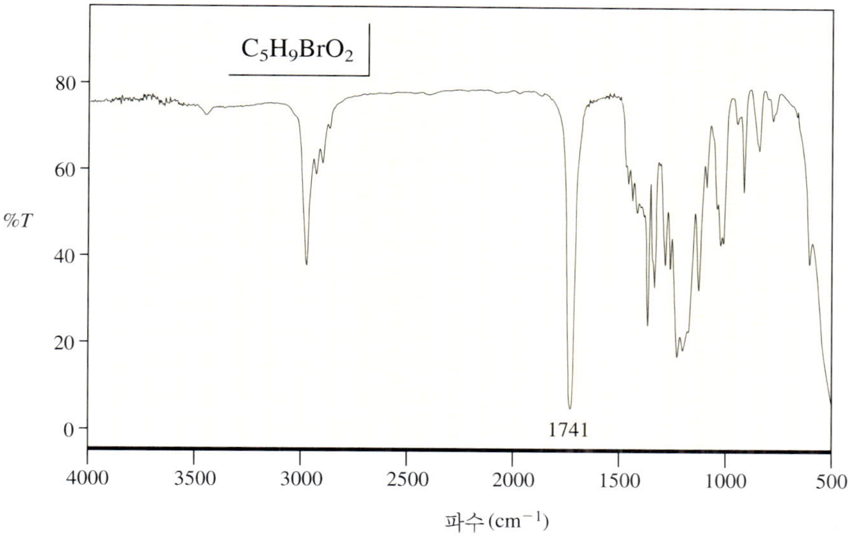


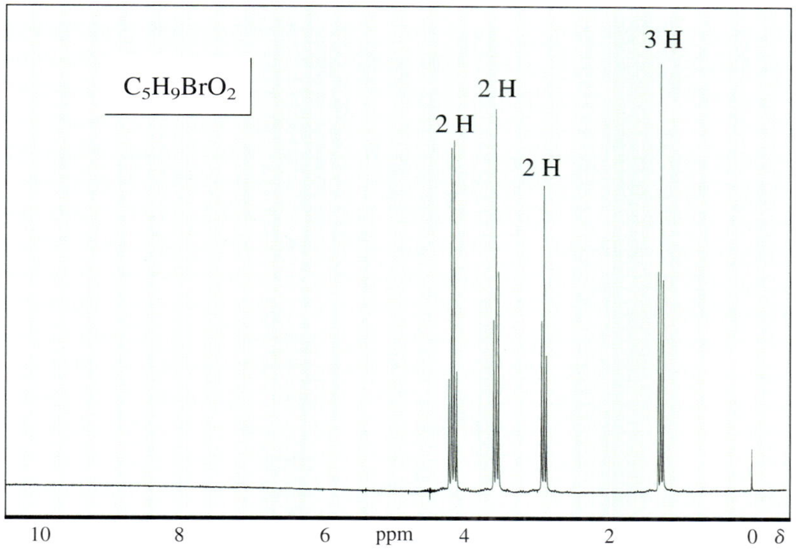

**c)** 분자식은 $C_8H_{10}O$ 이다.

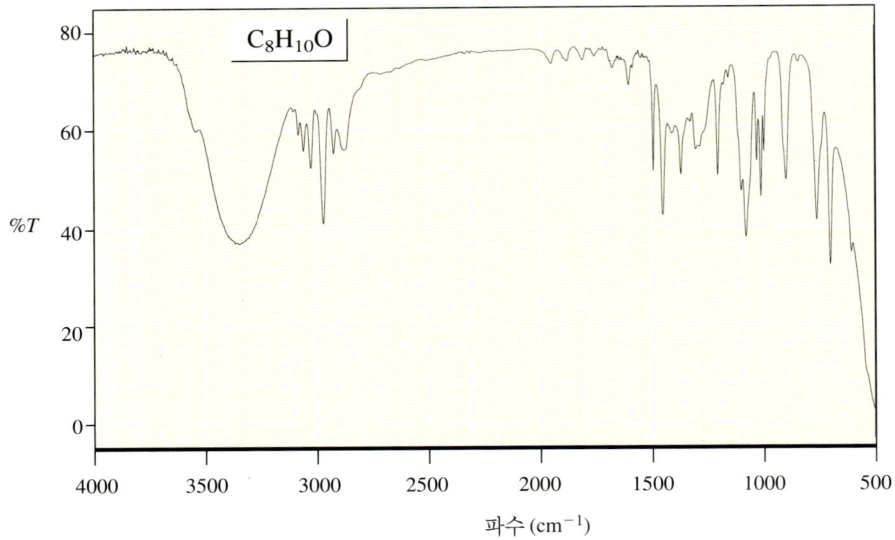


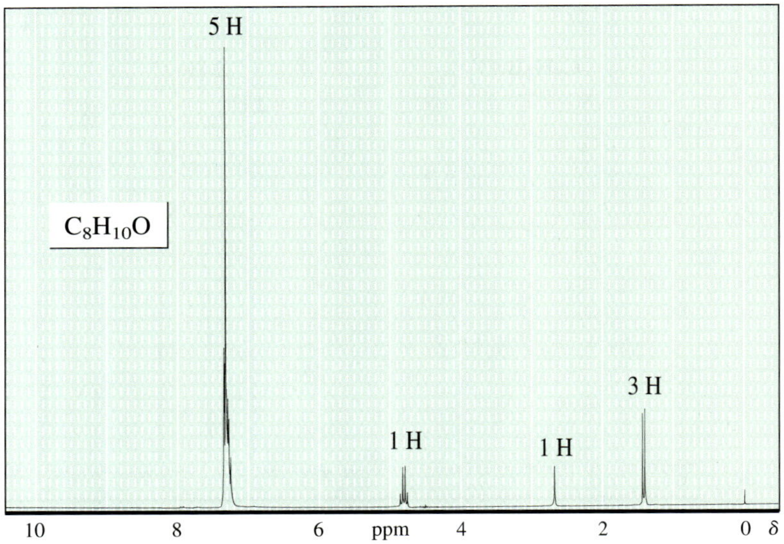

**문제 14.13** IR과 [1]H-NMR 스펙트럼으로부터 다음 화합물의 구조를 결정하여라.

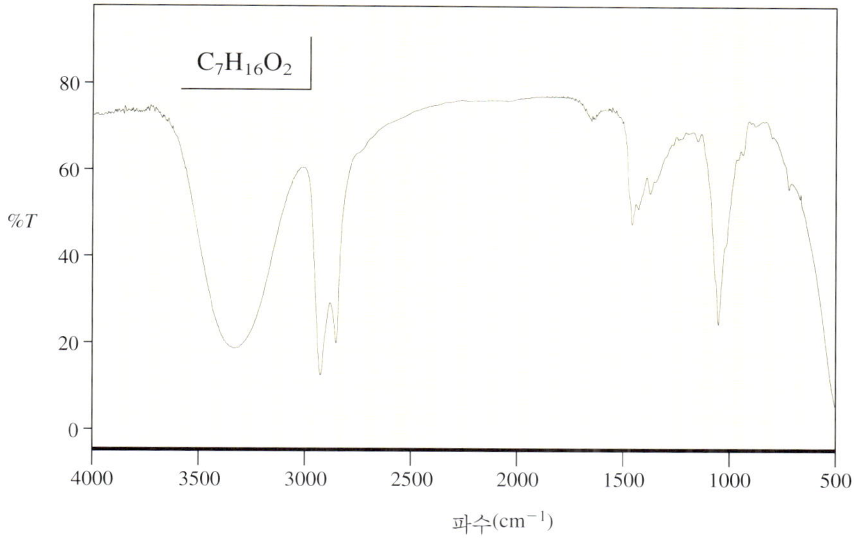


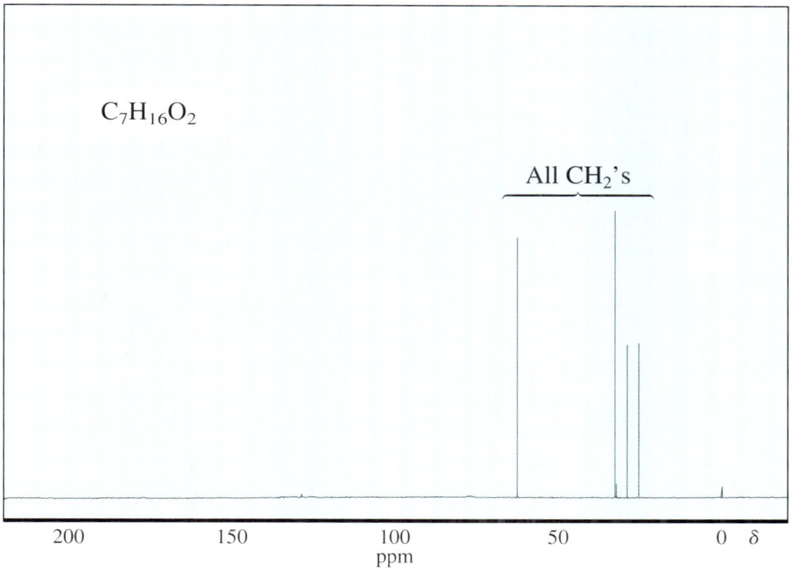

**문제 14.14** IR, [1]H-NMR 및 [13]C-NMR 스펙트럼으로부터 다음 화합물의 구조를 결정하여라.

a) 분자식이 $C_5H_{12}O$.

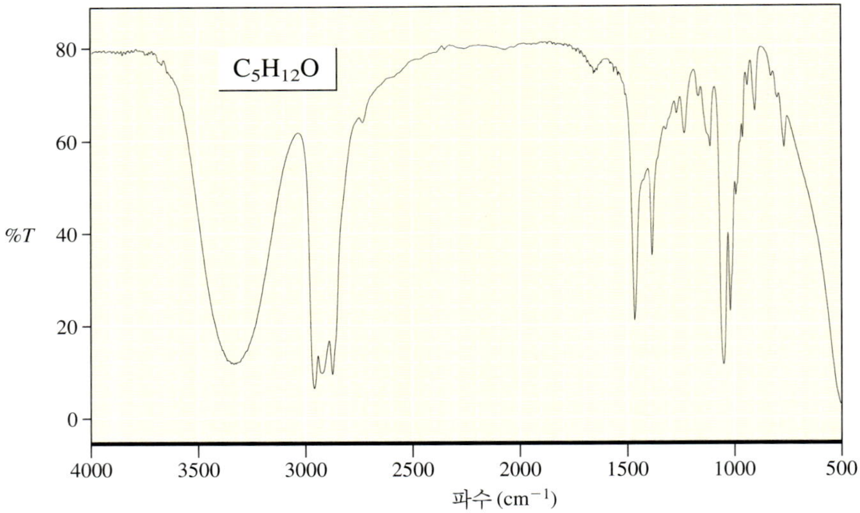


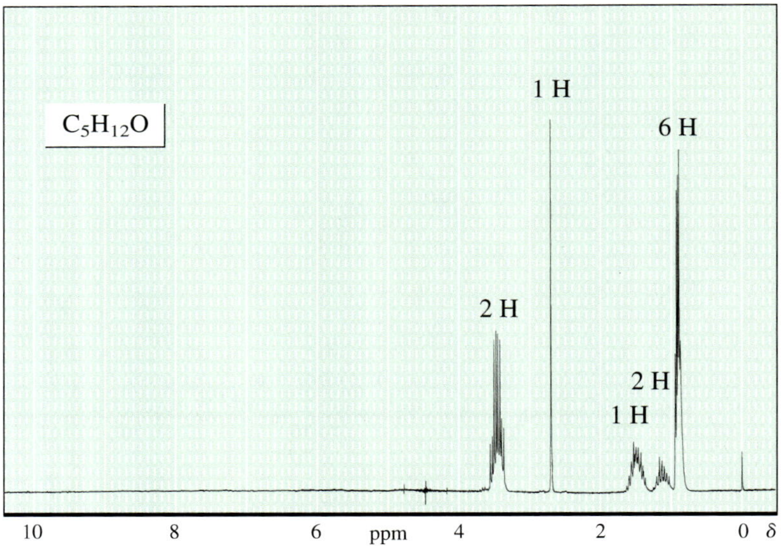

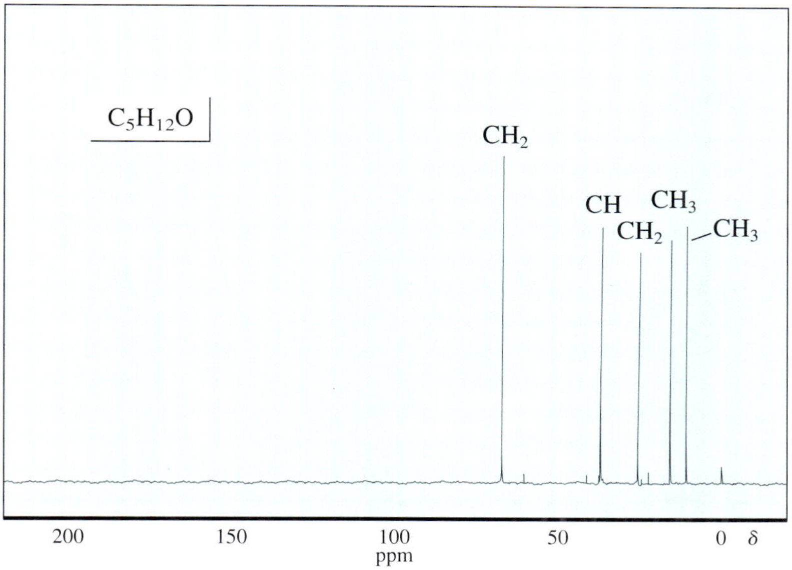


b) 분자식이 $C_7H_{12}O$.

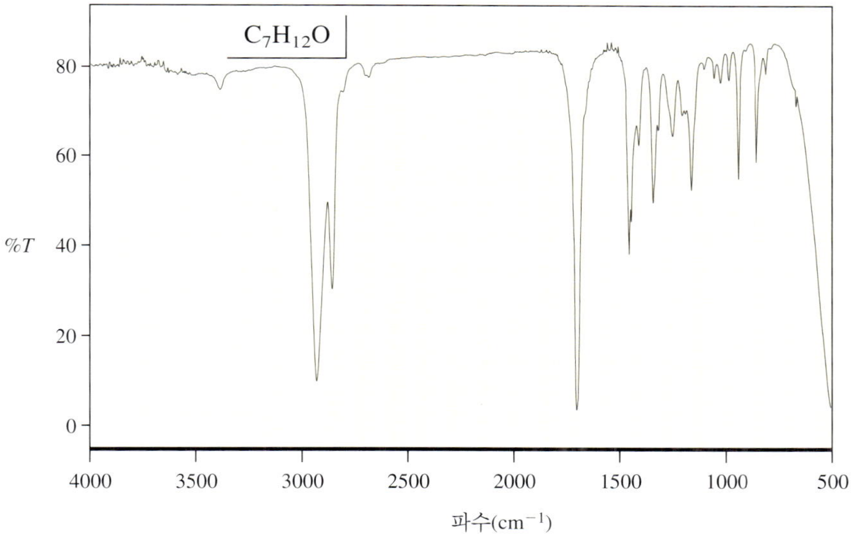

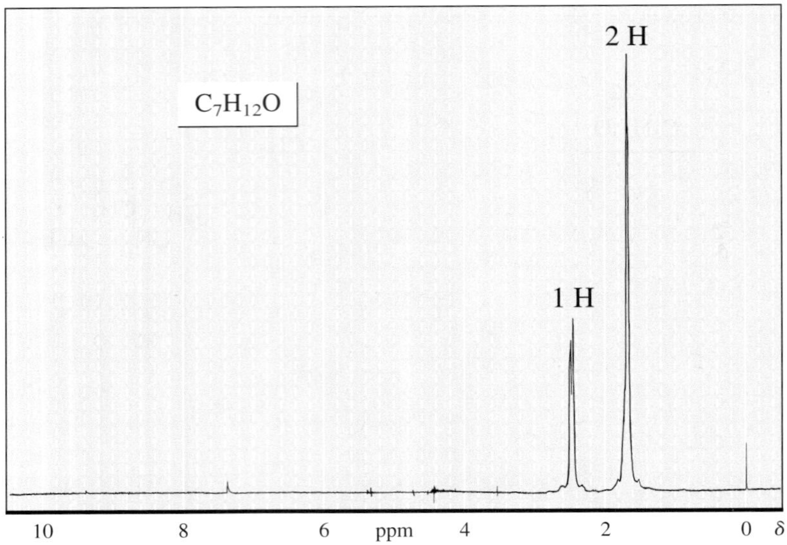

2 H
$C_7H_{12}O$
1 H
10
8
6
ppm
4
2
0 δ


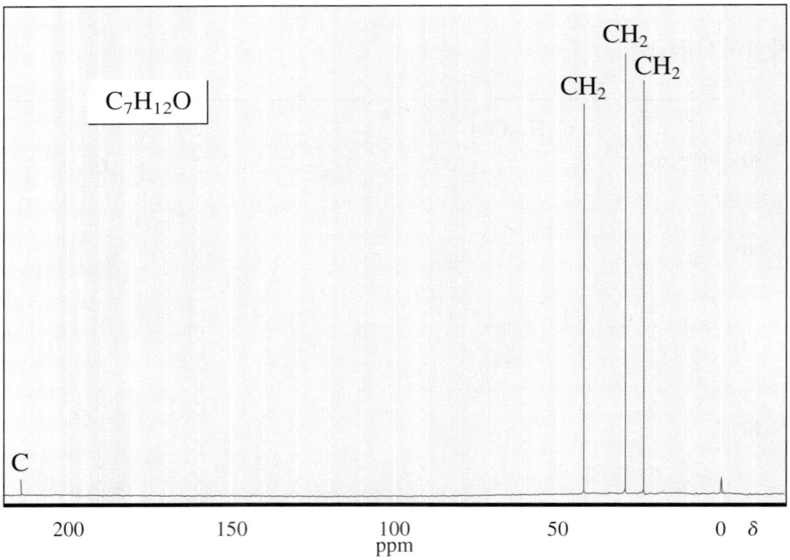

$CH_2$
$CH_2$
$C_7H_{12}O$
$CH_2$
C
200
150
100
ppm
50
0 δ

c) 분자식이 $C_9H_{10}O$.

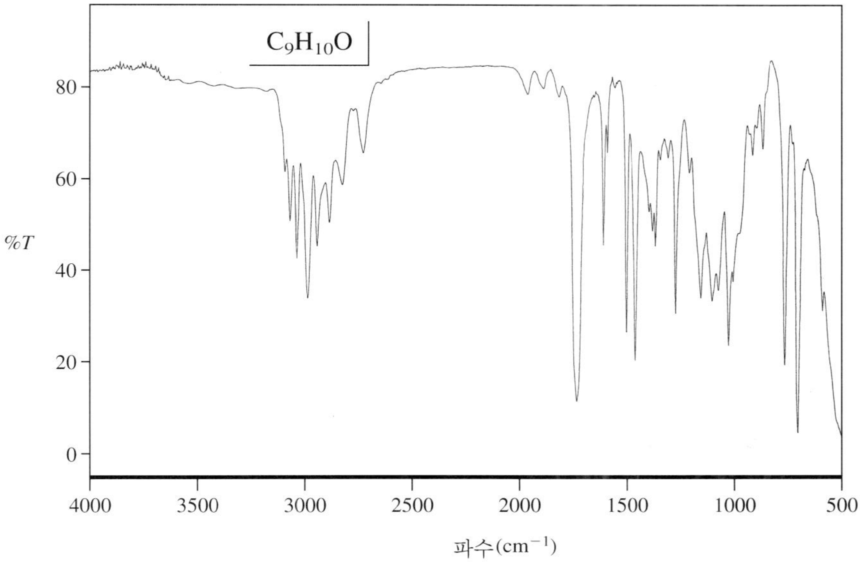


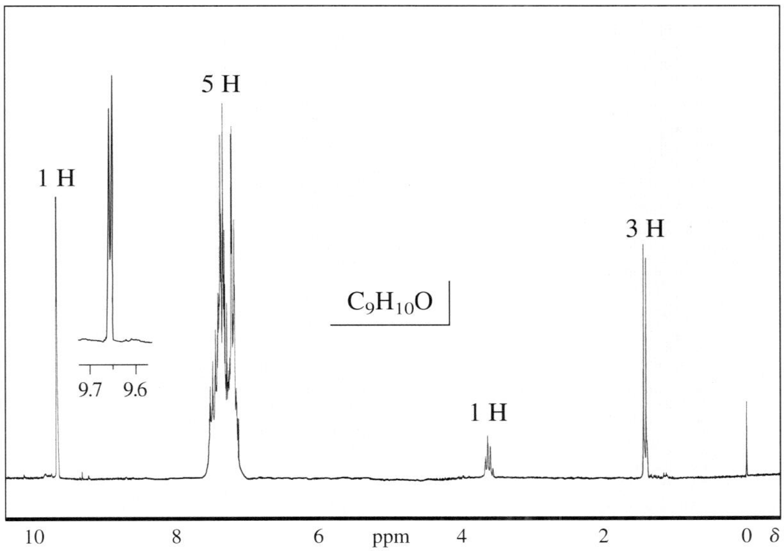

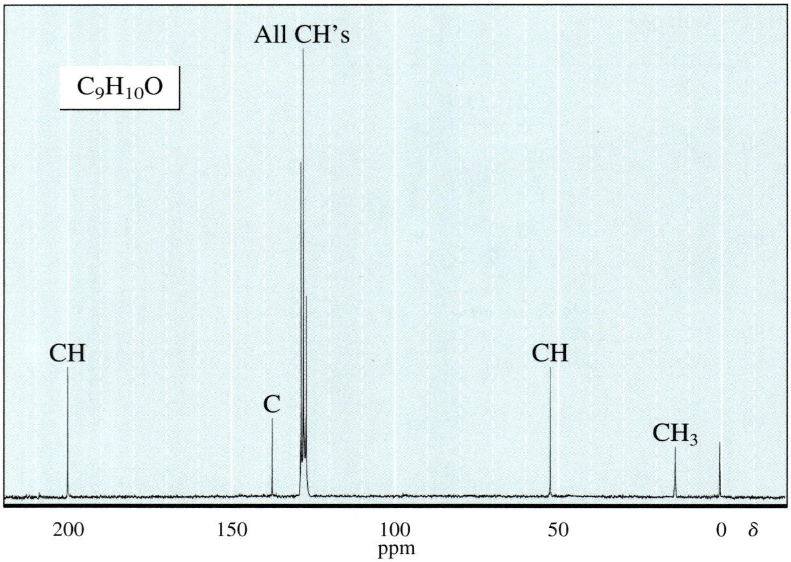


## 추가문제

**14.15** 다음 화합물의 $^{1}$N-NMR 스펙트럼으로부터 지시한 수소의 다중도를 예측하여라.

**a)**

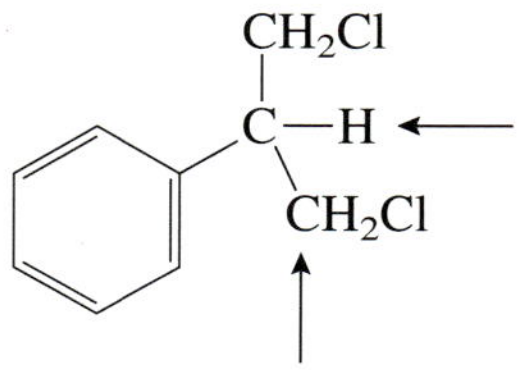

**b)**

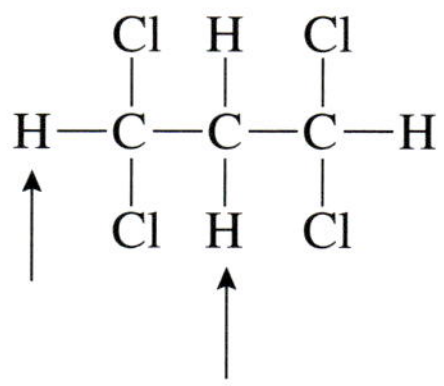

**c)**

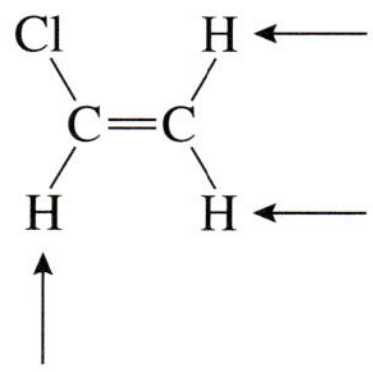

**14.16** 다음 화합물의 $^{1}$N-NMR 스펙트럼의 흡수에 대한 화학적 이동, 다중도 및 적분을 예측하여라.

**a)**

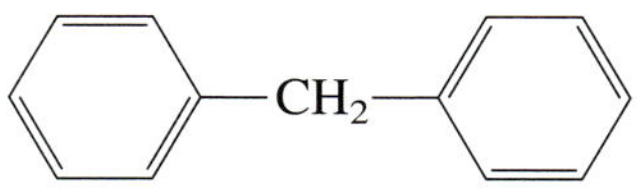

**b)**

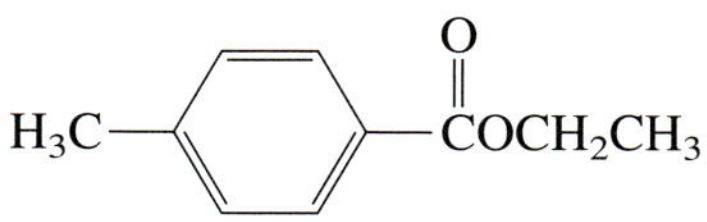

**c)** $CH_3CH_2NHCH_2CH_3$

**d)** $CH_3CH(OH)CH_2CH_3$

**14.17** 다음 화합물의 [13]C-NMR 스펙트럼의 흡수에서 화학적 이동을 예측하여라.

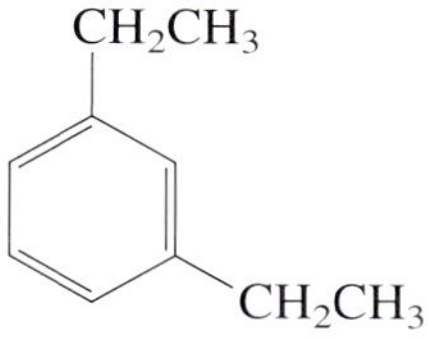

**14.18** NMR 분광학을 사용하여 다음 화합물을 어떻게 구별할 수 있는가를 제시하여라.

**a)** 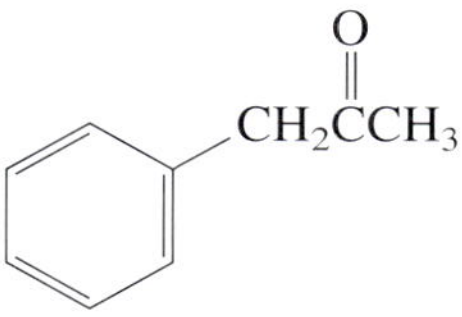 와 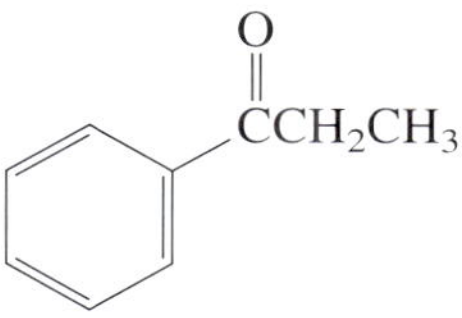

**b)** 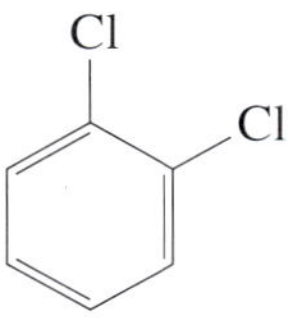 와 

**c)** 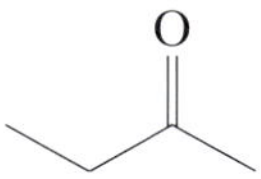 와 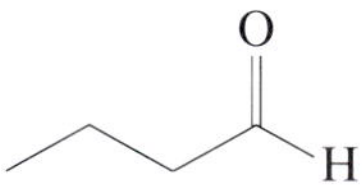

**d)** 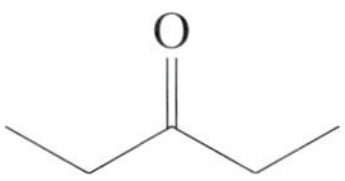 와 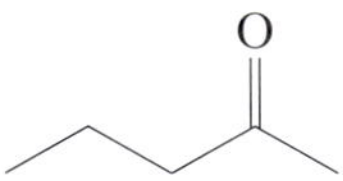

**14.19** 다음 화합물이 구조를 예측하여라.

**a)** $C_4H_9Cl$; 3.35 δ (이중선, 2), 2.0 δ(다중선, 1), 1.0 δ(이중선, 6).

**b)** $C_3H_6Br_2$; 3.6 δ(삼중선, 2), 2.4 δ(오중선, 1).

**c)** $C4H_{10}O$; 3.3 δ(이중선, 2), 2.4 δ(단일선, 1), 1.7 δ(다중선, 1), 0.9 δ (이중선, 6); 3330 $cm^{-1}$, 넓은.

**d)** $C_5H_{10}O$; 2.6 δ(칠중선, 1), 2.1 δ(단일선, 3), 1.1 δ(이중선, 6); 1716 $cm^{-1}$.

**14.20** $^{13}$C-NMR 스펙트럼은 다음과 같고 분자식이 $C_7H_6O$인 화합물의 구조를 예측하여라.

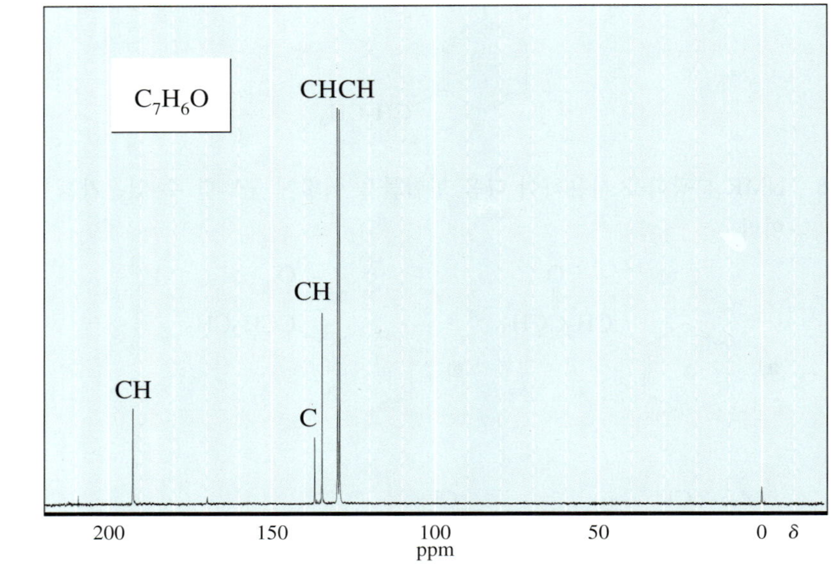


**14.21** 다음과 같은 IR과 $^1$H-NMR 스펙트럼을 가진 분자식 $C_8H_9Br$인 화합물에 대한 구조를 제시하여라.

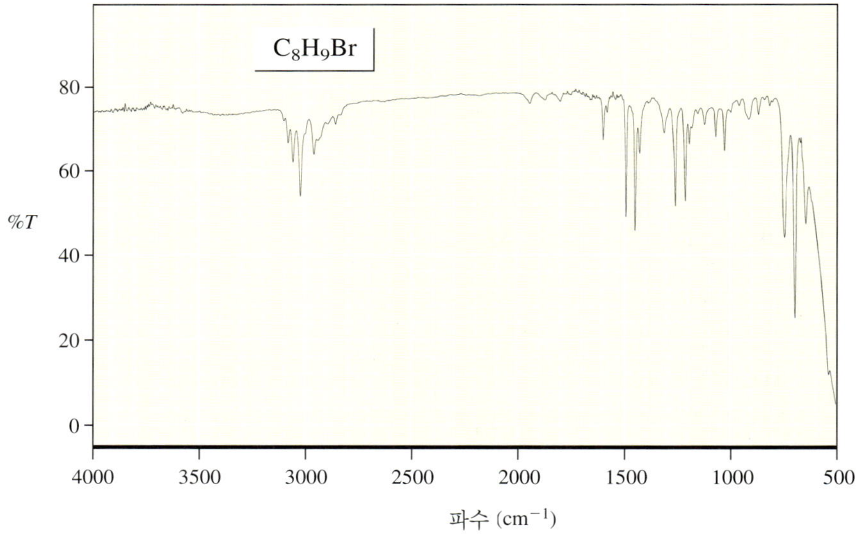

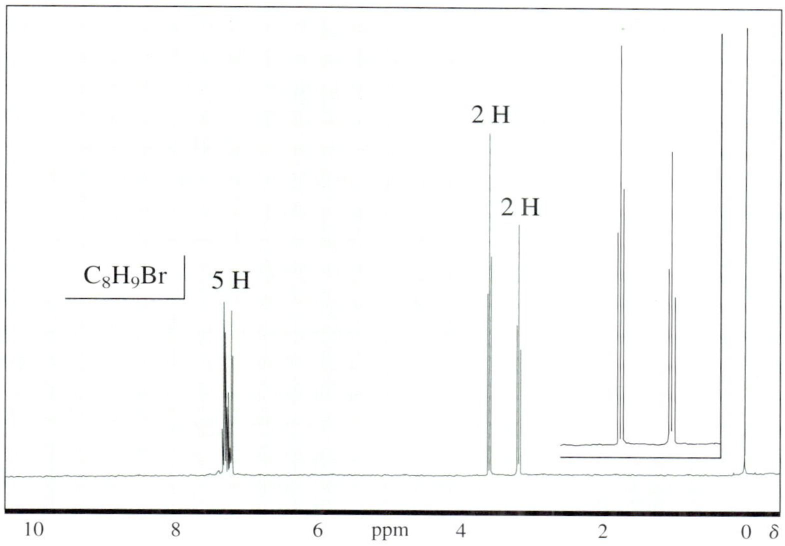


**14.22** 다음과 같은 IR과 $^1$H-NMR 스펙트럼을 가진 분자식 $C_5H_7NO_2$인 화합물에 대한 구조를 제시하여라.

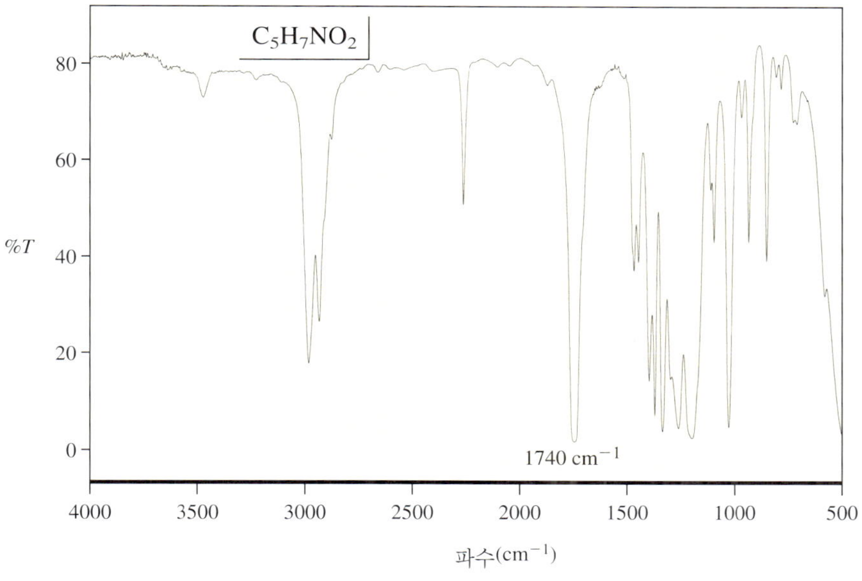

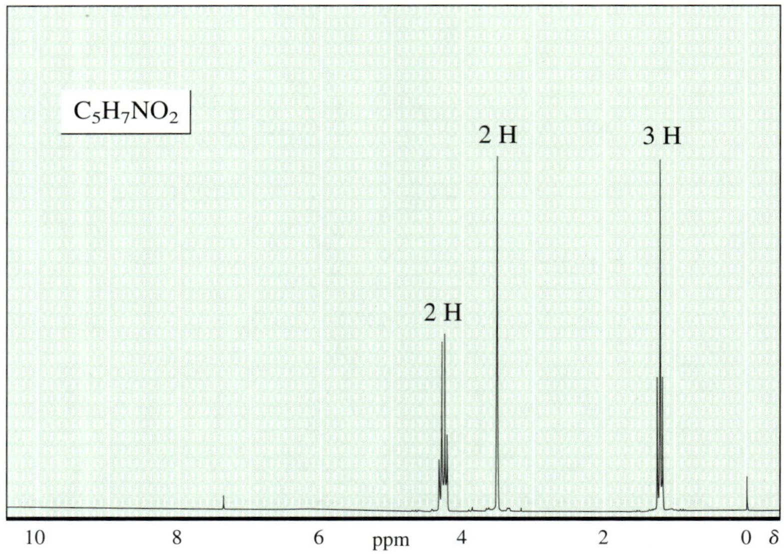


**14.23** 다음과 같은 IR과 ¹H-NMR 스펙트럼을 가진 분자식 $C_5H_{10}O_2$인 화합물에 대한 구조를 제시하여라.

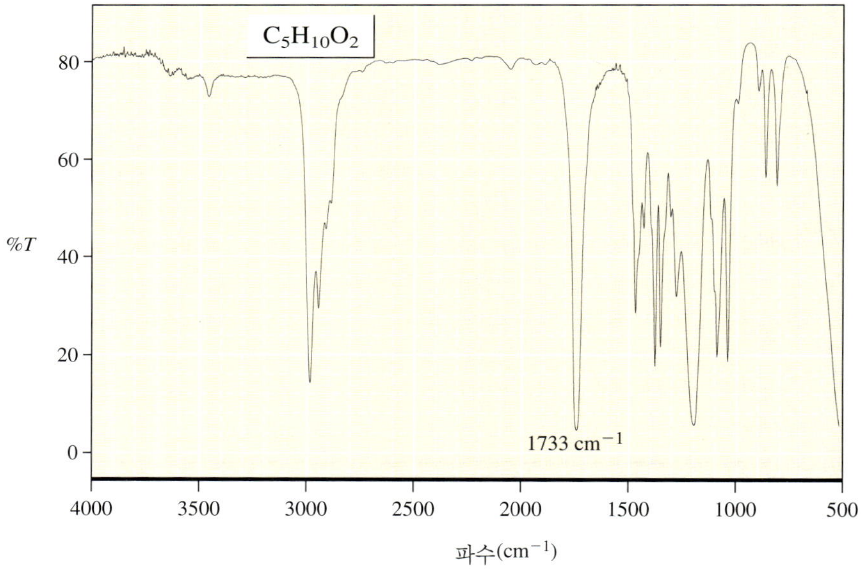

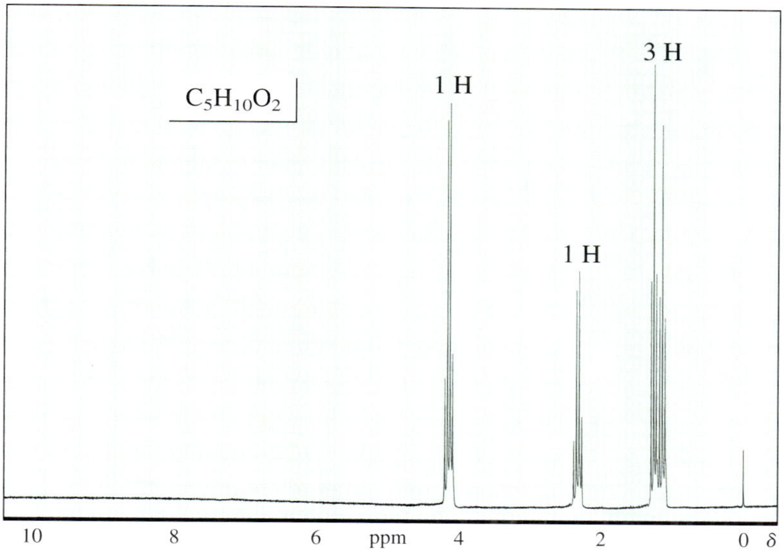


**14.24** 다음과 같은 IR과 [1]H-NMR 및 [13]C-NMR 스펙트럼을 가진 분자식 $C_6H_{10}O_2$ 인 화합물에 대한 구조를 제시하여라.

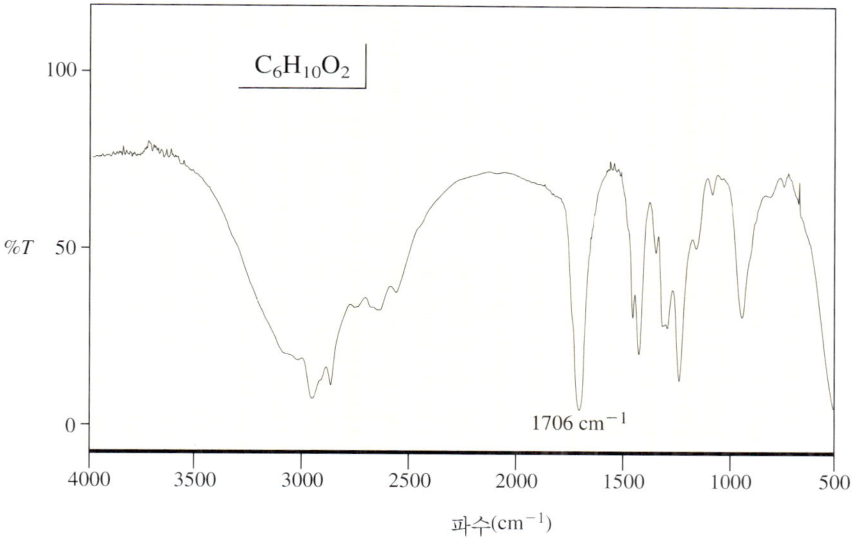

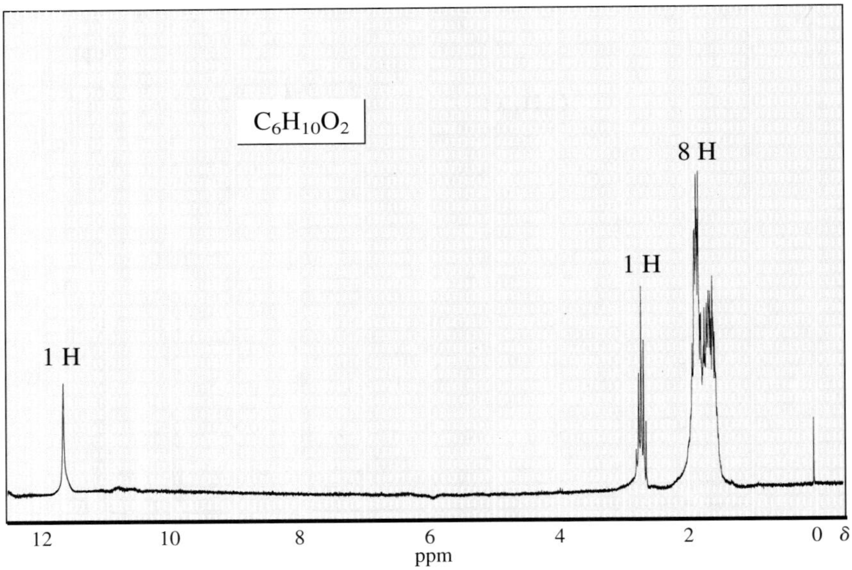

$C_6H_{10}O_2$
1 H
1 H
8 H
12
10
8
6
4
2
0 δ
ppm


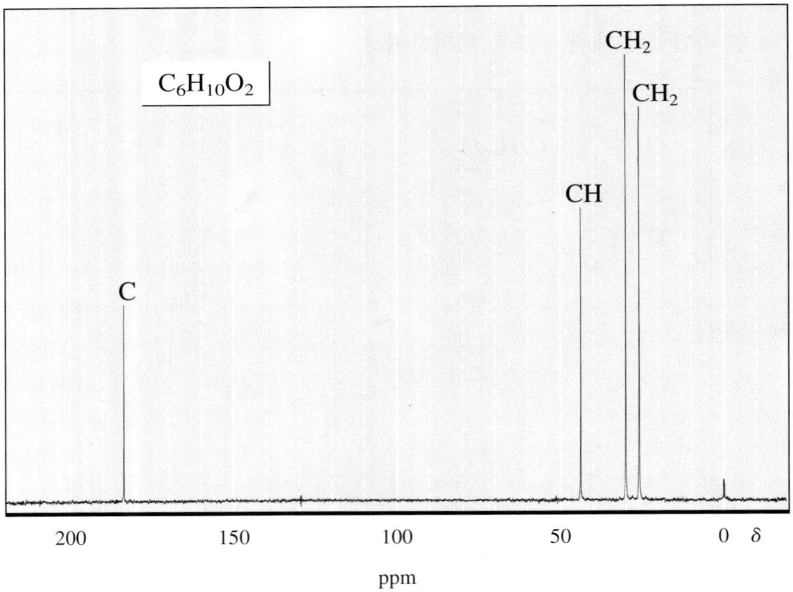

$C_6H_{10}O_2$
C
CH
$CH_2$
$CH_2$
200
150
100
50
0 δ
ppm

**14.25** 다음과 같은 IR과 [1]H-NMR 및 [13]C-NMR 스펙트럼을 가진 분자식 $C_6H_{12}O_2$ 인 화합물에 대한 구조를 제시하여라.

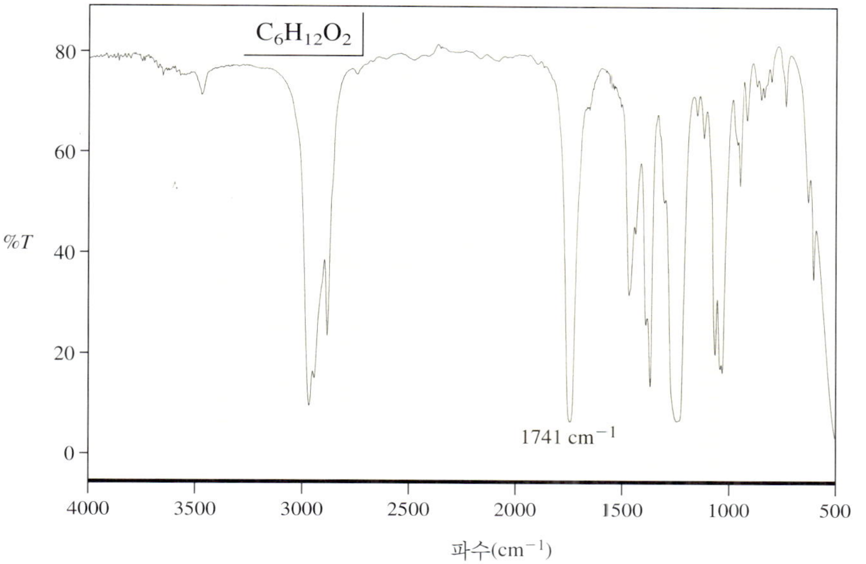


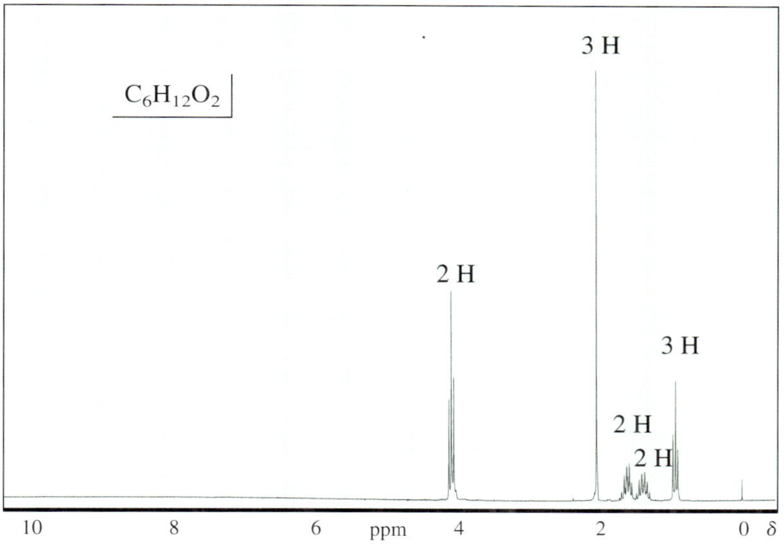

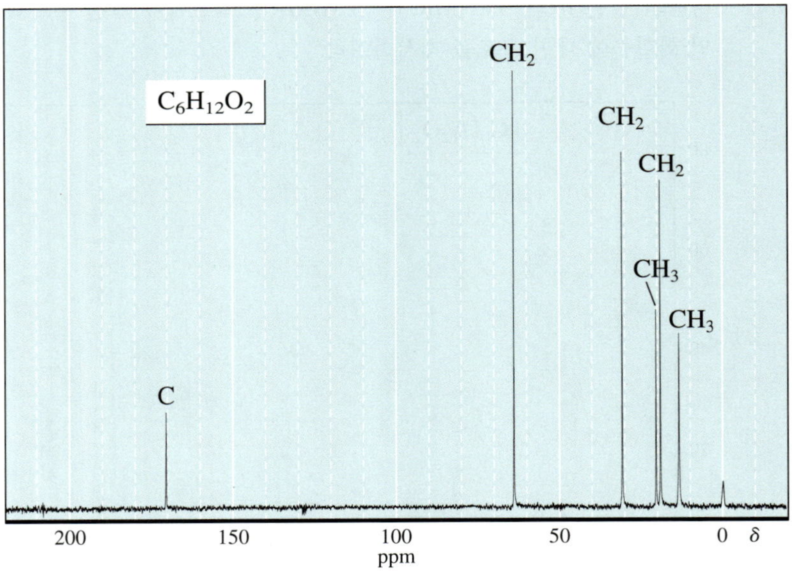


**14.26** 다음과 같은 IR과 [1]H-NMR 및 [13]C-NMR 스펙트럼을 가진 분자식 $C_8H_{18}O$인 화합물에 대한 구조를 제시하여라.

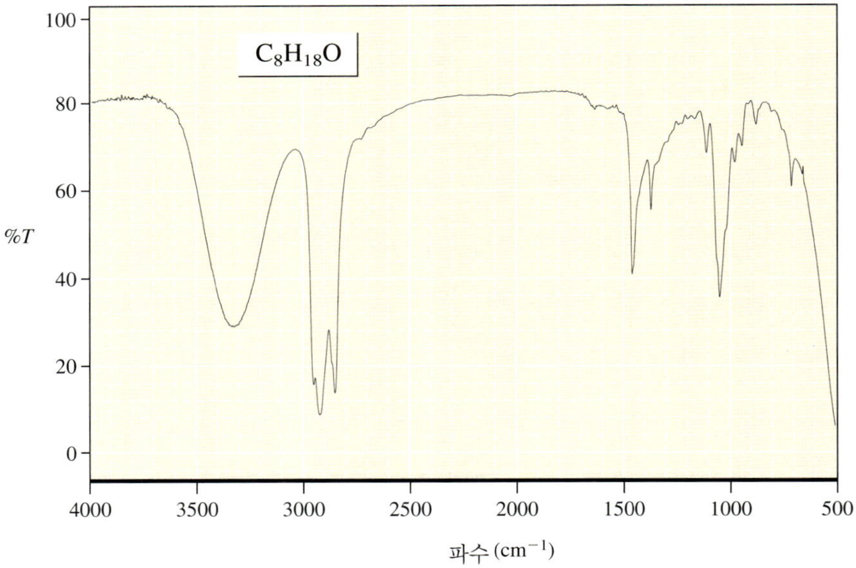

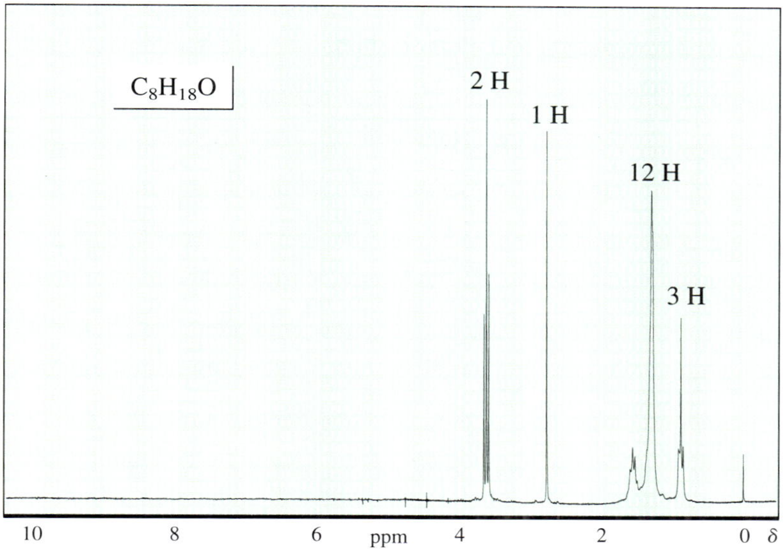
C8H18O
2 H
1 H
12 H
3 H
10
8
6
ppm
4
2
0 δ

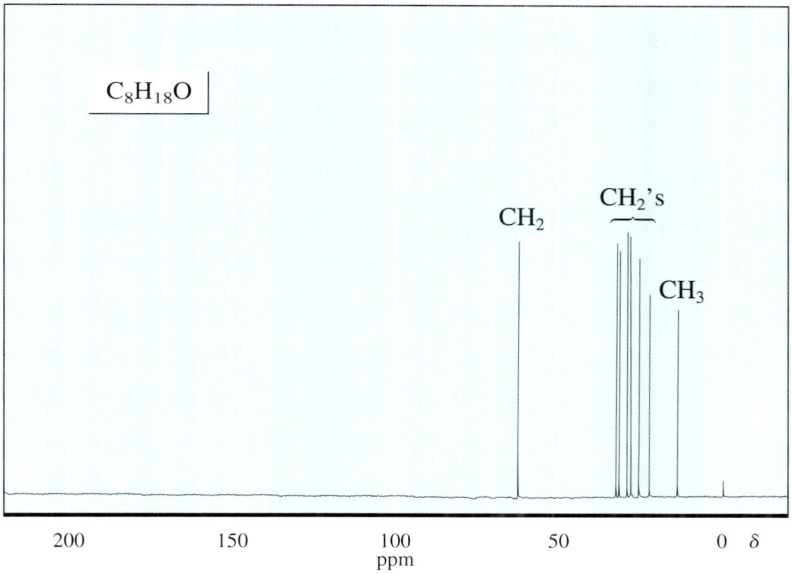
C8H18O
CH2
CH2's
CH3
200
150
100
ppm
50
0 δ

**14.27** 다음과 같은 IR과 $^{1}$H-NMR 및 $^{13}$C-NMR 스펙트럼을 가진 분자식 $C_7H_{12}O$인 화합물에 대한 구조를 제시하여라.

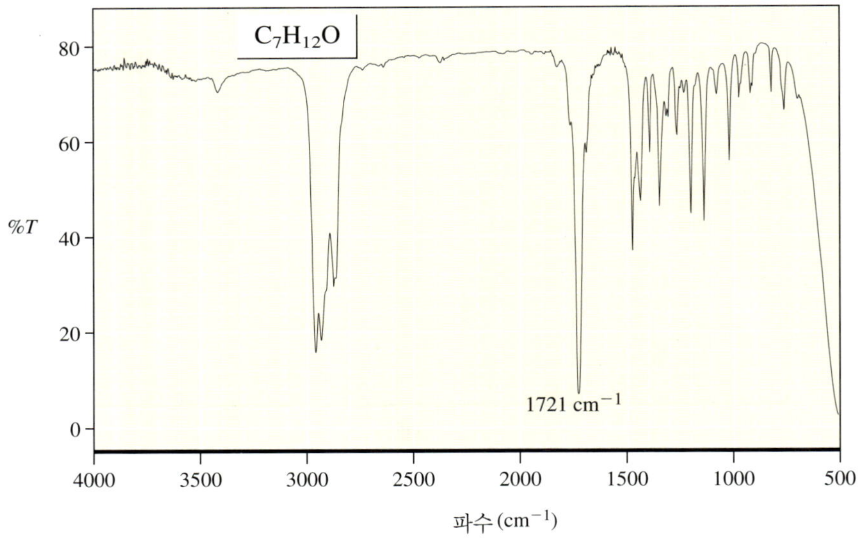


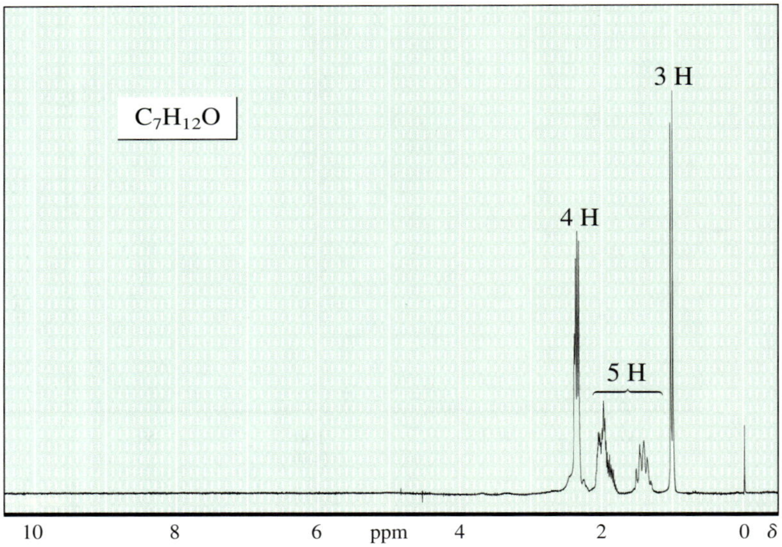

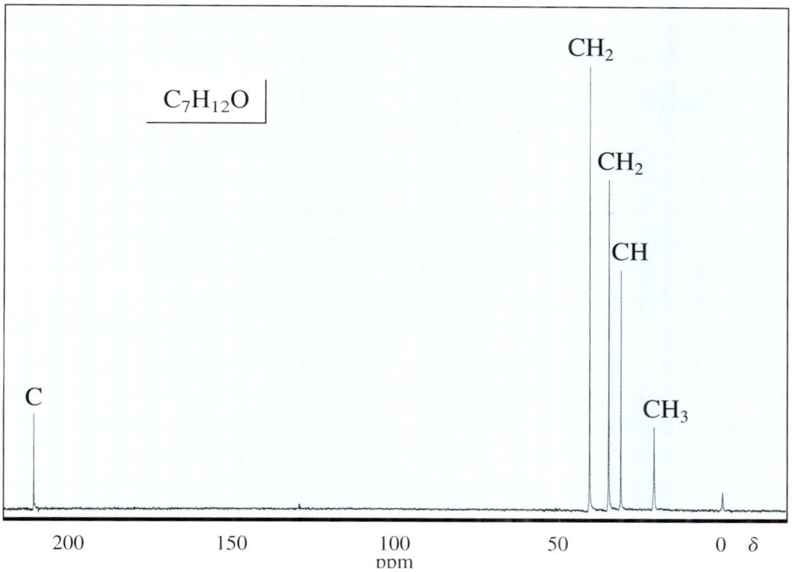

$C_7H_{12}O$
$CH_2$
$CH_2$
CH
C
$CH_3$
200
150
100
ppm
50
0 δ

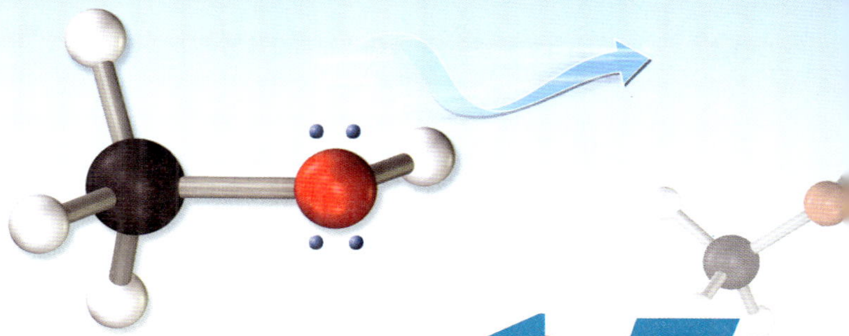

CHAPTER 15

# 자외선-가시선 분광학과 질량 분광법

### 유기화학의 숙달

- 어떤 화합물이 자외선 혹은 가시선을 흡수할 수 있는가를 결정
- UV 복사선의 흡수에 해당하는 전이의 형태와 발색단의 확인
- 질량 스펙트럼으로부터 황, 염소, 브롬 및 질소의 존재를 결정
- 간단한 작용기를 포함한 화합물에 대한 주 토막 내기 양식의 이해

IR과 NMR 분광학에 추가해서 다른 많은 기기 분석은 유기 화학자에게는 대단히 유용하다. 이 장에서 다루게 될 두 방법은 자외선-가시선 분광학과 질량 분광법이다. 자외선-가시선 분광학을 먼저 다룬다. 이 방법으로 분자의 콘쥬게이트 부분에 대한 정보를 얻을 수 있다. 질량분광법을 논의할 것이다. 이 방법은 화합물에 대한 분자 질량과 분자식을 제공해준다. 더욱이 질량분석의 사용은 연구하려고 하는 화합물에 대한 구조적 정보를 제공해준다.

## 15.1 자외선-가시선 분광학

13장에서 논의한 것처럼 자외선 영역은 200~400 nm 범위에 있고 가시 영역은 400~800 nm 범위에 있다. 이 복사선에서 얻을 수 있는 에너지량은 36~143 kcal/mol (150~600 kJ/mol) 범위에 있으며 분자에서 전자전이를 일으킬 수 있다. 즉 전자를 점유 MO로부터 반결합 MO로 들뜨게 할 수 있다.

그림 15.1은 이와 같은 전자전이에 대한 일반적 도표를 나타냈다. 낮은-에너지 전자 배열, 바닥 전자상태는 도표의 왼편에 설명하였다. 전자에 의해 점유된 가장 높은-에너지 궤도함수(**가장 높은 점유된 궤도함수, highest occupied MO, HOMO**)와 가장-낮은 빈 MO (**가장 낮은 비점유 MO, lowest unoccupied MO, LUMO**)는 이 그림에 나타냈다. 일반적으로 HOMO보다 더 낮은 에너지에 있는 다른 점유된 MO가 있고 LUMO보다 높은 에너지에 범유되지 않은 MO가 있다. HOMO는 결합 혹은 비결합 MO일 수 있다. LUMO는 항상 반결합 MO이다. 빛의 에너지가 HOMO와 LUMO 간의 차와 일치하면 빛은 흡수되고 전자는 LUMO로 들떠서 들뜬상태를 형성한다. 그림 15.1에 나타낸 전자전이는 가장 낮은-에너지 전이이다. 전자가 HOMO로부터 더 높은-에너지의 비점유 MO로 혹은 더 낮은-에너지 점유 MO로부터 비점유

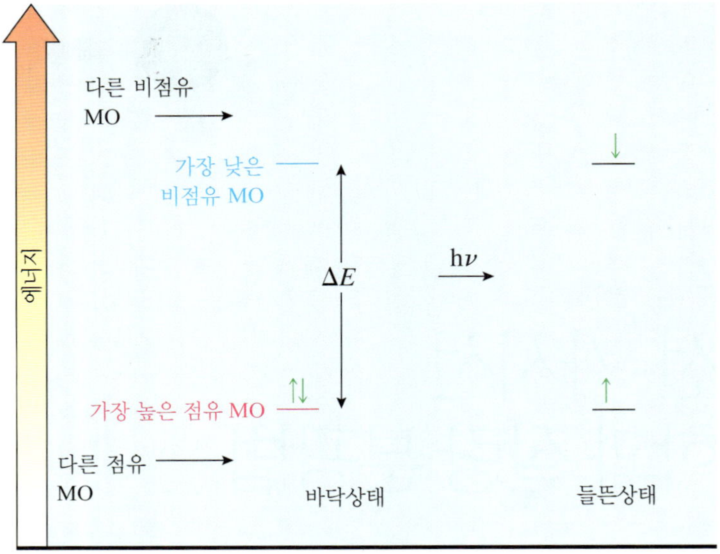


**그림 15.1** 전자전이에 대한 일반적 그림.

MO로 들뜨는 다른 전이도 가능하다. 물론 이 모든 보다 높은-에너지 전이는 빛의 짧은 파장의 흡수가 일어난다.

그림 15.2에 2,5-디메틸-2,4-헥사다이엔의 UV 스펙트럼을 나타냈다. 나노미터 단위의 빛의 파장을 $x$축에 NMR 스펙트럼에서와 같이 흡착띠를 이 축에 대해 위로 도시한다. 대부분의 UV 스펙트럼에 대한 파장 범위는 200 nm에서 시작한다. 공기의 $O_2$와 석영유리는 이것보다 짧은 파장의 빛을 흡수하기 때문이다. 각 전자에너지 준위는 많은 진동과 회전 버금 준위를 가지기 때문에 전자전이에 의한 대부분의 흡수띠는 넓다(그림 13.2).

시료에 의해 흡수된 광의 양은 **흡광도(absorbance**, $A$)로 $y$축에 도시한다. 흡광도는 다음과 같이 정의한다.

$$A = \log(\frac{I_0}{I})$$

여기서 $I_0$는 시료를 통과하기 전의 광의 세기이고 $I$는 시료를 통과한 광의 세기이다. 흡광도는 시료의 농도와 시료를 통과하는 경로의 기리에 직접 비례한다. 이 비례로 나타낸 방정식을 Lambert-Beer 법칙이라 한다.

$$A = \epsilon c l$$

여기서 $\epsilon$는 **몰흡수계수(molar absorptivity)** 혹은 **몰흡광계수(molar extinction coefficient)**라 하고 단위는 $M^{-1}$ cm$^{-1}$이다. $c$는 화합물의 농도이고 리터당 몰수이다. $l$은 경로의 길이이고 cm 단위이다.

특정한 화합물에 대해 최대 흡수띠에서 파장($\lambda_{max}$)과 최대 흡광계수($\epsilon_{max}$)는 화합물에 대한 특성적인 상수로 화합물의 녹는점, 끓는점 및 다른 물리적 성질과 같이

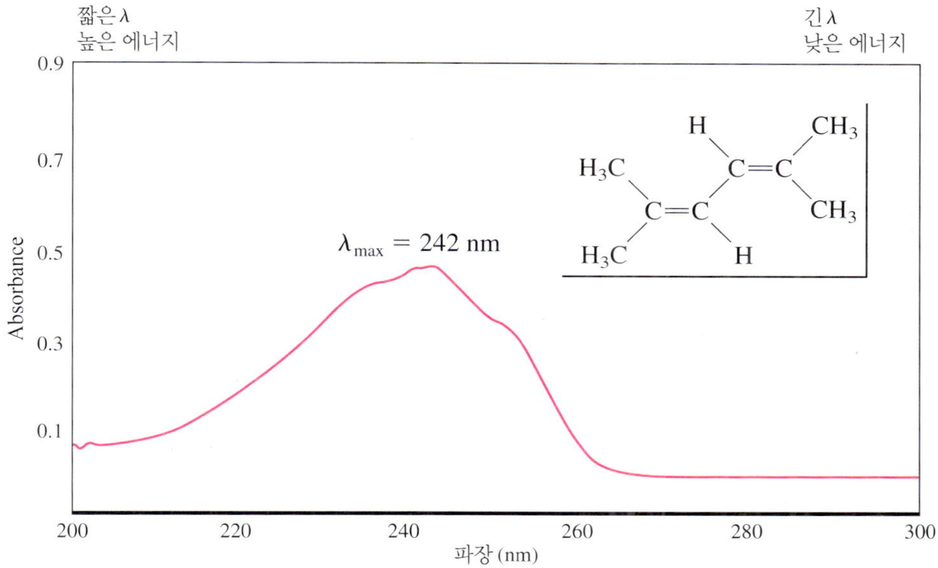


그림 15.2 2, 5-DIMETHYL-2, 4-HEXADIENE의 자외선 스펙트럼.

참고서적에 수록되어 있다. $\lambda_{max}$과 $\epsilon_{max}$은 용매에 따라 다소 변하므로 시료를 용해하는 용매도 기록해야 한다. 2,5-디메틸-2,4-헥사다이엔은 그림 15.2에 그 UV 스펙트럼을 나타냈다. $\lambda_{max}$ = 242 nm이고 $\epsilon_{max}$ = 13,100이며 용매는 메탄올이다.

$\lambda_{max}$과 $\epsilon_{max}$은 녹는점과 같이 화합물을 확인하는 데 사용되기도 하지만 화합물의 MO 간의 에너지 분리에 대한 정보를 제공해준다. 이것이 어떻게 화합물의 구조에 대한 정보를 얻는 데 사용되는지를 살펴보자.

**문제 15.1** 안트라센은 $\lambda_{max}$ = 256 nm에서 $\epsilon = 1.80 \times 10^5\ M^{-1}\ \text{cm}^{-1}$ 이다. 1 cm 용기에 있는 $1.94 \times 10^{-6}\ M$ 안트라센 용액의 흡광도를 계산하여라.

**문제 15.2** 에탄올 1 L에 벤조페논 0.0014 g이 녹아있는 용액은 $\lambda_{max}$ = 252 nm에서 $A = 0.153$(1 cm 용기)이다. 벤조페논의 몰흡광계수를 계산하여라.

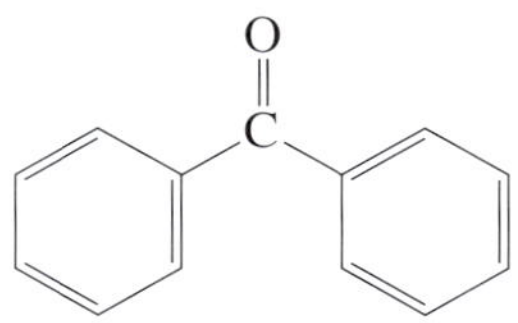

Benzophenone

**문제 15.3** 트랜스-1-페닐-1,3-뷰타다이엔은 $\lambda_{max}$ = 280 nm ($\epsilon$ = 27,000)이다. 1 cm 용기와 280 nm에서 $A = 0.643$인 용액의 농도를 구하여라.

## 15.2 전자전이의 형태

에테인과 같은 간단한 알케인에서 HOMO는 시그마결합 MO이고 LUMO는 시그마 반결합 MO이다(그림 3.23을 보라). 일어날 수 있는 가장 낮은-에너지 전자전이는 결합 MO에서 반결합 MO로 전자의 들뜸을 포함한다. 이 전이를 $\sigma \longrightarrow \sigma^*$ 전이라 한다. 이 전이는 에테인과 다른 알케인의 높은 에너지($\lambda_{max}$ = 135 nm)에서 일어난다. 시그마결합은 강한 결합이고 결합과 반결합 MO의 에너지 차가 크기 때문이다. 그러므로 알케인은 200 nm 이상의 UV 영역에서는 투과성이기 때문에 다른 화합물의 UV 스펙트럼을 얻는 용매로 사용된다.

화합물이 200 nm 이상의 영역에서 흡수하면 HOMO와 LUMO 간의 에너지 분리는 알켄인의 경우보다 적어야 한다. 시그마결합보다는 약한 파이결합의 결합과 반결합 MO 에너지가 근접해 있다(그림 3.24를 보라). 에텐의 $\pi \longrightarrow \pi^*$ 전이($\lambda_{max}$ = 165 nm, $\epsilon_{max}$ = 10,000)는 아직도 얻기 쉬운 UV 영역에서는 안 일어나지만 에테인의 $\sigma \longrightarrow \sigma^*$ 전이보다는 더 낮은 에너지와 긴 파장에서 일어난다.

비편재된 파이결합은 콘쥬게이트 파이결합을 가진 화합물을 기술하는 데 사용된다. 이 과제는 16장과 22장에서 더 상세히 다루게 될 것이다. 화합물에 있는 콘쥬게이트 파이결합의 수가 증가할수록 가장 높은 결합 파이 MO의 에너지는 증가하고 가장 낮은 반결합 파이 MO의 에너지는 감소한다. 그림 15.3은 일련의 에텐, 1,3-뷰타다이엔 및 1,3,5-헥사트라이엔에 대해 이 사실을 설명하고 있다. 이 그림을 근거로 기대할 수 있는 것은 $\pi \longrightarrow \pi^*$ 전이에 대한 $\lambda_{max}$은 콘쥬게이트 파이결합의 수가 증가함에 따라 증가하고 다이엔과 트라이엔에 대한 UV 영역으로 이동한다. **발색단(chromophore)**이 더 콘쥬게이트되면 될수록 최대흡수는 장파장 쪽으로 이동한다. $\pi \longrightarrow \pi^*$ 전이에 대한 몰흡광계수는 대단히 크다.

알데하이드 혹은 케톤의 경우에 발색단은 카보닐기이다. 에텐과 같이 아세톤의 $\pi \longrightarrow \pi^*$ 전이는 콘쥬게션 되어 있지 않기 때문에 200 nm($\lambda_{max}$ = 188 nm) 이하에서 일어난다. 그러나 아세톤은 파이전자보다는 높은 에너지에 있는 비결합 궤도함수에 전자를 갖는다. 아세톤에 대한 최대 흡수파장은 $n \longrightarrow \pi^*$ 전이($\lambda_{max}$ = 279 nm, $\epsilon_{max}$ = 15)에 기인한 것이다. $n \longrightarrow \pi^*$ 전이에 대한 몰흡광계수는 전형적인 $\pi \longrightarrow \pi^*$ 전이보다는 대단히 작다. $n$ 궤도함수와 $\pi^*$ 궤도함수는 다른 공간 영역을 점유하고 있어서 전이가 일어날 확률이 작아지기 때문이다.

유기화합물에서 흔히 만나게 될 다른 발색단은 벤젠고리이다. 벤젠 자체는 $\lambda_{max}$ = 204 nm($\epsilon_{max}$ = 7900)와 256 nm($\epsilon_{max}$ = 200)에서 $\pi \longrightarrow \pi^*$ 전이를 갖는다.

---

**문제 15.4** 나이트로메테인은 $\lambda_{max}$ = 275 nm($\epsilon$ = 15)를 갖는다. 이 흡수는 어떤 종류의 전이에 해당하는가?

---

**문제 15.5** 3-뷰텐-2-온은 $\lambda_{max}$ = 213 nm($\epsilon$ = 7080)와 $\lambda_{max}$ = 320 nm($\epsilon$ = 21)를 갖는다. 각 흡수는 어떤 종류의 흡수에 해당하는가?

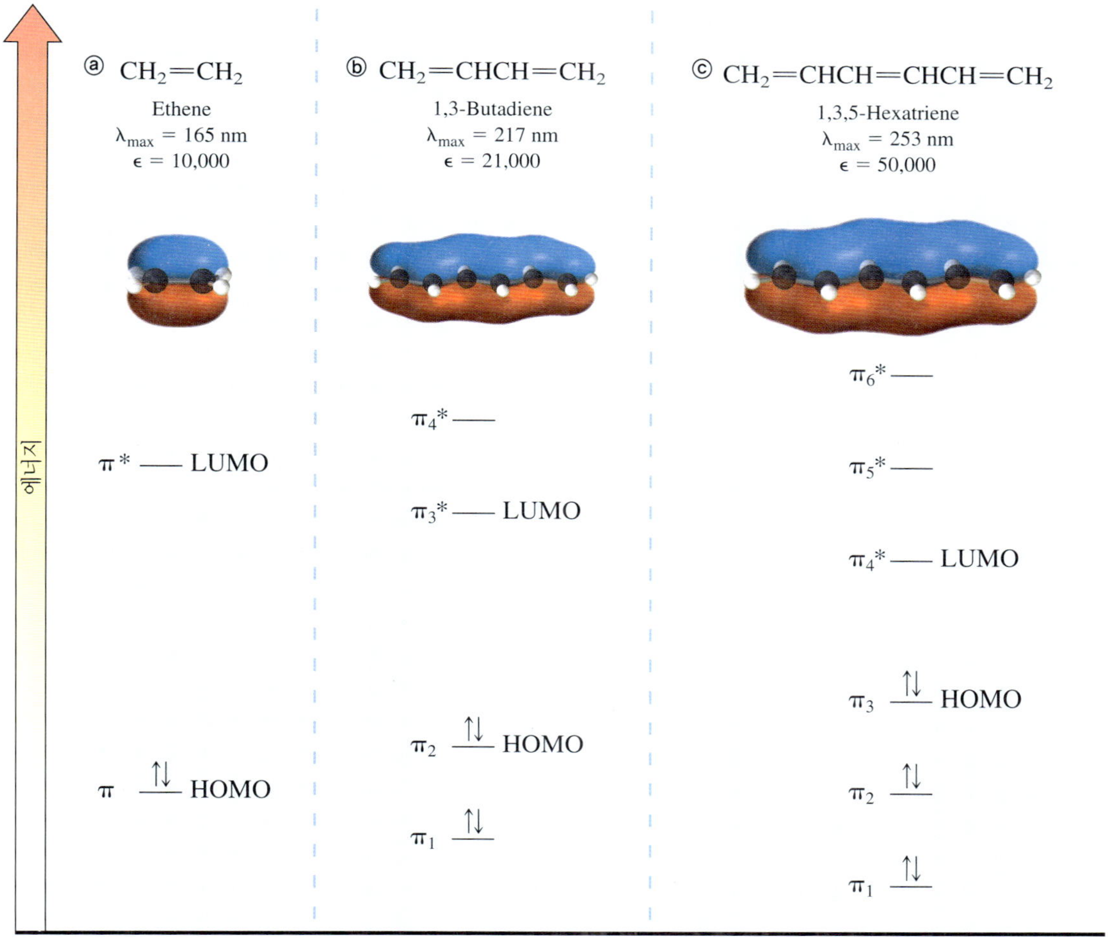


그림 15.3 ⓐ 에텐, ⓑ 1,3-뷰타다이엔 및 ⓒ 1,3,5-헥사트라이엔의 파이 MO 에너지.

화합물이 색을 띠면 가시선 영역에서 광이 흡수된다. 화합물의 색은 흡수된 광의 색에 대한 보색이다(표 15.1을 보라). 대부분의 간단한 화합물은 무색이다. 가시광선의 흡수가 일어나기에는 HOMO와 LUMO 간의 분리된 에너지 양이 너무 크기 때문이다. 지외선 영역에서 $\lambda_{max}$을 가진 몇 가지 화합물의 경우에는 흡수띠의 꼬리가 가시영역까지 확장된다. 이와 같은 화합물은 보라색 광을 흡수하여 황색을 나타낸다. 1,2-벤즈안트라센($\lambda_{max}$ = 386 nm)은 이와 같은 황색화합물의 예이다. 더 광범하게 콘쥬게이트 된 화합물은 가시광선을 흡수하여 색을 띠게 된다. 452 nm에서 흡수하는 β-카로틴은 가시광선을 흡수할 있는 긴 일련의 콘쥬게이트 이중결합을 가진 화합물의 예이다. 이것은 청색 빛을 흡수하기 때문에 β-카로틴은 오렌지를 나타낸다. 이것은 당근의 색에 해당하는 색소이다. 인디고는 600 nm에서 황-오렌지 빛을 흡수하여 청색을 나타낸다. 데님은 청바지를 염색하는 데 사용된다. 공업용 염료의 60% 이상을 점유하는 아조염료는 질소–질소 이중결합을 포함하다. 이 화합물은 항상 아조기의 각 질소에 결합된 방향족 기를 가진다. 염료의 최대 흡수파장과 그 색은

**표 15.1 흡수된 색과 관찰된 색과의 관계**

| 흡수파장 (nm) | 흡수된 색 | 관찰된 색 |
|---|---|---|
| 400 | Violet | Yellow-green |
| 425 | Blue-violet | Yellow |
| 450 | Blue | Orange |
| 490 | Blue-green | Red |
| 510 | Green | Purple |
| 530 | Yellow-green | Violet |
| 550 | Yellow | Blue-violet |
| 590 | Orange | Blue |
| 640 | Red | Blue-green |
| 730 | Purple | Green |

방향족 고리의 치환기에 의존한다. 예로 FD&C Red No.40, 적색 아조염료($\lambda_{max}$ = 508 nm)는 음식을 착색하는 데 사용된다.

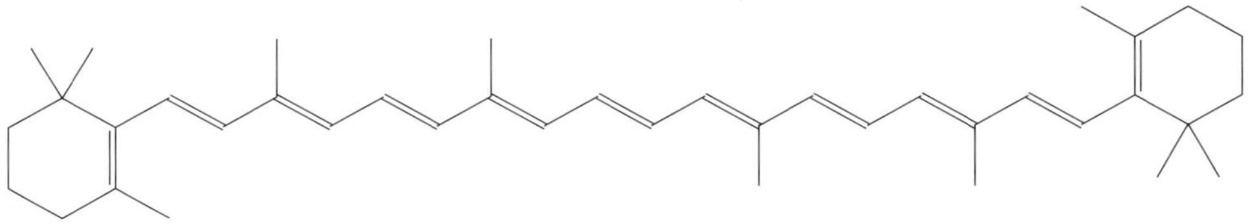

$\beta$-Carotene $\lambda_{max}$ = 452 nm

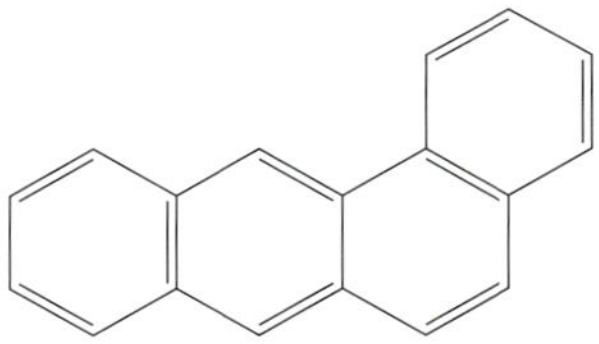

1,2-Benzanthracene $\lambda_{max}$ = 386 nm

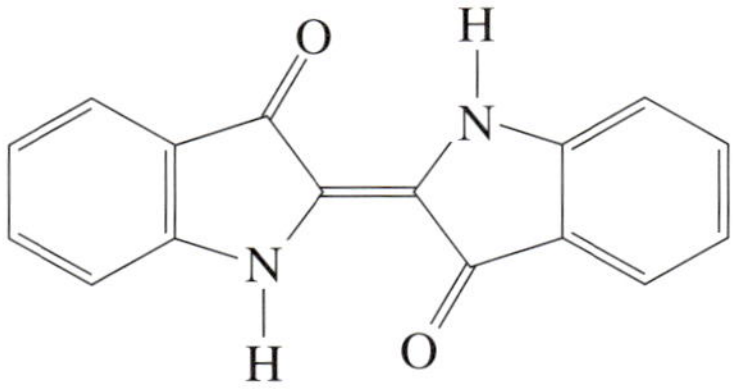


Indigo $\lambda_{max}$ = 600 nm

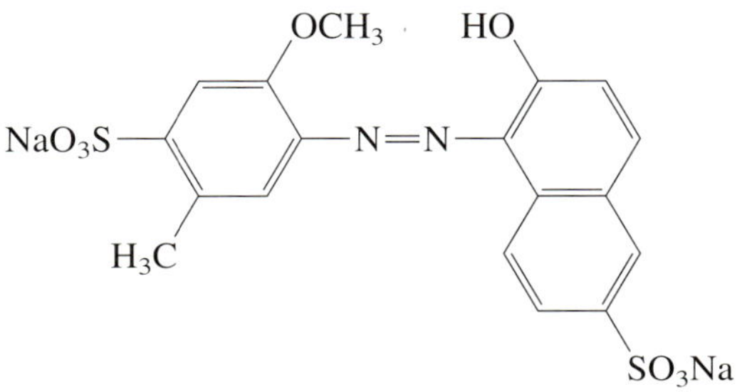


FD&C Red No. 40 (an azo dye)
$\lambda_{max}$ = 508 nm

## 15.3 구조결정에서 UV-가시선 분광학

UV-가시선 분광학은 IR 혹은 NMR만큼 유용하지 않지만 화합물의 콘쥬게이트 부분에 대한 정보를 제공해주기 때문에 구조결정에 가치가 있다. 화합물이 200~800 nm 영역에서 흡수가 없으면 콘쥬게이트 탄소-탄소 이중결합, 카보닐 및 벤젠고리와 같은 특성은 존재하지 안는다. 흡수띠의 존재만으로는 해당하는 발색단을 확인할 수 없다. 그러나 제안된 발색단은 스펙트럼과 일치해야 한다. 다양한 화합물의 최대 흡수는 몇 벌의 실험규칙을 사용하여 정확하게 계산할 수 있으므로 UV 스펙트럼은 이성질성 발색단을 구별하는 데 사용할 수 있다.

더욱이 발색단에 직접 결합되지 않은 구조는 스펙트럼에 영향을 미치지 못한다. 그러므로 같은 발색단을 포함한 적은 화합물은 더 큰 화합물의 스펙트럼을 예측하는 모델로 사용할 수 있다. 예를 들면 다음 두 화합물은 대단히 비슷한 UV 스펙트럼을 가진다.

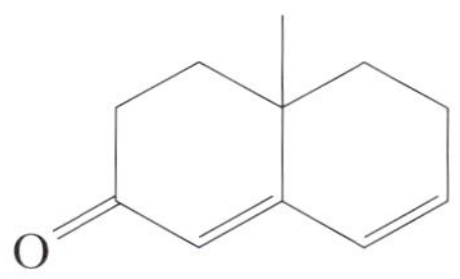


$\lambda_{max}$ = 283 nm

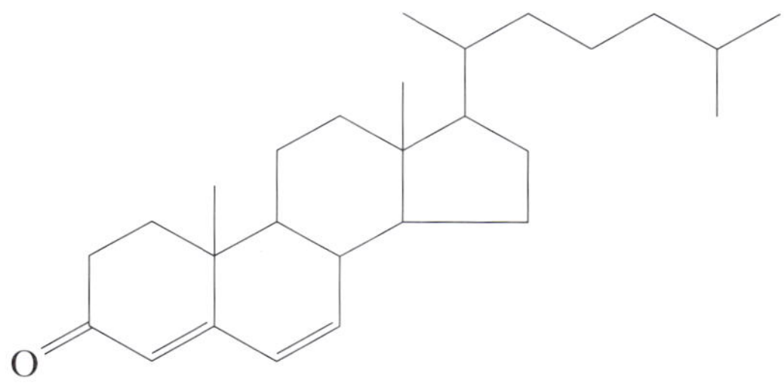


$\lambda_{max}$ = 284 nm

모델 화합물을 사용한 연구는 구조결정에 유용하다. 예를 들면 비타민 $K_1$에서 1,4-나프토퀴논의 존재는 그 UV 스펙트럼이 2-*t*-뷰틸-1,4-나프토퀴논과 같은 간단한 화합물의 스펙트럼과 유사하다는 것을 제시해준다.

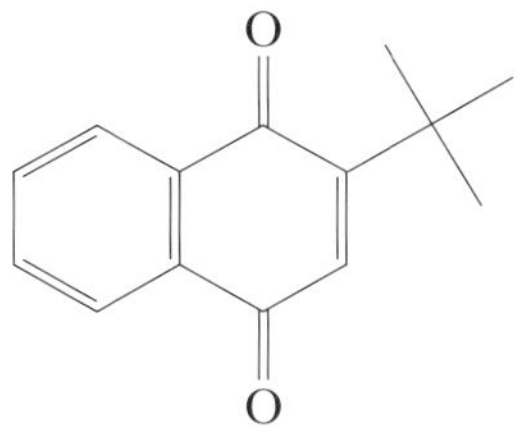


2-*tert*-Butyl-1,4-naphthoquinone

| $\lambda_{max}$ (nm) | $\epsilon$ |
|---|---|
| 249 | 19,600 |
| 260 | 18,000 |
| 325 | 2,400 |

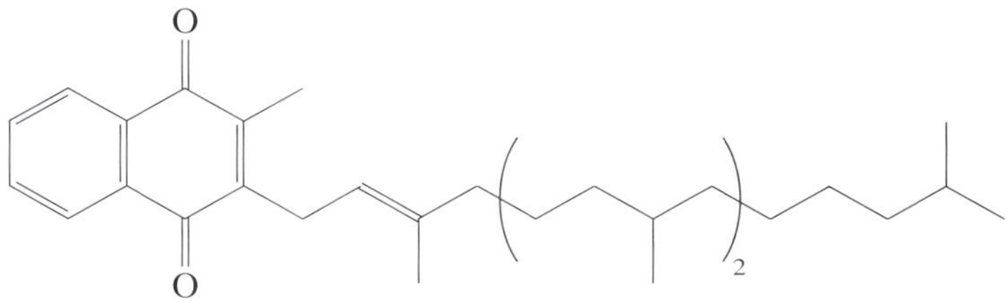


Vitamin $K_1$

| $\lambda_{max}$ (nm) | $\epsilon$ |
|---|---|
| 248 | 18,600 |
| 264 | 14,200 |
| 331 | 2,730 |

**문제 15.6** UV 분광학이 어떻게 다음 화합물을 구별하는 데 사용할 수 있는지를 설명하여라.

a) 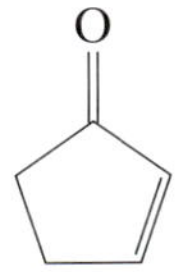 와 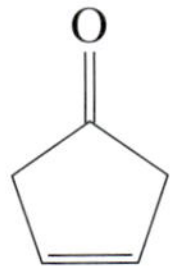

b) 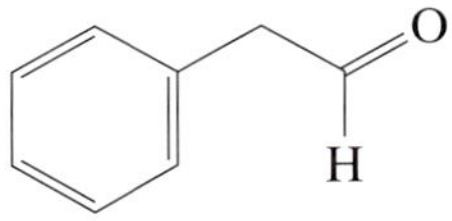 와 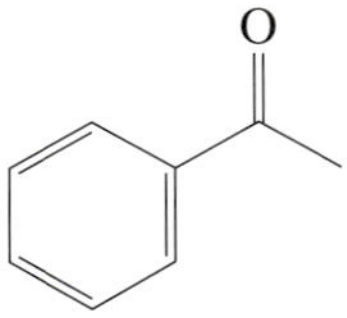

c) 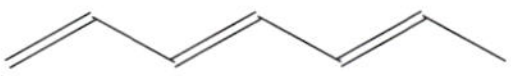 와 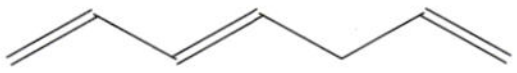

d) 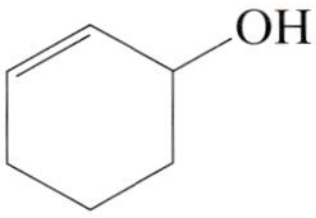 와 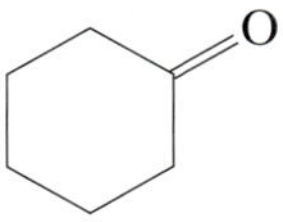

## 15.4 질량 분광법

질량 분광법은 화합물의 분자질량을 측정하는 데 사용되고 분자식을 얻을 수 있는 방법을 제공해준다. 이것은 화합물과 전자기 복사선과 상호작용을 포함하고 있지 않기 때문에 다른 기기방법과는 다르다. 대신 연구하려는 화합물의 분자를 증기상에서 고에너지 전자 살로 충격한다. 살로부터 전자가 시료 분자에 충돌하면 분자로부터 전자를 내쫓는다. 생성물은 **분자이온**(*molecular ion, M*$^{+\cdot}$)이라 부르며 원래 분자와 같은 질량을 가지며 전자는 하나 적다. 이것은 홀수의 전자와 양전하를 가진다. 홀수의 전자를 가진 화학종은 **라디칼(radical)**이라 부른다. 이 과정을 벤젠으로부터 라디칼 양이온이 형성되는 다음 방정식으로 설명할 수 있다.

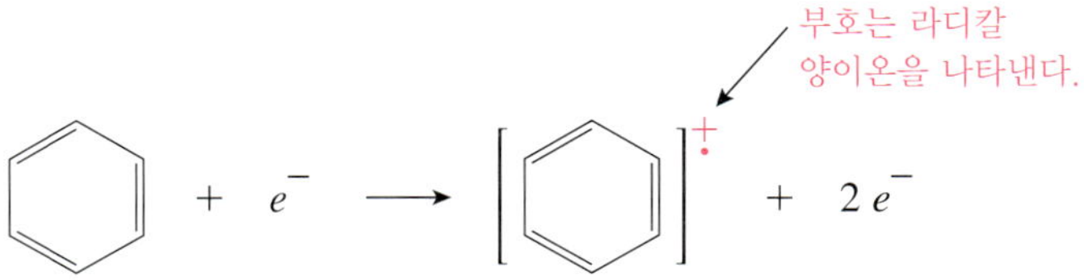


전자 살은 에너지가 높기 때문에 많은 분자이온은 상당히 과잉의 에너지를 가지고 생성된다. 과잉의 에너지를 가진 분자이온의 **토막내기(fragmentation)**로 다른 양이온과 라디칼을 생성한다.

이 모든 이온들의 질량을 자장을 사용해서 측정한다. 자장을 통해서 이동하는 하전된 입자는 자장에 대해 수직한 방향으로 편향된다. 이 편향의 크기는 이온의 질량

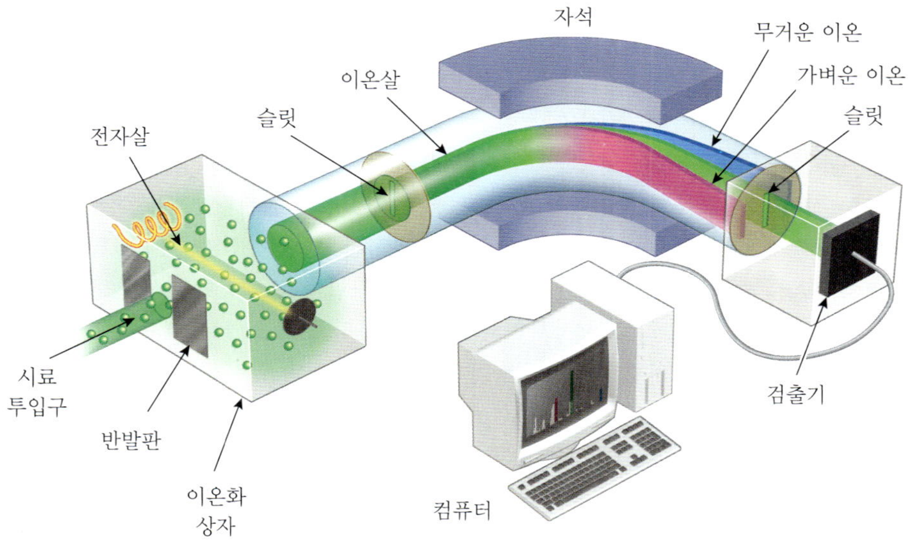


**그림 15.4 질량 분광계의 체계적 도표.** 이온화실에서 전자충격으로 시료분자로부터 전자를 축출하고 라디칼 양이온을 생성한다. 이것은 양으로 하전된 반발판으로부터 멀어져서 가속된다. 이 이온살은 종이 면에 대해 수직인 자장을 통과한다. 자장이 세기가 달라짐에 따라 질량 대 전하의 비가 다른 이온은 슬릿을 통과하여 검출기에 도착한다. 데이터는 컴퓨터에 보내져서 각 질량이온의 상대적 수가 기록된다.

에 대한 전하의 비에 의존한다. 무거운 이온은 가벼운 이온보다 덜 편향된다. 질량 분광계에서 **전하 대 질량비**($m/z$)를 측정한다. 모든 이온에 대한 전하는 +1이므로 질량을 결정할 수 있다. 분자이온의 질량은 화합물의 분자량을 제공해주고 한편 토막 이온의 질량은 그 구조에 대한 정보를 제공해준다. 질량 분광계의 체계적 도표를 그림 15.4에 나타냈다.

질량 스펙트럼은 검출되는 각 $m/z$ 이온의 상대적 수 혹은 양을 기록하고 막대그래프의 형태로 나타낸다. 가장 풍부한 이온, **기본이온(base ion)**을 100으로 정하고 다른 이온의 양을 기본이온에 대한 백분율로 나타낸다. 벤젠에 대한 질량 스펙트럼을 그림 15.5에 나타냈다. 이 특정한 경우에 $m/z$에서 분자이온은 또한 기본이온이 된다.

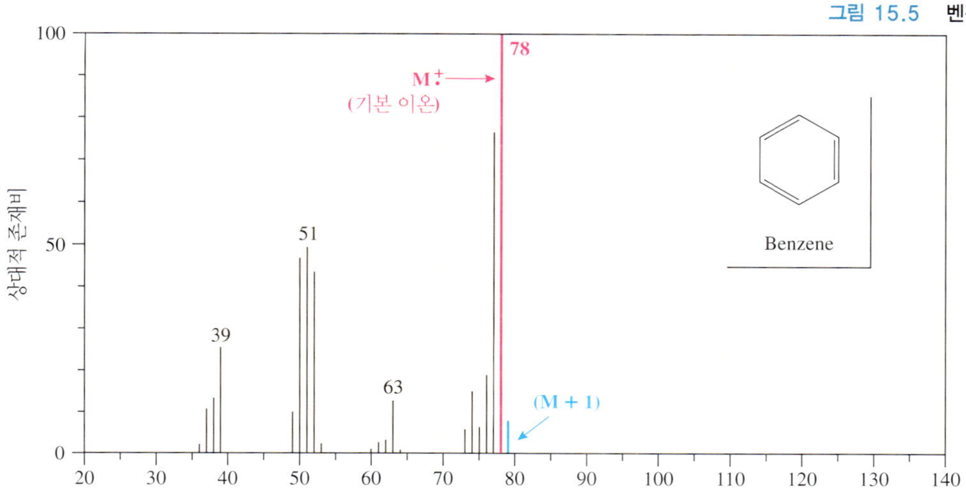


**그림 15.5 벤젠의 질량 스펙트럼.**

## 15.5 분자식의 결정

**표 15.2 몇 가지 보편적인 동위원소의 정확한 질량**

| 동위원소 | 원자질량 (amu) |
|---|---|
| $^{1}H$ | 1.00783 |
| $^{12}C$ | 12.00000 |
| $^{14}N$ | 14.0031 |
| $^{16}O$ | 15.9949 |

이 값은 개개의 동위원소의 정확한 질량이기 때문에 주기율표에 있는 원자 질량과 같지 않다. 주기율표에 있는 질량은 원소의 평균 질량이다.

두 가지 형태의 일반적인 질량 분광계가 존재한다. 가장 보편적인형태로 낮은-분해능 분광기로 이온의 질량을 정확한 정수로 나타낸다. 더 비싼 기기인 고-분해능 질량 분광기는 질량을 소수 몇 자리로 나타낸다. 고-분해능 기기로 얻을 수 있는 더 정확한 질량이 화합물의 분자식을 결정하는 데 특별히 유용하다. 여러 가지 원자의 원자질량은 정확한 정수가 아니기 때문이다. 화합물 $CO_2$, $C_2H_4O$ 및 $C_3H_8$을 고려해보자. 낮은-분해능 질량분광기로는 이들 모든 화합물은 *m*/*z* 44에서 분자이온을 갖는다. 그러나 이 화합물들의 정확한 질량은 다소 다르다. 표 15.2에 유기화합물에서 흔히 발견되는 몇 가지 원소의 주 동위원소의 정확한 질량을 수록하였다. $CO_2$ 분자의 정확한 질량은 43.9898이고, $C_2H_4O$는 44.0262 및 $C_3H_8$는 44.0626이다. 이 질량들은 고분해능 분광기로 쉽게 구별할 수 있다.

**문제 15.7** 뷰테인과 아세톤은 분자질량이 58이다. 이들 화합물의 정확한 질량을 계산하고 고분해능 질량 분광기로 구별할 수 있는지를 설명하여라.

고분해능 질량 분광기가 아니더라도 낮은-분해능 스펙트럼으로부터 분자식에 대한 정보를 얻을 수 있다. 그림 15.5에 나타낸 벤젠의 질량 스펙트럼은 *m*/*z* 78에서 분자이온을 나타낸다. 더욱이 *m*/*z* 79에서 작은 봉우리는 M + 1 봉우리라 부르며 $M^{\ddagger}$ 봉우리의 6.8%의 강도를 갖는다. *m*/*z* 80에서 M + 2 봉우리는 $M^{\ddagger}$ 봉우리의 0.2%이다. M + 1과 M + 2 봉우리는 분자에서 무거운 질량을 가진 동위원소 원자에 의해 생긴다. $M^{\ddagger}$봉우리에 대한 상대적 강도는 분자식에 대한 정보를 추론하는 데 사용할 수 있다.

대부분의 원소는 한 개 이상의 동위원소로 구성되어 있다. 탄소의 경우 두 주 동위원소 $^{12}C$와 $^{13}C$의 상대적인 존재비는 100 대 1.1이다. 메테인 시료에서 $^{12}CH_4$를 구성하는 100분자마다 $^{13}CH_4$가 1.1 분자 존재한다. 그러므로 메테인의 질량 스펙트럼에서 $^{13}CH_4$에 기인한 *m*/*z* 17 봉우리는 $^{12}CH_4$에 기안한 *m*/*z* 16 봉우리의 강도의 1.1%이다. 벤젠은 6개의 탄소를 갖고 있으며 각각 $^{13}C$가 될 1.1%의 기회를 갖는다. 그러므로 *m*/*z* 79에서 M + 1 봉우리는 *m*/*z* 78에서 $M^{\ddagger}$ 봉우리의 약 $6 \times 1.1 = 6.6\%$가 된다. 이 값은 실험값 6.8%와 잘 일치한다. $M^{\ddagger}$ 봉우리의 0.2%의 강도를 가진 M + 2 봉우리는 일차적으로 2개의 $^{13}C$ 원자를 포함한 분자 때문이다.

**문제 15.8** 뷰테인과 아세톤의 질량 스펙트럼에서 $M^{\ddagger}$봉우리에 비한 M + 1 봉우리의 강도를 예측하여라. 이 강도로 두 화합물을 구별할 수 있겠는가?

표 15.3에 유기화학에서 흔히 만날 수 있는 원소의 주 동위원소의 상대적 비를 수록하였다. 원리적으로 이 표에 있는 정보를 M + 1과 M + 2 봉우리의 강도를 근거로 해서 화합물의 분자식을 결정하는 데 사용할 수 있다. 실제로는 강도 측정에서

**표 15.3 몇 가지 보편적 원소에 대한 동위원소 천연 존재비**

| 원고 | 주 동위원소 | RA | M + 1 동위원소 | RA | M + 2 동위원소 | RA |
|---|---|---|---|---|---|---|
| Hydrogen | $^{1}H$ | 100 | | | | |
| Carbon | $^{12}C$ | 100 | $^{13}C$ | 1.1 | | |
| Nitrogen | $^{14}N$ | 100 | $^{15}N$ | 0.4 | | |
| Oxygen | $^{16}O$ | 100 | | | $^{18}O$ | 0.2 |
| Fluorine | $^{19}F$ | 100 | | | | |
| Sulfur | $^{32}S$ | 100 | $^{33}S$ | 0.8 | $^{34}S$ | 4.4 |
| Chlorine | $^{35}Cl$ | 100 | | | $^{37}Cl$ | 32.5 |
| Bromine | $^{79}Br$ | 100 | | | $^{81}Br$ | 98.0 |
| Iodine | $^{127}I$ | 100 | | | | |

가장 풍부한 동위원소의 상대적 존재비를 100으로 정하고 다른 동위원소의 존재 비는 이 수에 대해 상대적으로 나타낸다.

생기는 다양한 불확실성 때문에 이것은 어렵다. 그러나 화합물에 어떤 원소의 존재를 M + 2 봉우리의 크기로부터 추론할 수 있다.

분자식에 한 개의 황이 존재하면 $M^{+\cdot}$ 봉우리의 약 4%인 M + 2 봉우리가 나타난다.

분자식에 한 개의 염소가 존재하면 $M^{+\cdot}$ 봉우리의 크기의 삼분의 일에 해당하는 M + 2 봉우리가 나타난다(그림15.6).

분자식에 한 개의 브롬이 존재하면 $M^{+\cdot}$ 봉우리와 같은 강도의 M + 2 봉우리가 나타난다(그림 15.7).

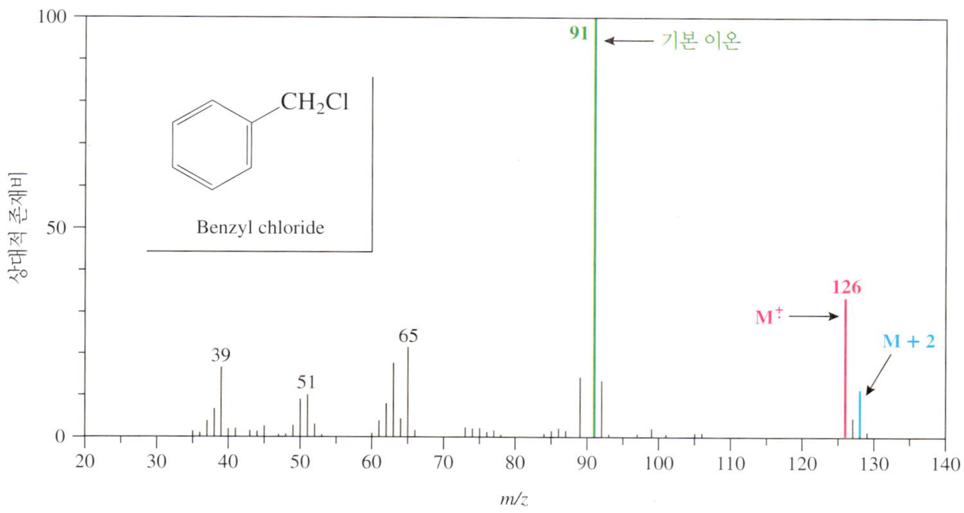


그림 15.6 염화 벤질의 질량 스펙트럼.

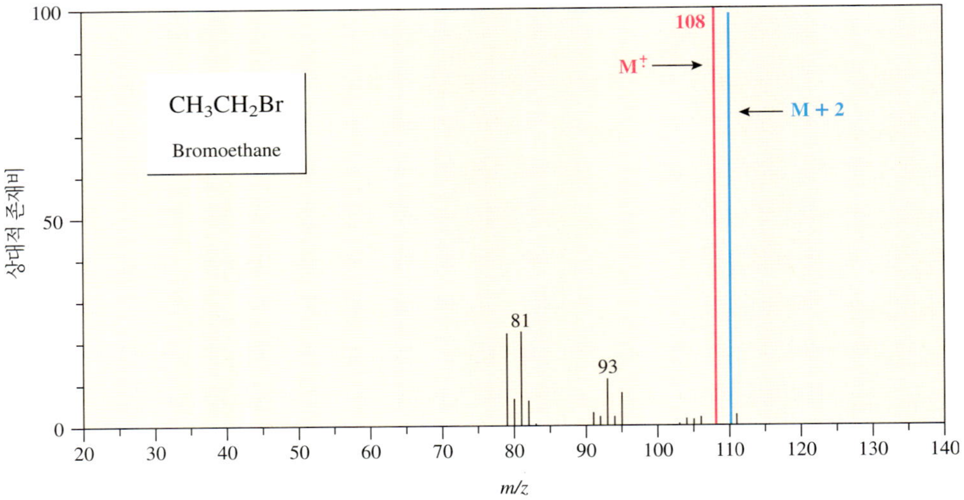


**그림 15.7** **브로모에테인의 질량 스펙트럼.**

분자에서 이들 원자가 두 개 존재하면 $M^{+\cdot}$, M + 2 및 새로운 M + 4 봉우리의 특성적 양식을, 세 개 존재하면 M + 6를 포함하는 다른 양식을 나타낸다.

분자식에서 한 개의 질소가 존재하면 분자이온은 홀수의 질량을 가지기 때문에 쉽게 구별할 수 있다. 왜 그렇게 되는가를 이해하기 위하여 2.4절에서 다룬 불포화도의 계산을 고려해보자. 탄소(짝수 질량)와 산소(짝수 질량)로 구성된 화합물은 짝수의 수소를 가지므로 짝수의 *m*/*z*에서 $M^{+\cdot}$를 갖는다. 수소(홀수 질량)를 할로겐(홀수 질량)으로 치환하면 $M^{+\cdot}$는 아직도 홀수이다. 화합물에 한 개의 질소(짝수 질량)가 존재하면 한 개의 수소가 더 추가된다. 이제 수소의 총수는 홀수이며 분자이온은 홀수의 *m*/*z*에서 나타난다. 일반적으로 홀수 *m*/*z*에서 분자이온이 나타난다는 것은 분자식에서 홀수의 질소가 존재한다는 것을 의미한다.

## 예제 15.1

$CH_2Br_2$에 대한 $M^{+\cdot}$, M + 2 및 M + 4 봉우리의 상대적 강도를 예측하여라. $^{79}Br/^{81}Br$ = 1/1이라 가정한다.

### 풀이

각 브롬이 $^{79}Br$ 혹은 $^{81}Br$이 될 것인가는 가능성이 같다. $M^{+\cdot}$ 봉우리(*m*/*z* 172)는 $CH_2{}^{79}Br^{79}Br$에 기인한다. 두 분자는 M + 2(*m*/*z* 174)에서 봉우리를 생성한다: $CH_2{}^{79}Br^{81}Br$과 $CH_2{}^{81}Br^{79}Br$. 각각이 생성될 확률은 $CH_2{}^{79}Br^{79}Br$과 같으므로 M + 2 봉우리는 $M^{+\cdot}$ 봉우리의 두 배가 된다. M + 4 봉우리(*m*/*z* 176)는 $CH_2{}^{81}Br^{81}Br$에 기인한다. 이 봉우리에 대한 확률은 $M^{+}$에 대한 확률과 같다. 그러므로 $M^{+\cdot}$, M + 2 및 M + 4 봉우리는 1:2:1의 비로 나타난다.

**문제 15.9** 다음 화합물에 대한 $M^{+\cdot}$, M + 2 및 M + 4 봉우리의 상대적 강도를 예측하여라. $^{79}Br/^{81}Br = 1/1$과 $^{35}Cl/^{37}Cl = 3/1$이라 가정한다.

**a)** $CH_2Cl_2$ **b)** $CH_2BrCl$

**문제 15.10** 다음 질량 스펙트럼을 가진 화합물에 대해 어떤 결론을 내릴 수 있겠는가?

**a)**

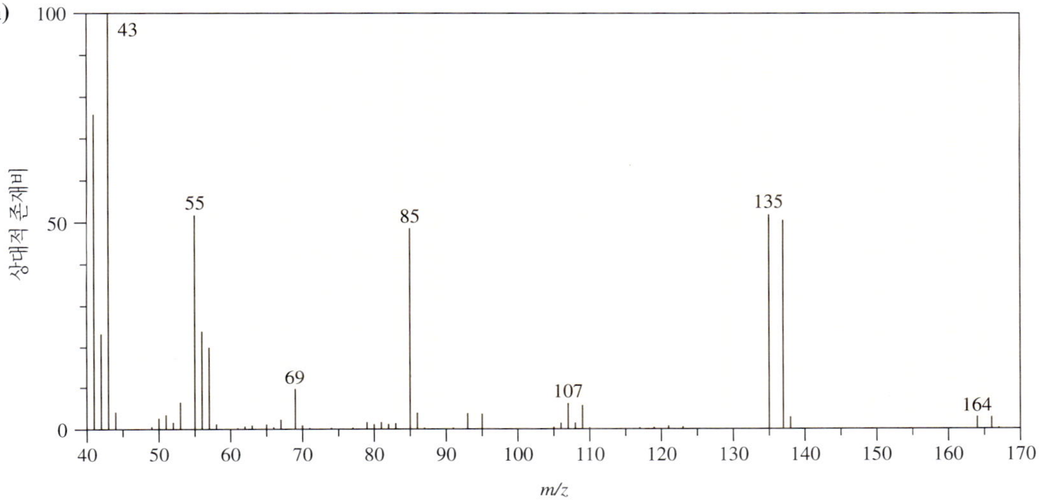


**b)**

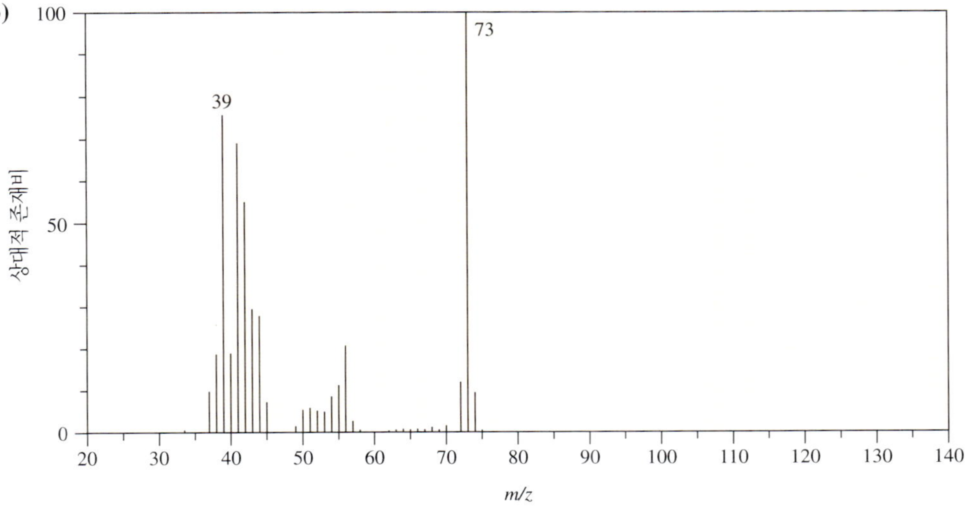


## 15.6 분자이온의 토막내기

분자이온이 토막남으로써 여러 종류의 라디칼과 양이온들이 형성된다. 어떤 경우에는 토막내기가 너무 쉽게 일어나서 모든 분자이온이 반응하여 스펙트럼에서 $M^{+\cdot}$이온이 나타나지 않는다. 이 토막 질량이 화합물의 구조를 결정하는데 어떻게 사용되는지를 살펴보자.

먼저 분자의 구조를 좀 더 자세히 검토할 필요가 있다. 원래의 분자로부터 한 개의 전자를 잃고 생성되는 것은 라디칼양이온이다. 어떤 전자를 잃는가? 화합물에서 높은-에너지 전자이어야 한다. 화합물이 시그마결합만을 갖는다면 홀 전자와 양전자의 위치는 불확실하고 그러므로 라디칼양이온은 다음 방정식으로 나타낸다.

$$\underset{\text{Propane}}{CH_3CH_2CH_3} + e^- \longrightarrow \left[CH_3CH_2CH_3\right]^{+\cdot} + 2e^-$$

비결합 혹은 파이 전자를 가진 화합물로부터 라디칼양이온은 이와 같은 방법으로 나타낼 수 있다. 그러나 이 경우에 가장 높은-에너지 전자가 알려졌기 때문에 라디칼양이온의 구조를 다음 방정식에서 설명한 것처럼 명확하게 그릴 수 있다.

Methanol

Ethene

**문제 15.11** 다음 화합물로부터 형성되는 분자이온을 나타내어라.

**a)** $CH_3\ddot{N}HCH_3$ **b)** 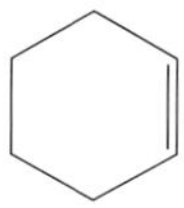

두 가지 종류의 일반적인 토막내기 반응이 있다. 한 형태에서는 라디칼양이온이 중성 분자와 새로운 라디칼양이온으로 갈라진다. 이 과정은 중성 생성물이 작고 안정한 분자이면 특별히 유리하다. 예로 알코올의 분자이온으로부터 물의 제거는 대단히 쉽게 일어난다. 이런 이유 때문에 $M^{+\cdot}$ 봉우리는 일차와 이차 알코올에 대해서는 대단히 작고 삼차 알코올에서는 검출할 수 없다. 이와 같은 토막내기 과정의 한 예를 다음 방정식에 나타냈다. 화살머리의 반쪽만을 가진 화살은 두 개가 아니라 한 개의 전자 이동을 나타내는 데 사용된다.

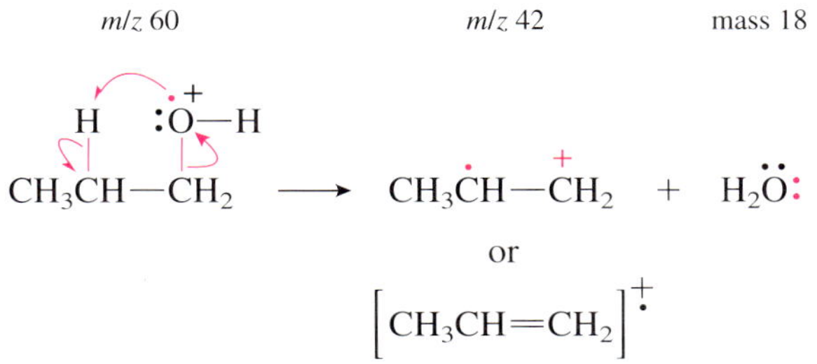


다른 형태의 토막내기에서 양전하는 한 토막에 남아 있고 홑 전자는 다른 토막으로 가도록 결합이 절단된다. 양의 토막만이 검출되고 스펙트럼에 나타난다. 생성물 양이온과 라디칼의 안정성은 이 형태의 절단이 유리하지를 결정해준다. 이미 양이온, 특별히 카보양이온의 안정성에 영향을 미치는 요인에 대하여 이미 논의하였다. 라디칼은 카보양이온보다 본질적으로 더 안정하다. 라디칼은 덜 전자가 부족하고 카보양이온을 안정화하는 같은 인자에 의해 안정화된다. 그러므로 삼차 라디칼은 이차 라디칼보다 더 안정하고 이차 라디칼은 일차 라디칼보다 더 안정하다. 공명 안정화는 역시 중요하다. 몇 가지 간단한 예로 이 안정성이 토막내기를 설명하는 데 어떻게 도움을 주는가를 살펴보자.

### 알케인

옥테인의 질량 스펙트럼을 그림 15.8에 나타냈다. 분자이온은 *m*/*z* 114에서 나타낸다. C-1과 C-2 간의 시그마결합 절단은 다음 방정식으로 나타낸 토막을 형성한다.

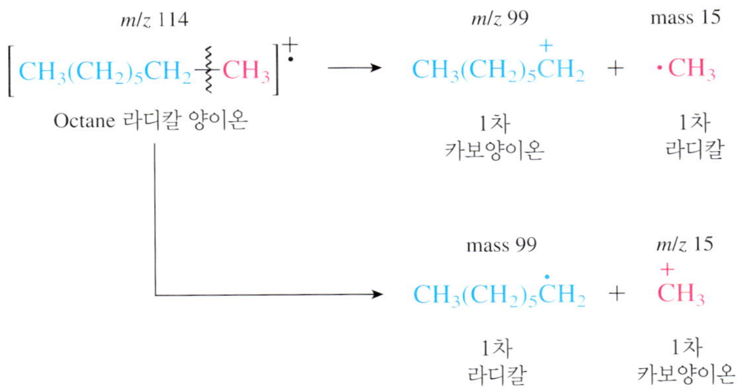


전하는 큰 토막에 머물게 되므로 일차 카보양이온, *m*/*z* 99(M−15)와 메틸 라디칼이 형성된다. 메틸 라디칼은 안정하지 않기 때문에 이 토막내기는 유리하지 않다. 그러므로 *m*/*z* 99는 스펙트럼에서 관찰되지 않는다. 전하가 더 작은 토막에 생성되는 과정은 대단히 불안정한 메틸 카보양이온을 생성하고 과정은 더 불리하게 된다.

C-2와 C-3 간의 시그마결합 절단은 다음 방정식으로 나타낸 토막을 형성한다.

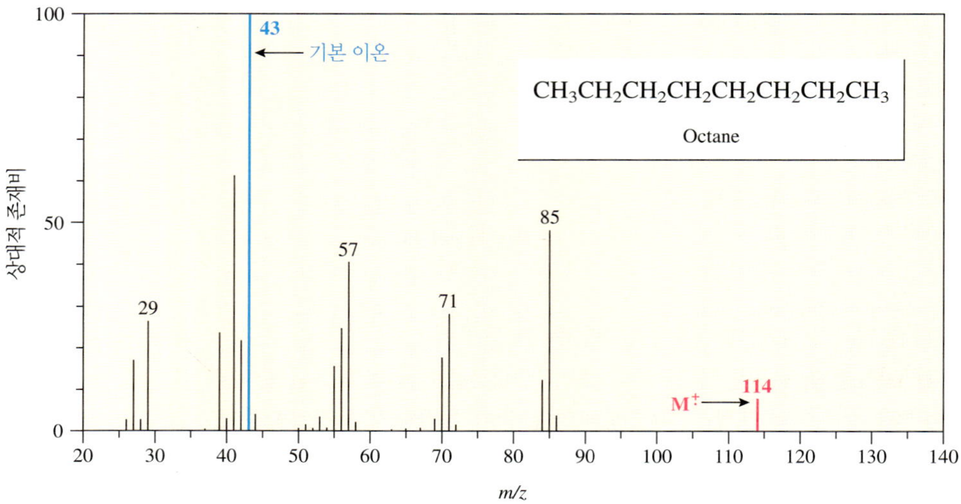


**그림 15.8** **옥테인의 질량 스펙트럼.**

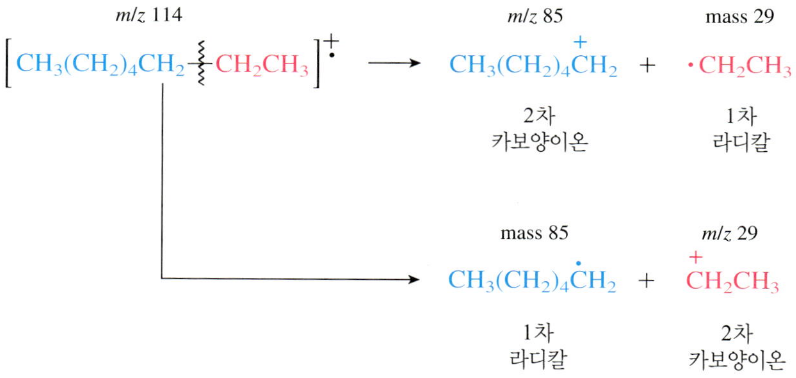


전하가 큰 혹은 작은 토막에 있는가에는 상관없이 일차 카보양이온과 일차 라디칼이 생성된다. 이들 토막내기로 $m/z$ 85와 $m/z$ 29에서 봉우리가 나타난다. 마찬가지로 C-3과 C-4 간의 절단은 $m/z$ 71과 43에서 봉우리를 형성하고 C-4와 C-5 간의 절단은 $m/z$ 57에서 봉우리를 생성한다. $CH_2$ 토막의 질량인, 14 단위로 분리된 일련의 봉우리는 곧은-사슬 알케인의 특성이다.

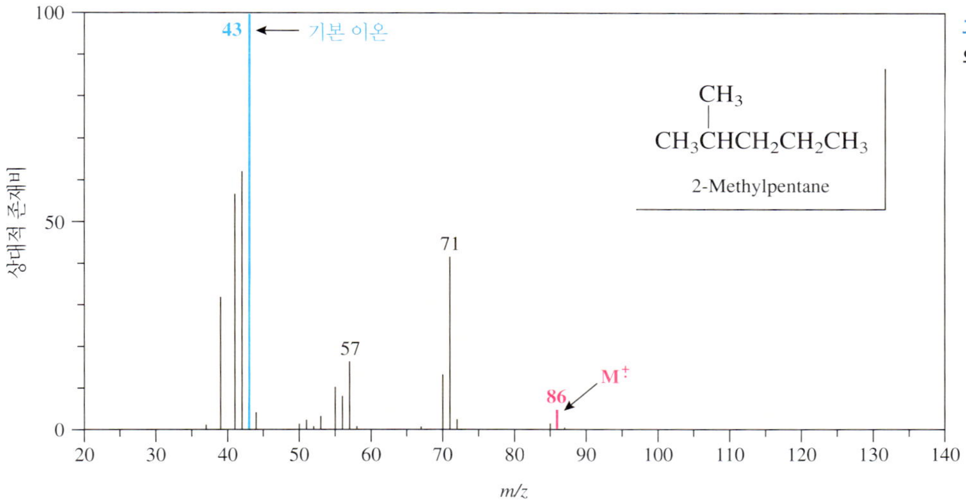


그림 15.9 2-메틸펜테인의 질량스펙트럼.

그림 15.9는 2-메틸펜테인의 질량 스펙트럼을 나타낸다. 가지 알케인은 더 안정한 카보양이온이 새성되기 때문에 가지의 어느 편에서든지 절단이 일어난다. 2-메틸펜테인에 대한 두 일차 절단 경로를 다음 방정식에 나타냈다.
옥테인의 경우에는 메틸 라디칼과 일차 카보양이온을 생성하는 토막내기는 일어나

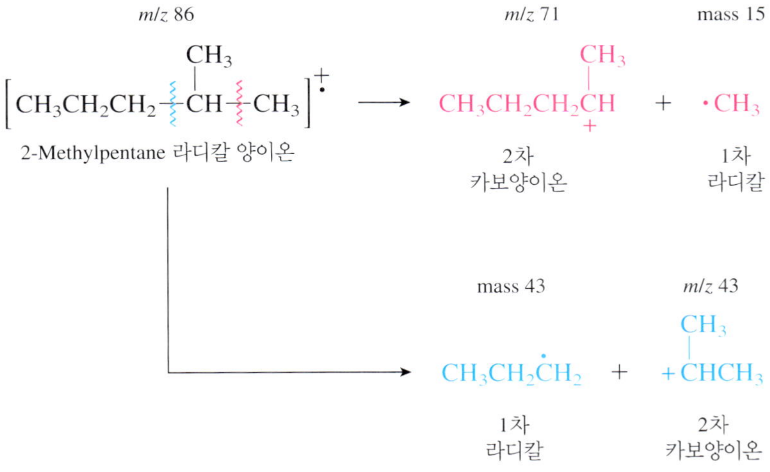


지 않지만 여기서는 *m*/*z* 71인 이차 카보양이온이 생성되기 때문에 메틸 라디칼이 생성된다. 가지의 다른편에서의절단은 일차 라디칼과 *m*/*z* 43인 이차 카보양이온이 생성된다. *m*/*z* 43이 기본이온이므로 이 절단이 가장 유리한 토막내기이다.

**문제 15.12** 다음 화합물의 분자이온으로부터 기대되는 주 토막내기에 대한 방정식을 써라. 생성이온의 *m*/*z*를 나타내어라.

**a)** $CH_3CH_2CH_2CH_2CH_3$

**b)** 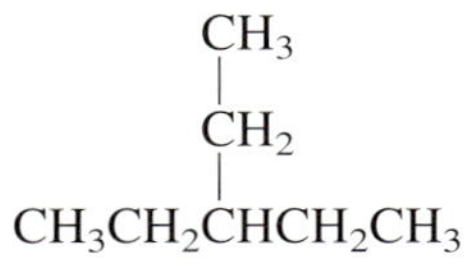

**문제 15.13**

**a)** 3-에틸-2-메틸펜테인의 질량 스펙트럼에서 기본이온은 *m*/*z* 43에서 일어난다. 이 이온을 생성하는 토막내기를 나타내어라.

**b)** 스펙트럼에서 주 봉우리를 형성할 것으로 기대되는 다른 토막은 무엇인가?

## 알켄

알릴 카보양이온을 생성하는 알켄의 토막내기는 공명 안정화 때문에 주 경로가 된다.

$$[R \wr CH_2-CH=CH_2]^{+\cdot} \longrightarrow R\cdot + \overset{+}{C}H_2-CH=CH_2 \longleftrightarrow CH_2=CH-\overset{+}{C}H_2$$

allylic 카보양이온

그림 15.10의 1-헥센의 스펙트럼에서 기본이온 *m*/*z* 41인 알릴 카보양이온은 다음 방정식에 따라 생성된다.

$$\underset{m/z\ 84}{[CH_3CH_2CH_2 \wr CH_2CH=CH_2]^{+\cdot}} \longrightarrow \underset{\text{mass } 43}{CH_3CH_2\dot{C}H_2} + \underset{m/z\ 41}{\overset{+}{C}H_2CH=CH_2}$$

1-Hexene 라디칼 양이온

## 벤질절단

알릴 카보양이온과 같이 벤질 카보양이온은 상당히 공명 안정화된다. 뷰틸벤젠의 스펙트럼(그림 15.11)에서 *m*/*z* 91에서 기본 봉우리는 다음 방정식에서 설명한 것처럼 벤질 카보양이온을 생성하는 토막내기로부터 생성된다.

*m*/*z* 134 *m*/*z* 91 mass 43

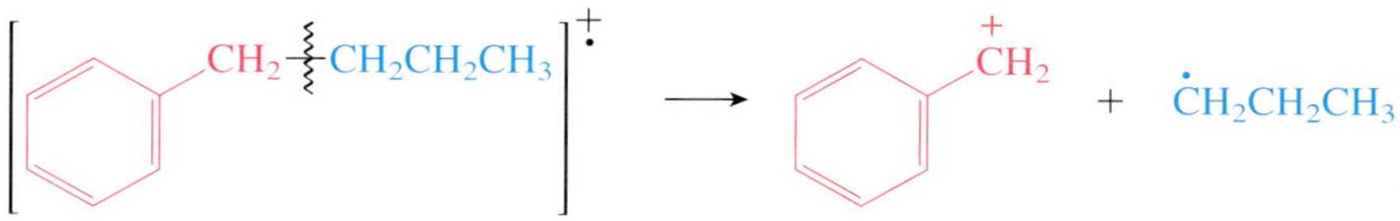

Butylbenzene 라디칼 양이온 benzylic 카보양이온

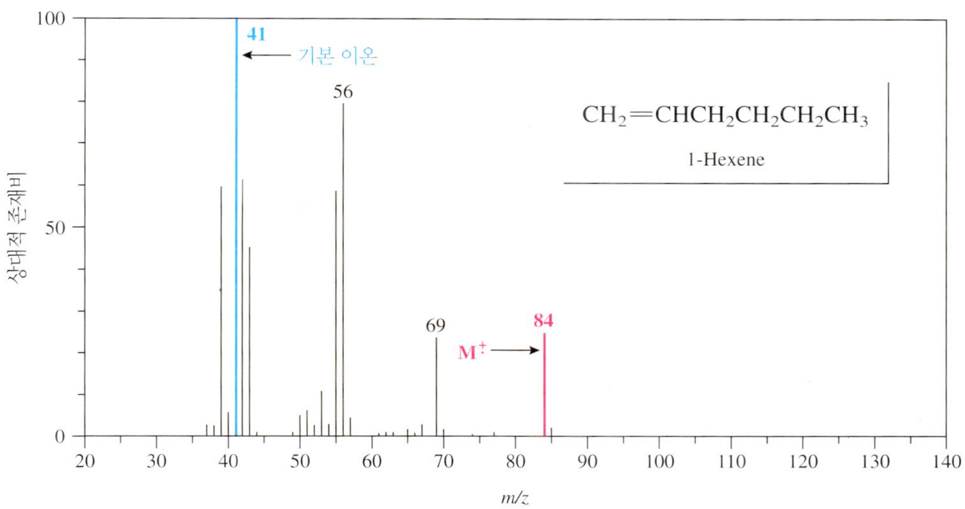


**그림 15.10** **1-헥센의 질량 스펙트럼. 이 스펙트럼과 다른 스펙트럼에 있는 많은 봉우리들은 설명하기 가 어렵다.** 이것은 자리옮김과 아직 논의하지 않은 다른 토막내기 때문이다.

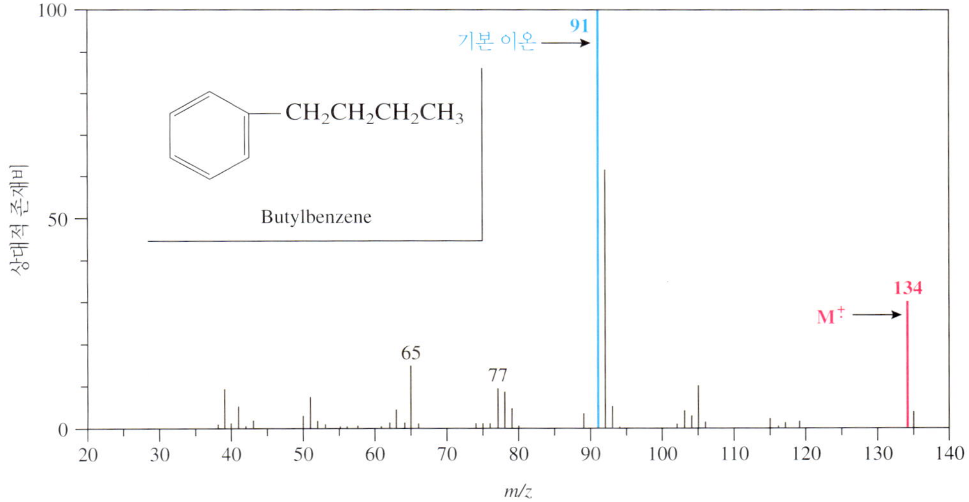


**그림 15.11** **뷰틸벤젠의 질량 스펙트럼.**

## 알코올

물의 제거 이외에 알코올은 하이드록시 탄소와 이웃탄소 간의 한 결합의 절단에 의해 토막화된다. 생성된 양이온은 알데하이드와 케톤의 짝산이고 모든 원자가 8전자계 규칙을 만족하고 있기 때문에 안정화된다. 그림 15.12에 2-부탄올의 질량 스펙트럼을 나타냈다. *m/z* 59와 *m/z* 45에서 이 알코올에 대한 중요한 토막이 생성된다. 이 토막들은 다음 방정식에서 설명한 것과 같은 토막내기에 의해 형성된다.

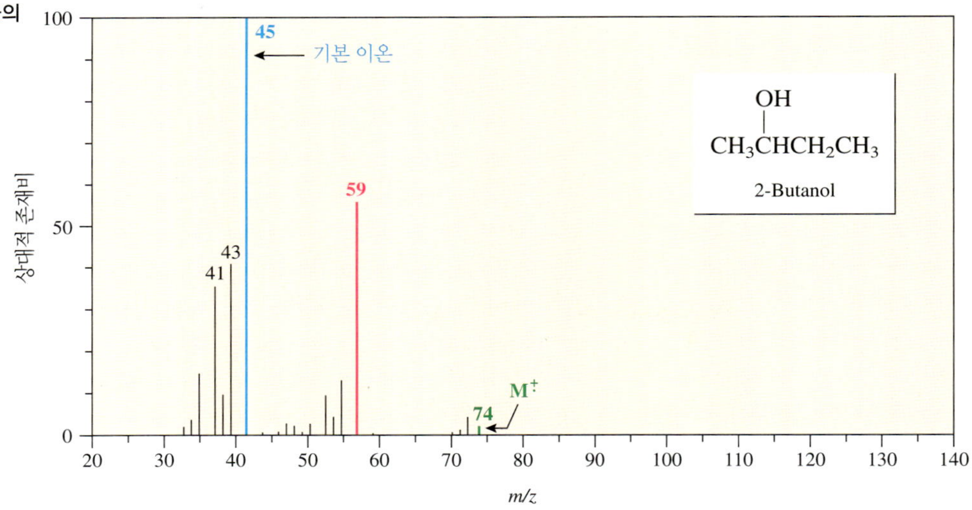


**그림 15.12** **2-부탄올의 질량 스펙트럼.**

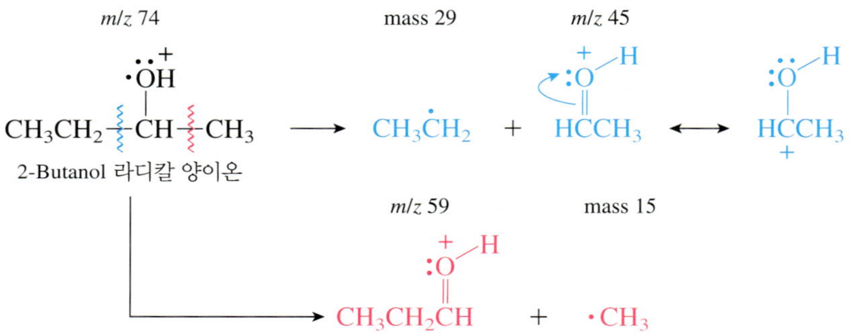


## 알데하이드와 케톤

알데하이드와 케톤에서 주 토막내기 경로는 카보닐 탄소에 대한 결합의 절단이다. 이 과정은 알코올에서 일어나는 토막내기와 비슷하다. 모든 원자가 8전자계 규칙을 만족하고 있기 때문에 상당히 안정한 카보양이온이 생성된다. 4-메틸-2-펜탄온의스펙트럼(그림 15.13)에서 *m/z* 85와 *m/z* 43에서 주 봉우리는 다음 방정식에서 설명한 것처럼 이 절단에 의해 생성된다.

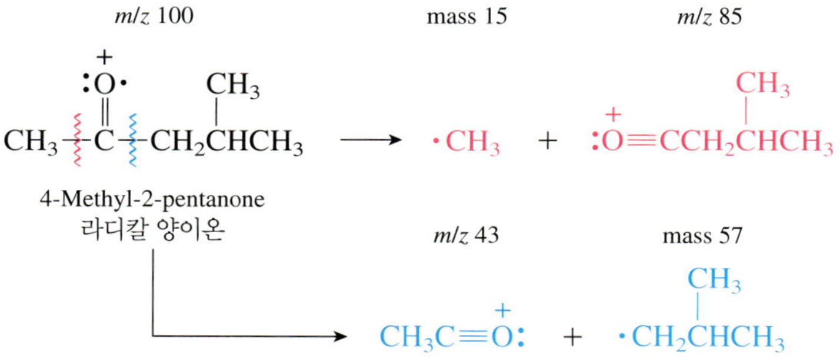

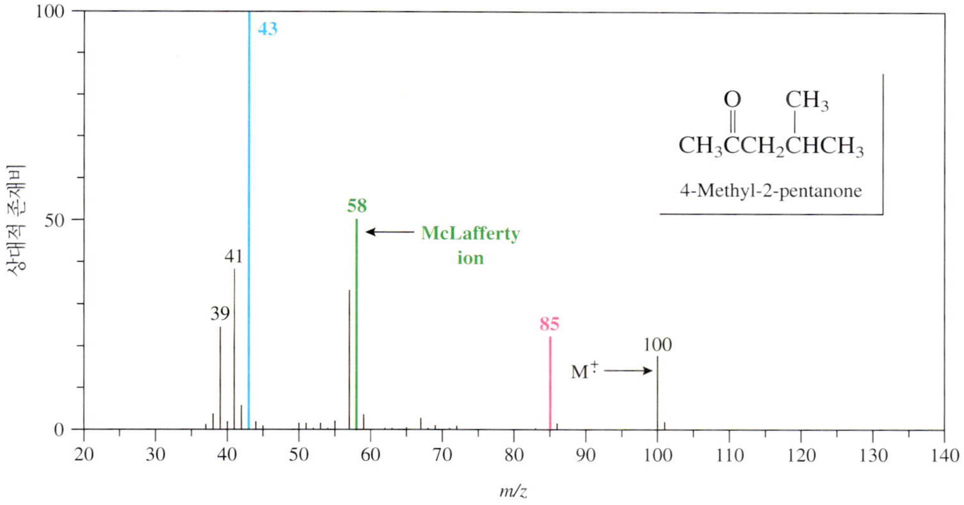


그림 15.13 **4-메틸-2-펜탄온의 질량스펙트럼.**

카보닐 탄소와 세 개의 탄소에 의해 분리된 수소를 가진 알데하이드와 케톤은 McLafferty 자리옮김이라는 토막내기를 일으킨다. 이 과정을 4-메틸-2-펜탄온에 대해 다음 방정식으로 설명하였다. 이것은 그림 15.13에서 나타낸 질량 스펙트럼에서 *m*/*z* 58에서의 봉우리에 해당한다. McLafferty 자리옮김은 여섯 개의 원자를 포함하은 고리 전이상태를 갖기 때문에 특별히 유리하다.

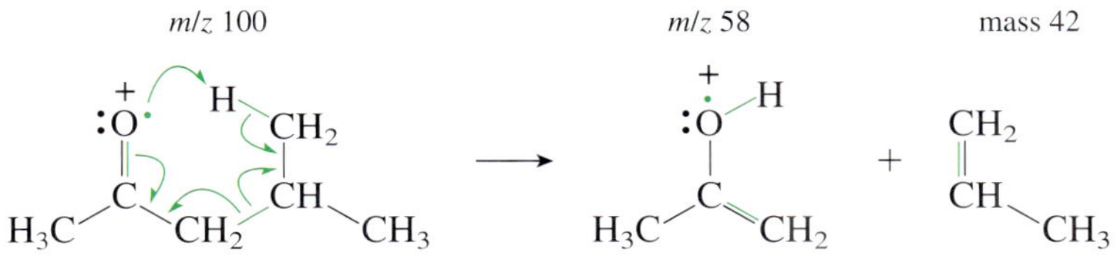


## 예제 15.2

2,4,4-트라이메틸-1펜텐의 질량 스펙트럼에서 *m*/*z* 97과 *m*/*z* 57에서 일어나는 주 토막 이온에 대한 방정식을 써라.

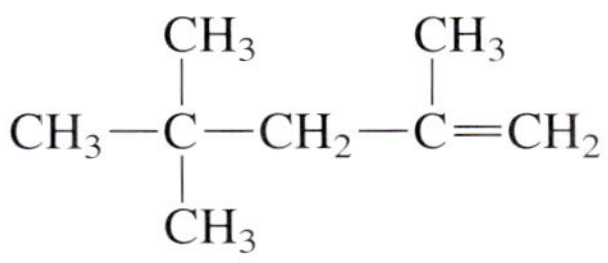

2,4,4-Trimethyl-1-pentene

### 전략

분자이온에 대한 질량을 결정한다. 토막이온을 생성하기 위하여 잃어버리는 토막의 질량을 결정하는 것이 도움이 된다. 예를 들면 질량 15의 토막의 잃음은 $CH_3$기의 잃음을 나타내며 질량 29의 잃음은 $CH_3CH_2$기의 잃음을 나타낸다. 상대적으로 안정한 카보양이온과 라디칼을 형성하는 토막내기는 대단히 유리하다. 사슬의 가지, 이중결합과 벤젠고리 다음의 탄소 및 단일 혹은 이중으로 산소에 결합된 탄소에서 토막내기가 이루어진다.

### 풀이

이 화합물에 대한 분자이온은 *m/z* 112를 갖는다. *m/z* 97에서 봉우리는 질량 15인 토막, $CH_3$기를 잃어버리고 생성된다. 삼차 카보양이온을 생성하기 때문에 이 토막내기는 중요하다.

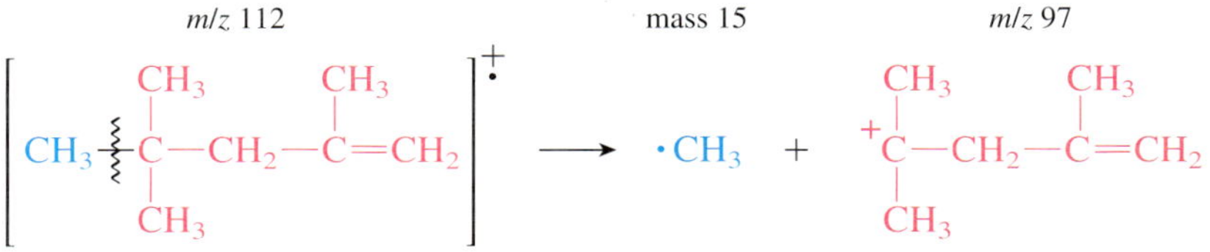

*m/z* 57에서 봉우리는 다음 방정식에 따라서 삼차 카보양이온과 알릴 라디칼을 생성하는 토막내기로부터 생성된다.

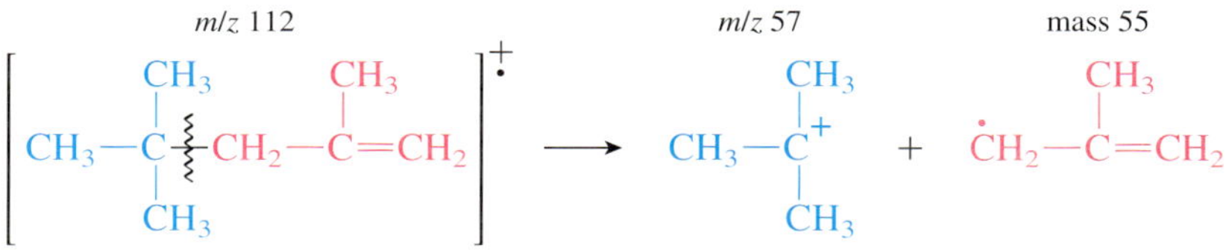

**문제 15.14** 다음 화합물에 대한 지시한 *m/z*에서 생성되는 주 토막이온에 대한 방정식을 써라.

**a)** 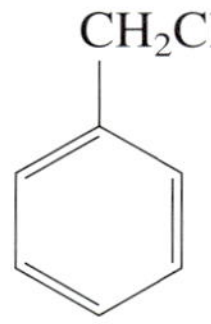 *m/z* 91

**b)** $CH_3CH_2CH_2CH_2OH$ *m/z* 31

**c)** $CH_3CH_2\overset{\overset{\large O}{\|}}{C}CH_2CH_2CH_2CH_3$ *m/z* 85, 72, 57

## 추가문제

**15.15** $\lambda_{max}$ = 308 nm($\epsilon$ = 25,000)를 가진 트랜스-스틸벤의 UV 스펙트럼을 기록하려고 한다. 최대흡수 파장에서 원하는 흡광도가 0.5가 되려면 농도는 얼마가 되는가?

**15.16** 다음 화합물의 흡수에 해당하는 전이형태를 지적하여라.

**a)** 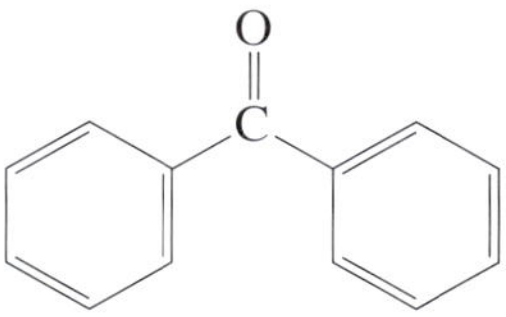

$\lambda_{max}$ = 252 nm ($\epsilon$ = 20,000)
$\lambda_{max}$ = 325 nm ($\epsilon$ = 180)

**b)** 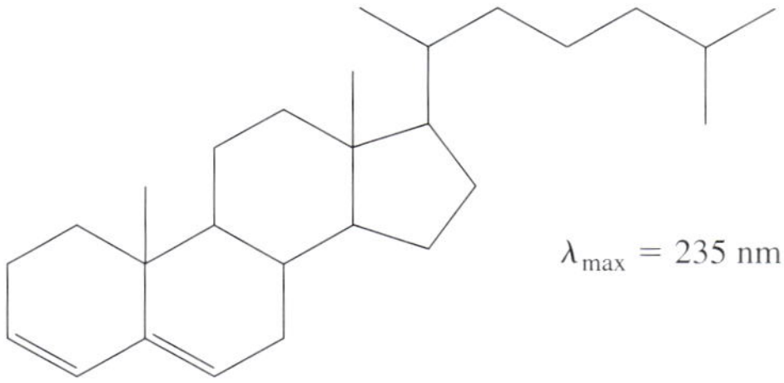

$\lambda_{max}$ = 235 nm ($\epsilon$ = 19,000)

**c)** 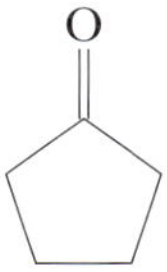

$\lambda_{max}$ = 299 nm ($\epsilon$ = 20)

**d)** $CH_3C{\equiv}C{-}C{\equiv}CCH_3$ $\lambda_{max}$ = 227 nm ($\epsilon$ = 360)

**15.17** 다음 화합물 중 어느 것이 UV 스펙트럼에서 200~400 nm의 영역에서 최대흡수를 가질 것으로 기대되는가?

**a)** $CH_3\overset{O}{\overset{\|}{C}}CH_2CH_3$

**b)** 

**c)** 

**d)** 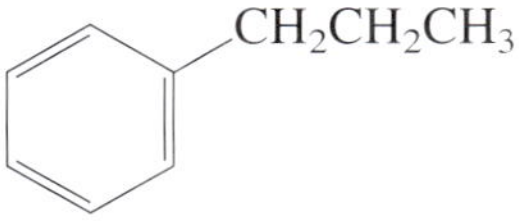

**e)** 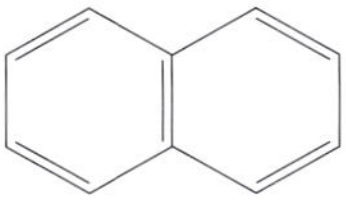

**f)** $CH_3CH_2OCH_2CH_3$

**g)** 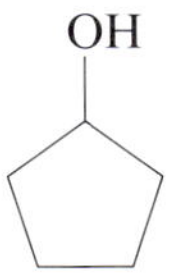

**h)** 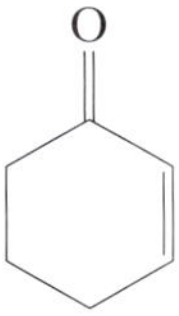

**15.18** 다음 화합물의 질량 스펙트럼에서 나타나는 주 토막과 그 *m*/*z*를 예측하여라.

**a)** 

**b)** 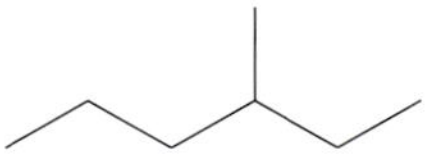

**c)** 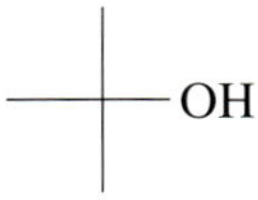

**d)** 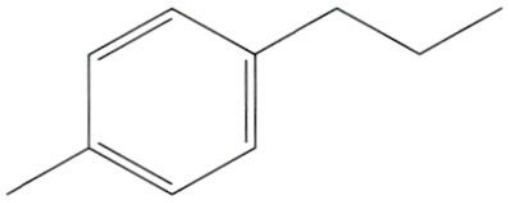

**e)** 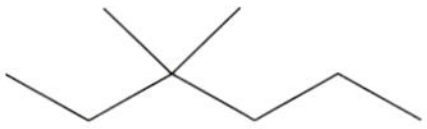

**f)** 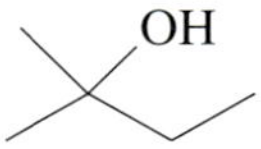

**g)** 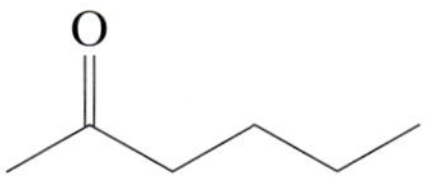

**h)** 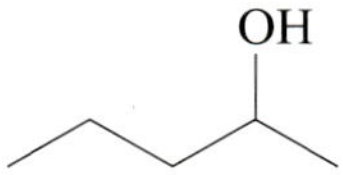

**i)** 

**15.19** 다음 화합물을 구별하는 어떻게 질량 분광기를 사용할 수 있는가를 설명하여라.

**a)**  와 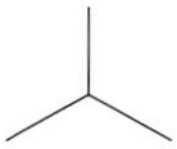

**b)** 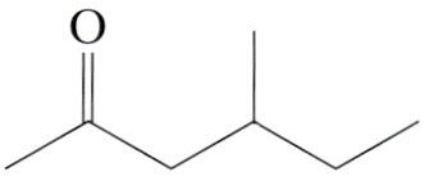 와 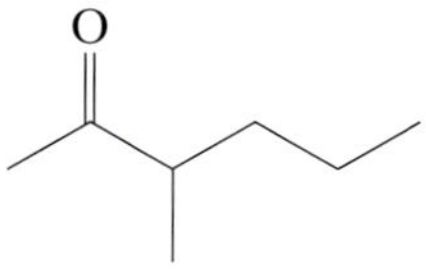

**c)** 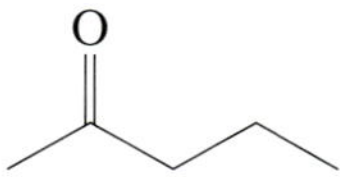 와 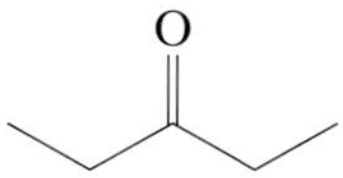

**15.20** 왜 네오펜테인은 질량 스펙트럼에서 분자이온을 나타내지 않는지를 설명하여라. 질량 스펙트럼에서 기본이온에 대한 구조와 *m*/*z*를 예측하여라.

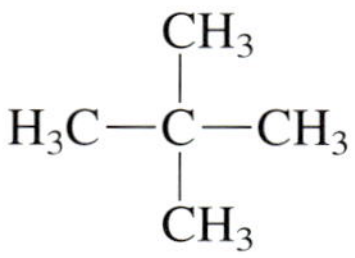

Neopentane

**15.21** 3-메틸-3-헵탄올의 질량 스펙트럼에서 *m/z* 115,101 및 73에서 어떻게 봉우리가 생기는지를 설명하여라.

**15.22** 다음과 같은 질량 스펙트럼을 가진 화합물의 구조를 제시하여라.

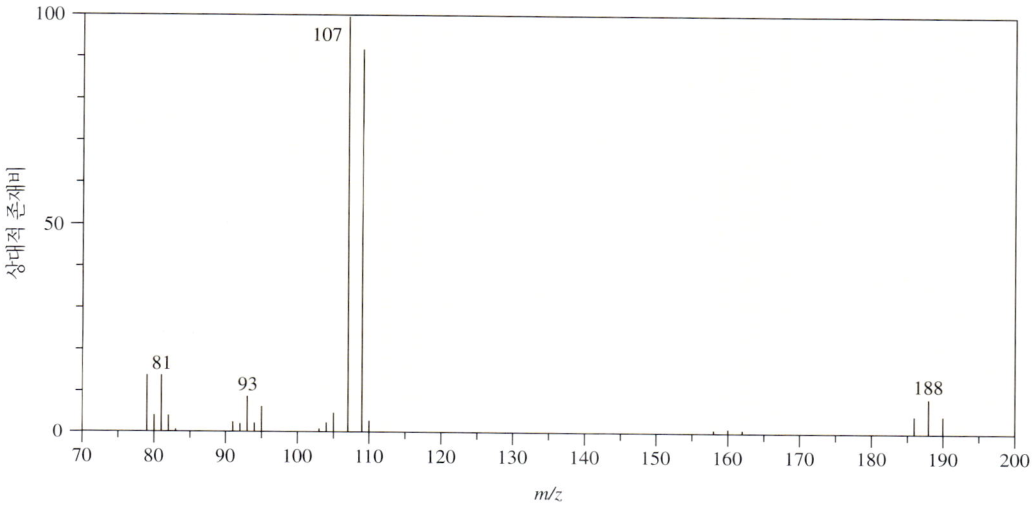


**15.23** 3-메틸-2-펜탄온과 4-메틸-2-펜탄온의 질량 스펙트럼은 다음과 같다. 어느 화합물이 어느 스펙트럼에 해당하는가를 설명하여라. 각 스펙트럼에서 *m/z* 43에서 봉우리에 해당하는 이온의 구조는 무엇인가?

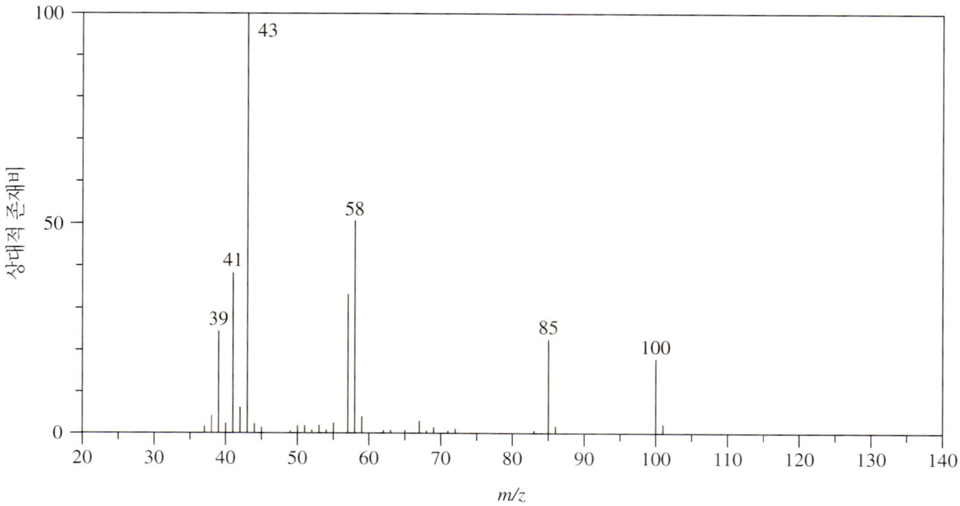

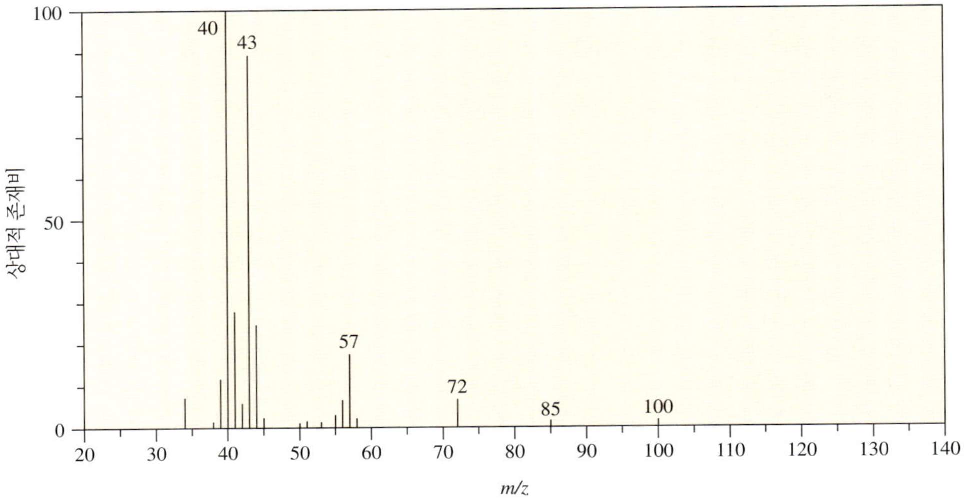


**15.24** 화합물 **A**와 **B**는 분자식 $C_3H_6O$를 가진 이성질체이다. **A**는 IR 스펙트럼에서 1730 $cm^{-1}$에서 봉우리를 가지며 **B**는 1715 $cm^{-1}$에서 봉우리를 가진다. **A**와 **B**의 질량 스펙트럼은 다음과 같다. **A**와 **B**의 구조를 써라.

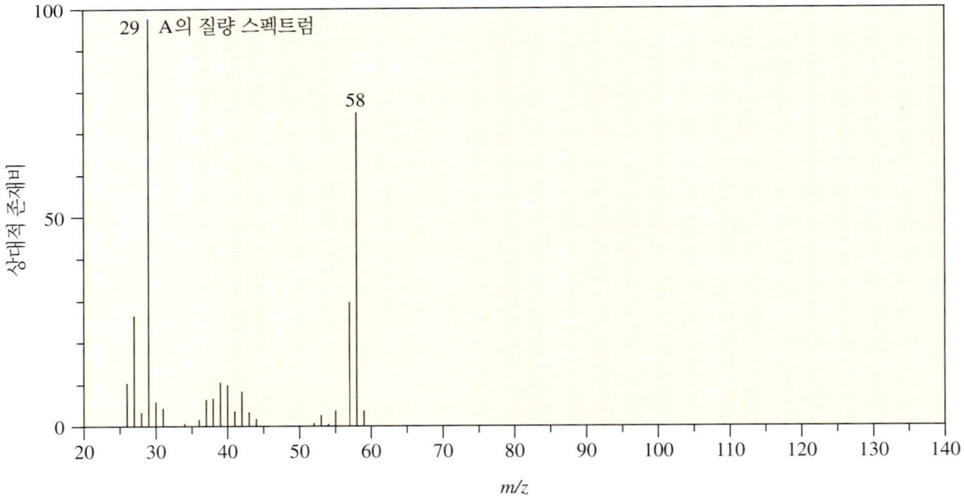

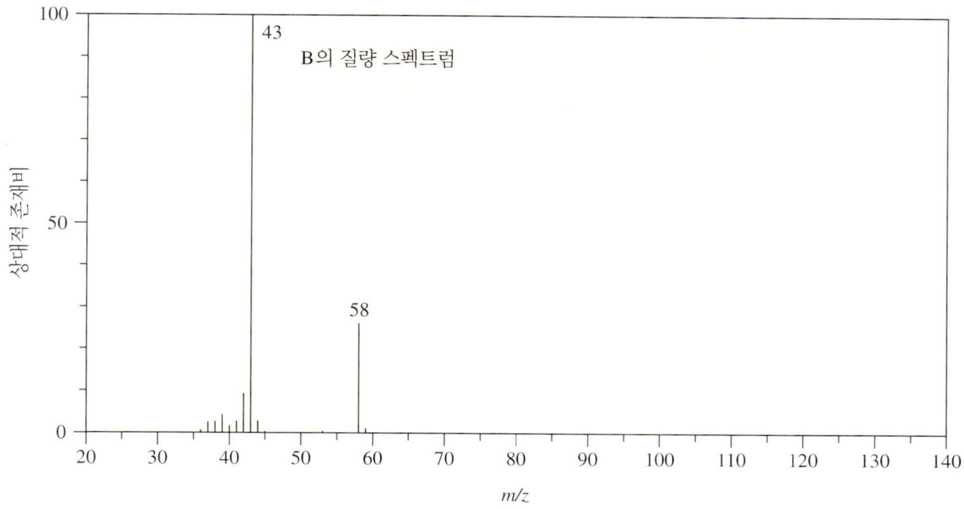


**15.25** 화합물 **C**와 **D**는 분자식 $C_9H_{12}$를 가진 이성질체이다. $^1$H-NMR 스펙트럼에서 다른 흡수 봉우리 이외에 7.25 δ(면적 5) 근처에서 두 화합물은 봉우리를 나타낸다. 그들의  질량 스펙트럼은 다음과 같다. **C**와 **D**의 구조를 써라.

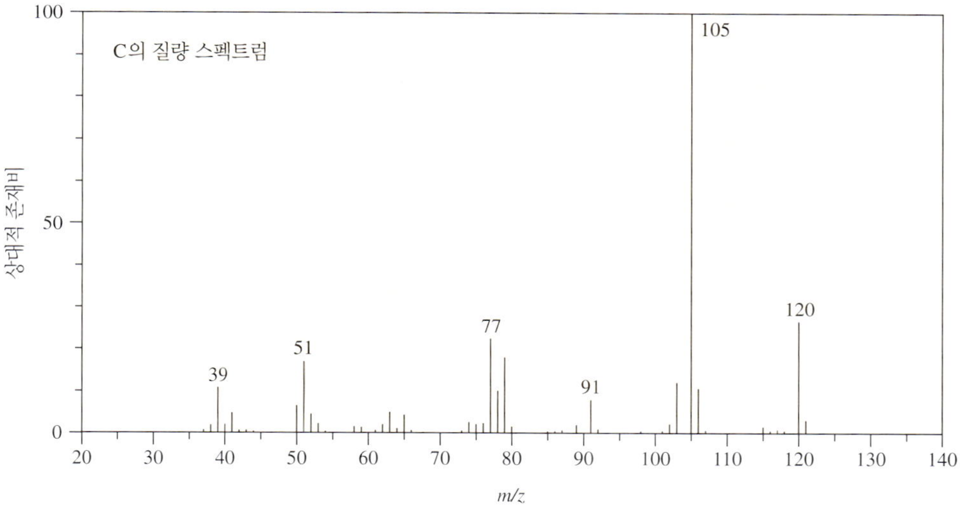

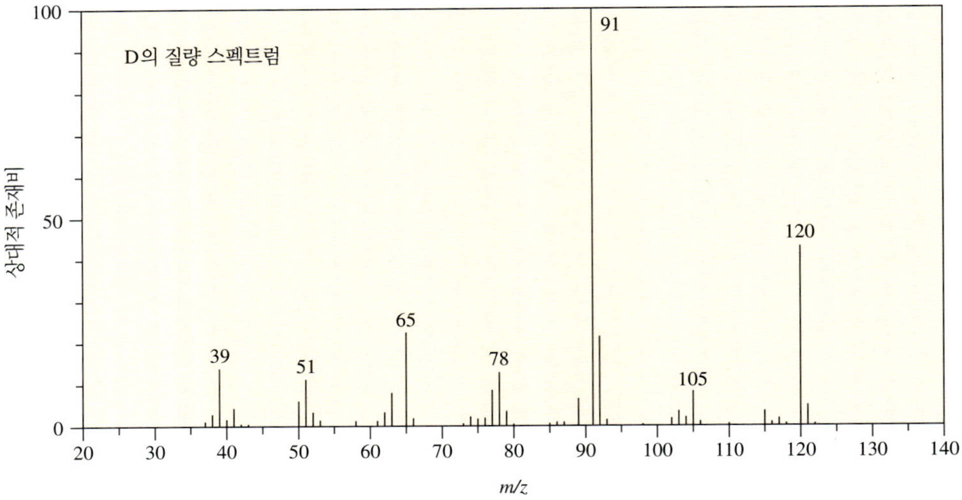
D의 질량 스펙트럼
상대적 존재비
m/z
100
50
0
91
120
65
39
51
78
105
20
30
40
50
60
70
80
90
100
110
120
130
140

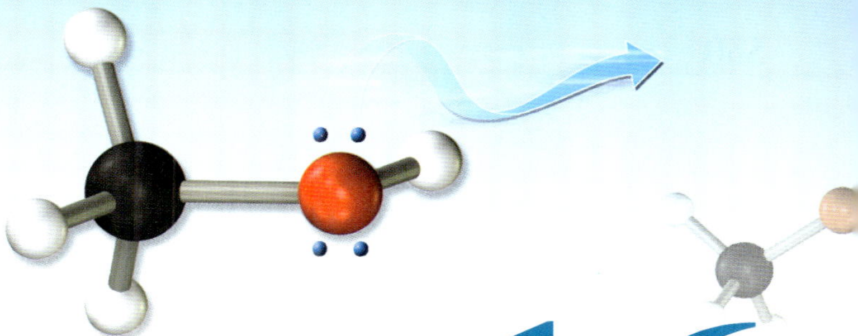

CHAPTER 16

# 벤젠과 방향족 화합물

**유기화학 숙달**

- 평면, 고리, 콘쥬게이트 화합물에 대한 MO 에너지 준위의 이해
- Hückel 규칙을 사용하여 화합물이 방향족인지 반방향족인지를 예측
- 방향성과 반방향성이 화합물의 화학적 작용에 어떻게 영향을 미치는가를 이해

벤젠은 유기 화학분야에서 특별한 위치를 차지한다. 벤젠은 특별히 안정한 화합물이다. 그 안정성 때문에 치환된 벤젠은 천연물과 공업약품으로 널리 분포되어 있다. 이 안정성을 이해하려는 유기화학자의 노력으로 유기화합물의 전자적 구조에 대한 현대적 모델에 대해 중요한 기여를 하였다. 벤젠의 특성을 설명할 뿐만 아니라 어느 화합물이 이 특별한 안정성을 갖는가를 예측하고 설명해 주는 학설이 제안되었다. 이 안정성을 방향족성이라 부른다.

이 장은 벤젠이 특별히 안정하다는 결론을 지지해 주는 실험적 결과의 검토로부터 시작한다. 분자궤도함수 이론을 근거로 한 모델을 이 안정성을 설명하기 위하여 제시되었다. 이 모델을 일반화하여 특별히 안정하고 불안정한 다른 화합물에 적용할 수 있다. 이러한 이론을 통하여 합리화된 다양한 실험결과의 예와 이와 같은 화합물의 다양한 부류를 다루었다.

## 16.1 벤젠

벤젠은 1825년에 Michael Faraday에 의해 발견되었다. 그는 London의 가로등에서 연소된 가스로부터 응축된 액체에서 벤젠을 분리하였다. Faraday는 벤젠의 분자식이 $C_6H_6$라고 추론할 수 있었지만 1866에 이르러서야 Kekule에 의해 처음으로 정확한 구조가 제안되었다.

처음부터 벤젠은 알켄과 같은 형태로 작용하지 않는다는 것이 알려져 왔다. 예로 알켄에 대한 브롬의 첨가와 이 반응을 사용한 이중결합의 존재에 대한 실험을 11.4절에서 기술하였다. 그러므로 사이클로헥센과 같은 알켄의 다이클로로메테인 용액에 브롬을 가해주면 빠르게 반응하여 브롬의 적갈색이 사라진다. 이중결합에 브롬이 첨가되어 생성물이 생성된다.

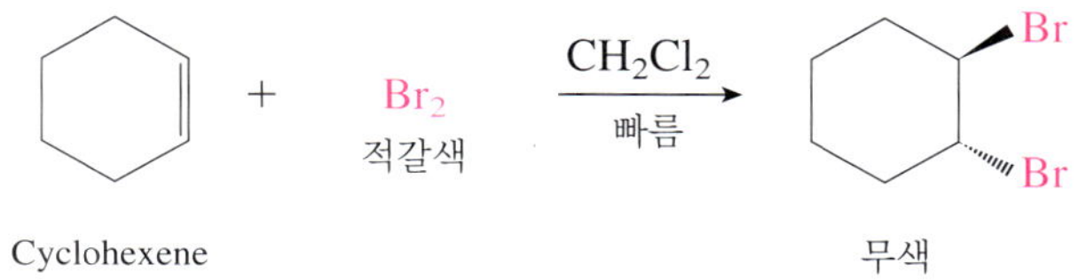

대조적으로 벤젠은 같은 조건에서 브롬과 반응하지 않는다. 더 격렬한 반응조건(삼브롬화 알루미늄과 같은 Lewis 산 촉매, 높은 온도)에서도 벤젠은 브롬과 반응하지 않는다. 그러나 생성물은 이중결합에 대한 $Br_2$의 첨가보다는 H에 대한 Br의 치환으로 생성된다. 생성물은 6-원자 고리에서 세 콘쥬게이트 이중결합의 벤젠 구조가 유지된다.

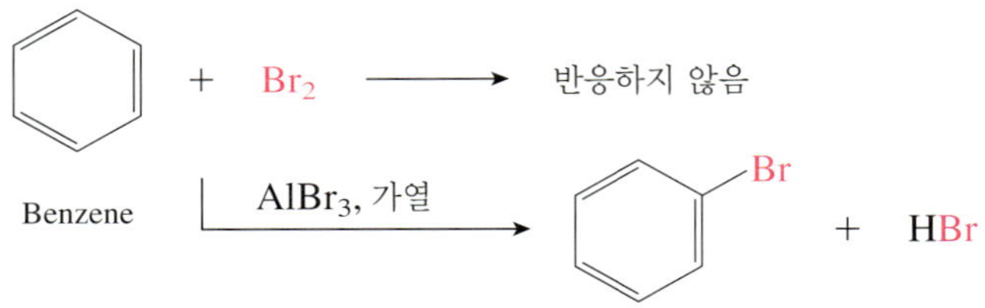


다른 예는 11.12절에서 기술한 촉매수소화반응이다. 스타이렌과 같은 화합물은 실온과 상대적으로 낮은 압력에서 수소와 촉매와 반응하면 알켄 이중결합만이 반응한다. 방향족 고리는 이 조건에서는 불활성이다. 높은 온도와 압력의 더 격렬한 반응조건에서만 스타이렌은 수소와 반응하여 사이클로헥세인을 형성한다.

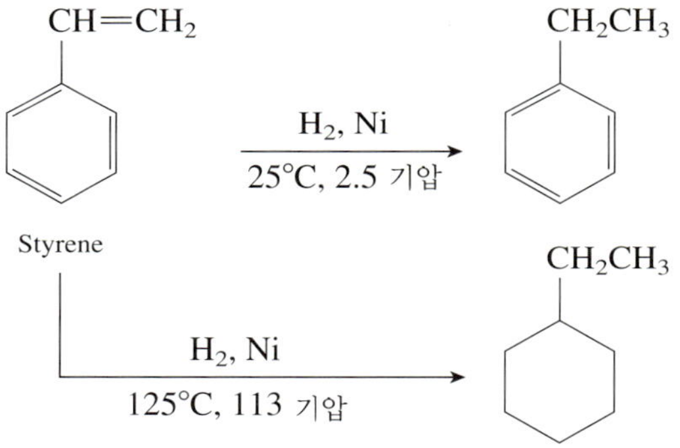


브롬과 벤젠과의 반응이 느려짐과 촉매 수소화에 대해 필요한 격렬한 조건은 벤젠이 알켄보다 반응성이 작다는 것을 나타내준다. 사실 최근 발암성에 대한 관심이 생기기 전까지는 벤젠은 반응성이 낮기 때문에 많은 유기반응에 대한 용매로 사용되었다. 브롬과의 반응으로 첨가 생성물보다는 치환 생성물의 형성된다는 것은 6-원자 방향족 고리의 안정성을 설명해준다. 이와 같은 치환반응은 방향족 화합물의 전형적인 반응이며 17장에서 폭넓게 다룰 것이다.

12.1절에서 언급한 것처럼 방향족이라는 용어는 원래 치환된 벤젠 유도체가 다른 많은 유기 화합물보다 더 방향을 갖기 때문에 불려졌다. 그러나 현대 유기 화학에서 **방향족 화합물(aromatic compound)**은 공명 때문에 특별히 안정한 화합물을 의미한다. 특별히 큰 공명에너지를 가진 화합물이다.

한 단일 Lewis 구조만으로는 벤젠의 구조를 만족스럽게 나타낼 수 없다. 단일 구조로 나타낸 것처럼 고리 주위의 결합길이가 변하지 않는다. 벤젠의 모든 탄소-탄소 결합은 단일결합(1.5 Å)과 이중결합(1.3 Å) 사이의 중간 길이(1.4 Å)이다.

벤젠은 공명혼성체에 동등하게 기여하는 두 공명구조를 갖는다. 이 구조는 원래 1866년에 Kekulé에 의해 제안되었으므로 **Kekulé 구조**라 부른다. 3개의 이중결합이 아니라 6-원자 고리 안에 원으로 나타낸 벤젠을 발견하게 될 것이다. 이 표현은 벤젠의 결합은 이중결합도 단일결합도 아니라는 것을 의미한다. 그러나 원 구조는 전자의 반응을 타내는 데 어려운 점이 있다. 이 교재에서는 단일 Kekulé 구조를 벤젠과 그 유도체를 나타내는 데 사용하였다. 이것은 실제구조를 나타내지 않는다는 것을 알아야 한다. 필요하다면 다른 공명구조 혹은 16.3절에서 제시할 MO 모델을 사용해야 한다.

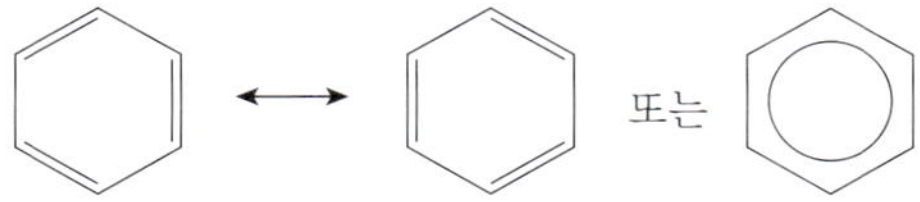


Kekulé structures

**문제 16.1** 다음 반응의 생성물을 나타내어라.

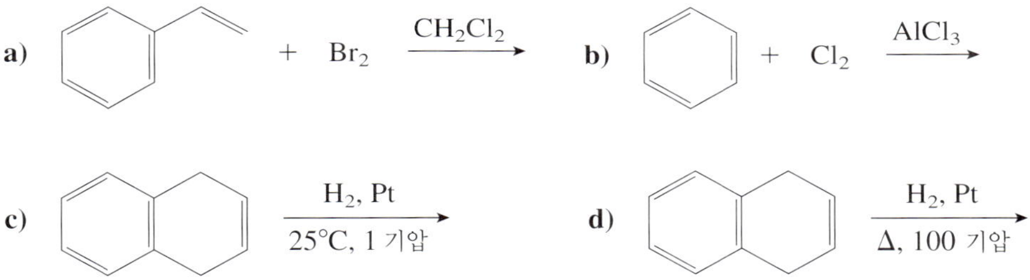


## 16.2 벤젠의 공명에너지

지금 검토한 브롬화반응과 수소화반응과 다른 많은 증거들은 벤젠은 특별히 공명 안정화된다는 것을 나타내준다. 이 공명 안정화의 양을 측정학수 있겠는가? 화합물에서 안정화 효과를 측정하는 한 방법은 이 효과가 없어지는 반응에서 생성되는 열을 측정하고 이 효과가 없는 몇 가지 모델 화합물에 대해 같은 반응을 적용하여 생성되는 열을 비교하는 것이다. 벤젠의 경우에는 촉매수소화에 의해 포화되면 공명 안정화를 잃는다. 1몰의 벤젠과 3몰의 수소와의 반응은 발열반응이며 사이클로헥세인과 49.8 kcal/mol(208 kJ/mol)의 열이 생성된다.

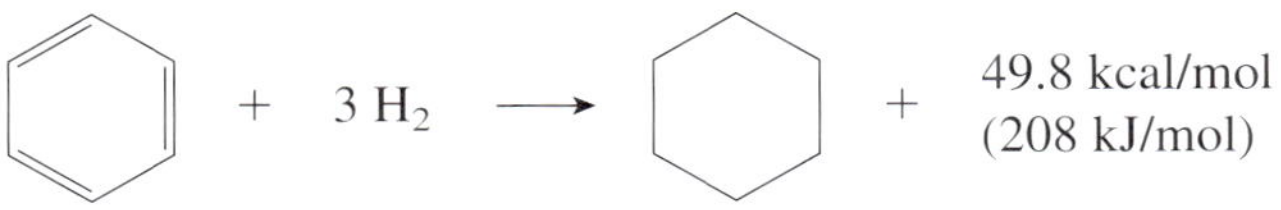


Benzene

수소화반응에서 가상적인 화합물 "사이클로헥사트라이엔", 즉 공명 안정화가 없는 벤젠에 대한 모델로 어떤 화합물을 사용할 것인가? 모델 화합물은 될 수 있는 데로 벤젠과 비슷해야 되고 공명 안정화는 없어야 한다. 벤젠의 한 이중결합에 대한 모델로는 사이클로헥센의 이중결합을 사용하는 것이 가장 좋다. 사이클로헥센을 수소화하면 사이클로헥세인과 28.6 kcal/mol(120 kJ/mol)의 열이 생성된다.

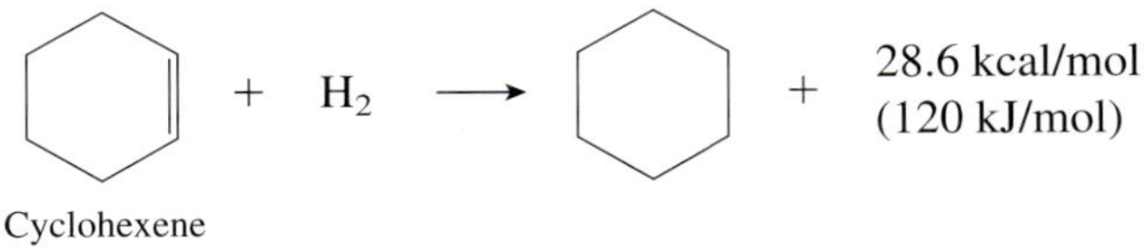


이 모델에 의하면 벤젠의 세 "이중결합"의 수소화반응은 공명 안정화가 없다면 3 × 28.6 = 85.8 kcal/mol(359 kJ/mol)의 열이 생성된다. 세 사이클로헥센 이중결합을 근거로 계산한 양과 실제로 생성된 양과의 차가 벤젠의 공명 안정화이다. 이 반응을 사용하여 벤젠의 공명 안정화 혹은 공명에너지를 계산하면 36.0 kcal/mol(151 kJ/mol)이 된다.

| | |
|---|---|
| 공명 안정화가 없는 세 C=C의 반응으로부터 생기는 열 (3 × 28.6 kcal/mol) | 85.8 kcal/mol(359 kJ/mol) |
| 벤젠의 세 C=C의 반응으로부터 생기는 열을 빼면 | −49.8 kcal/mol(208 kJ/mol) |
| 벤젠의 공명 안정화와 같다. | 36.0 kcal/mol(151 kJ/mol) |

이것은 방향성이 아닌 다른 형태의 화합물에서 발견되는 것보다 대단히 큰 공명 안정화이다. 그림 16.1에 이 수소화반응의 에너지 도표를 나타냈다.

**문제 16.2** 나프탈렌의 촉매 수소와는 80.0 kcal/mol(335 kJ/mol)의 열을 생성한다. 나프탈렌의 공명 안정화를 계산하여라. 나프탈렌은 방향성이라고 생각되는가?

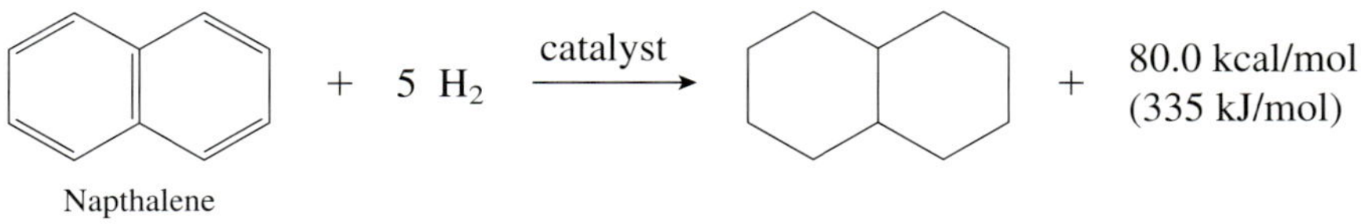


## 16.3 고리 콘쥬게이트 분자에 대한 분자궤도 모델

공명은 유기화학에서 가장 유용한 개념 중의 하나이지만 이것이 적당치 않은 분야의 하나는 방향성에 대한 설명이다. 예를 들면 벤젠의 공명구조와 유사한 공명구조를 사이클로뷰타다이엔에 대해 쓸 수 있다.

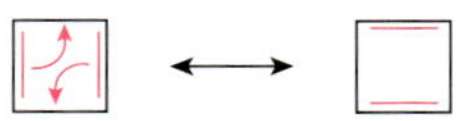

Cyclobutadiene

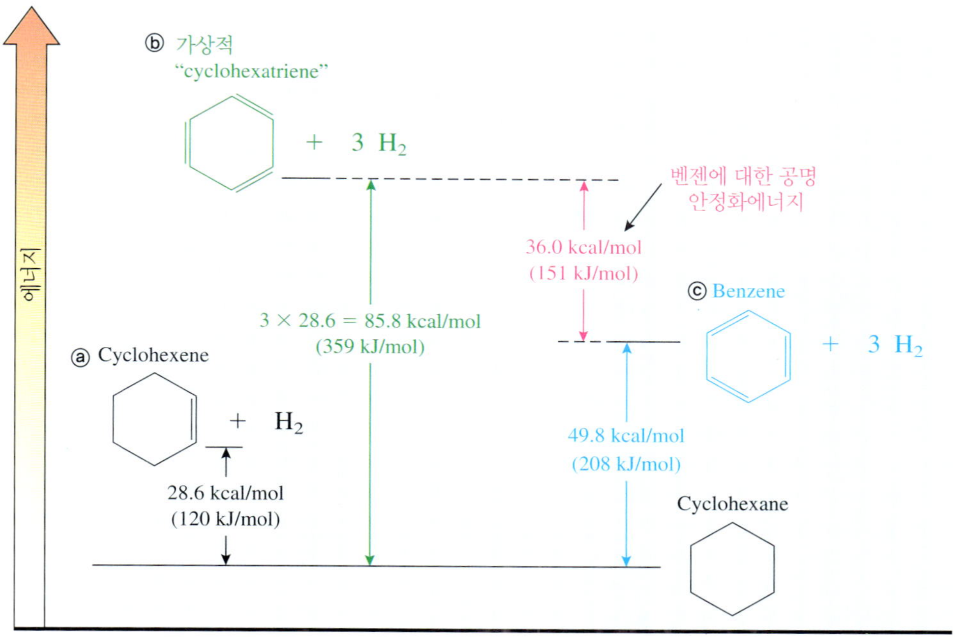


**그림 16.1** ⓐ 사이클로헥센, ⓑ 가상적인 "사이클로헥사트라이엔" 및 ⓒ 벤젠의 수소화에 대한 에너지 도표.

이 공명 그림을 근거로 유기 화학자는 벤젠과 같이 사이클로뷰타다이엔도 큰 공명 안정화 에너지를 가지며 특별히 안정할 것으로 기대되었다. 그러나 사이클로뷰타다이엔은 매우 이해하기 힘든 화합물이라는 것이 입증되었다. 1965년 낮은 온도에서 드디어 이 화합물이 합성되기까지 이 화합물을 합성하는 데 수많은 실패를 거쳐 이루어졌다. 이 화합물은 대단히 불안정하고 35 K 이상의 온도에서는 빨리 반응한다. 사이클로뷰타다이엔은 공명에 의해 실제로 불안정화되는 비정상적 화합물의 한 부류이다. 벤젠은 왜 그렇게 안정하고 사이클로뷰타다이엔은 그렇게 불안정한가를 이해하기 위하여 이 화합물에 대한 분자궤도함수 그림을 검토해보자.

벤젠은 평면이고 육각형 분자이다. 정육각형의 120° 각은 벤젠의 $sp^2$-혼성 탄소의 삼각 평면 결합각과 일치한다. 그러므로 벤젠은 각 무리를 갖지 않는다. 각 탄소에 있는 $p$ 궤도함수는 고리 탄소 면에 대해 수직하다. 이 결과는 완전히 고리 주위로 확장되고 콘쥬게이트 $p$ 궤도함수의 순환 겹침으로 생성된다.

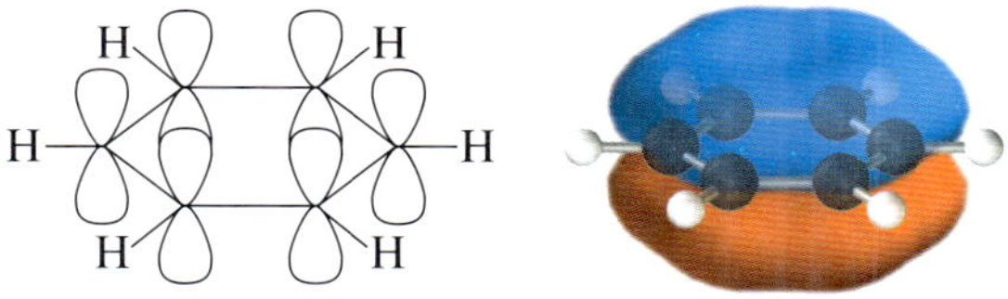


일련의 콘쥬게트된 $p$ 궤도함수를 가진 벤젠과 같은 분자는 한 번에 두 원자에만 귀속된 편재된 궤도함수로는 잘 기술할 수 없다. 대신 콘쥬게이트 $p$ 궤도함수 전체에 확장된 비편재 파이 MO를 적용하지 않으면 안 된다. 벤젠에서 6개의 모든 $p$ 원자 궤도함수는 결합하여 6개의 비편재 MO를 형성한다. MO의 수는 겹쳐져서 그들

그림 16.2 ⓐ 가상적인 "사이클로헥사트라이엔"의 파이 분자궤도함수의 에너지를 ⓑ 벤젠의 그것과 비교.

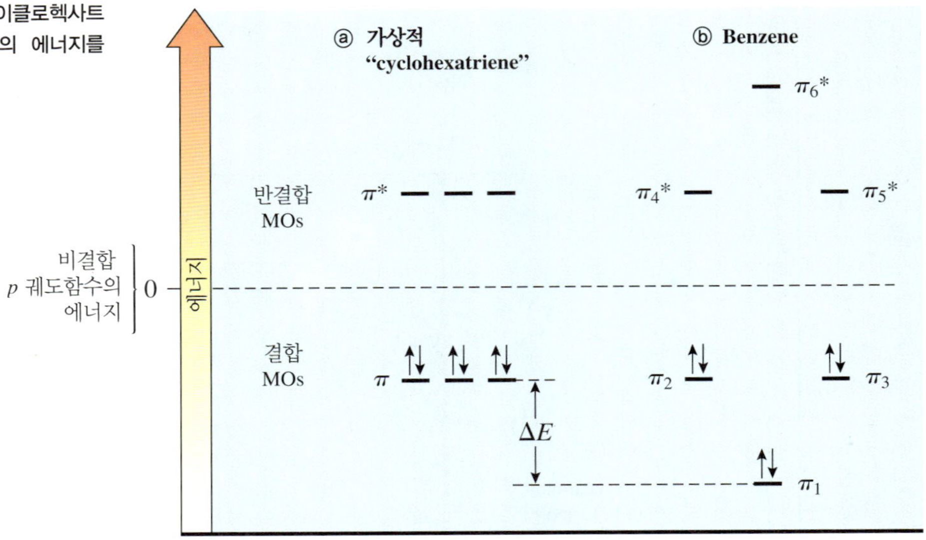


을 형성하는 AO의 수와 같다.

벤젠에 대한 분자궤도함수 그림을 이중결합이 콘쥬게이트되어 있지 않은 가상적인 "사이클로헥사트라이엔"에 대한 분자궤도함수 그림과 비교해보자. 그림 16.2에서 나타낸 것처럼 "사이클로헥사트라이엔"의 세 "비콘쥬게이트" 이중결합의 각각은 에텐의 파이 MO에서와 같이 같은 에너지 파이결합 MO와 파이 반결합 MO를 갖는다. 결과적으로 총 6개의 MO가 생성된다. 세 축퇴된 결합 MO와 세 축퇴 반결합 MO이다. 결합과 반결합 MO의 에너지는 편의상 그 에너지 값을 영으로 정한 비결합 $p$ 궤도함수를 중심으로 대칭적으로 배열된다.

궤도함수 설의 간단한 버전을 사용한 계산은 벤젠의 6개의 비편재 파이 MO 에너지가 달리 배열된 다는 것을 나타내 준다. $\pi_1$으로 지정한 가장 낮은-에너지 MO는 "사이클로헥사트라이엔"의 결합 MO보다 상당히 에너지가 낮다(그림 16.2). 다음에 "사이클로헥사트라이엔"의 결합 MO와 같은 에너지를 가진 $\pi_2$와 $\pi_3$로 지정한 두 축퇴된 결합 MO가 있다. "사이클로헥사트라이엔"의 반결합 MO와 같은 에너지를 가진 $\pi_4$*와 $\pi_5$*로 지정한 두 축퇴된 반결합 MO가 존재한다. 끝으로 "사이클로헥사트라이엔"의 반결합 MO보다 에너지가 높은 한 개의 가장 에너지가 높은 반결합 MO, $\pi_6$*가 존재한다. 화합물의 안정성을 결정하는 것은 전자의 총 에너지라는 것을 기억하여라. 벤젠의 6개의 파이전자는 세 결합 MO를 채운다. $\pi_1$에 있는 두 전자는 "사이클로헥사트라이엔"의 결합 MO의 전자보다 에너지가 상당히 낮기 때문에 벤젠은 $2\Delta E$ 만큼 더 안정화된다. 이 여분의 안정화는 이미 설명한 벤젠의 공명 안정화이다.

다른 고리 콘쥬게이트 분자에 대한 계산은 그들의 파이 분자궤도함수의 에너지가 벤젠의 그것과 유사한 형태로 배열된다는 것을 나타내준다. 이와 같은 모든 화합물은 하나의 가장 낮은-에너지 MO, 다음에 높은 에너지에서 축퇴된 MO쌍이 있다. MO의 총수가 짝수이면 벤젠에서와 같이 1개의 가장 높은-에너지 MO와 제로 에너지를 중심으로 대칭으로 배열된 MO가 있다. 이 배열을 그림 16.3에서 사이클로옥

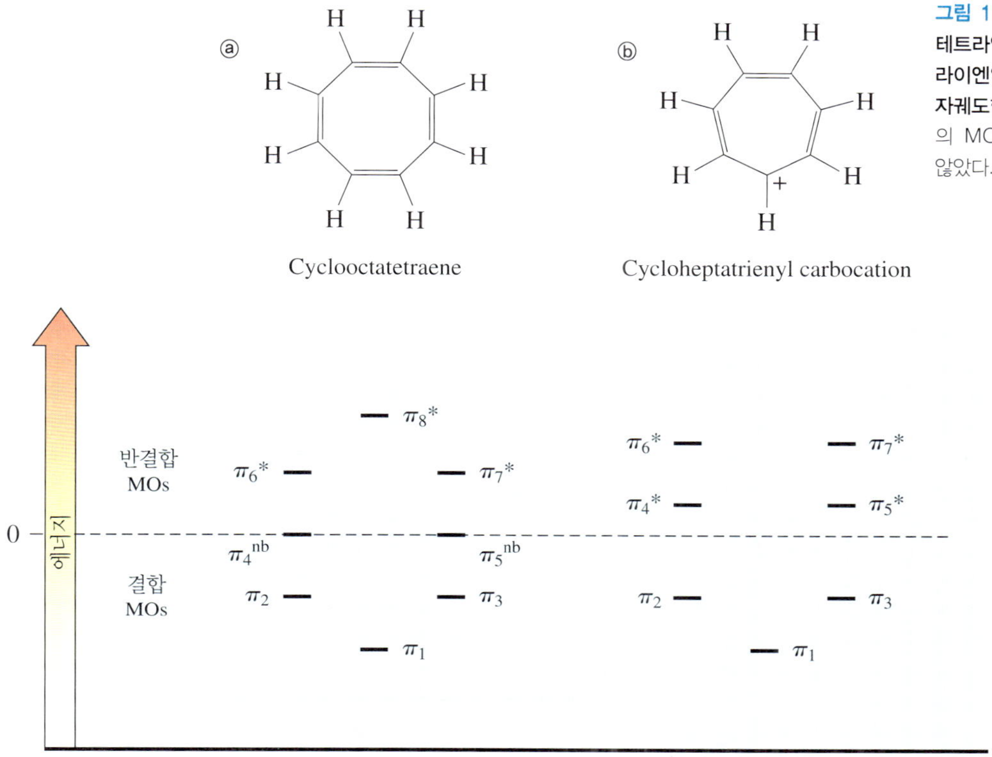


**그림 16.3** ⓐ **사이클로옥타테트라엔과 ⓑ 사이클로헵타트라이엔일 카보양이온의 파이분자궤도함수의 에너지.** 이 그림의 MO에는 전자를 나타내지 않았다.

타테트라엔의 8개의 MO에 대해 설명하였다.

MO의 총수가 홀수이면 가장 높은-에너지 MO는 없어진다. 이 경우에는 더 이상 제로 에너지를 중심으로 대칭으로 배열되지 않는다. 이 배열을 그림 16.3에서 사이클로헵타트라이엔일 카보양이온의 7개의 MO에 대해 설명하였다. 각 MO의 정확한 에너지는 중요하지 않다. 가장 낮은-에너지 MO가 1개 존재하고 축퇴된 MO 쌍은 에너지가 점점 증가한다.

**문제 16.3** 다음 화합물에서 파이 MO 준위 형태를 나타내어라.

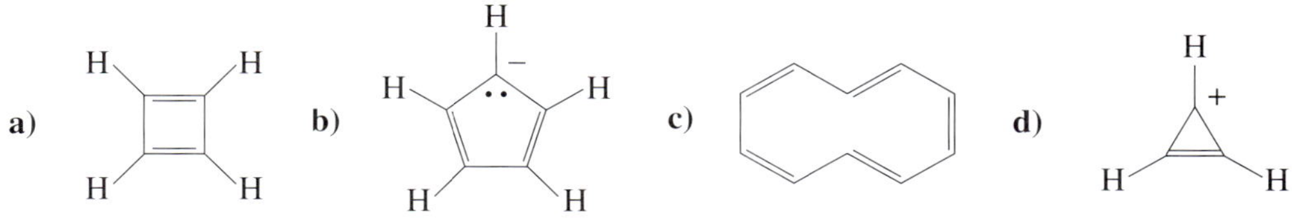


## 16.4 사이클로뷰타다이엔

사이클로뷰타다이엔에 대한 MO 그림을 검토해보면 왜 벤젠보다 대단히 불안정한가를 식별할 수 있게 될 것이다. 사이클로뷰타다이엔에는 4개의 *p* 궤도함수가 있으므로 4개의 파이 MO를 형성한다. 가장 낮은 에너지에 1개의 MO, 제로 에너지에 두 축퇴 MO 및 가장 높은 에너지에 1개의 MO가 배열된다. 이 MO에는 4개의 전자가 있다. 이 전자 중 2개는 가장 낮은 궤도함수에 채워진다. Hund의 규칙에 따라 나머지 2개의 전자는 같은 스핀을 가지며 비결합 MO의 축퇴 쌍의 다른 MO에 점유된다.

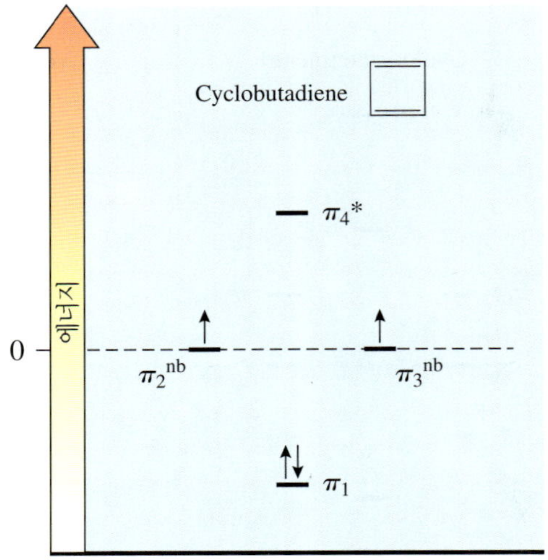


벤젠과 사이클로뷰타다이엔에서 전자배열의 차는 고리 콘쥬게이트 화합물이 벤젠과 같이 특별히 안정화 되고 혹은 사이클로뷰타다이엔과 같이 특별히 불안정화 되는가에 대한 열쇠이다. 벤젠은 전자로 완전히 채워진 **가장 높은 점유된 분자궤도함수(highest occupied molecular orbital, HOMO)**을 갖는다. 고리가 벤젠과 같이 완전히 콘쥬게이트되어 있고 HOMO가 채워져 있는 고리 화합물은 대단히 안정하고 방향족성이다. 대조적으로 사이클로뷰타다이엔은 HOMO가 반이 채워진 전자만을 갖는다. 사이클로뷰타다이엔과 같이 반이 채워진 HOMO를 가진 화합물은 대단히 불안정화 되고 **반방향족(antiaromatic)**이라 부른다.

사이클로뷰타다이엔은 대단히 반응성이 큰 화합물이다. 이미 언급한 것처럼 이 화합물은 반응성이 크기 때문에 이 화합물을 제조하려는 많은 시도가 실패하였다. 그러나 35 K보다 낮은 온도에서 제조되었고 연구되었다. 이와 같은 연구는 이 화합물이 공명구조로 제시했던 정방형 기하구조를 갖지 않는다는 것을 나타내주고 있다. 대신에 짧은 이중결합과 긴 단일결합이 교대된 직사각형 기하구조를 갖는다. 이와 같은 결합 교대는 더 긴 결합이 생겨서 *p* 궤도함수 간의 겹침을 감소시켜 반방향족성의 불안정성을 뚜렷하게 해준다. 방향족성이 아닌 화합물의 특성을 나타내준다. 사이클로뷰타다이엔의 시료를 35 K 이상으로 가온해주면 분자는 빠르게 반응하여 더 이상 콘쥬게이트 되지 않은 이합체를 형성한다. 그러므로 더 이상 반방향족성이 아니다.

**문제 16.4** 그림 16.4의 사이클로옥타테트라엔에 대한 MO 에너지 준위도표에 적절한 전자의 수를 채워라.

**문제 16.5** 그림 16.3의 사이클로헵타트라이엔일 양이온에 대한 MO 에너지 준위도표에 적절한 전자 수를 채워라. 이 이온은 방향족성인가 반방향족성인가? 사이클로헵타트라이엔일 음이온은 양이온보다 2개의 전자를 더 많이 갖는다. 이 음이온은 안정한 화학종이라고 기대되는가? 설명하여라.

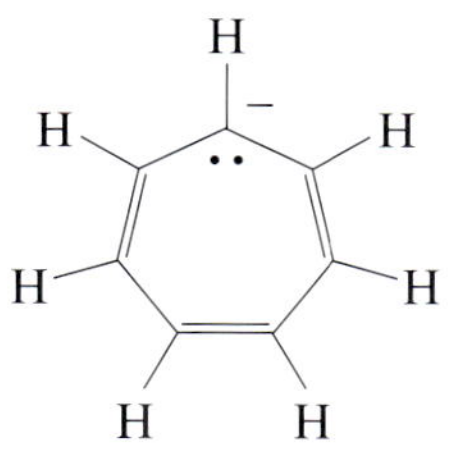

Cycloheptatrienyl anion

**문제 16.6** 문제 16.3의 b, c 및 d의 화합물에 대한 MO 에너지 준위도표에 전자를 채워라.

## 16.5 Hückel 규칙

모든 고리 콘쥬게이트 분자는 자장 낮은-에너지 파이 MO와 더 높은 에너지에서 축퇴된 MO쌍을 갖는다. 화합물이 방향족성이 되는가 아닌가는 이 MO에 점유되는 전자 수에 의존한다. 방향족 화합물은 그 HOMO를 완전히 전자로 채운다. 그러므로 가장 낮은-에너지 MO에 두 전자와 네 전자의 배수가 되는 전자를 가지므로 모든 HOMO는 다 채워진다.

방향족이 되는 화합물에 대한 기준은 Erich Hückel에 의해 개발되었다.

### ▶▶ Hückel 규칙

$4n + 2$($n$은 영을 포함한 정수) 파이전자를 가진 고리, 완전히 콘쥬게이트된 평면 분자는 방향족성이다.

이 규칙의 각 면모를 분석해보자. 첫 번째로 분자는 벤젠과 같이 원의 주위로 완전히 확장된 일련의 콘쥬게이트 $p$ 궤도함수를 갖는다. 사이클로펜타다이엔의 경우에는 콘쥬게이트 궤도함수의 순환이 중단되기 때문에 방향족성도 반방향족성도 아니다. 이것은 바로 알켄이다.

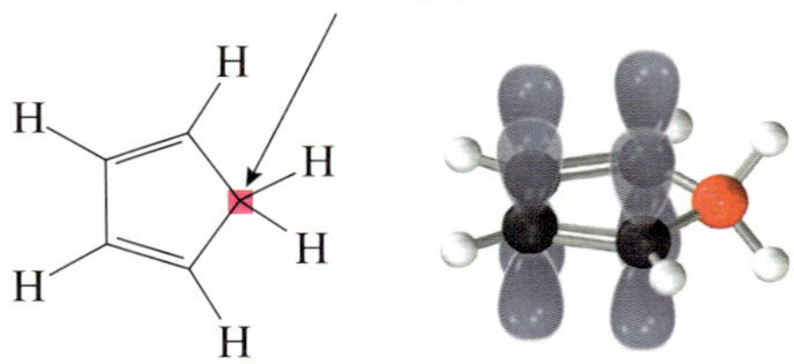


두 번째로 고리는 $p$ 궤도함수가 원의 주위를 완전히 파이형태로 겹쳐질 수 있도록 평면이 되어야 한다. 고리가 평면이 아니면 $p$ 궤도함수는 뒤틀려져서 평행하지 않고 겹침은 감소한다. 이것은 방향족성 혹은 반방향족성 콘쥬게이트 효과를 감소하거나 제거한다.

끝으로 파이전자 수는 4의 배수에 2($4n + 2$ 파이전자)를 더한 것과 같아야 한다. 몇 가지 가능한 전자의 수는 다음과 같다.

| n | 4n + 2 | 쌍의 수 |
|---|---|---|
| 0 | 2 | 1 |
| 1 | 6 | 3 |
| 2 | 10 | 5 |
| 3 | 14 | 7 |

여섯 개의 파이전자를 가진 벤젠(방향족 육전자계)을 원형 방향족 화합물이라고 한다.

반방향족 화합물에 대한 기준을 같은 방법으로 일반화할 수 있다. HOMO 반이 채워지는 데 필요한 전자의 수는 4의 배수(쌍의 짝수)이다. 그러므로 고리, $4n$ 파이전자를 가진 완전 콘쥬게이트, 평면분자는 반방향족성이다. 몇 가지 가능한 전자의 수는 다음과 같다.

| n | 4n + 2 | 쌍의 수 |
|---|---|---|
| 1 | 4 | 2 |
| 2 | 8 | 4 |
| 3 | 12 | 6 |

몇 가지 추가적 예가 이 개념을 분명히 하는 데 도움이 되고 실험결과를 예측하고 설명하는 데 도움이 될 것이다.

**문제 16.7** Hückel의 규칙을 사용하여 문제 16.3에 있는 각 화합물이 방향족성 인지 아닌지를 예측하여라.

## 16.6 사이클로옥타테트라엔

사이클로옥타테트라엔은 4개의 이중결합을 가지므로 8개의 파이전자를 갖는다. 이것은 4의 배수이다. 그러므로 평면이기만 하면 반방향족성이다. 그러나 평면 사이클로옥타테트라엔은 상당한 고리무리를 갖게 된다. 그 결합각이 삼각평면 결합각 120°라기보다는 135°이기 때문이다. 반방향족성 불안정성과 고리무리를 해소하기 위하여 비평면, 대야 형태의 기하구조를 취한다. 각 이중결합은 이웃이중결합에 비해 비틀어져 있어서 한 이중결합의 $p$ 궤도함수는 이웃 이중결합의 $p$ 궤도함수에 대해 거의 수직하다. 그러므로 사이클로옥타테트라엔은 정상적인 비콘쥬게이트 알켄으로 작용한다. 이것은 쉽게 합성할 수 있고 분리할 수 있으며 반방향족성과 연관된 특별한 불안정성을 나타내지 않고 방향족성과 연관된 특별한 안정성을 나타내지도 않는다. 이것은 짧은 결합이 긴 단일결합으로 교대되는 결합교대를 나타내며 브롬과 반응하여 첨가생성물을 형성한다.

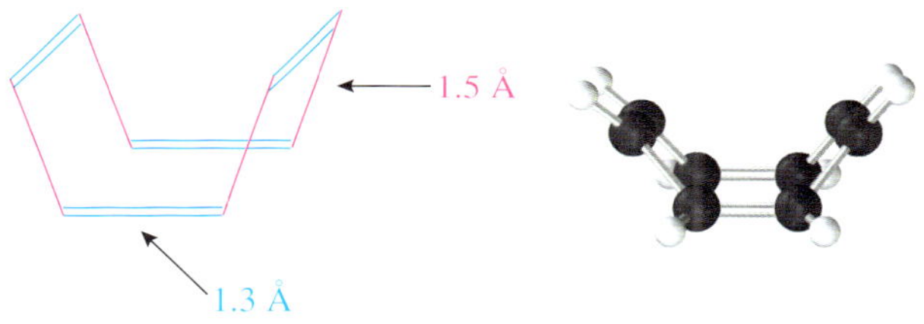


Cyclooctatetraene

## 16.7 헤테로 고리 방향족 화합물

헤테로 고리화합물은 고리원자의 하나로 탄소 이외의 원자를 포함한다. 이중결합과 질소를 포함한 5-원자 고리를 가지 화합물을 피롤이라 부른다.

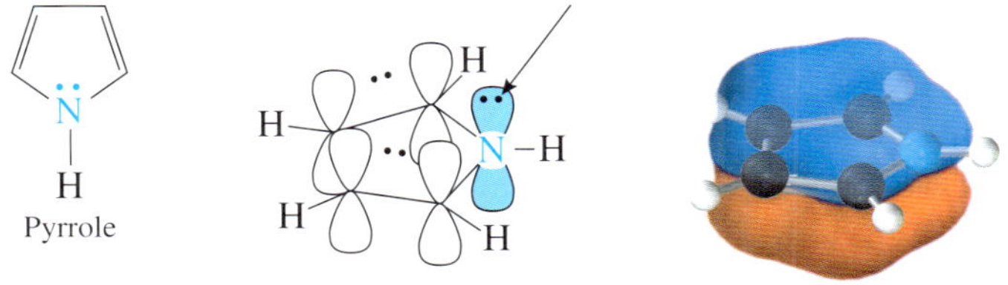


Pyrrole

이것은 평면 분자이고 질소에 있는 전자쌍은 고리 이중결합의 $p$ 궤도함수에 평행인 $p$ 궤도함수에 있다. 그러므로 피롤은 고리 주위로 완전히 확장된 일련의 콘쥬게이트 $p$ 궤도함수를 가지며 총 6개의 전자를 갖는다. 2개는 질소로부터 4개는 이중결합으로부터 온다. 이것은 방향족성 화합물이다. 연소열을 근거로 그 방향성 공명에너지는 21 kcal/mol(88 kJ/mol)로 계산되었다. 이것은 알켄과 같이 첨가반응이 아니라 벤젠과 같이 치환반응을 일으킨다. 더욱이 이것은 다른 아민보다는 약한 염기성을 나타낸다. 다음 방정식에서 볼 수 있는 것처럼 그 짝산의 질소는 고리에 기여할 수 있는 전자쌍을 갖고 있지 않기 때문에 더 이상 방향족성이 아니다.

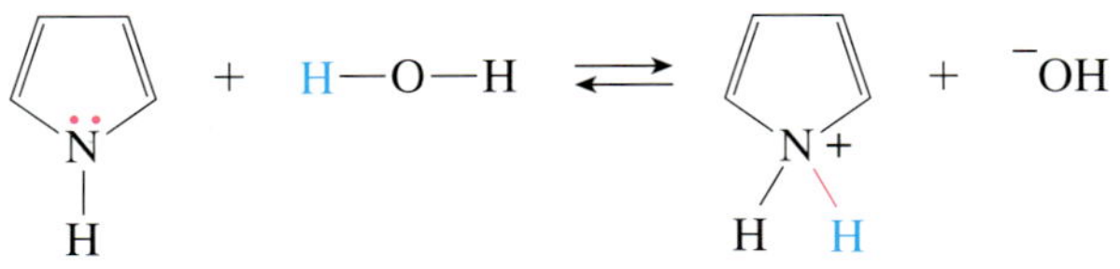

Aromatic Nonaromatic

피롤은 이중결합을 갖고 있지 않은 5-원자 질소 헤테로고리로 피롤리딘보다 염기성이 $10^{14}$배 더 약하다. 피롤리딘의 질소에 있는 염기성 전자쌍은 방향족성 순환의 일부분이 아니기 때문이다.

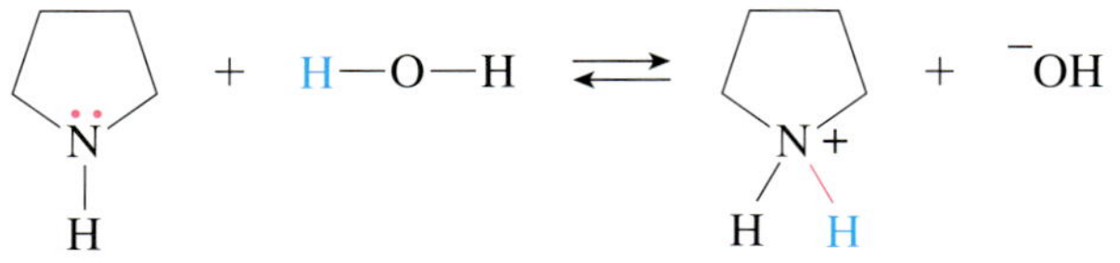

Pyrrolidine

피롤의 산소 유사체는 퓨란이다. 이 경우에 산소에 있는 한 전자쌍은 방향족성 육전자계의 일부이고 다른 것은 고리 면에 놓여 있는 $sp^2$ 혼성 AO에 있으며 방향족성 순환의 일부가 아니다. 황 유사체, 싸이오펜은 비슷한 구조를 갖는다. 퓨란과 싸이오펜은 치환반응을 일으키는 방향족 화합물이다. 연소열로부터 퓨란과 싸이오펜의 공명에너지를 계산하면 각각16 kcal/mol(67 kJ/mol)과 29 kcal/mol(121 kJ/mol)이다.

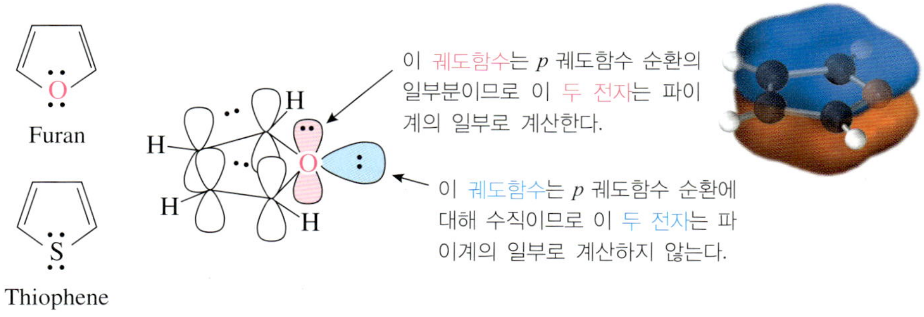


벤젠, 피롤, 푸란 및 싸이오펜에 대한 방향족 안정화의 차는 방향족 안정화가 화합물의 구조에 따라 변한다는 것을 나타내준다. 몇 가지 화합물은 극적인 안정성과 화학적 반응성을 나타내는 큰 방향족 안정화를 갖는다. 다른 것들은 적은 안정화만을 가지며 정상적인 알켄과 비견할 수 있는 안정성과 반응성을 갖는다.

피리딘은 질소 원자를 포함한 6-원자 고리를 가지며 벤젠의 질소 유사체이다. 질소에 있는 전자는 탄소-수소결합의 전자와 같이 고리 면에 있는 $sp^2$ 궤도함수에 있으므로 파이전자의 순환의 일부가 아니다. 피리딘은 그 파이 MO에 6개의 전자를 가지므로 방향족성이다.

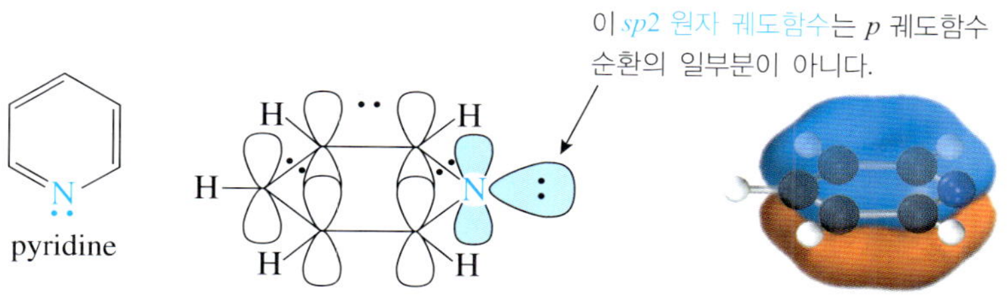


질소의 비공유 전자쌍은 방향족성 파이전자계의 일부가 아니다. 피리딘은 피롤보다 상당히 강한 염기이다. 피리딘은 많은 반응에서 염기성 용매로 사용된다.

## 예제 16.1

이미다졸에서 어느 전자가 $p$ 궤도함수의 콘쥬게이트 순환의 일부인 궤도함수에 있고 어느 것이 아닌가를 결정하여라. 이미다졸이 방향족성인지 아니지를 설명하여라.

### 풀이

질소 1(적색)은 피롤의 질소와 같다. 그 전자쌍은 콘쥬게이트 순환의 일부분인 $p$ 궤도함수에 있다. 대조적으로 질소 3(청색)은 피리딘의 질소와 같다. 그 전자쌍은 $p$ 궤도함수 콘쥬게이트 순환에 대해 수직인 $sp^2$ 혼성 AO에 있으므로 이 전자는 계산하지 않는다. 전체로 이미다졸은 두 이중결합에 4개의 전자와 N-1에 2개의 전자를 합쳐서 고리에 6개의 전자를 갖는다. 그러므로 방향족성이다.

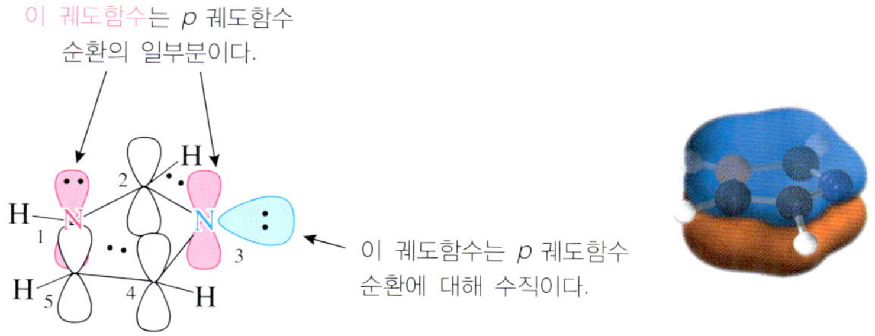


**문제 16.8** 다음 각 화합물이 방향족성, 반방향족성 혹은 비방향족성인지를 설명하여라.

a) 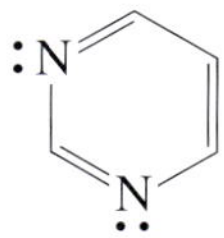
b) 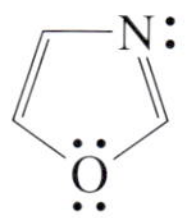
c) 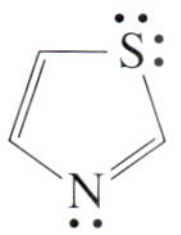

d) 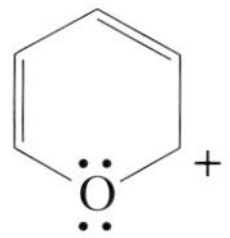
e) 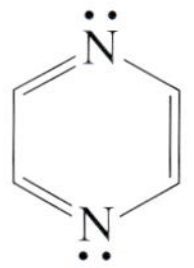
f) 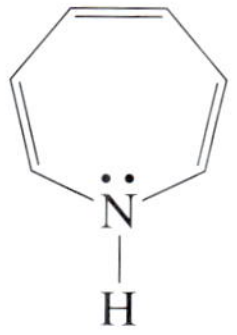

## 16.8 다고리 방향족 탄화수소

다고리 방향족 탄화수소는 2개 이상의 접합 벤젠고리를 갖는다. 가장 간단한 예가 나프탈렌이다. Hückel 규칙은 이와 같은 고리계에 적용할 수 없다. 그러나 다고리 화합물을 형성하는 접합된 개개의 고리가 방향족성이면 접합 화합물은 방향족성이 된다. 두 벤젠고리의 접합으로 형성되는 나프탈렌은 두 벤젠만큼은 공명 안정화를 기대할 수 없지만 방향족성이다. 이것은 실험적으로 결정한다. 연소열을 근거로 나프탈렌의 공명에너지는 61 kcal/mol(255 kJ/mol)로 계산되었으며 이 값은 벤젠의 값에 2배는 아니지만 벤젠(36 kcal/mol[151 kJ/mol])보다는 상당히 크다.

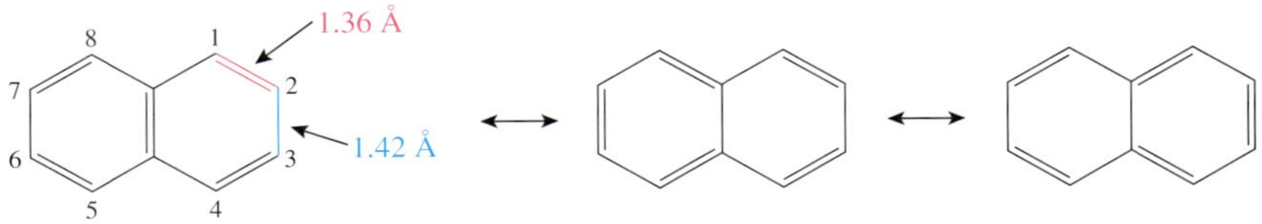


Naphthalene

나프탈렌에 대해 3개의 공명식을 쓸 수 있다. C1—C2 결합은 두 구조에서 이중결합과 한 구조에서 단일결합은 나타내고 한편 C2—C3 결합은 두 구조에서 단일결합과 한 구조에서 이중결합을 나타낸다. 이것은 C1—C2 결합이 왜 C2—C3 결합보다 짧은가를 설명해준다.

안트라센과 페난트렌은 3개의 접합 벤젠고리를 가진 이성질성 화합물이다. 그 공명에너지는 각각 84 kcal/mol(352 kJ/mol)과 92 kcal/mol(385 kJ/mol)이다. 다른 많은 다고리 방향족 탄화수소도 알려졌다. 트라이센과 벤조[a]피렌은 전형적인 예이다.

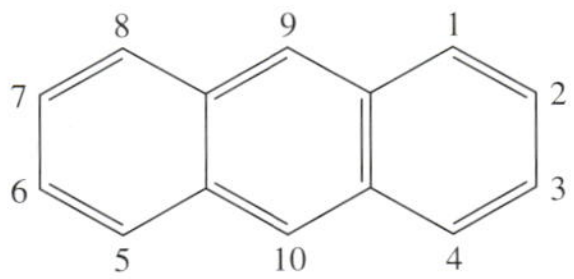

Anthracene

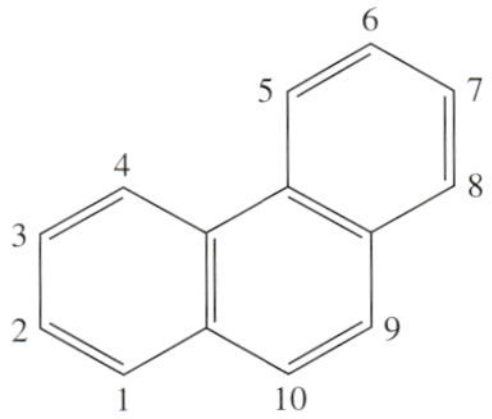

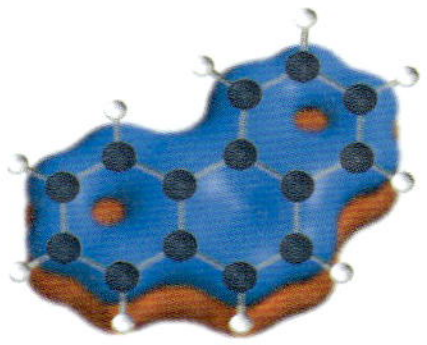

Phenanthrene

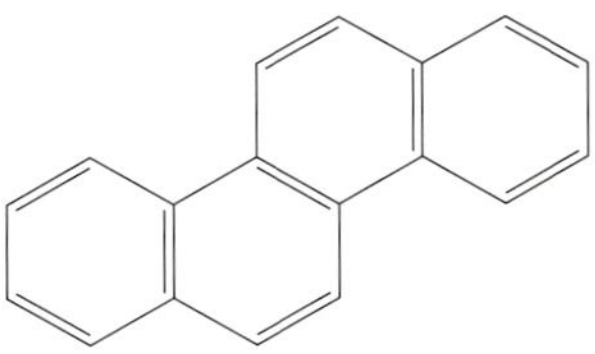

Chrysene

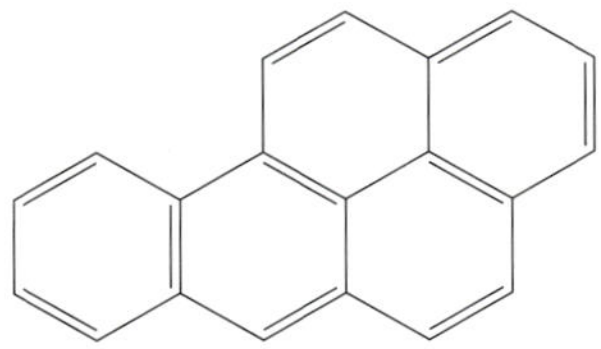

Benzo[a]pyrene

이 화합물들은 다 상당한 방향족 안정성을 갖고 있다. 이들은 벤젠과 같이 치환 반응을 일으킨다. 몇몇 화합물들은 벤젠보다 더 반응성이 큰 파이결합을 갖는다.

**문제 16.9** 페난트렌의 5개의 공명구조를 그려라. 이 구조를 검토하여 페난트렌의 어느 탄소-탄소 결합이 가장 짧을 것인가?

**문제 16.10** 페난트렌이 $Br_2$와 반응하면 $C_{14}H_{10}Br_2$을 생성한다. 이 반응은 이중결합성이 가장 큰 결합에서 일어난다. 이 생성물의 구조를 나타내어라. 이 생성물이 형성될 때 잃는 에너지의 양과 다른 결합에서 첨가가 일어날 때 잃는 에너지량을 비교하여라.

## 16.9 NMR과 방향족성

특별히 공명 안정화의 양이 적으면 화학적 반응을 근거로 화합물이 방향족인지 아닌지를 결정하는 것은 대단히 어렵다. 이런 경우에는 NMR 분광학이 방향족성에 대한 유용한 기준이 된다. 14장에서 검토한 것처럼 $^1$H-NMR 스펙트럼에서 벤젠고리의 수소는 알켄 이중결합에 있는 수소에 대한 위치보다 상당히 낮은 장인 7~8의 영역에서 항상 나타난다. 이 낮은 장 이동은 분자가 NMR 기기의 외부자장에 놓이면 파이전자의 순환으로 생기는 "고리 전류"에 의해 생긴다. 순환전자는 고리 중심에서는 외부 자기장에 대해 반대이고 수소가 있는 고리 밖에서는 외부 자기장과는 평행인 자기장을 형성한다.

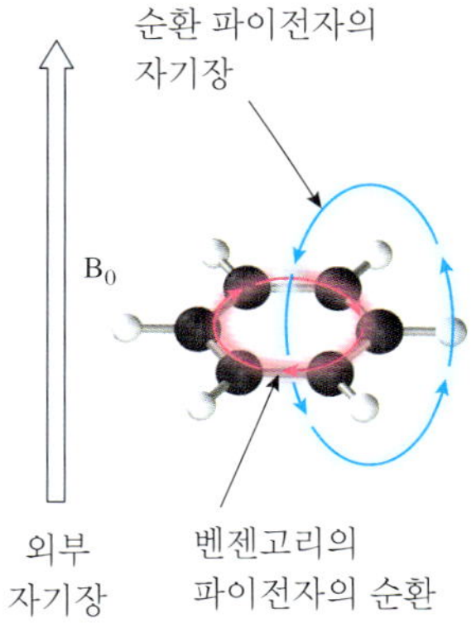


수소가 있는 곳에서 외부 자기장에 평행한 유도 자기장이 생기기 때문에 전자기 복사선의 흡수에 대해 필요한 총 자기장에 도달하는 데는 적은 외부 자기장이 필요하다. 그러므로 수소는 낮은 장에서 나타난다. 물론 수소가 고리중심에 가깝게 결합되어 있으면 높은 장에서 관찰된다. 예로 다음 화합물의 적색 양성자 다리는 벤젠고리 바로 위에 위치한다. 이 수소는 TMS로부터 대단히 높은 장인 −4.03 δ에서 나타난다.

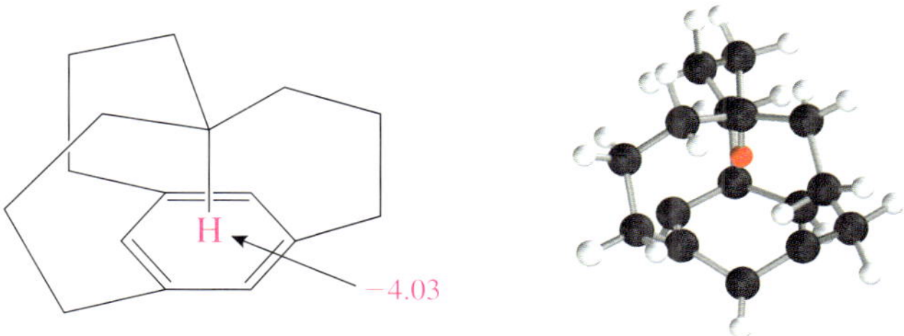


벤젠의 이 고리 전류를 **반자기성(diamagnetic)**이라고 하며 방향족 화합물의 일반적 특성이다. 반지기성 고리 전류의 존재는 화합물에서 방향족성의 존재에 대한 실험적 기준을 마련해준다. 이 방법을 사용하는 다른 예를 6.10절에 소개할 것이다.

반방향성 화합물은 **상자기성(paramagnetic)**이라는 다른 고리 전류를 나타낸다. 상자기성은 고리 중심에서 외부 자기장과 평행하고 고리 밖에서는 반대가 되는 유도 자기장을 생성한다. 방향족 화합물에서 발견되는 효과의 정확히 반대되는 효과에 의해 고리 밖에 있는 수소가 정상적인 알켄의 수소의 위치보다 높은 장에서 나타난다.

트라이-*t*-뷰틸사이클로뷰타다이엔은 이 효과 한 예를 제시해준다. 이 화합물은 잠시 동안 실온에서 안정화된다. *t*-뷰틸기는 덜 장애를 받는 사이클로뷰타다이엔을 파괴하는 이합체반응을 지연시키기 때문이다. 이 화합물의 고리수소는 사이클로뷰텐(5.95 δ)과 같은 비방향족성 화합물의 위치보다 다소 높은 장 5.38 δ에서 나타난다.

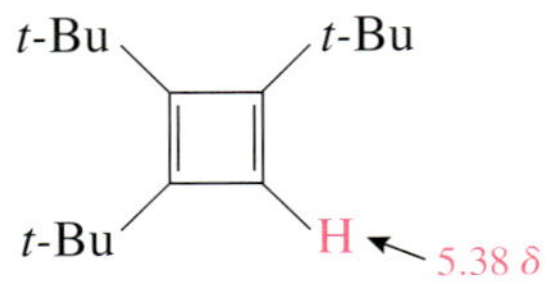


Tri-*tert*-butylcyclobutadiene

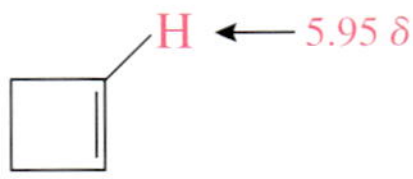


비평면 기하구조 때문에 사이클로옥타테트라엔은 반방향족성이 아니고 그 수소는 알켄에 대해 전형적인 값인 5.75 δ에서 나타난다. 그러나 벤조-1,5-사이클로옥타다이엔-3,7-다이아인이라 부르는 화합물의 삼중결합은 이 화합물을 평면 기하구조가 되게 한다. 8-원자고리의 파이계는 8개의 전자를 포함한다. 8-원자고리의 이중결합에 있는 수소는 4.93 δ에서 나타나며 이 화합물은 다소의 반방향족성의 특성을 갖는다는 것을 나타내준다.

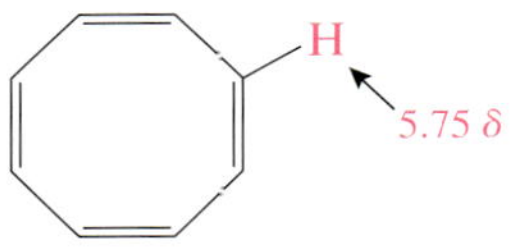


Cycloactatetraene

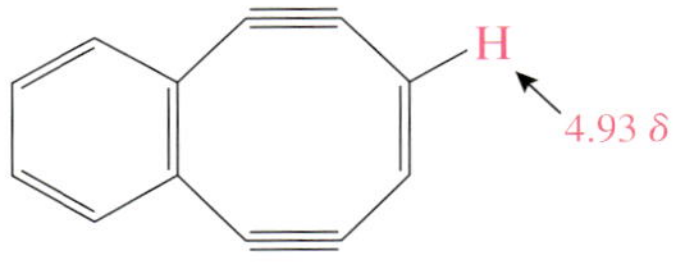


Benzo-1,5-cyclooctadiene-3,7-diyne

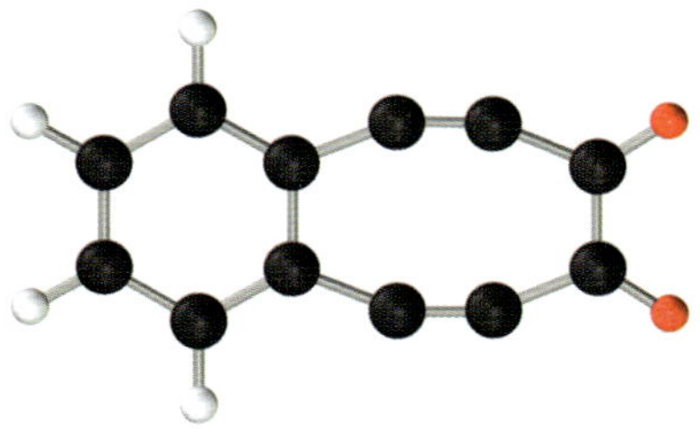

## 16.10 아늘렌

일반적인 이름 **아늘렌(annuleme)**은 단일 Lewis 구조에서 교대로 된 단일결합과 이중결합을 포함한 고리에 주어지는 이름이다. 그러므로 벤젠은 [6]아늘렌, 사이클로옥타테트라엔은 [8]아늘렌이라 부른다. 더 큰 많은 아늘렌이 $4n + 2$ 전자가 있을 때 Hückel 규칙에 따르고 방향족성이 되는가를 결정하기 위하여 제조되었다.

일련이 더 큰 아늘렌이 평면이면 상당한 각 무리를 가지고 시스 이중결합만을 갖는다. 트랜스 이중결합의 도입은 이 각 무리를 해소할 수 있는 방법을 제공해 준다. 그러나 이것은 고리의 반대편에 있는 원자들이 같은 공간 영역으로 있게 되어 입체적 무리를 생성하기도 한다. 예를 들어 [10]아늘렌을 고려해보자. 2개의 트랜스 이중결합을 가지므로 각 무리는 없다. 그러나 고리내부로 향하고 있는 두 수소는 상당히 큰 입체적 무리를 생성하므로 이 화합물을 제조하려는 시도는 아직도 성공하지 못하였다. 그러나 열려진 수소대신에 $CH_2$ 다리를 가진 화합물은 제조되었다. 다리가 고리를 평면으로부터 다소 뒤틀리게 하기는 하지만 화합물은 방향족 화합물의 전형인 반자기성 고리 전류의 존재를 나타낸다. 고리 주위에 있는 수소는 6.9~7.3 δ에서, 고리면 위에 있는 다리의 수소는 상당히 높은 장 −0.5 δ에서 나타난다.

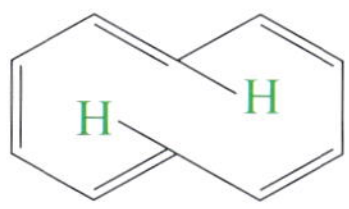


[10]Annulene (아직 합성되지 않음)

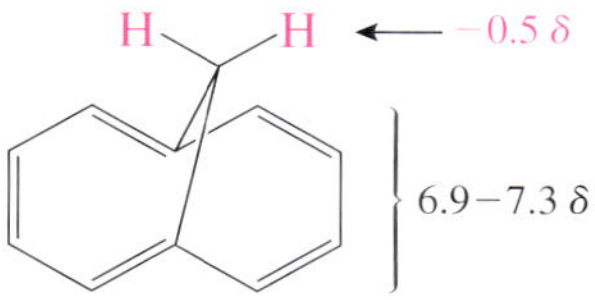


다리 걸친 [10]annulene

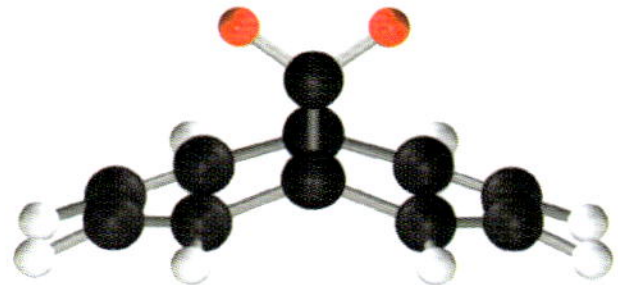

네 트랜스 이중결합을 가진 [14]아눌렌의 고리 내부에 있는 수소는 0.0 δ에서 고리 밖에 있는 수소는 7.6 δ에서 나타나며 반자기성 고리전류를 나타내준다. 그러나 고리내부의 수소에 의해 생기는 입체적 무리는 이 화합물의 반응성을 크게 해준다. 이 입체적 상호작용이 없는 다리 걸친 [14]아눌렌은 안정하고 방향족성 화합물의 특성을 나타낸다. 모든 결합거리는 1.4 Å이고, 첨가보다는 치환반응을 일으키며 밖에 있는 수소는 8.1~8.7 δ에서 메틸기의 수소는 −4.25 δ에서 나타난다. 마지막 예로 [18]아눌렌 고리 내부에 있는 수소는 −3 δ에서 외부에 있는 수소는 9 δ에서 나타난다.

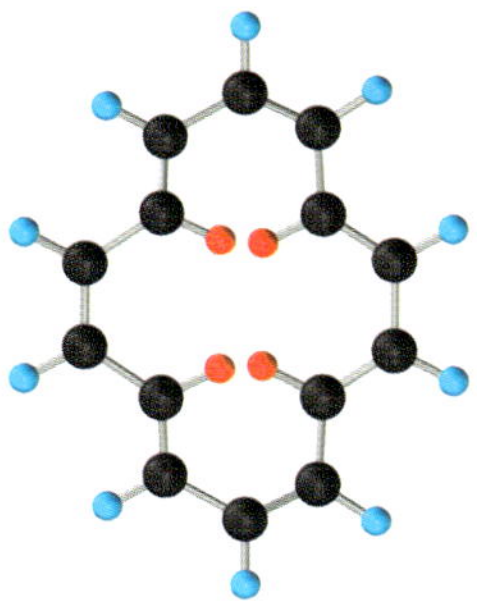

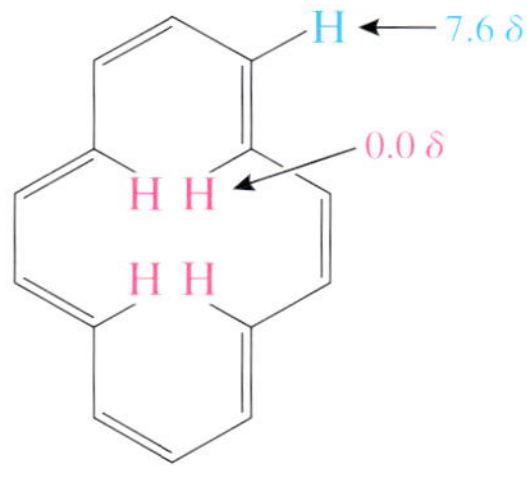


[14]Annulene

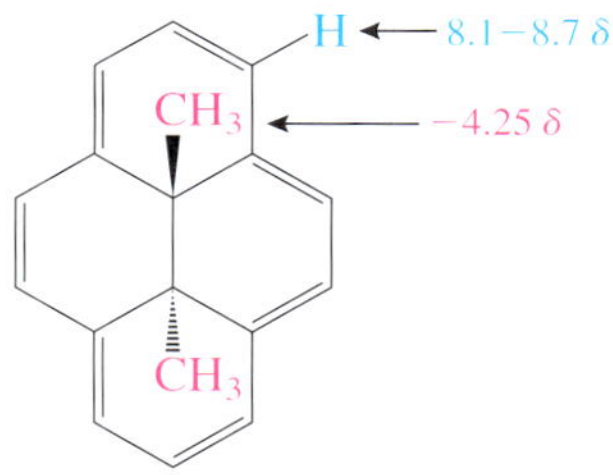


다리 걸친 [14]annulene

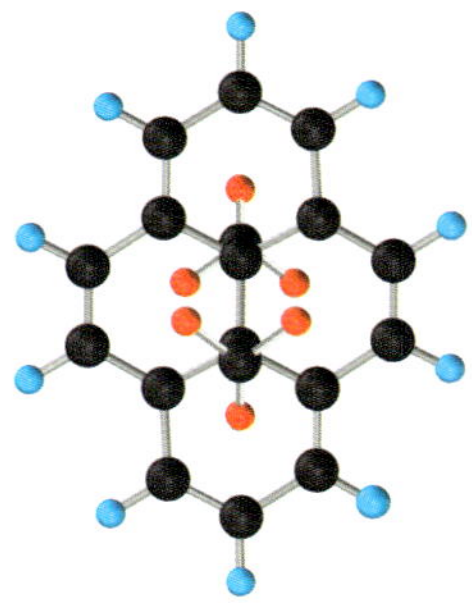

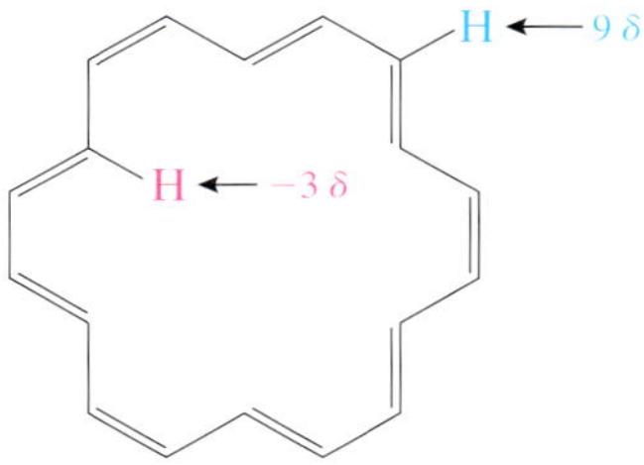


[18]Annulene

**문제 16.11** 이 화합물의 1H-NMR 스펙트럼은 9.5 δ에서 흡수와 −7 δ 영역에서 다른 흡수를 나타낸다. 어느 수소가 이들 각 흡수에 해당하는를 설명하여라.

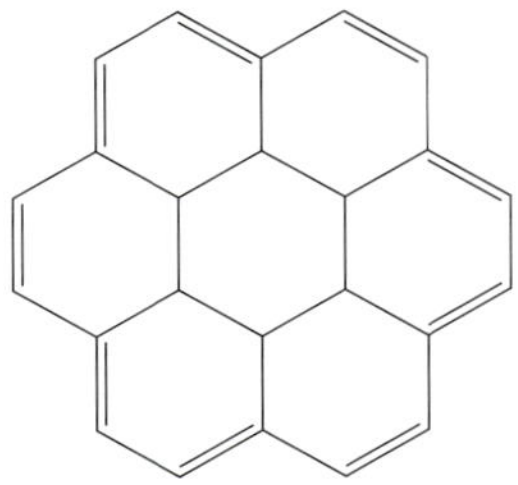

## 16.11 방향족성과 반방향족성 이온

고리가 평면이고 고리의 원자에 있는 콘쥬게이트 *p* 궤도함수를 가진다면 홀수의 탄소원자를 포함하는 고리는 방향족성 혹은 반방향족성이 될 것이다. 홀수의 *p* 궤도함수에 짝수의 전자를 갖고 있다면 이 화학종은 이온이 되어야 한다. 그들은 카보양이온 혹은 카보음이온이 되어야 한다.

이와 같은 이온의 가장 간단한 예는 사이클로프로펜일 카보양이온이다.

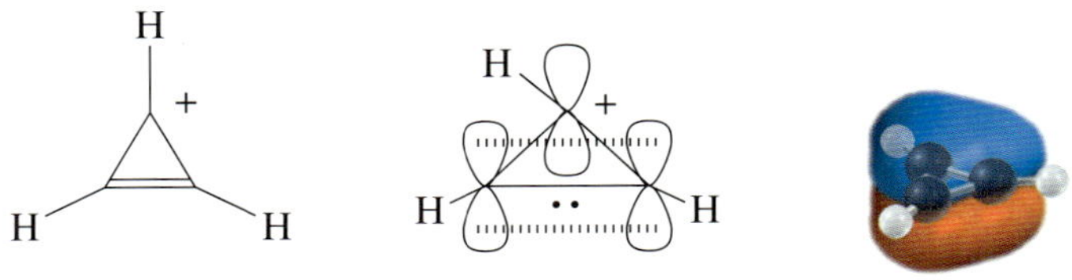

The cyclopropenyl carbocation

삼각 평면 기하구조와 비어 있는 *p* 궤도함수를 가진 카보양이온은 $sp^2$ 혼성이기 때문에 이 이온은 세 *p* 궤도함수의 원을 갖는다. 사이클로프로펜일 카보양이온은 세 파이 MO에 두 전자가 있으므로 Hückel 규칙에 따르고 방향족성이 된다. 사실 사이클로프로펜일 카보양이온은 상당한 각 무리가 있기는 하지만 다른 카보양이온보다 상당히 더 안정하다. 예로 대부분의 카보양이온은 약한 친핵체인 물과 빨리 반응한다. 대조적으로 과염소산 트라이-*t*-뷰틸사이클로프로펜일 카보양이온염은 물에서 재결정할 수 있을 정도로 충분히 안정하다.

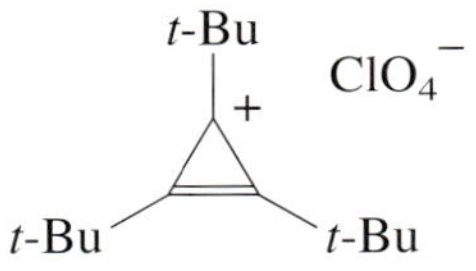

Tri-*tert*-butylcyclopropenyl perchlorate

다른 예는 사이클로펜타다이엔의 산도에 의해 마련되었다. 이 화합물은 물만큼 강한 산이다. 그 짝염기가 6개의 파이전자를 가진 방향족성이기 때문에 다른 탄화수소보다 산성이 더 커진다.

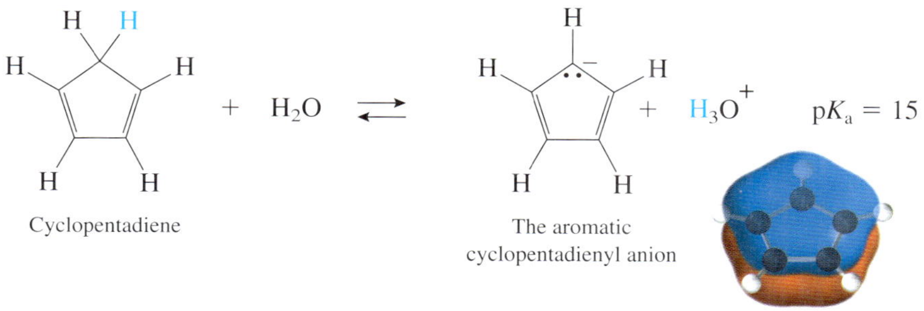


트로필륨 양이온으로 알려진 사이클로헵타트리엔일 카보양이온은 6개의 파이전자를 갖는다. 이것은 방향족성이고 대단히 안정하다. 사실 7-브로모-1,3,5-사이클로헵타트라이엔은 실제로 이온성 화합물로 존재한다.

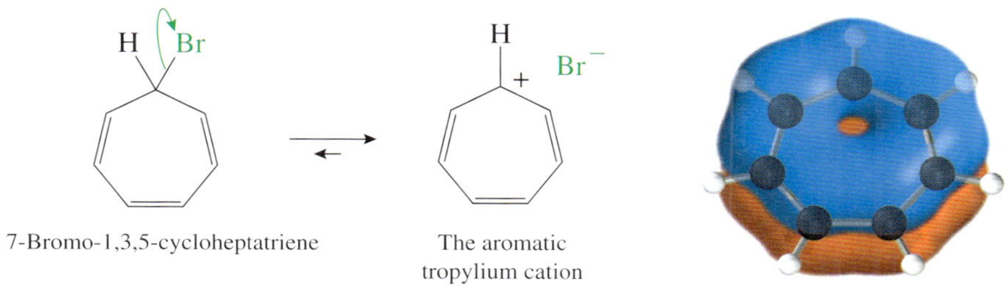


대조적으로 4개의 파이전자를 가진 사이클로펜타다이엔일 카보양이온은 반방향성이고 대단히 불안정하다. 그러므로 5-아이오도-1,3-사이클로펜타다이엔은 아이오도사이클로펜테인의 $S_N1$ 메카니즘에 의해 빨리 반응하는 조건에서 반응성이 없다.

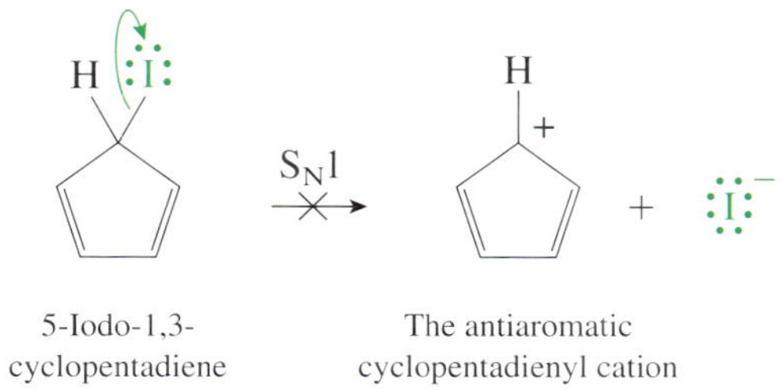


방향족성의 개념은 고리, 콘쥬게이트 화합물의 화학적 작용을 이해하는데 대단히 중요하다. 이것은 벤젠과 그 유도체에 대해 중요하고 다른 많은 형태에 적용할 수 있다. 반응물, 생성물 혹은 $p$ 궤도함수의 평면고리를 포함하는 중간체 및 반응에 대한 방향족성의 효과를 고려해야 한다.

**문제 16.12** 다음 화합물 중 어느 것이 더 강한 산인가를 설명하여라.

a)  or 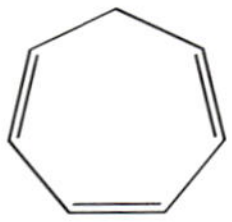

b) 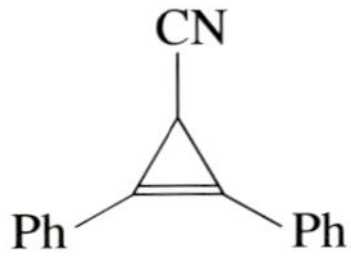 or 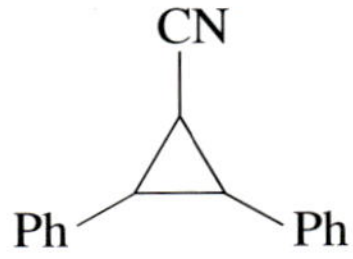

c) 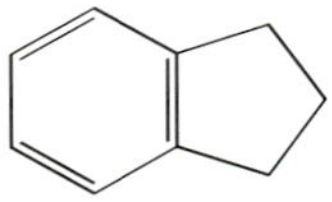 or 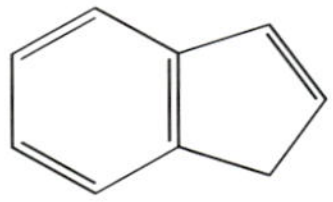

**문제 16.13** 다음 화합물 중 어느 것이 $S_N1$ 메카니즘에 의해 빠른 치환반응을 일으키는가를 설명하여라.

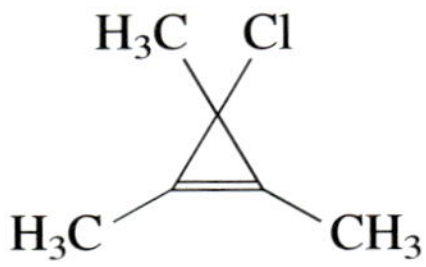 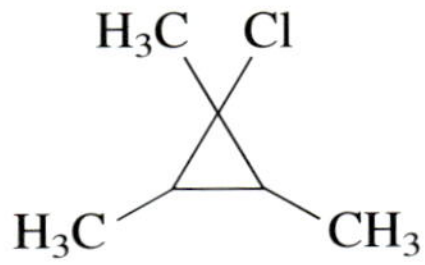

## 추가문제

**16.14** 이들 화학종이 파이 MO에 대한 에너지 준위를 나타내어라. 이들 MO를 점유하는 전자를 나타내어라.

a) 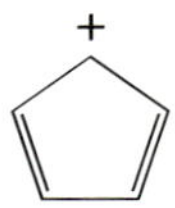

b) 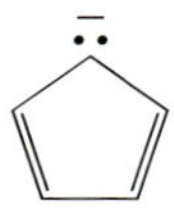

c) 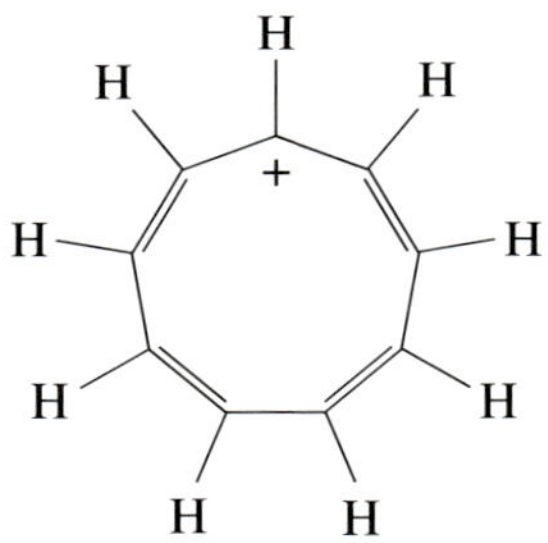

**16.15** 다음 각 화학종이 방향족성 혹은 반방향족성인가를 설명하여라.

a) 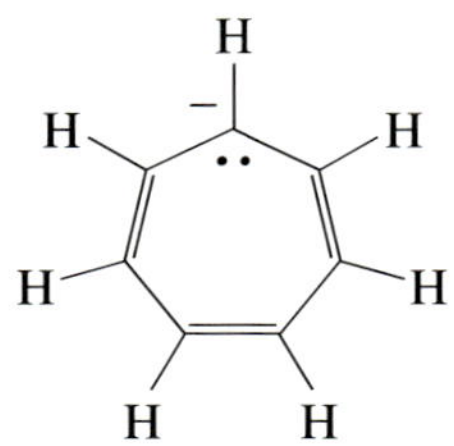

b) 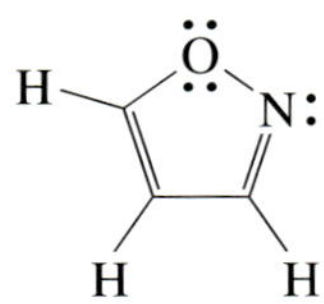

c) 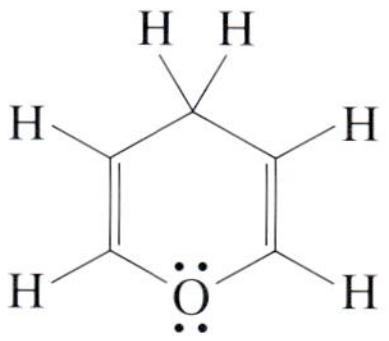

d) 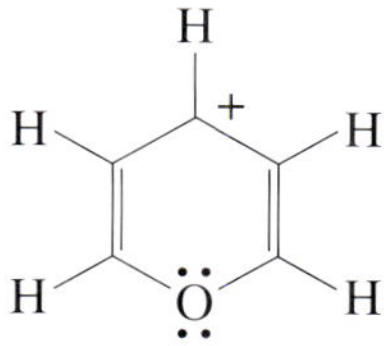

e) 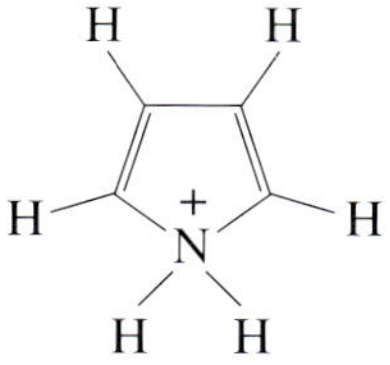

f) 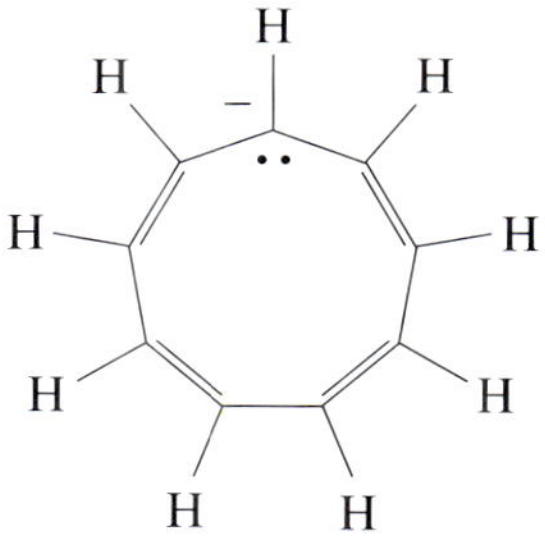

**16.16** 사이클로옥타테트라엔은 포타슘 금속과 쉽게 반응하여 이가 음이온을 형성한다. 이 이가 음이온의 전자구조와 기하구조를 검토하고 왜 이것이 쉽게 형성되는지를 설명하여라.

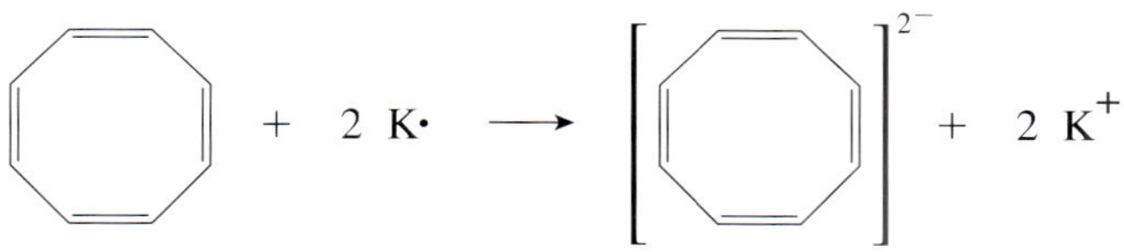

**16.17** 2,4-사이클로펜타다이엔온은 불안정하여 분리될 수 없다. 한편 2,4,6-사이클로헵타트라이엔온은 대단히 안정하고 쉽게 분리할 수 있다. 공명과 방향족성 의논의를 근거로 실험적인 결과를 설명하여라.

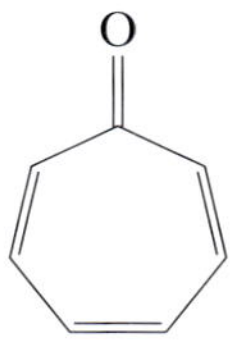

2,4,6-Cycloheptatrienone
(안정)

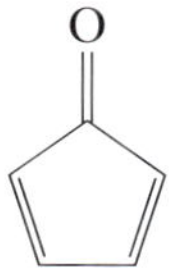

2,4-Cyclopentadienone
(불안정)

**16.18** $sp^2$ 혼성 탄소에 의해 3-원자고리에 여분의 각 무리가 생기므로 사이클로프로판온은 대단히 활성인 케톤이다. 더 큰 각 무리를 갖고 있지만 사이클로프로펜온은 반응성이 더 작다. 이 결과를 설명하여라.

반응성이 더 크다

반응성이 더 작다

**16.19** Hückel 규칙은 벤젠과 사이클로뷰타다이엔과 같은 단일 고리 화합물에 적용된다. 그러나 고리주위에 있는 모든 이중결합이 공명구조를 가진 다고리 화합물에도 사용할 수 있다. 예로 나프탈렌에 대한 구조를 사용하여 순환하는 10개의 전자를 나타냈으며 방향족성이 될 것으로 예측할 수 있다.

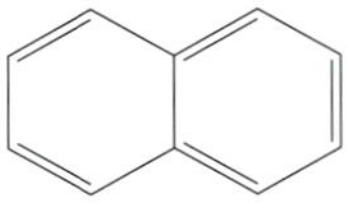

이것을 사용하여 다음 두 화합물은 대단히 반응성이 크고 한 화합물은 대단히 안정하다는 것을 설명하여라.

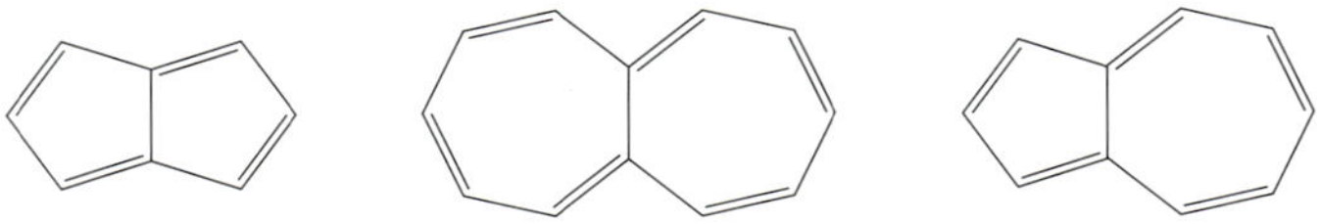

**16.20** 쿠마린은 중요한 천연 향료이다. 산소를 포함하는 고리가 방향성을 가질 것인지 설명하여라.

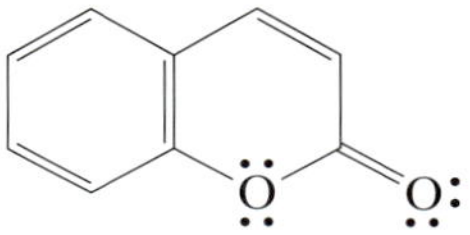

Coumarin

**16.21** 이 케톤의 짝산은 대단히 안정하다. 설명하여라.

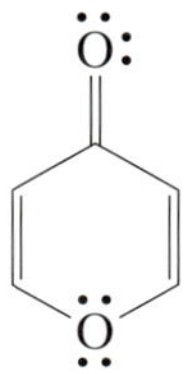

**16. 22** 벤조사이클로뷰타다이엔은 대단히 활성인 화합물이다. 설명하여라.

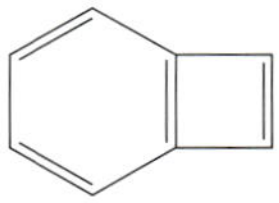

Benzocyclobutadiene

**16. 23** 다음 화합물은 방향족성인지 아닌지를 설명하여라.

**a)** 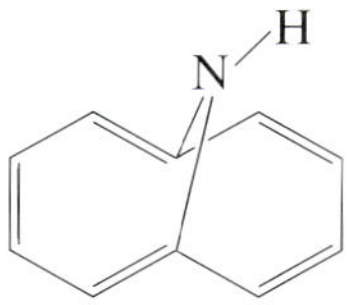 **b)** 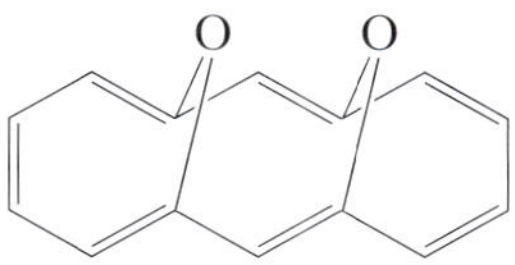

**16.24** 이 화합물의 $^{1}$H-NMR 스펙트럼에서 흡수에 대한 대략적인 위치를 예측하여라.

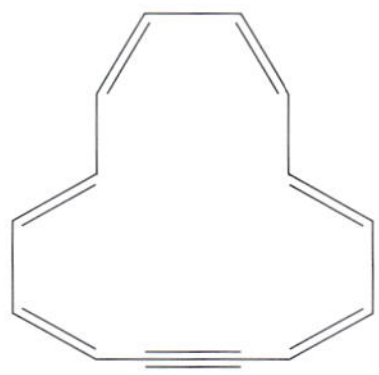

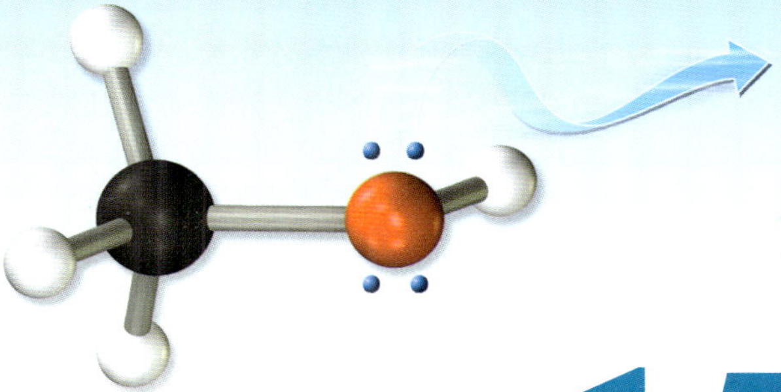

CHAPTER 17

# 방향족 치환반응

**유기화학 숙달**

- 방향족 치환반응의 생성물을 예측
- 방향족 치환반응의 메카니즘의 이해
- 속도에 미치는 치환기 효과의 예측과 친전자성 방향족 치환반응
- 치환반응의 위치화학
- 방향족 화합물의 합성

이 장에서 논의할 대부분의 반응은 방향족 화합물에 대한 친전자체의 공격이다. 메카니즘의 초기 단계는 11장에서 검토한 탄소-탄소이중결합의 친전자성 첨가반응과 유사하다. 최종생성물은 첨가라기보다는 방향족 고리에 결합된 수소를 친전자체로 치환하여 생긴다. 그러므로 이 반응은 **친전자성 방향족 치환반응(electrophilic aromatic substitution)**이라 한다.

먼저 이 반응에 대한 일반 메카니즘을 제시한다. 다음에 벤젠 고리에 대한 나이트로기의 치환과 같은 특정한 예를 다루게 될 것이다. 고리에 이미 존재하던 기가 반응의 속도와 위치화학에 미치는 효과를 자세히 다룰 것이다. 다음에 방향족 고리에 할로겐, 설폰산기, 알킬기 및 아실기를 도입하는 반응을 제시하였다. 각 경우에 대해 시약, 친전자체를 생성하는 메카니즘 및 반응의 유용성과 제한성에 대해 검토하였다. 이 반응들은 대단히 중요하고 이 장의 주류를 형성한다.

다음에 방향족 고리에 대한 친핵성 치환반응의 세 가지 다른 메카니즘을 제시하였다. 방향족 고리에 결합된 상호변환기 때문에 합성에서 유용한 다른 반응들을 제시하였다. 끝으로 다양한 치환된 방향족 화합물을 합성하기 위하여 이 모든 반응들의 조합사용을 검토하였다.

## 17.1 친전자성 방향족 치환반응에 대한 메카니즘

친전자성 방향족 치환방응에 대한 일반 메카니즘은 그림 17.1에 요약하였다. 과정은 친핵체로 작용하는 방향족 고리의 파이 전자쌍과 친전자체의 반응에 의해 시작된다. 알켄의 파이 전자와 친전자체의의 반응으로 시작되는 11장에서 기술한 첨가반응과 비슷한 형태이다. 이결과로 **아레늄 이온(arenium ion)**이라 부르는 카보양이온을 생성한다. 약한 염기에 의해 아레늄 이온으로부터 양성자가 제거되면 방향족 고리의 수소를 친전자체로 치환할 수 있다.

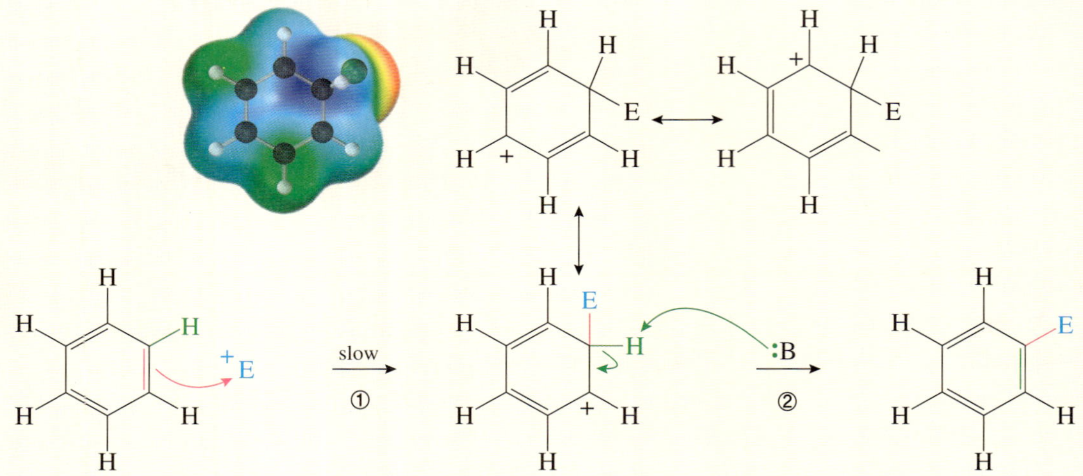


Arenium ion

① 친전자체가 방향족 고리의 파이 전자쌍과 친전자체와 반응한다. 이 단계는 알켄과 친전자체가 반응하는 반응의 첫 단계와 유사하다. 이것은 반응의 느린 단계이다.

이 카보양이온을 아레늄 이온이라 부른다. 이것은 상당한 공명 안정화를 갖지만 궤도함수의 순환이 고리 전체로 확충될 수 없기 때문에 벤젠의 방향족 공명에너지를 잃어버린다. 공명구조는 친전자체가 결합된 탄소에 대해 오쏘와 파라 위치에 양전하를 갖는다.

② 양전하를 가진 탄소에 친핵체가 결합되기보다는 염기가 아레늄 이온으로부터 양성자를 제거하여 큰 공명안정화를 가진 방향족 고리를 재생한다.

**그림 17.1 일반적 친전자성 방향족 치환반응의 메카니즘**

이 반응의 에너지를 검토하여 첨가반응의 에너지와 비교하는 것이 유익하다. 벤젠은 방향족 공명에너지를 갖기 때문에 다른 알켄보다는 대단히 안정하다. 공면 때문에 친전자성 방향족 치환반응에서 생성되는 아레늄 이온은 첨가반응에서 생성되는 카보양이온보다 더 안정하다. 그러나 아레늄 이온은 더 이상 방향족성이 아니므로 카보양이온에 대한 안정성이 알켄에 대한 벤젠의 안정성보다 작다. 이 두 반응의 전이상태는 카보양이온 중간체와 유사하므로 아레늄 이온을 형성하는 전이상태는 역시 방향족성 안정화를 잃어버린다. 이것이 첨가반응의 활성화 에너지, $\Delta G_a^{\ddagger}$ 보다 더 큰 친전자성 방향족 치환반응의 활성화 에너지, $\Delta G_s^{\ddagger}$를 형성한다. 즉 치환에 대한 전이상태가 되기 위하여 잃어버리는 방향족 공명에너지 때문에 더 높은 활성화 장벽을 형성한다. 치환반응은 첨가반응보다 상당히 더 강력한 친전자체가 필요하다.

카보양이온과 같은 아레늄 이온은 두 가지 가능한 반응 경로를 갖는다. 이것은 친핵체와 반응하여 첨가생성물을 형성하거나 혹은 계에 있는 염기에 의해 양성자를 잃고 치환생성물을 형성한다. 첨가가 일어나면 생성물은 사이클로헥사다이엔이 되고 이화합물은 두 개의 이중결합만을 갖기 때문에 더 이상 방향족성이 아니다. 방향족 고리와 사이클로헥사다이엔 간의 공명에너지 차, 적어도 35 kcal/mol(146 kJ/mol)의 안정화 에너지를 잃어버린다. 분명히 치환반응에 의한 방향족 고리의 형성이 대단히 유리하다.

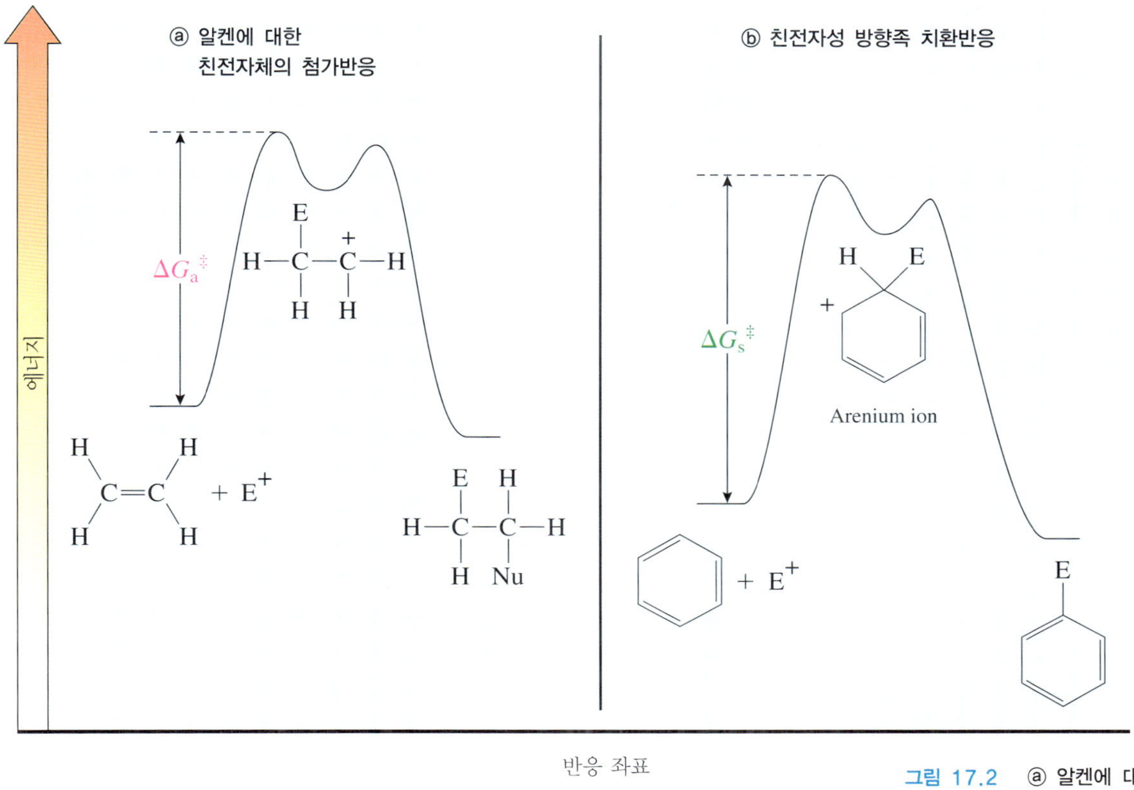


그림 17.2 ⓐ 알켄에 대한 친전자체의 첨가반응과 ⓑ 친전자성 방향족 치환반응에 대한 반응에너지 도표

모든 친전자성 방향족 치환반응은 동일한 일반적 메카니즘에 따르게 된다. 유일한 차이는 친전자체의 구조와 그것이 어떻게 생성되는가에 있다. 특정한 예로 벤젠의 나이트로화반응을 살펴보자. 이 반응은 황산존재하에서 질산과 벤젠의 반응에 의해 이루어진다.

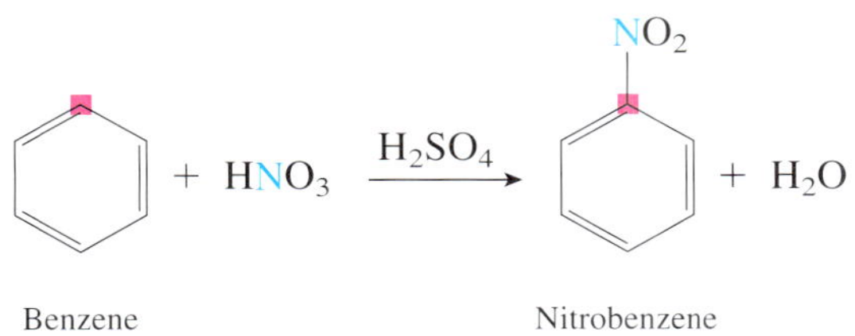


이 반응에 대한 메카니즘은 그림 17.3에 나타내었다. 친전자체, $NO_2^+$(나이트로늄 이온)는 OH기의 양성자화에 의해 질산으로부터 생성된다. 다음에 물이 이탈기로 작용하여 친전자체를 생성한다. 나머지 메카니즘은 그림 17.1에 요약한 메카니즘과 동일하다.

## 17.2 치환기 효과

치환된 벤젠을 나이트로화하면 고리의 치환기는 반응의 속도에 영향을 미친다. 더욱이 $NO_2^+$ 친전자체는 치환기에 대해 오쏘, 메타 및 파라에 결합될 수 있다. 예로

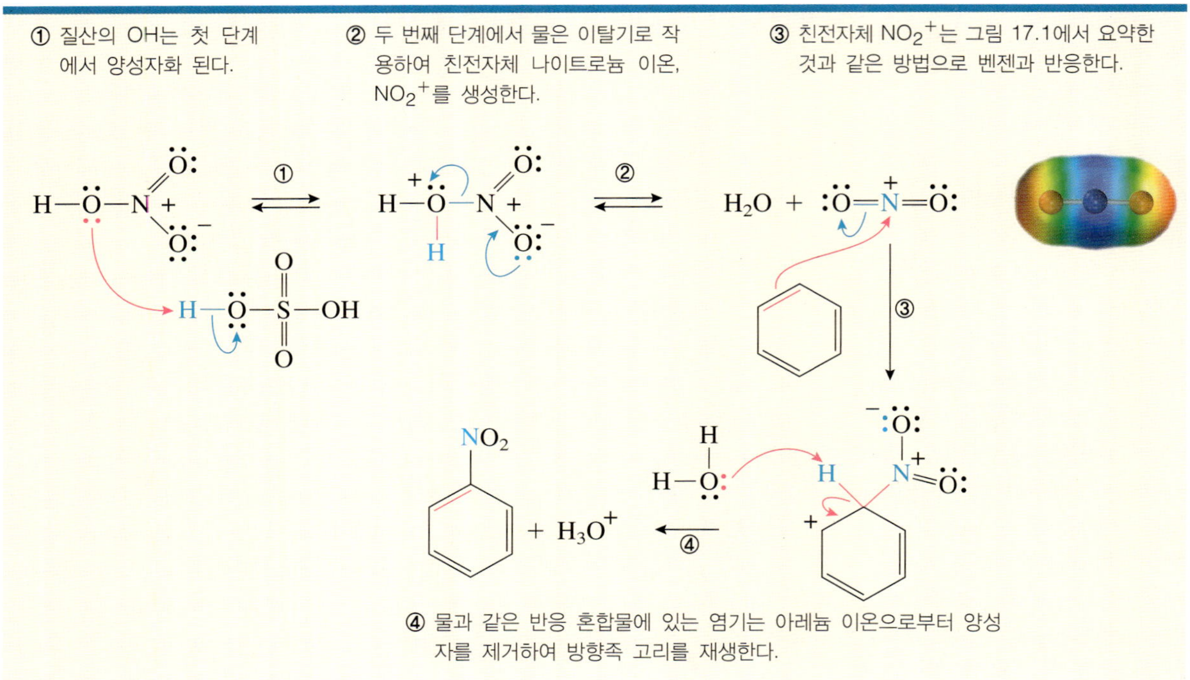


**그림 17.3 벤젠의 나이트로화 메카니즘**

톨루엔을 나이트로화하면 벤젠보다 17배 더 빨리 반응한다. 치환은 주로 메틸기에 대해 오쏘와 파라에서 일어난다.

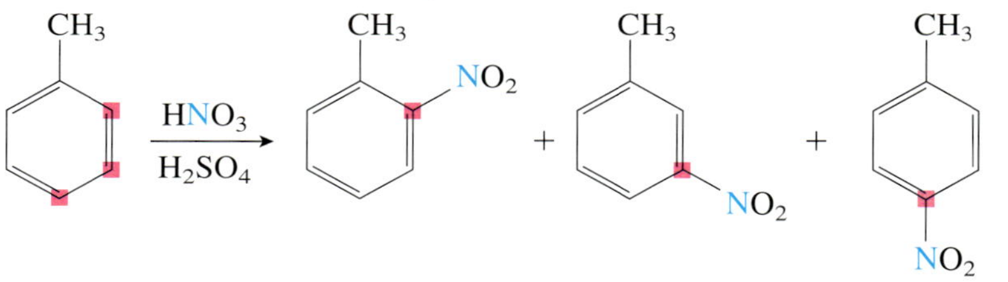

60% *o*-Nitrotoluene, 3% *m*-Nitrotoluene, 37% *p*-Nitrotoluene (Toluene)

메틸기는 벤젠에 비해 반응을 가속화하고 도입하는 친전자체를 오쏘와 파라 위치로 유도한다. 반응에서 속도증진과 위치화학은 메틸기에 대해 오쏘, 메타 및 파라 위치에서 친핵체의 공격에 의해 생성되는 세 가지 가능한 아레늄 이온을 검토함으로써 이해할 수 있다. 먼저 오쏘 위치에 공격하는 경우를 생각해보자.

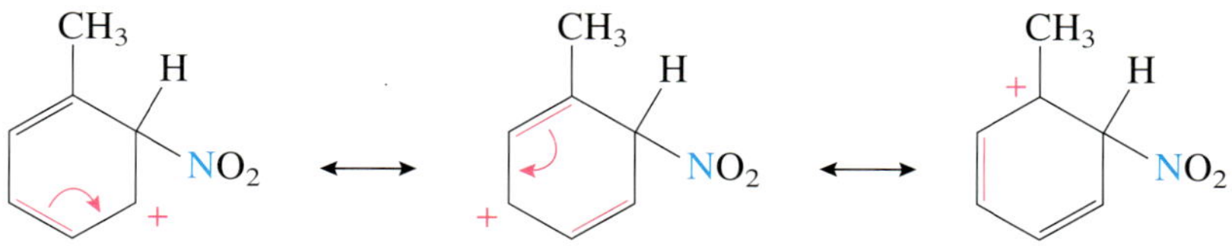

더 안정한 공명구조

오쏘 공격에 의한 아레늄 이온

공명구조의 하나에서 양전하는 메틸 치환기가 결합된 탄소에 위치한다. 메틸기는 카보양이온을 안정화하므로 이 아레늄 이온은 벤젠의 나이트로화에 의해 생성되는 아레늄 이온보다 더 안정하다.

다음에 친전자체가 메틸기에 대해 메타 위치에 공격하여 생성된 아레늄 이온을 고려해보자.

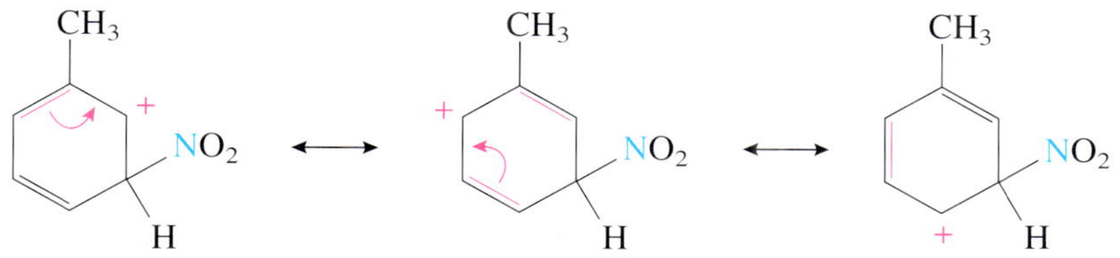

메타 공격에 의한 아레늄이온

이 경우에 양전하가 메틸기가 결합된 탄소에 있는 공명구조는 없다. 이 이온은 벤젠으로부터 형성되는 아레늄 이온과 비교하여 여분의 안정화가 없다.

끝으로 친전자체가 파라 위치에 공격하는 경우를 생각해보자.

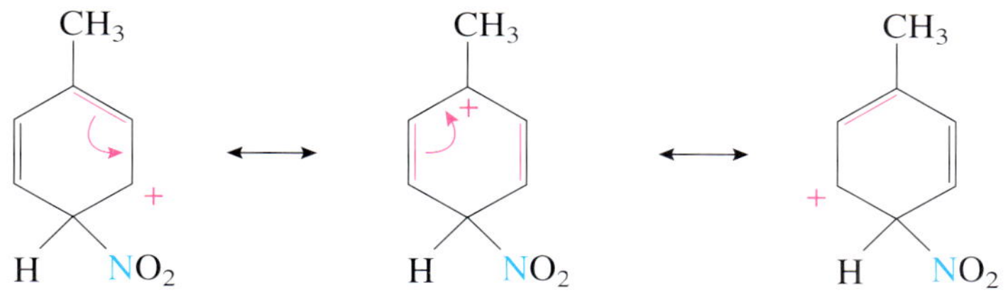

더 안정한 공명구조

파라 공격에 의한 아레늄이온

이 아레늄 이온은 오쏘 위치의 공격에 의해 생성되는 이온과 유사하다. 공명구조의 하나에서 양전하는 메틸 치환기가 결합된 탄소에 위치한다. 그러므로 벤젠으로부터 형성되는 아레늄 이온보다 더 안정하다.

물론 모든 아레늄 이온이 불안정하고 반응성이 큰 중간체이지만 톨루엔에서 친전자체의 메타공격이 아니라 오쏘와 파라 공격으로 생성된 아레늄 이온은 벤젠으로 생성된 아레늄 이온보다 안정하다. 그러므로 톨루엔에 대해 오쏘와 파라 이온을 생성하는 전이상태는 메타 이온 생성 혹은 벤젠의 나이트로화에 의해 생성되는 전이상태보다 에너지가 낮다. 그러므로 메틸기는 친전자체의 오쏘와 파라 위치의 공격을 가속화한다. 메틸기는 활성화기이고 오쏘/파라 지향성기이다.

다른 기의 효과도 같은 원리로 설명할 수 있다. 친전자체가 치환기에 대해 오쏘 혹은 파라에 결합되면 공명구조의 하나에서 양전하는 메틸 치환기가 결합된 탄소에 위치한다. 치환기가 카보양이온을 안정화한다면 반응의 속도를 가속하고 도입 친전자체를 오쏘와 파라 위치로 유도할 수 있다. 한편 치환기가 카보양이온을 불안정화하면 반응의 속도는 늦어지고 친전자체를 메타 위치로 유도한다. 따라서 양전하는 치환기가 직접 결합된 탄소에 생기지 않는다. 몇 가지 다른 예가 이 추론을 분명히 하는 데 도움이 될 것이다.

메톡시벤젠의 나이트로화는 벤젠의 나이트로화보다 10,000배 더 빨리 진행되고 나이트로아니솔의 오쏘와 파라 이성질체가 주로 생성된다.

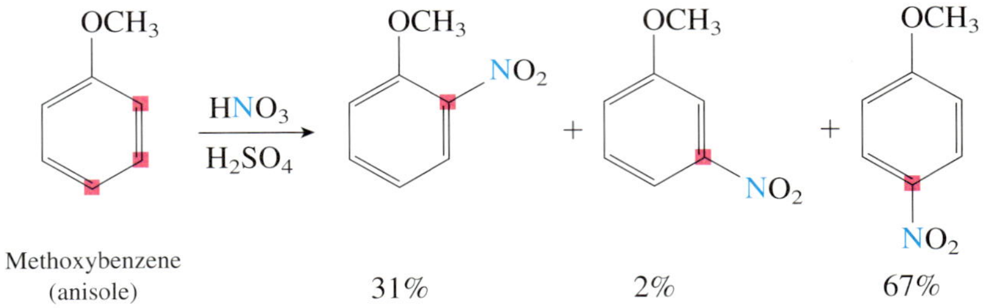


이 결과로부터 메톡시기는 오쏘/파라 지향성이고 메틸기보다 더 강력한 활성화기이다. 파라 아레늄 이온에 대한 공명구조를 검토해보면 메톡시기가 결합된 탄소에 양전하가 있다.

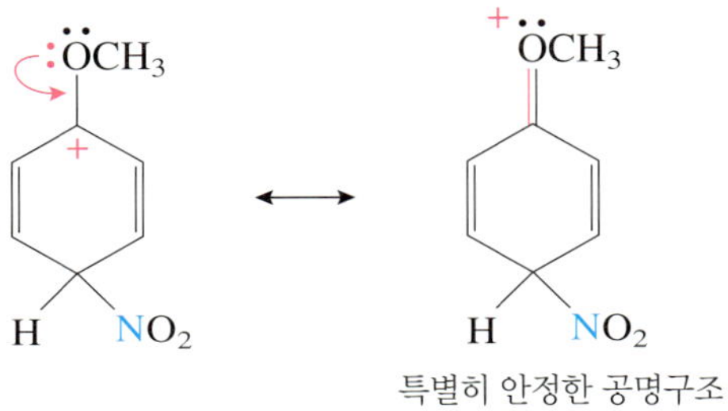


이 경우에는 두 가지 전자효과가 작용한다. 유발효과와 공명효과이다. 산소의 전기음성도가 크기 때문에 메톡시기는 유발효과에 의해 전자를 끌어당긴다. 이것이 작용하는 유일한 효과라면 비활성화기가 될 것이다. 그러나 이 경우에는 공명효과도 있다. 오른편에 나타낸 공명구조처럼 메톡시기는 공명 전자-주는 기이다. 이 공명구조는 모든 원자가 모두 8전자계를 만족하고 있기 때문에 대단히 안정하다. 마찬가지로 오쏘 위치에 친전자체의 반응에 의해 생성되는 아레늄 이온에 대해 특별히 안정한 공명구조를 쓸 수 있다. 그러나 친전자체가 메타 위치에 반응하면 양전하가 메톡시기가 결합된 탄소에 있지 않다. 그러므로 안정한 공명 구조가 형성되지 않는다. 이 경우에는 전체적으로 공명효과가 유발효과를 지배하여 메톡시기는 강력한 활성화기이며 오쏘/파라 지향성이다. 고리에 결합된 원자에 비공유 전자쌍을 가진 기, 다음 방정식에서 일반적인 기 Z로 나타낸 기는 유사한 공명효과를 가지며 활성화기와 오쏘/파라 지향성기로 작용한다.

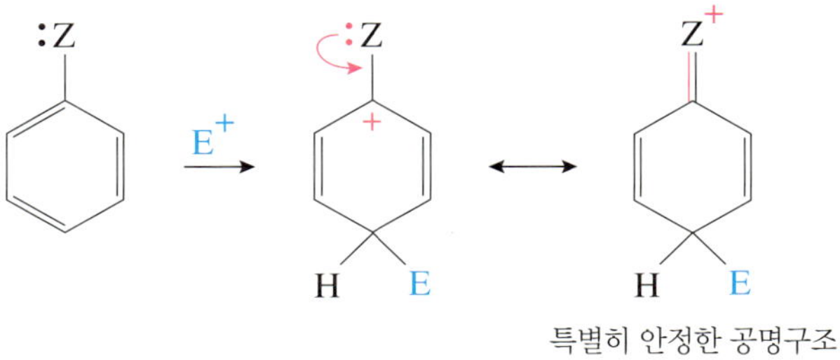

**문제 17.1** 아니솔의 오쏘 위치에 $NO_2^+$ 친전자체의 공격에 의해 생성되는 아레늄 이온에 대한 모든 공명구조를 나타내어라. 이 구조 중 어느 구조가 특별히 더 안정한가?

**문제 17.2** 아니솔의 메타 위치에 $NO_2^+$ 친전자체의 공격에 의해 생성되는 아레늄 이온에 대한 모든 공명구조를 나타내어라. 이 구조 중 어느 구조가 특별히 더 안정한가?

**문제 17.3** 다음 화합물은 친전자성 방향족 치환반응에서 왜 벤젠보다 더 빨리 반응하는지를 설명하고 주 오쏘와 파라 생성물을 나타내어라.

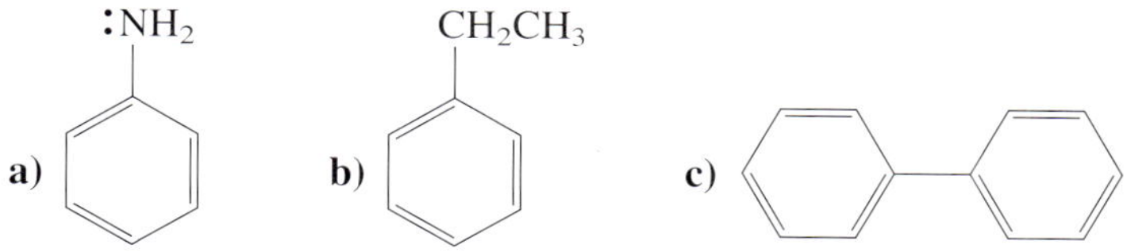


이제 치환기가 반응을 억제하는 예를 생각해보자. 나이트로벤젠의 나이트로화는 벤젠의 나이트로화보다 대략 $10^7$배 더 느리게 일어나고 주 생성물은 다이나이트로벤젠의 메타-이성질체이다.

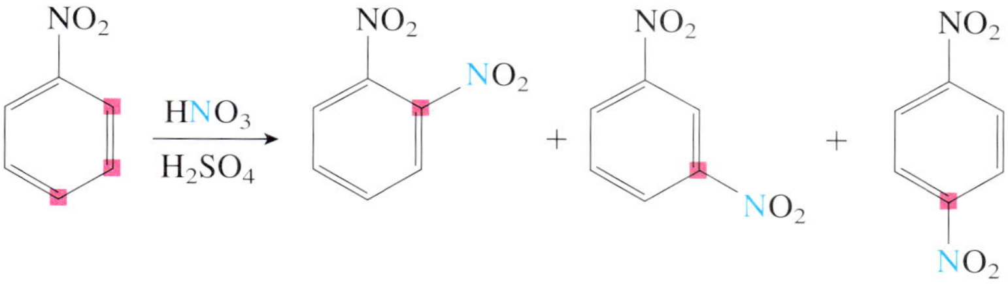


나이트로기는 비활성화기이며 도입 친전자체는 메타 위치로 유도한다. 다시 나이트레늄이온을 검토해보면 이 결과를 잘 설명할 수 있다. 먼저 친전자체가 오쏘 위치에 공격하여 생긴 아레늄 이온을 생각해보자.

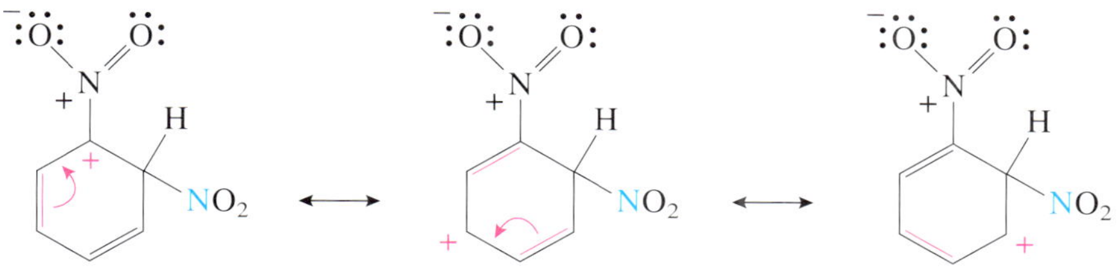


오쏘 공격에 의한 아레늄이온

나이트로기는 유발효과와 공명효과가 다 전자-끄는 기이다. 첫 번째 공명구조는 양전하가 전자-끌기 나이트로기의 이웃에 있기 때문에 특별히 불안정하다. 그러므로 고리에 나이트로기가 존재하면 친전자체의 오쏘 위치에서의 공격이 극적으로 느려진다.

이제 메타 위치에서 친전자체의 공격을 생각해보자.

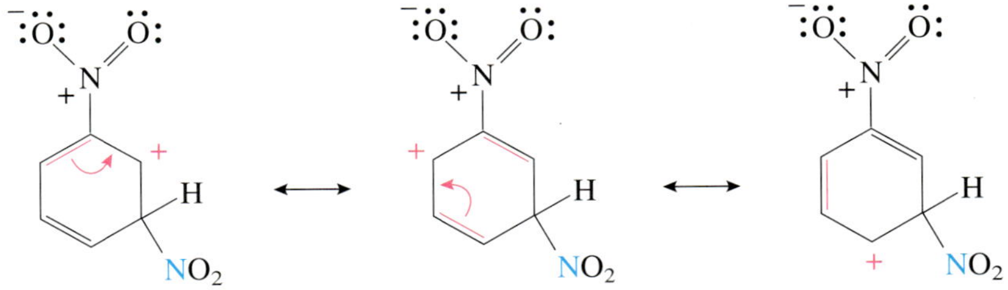


메타 공격에 의한 아레늄이온

이번에는 양전하가 나이트로기에 결합된 탄소에 있는 공명구조는 없다. 아레늄 이온은 나이트로기의 전자-끌기 효과에 의해 불안정화된다. 그러나 이 이온은 오쏘 위치에 친전자체가 공격하여 생긴 이온보다는 안정하다.

파라 위치에 친전자체가 공격하여 생긴 아레늄 이온은 오쏘 위치에 공격하여 생긴 이온과 비슷하다. 이 경우에도 나이트로기가 결합된 탄소에 양전하를 가진 공명구조를 갖는다. 이 이온의 불안정성도 오쏘이온의 불안정화와 유사하다.

전체적으로 나이트로기는 반응을 억제하지만 메타 위치의 공격에 대한 억제는 오쏘와 파라 위치의 공격에 대한 억제보다 더 작다. 이것은 비활성화기이며 메타 지향성기이다. 일반적으로 유발효과와 공명효과에 의해 고리로부터 전자 끄는 기는 유사하게 작용한다.

**문제 17.4** 다음 화합물들은 친전자성 방향족 치환반응에서 왜 벤젠보다 반응이 더 느린가를 설명하고 주 메타 생성물을 써라.

a) 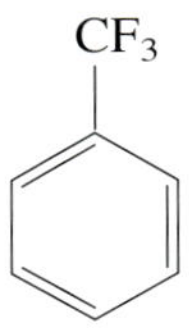


b) 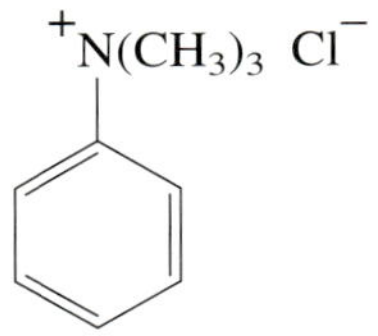


지금까지의 작용기는 활성화와 오쏘/파라 지향성 혹은 비활성과 메타 지향성을 갖는다. 할로겐은 이 일반화에 대한 예외이다. 이들은 벤젠을 다소 비활성화하지만 여전히 오쏘와 파라 지향성이다. 예로 클로로벤젠의 나이트로화는 벤젠보다 17배 느리지만 주 생성물은 **오쏘-**와 **파라-**클로로나이트로벤젠이다.

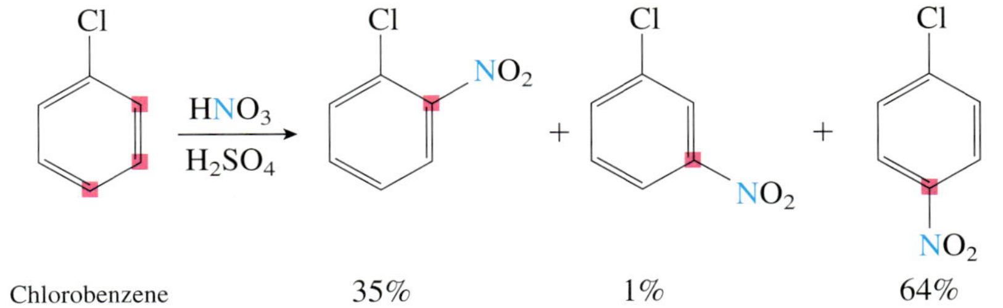

왜 할로겐은 이렇게 예외적으로 반응하는가? 메톡시기와 같이 할로겐의 유발효과와 공명효과는 경쟁적이다. 그러나 할로겐에서는 유발 전자-끌기 효과는 공명 전자-주개 효과보다 다소 크다. 플루오르의 큰 전기음성도 때문에 공명효과보다 유발효과가 더 크다. 다른 할로겐은 약한 공명 전자-주개이다. 탄소-할로겐결합이 길고 3*p*, 4*p*, 5*p* AO의 크기 때문에 그들의 *p* 궤도함수가 고리탄소의 2*p* AO와 겹쳐질 수 없기 때문이다. 그 결과 할로겐은 약한 비활성화기이다. 그러나 공명 전자 주개는 오쏘와 파라 위치에서 가장 효과적이기 때문에 이 위치는 메타 위치보다 덜 비활성화된다. 그러므로 할로겐은 비활성 오쏘/파라 지향성이다.

대부분 치환기의 효과는 유사한 추론을 근거로 이해할 수 있다. 표 17.1에 벤젠고리에서 가장 흔히 발견되는 치환기의 반응속도와 위치화학의 효과를 수록하였다. 단순히 이 표를 기억하기보다는 각 기가 왜 그와 같은 작용을 나타내는 가하는 원인을 이해하도록 노력해야 한다. 강력한 활성화와 오쏘/파라 지향성기는 모두 고리에 결합된 원자에 공명에 의해 쉽게 줄 수 있는 비공유 전자쌍을 갖는다. 알킬과 아릴기는 앞의 기보다는 덜 활성화하지만 이웃탄소의 양전하를 안정화하여 활성화기이고 오쏘/

**표 17.1 친전자성 방향족 치환반응의 속도와 위치화학에 미치는 치환기 효과**

| 치환기 | 속도효과 | 위치화학 | 설명 |
|---|---|---|---|
| $-\ddot{N}R_2$ $-\ddot{N}HR$ <br> $-\ddot{N}H_2$ $-\ddot{\underset{..}{O}}H$ | 강력한 활성화 | 오쏘와 파라 | 공명 주개 효과가 유발 끌기 효과보다 더 강하다. |
| $-\ddot{\underset{..}{O}}R$ $-\ddot{\underset{..}{S}}R$ <br> $-\ddot{N}H\overset{O}{\overset{\|}{C}}CH_3$ $-\ddot{\underset{..}{O}}\overset{O}{\overset{\|}{C}}CH_3$ | 적당히 활성화 | 오쏘와 파라 | 공명 주개 효과가 유발 끌기 효과보다 더 강하다. |
| —R Alkyl groups <br> —Ar Aryl groups | 약한 활성화 | 오쏘와 파라 | 약한 유발 혹은 공명주개 |
| $-\ddot{\underset{..}{X}}:$ <br> Halogens | 약한 비활성화 | 오쏘와 파라 | 위치화학을 조절하는 공명 주개 효과가 속도를 조절하는 유발 끌기 효과보다 약하다. |
| $-\overset{O}{\overset{\|}{C}}H$ $-\overset{O}{\overset{\|}{C}}R$ $-\overset{O}{\overset{\|}{C}}OH$ <br> $-\overset{O}{\overset{\|}{C}}OR$ $-\overset{O}{\overset{\|}{C}}NH_2$ | 적당히 비활성화 | 메타 | 유발과 공명 끄는 기 |
| $-CN$ $-SO_3H$ $-CX_3$ <br> $-\overset{+}{N}R_3$ $-\overset{+}{N}H_3$ $-NO_2$ | 강한 비활성화 | 메타 | 유발과 공명 끄는 기 |

파라 지향성기이다. 비활성화 메타-지향성기는 모두 고리에 결합된 원자에 양전하 혹은 부분적인 양전하를 갖는다. 할로겐은 약한 비활성화기이고 오쏘/파라 지향성기이기 때문에 예외적이다.

**문제 17.5** 친전자성 방향족 치환반응의 속도와 위치화학에 미치는 치환기 효과를 예측하여라.

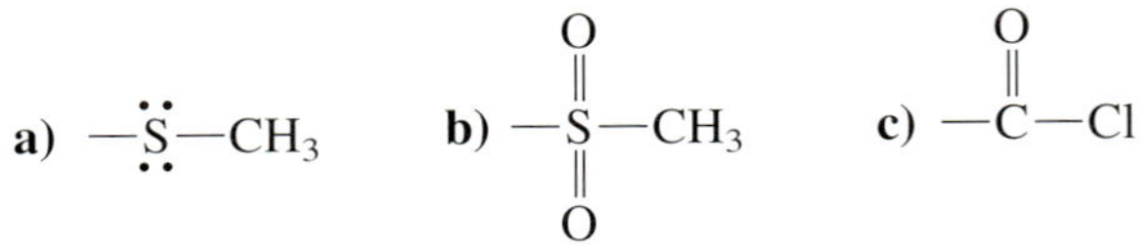


끝으로 오쏘/파라 지향성기를 가진 방향족 화합물의 반응으로 파라 생성물 대 오쏘 생성물의 양을 비교해보자. 두 오쏘 위치와 한 파라 위치가 있으므로 통계적 인자만을 고려해주면 오쏘와 파라 생성물의 비는 2 대 1이 되어야 한다. 그러나 오쏘 위치에 공격은 기의 입체적 효과에 의해 불리해진다. 분명히 이것은 작용기와 친전자체의 크기에 의존한다. 더욱이 몇몇 반응은 다른 효과보다 입체효과에 더 예민하다. 일반적으로 오쏘 대 파라 생성물의 비는 오쏘 생성물이 유리한 2 대 1로부터 붐비는 치환기를 포함한 반응 혹은 입체적 장애에 대해 대단히 예민한 반응에 대해서는 파라 생성물이 유리해진다. 이 입체적 효과의 예는 톨루엔의 나이트로화에 대한 다음 반응에서 볼 수 있다. 톨루엔으로부터 주 생성물은 오쏘-이성질체(60% 오쏘와 37% 파라)이다. 대조적으로 *t*-뷰틸벤젠의 붐비는 기는 나이트로화의 주 생성물은 파라-이성질체가 된다.

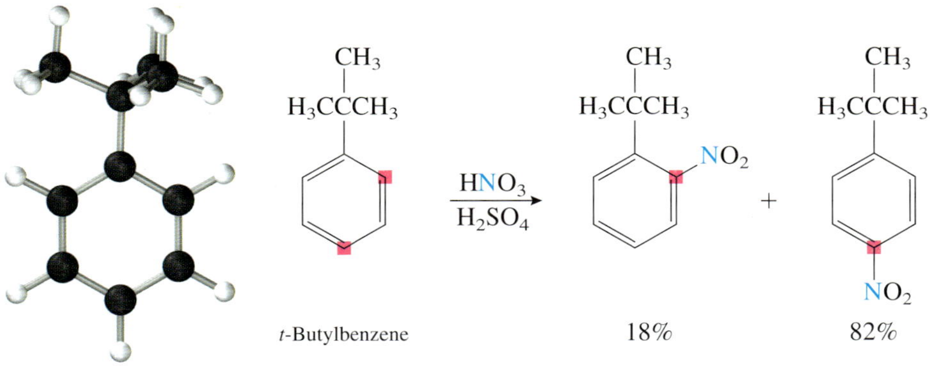


## 예제 17.1

질산과 황산과 에틸벤젠의 반응생성물을 나타내어라.

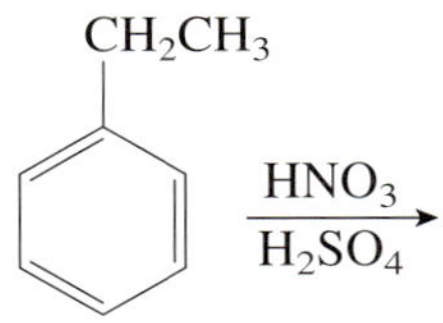

**풀이**

다른 알킬기와 같이 에틸기는 약한 활성화와 오쏘와 파라 위치로 유도한다. 형성되는 적은 양의 메타 생성물은 나타내지 않는다.

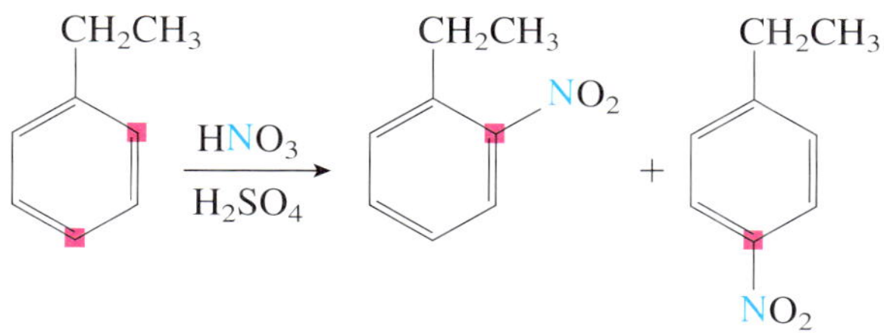

**문제 17.6** 다음 반응의 생성물을 나타내어라.

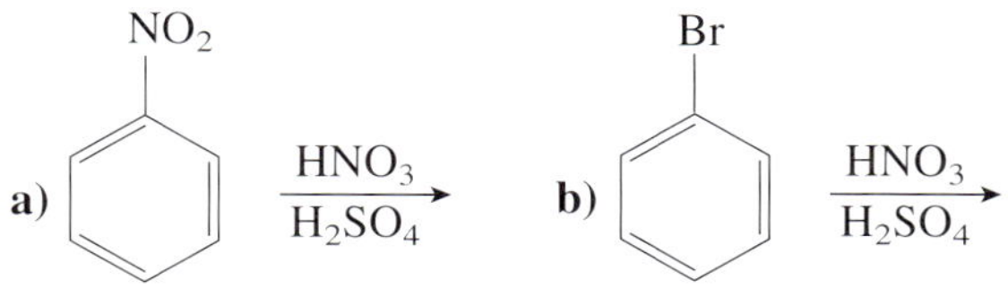

## 17.3 다중 치환효과

벤젠고리에 1개 이상의 치환기가 있으면 사정은 더 복잡해진다. 그러나 친전자성 방향족 치환반응에서 형성되는 주 생성물을 예측할 수 있다. 치환기들이 같은 위치로 유도하면 예측은 간단하다. 예를 들면 2-나이트로톨루엔의 경우를 생각해보자. 메틸기는 오쏘와 파라 위치, 즉 4와 6위치 지향성이다. 나이트로기는 메타 위치, 즉 4와 6위치 지향성이다. 반응이 일어나면 기대했던 대로 생성물은 전적으로 2,4-다이나니트로톨루엔과 2,6-다이나이트로톨루엔이 생성된다.

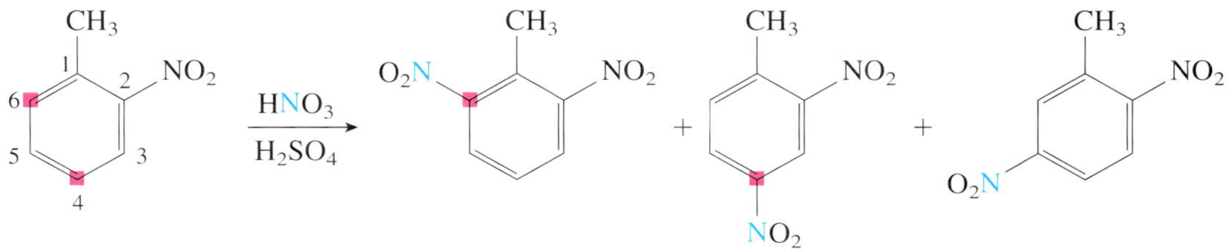

2-Nitrotoluene　　29%　　70%　　1%

작용기들이 고리의 다른 위치를 지향하면 강한 활성화기가 위치화학을 조절한다. 표 17.1의 위쪽에 가까운 작용기들은 표의 아래에 있는 작용기와 경쟁할 때 위치화학을 조절한다. 3-나이트로톨루엔의 경우에 메틸기는 2,4 및 6의 위치를 지향하고 나이트로기는 5위치를 지향한다. 메틸기가 나이트로기보다 강력한 활성화기이므로, 메틸기가 위치화학을 조절한다.

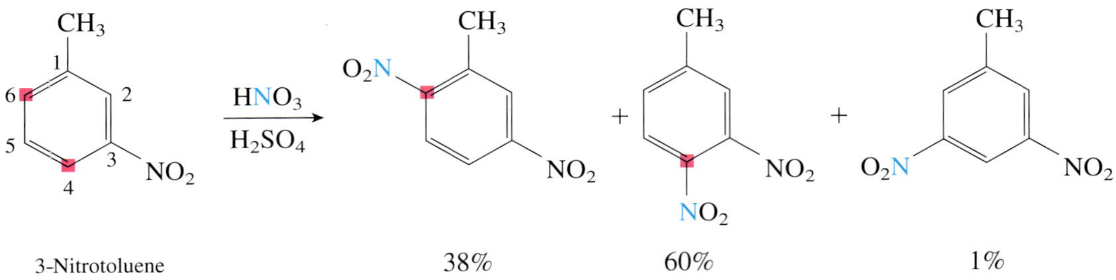

두 작용기 사이의 2위치에 새로운 나이트로기가 가해진 생성물은 형성되지 않는다. 일반적으로 서로 메타인 두 작용기 사이의 위치는 두 작용기의 입체적 장애 때문에 반응성이 크지 않다.

**문제 17.7** 다음 화합물이 질산과 황산과 반응에서 어느 위치가 우선적으로 나이트로화되는가를 설명하여라.

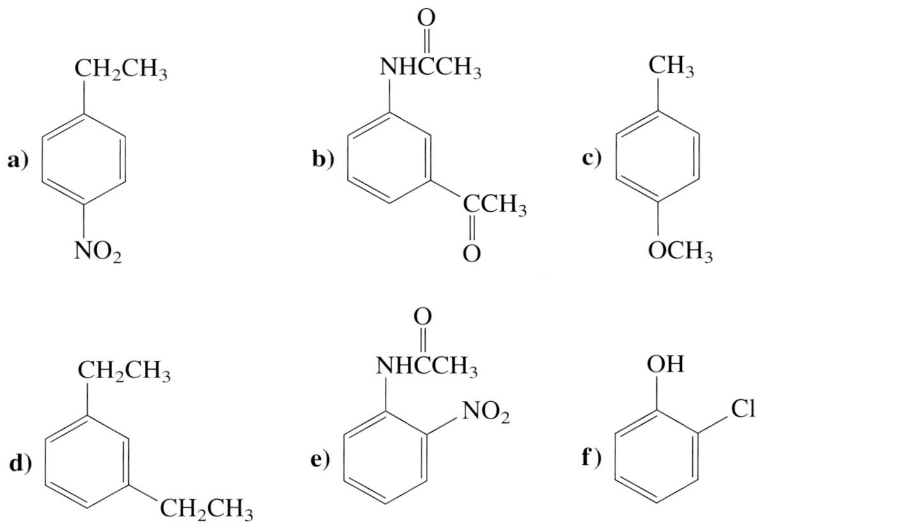

**문제 17.8** 다음 반응의 주 생성물을 나타내어라.

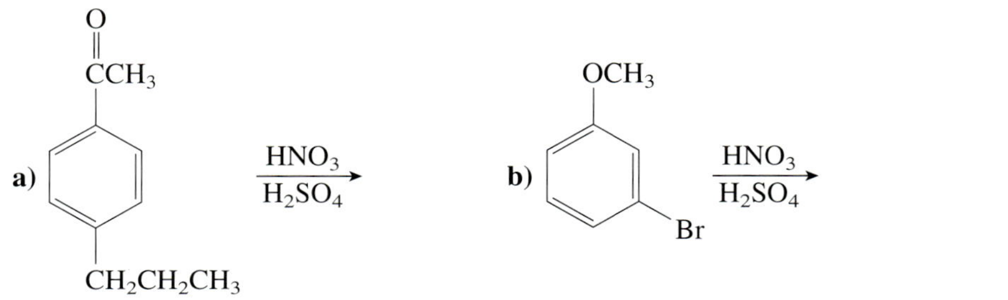

## 17.4 나이트로화반응

방향족 고리의 나이트로화에 대한 시약과 메카니즘을 이미 검토하였다. 반응은 대단히 일반적이고 고리에 대단히 강력한 비활성 치환기가 있을 때도 일어난다.

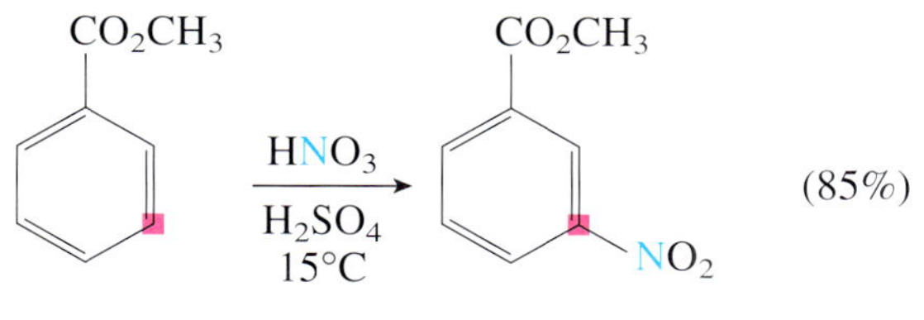

Methyl benzoate

$NO_2^+$ 친전자체의 농도는 질산과 결합하여 사용한 산의 세기에 의해 조절된다. 다음 예에서 설명한 것처럼 고리가 활성화되면 황산이 없는 질산과 질산과 아세트산 혹은 질산과 아세트산 무수물과 같은 온화한 조건을 적용한다.

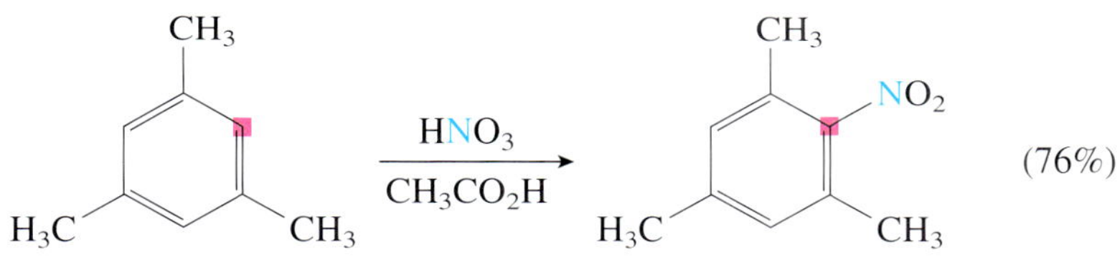

1,3,5-Trimethylbenzene

이 반응에서 고리에 가해지는 나이트로기는 비활성화기이다. 생성물은 반응물보다 반응성이 작기 때문에 고리에 하나의 나이트로기만을 쉽게 도입할 수 있다. 그러나 꼭 필요하다면 더 격렬한 조건을 사용하여 두 번째 나이트로기를 도입할 수 있다. 그러므로 벤조산 메틸에 대해 이미 나타내었던 같은 조건($HNO_3$, $H_2SO_4$, 15°C)을 사용한 벤조산의 반응은 모노나이트로화 생성물, *m*-나이트로벤조산을 형성한다. 다음 방정식에서 설명한 것처럼 더 격렬한 조건(높은 온도, 높은 황산 농도)에서 두 나이트로기를 도입할 수 있다.

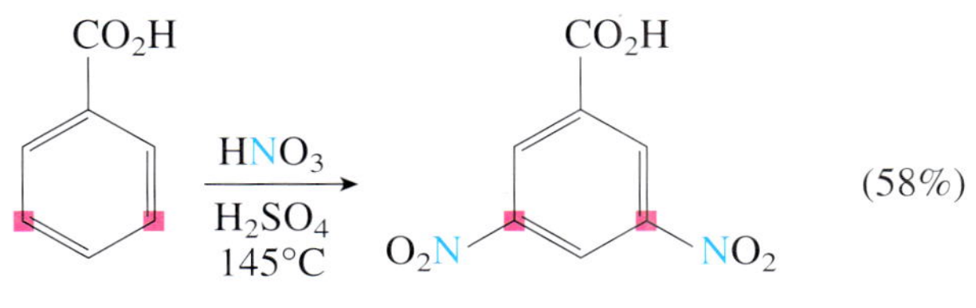

Benzoic acid

다음 예는 아미노 치환기가 있을 때의 문제점을 설명해준다.

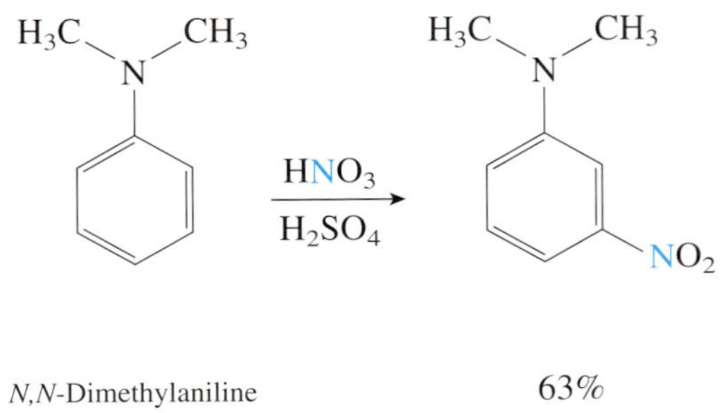


다이메틸아미노기는 강력한 활성화기이며 오쏘/파라 지향성기이지만 주 생성물은 **메타-이성질체**이다. 이 기대하지 않은 생성물은 아미노기의 염기성 때문이다. 강력한 산성 반응 혼합물에서 질소는 양성자화된다.

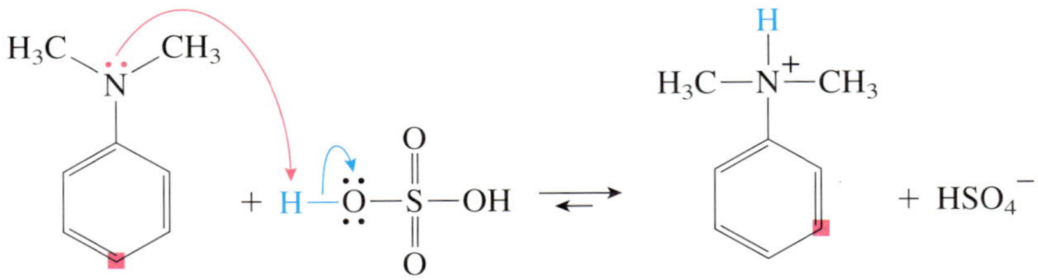

$NH(CH_3)_2{}^+$기는 고리로 비활성화하고 메타 지향성이다. 주 생성물, **메타-이성질체**가 양성자화된 아민의 반응으로부터 생성된다. 적은 양의 비양성자화 아민으로부터 부 생성물, **파라-이성질체**가 생성된다. 비양성자 아민은 강한 산성용액의 농도는 대단히 작지만 그 짝산보다는 대단히 반응성이 커서 약간의 파라 생성물을 형성한다.

좋은 Lewis 염기인 아미노기의 전자쌍은 이 치환반응의 강한 친전자성 조건에서 Lewis 산과 반응한다. 이것은 치환기를 강한 활성화기로부터 강력한 비활성화기로 변화시킨다. 그 결과 반응은 원하지 않는 위치화학을 가지며 몇 가지 경우에는 원하는 생성물이 전혀 생성되지 않는다. 정확한 결과를 예측하거나 혹은 조절하기가 어렵기 때문에 아미노 치환기는 그 반응성을 감소하기 위하여 변형된다. 전략은 Gabriel 합성에 적용했던 것과 유사하다. 질소의 전자를 약한 염기성으로 만들어주는 "보호기"가 아미노기에 결합되어 있다. 원하는 치환반응이 일어난 후 보호기를 제거하면 아미노기가 재생된다.

원자의 비공유 전자쌍의 반응성을 감소시켜주는 가장 보편적인 방법은 그 원자에 카보닐기를 도입하는 것이다. 그러므로 아민이 먼저 염화 아실과 반응하여 아마이드를 형성한다.

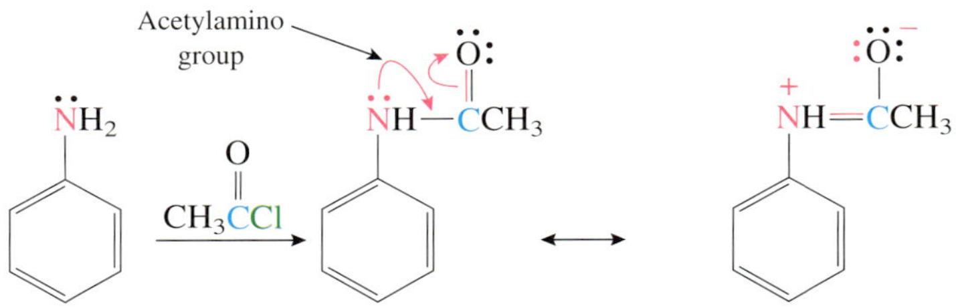

질소의 전자쌍이 카보닐 산소로 비편재하면 아세틸아미노기의 전자는 공명에 의해 고리로 비편재화하기가 어려워진다. 더욱이 아마이드 질소의 전자쌍은 염기성이 약해지므로 치환반응에서 Lewis 산과의 반응은 문제가 되지 않는다. 그러나 아세틸아미노기는 아직도 활성화기이고 오쏘/파라 지향성기이기 때문에 치환반응은 잘 일어난다. 치환이 완성되면 아세틸기는 아마이드 결합의 가수분해로 제거될 수 있다. 이 방법을 사용한 예를 다음 합성에서 설명하였다.

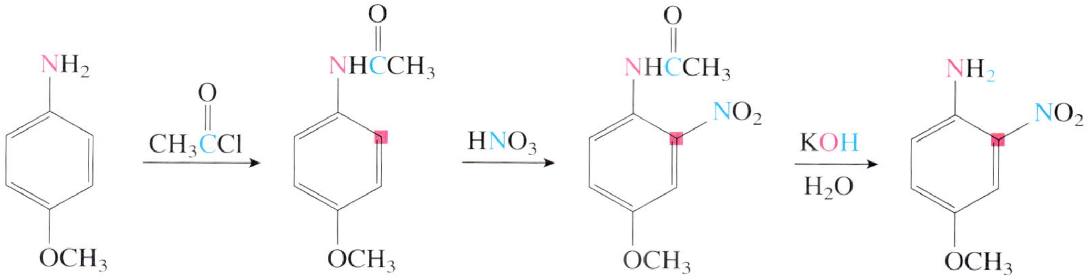

(77%)

**문제 17.9** 다음 반응의 생성물을 나타내어라.

a) b)

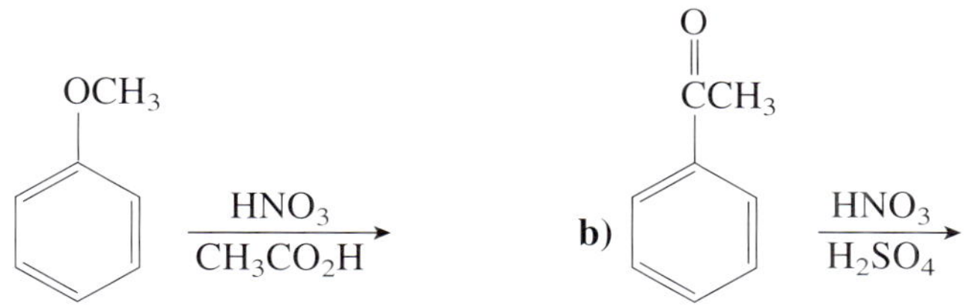

c)

## 17.5 할로겐화반응

염소와 브롬은 방향족 고리를 $Cl_2$ 혹은 $Br_2$로 처리하여 치환할 수 있다. 고도로 활성화된 방향족 고리(아민, 페놀, 다알킬화 고리)를 제외한 모든 방향족 고리는 반응을 일으키기에 충분한 할로겐 친전자체를 만들기 위하여 Lewis 촉매가 필요하다. 가장 보편적이 촉매는 할로겐화 알루미늄과 철($AlCl_3$, $AlBr_3$, FeCl3 및 $FeBr_3$)이다. 한 예를 다음 방정식으로 나타냈다.

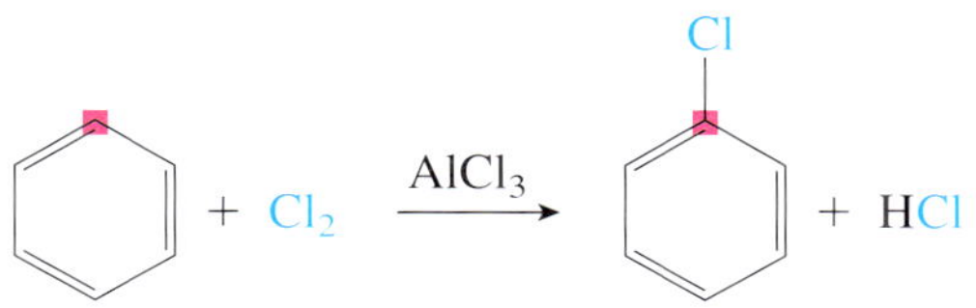

(58%)

다음 방정식에서 나타낸 것처럼 Lewis 산, $AlCl_3$는 $Cl_2$와 결합하여 친전자성 화학종을 생성한다.

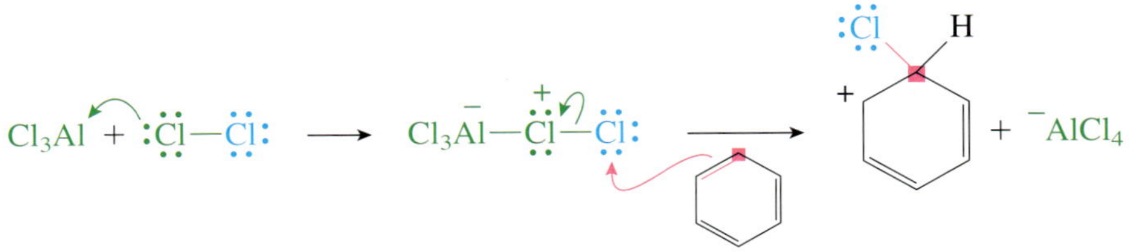

다음에 방향족 고리의 파이 전자쌍은 친전자성 염소와 결합하고 $AlCl_4^-$가 이탈한다. 나머지 메카니즘은 그림 17.1에서 설명한 것과 같다.

이 치환반응은 염소와 브롬을 방향족 고리에 가해주는 일반적 방법이다. 이 두 기는 다 비활성화 치환기이므로 생성물은 출발방향족 화합물보다 반응성이 적고 따라서 하나의 할로겐만 치환할 수 있다. 비활성 기질과의 반응을 다음 예에서 설명하였다.

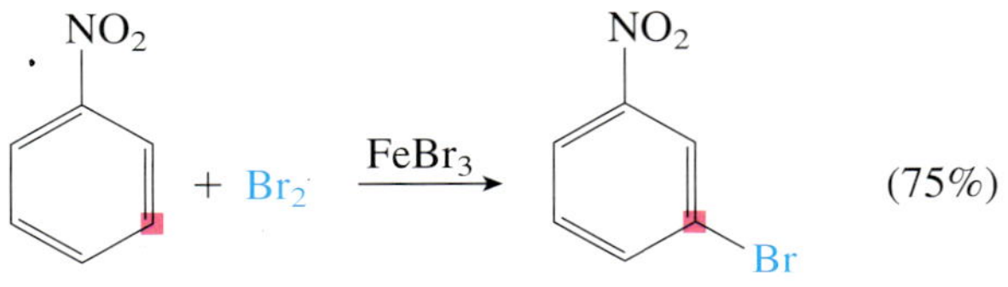

Nitrobenzene

이미 언급한 것처럼 고도로 활성인 기질의 할로겐화반응은 Lewis 산 촉매를 사용하지 않고도 이루어질 수 있다. 그러므로 메시틸렌(1,3,5-트라이메틸벤젠)의 브롬화 반응은 사염화 탄소에서 브롬과의 반응으로 쉽게 이루어질 수 있다.

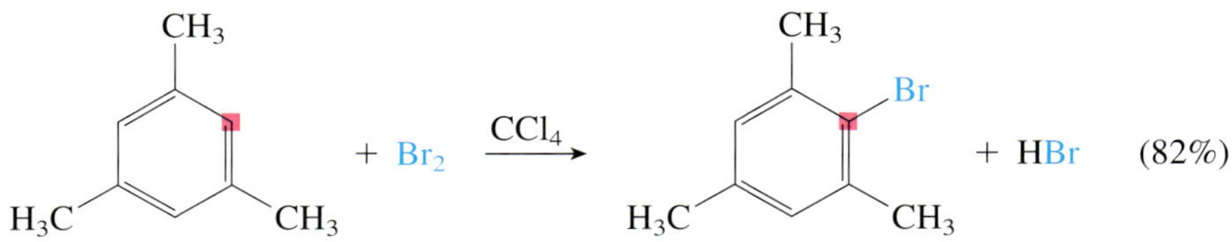

Mesitylene
(1,3,5-trimethylbenzene)

아닐린과 페놀과 같은 대단히 활성인 화합물은 고리에 한 할로겐만을 가하고 반응을 중지하기가 어렵다. 이와 같은 경우에 분리된 생성물은 활성화 자리가 모두 반응하게 된다.

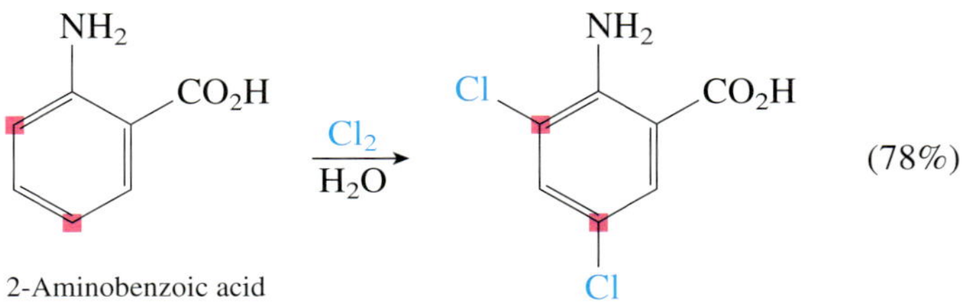

2-Aminobenzoic acid

이것이 문제라면 그 해법은 활성화기의 변형에 의해 고리의 반응성을 감소시키는 것이다. 할로겐화반응이 완결되면 카보닐 보호기를 제거한다.

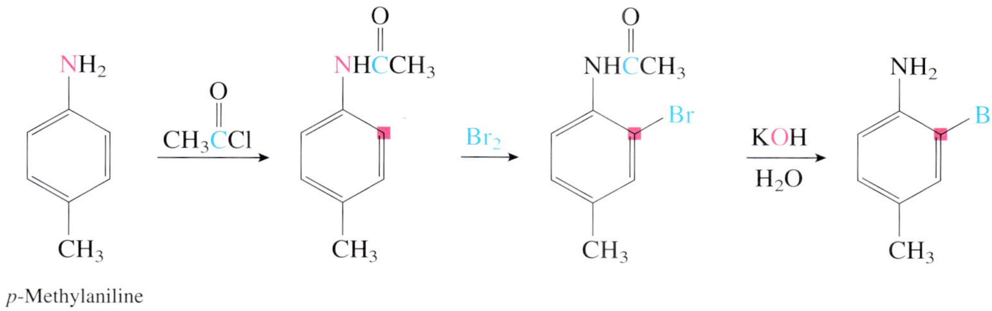


(67%)

**문제 17.10** 이 반응에 대한 메카니즘에서 모든 단계를 나타내어라.

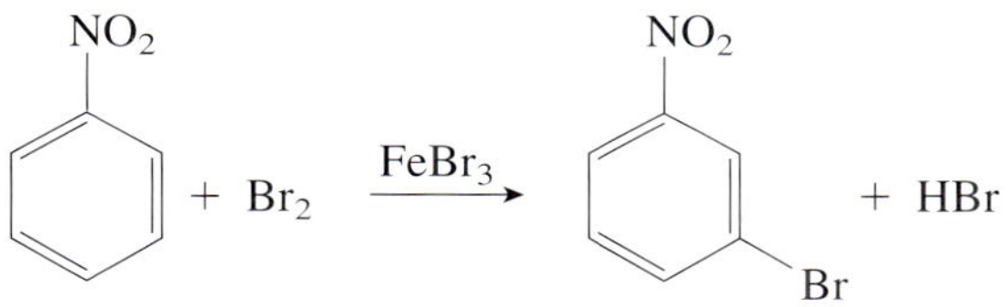


**문제 17.11** 이 반응의 생성물을 나타내어라.

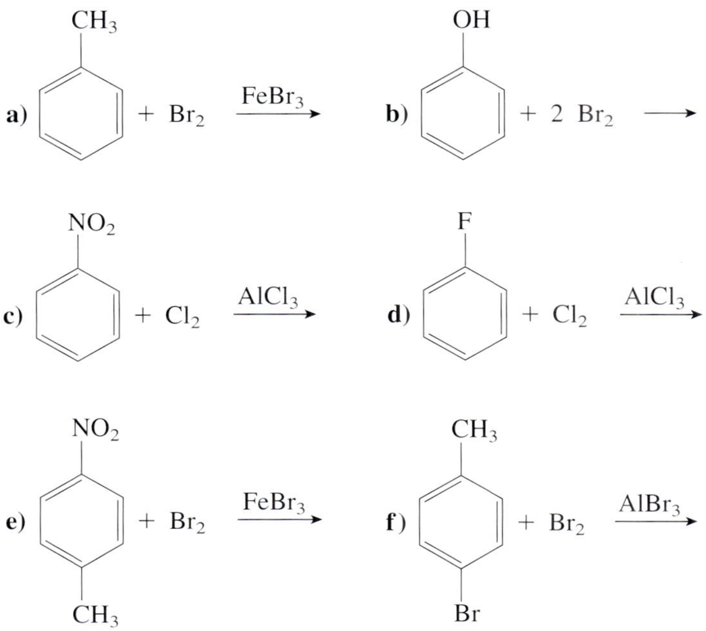

## 17.6 설폰화반응

설폰산기는 다음 예에서 나타낸 것처럼 진한 황산과의 반응에 의해 방향족 고리에 치환된다.

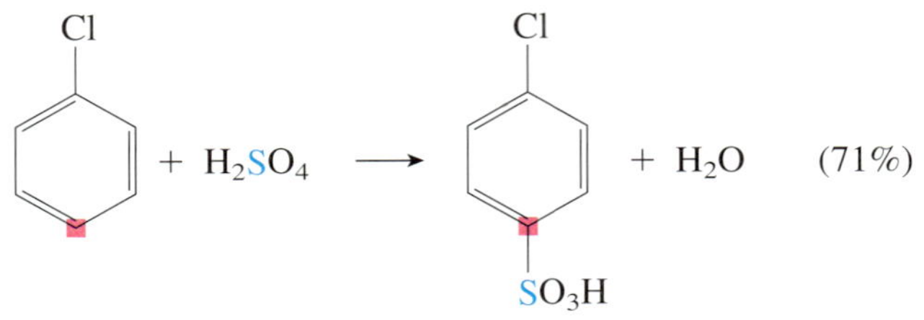

Chlorobenzene p-Chlorobenzenesulfonic acid

친전자체는 반응조건에 따라 변하지만 삼산화황 $SO_3$는 황산이 물을 잃고 형성된다. 이 친전자체의 첨가에 대한 메카니즘은 다음 방정식에 따라 진행된다.

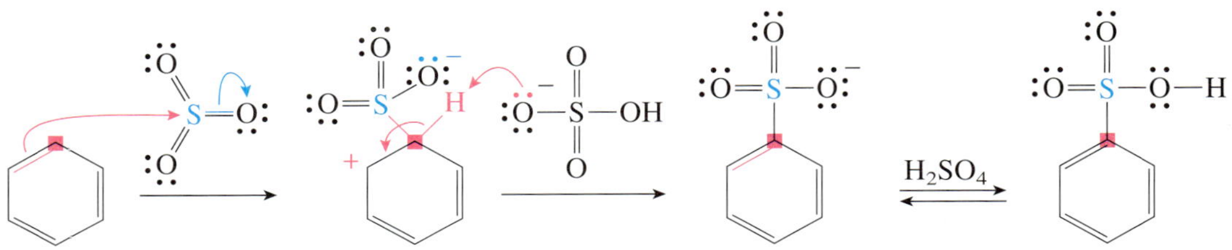

Benzenesulfonic acid

이것은 활성화 고리만큼 비활성화 고리에서도 일어나는 일반반응이다. 가해진 $SO_3H$기는 비활성화기이므로 하나의 기가 치환된 후 반응은 정지될 수 있다.

지금까지 제시한 다른 반응과는 대조적으로 이 치환은 가역적이다. 물과 황산의 혼합물에서 설폰산의 반응으로 설폰산기가 제거된다. 이 경우에 양성자는 친전자체이다. 예를 다음 방정식으로 나타냈다.

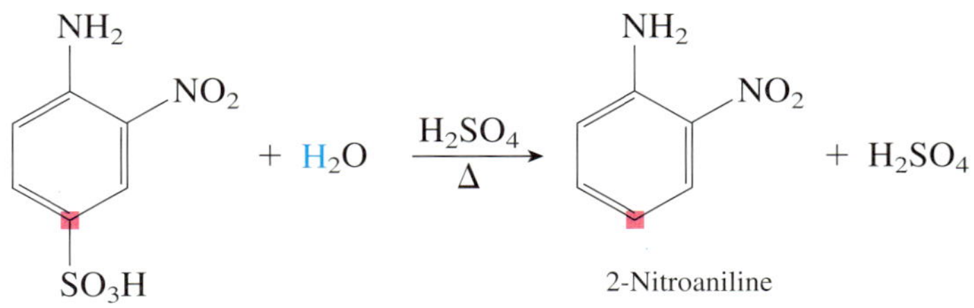

2-Nitroaniline

**문제 17.12** 이 반응에 대한 메카니즘의 모든 단계를 나타내어라.

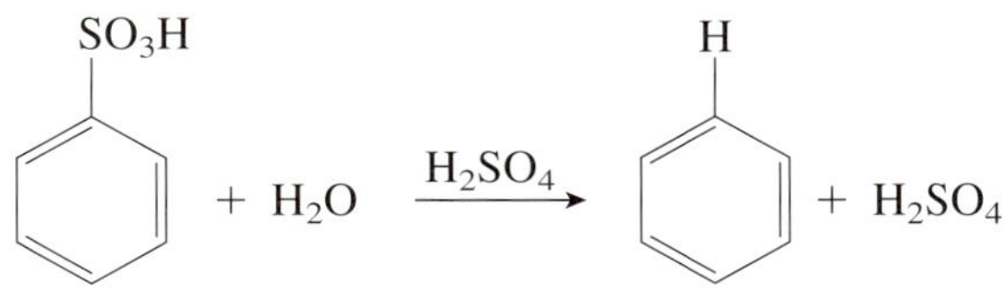

**문제 17.13** 다음 반응의 생성물을 나타내어라.

a) 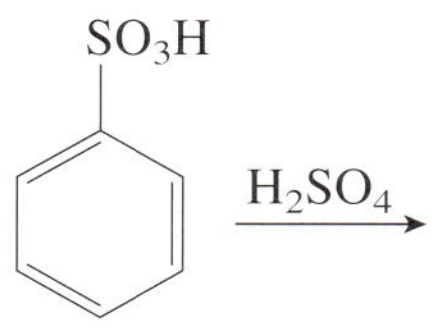

b) 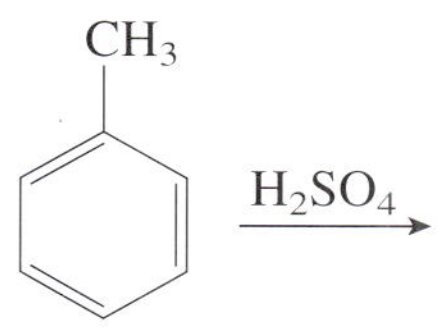

c) 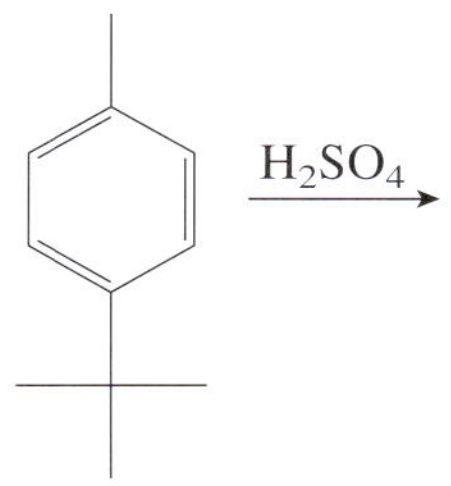

d) 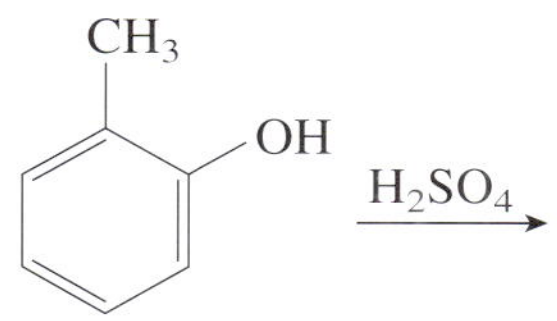

## 17.7 Friedel-Crafts 알킬화반응

C. Friedel와 J. M. Crafts에 의해 개발된 Lewis 산 존재에서 방향족 화합물과 할로겐화 알킬의 반응은 방향족 고리에 알킬기의 치환을 일으킨다.

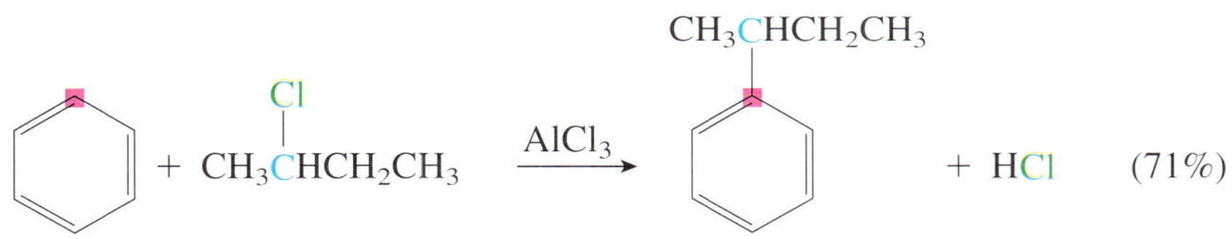

대부분의 경우 친전자체는 할로겐 이온이 이탈기로 작용할 때 생기는 카보양이온이다. 염화 알루미늄의 역할은 할로겐과 착물을 형성하여 좋은 이탈기로 만드는 것이다. 할로겐화 알킬의 입장에서 메카니즘은 방향족 고리의 파이 전자가 친핵체로 작용하는 $S_N1$ 반응이다(그림 17.4).

알킬화반응에서 친전자체를 생성하기 위한 가장 보편적인 방법은 할로겐화 알킬과 삼염화 알루미늄을 사용하는 것이지만 다른 방법으로도 생성할 수도 있다. 예를 들면 다음 방정식으로 나타낸 반응은 카보양이온을 생성하기 위하여 알코올과 산의 반응을 사용한다.

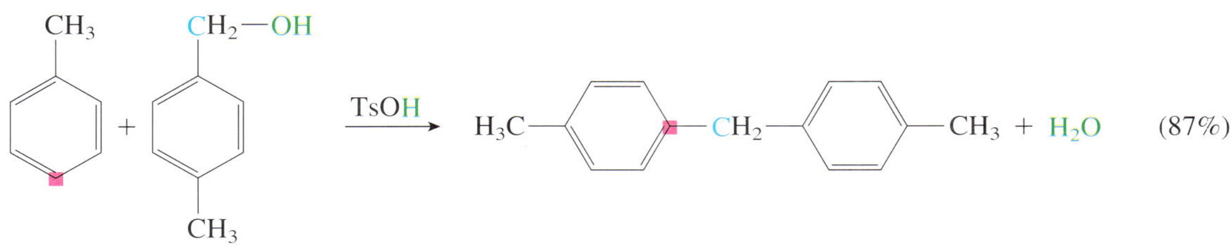

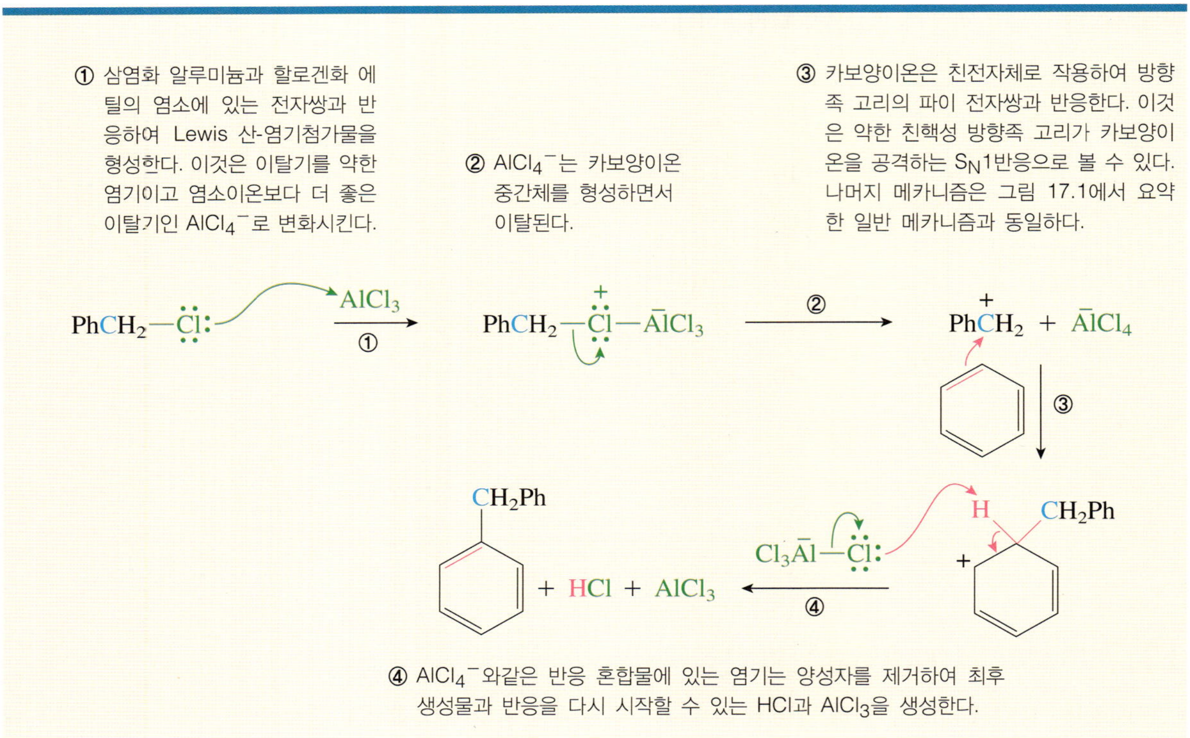


**그림 17.4** Friedel-Crafts 알킬화반응의 메카니즘.

대신에 알켄이 양성자화에 의해 카보양이온을 생성할 수 있다. 이 반응은 알켄에 대한 첨가반응과 비슷하다. 예를 다음 방정식에 나타냈다.

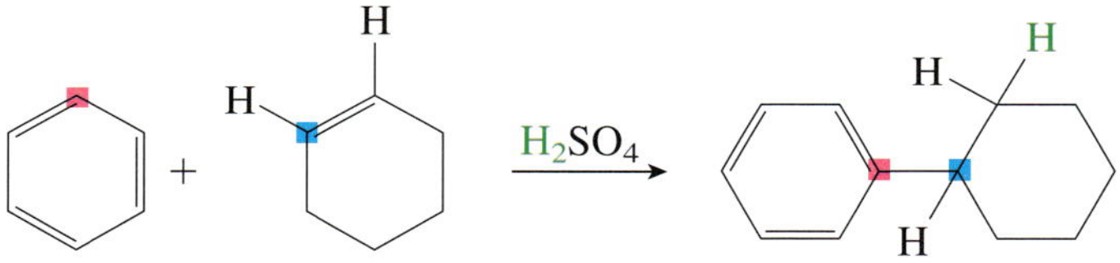


(68%)

Friedel-Crafts 알킬화반응에서 몇 가지 제한이 있다. 먼저 고리에 가해지는 알킬기는 활성화기이다. 이것은 알킬화 생성물이 출발 방향족 화합물보다 더 반응성이 크다(약 2배)는 것을 나타내준다. 그러므로 두 개 이상의 알킬기가 첨가된 상당한 양의 생성물이 형성된다. 이 문제를 해결하기 위한 방법은 알킬화하려는 방향족 화합물을 과잉량 사용하는 것이다. 이것은 벤젠 혹은 톨루엔과 같은 쉽게 얻을 수 있는 화합물을 반응에 대한 용매로 사용하여 해결할 수 있다. Friedel-Crafts 알킬화반응은 생성물이 출발물질보다 반응성이 더 큰 유일한 친전자성 방향족 치환반응이다. 고리에 비활성기를 도입하는 다른 반응은 모두 치환문제가 생기지 않는다.

두 번째 제한은 적당한 혹은 강력한 비활성화기로 치환된 방향족화합물은 알킬화 될 수 없다. 비활성화 고리는 불안정한 카보양이온 친전자체와 반응하기에는 너무 빈약한 친핵체이다.

마지막 제한은 모든 카보양이온 반응에서 일어나는 자리옮김반응이다. 방향족 화합물은 약한 친핵체이기 때문에 카보양이온은 자리옮김을 일으킬 수 있는 긴 수명을 갖는다. 다음 방정식으로 그 예를 나타냈다.

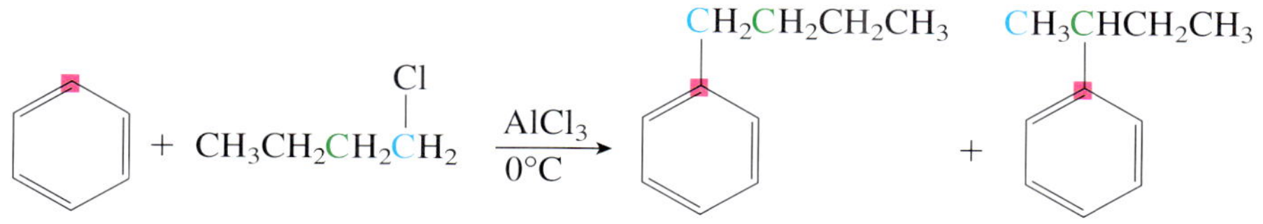


Butylbenzene 34%    *sec*-Butylbenzene 66%

이 제한에도 불구하고 쉽게 자리옮김할 수 있는 카보양이온과 벤젠과 톨루엔과 같은 쉽게 얻을 수 있는 방향족 화합물과의 알킬화반응은 유용한 반응이다. 이 반응의 분자내 응용은 특별히 유용하다.

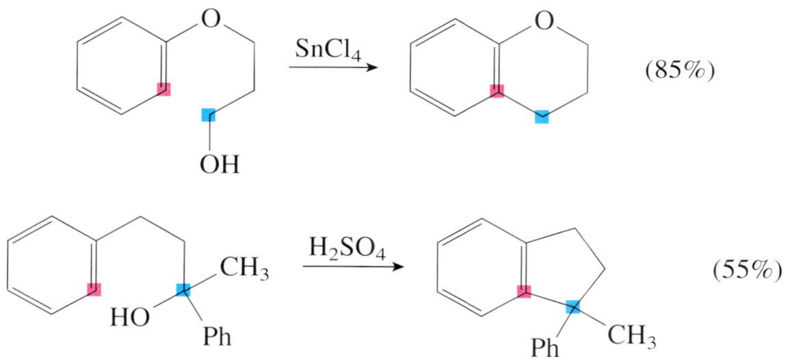


**문제 17.14** 이 반응에서 두 생성물의 형성에 대한 메카니즘의 모든 단계를 나타내어라.

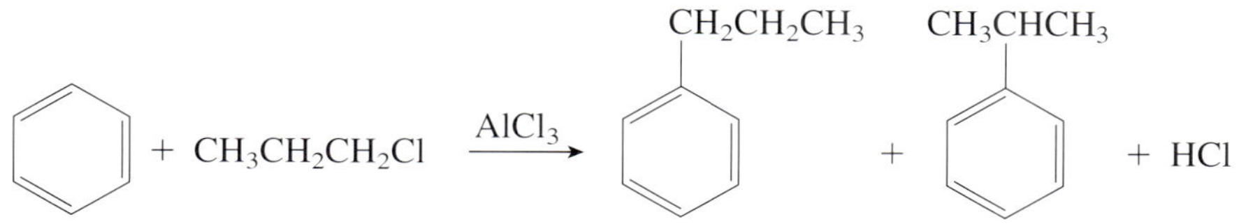


**문제 17.15** 다음 반응의 생성물을 나타내어라.

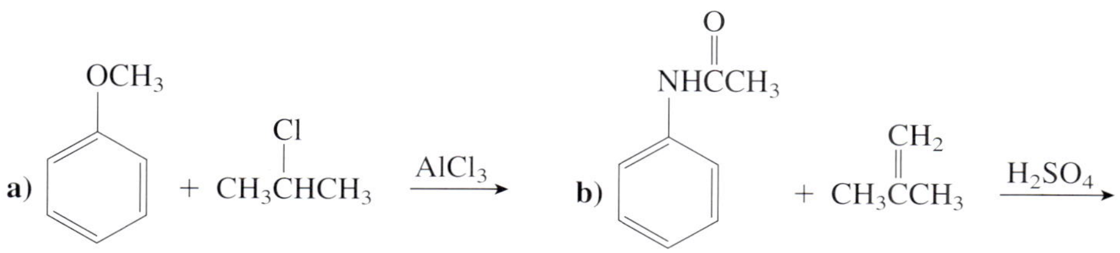

c) 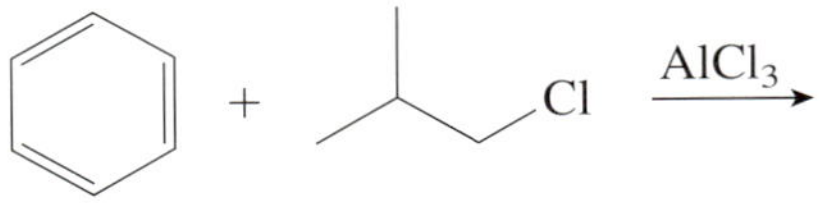

d) 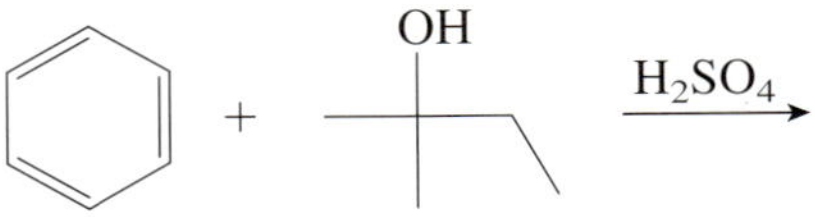

e) 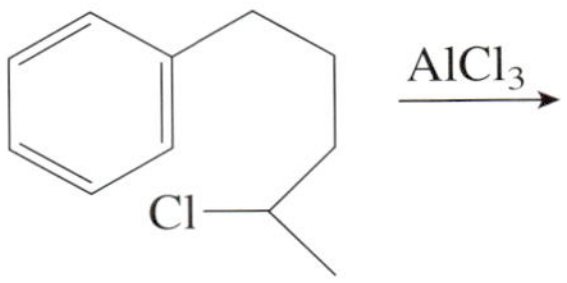

f) 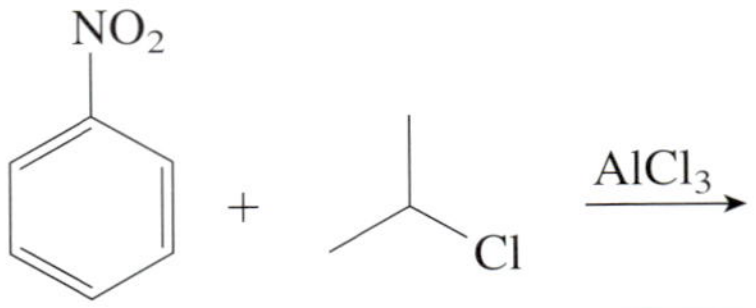

**문제 17.16** 벤젠으로부터 다음 화합물을 합성하여라.

a) 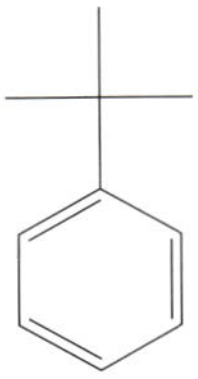

b) 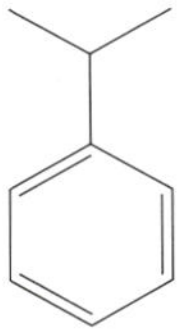

## 예제 17.2

*p*-나이트로톨루엔의 제조에 어느 방법이 더 좋은 방법인가를 설명하여라.

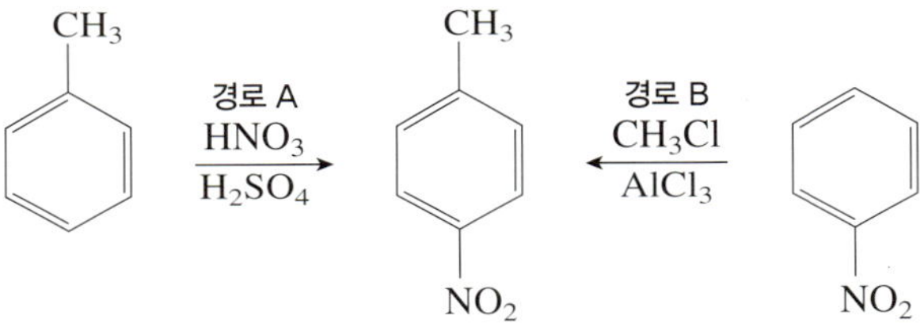

*p*-Nitrotoluene

**풀이**

경로 A가 좋은 방법이다. 톨루엔은 쉽게 나이트로화되며 메틸기는 오쏘/파라 지향성기이다. 유일한 문제는 원하는 생성물과 오쏘-이성질체가 생성되며 분리되어야 한다. Friedel-Crafts 알킬화반응은 나이트로벤젠과 같은 비활성 화합물과는 반응하지 않기 때문에 경로 B는 만족스럽지 못하다. 나이트로기는 메타 지향성기이므로 원하는 생성물을 형성하지 못한다.

**문제 17.17** 이 반응에서 어떤 알킬벤젠의 이성질체가 형성될 것인가?

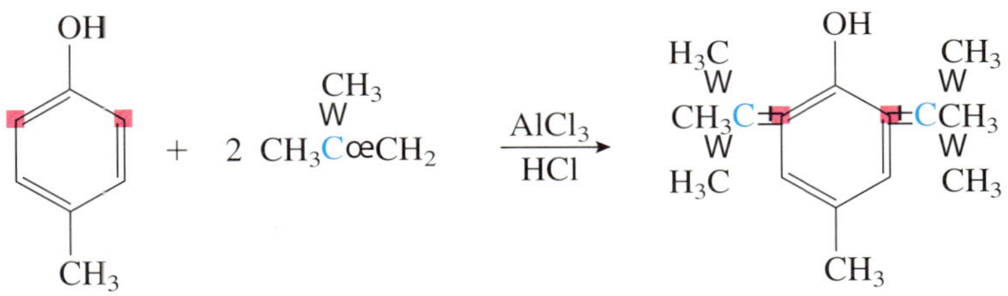

*p*-Methylphenol (*p*-hydroxytoluene)

2-Methylpropene (isobutylene)

Butylated hydroxytoluene (BHT)

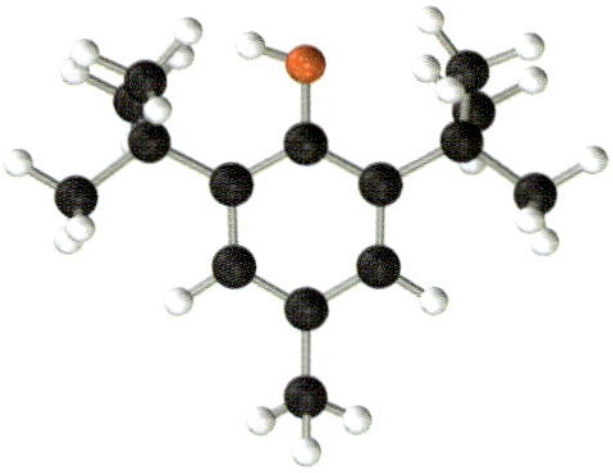

## 17.8 Friedel-Crafts 아실화반응

Lewis 산(보통 $AlCl_3$)존재에서 염화 아실과 방향족 화합물의 반응은 방향족 고리에 아실기를 치환한다. Friedel-Crafts 아실화반응으로 알려진 이 반응의 예를 다음 방정식에 나타냈다.

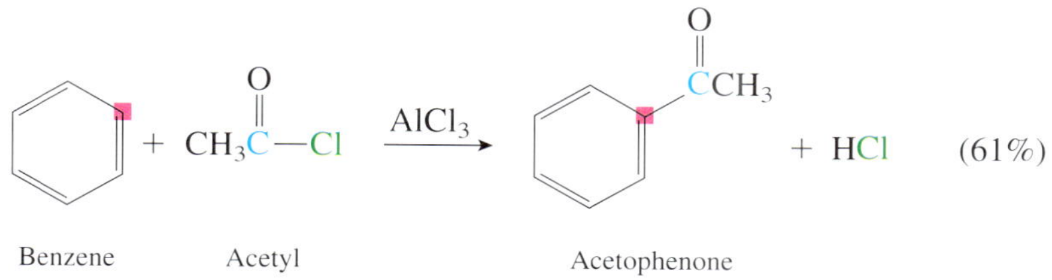


친전자체인 아실 양이온은 할로겐화 알킬로부터 카보양이온 친전자체 생성에 대한 그림 17.4에서 요약한 것과 같은 유사한 방법으로 생성된다. 먼저 Lewis 산 삼염화 알루미늄은 염화 아실의 염소와 착물을 형성한다. 다음에 $AlCl_4^-$가 제거되면서 아실 양이온이 생성된다. 아실 양이온은 대부분의 다른 카보양이온보다 실제로 더 안정하다. 공명구조에 있는 모든 구조가 8전자계를 만족하고 있기 때문이다.

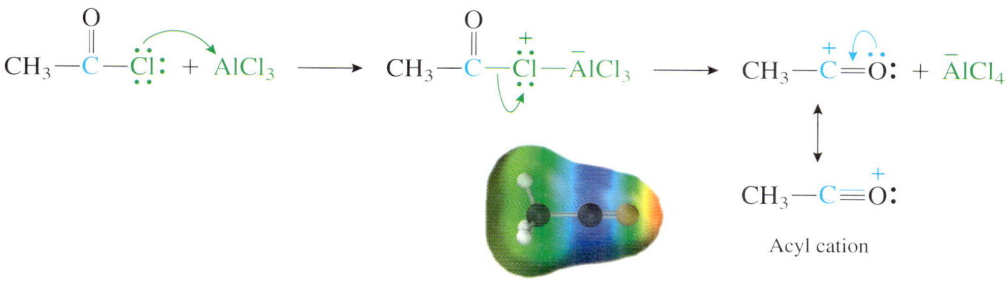


Friedel-Crafts 아실화반응은 알킬화반응이 갖고 있는 대부분의 제한을 나타내지 않는다. 아실 양이온의 안정화 때문에 이 반응에서 자리옮김은 나타내지 않는다. 더욱이 고리에 첨가되는 아실기는 비활성화기이므로 생성물은 출발 방향족 화합물보다 반응성이 적어진다. 그러므로 고리에 다중 아실 첨가문제는 생기지 않는다. 그러나 알킬화반응과 같이 아실화반응도 강한 비활성 기질, 즉 메타 지향성기만으로 치환된 고리와는 반응하지 않는다. 약간의 제한이 있기는 하지만 Friedel-Crafts 아실화반응은 알킬화반응보다 더 유용하다.

무수물을 아실 양이온 친전자체 원으로 염화 아실 대신에 사용할 수 있다.

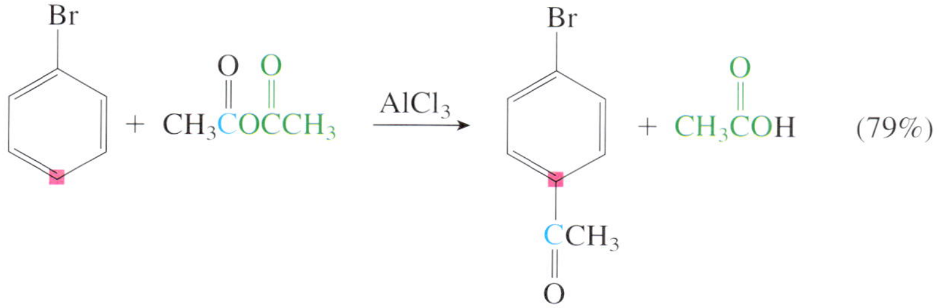

이 예에서 볼 수 있는 것처럼 아실화반응은 지금까지 검토한 다른 반응보다 입체적 효과에더 예민하다. 파라 생성물이 우선적으로 생성된다.

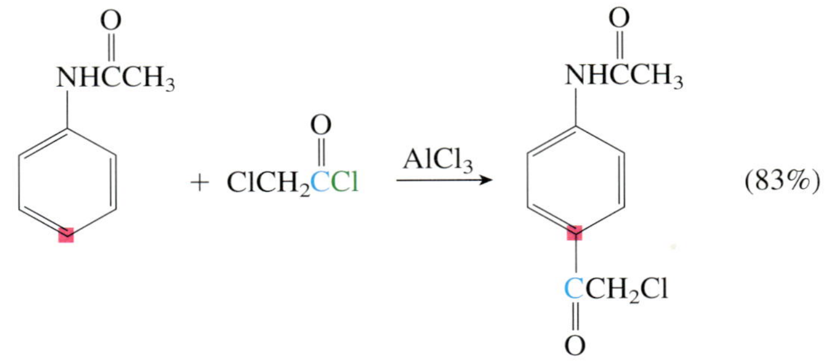

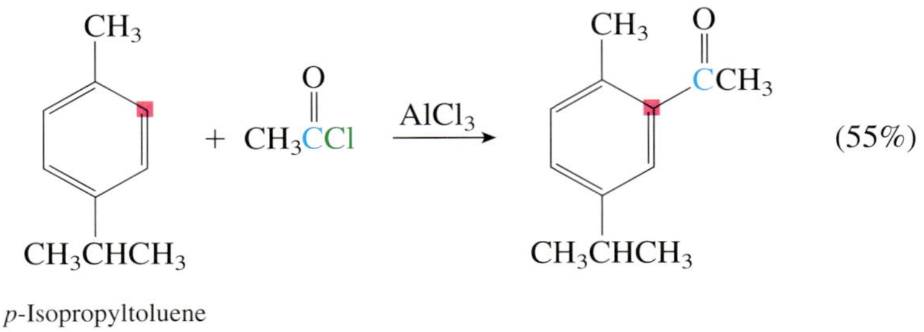

끝으로 Friedel-Crafts 아실화반응의 분자 내 반응은 다음 방정식에 나타낸 것처럼 다 고리 화합물을 합성하는 데 대단히 유용하다.

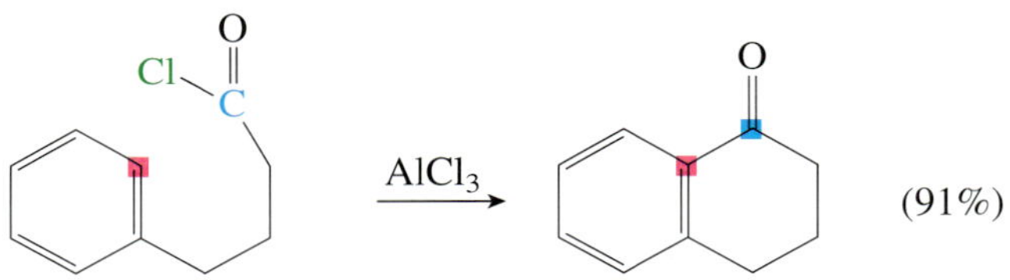

분자 내 반응에서 카복실산을 황산 혹은 인산으로 처리하면 아실 양이온 친전자체를 생성하는 데 사용할 수 있다. 이 방법은 분자간 아실화반응을 진행시키기엔 너무 온화하다. 그러나 다음 방정식에 나타낸 것처럼 분자 내 반응에서는 잘 작용한다.

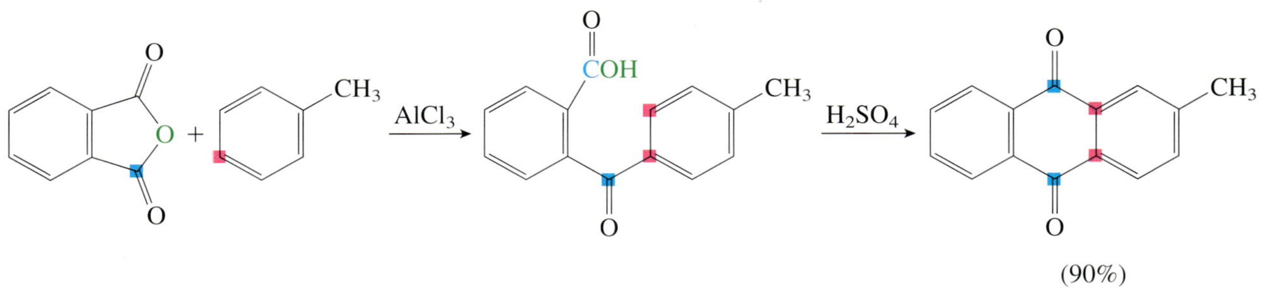

**문제 17.18** *p*-아이소프로필톨루엔의 Friedel-Crafts 아실화반응은 왜 메틸기에 대해 오쏘 위치에서 아실기의 치환이 일어나는가를 설명하여라.

**문제 17.19** 다음 반응의 생성물을 나타내어라.

a) 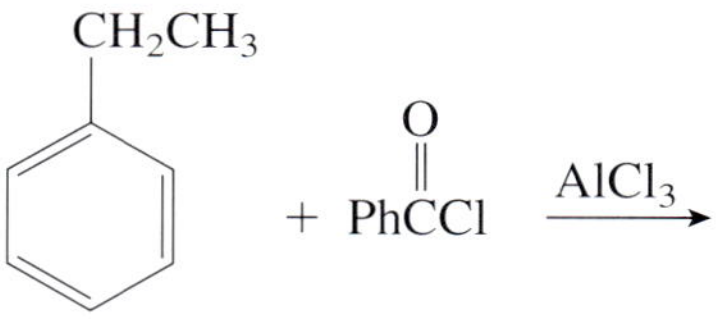

b) 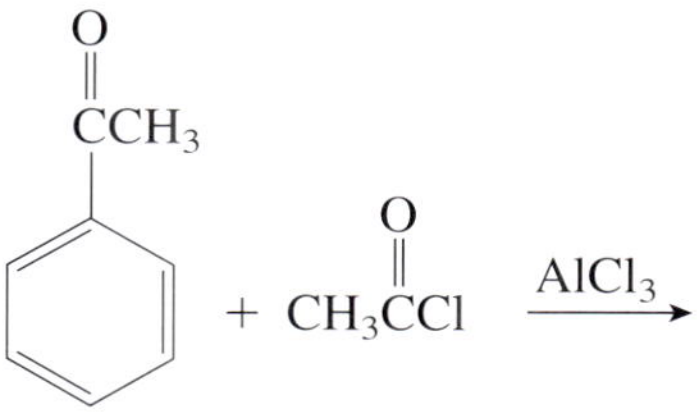

c) 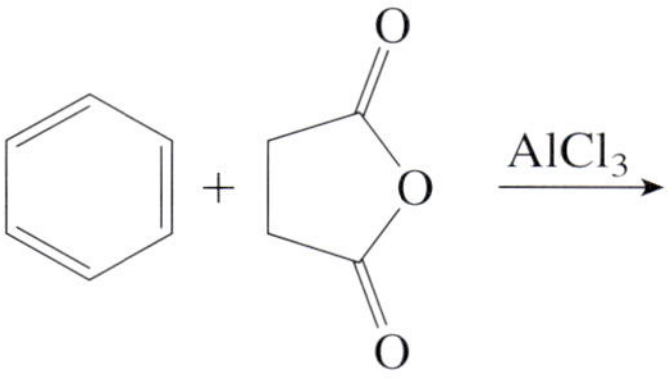

d) 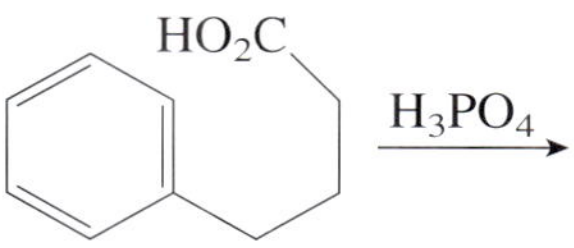

e) 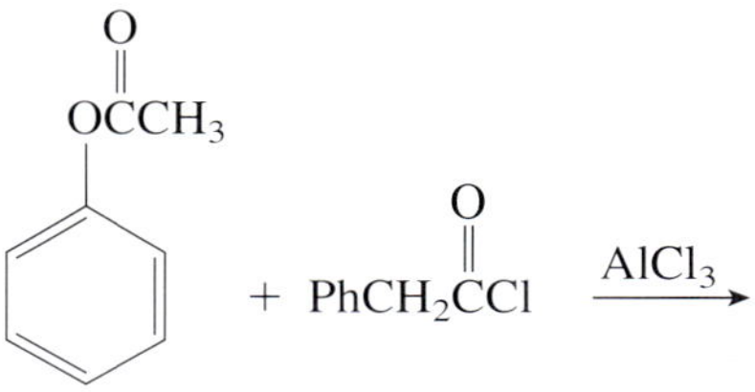

**문제 17.20** Friedel-Crafts 아실화반응을 사용하여 다음 화합물을 합성하여라.

a) 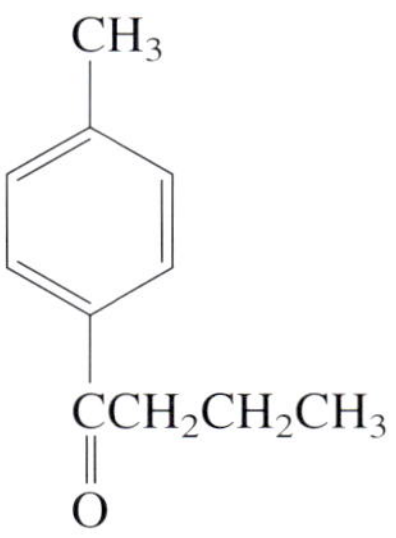

b) 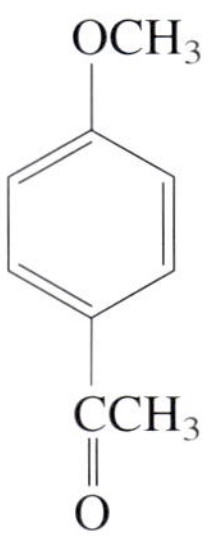

c) 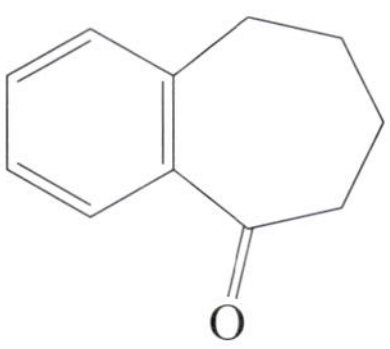

# 17.9 다 고리방향족 화합물의 친전자성 치환반응

다 고리방향족 화합물도 친전자성 방향족 치환반응을 일으킨다. 아레늄 이온이 생성됨으로서 잃는 방향족 공명에너지가 작기 때문에 이 화합물들은 벤젠보다 더 반응성이 크다. 예로 다른 활성인 방향족 화합물과 같이 나프탈렌의 브롬화에서 촉매로 Lewis 산을 필요로 하지 않는다.

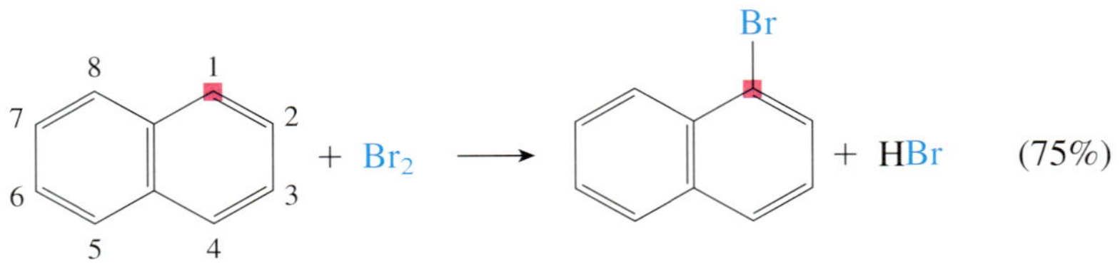

Naphthalene

나프탈렌도 역시 벤젠에서 기술한 다른 치환반응을 일으킨다. 예로 표준 Friedel-Crafts 조건에서 아실화 된다.

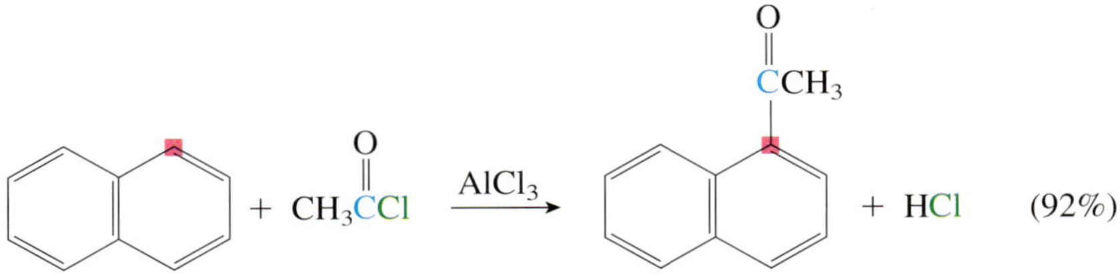

나프탈렌의 브롬화와 아실화는 1위치에서 친전자체의 치환을 일으킨다. 어느 경우에서나 친전자체가 2위치에 결합된 이성질체는 분리되지 않았다. 1위치의 큰 반응성은 아레늄 이온의 공명구조를 검토해보면 이해할 수 있다. 친전자체가 1위치에 첨가되면 아레늄 이온은 총 7개의 공명구조를 갖는다. 한편 2위치에 친전자체가 첨가되어 생성되는 아레늄 이온은 6개의 공명구조만을 갖는다.

**문제 17.21** 1위치에서 나프탈렌의 브롬화에 의해 형성되는 아레늄 이온의 7개의 공명구조와 2위치에서 브롬화에 의해 형성되는 아레늄 이온의 6개의 공명구조를 나타내어라.

**문제 17.22** 다음 반응의 생성물을 나타내어라.

**a)** 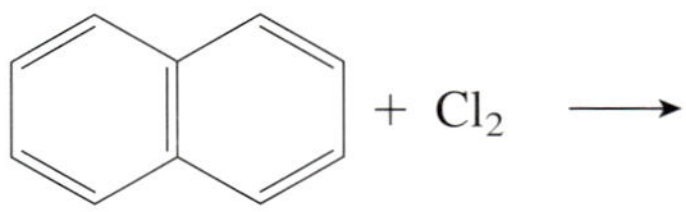

**b)** 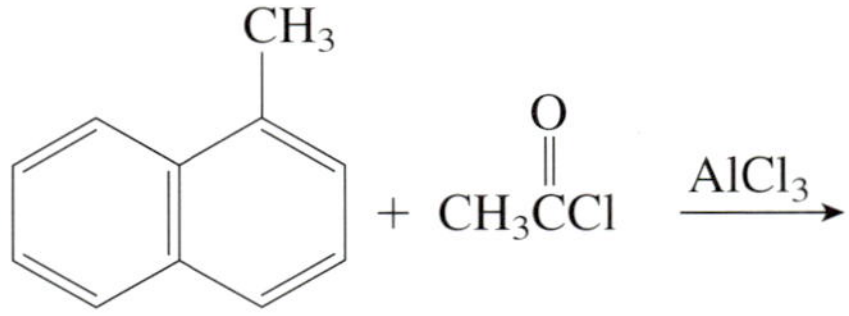

**c)** 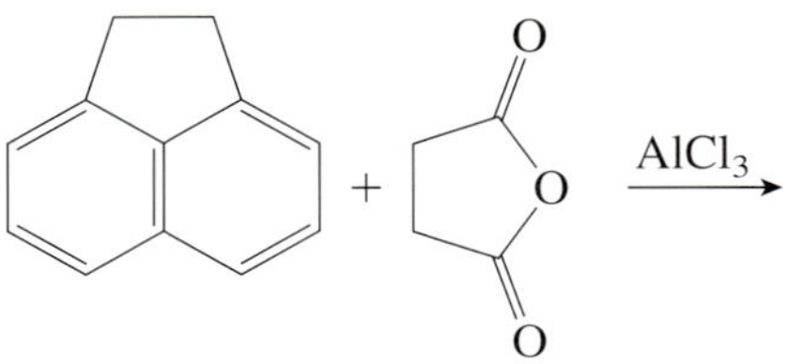

## 17.10 친핵성 방향족 치환반응: 다이아조늄 이온

이 장에서 지금까지 제시한 모든 반응은 친전자체가 친핵체로 작용하는 방향족 화합물과의 반응을 포함하고 있다. 이제 방향족 고리에 친핵체의 공격을 포함하는 몇 가지 반응을 고려해보자. 먼저 아민과 아질산 소듐과 산과의 반응으로 제조되는 방향족 다이아조늄 이온을 포함하는 반응을 고려해보자.

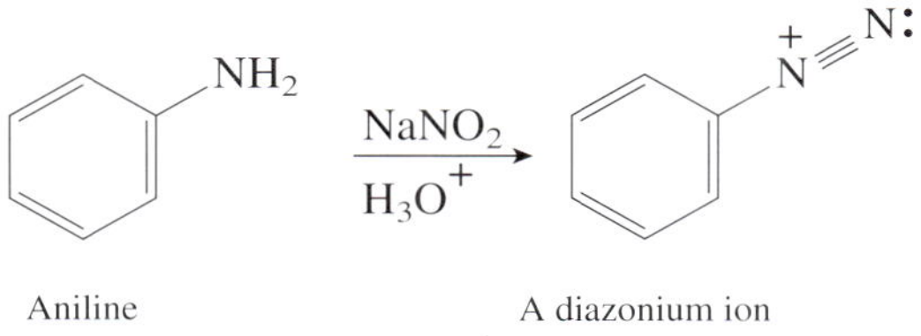


할로겐화 방향족 화합물은 $S_N1$과 $S_N2$ 반응에 대해 불활성이지만 방향족 다이아조늄 이온은 친핵성 치환반응에서 친전자체의 상대로 작용할 수 있다. 이 이온은 이탈기인 $S_N2$가 극도로 약한 염기이기 때문에 대단히 반응성이 크다.

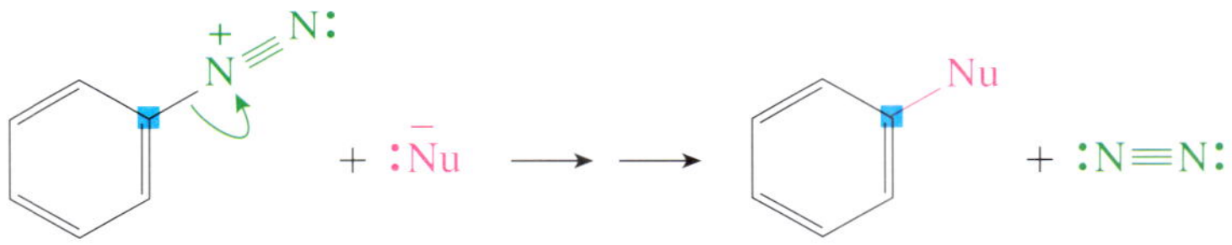


이 반응에 대한 메카니즘은 잘 이해되어 있지 않지만 그러나 실제로 몇 가지 반응은 $S_N1$ 경로를 따른다는 증거가 있다. 많은 다른 반응은 라디칼을 포함하는 것으로 알려졌다. 여기서는 다양한 메카니즘에 대한 상세히 검토하려고 하지 않는다.

다이아조기는 몇 가지 다른 친핵체에 의해 치환될 수 있다. 몇 가지 다른 메카니즘이 작용하기는 하지만 고려하는 모든 반응들이 간단한 친핵성 치환반응이라고 기억하는 것이 가장 편리하다. 다음 예에 다이아조늄 이온에 의해 이루어지는 다양한 치환을 방정식으로 나타내었다.

다이아조기는 염화 제일구리 혹은 브롬화 제일구리와 반응하여 염소와 브롬으로 치환될 수 있다.

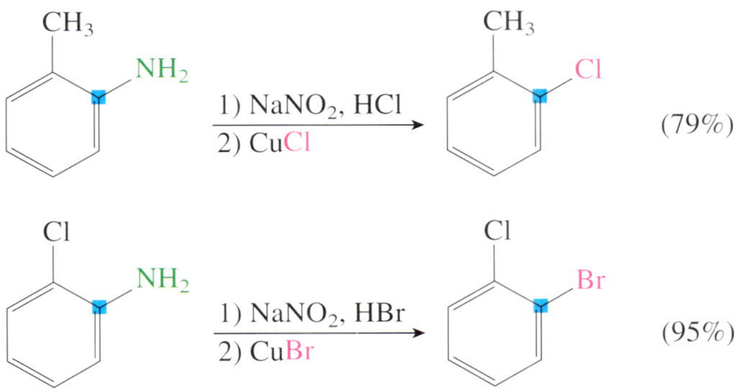

다이아조기는 아이오드화 포타슘과 반응으로 아이오딘으로 치환할 수 있다.

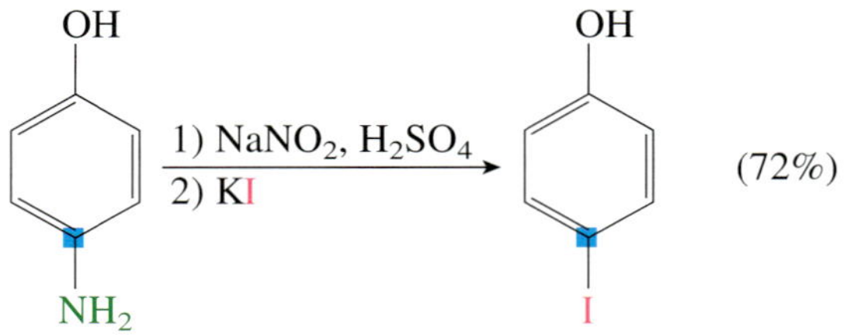

사플루오로붕산 이온의 존재에서 다이아조늄 이온을 가열해주면 다이아조기를 플루오린으로 치환할 수 있다.

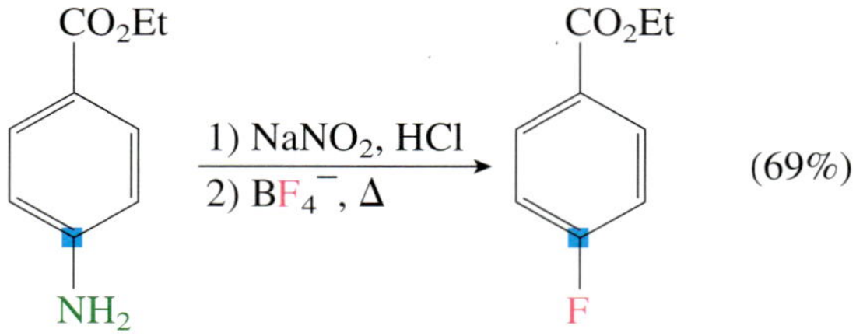

다이아조늄 이온을 산수용액에서 가열하면 다이아조기를 하이드록시기로 치환할 수 있다.

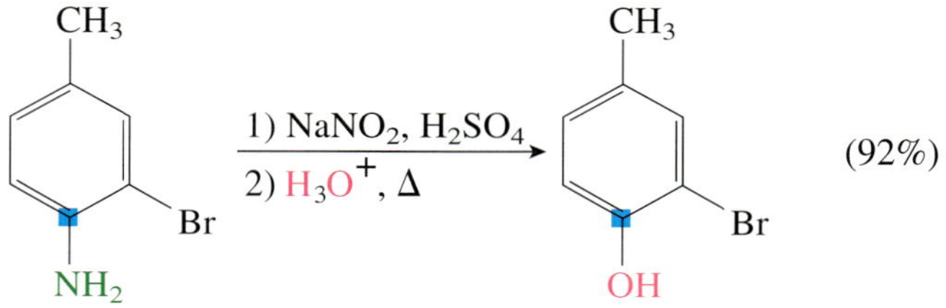

다이아조기는 시안화 제일구리와 반응에 의해 사이아노기로 치환할 수 있다. 이 반응은 염화 제일구리 혹은 브롬화 제일구리와 반응과 유사하다.

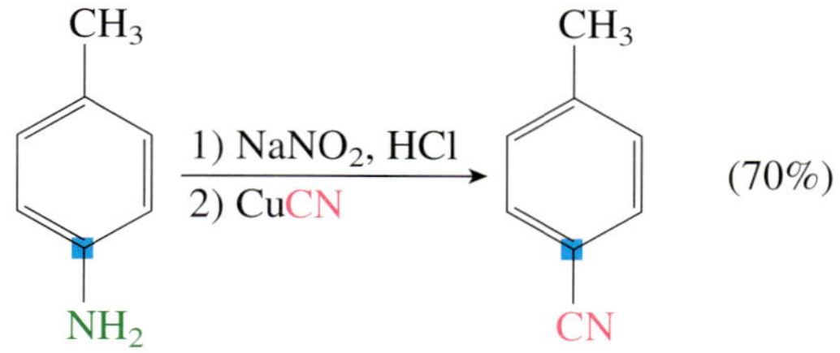

끝으로 다이조기를 수소로 치환할 수 있다. 이것은 수소화 붕소 소듐 혹은 하이포아인산($H_3PO_2$)와의 반응에 의해 이루어진다.

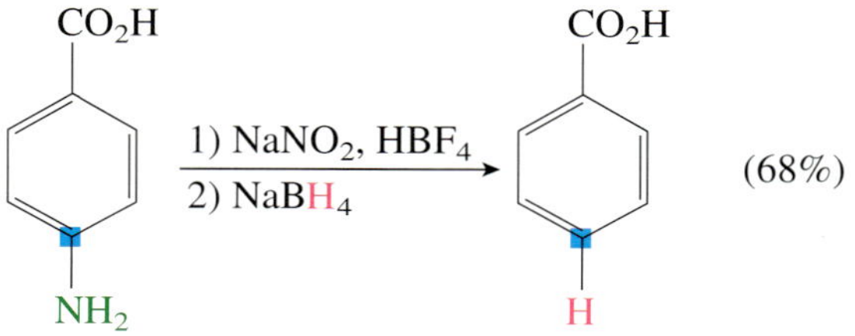

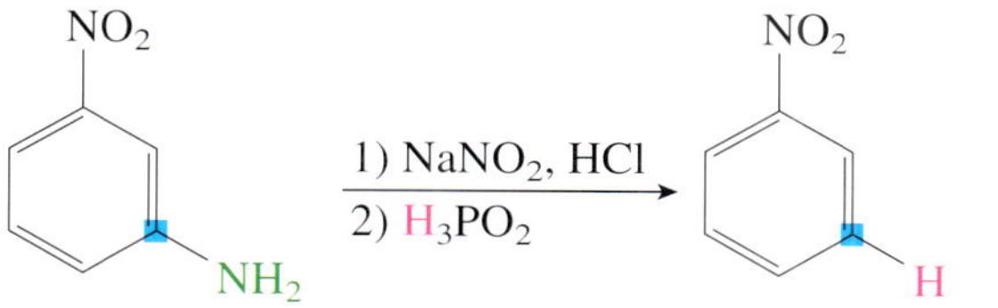

(70%)

방향족 고리에 몇 가지 치환기(I, F, OH, CN)를 가해 주는 직접적인 방법이기 때문에 이 치환반응은 합성에 대단히 유용하다. 더욱이 아미노기를 수소로 치환하는 능력은 나머지 치환기들의 배향을 결정하는 데 영향을 준다.

**문제 17.23** 다음 반응의 생성물을 예측하여라.

a) 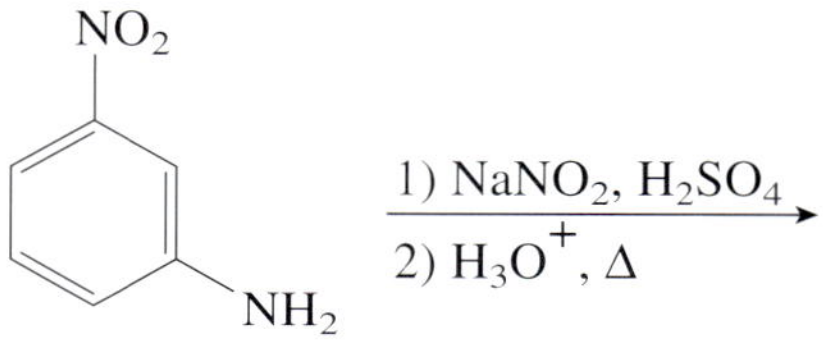

b) 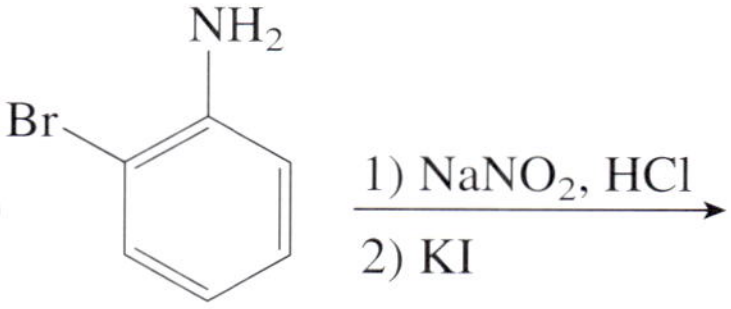

c) 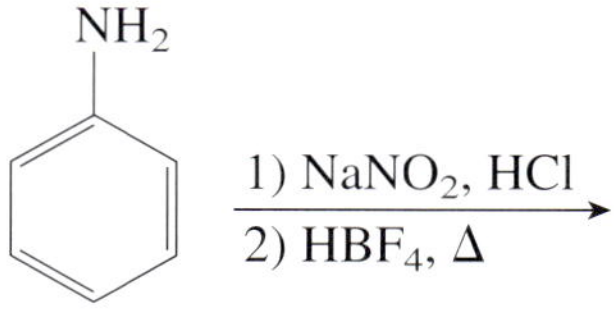

d) 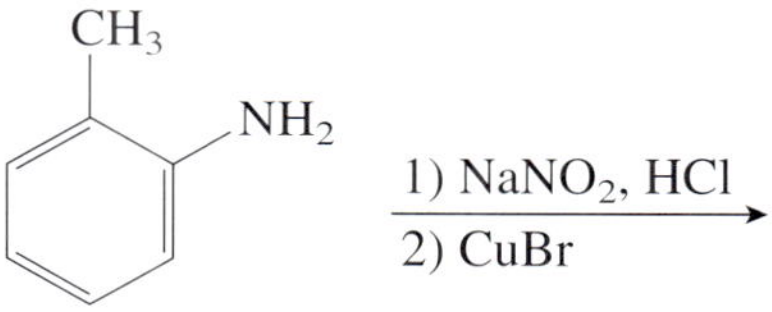

e) 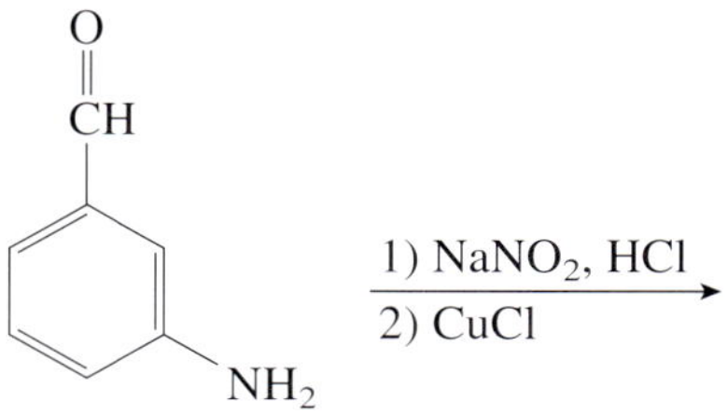

f) 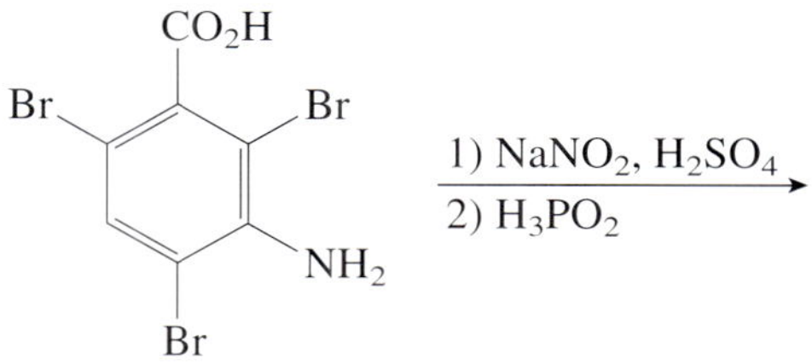

g) 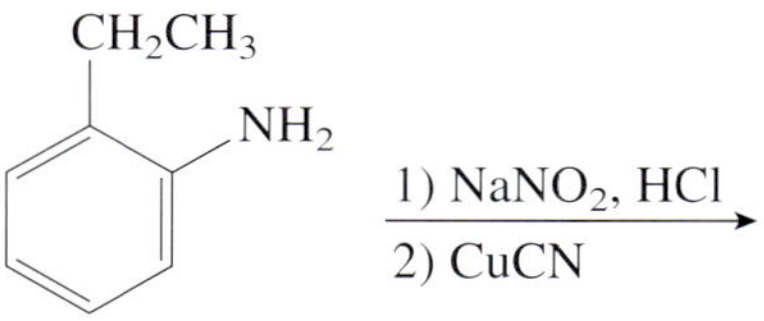

h) 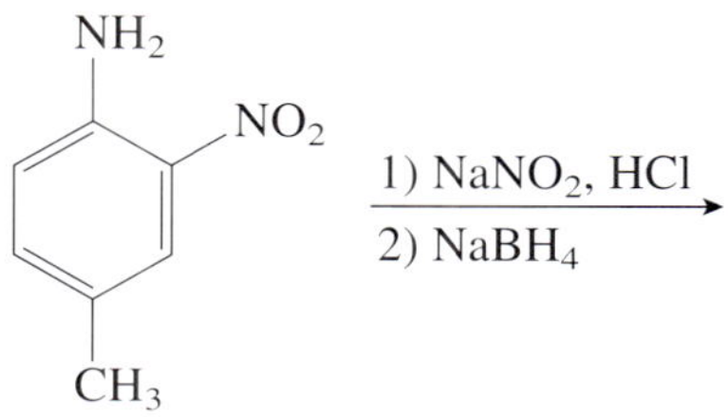

## 17.11 친핵성 방향족 치환반응: 첨가-제거반응

할로겐에 대해 오쏘와 파라에 강력한 전자끄는기를 가진 방향족 할로겐화물과 친핵체와의 반응으로 할로겐에 대한 친핵성 치환반응을 일으킨다.

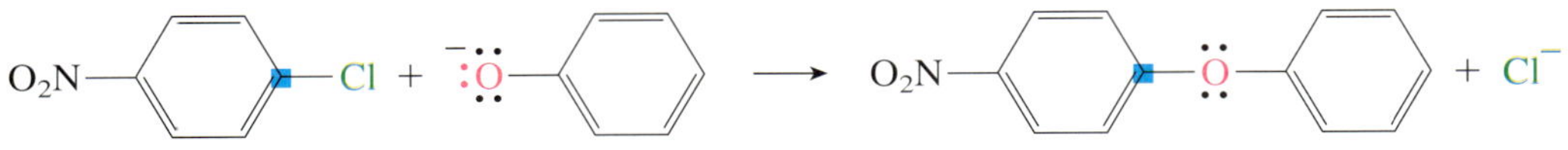


(82%)

*p*-Chloronitrobenzene

처음에 이 반응은 속도가 친핵체와 방향족 할로겐화물의 농도에 의존하므로 정상적인 $S_N2$ 반응이라고 생각하였다. 그러나 실험은 메카니즘이 두 단계로 구성되어 있다는 것을 나타내준다. 그림 17.5에 나타낸 것처럼 첫 단계에서 친핵체의 첨가가 일어나고 두 번째 단계에서 이탈기가 제거된다. 그러므로 이것을 **첨가-제거반응 메카니즘(addition-elimination mechanism)**이라 부른다.

이것이 정상적인 $S_N2$이 아니라는 한 증거는 고리에 전자-끄는기가 결합될 필요

**그림 17.5** 첨가-제거반응에 의한 방향족 고리에 대한 친핵성 치환반응의 메카니즘.

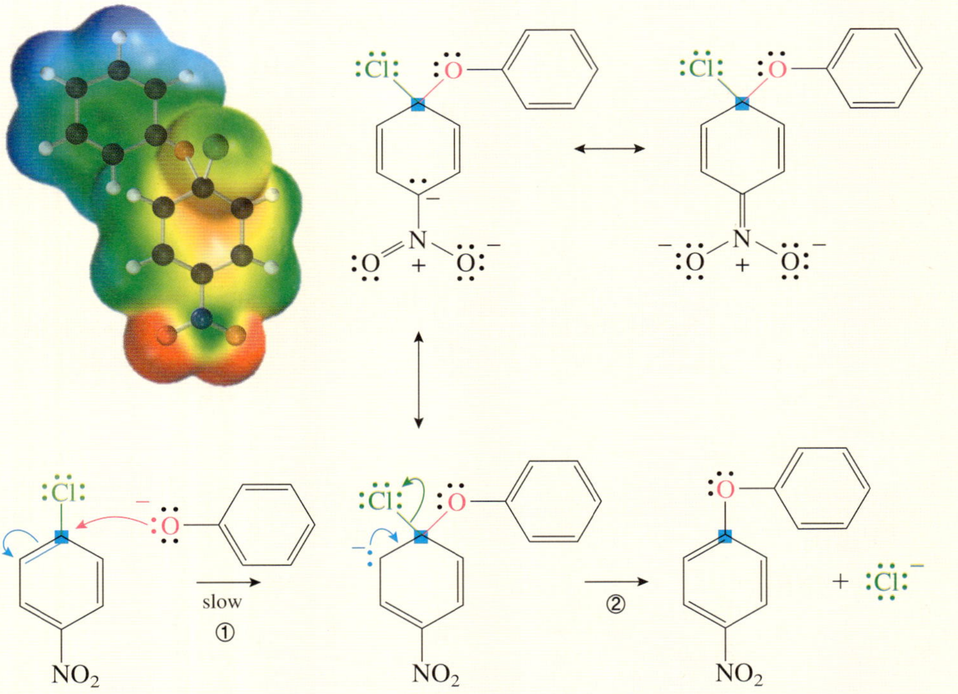


① 친핵체가 첫 단계에서 이탈기가 결합된 탄소에 결합된다. 항상 이 단계가 속도결정 단계이다.

초기 첨가가 일어나면 생성되는 음이온은 안정화되어야 한다. 이 안정화는 공명에 의해 음이온의 전자쌍을 비편재화할 수 있는 나이트로 혹은 카보닐기와 같은 치환기의 존재에 의해 이루어진다. 이 작용기들은 음이온과 공명 상호작용할 수 있는 이탈기에 대해 오쏘 혹은 파라 위치에 결합된다.

② 두 번째 단계에서 이탈기가 떨어진다.

가 있다는 점이다. 그림 17.5에 나타낸 이 치환반응에서 형성된 중간체는 카보음이온이다. 이 카보음이온은 나이트로 혹은 카보닐기와 같은 치환기를 갖는다. 이 치환기들은 이탈기에 대해 오쏘와 파라 위치에 결합되어 있으므로 공명에 의해 전자쌍이 비편재화되고 따라서 음이온 중간체를 안정화한다.

정상적인 $S_N2$가 아니라는 또 다른 증거는 이탈기의 변화효과이다. 이 반응에 대해 반응성의 순서는 다음과 같다.

| 가장 빠른 이탈기 | | | | 가장 늦은 이탈기 |
|---|---|---|---|---|
| F > | Cl > | Br > | | I |

이 순서는 $S_N1$과 $S_N2$ 반응에서 발견된 순서와 반대이다. 반대가 되는 이유는 이 반응의 속도-결정단계에서 이탈기가 이탈되지 않기 때문이다. 대신 이탈기는 유발효과에 의해 카보음이온 중간체를 안정화시켜주는 데 노력하고 있다. 플루오린은 가장 전기음성도가 큰 원자이며 카보음이온과 전이상태를 가장 잘 안정화한다.

이탈기에 대해 오쏘와 파라 위치에 전자-끄는기의 존재를 요구하여 이 반응의 일반성을 제한하고 있지만 적당히 치환된 화합물에서도 반응이 잘 일어난다. 추가적 예를 다음 방정식에 나타냈다.

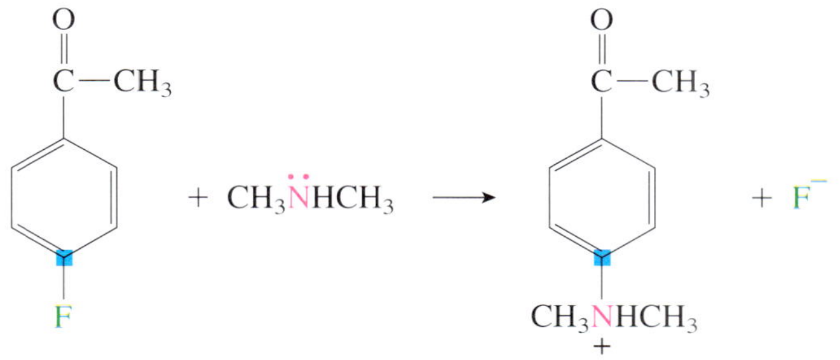

(96%)

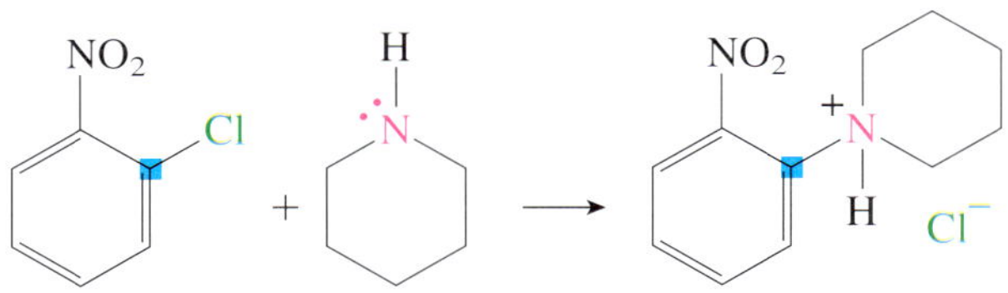

(94%)

**문제 17.24** 첨가-제거반응 메카니즘에 의해 다음 화합물이 수산화 소듐과의 반응속도가 증가하는 순서로 배열하여라.

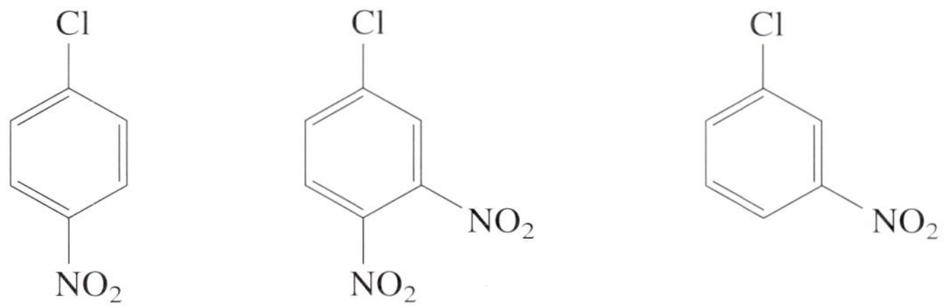

**문제 17.25** 다음 반응의 생성물을 나타내어라.

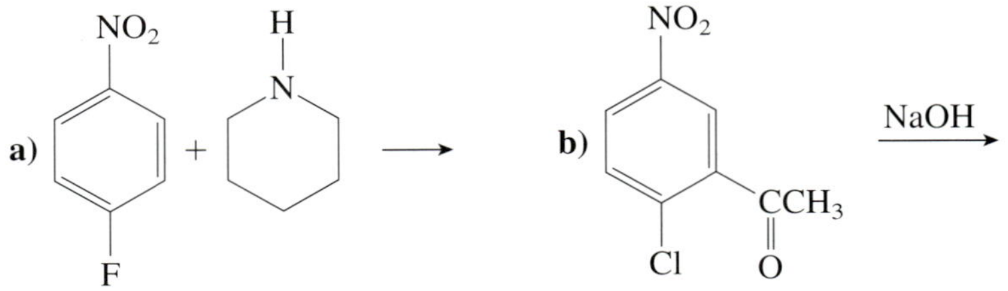


## 17.12 친핵성 방향족 치환반응: 제거-첨가반응

친핵성 방향족 치환반응에 대한 마지막 메카니즘은 방향족 할로겐화물이 높은 온도에서 아마이드 음이온과 같은 대단히 강한 염기 혹은 수산화이온과 같은 약한 염기와 반응할 때 생긴다. 예로 페놀을 제조하는 공업적인 방법은 높은 온도에서 수산화 소듐과 클로로벤젠과의 반응에 의한 것이다.

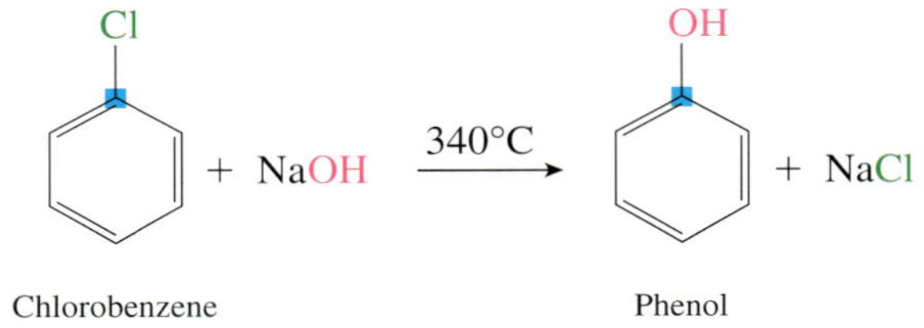


이 반응은 간단한 치환반응인 것처럼 보이지만 실험은 이 반응이 제거-첨가 메카니즘에 의해 일어난다는 것을 나타내준다. 용매로서 액체 암모니아를 사용하고 아마이드 이온과 클로로벤젠의 반응에 대한 이 메카니즘을 그림 17.6에 요약하였다.

먼저 E2 메카니즘에 의해 염화 수소를 잃고 대단히 반응성이 큰 **벤자인(benzyne)**이라 부르는 화합물을 형성한다.

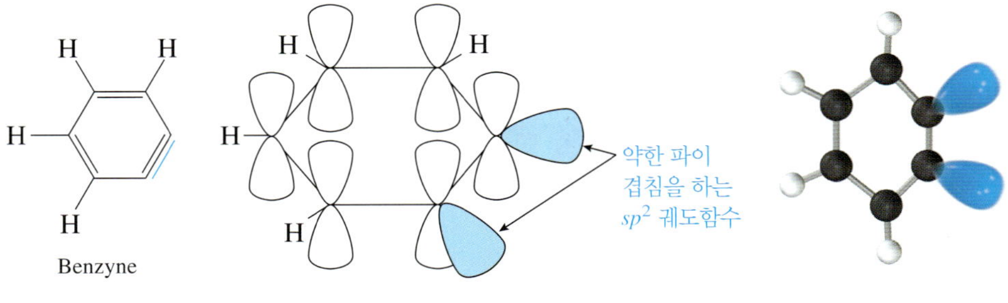


제거는 벤젠의 "이중결합"의 하나를 "삼중결합"으로 변환하다. 이 삼중결합은 육-원자 고리에 의해 부과되는 각 억제 때문에 정상적인 삼중결합과는 다르다. 벤자인의 궤도함수 그림은 고리에 대해 수직인 $p$ 궤도함수의 정상적인 벤젠 배열을 나타낸다.

상당히 큰 각 무리 때문에 벤자인은 대단히 반응성이 큰 분자이고 순간적으로만 존재한다.

① 강한 염기는 염화 수소의 E2 제거를 일으킨다.

② 정상적인 삼중결합은 친핵체와 반응하지 않지만 반응성이 큰 벤자인은 친핵체와 반응하여 카보음이온을 형성한다.

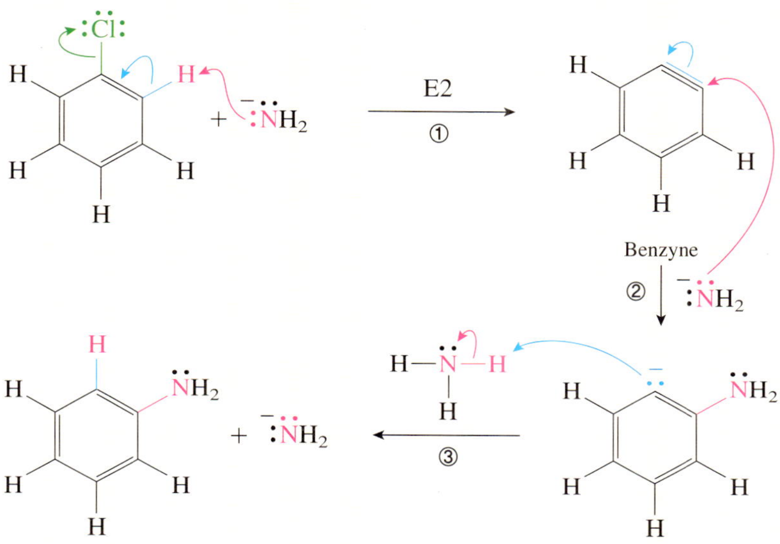


③ 강한 염기성 카보음이온은 용매, 암모니아로부터 양성자를 제거하고 반응을 완결한다.

**그림 17.6** **제거-첨가반응에 의한 친핵성 방향족 치환반응의 메카니즘(벤자인 메카니즘).**

삼중결합의 다른 결합은 고리 면에 대해 파이 형태로 겹쳐진 두 $sp^2$-혼성 AO로부터 생성된다. 분명히 이들 궤도함수는 평행하지 않기 때문에 잘 겹쳐질 수 없다. 벤자인을 나타내는 데 삼중결합을 가진 구조를 사용하는 것이 편리하기는 하지만 이 삼중결합의 하나는 전형적인 파이 결합이 아니며 반응성이 대단히 크다.

벤자인은 극히 반응성이 큰 화합물이다. 이것은 분리할 수 없으며 반응하기 전 순간적으로 존재한다. 이 반응의 강력한 친핵성 조건에서 친핵체는 이 결합에 첨가되어 카보음이온을 생성한다. 강력한 염기성인 카보음이온은 반응 혼합물의 약산으로부터 양성자를 제거하여 최종 생성물을 형성한다.

벤자인 중간체를 포함한 반응의 한 특성은 친핵체가 이탈기가 결합된 같은 탄소에 결합되거나 혹은 이탈기가 결합된 탄소의 이웃탄소에 결합될 수 있다는 것이다. 치환된 방향족 할로겐화물을 사용하면 이성질체 생성물이 형성된다. 예로 용매로 다이메틸아민을 사용하고 다이메틸아미드화 소듐과 *p*-브로모톨루엔의 반응은 메타와 파라 생성물의 50:50 혼합물을 생성한다. 친핵체가 벤자인 삼중결합 탄소의 어느 편에든지 결합할 수 있기 때문이다. 비대칭 벤자인 중간체가 형성되면 이와 같은 생성 혼합물은 보편적이다.

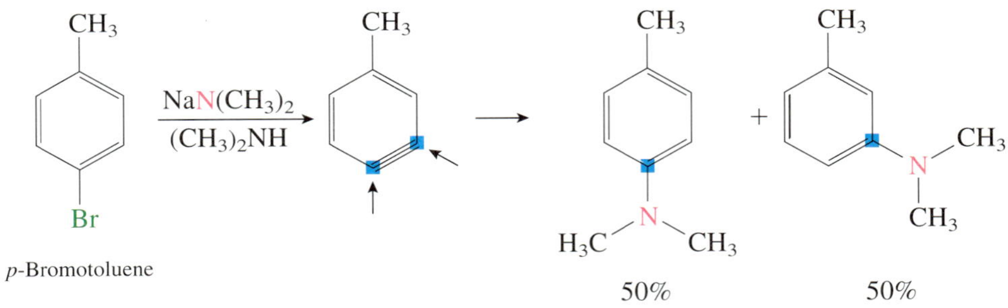


**문제 17.26** 다음 반응의 생성물을 나타내어라.

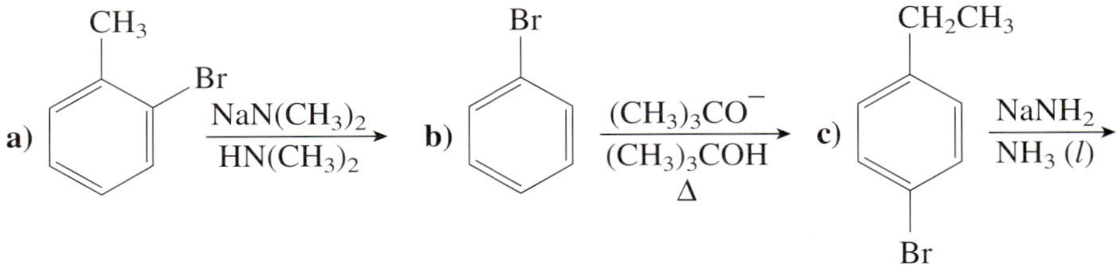


## 17.13 몇 가지 추가적인 유용한 반응

이 절은 방향족 화합물을 합성하는 대단히 유용한 몇 가지 추가적 방법을 제시하였다. 친전자성 치환반응에 의해 결합된 치환기를 직접 도입할 수 없는 다른 치환기로 변환시키는 방법을 제시하였다. 이 반응들의 메카니즘은 여기서는 다룰 필요가 없다.

이 반응 중 첫 번째는 나이트로기의 아미노기로 변환이다. 이 환원은 촉매와 수소 혹은 금속(Fe, Sn 혹은 $SnCl_2$)과 산을 사용하여 이루어진다. 예를 다음 방정식으로 나타내었다.

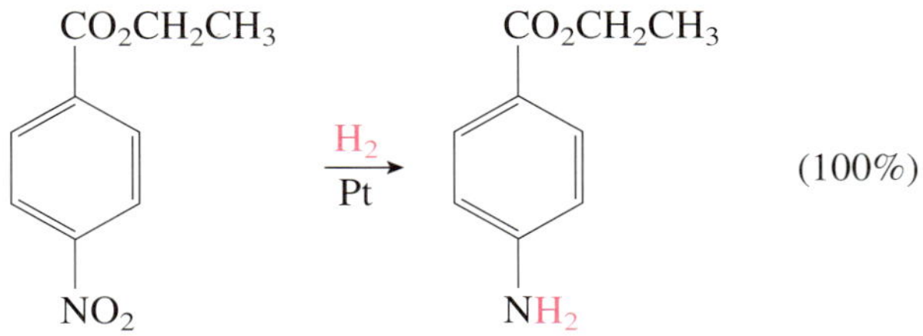


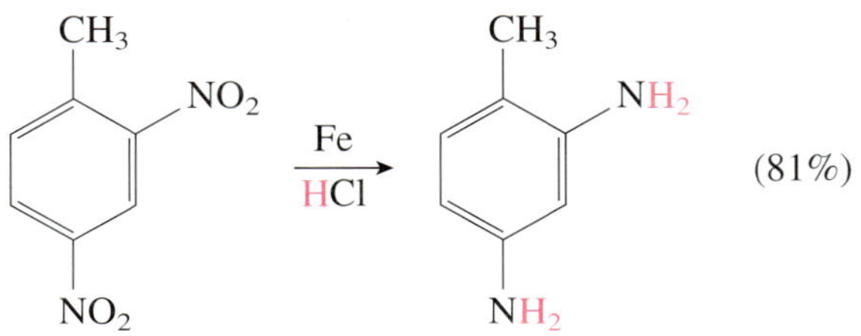

이 반응은 친전자성 공격에 의해 직접 도입할 수 없는 치환기, 아미노 치환기를 벤젠 고리에 도입할 수 있는 방법이기 때문에 중요하다. 다음 예에서 설명한 것처럼 이 반응은 다이아조늄 이온반응을 통해 일어날 수 있는 모든 치환반응에서 가능하다.

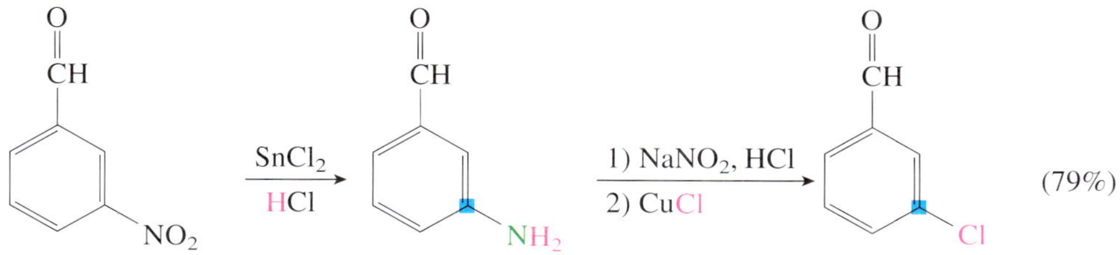


몇 가지 방법이 알데하이드와 케톤의 카보닐기를 메틸렌으로 변환시키는 데 사용된다. Clemmensen 환원이라고 알려진 반응은 환원제로 수은화 아연과 염산을 사용한다. 이 예를 다음 방정식으로 설명하였다.

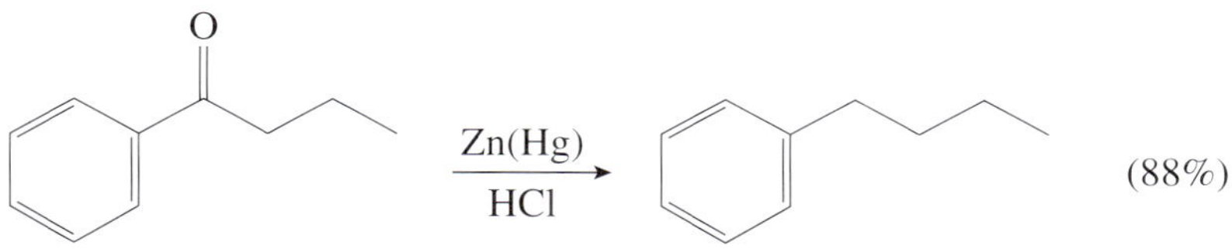


같은 변환을 일으키는 데 사용되는 다른 반응은 Wolff-Kishner 환원이다. 이 방법에서 알데하이드와 케톤은 끓는점이 높은 용매에서 하이드라진과 수산화 소듐과 같이 가열해준다. 한 예를 다음 방정식에 나타냈다. Clemmensen 환원과 Wolff-Kishner 환원은 한 방법은 산성 조건, 다른 방법을 염기성 조건을 적용하기 때문에 상보적이다.

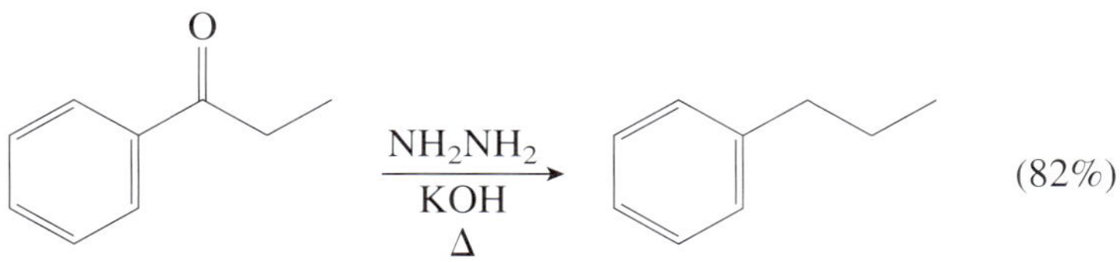


방향족 케톤의 카보닐기의 메틸렌으로 환원은 촉매 수소화에 의해 이루어진다. 이 방법의 예를 다음 방정식에 나타냈다. 이 반응에서 카보닐기는 방향족 고리에 직접 결합된다. Clemmensen과 Wolff-Kishner 환원은 이 제한을 받지 않는다.

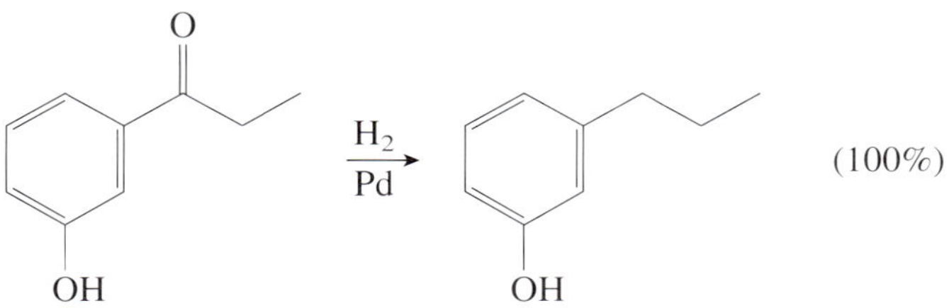

이 반응은 일차 알킬기로 치환한 방향족 화합물을 제조하는 데 대단히 유용하다. 예로 뷰틸벤젠의 합성을 고려해보자. 먼저 Friedel-Crafts 알킬화반응에 의해 이 화합물의 제조를 생각해보자. 그러나 이 반응에서 일차 할로겐화 알킬을 사용하면 카보양이온 자리옮김이 생성된다. 1-클로로뷰텐과 벤젠과의 반응은 뷰틸벤젠(34%)과 sec-뷰틸벤젠(66%)의 혼합물이 생성된다. 원하는 일차 생성물의 낮은 수득률과 생성 혼합물로부터 순수하게 얻기 힘든점 때문에 잘 쓰이지 않는 합성경로이다. 더 좋은 합성법은 두 단계로 이루어진다. 먼저 염화 뷰탄오일과 벤젠을 사용한 Friedel-Crafts 아실화반응에 의해 1-페닐-1-부탄온을 제조한다. 다음에 카보닐기를 이 환원반응의 하나를 사용하여 메틸렌기로 변환한다. 전 페이지의 방정식에서 나타낸 것처럼 Clemmensen 환원은 88%의 수득률로 이 변환을 일으킨다.

이 절에서 마지막 반응은 카복실산기가 결합된 방향족 고리를 합성하는 방법이다. 이 기를 결합하는 직접적인 방법이 없기 때문에 이 방법은 대단히 유용하다. 뜨거운 염기성 과망간산 포타슘 용액을 적용하여 메틸기를 카복실기로 산화한다.

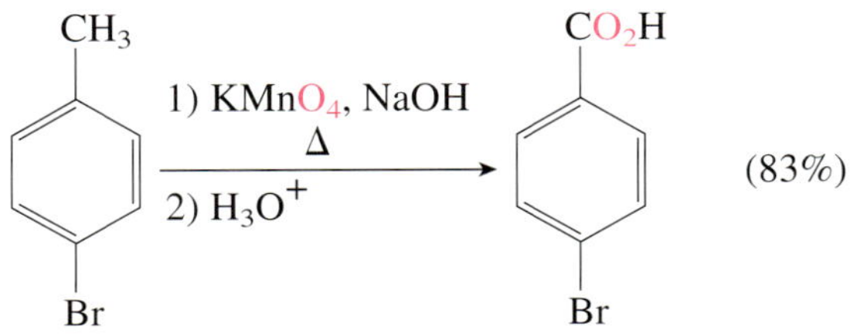


메틸기가 이 반응에서 산화될 수 있는 가장 보편적인 작용기이지만 방향족 고리에 결합된 탄소가 사차가 아니 한 다른 알킬기에도 적용할 수 있다. 큰 알킬기를 가진 방향족 화합물을 사용하면 메틸기로 치환된 화합물의 산화로 생성되는 같은 생성물이 얻어진다. 여분의 탄소는 이산화탄소로 된다.

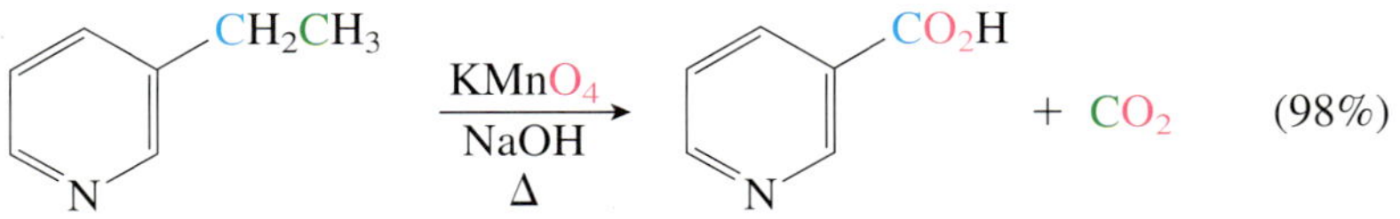


**문제 17.27** 다음 화합물의 생성물을 나타내어라.

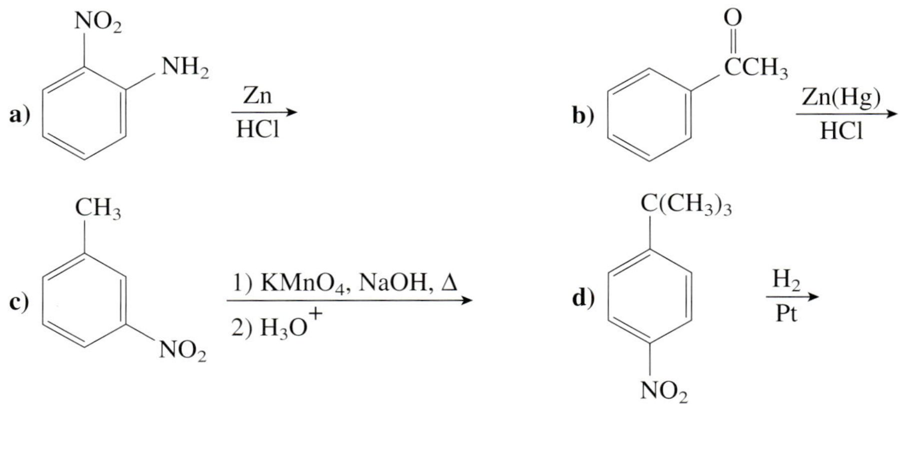

**e)** 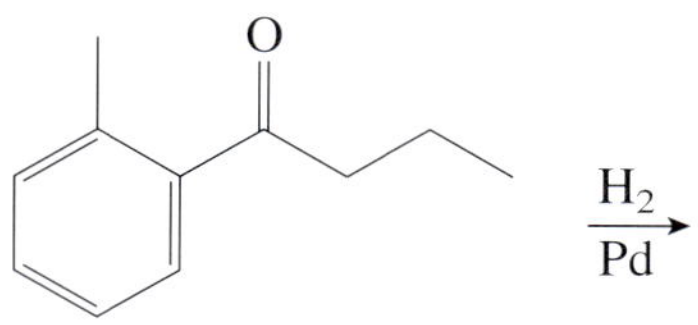


**f)** 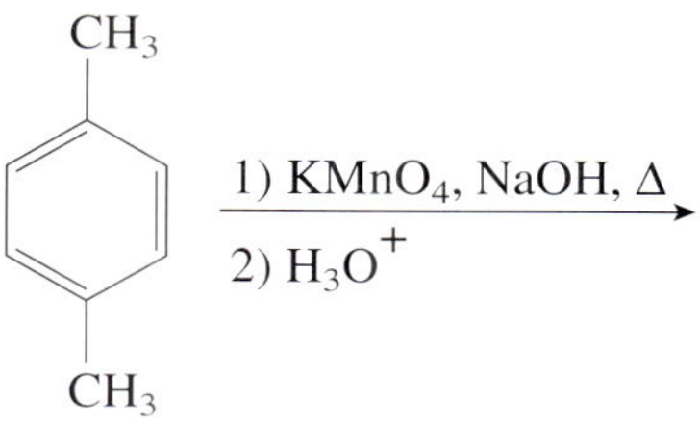


**g)** 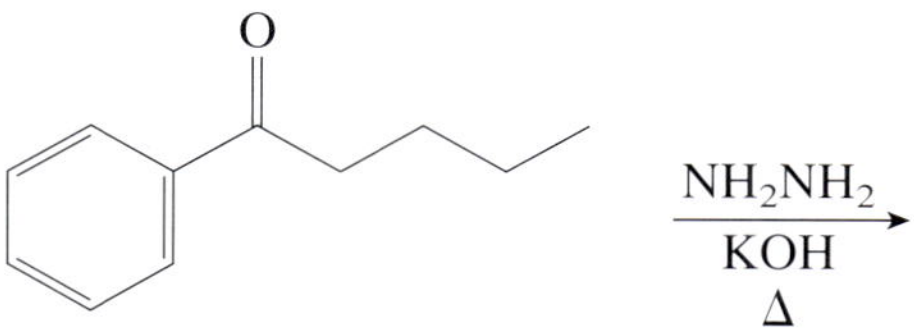


**문제 17.28** 지시한 출발물질로부터 다음 화합물을 합성하여라.

**a)** 벤젠으로부터 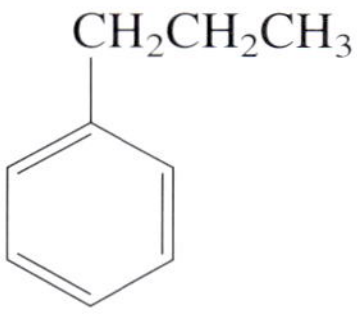


**b)** *m*-클로로나이트로벤젠으로부터 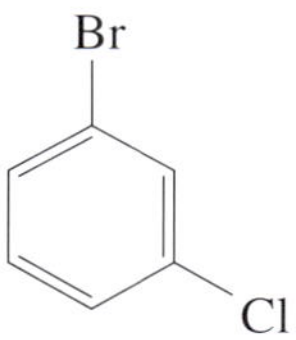


# 17.14 방향족 화합물의 합성

앞 절에서 방향족 고리에 작용기를 치환하는 데 사용되는 유용한 방법을 제시하였다. 그림 17.7에 이 반응들을 사용하여 이룰 수 있는 변환을 요약하였다. 이들 반응을 사용하여 방향족 화합물의 몇 가지 합성을 이 절에 제시하였다. 이것은 상당히 복잡한 화합물을 합성하는 데 사용되는 전략을 개발하고 실천하는 좋은 기회가 된다.

첫 번째 예는 치환기의 첨가순서가 배향을 조절하는 데 중요하다는 것을 설명해준다. 예로 벤젠으로부터 *m*-클로로나이트로벤젠의 제조를 고려해보자. 염소는 오쏘/파라 지향성기이고 나이트로기는 메타 지향성기이기 때문에 메타 생성물이 필요하면 나이트로기를 먼저 가해 주어야 한다.

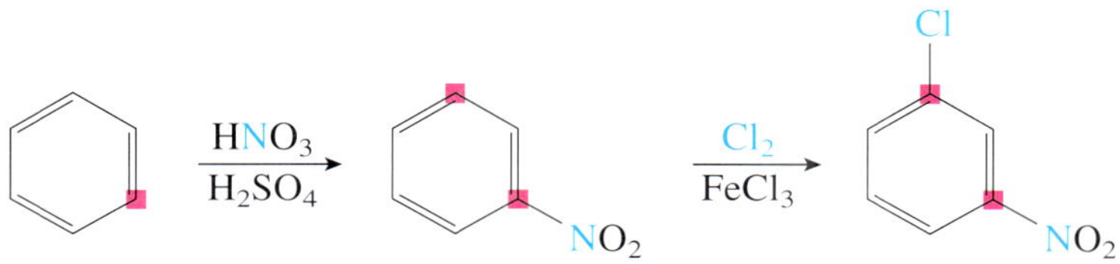


*m*-Chloronitrobenzene

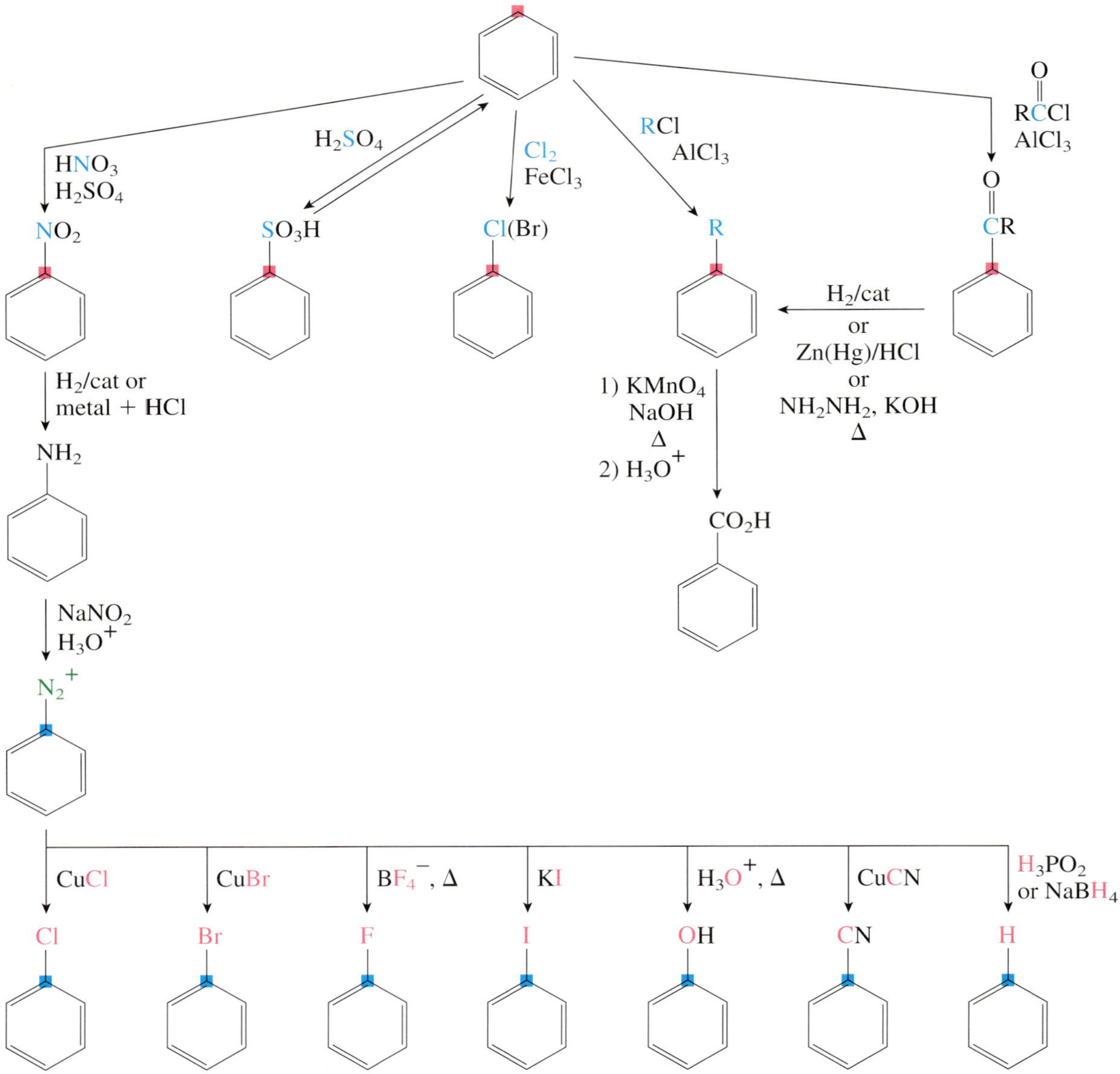


**그림 17.7** 방향족 화합물의 합성에 사용되는 유용한 반응의 요약.

한편, 파라 이성질체가 필요하면 염소를 먼저 고리에 치환해야 한다.

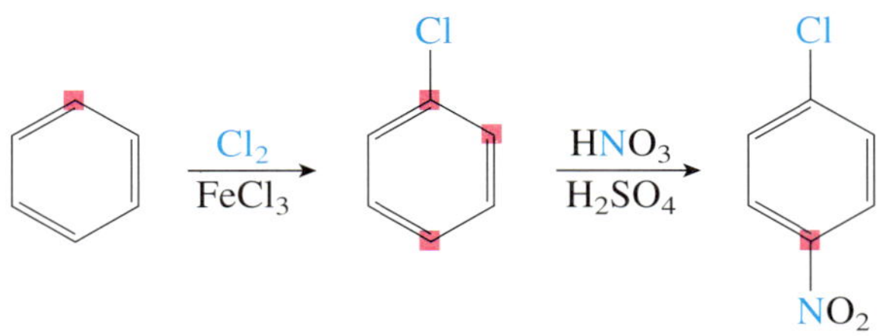


*p*-Chloronitrobenzene

이치환 벤젠의 오쏘-이성질체는 파라-이성질체가 유리한 입체효과 때문에 좋은 수득률로 합성하기가 어렵다. 이러한 경우에는 계속 반응하기 위하여 파라 위치에 설폰산기를 도입하여 이 위치를 막는다. 원하는 기를 오쏘 위치에 도입한 후 물과 황산을 가하여 설폰산기를 제거한다. *o*-브로모페놀의 합성에 대해 이 전략을 응용한 예를 다음 방정식에 나타냈다.

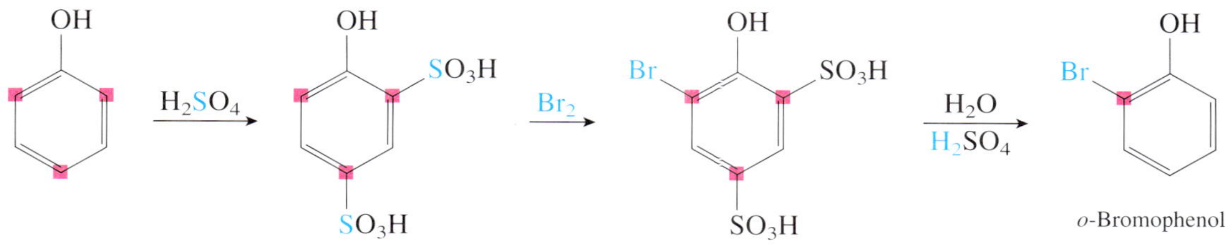

*o*-Bromophenol

나이트로기 혹은 아미노기는 원하는 위치에 도입기로 직접 사용할 수 있다. 다음에 나이트로기 혹은 아미노기를 다이아조늄 이온으로 변환하여 다른 기로 변화시킬 수 있다. 이 전략은 최종 생성물에 있는 어느 기도 원하는 위치에 다른 기를 유도할 수 없을 때 특별히 유용하다. 예를 들어 *m*-브로모클로로 벤젠을 합성하고자 하는 경우를 고려해보자. 할로겐은 오쏘/파라 지향성기이기 때문에 어떻게 그들을 메타 배향으로 도입할 수 있겠는가? 이 문제를 풀기 위하여 나이트로기를 사용하여 할로겐의 한 기를 메타 위치에 유도한 다음 나이트로기를 다른 할로겐으로 변화시킨다. 이 합성을 다음 방정식으로 요약하였다. 이 전략을 변화시키면 두 메타 지향성기를 서로 파라 위치에 도입할 수 있다.

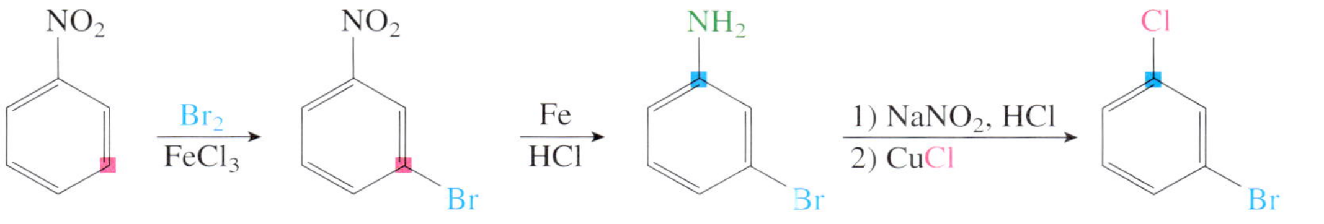

*m*-Bromochlorobenzene

다른 방법으로 아미노기를 생성물의 원하는 위치화학을 얻는데 사용할 수 있다. 다음에 다이아조늄 이온을 거쳐 제거될 수 있다. 예로 톨루엔으로부터 *m*-브로모톨루엔의 제조를 고려해보자. 메틸기가 오쏘/파라 지향성기가 어려운 점이다. 이 문제를 풀기 위하여 메틸기에 대해 파라 위치에 아미노기를 도입한다. 이 강력한 활성화기는 브롬을 아미노에 대해 오쏘 메틸에 대해 메타 위치에 도입할 수 있다. 다음에 아미노기를 제거한다. 이 전략의 응용을 다음 예로 설명하였다. 브롬을 가하기 전에 아민을 아마이드로 변화시켜 아민의 반응성을 감소시킬 필요가 있다.

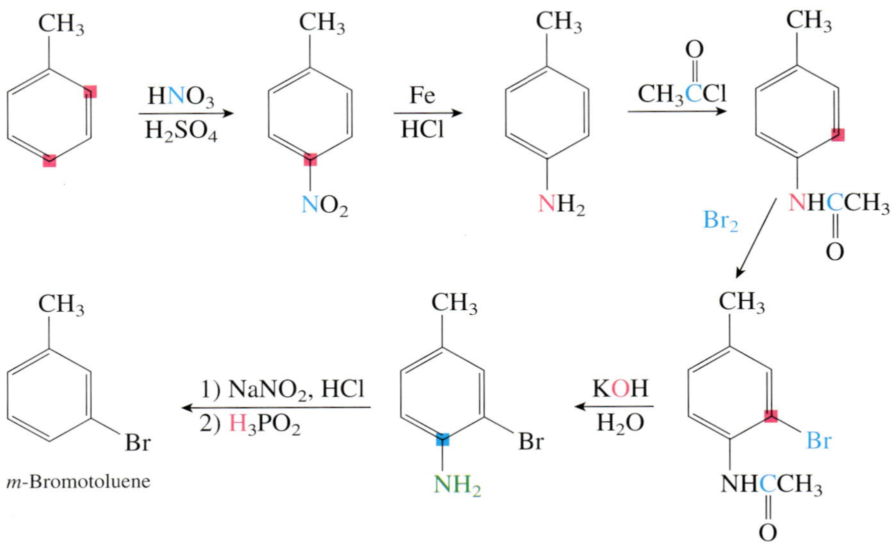


이 예는 합성은 주의해서 계획되어야 한다는 것을 나타내준다.

## 예제 17.3

벤젠으로부터 다음 화합물을 합성하여라.

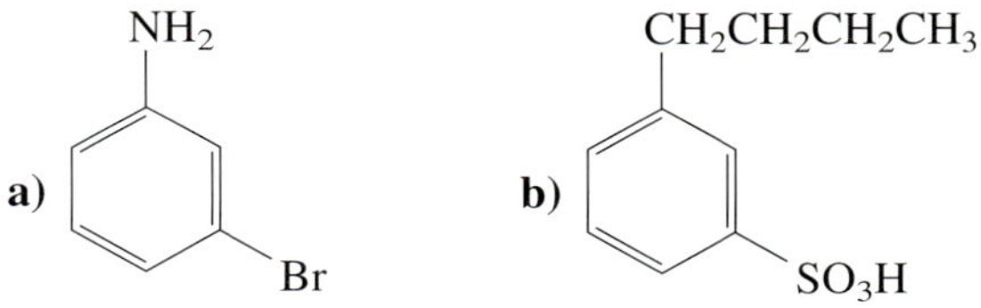


### 전략

어떤 기를 방향족 고리에 가해 주어야 하는가를 알아보기 위하여 목적 화합물을 검토해야 한다. $NO_2$, $SO_3H$, $Cl_2$, $Br_2$, 알킬 및 아실기는 친전자성 방향적 치환반응에 의해 가해진다. $NO_2$기는 $NH_2$기로 환원되고 다이아조늄 이온을 거쳐 다양한 다른 치환기로 변환될 수 있다. 원하는 이성질체를 얻기 위하여 가해주는 기의 순서와 지향성 효과에 주의를 기우려야 한다. Friedel-Crafts 반응은 강력한 비활성화 고리에는 사용할 수 없다. 고리에 일차 알킬기가 필요할 때에는 Friedel-Crafts 아실화반응을 사용하여 생성물을 환원하는 것이 더 좋다.

### 풀이

**a)** $NH_2$기와 Br는 오쏘/파라 지향성기이지만 목적 화합물에는 메타 배향이다. 그러나 $NH_2$기는 메타 지향성기인 $NO_2$기의 환원으로 얻을 수 있다. 그러므로 먼저 나이트로기를 가하고 다음에 메타 위치에 브롬화한다. 끝으로 나이트로기를 아민으로 환원한다.

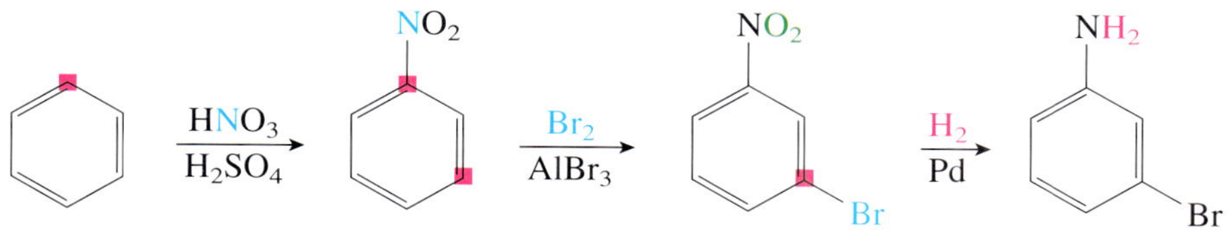

**b)** $SO_3H$기는 메타 지향성이지만 이 화합물은 벤젠설폰산의 알킬화로 제조할 수 없다. Friedel-Crafts 알킬화반응은 비활성 고리와는 반응하지 않기 때문이다. 그러므로 탄소기를 먼저 도입한다. 일차 뷰틸기는 Friedel-Crafts 알킬화반응에 의해 좋은 수득률로 직접 도입할 수 없다. 중간체 일차 뷰틸 카보양이온이 자리옮김 때문이다. 일차 알킬기를 도임하는 좋은 방법은 Friedel-Crafts 아실화반응으로 아실기를 도입하고 카보닐기를 환원하는 것이다. $SO_3H$는 아실기가 메타 지향성기이기 때문에 환원하기 전에 가해 주어야 한다.

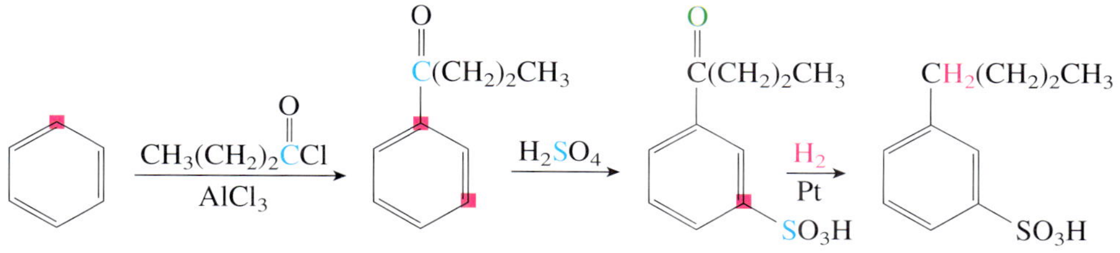

**문제 17.29** 벤젠으로부터 다음 화합물을 합성하여라.

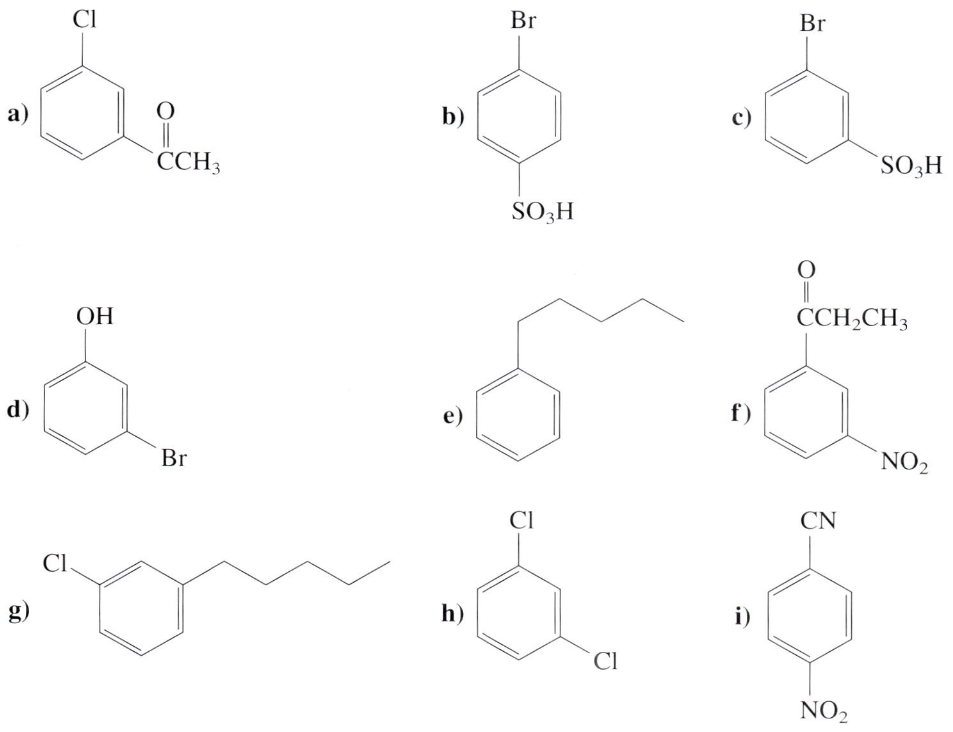

## 예제 17.4

벤젠으로부터 이 화합물을 합성하여라.

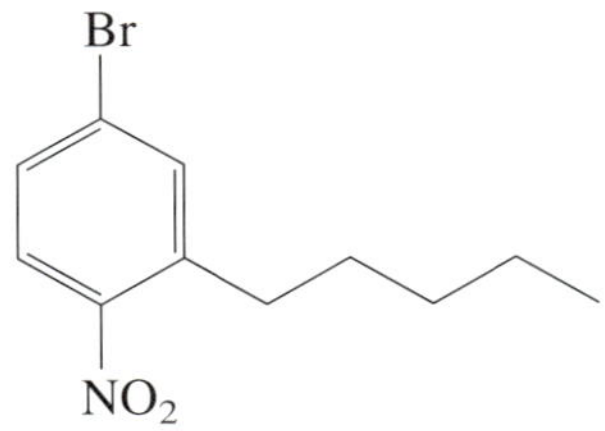


### 전략

이 화합물과 같은 복잡한 합성에서는 가해주는 기의 순서를 결정하기 위하여 역합성 분석을 사용하는 것이 좋다. 원하는 배향대로 반응이 가능한지를 결정하기 위하여 다른 각 기를 가하여 검토한다. 가능한 각 반응에 대해 같은 방법으로 출발물질에 다른 기를 가하여 검토한다.

### 풀이

브로모, 나이트로 혹은 펜틸기가 요구하는 배향대로 적절한 이치환벤젠에 가해질 수 있는가를 검토한다.

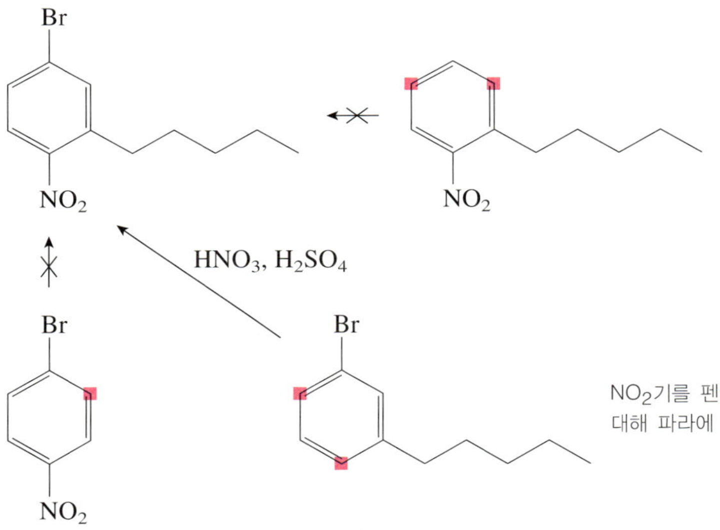


펜틸기에 대해 메타 $NO_2$ 기에 대해 파라에 Br을 첨가할 수 없다.

$NO_2$기를 펜틸기에 대해 오쏘와 Br에 대해 파라에 결합할 수 있다.

Friedel-Crafts 알킬화반응과 Friedel-Crafts 아실화반응은 비활성 고리에 사용할 수 없고 지향성 효과도 틀리다.

펜틸기는 자리옮김을 피하기 위하여 Friedel-Crafts 아실화반응으로 아실기를 도입 후 환원한다. 브롬은 메타 위치에 도입하기 위하여 아실 단계에서 가해 주어야 한다.

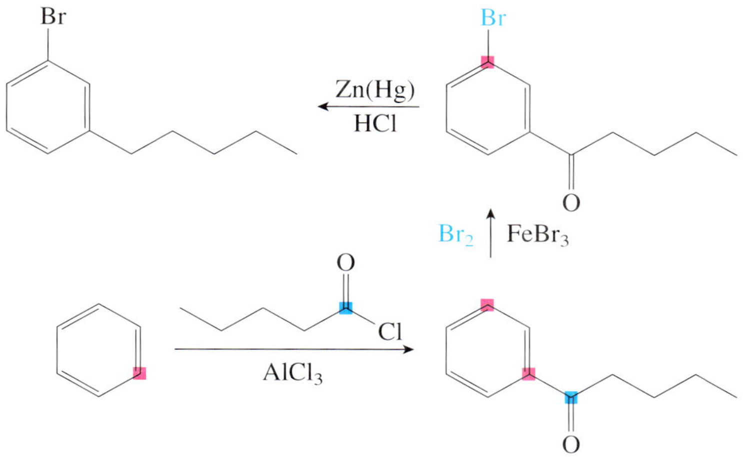


**문제 17.30** 벤젠으로부터 다음 화합물을 합성하여라.

a) 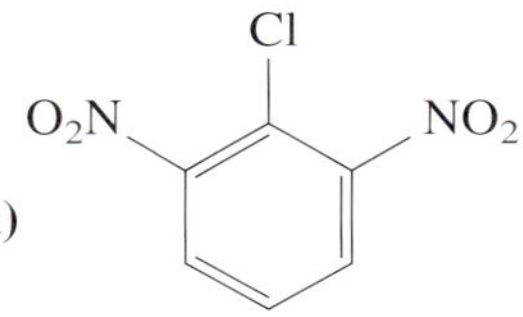


b) 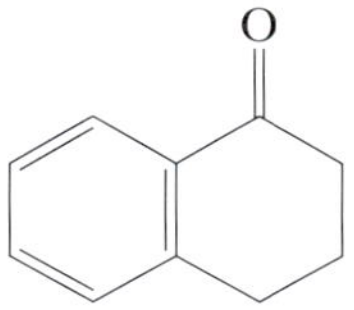


c) 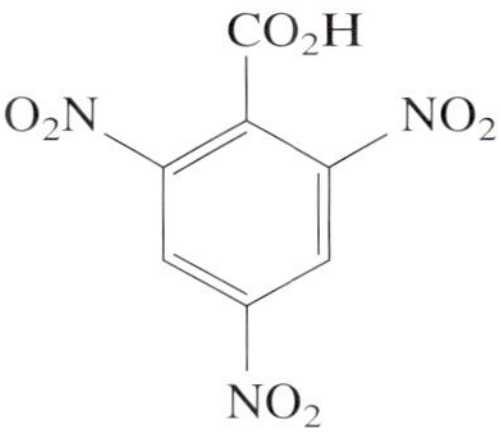


친전자성 방향족 치환반응을 표 17.2에 요약하였다. 다이아조늄 이온의 반응을 표 17.3에 요약하였다. 첨가-제거와 제거-첨가 메카니즘으로 진행되는 친핵성 방향족 치환반응을 표 17.4에 요약하였다. 방향족 고리에서 기의 상호변환에 유용한 3개의 다른 반응을 표 17.5에 요약하였다.

**표 17.2 친전자성 방향족 치환반응**

| 반응 | 설명 |
|---|---|
| 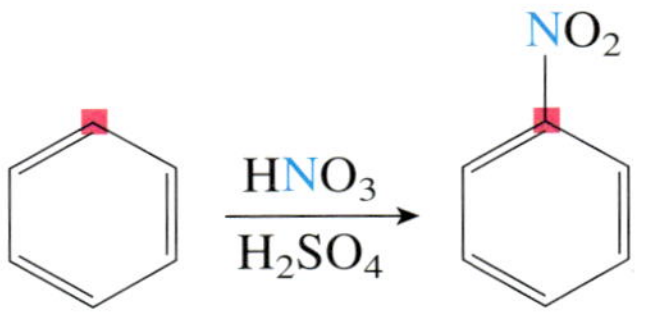 | 17.4절<br>생성물은 반응성이 적다; 비활성화 고리로 작용 |
| 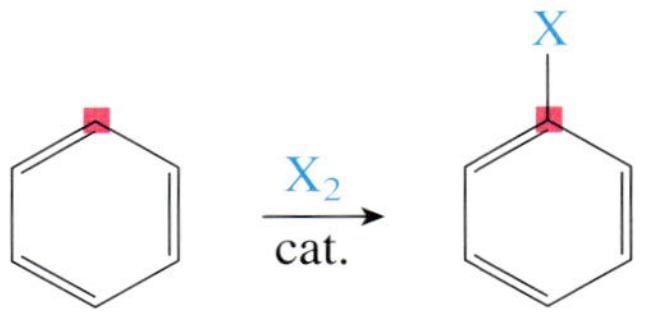 | 17.5절<br>$Cl_2$와 $Br_2$ 사용; 촉매는 $AlCl_3$, $FeCl_3$, $AlBr_3$, $FeBr_3$:<br>생성물은 반응성이 적다; 비활성화 고리로 작용 |
| 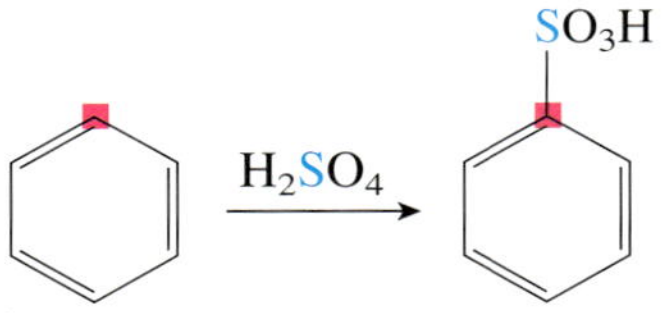 | 17.6절<br>생성물은 반응성이 적다; 비활성화 고리로 작용;<br>$H_2SO_4$와 $H_2O$ 사용에 의해 가역이 될 수 있다. |
| 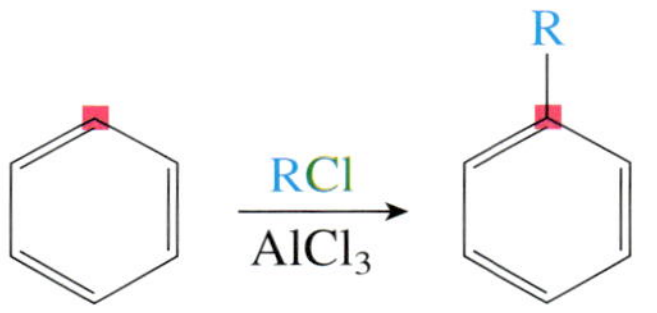 | 17.7절<br>Friedel-Crafts 알킬화반응; 생성물은 반응성이 더 크다; 강력한 비활성화 고리는 사용할 수 없다; 자리옮김이 가능; 산과 알켄 혹은 알코올을 친전자체를 생성하는 데 사용할 수 있다. |
| 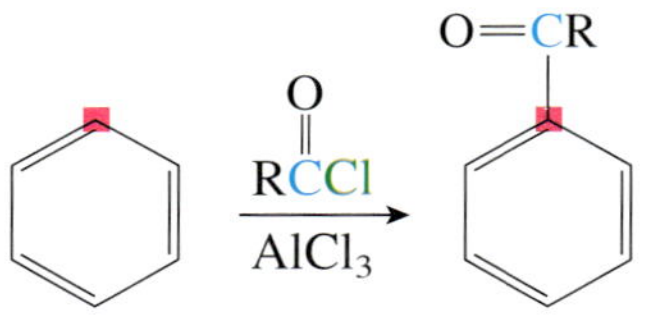 | 17.8절<br>Friedel-Crafts 아실화반응; 생성물은 반응성이 작다; 강력한 비활성화 고리는 사용할 수 없다; 무수물을 친전자체를 생성하는 데 사용할 수 있다. |

**표 17.3** 다이아조늄 이온을 사용한 치환반응

| 반응 | 설명 |
|---|---|
| 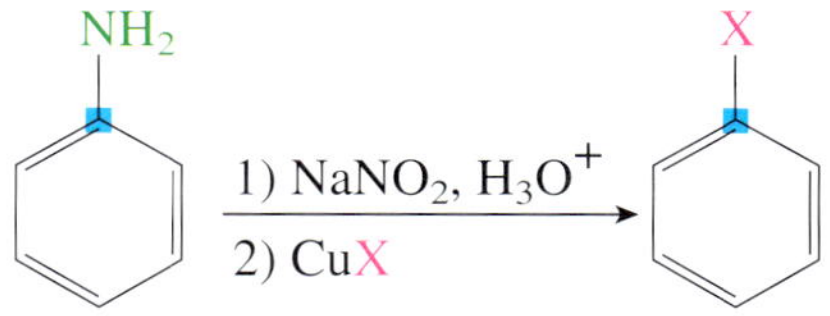  | 17.10절<br>Cl 혹은 Br로 $NH_2$ 치환 |
| 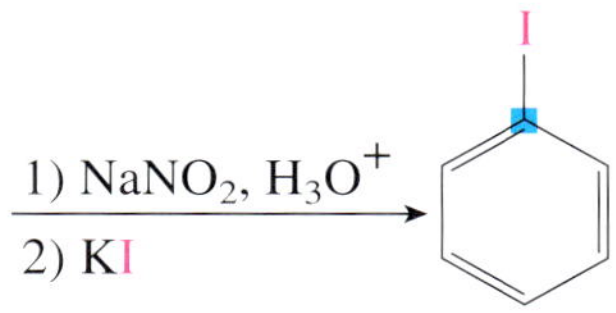  | I로 $NH_2$ 치환 |
| 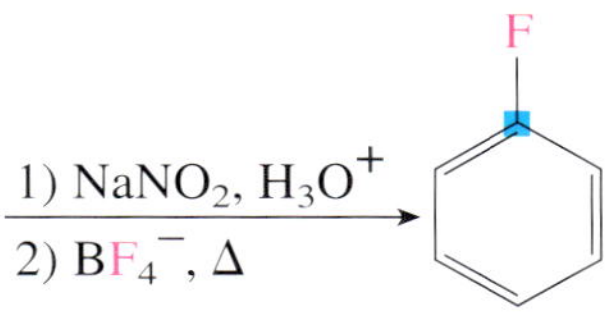  | F로 $NH_2$ 치환 |
| 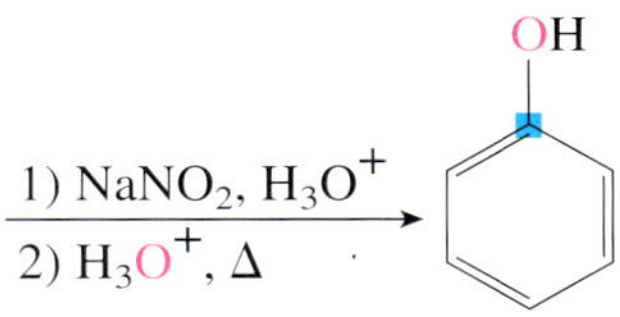  | OH로 $NH_2$ 치환 |
| 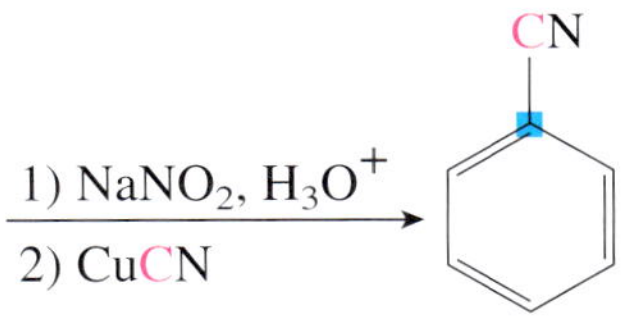  | CN으로 $NH_2$ 치환 |
| 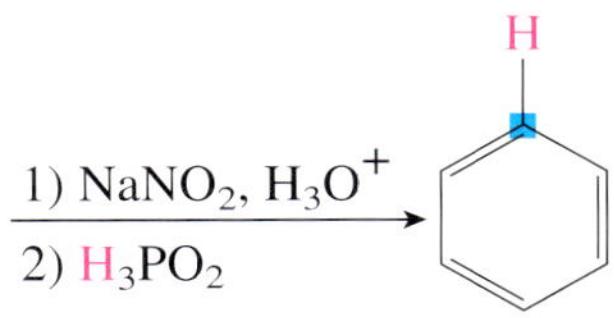  | H로 $NH_2$ 치환;<br>$NaBH_4$를 사용할 수 있다. |

### 표 17.4 첨가-제거와 제거-첨가로 진행되는 친핵성 치환반응

| 반응 | 설명 |
|---|---|
| 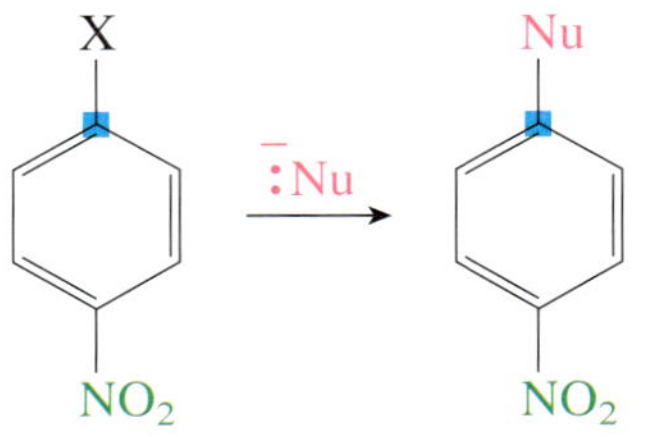 | 17.11절<br>첨가-제거 메카니즘; 할로겐에 대해 오쏘와 파라에 강한 전자-끄는 기의 필요 |
| 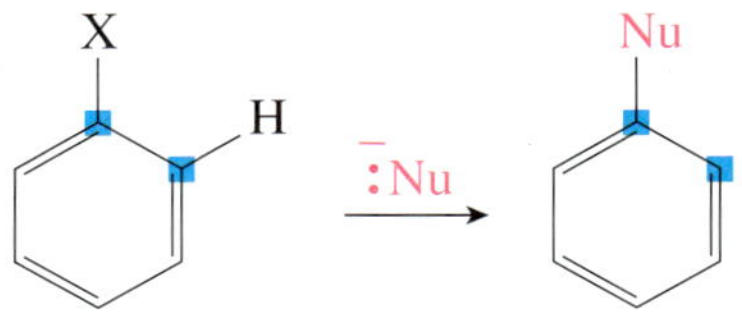 | 17.12절<br>제거-첨가 메카니즘; 벤자인 중간체를 통해 진행; 대단히 강한 염기; 자리옮김이 가능 |

### 표 17.5 방향족 화합물을 합성하기 위한 다른 유용한 반응

| 반응 | 설명 |
|---|---|
| 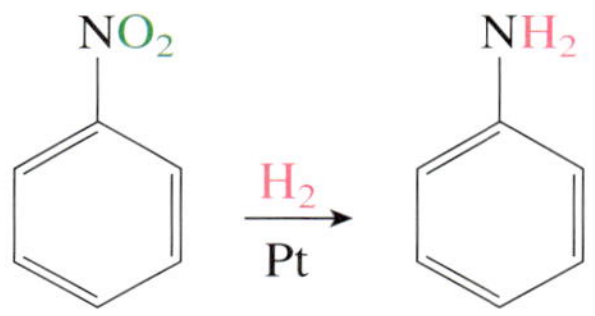 | 17.13절<br>산과 Fe, Sn 혹은 $SnCl_2$를 사용하여 이룰 수 있다. |
| 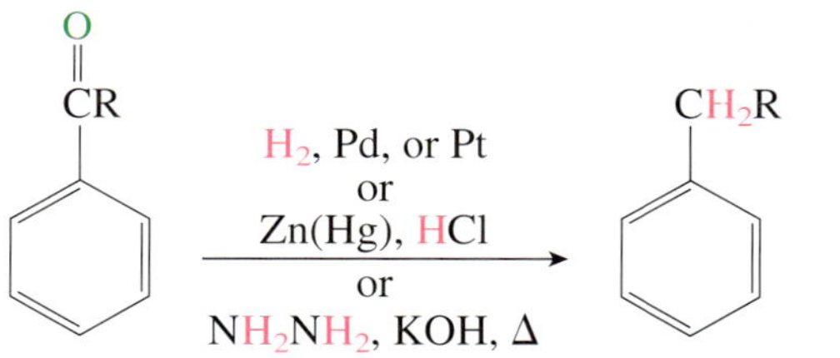 | 17.14절<br>Clemmensen 환원[Zn(Hg), HCl],<br>Wolff-Kishner 환원($NH_2$-$NH_2$, KOH) |
| 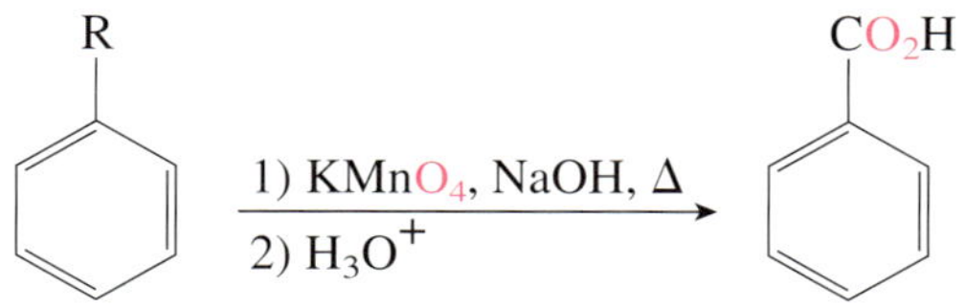 | 17.15절<br>R이 삼차가 아닌 한 가능 |

## 추가문제

**17.31** 다음 반응의 생성물을 나타내어라.

**a)** 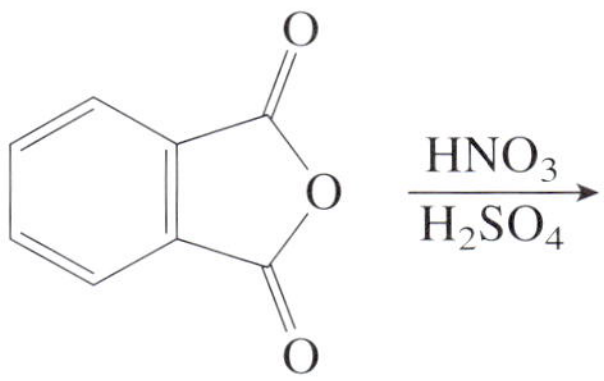

**b)** 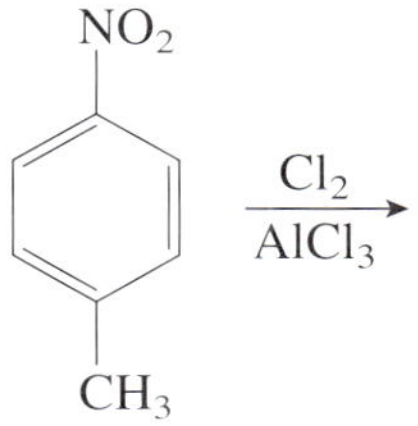

**c)** 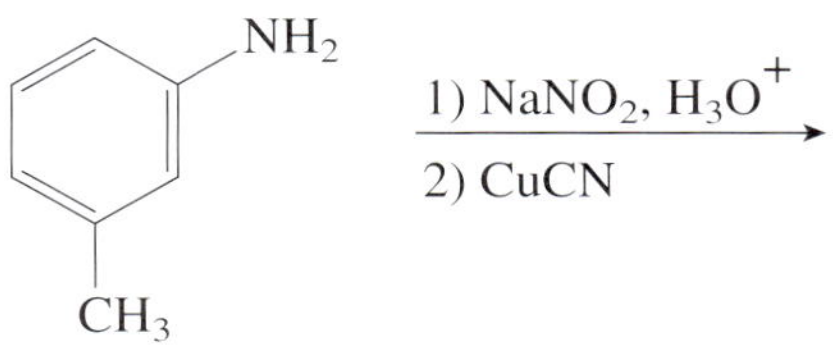

**d)** 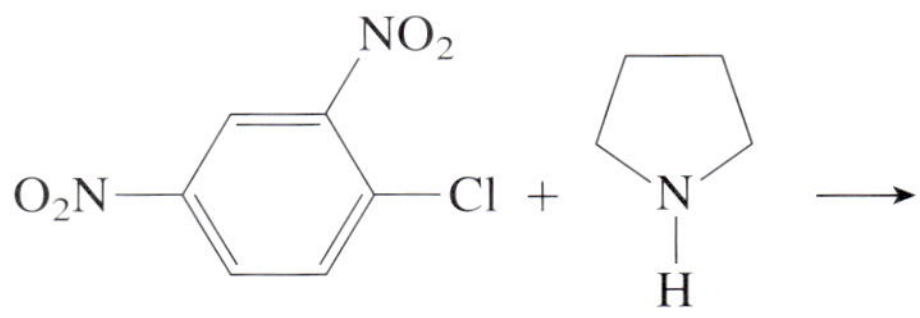

**e)** 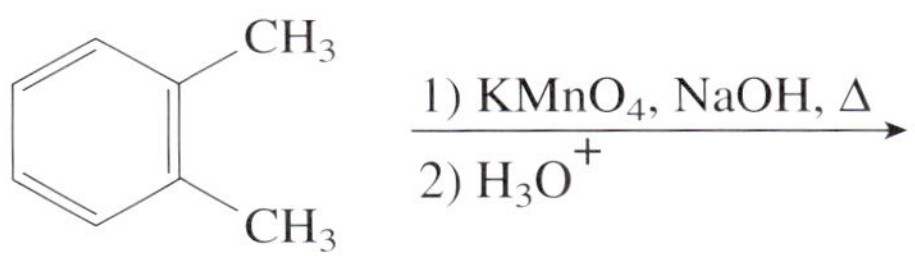

**f)** 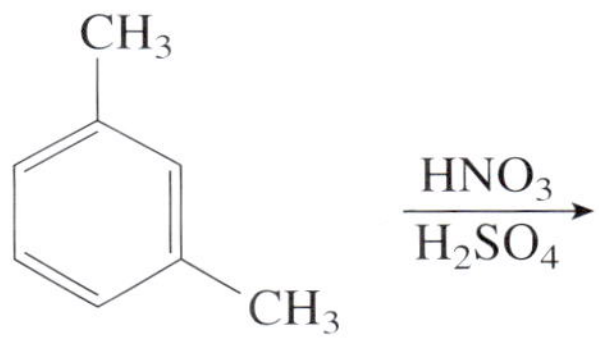

**g)** 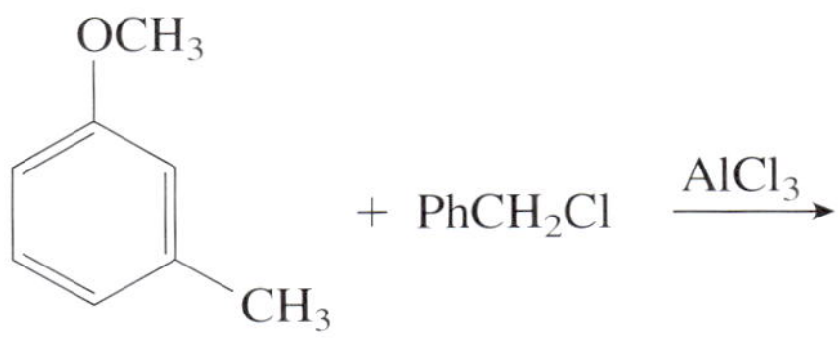

**h)** 

**i)** 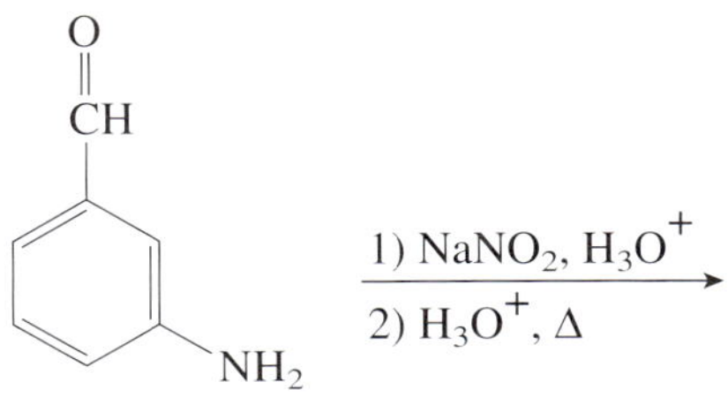

**j)** 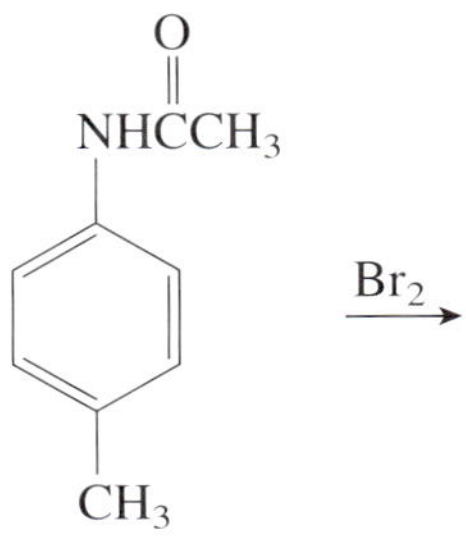

**k)** 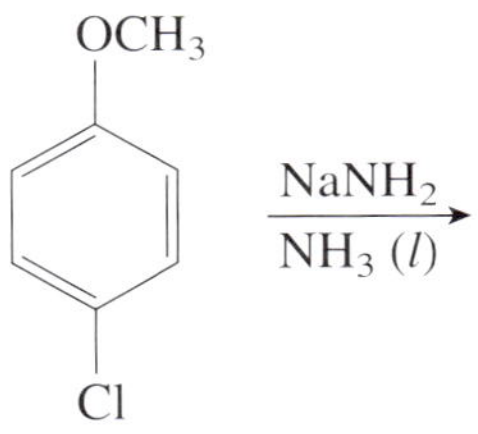

**l)** 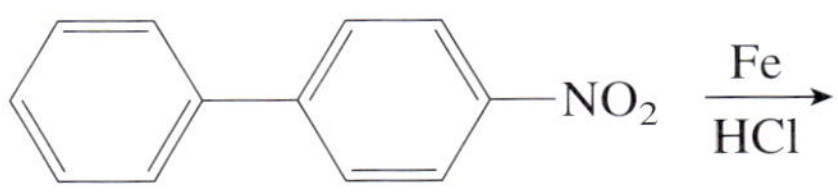

**m)** 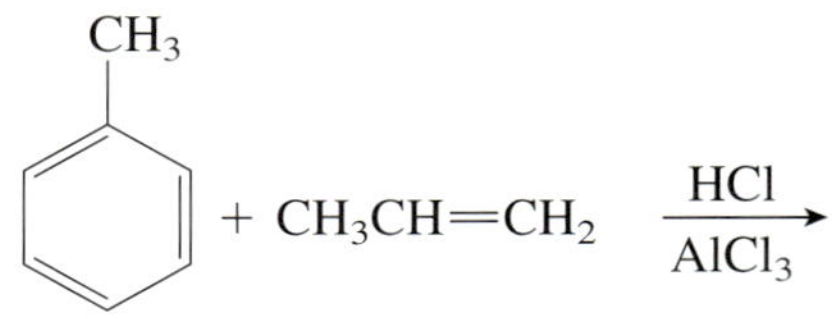

**n)** 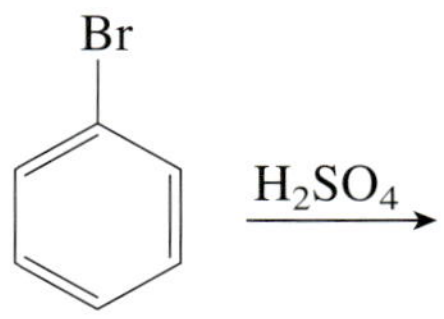

**o)** 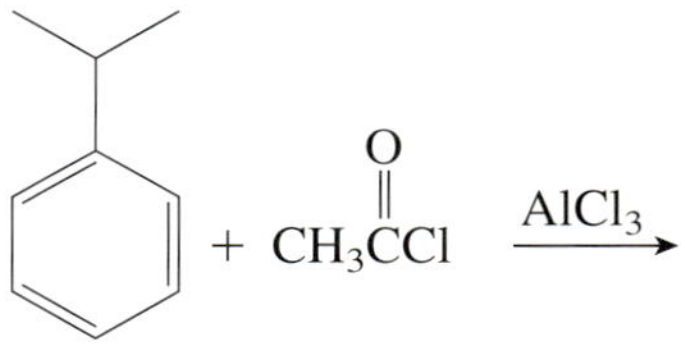

**p)** 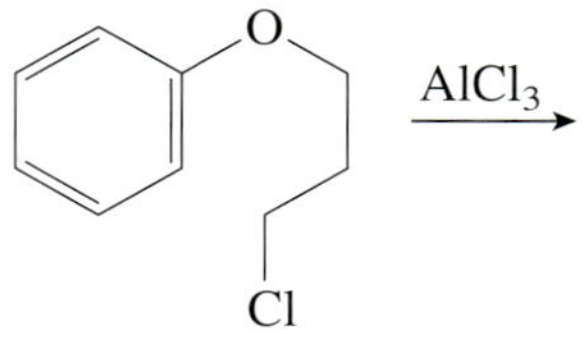

**q)** 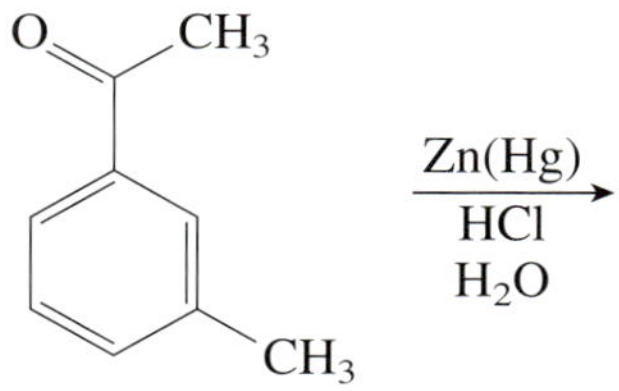

**r)** 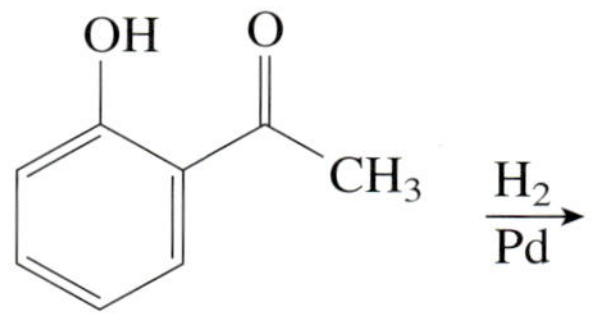

**17.32** 다음 시약과 나이트로벤젠의 반응 생성물을 나타내어라.

**a)** $HNO_3$, $H_2SO_4$
**b)** $Cl_2$, $AlCl_3$
**c)** $H_2$, Pt
**d)** $CH_3COCl$, $AlCl_3$
**e)** $H_2SO_4$
**f)** 1) Zn, HCl; 2) $NaNO_2$, HBr; 3) CuBr

**17.33** 다음 시약과 아니솔의 반응 생성물을 나타내어라.

**a)** $HNO_3$, $H_2SO_4$
**b)** $CH_3COCl$, $AlCl_3$
**c)** $H_2SO_4$
**d)** PhCOCl, $AlCl_3$
**e)** $Br_2$

**17.34** 다음 시약과 아세토페논(1-페닐에탄온)의 반응 생성물을 나타내어라.

**a)** $H_2SO_4$
**b)** $Br_2$, $AlBr_3$
**c)** $HNO_3$, $H_2SO_4$
**d)** Zn(Hg), HCl
**e)** $H_2$, Pd
**f)** $NH_2NH_2$, KOH, Δ

**17.35** 다음 시약과 톨루엔의 반응 생성물을 나타내어라.

**a)** $KMnO_4$, NaOH, Δ
**b)** $H_2SO_4$
**c)** $CH_3CH_2Cl$, $AlCl_3$
**d)** $HNO_3$, $H_2SO_4$
**e)** $Cl_2$, $AlCl_3$
**f)** $CH_3CH_2COCl$, $AlCl_3$

**17.36** $Br_2$와 $FeBr_3$와 다음 화합물과의 반응 생성물을 나타내어라.

a) 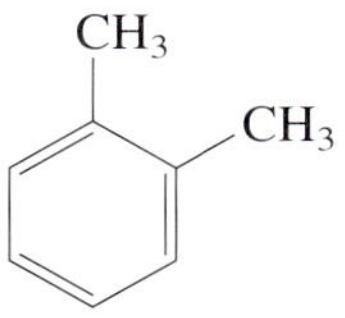


b) 

c) 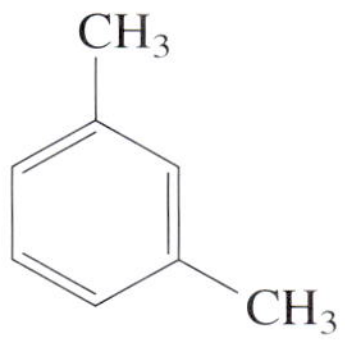


d) 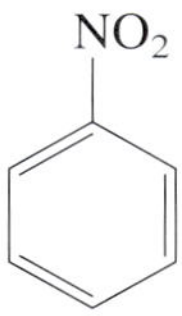


e) 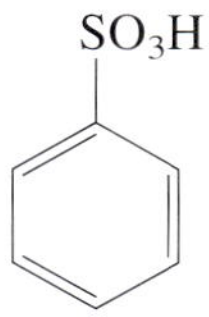


f) 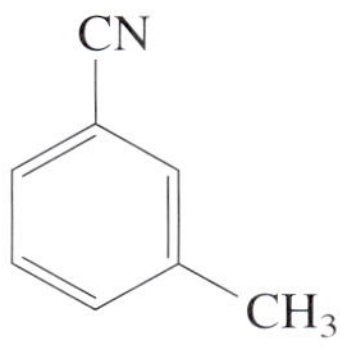


**17.37** 염화 프로판오일과 삼염화 알루미늄와 다음 화합물과의 반응 생성물을 나타내어라.

a) 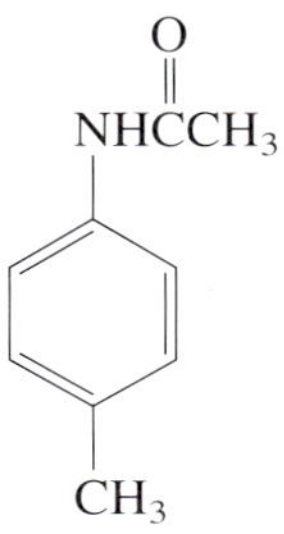


b) 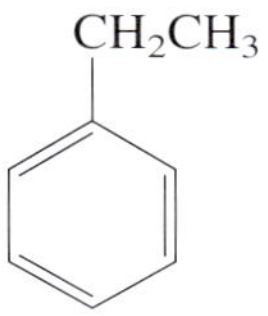


c) 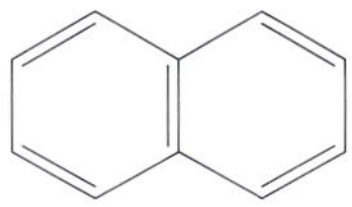

d) 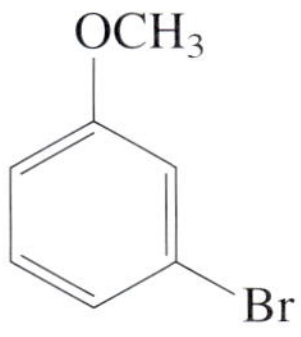


e) 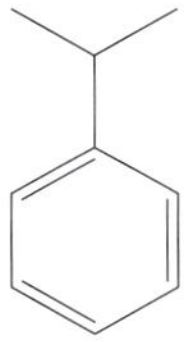

f) 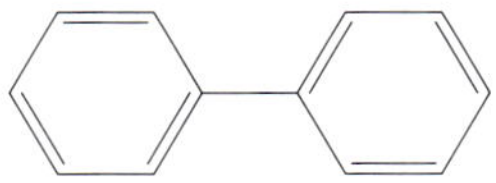

**17.38** 이 변환을 수행하는 데 사용할 수 있는 시약을 나타내어라. 어떤 경우에는 한 단계 이상이 필요할 수 있다.

a) 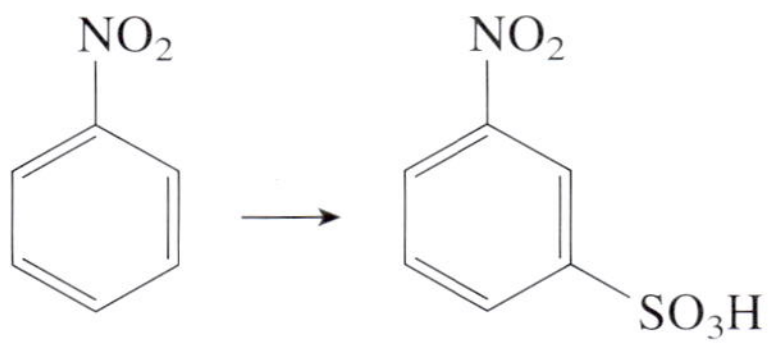


b) 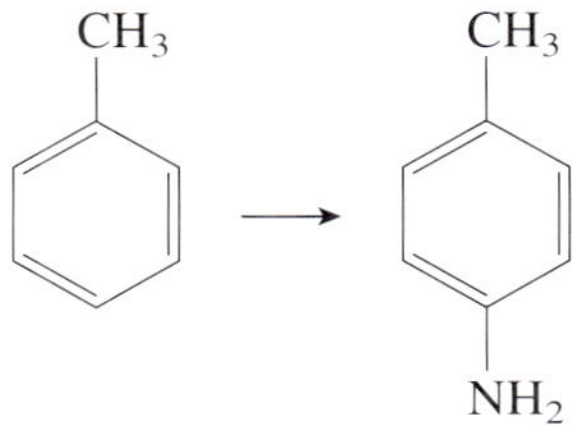


c) 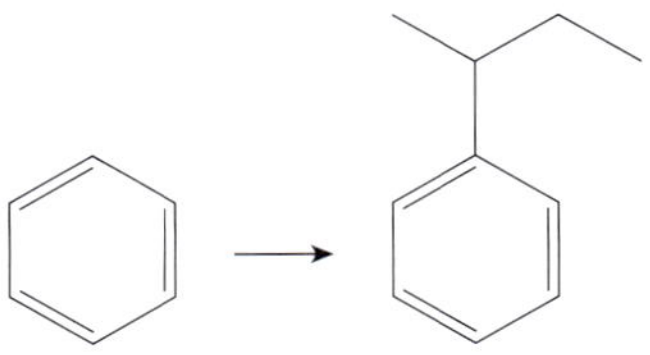

d) 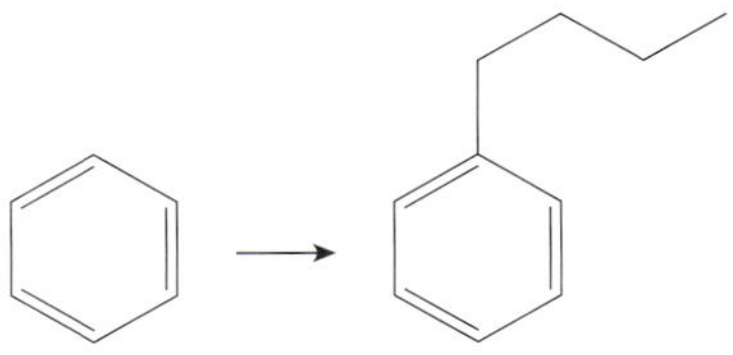

e) 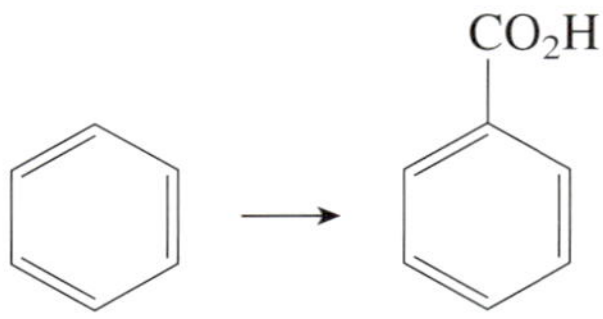

f) 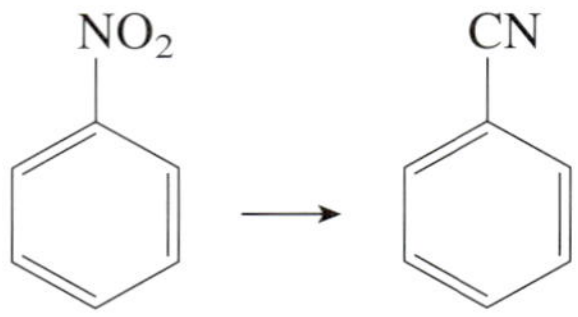

g) 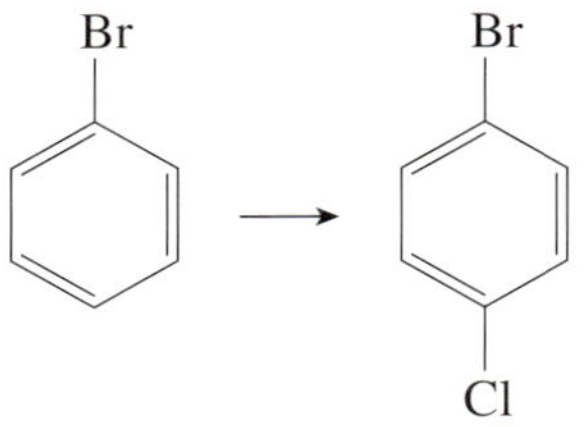

h) 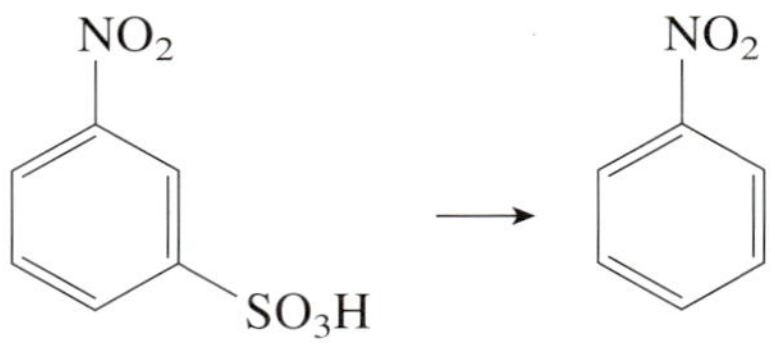

**17.39** 다음 반응의 생성물을 나타내어라.

a) 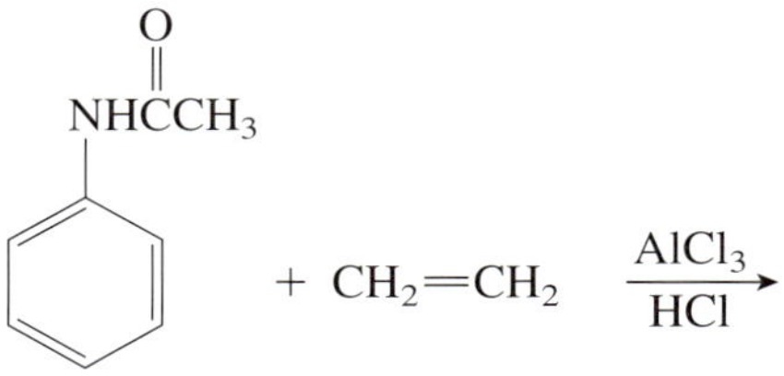

b) 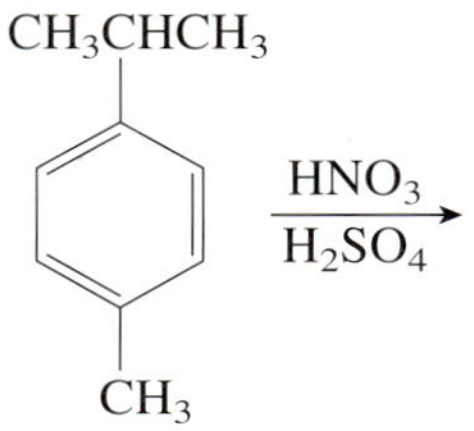

c) 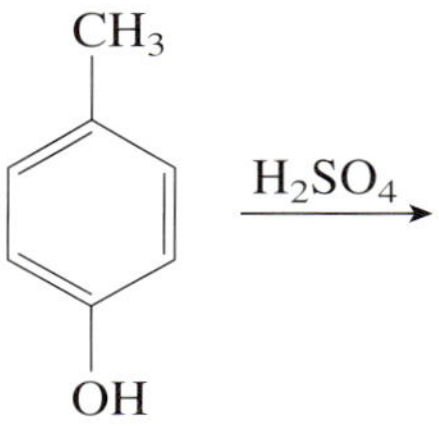

d) 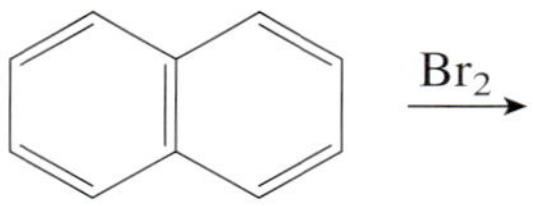

e) 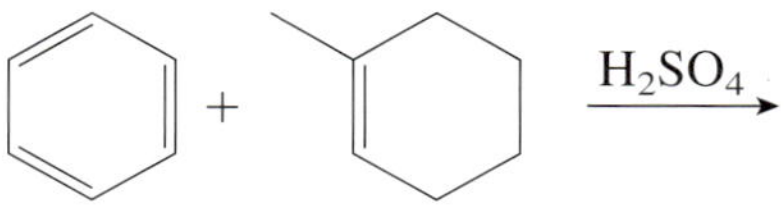

f) 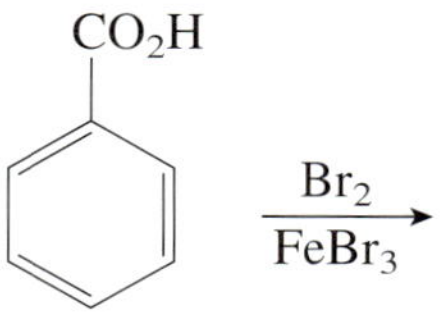

g) 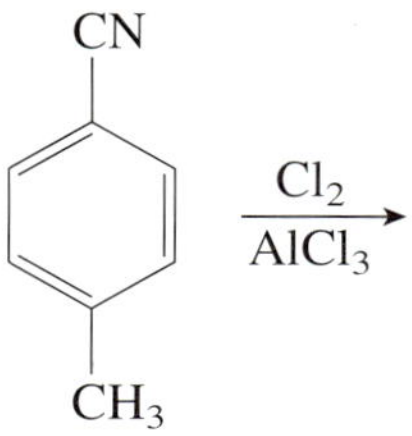

h) 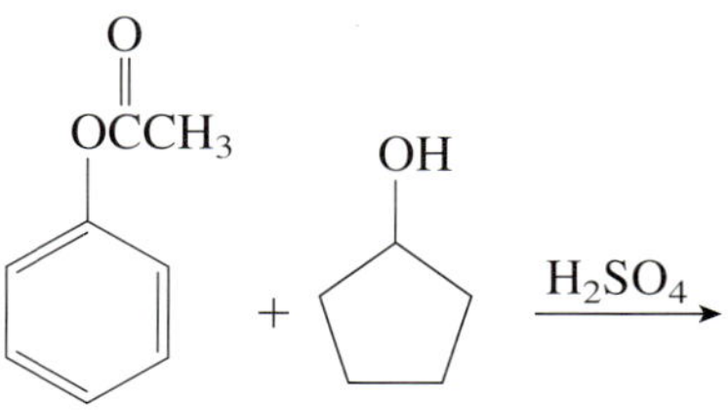

**i)** 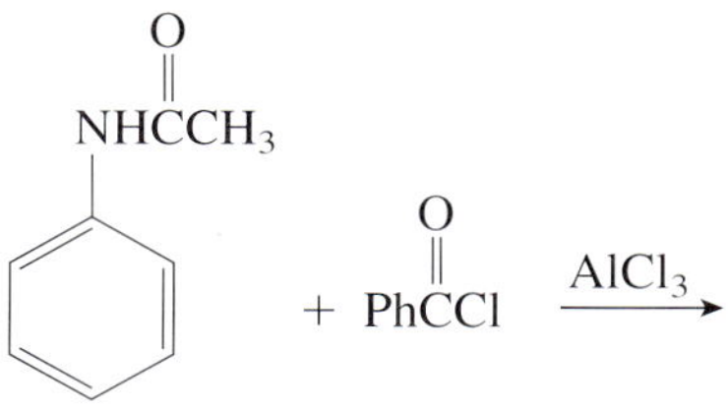

**j)** 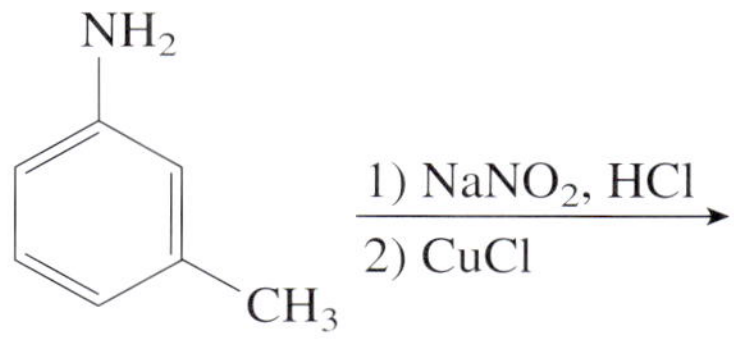

**k)** 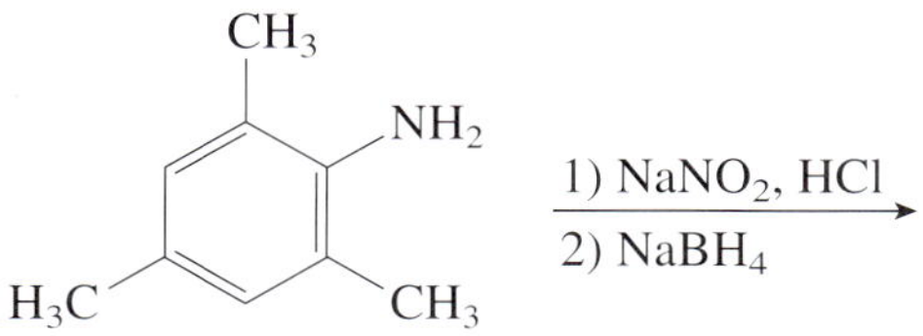

**l)** 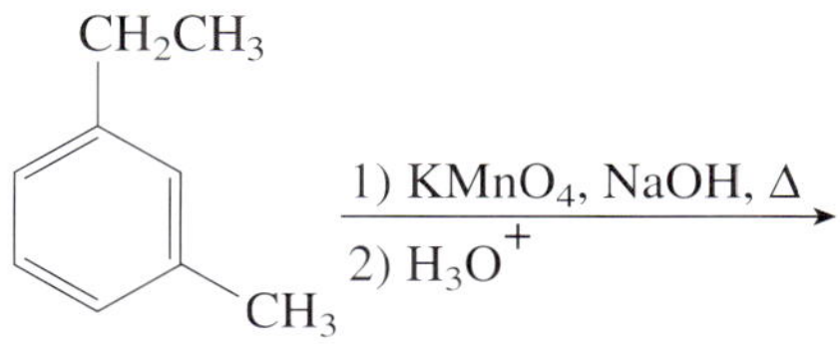

**17.40** 다음 반응의 생성물을 나타내어라.

**a)** 

**b)** 

**c)** 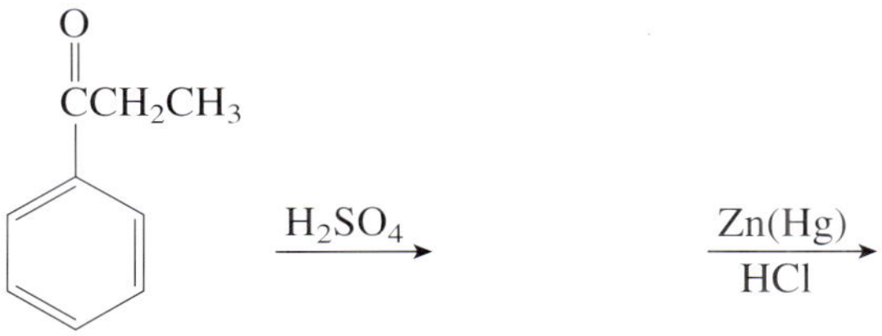

**17.41** 다음 반응의 생성물을 나타내어라.

**a)** 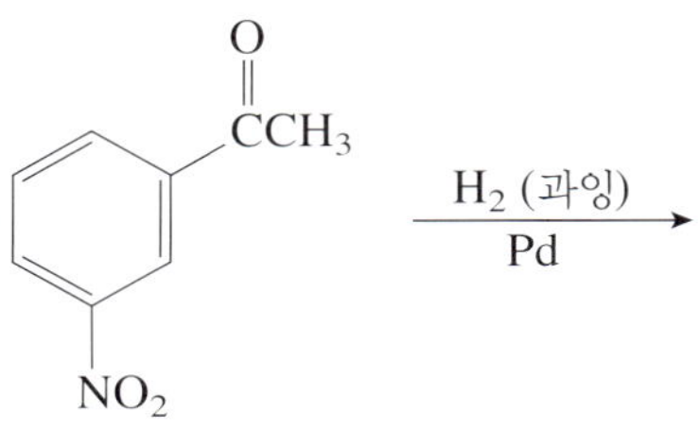

b) 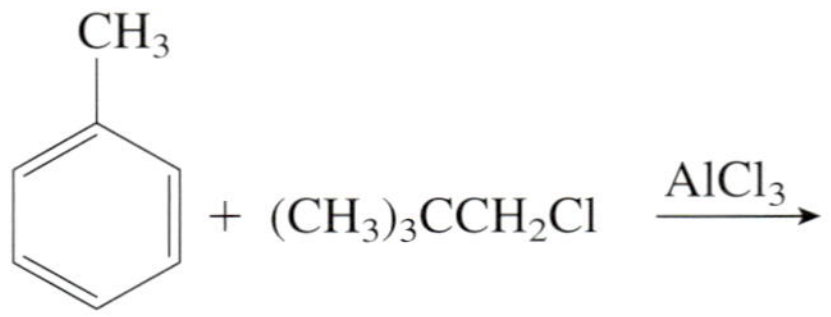

c) 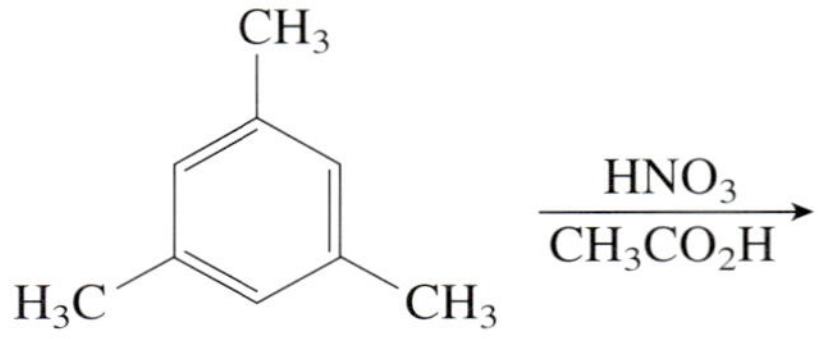

d) 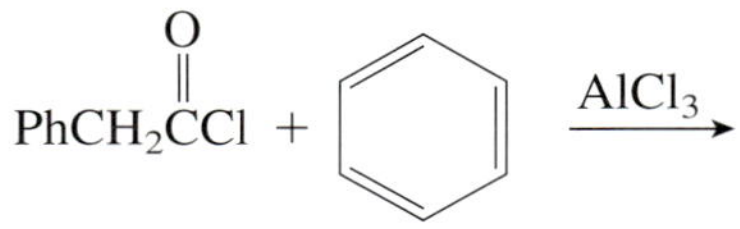

e) 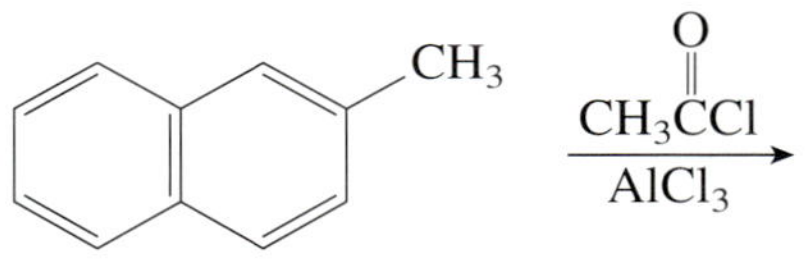

f) 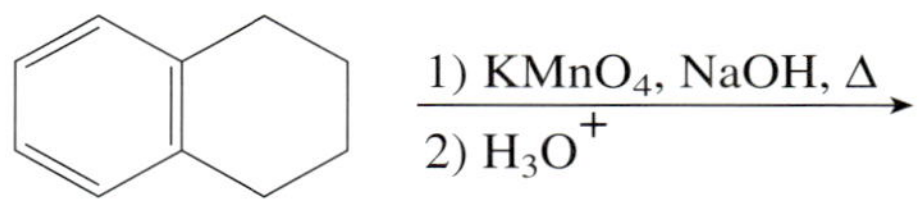

**17.42** $Cl_2$와 $AlCl_3$와의 반응속도가 증가하는 순서로 다음 화합물을 배열하여라.

a) 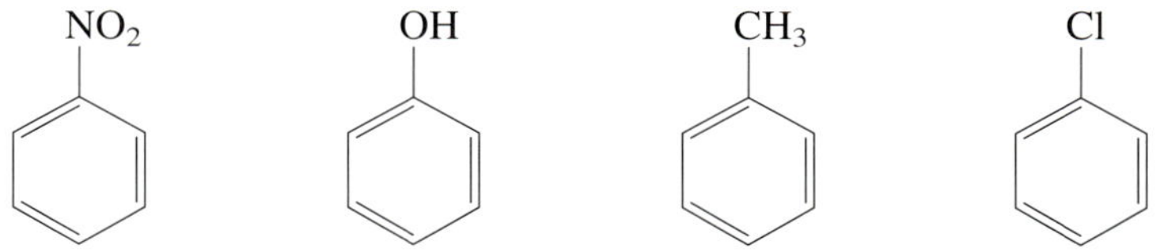

b) 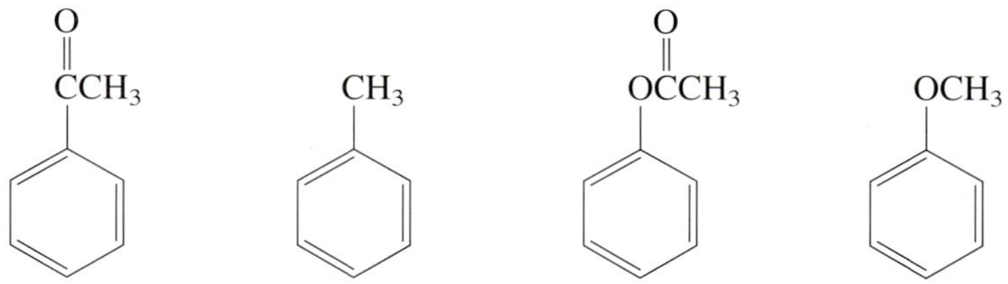

**17.43** 벤젠으로부터 다음 화합물을 합성하여라.

a) 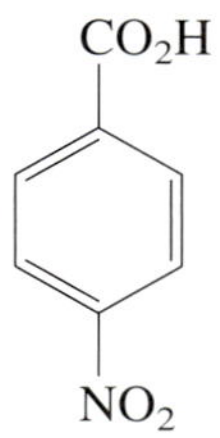

b) 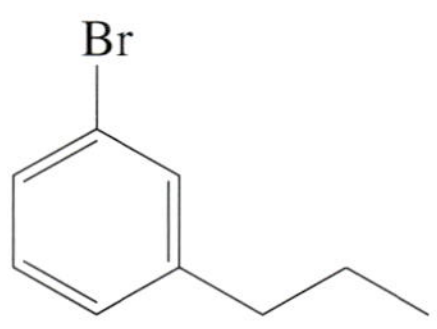

c) 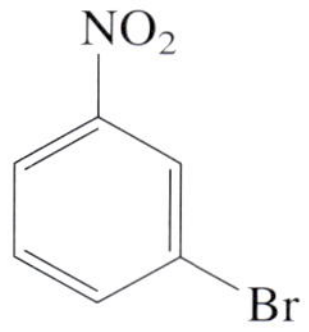

d) 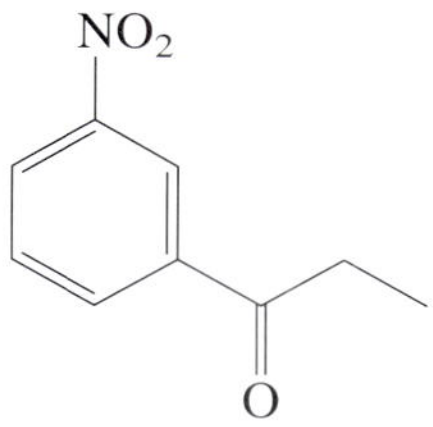

e) 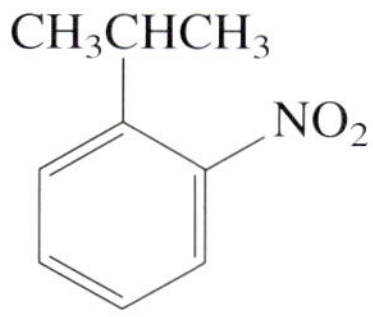

f) 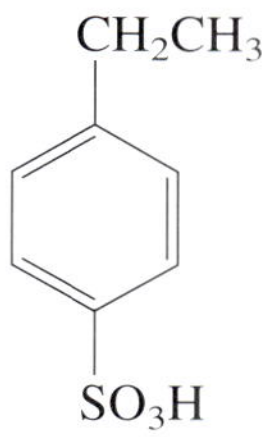

**17.44** 지시한 출발물질로부터 다음 화합물을 합성하여라.

**a)** 톨루엔으로부터 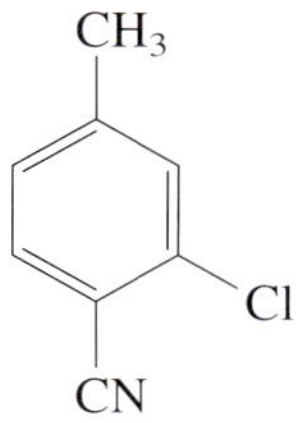

**b)** 나이트로벤젠으로부터 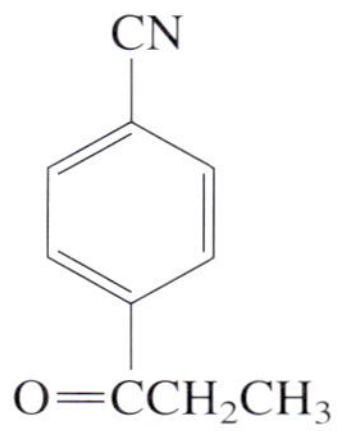

**c)** 벤젠으로부터 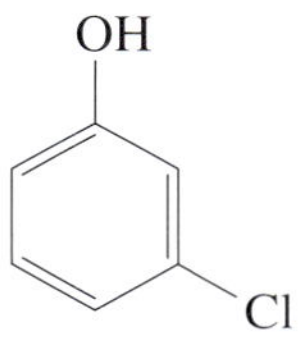

**d)** 펜틸벤젠으로부터 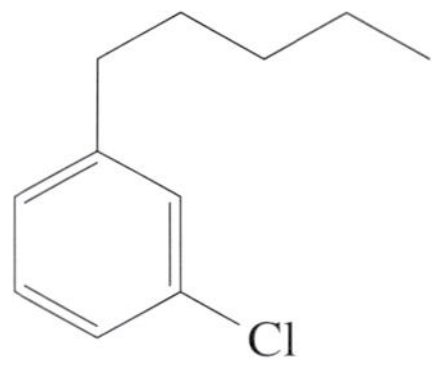

**e)** 아닐린으로부터 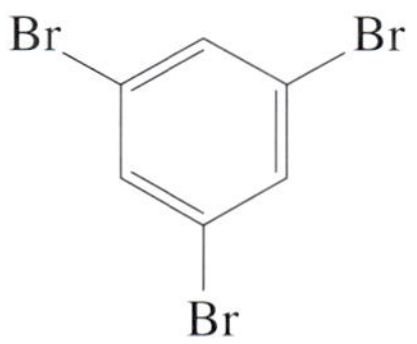

**f)** 나이트로벤젠으로부터 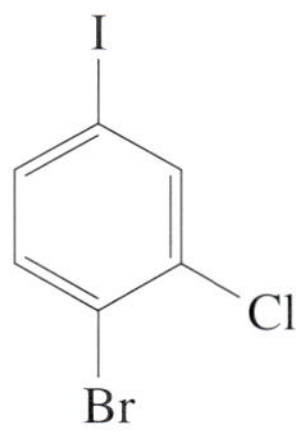

**g)** 벤젠으로부터(파라생성물은 없다) 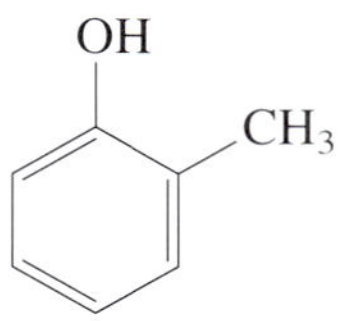

**17.45** 이 반응에 대한 메카니즘의 모든 단계를 나타내어라.

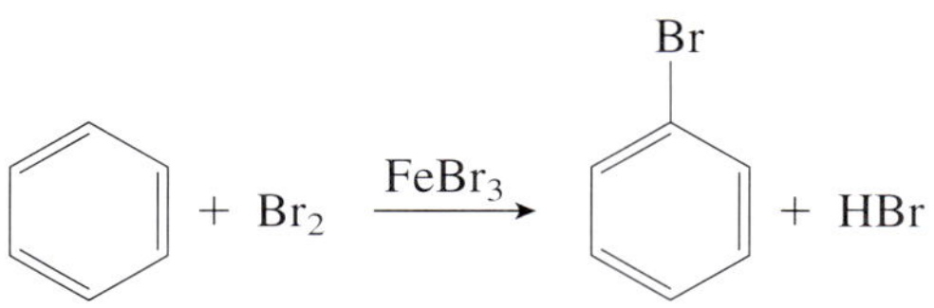

**17.46** 이 반응에 대한 메카니즘의 모든 단계를 나타내어라.

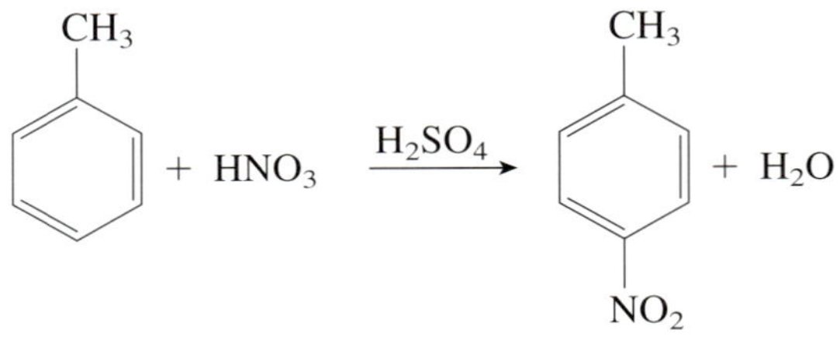


**17.47** 이 반응에 대한 메카니즘의 모든 단계를 나타내어라.

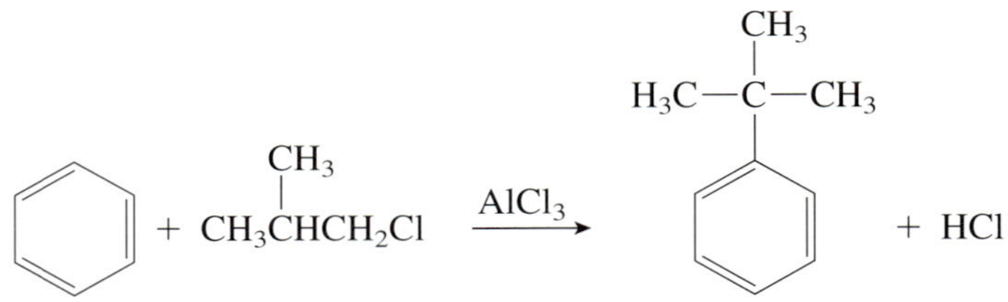


**17.48** 이 반응에 대한 메카니즘의 모든 단계를 나타내어라.

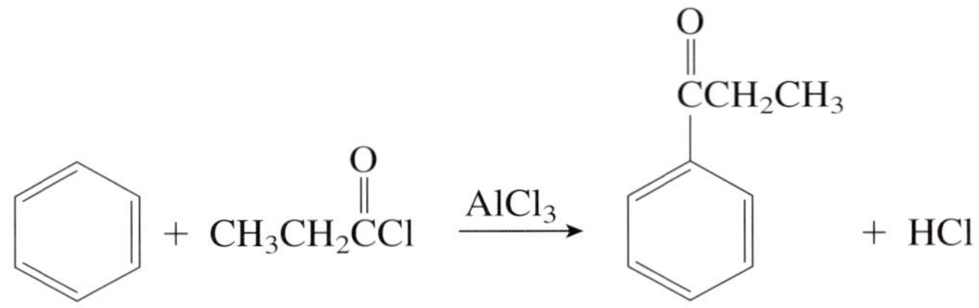


**17.49** 이 반응에 대한 메카니즘의 모든 단계를 나타내어라. 왜 아세틸기가 이 반응을 가속화하는가를 설명하여라.

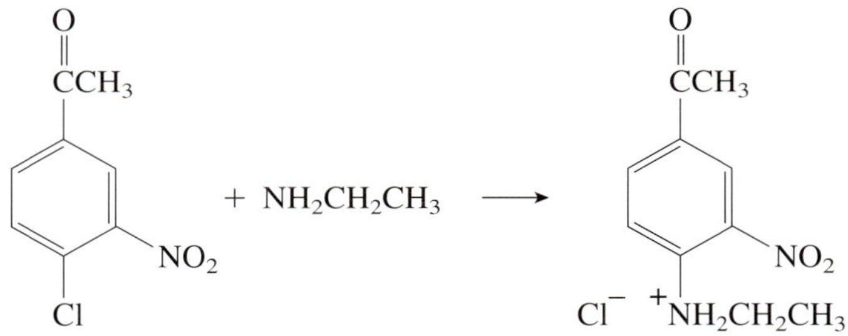


**17.50** 이 반응에 대한 메카니즘의 모든 단계를 나타내어라.

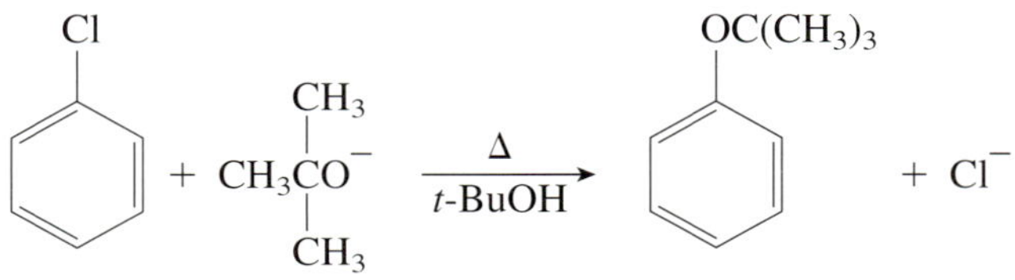

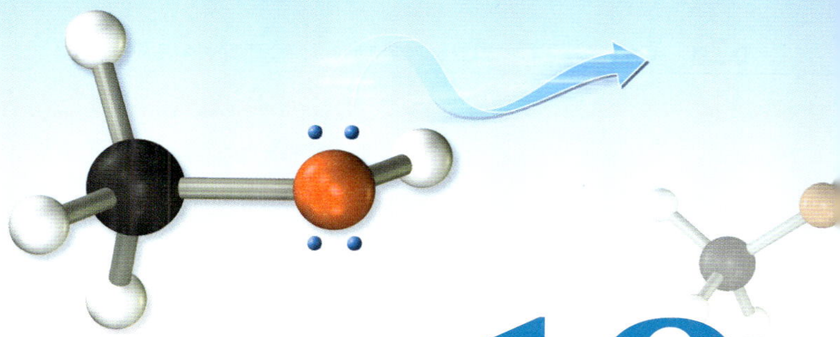

# 18 카보닐기에 대한 첨가: 알데하이드와 케톤의 반응

CHAPTER

**유기화학 숙달**

- 알데하이드와 케톤에 대한 친핵성 첨가 생성물의 예측
- $\alpha,\beta$-불포화 화합물에 대한 친핵성 첨가 생성물의 예측
- 이들 반응에 대한 메카니즘의 이해
- 이들 반응에 대한 평형위치에 미치는 알데하이드와 케톤의 구조의 영향 예측
- 화합물을 합성하는 데 이들 반응의 사용
- 유기 합성에서 보호기로 아세탈을 사용

8장은 $sp^3$-혼성탄소에서 일어나는 친핵성 치환반응 즉 $S_N1$과 $S_N2$ 반응을 다루었다. 이 반응에서 친핵체는 친전자성 탄소에 결합된 이탈기를 치환한다. 이탈기가 더 전기음성도가 커서 전자를 끌어당겨 탄소를 전자가 부족하게 만들기 때문에 탄소는 친전자성이다. 이 장은 새로운 친전자체인 카보닐기의 탄소를 소개한다. 카보닐기의 산소의 전기 음성도가 크기 때문에 이 탄소는 친전자성이 크다. 더욱이 파이 전자가 산소로 이동한 하전된 공명구조는 카보닐-함유 화합물의 구조에 기여하여 카보닐 탄소가 더 친전자성이 된다.

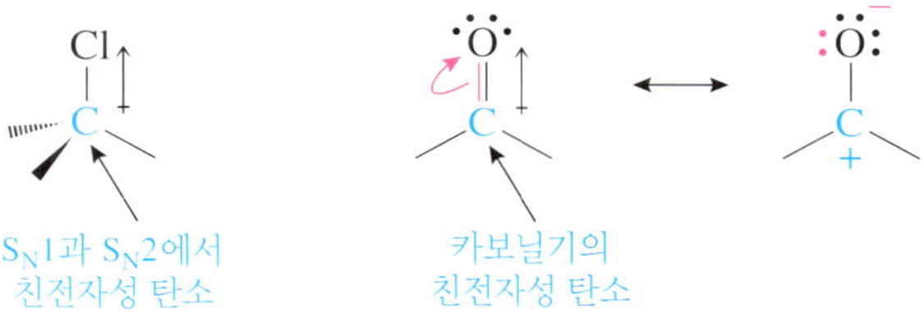

이 장에서 소개한 반응은 알데하이드와 케톤의 카보닐기의 친전자성 탄소에 친핵체의 공격을 포함한다. 19장은 카복실산 유도체의 카보닐 탄소에서 친핵체가 반응하는 반응을 다루었다.

반응에 대한 일반 메카니즘을 검토한 후 반응속도와 평형에 미치는 구조의 영향을 논의할 것이다. 다음에 알데하이드와 케톤과 다양항 친핵체의 반응을 검토할 것이다. 끝으로 카보닐기가 CC 이중결합과 콘쥬게이트될 때 일어나는 연관반응을 검토할 것이다.

## 18.1 일반 메카니즘

이 반응의 가장 간단한 형태는 다음 방정식에서 설명한 것과 같이 친핵체가 카보닐 탄소에 첨가되고 양성자는 산소에 첨가된다.

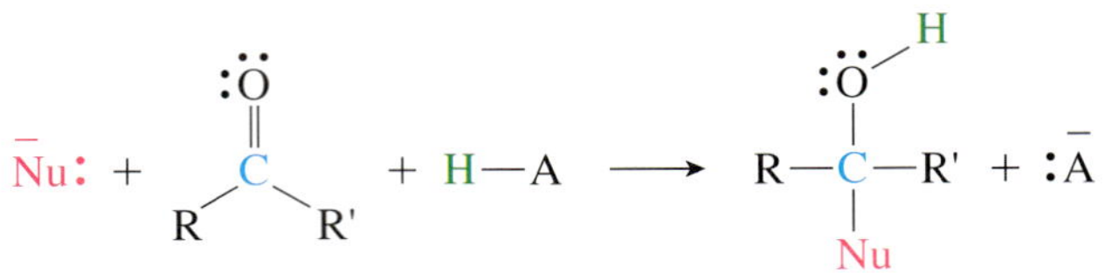

몇 가지 친핵체에서 반응은 이 단계에서 중단되지만 다른 친핵체와는 다른 생성물로 더 진행된다.

이 반응에 대해 Nu—C와 O—H 결합 형성 순서만이 다른 두 메카니즘이 있다. 산성 조건에서 즉 카보닐기의 산소를 양성자하기에 충분히 강한 산의 존재에서 먼저 O—H 결합이 형성된다. 염기성 조건에서는 Nu—C 결합이 먼저 형성된다. 이 메카니즘의 이 반응에서 사용되는 몇 가지 친핵체는 대단히 강한 염기이기 때문에 물 혹은 에탄올과 같은 약한 산의 존재는 피해야 한다. 이 반응에서 다이에틸 에터와 같은 산성 수소가 없는 용매를 사용한다. 반응은 염기성 조건 메카니즘에 따르게 되고 마무리 작업에서 산을 가하기 전에는 음이온 단계에서 반응은 정지된다. 염기성이 아닌 친핵체를 사용하면 용매로 물 혹은 에탄올을 사용한다. 염기성 조건 메카니즘을 따르는 이 반응들은 용매가 두 번째 단계에서 음의 산소에 양성자를 공급해준다. 약한 염기인 약한 친핵체의 반응은 산 존재에서 수행되며 따라서 산성 조건 메카니즘을 따른다. 먼저 카보닐기의 산소가 양성자화되어 탄소는 더 친전자체가 되고 두 번째 단계에서 약한 중성 친핵체의 첨가를 촉진한다.

CO 이중결합에 대한 이 첨가는 11장에서 소개한 CC 이중결합에 대한 친전자성 첨가와 몇 가지 표면적인 유사점을 갖고 있지만 많은 차이점이 있다. 여기서 산성조건에서 메카니즘은 친전자체가 먼저 첨가되고 다음에 친핵체가 첨가되는 탄소-탄고 이중결합에 대한 첨가와 유사하다. 그러나 이 경우에는 첫 단계는 산소를 포함하는 양성자 이동인, 간단한 산-염기 반응이므로 빠르다. 친핵체가 공격하는 두 번째 단계가 속도결정 단계이다. 더욱이 간단한 알켄에 대한 첨가의 경우에는 친핵체가 먼저 첨가하는 염기성 조건에서 작용하는 메카니즘과 비교할 메카니즘이 없다. 양성자화가 먼저 일어난다 하더라도 늦은 단계에서 친핵체가 첨가되기 때문에 **친핵성 첨가반응**이라 부른다. 대조적으로 11장에서 소개한 반응은 늦은 단계에서 친전자체가 첨가되기 때문에 **친전자성 첨가반응**이라 부른다.

이 장에서 기술한 반응은 11장에서 기술한 반응보다 몇 가지 면에서 더 간단하다. 첨가가 신 혹은 안티로 일어나는가를 결정할 수 없기 때문에 첨가의 입체화학은 여기서는 다루지 않는다. 더욱이 이 반응의 위치화학은 간단하다. 친핵체는 항상 카보닐기의 탄소에 첨가된다.

이 반응에서 평형은 카보닐기의 구조와 친핵체의 세기에 따라 생성물 혹은 반응

ⓐ 염기성 조건에서 메카니즘

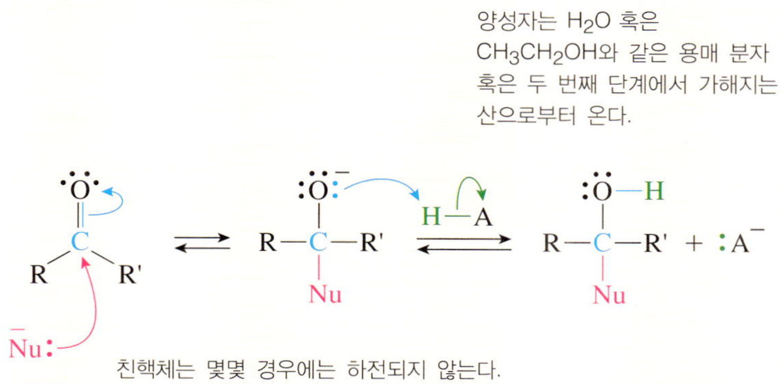


ⓑ 산성조건에서 메카니즘

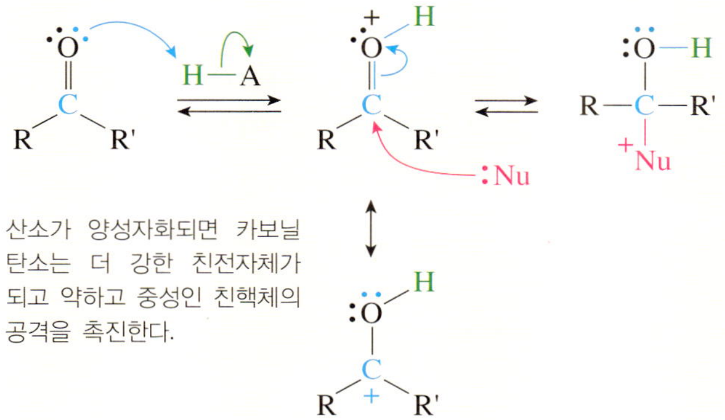


**그림 18.1** ⓐ 염기성과 ⓑ 산성조건에서 카보닐기에 대한 친핵성 첨가 메카니즘.

물이 유리해진다. 친핵체가 강해지면 평형은 생성물로 이동하고 친핵체가 대단히 강해지면 반응물로부터 생성물로 한 방향으로만 진행되는 비가역이 된다. 알데하이드와 케톤의 구조는 공명, 입체 및 유발효과를 통해 영향을 미친다. 이 효과를 쉽게 이해하기 위하여 이 첨가반응에서 사용할 수 있는 몇 가지 친핵체의 검토를 진행해 보자.

## 18.2 수소화물의 첨가: 알데하이드와 케톤의 환원

이러한 형태의 반응의 직접적인 예는 알데하이드와 케톤에 대한 수소화물, 친핵체 (H:$^-$)의 첨가에 의한 것이다. 수소화물 친핵체의 공급원은 수소화 알루미늄 리튬과 수소화 붕소 소듐이다. 반응은 다음 일반 방정식으로 설명한 것처럼 친핵체로 $AlH_4^-$를 사용한 염기성 조건 메카니즘을 따른다.

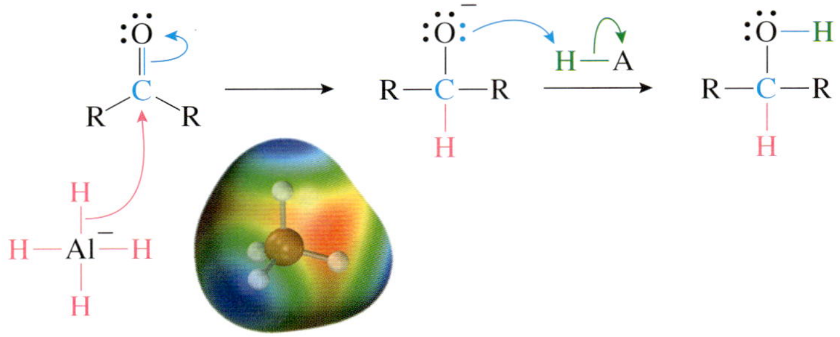

수소화물은 강력한 친핵체이므로 반응은 비가역적이고 평형은 생성물이 유리하다.

10.14절은 환원은 화합물의 산소함량의 감소 혹은 수소함량의 증가로 정의한다. 그러므로 앞 반응에 따라 알데하이드와 케톤이 알코올로의 변환이 환원이다. 알데하이드는 수소화물에 의해 일차 알코올로 환원되고 케톤은 이차 알코올로 환원된다.

수소화 알루미늄 리튬은 극히 반응성이 크기 때문에 극성이 큰 작용기와 반응한다. 이것은 다음 방정식으로 나타낸 것처럼 OH 혹은 NH와 같은 상대적으로 산성인 수소를 가진 화합물과 폭팔적으로 격렬하게 반응한다.

$$LiAlH_4 + 4\,ROH \longrightarrow LiAl(OR)_4 + 4\,H_2 \quad \text{격렬한 발열}$$

그러므로 $LiAlH_4$를 사용한 환원은 용매로 에터 혹은 THF를 사용하여 이루어진다. 수소화물의 첨가가 끝나면 과잉의 시약을 분해하고 처음 형성된 알콕시화 음이온을 양성자화하기 위하여 산을 주의해서 가해준다. 대조적으로 수소화 붕소 소듐은 반응성이 상당히 약하기 때문에 많은 다른 작용기에 우선해서 알데하이드와 케톤과 선택적으로 반응한다. 알코올과의 반응은 대단히 늦기 때문에 메탄올 혹은 에탄올을 용매로 사용한다. 다음 방정식은 알데하이드와 케톤을 환원하는데 $LiAlH_4$와 $NaBH_4$를 사용하는 예를 나타내었다. 항상 과잉의 수소화물을 사용하지만 각 시약의 1몰은 4몰의 카보닐 화합물을 환원할 수 있다.

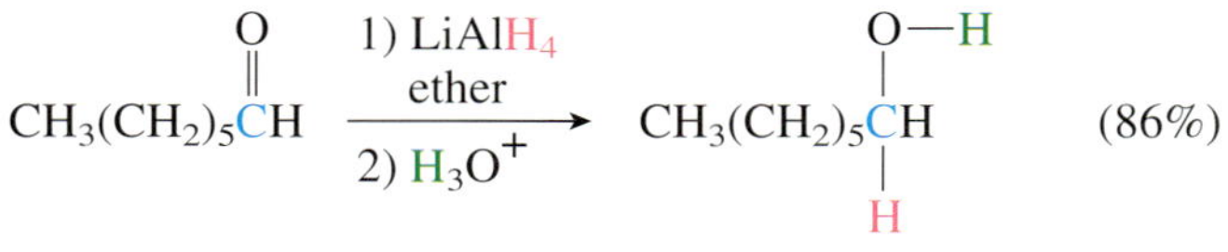

Heptanal 1-Heptanol

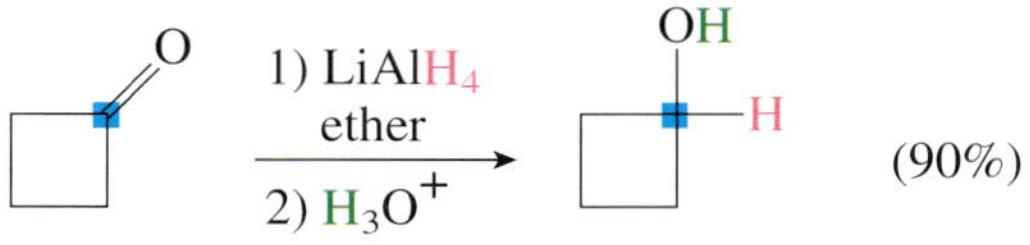

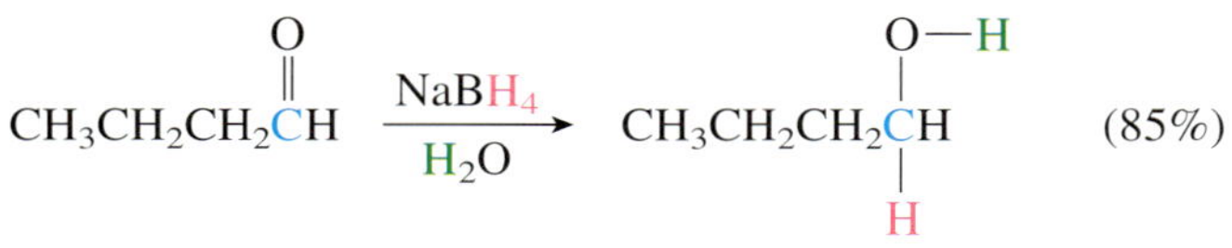

Butanal 1-Butanol

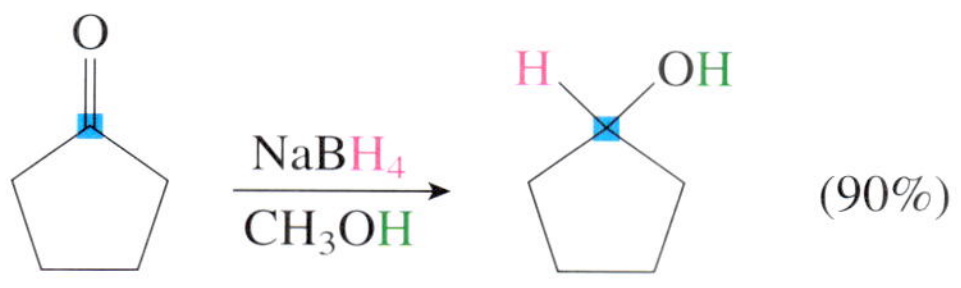

Cyclopentanone　　Cyclopentanol

**문제 18.1** 이 반응에 대해 메카니즘에 포함된 단계를 나타내어라.

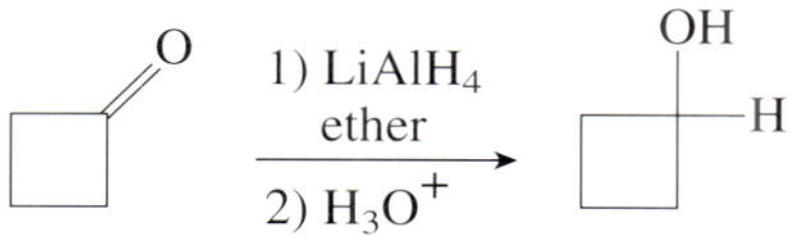

$LiAlH_4$와 $NaBH_4$로부터 수소화물 친핵체는 친전자성 탄소를 공격한다. 분리된 탄소-탄소 이중결합과 방향족 고리의 이중결합은 이들 시약과 반응하지 않는다. 다음 예에서 설명한 것처럼 이것은 CC 이중결합의 존재에서 카보닐기를 선택적으로 환원한다는 것을 의미한다.

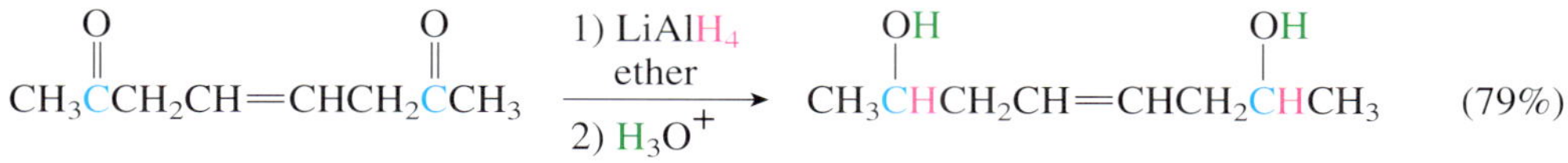

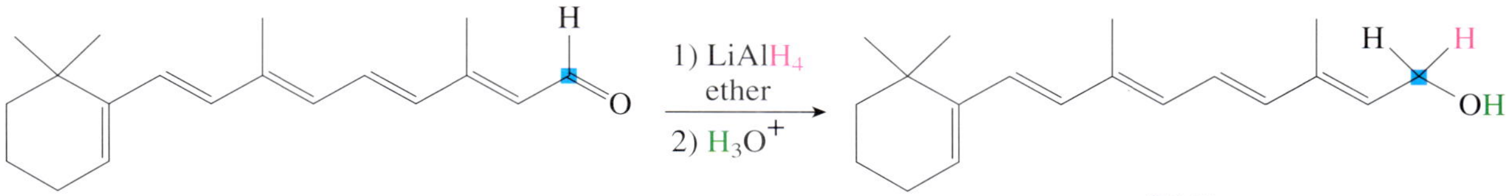

Vitamin A aldehyde (retinal)

(75%) Vitamin A (retinol)

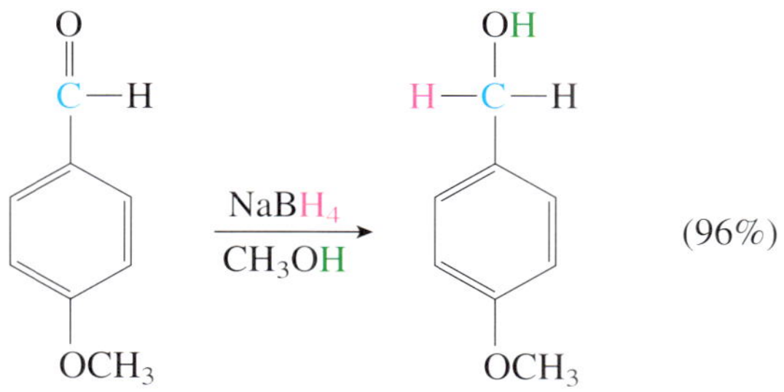

*p*-Methoxybenzaldehyde　　*p*-Methoxybenzyl alchohol

수소화 알루미늄 리튬 혹은 수소화 붕소 소듐의 사용은 알데하이드와 케톤을 알코올로 환원하는 가장 좋은 방법이다.

**문제 18.2** 이 반응에 대한 생성물을 나타내어라.

a) 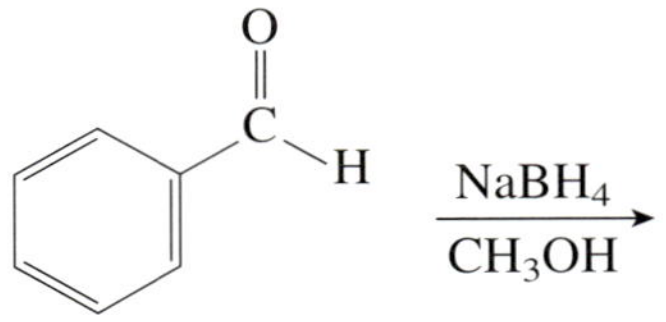

b) $CH_3CH_2\overset{O}{\overset{\|}{C}}CH_3 \xrightarrow[2)\ H_3O^+]{1)\ LiAlH_4}$

c) $CH_3CH{=}CHCH_2CH_2\overset{O}{\overset{\|}{C}}H \xrightarrow[CH_3OH]{NaBH_4}$

d) 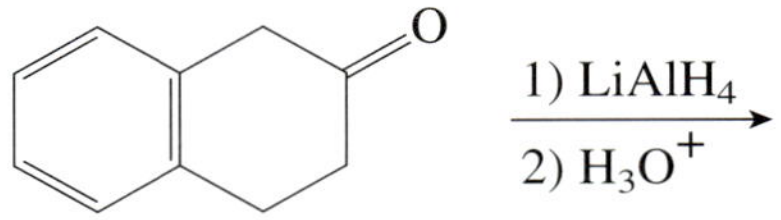

## 18.3 물의 첨가

첨가 생성물을 형성하기 위하여 알데하이드와 케톤의 물과의 반응을 수화라 부르고 그 예를 아세트알데하이드(에탄알)의 경우에 대해 다음 방정식으로 설명하였다.

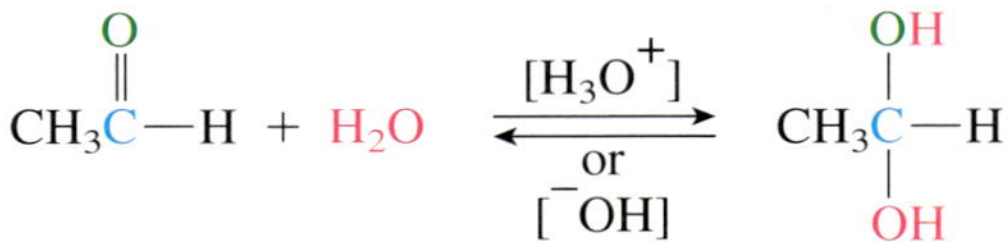

Acetaldehyde (ethanal) A hydrate

반응은 다음 방정식으로 나타낸 것처럼 산성조건 메카니즘 혹은 염기성 조건 메카니즘에서 일어날 수 있다.

염기에서 메카니즘:

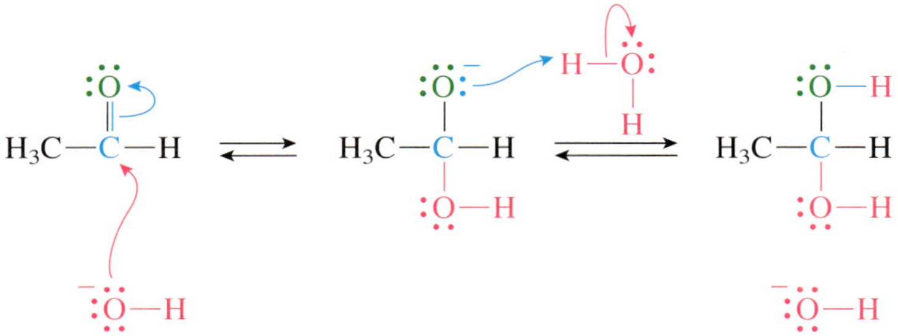

산에서 메카니즘:

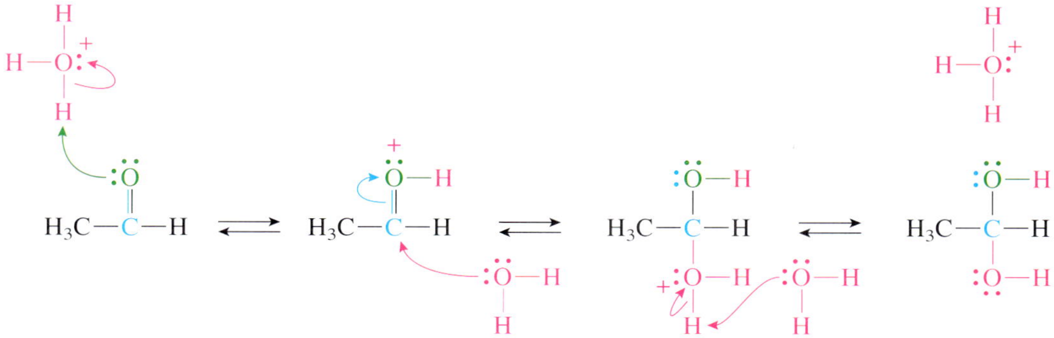

두 경우 첫 단계에서 소모되는 염기 혹은 산은 마지막 단계에서 재생되므로 반응은 염기 촉매 혹은 산 촉매반응이다.

어느 메카니즘에 의해서도 반응은 실온에서 대단히 빠르다. 그러나 물은 상당히 약한 친핵체이기 때문에 대부분의 경우 평형은 생성물에 유리하지 않다. 그 결과 알데하이드와 케톤의 수화물은 분리될 수 없다. 용매인 물을 제거하면 평형은 왼편으로 되돌아가기 때문이다. 그러므로 수화반응은 합성에서는 유용하지 않다.

평형상수가 너무 크지도 적지도 않기 때문에 수화반응은 평형상수에 대한 카보닐 화합물의 구조적 영향을 나타내준다. 먼저 유발효과를 고려해보자.

카보닐기의 쌍극자와 **전자-끄는기(electron-withdrawing group)**의 쌍극자와의 상호작용은 수화 생성물의 불안정화보다 알데하이드 혹은 케톤을 더 불안정화한다. 이것은 평형을 생성물을 향한 오른편으로 이동시켜 평형상수를 증가시킨다. 반대로 전자-주는기는 생성물보다 알데하이드와 케톤을 안정화하여 평형은 반응물 쪽으로 이동한다. 이 효과를 설명하기 위하여 아세트알데하이드의 수화물 형성의 평형상수($K$ = 1.3)를 2-클로로아세트알데하이드의 그것($K$ = 37)과 비교해보자. 2-클로로아세트알데하이드에서 전기음성도가 큰 염소 치환기의 존재는 평형상수를 상당히 증가시켜준다.

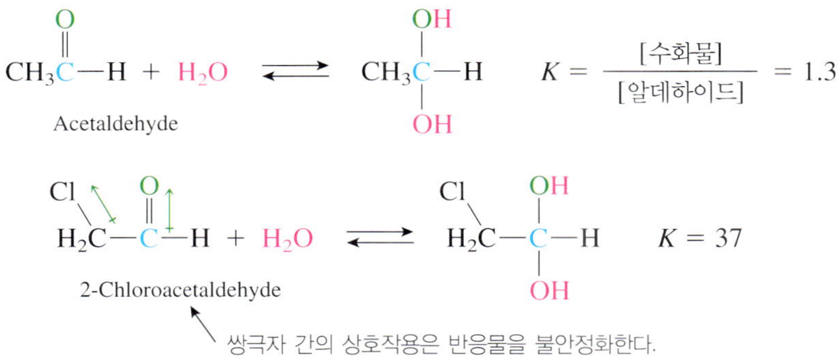

평형의 위치는 입체효과에 영향을 받는다. $sp^3$ 혼성이고 대략 사면체인 생성물의 수화물 탄소에 결합된 기들은 결합각이 120°인 $sp^2$ 혼성인 반응물보다 더 근접(결합각 ~109°)해 있다. 생성물에서 기들 사이의 입체적 장애는 반응물에서 보다 더 크다. 그러므로 더 큰 치환체는 평형을 덜 붐비는 카보닐 형태로 이동하여 평형상수를 감소한다.

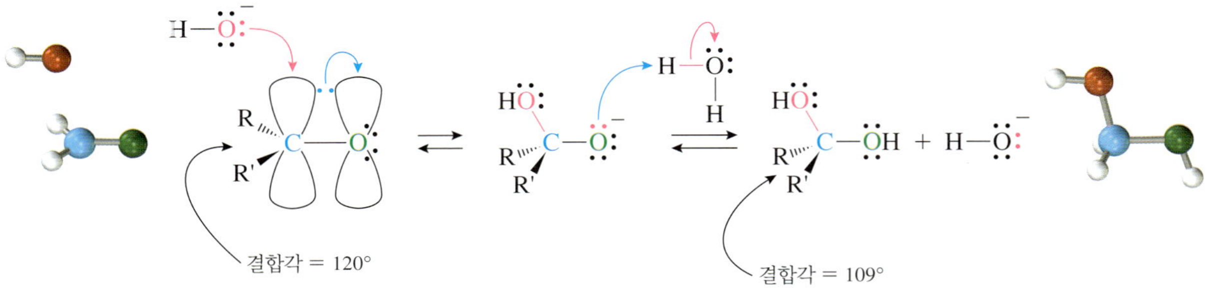


이 효과의 중요한 예는 알데하이드와 비교한 케톤의 평형상수가 더 감소된다는 점이다. 아세트알데하이드($K$ = 1.3)의 알데하이드 수소를 메틸기로 치환하면 아세톤($K = 2 \times 10^{-3}$)이 되고 수화물의 평형상수는 대략 1000배 감소한다. 전자-주는 알킬기의 유발효과는 케톤의 평형을 반응물로 이동하는데 돕는다.

$$\underset{\text{Acetone}}{CH_3\overset{\displaystyle O}{\overset{\|}{C}}CH_3} + H_2O \rightleftharpoons CH_3\underset{\displaystyle OH}{\underset{|}{\overset{\displaystyle OH}{\overset{|}{C}}}}CH_3 \qquad K = 2 \times 10^{-3}$$

일반적으로 이 장에 있는 모든 반응에 대해 평형은 케톤에서보다 알데하이드에서 더 많이 첨가생성물로 치우쳐 있다. 이들 인자는 같은 방법으로 반응의 속도에 영향을 미친다. 친핵체가 장애를 덜 받는 알데하이드의 카보닐기에 접근하는 것이 용이하므로 알데하이드는 케톤보다 더 빨리 반응한다. 입체와 전자효과의 추가적 예를 표 18.1에 수록하였다. 같은 전자와 입체효과를 이 장의 후반에서 다루게 될 다른 친핵성 첨가반응에 대해 적용할 수 있다.

**문제 18.3** 아세톤을 $H_2{}^{18}O$로 처리하면 $^{18}O$ 원자는 케톤의 카보닐 탄소에 결합된다. 산 존재에서 이 반응에 대한 메카니즘을 나타내어라.

$$CH_3\overset{\displaystyle O}{\overset{\|}{C}}CH_3 + H_2{}^{18}O \xrightleftharpoons{H_3O^+} CH_3\overset{\displaystyle ^{18}O}{\overset{\|}{C}}CH_3 + H_2O$$

**표 18.1** 수화물 형성에 대한 몇 가지 평형상수

| 화합물 | $K$ | 설명 |
|---|---|---|
| $\overset{\mathrm{O}}{\overset{\|}{\mathrm{HCH}}}$<br>Formaldehyde | $2 \times 10^3$ | 폼알데하이드는 붐비고 전자-주는 알킬기를 갖고 있지 않기 때문에 수화물 형성에 대한 큰 평형상수를 갖는다. 수용액에서 99.9% 이상이 수화물형태로 존재한다. 생물학적 시료를 보전하는데 사용되는 폼알데하이드 혹은 포르말린은 실제로 수화물의 농축된 수용액이다. |
| $\mathrm{CH_3}\overset{\mathrm{O}}{\overset{\|}{\mathrm{C}}}\mathrm{H}$<br>Acetaldehyde | 1.3 | 아세트알데하이드의 더 붐비는 카보닐 탄소 때문에 반응성이 적어진다. 아세트알데하이드는 수용액에서 50% 이상이 수화된다. |
| $\mathrm{CH_3}\overset{\mathrm{O}}{\overset{\|}{\mathrm{C}}}\mathrm{CH_3}$<br>Acetone | $2 \times 10^3$ | 더 붐비는 카보닐 탄소를 가진 아세톤은 무시할 수 있는 양의 수화물만을 형성한다. |
| $\mathrm{CH_3CH_2}\overset{\mathrm{O}}{\overset{\|}{\mathrm{C}}}\mathrm{H}$ | 0.71 | 이 두 예를 아세트알데하이드와 비교해보면 알 수 있는 것처럼 카보닐 탄소의 입체적 붐빔이 증가하면 평형상수는 약간 감소한다. |
| $\mathrm{CH_3}\underset{}{\overset{\mathrm{CH_3}}{\overset{\|}{\mathrm{C}}}}\mathrm{H}-\overset{\mathrm{O}}{\overset{\|}{\mathrm{C}}}\mathrm{H}$ | 0.44 | |
| $\mathrm{ClCH_2}\overset{\mathrm{O}}{\overset{\|}{\mathrm{C}}}\mathrm{H}$ | 37 | 이 두 예를 아세트알데하이드와 비교해보면 알 수 있는 것처럼 염소의 유발효과는 평형을 수화물쪽으로 이동한다. 세 개의 염소가 존재하면 클로랄 수화물(mp = 57°C)이라는 생성물이 분리된다. 이것은 강력한 최면제이며 마취제가 든 술(Mickey Finn) 혹은 녹아웃 약의 활성 성분이다. |
| $\mathrm{Cl_3C}\overset{\mathrm{O}}{\overset{\|}{\mathrm{C}}}\mathrm{H}$ | $2.8 \times 10^4$ | |

**문제 18.4** 어느 화합물이 수화물 형성에서 더 큰 평형상수를 가질 수 있는지를 설명하여라.

a) 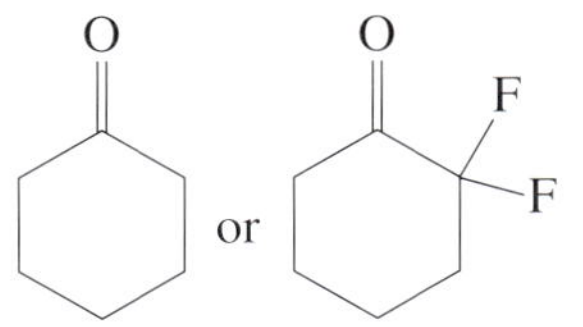

b) 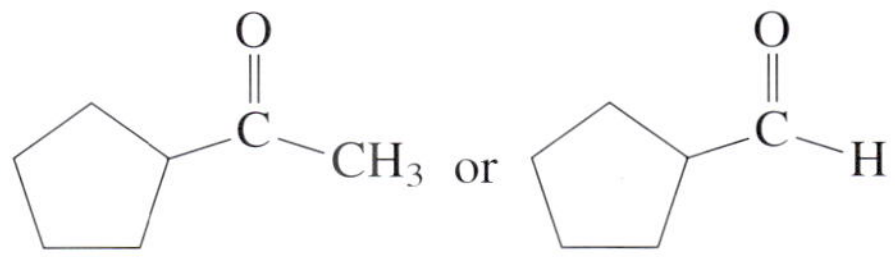

c) $\mathrm{CH_3CH_2}\overset{\mathrm{O}}{\overset{\|}{\mathrm{C}}}\mathrm{H}$ or $\mathrm{(CH_3)_3C}\overset{\mathrm{O}}{\overset{\|}{\mathrm{C}}}\mathrm{H}$

d) $\mathrm{CH_3}\overset{\mathrm{O}}{\overset{\|}{\mathrm{C}}}\mathrm{CH_3}$ or $\mathrm{Cl_3C}\overset{\mathrm{O}}{\overset{\|}{\mathrm{C}}}\mathrm{CH_3}$

e) $\mathrm{CH_3CH_2CH_2}\overset{\mathrm{O}}{\overset{\|}{\mathrm{C}}}\mathrm{H}$ or $\mathrm{CH_3}\overset{\mathrm{CH_3}}{\overset{\|}{\mathrm{C}}}\mathrm{HCH_2}\overset{\mathrm{O}}{\overset{\|}{\mathrm{C}}}\mathrm{H}$

**문제 18.5** 다음 화합물을 수화물 형성에서 평형상수가 증가하는 순서로 배열하여라.

## 18.4 시안화 수소의 첨가

시안화 수소는 알데하이드와 케톤에 첨가되어 다음 예에 나타낸 것처럼 사이아노하이드린이라고 알려진 화합물을 형성한다. 반응은 염기성 조건 메카니즘에 의해 진행되며 시안화이온으로 촉진된다.

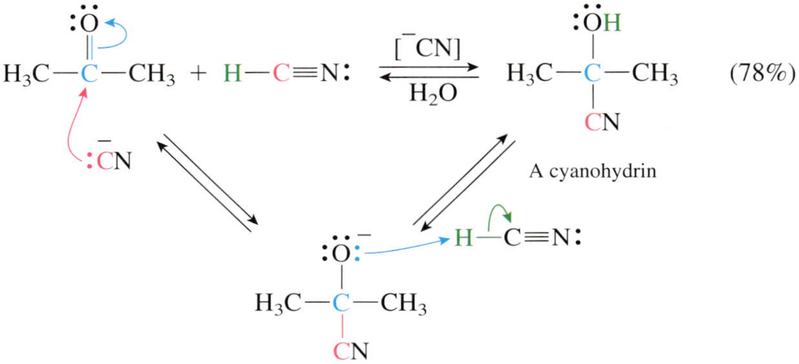


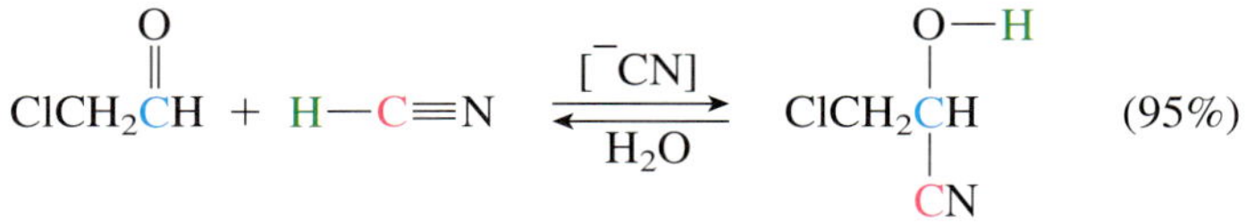


시안화이온은 물보다 친핵성이 크기 때문에 수화물 형성보다는 사이아노하이드린 형성에 대한 평형상수가 다소 더 크다. 그러므로 알데하이드와 많은 케톤은 좋은 수득률로 첨가생성물을 형성한다. 그러나 벤젠고리와 콘쥬게이트된 케톤은 평형상수가 불리하다. 이와 같은 화합물, 반응물은 방향족 고리와 카보닐기가 콘쥬게이션되어 있어서 공명 안정화된다. 생성물에서 이 안정화를 상실하기 때문에 평형에서 생성물이 불리해진다.

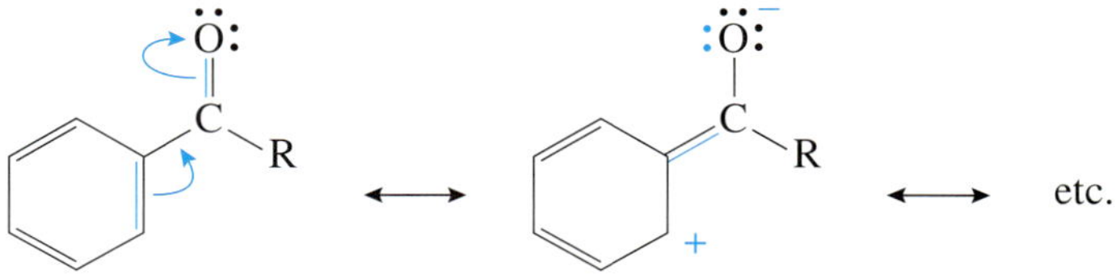

이 효과의 예로 시안화 수소와 아세톤과의 반응에 대한 평형상수는 32이다. 한편 아세토페논의 평형상수는 0.77이다.

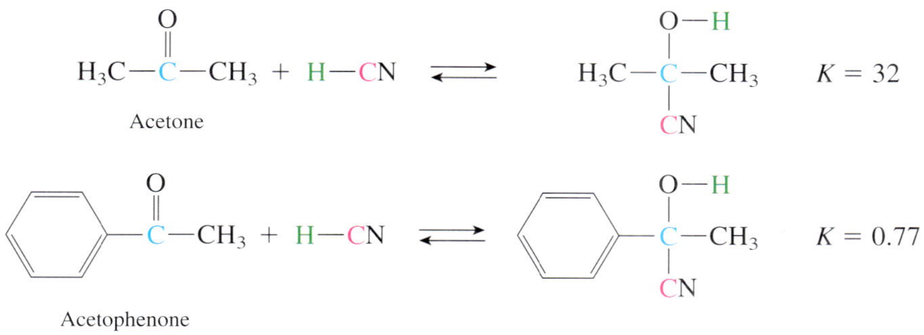


전형적인 조건에서 시안화 수소와 아세톤의 반응($K$ = 32)은 평형에서 대부분의 반응물이 생성물로 변환된다. 이것은 사이아노하이드린을 좋은 수득률(78%)로 얻을 수 있게 해준다. 대조적으로 아세토페논의 반응에서 평형에 존재하는 사이아노하이드린의 양이 너무 적다. 반응이 합성에 유용하게 되기 위해서는 평형을 생성물쪽으로 추진시키는 몇 가지 방법을 사용해야 한다.

**문제 18.6** 다음 반응의 생성물을 나타내어라.

**a)** 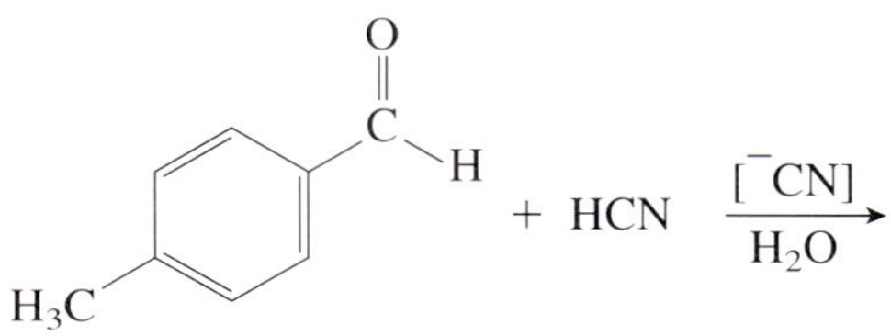

**b)** 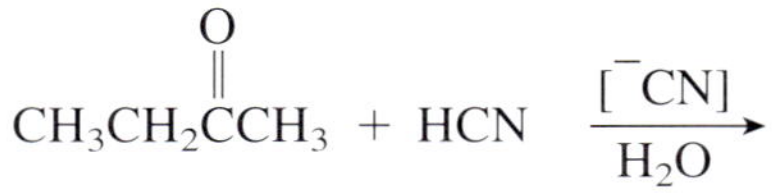

**c)** 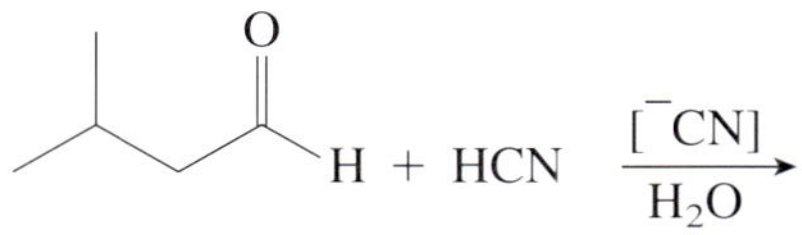

## 예제 18.1

왜 $p$-메톡시아세토페논은 아세토페논보다 사이아노하니드린 형성에 대한 평형상수가 더 작은가를 설명하여라.

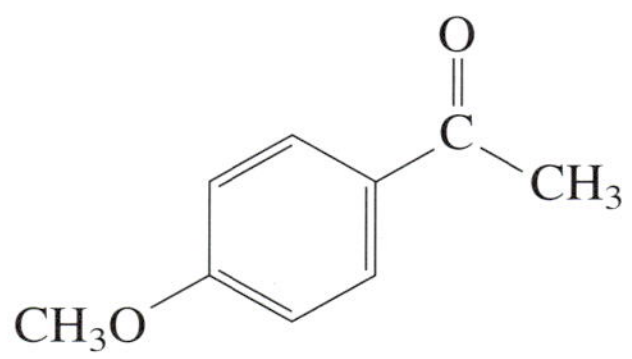

*p*-Methoxyacetophenone

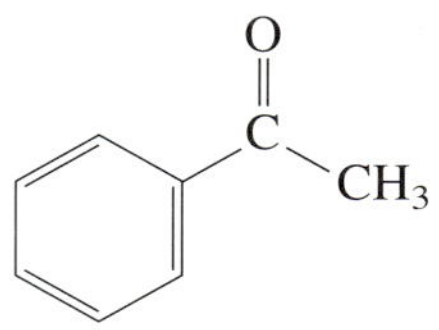

Acetophenone

### 풀이

메톡시기는 공명에 의해 카보닐 탄소에 전자를 주어 친전자성이 적어지고 반응성도 적어진다. 그러므로 사이노하이드린 형성에 대한 평형상수는 *p*-메톡시아세토페논보다 아세토페논에서 더 크다.

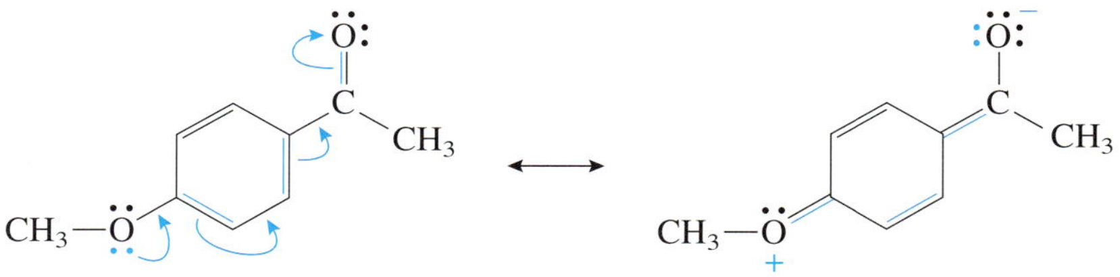

**문제 18.7** 사이아노하니드린 형성에 대해 어느 화합물이 평형상수가 더 큰 가를 설명하여라.

**a)** $CH_3CH_2\overset{O}{\overset{\|}{C}}CH_3$ or $CH_3CH_2CH_2\overset{O}{\overset{\|}{C}}H$

**b)** $CH_3CH_2CH_2\overset{O}{\overset{\|}{C}}H$ or 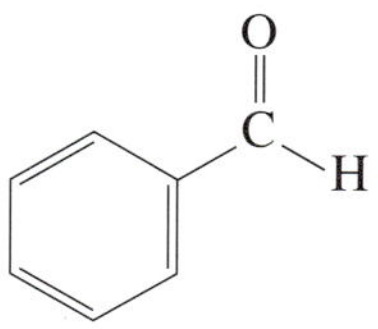

**c)** 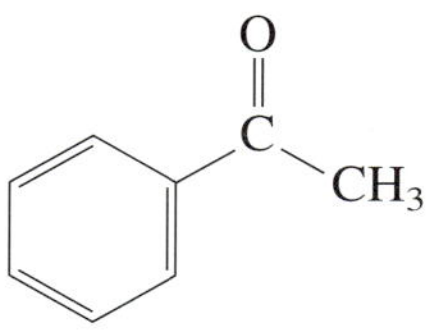 or 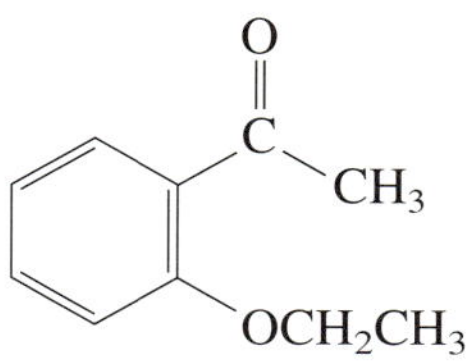

**d)** 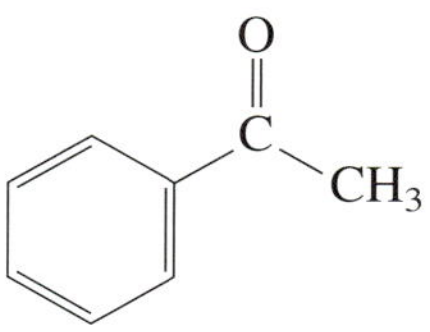 or 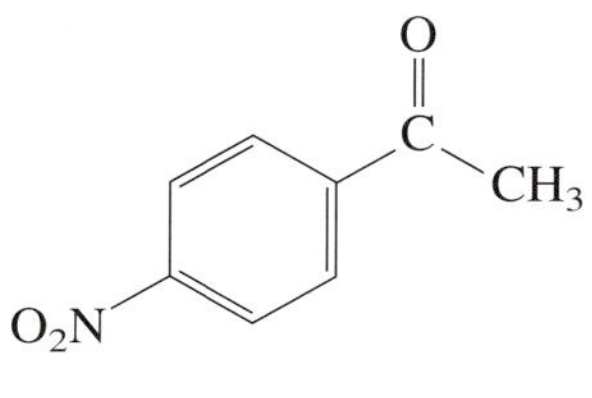

## 18.5 유기금속 친핵체의 성질과 제조

탄소 친핵체는 탄소 친전자체와 반응하여 탄소-탄소결합을 형성하므로 대단히 유용한 화학종이다. 10.8절에서 $S_N2$ 반응에 사용할 수 있는 친핵체로 아세틸화 음이온을 소개하였다. 이 친핵체는 1-알카인과 아미드화 소듐과 같은 강한 염기와의 반응으로 제조된다. *sp*-혼성 탄소에 있는 상대적으로 산성인 수소는 산-염기반응에서 제거된다.

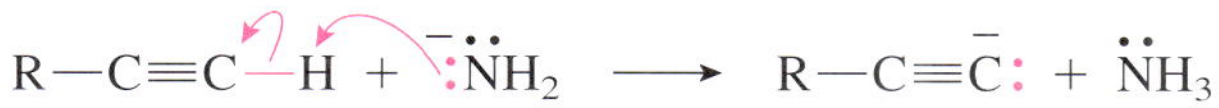


$sp^3$-, $sp^2$-혼성탄소에 결합된 수소는 실험실에서 흔히 얻을 수 있는 염기로 제거될 수 있을 만큼 충분한 산성이 아니다. 그러나 많은 유기 할로겐화물의 탄소-할로겐 결합은 탄소−금속 결합으로 변환되어 **유기금속 화합물(organometallic compound)**을 형성한다. 금속은 탄소보다 전기음성도가 작기 때문에 결합은 대부분의 유기화합물에서 발견되는 방향에 대해 반대의 극성을 띠게 된다. 즉 쌍극자의 음성 끝은 탄소에 양성 끝은 금속에 있다. 탄소-금속 결합은 공유결합이지만 많은 유기금속 화합물은 카보음이온인 것처럼 반응하는 유용한 탄소 친핵체이다.

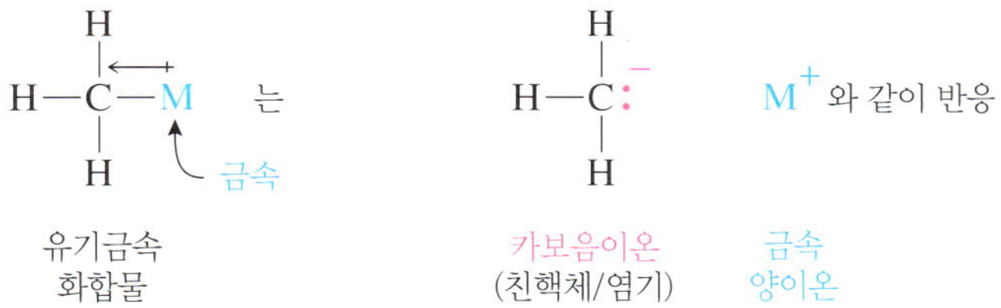


유기금속 시약 중에서 가장 유용한 것은 **Grignard 시약**으로 알려진 **할로겐화 유기금속 마그네슘(organomagnesium halide)**이다. 이 시약을 개발한 업적으로 Victor Grignard는 1912년에 Nobel 화학상을 수상하였다. 이 시약은 다이에틸 에터 혹은 THF와 같은 용매에서 유기 할로겐화물과 마그네슘 금속과의 반응으로 제조된다. 에터는 다음 방정식에서 나타낸 것처럼 할로겐화 유기마구네슘의 안정화를 돕는 Lewis 염기로 작용하기 때문에 필요하다.

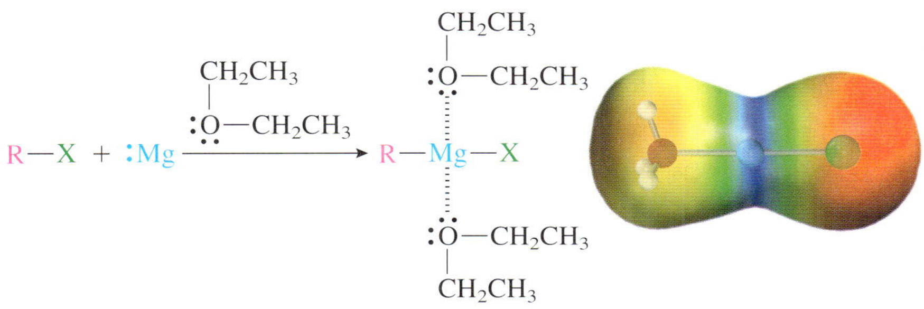

RX의 R기의 구조는 다른 활성인 작용기가 존재하지 않는한 다양하게 변한다. RX의 할로겐은 아이오딘(가장 반응성이 큰), 브롬 혹은 염소(반응성이 가장 작은)이다. 플루오린은 사용할 수 없다. 몇 가지 예를 다음 방정식에 나타내었다. 같은 방법으로 유기리튬 시약을 유기 할로겐화물과 리튬 금속과의 반응으로 제조된다. 유기 리튬시약이 약간 더 반응성이 크지만 그들의 반응은 Grignard 시약의 반응과 거의 동등하다. 원자가 껍질에 두 전자를 가진 마구네슘은 두 결합을 형성하며 원자가 껍질에 한 개의 전자를 가진 리튬은 한 개의 결합만을 형성한다. 그러므로 이 반응에는 2몰의 리튬이 필요하다.

$$CH_3-I + Mg: \xrightarrow{\text{ether}} CH_3MgI$$

Iodomethane (methyl iodide) → Methylmagnesium iodide

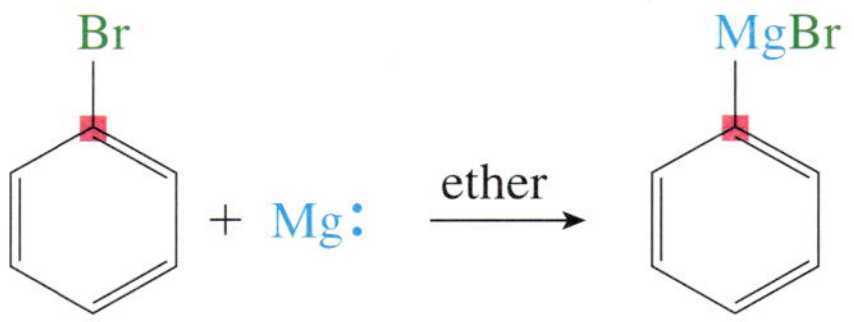


Bromobenzene → Phenylmagnesium bromide

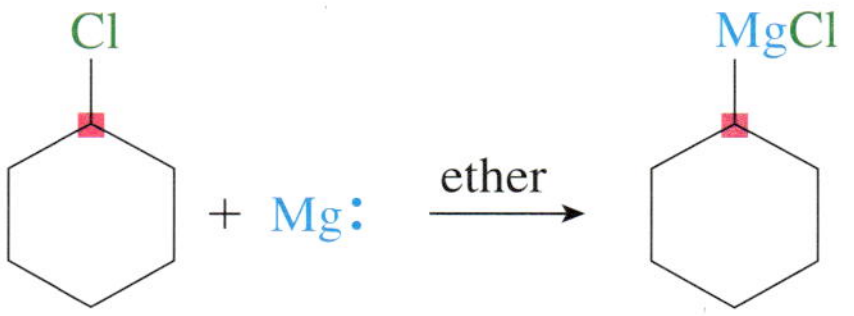


Chlorocyclohexane → Cyclohexylmagnesium chloride

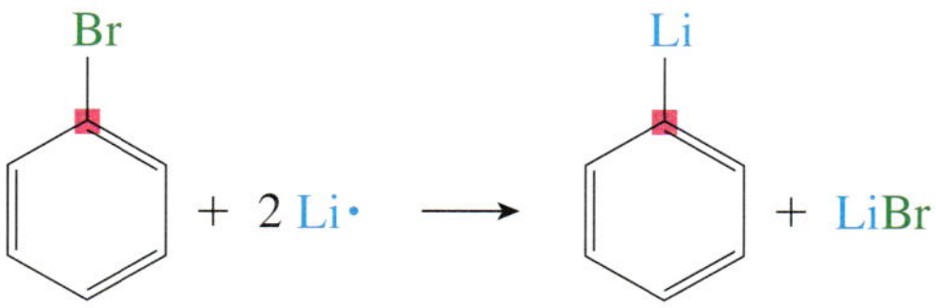


Phenyllithium

이 모든 시약들은 반응성이 크기 때문에 만들어서 바로 사용해야 한다. 그러나 메틸리튬, 뷰틸리튬, 페닐리튬 및 몇 가지 간단한 Grignard 시약을 포함한 몇 가지 시약의 용액이 상품으로 판매되고 있다.

이제 이 유기 금속시약의 화학적 작용에 대해 고려해보자. 이미 언급한 것처럼 이 화합물에서 탄소-금속 결합은 공유결합이 우세하지만 대응하는 카보음이온에 대해 기대할 수 있는 것처럼 반응한다. $pK_a$가 45~50 범위에 있는 카보음이온에서 기대할 수 있는 것처럼 이 모든 금속시약은 강한 염기로 작용하고 물과 알코올과 같은 대단히 약한 산과 빨리 반응한다. 이 결과를 다음 방정식으로 설명하였다. 그러므로 그들을 제조하는 데 사용되는 용매는 완전히 건조되어야 하고 OH와 NH를 포함한 화합물은 피해야 한다.

$$CH_3CH_2CH_2CH_2MgBr + H{-}OH \longrightarrow CH_3CH_2CH_2CH_2{-}H + Mg(OH)Br$$

Butylmagnesium bromide　　　　Butane

1-알카인까지도 Grignard 시약과 반응하는 데 충분한 산성이다. 이 반응은 이들 알카인으로부터 유도된 Grignard 시약을 제조하는 가장 보편적인 방법이다.

$$H{-}C{\equiv}C{-}H + CH_3CH_2MgBr \longrightarrow H{-}C{\equiv}C{-}MgBr + CH_3CH_2{-}H$$

Ethyne　　Ethylmagnesium bromide　　　　Ethane

**문제 18.8** 다음 반응의 생성물을 나타내어라.

a) $CH_3CH(Cl)CH_2CH_3 \xrightarrow[\text{2) } H_2O]{\text{1) Mg, ether}}$

b) 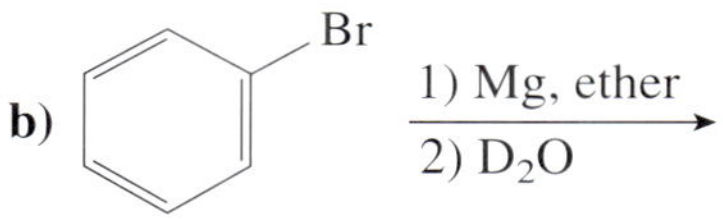

c) $CH_3CH_2Br \xrightarrow[\text{2) } CH_3CH_2C{\equiv}CH]{\text{1) Mg, ether}}$

## 18.6 유기금속 친핵체의 첨가반응

알데하이드와 케톤과 Grignard 시약과 유기리튬 시약과의 반응은 알코올을 제조하는 가장 유용한 방법이다. 반응은 염기성 조건에서 이루어지며 다음 일반 메카니즘에 따라 진행된다.

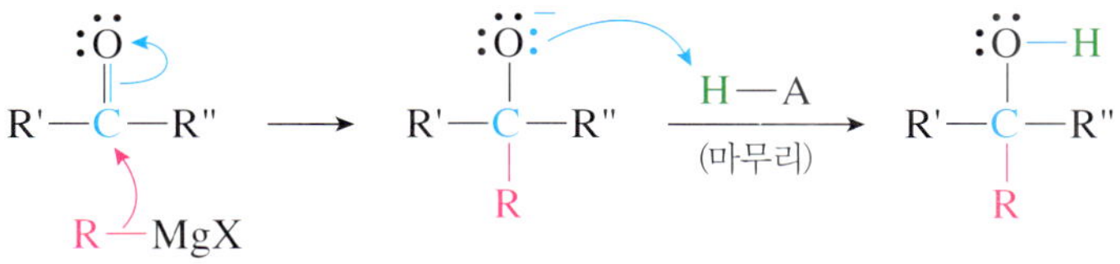


이 유기금속 시약은 강력한 친핵체이므로 반응은 비가역적이다. 첨가가 완료되면 마무리 단계에서 산을 가하여 알콕사이드 이온을 양성자화하여 알코올을 생성한다. 카보닐 성분으로 폼알데하이드를 사용한 반응은 일차 알코올을 생성하고 다

른 알데하이드를 사용한 반응은 이차 알코올을 생성한다. 케톤을 사용한 반응은 삼차 알코올을 생성한다. 염산 혹은 황산용액을 흔히 양성자화 단계에서 사용된다. 그러나 알켄 형성을 피하기 위하여 생성물이 삼차 알코올 혹은 산-촉매에 의해 쉽게 E1제거가 일어나는 경우에는 염화 암모늄($pK_a = 9$)과 같은 약한 염기가 사용된다. 물론 알켄이 원하는 생성물이면 마무리 단계에서 알코올을 분리하지 않으면 제거 반응이 일어날 수 있다. 몇 가지 예를 다음 방정식에 나타냈다.

폼알데하이드와 유기금속 시약과의 반응은 일차 알코올을 생성한다.

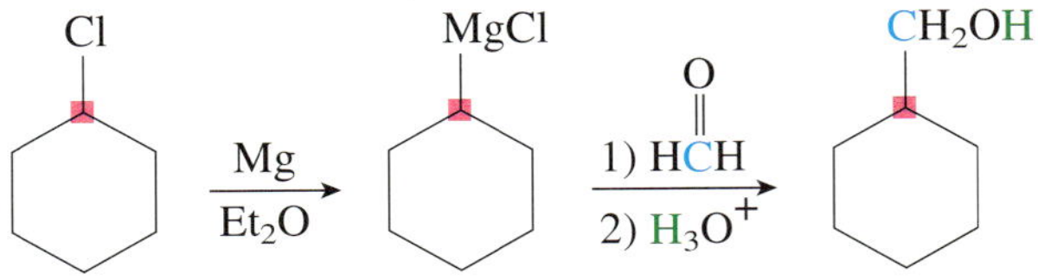


(69%)

다른 알데하이드와의 반응은 이차 알코올을 생성한다. Grignard 혹은 유기리튬 시약과 반응할 수 있는 다른 작용기(OH, NH, 카보닐)의 존재는 피해야하고 에터와 알켄기는 존재할 수 있다.

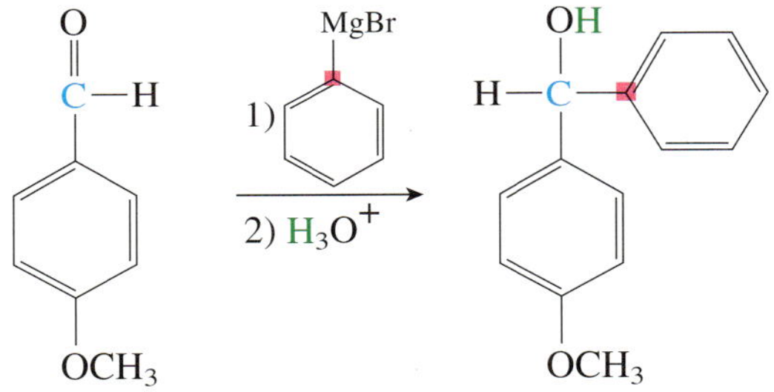


(90%)

*p*-Methoxybenzaldehyde

다음 예에서 염소보다 반응성이 큰 브롬은 선택적으로 Grignard 시약을 형성한다. 생성된 알코올은 쉽게 E1 제거가 일어나므로 마무리 단계에서 약한 산, 염화 암모늄이 사용된다.

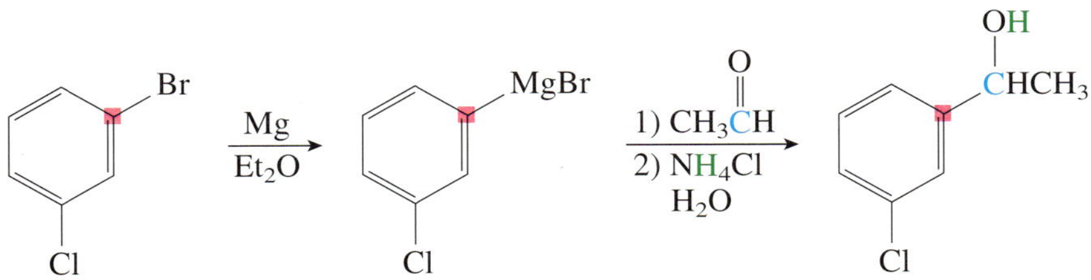


(88%)

*m*-Bromochlorobenzene

케톤과의 반응은 삼차 알코올을 생성한다. 이것은 쉽게 E1 제거를 일으킴으로 마무리 단계에서 약한 산을 사용한다.

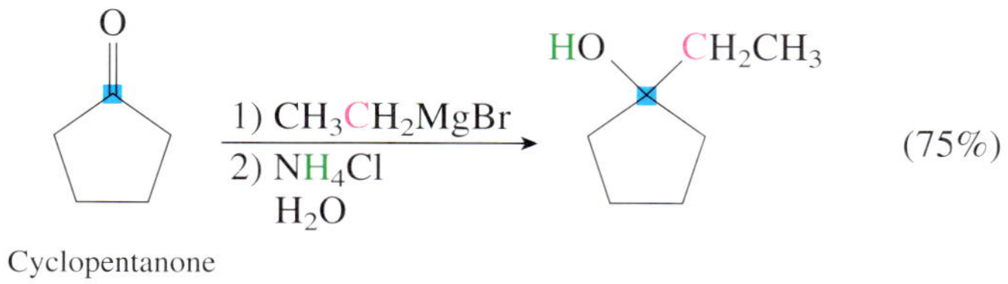


유기리튬 시약은 어떤 반응에서도 잘 반응한다.

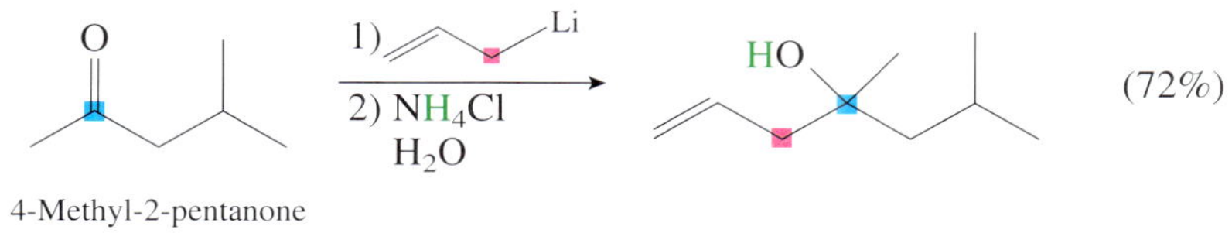


생성물은 알코올로부터 물의 제거로 생성되기를 원한다면 마무리는 강한 산을 사용하여 수행한다. 반응은 알코올을 분리하지 않고 직접 알켄으로 진행된다.

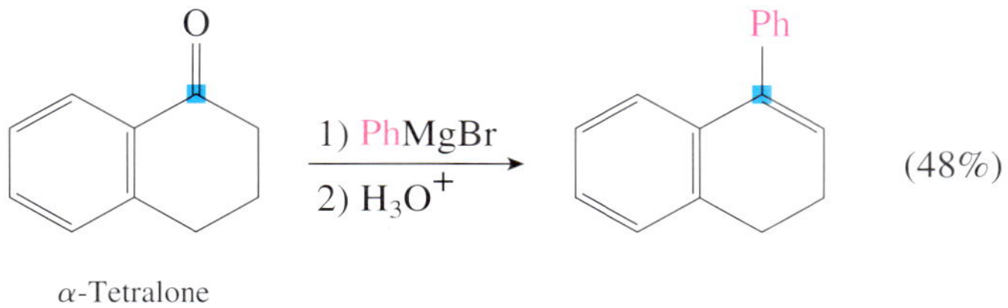


아세틸화 Grignard 시약은 브롬화 에틸마그네슘과 같은 알킬 Grignard 시약과 적당한 1-알카인과의 반응에 의해 제조된다.

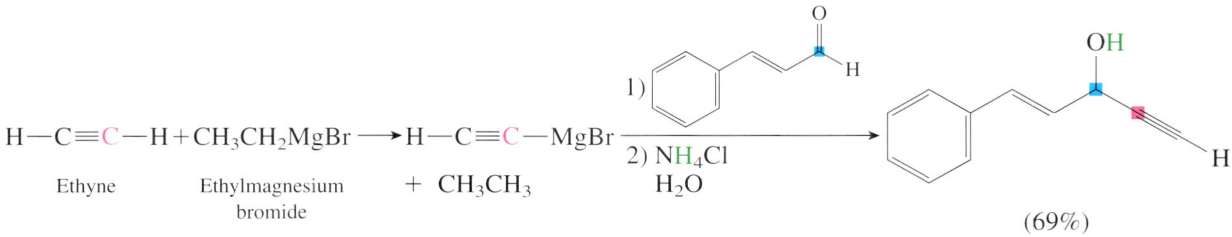


이산화탄소의 탄소는 카보닐 탄소와 같이 친핵체이다. Grignard 시약은 이산화탄소와 반응하여 카복실산의 염을 생성한다.

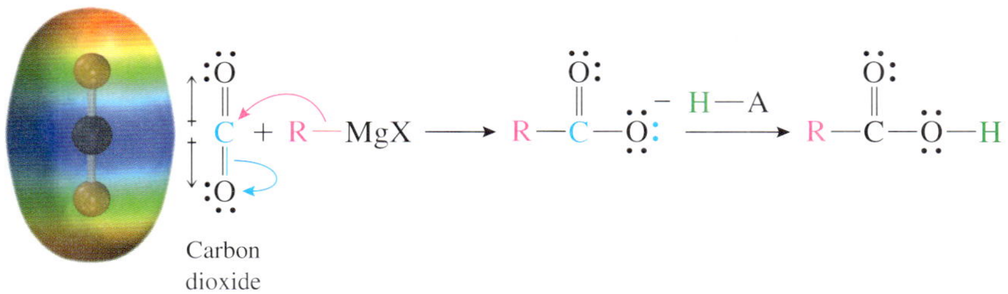

반응 혼합물을 산성화하면 카복실산이 생성된다. 다음 방정식에 그 예를 나타내었다.

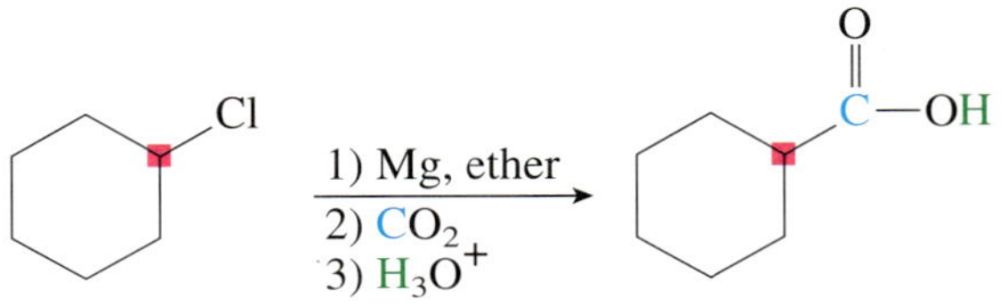

Chlorocyclohexane (85%)

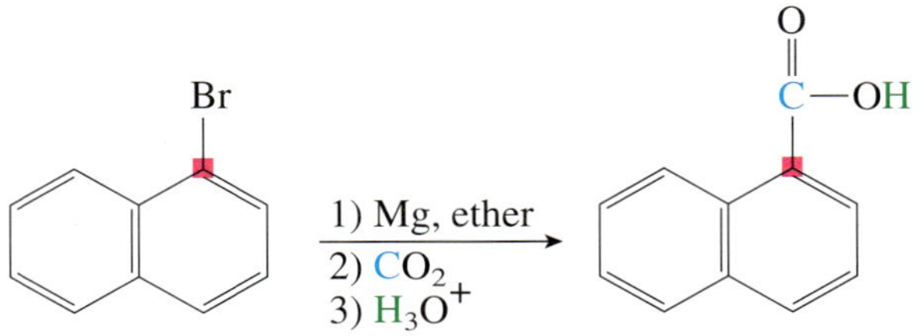

1-Bromonaphthalene (70%)

**문제 18.9** 다음 반응의 생성물을 나타내어라.

**a)** 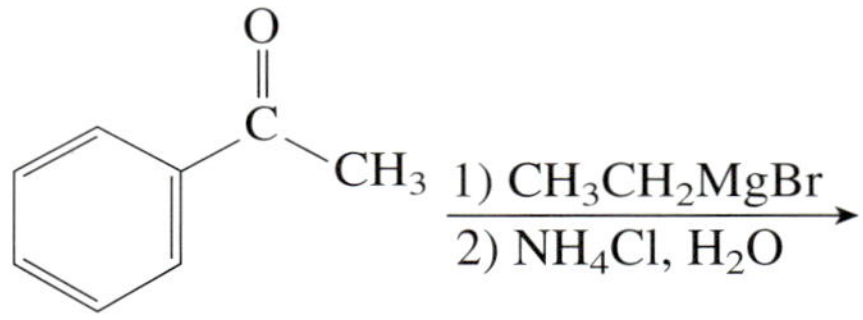

**b)** 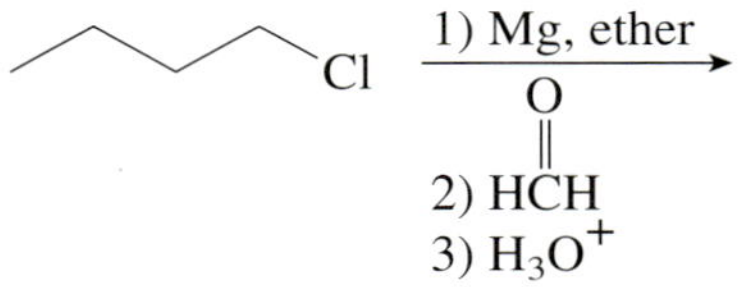

**c)** 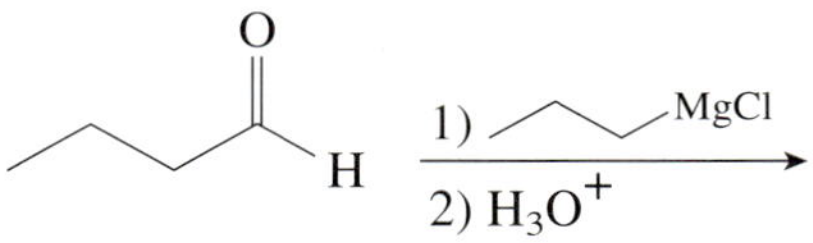

**d)** 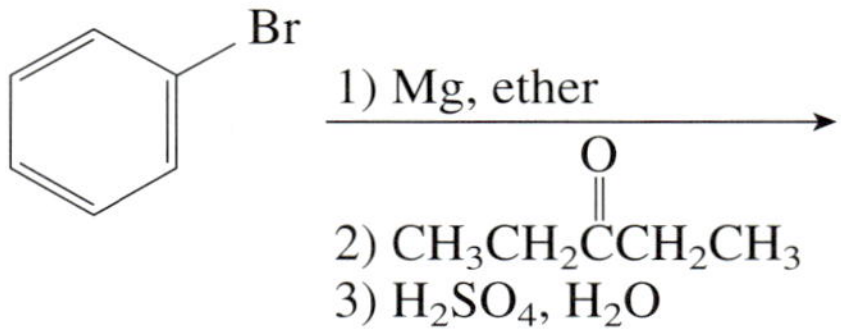

**e)** 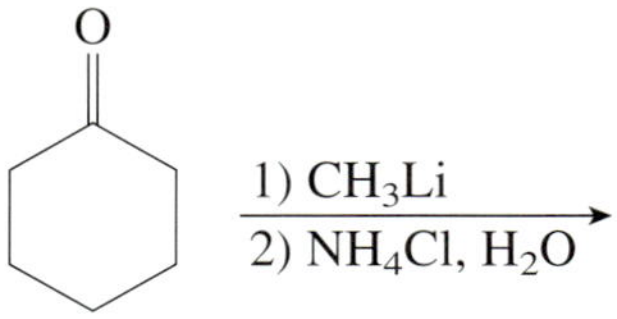

**f)** 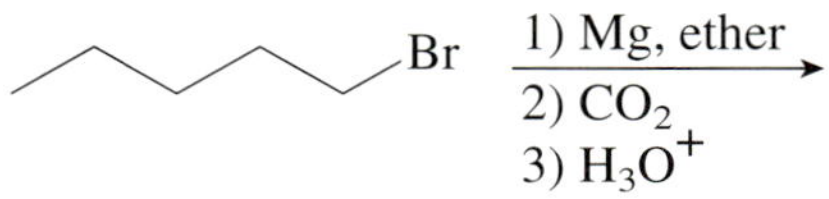

**g)** 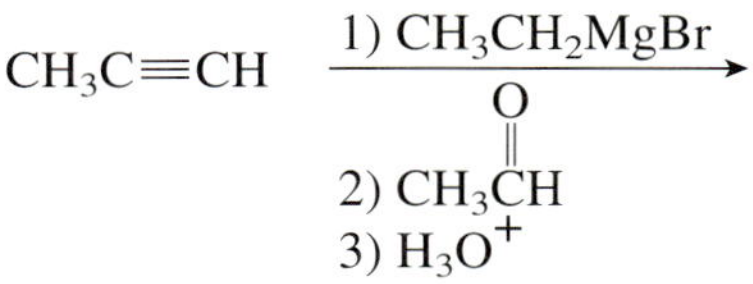

Grignard 반응은 알코올을 제조하는 중요하고 유용한 방법이다. 알코올이 합성 과녁이 되면 이 반응을 생각해야 한다. 적은 분자로부터 알코올 생성, 탄소-탄소 결합이 형성되기 때문이다. 원하는 생성물을 얻는 데는 한 경로 이상의 경로가 허용된다. 과녁이 2-페닐-2-뷰탄올인 예를 고려해보자. 이 알코올은 세 개의 다른 Grignard 반응에 의해 제조된다.

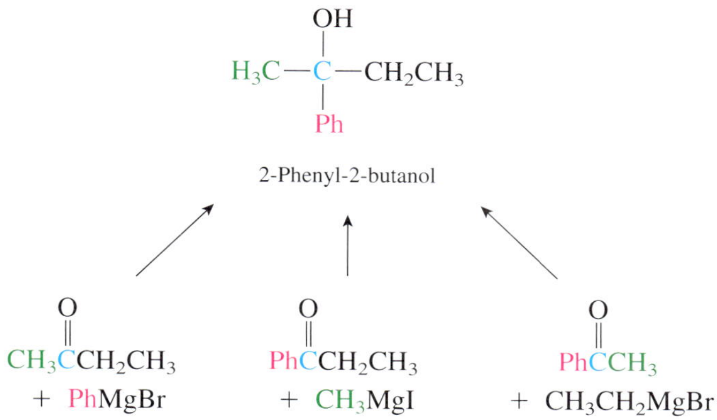


생성물은 삼차 알코올이기 때문에 이들 각 반응은 제거반응을 피하기 위하여 약한 산 ($NH_4Cl/H_2O$)으로 산성화해야 한다. 어느 경로가 좋은가는 케톤과 Grignard 시약을 제조하는 데 필요한 할로겐화물의 유용성과 반응의 수득률과 같은 몇 가지 인자에 의해 결정된다.

## 예제 18.2

Grignard 시약을 사용하여 2-뷰탄올을 합성하는 두 가지 방법을 제시하여라.

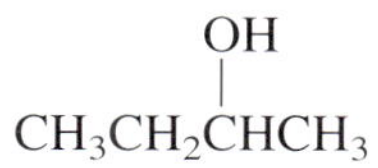


2-Butanol

### 전략

합성 과녁으로 알코올을 대하면 그것을 합성하는데 Grignard 반응의 사용을 고려해 볼 수 있다. 하이드록시기가 결합된 탄소는 반응물의 카보닐기의 친전자성 탄소이다. 이 탄소에 결합된 알킬기의 하나는 Grignard 시약 혹은 알킬리튬 시약의 친핵성 탄소이다. 이 합성에는 친핵체로 가해지는 알킬기에 따라 몇 가지 방법이 있다. 생성 알코올이 E1제거가 쉽게 일어나면 마무리 단계에서 약한 산($NH_4Cl$)을 사용한다.

### 풀이

알코올에서 하이드록시기가 결합된 탄소(청색)는 출발물질의 카보닐 탄소 친전자체로부터 온다. 이 탄소는 메틸기와 에틸기로 결합되어 있다. 브롬화 에틸 마그네슘과 에탄알과의 반응을 사용하여 에틸기를 가해 주거나 혹은 아이오드화 메틸 마그네슘과 프로판알을 사용하여 메틸기를 도입할 수 있다.

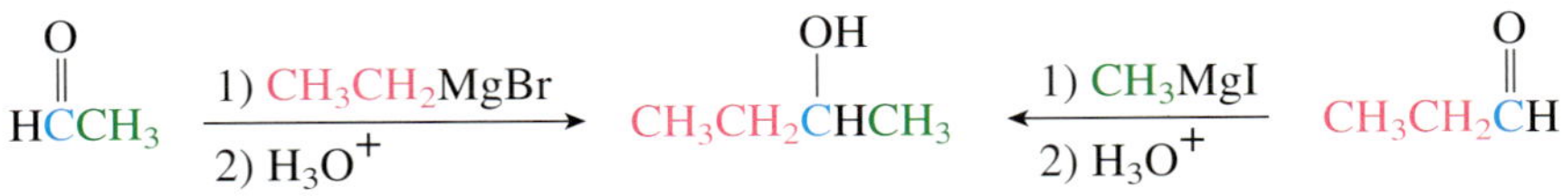

**문제 18.10** Grignard 시약을 사용하여 다음 화합물을 합성하여라.

**a)** 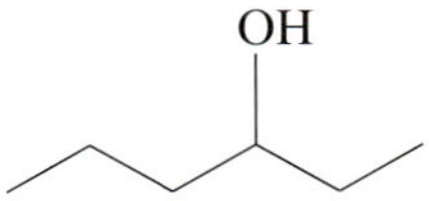 (2 경로)

**b)** 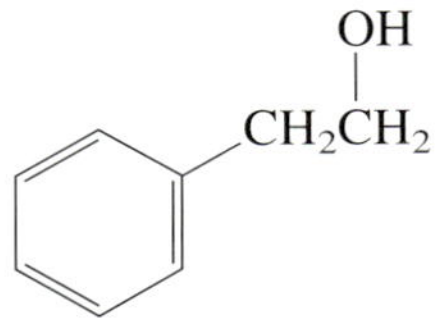

**c)** 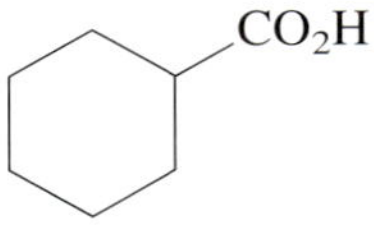

**d)** $Ph_3COH$

**e)** 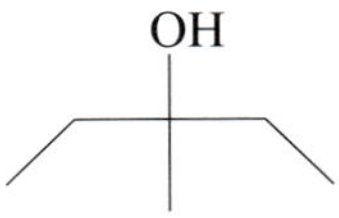 (2 경로)

**f)** 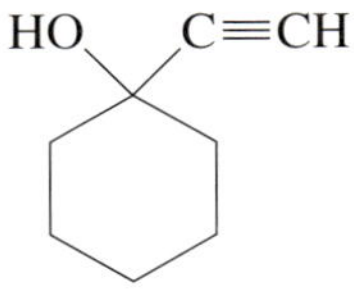

**g)** 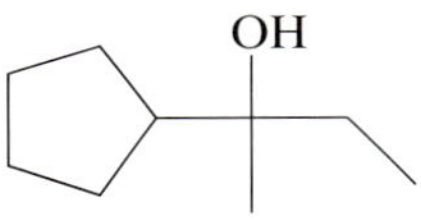 (3 경로)

**문제 18.11** 이 방정식에 나타낸 Grignard 반응을 시도하면 생성물은 벤젠과 출발 하이드록시알데하이드이다. 이 결과를 설명하여라.

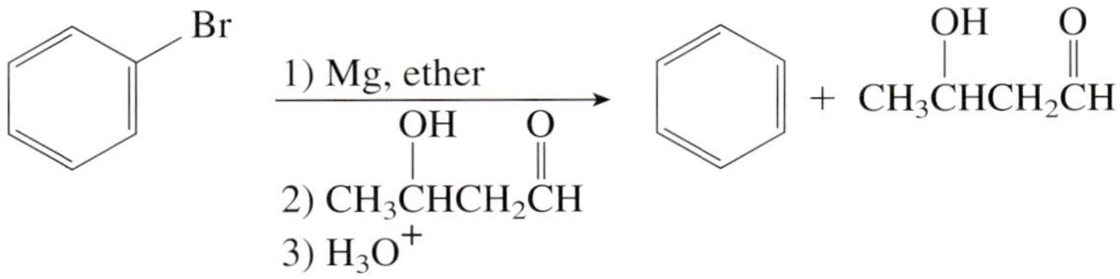

## 18.7 인 일라이드의 첨가: Wittig 반응

9장과 10장에서 알켄을 제조하는 제거반응을 사용하였다. 이 방법에 대한 주 문제는 알켄의 혼합물이 생성되고 그 결과 낮은 수득률과 분리의 문제가 생긴다. Wittig 반응은 알켄의 합성에 대한 다른 방법을 제공해준다. 이 방법은 탄소-탄소 결합형성과 이중결합의 위치를 완전히 조절할 수 있기 때문에 특별히 유용하다. Georg Wittig는 이 반응을 개발한 업적으로 1979년 Nobel 화학상을 공동으로 수상하였다

(수소화 붕소 첨가반응을 개발한 H.C. Brown과 공동수상).

이 반응에서 사용한 친핵체는 **일라이드(ylide)**라 부른다. 이것은 안정화를 돕는 양전하를 띤 인에 결합된 카보음이온이다.

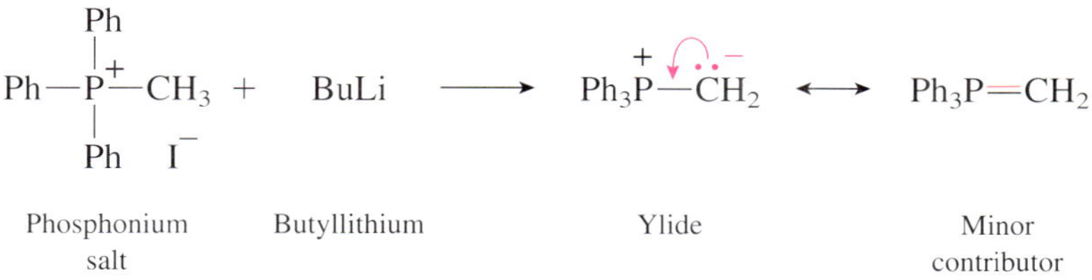


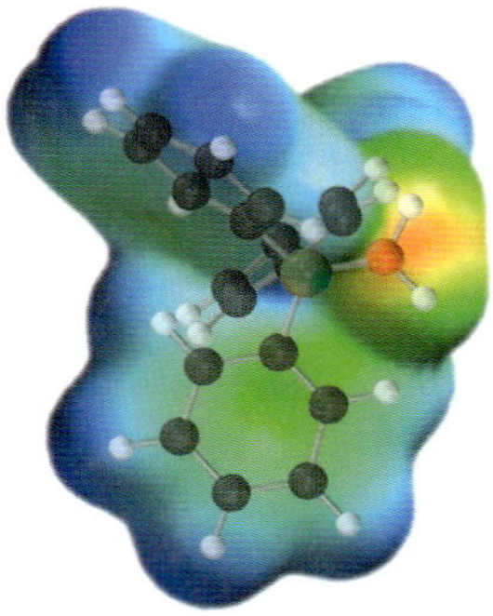

$Ph_3\overset{+}{P}—\ddot{C}H_2^-$의 정전기적 포텐셜 지도

일라이드는 트라이페닐알킬포스포늄염을 강한 염기로 탈양성자화하여 제조된다. 염기로는 뷰틸리튬 혹은 페닐리튬과 같은 유기금속 염기를 사용한다. 인염에 결합된 탄소에 있는 수소는 다소 산성이다. 짝염기(일라이드)의 카보음이온은 양의 인원자의 유발효과에 의해 안정화되기 때문이다. 더욱이 인에 대한 5개의 결합을 가진 공명구조는 전체 구조에 약간의 기여를 하므로 추가적인 안정화가 이루어진다. 트라이페닐알킬포스포늄 염은 적당한 할로겐화 알킬과 트라이페닐포스핀과의 $S_N2$ 반응에 의해 제조된다.

$$Ph_3P: \; + \; H_3C—I \xrightarrow{S_N2} Ph_3\overset{+}{P}—CH_3 \;\; I^- \qquad (99\%)$$

**문제 18.12** 할로겐화 알킬로부터 이 포스포늄염의 제조를 제시하여라.

$$Ph_3\overset{+}{P}—CH_2Ph \;\; Cl^-$$

알데하이드 혹은 케톤과 일라이드의 반응은 반응물의 카보닐 탄소와 일라이드의 음이온 탄소를 연결하는 이중결합을 가진 알켄을 형성한다. 다음에 그 예를 나타내었다.

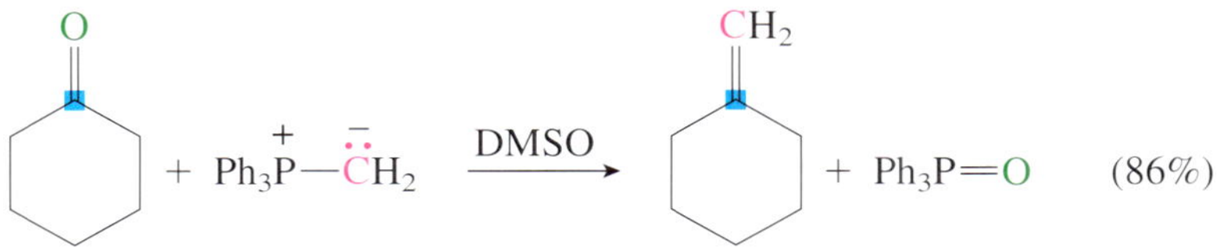


부산물은 산화 트라이페닐포스핀이다. 일라이드는 강한 친핵체이므로 평형에서 생성물이 대단히 유리하고 반응은 비가역적이다.

이 반응에 대한 메카니즘을 그림 18.2에 나타냈다. 메카니즘의 첫 부분은 지금 까지 제시한 다른 메카니즘과 유사하다. 친핵체는 카보닐 탄소를 공격한다. 그러나 앞의 경우와는 달리 이 반응은 이 단계를 넘어서 진행된다. Lewis 산으로 작용하는 인

**그림 18.2** Wittig 반응의 메카니즘.

① 이 반응은 염기성 조건에 대한 메카니즘에 의해 진행되는 다른 반응에서와 같은 방법으로 시작된다. 일라이드의 음의 탄소, 친핵체는 카보닐 탄소를 공격한다. 반응은 직접 알켄으로 진행된다. 중간체 베타인과 옥사포스페테인은 분리되지 않는다. 그러나 **베타인(betaine)**으로 알려진 이 중간체에서 반응은 정지되지 않는다.

② 산소는 Lewis 산-염기반응으로 인과 결합하여 네-원자 고리를 형성한다. 산소와 인을 포함한 네-원자 고리는 **옥사포스페테인(oxaphosphetane)**이라 부른다.

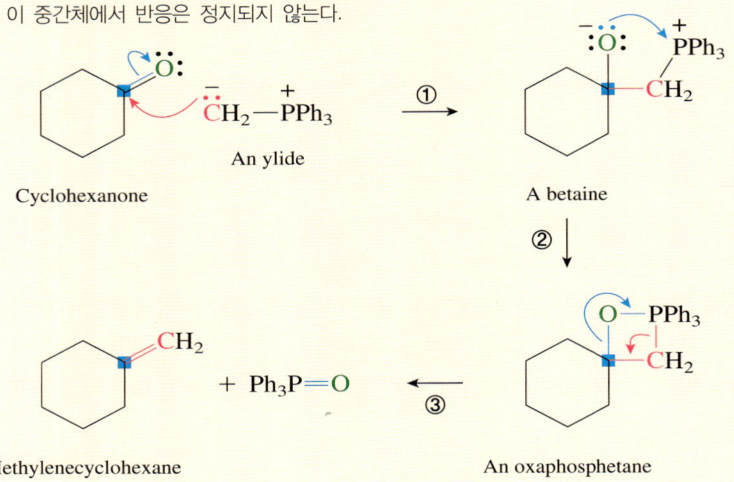


③ 반응조건에서 자발적으로 생성물 알켄과 산화 트라이페닐포스핀으로 갈라진다.

은 염기성 산소에 결합되고 결국은 생성물로부터 제거된다. 전체적 결과는 카보닐 탄소와 일라이드의 친핵성 탄소 간에 이중결합이 형성되고 한편 카보닐기의 탄소-산소 결합은 절단된다(10.9을 보라).

이 장의 앞에 있는 반응들은 카보닐기에 대한 친핵체와 수소의 첨가만을 포함한다. Wittig 반응에서는 첨가 다음에 산소의 제거가 일어나서 카보닐기와 친핵체 간에 이중결합이 형성된다. 친핵체가 친전자성 탄소와 두 번째 결합을 형성할 수 있는 두 번째 전자쌍을 가질 때 이와 같은 **첨가-제거(addition-elimination)** 반응이 일어난다. Wittig 반응의 경우에는 인과 산소는 제거되어 알켄을 형성한다.

생성물에서 이중결합의 위치가 분명하기 때문에 Wittig 반응은 알켄을 제조하는 가장 유용한 방법을 마련해준다. 몇 가지 예를 다음 방정식에 나타냈다.

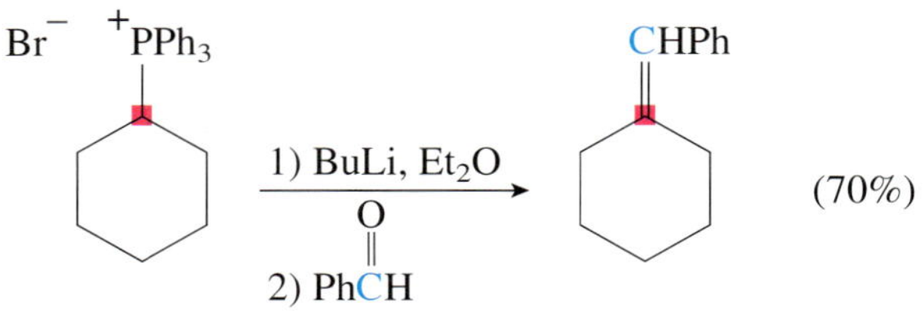


$$\mathrm{PhCH{=}CHCH{=}O} + \mathrm{Ph_3\overset{+}{P}{-}\overset{-}{\ddot{C}}HPh} \xrightarrow{\text{EtOH}} \mathrm{PhCH{=}CHCH{=}CHPh} \quad (84\%)$$

다음 예에서 일라이드의 카보음이온의 전자쌍은 카보닐기와 공명 비편재화에 의해 안정화되므로 이것은 약한 친핵체이다. 이와 같은 일라이드는 알데하이드와는 쉽게 반응하지만 케톤과는 반응하지 않는다.

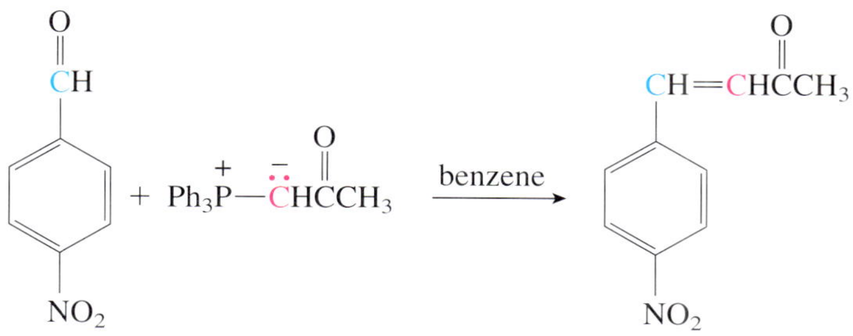


(92%)

**문제 18.13** 다음 반응의 생성물을 나타내어라.

a) $\mathrm{PhCH{=}O} + \mathrm{CH_3CH_2\ddot{C}H^{-}{-}\overset{+}{P}Ph_3} \longrightarrow$

b) 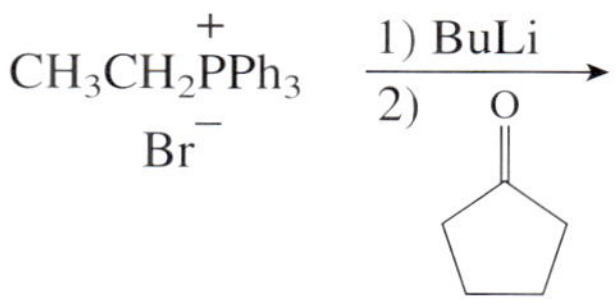


c) $\mathrm{HC{\equiv}CCH{=}O} + \mathrm{Ph_3\overset{+}{P}{-}\ddot{C}^{-}HCH_2CH_2CH_3} \longrightarrow$

d) 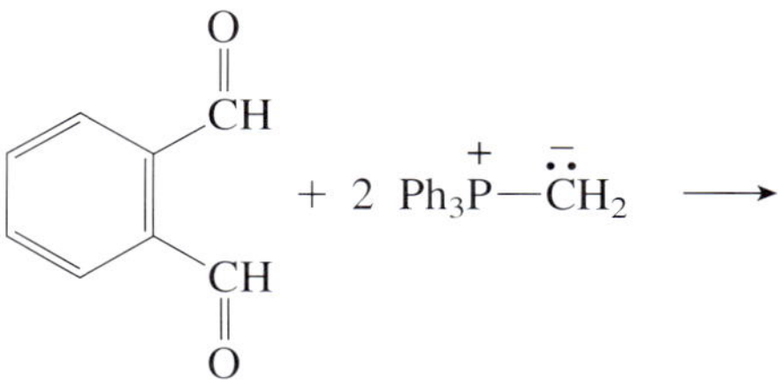


e) $\mathrm{PhCH{=}O} + \mathrm{Ph_3\overset{+}{P}{-}\ddot{C}^{-}HC(=O)OEt}$

**문제 18.14** 다음 방정식으로 나타낸 포스포늄염은 왜 다른 포스포늄염을 탈양성자화하는 데 필요한 뷰틸리튬보다는 대단히 약한 염기인 에톡시화 소듐에 의해 탈양성자화되는가를 설명하여라.

$$\mathrm{Ph_3\overset{+}{P}{-}CH_2Ph\ Cl^{-}} + \mathrm{NaOEt} \longrightarrow \mathrm{Ph_3\overset{+}{P}{-}\ddot{C}^{-}HPh} + \mathrm{HOEt} + \mathrm{NaCl}$$

## 예제 18.3

Wittig 반응을 사용하여 이 화합물을 합성하는 두 방법을 제시하여라.

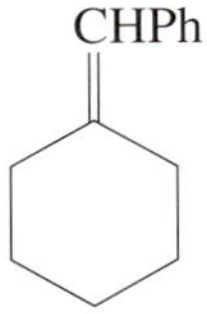

### 전략

합성과녁이 알켄이면 이중결합의 위치를 완전히 조절할 수 있는 Wittig 반응의 사용을 고려해야 한다. 알켄의 한 탄소는 알데하이드 혹은 케톤의 친전자성 카보닐 탄소이고 알켄의 다른 탄소는 일라이드의 친핵성 탄소이다. 알켄의 어느 탄소도 친핵체로부터 올 수 있고 다른 탄소는 친전자체로부터 올 수 있다. 그러므로 합성을 이루는 데는 두 가지 방법이 있을 수 있다.

### 풀이

이중결합을 절단하여 한 탄소는 일라이드의 친핵체 다른 탄소는 카보닐기의 일부가 된다. 이 경우에 이렇게 하기 위하여 두 가능한 방법은 다음과 같다.

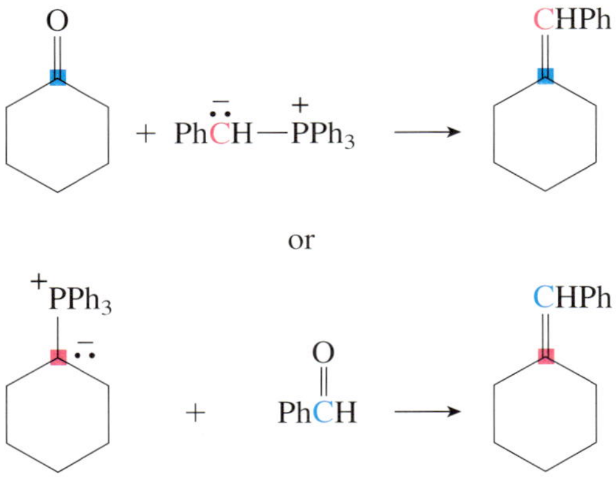

**문제 18.15** 반응을 사용하여 다음 화합물을 합성하여라.

**a)** $PhCH_2CH{=}CHCH_2CH_3$ (2 방법)

**b)** $CH_3CH_2CH{=}CHCCH_2CH_3$ (C=O)

**c)** 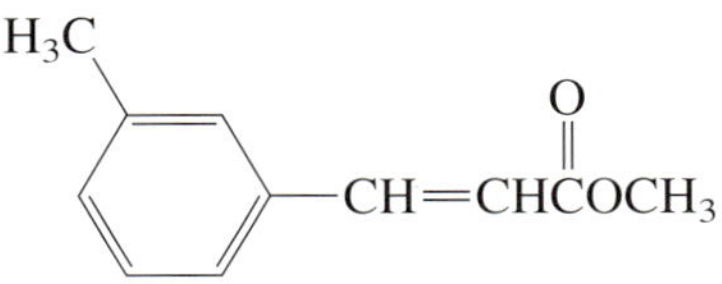

## 18.8 질소 친핵체의 첨가

아민을 알데하이드와 케톤의 카보닐기에 첨가하면 CN 이중결합을 포함하는 화합물과 물을 형성한다. 알데하이드와 케톤의 질소 유사체는 **이민(imine)**이라 부른다.

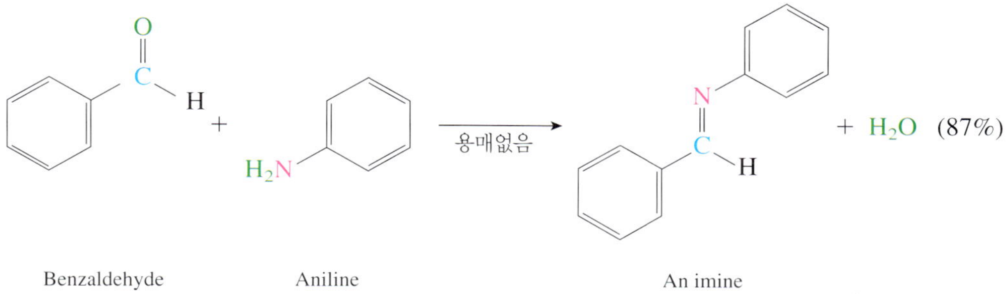


염기성 조건 메카니즘에 따라 진행되는 반응은 카비놀아민(그림 18.3)이라 부르는 첨가생성물을 형성한다. 카비놀아민의 질소원자는 친전자성 탄소와 결합을 형성하는 데 사용될 수 있는 다른 파이전자를 갖는다. 반응은 첨가단계에서 정지되지 않는다. 대신 물이 제거되고 CN 이중결합 형성에 의해 첨가-제거 생성물이 얻어진다. 먼저 카비놀아민의 산소가 양성자화한다. 다음에 질소의 비공유 전자쌍의 도움으로 물이 이탈되고 이민의 짝산이 형성된다. 양성자를 잃고 이민이 된다.

이 반응의 속도는 용액의 pH에 의존한다. 낮은 pH에서 이민 친핵체는 강한 산성용액에서 양성자화되므로 반응은 느려진다. 친핵체의 농도가 낮아지면 첨가단계의 속도가 느려진다. 높은 PH에서 비양성자 아민의 농도가 커져서 반응은 빨라진다. 그러나 용액이 너무 염기성이 되면 양성자화된 카비놀아민의 농도가 낮아져서 반응은 다시 느려진다. 그러므로 물의 제거가 느려진다. 최대 반응속도는 pH가 4~6범위에서 일어난다.

CO 이중결합은 CN 이중결합보다 강하기 때문에 반응에서 평형은 이민보다는 카보닐 화합물이 더 유리하다. 이와 같은 경우에 생성물쪽으로 평형을 이동시킬 필요가 있다. 이것은 생성물이 형성되면서 물의 제거로 이루어진다. 이민 형성에 대한 몇 가지 추가적 예를 다음 방정식으로 나타냈다.

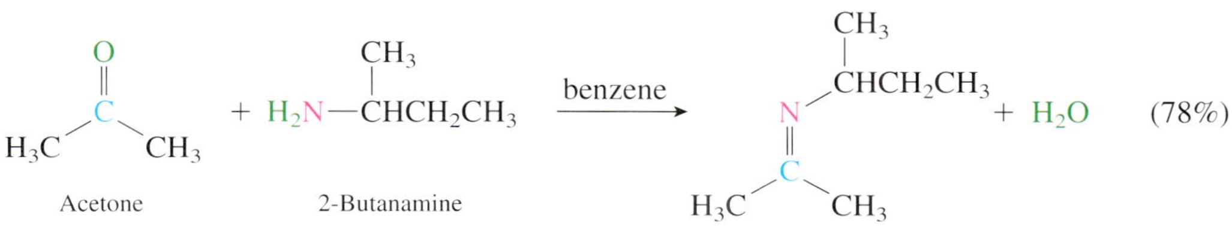


다음 반응의 생성물에서 두 CN 이중결합의 형성된다. 이 경우에 평형은 새로운 방향족 고리에 의한 추가적 공명안정화로 생성물이 유리하다.

① 첨가단계는 염기성 조건 메카니즘에 따라 일어난다. 용액이 너무 산성이 되면 아민은 양성자화되어 더 이상 친핵체가 아니다. 이 첫 단계의 속도는 대단히 느려진다.

② 용액에 있는 산과 염기에 의해 O는 양성자화되고 N는 탈양성자화된다. 이 양성자이동은 대단히 빠르다. 중간체를 **카비놀아민**이라 부른다.

③ 이민으로 진행되기 위해 물이 이탈기로 작용할 수 있도록 산소는 양성자화되어야 한다.

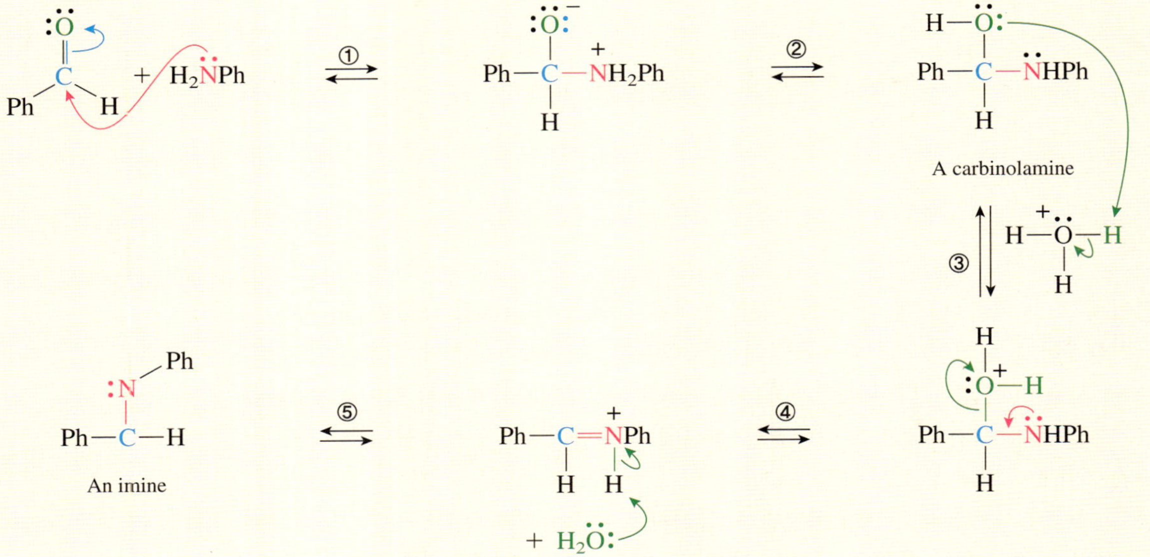


⑤ 제거단계에서 생성물은 최종생성물의 짝산인 양성자화된 이민이다. 양성자는 산-염기 반응에서 용매 분자로 이동하여 이민을 생성한다.

④ 용액이 너무 염기성이 되면 양성자화된 카비놀아민의 농도가 낮아져서 이 제거단계는 대단히 느려진다. N에 있는 비공유전자쌍이 어떻게 물이 이탈하도록 돕는지를 주목하여라.

**그림 18.3 이민을 형성하는 알데하이드에 대한 이민의 첨가반응 메카니즘.**

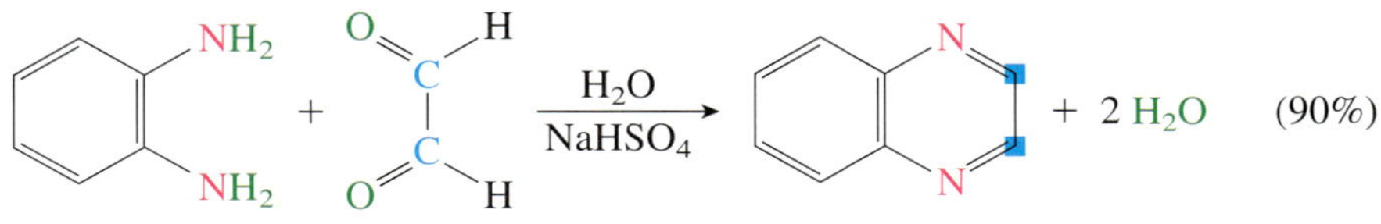


분광학적 기술이 개발되기 전에 CN 이중결합 형성반응은 미지의 알데하이드와 케톤의 구조를 결정하는 데 사용되었다. 미지화합물의 작용기가 결정되면 구조결정의 최종단계에서 미지화합물을 그 작용기의 표준 화학반응을 사용하여 고체 유도체로 변환시키는 것이다. 유도체의 녹는점을 문헌에 기록된 가능한 후보의 녹는점과 비교한다. 녹는점 간의 일치는 미지화합물의 동일성에 대한 강력한 증거가 된다.

알데하이드와 케톤의 경우 몇 가지 C═N 형성반응은 유도체를 합성하는 데 사용된다. 가장 보편적인 예를 다음 방정식에 나타냈다. 각 시약은 $NH_2$에 치환된 전기음성기를 갖는다. 이것은 평형을 생성물로 이동하는 데 돕고 고체가 되도록 해준다. 보편적인 알데하이드와 케톤의 유도체에 대한 녹는점의 표가 많은 참고문헌에서 발견할 수 있다.

**하이드록시아민(hydroxylamine)**과 알데하이드 혹은 케톤과의 반응은 **옥심(oxime)** 유도체를 생성한다.

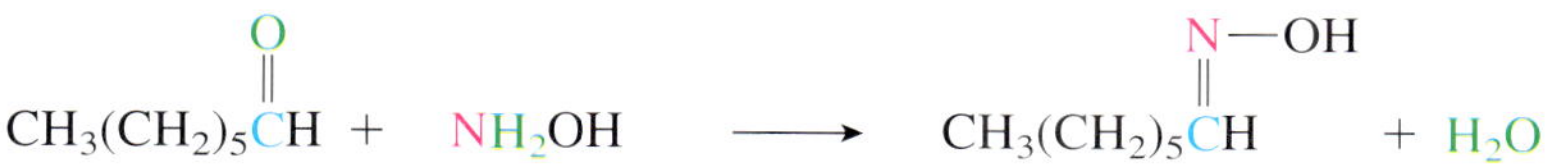

Hydroxylamine

mp: 57–58°C
An oxime

**세미카바지드(semicarbazide)**와 알데하이드 혹은 케톤의 반응은 **세미카바존(semicabazone)** 유도체를 생성한다.

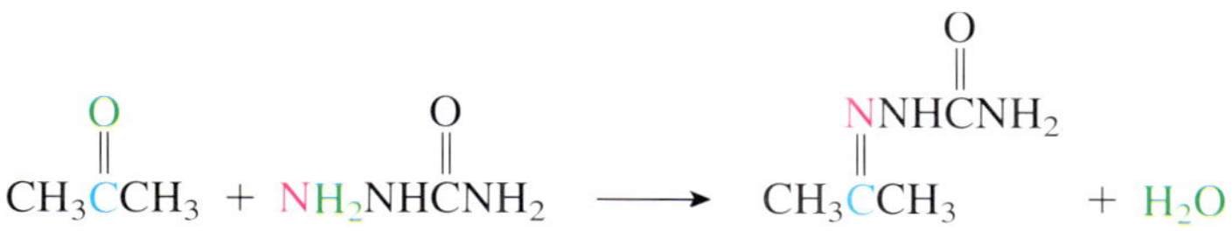

Semicarbazide

mp: 187°C
A semicarbazone

**페닐하이드라진(phenylhydrazine)**과 알데하이드와 케톤과의 반응은 **페닐하이드라존(phenylhtdrazone)** 유도체를 생성한다.

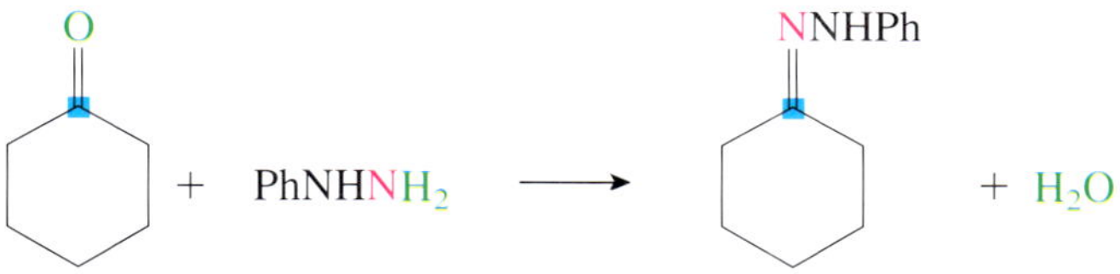

Phenylhydrazine

mp: 77°C
A phenylhydrazone

**2,4-다이나이트로페닐하이드라진(2,4-dinitrophenylhydrazine)**과 알데하이드와 케톤과의 반응은 **2,4-다이아니트로페닐하이드라존(2,4-dinitrophenylht-drazone)** 유도체를 생성한다. 이 반응은 알데하이드와 케톤의 존재를 학인하는 데 사용된다. 알코올과 물의 2.4-다이나이트로페닐하이드라진 용액에 시험하려는 알데하이드 혹은 케톤의 한두 방울을 가한다. 오렌지 혹은 적색의 침전의 형성은 미지 화합물이 알데하이드 혹은 케톤이라는 것을 나타내준다.

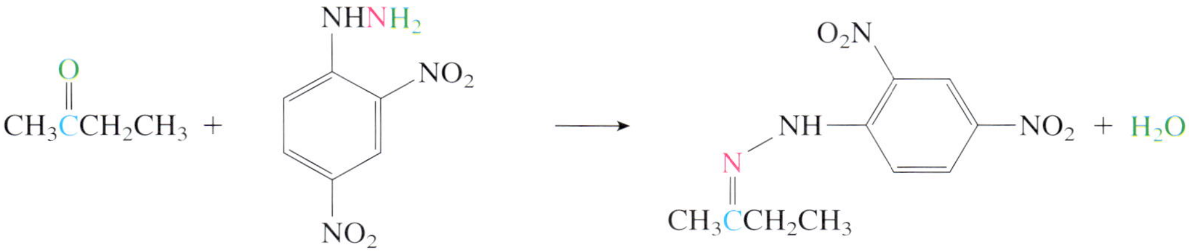

2,4-Dinitrophenylhydrazine

mp: 117°C
A 2,4-dinitrophenylhydrazone

**문제 18.16** 다음 반응의 생성물을 나타내어라.

**a)** 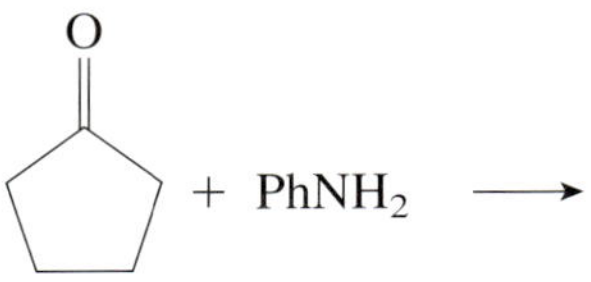

**b)** 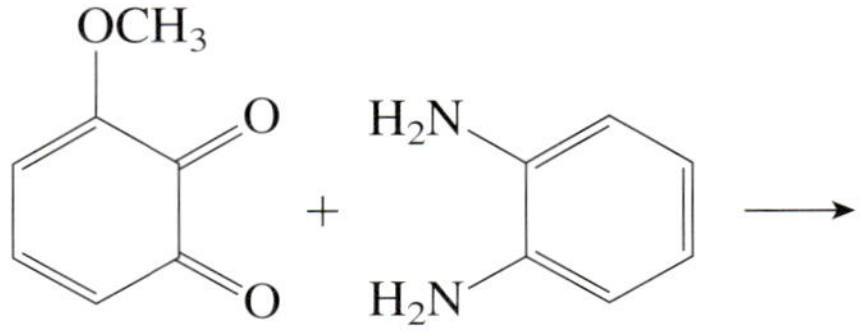

**c)** $CH_3\overset{\displaystyle O}{\overset{\|}{C}}CH_2CH_3 + NH_2OH \longrightarrow$

**d)** $Ph\overset{\displaystyle O}{\overset{\|}{C}}H + NH_2NH\overset{\displaystyle O}{\overset{\|}{C}}NH_2 \longrightarrow$

**e)** 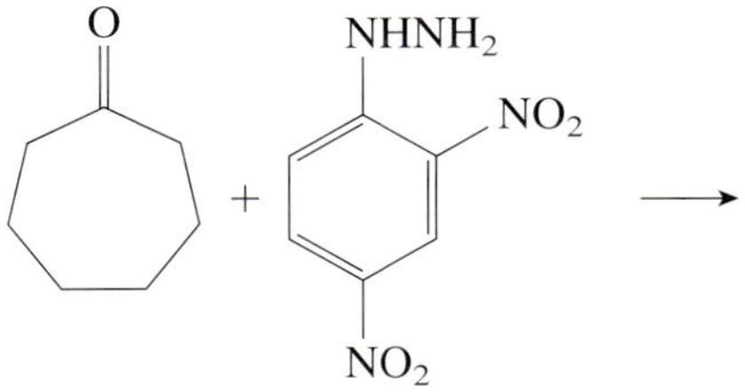

지금까지 모든 예는 일차 아민을 포함하고 있다. 알데하이드와 케톤과 암모니아와의 반응은 이민을 형성한다. 불안정하기 때문에 보통 분리할 수가 없다. 이차 아민을 사용하면 이민 대신에 엔아민이 형성된다. **엔아민(enamine)**은 CC 이중결합의 한 탄소에 결합된 아미노기를 갖는다. 엔아민은 엔올과 케톤과의 관계와 같이 이민과 연관되어 있다. 그 형성에 대한 메카니즘을 다음에 요약하였다.

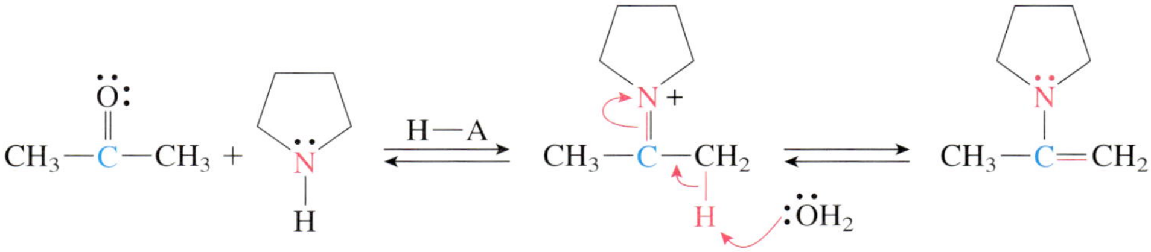


이차 아민과 알데하이드와 케톤과의 반응은 마지막 단계를 제외하고는 일차 아민과의 반응 메카니즘과 꼭 같다. 일차 아민의 경우와는 달리 이미늄이온의 질소는 안정한 이민을 생성할 수 있는 제거될 양성자를 갖고 있지 않다. 그러므로 이웃탄소로부터 양성자가 제거되어 엔아민을 형성한다. 엔아민 형성은 다음 방정식으로 나타냈다. 각 경우에서 평형은 물이 제거되면서 생성물로 이동한다.

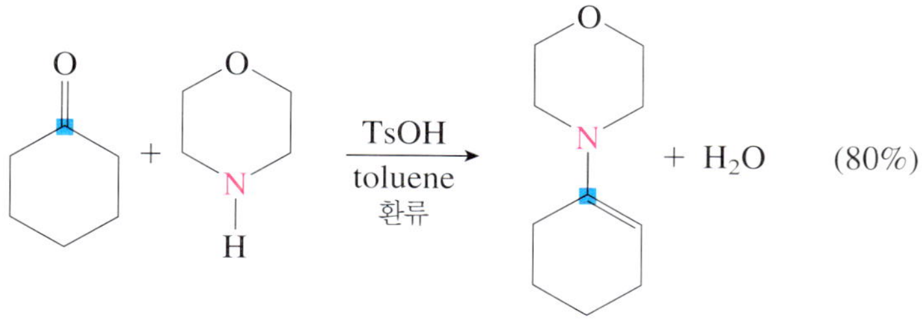


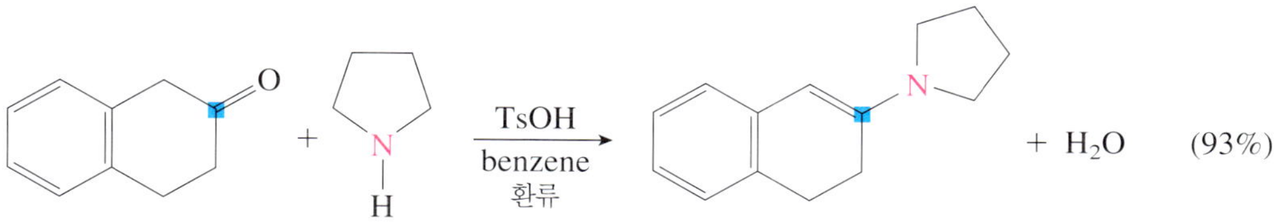


**문제 18.17** 이 반응에 대한 메카니즘의 모든 단계를 나타내어라.

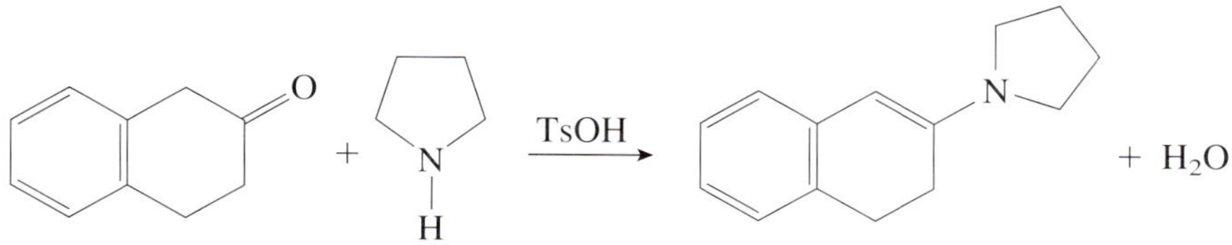


**문제 18.18** 문제 18.17의 반응에서 다음의 엔아민은 왜 생성되지 않는지를 설명하여라.

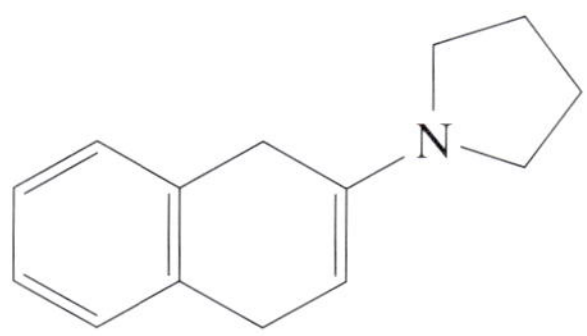


**문제 18.19** 다음 반응의 생성물을 나타내어라.

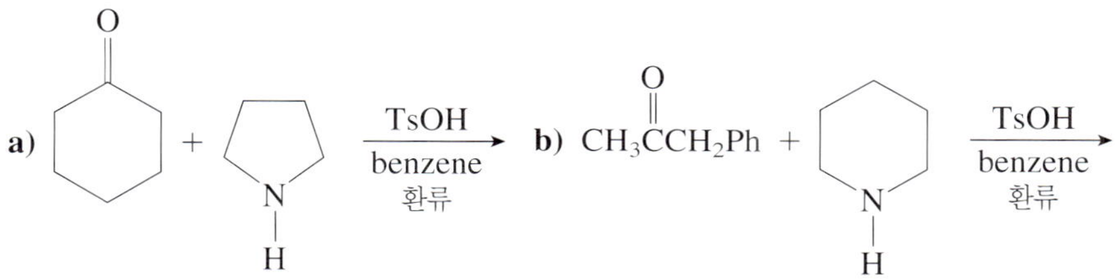

Wolff-Kishner 환원(17.13절)은 중간체로 이민을 포함하는 유용한 반응이다. 이 방법에서 알데하이드와 케톤의 카보닐기는 하이드라진과 수산화 포타슘으로 처리하면 $CH_2$로 변환된다. 반응은 높은 온도에서 잘 진행되므로 반응은 항상 끓는점이 높은 용매에서 환류한다. Wolff-Kishner 환원에 대한 메카니즘은 그림 18.4에 나타냈으며 초기 하이드라존 형성과 다음에 NN 이중결합을 가진 유도체로 이성화를 포함한다. 과정이 완결되기 위하여 질소는 대단히 안정한 분자, $N_2$로 제거된다. 전체적으로 이 반응은 아실기를 알킬기로 변환하는 중요한 반응이다. 예를 다음 방정식에 나타냈다.

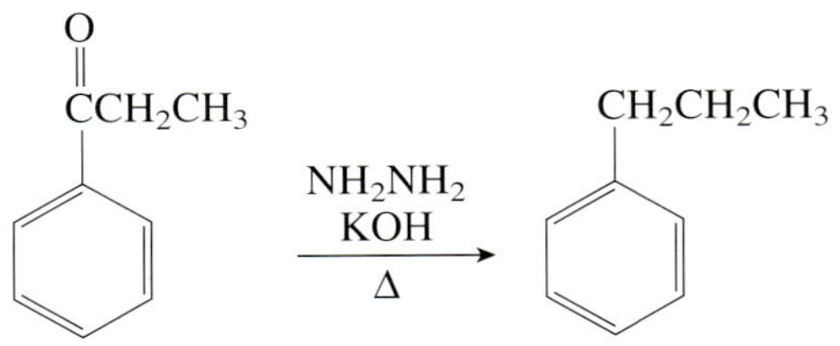


(82%)

1-Phenyl-1-propanone (propiophenone) Propylbenzene

**그림 18.4** **Wolff-Kishner 환원 메카니즘.**

① 먼저 케톤이 하이드라진과 반응하여 하이드라존을 생성한다. 메카니즘은 이민 생성의 메카니즘과 대단히 유사하다.

② 다음에 강한 염기는 하이드라존의 질소로부터 수소를 제거한다.

③ 생성된 짝염기는 공명 안정화된다. 질소에 양성자화되어 하이드라존이 재생되거나 혹은 탄소에 양성자화된다. 이 생성물은 하이드라존의 토토머이다.

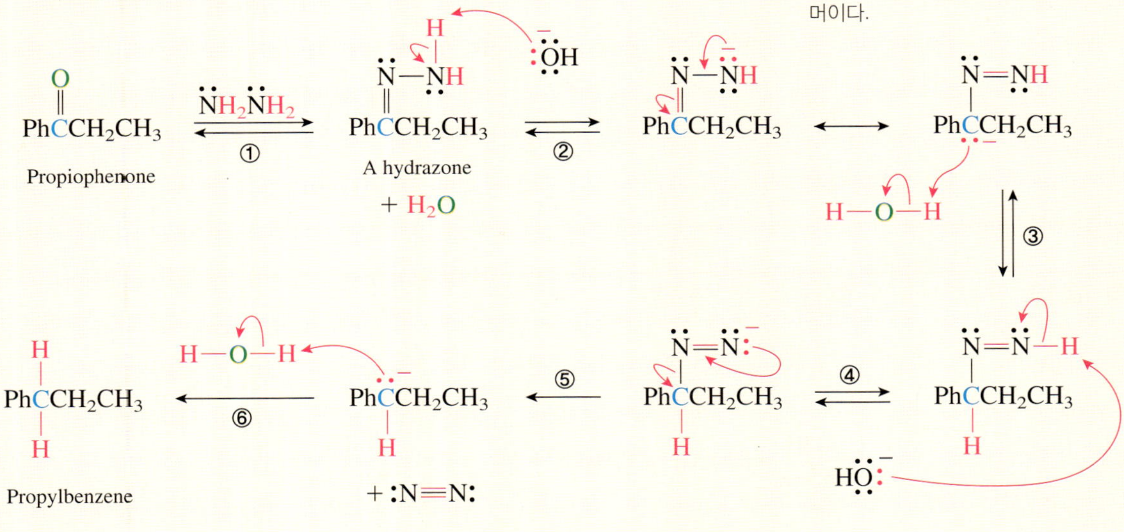


⑥ 마지막 단계에서 카보음이온은 물로부터 양성자를 받아 최종 생성물을 형성한다.

⑤ 다음에 $N_2$는 이 음이온으로부터 제거된다. 이것은 불안정한 카보음이온 중간체를 생성한다.

④ 질소로부터 두 번째 양성자가 제거되어 새로운 짝염기가 된다.

이민은 환원성 아민화라 부르는 유용한 과정의 중간체이다. 이 반응에서 알데하이드 혹은 케톤은 아민과 반응하여 이민을 형성한다. 수소와 촉매와 같은 환원제는 반응 혼합물에 존재한다. 선택 환원제는 활성이 큰 이민은 환원하지만 카보닐 화합물은 환원하지 않는다. 이민은 생성되자마자 빨리 환원되기 때문에 분리될 수 없다. 반응을 다음 방정식으로 설명하였다.

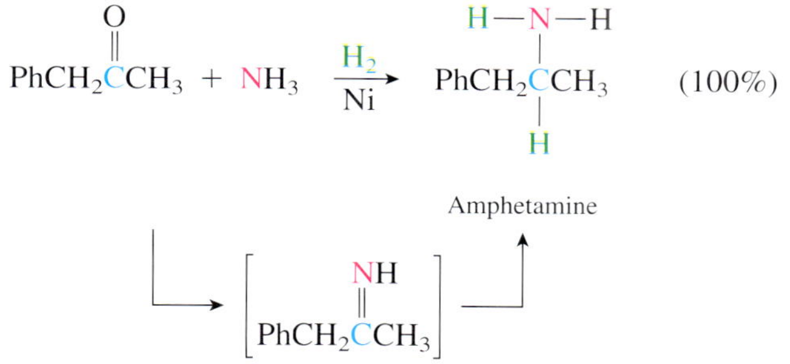

이 반응에서 사용할 수 있는 다른 환원제는 수소화 사이아노 붕소 소듐이다. 이 화합물은 한 수소를 사이아노기로 치환한 수소화 붕소 소듐의 유도체이다. 수소화 사이아노 붕소 소듐은 수소화 붕소 소듐보다 친핵성이 적고 이 조건에서 알데하이드 혹은 케톤과 반응하지 않는다. 그러나 이것은 친전자성이 더 큰 양성자화된 이민과는 반응한다.

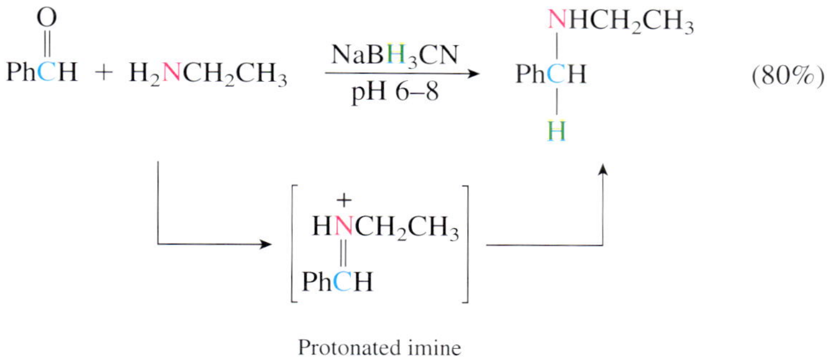

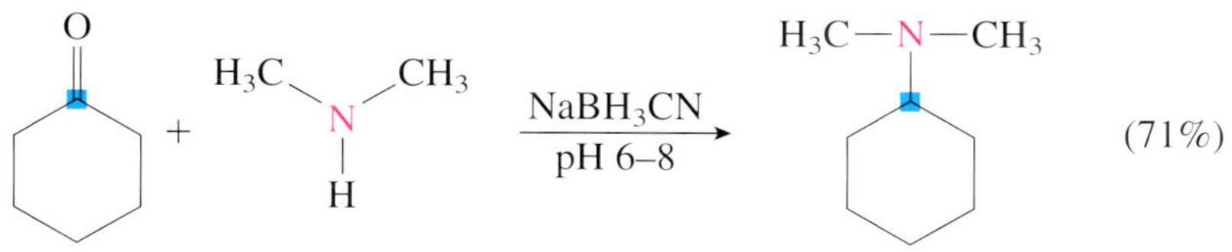

Cyclohexanone N,N-Dimethylcyclohexanamine

**문제 18.20** 다음 반응의 생성물을 나타내어라.

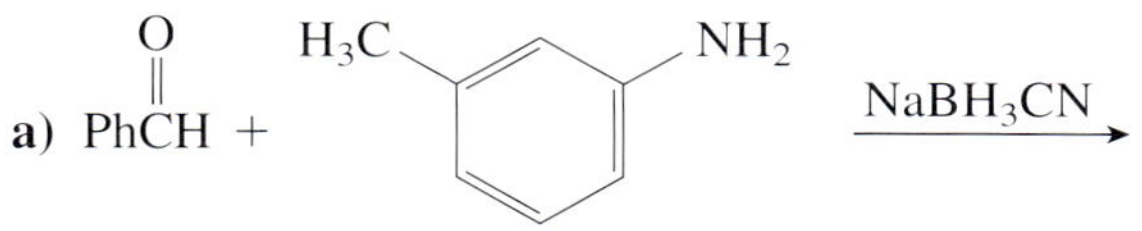

b) 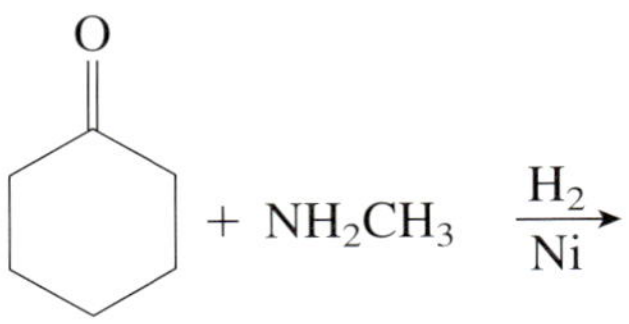

c) 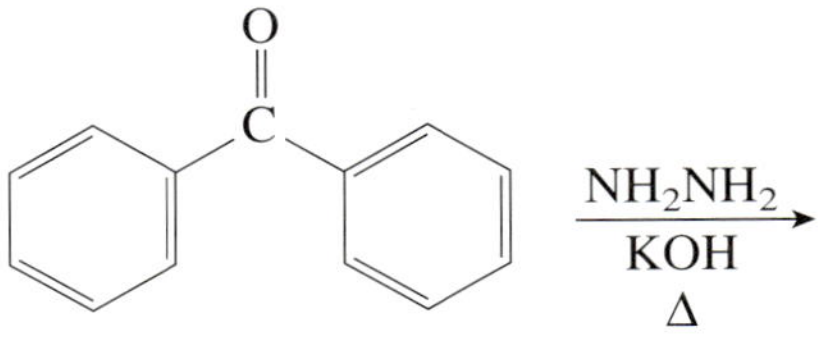

## 18.9 알코올의 첨가

알데하이드와 케톤에 두 당량의 알코올의 첨가되면 **아세탈(acetal)**을 형성한다.

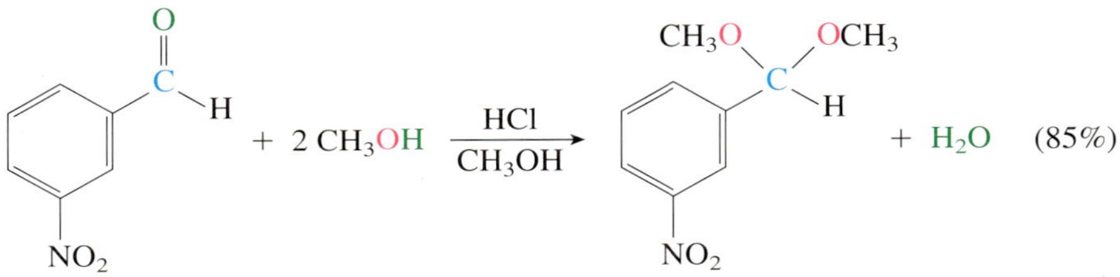

*m*-Nitrobenzaldehyde An acetal

이 반응에 대한 메카니즘은 그림 18.5에 나타냈다. 이 장에 있는 다른 메카니즘과의 유사성과 이 메카니즘 안에 있는 단계 간의 유사성을 인식하면 더 쉽게 이 메카니즘을 이해할 수 있다. 초기 첨가는 산성조건 메카니즘에 따르게 되며 1, 2, 3 단계는 친핵체가 물의 산소가 아니라 알코올의 산소라는 것을 제외하고는 산-촉매 수화 반응의 메카니즘과 동일하다. 첨가 생성물, **반아세탈(hemiacetal)**은 수화물 혹은 카비놀아민과 유사하다. 4, 5 단계는 이민형성과 대단히 유사하다(그림 18.3). 먼저 산소가 양성자화되고 다음에 다른 산소의 비공유 전자의 도움으로 물이 이탈한다. 그러나 이민 형성과는 대조적으로 5단계의 생성물은 양성자를 잃고 안정화 될 수 없다. 대신 두 번째 알코올 분자의 산소는 친핵체로 작용한다.

수화물과 같이 반아세탈은 평형에서 유리하지 않고 일반적으로 분리될 수 없다. 평형은 수화물의 경우와 같이 전자-끄는기의 유발효과에 의해 유리하게 이동한다. 더욱이 다음 예에서와 같이 알코올 친핵체와 카보닐 친전자체가 같은 분자의 일부분일 때 평형은 유리하게 이동한다.

① 반응은 산성 조건 메카니즘에 따른다. 먼저 카보닐 산소가 양성자화되어 탄소를 더 친핵성으로 만들어 준다.

② 다음에 알코올 분자의 산소는 친핵체로 작용한다.

③ 양성자가 염기로 이동한다. 이것은 산의 짝염기 혹은 $CH_3OH$가 될 수 있다. 이 첨가 생성물을 반아세탈이라 부른다. 이것은 카비놀아민과 유사하며 다음 두 단계는 이민 형성단계와 유사하다.

④ 산소는 양성자화 된다. 4단계는 3단계의 역단계와 동일하다. 어느 산소가 양성자화되는가만 다르다.

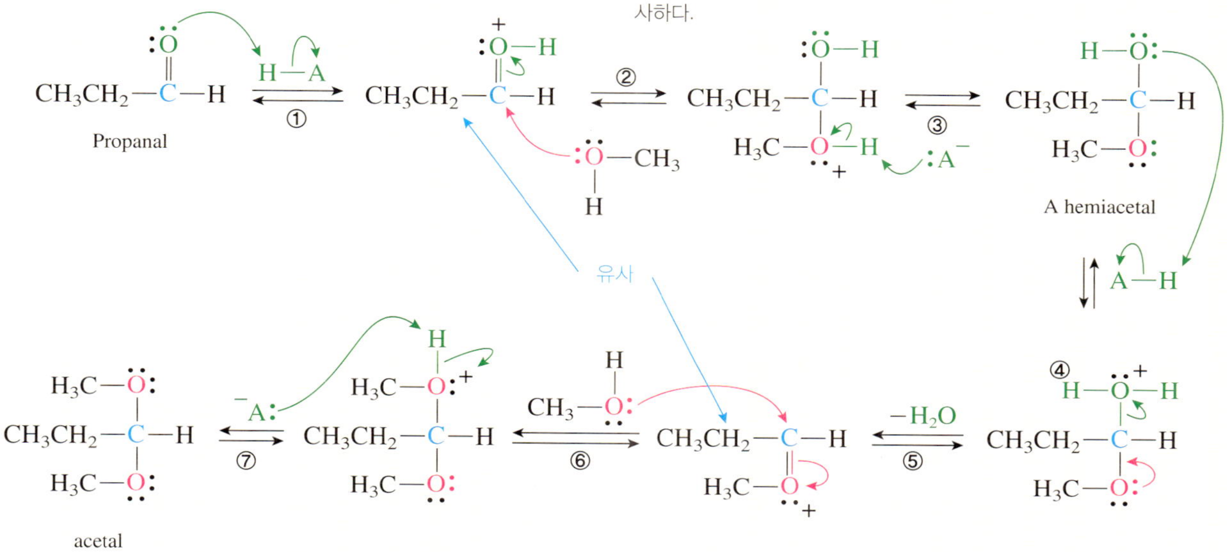


⑦ 용액에서 양성자를 염기에 이전하여 최종 생성물, 아세탈을 형성한다.

⑥ 이것은 유사한 형태로 반응한다. 6, 7단계는 2, 3단계와 비슷하다. 메틸기를 한 수소와 치환한 이 중간체는 2단계의 생성물과 유사하다.

⑤ 에터 산소의 전자쌍은 물의 이탈을 돕는다. 이 중간체는 양성자화된 알데하이드와 유사하다.

**그림 18.5** 아세탈 형성의 메카니즘.

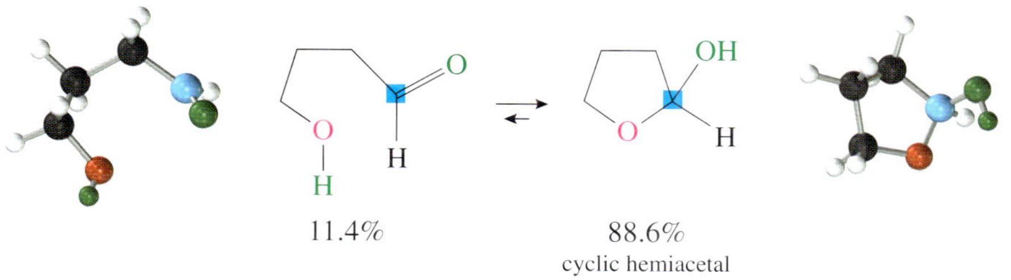


이 예에서 하이드록시기의 산소는 분자 내 친핵체로 작용한다. 분자 내 반응은 엔트로피적으로 유리하다. 그러므로 고리 반아세탈의 형성은 분자간 반응보다 평형상수가 크다. 당은 카보닐기와 하이드록시 작용기를 포함하기 때문에 이 반응은 탄수화물 영역에서 중요하다. 예로 수용액에서 글루코오스는 거의 전부(~99.98%) 고리 반아세탈로 존재한다.

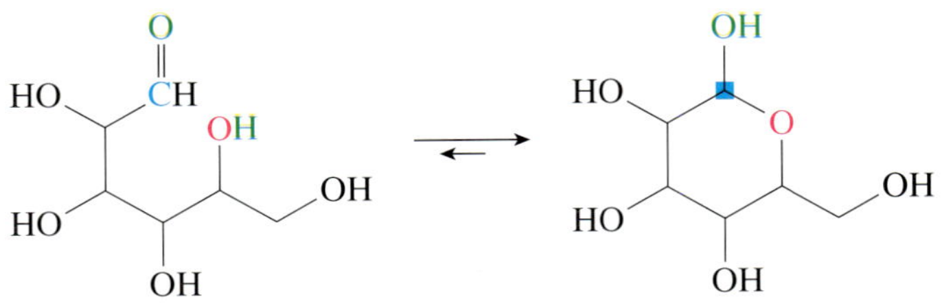

**문제 18.21** 다음 중 어느 화합물이 평형에서 고리 반아세탈을 더 많이 가지고 있는가를 설명하여라.

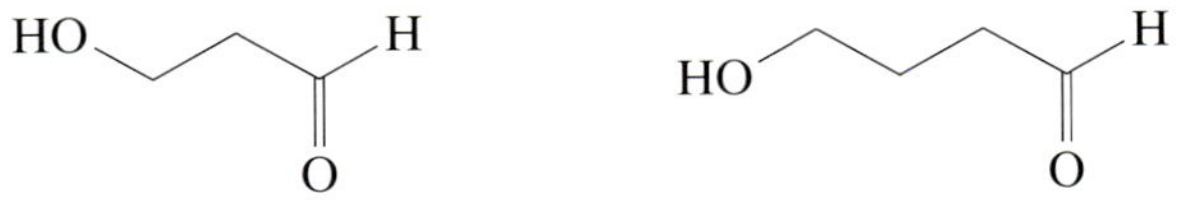

알데하이드 혹은 케톤과 아세탈 간의 평형은 항상 알데하이드 혹은 케톤을 유리하다. 그러므로 아세탈 제조에서 평형을 생성물로 이동해야 한다. 이것은 항상 부산물로 생성되는 물을 제거해서 이루어진다. 7단계의 역(그림 18.5를 보라)은 양성자화이고 염기성 혹은 중성조건에서는 일어날 수 없기 때문에 아세탈은 산이 없으면 안정하다. 한번 평형이 완결되면 반응 혼합물을 중화하고 생성물을 분리할 수 있다. 흔히 에틸렌글라이콜과 같은 다이올을 아세탈을 제조하는 데 사용된다. 반아세탈을 아세탈로 변환하는 과정이 분자 내 반응이면 반응은 더 유리해진다.

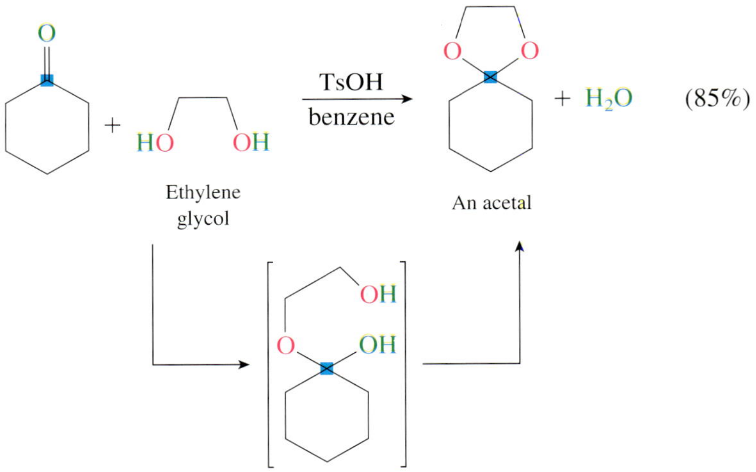


유사한 화학을 싸이오아세탈 제조에 사용할 수 있다. 20장에서 싸이오아세탈에서 생성될 수 있는 중요한 탄소 친핵체를 다루게 될 것이다.

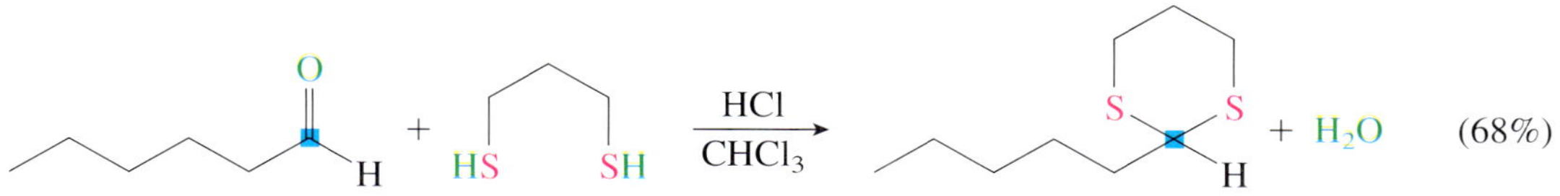

A thioacetal

**문제 18.22** 이 반응의 메카니즘에서 모든 단계를 나타내어라.

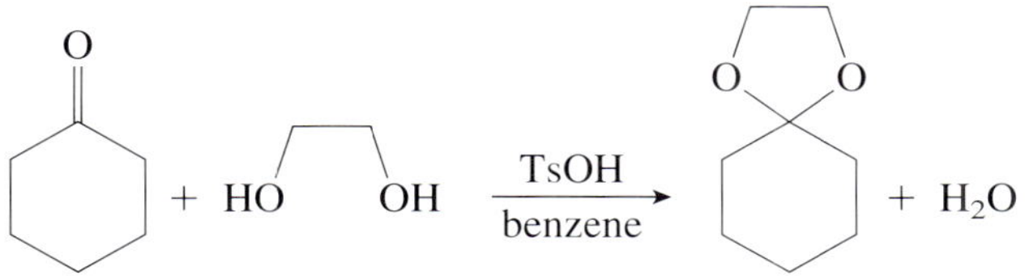

**문제 18.23** 다음 반응의 생성물을 나타내어라.

**a)** $CH_3CH_2CH_2\overset{O}{\overset{\|}{C}}H + CH_3CH_2OH \xrightarrow{H_2SO_4}$

**b)**

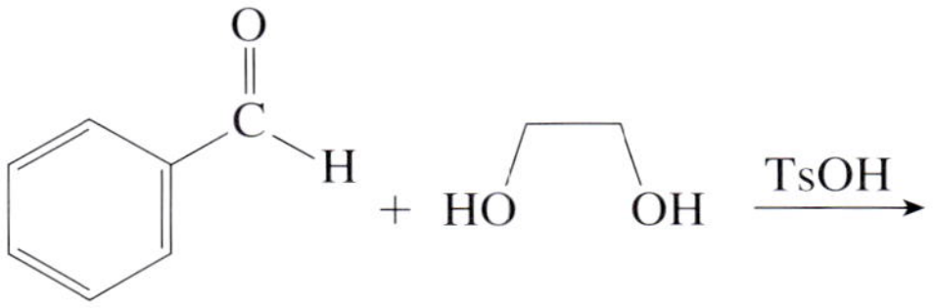

**c)**

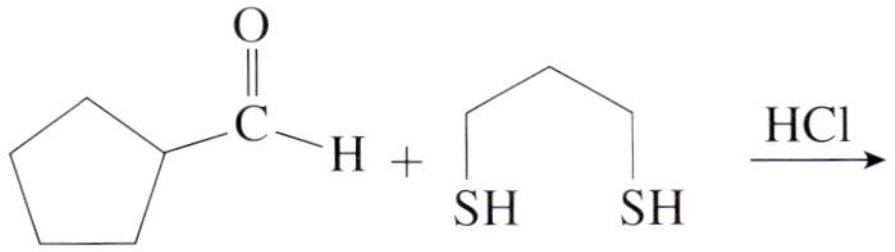

아세탈의 중요한 응용은 알데하이드와 케톤에 대한 보호기이다. 보호기는 분자 내에 있는 다른 작용기와 반응하는 동안 한 작용기와 시약이 반응하지 못하게 하는 데 사용된다. 먼저 보호기를 작용기의 하나에 가해준다. 분자의 어딘가에서 원하는 반응을 수행한 후 보호기를 제거하면 원래의 작용기가 재생된다. 알데하이드와 케톤은 쉽게 아세탈로 변환된다. 카보닐 화합물과 반응하는 많은 시약은 아세탈과는 반응하지 않는다. 아세탈은 친핵체와 염기에 대해 안정화되기 때문이다. 원하는 반응을 수행한 후 아세탈을 산수용액에서 가수분해하면 카보닐기가 재생된다.

유기합성에서 보호기를 사용하는 예를 살펴보자. 6-하이드록시-6-메틸-2-헵탄온이 합성과녁이라고 생각해보자. 이 화합물에 대한 역합성 분석은 탄소-탄소결합이 형성되면서 알코올을 제조하는 방법으로 Grignard 반응을 제시해준다.

Grignard는 카보닐기와 반응하기 때문에 5-브로모-2-펜탄온으로부터 Grignard 시약을 합성할 수 없다.

① 그러므로 먼저 카보닐기를 에틸렌 글리콜 아세탈로 보호한다.

② 아세탈은 Grignard와 반응하지 않으므로 Grignard 시약은 이 화합물로부터 제조될 수 있다. 아세탈은 카보닐기에 대한 보호기로 사용할 수 있다.

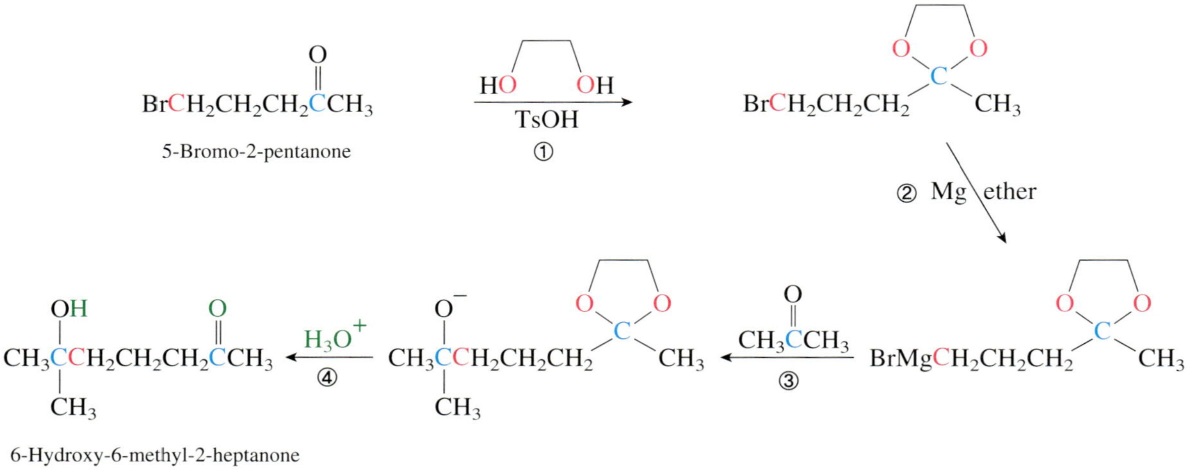


④ 반응을 산수용액에서 수행하면 알콕사이드기를 양성자화할 뿐만 아니라 아세탈을 케톤과 에틸렌 글라이콜로 가수분해된다. 용이한 제거가 보호기의 중요한 특성이다.

③ 이 Grignard 시약은 다른 Grignard시 약과 반응한다.

**그림 18.6** **보호기로 아세탈의 사용.**

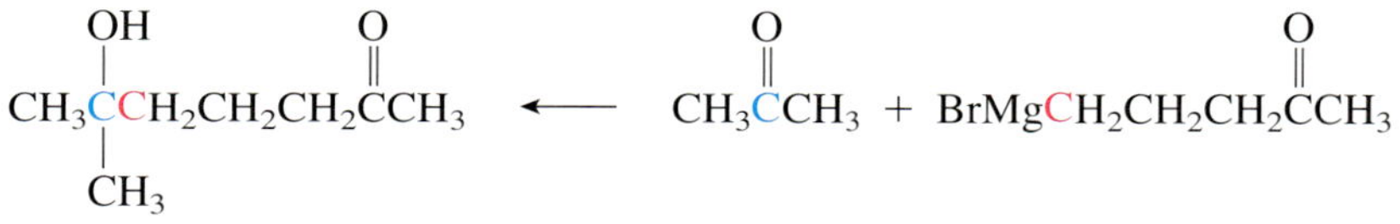

6-Hydroxy-6-methyl-2-heptanone
(synthetic target)

카보닐기와 Grignard 시약은 양립할 수 없기 때문에 이 시약은 제조할 수 없다.

문제는 카보닐기의 존재로 인해 필요한 Grignard 시약이 불안정하게 된다. 이 문제를 해결하기 위하여 카보닐기를 아세탈로 보호하고 Grignard 시약을 형성한 후 아세톤과 반응한다. 마지막에 보호 아세탈기를 제거한다. 이 과정을 그림 18.6에 요약하였다.

**문제 18.24** 알데하이드는 케톤보다 반응성이 크기 때문에 알데하이드기에서 선택적으로 아세탈기를 형성할 수 있다. 이 정보를 가지고 어떻게 다음 변환을 일으킬 수 있는지를 제시하여라.

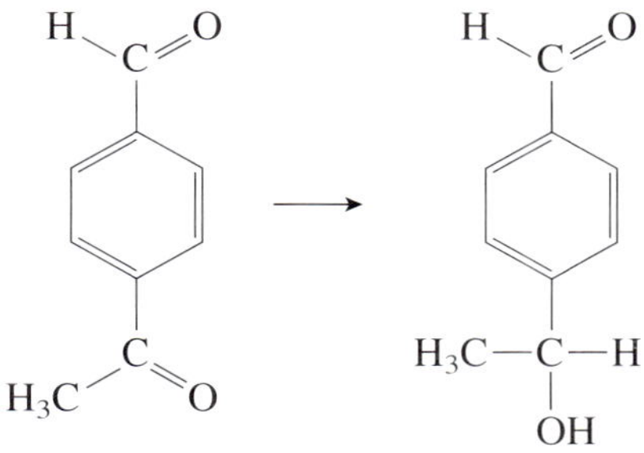

## 18.10 콘쥬게이트 첨가

CC 이중결합이 카보닐기와 콘쥬게이트되면 이중결합은 카보닐기의 화학적 반응과 유사한 화학적 반응을 갖는다. $\alpha,\beta$-불포화 카보닐 화합물의 $\beta$-탄소는 친전자성이고 카보닐 탄소와 유사하다. 이와 같은 콘쥬게이트 화합물에 대한 공명구조를 살펴봄으로써 이것을 잘 이해할 수 있다.

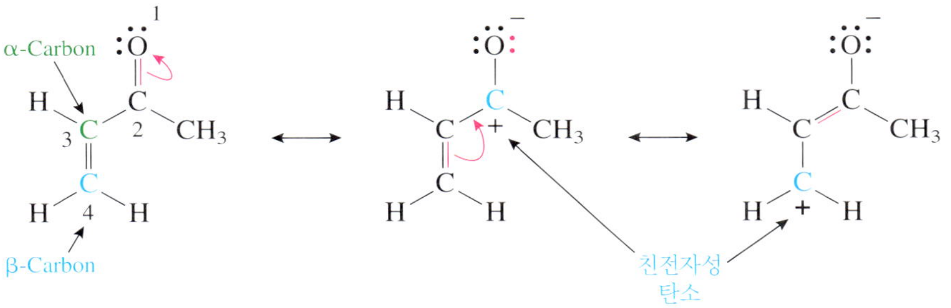

친핵체가 α,β-불포화 카보닐 화합물과 반응할 때 두 친전자성 탄소의 어느 탄소에도 결합할 수 있다. 친핵체가 카보닐 탄소에 결합되면 반응은 정상적 첨가 혹은 1,2-첨가라 부른다. 대신 $\beta$-탄소에 결합되면 콘쥬게이트 첨가 혹은 1,4-첨가라 부른다. 다음 메카니즘은 염기성 조건에서 작용한다.

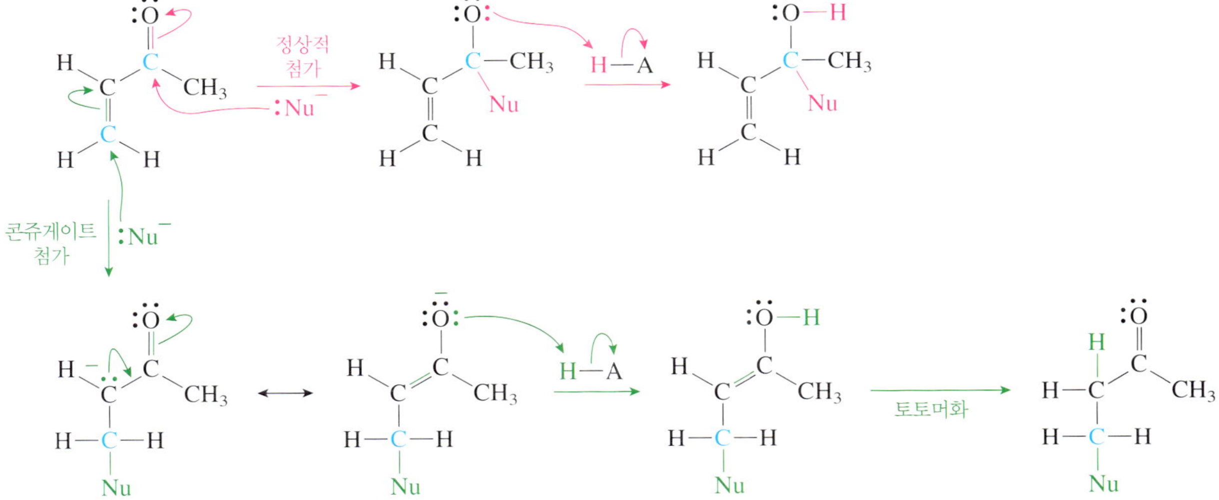

정상적 첨가과정은 이 장에서 지금까지 다루었던 다른 반응과 동일하다. 친핵체는 카보닐 탄소에 결합되고 친전자체는 카보닐기의 산소에 결합된다. 콘쥬게이트 첨가에서 친핵체는 $\beta$-탄소에 결합된다. 친전자체, 양성자는 공명 안정화된 $\alpha$-탄소 혹은 산소 어느 쪽과도 결합할 수 있다. 실제로 1,4-첨가에서는 산소에서 더 빨리 반응하여 엔올을 생성한다. 그러나 11.6절에서 다룬 것처럼 엔올은 카보닐 토토머보다 불안정하므로 분리된 생성물은 카보닐기를 포함한다.

콘쥬게이트 첨가의 전체결과는 CC 이중결합에 대한 양성자와 친핵체의 첨가이다. 그러나 이 반응은 11장에서 다룬 친전자체가 먼저 첨가된 첨가 반응과는 크게 다르다. 여기서는 친핵체가 첫 단계에서 첨가된다. 카보음이온 중간체를 공명에 의해 안정화시켜 주는 기가 이중결합에 결합되어 있지 않으면 이 반응은 일어나지 않는다. 많은 경우에서 이것은 알데하이드 혹은 케톤의 카보닐기이다. 그러나 에스터의 카보닐기 혹은 사이아노기와 같은 다른 기도 이 반응을 일어나게 할 수 있다.

정상적 혹은 콘쥬게이트 첨가가 일어날 것인가는 $\alpha,\beta$-불포화 친전자체와 친핵체의 성질에 의존한다. 반응성이 적은 친핵체는 보통 콘쥬게이트 첨가를 일으킨다. 반응은 가역적이고 콘쥬게이트 첨가 생성물은 더 안정하기 때문에이다. 그러므로 시안화이온과 아민은 다음 예에서 나타낸 것처럼 콘쥬게이트 방법에 따라 첨가된다.

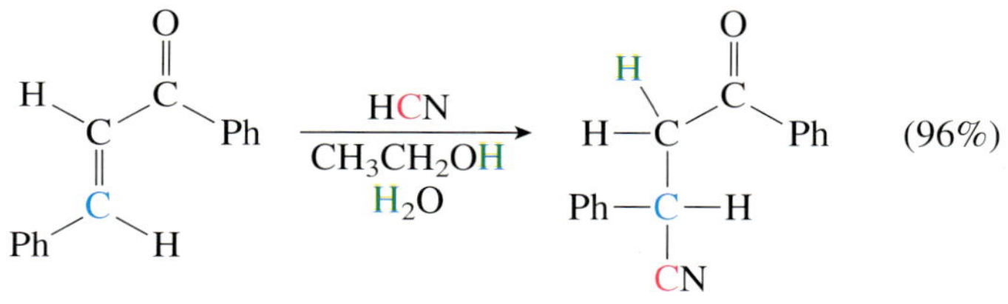


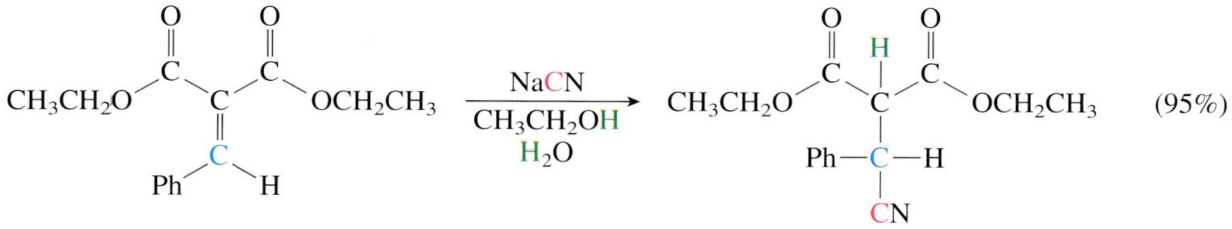


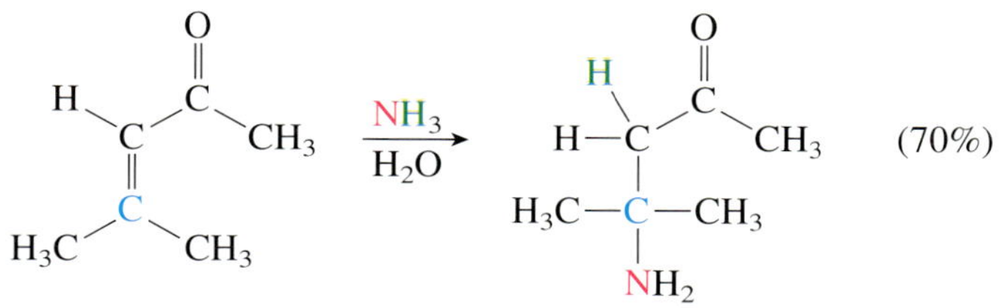

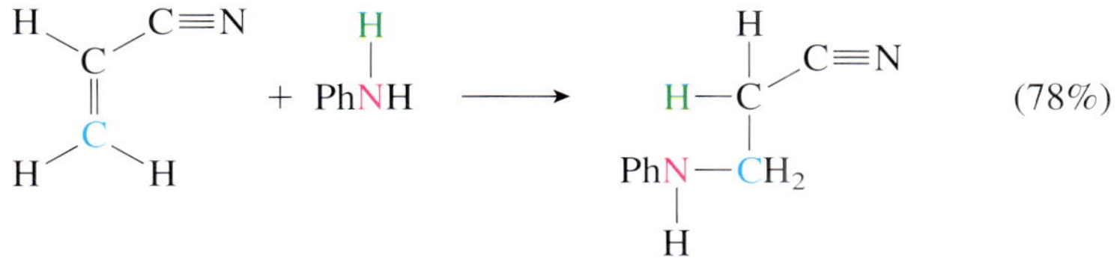

첨가가 본질적으로 비가역인 반응성이 큰 친핵체에 대해, 1,2-첨가 혹은 1,4-첨가가 일어날 것인가는 두 친전자성 자리인 카보닐 탄소와 $\beta$-탄소에 대한 첨가의 상대속도에 따라 일어난다. 수소화 알루미늄 리튬은 우선적으로 1,2-첨가를 일으키고 $\alpha,\beta$-불포화 카보닐 화합물의 카보닐기를 환원하는 유용한 방법이 된다. 한편 수소화 붕소 소듐은 1,2-첨가와 완전히 환원된 생성물의 혼합물을 형성한다. 여기서 1,4-첨가는 1,2-첨가에 이어 일어난다. 그러므로 수소화 알루미늄 리튬과 2-사이클로헥센온의 반응은 좋은 수득률로 1,2-첨가 생성물, 2-사이클로헥센올이 생성된다. 대조적으로 수소화 붕소 소듐과의 반응은 혼합물이 생성되기 때문에 덜 유용하다. 1,2-첨가에 의해 일어나는 반응의 일부는 2-사이클로헥센올을 생성하고 1,4-첨가의 일부는 사이클로헥산올로 환원되는 사이클로헥산온을 생성한다.

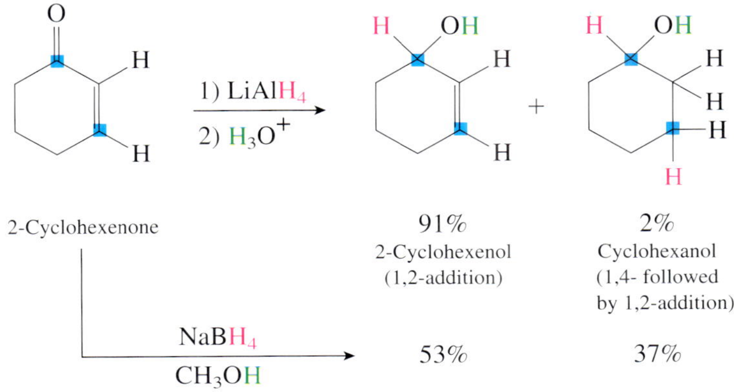


Grignard 시약이 친핵체로 작용하는 경우에는 정상적인 첨가와 콘쥬게이트 첨가의 양은 카보닐 탄소와 $\beta$-탄소에서 입체적 장애에 의존한다. 다음 방정식에 나타낸 것처럼 $\alpha,\beta$-불포화 알데하이드와의 반응은 장애가 적은 알데하이드 탄소(1,2-첨가)에서 공격으로부터 생성물이 형성된다.

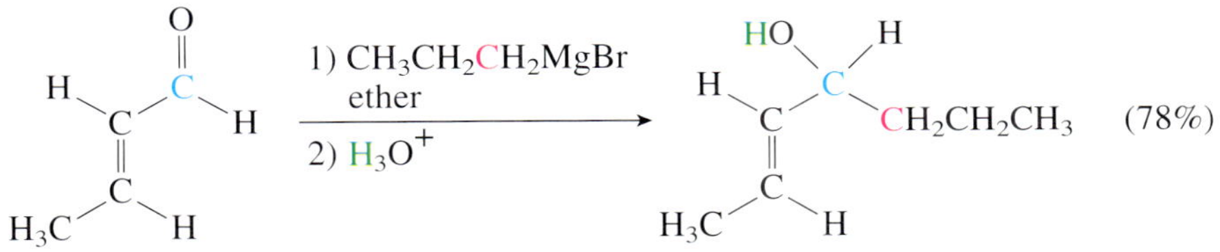

$\alpha,\beta$-불포화 케톤을 포함한 반응과 같이 카보닐 탄소에서 입체적 장애가 증가하면 1,2-와 1,4-첨가 혼합물이 생성된다. 각 생성물의 정확한 양은 두 친전자성 탄소에서 입체적 장애의 상대적 양에 의존하고 미리 예측하기는 어렵다. 예를 다음 방정식으로 나타낸다.

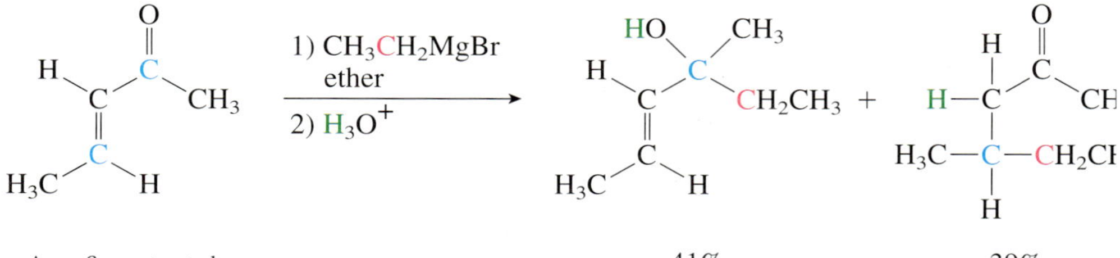


An $\alpha,\beta$-unsaturated ketone | 41% 1,2-Addition | 39% 1,4-Addition

유기금속 친핵체의 콘쥬게이트 첨가를 원하면 유기기가 구리원자에 결합된 다이유기구리산 리튬시약을 사용하여 이루어진다. 이 시약은 아이오드화 구리와 같은 구리(I) 염을 가진 유기리튬 화합물의 반응에 의해 제조된다. 다이메틸구리산 리튬의 제조를 다음 방정식에 나타냈다.

$$2\ CH_3Li + CuI \longrightarrow (CH_3)_2CuLi + LiI$$

Methyllithium　　　Lithium dimethylcuprate

$\alpha,\beta$-불포화 카보닐 화합물과 다이유기구리산 리튬의 반응은 우수한 수득률로 1,4-첨가 생성물을 형성한다.

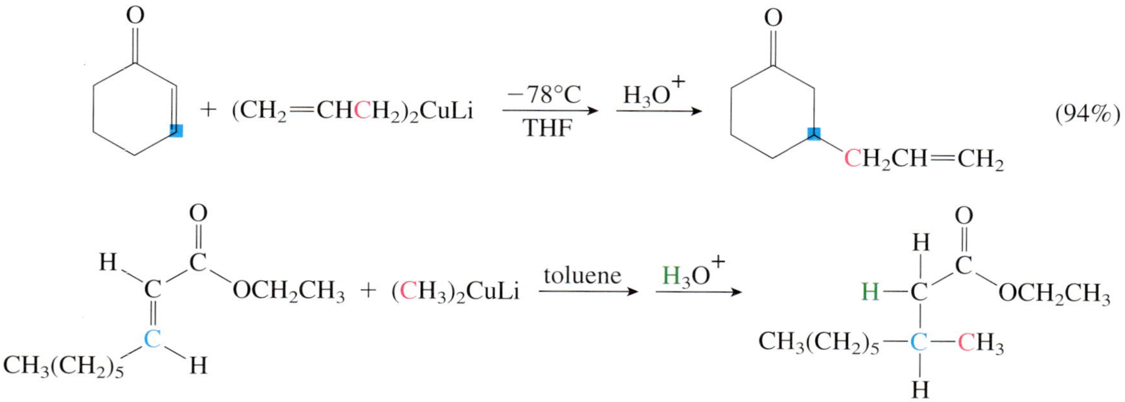


요약하면 수소화 알루미늄 리튬은 항상 좋은 수득률로 1,2-첨가 생성물, 불포화 알코올을 형성한다. $\alpha,\beta$-불포화 알데하이드는 좋은 수득률로 1,2-첨가 생성물을 형

성한다. 좋은 수득률로 1,4-첨가 생성물을 형성하는 친핵체는 시안화 이온, 아민 및 다이유기구리산 리튬 시약이다. 구리산염 시약은 $\alpha,\beta$-불포화 카보닐 화합물의 $\beta$-탄소에 탄소 친핵체가 첨가되는 합성에 대단히 유용한 우수한 방법이다.

**문제 18.25** 다음 반응의 생성물을 나타내어라.

**a)** 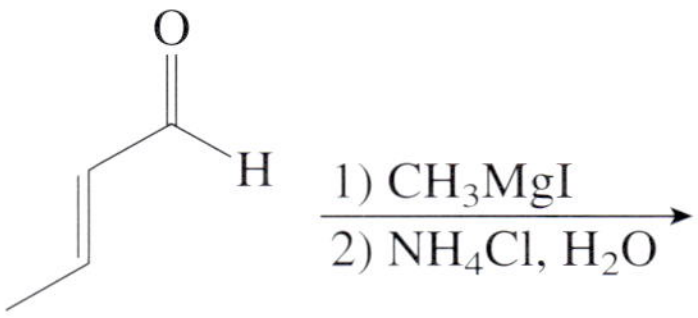

**b)** 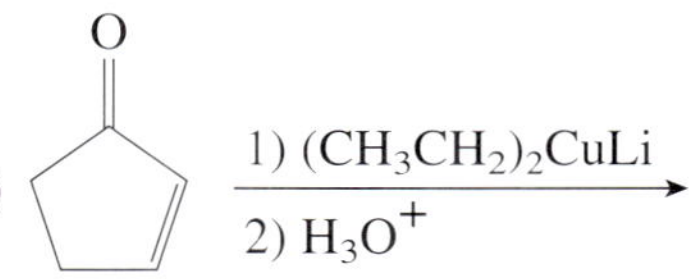

**c)** $CH_2{=}CHC(=O)CH_3 \xrightarrow[\text{2) } H_3O^+]{\text{1) } LiAlH_4}$

**d)** $CH_2{=}CHC(=O)OCH_3 \xrightarrow[CH_3OH]{HCN}$

**e)** 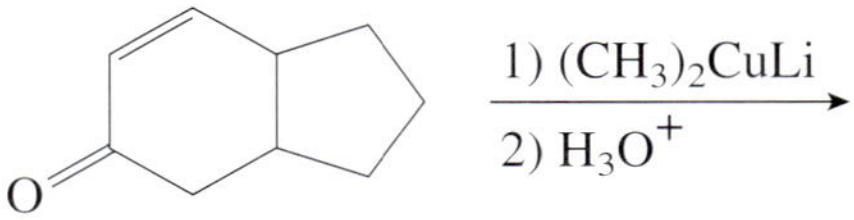

# 18.11 합성

이제 과녁분자의 합성을 설계하는 데 역합성 분석을 사용한다. 탄소-탄소 결합 형성이 합성에서 중요하다는 것을 기억하여라. 이 장에서는 탄소-탄소 결합을 형성하는 몇 가지 유용한 반응을 소개할 것이다. 이들은 알코올을 제조하는 Grignard 반응, 알켄을 제조하는 Wittig 반응 및 $\alpha,\beta$-불포화 카보닐 화합물에 대한 유기구리산염 시약의 콘쥬게이트 첨가이다.

합성을 설계할 때 과녁에 존재하는 구조적 특성은 어떤 반응을 사용해야 할 것인가를 제시해준다. 알코올이 합성과녁이면 그것을 합성하는 데 Grignard 반응의 사용을 고려해야 한다. 알켄이 존재하면 Wittig 반응, $\beta$-탄소에 치환기를 가진 카보닐 화합물의 존재는 콘쥬게이트 첨가반응을 고려해야 한다. 역합성 부호를 사용하여 이들 가능성을 다음과 같이 요약한다.

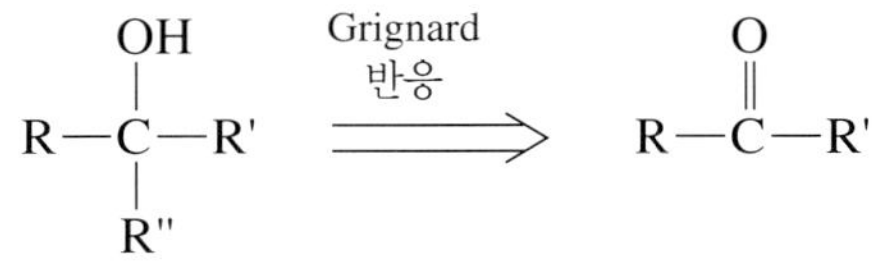


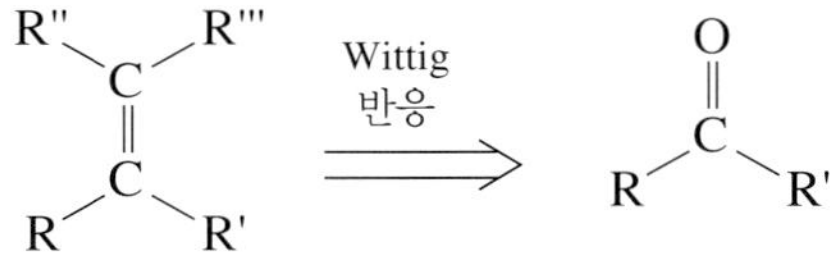


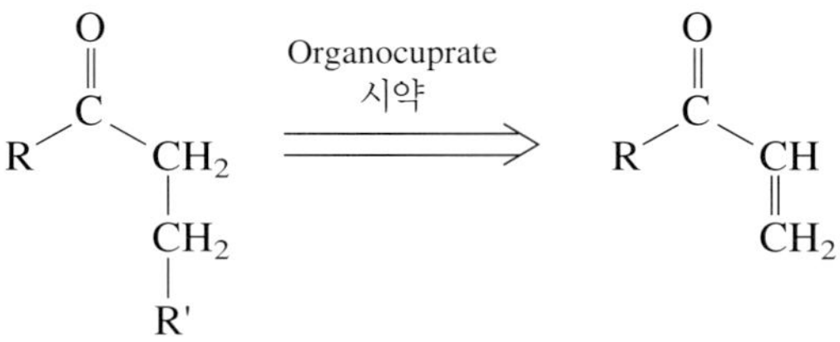


몇 가지 합성을 시도해보자. 벤즈알데하이드로부터 출발하여 2-페닐-1-펜텐의 제조를 생각해보자.

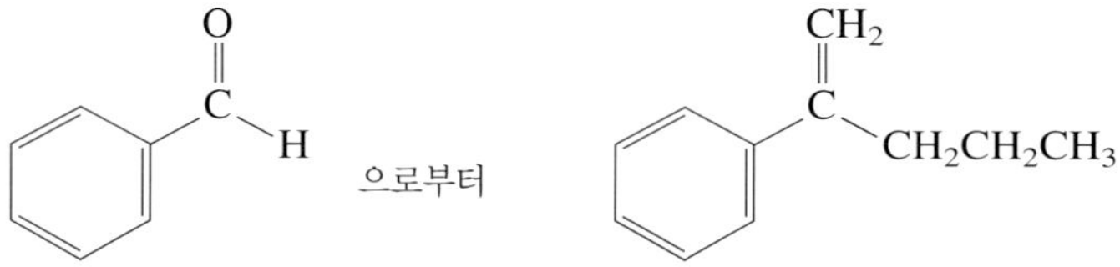


Benzaldehyde　　　　2-Phenyl-1-pentene

역합성 분석을 적용하면 과녁분자의 알켄기가 존재하면 그것을 제조하는데 Wittig 반응의 사용을 제안한다.

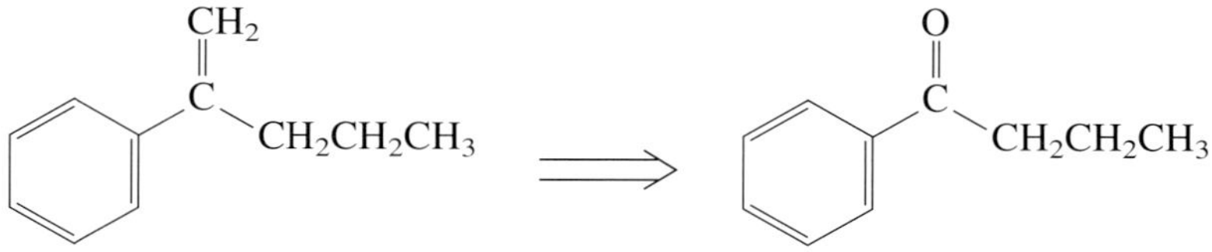

새로운 과녁은 케톤이다. 벤즈알데하이드의 카보닐 탄소에 프로필기를 가해주면 이 케톤을 합성할 수 있다. 이 시점에서 이 변환을 직접 달성할 수 있는 방법을 알지 못하지만 알코올을 산화하여 케톤을 합성할 수 있다는 것을 알고 있다. 알코올은 Grignard 반응을 사용하여 제조할 수 있다. 역합성 분석은 다음과 같다.

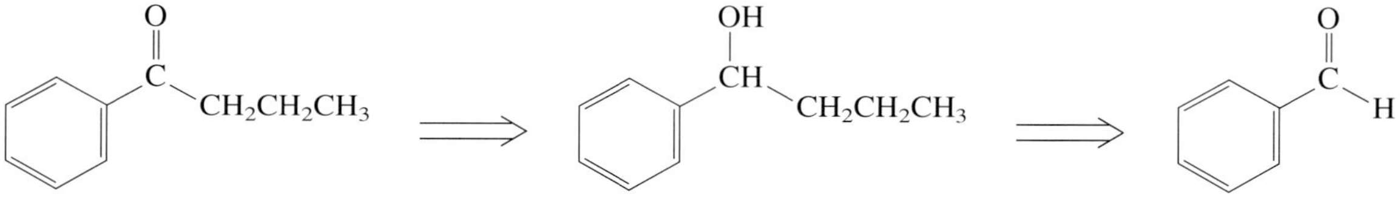

이제 정방향으로 합성을 나타낼 수 있다.

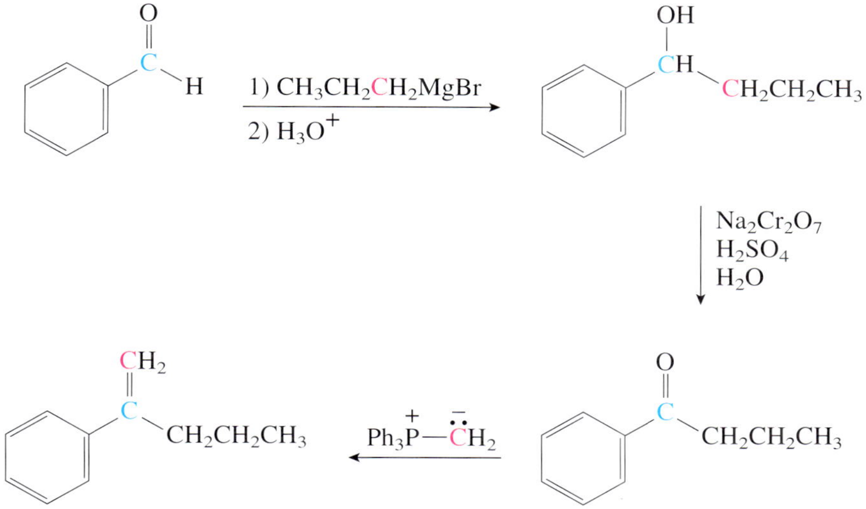

다른 예를 들어보자. 뷰트-3-엔-2-온으로부터 2-메틸-1-페닐헵트-6-엔-2-올을 합성해보자.

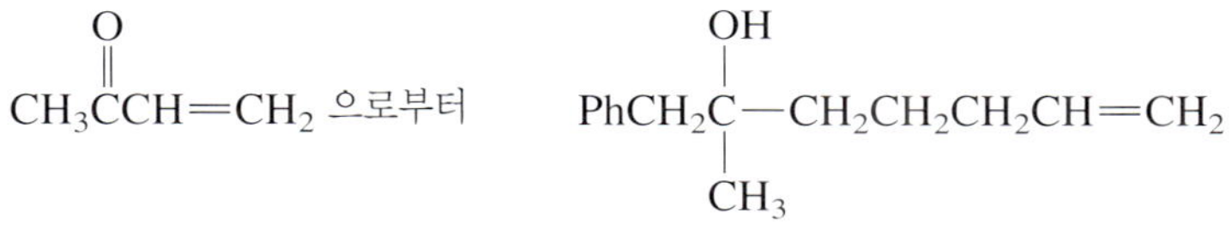

But-3-en-2-one　　　2-Methyl-1-phenylhept-6-en-2-ol

과녁은 알코올이므로 Grignard 반응의 사용을 고려해야 한다. 하이드록시기에 결합된 세 개의 기 중 어느 기가 결합될 가능성이 있는가이다. 과녁을 뷰트-3-엔-2-온과 비교해보면 Grignard 단계에서 벤질기가 첨가된다는 것을 제시해준다. 그러므로 역합성 분석의 첫 번째 단계는 다음과 같다.

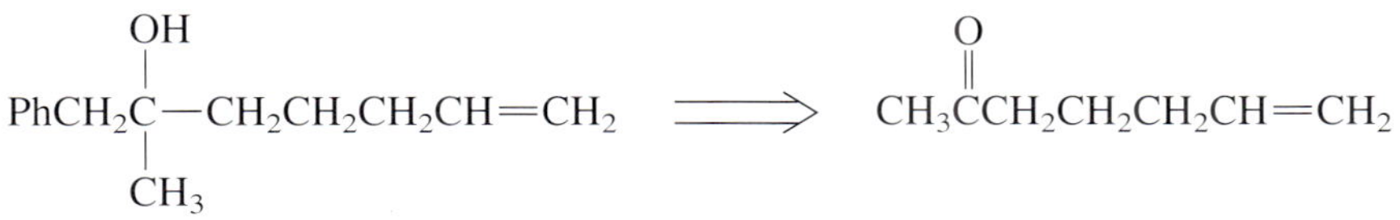

새로운 과녁은 $\beta$-탄소에 일릴기가 존재하는 뷰-3-엔-2-온과 연관된 케톤이다. 이것은 콘쥬게이트 첨가반응의 사용을 제시해준다.

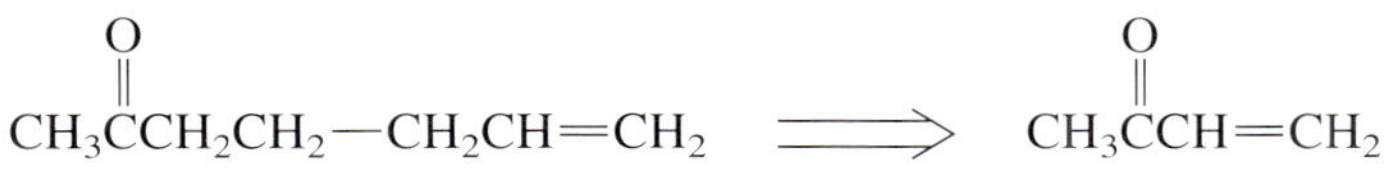

정방향으로 나타내면 합성은 다음과 같다.

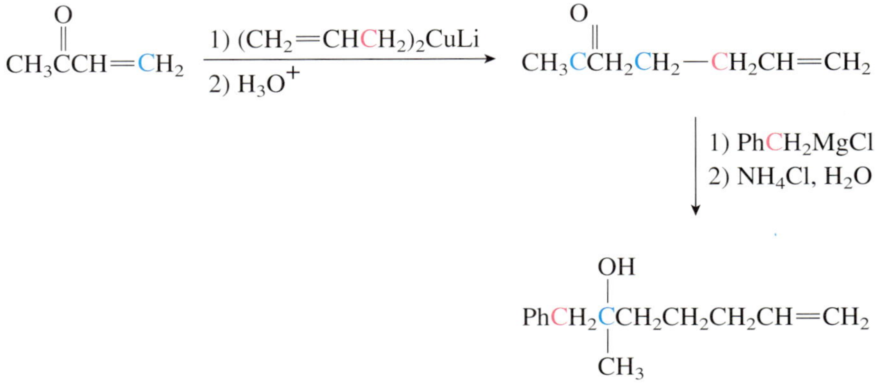

합성은 한 방법 이상으로 이루어질 수 있다. 합성풀이가 해답과 같지 않으면 모든 단계가 옳은가를 점검해야 한다. 모든 단계가 합리적이면 풀이는 옳은 것이고 해답보다 더 좋은 합성이 될 수 있다.

**문제 18.26** 지시한 출발물질로부터 다음 화합물을 합성하여라.

**a)** $CH_3CH_2CH_2\overset{O}{\overset{\|}{C}}H$ 으로부터 $CH_3CH_2CH_2\overset{OH}{\underset{CH_3}{C}}CH_2CH_3$

**b)** 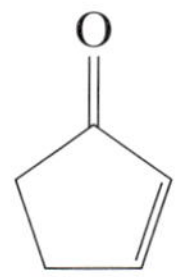 으로부터 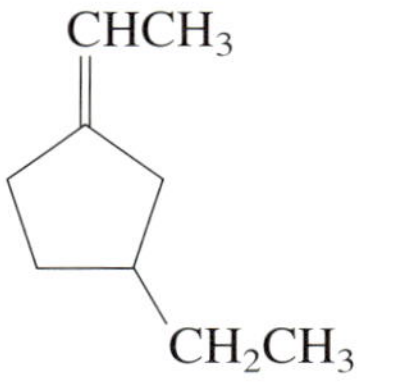

**c)** $H\overset{O}{\overset{\|}{C}}CH{=}CH_2$ 으로부터 $CH_3\overset{CH_2}{\overset{\|}{C}}CH_2CH_2CH_2CH_3$

**d)** 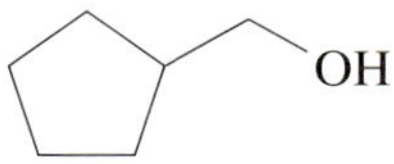 으로부터 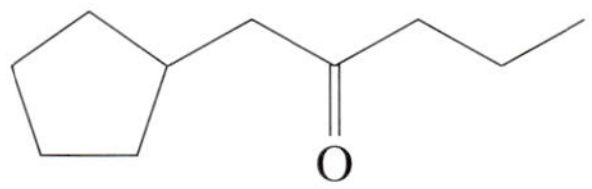

**e)** 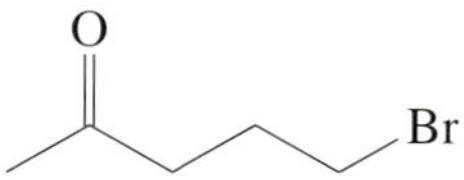 으로부터 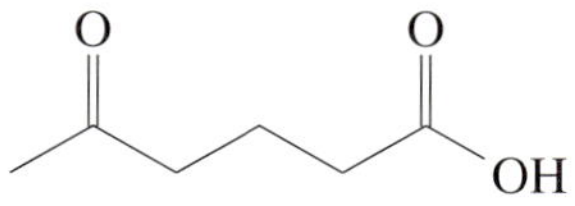

그림 18.7에 카보닐에 대한 다양한 친핵제의 첨가 메카니즘을 요약하였다. 표 18.2에 친핵체와 알데하이드 켄톤과의 반응생성물을 수록 하였다.

**표 18.2** 카보닐기에 대한 첨가

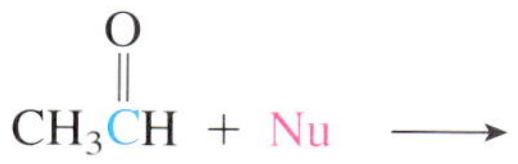

| 친핵체 | 생성물 | 설명 |
|---|---|---|
| 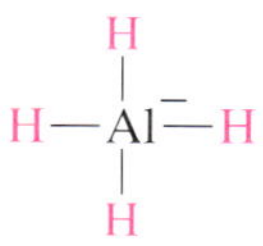 | 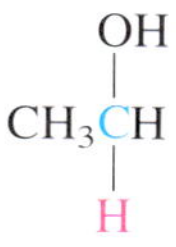 | **18.2절**<br>$NaBH_4$ 혹은 $LiAlH_4$와의 반응은 1단계(그림 18.7)로 진행되고 염기성 조건 메카니즘에 따른다. |
| $H_2O$ | 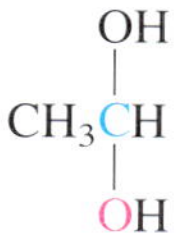 | **18.3절**<br>이 반응은 1단계로 진행된다. 평형이 불리하기 때문에 수화물은 분리될 수 없다. 반응은 산성 혹은 염기성 조건 메카니즘을 따른다. |
| HCN | 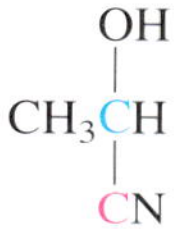 | **18.4절**<br>이 반응은 1단계로 진행되고 염기성 조건 메카니즘을 따른다. |
| R—MgX | 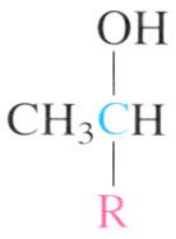 | **18.6절**<br>유기금속 친핵체(Grignard 시약과 유기리튬시약)와의 반응은 1단계로 진행되고 염기성 조건 메카니즘을 따른다. |
| 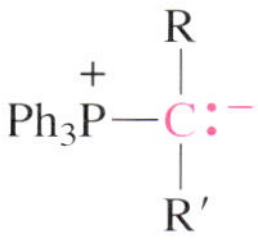 | 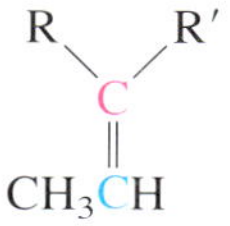 | **18.7절**<br>Wittig 반응은 2단계로 진행되고 염기성 조건 메카니즘을 따른다. |
| $RNH_2$ | 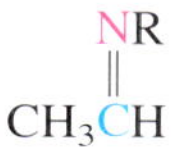 | **18.8절**<br>일차 아민과 이민 형성은 2단계로 진행된다. 첨가는 염기성 조건메카니즘을 따르고 산소를 제거하는 데 산이 필요하다. 이차 아민은 에아민을 생성한다. |
| ROH | 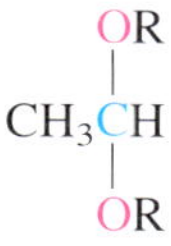 | **18.9절**<br>아세탈이 3단계에서 형성된다. 싸이올은 같은 방법으로 반응한다. 불리한 평형이 생성물 쪽으로 이동해야 한다. 반응은 산성 조건 메카니즘을 따른다. |

**그림 18.7** 카보닐기에 대한 친핵체의 첨가로 시작하는 메카니즘.

① 이런 반응은 모두 이 방법으로 시작한다. 친전자체 (E)는 항상 수소이다. 그러나 Wittig 반응인 경우에는 인이다. 염기성 조건에서 Nu가 먼저 첨가된다. 산성 조건에서는 E가 먼저 첨가된다. 원래의 Nu가 하나의 비공유 전자쌍 ($CN^-$, 수소화물 및 유기금속 친핵체)만을 갖는 다면 반응은 단계1에서 정지된다.

② 친핵체가 두 번째 전자쌍을 갖는 다면 산소가 제거된다. E가 인이 아니면 O는 먼저 양성자화된다. 이 화학종이 하전되지 않으면 반응은 단계2에서 정지된다 (WIttig반응, 이민).

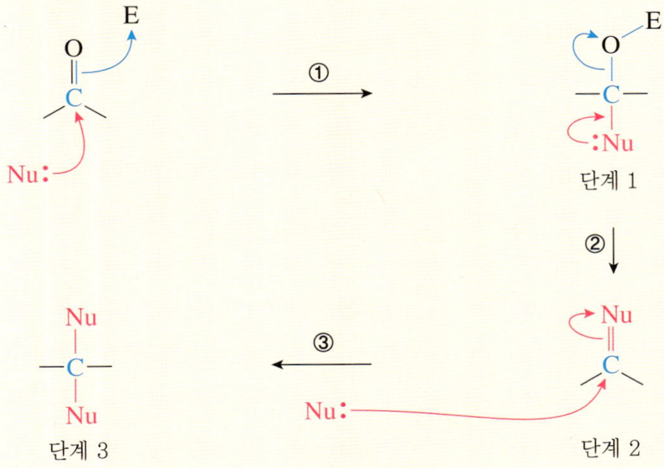


③ 이중결합된 Nu가 양전하를 가지면 반응은 더 진행된다. Nu가 이차 아민이면 양성자를 잃고 엔아민을 형성한다. Nu가 ROH 혹은 RSH면 두 번째 Nu가 공격한다. 친핵체가 알코올과 싸이올이면 반응은 단계3으로 진행된다.

## 추가문제

**18.27** 다음 반응의 생성물을 나타내어라.

a) $PhCH_2MgBr \xrightarrow[2)\ H_3O^+]{1)\ CO_2}$

b) 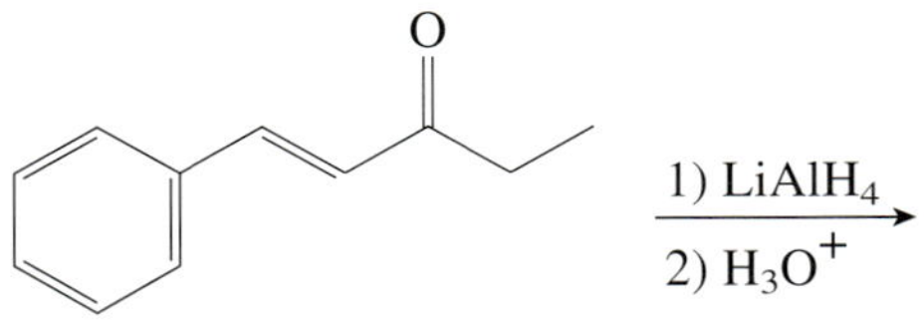


c) $CH_3\overset{O}{\overset{\|}{C}}CH_3 + NH_2NH\overset{O}{\overset{\|}{C}}NH_2 \xrightarrow{H_3O^+}$

d) 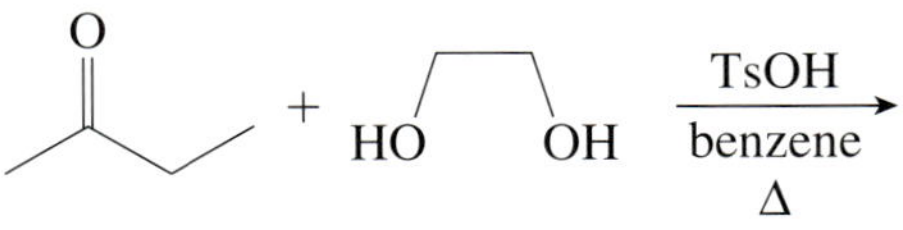


e) 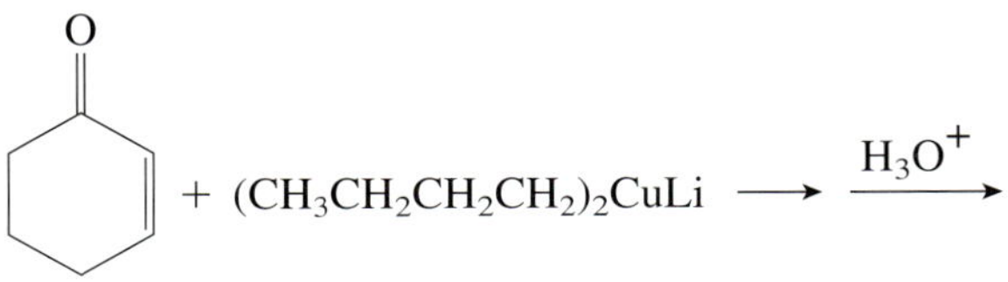


f) 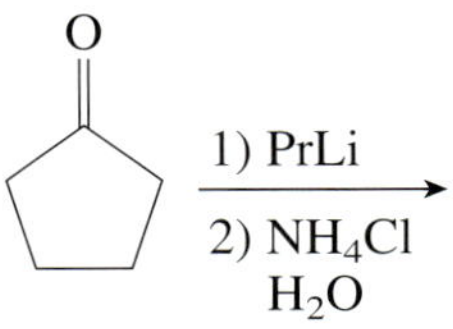

g) 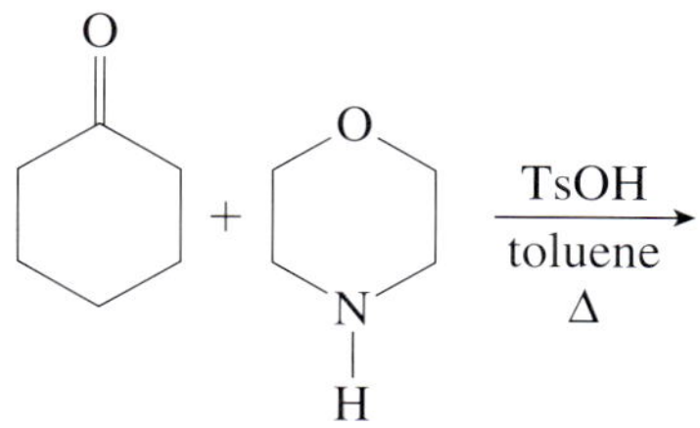

h) 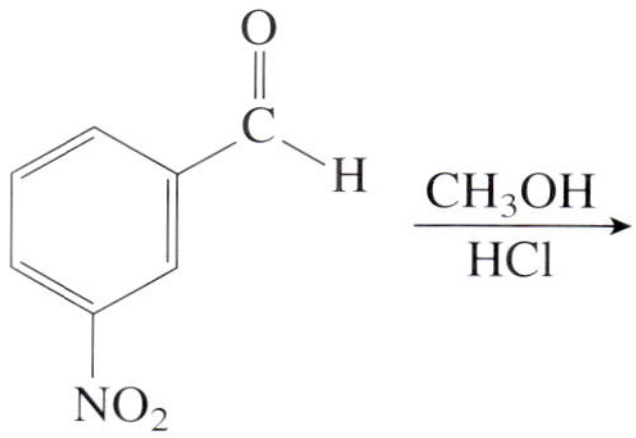

i) $Ph-\overset{O}{\overset{\|}{C}}-\overset{CH_3}{\overset{|}{C}}HCH_3 \xrightarrow[NaBH_3CN]{CH_3NH_2}$

j) $PhCH_2Cl \xrightarrow[\text{2) } Ph_2CO \text{ 3) } H_3O^+]{\text{1) Mg, ether}}$

k) $CH_3CH_2CH_2CH_2\overset{O}{\overset{\|}{C}}H \xrightarrow[[CN^-]]{HCN}$

l) $CH_3CH_2CH_2CH_2\overset{O}{\overset{\|}{C}}H \xrightarrow[\text{2) } H_3O^+]{\text{1) } LiAlH_4}$

m) 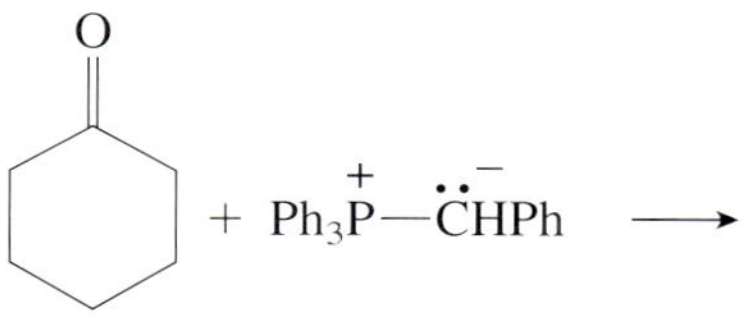

n) $Ph\overset{O}{\overset{\|}{C}}Ph + NH_2OH \xrightarrow{H_3O^+}$

o) $PhCH{=}CH\overset{O}{\overset{\|}{C}}Ph \xrightarrow[H_2O,\ EtOH]{KCN}$

p) 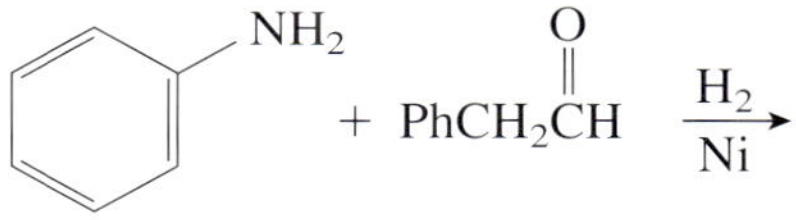

q) $HC{\equiv}C-\overset{O}{\overset{\|}{C}}-OCH_3 \xrightarrow[\text{2) } H_3O^+]{\text{1) } Bu_2CuLi}$

r) 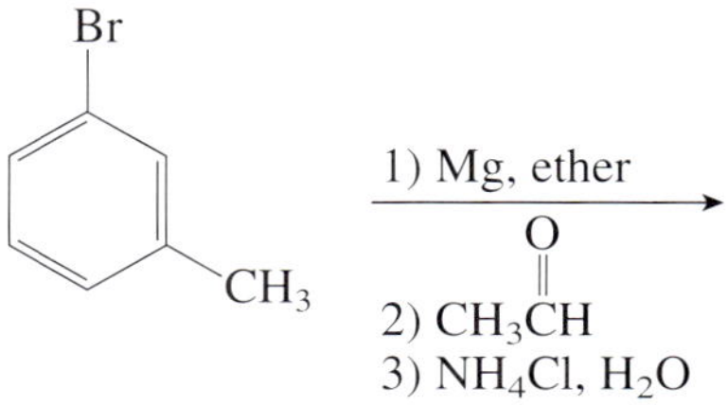

s) 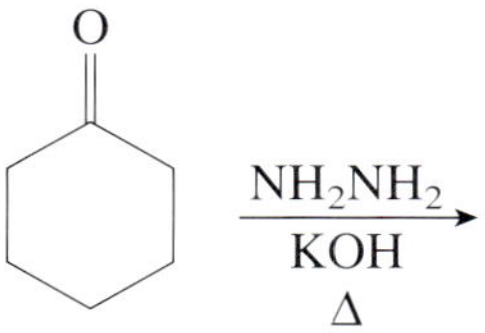

**18.28** 다음 시약과 벤즈알데하이드와의 반응 생성물을 나타내어라.

a) $NaBH_4$, $CH_3OH$

b) 1) 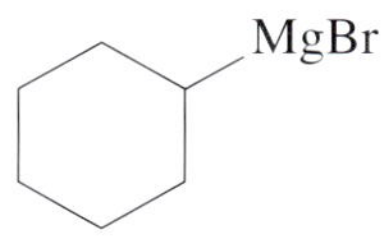 2) $H_3O^+$

c) HCN, $[CN^-]$

d) $CH_3OH$, TsOH, 벤젠

e) $NH_2NH\overset{O}{\overset{\|}{C}}NH_2$

f) $Ph_3\overset{+}{P}-\overset{..}{\overset{-}{C}}HCH_2CH_2CH_3$

**18.29** 다음 시약과 3-펜텐-2-온과의 반응 생성물을 나타내어라.

**a)** 1) $CH_3Li$ 2) $H_3O^+$

**b)** 1) $LiAlH_4$ 2) $H_3O^+$

**c)** 1) $(CH_3CH_2)_2CuLi$ 2) $H_3O^+$

**d)** HCN, $CH_3OH$

**e)** $PhNH_2$

**18.30** 왜 이 반응은 사이아노하이드린 생성물에서 빈약한 수득률을 나타내는지를 설명하여라.

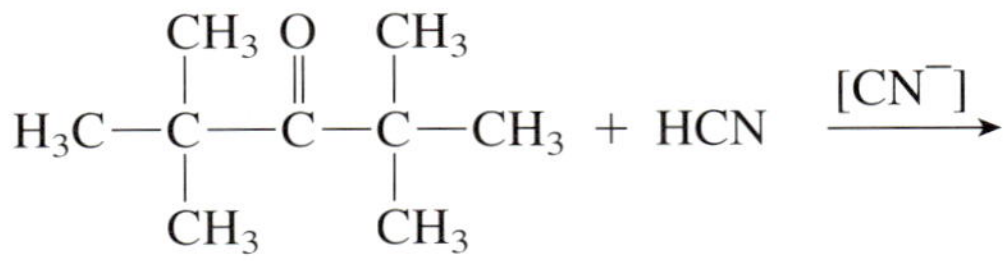

**18.31** 다음 화합물을 사이아노하이드린 형성에 대한 평형상수가 증가하는 순서로 배열하여라.

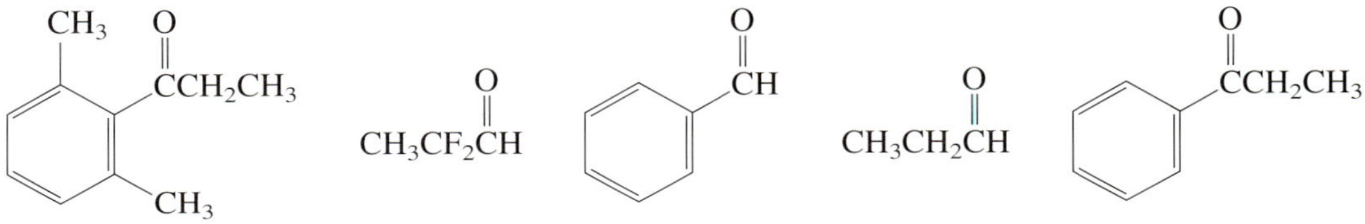

**18.32** 다음 반응의 생성물을 나타내어라.

**a)** 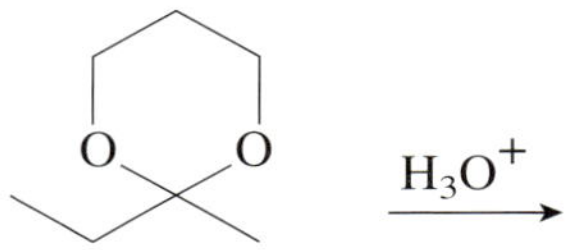

**b)** 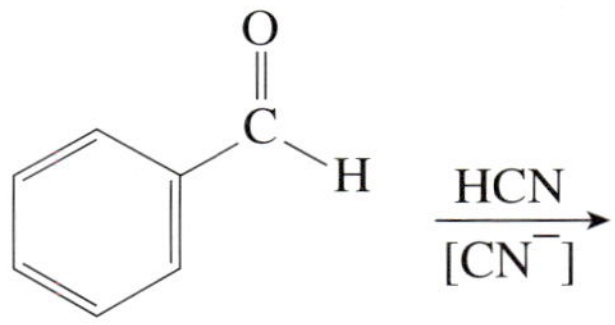

**c)** 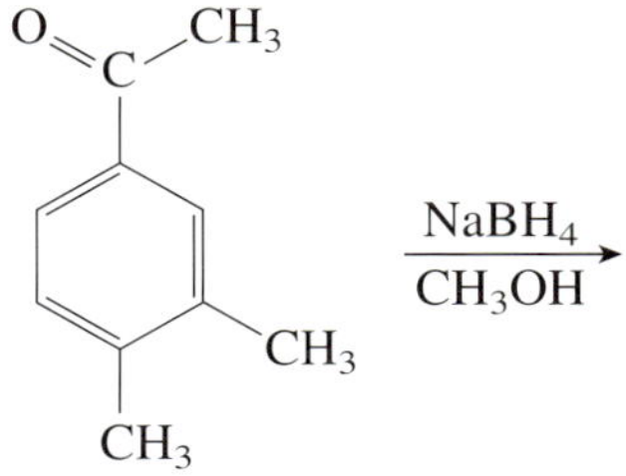

**d)** 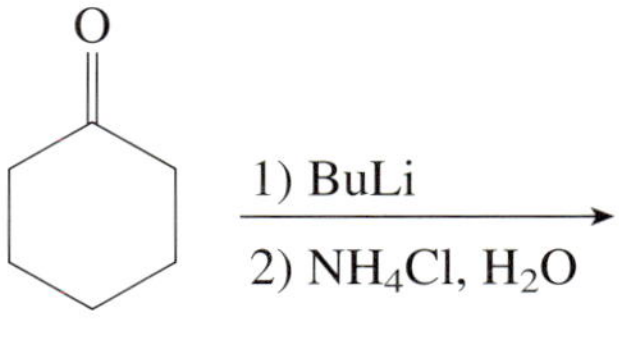

**e)** $PhCH(=O) + Ph_3\overset{+}{P}—\overset{-}{\ddot{C}}HCH{=}CH_2$

**f)** $PhC(=O)Ph + NH_2OH \longrightarrow$

**g)** 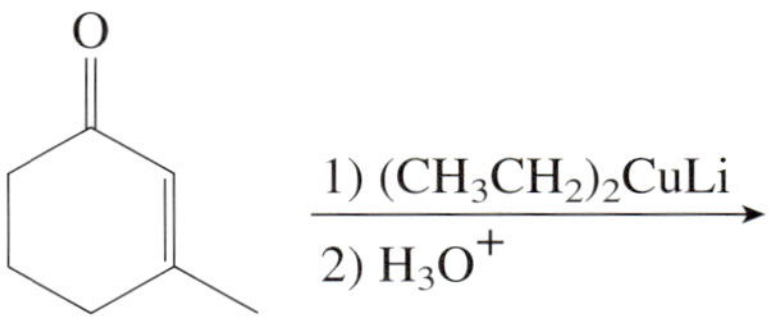

**18.33** 다음 반응의 생성물을 나타내어라.

**a)** 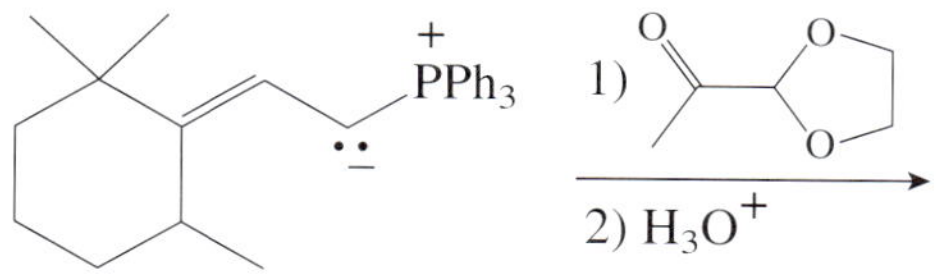

**b)** 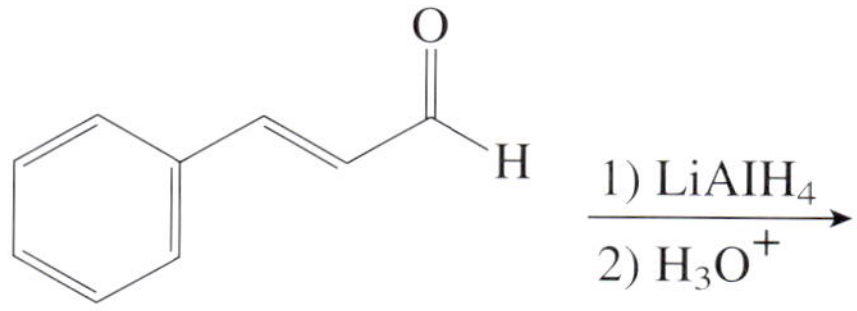

**c)** 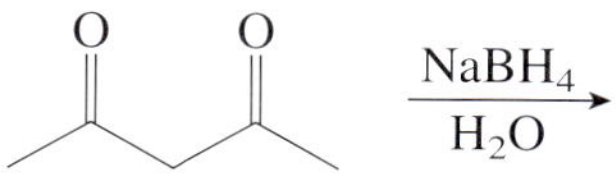

**d)** $CH_3CH(Br)CH_2CH_3$ $\xrightarrow[\text{2) } CO_2 \text{ 3) } H_3O^+]{\text{1) Mg, ether}}$

**e)** 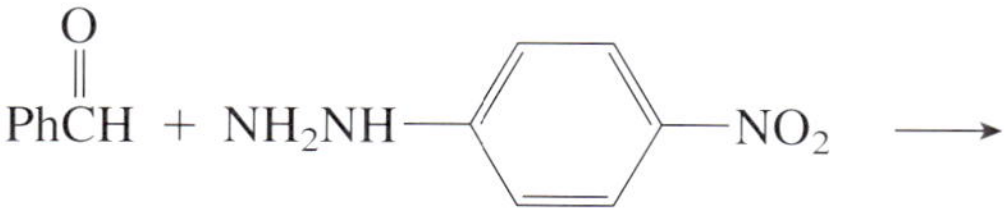

**f)** 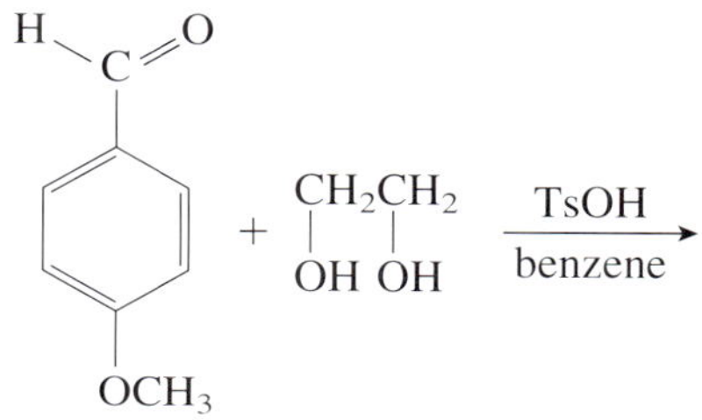

**g)** $PhNH_2 + CH_2{=}CH{-}C{\equiv}N \longrightarrow$

**18.34** 다음 화합물에서 사이아노하이드린 형성에 대한 평형상수의 차이를 설명하여라.

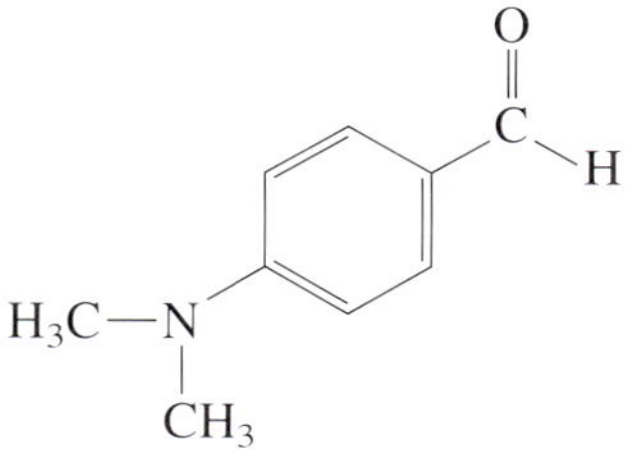

$K = 5$

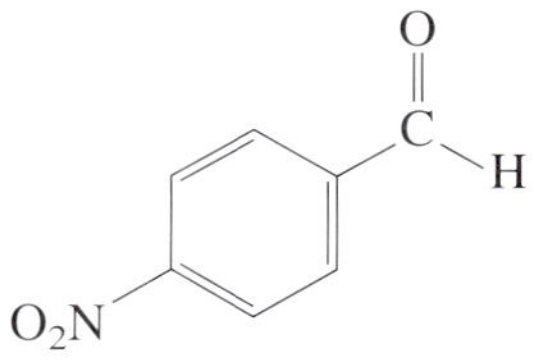

$K = 1820$

**18.35** 다음 화합물 중 어느 것이 사이아노하이드린 형성에 대해더 큰 평형상수를 갖는가를 설명하여라.

**a)** 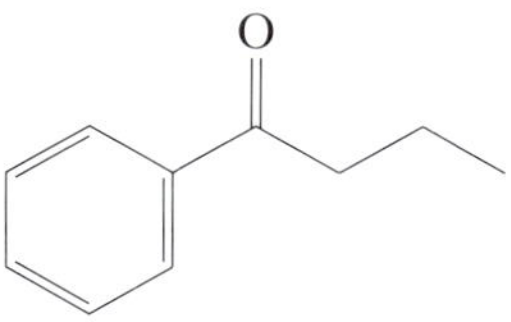 or 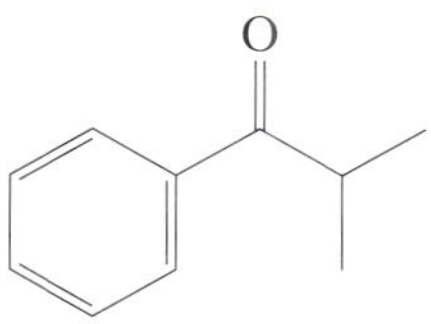

**b)** 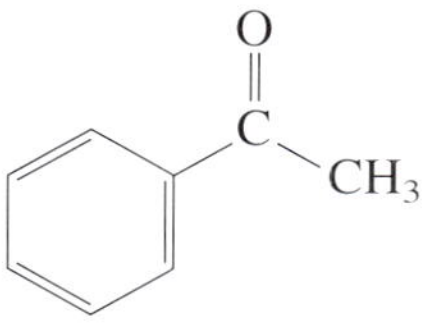 or 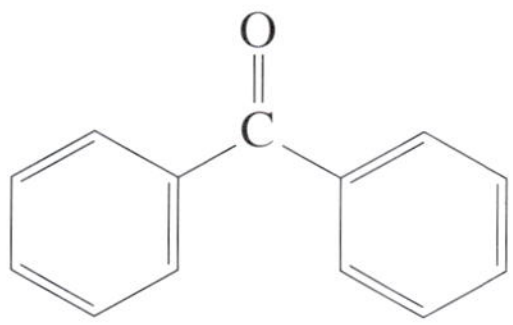

c) $CH_3\overset{O}{\overset{\|}{C}}CH_3$ or $Cl_3C\overset{O}{\overset{\|}{C}}CH_3$

**18.36** 다음 반응의 생성물을 나타내어라.

a) 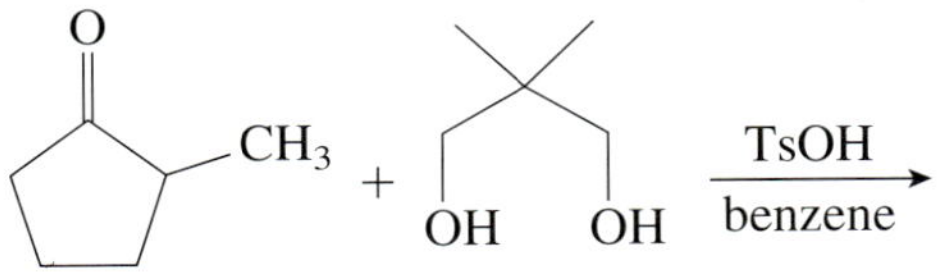

b) 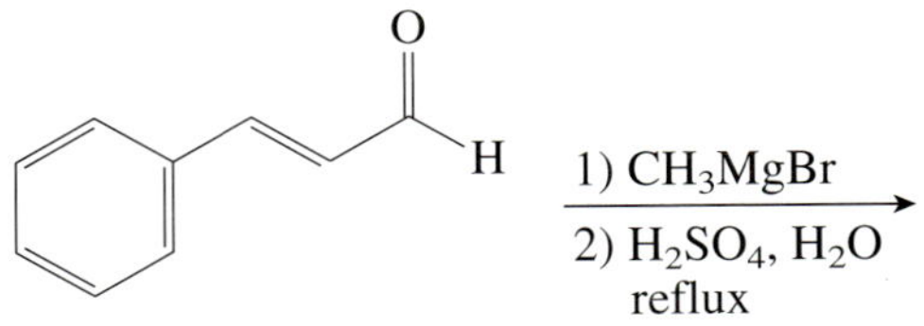

c) 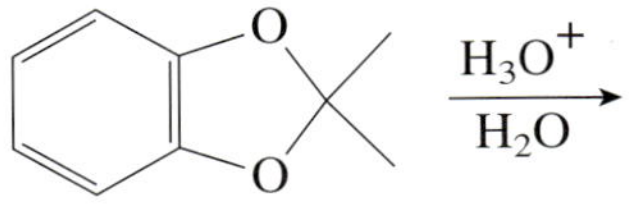

d) 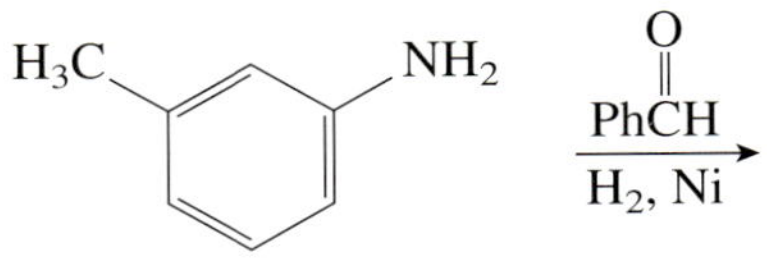

e) $CH_3CH_2CH_2\overset{O}{\overset{\|}{C}}H + NH_2Ph \xrightarrow[\text{benzene}]{\text{TsOH}}$

f) 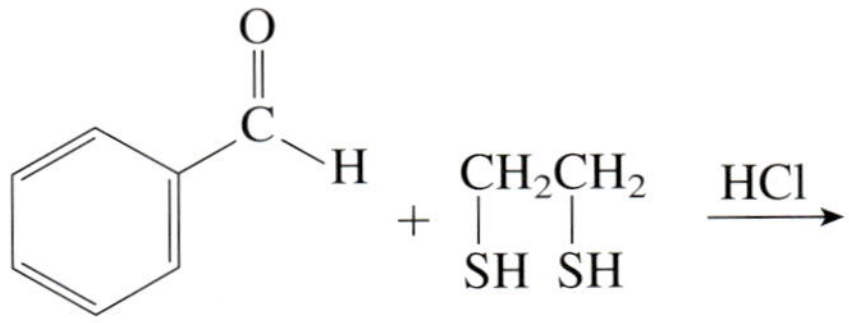

g) 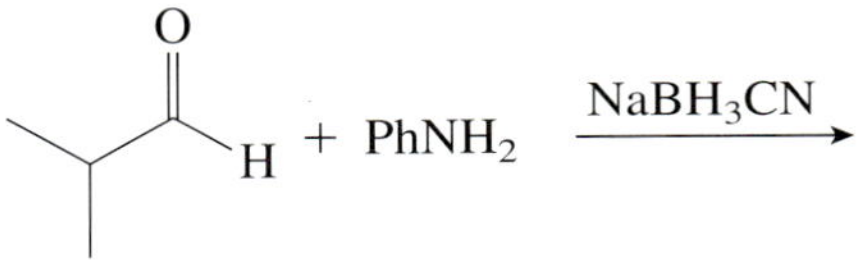

h) $PhCH{=}C(CO_2Et)_2 \xrightarrow[\text{EtOH, } H_2O]{\text{KCN}}$

**18.37** 다음 화합물을 합성하는 데 필요한 알데하이드 혹은 케톤과 다른 시약을 나타내어라.

a) $\longrightarrow$ 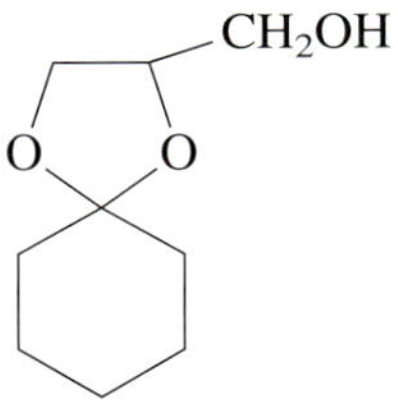 $+ H_2O$

b) $\longrightarrow CH_3\overset{CH_3}{\overset{|}{C}}HCH_2\overset{OH}{\overset{|}{C}}HCN$

c) $\longrightarrow$ 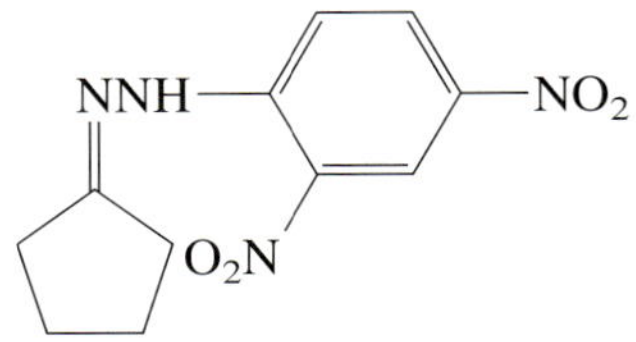

d) $\longrightarrow$ 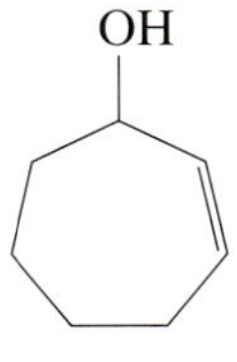

e) 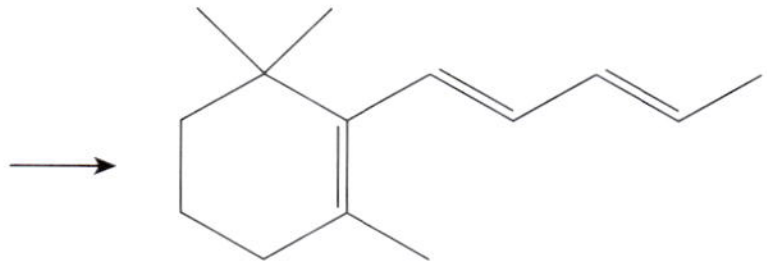

f) 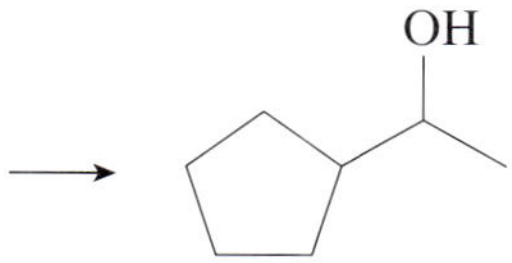

**18.38** 지시한 출발물질로부터 다음 화합물을 합성하여라.

**a)** $CH_3\overset{O}{\overset{\|}{C}}H$ 로부터 $CH_3\overset{OH}{\overset{|}{C}}HCH_2CH_3$

**b)** PhBr 로부터 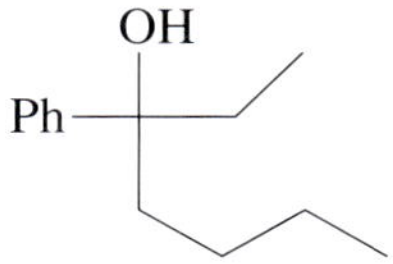

**c)** 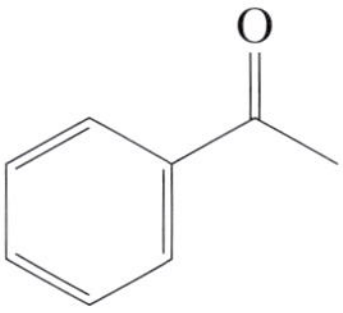 로부터 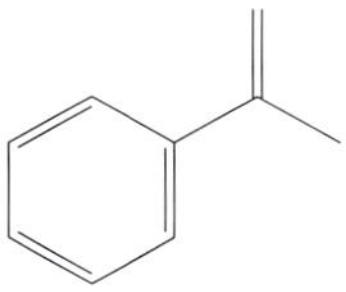 (2 경로)

**d)** $Ph\overset{O}{\overset{\|}{C}}H$ 로부터 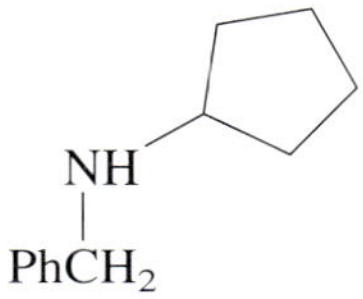

**e)** 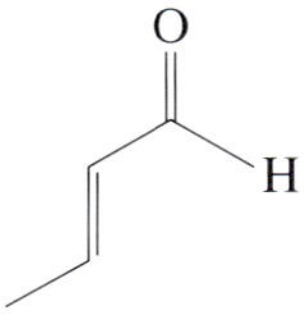 로부터 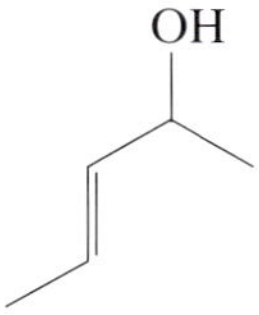

**f)** 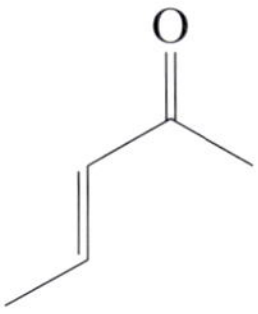 로부터 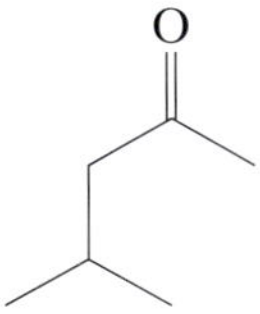

**g)** 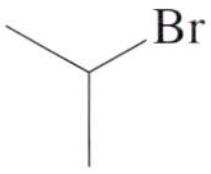 로부터 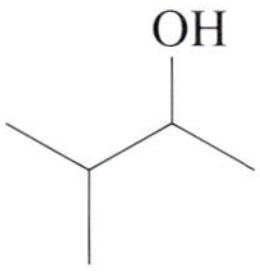

**18.39** 다음 반응에 대한 메카니즘의 모든 단계를 나타내어라.

**a)** $CH_3\overset{O}{\overset{\|}{C}}H + H_2O \overset{H_3O^+}{\rightleftharpoons} CH_3\underset{OH}{\overset{OH}{C}}H$

**b)** $CH_3\overset{O}{\overset{\|}{C}}H + HCN \underset{H_2O}{\overset{[CN^-]}{\rightleftharpoons}} CH_3\underset{OH}{\overset{CN}{C}}H$

c) 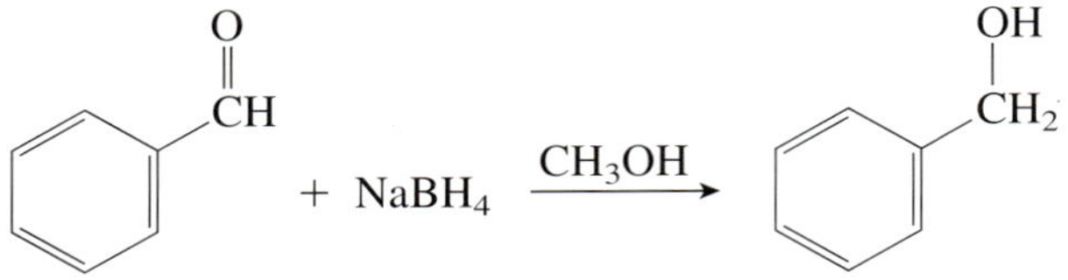

d) 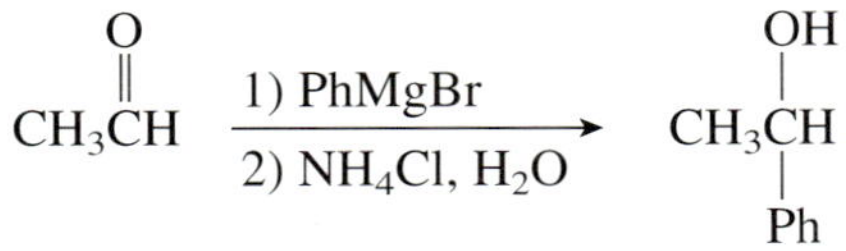

e) 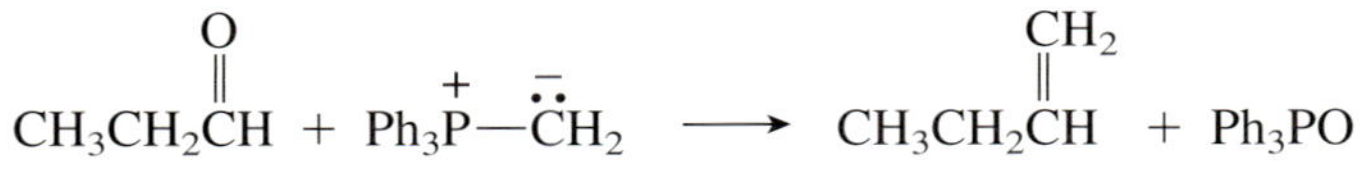

f) 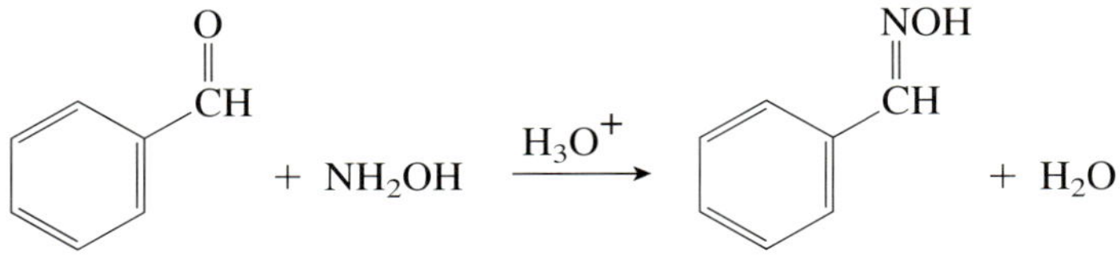

g) 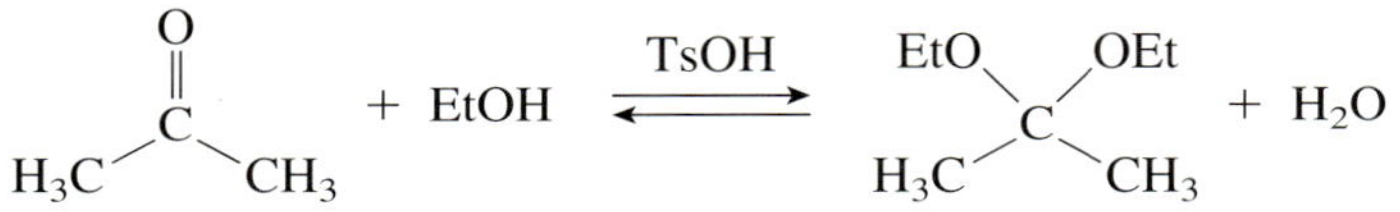

**18.40** 왜 다음 반응은 일어나지 않는지를 설명하여라.

$$PhNH_2 + CH_2{=}CH{-}CH_3 \not\longrightarrow PhNH{-}CH_2{-}CH_2{-}CH_3$$

$$PhNH_2 + CH_2{=}CH{-}NO_2 \longrightarrow PhNH{-}CH_2{-}CH_2{-}NO_2$$ (일어남)

**18.41** 다음 반응에 대한 메카니즘 단계를 나타내어라.

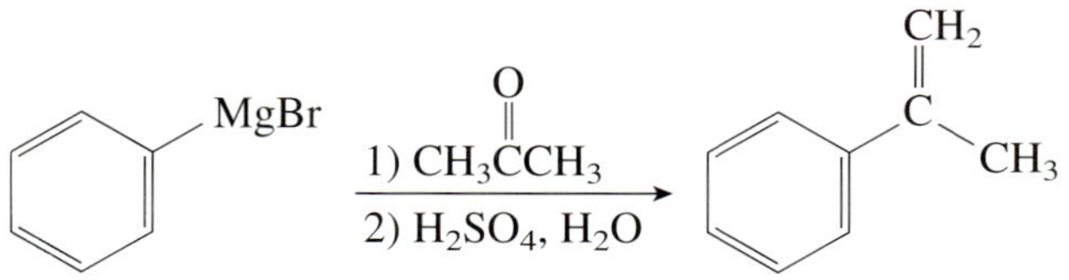

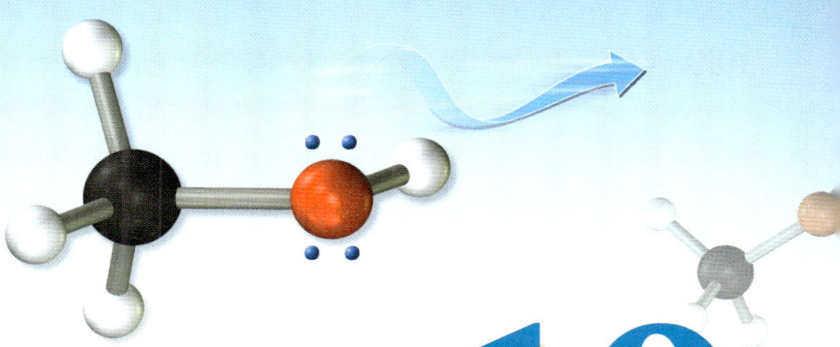

CHAPTER 19

# 카보닐기에서 치환: 카복실산과 유도체의 반응

### 유기화학 숙달

- 카보닐기에서 친핵성 치환 생성물의 예측
- 이 반응의 메카니즘에 대한 이해
- 이 반응의 평형위치에 대한 반응물의 구조효과 예측
- 이 반응들을 이용한 카복실산 유도체의 상호 변환과 알데하이드, 케톤, 알코올 및 아민의 제조
- 이 반응들을 사용한 화합물의 합성

전 장은 알데하이드와 케톤의 친전자성 카보닐 탄소에 대한 친핵체의 공격을 검토하였다. 대부분의 반응에서 친핵체는 카보닐기의 탄소에 양성자는 산소에 첨가된다. 이 장에서 친전자체는 카복실산 혹은 염화 아실, 무수물, 에스터 혹은 아마이드와 같은 관련유도체의 카보닐 탄소이다. 이 장에서 반응은 전 장에서와 똑 같은 방법으로 시작한다. 즉 카보닐 탄소에서 친핵체의 공격으로 진행된다. 그러나 여기서는 카보닐기에 다른 헤테로원자가 존재하므로 반응은 이 점이 다르다. 18장과 같은 첨가반응이라기보다는 헤테로원자가 이탈하여 치환이 일어난다.

먼저 이들 반응에 대한 메카니즘을 제시하였다. 다음에 이들 카복실산 유도체의 반응성을 검토하였다. 기대했던 대로 반응성을 조절하는 인자는 18장의 첨가반에 영향을 미쳤던 인자와 비슷하다. 다음에 카복실산 계열의 모는 화합물을 상호변환시킬 수 있는 친핵체를 소개하였다. 끝으로 이들 친전자체와 수소화물과 유기금속 친핵체의 반응을 검토하였다.

## 19.1 일반 메카니즘

알데하이드와 케톤에 대한 친핵성 첨가에 대한 경우에서와 같이 이 장의 반응에서도 두 메카니즘이 일어난다. 하나는 염기성 조건이고 다른 하나는 산성 조건이다. 이 두 메카니즘은 첨가반응 메카니즘에서와 같은 방법으로 시작한다. 염기성 조건 메카니즘을 그림 19.1에 나타냈다. 먼저 친핵체가 카보닐 탄소를 공격하여 알데하이드 혹은 케톤의 친핵성 공격에 의해 생성되는 것과 유사한 중간체가 생성된다. 이 중간체와 알데하이드 혹은 케톤에서 생성되는 메카니즘의 중요한 차이점은 이 경우에 이탈기로 작용하는 L의 능력이다. 두 번째 단계에서 첫 단계의 역반응과 유사하게 L이 이탈한다. 전체적 결과는 이탈기에 대한 친핵체의 치환이다. 이 반응은 치환반응이지만 $sp^3$-혼성탄소에서 일어나는 $S_N2$ 메카니즘과는 전혀 다르다. 이 친핵체가 탄소에 먼저 결합하면서 메카니즘은 두 단계로 일어난다. 이와 같은 메카니즘은 $sp^3$-혼성탄소에서는 중간체가 5개의 결합을 가지며 8 전자계 규칙에서 벗어나기 때문에 불가능하다. 친핵체가 카보닐 탄소에 결합하면 카보닐 탄소에 있던 전자쌍은 산소로 이동하여 중간체로 $sp^3$-혼성탄소(흔히 그 기하구조 때문에 **사면체 중간체(tetrahedral intermediate)**라 부른다)를 형성한다.

알데하이드와 케톤에서 이 메카니즘이 일어나기 위해서는 수소화 이온 혹은 카보음이온이 이탈기로 작용해야 한다. 이러한 화학종은 정상적인 환경에서 이탈하기에는 너무 염기성이 크다. 카복실산 유도체의 경우에 이탈기는 염기성이 작은 다음과 같은 화학종의 하나이다.

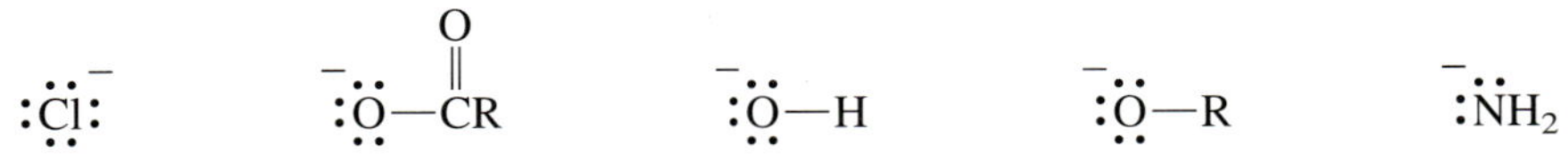

염소 음이온을 제외하면 이 음이온들은 $S_N2$ 반응에서 이탈기로 작용하기에는 너무 염기성이 크다. 그러나 친핵체가 공격하는 첫 단계가 항상 속도결정 단계이기 때문에 이 반응에서는 빈약한 이탈기를 사용할 수 있다. 이탈기는 후속 단계에서 제거된다. 이 반응은 분자 내 반응이기 때문에 엔트로피가 유리하다.

18장의 첨가반응에서와 같이 다른 형태의 메카니즘이 산성조건에서 작용한다. 이 형태에서 카보닐 산소는 친핵체가 공격하기 전에 양성자화된다. 이것은 카보닐 탄소를 더 친전자성으로 만들어서 약한 친핵체를 사용할 수 있다. 더욱이 이탈기는

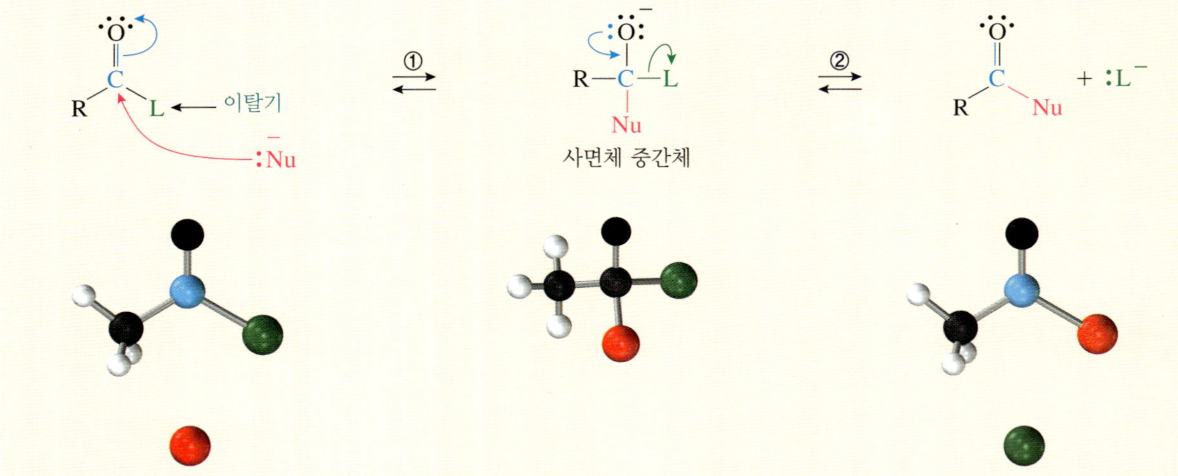


**그림 19.1 염기성 조건에서 카보닐기에 대한 친핵성 치환의 메카니즘.**

① 이 메카니즘의 첫 단계는 염기성 조건에서 알데하이드와 케톤의 친핵성 첨가반응에. 대한 첫 단계와 꼭 같다(그림 18.1). 친핵체는 몇 가지 경우에는 하전되지 않는다.

이 $sp^3$-혼성 중간체가 사면체 기하구조를 가지므로 이 메카니즘을 **사면체 메카니즘(tetrahedral mechanism)**이라 부른다. L이 H 혹은 R이면 음이온으로 이탈하기에는 너무 염기성이 커서 알데하이드와 케톤은 이곳에서 정지한다. L이 Cl 혹은 N 혹은 O기이면 음전하를 가질 수 있고 이탈기로 작용할 수 있다.

② 전체 결과는 L에 대한 Nu의 치환이다. $L^-$는 $H^-$ 혹은 $R_3C^-$보다 좋은 이탈기이다.

이탈하기 전에 양성자화된다. 산성 조건 메카니즘의 예를 후속 절에 나타냈다.

이제 이 화합물들의 반응성을 검토해보자. 즉 반응에 대한 속도와 평형의 위치가 어떻게 화합물의 구조에 영향을 미치는가를 고려해보자. 친핵체가 공격하는 첫 단계는 항상 속도-결정 단계이다. 이 단계는 알데하이드와 케톤에 대한 첨가 메카니즘의 첫 단계와 같기 때문에 입체, 공명 및 유발효과가 18.3절과 18.4절에서 기술한 것과 꼭 같은 방법으로 이 반응의 속도를 조절한다. 이 효과를 다음에 요약할 수 있다.

**입체효과:** 입체적 장애는 친핵체의 접근을 느리게 하여 반응속도를 감소시킨다. 그러나 평형의 위치에는 영향을 미치지 못한다.

**유발효과:** 전자-끄는 기는 카보닐 탄소를 더 친전자성으로 만들어주고 반응속도를 증가시킨다. 전자-주는 기는 카보닐 탄소를 덜 친전자성으로 만들어주고 반응속도는 감소한다.

**공명효과:** 공명 전자-끄는 기는 키보닐 탄소를 더 친전자성으로 만들어주고 속도를 증가시킨다. 공명 전자 주개는 카보닐 탄소를 덜 친전자성으로 만들어주고 속도는 감소한다.

## 예제 19.1

다음 화합물 중 어느 것이 카보닐기에서 친핵성 치환 속도가 더 빠른가를 설명하여라.

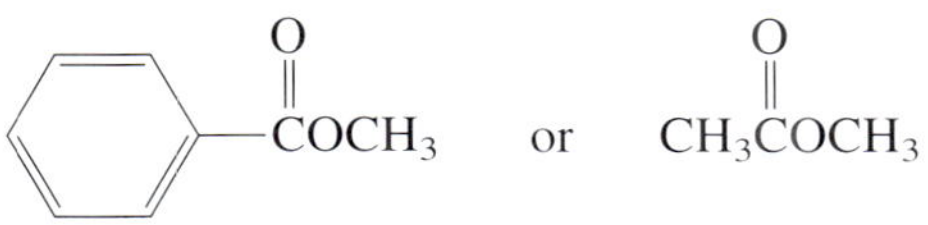

### 풀이

벤젠고리는 공명에 의해 카보닐 탄소에 전자를 준다. 그러므로 탄소는 덜 친전자성이 되고 반응속도는 감소한다.

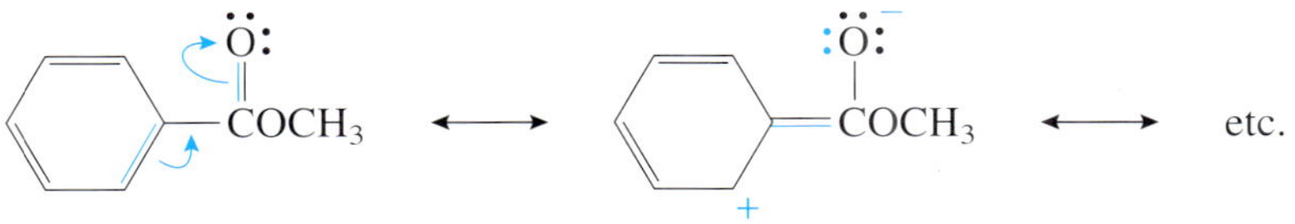

**문제 19.1** 다음 화합물 중 어느 것이 카보닐기에서 친핵성 치환 속도가 더 빠른가를 설명하여라.

**a)** 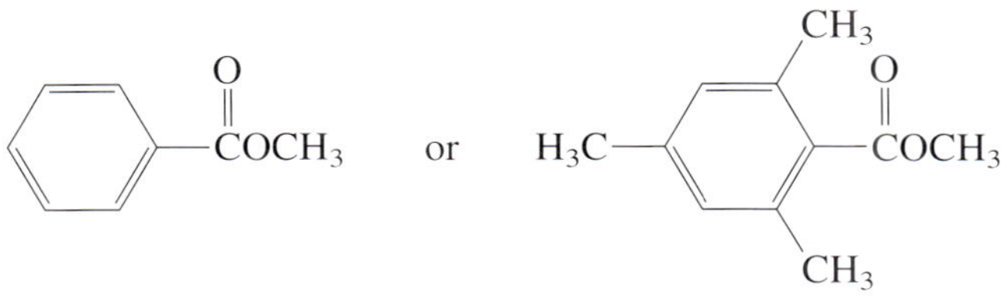

**b)** 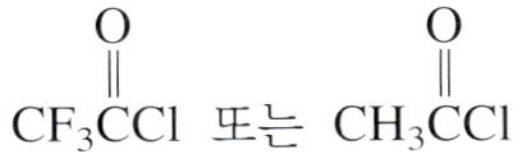

c) 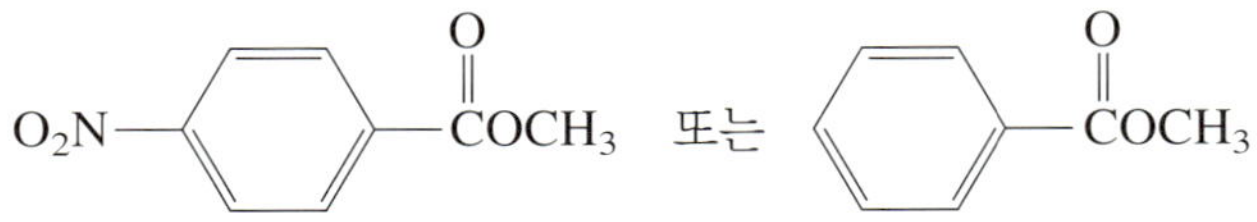


이탈기는 속도-결정 단계에서는 제거되지 않지만 유발과 공명효과로 반응 속도에 영향을 미친다. 더욱이 이탈 후의 안정도는 평형의 위치에 영향을 미친다. 약한 염기인 이탈기는 더 안정하고 평형에서 생성물이 더 유리해진다.

염화 아실의 경우를 고려해보자. 염소는 유발 전자 끌기이고 공명 전자 주개이다. 17장에서처럼 유발효과는 더 강하다. 더욱이 염소 음이온은 대단히 약한 염기이다. 전체적으로 염화 아실은 카복실산 유도체 중에서 반응성이 가장 크고 평형에서 유리하지 못하다.

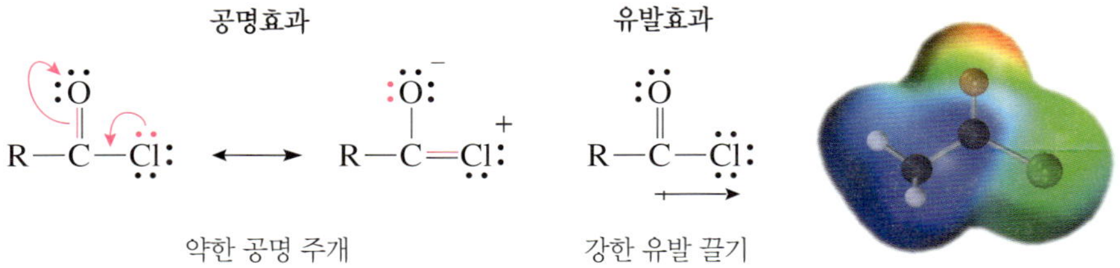


이제 아마이드의 경우를 고려해보자. 같은 효과가 가동한다. 질소는 유발 전자 끌기와 공명 전자 주개이다. 17장에서처럼 이 경우에 공명효과는 더 강하다. 또한 아마이드이온은 염기성이 크다. 전체적으로 아마이드는 할로겐화 아실보다 반응성이 작고 평형에서 더 유리하다.

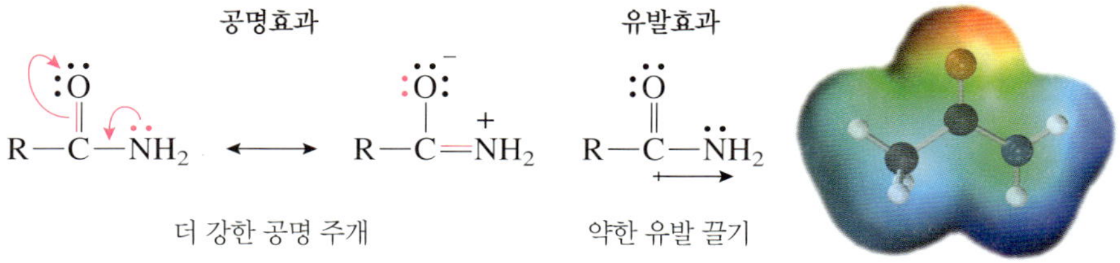


카복실산 유도체의 반응속도는 이탈기의 유발과 공명효과에 의존하며 평형위치는 이탈기의 안정성에 의존하지만 이 두 효과는 이탈기의 염기성과 관계가 있다. 약한 염기 이탈기를 가진 산 유도체는 빨리 반응하고 평형에서 불리하다. 표 19.1에 이 모든 화합물에 대한 반응성 순서를 수록하였다. 알데하이드와 케톤도 이 반응성 척도에 포함시켰으나 친핵성 공격 속도에 대한 것만이다. 이탈기가 떨어져 나가는 두 번째 단계는 이들 화합물에서는 일어나지 않는다.

표 19.1의 반응성 척도는 대단히 중요하다. 친핵체가 두 다른 카보닐기 간에 선택하게 되었을 때 어디에서 반응할 것인가 뿐만 아니라 많은 반응에 대해 평형의 위치를 예측할 수 있게 해준다. 예로 알데하이드와 에스터기를 다 가진 화합물은 친핵체가 알

**표 19.1 카보닐 화합물에 대한 반응성 척도**

| 반응성 | 화합물 | 구조 | 이탈기 | 설명 | 평형 |
|---|---|---|---|---|---|
| 가장 반응성이 큰 화합물 ↑ | Acyl chloride | $R-C(=O)-Cl$ | $Cl^-$ | | 평형에서 더 불리 ↓ |
| | Anhydride | $R-C(=O)-O-C(=O)-R$ | $^-O-C(=O)-R$ | | |
| | Aldehyde | $R-C(=O)-H$ | | 첫 단계만 | |
| 반응속도 증가 | Ketone | $R-C(=O)-R'$ | | 첫 단계만 | 평형상수 증가 |
| | Ester | $R-C(=O)-O-R'$ | $^-O-R'$ | 에스터와 산은 속도와 평형위치가 비슷하다. | |
| | Acid | $R-C(=O)-O-H$ | $^-O-H$ | | |
| | Amide | $R-C(=O)-NH_2$ | $^-NH_2$ | | |
| 가장 반응성이 적은 화합물 | Carboxylate anion | $R-C(=O)-O^-$ | $O^{2-}$ | 빈약한 이탈기: 거의 이탈되지 않는다. | 평형에서 더 유리 |

데하이드 카보닐 탄소를 더 잘 공격한다. 또한 에스터가 염화 아실보다 반응성 척도가 낮기 때문에 반응의 평형에서 생성물이 유리하다는 것을 표는 지시해준다.

$$R-\overset{O}{\overset{\|}{C}}-Cl + H-O-R' \rightleftharpoons R-\overset{O}{\overset{\|}{C}}-O-R' + HCl$$

카복실산 유도체는 높은 척도에 있는 유도체와 적당한 친핵체와의 반응에 의해 쉽게 제조될 수 있다. 예로 에스터는 앞 방정식에서 나타낸 것처럼 알코올과 염화 아실의 반응에 의해 제조된다. 산 유도체가 어떻게 제조되는지 상세히 검토해보자.

**문제 19.2** 이 평형에서 반응물 혹은 생성물이 유리한가를 설명하여라.

a) 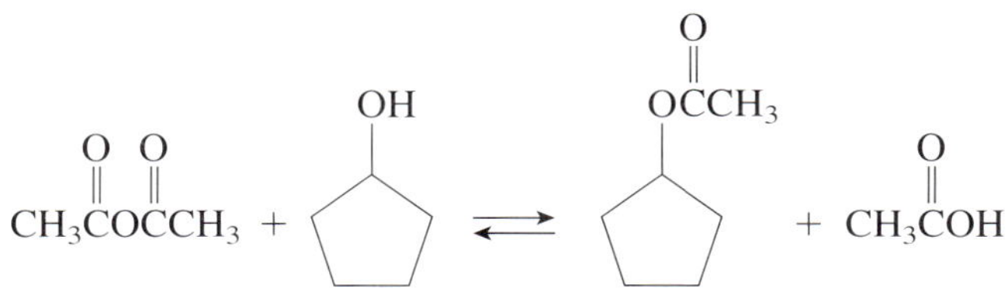

**b)** $$CH_3CH_2\overset{O}{\overset{\|}{C}}NH_2 + CH_3OH \rightleftharpoons CH_3CH_2\overset{O}{\overset{\|}{C}}OCH_3 + NH_3$$

**c)** 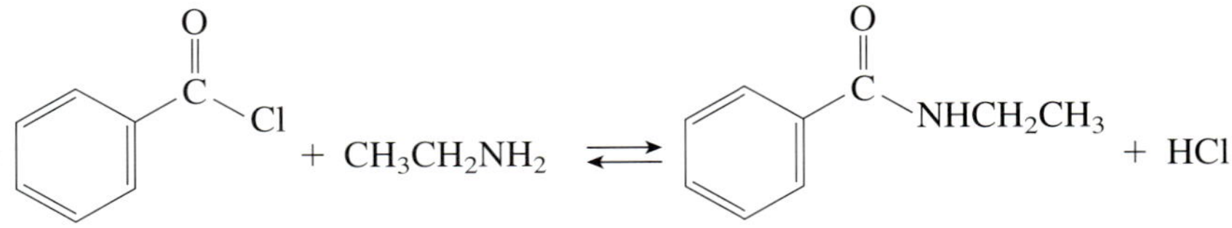

**문제 19.3** 다음 반응 중 어느 반응이 더 빠른가를 설명하여라.

$$CH_3\overset{O}{\overset{\|}{C}}OCH_3 + {}^{-}OH \longrightarrow CH_3\overset{O}{\overset{\|}{C}}O^{-} + CH_3OH$$

or

$$CH_3\overset{O}{\overset{\|}{C}}NHCH_3 + {}^{-}OH \longrightarrow CH_3\overset{O}{\overset{\|}{C}}O^{-} + CH_3NH_2$$

**문제 19.4** 이 아마이드를 제조하는 데 사용할 수 있는 반응을 제시하여라.

$$CH_3CH_2CH_2\overset{O}{\overset{\|}{C}}NHCH_2CH_2CH_3$$

## 19.2 염화 아실의 제조

몇 가지 합성반응으로부터 쉽게 얻을 수 있기 때문에 카복실산은 이 계열의 다른 화합물을 제조하는 데 가장 보편적인 출발물질이다. 염화 아실이 반응성 척도에서 위에 있기 때문에 카복실산을 염화 아실로의 변환은 다른 유도체를 합성하는 방법을 제공해준다. 그러나 산은 산도 척도에서 낮은 위치에 있기 때문에 어떻게 산으로부터 염화 아실을 제조할 수 있겠는가? 이것은 더 반응성이 큰 화합물을 사용해서 원하는 방향으로 평형을 이동해야 한다. 대부분의 경우에 사용되는 시약은 염화 싸이온일, $SOCl_2$이다. 삼염화 인, $PCl_3$와 오염화 인, $PCl_5$도 가끔 사용된다. 다음 방정식으로 그 예를 나타냈다.

$$\underset{\text{2-Methylpropanoic acid}}{CH_3\overset{CH_3}{\overset{|}{C}}H-\overset{O}{\overset{\|}{C}}-OH} + \underset{\text{Thionyl chloride}}{Cl-\overset{O}{\overset{\|}{S}}-Cl} \longrightarrow \underset{\text{2-Methylpropanoyl chloride}}{CH_3\overset{CH_3}{\overset{|}{C}}H-\overset{O}{\overset{\|}{C}}-Cl} + SO_2(g) + HCl(g) \quad (90\%)$$

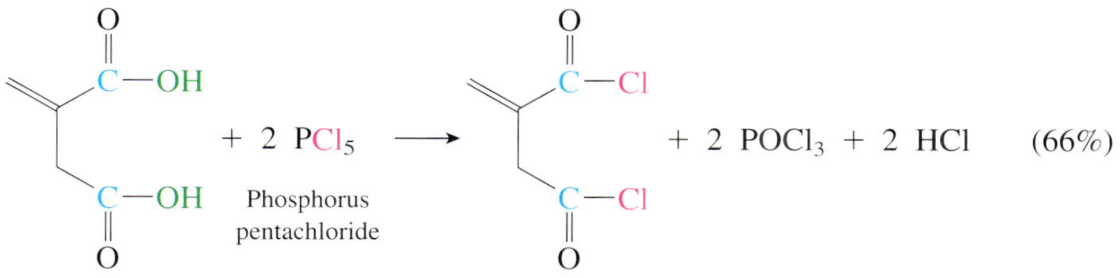


염화 싸이온일은 황산의 이(산염화물)로 볼 수 있다. 이것은 할로겐화 아실보다 반응성이 더 크다. 기체 생성물($SO_2$와 HCl)의 형성과 그 반응성은 염화 아실로 평형을 이동시킨다. 이 반응에 대한 메카니즘을 그림 19.2에 나타냈다. 염화 싸이온일은 마치 염화 아실과 같이 반응한다는 것은 흥미롭다. 친핵체가 황을 공격하면 전자는 산소로 이동한다. 다음 단계에서 이들 전자는 이탈기의 치환을 돕는다.

Sulfurous acid　　　Thionyl chloride

염화 아실의 중요한 용도는 다른 카복실산 유도체를 제조하는 출발물질이다. 플루오르화, 브롬화, 아이오드화아실도 다른 유도체를 제조하는 데 사용될 가능성이 있다. 그러나 염화 아실보다 유익한 점이 없기 때문에 드물게 사용된다.

**그림 19.2 염화 싸이온일과 카복실산의 반응 메카니즘.**

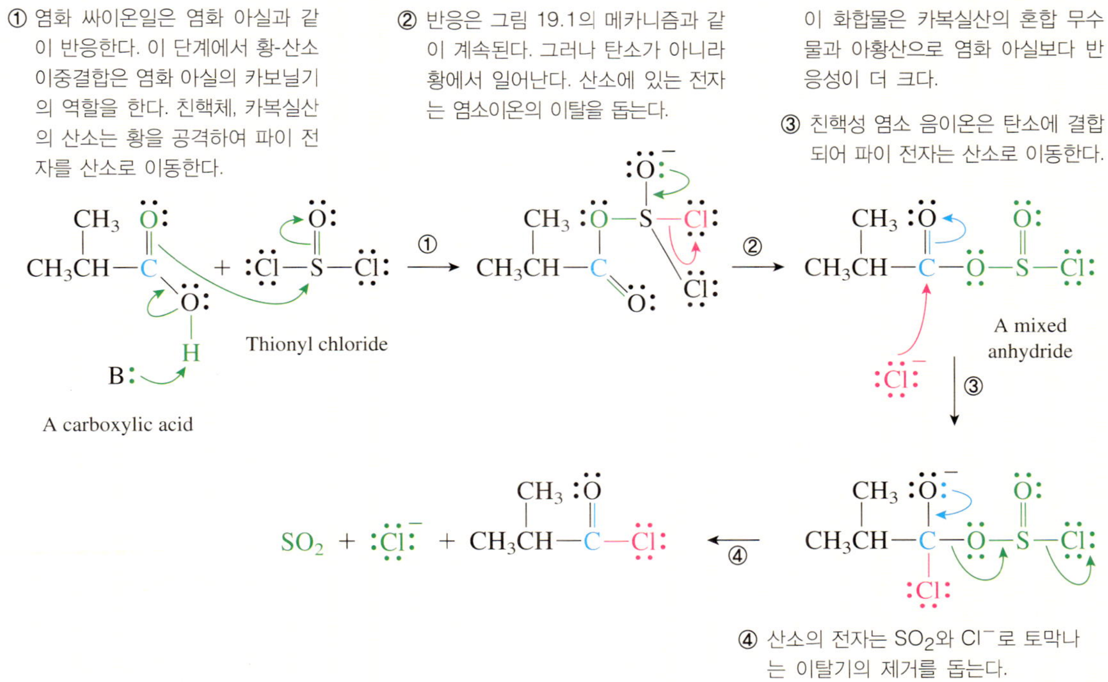

**문제 19.5** 다음 반응의 생성물을 나타내어라.

a) 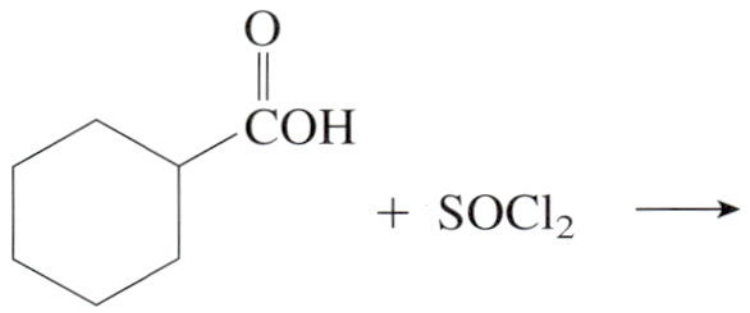

b) 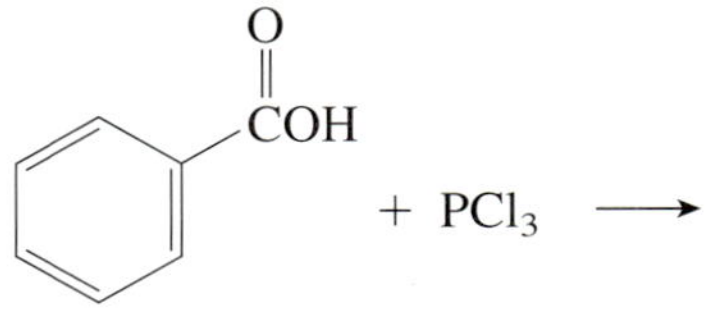

c) $CH_3CH_2CH_2\overset{O}{\overset{\|}{C}}OH + PCl_5 \longrightarrow$

## 19.3 무수물의 제조

무수물은 다음 방정식에서 설명한 것처럼 염화 아실과 카복실산 혹은 그 짝염기의 반응에 의해 제조될 수 있다.

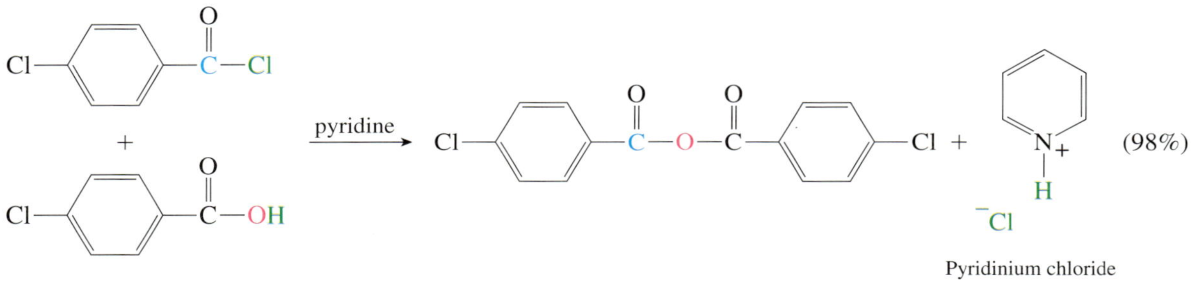


피리딘은 생성되는 HCl을 제거하기 위해 이 반응에 가하거나 용매로 사용된다. 반응 혼합물이 강한 산성이 되면 분해를 일으키고 수득률이 낮아지므로 막아야 한다.

무수물은 다른 무수물, 흔히 아세트산 무수물과 카복실산과의 반응에 의해 제조된다. 혼합 무수물은 이 반응의 중간체이다.

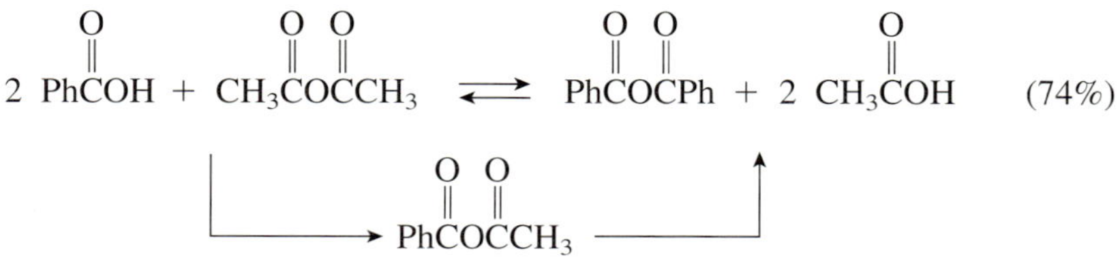


이 제조가 유용하게 되기 위하여 주의해서 증류하여 아세트산을 제거해주면 평형은 오른편으로 이동한다. 이것은 평형에서 엔트로피가 유리한 고리 무수물의 제조에 흔히 사용되는 방법이다.

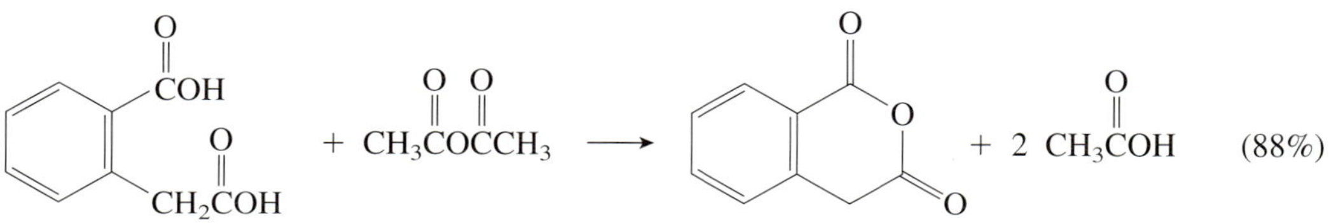

**문제 19.6** 다음 반응의 생성물을 나타내어라.

a) $CH_3CH_2\overset{O}{\overset{\|}{C}}Cl + CH_3CH_2\overset{O}{\overset{\|}{C}}OH \xrightarrow{\text{pyridine}}$

b) 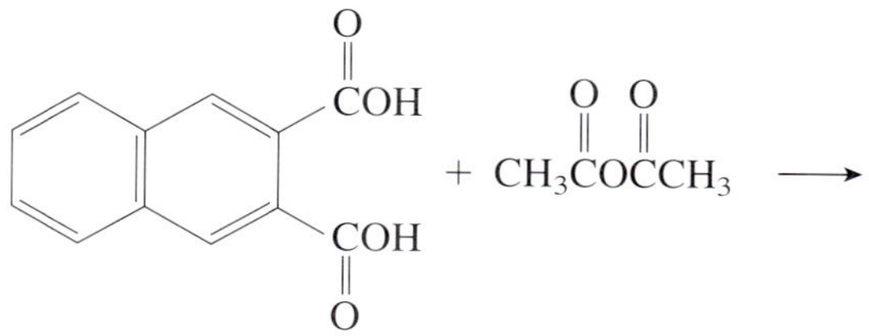

## 19.4 에스터의 제조

에스터는 염화 아실 혹은 무수물과 알코올과의 반응으로 제조된다. 염화 아실은 산으로부터 쉽게 제조될 수 있기 때문에 더 많이 사용된다. 피리딘과 같은 염기를 생성되는 HCl과 반응하기 위하여 가해준다. 쉽게 얻을 수 있는 아세트산 무수물은 아세트산 에스터 제조에 사용된다. 다음에 몇 가지 예를 나타냈다.

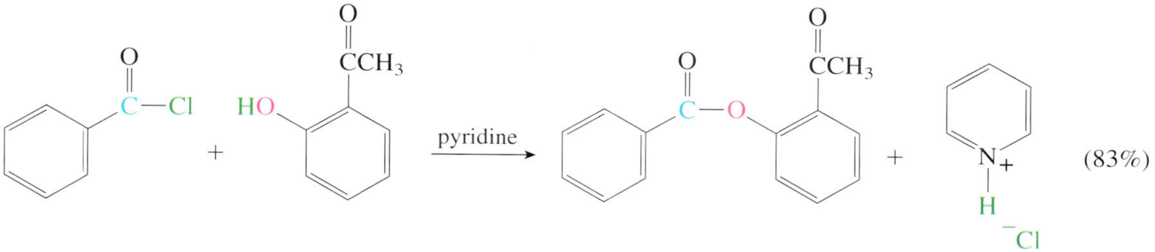

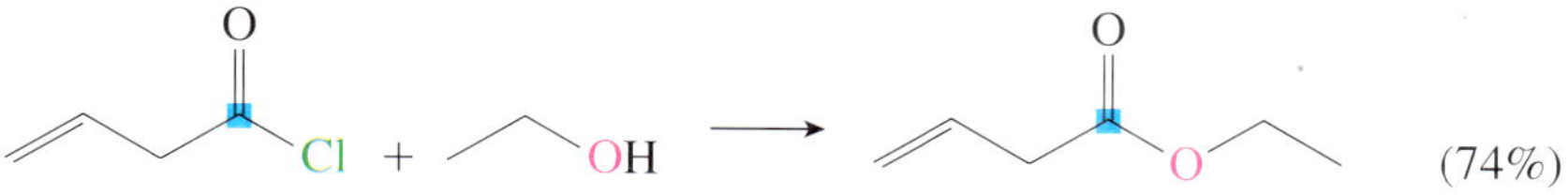

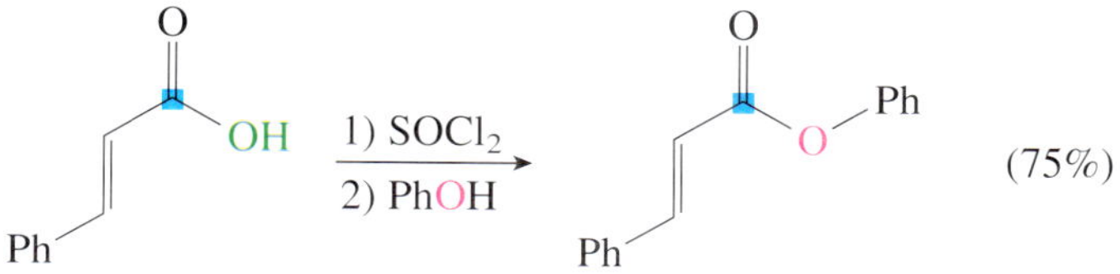

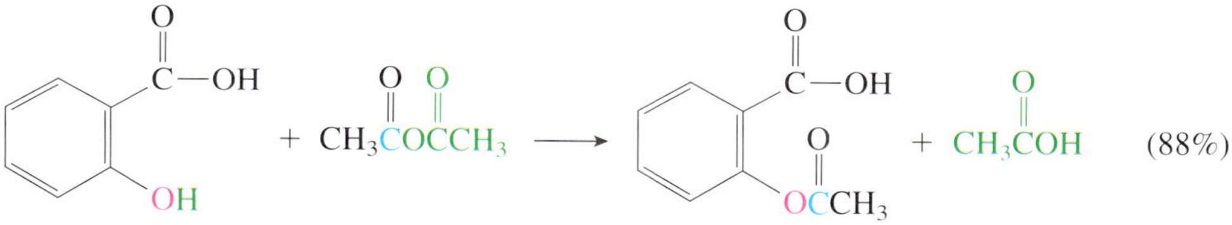

Salicylic acid

Acetylsalicylic acid
(aspirin)

다음과 같이 염화 아실 혹은 무수물을 거치지 않고 카복실산으로부터 직접 에스터를 제조할 수 있다.

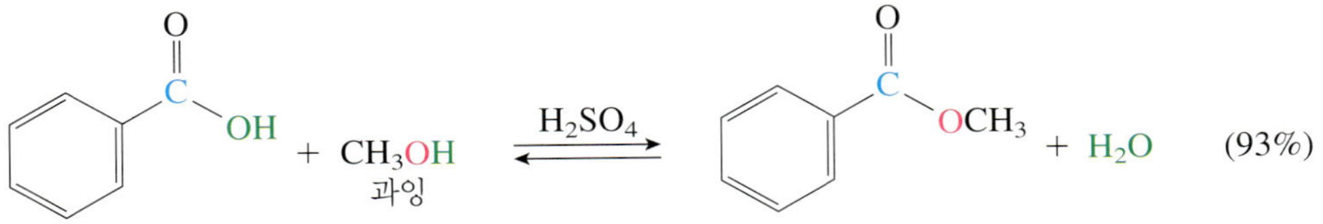

**Fischer 에스터화(Fischer esterification)**로 알려진 이 반응은 산 촉매의 존재가 필요하다. 카복실산과 에스터는 유사한 반응성을 가지므로 평형을 원하는 생성물 에스터로 이동할 수 있는 방법을 발견하게 되면 반응은 대단히 유용하다. Le Chatelier 원리에 따라 한 반응물을 과잉으로 사용하거나  한 생성물을 제거함으로써 이룰 수 있다. 메탄올 혹은 에탄올에서의 경우에서와 같이 쉽게 얻을 수 있는 알코올을 과잉으로 사용한다. 혹은 물은 톨루엔과 같은 용매와 함께 불변 끓음 증류로 제거한다.

Fischer 에스터화 반응의 메카니즘을 그림 19.3에 나타냈다. 황산, 염산, 혹은 *p*-톨루엔설폰산이 촉매로 많이 사용된다. 메카니즘은 그림 18.5에 나타낸 아세탈형성과 같은 다른 산-촉매 메카니즘과 유사하다. 사면체 중간체로부터 출발물질인 카복실산과 알코올의 생성되는 단계는 에스터와 물 생성물로 생성되는 단계와 유사하다.

다음 방정식에 Fischer 에스터화 반응의 예를 나타냈다.

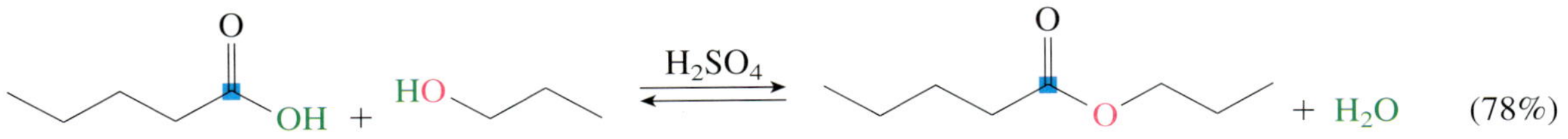

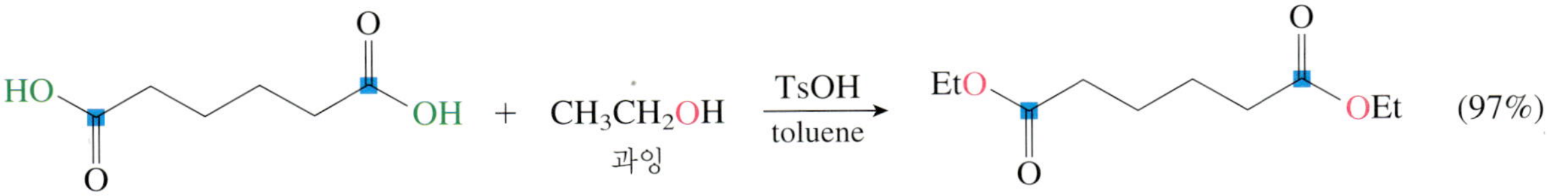

**락톤(Lactone)**은 고리 에스터이다. 같은 분자에 하이드록시기와 카복실기가 있어서 5- 혹은 6-원자 고리를 형성할 수 있으면 에스터 형성은 대단히 유리하다.

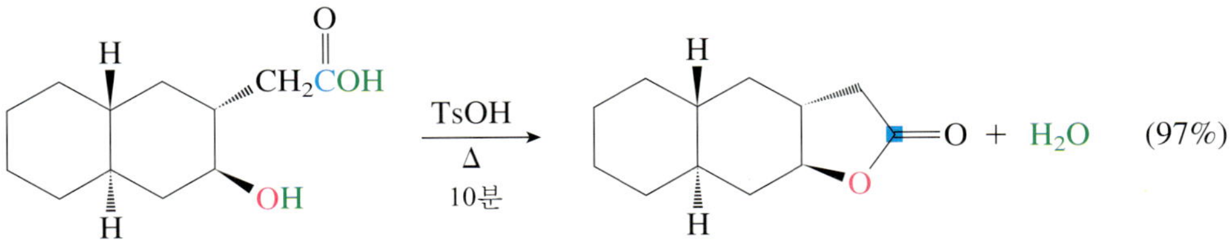

A lactone
(고리에스터)

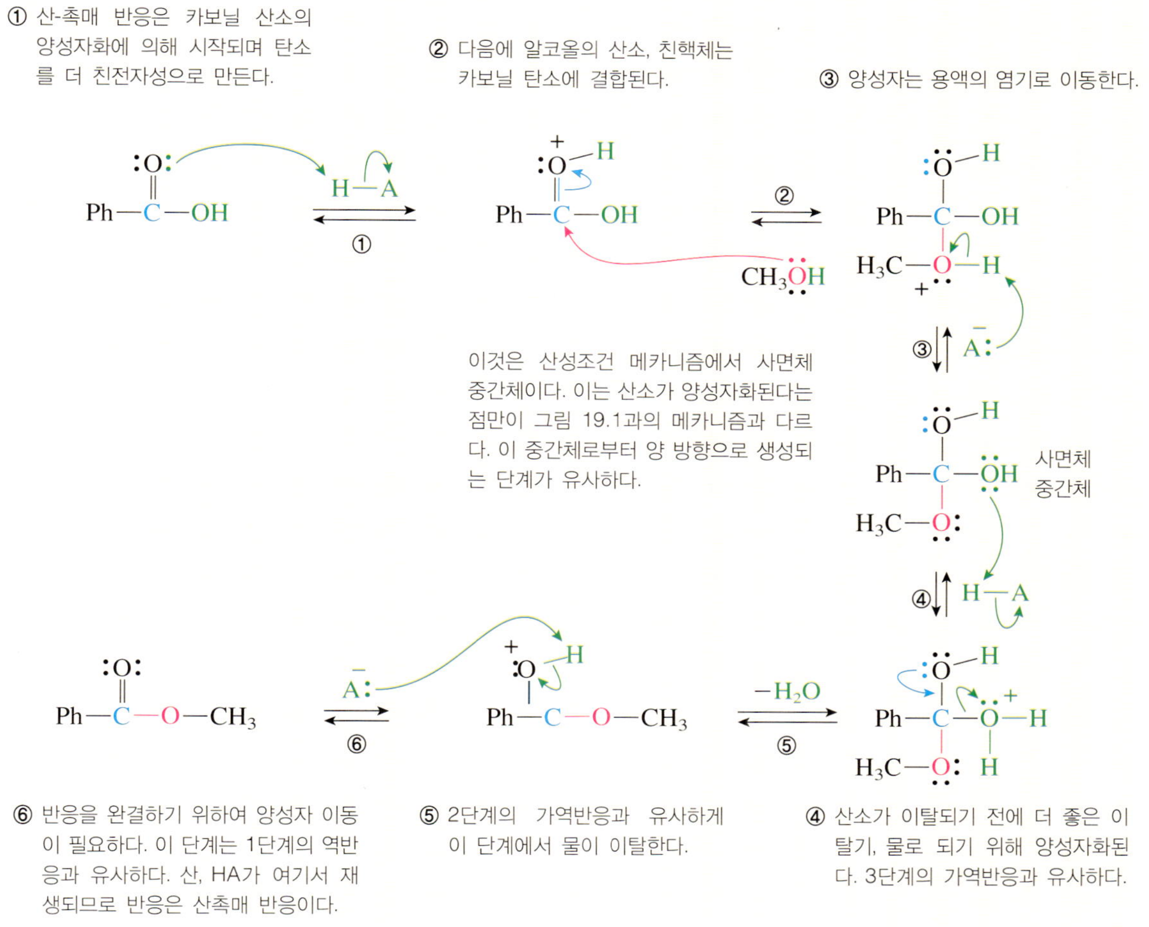


**그림 19.3** Fischer 에스터화 반응의 메카니즘

**문제 19.7** 다음 반응에 대한 메카니즘의 모든 단계를 나타내어라.

$$CH_3\overset{O}{\overset{\|}{C}}Cl + CH_3OH \longrightarrow CH_3\overset{O}{\overset{\|}{C}}OCH_3 + HCl$$

**문제 19.8** 살리실산은 두 친핵성 자리를 갖는다. 페놀과 카복실산의 산소이다. 아세트산 무수물과의 반응이 왜 이 화합물보다는 아스피린을 생성하는가를 설명하여라.

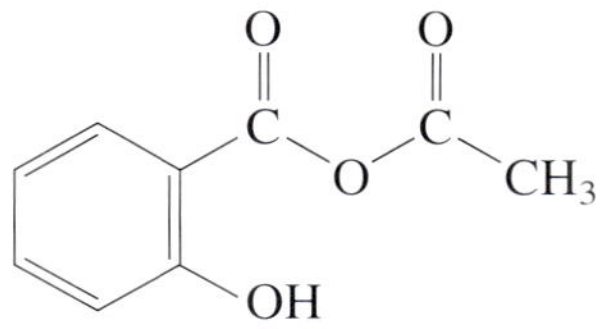

**문제 19.9** 다음 반응의 생성물을 나타내어라.

a) 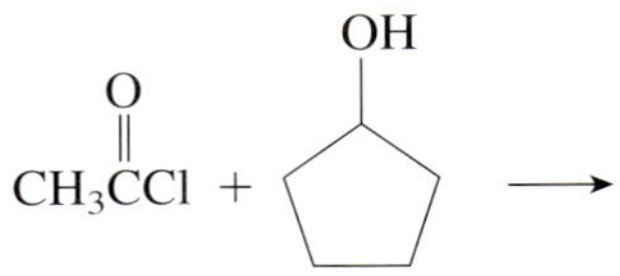

b) 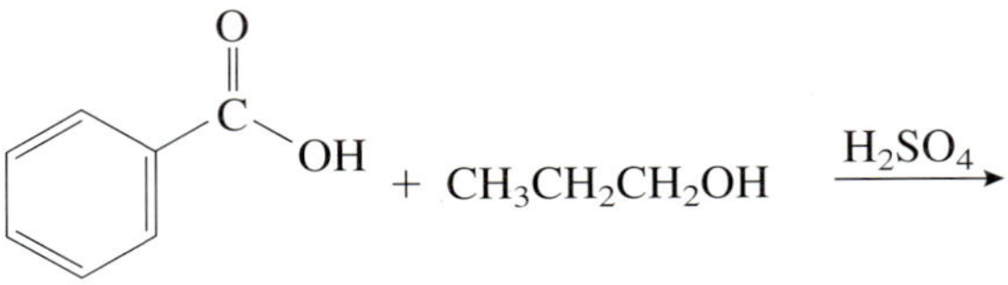

c) 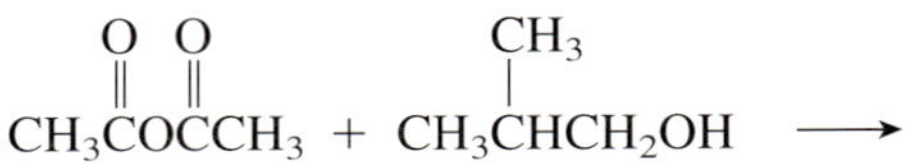

d) 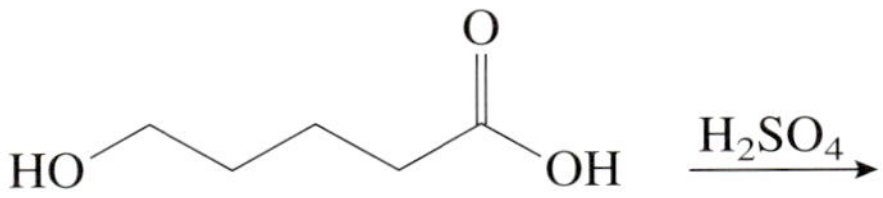

e) 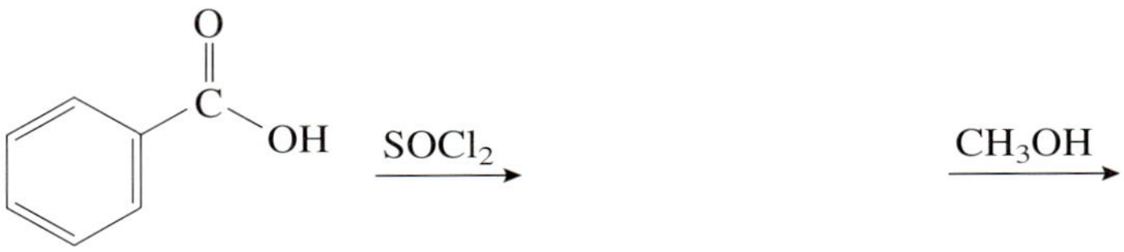

f) 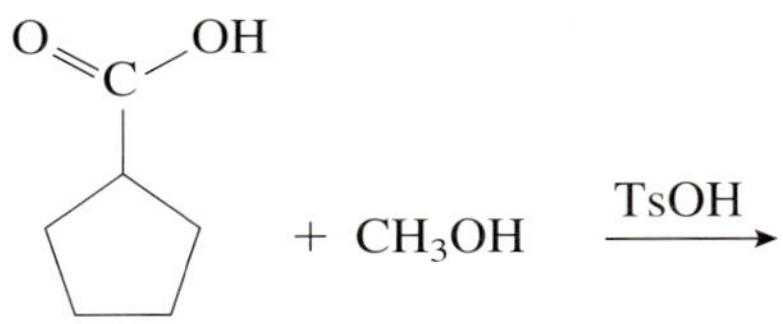

## 19.5 카복실산의 제조

카복실산은 보통 다른 산 유도체를 제조하는 출발물질로 사용된다. 그러나 어떤 산 유도체는 적절한 조건에서 물과 반응하여 카복실산으로 가수분해된다. 산 혹은 염기촉매가 반응성이 작은 유도체에 필요하다.

### 염화 아실과 무수물의 가수분해

염화 아실과 무수물은 물과 격렬하게 반응하여 카복실산을 생성하기 때문에 물로부터 보호해야 한다. 염화 아실과 무수물은 보통 산을 제조하는 데 사용되기 때문에 이 반응은 합성에의 유용성은 별로 없다. 그러나 염화 아실과 무수물을 다른 공급원으로부터 얻을 수 있으며 가수분해반응으로 카복실산을 제조하는 데 흔히 사용된다. 다음 방정식으로 그 예를 나타냈다.

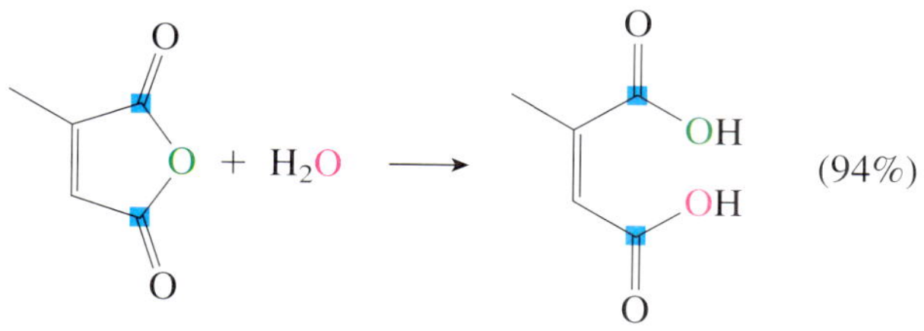

### 에스터의 가수분해

에스터는 산성 혹은 염기성 조건에서 카복실산으로 가수분해될 수 있다. 산성조건 메카니즘은 그림 19.3에 나타낸 Fischer 에스터화 메카니즘의 꼭 역반응이다. 산과 에스터는 비슷한 반응성을 가지므로 원하는 생성물, 이 경우에는 산 쪽으로 평형을 이동하기 위하여 몇 가지 방법을 사용해야 한다. 이것은 용매로 물을 사용하여 해결한다. Le Chatelier 원리에 따라 평형을 카복실산으로 이동할 수 있도록 물을 과량 사용한다.

**문제 19.10** 다음 반응에 대한 메카니즘의 모든 단계를 나타내어라.

$$CH_3\overset{O}{\overset{\|}{C}}OCH_2CH_3 + H_2O \underset{}{\overset{H_2SO_4}{\rightleftharpoons}} CH_3\overset{O}{\overset{\|}{C}}OH + CH_3CH_2OH$$

염기성 조건에서 에스터의 가수분해는 평형이 유리하기 때문에 더 보편적으로 가수분해되는데, 이 과정의 메카니즘을 **비누화반응(saponification)**이라 부르고, 그림 19.4에 나타냈다. 카복실산의 짝염기, 카복실산 음이온의 생성은 반응성 척도에서 밑에 있으므로 원하는 방향으로 평형을 이동해야 한다. 카복실산을 분리하기 위하여 가수분해가 완결되면 용액을 산성화한다. 몇 가지 예를 다음 방정식에 나타냈다. 아세트산 에스터 방법에 의해 알코올을 제조하는 10장에서 이 가수분해 반응의 다른 예를 발견할 수 있다.

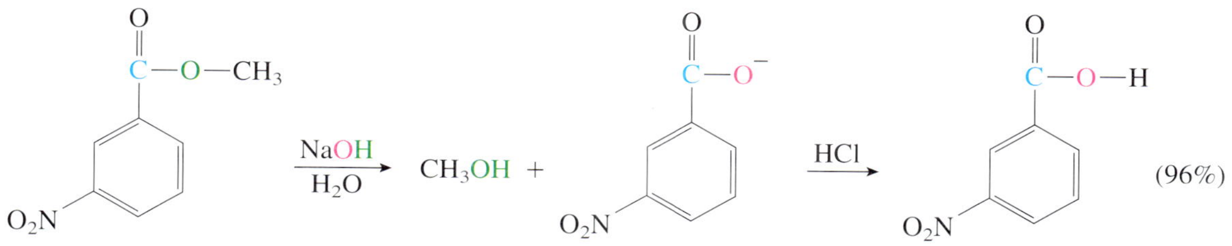

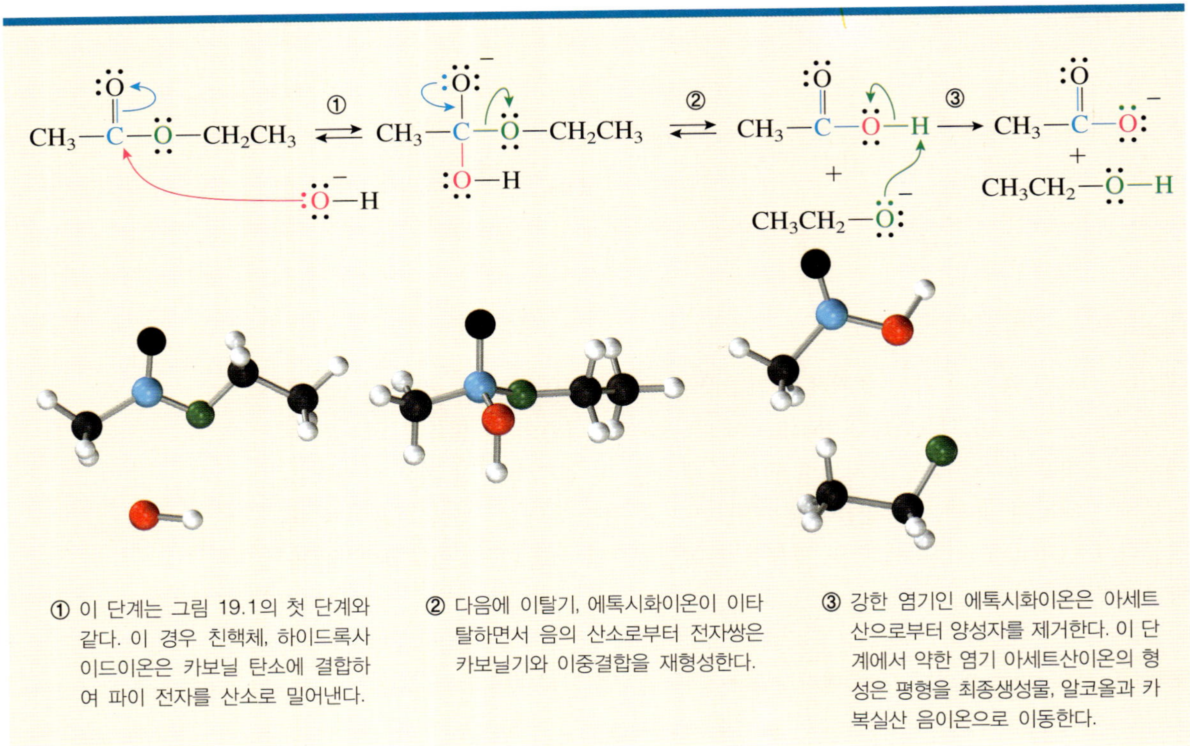


**그림 19.4** 에스터의 염기-촉매 가수분해(비누화반응)의 메카니즘.

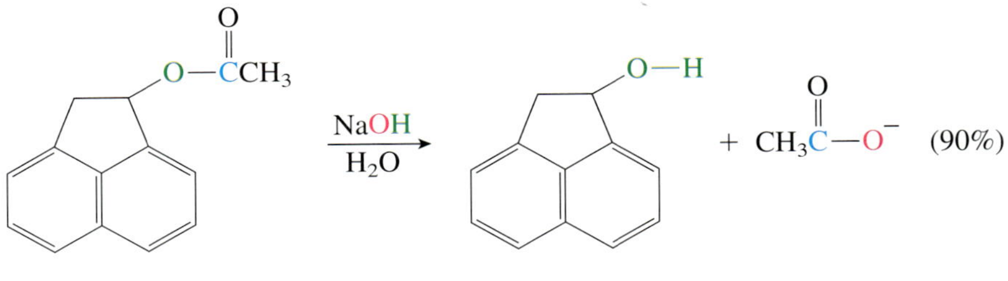


앞에서 살펴본 것처럼 다양한 실험은 특정한 반응에 대해 가정한 메카니즘을 지지하거나 혹은 반증하는 데 사용된다. 그림 19.4에 나타낸 에스터의 염기성 가수분해에 대한 메카니즘은 에스터의 알코올 부분의 탄소와 에스터의 에터 산소 간의 결합절단이라기보다는 카보닐 탄소와 에스터의 에터 산소 간의 결합절단을 포함한다.

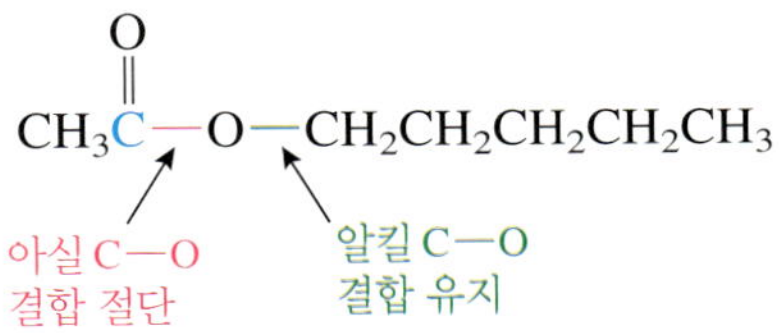


이 결합이 절단된다는 증거는 $^{18}O$ 함량이 풍부한 물을 사용하여 가수분해를 수행하여 얻을 수 있다. 아세트산 펜틸을 동위원소가 많은 물에서 가수분해한다. 1-펜탄올

생성물은 질량분석법에 의해 $^{18}O$의 정상적인 양만을 포함한다는 것을 나타내 주고 이 사실은 반응하는 동안에 C−O 결합이 절단되지 않는다는 것을 나타내준다.

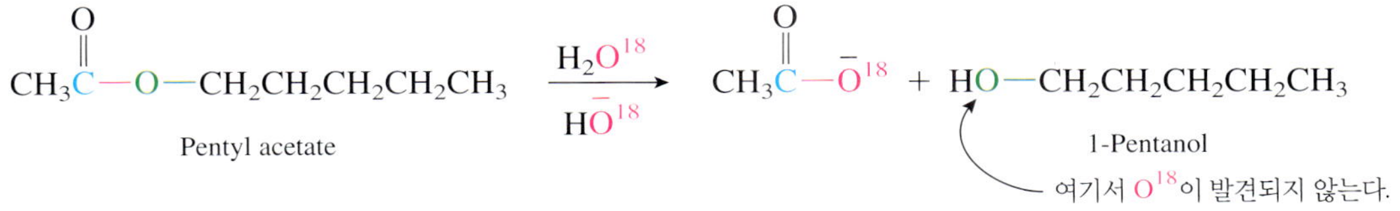


## 아미이드 가수분해

아마이드는 에스터보다 반응성이 적으므로 가수분해에는 산 혹은 염기 수용액에서 격렬하게 가열해 줄 필요가 있다. 산성조건에서 메카니즘은 그림 19.3에 나타낸 Fischer 에스터화 메카니즘의 역반응과 거의 유사하다. 염기성 조건에 대한 메카니즘은 에스터 비누화에 대해 그림 19.4에 나타낸 메카니즘과 연관되어 있으며 첫 단계에서 유사한 사면체 중간체를 형성한다. 그러나 $NH_2^-$는 강한 염기이고 빈약한 이탈기이다. 그러므로 질소는 이탈하기 전에 항상 양성자화된다. 이 메카니즘에서 일어나는 다양한 양성자 이동의 정확한 타이밍을 예측하기는 어렵고 아마이드의 구조와 반응의 조건에 의존한다. 가능한 메카니즘을 그림 19.5에 나타냈다.

산성 조건에서 아마이드 가수분해에 대한 평형은 형성되는 암모니아 혹은 아민의 양성자화로 생성물로 이동한다. 염기성 조건에서는 평형은 반응성 척도의 바닥에 있은 카복실산 음이온의 형성으로 생성물로 이동한다. 최종용액의 pH는 조절되어야 하며 pH에 따라서 생성물이 분리될 수 있다. 카복실산을 원하면 최종용액은 산성이 되어야 하며 아민을 분리하려면 염기성이 되어야 한다. 몇 가지 예를 다음 방정식에 나타냈다. Gabriel 아민 합성의 최종 단계에서 프탈이미드의 가수분해는 아마이드의 가수분해이다.

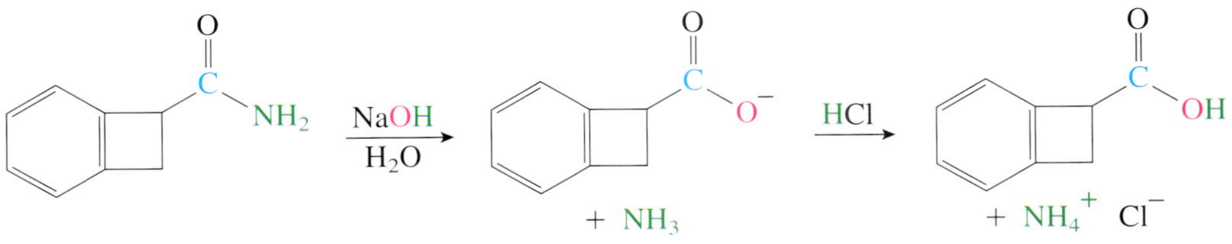

(98%)

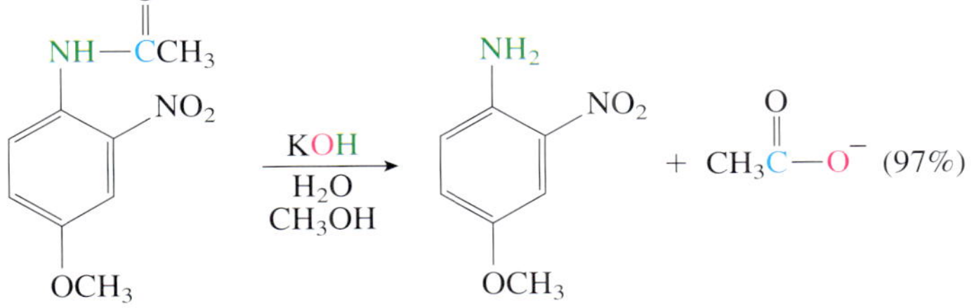

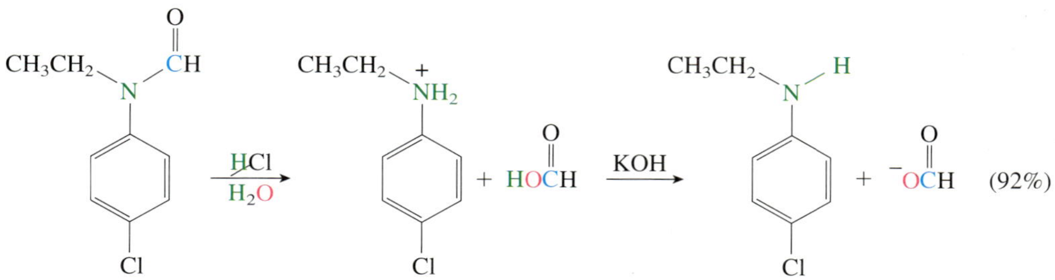

이미 기술한 것처럼 염화 아실과 무수물은 산 혹은 염기 촉매 없이도 물에 의해 가수분해된다. 염화 아실과 무수물을 오랫동안 저장하면 공기 중의 물과 접촉하기 때문에 대응하는 카복실산으로 오염된다는 것을 발견하게 된다.

한편 에스터와 아마이드는 물과 반응하기 위하여 산 혹은 염기 촉매의 존재가 필요하다. 이 반응은 즉석에서 반응하지 않고 강한 산성 혹은 염기성 조건이 필요하다. 상당한 속도로 진행하기 위해서는 가열해 주어야 한다. 예를 들면 전형적인 에스터 비누화반응은 10% NaOH 수용액으로 수행하며 에스터층이 사라질 때까지 환류한다. 환류시간은 15분 내지 수시간 소요된다. 마찬가지로 전형적인 아마이드 가수분해는 진한 염산용액에서 15분에서 수시간에 걸쳐 환류한다. 에스터와 아마이드는 생체에서 발견되는 중성조건에서는 상당히 안정하다. 그러므로 그들이 생화학에서 왜 중요한 작용기로 작용하는가에 대한 하나의 원인이 된다.

**그림 19.5 염기성 조건에서 아마이드의 가수분해에 대한 가능한 메카니즘.**

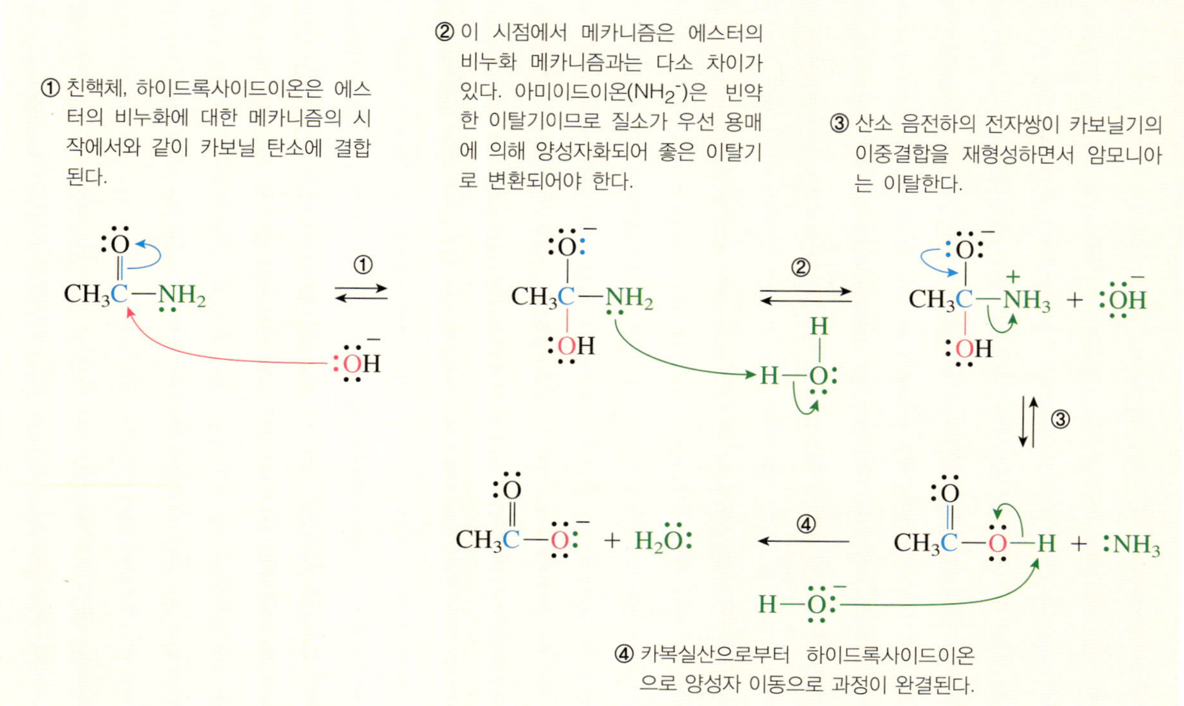

**문제 19.11** 이 지방을 비누화 할때 형성되는 생성물을 나타내어라.

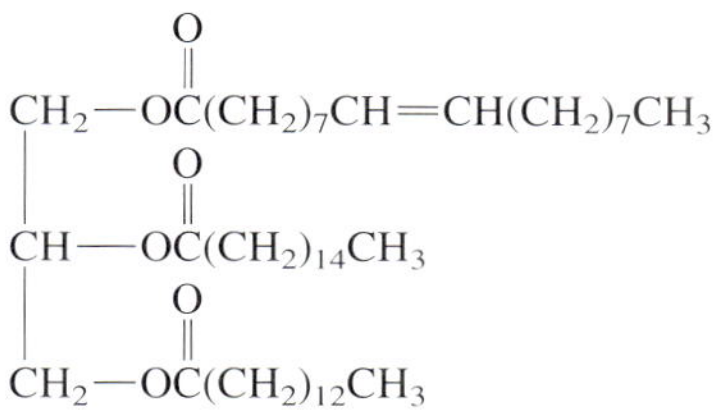

## 예제 19.2

이 반응에 대한 메카니즘의 모든 단계를 나타내어라.

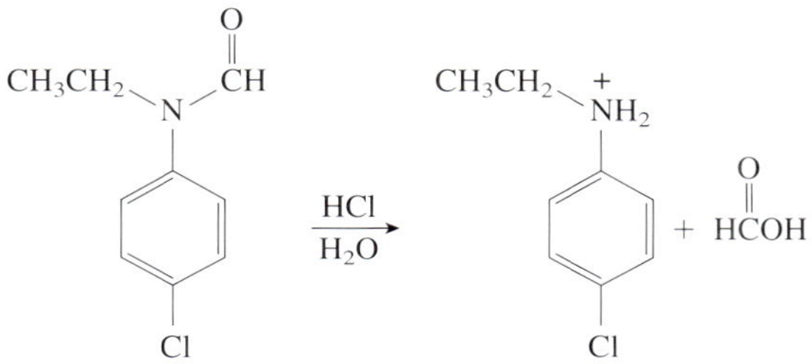

### 풀이

이 산-촉매 메카니즘은 Fischer 에스터화에 대한 역메카니즘과 같다.

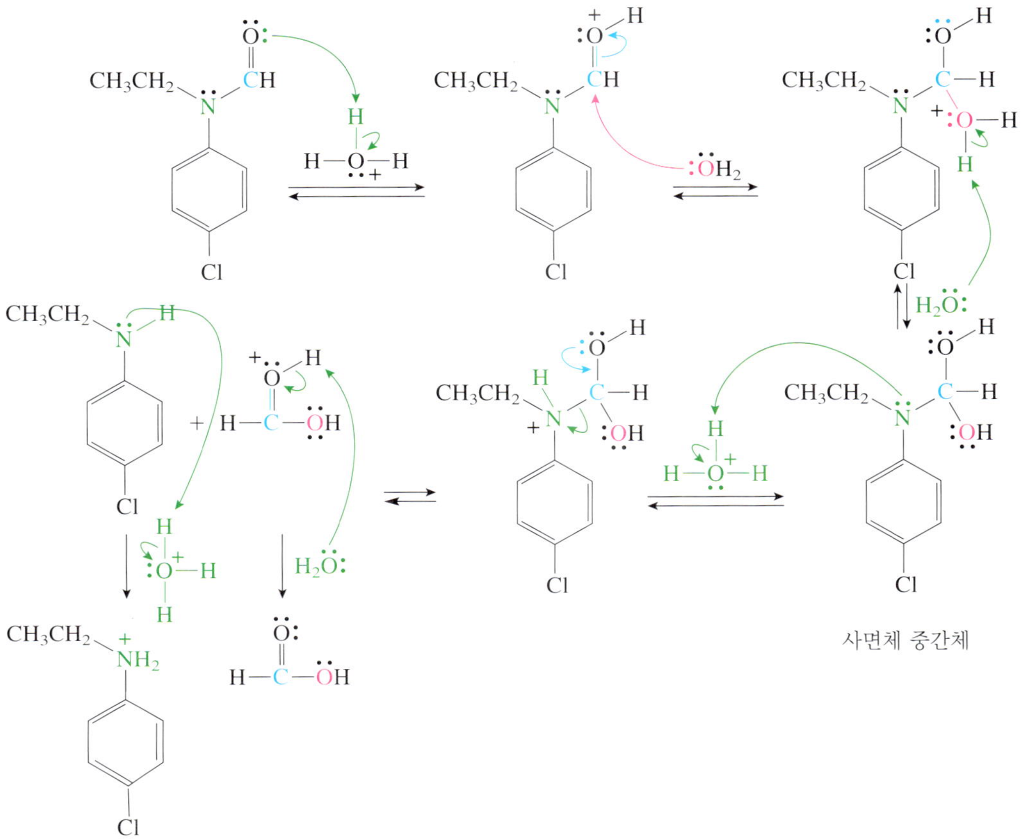

### 나이트릴의 가수분해

나이트릴은 다음 방정식에서 설명한 것처럼 산 혹은 염기성 조건에서 카복실산으로 가수분해되기 때문에 카복실산 유도체로 분류한다.

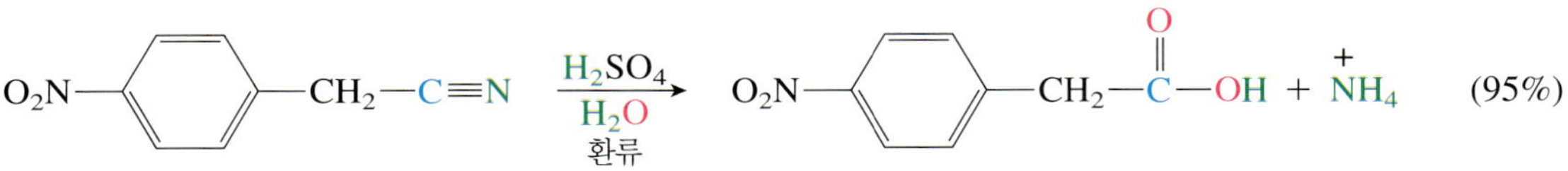

아마이드는 가수분해의 중간체이다. 아마이드는 나이트릴보다 반응성이 작기 때문에 원한다면 짧은 반응시간, 낮은 온도 혹은 약한 염기와 같은 온화한 반응조건을 사용하여 아마이드 단계에서 반응을 정지할 수 있다.

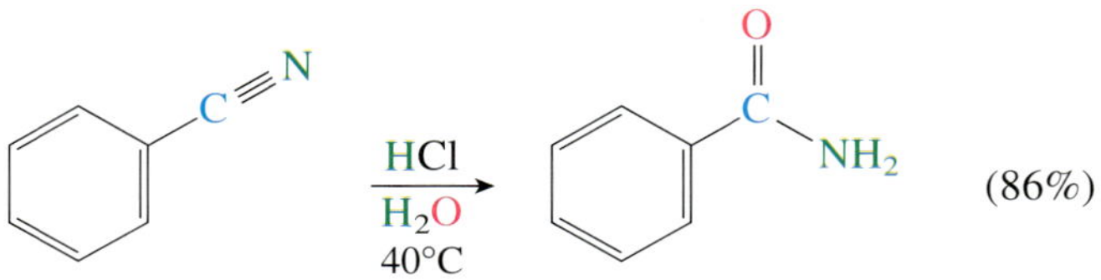

CN 삼중결합의 많은 반응은 CO 이중결합의 반응과 비슷하며 메카니즘 또한 유사하다. 염기성 조건에서 나이트릴이 아마이드로의 가수분해를 그림 19.6에 나타냈다.

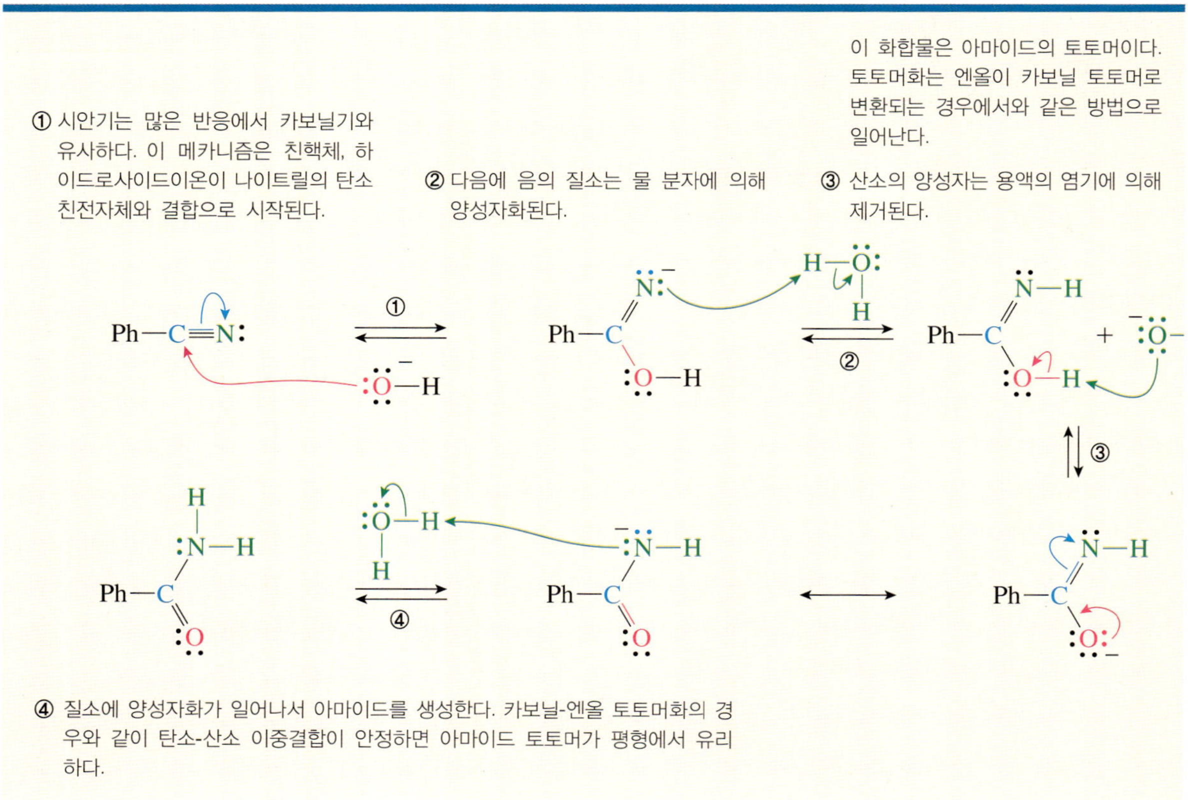


**그림 19.6 염기성 조건에서 아마이드로 나이트릴의 가수분해 메카니즘.**

$S_N2$ 반응에서 친핵체로 시안화이온을 사용하고, 생성된 나이트릴의 가수분해로 출발물질보다 탄소수가 하나 많은 카복실산을 제조할 수 있다.

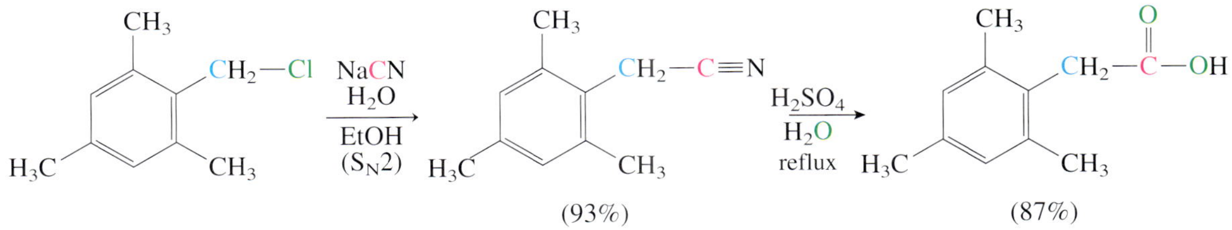

문제 19.12 다음 반응의 생성물을 나타내어라.

**a)** $CH_3C(=O)OC(=O)CH_3 + H_2O \longrightarrow$

**b)** $PhC(=O)—OCH_2CH_3 + H_2O \xrightarrow{NaOH}$

**c)** $CH_3C(=O)NHPh + H_2O \xrightarrow{HCl}$

**d)** 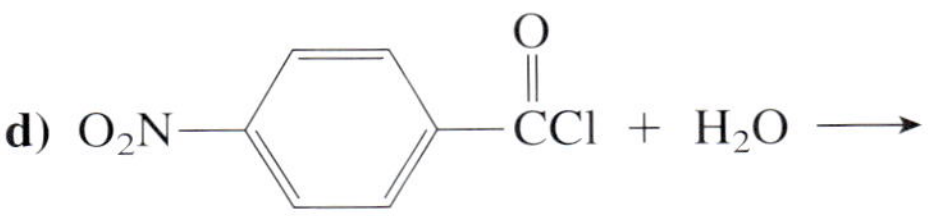

**e)** $CH_3CH_2C(=O)OCH_2CH_3 + H_2O \xrightarrow{H_2SO_4}$

**f)** 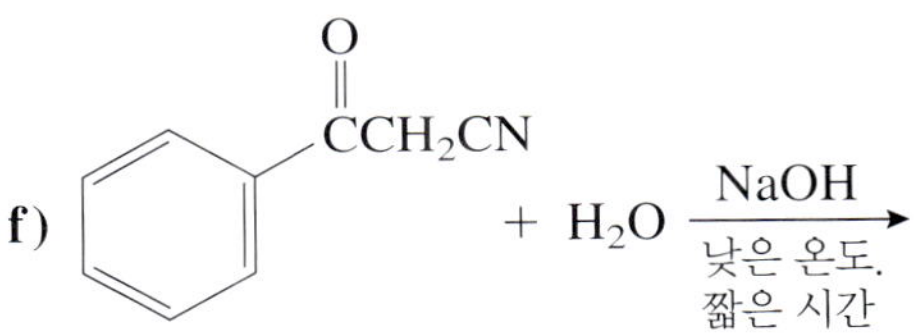

**g)** $CH_3CH_2CH(Cl)CH_3 \xrightarrow[\text{2) NaOH, } H_2O]{\text{1) } CH_3C(=O)O^-\text{, DMF}}$

**h)** 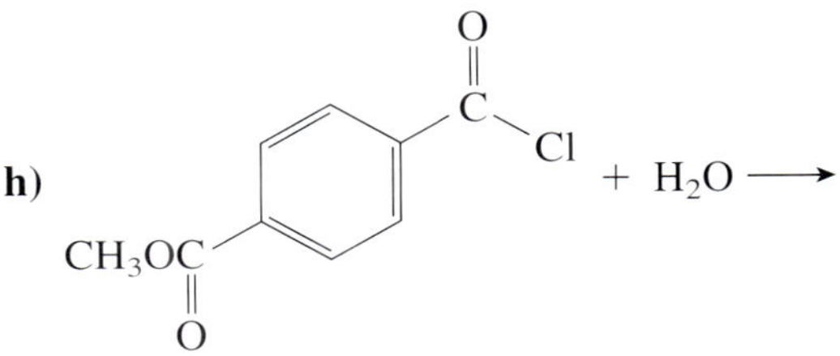

**i)** $CH_3CH_2CH_2CN + H_2O \xrightarrow[\text{높은 온도, 장 시간}]{HCl}$

문제 19.13 브롬화벤질로부터 2-페닐아세트산을 합성하여라.

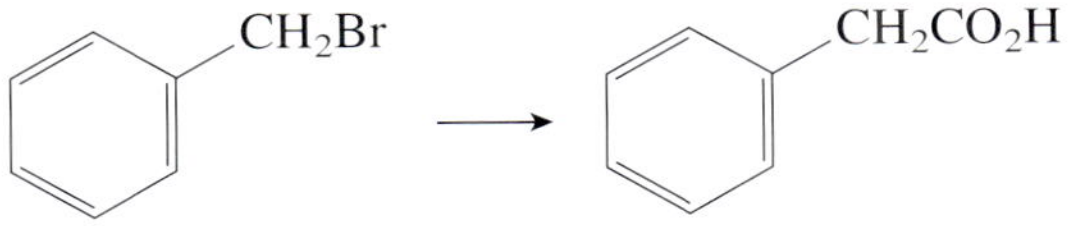

## 19.6 아마이드의 제조

아마이드는 암모니아 혹은 아민과 염화 아실 혹은 무수물과의 반응에 의해 제조된다. 이 반응의 부산물은 상성이기 때문에 염기를 반응에 가해주어야 한다. 아민이 비싸지 않다면 과잉의 아민을 사용하거나 혹은 수산화 소듐 혹은 다른 염기의 존재에서 반응을 수행한다. 다음에 그 예를 나타냈다.

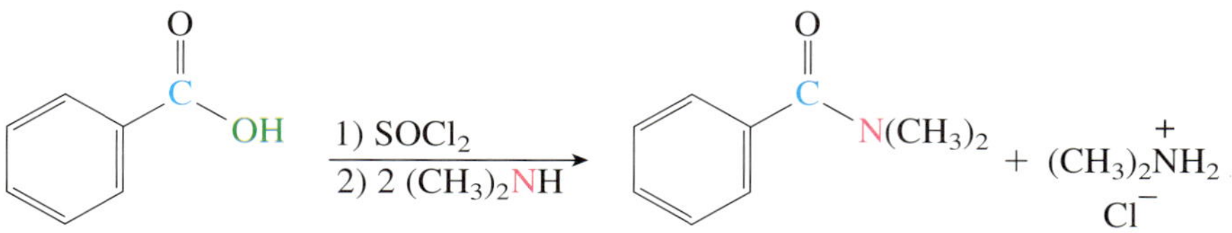

(89%)

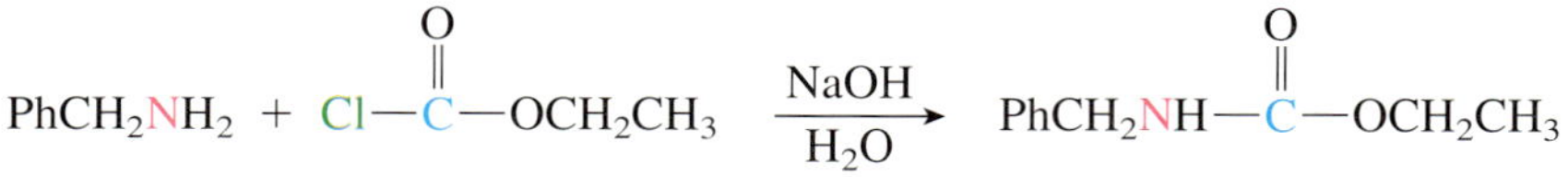

(96%)

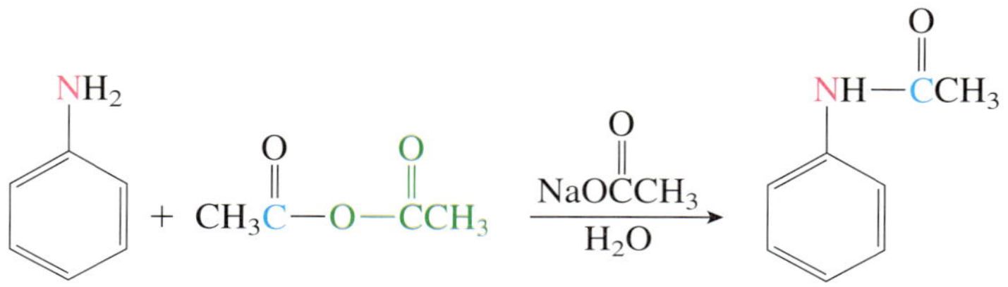

(98%)

카복실산은 반응성 척도에서 아마이드보다 높은 위치에 있지만 아민과 산과의 반응은 직접 아마이드를 생성하지 않는다. 이들 화합물에서 일어나는 빠른 산-염기 반응은 카복실산 음이온과 아민으로부터 생긴 암모늄 양이온을 형성한다. 이 염을 격렬하게 가열해주면 물이 빠져나가서 아마이드를 생성한다. 그러나 이 방법은 다섯 혹은 육 원자 고리를 포함한 **고리 아마이드(cyclic amide, 락탐(lactam))** 형성 이외의 합성에는 사용되지 않는다. 다음 방정식은 고리 **이미드(imide)**를 생성하여 두 아마이드 결합을 형성하는 카복실산의 반응을 나타낸다.

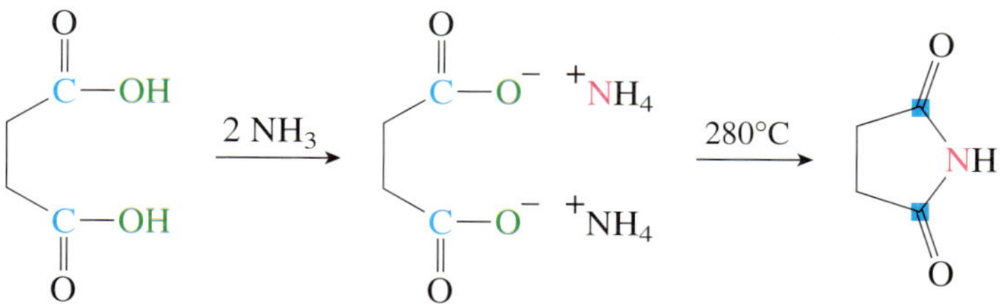

(83%)

An imide

19.2~19.6절에서 기술한 반응을 사용하여 카복실산 유도체를 다른 카복실산 유도체로 변환할 수 있다. 이제 이 화합물과 수소화물과 유기금속 친핵체와의 반응을 검토해보자.

**문제 19.14** 다음 반응의 생성물을 나타내어라.

a) 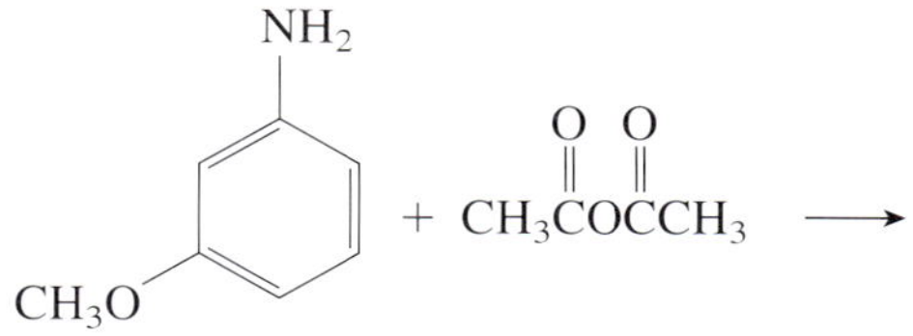

b) $$CH_3CH_2CH_2\overset{O}{\overset{\|}{C}}OH \xrightarrow[\text{2) }(CH_3CH_2)_2NH\text{ excess}]{\text{1) }SOCl_2}$$

c) 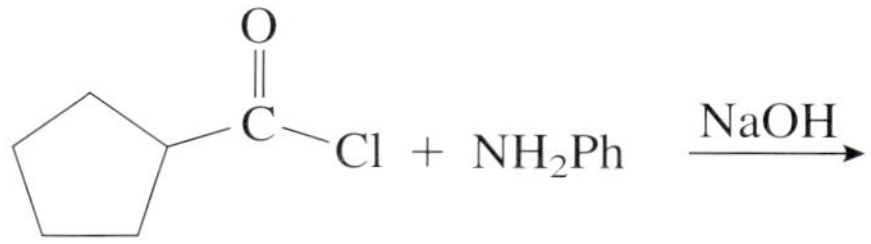

d) 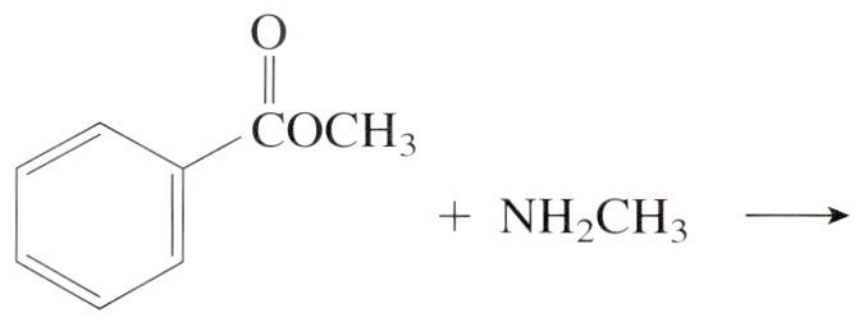

**문제 19.15** 다음 반응에 대한 메카니즘의 모든 단계를 나타내고 왜 지시된 생성물은 형성되고 다른 것은 형성되지 않는지를 설명하여라.

$$PhCH_2NH_2 + Cl\overset{O}{\overset{\|}{C}}OCH_2CH_3 \longrightarrow \underset{\text{Formed}}{PhCH_2NH\overset{O}{\overset{\|}{C}}OCH_2CH_3} \quad \underset{\text{Not formed}}{PhCH_2NH\overset{O}{\overset{\|}{C}}Cl}$$

## 예제 19.3

이 아마이드를 메틸 에스터로 변환시키는 데 사용되는 반응을 제시하여라.

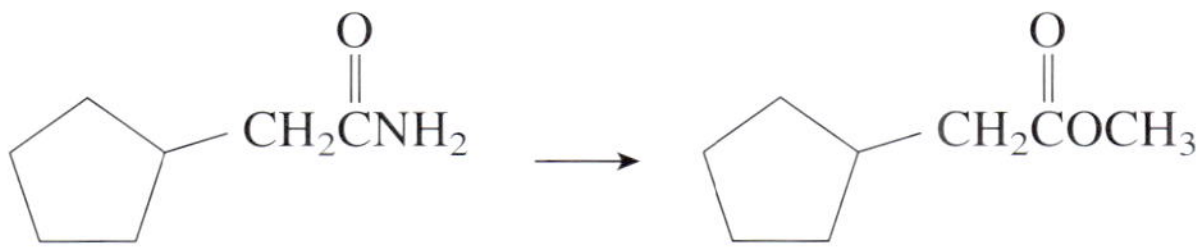

### 전략

카복실산 유도체는 전절에서 검토한 하나 이상의 반응을 사용하여 다른 유도체로 변환시킬 수 있다. 변환이 반응성이 적은 것으로부터 큰 것으로 변환을 요구한다면 간접적인 경로가 필요하다. 어떤 유도체는 물과 산 혹은 염기를 사용하여 카복실산으로 가수분해된다. 카복실산은 염화 싸이온일과 반응으로 염화 아실로 변환된다.

### 풀이

아마이드는 반응성이 작기 때문에 직접 에스터로 변환시킬 수 있는 방법은 없다. 그러므로 아마이드를 먼저 산으로 가수분해하고 다음에 산을 에스터화한다.

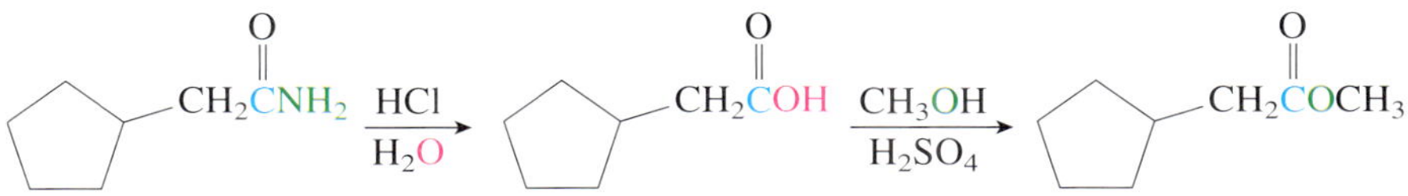

**문제 19.16** 이 변환을 일으킬 수 있는 반응을 제시하여라. 어떤 경우에는 한 단계 이상이 필요하다.

a) 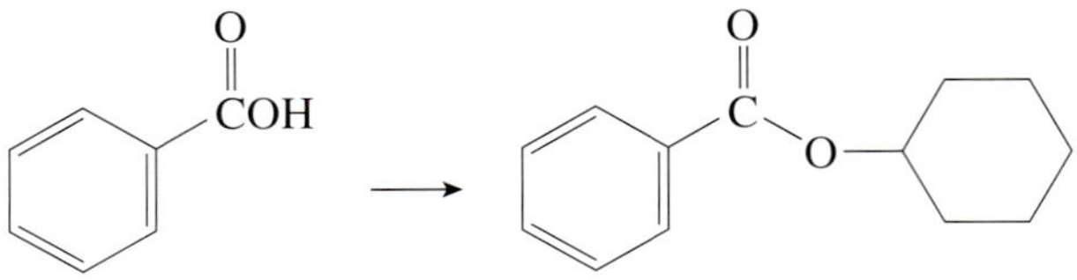

b) 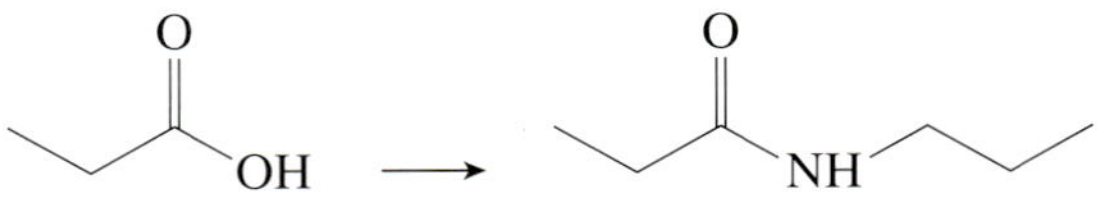

c) 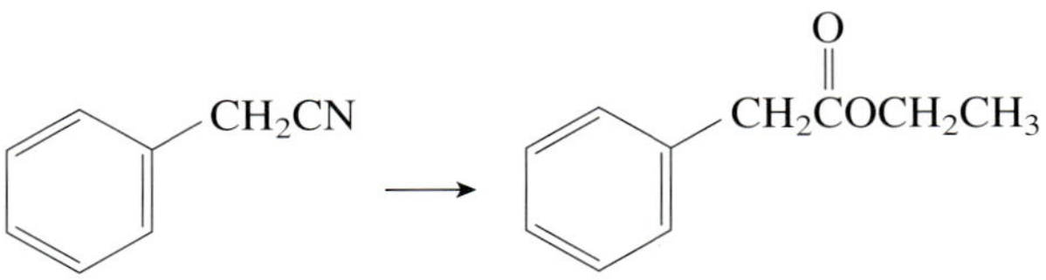

## 19.7 수소화물 친핵체와 반응

알데하이드와 케톤과 수소화 알루미늄 리튬과의 반응에 대해 이미 배운 것과 이 장에서 지금까지 소개한 메카니즘을 근거로 수소화물이 카복실산 유도체와 반응할 때 생성되는 생성물을 쉽게 예측할 수 있다. 예를 들어 수소화 알루미늄 리튬과 벤조산 에틸의 반응을 고려해보자. 이 장에 있는 모든 반응과 같이 이 반응은 카보닐기의 탄소에서 친핵체, 수소화 이온의 공격으로 시작하여 파이 전자가 산소로 이동한다(그림 19.7). 다음에 이 전자들은 사면체 중가체로부터 에톡사이드를 치환한다. 이 단계에서 생성물은 알데하이드이다. 알데하이드는 또한 수소화 알루미늄 리튬과 반응한다. 그러므로 산으로 마무리하면 생성물은 일차 알코올이다.

메카니즘으로부터 이 환원을 달성하려면 두 수소화물 친핵체가 소모된다. 그러므로 1몰의 수소화 알루미늄 리튬은 2몰의 에스터를 환원한다.

$$2\ \text{Ph}\overset{\text{O}}{\overset{\|}{\text{C}}}\text{—OCH}_2\text{CH}_3 \xrightarrow{\text{LiAlH}_4} \xrightarrow{\text{H}_3\text{O}^+} 2\ \text{PhCH}_2\text{OH} + 2\ \text{CH}_3\text{CH}_2\text{OH}\ \ (90\%)$$

수화물 시약을 적게 사용하면 어떻게 될까? 메카니즘에서 알데하이드가 먼저 생성되지만 알데하이드가 반응성 척도에서 에스터보다 높은 위치에 있기 때문에 반응은 알데하이드 단계에서 정지되지 않는다. 알데하이드는 형성되자마자 빨리 수화물과 반응한다. 2몰의 에스터에 대해 1몰보다 적은 수소화물을 사용하면 약간의 알데하이드와 같이 에스터와 알코올의 혼합물이 생성된다. 이와 같은 혼합 생성물이 생성되는 반응은 합성에는 유용하지 못하다.

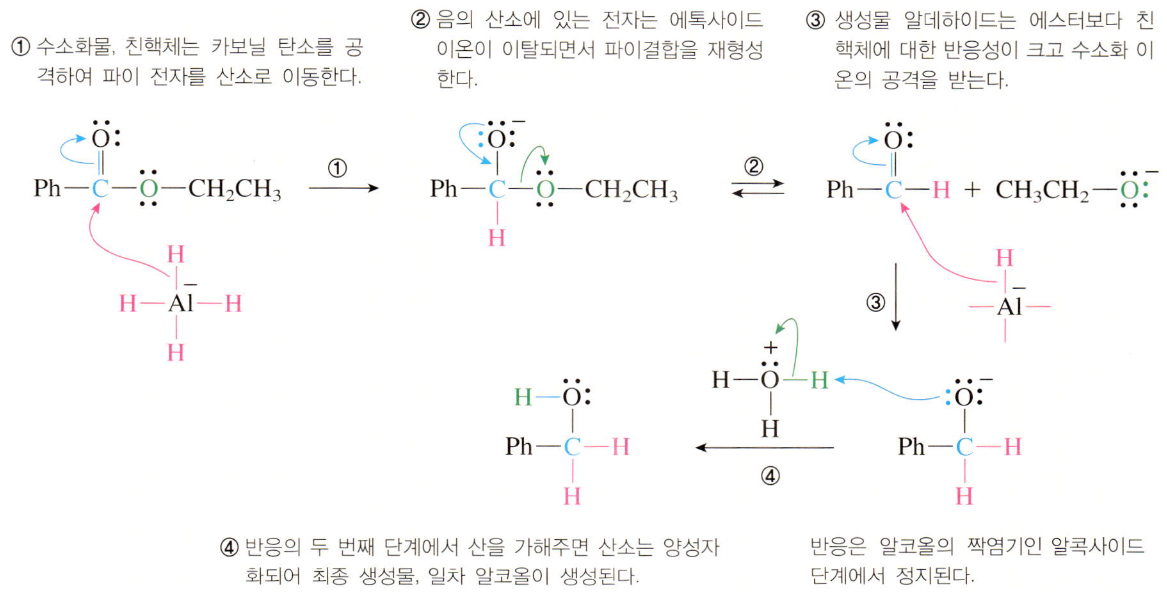


**그림 19.7** **수소화알루미늄 리튬과 에스터의 환원 메카니즘.**

이 메카니즘적 이유를 근거로 염화 아실과 무수물은 수소화 알루미늄 리튬에 의해 일차 알코올로 환원되는 것이 분명하다. 그러나 이 화합물들은 에스터보다 환원하는 데 불편하고 합성에서 이점이 없기 때문에 이와 같은 환원의 기질로 거의 사용되지 않는다.

카복실산은 수소화 알루미늄 리튬에 의해 일차 알코올로 환원된다. 이 반응에 대한 메카니즘에서 첫 단계는 그림 19.8에 나타낸 산과 수소화물 간의 산-염기 반응이다. 수소화 알루미늄 리튬은 카복실산 음이온의 상당히 비활성인 카보닐기를 공격하기에 충분히 반응성이 크다. 반응이 더 진행되기 위하여 음으로 하전된 산소의 하나가 이탈기로 작용하지 않으면 안된다. 산소는 알루미늄과 Lewis 산-염기 배위에 의해 이 과정을 돕는다. 이것은 산소를 덜 염기성이 되게 하고 더 잘 이탈하도록 해준다.

요약하면 카복실산 유도체의 일차 알코올로 환원은 수소화알루미늄 리튬과 에스터 혹은 산과의 반응에 의해 이루어진다. 다음 방정식에 몇 가지 예를 나타냈다.

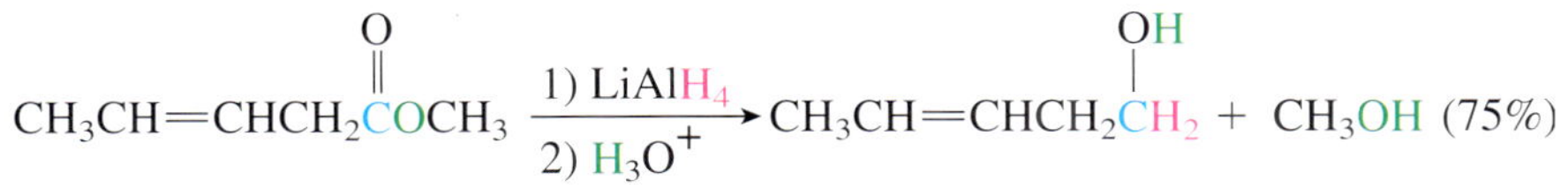

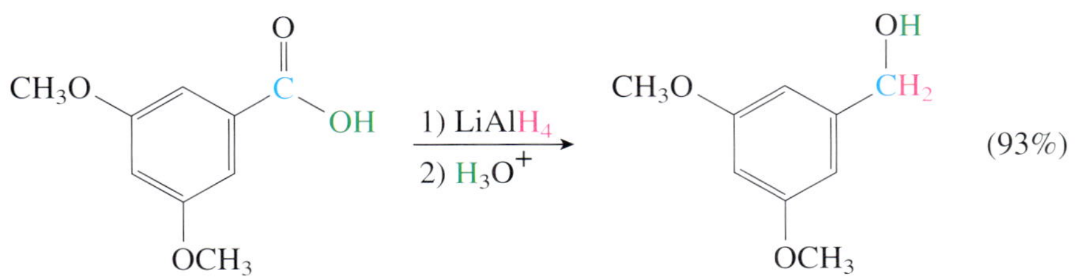

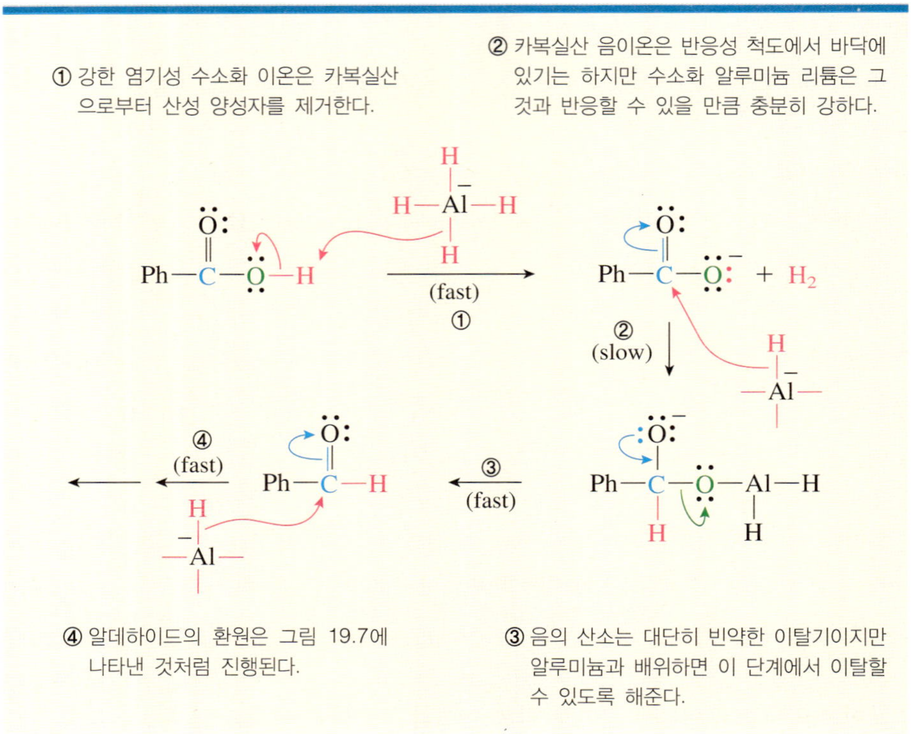


**그림 19.8** 수소화 알루미늄 리튬과 카복실산의 환원에 대한 메카니즘 첫 번째 단계.

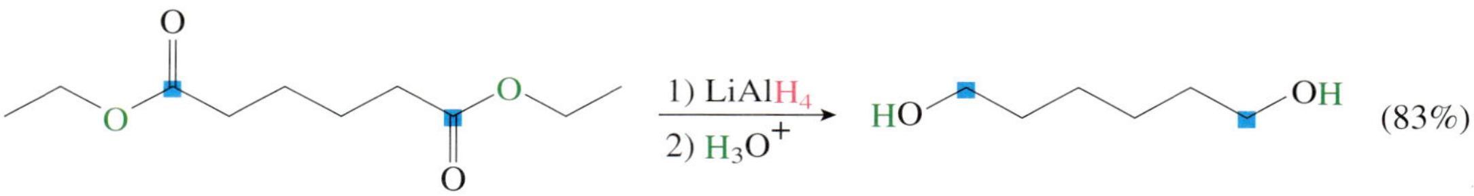

수소화 붕소 소듐은 수소화 알루미늄 리튬보다 반응성이 상당히 작기 때문에 환원에 많이 사용되지 않는다. 그러나 이 성질은 같은 화합물에 있는 에스터기는 환원하지 않고 알데하이드와 케톤만을 환원하려 할 때 유용하게 사용될 수 있다.

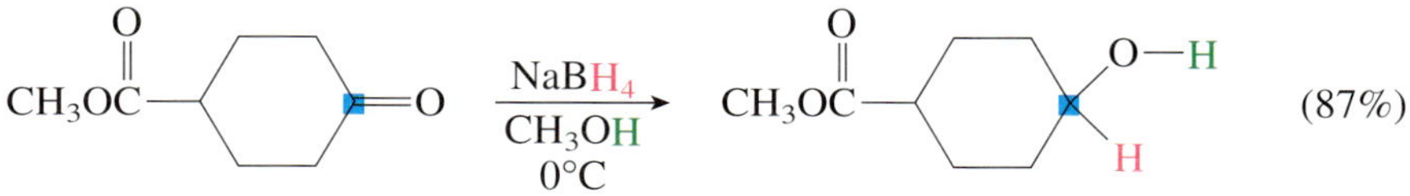

수소화 알루미늄 리튬과 아마이드의 환원은 약간 다른 과정을 거친다. 카보닐기는 다음 예에 나타낸 것처럼 $CH_2$기가 아민으로 환원된다.

$$CH_3(CH_2)_{10}\overset{O}{\overset{\|}{C}}NHCH_3 \xrightarrow[2)\ H_2O]{1)\ LiAlH_4} CH_3(CH_2)_{10}CH_2NHCH_3 \quad (95\%)$$

이 반응은 처음에는 이상하게 보이지만 본질적으로 카복실산의 환원과 같은 메카니즘이다. 그러나 산소가 덜 염기성이기 때문에 질소보다는 산소가 이탈한다. 메카

① 그림 19.8에 나타낸 반응과 같이 메카니즘은 염기성 수소화 이온이 산성 양성자의 제거로 시작한다. 산성 양성자는 질소에 있는 양성자이다.

② 다음에 다른 수소화 이온은 친핵체로 작용하여 카보닐기의 탄소를 공격한다.

③ 알루미늄과 배위된 산소는 이 단계에서 질소보다 먼저 이탈한다. 산소는 질소보다 더 약한 염기이기 때문에 좋은 이탈기가 된다.

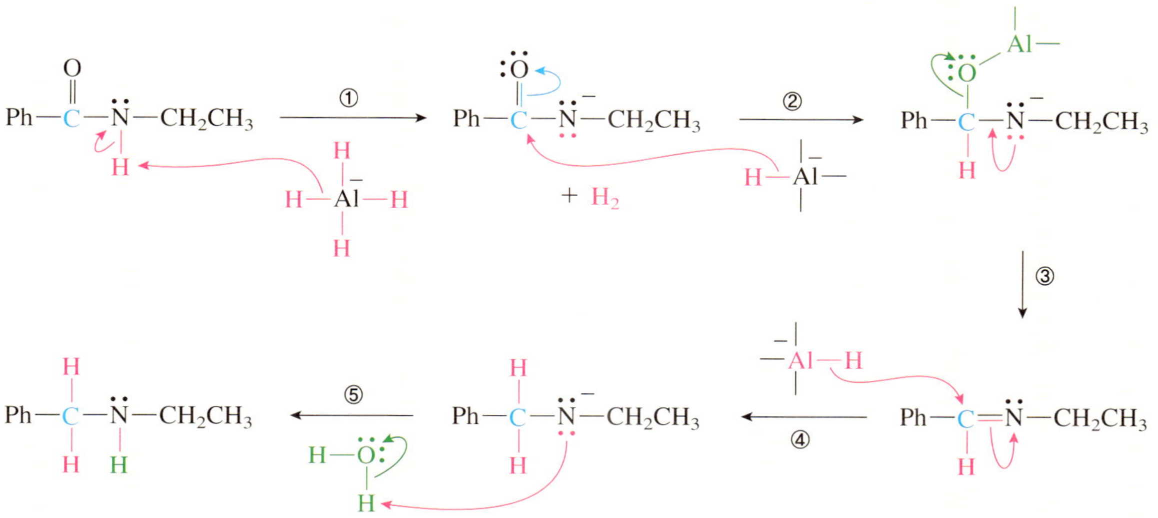

⑤ 이 메카니즘에 최종 단계에서 마무리 단계에 가해진 물에 의해 음의 질소가 양성자화된다.

④ 이민의 탄소-질소 이중결합은 탄소-산소 이중결합과 같이 수소화 친핵체의 공격을 받는다.

**그림 19.9** **수소화 알루미늄 리튬에 의한 아마이드의 아민으로 환원 메카니즘.**

니즘을 그림 19.9에 요약하였다. 이 메카니즘은 그림 19.8의 메카니즘과 유사하다. 수소화 알루미늄 리튬과 아마이드의 환원은 아민을 제조하는 중요한 방법을 마련해 준다. 일차, 이차 혹은 삼차 아민을 이 방법으로 제조할 수 있다.

일차 아민을 제조하는 데 사용될 수 있는 다른 방법은 수소화 알루미늄 리튬과 나이트릴의 환원이다. 이 반응에 대한 메카니즘 사이아노기의 친전자성 탄소에 대한 두 수소화물, 친핵체의 연속적 첨가를 포함한다. 마무리 단계에서 물의 첨가는 생성물의 질소에 두 양성자를 제공한다. 그 예를 다음에 나타냈다.

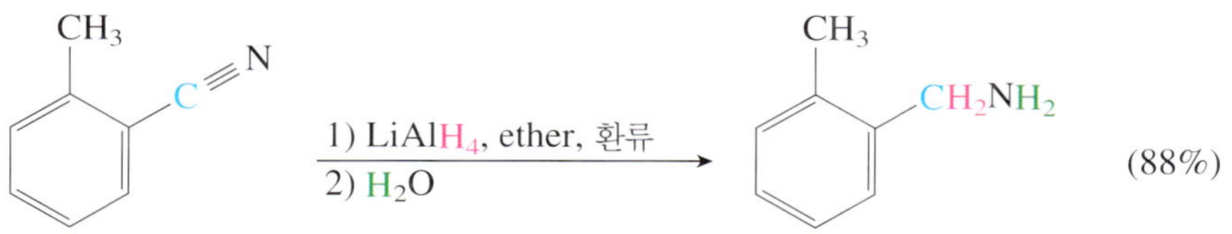


**문제 19.17** 다음 반응의 생성물을 나타내어라.

**a)** $CH_3CH_2CH_2C(=O)OCH_3 \xrightarrow[\text{2) } H_3O^+]{\text{1) } LiAlH_4}$

**b)**

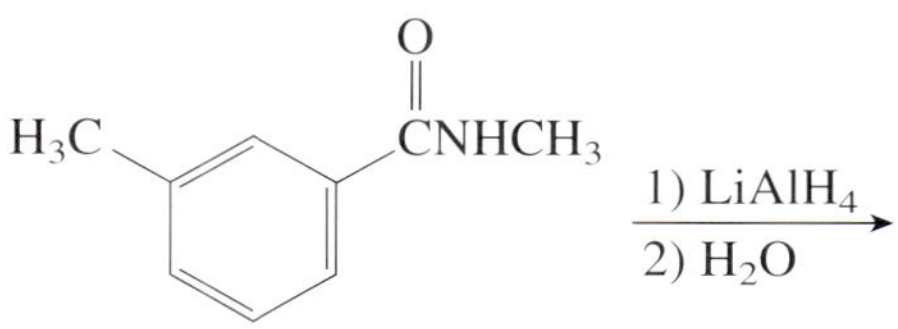

c) 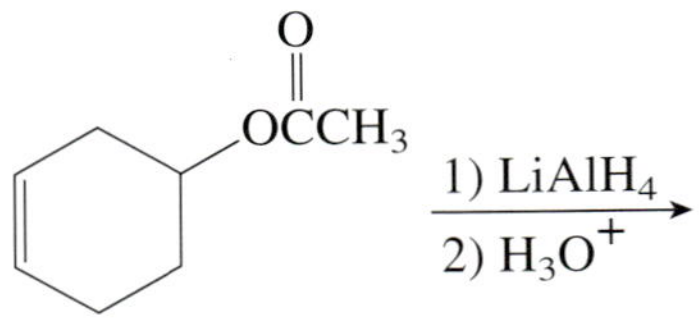

d) 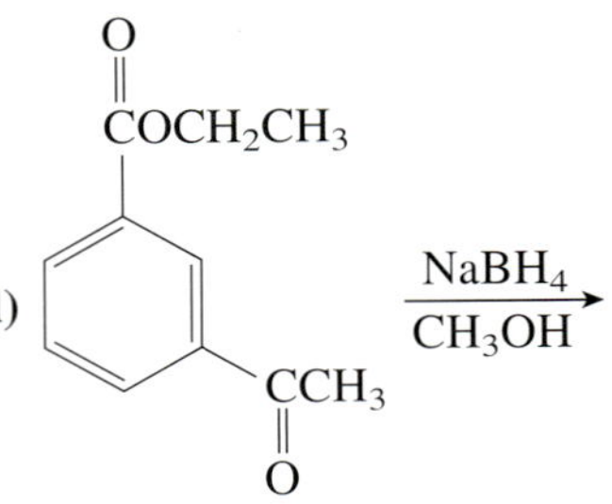

e) 

**문제 19.18** 수소화 알루미늄 리튬과 아마이드와 나이트릴의 환원 생성물의 양성자화에 왜 $H_3O^+$ 대신에 물을 가해주는지를 설명하여라.

## 19.8 알데하이드로 산유도체의 환원

그림 19.7에서 설명한 것과 같이 수소화 알루미늄 리튬과 에스터와 같은 산 유도체의 환원은 중간체로 알데하이드를 생성한다. 알데하이드의 환원은 최종 생성물로 일차 알코올이 생성된다. 알데하이드 단계에서 환원을 정지할 수 있으므로 알데하이드를 카복실산 유도체로부터 직접 제조할 수 있다.

어떻게 이와 같은 변환을 일으킬 수 있는지를 분석해보자. 어떤 카복실산 유도체가 알데하이드로 환원에 대한 출발물질로 적합한가? 에스터는 알데하이드보다 반응성이 작기 때문에 사용할 수 없다. 에스터를 환원할 만큼 충분히 반응성이 큰 시약은 알데하이드를 환원할 수 있을 만큼 반응성이 크다. 더 반응성이 큰 염화 아실과 같은 카복실산 유도체가 적합하다는 것이 증명되었다. 염화 아실은 알데하이드보다 반응성이 크다. 적어도 이론적으로는 염화 아실을 환원할 수 있을 만큼 충분히 반응성이 크고 알데하이드는 환원할 수 없는 환원제를 발견할 수가 있다. 수소화 트라이-*t*-뷰톡시알루미늄 리튬이 이와 같은 반응성을 가진다는 것이 알려졌다.

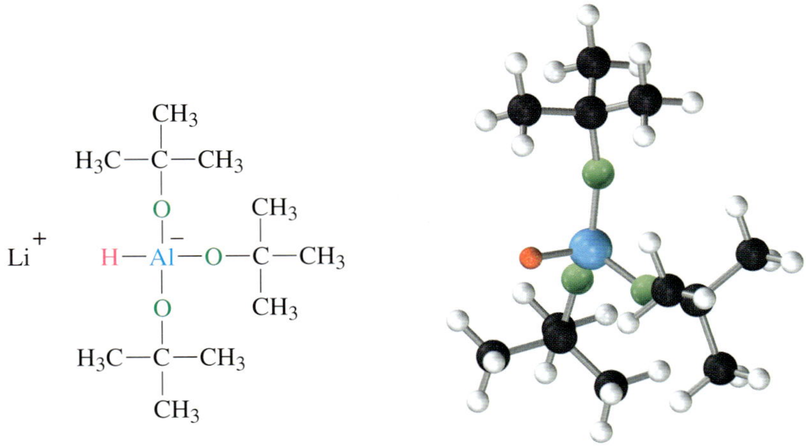

Lithium tri-*t*-butoxyaluminum hydride $[LiAlH(Ot\text{-}Bu)_3]$
염화아실은 산화하고 알데하이드는 산화하지 못한다.

붐비는 삼차 뷰톡시기에 의한 입체장애는 이 시약을 수소화 알루미늄 리튬보다 반응성을 감소시킨다. 낮은 온도(−78°C)에서 염화 아실의 카보닐 탄소를 공격할 수 있을 만큼 반응성이 크다. 그러나 알데하이드와는 대단히 천천히 반응한다. 이 시약을 사용하여 알데하이드를 제조하는 예는 다음 방정식으로 나타내었다.

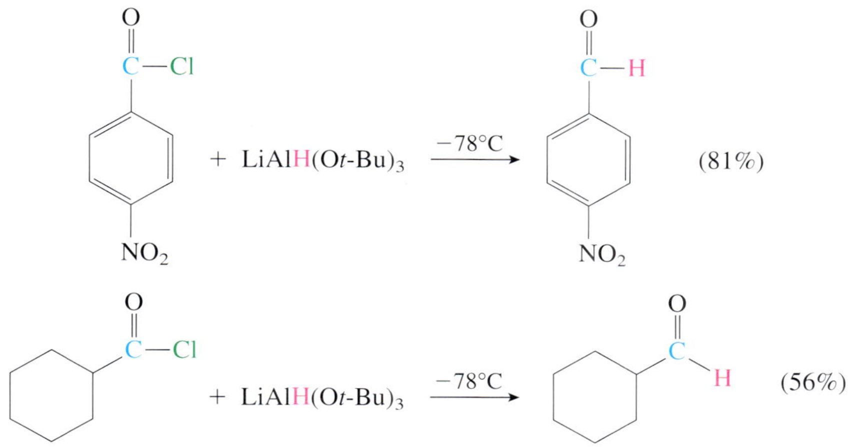

많은 다른 금속 수소화시약이 다양한 특성화된 환원에 사용되기 위하여 개발되었다. 그 중 여기서 검토하려는 한 시약은 수소화 아이소뷰틸 알루미늄, $i\text{-Bu}_2\text{AlH}$ 혹은 DIBALH이다.

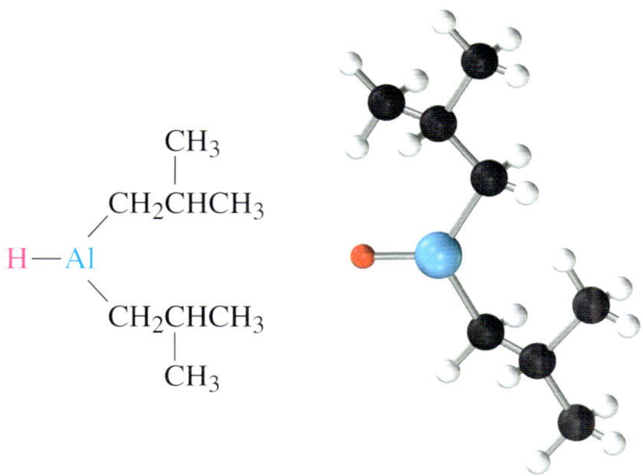

Diisobutylaluminum hydride
(DIBALH or $i\text{-Bu}_2\text{AlH}$)

이 시약은 낮은 온도에서 에스터를 알데하이드로 환원한다. 앞의 검토를 근거로 이 시약은 에스터와 반응할 수 있을 정도로 반응성이 크기 때문에 왜 알데하이드는 환원하지 못하는가 하는 의문을 갖게 된다. 그 원인은 마무리 단계에서 반응 혼합물에 산을 가하기 전까지는 알데하이드는 생성되지 않는다는 것이다. 다이아이소뷰틸알루미늄이 산소에 결합된 초기중간체는 낮은 온도에서 안정하며 에톡시화이온을 축출하고 알데하이드를 생성하지 못한다. 그러므로 알데하이드는 환원제의 존재에서 존재하지 않는다. 다음 방정식으로 그 예를 나타내었다.

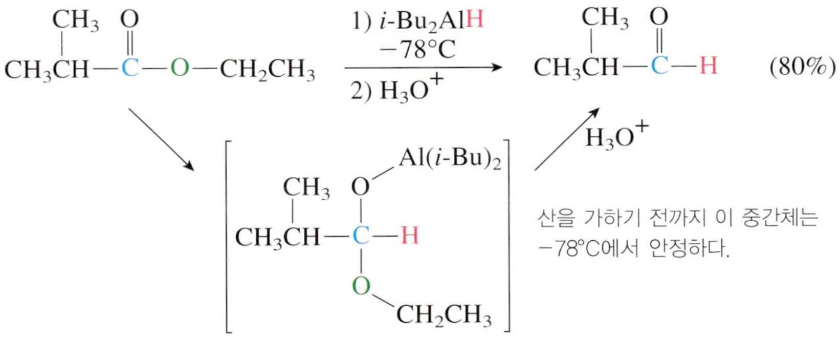


**문제 19.19** 다음 반응의 생성물을 나타내어라.

**a)** 

**b)** 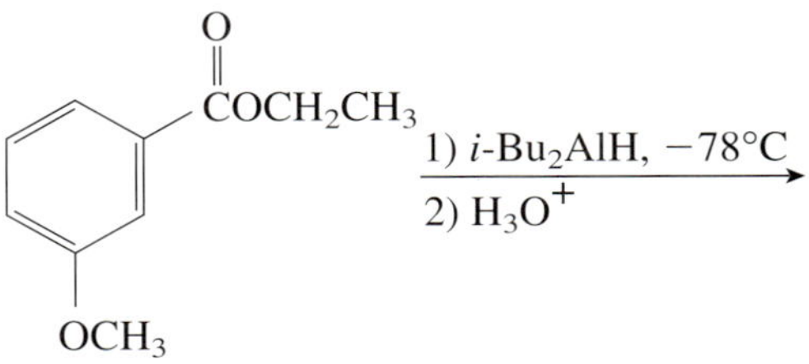

**c)** 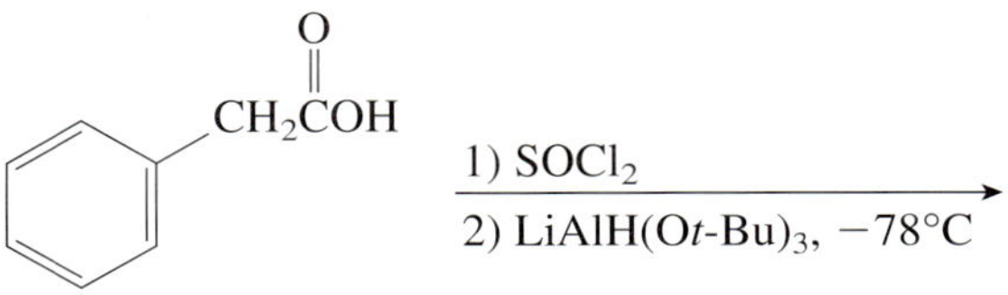

**문제 19.20** 다음 변환을 일으킬 수 있는 방법을 제시하여라. 어떤 경우에는 한 단계 이상이 필요할 수도 있다.

**a)** 

**b)** 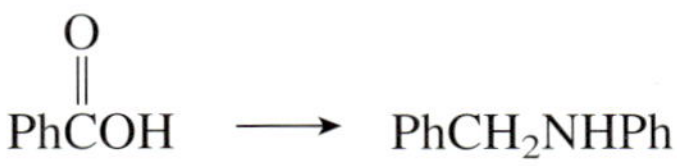

**c)** 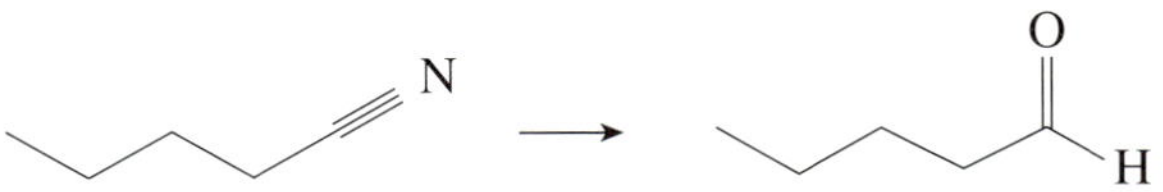

**d)** 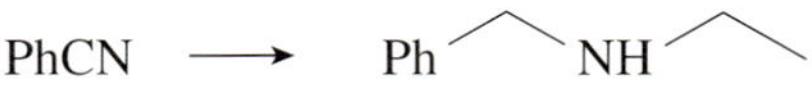

## 19.9 유기금속 친핵체와의 반응

수소화 알루미늄 리튬과 반응에서와 같이 에스터는 Grignard 혹은 유기리튬 시약은 초기 생성물로 케톤을 생성한다. 그러나 케톤이 유기금속 시약과 반응하므로 알코올이 최종 생성물이다. 이 반응에 대한 메카니즘을 그림 19.10에 나타냈다.

이 반응은 하이드록시기가 결합된 탄소에 두 동일한 기를 가진 알코올을 제조하는 유용한 방법이다. 폼산 에스터는 이차 알코올을 생성하고 다른 에스터는 삼차 알코올을 생성한다. 다음 방정식에 그 예를 나타내었다. 염화 아실과 무수물도 이 반응을 일으키지만 에스터보다 이로운 점이 없기 때문에 거의 사용되지 않는다.

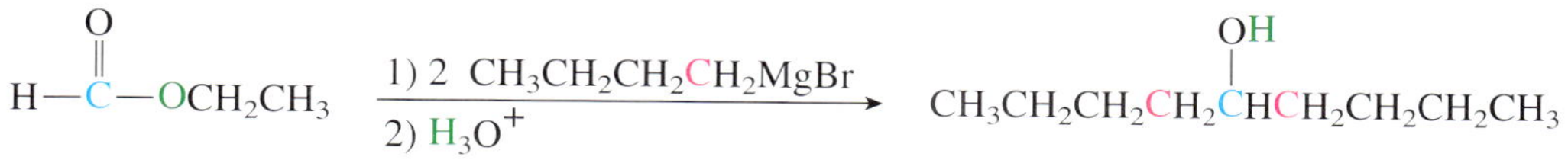

(85%)

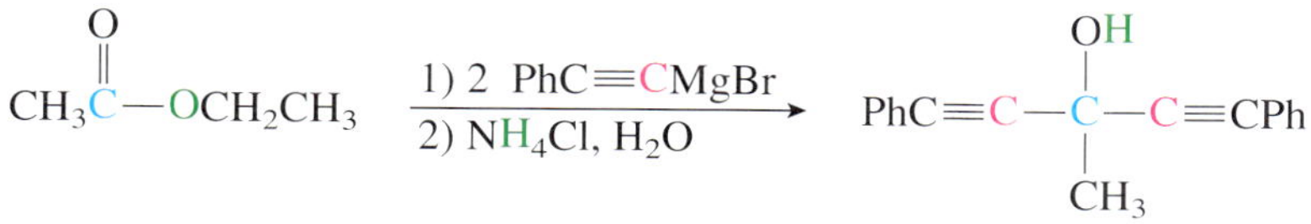

(80%)

**문제 19.21** 다음 반응의 생성물을 나타내어라.

a) 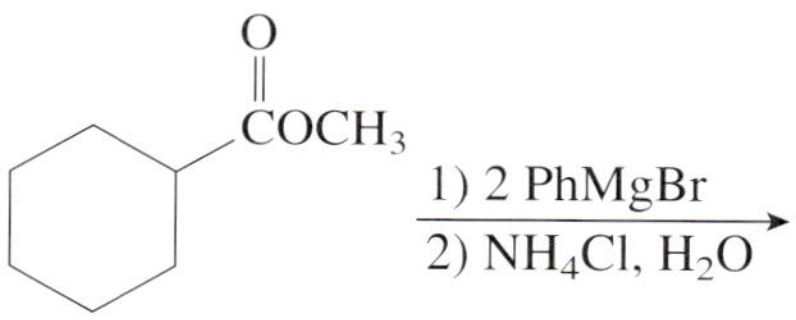


b) 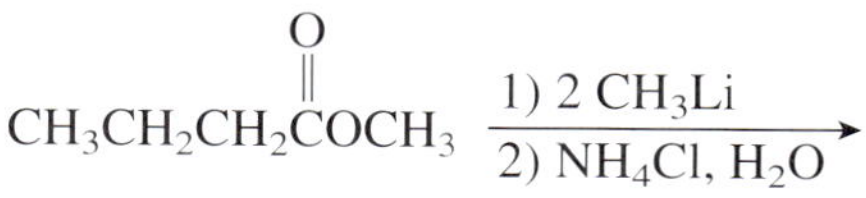


c) 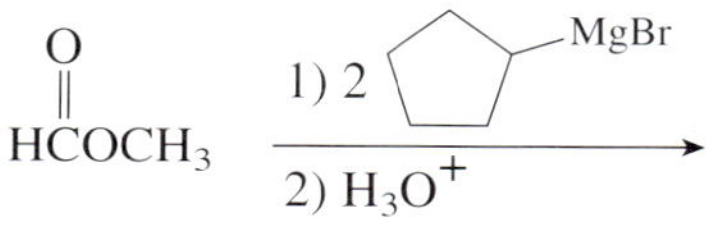


**그림 19.10** 에스터와 Grignard 시약의 반응 메카니즘.

① 유기금속 친핵체는 카보닐 탄소를 공격하고 파이 전자를 산소로 이동한다.

② 음의 수소에 있는 전자는 에톡시화이온이 이탈하면서 파이결합을 재형성한다.

③ 케톤은 18장에서 검토한 것처럼 Grignard 시약과 반응한다.

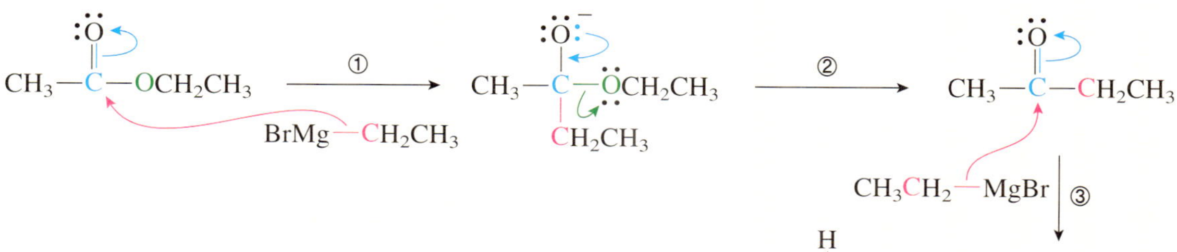


④ 반응을 산을 가하여 마무리하면 알콕시화이온은 양성자화되어 알코올을 생성한다. 이 예에서 수득률은 67%이다.

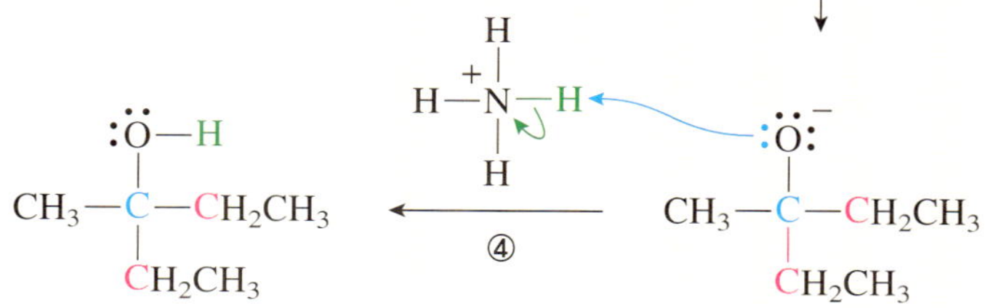

**문제 19.22** 다음 반응에 대한 메카니즘의 모든 단계를 나타내어라.

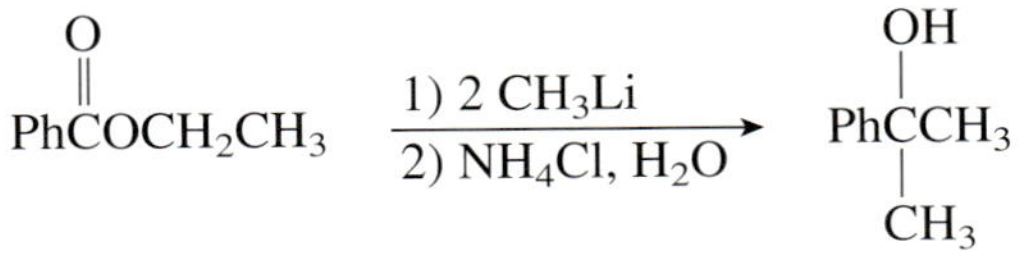

## 19.10 케톤의 제조

에스터와 Grignard 시약의 반응은 알코올로 가는 경로의 중간체로 케톤이 생성된다. 중간체 단계에서 이와 같은 반응을 중지할 수 있다면 케톤을 제조하는 방법으로 사용할 수 있게 될 것이다. 물론 Grignard 시약과 케톤 간의 반응은 대단히 빨리 진행되므로 Grignard 시약을 사용한 케톤의 제조는 불가능하다. 그러나 이 변환을 알데하이드로 카복실산 유도체의 환원에 대한 19.8절에 기술한 같은 전략을 사용하여 달성할 수 있다. 케톤보다 반응성이 큰 염화 아실과 같은 카복실산 유도체와 염화 아실과는 반응하지만 케톤과는 반응하지 않는 유기금속 친핵체가 요구된다.

이 변환은 염화 아실과 다이유기구리산 리튬 시약의 반응에 의해 달성할 수 있다. 이 시약은 아이오드화구리(CuI)와의 반응에 의해 유기리튬 시약으로부터 제조된다. 메틸, 일차 알킬, 아릴 혹은 바이닐기를 포함한 이 시약은 염화 아실에 첨가되어 다음 예에서 설명한 것처럼 케톤을 생성한다.

(67%)

(70%)

케톤을 제조하는 데 사용되는 다른 방법은 Grignard 시약과 나이트릴의 반응이다. 이 경우에 초기 첨가물(그림 19.11)에 있는 질소의 음전하는 탄소를 너무 약한 친전자체로 만들기 때문에 CN 이중결합은 Grignard 시약과 반응하지 않는다. 마무리 단계에서 산을 첨가하면 이민이 생성된다. 이것은 그림 18.3에 나타낸 메카니즘의 역메카니즘에 의해 케톤으로 가수분해된다. 다음 방정식에 그 예를 나타내었다.

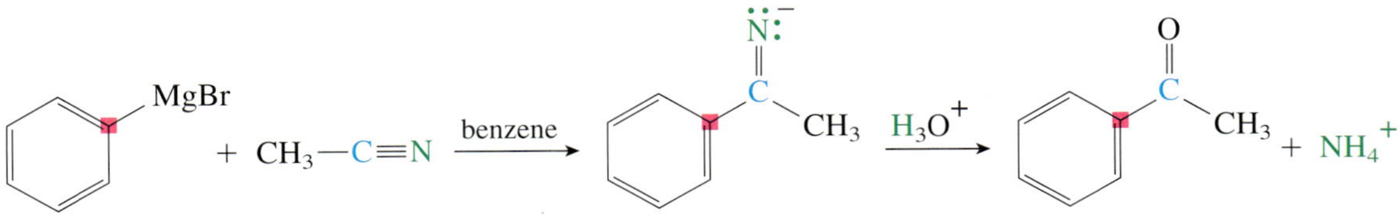

(68%)

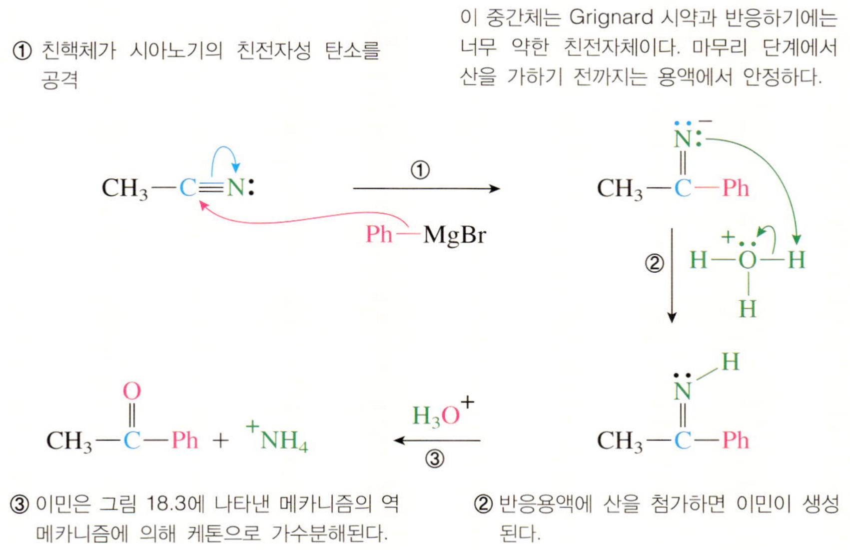


**그림 19.11** 케톤을 생성하는 나이트릴과 Grignard 시약의 반응 메카니즘.

**문제 19.23** 다음 반응의 생성물을 나타내어라.

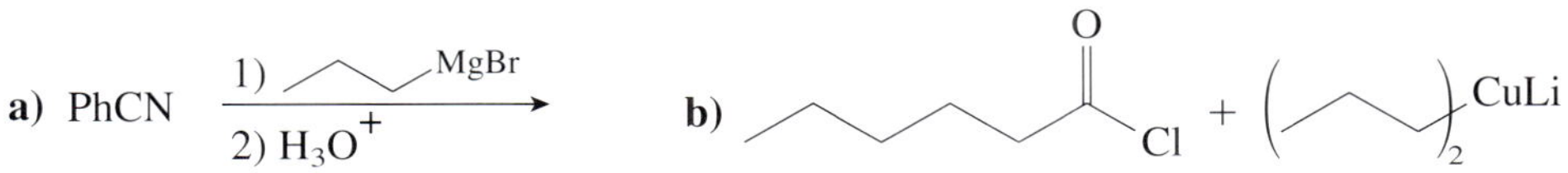

**문제 19.24** 다음 변환을 일으킬 수 있는 방법을 제시하여라. 어떤 경우에는 한 단계 이상이 필요하게 된다.

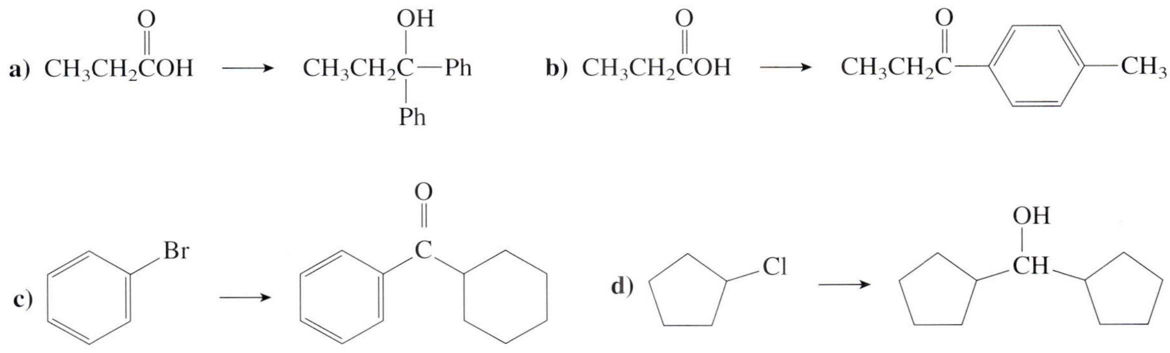

## 19.11 황과 인산의 유도체

황산의 하이드록시기의 하나를 탄소기로 치환한 화합물을 설폰산이라 부른다.

Sulfuric acid　　　A sulfonic acid

황산과 같이 설폰산은 카복실산보다 강한 산이다. 그러나 화학적 작용은 많은 점에서 카복실산과 유사하다. 설폰산은 염화설폰일, 에스터, 아마이드 등 카복실산과 같은 형태의 유도체를 형성한다. 이 유도체들은 카복실산 유도체의 반응과 유사한 친핵성 치환반응에 의해 상호 변환할 수 있다.

친핵성 치환반응에서 이탈기로 사용하기 위한 토실산과 다른 설폰산 에스터의 제조를 알코올과 염화설폰일과의 반응에 적용할 수 있다. 다음 방정식에 다른 예를 나타냈다. 이 반응은 알코올과 염화 아실의 반응으로 에스터를 형성하는 반응과 유사하다.

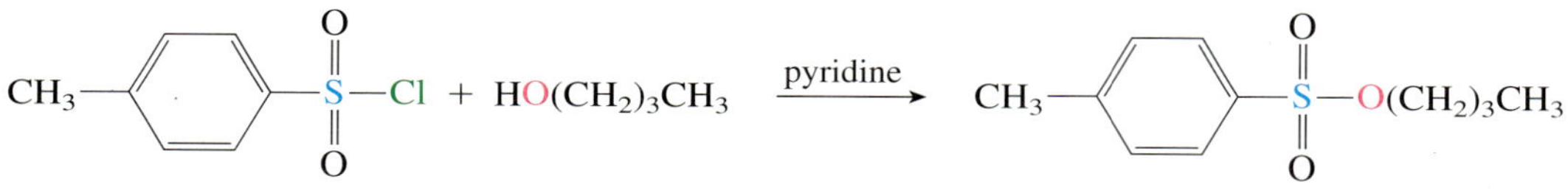

*p*-Toluenesulfonyl chloride　　　(90%) A toluenesulfonate ester

기대할 수 있는 것처럼 암모니아와 염화설폰일의 반응은 설폰아마이드를 생성한다. 이 반응은 설판일아마이드, 첫 번째 항균제인 설파제를 제조하는 데 사용한다.

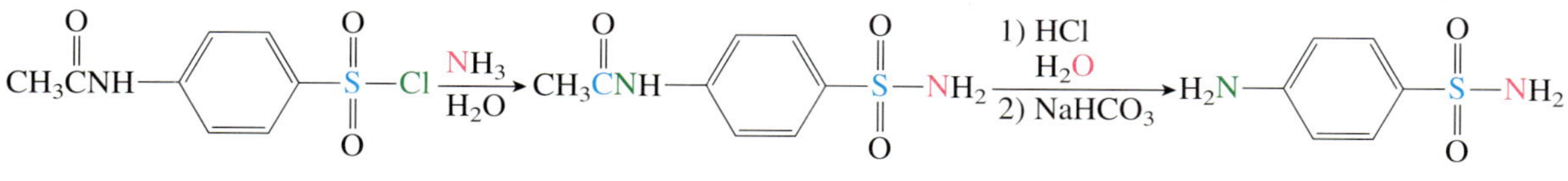

*p*-Aminobenzenesulfonamide

이 과정의 두 번째 단계에서 반응성이 작은 설폰아마이드기는 절단되지 않고 카복실산 아마이드가 가수분해된다. 그러나 설폰아마이드는 다음 예로 설명한 것처럼 더 격렬한 조건을 사용하여 가수분해할 수 있다.

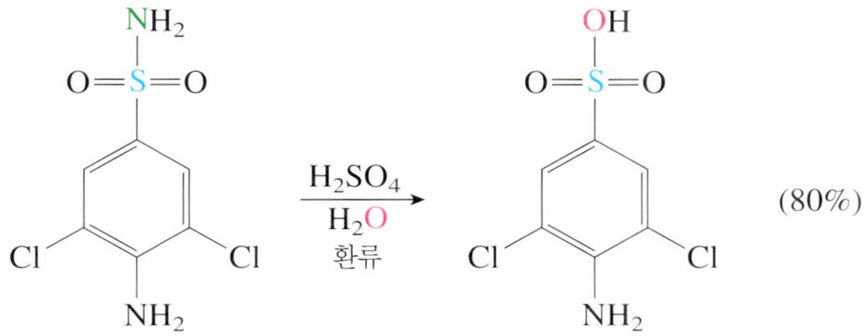

인산, 피로인산 및 연관 화합물은 생물학계에서 대단히 중요하다. 피로인산은 인산의 무수물이다. 생체에서 일반적으로 발견되는 에너지 운반체인 삼인산 아데노신은 인산에스터 결합에 의해 아데오신과 연결된 인 이 무수물을 갖는다. 인 에스터 결합은 DNA의 중합체 골격(27장)을 형성하는 데 사용된다.

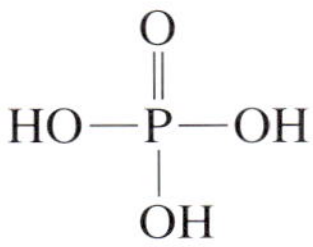

Phosphoric acid

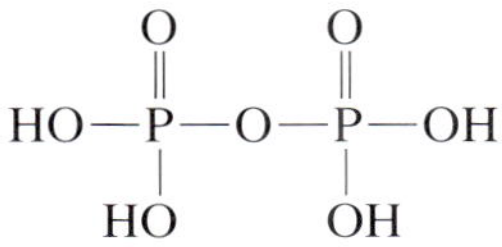

Pyrophosphoric acid

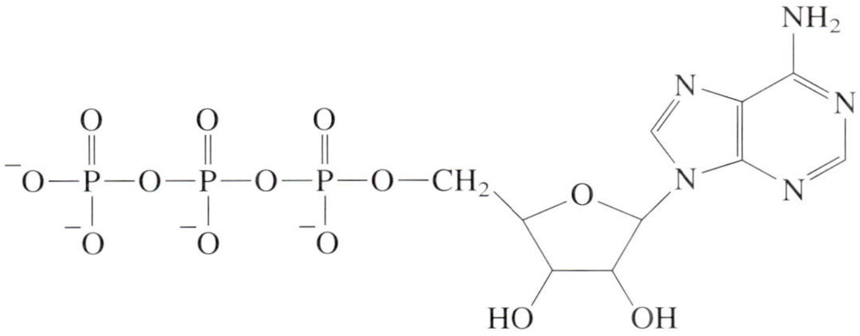

Adenosine triphosphate
(ATP)

인산은 유도체를 형성할 수 있는 세 개의 하이드록시기를 갖고 있지만, 일어난 다양한 반응은 카복실산의 반응과 유사하다. 예를 들면 과잉의 다이메틸아민과 인산의 삼(염산)으로 볼 수 있는 옥시염화인과의 반응은 트라이아마이드인, 핵사메틸인산 트라이아마이드를 생성한다.

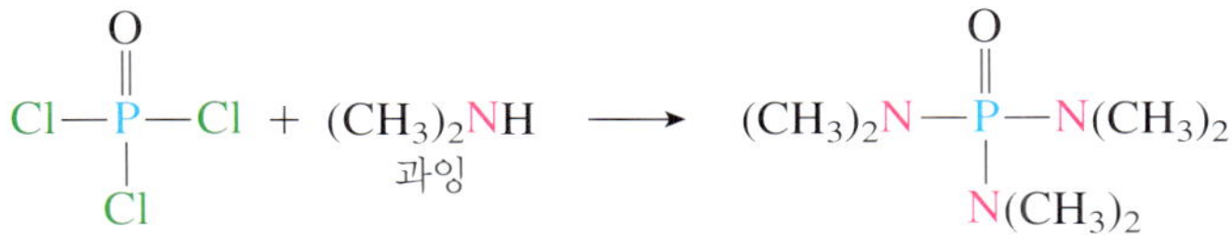

Phosphorus
oxychloride

Hexamethylphosphoric triamide
(HMPA)

다음 방정식으로 설명한 이 반응에서 플루오르화이온, 친핵체는 다이에스너와 산 염화물로 볼 수 있는 유도체의 염소를 치환한다. 이 반응의 생성물, 다이아이소프로필포스포로플루오리데이트(DFP)는 매우 큰 독성을 가지며 제2차 세계대전 중에 신경가스로 개발되었다.

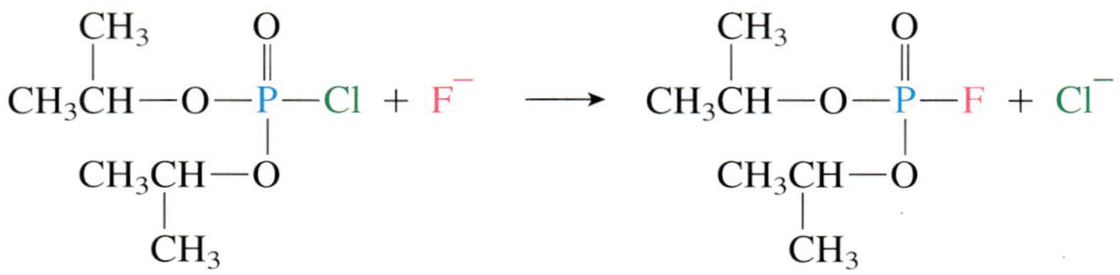

Diisopropylphosphorofluoridate
(DFP)

살충제인 메틸파라티온은 같은 방법으로 제조된다. 인-산소 이중결합보다 인-황 이중결합에 대한 변화는 화합물의 화학에 극적인 효과를 나타내지 못한다.

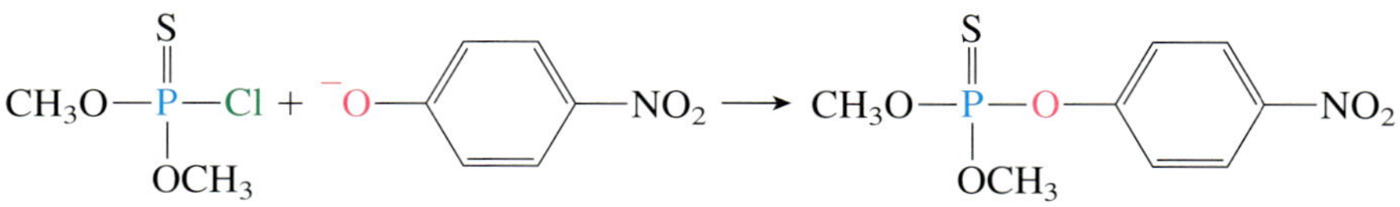

Methyl parathion

**문제 19.25** 다음 반응의 생성을 나타내어라.

**a)** 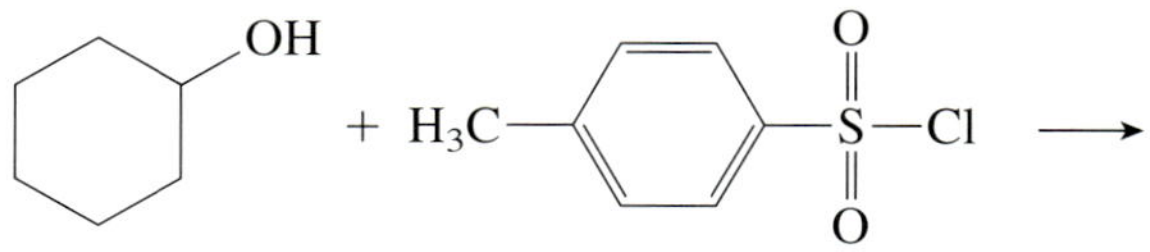

**b)** 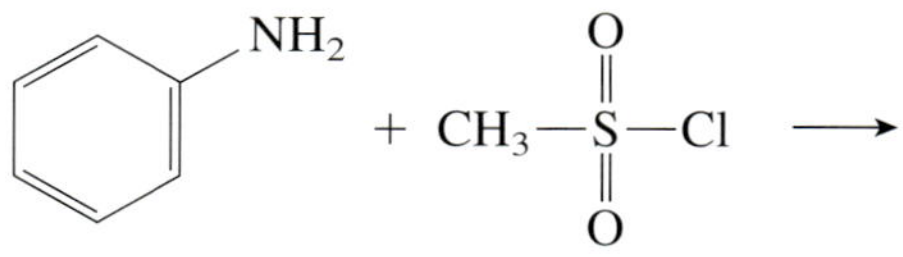

**c)** $POCl_3 + 3\ CH_3CH_2OH \longrightarrow$

표 19.2에 이 장에서 다룬 반응을 요약하였다.

**표 19.2** **카보닐 탄소에서 친핵성 치환**

| 반응 | 설명 |
|---|---|
| $\mathrm{R\overset{O}{\overset{\|}{C}}OH + SOCl_2 \longrightarrow R\overset{O}{\overset{\|}{C}}Cl}$ <br> $\mathrm{(PCl_3\ or\ PCl_5)}$ | **19.2절**<br>염화 아실의 제조. 염화 아실은 다른 카복실산 유도체를 제조하는 데 사용된다. |
| $\mathrm{R\overset{O}{\overset{\|}{C}}OH + R\overset{O}{\overset{\|}{C}}Cl \longrightarrow R\overset{O}{\overset{\|}{C}}O\overset{O}{\overset{\|}{C}}R}$ | **19.3절**<br>무수물의 제조 |
| $\mathrm{2\ R\overset{O}{\overset{\|}{C}}OH + CH_3\overset{O}{\overset{\|}{C}}O\overset{O}{\overset{\|}{C}}CH_3 \longrightarrow R\overset{O}{\overset{\|}{C}}O\overset{O}{\overset{\|}{C}}R + 2\ CH_3\overset{O}{\overset{\|}{C}}OH}$ | **19.3절**<br>교환에 의한 무수물의 제조 |
| $\mathrm{R\overset{O}{\overset{\|}{C}}Cl + R'OH \longrightarrow R\overset{O}{\overset{\|}{C}}OR'}$ <br> or <br> $\mathrm{R\overset{O}{\overset{\|}{C}}O\overset{O}{\overset{\|}{C}}R}$ | **19.4절**<br>에스터의 제조 |
| $\mathrm{R\overset{O}{\overset{\|}{C}}OH + R'OH \xrightarrow{HA} R\overset{O}{\overset{\|}{C}}OR'}$ | **19.4절**<br>Fischer 에스터화에 의한 에스터의 제조. 평형은 에스터가 유리하도록 이동해야 한다. 산촉매가 필요하다. |
| $\mathrm{R\overset{O}{\overset{\|}{C}}Cl + H_2O \longrightarrow R\overset{O}{\overset{\|}{C}}OH}$ <br> or <br> $\mathrm{R\overset{O}{\overset{\|}{C}}O\overset{O}{\overset{\|}{C}}R}$ | **19.5절**<br>염화 아실과 무수물의 가수분해. 이 유도체는 이 반응을 피하기 위하여 물로부터 보호해야 한다. |
| $\mathrm{R\overset{O}{\overset{\|}{C}}OR' + H_2O \xrightarrow[\ ^{-}OH]{H^+\ or} R\overset{O}{\overset{\|}{C}}OH + R'OH}$ | **19.5절**<br>에스터의 가수분해. 염기는 비누화로 알려진 과정에서 가장 보편적으로 사용된다. |
| $\mathrm{R\overset{O}{\overset{\|}{C}}NH_2 + H_2O \xrightarrow[\ ^{-}OH]{H^+\ or} R\overset{O}{\overset{\|}{C}}OH + NH_3}$ | **19.5절**<br>아마이드의 가수분해. 이 반응은 산 혹은 염기를 사용하여 이루어질 수 있다. |
| $\mathrm{RC{\equiv}N + H_2O \xrightarrow[\ ^{-}OH]{H^+\ or} R\overset{O}{\overset{\|}{C}}NH_2 \longrightarrow R\overset{O}{\overset{\|}{C}}OH}$ | **19.5절**<br>나이트릴의 가수분해. 이 반응은 아마이드에서 정지 할 수도 있고 혹은 카복실산으로 진행할 수도 있다. |
| $\mathrm{R{-}L + {}^{-}CN \longrightarrow RCN}$ | $S_N2$ 반응에 의한 나이트릴의 제조와 나이트릴의 가수분해가 합쳐지면 카복실산이 제조된다. |

**표 19.2 카보닐 탄소에서 친핵성 치환 (계속)**

| 반응 | 설명 |
|---|---|
| 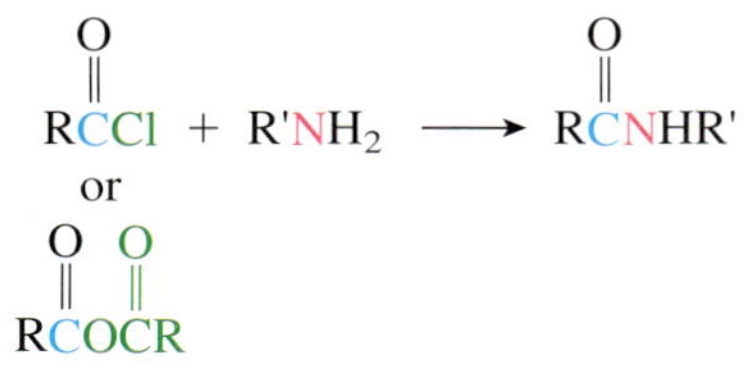 | 19.6절<br>아마이드의 제조 |
| 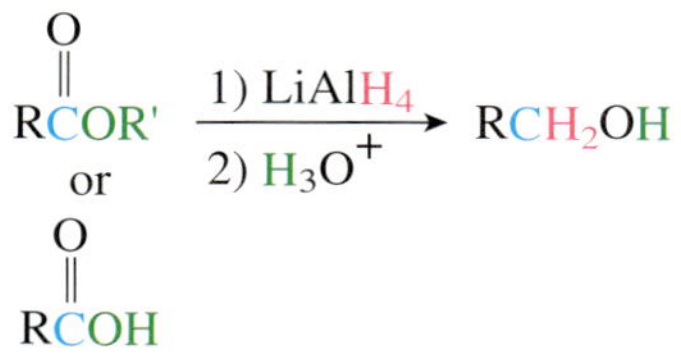 | 19.7절<br>에스터 혹은 산을 알코올로 환원 |
| 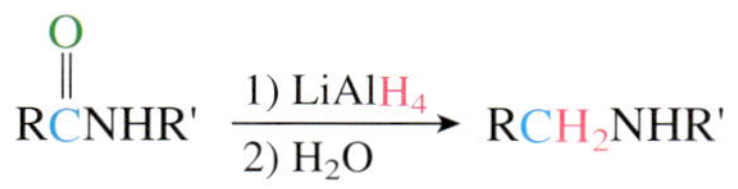 | 19.7절<br>아마이드의 아민으로 환원 |
| 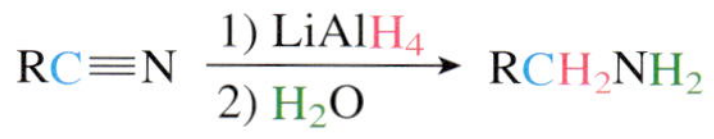 | 19.8절<br>나트릴의 알데하이드로 환원 |
| 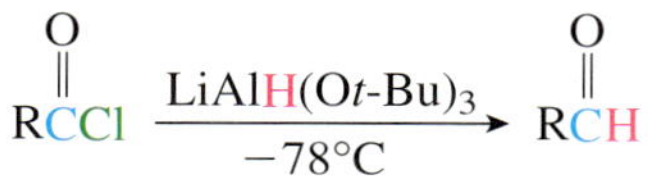 | 19.8절<br>염화 아실의 알데하이드로 환원 |
| 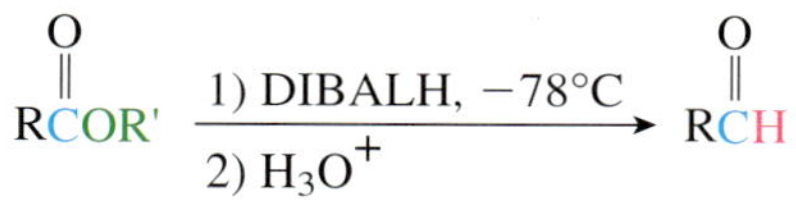 | 19.8절<br>에스터의 알데하이드로 환원 |
| 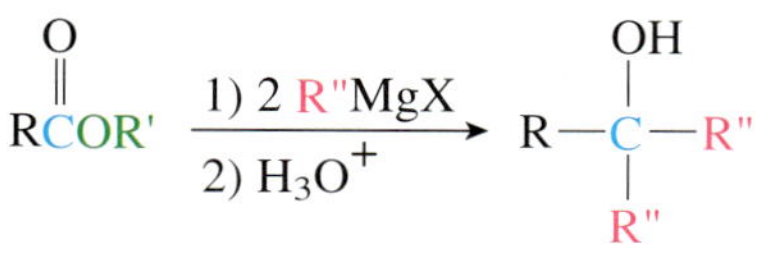 | 19.9절<br>에스터로부터 알코올의 제조 |
|  | 19.10절<br>염화 아실로부터 케톤의 제조 |
| 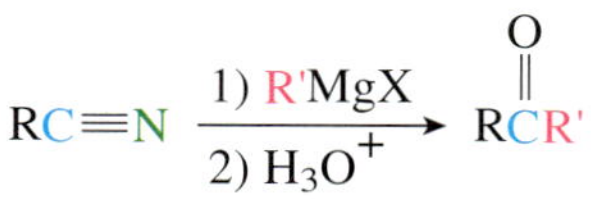 | 19.10절<br>나트릴로부터 케톤의 제조 |

# 추가문제

**19.26** 다음 반응의 생성물을 나타내어라.

**a)** $2\ CH_3CH_2OH + Cl{-}\overset{O}{\overset{\|}{C}}{-}Cl \longrightarrow$

**b)** $CH_3CH_2\overset{O}{\overset{\|}{C}}OH + SOCl_2 \longrightarrow$

**c)** $PhCH_2\overset{O}{\overset{\|}{C}}OH \xrightarrow{SOCl_2} \xrightarrow{PhCH_2\overset{O}{\overset{\|}{C}}O^-}$

**d)** $PhCO_2H + CH_3CH_2CH_2CH_2OH \xrightarrow{H_2SO_4}$

**e)** 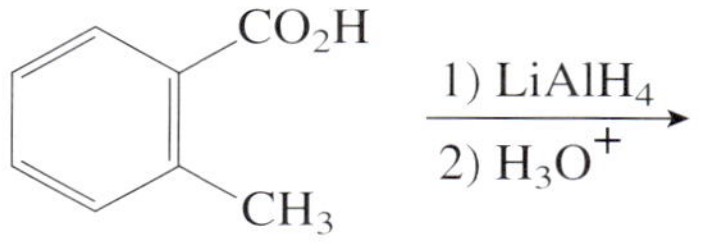

**f)** $CH_3CH_2CH_2CH_2\overset{O}{\overset{\|}{C}}Cl + (CH_3CH_2CH_2CH_2)_2CuLi \longrightarrow$

**g)** $CH_3CH_2CH_2C{\equiv}N \xrightarrow[2)\ H_2O]{1)\ LiAlH_4}$

**h)** $CH_2{=}CH\overset{O}{\overset{\|}{C}}Cl + CH_3CH_2OH \longrightarrow$

**i)** $CH_3\underset{}{\overset{CH_3}{\overset{|}{C}}}HCO_2H \xrightarrow{SOCl_2} \xrightarrow[H_2O]{NH_3}$

**j)** 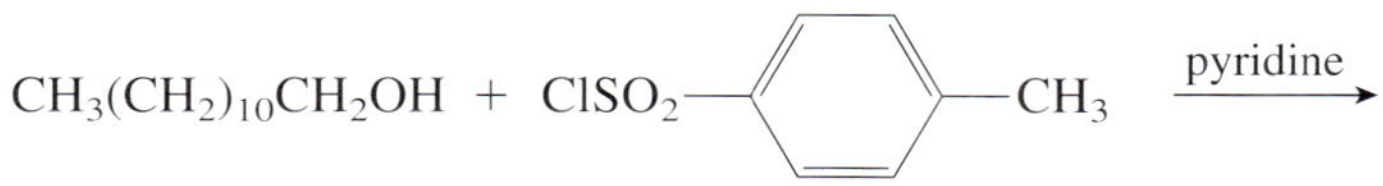

**k)** $NCCH_2CH_2CH_2CN \xrightarrow[H_2O,\ \Delta]{HCl}$

**l)** 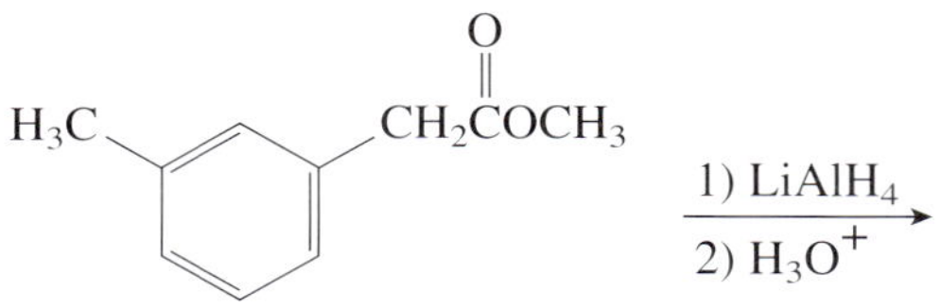

**m)** 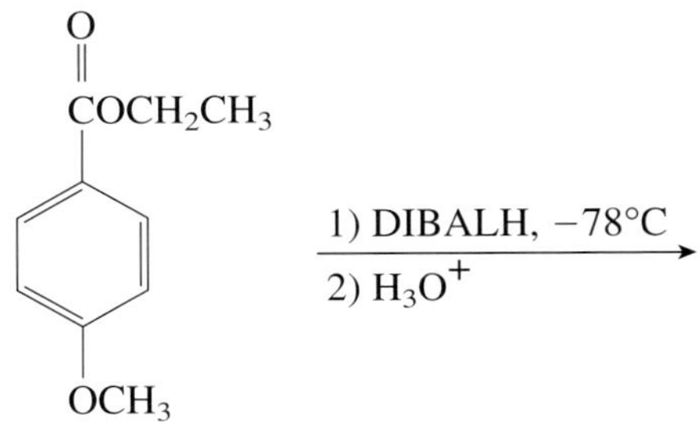
O
COCH₂CH₃
OCH₃
1) DIBALH, −78°C
2) H₃O⁺

**n)** 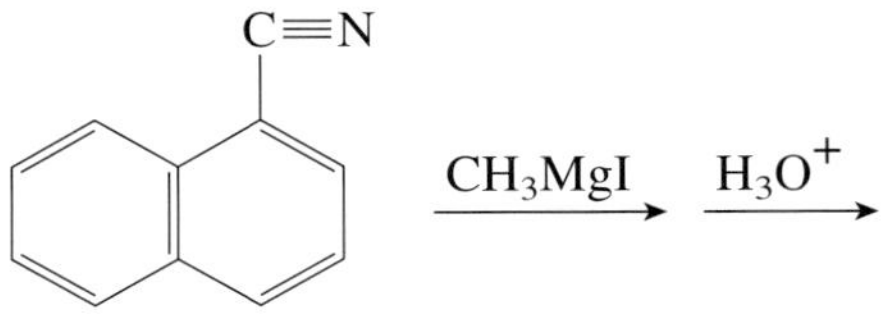
C≡N
CH₃MgI
H₃O⁺

**o)** 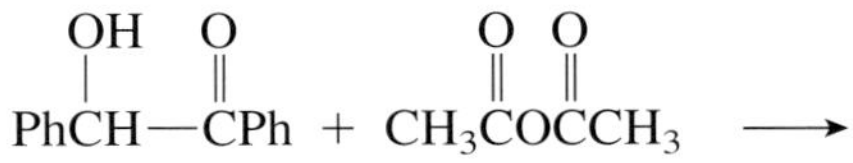
OH O
PhCH—CPh
+
O O
CH₃COCCH₃

**p)** 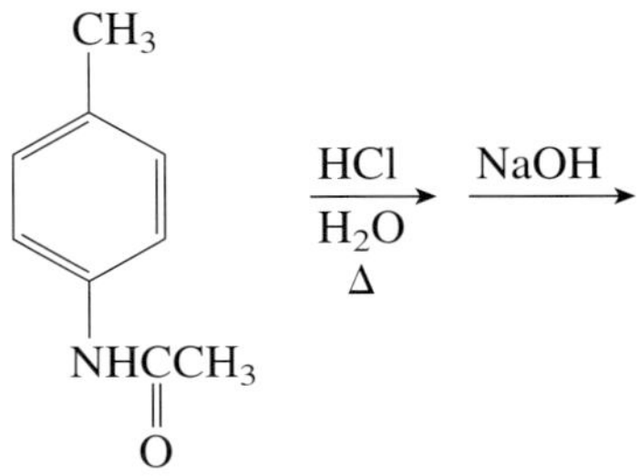
CH₃
NHCCH₃
O
HCl
H₂O
Δ
NaOH

**q)** 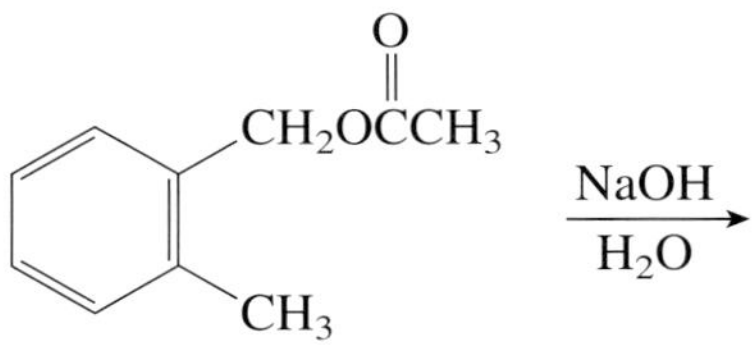
O
CH₂OCCH₃
CH₃
NaOH
H₂O

**r)** 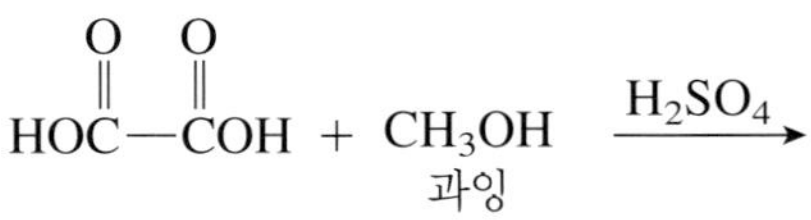
O O
HOC—COH
+
CH₃OH
과잉
H₂SO₄

**s)** 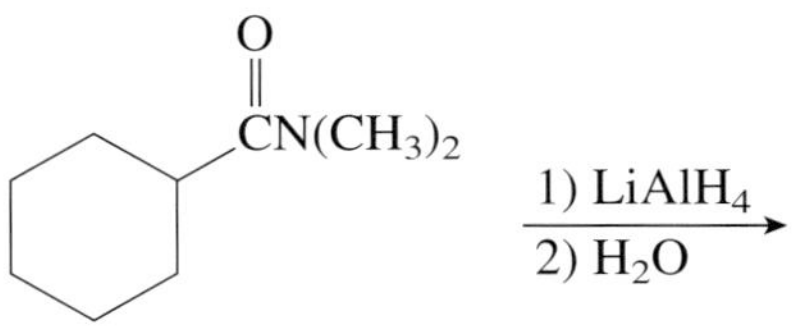
O
CN(CH₃)₂
1) LiAlH₄
2) H₂O

**t)** 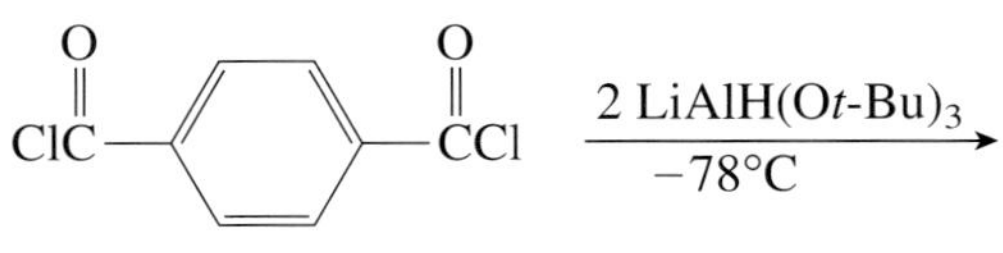
O
ClC
O
CCl
2 LiAlH(Ot-Bu)₃
−78°C

**19.27** 다음 반응의 생성물을 나타내어라.

**a)** 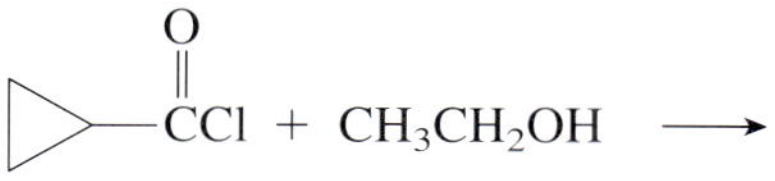

**b)** 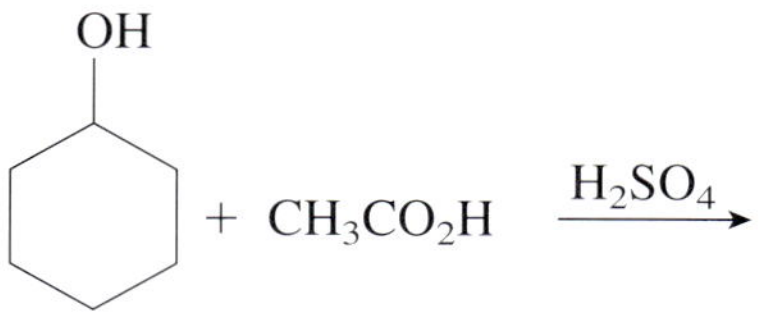

**c)** 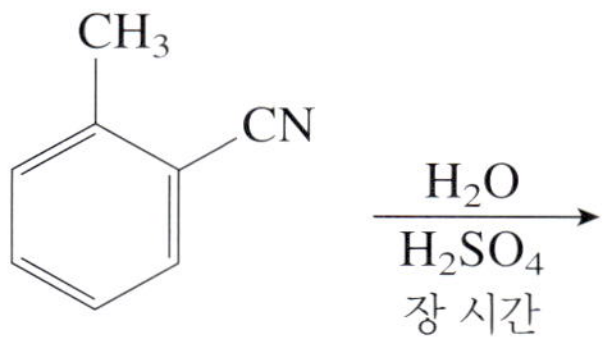

**d)** 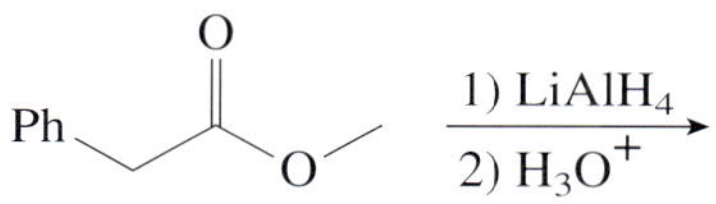

**e)** 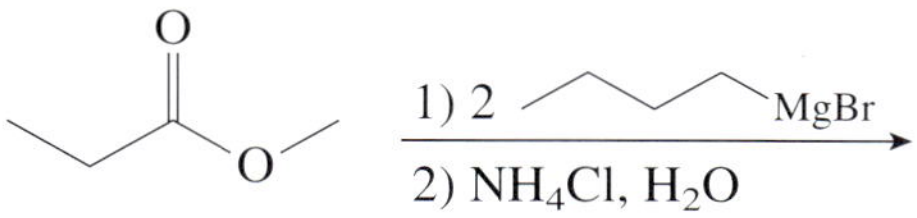

**19.28** 다음 반응의 생성물을 나타내어라.

**a)** 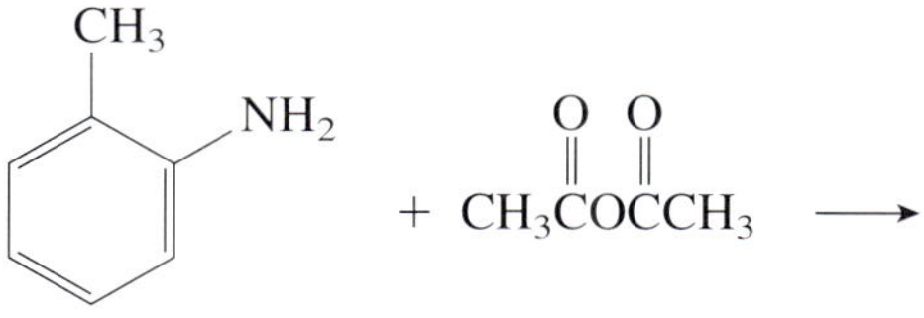

**b)** 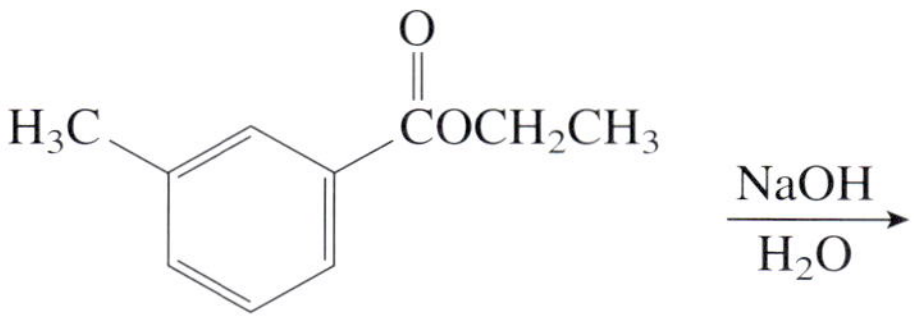

**c)** $CH_3CH(CH_3)CO_2H \xrightarrow[\text{2) } NH_3,\ H_2O]{\text{1) } SOCl_2}$

**d)** 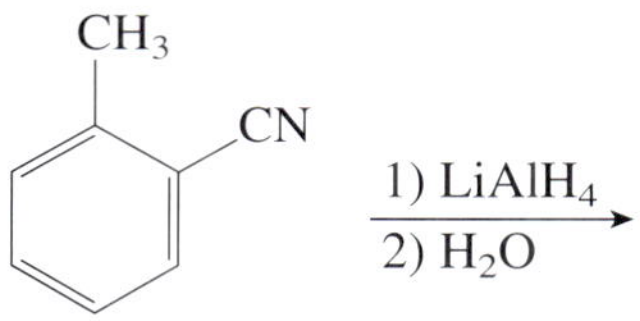

**e)** 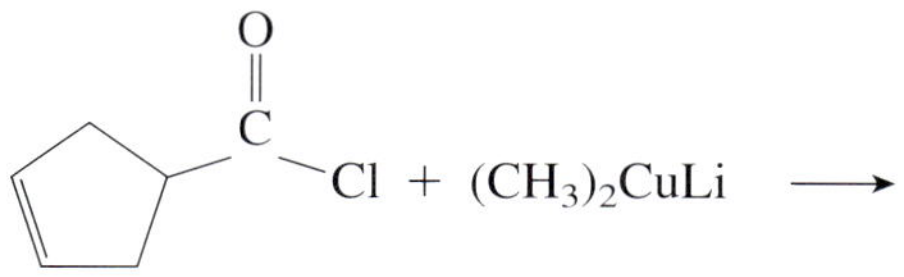

**19.29** 다음 반응의 생성물을 나타내어라.

a) 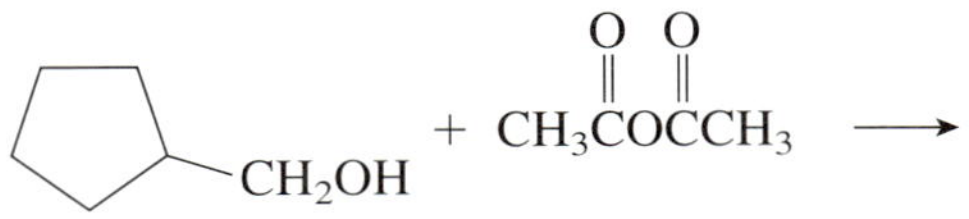

b) 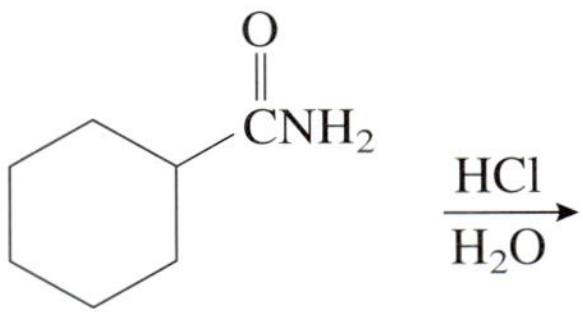

c) 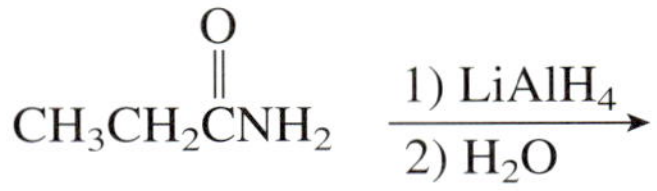

d) 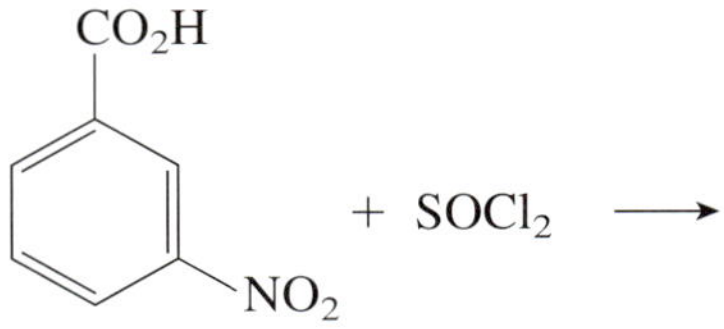

e) 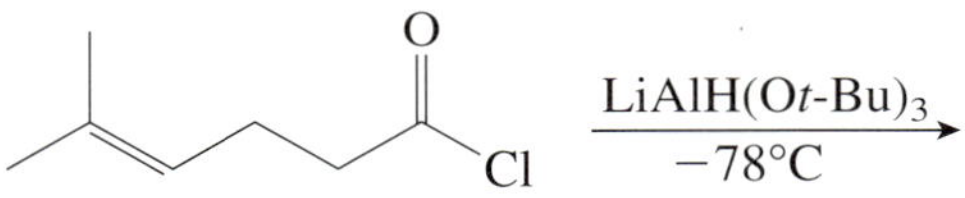

f) 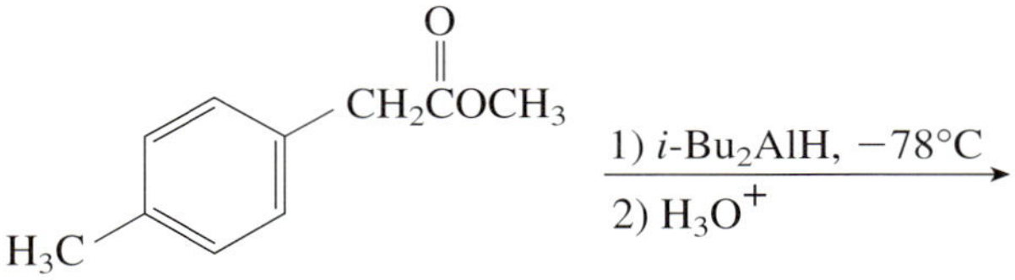

**19.30** 다음 화합물을 비누화 속도가 증가하는 순서로 배열하고 그 이유를 설명하여라.

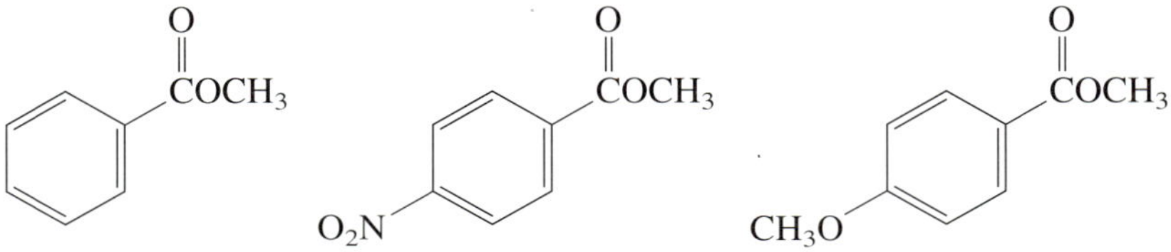

**19.31** 다음 화합물을 비누화 속도가 증가하는 순서로 배열하고 그 이유를 설명하여라.

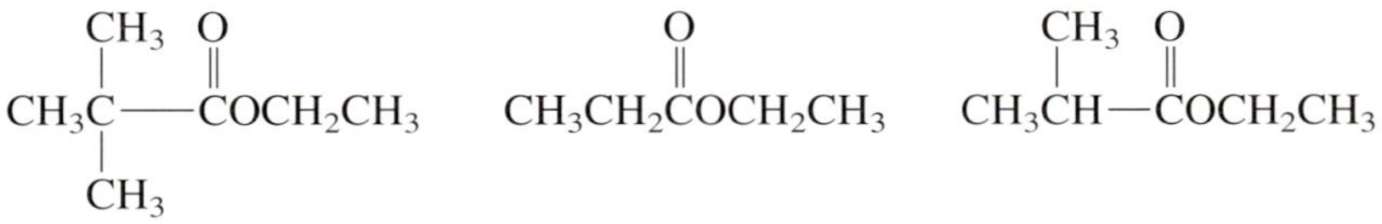

**19.32** 헥산산에서 출발하여 다음 화합물을 합성하여라.

**a)** 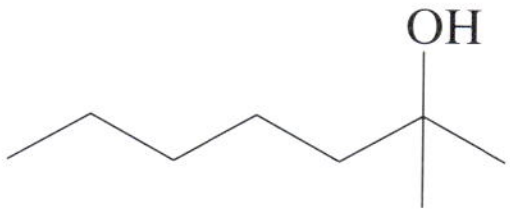

**b)** 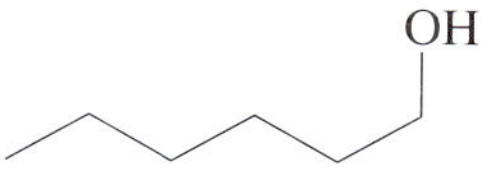

**c)** 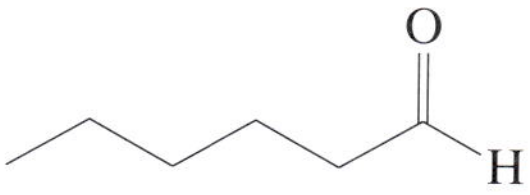

**d)** 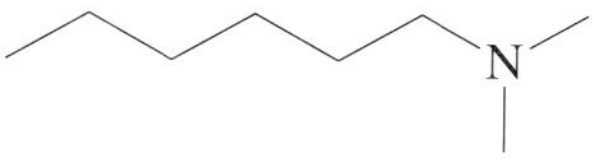

**e)** 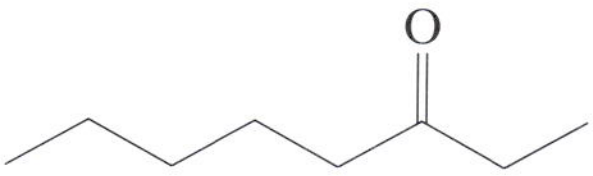

**f)** 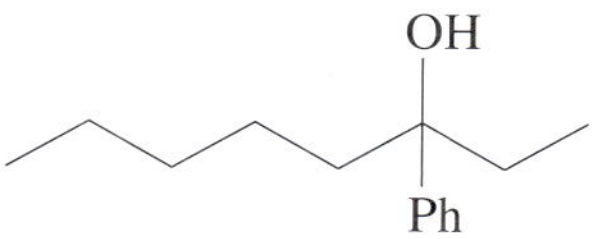

**19.33** 다음 각 시약과 벤조산과의 반응 생성물을 나타내어라.

**a)** 1) $SOCl_2$ 2) $CH_3OH$

**b)** $CH_3\overset{CH_3}{\overset{|}{C}}HOH$, $H_2SO_4$

**c)** 1) $LiAlH_4$ 2) $H_3O^+$

**d)** $CH_3NH_2$

**e)** $CH_3NH_2$, $\Delta$

**19.34** 다음 각 시약과 염화벤조일과의 반응 생성물을 나타내어라.

**a)** $PhNH_2$

**b)** $CH_3\overset{OH}{\overset{|}{C}}HCH_3$

**c)** $Ph\overset{O}{\overset{\|}{C}}O^-$

**d)** $LiAlH(Ot\text{-}Bu)_3$, $-78°C$

**e)** $H_2O$

**f)** $(CH_3)_2CuLi$

**19.35** 다음 각 시약과 벤조산 에틸과의 반응 생성물을 나타내어라.

**a)** 1) 2 $CH_3CH_2MgBr$ 2) $NH_4Cl$, $H_2O$

**b)** 1) $i\text{-}Bu_2AlH$, $-78°$ 2) $H_3O^+$

**c)** $NaOH$, $H_2O$

**d)** 1) $LiAlH_4$ 2) $H_3O^+$

**e)** $H_3O^+$, $H_2O$

**19.36** 다음 각 시약과 *N*-메틸벤즈아마이드와의 반응 생성물을 나타내어라.

**a)** $HCl$, $H_2O$

**b)** 1) $LiAlH_4$ 2) $H_2O$

**19.37** 다음 반응에 대한 메카니즘의 모든 단계를 나타내어라.

a) $CH_3C{\equiv}N + H_2O \xrightarrow{H_3O^+} CH_3C(=O)NH_2$

b) $CH_3CH_2C(=O)OCH_3 + H_2O \xrightarrow{^-OH} CH_3CH_2C(=O)O^- + CH_3OH$

c) $CH_3CH_2C(=O)OCH_3 + H_2O \xrightarrow{H_3O^+} CH_3CH_2C(=O)OH + CH_3OH$

d) 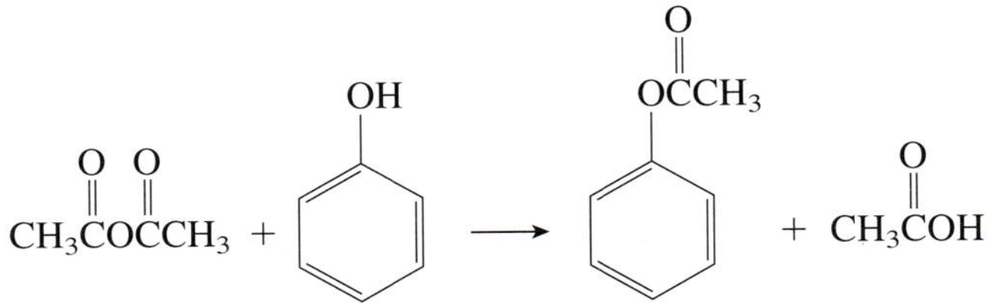

e) 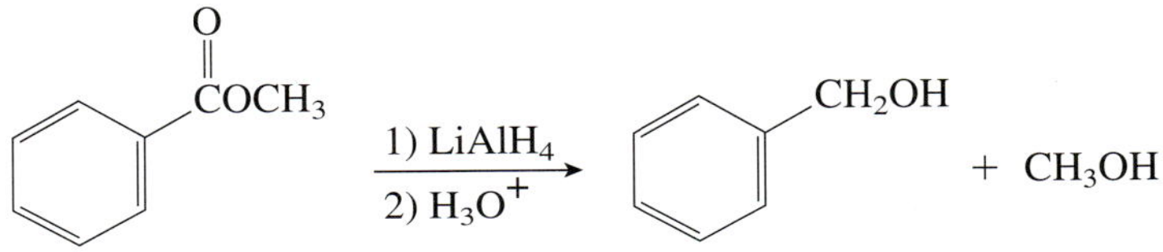

f) $CH_3CH_2CH_2C{\equiv}N \xrightarrow[2)\ H_2O]{1)\ LiAlH_4} CH_3CH_2CH_2CH_2NH_2$

g) $CH_3CH_2C(=O)OCH_2CH_3 \xrightarrow[2)\ H_3O^+]{1)\ CH_3Li} CH_3CH_2C(OH)(CH_3)CH_3 + CH_3CH_2OH$

h) 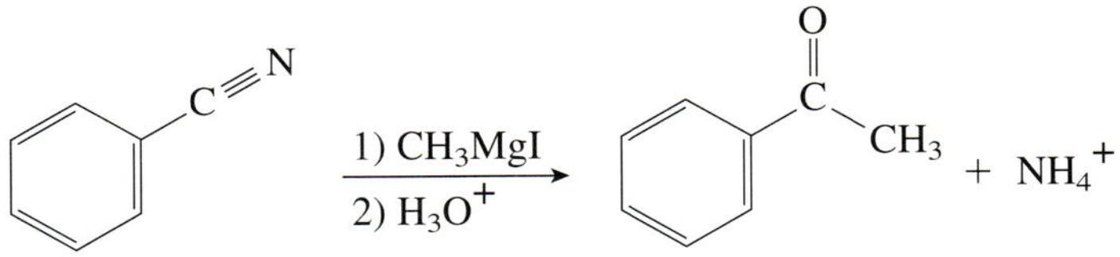

i) 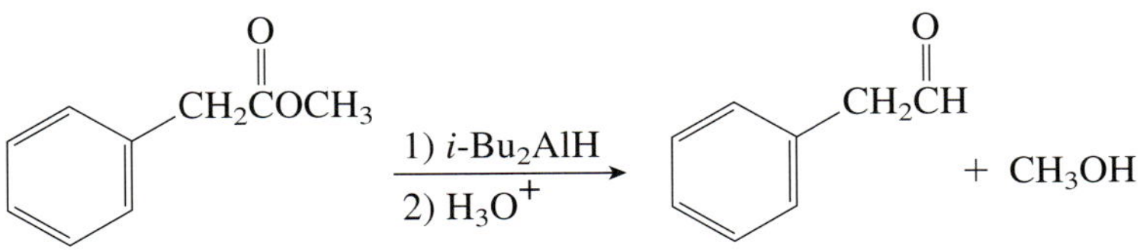

j) $CH_3CH_2{-}C{\equiv}N \xrightarrow[H_2O]{NaOH} CH_3CH_2{-}C(=O){-}O^- + NH_3$

**19.38** 지시한 출발물질로부터 다음 화합물을 합성하여라.

**a)** 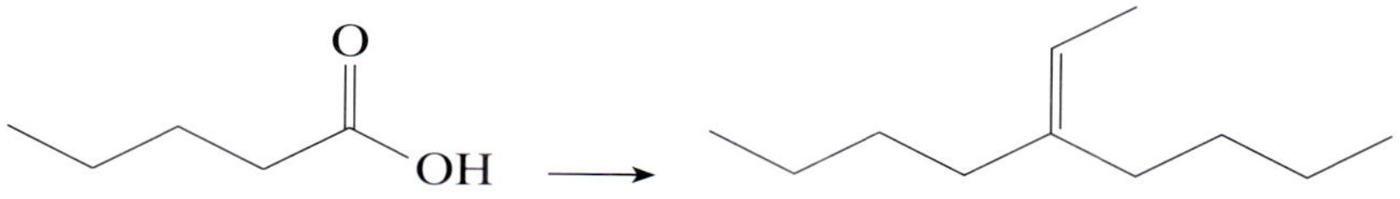

**b)** 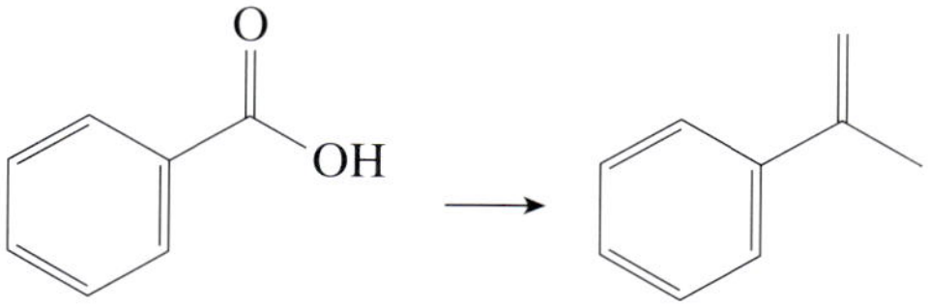

**c)** 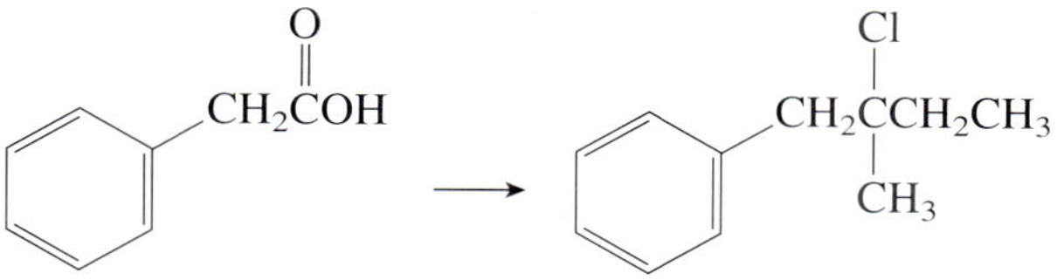

**d)** 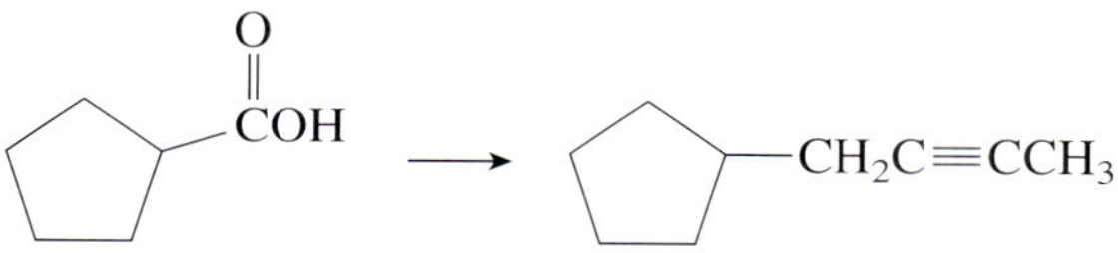

**e)** 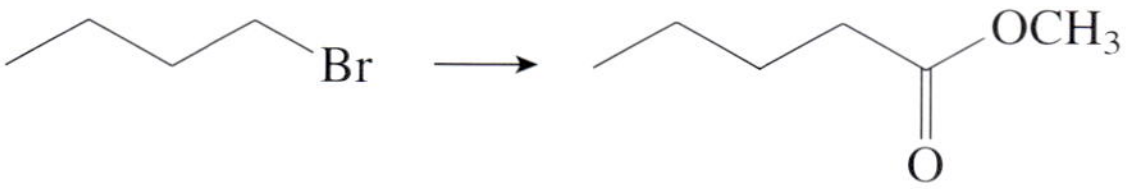

**19.39** 지시한 출발물질로부터 다음 화합물을 합성하여라.

**a)** 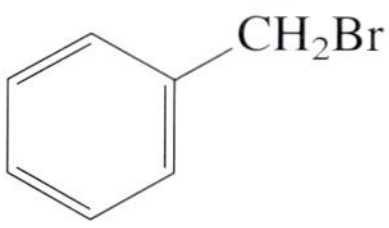 으로부터 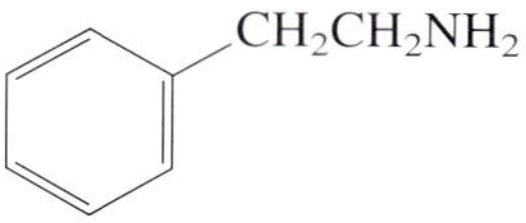

**b)** 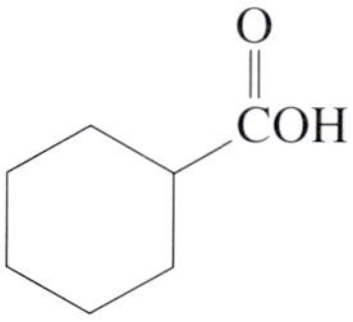 으로부터 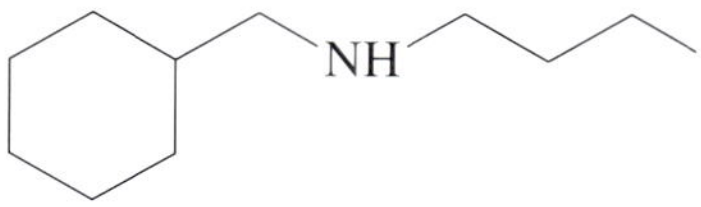

**c)** 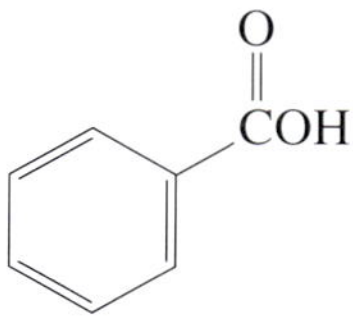 으로부터 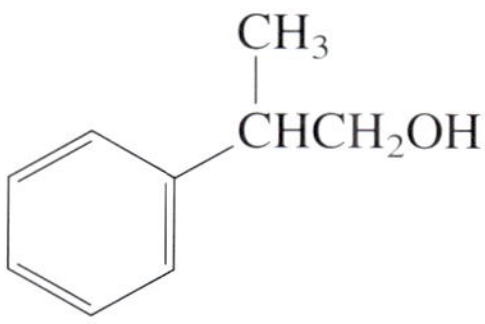

**d)** 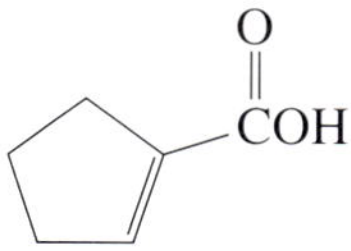 으로부터 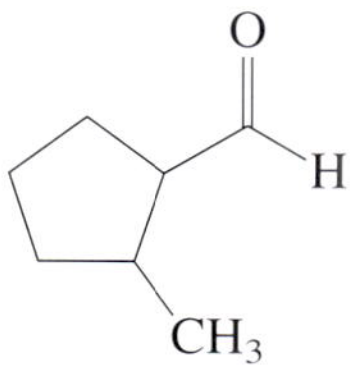

**e)** 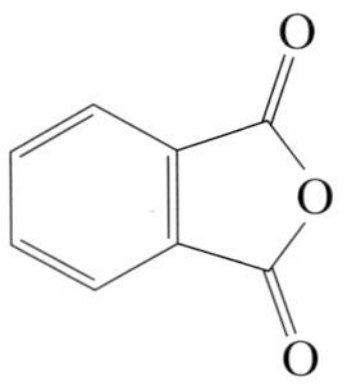 으로부터 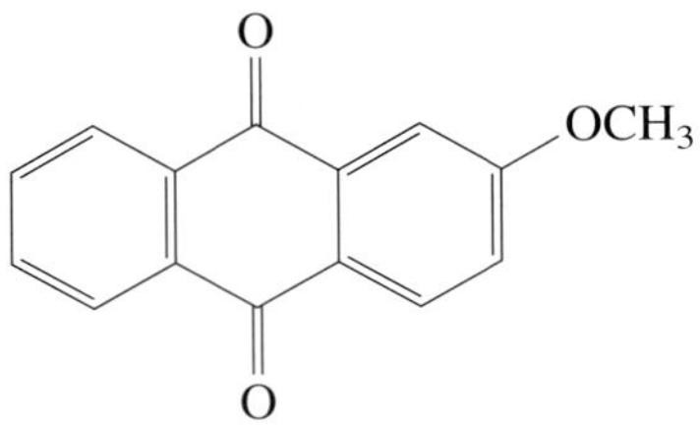

**f)** $CH_3I$ 으로부터 $Ph_3COH$

**g)** benzene 으로부터 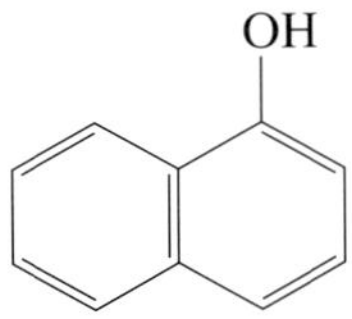

**h)** 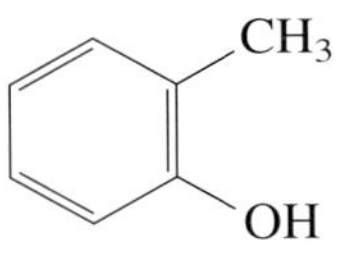 으로부터 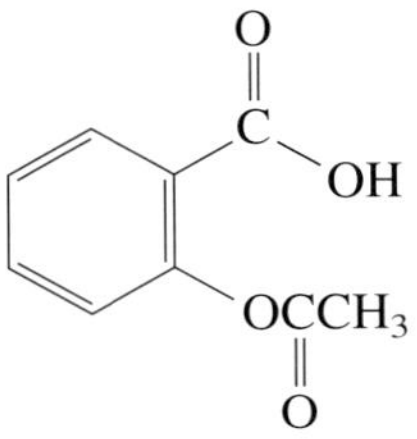

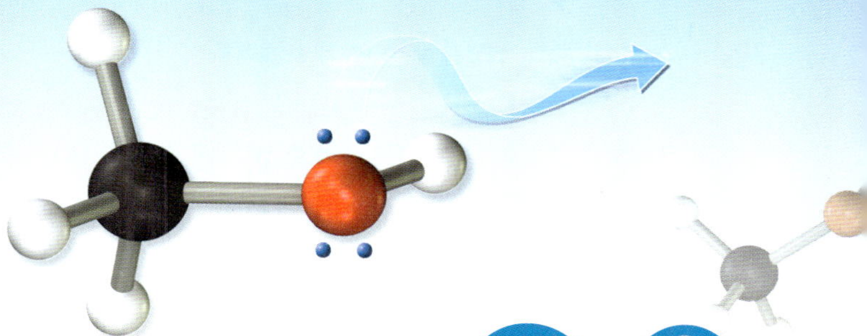

# 엔올산 에스터와 탄소 친핵체

CHAPTER 20

## 유기화학의 숙달

- 엔올산 에스터와 다른 탄소 친핵체의 반응 생성물의 예측
- 이 반응들의 메카니즘의 이해
- 화합물을 합성하는 데 이 반응들의 이용

탄소-탄소결합 형성반응은 유기화학에서 대단히 중요하다. 적고 단순한 분자를 더 크고 복잡한 분자로 조립할 수 있기 때문이다. 이 과정은 탄소 친전자체와 탄소 친핵체의 반응을 요구한다. $S_N1$과 $S_N2$ 반응에서 할로겐화알킬과 첨가와 치환 반응에서 알데하이드, 케톤 및 카복실산 유도체의 카보닐 탄소를 포함한 다양한 탄소 친핵체를 다루었다. 그러나 탄소-탄소결합 형성반응은 지금까지 소수의 탄소 친핵체만이 소개되었기 때문에 제한을 받아왔다. $S_N2$ 반응에 대한 시안화와 아세틸화 친핵체가 10장에서 소개되었다. 카보닐기를 포함한 화합물과의 반응에 대한 유기금속과 일라이드 친핵체는 18과 19장에서 검토하였다.

Grignard 시약과 유기리튬 화합물과 같은 연관 친핵체는 너무 반응성이 커서 $S_N2$ 반응의 친핵체로서는 유용하지 않다. 그러나 친핵성 탄소에 전자쌍을 안정화시켜 주는 기가 결합되어 있으면 그 시약은 할로겐화알킬, 친전자체와의 반응에 대단히 유용하게 된다. 이웃탄소에 있는 전자쌍을 특별히 안정화시켜 주는 좋은 기의 하나가 카보닐기이다. 카보닐기 이웃의 카보음이온을 **엔올산 이온(enolate ion)**이라 부른다. 엔올산 음이온은 탄소 친핵체의 가장 중요한 형태이다. 이 친핵체는 카보닐 친전자체와 유용한 반응을 한다.

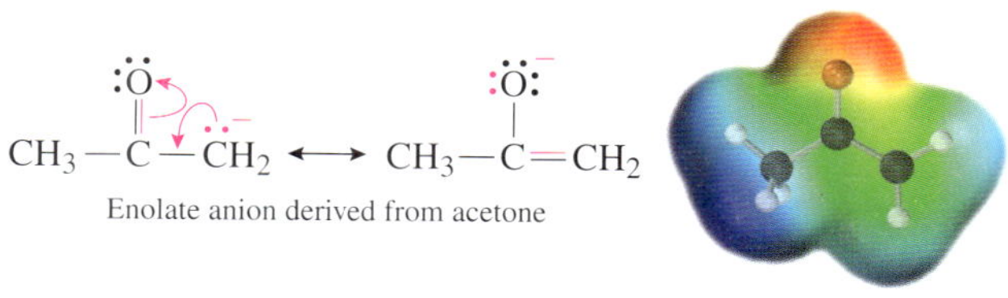

Enolate anion derived from acetone

먼저 이 장에서 엔올과 엔올산 음이온의 구조, 안정성 및 생성방법을 검토할 것이다. 다음에 친전자체로 할로겐과 친핵체로 이 화학종의 반응을 검토할 것이다. 다음에 $S_N2$ 반응에서 친핵체로 엔올산 음이온의 사용을 제시하였다. 친전자체로 알데하이드, 케톤 및 카복실산 유도체와의 반응을 검토하였다. 그 밖의 유용한 탄소 친핵체를 소개하였다. 콘쥬게이트 첨가에서 이 친핵체들의 사용과 이 친핵체들의 합성에의 이용을 검토하였다.

## 20.1 엔올과 엔올산 음이온

11.6절에서 알카인에 대한 물의 산-촉매 첨가반응을 검토하였다. 엔올이라 부르는 이 반응의 초기생성물은 CC 이중결합의 한 탄소에 결합된 하이드록시기를 갖는다. 엔올은 불안정하며 카보닐 화합물인 토토머로 빨리 변환된다. 아세톤의 카보닐과 엔올 토토머를 다음 방정식으로 나타냈다.

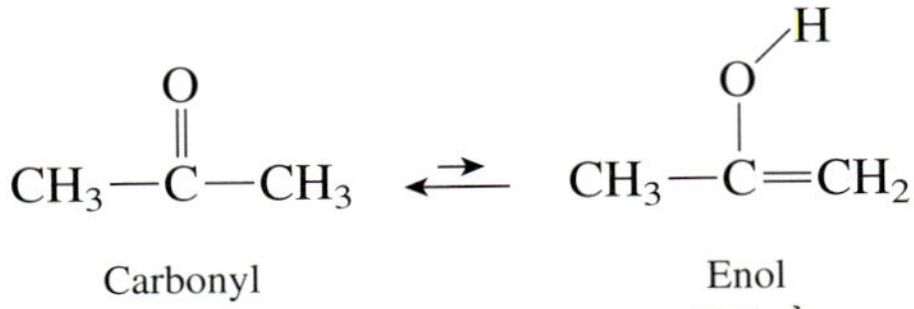


카보닐과 엔올 토토머의 상호변환은 산 혹은 염기촉매로 일어나며 모든 환경에서 빨리 일어난다. 산성조건 메카니즘에서 양성자가 먼저 첨가되고 한편 염기조건 메카니즘에서 첫 단계에서 양성자의 제거가 일어난다. 이들 메카니즘을 그림 20.1과 20.2에 나타냈다.

표 20.1은 간단한 알데하이드와 케톤의 경우 평형에 존재하는 엔올 토토머의 양이 대단히 적다는 것을 나타내준다. 에스터와 같은 간단한 카복실산 유도체는 더 작은 엔올 함량을 갖는다. 그러나 표 20.1에서 아래쪽에 있는 세 화합물, 1,3-다이카보닐 화합물($\beta$-다이카보닐 화합물)들은 평형에서 엔올 존재량이 대단히 크다. 이 경우에 엔올은 남아있는 카보닐기와 CC 이중결합의 콘쥬게이션과 카보닐 산소와 하이드록시기의 수소와 수소결합에 의해 안정화된다. 다이에스터(0.008%)에서 케토에스터(8%), 케토에스터에서 다이케톤(76%)으로 진행하면 엔올 함량이 점진적 증가한다는 것은 에스터 카보닐기를 포함한 엔올이 케톤과 알데하이드를 포함한 엔올보다 더 유리하다는 것을 설명해준다.

**그림 20.1** **산성조건에서 카보닐과 엔올 토토머의 상호변환 메카니즘.**

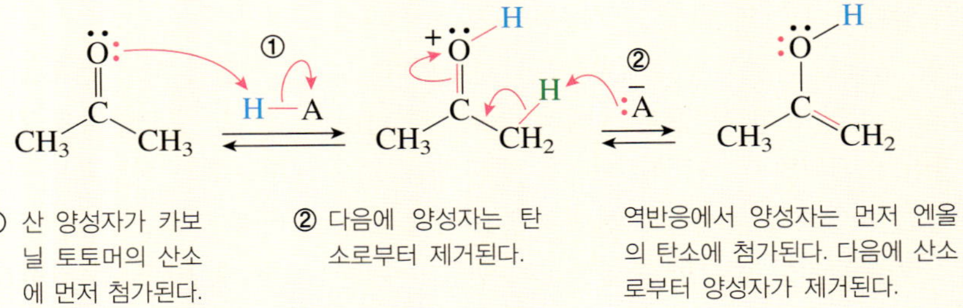

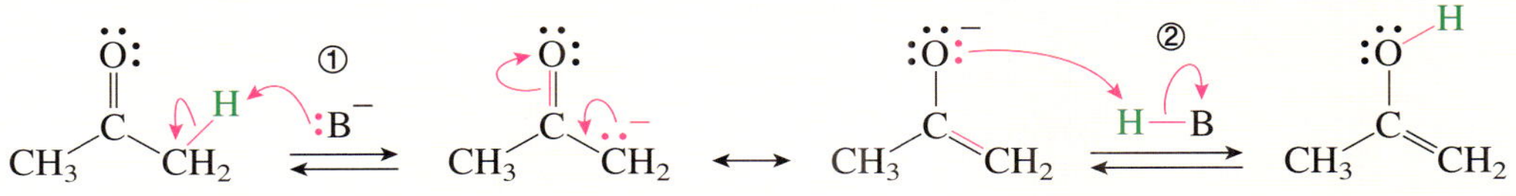

① 염기성에서 양성자가 먼저 카보닐 토토머 탄소로부터 제거된다.

엔올산 음이온의 공명 안정화로 다른 카보음이온보다 약한 염기가 되며 따라서 산-염기반응에 의해 쉽게 생성된다.

② 엔올산 음이온의 산소에 대한 양성자의 첨가로 엔올 토토머를 생성한다. 대신 양성자가 탄소에 첨가되면 첫 단계의 역단계에서 카보닐 토토머가 생성된다.

**그림 20.2** 염기성 조건에서 카보닐과 엔올 토토머의 상호변환 메카니즘.

### 표 20.1 카보닐-엔올 토토머화에 대한 평형상수

| 카보닐 토토머 | 엔올 토토머 | K=[엔올]/[카보닐] | 엔올 백분율 |
|---|---|---|---|
| 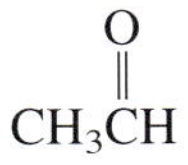 | 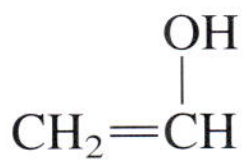 | $6\times10^{-7}$ | 0.00006% |
| 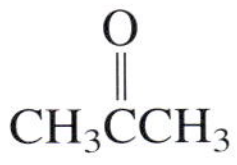 | 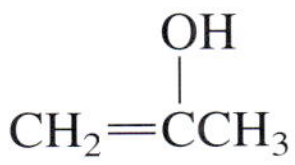 | $5\times10^{-9}$ | 0.000005% |
| 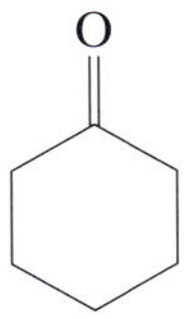 | 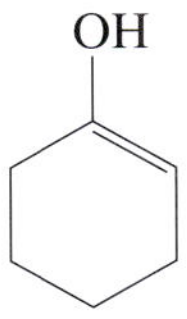 | $1\times10^{-8}$ | 0.000001% |
| 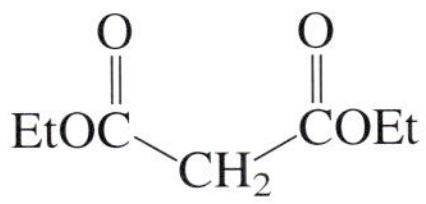 | 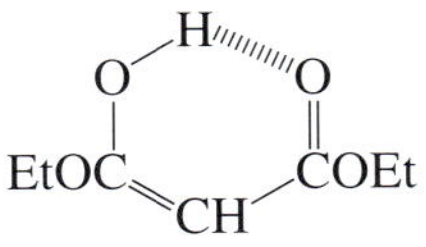 | $8\times10^{-5}$ | 0.008% |
| 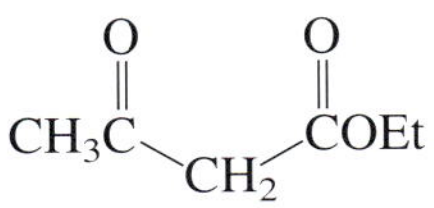 | 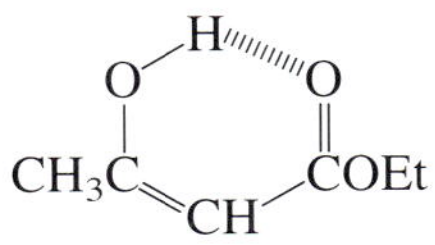 | $9\times10^{-2}$ | 8% |
| 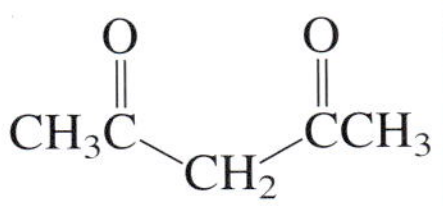 | 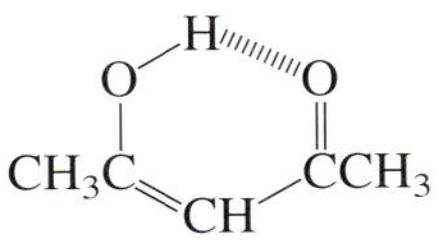 | 3 | 76% |

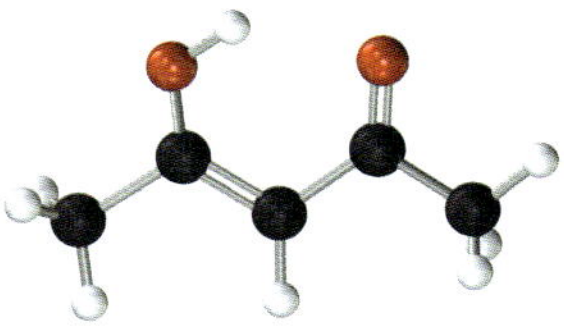

**문제 20.1** 다음 화합물의 모든 엔올 토토머를 나타내어라. 하나 이상이 가능하면 어느 것이 더 안정하가를 설명하여라.

**a)** 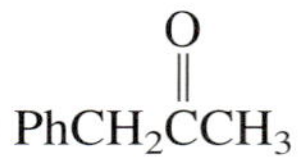
**b)** 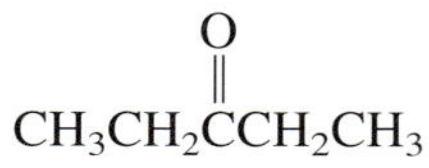
**c)** 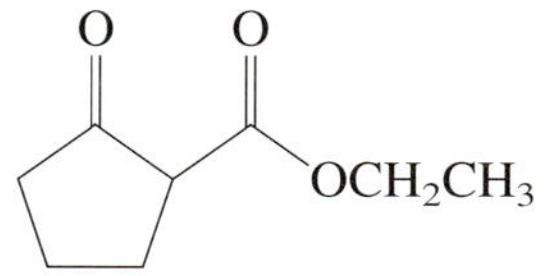

간단한 엔올이 알카인에 대한 물의 첨가와 같은 몇 가지 반응에 의해 생성된다면 빨리 더 안정한 카보닐 토토머로 변환되기 때문에 분리할 수 없다. 가장 간단 엔올, $CH_2=CHOH$의 수명은 pH 7의 수용액에서 1분이고 산성 용액에서 1초 및 염기성 용액에서 $10^{-6}$초이다.

카보닐기($\alpha$-탄소)에 대해 이웃탄소에 있는 수소는 짝염기가 에올산 음이온이고 공명 안정화되기 때문에 상당히 산성이다. 사이아노기에 대한 이웃탄소에 있는 수소는 유사한 이유로 상당히 산성이다. 이 화합물의 $\alpha$-수소에 대한 $pK_a$는 20~25의 범위에 있다.

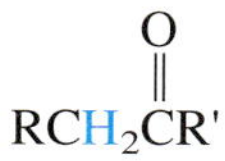

Ketone
(or aldehyde)
$pK_a = 20$

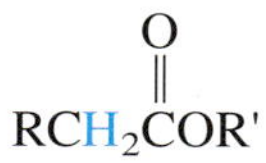

Ester
$pK_a = 25$

$RCH_2C{\equiv}N$

Nitrile
$pK_a = 25$

강한 염기와 이 화합물의 반응으로 수소가 제거되고 엔올산 음이온을 생성한다. 짝산의 $pK_a$가 30보다 큰 다음 염기는 이 화합물들을 완전히 탈양성자화될 수 있을 만큼 충분히 강하다.

$NaNH_2$

Sodium amide
$pK_a = 38$

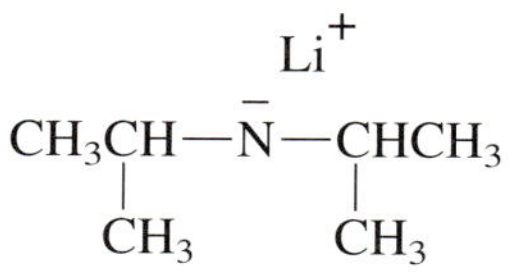

Lithium diisopropylamide
(LDA)
$pK_a = 38$

NaH

Sodium hydride
$pK_a = 35$

두 카보닐기 이웃탄소에 있는 수소는 더 산성이다. 다음 $\beta$-다이카보닐 화합물은 에톡시화 이온(짝산, 에탄올의 $pK_a$는 16이다)과 같은 염기에 의해 완전히 탈양성자화 될 수 있을 만큼 강한 산성이다.

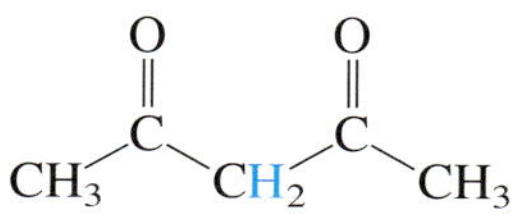

2,4-Pentanedione
$pK_a = 9$

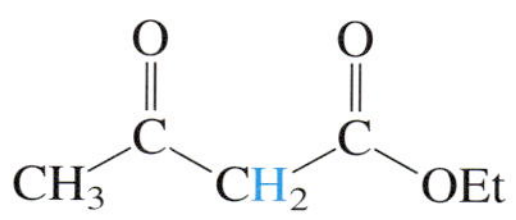

Ethyl acetoacetate
$pK_a = 11$

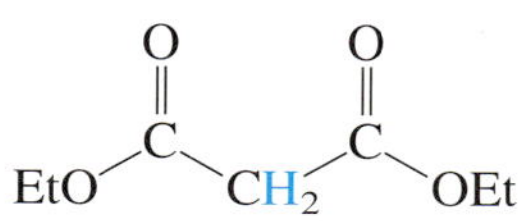

Diethyl malonate
$pK_a = 13$

**문제 20.2** 이 산-염기반응에 의해 형성되는 엔올산 음이온과 혹은 연관된 음이온을 나타내어라.

**a)** $PhC(=O)CH_2CH_3 + LDA \longrightarrow$

**b)** $CH_3CH_2C(=O)CH_2C(=O)OCH_2CH_3 + NaOEt \longrightarrow$

**c)** $PhCH_2C(=O)CH_2CH_3 + NaNH_2 \longrightarrow$

**d)** $CH_3CH_2CH_2CN + LDA \longrightarrow$

## 20.2 α-탄소의 할로겐화 반응

산성 혹은 염기성 조건에서 $Cl_2$, $Br_2$ 혹은 $I_2$와 알데하이드 혹은 케톤의 반응은 할로겐으로 α-탄소에 있는 수소를 치환한다.

$$R-\overset{O}{\overset{\|}{C}}-CH_3 + X-X \xrightarrow[\text{or } ^{-}OH]{HX} R-\overset{O}{\overset{\|}{C}}-CH_2X + HX$$

산성조건에서 그림 20.1에 나타낸 메카니즘에 따라 생성되는 엔올은 친핵체로 작용하여 친전자성 할로겐을 공격한다.

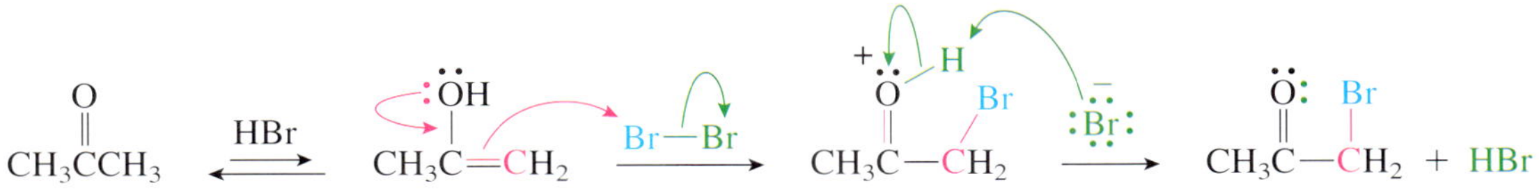

Enol

할로겐의 존재는 엔올화를 지연시키므로 하나의 할로겐이 첨가된 후 반응이 정지될 수 있다. 이 반응은 케톤이 대칭이고 혹은 하나의 반응자리만을 가진다면 케톤의 α-탄소에 대해 할로겐을 첨가할 수 있는 유용한 방법이다.

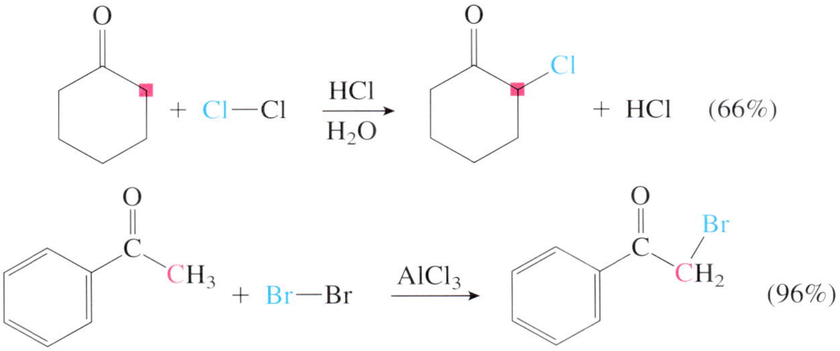

염기성 조건에서 친핵체로 작용하는 것은 엔올산 음이온이다.

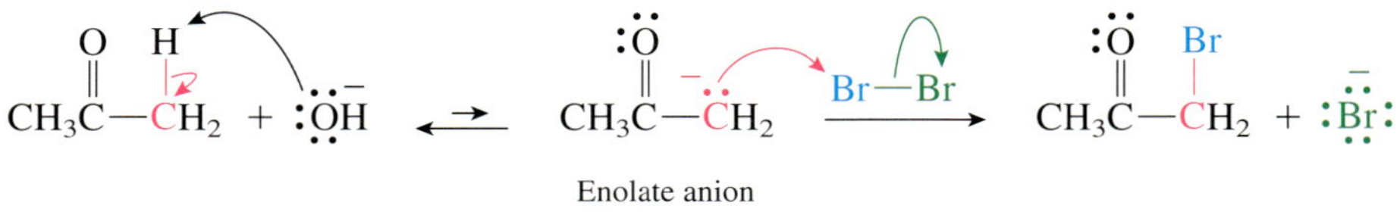


**할로폼반응(haloform reaction)**에서 카보닐 탄소에 결합된 메틸기를 가진 케톤은 염기성에서 과잉의 할로겐과 반응한다. 메틸기가 제거되고 케톤은 탄소수가 하나 적은 카복실산으로 변환된다. 이 반응은 염기 메카니즘에 의해 할로겐을 메틸기의 수소를 먼저 치환한다. 할로겐의 유발전자-끄는 효과 때문에 첫 번째 할로겐이 첨가된 후 $\alpha$-탄소의 수소는 더 산성이 되고 두 번째 할로겐은 더 빨리 첨가된다. 다음에 세 번째 할로겐이 첨가된다. 다음에 하이드록사이드 이온은 카보닐 탄소를 공격한다. 세 할로겐은 생성된 카보음이온을 안정화하여 메틸탄소의 이탈을 돕는다.

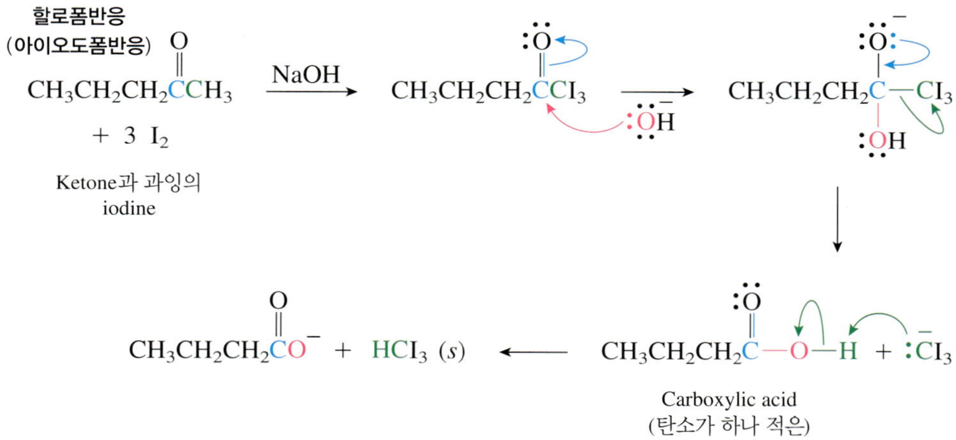


탄소에 세 개의 할로겐이 있어야만 절단반응이 일어나므로 이 방법으로는 메틸기만이 제거될 수 있다. $I_2$와의 반응(아이오도폼반응)이 메틸케톤을 시험하기 위하여 사용되었다. 황색 고체로 침전되는 아이오도폼($CHI_3$)은 메틸 케톤의 존재에서 양성 반응을 나타낸다. 이 반응은 메틸케톤을 탄소가 하나 적은 카복실산으로 변환시키는 데 사용된다. 다음 방정식에 그 예를 나타내었다.

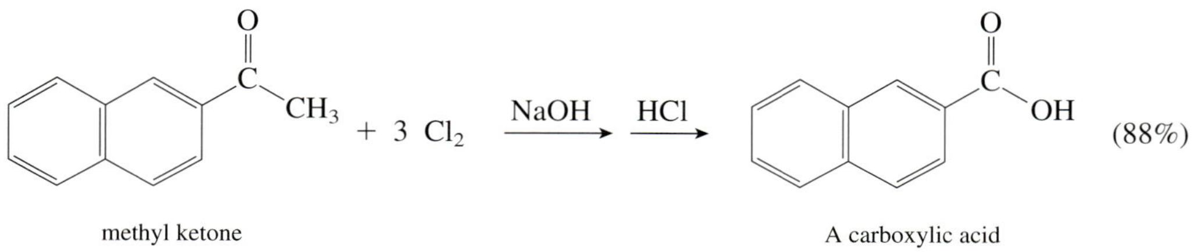

**문제 20.3** 다음 반응의 생성물을 나타내어라.

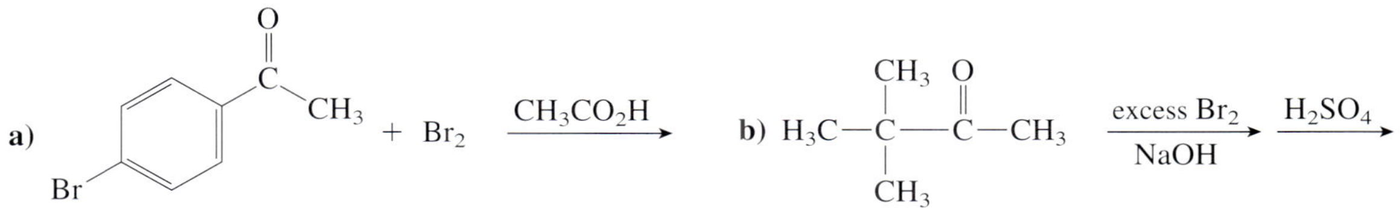


## 20.3 엔올산 음이온의 알킬화

케톤, 에스터 및 나이트릴으로부터 생성되는 엔올산 음이온은 $S_N2$ 반응에서 친핵체로 사용된다. $\alpha$-탄소에 알킬기를 도입하는 과정을 알킬화라 부른다. 알데하이드는 반응성이 커서 이와 같은 방법으로 알킬화할 수 없다. 다음 방정식으로 사이클로헥산온의 알킬화를 설명하였다.

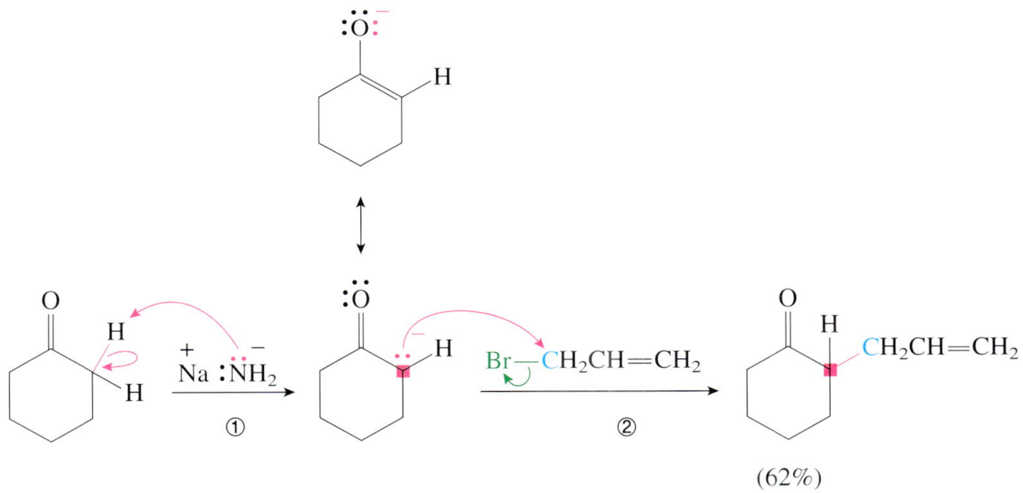


① 이 단계에서 완전히 탈양성자화하기 위하여 강한 염기를 사용해야 한다. 용매는 산성의 수소를 가져서는 안된다. 에터 혹은 DMF가 보통 사용된다.

② 이것은 $S_N2$ 반응이므로 이탈기가 장애가 없는 탄소(일차 혹은 이차)에 결합되어 있을 때만 일어난다. 이탈기가 삼차 탄소에 결합되면 치환보다는 E2 제거가 일어난다.

출발 케톤(에스터 혹은 나이트릴) 모두를 엔올산 음이온으로 변환시킬 수 있을 만큼 충분히 강한 염기를 사용한다. 염기가 이렇게 강하지 않으면 나머지 케톤의 친전자성 탄소와 엔올산 음이온 친핵체의 원하지 않는 반응이 일어날 수 있다. 다이아이소프로필아미드화 리튬(LDA)이 흔히 염기로 선택된다. 이것은 강한 염기이다. 그러나 붐비는 아이소프로필기에 의한 입체적 장애 때문에 친핵체로 작용하는 부반응은 일어나지 않는다. 할로겐화 알킬은 $S_N2$ 메카니즘의 제한을 받는다. 이탈기는 일차 혹은 이차 탄소에 결합될 수 있고 삼차 탄소에 결합되지 않는다.

**문제 20.4** 사이클로헥산온의 엔올산 음이온을 형성하는 데 뷰틸리튬을 사용하면 어떤 반응이 일어날 것인가?

두 생성물의 형성을 피하기 위하여 케톤의 탈양성자화는 단일 엔올산 이온을 생성해야 한다. 그러므로 케톤은 앞 예의 사이클로헥산온과 같이 대칭이 되거나 혹은 한 $\alpha$-탄소에서 생성되는 엔올산 이온이 유리한 구조를 가져야 한다. 다음에 그 예를 나타내었다.

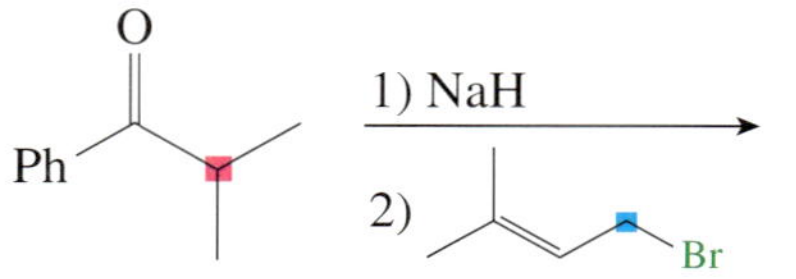


(88%)

에스터와 나이트릴은 이 방법으로 알킬화할 수 있다.

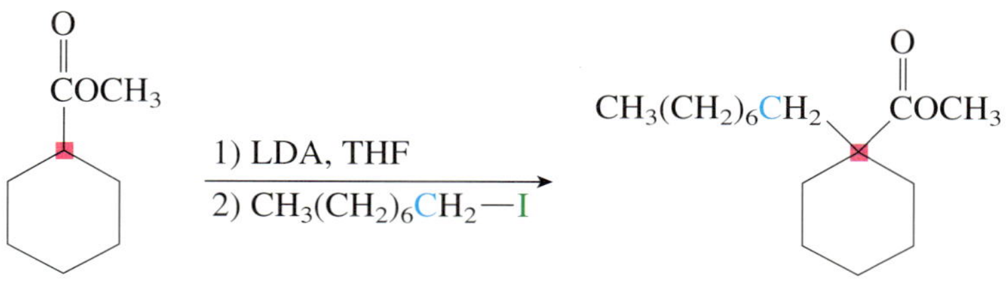


(90%)

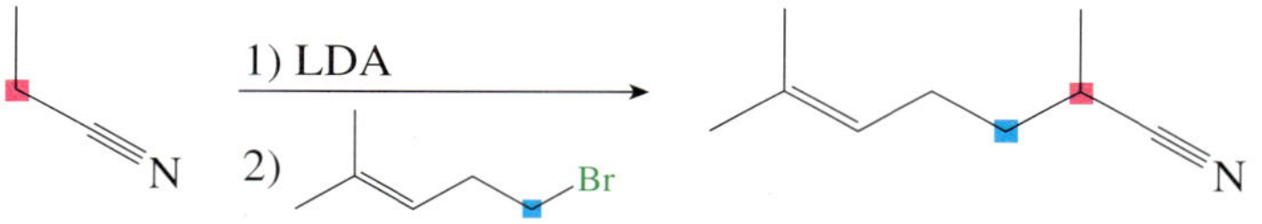


(85%)

마지막 예는 두 알킬기를 어떻게 연속적으로 첨가할 수 있는가를 나타내준다.

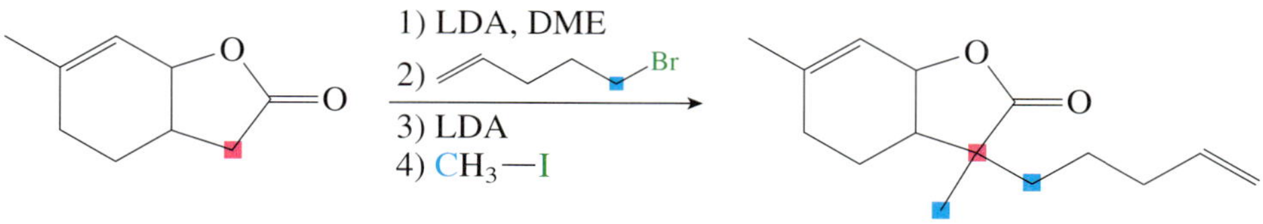


(86%)

## 예제 20.1

다음 반응의 생성물을 나타내어라.

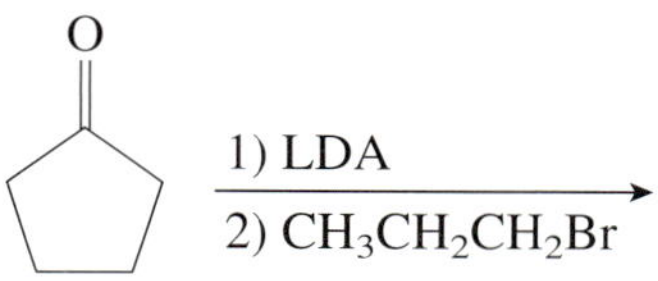

**전략**

이와 같은 문제를 푸는 열쇠는 이전 장에서 처리했던 것과 같다. 먼저 친핵체와 친전자체를 확인한다. 이 특정한 반응에서 친핵체는 가장 산성인 수소가 제거되어 엔올산 혹은 연관된 음이온이 생성되면서 생성된다. 이것이 $S_N2$ 반응에서 친핵체이다.

**풀이**

다이아이소프로필아마이드 음이온은 염기로 작용하여 카보닐기의 이웃탄소로부터 산성수소를 제거한다. 생성되는 엔올산 음이온은 $S_N2$ 반응에서 친핵체로 작용하여 일차 탄소에서 브롬을 치환한다.

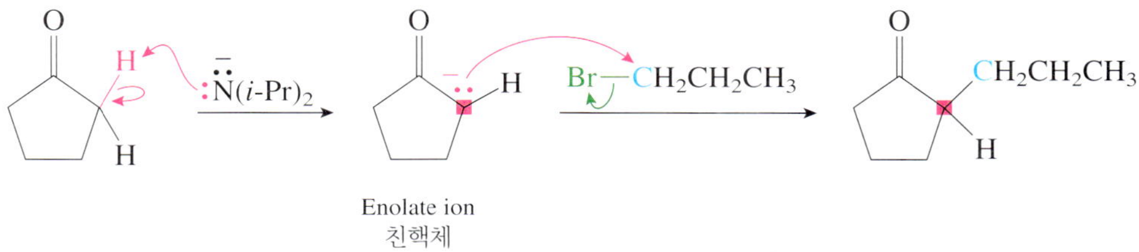


**문제 20.5** 다음 화합물의 생성물을 나타내어라.

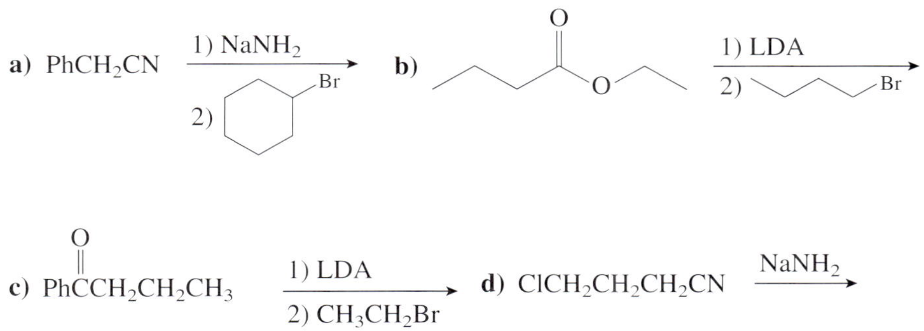


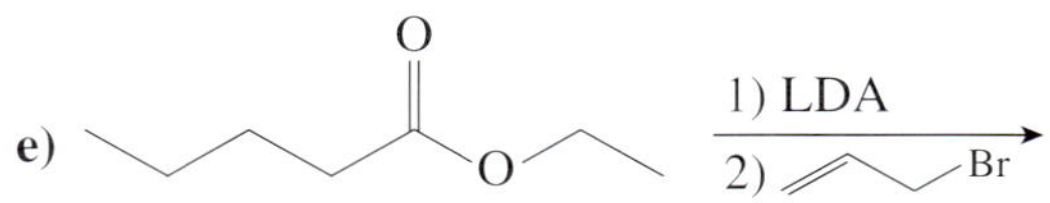


# 20.4 더 안정화된 음이온의 알킬화

앞 절에서 기술한 친핵체는 강한 염기이므로 대단히 반응성이 크다. 이 큰 반응성이 문제를 일으킨다. 반응성이 큰 친핵체에 이해 생기는 문제를 해결하는 한 방법은 친핵체에 반응성을 감소시켜 주는 기를 도입한 것이다. 부 반응이 없는 새로운 반응성이 적은 시약을 치환에 사용한 후 여분의 기를 제거한다. 더 많은 반응 단계를 포함하게 되지만 전체 과정은 원래의 친핵체를 사용하여 얻게 되는 것보다 높은 수득률로 같은 생성물을 얻을 수 있다.

이 전략의 한 예는 $S_N2$ 반응에서 수산화이온의 합성대등체인 아세트산 음이온을 사용하여 알코올을 제조하는 것이다(10.2절과 그림 10.1을 보라).

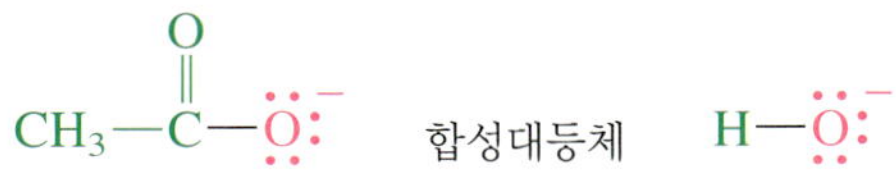


같은 방법으로 프탈이미드의 짝 염기는 Gabriel 합성에서 일차 아민을 제조하는 아마이드 이온의 합성대등체로 사용된다.

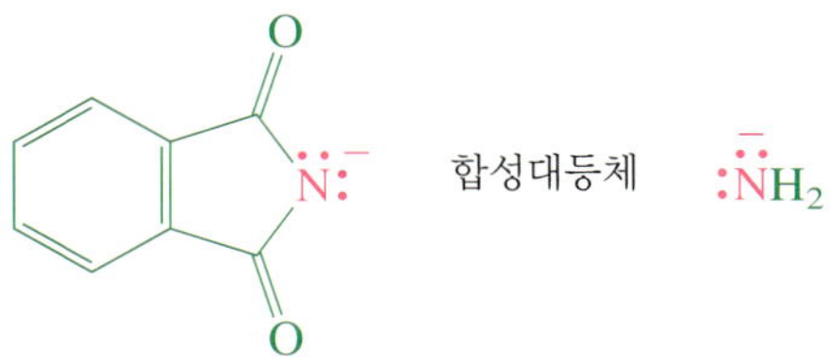


이 두 경우에서 카보닐기는 친핵성 원자에 결합되어 있다. 전자쌍의 공명안정화는 음이온을 더 안정화시켜 준다. 쉽게 생성할 수 있고 반응을 더 쉽게 조절할 수 있다. 치환반응이 이루어지면 카보닐기를 제거하고 원하는 치환생성물을 얻을 수 있다.

이제 치환반응에서 친핵체로 아세톤(p$K_a$ = 20)으로부터 생긴 엔올산 음이온을 사용한다고 생각해보자. 이 음이온은 그것을 생성하기 위하여 대단히 강한 염기를 사용할 필요가 있으며 큰 반응성은 낮은 수득률로 원하는 생성물을 형성한다. 대신 합성대등체로 사용하기 위하여 아세토아세트산 에틸(p$K_a$ = 11)에서 생성된 엔올산 음이온을 선택할 수 있다.

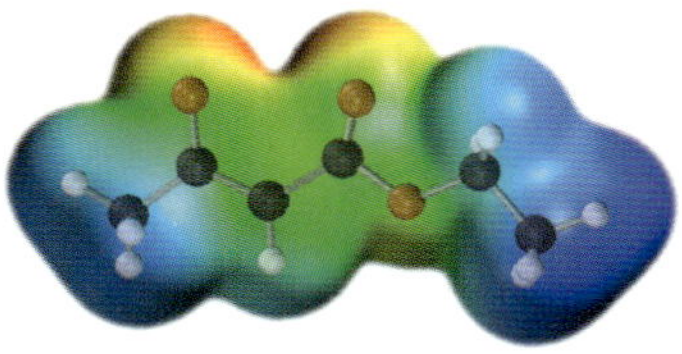

ethyl acetoacetate의 엔올산 음이온

acetone의 엔올산 음이온

아세토아세트산 에틸에서 생성된 엔올산 음이온의 알킬화 후 에스터기가 제거된다. 이 반응을 **아세토아세트산 에스터 합성(acetoacetic ester synthesis)**으로 알려져 있으며 메틸케톤을 제조하는 우수한 방법이다. 아세토아세트신 에스터 합성 생성물은 아세톤의 $\alpha$-탄소에 같은 알킬기의 첨가로 생성되는 생성물과 같다. 먼저 에톡시화 소듐과 같은 적당한 염기를 사용하여 $\beta$-케토에스터로부터 엔올산 이온을 생성한다. 다음에 $S_N2$ 반응에서 할로겐화 알킬과의 반응에 의해 엔올산 이온이 알킬화된다. 이 단계는 이탈기가 일차 혹은 이차 탄소에 있어야 하는 $S_N2$ 제한에 따르게 된다.

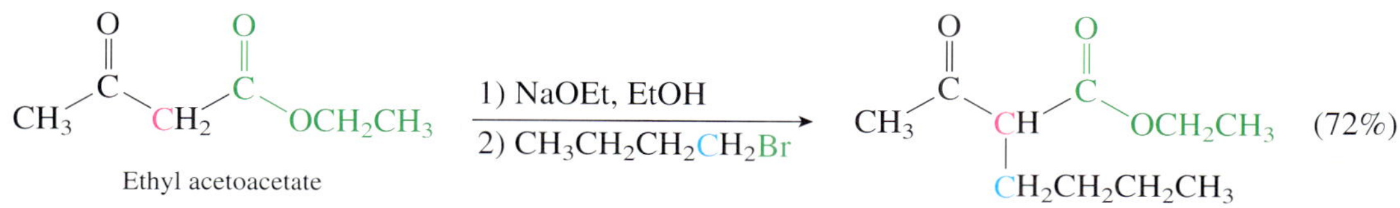


알킬화 $\beta$-케토에스터를 염기 수용액으로 처리하고 다음에 산으로 처리하고 가열하여 에스터기를 제거할 수 있다.

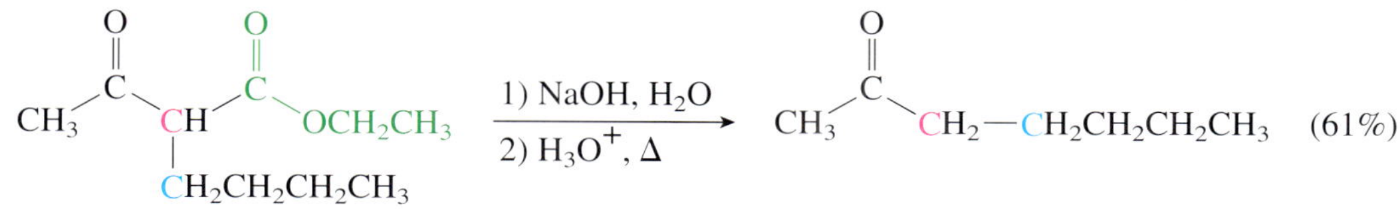


에스터기가 제거되는 아세토아세트산 에스터 합성의 끝부분의 메카니즘을 검토해보자. $\beta$-케토에스터를 염기수용액으로 처리한 후 산성화하면 $\beta$-케토산을 형성한다. 이 단계에 대한 메카니즘을 19장에 기술하였다.

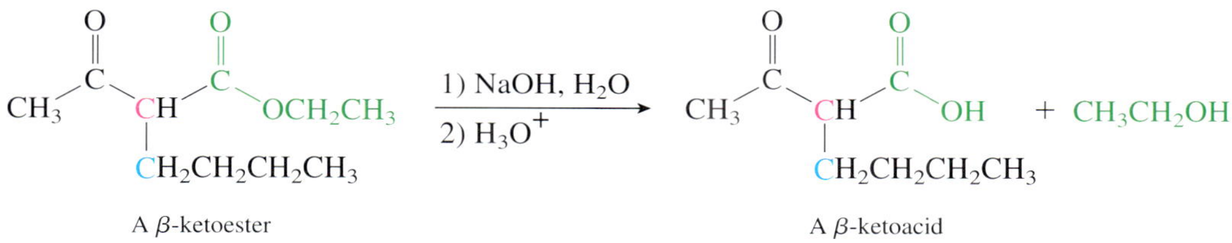


$\beta$-케토산을 가열하면 이산화탄소가 제거된다. 이 단계, 카복시이탈반응은 지금까지 알려진 메카니즘과는 전혀 다른 메카니즘에 의해 일어난다. 6-원자 고리 전이상태를 거쳐 진행되는 협동반응에서 세 결합이 절단되고 세 결합이 형성된다. 이 단계의 생성물은 엔올이고 최종생성물 케톤으로 토토머화한다.

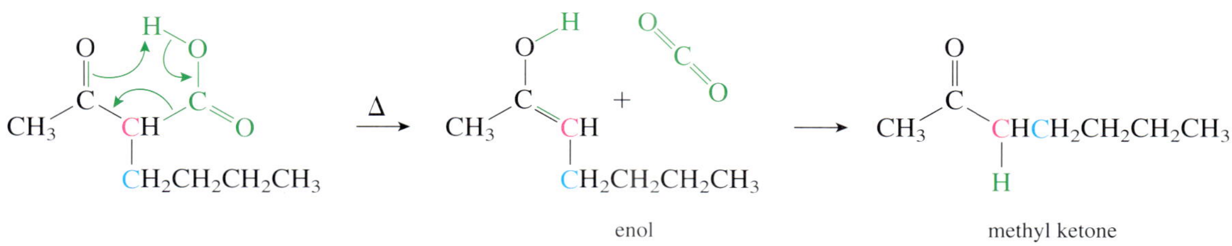


단순한 카복실산은 대단히 안정하며 가열하여도 이산화탄소가 이탈되지 않는다. 이산화탄소가 제거되기 위하여 산은 고리화 메카니즘이 일어나도록 $\beta$-위치에 카보닐기를 가져야 한다.

다음 방정식에 아세토아세트산 에스터 합성의 다른 예를 나타내었다. 최종 생성물, 2-헥산온은 1-브로모프로페인과 아세톤의 엔올산 음이온과의 반응으로 생성되은 생성물과 같다.

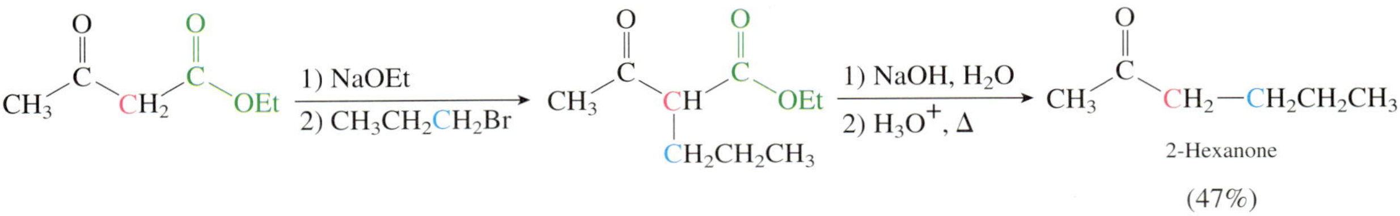


**말론산 에스터 합성(malonic ester synthesis)**은 아세토아세트산 에스터 합성과 유사하다. 말로산 다이에틸($pK_a = 11$)의 탈양성자화로 시작하여 아세트산으로부터 생성되는 엔올산 음이온의 합성대등체인 엔올산 음이온을 생성하다.

말로산 에스터 합성에서 이 엔올산 이온은 아세토아세트산에스터 합성에서와 같은 방법으로 알킬화된다. 알킬화 다이에스터의 비누화는 다이산을 생성한다. 산기의 어느 한 카보닐기는 다른 산기에 대해 $\beta$-위치에 있다. 그러므로 다이산을 가열하면 아세토아세트산 에스터 합성에서와 같은 방법으로 이산화탄소가 이탈된다. 생성물은 말론산 에스터 합성에서는 카복실산이고 아세토아세트산 에스터합성에서는 메틸케톤이라는 점이 다르다. 치환된 말론산으로부터 이산화탄소의 이탈로 다음 방정식에서 설명한 것처럼 일가 산이 생성된다.

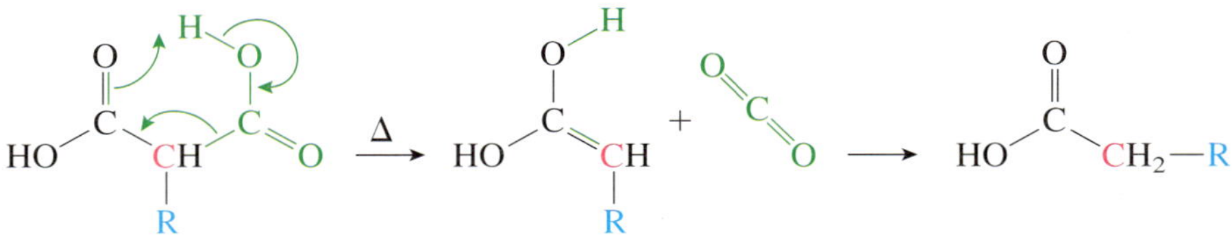

아세토아세트산 에스터 합성에서 일어나는 카복실기 이탈의 경우에서와 같이 카복실산의 $\beta$-위치에 카보닐기가 존재하면 가열했을 때 이산화탄소가 이탈된다.

말론산 에스터 합성의 예를 다음 방정식에 나타내었다.

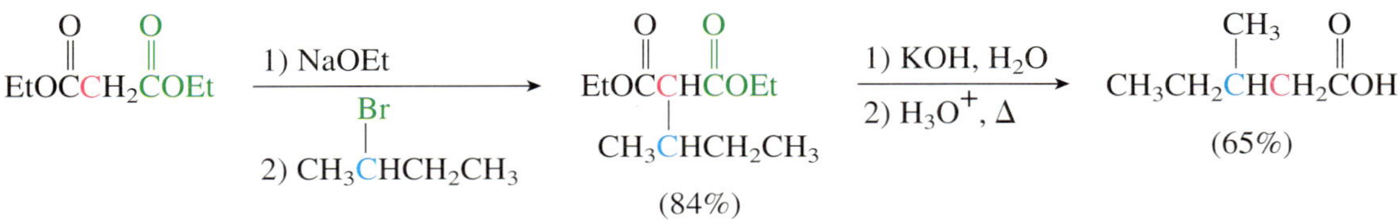

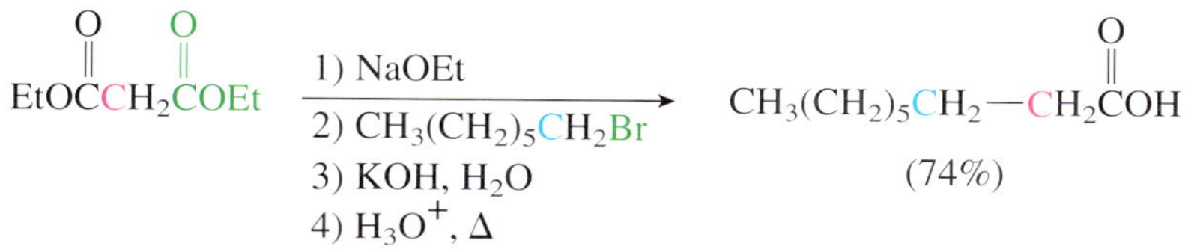

두 아세토아세트산 에스터 합성과 말론산 에스터 합성에서 $\alpha$-탄소에 대해 두 다른 일킬기를 연속단계로 첨가할 수 있다. 먼저 에톡시화 소듐과 반응에 의해 엔올산 이온이 생성되고 알킬화된다. 다음에 알킬화 생성물의 엔올산 이온이 에톡시화 소듐의 두 번째 당량과 반응하여 생성된다. 그 예를 다음 방정식에 나타내었다.

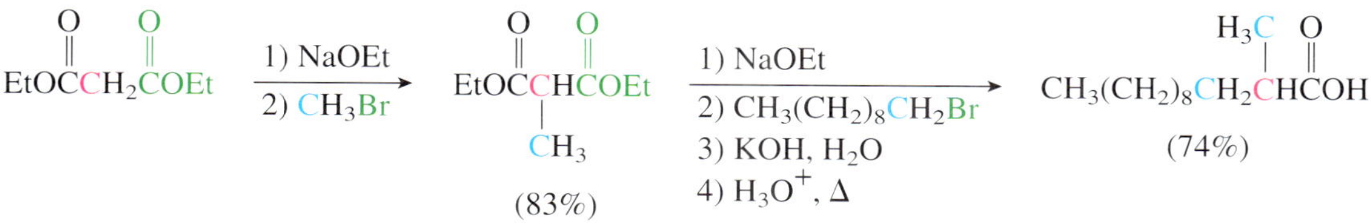

아세토아세트산 에스터 합성과 말론산 에스터 합성은 같은 알킬화로 케톤과 카복실산을 제조하는 데 사용될 수 있지만 가수분해와 카복시이탈 없이 치환된 $\beta$-케토에스터와 $\beta$-다이에스터를 제조하는 데 사용할 수 있다. 사실 같은 탄소에 두 음이온 안정화기를 가진 화합물은 탈양성자화되고 같은 일반적 방법으로 알킬화된다. 몇 가지 예를 다음 방정식에 나타내었다. 첫 번째 예는 $\beta$-케토에스터의 알킬화를 나타낸다. 이 경우에 염기로 수소화소듐을 사용하였지만 에톡시화 소듐을 사용할 수 도 있다.

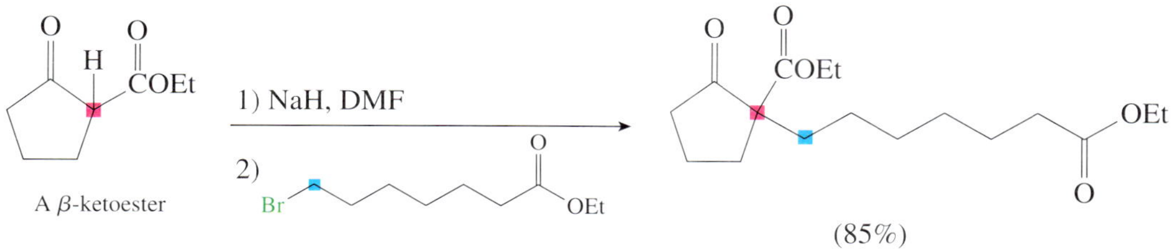

두 번째 예는 $\beta$-다이케톤($pK_a = 9$)의 알키화를 나타내었다. 이 화합물은 $\beta$-케토에스터 혹은 $\beta$-다이에스터보다 더 산성이기 때문에 약한 염기인 탄산 포타슘을 사용한다. 그러나 에톡시화 소듐이 이 반응에 대한 염기로 사용된다.

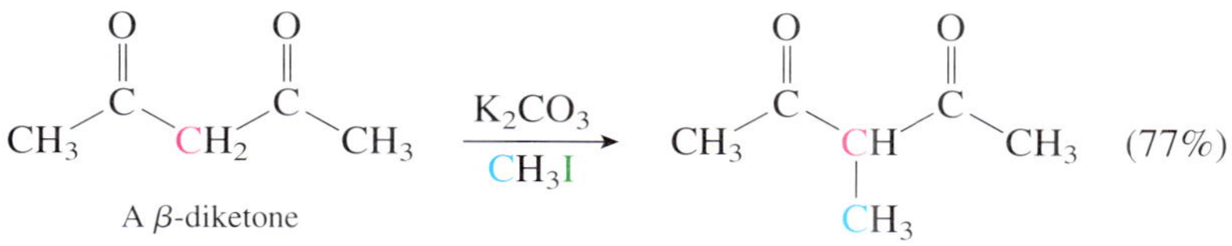

마지막 예는 다이나이트릴($pK_a = 11$)에 대한 두 알킬기의 첨가이다. 첨가되는 알킬

기가 동일하기 때문에 순차적으로 첨가되지 않고 대신 반응은 2 당량의 염기와 2 당량의 알킬화 시약인 염화벤질을 동시에 가하여 수행한다.

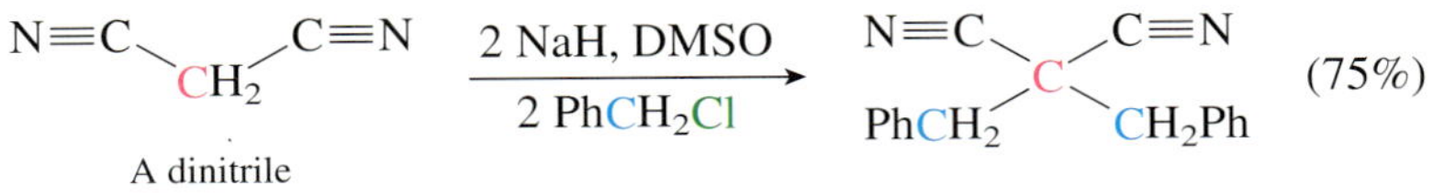

**문제 20.6** 다음 반응의 생성물을 나타내어라.

a) $CH_3COCH_2COOEt$ (acetoacetic ester) $\xrightarrow[\text{2) } PhCH_2Br]{\text{1) NaOEt, EtOH}}$ $\xrightarrow[\text{2) } H_3O^+,\ \Delta]{\text{1) NaOH, } H_2O}$

b) $EtOCOCH_2COOEt$ $\xrightarrow[\text{2) } CH_3CH_2CH_2Br]{\text{1) NaOEt, EtOH}}$ $\xrightarrow[\text{2) } H_3O^+,\ \Delta]{\text{1) NaOH, } H_2O}$

c) 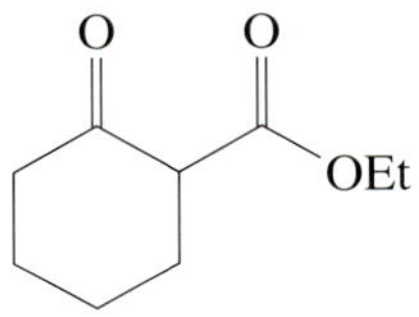 $\xrightarrow[\text{2) } CH_3CH_2Br]{\text{1) NaOEt, EtOH}}$

d) $CH_3COCH_2COOEt$ $\xrightarrow[\text{2) } CH_3CH_2CH_2CH_2Br]{\text{1) NaOEt, EtOH}}$ 3) NaOEt, EtOH 4) $CH_3I$ $\xrightarrow[\text{2) } H_3O^+,\ \Delta]{\text{1) NaOH, } H_2O}$

e) $N{\equiv}CCH_2COCH_3$ $\xrightarrow[\text{2) } CH_3CH_2CH_2Cl]{\text{1) NaOEt, EtOH}}$

## 예제 20.2

아세토아세트산 혹은 말론산 에스터 합성을 사용하여 2-헵탄온의 합성을 나타내어라.

$$CH_3CH_2CH_2CH_2CH_2COCH_3$$

2-Heptanone

### 전략

어느 합성을 사용할 것인가를 결정한다. 아세토아세트산 에스터 합성을 메틸케톤을 제조하는 데 사용되고 말론산 에스터 합성은 카복실산을 제조하는 데 사용된다. 두 방법은 $\alpha$-탄소에 알킬기를 첨가하는 데 사용된다. $\alpha$-탄소는 친핵체이므로 결합되는 기는 $S_N2$ 반응에서 친전자체이다. 그들은 새로운 결합이 형성될 탄소에 이탈기가 결합되어야 한다.

**풀이**

아세토아세트산 에스터 합성이 메틸케톤을 제조하는 데 사용된다. 이 예에서 뷰틸기는 엔올산 이온 친핵체에 결합되어야 한다.

엔올산 음이온을 생성하기 위하여 염기를 사용한다. 다음에 친전자성 탄소에 이탈기를 가진 알킬기를 가해준다. 끝으로 알킬화 생성물에서 카복시이탈이 이루어진다.

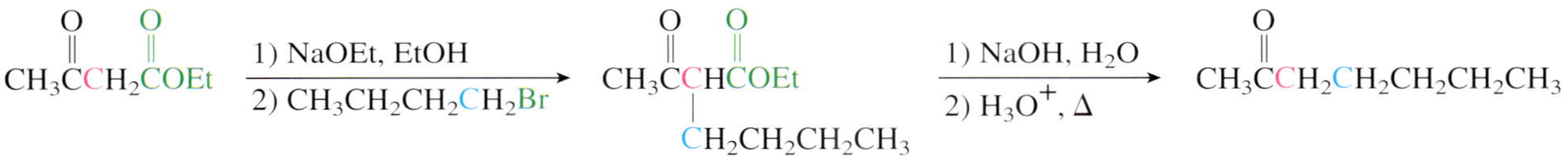


**문제 20.7** 아세토아세트산 에스터 합성 혹은 말론산 에스터 합성을 사용하여 다음 화합물을 합성하여라.

**a)** 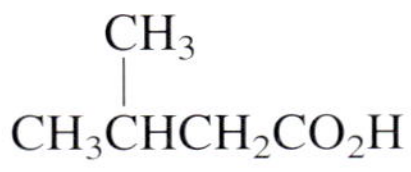

**b)** 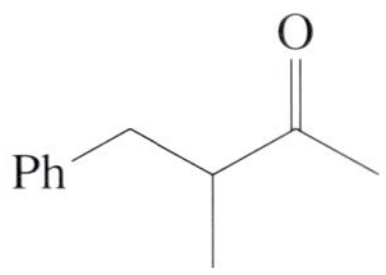

**c)** 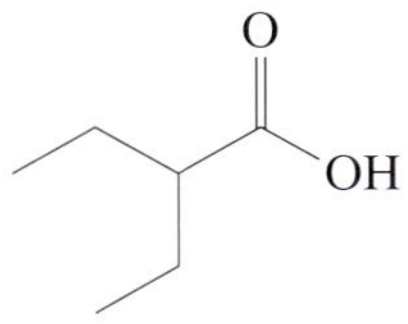

**d)** 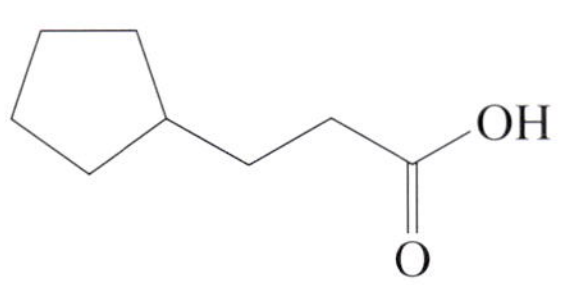

**e)** 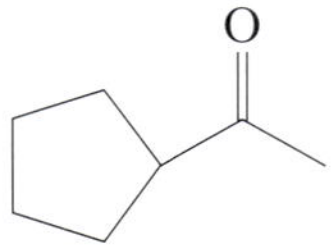

**문제 20.8** 알킬화반응을 사용하여 다음 화합물을 어떻게 합성할 수 있는가를 나타내어라.

**a)** 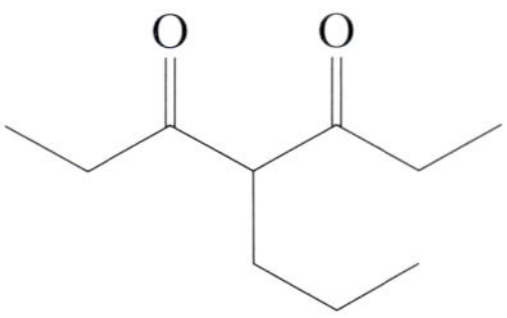

**b)** 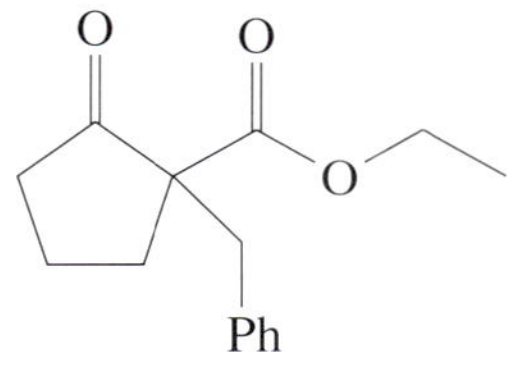

c) 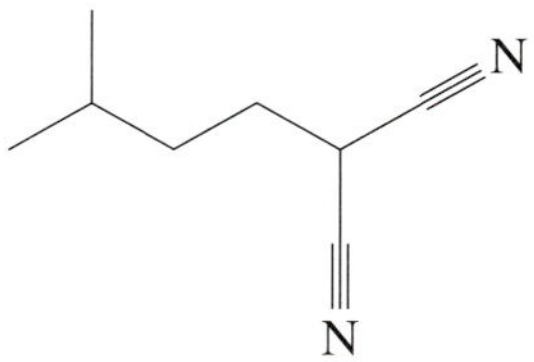

d) 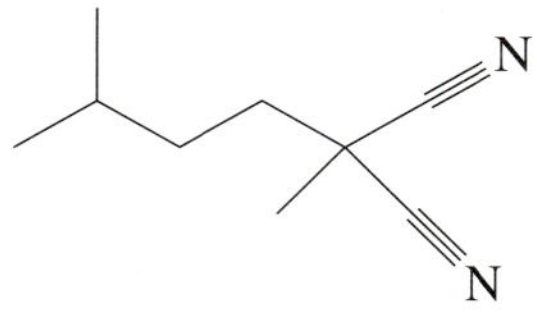

## 20.5 알돌축합

알데하이드는 20.3과 20.4절에 나타낸 알킬화 반응의 예에서 현저하게 제외되었다는 것을 발견할 수 있다. 이것은 알데하이드의 카보닐 탄소가 친전자체로서 반응성이 크기 때문이다. 알데하이드로부터 엔올산 음이온 친핵체가 생성되면 주어진 조건에서 이온화되지 않은 알데하이드 분자의 친전자성 카보닐 탄소와 빠르게 반응한다. **알돌축합(aldol condensation)**으로 알려진 이 반응은 알데하이드의 알킬화를 방해하기는 하지만 대단히 유용한 합성반응이다. 에탄알의 알돌축합을 다음 방정식으로 나타냈다.

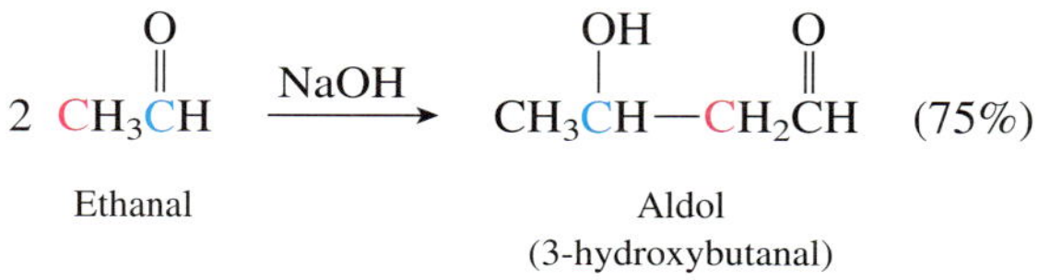


생성물, 3-하이드록시뷰탄알은 알돌로 알려져 있다.

**그림 20.3 알돌축합의 메카니즘.**

① 염기, 하이드록사이드 이온은 알데하이드 분자의 α-탄소로부터 산성 수소를 제거한다. 알데하이드의 짝염기는 하이드록사이드보다 강하기 때문에 이 첫 단계에 대한 평형은 반응물이 더 유리하다.

그러나 엔올산 이온 친핵체는 두 번째 알데하이드 분자의 친핵성 카보닐 탄소와 반응할 수 있을 만큼 충분한 양이 존재한다.

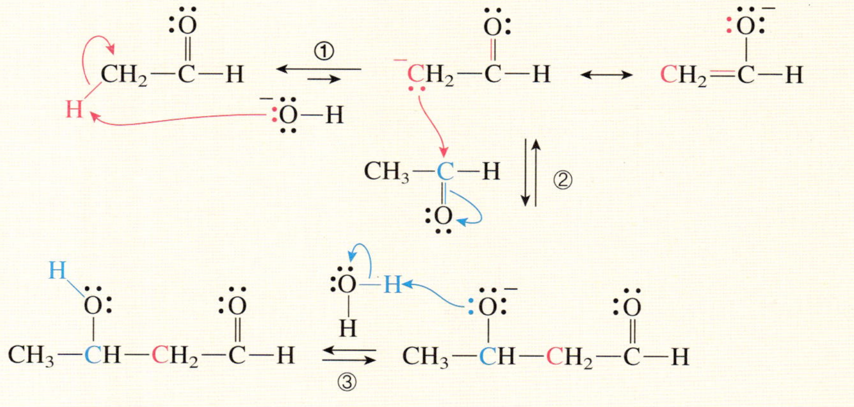

메카니즘의 이 부분은 18장의 첨가반응에 대한 메카니즘과 같다. ② 엔올산 친핵체는 두 번째 알데하이드 분자의 카보닐 탄소에 첨가된다. ③ 음의 산소는 물로부터 양성자를 제거한다. 이 단계는 하이드록사이드 이온을 재생하므로 반응은 염기 촉매반응이다.

이 반응에 대한 메카니즘을 그림 20.3에 나타냈다. 이 메카니즘이 일어나기 위해서는 알데하이드로부터 생긴 엔올산 음이온과 이온화되지 않은 알데하이드가 존재해야 한다. 이 경우에는 하이드록사이드 이온이 염기로서 자장 흔히 사용된다. 하이드록사이드 이온은 알데하이드 엔올산 음이온보다 약한 염기이므로 적은 양의 엔올산 음이온만이 생성된다. 대부분의 알데하이드는 이온화되지 않은 분자로 남아 있어서 친전자체로 반응에 사용된다. 대부분의 알데하이드 분자를 엔올산 음이온으로 변환시켜 주는 20.3절에 기술한 강한 염기는 알돌축합에는 사용하지 않는다. 알데하이드에 대한 엔올산 친핵체의 첨가는 18장에서 기술한 다른 친핵체의 첨가와 같은 메카니즘에 따르게 된다. 한 알데하이드 분자의 $\alpha$-탄소는 두 번째 알데하이드 분자의 카보닐 탄소에 결합된다. 이 결과를 다음 예로 설명하였다.

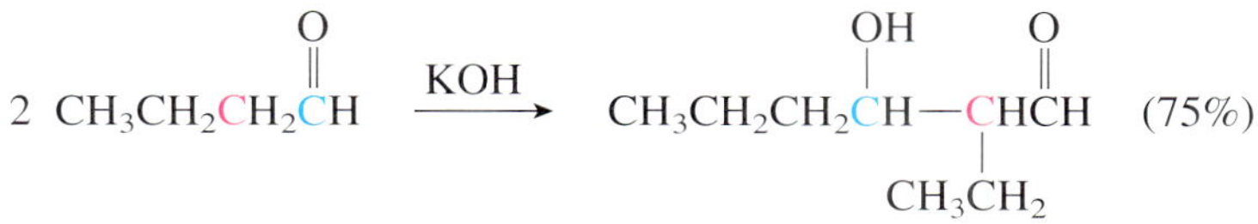


알돌축합을 더 격렬한 조건(높은 온도, 긴 반응시간과 강한 염기)에서 수행하면 물이 제거되어 $\alpha,\beta$-불포화 알데하이드를 형성한다. 이 제거를 다음 예에서 설명하였다. 한 분자의 $\alpha$-탄소는 다른 분자의 카보닐 탄소에 이중으로 결합된다.

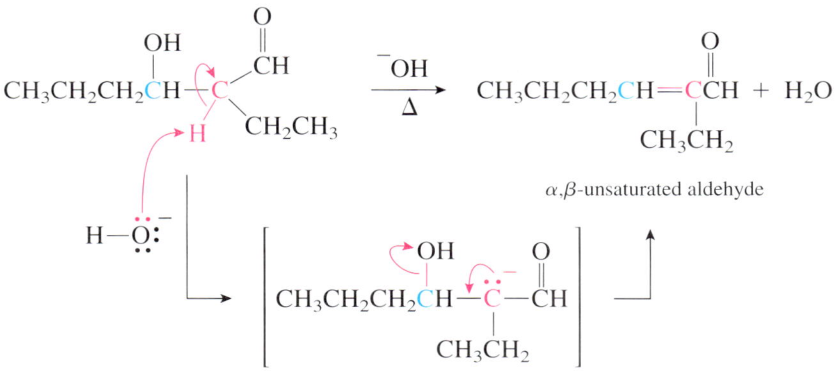


이 제거는 9장에서 기술한 것과는 다소 다른 메카니즘에 의해 일어난다. $\alpha$-탄소에 있는 수소는 상당히 산성이기 때문에 엔올산 음이온을 생성하는 첫 번째 단계에서 염기에 의해 제거된다. 하이드록사이드 이온은 두 번째 단계에서 엔올산 이온으로부터 이탈된다. 이 단계는 분자 내 반응이고 생성물은 카보닐기의 CO 이중결합과 CC이중결합의 콘쥬게이션에 의해 안정화되므로 하이드록사이드 이온과 같은 빈약한 이탈기기라도 이탈할 수 있다. 그러므로 대부분의 알돌축합은 탈수가 유리한 조건에서 수행된다. 생성물의 안정성은 원하는 방향으로 평형의 이동을 돕고 반응의 수득률을 높여준다. 예로 앞에서 기술한 뷰탄알의 반응에서 알돌생성물의 수득률은 75%이다. 탈수가 일어나도록 반응을 수행하면 콘쥬게이트 생성물의 수득률은 97%이다.

$$2\ \mathrm{CH_3CH_2CH_2\overset{O}{\overset{\|}{C}}H} \xrightarrow[\Delta]{\mathrm{NaOH}} \mathrm{CH_3CH_2CH_2CH{=}\underset{\underset{CH_3CH_2}{|}}{C}\overset{O}{\overset{\|}{C}}H} + \mathrm{H_2O} \quad (97\%)$$

다른 예를 다음 방정식으로 나타냈다.

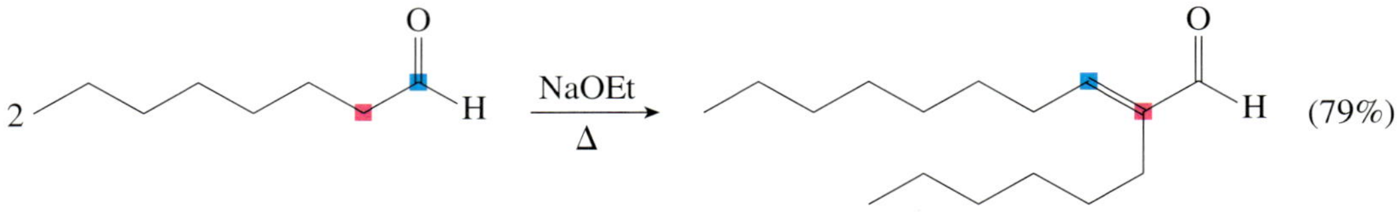


## 예제 20.3

이 반응의 생성물을 나타내어라.

$$2\ \mathrm{CH_3CH_2\overset{O}{\overset{\|}{C}}H} \xrightarrow{\mathrm{NaOH}}$$

**전략**

알돌축합의 생성물을 결정하는 열쇠는 친핵체는 알데하이드의 $\alpha$-탄소에서 형성되는 엔올산 음이온이고 친전자체는 다른 알데하이드 분자의 카보닐 탄소라는 것을 기억하는 것이다. 그러므로 생성물은 한 알데하이드 분자의 $\alpha$-탄소가 다른 알데하이드 분자의 카보닐 탄소에 결합되어 있다. 온화한 조건에서 OH기는 친전자체의 카보닐 탄소에 남아 있고 한편 격렬한 조건에서는 $\alpha$-탄소와 카보닐 탄소가 이중결합에 의해 연결되어 있다.

**풀이**

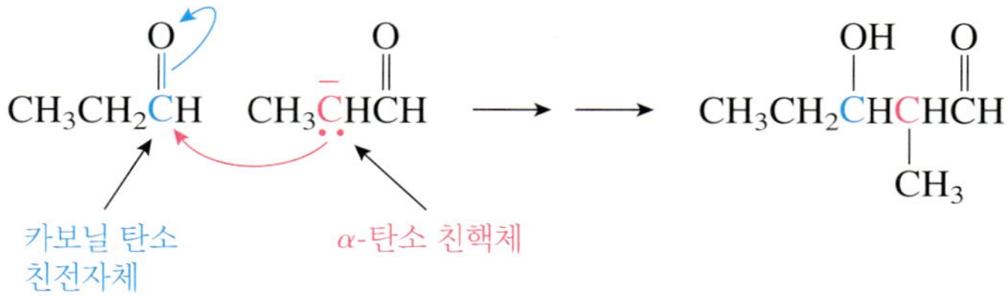


**문제 20.9** 다음 반응의 생성물을 나타내어라

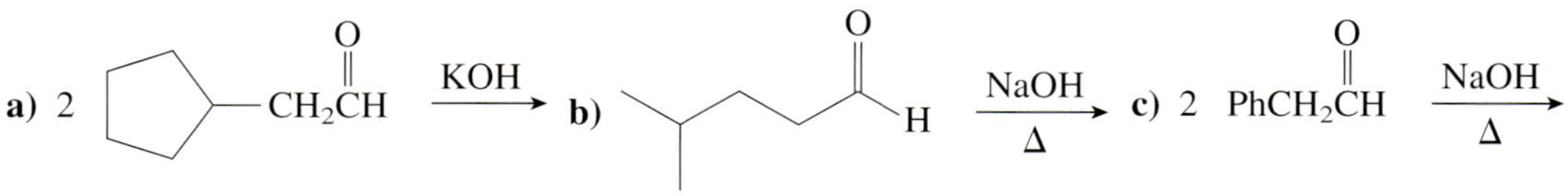

**문제 20.10** 이 반응에 대한 메카니즘의 모든 단계를 나타내어라.

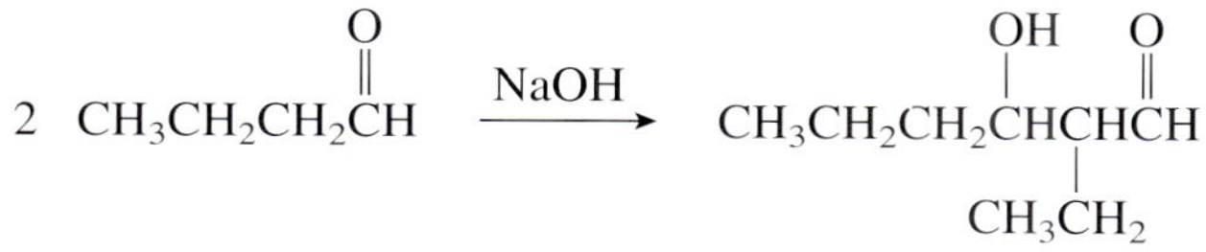

케톤은 알데하이드보다 반응성이 작다. 그러므로 케톤의 알돌축합은 평형이 불리하기 때문에 이용할 수 없다. 그러나 다이케톤의 분자 내 축합은 고리 크기(5-와 6-원자고리 형성)가 유리하면 유용하다.

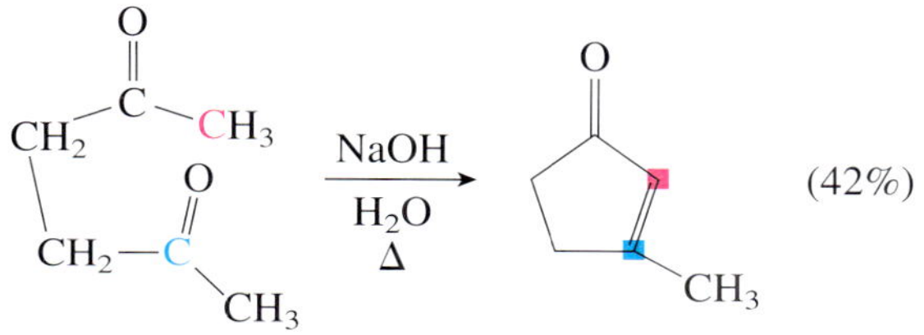

A diketone

다른 화합물로부터 생성된 친핵체와 친전자체 간의 알돌축합을 수행하는 것이 바람직하다. 일반적으로 이와 같은 두 다른 알데하이드가 포함된 **혼합 알돌축합 (mixed aldol condensation)**은 몇 가지 생성물을 형성한다. 이런 이유 때문에 혼합 알돌축합은 유용하지 못하다. 예를 들면 프로판알과 에탄알의 반응은 두 가능한 엔올산 친핵체와 두 카보닐 친전자체 때문에 네 가지 화합물을 형성한다.

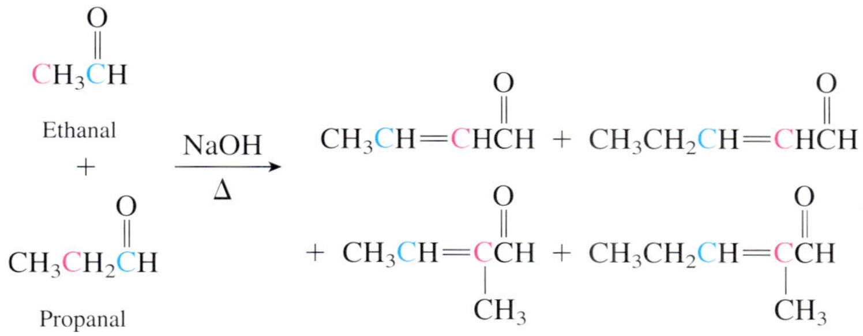

혼합 알돌축합은 한 알데하이드가 $\alpha$-탄소에 수소를 갖고 있지 않을 때 적용할 수 있다. 그러므로 엔올산 이온을 형성하지 못하고 이 반응의 친전자성 상대로만 작용할 수 있다. 방향족 알데하이드는 이런 관점에서 특별히 유용하다. 탈수 생성물에서 방향족 고리와 새로 형성된 CC 이중결합과의 콘쥬게이션에 의해 추가적인 안정화가 이루어지기 때문이다. 이 안정화는 평형에서 이 생성물의 형성을 유리하게 해준다.

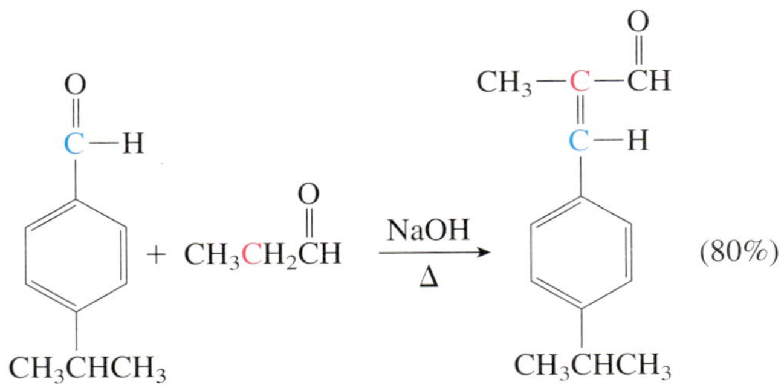

친전자성 상대로 방향족 알데하이드와 케톤 혹은 나이트릴로부터 친핵성 엔올산 이온이 형성될 수 있다. 다음 예에서 나타낸 것처럼 이 반응들은 다양한 화합물을 형성하는 데 알돌축합을 사용할 수 있다.

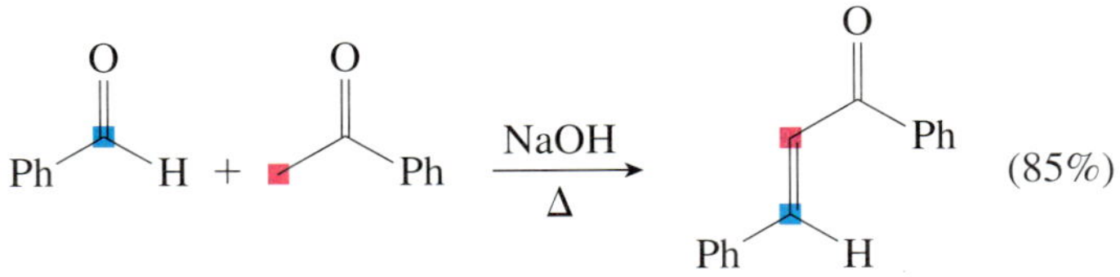

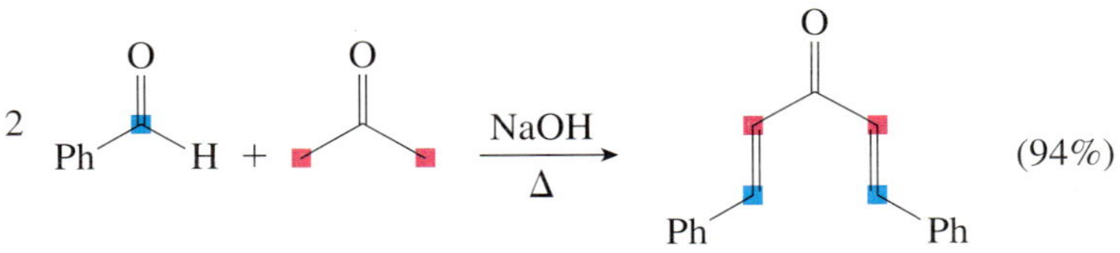

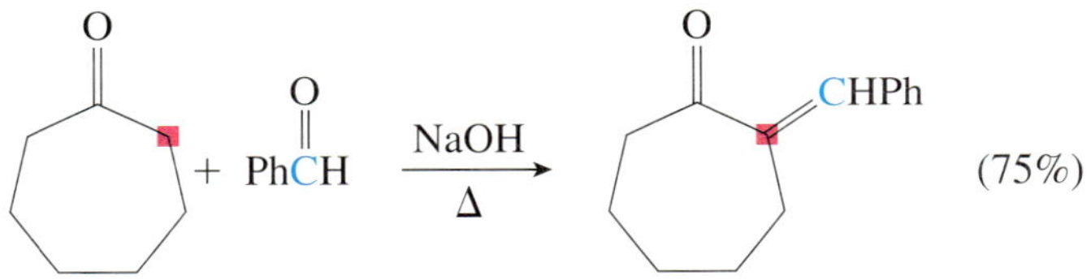

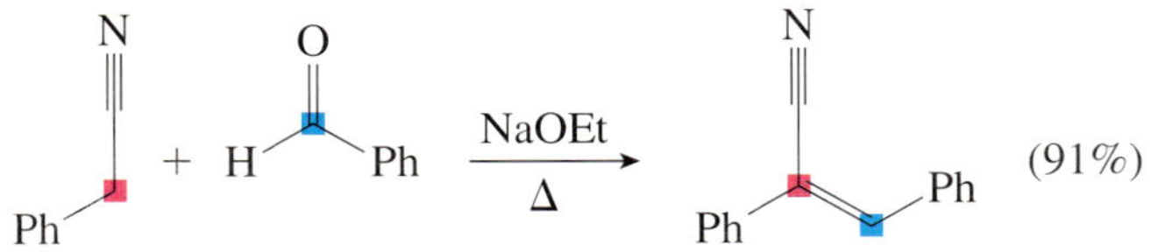

## 예제 20.4

다음 화합물의 생성물을 나타내어라.

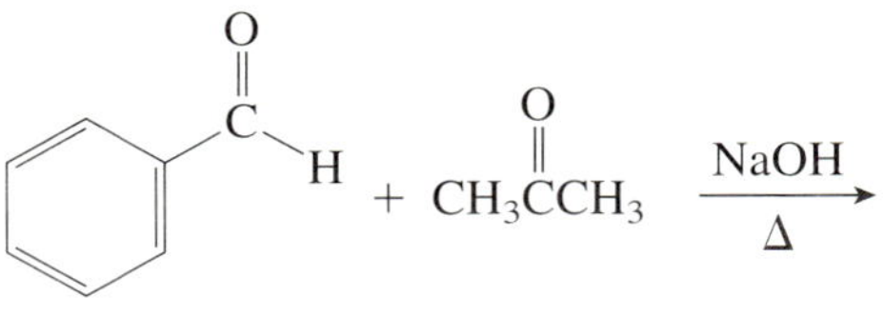

**전술**

친핵체(엔올산 음이온)와 친전자체(카보닐 탄소)를 확인하여라.

**풀이**

이 예에서 엔올산 음이온은 아세톤으로부터 생길 수 있다. 친전자체는 더 반응성이 큰 카보닐 탄소, 벤즈알데하이드의 카보닐 탄소이다.

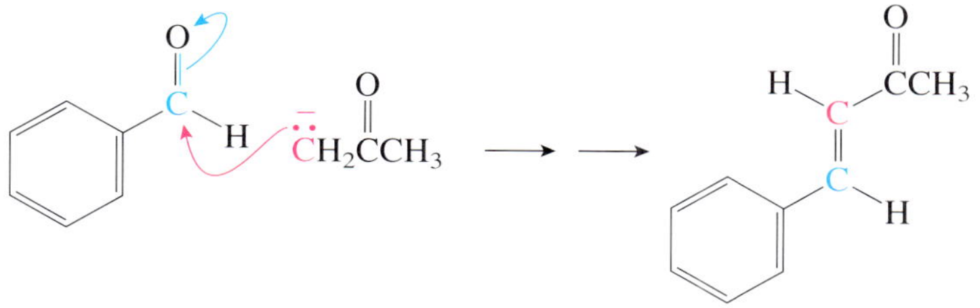

**문제 20.11** 다음 반응의 생성물을 나타내어라.

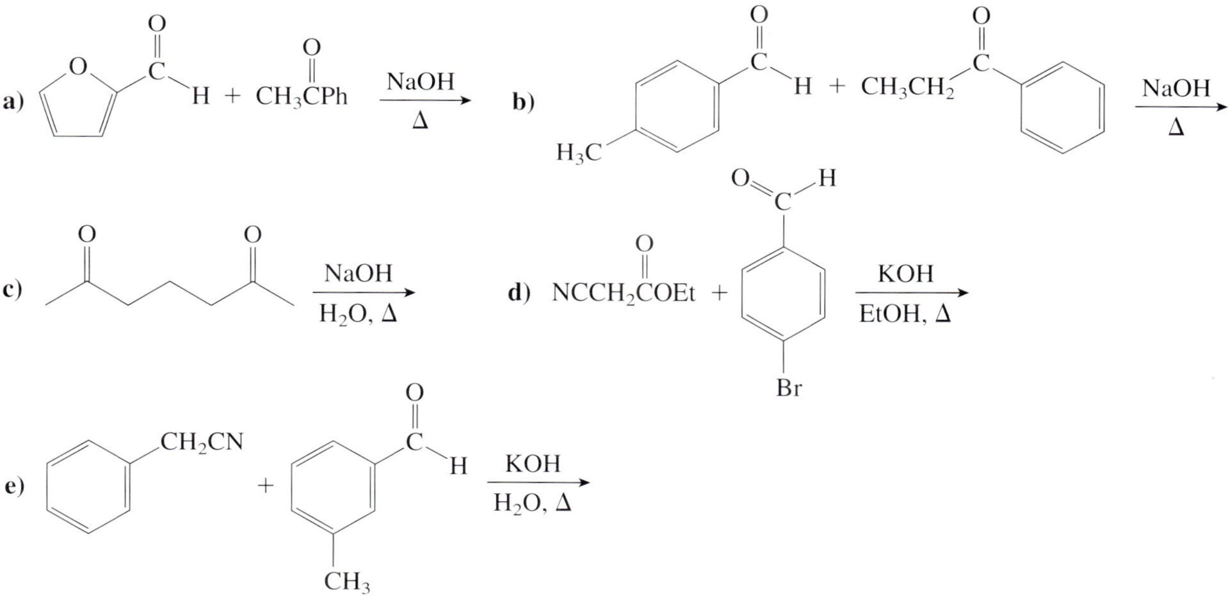

**문제 20.12** 다음 반응에 대한 메카니즘에서 모든 단계를 나타내어라.

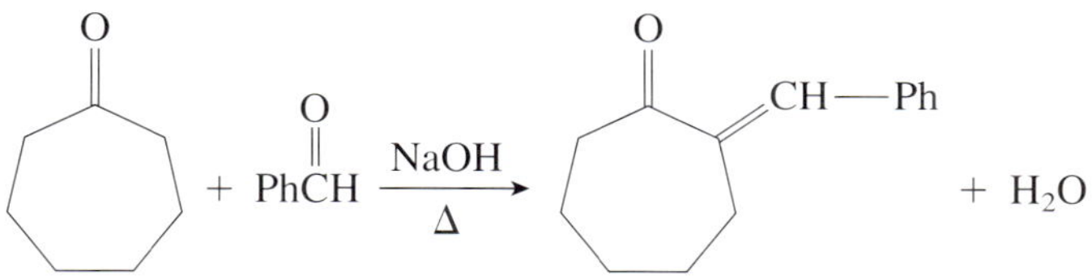

## 예제 20.5

화합물을 합성하는 데 어떻게 알돌축합을 사용할 수 있는가를 나타내어라.

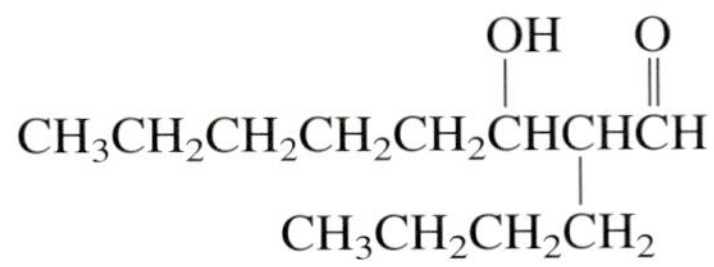

### 전략

먼저 알돌축합에서 형성될 수 있는 탄소-탄소결합을 확인하여라. 이것은 생성물의 카보닐기의 $\alpha$-탄소와 이 탄소에 이중으로 결합된 탄소 혹은 하이드록시 치환기를 가진 탄소간의 결합이다. 이 결합을 절단하면 알돌축합에 필요한 토막이 얻어진다. 생성물의 $\alpha$-탄소는 엔올산 음이온의 친핵성 탄소이고 여기에 결합된 탄소는 친전자성 탄소이다.

### 풀이

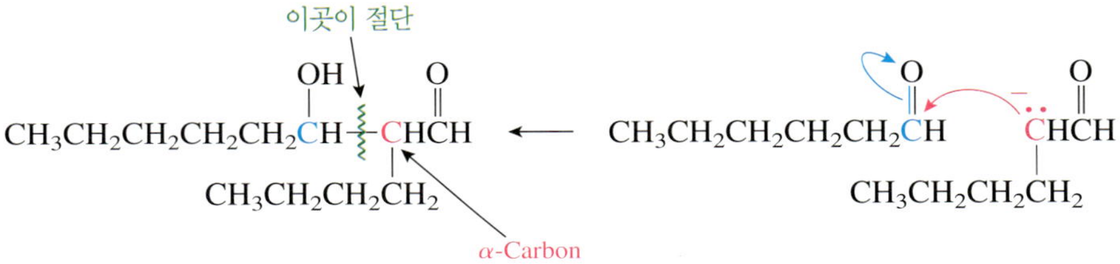


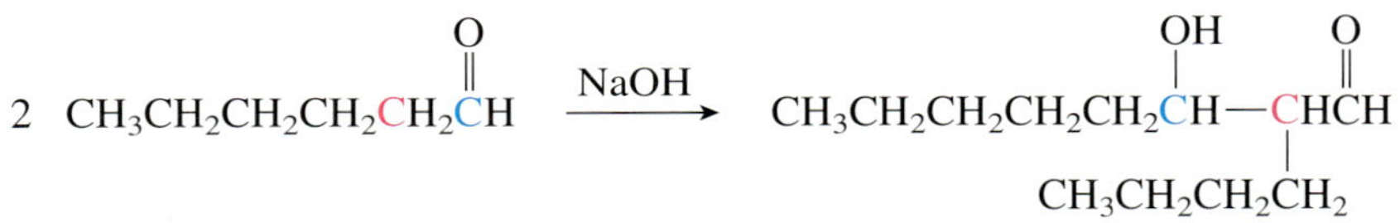

**문제 20.13** 이 화합물을 합성하는 데 어떻게 알돌축합을 사용할 수 있는가를 나타내어라.

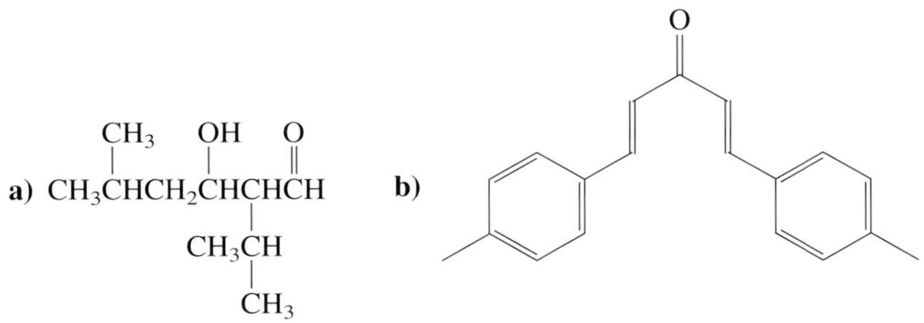

c) 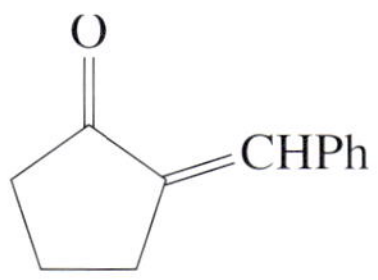

d) 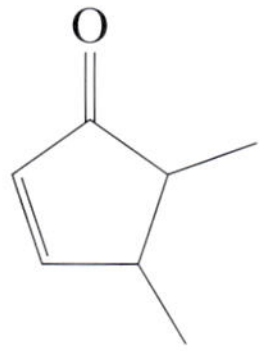

## 20.6 에스터 축합

지금까지 엔올산 음이온은 $S_N2$ 반응(20.3과 20.4절)에서 친핵체로 작용할 수 있고 알돌축합(20.5)에서 알데하이드의 카보닐기에 대한 첨가반응에 사용할 수 있다. 이것은 친전자체로 에스터의 카보닐기와의 치환반응에서 친핵체로 작용한다. 에스터를 에톡시화 소듐과 같은 염기로 처리하면 생성되는 엔올산 이온은 같은 에스터의 다른 분자와 작용한다. 생성물은 두 번째 에스터 분자의 카보닐 탄소가 결합된 한 에스터 분자의 $\alpha$-탄소를 갖는다. 두 번째 에스터 분자의 알콕시기가 한 에스터 분자의 $\alpha$-탄소로 치환된다. 이 반응의 예를 **Claisen 에스터 축합(Claisen ester condensation)**이라 부른다. 다음 방정식으로 그 예를 나타냈다.

$$2\ CH_3-\overset{O}{\overset{\|}{C}}-OEt \xrightarrow[2)\ H_3O^+]{1)\ NaOEt,\ EtOH} CH_3-\overset{O}{\overset{\|}{C}}-CH_2-\overset{O}{\overset{\|}{C}}-OEt + EtOH \quad (80\%)$$

$$2\ CH_3CH_2CH_2\overset{O}{\overset{\|}{C}}OEt \xrightarrow[2)\ H_3O^+]{1)\ NaOEt,\ EtOH} CH_3CH_2CH_2\overset{O}{\overset{\|}{C}}\underset{CH_3CH_2}{\underset{|}{C}}H\overset{O}{\overset{\|}{C}}OEt + EtOH \quad (76\%)$$

그림 20.4에 나타낸 이 반응에 대한 메카니즘은 알돌축합(그림 20.3)과 에스터 비누화(그림 19.4)의 메카니즘과 유사하다. 알돌축합의 경우에서와 같이 엔올산 이온과 중성 에스터의 존재가 반응이 일어나는 데 필요하다. 그러므로 에톡시화 이온은 엔올산 이온보다 약한 염기이기 때문에 염기로 사용된다. 에톡시화 이온이 산성 수소를 제거하는 메카니즘의 4단계가 대단히 중요하다. 반응의 처음 세 단계에 대한 평형은 모두 불리하다. 그러나 4단계에 대한 평형은 이 단계의 생성물, $\beta$-케토에스터의 짝염기가 반응에서 가장 약한 산이기 때문에 대단히 유리하다. 이 약한 염기의 형성은 평형을 생성물로 이동한다. 4단계가 일어나지 않으면 반응 혼합물에 $\beta$-케토에스터가 존재하지 않으며 축합은 일어나지 않는다.

에톡시화 소듐을 염기로 사용하면 $\alpha$-탄소에 한 개의 수소만을 가진 에스터는 에스터 축합을 일으키지 않는다. 평형을 추진하는 단계가 일어날 수 없으므로 평형은 반응물이 유리하다.

① 염기, 에톡시화 이온은 에스터의 $\alpha$-탄소로부터 산성 수소를 제거한다.

② 엔올산 음이온은 친핵체로 작용하여 다른 에스터 분자의 친전자성 카보닐 탄소를 공격한다. 이것은 19장에서 제시한 치환 메카니즘의 다른 예이다.

③ 산소에 있는 전자가 카보닐 이중결합을 재형성하면서 에톡시화 이온은 이탈한다.

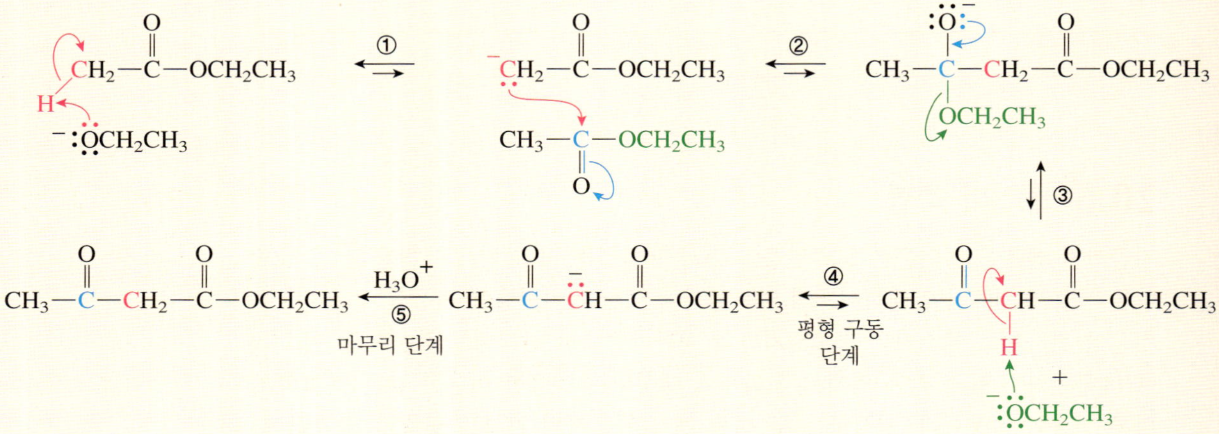


⑤ 산으로 마무리하면 음이온이 양성자화되어 $\beta$-케토에스터가 생성된다.

①, ② 및 ③에 대한 평형은 모두 불리하다. 그러나 이 반응 ④에서 가장 약한 염기의 형성은 전체 평형은 완결로 이동한다. 이 단계가 일어나지 않으면 평형은 불리해지고 반응은 일어나지 않는다.

④ $\beta$-케토에스터의 두 카보닐기 사이에 있는 수소는 상당히 산성이므로 에톡시화 이온에 의해 제거된다.

**그림 20.4** Claisen 에스터 축합의 메카니즘.

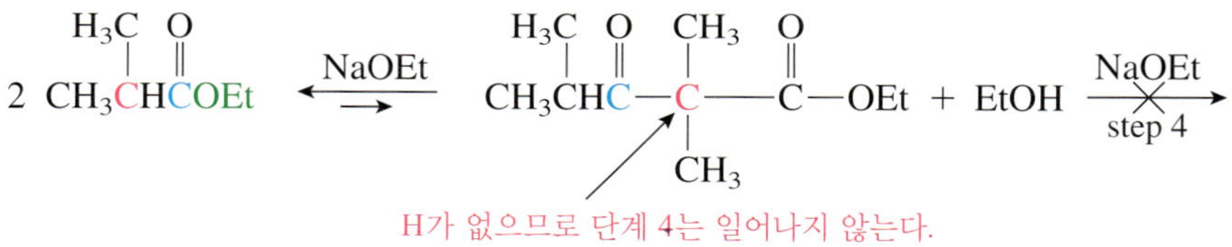


그러나 대단히 강한 염기를 사용하면 좋은 수득률로 축합생성물을 얻을 수 있다. 이 경우에 방정식의 생성물 편에서 형성되는 에톡시화 이온이 반응물 편의 염기보다 약한 염기이기 때문에 평형은 생성물 편으로 진행된다. 에스터의 반을 탈양성자화하는 데 충분한 양의 염기를 사용해야 한다.

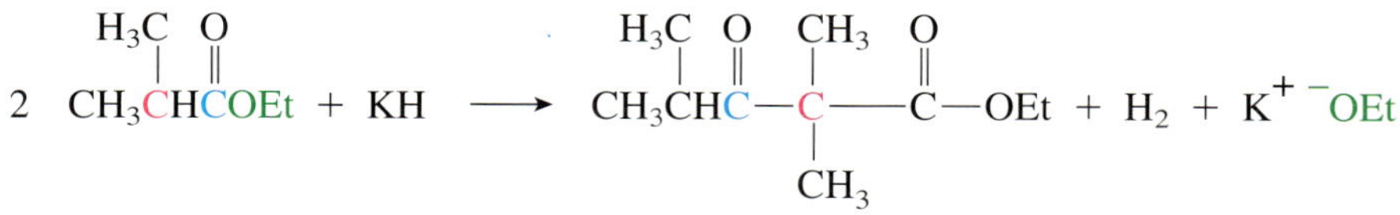

사실 에톡시화 소듐을 사용하여 상당한 수득률의 축합생성물을 얻을 수 있는 에스터에 대해 더 강한 염기를 사용하면 더 좋은 수득률을 얻을 수 있다.

분자 내 에스터 축합반응을 **Dieckmann 축합(Dieckmann condensation)**이라

부르고 대단히 유용한 고리형성 반응이다. 다음 방정식에 그 예를 나타내었다. 두 번째 방정식에서 염기로 에톡시화 소듐을 사용하면 수득률은 단지 54%이다.

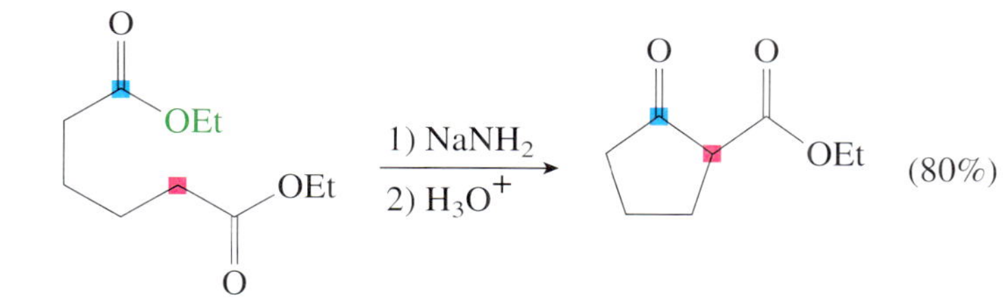

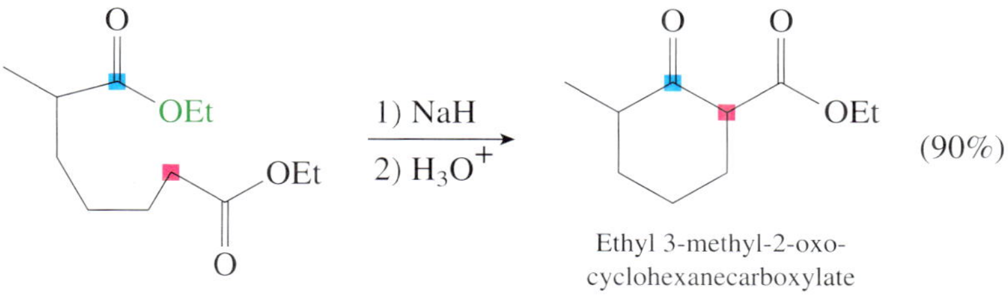

Ethyl 3-methyl-2-oxo-cyclohexanecarboxylate

---

**문제 20.14** 다음 반응의 생성물을 나타내어라.

**a)** 2 $CH_3CH_2\overset{O}{\overset{\|}{C}}OEt \xrightarrow[2)\ H_3O^+]{1)\ NaOEt,\ EtOH}$

**b)** 2 $CH_3CH_2\underset{CH_3}{\underset{|}{C}}H\overset{O}{\overset{\|}{C}}OEt \xrightarrow[2)\ H_3O^+]{1)\ LDA}$

**c)** 2 $PhCH_2\overset{O}{\overset{\|}{C}}OEt \xrightarrow[2)\ H_3O^+]{1)\ NaOEt,\ EtOH}$

**d)** $EtO\overset{O}{\overset{\|}{C}}(CH_2)_5\overset{O}{\overset{\|}{C}}OEt \xrightarrow[2)\ H_3O^+]{1)\ NaOEt,\ EtOH}$

---

**문제 20.15** Dieckmann 축합의 두 번째 예는 90%의 수득률로 3-메틸-2-옥소사이크로헥세인카복실산 에틸을 생성한다. 이 반응에서 어떤 다른 고리생성물을 형성될 수 있는가? 왜 실제 생성물이 이 다른 생성물보다 유리한가를 설명하여라.

---

알돌축합, 혼합 에스터 축합의 경우에서와 같이 한 성분($\alpha$-탄소에 수소가 없는)이 엔올산 음이온이 생성되지 않고 친전자체로만 작용할 수 있다면 대단히 유용하다. 다음 에스터들이 이 역할에 가장 보편적으로 적용된다.

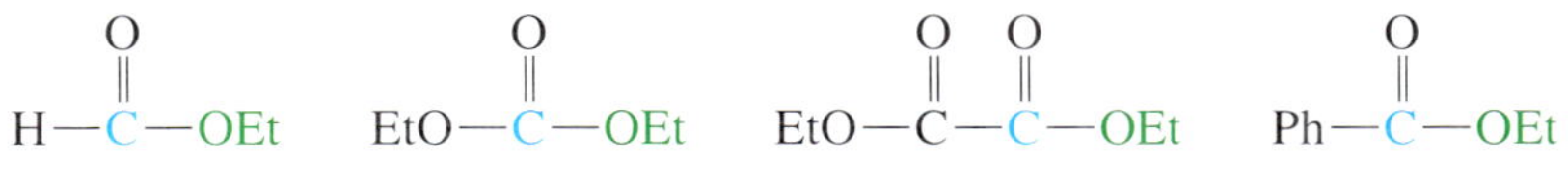

Ethyl formate　　Diethyl carbonate　　Diethyl oxalate　　Ethyl benzoate

엔올산 혹은 연관 음이온 친핵체는 에스터, 케톤 혹은 나이트릴의 탈양성자에 의해 얻을 수 있다.

끝으로 대부분 이들 반응의 생성물은 $\beta$-다이카보닐 화합물이다. 이들은 아세토아세트산 에틸과 마론산 다이에틸과 같은 방법으로 알킬화될 수 있다. 두 카보닐기의 하나가 에스터이면 카복시이탈이 일어날 수도 있다.

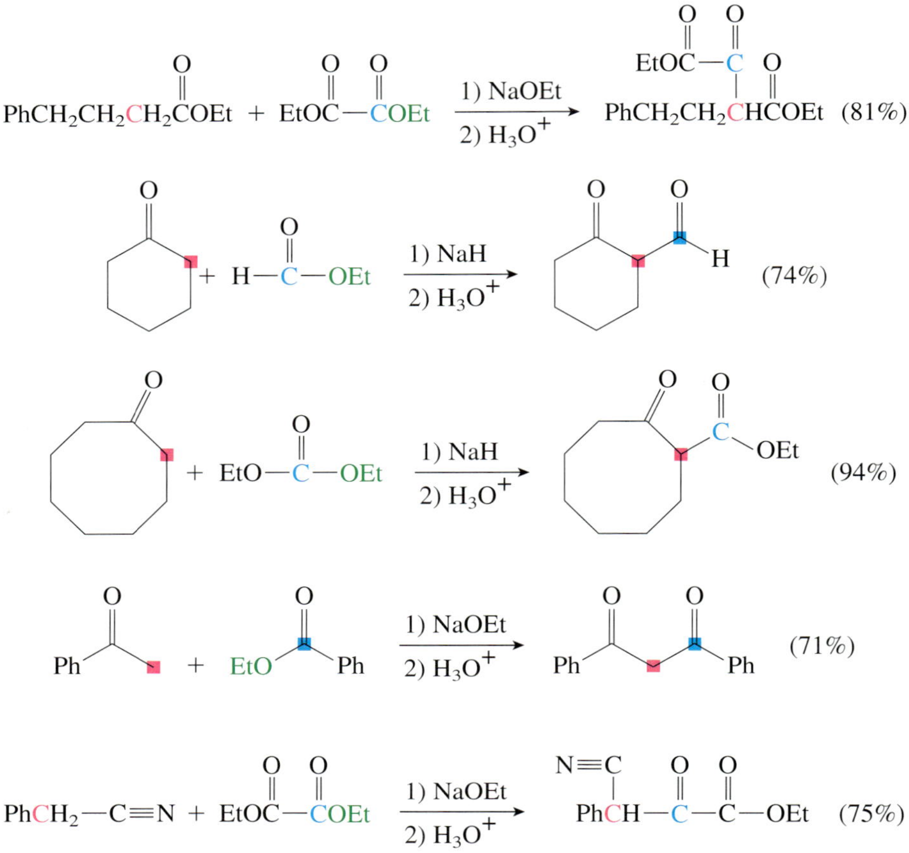

## 예제 20.6

다음 반응의 생성물을 나타내어라.

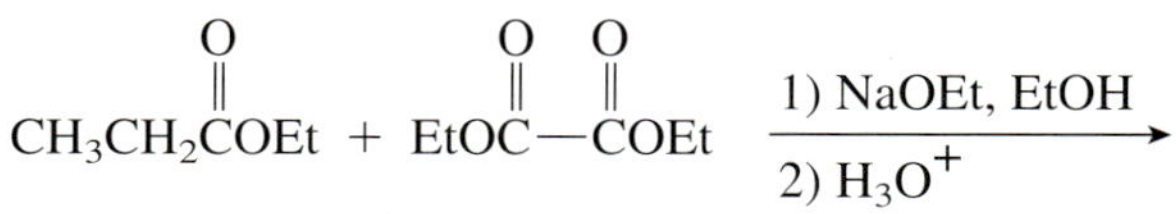

### 전략

친핵성 엔올산 음이온이 생성되는 자리인 가장 산성인 수소를 가진 $\alpha$-탄소를 확인한다. 이 탄소는 최종 생성물에서 친전자성 에스터의 카보닐 탄소와 결합되어 있다.

### 풀이

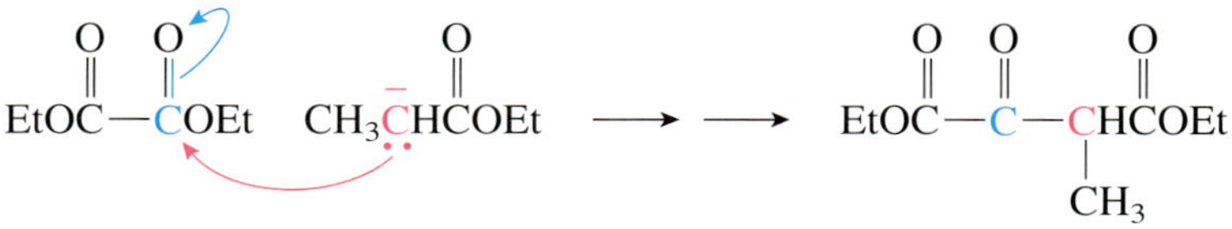

**문제 20.16** 다음 화합물의 생성물을 나타내어라.

**a)** $PhCH_2CN + EtOC(=O)OEt \xrightarrow[\text{2) } H_3O^+]{\text{1) NaOEt, EtOH}}$

**b)** $PhC(=O)CH_3 + HC(=O)OEt \xrightarrow[\text{2) } H_3O^+]{\text{1) NaOEt, EtOH}}$

**c)** 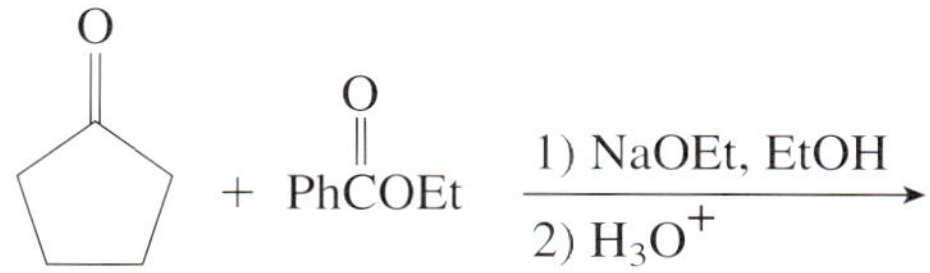

**d)** 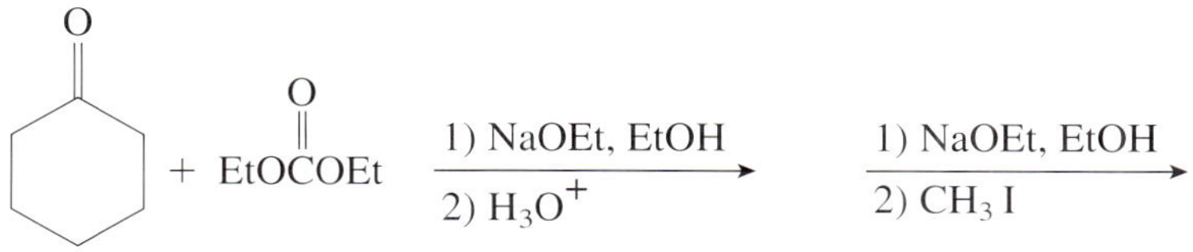

**문제 20.17** 이 반응에 대한 메카니즘의 모든 단계를 나타내어라.

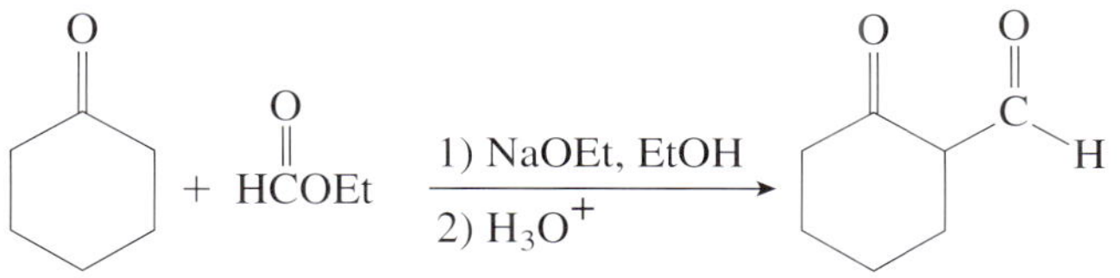

**문제 20.18** 다음 화합물들을 합성하는 데 에스터 축합반응이 어떻게 사용될 수 있는가를 나타내어라.

**a)** 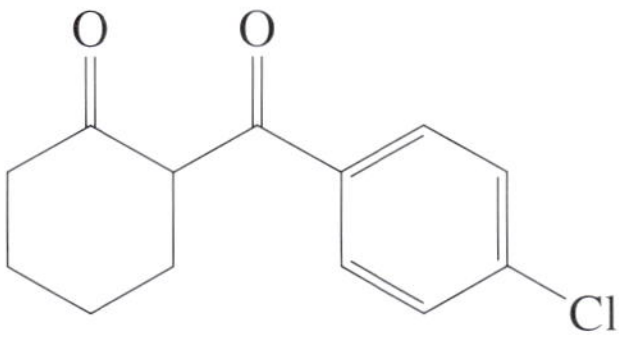

**b)** 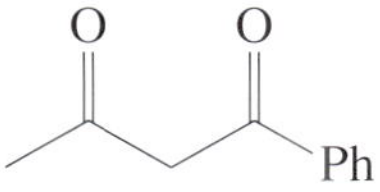

**c)** 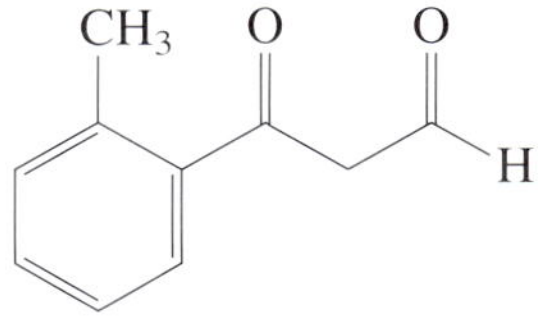

**d)** 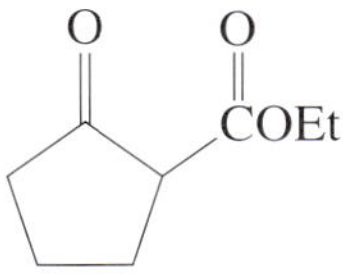

**e)** 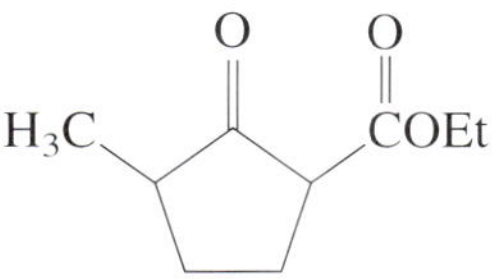

**문제 20.19** 다양한 조건에서 헵탄알의 알돌축합 생성물의 구조를 나타내어라. 플로살 합성에서 어떻게 이 생성물의 형성을 최소화 할 수 있겠는가?

## 20.7 탄소와 산소 이탈기

앞에서 알데하이드와 케톤의 카보닐기는 치환반응을 일으키지 않는 것을 배웠다. 수소화 이온과 카보음이온은 강한 염기이고 빈약한 이탈기이기 때문이다. 그러나 이들 화학종이 이탈할 수 있는 특별한 경우가 있다.

카보음이온은 안정화되면 이탈기로 작용할 수 있다. 이미 이와 같은 몇 가지 예를 검토하였다. 예로 $CX_3^-$, 메틸 카보음이온은 세 전자 끄는 할로겐 원자의 유발효과에 의해 안정화되어 할로폼 반응으로 이탈한다(20.2절).

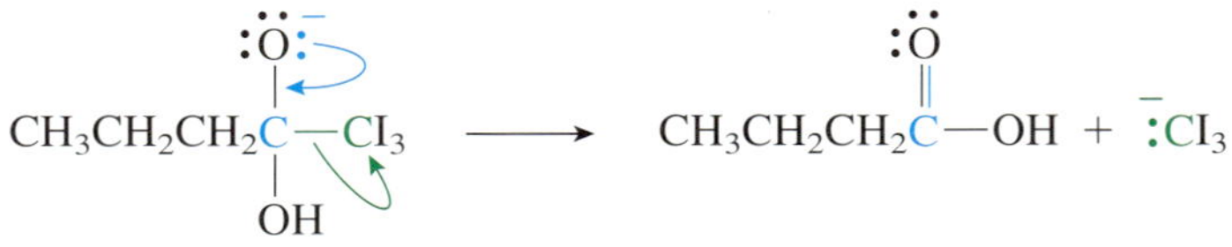

다른 예는 알돌축합에서 평형반응이다. 이 반응에 대한 메카니즘을 검토해보면 엔올산 음이온은 이 반응의 두 번째 단계의 역으로 이탈된다. 이번에는 공명에 의해 카보음이온이 안정화되어 안올산 음이온이 이탈된다.

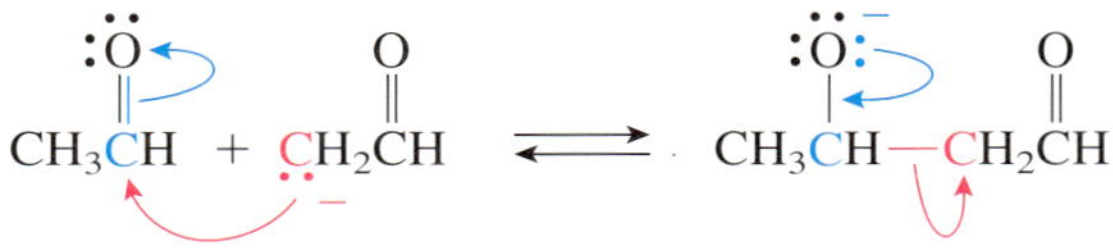

Claisen 에스터축합도 평형단계를 가지며 엔올산 음이온은 역단계에서 이탈된다.

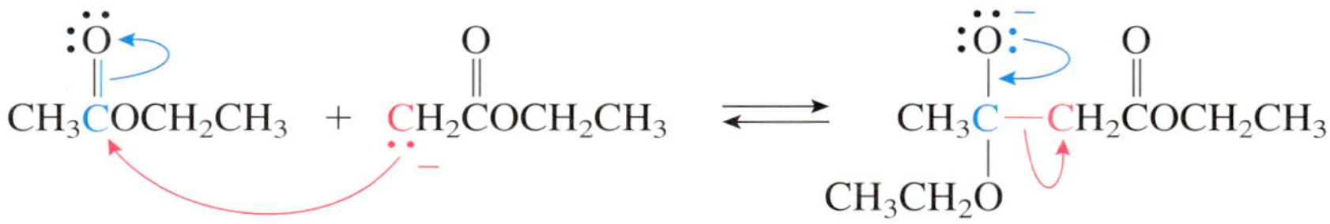

수소화 이온이 이탈하는 반응은 드물지만 다른 반응이 다 배제되면 일어날 수 있고 수소화 이온은 친전자체로 직접 이동한다. 한 예는 $\alpha$-탄소에 수소가 없는 알데하이드를 NaOH 혹은 KOH로 처리할 때 일어난다. Cannizzaro라 부르는 이 반응에서 알데하이드 두 분자가 반응한다. 하나는 카복실산 음이온으로 산화되고 다른 것은 일차 알코올로 환원된다. 이 반응에 대한 메카니즘은 그림 20.5에 나타냈다. 반응은 18장에 기술한 반응과 같은 방법으로 시작한다. 수산화이온 친핵체는 알데하이드의 카보닐 탄소를 공격하여 음이온을 형성한다. 이제 반응은 19장의 반응과 유사하게 시작한다. 음의 산소에 있는 전자는 이중결합을 재형성하면서 수소화 이온은 이탈하기 시작한다. 수소화 이온은 도움없이 이탈하기에는 너무 빈약한 이탈기이기 때문에 메카니즘의 A경로에 나타낸 것처럼 두 번째 알데하이드 분자의 카보닐 탄소로 직접 이동한다. 산-염기반응으로 과정이 완결된다. 더 강력한 염기성 조건에서 메카니즘은 다소 변하고 경로 B를 따른다. 이 경우에 처음 형성된 음이온은 염기에 양성자를 잃고 이가 음이온을 형성한다. 이가 음이온의 농도는 일가 음이온의 농도보다 작고 이가 음

① Cannizzaro 반응은 수산화물인 친핵체가 알데하이드의 친전자성 탄소를 공격하여 시작한다.

② 과정 A는 수소화 이온이 이탈하면서 음의 산소에 있는 전자가 이중결합을 재형성 한다. 수소화 이온은 자체만으로 이탈하기에는 염기성이 너무 크므로 다른 알데하이드 분자의 친전자성 카보닐 탄소로 협동적으로 이동한다. 이 단계는 상당히 느리기 때문에 알돌 축합과 같은 다른 경로가 허용되지 않을 때만 일어난다.

③ 산-염기 단계는 반응을 완결한다.

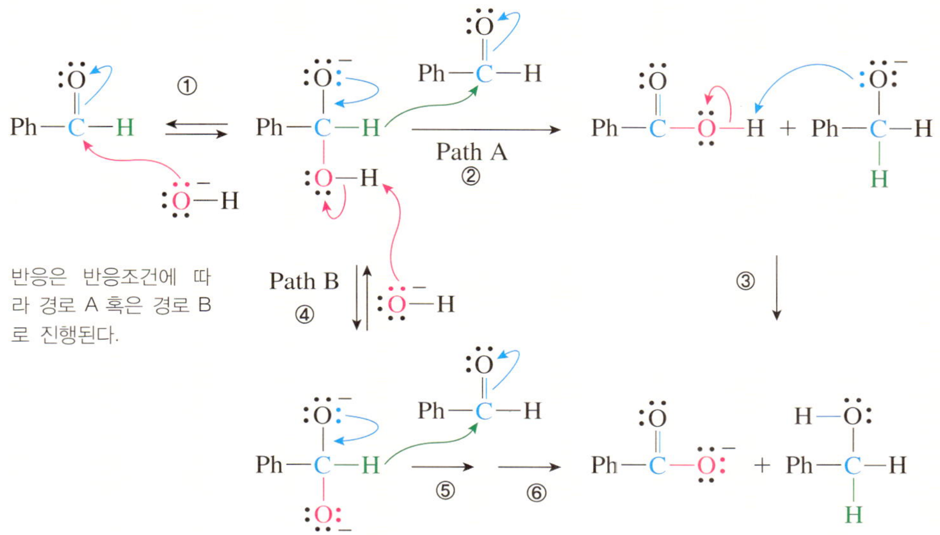


반응은 반응조건에 따라 경로 A 혹은 경로 B로 진행된다.

④ 경로 B에서 초기 음이온은 염기에 양성자를 잃고 이가 음이온을 형성한다.

⑤ 이가 음이온으로부터 수소화 이온은 두 번째 알데하이드 분자로 이동하여 카보복실산 음이온과 알코올의 짝염기를 형성한다. ⑥ 이들은 용매로부터 양성자를 얻는다. 이가 음이온은 초기 음이온보다 불안정하지만 두 음전하를 갖고 있기 때문에 강한 수소화 이온 주개이다.

**그림 20.5** Cannizzaro 반응의 메카니즘.

이온은 두 음 전하를 가지므로 일가 음이온보다 더 빨리 수소화 이온을 줄 수 있다. 용매에 의해 알콕시화 음이온의 양성자화되면 경로 A에서 생성 되었던 같은 화합물이 경로 A로부터 생성된다. Cannizzaro 반응의 예를 다음 방정식에 나타내었다.

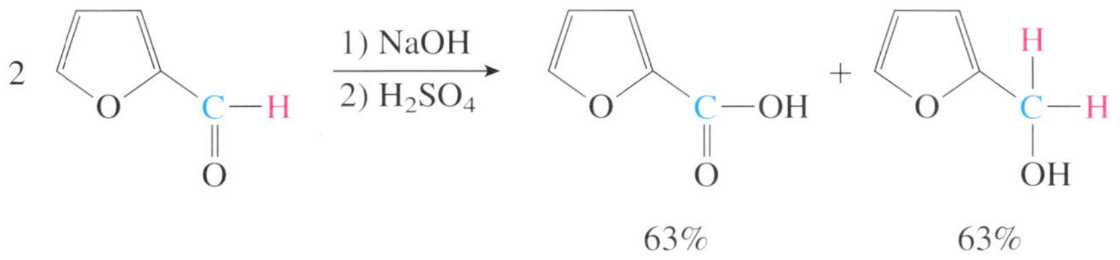

**문제 20.20** 다음 반응의 생성물을 나타내어라.

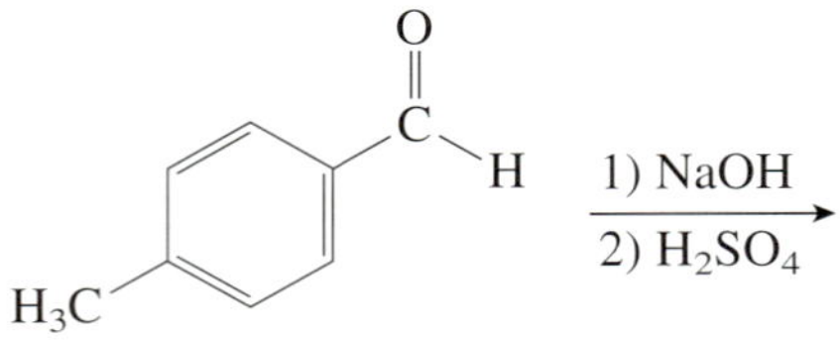


**문제 20.21** $\beta$-탄소에 두 개의 치환기를 가진 $\alpha$-케토에스터는 다음 방정식으로 나타낸 것처럼 에톡시화 음이온으로 처리하면 토막화된다. 이 반응에 대한 메카니즘을 제시하여라.

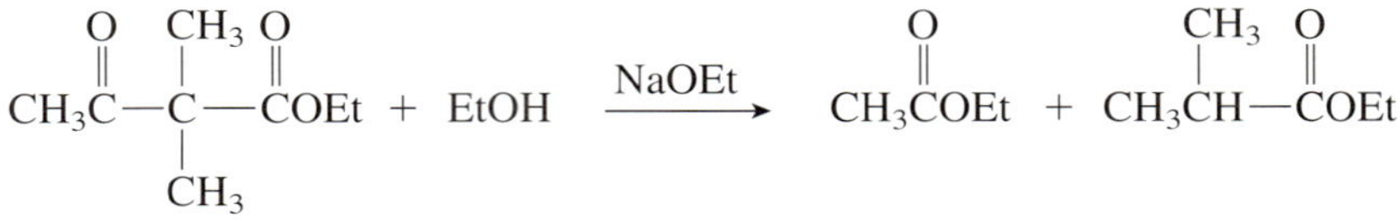


## 20.8 엔아민

합성에서 탄소 친핵체의 중요성 때문에 유기화학자는 이미 기술한 엔올산 음이온에 대한 다른 첨가반응을 개발하는 데 노력하고 있다. 몇 가지 다른 탄소 친핵체를 이 절과 다음 절에 제시하였다. 이 절에서는 엔아민의 사용을 기술하였다.

18.8에서 검토한 것처럼 엔아민은 산촉매의 존재에서 케톤과 이차 아민과의 반응에 의해 제조된다. 평형은 물을 제거함으로써 생성물 형성으로 진행된다.

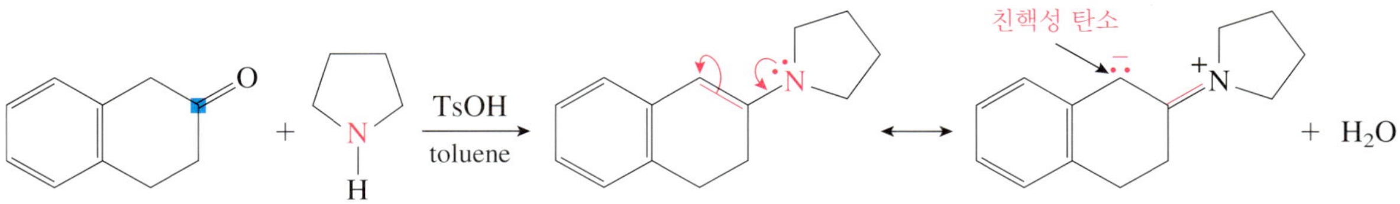


enamine
(93%)

공명혼성체에 대한 오른편에 있는 기여 구조 때문에 엔이민의 $\alpha$-탄소는 친핵체이다. 그러나 엔아민 엔올산 음이온보다는 약한 친핵체이다. $S_N2$ 반응에 대해서는 할로겐화 알킬, 친전자체가 가장 반응성이 크다. 엔아민은 치환반응에서 염화아실과 친핵체로 사용할 수 있다. 엔아민과 반응할 수 있는 반응성이 큰 친전자체는 다음과 같다.

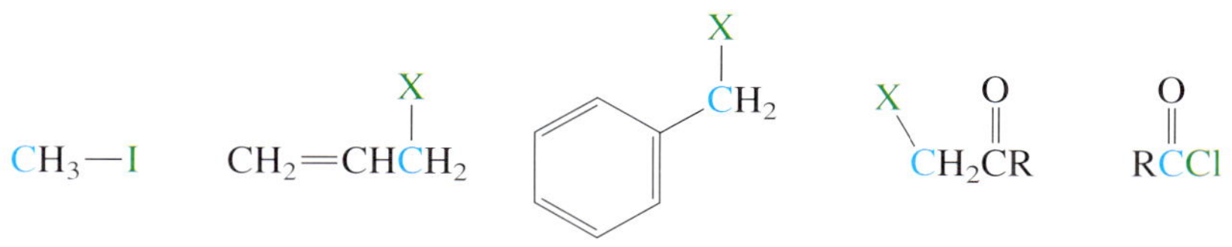

Methyl iodide | Allylic halides | Benzylic halides | Halides on α-carbons of ketones and esters | Acyl chlorides

엔아민을 친핵체로 사용한 후에 산 수용액으로 처리하면 쉽게 케톤과 이차 아민으로 가수분해할 수 있다. 이것은 합성할 때 사용했던 과정의 꼭 역반응이다. 전체적으로 엔아민은 케톤 엔올산 음이온의 합성동등체로 사용한다. 그 예를 다음 방정식에 나타냈다.

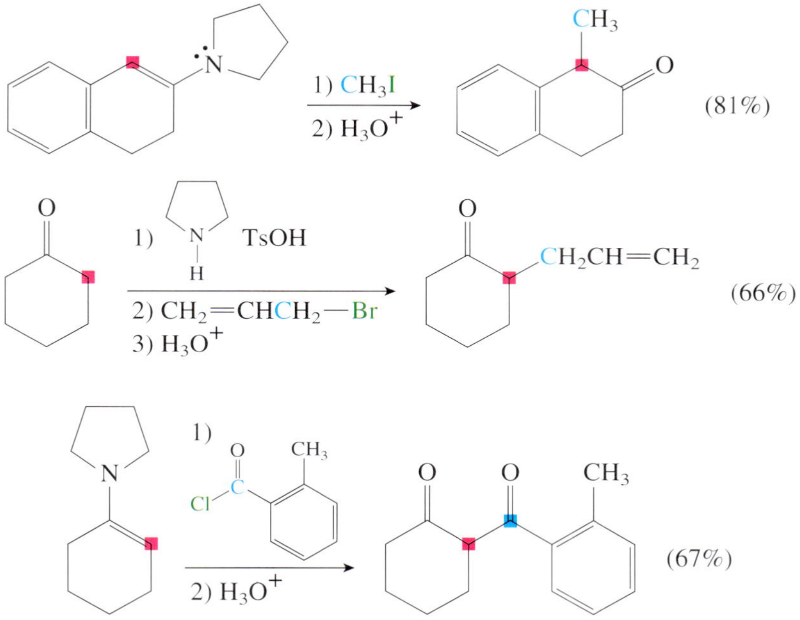

**문제 20.22** 다음 반응의 생성물을 나타내어라.

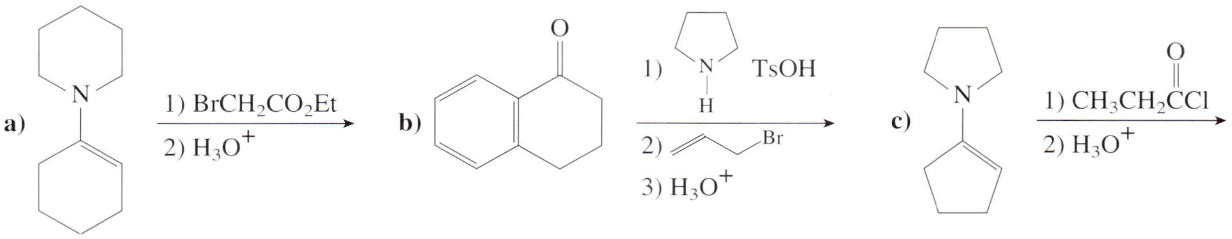

## 20.9 다른 탄소 친핵체

많은 다른 친핵체가 개발되었다. 추가적인 두 형태를 여기에 소개하지만 지금까지 제시했던 것의 흥미 있는 변환이다.

이 친핵체의 첫 번째는 다이싸이엔으로부터 생긴다. 다이싸이엔은 1,3-프로페인싸이올과 알데하이드의 반응에 의해 제조될 수 있다. 18.9절에 기술한 반응은 아세탈 형성의 황 유사체이고 양성자 혹은 산 촉매가 필요하다.

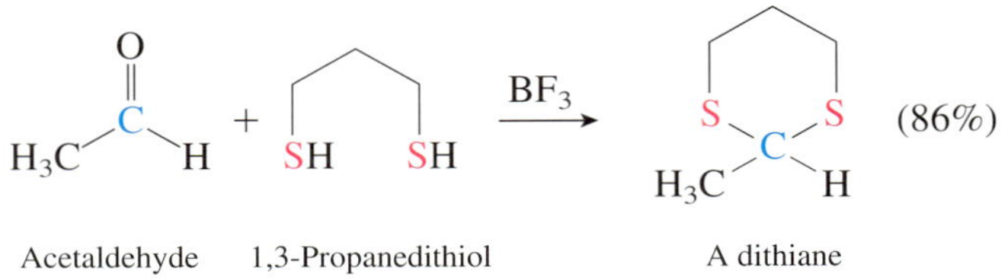


두 황 원자에 결합된 탄소에 있는 수소는 약한 산성이고 뷰틸리튬과 같은 강한 염기와의 반응에 의해 제거된다.

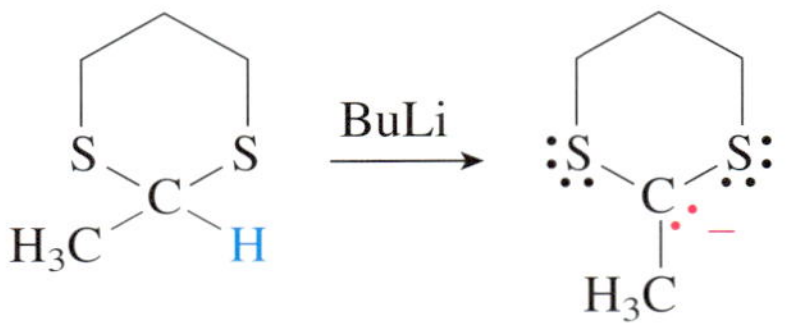


다이싸이엔의 산도는 황의 유발효과에 의한 짝산의 안정화에 기인한다.

다이싸이엔 음이온은 $S_N2$ 반응에서 좋은 친핵체이다. 알킬화된 후 싸이오아세탈기는 Lewis 산 촉매인 $Hg^{2+}$를 사용한 가수분해로 제거할 수 있다.

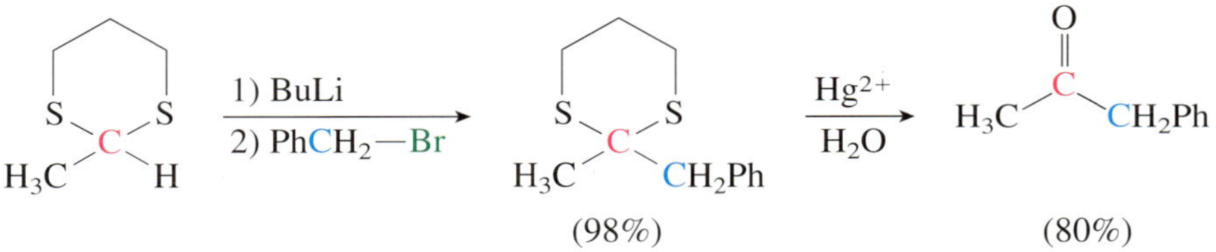


다음 방정식은 전체 과정의 예를 나타내었다.

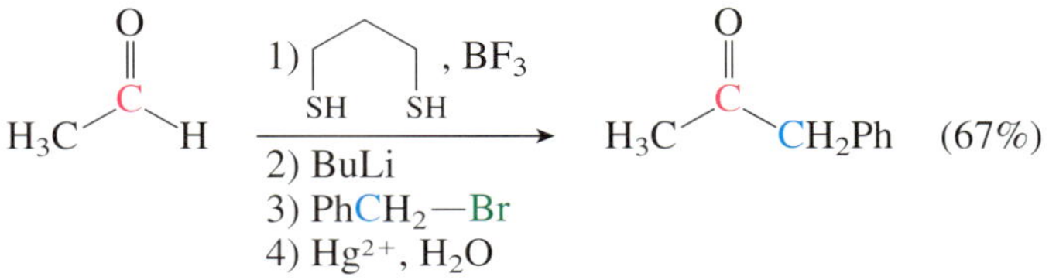


다이싸이엔의 탈양성자로 얻어지는 친핵체는 아실 음이온의 합성대등체로 사용되고 직접 합성하기에는 너무 불안정하다.

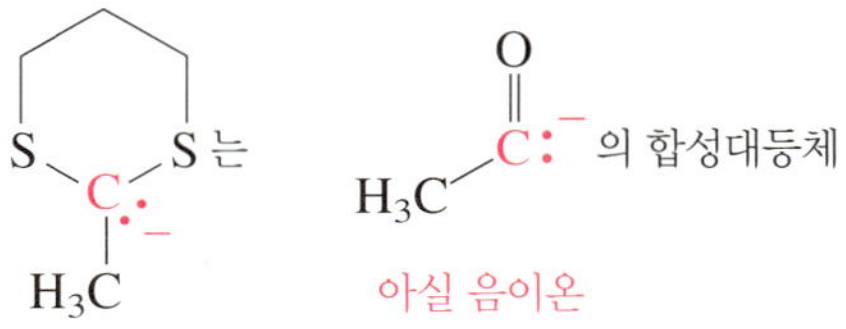

지금까지 제시된 모든 반응에서 카보닐 탄소는 친전자체로 작용한다. 그러나 아실음이온은 친핵성 카보닐 탄소를 갖는다. 그러므로 다이싸이엔의 탈양성자에 의해 얻어진 친핵체의 사용은 작용기의 정상적 극성의 형식 반전의 예이다. 이와 같은 **극성반전(polarity reversal)**을 독일어 반전된 극성에서 온 **극성반전**(*umpolung*)이라 부른다.

아실 음이온 대등체를 생성하는 다이싸이엔 사용의 추가적 예를 다음 방정식에 나타내었다.

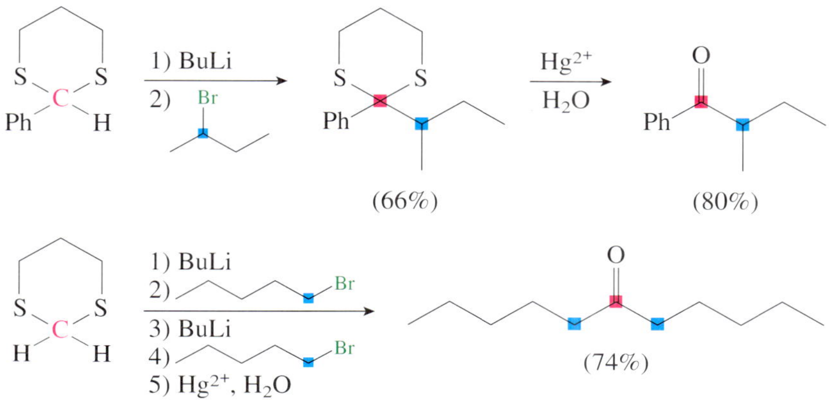


이 장에서 검토할 탄소 친핵체의 마지막 형태는 이가 음이온이다. 몇 가지 경우에 음이온을 대단히 강한 염기로 처리하면 두 번째 양성자가 제거되어 이가 음이온을 형성한다. 예로 염기 1 당량과 2,4-펜테인다이온의 반응은 두 카보닐기 사이에 있는 탄소로부터 양성자를 제거한다. 이 음이온을 두 번째 당량의 아미드화 포타슘과 같은 강염기로 처리하면 두 번째 양성자가 제거되어 다이엔올산 음이온이 형성된다.

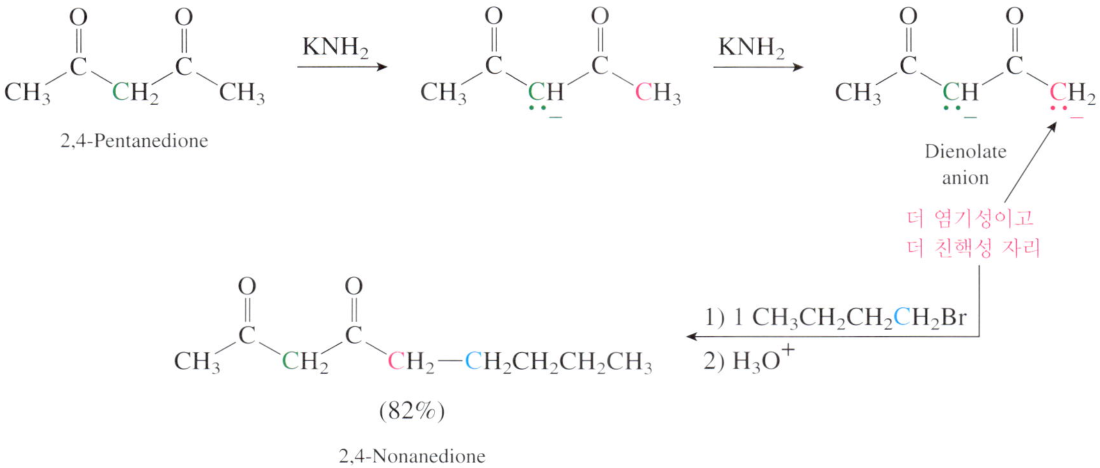


이 이가 음이온이 당량의 할로겐화 알킬과 반응할 때 더 염기성인 자리가 친핵체가 된다. 산을 가하여 나머지 음이온을 중화한다. 이 과정에서 더 염기성인 자리가 우선적으로 알킬화된다. 다음 방정식에 다른 예를 나타냈다.

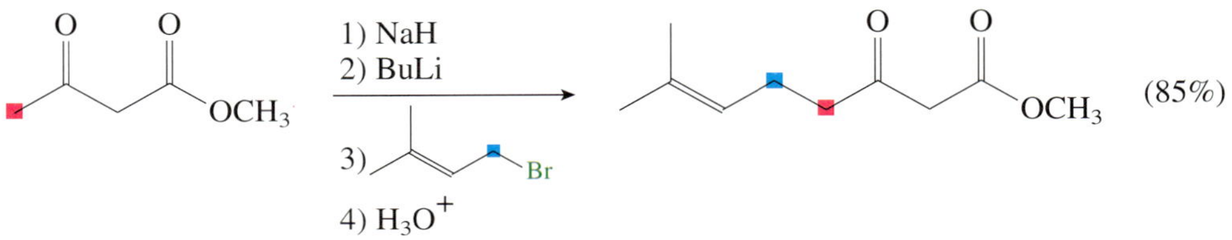

다음 방정식으로 설명한 것처럼 같은 전략을 카복실산의 $\alpha$-탄소의 알킬화에 확장할 수 있다.

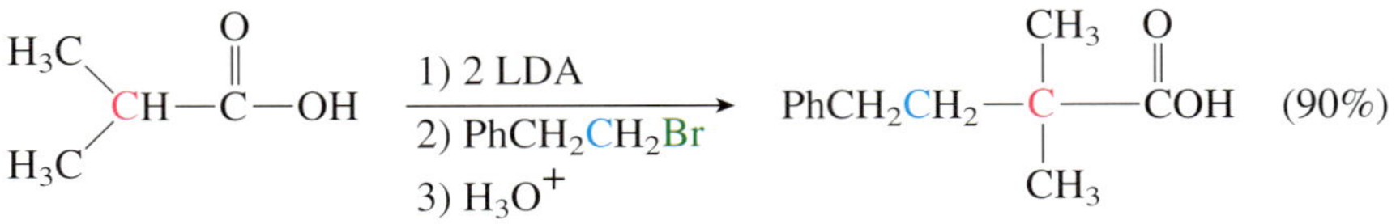

**문제 20.23** 다음 반응의 생성물을 나타내어라.

**a)** 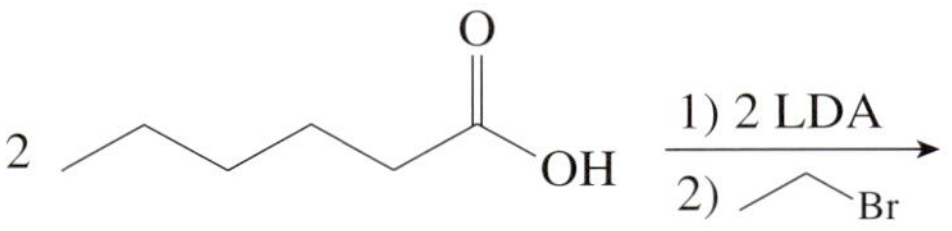

**b)** 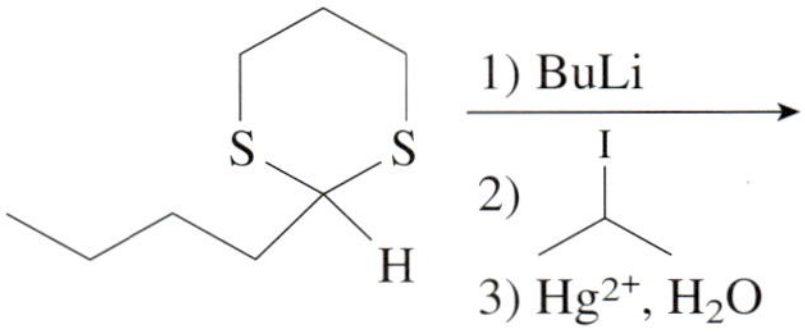

**c)** 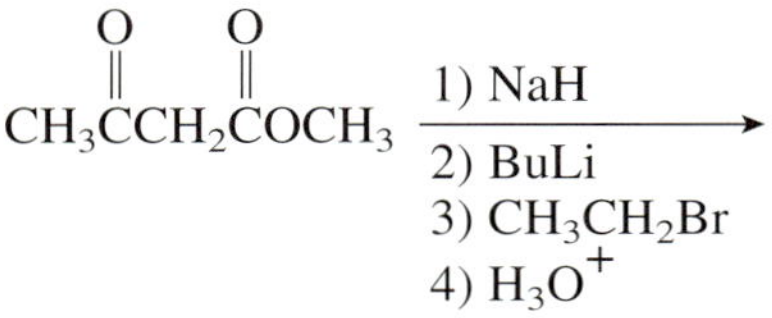

**d)** 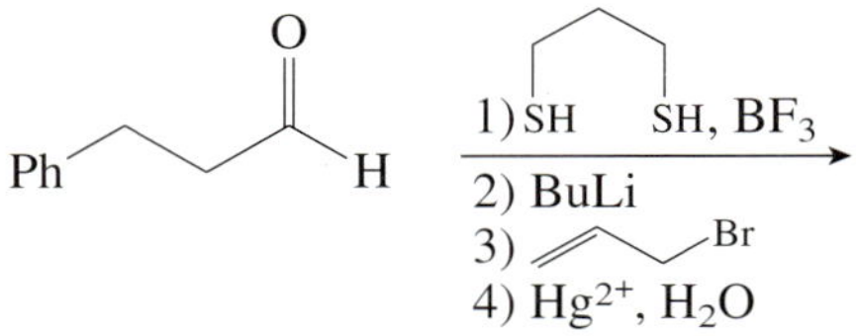

**문제 20.24** 다음 변환을 일으킬 수 있는 방법을 제시하여라. 한 단계 이상이 필요할 수도 있다.

**a)** 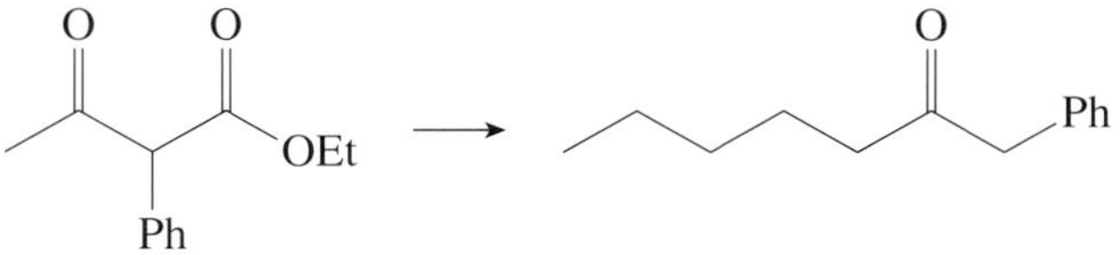

**b)** 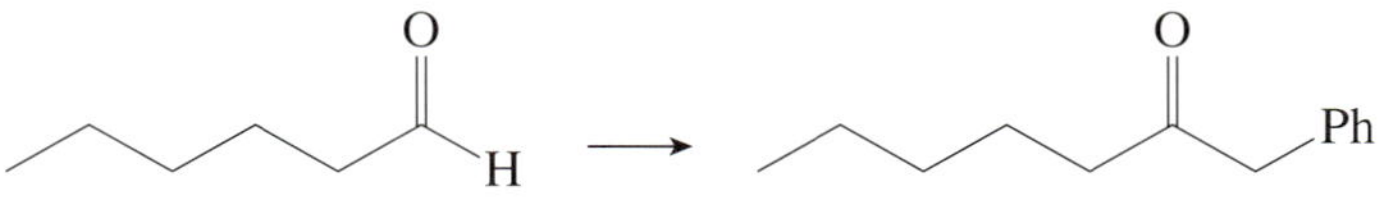

**c)** 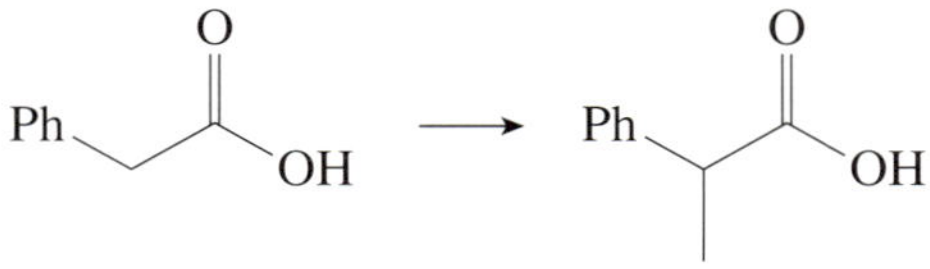

## 20.10 콘쥬게이트 첨가

$\beta$-위에서 $\alpha,\beta$-불포화 카보닐 화합물에 대한 친핵체의 콘쥬게이트 첨가는 18.10절에서 기술하였다. 엔올산 이온과 연관 카보음이온 친핵체는 $\alpha,\beta$-불포화 카보닐 화합물에 콘쥬게이트 방법으로 첨가되고 이 과정을 **Michael 반응** 혹은 Michael 첨가라 부른다. 많은 경우에서 엔올산 음이온은 두 카보닐기에 의해 안정화된다. $\alpha,\beta$-불포화 카보닐 화합물을 Michael 받개라 부른다.

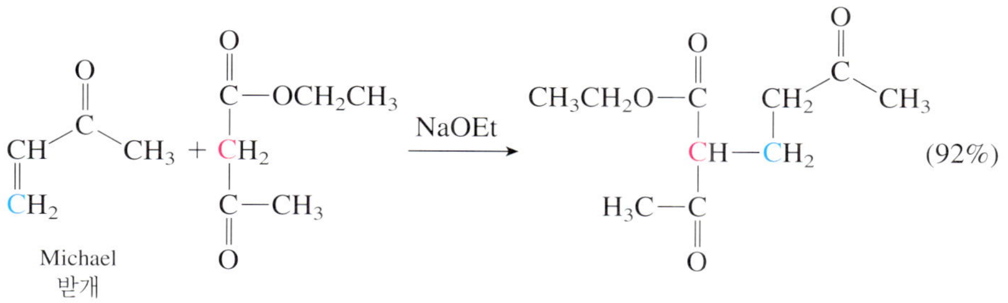


Michael 반응에 대한 메카니즘을 그림 20.6에 나타냈다. 초기 첨가물 자체가 엔올산 음이온이고 카보닐 화합물을 탈양성자하기에 충분히 큰 염기성을 가지므로 추가적 반응을 일으키는데 촉매량의 염기만이 필요하다. Michael 반응의 다른 예를 다음 방정식으로 나타냈다.

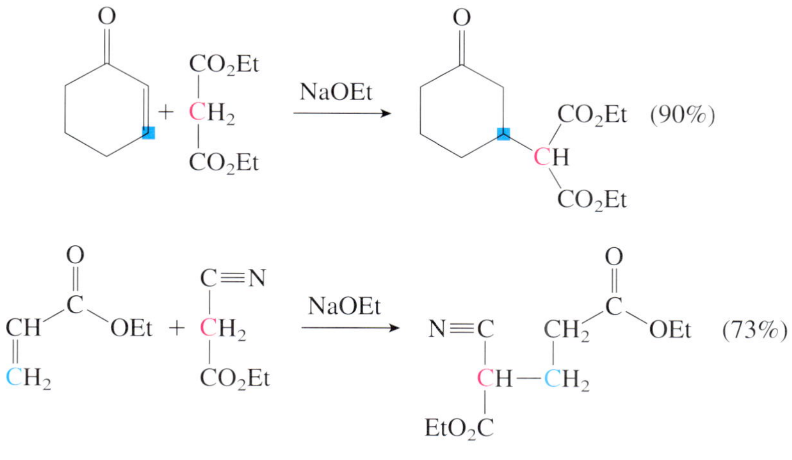


더 강한 염기를 사용하면 덜 안정한 엔올산 음이온이 생성되고 Michael 반응에 사용할 수 있다.

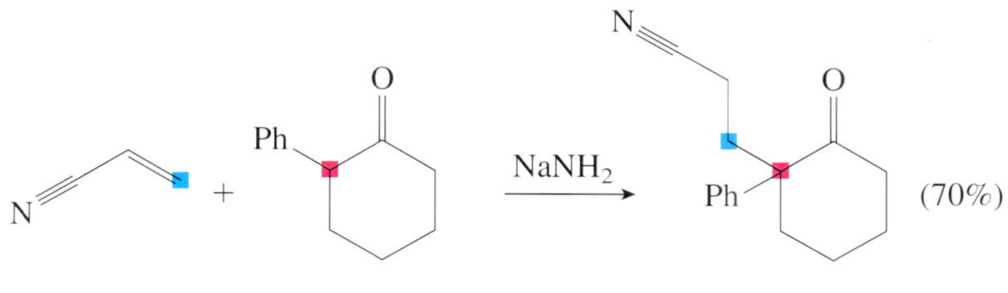


2-Propenenitrile 2-Phenylcyclohexanone

**그림 20.6** Michael 반응의 메카니즘.

① $\alpha$-다이카보닐 화합물의 엔올산 음이온을 일반적 방법으로 생성된다.

② 엔올산 이온 친핵체를 $\alpha,\beta$-불포화 카보닐 화합물의 $\beta$-탄소에 첨가된다. 이것을 Michael 받개라 부른다.

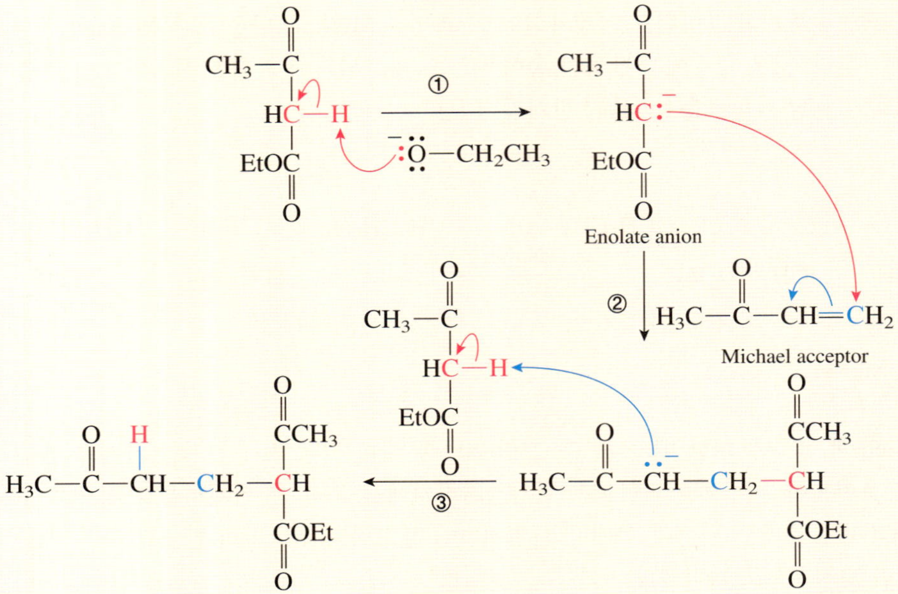


이 경우에 92% 수득률로 형성되는 생성물은 Michael 받개의 $\beta$-탄소에 대한 원래의 엔올산 이온의 $\alpha$-탄소의 결합을 갖는다.

이 첨가 생성물은 엔올산 이온이다.

③ 이 이온은 아세터아세타산 에틸과 염기로 작용하여 다른 엔올산 이온을 생성하므로 촉매량의 염기만이 반응에 필요하다.

## 예제 20.7

다음 반응의 생성물을 나타내어라.

$$CH_2{=}CH\overset{O}{\overset{\|}{C}}OEt + CH_3\overset{O}{\overset{\|}{C}}CH_2\overset{O}{\overset{\|}{C}}OEt \xrightarrow[EtOH]{NaOEt}$$

### 풀이

친전자체와 친핵체를 확인하여라. 염기(NaOEt)는 아세토아세트산 에틸의 카보닐 탄소 사이에 있는 탄소에 있는 가장 산성인 수소를 제거하여 엔올산 이온을 생성한다. 다음에 이 친핵체는 Michael 받개의 $\beta$-탄소를 공격한다.

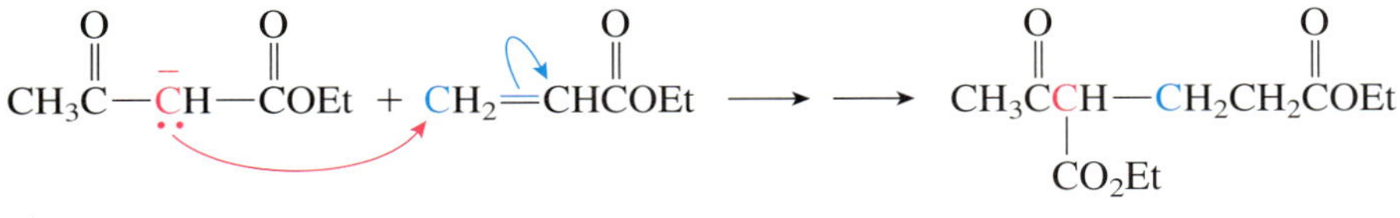

**문제 20.25** 다음 반응의 생성물을 나타내어라.

**a)** $CH_2{=}CHCCH_3$ (C=O) + $EtOCCH_2COEt$ (C=O, C=O) $\xrightarrow[\text{EtOH}]{\text{NaOEt}}$

**b)** $PhCH{=}CHCPh$ (C=O) + $EtOCCH_2CN$ (C=O) $\xrightarrow[\text{EtOH}]{\text{NaOEt}}$

**c)**

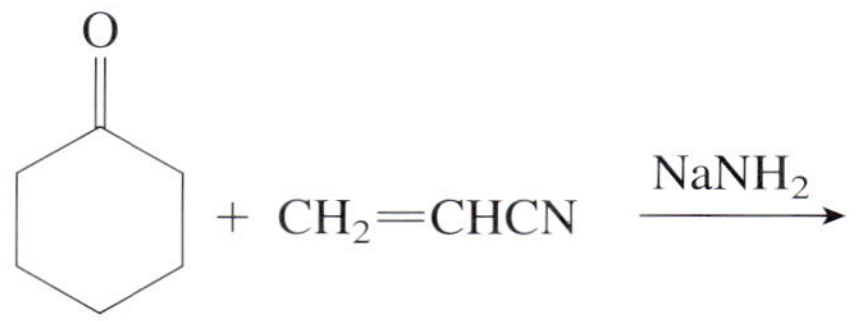


**문제 20.26** 2-프로펜나이트릴과 2-페닐사이클로헥산온의 Michael 반응은 다음 화합물보다는 757페이지의 방정식에 나타낸 생성물을 형성한다. 그 이유를 설명하여라.

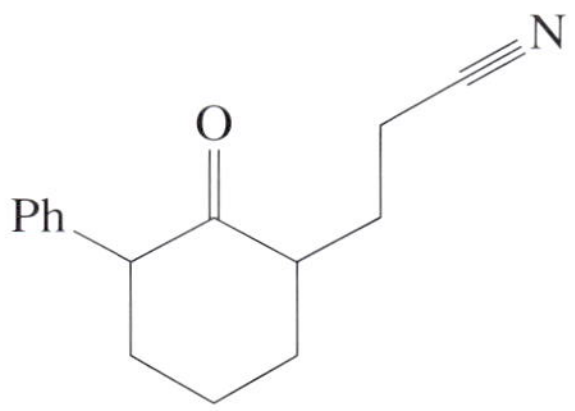


알돌축합과 결합한 Michael 반응은 6-원자 고리를 형성하는 유용한 방법이다. 이 과정을 **Robinson 고리화반응**이라 부른다. 다음 예에서 삼차 아민을 콘쥬게이트 첨가를 촉진하는 염기로 사용한다. 다음에 수산화 소듐으로 처리하면 분자 내 알돌축합을 일으킨다.

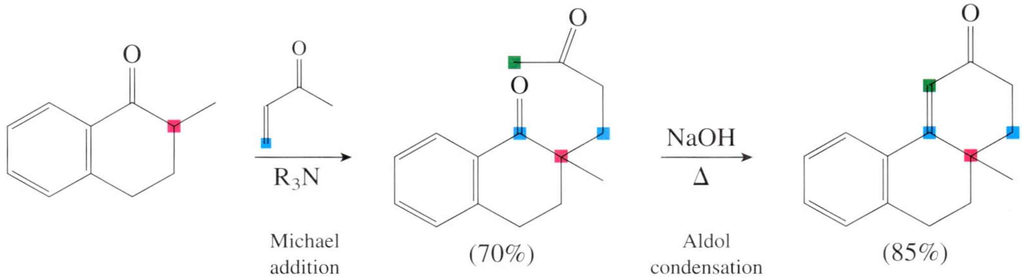


Michael 첨가 생성물은 분리되지 않는다. 대신에 즉시 분자 내 알돌축합이 일어나 다음 방정식에 나타낸 것처럼 새로운 6-원자고리가 형성된다.

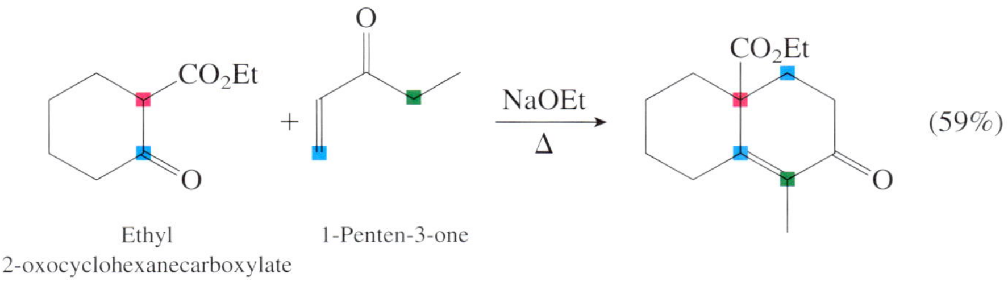

**문제 20.27** 1-펜텐-3-온과 2-옥소사이클로헥세인카복실산 에틸의 Robinson 고리화에서 알돌 생성물의 중간체를 나타내어라.

## 예제 20.8

이 Robinson 고리화의 생성물을 나타내어라.

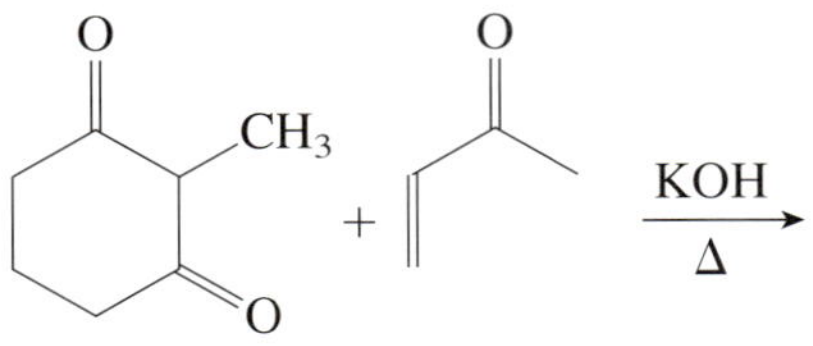


### 풀이

염기는 가장 산성인 수소를 제거하여 생성된 엔올산 음이온은 Michael 받개와 콘쥬게이트 첨가를 일으킨다.

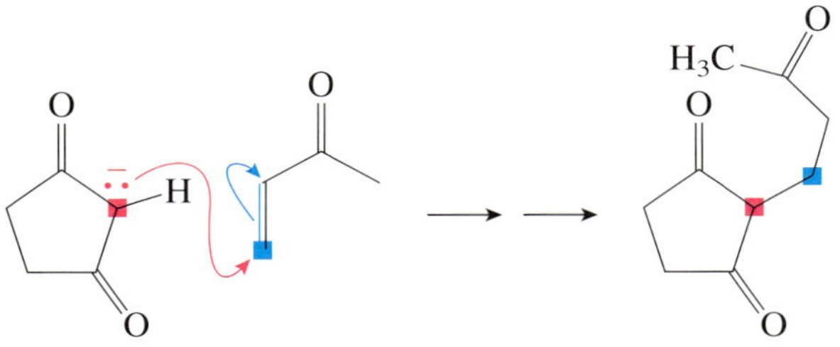


다음에 이 생성물은 알돌축합을 일으켜 최종 생성물을 형성한다.

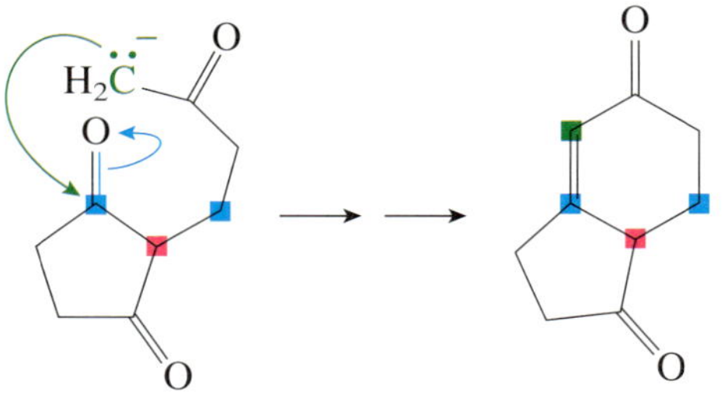


**문제 20.28** 다음 반응의 생성물을 나타내어라.

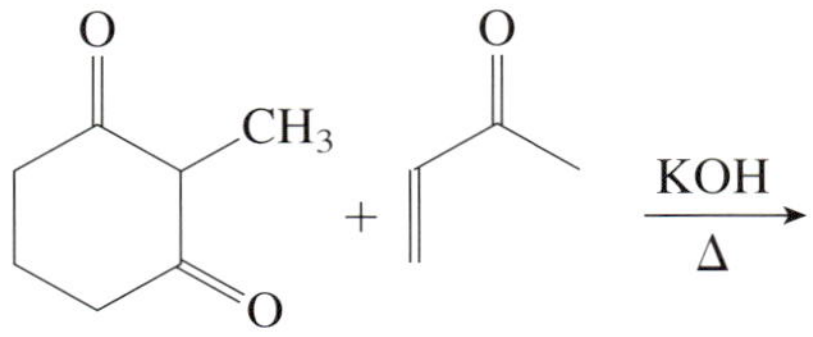

## 20.11 합성

이 장에서 제시한 반응은 모두 탄소-탄소결합 형성을 생성하기 때문에 대단히 중요하다. 합성문제를 다루는 가장 좋은 방법은 역합성분석을 적용하는 것이다. 즉 과녁 분자로부터 더 간단한 분자로 쉽게 얻을 수 있는 분자에 도달할 때까지 역으로 작업한다(Elias J. Corey는 "유기합성의 이론과 방법론의 개발" 대한 업적으로 1990년 Novel 화학상을 수상하였다. **역합성분석**이라는 용어를 만들었으며 체계화하였다. 그는 20.9절에서 소개한 다이싸이엔 친핵체를 포함한 많은 새로운 시약을 개발하였고 프로스타글란딘을 포함한 많은 천연물질을 합성하였다). 역합성분석은 과녁에 있는 어떤 구조적 특성이 어떤 반응을 제시해준다는 것이다. 예로 알코올 과녁 화합물은 합성하는데 Grignard 시약을 사용할 수 있다는 것을 제시해준다.

케톤, 에스터 및 나이트릴의 알킬화는 이 작용기를 포함한 화합물의 $\alpha$-탄소에 알킬기를 도입한다. 그러므로 $\alpha$-탄소에 알킬기가 결합된 케톤, 에스터 및 나이트릴 과녁분자는 역합성분석 화살을 사용하여 다음 방정식으로 설명한 것과 같은 알킬화 반응의 하나를 사용하여 합성할 수 있다.

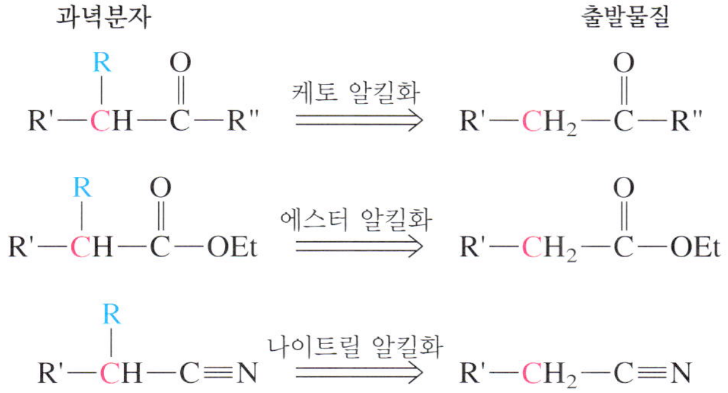


아세토아세트산 에스터 합성은 $\alpha$-탄소에 알킬기가 치환된 메틸 케톤을 생성하고 한편 말론산 에스터 합성은 $\alpha$-탄소에 알킬기가 치환된 카복실산이 생성된다. 때때로 이 과녁은 케톤 혹은 에스터의 직접 알킬화에 의해 합성될 수 있다.

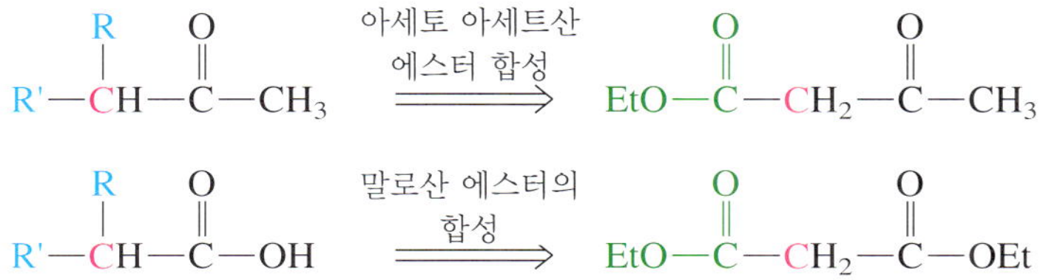


과녁 화합물에서 카보닐기에 대해 콘쥬게이트된 탄소-탄소 이중결합의 존재는 알돌축합이 적용된다는 것을 나타내준다.

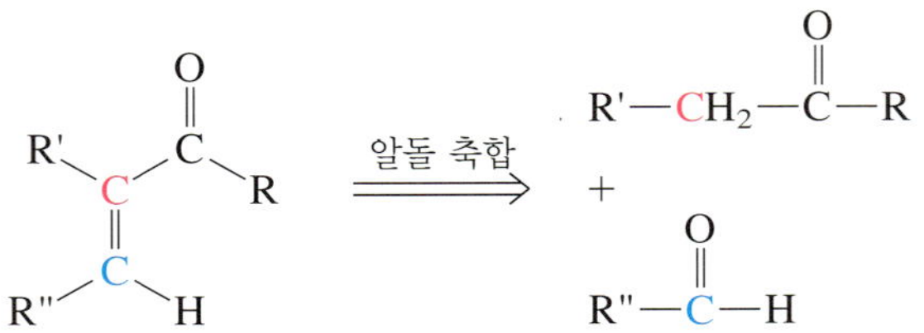


과녁 화합물이 같은 탄소에 결합된 두 카보닐기를 갖고 있으면 에스터 축합이 사용된다. 이와 같은 과녁은 β-다이카보닐 화합물의 알킬화로 제조될 수 있다.

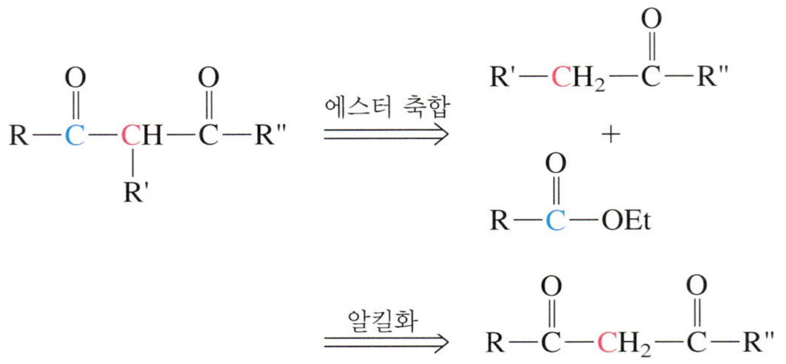


1,5-관계에 있는 두 카보닐기가 존재하면 과녁 화합물을 제조하는데 Michael 첨가를 사용할 수 있다.

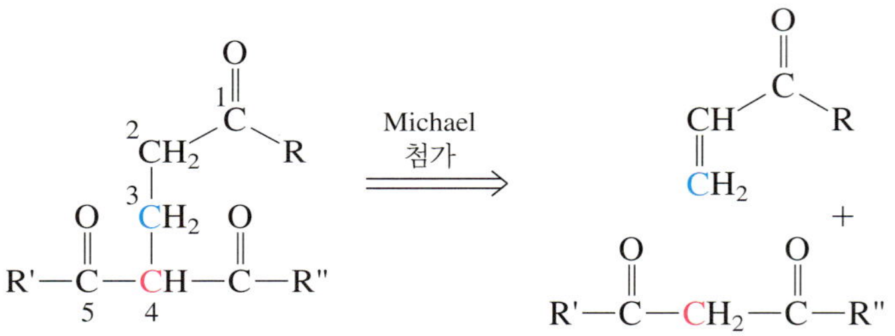


끝으로 과녁에 사이클로헥산온 고리가 존재하면 그것을 합성하는데 Robinson 고리화반응을 사용할 수 있다.

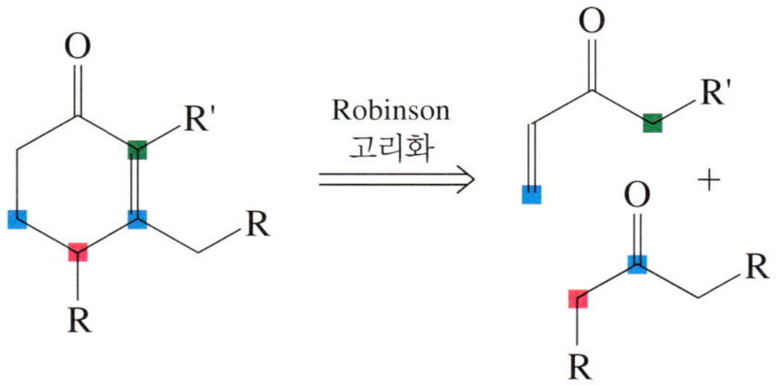


2-메틸-3-옥소-2-프로필펜탄산 에틸의 합성을 고려해보자. β-케토에스터 작용기의 존재는 알킬화반응과 에스터 축합을 사용할 수 있다. 한 가능한 경로는 간단한 β-케토에스터의 알킬화에 의해 프로필기를 결합시킬 수 있다. 더욱이 역합성분석은 새로운 과녁(2-메틸-3-옥소펜탄산 에틸)은 Claisen 에스터 축합에 의해 프로판산 에틸로부터 제조할 수 있다.

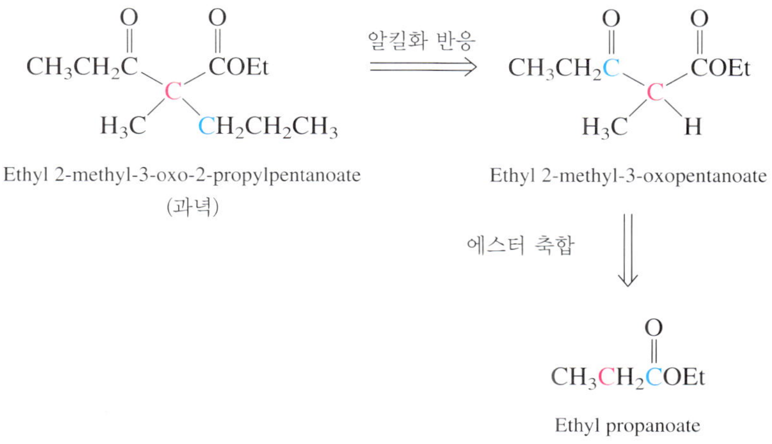

Ethyl 2-methyl-3-oxo-2-propylpentanoate (과녁)

Ethyl 2-methyl-3-oxopentanoate

Ethyl propanoate

정방향으로 합성을 나타내면 다음과 같다.

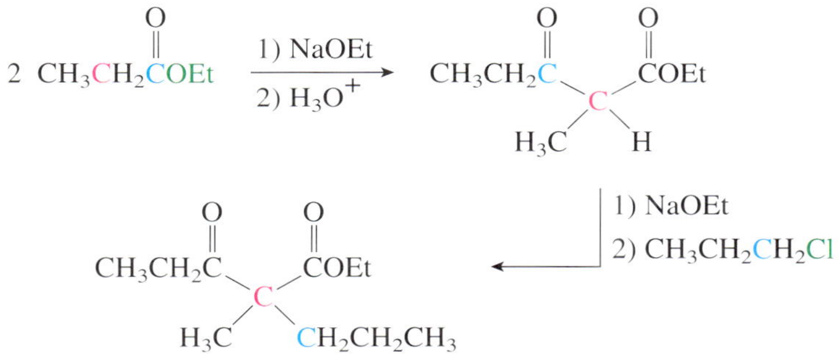

다른 예로 다음 과녁 화합물을 생각해보자. 케톤의 카보닐기와 에스터의 카보닐기가 1,5-관계에 있으면 Michael 반응을 사용한다. Michael 첨가가 필요한 화합물은 $\alpha,\beta$-불포화 케톤이다. 이것을 제조하는 데 혼합 알돌축합이 사용된다.

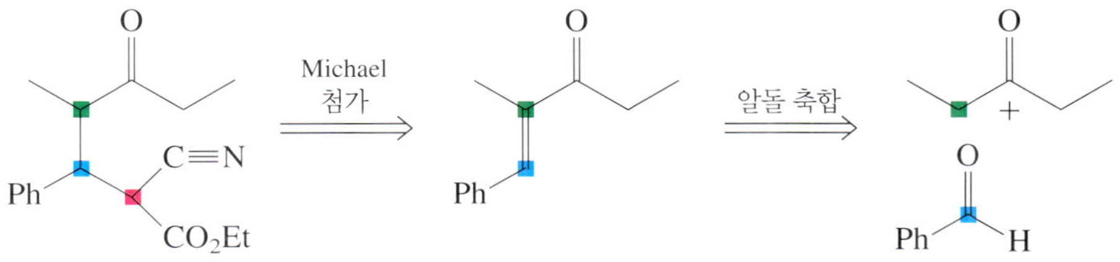

과녁

정방향으로 나타내면 다음과 같다.

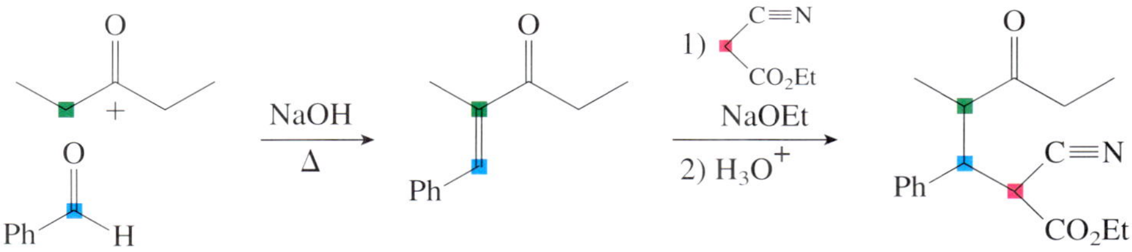

합성설계를 숙달할 수 있는 유일한 방법을 연습이다. 문제를 풀때 각 과녁 화합물에서 어떤 반응을 제시해주는 구조적 특상을 검토한다. 대부분의 과녁은 여러 경로를 통해서 도달할 수 있으므로 풀이가 해답으로 제시한 것과 일치하지 않아도 실망해서는 안 된다. 그들이 적합하다는 것을 확인하기 위하여 모든 반응을 점검하여라.

**문제 20.29** 지시한 출발무질로부터 다음 화합물을 합성하여라.

**a)** ethyl acetoacetate로 부터

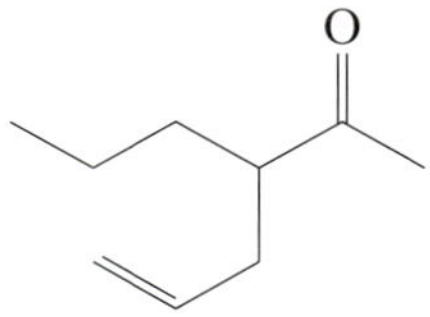

**b)** butanal로 부터

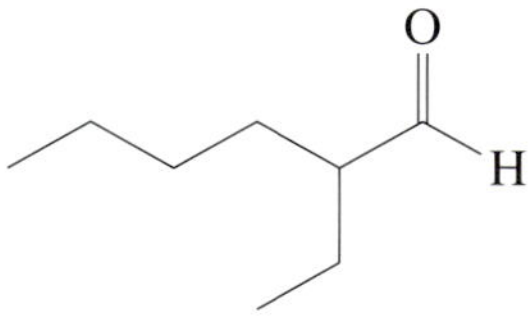


**c)** ethyl butanoate로 부터

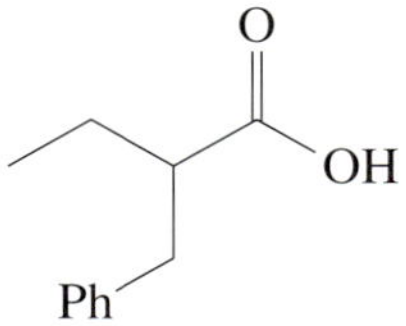


**d)** butanal로 부터

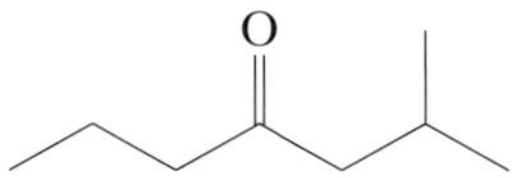

**e)** cyclopentanone로 부터

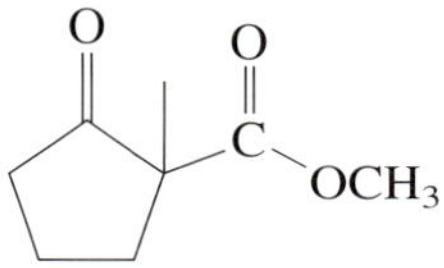


**f)** cyclohexanone로 부터

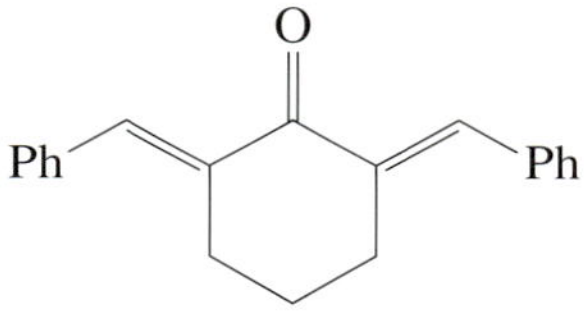


**g)** diethyl malonate로 부터

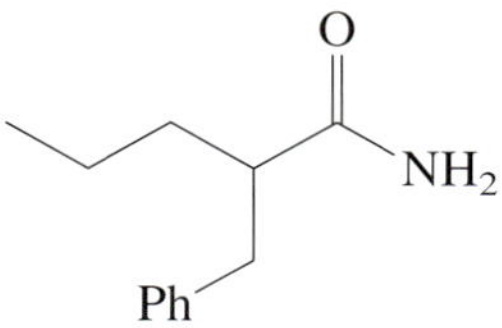


**h)** cyclopentanone로 부터

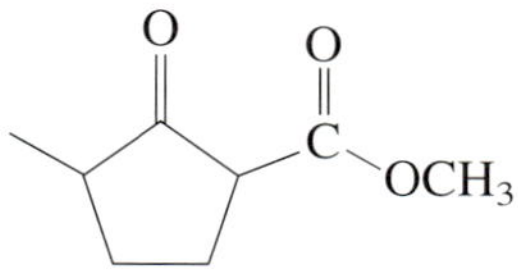


표 20.2 에 엔올레이트 이온이 친핵제로 작용하는 모든 반응을 요약하였다. 이 친핵제와 8장, 및 19장에서 검토한 친전자체의 하나와의 반응을 표 20.3에 요약하였다.

**표 20.2 탄소 친핵체**

| 친핵체 | 설명 |
|---|---|
| 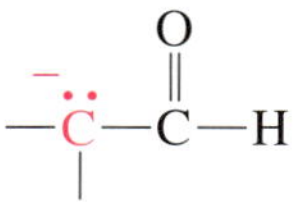 | 알데하이드는 친전자체로 반응성이 크기 때문에 알데하이드로부터 생성된 엔올산 음이온은 알돌 축합에만 사용되도록 한정된다. |
| 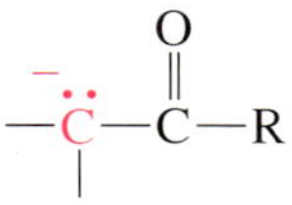 | 케톤, 에스터 및 나이트릴로부터 생성된 엔올산 음이온은 알킬화되될 수 있고 알돌 혹은 에스터 축합 혹은 Michael 반응에서 사용한다. |

**표 20.2 탄소 친핵체 (계속)**

| 친핵체 | 설명 |
|---|---|
| 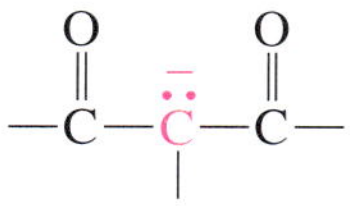 | 두 카보닐기(혹은 시아노기)에 의해 안정화되는 엔올산 음이온은 일킬화 될 수 있고 Michael 반응에서 우서한 수득률을 나타낸다. |
| 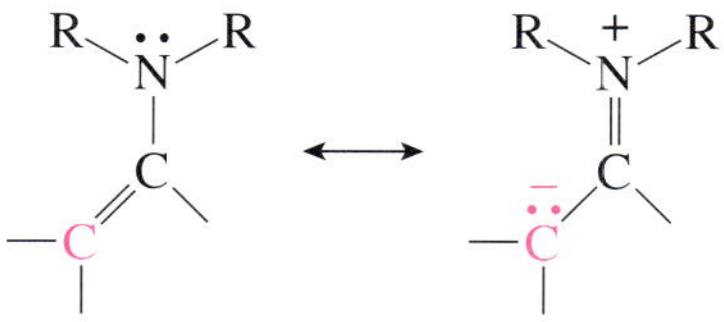 | 엔아민은 대단히 반응성이 큰 친전자체와 반응한다. |
| 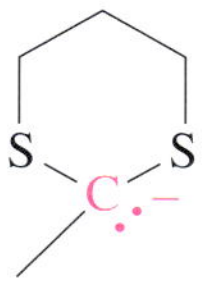 | 다이싸이엔음이온은 아실 음이온 대등체이고 용이하게 알킬화 된다. |
| 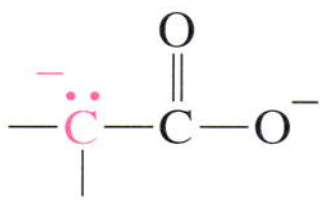 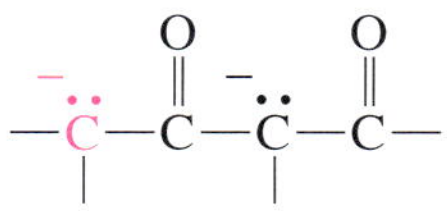 | 이 이가 음이온은 더 염기성 자리에서 선택적으로 알킬화된다 |

**표 20.3 친전자체**

| 친전자체 | 설명 |
|---|---|
| 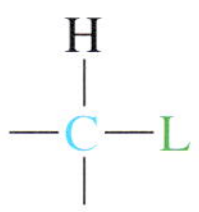 | 이 화합물들을 SN2 반응에 사용하기 위하여 탄소는 일차 혹은 이차가 되어야 한다. 이탈기는 할로겐 이온 혹은 설폰산기가 될 수 있다. |
| 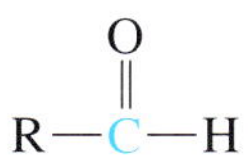 | 알데하이드는 알돌축합에서 대단히 반응성이 크다. |
| 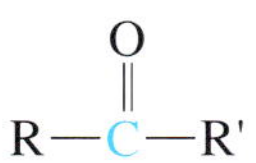 | 케톤은 반응성이 적고 알돌축합이 분자내 반응일 때 가장 많이 사용된다. |
| 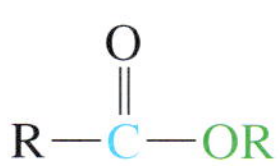 | 에스터는 Claisen 축합에서 사용된다. 보통 R'= Me 혹은 Et이다. |
| 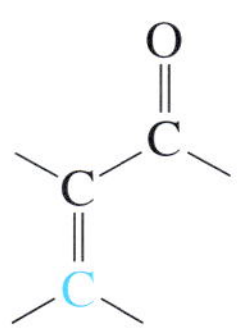 | $\alpha$, $\beta$-불포화 화합물은 Michael 반응에 유용하다. 시아노기는 카보닐기 대신에 사용할 수 있다. |

## 추가문제

**20.30** 다음 반응의 생성물을 나타내어라.

**a)** 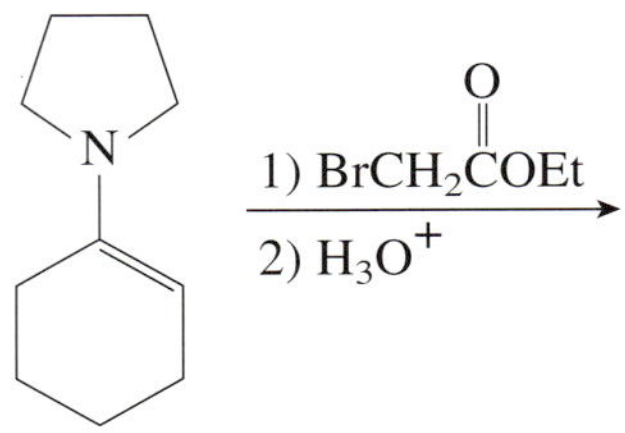

**b)** 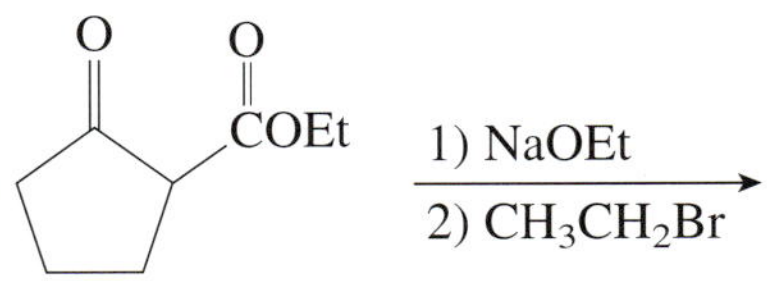

**c)** 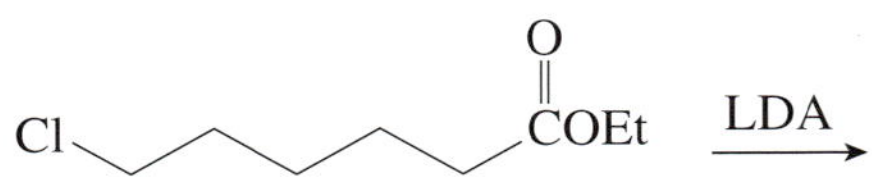

**d)** $2\ CH_3CH(CH_3)—CHO \xrightarrow[H_2O]{NaOH}$

**e)** $EtOC(=O)CH_2CH_2CH_2CH(CH_3)C(=O)OEt \xrightarrow[2)\ H_3O^+]{1)\ NaOEt,\ EtOH}$

**f)** 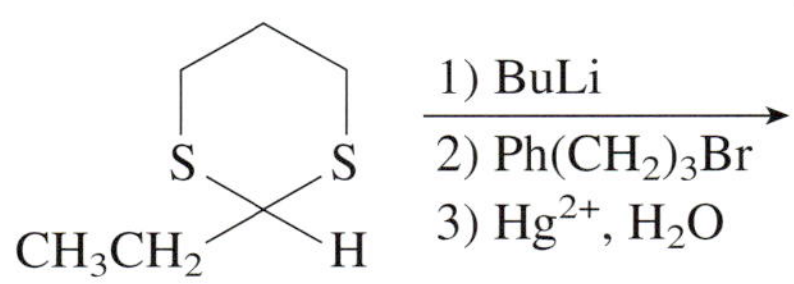

**g)** $PhCH_2C(=O)OEt \xrightarrow[2)\ PhCH_2CH_2Br]{1)\ NaNH_2}$

**h)** $CH_3C(=O)(CH_2)_4CH(=O) \xrightarrow[H_2O,\ \Delta]{NaOH}$

**i)** 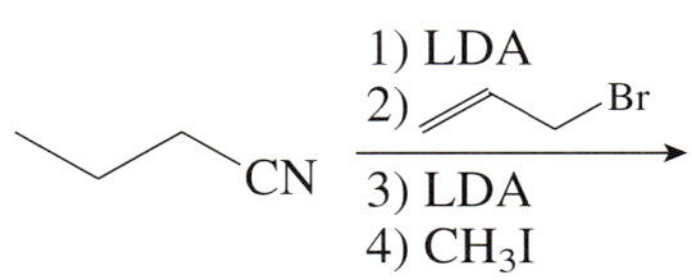

j) 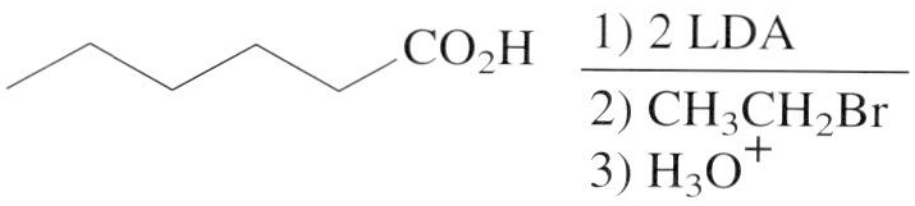
CO2H
1) 2 LDA
2) CH3CH2Br
3) H3O+

k) 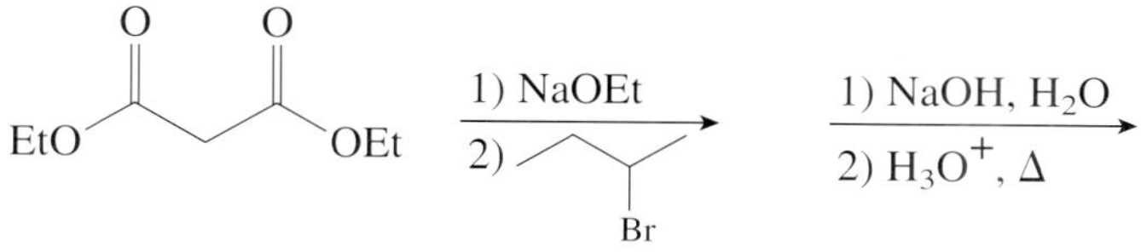
O
O
EtO
OEt
1) NaOEt
2)
Br
1) NaOH, H2O
2) H3O+, Δ

l) 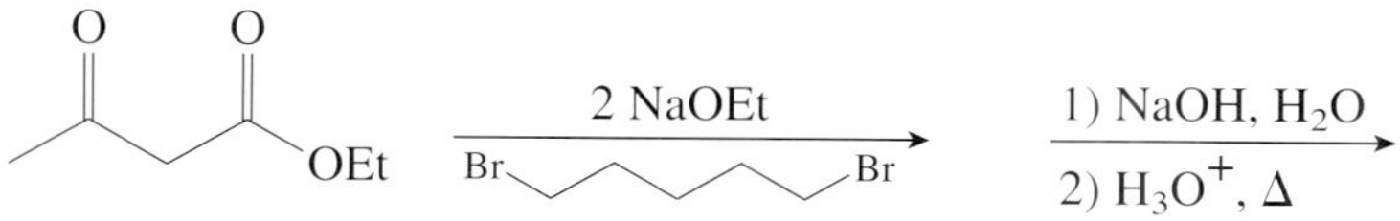
O
O
OEt
2 NaOEt
Br
Br
1) NaOH, H2O
2) H3O+, Δ

m) 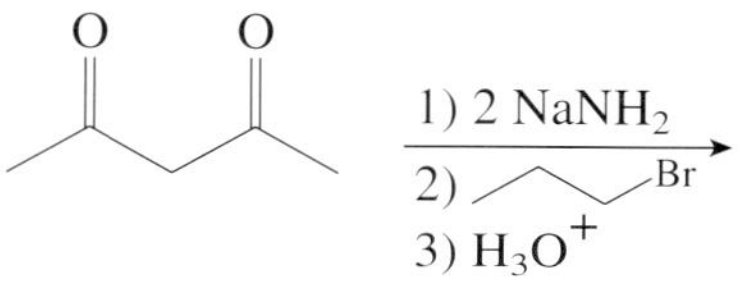
O
O
1) 2 NaNH2
2)
Br
3) H3O+

n) 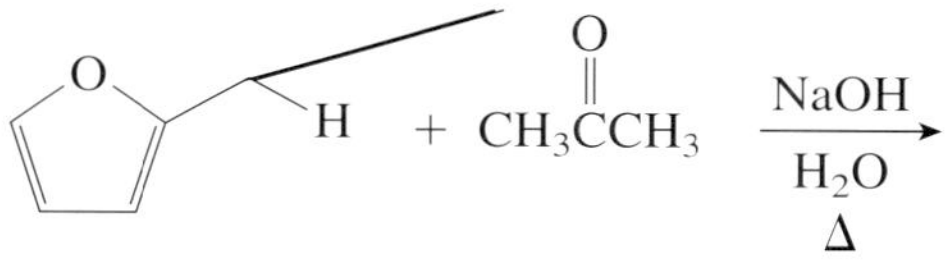
O
H
+ CH3CCH3
O
NaOH
H2O
Δ

o) 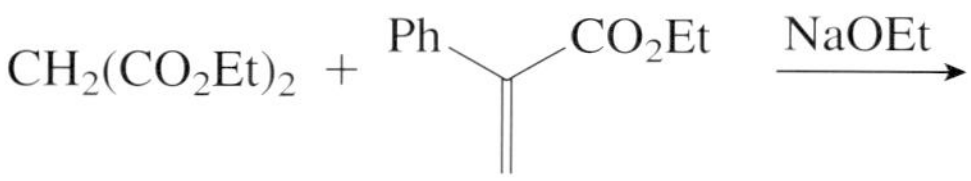
CH2(CO2Et)2 +
Ph
CO2Et
NaOEt

p) 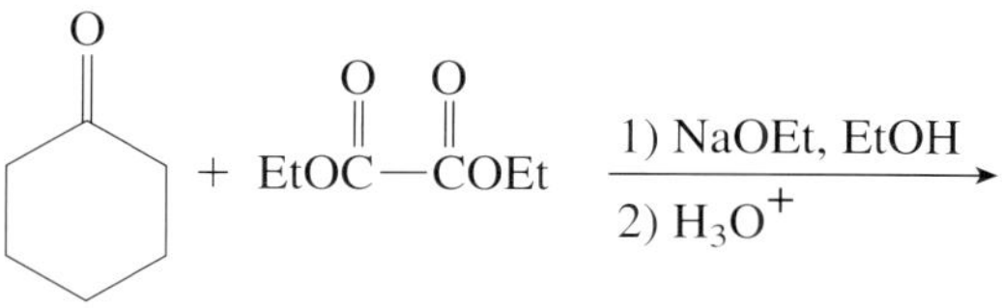
O
+ EtOC—COEt
O
O
1) NaOEt, EtOH
2) H3O+

q) 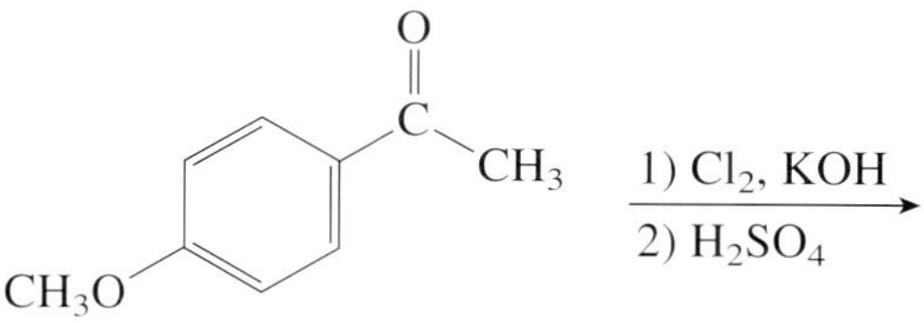
O
C
CH3
CH3O
1) Cl2, KOH
2) H2SO4

r) 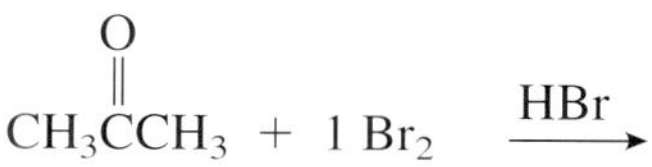
O
CH3CCH3 + 1 Br2
HBr

s) 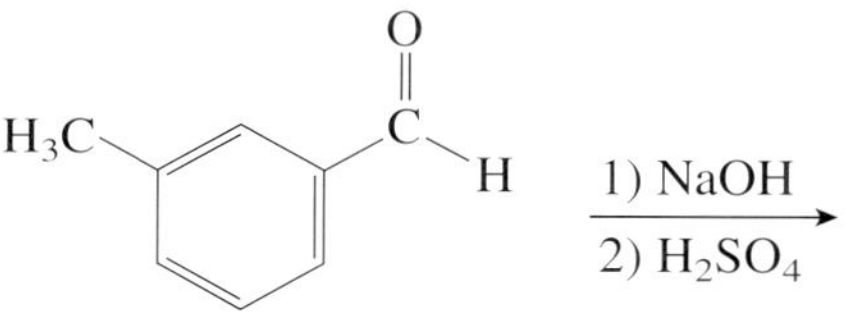
O
H3C
C
H
1) NaOH
2) H2SO4

**20.31** 다음 반응의 생성물을 나타내어라.

**a)** $CH_3CH_2CH_2CN \xrightarrow[\text{2) } CH_3CH_2Br]{\text{1) LDA}}$

**b)** 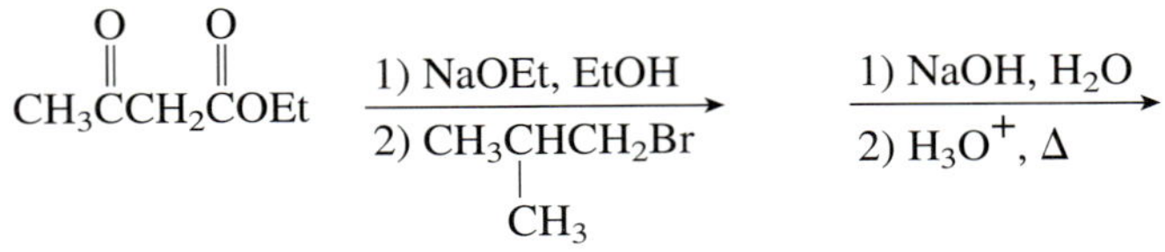

**c)** 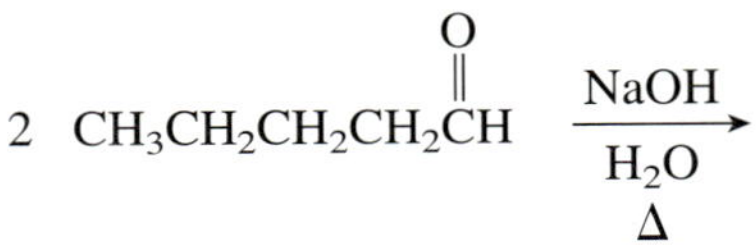

**d)** 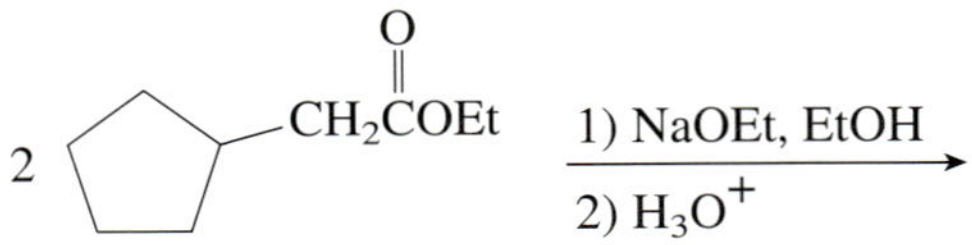

**e)** 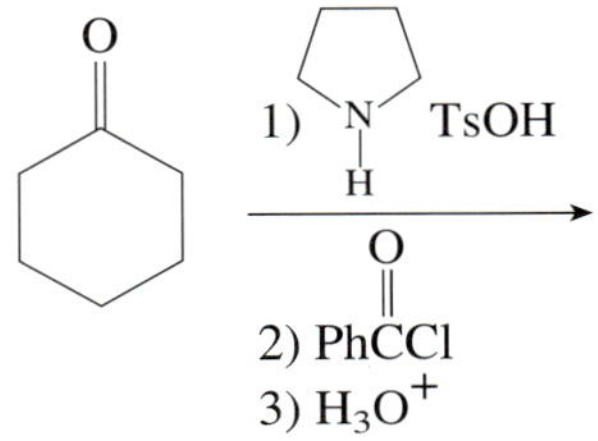

**f)** 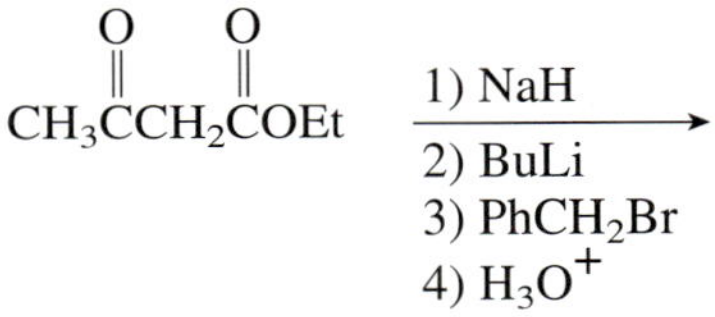

**g)** 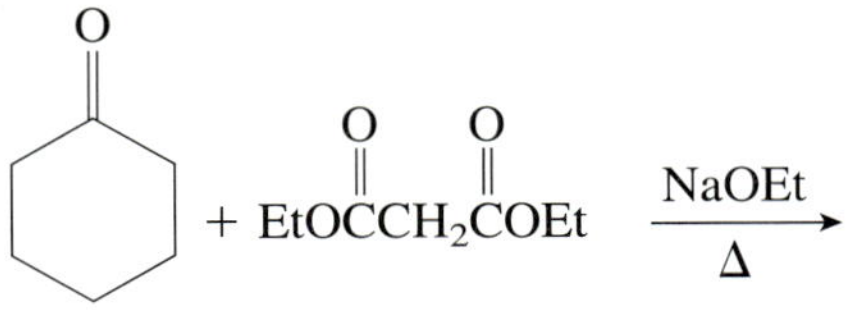

**h)** 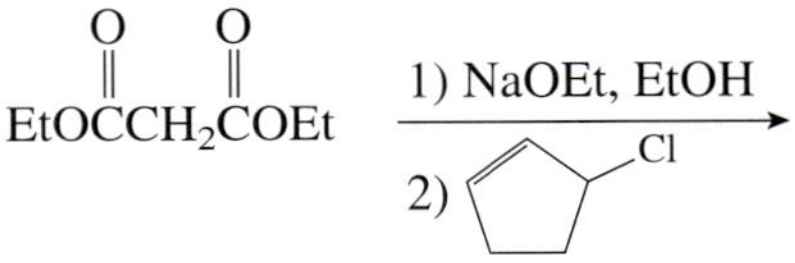

**i)** 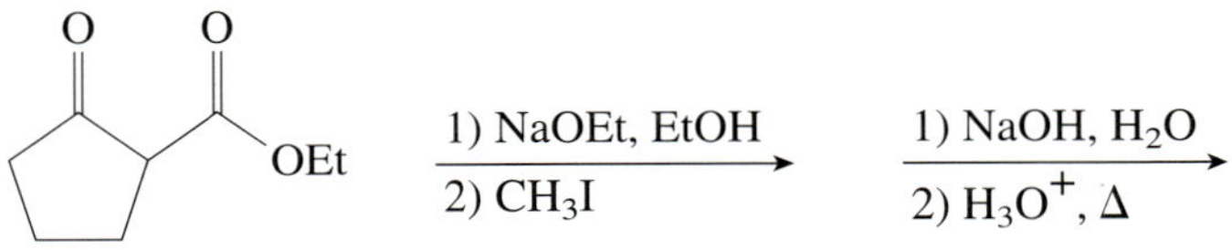

**20.32** 다음 반응의 생성물을 나타내어라.

**a)** 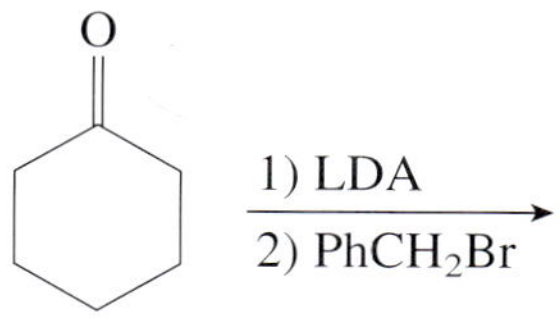

**b)** $EtOC(=O)CH_2C(=O)OEt \xrightarrow[CH_3I\ (excess)]{NaOEt\ (excess)} \xrightarrow[2)\ H_3O^+,\ \Delta]{1)\ NaOH,\ H_2O}$

**c)** $PhCH(=O) + CH_3CH_2C(=O)CH_2CH_3 \xrightarrow[H_2O,\ \Delta]{NaOH}$

**d)** 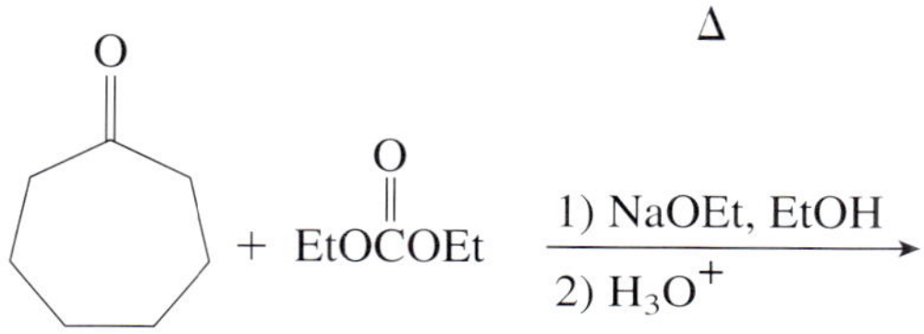

**e)** $PhCH_2C(=O)OH \xrightarrow[2)\ PhCH_2Br;\ 3)\ H_3O^+]{1)\ 2\ LDA}$

**f)** $CH_3C(=O)CH_2C(=O)OEt \xrightarrow[2)\ BuLi;\ 3)\ PhCH_2CH_2CH_2Cl;\ 4)\ H_3O^+]{1)\ NaH}$

**20.33** 다음 반응의 메카니즘을 제시하여라.

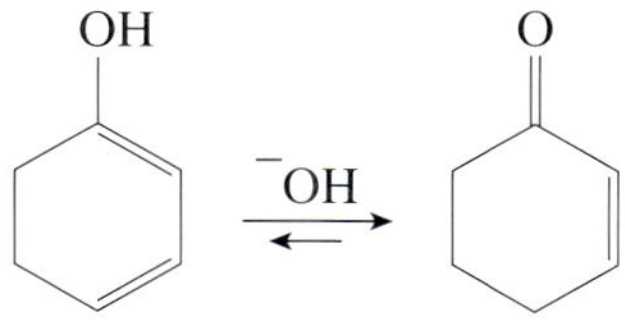

**20.34** 다음 반응의 메카니즘을 제시하여라(반응은 카보양이온 자리옮김에 의해 일어나지 않는다).

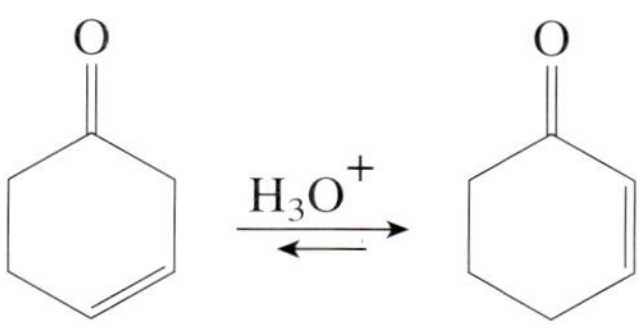

**20.35** 이 반응에 대한 메카니즘의 모든 단계를 나타내어라.

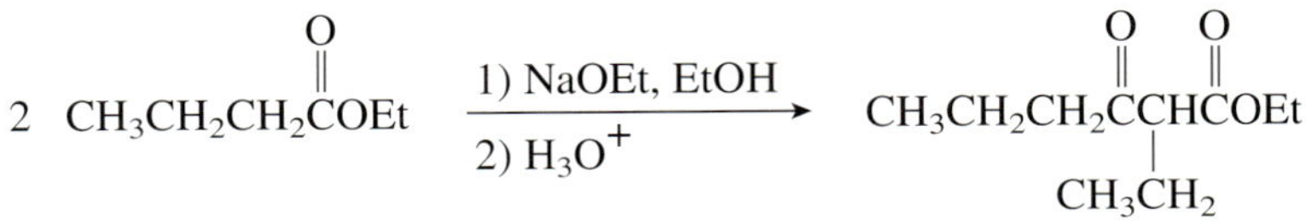

**20.36** 이 반응에 대한 메카니즘의 모든 단계를 나타내어라.

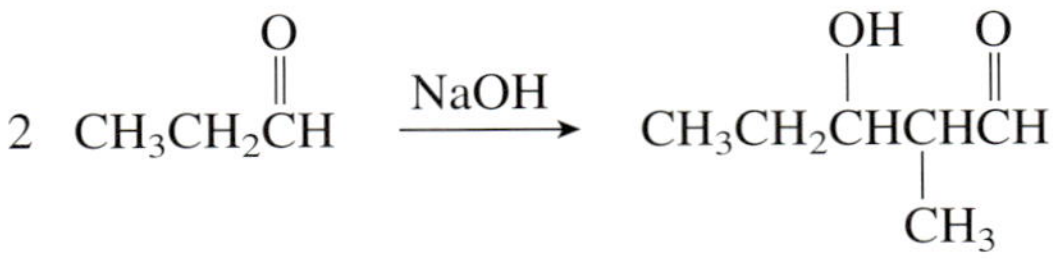

**20.37** 프로판알로부터 다음 화합물을 합성하여라.

a) 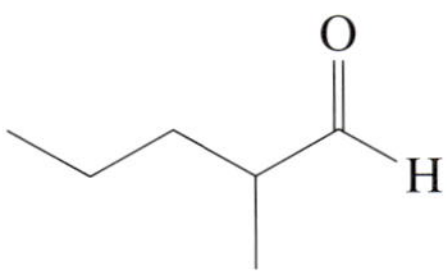

b) 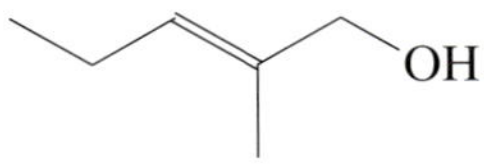

c) 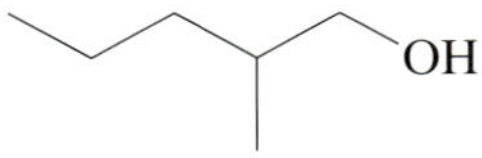

d) 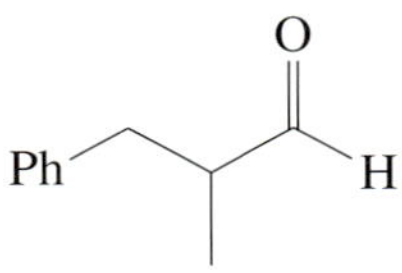

**20.38** 프로판산 에틸로부터 다음 화합물을 합성하여라.

a) 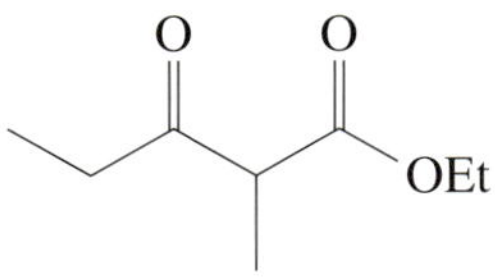

b) 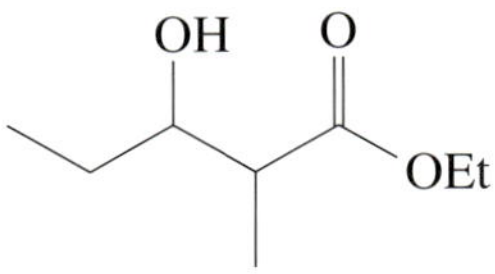

c) 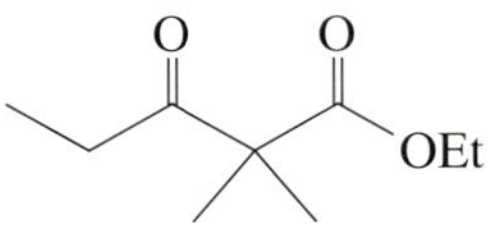

d) 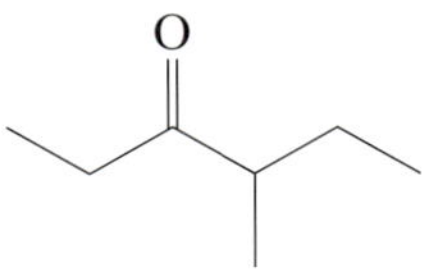

e) 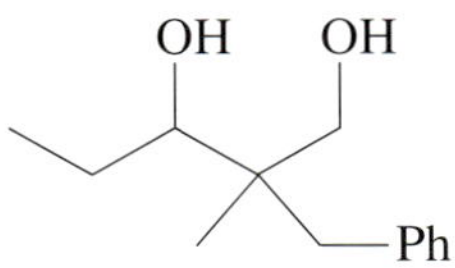

f) 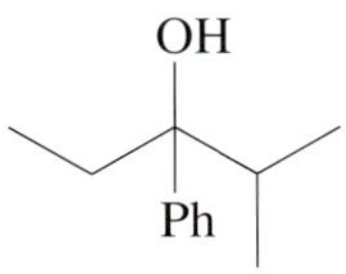

g) 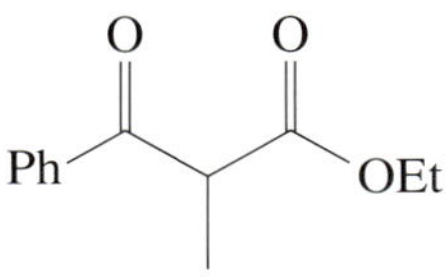

**20.39** 아세트산 에틸로부터 다음 화합물을 합성하여라.

**a)** 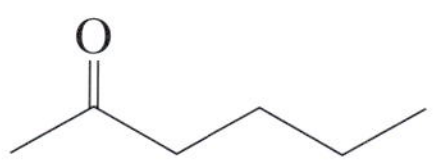

**b)** 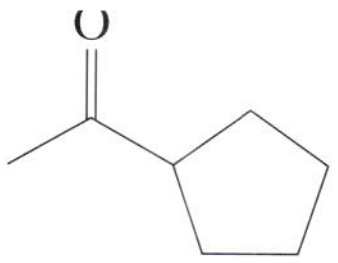

**c)** 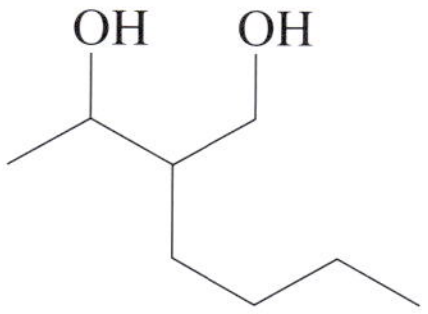

**d)** 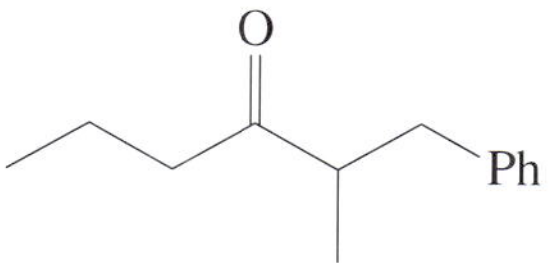

**20.40** 광학적으로 활성인 케톤 **A**는 염기성에서 라세미화 한다. 이 과정에 대한 메카니즘을 나타내어라. 염기성 용액에서 케톤 **B**도 라세미화 될 수 있는지를 설명하여라.

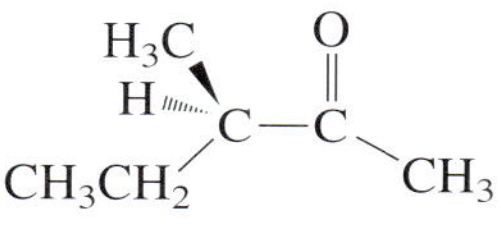

**A**

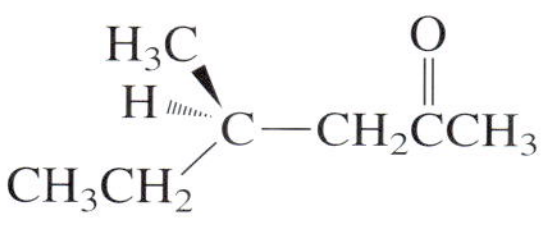

**B**

**20.41** 다음 반응의 생성물을 나타내어라.

**a)** 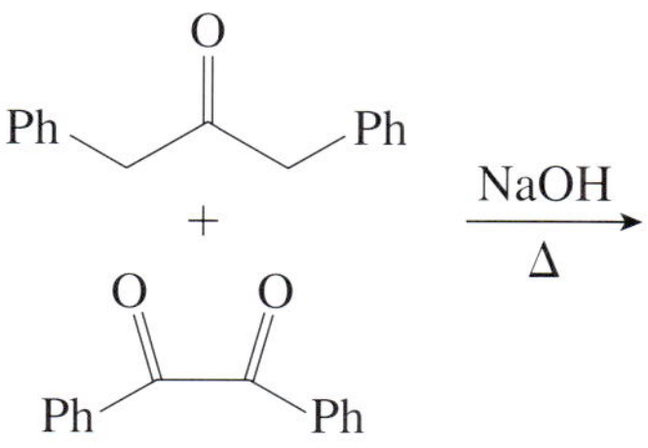

**b)** 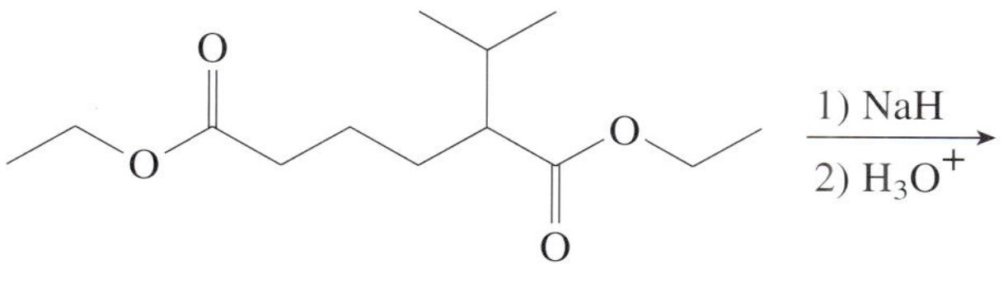

**c)** 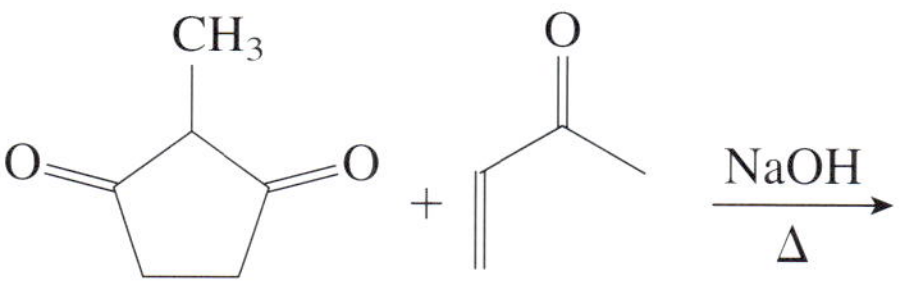

**d)** 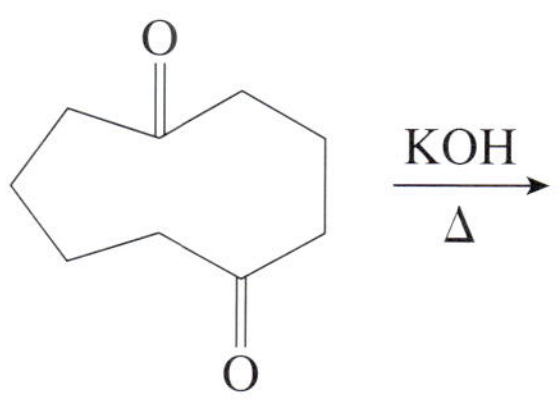

**e)** 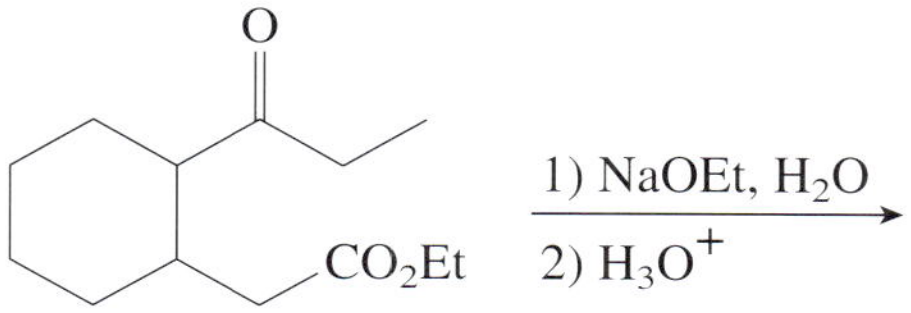

**f)** 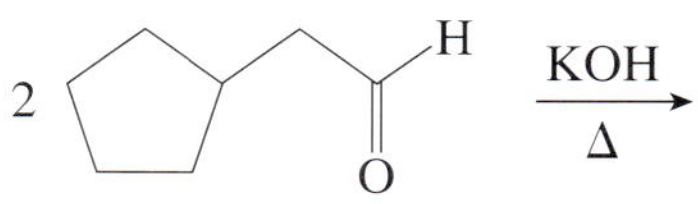

g) 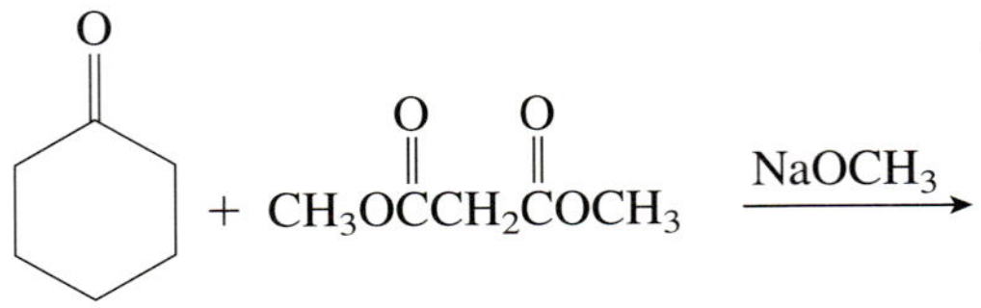

**20.42** 지시한 출발물질로부터 다음 화합물을 합성하여라.

a) cyclohexanone로부터 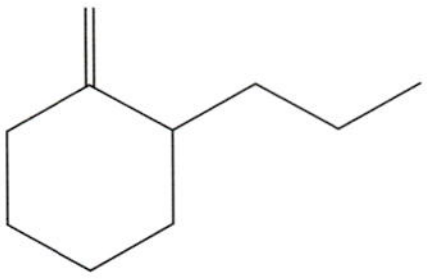

b) ethyl acetoacetate로부터 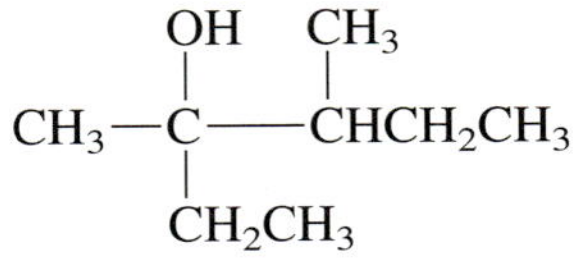

c) butanoic acid로부터 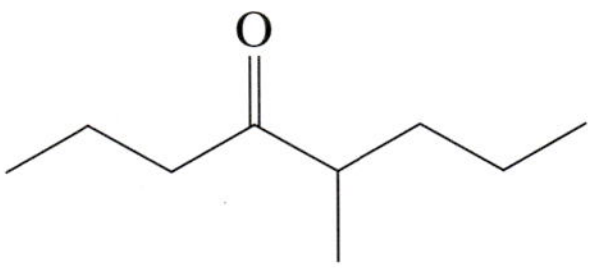

d) 고리가 없는 화합물로부터 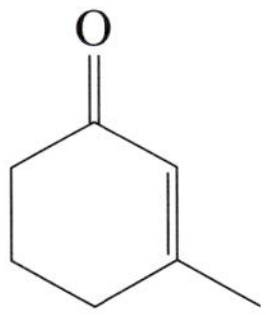

e) 2,4-pentanedione로부터 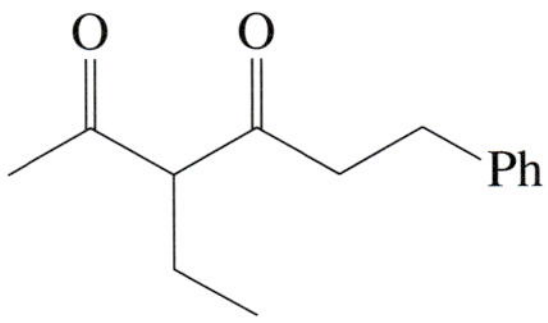

f) propanoic acid로부터 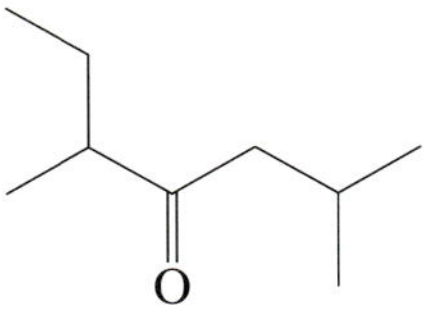

g) diethyl malonate로 부터 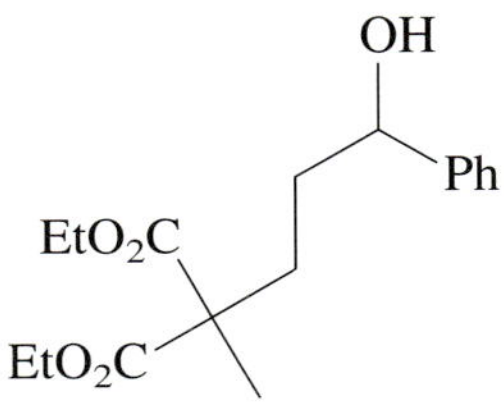

**20.43** 지시한 출발물질로부터 다음 화합물을 합성하여라.

**a)** $\mathrm{EtO\overset{\overset{\displaystyle O}{\|}}{C}(CH_2)_4\overset{\overset{\displaystyle O}{\|}}{C}OEt}$ 로부터 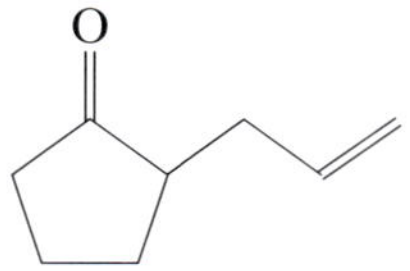

**b)**  로부터 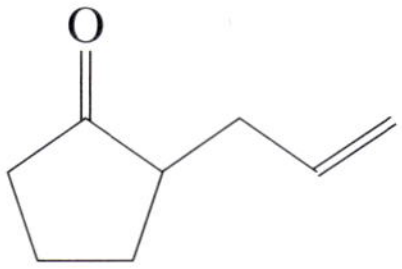

**c)** 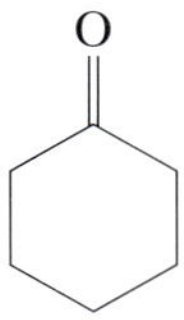 로 부터 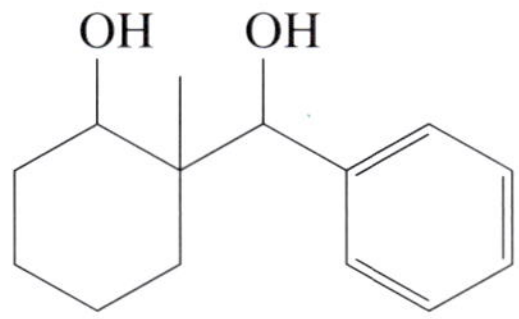

**d)** 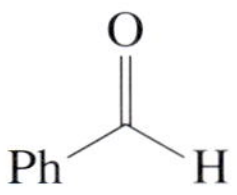 와 6탄소보다 적은 탄소를 가진 화합물로부터 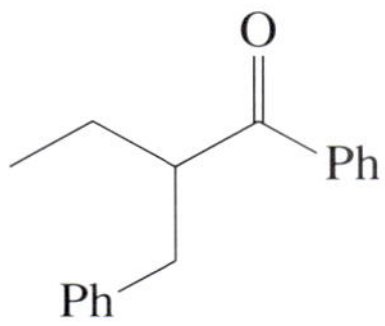

**e)** 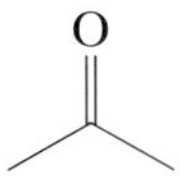 로 부터 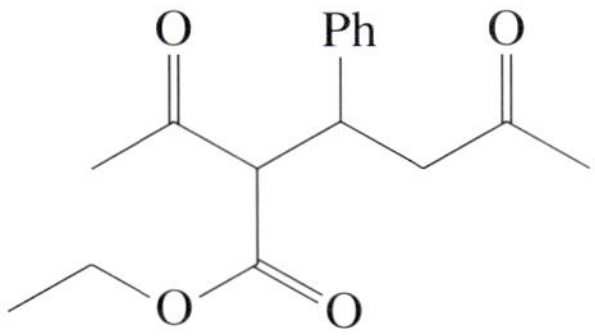

# CHAPTER 21 라디칼 화학

**유기화학 숙달**

- ▶ 라디칼의 안정성, 속도 및 반응에서 위치화학에 미치는 구조효과의 이해
- ▶ 라디칼 반응의 생성물 예측
- ▶ 라디칼 반응 메카니즘의 이해
- ▶ 라디칼 반응의 합성에 이용

지금까지 제시한 모든 메카니즘은 친전자체와 친핵체를 포함한다. 카보양이온과 카보음이온이 중간체로 생성된다. 이 장에서는 라디칼(자유 라디칼)이라 부르는 새로운 활성중간체를 소개한다. **라디칼(radical)**은 홀수의 전자를 가진 화학종이다. 안정성과 기하구조를 포함한 라디칼의 구조를 검토하고 그들을 생성하는 다양한 방법을 기술하였다. 다음에 그들이 일으키는 일반 반응을 제시하였다. 끝으로 라디칼 중간체를 포함하는 특수한 반응을 소개하였다.

## 21.1 라디칼

지금까지 다룬 모든 반응은 전자쌍의 이동을 포함한다. 예를 들어  결합이 절단되면 그 결합의 두 전자는 한 원자에 머물게 된다. 이 과정을 **불균일 결합분해(homolytic bond cleavage)**이라 부른다.

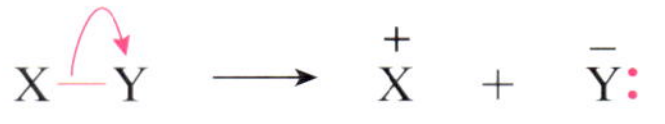

불균일 결합분해

라디칼은 각 원자에 한 전자가 남아 있는 **균일 결합분해(homolytic bond cleavge)**에 의해 형성된다.

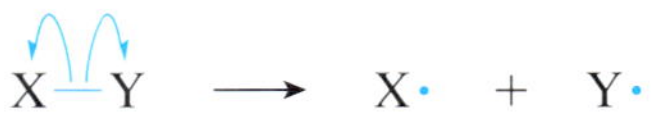

균일 결합분해

반 화살촉을 가진 화살은 라디칼 반응에서 일어나는 단일 전자의 이동을 나타내는데 사용된다. 한편 정상적인 화살은 전자쌍의 이동을 나타낸다.

라디칼의 몇 가지 예를 다음에 나타냈다.

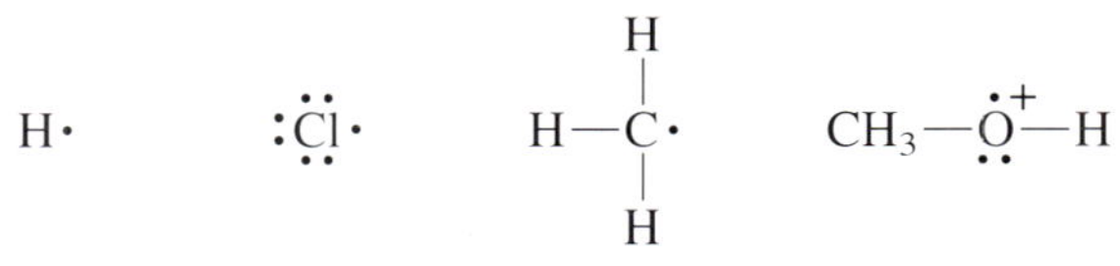

| Hydrogen 원자 | Chlorine 원자 | Methyl 라디칼 | Methanol 라디칼 양이온 |
|---|---|---|---|

수소와 염소원자는 홀수의 전자를 가지므로 라디칼이다. 메틸 라디칼은 가장 간단한 유기 라디칼이다. 이것은 카보양이온보다 전자 하나가 더 많고 카보음이온보다 하나 적다. 마지막 예는 정상적인 분자로부터 전자 하나를 잃고 생성된 라디칼 양이온이다. 라디칼 양이온은 질량분광법에서 중요하다(15장).

**문제 21.1** 산화 질소와 이산화 질소는 라디칼이다. 이 화합물에 대한 Lewis 구조를 나타내어라.

## 21.2 라디칼의 안정성

대부분의 라디칼은 원자에 홀수의 전자를 가지므로 그 원자에서 8전자계 규칙을 만족시키지 못한다. 대부분의 라디칼이 불안정하고 대단히 반응성이 크다는 것은 놀라운 일이 아니다. 그들은 카보양이온과 같이 반응에서 전이 중간체로 발견된다. 그러나 알킬 라디칼은 카보양이온보다는 전자가 많기 때문에 수명이 더 길고 더 안정하다. 사실 라디칼의 수명은 아무것도 반응할 것이 없는 환경에서만 평가할 수 있다. 예를 들면 수소원자는 행성간 공간에 있는 중요한 형태의 물질이다. 메틸 라디칼의 수명은 77 K에서 메탄올 기질에서 동결하면 약 10분이다.

다른 탄소 라디칼의 안정성의 비교는 탄소와 수소 간의 결합의 결합해리 에너지에 의해 이루어진다. 반응이 다음 방정식에 따라 일어날 때 가해 주어야 하는 에너지이다.

$$\mathrm{R{-}H} \longrightarrow \mathrm{R\cdot} + \mathrm{H\cdot}$$

몇 가지 탄소-수소결합에 대한 결합해리 에너지를 표 21.1에 나타내었다.

결합해리 에너지는 수소원자와 탄소 라디칼을 생성하는 데 공급해 주어야 할 에너지이다. 각 경우에 수소 라디칼이 생성되므로 두 결합해리 에너지의 차는 두 탄소 라디칼 간의 안정도의 차로 나타난다. 예를 들면 에테인은 메테인보다 수소로 해리하는 에너지가 104 − 98 = 6 kcal/mol 더 적기 때문에 에틸 라디칼은 메틸 라디칼보다 6 kcal/mol(25 kJ/mol) 더 안정하다. 표 21.1을 검토하면 라디칼 안정도의 순서는 카보양이온 안정도 순서에 대략 비례함을 나타내준다.

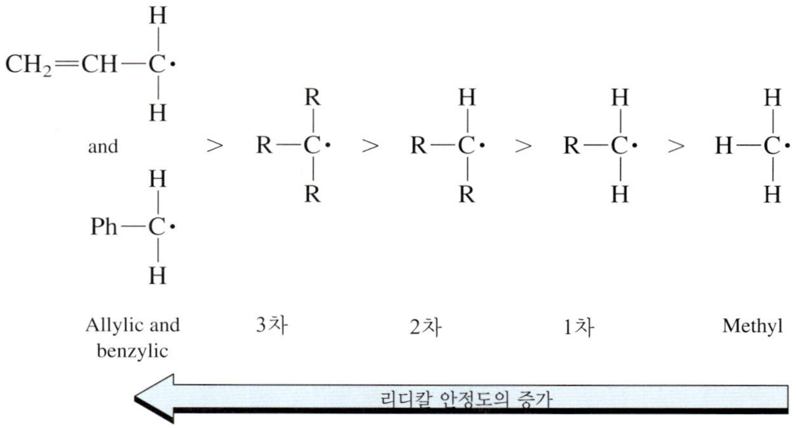

**표 21.1** 몇 가지 탄소-수소결합에 대한 결합해리 에너지

| 결합 | 결합해리 에너지 (kcal/mol, kJ/mol) |
|---|---|
| 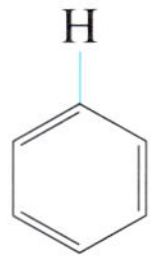 | 110 (460) |
| H<br>$CH_2{=}CH$ | 108 (452) |
| H<br>$CH_3$ | 104 (435) |
| H<br>$CH_3CH_2$ | 98 (410) |
| H<br>$CH_3CH$<br>$CH_3$ | 95 (397) |
| H<br>$CH_3CCH_3$<br>$CH_3$ | 92 (385) |
| H<br>$CH_2{=}CHCH_2$ | 89 (372) |
| H<br>$PhCH_2$ | 85 (356) |

이 안정도에 대한 이유는 카보양이온의 경우와 라디칼의 경우가 같다. 일차 라디칼은 메틸 라디칼보다 안정하다. 홀 전자를 포함한 AO와 일차 라디칼의 이웃 탄소에 있는 시그마 MO의 겹침으로 시그마 결합에 있는 전자가 전자-부족 라디칼 탄소로 비편재하여 라디칼을 안정화한다. 이차와 삼차 라디칼은 이런 형태의 추가적인 안정화 상호작용을 갖는다. 공명 안정화는 알릴과 벤질 라디칼에서 중요하다. 그러나 이들은 시작부터 대단히 안정하기 때문에 라디칼 간의 안정도의 차는 대응하는 카보양이온의 안정도 차보다는 적다. 즉 이차와 삼차 라디칼 간의 안정도 차는 이차와 삼차 카보양이온 간의 안정도 차보다 적다. 이것이 라디칼이 왜 카보양이온만큼 자리옮김을 하지 않는가 하는 원인이 된다.

**문제 21.2** 다음 라디칼을 안정도가 증가하는 순서로 나열하여라.

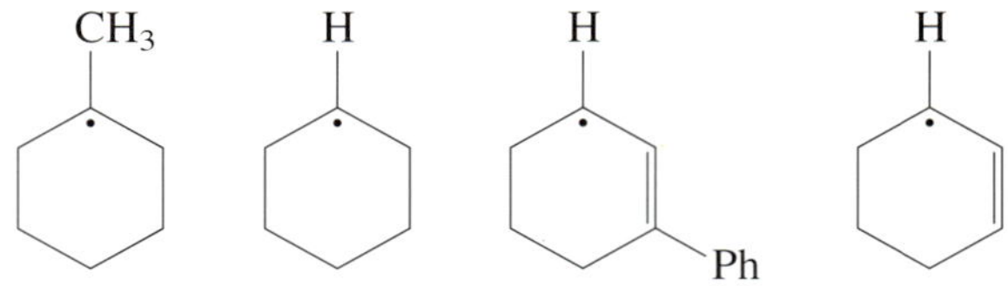


## 21.3 탄소 라디칼의 기하구조

원자가 껍질 전자쌍 반발설의 규칙을 라디칼에 적용하려고 시도할 때 한 개의 전자를 어떻게 처리할 것인가 분명치 않다. 분명히 한 전자는 전자쌍만큼 크지 않다. 그러나 약간의 반발을 기대할 수 있다. 그러므로 $sp^2$ 혼성탄소 삼각평면 기하구조(홀 전자는 $p$ 궤도함수에) 혹은 $sp^3$ 혼성 탄소 사면체 기하구조(홀 전자는 $sp^3$ AO에)가 될 것인지 혹은 그 중간이 될 것인지는 예측하기는 어렵다. 실험적 증거도 다소 분명치 않다. 간단한 알킬 라디칼의 가하구조 연구는 그들은 평면 혹은 반전이 빠른 피라밋임을 나타내준다.

이 모델은 평면 메틸 라디칼에 대한 전자밀도를 나타낸다. $p$ 궤도함수에 있는 라디칼 전자는 원자면에 대해 수직이다.

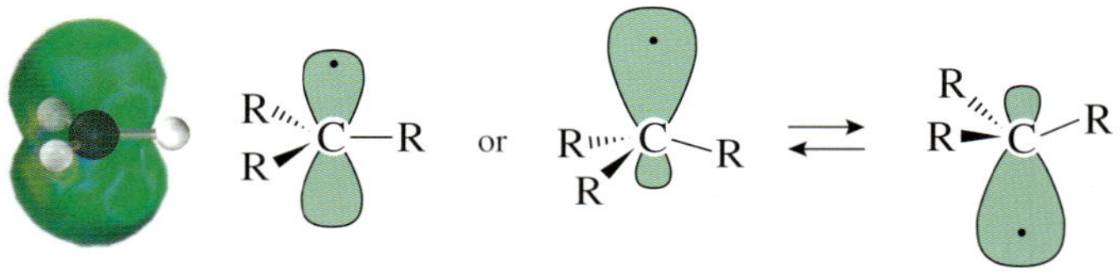


삼각 평면 라디칼 빨리 변환되는 피라밋 라디칼

중요한 결과는 카보양이온을 포함하는 반응과 같이 라디칼을 포함하는 반응도 라디칼탄소에서 입체화학(라세미화)을 상실한다는 점이다.

## 21.4 라디칼의 생성

특별히 약한 결합을 가진 화합물은 가열하면 약한 결합은 선택적으로 절단되어 라디칼을 생성한다. 산소-산소결합의 결합에너지가 약 30 kcal/mol(126 kJ/mol)로 대단히 적기 때문에 상당히 낮은 온도(80°~100°C)로 가열하여도 과산화물은 쉽게 균일분해가 일어난다. 공업적으로 쉽게 얻을 수 있는 벤조일 과산화물과 *t*-뷰틸 과산화물과 같은 과산화물을 보편적인 라디칼 공급원으로 사용된다.

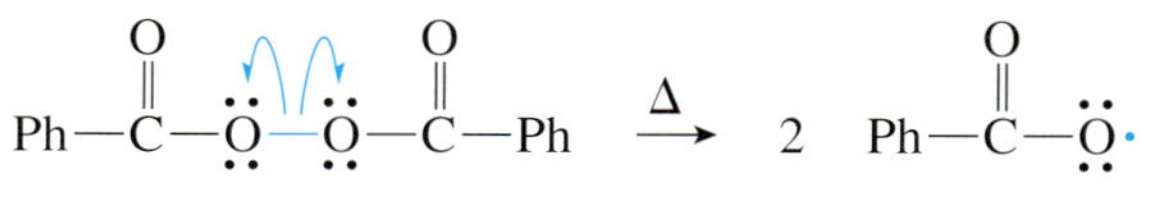


Benzoyl peroxide

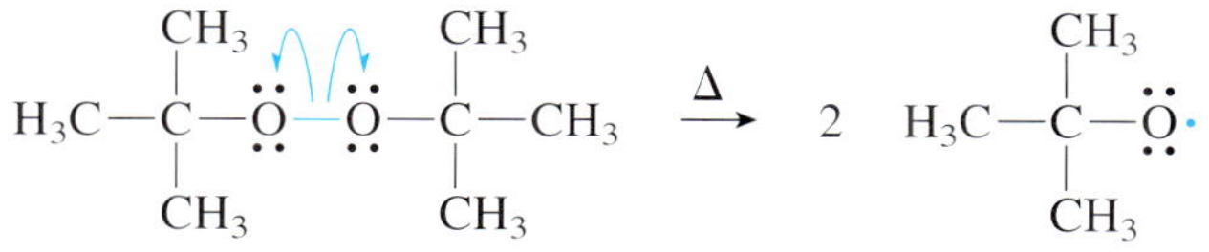

*tert*-Butyl peroxide

아조화합물은 라디칼의 열 생성에 대한 다른 보편적인 공급원이다.

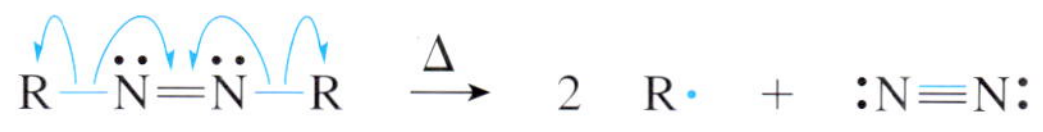

아조 화합물

이 경우 탄소-질소결합이 약하기 때문이 아니라 $N_2$ 생성물의 강한 질소-질소 삼중결합이 형성되기 때문에 상당히 낮은 온도에서 일어날 수 있다. AIBN으로 알려진 아조비스(아이소뷰티로나이트릴)는 공업적으로 얻을 수 있는 라디칼 원으로 널리 사용된다. 더욱이 생성 라디칼은 삼차이고 공명 안정화되기 때문에 다른 아조화합물보다 낮은 온도에서 균일분해된다.

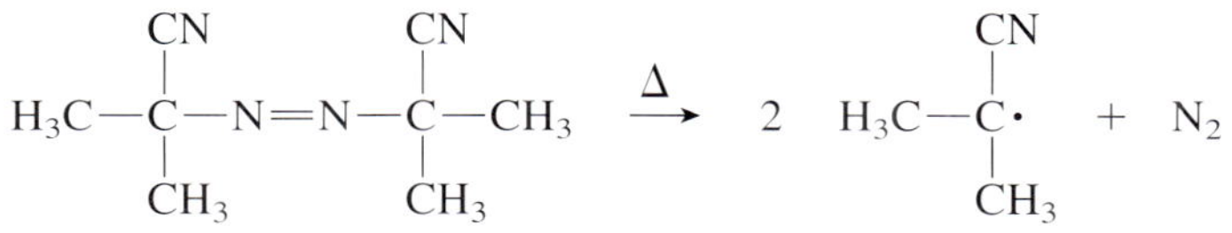

Azobis(isobutyronitrile)
AIBN

라디칼은 어떤 화합물에 자외선 혹은 가시광선의 작용으로 생성될 수 있다. 15장에 기술한 것처럼 화합물이 광자의 흡수에 의해 전자는 비점유 궤도함수로 들뜨게 된다. 이 궤도함수는 반결합성이기 때문에 들뜬 분자에 있는 몇 가지 결합은 대단히 약하고 균일한 형태로 분해된다. 이런 이유 때문에 많은 광화학반응은 라디칼을 포함한다. 예로 광화학적 유발 균일분해를 다음 방정식으로 나타냈다.

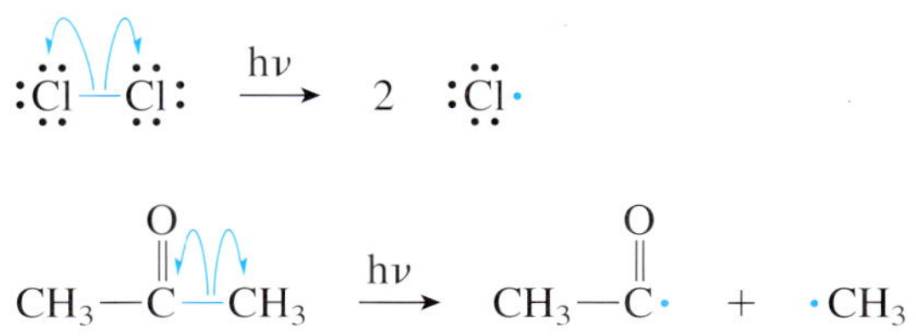

**문제 21.3** 다음 반응에서 라디칼 생성물을 나타내어라.

**a)** 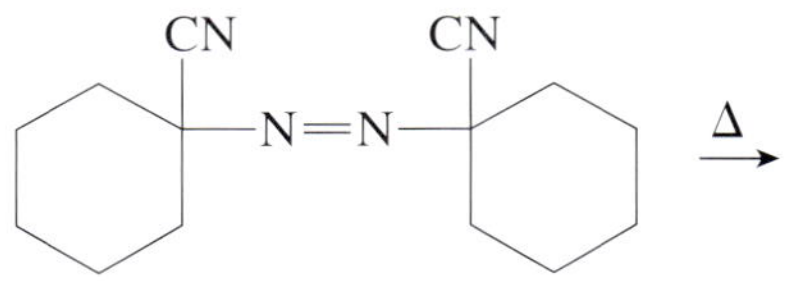

**b)** Br—Br $\xrightarrow{h\nu}$

c) 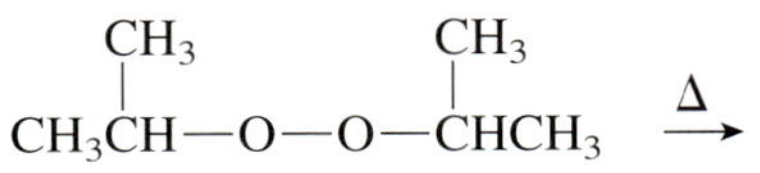

## 21.5 일반적인 라디칼 반응

라디칼은 홀수 전자를 가지므로 불안정하다. 안정한 분자를 형성하기 위하여 라디칼은 홀 전자를 다른 원자와 결합을 형성하는 데 사용한다. 각 홀수 전자를 가진 두 라디칼의 반응은 안정한 분자를 형성한다. 전자쌍을 가지며 8전자계 규칙을 만족하고 있기 때문이다.

두 라디칼이 안정한 생성물을 형성하는 방법을 **짝지음(coupling)**이라 한다. 짝지음에 의해 라디칼 중심 사이의 결합이 형성된다.

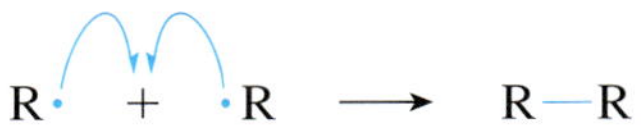

짝지음

라디칼이 반응하여 안정한 생성물을 형성하는 다른 방법은 한 라디칼이 다른 라디칼의 라디칼 중심에 대한 이웃탄소로부터 수소를 떼어내는 것이다. 이 과정을 **불균등화(disproportionation)**라 부른다. 이 결과로 한 라디칼은 파이결합을 형성한다.

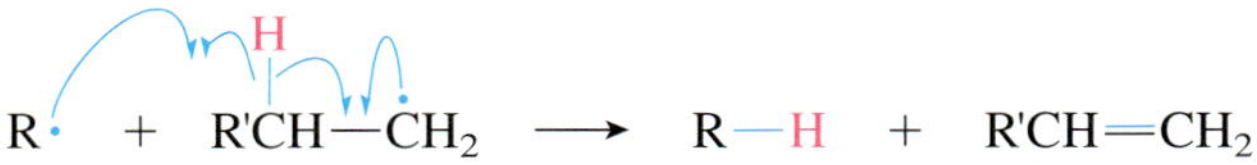

불균등화

많은 라디칼은 이 두 경로에 의해 반응할 수 있다. 프로필 라디칼의 짝지음과 불균등화를 다음 방정식으로 설명하였다.

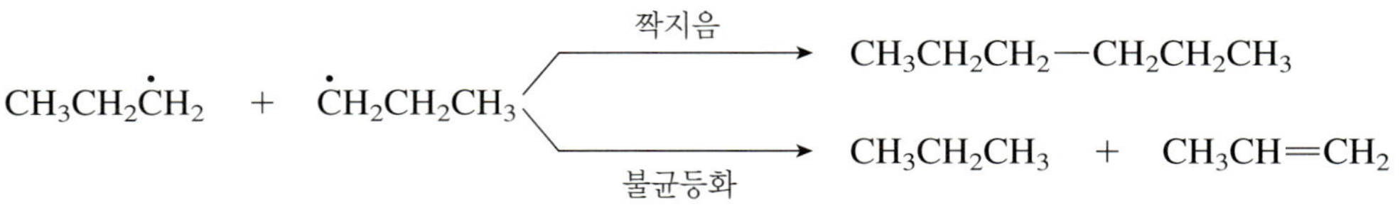


기대했던 대로 짝지음에 대한 불균등화의 비는 라디칼 중심에서 입체적 장애가 증가할수록 증가한다.

짝지음과 불균등화는 에너지적으로 대단히 유리하고 두 라디칼이 충돌할 때마다 일어난다. 라디칼의 농도가 적지만 않다면 이 반응들이 라디칼 화학을 지배한다. 그러므로 짝지음과 불균등화의 속도는 두 라디칼의 충돌이 드물어지면 느려진다.
홑 전자 화학종인 라디칼의 반응 생성물은 짝수의 전자를 가진 정상적인 분자와 한 생성물은 홀 전자를 가진 라디칼을 생성한다. 이런 형태의 반응은 두 라디칼의 반응만큼 에너지적으로 유리하지는 못하지만 라디칼과 정상적인 분자의 충돌이 두 라디칼의 충돌보다 더 흔하기 때문에 상당히 보편적이다.

라디칼과 정상적인 분자와 충돌하면 두 다른 반응이 가능하다. 라디칼은 정상적인 분자로부터 수소 혹은 할로겐 원자를 떼어낸다.

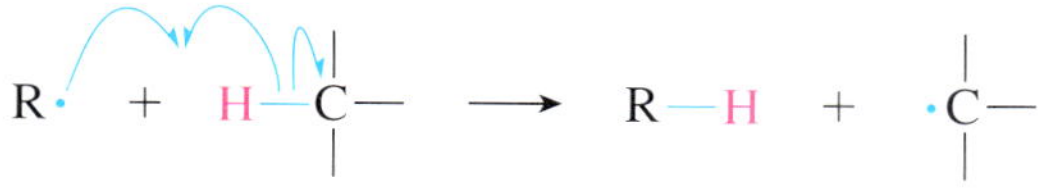

떼기

정상적인 분자가 이중결합을 가지면 라디칼은 파이결합에 참가된다.

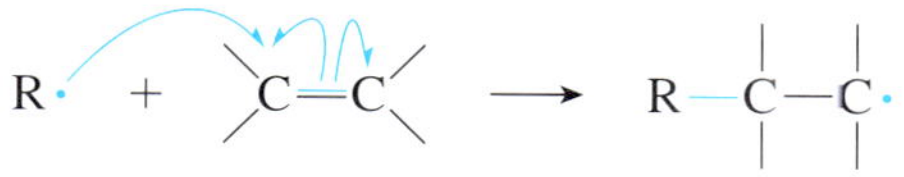

첨가

끝으로 라디칼은 첨가의 역과정에서 정상적인 분자와 적은 라디칼로 분해된다. 예로 카복실산에서 생긴 라디칼은 이산화탄소로 빨리 제거된다.

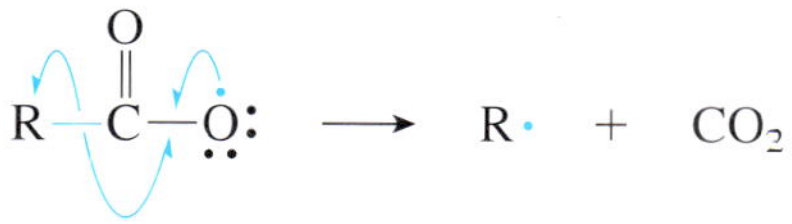

토막

이 모든 라디칼 반응의 속도는 다음 반응의 속도에 영향을 미치는 같은 인자에 의해 영향을 받는다. 더 안정한 라디칼이 더 쉽게 형성되고 더 늦게 반응하고 긴 수명을 갖는다. 더욱이 입체적 장애는 두 라디칼이 짝지음할 수 없도록 접근을 막아주기 때문에 라디칼의 수명은 증가한다. 입체적 인자가 중요한 예로 2,4,6-트라이-*t*-뷰틸페녹시 라디칼은 용액에서 짝짓지 않고 고체로 분리할 수 있다.

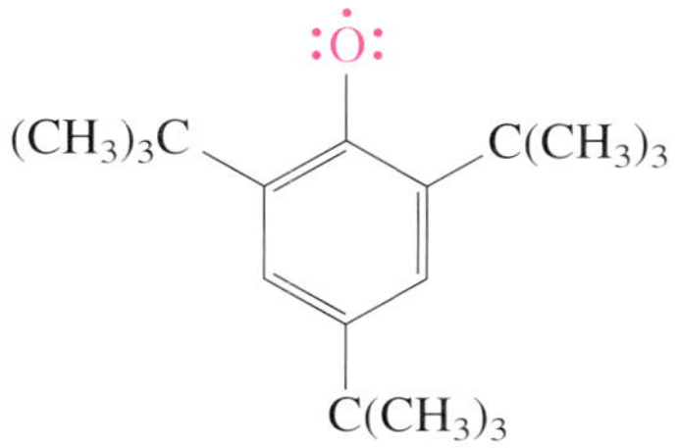

2,4,6-tri-*tert*-Butylphenoxy 라디칼

이 모델의 녹색 영역은 라디칼에서 홀 전자밀도, 일차적으로 산소와 오쏘와 파라위치의 홀 전자밀도를 나타낸다. 홀 전자밀도를 가지는 위치가 붐비는 *t*-뷰틸기에 의해 어떻게 가리워지는가를 주목하여라.

**문제 21.4** 다음 반응 중 어느 반응이 더 빠른가를 설명하여라.

a) $:\ddot{\underset{..}{Br}}\cdot + CH_3CH_2CH_3 \longrightarrow HBr + CH_3\dot{C}HCH_3$

or

$:\ddot{\underset{..}{Br}}\cdot + CH_3CH(CH_3)CH_3 \longrightarrow HBr + CH_3\dot{C}(CH_3)CH_3$

b) 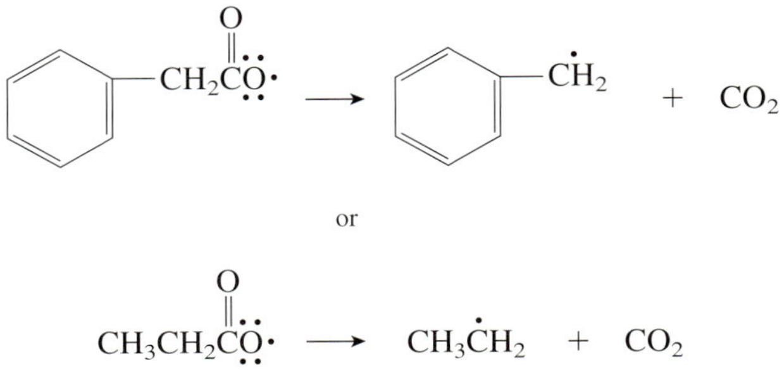

**문제 21.5** 다음 반응에서 형성되는 생성물을 제시하여라.

a) $:\ddot{\underset{..}{Br}}\cdot + CH_3CH{=}CH_2 \longrightarrow$

b) $CH_3\overset{O}{\overset{\|}{C}}O O\overset{O}{\overset{\|}{C}}CH_3 \xrightarrow{\Delta}$

c) $2\ CH_3CH_2CH_2\dot{C}H_2 \longrightarrow$

d) $2\ NO_2 \rightleftharpoons$

e) $CH_3C(CH_3)_2{-}N{=}N{-}C(CH_3)_2CH_3 \xrightarrow{\Delta}$

이제 이 일반 반응과 연결된 몇 가지 실제 라디칼 반응을 검토해보자.

## 21.6 할로겐화 반응

염소와 메테인의 반응으로 클로로메테인이 형성되는 반응은 광에 의해 유발된다.

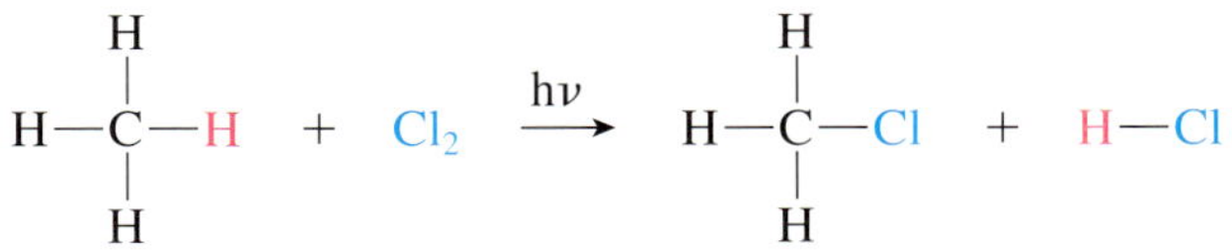

이 치환반응은 그림 21.1에 요약한 라디칼 사슬 메카니즘에 따른다. 라디칼 사슬 메카니즘은 세 형태의 단계를 포함한다.

개시단계: 이 단계에서 정상적인 화합물은 균일 결합분해를 일으켜 라디칼을

형성한다.

전파단계: 라디칼 사슬반응은 몇 가지 전파단계를 갖는다. 각 단계에서 라디칼은 정상적인 분자와 반응하여 새로운 라디칼을 형성한다. 마지막 전파단계에서 사슬반응은 초기 전파단계에서 반응했던 같은 라디칼을 형성하므로 과정은 새롭게 시작한다.

종결단계: 종결단계에서 두 라디칼은 짝지음 혹은 불균등화에 의해 비라디칼 생성물을 형성한다. 이 단계에서 라디칼이 없어진다.

한 초기 단계에서 생성되는 라디칼은 종결단계에서 소멸될 때까지 많은 전파단계를 일으킨다. 종결단계는 라디칼의 농도가 적어지기 때문에 전파단계보다 속도가 느리다. 그러므로 한 라디칼이 다른 라디칼과 만날 수 있는 확률이 적어지기 때문에 종결단계가 일어나지 않는다.

그림 21.1에서와 같이 메테인 클로로화의 개시단계에서 $Cl_2$의 광유발절단으로 두 염소 원자를 생성한다. 염소 원자는 메테인에서 수소를 떼어내어 메틸 라디칼을 형성한다. 메틸 라디칼은 $Cl_2$로부터 염소 원자를 떼어내어 생성물 분자, 클로로메테인과 다른 염소 원자를 형성한다. 이 염소 원자는 다른 메테인 분자로부터 수소를 떼어내어 순환이 반복된다. 한 개시단계는 많은 수의 전파순환(1000 혹은 그 이상)을 일으킨다. 많은 수의 전파순환은 사슬반응의 특성이다. 결국은 한 라디칼이 다른 라디칼과 만나서 종결반응이 일어난다. 사슬반응은 한 개시단계, 많은 전파순환, 한 종결단계의 형태로 일어난다는 것을 이해하는 것이 중요하다.

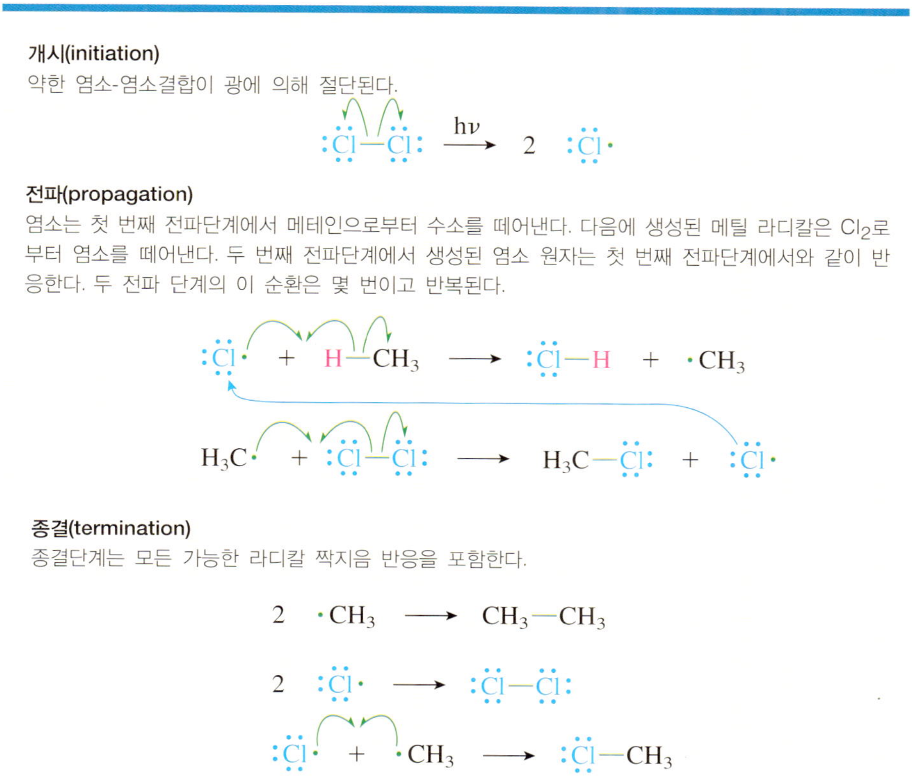


그림 21.1 메테인 클로로화의 라디칼 사슬 메카니즘.

개시와 종결단계가 사슬반응 메카니즘에서 중요하기는 하지만 거의 모든 생성물은 전파단계의 결과로 형성된다. 전체 반응에 대한 방정식은 전파단계를 합치고 방정식 양편의 화학종을 삭제하여 얻을 수 있다.

$$\cdot\ddot{\underset{..}{Cl}}\cdot + CH_4 \longrightarrow HCl + \cdot CH_3$$

$$\cdot CH_3 + Cl_2 \longrightarrow CH_3Cl + \cdot\ddot{\underset{..}{Cl}}\cdot$$

$$CH_4 + Cl_2 \longrightarrow CH_3Cl + HCl$$

종결단계에서 생성되는 클로로로메테인의 양은 전파단계에서 생성되는 양에 비해 무시한다. 마찬가지로 종결단계에서 생성되는 에테인의 양도 너무 작아서 검출할 수가 없다. 반응에 대한 균형방정식에서 무시할 수 있다.

라디칼 클로로화 반응은 조절하기가 어려운 반응이다. 반응이 진행됨에 따라 초기 생성물인 클로로메테인은 축적되고 염소 원자에 의해 수소 떼기가 이루어지고 결과적으로 다이클로로메테인이 생성된다. 클로로폼이 다이클로로메테인으로부터 생성되고 같은 방법으로 클로로폼으로부터 사염화탄소가 생성된다. 440°C에서 메테인과 염소의 비가 1:1인 반응은 다음 방정식에서 나타낸 혼합물이 생성된다.

$$CH_4 + Cl_2 \xrightarrow{440°C} \underset{47\%}{CH_4} + \underset{20\%}{CH_3Cl} + \underset{22\%}{CH_2Cl_2} + \underset{10\%}{CHCl_3} + \underset{1\%}{CCl_4} + HCl$$

생성되는 생성물의 수 때문에 이 반응은 실험실에서는 유용하지 못하다. 그러나 이 방법에 의한 메테인의 클로로화 반응은 다양한 클로로메테인을 합성하기 위하여 공업적으로 사용된다. 반응이 완결되면 물을 가하여 염화수소를 제거하고 생성혼합물을 증류하여 분리한다. 메테인은 순환되고 클로로메테인은 판매된다.

**문제 21.6** 클로로메테인으로부터 다이클로로메테인 형성에 대한 메카니즘의 모든 단계를 나타내어라.

$$CH_3Cl + Cl_2 \longrightarrow CH_2Cl_2 + HCl$$

실험실에서 클로로화 반응의 유용성을 제한하는 다른 인자는 염소 원자가 한 형태 이상의 수소가 떼어낼 가능성이 있기 때문에 생기는 선택성의 부족이다. 예로 염소와 아이소뷰테인의 반응은 1-클로로-2-메틸프로페인과 2-클로로-2-메틸 프로페인을 2:1의 비로 생성한다. 추가적으로 생성물은 하나 이상의 염소를 포함한다.

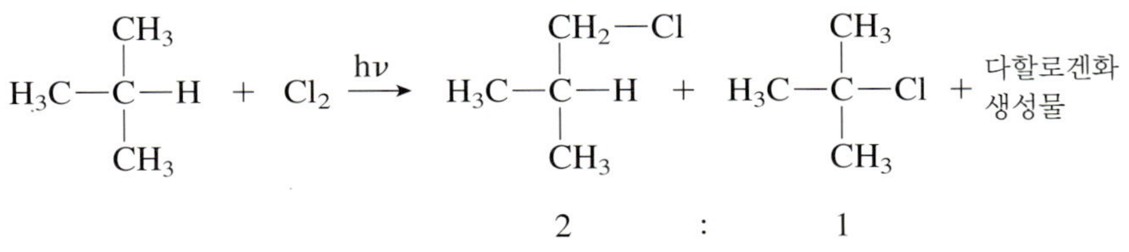

이 혼합 생성물의 형성은 실험실합성에서 이 반응의 유용성을 제한한다.

이 생성물이 왜 이런 비로 형성되는지 그 이유를 주의해서 분석해보자. 염소 원자가 아이소뷰테인 분자와 만나면 일차 수소를 떼어내고 결국 1-클로로-2-메틸프로페인이 생성된다.

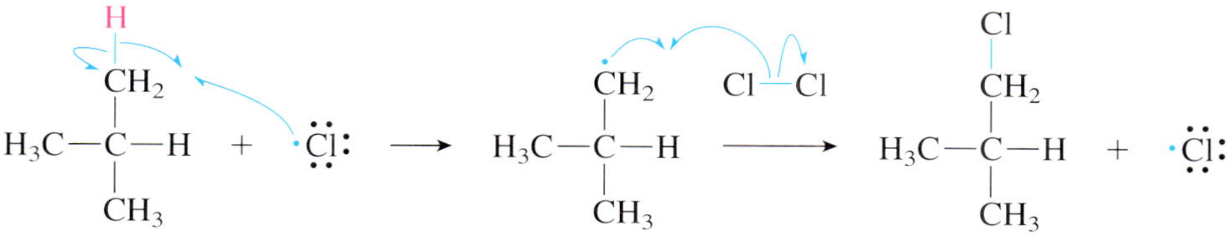

1차 라디칼

혹은 삼차수소를 떼어내어 2-클로롤-2-메틸프로페인이 생성된다.

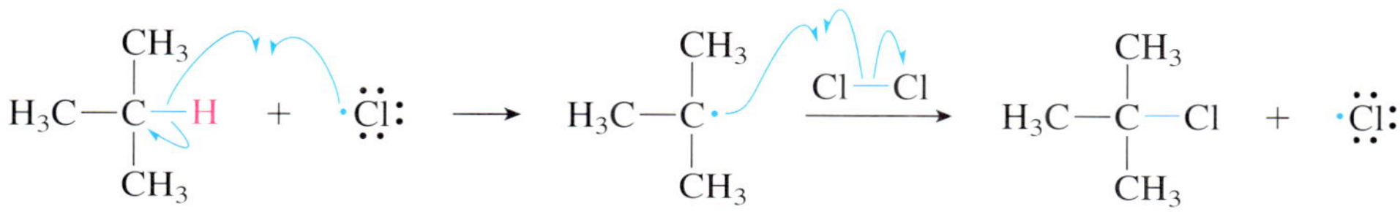

3차 라디칼

9개의 일차 수소와 단지 1개만의 수소를 갖는다. 그러므로 수소가 다 같은 반응성을 갖는다면 생성물은 9:1의 비로 형성되어야 할 것이다. 관찰된 비는 2:1이다. 이 일련의 실험조건에서 삼차 수소는 일차 수소에 비해 4.5배의 반응성을 갖는다. 생성되는 삼차 라디칼이 일차 라디칼보다 더 안정함으로 삼차 수소는 일차 수소보다 더 반응성이 크다. 그러므로 삼차 라디칼이 되는 전이상태는 일차 라디칼이 되는 전이상태보다 다소 에너지가 낮다. 염소 원자는 이차 수소보다는 삼차 수소떼기를 다소 선호하며 일차 수소보다는 이차수소 떼기를 선호하기는 하지만 이 선호도는 대단히 적어서 통계적인 인자에 의해 상쇄될 수 있다. 생성물은 항상 혼합물이 형성되는 이유이다.

브롬은 빛의 존재에서 알케인과 반응하여 수소를 브롬으로 치환한 생성물을 형성한다.

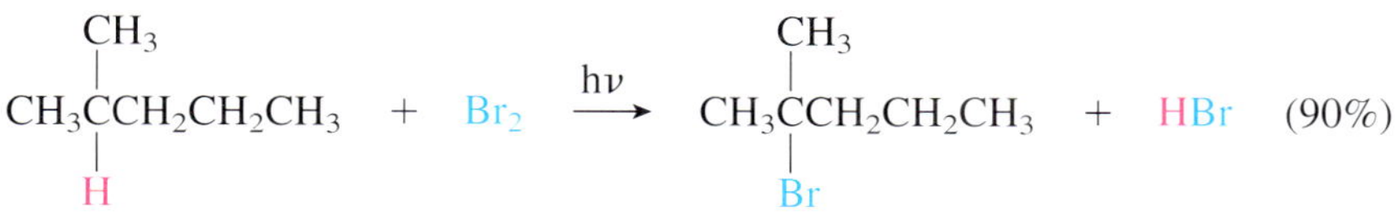

2-Methylpentane

이 반응은 그림 21.1에 나타낸 클로르화 메카니즘과 유사한 라디칼 메카니즘에 따른다. 그러나 이 예에서 설명한 것처럼 브롬라디칼은 염소라디칼보다 더 선택적이다. 브롬은 일차 혹은 이차 탄소보다 삼차 탄소의 수소떼기를 대단히 선호한다. 이 선호도는 대단히 커서 앞의 예에서와 같은 경우에는 단일 생성물만이 형성된다. 그러므로 브롬화 반응은 합성에서 더 유용하다.

왜 브롬은 이 수소떼기 반응에서 염소보다 더 선택적인가? 이 해답은 각 반응의 에너지를 검토함으로써 발견할 수 있다. 수소-염소결합의 결합세기가 수소-브롬결합의 결합세기보다 크기 때문에 염소 원자에 의한 수소 떼기는 발열반응이고 한편 브롬 원자에 의한 수소떼기는 흡열반응이다. 예로 염소와 브롬에 의한 아이소뷰테인의 삼차 수소떼기에 대한 엔탈피를 다음 방정식에 나타내었다.

Hammond의 가설에 따르면 염소에 의한 수소떼기에 대한 전이상태는 발열반응이

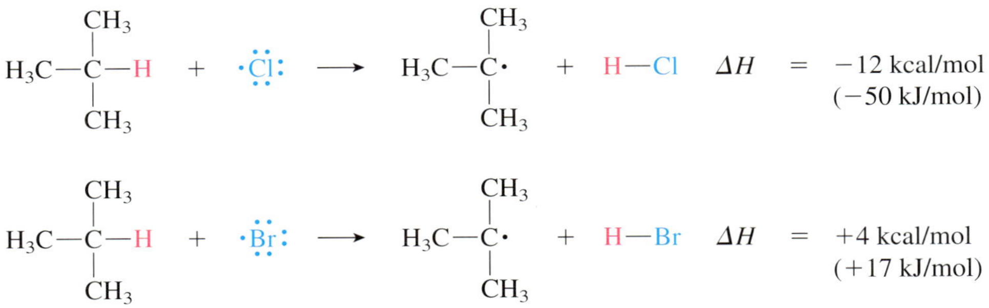


기 때문에 반응물과 유사하다. 대조적으로 브롬에 의한 수소떼기의 전이상태는 흡열반응이므로 생성물과 유사하다(그림 21.2). 염소에 의한 떼기의 경우에 탄소-수소결합은 전이상태에서 약간의 절단만 이루어져서 생성물 라디칼의 안정성은 전이상태 에너지에 적은 영향만을 미친다. 브롬에 의한 수소떼기에서는 탄소-수소결합이 전이상태에서 더 많이 절단된다. 전이상태는 더 많이 라디칼성을 갖게 되며 그러므로 에너지는 라디칼 생성물의 안정성에 더 많이 영향을 받게 된다. 다른 말로하면 염소 원자는 브롬 원자보다 더 반응성이 크다. 더 반응성이 큰 시약은 항상 선택성이 적은 시약이다.

**그림 21.2** ⓐ 염소와 ⓑ 브롬 원자에 의한 수소 떼기의 엔탈피.

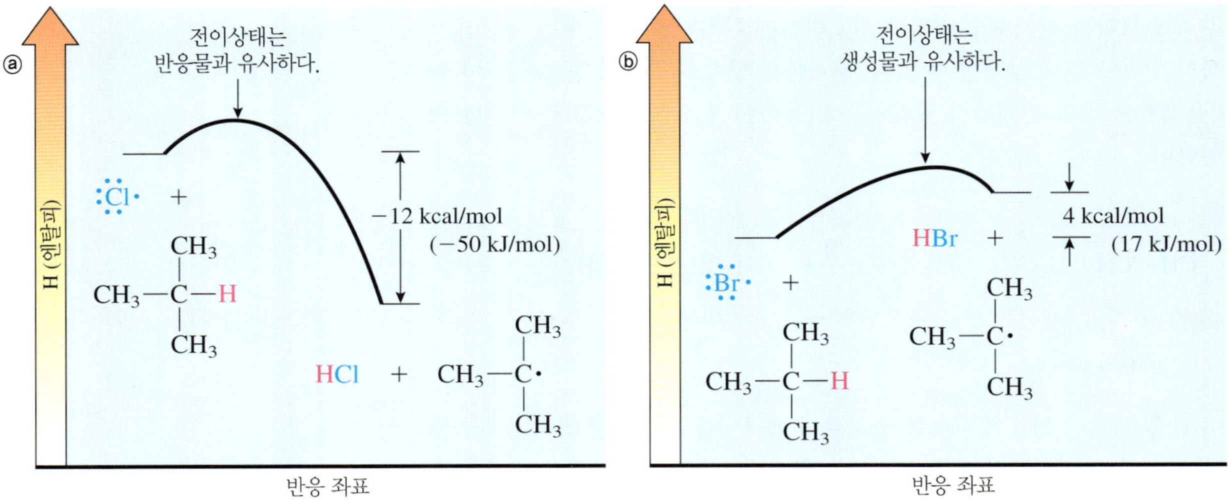


Hammond의 가설에 따르면 염소에 의한 수소 떼기에 대한 전이상태는 반응물과 유사하고 적은 양의 라디칼 특성을 갖는다. 그러므로 삼차 라디칼이 생성되는 전이상태는 일차 라디칼이 생성되는 전이상태보다 다소 안정할 뿐이다.

대조적으로 브롬에 의한 수소 떼기의 전이상태는 생성물과 유사하고 상당한 양의 라디칼성을 갖는다. 그러므로 삼차 라디칼이 생성되는 전이상태는 일차 라디칼이 생성되는 전이상태보다 상당히 더 안정하다.

**문제 21.7** HF와 HI 결합에 대한 결합세기는 각각 135 kcal/mol(565 kJ/mol)과 71 kcal/mol(297 kJ/mol)이다. 왜 $F_2$는 알케인과 폭발적으로 반응하고 한편 $I_2$는 전혀 반응하지 않는지를 설명하여라.

브롬 원자의 큰 선택성 때문에 브롬화되는 화합물이 다른 것보다 반응성이 큰 하나의 수소만을 갖는다면 라디칼 브롬화 반응은 대단히 유용하다. 브롬과 2-메틸 페테인의 반응은 하나의 삼차수소만이 있기 때문에 단일 생성물만이 우세하게 생성된다. 알릴과 벤질 라디칼은 공명 안정화 때문에 이 자리에서 브롬화가 성공적으로 이루어질 수 있다. 예를 다음 방정식으로 나타내었다.

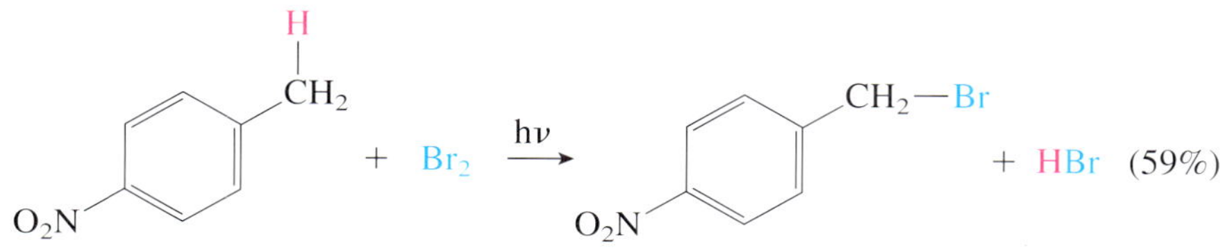

알릴자리와 벤질자리 수소에 대한 브롬치환에 유용하게 사용되는 다른 시약은 *N*-브로모숙신산이미드(NBS)이다.

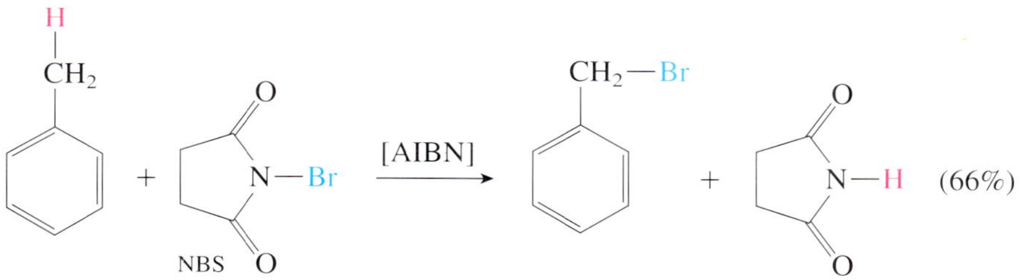

이 반응에서 실제 브롬화 시약은 $Br_2$라고 생각된다. 반응에서 생성되는 HBr과 NBS의 반응에 의해 낮은 농도로 $Br_2$가 생성된다.

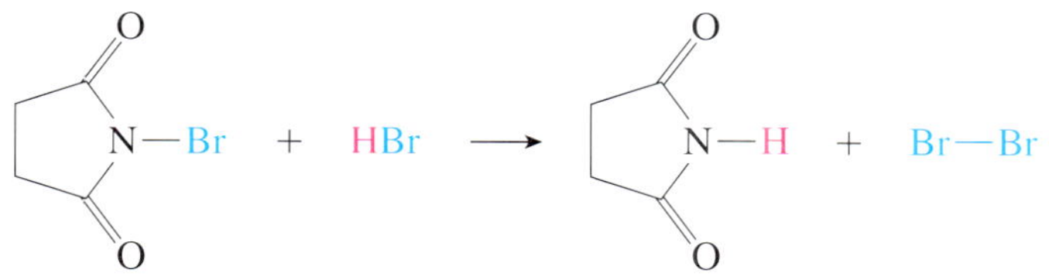

AIBN 혹은 과산화물과 같은 라디칼 개시제만이 다른 브롬화에 대한 메카니즘이 반응을 개시하는 데 사용된다. 초기단계를 다음 방정식으로 나타내었다.

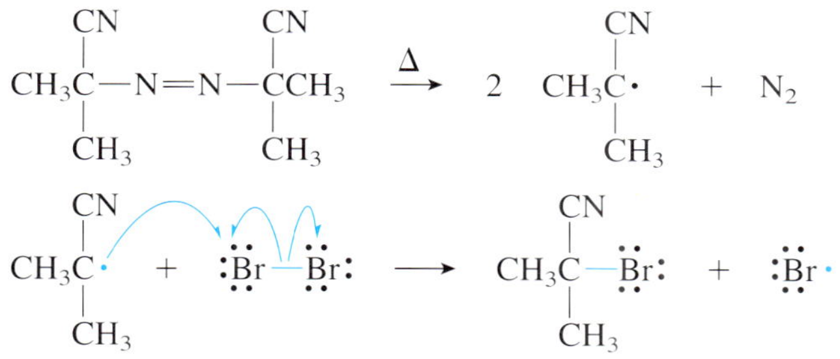

NBS는 알릴자리 브롬화에 대해 특별히 유용한 시약이다. 이중결합에 대한 브롬의 첨가가 경쟁적이 아니기 때문이다. NBS 브롬화에서는 항상 낮은 농도의 $Br_2$만이 존재하기 때문에 첨가반응을 억제한다. 예를 다음 방정식에 나타내었다. 한 형태의 알릴자리 수소만을 떼어낼 가능성이 있다면 반응의 결과는 우수하다. 더욱이 공명-안정화 알릴 라디칼은 브롬과 반응할 수 있는 두 자리를 갖는다. 두 자리가 다르면 두 번째 예에서 나타낸 것처럼 생성물의 혼합물이 생성된다.

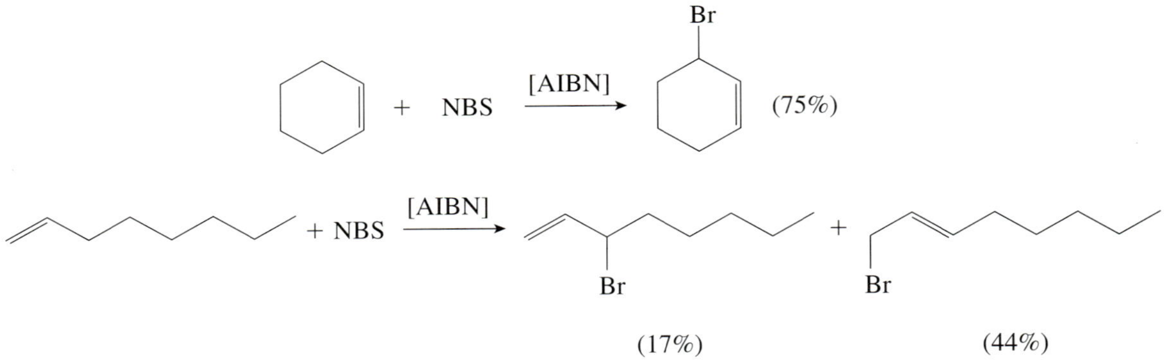


**문제 21.8** 다음 반응의 생성물을 나타내어라.

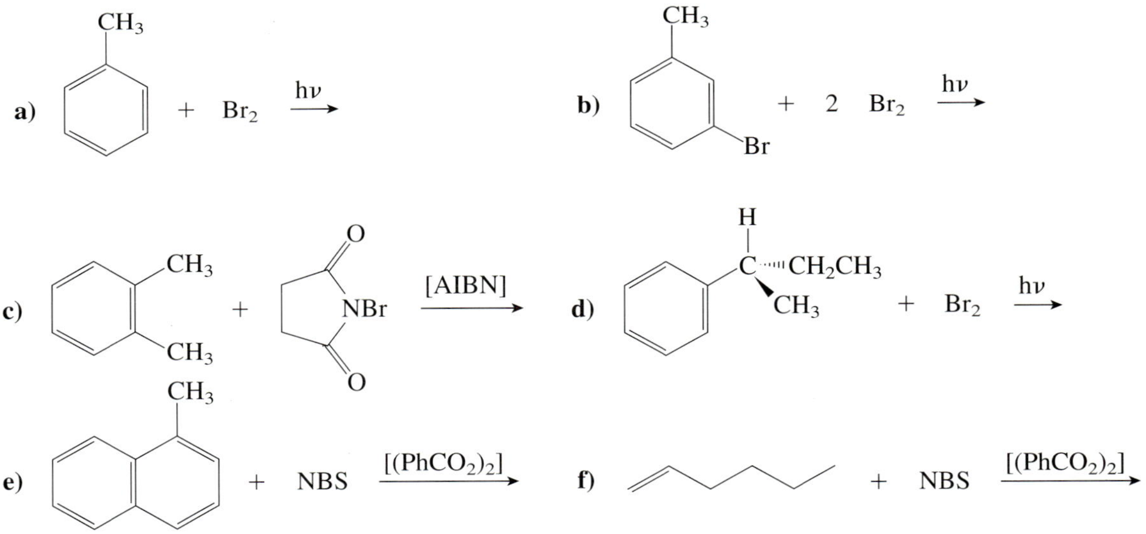


**문제 21.9** 다음 반응은 3-브로모-1-페닐프로펜을 좋은 수득률로 생성한다. 이 반응에서 어떤 다른 생성물이 생성될 것으로 기대되는가? 왜 다른 생성물은 많이 생성되지 않는가를 설명하여라.

$$\mathrm{PhCH{=}CHCH_3} \xrightarrow[\text{[AIBN]}]{\text{NBS}} \mathrm{PhCH{=}CHCH_2Br}$$

3-Bromo-1-phenylpropene

## 21.7 할로겐이탈반응

라디칼 개시제를 사용하고 수소화 트라이뷰틸석과 할로겐화 알킬의 반응은 수소에 의해 할로겐을 치환할 수 있다. 반응은 그림 21.3에 요약한 라디칼 사슬 메카니즘을 따른다. 예를 다음 방정식으로 나타내었다.

$$PhCH_2CH_2Br + Bu_3SnH \xrightarrow{[AIBN]} PhCH_2CH_2H + Bu_3SnBr \quad (85\%)$$

$$PhC(=O)CH_2Br + Bu_3SnH \xrightarrow{[AIBN]} PhC(=O){-}CH_2H + Bu_3SnBr \quad (84\%)$$

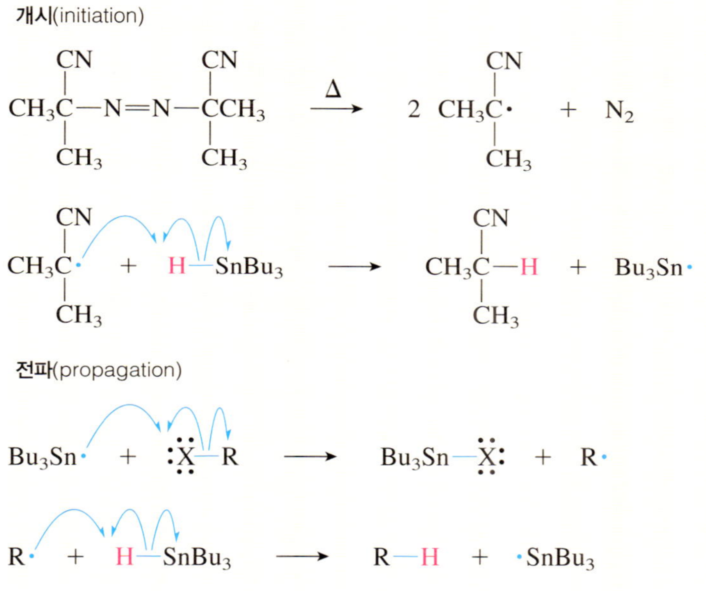


**그림 21.3** 트라이뷰틸주석에 의한 할로겐화 알킬의 라디칼 사슬 할로겐이탈반응 메카니즘.

**문제 21.10** 다음 반응의 생성물을 나타내어라.

a) 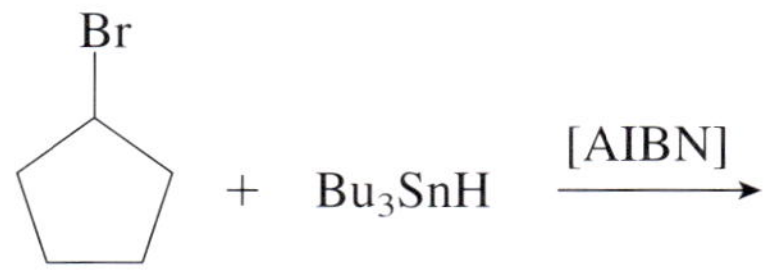

b) 

## 21.8 자동산화반응

대기에서 산소에 의한 유기 화합물의 느린 산화를 **자동산화(autoxidation)**라 부른다. 이 반응의 간단한 예를 다음 방정식으로 나타내었다.

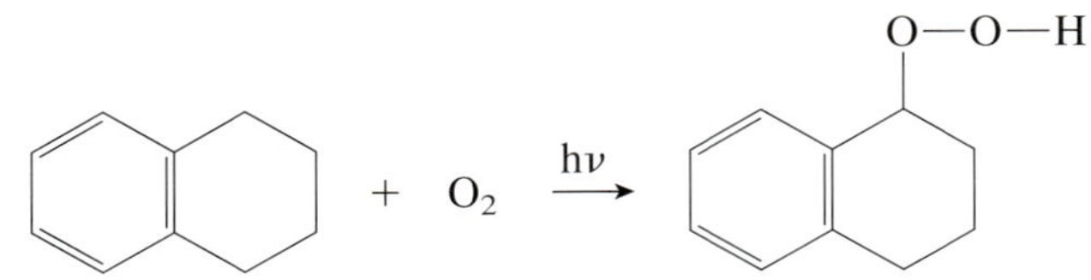

이 과정은 라디칼 사슬 메카니즘를 따르고 광에 의해 촉진된다. 메카니즘의 첫 단계에서 개시 라디칼(In•)이 광 혹은 다른 수단에 의해 생성된다. 이 라디칼은 기질로부터 수소를 떼어내어 탄소 라디칼(R•)을 형성한다.

**개시**

전파단계에서 탄소 라디칼은 먼저 산소-산소 이중결합에 먼저 첨가되어 과산화 라디칼을 생성한다. 다른 기질 분자로부터 이 라디칼 수소떼기로 하이드로과산화물과 다른 탄소 라디칼을 생성한다. 탄소 라디칼은 전파 순환을 반복한다.

**전파**

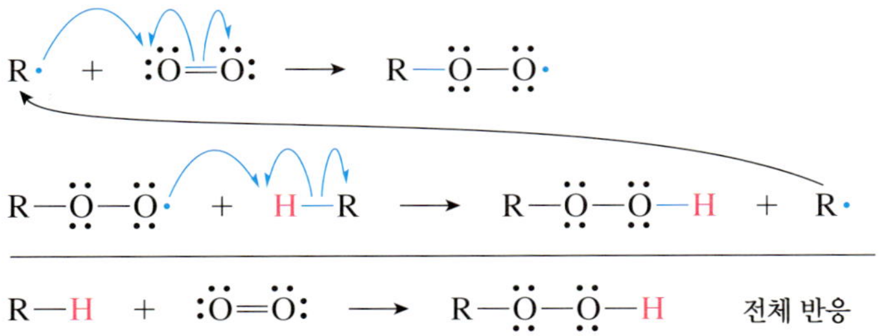


자동산화반응은 조절하기가 어렵고 합성의 목적에는 사용할 수가 없다. 그러나 이것은 중요한 자연과정이다. 고무, 페인트, 기름과 같은 유기물질과 버터와 지방 같은 많은 식품이 자동산화에 의해 서서히 변질된다. 한 예로 오랫동안 공기에 접해서 저장했던 다이에틸 에터 혹은 THF 같은 용매에서 과산화물이 형성된다.

$$CH_3CH_2OCH_2CH_3 + O_2 \longrightarrow CH_3CH(OOH)OCH_2CH_3$$

Diethylether A peroxide

과산화물은 폭발성이 있으므로 이와 같은 오염된 용매의 사용은 대단히 위험하다. 반응의 마무리에서 용매를 증류하여 제거하면 과산화물이 농축되어 실험실에서 수많은 폭발이 일어났다. 그러므로 용매로 사용하기 전에 에터와 THF에서 과산화물을 제거하는 것이 중요하다.

2,6-다이-*t*-뷰틸-4-메틸페놀(뷰틸화 하이드록시톨루엔 혹은 BHT)과 2-*t*-4-메톡시페놀(뷰틸화 하이드록시아니솔 혹은 BHA) 같은 항산화제는 상화를 방지하기 위하여 많은 유기물질에 가해준다. 그들은 자동산화 사슬반응을 방해하는 작용을 한

다. 라디칼이 BHA와 같은 항산화 분자와 만나면 수소를 떼어내어 공명-안정화 라디칼을 생성한다.

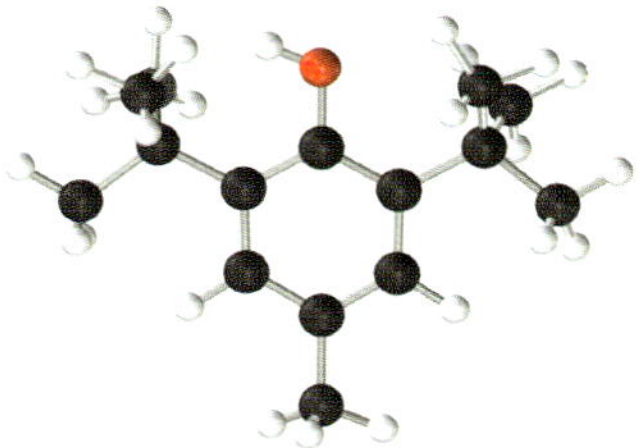

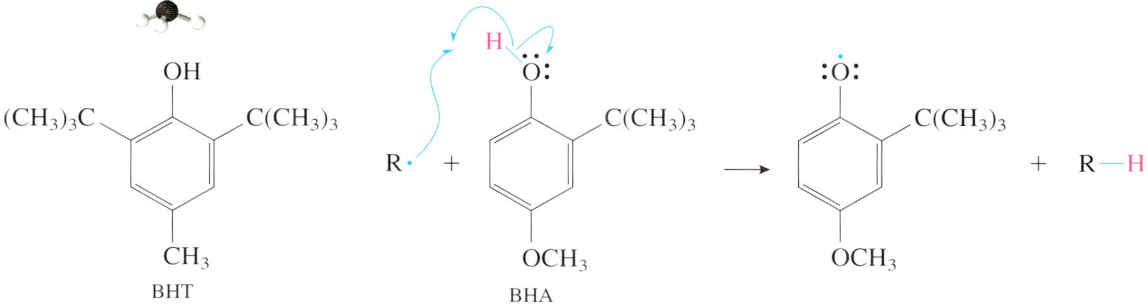


이 공명 안정화와 붐비는 *t*-뷰틸기에 의해 입체적 장애 때문에 이 라디칼은 활성이 적어진다. 이것은 수소떼기를 할 수 있을 만큼 혹은 산소-산소결합에 첨가되어 자동산화 사슬을 계속할 만큼 반응성이 크지 않기 때문에 사슬 종결제로 작용한다. BHA 혹은 BHT의 간단한 분자가 존재하면 사슬을 종결하여 다른 수 많은 분자의 산화를 방지할 수 있다. 그러므로 지동산화를 방지하기 위하여 화합물에 적은 항산화제를 가할 필요가 있다. 예로 버터에 적은 양의 BHA를 가해주면 저장기간을 한달이나 일년간 더 연장할 수 있다.

**문제 21.11** 다음 화합물의 자동산화에 의한 주 생성물을 예측하여라.

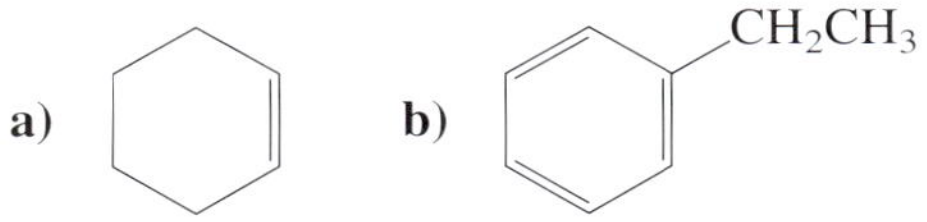


**문제 21.12** 비타민 E로 부터 생성되는 라디칼은 반응성이 없으며 사슬 종결제로 사용되는 가를 설명 하여라.

## 21.9 알켄에 대한 라디칼 첨가반응

11장에서 이온성 메카니즘에 따라 진행되는 알켄에 대한 브롬화 수소의 친전자성 첨가반응을 검토하였다. 이 반응은 Markovnikov 규칙에 따르며 다음 예에서 설명한 것처럼 브롬은 더 많이 치환된 탄소에 첨가된다.

$$CH_3CH_2CH_2CH_2CH{=}CH_2 + HBr \longrightarrow CH_3CH_2CH_2CH_2\underset{}{CH(Br)}CH_2(H) \quad (88\%)$$

유사한 반응이 라디칼 형성이 유리한 조건에서 일어나면, 즉 반응을 개시할 수 있는 광 혹은 과산화물의 존재하면 첨가는 일어나지만 반대 위치화학으로 일어난다. 브롬은 덜 치환된 탄소에 첨가된다. 이 첨가를 **반-Markovnikov** 형태로 일어난다고 말한다. 예를 다음 방정식에 나타냈다.

$$CH_3CH_2CH{=}CH_2 + HBr \xrightarrow[\text{or } h\nu]{[ROOR]} CH_3CH_2CH(H)CH_2(Br) \quad (95\%)$$

$$PhCH_2CH{=}CH_2 + H{-}Br \xrightarrow{[ROOR]} PhCH_2CH(H)CH_2{-}Br \quad (80\%)$$

위치화학의 변화는 반응 메카니즘의 변화에 기인한다. Markovnikov 반응에서 이온성 메카니즘이 반-Markovnikov 반응에서 라디칼 사슬 메카니즘으로 변환된다.

**개시**

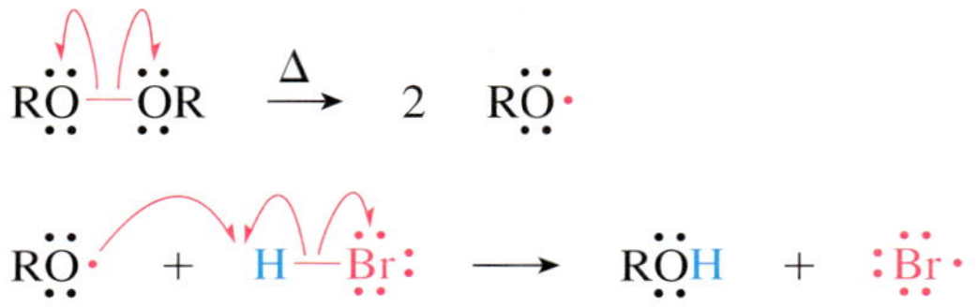

**전파**

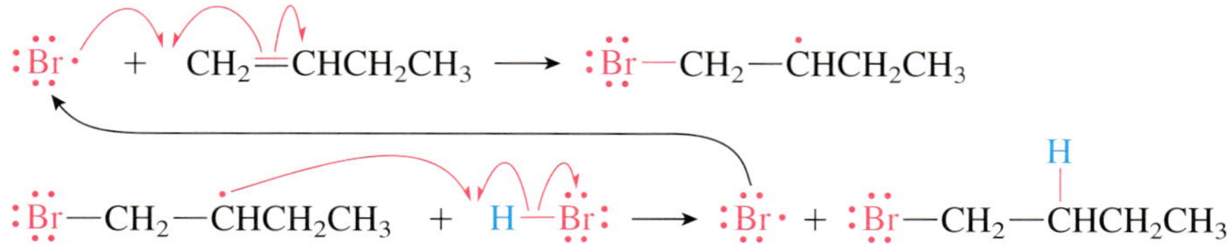

전파단계에서 브롬원자는 먼저 탄소-탄소 이중결합에 첨가된다. 생성된 탄소 라디칼은 브롬화 수소로부터 수소를 떼어내어 1-브로모뷰텐과 브롬 원자를 생성한다. 브롬 원자는 사슬 순환을 계속한다.

생성물의 위치화학은 이중결합에 브롬이 첨가되는 단계의 에너지에 의해 조절된다. 브롬이 덜 치환된 탄소에 첨가되면 홀 전자가 더 많이 치환된 탄소에 위치한 더 안정한 라디칼이 형성된다. 그러므로 카보양이온의 안정성이 이온성 반응의 위치화학을 조절하는 것과 같이 라디칼의 안정성은 이 반응의 위치화학을 조절한다. 두 반응에서 가해지는 화학종이 덜 치환된 탄소에 결합되면 양전하 혹은 홀 전자가 더 많이 치환된 탄소에 위치하기 때문에 생성되는 카보양이온 혹은 라디칼은 더 안정하다. 이온성 반응에서는 양성자 친전자체가 첨가되고 라디칼 반응에서는 브롬 라디칼이 첨가 되므로 두 반응은 위치화학이 반대가 된다.

염화 수소와 아이오드화 수소는 전파단계의 한단계가 느리기 때문에 이 반응이 일어나지 않는다. HCl의 경우에 강한 수소-염소결합(결합해리 에너지 = 103 kcal/mol [431 kJ/mol])이 수소떼기 단계를 느리게 한다.

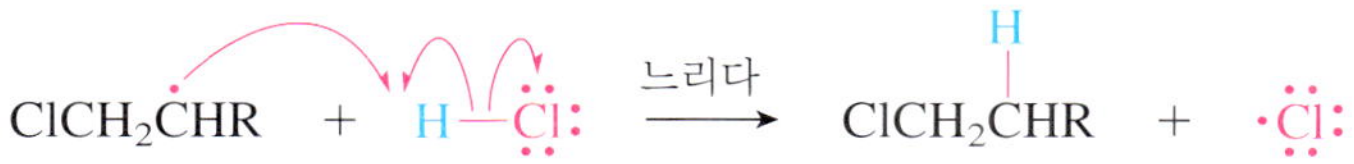


HI 경우에는 약한 탄소-아이오드결합(결합 해리에너지 = 52 kcal/mol)이 첨가단계를 느리게 한다.

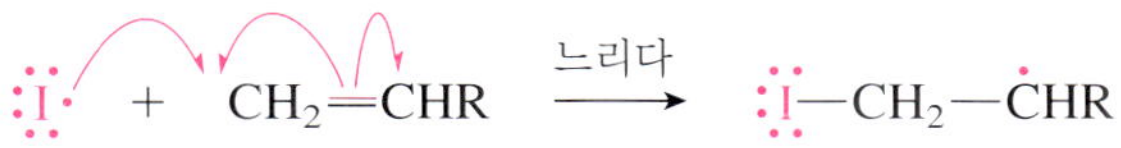


HBr의 경우에만 전파단계가 쉽게 일어난다.

다른 시약이 라디칼 사슬 메카니즘에 의해 합성에 유용한 탄소-탄소 이중결합에 첨가된다. 라디칼 조건에서 싸이올과 알켄의 반응은 이중결합의 탄소에 황과 수소가 첨가된다.

$$CH_3C(CH_3){=}CH_2 + CH_3CH_2S{-}H \xrightarrow{h\nu} CH_3C(CH_3)(H){-}CH_2{-}SCH_2CH_3 \quad (94\%)$$

마찬가지로 몇 가지 사할로겐화 메테인은 라디칼 조건에서 알켄의 이중결합의 탄소에 트라이할로메틸기와 수소가 첨가된다. 예를 다음 방정식에 나타냈다.

$$CH_3C(CH_3){=}CH_2 + Cl{-}CCl_3 \xrightarrow{h\nu} CH_3C(CH_3)(Cl)CH_2{-}CCl_3 \quad (70\%)$$

$$CH_3(CH_2)_5CH{=}CH_2 + Br{-}CBr_3 \xrightarrow{h\nu} CH_3(CH_2)_5CH(Br)CH_2{-}CBr_3 \quad (88\%)$$

$$PhCH{=}CH_2 + CCl_3Br \xrightarrow{h\nu} PhCH(Br)CH_2{-}CCl_3 \quad (78\%)$$

**문제 21.13** 다음 반응에 대한 메카니즘의 모든 단계를 나타내어라.

$$CH_3C(CH_3){=}CH_2 + CCl_4 \xrightarrow{h\nu} CH_3C(CH_3)(Cl)CH_2CCl_3$$

**문제 21.14** 다음 반응의 생성물을 나타내어라.

a) 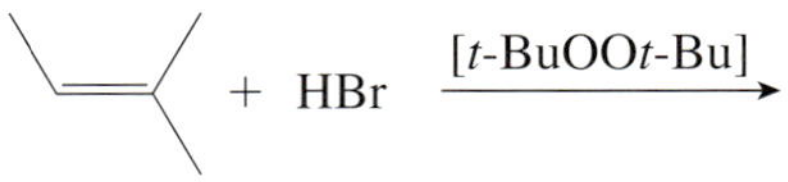

b) 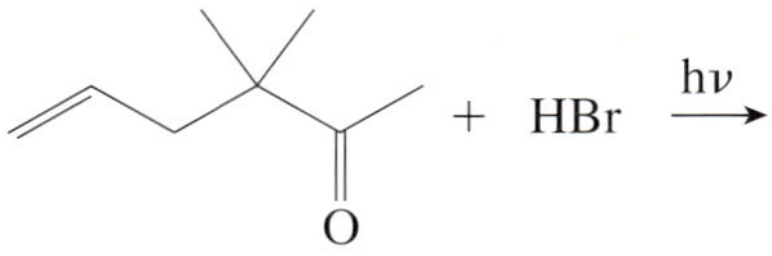

c) 

d) 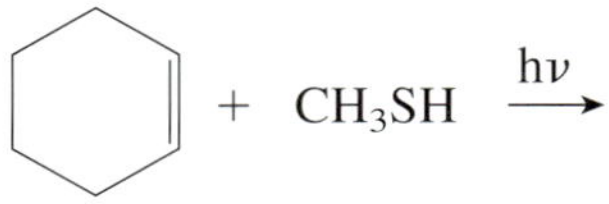

e) 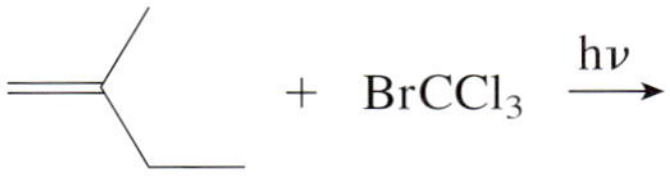

f) 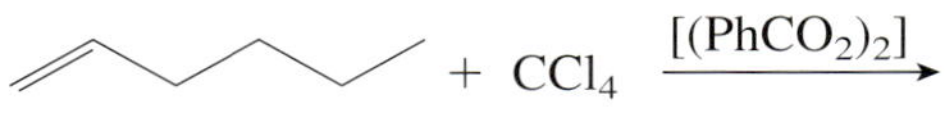

**문제 21.15** 알켄으로부터 다음 화합물을 제조하는 방법을 나타내어라.

a) 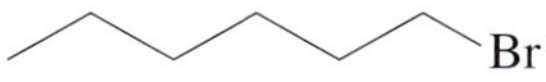

b) 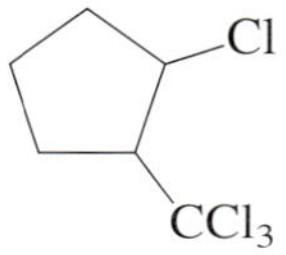

c) 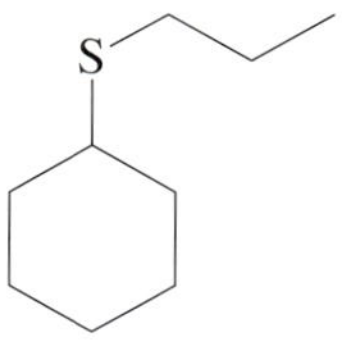

d) 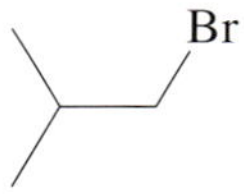

e) 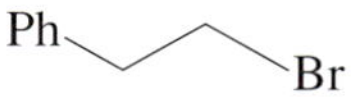

f) 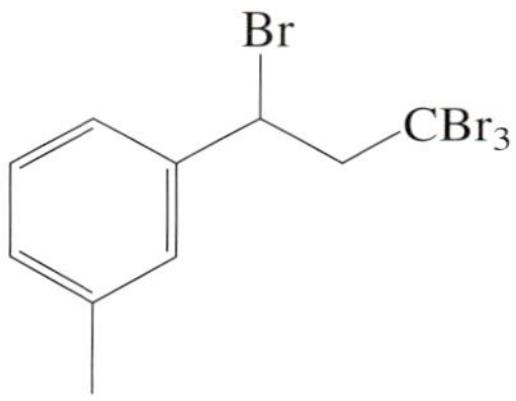

g) 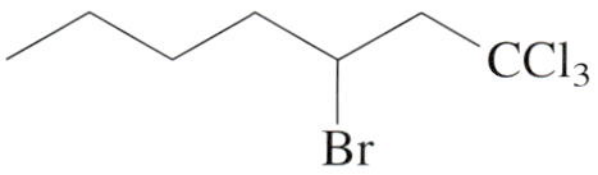

# 21.10 환원과 라디칼 음이온

많은 유기화합물은 전자 원과 양성자 원과의 반응에 의해 환원된다. 이 반응은 약한 산의 존재에서 전자 원으로 전기양성인 금속을 사용하여 이루어진다. 이 과정의 유용한 응용을 **Birch 환원**으로 알려졌으며 방향족 고리를 환원하기 위하여 전자 원으로 소듐과 리튬금속을 사용한다. 반응은 양성자 원으로 소량의 알코올을 사용하고 용매로는 보통 액체 암모니아를 사용한다. 벤젠고리는 1,4-사이클로헥사다이엔 유도체로 환원된다.

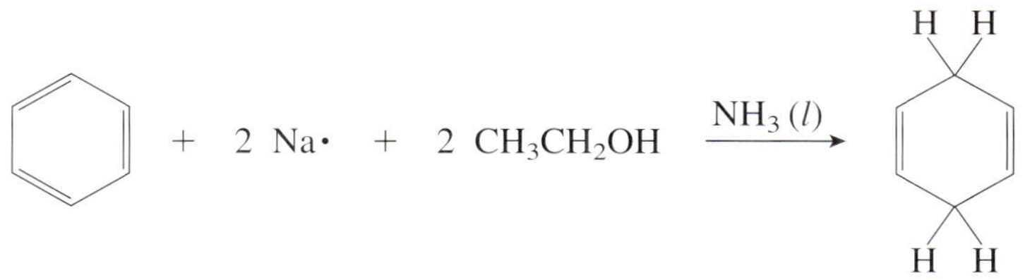


Benzene 1,4-Cyclohexadiene

Birch 환원의 메카니즘은 그림 21.4에 나타냈다. 첫 단계에서 소듐 원자는 벤젠 분자에 전자를 준다. 이 전자는 벤젠의 점유될 수 있는 가장 낮은 에너지궤도함수인 파이 반결합($\pi^*$)MO에 점유된다. 이 화학종을 **라디칼 음이온(radical anion)**이라 부른다. 홀수의 전자와 음전하를 모두 갖고 있기 때문이다. 라디칼 음이온은 강한 염기성

그림 21.4 **벤젠의 Birch 환원의 메카니즘.**

① 전자는 소듐 금속으로부터 벤젠으로 이동한다. 이 전자는 이 경우에서 가능한 낮은 궤도함수인 파이 반결합 MO에 가해진다.

첫 단계의 생성물은 홀수의 전자와 음전하를 가지므로 라디칼 음이온이라 부른다. 이것은 그 파이 MO에 7개의 전자를 갖는다. 이 Lewis 구조는 그것을 나타내는 한 방법이며 몇 개의 공명구조를 갖는다.

② 전자는 소듐 금속으로부터 벤젠으로 이동한다. 이 전자는 이 경우에서 가능한 낮은 궤도함수인 파이 반결합 MO에 가해진다.

③ 두 번째 전자가 라디칼에 첨가되어 카보음이온을 형성한다.

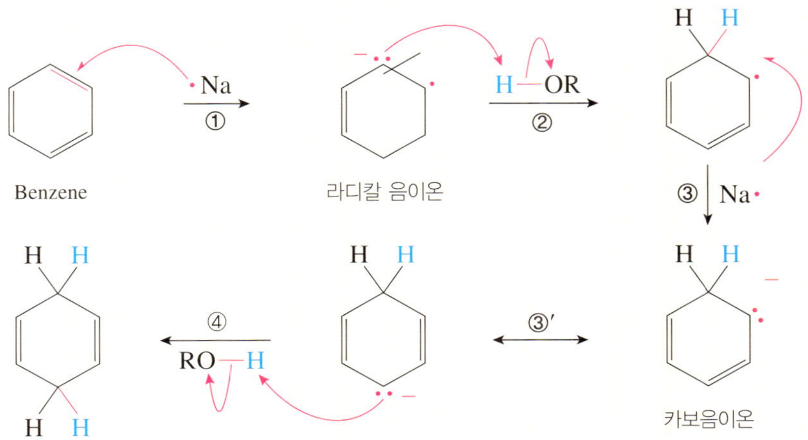


1,4-Cyclohexadiene

④ 카보음이온은 강항 염기이므로 알코올로부터 양성자를 떼어낸다. 첫 번째 양성자화된 자리에 대해 오쏘 혹은 파라에 양성자화 될 가능성이 있지만 파라 양성자화가 더 빠르다. 생성물은 비콘쥬게이트 다이엔인 1,4-사이클로헥사다이엔이다.

③ 이 카보음이온은 공명 안정화된다. 두 공명구조를 나타내었다. 첫 번째와 유사한 세 번째 공명구조는 나타내지 않았다.

이고 라디칼이 생성되는 반응에 존재하는 알코올에 의해 양성자화된다. 다른 소듐 원자는 두 번째 전자를 라디칼에 주고 생성된 음이온은 다른 알코올 분자에 의해 양성자화된다. 이 마지막 양성자 단계에서 비편재 음이온은 콘쥬게이트 생성물, 1,3-사이클로헥사다이엔보다 비콘쥬게이트 생성물, 1,4-사이클로헥사다이엔이 형성되도록 양성자화한다. 이 선호에 대한 이유는 복잡하기 때문에 이 교재에서는 다루지 않겠다.

치환된 벤젠 유도체의 Birch 환원의 몇 가지 예를 다음 방정식에 나타내었다. 알킬과 알콕시기와 같은 치환기는 생성물의 이중결합 탄소 중의 하나에 결합되고 카복시기는 단일결합 탄소의 하나에 결합된다. 다른 형태의 치환기를 가진 벤젠 유도체는 Birch 환원의 반응물로는 사용되지 않는다. 이런 치환기는 반응조건에서 안정하지 않기 때문이다.

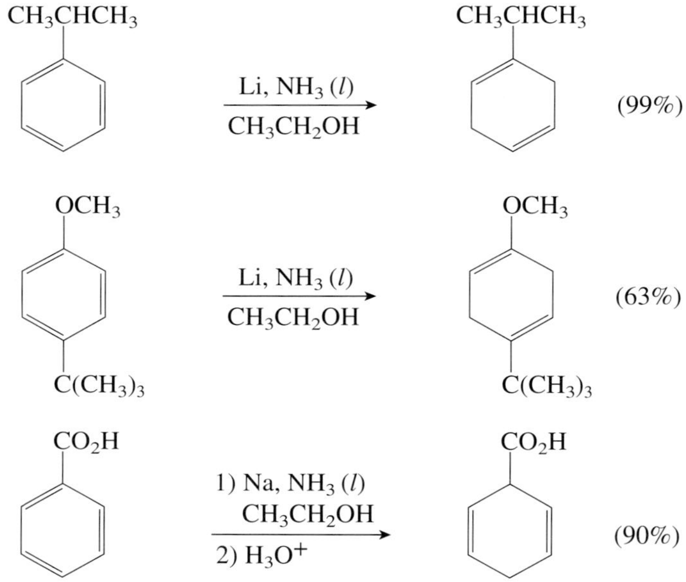


정상적인 알켄은 Birch 환원 조건에서는 환원되지 않는다. 알켄의 파이 반결합 MO의 에너지가 너무 높아서 소듐 원자로부터 전자가 쉽게 가해질 수가 없기 때문이다. 그러나 다음 예에 나타낸 것처럼 카보닐기와 콘쥬게이트된 탄소-탄소 이중결합은 알코올 없이 액체 암모니아 용매에서 리튬 혹은 소듐 금속에 의해 쉽게 환원된다.

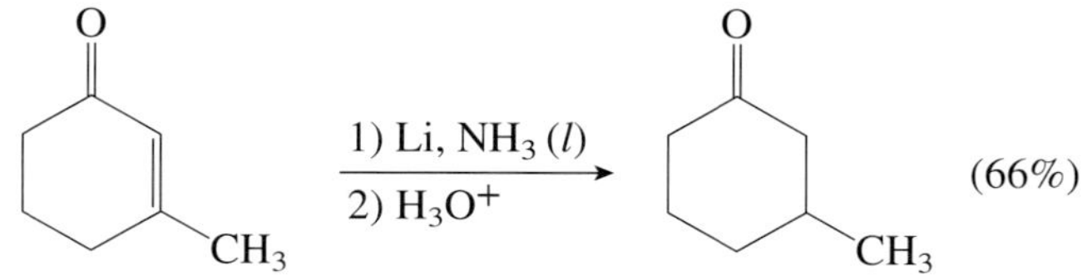


이 반응의 메카니즘은 벤젠의 환원에서 제시했던 메카니즘과는 다소 다르다. 먼저 전자는 파이 반결합 MO에 첨가되어 라디칼 음이온을 형성한다. 이 음이온은 양

성자화할 알코올이 없기 때문에 두 번째 전자가 첨가되어 이가 음이온을 형성한다. 이가 음이온은 암모니아로부터 양성자를 떼어낼 수 있을 만큼 강한 염기이므로 엔올산 음이온을 생성한다. 엔올산 음이온은 반응의 마무리로 산을 가해 줄 때까지 이 반응조건에서 안정하다.

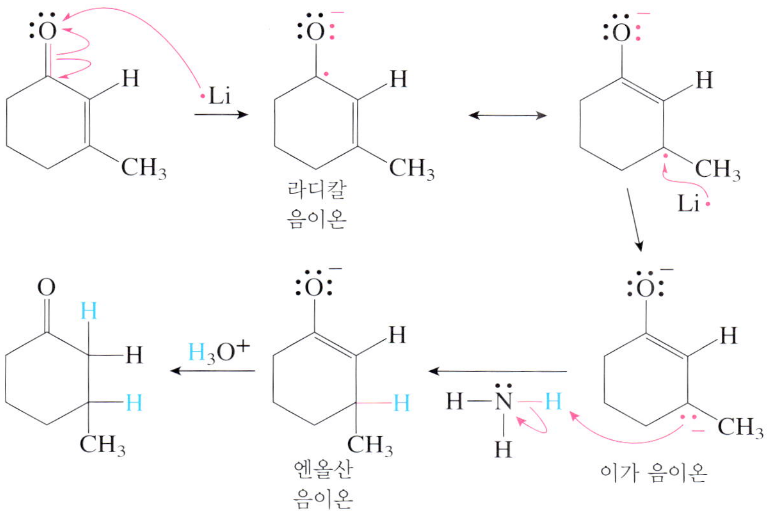


이 환원의 추가적인 예를 다음 방정식에 나타냈다.

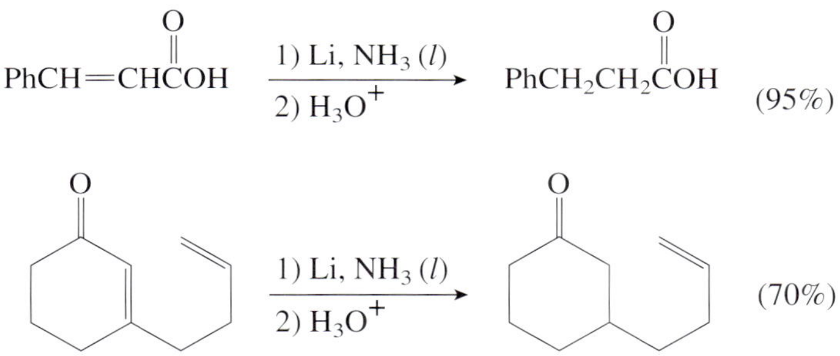


엔올산 음이온은 이 환원에서 중간체이므로 양성자 이탈에 의해 생성되는 엔올산 음이온과 같은 방법으로 합성에 사용될 수 있다. 그러므로 환원 후 반응 혼합물에 할로겐화 알킬을 가해주면 엔올산 음이온의 알킬화가 완성된다.

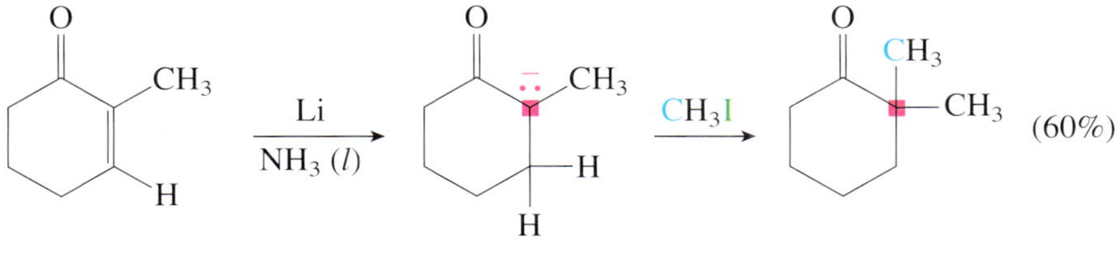


이 반응은 염기로 처리하면 두 엔올산 음이온의 혼합물이 생성되는 비대칭케톤에서 하나의 엔올산 음이온만을 생성하기 때문에 특별히 유용하다. 이 반응은 비대칭 케톤의 알킬화 위치를 조절할 수 있다. 예를 들면 3-메틸사이클로헥산온의 2-위치

에서 알킬화를 원한다고 생각해보자. 이 케톤을 염기로 처리하면 두 엔올산 음이온이 생성되고 두 알킬화 생성물이 생성되기 때문에 직접 알킬화할 수는 없다.

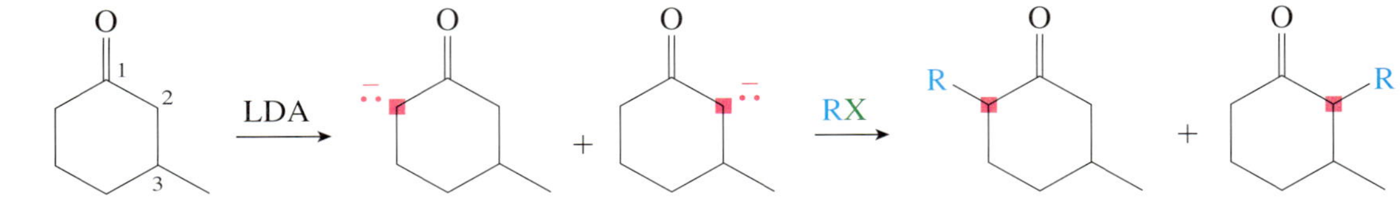


3-Methylcyclohexanone

그러나 3-메틸-2-사이클로헥엔온을 환원하면 2-위치에 엔올산 음이온이 생성된다. 할로겐화 알킬을 가해주면 다음 방정식에서 설명한 것처럼 단일 알킬화 생성물이 형성된다.

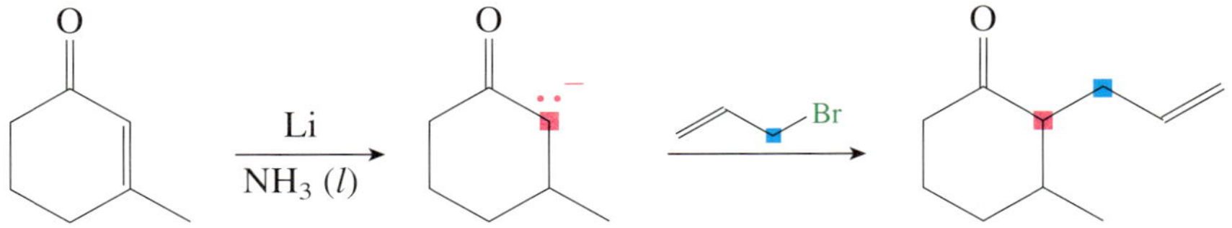


(47%)

끝으로 알카인의 탄소-탄소 삼중결합의 환원은 액체 암모니아에서 소듐 혹은 리튬 금속을 사용하여 이루어진다. 이 반응 알켄 생성물의 (*E*)-이성질체를 생성하므로 특별히 유용하다.

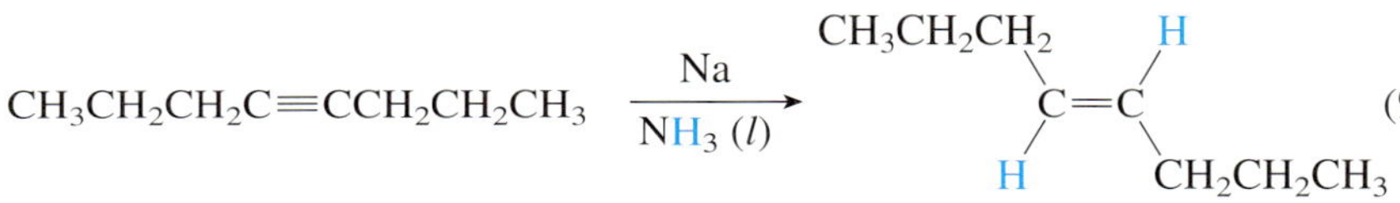


(90%)

다시, 메카니즘은 초기에 라디칼 음이온이 형성되면서 진행하고 이것은 암모니아 용매에 의해 양성자화된다. 생성된 라디칼은 소듐으로부터 다른 전자를 받아 붐비는 알킬기가 트랜스로 배향된 음이온을 형성한다. 이 음이온은 암모니아로부터 양성자를 받아 최종 생성물을 형성한다.

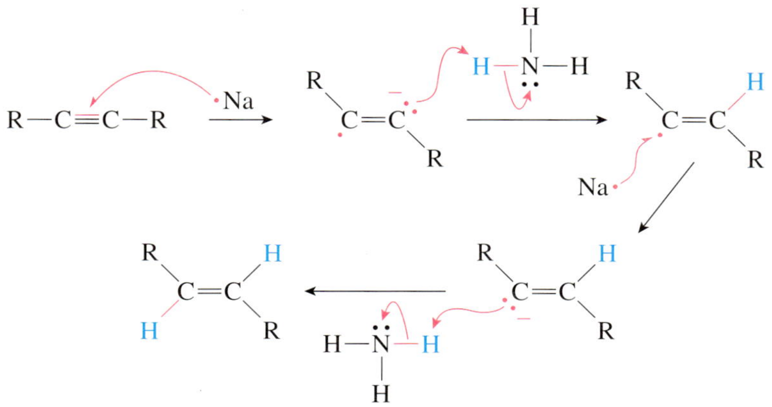

**문제 21.16** 다음 반응의 생성물을 나타내어라

a) 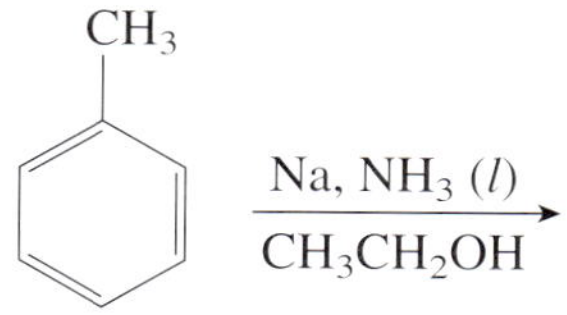


b) 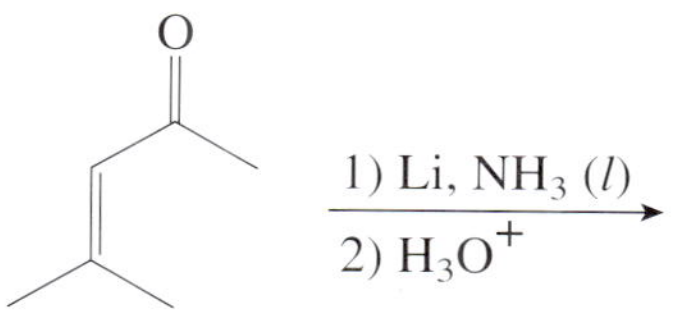


c) 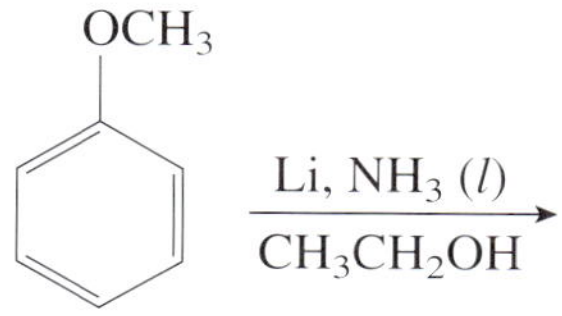


d) 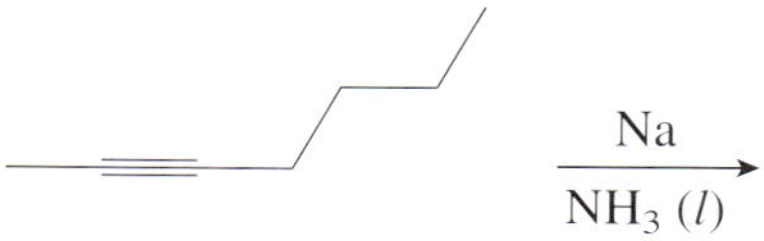


e) 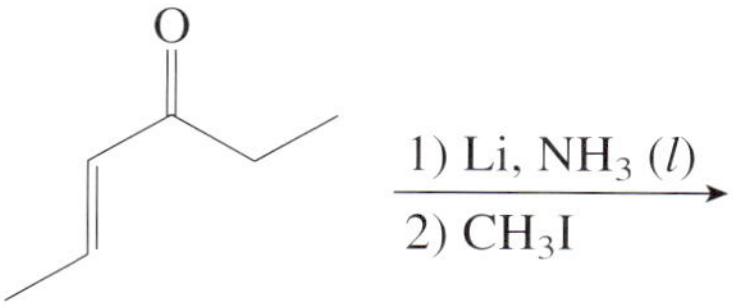


f) 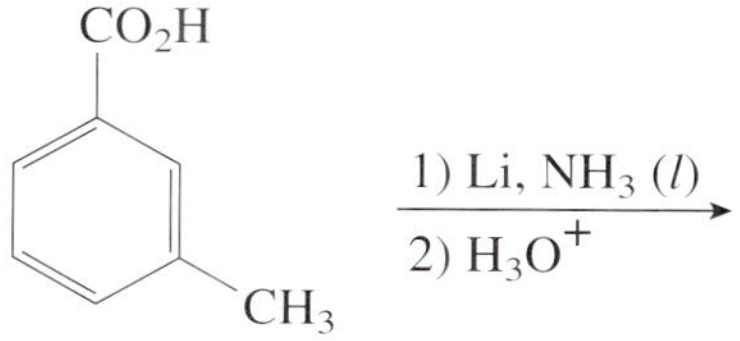


g) 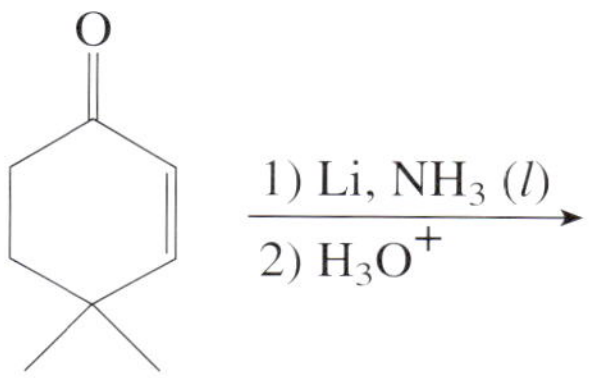


h) 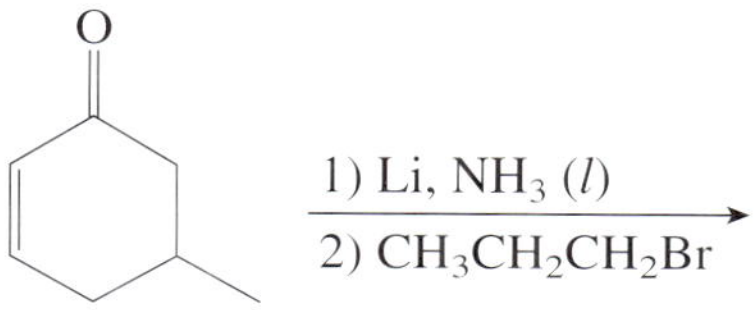


**문제 21.17** 다음 변환을 일으키는 시약을 제시하여라.

a) 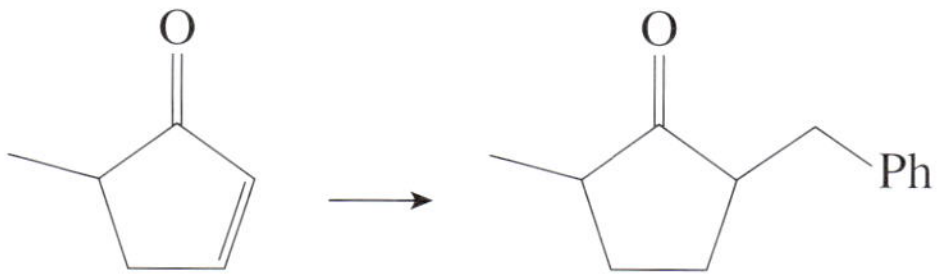


b) 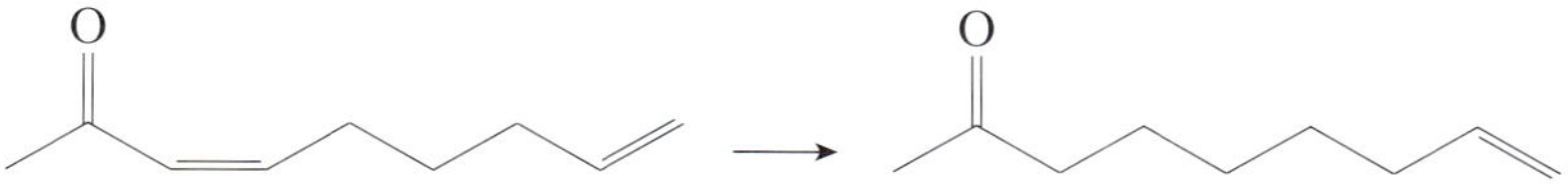

표 21.2에 이 장에서 다룬 중간체로 라티칼을 포함한 반응을 요약하였다.

**표 21.2 라디칼 반응의 요약**

| 반응 | 설명 |
|---|---|
| $R{-}H + Cl_2 \xrightarrow{h\nu} R{-}Cl$ | 21.6절<br>연쇄 메카니즘, 선택적이 아니다, 다중 염소화가 일어난다. |
| $R{-}H + Br_2 \xrightarrow{h\nu} R{-}Br$ | 21.6절<br>연쇄 메카니즘, 더 선택적이고 NBS+ 개시제로 사용할 수 있다. |
| $R{-}X + Bu_3Sn{-}H \xrightarrow{[AIBN]} R{-}H$ | 21.7절<br>연쇄 메카니즘 |
| $R{-}H + O_2 \xrightarrow{h\nu} R{-}OOH$ | 21.8절<br>자동산화, 연쇄 메카니즘, 선택적이 아니다. |
| $R{-}CH{=}CH_2 + HBr \xrightarrow{[ROOR]} R{-}CH(H){-}CH_2(Br)$ | 21.9절<br>반-Markovnikov 첨가, 연쇄 메카니즘, HCl과 HI가 첨가되지 않는다. |
| $R{-}CH{=}CH_2 + R'SH \xrightarrow{h\nu} R{-}CH(H){-}CH_2(SR')$ | 21.9절<br>반-Markovnikov 첨가, 연쇄 메카니즘 |
| $R{-}CH{=}CH_2 + CX_4 \xrightarrow{h\nu} R{-}CH(X){-}CH_2(CX_3)$ | 21.9절<br>연쇄 메카니즘 |
| 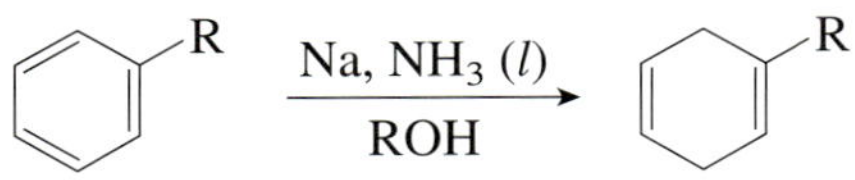 | 21.10절<br>Birch 환원, Li도 사용할 수 있고, 라디칼 음이온 메카니즘 |
| 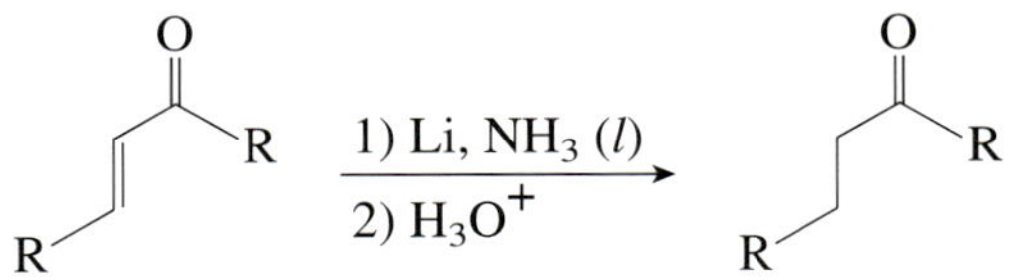 | 21.10절<br>라디칼 음이온 메카니즘 |
| 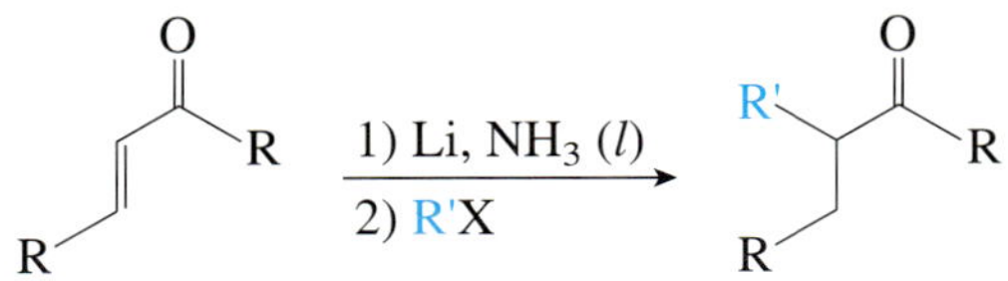 | 21.10절<br>엔올산 음이온의 알킬화 |
| 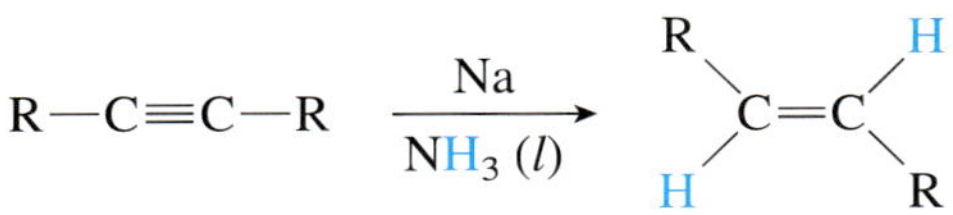 | 21.10절<br>트랜스-알켄이 생성된다. |

# 추가문제

**21.18** 다음 반응의 생성물을 나타내어라.

**a)** 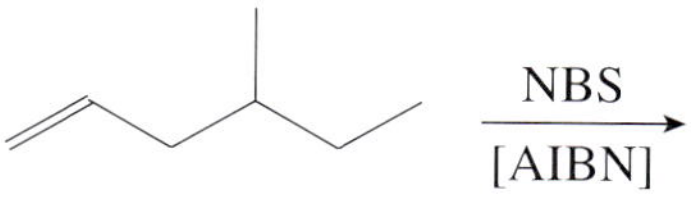

**b)** 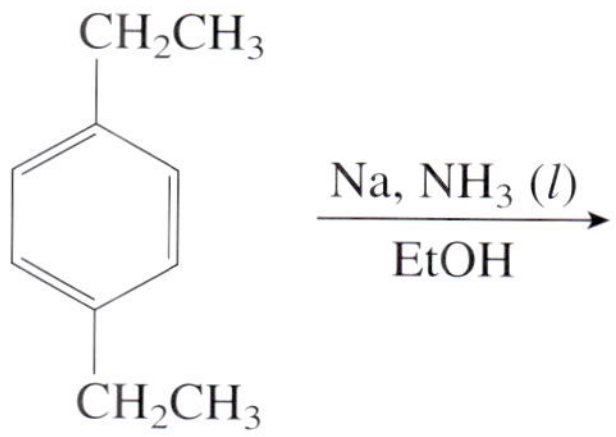

**c)** 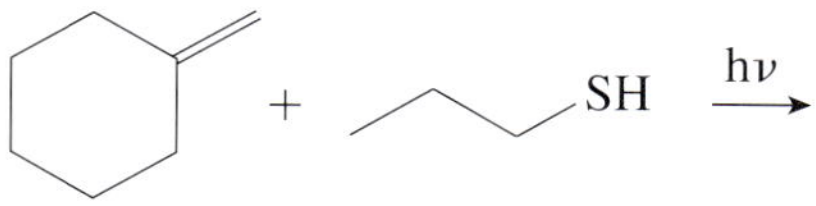

**d)** 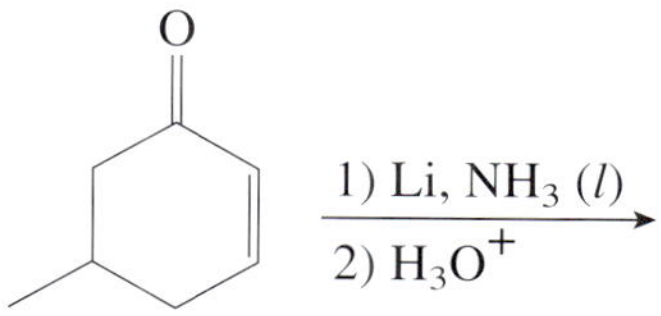

**e)** 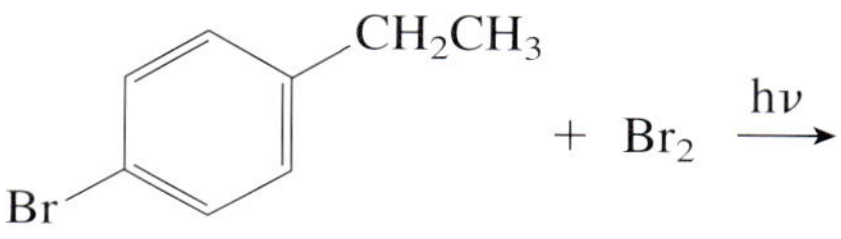

**f)** $CH_3C{\equiv}CCH_2CH_2CH_3 \xrightarrow[NH_3\ (l)]{Na}$

**g)** 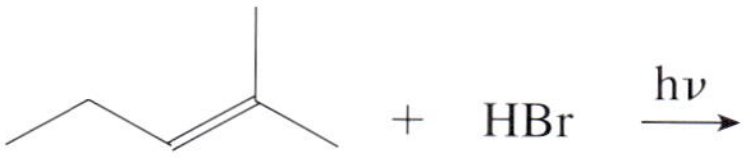

**h)** 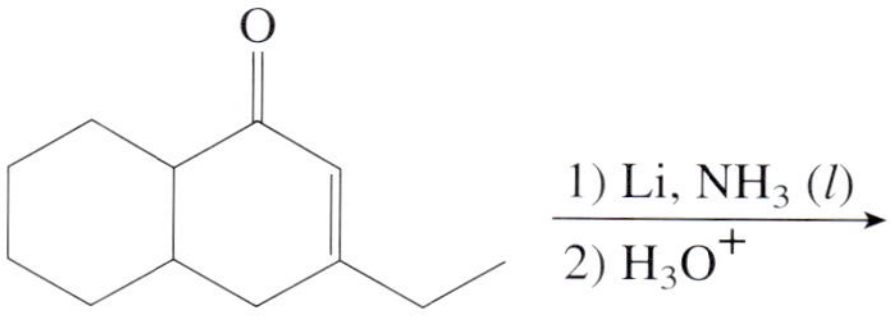

**i)** 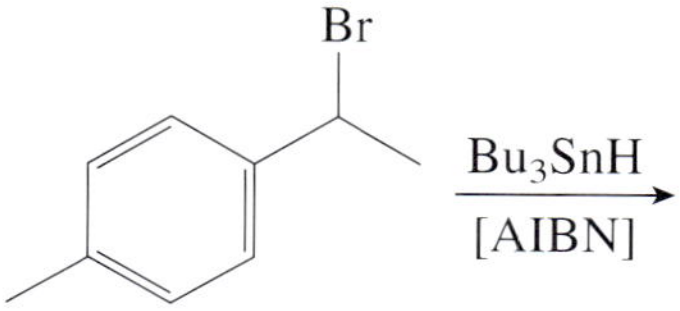

**j)** 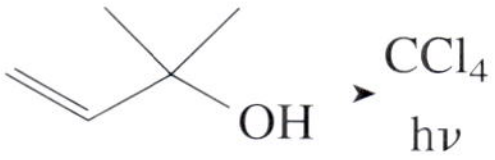

**k)** 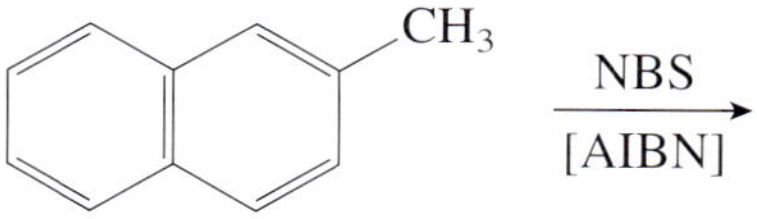

**l)** 

**21.19** 다음 각 시약과 1-헥센의 반응 생성물을 나타내어라.

**a)** NBS, [AIBN]  **b)** HBr, [$t$-BuOO$t$-Bu]
**c)** $CH_3CH_2SH$, h$\nu$  **d)** $CCl_4$, h$\nu$
**e)** $CBrCl_3$, h$\nu$

**21.20** 다음 반응의 생성물을 나타내어라.

**a)** 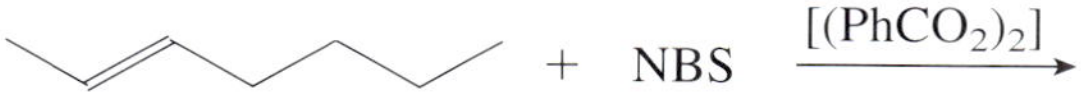

**b)** 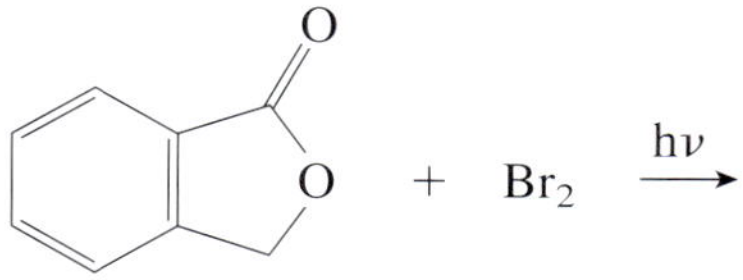

**c)** 

**d)** 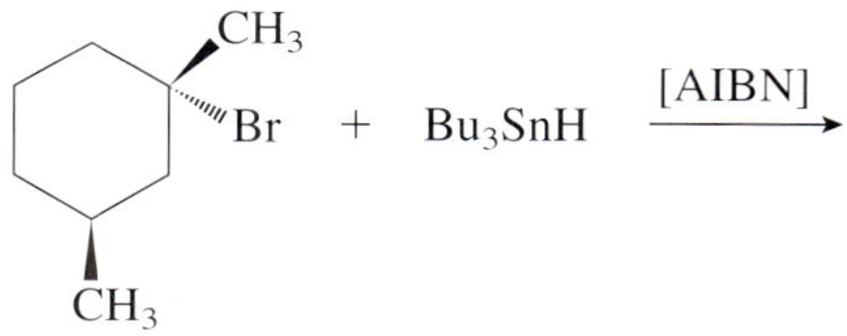

e) 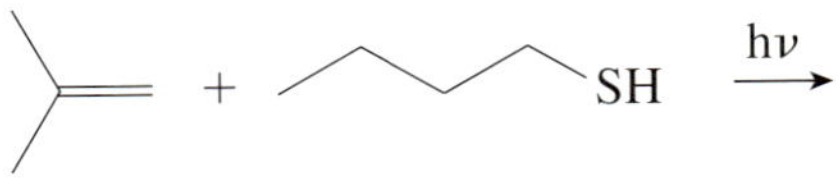


f) 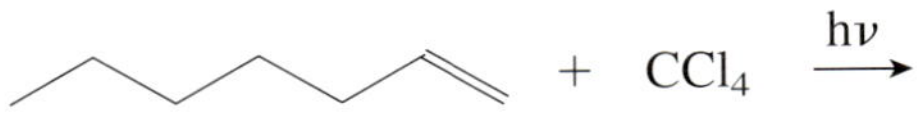


g) 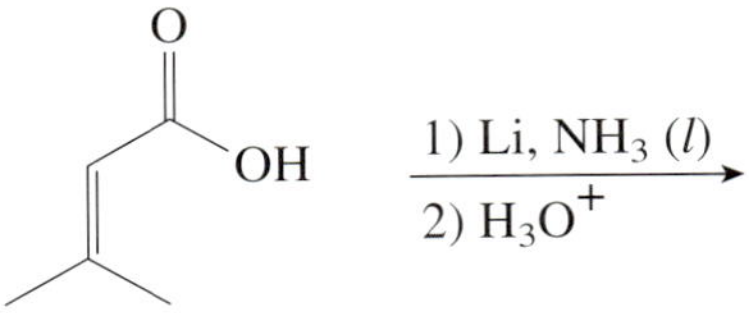


h) 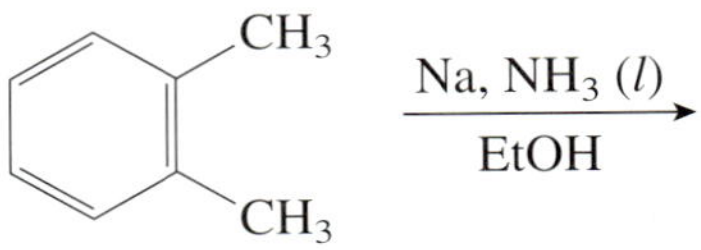


**21.21** 다음 반응의 생성물을 나타내어라.

a) 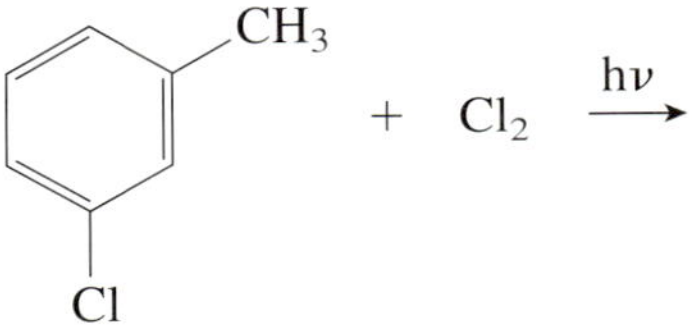


b) 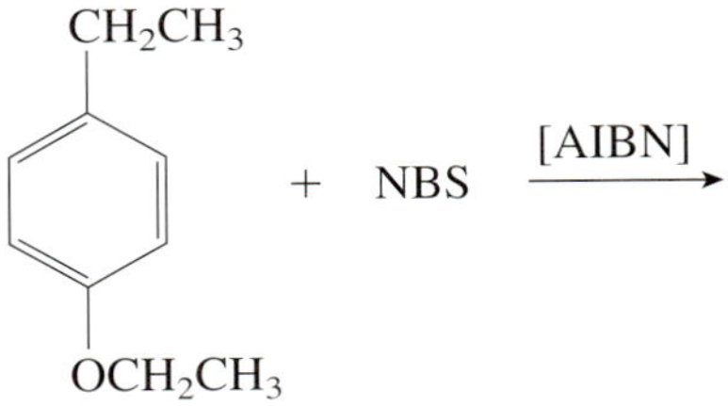


c) 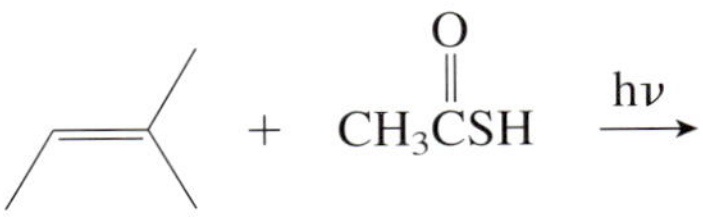


d) 

e) 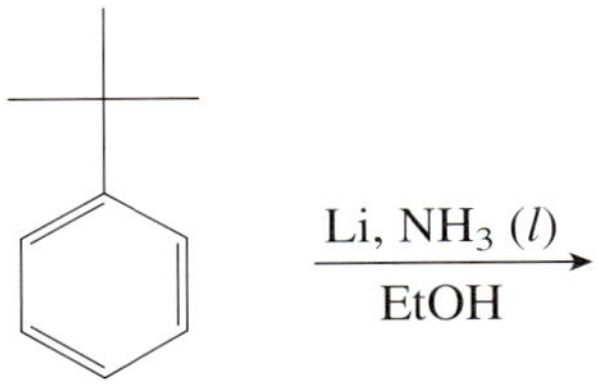


f) 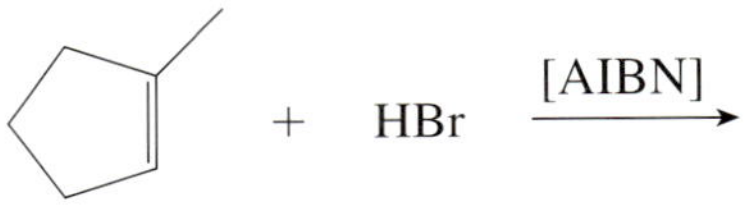


g) 

h) 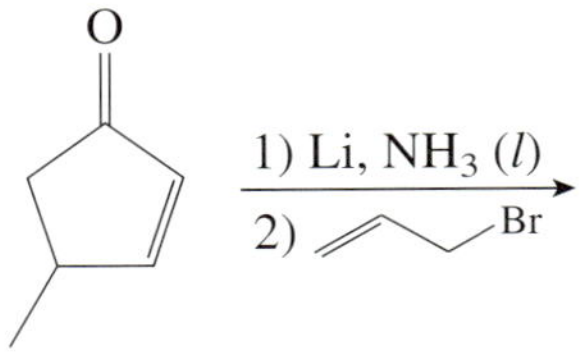


**21.22** 지시한 출발물질로부터 다음 화합물을 합성하여라. 몇 가지 경우에는 전장의 반응이 필요하다.

a) 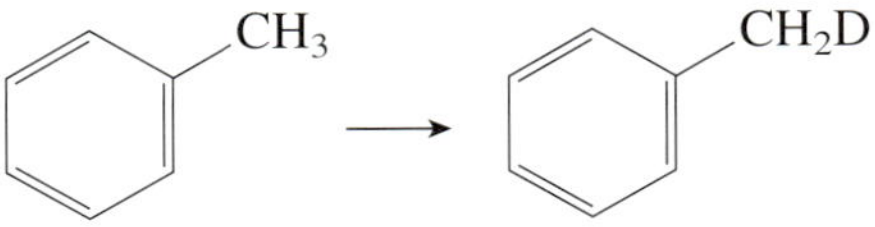


b) 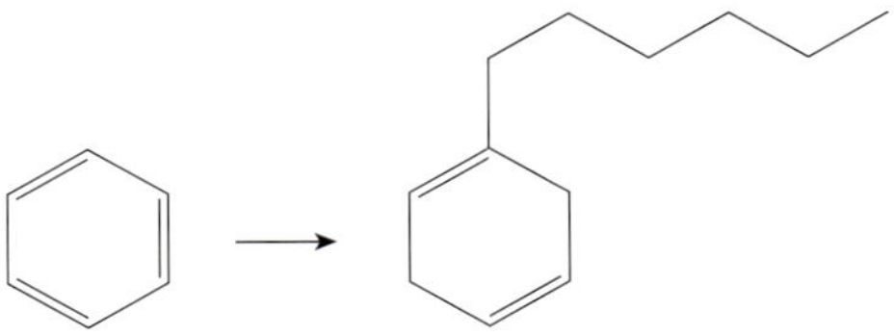

c) 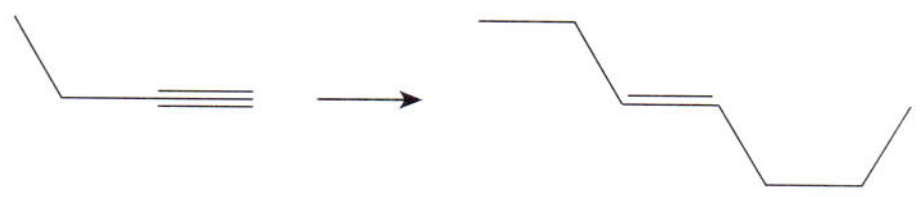

d) 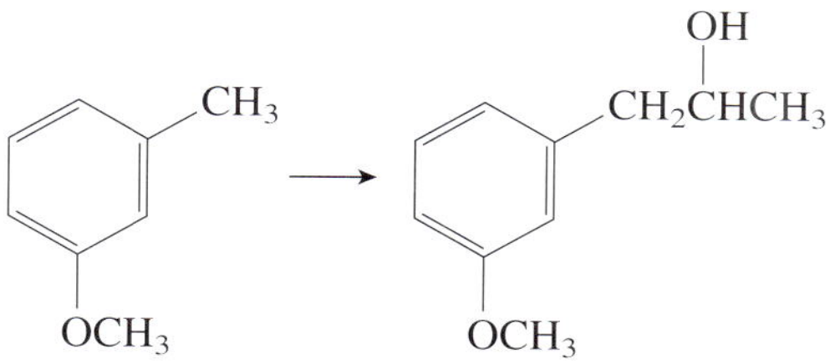

e) 

f) 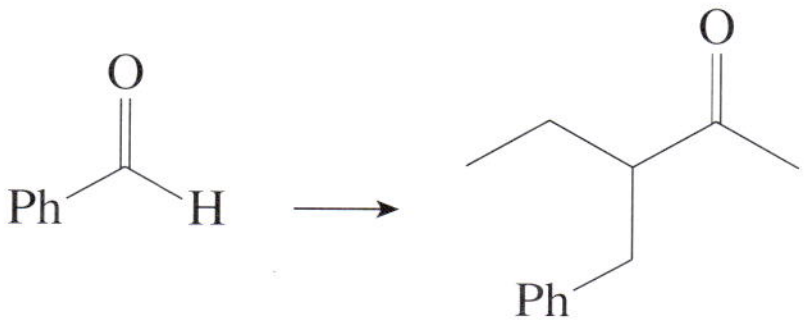

**21.23** 다음 반응에 대한 메카니즘의 모든 단계를 나타내어라.

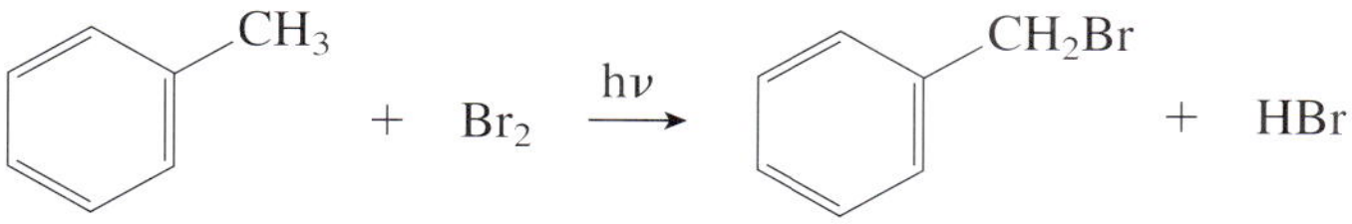

**21.24** 다음 반응에 대한 메카니즘의 모든 단계를 나타내어라.

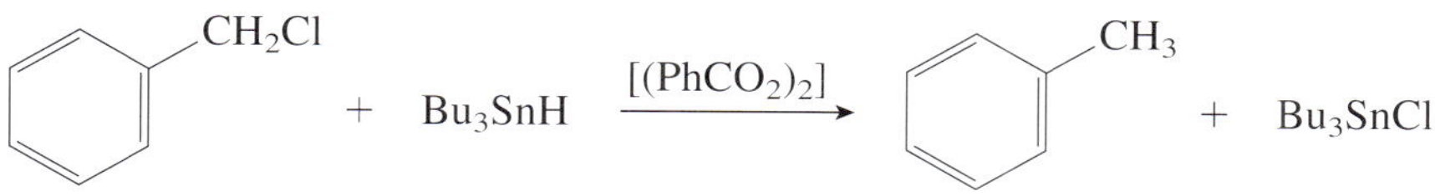

**21.25** 다음 반응에 대한 메카니즘의 모든 단계를 나타내어라.

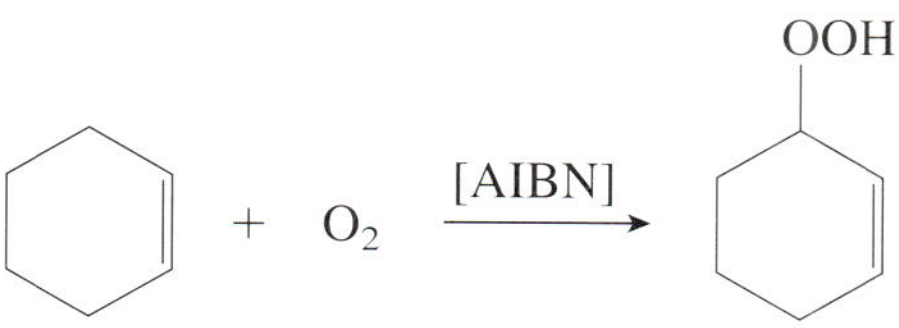

**21.26** 다음 반응에 대한 메카니즘의 모든 단계를 나타내어라.

$$CH_3C(CH_3){=}CH_2 + CH_3CH_2SH \xrightarrow{h\nu} CH_3CH(CH_3)CH_2SCH_2CH_3$$

**21.27** 다음 반응에 대한 메카니즘의 모든 단계를 나타내어라.

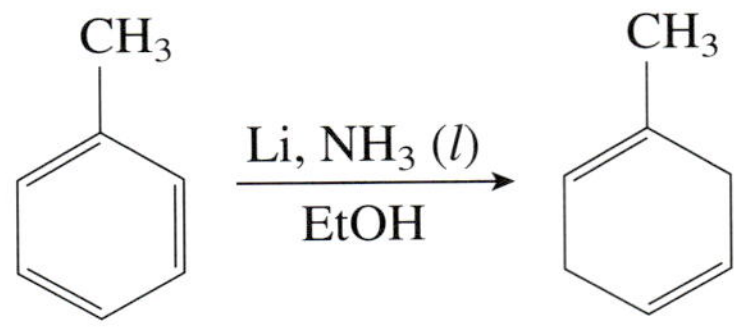


**21.28** 다음 반응에 대한 메카니즘의 모든 단계를 나타내어라.

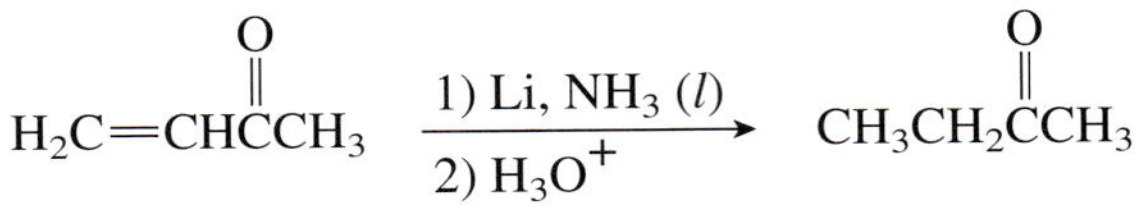

CHAPTER 22

# 고리형 협동반응

### 유기화학 숙달

- 콘쥬게이트계의 파이 MO의 에너지와 마디성질의 이해
- 전자고리화 반응, 고리화 첨가반응 및 시그마결합 자리옮김의 인식
- 파이 MO를 사용하여 이 반응이 허용되는지 금지되는지를 결정
- 이들 반응의 입체화학을 포함한 생성물의 예측
- Pinacol, Beckmann, Hofmann 및 Baeyer-Villiger 자리옮김 메카니즘의 이해
- 고리형 협동반응의 메카니즘, 선택성 및 입체화학의 이해
- 이 반응들을 합성에의 이용

이전의 장에서 제시한 대부분의 반응은 친핵체와 친전자체를 포함하고 양이온과 음이온을 포함하며 마지막 장에서는 라디칼 중간체를 포함하는 몇 단계로 일어나는 반응이었다. 이 장에서는 중간체를 거치지 않는 고리형 협동반응이라 부르는 협동반응을 검토한다. 이 반응은 한 단계로 구성되어 있기 때문에 그 메카니즘은 대단히 간단하다. 고리형 협동반응은 언제 일어날 것인가와 입체화학적 요구라는 관점에서 놀랄 만큼 선택적이다.

먼저 고리형 협동반응을 정의하고 비정상 입체화학적 선택성의 예를 제시하였다. 이 반응에 참여하는 콘쥬게이트 분자에 대한 MO를 검토하는 데 필요한 고리형 협동반응을 이론적으로 다루기 위하여 이 화합물들의 MO설을 전개하였다. 다음에 고리형 협동반응의 세 부류의 각각에서 관찰되는 선택성과 입체화학에 대한 이론적 설명과 몇 가지 예를 제시하였다.

## 22.1 고리형 협동반응

**고리형 협동반응(pericyclic reaction)**은 협동반응이고 둘 또는 그 이상의 결합으로 형성되거나 절단된 고리 전이상태를 통해서 진행된다. 협동반응이므로 검출할 정도의 이온성 또는 라디칼 중간체를 포함하지 않는다. 용매 극성의 변화효과가 대단히 작다는 것은 전이상태에서 전하가 생성되지 않는다는 것을 나타내준다. 이 반응은 입체특이성이고 반응에 대한 에너지가 광(**광분해, photolysis**)에 의해 공급되기보다는 열(**열분해, thermolysis or pyrolysis**)에 의해 공급될 때 입체화학이 변화된다.

고리형 협동반응의 부류에 속하는 반응의 예는 말론산과 아세토아세트산 에스터 합성에서 생성되는 $\beta$-케토산의 카복시 이탈반응이다.

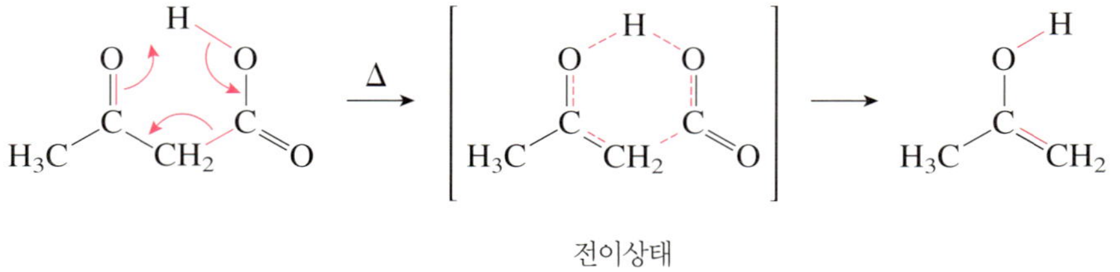

전자의 순환 이동과 결합 절단과 형성의 순환과정을 포함하는 전이상태는 고리형 협동반응의 특성이다.

이 반응들이 나타내는 입체선택성을 설명해주는 고리형 협동반응의 예는 다이엔과 사이클로뷰텐의 열과 광화학적 상호변환이다. (2*E*,4*E*)-헥사다이엔을 가열해주면 고리화되어 **트랜스-3,4-다이메틸사이클로뷰텐**을 형성한다. **시스-이성질체**는 생성되지 않는다. 역반응에서 사이클로뷰텐은 (*E*,*E*)-이성질체만을 생성한다. 반응은 두 방향 다 완전한 입체특이성 반응이다.

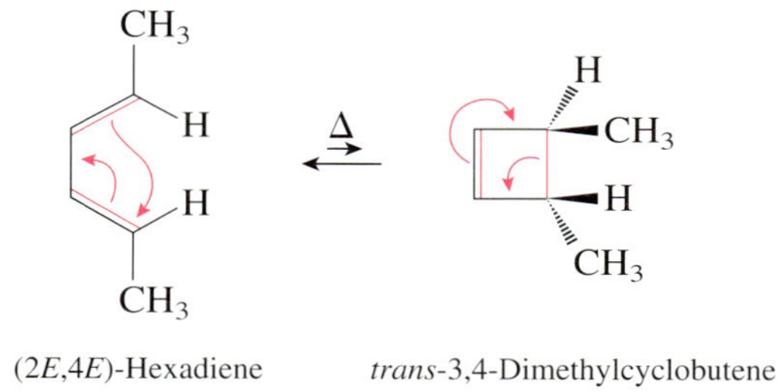

입체화학적 결과를 더 두드러지게 하기 위하여 헥사다이엔의 같은 입체이성질체에 광을 조사하면 **시스-3,4-다이메틸사이클로뷰텐**만이 형성된다.

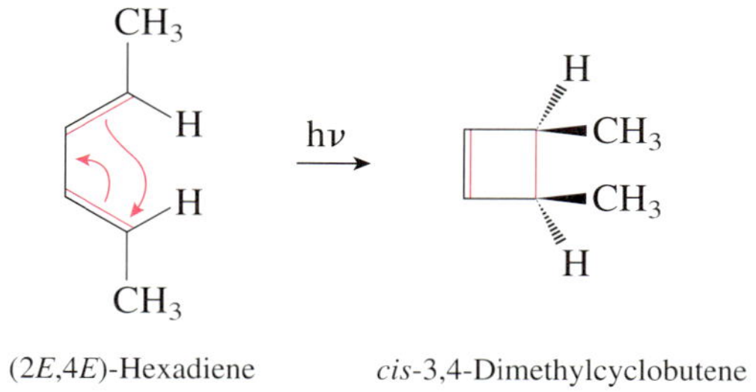

광화학반응의 입체화학은 열화학반응과는 반대이다.

이와 같은 다른 입체화학적 결과를 일으키는 반응에서 일어나는 원자의 이동을 주의해서 검토해보자. 그림 22.1에 나타낸 것처럼 과정은 대단히 단순하다. 콘쥬게이트 파이계의 두 말단 탄소는 새로운 시그마결합을 형성하기 위하여 $p$ 궤도함수가 겹칠 수 있도록 회전할 필요가 있다. 열반응의 경우에 두 탄소는 같은 방향으로 회

그림 22.1 3,4-다이메틸사이클로뷰텐을 생성하는 2,4-사다이엔의 반응에서 결합회전.

동일방향회전

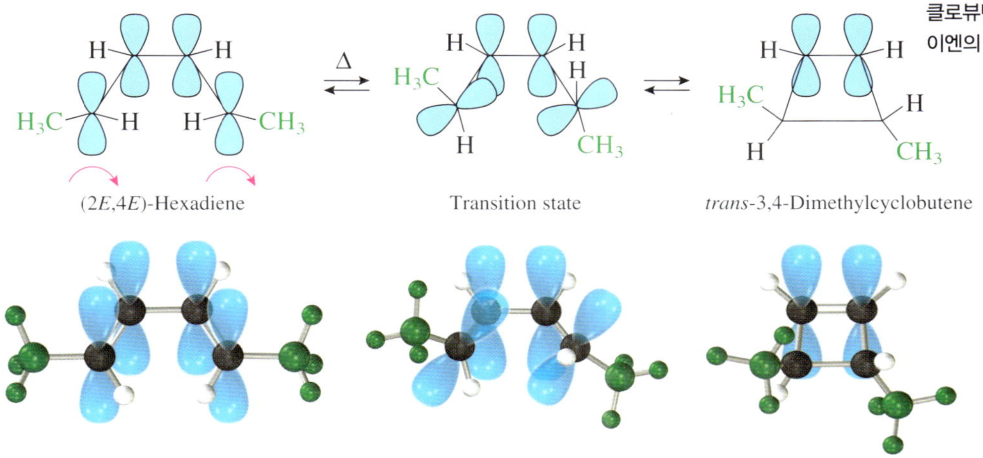


(2*E*,4*E*)-헥사다이엔을 가열하면 트랜스-3,4-다이메틸사이클로뷰텐만이 생성된다. 콘쥬게이트 다이엔계의 말단 탄소는 같은 방향으로 회전한다. 이것을 **동일방향회전(conrotation)**이라 부른다.

반대방향회전

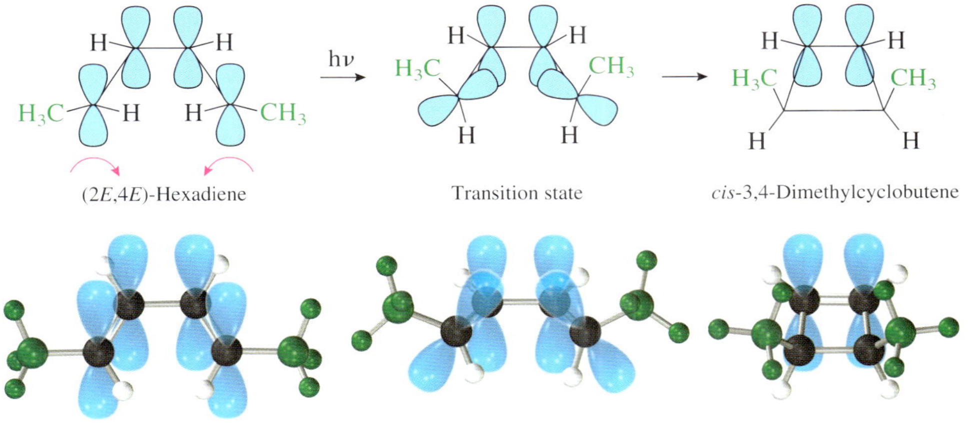


광화학반응에서 콘쥬게이트 다이엔계의 말단 탄소는 반대방향으로 회전하여 시스-3,4-다이메틸사이클로뷰텐을 생성한다. 이것을 **반대방향회전(disrotation)**이라 부른다.

전한다. 이 과정을 **동일방향회전(conrotation)**이라 한다. 그러므로 메틸기는 사이클로뷰텐 생성물에서 트랜스 배향을 갖는다. 이 탄소의 혼성은 회전이 일어나면 $sp^2$로부터 $sp^3$로 변한다. 다이엔계의 중심탄소에 있는 두 $p$ 궤도함수는 새로운 파이결합을 형성한다. 광화학반응에서도 말단 탄소가 반대방향으로 회전한다는 것을 제외하고는 과정은 비슷하다. 이 과정을 **반대방향회전(disrotation)**이라 부른다. 그러므로 메틸기는 사이클로뷰텐 생성물에서 시스 배향을 갖는다. 왜 열반응에서는 반대방향회전보다 동일방향회전을 선호하고 광화학반응에서는 왜 이 선호가 역으로 되는지에 대한 확실한 이유는 없다.

**문제 22.1** 다음 반응이 동일방향회전 또는 반대방향회전으로 일어날 것인가를 결정하여라.

**a)** 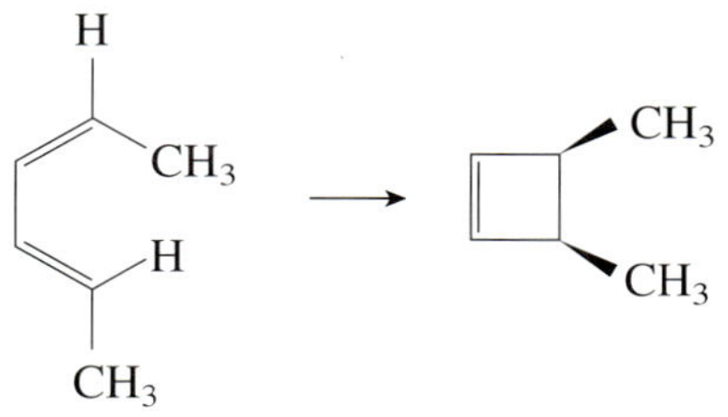


**b)** 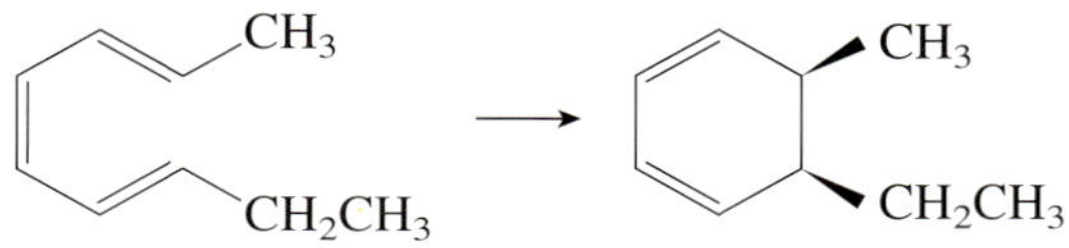


1965년에 R. B. Woodward와 R. Hoffmann이 선택도에 대한 이론적 설명을 전개하기까지는 이 간단한 반응은 유기화학자에게 잘 이해되지 못하였다. 같은 시기에 연관된 학설이 K. Fuki에 의해 개발되었다(Fuki와 Hoffmann은 이 업적으로 1981년에 Novel 화학상을 공동으로 수상하였다. Woodward는 1979년에 사망하였다. Novel 상은 사후에는 수여하지 않으므로 이 상을 받지 못하였다. 그러나 그는 이미 1965년에 유기합성 영역의 업적으로 Novel 상을 수상한 바 있다).

이 두 설은 반응 MO가 어떻게 생성 MO로 변환되는가를 검토함으로써 고려하는 반응에 대한 전이상태가 유리한지 아닌지를 설명해준다. 이 설을 이해하고 사용하기 위하여 먼저 이들 반응에 참여하는 콘쥬게이트 분자에 대한 MO를 검토해보자.

## 22.2 콘쥬게이트 분자에 대한 MO설

편재된 MO에 대한 모델, 즉 두 원자에만 걸쳐 있는 MO는 3장에서 소개하였다. 콘쥬게이트 분자를 기술하기 위하여 두 원자 이상에 걸쳐 있는 MO, 비편재된 MO가 필요하다. 비편재 MO에 대한 몇 가지 이론적 면모를 15, 16장에서 소개하였다. 중요한 모든 점을 여기서 다시 반복한다.

고리형 협동반응을 설명하기 위하여 선형 콘쥬게이트 분자의 파이 MO의 마디 위치와 에너지가 필요하다. 이것은 다음 규칙을 적용으로 얻을 수 있다.

1. MO의 수는 그들을 형성하는 데 결합한 AO의 수와 같다.
2. MO의 에너지는 유리된 $p$ 궤도함수의 에너지(임의로 0 에너지로 취한다)를 중심으로 대칭적으로 위치한다.
3. MO의 에너지는 마디 수가 증가할수록 증가한다.
4. 마디는 분자 내에 대칭적으로 위치한다.

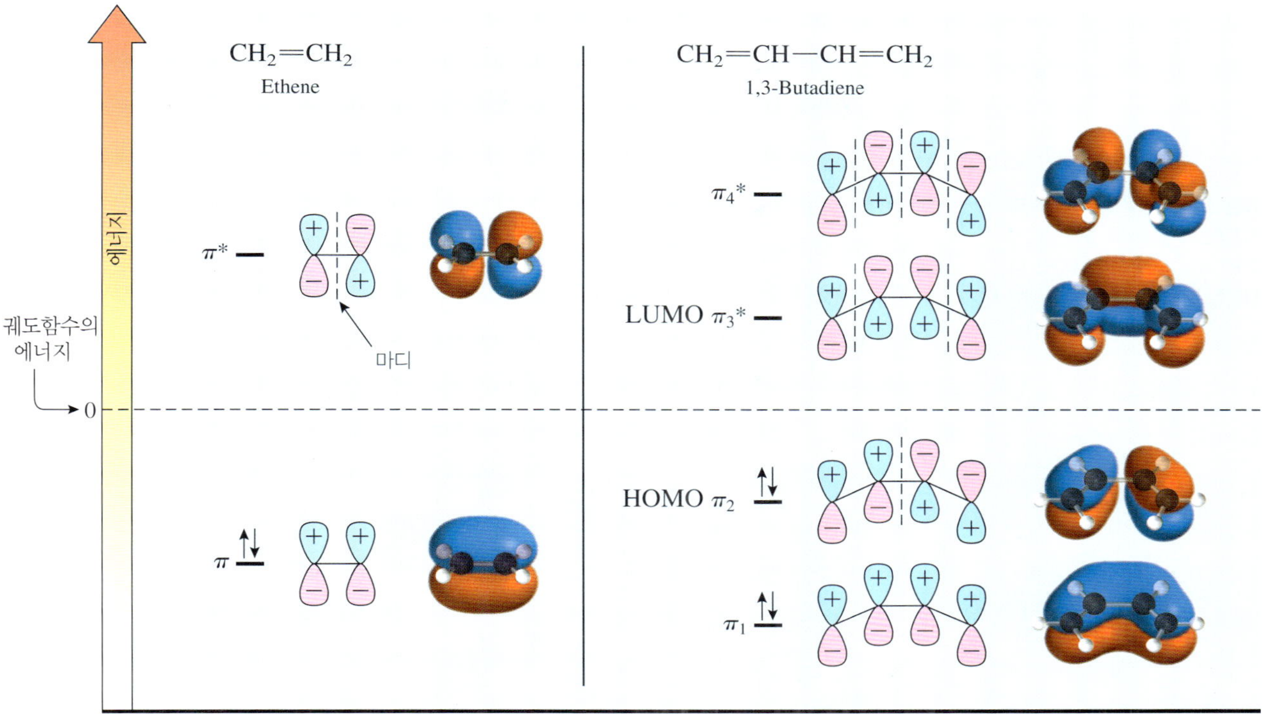


그림 22.2 에텐과 1,3-뷰타다이엔의 파이 MO에 대한 에너지와 마디성질.

이 규칙을 콘쥬게이트 분자의 MO에 어떻게 적용하는가를 살펴보자.

먼저 그림 22.2에 나타낸 에텐의 파이 MO를 생각해보자. 두 *p* 궤도함수는 두 파이 MO를 형성하기 위하여 결합한다. 이들 파이 MO의 에너지는 제로 에너지 주위에 대칭적으로 배열한다. 한 MO는 결합이고 다른 것은 반결합이다. 결합 MO는 마디가 없으며 반결합 MO는 1개의 마디가 있다. 결합 MO는 전자쌍에 의해 점유되고 한편 반결합 MO는 비어 있다.

그림 22.2에 나타낸 1,3-뷰타다이엔의 파이 MO는 같은 방법으로 구성되어 있다. 두 이중결합이 있으므로 4개의 *p* 궤도함수는 결합하여 4개의 파이 MO를 형성한다. 이들 MO의 에너지는 0 에너지 주위에 대칭적으로 배열하므로 2개의 결합 MO와 2개의 반결합 MO가 있다. 가장 낮은-에너지 MO, $\pi_1$은 마디가 없다. 모든 AO는 결합양식으로 겹쳐진다. 즉 한 궤도함수의 플러스 귓뿔은 이웃 궤도함수의 플러스 귓뿔과 겹쳐진다. 다음 MO, $\pi_2$는 1개의 마디를 가지며 분자 내의 두 중심탄소 사이에 대칭으로 위치한다. 이 MO에서 *p* AO의 두 겹침은 결합성이고 분자의 중앙에 있는 겹침은 반결합성이다. 한 궤도함수의 플러스 귓뿔이 다른 궤도함수의 마이너스 귓뿔과 겹쳐지기 때문이다. 이 궤도함수는 전체적으로 결합 궤도함수이다. 이것은 2개의 유리한(결합) 겹침과 1개의 불리한 겹침을 가졌기 때문이다. 다음 MO, $\pi_3^*$은 분자 내에 대칭으로 위치한 2개의 마디를 갖는다. 이것은 알짜 반결합 MO이다. 두 겹침은 반결합성이고 한 겹침은 결합성이다. 끝으로 $\pi_4^*$는 3개의 마디를 갖는다. *p* AO의 모든 겹침이 반결합성이기 때문에 이것은 가장 높은-에너지 MO이다. 4개의 파이 전자가 있으므로 두 결합 MO, $\pi_1$과 $\pi_2$는 전자쌍으로 채워진

다. 전자를 포함한 가장 높은-에너지 궤도함수를 **최고 점유 분자궤도함수(Highest Occupied Molecular Orbital, HOMO)**라 부른다. 전자를 포함하지 않은 가장 낮은-에너지 궤도함수를 **최저 비점유 분자궤도함수(Lowest Unoccupied Moecular Orbital, LUMO)**라 부른다.

그림 22.3은 1,3,5-헥사트라이엔, 6개의 콘쥬게이트 $p$ 궤도함수 대한 파이 분자궤도함수를 나타냈다. 6개의 $p$ AO는 결합하여 6개의 파이 MO를 형성한다. 이들은 0 에너지 주위에 대칭으로 배열된다. 3개의 결합 MO와 3개의 반결합 MO이다. 가

**그림 22.3** 1,3,5-헥사트라이엔의 바닥상태와 들뜬상태에 대한 파이 MO의 에너지와 마디성질.

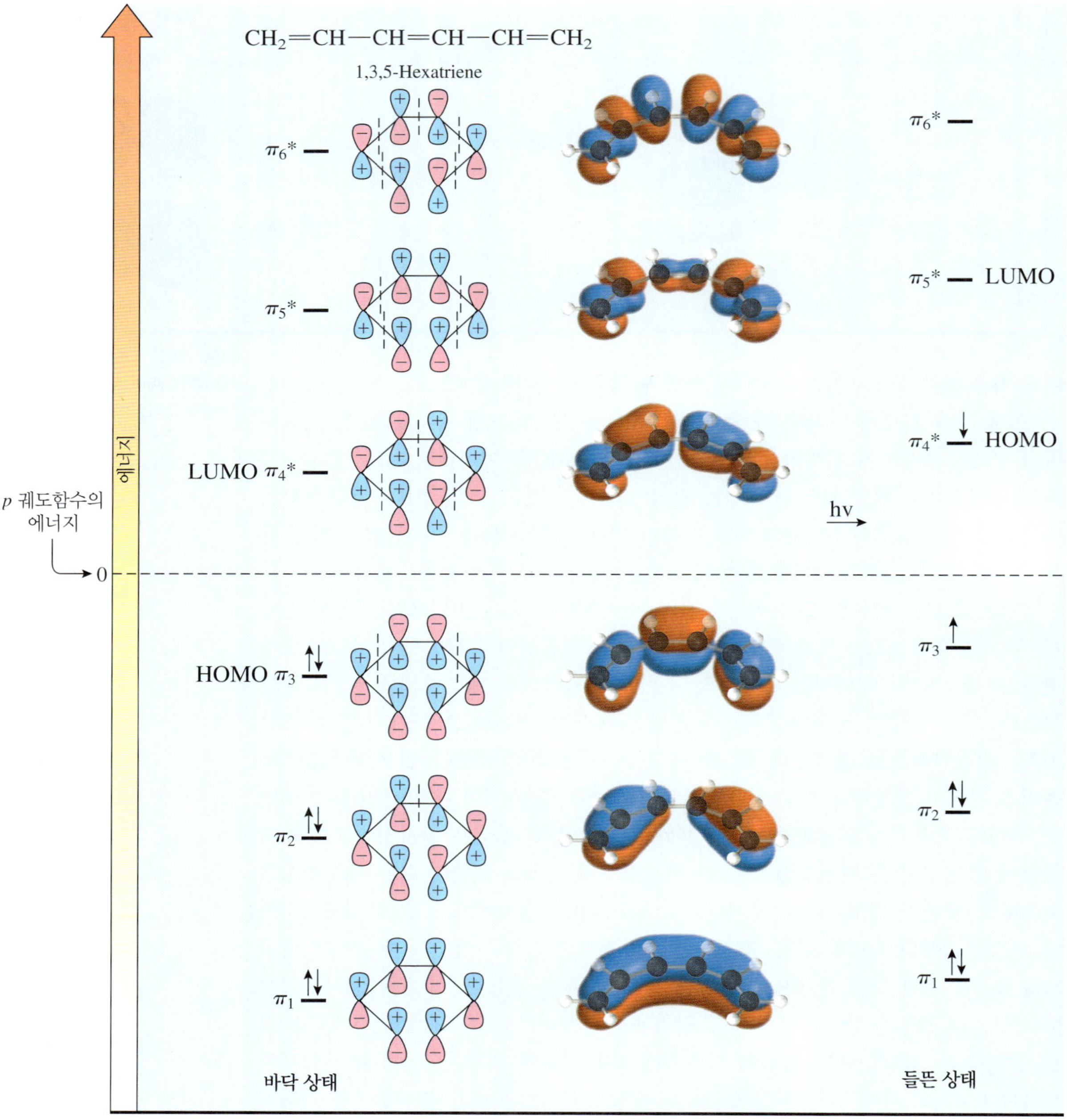

장 낮은-에너지 MO는 마디가 없고 반결합 MO는 하나의 마디를 갖는다. 이 파이 MO에는 6개의 전자가 있다. 전자의 가장낮은-에너지 배열을 **바닥상태(ground state)**라 부른다. 바닥상태에서 3개의 결합 파이 MO에 6개의 전자를 갖는다(다른 에너지가 높은 전자배열을 **들뜬상태(excited state)**라고 부른다). 1,3,5-헥사트라이엔의 바닥상태에서 HOMO는 $\pi_3$이고 LUMO는 $\pi_4$*이다.

15.1절의 UV-가시선 분광학의 논의에서 기술한 것처럼 화합물에 의한 광자의 흡수는 전자를 점유 MO로부터 비점유 MO로 들뜨게 한다. HOMO에 있는 전자가 LUMO로 들뜨면 가장 낮은-에너지 들뜸이 일어난다. 1,3,5-헥사트라이엔의 경우 $\pi_3$에 있는 전자는 $\pi_4$*로 들떠서 가장 낮은-에너지 들뜬상태를 형성한다(그림 22.3). 들뜬상태에서 HOMO는 $\pi_4$*이고 LUMO는 $\pi_5$*이다. 광화학반응에서 반응하는 것은 들뜬상태이다.

콘쥬게이트 카보양이온, 카보음이온 및 홀수의 전자를 가진 라디칼도 역시 중요하다. 같은 규칙을 이들 홀 전자계에 대한 MO 형성에 사용할 수 있다. 간단한 예로 그림 22.4에 나타낸 알릴 라디칼을 고려해보자. 3개의 $p$ AO는 3개의 파이 MO를 형성한다. 이 궤도함수들은 제로 에너지 주위에 대칭으로 배열된다. 그러므로 한 궤도함수 제로에너지에 있다. 그러므로 알릴 라디칼은 결합 MO, 제로에너지에서 비

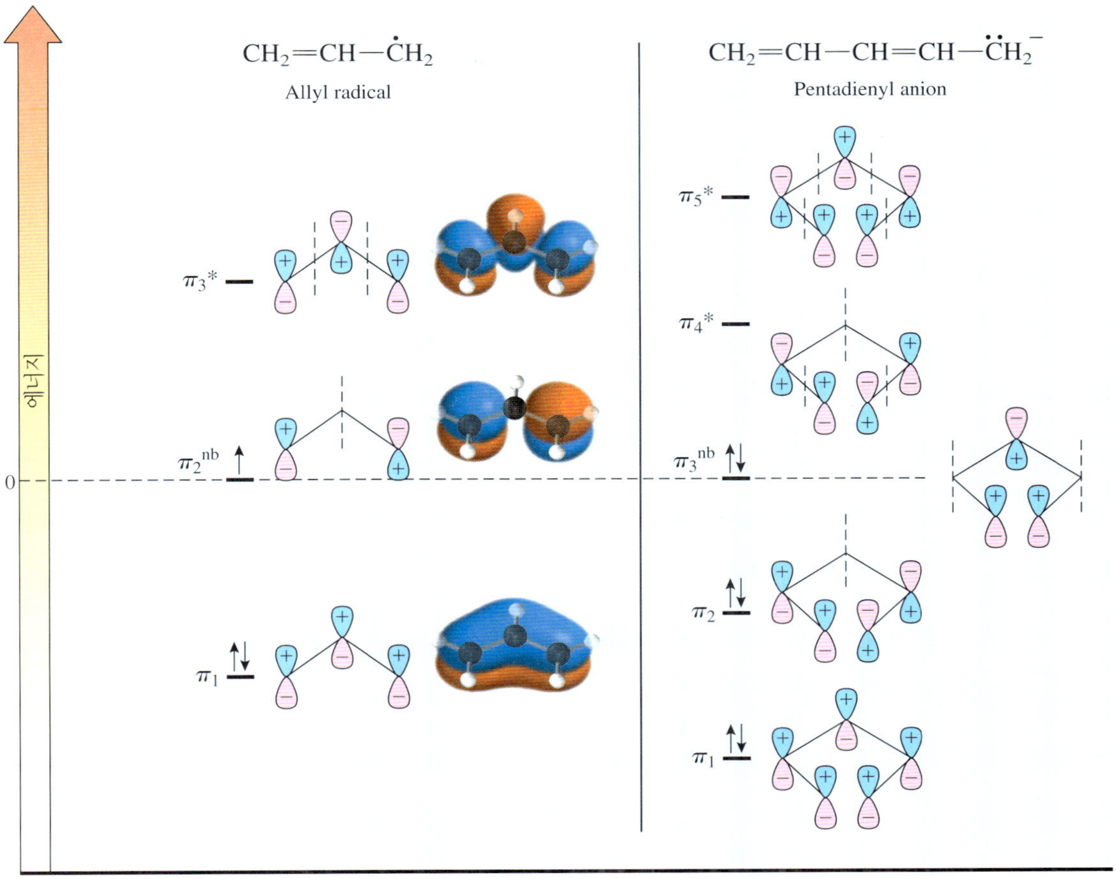


그림 22.4 알릴 라디칼과 펜타다이엔일 음이온의 MO에 대한 에너지와 마디성질.

결합 MO 및 반결합 MO 를 갖는다. 비결합 MO의 존재는 모든 홀수 궤도함수계의 특성이다.

홀 궤도함수계의 다른 특성은 원자를 통과하는 마디이다. 예로 알킬 라디칼의 $\pi_2^{nb}$는 1개의 마디를 갖는다. 이 마디가 라디칼에서 대칭으로 배열하기 위하여 그림 22.4에서처럼 C-2를 통과해야 한다. 이것은 C-2에 있는 $p$ 궤도함수는 비결합 MO에 전혀 기여하지 못한다. C-1과 C-3에 있는 $p$ 궤도함수는 멀리 떨어져 있어서 상호작용할 수 없다. 그러므로 이 MO는 유리된 $p$ 궤도함수에서와 같은 에너지를 가지며 비결합 궤도함수이다.

알릴 라디칼은 3개의 전자를 가지며 2개는 $\pi_1$에 1개는 비결합 MO에 점유된다. 알릴 양이온과 알릴 음이온은 같은 MO를 갖는다. 그러나 양이온은 2개의 전자만을 가지며 $\pi_1$에 점유되고 한편 음이온은 4개의 전자를 가지며 결함 MO와 반결합 MO가 다 채워진다.

그림 22.4는 펜타다이엔일 음이온에 대한 MO를 나타낸다. 이 음이온의 5개의 $p$ 궤도함수는 결합하여 5개의 MO를 형성한다. 두 결합 MO와 두 반결합 MO 및 한 비결합 MO이다. 가장 낮은-에너지 MO, $\pi_1$은 마디가 없다. 다음 MO, $\pi_2$는 C-3에서 음이온의 중심을 통과하는 하나의 마디를 갖는다. 비결합 MO, $\pi_3^{nb}$는 C-2와 C-4에서 2개의 마디를 갖는다. 다음 MO, $\pi_4$*는 3개의 마디를 가지며 하나는 C-3에서 분자의 중심을 통과한다. 끝으로 $\pi_5$*는 4개의 마디를 갖는다. 이 카보음이온의 6개의 전자가 있으므로 비결합 MO는 전자쌍으로 점유된다.

일반적으로 모든 홀 궤도함수계는 짝수-원자 탄소를 통과하는 비결합 MO를 갖는다. 양이온은 비결합 MO에 전자가 없으며 이 MO에 라디칼은 1개의 전자, 음이온은 2개의 전자를 갖는다.

고리형 협동반응이 유리한가를 결정하기 위하여 반응과정에서 전자의 총 에너지가 어떻게 변하는가를 평가할 필요가 있다. 반응이 일어남에 따라 반응분자의 MO는 생성물의 MO로 변환된다. 이 변환이 에너지적으로 유리하면, 즉 전자가 에너지가 증가하지 않는 MO에 점유되면 반응은 일어날 수 있고 허용된다고 한다. 전자가 에너지가 증가하는 MO에 점유되면 반응은 불리해지고 금지된다고 한다. 그러므로 반응이 진행됨에 따라 점유 MO의 에너지에 어떤 현상이 일어날 것인가를 평가할 필요가 있다.

Woodward와 Hoffmann에 의해 개발된 방법은 반응 MO가 생성 MO로 어떻게 변환되는가, 반응과정에서 전자의 총 에너지가 어떻게 변하는가를 결정하기 위하여 MO에 있는 마디 배열의 대칭을 이용하였다. Fukui 방법은 소위 **경계(frontier) MO**인 HOMO와 LUMO에 집중되었다. 경계 궤도함수의 에너지는 전체 에너지 변환이 유리한가를 결정하는 열쇠가 되기 때문이다. 이 방법은 HOMO의 궤도함수 또는 몇 가지 경우에는 한 성분의 HOMO의 궤도함수와 다른 성분의 LUMO와 어떻게 새로운 결합을 형성하기 위하여 겹쳐지는가를 검토하는 것이다. 새로운 겹침이 유리하면 반응은 허용된다. 새로운 겹침이 불리하면 반응은 금지된다. Fukui 방법 (**경계 궤도함수법, frontier orbital method**)은 상당히 단순하기 때문에 이 교재에서는 이 방법을 사용한다. 다음 절에 나타낸 예는 이 방법을 어떻게 적용할 것인가를 설명해준다.

**문제 22.2** 다음 화학종에 대한 파이 MO에너지와 전자배열을 나타내어라. HOMO와 LUMO를 표시하여라.

**a)** $CH_2{=}CH\overset{+}{C}H_2$ 의 바닥상태

**b)** $CH_2{=}CHCH{=}CHCH{=}CHCH{=}CH_2$ 의 바닥상태

**c)** $CH_2{=}CHCH{=}CHCH{=}CH\overset{+}{C}H_2$ 의 바닥상태

**d)** $CH_2{=}CHCH{=}CH_2$ 의 가장 낮은-에너지 들뜬 상태

**e)** $CH_2{=}CHCH{=}CH\dot{C}H_2$ 의 바닥상태

**f)** $CH_2{=}CHCH{=}CHCH{=}CH\overset{\cdot\cdot\,-}{C}H_2$ 의 가장 낮은-에너지 들뜬 상태

**문제 22.3** 이들 MO의 마디 성질을 나타내어라.

**a)**  의 바닥상태의 LUMO

**b)**  의 $\pi_2$

**c)**  의 가장 낮은-에너지 들뜬 상태의 LUMO

**d)** 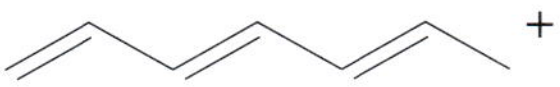 의 $\pi_4{}^{nb}$

**e)**  의 바닥상태의 HOMO

## 22.3 전자고리화 반응

고리형 협동반응은 보통 세 부류로 분류한다. 전자고리화 반응, 고리화 첨가반응 및 시그마결합 자리옮김반응이다. **전자고리화 반응(electrocyclic reaction)**은 분자 내에서 일련의 콘쥬게이트 파이결합의 말단 원자 간에 시그마결합을 형성한다. 한 예로 1,3-뷰타다이엔이 사이클로뷰텐으로 변환이고 1,3,5-헥사트라이엔이 반응하여 1,3-사이클로헥사다이엔을 형성하는 것과 유사하다.

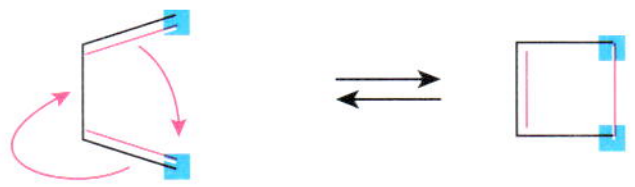

1,3-Butadiene Cyclobutene

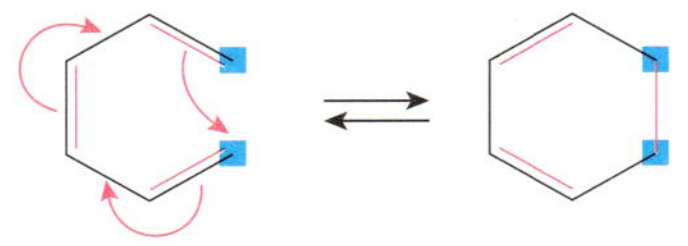


이 예에서 볼 수 있는 것처럼 생성물은 반응물보다 1개 더 많은 시그마결합을 가지며 한 개 적은 파이결합을 갖는다.

가장 간단한 전자고리화 반응인 열 유발 다이엔과 사이클로뷰텐의 상호변환을 고려해보자. 다음 예로 설명한 것처럼 반응은 현저히 입체특이성이며 동일방향 운동에 의해 일어난다.

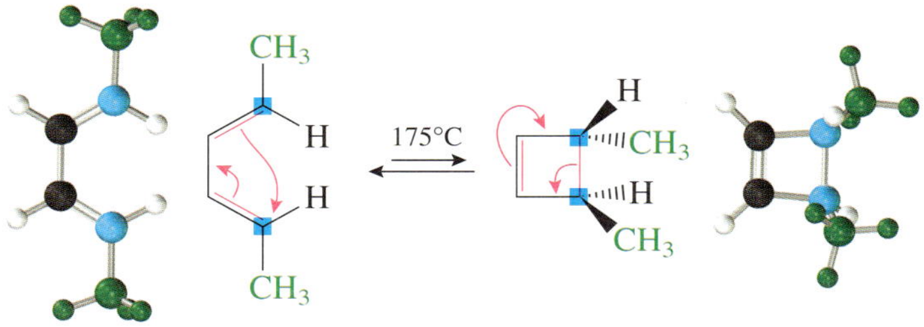


전자고리화 반응에서 콘쥬게이트계의 말단 탄소는 이 탄소에 있는 $p$ 궤도함수가 새로운 탄소-탄소결합을 형성하기 위하여 겹쳐지기 위해서는 회전해야 한다. 이 반응에서 회전의 입체화학에 대한 선호는 회전이 일어나는 HOMO에서 새로운 궤도함수의 겹침을 검토함으로써 이해할 수 있다. 새로운 시그마결합 형성이 유리하게 되기 위해서는 이 결합을 형성하는 궤도함수의 겹침이 HOMO에서의 결합성이 되도록 화전이 일어나야 한다.

콘쥬게이트 다이엔의 바닥상태 반응에 대해 HOMO는 $\pi_2$이다. 이 MO의 동일방향회전은 파이계의 한 끝에 있는 $p$ 궤도함수의 플러스 귓뿔이 파이계의 다른 끝에 있는 $p$ 궤도함수의 플러스 귓뿔과 겹쳐진다.

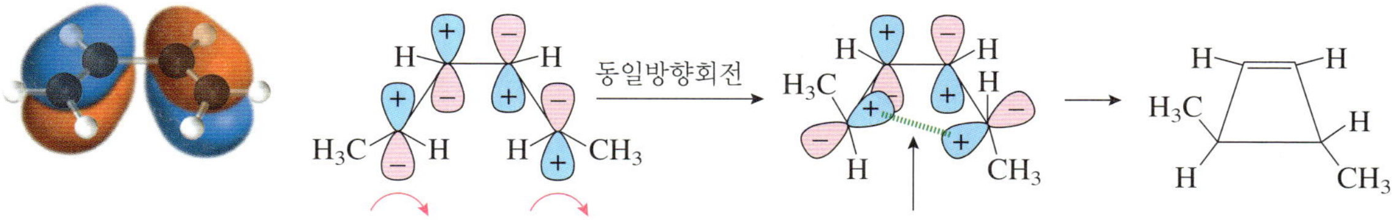


**다이엔 동일방향회전은 열적으로 허용된다.**

회전에 의한 HOMO에서 이 결합성 겹침은 새로운 시그마결합 형성을 유리하게 해준다. 동일방향회전에 의해 다이엔에서 사이클로뷰텐으로 변환은 **열적으로 허용된다**.

대조적으로 반대방향회전은 파이계의 한 끝에 있는 $p$ 궤도함수의 플러스 귓뿔이 HOMO의 다른 끝에 있는 $p$ 궤도함수의 마이너스 귓뿔과 겹쳐진다.

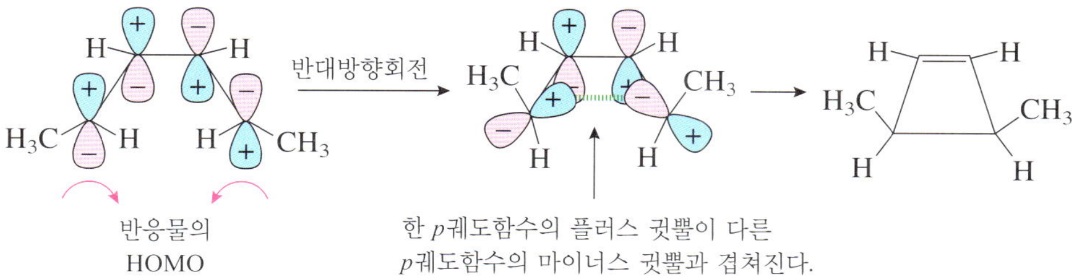


**다이엔의 반대방향회전은 열적으로 금지된다.**

반대방향회전에 의한 HOMO에서 반결합성 겹침은 새로운 시그마 결합 형성이 불리해진다. 다이엔에서 사이클로뷰텐으로 반대방향회전 닫침은 열적으로 금지된다.

HOMO에서 새로운 시그마결합을 형성하는 데 궤도함수의 유리한 결합성 겹침의 필요는 전자고리화 반응에서 유리한 회전을 예측할 수 있도록 해준다. 뷰타다이엔의 사이클로뷰텐으로 광화학적 변환을 고려해보자. 반응이 들뜬상태를 통해 일어나기 때문에 HOMO는 $\pi_5$이다. 새로운 겹침이 결합성이 되기 위해서는 반대방향회전이 필요하다.

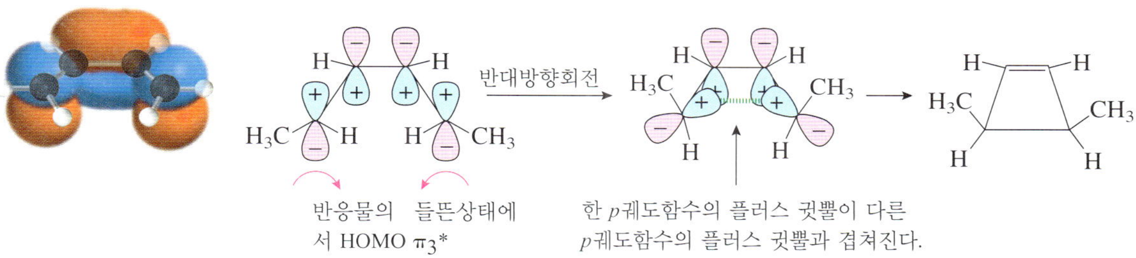


**다이엔의 반대방향회전은 광화학적으로 허용된다.**

이 분석에 맞게, 많은 실험은 다이엔의 사이클로뷰텐으로 반대방향회전 고리 닫침 경로가 화합물에 UV광을 조사했을 때 일어나는 경로라는 것을 나타내준다.

---

**문제 22.4** 궤도함수 그림을 사용하여 다이엔의 동일방향회전이 광화학적으로 허용된다는 것을 나타내어라.

---

유사한 분석으로 트라이엔으로부터 사이클로헥사다이엔 형성의 입체화학을 정확히 예측할 수 있다. 열반응에 대해 HOMO는 $\pi_3$이다. 이 MO를 검토해보면 새로운 시그마결합 형성이 결합성이 되는 겹침이 되려면 반대방향회전이 필요하다.

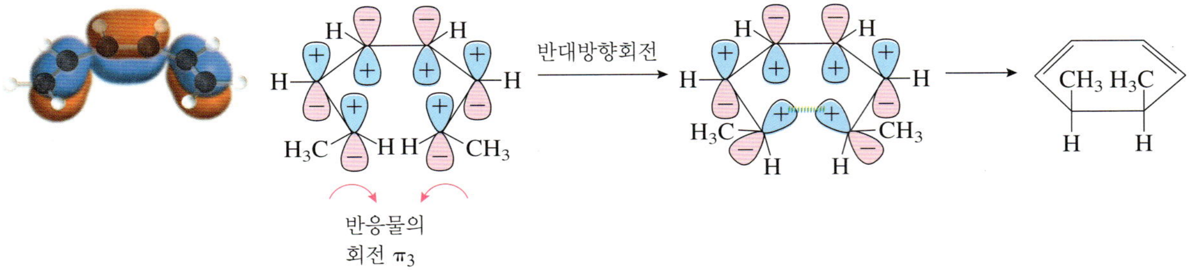


**트라이엔의 반대방향회전은 열적으로 허용된다.**

들뜬상태 반응에 대해 HOMO는 $\pi_4$*이다. 여기서 동일 방향회전이 유리한 경로이다.

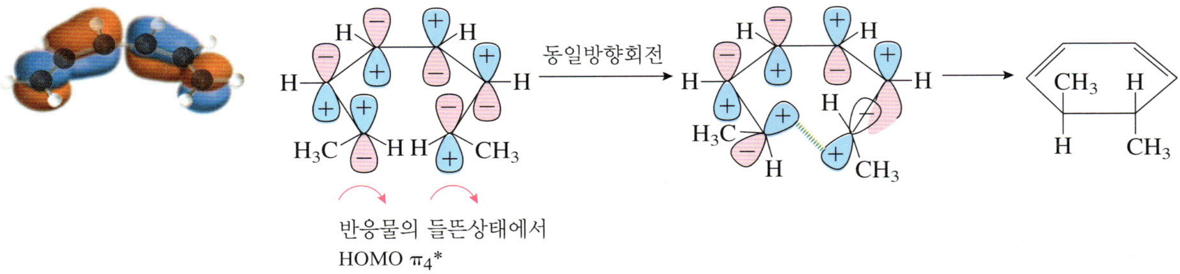


**트라이엔의 동일방향회전은 광화학적으로 허용된다.**

이 두 결론은 다음 절에서 소개할 실험결과와 잘 일치한다.

## 예제 22.1

궤도함수 그림을 사용하여 이 반응이 허용되는지 또는 금지되는지를 결정하여라.

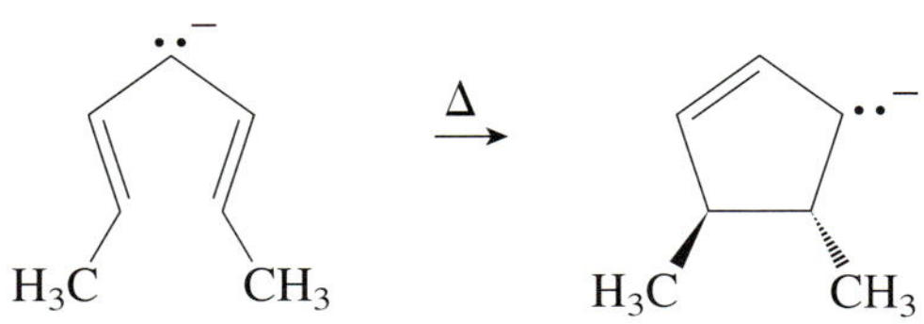


### 풀이

이 음이온은 5개의 $p$ 궤도함수를 가지므로 5개의 MO가 있다(그림 22.4). 이 MO에는 6개의 전자가 있다. 그러므로 열 반응(바닥상태)에 대한 HOMO는 $\pi_3^{nb}$이다. 동일 방향회전이 필요하므로 메틸기가 트랜스인 생성물이 형성된다.

새로운 결합형성 겹침이 반결합성이기 때문에 이 반응은 열적으로 금지된다.

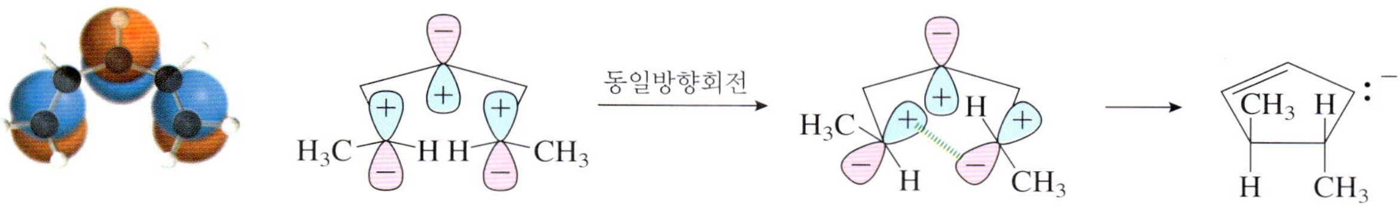


**문제 22.5** 궤도함수 그림을 사용하여 트라이엔의 동일방향회전이 열적으로 금지되고 반대방향회전이 광화학적으로 금지인지를 나타내어라.

**문제 22.6** 궤도함수의 그림을 사용하여 다음 반응이 허용인지 또는 금지인지를 결정하여라.

**a)**

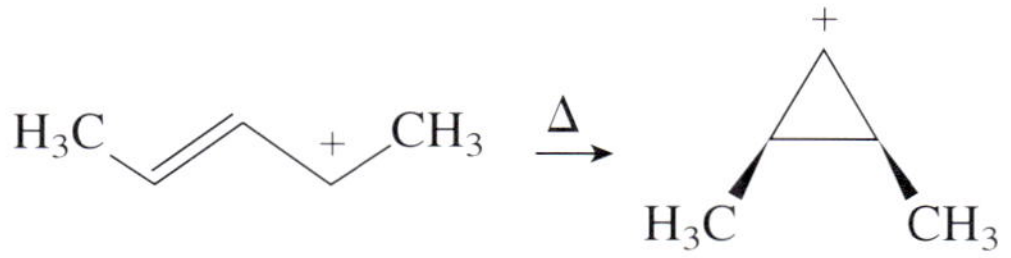


**b)**

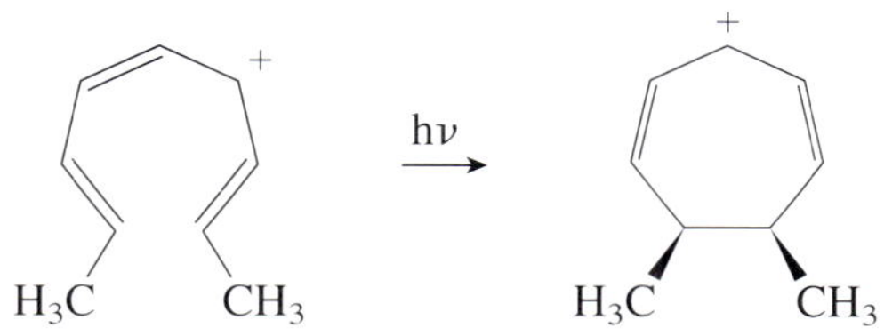


반응 분자의 파이 MO에 있는 전자쌍의 수를 근거로 동일방향회전 또는 반대방향회전에 대한 선호도를 일반화할 수 있다. 두 개의 전자쌍(두 파이 결합)을 가진 다이엔 바닥상태의 HOMO로 $\pi_2$를 갖는다. 이 MO는 하나의 마디를 가지므로 열 반응에서 동일방향회전이 필요하다. 3개의 전자쌍을 가진 트라이엔은 HOMO가 $\pi_3$이다. 이 MO는 두 개의 마디를 가지므로 반대방향회전이 유리하다. 유리한 회전은 파이 전자쌍의 수에 따라 교대로 된다는 것이 분명하다. 그러므로 4개의 파이결합을 갖는 분자는 동일방향회전을 선호한다. 더욱이 들뜬상태에 대한 선호도는 바닥상태의 선호도의 반대가 된다. 들뜬상태 HOMO는 언제나 바닥상태 HOMO보다 한 개 더 많은 마디를 갖는다. 이 선호도를 다음 표에 요약하였다.

| 전자쌍의 수 | 반대방향회전 | 동일방향회전 |
|---|---|---|
| 홀수 | 열적으로 허용 | 광화학적으로 허용 |
| 짝수 | 광화학적으로 허용 | 열적으로 허용 |

(홀수의 전자쌍은 $4n + 2$와 같고 짝수의 전자쌍은 $4n$과 같다. $n$은 영을 포함한 정수이다.)

**문제 22.7** 앞의 표를 사용하여 문제 22.6의 반응이 허용인지 또는 금지인지를 결정하여라.

## 예제 22.2

다음 반응에서 전자쌍의 수, 회전의 형태 및 반응이 허용인지 또는 금지인지를 결정하여라.

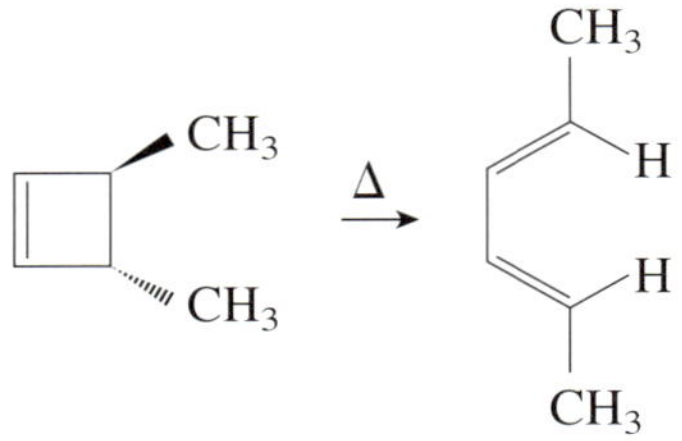


**풀이**

이런 형태의 반응을 보통 다른 방향에서, 즉 다이엔에서 사이클로뷰텐의 변환으로 분석한다. 그러나 어느 방향에서든 같은 분석을 할 수 있다. 이 경우에는 짝수의 전자쌍을 포함한다. 반응물의 시그마결합과 파이결합을 생성물의 두 파이결합으로 변환시킬 수 있다. 반응은 동일방향회전으로 일어난다.

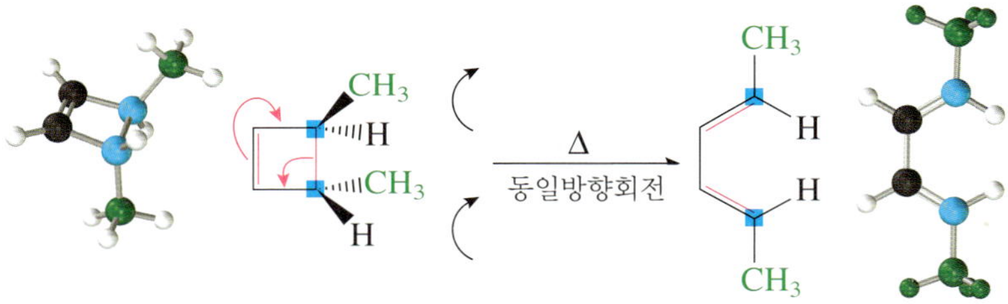


표에 따라서 짝수의 전자쌍을 포함하는 동일방향회전이 열적으로 허용된다. 그러므로 반응은 허용을 나타낸다. 광화학적 조건에서는 금지이다.

**문제 22.8** 다음 반응에 대한 전자쌍의 수와 회전의 형태를 나타내고 각 반응이 허용인지 또는 금지인지를 결정하여라.

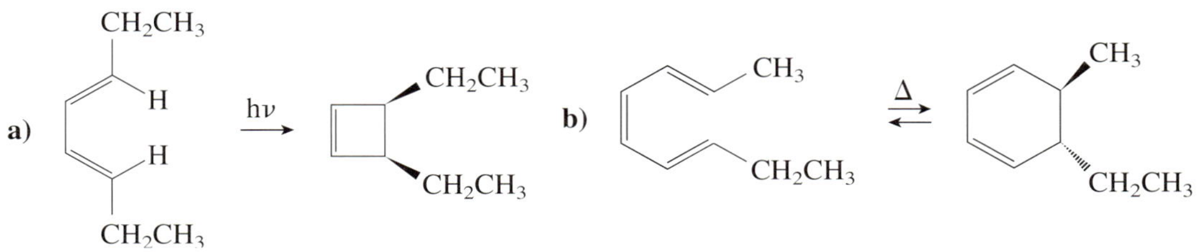

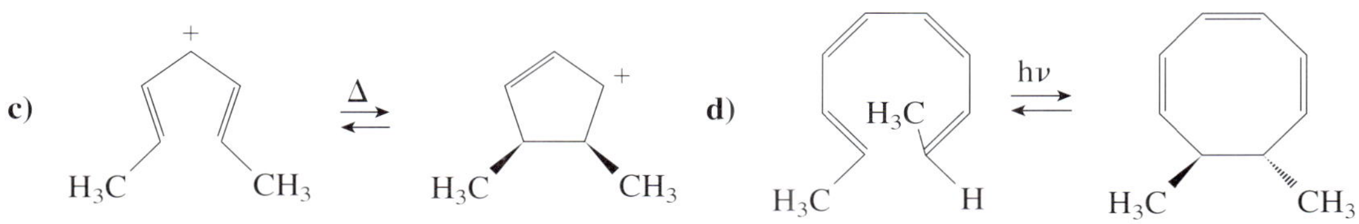

## 22.4 전자고리화 반응의 예

22.3절에서 분석은 사이클로뷰텐과 다이엔의 열 상호변환은 동일방향회전에 의해 일어난다는 것을 나타내준다. 동일방향회전으로 진행되는 한 반응은 어느 방향으로든지 허용된다. 그러나 보통 사이클로뷰텐에서 다이엔으로 변환만이 관찰된다. 사이클로뷰텐은 각 무리에 의해 불안정하고 평형에서 흔적량만이 존재한다. 사이클로뷰텐이 다이엔을 형성하는 고리 열림 예를 다음 방정식에 나타냈다.

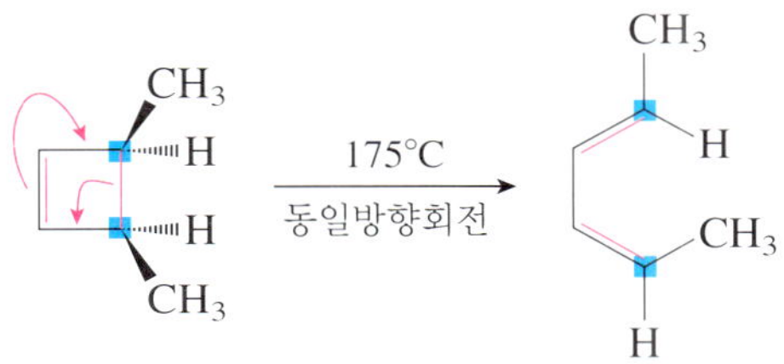


역과정, 다이엔에서 사이클로뷰텐의 변환은 광화학적으로 이루어질 수 있다. 사이클로뷰텐은 불안정하지만 다이엔은 장-파장의 광을 흡수하기 때문에 선택적으로 다이엔을 들뜨게 할 수 있다. 그 예를 다음 방정식에 나타냈다.

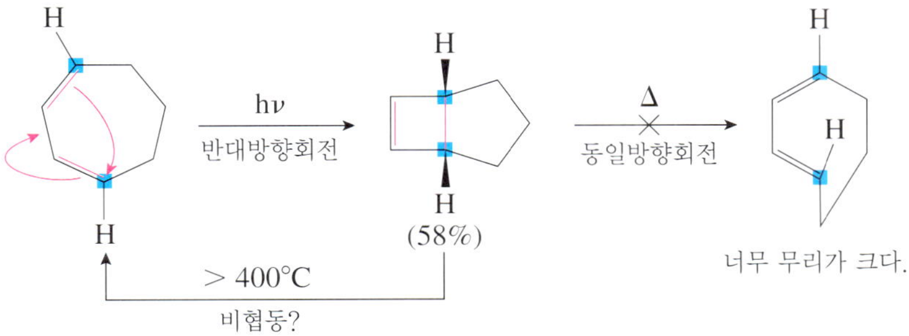


이 반응에서 적절한 에너지를 가진 광은 1,3-사이클로헵타다이엔을 선택적으로 들뜨게 하는 데 사용한다. 다이엔은 반대방향회전에 의해 사이크로뷰텐이 된다. 물론 생성물은 사이클로뷰텐의 각 무리 때문에 반응물보다는 불안정하지만 허용된 반응에 의해 다이엔으로 되돌아갈 수 없다. 반응에 사용할 광을 흡수할 수가 없으므로 광

학적으로 허용되는 반대방향회전 경로는 가능하지 않다. 동일방향회전 열림이 열적으로 허용되지만 트랜스 이중결합을 가진 사이클로헵타다이엔이 생성된다. 이와 같은 화합물은 형성되기에는 너무 많은 무리가 걸린다. 그러므로 생성물은 용이하게 분리된다. 이것을 400°C 이상의 높은 온도로 가열해주면 무리가 있는 고리는 1,3-사이클로헵타다이엔을 생성하며 절단된다. 이 반응은 금지된 반대방향회전 경로 아마도 비협동 메카니즘에 의해 일어난다.

사이클로헥사다이엔을 형성하는 트라이엔의 열 허용 고리화는 다음 방정식으로 설명한 것처럼 반대방향회전으로 일어난다. 이 경우에 생성물은 반응물보다 한 개 더 많은 시그마결합과 한 개 적은 파이결합을 가지므로 생성물은 평형에서 유리하다.

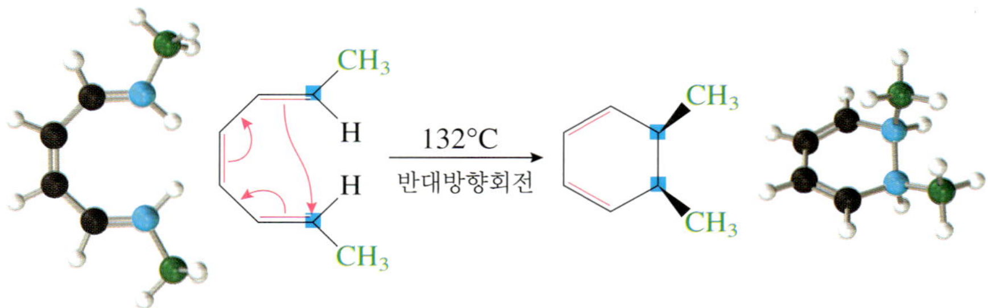


다른 예는 1,3,5-사이클로헵타트라이엔과 노카라다이엔의 전자고리 상호변환은 반대방향회전으로 일어난다.

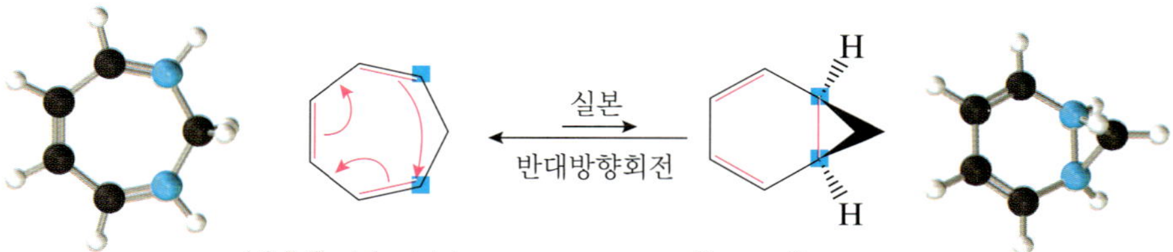


1,3,5-Cycloheptatriene Norcaradiene

노카라다이엔은 분리할 수 없다. 이것은 실온에서 빨리 사이클로헵타트라이엔으로 변환되고 평형 혼합물에서 고리 무리 때문에 그 농도는 대단히 낮다. 연관 예에서 다음 방정식에서 나타낸 것처럼 1,3,5-사이클로노나트라이엔은 반대방향회전에 의해 고리화된다. 다시 반응은 반감기가 50°C에서 약 1시간이라는 것은 반응은 대단히 용이하다는 것을 나타내준다. 이 경우에 5-와 6-원자고리를 가진 생성물이 9-원자고리를 가진 출발물질보다 더 안정하다.

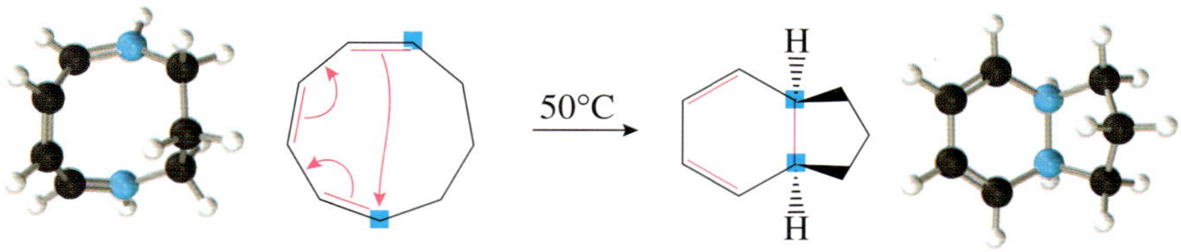


1,3,5-Cyclononatriene (100%)

테트라엔의 경우에도 동일방향회전은 열적으로 허용된 고리화 과정이다.

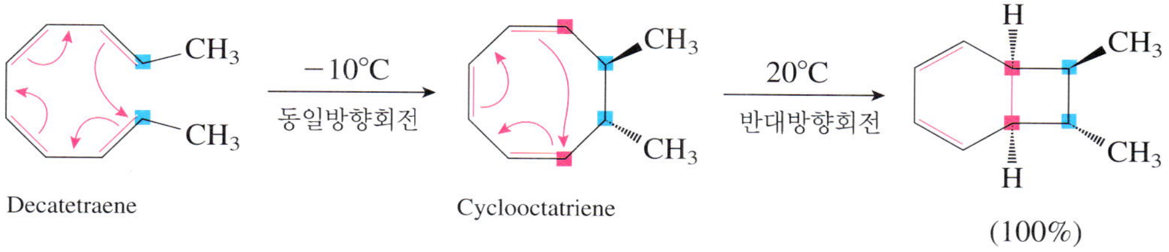


데카테트라엔은 −10°C에서 동일방향회전에 의해 두 메틸기가 트랜스로 배열된 사이클로옥타테트라엔을 생성한다. 사이클로옥타테트라엔을 20°C로 가열하면 열적으로 허용된 반대방향회전 고리닫힘을 일으켜 최종생성물을 형성한다.

**문제 22.9** 다음 반응의 생성물을 나타내어라.

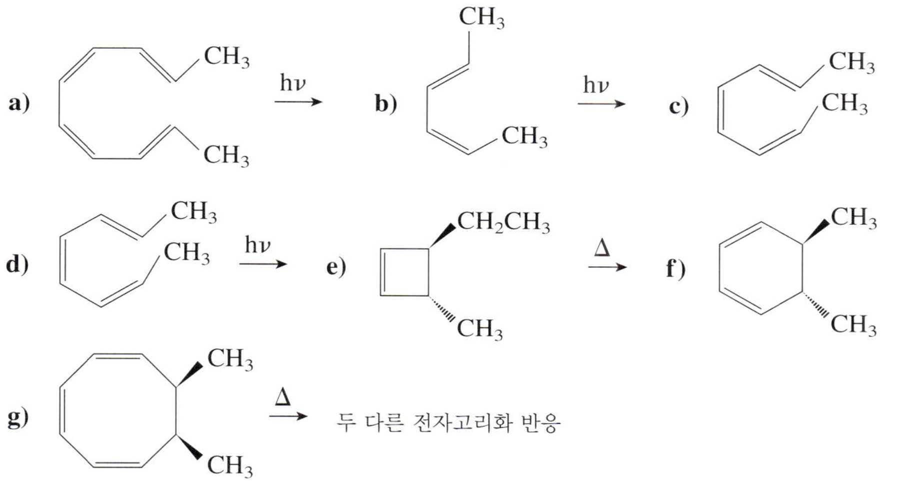


## 22.5 고리화 첨가반응

**고리화 첨가반응(cycloaddition reaction)**은 두 분자가 반응하여 고리를 형성하면서 파이계의 말단 원자 간에 새로운 두 결합을 형성한다. 생성물은 반응물보다 두 개의 더 많은 시그마결합과 두 개의 적은 파이결합을 갖는다. 반응은 각 반응에서파이 전자의 수에 따라 분류된다. 그러므로 두 알켄이 반응하여 사이클로뷰텐 유도체를 형성하는 반응을 [2 + 2] 고리화 첨가반응이라 부르고 알켄과 다이엔의 반응으로 사이클로헥센 유도체를 형성하는 반응을 [4 + 2] 고리화 첨가반응이라 부른다.

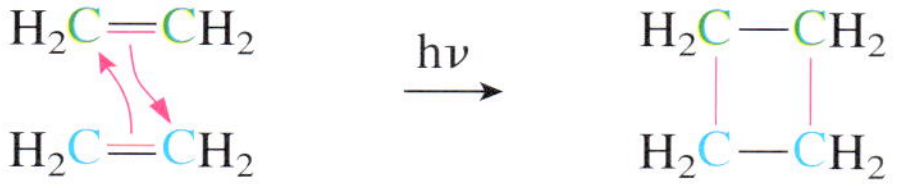


[2 + 2] 고리화 첨가반응

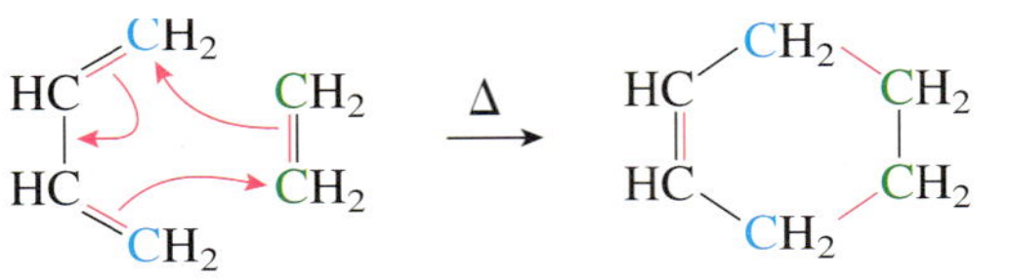


[4 + 2] 고리화 첨가반응

고리화 첨가반응은 한 반응물의 HOMO로부터 다른 반응물의 LUMO로 전자의 이동을 포함하는 반응이다. 그러므로 이들 MO 사이의 상호작용의 검토가 반응이 유리한가를 결정하는 데 사용된다. 고리화 첨가반응이 허용되기 위해서는 한 성분의 HOMO의 궤도함수가 다른 성분의 LUMO 궤도함수와 겹쳐져 형성되는 새로운 시그마결합이 결합성이 되어야 한다. 몇 가지 예는 이 규칙을 적용하는 데 도움을 줄 것이다.

먼저 열적 [2 + 2] 고리화 첨가를 고려해보자. 한 성분 ($\pi$)의 HOMO와 다른 성분 ($\pi^*$)의 LUMO 간의 겹침은 다음과 같다.

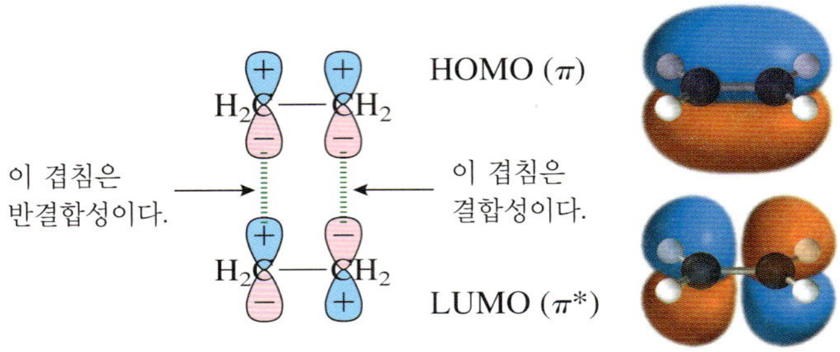


**[2 + 2] 고리화 첨가 반응은 열적 경로에 의해 금지 된다.**

이 겹침의 하나는 결합성이고 다른 하나는 반결합성이므로 반응은 열적으로 금지된다. 즉 화합물을 가열해주면 반응은 일어나지 않는다.

다음에 이 반응의 광화학적 형태를 생각해보자. 두 분자 간의 광화학적 반응은 한 성분의 들뜬상태와 다른 성분의 바닥상태를 포함한다. 들뜬 에텐의 HOMO는 $\pi^*$이고 바닥상태 에텐의 LUMO도 $\pi^*$이다. 겹침은 다음과 같다.

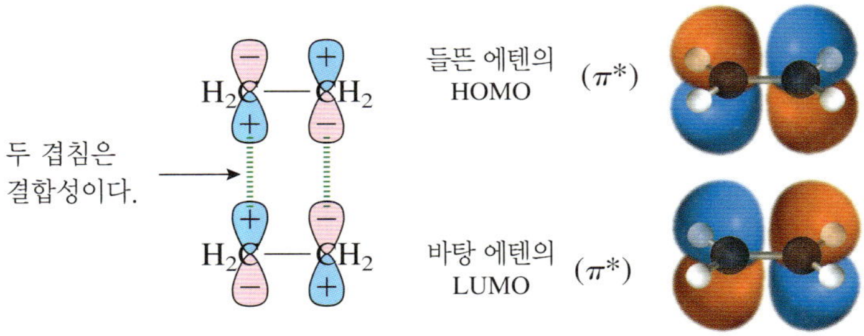


**[2 + 2] 고리화 첨가반응은 광화학적 경로에 의해 허용된다.**

새로운 시그마결합이 생성되는 두 겹침이 결합성 상호작용이므로 [2 + 2] 고리화 첨가반응은 광화학적으로 허용된다. 즉 화합물이 광을 흡수하면 반응이 일어난다.

이 고리화 첨가반응에서 일어나는 궤도함수 겹침을 분석할 때 두 가지 점을 주목해야 한다. 먼저 항상 하나의 새로운 시그마결합이 형성되는 결합성 겹침에서 시작하여라. MO의 마디성은 다른 겹침이 결합성인지 또는 반결합성인지를 결정해준다. 두 번째로 분석에서 성분 A의 HOMO와 성분 B의 LUMO를 적용하거나 또는 성분 A의 LUMO와 성분 B의 HOMO를 적용하거나 문제가 되지 않는다.

[4 + 2] 고리화 첨가반응을 고려해보자. 에텐의 LUMO ($\pi^*$)와 1,3-뷰타다이엔($\pi_2$)의 상호작용은 다음과 같다.

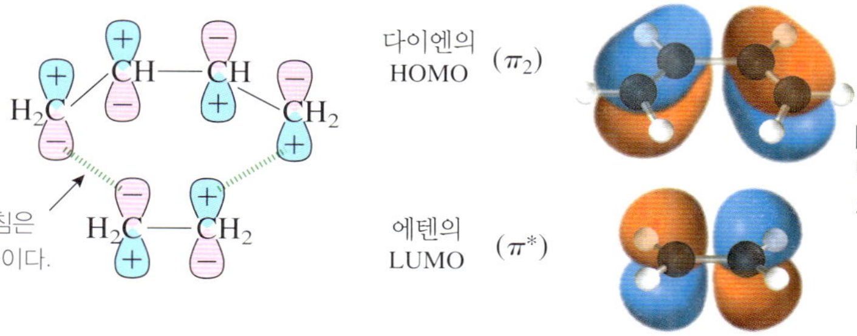


두 겹침은 결합성이고 반응은 열적으로 허용된다.

**문제 22.10** 궤도함수 그림을 사용하여 [4 + 2] 고리화 첨가반응이 광화학적으로 금지인지를 결정하여라.

**문제 22.11** 궤도함수 그림을 사용하여 열적 [4 + 4] 고리화 첨가반응이 허용인지 또는 금지인지를 결정하여라.

앞의 고리화 첨가반응에서 어느 성분에든 다른 파이결합을 가해주면 HOMO 또는 LUMO에 추가적인 마디가 도입되어 반응은 열적으로 금지되고 광화학적으로 허용된다. 다음 표에 고리화 첨가반응의 선호도를 요약하였다.

| 전자쌍의 수 | 허용된 고리화 첨가반응 |
|---|---|
| 홀수 | 열적 |
| 짝수 | 광화학적 |

고리화 첨가반응의 예를 다음 두 절에서 소개하였다.

**문제 22.12** 다음 반응에서 얼마나 많은 전자쌍이 포함되며 각 반응이 허용인지 또는 금지인지를 결정하여라.

a) 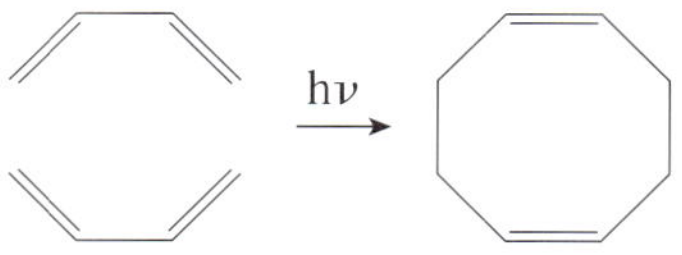

b) 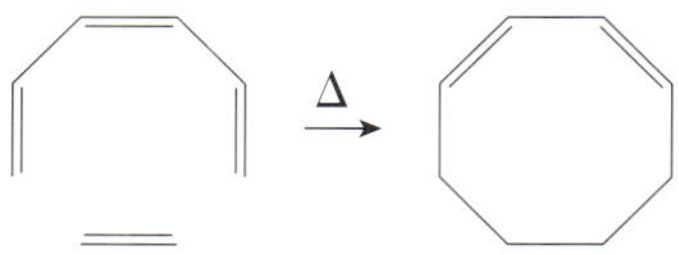

## 22.6 Diels-Alder 반응

[4 + 2] 고리화 첨가반응은 고리형 협동반응이 개발되기 오래전에 발견되었다. 이 반응은 O. Diels와 K. Alder의 이름을 따서 *Diels-Alder* 반응으로 명명되었다. 이들은 이 반응을 개발한 업적으로 1950년에 Novel 화학상을 공동으로 수상하였다. Diels-Alder 반응은 사슬 선구물질로부터 6-원자고리를 합성하는 방법이므로 유기합성화학에서 대단히 중요한 위치를 차지한다.

일반적으로 Diels-Alder 반응은 친다이엔체인 알켄과 다이엔이 반응하여 사이클로헥센 유도체를 형성하는 반응이다. 가장 간단한 예는 다음 방정식에서 설명한 것처럼 에텐(친다이엔체)과 1,3-뷰타다이엔(다이엔)의 반응이다.

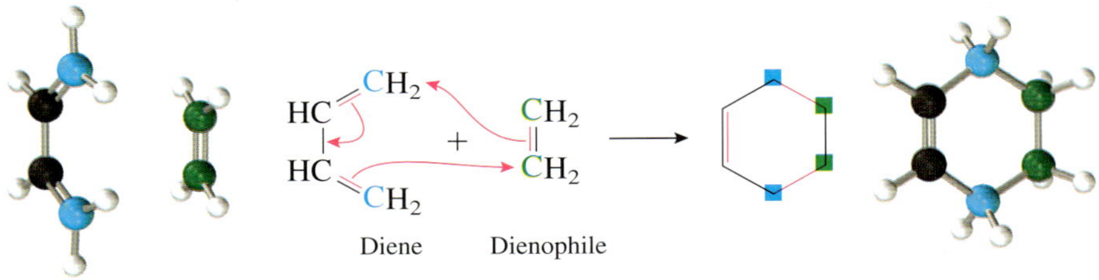


이 특정한 반응에서 사이클로헥센의 수득률은 높지 않다. 일반적으로 다이엔에 전자-주는기, 친다이엔체에 전자-끄는기가 치환되면 Diels-Alder 반응의 수득률은 더 좋아진다. Diels-Alder 반응에서 우수한 친다이엔체인 전자-끄는기가 치환된 많은 알켄의 예를 다음에 나타냈다.

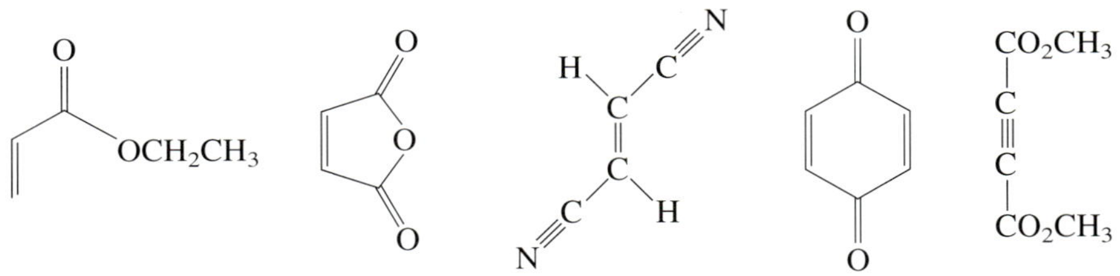


다음 방정식은 우수한 수득률로 진행되는 Diels-Alder 반응에서 좋은 친다이엔체를 사용한 예이다.

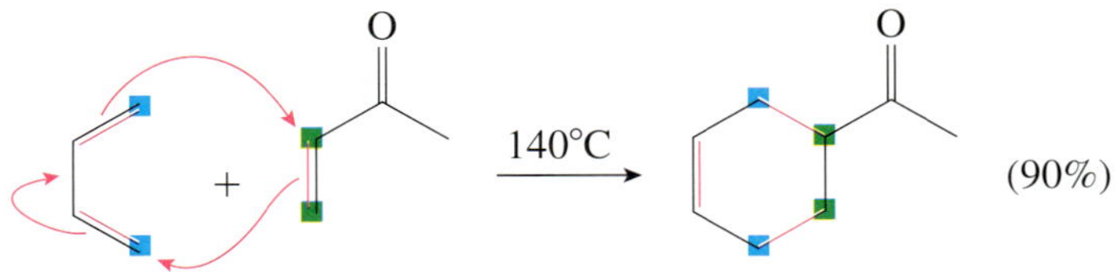


다음에 반응의 입체화학을 설명해보자. 22.5절에서 설명한 것처럼 궤도함수가 겹쳐진다면 첨가는 친다이엔체와 다이엔에서 다 신첨가가 된다. 첨가가 친다이엔체에서 신이라는 것을 나타낸 예를 다음 방정식으로 설명하였다. 이 반응에서 친다이엔체의 카복실산기의 시스-입체화학은 첨가생성물에서 보전된다.

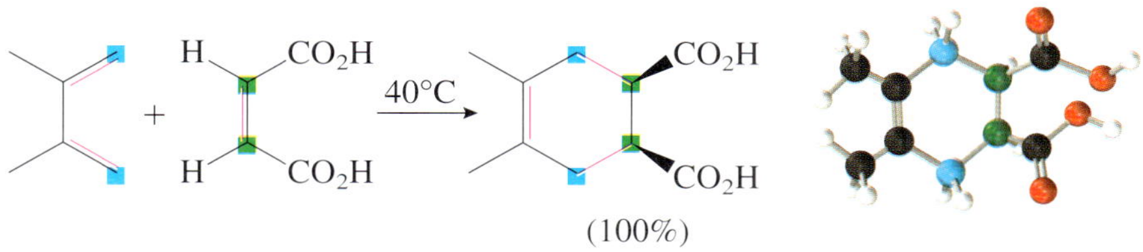


다이엔의 삼차원 형태를 생각해보자. 콘쥬게이션에 의한 안정화의 극대화를 위하여 다이엔의 중심탄소의 $p$ 궤도함수가 평행해야 한다. 1,3-뷰타다이엔과 같은 사슬다이엔에 대해 이들 궤도함수가 평행한 두 평면 회전배열이 있다.

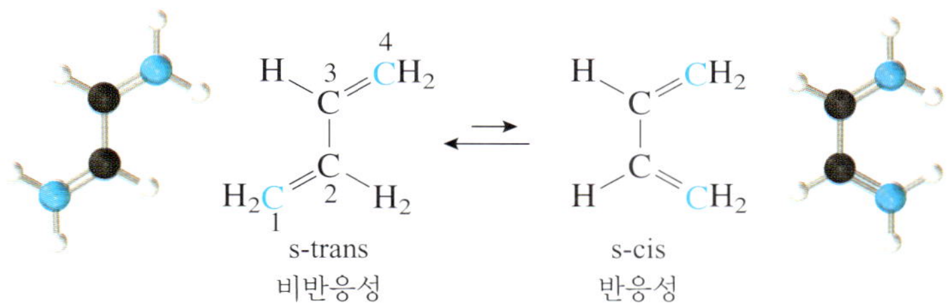


C-2와 C-3 사이의 단일결합의 반대 면에 C-1과 C-4에 이중결합을 가진 회전배열을 ***s*-트랜스 회전배열(*s*-trans conformation)**이라 부르고 단일결합의 같은 면에 이중결합을 가진 회전배열을 ***s*-시스 회전배열(*s*-cis conformation)**이라 부른다. 1,3-뷰타다이엔의 *s*-트랜스 회전배열은 큰 기가 멀리 떨어져 있어서 입체적 무리가 없으므로 더 안정하다. 이 두 회전배열의 상호변환은 빠르고 *s*-시스 회전배열만이 Diels-Alder 고리화 첨가반응에서 반응할 수 있다. *s*-트랜스 회전배열에서 C-1과 C-4가 친다이엔체에 동시에 결합하기에는 너무 멀리 떨어져 있다.

특정한 다이엔의 반응성은 평형혼합물에 있는 *s*-시스 회전배열의 농도에 의존한다. 이 회전배열의 농도를 증가시켜 주는 인자는 다이엔의 반응성을 증가시켜준다. 이 효과의 예로 2,3-다이메틸-1,3-뷰타다이엔을 고려해보자.

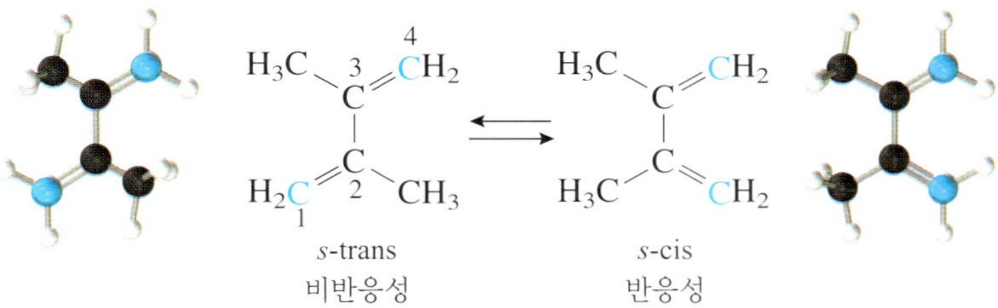


C-2와 C-3에 있는 메틸기는 *s*-트랜스와 *s*-시스 회전배열이 비슷한 입체적 무리를 갖도록 해준다. 그러므로 평형에서 1,3-뷰타다이엔보다 2,3-다이메틸-1,3-뷰타다이엔에서 *s*-시스 회전배열이 더 많이 존재한다. 이런 이유 때문에 Diels-Alder 반응에서 2,3-다이메틸-1,3-뷰타다이엔은 1,3-뷰타다이엔보다 10배 더 반응이 빠르다.

3-메틸사이클로헥세인의 경우에는 이중결합은 *s*-트랜스 회전배열에 고정되어

있다. 이 화합물은 Diels-Alder 반응에서 다이엔체로 반응할 수 없다.

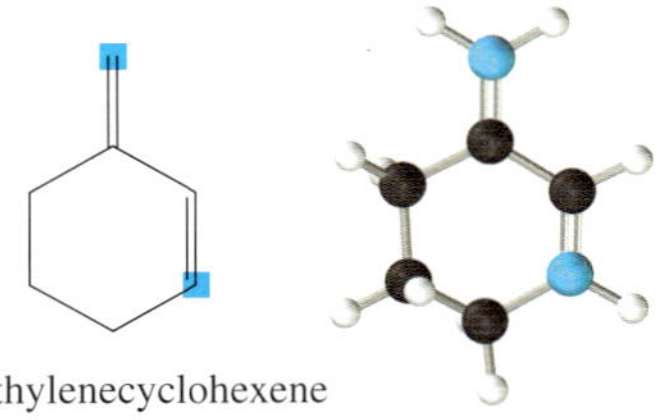

3-Methylenecyclohexene

대조적으로 사이크로로펜타다이엔의 이중결합은 *s*-시스 회전배열로 고정된다. 이것은 사이클로펜타다이엔을 Diels-Alder 반응에서 다이엔체로 반응성을 크게 해주어 실온에서 이합체화한다. 한 분자는 다이엔체로 다른 분자는 친다이엔체로 반응하여 다음 방정식으로 나타낸 것처럼 다이사이클로펜타다이엔을 형성한다.

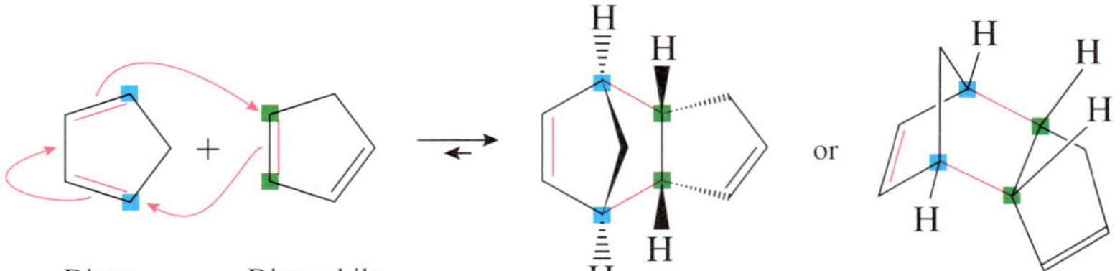


Cyclopentadiene

Dicyclopentadiene

사이클로펜타다이엔은 너무 반응성이 커서 저장하는 동안 다이사이클로펜타다이엔으로 이합체화하므로 상품으로 판매할 수 없다. 필요할 때에는 다이사이클로펜타다이엔을 가열하여 제조할 수 있다. 사이클로펜타다엔은 Diels-Alder 반응의 역반응으로 생산된다. 뜨거운 반응 혼합물을 증류하여 생성되는 즉시 사용한다.

**문제 22.13** 2,4-헥사다이엔의 다음 이성질체 중 어느 것이 Diels-Alder 반응에서 다이엔체로 더 반응성이 클 것인가를 설명하여라.

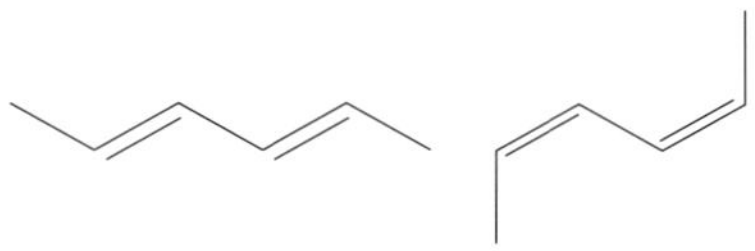

사이클로펜타다이엔의 이합체화는 다이엔과 친다이엔체 간의 입체화학인 Diels-

Alder 반응의 새로운 형태를 소개한다. 사이클로펜타다이엔이 다이엔으로 작용하면 생성물의 새로 형성된 6-원자고리는 1과 4 위치를 연결하는 한-탄소 다리를 갖는다.

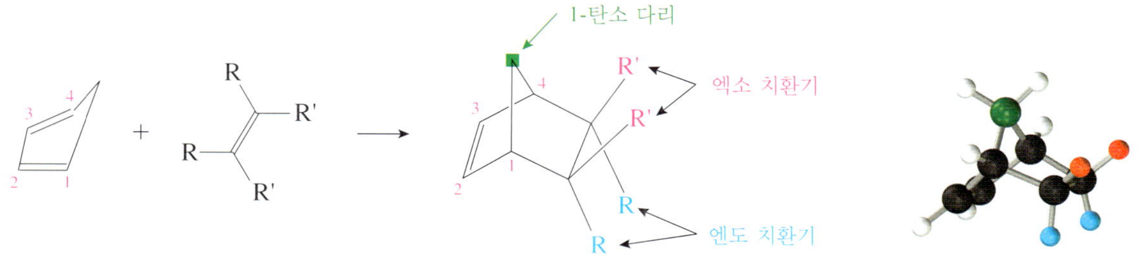


이 다리에 대해 시스인 기를 **엑소(exo)** 치환체이고 트렌스인 기를 **엔도(endo)** 치환체라 부른다.

사이클로펜타이엔의 이합체화로 형성되는 다이사이클로펜타다이엔은 다이엔으로 작용한 사이클로펜타다이엔 고리에 대해 엔도 배향에 있는 친다이엔체 고리를 갖는다. 보통 친다이엔체에 있는 치환기가 파이결합을 포함하면 첨가생성물에서 엔도가 된다. 사이클로펜타다이엔과 말레산 무수물과의 반응에 대한 다른 예를 다음 방정식으로 나타내었다.

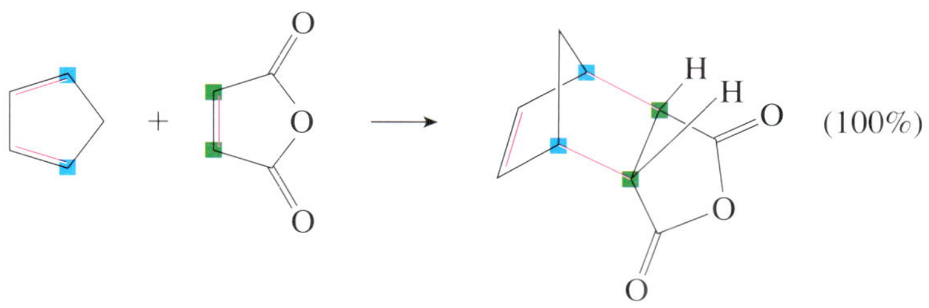

엔도 생성물을 유도하는 반응물의 배향을 다음에 나타냈다.

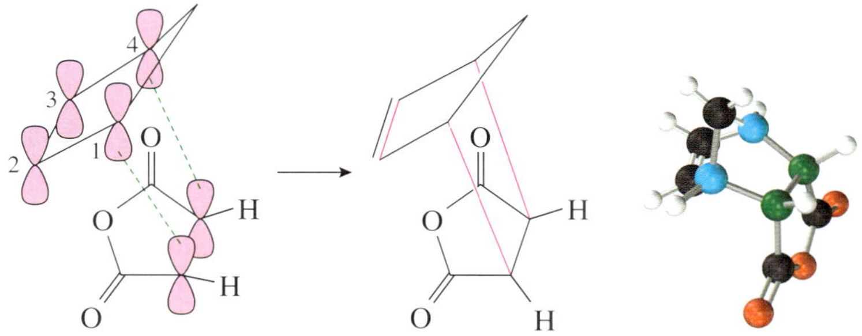

엔도 첨가물
(관찰)

그리고 엑소 생성물을 유도하는 배향은 다음과 같다.

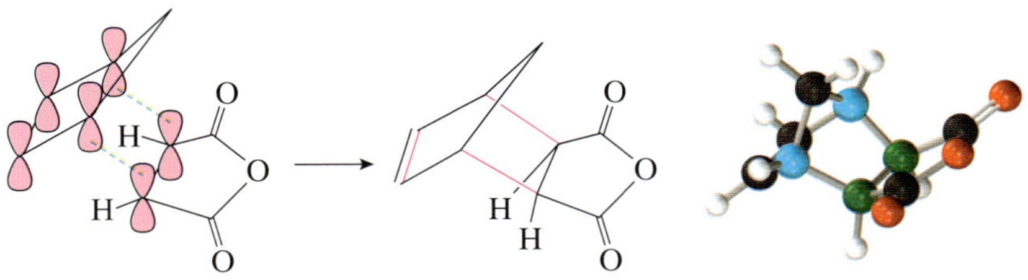

엑소 첨가물
(관찰하지 않음)

엔도 생성물을 유도하는 배향은 엑소 첨가생성물을 유도하는 배향보다 입체적으로 더 혼잡하기 때문에 입체적 효과가 배향을 조절하지 않는다는 것이 분명하다. 보다는 친다이엔체의 치환기에 있는 파이 궤도함수와 다이엔의 C-2와 C-3에 있는 궤도함수 간의 안정화 상호작용이 엔도 배향을 형성한다. 그 결과 $p$ 궤도함수가 있는 기가 이중결합 다이에 대해 시스가 되고 한-탄소 다리에 대해 트랜스가 된다.

다이엔과 친다이엔체가 비대칭으로 치환되어 있으면 위치-이성질체가 가능하다. 다이엔의 C-1에 치환되면 "오쏘-유사" 생성물이 형성된다.

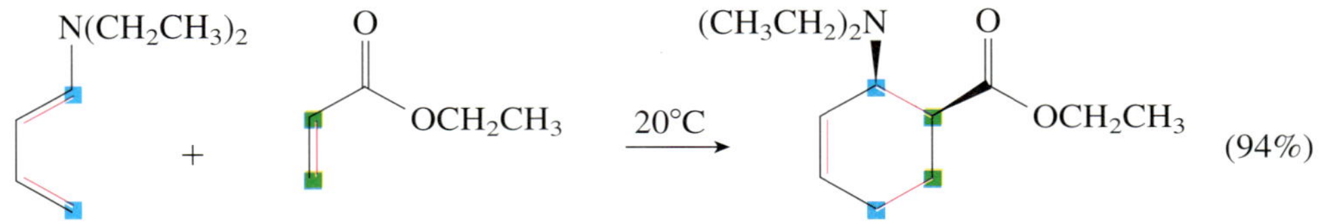

"오쏘-유사"
생성물

C-2에 치환되면 "파라-유사" 생성물이 형성된다.

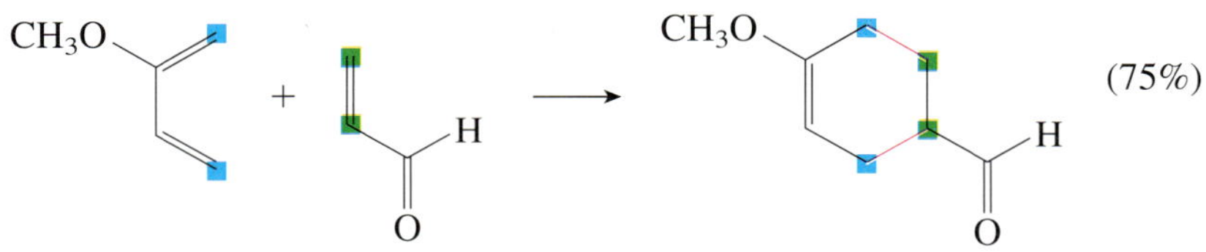

"파라-유사"
생성물

이 선호를 분자궤도함수설을 근거로 한 논의를 사용하면 합리화할 수 있으나 이 교재에서는 다루지 않겠다.

Diels-Alder 반응은 확실히 유기화학에서 가장 중요한 반응 중의 하나이다. 몇 가지 흥미 있는 예를 다음 방정식에 나타냈다. 벤젠은 생성물의 방향성이 상실되므로 다이엔으로 반응하지 않는다. 그러나 반응성이 큰 친다이엔체는 안트라센의 중앙고리에 첨가된다. 이 경우 두 벤젠고리를 가진 생성물은 많은 방향성 공명에너지를 잃지 않는다.

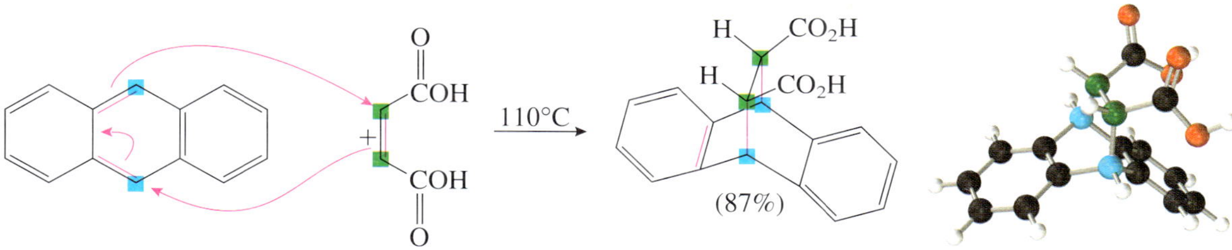

분자 내 Diels-Alder 반응은 동시에 몇 개의 고리를 형성하는 데 사용할 수 있다.

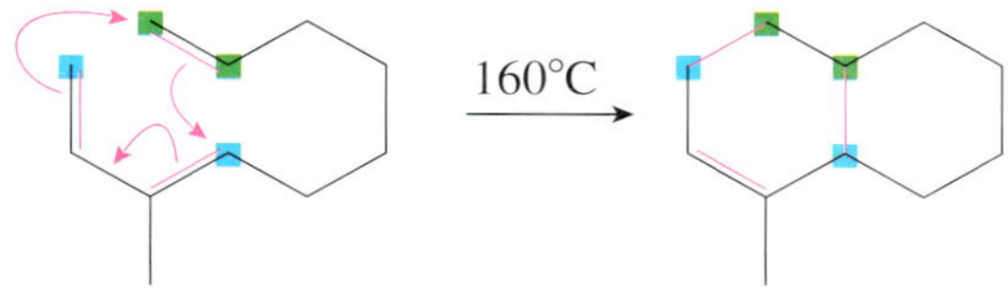

(95%)

일카인이 친다이엔체가 될 수 있다.

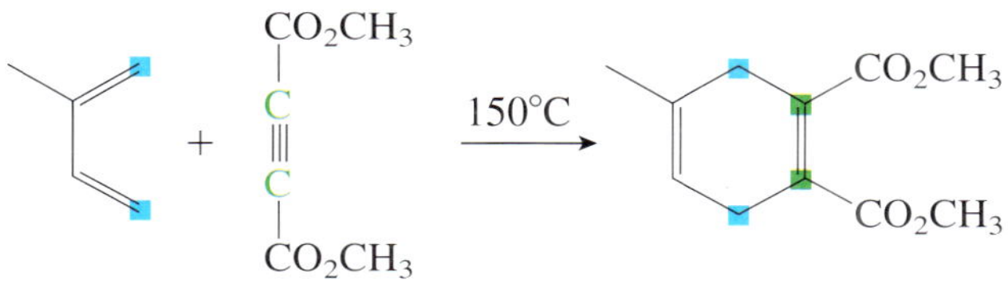

(87%)

탄소 이외의 원자도 다이엔 또는 친다이엔체의 일부가 될 수 있다.

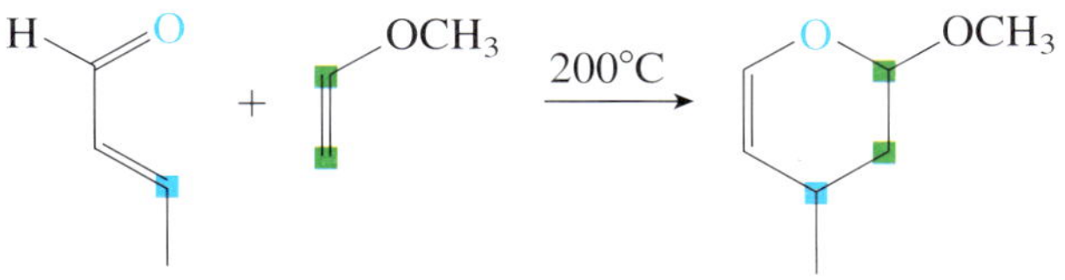

(57%)

**문제 22.14** 다음 반응의 생성물을 나타내어라.

**a)** 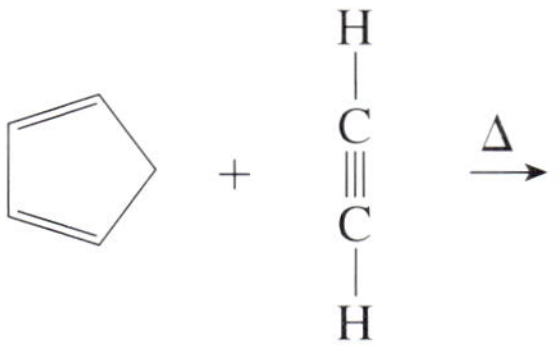

**b)** 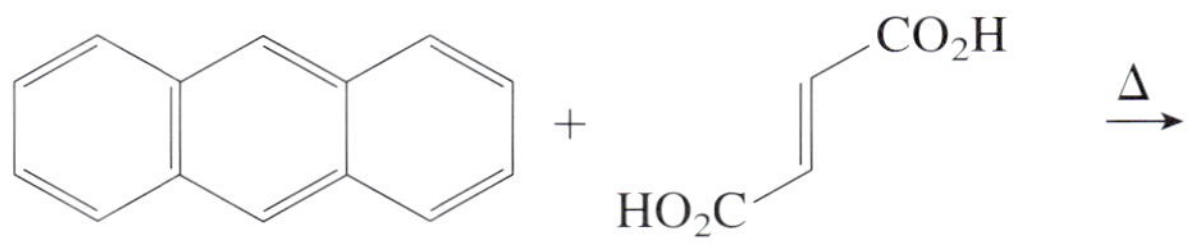

**c)** 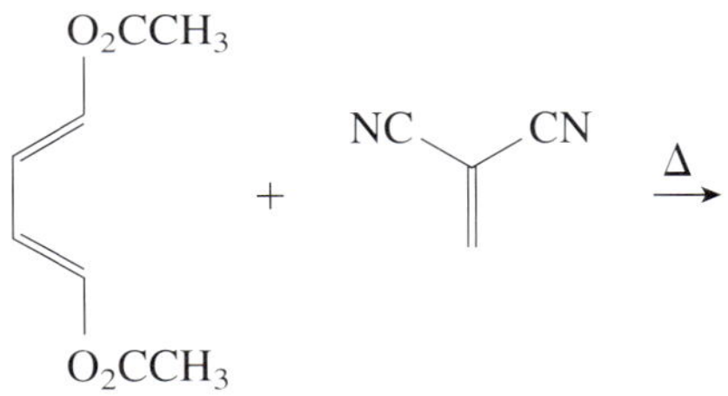

**d)** 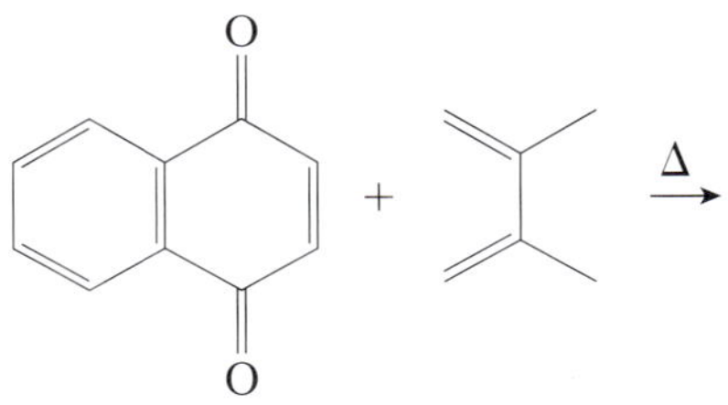

e) 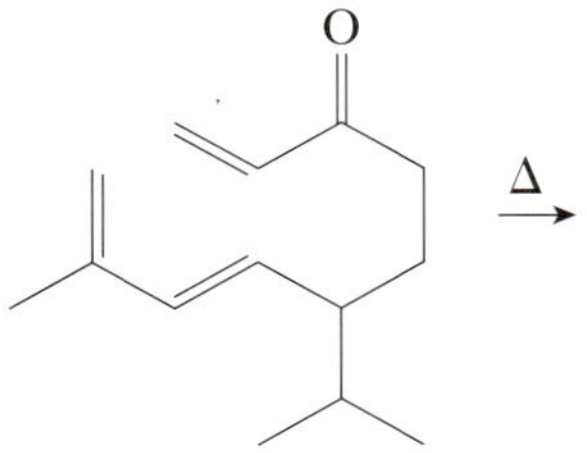

f) 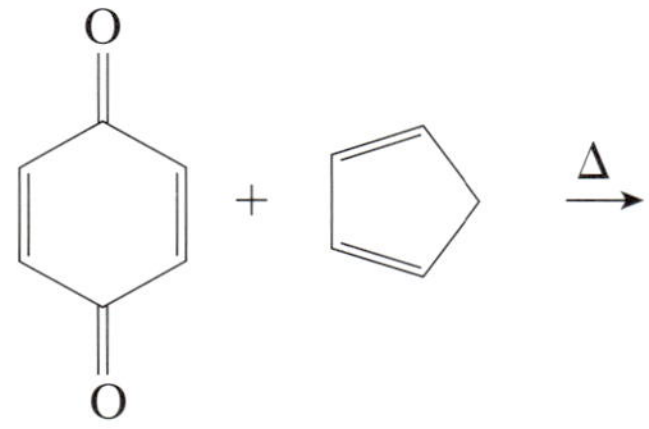

g) 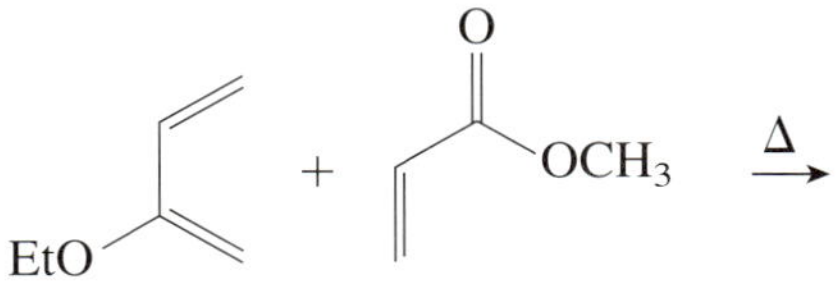

h) 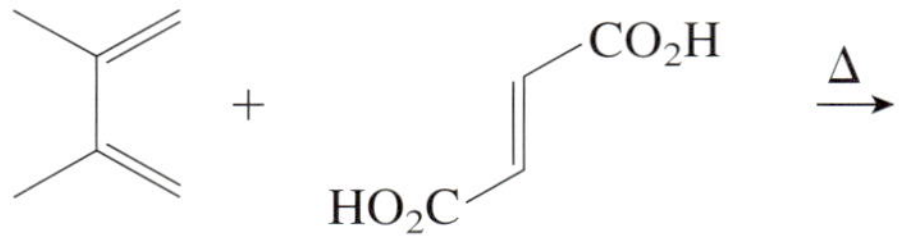

i) 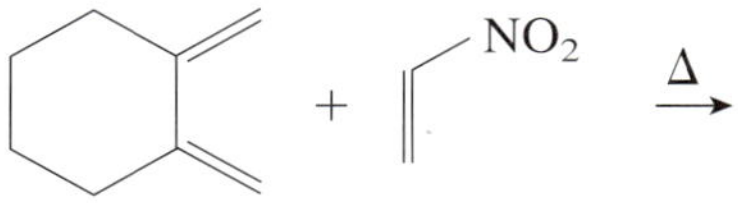

j) 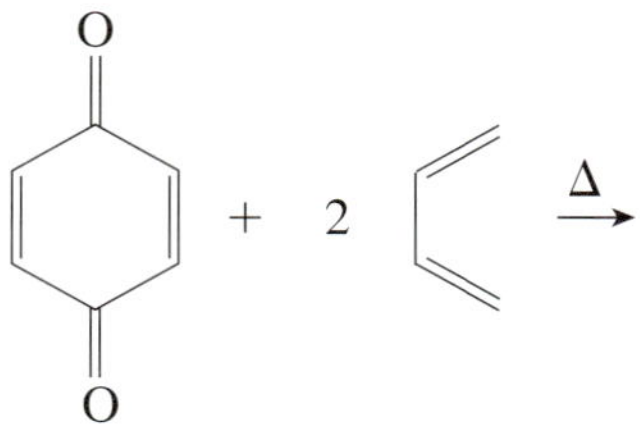

k) 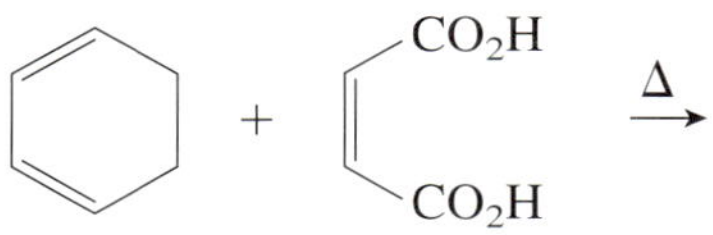

## 22.7 다른 고리화 첨가반응

22.5절에서 검토한 것처럼 [2 + 2] 고리화 첨가반응은 광화학적으로 허용된다. 수득률은 보통이지만 4-원자고리를 형성하는 다른 좋은 방법이 없기 때문에 아직도 이 반응은 대단히 유용하다. 다음 방정식으로 설명한 것처럼 고리화 첨가반응은 두 동일한 알켄을 이합화하고 또는 다른 알켄을 고리화한다.

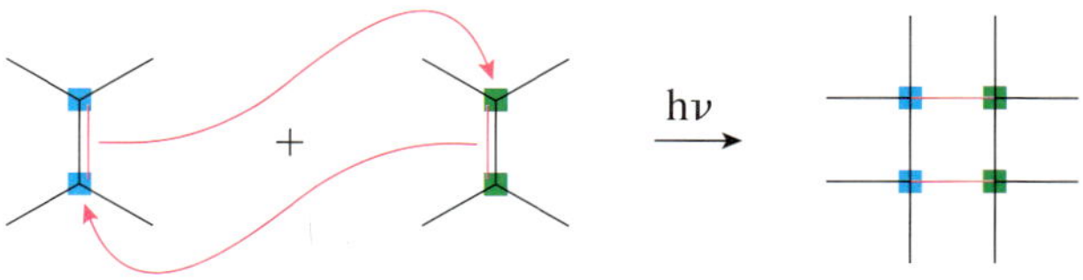

(30%)

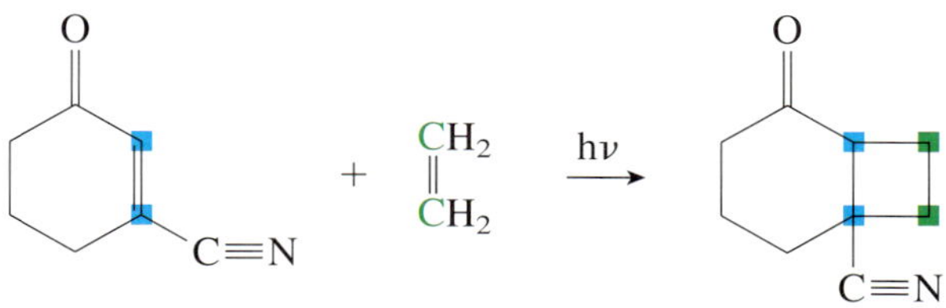

(62%)

다음 예에서 나타낸 것처럼 분자 내 [2 + 2] 고리화 첨가반응은 좋은 수득률로 첨가 생성물을 형성한다.

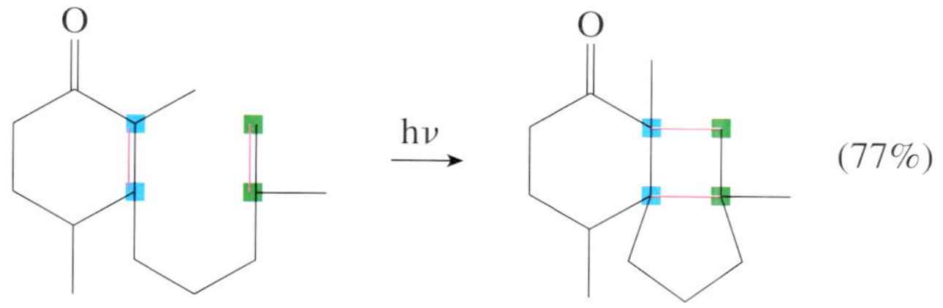

알데하이드 또는 케톤의 CO 이중결합은 알켄과 [2 + 2] 고리화 첨가반응에서 한 성분으로 작용할 수 있다. 산소를 포함하는 4-원자고리 생성물을 옥세테인이라 부른다.

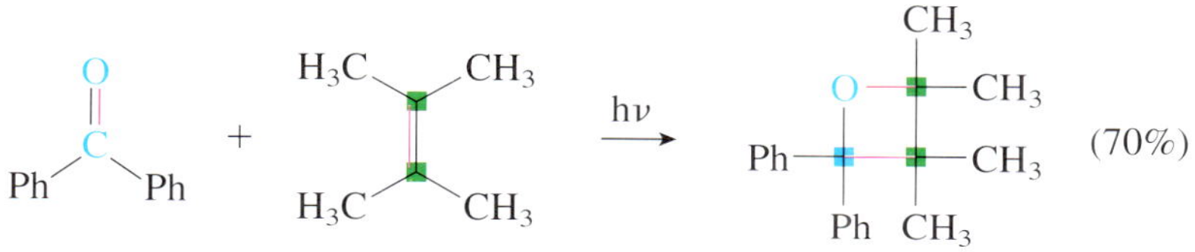

6-원자고리보다 더 큰 고리가 형성되는 고리화 첨가반응은 흔하지 않다. 큰 고리를 형성하는 반응의 엔트로피가 불리하기 때문이다. 이와 같은 반응은 요구하는 기하배열을 가진 충돌이 일어나기가 어렵기 때문이다. 즉 두 파이계의 말단이 동시에 충돌하기가 어렵다. 그러나 분자 내의 다른 결합이 파이계를 활성인 기하구조로 고정시켜 주는 경우에 이와 같은 반응이 알려졌다. 예로 다음과 같은 고리화 첨가반응이 보고되었다.

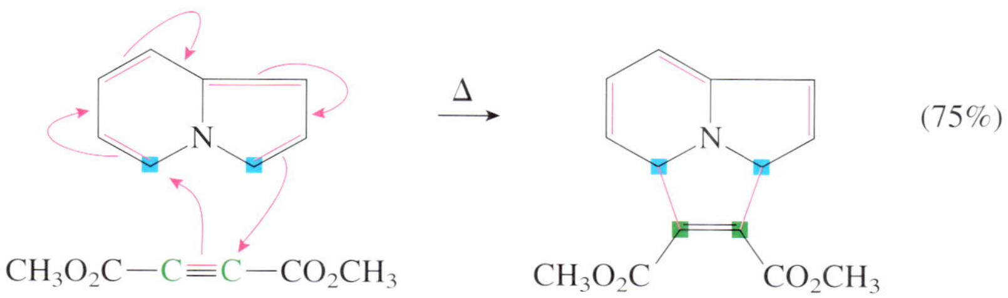

이 반응은 [8 + 2] 고리화 첨가반응이고 열적으로 허용된다. 파이계의 관점에서 10-원자고리가 형성되었고 엔트로피적으로는 불리한 과정이다. 그러나 질소가 8-전자 파이계의 말단을 가깝게 고정시키고 있어서 두 전자 성분이 쉽게 이들에게 도달할 수 있다. 질소까지 계산하면 5-원자고리가 형성되었고 그 과정은 상당히 유리하다.

**문제 22.15** 다음 고리화 첨가반응을 일으키기 위하여 열 또는 광을 사용할 수 있는가를 설명하여라.

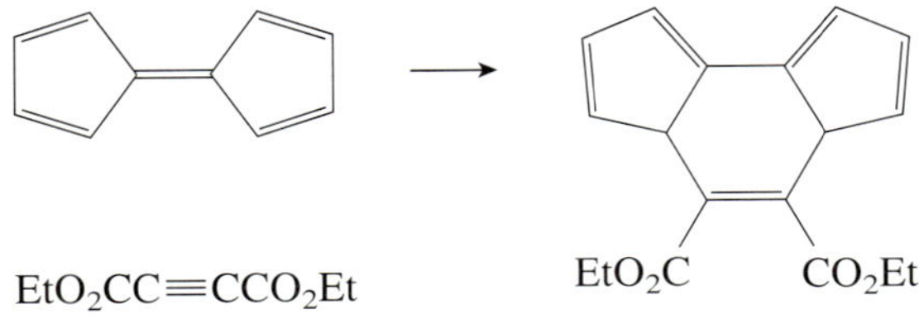


**문제 22.16** 다음 반응의 생성물을 나타내어라.

a) 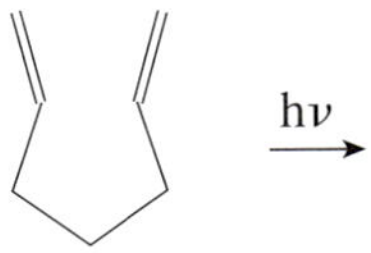


b) 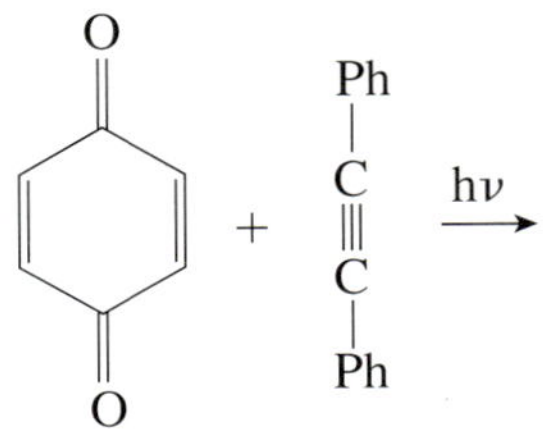


c) 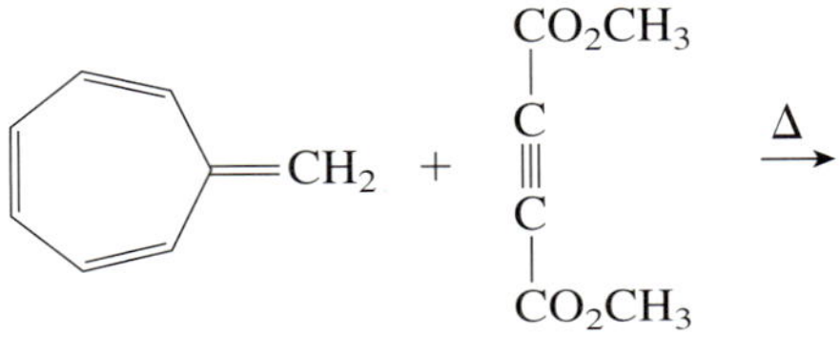


[8 + 2] 고리화 첨가반응

d) 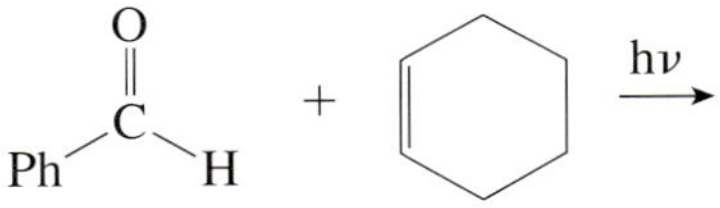


## 22.8 시그마결합 자리옮김반응

콘쥬게이트 파이계를 넘어 분자 내 기의 이동을 **시그마결합 자리옮김(sigmatropic rearrangement)**이라 부른다. 콘쥬게이트 파이계의 이웃 시그마결합이 절단되고 파이결합은 재배열되어 파이계의 말단에서 새로운 시그마결합이 형성된다. 다음 방정식으로 나타낸 반응은 시그마결합 자리옮김반응의 간단한 예이다.

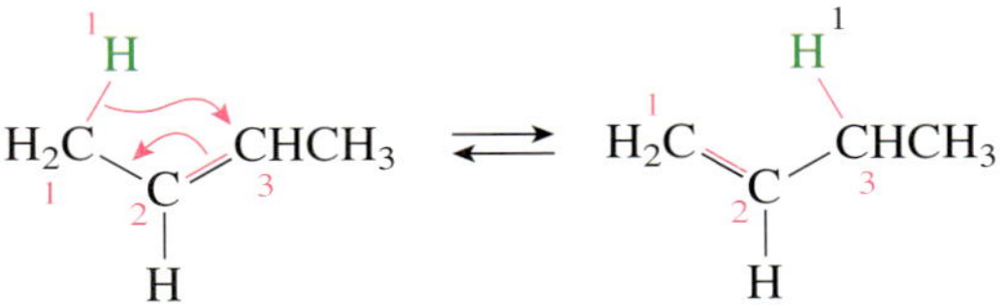


[1, 3] 시그마결합 자리옮김

이 반응에서 파이결합 이웃에 있는 탄소(C-1)와 시그마결합 수소는 파이결합의 말단 탄소(C-3)로 이동한다. 반응이 일어나면 파이결합은 C-2−C-3에서 C-1−C-2으로 이동한다. 이 반응을 포함하는 궤도함수의 그림은 과정을 더 분명히 해준다.

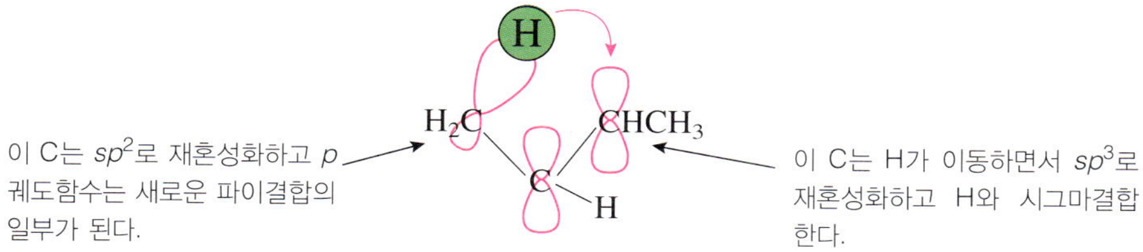


시그마결합 자리옮김은 각 성분에 있는 이동원점과 이동종점을 분리한 결합 수에 따라 분류한다. 자리옮김을 분류하기 위하여 먼저 반응에서 절단되는 시그마결합을 찾아야한다. 이 결합을 포함한 두 원자에 번호 1을 붙인다. 각 성분의 원자들, 새로운 시그마결합이 형성되는 원자에게까지 번호를 붙인다. 새로운 시그마 결합이 번호가 $i$와 $j$인 원자 사이에서 형성되면 반응은 $[i,j]$ 시그마결합 자리옮김이라 한다. 예를 들면 앞자리옮김에서 절단되는 시그마결합은 H-1이 C-1에 연결된다. 생성물에서 H-1은 새로 C-3에 결합된다. 그러므로 반응을 [1,3] 시그마결합 자리옮김이라 부른다. 다음 반응은 한 성분에 파이결합이 하나 더 많고 수소가 C-5로 이동한다는 것을 제외하고는 마찬가지이다. 이 반응은 [1,5] 시그마결합 자리옮김의 예이다.

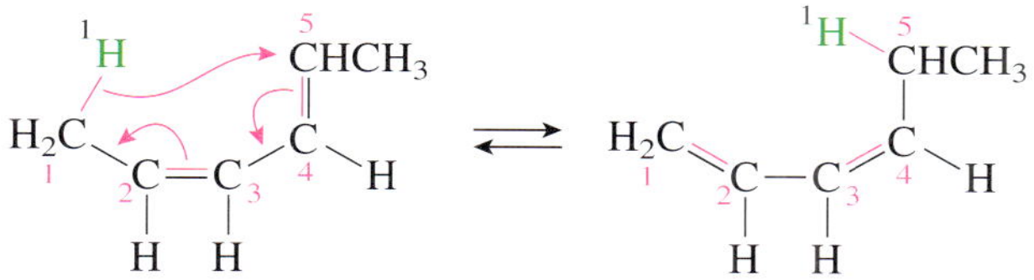

[1, 5] 시그마결합 자리옮김

앞의 두 자리옮김 이외에 두 성분이 모두 파이결합을 포함할 수 있다. 다음 반응에서 탄소-산소결합이 절단되고 각 성분의 말단에 있는 탄소 간에 새로운 시그마결합이 형성된다. 이것을 [3,3] 시그마결합 자리옮김이라 한다.

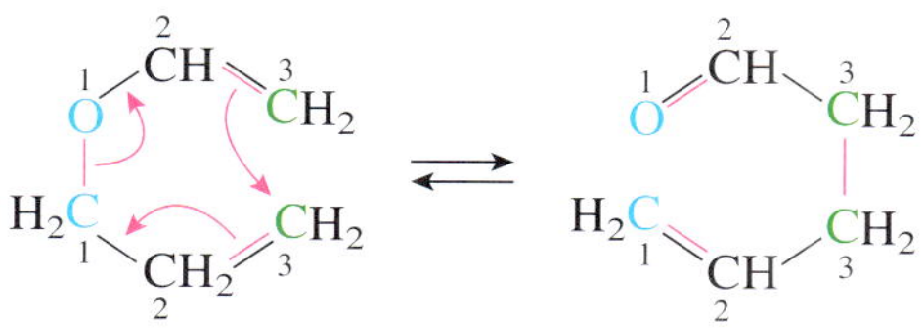

[3, 4] 시그마결합 자리옮김

**문제 22.17** 이 $[i,j]$ 시그마결합 자리옮김에서 $i$와 $j$ 값을 정하여라.

a) 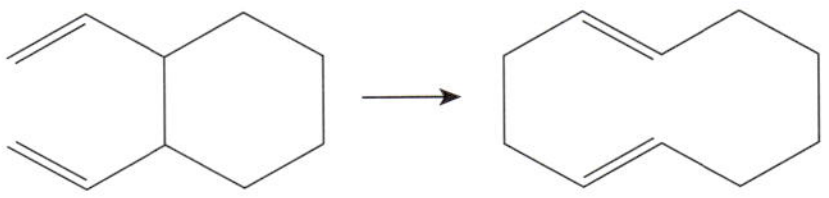

b) $\overset{\text{H}}{|}\text{CH}_2\text{CH}{=}\text{CHCH}{=}\text{CHCH}{=}\text{CHCH}_3 \longrightarrow \text{CH}_2{=}\text{CHCH}{=}\text{CHCH}{=}\text{CH}\overset{\text{H}}{|}\text{CHCH}_3$

c) 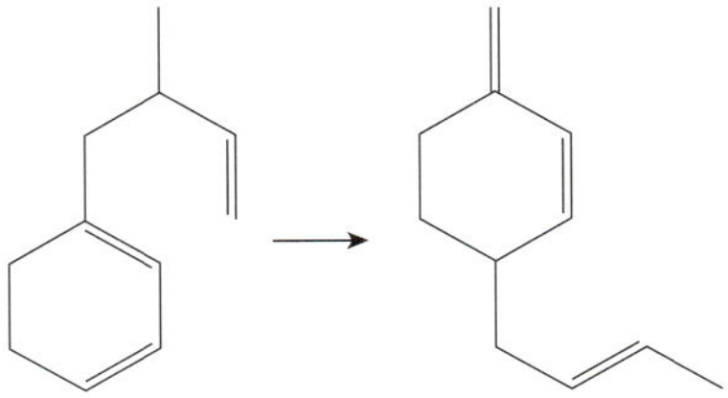

시그마결합 자리옮김이 허용인지 또는 금지인지를 결정하기 위하여 먼저 화합물을 반응에서 절단될 시그마결합의 균일 분해에 의해 두 라디칼이 형성된다고 상상한다. 이동원점과 이동종점에서 두 라디칼 토막의 궤도함수의 상호작용을 검토한다. 두 이동원점과 이동종점에서 HOMO 궤도함수의 겹침이 모두 결합성이면 반응은 허용된다. 겹침의 하나가 반결합성이면 반응은 금지이다. 분석하려는 라디칼 토막은 홀수의 궤도함수를 갖는다. 이런 경우 열반응에 대한 HOMO는 비결합 MO이다.

[1,3] 시그마결합 자리옮김을 고려해보자. 두 토막은 수소 원자와 알릴 라디칼이다. 알릴 라디칼의 비결합 MO($\pi_2^{nb}$)와 수소의 1$s$ 궤도함수의 겹침은 한 끝에서는 결합성이고 다른 끝에서는 반결합성이므로 반응은 열적으로 금지된다.

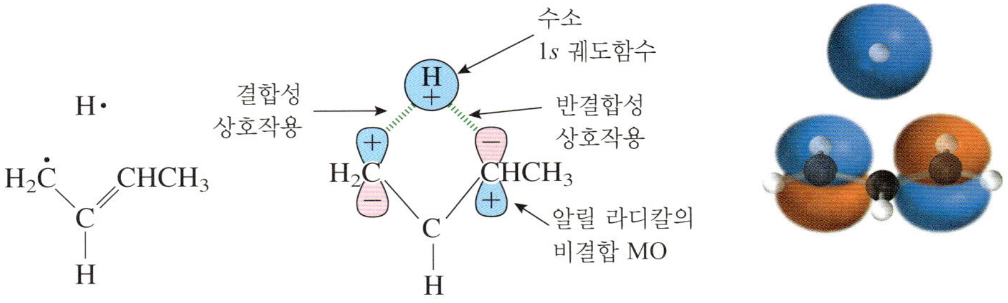


**[1,3]시그마결합 자리옮김은 열적으로 금지된다.**

광화학적 반응의 분석에 대해 알릴계의 $\pi_3$*와 수소의 1$s$ 궤도함수의 상호작용이 사용된다. 이동원점과 종점에서 상호작용은 결합성이다. 그러므로 [1,3] 시그마결합 자리옮김은 광화학적으로 허용된다.

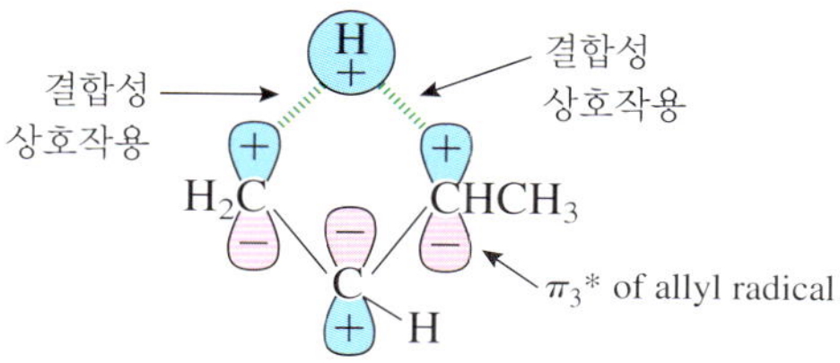

**[1,3] 시그마결합 자리옮김은 열적으로 금지된다.**

[1,5] 시그마결합 자리옮김은 펜타다이엔일 라디칼과 수소 원자를 검토하여 분석할 수 있다. 5-궤도함수계의 비결합 MO($\pi_2^{nb}$)와 수소의 1*s* 궤도함수의 겹침은 이동의 원점과 종점에서 다결합성이므로 반응은 열적으로 허용된다.

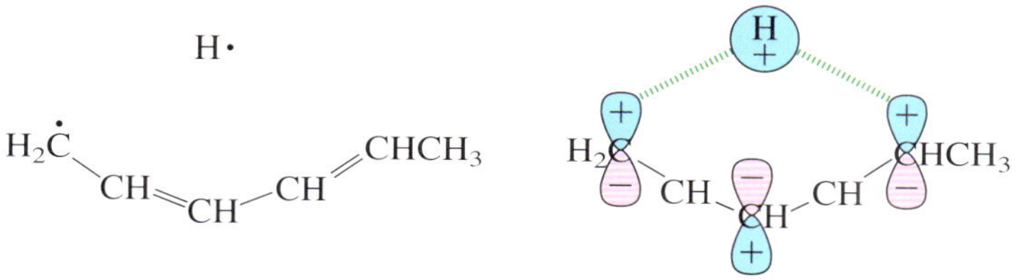


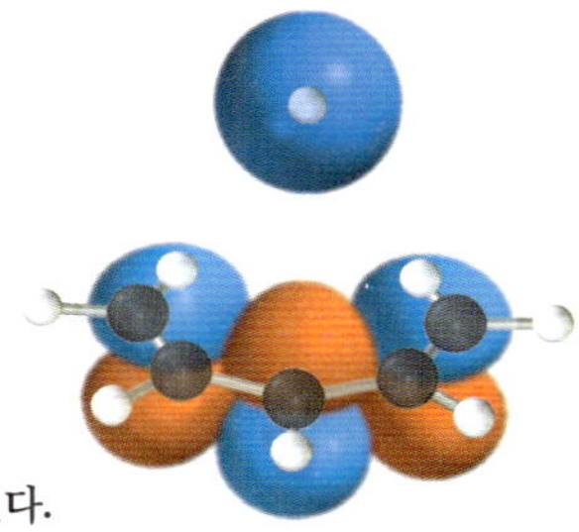

**[1,5] 시그마결합 자리옮김은 열적으로 허용된다.**

[3,3] 시그마결합 과정에 의해 자리옮김하는 화합물은 두 알릴 라디칼로 갈라진다. 이들 라디칼의 비결합 MO의 상호작용은 두 말단에서 다 결합성이므로 열적으로 허용된다.

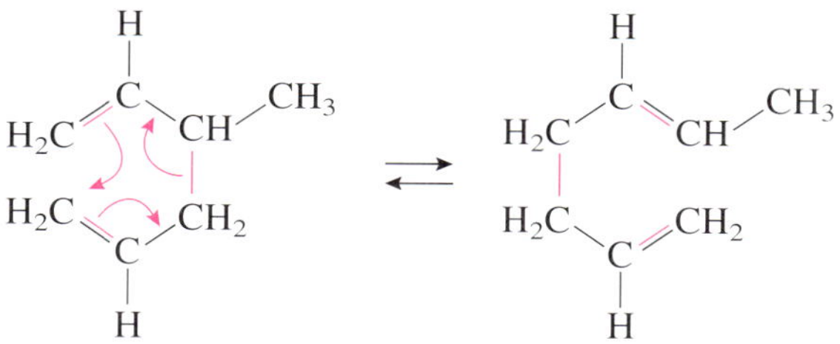

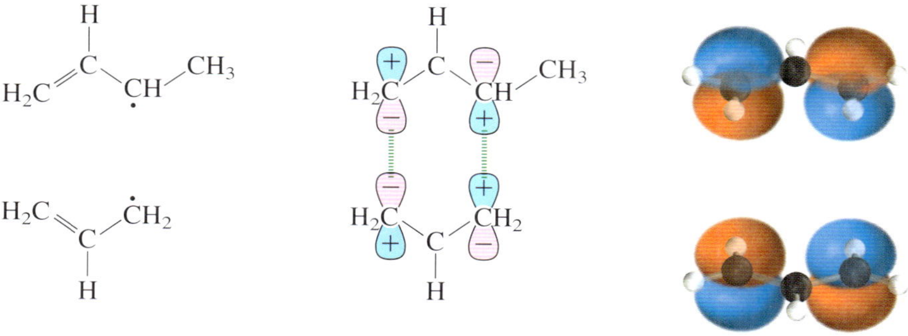

**[3,3] 시그마결합 자리옮김은 열적으로 허용된다.**

알릴 라디칼의 비결합 MO와 다른 라디칼의 $\pi_3$*와의 상호작용은 한 반결합성 상호작용을 가지므로 광화학적 [3,3] 시그마결합 자리옮김은 금지된다.

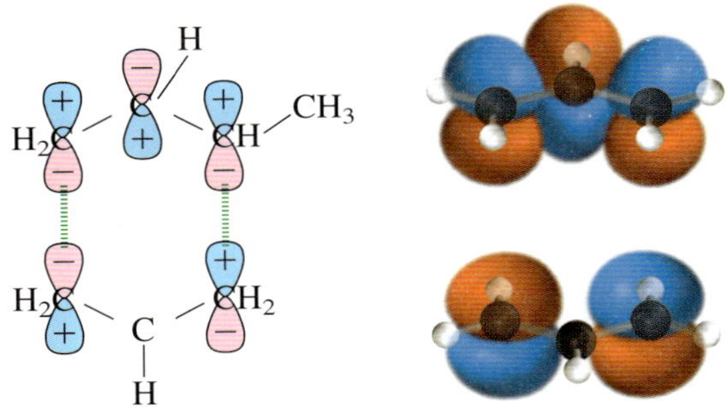


**[3,3] 시그마결합 자리옮김은 광화학적으로 금지된다.**

**문제 22.18** 궤도함수 그림을 사용하여 [1,5] 시그마결합 자리옮김이 광화학적으로 금지되는지를 나타내어라.

**문제 22.19** 궤도함수 그림을 사용하여 [1,7] 시그마결합 자리옮김이 열적으로 금지되는지를 나타내어라.

네 전자(두 전자쌍)를 포함하는 [1,3] 시그마 자리옮김은 광화학적으로 허용된다. [1,3]과 [3,3] 시그마결합 자리옮김은 여섯 개의 전자를 포함하며 열적으로 허용된다. 이 결과를 다음 표의 형태로 일반화할 수 있다. 이것은 특정한 시그마결합 자리옮김이 자리옮김에 포함되는 전자의 수가 짝수인지 또는 홀수인지를 근거로 허용인지 또는 금지인지를 결정할 수 있다.

| 전자쌍의 수 | 허용된 시그마결합 자리옮김 |
|---|---|
| 홀수 | 열적으로 |
| 짝수 | 광화학적으로 |

**문제 22.20** 문제 22.17에 있는 시그마결합 자리옮김이 열적 또는 광화학적으로 허용되는지를 설명하여라.

## 22.9 시그마결합 자리옮김의 예

[1,3] 시그마결합 자리옮김은 두 전자쌍을 포함하므로 광화학적으로 허용되나 열적으로는 금지된다. 광의 조사로 일어나는 예를 다음 방정식에 나타냈다.

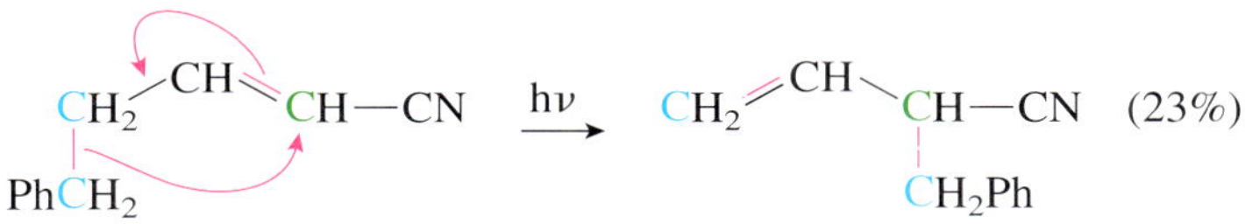

[1,3] 시그마결합 자리옮김의 금지성을 다음 예에서 설명하였다.

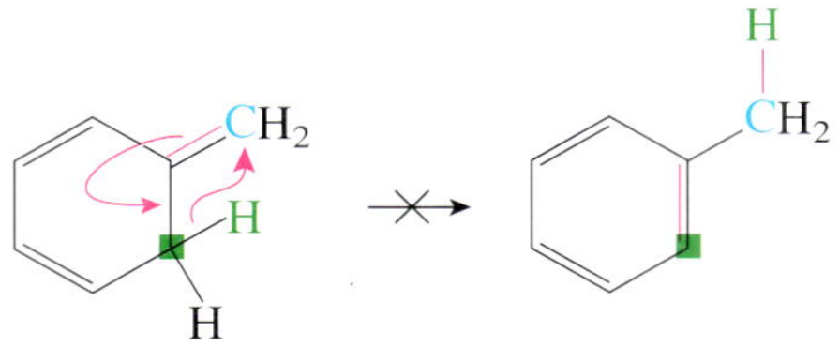

트라이엔의 톨루엔으로 자리옮김은 대단히 큰 발열반응이기는 하지만 필요한 이동이 금지되어 있기 때문에 실온에서는 일어나지 않는다.

열적 [1,5] 시그마결합 자리옮김은 허용되며 대단히 보편적인 반응이다. 이 과정에 의해 반감기가 20°C에서 약 1시간에 진행되는 메틸사이클로펜타다이엔의 상호 변환이 일어난다.

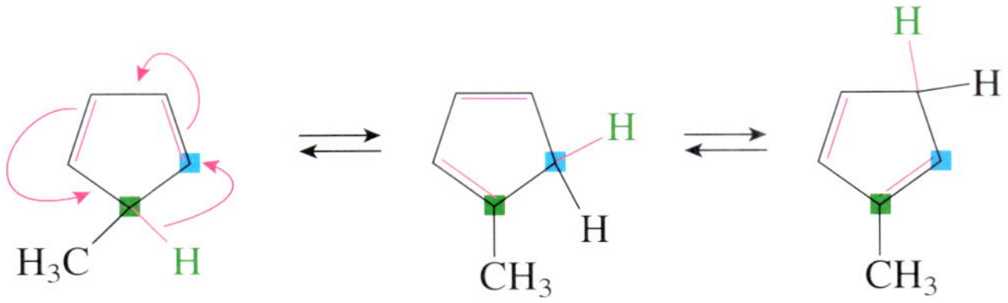

[3,3] 시그마결합 자리옮김은 열적으로 허용되고 합성에서 대단히 중요하다. 포함되는 6개의 원자가 모든 탄소일 때 반응은 **Cope 자리옮김**이라 한다. 예를 다음 방정식에 나타냈다.

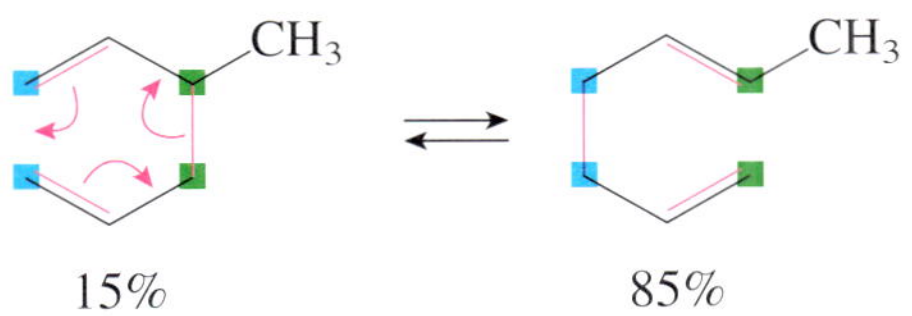

이 모든 반응의 경우에서와 같이 반응과정은 양 방향으로 다 허용되므로 평형상수가 극적으로 한 화합물에 유리하게 작용하지 않는 한 반응물과 생성물의 혼합물이 생성된다. 많은 Cope 자리옮김은 이와 같은 혼합물을 생성한다. 반응물과 생성물의 안정성이 비슷하기 때문이다.

그러나 고리 무리 또는 콘쥬게이션은 평형에서 한 생성물을 유리하게 만들어준다. 예로 다음 방정식으로 나타낸 사이클로프로페인 유도체는 120°C에서 안정하며 실온에서는 1,4-사이클로헵타다이엔으로 자리옮김한다. 고리무리를 제거하면 평형은 생성물로 이동한다.

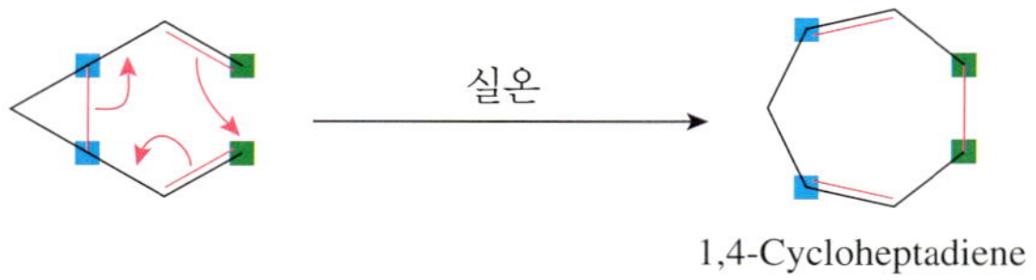


다음 두 방정식에 Cope 자리옮김 생성물이 콘쥬게이션에 의해 안정화되기 때문에 유리한 예를 나타내었다.

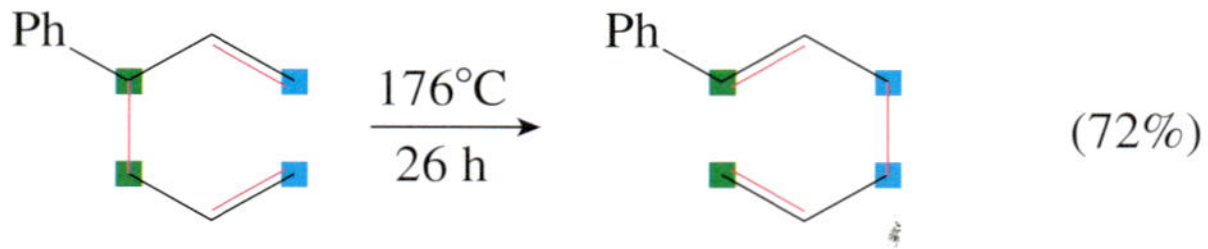


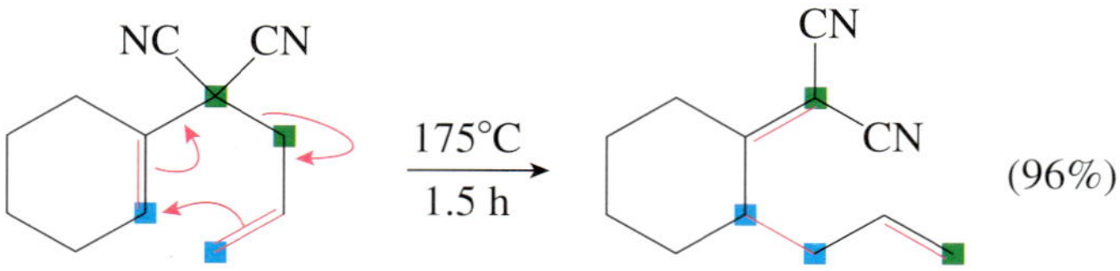


Cope 자리옮김의 산소 유사체를 **Claisen 자리옮김**이라 부른다. 다음 예에 나타낸 것처럼 흔히 파이결합의 하나가 방향족 고리의 일부이다.

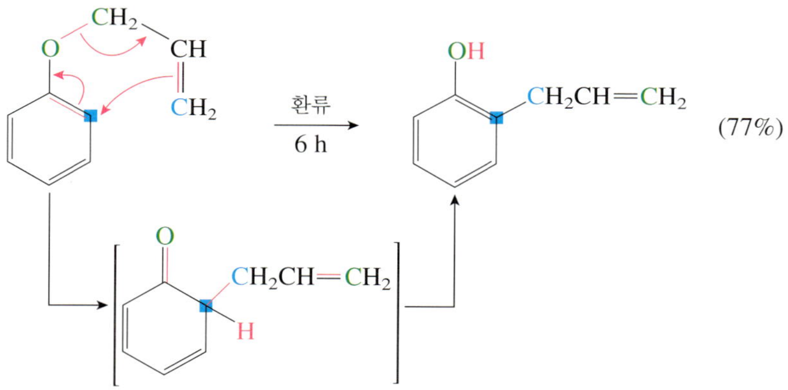


이 경우에 처음 형성된 생성물은 자발적으로 토토머화되어 방향족 안정성을 다시 얻는다. 다른 예를 다음 방정식에 나타냈다.

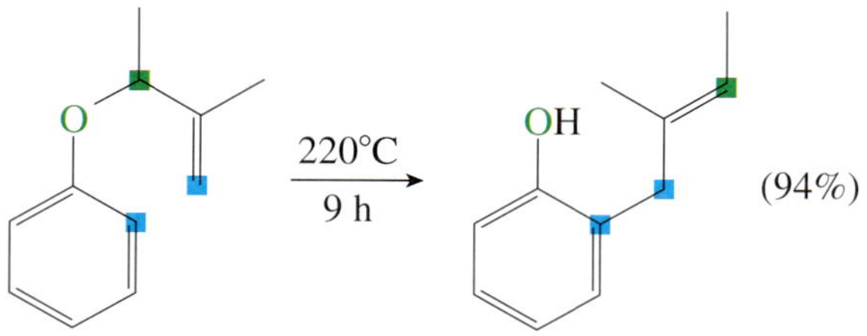


Claisen 자리옮김은 비방향족 기질에서도 일어난다. 이 반응에서 강한 탄소-산소 이

중결합의 형성은 평형을 생성물로 완전히 이동한다.

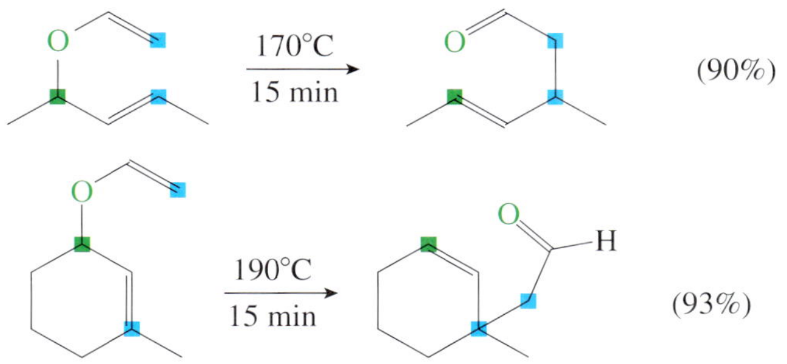


**문제 22.21** 이 반응의 생성물을 나타내어라.

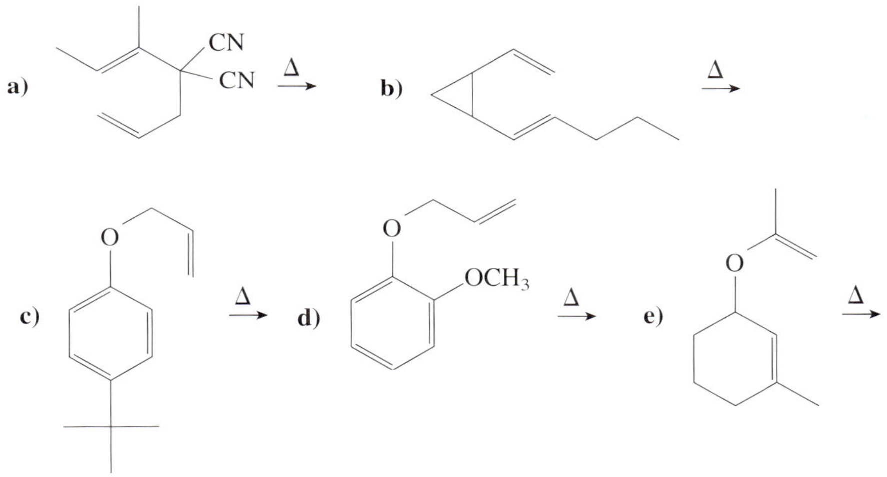


**문제 22.22** 이 반응이 허용 또는 금지인지를 설명하고 평형에서 반응물 또는 생성물 어느 것이 유리한가를 예측하여라.

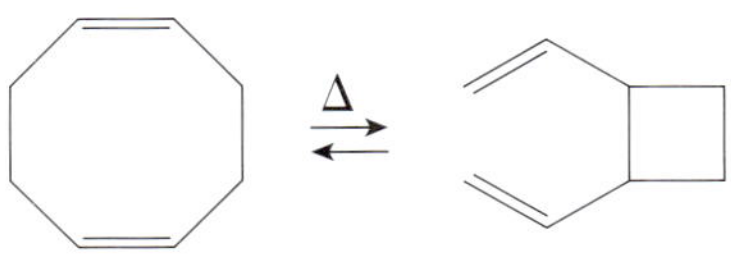


## 22.10 전자-결핍 중심에 대한 자리옮김

8장에서 소개한 카보양이온의 자리옮김은 [1,2] 시그마결합 자리옮김으로 분류할 수 있다.

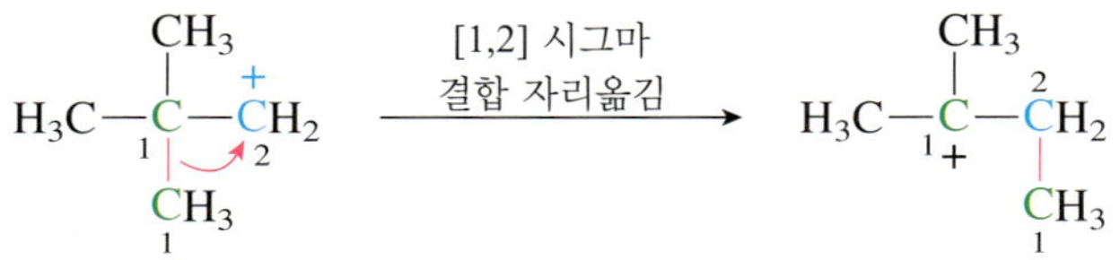


이 자리옮김은 한 전자쌍을 포함한다. 그러므로 열적으로 허용되고 대단히 보편적이다. 대조적으로 두 전자쌍을 포함하는 카보음이온의 대응하는 자리옮김은 열적으로 금지된다. 이것이 카보음이온 자리옮김이 드문 이유이다.

**피나콜 자리옮김(pinacol rearrangement)**은 카보양이온 자리옮김을 거쳐 진행되는 유용한 방법이다. 피나콜로 알려진 2,3-다이메틸-2,3-뷰테인다이올을 산으로 처리하면 피나콜론이라는 케톤이 생성된다.

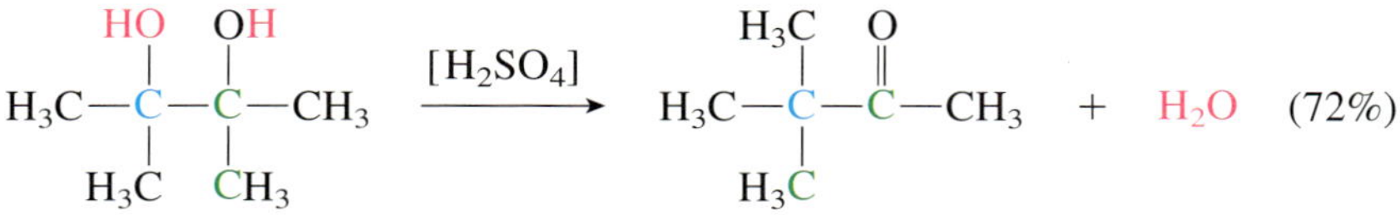


1

그림 22.5에 나타낸 이 반응에 대한 메카니즘을 허용된 [1,2] 시그마결합 이동에 의해 일어나는 카보양이온 자리옮김을 포함한다. 이 자리옮김의 생성물, 양성자화된 케톤은 처음 카보양이온보다 안정하므로 이동은 대단히 유리하다. 피나콜 자리옮김의 다른 예를 다음 방정식에 나타냈다.

**그림 22.5** 피나콜 자리옮김의 메카니즘.

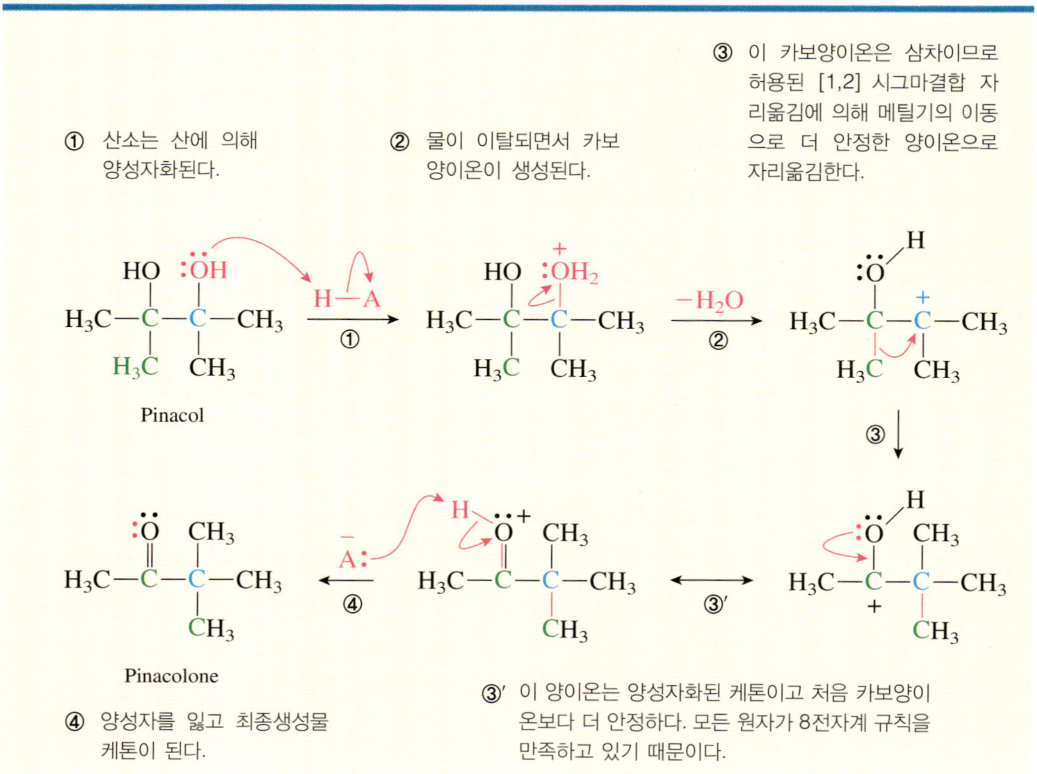

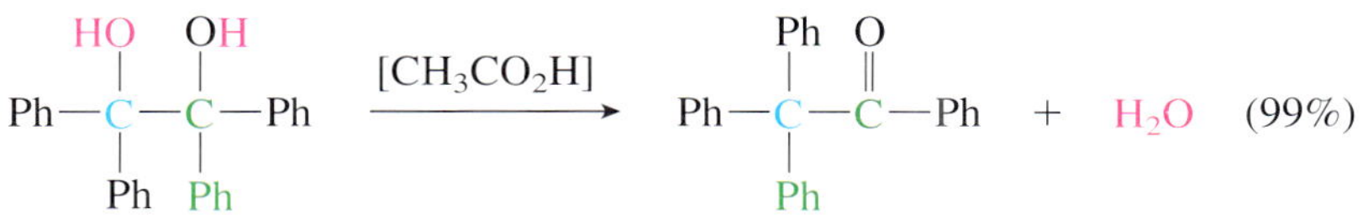

다른 전자-결핍 원자를 포함한 비슷한 [1,2] 이동이 알려졌다. **Beckmann 자리옮김**은 아마이드를 생성하는 옥심의 반응이다.

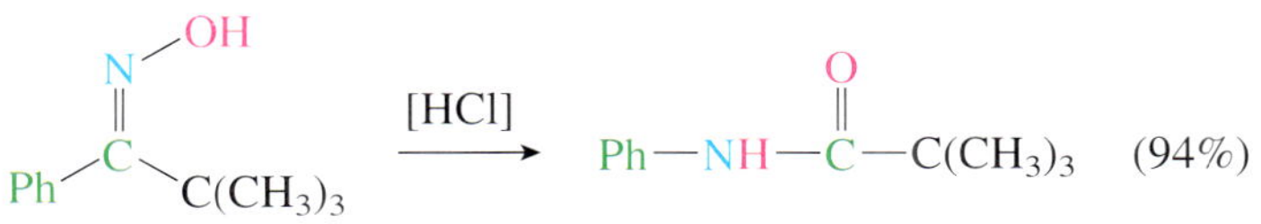

그림 22.6에 나타낸 이 반응에 대한 메카니즘은 허용된 [1,2] 시그마결합 자리옮김을 거쳐 전자-결핍 질소로 진행된다. Beckmann 자리옮김의 다른 예는 다음 방정식에 나타냈다.

**그림 22.6** Beckmann 자리옮김의 메카니즘.

① 반응은 옥심 산소의 양성자화로 시작한다.

② 물이 이탈하면서 질소에 양전하가 생성된다. 계속되면 질소는 6개의 전자를 기지며 양전하가 생성된다. 질소가 탄소보다 전기음성도가 크기 때문에 이와 같은 화학종은 카보양이온보다 불안정하다. 이 높은 에너지 이온을 피하기 위하여 페닐기가 물이 이탈한 질소로 이동한다.

③ 자리옮김 생성물은 탄소에 양전하를 가지며 질소로 양전하의 공명 비편재화에 의해 안정화된다. 밑에 있는 공명구조는 공명혼성체의 주기여체이다. 이것은 탄소와 질소가 모두 8전자계 규칙을 만족하고 있기 때문이다.

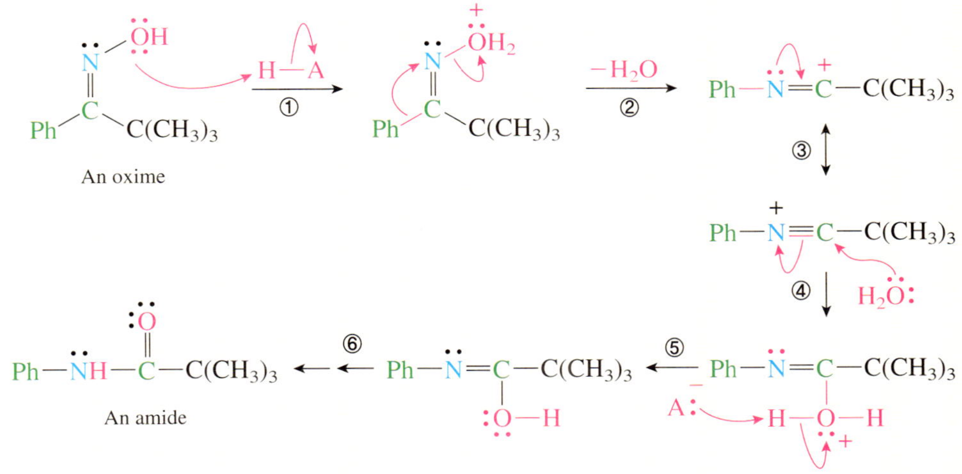


④ 친전자성 탄소에 물이 공격하여 이 이온을 생성한다.

⑤ 양성자는 반응 혼합물에 있는 염기에 의해 제거된다. 생성되는 화합물은 아미이드의 토토머이다.

⑥ 반응조건에서 빠른 토토머화는 최종 생성물, 아마이드가 생성된다.

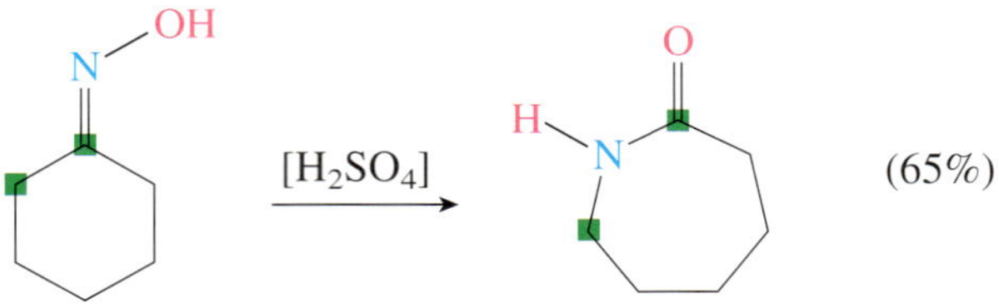


**Hofmann 자리옮김**은 전자-부족질소로 이동을 포함한다. 이 경우에 염기성 수용액에서 아마이드를 $Cl_2$ 또는 $Br_2$로 처리하면 탄소가 하나 적은 아민을 형성한다. 원래의 카보닐 탄소는 이산화탄소로 이탈된다. 메카니즘을 그림 22.7에 나타냈으며 예를 다음 방정식에 나타냈다.

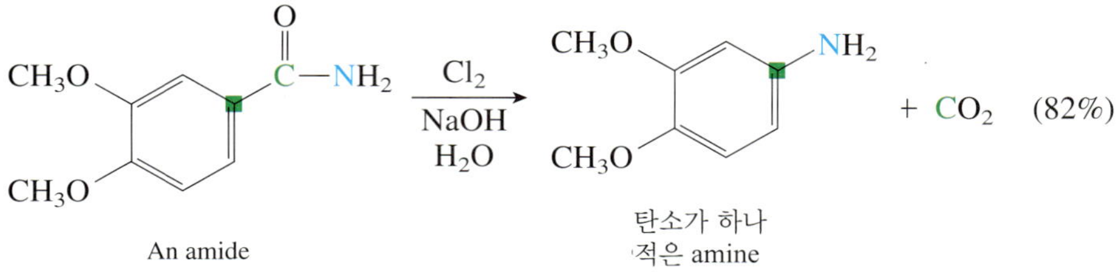


유사한 이동이 전자-부족 산소에서 일어난다. **Baeyer-Villger 자리옮김**에서 케톤은 과산과 반응한다. 생성물은 케톤의 알킬기의 하나가 산소로 이동한 에스터이다.

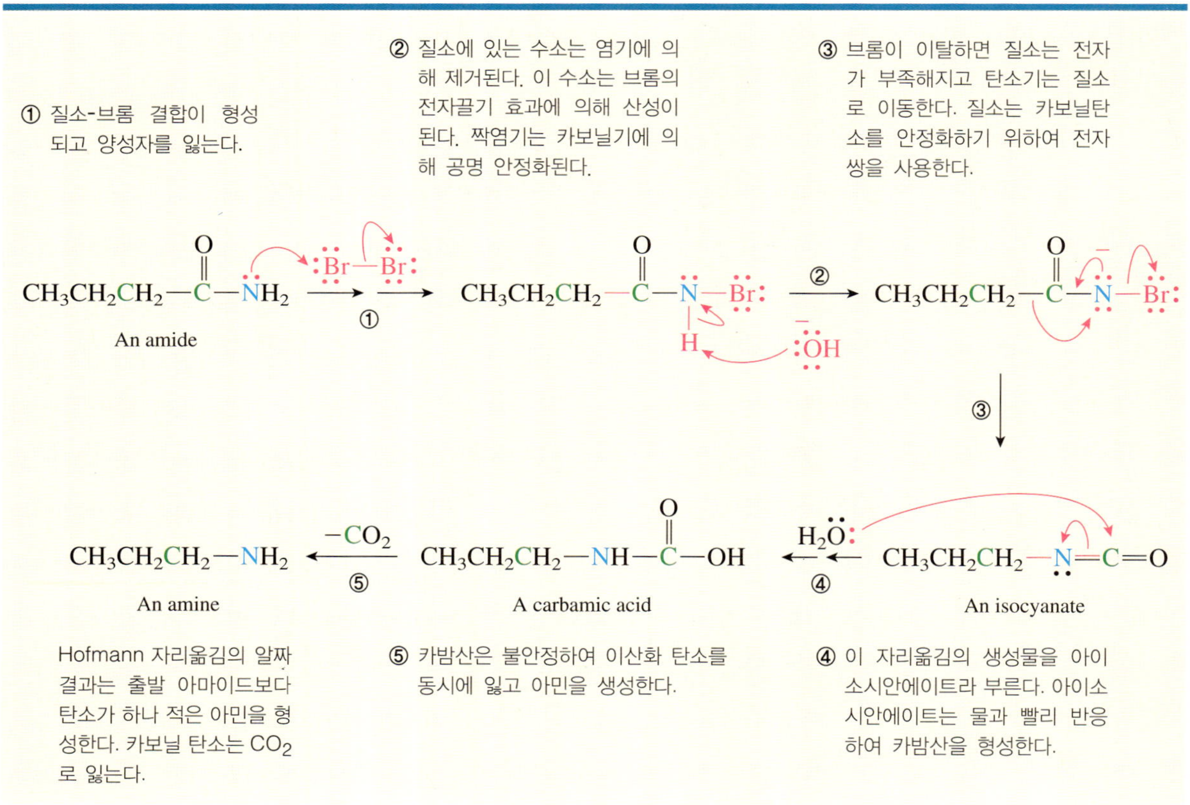


그림 22.7 Hofmann 자리옮김의 메카니즘.

① 과산을 카보닐기에 가한다. 이 첨가의 메카니즘은 알코올이 카보닐기에 첨가되어 반아세탈 형성되는 것과 유사하다.

② 트라이플루오로아세트산 음이온이 이탈하면서 카보닐기에 결합된 탄소의 하나가 산소로 이동한다. 그렇게 해야 산소가 6개의 전자를 가지고 양전하를 가진 대단히 불안정한 화학종의 생성을 피할 수 있다.

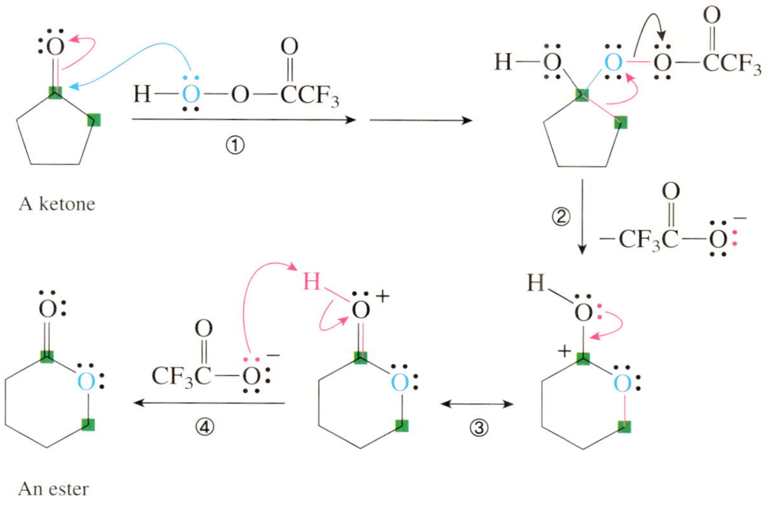


④ 트라이플루오로아세트산 음이온과 같은 염기에 의해 양성자가 제거되어 최종생성물 에스터를 생성하다.

③ 자리옮김의 생성물은 양성자화 된 에스터이다. 왼편에 있는 구조는 공명혼성체에 대한 주 기여체이다.

**그림 22.8** Baeyer-Villiger 자리옮김의 메카니즘.

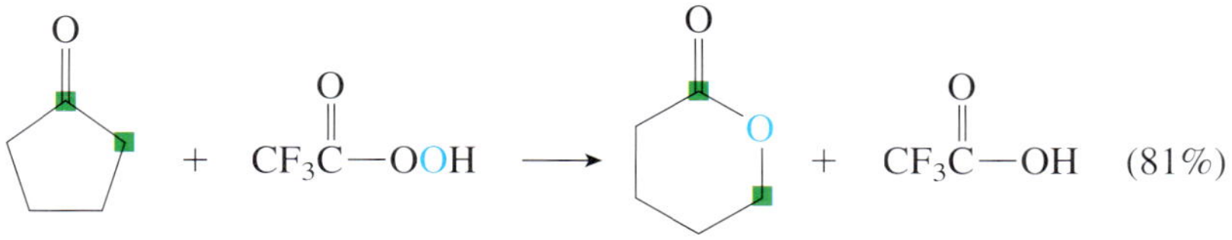

그림 22.8에 요약한 이 반응에 대한 메카니즘은 Beckmann 자리옮김에 대한 것과 유사하다. 산소로부터 작용기가 이탈하면서 카탄소기가 허용된 [1,2] 시그마결합 자리옮김에 의해 이 전자-부족 산소로 이동한다.

**문제 22.23** 다음 반응의 생성물을 나타내어라.

a) 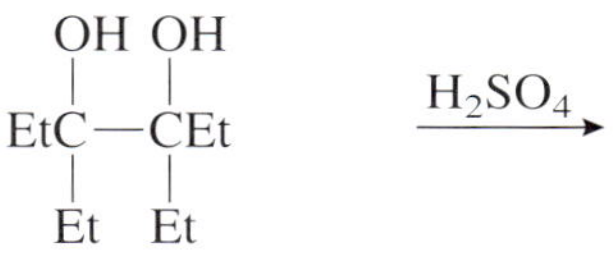

b) 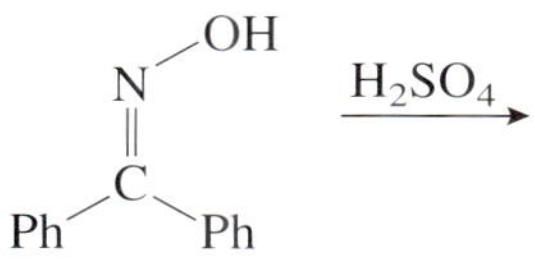

c) 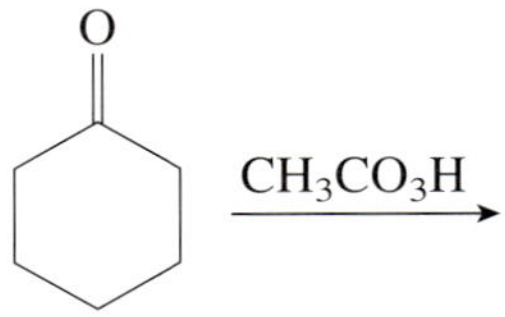

d) 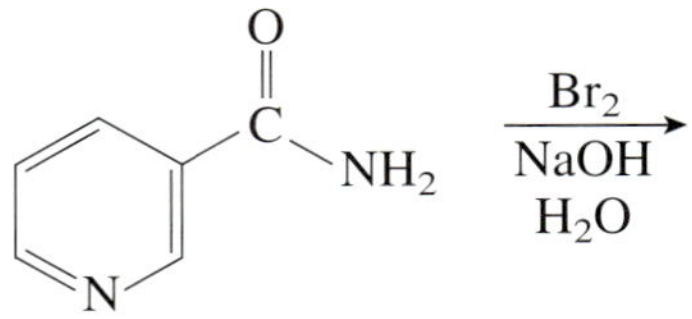

**문제 22.24** 다음 반응은 Curtius 자리옮김으로 알려져 있다. 그 메카니즘은 Hofmann 자리옮김과 유사하다. 이 반응의 메카니즘을 나타내어라.

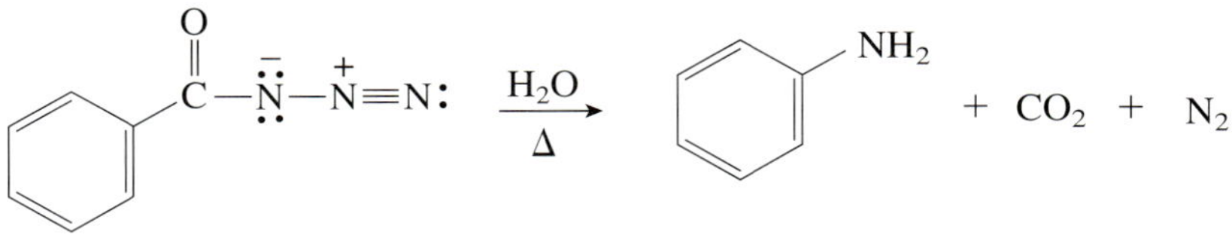

표 22.1에 흔히 일어나는 고리형 협동 반응을 요약하였다.

**표 22.1 고리형 협동반응의 요약**

| 반응 | 설명 |
|---|---|
| 전자고리화 반응 (22.4절)<br>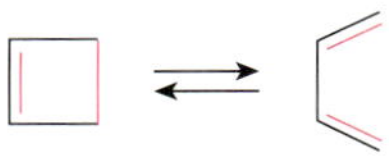 | 열: 동일방향<br>광화학: 반대방향 |
| 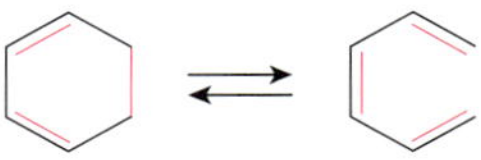 | 열: 반대방향<br>광화학: 동일방향 |
| 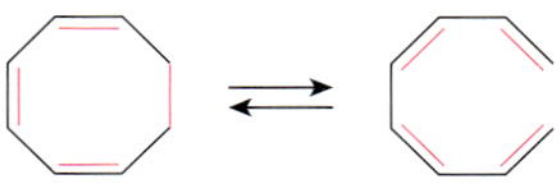 | 열: 동일방향<br>광화학: 반대방향 |
| 고리화 첨가반응 (22.7과 22.6절)<br>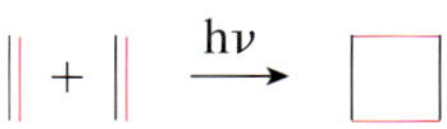 | [2 + 2] 고리화 첨가반응,<br>광화학적으로 허용 |
| 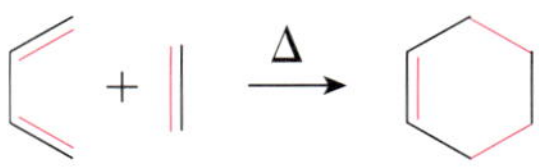 | [4 + 2] 고리화 첨가반응, Diels-Alder반응, 열적으로 허용 |
| 시그마결합 자리옮김 (22.9절)<br>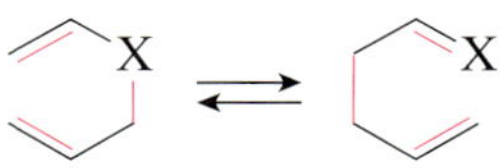 | [3,3] 시그마결합 자리옮김,<br>열적으로 허용,<br>X가 C이면, Cope 자리옮김,<br>X가 O이면, Claisen 자리옮김 |

**표 22.1** 고리형 협동반응의 요약 (계속)

| 반응 | 설명 |
|---|---|
| 전자-결핍 자리옮김(22.10절) | |
| 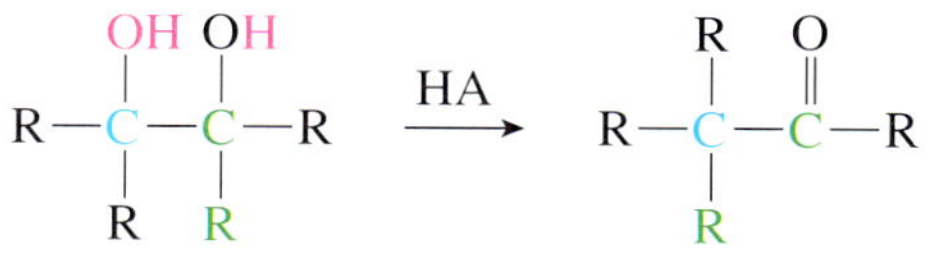 | Pinacol 자리옮김 |
| 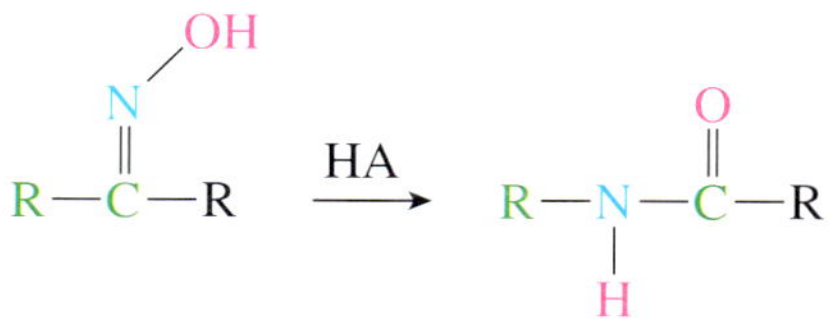 | Beckmann 자리옮김 |
| 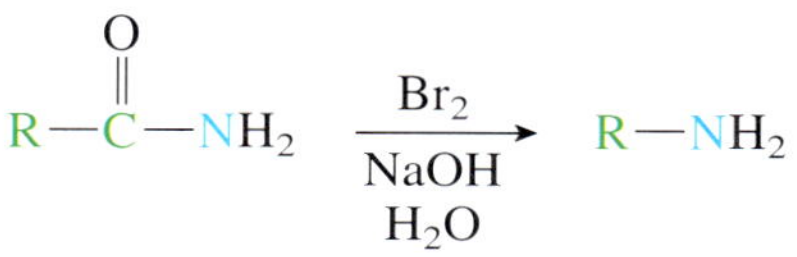 | Hofmann 자리옮김 |
| 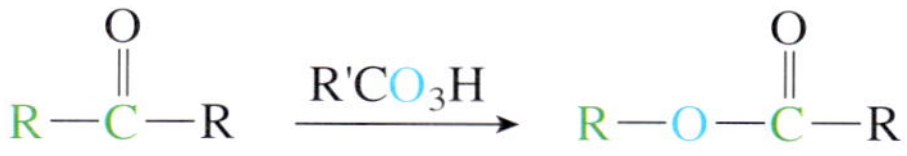 | Baeyer-Villiger 자리옮김 |

## 추가문제

**22.25** 이화학종에 대한 파이 MO의 에너지를 나타내어라. 각각에 대한 MO에 점유된 전자를 나타내어라.

**a)**  의 가장 낮은-에너지 들뜬 상태

**b)** 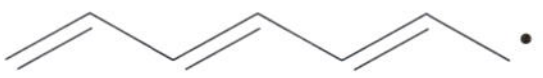 의 바닥상태

**22.26** 다음 반응의 생성물을 나타내어라.

**a)** 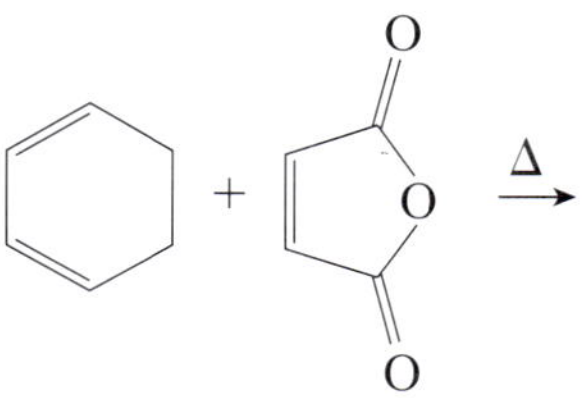 **b)** 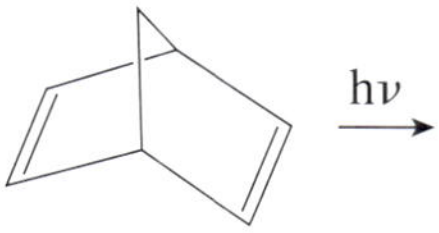 **c)** 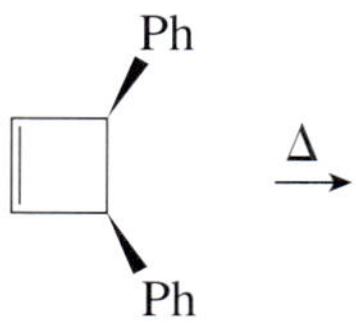

**d)** 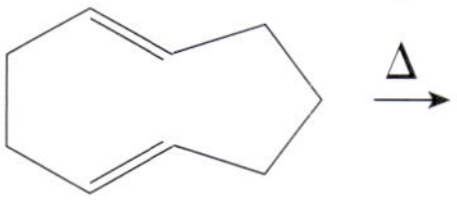 **e)** 2 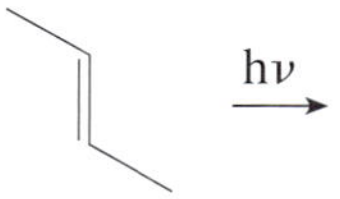 **f)** 2 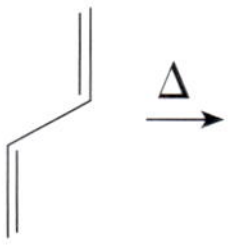

g) 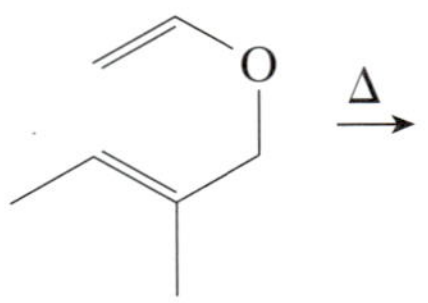

h) 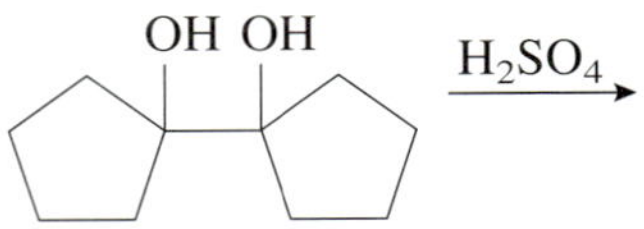

i) 

**22.27** 다음 반응의 생성물을 나타내어라.

a) 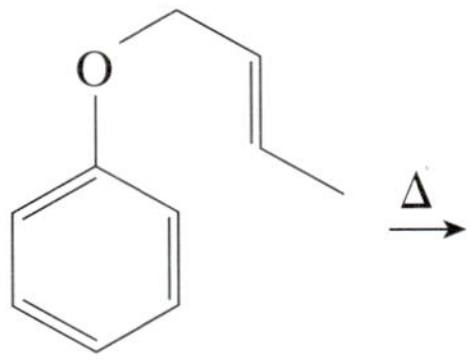

b) 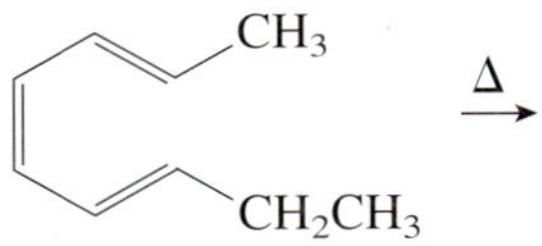

c) 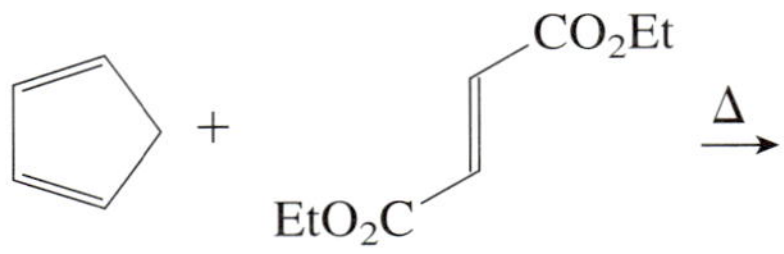

d) 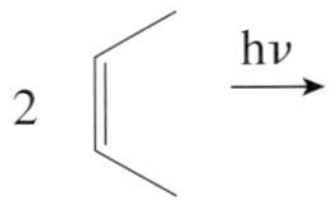

e) 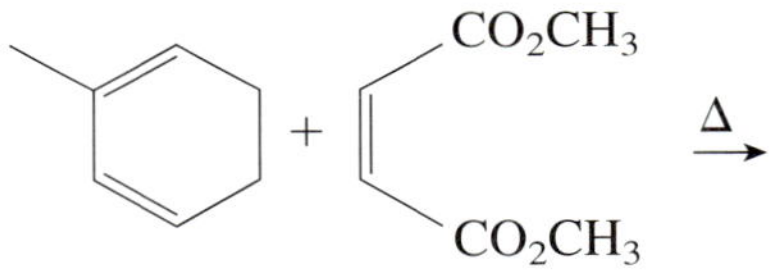

f) 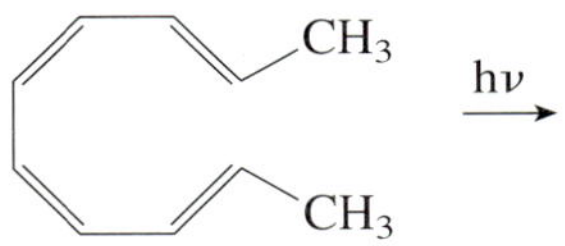

g) 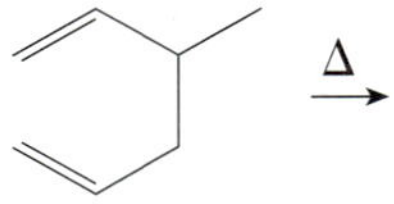

h) 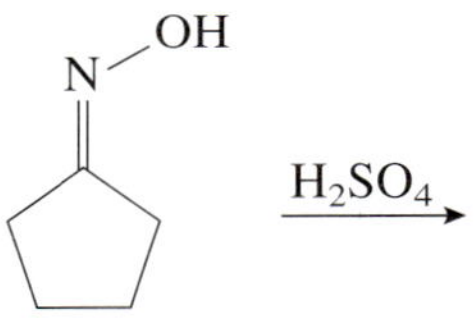

i) 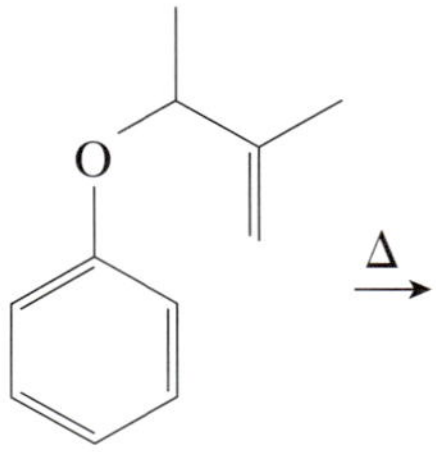

j) 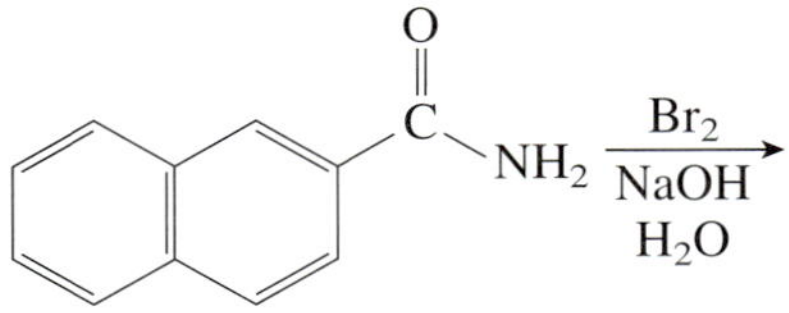

**22.28** Diels-Alder 반응에 의해 다음 화합물을 합성할 수 있는 다이엔과 친다이엔체를 나타내어라.

a) 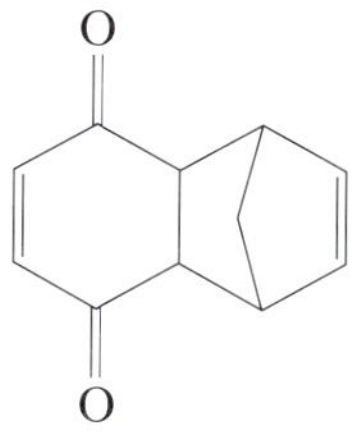


b) 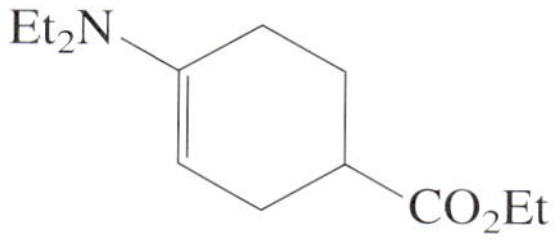


c) 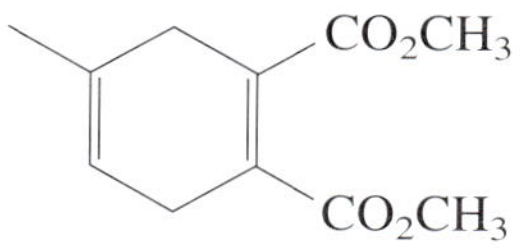


d) 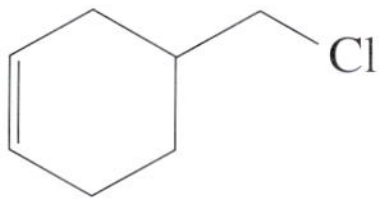


e) 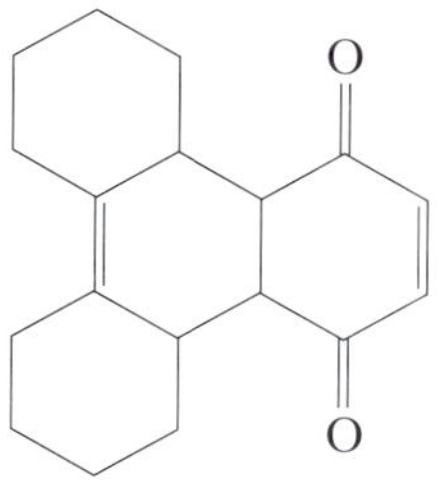


f) 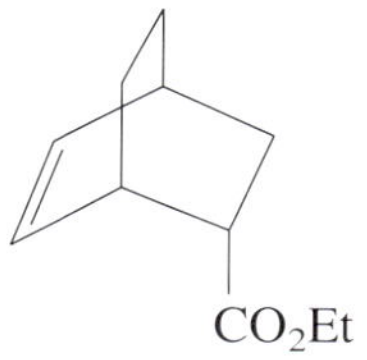


g) 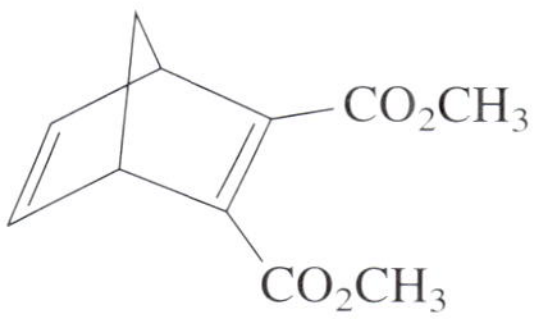


**22.29** 궤도함수 그림을 사용하여 다음 반응이 허용인지 또는 금지인지를 결정하여라.

a) 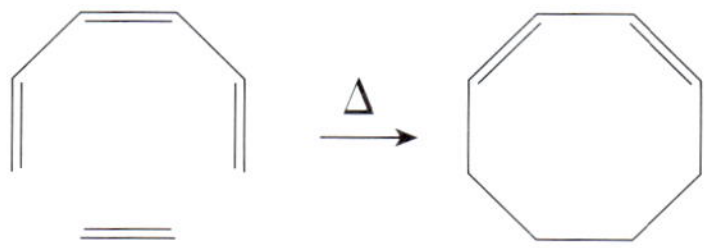


b) 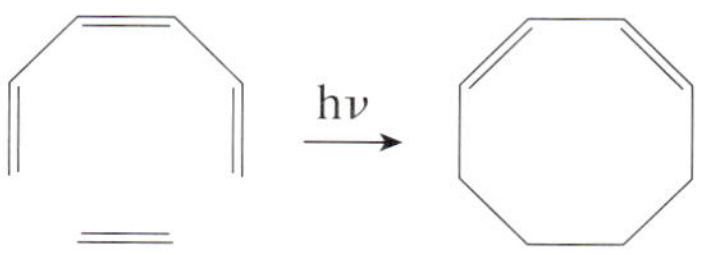


c) 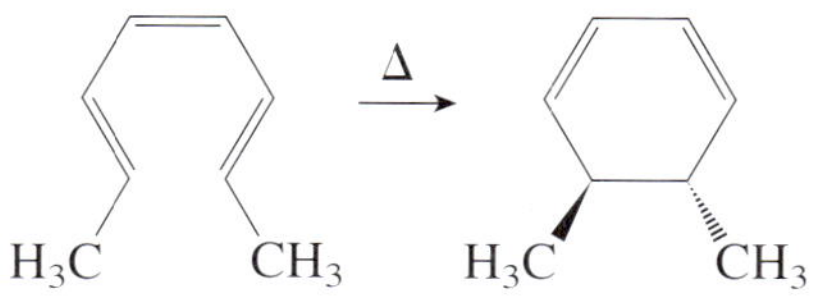


d) 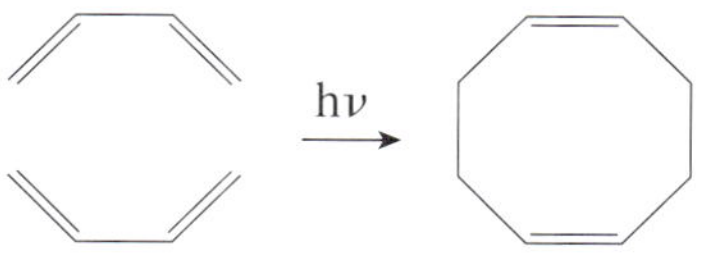


e) 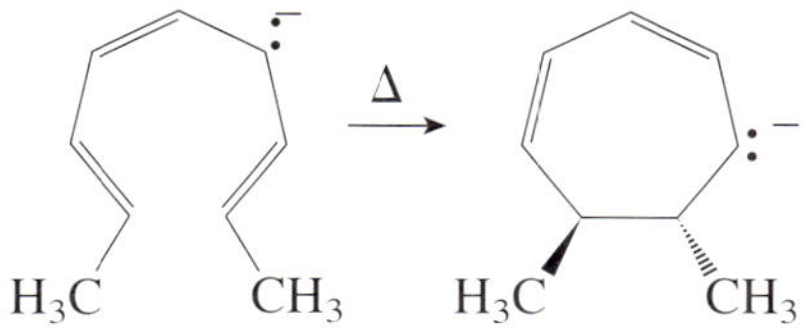


f) 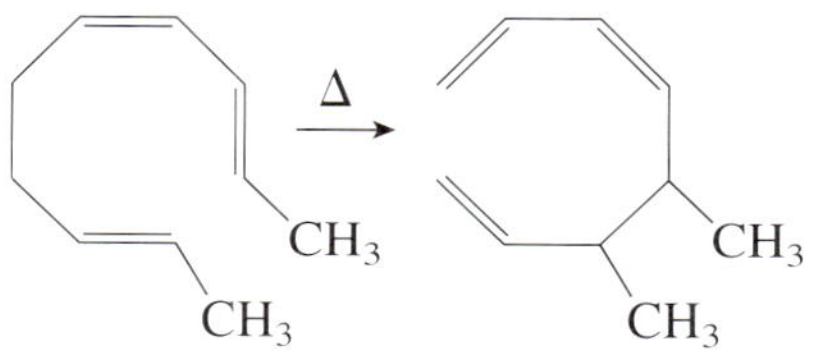


g) 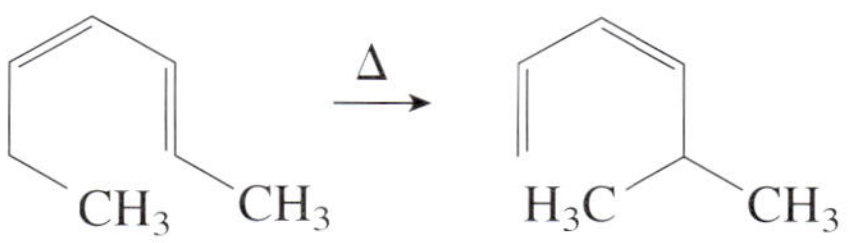

**22.30** 다음 반응을 전자고리화 반응, [$x + y$] 고리화 첨가반응 또는 [$i,j$] 시그마결합 자리 옮김으로 분류하여라. 각 반응이 열적 또는 광화학적 허용인지를 설명하여라.

**a)** 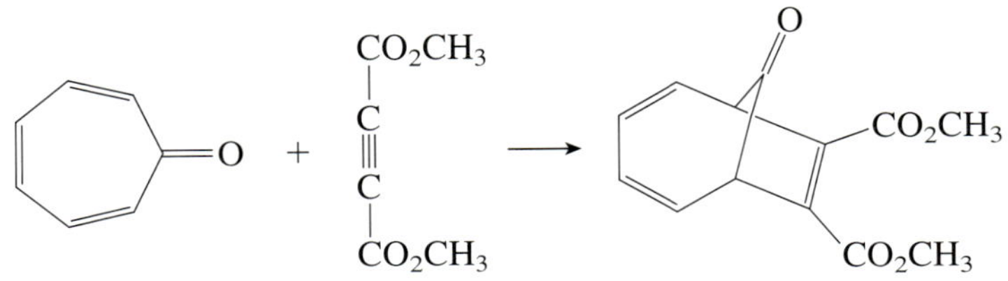


**b)** 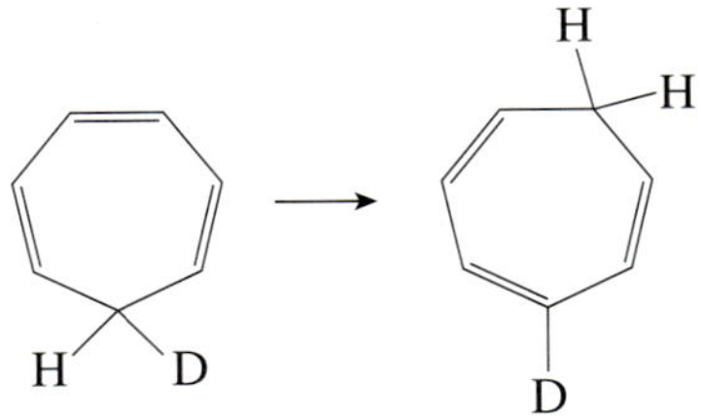


**c)** 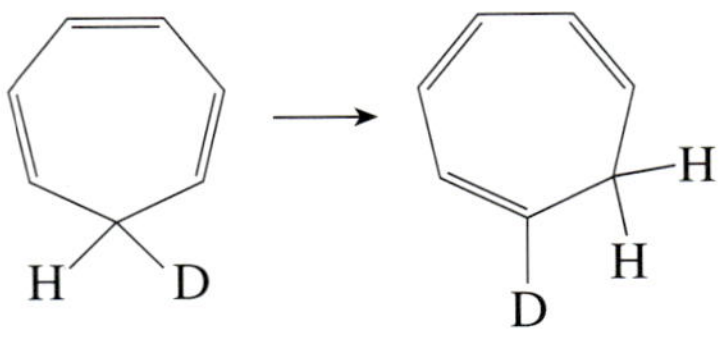


**d)** 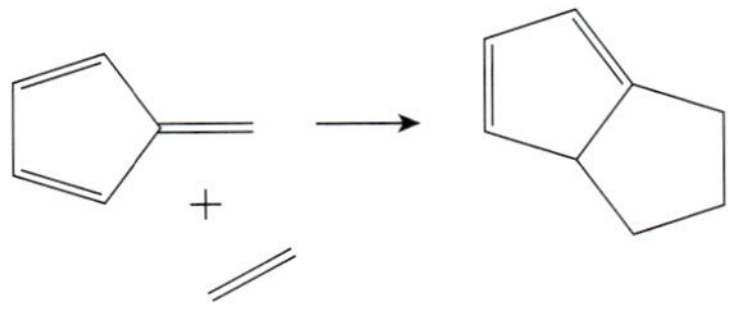

**e)** 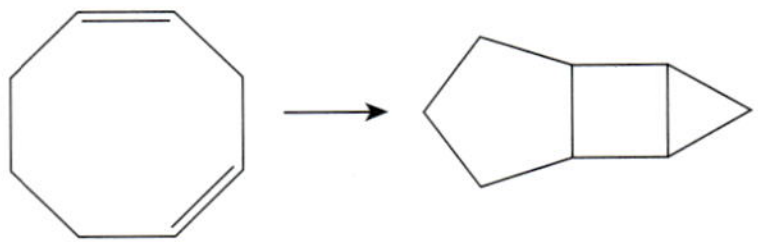

**f)** 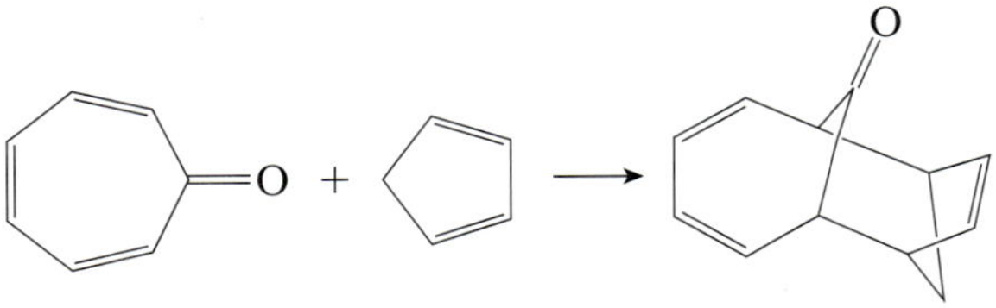


**g)** 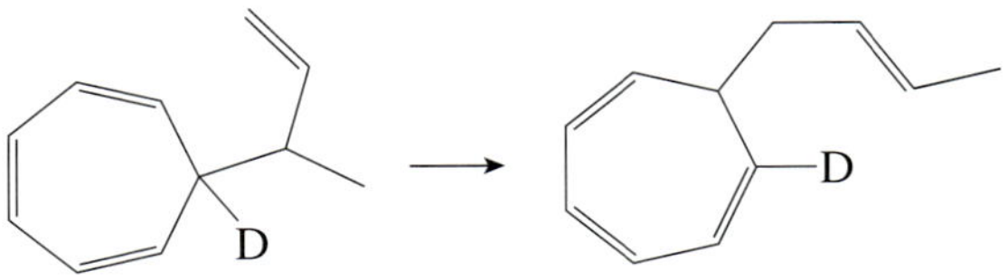


**h)** 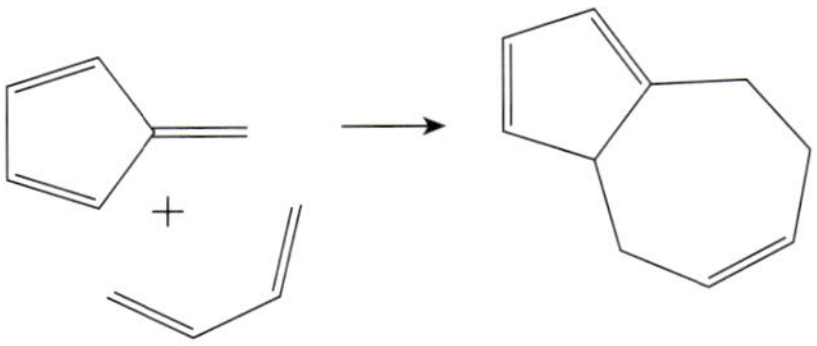

**22.31** 지시한 출발물질로부터 다음 화합물을 합성하여라. 전 장의 반응들이 필요한 경우도 있다.

**a)** 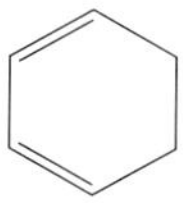 부터 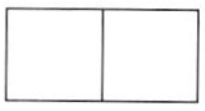

**b)** 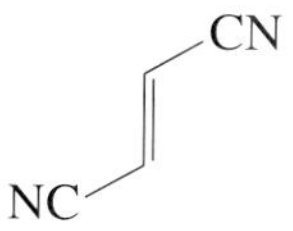 부터 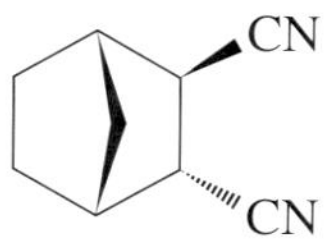

**c)** 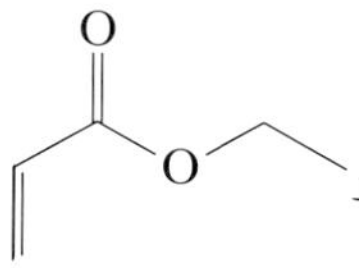 부터 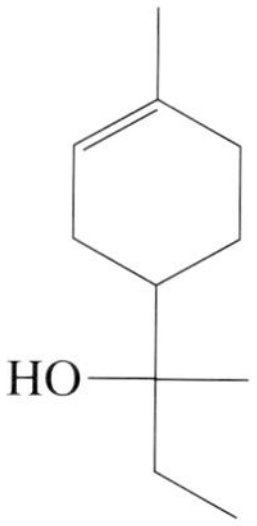

**d)** 고리가 없는 화합물로 부터 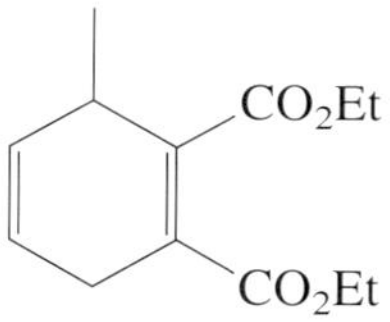

**e)** 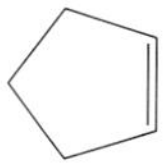 부터 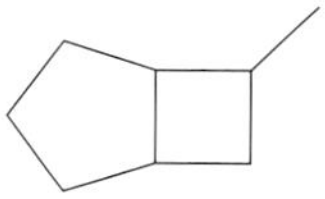

**f)** 고리가 없는 화합물로 부터 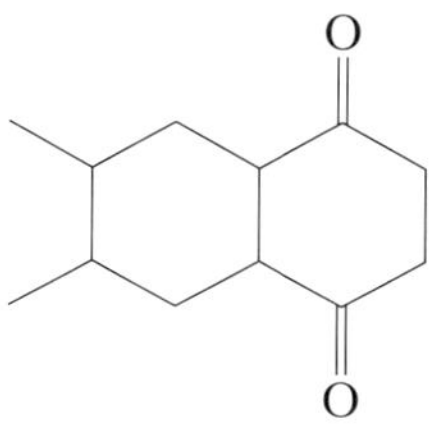

**g)** 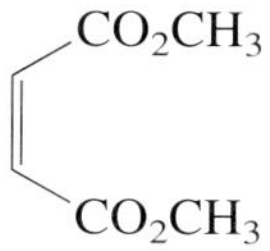 와 고리가 없는 화합물로 부터 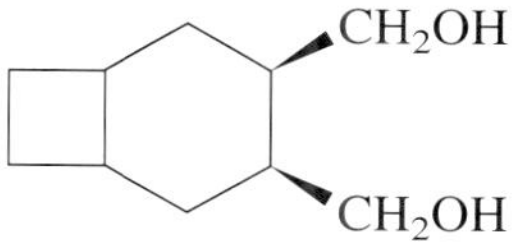

**22.32** 과정의 각 단계에서 입체화학이 조절되도록 (2*E*,4*E*)-헥사다이엔의 (2*E*,4*Z*)-헥상다이엔으로 변환하는 방법을 제시하여라.

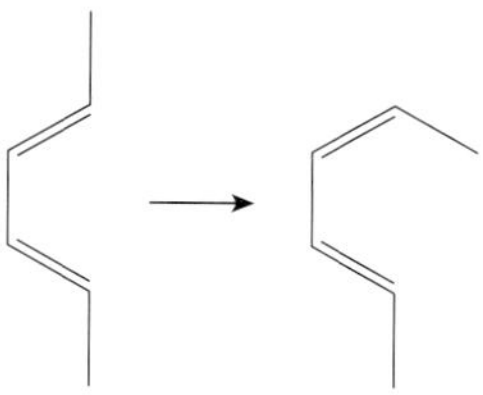

**22.33** Diels-Alder 반응에서 다음 화합물 중 어느 것이 반응성이 더 큰 다이엔인지를 설명하여라.

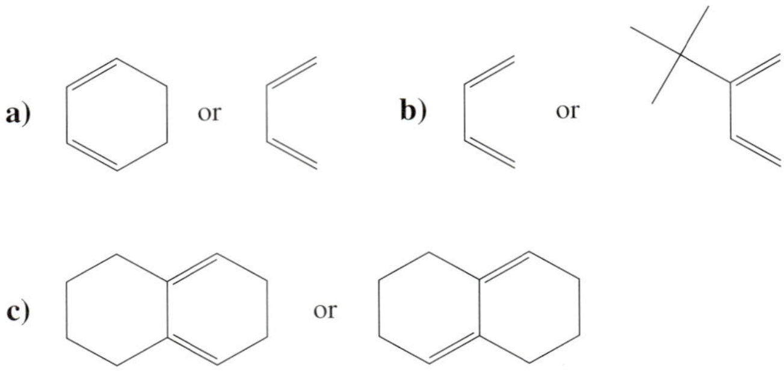


**22.34** $o$-메톡시페놀로부터 $o$-유겐올의 합성법을 제시하여라.

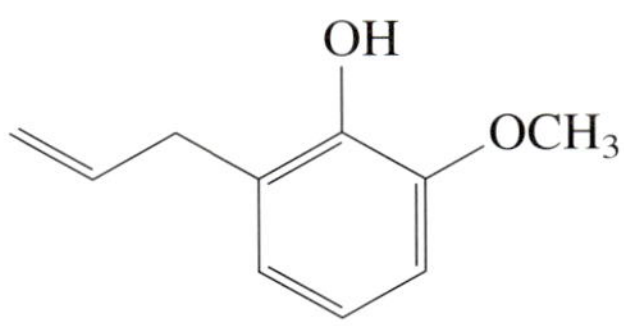


**22.35** 왜 트랜스-3,4-다이메틸사이클로뷰텐을 가열하면(2E,4E)-헥사다이엔을 생성하고(2Z,4Z)-사다이엔은 허용반응이지만 생성되지 않는지를 설명하여라.

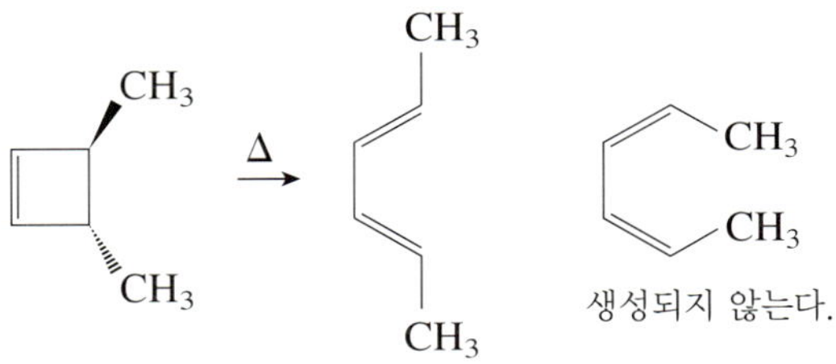


**22.36** 다음 반응에 대한 메카니즘의 모든 단계를 나타내어라. 왜 케톤보다는 알데하이드가 형성되는지를 설명하여라.

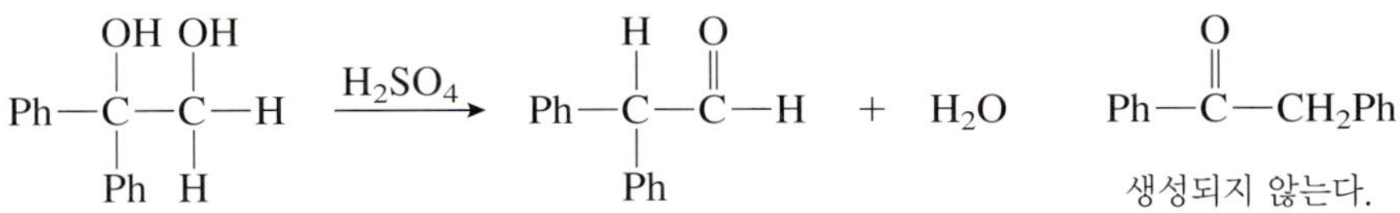

**22.37** 다음 반응에 대한 메카니즘의 모든 단계를 나타내어라.

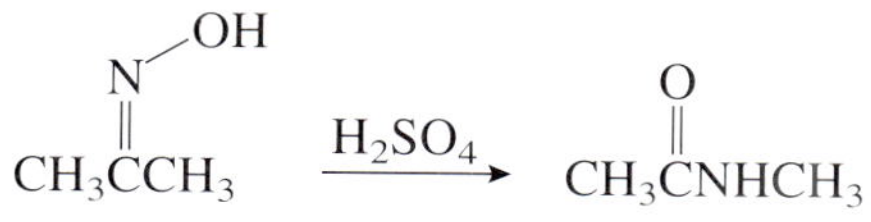

**22.38** 다음 반응에 대한 메카니즘의 모든 단계를 나타내어라.

**22.39** 다음 반응에 대한 메카니즘의 모든 단계를 나타내어라.

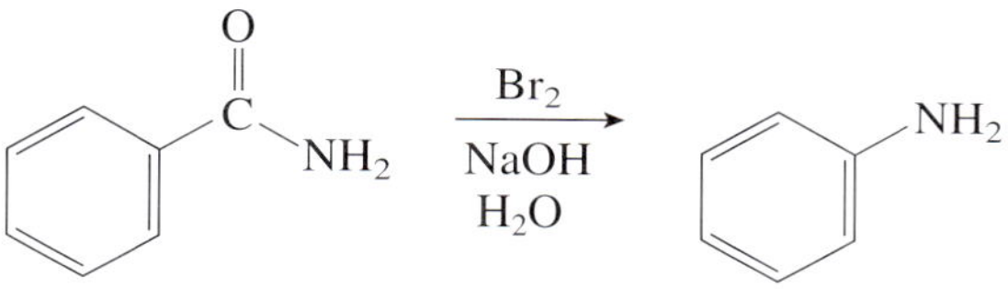

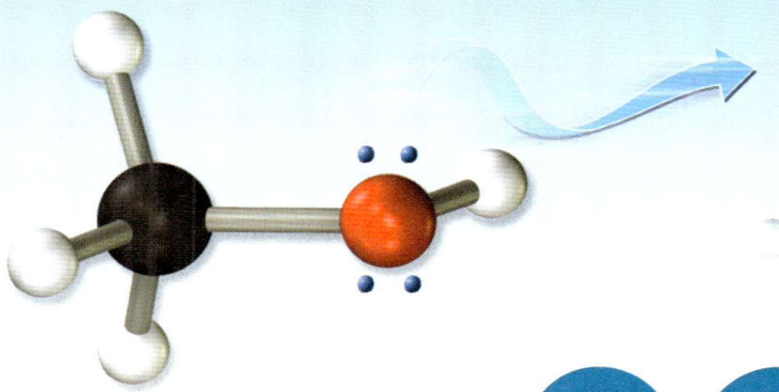

# 유기화합의 합성

CHAPTER 23

**유기화학 숙달**

- 유기합성에서 보호기의 사용
- 더 복잡한 유기화합물 합성설계에 대한 역합성 분석의 사용

새로운 반응을 소개한 이전의 각 장은 이 반응들을 사용하여 유기화합물의 합성을 요구하는 많은 문제를 포함한다. 이 장에서는 이전 장에서 제시했던 많은 반응을 더 복잡한 화합물을 합성하는데 응용할 것이다. 여기서 합성은 일반적 접근과 전략은 이미 배웠던 것과 같지만 이전의 문제보다는 더 길고 더 많은 생각을 요구한다.

한 개의 작용기 이상을 포함한 복잡한 화합물의 합성에서 보호하지 않은 작용기에서 원하는 반응을 일으키기 위하여 반응성이 큰 한 작용기를 보호할 필요가 있다. 합성 과정에서 알코올, 알데하이드, 케톤, 카복실산 및 아민을 보호하는 데 사용되는 기를 이 장에서 먼저 소개하였다. 다음에 합성의 전략을 더 상세히 검토하고 몇 가지 합성을 제시하였다. 이 장의 말미에 있는 표에는 이전 장에서 소개했고 합성에서 중요하게 이용할 수 있는 모든 반응을 수록하였다. 표 23.2에는 중요한 탄소-탄소 결합 형성반응을 수록하였다. 표 23.3에는 반응에서 생성되는 작용기에 따라 모든 반응을 배열하였다. 그러므로 표 23.3을 사용하면 특정한 작용기를 제조하는데 사용될 수 있는 다양한 반응을 재빨리 확인할 수 있다. 이 표에는 이전 장에서 제시한 대부분 반응의 개관으로 구성되어 있다.

## 23.1 알코올에 대한 보호기

18.9절에서 검토한 것처럼 보호기는 복잡한 화합물에 있는 한 작용기가 다른 작용기와 같이 반응할 때 반응으로부터 그 작용기를 보호하기 위하여 사용된다. 이런 목적으로 작용기를 쉽게 보호기로 변환하는 것이 편리하다. 더욱이 보호기는 원하는 반응 조건에서 안정해야 한다. 끝으로 원하는 반응이 완결되면 보호된 작용기는 원래의 작용기로 쉽게 되돌아와야 한다.

알코올 작용기를 포함한 화합물인 경우 화합물에서 다른 작용기와 반응할 때 문제가 되는 것은 하이드록실기의 산성인 수소이다. 이 수소를 알킬기로 치환하면 강한 염기성 혹은 친핵성 시약의 처리에 대해 안정한 비반응성 작용기, 에터가 형성된다. 그러나 단순한 알킬 에터는 절단하기가 어렵기 때문에 단순한 알킬 에터로부터 알코올을 재생하기가 어렵다. 그러므로 에터를 알코올에 대한 보호기로 사용하면 반응이 완결된 후 쉽게 제거하는 방법을 특별히 설계해야 한다.

알코올을 보호하는 데 널리 사용되는 한 방법은 테트라하이드로피란일 에터를 형성하는 다이하이드로피란과의 반응이다. 원하는 반응이 완결되면 보호기를 산 수용액 혹은 산과 에탄올로 처리하여 제거할 수 있다. 테트라하이드로피란일 에터의 형성과 그 절단을 다음 방정식으로 설명하였다.

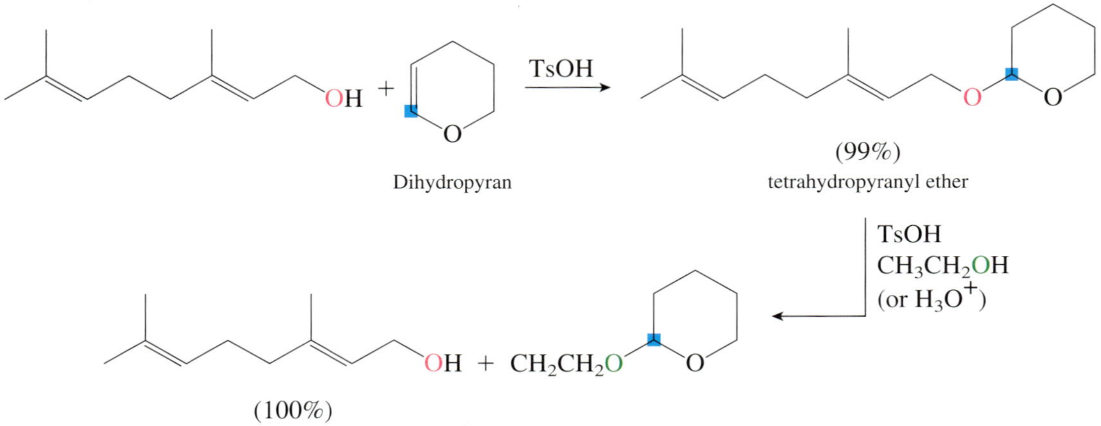


테트라하이드로피란일 에터 형성의 메카니즘(그림 23.1)은 다이하이드로피란의 이중결합에 대한 알코올의 산-촉매 첨가이며 11.3절에 기술한 알켄의 산-촉매 수화반응과 유사하다. 다이하이드로피란은 이와 같은 첨가에 특별히 반응성이 크다. 산소

**그림 23.1 테트라하이드로피란일 에터 형성의 메카니즘.**

전체적으로 이 메카니즘은 알켄의 수화반응에 대한 메카니즘과 유사하다(11.3절에 기술).

① 양성자는 다이하이드로피란의 이중결합에 가해진다.

② 다이하이드로피란은 첨가에 대해 대단히 반응성이 크다. 생성된 카보양이온은 이웃 산소의 전자쌍을 포함한 공명에 의해 안정화되기 때문이다.

③ 알코올의 산소는 친핵체로 작용하여 카보양이온의 친전자성 탄소에 결합된다.

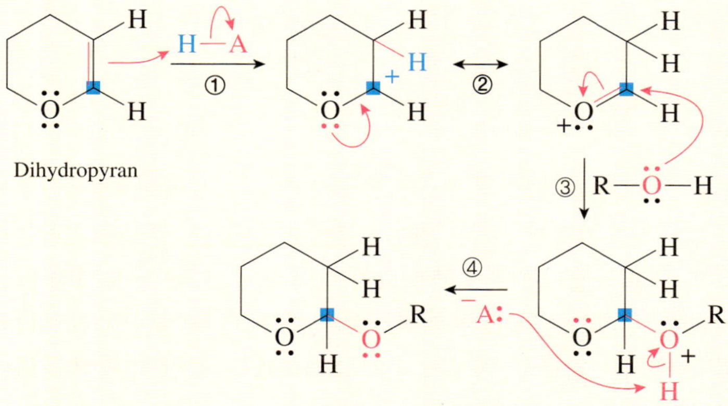


④ 양성자가 산의 짝염기로 이동하여 촉매를 재생하고 테트라하이드로피란일 에터를 생성한다.

는 반응에서 처음 생성된 카보양이온을 안정화시켜 준다. 테트라하이드로피란일 에터는 염기와 친핵체에 대해 불활성이고 이런 성질을 가진 시약으로부터 알코올을 보호하는 데 사용된다. 정상적인 에터는 절단되기 어렵지만 테트라하이드로피란일 에터는 실제로 아세탈이기 때문에 산성조건에서 쉽게 분해된다.

알코올에 사용되는 다른 보호기는 메톡시메틸 에터이다. 보호기는 $S_N2$ 반응에 의해 클로로메틸 메틸 에터와 알코올의 짝염기의 반응에 의해 제조된다. 테트라하이드로피라닐 에터와 같이 이 에터는 아세탈이고 산 수용액으로 처리하여 쉽게 제거할 수 있다. 메톡시메틸 에터 보호기의 사용은 다음 순서로 설명하였다. 첫 단계에서 수소화소듐은 알코올의 탈양성자화에 사용한다. 클로로메틸 메틸 에터와 이 알콕시화 이온의 반응은 보호된 알코올을 생성한다. 원하는 변환이 이루어지면 산과 물로 처리하여 보호기를 제거한다.

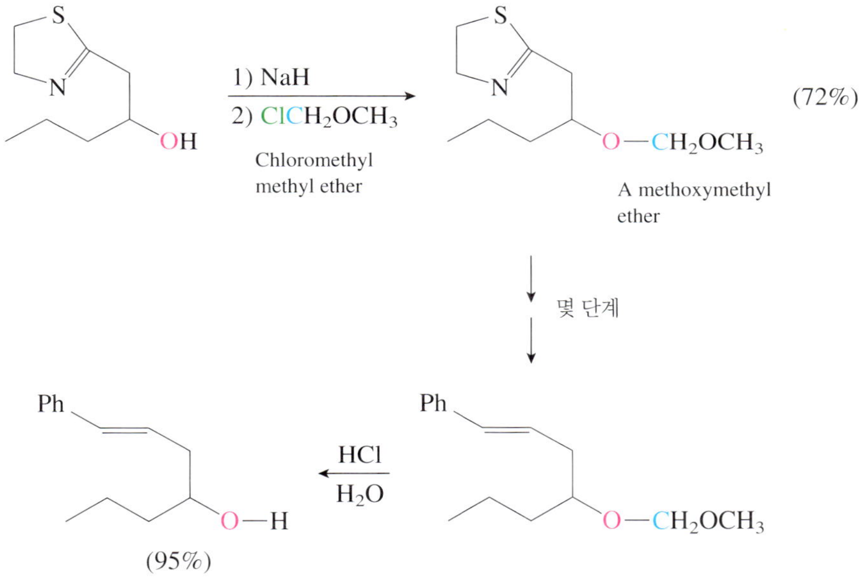


알코올은 벤질 에터로 변환하여 보호할 수 있다. 에터는 염기와 묽은 산에 안정하며 그러나 수소와 촉매로 처리하면 분해된다. 대부분의 단일결합은 수소와 촉매에 반응하지 않는다. 그러나 벤질자리 탄소-산소 단일결합은 이 조건에서 쉽게 분해된다. 이 과정을 **가수소분해(hydrogenolysis)**라 부른다. 한 예를 다음 방정식에 나타냈다.

$$PhCH_2-OCH_2CH_2CH_2CH_2CH_3 \xrightarrow[\text{Pd/C, 25°C}]{H_2\text{ (1 기압)}} PhCH_2-H + H-OCH_2CH_2CH_2CH_2CH_3 \quad (100\%)$$

벤질자리 탄소-산소 결합은 절단된다.

벤질 에터는 메톡시메틸 에터와 유사한 방법으로 제조된다. $S_N2$ 반응에서 브롬화 벤질과 알코올의 짝염기의 반응으로 제조된다. 벤질 에터 보호기를 사용한 예를 다음 순서로 설명하였다.

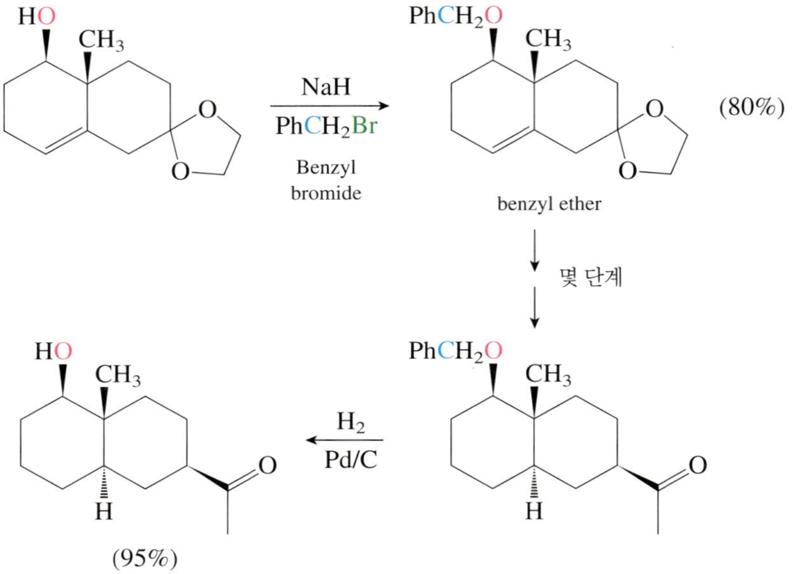


끝으로 알코올은 실릴 에터로 보호할 수 있다. 예로 다음 방정식에서 나타낸 것처럼 트라이에틸아민 존재에서 염화 트라이메틸실릴과 알코올과의 반응은 알코올의 트라이메틸실릴 에터를 생성한다(이 반응은 실리콘에 대한 산소의 친핵성 치환반응이다). 실릴기는 플루오르화 음이온과의 반응에 의해 높은 수득률로 제거할 수 있다.

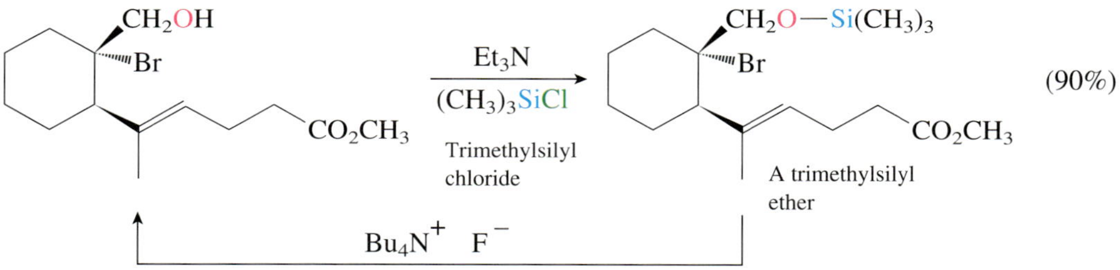


**문제 23.1** 다음 반응의 생성물을 나타내어라.

**a)** 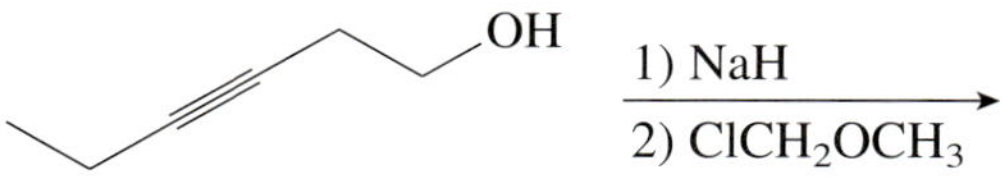


**b)** 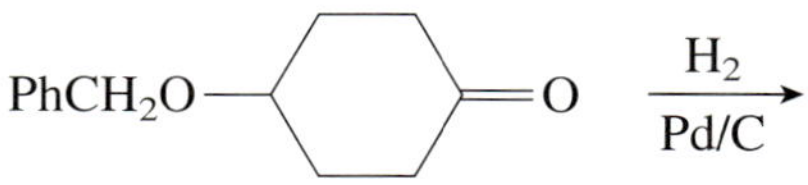


**c)** 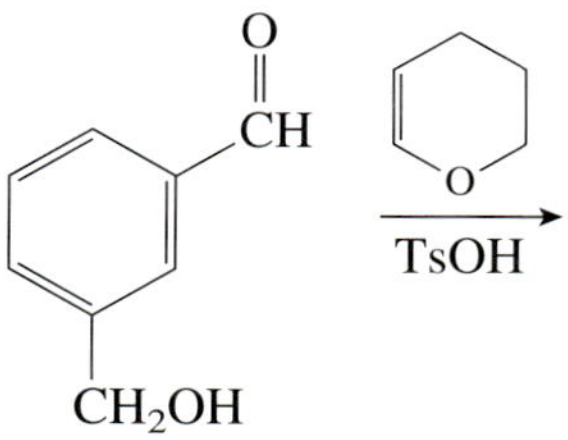


**d)** 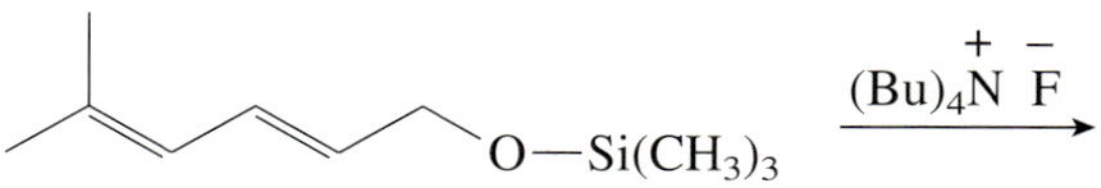

e) 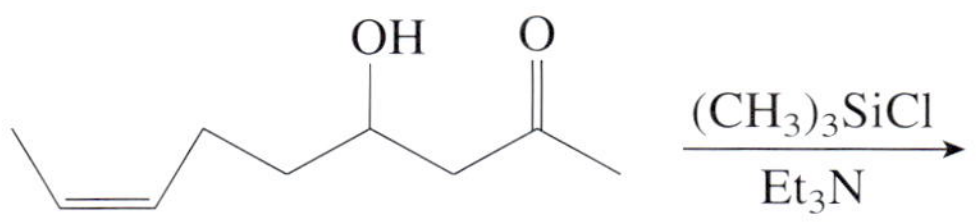

f) 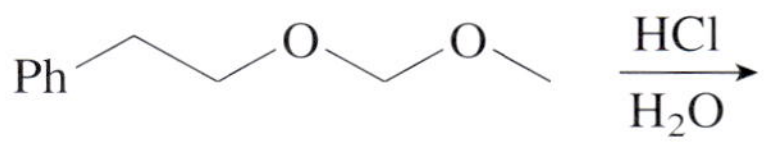

g) 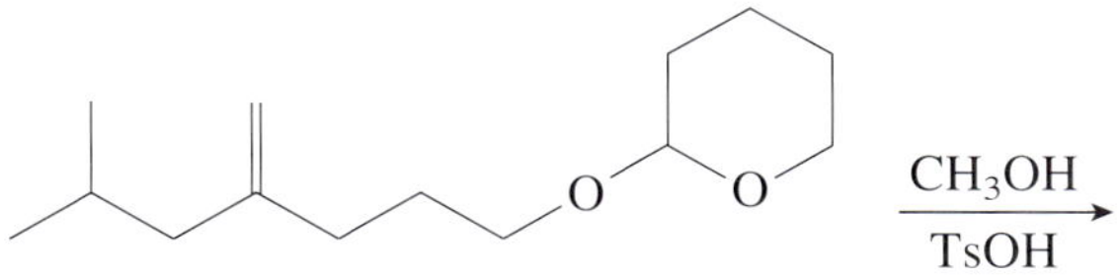

**문제 23.2** 이 메톡시메틸 에터의 가수분해에 대한 메카니즘의 모든 단계를 나타내어라. 이 반응에서 어떤 다른 생성물이 형성될 것인가?

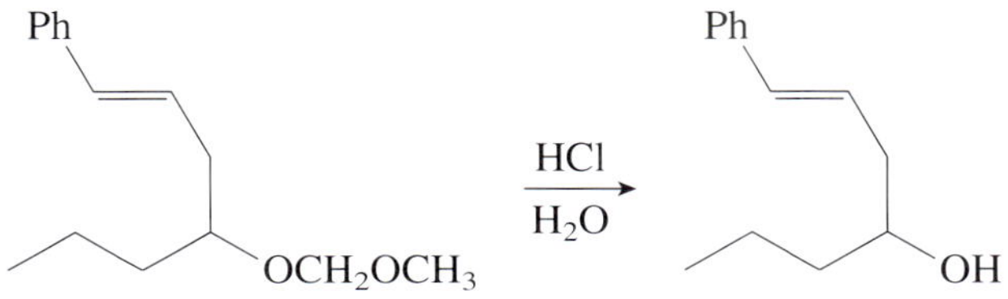

**문제 23.3** Grignard 시약은 하이드록시기의 산성 수소 때문에 4-브로모-1-뷰탄올로부터는 제조될 수 없다. 보호기를 사용하여 어떻게 이 화합물을 Grignard 반응에 의해 1,5-헥세인다이올을 제조하는데 사용될 수 있는지를 나타내어라.

$$HOCH_2CH_2CH_2CH_2Br \longrightarrow HOCH_2CH_2CH_2CH_2\overset{\displaystyle OH}{\overset{|}{C}}HCH_3$$

## 23.2 알데하이드와 케톤에 대한 보호기

알데하이드와 케톤은 산 존재에서 알코올과 반응에의 아세탈로 변환하여 보호된다(18.9절). 많은 다른 알코올이 사용될 수 있지만 에틸렌 글라이콜(1,2-에테인다이올) 혹은 1,3-프로페인다이올이 가장 많이 사용된다. 두 번째 알코올기의 분자 내 첨가가 평형을 더 유리하게 해주기 때문이다. 형성된 아세탈은 염기성 시약과 친핵성 시약에 안정하다. 보호기는 산 수용액에서 가수분해하여 제거한다. 에틸렌 글라이콜과의 반응에 의한 아세탈 형성의 예를 다음 방정식으로 나타내었다.

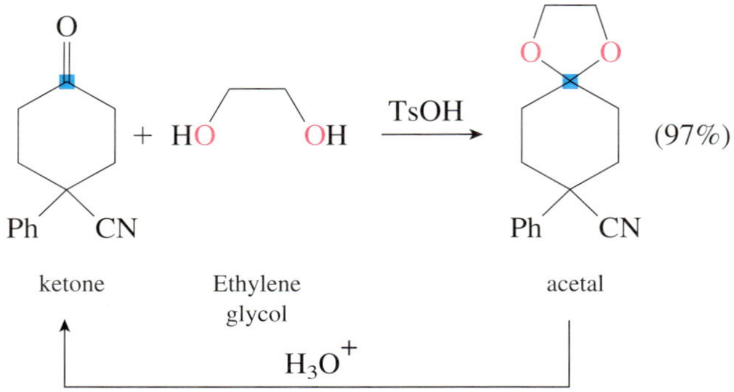


**문제 23.4** 다음 반응의 생성물을 나타내어라.

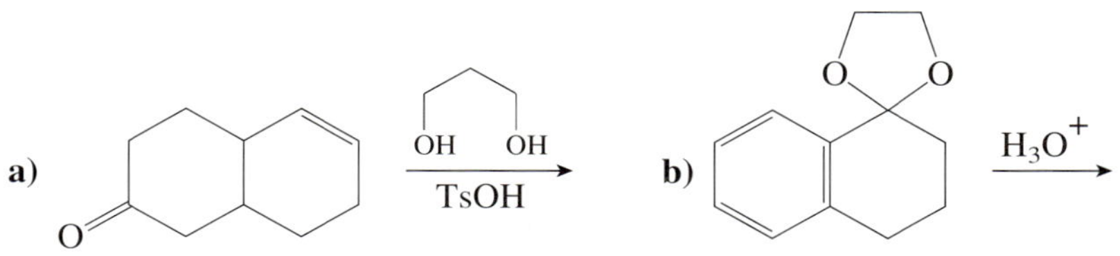


## 23.3 카복실산에 대한 보호기

산성 수소는 보통 원하지 않는 반응성을 나타내기 때문에 카복실산은 보통 에스터로 보호한다. 대부분 단순한 메틸 에스터가 사용된다. 에스터는 염화아실을 거쳐 제조될 수도 있도 혹은 Fischer 에스토화에 의해 제조될 수 있다(19.4절). 에스터기는 산성 혹은 염기성(비누화) 조건에서 가수분해하여 카복실산으로 되돌릴 수 있다(19.5절).

때때로 다른 에스터가 카복실산을 보호하는 데 사용된다. 벤질 에스터는 보통 방법으로 제조되지만 수소와 촉매와의 반응에 의해 절단된다. 가수소분해 반응에 의해 절단되는 것은 벤질자리 탄소-산소 결합이다.

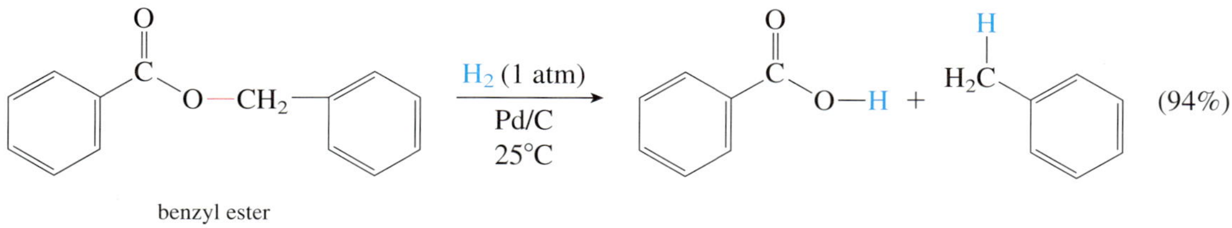


*t*-뷰틸 에스터는 메틸 에스터가 가수분해되는 조건보다 더 온화한 조건인 묽은 산과의 반응에 의해 절단될 수 있다. 반응은 *t*-뷰틸 카보양이온의 안정성 때문에 Fischer 에스터화 메카니즘의 역이라기보다는 $S_N1$ 메카니즘에 따른다.

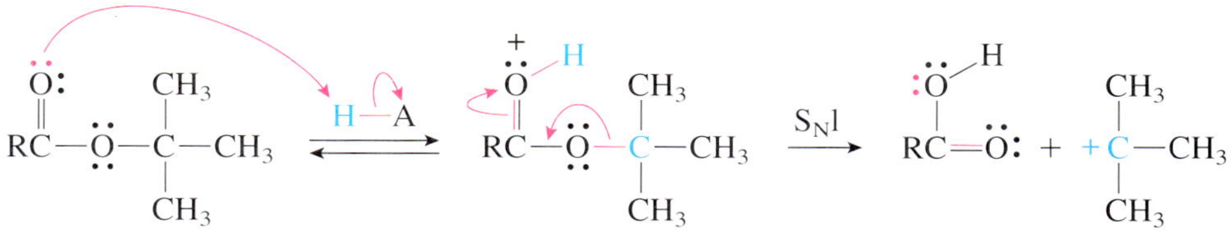

$t$-butyl ester

$t$-뷰틸 에스터는 아이소뷰틸렌에 카복실산의 산-촉매 첨가반응에 의해 제조된다. 전 채로 보호-보호해제 순서를 다음 방정식에 나타냈다. 최종 단계에서 인 에스터 혹은 아마이드 혹은 벤질 에스터기를 파괴하지 않고 $t$-뷰틸기를 제거할 수 있다.

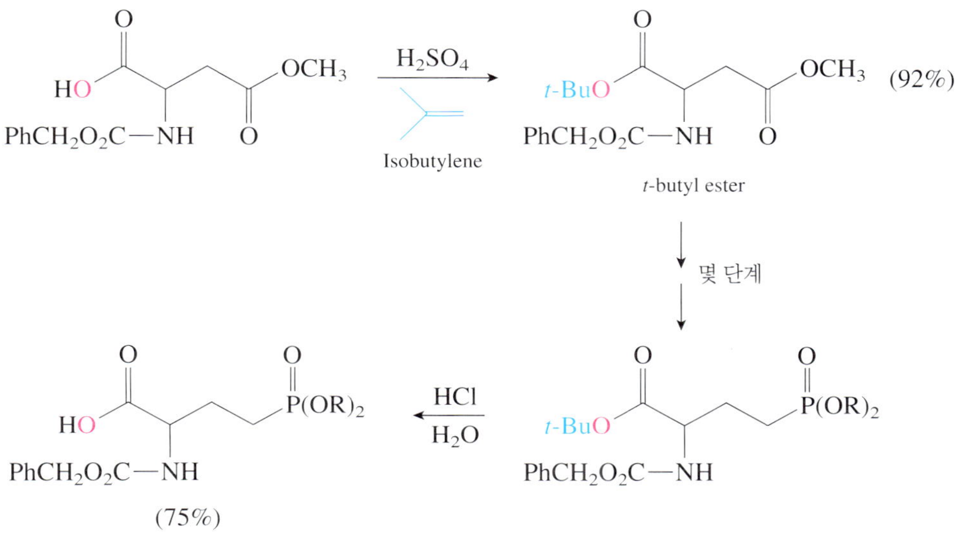

**문제 23.5** 다음 반응의 생성물을 나타내어라.

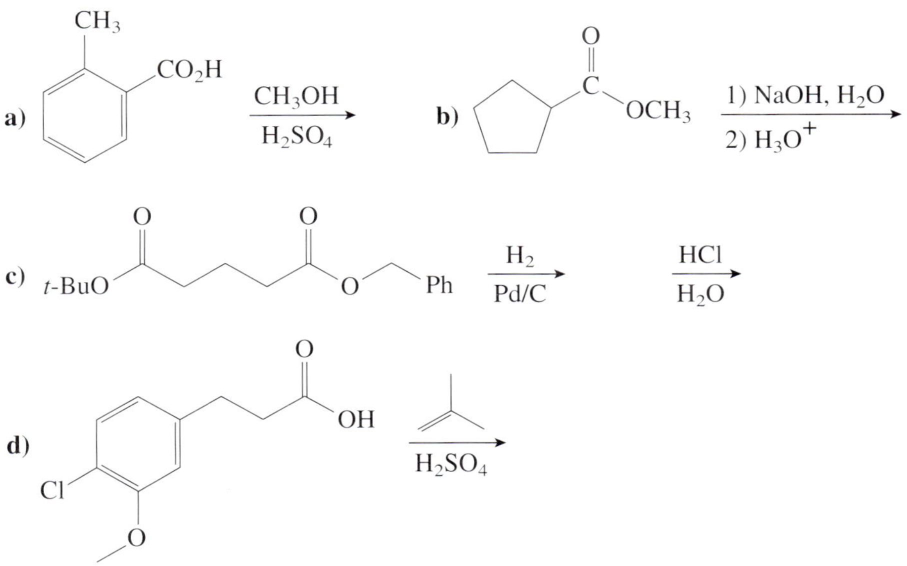

**문제 23.6** 이 반응에 대한 메카니즘의 단계를 나타내어라.

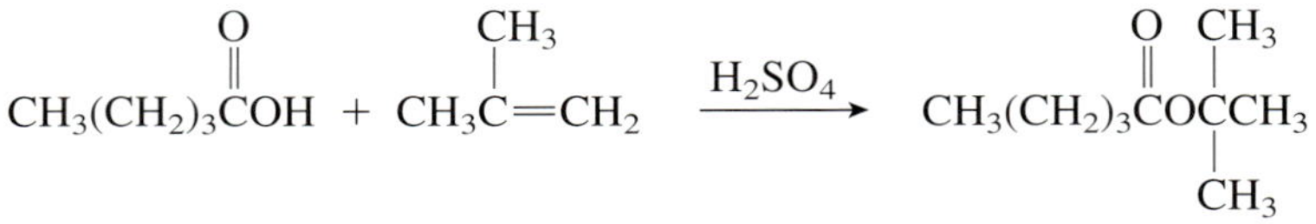

## 23.4 아민에 대한 보호기

아민의 질소에 있는 염기성과 친핵성 비공유 전자쌍이 합성에서 문제가 되고 보호될 필요가 있다. 아민을 아마이드로 변환하면 이 전자쌍의 반응성이 상당히 작아진다. 아마이드의 질소에 있는 전자쌍은 카보닐기의 산소로 공명 비편재화하여 염기 혹은 친핵체로 반응할 가능성이 없다.

Amine　　　보호된 amine

이 전략의 한 예를 17.4절에 이미 소개하였다. 아마이드로 변환은 친전자성 방향족 치환반응에서 벤젠고리에 있는 아미노기의 활성을 감소시키는 데 사용하였다.

아마이드는 더 안정한 카복실산 유도체의 하나이고 비보호 아민으로 재생하기 위하여 가수분해하는 데 격렬한 반응조건이 필요하다. 그러므로 쉽게 제거할 수 있는 몇 가지 특별한 보호기가 개발되었다. 이 기는 아직도 질소를 비활성화하는 데 아마이드를 사용하지만 모두 온화한 조건에서 제거할 수 있는 몇 가지 특성을 포함하고 있다. 이들은 26장에서 기술한 아미노산으로부터 펩타이드 합성에 특별히 유용하다.

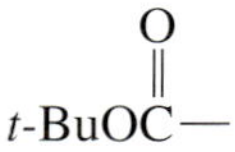

BOC

이와 같은 보호기의 한 예가 *t*-뷰톡시카보닐기로 BOC기로 알려져 있다. BOC기는 탄산다이-*t*-뷰틸과의 반응에 의해 아민의 질소에 결합할 수 있다. 다음 방정식에 나타낸 것처럼 탄산 다이-*t*-뷰틸은 카복실산 무수물처럼 반응한다.

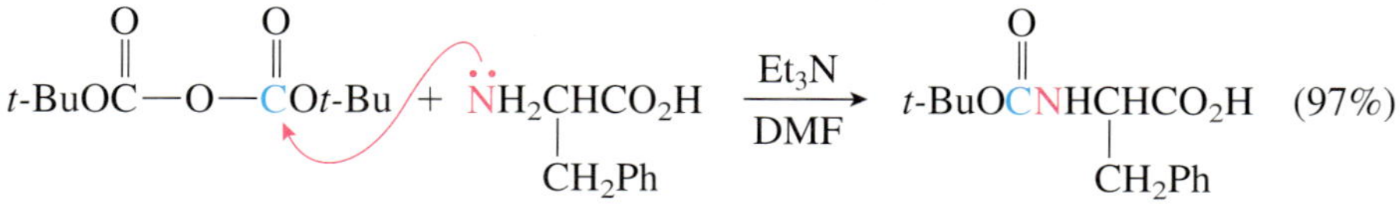

Di-*t*-Butyl dicarbonate　　Phenylalanine　　carbamate

생성물은 아마이드와 에스터의 특성을 다 가진 **카밤산 에스터(carbamate)** 작용기를 포함한다. 그러므로 아민은 아미이드로 보호되고 카밤산 에스터의 에스터 부분은 쉽게 제거할 수 있다. 사실 카밤산의 *t*-뷰틸기는 묽은 산으로 처리하여 제거할 수 있다. 생성된 카밤산은 불안정하여 자발적으로 이산화탄소를 제거하고 아민을 재생한다. 예를 다음 방정식에 나타냈다.

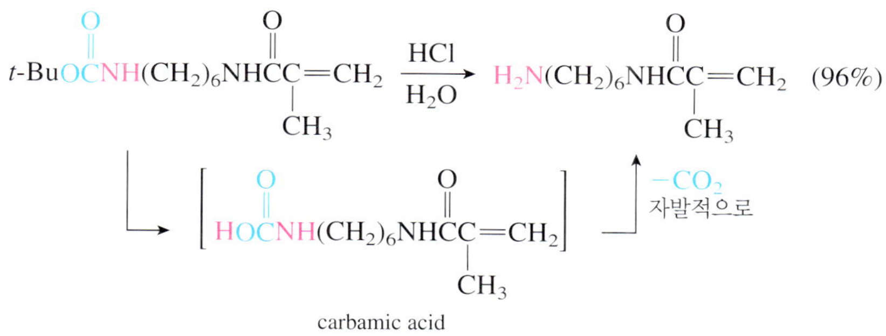


아민에 대해 사용하는 다른 보호기는 **벤질옥시카보닐(benzyloxycarbonyl)**기이다. 이번에는 산 무수물 유도체가 아니라 염화아실 유도체인 염화 카보벤족시가 아민과 반응한다.

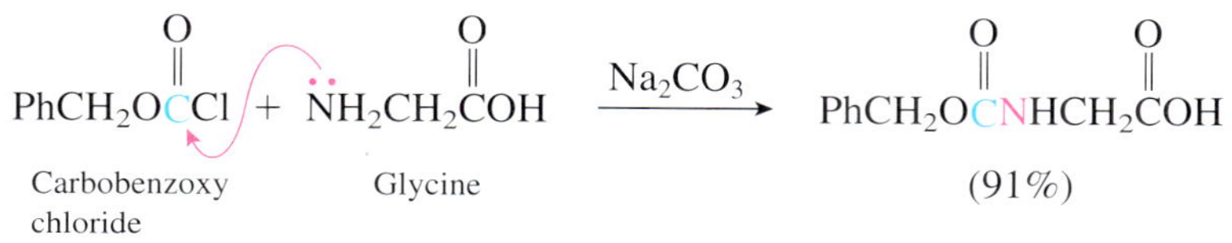


벤질옥시카보닐 보호기를 제거할 때 화합물은 촉매 존재에서 수소와 반응한다. 가수소화반응에 의해 벤질기가 절단된 후 자발적으로 카밤산의 카복실산 이탈반응이 일어난다. 예를 다음 방정식에 나타냈다.

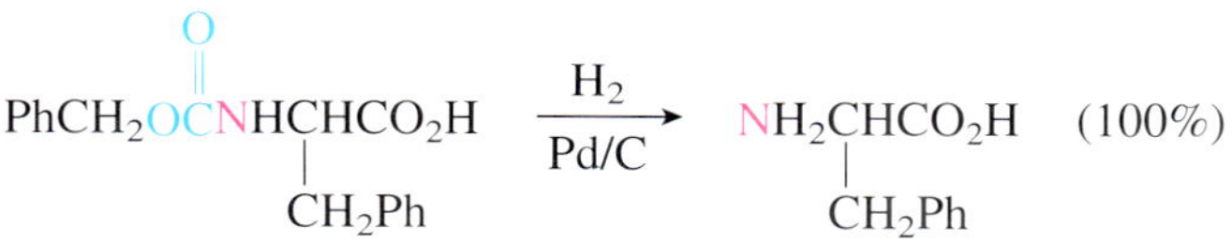


**문제 23.7** 다음 반응의 생성물을 나타내어라.

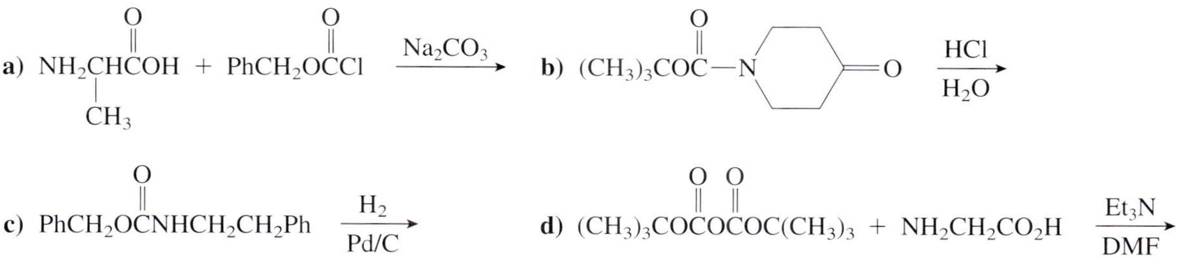


**문제 23.8** 아민에 대한 보호기의 사용 예를 다음 반응도에 나타냈다. 이 반응순서에서 빠진 **A**와 **B**의 구조를 나타내어라. 왜 최종 생성물이 $SOCl_2$와 원래의 아미노산과의 반응, 다음 $(CH_3)_2NH$에 의해 직접 제조할 수 없는지 그 이유를 설명하여라.

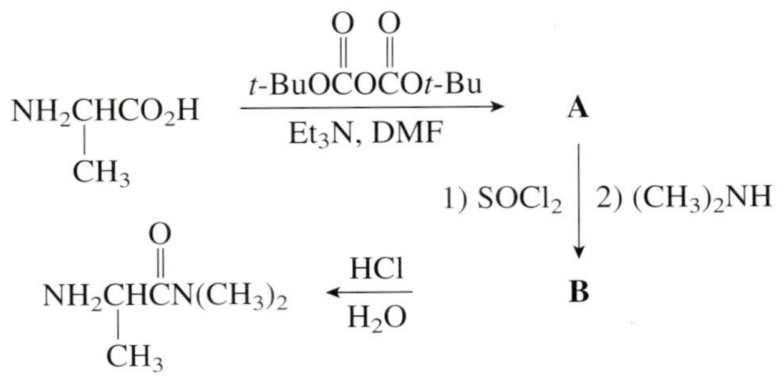


**문제 23.9** 문제 23.8에서 **B**의 가수분해가 최종생성물의 아마이드결합이 절단되지 않는다는 것이 왜 선택적인가를 설명하여라.

## 23.5 역합성분석

복잡한 분자에 대한 합성의 설계는 10.15절에서 처음 소개하였고 11.4, 17.14, 18.11 및 20.11절에서 상세히 기술한 같은 방법에 사용한다. 즉 과녁화합물로부터 역으로 작업 혹은 역합성분석을 사용한다. 이 과정은 단순한 화합물로부터 과녁화합물을 제조하는 데 사용될 수 있는 가능한 반응을 포함한다. 다음에 단순한 화합물은 다음 단계의 과녁이 된다. 이런 과정은 공업적으로 얻을 수 있는 화합물에 도달 할 때까지 반복된다.

과녁화합물을 제조할 수 있는 반응을 찾을 때 **결합절단(bond disconnection)** 혹은 화합물에 있는 작용기에서 혹은 근처에서 결합절단을 고려해야 한다. 탄소-탄소결합을 포함하는 절단은 대단히 중요하다. 결합절단이 되면 역과정이 이루어 질수 있는 반응을 생각해야 한다. 예로 과녁화합물로 3-메틸-1-페닐-1-뷰탄올을 생각해보자. Grignard 반응은 많은 알코올을 제조하기 위한 우수한 방법이다. 이 반응을 생각하면서 다음 방정식에서 나타낸 것처럼 페닐기와 알킬기 간의 절단은 Grignard 반응에 의해 재조립할 수 있는 토막을 형성한다.

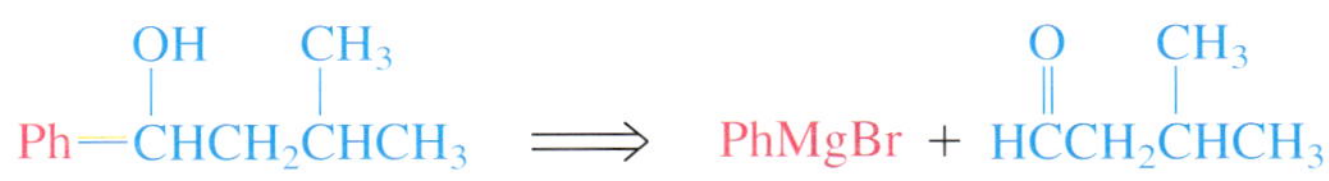


3-Methyl-1-phenyl-1-butanol

역합성분석을 수행할 때 절단에 의해 생성되는 토막은 실제 화합물이 아니고 단지 친전자체와 친핵체라는 **합성단위체(synthon)**이다. 이것은 토막을 재조립할 수 있는 다른 반응을 생각하는 데 도움을 준다. 그러므로 3-메틸-1-페닐-1-뷰탄올의 절단은 다음 방정식으로 나타낸 것처럼 쓸 수 있다.

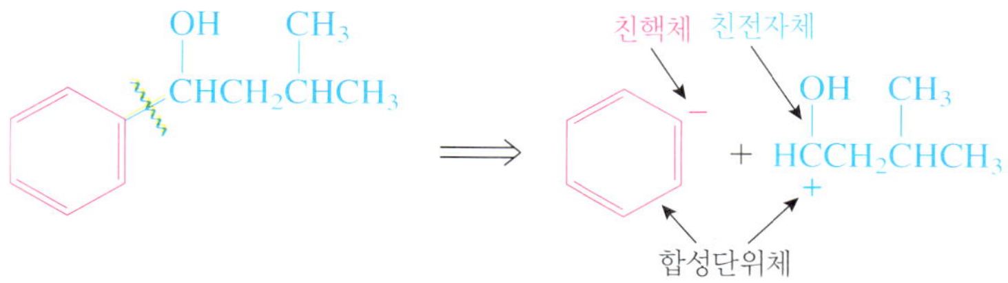


Grignard 경로 이외에 이 절단은 방향족 고리가 친전자성 방향족 치환반응에서 친핵체로 반응할 수 있다는 사실을 생각해야 한다. 이것은 이 합성에서 Friedel-Crafts 아실화반응을 사용할 수 있다는 것을 제시해준다.

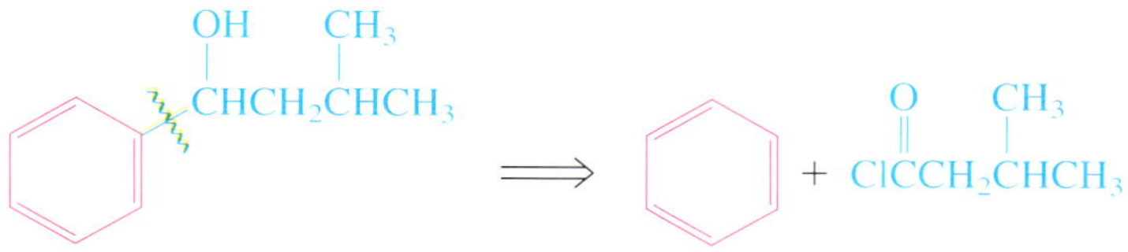

결합이 절단되면 토막의 두 극성이 가능하다. 어느 한 토막이 친핵체가 될 가능성이 있으면 다른 토막은 친전자체가 된다. 3-메틸-1-페닐-1-뷰탄올의 하이드록시-결합 탄소를 포함하는 탄소-탄소결합 절단을 고려해보자. 다음 방정식으로 나타낸 절단은 다른 Grignard 경로를 제시해준다.

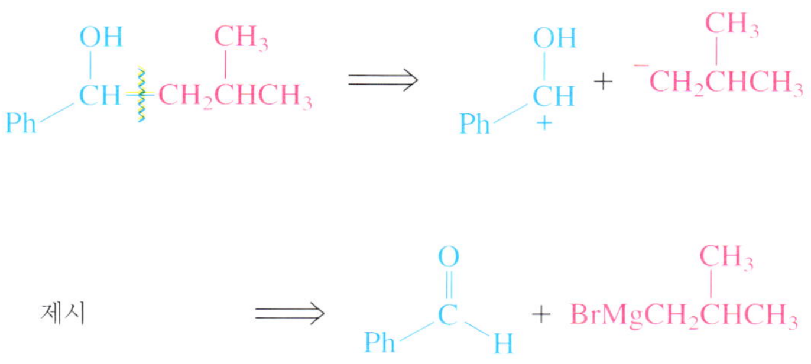


반대 극성으로 절단은 하이드록시 탄소에서 친핵체인 합성단위체를 사용하는 대단히 다른 접근을 요구한다. 20.9절에서 기술한 아실 음이온 대등체는 쉽게 하이드록시기로 변환될 수 있는 치환기를 가진 친핵성 탄소를 제공해준다.

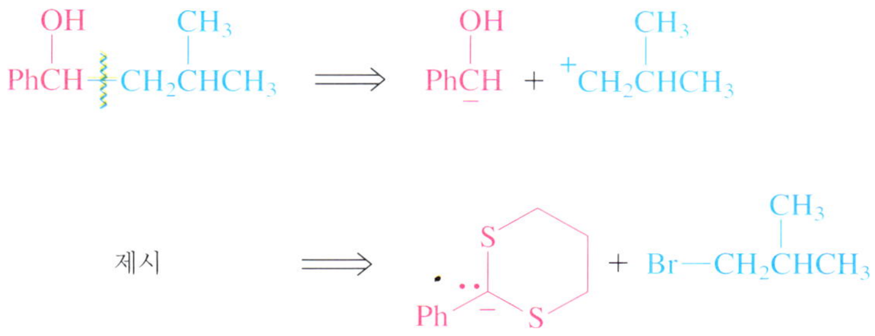


이 전략의 한 예로 곤충 **페로몬(pheromone)**인 2-메틸-6-메틸렌-7-옥텐-4-올의

합성을 고려해보자. 나무좀 수컷의 성 유인제의 성분인 이 알코올의 합성은 문헌에 보고 되어 있다. 이전에 기술한 것과 유사한 역합성분석은 이 알코올을 합성하는데 Grignard 반응의 사용을 제시해준다.

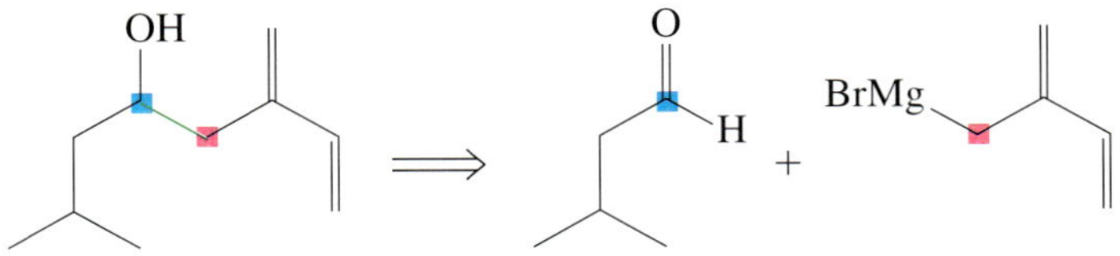


2-Methyl-6-methylene-
7-octen-4-ol

그러나 이 연구를 수행한 화학자는 합성에 이 특정한 Grignard 반응을 사용하지 않았다. 그러므로 다른 방법이 필요했다. 이전에 제시했던 것과 유사한 분석을 사용한 같은 절단을 근거로 그러나 극성이 반대인 경로를 개발하였다.

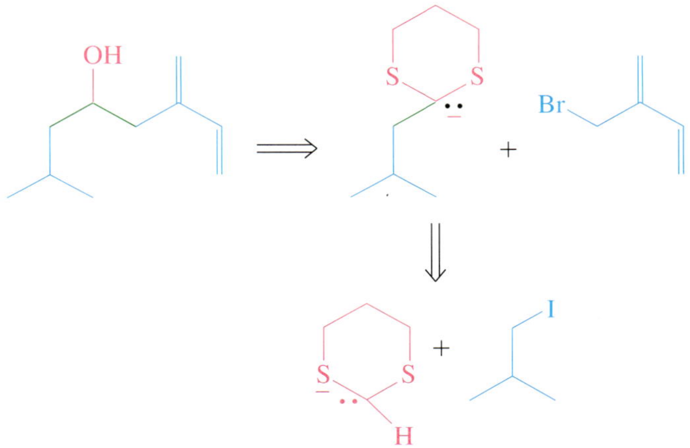


필요한 치환 다이싸이엔은 비치환 다이싸이엔 음이온의 알킬화로 제조할 수 있다. 합성은 그림 23.2에 나타냈다.

무엇이 좋은 합성을 만드는가? 이 질문에 대한 해답은 많은 요인에 의존한다. 합성을 완성하기 위하여 시간이 필요하다. 합성에 대한 비용은 합성이 학술적 연구를 하는 실험실 혹은 공업적 연구를 하는 실험실에서 이루어지느냐에 따라 달라지는 상대적 중요성을 가진 인자이다. 얼마나 많은 물질, 밀리그램, 그램, 킬로그램 혹은 톤이 필요한가? 현대에 와서 환경에 관한 관심이 대단히 중요하다. 독성 용매를 사용하는 반응, 독성 준금속의 대량사용 혹은 독성 폐품의 생성은 가능한 한 피해야 한다. 긴 합성에서 각 단계의 수득률은 대단히 중요하다. 예로 각 반응이 90%의 수득률로 진행된다면 10단계의 합성의 전체 수득률은 35%이다. 각 단계가 80%의 수득률로 진행된다면 전체 수득률은 11%로 떨어진다.

합성을 설계할 때 가능한 넓은 범위의 반응을 사용하는 것이 중요하다. 이 교재의 이전의 장에서 소개한 합성에서 가장 중요한 반응을 표 23.2와 23.3에 요약하였다. 이 표의 목적은 반응을 기억하기 위해서가 아니고 합성을 설계할 때 참고하기

**그림 23.2** **2-메틸-6-메틸렌-7-옥텐-4-올의 합성.**

① 뷰틸리튬은 황 사이에 있는 약한 산성 수소의 하나를 제거하는 강한 염기로 사용된다. 생성된 음이온은 $S_N2$ 반응에서 아이오딘을 치환하는 친핵체로 사용된다.

② 이 과정은 다른 할로겐화 알킬로 반복한다. 이 단계의 수득률은 51%이다.

③ 다이싸이오아세탈기는 물과 수은이온에 의한 가수분해로 59%의 수득률로 제거된다.

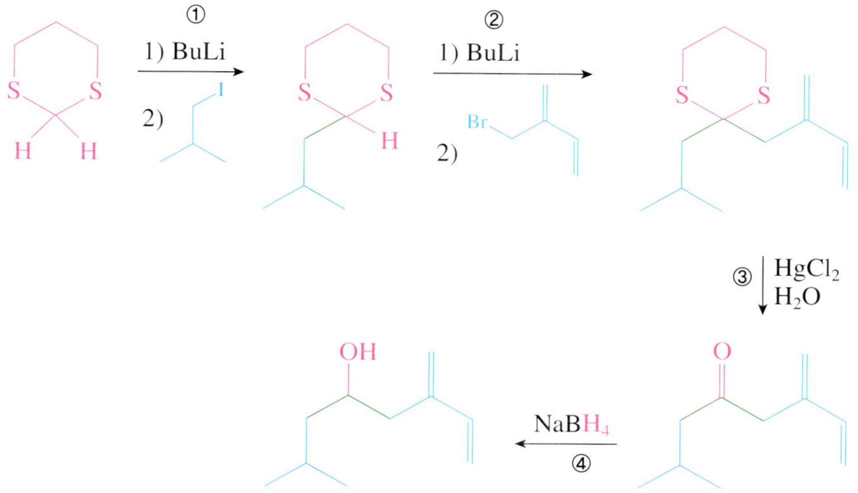


2-Methyl-6-methylene-7-octen-4-ol

④ 합성을 완성하기 위하여 케톤은 알코올로 환원한다. 환원은 수소화붕소 소듐을 사용하여 66%의 수득률로 이루어진다

위해서이다. 표 23.2는 탄소-탄소 결합 형성을 포함하는 중요한 반응을 수록하였다. 이와 같은 반응은 합성을 설계하는 데 열쇠가 된다. 표 23.3은 생성물에서 형성되는 작용기에 따라 모든 반응을 수록하였다. 과녁분자가 알코올이면 알코올을 제조하는 데 사용될 수 있는 많은 다른 방법에 대해 표 23.3과 상의할 수 있다.

## 예제 23.1

탄소-탄소 결합 절단을 사용하여 3-메틸-4-헵탄온을 제조하는 데 사용할 수 있는 친전자체와 친핵체 합성단위체 토막을 제시하여라. 이 합성단위체에 의한 실제 반응을 나타내어라.

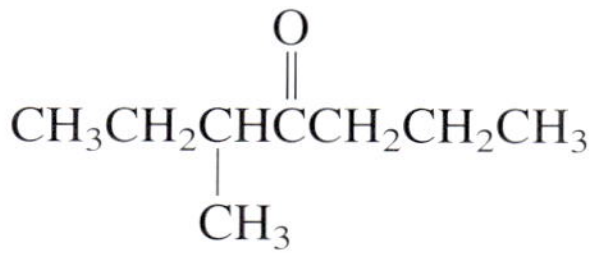

3-Methyl-4-heptanone

### 풀이

대부분의 반응이 작용기 혹은 이웃탄소에서 일어나기 때문에 이것이 어디서 절단할

것인가를 결정해준다. 한 가능성은 이 화합물의 $\alpha$-탄소와 메틸기의 절단이다. 이 합성단위체 토막의 가능한 극성의 하나는 다음과 같다.

엔올산 음이온 친핵체는 카보닐기 이웃탄소에서 생길 수 있다. 그러므로 이 절단은 유망한 것처럼 보인다. 이 변환을 위하여 엔올산 음이온에 친전자성 메틸기를 가해줄 필요가 있다. 전체 반응은 20.3절에서 기술한 케톤의 알킬화 반응이다. 케톤이 대칭이므로 알킬화의 위치화학에는 문제가 없다.

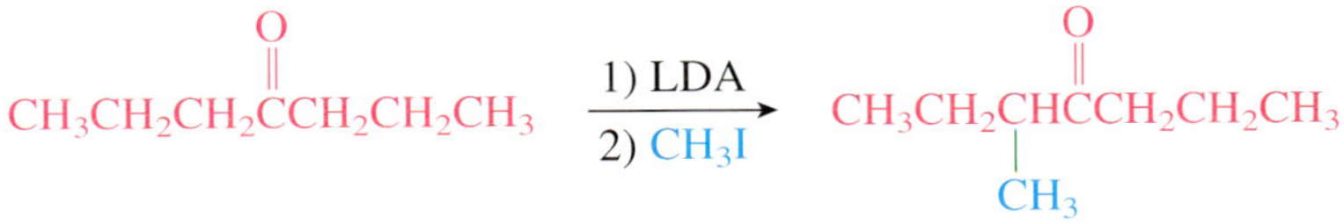

몇 가지 다른 절단이 유용하다는 것이 증명되었다. 예로 $\alpha$-탄소의 하나와 카보닐 탄소 간의 결합은 다음 극성을 가지고 절단할 수 있다.

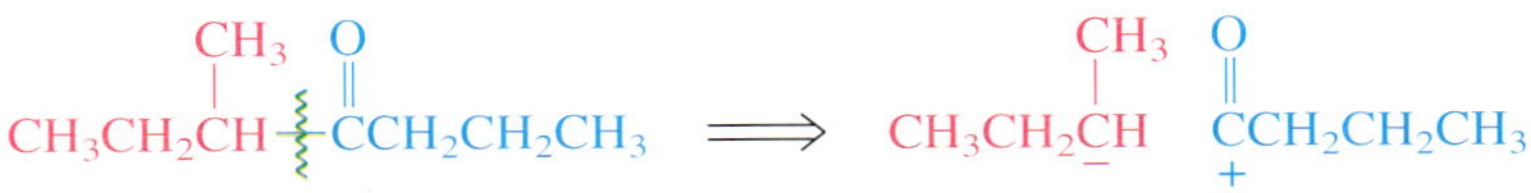

이것은 19.10절에 기술한 케톤합성의 하나를 제시해준다.

**문제 23.10** 탄소-탄소 결합 절단을 사용하여 다음 화합물을 제조하는 데 사용할 수 있는 친전자체와 친핵체 합성단위체 토막을 제시하여라. 이 합성단위체에 의한 실제 반응을 나타내어라. 이 장의 말미에 있는 표 23.2를 참고하여라.

**a)** 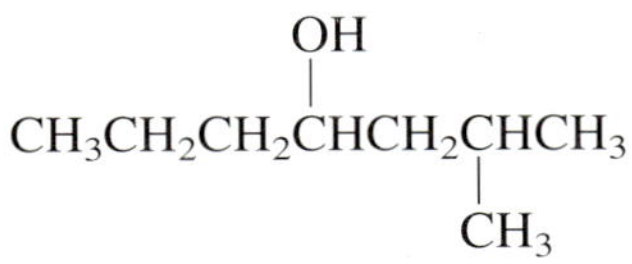
**b)** $PhC{\equiv}CCH_2CH_2CH_2CH_3$
**c)** 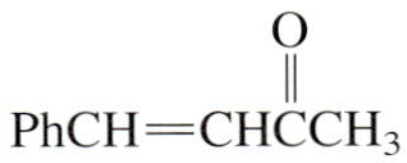

## 23.6 합성 예

이 절은 역합성분석을 더 설명하는 몇 가지 합성을 제시하였다. 먼저 숲을 심각하게 훼손하는 매미나방의 성 페로몬, 디스파륨(dispalure)의 합성을 고려해보자.

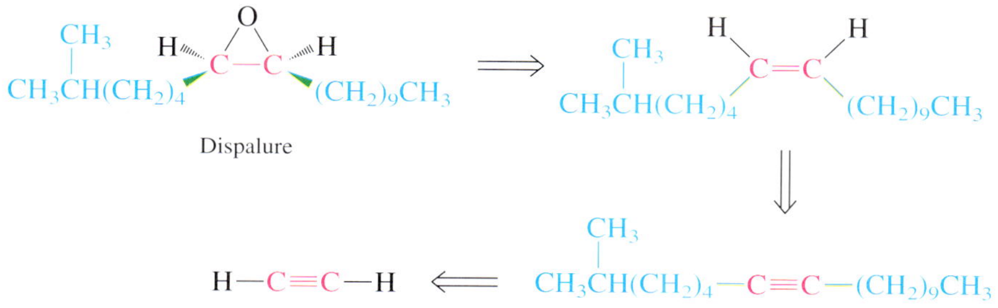


역합성분석을 사용하여 시스-일켄으로부터 시스-에폭사이드를 합성할 수 있다는 것을 알고 있다. 시스-알켄은 알카인의 촉매 수소화 반응에 의해 제조할 수 있다. 끝으로 치환된 알카인은 아세틸화 이온을 사용한 친핵성 치환반응에 의해 제조할 수 있다(10.8절을 보라). 이 분석을 근거로 문헌에 보고된 합성은 그림 23.3에 요약하였다.

다른 예는 서양 소나무좀의 집단페로몬인 브레비코민(brevicomin)의 합성을 고려해보자. 먼저 브레비코민은 아세탈이라는 것을 알 필요가 있고 다이올과 케톤으로 절단할 수 있다. 다이올은 알켄의 하이드록실화로 제조할 수 있고 알켄은 Wittig 반응으로 제조할 수 있다.

**그림 23.3** 디스파룰의 합성.

① 강한 염기 아마이드화 소듐을 에타인의 생성 수소를 제거하는 데 사용한다. 생성된 아세틸화 이온은 $S_N2$ 치환반응에서 친핵체로 사용된다.

② 이 과정은 다른 알킬기를 알카인의 다른 편에 가하기 위하여 반복한다.

③ Lindlar 촉매를 사용한 수소화 반응은 시스-알켄을 생성한다.

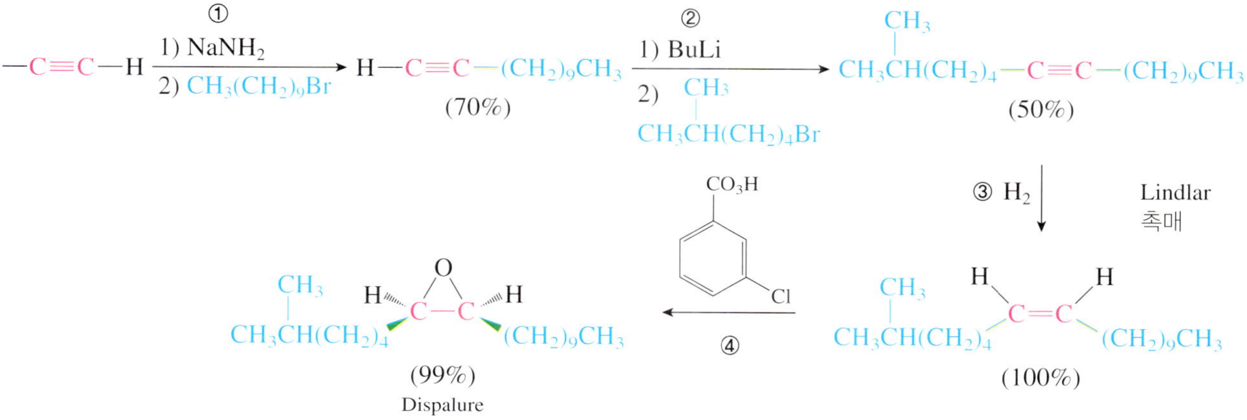


④ 합성은 알켄을 *m*-클로로과벤조산으로 에폭시화하여 완결한다. 신 첨가로 에폭시화물이 생성된다(11.9절을 보라).

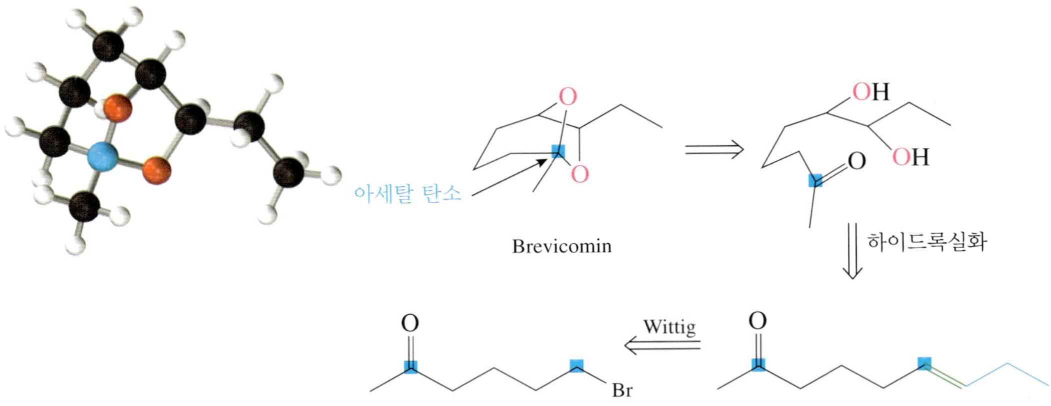


보고된 합성을 그림 23.4에 요약하였다.

**그림 23.4** **브레비코민의 합성.**

① 6-브로모-2-헥산온을 아세토아세트산 에스터 합성에 의해 제조한다(20.4절).

② Wittig 반응은 알켄의 이중결합을 형성하는 데 사용된다. 그러나 케톤을 먼저 아세탈로 보호해야 한다(23.2절).

③ Wittig 반응에서 필요한 포스포늄염은 친핵체로 트라이페닐포스핀을 사용하여 $S_N2$ 반응에 의해 제조된다.

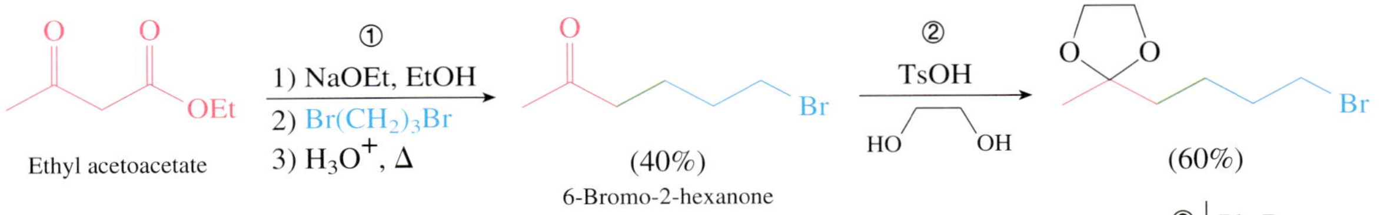


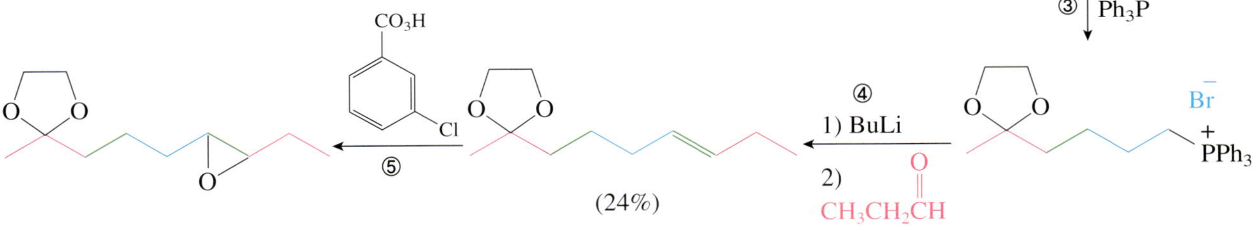


⑥ 산과 물을 사용하여 에폭사이드를 다이올로 가수분해한다(10.10절). 이 단계에서 아세탈 보호기를 제거한다.

⑤ 하이드록시기를 가하기 위하여 알켄을 에폭사이드로 변환한다(11.9절).

④ Wittig 반응(18.7절)은 브로모아세탈로부터 24%의 수득률로 알켄을 생성한다.

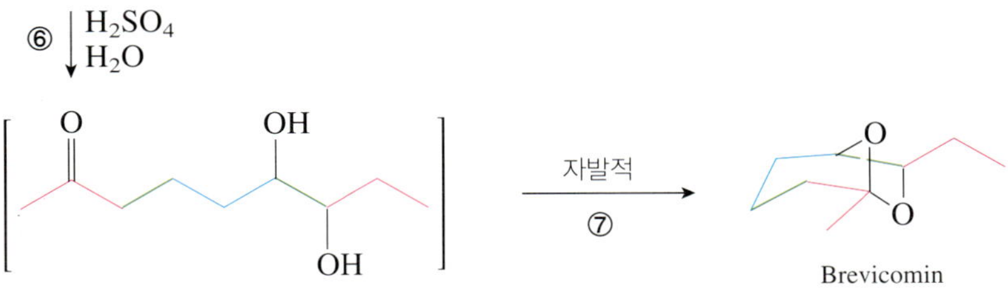


⑦ 아세탈로 다이하이드록시 케톤의 고리화는 대단히 유리하다. 가수분해의 반응조건에서 자발적, 분자 내 반응이기 때문이다. 브레비코민은 에폭사이드로부터 91%의 수득률로 얻어진다.

정신 안정제 옥산아마이드의 합성을 고려해보자.

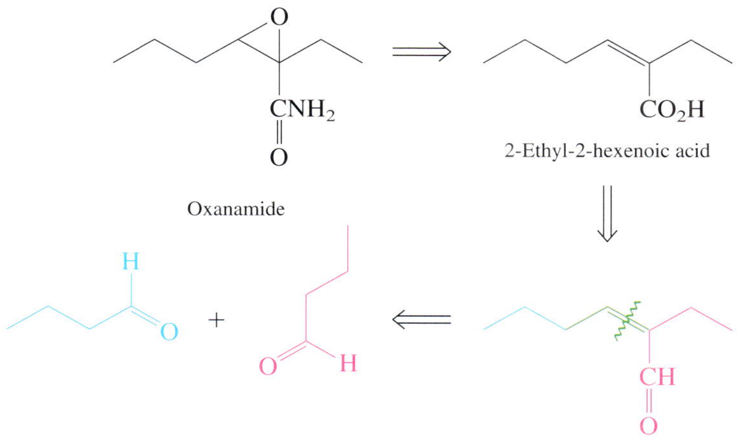


에폭사이드는 알켄으로부터 아마이드는 카복실산으로부터 제조할 수 있다. 새로운 과녁 2-에틸-2-헥산산은 카복실산의 카보닐기와 콘쥬게이션된 CC 이중결합을 갖는다. $\alpha,\beta$-불포화기를 가진 화합물을 만나게 되면 알돌축합 혹은 연관반응을 사용할 가능성을 고려해야 한다. 이 가능성을 검토하기 위하여 산화로 카복실산을 생성하는 알데하이드를 이중결합에서 절단해야 한다. 이 절단에 의해 생성되는 두 토막은 같기 때문에 이 화합물을 제조하기 위하여 뷰탄알의 알돌축합을 사용할 수 있다. 합성은 그림 23.5에 나타냈다.

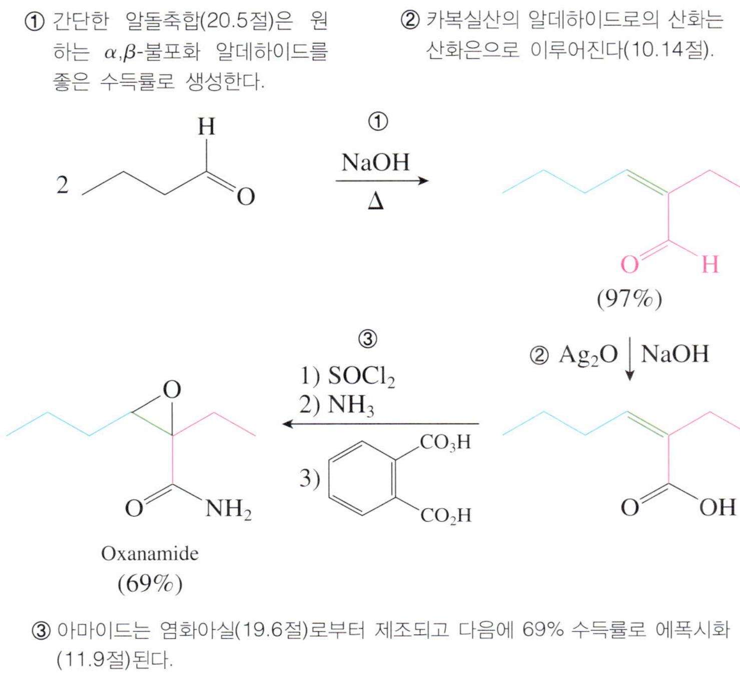


**그림 23.5**
**옥산아마이드의 합성.**

## 23.7 탄소-탄소 결합을 형성하는 반응

이전 장에서 살펴본 것처럼 탄소-탄소 결합 형성반응은 유기화합물의 합성설계에서 대단히 중요하다. 23.6절에서 검토한 것처럼 합성과녁의 구조적 특성을 검토하여 이들 반응 중 이 특성에 맞는 특정반응의 사용을 제시하는 것이다. 특성적인 탄소-탄소 결합 형성반응을 제시해주는 몇 가지 중요한 절단을 표 23.1에 수록하였다.

**표 23.1 제시된 중요한 절단과 반응**

| 절단 | 제시된 반응 |
|---|---|
| 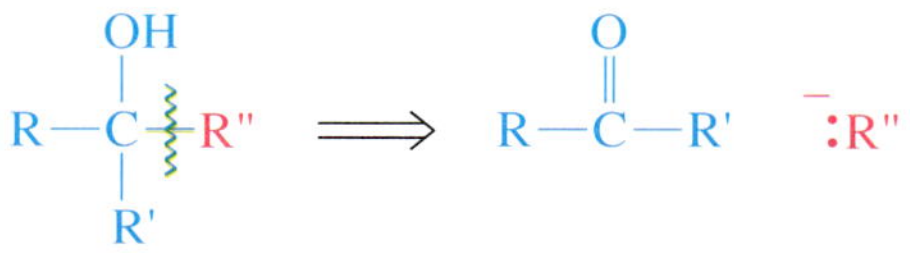 | Grignard 반응 |
| 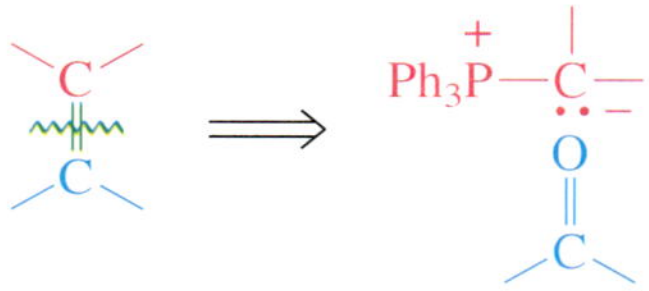 | Wittig 반응 |
| 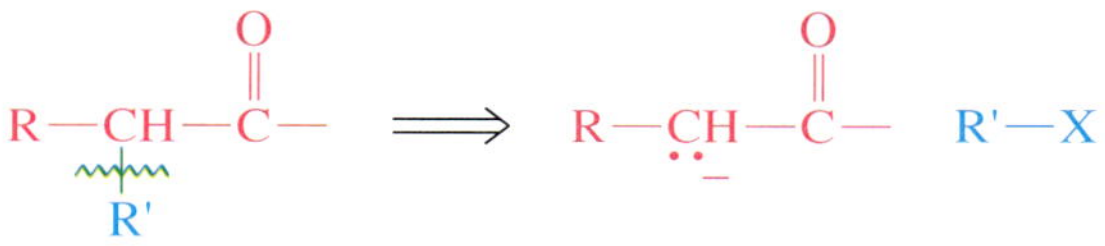 | 엔올산 알킬화, 아세토아세트산 에스터 합성, 말론산 에스터합성 |
| 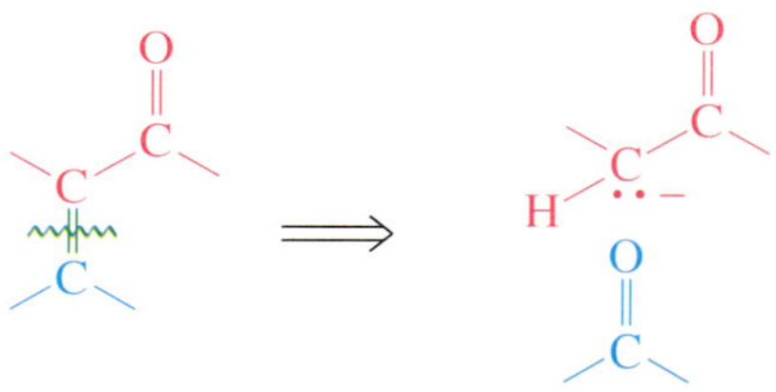 | Aldol 축합 |
| 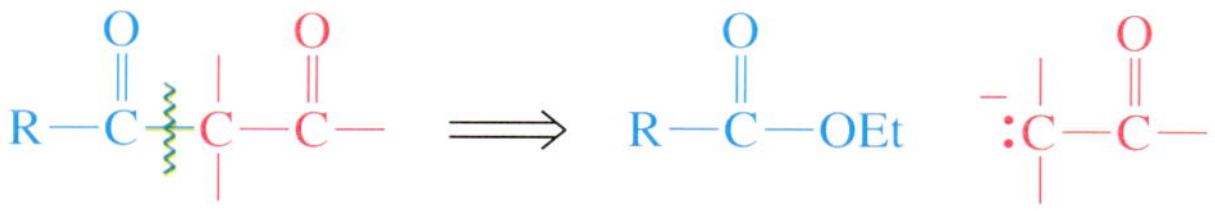 | Ester 축합 |
| 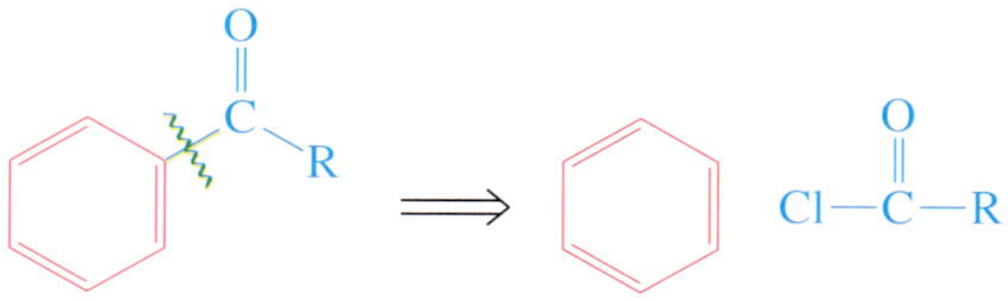 | Friedel-Crafts 아실화 |
| 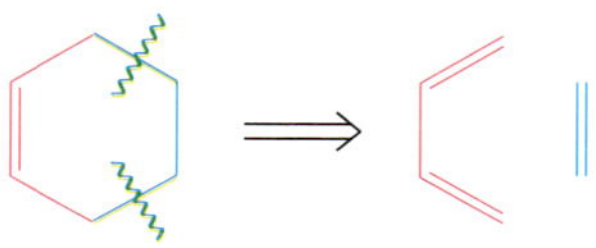 | Diels-Alder 반응 |

표 23.2에 이 교재에서 제시한 대부분의 탄소-탄소 결합 형성반응을 수록하였다. 합성문제를 풀 때 이 표를 참고하는 것이 도움이 된다. 이 반응들에 더 친숙하게 되면 될수록 더 쉽게 합성을 설계할 수 있다.

## 23.8 작용기의 제조

표 23.3은 표 23.2의 반응을 포함하여 합성에 유용한 대부분의 반응들을 수록하였다. 반응은 그들의 메카니즘보다는 생성물에 존재하는 작용기에 따라 분류하였다. 그러므로 알코올이 합성과녁이면 알코올을 제조하는 데 사용될 수 있는 다양한 방법을 나타낸 표의 절을 참고해야 한다.

**문제 23.11** 다음 화합물을 합성하여라. 각 합성은 적어도 두 탄소-탄소 결합을 포함한다. 합성결과가 과녁분자에 나타낸 곳에서 바른 입체화학을 나타내고 있는지를 확인하여라.

a) 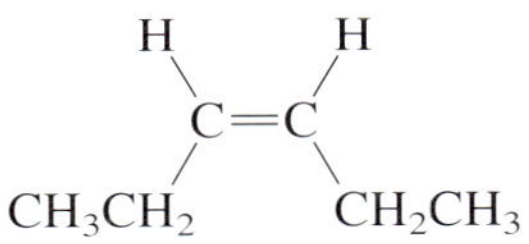

b) 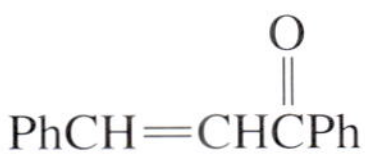

c) 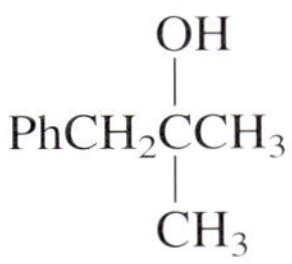

d) 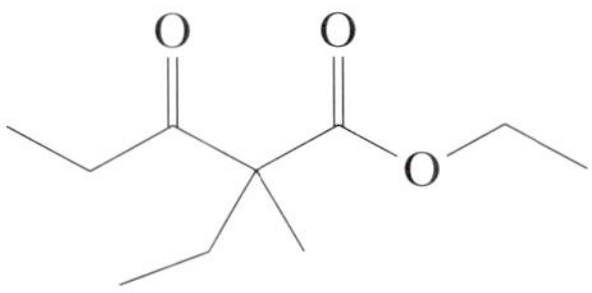

e) 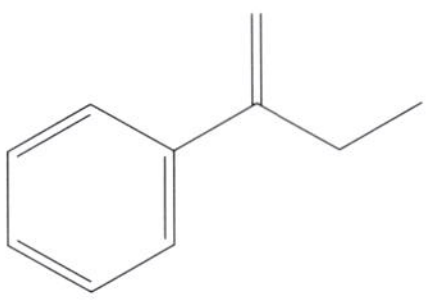

f) 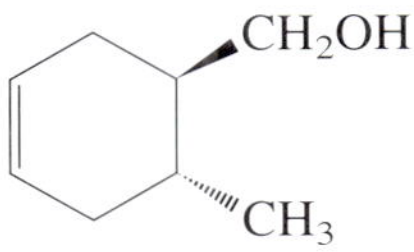

g) 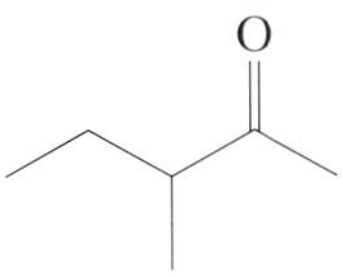

h) 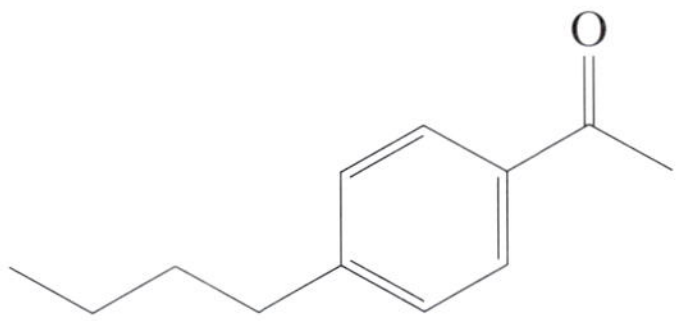

**표 23.2 몇 가지 중요한 탄소-탄소결합 형성반응**

| 반응 | 절 | 설명 |
|---|---|---|
| $R-L + {}^{-}CN \longrightarrow R-CN$ | 10.8 | $S_N2$, 1°와 2° R OK |
| $R-L + {}^{-}:C\equiv CR' \longrightarrow R-C\equiv CR'$ | 10.8 | $S_N2$, 1° R 만 |
|  | 17.7 | Friedel-Crafts 알킬화, 비활성화 고리는 반응하지 않는다. |
|  | 17.8 | Friedel-Crafts 아실화, 비활성화 고리는 반응하지 않는다. |
| 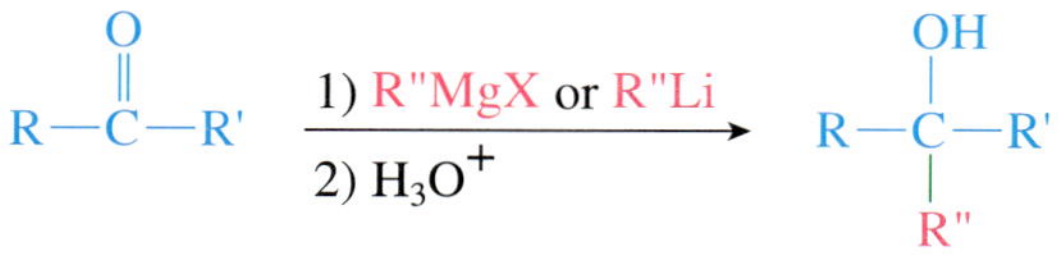 | 18.6 | Grignard 또는 유기리듐 첨가 |
| 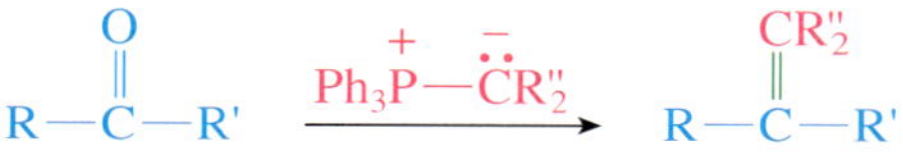 | 18.7 | Wittig 반응 |
| 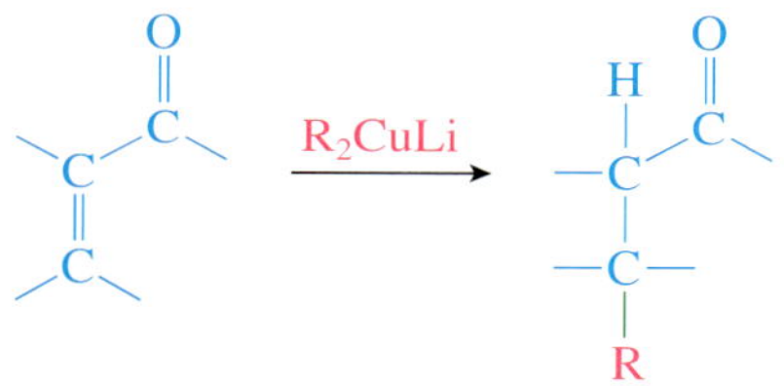 | 18.10 | 유기구리시약의 콘쥬게이트 첨가 |
| 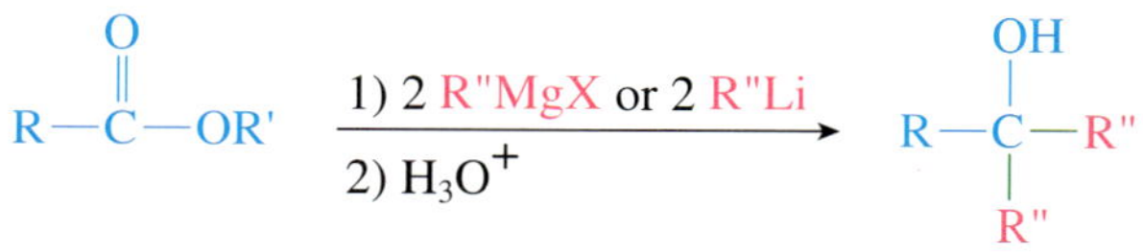 | 19.9 | Grignard 시약 혹은 유기리듐 시약이 에스터와 반응하면 3° 알코올이 생성된다. |
|  | 19.10 | 유기구리시약이 염화아실과 반응하면 케톤이 생성된다. |
| 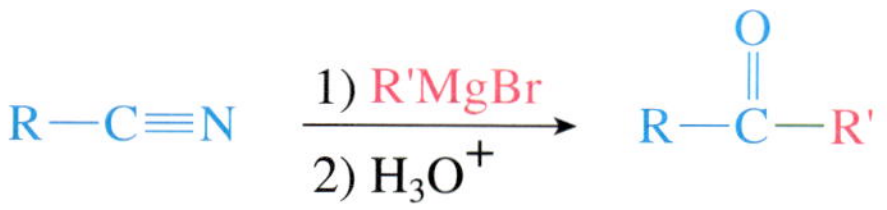 | 19.10 | Grignard 시약이 나이트릴과 반응하면 케톤이 생성된다. |
| 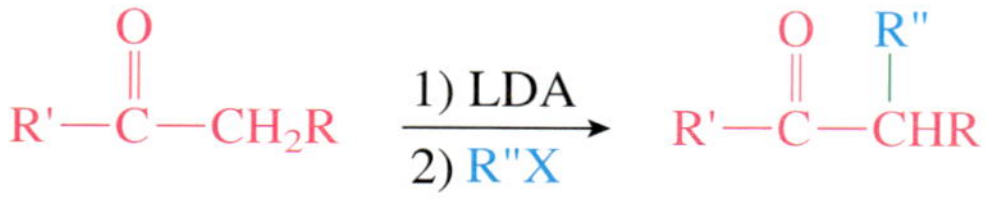 | 20.3 | 케톤의 알킬화, $S_N2$, R″는 1° 또는 2°가 될 수 있다. |

**표 23.2** 몇 가지 중요한 탄소-탄소결합 형성반응 (계속)

| 반응 | 절 | 설명 |
|---|---|---|
| 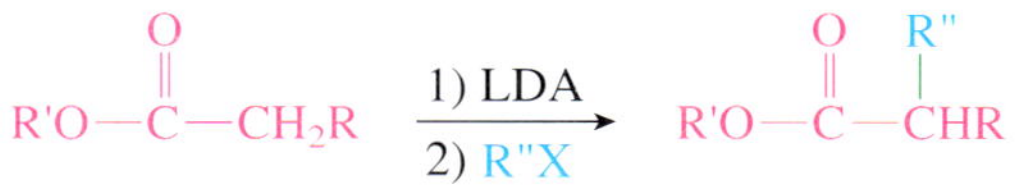 | 20.3 | 에스터의 알킬화, $S_N2$, R″는 1° 또는 2°이다. |
| 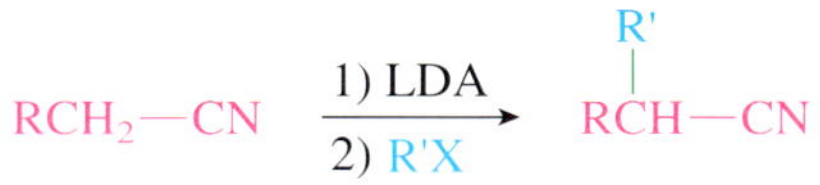 | 20.3 | 나이트릴의 알킬화, $S_N2$, R′는 1° 또는 2°이다. |
| 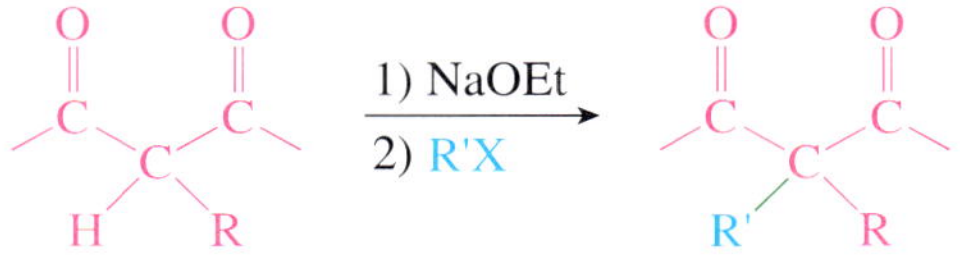 | 20.4 | 안정화 음이온의 알킬화, 아세토아세트산 에스터와 말론산 에스터 합성 |
| 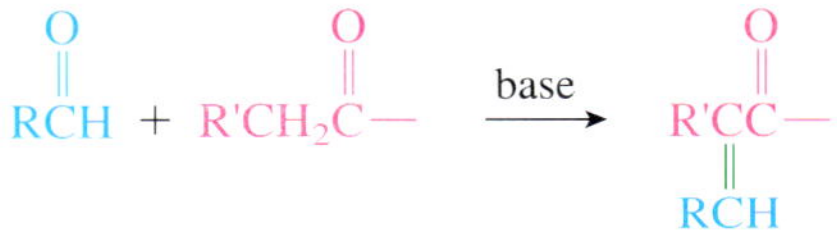 | 20.5 | Aldol 축합 |
| 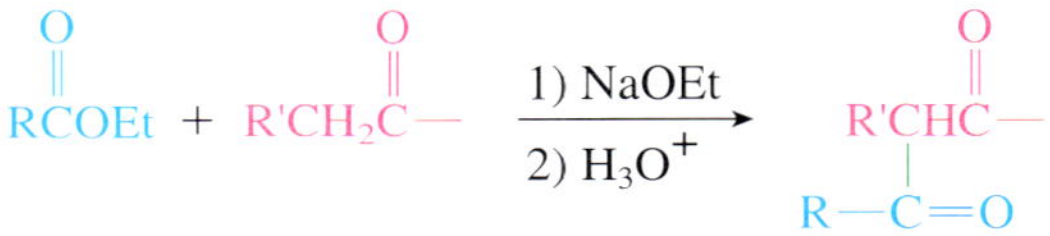 | 20.6 | Ester 축합 |
| 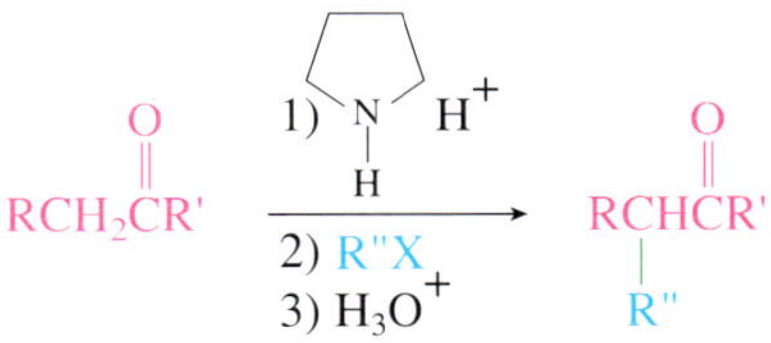 | 20.8 | Enamine 반응, R″X는 반응성이 커야 한다. |
| 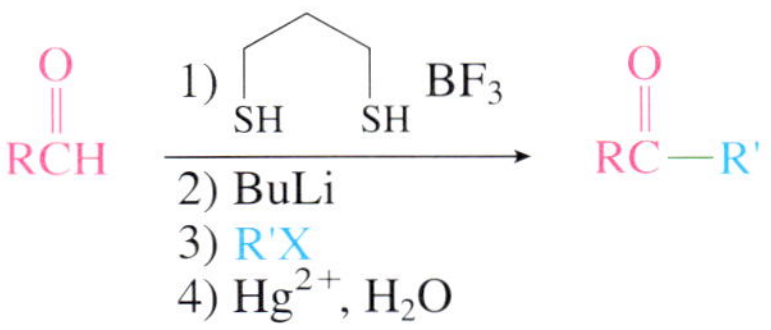 | 20.9 | 다이싸이엔 알킬화, 아실음이온 대등체 |
| 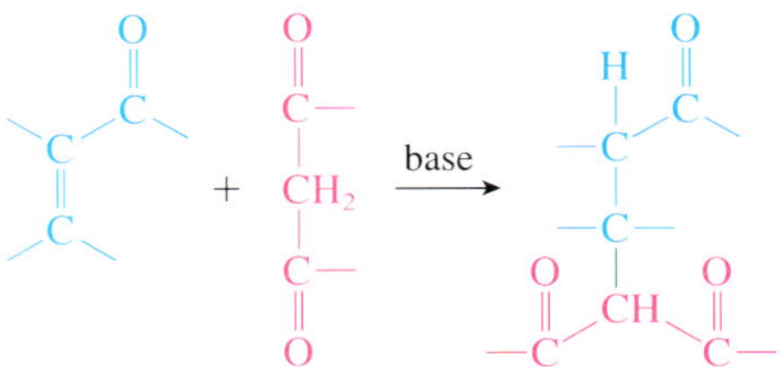 | 20.10 | 안정화 음이온의 콘쥬게이트 첨가반응, Michael 반응 |
| 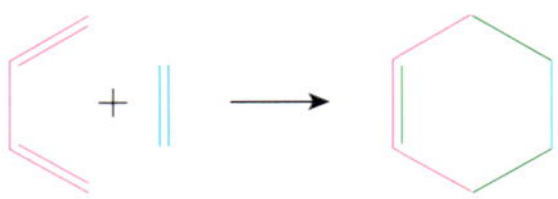 | 22.6 | Diels-Alder 반응 |

**표 23.3 작용기의 제조**

| | 반응 | 절 | 설명 |
|---|---|---|---|
| **Alkanes** | $R{-}L \xrightarrow[\text{or } NaBH_4]{LiAlH_4} R{-}H$ | 10.7 | $S_N2$, 1°와 2° R OK |
| | 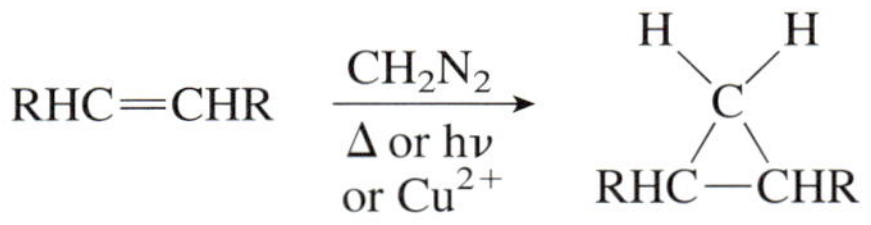 | 11.8 | Syn 첨가 |
| | 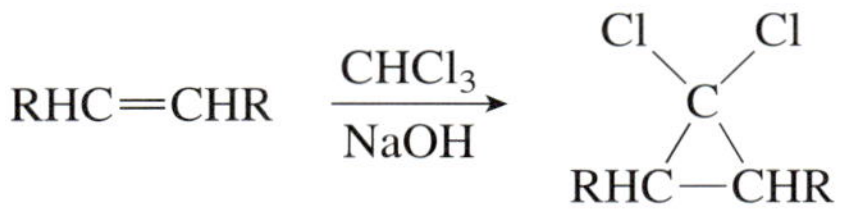 | 11.8 | Syn 첨가 |
| | 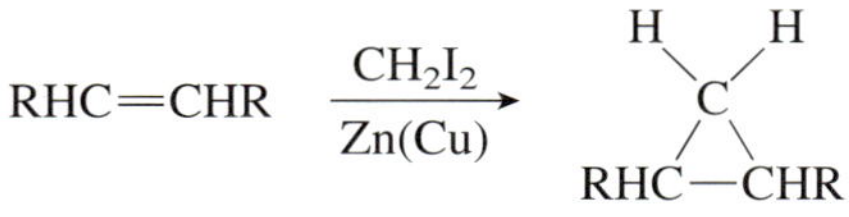 | 11.8 | Simmon-Smith 반응, Syn 첨가 |
| | $RHC{=}CHR$ 혹은 $RC{\equiv}CR \xrightarrow[\text{Ni, Pd, or Pt}]{H_2} RCH_2CH_2R$ | 11.12 | Syn 첨가 |
| | 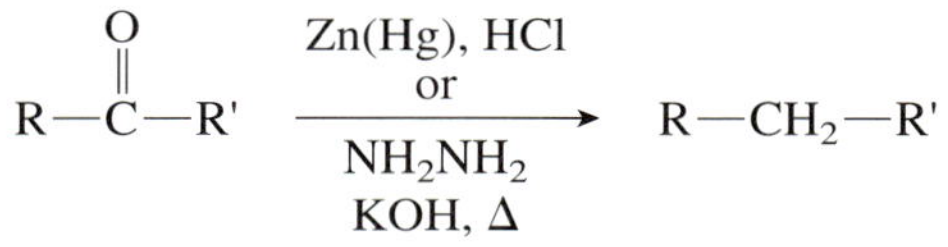 | 17.13 | Clemmensen 환원 (R = Ar이면 $H_2$/Pd 를 사용할 수 있다.) |
| | | 18.8 | Woilf-Kishner 환원 |
| | $RBr \xrightarrow[\text{[AIBN]}]{Bu_3SnH} RH$ | 21.7 | 라디칼 연쇄 메카니즘 |
| **Alkenes** | 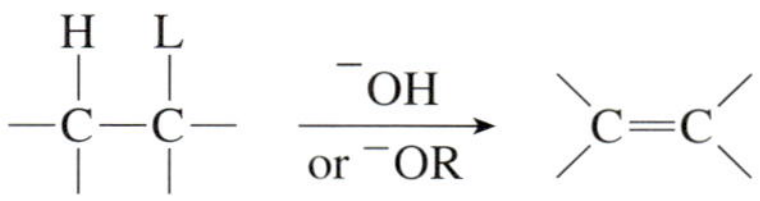 | 10.11 | E2, Zaitsev 규칙, 보통 안티제거 |
| | 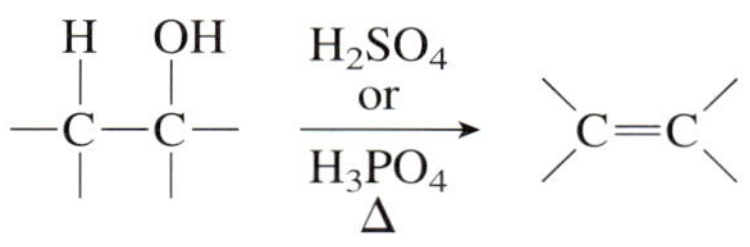 | 10.13 | 보통 E1, Zaitsev 규칙 |
| | 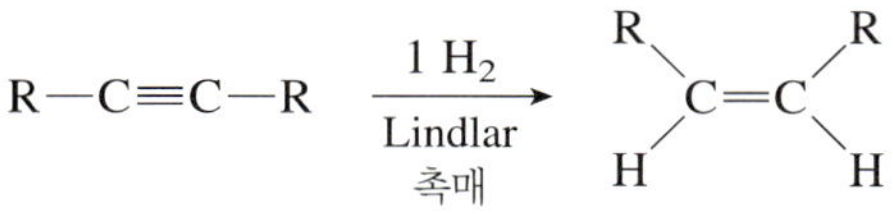 | 11.12 | Syn 첨가 |

**표 23.3 작용기의 제조 (계속)**

| | 반응 | 절 | 설명 |
|---|---|---|---|
| **Alkenes —cont'd** | 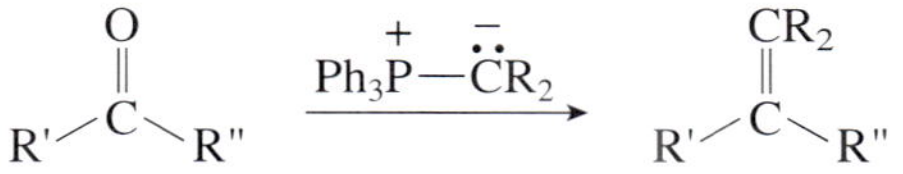 | 18.7 | Wittig 반응 |
| | 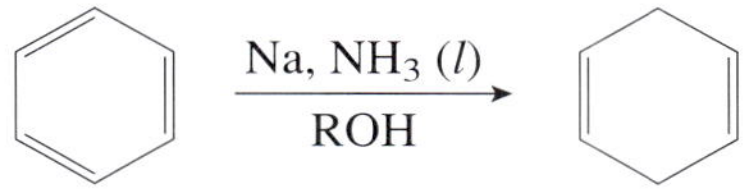 | 21.10 | Brich 환원 |
| | 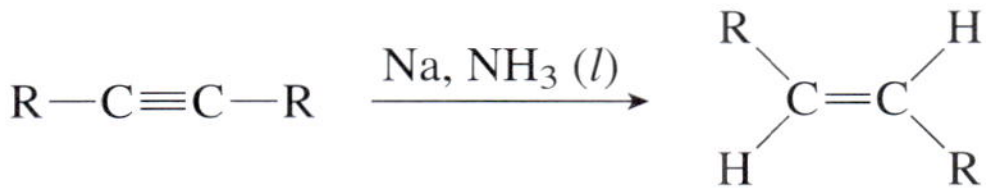 | 21.10 | Anti 첨가 |
| **Alkynes** | $R{-}L \xrightarrow{^{-}:C\equiv CR'} R{-}C\equiv CR'$ | 10.8 | $S_N2$, 1° R 만 |
| | 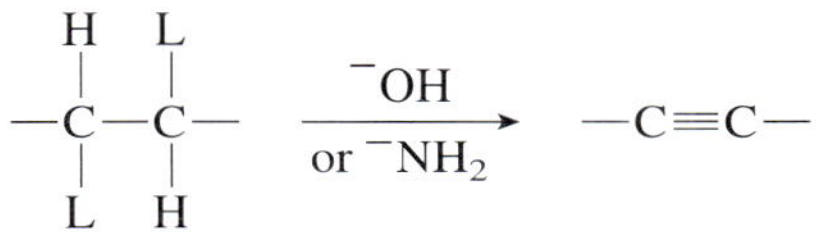 | 10.12 | E2 |
| | 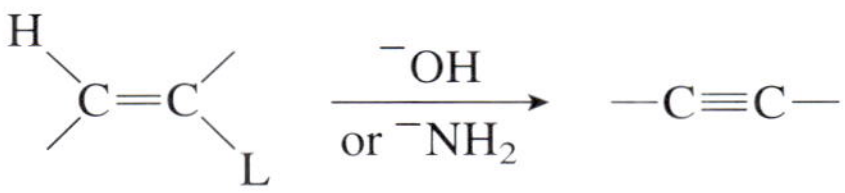 | 10.12 | E2 |
| **Alcohols** | $R{-}X \xrightarrow{^{-}OH} R{-}OH$ | 10.2 | $S_N2$, 1° R이 가장 좋음 |
| | $R{-}X \xrightarrow{H_2O} R{-}OH$ | 10.2 | $S_N1$, 2°와 3° R OK |
| | $R{-}X \xrightarrow[2)\ KOH,\ H_2O]{1)\ CH_3CO_2^{-}} R{-}OH$ | 10.2 | $S_N2$, 1°와 2° R 좋음, 수산화이온의 합성대등체 |
| | 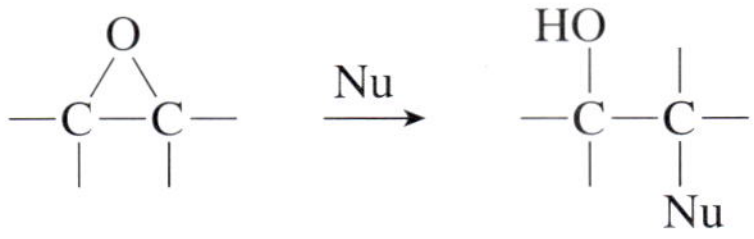 | 10.10 | 에폭사이드 열림 |
| | 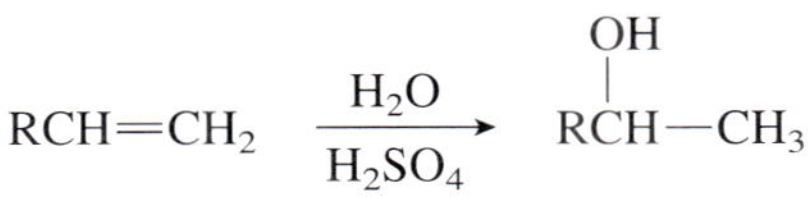 | 11.3 | 수화, 낮은 수율, 자리옮김이 일어날 수 있다. Markovnikov 규칙 |
| | 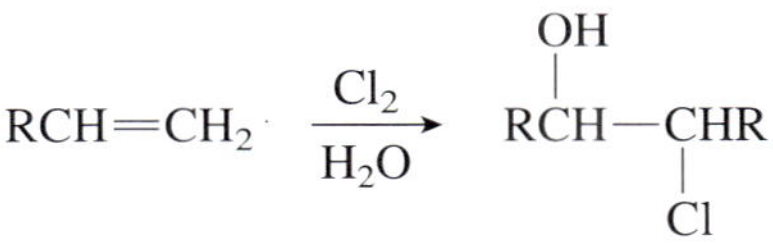 | 11.5 | 할로하이드린 형성, 안티 첨가, 더 치환된 탄소에 OH 첨가 |

**표 23.3 작용기의 제조 (계속)**

| | 반응 | 절 | 설명 |
|---|---|---|---|
| **Alcohols—cont'd** | 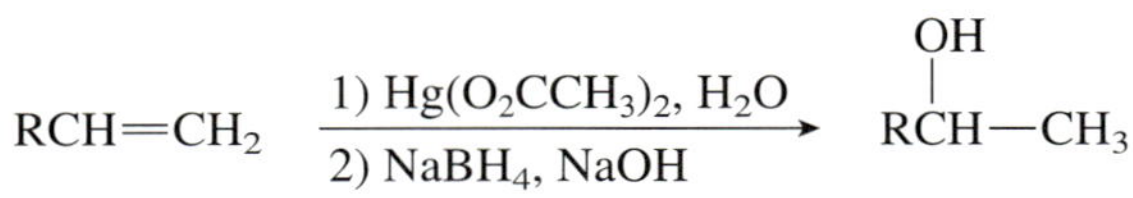 | 11.6 | 옥시수은화-환원, 자리옮김 일어나지 않음, Markovnikov 규칙 |
| | 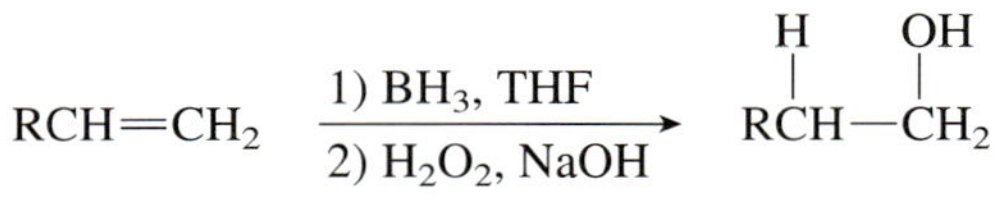 | 11.7 | 수소화붕소-산화, syn 첨가, 반-Markovnikov |
| | 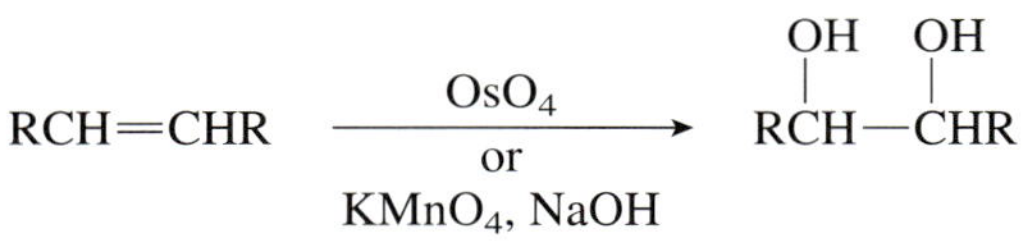 | 11.10 | Syn 첨가 |
| | 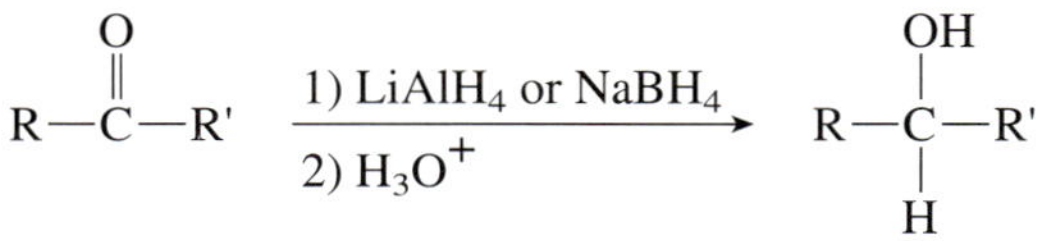 | 18.2 | 알데하이드와 케톤의 환원 |
| | 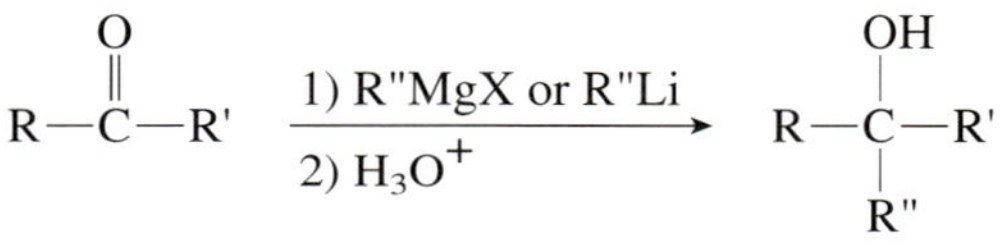 | 18.6 | 알데하이드와 케톤의 Grignard와 유기리튬시약의 첨가 |
| | 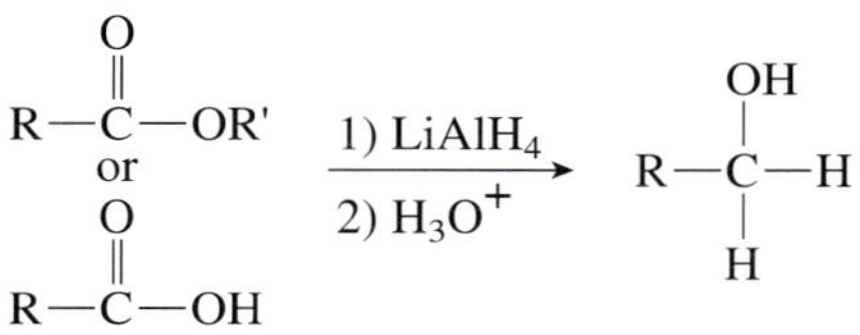 | 19.7 | 카복실산과 에스터의 환원, $LiAlH_4$가 필요 |
| | 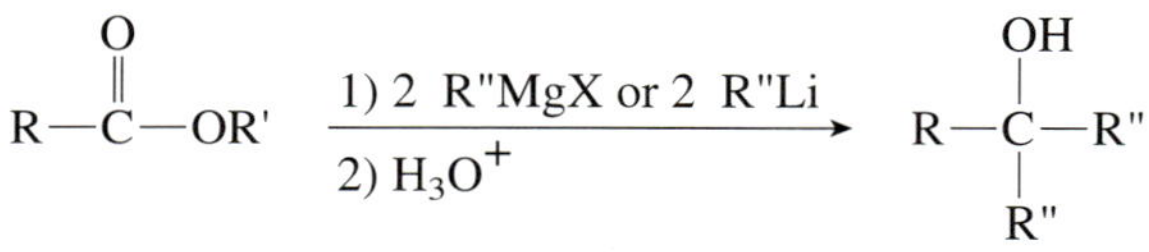 | 19.9 | 에스터에 Grignard와 유기리튬 시약의 첨가, 동일한 두 R″ 기가 첨가된다. |
| **Ethers** | $R-L \xrightarrow{^{-}OR'} R-OR'$ | 10.3 | Williamson 에터 합성, $S_N2$, 1° R가 가장 좋다. |
| | $R-L \xrightarrow{HOR'} R-OR'$ | 10.3 | $S_N1$, 2°와 3° R OK |

**표 23.3 작용기의 제조 (계속)**

| | 반응 | 절 | 설명 |
|---|---|---|---|
| **Epoxides** | 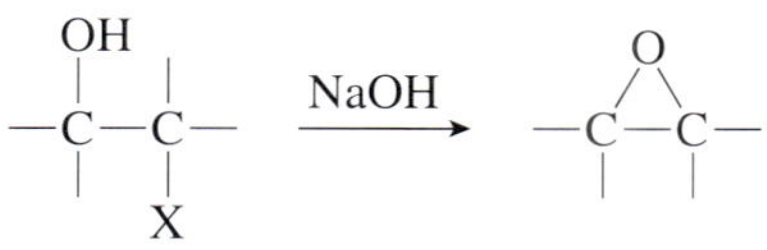 | 11.5 | 분자 내 $S_N2$ |
| | 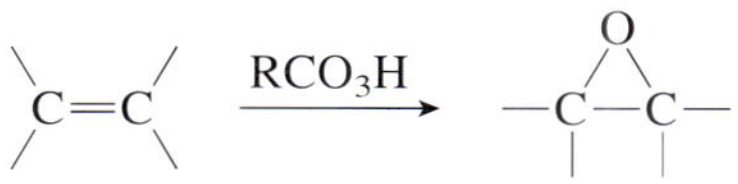 | 11.9 | Syn 첨가 |
| **Amines** | 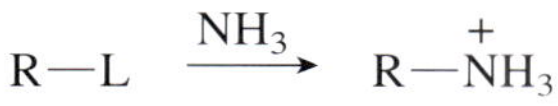 | 10.6 | $S_N2$, 다중 알킬화가 문제 |
| | 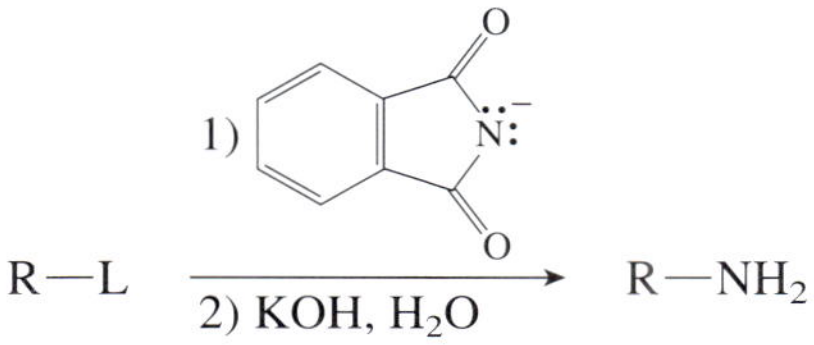 | 10.6 | Gabriel 합성, $S_N2$, 1°와 2° R OK |
| | 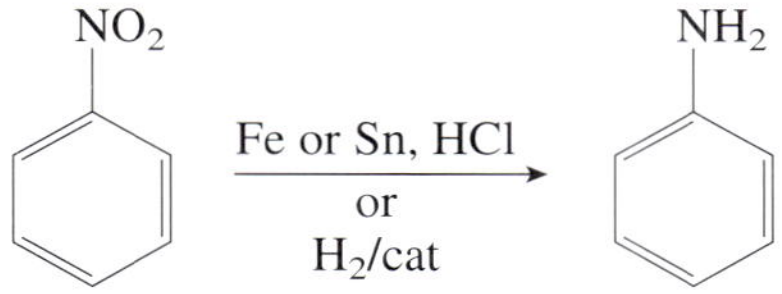 | 17.13 | 방향족 나이트로 화합물의 합성 |
| | 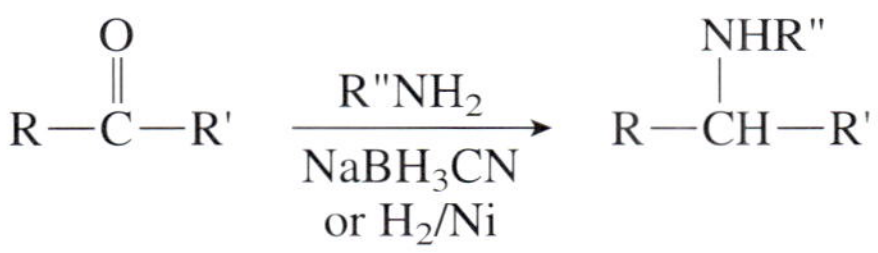 | 18.8 | 환원성 아민화반응 |
| | 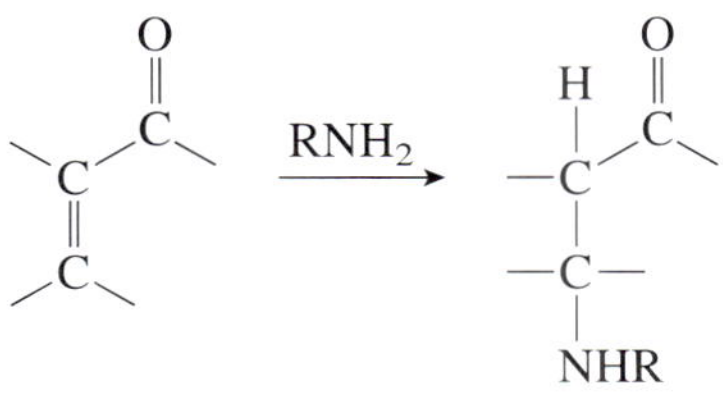 | 18.10 | 콘쥬게이트 첨가 |
| | 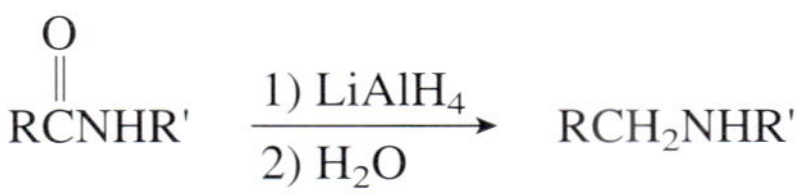 | 19.7 | 아마이드의 환원 |
| | 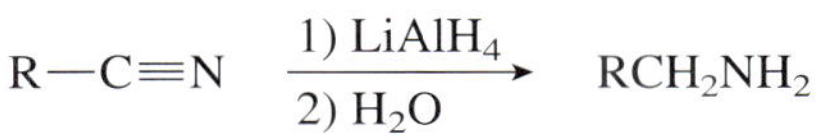 | 19.7 | 나이트릴의 환원 |

**표 23.3 작용기의 제조 (계속)**

| | 반응 | 절 | 설명 |
|---|---|---|---|
| **Halides** | $R{-}OH \xrightarrow{HX} R{-}X$ | 10.5 | 염화물은 1°와 2° R이면 $ZnCl_2$가 필요 |
| | $R{-}OTs \xrightarrow{X^-} R{-}X$ | 10.5 | $S_N2$ 조건 |
| | $R{-}OH \xrightarrow{SOCl_2} R{-}Cl$ | 10.5 | Thionyl chloride |
| | $R{-}OH \xrightarrow{PBr_3} R{-}Br$ | 10.5 | Phosphorus tribromide |
| | $R{-}OH \xrightarrow{PI_3} R{-}I$ | 10.5 | Phosphorus triiodide |
| | $R{-}CH{=}CH_2 \xrightarrow{HX} R{-}CH(X){-}CH_2(H)$ | 11.2 | Markovnikov's 규칙 |
| | $RCH{=}CHR' \xrightarrow[\text{or } Br_2]{Cl_2} RCH(X){-}CHR'(X)$ | 11.4 | 안티 첨가 |
| | $RCH{=}CHR' \xrightarrow[H_2O]{X_2} RCH(X){-}CHR'(OH)$ | 11.5 | 할로하이드린 형성, 안티 첨가, Markovnikov's 규칙 |
| | 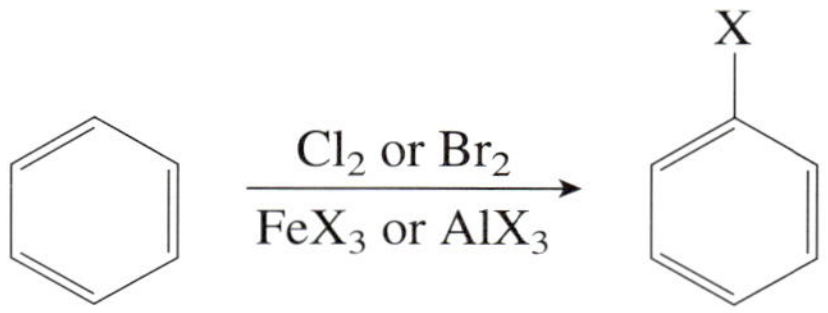 | 17.5 | 친전자성 방향족 치환반응 |
| | 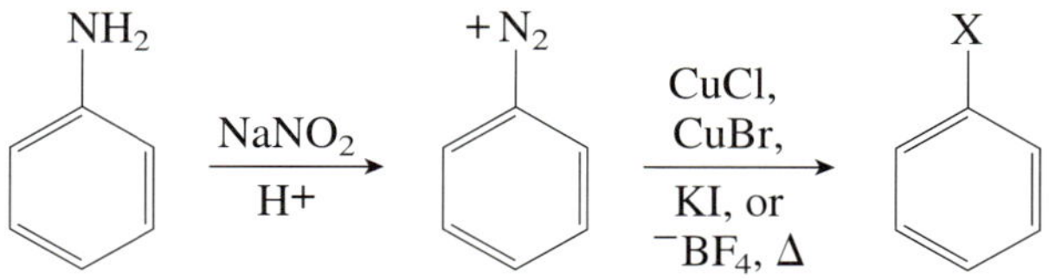 | 17.10 | 다이아조늄이온을 거치는 치환 |
| | $RCOCH_3 \xrightarrow[HX]{X_2} RCOCH_2X$ | 20.2 | 브롬화 또는 알킬화반응 |

**표 23.3 작용기의 제조 (계속)**

| | 반응 | 절 | 설명 |
|---|---|---|---|
| **Halides—cont'd** | 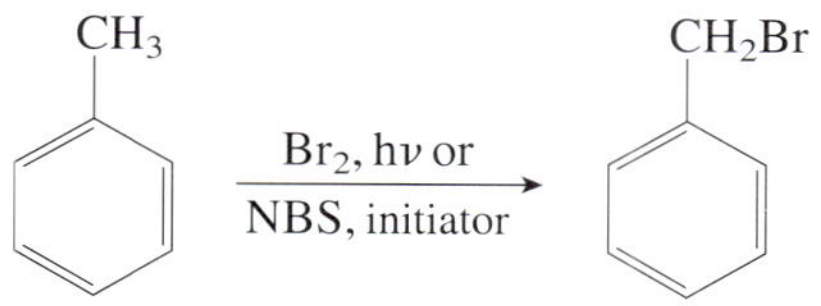 | 21.6 | 브롬화 알릴을 사용, 라디칼 연쇄 메카니즘 |
| | 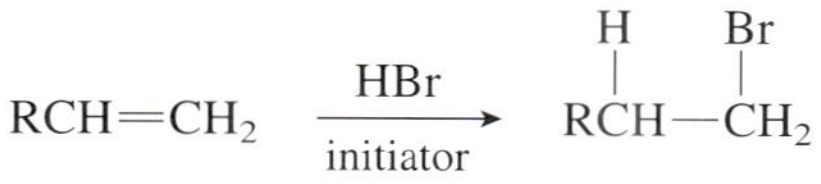 | 21.9 | 위치화학, HBr 만, 라디칼 연쇄 메카니즘 |
| **Aldehydes** | 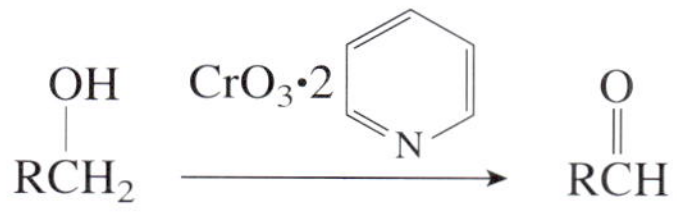 | 10.14 | 삼산화 크롬-피리딘 착물에 의한 산화 |
| | 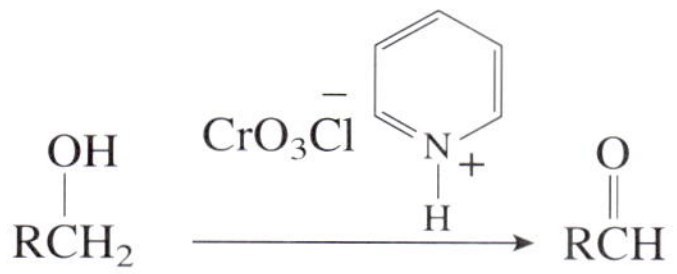 | 10.14 | PCC를 사용하는 산화 |
| | 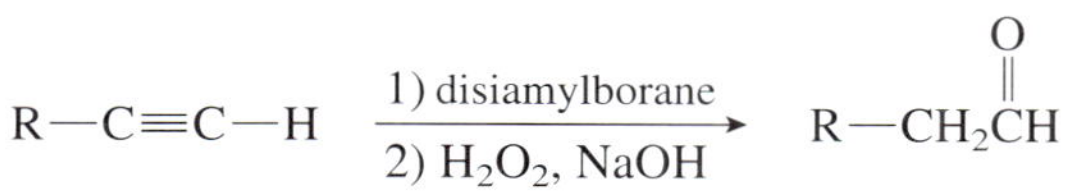 | 11.7 | 말단알카인의 수소화붕소 첨가반응 |
| | 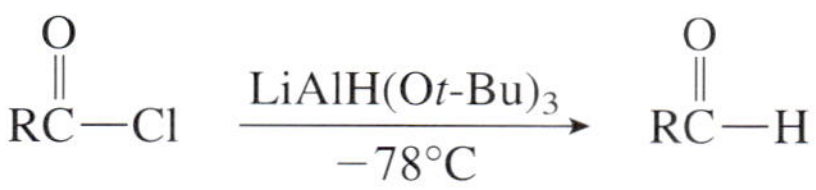 | 19.8 | 염화아실의 선택 환원 |
| | 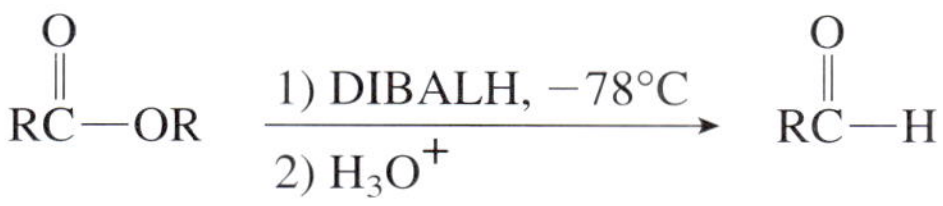 | 19.8 | diisobutylaluminum hydride에 의한 선택 환원 |
| | 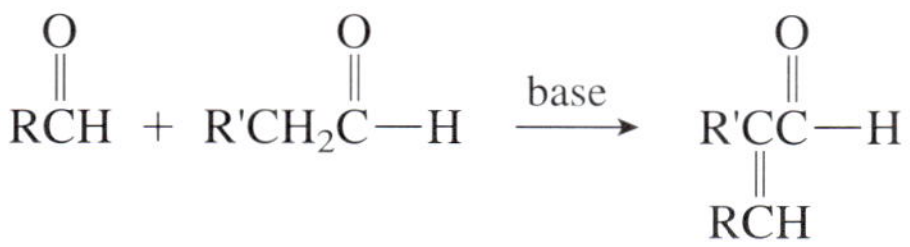 | 20.5 | Aldol 축합 |
| **Ketones** | 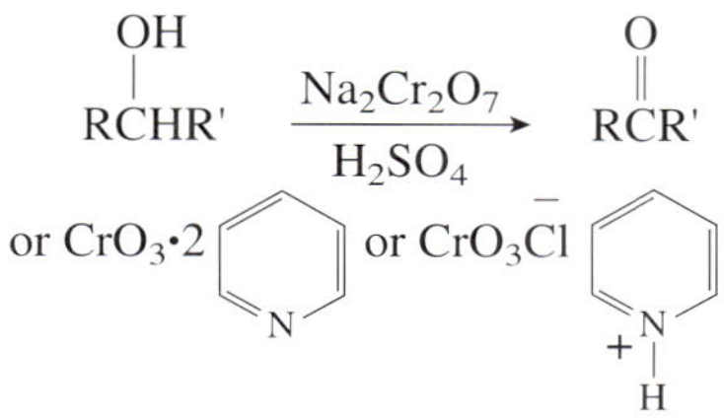 | 10.14 | 산화 |

**표 23.3** 작용기의 제조 (계속)

| | 반응 | 절 | 설명 |
|---|---|---|---|
| **Ketones—cont'd** | 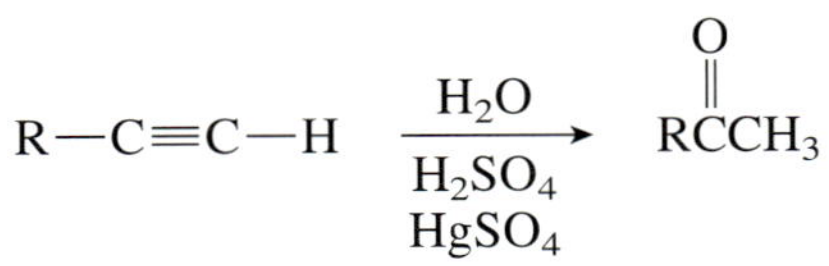 | 11.6 | 알카인의 수화, Markovnikov 위치화학, 알카인은 말단이나 대칭이 되어야 한다. |
| | 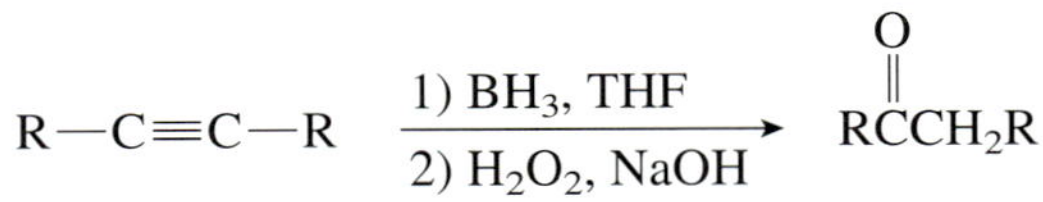 | 11.7 | 알카인의 수소화붕소 첨가반응, 알카인은 대칭이어야 한다. |
| | 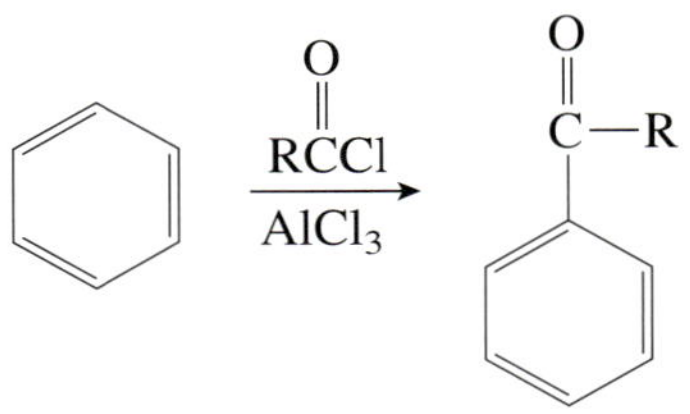 | 17.8 | 아실화, 고리에 강력한 비활성 치환기를 가지면 반응하지 않는다. |
| |  | 19.10 | 염화아실에 유기구리 시약의 첨가 |
| | 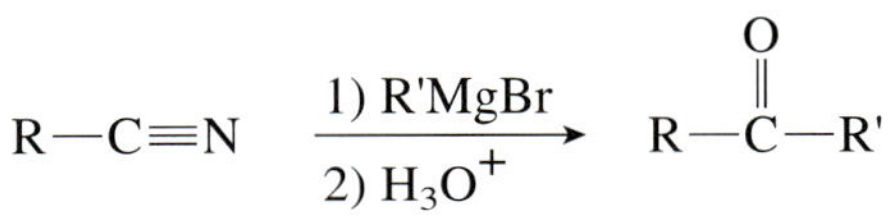 | 19.10 | 나이트릴에 Grignard 시약의 첨가 |
| | 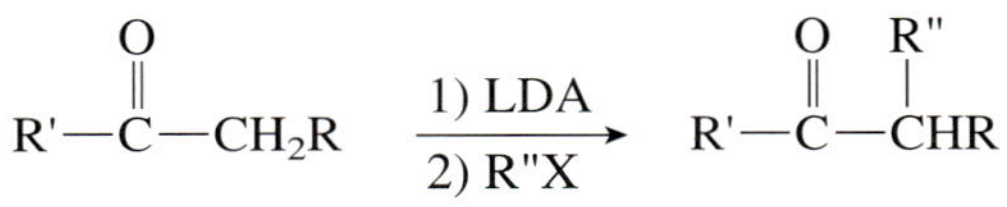 | 20.3 | 케톤의 알킬화, $S_N2$, R″는 1°혹은 2°이다. 위치화학은 어느 정도 조절된다. |
| | 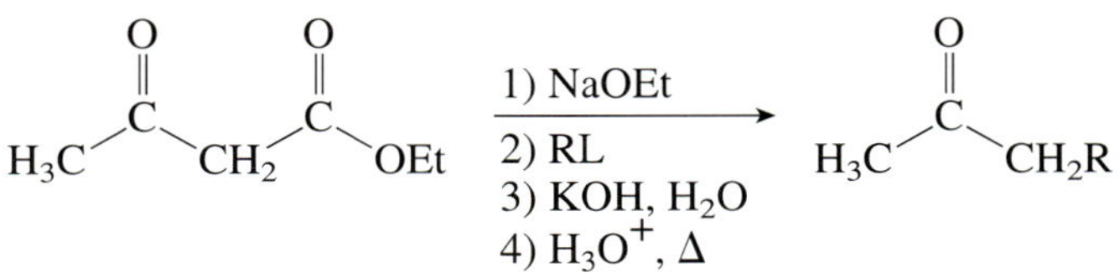 | 20.4 | 아세토아세트산 에스터 합성, $S_N2$, R은 1° 또는 2°가 되어야 한다. |
| | 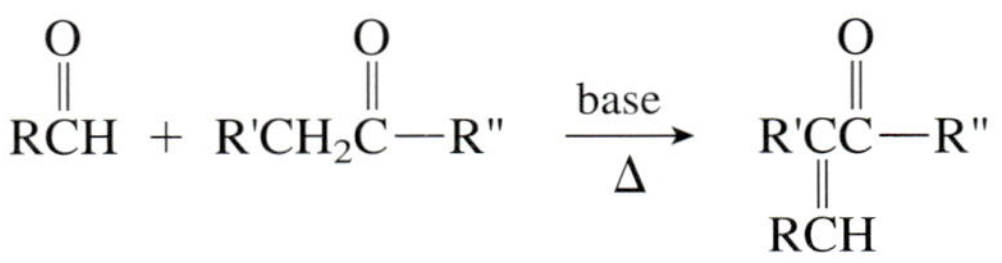 | 20.5 | Aldol 축합 |

**표 23.3 작용기의 제조 (계속)**

| | 반응 | 절 | 설명 |
|---|---|---|---|
| **Ketones—cont'd** | 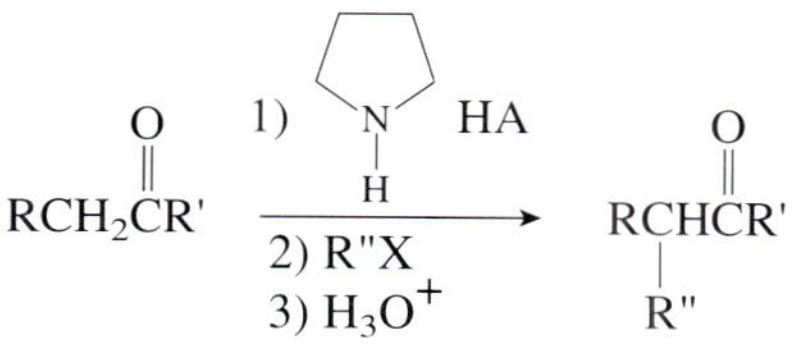 | 20.8 | 엔아민반응, R″X는 대단히 반응성이 커야 한다. |
| | 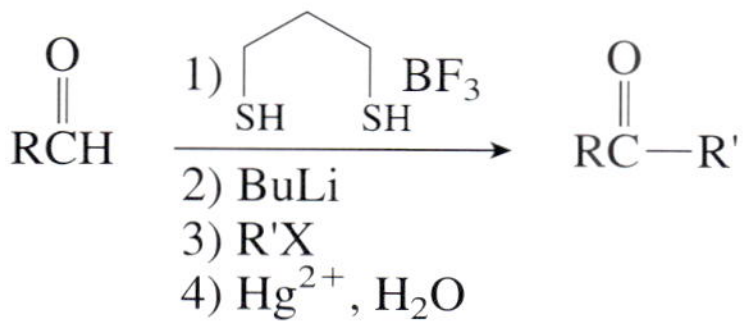 | 20.9 | 다이싸이안의 알킬화, 아실음이온의 대등체, $S_N2$, R′는 1° 또는 2°가 되어야 한다. |
| **Carboxylic Acids** | 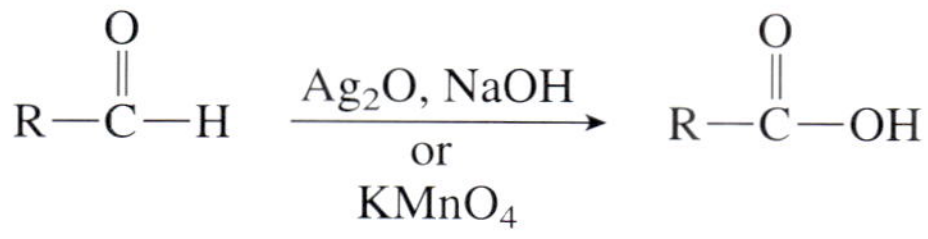 | 10.14 | 알데하이드의 산화 |
| | 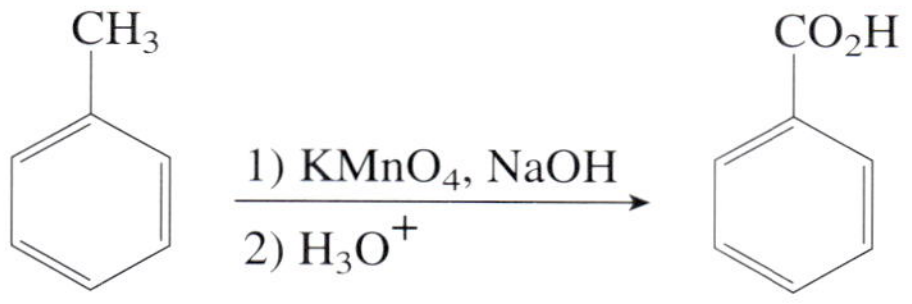 | 17.13 | 삼차 알킬기가 제외된 모든 알킬기는 벤조산 유도체로 산화된다. |
| | 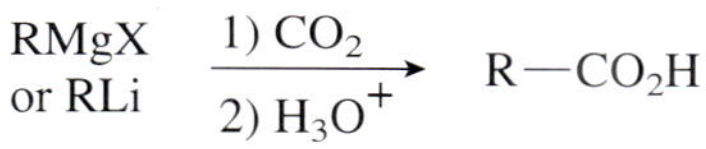 | 18.6 | 이산화탄소와 Grignard 시약과의 반응 |
| | 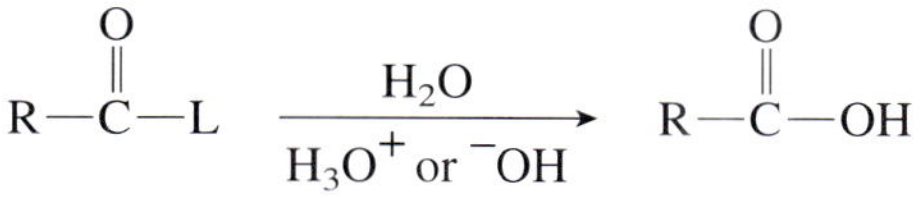 | 19.5 | 카복실산 유도체는 카복실산으로 가수분해된다. |
| | 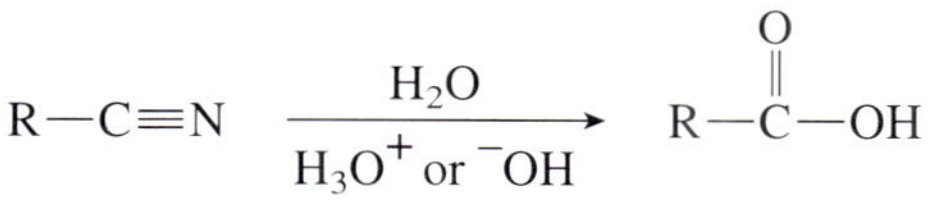 | 19.5 | 나이트릴도 카복실산으로 가수분해된다. |
| | 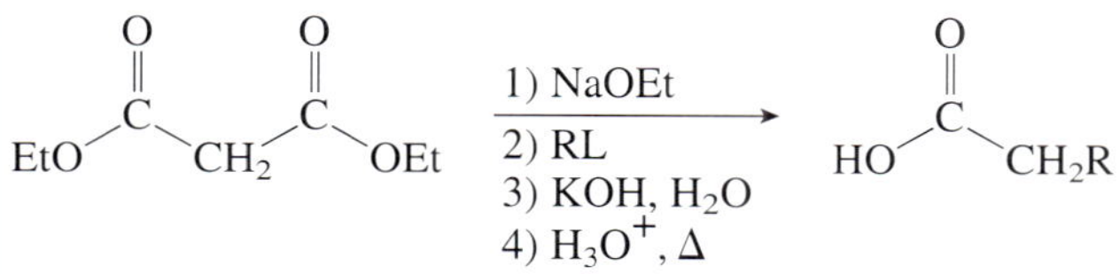 | 20.4 | 말론산 에스터 합성, $S_N2$, R은 1° 또는 2°가 되어야 한다. |

**표 23.3 작용기의 제조 (계속)**

| | 반응 | 절 | 설명 |
|---|---|---|---|
| **Acyl Chlorides** | $R{-}CO{-}OH \xrightarrow[\text{or } PCl_5]{SOCl_2} R{-}CO{-}Cl$ | 19.2 | |
| **Anhydrides** | $R{-}CO{-}Cl + HO{-}CO{-}R \longrightarrow R{-}CO{-}O{-}CO{-}R$ | 19.3 | 보통 대칭인 무수물만이 제조된다. |
| | $2\ R{-}CO{-}OH \xrightarrow{CH_3{-}CO{-}O{-}CO{-}CH_3} R{-}CO{-}O{-}CO{-}R$ | 19.3 | 무수물 교환 |
| **Amides** | $R{-}CO{-}Cl \xrightarrow{NH_2R'} R{-}CO{-}NHR'$ | 19.6 | |
| | $R{-}CO{-}O{-}CO{-}R \xrightarrow{NH_2R'} R{-}CO{-}NHR'$ | 19.6 | |
| **Esters** | $R{-}L \xrightarrow{^{-}O{-}CO{-}R'} R{-}O{-}CO{-}R'$ | 10.4 | $S_N2$, 1°와 2°에 대해 OK |
| | $R{-}CO{-}Cl + R'OH \longrightarrow R{-}CO{-}OR'$ | 19.4 | |
| | $R{-}CO{-}O{-}CO{-}R + R'OH \longrightarrow R{-}CO{-}OR'$ | 19.4 | |
| | $R{-}CO{-}O{-}H + R'OH \xrightarrow{HA} R{-}CO{-}OR'$ | 19.4 | Fischer에스터화 반응 |
| | $R'O{-}CO{-}CH_2R \xrightarrow[2)\ R''X]{1)\ LDA} R'O{-}CO{-}CH(R'')R$ | 20.3 | $S_N2$, R″는 1° 혹은 2°이어야 한다. |
| | $RCOOEt + R'CH_2C(=O){-}OEt \xrightarrow[2)\ H_3O^+]{1)\ NaOEt} R'CH(C(=O)R){-}C(=O){-}OEt$ | 20.6 | 에스터 축합 |

**표 23.3 작용기의 제조 (계속)**

| | 반응 | 절 | 설명 |
|---|---|---|---|
| **Nitriles** | $R{-}L \; + \; {}^{-}CN \longrightarrow R{-}CN$ | 10.8 | $S_N2$, 1°와 2° OK |
| | 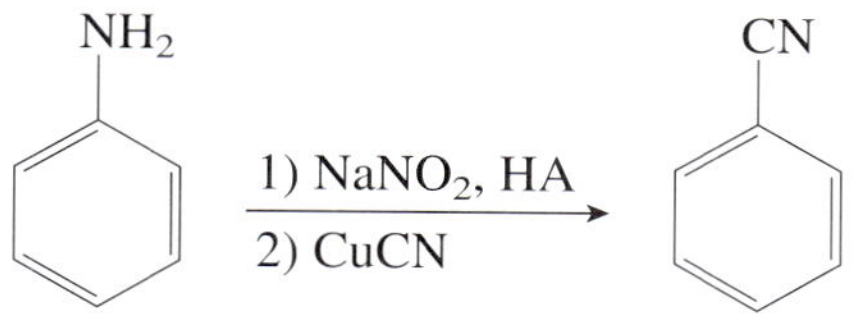 | 17.10 | 다이아조늄이온을 거쳐 |
| | 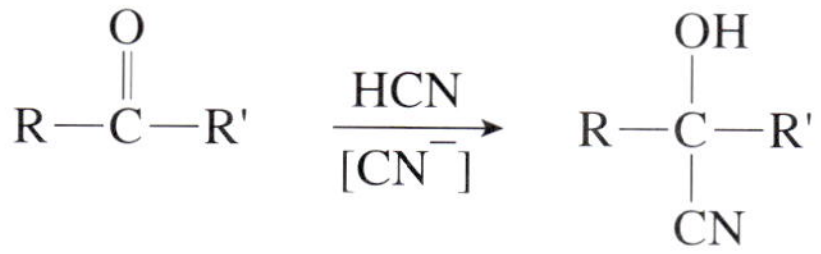 | 18.4 | 사이아노하이드린 형성 |
| | 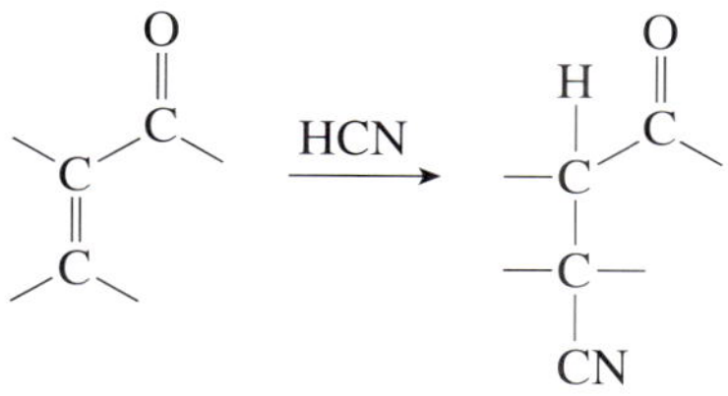 | 18.10 | 콘쥬게이트 첨가 |
| | $RCH_2{-}CN \xrightarrow[\text{2) R'X}]{\text{1) LDA}} RCH(R'){-}CN$ | 20.3 | $S_N2$, R′는 1° 혹은 2°가 되어야 한다. |
| **Aromatic Compounds** | 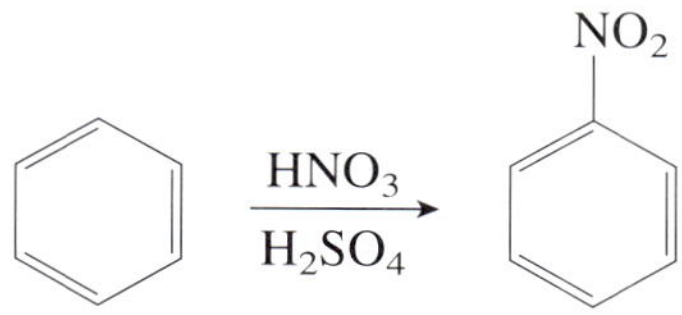 | 17.4 | 친전자성 방향족 치환 반응 |
| | 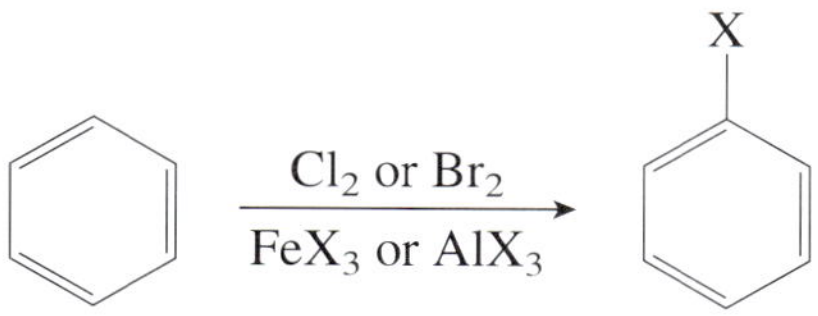 | 17.5 | 친전자성 방향족 치환 반응 |
| | 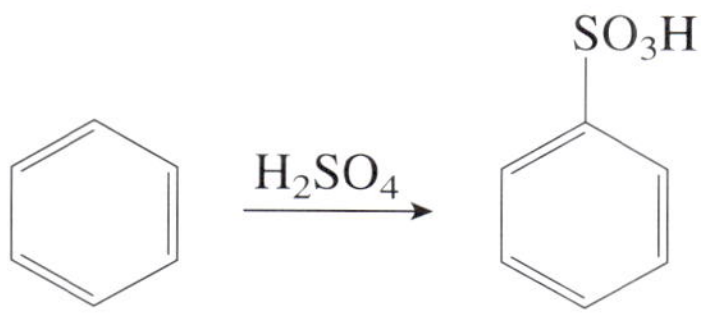 | 17.6 | 친전자성 방향족 치환 반응, $H_2O/H_2SO_4$에서 가역반응 |

**표 23.3 작용기의 제조 (계속)**

| | 반응 | 절 | 설명 |
|---|---|---|---|
| **Aromatic Compounds** | 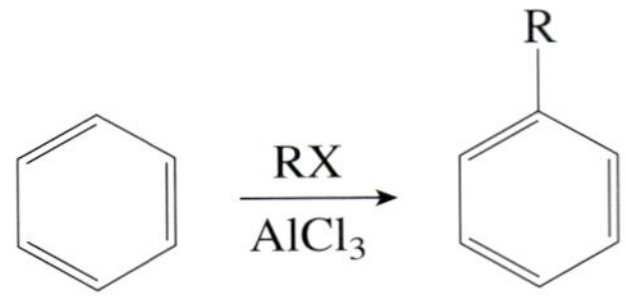 | 17.7 | 알킬화, 자리옮김, 다중알킬화, 비활성화 고리는 반응하지 않는다. |
| | 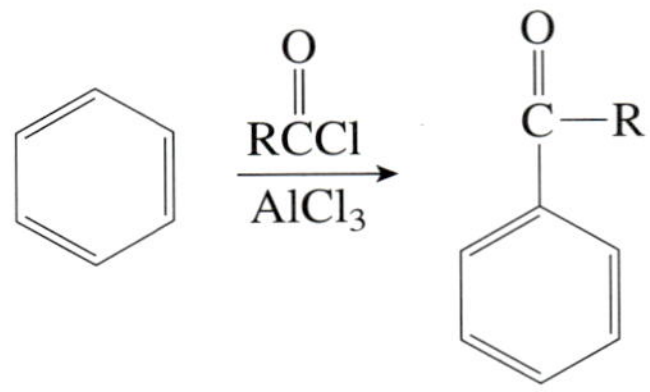 | 17.8 | Friedel-Crafts 아실화, 강한 비활성화 고리는 반응하지 않는다. |
| | 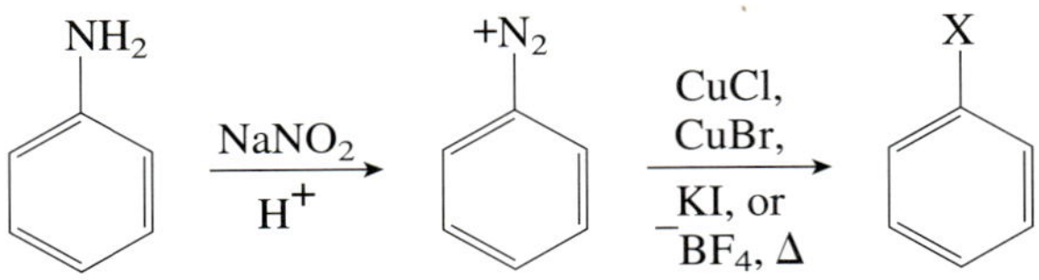 | 17.10 | 다이아조늄이온을 거쳐 |
| | 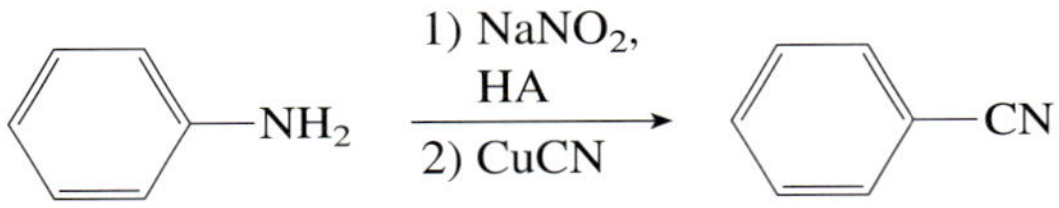 | 17.10 | 다이아조늄이온을 거쳐 |
| | 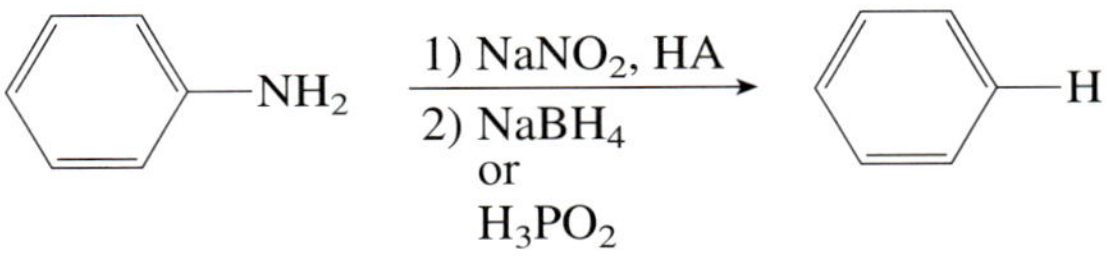 | 17.10 | 다이아조늄이온을 거쳐 |
| | 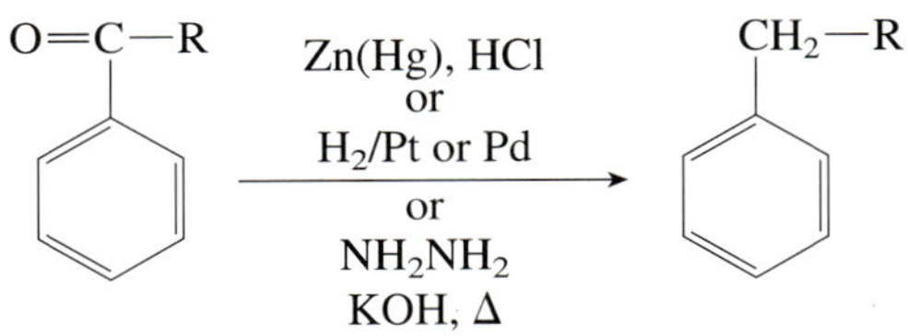 | 17.13<br>18.8 | Clemmensen 환원 또는 가수소화 분해 혹은 Wolff-Kishner 환원 |
| | 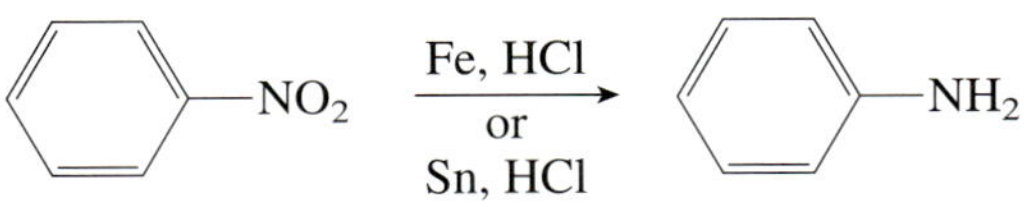 | 17.13 | 나이트로기의 환원 |
| | 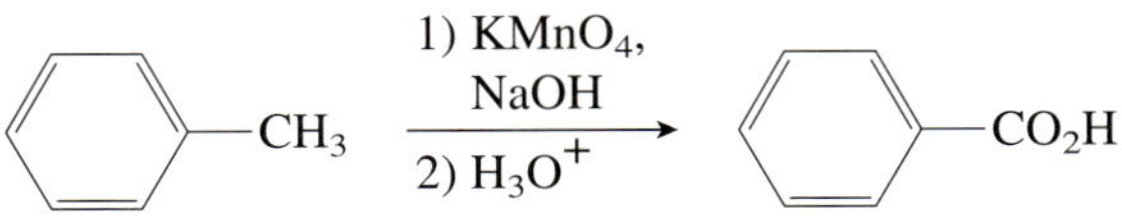 | 17.13 | 삼차 알킬기를 제외한 모든 알킬기가 산화 |

**문제 23.12** 메틴올, 에탄올 및 벤젠을 사용하여 다음 화합물을 합성하여라. 용매 혹은 필요한 무기시약을 사용할 수 있다. 한번 만들어진 화합물을 다음 화합물을 합성하는 데 사용할 수 있다.

**a)** $CH_3OCH_2CH_3$

**b)** $CH_3\overset{\overset{\displaystyle O}{\|}}{C}OCH_3$

**c)** 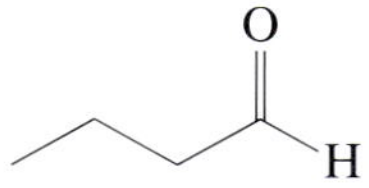

**d)** 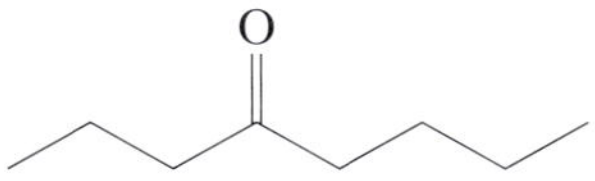

**e)** 

**f)** 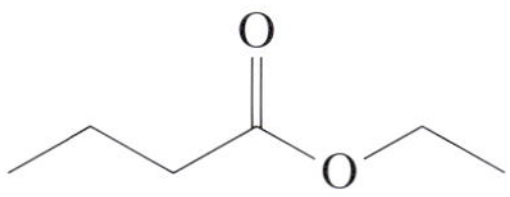

**g)** 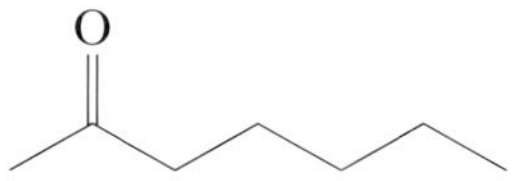

**h)** 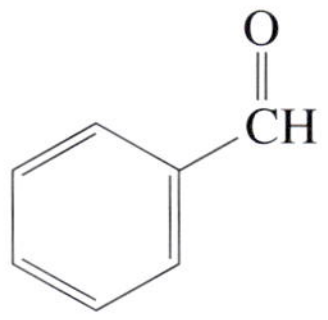

**i)** 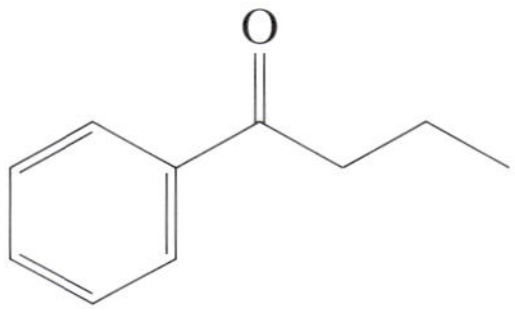

**j)** 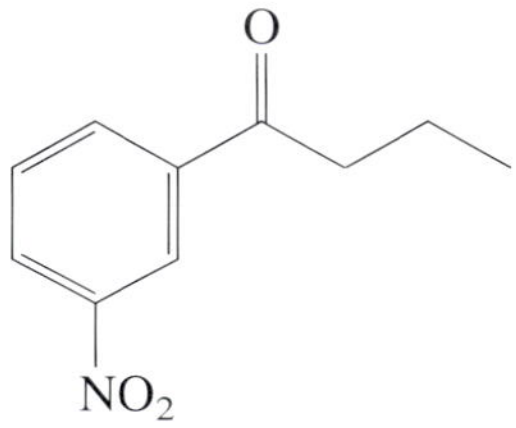

**k)** 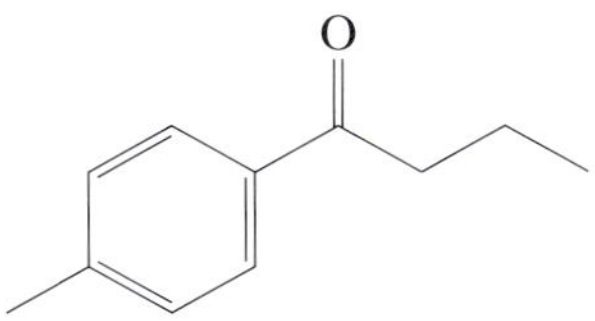

**l)** 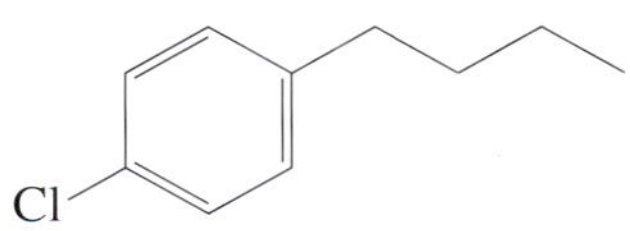

**m)** 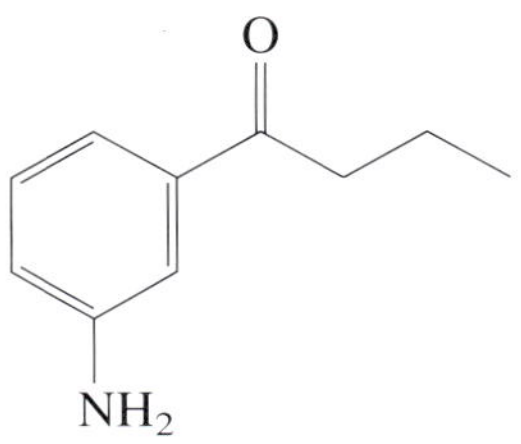

**n)** 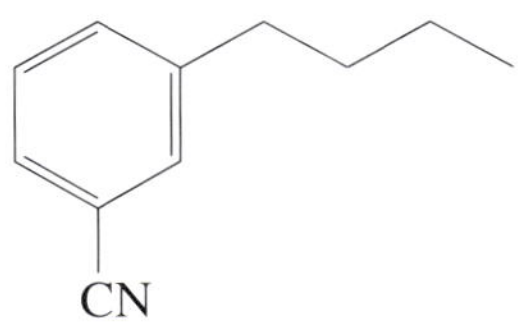

**o)** 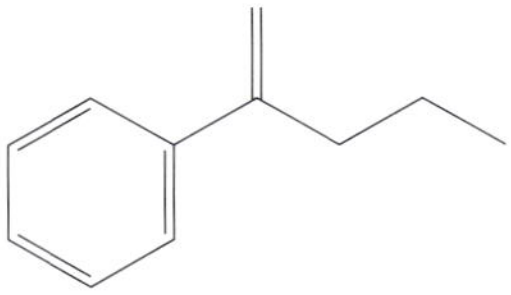

**p)** 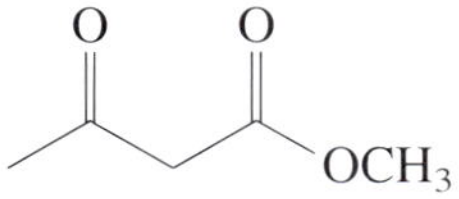

**q)** 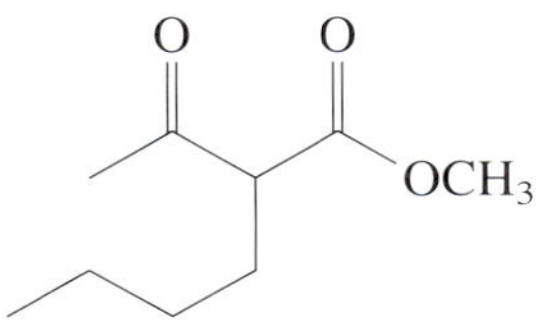

**r)** 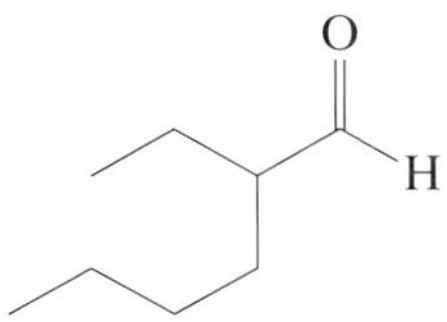

s) 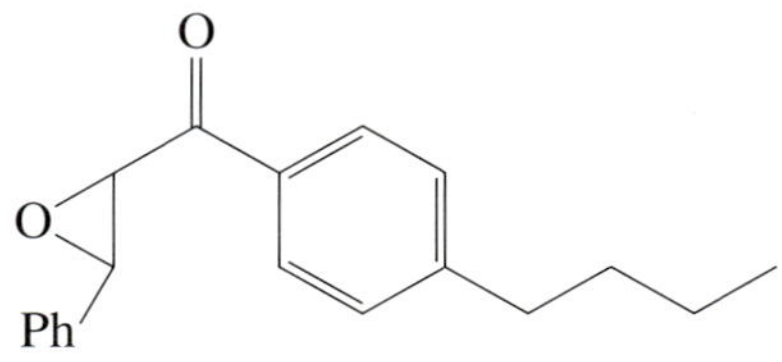

t) 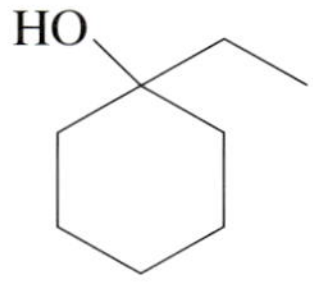

## 추가문제

**23.13** 다음 반응의 생성물을 나타내어라.

**a)** 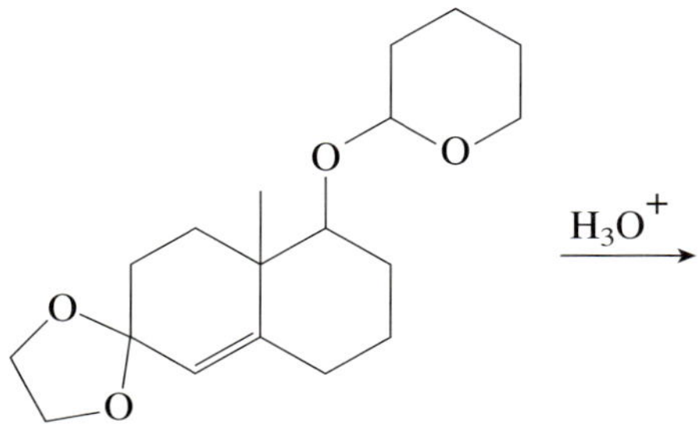

**b)** 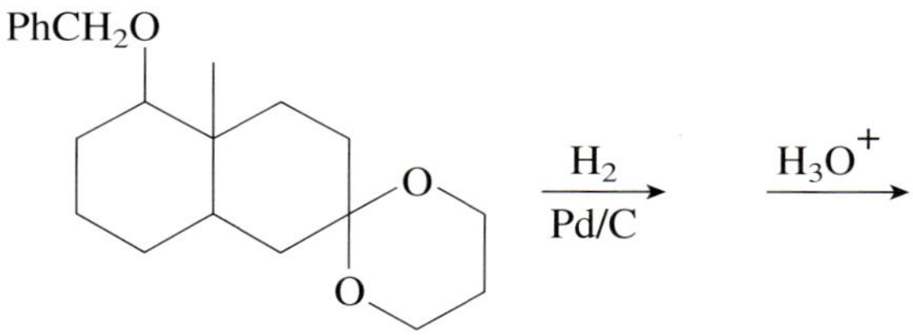

**c)** 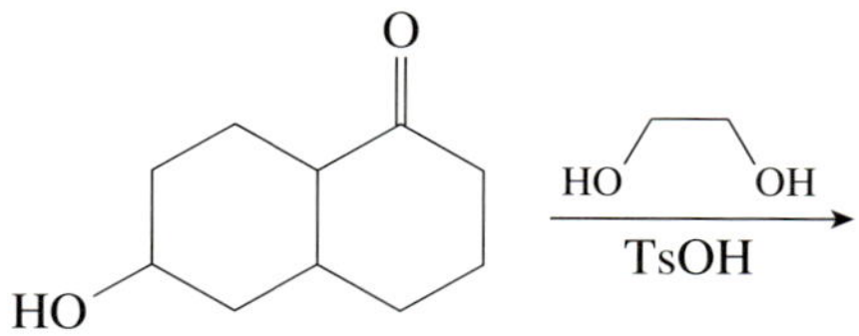

**d)** 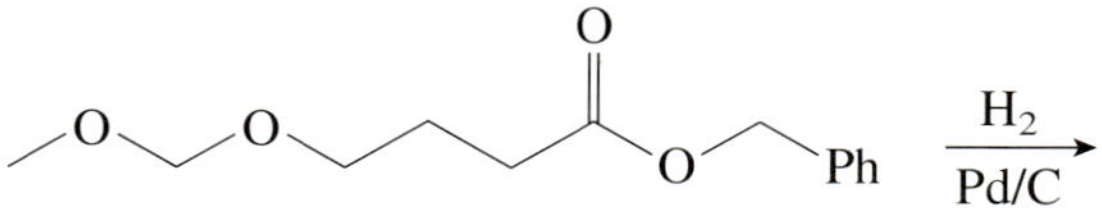

**e)** 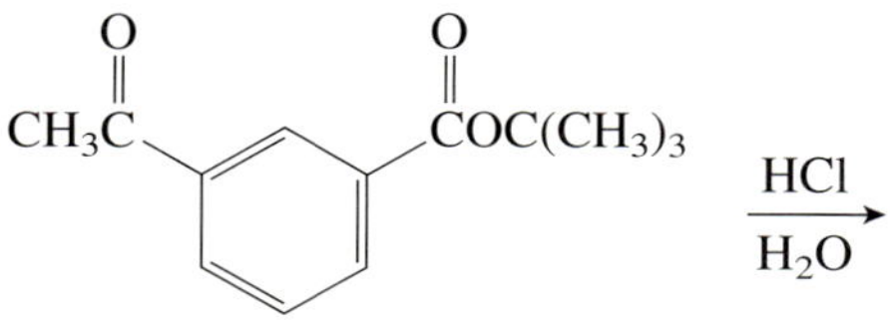

i) 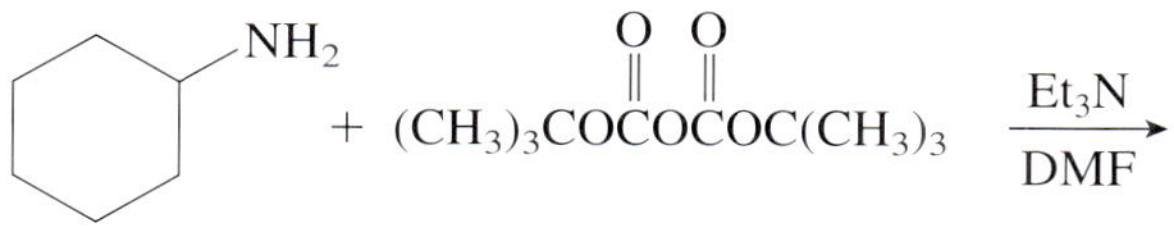

j) 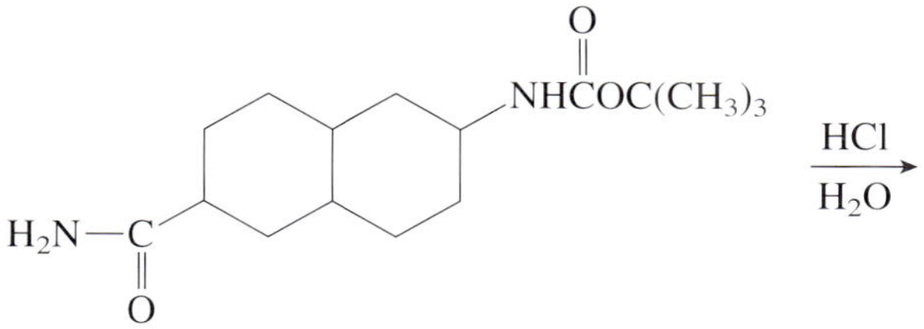

k) 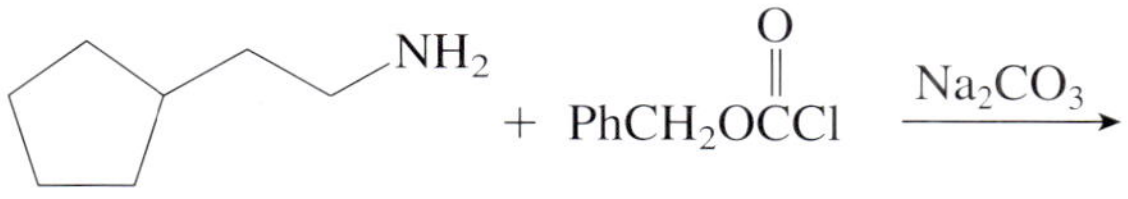

l) 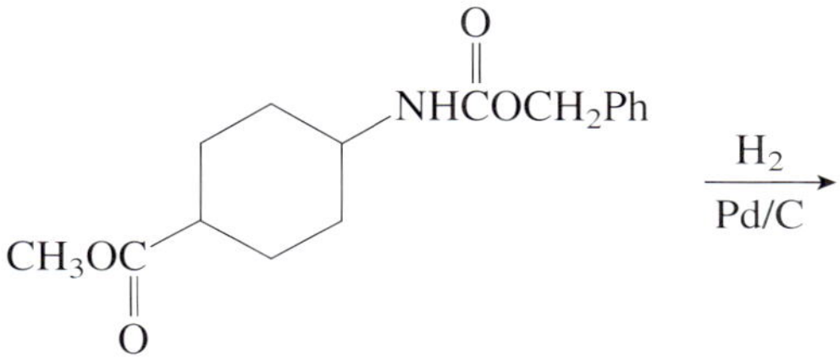

**23.14** 탄소-탄소결합 절단을 사용하여 다음 화합물을 제조하는 데 사용할 수 있는 친전자체와 친핵체 합성단위체 토막을 제시하여라. 이 합성단위체에 의한 실제 합성반응을 나타내어라. 각 화합물에 대해 적어도 세 다른 경로를 설계하여라.

a) 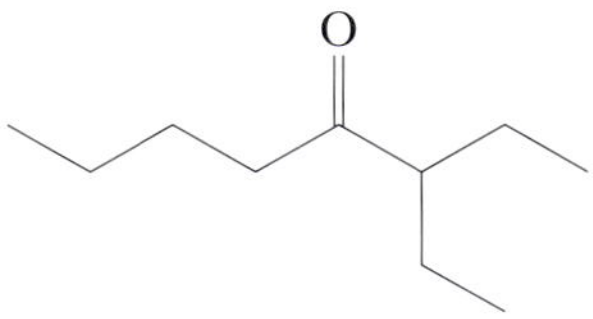

b) 

c) 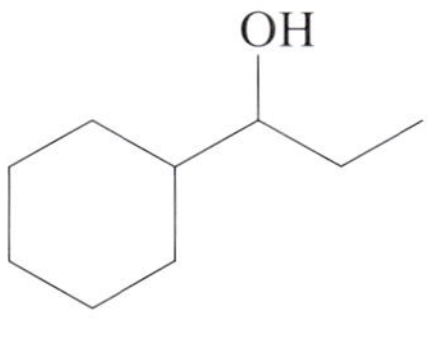

d) 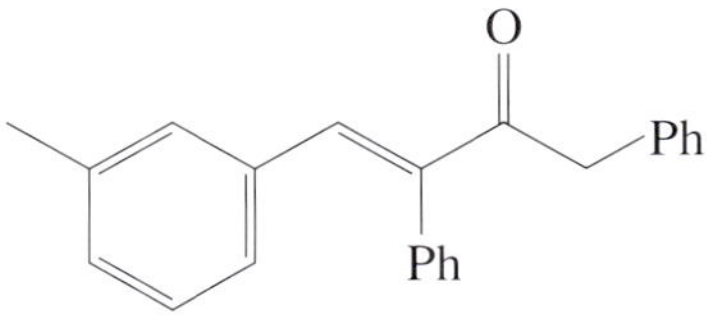

**23.15** 지시한 탄소 수를 가진 화합물로부터 다음 화합물을 합성하여라.

a) 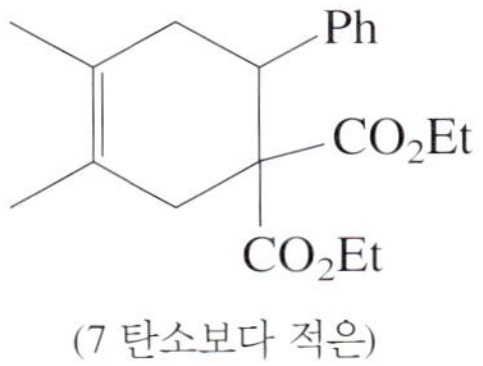

(7 탄소보다 적은)

b) 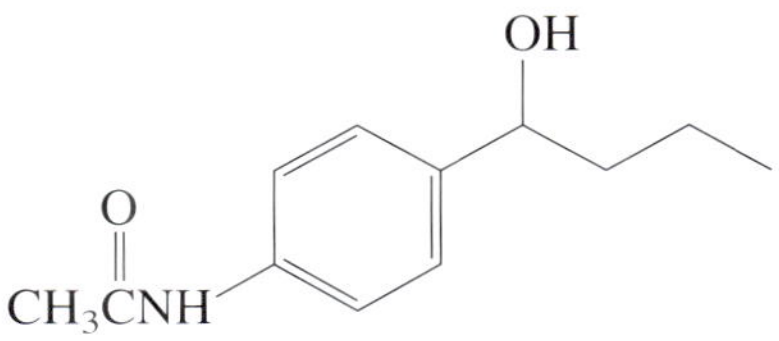

(6 탄소보다 적은)

c) 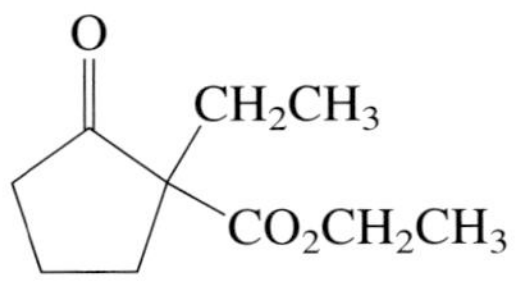

(6 탄소보다 적은, 고리가 아닌)

d) 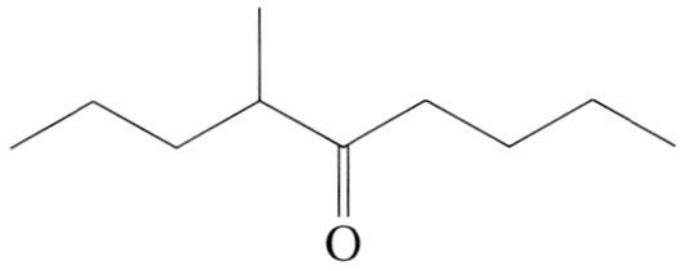

(5 탄소보다 적은)

e) 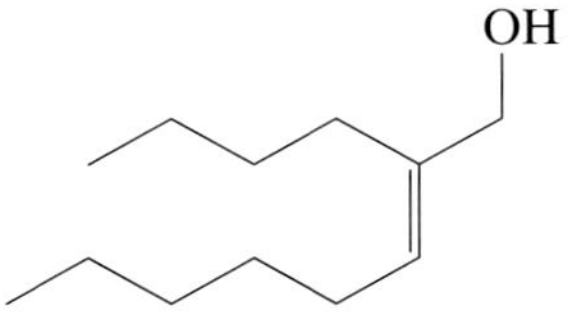

(6 탄소보다 적은)

f) 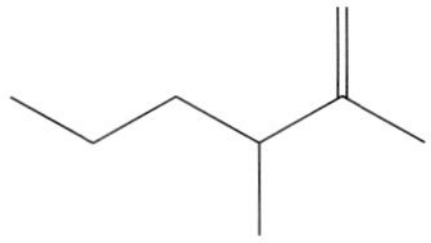

(4 탄소보다 적은)

g) 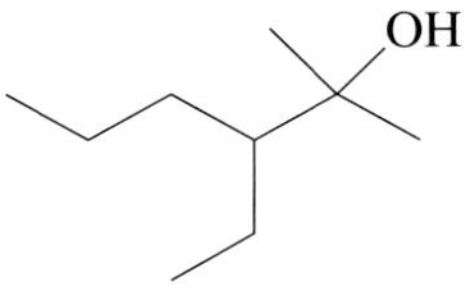

(4 탄소보다 적은)

h) 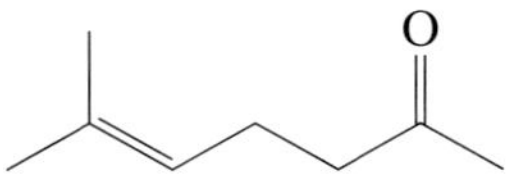

(5 탄소보다 적은)

i) 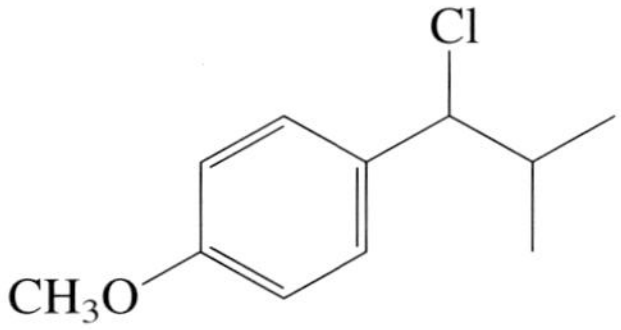

(benzene)

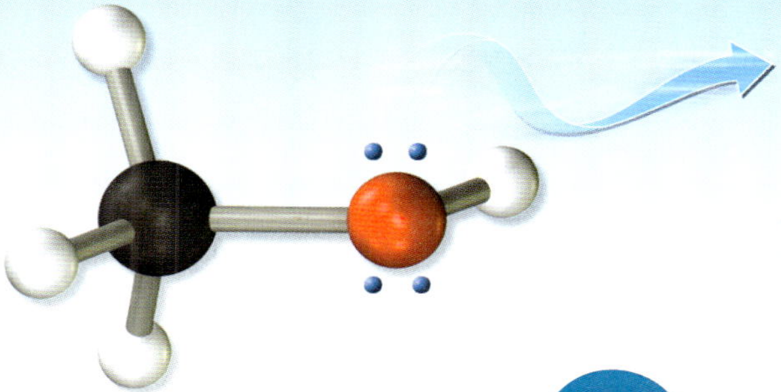

CHAPTER 24

# 합성중합체

**유기화학 숙달**

- 첨가 또는 축합중합체에 대한 반복단위의 확인
- 첨가중합체 형성에 대한 메카니즘의 이해
- 중합체 구조와 입체화학의 이해
- 중합체의 구조가 물리적 성질에 어떻게 영향을 미치는가의 이해
- 중합체의 화학적 성질의 이해

중합체는 반복되는 단위로 구성된 큰 분자이다. 공업적으로 생성되는 대부분의 화합물은 결국 중합체를 만드는 데 사용된다. 이 인공 또는 합성 중합체는 매일 만나게 되는 플라스틱(폴리에틸렌, 폴리스타이렌), 접착제(에폭시 접착제), 페인트(아크릴릭) 및 섬유(폴리에스, 나이론)이다. 이 물질들 없이 우리 생활을 상상하기 어렵다. 이 합성중합체 이외에 나무, 고무, 면 및 모와 같은 천연중합체는 모두 우리 주위에 있다. 물론 생명 자체가 탄수화물, 단백질 및 DNA와 같은 중합체에 의존한다. 이 장에서 합성중합체를 검토할 것이다. 천연중합체는 25, 26 및 27장에서 소개할 것이다.

먼저 라디칼반응에 의한 중합체 합성의 일반적 방법을 다루게 될 것이다. 이 방법에 의해 만들어진 첨가 중합체의 구조를 검토한 후 이 중합체 또는 유사한 중합체를 제조하는데 사용되는 몇 가지 다른 방법을 소개하였다. 다음에 중합체의 구조가 물리적 성질에 미치는 영향을 검토한다. 이것은 몇 가지 다른 첨가 중합체의 성질과 용도를 이해하는 근거를 마련해준다. 고무(탄성체)를 다루고 다음에 축합중합체와 열경화성 중합체를 검토한다. 끝으로 장은 중합체의 화학적 성질을 간단히 논의할 것이다.

## 24.1 라디칼 연쇄 중합반응

중합체는 단위체라 부르는 많은 개개의 단위가 결합하여 형성된다. 이것은 다음과 같은 일반 방정식으로 나타낼 수 있다. 여기서 단위체(A)의 많은 수($n$)가 결합되어 중합체를 형성한다.

$$n\,\mathrm{A} \longrightarrow \cdots\mathrm{A{-}A{-}A{-}A{-}A{-}A}\cdots \quad \text{또는} \quad -\!\!\left(\mathrm{A}\right)\!\!-_{n}$$

단위체 중합체

개개 중합체 분자를 형성하는 데 결합되는 단위체의 수가 백 또는 천 개 이상으로 대단히 크기 때문에 중합체는 대단히 큰 **고분자(macromolecule)**라 부른다.

중합체는 제조되는 일반 메카니즘에 따라 **첨가중합체(addition polymer)** 또는 **축합중합체(condensation polymer)**로 분류한다. 다음 방정식에서 설명한 것처럼 대부분의 첨가중합체는 알켄 단위체의 반응에 의해 제조된다.

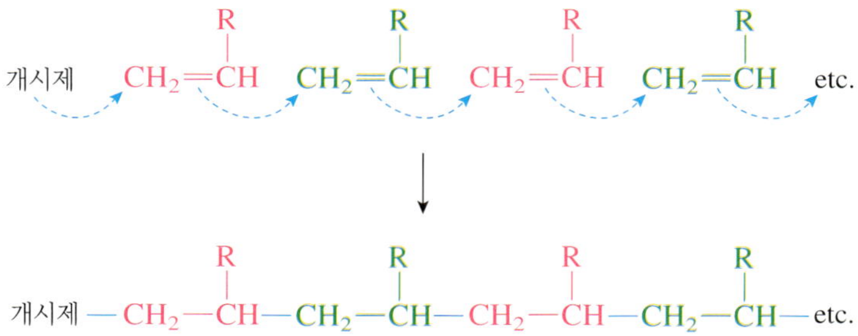


이 과정에서 개시분자는 단위체의 이중결합의 한 탄소에 가해지면 다른 탄소에서 라디칼 또는 카보양이온과 같은 반응자리를 형성한다. 다음에 이 활성인 탄소화학종은 다른 단위체에 가해져서 다른 활성인 탄소화학종을 생성한다. 이 과정은 많은 단위체가 연결될 때까지 계속된다. 이 반응을 나타내는 다른 방법은 단위체가 반응하여 중합체를 형성할 때 형성되는 반복되는 단위로 나타낸다.

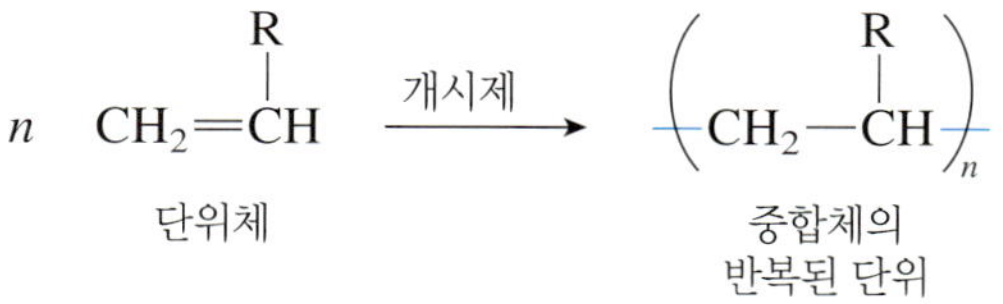


이 첨가중합체의 단위체에 바이닐기가 있기 때문에 **바이닐 중합체(vinyl polymer)**라고 부른다.

존재하는 활성인 중간체에 따라 다소의 변이가 일어나기는 하지만 모든 첨가중합체는 연쇄 메카니즘에 의해 형성된다. 이 메카니즘에 의해 한 개시분자가 많은 단위체와 반응하여 한 중합체 분자를 형성한다. 이와 같은 이유 때문에 이들 중합체를 **사슬-성장 중합체(chain-growth polymer)**로 알려졌다. 이 과정이 어떻게 일어나는가를 잘 이해하기 위하여 다음 방정식으로 나타낸 것처럼 라디칼 연쇄 메카니즘에 의한 폴리에틸렌의 형성을 검토해보자.

$$n\ \mathrm{CH_2{=}CH_2} \xrightarrow{\mathrm{PhC(=O)OOC(=O)Ph}} \mathrm{\left( CH_2{-}CH_2 \right)_n}$$

Ethylene Polyethylene

라디칼 연쇄 메카니즘에 의해 진행되는 다른 반응에서와 같이 이 반응은 세 종류의 단계, 개시, 전파 및 종결 단계를 포함한다.

### 개시

개시 단계는 라디칼을 생성한다. 이 경우에 다이벤조일 과산화물, 개시제의 약한 산소-산소 결합은 절단되어 두 벤조일옥시 라디칼을 생성한다. 다음에 벤조일옥시 라디칼은 에틸렌 분자의 CC 이중결합에 첨가된다.

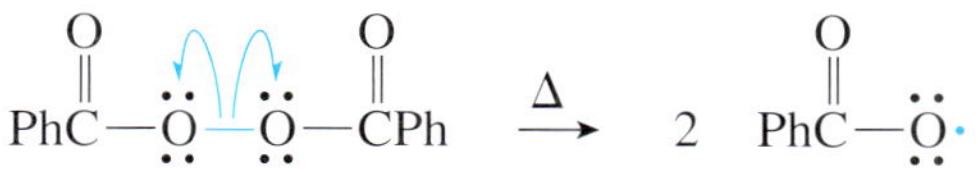

Dibenzoyl peroxide Benzoyloxy radical

### 전파

전파 단계에서 탄소 라디칼은 단위체의 이중결합에 첨가되어 큰 탄소 라디칼을 생성한다. 이 라디칼은 다른 에틸렌에 첨가되어 더 큰 라디칼을 형성한다. 이 과정은 라디칼이 파괴될 때까지 계속된다.

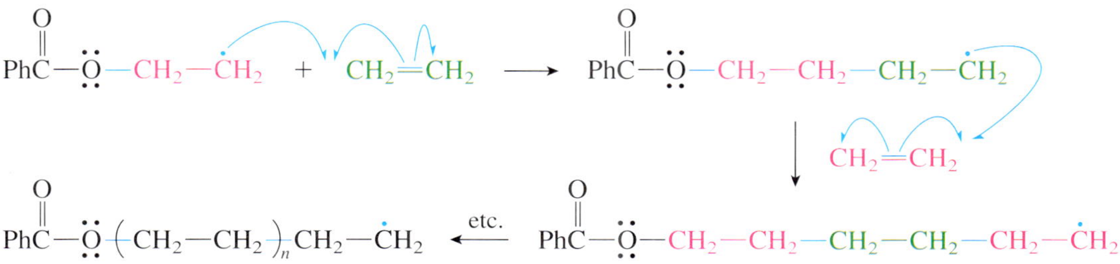

### 종결

여러 가지 형태의 종결반응이 일어난다. 두 라디칼이 짝지어 비라디칼 생성물을 형성한다.

또는 한 라디칼은 불균등화 과정에서 다른 라디칼의 라디칼 중심에 대해 이웃탄소에서 수소를 떼어낸다.

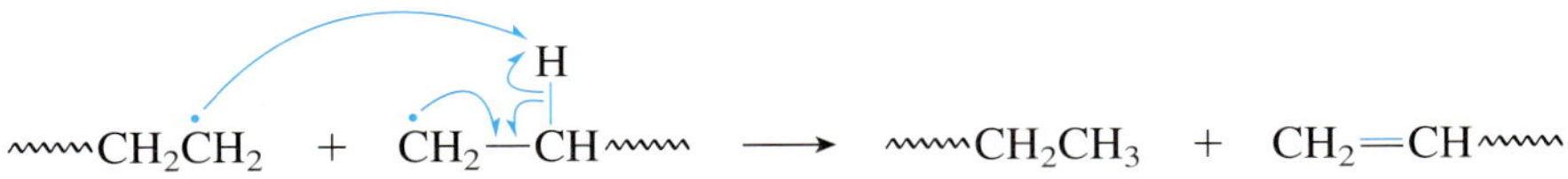

중합체의 평균길이를 종결되기 전 일어나는 전파 순환의 평균수에 의존한다. 많은 라디칼 연쇄의 경우에서와 같이 라디칼의 농도가 낮기 때문에 종결은 대단히 드물다. 그러므로 한 라디칼이 다른 라디칼과 만날 확률은 대단히 낮다. 이것은 전형적인 중합분자는 수천의 단위체로 구성된다는 것을 의미한다. 폴리에틸렌과 같은 탄화수소 중합체는 약 100 단위체를 포함하기 전까지는 유용한 기계적 성질을 나타내지 않는다.

라디칼 연쇄 중합에 의해 생성되는 다른 중합체는 폴리스타이렌이다.

Styrene Polystyrene

이 경우에 단위체의 이중결합의 탄소는 동일하지 않다. 포리스타이렌에 대한 다음 부분 구조에서 나타낸 거처럼 중합체는 규칙적인 구조를 갖는 다는 것을 발견한다. 이 구조에서 한 단위체의 $\alpha$-탄소는 항상 다음 단위체의 $\beta$-탄소에 결합된다. 중합체는 단위체의 머리-꼬리 결합에 의해 형성된다고 말한다.

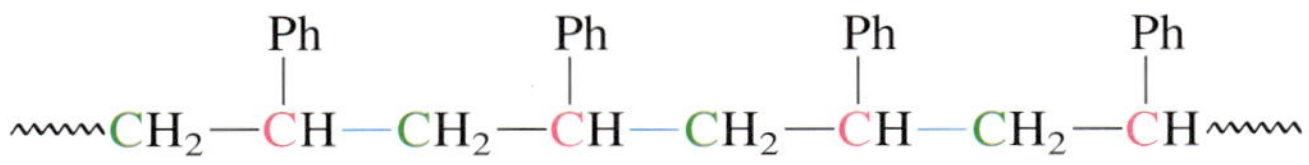

폴리스타이렌 형성에 대한 메카니즘의 전파단계를 검토해보면 이 규칙성의 원인을 쉽게 규명할 수 있다. 성장하는 중합체 사슬에 새로운 단위체가 첨가할 때마다 새로운 결합이 $\alpha$-탄소에 형성된다. 홀 전자가 $\beta$-탄소에 있는 생성된 라디칼은 페닐기와 홀 전자에 의한 공명에 의해 안정화된다.

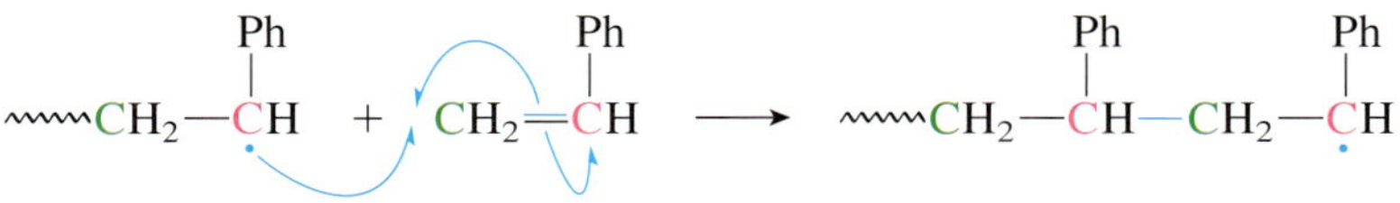

21장에서 검토한 라디칼 첨가반응의 경우에서와 같이 첨가는 더 안정한 라디칼이 생성되도록 일어난다. 대부분의 다른 치환기는 그들이 결합된 탄소의 라디칼을 안정화하기 때문에 바이닐 중합체는 그들 단위체 단위의 머리-꼬리 짝지음으로 생성된다.

**문제 24.1** 프로필렌의 라디칼 중합에 대한 메카니즘의 모든 단계를 나타내고 왜 중합체가 단위체 단위의 머리-꼬리 결합에 의해 형성되는가를 설명하여라.

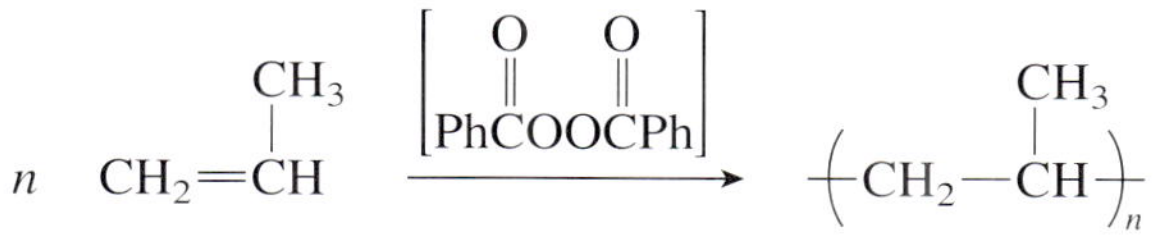

**문제 24.2** 다음 단위체의 첨가 중합에 의해 생성되는 중합체의 반복 단위를 나타내어라.

**a)** 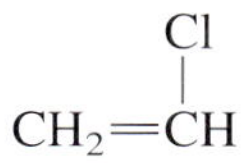

Vinyl chloride

**b)** 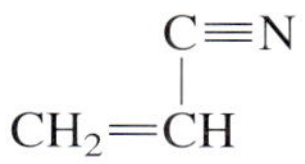

Acrylonitrile

**c)** 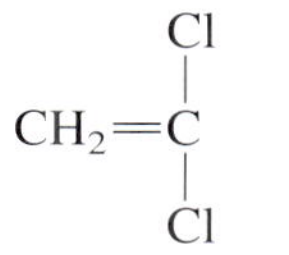

Vinylidene chloride

**문제 24.3** 다음 중합체를 제조하는데 사용되는 단위체를 나타내어라.

**a)** 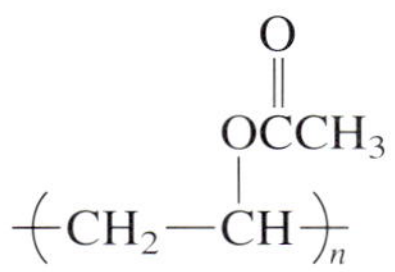

Poly(vinyl acetate)

**b)** 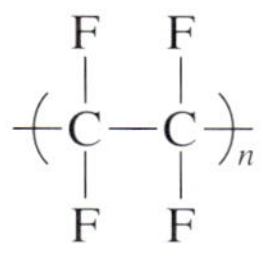

Teflon

# 24.2 중합체의 구조

폴리에틸렌의 구조를 더 상세히 검토해보자. 먼저 고분자마다 단위체의 수가 변한다는 것을 주목할 필요가 있다. 개개의 중합체 사슬 성장이 중단되는 종결단계는 이 사슬의 중합과정에서 아무 때나 일어난다. 그러므로 일찍 종결되는 한 반응사슬은 적은 단위체 단위를 포함한 중합체 분자를 생성하고 한편 연쇄과정에서 늦게 종결되는 반응사슬은 더 많은 단위체 단위를 포함하는 분자를 생성한다. 중합체의 평균 분자질량, 즉 각 고분자에 있는 단위체 단위의 평균 수를 조절하는 몇 가지 실험이 가능하기는 하지만 모든 합성중합체는 다른 분자 질량의 다양한 개개의 고분자로 구성된다.

중합체의 한쪽 끝에서의 구조는 특정한 사슬을 개시하는 개시제에 의존하며 다른 끝에서의 구조는 어떻게 사슬이 종결되는가에 달려 있다. 그러나 대부분 중합체는 대단히 크기 때문에 말단은 그 성질에 많은 영향을 미치지 못한다. 그러므로 중합체의 구조는 보통 반복되는 단위로 나타내며 말단은 나타내지 않는다.

24.1절에 나타낸 라디칼 연쇄 메카니즘은 단위체 바이닐기의 탄소가 곧은 사슬

**그림 24.1** 에틸렌의 라디칼중합에서 긴 가지 형성의 메카니즘.

① 성장 중합체 사슬의 라디칼 한 끝은 다른 사슬 내부의 수소를 떼어낸다. 반응물의 일차 라디칼이 생성물의 이차 라디칼로 변환되기 때문에 이 과정은 유리하다. 이 과정은 원래 중합체를 종결하고 중합을 개시하는 자리로 사용될 수 있는 두 번째 사슬의 내부에서 활성이 큰 라디칼을 형성한다.

② 새로운 라디칼은 에틸렌 단위체에 첨가되어 이 고분자의 내부에서 중합체 사슬 성장을 일으킨다. 이차 라디칼이 일차 라디칼로 변환되기는 하지만 이 단계는 아직도 발열 단계이다. 약한 파이결합이 절단되고 강한 시그마결합이 형성되기 때문이다.

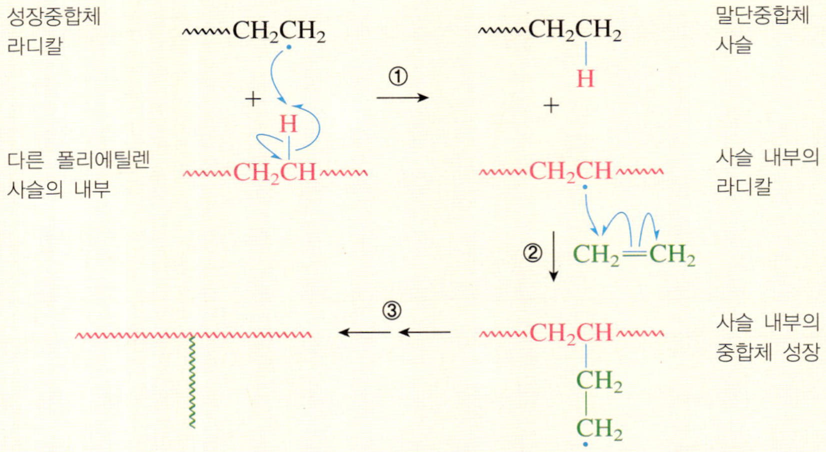


③ 이 과정에서 원래의 중합체 사슬에 긴 가지를 형성한다. 이것을 왼편 구조에서 체계적으로 나타냈다.

로 연결되어 있는 직선 고분자로 구성된 폴리에틸렌과 폴리스타이렌을 포함한다. 사실 개개의 고분자가 가지 구조를 가지려면 두 과정이 일어나야 한다. 첫 번째는 성장 라디칼 사슬이 다른 고분자의 내부에 있는 임의의 위치에서 있는 수소를 떼어낼 때 일어난다. 이 과정을 연쇄전달이라 한다. 라디칼이 첨가될 다른 단위체 또는 다른 라디칼 중심을 발견할 수 없어서 종결이 일어날 때 일어난다. 연쇄전달은 원래 사슬에서는 종결되지만 다른 고분자의 내부에 새로운 라디칼을 형성한다. 중합은 이 새로운 라디칼 자리에서 일어나서 고분자에 긴 가지를 형성한다. 폴리에틸렌에서 이와 같은 긴 가지의 형성은 그림 24.1에 요약하였다.

두 번째 과정은 4개의 탄소를 포함한 짧은 가지의 형성이다. 이 결과는 성장 중합체 사슬의 라디칼 끝이 뒤돌아와서 자체의 수소를 떼어내어 생긴다. 이 떼어내기에 대한 고리 전이상태에서 6원자를 포함할 때가 가장 유리하므로 4-탄소 뷰틸 가지가 형성된다. 이 뷰틸 가지의 형성에 대한 메카니즘을 그림 24.2에 요약하였다.

이 두 가지 생성과정은 폴리에틸렌 고분자의 규칙성을 감소한다. 개개의 중합체 사슬은 불규칙한 자리에 긴 가지 또는 뷰틸 가지를 갖는다. 구조의 이 불규칙성은 중합체의 물리적 성질에 극적 효과를 나타낸다.

**문제 24.4** 그림 24.2에 나타낸 4-탄소 가지 이외에 폴리에틸렌은 3-탄소를 포함한 적은 수의 가지를 갖는다. 이 3-탄소 가지를 형성하는 메카니즘의 단계를 나타내어라.

① 성장 중합체 사슬의 한 끝 있는 라디칼 탄소는 구부러져서 분자 내부에 있는 수소를 떼어낸다. 고리 전이상태에 대한 가장 유리한 크기는 6원자이다. 원래의 일차 라디칼이 이차 라디칼로 변환되기 때문에 이 과정은 대단히 유리하다.

② 중합체화는 새로운 이차 라디칼 자리에서 계속된다.

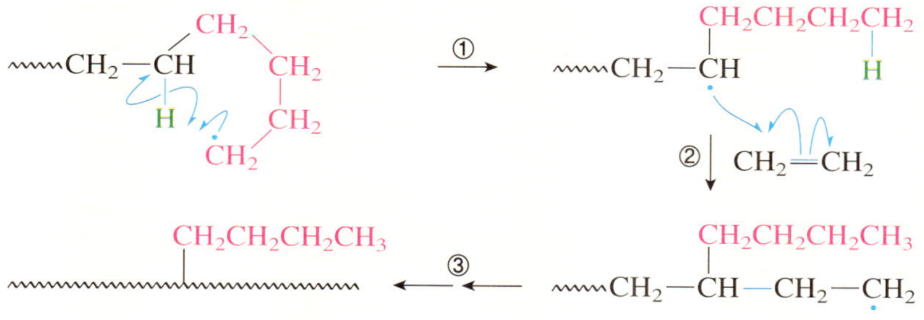

③ 이것은 결과적인 고분자에서 4-탄소 가지를 형성한다.

**그림 24.2** 에틸렌의 중합과정에서 뷰틸 가지의 형성 메카니즘.

첨가 중합체를 만드는 데 사용되는 바이닐 단위체가 이중결합의 한 끝에서 두 다른 치환기를 가지면 다른 형태의 불규칙성이 생성된다. 바이닐 탄소의 하나에 수소와 메틸기를 가진 프로필렌(프로펜)은 그 예이다. 이와 같은 단위체가 중합하면 새로운 단위체가 가해질 때마다 새로운 입체중심(비대칭 탄소 카이랄성 중심)이 생성된다.

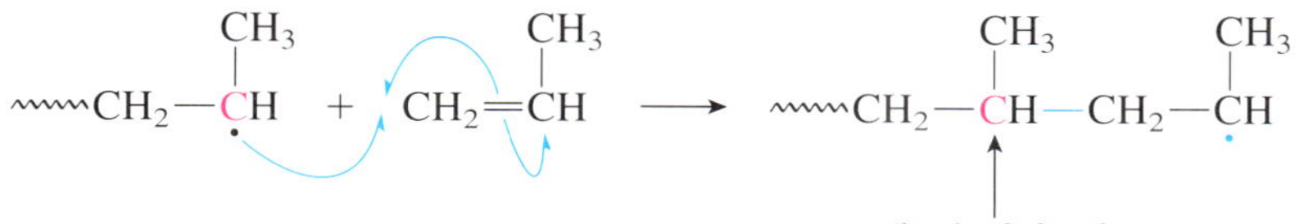


이 새로운 입체중심에서 한 절대배열이 다른 것보다 유리하지 않기 때문에 고분자는 그 많은 입체중심에서 불규칙한 위치배열을 갖는다. 이것을 **혼성(atactic)**이라 부른다. 혼성 폴리스타이렌에 대한 부분 구조를 다음 방정식에 나타냈다.

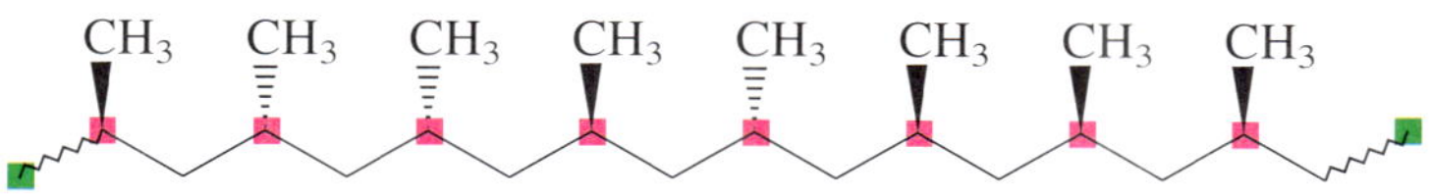

Atactic polypropylene
(탄소에서 불규칙한 배열의 메틸기가 결합된다.)

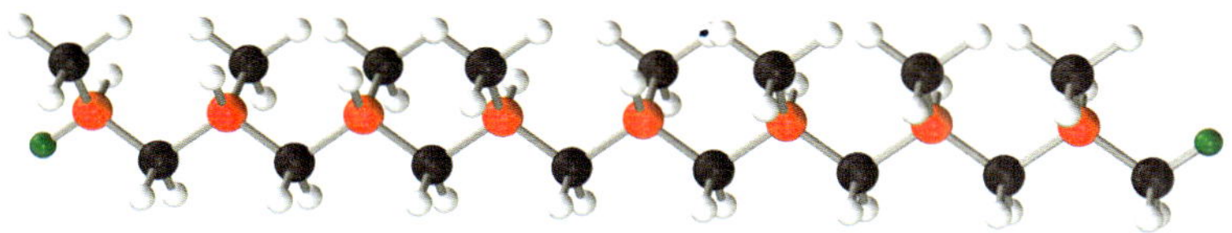

**문제 24.5** 다음 중 어느 단위체가 혼성중합체를 형성하는가?

**a)** 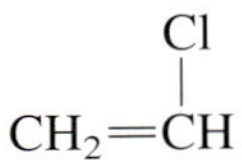

**b)** 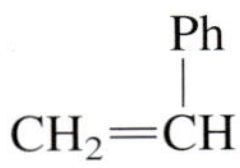

**c)** 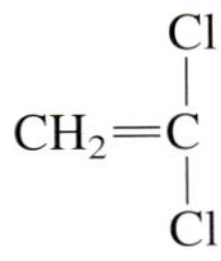

## 24.3 이온성 중합반응

라디칼 중간체를 포함하는 메카니즘에서와 같이 첨가중합체는 양이온 또는 음이온 중간체를 포함하는 메카니즘에 의해 만들어진다. 예로 폴리아이소뷰틸렌은 아이소뷰틸렌을 물과 소량의 삼플루오르화붕소로 처리하여 만든다.

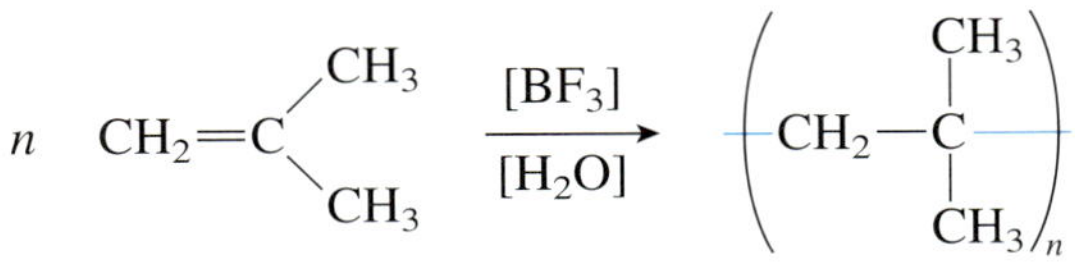

Isobutylene Polyisobutylene

트라이프루오르화 붕소와 물의 Lewis 산-염기 착물은 아이소뷰틸렌 단위체에 양성자를 제공하여 카보양이온을 생성한다. 이 과정이 반복되어 중합체가 생성된다.

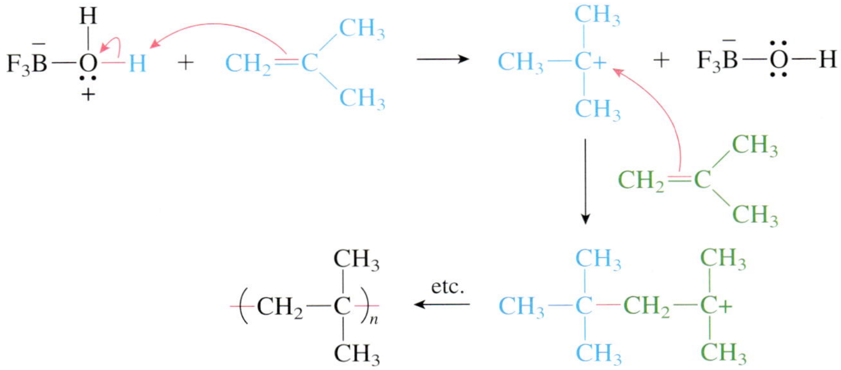

각 첨가는 더 안정한 삼차 카보양이온이 형성되도록 일어나기 때문에 단위체는 머리-꼬리 형태로 연결된다. 양이온 중합반응은 단위체의 한 바이닐 탄소가 중간체 카보양이온을 안정화시켜 주는 기로 치환될 때만 사용할 수 있다. 예를 들면 두 메틸기를 가진 아이소뷰틸렌이다.

첨가 중합반응은 음이온 중간체를 포함한 메카니즘에 의해서도 일어날 수 있다. 예로 스타이렌은 적은 양의 아마이드화 소듐의 첨가에 의해 중합할 수 있다. 이 경우에 아미드화 음이온은 이중결합에 첨가되어 음이온을 생성한다. 이 음이온은 다른 스타이렌 분자에 첨가되어 더 큰 카보음이온을 형성한다. 이 과정은 폴리스타이렌을 형성할 때까지 계속된다.

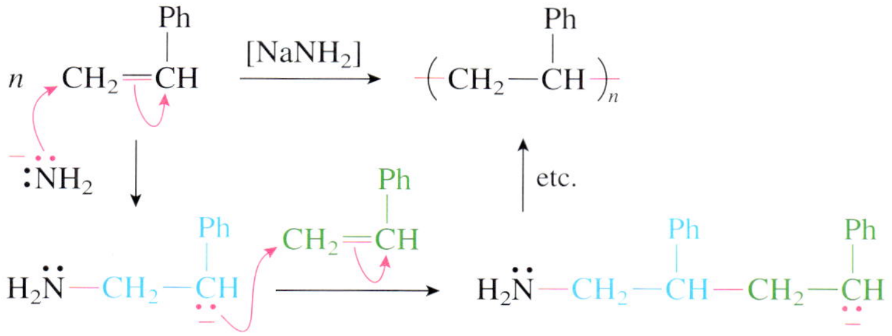

대부분 첨가중합체는 바이닐 단위체로 제조된다. 그러나 중합체의 다른 첨가형태 고리-열림반응에 의해 형성될 수 있다. 예로 산화에틸렌의 중합은 메톡시화이온과 같은 적은 친핵체의 양으로 처리하면 이루어질 수 있다. 생성물, 폴리에터는 음이온 중간체를 포함하는 메카니즘에 의해 형성된다.

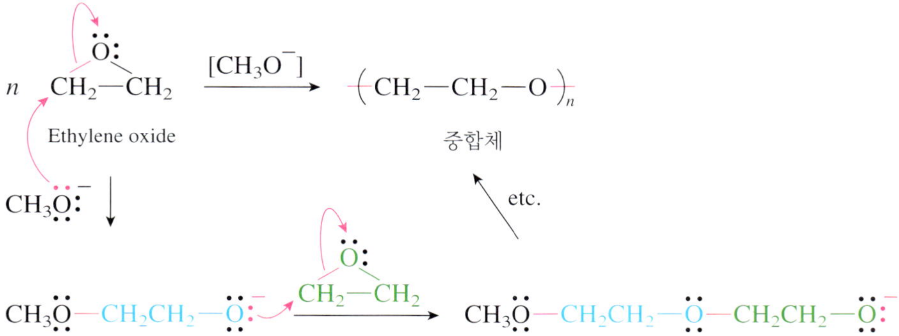

**문제 24.6** 폴리스타이렌은 음이온성 중합반응에 의해 제조될 수 있는데 왜 폴리에틸렌은 제조할 수 없는가를 설명하여라.

**문제 24.7** 음이온성 중합반응은 폴리아크릴로나이트릴의 제조에는 좋은 방법이지만 폴리아이소뷰틸 제조에는 좋은 방법이 아니다. 그 이유를 설명하여라.

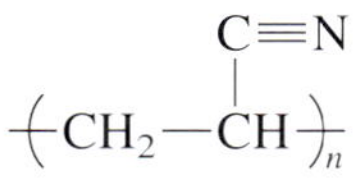

Polyacrylonitrile

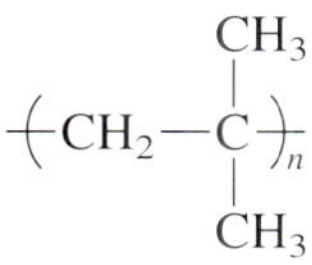

Polyisobutylene

**문제 24.8** 소량의 메톡시화 이온과 산화에틸렌의 반응로부터 폴리에터 생성과는 대조적으로 THF를 사용한 유사한 반응에서는 중합체를 형성하지 않는다.

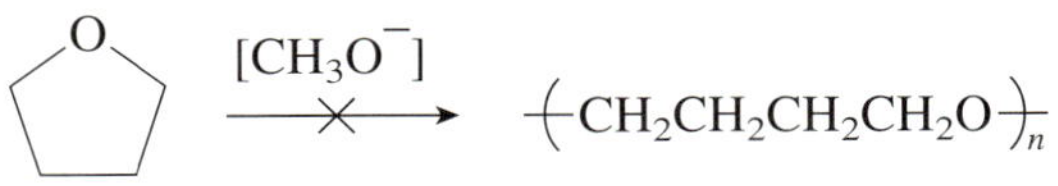


## 24.4 배위 중합화반응

아마도 첨가 중합반응의 영역에서 가장 중요한 개발은 금속촉매를 사용한 바이닐 중합체를 제조 방법의 발견일 것이다. 이 업적으로 Karl Ziegler와 Giulio Natta는 1963년에 Novel 화학상을 수상하였다. 이 방법은 현대에 와서 바이닐 중합체를 대량으로 생산하는 데 사용된다. 다양한 촉매를 사용하기는 하지만 전형적인 촉매는 트라이에틸알루미늄과 같은 유기금속화합물과 사염화 티탄과 같은 할로겐화 전이금속이다. 메카니즘은 복잡하지만 프로필렌 중합에 대한 단순화한 형태를 그림 24.3에 나타냈다. 본질적으로 메카니즘은 메틸기가 시그마결합된 티탄에 대한 단위체의 배위에 의해 진행된다. 알킬기는 배위된 단위체의 이중결합의 한 탄소로 이동하고 한편 다른 탄소는 티탄과 시그마결합을 형성한다. 이 단계에서 더 큰 알킬기가 결합된 원래의 촉매를 재생한다. 추가적 단위체의 단위가 같은 방법으로 첨가된다.

무엇이 Ziegler-Natta 촉매의 사용을 중요하게 만드는가? 생성된 중합체는 다른 방법으로 생성된 중합체보다 더 규칙적이다. 예로 배위 촉매를 사용하여 생성된 폴리에틸렌은 직선형이다. 라디칼 개시제에 의해 생성되는 폴리에틸렌의 특성인 짧고 긴 가지를 갖지 않는다. 더욱 배위 중합반응은 입체 규칙성 중합체를 제도하는 데 사용된다. 예로 모든 입체 중심에서 동일한 위치배열을 가진 폴리프로필렌을 제조할 수 있다. 생성된 **동일배열(isotactic)** 폴리프로필렌은 라디칼 중합반응으로 생성된 혼성 폴리프로필렌보다 대단히 다르고 유용한 성질을 갖는다. 이 중합체들의 구조와 규칙성이 어떻게 그들의 물리적 성질에 영향을 미치는가를 살펴보자.

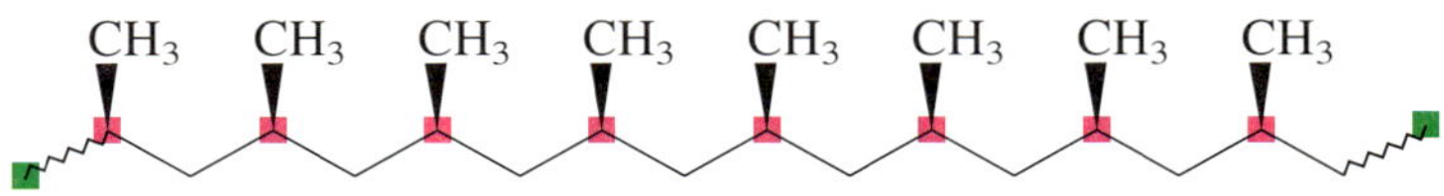


Isotactic polypropylene
(모든 입체 중심에서 같은 배열)

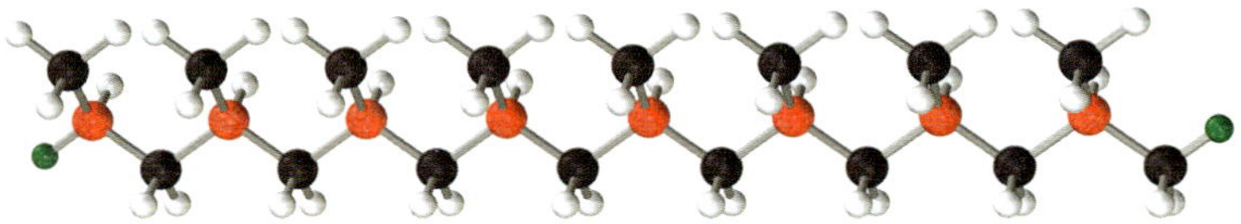

그림 24.3 금속배위촉매를 포함한 중합반응의 메카니즘 (단순화한 형태).

① 에틸기가 알루미늄으로부터 티타늄과 시그마결합을 형성하기 위하여 이동하여 활성인 촉매종이 생성된다. 금속의 비어 있는 배위자리와 프로필렌의 파이 MO와의 상호작용에 의해 "파이복합체"를 형성한다.

② 에틸기는 배위된 프로필렌의 이중결합의 한 탄소로 이동하고 다른 탄소는 티탄과 시그마 결합을 형성한다. 이것은 금속에 비어 있는 배위자리를 형성하고 이 과정은 다시 일어난다.

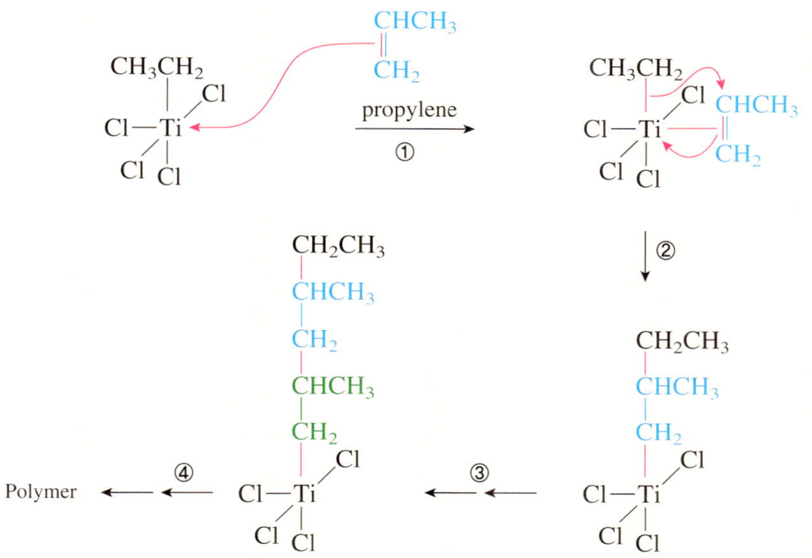


④ 이 과정이 반복되면 폴리프로필렌이 생성된다.

③ 1, 2단계의 과정은 다른 프로필렌에서 반복되어 티탄에 배위된다. 다음에 새로운 큰 알킬기가 이동한다.

# 24.5 중합체의 물리적 성질

대부분 비중합 화합물의 분자는 고체상태에서 고도의 규칙성으로 배열되어 있다. 이와 같은 화합물을 **결정고체(crystalline solid)**를 형성한다고 말한다. 그러나 어떤 화합물은 고체상태에서 규칙성이 없다. 이런 화합물들은 분자가 불규칙하게 배열된 유리 모양의 결정을 형성하고 **비결정(amorphous)**이라고 말한다.

폴리에틸렌과 같은 중합체 거대분자는 완전한 결정고체를 형성하기에는 너무 길다. 그러나 많은 중합체는 반결정성이다. 즉 결정과 반결정 영역을 다 갖는다. 예로 고체 폴리에틸렌은 사슬이 규칙적인 방법으로 배열된 **미소결정(crystallite)**이라 부르는 결정 영역과 완전히 불규칙한 비결정 영역을 갖고 있다. 폴리에틸렌 분자의 미소결정 부분은 각 탄소-탄소 결합에서 안티 회전배열을 갖는다. 생성된 지그재그 사슬은 다른 분자의 지그재그 사슬과 잘 채워질 수 있다. 미소결정의 이차-원 그림을 다음 그림에 체계적으로 나타냈다.

미소결정은 크기와 모양이 변하며 정상적 유기화합물의 결정보다 더 작다. 개개의 미소결정은 $10^3$ Å(100 nm) 자릿수 단위를 갖는다. 대부분의 공유결합 길이가 1 Å보다 약간 크다. 그러므로 미소결정의 규칙적인 부분은 열 내지 백 개의 결합을 포함한 영역까지 확장할 수 있다. 사슬이 미소결정의 경계에 도착하면 굽어져서 다시 미소결정 부분이 된다. 다른 사슬은 비결정 영역에서 돌아다닌다. 몇 개의 사슬은 비결정성 영역에서 머무르고 다른 사슬은 같은 미세결정으로 되돌아온다. 다른 미세결정의 일부가 되기도 한다. 일반적으로 더 많고 큰 결정 영역을 갖는 중합체는 경직되고 강해지며 더 유용하게 사용된다.

중합체 구조의 규칙성은 사슬이 가깝게 접근하여 배열할 수 있으므로 결정이 유리해진다. 개개의 단위체 단위의 머리-꼬리결합은 대부분의 첨가중합체에 존재하는 한 형태의 규칙성이다. 가지의 존재는 결정 영역에서 중합체 사슬이 채우질 수 있는 능력을 감소하는 불규칙성이다. 그러므로 Ziegler-Natta 촉매를 사용한 중합반응에 의해 제조되는 선형 폴리에틸렌은 라디칼 메카니즘에 의해 제조되는 가지 많은 폴리에틸렌보다 더 결정성이다. 더욱이 중합체가 결정성이면 규칙적인 입체화학을 갖는다. 혼성중합체는 완전히 비결정성이다. 입체규칙 중합체를 제조하기 위한 배위중합의 사용능력은 대단히 유용하다.

결정성은 중합체 사슬 간의 강한 인력이 있으면 유리해진다. 폴리에틸렌과 같은 비극성 중합체에서 사슬을 유지하는 유일한 힘은 van der Waal 힘이다. 이 인력은 상당히 약하지만 많이 있기 때문에 전체 힘은 대단히 크다. 그러나 극성기를 가진 중합체는 더 강한 분자간 힘을 가지며 다른 조건이 같을 때 비극성 중합체보다 더 결정성이다.

대부분의 중합체는 **열가소성 플라스틱(thermoplastics)**이다. 즉 그들은 실온에서는 단단하고 가열해주면 부드러워지고 녹는다. 낮은 온도에서 분자가 움직이지 않으며 중합체는 유리처럼 부서진다. 중합체의 온도가 올라가면 유리 전이온도($T_g$)를 지나게 된다. $T_g$ 위에서 사슬은 더 많이 움직일 수 있고 중합체는 고무 같은 고체가 된다. 중합체가 결정 녹는점($T_m$)을 지나면 끈끈한 액체로 녹는다. 많은 반결정 중합체는 $T_g$와 $T_m$ 사이의 온도에서 대단히 유용하다. 중합체의 결정성이 증가하고 중합체 사슬간의 분자간 힘의 세기가 증가함에 따라 $T_g$와 $T_m$은 다 증가한다. 중합체 사슬의 길이가 증가함에 따라 총 분자간 힘이 증가한다.

일반적으로 중합체는 사슬이 평균 길이에 도달할 때까지는 유용한 기계적 성질을 갖지 않는다. 이 최소한의 길이 위에서는 중합체가 길어질수록 세기는 증가한다. 그러나 중합체를 가공하기는 더 어려워진다. 그러므로 평균 분자 질량은 중합체가 유용한 기계적 성질을 갖도록 충분히 커야 하지만 주형할 수 없거나 또는 섬유로 뽑아 낼 수 없을 정도로 커서는 안 된다.

**문제 24.9** 다음 단위체 중 어느 것이 더 많은 결정성중합체를 생성하는가를 설명하여라.

**a)** 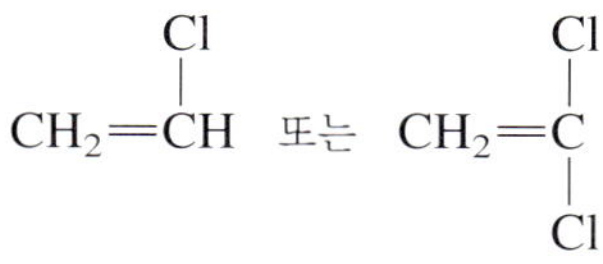

라디칼 중합반응을 사용

**b)** 

라디칼 중합반응을 사용

**c)** 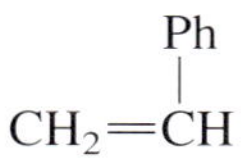

라디칼 중합반응 또는 배위 중합반응을 사용

**d)** 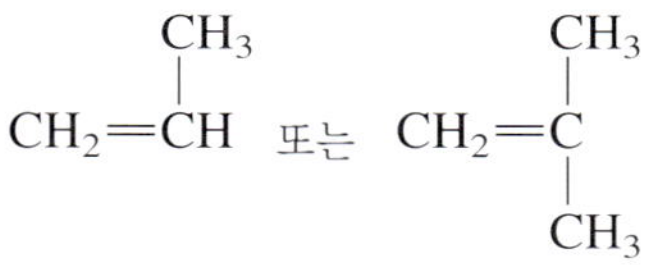

라디칼 중합반응을 사용

**문제 24.10** 왜 테플론은 라디칼 중합에 의해 제조되지만 선형이며 입체화학적 복잡성을 갖지 않는가를 설명하여라.

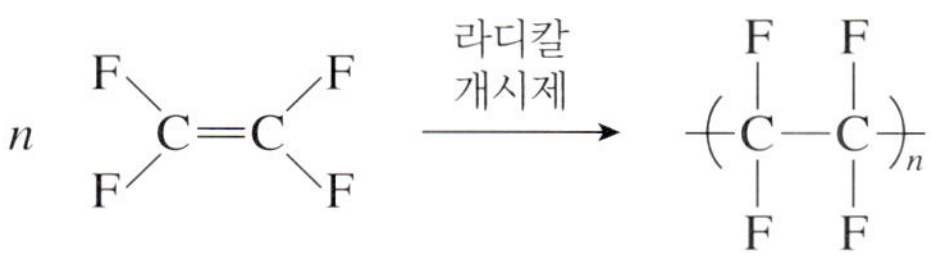

Tetrafluoroethylene　　Poly(tetrafluoroethylene) (Teflon)

## 24.6 주 열가소성 플라스틱 첨가중합체

열가소성 첨가중합체, 폴리에틸렌, 폴리염화 바이닐, 폴리프로필렌 및 폴리스타이렌이 미국에서 생산되는 총 중합체 양의 대부분을 점유한다. 2002년 총 33,600만 미터 톤의 플라스틱이 생산되고 표 24.1에 그 분포를 나타냈다.

**표 24.1 열가소성 플라스틱 중합체의 생산고**

| 중합체 | 구조 | 양(백만 톤) |
|---|---|---|
| Polyethylene | $\left(CH_2-CH_2\right)_n$ | 16.0 |
| Poly(vinyl chloride) | $\left(CH_2-\overset{Cl}{\overset{\vert}{C}}H\right)_n$ | 6.9 |
| Polypropylene | $\left(CH_2-\overset{Cl}{\overset{\vert}{C}}H\right)_n$ | 7.7 |
| Polystyrene | $\left(CH_2-\overset{Cl}{\overset{\vert}{C}}H\right)_n$ | 3.0 |

두 형태의 폴리에틸렌이 제조된다. 고밀도 폴리에틸렌(HDPE)과 저밀도 폴리에틸렌(LDPE)이다. HDPE는 Ziegler-Natta 형태의 촉매에 의한 배위 중합반응에 의해 제조된다. 그 규칙성과 가지가 없는 구조는 더 결정성이 되고 사슬은 더 가깝게 밀착한다. 그 결과 고밀도를 갖는다. 이것은 강하고 경직되어 있으므로 높은 $T_{\mathrm{m}}$을 갖는다. 병, 혼합 대접, 부엌 살림 도구 및 장난감과 같은 다양한 그릇과 플라스틱 제품을 만드는 데 사용된다. LDPE는 라디칼 중합에 의해 생산되고 길고 짧은 가지를 모두 갖는다. 그 결과 사슬은 가깝게 밀착할 수 없으므로 더 비결정성이 되고 밀도가 작아진다. 이것은 HDPE보다 약하고 덜 딱딱하다. 이들의 대부분은 쓰레기 봉투, 가정용 플라스틱 싸개와 같은 포장 필름과 슈퍼마켓에서 고기 쟁반을 덮는 투명 필림에 주로 사용된다. 그 이점은 값이 싸다는 점이다.

PVC로 알려진 폴리염화 바이닐은 라디칼 중합에 의해 제조되며 평균 10,000 ~24,000 단위체 단위로 구성된 물질을 생산한다. 이것은 혼성이고 비결정성이다. 그러나 분자의 크기가 크고 탄소-염소 결합이 극성이기 때문에 상당히 높은 $T_{\mathrm{g}}$를 갖는다. 이것은 딱딱한 물질이므로 파이프, 화판 및 주형물을 만드는 데 사용된다. PVC의 68%는 건물과 공장을 세우는 데 사용된다. PVC의 더 유연한 형태는 프탈산 다이옥틸과 같은 가소제를 가하여 생산한다. 이것은 전선 칠, 필림 및 인조가죽을 제조하는 데 사용된다.

폴리프로필렌의 현재 수요는 배위중합 개발의 성공 덕분이다. 1957년 전에는 이것은 공업적으로 생산되지 못하였다. 라디칼 중합반응은 비결정성이고, 빈약한 기계적 성질을 가진 혼성중합체만을 생성하였다. 그러나 배위촉매를 사용하면 반결정성인 동일배열 중합체를 생성할 수 있다. 이 물질은 딱딱하고 굳으며 큰 장력을 갖는다. 로프, 주형물 및 가구 등 많은 유용한 생성물이 생성된다.

폴리스타이렌은 라디칼 중합에 의해 만들어지며 혼성이고 비결정성이다. 공기 방울을 도입하면 포장물질과 절연에 주로 사용되는 스티로폼을 생산한다.

많은 다른 첨가중합체는 지금까지 기술한 것보다는 적은 양이지만 공업적으로 제조된다. 예로 폴리메타아크릴산 메틸은 메타아크릴산 메틸의 라디칼 중합에 의해 제조된다.

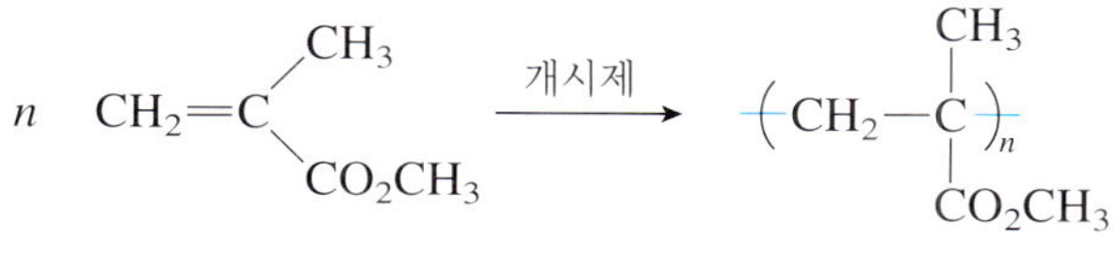


이것은 혼성이고 비결정성이지만 극성기를 가지기 때문에 높은 $T_g$를 가지며 정상 온도에서는 딱딱하고 유리 같은 물질이다. 플렉시글라스와 루사이트와 같은 생성물을 만드는 데 사용된다.

**문제 24.11** 폴리메타아크릴산 메틸은 양이온성 중합반응에 의해 제조할 수 있는가? 음이온성 중합반응에 의해서는? 설명하여라.

## 24.7 탄성체

중합체가 탄성을 가지기 위해서는 몇 가지 일반적 요구가 필요하다. 즉 힘을 가해주면 늘어나고 힘이 사라지면 원래의 모습으로 되돌아온다. 중합체는 비결정성이 우세하기 때문에 $T_g$는 실온 이하에 있다. 비결정중합체 개개의 분자는 완전히 확충된 안티 회전배열이 아니다. 대신 불규칙한 꼬인 회전배열을 갖는다. 분자의 반대 끝에 있는 당김줄에 힘을 가해주면 분자는 많은 결합에서 안티 회전배열이 되고 더 길어진다. 즉 그들은 신축된다. 신축은 분자를 결정에 유리한 확충된 지그재그 회전배열로 배열하지만, 전체 탄성체 분자의 모양은 쉽게 결정화가 일어나지 않는다. 더욱이 대부분 탄성체는 무극성이므로 사슬간에는 약한 인력만이 존재한다. 그러므로 힘을 제거하면 분자는 원래의 불규칙한 회전배열로 되돌아온다. 이 불규칙한 모양은 엔트로피적으로 유리하기 때문이다.

추가적으로 분자가 신축되면 사슬이 서로 완전히 스쳐지나 가서는 안 된다. 이것을 막지 못하면 신축 힘이 제거되면 원래의 모습으로 되돌아오지 못하고 물질은 신축되기보다는 끊어져 버린다. 이것을 **가교(cross-link)**의 형성에 의해 이루어진다. 즉 분리된 사슬을 공유결합에 의해 연결하는 기이다. 약간의 가교만이 존재하면 분자는 아직도 신축할 수 있도록 유연하다. 그러나 가교는 분자가 완전히 분리되는 것을 막아주며 신축력이 제거되면 원래의 모양으로 되돌아올 수 있다. 다음 그림은 두 중합체 사슬만으로 단순화한 계에 대한 이 과정을 설명해준다. 이 그림에서 -L은 가교기를 나타내준다. 몇 가교는 두 사슬을 짝지어주고 다른 것은 다른 중합체 분자를 연결한다.

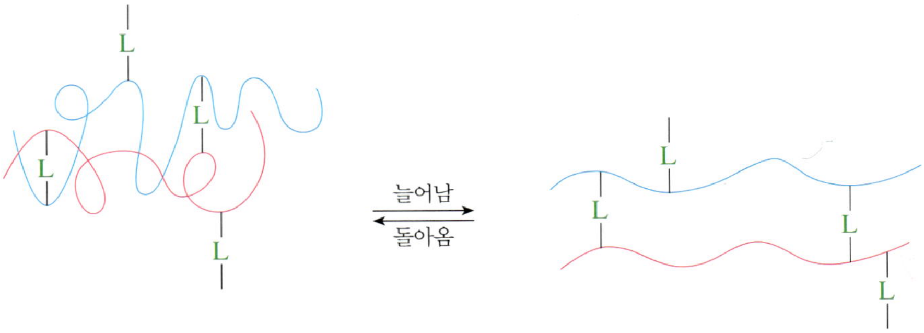


불규칙 꼬임 회전배열 신축 회전배열

천연 고무는 1,3-다이엔 단위의 말단에서 아이소프렌 단위체의 첨가에 의해 형성되는 중합체로 볼 수 있다.

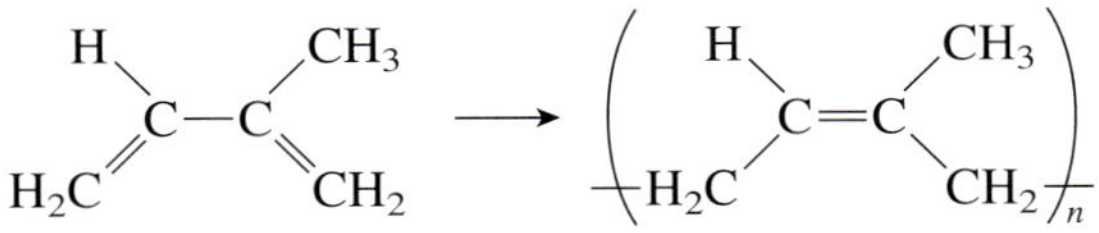

Isoprene Natural rubber

고무분자의 이중결합은 모두 시스 또는 *Z* 위치배열을 갖는다. 이것은 사슬을 굽혀서 분자의 결정화 능력을 약화시킨다. 고무가 늘어날 때 분자가 서로 스치고 지나가는 것을 방지하기 위하여 황으로 처리하여 분자를 교차한다. 이 과정을 가황이라 부른다. 가황의 상세한 점은 알려져 있지 않지만 두 다른 사슬 간의 교차는 하나 또는 두 황 원자에 의해 형성된다.

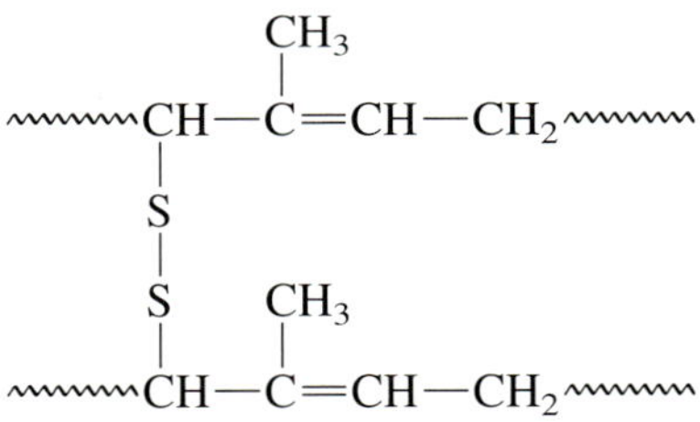

가황에서 전형적인 교차 형성

아이소프렌은 라디칼 연쇄 메카니즘에 의해 실험실에서 중합된다. 다음 방정식에서 나타낸 것처럼 처음에 생성된 라디칼의 홀 전자는 공명에 의해 C-2와 C-4에 비편재된다. 이 탄소 중 어느 한 탄소가 다른 아이소프렌 단위체에 첨가되어 연쇄반응이 반복된다. C-2가 첨가되면 1,2-첨가라 하고, C-4가 첨가되면 이 과정을 1,4-첨가라 부른다.

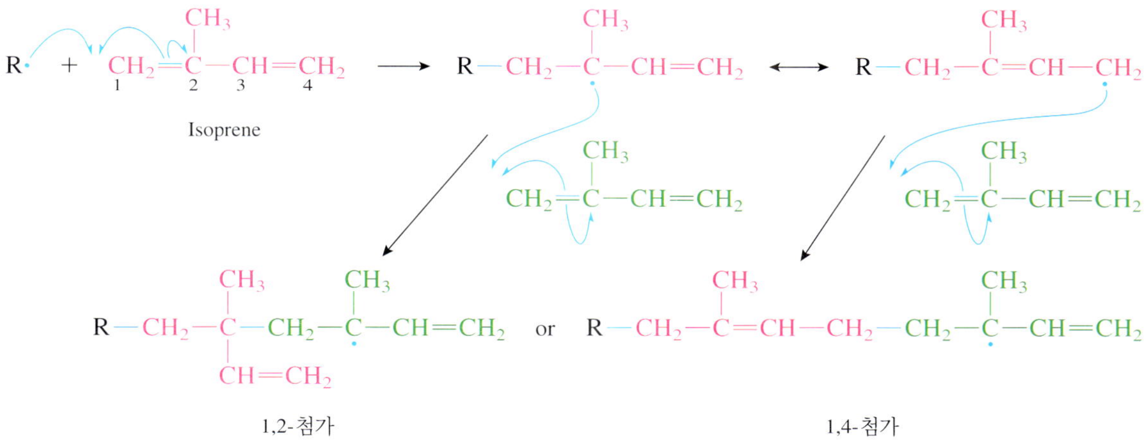


라디칼 중합반응은 주로 단위체 단위의 1,4-첨가로 생성된다. 이중결합은 트랜스 또는 *E* 회전배열이 우세하다. 트랜스 이중결합은 그 사슬을 더 쉽게 결정화하므로 구타페르카로 알려진 이 생성물은 천연고무보다 더 높은 $T_g$를 가지며 실온에서 딱딱하고 탄성이 아니다. 그러나 최근에 배위 촉매를 사용한 아이소프렌의 중합 방법이 개발되었다. 1,4-첨가로 생성된 중합체는 거의 모든 이중결합이 시스 회전배열을 가지며 천연고무와 거의 같다.

고무의 3분의 2를 구성하고 있는 합성고무는 세계적으로 널리 사용된다. 스타이렌-뷰타다이엔 고무 또는 SBR이라 부르는 주 합성고무는 25% 스타이렌과 75% 1,3-뷰타다이엔 혼합물의 라디칼 중합에 의해 형성된다. 단위체는 불규칙한 순서로 첨가된다. 각 뷰타다이엔 단위체의 혼입은 1,4-첨가가 우세하게 일어나며 보통 이중결합은 트랜스이다. 그러나 스타이렌 단위가 불규칙하게 존재하므로 입체화학적 불규칙성은 고무의 결정화를 억제한다. 생성물은 천연고무와 같은 방법으로 가황할 수 있고 주로 자동차 타이어로 사용된다.

---

**문제 24.12** 왜 라디칼은 아이소프렌의 탄소 2,3, 또는 4보다는 탄소 1에서 우세하게 첨가되는지를 설명하여라.

---

**문제 24.13** SBR에 대한 부분 구조를 나타내고 왜 대부분의 이중결합이 트랜스 회전배열을 갖는지를 설명하여라.

---

## 24.8 축합중합체

첨가 중합반응 이외에 중합체를 합성하는 다른 일반적 방법은 **축합 중합반응 (condensation polymerization)** 또는 **단계 성장 중합반응(step growth polymerization)**으로 알려졌다. 축합 중합반응 연구의 개척자는 DuPont에 고용되었던

Wallace Carother이다. 그는 많은 천연중합체는 두 활성인 작용기를 가진 단위체로부터 형성된다. 예로 단백질은 아미노기와 카복실기를 포함하는 아미노산의 중합체이다. 아마이드결합의 형성은 한 단위체와 다른 단위체를 연결하는 데 사용된다. 자연에 친숙해지려는 Carother의 시도는 축합중합을 근거로 한 완전한 산업화를 이룩하였다.

축합중합체를 형성하는 열쇠는 각 단위체의 두 활성인 작용기의 존재이다. 이것은 다음 방정식으로 체계적으로 설명하였다. 여기서 FG와 FG′는 공유결합을 형성할 수 있는 다른 작용기를 나타낸다.

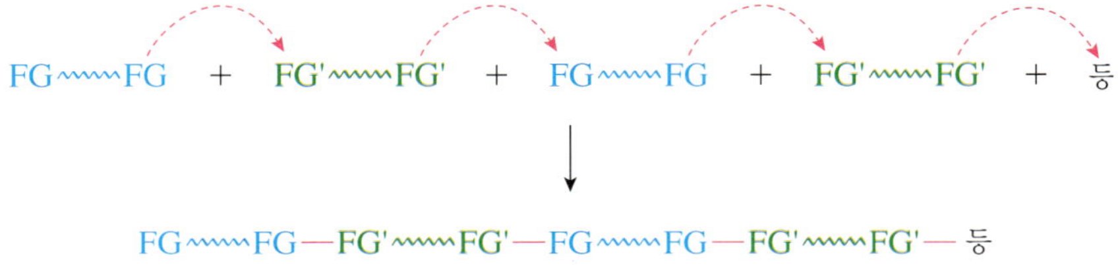


예로 FG로 나타낸 작용기는 아민이다. 그리고 FG′로 나타낸 작용기는 카복실산이다. 한 단위체의 아민과 다른 것의 카복실산과의 아마이드결합의 형성은 이합체를 형성한다. 이 과정이 계속되면 중합체가 형성된다. 이 과정이 어떻게 일어나는가를 더 잘 이해하기 위하여 몇 가지 특정한 예를 검토해보자.

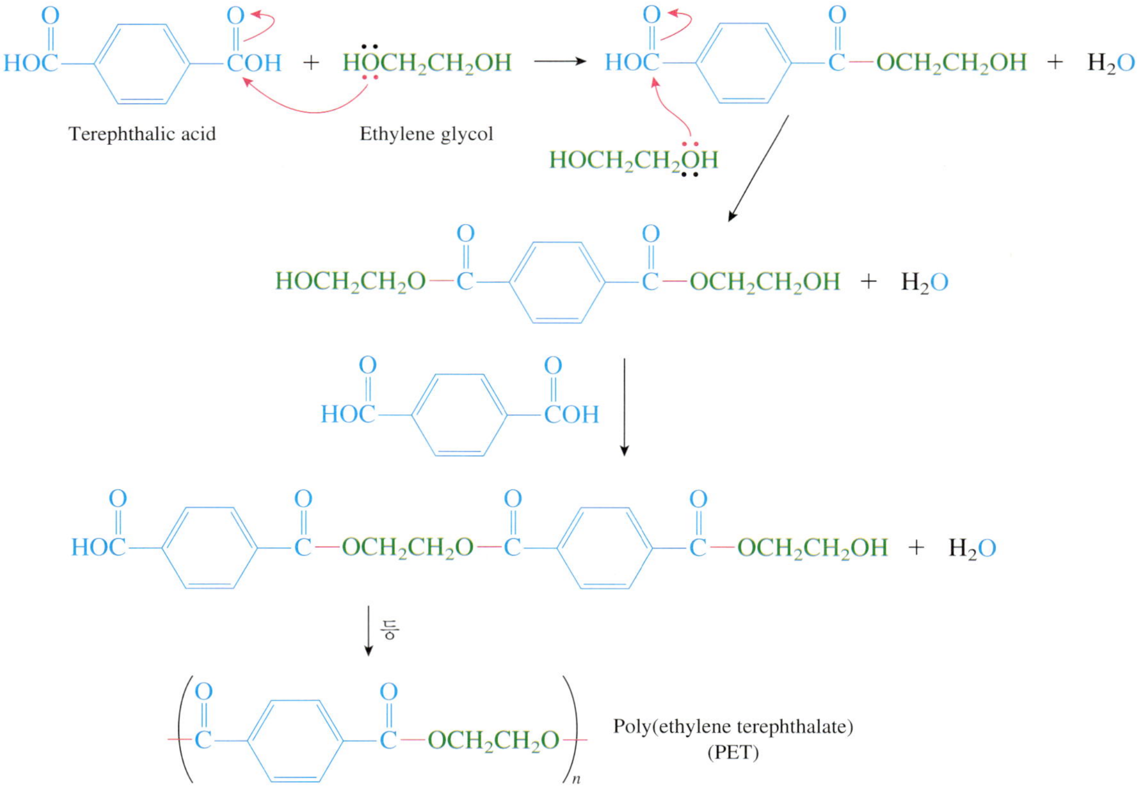

축합중합체의 한 중요한 부류는 폴리에스터이다. 가장 중요한 공업적 폴리에스터는 에틸렌 글라이콜(다이올)과 테레프탈산(다이산)과의 반응으로부터 형성된다. 이 중합반응은 단계적으로 일어난다. 먼저 다이산 분자의 한 카복실산기와 다이올 분자의 한 하이드록시기가 반응하여 물을 잃고 에스터를 형성한다. 다음에 두 번째 다이올 분자는 다이산 분자의 다른 끝에 있는 미반응 카복실산기와 반응한다. 또는 두 번째 다이산 분자는 다이올의 미반응 하이드록시기와 반응한다. 이 과정이 연속되면 각 단계에서 새로운 단위체에 첨가되어 드디어 중합체가 형성한다. 생성된 폴리에스터를 폴리테레프탈산에틸렌 또는 PET라 부른다.

산과 알코올이 반응할 때 생성되는 물을 제거하기가 어렵기 때문에 PET는 에스터 상호교환반응에 의해 에틸렌 글라이콜과 테레프라산 다이메틸과의 반응으로 공업적으로 생산된다. 이 반응에서 생성되는 메탄올을 증류에 의해 쉽게 제거할 수 있다.

PET는 선형이고 극성 에스터기를 포함하고 있기 때문에 고도의 결정성을 갖는다. 이것은 상대적으로 높은 녹는점을 갖는다(270°C). 용융중합체는 작은 구멍을 통해 뽑아내면 섬유가 형성한다. 연신 과정에서 섬유를 형성하는 분자는 사슬 간의 쌍극자-쌍극자 상호작용을 최대가 되고 결정성이 증가되도록 배향한다. 이 결과 섬유에서 강한 장력이 생긴다. 다크론 또는 테릴렌으로 알려진 이 섬유는 폴리에스터 직물을 만드는 데 사용되는 실을 생산한다. 또는 면과 혼합하여 퍼머넌트프레스 직물을 생산한다. PET는 미랄(Mylar)이라 부르는 강한 필름을 만드는 데 사용되고 음료수 병을 만드는 중요한 플라스틱이다.

**문제 24.14** 에틸렌 글라이콜과 아디프산으로부터 형성되는 중합체의 반복되는 단위를 나타내어라.

$$\mathrm{HO\overset{\displaystyle O}{\overset{\|}{C}}(CH_2)_4\overset{\displaystyle O}{\overset{\|}{C}}OH} \;+\; \mathrm{HOCH_2CH_2OH} \longrightarrow$$

Adipic acid

다른 중요한 폴리에스터는 포스겐과 비스페놀 A와의 반응에 의해 형성되는 폴리카본산 에스터이다.

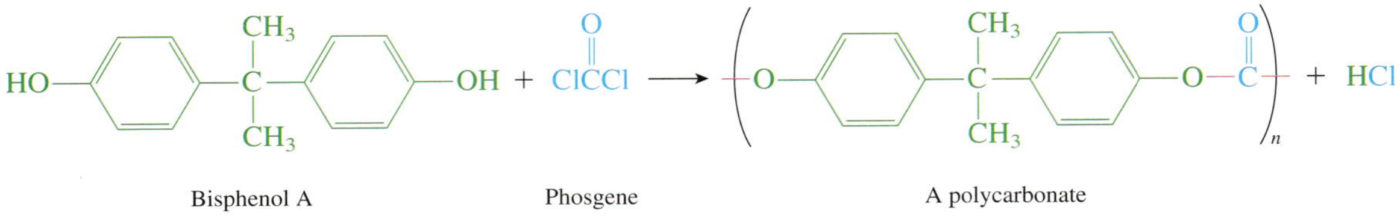


생성되는 중합체는 렉산으로 알려졌으며 높은 충격 강도 때문에 유용하다. 이것은 축구헬멧과 오토바이 헬멧을 만드는 데 사용된다.

아마이드결합을 근거로 한 축합중합체는 상당히 공업적으로 응용이 되고 있다. 예로 헥사메틸렌다이아민과 아디프산염을 270°C로 가열해주면 나일론 6,6이 형성된다.

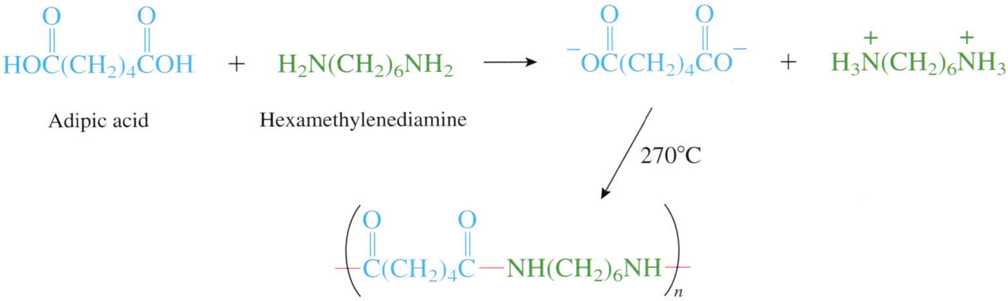

Nylon 6,6

이와 같은 폴리아마이드를 헥사메틸렌다이아민과 아디프산의 염화 다이아실과의 반응으로 제조된다. 19.6절에서 카복실산염과 아민이 아마이드로 변환은 가열에 의해 이루어진다. 그러나 이 방법은 더 격렬한 반응조건이 필요하기 때문에 실험실에서는 사용되지 않는다. 그러나 공업적인 관점에서는 비용이 더 중요하다. 다이산과 다이아민만으로 출발하는 반응은 먼저 다이아실이 염화아실로 변환되는 반응보다 값이 싸다. 그러므로 전자의 반응이 나일론 6,6 제조에 사용된다.

다른 폴리아마이드와 같이 나일론 6,6은 극성을 가지며 수소결합을 형성할 수 있는 능력 때문에 강력한 분자간 힘을 갖는다. 이것은 높은 녹는점(250°C)을 가지며 좋은 장력을 가진 섬유를 만들 수 있다. 나일론 6,6은 처음으로 합성된 섬유이다(1940년 5월에 처음으로 한 쌍의 나일론 양말이 팔렸다. 4주 내에 거의 4백만 쌍의 양말이 팔렸다). 이것은 또한 주형 물을 제조하는 데 사용된다.

**문제 24.15** 나일론 6,10은 대단히 단단하고 칫솔모와 같은 물질을 제조하는 데 사용된다. 이 중합체를 만드는 데 사용되는 단위체를 나타내어라.

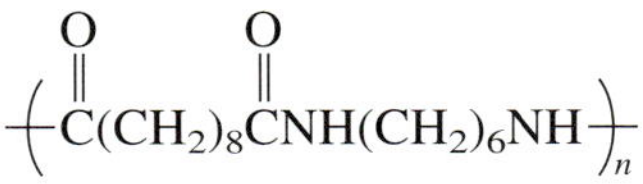

폴리에스터는 수소결합을 형성할 수 없기 때문에 다른 조건이 같으면 폴리아마이드는 폴리에스터보다 더 강한 분자간 힘을 갖는다. 나일론 6,6과 연관된 폴리에스터는 그 단위체에 있는 두 하이드록시기와 두 카복실기를 연결하는 하나의 알킬기만을 가지므로 약한 분자간 힘을 가지고 유용한 기계적 성질을 갖지 못한다. 프탈산과 같은 더 단단한 다이산으로 변화하면 부자간 힘은 증가하고 더 결정성이 커지고 더 유용한 폴리에스터가 된다.

다른 폴리아마이드은 $\epsilon$-카프로락탐의 중합반응에 의해 제조된다. 이 단위체는 지금까지 보아 온 단위체와는 다르다. 이것은 같은 분자에 두 다른 작용기를 갖고 있기 때문이다. 그러므로 단위체의 한 형태만이 중합체를 형성하는 데 필요하다. 락탐을 소량의 물과 같이 가열하면 얼마는 아미노산으로 가수분해하여 내부 염을 형성한다. 250°C로 가열하면 아마이드결합이 형성되고 동시에 물이 재생된다. 이 과정이 계속되면 나일론 6으로 알려진 폴리아마이드가 생성된다.

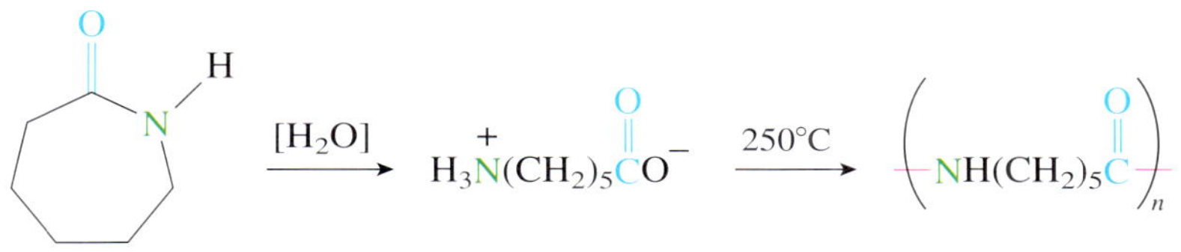


-Caprolactam Nylon 6

염화테레프탈산과 1,4-다이아미노벤조산과 같은 더 단단한 다이산 유도체와 다이아민을 사용하면 대단히 흥미있는 성질을 가진 케브랄(Kevlar)로 알려진 폴리아마이드가 생성된다.

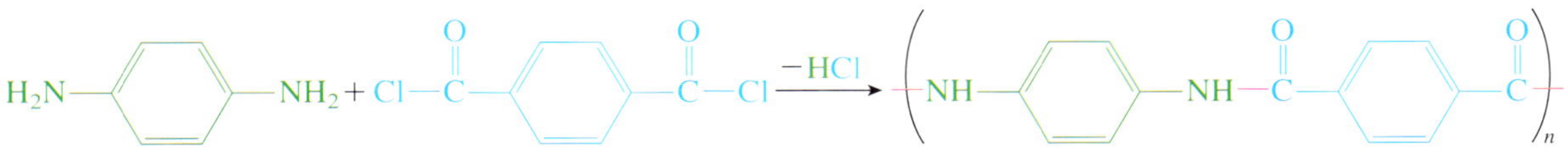


1,4-Diaminobenzene Terephthaloyl chloride Kevlar

케브랄의 단단한 봉-모양분자는 대단히 결정성이고 강하고 단단한 강한 인장력을 가진 섬유를 형성한다. 이 중합체는 대단히 비싸지만 방탄복과 같은 고도의 기술을 응용에 사용된다.

폴리유레탄은 아이소시안에이트와 알코올간의 반응에 의해 제조된다. 아이소사이안이트는 알코올에 의한 친핵성 공격을 받아 카밤산 또는 유레탄 에스터를 생성하는 활성인 작용기이다.

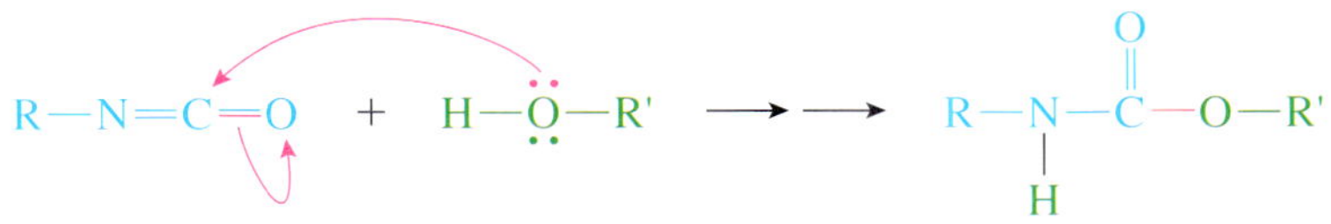


isocyanate carbamate or urethane

폴리유레탄의 형성은 다이시안에이트와 다이알코올의 반응이 요구된다. 다이알코올은 1000~2000 분자 질량과 말단에 두 개의 하이드록시기를 가진 적은 중합체이다. 이것은 에틸렌글라이콜과 같은 다소 과량의 다이올과 아디프산과 같은 다이산의 반응에 의해 제조된다. 다이올을 다소 과량 사용하면 중합체 사슬은 다소 짧아지고 말단에 하이드록시기를 갖는다.

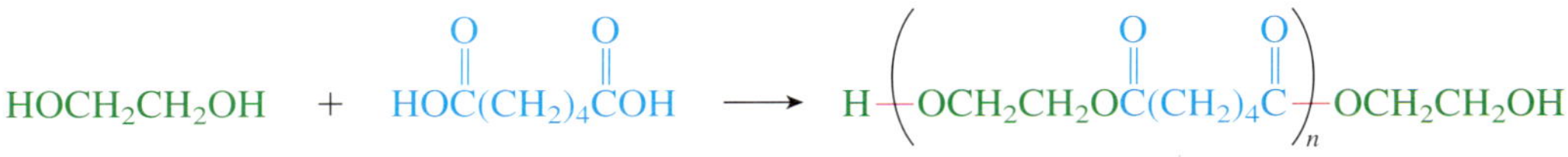

Ethylene glycol (다소 과잉)　　Adipic acid

이 중합체 다이올은 톨루엔 다이아이소시안에이트와 같은 다이아이소시안에이트와 반응하여 폴리유레탄을 생성한다.

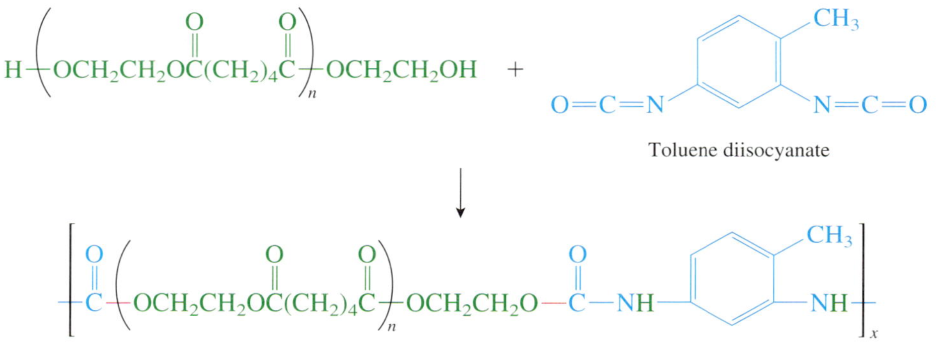

Toluene diisocyanate

A polyurethane

**문제 24.16** 고분자-질량 폴리에스터를 형성하기 위하여 다이올과 다이산의 1:1 몰비가 사용된다. 다이올을 다소 과량 사용하면 왜 다소 짧은 중합체 사슬이 형성되는지를 설명하여라.

폴리유레탄 포말은 약간의 물과 단위체를 혼합할 때 제조된다. 물과 아이소시안에이트의 반응은 카밤산을 생성한다. 카밤산은 불안정하며 자발적으로 이산화탄소를 제거하고 아민을 형성한다. 이 반응을 다음 방정식에서 톨루엔 다이아이소시안

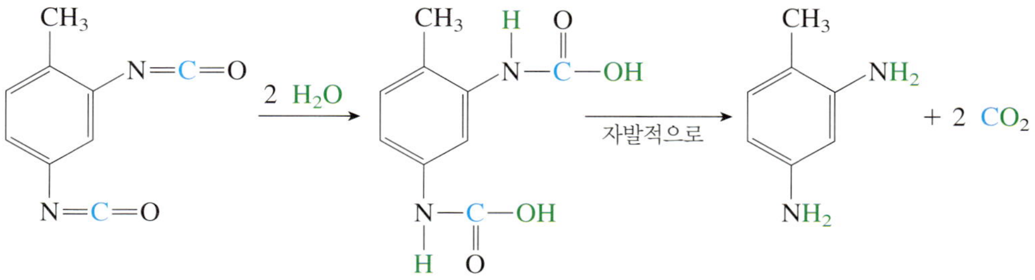


dicarbamic acid

에이트로 설명하였다.

전 방정식에서 생성된 이산화탄소는 형성되는 중합체에 잡혀서 포말 중합체를 형성한다. 폴리유레탄 포말은 쿠션, 베개 및 절연체로 사용된다.

## 24.9 열경화성 중합체

지금까지 검토한 열가소성 중합체와는 대조적으로 열경화성 중합체는 열에 의해 부드러워지지도 녹지도 않는다. 대신 그들은 교차가 대단히 광범위하기 때문에 더 단단해지고 불용성이 된다.

처음 합성된 중합체 베이클라이트는 열경화성 중합체의 예이다. 이것은 산의 존재에서 폼알데하이드와 페놀의 중합반응에 의해 제조된다. 폼알데하이드의 양성자화에 의해 생성되는 카보양이온은 Frieldel-Crafts 알킬화반응에 의해 대단히 반응성이 큰 페놀분자의 오쏘와 파라 위치에 결합된다. 이 단계에서 생성되는 벤질 알코올은 반응하여 카보양이온을 생성하고 다음에 추가적인 페놀 분자와 알킬화된다. 이 중합반응 과정의 첫 몇 단계에 대한 메카니즘을 그림 24.4에 나타냈다.

각 페놀은 $CH_2$기가 결합할 수 있는 세 자리(두 오쏘와 파라)를 가지기 때문에 고도로 다리 걸친 중합체가 생성된다. 중합체의 일부분의 구조를 다음 그림으로 설명할 수 있다.

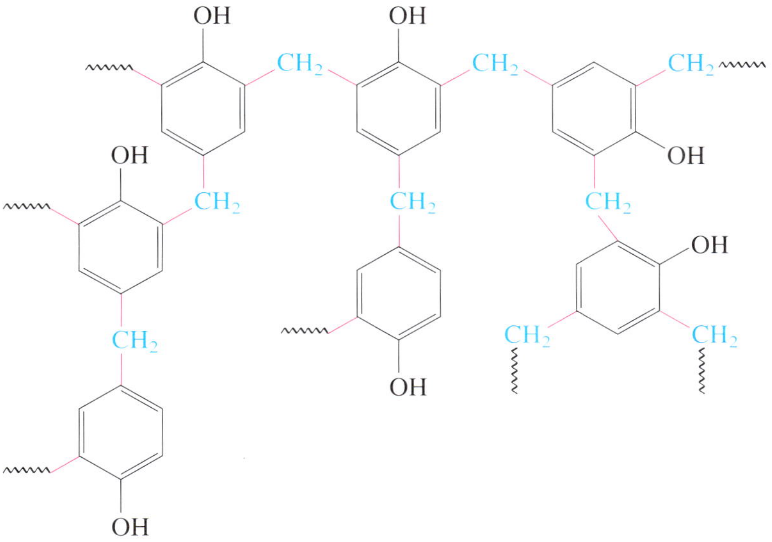


몇 가지 페놀 단위가 이 모든 세 위치에 결합되고 다른 것은 두 위치에만 결합된다. 고도의 교차 때문에 베이클라이트는 녹지 않으며 연소하기 어렵고 우수한 절연체이다. 이것은 당구공, 자동차 배전기 캡, 기구조절 손잡이 및 요리기구 손잡이와 토스터를 포함한 다양한 주형에 사용된다.

접착제로 사용되는 에폭시 레진은 두 성분의 레진을 혼합했을 때 교차에 의해 생성되는 경화성중합체이다. 한 성분은 에피클로로하이드린과 비스페놀의 짝염기와의 반응에 의해 형성되는 저분자-질량 선형중합체이다. 페놀산 이가음이온의 산소친핵

① 양성자화된 폼알데하이드 분자의 친전자성 탄소는 Friedel-Crafts 알킬화반응에 의해 페놀에 첨가된다. 페놀의 하이드록시기는 강한 활성화기이고 도입 친전자체를 오쏘와 파라 위치에 지향한다. 한 가능성은 여기에 나타낸 오쏘 공격이다.

② 다른 친전자성 카보양이온은 하이드록시기의 양성자에 의해 이 하이드록시메틸화 페놀로부터 생성된다. ③ 물을 잃고

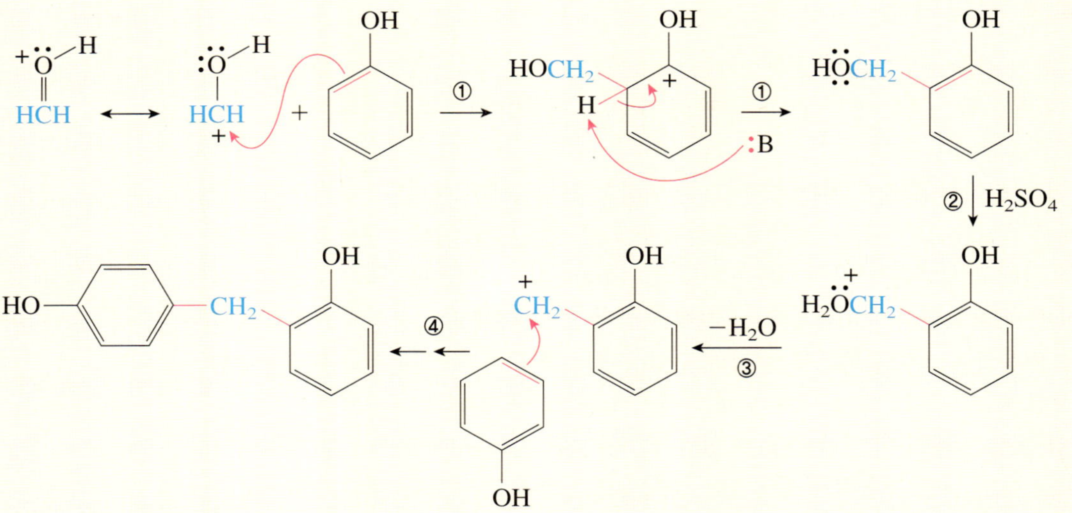

이 분자에 있는 각 페놀핵은 두 추가적 활성인 자리를 갖는다. 여기에 같은 메카니즘에 의해 다른 페놀이 연결된다. 결국 고도로 다리 걸친 중합체가 형성된다.

④ 생성된 카보양이온은 다른 페놀분자에 알킬화된다. 다시 새로운 결합이 오쏘와 파라 위치에서 형성된다.

**그림 24.4 폼알데하이드와 페놀의 중합반응에 대한 부분 메카니즘.**

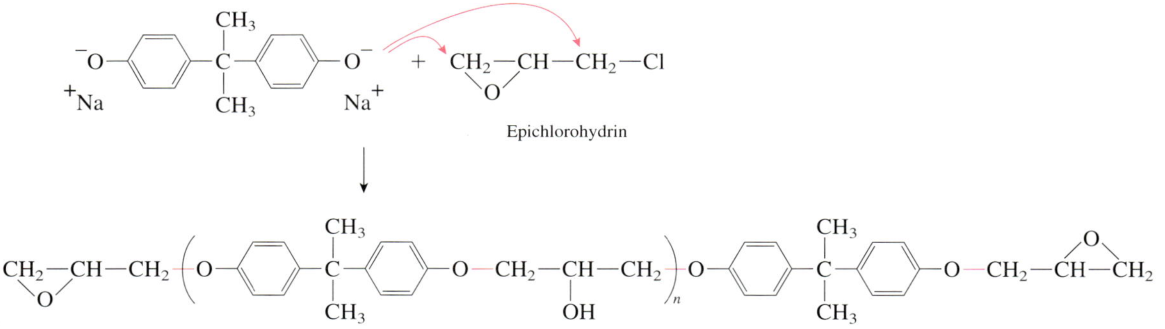

체는 염소를 치환되거나 또는 에피클로로하이드린의 에폭시고리를 절단한다. 다소 과잉의 에피클로로하이드린을 사용하면 중합체 고리를 짧게 유지할 수 있고 에폭시화기가 말단에 있는 선형분자를 형성할 수 있다.

아교의 두 번째 성분은 다이에틸렌트라이아민과 같은 삼작용기 아민으로 구성된다. 두 성분을 혼합하면 트라이아민의 세 친핵성 질소는 에폭시기와 반응하면 다음 방정식으로 나타낸 것처럼 고도로 다리 걸친 중합체를 형성한다.

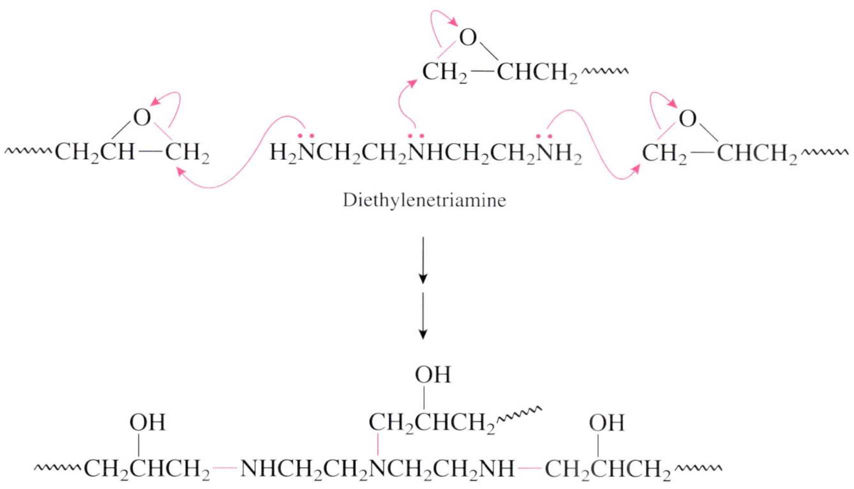

반응은 몇 시간 내에 완결되며 중합체는 강력한 접착제로 경화된다.

## 24.10 중합체의 화학적 성질

중합체 분자는 다른 분자와 비교하여 엄청나게 크지만 화학적 반응은 적은 분자의 화학적 반응과 거의 같다. 예로 폴리바이닐 알코올은 폴리아세트산 바이닐의 비누화에 의해 제조된다.

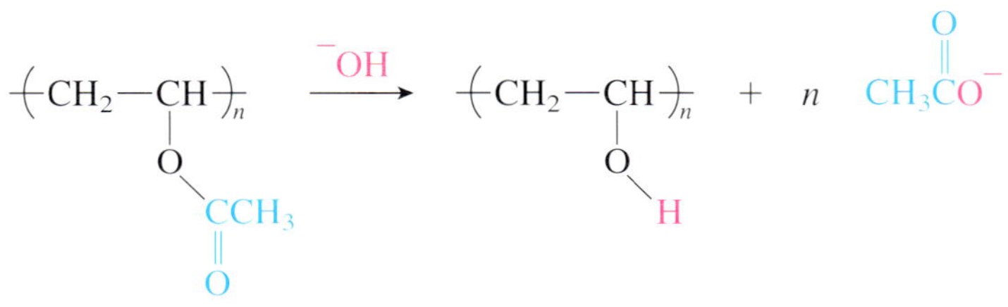

Poly(vinyl acetate) Poly(vinyl alcohol)

**문제 24.17** 왜 폴리바이닐 알코올 직접 중합반응에 의해 제조할 수 없는가를 설명하여라. (힌트: 필요한 단위체의 구조를 써라).

다른 예로 이온교환수지를 제조하는 데 사용되는 화학반응을 고려해보자. 수지는 수용액에서 한 이온을 다른 이온으로 교환하는 데 사용될 수 있는 작은 중합체 구슬로 구성된다. 이런 응용에 사용되는 중합체는 다리 걸친 폴리스타이렌이다. 이 물질을 만들기 위하여 적은 양의 다이바이닐벤젠을 포함한 스타이렌을 중합한다. 다이바이닐벤젠의 각 바이닐기는 분리된 중합체 사슬의 일부를 구성한다. 이 기들은 사슬 사이의 가교로 작용한다. 생성된 중합체는 전형적인 용매에 완전 불용인 작은 구슬을 형성하는 데 사용된다.

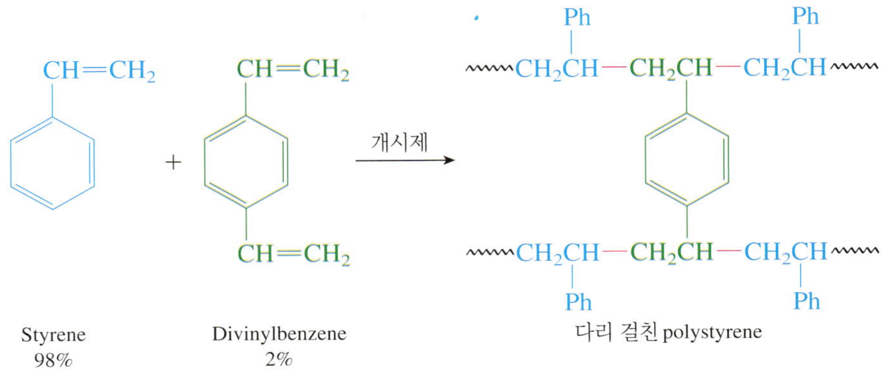


이 구슬의 표면에 있는 페닐기는 시약의 첨가를 돕고 다른 방향족 화합물과 같이 반응한다. 예로 표면에 있는 페닐기는 진한 황산과 반응하여 설폰화된다.

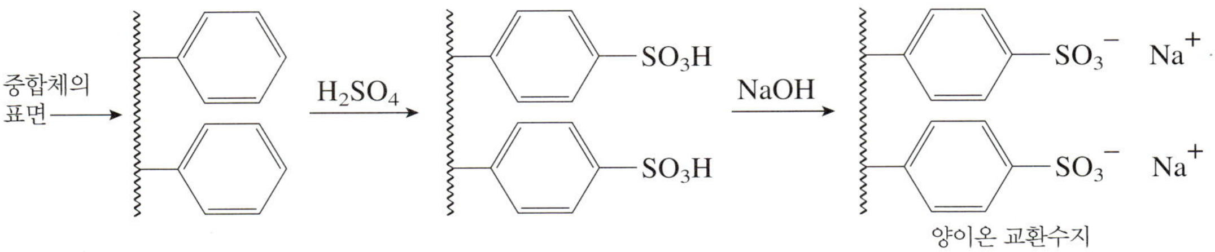


설폰화된 폴리스타이렌 구슬은 양이온 교환수지로 사용할 수 있다. 예로 설폰화 수지를 수산화소듐으로 처리하면 각 설폰산기는 소듐염을 형성한다. 이 수지는 수용액에서 소듐 양이온을 다른 양이온으로 교환하는 데 사용할 수 있다.

이와 같은 교환수지의 한 응용은 정수 목적으로 연수를 제조하는 것이다. 경수를 이온교환수지의 소듐 형태를 포함한 관을 통과해주면 $Na^+$는 $Ca^{2+}$와 $Mg^{2+}$이온과 교환된다. 물론 물속에 있는 총 이온전하는 변하지 않지만 연수는 소듐 양이온만을 포함하며 더 이상 비누분자와 침전을 형성하지 않는다. 수지에 있는 대부분의 소듐이온이 물속에 있는 다른 양이온으로 교환하는 데 사용한 후 수지를 염화소듐 용액으로 역류하여 재생한다. 이 과정에서 수지에 있는 양이온을 $Na^+$로 치환한다.

양이온 교환수지는 중합체의 페닐기에 결합된 음이온성기를 갖는다. 이 부동의 음이온과 결합된 양이온은 다른 양이온으로 교환된다. 음이온 교환수지를 제조하기 위하여 다리 걸친 폴리스타이렌을 폼알데하이드와 염화수소와의 반응에 의해 이루어진다. 먼저 그림 24.4에 나타낸 같은 메카니즘에 의해 하이드록시메틸기가 페닐기에 첨가된다. 다음에 하이드록시기는 친핵성 치환반응에 의해 염소이온으로 치환된다. 끝으로 클로로메틸화 폴리스타이렌은 트라이메틸아민과 반응한다. 친핵성 치환 반응은 부동인 양이온 사차 암모늄염과 교환 가능한 음이온, 음이온 교환수지가 생성된다.

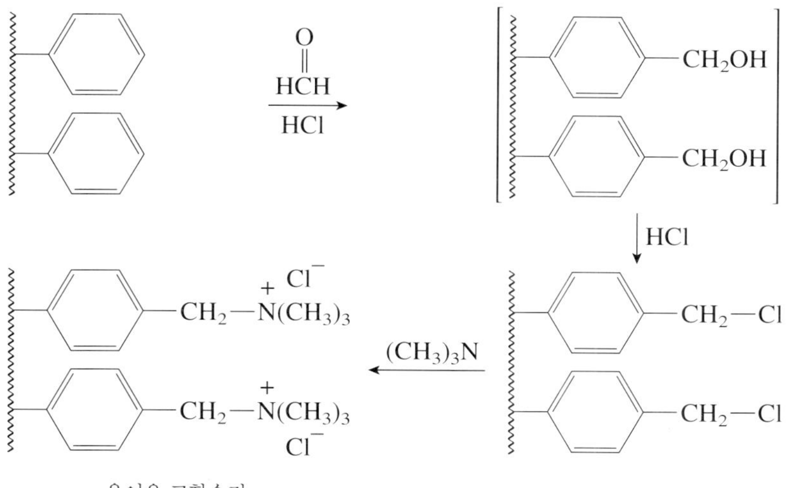

음이온 교환수지

양이온 교환수지와 음이온 교환수지와 결합하면 물에 있는 이온을 제거하는 데 사용할 수 있다. 먼저 물을 산성 형태의 양이온 교환수지에 통과시킨다. 이것은 모든 양이온을 $H_3O^+$로 교환한다. 다음에 물을 염기성 음이온 교환수지에 통과시킨다. 이 교환은 모든 음이온을 $OH^-$로 교환하고 $H_3O^+$와 반응하여 물을 형성한다. 두 수지를 통과하면 물속에 있는 이온이 모두 제거된다. 이 과정을 다음 도표에서 체계적으로 나타냈다.

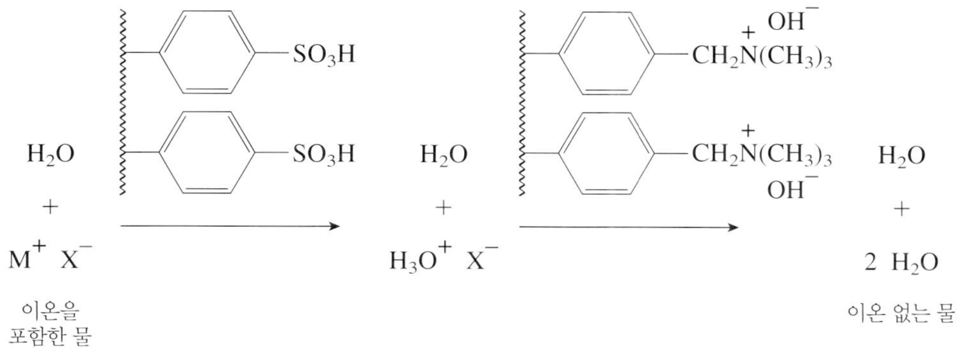

## 추가문제

**24.18** 이 단위체로부터 형성되는 중합체의 구조를 나타내어라. 이 중합반응을 일으키는 가장 좋은 방법을 제시하여라.

**a)** 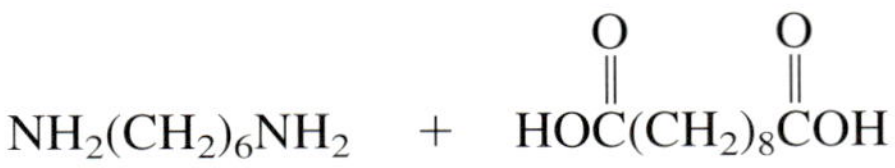

**b)** 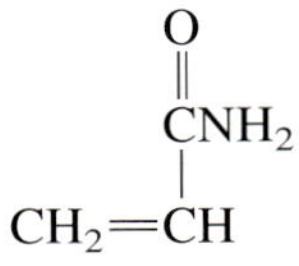

**c)** $HO(CH_2)_4OH$ + 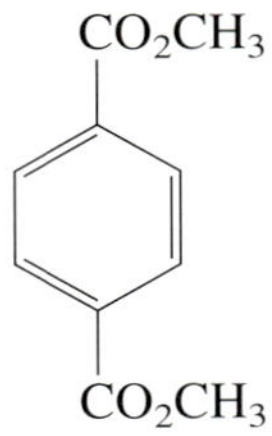

**d)** 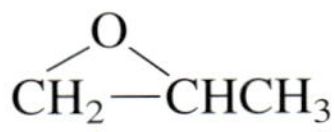

**e)** $HO(CH_2)_4OH$ + 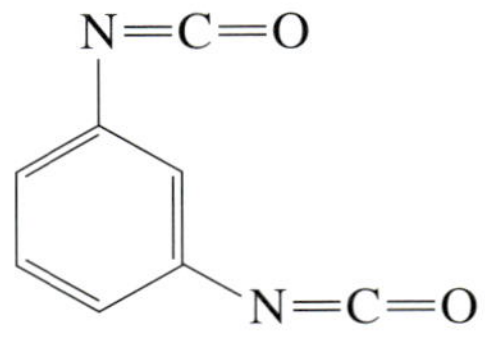

**f)** 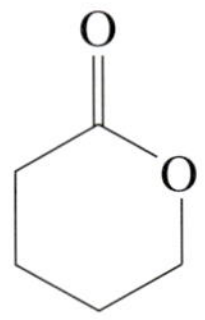

**24.19** 각 중합체를 제조하는 데 사용되는 단위체를 나타내어라.

**a)** 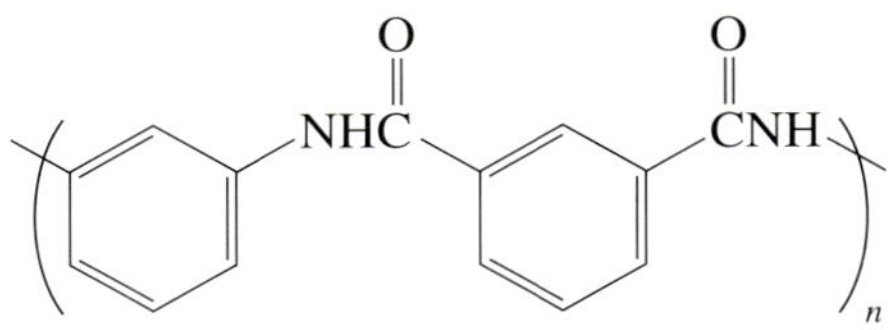

Nomex

**b)** 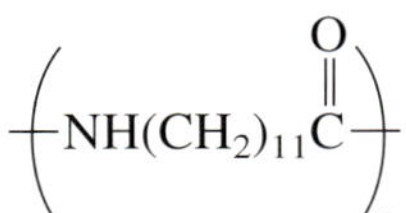

Nylon 12

**c)** 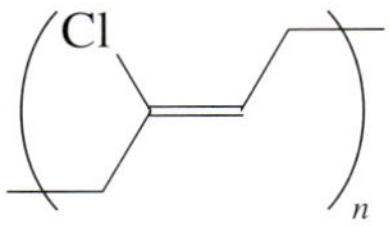

Neoprene

**d)** 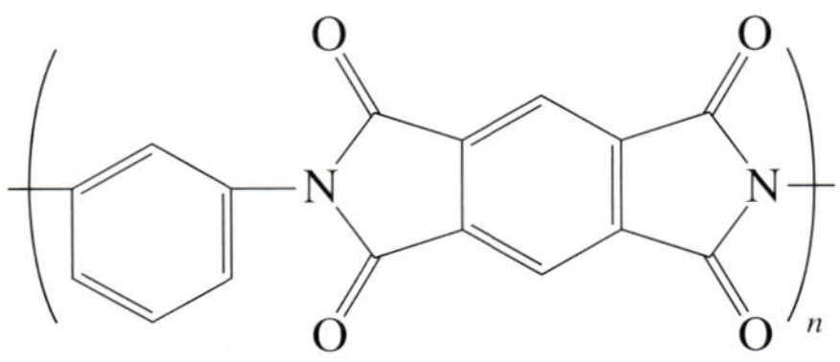

e) 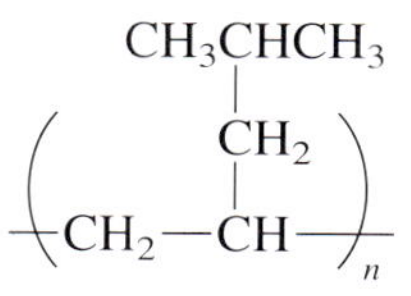

f) 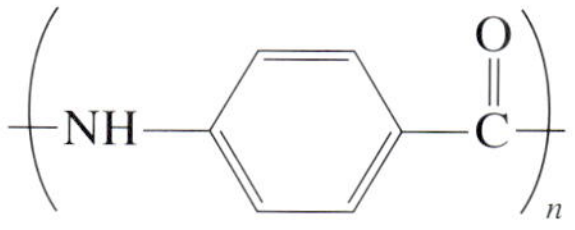

g) 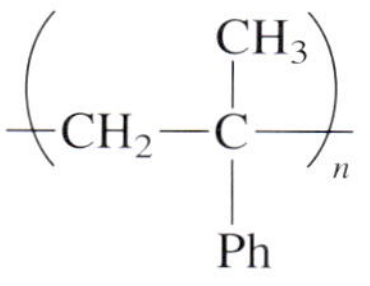

h) 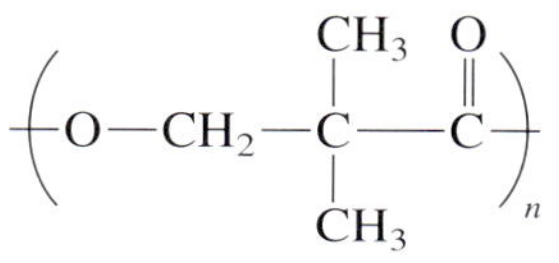

i) 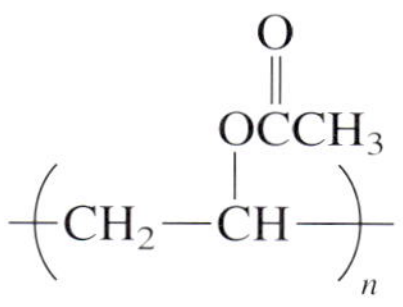

Poly(vinyl acetate)

j) 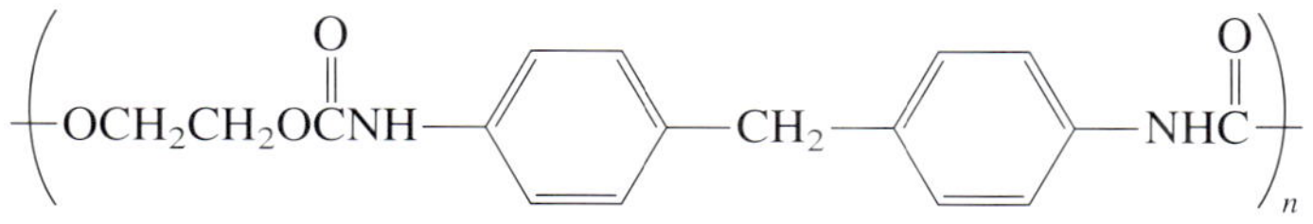

**24.20** 이 반응의 메카니즘을 나타내는 모든 단계를 나타내어라.

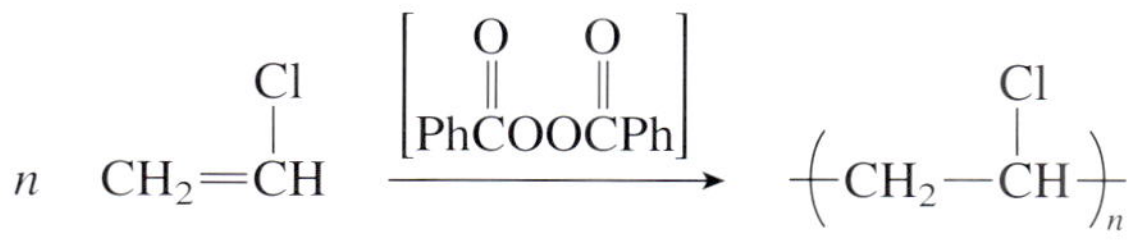

**24.21** 이 반응의 메카니즘을 나타내는 모든 단계를 나타내어라.

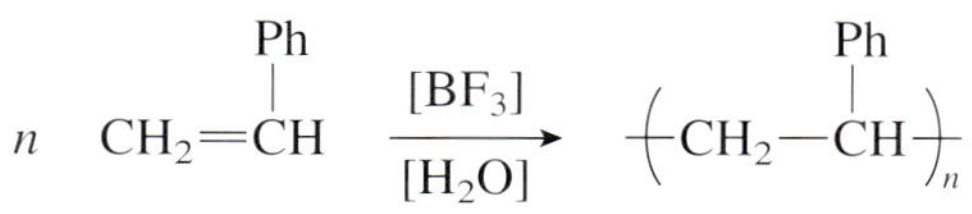

**24.22** 이 반응의 메카니즘을 나타내는 모든 단계를 나타내어라.

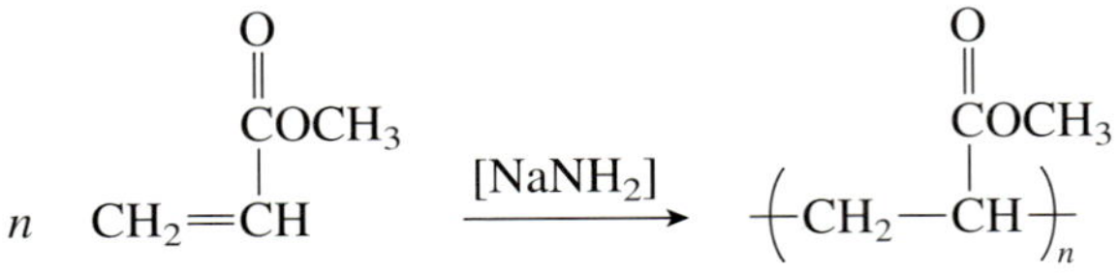

**24.23** 지시한 출발물질로부터 어떻게 다음 중합체를 제조할 수 있는가를 나타내어라. 한 단계 이상이 필요하다.

**a)** $CH_2{=}CH_2$ 로부터 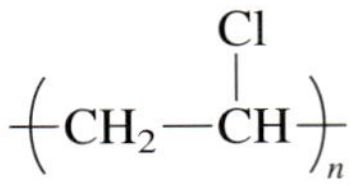

**b)** 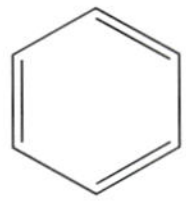 와 $CH_2{=}CH_2$ 로부터

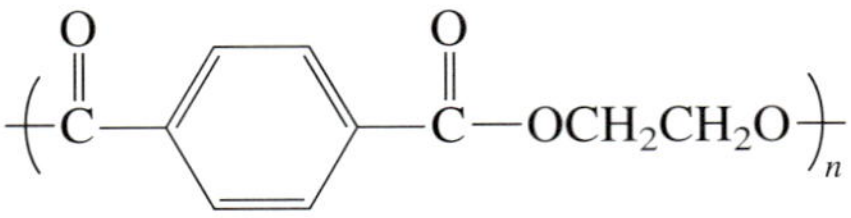

**c)** 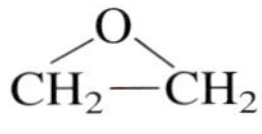 로부터 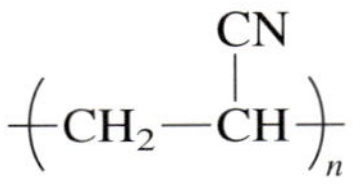

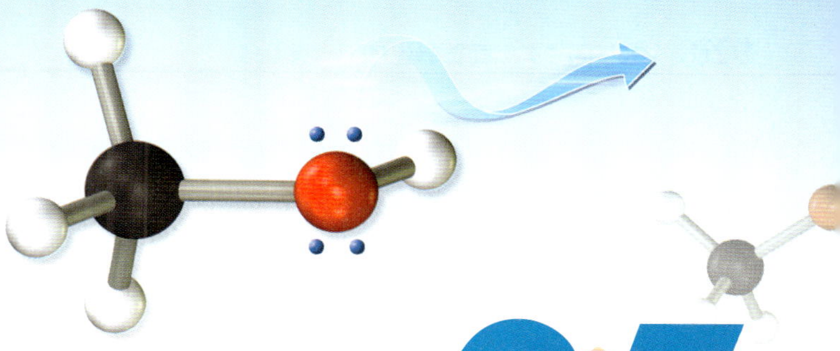

# 탄수화물

CHAPTER 25

### 유기화학 숙달

- 탄수화물 일반구조의 이해
- 탄수화물 입체화학의 이해
- 반아세탈고리 형태에 대한 단당류의 고리화의 이해
- 단당류의 일반 반응의 예측
- 글루코오스에 대한 Fischer 구조 증거의 이해
- 이당류와 다당류의 일반구조 특성의 이해

탄수화물은 중요한 천연 유기화합물이다. 그들은 글루코오스와 프룩토오스와 같은 단당류와 전분, 셀룰로우스와 같은 다당류를 포함한다. 다당류는 많은 당 단위로 구성된 더 복잡한 화합물이다. 탄수화물은 광합성의 초기 생성물의 하나이다. 이와 같이 그들은 대사과정에서 후에 에너지를 사용하기 위하여 태양에너지를 저장하는 분자로 사용한다. 더욱이 탄수화물 중합체는 식물과 동물에 의해 사용되는 구조적 물질이다. 유전적 물질, DNA까지도 중합체 골격의 일부로 탄수화물 단위를 포함한다.

이 장은 단당류의 구조와 입체화학의 검토로부터 시작한다. 다음에 단당류의 고리구조의 형성을 다룰 것이다. 다음에 이들 화합물의 몇 가지 반응을 제시할 것이다. 글루코오스의 구조를 확인하는 데 사용한 일련의 고전적 시험을 제시하였다. 끝으로 이당류, 다당류 및 탄수화물-포함 화합물의 다른 형태의 구조를 소개하였다.

## 25.1 탄수화물의 구조

많은 탄수화물은 일반식 $C_x(H_2O)_x$에 맞기 때문에 그 이름이 어떻게 유래되었는가는 분명하다. 실제로는 폴리하이드록시 알데하이드와 케톤이다. 글루코오스, $C_6H_{12}O_6$는 전형적인 단당류이다. 다른 탄소에 모두 하이드록시기를 가진 6-탄소 알데하이드이다.

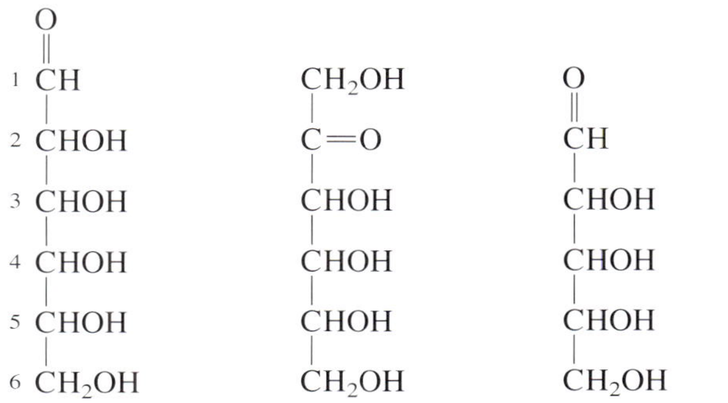

Glucose (알도헥소오스)    Fructose (2-케토헥소오스)    Ribose (알도펜토오스)

글루코오스는 알도헥소오스이다. 여기서 알도-(aldo-)는 알데하이드를 나타내고, -헥스-(-hex-)는 탄소의 수를 나타내며,-오스(-ose)는 탄수화물에 사용하는 어미이다. 다른 단당류인 프룩토오스, 2-케토헥소오스는 글루코오스의 이성질체이고 라이보오스, 알도펜오스는 글루코오스보다 한 개 적은 탄소를 포함한다.

**문제 25.1** 리불로오스, 2-케토펜토오스의 구조를 나타내어라.

## 25.2 탄수화물의 입체화학

구조를 검토해보면 알 수 있는 것처럼 글루코오스는 C-2, C-3, C-4 및 C-5에 4개의 입체중심을 갖는다. 그러므로 이 구조는 $2^4 = 16$의 입체 이성질체를 갖는다. 이 입체이성질체의 하나가 글루코오스이고 글루코오스의 거울상 이성질체의 하나이다. 다른 14개의 화합물(거울상 이성질체쌍이다)은 글루코오스의 부분 이성질체이다.

**문제 25.2** 알도펜토오스는 얼마나 많은 입체 이성질체가 가능한가? 2-케토펜토오스에는 얼마나 많은 입체이성질체가 가능한가?

탄화수소에 대한 초기 연구는 이 화합물들의 복잡한 입체화학을 나타낸 Fischer 투영도를 발견한 Emil Fischer에 의해 이루어졌다. Fischer 투영도는 대단히 유용하고 현대에도 사용된다. 편리하게 알도오스는 탄소 사슬을 수직하게 배열하고 알데하이드 탄소는 맨 위에 오도록 그린다. D-글루코오스로 명명한 천연 글루코오스는 다음 Fischer 투영도에서 나타낸 입체화학을 갖는다. Fischer 투영도에서 수평결합은 종이면 위에 뻗어 있고 수직결합은 종이면 뒤에 뻗어 있다. 그림에서 중앙 구조는 수평결합은 정확하게 나타냈으며 수직결합은 종이면 아래로 투영해서 나타내지 않았다. 모든 탄소-탄소 결합이 종이 면에 있는 오른편에 있는 구조는 글루코오스의 모양을 더 잘 나타내고 있지만 Fischer 투영도가 더 많이 사용된다.

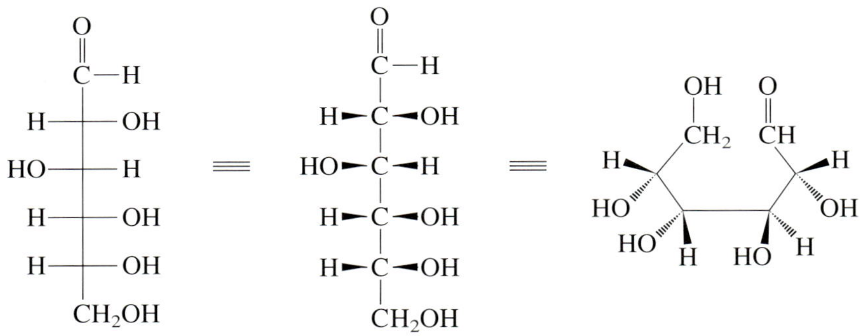


D-Glucose
Fischer 투영도

L-글루코오스는 D-글루코오스의 거울상체이고 모든 입체중심에서 반전된 위치배열

을 갖는다. D-갈락토오스는 D-글루코오스의 부분 입체이성질체이고 C-4에서만 배열이 다르다.

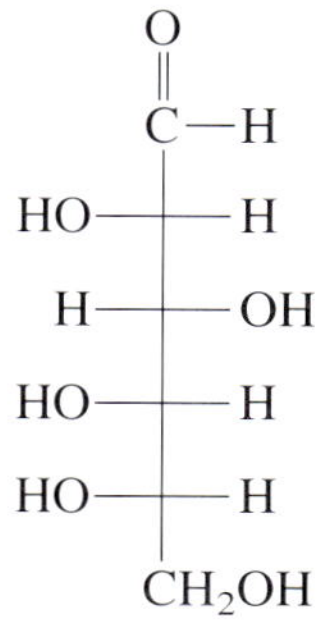

L-Glucose

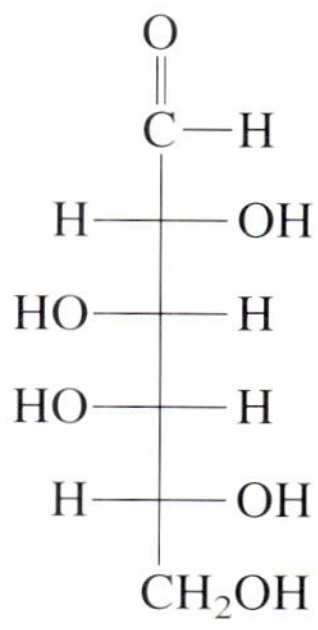

D-Galactose

당과 아미노산을 포함한 많은 생물학적 화합물의 위치배열을 *R* 또는 *S* 대신에 D 또는 L 문자를 적용하여 명명한다. 이 문자는 D-배열을 가진 가장 간단한 당인 글리세르알데하이드의 천연 거울상체의 배열에 대한 배열과 연관된다. 편이를 위하여 구조에서 탄소사슬은 수직방향으로 가장 산화가 많이 된 탄소는 맨 위에 배열하였다. 이와 같이 나타내면 D-글리세르알데하이드는 Fischer 투영도의 오른편에 하이드록시기를 갖는다. 가장 번호가 큰 카이랄 탄소 중심에서 이와 같은 절대 입체화학을 갖는 당은 D-배열을 갖는 것으로 명명한다. 그러므로 글루코오스의 천연 거울상체는 C-5 위치배열이 C-2에서 D-글리세르알데하이드의 배열과 같으므로 D이다. 즉 하이드록시기는 Fischer 투영도의 오른편에 있다. 마찬가지로 D-라이보오스는 C-4의 하이드록시기가 Fischer 투영도의 오른편에 있다. 대부분의 천연당은 D-배열을 갖는다. D는 *d*와는 관계가 없다. *d*는 면편광을 시계방향으로 회전하는 화합물, 즉 우선성인 화합물을 지정하는 데 사용된다. 그러므로 D-글리세르알데하이드와 D-글루코오스는 다 *d*(또는 +)이지만 D-라이보오스는 좌선성(*l* 또는 −)이다.

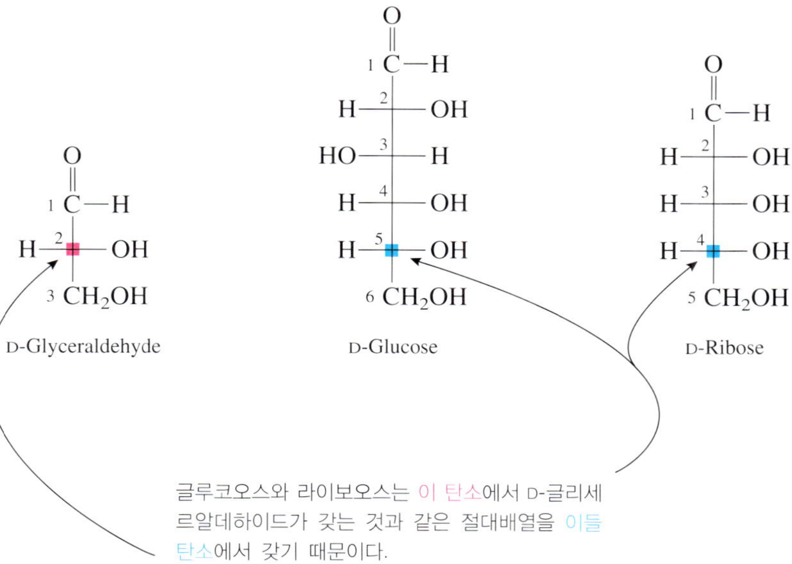

그림 25.1에 3~6개의 탄소를 가진 모든 가능한 D-알도오스를 나타냈다. 이들 중 D-글루코오스만이 천연의 단당류로 발견된다. D-글리세르알데하이드, D-만노오스, D-갈락토오스 및 D-라이보오스를 포함한 몇 가지 단당류들이 다당류 또는 다른 생물학적 분자의 일부로 발견된다. 더욱이 D-프룩토오스, D-리불로오스, D-자일로오스 및 다이하이드록시아세톤과 같은 케토오스도 흔히 발견된다.

그림 25.1 D-알도오스

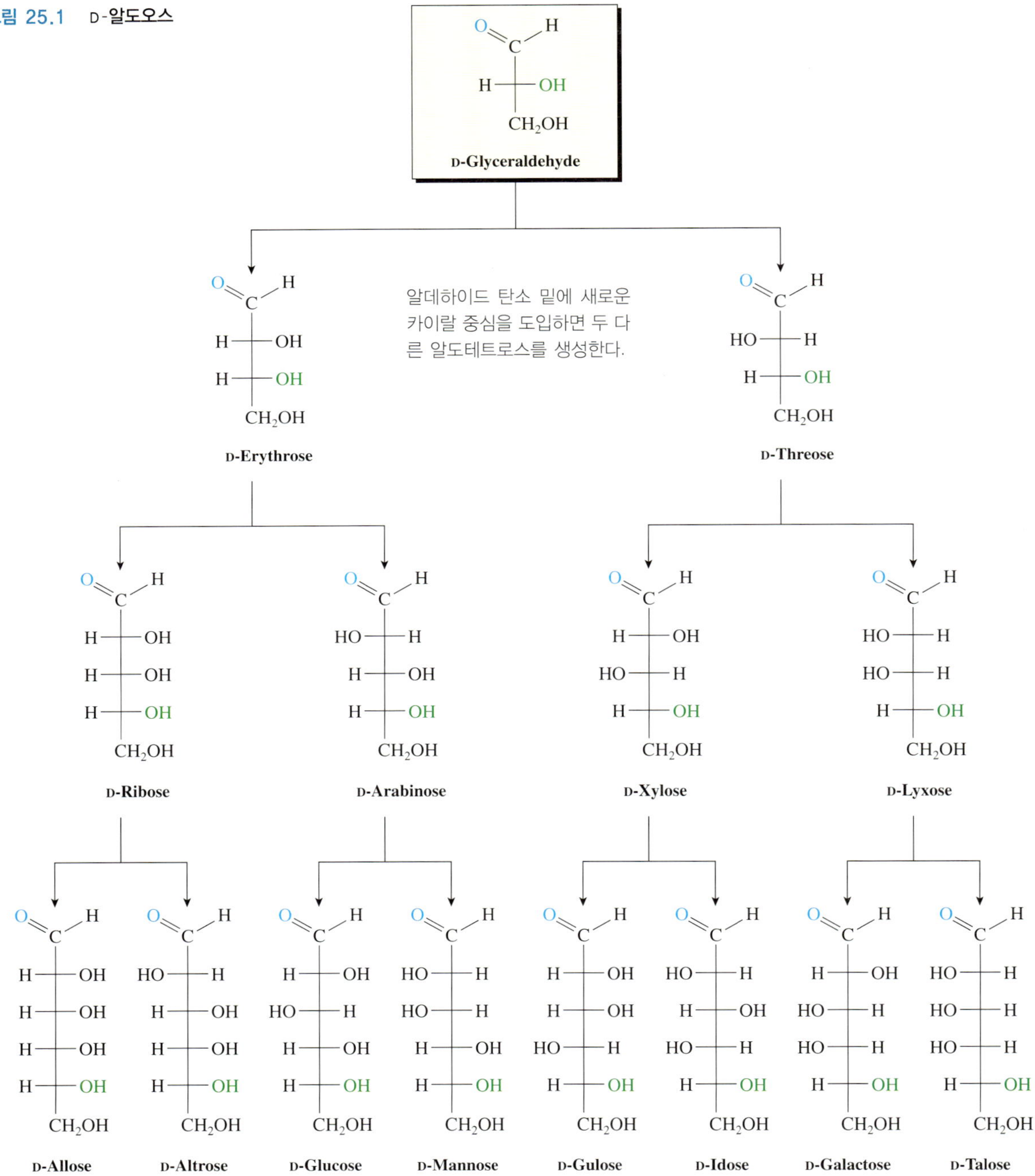

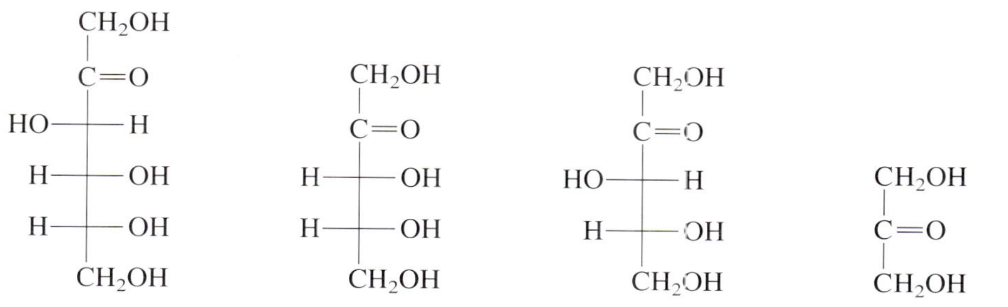

D-Fructose D-Ribulose D-Xylulose Dihydroxyacetone

**Ketoses**

**문제 25.3** 다음 단당류에 대한 Fischer 투영도를 그려라.

**a)** L-글리세르알데하이드 **b)** L-만노오스

**문제 25.4** 다음 각 탄화수소의 동일성을 확인하여라.

**a)** 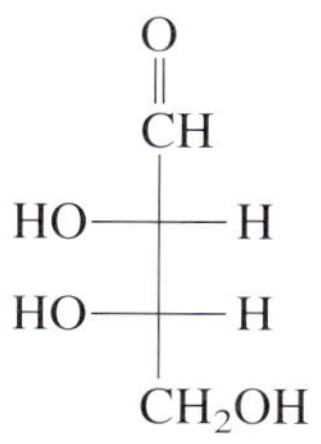

**b)** 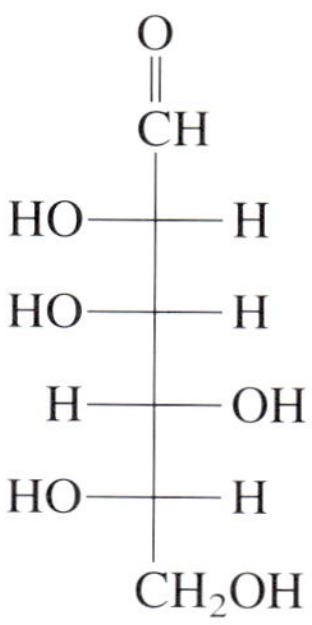

**c)** 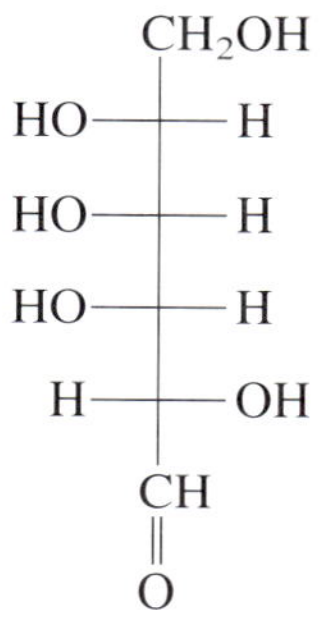

힌트: 이것을 먼저 회전하여라.

## 25.3 단당류의 고리화 반응

지금까지 글루코오스의 구조는 다른 탄소에 히이드록시기를 가진 알데하이드를 나타낸다. 그러나 18.9절에 기술한 알데하이드와 케톤은 반응하여 반아세탈을 형성한다. 알데하이드기와 알코올기가 다른 분자에 있을 때 이 반응이 일어나면 분자간 반응이고 평형은 불리하고 생성되는 반아세탈의 양은 대단히 적다. 그러나 두 번째 방정식에서와 같이 알데하이드기와 알코올기가 같은 분자에 포함되어 있으면 분자내 반응이 더 유리해지고 반아세탈이 평형에서 우세한 화학종으로 존재한다.

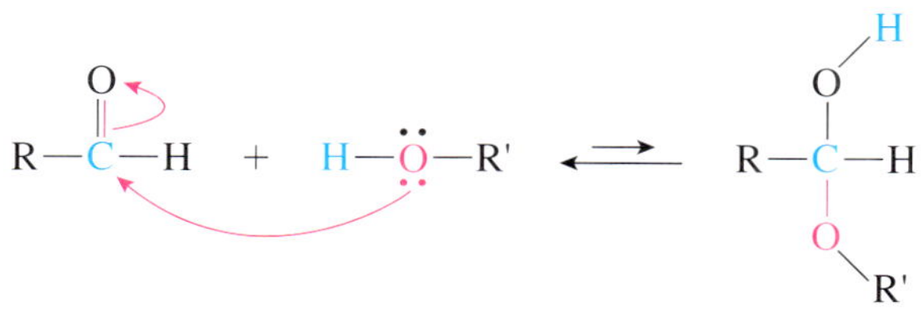

**분자 간 반응**
평형에서 반응물이 유리

반아세탈

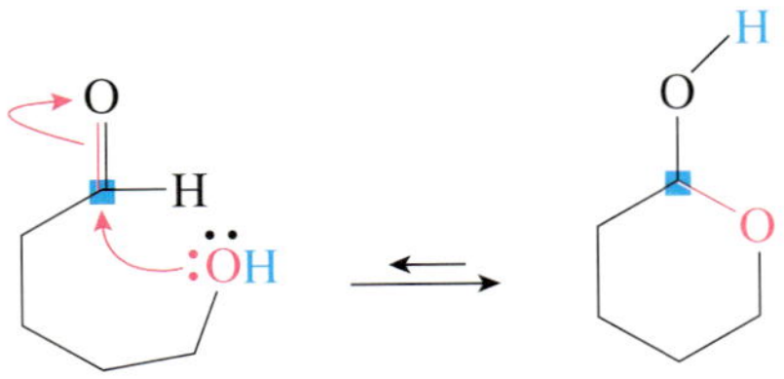

(6.7%)

(93.3%)
고리반아세탈

**분자 내 반응**
평형에서 반응물이 유리

글루코오스와 다른 단당류는 카보닐기와 하이드록실기를 다 포함하므로 고리 반아세탈 형태가 우세하게 존재한다.

글루코오스의 고리화를 더 상세히 검토해보자. 알데하이드기와 반응할 수 있는 5개의 다른 하이드록시기를 갖는다. 그러나 5-과 6-원자고리가 다른 것보다 더 안정하므로 이 고리 크기만을 고려할 필요가 있다. 두 가능성을 다음 방정식에서 글루코오스에 대해 설명하였다.

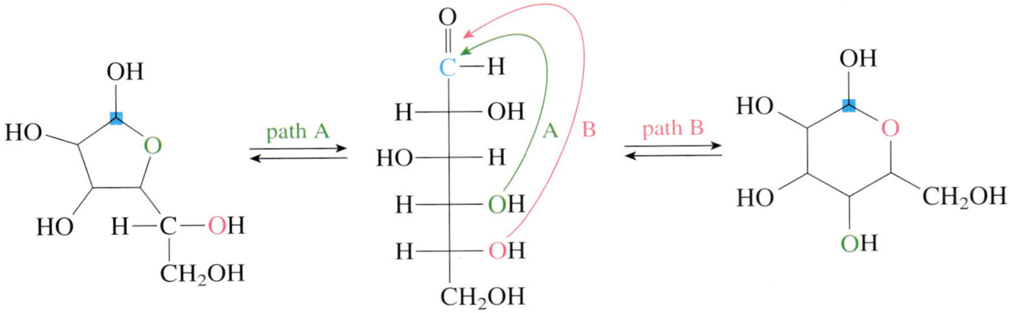


<0.2%
A furanose

0.02%
D-Glucose

>99.8%
A pyranose

5-원자고리를 가진 고리 반아세탈을 **퓨라노오스(furanose)**라 한다. 이 이름은 5-원자 고리 산소-포함 헤테로고리로 **퓨란(furan)**부터 유래하였다. 6-원자고리를 가진 반아세탈을 헤테로고리 **피란(pyran)**에 따라 **피라노오스(pyranose)**로 알려져 있다.

Furan Pyran

6장에서 볼 수 있어던 것처럼 6-원자고리는 일반적으로 뒤틀림 무리가 증가하는 5-원자고리보다 더 안정하다. 그러므로 단당류의 피라노오스 형태가 퓨라노오스 형태보다 더 안정하다는 것은 놀라운 일이 아니다. 평형에서 글루코오스가 전적으로 피라노오스(> 99.8%)로 존재하며 퓨라노오스(< 0.2%)는 소량 존재한다. 고리화되지 않은 알데하이드도 흔적량(0.02%)이 존재한다. 물론 이 평형은 단당류의 구조에 의존하며 몇 가지 다른 당은 많은 양의 퓨라노오스 형태를 갖는다.

**문제 25.5** D-글루코오스의 열린 형태의 고리화로 피라노오스가 형성되는 메커니즘의 단계를 나타내어라. (산-촉매 메커니즘을 사용하여라.)

**문제 25.6** 평형에서 D-글루코오스는 67.5%의 피라노오스 형태와 31.5%의 퓨라노오스 형태 및 1%의 열린 비고리 형태로 존재한다. 피라노오스와 퓨라노오스 형태를 그려라. D-푸락토오스는 D-글루코오스보다 왜 평형에서 비고리 형태로 더 많이 존재하는지를 설명하여라.

**문제 25.7** L-글루코오스에 대해 평형에서 얼마나 많은 피라노오스 형태, 퓨라노오스 형태 및 비고리 알데하이드가 존재하는가?

**문제 25.8** D-에리트로오스로부터 형성되는 반아세탈의 구조를 나타내어라.

이제 D-글루코오스가 피라노오스로 고리화되는 입체화학을 살펴보자. 고리화가 되면 반아세탈 탄소, 탄소 1은 새로운 입체중심이 된다. 그러므로 새로운 입체중심에서 다른 위치배열을 가진 피라노오스의 두 부분 이성질체가 D-글루코오스가 고리화될 때 생성된다. 이와 같은 부분입체이성질체를 **아노머(anomer)**라 부른다. D-글루코오스의 피라노오스 형태에 대한 두 아노머를 다음 방정식에 나타냈다.

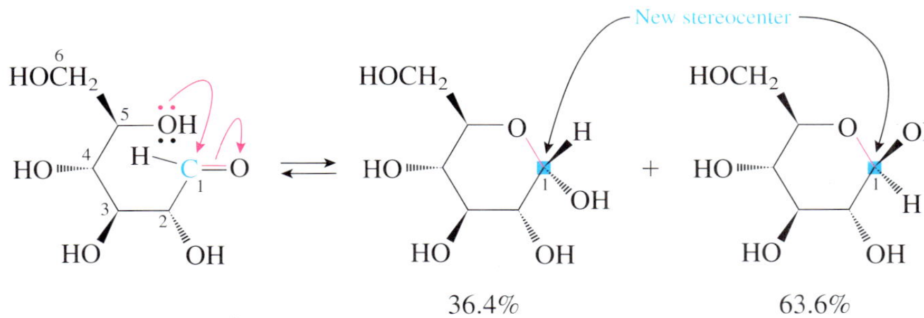


D-Glucose　　36.4% α-D-Glucopyranose　　63.6% β-D-Glucopyranose

**아노머(Anomers)**

편의상 당을 앞 방정식에 나타낸 것처럼 그릴 때 새로운 입체중심에서 하이드록시기를 밑으로 투영한 화합물을 α-입체이성질체라 부른다. 반아세탈 탄소에서 하이드록시기가 위로 투영되면 β-입체이성질체라 한다. 글루코오스의 두 아노머의 전체이름은 α-D-글루코피라노오스와 β-D-글루코피라노오스이다.

**문제 25.9** D-글루코오스와 D-만노오스의 다른 점은 C-2에서 위치배열이다. D-글루코오스와 같은 방법으로 D-만노오스의 비고리 형태로부터 α-D-만노피라노오스와 β-D-만노피라노오스 형태의 형성을 나타내어라.

탄수화물 화학자는 흔히 이 화합물을 **Haworth 투영식**을 사용하여 나타낸다. 이 방법에서 고리는 평평하게 그리고 모서리로부터 본다. 친환기에 대한 결합은 탄소로부터 위와 아래로 나타낸다. Haworth 투영식은 탄소에서의 기하구조를 왜곡시키긴 하지만, 쉽게 그릴 수 있고 치환기간의 입체화학을 쉽게 구별할 수 있다.

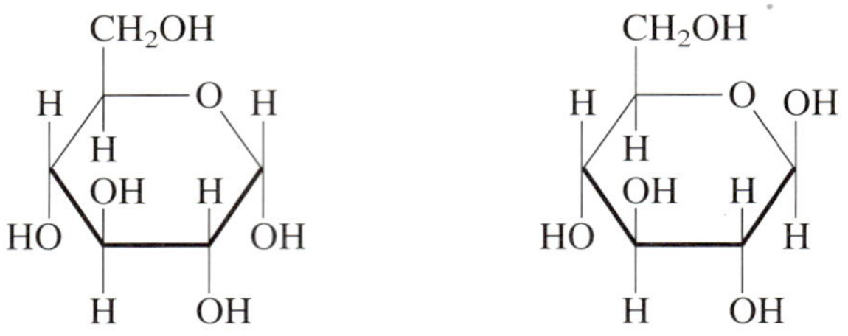

α-D-Glucopyranose β-D-Glucopyranose

**Haworth 투영식**

**문제 25.10** α-D-만노피라노오스와 β-아노머에 대한 Howorth 투영식을 나타내어라. (D-글루코오스와 D-만노오스의 다른 점은 C-2에서 위치배열이다.)

Haworth 투영식은 여러 입체중심에서 절대 입체화학을 잘 나타내지만 피라노오스의 6-원자고리는 평면이 아니다. 이 고리에서 산소 원자의 존재는 약간의 섭동을 일으키지만 사이클로헥세인 고리에서 검토한 것을 피라노오스 고리에 적용할 수 있다. D-글루코오스의 고리화로 α-와 β-D-글루코피라노오스의 의자 회전배열의 형성을 그림 25.2에 나타내었다.

**문제 25.11** α-D-만노피라노오스와 β-아노머에 대한 의자 회전배열을 나타내어라.

사이클로헥세인 유도체에 대한 경우에서와 같이 수평방향에 큰 치환기를 가진 의자 회전체는 항상 더 안정하다. 그러므로 그림 25.2에 나타낸 치환기가 모두 수평방향에 있는 의자 회전체는 고리-플립에 의해 얻어진 다른 회전체보다 더 안정하다. α-와 β-아노머는 반아세탈 탄소에서 기의 입체화학만이 다르다. α-아노머에서 이 탄소에 있는 하이드록시기가 축방향이고 β-아노머에서 수평방향이다.

α-와 β-D-글루코피라노오스는 순수한 형태로 분리할 수 있다. 이들은 부분 입체이성질체이므로 다른 물리적 성질을 갖는다. 예로 α-입체이성질체는 고유 광회전이 +112.2이고, β-이성질체는 +18.7이다. 그러나 이 순수한 입체이성질체의 어느 하나를 물에 용해하면 고유 광회전은 서서히 변하여 몇 시간 내에 +52.7로 된다. 이 과정을 **변광회전(mutarotation)**이라 하고 36.4%의 α-이성질체와 63.6%의 β-이성질체로 구성된 평형혼합물이 형성된다. 사실 평형에서 고유 광회전은 두 입체이성질체의 평형농도를 계산하는 데 사용된다.

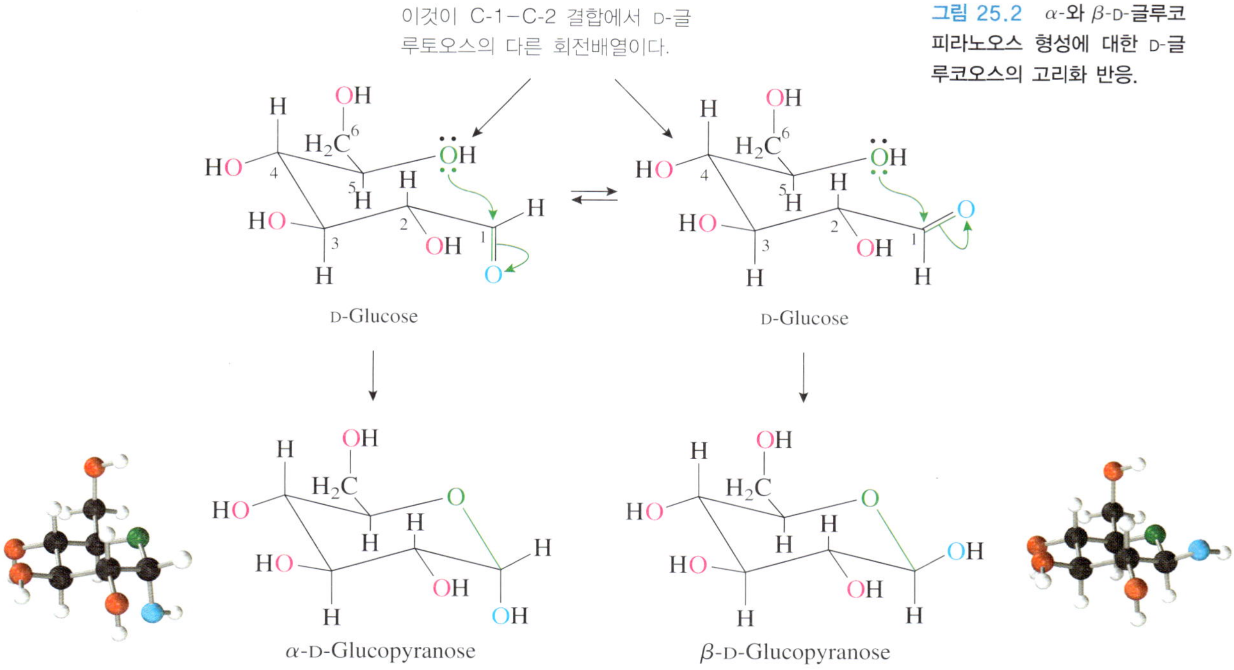


**그림 25.2** α-와 β-D-글루코피라노오스 형성에 대한 D-글루코오스의 고리화 반응.

## 예제 25.1

α-D-글루코피라노오스의 회전은 +112.2이고 β-D-글루코피라노오스의 회전은 +18.7이다. 두 아노머의 평형혼합물의 회전은 +52.7이다. 평형에 존재하는 각 아노머의 백분율을 계산하여라.

### 풀이

평형에 존재하는 α-이성질체의 데시멀 분율을 $x$라 하면 존재하는 β-이성질체의 데시멀 분율은 $1 - x$와 같다. 각각의 회전은 모두 +52.7이 된다.

$$x(+112.2) + (1 - x)(+18.7) = +52.7$$
$$112.2x + 18.7 - 18.7x = 52.7$$
$$93.5x = 34.0$$
$$x = 0.264$$

그러므로 평형에서 36.4%의 α-이성질체와 63.6%의 β-이성질체가 존재한다.

**문제 25.12** D-만노오스는 완전히 피라노오스 형태로 존재한다. α-아노머에 대한 고유 광회전은 +29이고 β-이성질체에 대한 것은 −17이다. 평형혼합물의 회전은 +14이다. 평형혼합물에 있는 각 아노머의 백분율을 계산하여라.

## 25.4 단당류의 반응

단당류는 반아세탈로 대부분 존재하지만 평형에서 알데하이드와 케톤이 충분히 존재하므로 당은 이 작용기들의 대부분 반응을 일으킨다. 더욱이 단당류는 알코올의 반응도 나타낸다. 물론 두 작용기의 존재는 이 두 작용기의 반응을 혼란시킨다.

알코올과 알데하이드기는 쉽게 산화된다. 질산과의 반응으로 알데하이드와 일차 알코올을 다이카복실산으로 산화한다. 예로 D-갈락토오스는 갈락타르산으로 알려진 다이카복실산으로 산화된다.

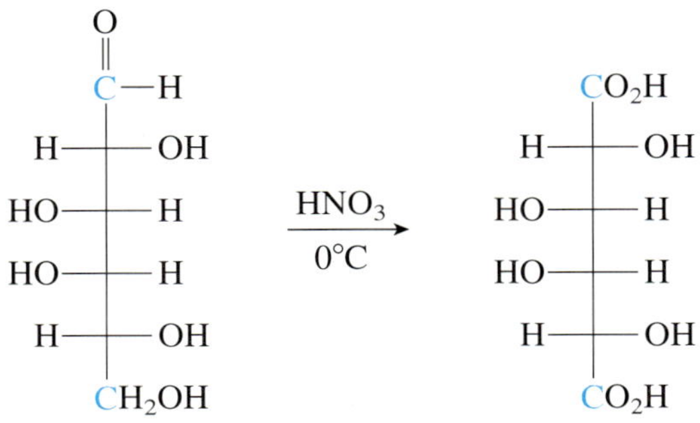

D-Galactose Galactaric acid

**문제 25.13** D-갈락토오스는 면편광을 회전하지만 그 산화 생성물 갈락타르산은 그렇지 않다. 그 이유를 설명하여라.

**문제 25.14** 그림 25.1로부터 질산에 의해 산화되어 면편광을 회전하지 않는 다이산을 생성하는 모든 D-알도펜토오스를 확인하여라.

브롬과 같은 온화한 산화제로 알데하이드기를 선택적으로 산화할 수 있다. D-글루코오스를 브롬으로 산화하면 D-글루콘산이 높은 수득률로 생성된다. 카복실산기가 하이드록시기의 하나와 반응하면 분자 내 에스터(락톤)를 쉽게 생성한다. 5-원자고리와 6-원자고리 락톤고리가 형성될 수 있다.

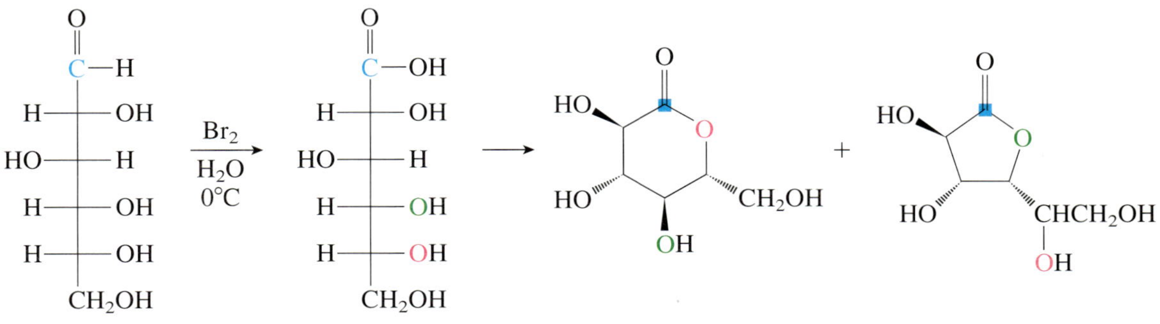

D-Glucose (96%) D-Gluconic acid

산화반응은 탄수화물에 있는 알데하이드기의 존재를 실험하는 데 흔히 사용된다. Tollen 시험에서 화합물을 수용성 암모니아의 $Ag^+$ 이온으로 처리한다. 알데하이드기는 산화되고 $Ag^+$ 이온은 금속 은으로 환원된다. 은경(silver mirror)의 형성은 양성반응을 나타낸다. Benedict와 Fehling 시험은 염기성 수용액의 $Cu^{2+}$ 용액을 사용한다. 탄수화물이 산화되면 청색의 $Cu^{2+}$는 $Cu_2O$로 환원되어 갈적색 침전을 형성한다. 탄수화물은 이 반응에서 양성반응을 나타내며 금속이온을 환원하기 때문에 **환원당(reducing sugar)**이라 부른다.

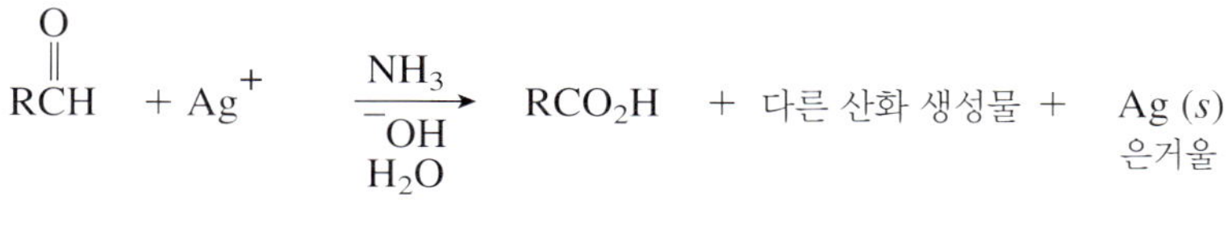


**Tollen's 시험**

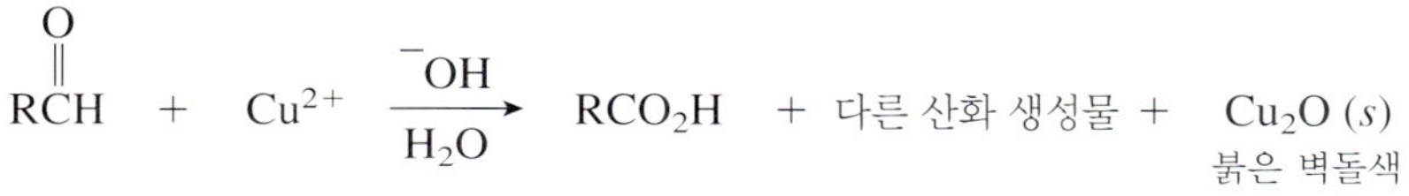


**Benedict's와 Fehling's 시험**

알데하이드기는 촉매 수소화 또는 수소화붕소 소듐과 같은 시약에 의해 환원된다. 자일로오스를 환원하면 자일리톨이 생성되고 이것은 무설탕 껌의 감미료로 사용된다.

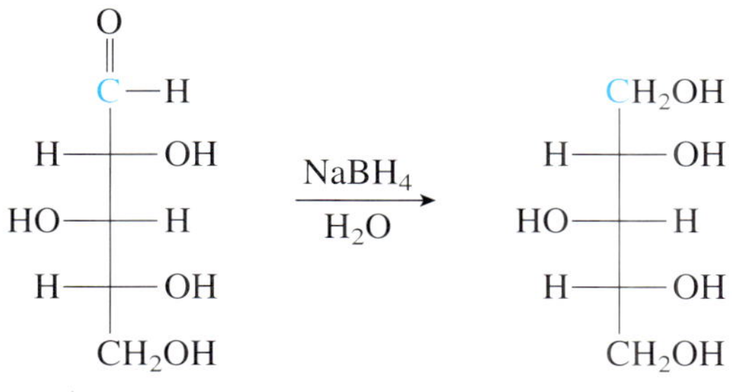


D-Xylose Xylitol

**문제 25.15** 자일리톨은 왜 D-자일리톨이라고 부르지 않는가?

**문제 25.16** 그림 25.1에서 $NaBH_4$로 환원되어 면편광을 회전하지 않는 모든 D-알도헥소오스를 확인하여라.

다른 카보닐 화합물의 경우에서와 같이 당의 카보닐기는 이웃탄소에 있는 수소를 약한 산성으로 만든다. 이것은 염기성 용액에서 당의 이성화반응에 대한 메커니즘을 제공해준다. 그러므로 D-글루코오스는 염기성 조건에서 D-만노오스와 D-프룩토오스로 이성화된다.

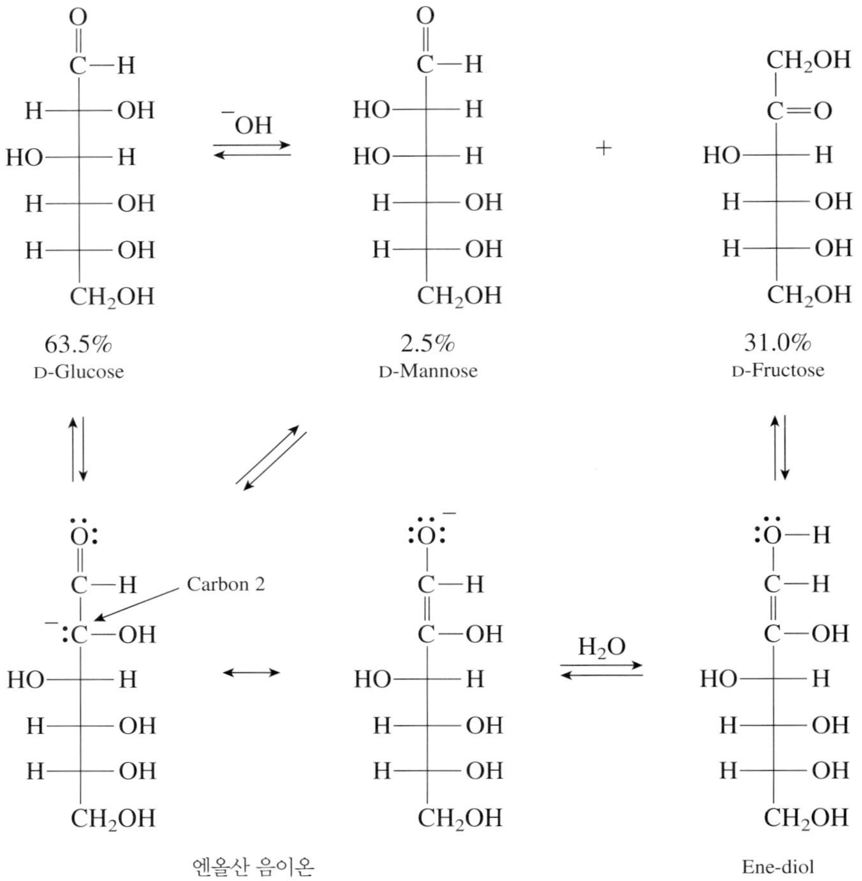


염기는 글루코오스의 탄소 2에서 산성 수소를 제거하여 엔올산 음이온을 생성한다. 엔올산 음이온의 탄소 2는 평면이고 더 이상 카이랄이 아니다. 한 면으로부터 양성자화되면 D-글루토오스를 재생하고 다른 면으로부터 양성자화되면 탄소 2에서 반대 위치배열을 가진 D-만노오스를 생성한다. 대신에 엔올산 음이온의 산소에 양성자화 되면 이중결합의 각 탄소에 하이드록시기를 가진 엔-다이올이 형성된다. 엔-다이올의 탄소 2에 있는 하이드록시기로부터 양성자가 제거되면 새로운 엔올산 이온이 생성된다. 이 엔올산 이온의 탄소 1에 양성자화되면 D-프룩토오스가 생성된다. 이것은 평형과정이므로 염기성 조건에서 D-프룩토오스는 D-글루코오스와 D-만노오스로 이성화한다. 이런 이유 때문에 D-프룩토오스는 알데하이드기를 갖고 있지 않지만 환원당이다.

단당류의 알코올기는 19.4절에 기술한 방법에 의해 에스터로 변환된다. 그러므로 산무수물과 $\alpha$-D-글루코피라노오스의 반응은 펜타 아세테이트를 생성한다. 반아세탈 하이드록시기는 이 반응에서 에스터화된다.

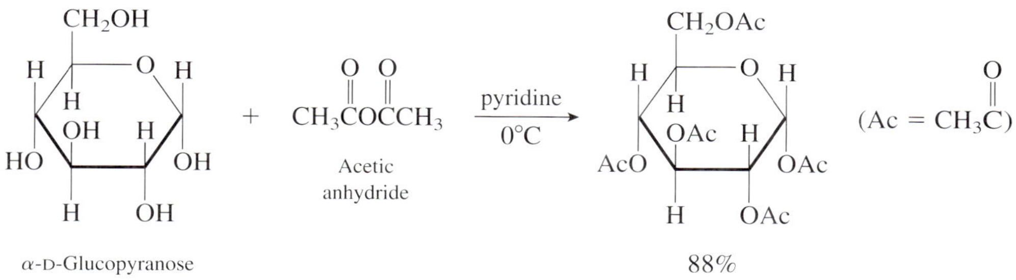


**문제 25.17** α-D-글루코피라노오스는 100°C에서 아세트산 무수물과 반응하면 주 생성물은 펜타세트산의 β-이성질체이다.

아마도 단당류의 가장 중요한 반응은 알코올과 산의 존재에서 바아세탈의 아세탈로의 변환이다. 생성물을 **글리코시드(glycoside)**로 알려졌으며 아세탈 탄소와 알코올 산소 간의 결합을 **글리코시드결합(glycosidic bond)**이라 한다.

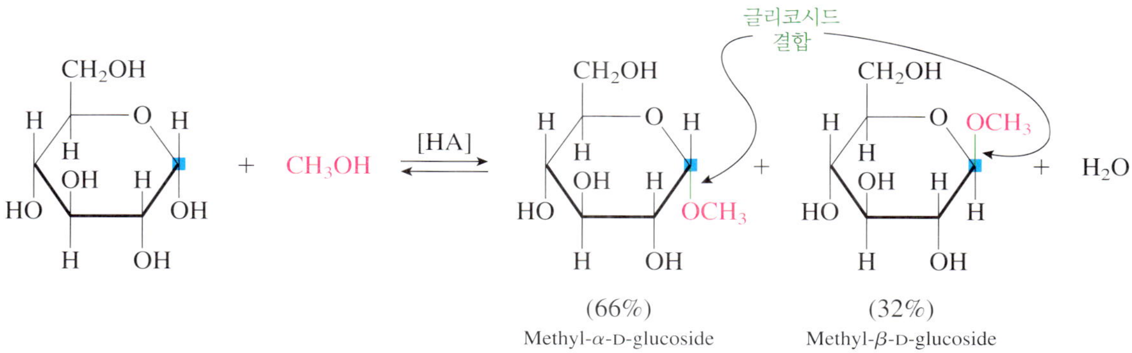


이 반응에 대한 메커니즘을 그림 25.3에 나타냈다. 이것은 아세탈 형성에 대한 그림 18.5에 나타낸 메커니즘과 같다. 반응은 평면 카보양이온 중간체를 포함하기 때문에 입체이성질체 글리코시드 혼합물이 형성된다. α-또는 β-D-글루코피라노오스로부터 출발하여 이와 같은 혼합물이 생성된다.

상당한 글리코시드가 자연에서 발견된다. 예로 버드나무껍질은 글리코시드 살리신을 포함한다. 고대 그리스에서 Hippocrates는 환자가 고통이 있면 버드나무 껍질을 씹게 하였다. 아글리콘이라는 살리신의 가수분해로 생긴 알코올은 쉽게 살리실산으로 산화되고 이것은 아스피린과 같이 효과적인 치료제이다.

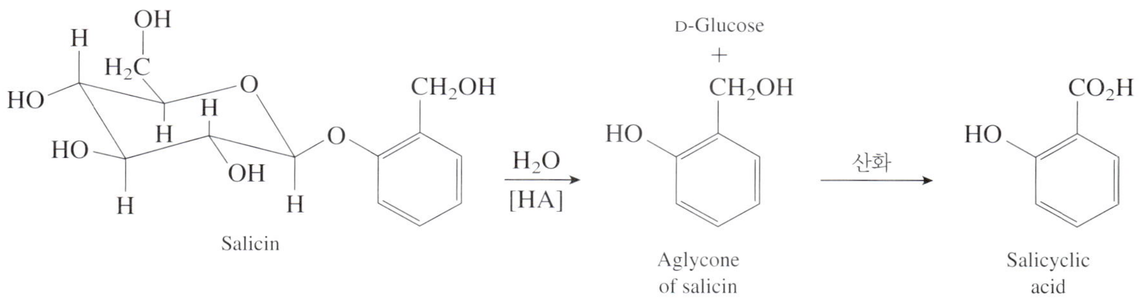

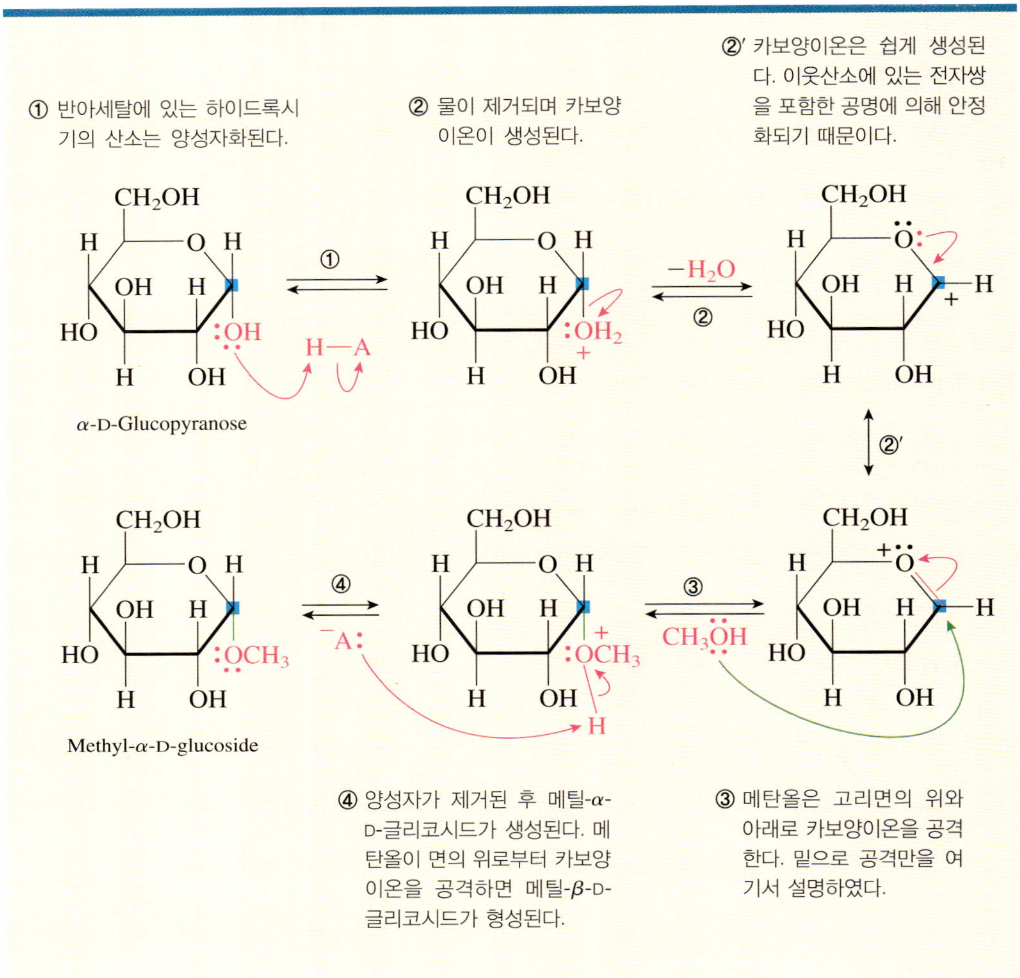


**그림 25.3** α-D-글루코피라노오스로부터 메틸-α-D-글리코시드의 생성에 대한 메커니즘.

**문제 25.18** 살리신의 가수분해에 대한 메커니즘의 모든 단계를 나타내라.

글리코시드 형성이 중요하다는 가장 중요한 이유는 이당류와 다당류가 글리코시드 결합에 의해 단당류 단위로부터 형성되기 때문이다. 한 당의 하이드록실기의 산소는 다른 단당류의 아세탈 탄소와 결합을 형성에 사용된다.

이 절에서 다룰 마지막 반응은 Kiliani-Fischer 합성이다. 이것은 알도오스를 원래의 당보다 한 개 더 많은 탄소를 포함한 두 개의 부분 이성질성 알도오스로 변환된다. Kiliani-Fischer 합성을 다음 방정식에 의해 알도테트로로스, D-에리트로오스로부터 알도펜토오스, D-라이보오스와 D-,아라비노오스의 형성으로 설명하였다.

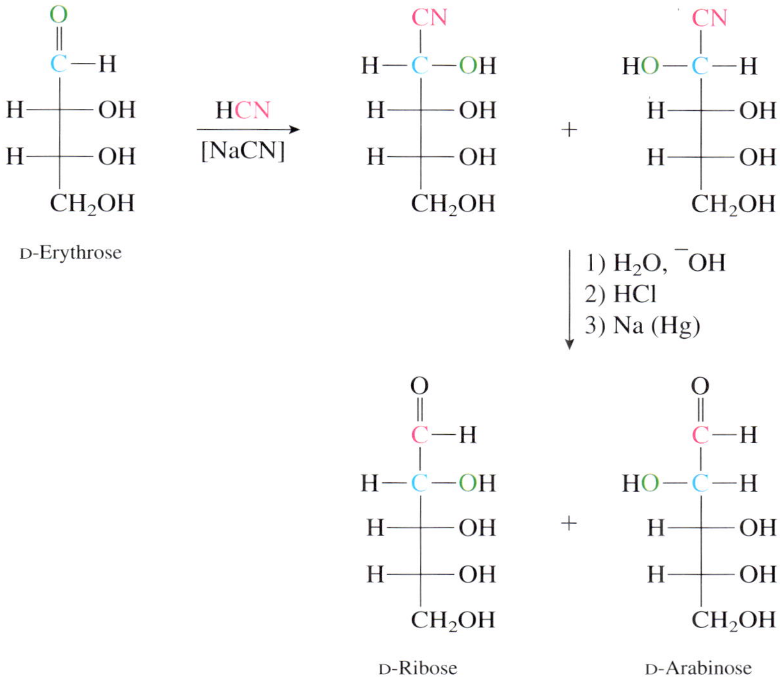


Kiliani-Fischer 합성에서 출발 알도오스는 시안화수소와 반응하여 이성질성 사이아노하이드린을 형성한다. 이 반응은 원래의 알도오스의 카보닐 탄소의 자리에 새로운 입체중심을 도입한다. 그러므로 생성물은 새로운 입체중심에서 반대 위치배열을 가진 두 부분 입체이성질성 사이아노하이드린의 혼합물이다. 합성 순서의 다음 부분에서 나이트릴은 카복실산으로 가수분해되고 동시에 락톤을 형성한다. 락톤은 소듐 아말감에 의해 알데하이드로 환원된다. 전체적 결과는 원래의 알도오스보다 탄소수가 하나 많은 두 부분 입체이성질성 알도오스로의 변환이다. 합성은 원래의 알도오스의 입체중심의 배열은 유지된다. 한편 알도오스 생성물의 입체중심인 탄소 2에서 두 가지 위치배열이 가능하다.

**문제 25.19** 다음 반응의 메커니즘에 대한 모든 단계를 나타내어라. 어떤 이성질성 생성물이 형성될 것인가?

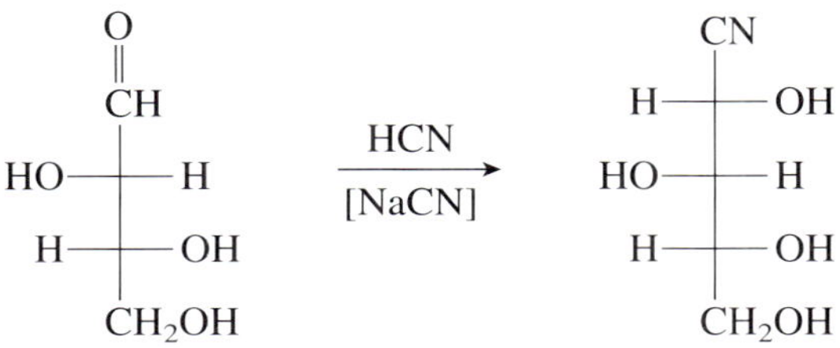


**문제 25.20** D-라이보오스로부터 출발하여 Kiliani-Fischer 합성에 대한 방정식을 나타내어라. 이 반응에서 생성되는 단당류의 이름은 무엇인가?

**문제 25.21** 다음 반응의 생성물을 나타내어라.

**a)** 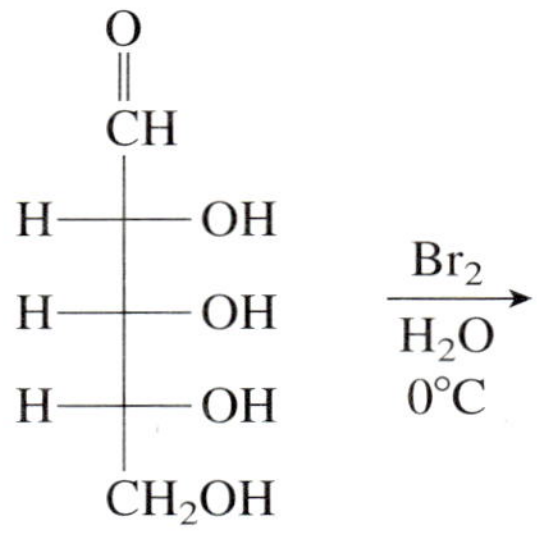

**b)** 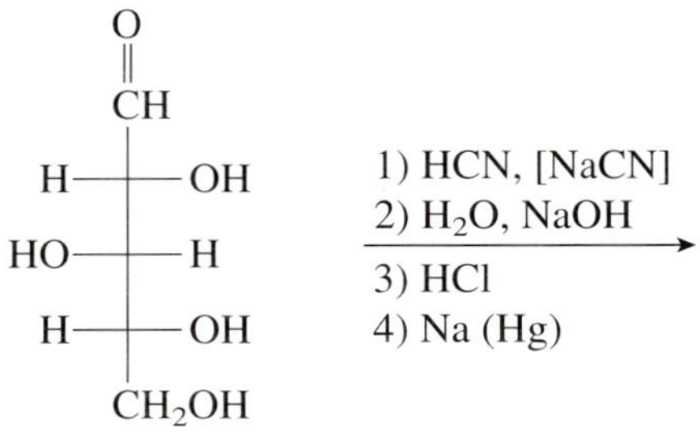

**c)** 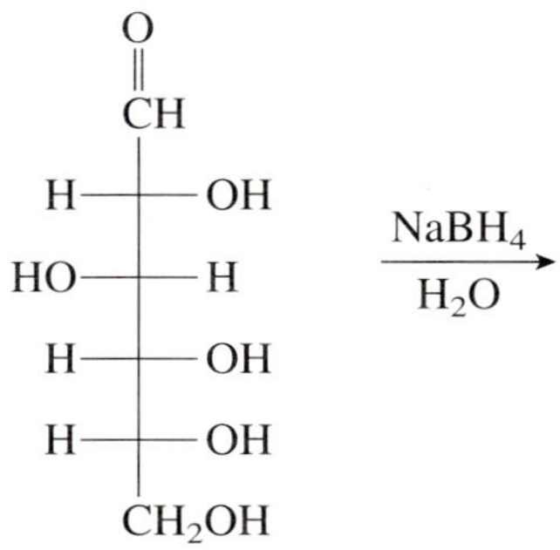

**d)** 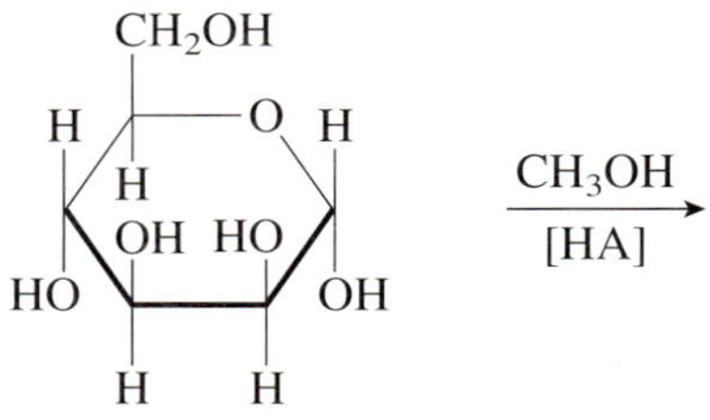

**e)** 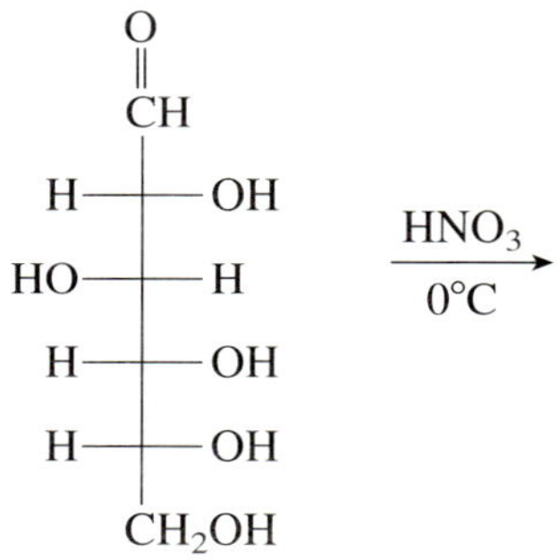

**f)** 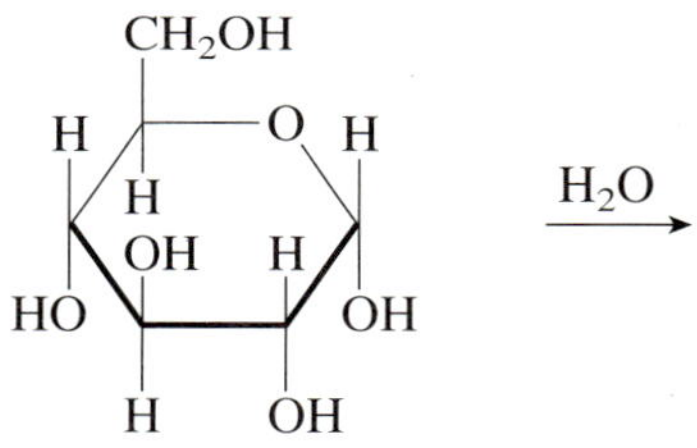

## 25.5 글루코오스에 대한 Fischer 구조 증명

1800년대 후반에 Emil Fischer가 직면한 문제를 고려해보자. 몇 가지 실험적 관찰을 사용하여 글루코오스가 알도헥소오스라는 것을 결정하였다. 그러나 16개의 가능한 알도헥소오스 중 어느 것인가? 글루코오스의 각 입체중심에서 위치배열을 어떻게 실험적으로 결정할 것인가? Fischer는 그 당시 화합물의 절대 위치배열의 결정, 즉 그것이 어느 거울상체인지를 결정한다는 것은 불가능하다고 생각하였다. 그러므로 그는 글루코오스가 D-알도헥소오스인지 또는 L-알도헥소오스인지를 결정하는 방법을 알지 못하였다. 그는 연구하는 화합물에 대한 구조를 나타낼 필요가 있기 때문에 글루코오스에 대해 임의로 D-위치배열을 선택하였다. 그의 추측은 우연히 맞았지만, 이 문제를 해결하는 데 사용한 것은 논리적이거나 실험적 결과에 의한 것은 아니었다. 실험은 탄소 5에서 위치배열에 대한 탄소 2, 3 및 4의 위치배열을 결정하였다. 이 실험을 근거로 Fischer는 글루코오스가 그림 25.1에 나타낸 화합물 중의 어느 것이거나 그 거울상 이성질체라고 증명하였다.

Fischer는 수년 동안 탄수화물을 연구하였고 많은 실험을 수행하였다. 이 실험의 전부가 글루코오스의 구조결정을 이루는 데 사용되었다. 여기서 기술한 것은 그가 발표한 구조결정에 사용했던 바로 그 실험결과는 아니다.

D-글루코오스에 대해 가능한 8개의 구조(그림 25.4에 있는 구조 **5**로부터 **12**)가 있다. 그 실제 구조는 단당류인 글루코오스, 만노오스, 아라비노오스 및 한 추가적 당과 질산에 의한 산화와 Kiliani-Fischer 합성의 두 반응을 사용하여 결정하였다.

### 실험 1

**알도펜토오스에 *Kiliani-Fischer* 합성을 응용하여 알도헥소오스인 *D*-글루코오스와 *D*-만노오스를 생성하였다.** Kiliani-Fischer 합성은 D-아라비노오스의 입체중심을 변화시키지 않고 일어나기 때문에 D-글루코오스와 D-만노오스는 탄소 3, 4 및 5에서 D-아라비노오스의 탄소 2, 3 및 4에서와 같은 위치배열을 갖는다. 더욱이 D-글루코오스와 D-만노오스는 탄소 2에서 위치배열만이 다르다.

4개의 가능한 D-알도펜토오스는 그림 25.4에서 구조 **1**에서 **4**로 나타내었다. 이 중 하나가 D-아라비노오스이다. 이 중 각각은 Kiliani-Fischer 합성을 적용해서 8개의 가능한 D-알도헥소오스 중 2개를 생성한다. 각 경우에 탄소 2, 4 및 5에서 알도헥소오스의 위치배열은 각각 탄소 2, 3 및 4에서 알도펜토오스의 위치배열과 같다. D-아라비노오스가 구조 **1**을 갖는다면 Kiliani-Fischer 합성으로부터 생성되는 두 알도헥소오스, **5**와 **6**이 D-글루코오스와 D-만노오스가 된다. 마찬가지로 D-아라비노오스가 **2**이면 D-글루코오스와 D-만노오스는 **7**과 **8**이 된다.

### 실험 2

**질산으로 산화하면 *D*-글루코오스와 *D*-만노오스는 면편광을 회전하는 다이산을 생성하다.** 이 실험은 몇 가지 알도헥소오스는 D-글루코오스와 D-만노오스가 될 가능성에서 제외된다. 예로 다음 방정식에서 나타낸 것처럼 알도헥소오스 **5**의 산화를 생각해보자.

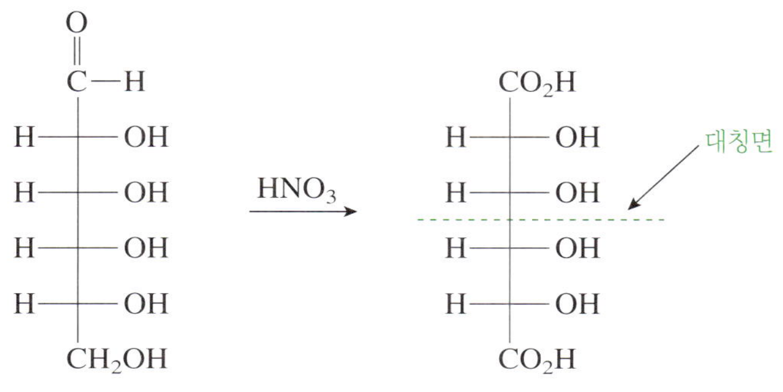


**5** 이가산

**그림 25.4** D-아라비노오스에 대한 가능한 구조와 Kiliani-Fischer 생성물, D-글루코오스와 D-만노오스.

**D-아라비노오스에 대한 4개의 가능한 구조**

**D-글루코오스와 D-만노오스에 대한 가능한 8개의 구조**

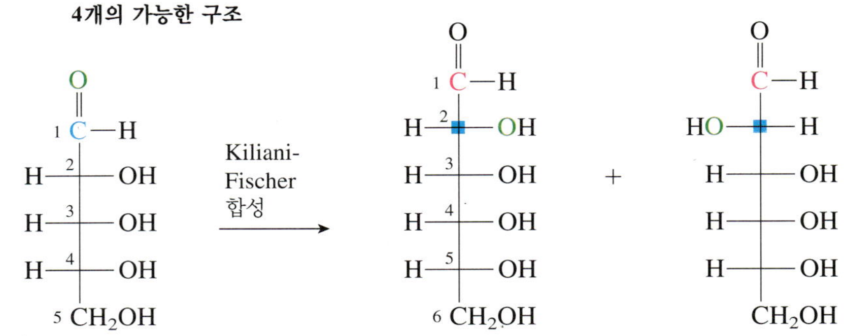


**1** **5** **6**

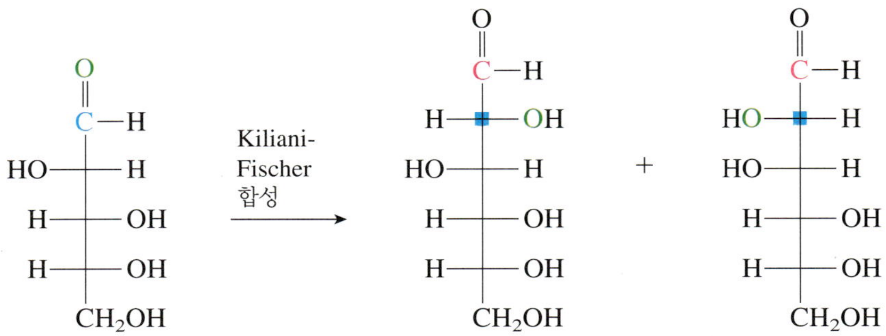


**2** **7** **8**

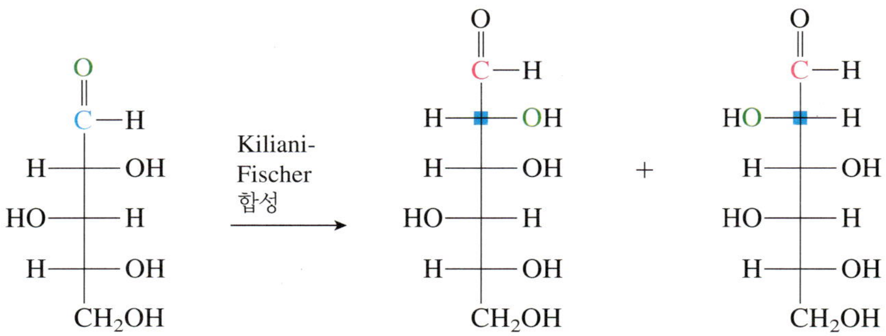


**3** **9** **10**

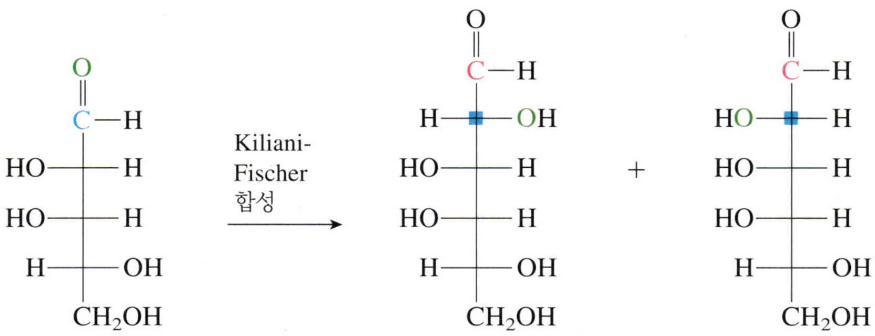


**4** **11** **12**

다이산의 구조를 검토해보면 면대칭을 갖는다는 것을 나타내준다. 이것은 메소 화합물이고 카이랄이 아니기 때문에 면편광을 회전하지 않는다. 그러므로 D-글루코오스와 D-만노오스는 구조 **5**를 가질 수 없다. 어느 것도 구조 **5**를 갖지 않기 때문에 실험 1을 근거로 다른 것도 구조 **6**을 갖지 않으며 D-아라비노오스는 구조 **1**을 갖지 않는다.

같은 이유를 근거로 해서 D-글루코오스와 D-만노오스에 대해 구조 **11**과 **12**는 제외될 가능성이 있다. **11**로부터 생성되는 다이산이 메소이기 때문에 D-아라비노오스에 대한 구조 **4**도 제외된다.

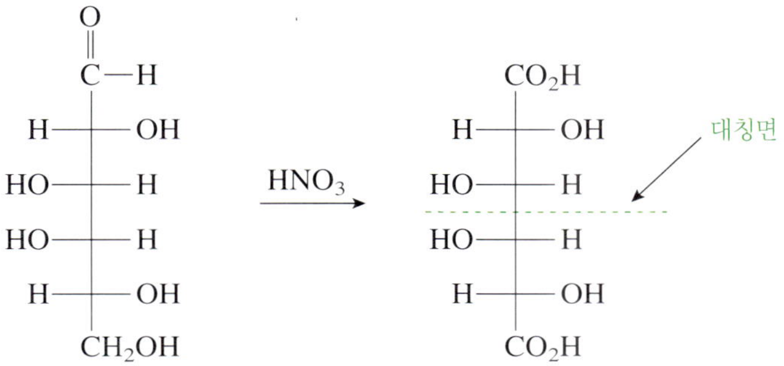


**11**

**문제 25.22** 계속하기 전에 D-아라비노오스, D-글루코오스와 D-만노오스의 구조에 대한 나머지 가능성을 검토하고 다음에 어떤 실험을 하는 것이 좋은가를 결정해 보아라. 답은 실험 3에서 제시하였다.

## 실험 3

질산으로 산화하면 D-아라비노오스는 면편광을 회전하는 다이산을 생성한다. 이실험은 D-알비노오스에 대한 가능성에서 구조 3을 제외한다. 이것은 면편광을 회전하는 메소 다이산을 생성하기 때문이다.

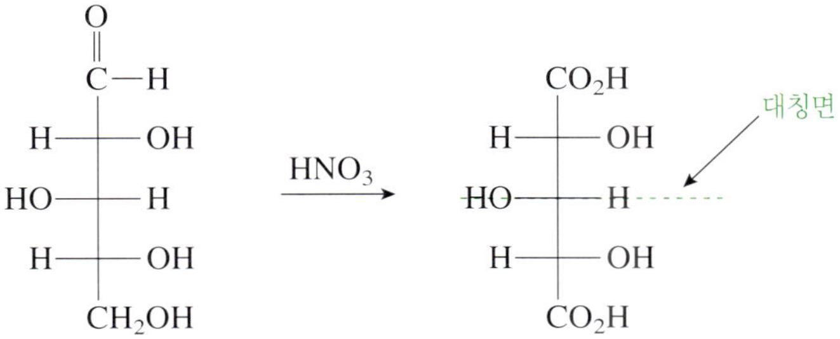


**3**

따라서 구조 **9**와 **10**은 D-글루코오스와 D-만노오스의 구조에서 대해 제외될 수 있다.

이 세 실험을 근거로 D-아라비노오스는 구조 **2**를 가져야 한다. 이제 풀어야 할 나머지 문제는 D-글루코오스가 구조 **7** 또는 **8**인가이다.

### 실험 4

질산으로 산화하면 *D*-글루코오스의 부분 입체이성질체 굴로오스는 *D*-글루코오스의 산화에서와 같은 다이산을 생성한다. 두 알도헥소오스가 질산에 의한 산화로 어떻게 동일한 다이산을 생성할 수 있는가? 이 반응에서 알데하이드기와 일차 알코올기가 다카복실산기로 변환된다. 두 다른 단당류가 한 당류는 구조의 위쪽에 알데하이드를 바닥에 일차 알코올기를 가지고 다른 것은 위쪽에 일차 알코올기를 바닥에 알데하이드기를 가지고, 비대칭 탄소에서 같은 위치배열을 가지면 같은 산화 생성물을 형성한다.

다음에 그 예를 나타냈다. D-글루코오스에 대한 가능성이 있는 남겨진 구조의 하나인 알도헥소오스 **7**을 고려해보자. 질산으로 산화하면 **7**은 다이산 **13**을 생성한다.

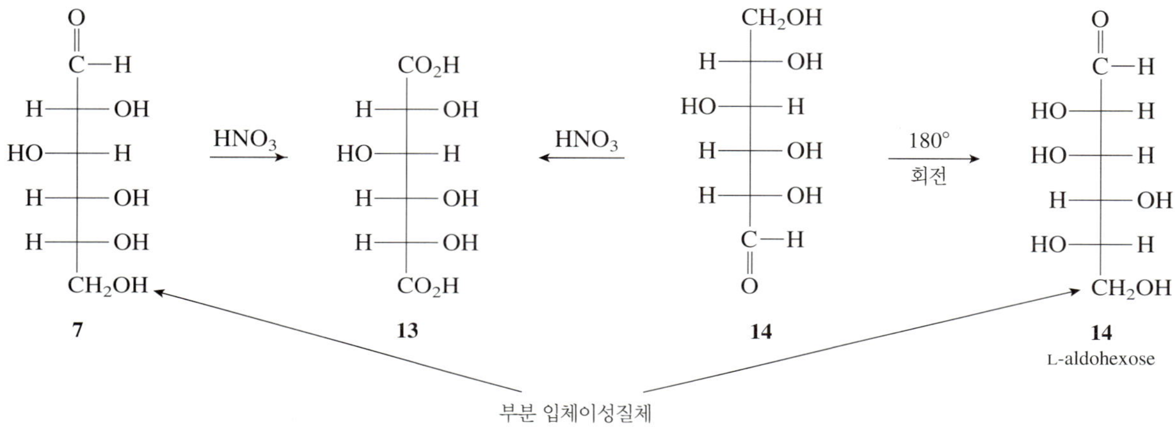


사슬의 위쪽에 일차 알코올기와 바닥에 알데하이드기를 가진 알도헥소오스 **14**를 질산으로 산화하면 다이산 **13**이 생성된다. 종이 면에서 180° 회전하면 알데하이드기가 사슬의 위쪽에 있는 더 보편적인 형태 **14**가 된다. 이렇게 그리면 **14**는 L-알도헥소오스이고 **7**의 부분입체이성질체이다.

D-글루코오스에 대한 다른 가능한 구조는 **8**이다. **8**을 산화하면 다이산 **15**가 된다.

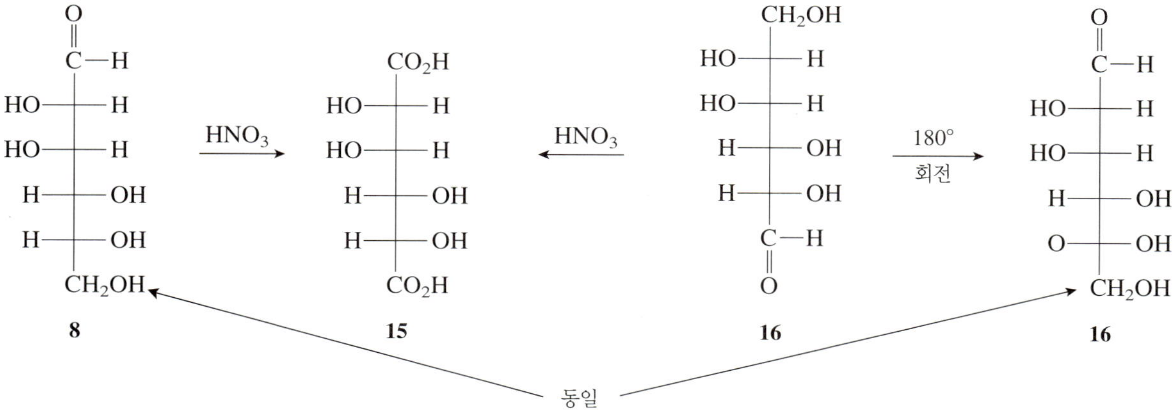

알도헥소오스 **16**도 질산으로 산화하면 **15**가 생성된다. **16**을 180° 회전하면 **8**과 같아진다. 산화로 **15**를 생성할 수 있는 알도헥소오스는 단 하나뿐이다.

이제 D-글루코오스에 대한 구조결정은 완료되었다. D-글루코오스가 **8**이면 질산의 산화로 얻어지는 다이산은 **15**이다. 질산의 산화로 **15**를 생성할 수 있는 다른 알도헥소오스는 없다. 굴로오스에 대해서는 가능한 구조가 없다. 그러므로 D-글루코오스는 구조 **7**과 D-만노오스는 구조 **8**을 갖는다. 굴로오스는 구조 **14**를 가지며 L-배열을 갖는다.

**문제 25.23** 다음 도표에서 단당류 **A**는 D-알도헥소오스이다. 화합물 **E**는 면편광을 회전하며 화합물 **B**와 **F**는 그렇지 못하다. 구조 **A, B, C, D, E** 및 **F**를 나타내어라.

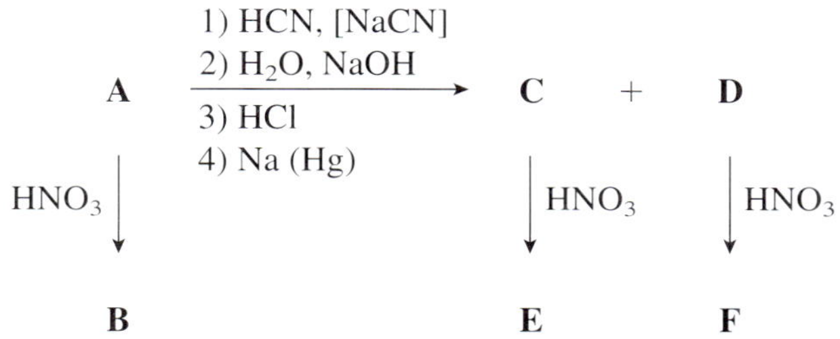


## 25.6 이당류

이당류는 글리코시드결합에 이해 연결된 두 단당류 단위로부터 형성된다. 다른 이당류는 다른 단당류의 결합, 단당류의 다른 하이드록시기를 사용한 글리코시드결합 또는 글리코시드 결합의 다른 입체화학으로부터 생성된다. 몇 가지 중요한 이당류를 다음에 기술하였다.

말토오스는 전분의 부분 가수분해로 얻어지는 이당류이다. 이것은 두 분자의 글루코오스로 구성되어 있으며 한 글루코오스의 탄소 4에 있는 하이드록시기와 다른 글루코오스의 탄소 1이 $\alpha$-입체화학으로 글리코시드 결합에 의해 연결되어 있다. 셀로비오스는 글리코시드결합에서 $\beta$-입체화학을 가진 말토오스의 입체이성질체이다. 이것은 셀룰로오스의 가수분해로 얻어진다.

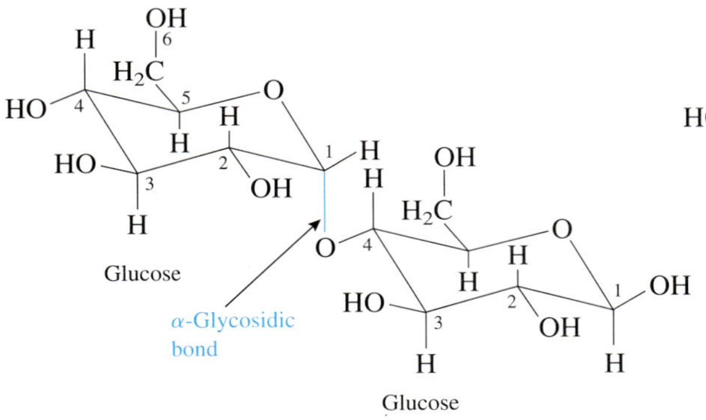


**Maltose**

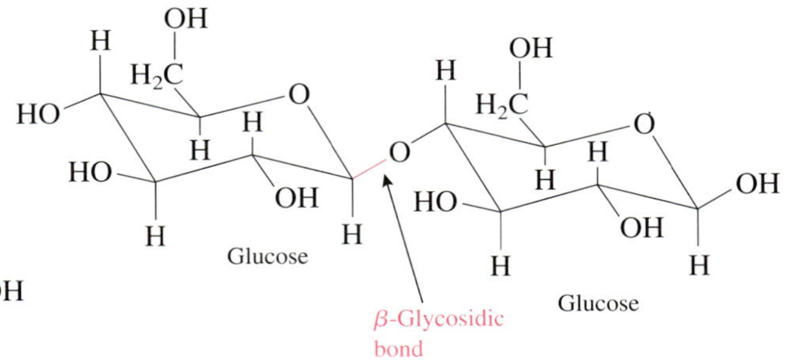


**Cellobiose**

우유에서 발견되는 이당류, 락토오스는 D-글루코오스와 D-갈락토오스로 구성되었다. 글루코오스의 탄소 4에 있는 하이드록시기와 갈락토오스의 탄소 1이 β-글리코시드 결합으로 결합되어 있다. 설탕으로 알려진 수크로오스는 가장 흔한 이당류이다. 이것은 D-프룩토오스와 D-글루코오스로 구성된다. 이것은 글루코오스의 탄소 1과 프룩토오스의 탄소 2가 글리코시드결합을 형성한다는 것이 다른 이당류와 다른 점이다. 이 결합 때문에 반아세탈기를 갖지 않는 대신 두 아세탈기를 갖는다. 글루코오스는 α-글리코시드결합을 가진 피라노오스 고리이고 한편 프룩토오스는 β-글리코시드결합을 가진 푸라노오스 고리이다.

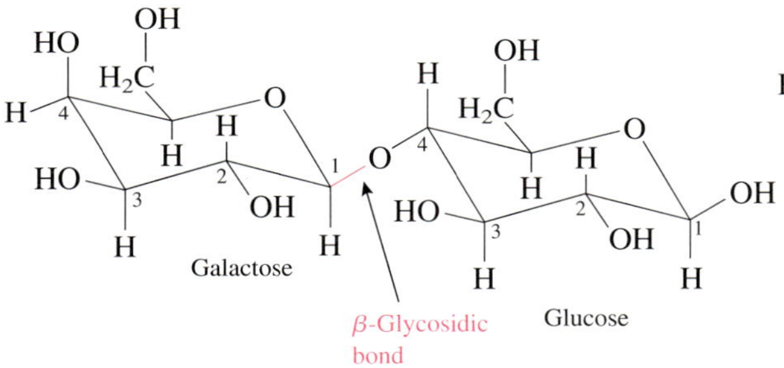


**Lactose**

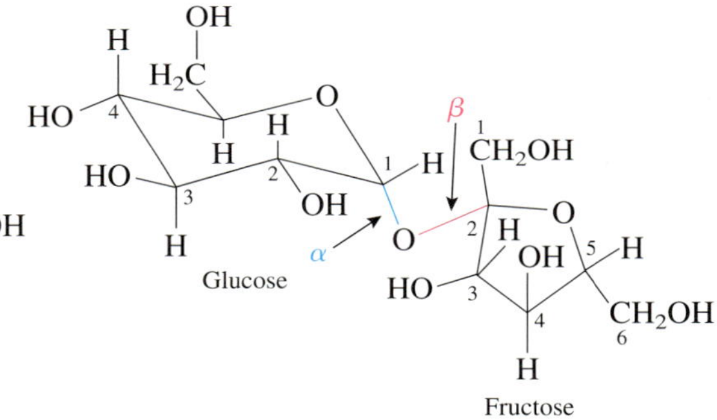


**Sucrose**

**문제 25.24** 말토오스, 셀로비오스 및 락토오스는 환원당이고 수크로오스는 아니다. 그 이유를 설명하여라.

## 25.7 다당류

다당류, 셀룰로오스, 전분 및 글리코겐은 모두 글리코시드결합으로 연결된 D-글루코오스의 중합체이다. 셀룰로오스는 식물 세포벽의 주 구조성분이고 생활권의 반이상을 차지하는 가장 풍부한 유기화합물이다. 매년 $10^{15}$ kg의 셀룰로오스가 합성되고 분해된다. 이것은 탄소 1과 4 사이에 $\beta$-글리코시드결합에 의해 2500~15,000 D-글루코오스 단위를 포함한 선형중합체이다. 이미 언급한 것처럼 셀룰로오스의 불완전한 가수분해는 글리코시드결합에서 셀룰로오스와 같은 입체화학을 가진 이당류 셀로비오스를 형성한다.

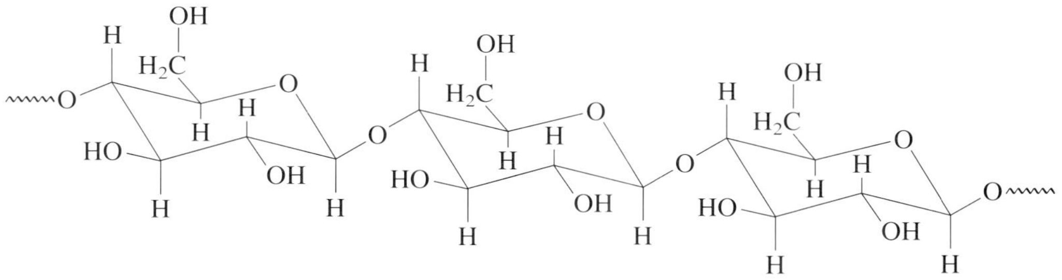

Cellulose

전분은 식물에서 저장된 식품이다. 이것은 아밀로오스와 아밀로펙틴의 두 성분으로 구성되어 있다. 아밀로오스는 탄소 1과 4 사이에 $\alpha$-글리코시드결합에 의해 수천의 D-글루코오스 단위로 구성된 선형중합체이다. 아밀로오스의 불완전한 가수분해로 $\alpha$-글리코시드결합을 가진 이당류 말토오스를 생성한다. 아밀로오스는 셀룰로오스와 글루코오스 단위체 간의 글리코시드결합의 입체화학만이 다르지만, 대단히 다른 모양과, 전혀 다른 물리적, 화학적 및 생물학적 성질을 갖는다. 예로 전분은 거의 모든 동물에 의해 소화되지만 셀룰로오스는 몇 가지 미생물에 의해서만 소화된다. 초식동물의 소화기에 공생하는 미생물이 셀룰라아제로 알려진 효소를 사용하여 셀룰로오스를 글루코오스로 분해된다.

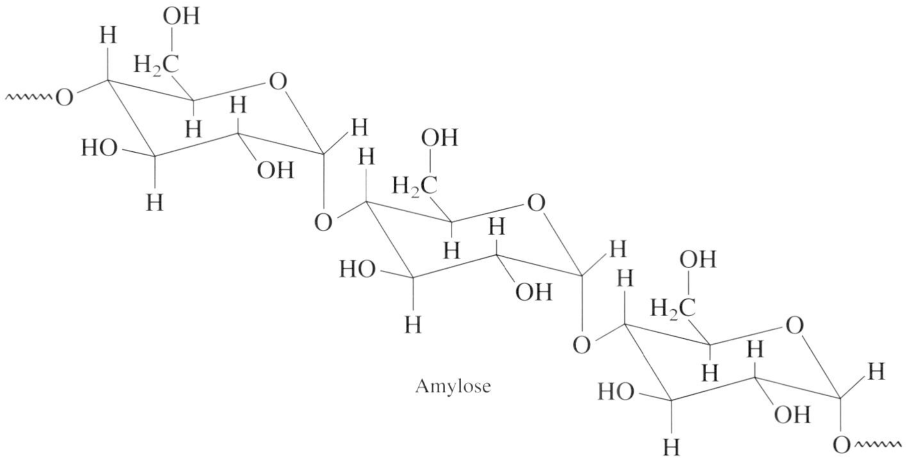

Amylose

전분의 다른 성분 아밀로펙틴은 $10^6$ 글루코오스 단위를 포함한다. 이것은 아밀로오스와 같이 탄소 1과 4 사이에 $\alpha$-글리코시드결합에 의해 연결된 D-글루코오스 단위를 포함한다. 그러나 이것은 20~30 글루코오스 단위마다 가지를 가지는 것이 다르다. 이 가지는 주 사슬에 가지 탄소 1이 주 사슬 탄소 6에 $\alpha$-글리코시드 결합에 의해 연결된 아밀로오스 형태이다.

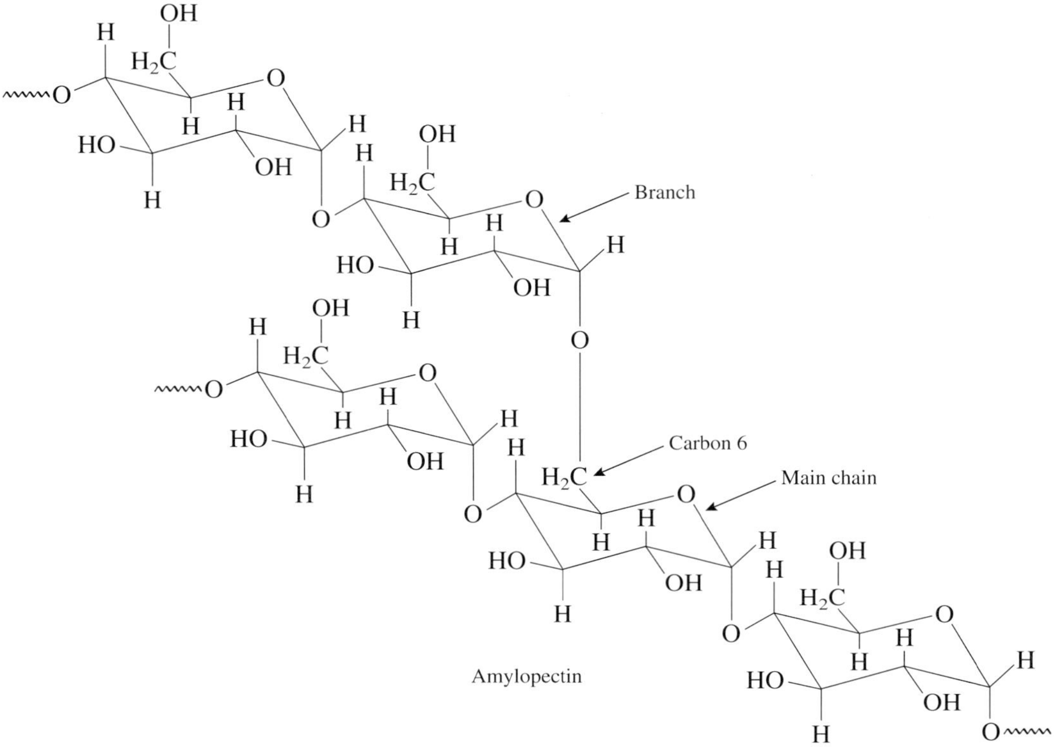


Amylopectin

가지는 가지를 쳐서 아밀로펙틴은 나무와 같은 구조를 갖는다. 동물에서 저장식품인 글리코겐은 8~10 글루코오스 단위마다 가지를 갖는다는 것을 제외하고는 아밀로펙틴의 구조와 유사하다. 이 두 중합체의 구조를 다음 그림에 체계적으로 나타내었다.

Amylopectin　　Glycogen

갑각류, 곤충 및 거미와 같은 무척추동물의 외부골격의 구조적 성분인 키틴은 탄소 2에 있는 하이드록시기가 아세틸아미노기로 치환된 것 이외에는 셀룰로오스와 유사하다.

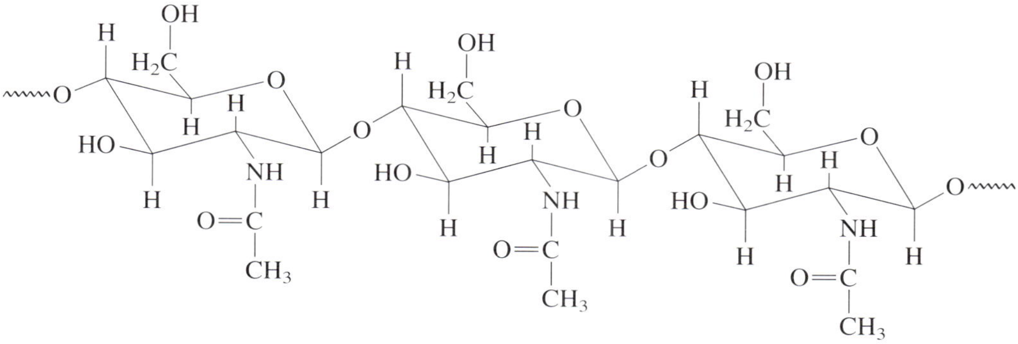

Chitin

## 25.8 다른 탄수화물-포함 화합물

이미 기술한 당 이외에 다른 많은 천연물은 큰 구조의 일부로 탄수화물기와 연관된 구조를 갖는다. 이 예는 너무 많기 때문에 여기서는 몇 가지만을 소개한다.

하이드록시 대신에 아노기를 가진 당이 널리 분포되어 있다. 예로 아미노 당, D-글루코사민과 D-갈락토사민은 키틴과 다른 생물학적으로 중요한 다당류의 성분이다. 하이드록시기 대신에 수소로 치환된 당도 역시중요하다. D-2-데옥시라이보오스는 유전 정보를 저장하는 중합체 데옥시라이보핵산(DNA)의 일부이다. 많은 항생제가 탄수화물로부터 유도되었다. 스트렙토마이신이 그 예이다.

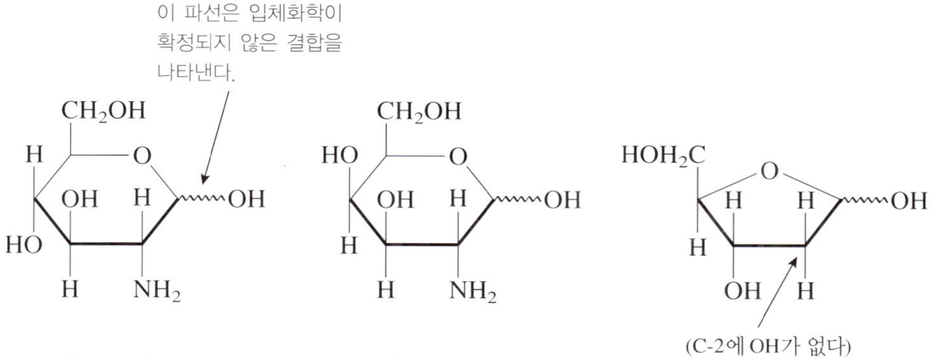


D-Glucosamine　　D-Galactosamine　　D-2-Deoxyribose

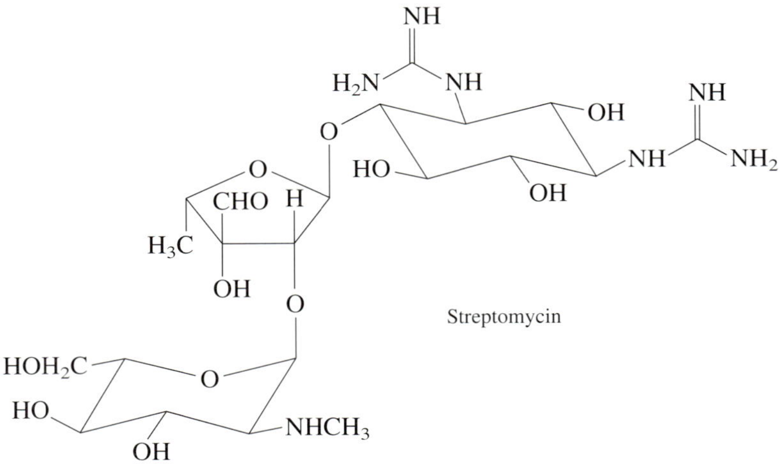

Streptomycin

심장에 영향을 미치는 강심제 글리코시드, 디지톡신은 단당류인 D-다이지톡소오스 세 단위와 스테로이드 아글리콘인 디지톡시게닌로부터 형성된 복잡한 글리코시드이다. 디지톡신을 소량 투여하면 맥박의 속도를 감소하고 심장의 리듬을 조절하며 심장박동을 강화시켜준다. 많이 투여하면 심장통증을 유발한다.

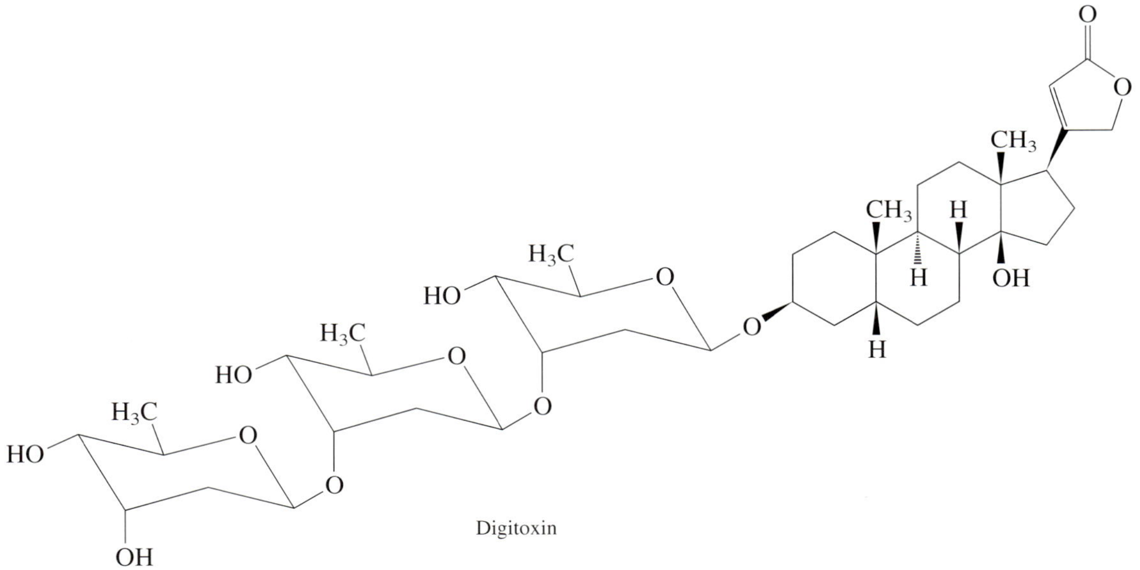

Digitoxin

**문제 25.25** D-디지톡소오스의 구조를 나타내어라. 이 단당류에 존재하는 특성은 무엇인가?

많은 단백질은 짧은 탄수화물 사슬을 갖는다. **당단백질(glycoprotein)**은 아스파라긴 아미노산 잔기에 있는 아마이드기의 질소, 세린 또는 트레오닌 아미노산 잔기의 하이드록시기의 산소를 포함한 글리코시드결합에 의해 단백질 사슬과 결합된 탄수화물기를 갖는다. 당 사슬은 항상 가지를 갖기 때문에 다양한 탄수화물기가 가능하다. 대부분의 경우 당작용기는 단백질의 생화학적 성질에 영향을 미치지 못한다. 대신에 단백질이 다양한 생물학적 과정을 인식할 수 있도록 하는 마커로 작용한다. 세린 아미노산 잔기의 하이드록시기를 통해 단백질에 결합된 *N*-아세틸-D-갈락토사민의 예를 다음 구조에 나타냈다.

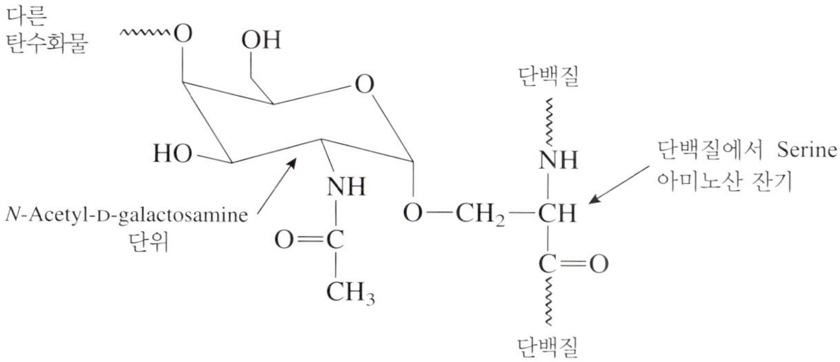


**문제 25.26** 탄수화물은 아미노기를 통해 단백질에 결합된다. 일반적 예를 다음 방정식에 나타냈다. 이 반응에 대한 메커니즘의 단계를 나타내어라.

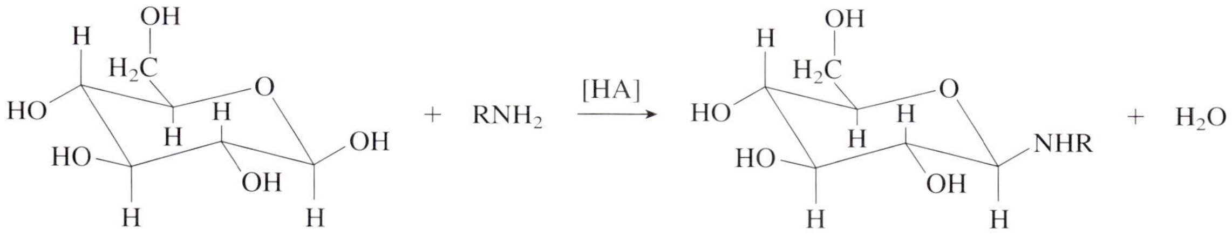


## 추가문제

**25.27** 다음 반응의 생성물을 나타내어라.

**a)**

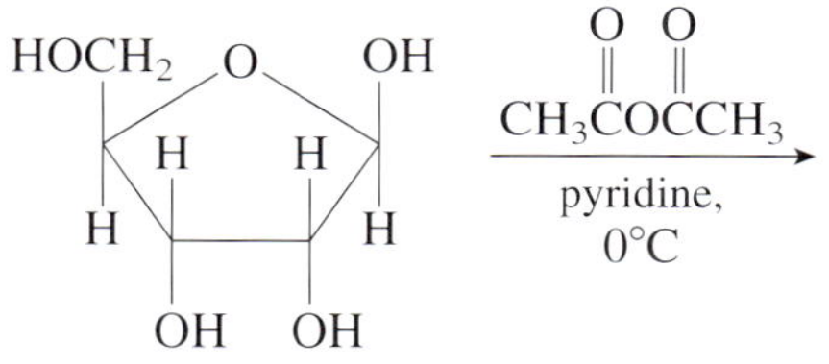


**b)**

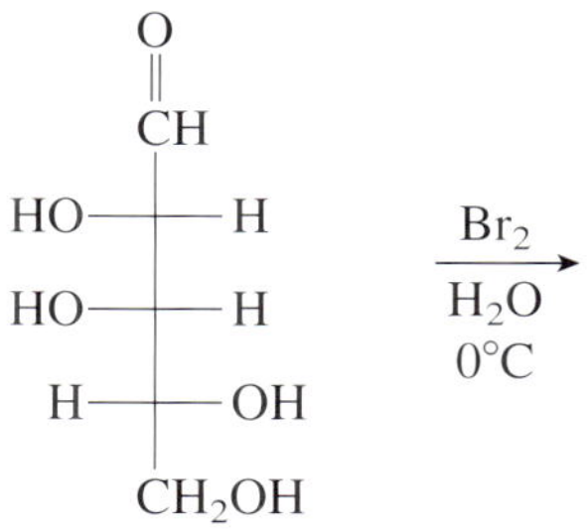

c)
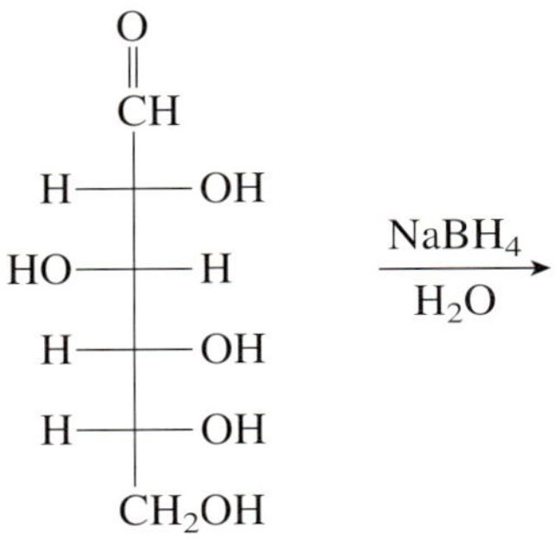

d)
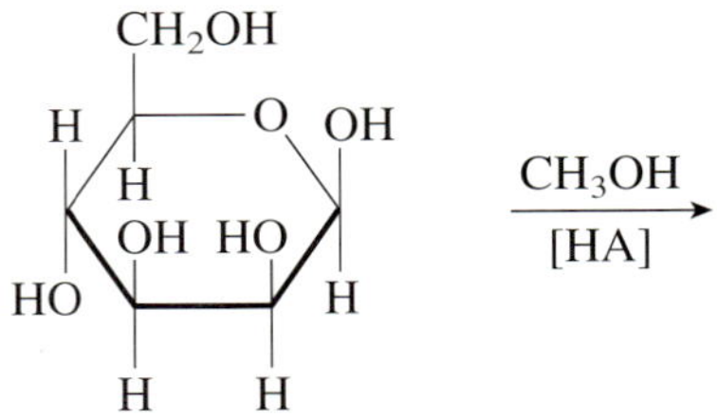

e)
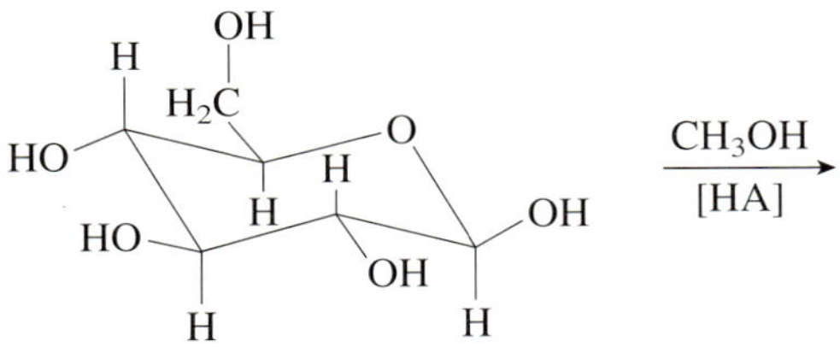

f)
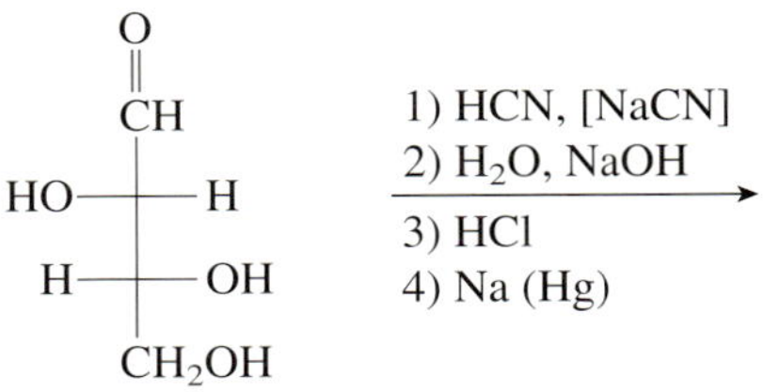

g)
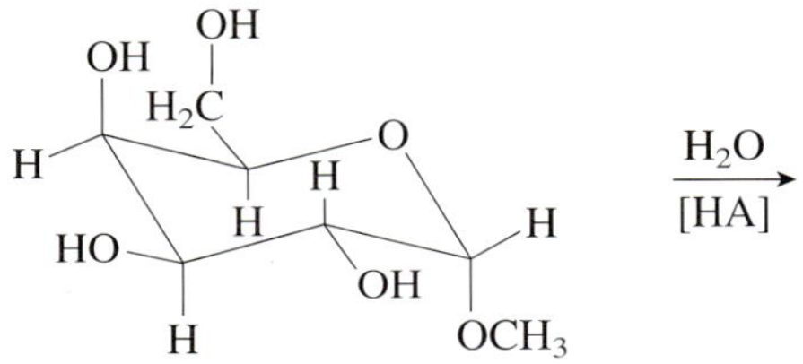

**25.28** 이 반응에 대한 메커니즘을 나타내어라.

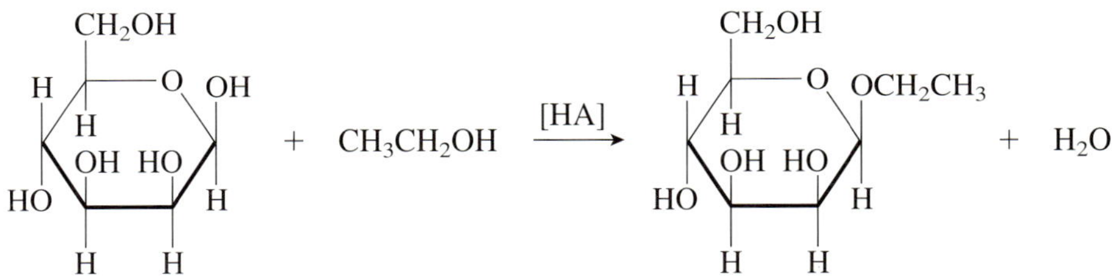

β-Mannose

**25.29** 이 반응에 대한 메커니즘을 나타내어라.

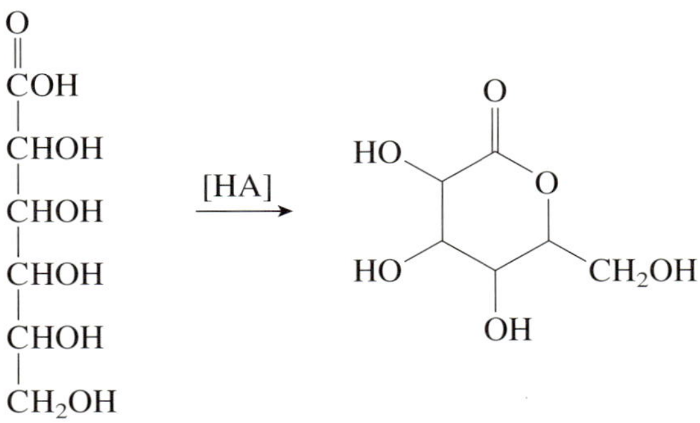

**25.30** 메틸-$\alpha$-D-글루코시드는 산성용액에서는 변광회전을 일으키지만 왜 염기성 용액에서는 일으키지 않는지를 설명하여라.

**25.31** 락토오스는 염기성 용액에서 변광회전을 일으키지만 수크로오스는 일으키지 않는다. 그 이유를 설명하여라.

**25.32** $\alpha$-D-갈락토피라노오스의 고유회전은 +150.7이고 $\beta$-아노머는 +52.8이다. 이 두 아노머의 평형혼합물에서 회전은 +80.2이다. 평형혼합물에 있는 각각의 백분율을 계산하여라.

**25.33** $\beta$-D-알로피라노오스의 의자 회전배열을 그려라. 이 화합물이 $\beta$-D-글루코피라노오스보다 더 안정할 것인가 또는 더 불안정할 것인가를 설명하여라.

**25.34** $NaBH_4$과 D-글루코오스의 환원생성물이 D-굴로오스의 환원생성물과 어떤 관계가 있는가?

**25.35** 탄수화물 **A**는 D-알도테트로오스이다. 화합물 **B**와 **E**는 면편광을 회전한다. **A**, **B**, **C**, **D** 및 **E**의 구조를 나타내어라. $NaBH_4$과 **D**의 환원생성물의 구조를 나타내고 면편광을 회전할 것인지 또는 않을 것인지를 설명하여라.

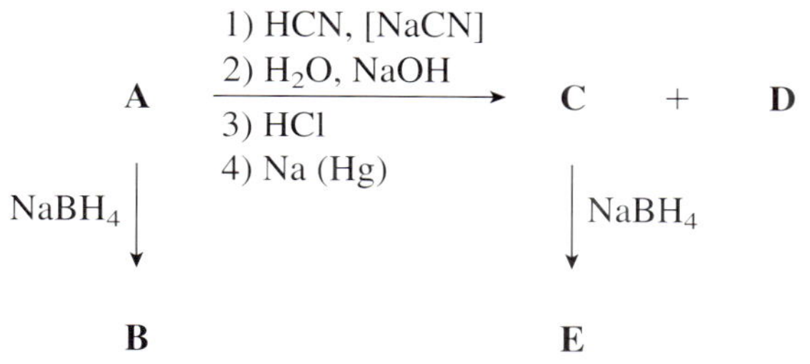


**25. 36** 퓨라노오스로 D-프룩토오스의 변환에 대한 메커니즘를 나타내어라. 반응의 입체화학은 고려할 필요가 없다.

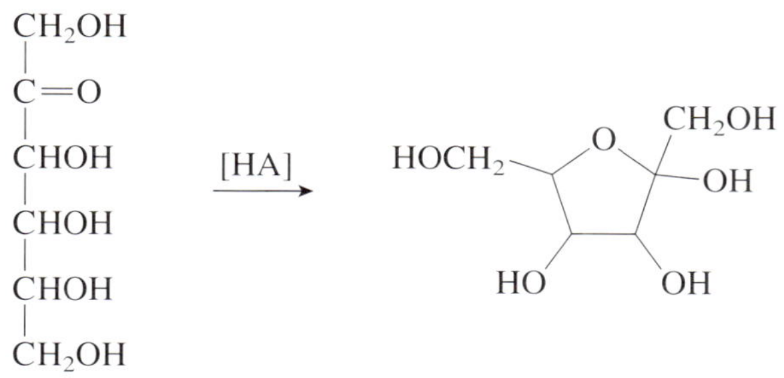

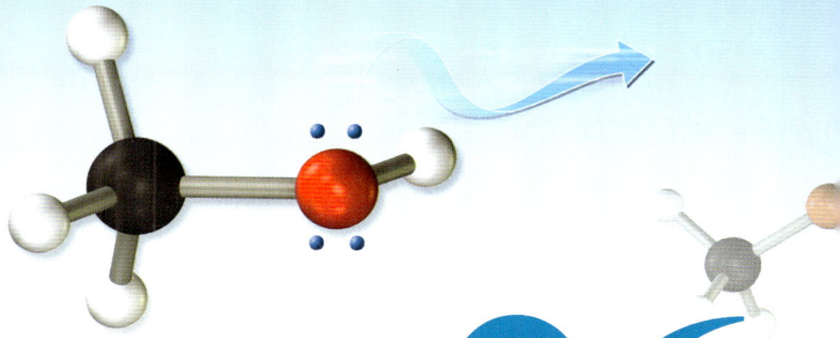

CHAPTER 26

# 아미노산, 펩타이드 및 단백질

**유기화학 숙달**

- ▶ 입체화학을 포함한 아미노산의 일반적 구조 인식
- ▶ 아미노산의 산-염기 화학의 이해
- ▶ 아미노산의 일반 반응 생성물의 예측
- ▶ 유기반응을 사용한 아미노산의 합성
- ▶ 펩타이드가 어떻게 배열되는 가를 이해
- ▶ 펩타이드의 실험실 합성의 이해

아미노산과 그들로부터 형성되는 중합체인 펩타이드와 단백질은 유기체에서 발견되는 가장 중요한 화합물이다. 그들은 구조적 성분, 촉매, 호르몬, 신경전달물질 및 필수영양소로 작용한다. 이 장은 이 중요한 생분자의 유기화학을 강조한다. 유기체에서 그들의 합성과 작용에 대한 상세한 것은 생화학 교재에서 다루기로 하고 여기서는 간략하게 기술하였다.

먼저 아미노산의 일반 구조와 화학을 소개한다. 다음에 실험실에서 그들을 제조하는 데 사용되는 몇 가지 방법을 검토하였다. 펩타이드와 단백질의 구조를 소개한 후 단백질에서 아미노산 서열을 결정하는 데 사용되는 화학적 방법을 제시하였다. 실험실에서 펩타이드의 합성을 소개하였다. 끝으로 단백질의 삼차원적 구조와 효소작용의 메카니즘을 간략이 소개하였다.

## 26.1 아미노산

이름이 암시하는 것처럼 아미노산은 아미노산을 포함한 카복실산이다. 천연물로 가장 중요한 아미노산은 다음 일반 구조에서 나타낸 것처럼 카복실산의 탄소 2(α-탄소)에 아미노기를 갖는다. 그러므로 흔히 α-아미노산이라 부른다.

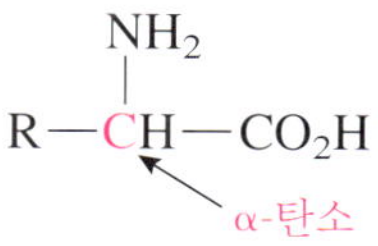


α-amino acid

20개의 "표준" 아미노산이 일반적으로 자연에서 발견된다. 그들은 α-탄소에 결합된 곁사슬의 구조가 다르다. 표 26.1은 이름과 약어와 함께 pH 7에서 표준 아미노산의 구조를 나타내었다.

가장 간단한 글라이신(R = H)을 제외한 모든 아미노산은 α-탄소에 결합된 4개의 다른 기를 갖는다. 그러므로 카이랄이다. 일반적으로 단 하나만의 거울상체가 자연에서 발견된다. 천연 아미노산거울상 이성질체의

**표 26.1 천연에 존재하는 아미노산**

| | 구조 | 이름 | 약어 | p$K_a$ of $\alpha$-$CO_2H$ | p$K_a$ of $\alpha$-$NH_3$+ | p$K_a$ of R Group | pI |
|---|---|---|---|---|---|---|---|
| 무극성 | 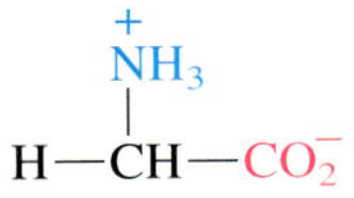 | Glycine | Gly or G | 2.3 | 9.8 | | 6.1 |
| | 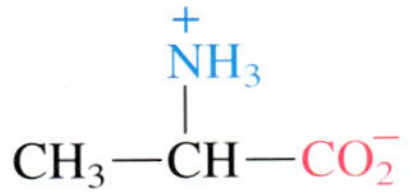 | Alanine | Ala or A | 2.3 | 9.9 | | 6.1 |
| | 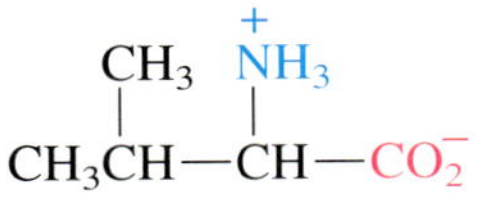 | Valine | Val or V | 2.3 | 9.7 | | 6.0 |
| | 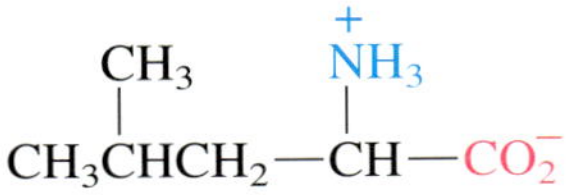 | Leucine | Leu or L | 2.3 | 9.7 | | 6.0 |
| | 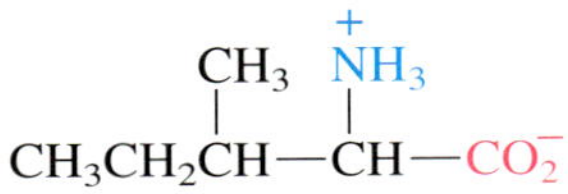 | Isoleucine | Ile I | 2.3 | 9.7 | | 6.0 |
| | 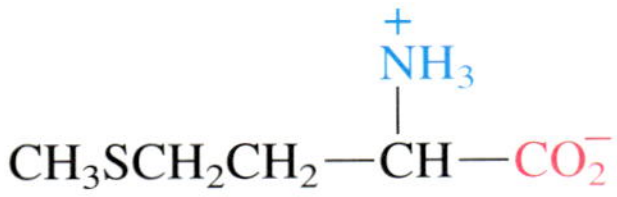 | Methionine | Met or M | 2.1 | 9.3 | | 5.7 |
| | 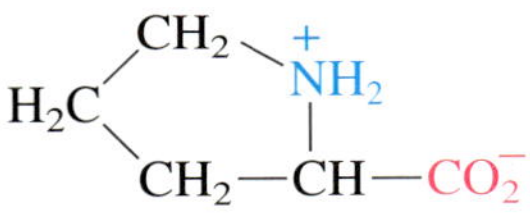 | Proline | Pro or P | 2.0 | 10.6 | | 6.3 |
| | 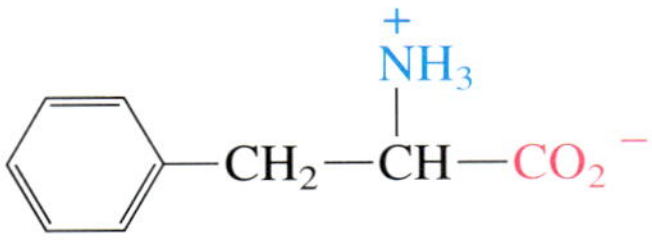 | Phenylalanine | Phe or F | 2.2 | 9.3 | | 5.7 |
| | 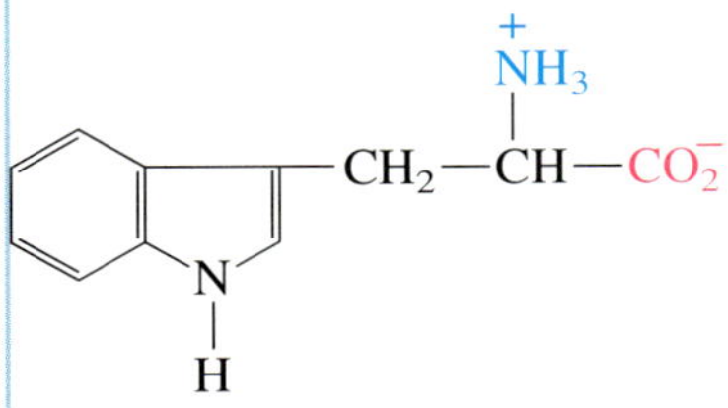 | Tryptophan | Trp.or.W | 2.5 | 9.4 | | 5.9 |
| 극성 | 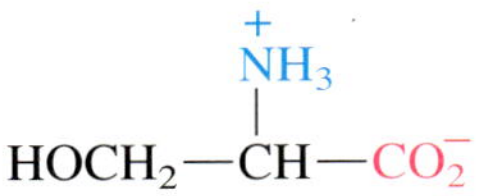 | Serine | Ser or S | 2.2 | 9.2 | | 5.7 |

**표 26.1** 천연에 존재하는 아미노산 (계속)

| | 구조 | 이름 | 약어 | p$K_a$ of $\alpha$-$CO_2H$ | p$K_a$ of $\alpha$-$NH_3$+ | p$K_a$ of R Group | pI |
|---|---|---|---|---|---|---|---|
| 극성 (계속) | 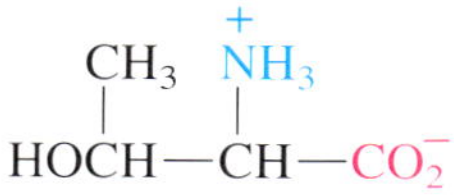 | Threonine | Thr or T | 2.1 | 9.1 | | 5.6 |
| | 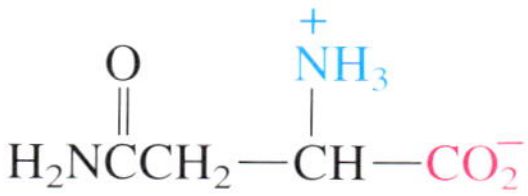 | Asparagine | Asn or N | 2.1 | 8.7 | | 5.4 |
| | 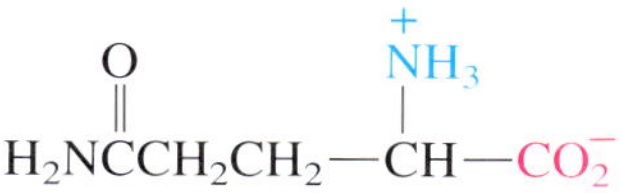 | Glutamine | Gln or Q | 2.2 | 9.1 | | 5.7 |
| | 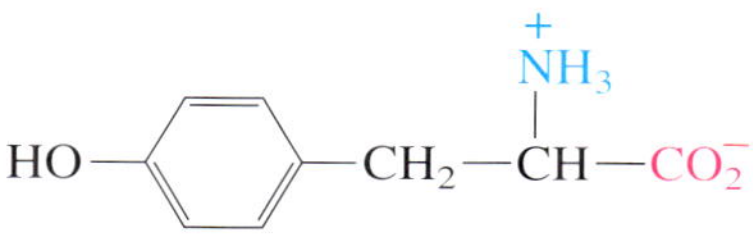 | Tyrosine | Try or Y | 2.2 | 9.2 | 10.5 | 5.7 |
| | 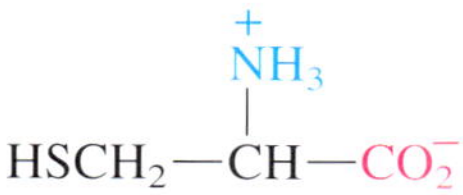 | Cysteine | Cys or C | 1.9 | 10.7 | 8.4 | 5.2 |
| 산성 | 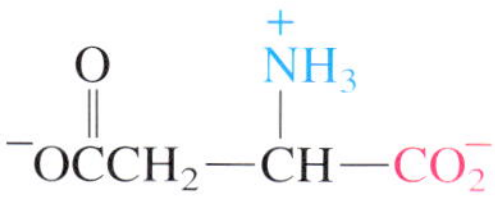 | Aspartic acid | Glu or E | 2.1 | 9.5 | 3.9 | 3.0 |
| | 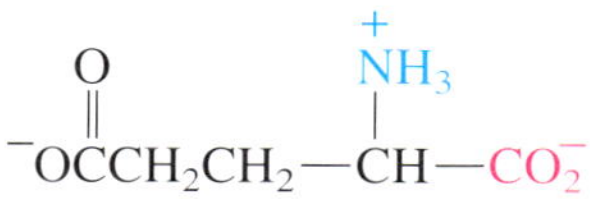 | Glutamic acid | Glu or E | 2.1 | 9.5 | 4.1 | 3.1 |
| | 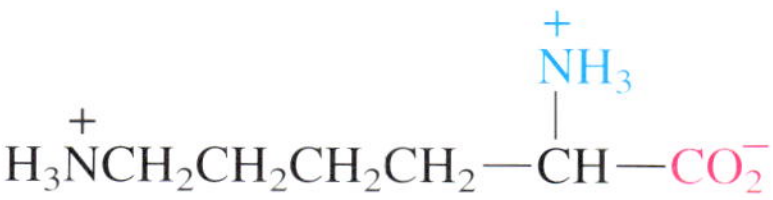 | Lysine | Lys or K | 2.2 | 9.1 | 10.5 | 9.8 |
| 염기성 | 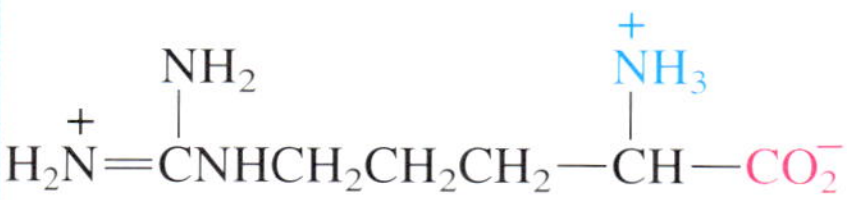 | Arginine | Arg or R | 1.8 | 9.0 | 12.5 | 10.8 |
| | 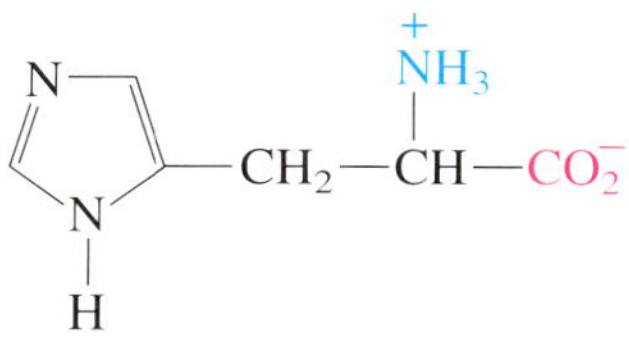 | Histidine | His or H | 1.8 | 9.3 | 6.0 | 7.6 |

Fischer 투영식을 통상적 방법으로 그릴 때 카복실산기는 위에 탄소사슬은 수직으로 아미노기는 왼편에 그린다. D-글리세르알데하이드는 오른편에 하이드록시기를 갖기 때문에 천연 아미노산은 L 계열에 속한다. 대부분 아미노산에서 $NH_2$기는 Cahn-Ingold-Prelog 우선순위 결정규칙에 따라 가장 높은 우선순위를 갖는다. 다음에 $CO_2H$기, R기, H순이다. 아미노산은 *S* 절대배열을 갖는다. 그러나 시스테인의 경우에는 $CH_2SH$기가 $CO_2H$기보다 높은 순위를 가지므로 시스테인의 절대배열은 *R*이다. 몇 가지 아미노산은 곁사슬에 입체중심을 포함한다. 다시 이 탄소에서 단 하나의 배열만이 보통 발견된다.

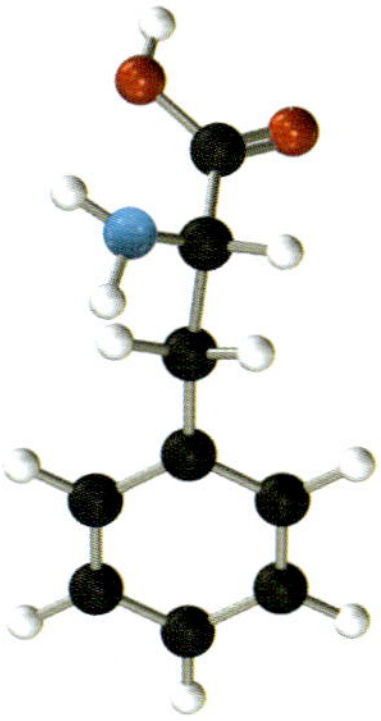

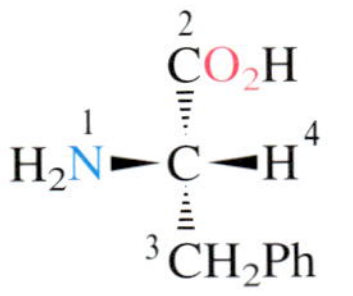

L-Phenylalanine
(*S*)-phenylalanine

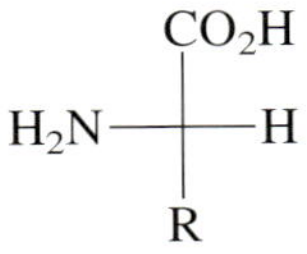

L-Amino acid

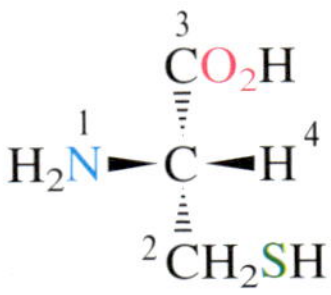

L-Cysteine
(*R*)-cysteine

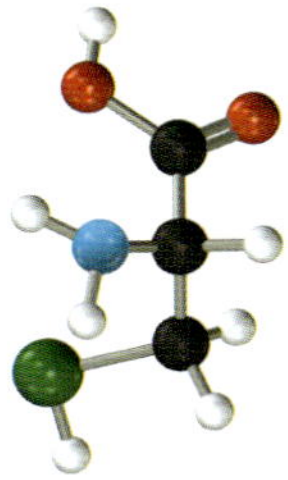

인간은 식품의 다른 화합물로부터 **비필수 아미노산**이라 부르는 10개의 아미노산을 합성할 수 있다. 그러나 **필수 아미노산(essential amino acid)**이라 부르는 다른 10개의 아미노산은 인간에 의해 합성될 수 없고 식품에 있는 다른 단백질원으로부터 얻어야 된다. 필수아미노산은 아기닌, 히스티딘, 아이소루신, 루신, 메티오닌 페닐알라닌, 트레오닌 트립토판 및 발린이다.

**문제 26.1** 어느 아미노산이 곁사슬에 추가적인 입체중심을 갖는가?

## 26.2 아미노산의 산-염기 화학

아미노산은 산성기, 카복실산기와 염기성기, 아미노기를 갖는다. 이 두 작용기는 분자 내 산 염기반응을 일으켜 **쯔비터이온(zwitter ion)**이라 부르는 **쌍극자이온 (dipolar ion)**을 형성한다.

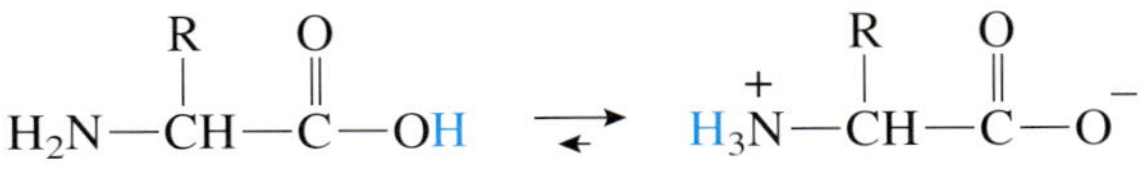

쌍극자이온
또는
쯔비터이온

카복실산(p$K_a \approx 5$)은 아민의 짝산(p$K_a \approx 9$)보다 강한 산이다. 그러므로 앞 반응의 평형은 쌍극자이온이 유리하고 이것은 아미노산에서 고체형태로 존재하는 화학종이다. 그러므로 아미노산의 많은 물리적 성질은 전형적인 유기화합물의 성질보다 염의 성질과 유사하다. 그들은 높은 녹는점(300°C 근처)을 가지며 물에 녹고 전형적인 유기용매에는 불용이다. 아미노산은 쌍극자이온으로 존재하지만 보통 비이온형의 아미노와 카복실산기로 나타낸다.

쌍극자이온은 산성기, 암모늄 양이온과 염기성기, 카복실산 음이온을 다 가지므로 이것은 산 또는 염기로 작용할 수 있다. 이와 같은 화합물은 **양쪽성(amphoteric)**이라 부른다. 수용액 속에 존재하는 화학종은 pH에 의존한다. 중성의 pH 범위에서 아미노산은 쌍극자이온의 형태로 나타낸다. 산성용액에서 카복실산기는 양성자화되고 아미노산은 양이온으로 존재한다. 한편 염기성 용액에서는 암모늄기는 양성자를 잃고 분자는 음이온으로 존재한다.

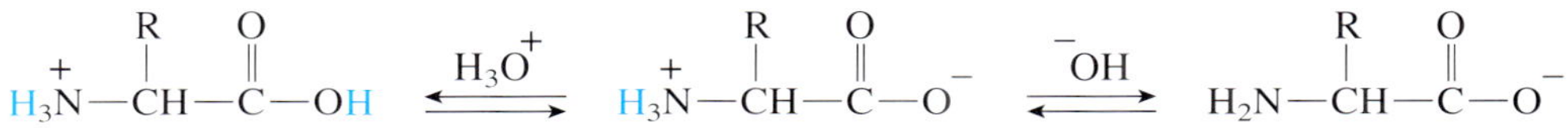


양이온 pH < 2　　　쌍극자이온 pH ≅ 6　　　음이온 pH > 10

수용액에서 산과 그 짝 염기의 농도는 $K_a$ 또는 p$K_a$로부터 계산할 수 있다. 4장으로부터

$$K_a = \frac{[H_3O^+][A^-]}{[HA]} \quad \text{과} \quad pK_a = -\log K_a$$

그러므로

$$pK_a = -\log \frac{[H_3O^+][A^-]}{[HA]} = -\log[H_3O^+] - \log \frac{[A^-]}{[HA]}$$

와

$$pK_a = pH - \log \frac{[A^-]}{[HA]}$$

또는

$$pH = pK_a + \log \frac{[A^-]}{[HA]} \quad \text{(Henderson-Hasselbach 방정식)}$$

Henderson-Hasselbach 방정식으로부터 pH = p$K_a$이면 다음에

$$\log \frac{[A^-]}{[HA]} = 0$$

와

$$[HA] = [A^-]$$

여러 가지 글리신의 다양한 형태의 농도에 미치는 pH 효과를 검토하는 데 Henderson-Hasselbach 방정식을 사용해보자.

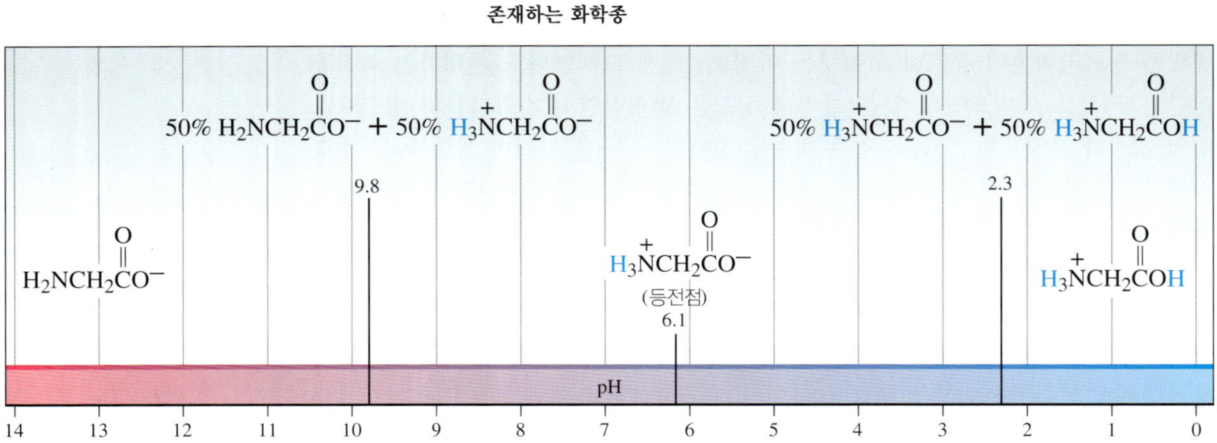


**그림 26.1** 여러 가지 pH에서 존재하는 글라이신의 형태.

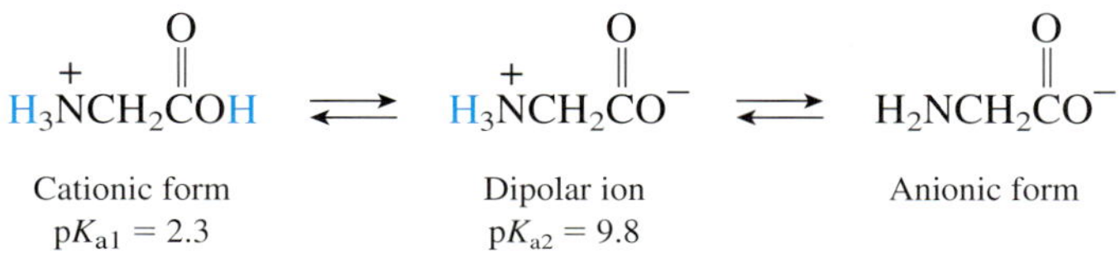


대단히 낮은 pH에서 글라이신은 거의 전부 양이온의 형태로 존재한다. pH가 증가하면 양이온 형태는 카복실산기로부터 양성자를 잃고 쌍극자이온을 형성한다. pH가 $pK_{a1}$과 같을 때, 즉 pH = 2.3에서 Henderson-Hasselbach 방정식으로부터 양이온의 농도는 같은 농도의 쌍극자이온을 형성한다. pH가 더 증가하면 쌍극자의 농도는 증가하여 모든 글라이신이다. 이런 형태로 될 때까지 증가한다. 다음에 암모늄기는 산성 양성자를 잃고 음이온 형태로 된다. pH가 $pK_{a2}$와 같아지면, 즉 pH = 9.8에서 쌍극자의 농도는 음이온의 농도와 같아진다. 높은 pH에서 글라이신은 음이온 형태가 유리하다. 글라이신의 경우에 쌍극자이온의 농도는 $pK_{a1}$과 $pK_{a2}$의 평균과 같아지는 pH, 즉 pH = 1/2(2.3 + 9.8) = 6.1에서 최대가 된다. 이 pH에서 아미노산은 전체 전하가 영이므로 이 pH를 **등전점(isoelectric point, pI)**이라 부른다. 여러 가지 pH에서 존재하는 글라이신 형태를 그림 26.1에서 설명하였다.

**문제 26.2** 왜 글라이신 양이온 형태의 카복실산기($pK_a$ = 2.3)는 아세트산의 카복실산기($pK_a$ = 4.8)보다 더 강한 산인가를 설명하여라.

**문제 26.3** 이 $pK_a$ 값의 순서를 설명하여라.

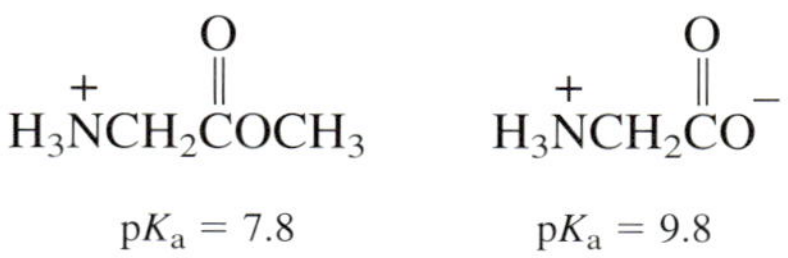

두 가지 중요한 점을 이 검토로부터 배울 수 있다. 먼저 글라이신(또는 다른 아미노산)은 수용액에서 하전되지 않은 카복실산과 아미노기의 중성형태로 존재하지 않는다. 이것은 pH에 따라 양이온성 형태, 쌍극자이온 또는 음이온 형태로 존재한다. 두 번째 대부분의 생리적 용액의 pH는 글라이신의 등전점과 비슷하며 글라이신은 생물체액에서 쌍극자로 존재한다.

표 26.1은 아미노산의 등전점(pI)과 $pK_a$를 수록하였다. 무극성 사슬과 극성 사슬을 가진 등전점은 글라이신의 그것과 비슷하다. 그러므로 이들 모두는 6 근처의 등전점을 가지며 중성 pH에서 쌍극자이온으로 유리하게 존재한다.

그러나 몇 가지 아미노산은 그 곁가지에 염기성 또는 산성 작용기를 갖는다. 이 경우에 다른 산도상수를 고려해보자. 두 카복실산기와 아미노기를 가진 아스파르트산을 예로 들어보자. 낮은 pH에서 아스파르트산은 양이온 형태로 존재한다.

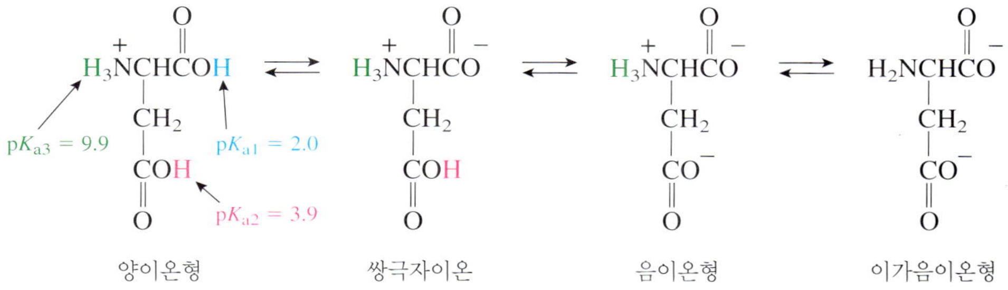


pH가 증가함에 따라 양성자는 암모늄이온에서 가장 가까운 카복실산기로부터 제거되어 쌍극자를 생성한다. 다음에 다른 카복실산으로부터 양성자가 제거되어 음이온을 형성한다. 끝으로 암모늄기로부터 양성자가 제거되어 이가 음이온을 형성한다. pI는 $pK_{a1}$과 $pK_{a2}$의 평균이며 3.0과 같다. 음이온 형태의 농도는 $pK_{a2}$과 $pK_{a3}$의 평균인 pH 6.9에서 최대이다. 그러므로 중성 pH에서 아스파르트산은 음이온 형태로 유리하게 존재한다. 글루탐산의 경우에도 대단히 유사하다.

리신, 아기닌 및 히스티딘과 같은 염기성 곁사슬을 가진 아미노산은 모두 7보다 큰 pI 값을 갖는다. 강한 산성용액에서 이가 양이온 형태로 존재하며 중성 pH에서 상당한 양의 양이온 형태와 쌍극자이온이 존재한다.

**문제 26.4** 왜 아스파르트산의 곁사슬에 있는 카복실산($pK_a$ = 3.9)은 아미노산의 주 카복실산기($pK_a$ = 2.0)보다 더 약한 산인가를 설명하여라.

**문제 26.5** 왜 글루탐산의 곁사슬에 있는 카복실산은 아스파르트산의 곁사슬에 있는 카복실산기보다 더 약한 산인가를 설명하여라.

### 예제 26.1

티로신의 이가 음이온 형태의 구조를 나타내어라.

**풀이**

티로신의 다양한 기의 p$K_a$를 표 26.1에 수록하였다. 강산에 존재하는 양이온 형태로부터 시작하여 먼저 양성자가 카복실산기(p$K_a$ = 2.2)로부터 제거되어 쌍극자를 형성한다. $\alpha$-$NH_3^+$(p$K_a$ = 9.2)로부터 다음 양성자가 제거되어 음이온을 형성한다. 곁사슬의 OH기(p$K_a$ = 10.5)로부터 마지막 양성자가 제거되어 이가 음이온 형태가 생성된다.

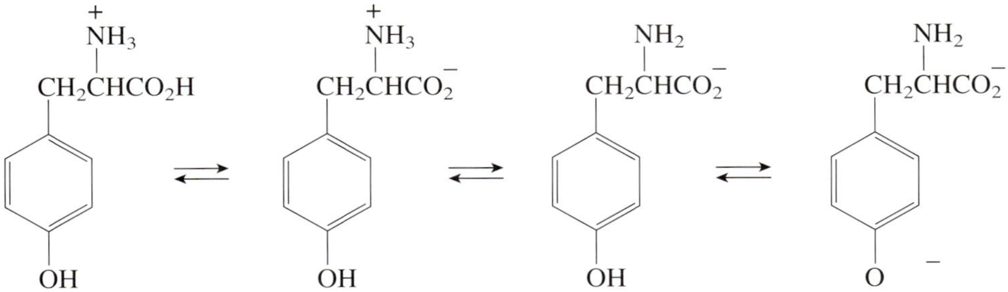


양이온형 쌍극자이온 음이온형 이가음이온형

**문제 26.6** 다음 화학종의 구조를 나타내어라.

**a)** 프롤린의 쌍극자이온

**b)** 시스테인의 음이온 형태

**c)** 아기닌의 양이온 형태

**문제 26.7**

**a)** 리신의 네 가지 다른 하전 형태를 나타내어라.

**b)** 리신에 대한 그림 26.1에 나타낸 것과 같은 도표를 그려라.

## 26.3 아미노산의 화학적 반응

아미노산은 아민과 카복실산의 전형적인 화학적 반응을 나타낸다. 예로 산은 Fischer 방법에 의해 에스터로 변환될 수 있다. 이 반응은 과잉의 산을 사용할 필요가 있다. 1 당량이 생성물의 아미노기와 반응하는 데 필요하기 때문이다. 다른 예로 아민은 산무수물과 반응하여 아마이드로 변환될 수 있다. 추가적인 예는 26.7에서 기술한 아미노산으로부터 펩타이드 제조에 사용되는 반응이다.

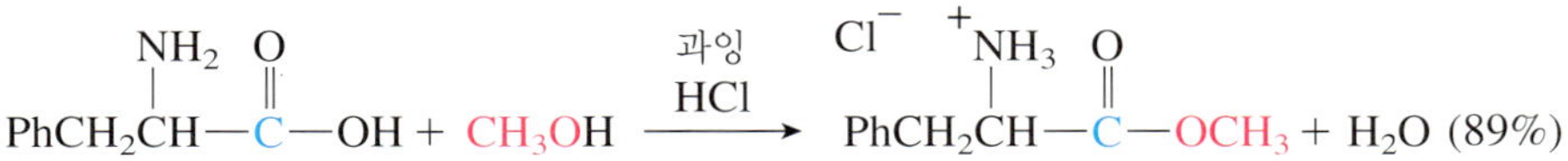

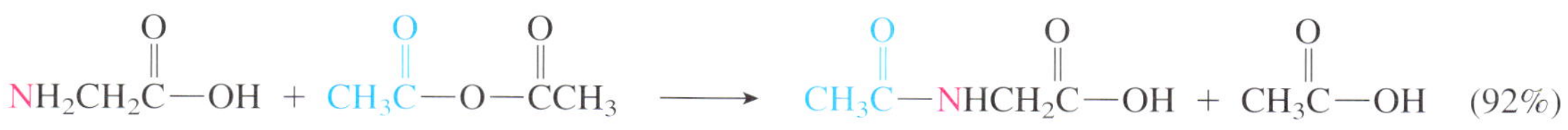

**문제 26.8** 다음 반응의 생성물을 나타내어라.

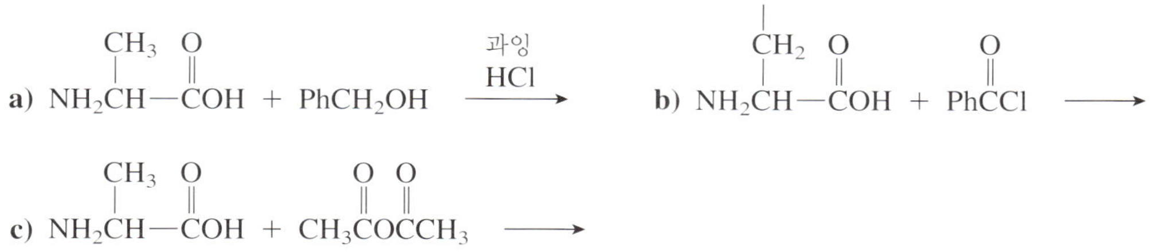

## 26.4 아미노산의 실험실적 합성

그들의 중요성 때문에 아미노산을 합성하는 몇 가지 실험실적 방법이 개발되었다. **Strecker 합성**에서 알데하이드를 NaCN과 $NH_4Cl$로 처리하여 아미노나이트릴을 형성하고 다음에 아미노산으로 가수분해한다.

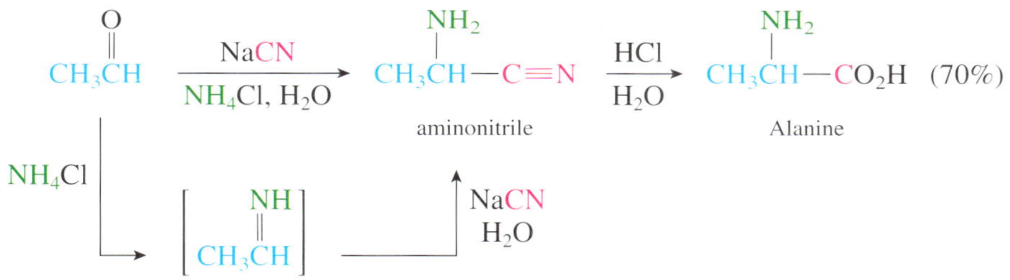


이 반응은 알데하이드와 염화암모늄의 초기반응으로 진행되어 이민을 형성한다. 알데하이드에 시안화물이 첨가되어 사이아노하이드린 형성과 유사한 반응으로 시안화물이 이민에 첨가된다. Strecker 합성의 마지막 단계는 나이트릴의 카복실산으로 가수분해이다.

다른 방법은 카복실산의 $\alpha$-탄소에 아미노기를 도입하는 것이다. 이것을 이루기 위하여 $\alpha$-탄소의 H를 이탈기로 작용하는 Br로 치환한다. Br은 친핵체로 $NH_3$를 사용한 $S_N2$ 반응에 의해 아미노기로 치환된다.

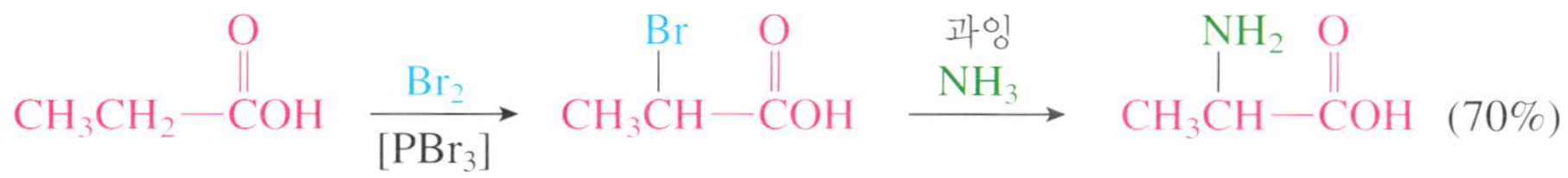

카복실산을 촉매량의 $PBr_3$와 $Br_2$로 처리하여 $\alpha$-탄소에 브롬을 도입한다. 이 과정을 **Hell-Volhart-Zelinsky 반응**으로 알려졌다. 이 반응은 엔올 중간체를 거쳐 진행된다. 카복실산은 엔올을 형성하기가 어렵기 때문에 적은 양의 브롬화 아실을 형성하

기 위하여 촉매량의 $PBr_3$를 가해준다. 브롬화 아실은 카복실산보다 더 쉽게 엔올화한다. 엔올에 브롬이 첨가되면 브롬화 $\alpha$-브로모아실이 생성된다(20.2절). 이것은 Br과 OH가 치환하는 과정에서 카복실산 분자와 반응하여 생성물과 다른 브롬화 아실을 형성한다. 브롬화 아실은 같은 순환을 일으킬 수 있다. 이 과정에 대한 메카니즘의 일부를 그림 26.2에 요약하였다.

**문제 26.9** Hell-Volhart-Zelinsky 반응에서 브롬화 아실의 산-촉매 엔올화에 대한 메카니즘의 모든 단계를 나타내어라.

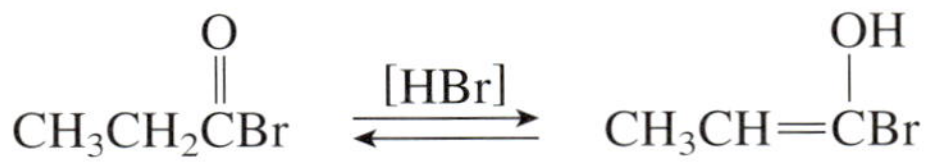

**그림 26.2** Hell-Volhart-Zelinsky 반응의 부분 메카니즘.

① 카보실산은 $PBr_3$와 반응하여 브롬화 아실을 형성한다. 반응의 이 부분에 대한 메카니즘은 염화 아실의 형성에 대해 기술한 메카니즘과 유사하다.

다음에 브롬화 아실은 $\alpha$-탄소에서 브롬화된다. 산 촉매 할로겐화 반응은 엔올을 통해서 진행된다.

② 브롬화 아실은 반응성이 커서 카복실산보다 더 용이하게 엔올을 형성한다.

③ 공명구조에서 볼 수 있는 것처럼 엔올의 이중결합은 전자가 풍부하여 친전자성 메카니즘에 의해 브롬이 빨리 첨가된다.

④ 양성자를 잃고 $\alpha$-브롬화 브롬화 아실이 생성된다.

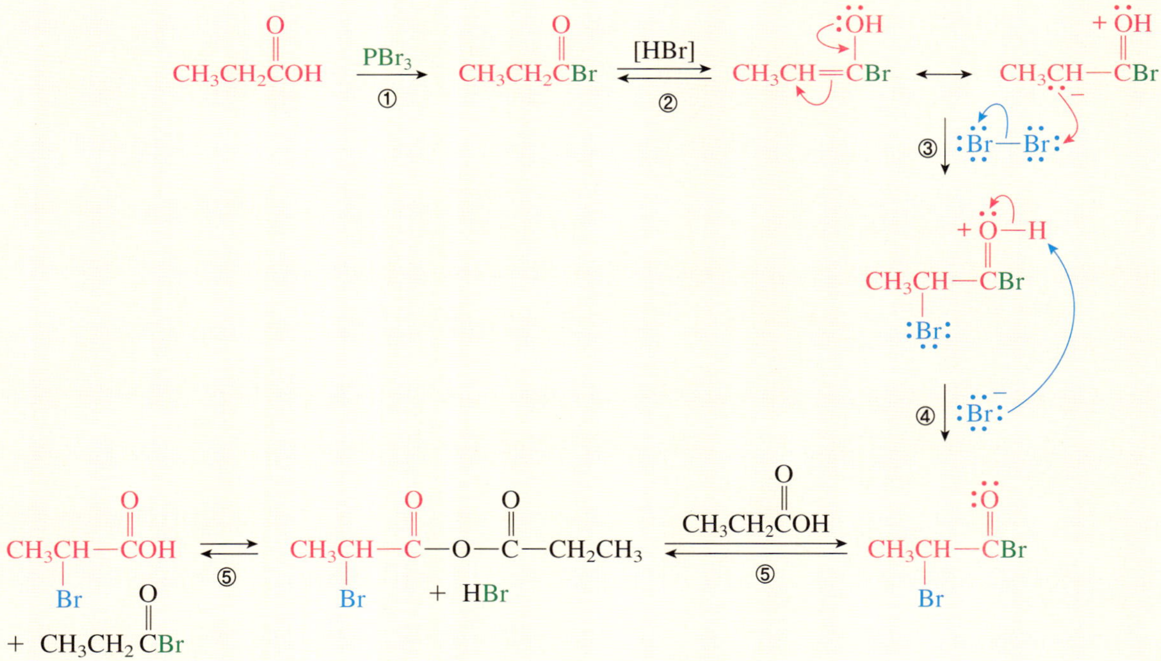

브롬화 아실은 메카니즘 2단계에 들어가서 엔올화를 일으키고 브롬화된다. 그러므로 촉매량의 $PBr_3$만이 필요하다.

⑤ 브롬화 아실의 브롬은 카복실산 다른 분자의 OH와 교환하여 $\alpha$-브롬화 산과 브롬화 아실을 생성한다. 이 교환반응은 무수물 중간체를 거쳐 진행된다.

세 번째 아미노산 합성은 α-브로모말론산 다이에틸로 시작한다. 먼저 Br을 Gabriel 합성을 사용한 보호된 아미노기로 치환한다. 다음에 아미노산의 곁사슬은 말론산 에스터 합성과 유사한 알킬화반응에 의해 첨가된다. 에스터와 아마이드결합의 가수분해 후 다이산의 카복시 이탈반응은 아미노산을 생성한다. 아스파르트산을 제조하는데 이 방법을 사용한 예를 다음 방정식으로 나타내었다.

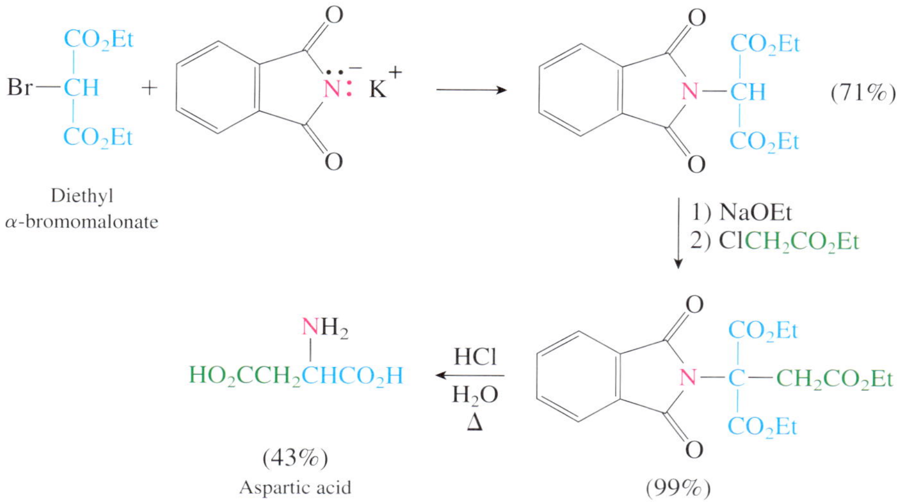


이 방법의 단점은 라세미 아미노산이 생성이다. 천연 아미노산 대신에 이 생성물을 사용하려면 먼저 분할을 해야 한다. 이것은 부분 입체이성질체 염을 제조하고 분리하는 종래의 방법을 사용하여 이루어진다. 다른 방법은 효소를 통한 자연의 도움을 받을 수 있다. 한 방법에서 라세미 아미노산을 산 무수물과 반응하여 아미이드로 변환한다. 다음에 라세미 아마이드를 탈아실화 효소로 처리한다. 효소는 아마이드를 아미노산으로 가수분해한다. 그러나 효소는 천연 L-아미노산의 아마이드와만 반응한다. L-아미노산을 가수분해되지 않은 D-아마이드와 쉽게 분리할 수 있다. 다음 방정식에서 메티오닌 분할하는데 이 과정의 사용을 설명하였다.

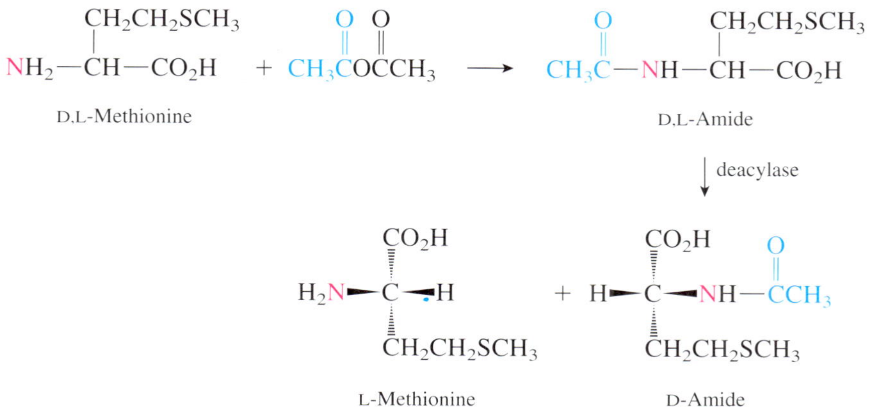

**문제 26.10** 다음 반응의 생성물을 나타내어라.

**a)** 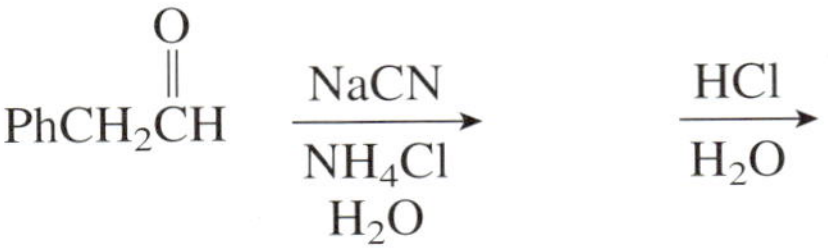

**b)** 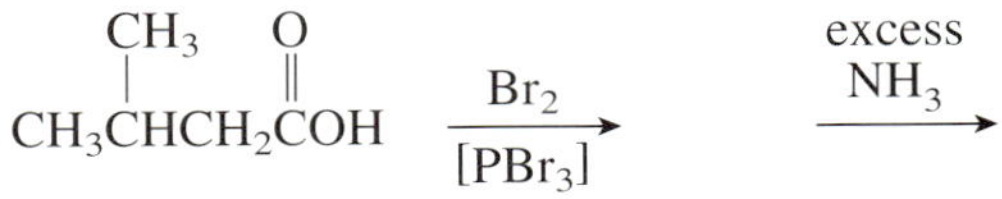

**c)** 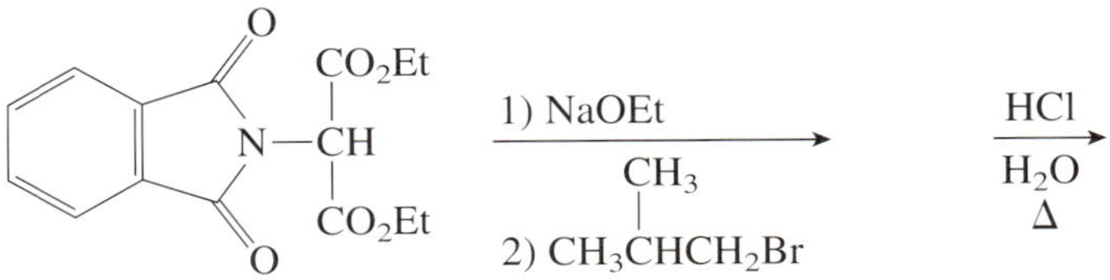

**문제 26.11** 다음 아미노산의 합성을 나타내어라.

**a)** Strecker 합성에 의한 루신

**b)** Hell-Volhart-Zelinsky 반응에 의한 페닐알라닌

**c)** $\alpha$-브로모말론산 다이에틸로부터 출발하여 트립토판

## 예제 26.2

다음 반응의 메카니즘에 대한 대표적 단계를 나타내어라.

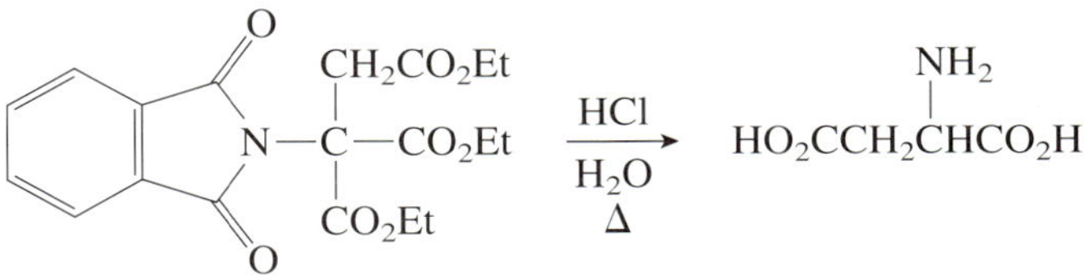

### 풀이

먼저 산 수용액에 의해 세 에스터 결합과 두 아마이드결합을 카복실산기로 가수분해한다. 이 반응에 대한 메카니즘을 19.5절에서 검토하였다. 에스터 가수분해는 그림 19.3에 나타낸 Fischer 에스터화 메카니즘의 꼭 역반응이다. 아마이드 가수분해는 이와 유사한 메카니즘에 의해 일어난다. 이 가수분해 단계의 생성물은 세 카복실산기와 두 아미노기이다. 이 산기의 둘은 같은 탄소에 결합되어 있기 때문에 한 카복실산기가 말론산 에스터 합성에 대해 20.4절에 기술한 고리화 메카니즘에 의해 이산화탄소로 제거된다.

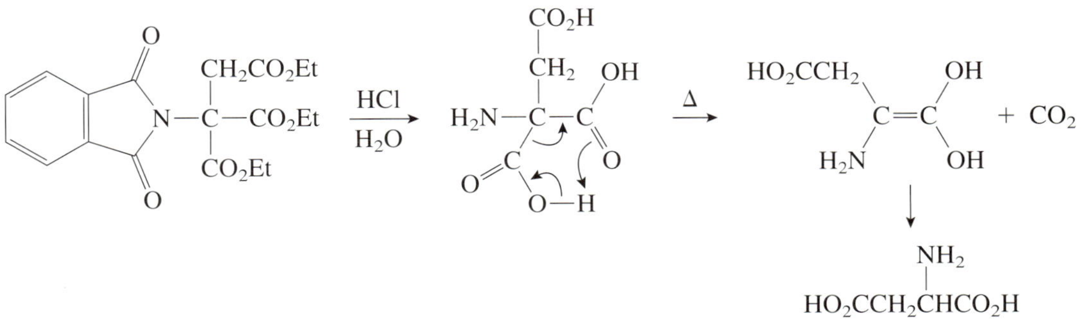

**문제 26.12** 카니랄 보조제로 폴린메틸에스터를 사용하는 방법에 의해 L-페닐알라닌을 합성하는 데 사용되는 출발 물질은 무엇인가?

## 26.5 펩타이드와 단백질

아미노산은 두 작용기를 갖기 때문에 아마이드결합을 형성하면서 축합 중합체를 생성하면서 반응할 수 있다. 이 중합체를 펩타이드, 폴리펩타이드 또는 단백질이라 부른다. 일반적으로 허용된 정의는 없지만, 단백질이라는 용어는 많은 아미노산 단위를 포함하고 있으며 수 천 또는 그 이상의 분자질량을 가진 천연 중합체에 사용된다. 펩타이드라는 용어는 더 작은 중합체에 사용된다.

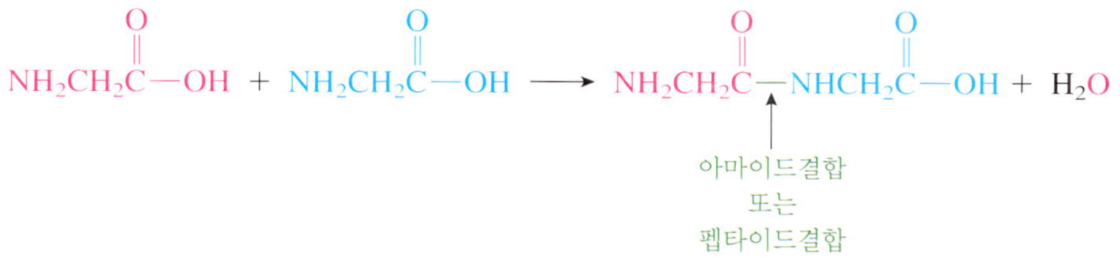


생화학자는 두 아미노산이 펩타이드결합에 의해 연결된다고 하지만 사실 펩타이드결합은 아마이드결합과 같다. 다소 복잡한 예를 들어보자. 네 아미노산으로 구성된 투프트신(Tuftsin)으로 알려진 식세포작용-흥분성의 테트라펩타이드는 폴리펩타이드와 단백질의 구조를 쓰는 데 사용되는 몇 가지 규칙을 설명하는 데 사용된다.

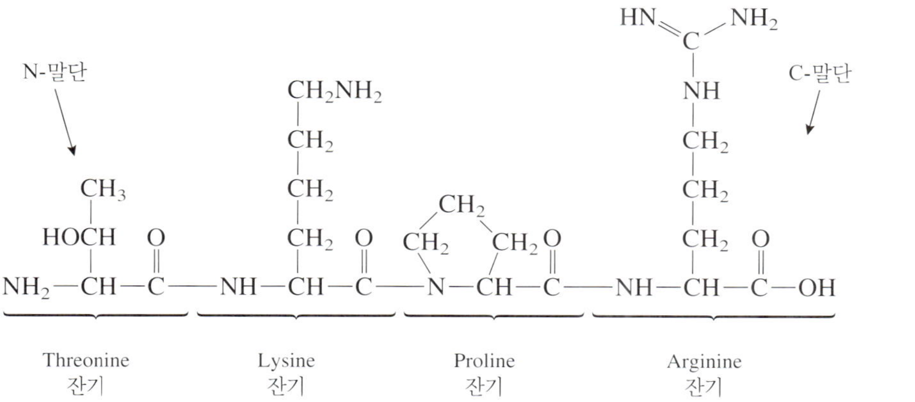


Tuftsin

규칙에 의하면 펩타이드는 N-말단이라 부르는 자유 아미노기의 말단이 왼편에 C-말단인 자유 카복실기의 말단이 오른편에 오도록 그린다. 이와 같은 적은 폴리펩타이드의 구조를 나타내는 데도 상당한 공간이 필요하므로 보통 각 아미노산에 대해 세-문자 약어를 사용하여 펩타이드와 단백질의 구조를 나타낸다(표 26.1을 보라). 그러므로 트레오닌 N-말단 아미노산에 이어 리신, 프롤린 및 끝으로 C-말단 아미노신으로 아기닌을 가진 투프트신은 다음과 같이 나타낸다.

Thr-Lys-Pro-Arg

아미노산의 N-말단은 왼편에 C-말단은 오른편에 약어로 나타낸다.

**문제 26.13** Phe-Val-Asp에 대한 완전 구조식을 나타내어라.

**문제 26.14** 이 폴리펩타이드에 있는 아미노산을 확인하여라. 아미노산에 대해 세 문자 약어를 사용하여 구조를 나타내어라.

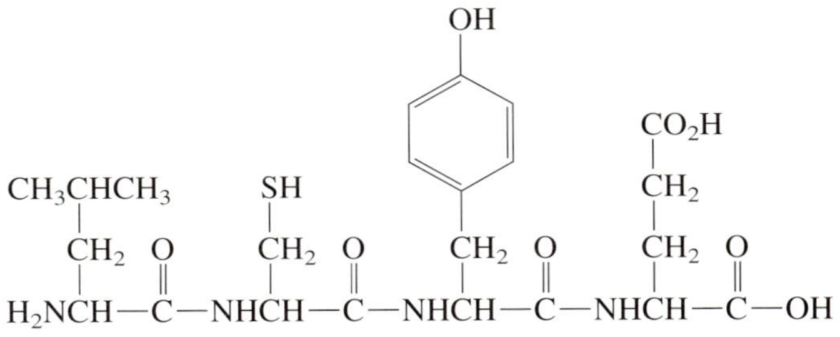

24장에서 검토한 중합체와 단백질을 비교해보자. 특정한 단백질의 모든 분자는 동일하다. 즉 그들은 같은 분자 질량과 같은 순서로 결합된 같은 수의 아미노산을 포함한다. 전형적인 축합 중합체는 다른 수의 단위체를 포함한 분자로 구성된다. 더 중요한 것은 단백질은 20개의 다른 단위체 단위의 결합으로 형성되기 때문에 단순한 축합 중합체보다는 대단히 복잡하다. 단백질에서 이 단위체들은 불규칙하게 결합되어 있지 않다. 특정한 단백질의 각 분자는 아미노산 단위의 동일한 순서를 갖는다. 특정한 단백질의 모양과 작용을 결정하는 것이 곁사슬의 순서이기 때문에 정확한 순서가 대단히 중요하다.

폴리펩타이드 또는 단백질에서 각 위치에 점유될 수 있는 20개의 다른 아미노산이 있기 때문에 가능한 구조의 수는 무한정이다. 예로 다이펩타이드를 고려해보자. N-말단 아미노산으로 20가지의 가능성이 있으며 C-말단 아미노산에 대해서도 20가지의 가능성이 있다. 그러므로 $(20)(20) = 20^2 = 400$ 다른 다이펩타이드가 존재한다. 중합체에 있는 아미노산의 수가 증가할수록 가능성이 수도 빨리 증가한다. 트라이펩타이드에 대해서는 $20^3 = 8000$가지 가능성이 있다. 100개의 아미노산을 포함한 폴리펩타이드는 $20^{100} = 1.27 \times 10^{130}$가지 가능성이 있다. 이와 같이 큰 수는 우리에게는 거의 의미가 없기 때문에 원근법으로 평가해보자. 우주에 있는 원자의 총수는 대략 $10^{80}$개로 간주된다. 100개의 아미노산을 포함한 가능한 폴리펩타이드의 수는 전 우주에 있는 총 원자 수보다 더 많다.

아마이드결합의 기하구조는 펩타이드 또는 단백질의 전체 모양을 결정하는 데 도움을 준다. 아마이드의 질소는 $sp^2$ 혼성이므로 질소에 있는 전자쌍은 카보닐기의 파이결합과 겹칠 수 있는 $p$ 궤도함수이다. 질소는 평면이므로 카보닐 탄소와 연결되는 결합은 이중-결합성이 있다. 즉 오른쪽의 구조는 아마이드에 대한 공명 혼성체에 중요한 기여를 한다.

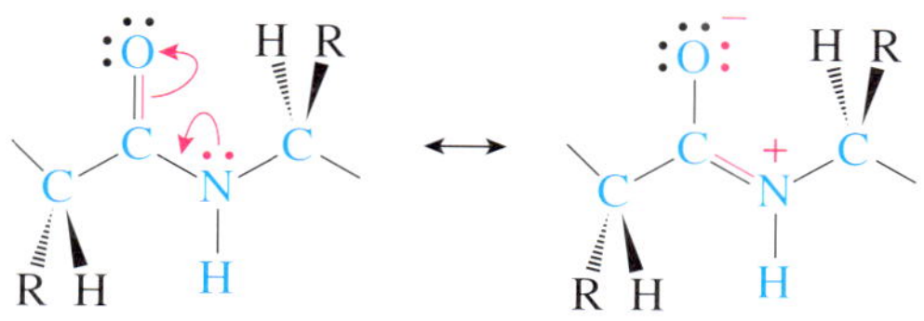

이것은 카보닐 탄소, 질소 및 이들에 결합된 두 원자는 같은 면에 놓여야 함을 의미한다. 가장 안정한 회전배열은 앞의 구조에서 나타낸 것처럼 탄소-질소부분 이중결합에 대해 붐비는 $\alpha$-탄소는 트랜스 관계에 있다.

단백질의 다른 중요한 특성은 중합체사슬에 시스테인 아미노산의 존재에 기인한다. 두 시스테인 잔기의 SH기는 다음 방정식에서 나타낸 것처럼 반응하여 이황화 결합을 형성한다.

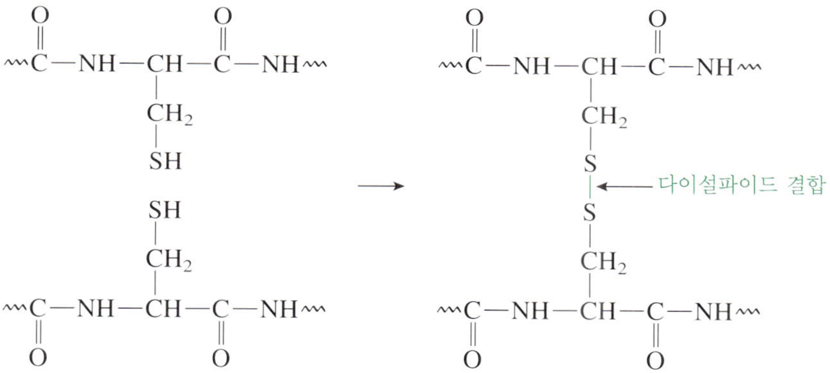


시스테인이 다른 폴리펩타이드 사슬의 일부라면, 생성되는 이황화결합은 사슬간의 교차결합으로 작용한다. 시스테인이 같은 폴리펩타이드 사슬의 일부라면, 생성되는 큰 고리는 펩타이드의 전체 모양을 결정하는 데 도움을 준다.

## 26.6 펩타이드의 배열

단백질에 있는 아미노산의 서열은 단백질의 작용을 결정하는 데 대단히 중요하다. 그러므로 상당한 노력이 아미노산 서열을 결정하는 방법을 개발하는 데 제공되었다. 과정은 항상 단백질에 존재하는 각 아미노산의 상대적 수의 결정으로부터 시작한다. 이렇게 하기 위하여 시료를 100~120°C에서 10~100시간 동안 6 *M* HCl로 처리하여 개개의 아미노산 성분으로 완전히 가수분해한다. 아마이드결합이 상당히 비활성이기 때문에 단백질을 완전히 가수분해하는 데 격렬한 조건이 필요하다. 아미노산은 몇 가지 형태의 크로마토그래피로 분리하고 각 아미노산의 상대적인 수를 결정한다.

**문제 26.15** 펩타이드를 높은 온도와 HCl, $H_2O$를 사용하여 완전히 가수분해할 때 왜 아스파라긴과 글루타민은 발견되지 않는가를 설명하여라. 그 대신 어떤 아미노산이 발견되겠는가?

분리와 검출과정은 자동화되어 있다. 원래의 아미노산 분석기에서 아미노산은 이온-교환 크로마토그래피에 의해 분리된다. 이 분석기를 개발한 W. H. Stein과 S. Moore은 리보핵산 가수분해효소의 구조결정에 대한 업적으로 1972년에 Novel 화학상을 수상하였다. 그들은 닌히드린과 반응하여 생성되는 자주 빛 유도체를 가시 분광법으로 검출한다. 더 현대적 방법으로 염화 단실과 반응하여 생성하는 유도체를 고성능 액체 크로마토그래피로 분리하였다. 단실기는 형광을 내므로 적은 량의 단실 아미노산이라도 검출할 수 있다. 현대 아미노산 분석기는 가수분해 단백질의 완전분석이 1시간 내에 이루어진다. 이 방법은 $10^{-12}$몰의 아미노산도 검출할 수 있을 정도로 예민하기 때문에 대단히 적은 양의 단백질만을 가수분해할 필요가 있다.

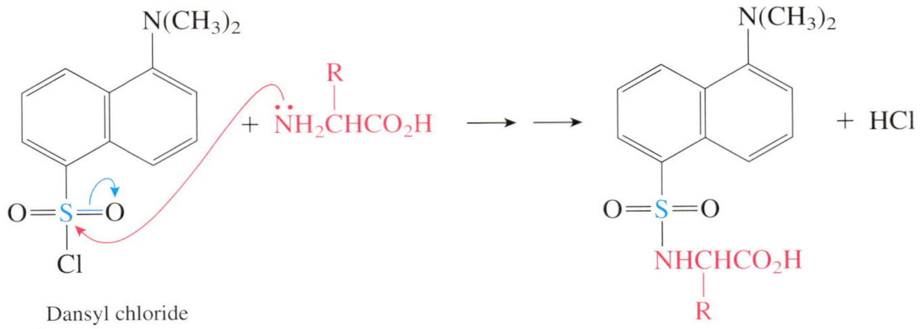

Dansyl chloride

물론 존재하는 각종 아미노산 수의 결정은 단백질 구조에 대한 해결의 일부분에 지나지 않는다. 아미노산의 서열을 결정해야 한다. 이것은 N-말단 아미노산만이 친핵성인 자유 $NH_2$기를 갖는다는 사실을 이용하여 이루어진다. 다른 모든 질소는 아마이드기의 일부이며 친핵성이 아니다.

한 방법에서 폴리펩타이드는 Sanger 시약, 2,4-다이나이트로플루오로벤젠(DNFB)과 반응한다. N-말단 아미노산의 친핵성 질소를 친핵성 방향족 치환반응에서 플루오린으로 치환한다(이 반응은 첨가-제거 반응 메카니즘에 따른다). 다음에 폴리펩타이드는 개개의 아미노산 성분으로 가수분해된다. 질소와 다이니트로페닐기간의 결합은 가수분해에 대해 저항하기 때문에 N-말단 아미노산을 표식할 수 있도록 가수분해 혼합물에서 쉽게 확인할 수 있다.

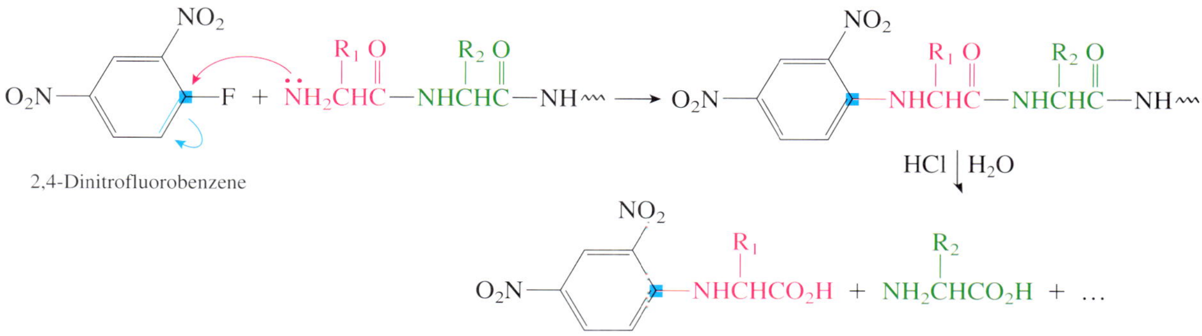

다른 방법에서 N-말단 아미노산의 질소는 염화 단실과 반응한다. 생성되는 설폰아마이드결합은 가수분해에 대해 저항하므로 N-말단 아미노산은 단실기로 표식할 수 있고 펩타이드결합을 가수분해한 후 쉽게 결정할 수 있다.

**문제 26.16** Sanger 시약과 아미노산의 반응에 대한 메카니즘의 모든 단계를 나타내어라. 왜 반응을 일으키는 데 나이트로기가 필요한가를 설명하여라.

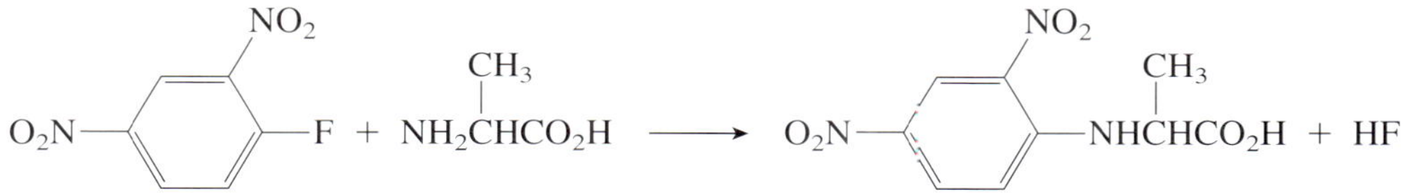

N-말단 분석의 가장 유용한 방법은 **Edman 분해**라 부른다. 이 방법은 다른 펩타이드결합을 가수분해하지 않고 N-말단 아미노산을 제거할 수 있고 그 단위요소를 결정할 수 있다. 반응은 처음에 싸이아이졸리논이 생성되고 산 수용액에 의해 페닐싸이오히단토인으로 자리옮김하고 고성능 액체 크로마토그래피로 확인한다.

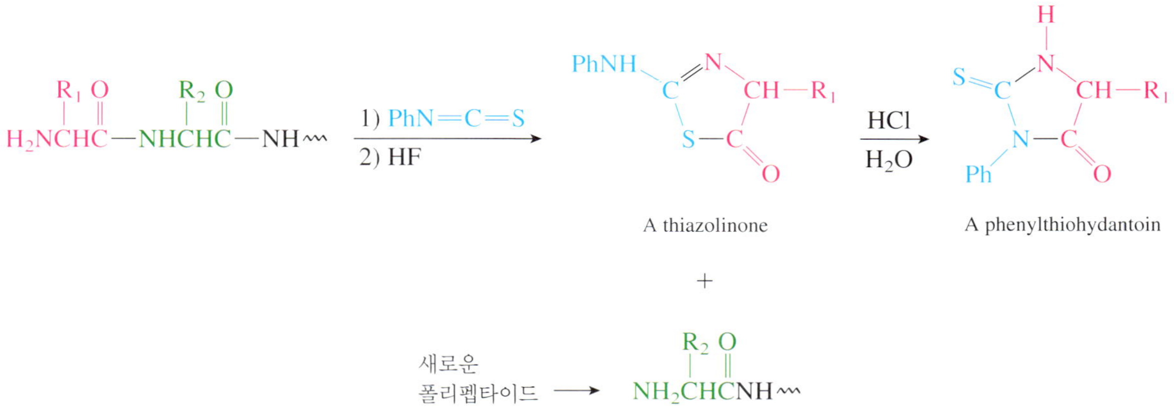

Edman 분해를 유용하게 하는 특성은 아미노산의 수가 하나 적은 새로운 폴리펩타이드가 분리될 수 있고 N-말단 아미노산을 확인하면 과정이 반복된다. 불완전한 반응과 부반응에 기인한 불순물이 마지막 제거한 아미노산의 확인이 불확실한 정도로 쌓이기 전에 40번 이상 순환되면서 제거와 N-말단 아미노산의 확인이 계속된다. Edman 분해반응도 자동화 되어있으므로 시간당 한 아미노산 잔기의 속도로 N-말단 끝으로부터 폴리펩타이드를 서열화 할 수 있다.

Edman 분해의 중요한 특성은 다른 펩타이드 결합의 절단 없이 N-말단 아미노산을 제거하는 것이다. 이것이 어떻게 일어나는가를 살펴보자. 반응의 메카니즘을 그림 26.3에 나타냈다. 먼저 N-말단 아미노산의 친핵성 질소는 아이소싸이오시안산 페닐의 친전자성 탄소를 공격한다. 다음 단계에서 무수 HF를 가해주면 싸이오유레아의 황은 분자내 친핵체로서 가장 가깝게 있는 펩타이드의 카보닐 탄소를 공격한다. 이 단계는 분자내 성격이며 5-원자고리를 형성하면서 N-말단 아미노산만이 선택적으로 절단된다. 이 반응에 대한 이부분의 메카니즘은 아마이드의 산-촉매 가수분해의 메카니즘과 대단히 유사하다. 그러나 물이 없기 때문에 황만이 친핵체로 작용할 수 있다. 황은 N-말단 아미노산의 카보닐 탄소에서 분자내 공격을 할 수 있는 이상적인 위치에 있다.

**그림 26.3** Edman 분해의 부분 메카니즘.

① 펩타이드의 N-말단 친핵성 질소는 아이소싸이오시안산 페닐의 친전자성 탄소를 공격한다. 이 탄소는 카보닐 탄소와 유사하며 친전자성이다. 양성자가 이동한 후 싸이오유레아가 형성된다.

② 싸이오유레아는 무수 HF로 처리하면 절단된다. 먼저 카보닐기의 산소가 양성자화된다.

③ 다음에 싸이오유레아의 황은 분자 내 친핵체로 작용하여 카보닐 탄소를 공격한다. 이 과정은 5-원자고리가 형성되기 때문에 특히 유리하다.

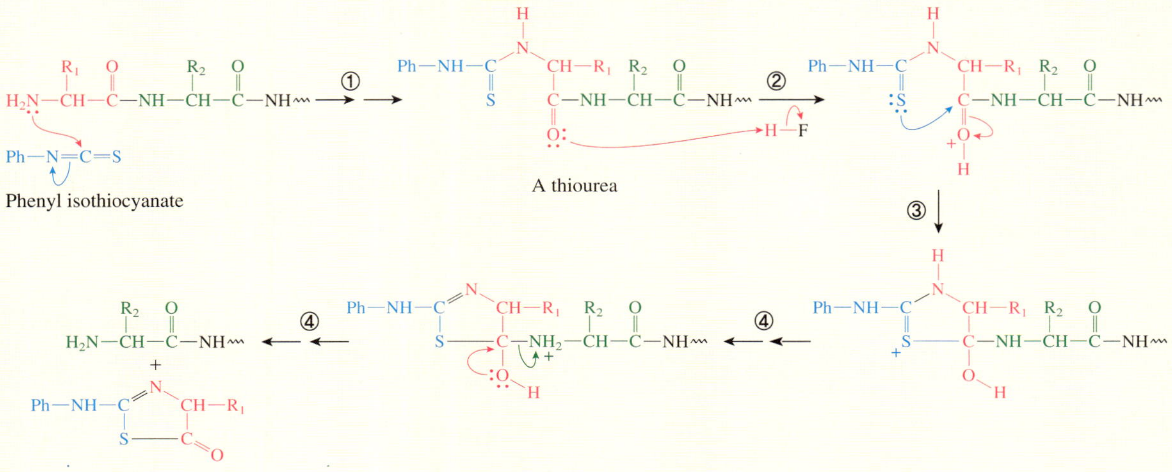


④ 몇 개의 양성자가 이동한 후 아마이드 질소는 이탈된다. 전체적으로 이 메카니즘은 산-촉매 가수분해와 유사하지만 친핵체는 물보다는 황이다. 물이 없기 때문에 황 친핵체는 가장 가까운 카보닐기에 도착할 수 있다. 그러므로 N-말단 아미노산만이 절단된다.

**문제 26.17** 이 반응의 생성물을 나타내어라.

a) 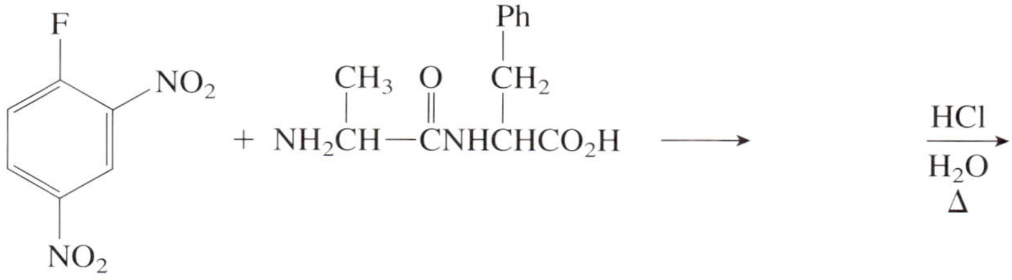

b) 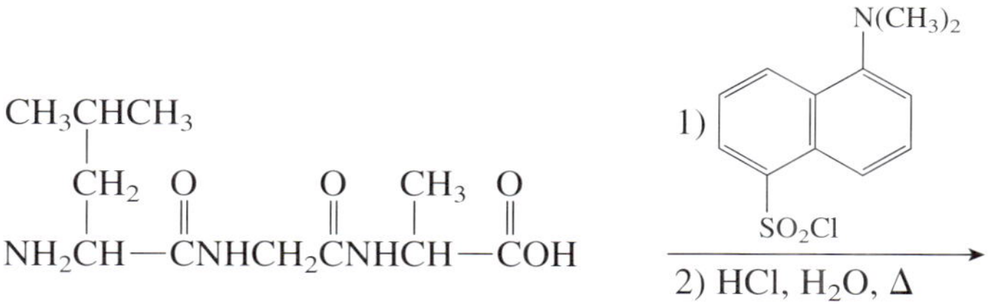

c) 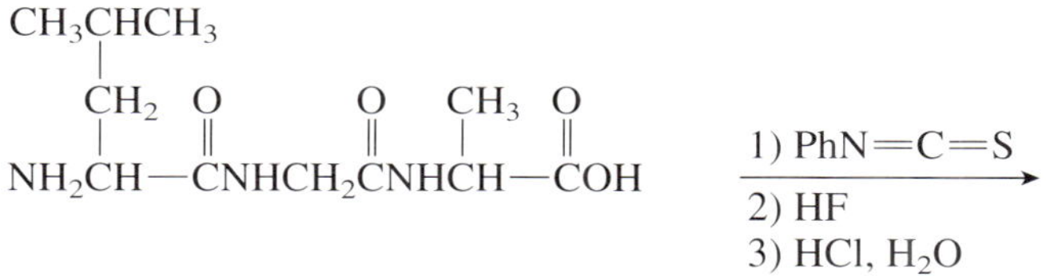

d) 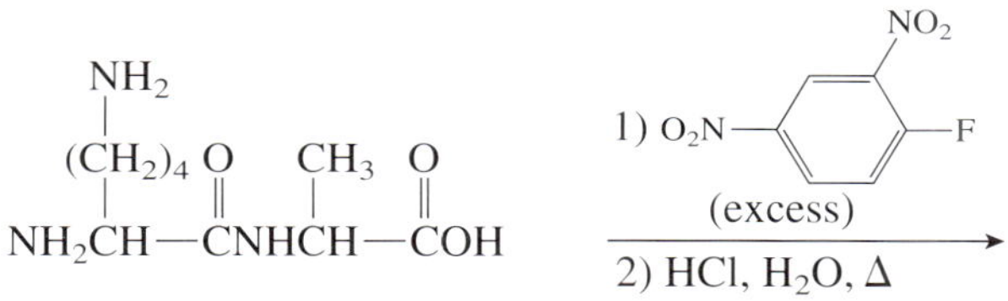

**26.18** Sanger 시약과 반응 후 가수분해하면 트라이펩타이드는 다음 생성물을 형성한다. 트라이펩타이드에 대한 가능한 서열은 무엇인가?

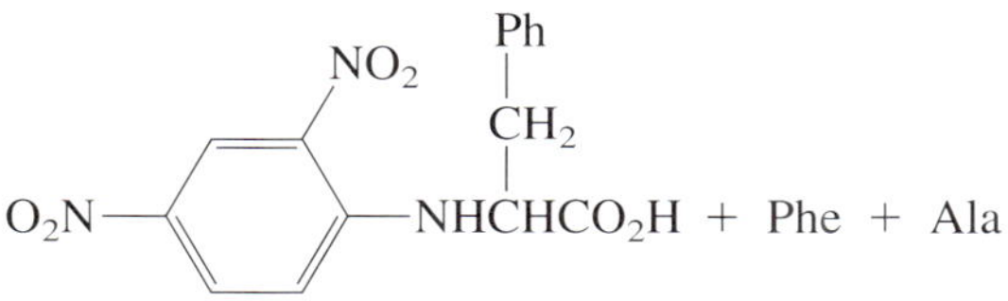

40~60 아미노산 잔기만을 Edman 분해에 의해 결정할 수 있기 때문에 더 큰 단백질에 대해 추가적인 방법이 필요하다. C-말단 아미노산의 결정은 단백질을 카복시펩티다아제로 처리하여 이루어질 수 있다. 이 효소는 선택적으로 C-말단 아미노산의 가수분해를 촉진한다. 첫 번째 아미노산을 제거한 후 효소는 두 번째 아미노산을 절단하기 시작한다. 아미노산이 나타나는 속도에 따라 이 효소에 의한 단백질의 C-말단 끝에서 처음 몇 개의 아미노산을 결정할 수 있다. 그러나 효소는 다른 속도

로 다른 펩타이드결합을 가수분해하므로 반응혼합물이 더 복잡해지기 전에 몇 개의 아미노산만을 확인할 수 있다. 대부분의 단백질은 N-말단과 C-말단 분석을 사용하여 완전히 서열을 결정하기에는 너무 크다. 이런 경우에는 위의 두 방법을 사용하여 개별적으로 서열을 결정할 수 있는 더 작은 토막으로 단백질을 절단할 필요가 있다. 무작위한 가수분해 절단을 사용할 수 있지만 단백질의 특정한 위치를 절단하는 효소를 사용하는 것이 더 보편적이다. 예로 효소 트립신은 단백질에서 양으로 하전된 곁사슬을 가진 아미노산 다음을 절단한다. 즉 염기성 아미노산 리신과 아기닌 다음을 절단한다. 키모트립신은 방향족 곁사슬을 가진 아미노산, 티로신, 트립토판, 및 페닐알라닌 다음을 절단한다.

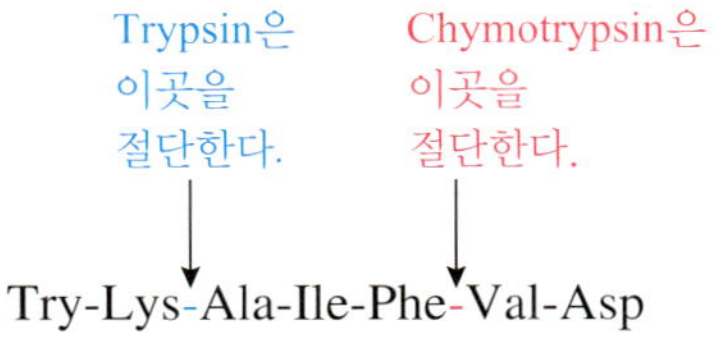


한 토막의 아미노산 서열을 다른 토막이 어떻게 결합되어 있는가를 결정하는 데 사용할 수 있도록 몇 가지 절단이 이루어진다.

마지막 문제는 어느 시스테인이 이황화 결합에 의해 연결되는가를 결정하는 것이다. 처음 서열 결정을 시도하기 전에 보통 이황화결합을 과폼산과 산화성 절단 또는 2-머캅토에탄올과 환원성 절단에 의해 절단한다.

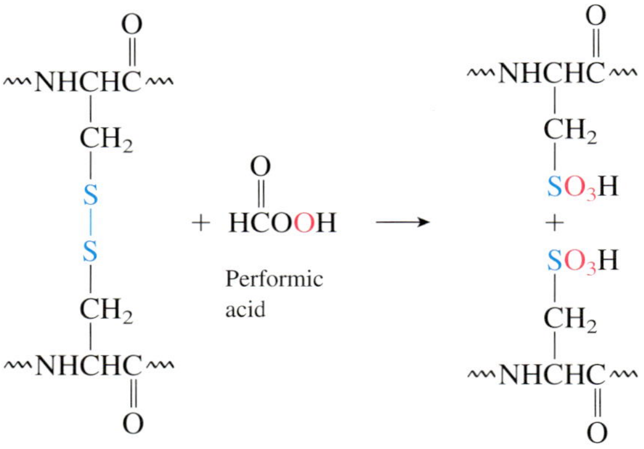


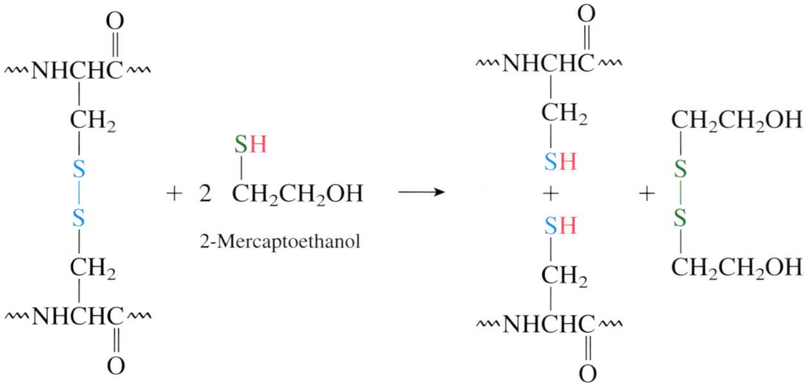

개개의 사슬의 서열을 결정한 후 단백질 시료를 이황화결합을 절단하지 않고 부분 가수분해한다. 손상되지 않은 이황화결합을 포함한 토막의 서열을 결정한다.

이 방법에 의해 서열이 결정된 첫 번째 단백질은 인슐린이다. 이것은 1953년에 Fredrick Sanger가 지휘하는 연구팀에 의해 이루어졌다. Sanger는 이 업적으로 1958년 Novel 화학상을 수상하였다. Sanger는 쉽게 얻을 수 있고 상당히 작기(51 아미노산) 때문에 인슐린을 선택하였다. 이런 형태의 문제를 해결하는 데 사용되는 방법을 찾기 위하여 사용된 많은 실험 중 몇 가지를 검토해보자.

## 실험 1

인슐린은 Sanger 시약과 반응하고 완전히 가수분해된다. 두 아미노산 글라이신과 페닐알라닌은 2,4-다이나이트로페닐기로 표식할 수 있다.

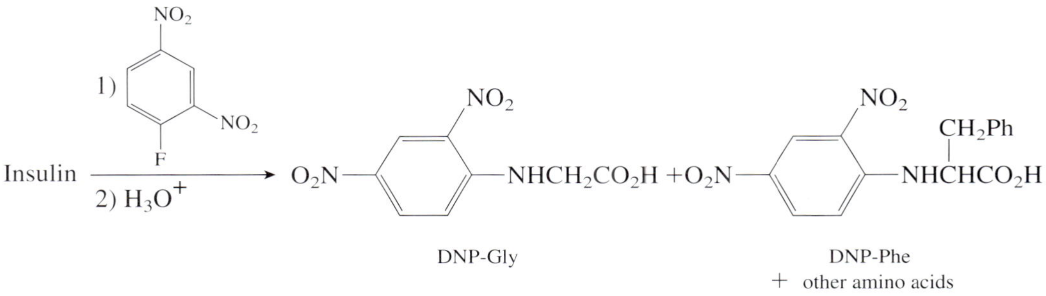


이 실험은 두 아미노산이 DNP기로 표식되기 때문에 두 N-말단 아미노산이 있다는 것을 나타내준다. 그러므로 이황화결합으로 연결된 두 개의 폴리펩타이드 사슬이 존재한다. 하나는 N-말단에 글라이신을 가지며 다른 하나는 페닐알라닌을 갖는다.

## 실험 2

인슐린은 과폼산과 반응하여 이황화 다리가 절단된다. 두 폴리펩타이드, 21 아미노산을 가진 폴리펩타이드와 30 아미노산을 가진 폴리펩타이드가 이 반응으로부터 분리된다. 폴리펩타이드 B는 Sanger 시약과 반응하여 다음에 부분적으로 가수분해된다. 이것은 개개의 아미노산, 다이펩타이드, 트라이펩타이드 등을 포함한 복잡한 생성물을 형성한다. N-말단 아미노산에 있는 다이나이트로페닐기를 가진 모든 펩타이드는 혼합물로부터 분리된다. 표식된 펩타이드는 크로마토그래피로 분리하고 각 성분은 가수분해한다. 다음과 같은 결과를 얻는다.

$$\text{성분 1} \xrightarrow[\Delta]{H_3O^+} \text{DNP-Phe} + \text{Val}$$

$$\text{성분 2} \xrightarrow[\Delta]{H_3O^+} \text{DNP-Phe} + \text{Val} + \text{Asp}$$

$$\text{성분 3} \xrightarrow[\Delta]{H_3O^+} \text{DNP-Phe} + \text{Val} + \text{Asp} + \text{Glu}$$

이 실험은 Phe가 DNP로 표식되기 때문에 펩타이드 B의 N-말단 아미노산이 된다. 성분 1의 가수분해로부터 Val은 Phe에 결합되어야 한다. 성분 2의 가수분해로부터 Asp는 Val에 결합된다. 성분 3의 가수분해로부터 Glu는 Asp에 결합된다. N-말단에서 출발하여 펩타이드 B의 처음 네 아미노산의 서열은 Phe-Val-Asp-Glu이다.

### 실험 3

폴리펩타이드 B에는 두 Cys 잔기가 있다는 것이 알려졌다. Cys-포함 펩타이드는 모두 가수분해 혼합물로부터 분리할 수 있다. 이것은 산화된 시스테인 잔기의 강한 산성 설폰산 곁사슬에 의해 이루어진다. 이들 펩타이드는 크로마토그래피에 의해 분리할 수 있다. 다음에 각각을 Sanger 시약과 반응하고 가수분해한다. 개개의 아미노산을 확인한다. 다음 성분을 확인하였다.

$$\text{성분 1} \xrightarrow[\text{2) } H_3O^+,\ \Delta]{\text{1) DNFB}} \text{DNP-Val} + \text{Cys}$$

$$\text{성분 2} \xrightarrow[\text{2) } H_3O^+,\ \Delta]{\text{1) DNFB}} \text{DNP-Leu} + \text{Cys}$$

$$\text{성분 3} \xrightarrow[\text{2) } H_3O^+,\ \Delta]{\text{1) DNFB}} \text{DNP-Val} + \text{Cys} + \text{Gly}$$

$$\text{성분 4} \xrightarrow[\text{2) } H_3O^+,\ \Delta]{\text{1) DNFB}} \text{DNP-Leu} + \text{Cys} + \text{Gly}$$

$$\text{성분 5} \xrightarrow[\text{2) } H_3O^+,\ \Delta]{\text{1) DNFB}} \text{DNP-Leu} + \text{Cys} + \text{Val}$$

성분 1은 Val-Cys를 나타내며 성분 2는 Leu-Cys를 나타낸다. 성분 3은 두 Cys 잔기가 아미노기 끝에 Val와 Leu가 결합되어 있기 때문에 Val-Cys-Gly를 나타낸다. 그러므로 Val-Gly-Cys는 가능하지 않다. 성분 4는 같은 이유로 Leu-Cys-Gly를 나타낸다. 성분 5는 Leu-Val-Cys를 나타낸다. Val은 성분 3과 4로부터 얻은 정보에 의해 Cys의 카복실 끝에 결합될 수 없기 때문이다. 그러므로 두 작은 부분의 서열은 Leu-Val-Cys-Gly와 Leu-Cys-Gly이다.

이 실험은 인슐린의 서열을 결정하는 과제의 작은 부분에 불과하다. 전체적으로 이 과제에 대해 Sanger 밑에서 많은 과학자들이 연구였으며 이 과제를 수행하는데 10년이 걸렸고 100 g의 단백질을 사용하였다. 오늘날에는 이와 같은 간단한 단백질의 서열을 Edman 방법을 적용한 자동서열 결정기기를 사용한 숙련된 기술자에 의해 며칠 만에 결정될 수 있고 수 밀리그램의 시료만이 필요하다. 또는 서열은 질량분광법을 사용한 방법에 의해 결정될 수 있다. 또는 DNA 서열로부터 직접 읽을

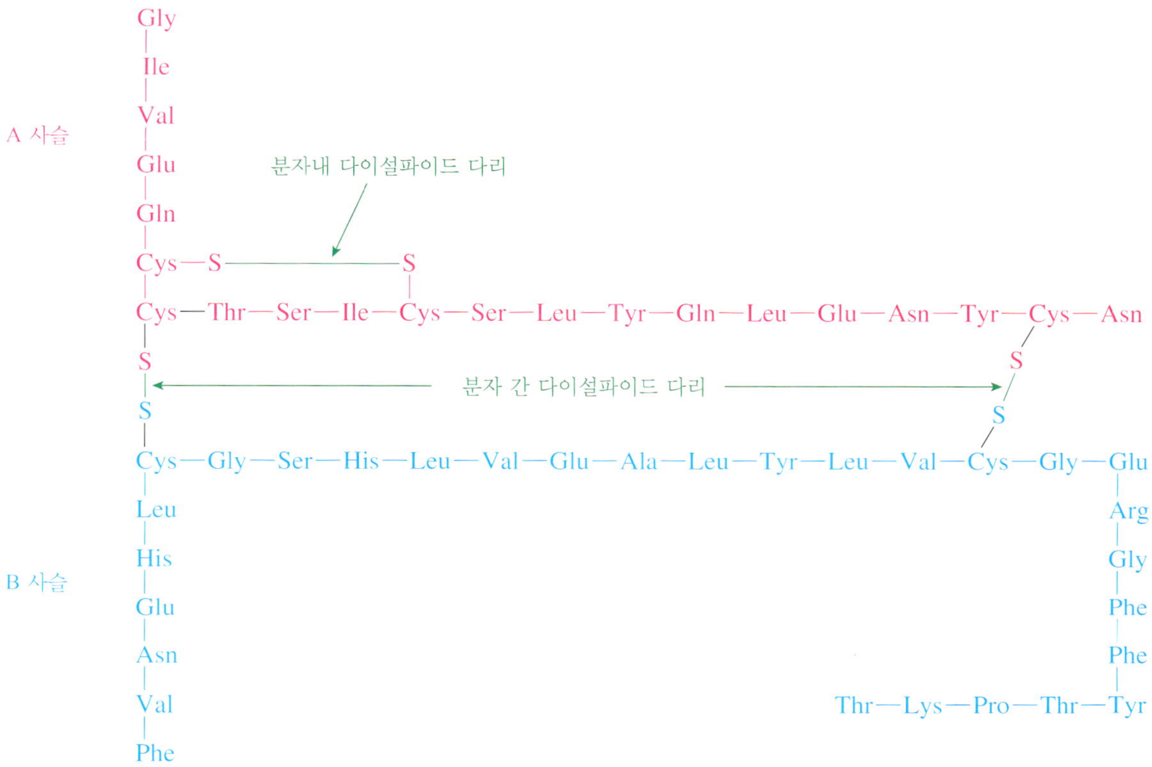


**Insulin**

## 26.7 펩타이드의 실험실적 합성

실험실에서 폴리펩타이드의 합성은 24장에서 기술한 폴리아마이드의 합성보다 더 복잡하다. 한 개 이상의 단위체가 사용되어야 하고 결합 순서를 조심해서 조절해야 하기 때문이다. 예로 다이펩타이드 Gly-Ala를 제조한다고 생각해보자. 글라이신과 알라닌을 직접 가열할 수는 없다. 약간의 원하는 다이펩타이드를 생성하기는 하지만 다음 방정식으로 나타낸 것처럼 다른 다이펩타이드와 트라이펩타이드를 포함한 다른 생성물을 형성한다.

$$\underset{\text{Glycine}}{NH_2CH_2CO_2H} + \underset{\text{Alanine}}{NH_2CH(CH_3)CO_2H} \xrightarrow{\Delta} \underset{\text{Gly-Ala}}{NH_2CH_2C(=O){-}NHCH(CH_3)CO_2H} + \underset{\text{Ala-Gly}}{NH_2CH(CH_3)C(=O){-}NHCH_2CO_2H}$$

$$+ \text{Gly-Gly} + \text{Ala-Ala} + \text{Gly-Ala-Gly} + \text{Gly-Ala-Ala} + \ldots$$

이 반응에서 문제는 너무 많은 활성인 작용기가 있다는 것이다. 두 아미노기와 두 카복실산기이다. 조절방법에 의해 원하는 다이펩타이드를 제조하기 위하여 알라닌의 아미노기와 글라이신의 카복실산기만이 반응할 수 있도록 화합물의 반응성을 제한할 필요가 있다. 이것은 원하지 않은 반응에서 작용기에 대해 보호기를 사용하여 이루어진다. 다이펩타이드의 합성은 글라이신의 아미노기와 알라닌의 카복실산기를 먼저 보호하여 수행한다. 아마이드결합을 형성하기 위하여 보호된 글라이신의 카복실산기는 더 활성인 유도체로 변환함으로 활성화된다. 다음에 보호된 알라닌을 가해준다. 마지막 단계에서 보호기는 새로 형성된 아마이드결합을 절단하지 않고 제거해야 한다.

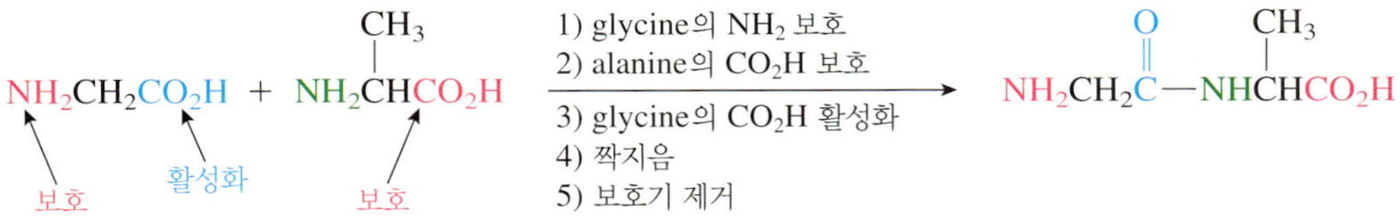


아미노기는 보통 보호를 위해 아마이드로 변환된다. 그러나 펩타이드의 아마이드결합을 절단하지 않고 제거되어야 하는 것이 보호기의 특성이 된다. 많은 수의 다른 보호기가 개발되었지만 가장 보편적인 것은 *t*-뷰톡시카보닐(BOC)기와 벤질옥시카보닐기이다. BOC기는 무수물을 사용해서 첨가되고 묽은 산으로 처리하여 쉽게 제거할 수 있다.

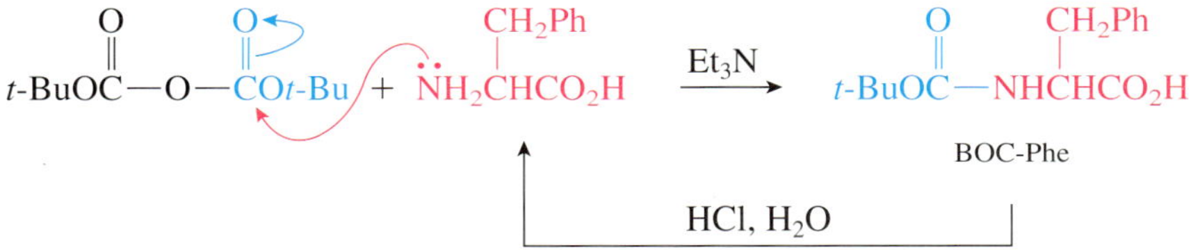


벤질옥시카보닐기는 염화 아실을 사용하여 첨가되고 가수소분해로 쉽게 제거할 수 있다.

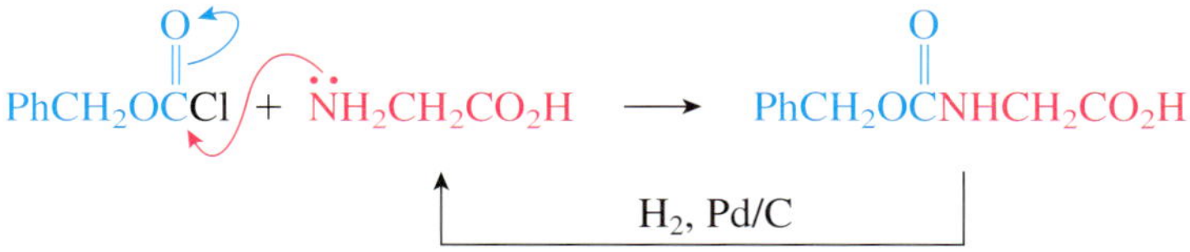


**문제 26.19** 다음 반응에 대한 메카니즘의 모든 단계를 나타내어라.

**a)** 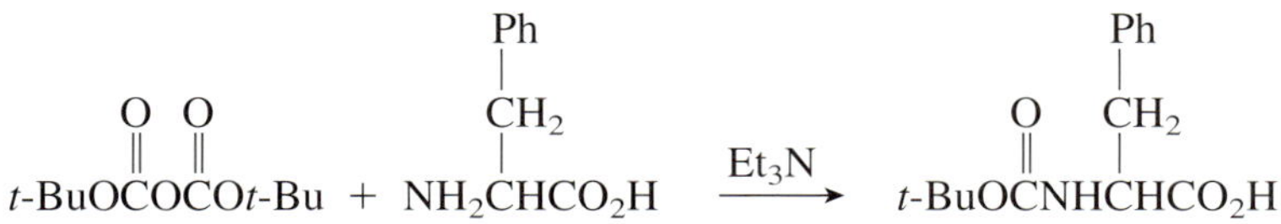

**b)** 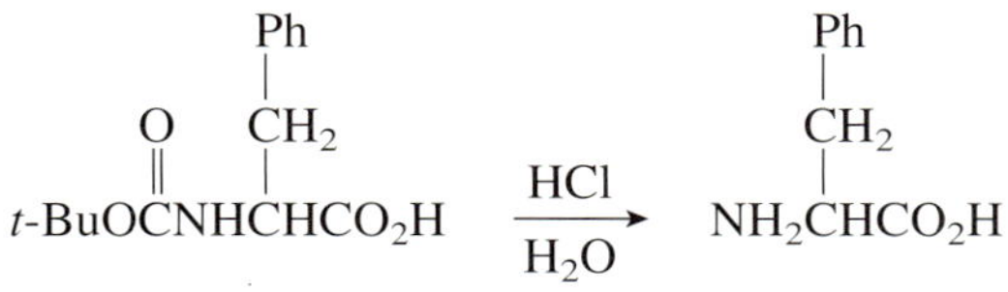

c) $\mathrm{PhCH_2O\overset{O}{\overset{\|}{C}}Cl + NH_2CH_2CO_2H \longrightarrow PhCH_2O\overset{O}{\overset{\|}{C}}NHCH_2CO_2H}$

---

카복실산기는 보통 에스터로 보호 된다. 에스터는 아마이드보다 더 활성이기 때문에 펩타이드의 아마이드 결합 절단 없이 가수분해에 의해 이 보호기를 제거할 수 있다.

카복실산과 아민이 아마이드를 형성하기 위하여 카복실산은 활성화 되어야한다. 즉 이것은 더 활성인 작용기로 변환되어야 한다. 정상적인 유기반응에서 염화아실로의 변환이 가장 보편적인 변환방법이다. 그러나 염화 아실은 대단히 반응성이 크기 때문에 부반응에 의해 펩타이드 합성의 수들률이 높지 않다. 그러므로 아마이드 결합형성을 위해 더 온화한 방법이 적용된다. 한 방법은 카복실산이 클로로폼산 에틸과 반응하여 무수물을 생성하는 것이다. 무수물을 아민으로 처리하면 아마이드가 생성된다.

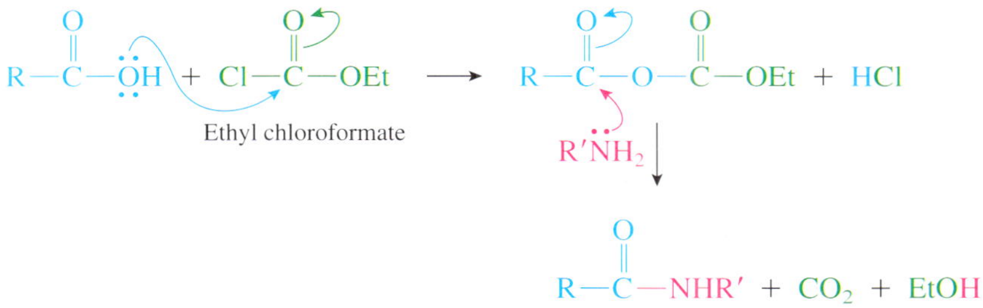


---

**문제 26.20** 다음 반응에 대한 메카니즘의 모든 단계를 나타내어라.

a) $\mathrm{R\overset{O}{\overset{\|}{C}}OH + Cl\overset{O}{\overset{\|}{C}}OEt \longrightarrow R\overset{O}{\overset{\|}{C}}O\overset{O}{\overset{\|}{C}}OEt \quad R\overset{O}{\overset{\|}{C}}O\overset{O}{\overset{\|}{C}}Cl}$

형성 　　형성되지 않음

앞 반응에서 왜 두 번째 생성물이 형성되지 않는지를 설명하여라.

b) $\mathrm{R\overset{O}{\overset{\|}{C}}O\overset{O}{\overset{\|}{C}}OEt + R'NH_2 \longrightarrow R\overset{O}{\overset{\|}{C}}NHR' + CO_2 + EtOH}$

왜 아민은 오른편이 아니라 왼편 카보닐기를 공격하는가를 설명하여라.

---

펩타이드합성에서 아마이드결합 형성의 가장 보편적인 방법은 짝지음 시약으로 다이사이클로헥실카보다이이미드(DCC)의 사용이다.

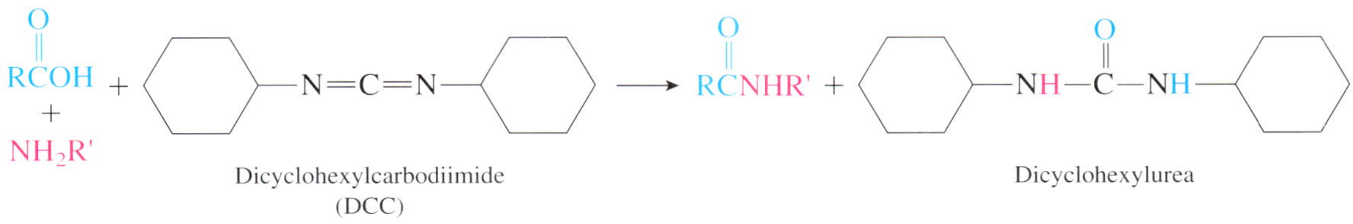

① DCC의 탄소는 대단히 친전자성이다. 카복실산의 산소는 친핵체로 작용하여 알데하이드 또는 케톤의 카보닐기에 대한 친핵성 첨가와 유사한 반응에서 CN 이중결합에 첨가된다(18장).

② 양성자 이동은 첨가반응을 완성한다.

이 화합물은 무수물과 유사하지만 CO 이중결합이 아니라 CN 이중결합을 갖는다.

③ 무수물의 반응과 같이 아민 친핵체는 카보닐 탄소를 공격한다.

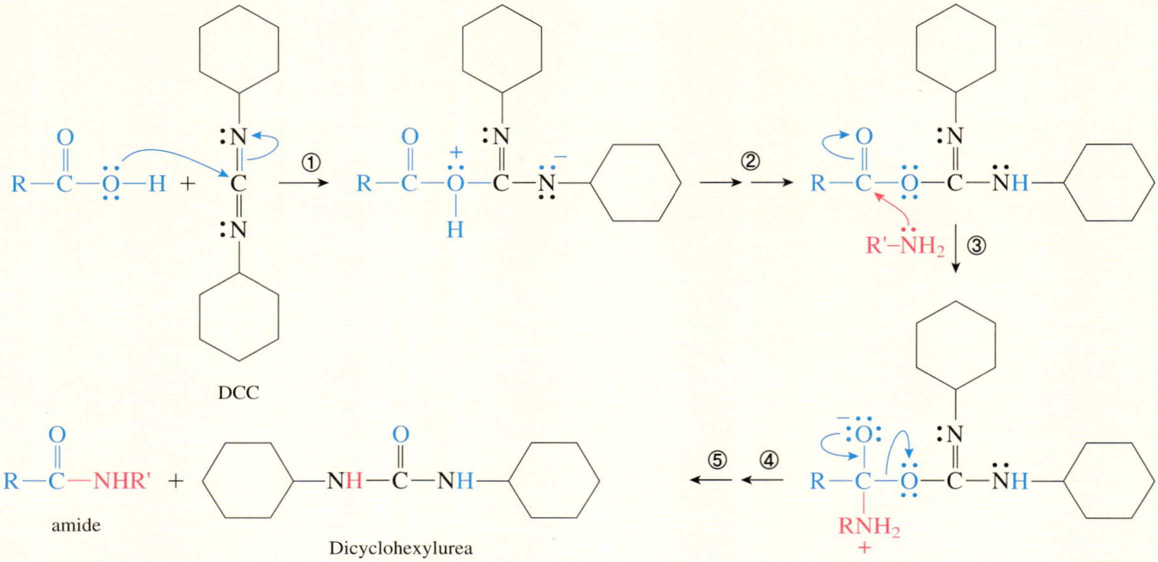


⑤ 양성자 이동은 아마이드와 다이사이클로헥실유레아를 형성한다.

④ "무수물"의 산소는 이탈된다.

**그림 26.4** 다이사이클로헥실카보다이이미드를 사용한 아마이드형성의 메카니즘

DCC에 의해 촉진되는 아마이드형성에 대한 메카니즘을 그림 26.4에 나타냈다. 먼저 카복실산이 DCC와 반응하여 카보닐기 하나 대신에 탄소-질소 이중결합을 가진 무수물과 유사한 중간체를 형성한다. 이 유사-무수물이 아민과 반응하면 다이사이클로헥실유레아, 부산물과 같이 아마이드가 생성된다. 다른 많은 짝지음 시약과 보호기는 개발되었으나 여기서 사용한 것이 가장 보편적인 것이고 포함된 원리를 설명하고 있다.

**문제 26.21** 다음 반응의 생성물을 나타내어라.

a) 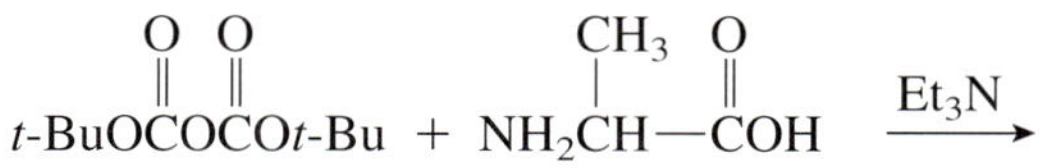

b) 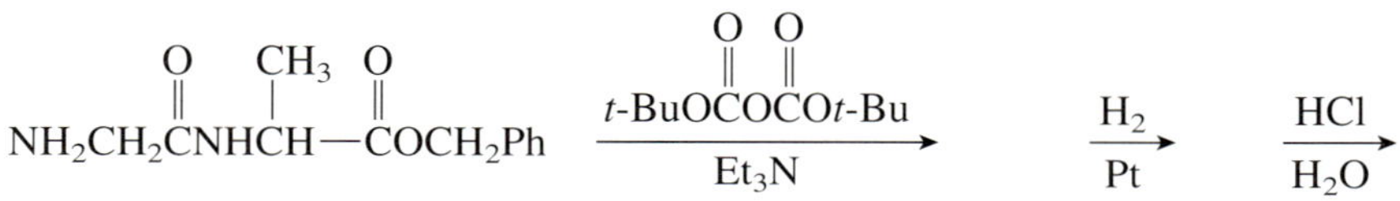

c) 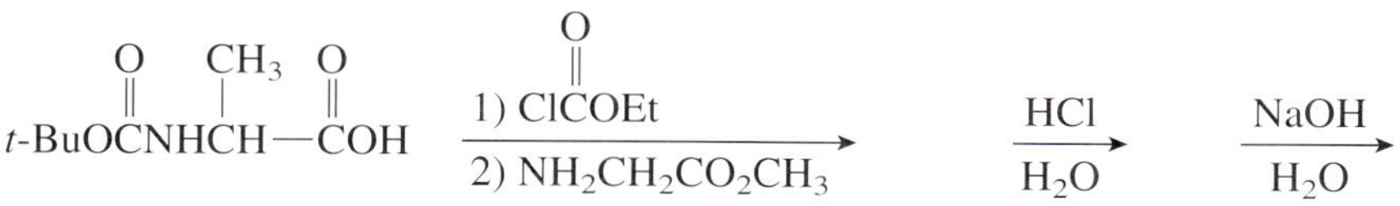

d) 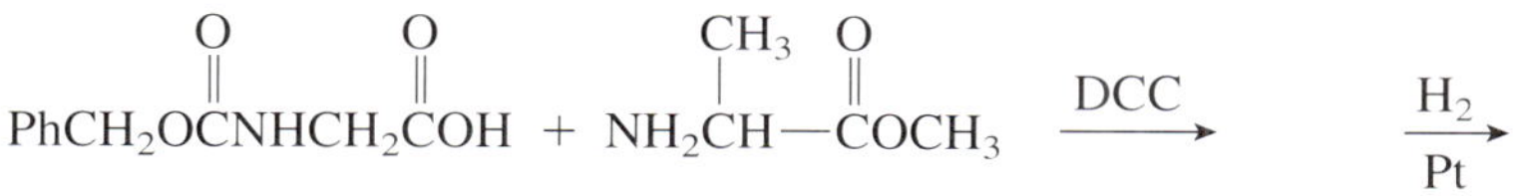

Gly-Ala의 합성을 고려해보자. 먼저 글라이신의 아미노기를 보호한다(현재 아미노산은 BOC로 보호한 형태로 판매된다).

알라닌의 카복실기는 보호되어야 한다.

다음에 보호된 글라이신의 카복실기는 활성화된다.

다음 단계에서 카복시-보호 알라닌과 활성화된 N-보호 글라이신의 반응에 의해 아마이드결합이 형성된다.

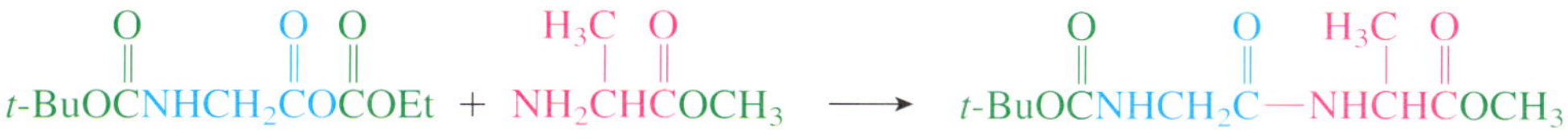

합성이 완결되기 위하여 보호기가 제거될 필요가 있다. BOC기는 산 수용액으로 처리하여 제거한다. 이 반응은 에스터기를 가수분해하지 않는 온화한 조건에서 일어난다. N-말단에서 탈보호 이 다이펩타이드는 다른 N-보호, 카복시-활성화 아미노산과 반응하여 트라이펩타이드를 생성한다. 이 단계는 반복되어 테트라펩타이드를 생성한다.

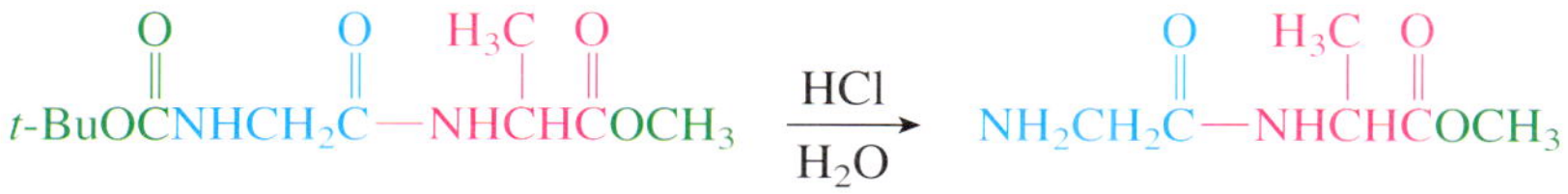

끝으로 카복시 보호기는 비누화에 의해 제거된다.

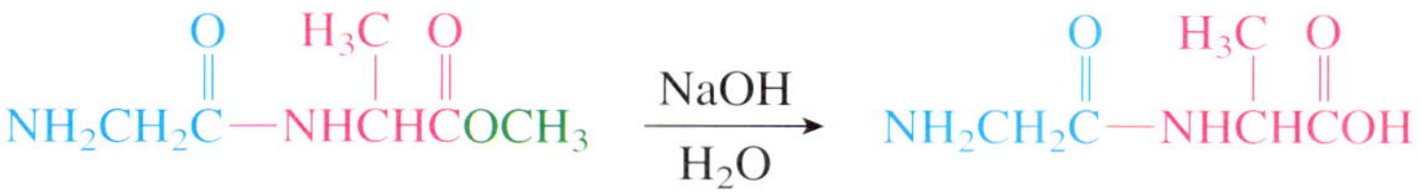

물론 다른 보호기와 다른 짝지음 방법을 적용할 수 있다. 더욱이 많은 아미노산이 보호되어야 할 곁사슬에 작용기를 갖고 있으면 사정은 좀더 복잡해진다.

**문제 26.22** 개개의 아미노산에서 출발하여 Ala-Phe-Gly-Gly를 합성하여라.

이 예에서 볼 수 있는 것처럼 폴리펩타이드의 합성은 여러 단계를 필요로 한다. 각 단계에서 생성물을 분리해야 한다. 유기화학 실험실에서 합성을 하면 생성물을 분리 정제하는 데 얼마나 많은 시간과 에너지가 필요한지를 이해하게 될 것이다. 폴리펩타이드를 합성하는 것은 대단히 지루하다. 더욱이 각 분리단계에서 생기는 기계적 손실로 전 과정에 대한 수득률이 낮아진다. 이 문제를 보완하기 위하여 R.B. Merrifield는 폴리펩타이드를 더 쉽게 제조할 수 있는 **고체상 합성법**을 개발하였다. Merrigield는 이 업적으로 1984년 Novel 화학상을 수상하였다. 이것이 어떻게 작용하는가를 살펴보자.

Merrifield 의 생각은 초기 아미노산 분자를 불용성 중합체 구슬의 표면에 결합하는 것이다. 다음 아미노산이 결합되면 생성물을 분리하기 위하여 구슬을 걸러 모으고 나머지 시약을 제거하기 위하여 씻는다. 분리조작이 빠르고 간단할 뿐만 아니라 기계적 손실을 최소화할 수 있다.

고체상 합성에 사용되는 불용성 중합체는 24.10절에서 기술한 클로로메틸화 다이바이닐벤젠 다리 걸친 중합 스타이렌이다. 이 물질은 구술 표면에 있는 중합체사슬의 일부인 페닐기에 결합된 $ClCH_2$기를 갖는다. 24.10절에 볼 수 있는 것처럼 이와 같은 구술의 표면에 있는 작용기는 정상적인 화학적 반응을 나타낸다. 폴리펩타이드를 합성하기 위하여 아미노기가 보호된 C-말단 아미노산의 카복실기는 먼저 에스터 결합에 의해 중합체에 결합된다. 이 아미노산의 아미노기는 탈보호된다. 다음에 아미노기가 보호된 다음 아미노산은 짝지음을 촉진하는 DCC를 사용하여 결합된다. 아미노산의 탈보호 후 다른 N-보호 아미노산과의 짝지음의 이 순환은 원하는 폴리펩타이드의 모든 아미노산이 첨가될 때까지 반복된다. 각 단계에서 생성물의 분리는 단순히 구슬을 여과하여 이루어진다. 끝으로 펩타이드는 중합체 구슬에서 절단한다. 고체상 합성의 예를 그림 26.5에 나타내었다.

**문제 26.23** Merrifield 고체상 합성을 사용하여 Ala-Phe-Gly-Gly를 합성하여라.

이전에 언급한 것처럼 생성물의 용이한 분리가 고체상 합성법의 가장 중요한 장점이다. 그러나 생성물, 중합체에 결합된 성장하는 폴리펩타이드는 중합체로부터 마지막에 절단되기 전까지는 정제될 수 없는 것이 단점이다. 짝지음 반응은 매번 100% 수득률로 진행되지 않는다. 최종 생성물의 적은 양은 한 아미노산이 손실된다. 이 불순물은 합성단계의 수에 따라 커지고 폴리펩타이드가 커질수록 점점 더 제거하기가 어려워진다. 이 이유 때문에 각 단계의 수득률은 될 수 있는 대로 높여야 한다. 현재의 방법은 각 단계의 수득률이 99.5% 이상이다.

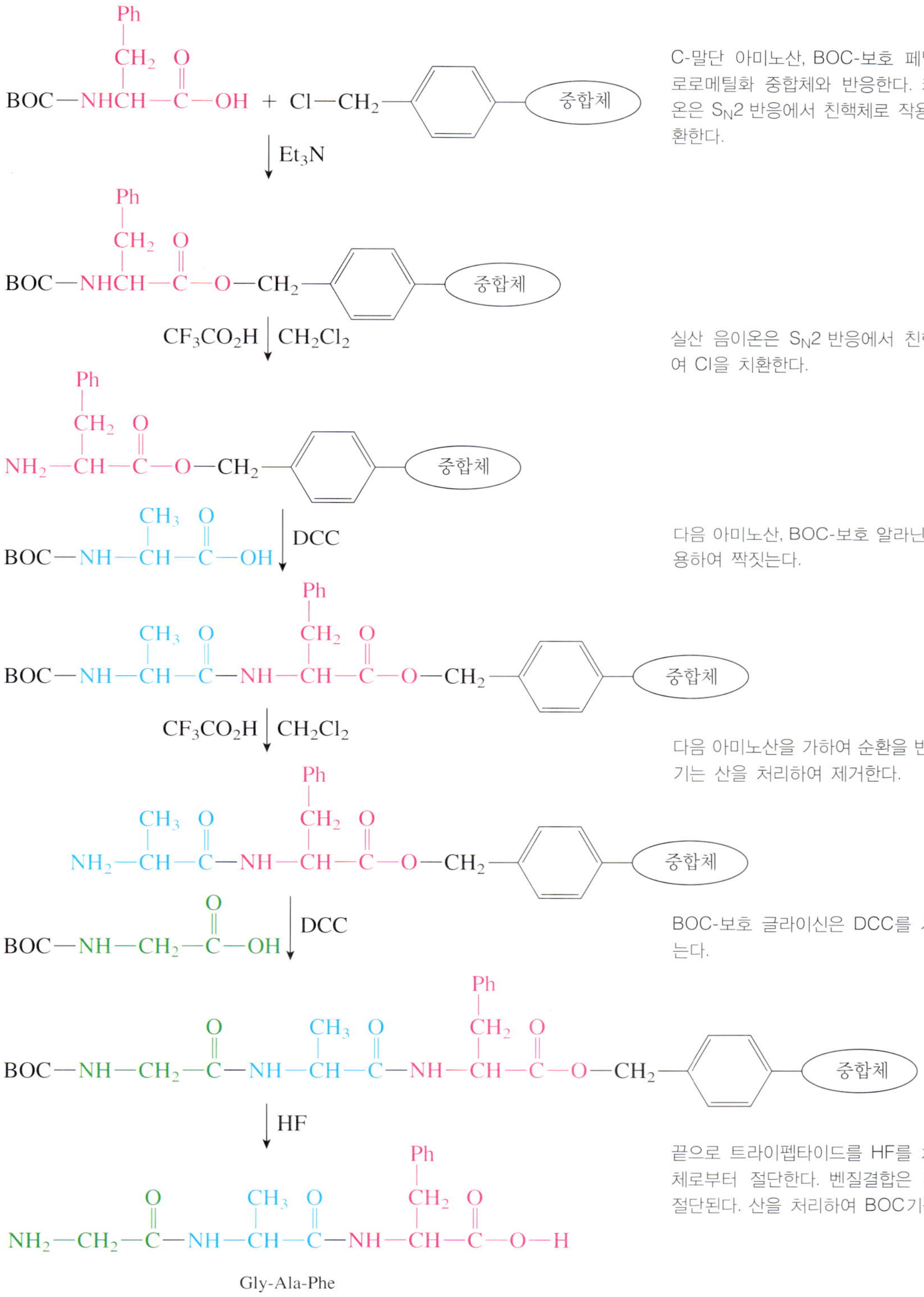


C-말단 아미노산, BOC-보호 페닐알라닌은 클로로메틸화 중합체와 반응한다. 카복실산 음이온은 $S_N2$ 반응에서 친핵체로 작용하여 Cl을 치환한다.

실산 음이온은 $S_N2$ 반응에서 친핵체로 작용하여 Cl을 치환한다.

다음 아미노산, BOC-보호 알라닌을 DCC를 사용하여 짝짓는다.

다음 아미노산을 가하여 순환을 반복한다. BOC기는 산을 처리하여 제거한다.

BOC-보호 글라이신은 DCC를 사용하여 짝짓는다.

끝으로 트라이펩타이드를 HF를 처리하여 중합체로부터 절단한다. 벤질결합은 $S_N2$ 반응으로 절단된다. 산을 처리하여 BOC기를 제거한다.

그림 26.5 Gly-Ala-Phe의 Merrifield 고체상 합성

고체상 합성의 다른 이점은 단계가 반복적이므로 자동화된다. 자동화된 펩타이드 합성기기는 상업적으로 구입할 수 있다. BOC-보호 아미노산 용액과 다른 필요한 시약과 세척액을 포함한 병과 바닥이 평평한-유리 여과기를 가진 플라스크로 구성된다. 첫 번째 아미노산이 결합된 중합체를 플라스크에 넣고 원하는 폴리펩타이드의 아미노산의 순서를 기계에 프로그램한다. 다음에 합성기기에 다음 아미노산과 DCC를 가하고 적당한 시간 동안 혼합물을 반응하고 시약을 여과 제거한다. 중합체 구슬을 씻은 후 다음 시약을 가한다. 이 과정을 반복한다. 노나펩타이드 호르몬, 브라디키닌은 이와 같은 방법을 사용하여 27시간 동안에 85%의 수득률로 합성된다. 다른 예로, 소의 취장효소인 리보핵산가수분해효소 A는 6주간에 걸쳐 17%의 수득률로 합성된다. 이 물질을 정제하면 천연 효소의 78%의 생활성을 나타낸다. 그러나 이것은 합성이 특별히 잘 되는 예이다. 더 보편적으로 큰 폴리펩타이드는 제거하기 어려운 많은 불순물을 포함하게 된다. 그러므로 천연 단백질보다 적은 생특성을 갖는다. 고체상 합성은 50 아미노산 잔기를 가진 적은 폴리펩타이드를 합성하는 데 적합하다. 더 큰 펩타이드에 대해서는 50 아미노산 토막을 만들어 정제한 후 액상 반응에의 짝짓는 방법으로 합성한다.

## 26.8 단백질 구조

단백질의 성질은 일차적으로 삼차원 구조에 의존한다. 폴리펩타이드에 있는 아미노산 서열을 **일차구조(primary structure)**라고 한다. **이차구조(secondary structure)**는 폴리펩타이드 사슬골격의 모양이다. 각 아마이드기는 평면이다 그러나 질소와 $\alpha$-탄소 간의 결합에 여러 가지 회전 배열을 갖는다. **삼차구조(tertiary structure)**는 곁사슬의 배열을 포함한 전체적인 단백질의 삼차원 모양이다.

단백질의 일차구조, 즉 아미노산 서열은 이차와 삼차 구조를 결정한다. 각 단백질은 항상 가장 낮은 에너지를 가진 한 가지 모양을 갖는다. 단백질의 개개의 분자는 이 낮은-에너지 회전 배열로 접혀진다. 선호하는 모양을 결정해주는 상호작용은 카보닐기와 아마이드 수소를 포함하는 수소결합, 이황화결합 및 곁사슬과 단백질의 다른 곁사슬과 수용성 환경과의 상호작용을 포함한다. 단백질은 항상 하전된 곁사슬, 즉 아스파르트산, 글루탐산, 리신, 아르기닌 및 히스티딘의 곁사슬이 단백질 표면에 오도록 겹쳐지기 때문에 물에 의해 용매화된다. 극성 곁사슬은 표면을 선호하고 수용성 환경에 노출되고 한편 소수성기를 가진 무극성 곁사슬은 물을 피하여 단백질 내부로 모인다.

이차구조의 두 일반적 요소는 평균 단백질의 50%의 구조가 $\alpha$-나사선과 $\beta$-병풍구조로 구성된다. $\alpha$-나사선에서 폴리펩타이드 사슬은 카보닐 산소와 아미노산 잔기의 NH간의 수소결합에 의해 공간이 유지되는 나선형을 갖는다. 한 나선이 돌 때마다 3.6 아미노산 잔기가 있다. $\alpha$-나사선의 간단한 그림을 그림 26.6에 나타냈다.

$\beta$-병풍구조에서 수소결합은 큰 거리를 두고 분리되는 폴리펩타이드 사슬 사이에서 일어난다. 역평형 $\beta$-병풍구조에서 시트에 있는 사슬의 일부가 반대 방향으로

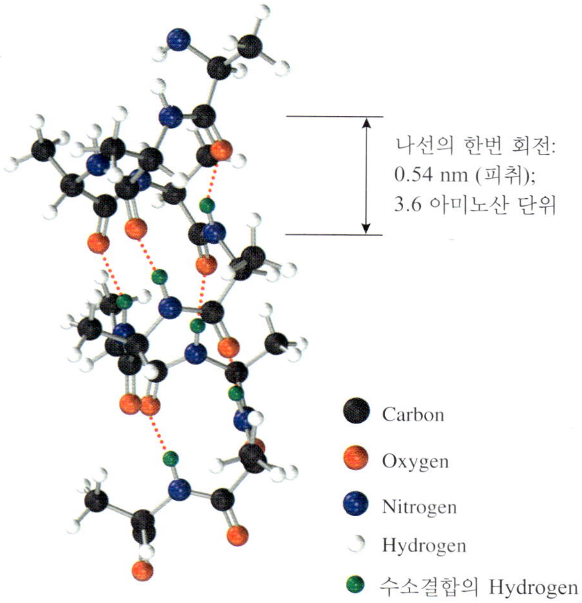


그림 26.6 α-나사선의 부분구조.

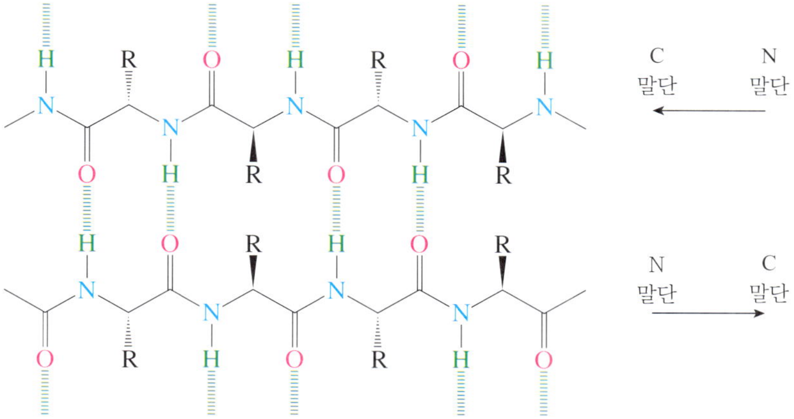


그림 26.7 역평형 $\beta$-병풍구조의 부분구조.

작용한다. 즉 그림 26.7에 나타낸 것처럼 C-말단에 대한 N-말단의 방향이 반대가 된다. 평행 $\beta$-병풍구조에서 C-말단에 대한 N-말단의 방향이 동일하다. 어느 경우든지 모서리에서 보면 시트는 병풍모양을 취한다. 실제로 단백질에서 $\beta$-나사선과 $\beta$-병풍구조는 고리와 회전으로 연결되며 전체적으로 단백질의 삼차원적 모양을 형성한다.

## 26.9 효소

Emil Fischer가 처음으로 효소와 기질의 관계가 자물쇠와 열쇠와 같다고 처음으로 제안하였다. 기질은 정확한 삼차원적 배열에서 수소결합, 극성 상호작용 및 소수성

① 세린, 히스티딘 및 아스파라트산 잔기의 곁사슬은 가장 중요한 활성부위이다. 폴리펩타이드 기질은 세린의 OH에 근접해 있다. 이 OH의 산소는 친핵체로 작용하여 펩타이드의 카보닐기를 공격한다. 이때 히스티딘은 OH로부터 양성자를 제거하여 더 좋은 친핵체를 형성한다. 아스파라트산 잔기는 수소결합에 의해 히스티딘을 더 염기성으로 해준다.

이것은 그림 19.1의 메카니즘에 나타낸 사면체 중간체이다.

② 이 메카니즘에서 음의 산소에 있는 전자는 이탈기, 질소를 치환한다. 양성자화된 히스티딘은 질소에 양성자를 이전하여 더 좋은 이탈기를 형성한다.

이 시점에서 아마이드결합이 절단되어 아민부분은 활성인 부위에서 떨어져나간다. 아실기는 세린의 산소에 결합된다. 촉매 순환을 완결하기 위하여 이 에스터는 가수분해되고 세린의 OH기는 재생된다.

③ 아민은 확산되어 사라지고 물로 치환된다.

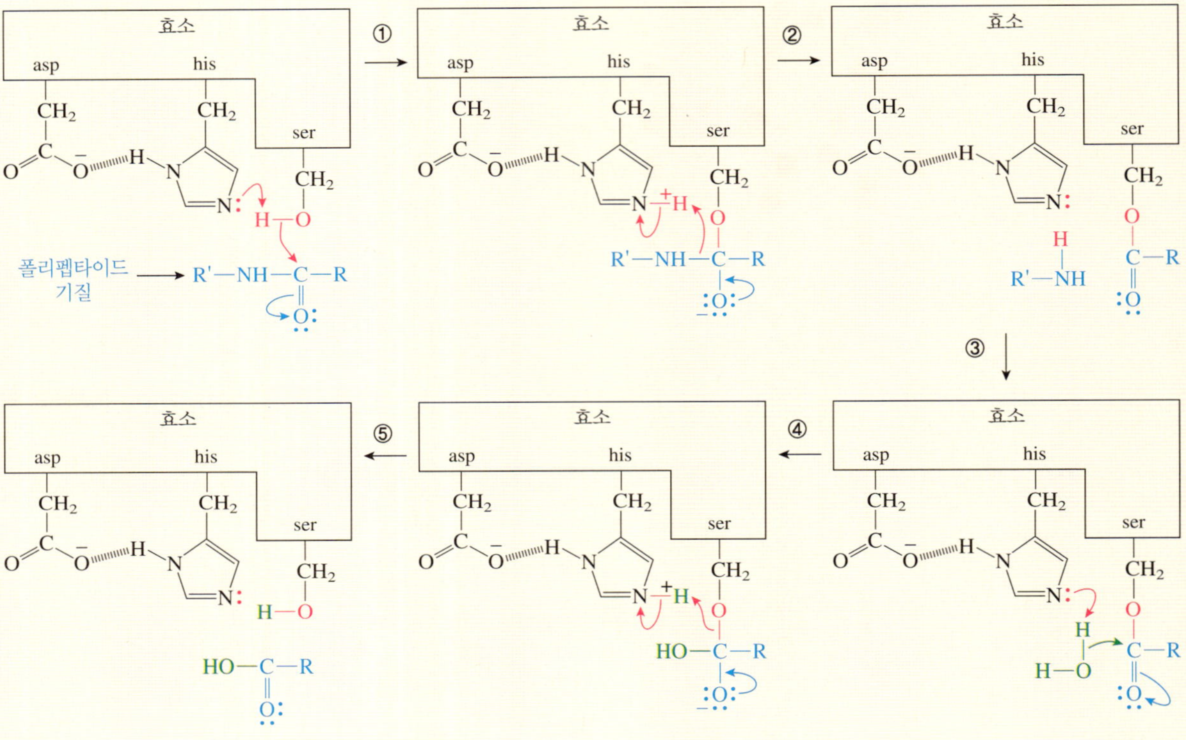


나머지 단계는 앞의 단계의 꼭 역단계이다.

④ 물은 친핵체로 작용하여 카보닐기를 공격한다. 반응이 진행됨에 따라 다시 히스티딘은 물로부터 양성자를 제거한다.

⑤ 세린산소는 이탈기로 작용하여 자유 가복실산을 생성한다. 활성인 부위에서 떨어져나간다. 이제 효소는 다른 촉매순환에 참여한다.

**그림 26.8 키모트립신에 의한 촉진되는 펩타이드의 가수분해 메카니즘**

상호작용에 의해 효소와 강력히 결합된다. 효소-기질 착물의 활성부위에서 효소를 구성하는 아미노산 곁사슬의 다양한 작용기는 기질과 근접해서 있다. 기질의 반응성 부위에 대한 촉매작용기의 근접은 촉매반응의 빠른 속도를 일으킨다. 본질적으로 촉매반응은 분자 내 반응과 유사하다.

예로 효소 키모트립신의 작용 메카니즘을 생각해보자. 효소는 세린 단백질 가수분해효소이다. 이 효소는 친핵체로 세린 잔기의 하이드록시기를 사용하여 폴리펩타이드를 가수분해한다. 이 메카니즘을 그림 26.8에 요약하였다. 먼저 기질 폴리펩타이드는 효소의 활성인 부위에 결합된다. 가수분해 메카니즘은 세린의 하이드록실기 산소가 친핵체로 작용하는 그림 19.1에 나타낸 것과 같은 단계를 거친다.

이 두 마지막절은 간단히 검토할 필요가 있다. 그러나 단백질의 구조와 효소의 작용을 지배하는 몇 가지 일반원리를 제공하였다. 더 자세한 것은 생화학교재를 참고하기 바란다.

## 추가문제

**26.24** 트립토판의 곁사슬기의 질소는 왜 대단히 강한 염기성이 아닌가?

**26.25** **a)** 히스티딘의 네 개의 다른 전하 형태를 나타내어라.
**b)** 히스티딘에 대해 그림 26.1과 같은 그림을 그려라.

**26.26** 글루타민과 아스파라긴의 곁사슬기의 질소는 왜 대단히 강한 염기성이 아닌가?

**26.27** 양성자화된 곁사슬을 가진 아기닌 형태는 왜 $RNH_3^+$보다 더 약한 산($pK_a$ = 12.5)가를 설명하여라.

**26.28** 히스티딘의 곁사슬의 어느 질소가 일양성자 형태로 양성자화되는가를 설명하여라.

**26.29** Strecker 방법, $NH_3$에 의한 $\alpha$-치환 및 Gabriel/말론산 방법에 의해 아이소루신을 합성하여라.

**26.30** Strecker 합성의 두 번째 부분에 대한 메카니즘을 ㄴ타내어라.

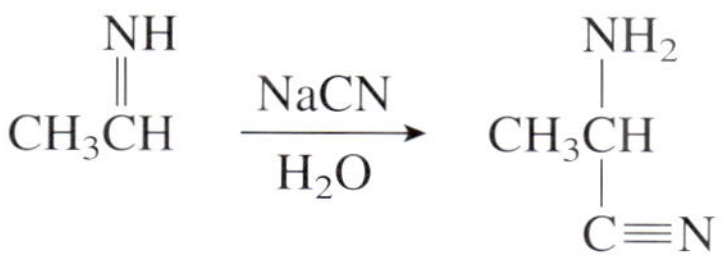

**26.31** 다음 반응에 대한 메카니즘의 모든 단계를 나타내어라.

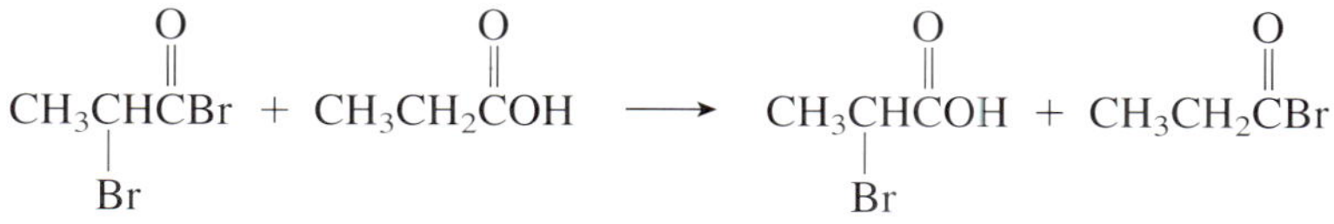

**26.32** Edman 분해의 첫 반응에 대한 메카니즘의 모든 단계를 나타내어라.

**26.33** 다음 반응의 생성물을 나타내어라.

**a)** 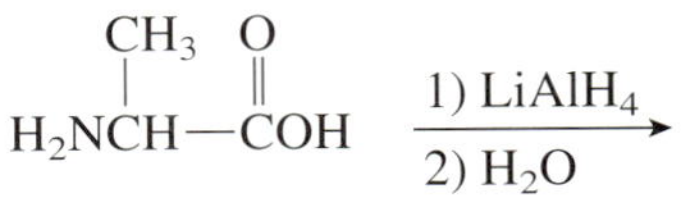

**b)** 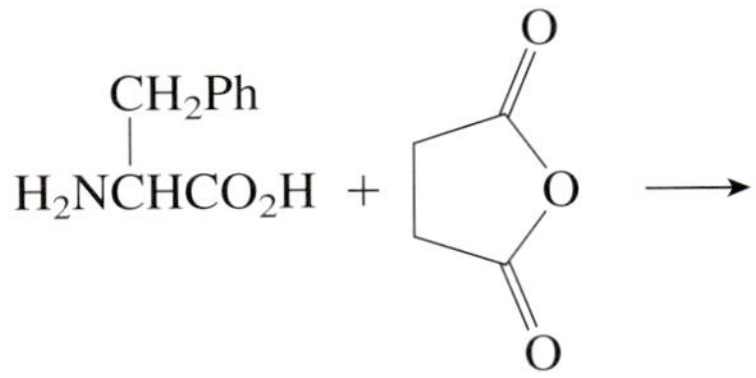

**c)** 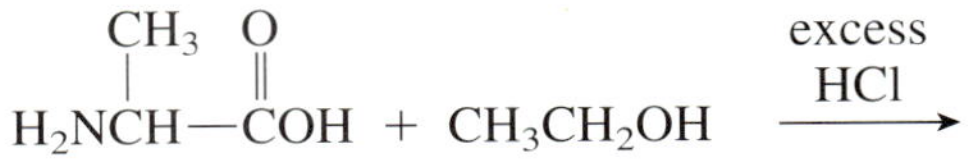

**d)** 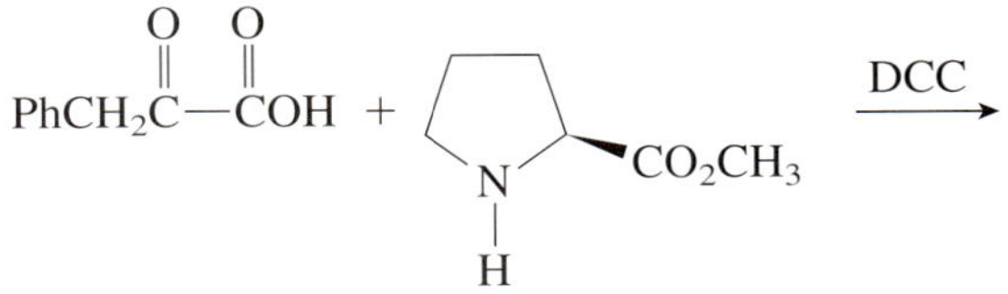

**26.34** 다음 반응의 생성물을 나타내어라.

**a)** 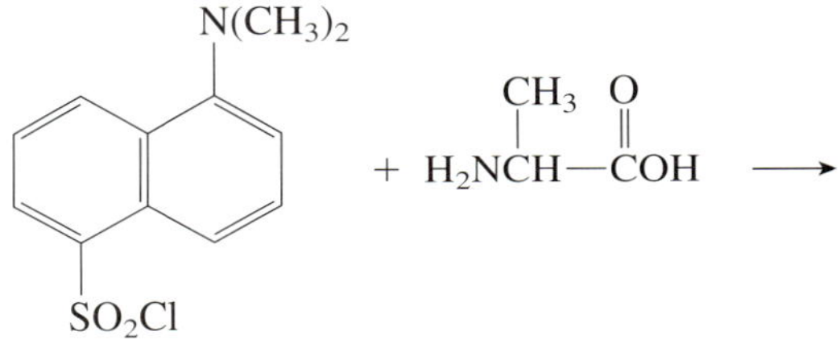

**b)** 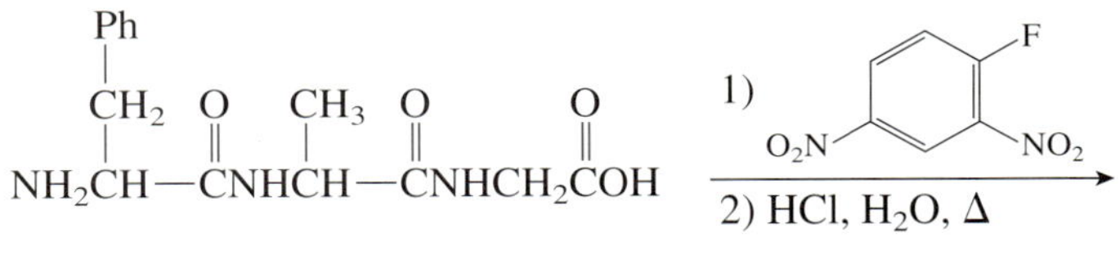

**c)** 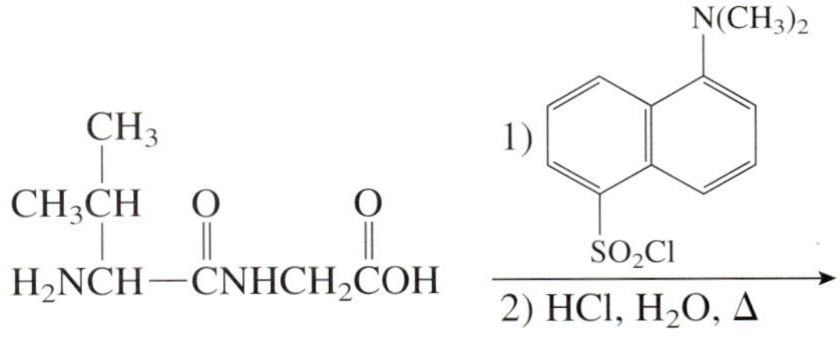

**d)** 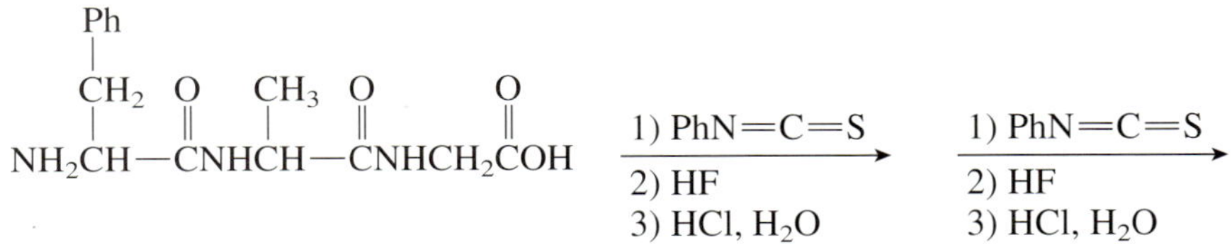

**26.35** 다음 반응에서 빠진 생성물을 나타내어라.

**a)** 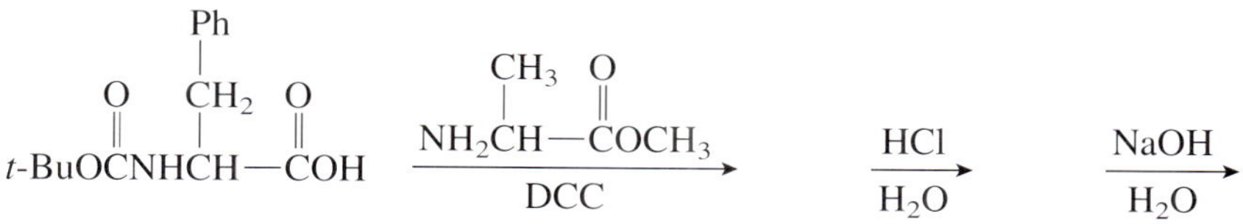

**b)** 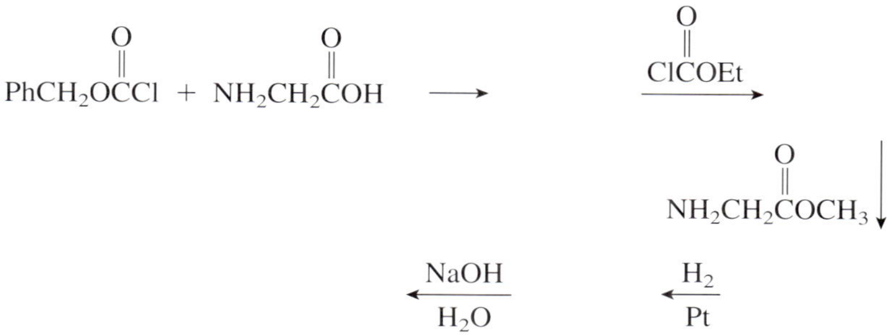

**26.36** Phe-Gly-Ala-Leu의 합성을 나타내어라.

**a)** 용액상 방법에 의해

**b)** 고체상 방법에 의해

CHAPTER 27

# 뉴클리오티드와 핵산

### 유기화학 숙달

- ▶ 뉴클리오시드, 뉴클리오티드, DNA 및 RNA의 일반 구조의 이해
- ▶ 상보 염기간에 일어나는 수소결합의 인식
- ▶ 복사, 전사 및 번역의 일반적 특성의 이해
- ▶ 어떻게 DNA 결합순서를 결정하는가를 이해
- ▶ 실험실에서 어떻게 DNA를 합성하는가를 이해

핵산, DNA와 RNA는 생체 내에서 유전정보를 저장하고 단백질의 구조로 이 정보를 번역한다. 그들의 구조와 작용은 현대 생화학 교재에서 자세히 다루기 때문에 이 장에서는 이 중요한 생분자를 유기 화학적 관점에서 검토하겠다.

이 장은 뉴클리오시드와 뉴클리오티드의 구조의 검토로부터 시작한다. 다음에 뉴클리오티드 단위체로 형성된 중합체, DNA와 RNA, 핵산의 구조를 논의할 것이다. 유전정보의 복사, 전사 및 번역에서 이 중합체의 작용을 간단히 소개한다. 다음에 DNA의 결합순서의 결정을 포함한 유기화학을 소개하고 끝으로 실험실에서 적은 DNA 분자의 합성을 검토할 것이다.

## 27.1 뉴클리오시드와 뉴클리오티드

**뉴클리오시드(nucleoside)**는 라이보오스 또는 2′-데옥시라이보오스와 고리 질소-포함 화합물인 염으로 구성된다. 이 기들은 염기의 질소원자의 하나와 당의 아노머 탄소 간의 결합으로 연결된다. 뉴클리시드 사이티딘은 염기 사이토신과 당 라이보오스로부터 형성된다.

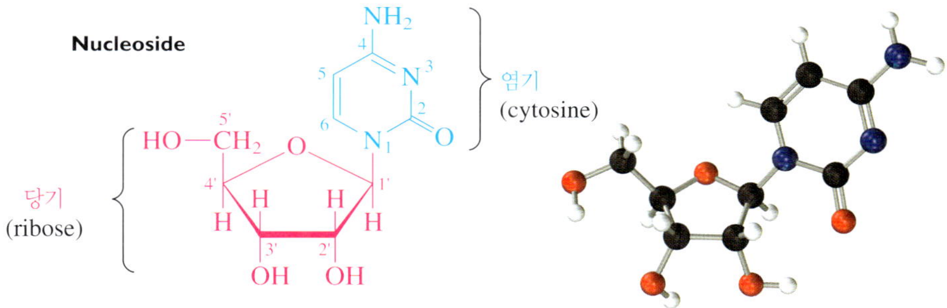


Cytidine

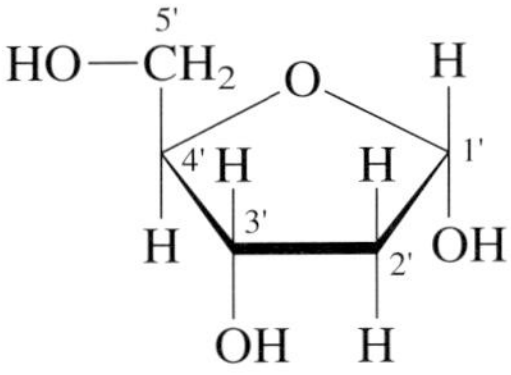

2'-Deoxyribose

뉴클리오시드에서 헤테로고리 염기의 원자는 1, 2, 등으로 번호를 붙이고 당의 위치는 1′, 2′, 등으로 번호를 붙인다. 이 번호 붙임체계를 근거로 염기는 당의 1′위치에 결합된다. 뉴클리오시드는 2′-데옥시라이보오스로부터도 형성될 수 있다. 2′-데옥시라이보오스는 2′ 위치에 있는 하이드록시기가 수소로 치환된 것만이 라이보오스와 다르다.

보통 5개의 질소 염기가 뉴클리오시드에서 발견된다. 이들 중 3개(사이토신, 티민 및 유라실)는 피리미딘 고리계를 근거로 하고 있다. 이들은 1 위치에서 질소에 의해 당과 결합된다. 다른 두 염기 아데닌과 구아니딘은 9 위치에서 질소에 의해 당에 결합된다.

**질소 염기**

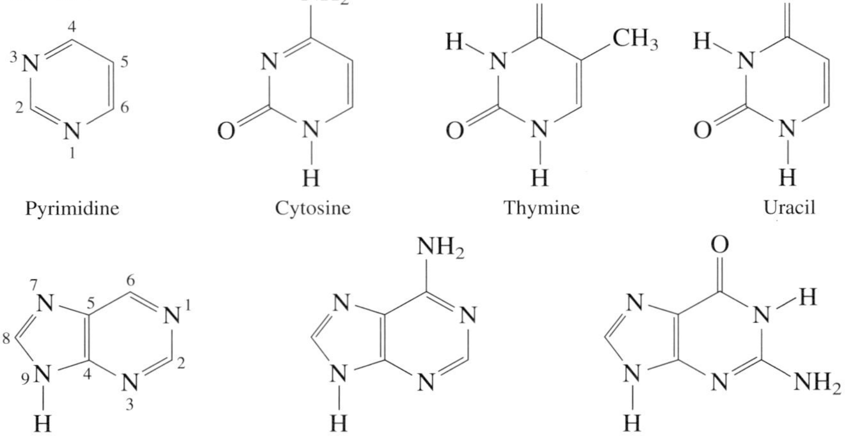

Pyrimidine　Cytosine　Thymine　Uracil

Purine　Adenine　Guanine

이 염기와 라이보오스로부터 형성되는 뉴클리오시드의 이름은 사이토신, 티미딘, 유리딘, 아데노신 및 구아노신이다. 데옥시라이보오스로부터 형성되는 뉴클리오시드는 데옥시티미딘과 같이 접두사 데옥시-를 사용하여 명명한다.

**뉴클리오티드(nucleotide)**는 당의 3′ 또는 5′ 위치에 인산기가 결합되어 있는 것이 뉴클리오시드와는 다르다. 데옥시라이보오스와 아데닌으로부터 형성되는 뉴클리오티드, 5′-일인산 데옥시아데노신과 라이보오스와 유라실로부터 형성되는 뉴클리오티드, 3′-일인산 유리딘의 구조는 다음과 같다.

**Nucleotides**

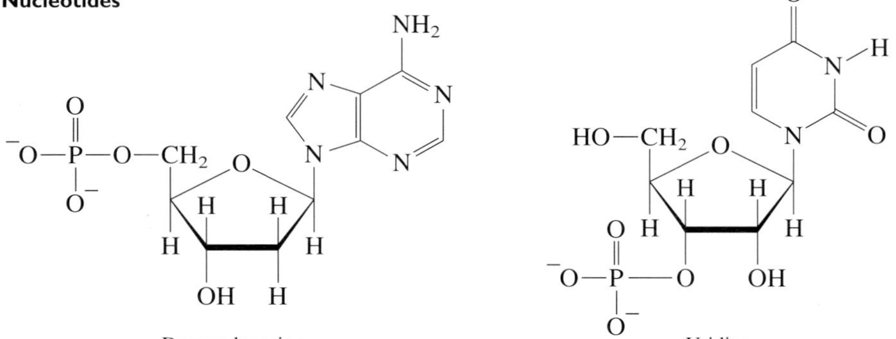

Deoxyadenosine 5'-monophosphate　　Uridine 3'-monophosphate

**문제 27.1** 다음 화합물의 구조를 써라.

**a)** 티미딘

**b)** 데옥시구아노신

**c)** 5′-일인산 데옥시유리딘

**d)** 3′-일인산 데옥시사이티딘

**문제 27.2** 다음 화합물의 이름을 써라.

**a)**

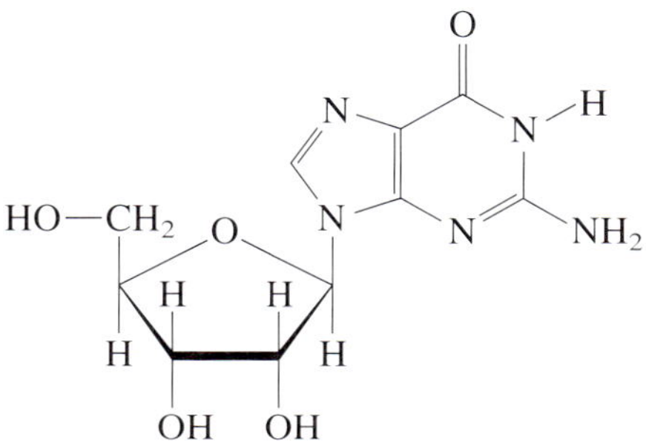

**b)**

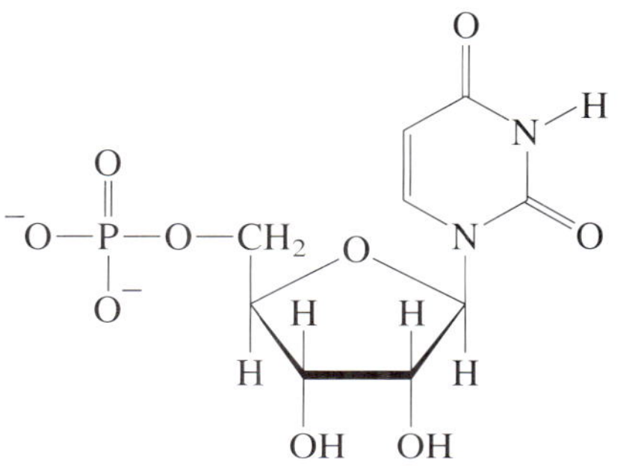

**c)**

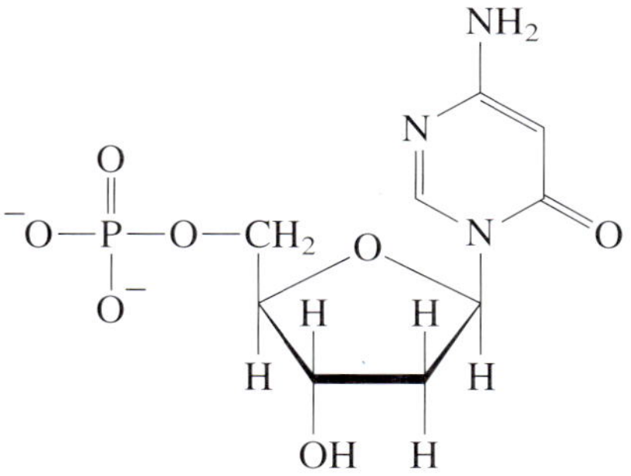

**문제 27.3** 피리미딘과 퓨린은 왜 방향족 화합물인지를 설명하여라.

**문제 27.4** 방향족성을 강조하는 다음 각 화합물의 공명구조를 나타내어라.

**a)** 구아닌

**b)** 사이토신

**c)** 티민

DNA와 RNA의 형성에서 뉴클리오티드의 역할 이외에 그들은 다른 중요한 생물학적 작용을 갖는다. 예로 삼인산 아데노신은 생화학적 반응에서 중요한 에너지 운반체이고, 니코틴아마이드 아데닌 다이뉴클리오티드는 생화학적 산화-환원반응에 참여하는 보조효소이다.

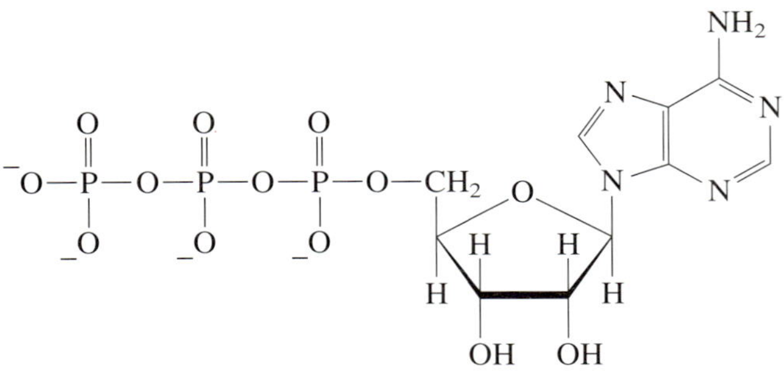

Adenosine triphosphate (ATP)

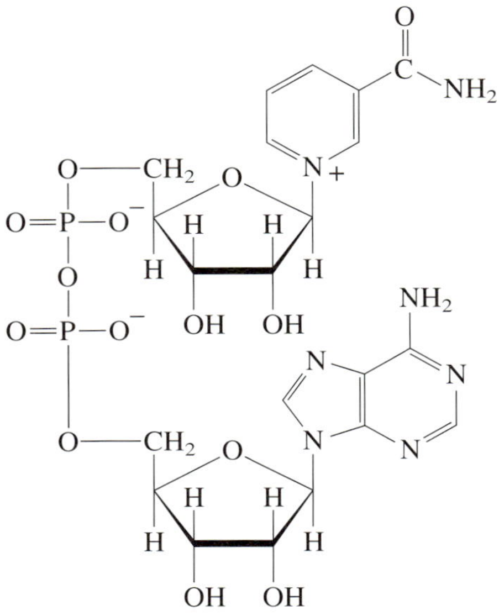

Nicotinamide adenine dinucleotide ($NAD^+$)

## 27.2 DNA와 RNA의 구조

뉴클리오티드는 몇 가지 작용기를 갖는다. 그러므로 축합-형 중합체를 형성한다. 데옥시라이보핵산(DNA)은 한 뉴클리오티드의 5′ 위치의 인산기와 다른 뉴클리오티드의 3′ 위치의 하이드록시 사이에서 인산 에스터결합을 형성하여 생성된다. 짧은 테트라뉴클리오티드를 그림 27.1에 나타냈다. 헤테로고리 염기가 첨가된 당과 인산기가 교대로 된 뼈대를 갖는다. DNA는 이와 같은 일반 구조를 가진 더 큰 형태의 중합체이다. DNA의 인산기의 음의 산소가 양성자화되면 이 기들은 인산의 다이에스터가 된다. 다음 방정식에 나타낸 것처럼 이 에스터는 인산의 세기에 비교할 수 있을 만큼 상당히 강한 산으로 $pK_{a1} = 2.2$이다. 그러므로 핵산은 강한 산이며 생체에서 일어나는 중성 pH 근처에서 완전히 이온화한다.

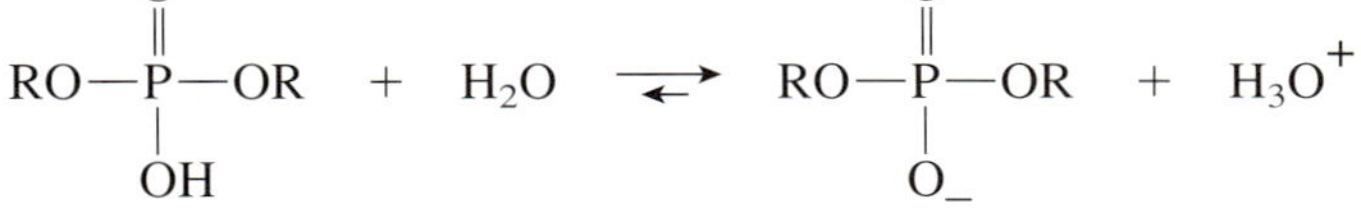

1950년대 초반에 DNA는 그림 27.1에 나타낸 일반구조를 갖는다는 것이 알려졌다. 그러나 어떻게 이 분자가 세포 내에 배열되며 어떻게 유전정보를 저장하는데 사용되는지와 유전 정보를 복사하는 메카니즘은 James Watson과 Francis Crick이 이 수수께끼를 풀 때까지 비밀에 싸여 있었다. 1953년 Watson과 Crick은 DNA의 전체 구조에 대한 설명을 제안한 논문을 발표하였으며 이 구조의 특성으로 세포가 분리될 때 어떻게 유전정보가 복사되는지를 설명해준다. 이 논문은 가장 중요한

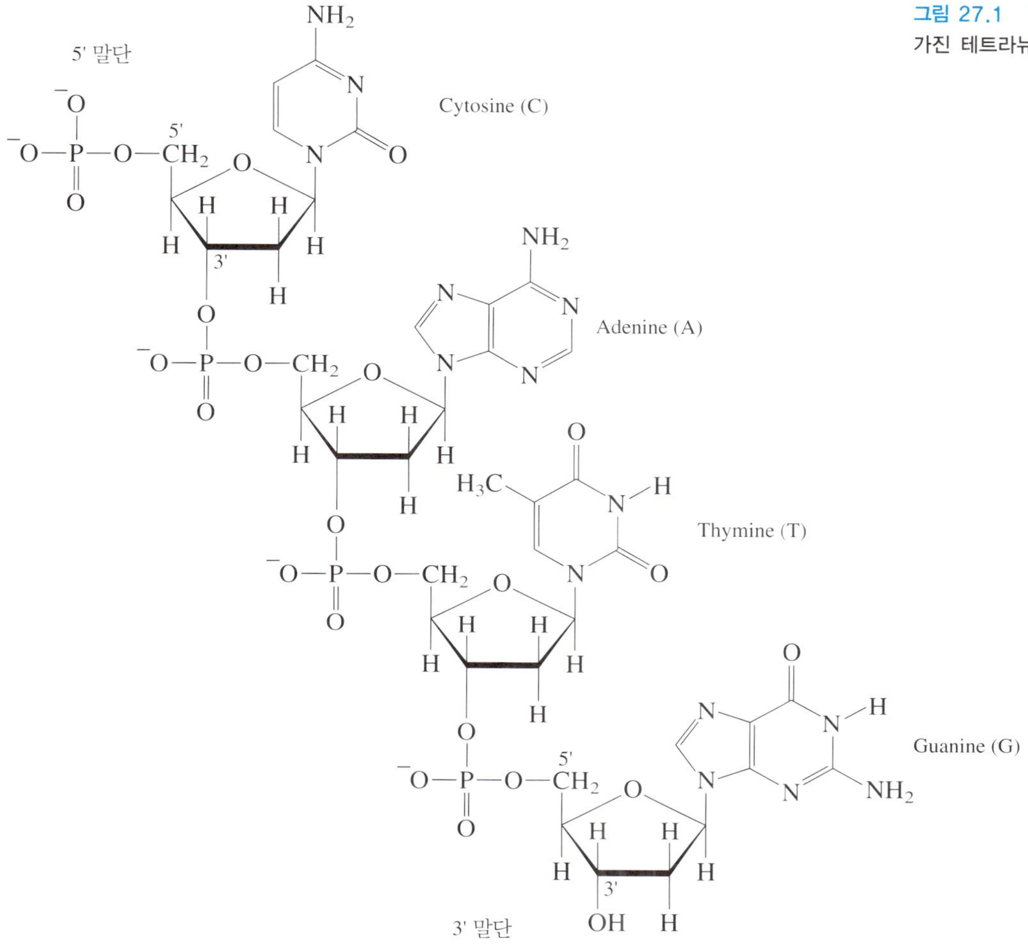


그림 27.1 DNA의 일반구조를 가진 테트라뉴클리오티드.

과학논문 중의 하나이며 현대 생화학과 분자생물학의 시작하는 계기를 마련해주었다. Watson, Crick 및 Wilkins은 이 업적으로 1962년에 Novel 의학상을 수상하였다. Wilkins은 DNA 구조에 대한 몇 가지 중요한 정보를 X-선 회절법으로 얻을 수 있었다.

몇 가지 단서가 Watson과 Crick이 중대한 발견을 하게 했다. Wilkins의 X-선 사진이 X-선 결정학자인 Crick에게 DNA는 평면 스택에 방향족 염기가 배열된 나선 분자라는 것을 제시해주었다. 다른 단서는 특정한 DNA 분자에서 아데닌 잔기의 수는 항상 티민 잔기의 수와 같고 구아닌 잔기의 수는 항상 사이토신 잔기의 수와 같다는 Chargaff 규칙에서 발견하였다. 이 정보를 사용하고 수많은 모형의 제조로 Watson과 Crick은 DNA 수수께끼를 풀 수 있었다.

Chargaff 규칙은 아데닌과 티민분자, 구아니딘과 사이토신분자 간에 형성된 **상보 염기짝지음(complementary base pairing)**이라 부르는 선택적인 수소결합에 의해 설명된다. 아데닌과 티민은 10 kcal/mol(42 kJ/mol) 세기를 가진 두 수소결합을 형성한다.

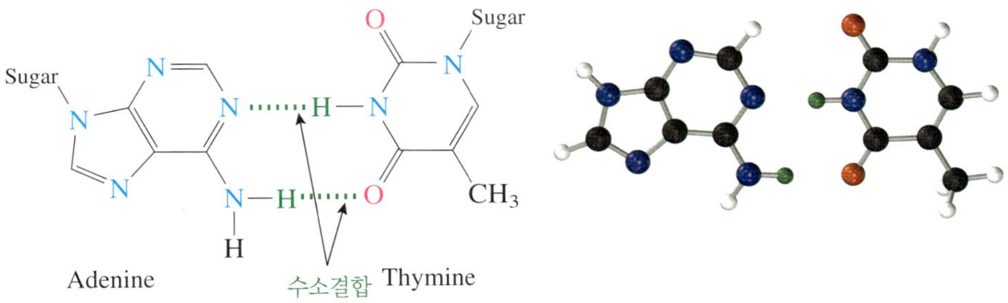


구아닌과 사이토신은 17 kcal/mol(71 kJ/mol) 세기를 가진 세 수소결합을 형성한다.

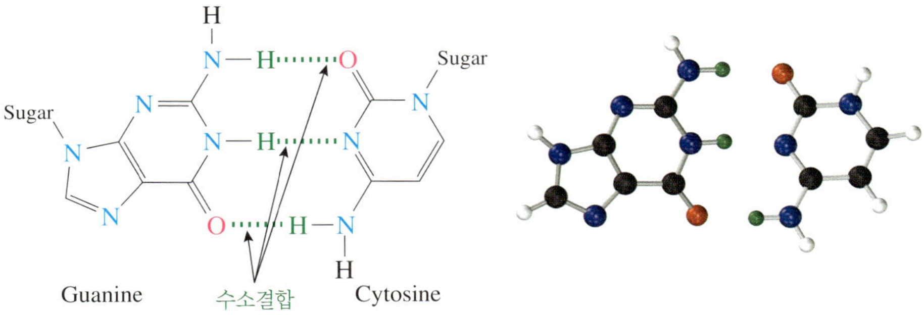


이 상호작용 대부분의 경우에 상보사슬에 한 DNA 사슬을 잡아맬 수 있을 만큼 충분히 강하다. 그러므로 유전 정보를 저장하기 위한 안정성을 마련해준다. 그러나 사슬이 분리될 필요가 있을 때, 즉 합성하려는 단백질의 아미노산 결정순서를 묘사하는 데 사용되거나 또는 복제될때 에는 쉽게 절단될 수 있을 만큼 수소결합이 약해야 한다.

DNA에 대한 Watson과 Crick에 의해 제안된 모델은 상보 염기 간에 수소결합으로 연결된 반대방향으로 작용하는 두 중합체 사슬을 갖는다. 이 구조의 체계적 표현을 그림 27.2에 나타내었다. 왼쪽 사슬은 페이지 위에 5′ 끝을 바닥에 3′ 끝을 가지며 오른쪽 사슬은 페이지 밑에 5′ 끝을 위에 3′ 끝을 갖는다. 사슬에 있는 염기는 동일하지 않다. 대신 상보적이다. 즉 한 사슬에서 아데닌이 있는 곳에는 다른 사슬에 티민이 있다. 상보 염기 짝지음 간에 형성되는 특정 수소결합 때문에 한 사슬에 있는 염기 순서는 다른 사슬의 염기 순서를 지정한다. 이것은 두 사슬이 다른 사슬을 축조하는 데 충분한 정보를 제공해준다는 것을 의미한다. 이것은 복사에 사용되고 염기결합순서의 정보를 고도로 유지하는 데 도움을 준다.

**문제 27.5** 이 조각에 대한 상보적인 DNA 조각의 염기결합순서를 나타내어라.

3′ 말단 ATTGCGAGC 5′ 말단

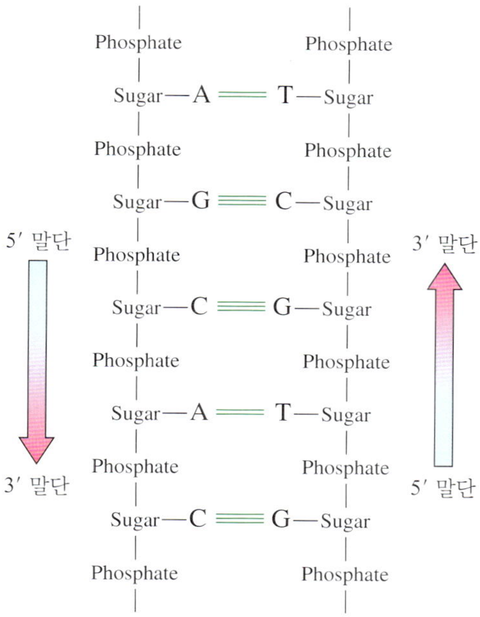


**그림 27.2 DNA 사슬 간의 염기 짝지음의 체계적 표현.** A = adenine, T = thymine, G = guanine, C = cytosine.

그림 27.3에 나타낸 것처럼 이 중합체의 두 사슬은 나사선형으로 서로 감겨져서 유명한 DNA 이중나사선을 형성한다. 두 사슬의 당-인산 뼈대 간의 거리는 그들 간에 어떤 염기가 연결되는 가에는 무관하게 일정하다. 퓨린 염기(아데닌 또는 구아니딘)는 항상 피리미딘 염기(티민 또는 사이토신)과 수소결합을 이루고 있기 때문이다. 극성이 적은 염기는 나사선의 내부에 있고 수용액 환경에 있는 물분자와 상호작용은 최소가 된다. 한편 인산기는 나사선의 바깥 표면에 있으며 쉽게 용매화된다. 더욱이 염기면은 다른 염기 위에 쌓아올린다. 이 염기층간의 상호작용은 이중나사선 안정화에 중요하다.

DNA는 실제로 거대한 분자이다. 인간의 DNA는 약 30억 전자쌍이 23개 DNA분자 또는 염색체에 몰려 있다. 각 염기쌍은 DNA 분자의 길이에 3.4Å 기여한다. 그러므로 23 인간 염색체에 있는 DNA의 총 길이는 대략 $(3.4 \times 10^{-10}\,\text{m})(3 \times 10^{9}) \cong 1\,\text{m}$ 이다. 그러나 직경은 20Å이다. 분명히 DNA는 세포 내에서 대단히 꼬여있다.

DNA의 화학적 성질은 일차적으로 그 구조로부터 기대할 수 있다. 당-인산 뼈대는 인산 에스터 결합에 의해 유지된다. 이 결합은 카복실산 에스터 결합과 크게 다르지 않다. 그러므로 인산 다이에스터 결합은 산성용액에서 가수분해될 수 있다. 헤테로고리 염기는 글리코시드결합의 질소 유사체에 의해 라이보오스 또는 데옥시라이보오스기에 결합된다. 산소 유사체와 같이 N-글리코시드결합도 산 수용액에 의해 가수분해된다.

RNA는 여러 면에서 DNA와 같은 일반구조를 갖는다. 이것은 데옥시라이보오스 대신에 당라이보오스를 사용한다. 이것은 티민 대신에 염기 유라실을 갖는다. 티민과 유라실은 다 피리미딘 염기이며 같은 방법으로 아데닌과 수소결합을 한다. DNA

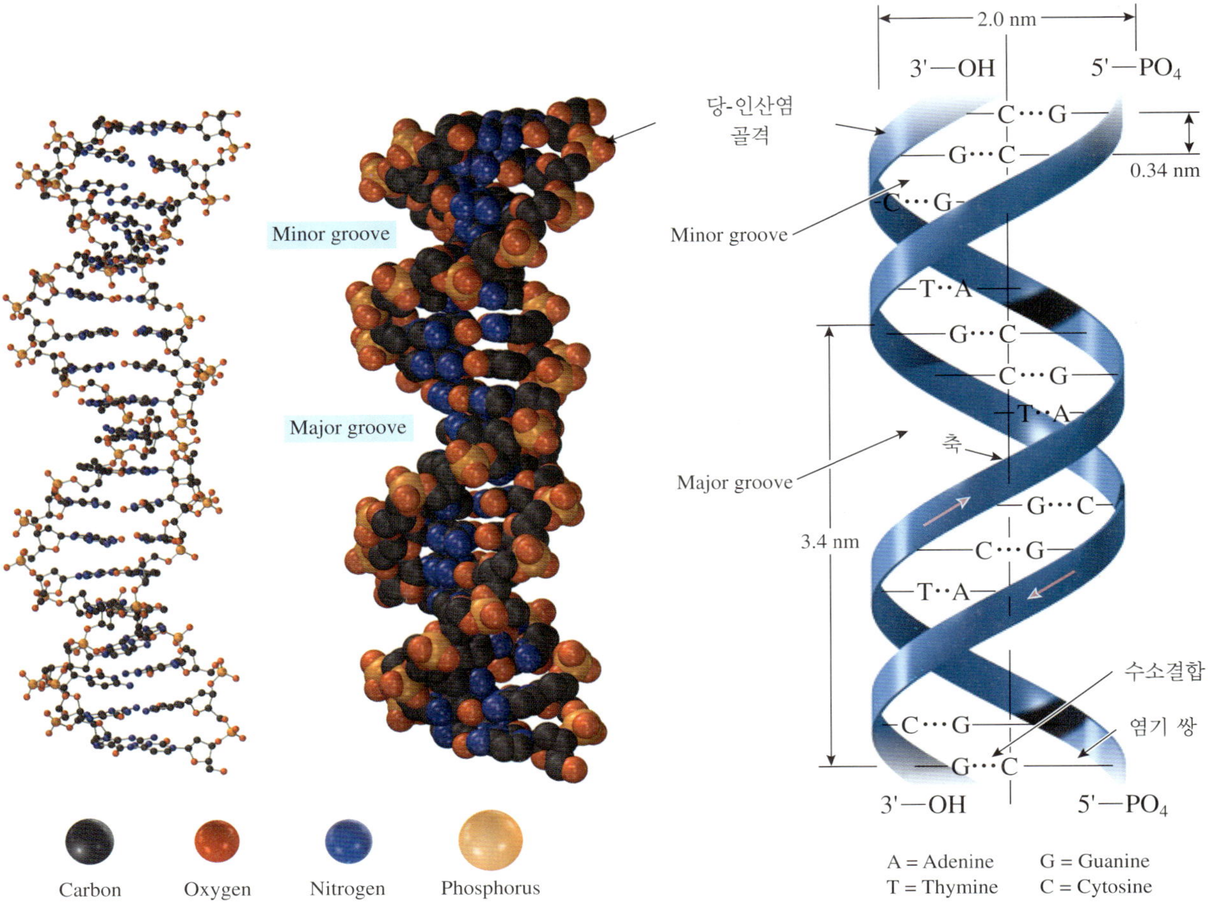


그림 27.3 DNA 이중 나선의 모델

와는 달리 RNA는 단선분자로 생긴다. RNA는 DNA에 저장된 정보를 번역하고 전달하는 데 사용하기 때문에 상보적 복사는 필요하지 않으며 세포에 의해 합성되지 않는다. 끝으로 RNA는 DNA보다 대단히 작다.

**문제 27.6** 그림을 사용하여 아데닌과 유라실로부터 형성되는 염기쌍에서 일어나는 수소결합을 나타내어라.

**문제 27.7** 그림을 사용하여 왜 티민과 구아니딘은 사이토신과 구아니딘 간의 염기쌍에서처럼 강한 수소결합을 갖는 염기쌍을 형성하지 못하는 이유를 설명하여라.

## 27.3 복사, 전사 및 번역

유전정보는 DNA 분자에 저장된다. 특정한 DNA 조각에 있는 염기의 결합순서는 특정한 단백질에 있는 아미노산의 결합순서를 규정해준다. 세포가 분열할 때 어떻게 DNA가 정확히 복제되며 어떻게 DNA에 있는 결합순서의 정보가 단백질의 아미노산의 결합순서로 변환되는가는 생명체에서 중요하게 작용하며 현대 생화학 교재의 중요한 부분을 이룬다. 여기서는 이 과정을 간단히 요약하려고 한다.

단백질의 아미노산 결합순서의 정보는 DNA의 염기 순서 결정에 저장되어 있다. 단백질에서는 20개의 아미노산이 발견된다. 그 중 4개의 염기만이 DNA에서 생성된다. 이것은 하나의 염기로는 개개의 아미노산을 규정할 수 없다는 것을 의미한다. 같은 방법으로 $4 \times 4 = 16$ 조합을 이루는 두-염기 암호는 아직도 20개의 다른 아미노산을 규정할 수 있을 만큼 충분히 크지 않다. 실제로 유전암호는 **코돈(codon)**이라 부르는 $4^3 = 64$의 다른 조합을 가지는 일련의 세 염기에 기초를 두고 있다. 특정한 아미노산에 대한 코돈은 그것을 구성하는 세 염기의 첫 문자를 나열하여 명명한다. 그러므로 세린의 한 코돈은 UCA이고 유라실, 사이토신 및 아데닌의 결합순서를 지정한다. 암호는 축퇴되어 있다. 즉 대부분의 아미노산은 두 개 이상의 코돈에 의해 규정된다. 예로 코돈 CCC, CCU, CCA 및 CCG는 모두 아미노산 폴린을 기술한다. 더욱이 코돈 UAA, UAG 및 UGA는 모두 정지 신호를 기술하며 단백질 사슬의 끝을 나타낸다.

DNA의 두 상보적 가닥은 생체가 전 생애를 통해서 유지되어야 할 유전정보에 대한 안정한 저장소가 된다. 어느 가닥도 유전정보를 갖는다. 그러므로 무작위 가수분해로 한 가닥이 손상되면 손상을 보수하는 정보는 아직도 상보적 가닥에 존재한다. 예로 G와 T가 빠진 DNA 조각을 다음 체계적 구조에서 나타냈다고 생각해보자. 보수 효소가 이 손상과 만나게 되면 상보적 가닥의 C와 A는 보수과정에서 정확한 염기를 삽입한다.

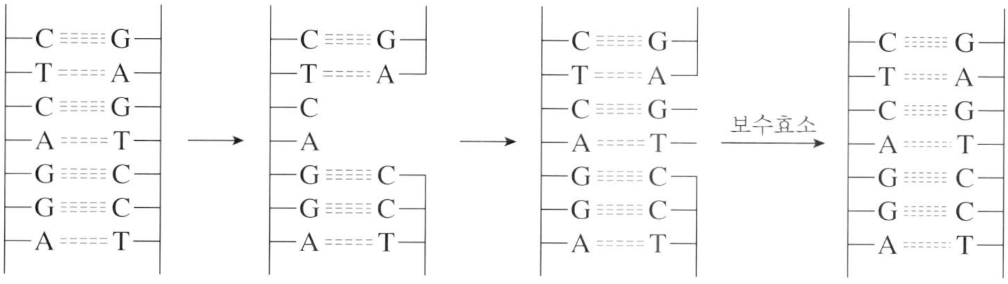


DNA의 이중가닥 손상된 DNA 보수된 DNA

DNA의 이중-가닥 성질은 **복제(replication)**하는 방법을 마련해준다. 세포가 분열할 때 이 과정에서 DNA가 복사되면 두 동일한 복사가 가능하다. 이 과정에서 DNA는 풀어지지 않고 각 가닥은 상보적 가닥의 합성에 대한 주형으로 사용된다. 복제가 완료되면 원래의 DNA 나사선의 두 동일한 형태가 존재한다. 이 과정을 다음 그림에서 체계적으로 나타내었다.

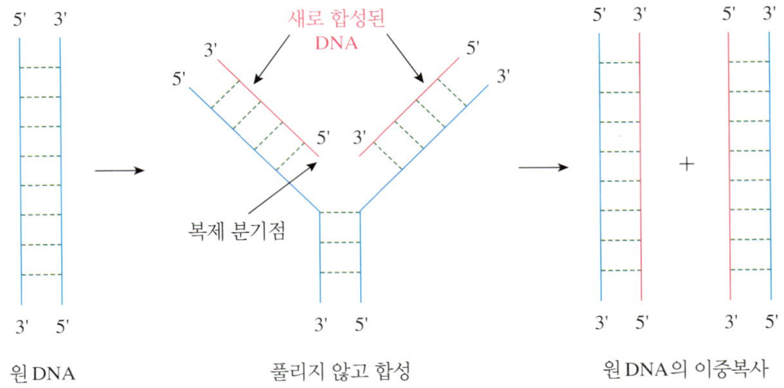


모든 생물학적 과정에서와 같이 복제는 효소에 의해 조절된다. 효소는 DNA 이중나사선을 풀리지 않게 하여 개개의 사슬이 존재하게 한다. 다음에 DNA 중합효소라는 효소는 새로운 DNA 가닥의 성장사슬에 있는 새로운 뉴클리오티드를 데옥시라이보오스에 결합시킨다.

복제에서 다음에 결합할 뉴클리오티드는 DNA 중합효소와 적절하게 유지된다. 이 새로운 뉴클리오티드는 원래의 DNA 가닥에 있는 염기에 대해 상보적이다. 항상 정확한 뉴클리오티드(상보적 뉴클리오티드)의 결합이 생성되는 이유는 상보적 염기간에 생기는 유리한 수소결합 때문이다. 그러나 최근의 연구는 적어도 염기의 크기와 모양이 중요하다는 것이 밝혀졌다. 그림 27.4에 나타낸 것처럼 새로운 뉴클리오티드는 5′-하이드록시기에 결합된 삼인산기를 갖는다. 성장하는 DNA 사슬의 말단에 있는 3′-하이드록시기는 삼인산과 반응하여 인산 에스터를 형성한다. 이 반응

**그림 27.4** 성장하는 DNA 사슬에 대한 새로운 뉴클리오티드의 결합.

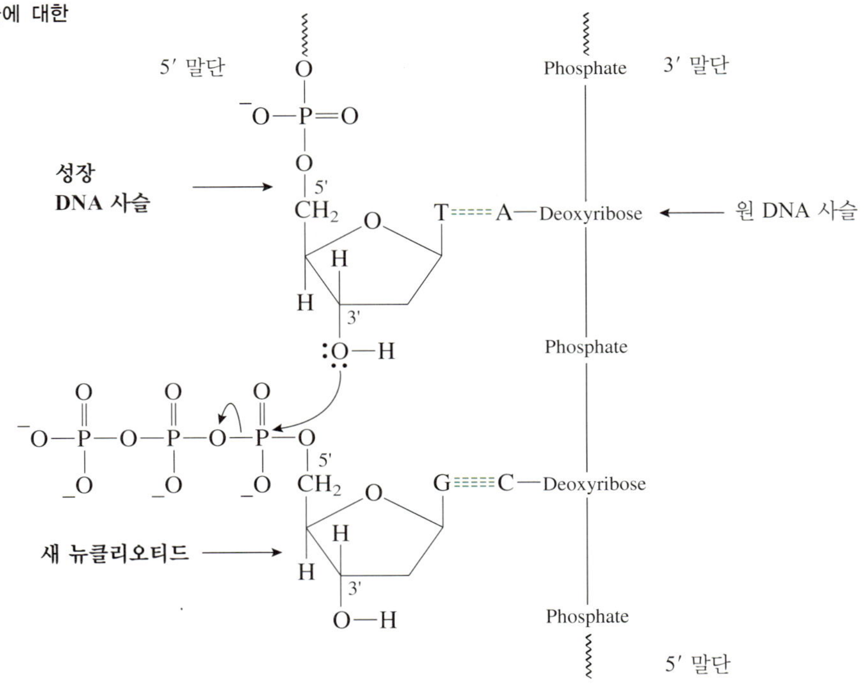

은 카복실산 무수물이 알코올과 반응하여 카복실산 에스터를 형성하는 반응과 유사하다. 물론 이 반응은 효소의 조절을 받는다.

**문제 27.8** 그림 27.4에 나타낸 성장 DNA 사슬에 대한 새로운 뉴클리오티드의 결합 메카니즘은 카복실산 무수물이 알코올과 반응하여 카복실산 에스터를 형성하는 반응의 메카니즘과 유사하다. 이 반응에 대한 메카니즘의 단계를 제시하여라.

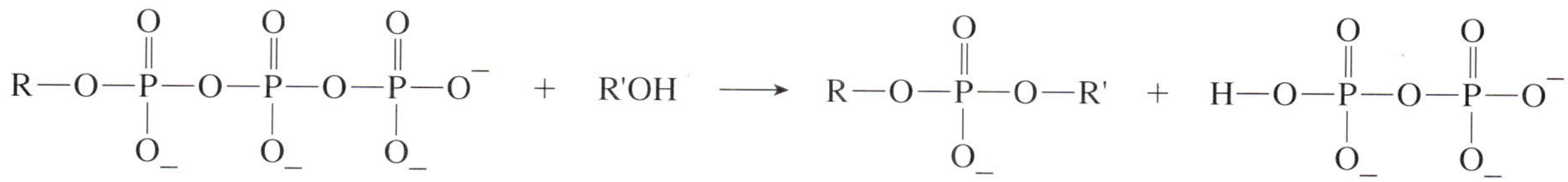

DNA 가닥에 있는 정보를 단배질 결정 순서로의 변환은 몇 단계를 포함한다. 먼저 DNA에 대해 상보적인 **전령 RNA(messenger RNA),** mRNA)라 부르는 RNA 중합체는 이미 언급한 새로운 DNA의 합성과 같은 방법으로 합성된다. 이 과정을 **전사(transcription)**라 부른다. 다음에 전령 RNA는 번역(translation)이라 부르는 과정에서 단백질을 합성하기 위한 주형으로 사용된다. 상당히 작은 RNA에 결합된 개개의 아미노산은 **전달 RNA(transfer RNA,** tRNA)라 부른다. 각 아미노산은 **역코돈(anticodon)**으로 알려진 세-염기 영역을 가진 자신의 형태의 tRNA를 갖는다. 역코돈은 그 아미노산에 대해 코돈과 상보적이다. 정확한 아미노산을 가진 tRNA는 mRNA와 세 염기쌍을 형성하고 성장하는 단백질 사슬에 결합할 수 있는 위치로 가져온다. 성장하는 폴리펩타이드에 대한 폴린결합과 다음에 페닐알라닌의 결합과정을 다음 도표에 체계적으로 나타냈다.

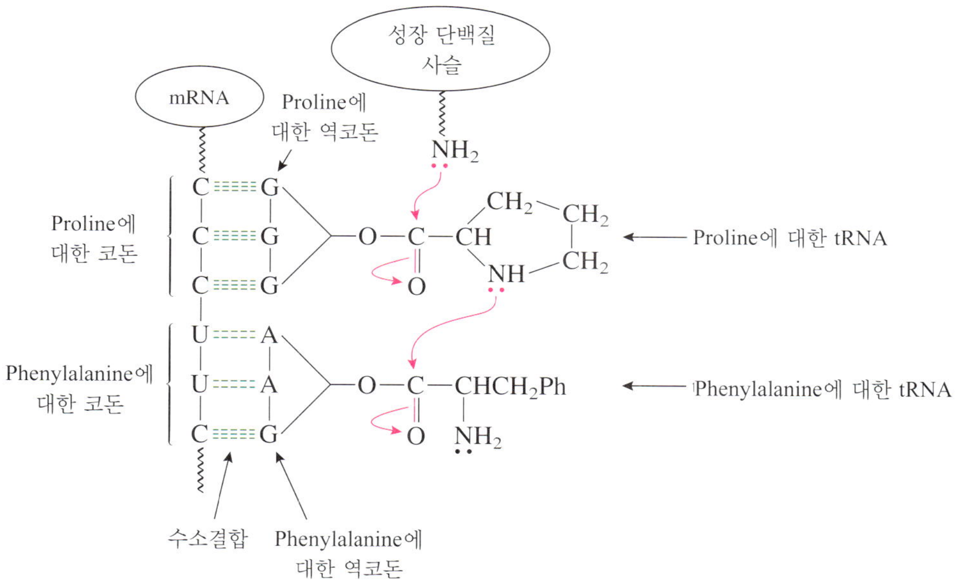

역코돈 GGG를 가진 프롤린에 대한 tRNA는 mRNA에 있는 프롤린에 대한 CCC 코돈과 수소결합하고 여기에 결합된 프롤린 아미노산을 성장하는 단백질 사슬에 결합할 수 있는 위치로 가져온다. 다음에 페닐알라닌에 대한 tRNA는 mRNA에 있는 페닐알라닌에 대한 코돈과 수소결합을 하고 여기에 결합된 페닐알라닌을 프롤린과 결합하도록 한다. 이 과정은 정지신호에 도달할 때까지 계속된다.

이것으로 복제, 전사 및 번역의 과정을 간략하게 개관하였다. 더 상세한 것에 흥미를 가진다면 생화학 교재를 참고하여라.

## 27.4 DNA 결합순서 결정

DNA에 있는 염기 결합순서 결정은 단백질에서 아미노산 결합순서 결정과 같은 방법으로 이루어진다. 네 개의 가능한 염기만이 있기 때문에 문제는 다소 간단하다. 그러나 DNA는 단백질보다 대단히 크기 때문에 얻어야 할 정보가 더 많다. 먼저 거대한 DNA 분자를 더 다루기 쉬운 특정한 토막으로 절단할 필요가 있다. 다음에 토막에 있는 염기의 결합순서를 결정해야 한다. 몇 가지 다른 절단과정이 토막을 생성하는 데 사용되고 한 조의 토막이 다른 토막의 절단점에서 겹쳐지게 되므로 토막이 어떻게 연결되었는가를 결정하는 데 사용할 수 있다.

최근까지 특정한 위치에서 DNA를 절단하는 방법이 없기 때문에 DNA 결합순서 결정은 어려웠다. 더욱이 분석에서 한번에 한 염기를 제거하는 Edman 분해와 유사한 반응이 없다. 그러나 몇 가지 최근의 발전은 DNA의 결합순서 결정을 간단히 해주기 때문에 단백질 결합순서 결정보다 더 쉬워진다. 이런 이유 때문에 단백질의 결합순서 결정은 그 단백질을 규정하는 DNA를 분리하여 결합순서를 결정한다. 어떻게 DNA의 결합순서를 결정하는가를 살펴보자.

제한핵산내부 가수분해효소의 발견은 DNA 결합순서 결정에서 대단히 중요하다. 이 효소는 이중-가닥 DNA에 있는 4~8개 염기의 특정한 결합순서를 인식하고 있으며 이 결합순서에서 정확한 위치에서 DNA를 절단한다. 예로 *Alu*I으로 알려진 제한핵산내부 가수분해효소는 AGCT 결합순서에서 G와 C 사이에서 절단하고 *Pst*I로 알려진 것은 CTGCAG 결합순서에서 A와 G 사이에서 절단한다. 이 제한핵산내부 가수분해효소는 결합순서를 결정하기에 적당한 크기로 정확하게 확정된 토막을 재현성이 있는 방법으로 생성한다.

클로닝 기술은 DNA 결합순서 결정의 발전에 중대한 역할을 하였다. 클로닝은 DNA의 많은 복사물을 만들므로 결합순서 결정에 필요한 충분한 양을 얻을 수 있다.

일단 적당한 길이의 충분한 복사물이 얻어지면 DNA의 염기순서를 결정하는 두 가지 방법이 개발되었다. Maxam-Gilbert법은 특정한 염기에서 DNA를 절단하는 데 화학적 반응을 사용한다. 사슬종결 방법이라 부르는 다른 방법은 Frederick Sanger에 의해 개발되었다(Walter Gilbert와 Sanger는 1980년에 이 결합순서 결정으로 Novel 화학상을 수상하였다. 이것은 Sanger의 두 번째 Novel상이다). 사슬-종결방법은 현재에도 대부분의 결합순서 결정에 사용된다. 이 방법이 어떻게 사용되는

가를 검토해보자.

사슬-종결방법은 DNA 합성을 촉매하는 DNA 중합효소 I의 사용에 의존한다. 이 효소는 5′ 말단에서 시작하여 3′ 말단으로 진행되는 단일-가닥 DNA의 상보적 복사물을 만든다. 먼저 주형 가닥이라는 결합순서를 결정하려는 DNA를 분리한다. 합성을 시작하기 위하여 효소는 시발체라 부르는 사슬의 5′ 말단에 DNA의 적은 조각의 존재를 필요로 한다. 주형 DNA는 제한핵산내부 가수분해효소에 의해 합성되기 때문에 그 3′에서 몇 가지 염기가 알려졌다. 이 결합순서에 대해 상보적인 시발체는 화학적 합성에 의해 제조된다. 다음에 효소는 주형 DNA, 시발체의 3′-하이드록시기에 대해 상보적인 염기에 첨가된다.

결합순서 결정은 주형 DNA, 중합효소, 적당한 시발체 및 삼인산염으로 공급되는 4개의 뉴클리오티드와 가온하여 이루어진다. 삼인산 뉴클리오티드의 하나는 방사성 형태이기 때문에 새로 합성되는 DNA는 방사성이다. 결정적으로 중요한 점은 뉴클리오티드의 하나에 해당하는 5′-삼인산 2′, 3′-다이데옥시뉴클리오시드를 소량 가해준다. 5′-삼인산 2′-데옥시뉴클리오시드(dATP)와 5′-삼인산 2′, 3′-다이데옥시뉴클리오시드 (ddATP)의 구조는 다음과 같다.

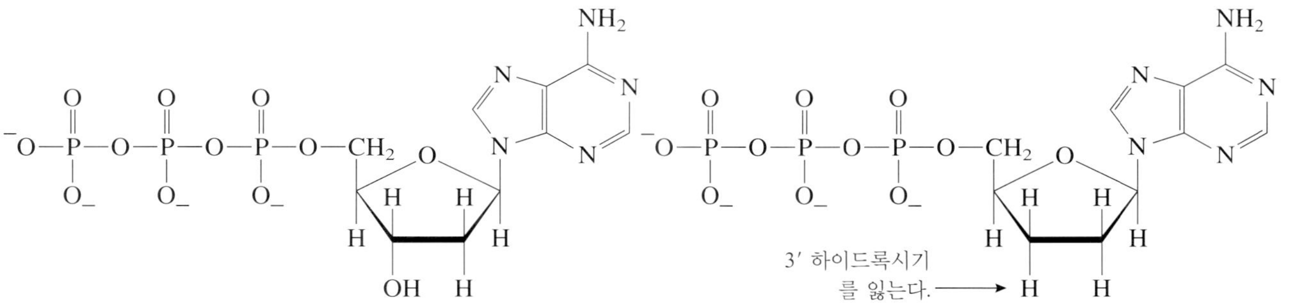


2'-Deoxyadenosine 5'-triphosphate (dATP)

2',3'-Dideoxyadenosine 5'-triphosphate (ddATP)

적은 양의 다이데옥시뉴클리오티드만이 존재하기 때문에 가끔씩만 결합한다. 그러나 자라는 DNA의 조각에 결합할 때마다 다음 뉴클리오티드와 결합할 3′-하이드록시기가 없기 때문에 중합반응은 종결된다. 이것은 길이가 다른 일련의 DNA 토막을 생성하고 각각은 다이데옥시 유도체로 첨가되는 염기에서 종결된다. 삼인산 다이데옥시사이토신을 사용한 DNA 토막의 합성을 그림 27.5에 요약하였다.

DNA 주형의 결합순서 결정하기 위하여 다른 삼인산 다이데옥시뉴클리오티드를 가진 네 형태의 중합반응이 수행되었다. 반응은 겔 전기이동을 사용하여 분석하였다. 이 방법에서 각 반응으로부터 합성된 토막 혼합물을 폴리아크릴아마이드 겔 위층의 분리된 렌인에 가하고 위와 바닥 사이에 전압을 걸어준다. 적은 분자는 큰 분자보다 더 빨리 움직이고 겔의 바닥근처에 도달하면 이동은 정지된다. 분리가 완료되면 겔 위에 필름을 올려놓는다. 필름을 현상하면 반점이 나타남으로 방사성 토막의 위치를 결정할 수 있다. 분리는 토막의 크기에 의존하고 있으므로 판의 바닥에

**그림 27.5 사슬-종결 결합순서 결정에서 삼인산 다이데옥시사이토신을 사용한 DNA토막의 합성.**

합성되는 DNA(주형 가닥)는 제한핵산내부 가수분해효소 *AluI*을사용하여 생성되므로 처음 두 염기는 C와 T이다.

① CT에 대해 상보적인 시발체는 가해지고 주형의 3′말단에 수소결합 된다.

② 4개의 삼인산 뉴클리오티드, DNA 중합효소 및 적은 양의 삼인산 다이데옥시사이토신이 가해진다.

③ 합성된 토막은 모두 3′말단에서 다이데옥시사이토신을 가지고 종결된다. 이 토막들은 원래의 결합순서에 대해 상보적이다.

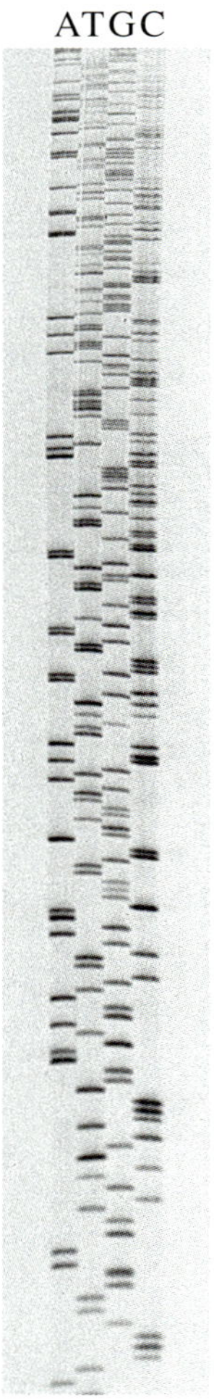


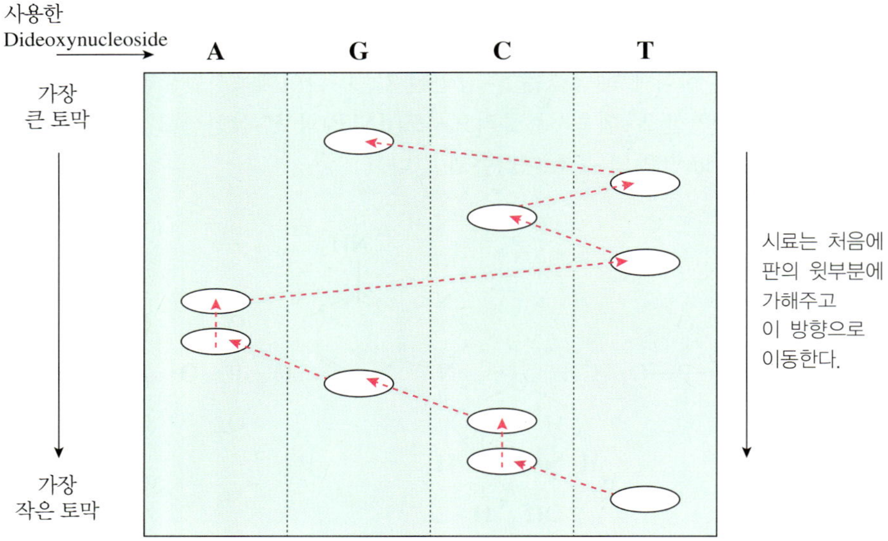


**그림 27.6 사슬종결 결합순서 결정법을 사용한 CTAG-GCTAGAC 결합순서 결정으로부터 얻어진 겔 전기이동의 반점의 형태.** 결합순서가 결정되는 DNA 조각에 대해 상보적인 결합순서는 겔의 바닥으로부터 시작해서 판독한다. 첫 번째 두 염기는 시발체에서 오기 때문에 가장작은 토막은 T에서 종결된다(염기는 A에 대해 상보적이다). 그러므로 가장 낮은 점은 T 레인에서 나타난다. 상보적 가닥의 결합순서는 TCC-GAATCTG이다.

가까운 점은 주형 가닥에서 첫 번째 염기에 대해 상보적인 다이데옥시뉴클리오시드를 사용한 반응의 레인에서 발견된다. 상보적 가닥의 결합순서는 겔을 바닥에서 위로 판독함으로써 얻을 수 있다. 그림 27.5의 DNA 토막으로부터 얻을 수 있는 전기이동 겔 형태를 그림 27.6에 나타냈다. 실제의 결합순서 결정 겔의 방사선 자동사진을 그림 27.7에 나타냈다.

**그림 27.7 결합순서 결정 겔의 방사선 자동사진.**

**문제 27.9** 사슬-종결방법을 사용한 DNA 토막 CTTAGTTGCACCT의 결합순서 결정으로부터 얻어진 겔 전기이동의 반점 형태를 나타내어라. 시발체는 GA이다.

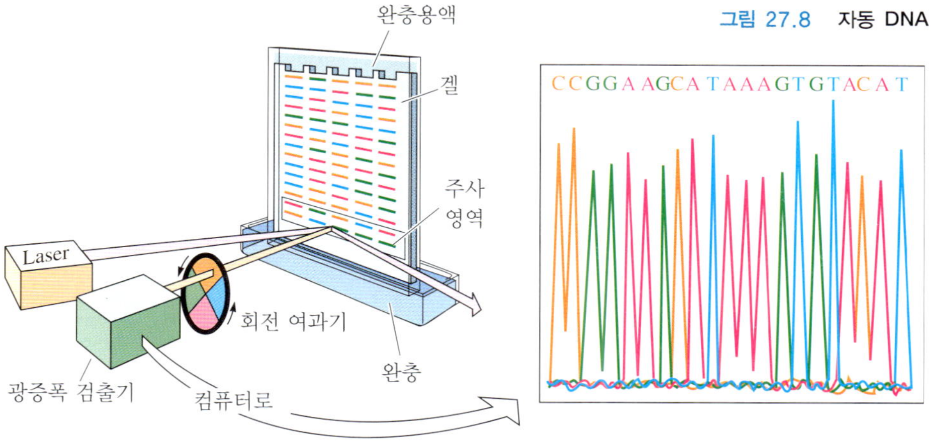


그림 27.8 자동 DNA 결합순서 결정 기기의 그림.

자동 결합순서 결정장치가 사슬-종결법을 사용하여 개발되었다. 방사선 표식의 사용을 피하기 위하여 DNA 토막의 합성에 사용한 네 반응의 각각에서 사용한 시발체에 색이 다른 형광염료를 결합시킨다. 다음에 네 반응으로부터 생긴 토막 혼합물을 단일 레인의 전기이동을 사용하여 분석한다. 형광 반점은 크기가 증가하는 각 폴리뉴클리오티드에 대해 나타난다. 각 점에 대한 3′-말단염기를 형광색에 의해 결정할 수 있다. 검출계는 컴퓨터로 조절되며 데이터는 자동적으로 얻어진다. 이와 같은 기기를 그림 27.8에 나타냈다. 2001년에 완성된 인간 게놈의 결합순서의 결정은 이와 같은 수많은 자동기기를 사용하여 이루어졌다.

## 27.5 DNA의 실험실 합성

화학적으로 DNA를 합성하는 능력은 대단히 중요하다. 이 합성 DNA는 클로닝, 자리-지시 돌연변이유발(단일 자리에서 다른 아미노산을 가진 단백질을 제조할 수 있는) 및 유전병의 진단과 출생 전 검출에 사용된다.

폴리뉴클리오티드 합성의 기본 방법은 폴리펩타이드 합성 방법과 유사하다. 원하지 않는 반응에서 뉴클리오티드에 있는 작용기는 보호되고 짝지어진다. 다음에 보호기는 제거되고 다른 짝지음의 순환이 이루어진다. 짝지음의 원하는 순환이 이루어지면 남아 있는 보호기는 제거된다.

현재 가장 널리 사용되는 DNA 합성 방법은 **포스포라미디트 방법**(Phosphoramidite method)이다. 고체상 펩타이드 합성과 많은 점에서 유사한 고체상 합성법이다. 이 방법에 의한 다이뉴클리오티드의 합성 예를 그림 27.9에 나타냈다. 먼저 보호된 뉴클리오시드를 3′-하이드록시기를 통해서 실리카 입자의 표면에 결합시킨다. 아데닌, 사이토신 및 구아닌의 자유 $NH_2$기는 아마이드로 보호된다. 5′-하이드록시기는 다이메톡시트리틸 에터로 보호된다. 뉴클리오시드가 실리카에 결합된 후 트리틸 보호기는 $S_N1$ 조건에서 가수분해에 의해 제거된다. 다음 뉴클리오시드의 3′-포스포라미디트 유도체와의 반응이 이어진다. 이 화합물에 있는 인은 삼가이고 데옥시리보오스와 다이아이소프로필 먼저 뉴클리오시드를 3′-하이드록시기를 통해서 실리카 입자의 표면에 결합시킨다. 이것은 이후의 변환과정에서 3′-하이드록시기 를 보호하는데 사용된다. 아데닌과 사이토신의 $NH_2$기는 벤즈아마이드, 구아닌의 $NH_2$기는 아이소뷰탄아마이드로 보호된다. 5′-하이드록시기는 다이메톡시트리틸 에터(DMTr)로 보호된다.

① 다이클로로아세트산 수용액은 $S_N1$ 반응으로 다이메톡시트리틸기를 제거하는 데 사용된다.

② 다음에 비보호 5′-하이드록시기는 약한 산 촉매로 작용하는 테트라졸의 존재에서 다음 뉴클리오시드의 3′-포스포라미디트 유도체와 반응한다. 다이아이소프로필아미노기는 5′-하이드록시기에 의해 치환되어 인-산소결합이 형성된다.

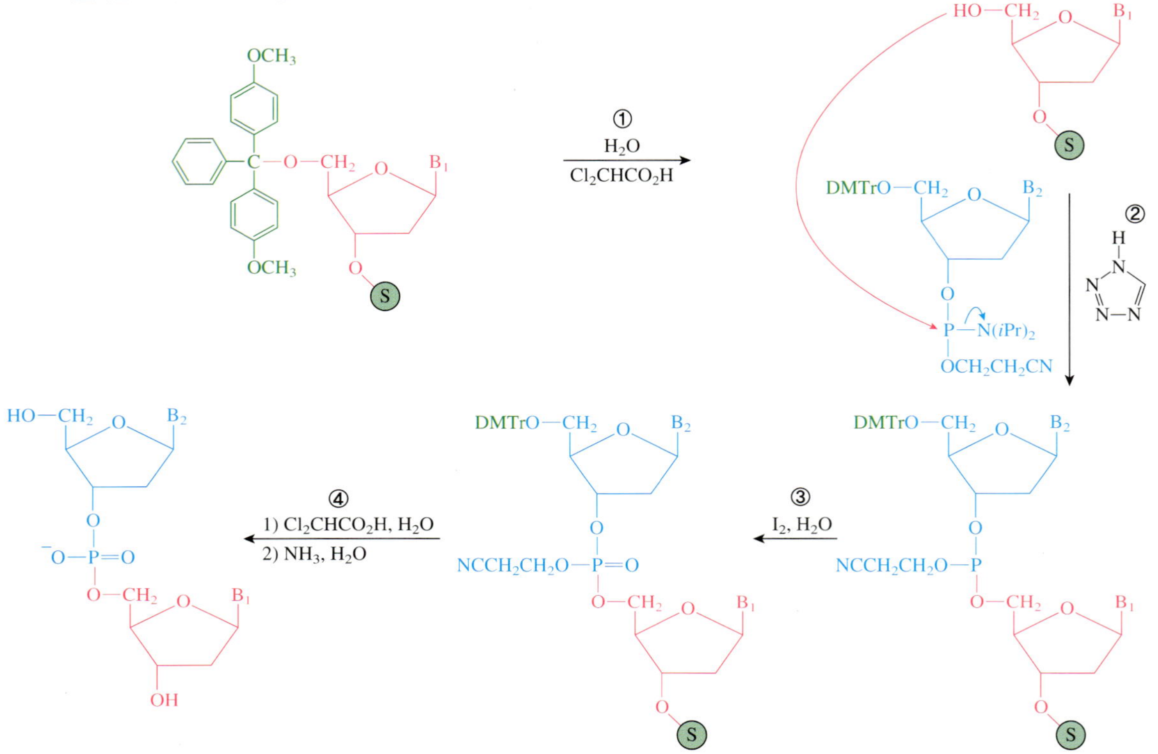


③ 아이오딘은 아인산 트라이에스터 [$P(PR)_3$]를 포스포트라이에스터 [$O = P(OR)_3$]로 산화하는 데 사용된다.

④ 다이클로로아세트산은 두 번째 뉴클리오티드의 5′-하이드록시기의 DMTr 보호기를 제거하는 데 사용된다. 이 시점에서 세 번째 뉴클리오티드가 가해지고 순환은 반복된다. 원하는 모든 뉴클리오시드가 가해지면 암모니아 수용액과의 반응으로 실리카로부터 폴리뉴클리오티드, 염기로부터 모든 아마이드 보호기 및 $\beta$-사이아노에틸 보호기를 제거하는 데 사용된다.

**그림 27.9 포스포라미디트법에 의한 폴리뉴클리오티드의 고체상 합성.**

아미노기에 결합된다. 나머지 산소는 $\beta$-사이아노에틸 에터로 보호된다. 유리되는 5′-하이드록시기는 인과 원하는 결합으로 아인산 트라이에스터를 형성하면서 다이아이소프로필아미노기를 치환한다. 아이오딘에 의한 아인산트라이에스터 포스포트라이에스터로의 상화는 한 뉴클리오시드이 첨가를 완료한다. 탈보호, 짝지음 및 산화의 순환은 첨가된 각 뉴클리오시드에 대해 반복된다. 원하는 순환이 이루어지면 폴리뉴클리오티드를 암모니아 수용액으로 처리하여 실리카 입자로부터 제거된다. 이것은 염기의 아마이드 보호기와 $\beta$-사이아노에틸 보호기를 제거한다. 다음에 폴리뉴클리오티드를 겔 전기이동 또는 크로마토그래피에 의해 정제한다.

**문제 27.10** 포스포라니디트법을 사용하여 이 트라이뉴클리오티드의 합성을 나타내어라.

5′end A-T-G 3′end

**문제 27.11** 다이메톡시트리틸 에터의 절단에 대한 메카니즘을 나타내어라. 메톡시기가 왜 반응을 가속화하는지를 설명하여라.

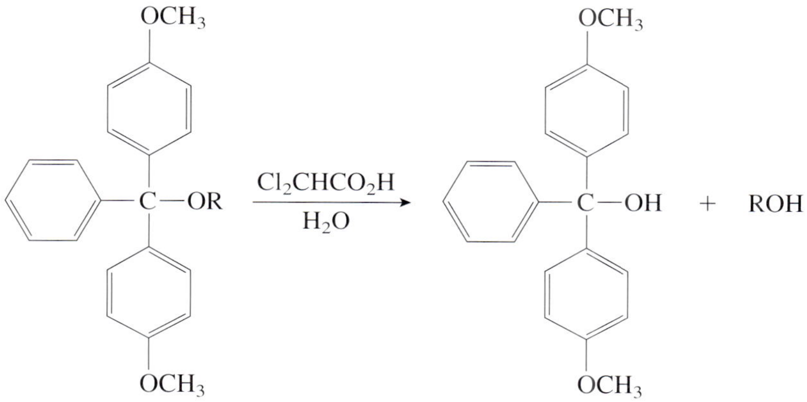

**문제 27.12** $\beta$-사이아노에틸 보호기의 제거는 다음 방정식에 따라 일어난다. 이 반응의 메카니즘을 나타내어라. 이 반응에서 사이아노기의 역할은 무엇인가?

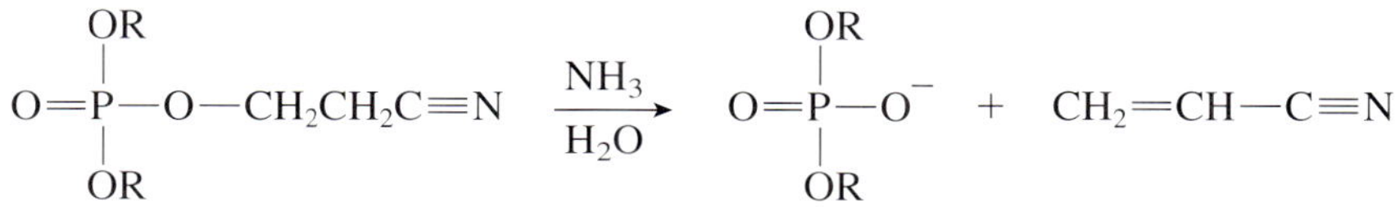

고체상 펩타이드 합성에서와 같이 이 과정도 자동화되어 있다. 한 염기에 대해 10분의 순환시간으로 150 염기 이상을 포함하는 폴리뉴클리오티드를 제조할 수 있는 자동 합성기기가 시판되고 있다.

## 추가문제

**27.13** 다음 화합물의 구조를 써라.

**a)** 아데노신

**b)** ddCTP

**c)** 5′-일인산 데옥시티미딘

**27.14** 다음 화합물의 이름을 써라.

a) 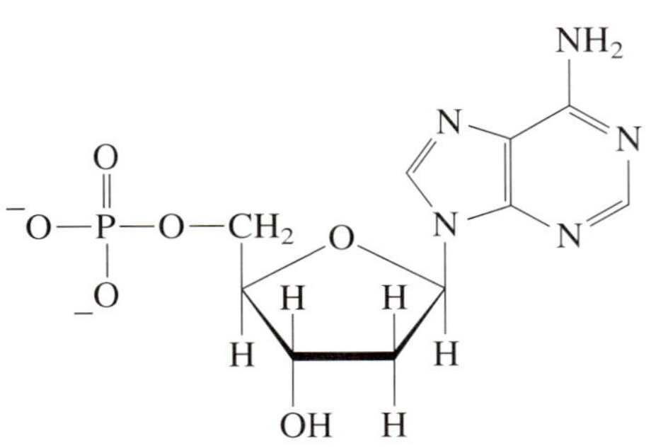

b) 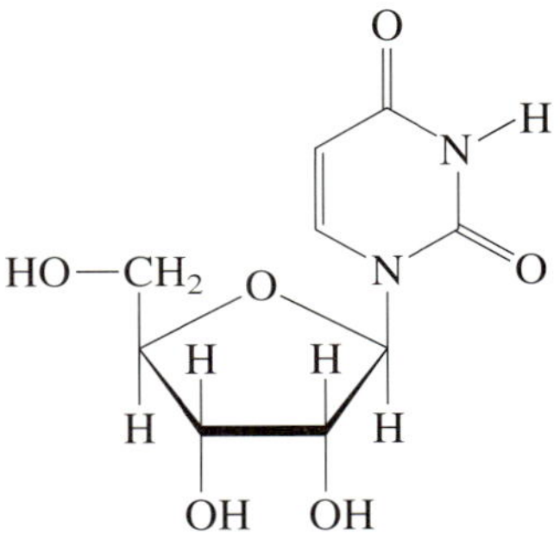

**27.15** 왜 사이토신이 티민 또는 유라실보다 더 강한 염기인지를 설명하여라.

**27.16** 유라실의 토토머를 나타내어라.

**27.17** 다음 DNA 조각에 상보적인 DNA와 RNA의 결합순서를 나타내어라.

5′말단 GCTTATGC 3′말단

**27.18** 다음 반응의 생성물을 나타내어라.

a) 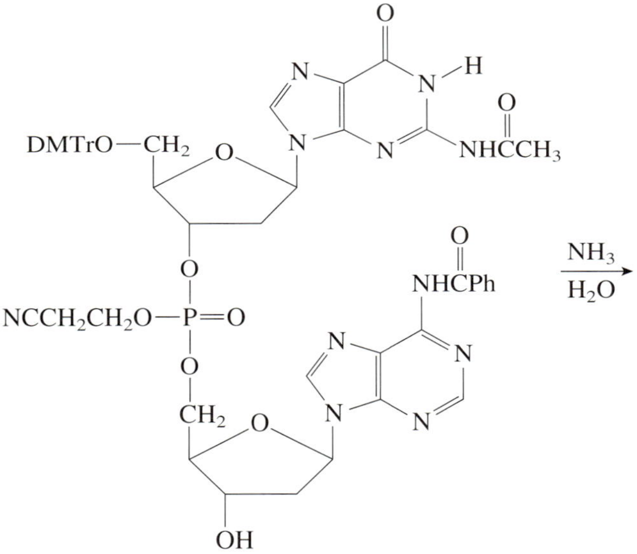

b) 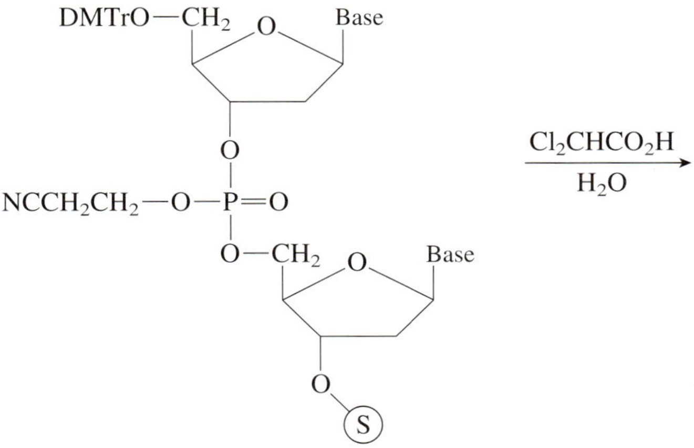

**27.19** 몇 가지 유기체는 그들의 DNA에 아데닌 대신에이 메틸 아데닌을 사용한다. 이것이 염기쌍 형성에 어떻게 영향을 미치는가를 설명하여라.

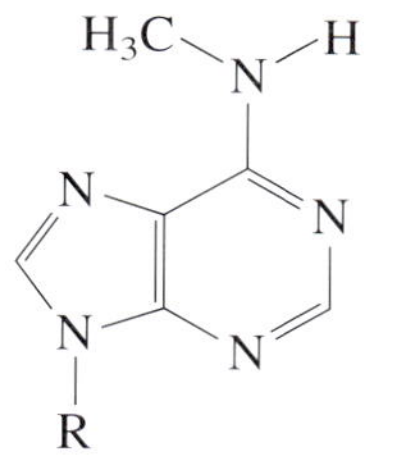

**27.20** 포스포라미디트법에 의해 이 트라이뉴클리오티드를 합성하여라.

5′ 말단 GCT 3′ 말단

**27.21** 염기성 조건에서 인산 에스터의 가수분해는 카복실산 에스터의 비누화에 대한 메카니즘과 유사한 메카니즘에 따른다. 이 반응에 대한 메카니즘의 각 단계를 나타내어라.

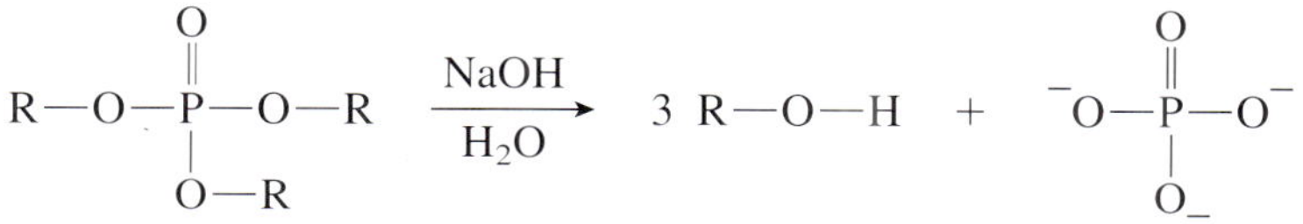

**27.22** 산 수용액에서 뉴클리오시드의 가수분해 메카니즘을 나타내어라.

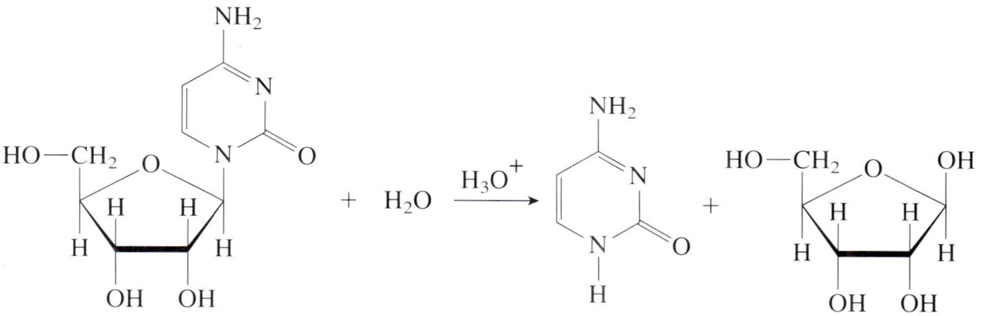

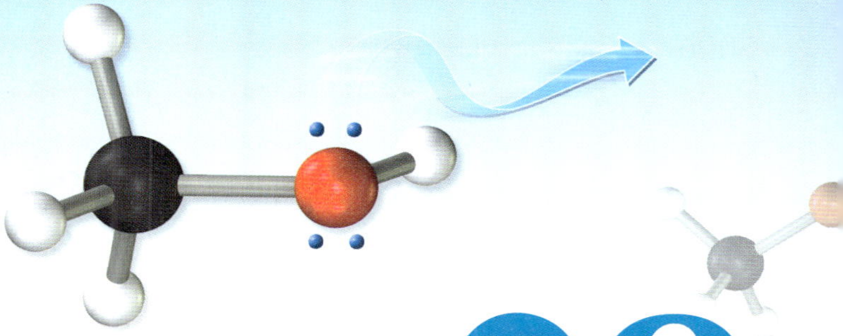

# 다른 천연물

CHAPTER 28

### 유기화학 숙달

- 터펜의 구조적 특성 인식
- 터펜을 형성하는 가상적 메카니즘의 이해
- 스테로이드와 프로스타글란딘과 그들의 형성 메카니즘의 인식
- 알카로이드와 지방의 인식

25장, 26장 및 27장에서 다루었던 탄수화물, 아미노산, 단백질 및 핵산은 모두 유기체에서 발견되며 일차 대사 생성물이기 때문에 **일차 천연물(primary natural product)**이다. **이차 천연물(secondary natural product)**은 주로 아미노산 또는 아세트산이온과 같은 일차 천연물이 선구물질이며, 일반적으로 자연에 널리 분포되어 있지 않다. 오늘날 천연물 화학은 이들 이차 천연물의 구조, 반응 및 합성을 다룬다.

이들 대부분의 화합물은 다중 카이랄성 중심은 가진 복잡한 구조를 갖는다. 더욱이 그들의 대부분은 약리학적 활성이 있다. 즉 그들을 투여하면 유기체에서 극적인 생리학적 효과를 나타낸다. 이러한 이유 때문에 그들은 항상 유기화학자들의 흥미의 대상이 되고 있으며 그들의 구조결정과 합성은 유기화학의 발전에 중대한 역할을 계속해 왔다.

이 장에서는 몇 가지 중요한 천연물, 터펜, 스테로이드, 알카로이드, 지방 및 프로스타글란딘을 다룰 것이다. 구조, 생합성의 다양한 방법 및 화학반응을 다음 절에서 소개한다. 대부분의 책들이 이 부류의 화합물에 대해 기술하고 있기 때문에 여기서는 부득이 간략하게 기술하였다. 그러나 이들 화학의 맛을 보여주고자 시도하였다. 다른 부류의 천연 유기화합물을 여백이 없어 포함하지 않았다.

## 28.1 터펜

**터펜(terpene)**이라는 용어는 원래 소나무에서 추출한 터펜틴으로부터 얻어진 화합물에 사용하였다. 식물로부터 분리된 많은 터펜은 분자식 $C_{10}H_{16}$를 갖는다. 그 후 두 아이소프렌 단위($C_5H_8$)의 결합으로 생성된다는 것이 알려졌다. 다른 것들은 3~6 또는 그 이상의 아이소프렌 단위를 포함한다(천연고무는 많은 아이소프렌 단위를 포함한다). 터펜은 모노터펜(10 탄소), 세스퀴터펜(15 탄소), 다이터펜(20 탄소) 및 트라이터펜(30 탄소)으로 분류한다. 많은 것들은 다양한 산소-포함 작용기를 갖는다. 더욱이 몇몇은 생합성과정에서 분해반응에 의해 탄소가 소실되므로 다섯 탄소의 배수를 포함하지 않는다. 몇 가지 간단한 터펜의 구조와 어떻게 그들이 아이소프렌 단위로부터 구성되는지를 다음 예에 나타냈다. 개개의 "아이소프렌 단위"를 다른 색으로 나타내었다.

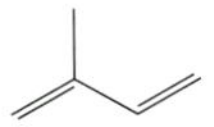

Isoprene

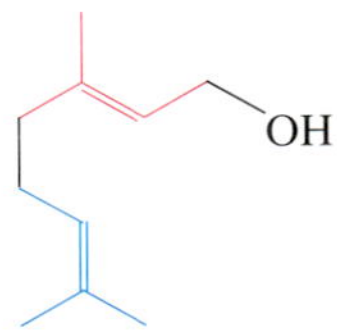

Geraniol
(monoterpene)

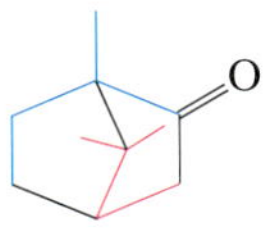

Camphor
(monoterpene)

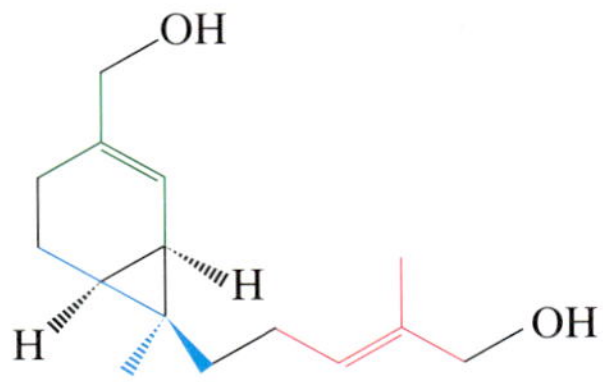

Sirenin
(sesquiterpene)

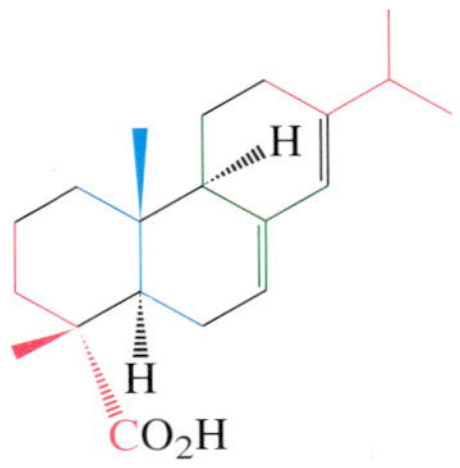

Abietic acid
(diterpene)

**문제 28.1** 다음 화합물을 모노테펜, 다이테펜 등으로 분류하여라. 그들을 구성하는 아이소프렌 단위를 나타내어라.

**a)** 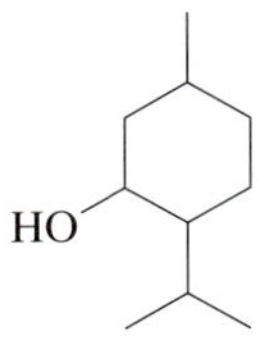

Menthol

**b)** 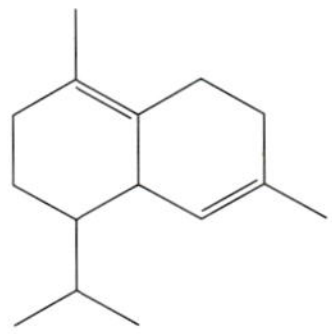

δ-Cadinene

**c)** 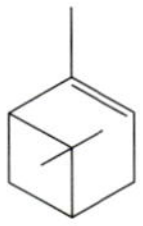

α-Pinene

**d)** 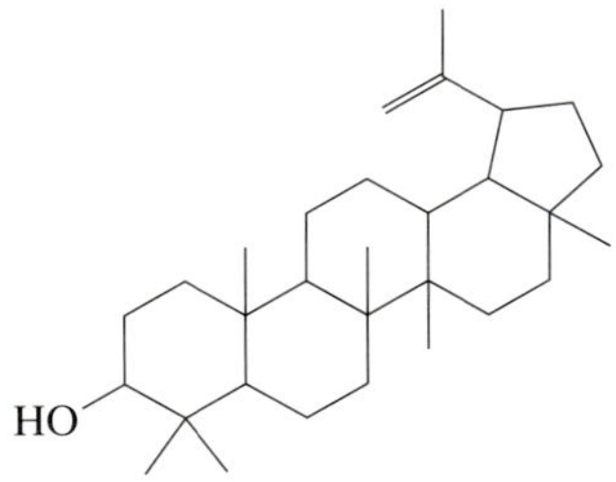

Lupeol

왜 식물은 터펜을 합성하는가? 몇 가지 경우에는 그들의 불쾌한 맛 때문에 터펜은 초식동물로부터 식물을 보호하는 미각 기피제로 작용한다. 몇 가지는 식물성장을 조절하는 호르몬으로 알려져 있다. 그러나 대부분 터펜의 생물학적 작용은 알려져 있지 않다.

## 28.2 모노터펜

10 탄소를 가진 **모노터펜**은 두 아이소프렌 단위의 결합으로 생성된다. 파이로인산 아이소펜텐일은 생화학반응에서 이아소프렌 단위의 원천이다. 파이로인산 다이메틸알릴은 파이로인산 아이소펜텐일의 이성질체이고 파이로인산 아이소펜텐일 이성질화효소에 의해 생성되며 중요한 중간체이다.

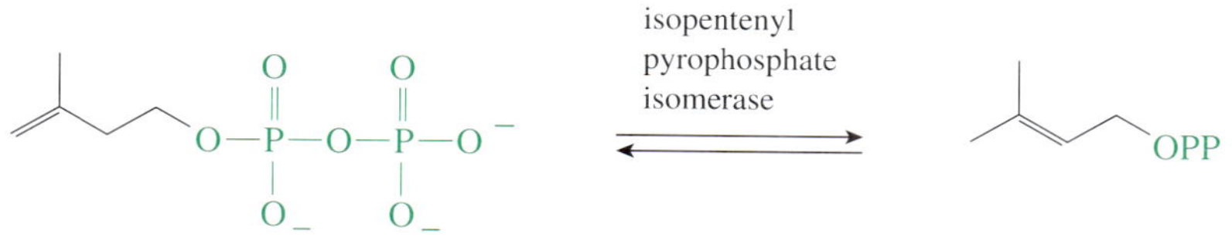


Isopentenyl pyrophosphate

Dimethylallyl pyrophosphate

(OPP는 pyrophosphate기를 나타내는데 사용된다.)

파이로인산 아이소펜텐일의 생합성 경로를 그림 28.1에 요약하였다. 이 과정에 대한 출발물질은 아세틸 CoA이다. 아세틸 CoA는 보조효소 A의 황에 결합된 아세틸기를 갖는다. 생합성에서 첫 번째 단계는 아세토아세틸 CoA를 형성하는 두 아세틸 CoA 분자 간의 반응이다. 이 반응은 효소에 의해 조절되지만 이 전의 장에서 살펴본 유사한 메카니즘을 포함한다. 이것은 여러 번 다루었던 에스터 축합이고(20.6절) 그 메카니즘은 효소를 포함하지 않은 에스터 축합에 대한 메카니즘과 대단히

**그림 28.1** 아세틸 보조효소 A의 파이로인산 아이소펜텐일로의 변환.

① 아세틸 CoA 형태에 있는 아세트산이온은 아세토아세틸 CoA를 형성하면서 아세틸 CoA 간의 에스터 축합반응을 일으킨다.

② 효소의 황에 결합된 다른 아세틸기와 아세토아세틸 CoA 간에 알돌 축합이 일어난다. 생성물은 가수분해에 의해 효소로부터 제거된다.

③ 에스터기는 일차 알코올로 환원되어 메블론산이 생성된다.

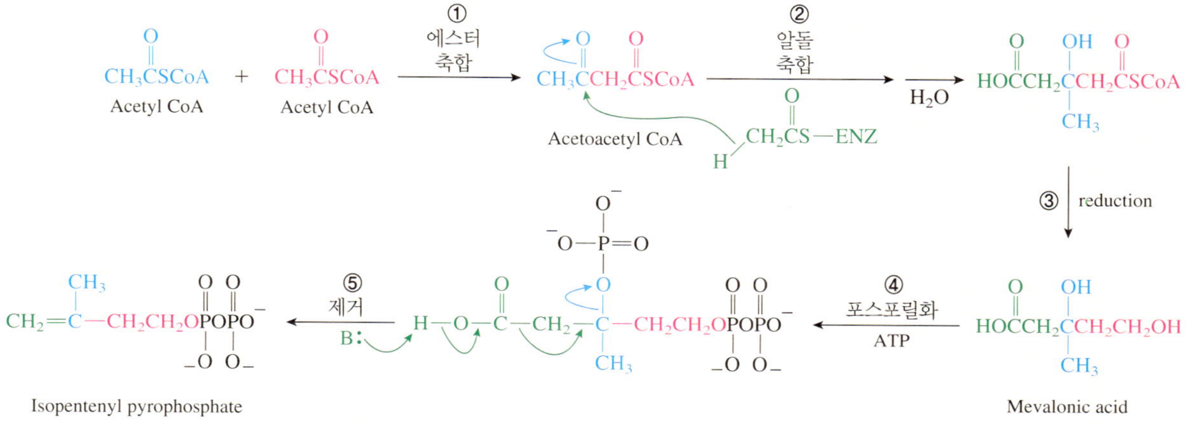


⑤ 이산화탄소와 인산기가 제거되면 파이로인산 아이소펜텐일의 이중결합이 형성된다.

④ ATP의 3 당량과 메블론산의 반응으로 한 하이드록시기는 파이로인산기 다른 하이드록시기는 인산기로 변환된다.

유사하다. 다음 단계는 알돌축합이다. 이 반응에서 아세토아세틸 CoA는 친전자체로 작용하고 친핵체는 효소의 황에 결합된 다른 아세틸기로부터 생긴다. 효소로부터 이 화합물을 가수분해하고 환원하면 메발론산이 생성된다. 여섯 탄소를 포함한 이 산은 포스포릴화 반응과 인산기와 이산화탄소가 제거되면서 파이로인산 아이소펜텐일로 변환된다.

**문제 28.2** 그림 28.1에 요약한 과정의 첫 단계에 나타낸 에스터 축합에 대한 메카니즘을 나타내어라. 반응은 염기에 의해 일어난다고 가정하고 효소의 영향을 무시하여라.

**문제 28.3** 그림 28.1에 요약한 과정의 두 번째 단계에 나타낸 에스터 축합에 대한 메카니즘을 나타내어라. 반응은 염기에 의해 일어난다고 가정하고 효소의 영향을 무시하여라.

파이로인산기(OPP)는 좋은 이탈기이다. 터펜의 생합성에 포함되는 대부분의 화학은 파이로인산기가 파이로인산 아이소펜텐일 또는 파이로인산 다이메틸알릴 화합물로부터 이탈하면서 생성되는 카보양이온의 반응을 근거로 이해할 수 있다. 그러므로 모노터펜에 대한 모체 화합물, 파이로인산 게라닐의 형성은 그림 28.2에 나타낸 것처럼 파이로인산 다이메틸알릴로부터 생성되는 카보양이온이 파이로인산 아이소펜텐일에 첨가되어 생성된다. 그러나 이 반응은 효소에 의해 조절된다는 것을 기억하는 것이 중요하다. 이와 같이 그들은 자유 카보양이온 중간체를 포함하지 않으며 이 장에서 나타낸 "메카니즘"보다 더 협동적이다. 그럼에도 불구하고 이들 "메카니즘"은 이 효소반응이 마술이 아니라는 것을 나타내는 데 사용되며 카보양이온에 대한 이전장에서 제기한 같은 규칙을 따르게 된다. 효소는 전체 과정에 대해 낮은 활성화 에너지를 갖게 하며 입체화학, 위치화학 및 각 반응의 선택성을 조절한다.

**문제 28.4** 파이로인산 이탈기가 이탈된 후 생성되는 화학종의 구조를 나타내어라. 왜 이 기가 좋은 이탈기인지를 설명하여라.

그림 28.2에 나타낸 것처럼 파이로인산 다이메틸알릴로부터 이탈한 후 생성되는 알릴카보양이온은 파이로인산 아이소펜텐일의 이중결합에 첨가되어 10개의 탄소를 포함하는 새로운 카보양이온을 생성한다. 이 카보양이온으로부터 양성자가 손실되면 파이로인산 게라닐이 생성되고 이것은 모노터펜을 형성하는 선구물질로 사용된다. 예로 파이로인산 게라닐로부터 파이로인산기가 제거되면 미르센이 생성된다. 알코올로 OPP기가 가수분해되면 장미로부터 얻어지는 터펜인 게라니올을 얻을 수 있다. 이것은 장미와 같은 향기를 갖기 때문에 많은 향료로 사용된다. 게라니올의 이중결합의 환원과 알데하이드로 하이드록시기가 산화되면 터펜인, 사이트로네랄이 생성된다. 이 터펜

① 파이로인산기는 약한 염기이므로 좋은 이탈기이다. 이것은 파이로인산 다이메틸알릴으로부터 이탈하여 알릴양이온을 생성한다.

② 다음에 카보양이온은 파이로인산 아이소펜텐일의 이중결합에 첨가되어 10개의 탄소를 포함한 새로운 카보양이온을 형성한다. 이 첨가는 Markovnikov의 규칙에 따른다.

③ 에스터기는 일차 알코올로 환원되어 메블론산이 생성된다.

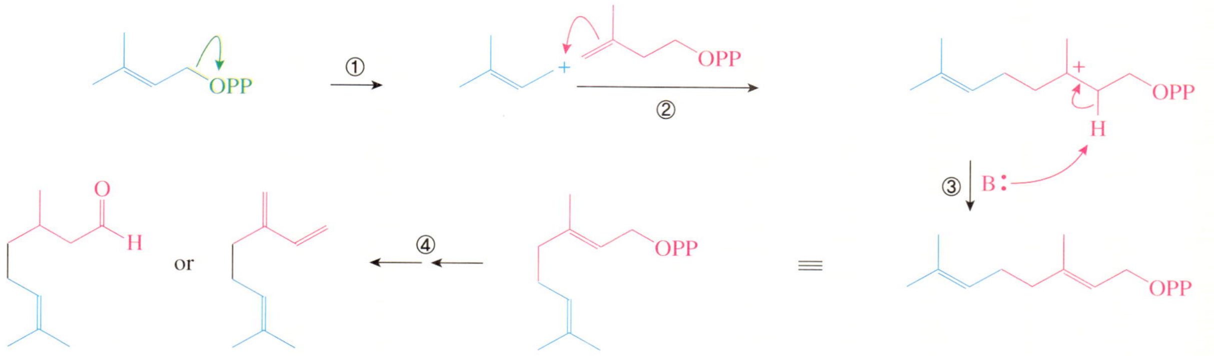


Citronellal Myrcene Geranyl pyrophosphate

④ 간단한 변환은 파이로인산 게라닐을 게라니올, 미르센 및 사이트로네랄과 같은 모노터펜으로 변환한다.

**그림 28.2** **파이로인산 다이메틸알릴과 파이로인산 펜텐일의 파이로인산 게라닐로 변환.**

은 향료의 성분으로 사용되는 레몬-글라스유와 모기를 쫓는 데 사용되는 양초에서 발견된다.

**문제 28.5** 파이로인산 게라닐을 미프센으로의 변환은 E1 메카니즘에 따른다. 이 메카니즘의 단계를 나타내어라.

파이로인산 게라닐의 이중결합이 $E$로부터 $Z$로 이성화는 파이로인산 네릴을 생성한다. 그림 28.3에 나타낸 것처럼 파이로인산 네릴로부터 형성되는 카보양이온은 6-원자고리를 포함하는 새로운 카보양이온으로 고리화한다. 이 카보양이온에 대한 물의 친핵성첨가는 $\alpha$-터펜올을 생성한다. 양성자를 잃으면 감귤에서 생기는 레몬과 같은 냄새를 가진 모노터펜인 리모넨을 생성한다. 더 변환하면 박하유의 주성분인 멘톨과 같은 다른 모노터펜이 생성되고 식품, 치약 및 구강세척에 사용된다.

파이로인산 네릴로부터 생성되는 고리 카보양이온은 6-원자고리의 이중결합의 말단에 두 번째로 첨가되어 고리화한다. 두 생성 카보양이온을 고리 카보양이온이라고 하며 보네올과 캠퍼(좀약과 같은 냄새를 가지며 화장품, 도포약 및 가려움 방지약품으로 사용된다)와 같은 다양한 두 고리 터펜과 터펜틴의 두 주성분인 $\alpha$-와 $\beta$-파이넨을 생성한다.

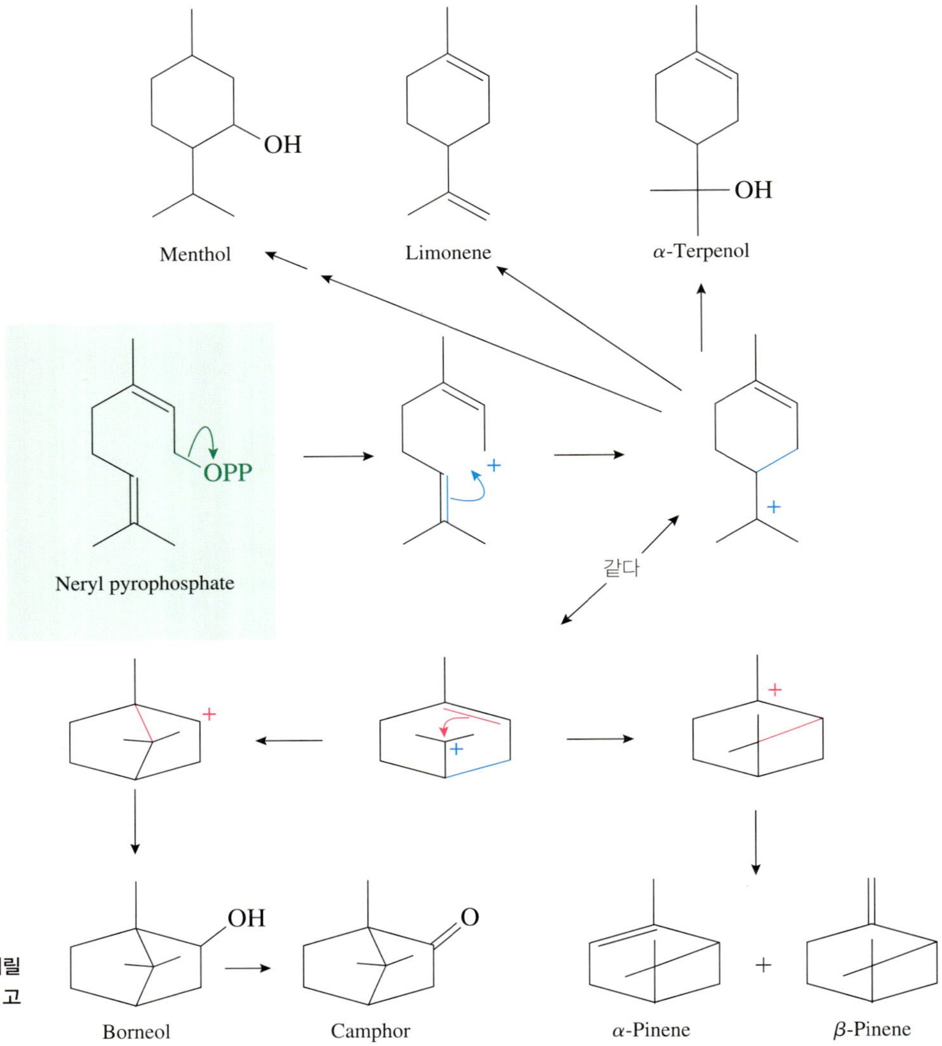


**그림 28.3** 파이로인산 네릴로부터 몇 가지 고리와 두 고리 터펜의 생성.

**문제 28.6** 터피넨-4-올은 파이로인산 네릴로부터 생성된다. 그 형성에 대한 메카니즘을 제시하여라.

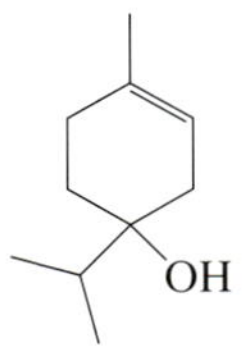


Terpinen-4-ol

**문제 28.7** 파이로인산 네릴로부너 형성되는 처음 카보양이온의 고리화의 위치화학을 설명하여라.

**문제 28.8** 그림 28.3에서 생성되는 두 카보양이온의 고리화에 대한 유리한 또는 불리한 요인을 설명하여라.

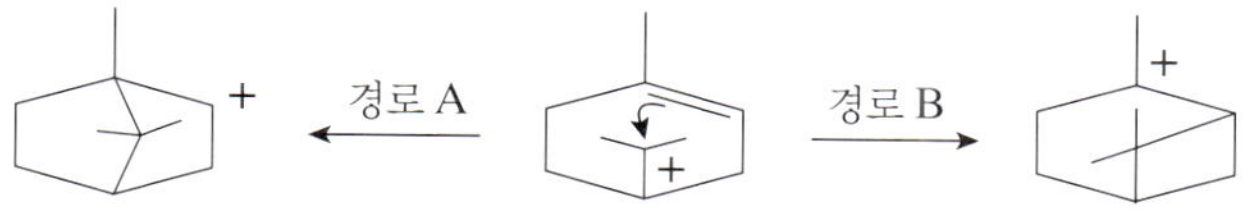


# 28.3 세스퀴터펜

**세스퀴터펜(sesquiterpene)**은 15개의 탄소를 갖는다. 이 계열의 모체는 파이로인산 파르네실이다. 이것은 파이로인산 게라닐로부터 생성되는 카보양이온이 파이로인산 아이소펜텐일에 첨가되어 생성된다. 이 반응은 그림 28.2에 나타낸 파이로인산 게라닐의 생성과 유사하다.

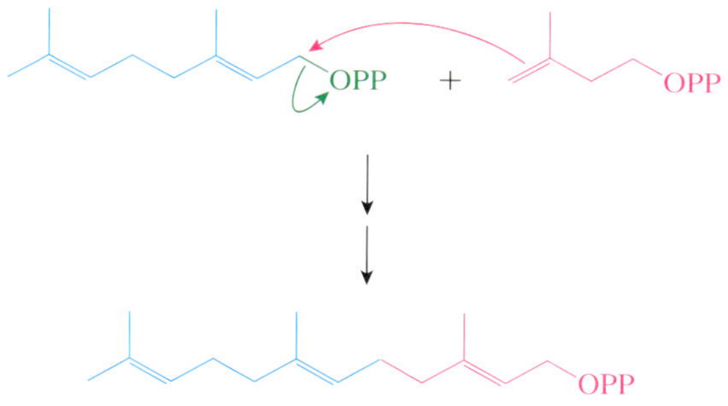

Farnesyl pyrophosphate

고리 터펜의 형성과 유사한 과정에서 파이로인산 파르네실의 이중결합의 이성화, 카보양이온 형성 및 고리화로 α-비스아볼롤과 같은 고리 세스퀴터펜이 생성된다 (그림 28.4).

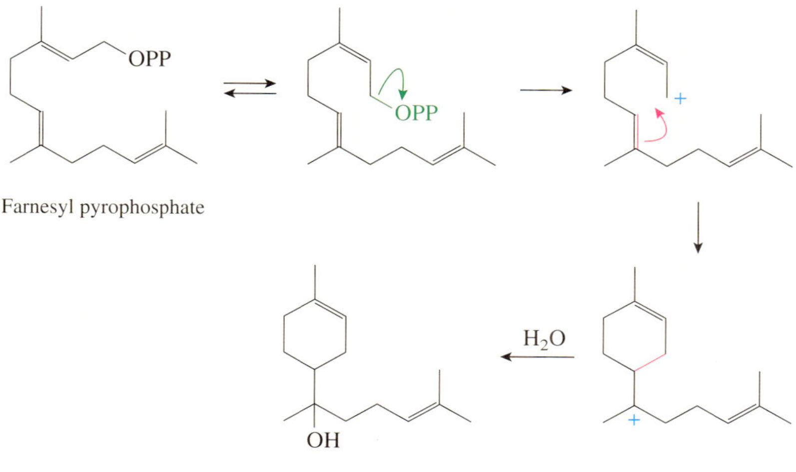


**그림 28.4** 파이로인산 파르네실로부터 고리 세스퀴터펜의 형성.

**문제 28.9** 그림 28.4에 나타낸 카보양이온 고리화의 위치화학을 설명하여라.

**문제 28.10** 파이로인산 파르네실로부터 캠퍼렌올의 형성에 대한 메카니즘을 제시하여라.

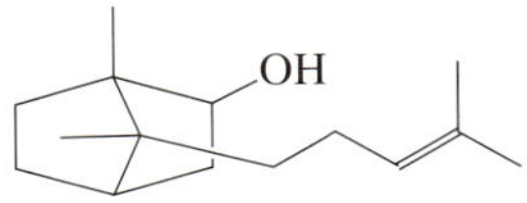


Campherenol

파이로인산 파르네실은 그림 28.5에서 설명한 것처럼 파이로인산기를 포함하지 않는 다른 방법으로 고리화한다. 이 과정은 파이로인산기로부터 사슬의 반대 끝에 있는 이중결합의 양성자화에 의해 개시된다. 생성되는 카보양이온은 고리 중심에 있는 이중결합에 첨가되어 6-원자고리를 형성한다. 이것은 잎의 발산을 조절하는 식물호르몬인 압시스산과 같은 세스퀴터펜에 존재하는 고리계이다. 또한 카보양이온은 나머지 이중결합에 첨가되어 한 고리결합을 공유하는 두 6-원자고리의 두 고리계를 생성한다. 이것을 그림 28.5에서 드리멘올의 형성으로 설명하였다. 두 접합 6-원자고리를 가진 드리멘올에 존재하는 고리구조는 천연물화학에서 특별히 중요하다. 모체 두 고리는 나프탈렌에 10개의 수소가 첨가되어 생성되므로 데카하이드로나프털렌으로 알려져 있으며 흔히 데칼린으로 부른다.

**그림 28.5** 파이로인산 파르네실의 다른 고리화 반응.

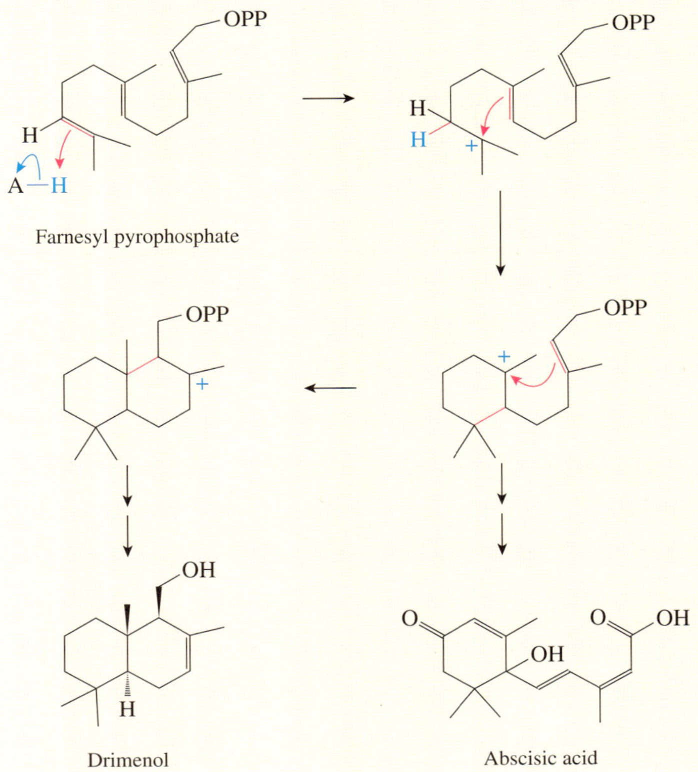

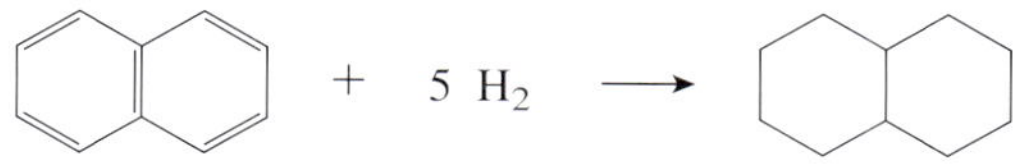

Naphthalene

Decahydronaphthalene
or decalin

데칼린은 두 포화 6-원자고리가 공통결합을 공유하여 접합되어 있다. 고리 경계에서 수소는 같은 면에 결합되거나 반대 면에 결합된다. 그러므로 시스-데칼린과 트랜스-데칼린의 두 입체이성질체가 있다. 이들은 카이랄이 아니다.

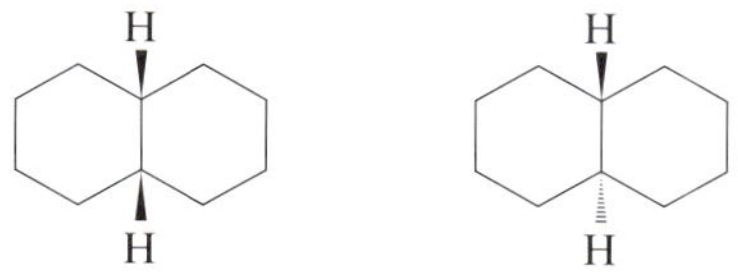

*cis*-Decalin *trans*-Decalin

접합 6-원자고리 데칼린은 아직도 사이클로헥세인 고리이다. 대부분의 사이클로헥세인 고리와 같이 의자 회전배열이 유리하다. 이 분자의 회전배열 선호도를 분석해보면 1,2-다이메틸사이클로헥세인의 선호도와 유사하다. 시스-1,2-다이메틸사이클로헥세인의 한 메틸기는 축방향에 다른 메틸기는 수평방향에 있다. 그러므로 고리-플립은 축방향 메틸기가 수평방향이 되고 수평방향 메틸기가 축방향이 되는 새로운 의자 회전배열을 형성한다. 마찬가지로 트랜스-1,2-다이메틸사이클로헥세인 두 회전체를 갖는다. 한 회전체는 두 메틸기가 다 수평방향에 있고 다른 회전체는 두 기가 다 축방향에 있다.

데칼린의 경우에서 두 고리는 의자 회전배열로 가정한다. 시스-데칼린에 대해 첫 번째 고리의 탄소는 시스-1,2-다이메틸사이클로헥세인에서와 같이 두 번째 고리의 축방향 위치와 수평방향 위치에 결합된다. 마찬가지로 두 번째 고리의 탄소는 첫 번째 고리의 축방향과 수평방향 위치에 결합한다. 축방향과 수평방향 위치가 상호 변환하는 고리-플립이 일어난다.

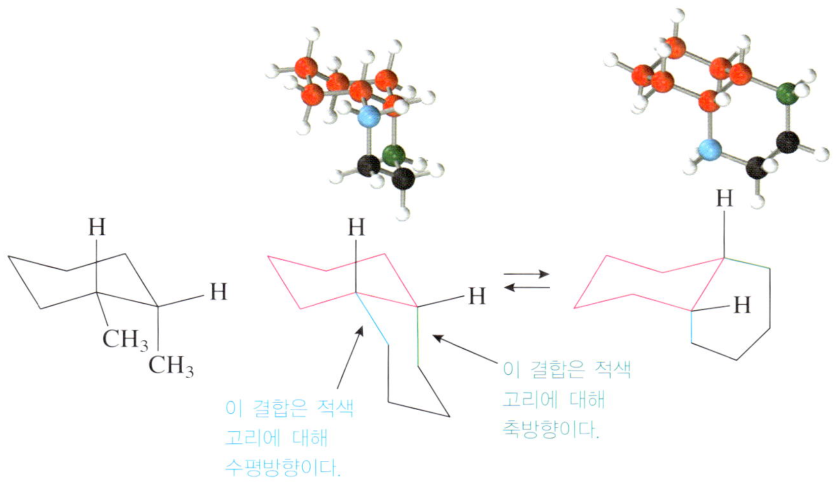


*cis*-1,2-Dimethyl-
cyclohexane

*cis*-Decalin

트랜스-데칼린에 대해 한 고리에 있는 두 탄소는 다른 고리의 수평방향 위치에 결합된다. 이것은 두 고리에 대해 같다. 분자가 경직되어 있으므로 고리-플립은 일어나지 않는다. 한 고리가 서로 반대인 다리 축방향을 허용할 수 있을 만큼 충분히 크지 않기 때문이다. 1,2-다이메틸사이클로헥세인의 경우에서와 같이 두 고리가 서로 수평방향으로 결합된 두 고리를 가진 트랜스-데칼린은 시스-데칼린보다 2.7 kcal/mol(11.3 kJ/mol) 더 안정하다. 특별히 트랜스-입체화학을 가진 데칼린 고리는 터펜과 스테로이드를 포함한 많은 천연물에서 중요한 일부분이 된다.

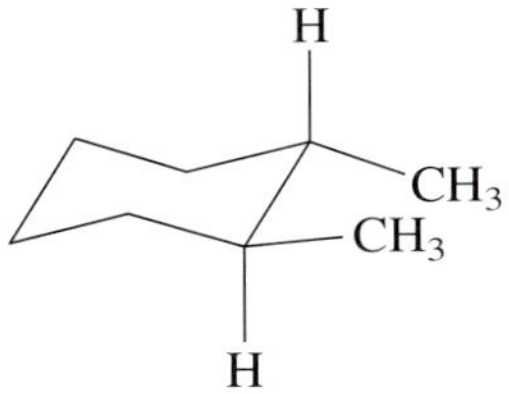

*trans*-1,2-Dimethyl-cyclohexane

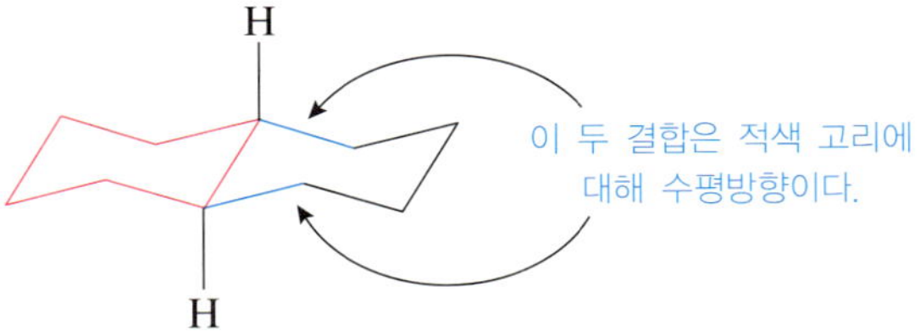

*trans*-Decalin

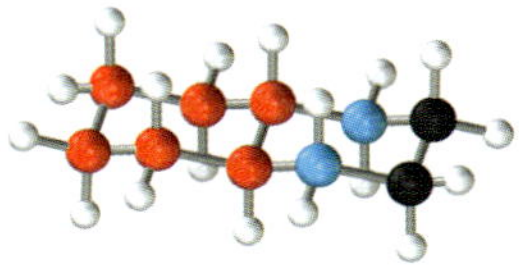

**문제 28.11** 그림 28.5에 나타낸 각 카보양이온 반응의 위치화학을 검토하여라.

**문제 28.12** 게르마크렌 D의 $\gamma$-카디넨으로의 변환에 대한 메카니즘을 제시하여라.

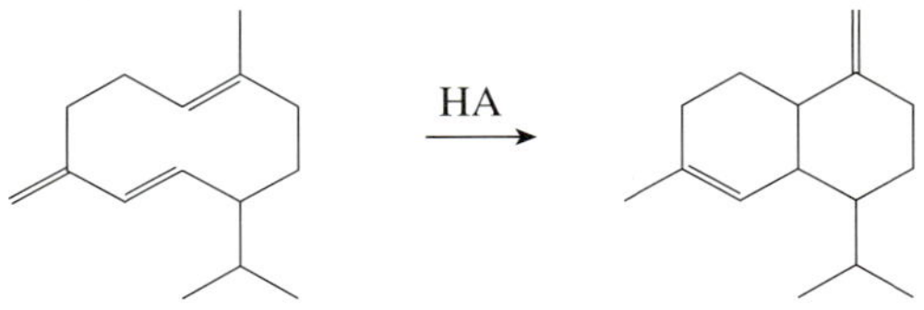

Germacrene D　　$\gamma$-Cadinene

## 28.4 더 큰 터펜

더 큰 터펜은 모노테펜과 세스퀴터펜에서와 같은 방법으로 형성된다. 다이터펜에 대한 선구물질은 파이로인산 게라니게라닐인 $C_{20}$ 화합물이다. 이 물질은 그림 28.2에 나타낸 유사한 방법으로 파이로인산 파르네실로부터 형성된다.

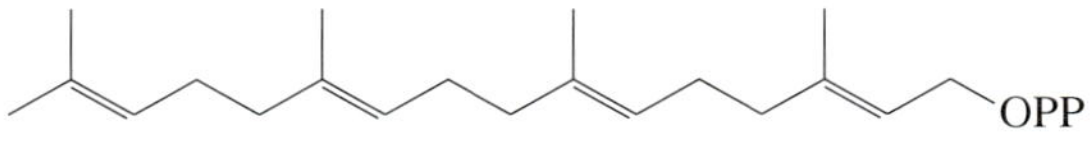

Geranylgeranyl pyrophosphate

파이로인산 게라닐게라닐은 다양한 다이터펜계를 생성하는 많은 다른 방법으로 고리화한다. 한 예로 파이로인산기로부터 가장 멀리 있는 이중결합의 양성자화로 개시되는 고리화는 그림 28.5에 나타낸 고리화와 동일한 반응으로 파이로인산 랍다

다이엔일의 데칼린 고리계를 생성한다. 파이로인산의 이탈로 개시되는 고리화와 그림 28.3과 28.4에 나타낸 방법으로 세고리 다이터펜, 피마라다이엔을 생성한다.

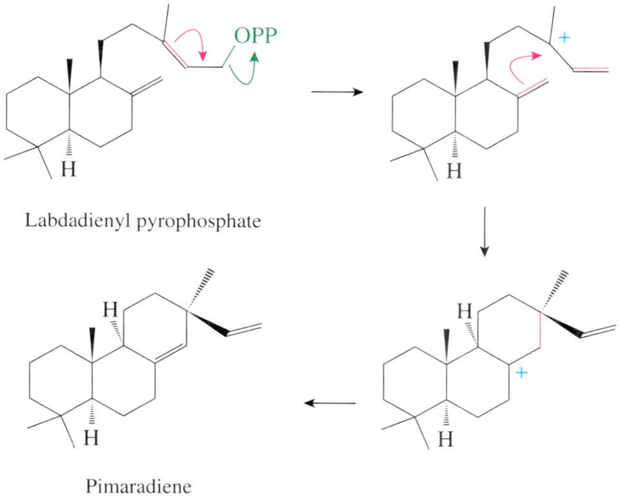


**문제 28.13** 파이로인산 게라닐게라닐을 파이로인산 랍다다이엔일로의 변환에 대한 메카니즘을 제시하여라.

**문제 28.14** 파이로인산 게라닐을 파이로인산 게라닐게라닐로의 변환에 대한 메카니즘을 제시하여라.

두 $C_{15}$ 파이로인산 파르네실 단위의 짝지음은 $C_{30}$ 화합물, 스쿠알렌을 생성한다. 이 물질은 트라이터펜과 스테로이드에 대한 선구물질이다(28.6절).

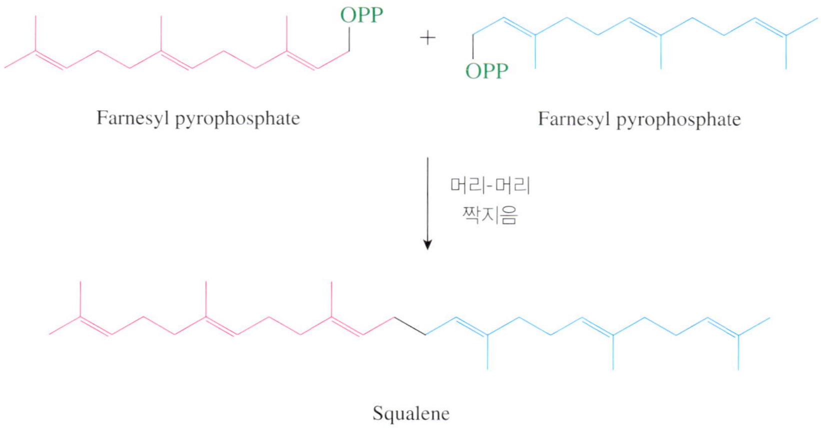


파이로인산기가 결합된 탄소에서 두 파르네실기의 짝지음으로 스쿠알렌이 형성된다. 이 과정에서 두 파이로인산기가 제거된다. 이 반응의 메카니즘은 그림 28.2에 나타낸 것과는 크게 다르고 여기에 기술하기에는 너무 복잡하다.

두 $C_{20}$ 파이로인산 게라닐게라닐 단위의 유사한 짝지음, 탈수소로 $C_{40}$ 화합물, 피토엔을 생성한다. 이 테트라터펜은 카로텐이라 부르는 중요한 부류의 화합물에 대한 선구물질이다. 예로 피토엔의 추가적 탈수소는 리코펜을 생성한다. 이 화합물의 이중결합의 긴 콘쥬게이트계는 가시선의 흡수를 일으킨다. 리코펜은 토마토에서 발견되는 적색 안료이다. 그림 28.6에 나타낸 것과 같이 리코펜 분자의 말단의 고리화는 β-카로텐을 생성한다. 당근의 색은 이 오렌지 화합물 때문이며 광합성에서 빛 안테나로 사용된다. 대칭인 화합물, β-카로텐은 장에서 두 분자의 레티날로 분해된

**그림 28.6** 리코펜의 β-카로텐과 비타민 A로 변환.

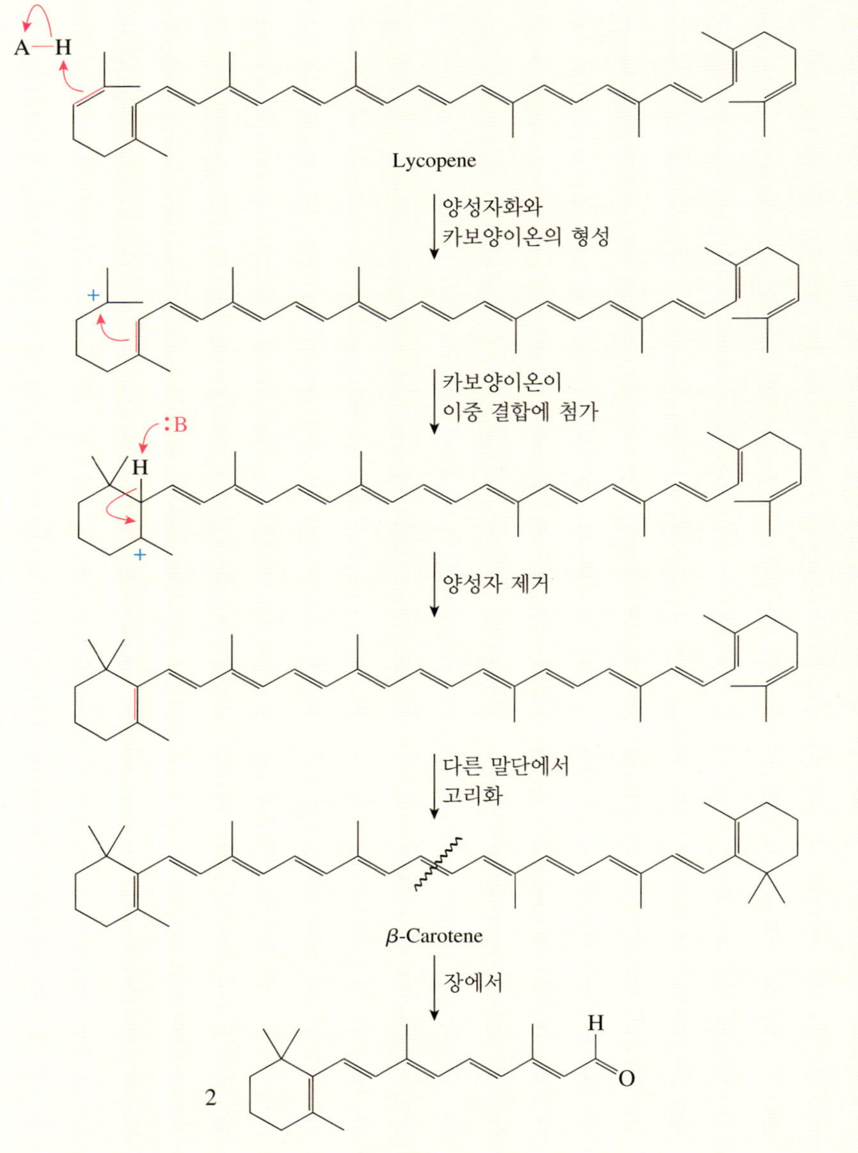

다. 비타민 A로 알려진 레티날은 눈의 망막에서 광을 흡수하는 색소를 형성하는데 사용된다.

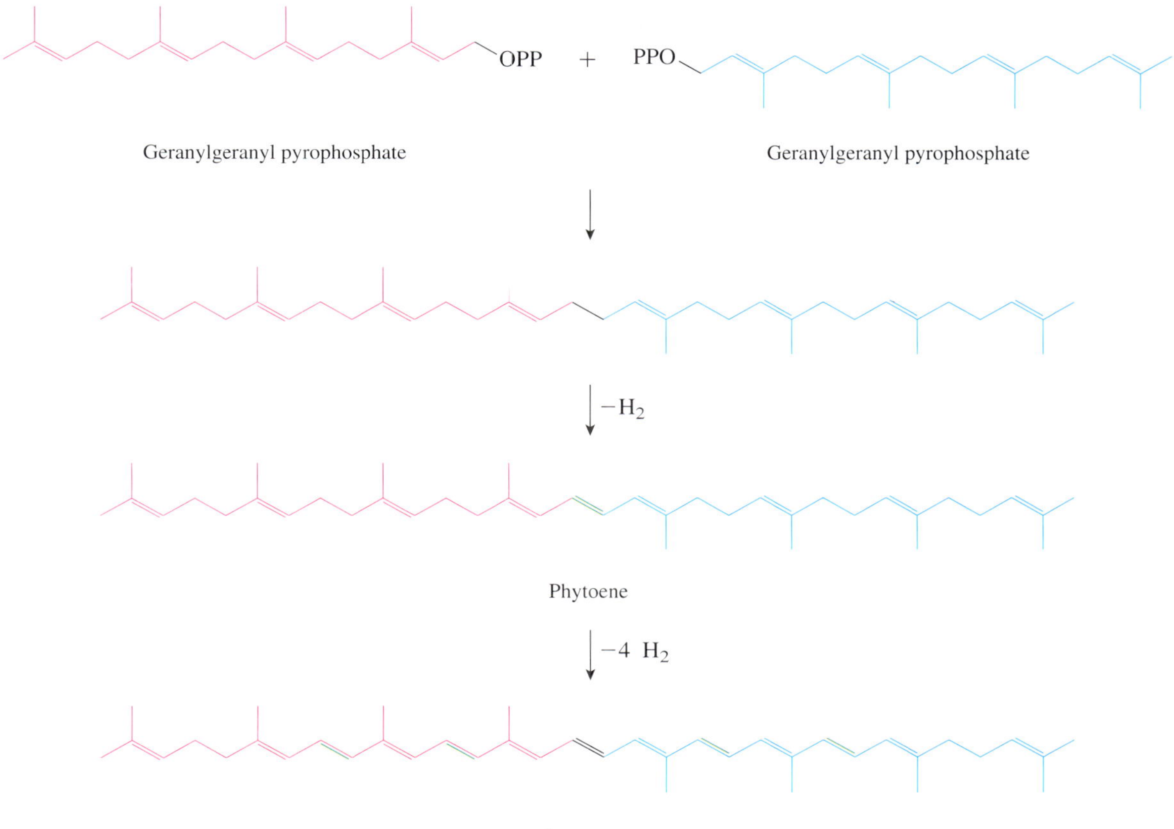


## 28.5 스테로이드

가장 잘 알려진 또는 적어도 가장 유명한 스테로이드는 **콜레스테롤(cholesterol)**이다. 모든 스테로이드와 같이 세 개의 접합 6-원자고리와 한 개의 5-원자고리로 구성된 네 고리계를 갖는다. 콜레스테롤의 구조와 스테로이드 고리계의 표준 번호붙임은 다음 그림에 나타냈다.

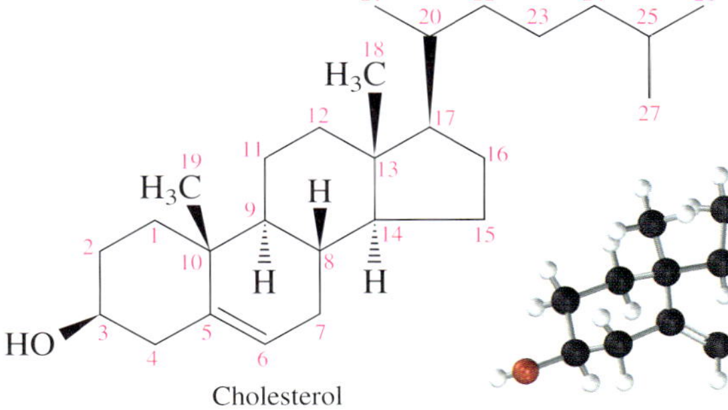

Cholesterol

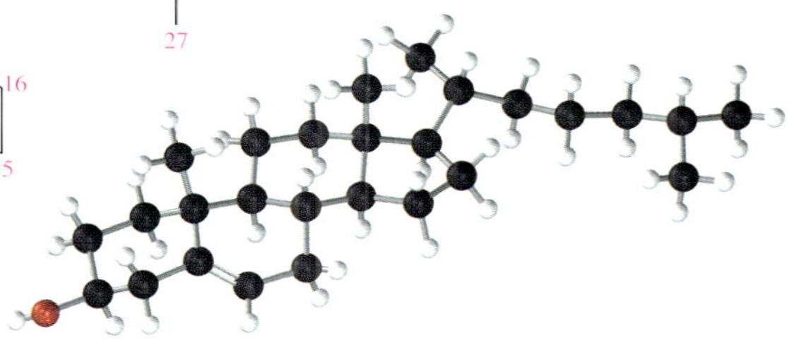

**문제 28.15** 그림 28.6에 나타낸 과정에서 $\beta$-카로텐과 같이 적은 양의 $\alpha$-카로텐이 형성된다. 이 과정에 대한 메카니즘을 제시하고 왜 $\beta$-카로텐이 더 많이 생성되는가를 설명하여라.

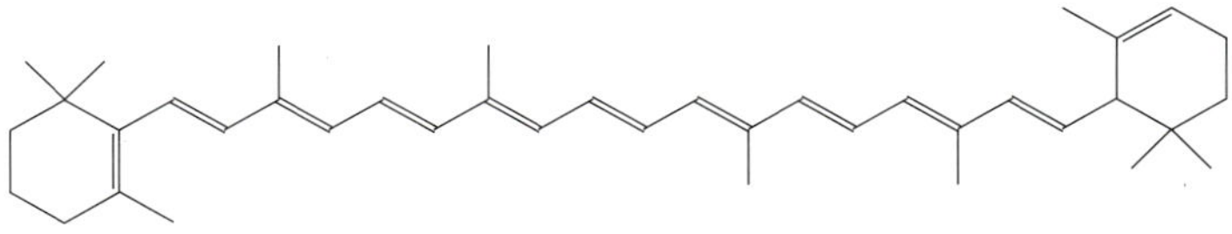

$\alpha$-Carotene

콜레스테롤은 분해 반응과정에서 세 탄소가 손실되면서 $C_{30}$ 트라이터펜 스쿠알렌으로부터 생합성된다. 연구는 스쿠알렌의 한 말단 이중결합이 먼저 스쿠알렌 에폭시화 효소에 의해 에폭시화물로 변환된다는 것을 나타내준다. 다음에 에폭시화 스쿠알렌은 산화-고리화 효소에 의해 라노스테롤로 고리화된다. 이 고리화 단계를 그림 28.7에 나타내었다. 다른 터펜의 고리화의 경우에서와 같이 이 단계들은 모두 합리적인 카

**그림 28.7** **산화 스쿠알렌의 라노스테롤로 고리화.**

산화 스쿠알렌은 스쿠알렌 에폭시화 효소의 촉매화로 스쿠알렌의 에폭시화에 의해 형성된다.

① 고리화는 스쿠알렌 산화고리화 효소에 의해 촉진된다. 먼저 에폭시화 고리가 양성자화되고 다음에 고리가 열려 카보양이온을 형성한다.

② 효소는 분자가 고리화에 유리한 회전배열을 갖도록 유지해준다. 카보양이온은 이중결합에 첨가되어 6-원자고리와 새로운 카보양이온을 형성한다.

③ 이 새로운 카보양이온은 다른 이중결합에 첨가되고 계속 생성된 카보양이온은 다른 이중결합에 첨가된다. 효소는 이 모든 첨가의 입체화학과 위치화학을 조절한다. 몇 가지 반응들은 협동반응이 된다.

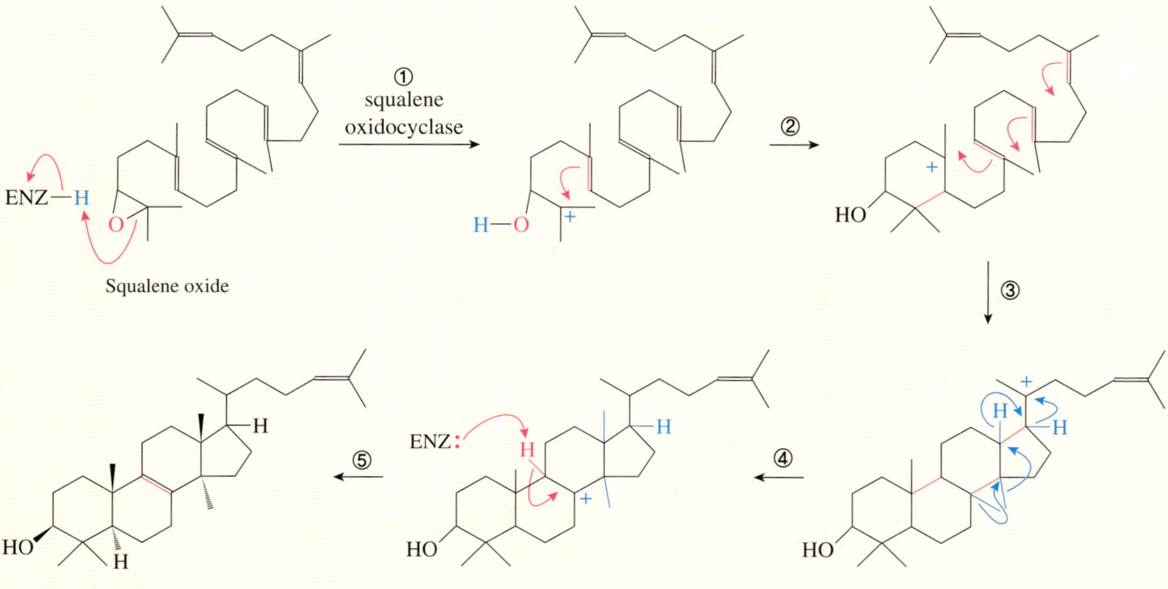


생성물, 라노스테롤은 완전한 위치선택성과 입체선택성에 의해 형성된다.

⑤ 끝으로 양성자가 효소에 의해 제거되어 이중결합이 형성된다.

④ 다음에 일련의 카보양이온 자리옮김반응이 일어난다. 각 경우에 수소 또는 메틸기가 이웃탄소로 이동한다. 이 자리옮김은 협동반응이 된다.

보양이온 반응을 포함한다. 에폭사이드 산소의 양성자화는 고리열림에 의해 카보양이온을 형성한다. 이 카보양이온의 다중 고리화는 일련의 카보양이온 자리옮김에 의해 일어난다. 효소에 의해 촉매화되는 실제 메카니즘은 그림에 나타낸 카보양이온 중간체를 모두 포함할 필요는 없고 보기보다는 더 협동적이라는 것을 기억하여라. 이 과정에서 7개의 새로운 입체중심이 생성된다. 그들의 입체화학은 완전히 효소에 의해 조절되며 단 하나의 순수한 거울상이성질체만이 형성된다. 다음에 라노스테롤은 몇 단계를 거쳐 콜레스테롤로 변환된다. 이 과정에서 탄소 4에 있는 두 메틸기와 탄소 14에 있는 한 개의 메틸기가 제거된다.

콜레스테롤에서 각 고리는 **트랜스**-입체화학으로 다음 고리와 접해 있다. 그러므로 각 접합 고리계는 **트랜스**-데칼린과 유사한 회전배열을 갖는다. 이것이 다음 그림에서 나타낸 것처럼 콜레스테롤이 경직한 회전배열을 갖는 원인이 된다.

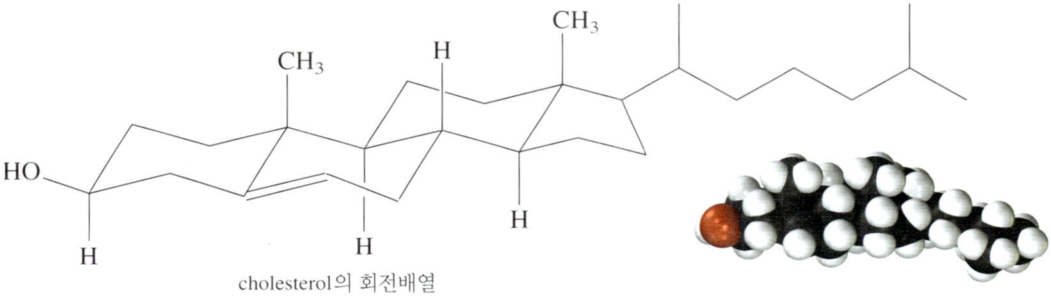

cholesterol의 회전배열

대부분 다른 스테로이드는 **트랜스**-고리 접합을 가지며 코레스테롤의 그것과 유사한 회전배열을 갖는다.

원통모양과 소수성 특성을 가지기 때문에 콜레스테롤은 동물 세포막의 중요한 성분이 된다. 그 경직구조는 막의 유동성을 감소하지만 그러나 막 지방의 지방산 곁사슬의 "결정화"를 억제하고 막 가소제로 작용한다.

콜레스테롤로부터 생합성되는 다른 스테로이드는 다양한 호르몬 활성을 나타낸다. 이들 몇 가지 스테로이드 호르몬의 구조를 그림 28.8에 나타냈다. 테스토스테론은 안드로겐 또는 남성호르몬이다. 에스트라다이올은 에스트로겐 또는 여성호르몬이다. 황체호르몬은 프로게스틴이고 월경주기와 임신 수행을 돕는다. 코티솔(하이드로코티솔)은 부신피질호르몬의 부류에 속하며 대사 염증 및 많은 다른 생물학적 작용을 조절한다. 이 화합물들의 구조가 조금 차이가 생기면 생물학적 활성은 크게 차이가 생긴다. 예로 남성호르몬 테스토스테론의 19-메틸기의 손실과 사이클로헥세인 고리의 방향족화는 여성호르몬 에스트라다이올이 생성된다. 사실 에스트라다이올은 남성호르몬 테스토스테론으로부터 합성된다.

**문제 28.16** 그림 28.7에 나타낸 과정의 첫 단계에서 일어나는 에폭시화 고리 열림의 위치화학을 설명하여라.

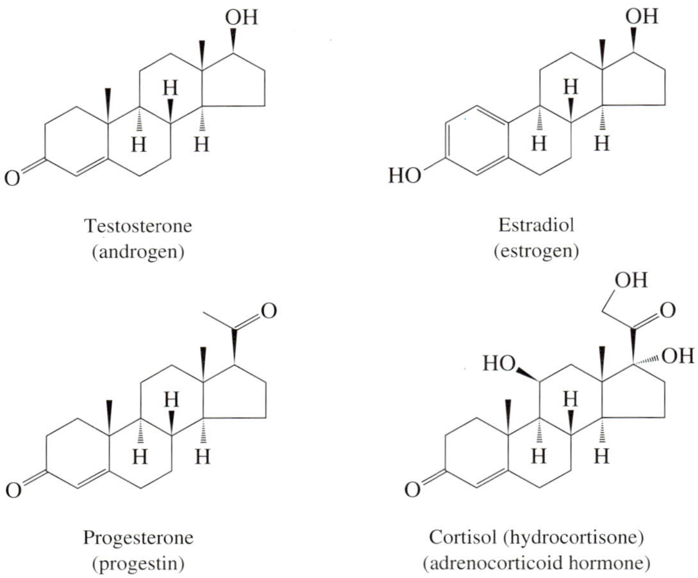


그림 28.8 몇 가지 스테로이드 호르몬.

**문제 28.17** 그림 28.7에 나타낸 각고리화 또는 자리옮김은 개별적인 카보양이온 중간체를 생성한다. 각 카보양이온의 구조를 나타내고 각 단계의 위치화학을 설명하여라. 어느 단계가 기대하지 않은 위치화학으로 진행되는가?

## 28.6 스테로이드의 합성

스테로이드는 강력한 호르몬이다. 그러므로 대단히 적은 양이 동물에 존재한다. 그들을 천연 공급원으로부터 얻기는 어렵다. 예로 4톤의 암돼지 난소(80,000 돼지)로부터 그 구조를 결정하는 데 사용할 12 mg의 에스트론을 분리하였다. 대부분의 이들 호르몬의 합성은 실험실에서 단순한 출발물질을 사용하여 이루어졌다. 실제로 의약용으로 이 호르몬이 공급원이 되기까지는 그 과정은 너무 길고 복잡하지만, 모든 것이 다 잘 되었다. R. B. Woodward는 20세기 후반에서 가장 위대한 유기화학자이고 스테로이드와 많은 다른 천연물의 합성에 대한 업적으로 1965년에 Novel 수상하였다(그가 사용한 몇 가지 합성반응의 입체화학의 이해를 돕기 위하여 그와 R. Hoffmann은 고리형 협동반응의 선택성을 설명하는 이론을 개발하였다.(22장) Woodward는 1979년에 사망하였다. 그렇지 않았다면 그는 1981년에 Hoffmann과 Fukui와 같이 Novel상을 공동으로 수상했을 것이고 Novel상을 두 번 받은 몇 명의 과학자 중 한 사람이 되었을 것이다).

① 이것은 제거반응이다. 산소는 더 좋은 이탈기가 되기 위하여 아세틸화된다. 다음에 E1 제거반응이 일어난다.

② $CrO_3$는 이중결합을 절단한다. 이 반응을 이 교재에서는 다루지 않았지만 가오존분해 반응과 유사하다.

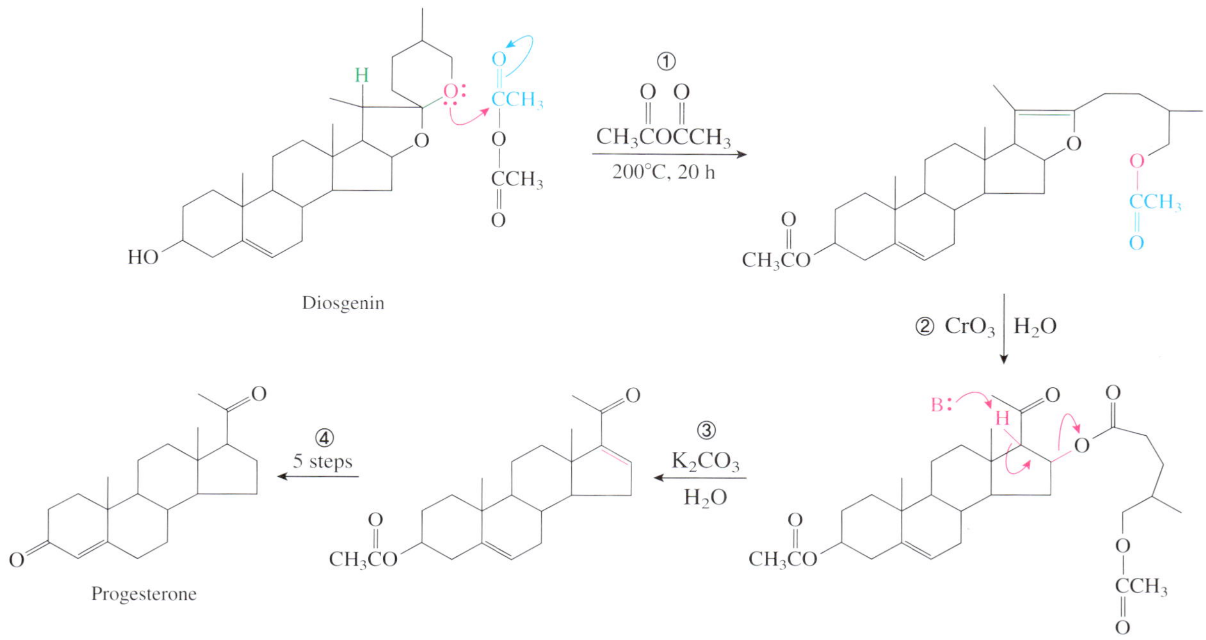


④ 황체호르몬의 합성을 완료하기 위하여 이중결합의 하나를 선택적으로 환원하고 아세트산기를 하이드록시기로 가수분해한다. 이 하이드록시기를 카보닐기로 산화하고 카보닐기와 콘쥬게이션 되도록 나머지 이중결합이 이성질화한다.

③ 에스터기는 제거반응에서 제거된다. 이웃 카보닐기는 수소를 더 산성이 되게하므로 염기에 의해 더 쉽게 제거할 수 있다. 이것은 E1cb 메카니즘의 예이다.

**그림 28.9** **디오스게닌으로부터 황체호르몬의 제조.**

대량의 스테로이드 호르몬을 얻는 가장 실현 가능한 방법은 스테로이드와 유사한 구조를 가진 쉽게 얻을 수 있는 천연물로부터 시작하여 원하는 화합물로 변환하는 것이다. Pennsylvania 주립대학 교수, Russell Marker는 멕시코산 마로부터 쉽게 얻을 수 있는 디오스게닌으로부터 황체호르몬을 제조하는 방법을 개발하였다. 그의 합성을 그림 28.9에 요약하였다. 그러나 그의 방법은 중요한 제약회사에서 흥미를 갖지 못하였으므로 그는 1944년에 Mexico city에 그것을 개발하기 위하여 Syntex라는 회사를 세웠다.

**문제 28.18** 그림 28.9에 나타낸 과정의 첫 단계에서 일어나는 제거반응에 대한 메카니즘을 나타내어라.

**문제 28.19** 다이오스게닌으로부터 황체호르몬 합성의 마지막 단계에서 필요한 한 반응, 카보닐기와 콘쥬게이션이 되도록 이중결합을 이성화하는 한 방법은 다음 방정식에서 나타낸 것처럼 화합물을 염기로 처리하는 것이다. 이 반응의 메카니즘을 나타내어라.

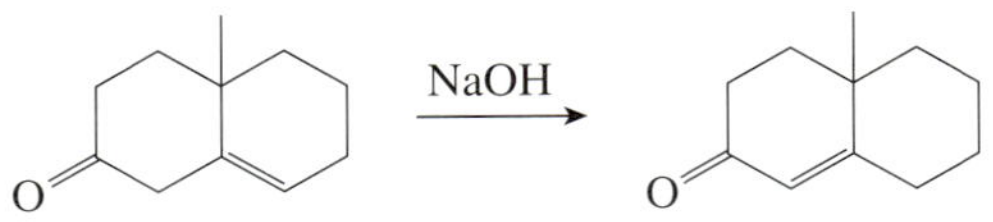


1940년대 후반에 코티손은 가장 많이 찾는 스테로이드이다. 그 항염성은 류마티스성 관절염을 치료하는 데 놀랄만한 효과를 나타내기 때문이다. 황체호르몬과 같은 쉽게 얻을 수 있는 스테로이드를 코티손으로 변환하는 어려움은 탄소 11에 산소 작용기를 도입하는 것이다. 수없이 보아온 것처럼 반응은 작용기에서 또는 탄소 이웃에서 일어난다. 반응을 비활성 탄소에서 특성적으로 일어나게 하는 것이 문제이다. 문제는 탄소 9와 11 사이에 이중결합을 도입하는 간접적인 방법에 의해 해결한다. 몇 가지 코티손의 합성은 1951년에 보고되었다.

그러나 Upjohn의 몇몇 화학자들은 더 좋은 방법을 발견하였다. 그들은 황체호르몬을 발효시켜 탄소 11에 문제의 산소를 도입하고 11-하이드록시프로게스테론(황체호르몬)을 생성하였다. 고도의 특이성을 가진 효소인 미생물은 화학자들에게는 여러 단계를 요하는 반응을 한 단계로 이룩할 수 있다. 코티손 합성의 완결은 추가적으로 9단계만이 필요하다.

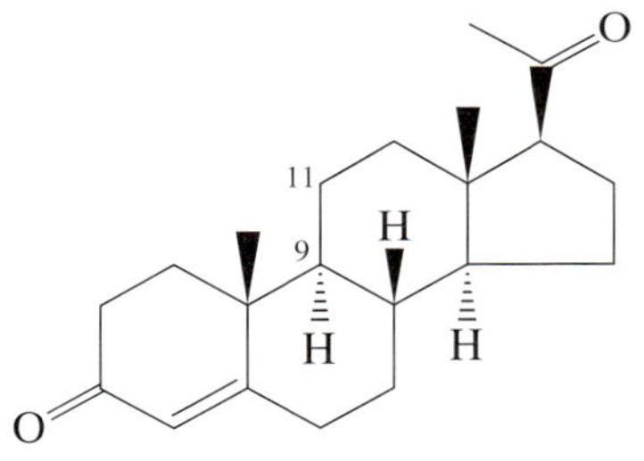


Progesterone

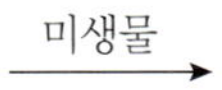


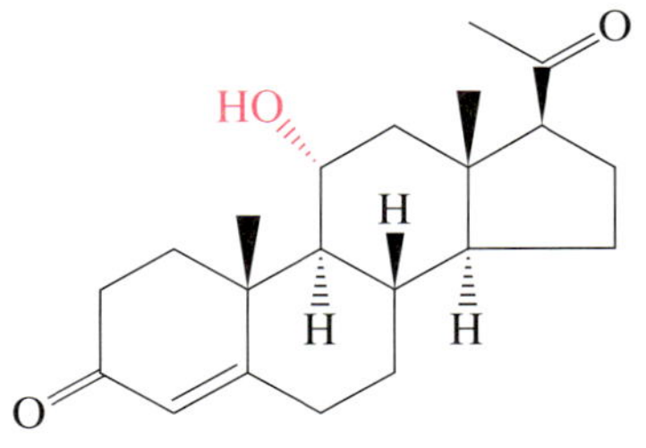


11-Hydroxyprogesterone

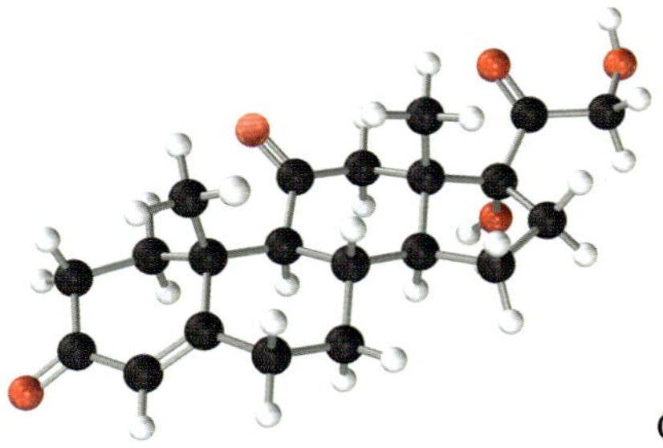

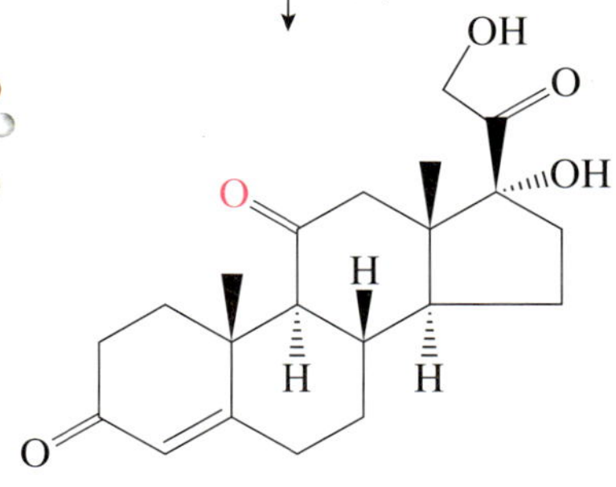


Cortisone

## 28.7 알카로이드

**알카로이드**는 버섯과 같은 몇 가지 곰팡이에서도 발견되기는 하지만 주로 고등식물에서 생성되는 질소-포함 천연물 군에 속한다. 알카로이드라는 이름("알칼리-같은"을 의미)은 그들이 아민이고 염기이기 때문에 사용되었다. 염기성은 그들을 그 식물원으로부터 쉽게 분리할 수 있도록 해준다. 식물물질을 산 수용액으로 추출한다. 이것은 알카로이드를 암모늄 양이온으로 변환시켜 가용성이 되게 한다. 산 추출액을 염기로 중화하면 알카로이드가 침전된다.

터펜과 같이 알카로이드는 유기화학 발전에서 대단히 중요하다. 니코틴과 같은 몇 가지는 상당히 간단한 구조를 갖는다. 모르핀과 스트리키닌과 같은 것은 다중 고리를 포함한 복잡한 구조를 갖는다. 대부분이 생리학적으로 활성이다.

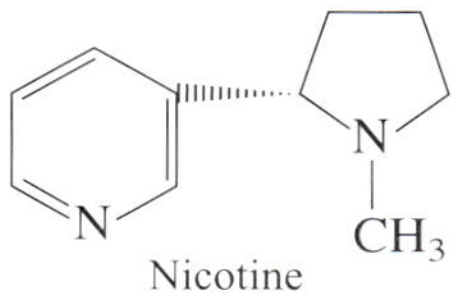


Nicotine
(담배에 있는 습관성 물질)

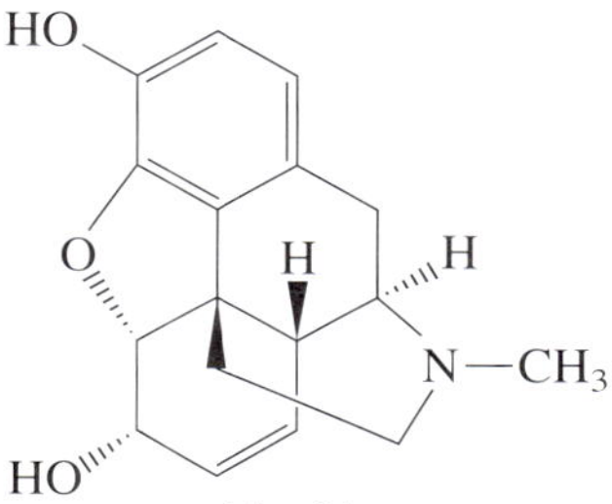


Morphire
(양귀비로부터 얻은 습관성이 큰 진통제)

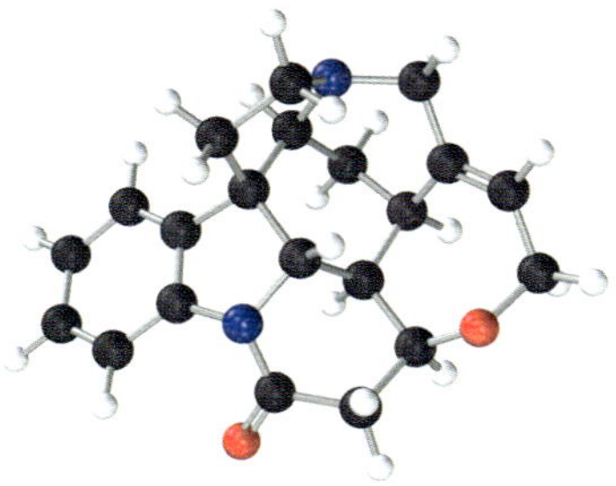

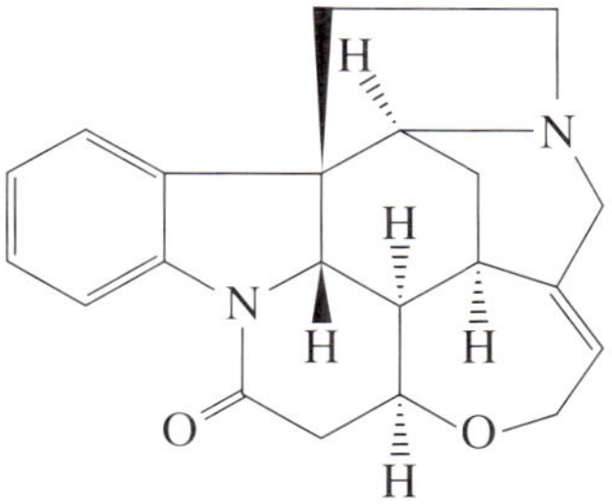


Strycbnine
(대단히 독성이 큰 중추신경계 흥분제)

용이한 분리와 생리적 활성을 가진 알카로이드의 복잡한 구조는 오랫동안 유기화학자들의 흥미의 대상이 되었다. 그들은 엄청난 구조결정 문제를 제공하였다. 예로 스트리키닌은 1818년에 분리되었지만 그 구조는 1946년에야 비로써 완전히 결정되었다(R. Robinson은 이 영역에서 합성연구와 스트리키닌과 다른 알카로이드의 구조결정에 대한 업적으로 1947년 Novel 화학상을 수상하였다). 물론 이후 곧 합성화학자는 실험실에서 이 복잡한 화합물을 제조하려고 시도하였다. 1953년 Woodward에 의해 보고 된 첫 번째 합성은 28단계가 필요하다. 더 최근에 스트리키닌은 거울상적으로 순수하게 3%의 수득률로 20단계를 거쳐 합성되었다.

터펜이 아이소프렌 단위로부터 형성될 수 있는 것처럼 알카로이드도 아미노산으로부터 생성될 수 있다. 4개의 아미노산이 중요한 부류의 알카로이드를 생성한다. 표 28.1에 나타낸 것처럼 피롤리딘 알카로이드는 아미노산 오르니틴, 피페리딘 알카로이드는 리신, 아이소퀴놀린 알카로이드는 티로신 및 인돌 알카로이드는 트립토판으로부터 생성된다.

터펜의 경우에서와 같이 식물에 있는 알카로이드의 작용은 알려져 있지 않다. 이들은 동물에서 유레아와 같이 식물의 질소-포함 폐기물이라고 제안되었다. 그러나 대부분의 식물은 질소를 폐기하지 않고 재사용한다. 더욱이 왜 이러한 복잡한 구조가 폐기 질소를 저장할 필요가 있는가를 상상하기가 어렵다. 터펜과 같이 알카로이드도 초

**표 28.1 몇 가지 중요한 부류의 알카로이드**

| 아미노산 | 알카로이드의 부분구조 | 예 |
|---|---|---|
| 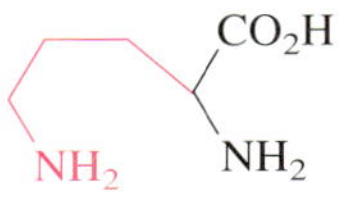<br>Ornithine | 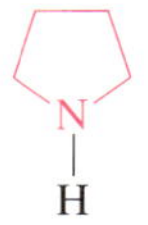<br>Pyrrolidine | 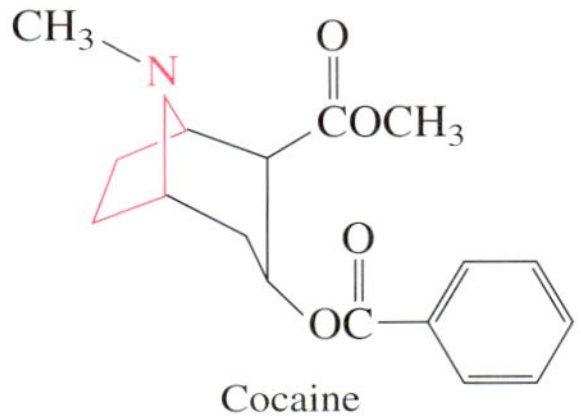<br>Cocaine<br>코카인은 중추신경계 흥분제; 코카 식물로부터 얻어진다. |
| 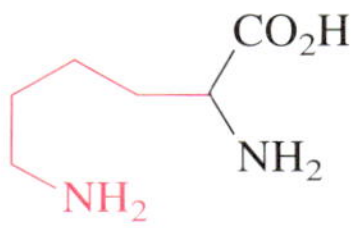<br>Lysine | 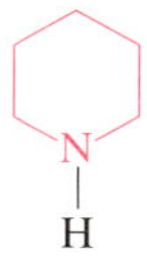<br>Piperidine | 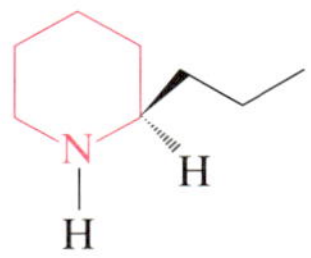<br>Coniine<br>코니인은 소크라테스를 죽이는데 사용한 독 당근의 성분이다. |
| 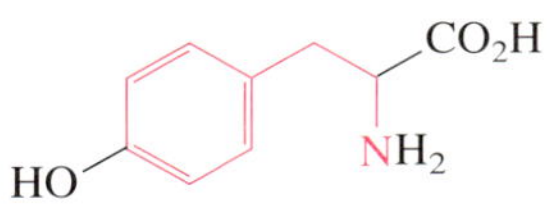<br>Tyrosine | 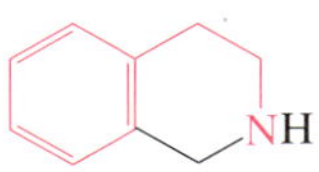<br>Isoquinoline | 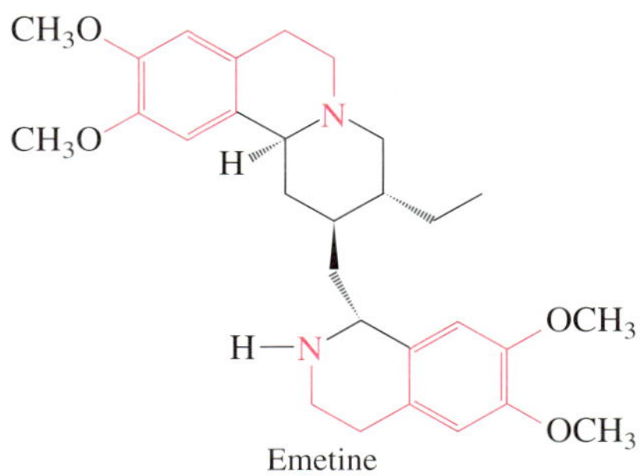<br>Emetine<br>에메틴은 아메에바 적리치료에 사용된다. |
| 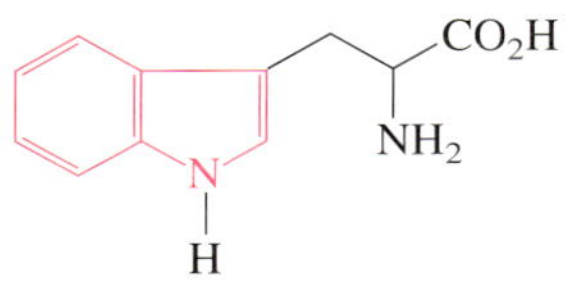<br>Tryptophan | 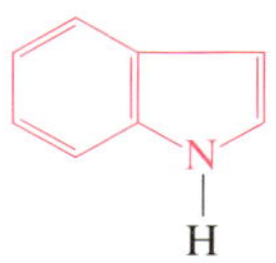<br>Indole | 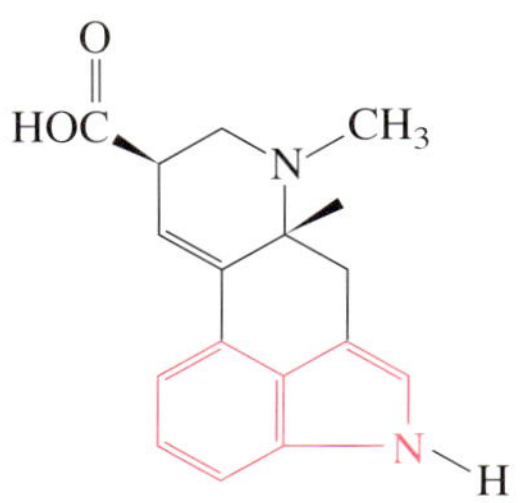<br>Lysergic acid<br>리저르그산은 곡류에서 자라는 곰팡이로부터 얻는 엘고트 알카로이드이다. 다이에틸아마이드는 환각제 LSD이다. |

식동물과 곤충으로부터 보호하는 데 사용된다고 제안되었다. 그러나 이와 같은 보호에 대한 약간의 예만이 알려져 있을 뿐이다. 알카로이드 역할이 어떠하든지 간에 70~80%의 식물은 그들 없이도 잘 살아간다.

## 28.8 지방과 관련 화합물

지방은 글리세롤과 지방산으로 알려진 긴 직선-사슬 카복실산으로부터 생성된다. 생성된 트라이에스터는 **트라이아실글리세롤(triacylglycerol)**이라 부른다. 스테아르, 팔미트 및 올레산은 천연에서 생성되는 많은 다른 지방산 중에 속한다.

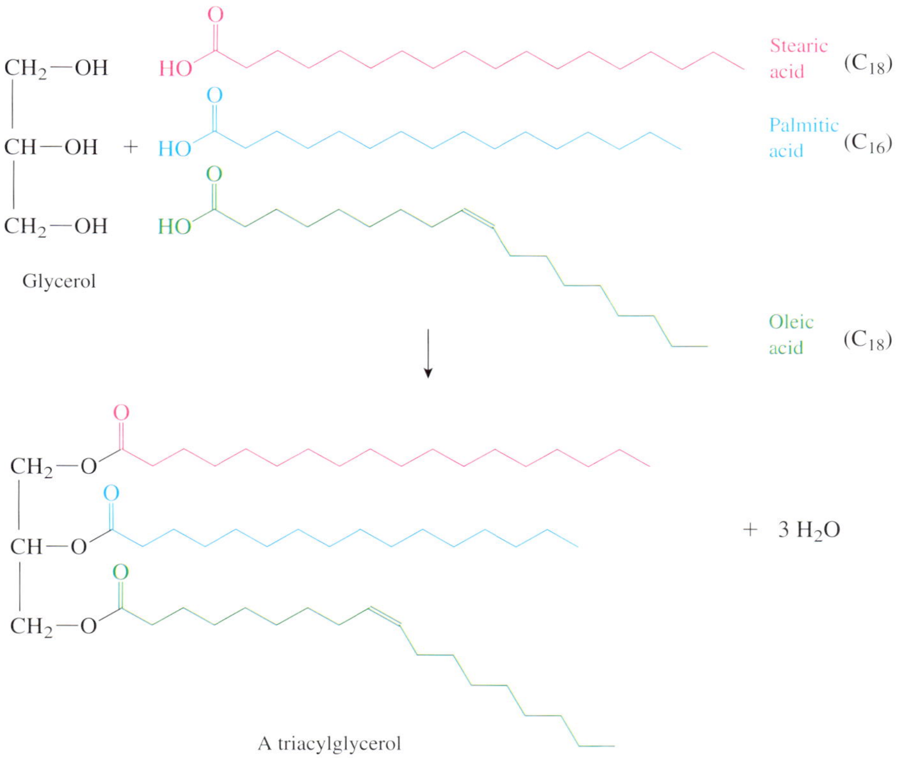


지방산은 두 탄소를 가진 아세트산이온으로부터 생합성되기 때문에 짝수의 탄소를 갖는다. 14, 16,18 및 20 탄소를 가진 것이 가장 흔하다. 그들의 생합성을 그림 28.10에 요약하였다. 그들은 스테아르산과 팔미트산과 같이 포화되거나 올레산과 같이 한 개 또는 그 이상의 CC 이중결합을 갖는다. 이중결합은 항상 시스 기하구조를 갖는다. 시스 이중결합에 의해 생기는 긴 사슬의 꼬임은 사슬이 결정격자로 채워지는 것을 방지하여 지방의 녹는점을 감소시킨다. 그러므로 기름은 지방보다 불포화산의 백분율이 더 크다.

**문제 28.20** 그림 28.10의 1단계에 대한 메카니즘을 나타내어라. 효소의 참여를 무시하라.

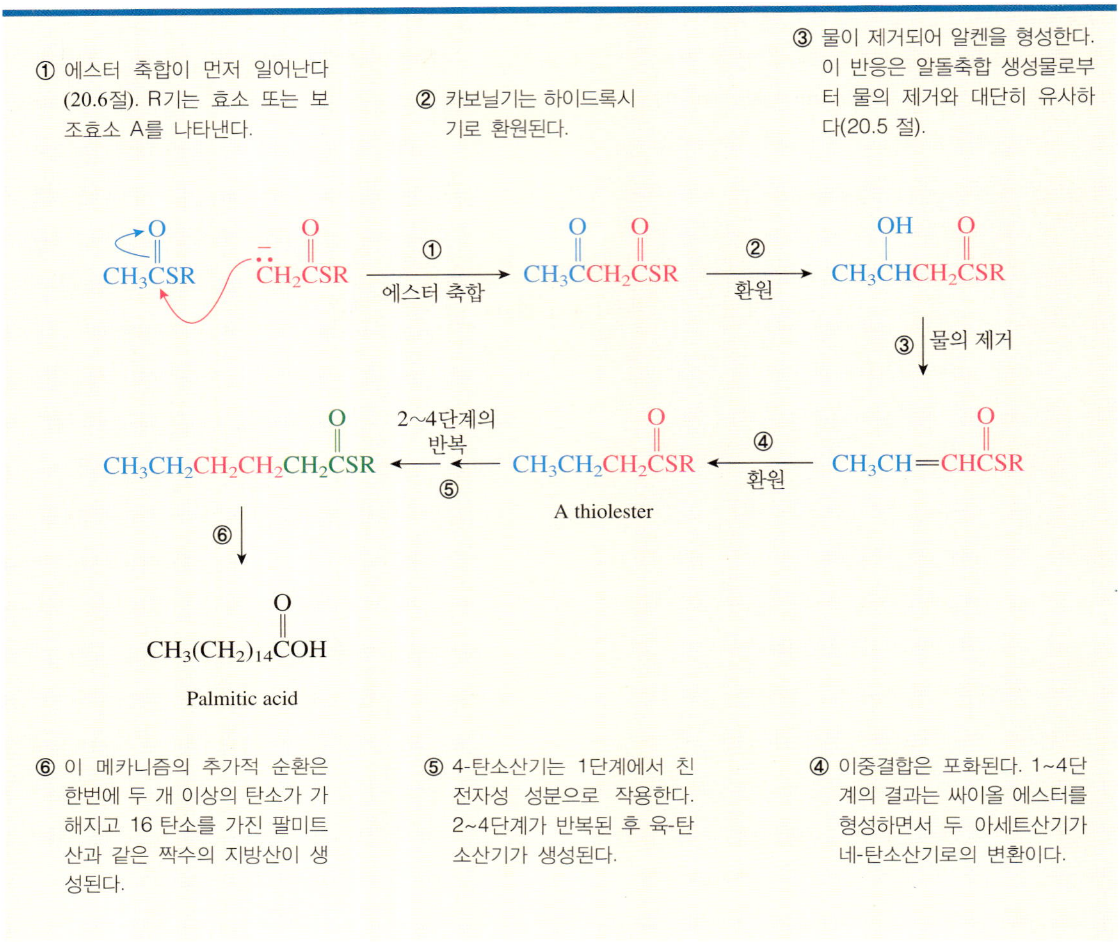


**그림 28.10** 지방의 생합성.

**문제 28.21** 그림 28.10의 단계 3에 대한 메카니즘을 나타내어라. 반응은 염기에 의해 촉진된다.

식물 또는 동물의 특정한 화학종은 트라이글리세롤에서 몇 가지 다른 지방산 잔기를 포함한다. 불규칙하게 분포되어 있기 때문에 트라이글리세롤의 개개의 분자는 모두 동일하지 않다. 예로 앞에 나타낸 구조를 가진 한 분자는 각 한 분자의 스테아르산, 팔미트산 및 올레산으로 형성된다. 다른 것은 두 분자의 스테아르산과 한 분자의 올레산을 포함한다. 또 다른 것은 전혀 다른 지방산을 포함한다. 트라이아실글리세롤의 지방산 부분의 평균 성분은 공급원의 화학종에 따라 변한다. 식물로 온 트라이아실글리세롤은 항상 더 많은 불포화 지방산 잔기를 포함하고 동물로부터 얻은 것보다 낮은 녹는점을 갖는다. 그러므로 식물 트라이아실글리세롤은 기름과 더 비슷하고 한편 동물 트라이아실글리세롤은 지방에 더 가깝다.

지방과 기름은 유기체에서 에너지 저장으로 사용된다. 그들은 탄수화물보다 낮은 산화상태에 있으므로 대사될 때 그램당 더 많은 에너지를 마련해준다.

글리세로포스포리피드는 지방과 연관된 중요한 부류의 화합물이다. 그들은 글리세롤의 트라이에스터이다. 그러나 이 경우에 두 에스터기는 지방산으로부터 형성되고 한편 세 번째는 이온성 또는 극성기를 가진 인산 에스터이다. 글리세로포스포리피드는 생물학적 막의 주 성분이다. 그들의 극성 머리는 수용액 위로 내밀고 무극성 꼬리는 이분자 막을 형성한다. 글리세로포스포리피드의 예를 다음 구조에 나타냈다. 인산 에스터의 극성 부분뿐만 아니라 지방산 성분도 변할 수 있다.

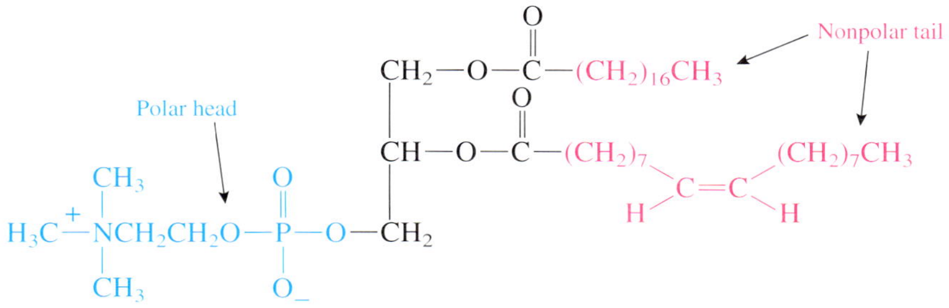


A glycerophospholipid

## 28.9 프로스타글란딘

**프로스타글란딘(prostaglandin)**은 지방산과 연관된 천연 카복실산이다. 그들은 다양한 추가적 불포화기와 산소기를 가진 프로스탄산 골격을 포함한다. 한 예가 $PGE_2$이다.

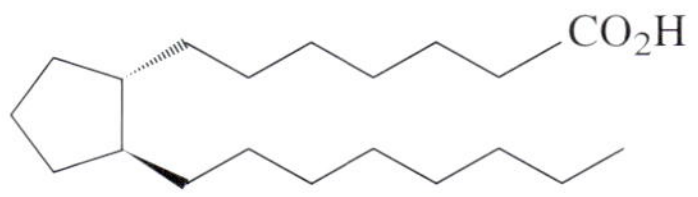

Prostanoic acid

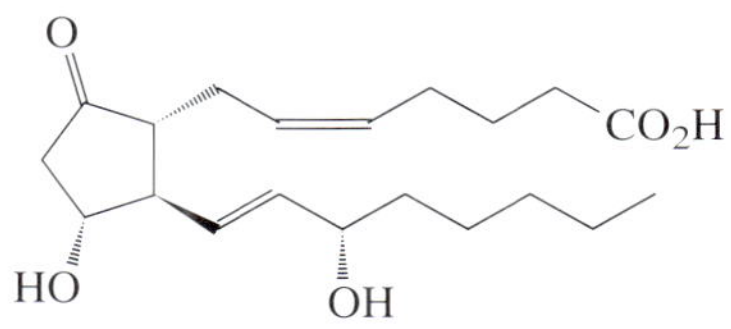

$PGE_2$

프로스타글란딘은 염증반응, 통증과 발열, 혈압조절 및 혈액응고를 포함한 대단히 중요한 생리적 작용을 나타낸다.

프로스타글란딘은 4개의 이중결합을 포함한 불포화 지방산, 아라키돈산으로부터 생합성된다. 프로스타글란딘 엔도퍼옥사이드 합성효소는 아라키돈산을 프로스타글란딘과 연관 화합물의 선구물질인 $PGH_2$로 변환된다. 아스피린은 이 효소의 억제로 약리효과를 나타낸다.

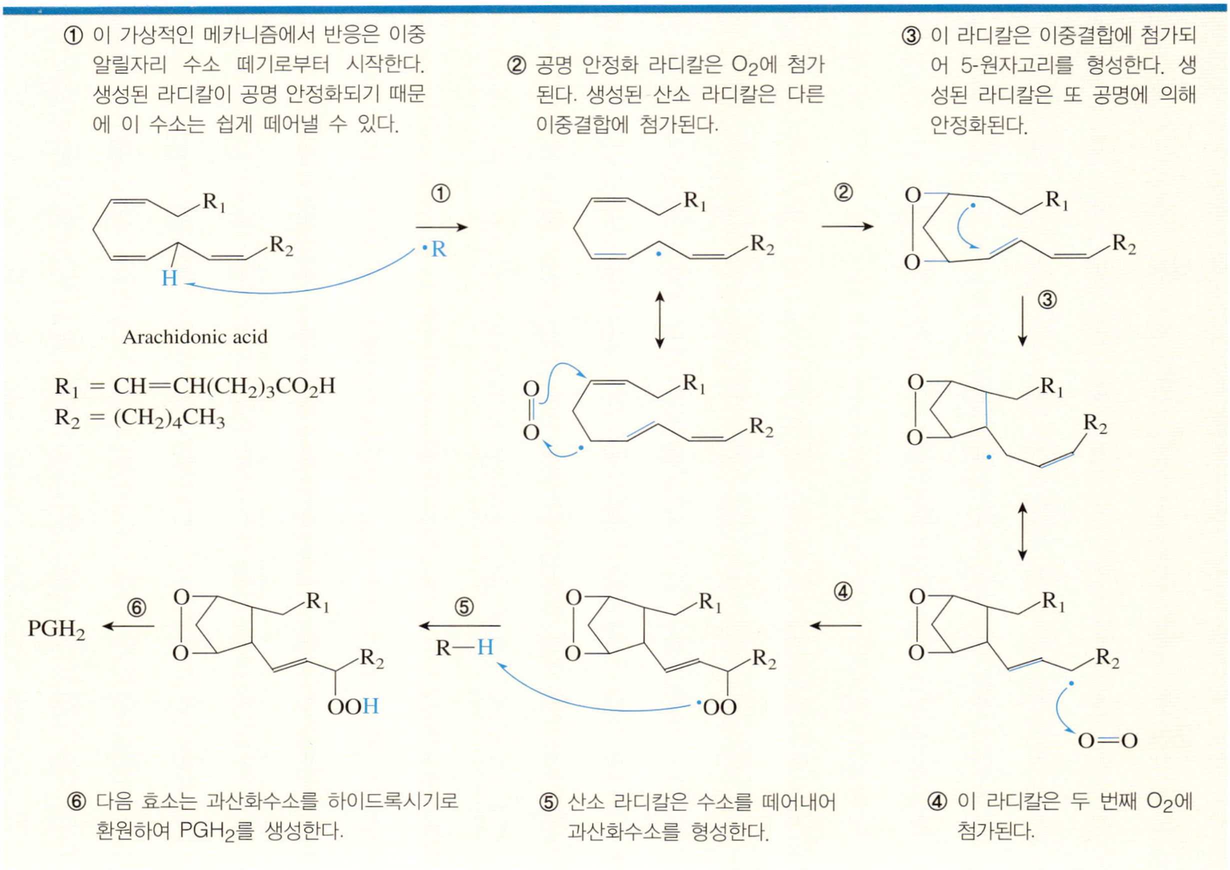


**그림 28.11** 아라키돈산으로부터 $PGH_2$의 형성 가상적 "메카니즘".

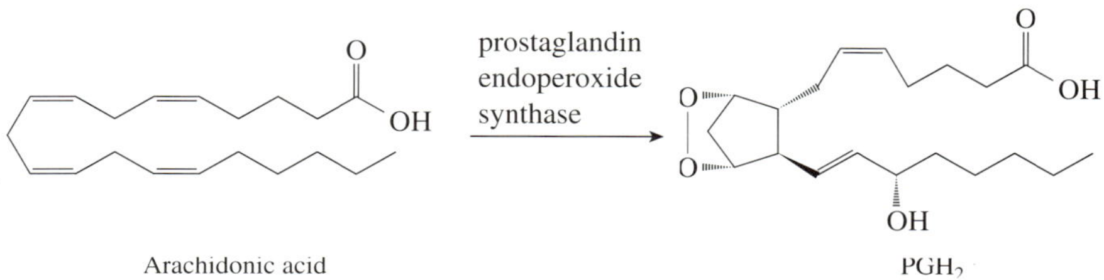


효소는 엄청난 입체화학적 위치 화학적 조절을 나타내지만 그것이 촉매라는 반응은 기대하지 않는 화학적 단계를 포함한다. 라디칼 화학에 근거를 둔 이 과정에 대한 가상적 "메카니즘"은 합리적이다(그림 28.11).

# 추가문제

**28.22** 다음 각 화합물이 터펜, 스테로이드, 지방 또는 프로스타글란딘인지를 확인하여라.

**a)**

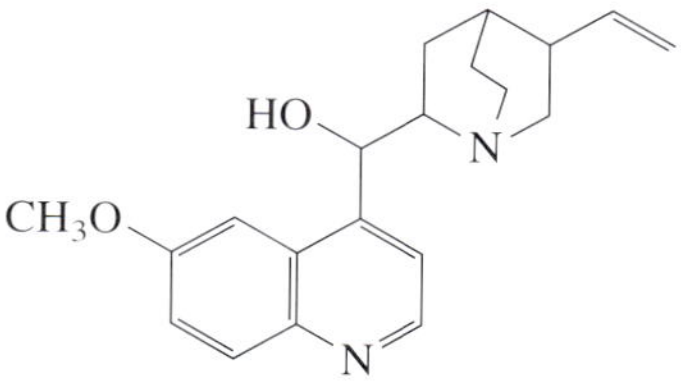

Quinine

**b)**

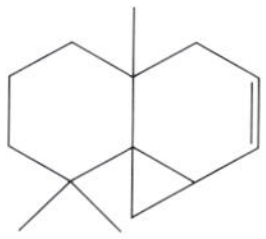

Thujopsene

**c)**

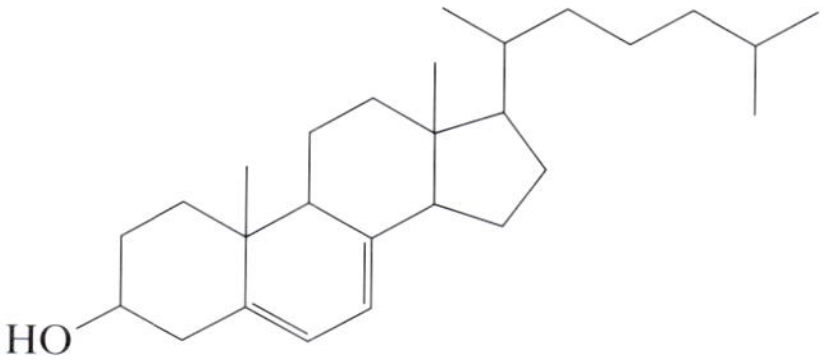

Provitamin D

**d)**

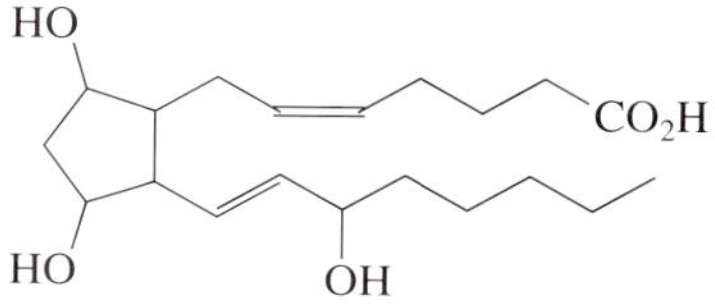

**e)**

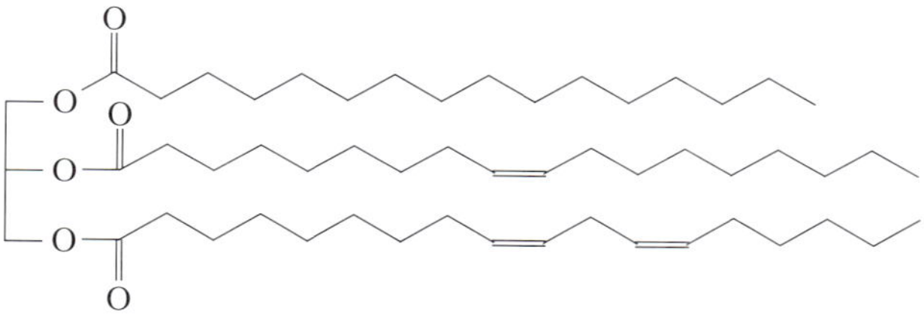

**f)**

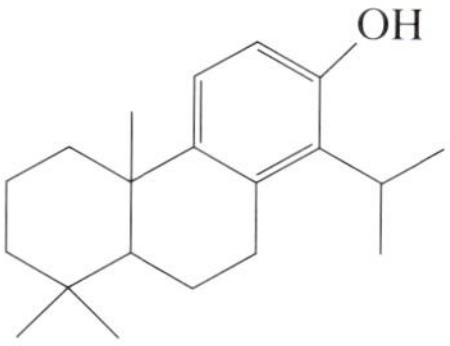

Totarol

**28.23** 다음 반응의 생성물을 나타내어라.

**a)**

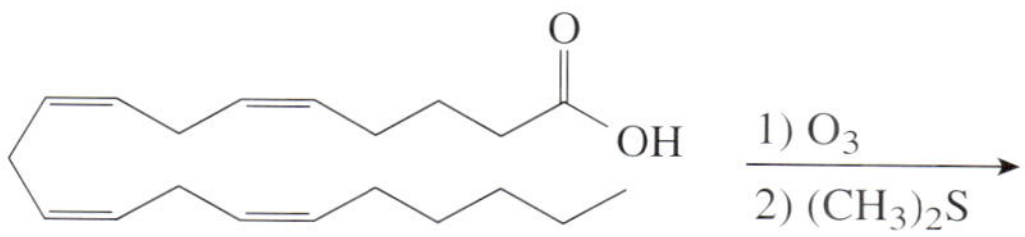

b) 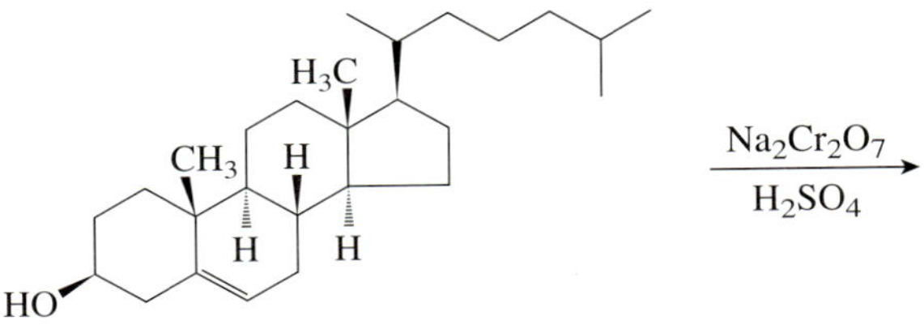


c) 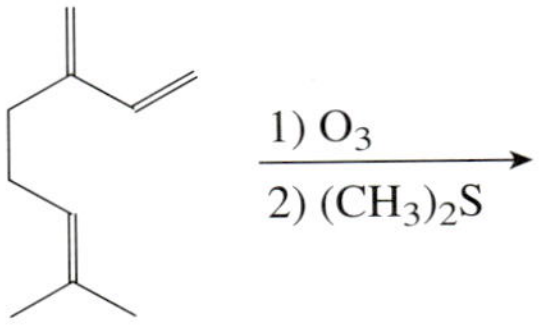


d) 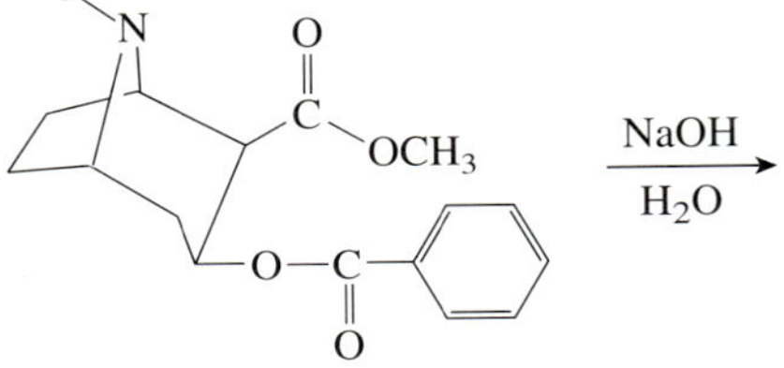


e) 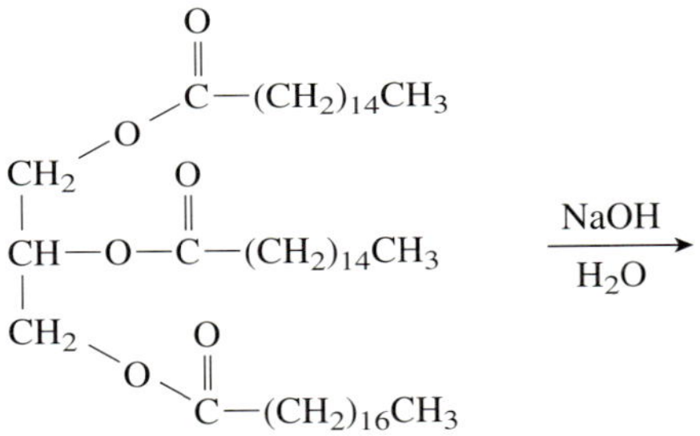


**28.24** 그들의 다른 화학적 성질을 이용하여 프로게스테론으로부터 에스트라다이올을 쉽게 분리할 수 있는 방법을 기술하여라.

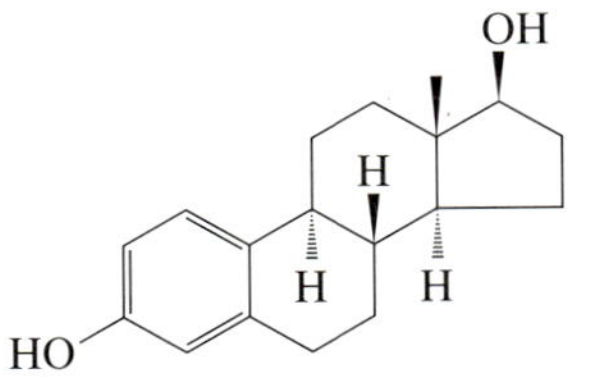


Estradiol

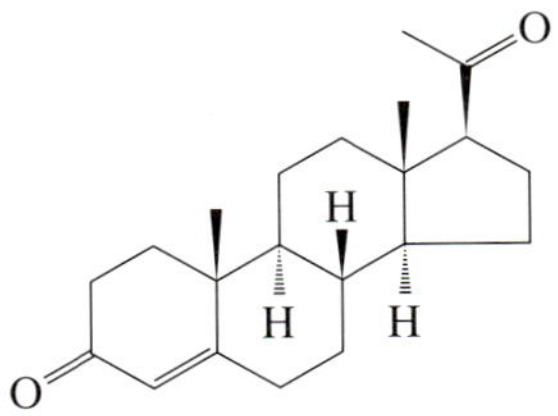


Progesterone

**28.25** 파이로인산 파르네실로부터 다음 화합물의 형성에 대한 메카니즘을 나타내어라.

**a)** 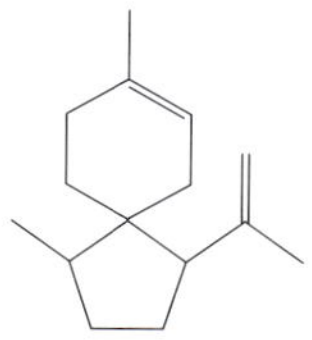

α-Acoradiene

**b)** 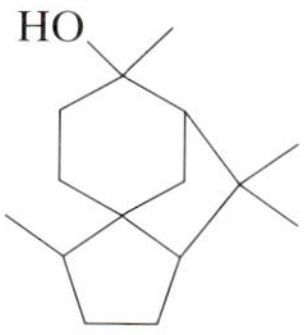

Cedrol

**28.26** 파이로인산 게라닐게라닐로부너 스클라레올의 형성에 대한 메카니즘을 나타내어라.

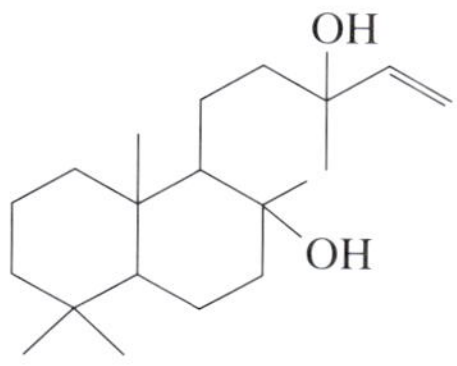

Sclareol

**28.27** 파이로인산 네릴로부너 튜젠의 형성에 대한 메카니즘을 나타내어라.

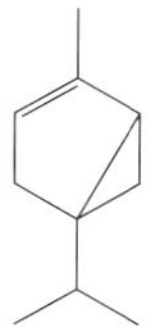

Thujene

**28.28** 다음 고리화 반응에 대한 메카니즘을 나타내어라.

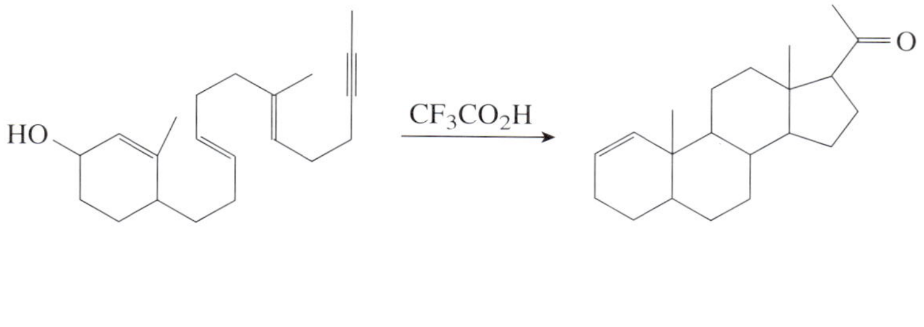

# Appendix

## Answers to in-Chaper Prpblems

**Answers to selected in-chapter problems are provided in this appendix. Complete answers to all of the problems can be found in the Solutions Manual that accompanies this text.**

### CHAPTER 1

1.1 

1.2 

1.3 

1.4 

1.5 a) Stable, octet rule satisfied b) Unstable, 10 electrons on N

1.6 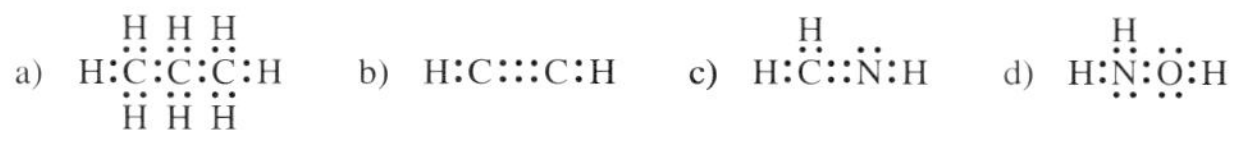

1.7 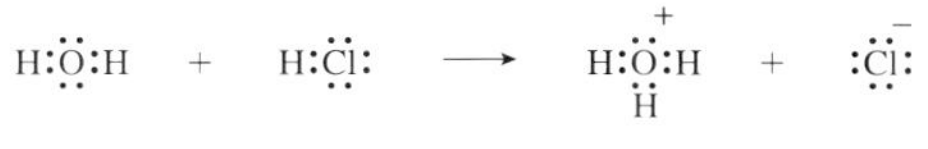

1.8 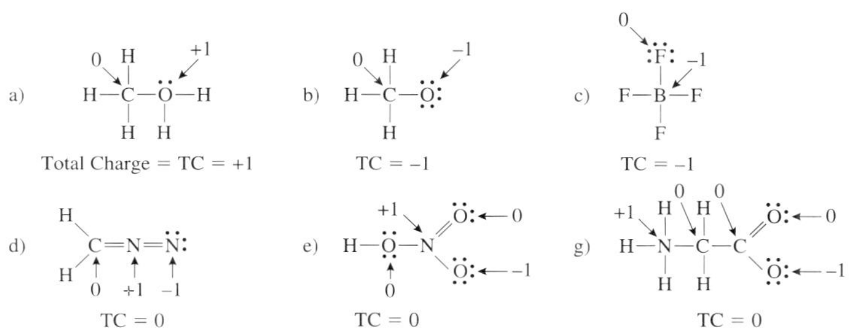

1.9 H—O—Cl more stable because of less formal charges

**1.10** 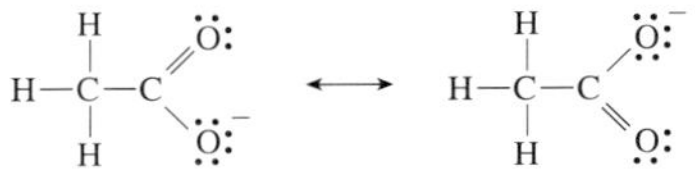

**1.11** a) C—N b) O—N c) O—Cl d) C—Cl e) B—O f) C—Mg g) Not polar h) Not polar

**1.12** a) Linear b) Trigonal planar c) Tetrahedral

**1.13** a) Tetrahedral at C, bent at O (tetrahedral) b) Trigonal planar at C, bent at N (trigonal planar)
c) Trigonal planar at C, bent at O (trigonal planar)

**1.14** a) 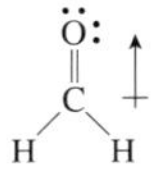 b) 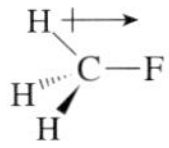 c) 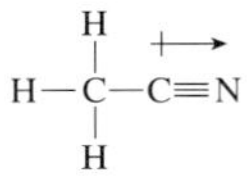

# CHAPTER 2

**2.1** a) Less stable, octet rule satisfied but charge on C b) Stable, octet rule satisfied c) Very unstable, octet rule not satisfied at N d) and e) Stable, octet rule satisifed

**2.2** 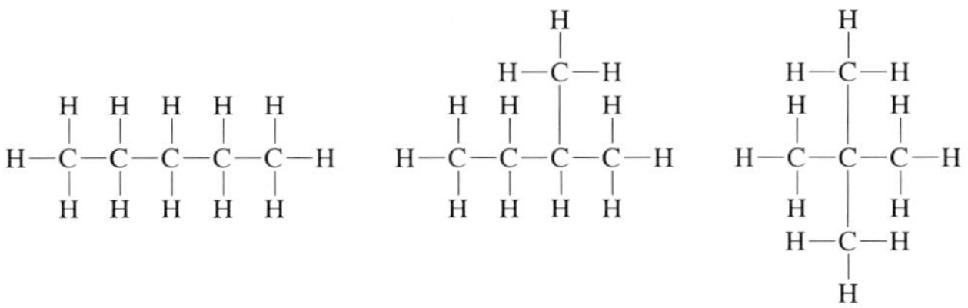

**2.3** 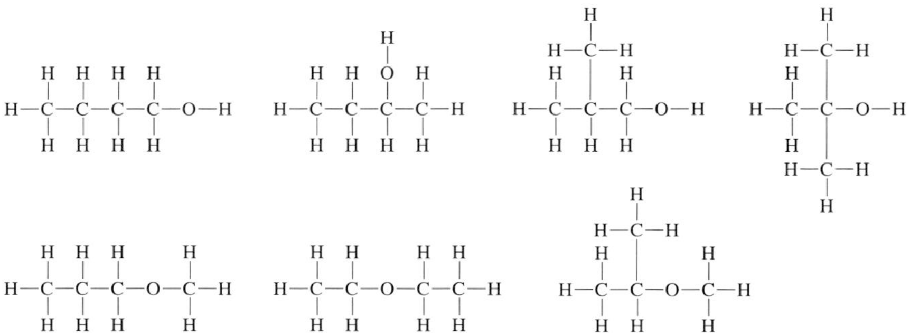

**2.4** a) Same b) Same c) Isomers d) Same

**2.5** a) DU = 0 

b) DU = 2 

c) DU = 4 

**2.6** a) 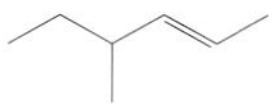 b) 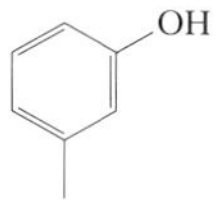 c) 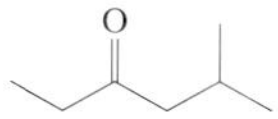 d) 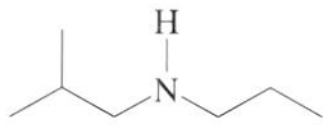

**2.8** a) Same b) Same c) Isomers d) Same e) Same f) Isomers

**2.9** a) DU = 1 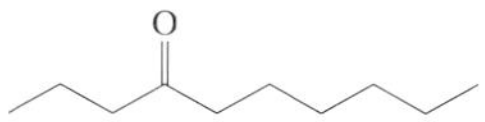 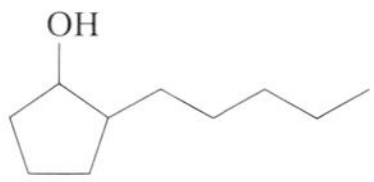

b) DU = 3 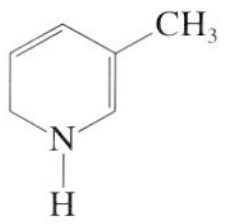 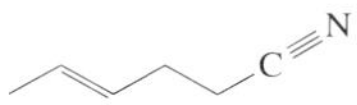

c) DU = 0 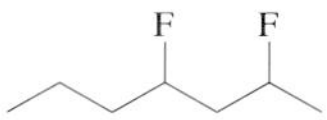 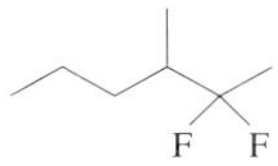

d) DU = 3 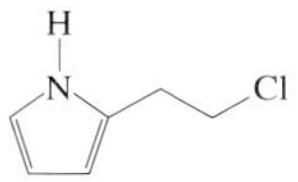 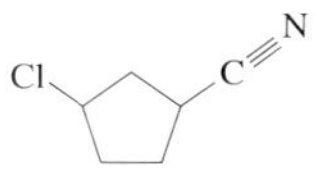

e) DU = 3 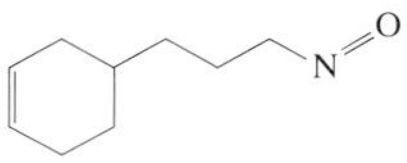 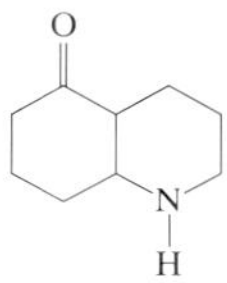

**2.10** a) 5 b) 4 c) 3 d) 7 e) 6

**2.11** a) London b) Van der Waals c) Ion–ion d) Van der Waals and hydrogen bonding

**2.12** 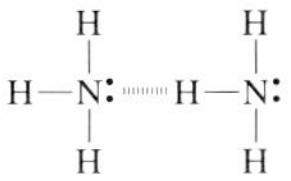

**2.13** KBr because it is ionic

**2.14** $CH_3CH_2CH_2OH$ because it can hydrogen bond

**2.15** $CH_3CH_2CH_2CH_2CO_2H$ because it has a smaller nonpolar part

**2.16** a) Ether b) Alcohol c) Carboxylic acid d) Amide e) Ester f) Arene and aldehyde

# Chapter 3

**3.1** 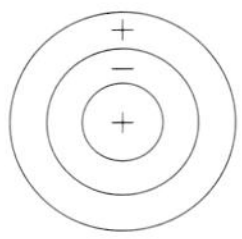

**3.2** 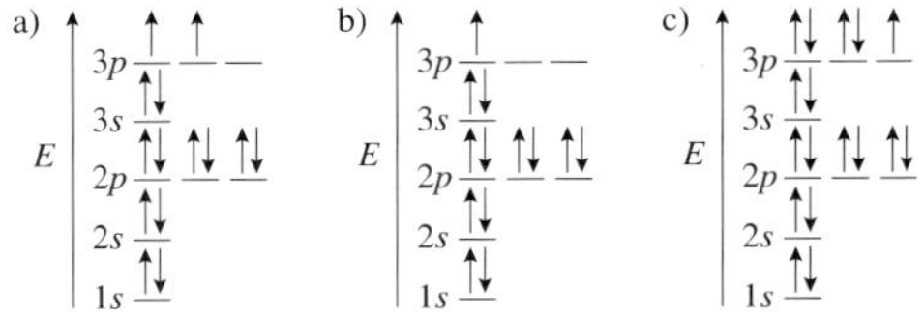


**3.3** a) Excited state b) Excited state

**3.4** 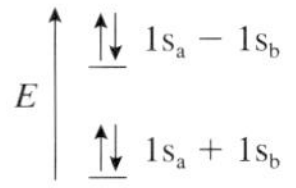


**3.5** 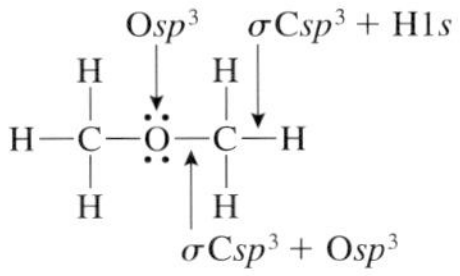


**3.6** 1) $\sigma Csp^2 + H1s$ 2) $\sigma Csp^3 + H1s$ 3) $\sigma Csp^3 + Csp^2$
4) $\sigma Csp^2 + Nsp^2$ , $\pi C2p + N2p$ 5) $\sigma Csp^3 + Nsp^2$ 6) $\sigma Csp^3 + H1s$

**3.7** a) *sp* at both
b) one sigma and two pi bonds
c) nonbonding *sp* AO on N

**3.8** 1) $\sigma Csp^2 + H1s$ 2) $\sigma Csp^3 + H1s$ 3) $\sigma Csp^3 + Csp^2$
4) $\sigma Csp^2 + Csp^2$ , $\pi C2p + C2p$ 5) $\sigma Csp^2 + Csp$
6) $\sigma Csp + Csp$ , 2 $\pi C2p + C2p$ 7) $\sigma Csp + H1s$

**3.9** a) 1) $\sigma Csp^3 + H1s$ 2) $\sigma Csp^3 + Csp^2$ 3) $\sigma Csp^2 + H1s$ 4) $\sigma Csp^2 + Osp^2$ , $\pi C2p + O2p$
b) 1) $\sigma Csp^3 + Csp^2$ 2) $\sigma Csp^2 + Csp^2$ , $\pi C2p + C2p$ 3) $\sigma Csp^2 + Csp$
4) $\sigma Csp + Nsp$ , 2 $\pi C2p + N2p$ 5) $\sigma Csp^2 + H1s$
c) 1) $\sigma Csp^2 + Osp^2$ , $\pi C2p + O2p$ 2) $\sigma Csp + H1s$ 3) $\sigma Csp + Csp$, 2 $\pi C2p + C2p$
4) $\sigma Csp^2 + Csp$ 5) $\sigma Csp^3 + Csp^2$ 6) $\sigma Csp^3 + H1s$
d) 1) $\sigma Csp^3 + H1s$ 2) $\sigma Csp^3 + Csp^3$ 3) $\sigma Csp^3 + Nsp^3$ 4) $\sigma Nsp^3 + H1s$

**3.10** a) None

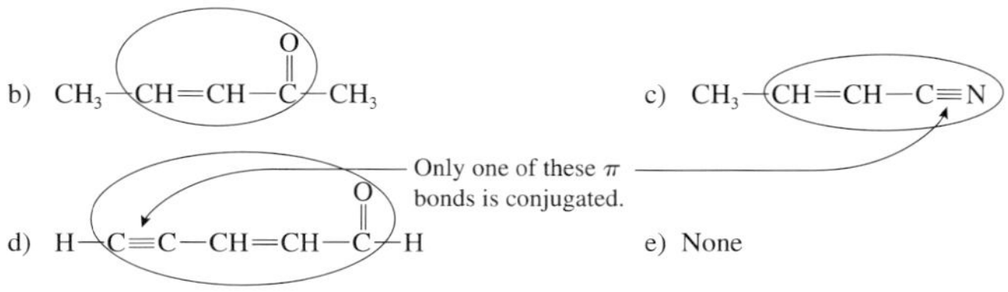


e) None

**3.11** a) 1) $sp^3$ 2) $sp^2$ 3) $sp^2$ 4) $sp^2$ 5) $sp^3$
b) 1) $sp^3$ 2) $sp^2$ 3) $sp^2$ 4) $sp^3$
c) 1) $sp^2$ 2) $sp^2$ 3) $sp^2$ 4) $sp^3$
d) 1) $sp^2$ 2) $sp^2$

**3.12** a) These are not resonance structures because atoms have moved.
b) These are resonance structures.
c) These are not resonance structures because atoms have moved.

**3.13** a) Two electrons are missing from the structure on the right.

b) The structure on the right has 5 bonds to C and 2 more electrons.

c) In the structure on the right, the center N has only 6 electrons.

d) The C bonded to O has 5 bonds (10 electrons) in the right structure.

**3.14** a) The right structure is less important because it has formal charges and the octet rule is not satisfied at one C.

b) The first two structures are equally important; the last structure is less important because it has more formal charges and the octet rule is not satisfied at the N.

**3.15** a) The second structure makes only a minor contribution because it does not satisfy the octet rule. The compound has only a small (but important) amount of resonance stabilization.

b) The first two structures, plus one additional similar structure, contribute equally; the last structure can be neglected. The ion has a large amount of resonance stabilization.

**3.16** a) 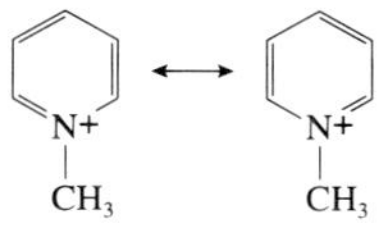

b) 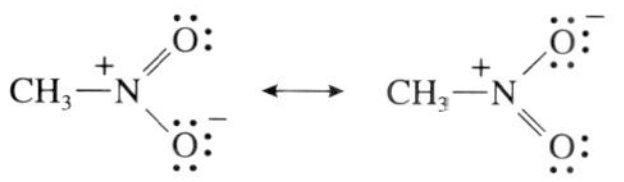

c) 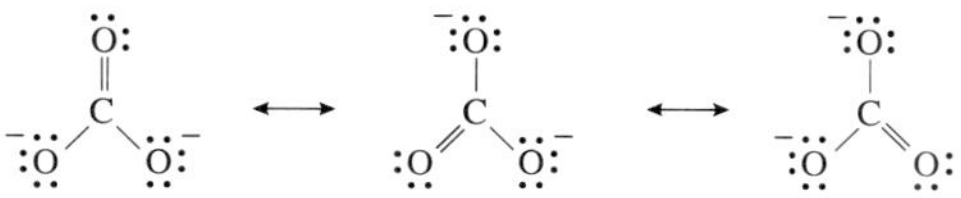

d) 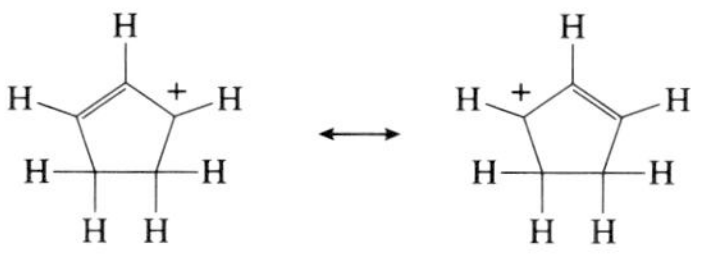

e) 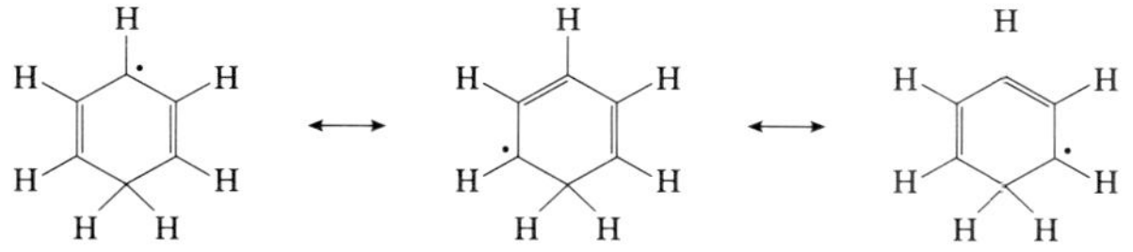

**3.17**

a) 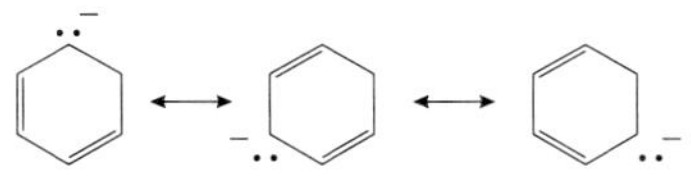

e) 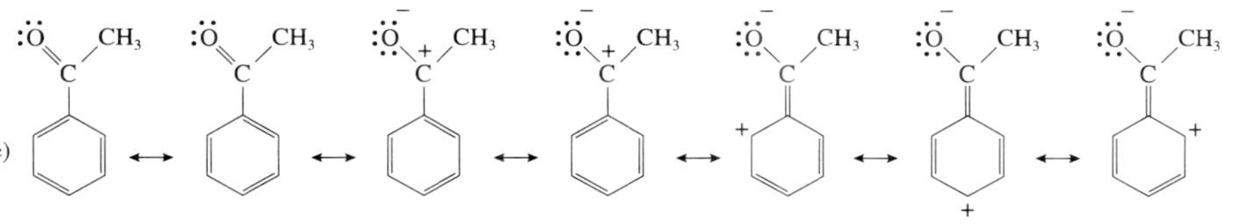

f) 

**3.18**

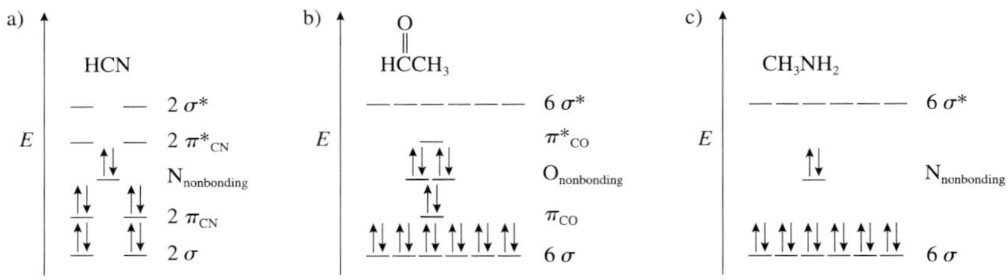

# CHAPTER 4

**4.1** a) Acid b) Both c) Acid d) Base e) Both f) Both g) Both

**4.2**

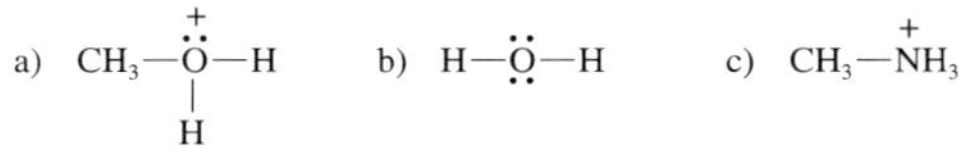

**4.3**

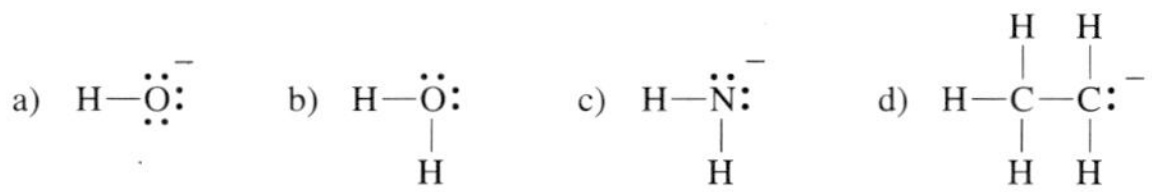

**4.4**

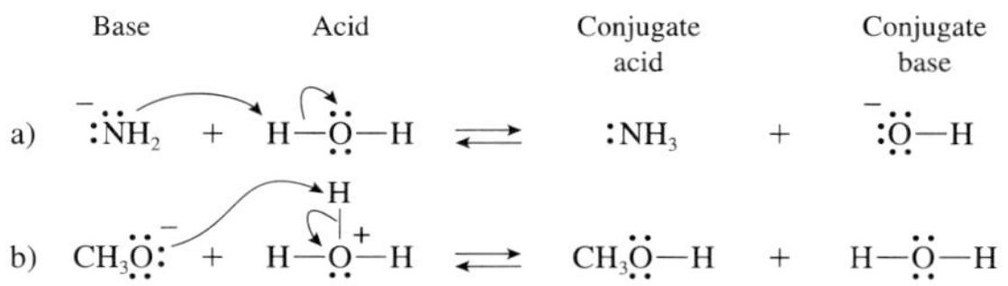

**4.5** a) Lewis acid b) Lewis base c) Lewis acid d) Lewis base e) Both

**4.6** a) $K_a = 1 \times 10^4$ b) $pK_a = 16$ c) $K_a = 1 \times 10^{-38}$ d) $pK_a = -6$

**4.7** a) Stronger b) Weaker c) Stronger d) Weaker

**4.8** a) Stronger b) Stronger c) Weaker d) Weaker

**4.9** a) Favors reactants b) Favors products

**4.10** a) Favors products b) Favors products

**4.11**

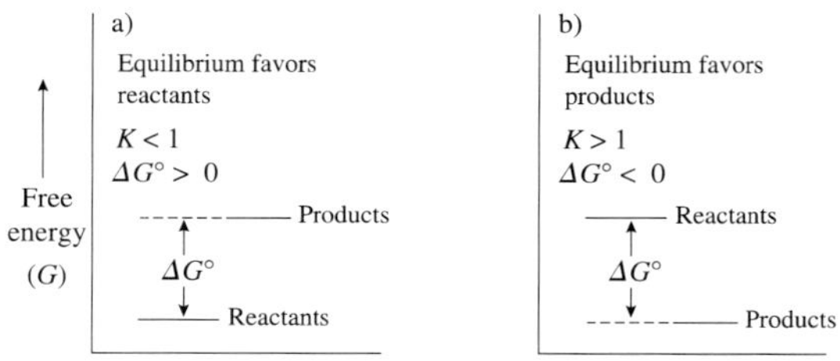


**4.13** a) HCl b) $PH_4^+$ c) $H_2S$

**4.14** a) $HO^-$ b) $CH_3NH^-$

**4.15** a) $H_2NCH_2CH_2O{-}\text{(H)}$ b) $CH_3CH_2O{-}\text{(H)}$ c) $CH_3S{-}\text{(H)}$

**4.16** a) $CHF_2CO_2H$ b) $CHF_2CO_2H$ c) $CH_3OCH_2CO_2H$

**4.17** $CH_3CH_2C{\equiv}C{-}\text{(H)}$

**4.18**

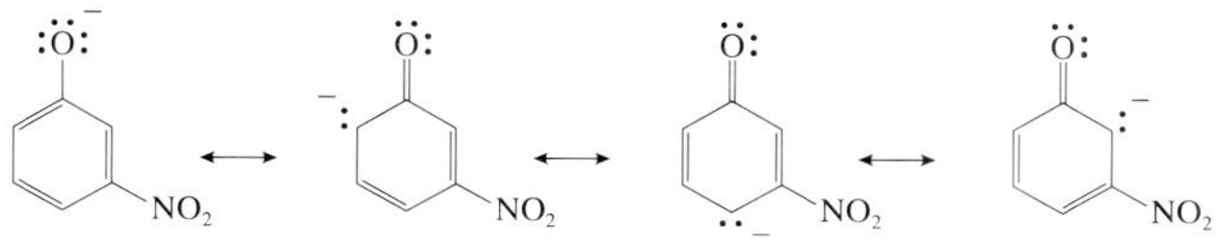

**4.19** a) $CH_3\overset{O}{\overset{\|}{C}}CH_2C{\equiv}N$ b) 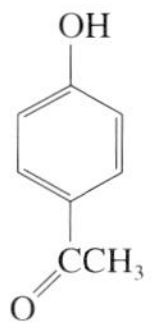 c) 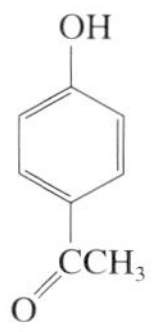 d) $CH_3\overset{O}{\overset{\|}{C}}OCH_3$ e) 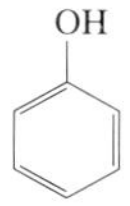

**4.20** a)  b) 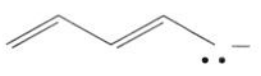

**4.21** a) Products b) Products c) Reactants

**4.22** Answers a) and c) are acceptable because they have no H acidic enough to protonate the anion; b) is not acceptable because the H on the O is too acidic.

# CHAPTER 5

**5.1** a) 2-Methylpentane b) 2-Methylpentane c) 2,4-Dimethylhexane
d) 5-Ethyl-3-methyl-5-propylnonane e) 3-Ethyl-2,5-dimethylhexane f) 3-Ethyl-2,6-dimethylheptane

**5.2** a) 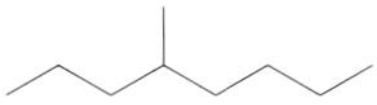 b) 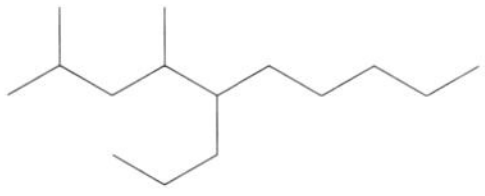

**5.3** a) 4-Ethyl-2,2-dimethylhexane b) 2,2-Dimethylpentane

**5.4** a) (2-Methylpentyl) b) (1-Methylpropyl) c) (2,2-Dimethylpropyl)

**5.5** a) 4-(1-Methylethyl)heptane b) 5-(1,2-Dimethylpropyl)decane

**5.6** a) 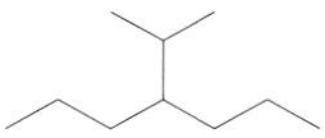 b) 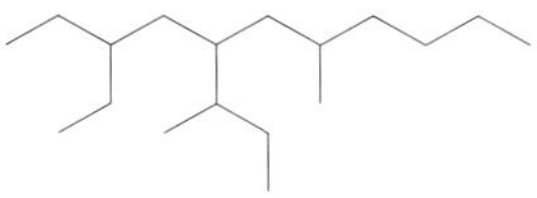

**5.7** a) 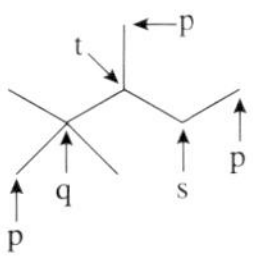 b) 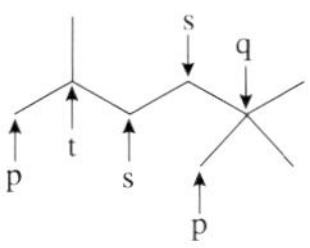 c) 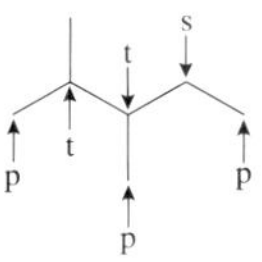

**5.8** 4-Isopropylheptane

**5.9** 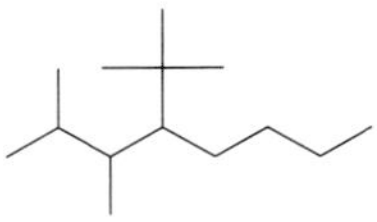

**5.10** a) 1,2-Dimethylcyclopentane b) (1-Methylpropyl)cyclohexane
c) 5-Cyclopentyl-2-methylheptane d) 1-Ethyl-3,5-dimethylcyclooctane

**5.11** a) 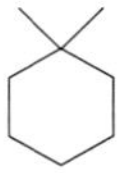 b) 

**5.12** a) 2,4-Dimethyl-2-hexene b) 2-Methyl-1,3,5-cycloheptatriene c) 3-Ethyl-1,2-dimethylcyclopentene

**5.13** a) 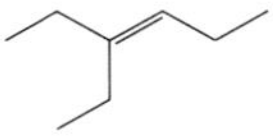 b)  c) 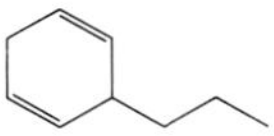

**5.14** a) 3-Isopropyl-1-heptyne b) 2-Methylpent-1-en-3-yne c) 3-(2-Methylpropyl)-1,4-hexadiyne

**5.15** a) $HC{\equiv}CCH_2CH_2CH_3$ b) 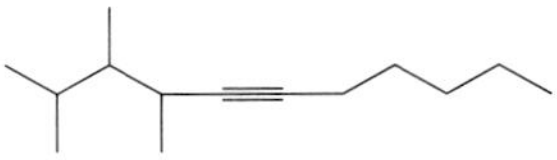

**5.16** a) 5-Bromo-2,4,4-trimethylheptane b) 1-Chloro-3-ethyl-1-methylcyclopentane

**5.17** 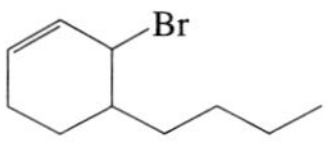

**5.18** a) 2-Butanol b) 3-Methyl-3-hexanol c) 3-Cyclopentyl-1-propanol
d) 3-Bromo-3-methylcyclohexanol

**5.19** a) 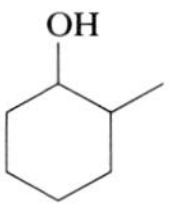 b) 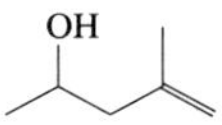

**5.20** a) Ethyl methyl ether b) 1-Chloro-3-methoxycyclopentane

**5.21** a) Propylamine b) *N*-Ethylcyclopentylamine

**5.22** a) *N*,5-Dimethyl-2-hexanamine b) 5-Amino-2-hexanol

**5.23** a) 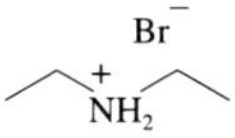 b) 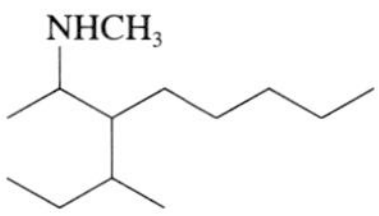

# CHAPTER 6

**6.1** a) 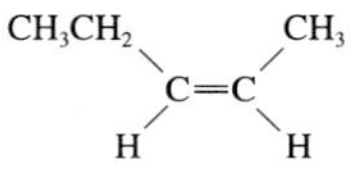 and 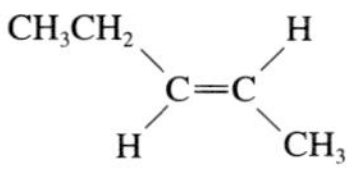 b) None

c) None d) 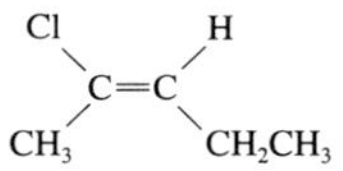 and 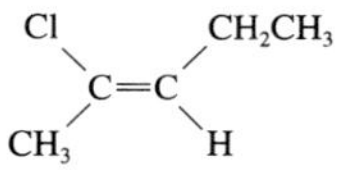

**6.2** a) 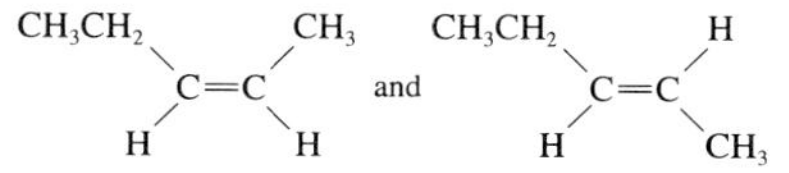

b) 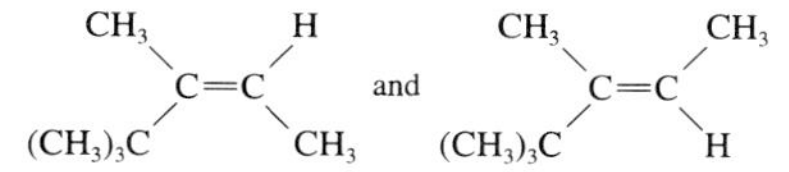

In both cases the right isomer is more stable because the larger groups are trans.

**6.3** a) $-CH_2CH_3$ b) $-\overset{\text{O}}{\overset{\|}{\text{C}}}\text{OH}$ c) $-CH_2CH_2CH_2CH_3$ d) $-C\equiv N$ e) 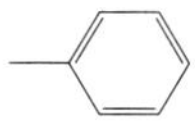

**6.4** a) *E* b) *E* c) *Z*

**6.6** 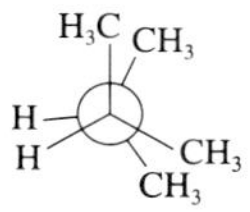

**6.7** 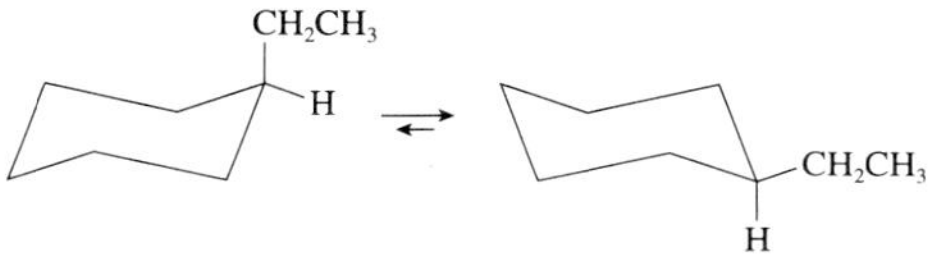

The conformation on the right, with the ethyl group equatorial, is more stable.

**6.8** a) 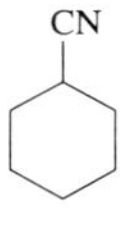 b) 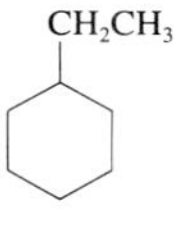 c) 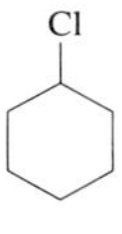

**6.10** a) 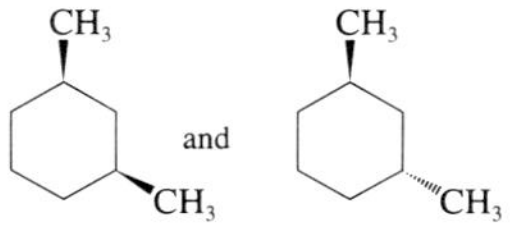 b) 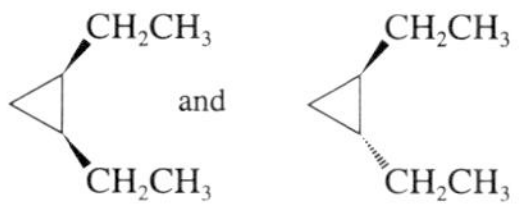

c) 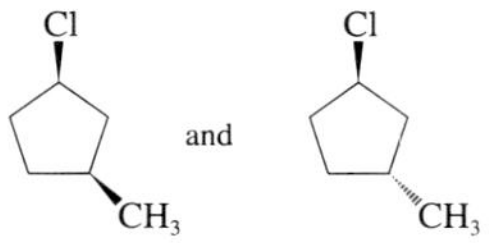

**6.11** 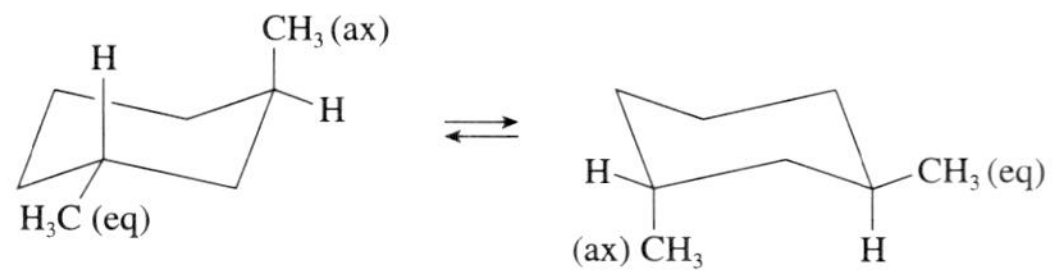

**6.12** a) One methyl is axial, and one is equatorial.

b) Both methyls are axial in one conformation, and both are equatorial in the other.

c) The *trans*-isomer is more stable because it has a conformation with both methyls equatorial.

**6.13** a) The conformation with both groups equatorial is the more stable conformation of the *cis*-stereoisomer. The conformation with the isopropyl group equatorial and the hydroxy group axial is the more stable conformation of the *trans*-stereoisomer.

b) The *cis*-stereoisomer is more stable than the *trans*-stereoisomer by 0.9 kcal/mol (3.8 kJ/mol).

**6.14** a) The methyls are trans; the *t*-Bu is cis to the closer methyl; all are equatorial; the conformation shown is more stable; the stereoisomer shown is most stable.

b) The chlorines are trans; both are axial; the ring-flipped conformation is more stable; the stereoisomer shown is more stable.

c) The groups are trans; the methyl is axial; the phenyl is equatorial; the conformation shown is more stable; the *cis*-stereoisomer is more stable.

# CHAPTER 7

**7.1** a) Achiral b) Chiral c) Chiral d) Achiral e) Chiral f) Chiral

**7.2** a) Not b) Not c) 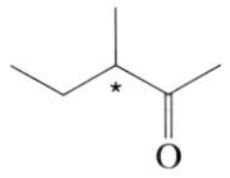 d) 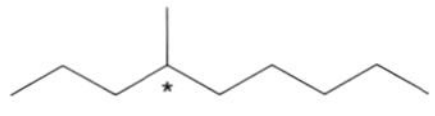

e) 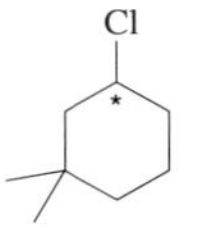 f) Not

**7.3** a) Yes b) Yes c) No d) Yes e) No f) Yes g) Yes h) No

**7.4** a) 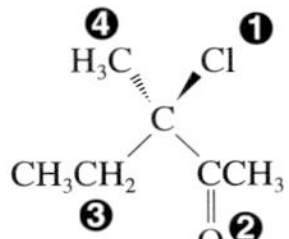 *R* b) 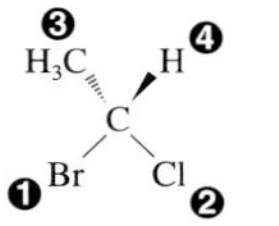 *R* c) 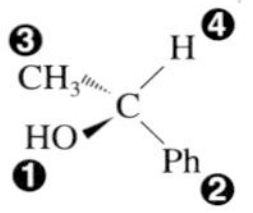 *R*

d) 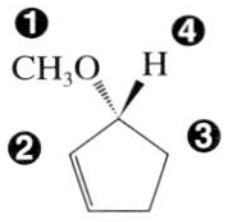 *R* e) 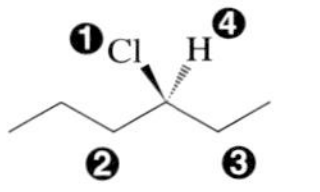 *S* f) 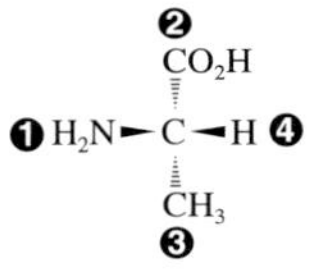 *S*

**7.5** a) 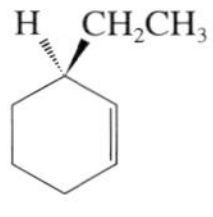 b) 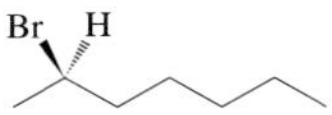

**7.6** a) False b) False c) True d) Cannot be determined e) True

**7.7** 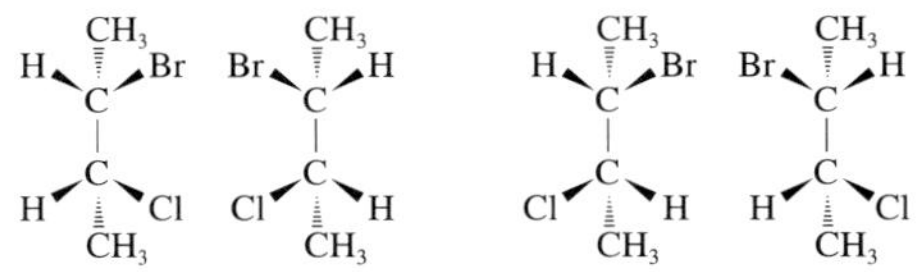

Enantiomers Enantiomers

Diastereomers

**7.8** a) 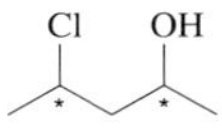 4 b) 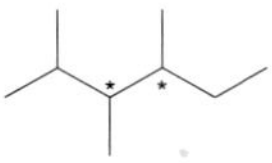 4 c) 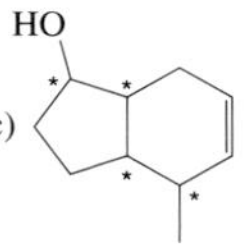 16 d) None

**7.9**

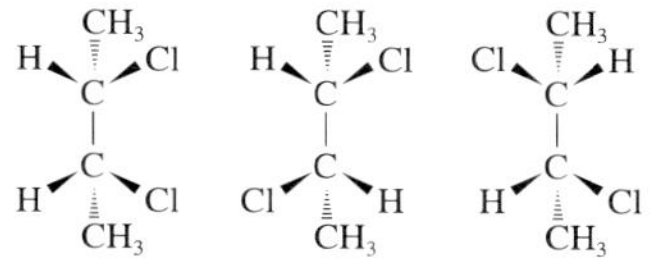

Meso Rotates Rotates

**7.10**

Meso Rotates Rotates

**7.11** a) Yes b) No, meso c) Yes d) No, meso

**7.12**

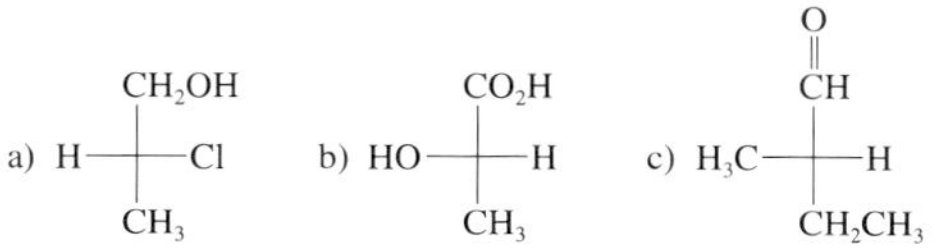

**7.13** a) *S* b) *S*

**7.14** a) Chiral b) Chiral c) Not chiral d) Chiral e) Not chiral f) Chiral

# CHAPTER 8

**8.1**

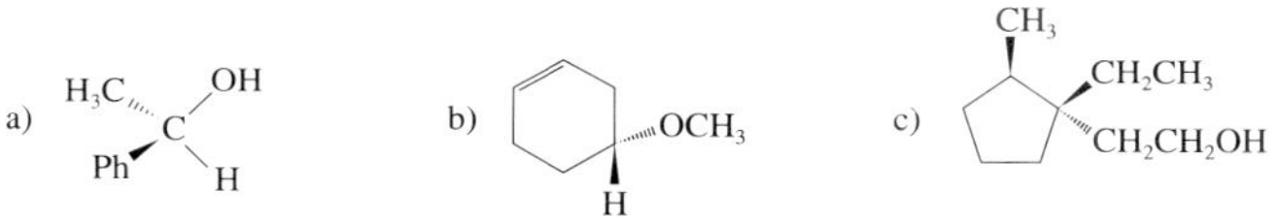

**8.2** a) The right compound reacts faster because it has less steric hindrance.

b) The right compound reacts faster because it has less steric hindrance.

c) The left compound reacts faster because of resonance stabilization of the transition state.

**8.3**

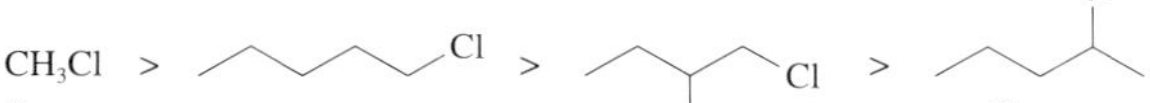

Fastest Slowest

**8.5** Approximately half broken

**8.6** a) Left; tertiary carbocation is more stable

b) Left; resonance stabilized carbocation is more stable

c) Left; resonance stabilized carbocation is more stable

d) Right; methoxy group provides extra resonance stabilization of the carbocation

**8.7**

Fastest Slowest

**8.8**

a) 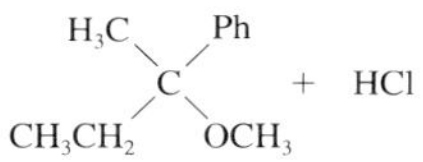

(Racemic, perhaps with some excess inversion)

b) 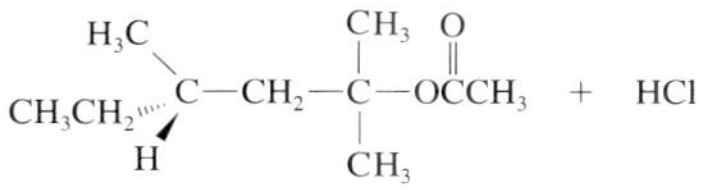

**8.9** a) Primary substrates with a strong nucleophile (hydroxide ion) react by the $S_N2$ mechanism. The right reaction is faster because mesylate ion is a better leaving group than chloride ion.

b) Tertiary substrates react by the $S_N1$ mechanism. The right reaction is faster because iodide ion is a better leaving group than bromide ion.

**8.11** a) Because the leaving group is on a tertiary carbon, the reaction proceeds by an $S_N1$ mechanism. The reactivity of the nucleophile does not affect the rate of an $S_N1$ reaction, so both reactions proceed at the same rate.

b) Because the leaving group is on a primary carbon, the reaction proceeds by an $S_N2$ mechanism. The right reaction is faster because the nucleophile is stronger. (Nucleophile strength increases down a column of the periodic table.)

c) Because the leaving group is on a primary carbon, the reaction proceeds by an $S_N2$ mechanism. The left reaction is faster because the nucleophile is stronger. (It is a stronger base.)

**8.12** a) $S_N2$ 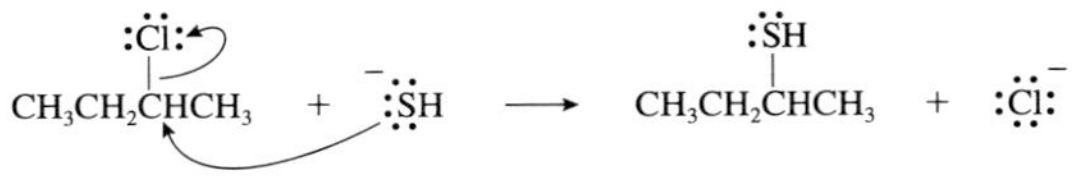

b) $S_N1$ 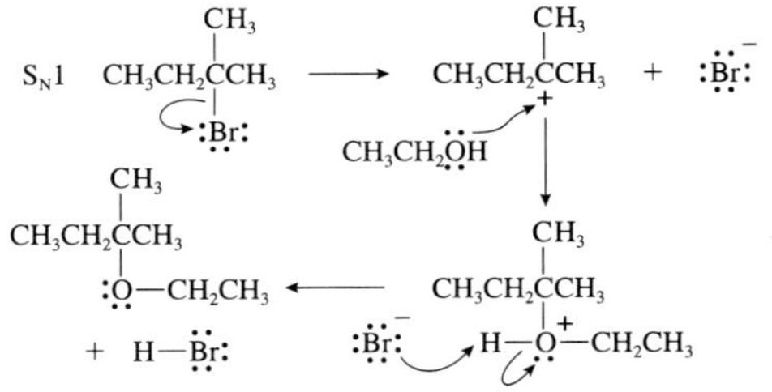

c) $S_N2$ 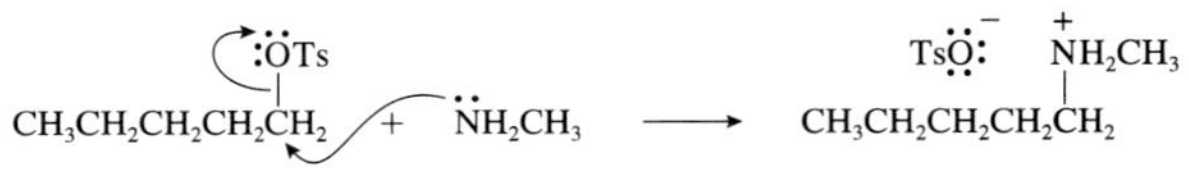

d) $S_N2$ 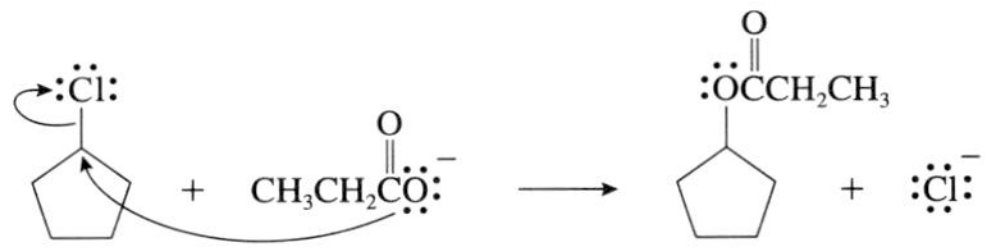

**8.15** a) This $S_N1$ reaction is faster in the more polar solvent, methanol.

b) This $S_N2$ reaction, with a negative nucleophile, is faster in the less polar solvent, pure methanol.

c) This $S_N2$ reaction is faster in the aprotic solvent, DMSO.

**8.16** a) Tertiary, so $S_N1$

b) Secondary, with a strong nucleophile and an aprotic solvent, so $S_N2$

c) Methyl substrate (less hindered than primary), so $S_N2$

d) Allylic substrate, weak nucleophile and polar solvent, so $S_N1$

e) Allylic substrate, strong nucleophile and aprotic solvent, so $S_N2$

f) Secondary benzylic substrate, weak nucleophile and polar solvent, so $S_N1$

**8.17** a) 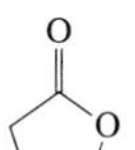 b) 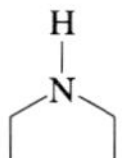

**8.18** a) 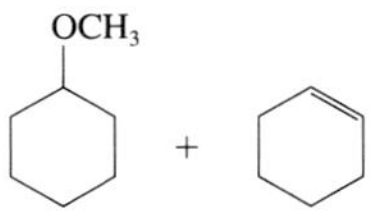 b) 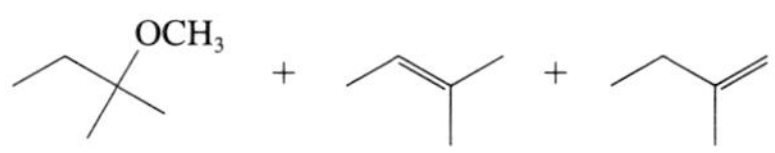

c) 

**8.19** a) 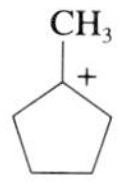 b) 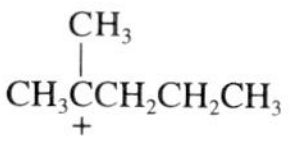 c) 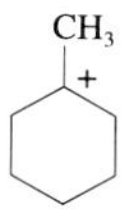



**8.20** a) 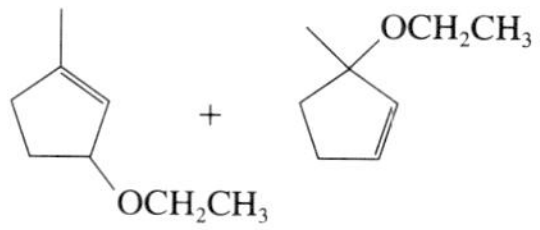 b) 

# CHAPTER 9

**9.1** a) $CH_3CH{=}CHCH_2CH_3$ b)  c) 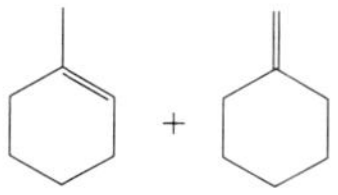

**9.2** 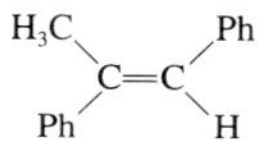



**9.3** a) 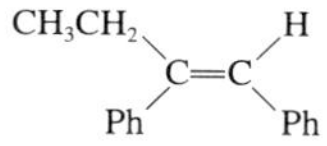 b) 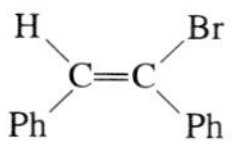



**9.5** a) 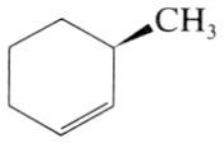 b) 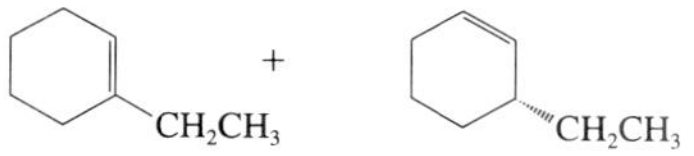



**9.6** The bulky *t*-Bu group must be equatorial in both cases. The isomer on the left has the OTs group axial, so it can readily undergo E2 elimination. The isomer on the right has the OTs group equatorial, so it cannot readily react.

**9.7** a) 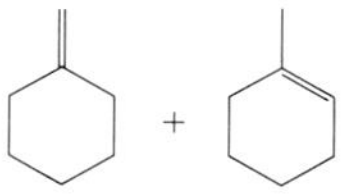 b)  c) 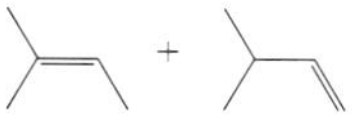

Major (a); cis + trans Major (b); Major (c)

**9.8** (*E*)-2-Butene is the major product because it is more stable and the conformation leading to it is more stable.

**9.9** a) 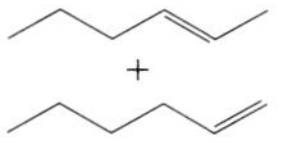 Major b) 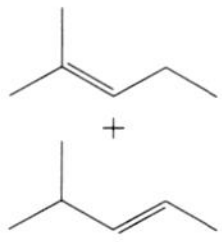 Major

c) 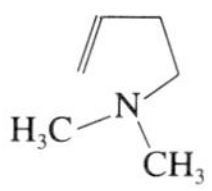 d) 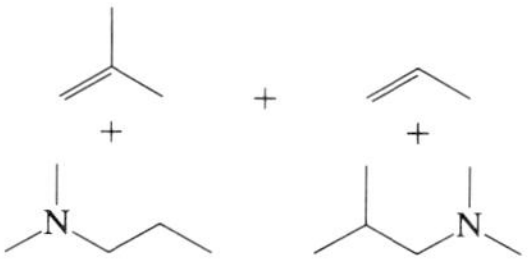



Major

**9.10** a) 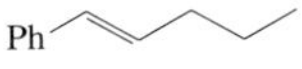 b) 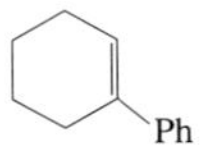

c) 

Major

d) 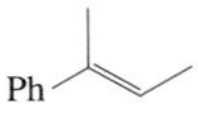

**9.11** 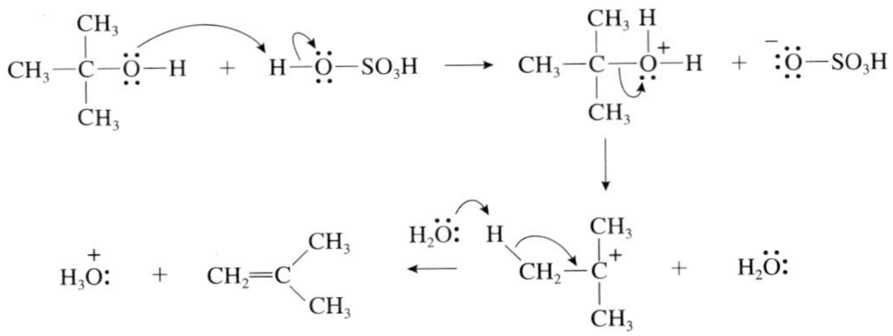

**9.13** a) 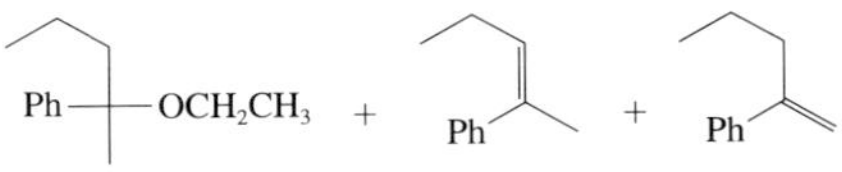

Major

b) 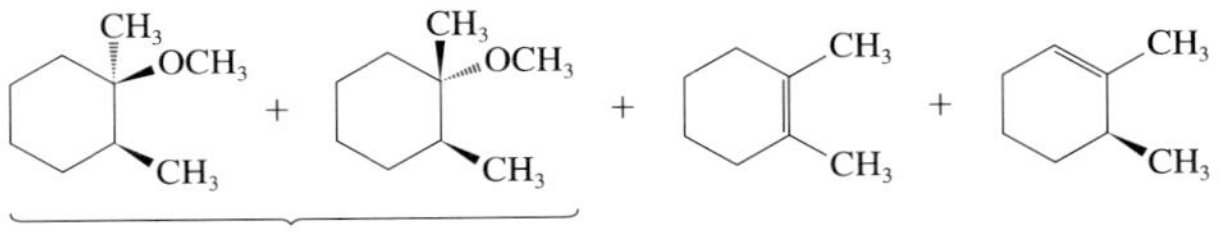

Major

c) Same as (b)

d) 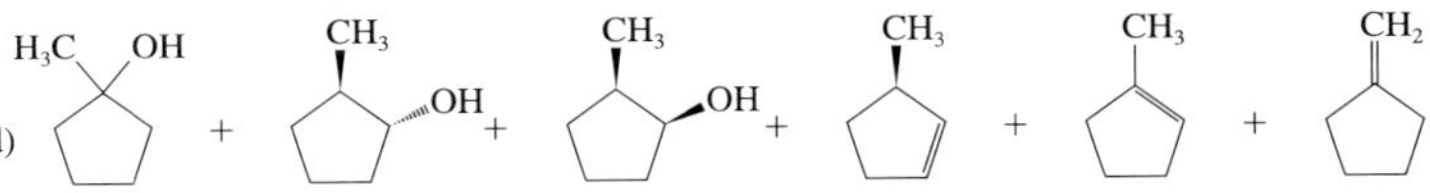

+ Ethyl ethers corresponding to the alcohols

**9.14** a) 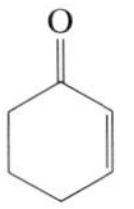 b) 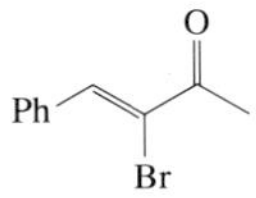

**9.15** a) A secondary substrate with a weak base reacts predominately by the $S_N2$ mechanism. Minor amounts of E2 products may also be formed.

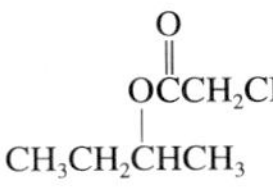 + $CH_3CH{=}CHCH_3$ + $CH_3CH_2CH{=}CH_2$

Major

b) A secondary substrate with a strong base reacts predominately by the E2 mechanism.

$CH_3CH{=}CHCH_3$ + $CH_3CH_2CH{=}CH_2$

Major

c) A tertiary substrate in the absence of a strong base reacts by the $S_N1$ and E1 mechanisms.

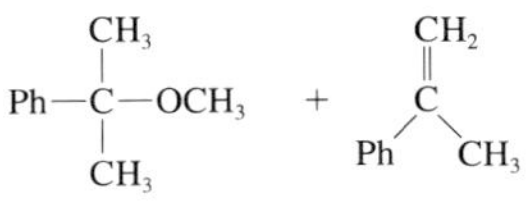

Major

**9.16** a) The leaving group is on a primary carbon, so an $S_N2$ reaction occurs.

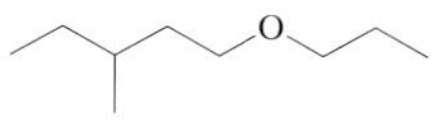

b) A primary substrate with a very hindered base gives predominately E2 elimination.

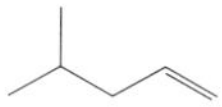

c) A secondary substrate with a strong base gives predominately E2 elimination.

d) A secondary substrate with a weak base that is moderately nucleophilic in an aprotic solvent favors an $S_N2$ reaction. The reaction occurs with inversion of configuration.

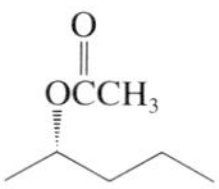

e) A tertiary substrate with a strong base favors E2 elimination.

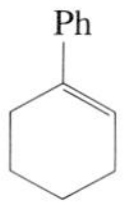

f) A secondary substrate in a polar solvent and in the absence of a strong base or nucleophile favors the $S_N$ and E1 reactions.

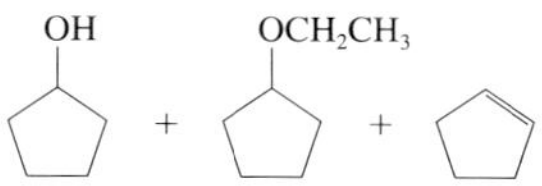

# CHAPTER 10

**10.1** a) 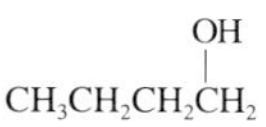 b) 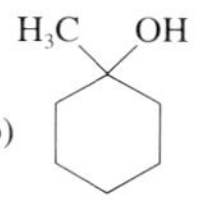 c) 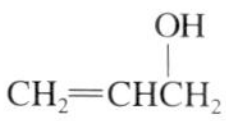

**10.2** This is an $S_N1$ reaction, so only the chlorine bonded to the tertiary carbon is replaced.

**10.3** Stereochemistry is retained because the CO bond of the product is not broken in the reaction.

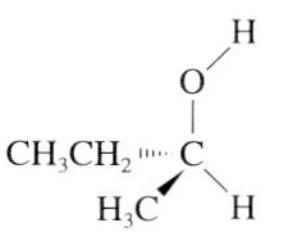

**10.4** a) 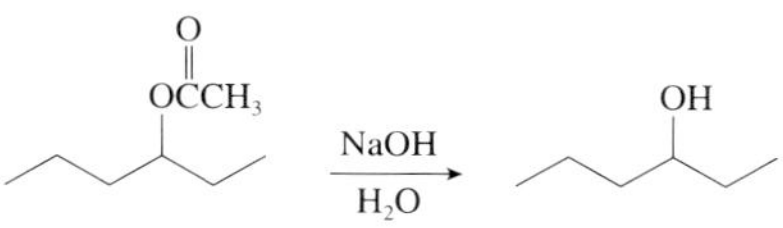

b) 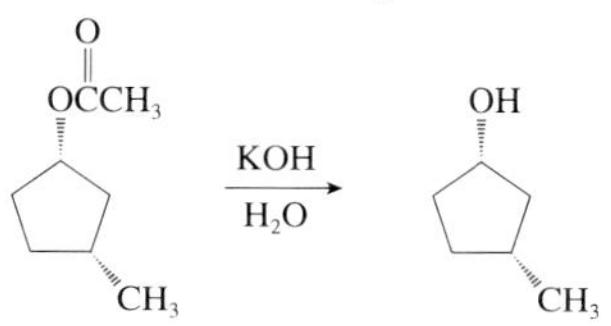

**10.5** 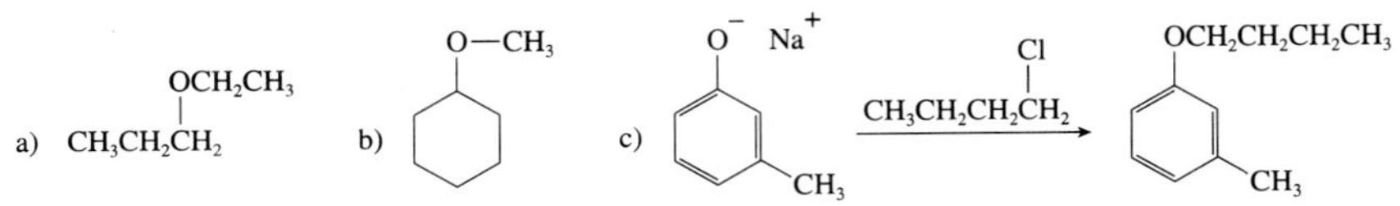

**10.7** a) The right route is better because the left route gives primarily E2 elimination.

b) The right route is better because elimination cannot occur.

**10.8** a) $CH_3CH_2CH_2CH_2OH \xrightarrow[\text{2) } CH_3I]{\text{1) Na}} CH_3CH_2CH_2CH_2OCH_3 \xleftarrow[\text{2) } CH_3CH_2CH_2CH_2Br]{\text{1) Na}} CH_3OH$

b) 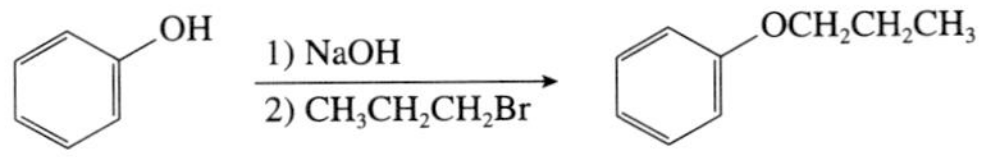

c) 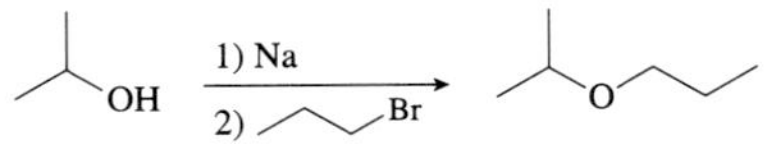

**10.9** a) 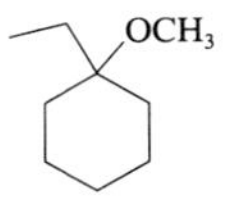 b) 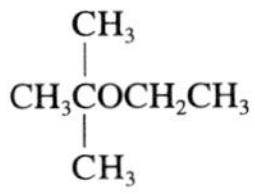 c) $Ph_2CHOCH_2CH_2Cl$

**10.12**

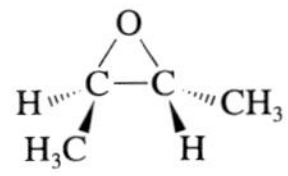

**10.14** a) 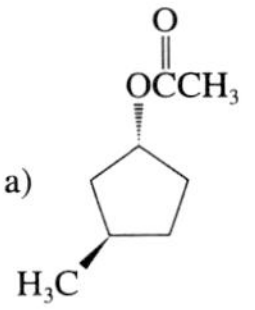 b) 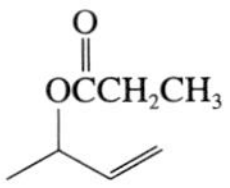 c) 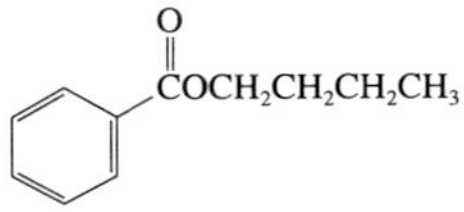

**10.16** a) 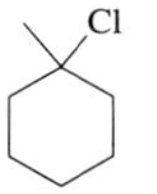 b) 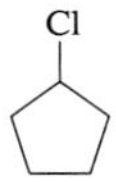 c) 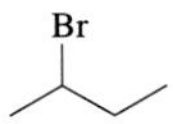 d) $CH_3CH_2CH_2I$

e) 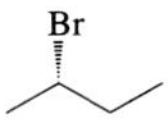 f) 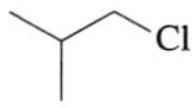 g) 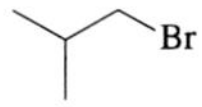

h) 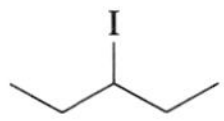 i) 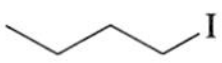 j) 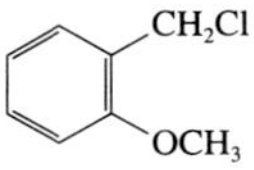

**10.17** a) 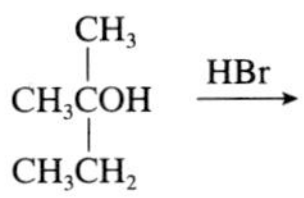 b) 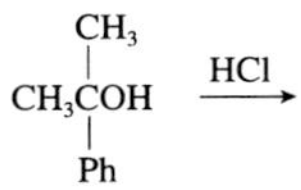

c) 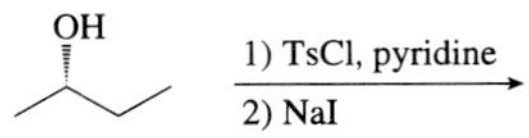 d) 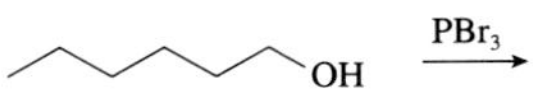

e) 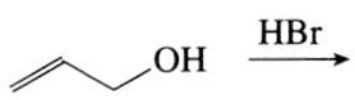 f) $CH_3CH_2CH_2CH_2OH \xrightarrow{SOCl_2}$

**10.18** a) $(CH_3CH_2)_2\overset{+}{N}H CH_2CH_3 \quad Br^-$ b) $CH_3CH_2\overset{+}{N}(CH_3)_2CH_3 \quad I^-$

**10.19** a) 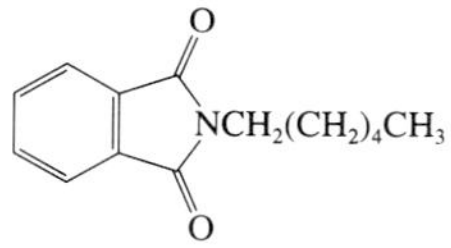 $\xrightarrow[H_2O]{NaOH}$ $CH_3(CH_2)_4CH_2NH_2$

**10.20**

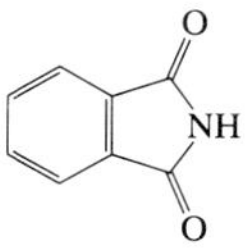 $\xrightarrow{1)\ KOH}$ 2) $PhCH_2CH_2Br$ 3) NaOH, $H_2O$ $PhCH_2CH_2NH_2$

**10.21** a)  b) 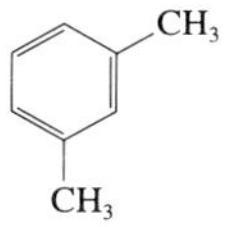

**10.22** a) $PhCH_2CN$ b) $CH_3C{\equiv}C{-}CH_2CH_2CH_3$ c) 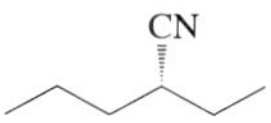

d) $HC{\equiv}CCH_2CH_3 \xrightarrow[2)\ CH_3I]{1)\ NaNH_2} CH_3C{\equiv}CCH_2CH_3$

e)  f)  + $HC{\equiv}CH$

**10.23** a) 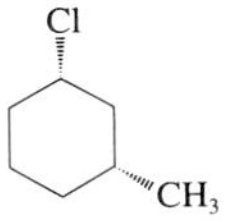 $\xrightarrow[DMSO]{NaCN}$ b) $BrCH_2CH_2CH(CH_3)CH_3 \xrightarrow[NH_3(l)]{HC{\equiv}C:^-\ Na^+}$

c) $CH_3C{\equiv}CH \xrightarrow[2)\ PhCH_2Br]{1)\ NaNH_2}$

**10.24** a) 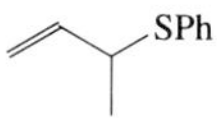 b) $Ph_3\overset{+}{P}{-}CH_2CH_2CH_3 \quad Br^-$ c) $CH_3CH_2CH_2CH_2SCH_3$ d) 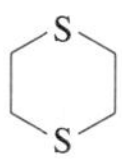

**10.25** a) 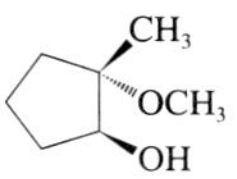 b) 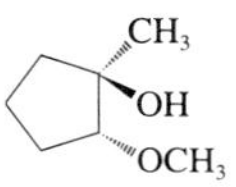 c) 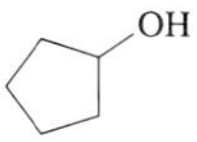

**10.26** a) $CH_3CH_2CH{=}CH_2$ b)  c) 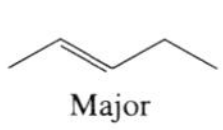 + 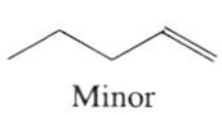 d) 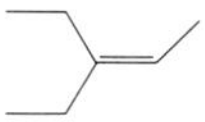

**10.27** a) No. The alkene shown would be a minor product according to Zaitsev's rule.
b) Yes. The alkene shown would be the major product because it is conjugated.

**10.28** The top reaction is better because it can produce only the desired alkene. The bottom reaction would produce 1-pentene also.

**10.29** a) 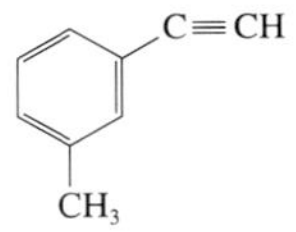


b) 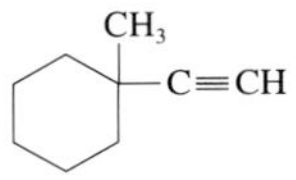


**10.30** a) 

b) 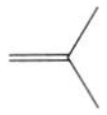

c) 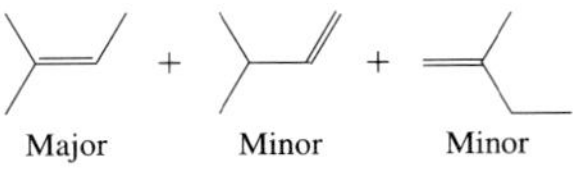


**10.31** a) 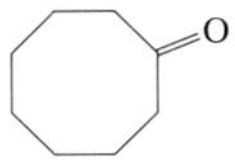


b) 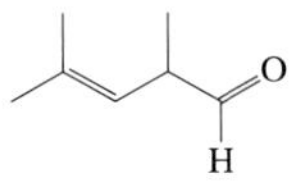


c) 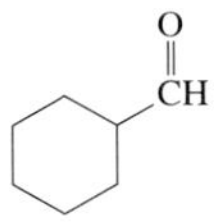


d) 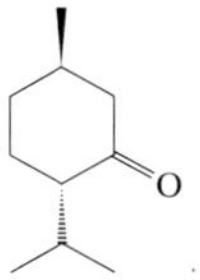


e) 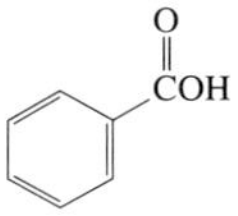


**10.32** a) $CH_3CH_2CH_2CH_2Br$ $\xrightarrow[\text{2) KOH, } H_2O]{\text{1) phthalimide-K}}$ $CH_3CH_2CH_2CH_2NH_2$ $\xrightarrow{\text{excess } CH_3I}$ $CH_3CH_2CH_2CH_2\overset{+}{N}(CH_3)_3\ I^-$

1) 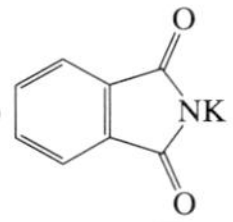


b) $CH_3CH_2\underset{}{C}HBr$ (with $CH_3$ on CH) $\xrightarrow[\text{2) KOH, } H_2O]{\text{1) } CH_3CO_2^- \text{, DMSO}}$ $CH_3CH_2CHOH$ (with $CH_3$ on CH) $\xrightarrow[\text{2) } CH_3CH_2I]{\text{1) Na}}$ $CH_3CH_2—O—CHCH_2CH_3$ (with $CH_3$ on CH)

c) 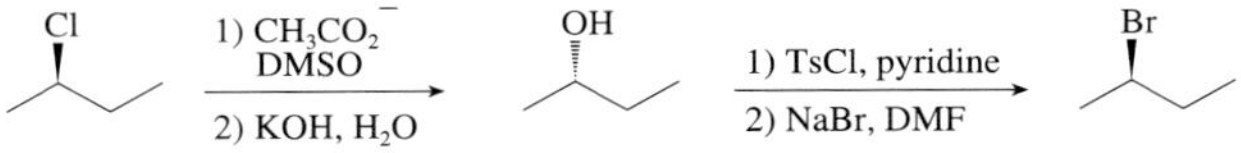


d) 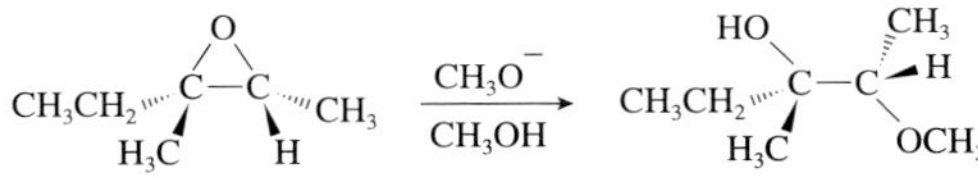


e) $HC\equiv CH$ $\xrightarrow[\text{2) } PhCH_2Cl]{\text{1) } NaNH_2}$ $PhCH_2C\equiv CH$ $\xrightarrow[\text{2) } CH_3I]{\text{1) } NaNH_2}$ $PhCH_2C\equiv CCH_3$

# CHAPTER 11

**11.1** a) $CH_2{=}CH_2$ < $CH_3CH_2CH{=}CH_2$ < $CH_3CH_2\underset{}{C}{=}CH_2$ (with $CH_3$ on C)
Slowest … Fastest

b) 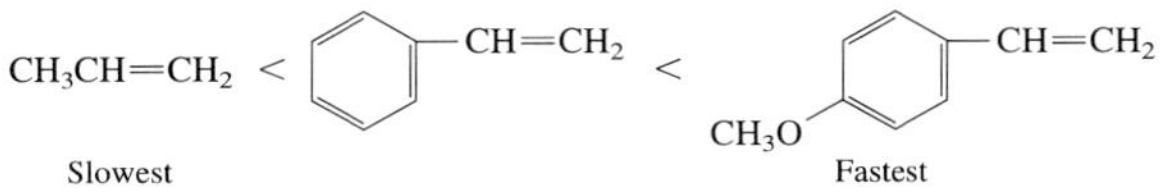

**11.3** a)  b)  c) 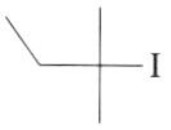

d) 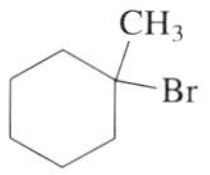 e) 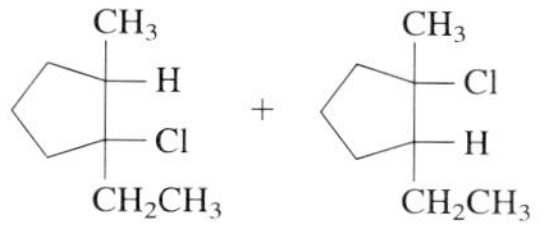

**11.4** a) 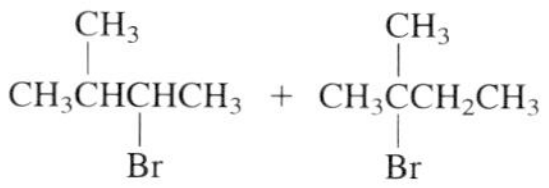 b) 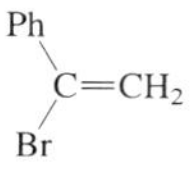 c) 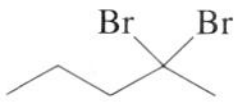

**11.5** a) 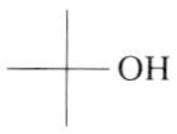 b) 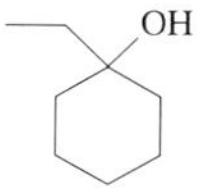 c) 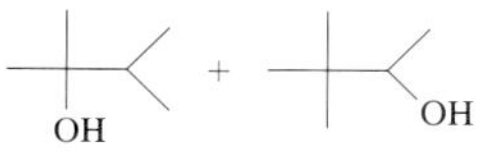

**11.7** a) 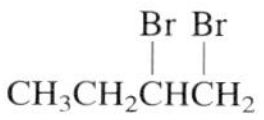 b) 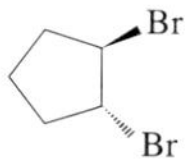 c) 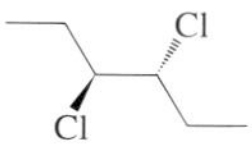 d) 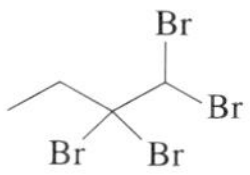

**11.8**

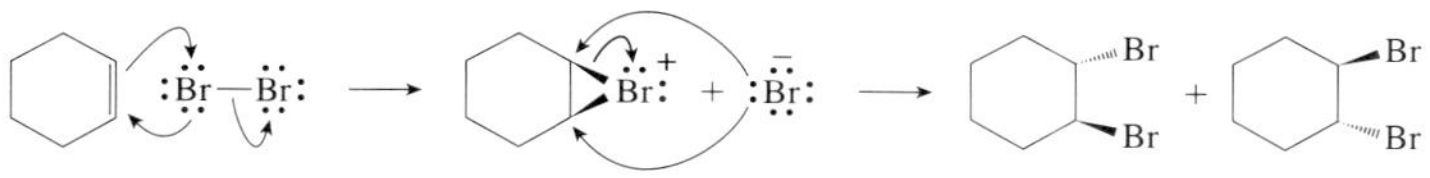

**11.9** The right one reacts faster because the methyl group makes the double bond more nucleophilic.

**11.10** a) 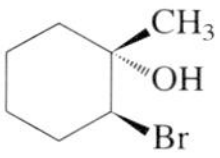 b) 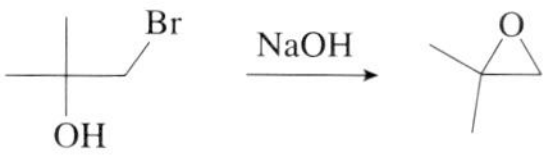

**11.13** a) 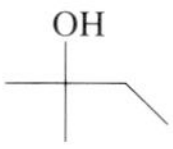 b) 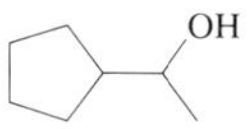 c) 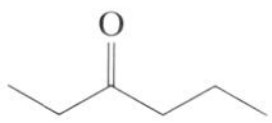 d) 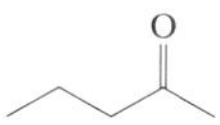

**11.14** The left synthesis is better because only 3-hexanone, the desired ketone, is produced. The right reaction also produces 2-hexanone.

**11.15** a) 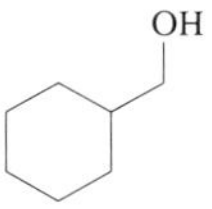 b) 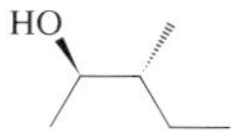 c) 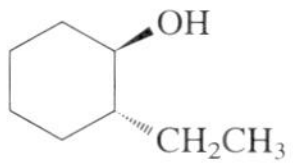

**11.16**

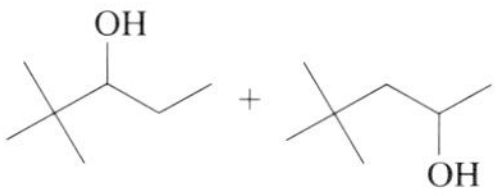

The alcohol on the right is the major product because the boron prefers to bond to the less hindered carbon of the alkene.

**11.17** a) 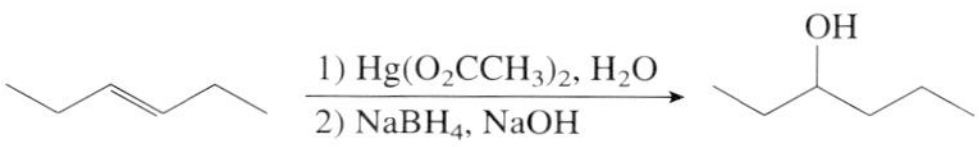


b) 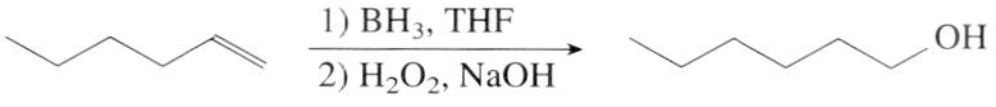


c) 

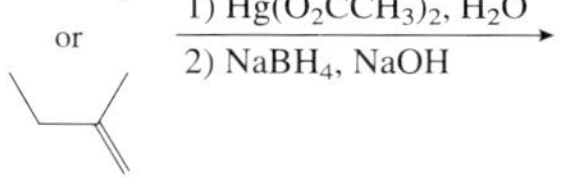

**11.18**

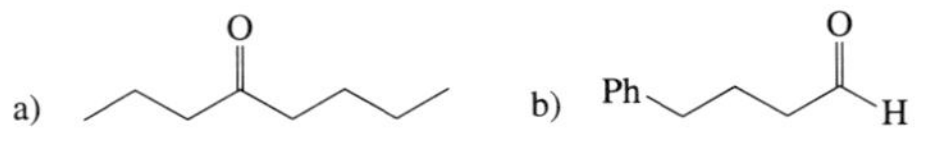

**11.19**

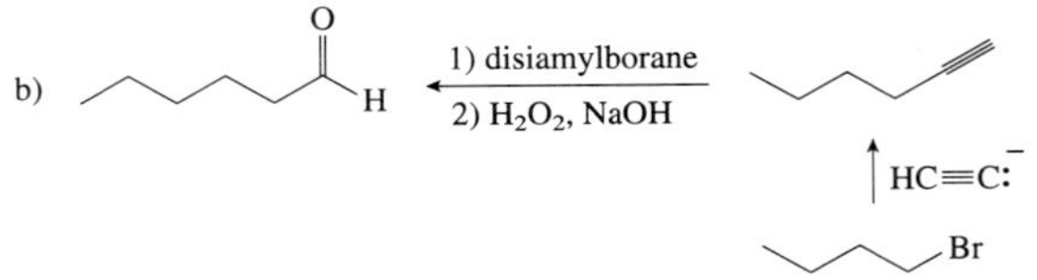

**11.22**

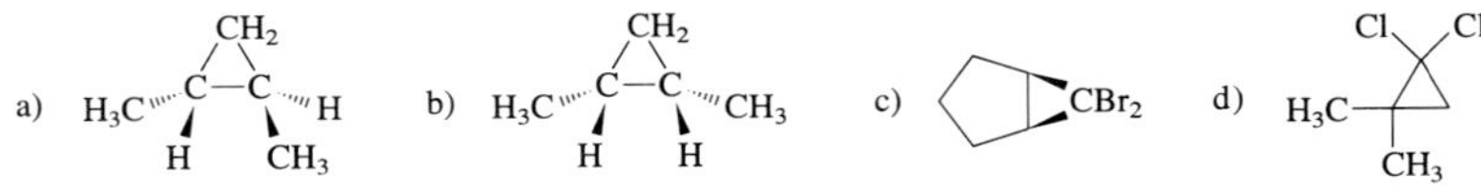

**11.23**

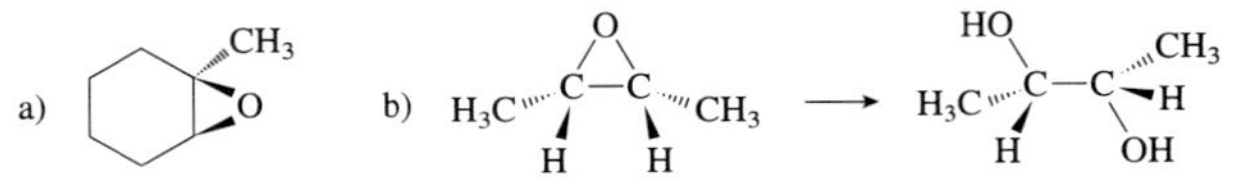

**11.24**

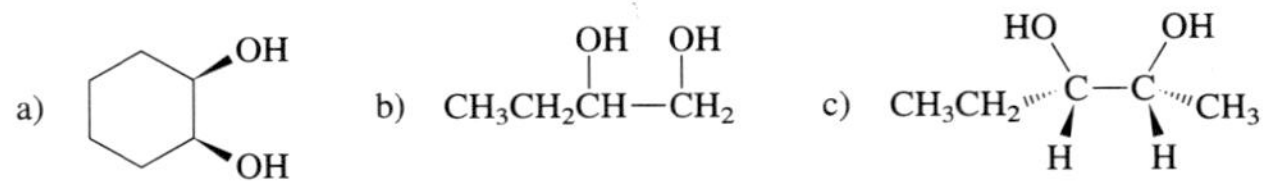

**11.25**

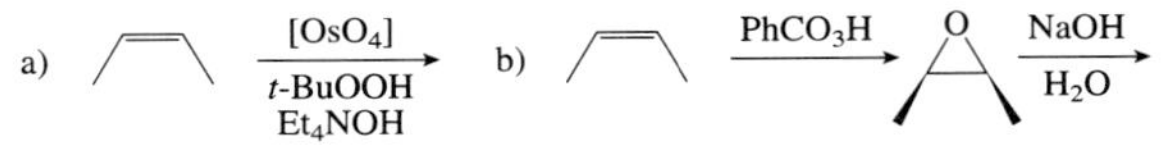

**11.26**

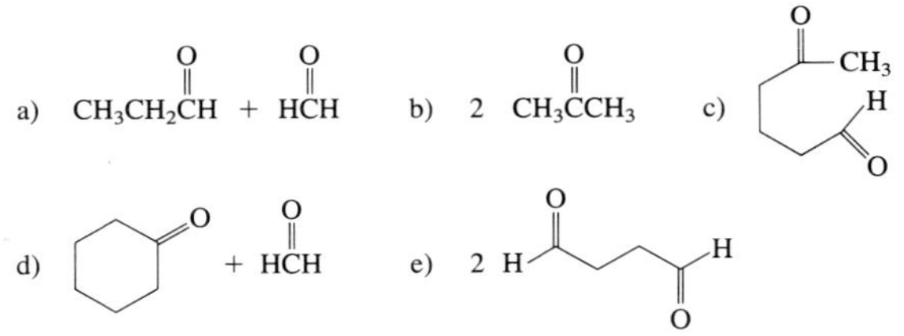

**11.27**

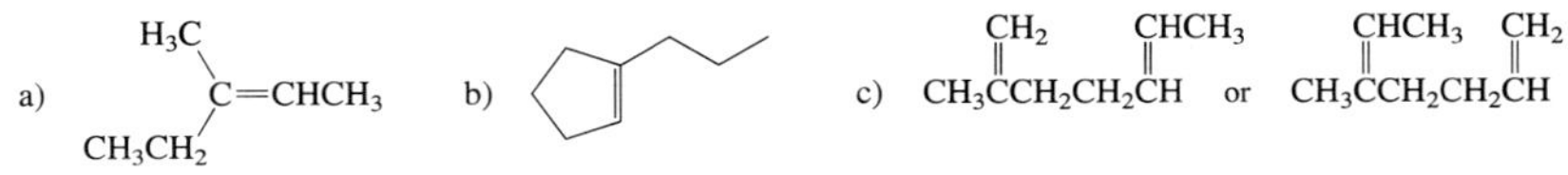

**11.28**

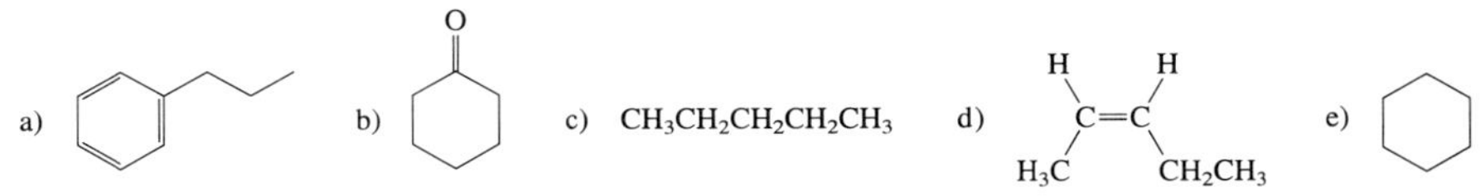

**11.30**

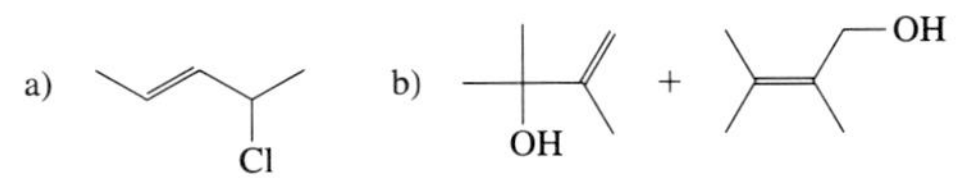

**11.31**

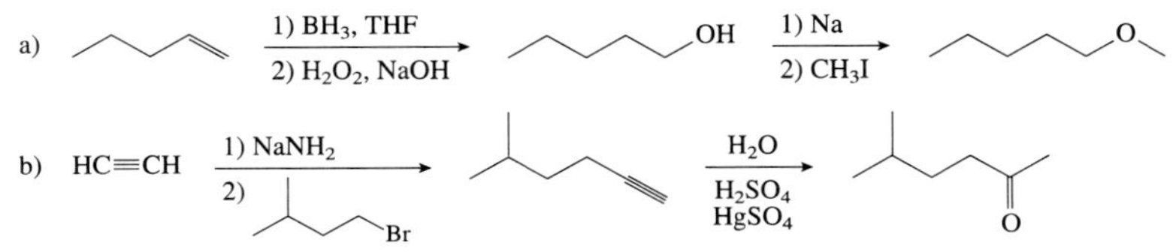

# CHAPTER 12

**12.1** a) (1-Methylpropyl)benzene b) *o*-Chlorotoluene c) 1-Bromo-4-methoxybenzene
d) 4-Butyl-3-chlorotoluene e) 3-Ethyl-4-phenylcyclohexene f) 3-Phenyl-1-butanol

**12.2** a) 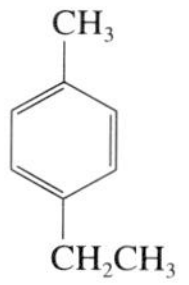 b) 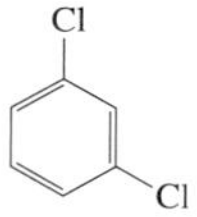 c) 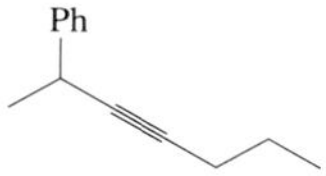

d) 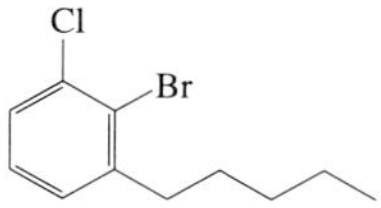 e) 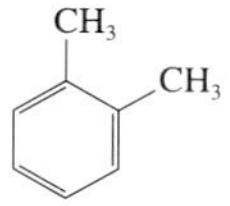 f) 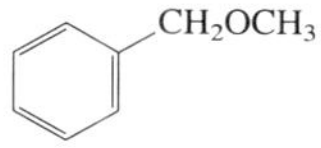

**12.3** a) *m*-Propylphenol b) 3,5-Dibromophenol c) *p*-Methoxyphenol

**12.4** a) 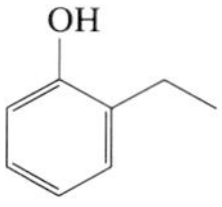 b) 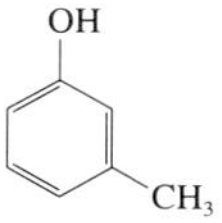 c) 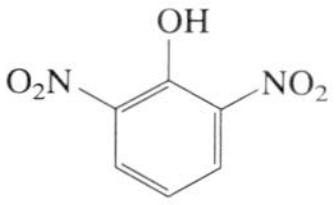

**12.7** a) Hexanal b) 5-Methyl-3-hexanone c) (*Z*)-4-Methyl-2-hexenal d) *p*-Chlorobenzaldehyde
e) 5-(2-Methylpropyl)-3-cycloheptenone f) 2,4-Pentanedione g) 3-Phenylcyclopentanone
h) 4-Methylpent-3-en-2-one

**12.8** a) 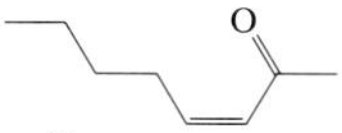 b) 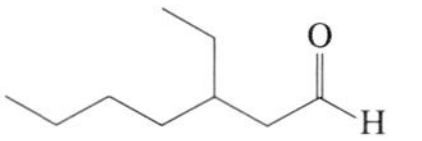 c) $CH_2{=}CHCH{=}CH\overset{\overset{O}{\|}}{C}H$

d) 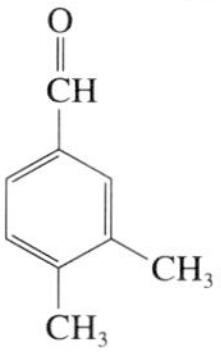 e) $Ph\overset{\overset{O}{\|}}{C}CH_2CH_3$ f) 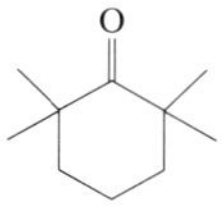

**12.11** a) 3-Methylpentanoic acid b) *p*-Bromobenzoic acid c) (*Z*)-4,4-Dichloro-2-pentenoic acid
d) 2-Cyclohexenecarboxylic acid e) 3-Methyl-4-nitrobenzoic acid f) 3-Cyclopropylbutanoic acid

**12.12** a) 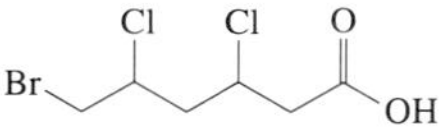 b) 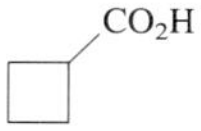 c) 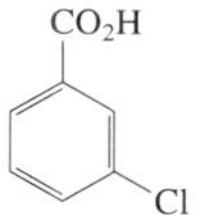 d) 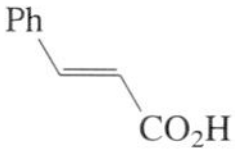

**12.14** a) Benzoyl chloride b) Propanoic anhydride c) Methyl propanoate
d) Propyl 3-ethylbenzoate e) Cyclopentyl 4-methylpentanoate f) *N*-Methyl-3-pentynamide
g) Isopropyl 3-cyanocyclopentanecarboxylate h) Pentanenitrile i) Potassium 2-methylpentanoate

**12.15** 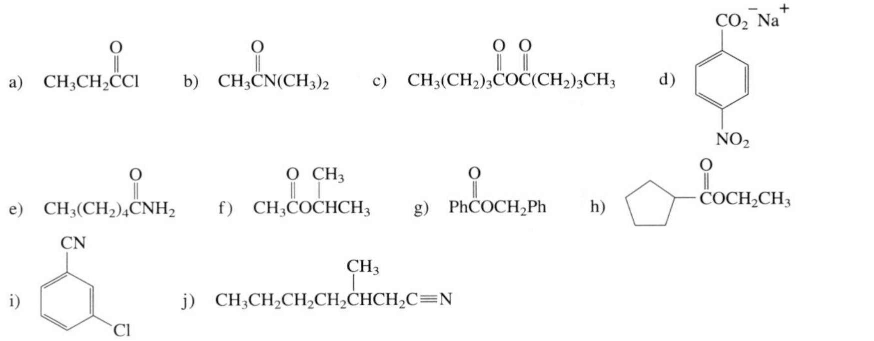

**12.19** a) 4-Hydroxy-2-cyclohexenone b) 2-Amino-4-methylpentanoic acid
c) 1,4-Butanedioic acid d) Methyl 4-methyl-5-oxopentanoate
e) 3-Cyanobenzaldehyde f) 4-Ethyl-3-hydroxy-*N*-methylhexanamide
g) 3-Oxobutanenitrile h) Isopropyl 3-oxo-4-phenylhexanoate

**12.20** 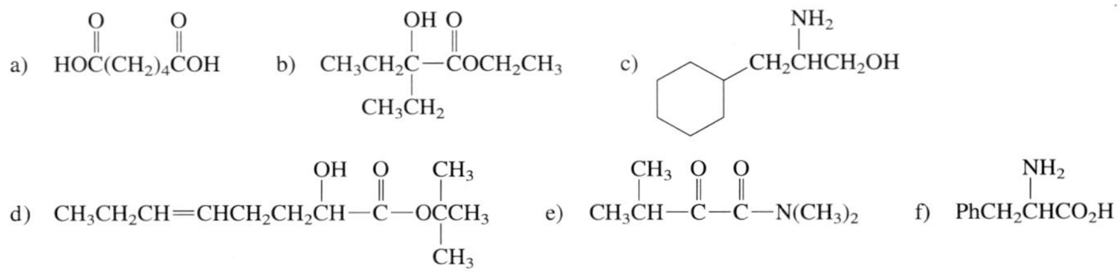

# CHAPTER 13

**13.1** a) $3.33 \times 10^{-3}$ cm b) $9.68 \times 10^{14}\ s^{-1}$ c) 0.858 kcal/mol (3.59 kJ/mol)
d) 92.3 kcal/mol (387 kJ/mol)

**13.2** Infrared

**13.3** $3.8 \times 10^{-5}$ kcal/mol ($1.6 \times 10^{-4}$ kJ/mol)

**13.4** a) C—H, lighter atom b) C≡C, stronger bond c) C—Cl, lighter atom and stronger bond

**13.5** a) OH, 3000 $cm^{-1}$, very broad; =CH, 3100–3000 $cm^{-1}$; —CH, 3000–2850 $cm^{-1}$
b) =CH, 3100–3000 $cm^{-1}$; —CH, 3000–2850 $cm^{-1}$
c) $NH_2$, two bands, 3400–3250 $cm^{-1}$; =CH, 3100–3000 $cm^{-1}$
d) OH, 3550–3200 $cm^{-1}$, broad; =CH, 3100–3000 $cm^{-1}$; —CH, 3000–2850 $cm^{-1}$
e) NH, one band, 3400–3250 $cm^{-1}$; —CH, 3000–2850 $cm^{-1}$
f) —CH, 3000–2850 $cm^{-1}$; CHO, 2830–2700 $cm^{-1}$, two bands

**13.6** The band in the triple bond region at 2150–2100 $cm^{-1}$ is much stronger for 1-hexyne than it is for the more symmetrical 3-hexyne. In addition, the ≡CH band near 3300 $cm^{-1}$ in the spectrum of 1-hexyne confirms the presence of the triple bond.

**13.7** Most hydrocarbons have —CH bonds that absorb in the 3000–2850 $cm^{-1}$ region.

**13.8** a) 1745 $cm^{-1}$ b) 1710–1690 $cm^{-1}$ c) 1695–1675 $cm^{-1}$
d) 1720–1700 $cm^{-1}$ e) 1690–1670 $cm^{-1}$

**13.9** a) The left compound, a ketone, has its carbonyl absorption near 1715 $cm^{-1}$, whereas the right compound, an aldehyde, has its carbonyl peak near 1730 $cm^{-1}$ and has two bands in the region of 2830–2700 $cm^{-1}$.
b) The left ester (nonconjugated) has its carbonyl absorption near 1740 $cm^{-1}$, whereas the right ester (conjugated) has its carbonyl absorption near 1720–1700 $cm^{-1}$.
c) The carboxylic acid has a very broad band near 3000 $cm^{-1}$.

**13.10** a) 3100–3000, 3000–2850, 1695–1675, 1660–1640

b) 3400–3250 (two bands), 3100–3000, 3000–2850, 1600–1450 (four bands), 900–675

c) 3100–3000, 3000–2850, 1660–1640, 1300–1000

d) 3550–3200 (broad), 3000–2850, 1300–1000

e) 3300, 3000–2850, 2150–2100, 1550, 1380

f) 3100–3000, 3000–2850, 2830–2700 (two bands), 1710–1690, 1600–1450 (four bands), 900–675

**13.11** a) 1-Butyne has absorptions at 3300 and 2150–2100 $cm^{-1}$ that are not present in the spectrum of 1-butene.

b) Benzyl alcohol has absorptions at 3100–3000, 1600–1450, and 900–675 $cm^{-1}$ that are not present in the spectrum of *t*-butanol.

c) Benzaldehyde has two bands at 2830–2700 $cm^{-1}$ that are not present in the spectrum of the ketone, acetophenone.

d) The primary amine has two bands in the 3400–3250 $cm^{-1}$ region, whereas the secondary amine has only one.

**13.12** a) Ketone, no evidence for C=C

b) Carboxylic acid, no evidence for C=C

c) Conjugated aldehyde, has C=C, possibly aromatic ring

# CHAPTER 14

**14.1** a) 7.4 $\delta$ b) 1480 Hz on a 200-MHz and 2960 Hz on a 400-MHz instrument c) 7.4 $\delta$

**14.2** a) 3 b) 4 c) 5 d) 4 e) 2

**14.3** a) $CH_3C(=O)CH_2CH_3$: 2.2, >2.2, >0.9 b) $CH_3CH(OH)CH_3$: >0.9, >3.3; OH ← 2–5 c) $CH_3C(=O)OCH_2CH_3$: 2.0, >3.7, >0.9 d) $CH_3CH(Cl)CH_2Cl$: >0.9, >3.0 (most downfield), >3.0

**14.4** Triplet

**14.6** a) $a = x = 3$ b) $a = 7, x = 2$ c) $a = 3, x = 2$ d) $a = 5, x = 2$ e) $a = 3, m = 6, x = 3$

**14.7** a) $CH_3CH_2OH$

| | $CH_3$ | $CH_2$ | OH |
|---|---|---|---|
| Chemical shift | >0.9 | >3.3 | 2–5 |
| number of lines | 3 | 4 | 1 |
| integral | 3 | 2 | 1 |

b) $CH_3CH(Cl)CH_3$: >0.9, >3.0; 2, 7; 6, 1

c) $CH_3CH_2OCH_2CH_3$: >0.9, >3.0; 3, 4; 3, 2

d) 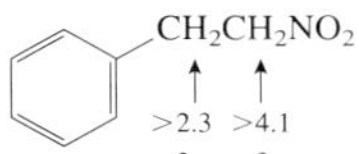 $C_6H_5$–$CH_2CH_2NO_2$: ring H 7–8, 1-m, 5; $CH_2$ >2.3, 3, 2; $CH_2NO_2$ >4.1, 3, 2

e) $CH_3C(=O)OCH_2CH_3$: 2.0, 1, 3; >3.7, 4, 2; >0.9, 3, 3

f) $CH_3CH_2CH_2Cl$: 0.9, 3, 3; >0.9, 6-m, 2; >3.0, 3, 2

g) $CH_3CHCl_2$: >0.9, 2, 3; >>3.0, 4, 1

**14.8** a) $CH_3C(=O)CH_3$ b)  ($C_6H_5CH_2CH_3$) c) $CH_3C(=O)H$

d)  e) $CH_3C(=O)OCH(CH_3)CH_3$ f) $CH_3CH_2CH(CH_3)Cl$

**14.9** a) 1 b) 3 c) 6 d) 3

**14.10** a) $CH_3CH_2CH_2CH_2OH$ (13.6, 19.1, 35.0, 61.4) b) 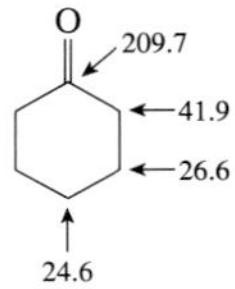


**14.11** a) 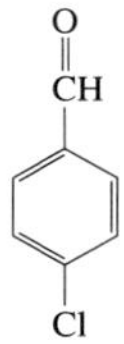

b) 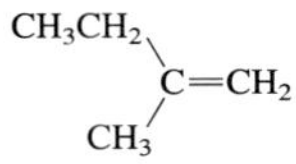

c) 

**14.12** a) 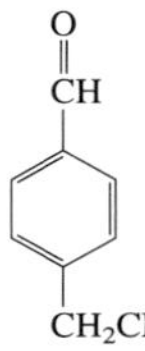

b) $BrCH_2CH_2\overset{O}{\overset{\|}{C}}OCH_2CH_3$ c) 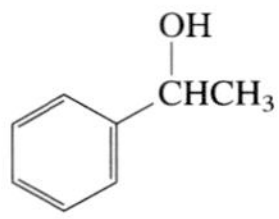


**14.13** $HOCH_2CH_2CH_2CH_2CH_2CH_2CH_2OH$

**14.14** a) $CH_3CH_2\overset{CH_3}{\overset{|}{C}}HCH_2OH$ b) 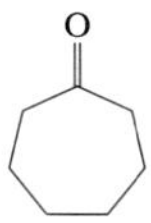

c) 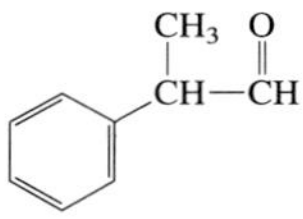


# CHAPTER 15

**15.1** 0.349

**15.2** $2.0 \times 10^4\ M^{-1}\ cm^{-1}$

**15.3** $2.38 \times 10^{-5}$ M

**15.4** $n \longrightarrow \pi^*$

**15.5** The absorption at 213 nm is due to a $\pi \longrightarrow \pi^*$ transition, and that at 320 nm is due to a $n \longrightarrow \pi^*$ transition.

**15.6**
a) The left ketone is conjugated and should absorb at longer wavelength than the right ketone, which is not conjugated.
b) The right compound is conjugated and should absorb at longer wavelength than the left compound, which is not conjugated.
c) The left compound has three conjugated double bonds and should absorb at longer wavelength than the right compound, which has only two conjugated double bonds.
d) Cyclohexanone has an absorption for a $n \longrightarrow \pi^*$ transition in the accessible UV region, whereas the alcohol shows no such absorption.

**15.7** Butane = 58.0783; acetone = 58.0419

**15.8** Butane = 4.4%; acetone = 3.3%

**15.9**
a) M : M + 2 : M + 4 = 1 : 0.67 : 0.11 (9:6:1)
b) M : M + 2 : M + 4 = 1 : 1.33 : 0.33 (3:4:1)

**15.10** a) Br is present. b) N is present.

**15.11** a) $CH_3\dot{N}^{+}HCH_3$ b) 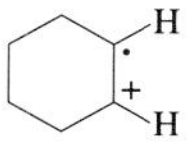

**15.12** a) 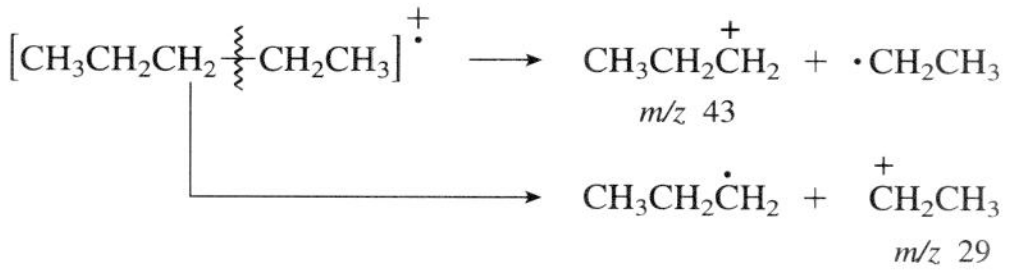

**15.13** a) 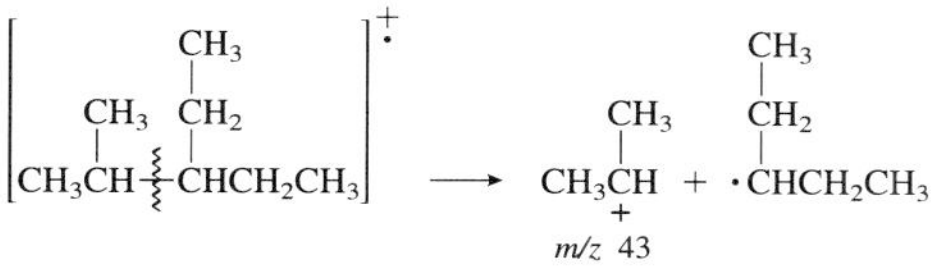

**15.14** a) 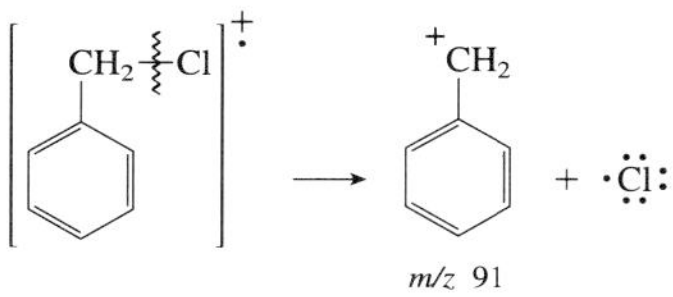

b) 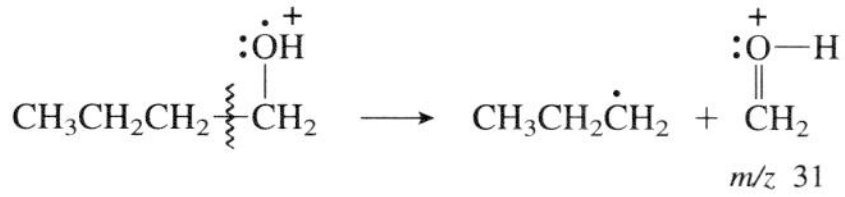

c) 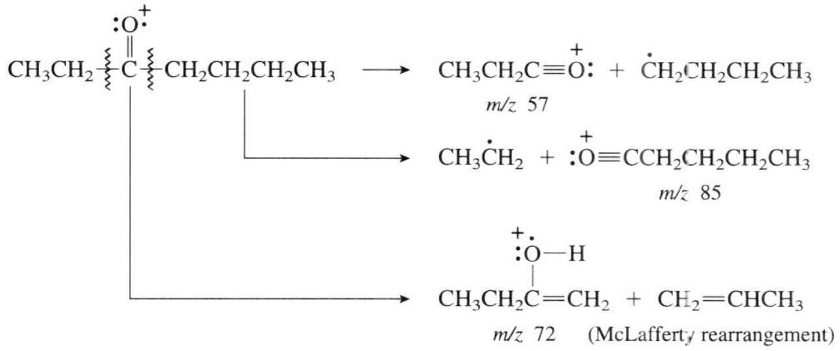

# CHAPTER 16

**16.1** a) 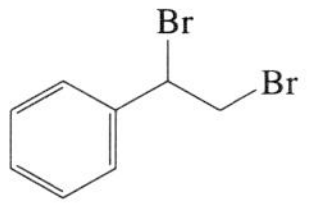 b) 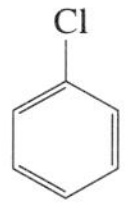 c) 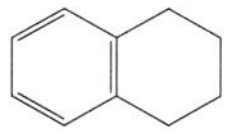 d) 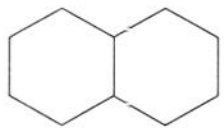

**16.2** (5) (28.6 kcal/mol) − 80 kcal/mol = 63 kcal/mol; yes
(5) (120 kJ/mol) − 335 kJ/mol = 265 kJ/mol; yes

**16.3**

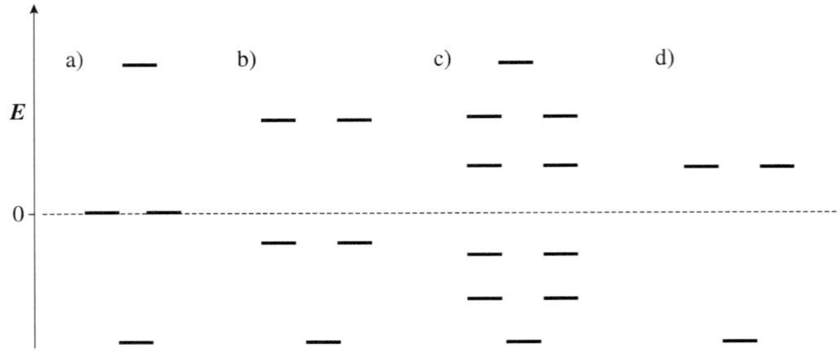


**16.7** a) 4 $\pi$ electrons, so antiaromatic
b) 6 $\pi$ electrons, so aromatic
c) 10 $\pi$ electrons, so aromatic
d) 2 $\pi$ electrons, so aromatic

**16.8** a) 6 $\pi$ electrons, so aromatic
b) 6 $\pi$ electrons, so aromatic
c) 6 $\pi$ electrons, so aromatic
d) 6 $\pi$ electrons, so aromatic
e) 6 $\pi$ electrons, so aromatic
f) 8 $\pi$ electrons, so antiaromatic if planar

**16.12** a) Left compound because its conjugate base is aromatic
b) Right compound because conjugate base of left compound is antiaromatic
c) Right compound because its conjugate base is aromatic

**16.13** Left compound because the carbocation that is formed from it is aromatic

# CHAPTER 17

**17.1**

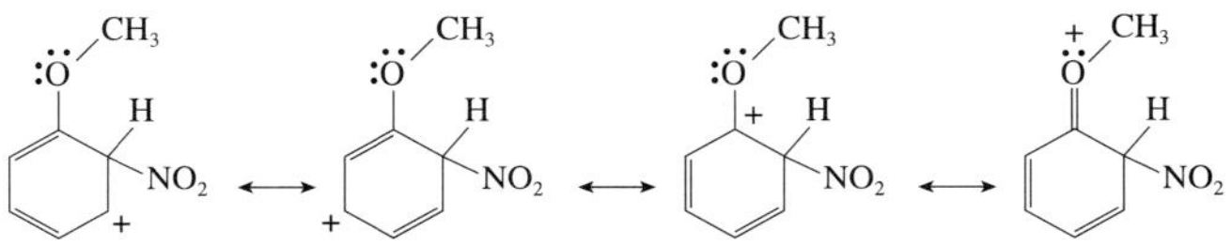

The last structure is especially stable because the octet rule is satisfied at all atoms.

**17.2**

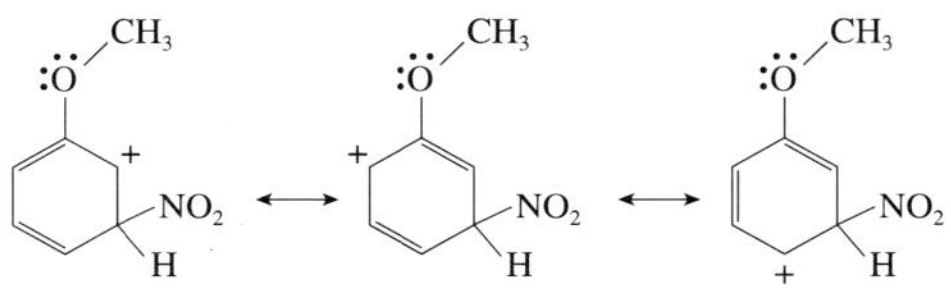

No especially stable resonance structure is formed.

**17.3** a) The electron pair on the N can stabilize a positive charge on the adjacent carbon by resonance.

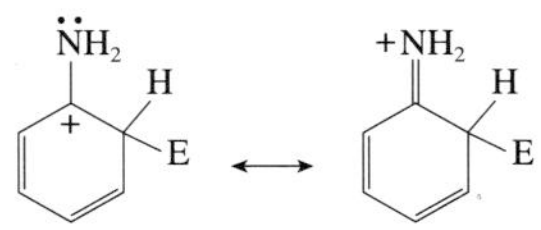

b) The ethyl group stabilizes a positive charge on the adjacent carbon by hyperconjugation.

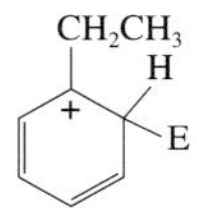

**17.4** a) The electronegative fluorines make the $CF_3$ group electron withdrawing.
b) The positive nitrogen is an inductive electron-withdrawing group.

**17.5** a) Activating, *o/p*-director b) Deactivating, *m*-director c) Deactivating, *m*-director

**17.6** a) 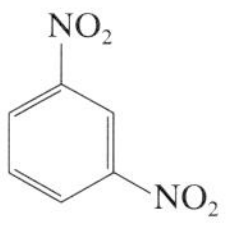 b) 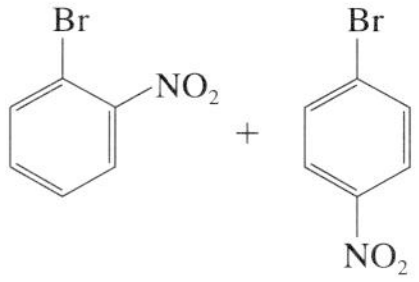


**17.7** a) 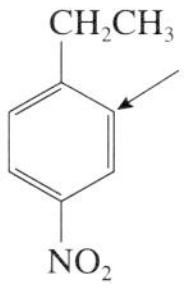 b) 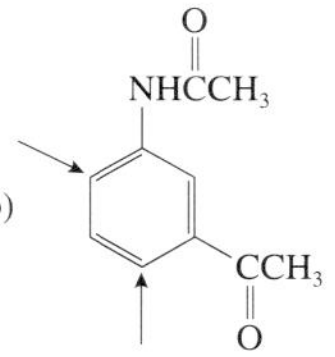 c) 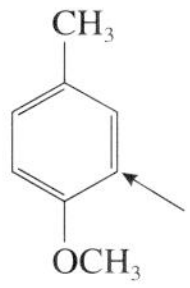

d) 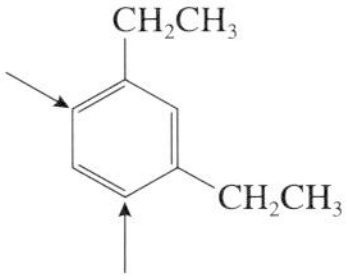 e) 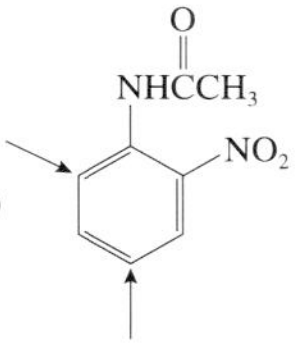 f) 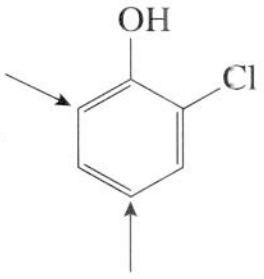

**17.8** a) 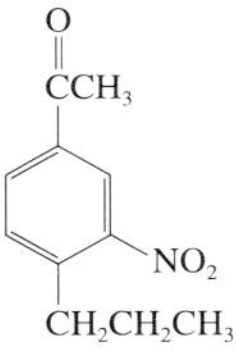 b) 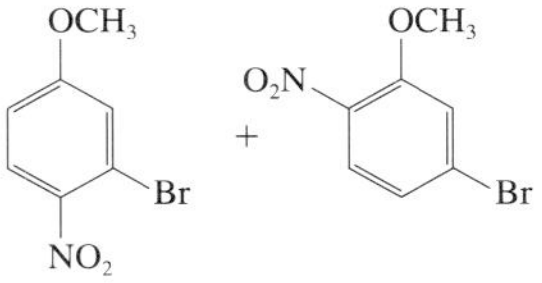


**17.9** a) 

+ Ortho

b) 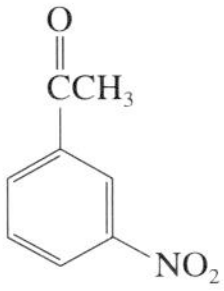 c) 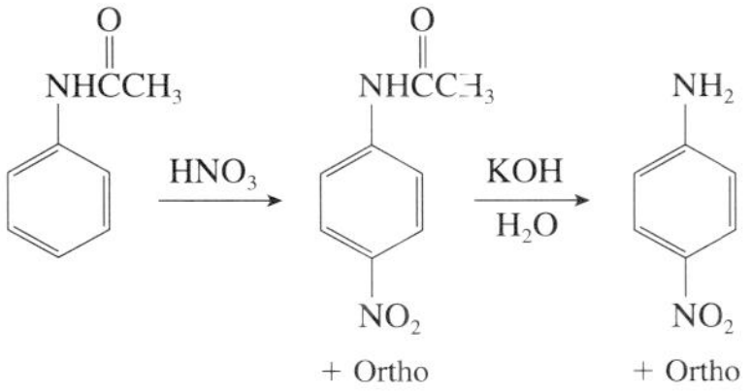


**17.11** a)  + Ortho b) 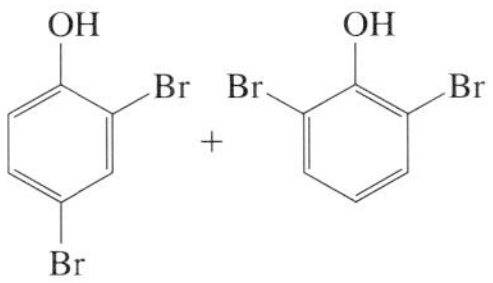

c) 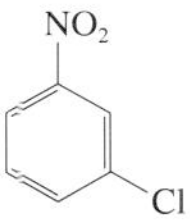

d)  + Ortho e) 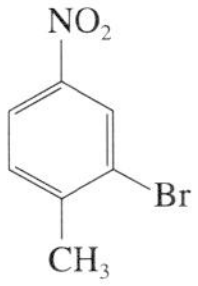 f) 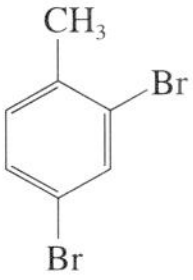

**17.13** a) 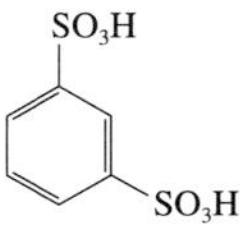 b) 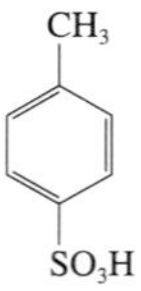 + Ortho c) 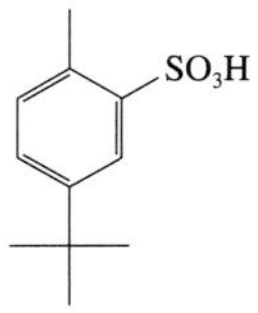

d) 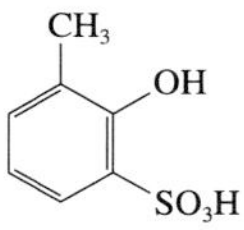 + 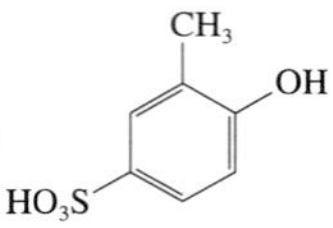

**17.15** a) 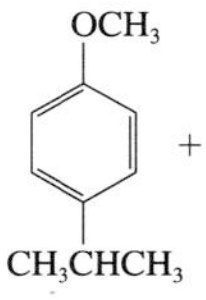 + Ortho b) 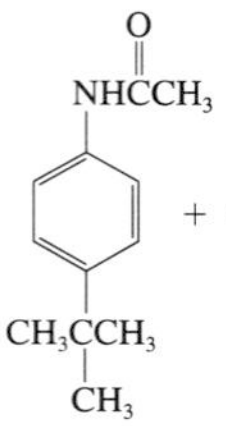 + Ortho c) 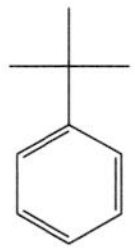

d) 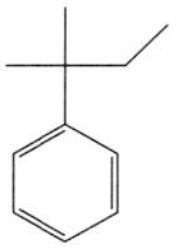 e) 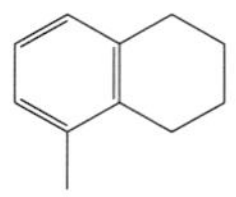 f) No reaction

**17.16** a)  b) 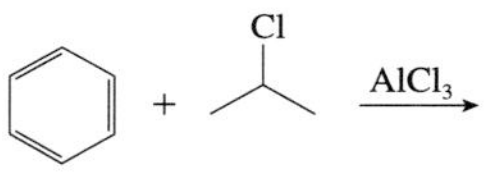

**17.18** Both groups are weakly activating, but the position ortho to the methyl group is less sterically hindered than the position ortho to the isopropyl group.

**17.19** a) 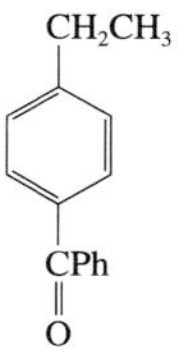 b) No reaction c) 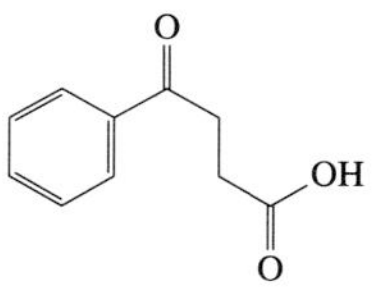

d) 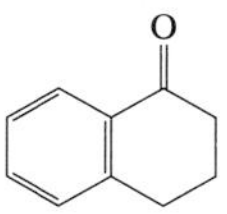 e) 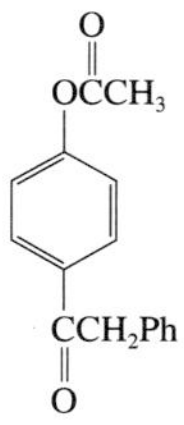

**17.20** a) 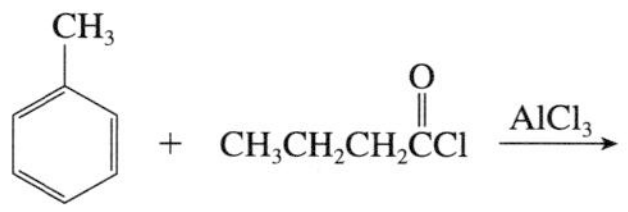 b) 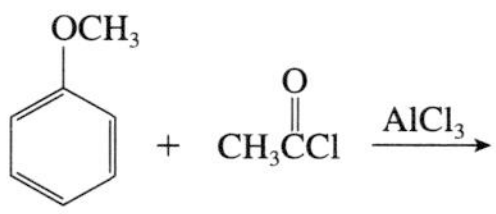

**17.22**

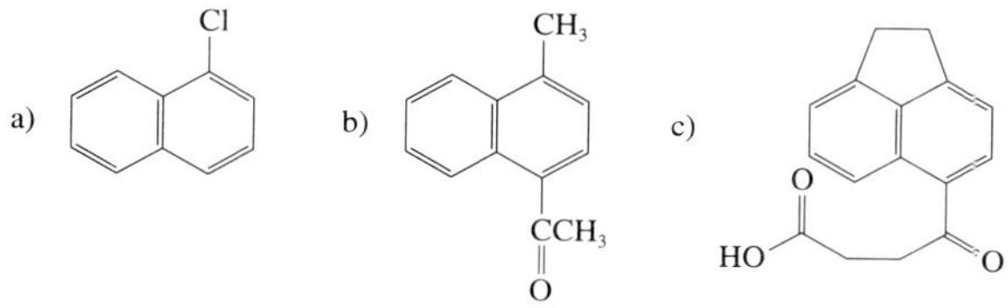

**17.23**

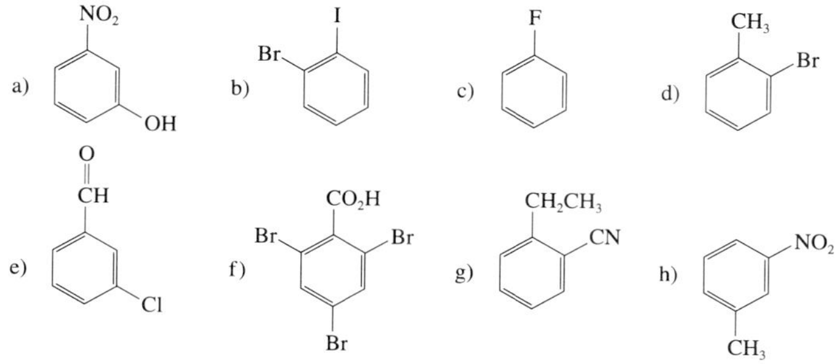

**17.25**

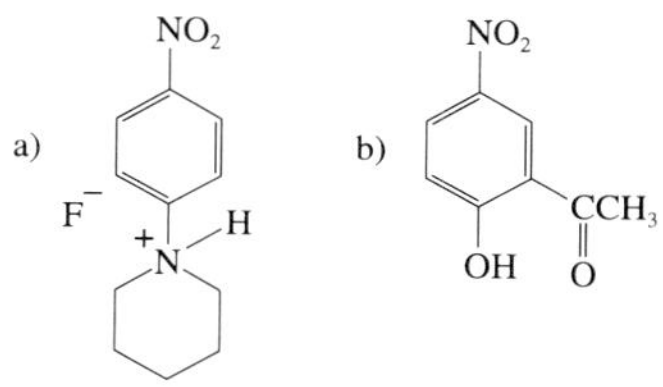

**17.26**

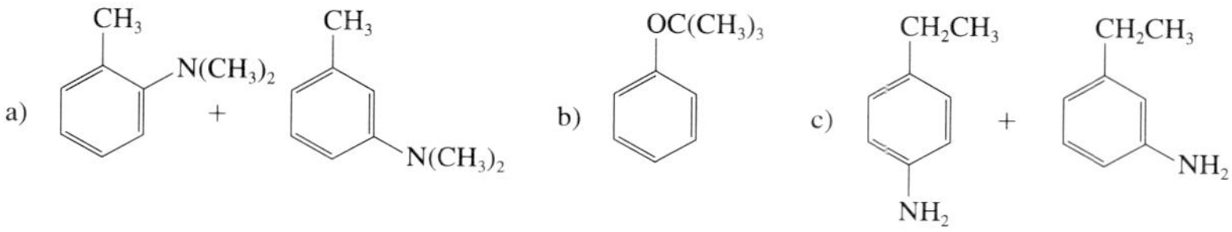

**17.27**

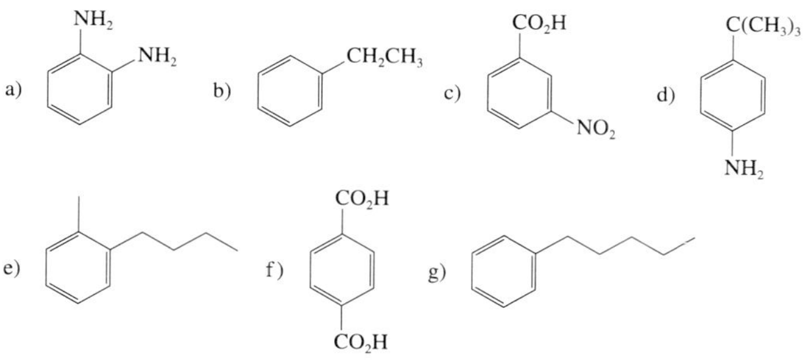

**17.28**

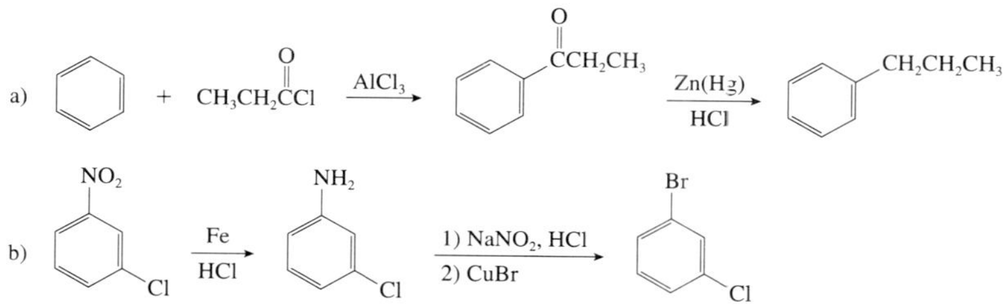

**17.29** a) 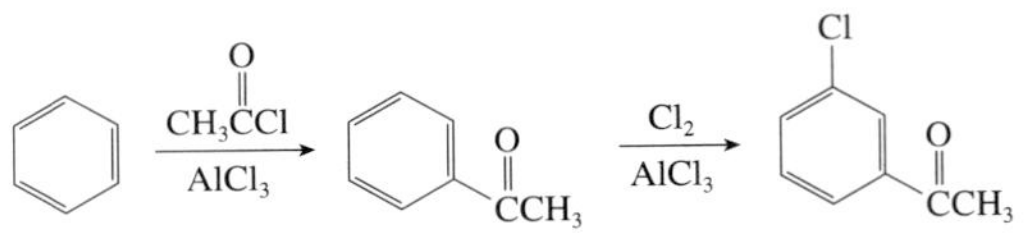

b) 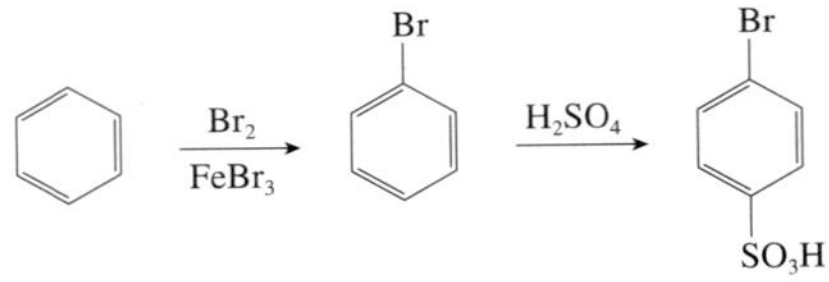

c) 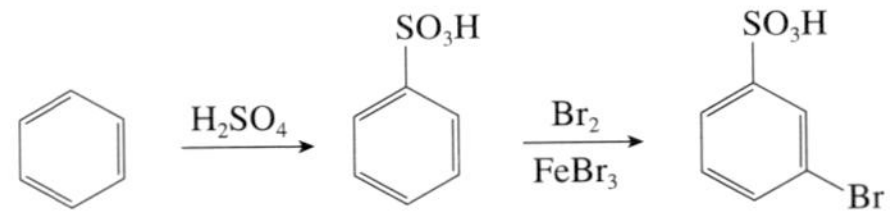

d) 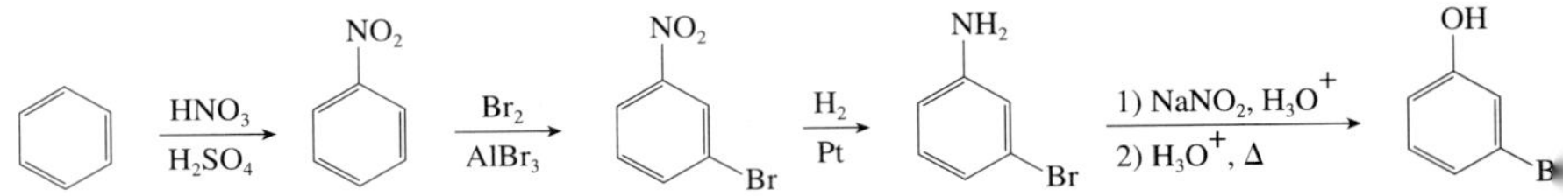

e) 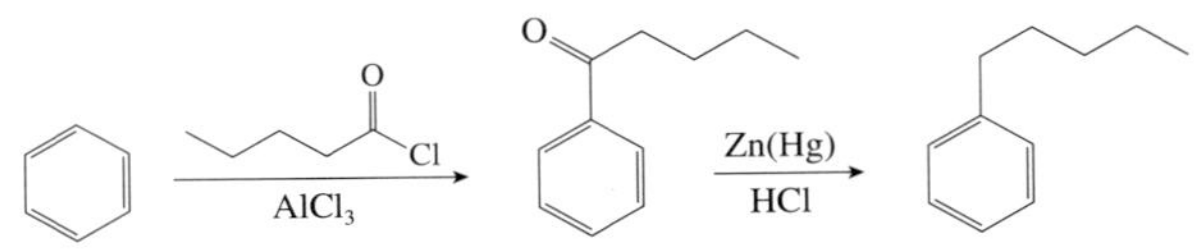

**17.30** a) 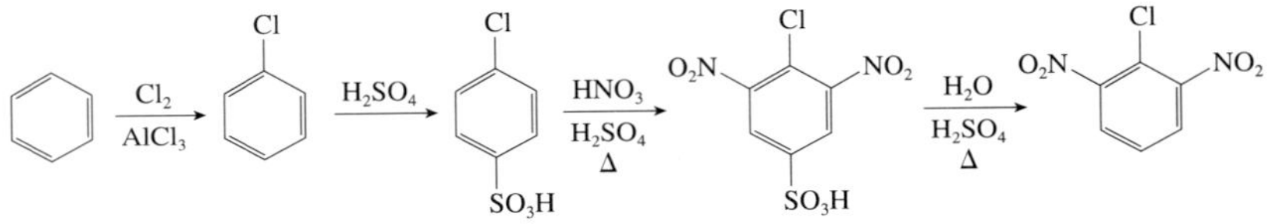

b) 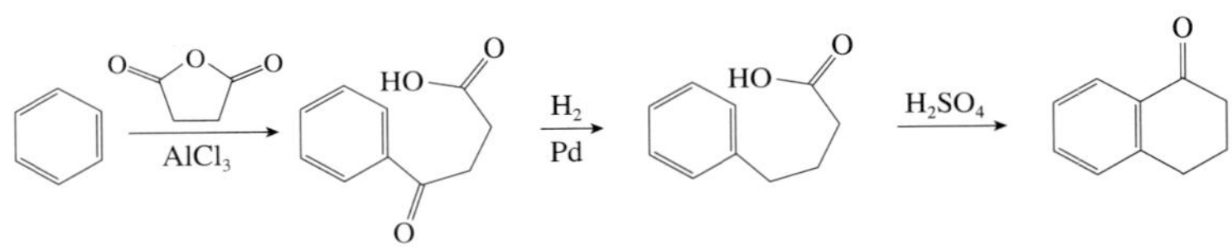

c) 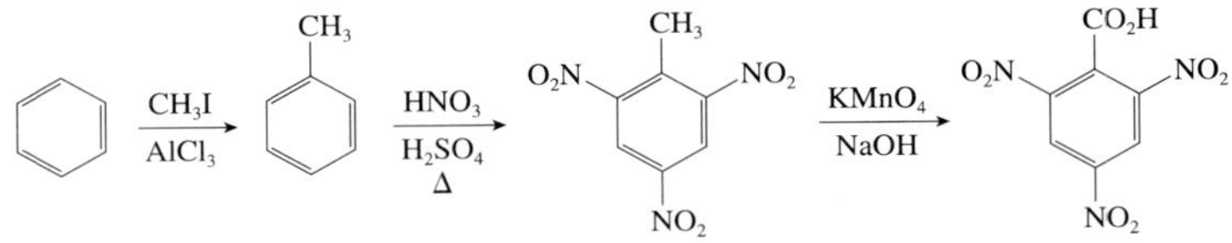

# CHAPTER 18

**18.2** a) 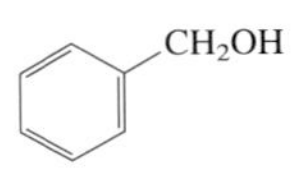

b) 
OH
$CH_3CH_2CHCH_3$

c) 
OH
$CH_3CH{=}CHCH_2CH_2CH_2$

d) 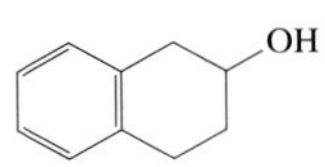

**18.4**
a) Right compound due to inductive electron-withdrawing effect of F
b) Right compound due to inductive and steric effects
c) Left compound due to less steric hindrance
d) Right compound due to inductive electron-withdrawing effect of Cl
e) Not much difference because the steric effect is too far from the reac‑ing carbonyl carbon

**18.5**

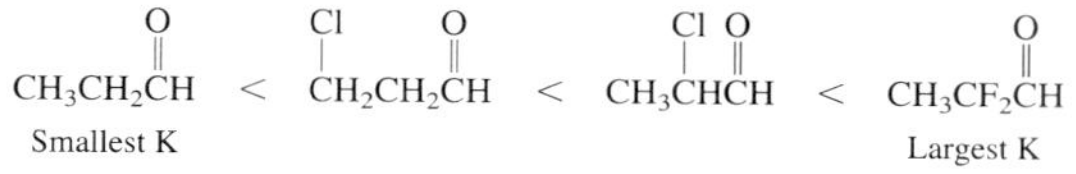


**18.6**

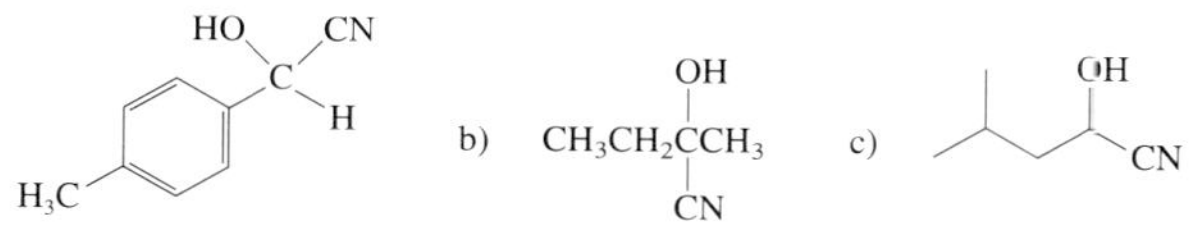


**18.7**
a) Right compound because aldehydes are less sterically hindered than ketones
b) Left compound because resonance makes the carbonyl carbon of the right compound less electrophilic
c) Left compound because the ethoxy group in right compound donates electrons to the carbonyl group by resonance, making the carbonyl carbon less electrophilic
d) Right compound because the electron-withdrawing nitro group makes its carbonyl carbon more electrophilic

**18.8** a) $CH_3CH_2CH_2CH_3$ b) 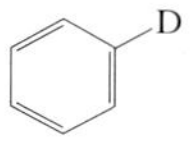 c) $CH_3CH_2C{\equiv}CMgBr + CH_3CH_3$



**18.9**

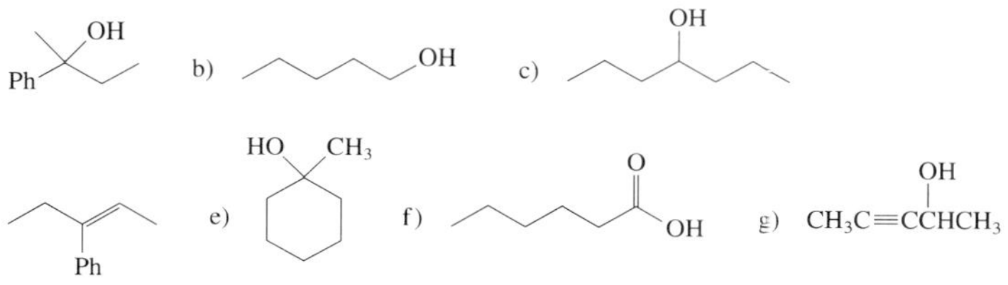


**18.10**

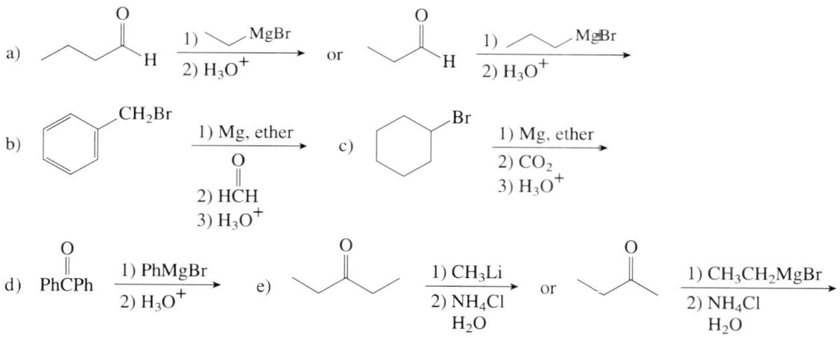


**18.11** An acid–base reaction between the Grignard reagent and the hydroxy group on the aldehyde destroys the Grignard reagent.

**18.12** $Ph_3P + PhCH_2Cl \xrightarrow{S_N2} Ph_3\overset{+}{P}{-}CH_2Ph \quad Cl^-$

**18.13** a) $\mathrm{PhCH{=}CHCH_2CH_3}$ b) 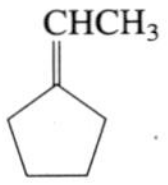 c) $\mathrm{HC{\equiv}CCH{=}CHCH_2CH_2CH_3}$

d) 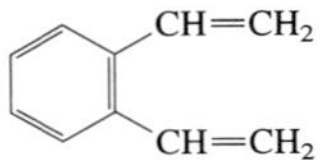 e) $\mathrm{PhCH{=}CH\overset{O}{\overset{\|}{C}}OEt}$

**18.14** The conjugate base (the ylide) is stabilized by resonance with the phenyl group.

**18.15** a) $\mathrm{PhCH_2\overset{O}{\overset{\|}{C}}H \xrightarrow{Ph_3\overset{+}{P}-\overset{-}{C}HCH_2CH_3}}$ or $\mathrm{CH_3CH_2\overset{O}{\overset{\|}{C}}H \xrightarrow{Ph_3\overset{+}{P}-\overset{-}{C}HCH_2Ph}}$

b) $\mathrm{CH_3CH_2\overset{O}{\overset{\|}{C}}H \xrightarrow{Ph_3\overset{+}{P}-\overset{-}{C}H\overset{O}{\overset{\|}{C}}CH_2CH_3}}$ c) 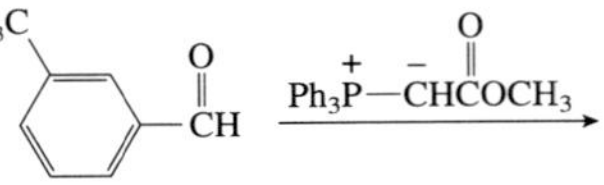

**18.16** a)  b) 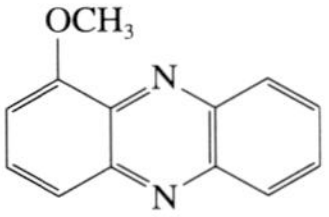 c) $\mathrm{CH_3\overset{NOH}{\overset{\|}{C}}CH_2CH_3}$

d) 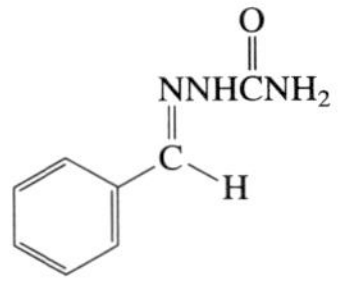 e) 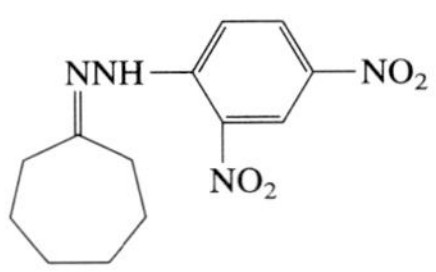

**18.18** Formation of the more stable conjugated enamine is preferred.

**18.19** a) 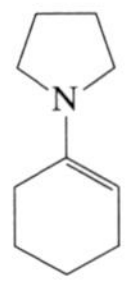 b) 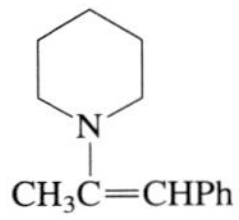

**18.20** a) 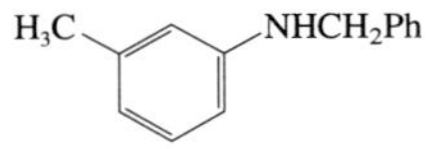 b) 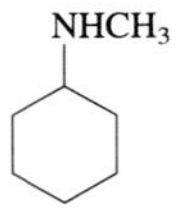 c) 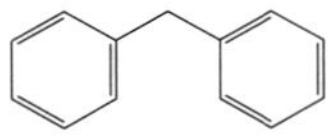

**18.21** The right compound gives more cyclic hemiacetal at equilibrium because a five-membered ring is more stable than a four-membered ring.

**18.23** a) 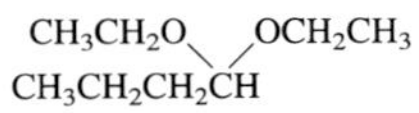 b) 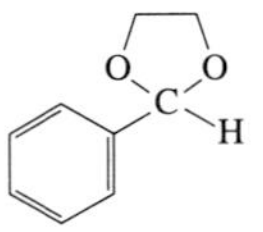 c) 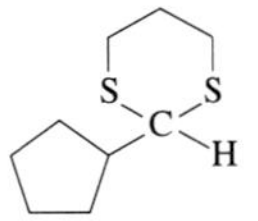

**15.10** a) Br is present. b) N is present.

**15.11** a) $CH_3\dot{N}^{+}HCH_3$ b) 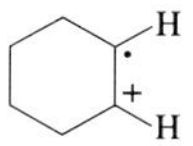

**15.12** a) 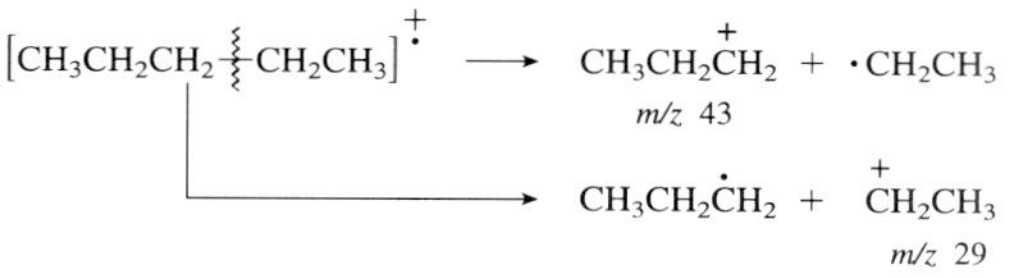

**15.13** a) 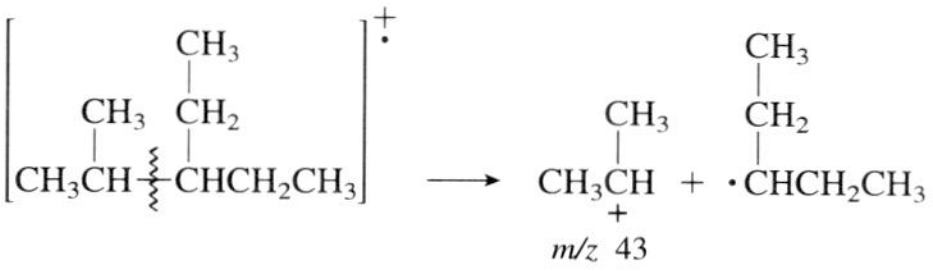

**15.14** a) 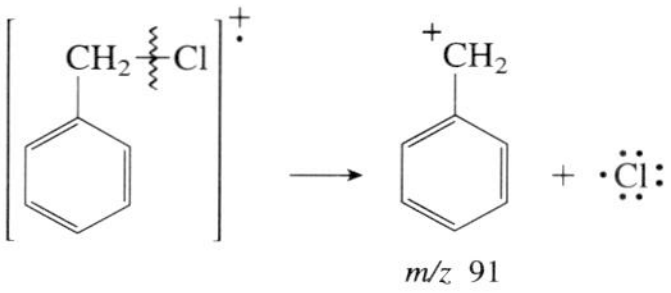

b) 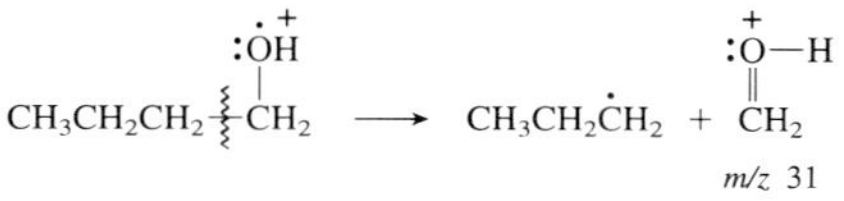

c) 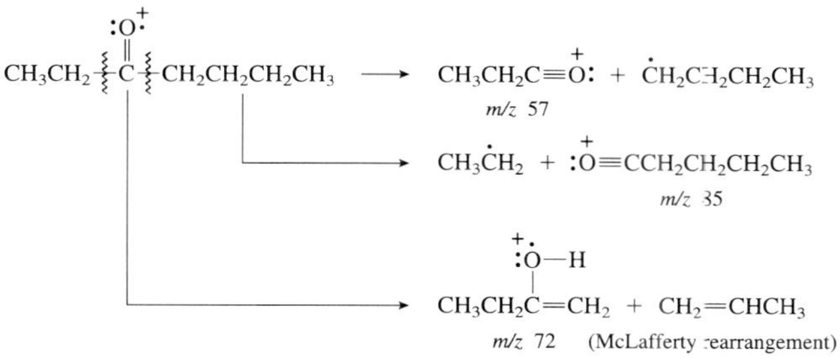

# CHAPTER 16

**16.1** a) 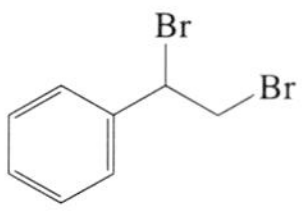 b) 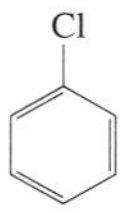 c) 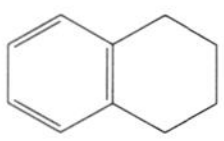 d) 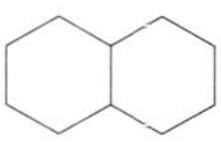

**16.2** (5) (28.6 kcal/mol) − 80 kcal/mol = 63 kcal/mol; yes
(5) (120 kJ/mol) − 335 kJ/mol = 265 kJ/mol; yes

**19.9** a) 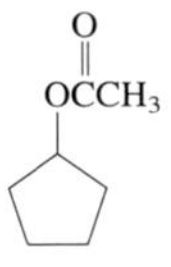 b) 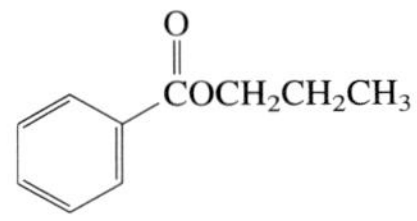 c) $CH_3\overset{O}{\overset{\|}{C}}OCH_2\overset{CH_3}{\overset{|}{C}}HCH_3 + CH_3\overset{O}{\overset{\|}{C}}OH$

d) 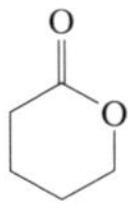 e) 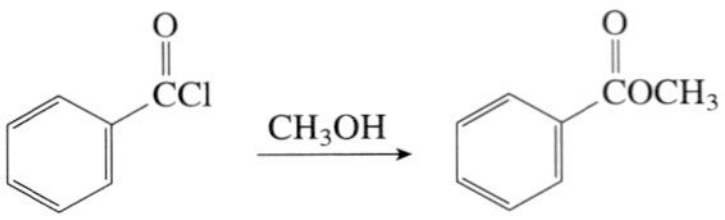 f) 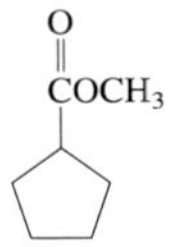

**19.12** a) $2\ CH_3\overset{O}{\overset{\|}{C}}OH$ b) $PhCO_2^- + HOCH_2CH_3$ c) $CH_3CO_2H + PhNH_3^+\ Cl^-$

d) 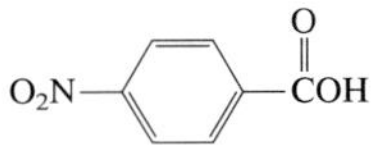 e) $CH_3CH_2\overset{O}{\overset{\|}{C}}OH + HOCH_2CH_3$ f) $Ph\overset{O}{\overset{\|}{C}}CH_2\overset{O}{\overset{\|}{C}}NH_2$

g) $CH_3CH_2\overset{OH}{\overset{|}{C}}HCH_3$ h) 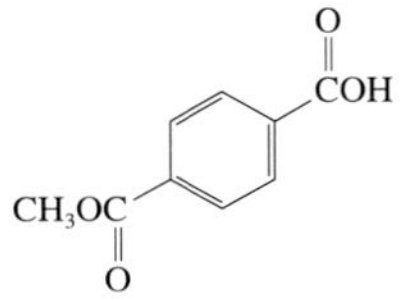 i) $CH_3CH_2CH_2\overset{O}{\overset{\|}{C}}OH$

**19.13** $PhCH_2Br \xrightarrow[DMSO]{NaCN} PhCH_2C{\equiv}N \xrightarrow[H_2O,\ reflux]{H_2SO_4} PhCH_2\overset{O}{\overset{\|}{C}}OH$

**19.14** a) 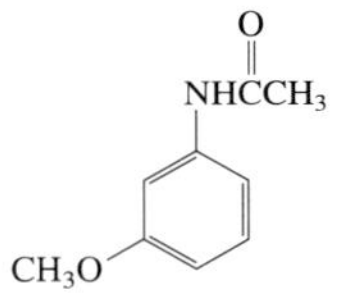 b) $CH_3CH_2CH_2\overset{O}{\overset{\|}{C}}N(CH_2CH_3)_2$

c) 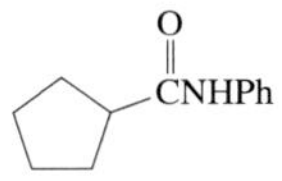 d) $Ph\overset{O}{\overset{\|}{C}}NHCH_3$

**19.16** 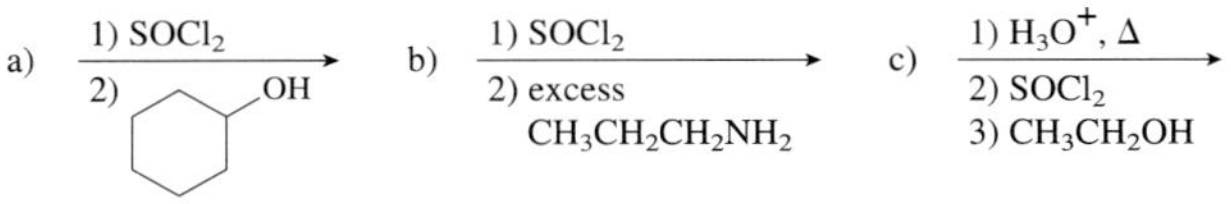

**19.17** a) $CH_3CH_2CH_2CH_2OH + CH_3OH$ b) 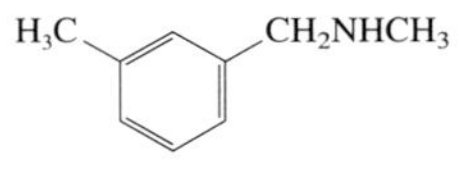 c) 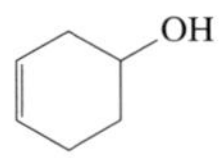 $+ CH_3CH_2OH$

d) 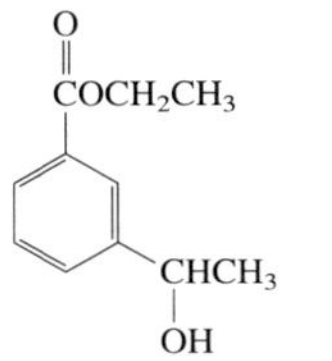 e) 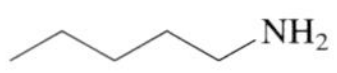

**19.18** If acid were used, the product, an amine, would also be protonated.

**19.19** 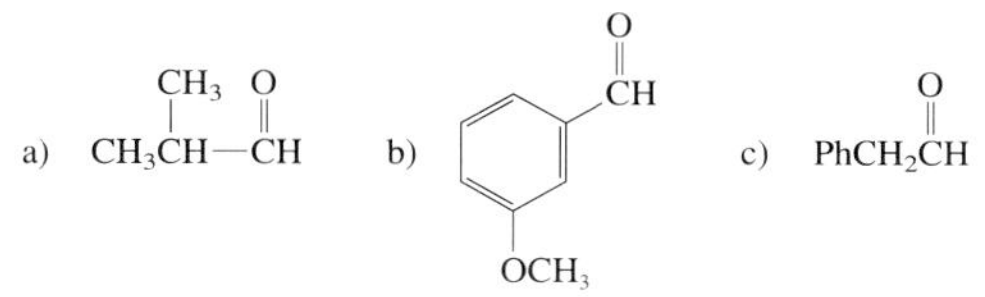

**19.20**

a) 1) $SOCl_2$; 2) $LiAlH(Ot\text{-}Bu)_3$, $-78°C$

b) 1) $SOCl_2$; 2) $PhNH_2$; 3) $LiAlH_4$; 4) $H_2O$

c) 1) $H_3O^+$, Δ; 2) $SOCl_2$; 3) $LiAlH(Ot\text{-}Bu)_3$, $-78°C$

d) 1) $LiAlH_4$; 2) $H_2O$; 3) $CH_3\overset{O}{C}Cl$; 4) $LiAlH_4$; 5) $H_2O$

**19.21** 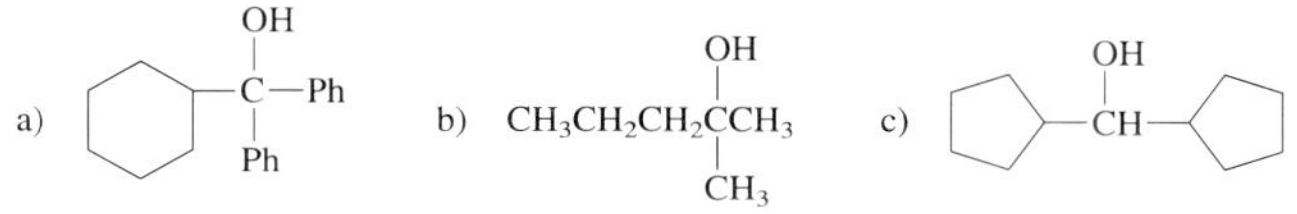

**19.23** 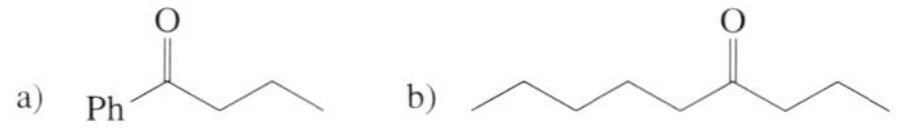

**19.24**

a) 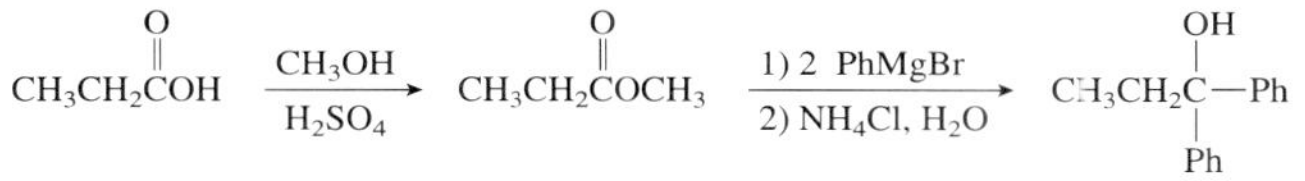

b) 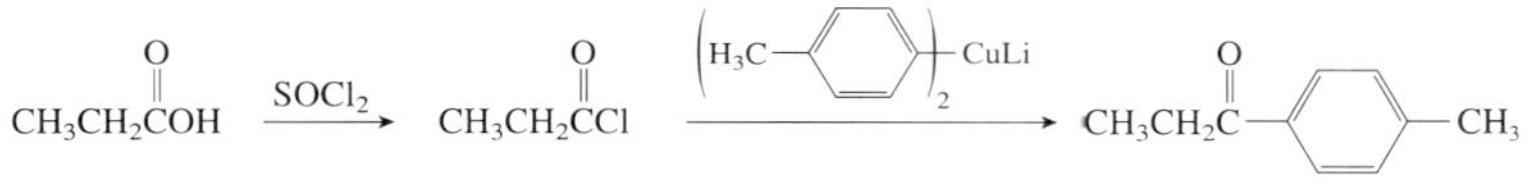

c) 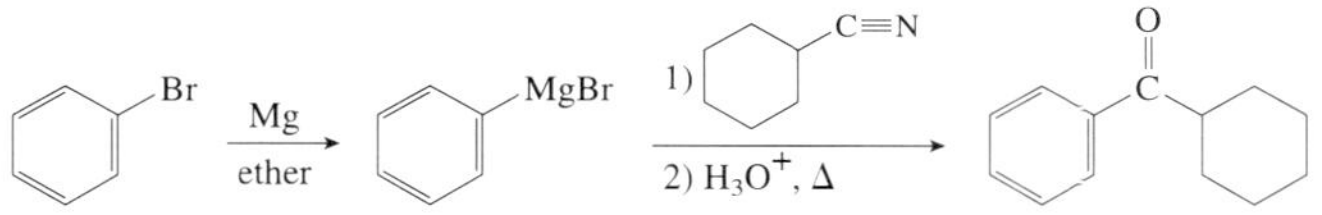

d) 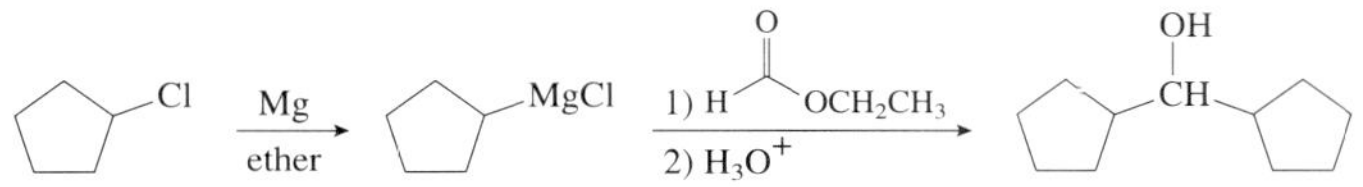

**19.25** 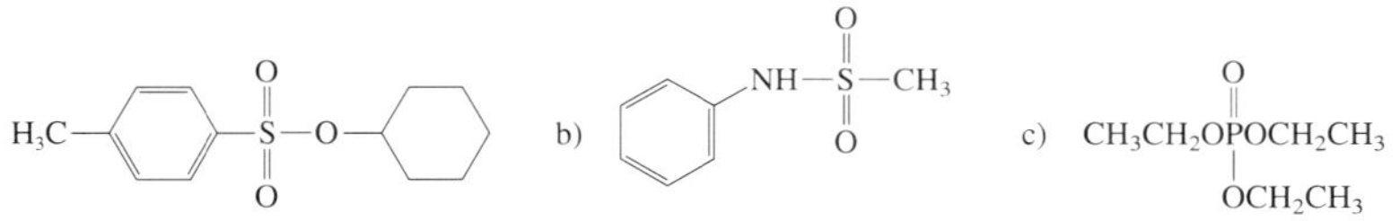

# Chapter 20

**20.1** 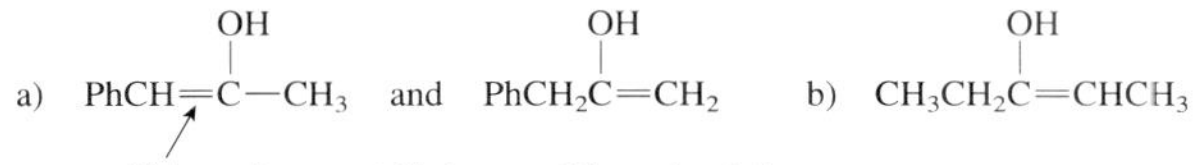

This one is more stable because it is conjugated.

c) 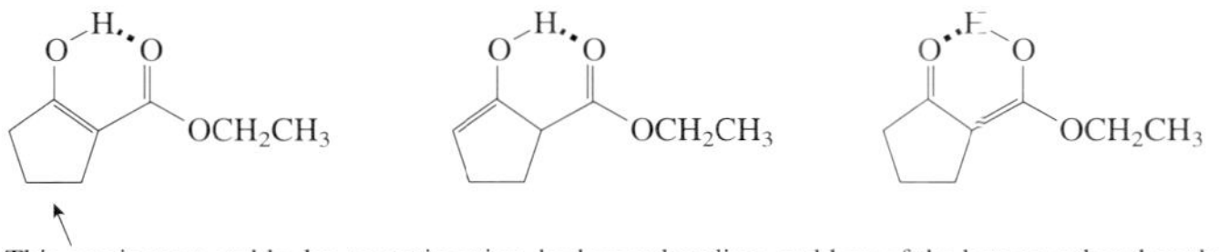

This one is more stable due to conjugation, hydrogen bonding, and loss of the ketone rather than the ester carbonyl group.

**20.2** a) 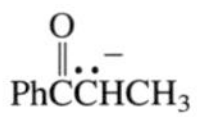 b) 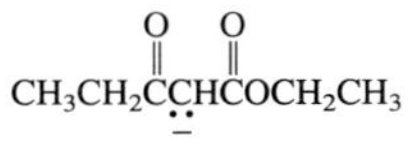 c) 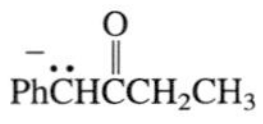 d) 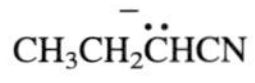

**20.3** a) 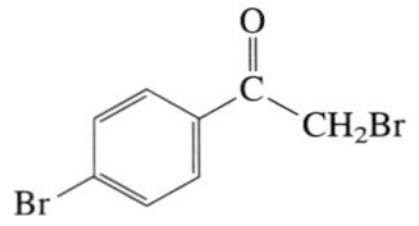 b) 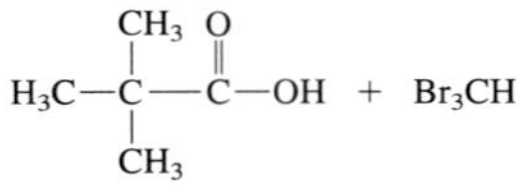

**20.4** 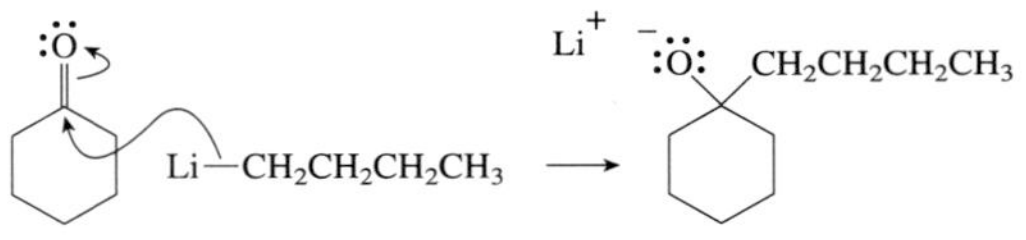

**20.5** a) 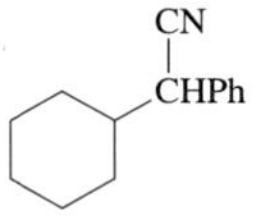 b) 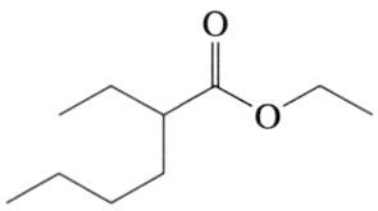 c) 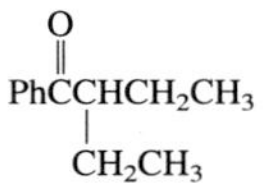

**20.6** a) 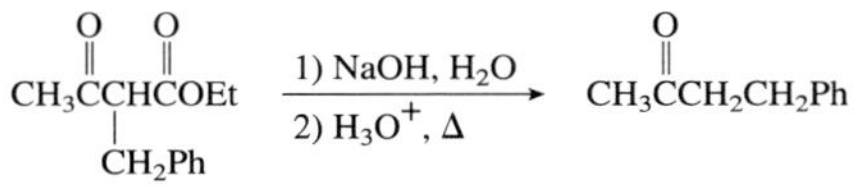

b) 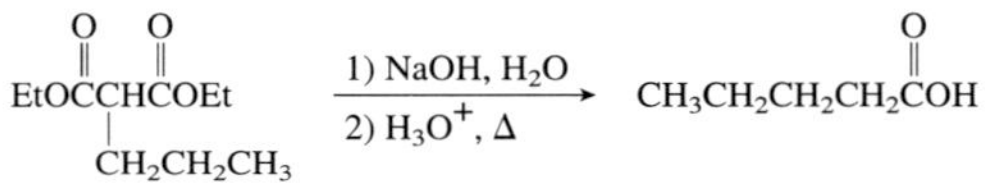

**20.7** a) 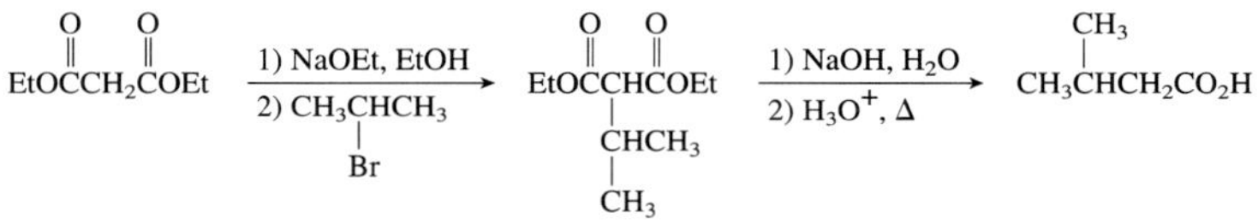

b) 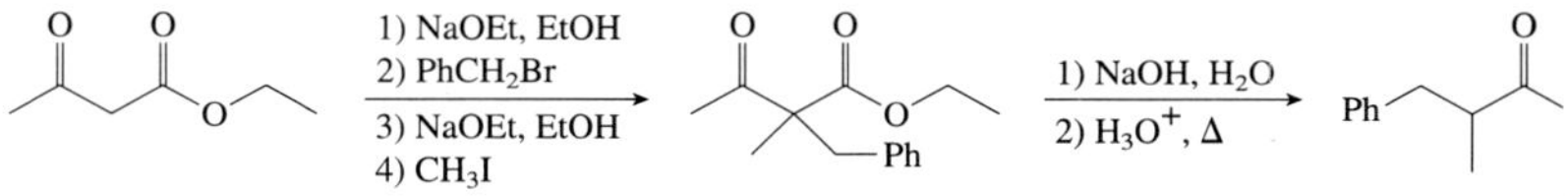

c) 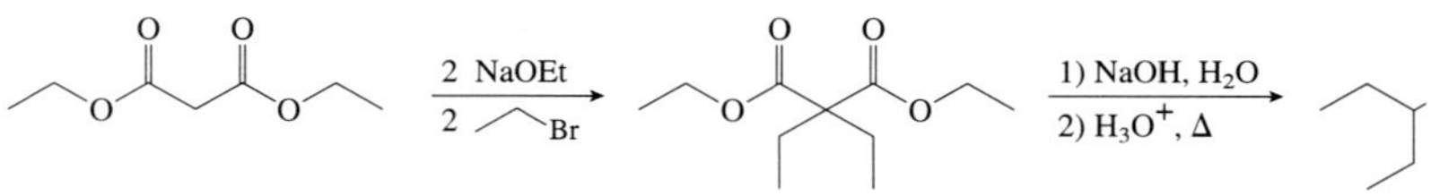

**20.8** a) 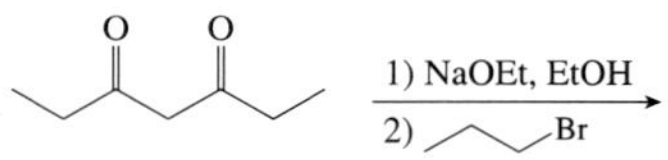 b) 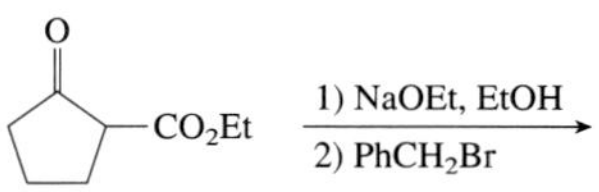

c) 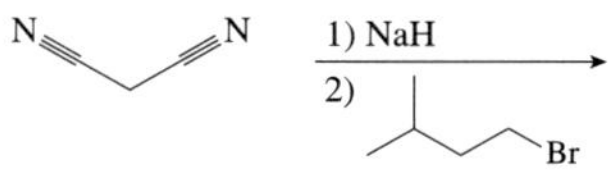 d) 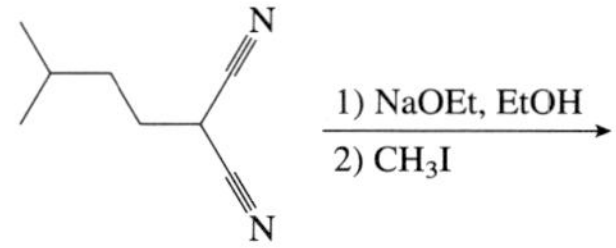

**20.9** a) 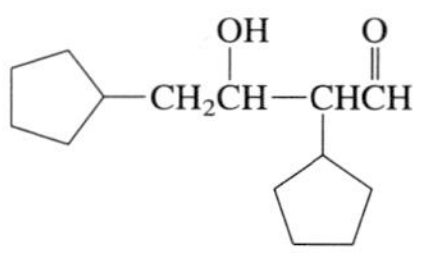 b) 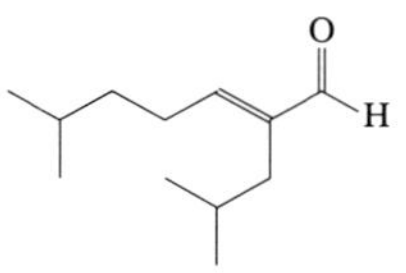 c) 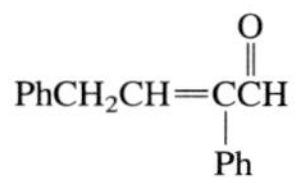

**20.11** a) 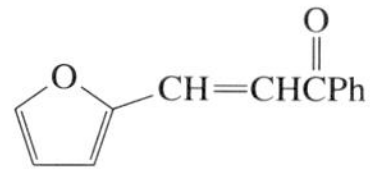 b) 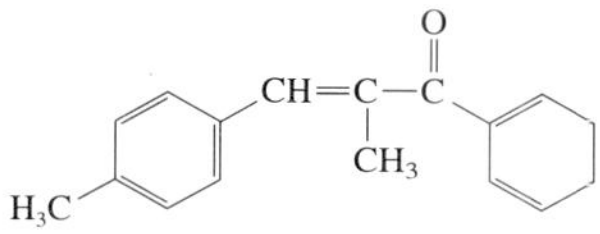 c) 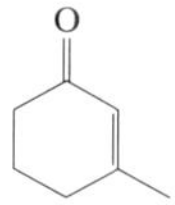

**20.13** a) 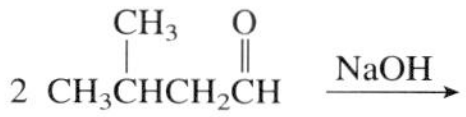 b) 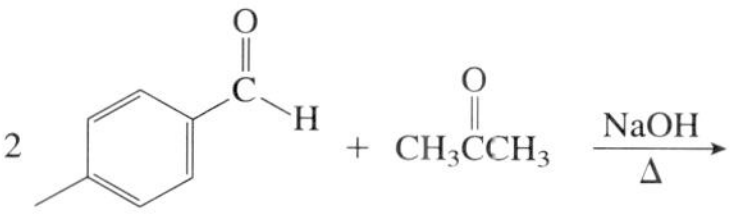

c) 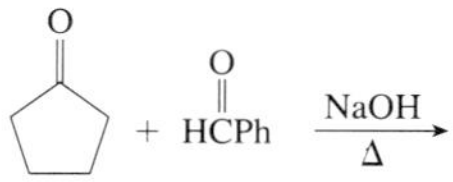 d) 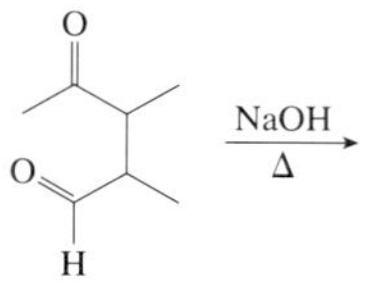

**20.14** a) 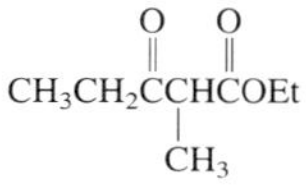 b) 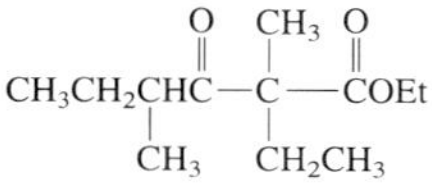

c) 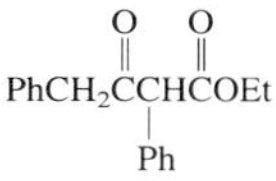 d) 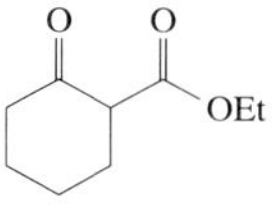

**20.15** This product does not form because there is no acidic H between the two carbonyl groups, so the equilibrium driving step cannot occur.

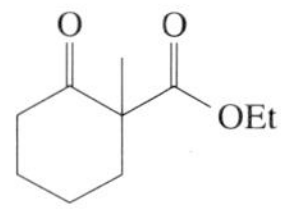

**20.16** a) 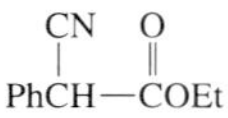 b) 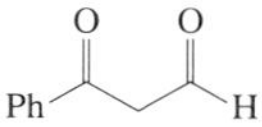

c) 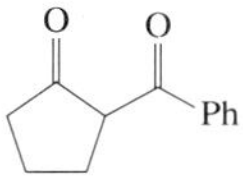 d) 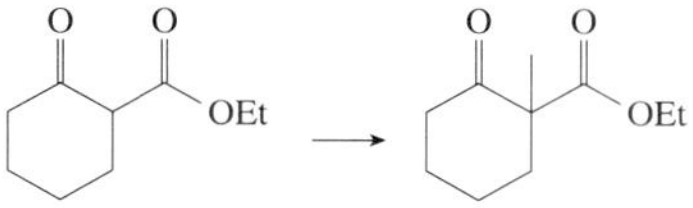

**20.18** a) 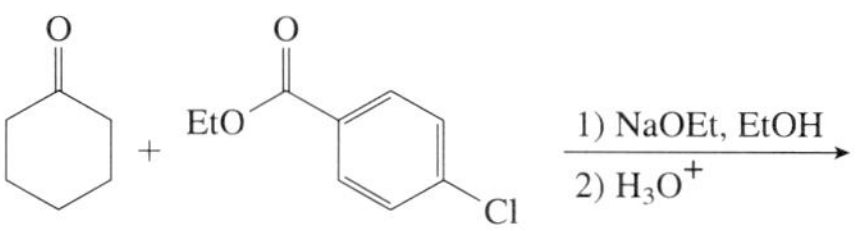

b) 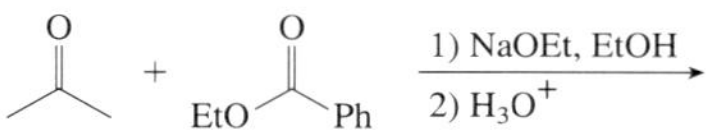

c) 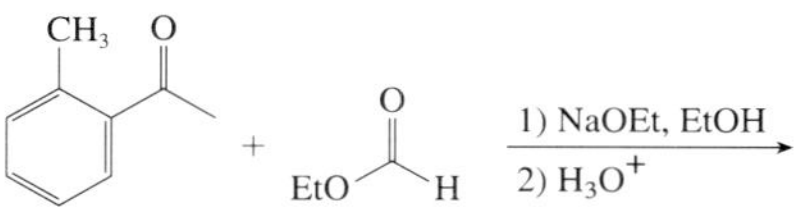

**20.20** 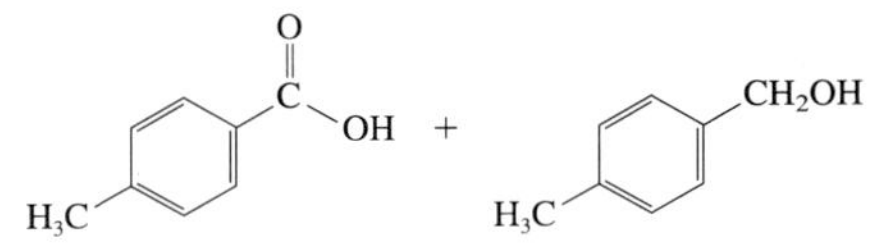

**20.22** a) 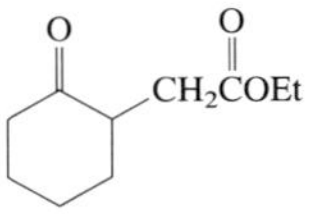 b) 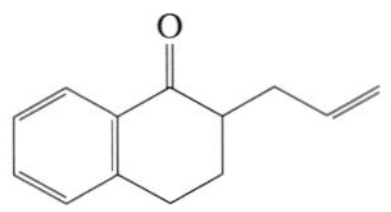 c) 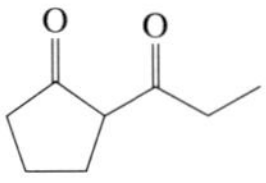

**20.23** a) 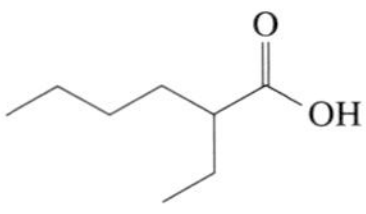 b) 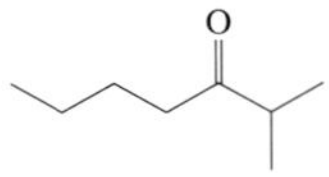

c) $CH_3CH_2CH_2\overset{O}{\overset{\|}{C}}CH_2\overset{O}{\overset{\|}{C}}OCH_3$ d) 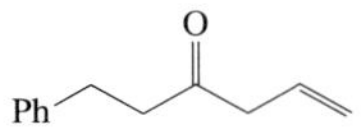

**20.24** a) 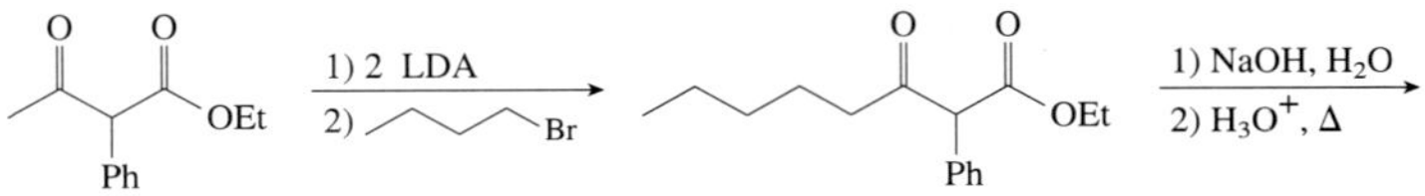

b) 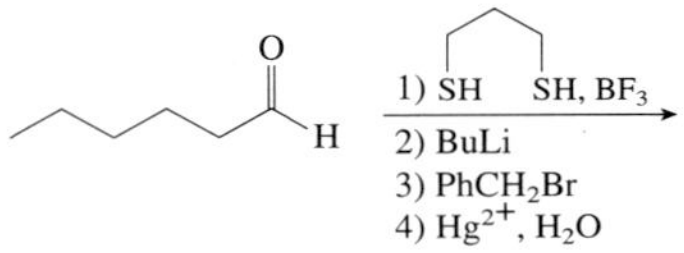 c) 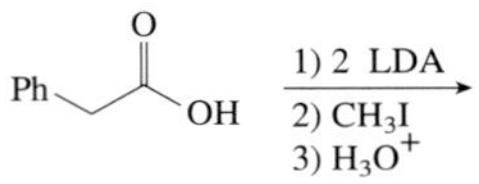

**20.25** a) 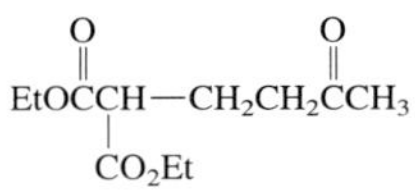 b) 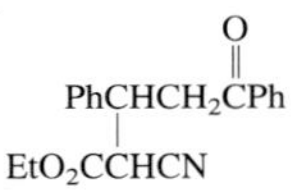 c) 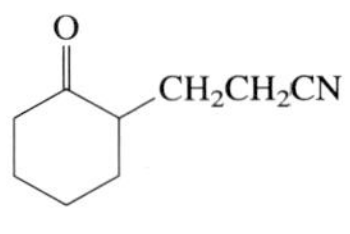

**20.26** The hydrogen on the $\alpha$-carbon bonded to the phenyl group is more acidic because the resulting enolate anion is stabilized by resonance with the phenyl group.

**20.27** 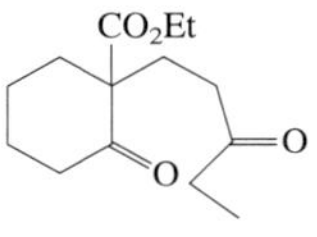

**20.28** 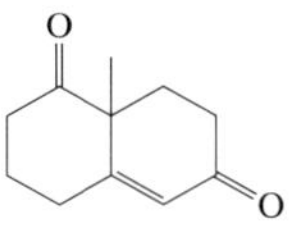

**20.29** a)

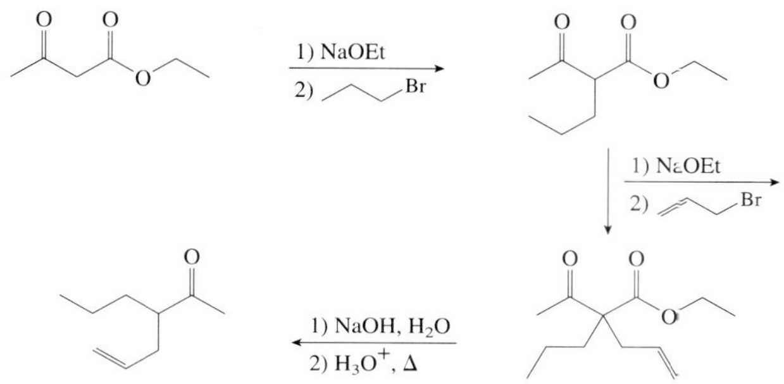


b) 2

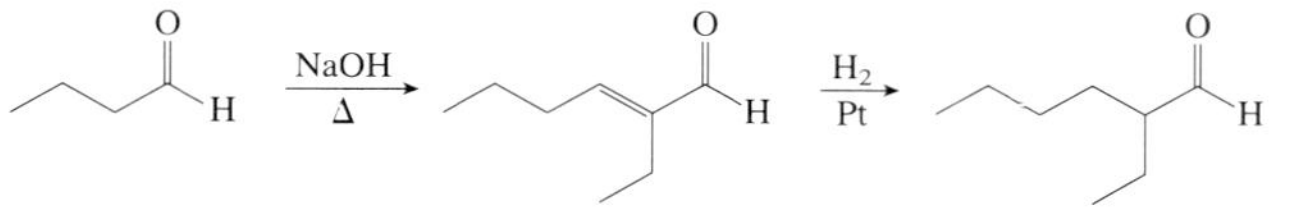


c)

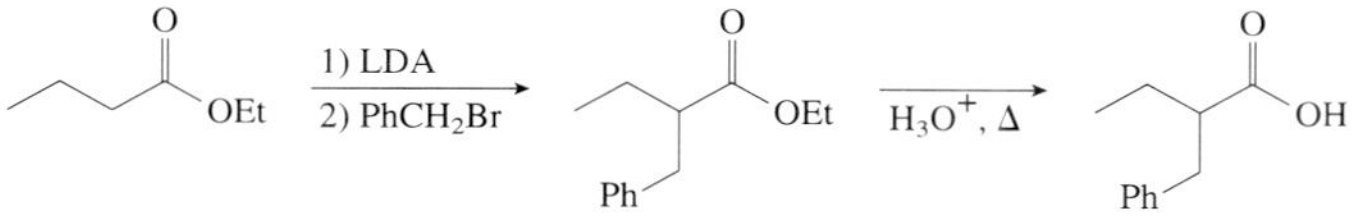


d)

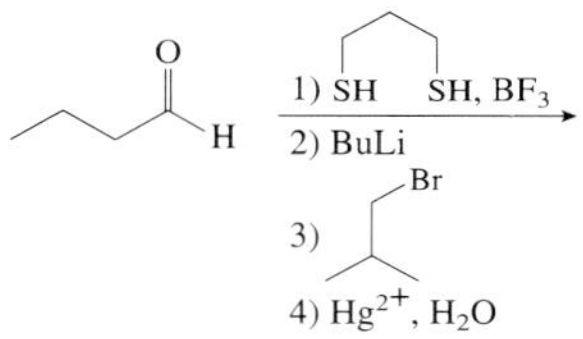


# CHAPTER 21

**21.1** $:\dot{N}=\ddot{O}:$

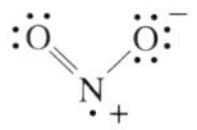

**21.2**

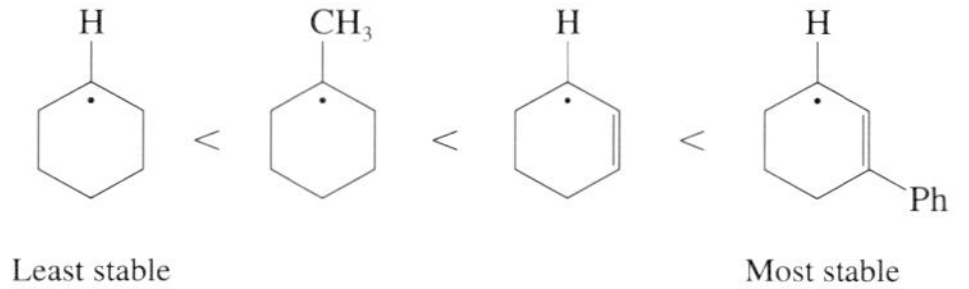


**21.3** a) 2 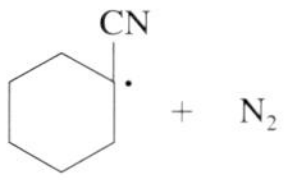 + $N_2$ b) $2\ :\ddot{Br}\cdot$ c) $2\ CH_3\overset{CH_3}{\overset{|}{C}H}-\ddot{O}\cdot$

**21.4** a) Abstraction of a tertiary hydrogen occurs more readily than abstraction of a secondary hydrogen, so the second reaction is faster.

b) Formation of the resonance stabilized benzylic radical occurs more readily, so the first reaction is faster.

**21.5** a) $CH_3\dot{C}HCH_2Br$ b) $2\ CH_3C(=O)\ddot{O}\cdot$ c) $CH_3(CH_2)_6CH_3 + CH_3CH_2CH_2CH_3 + CH_3CH_2CH{=}CH_2$

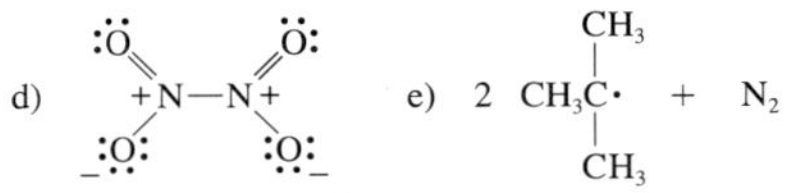

**21.7** If the strength of a typical CH bond is taken as 98 kcal/mol (410 kJ/mol) (see Table 2.1), then the abstraction of the hydrogen atom by a fluorine atom is exothermic by 135 − 98 = 37 kcal/mol (155 kJ/mol), whereas a similar abstraction by an iodine atom is endothermic by 98 − 71 = 27 kcal/mol (113 kJ/mol).

**21.8**

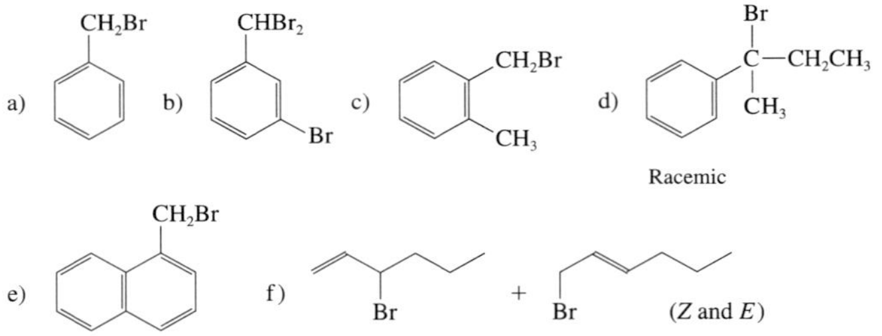


**21.9** The major product is 1-phenyl-3-bromopropene because it is more stable due to conjugation. $PhCH(Br)CH{=}CH_2$

**21.10** a) 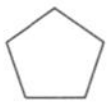 b) $PhCH_2CH_3$

**21.11** The radical is stabilized by resonance and its reactions are also slowed by steric hindrance.

**21.12**

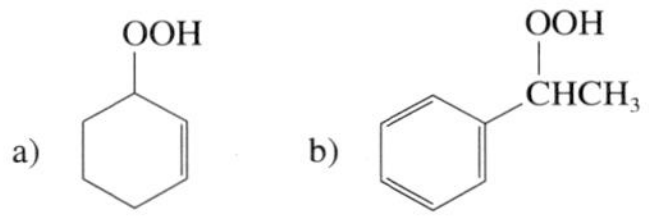

**21.14**

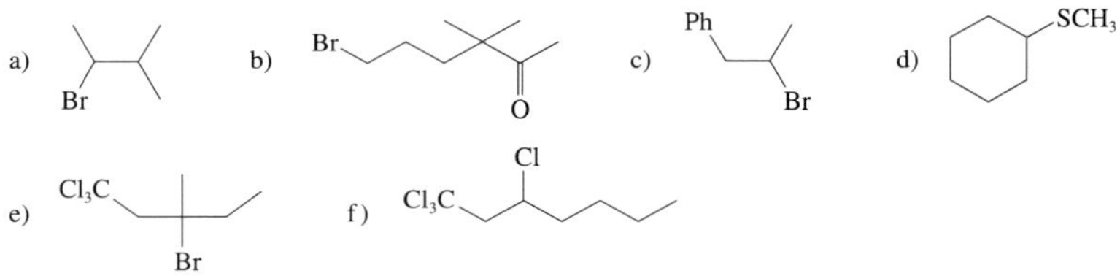

**21.15**

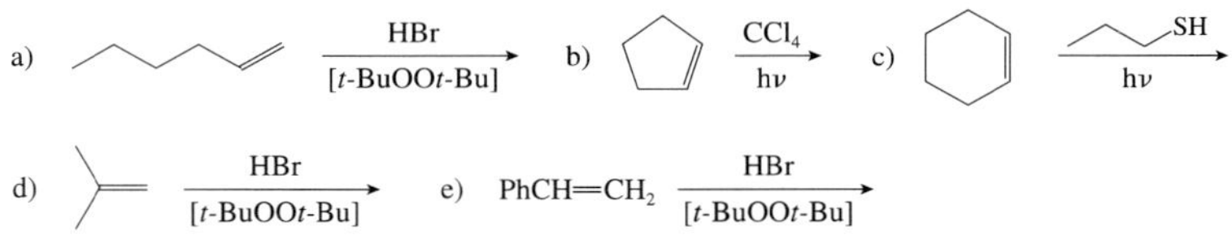

**21.16** a) 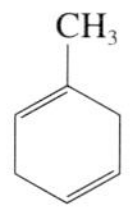 b) 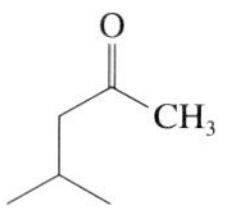 c)  d) 

e) 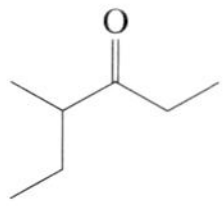 f) 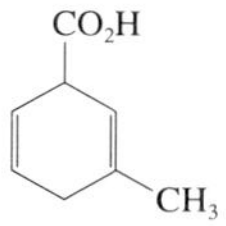 g) 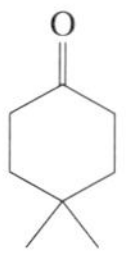 h) 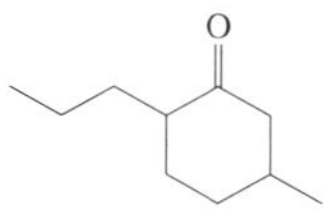

**21.17** a) 1) Li, $NH_3$ (*l*); 2) $PhCH_2Br$ b) 1) Li, $NH_3$ (*l*); 2) $H_3O^+$

# CHAPTER 22

**22.1** a) Conrotation b) Disrotation

**22.2**

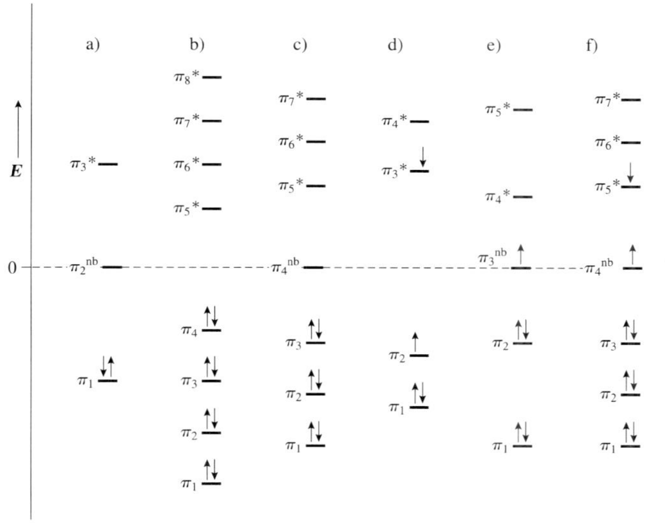

**22.3** a) $\pi_3^{nb}$ 2 nodes 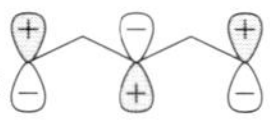 b) $\pi_2$ 1 node 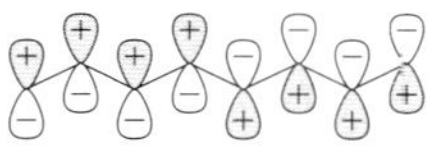

c) $\pi_4^*$ 3 nodes 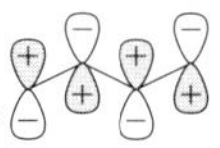 d) $\pi_4^{nb}$ 3 nodes 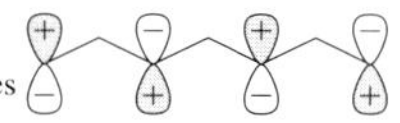 e) $\pi_3$ 2 nodes 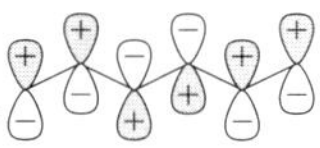

**22.4** For the photochemical reaction the HOMO = $\pi_3^*$; conrotation is forbidden.

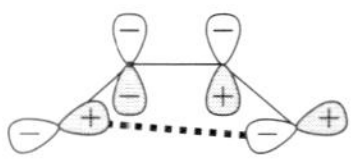

**22.5** For the thermal reaction the HOMO = $\pi_3$; conrotation is forbidden.

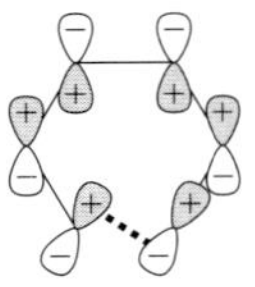

For the photochemical reaction the HOMO = $\pi_4$*; disrotation is forbidden.

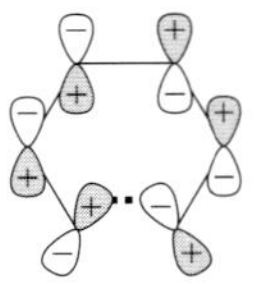

**22.6** a) For the thermal reaction the HOMO = $\pi_1$; disrotation is allowed.

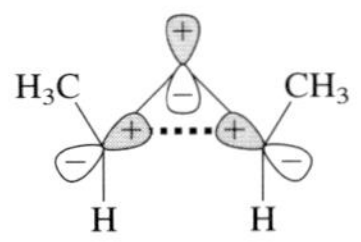


b) For the photochemical reaction the HOMO = $\pi_4^{nb}$; disrotation is forbidden.

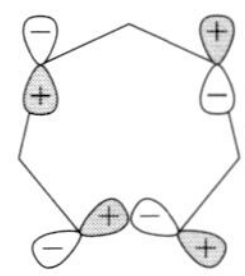

**22.7** a) For an odd number of electron pairs (1), disrotation is thermally allowed.

b) For an odd number of electron pairs (3), disrotation is photochemically forbidden.

**22.8** a) 2 electron pairs; disrotation; photochemically allowed

b) 3 electron pairs; conrotation; thermally forbidden

c) 2 electron pairs; disrotation; thermally forbidden

d) 4 electron pairs; disrotation; photochemically allowed

**22.9** a) 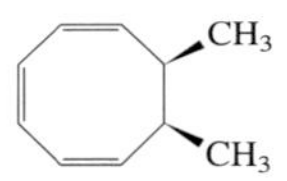


b) 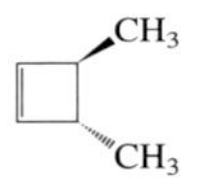


c) 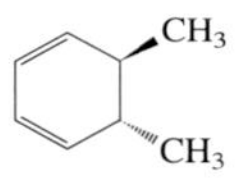


d) 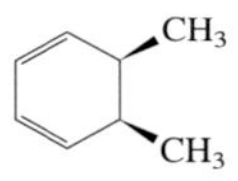


e) 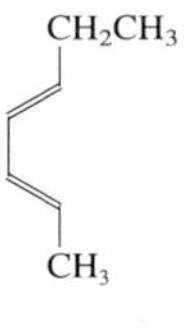


f) 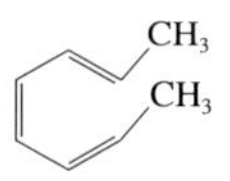


g) 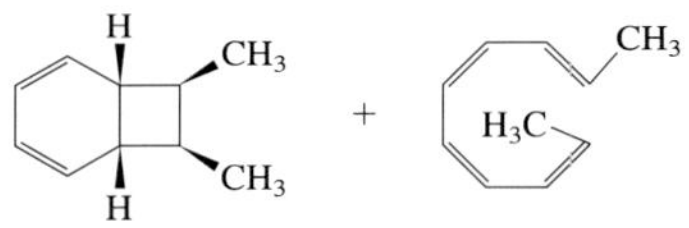


**22.11** One overlap is bonding and the other is antibonding, so the reaction is forbidden.

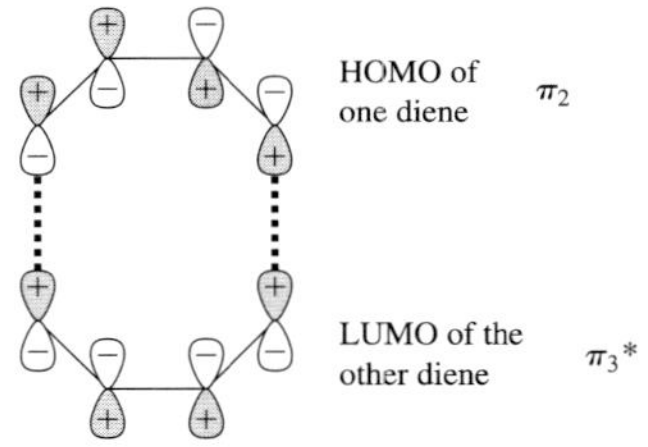


**22.12** a) A [4 + 4] cycloaddition involves 4 electron pairs and is photochemically allowed.

b) A [6 + 2] cycloaddition involves 4 electron pairs and is photochemically allowed and thermally forbidden.

**22.13** The left diene is more reactive because its *s*-cis conformation is less hindered and is therefore present in higher concentration.

**22.14** a) 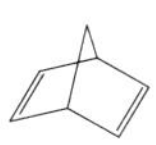 b) 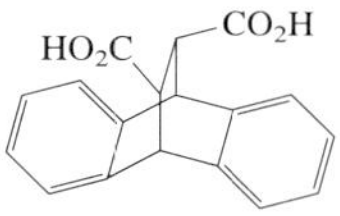 c) 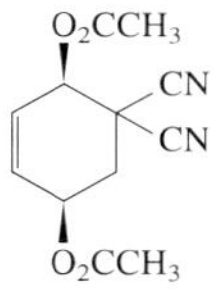 d) 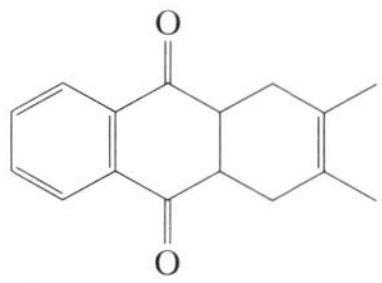

e) 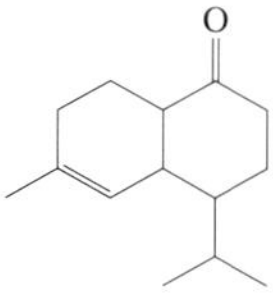 f) 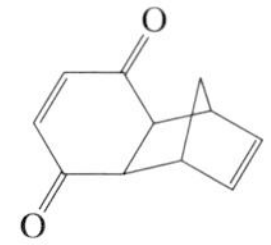 g) 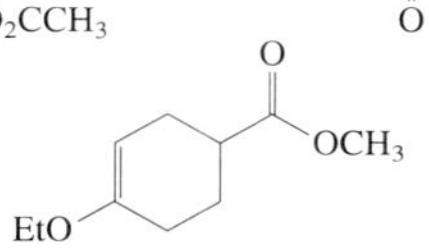

h) 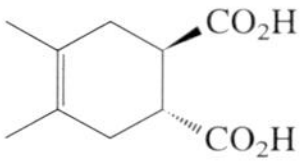 i) 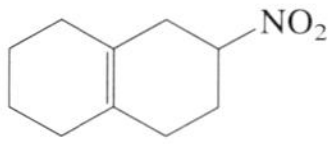 j) 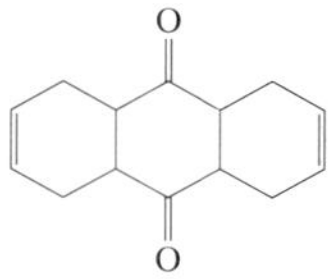 k) 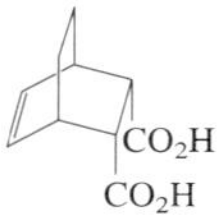

**22.15** [10 + 2] cycloaddition; 6 electron pairs; photochemically allowed

**22.16** a)  b) 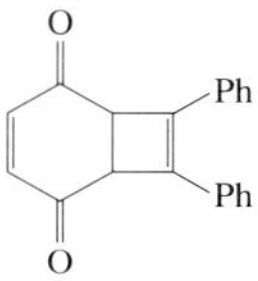 c) 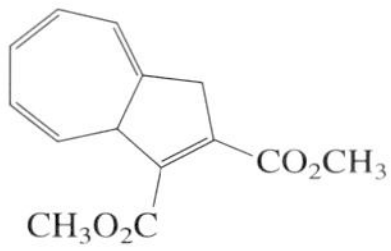 d) 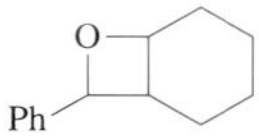

**22.17** a) [3,3] Sigmatropic rearrangement b) [1,7] Sigmatropic rearrangement
c) [3,5] Sigmatropic rearrangement

**22.18** Use $\pi_4{}^*$ of the pentadienyl radical. One overlap is bonding and one is antibonding, so the reaction is forbidden.

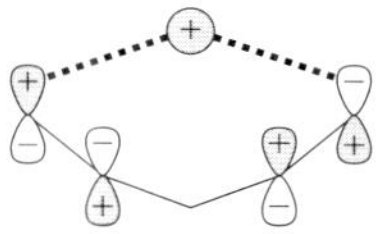

**22.20** a) Thermally allowed b) Photochemically allowed c) Photochemically allowed

**22.21** a) 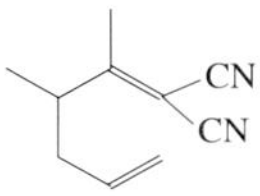 b) 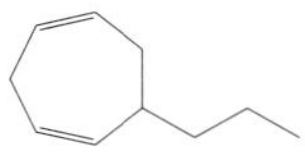 c) 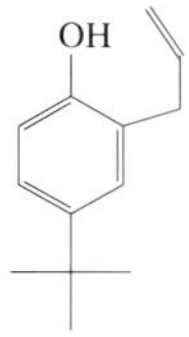

d) 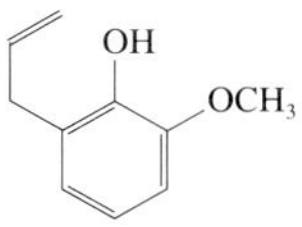 e) 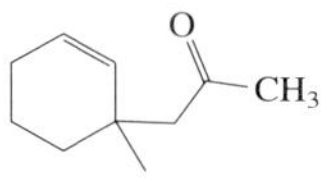

**22.22** It is a [3,3] sigmatropic rearrangement and is thermally allowed. The reactant is favored at equilibrium because it has less angle strain.

**22.23** a) 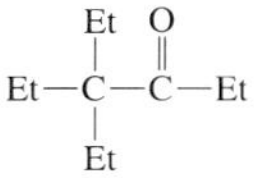 b)  c) 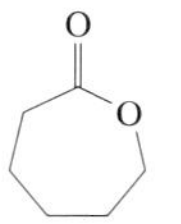 d) 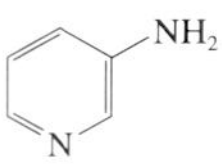

# CHAPTER 23

**23.1** a) 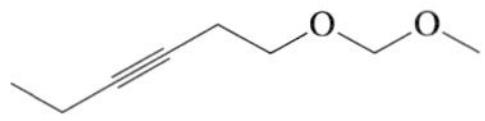 b) $PhCH_3$ + 

c) 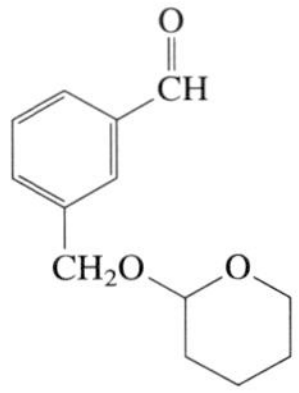 d) 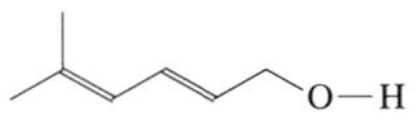 e) 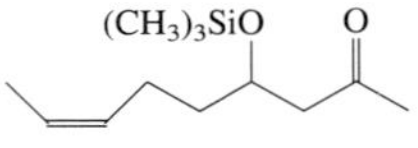

f)  g) 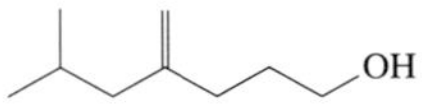

**23.3**

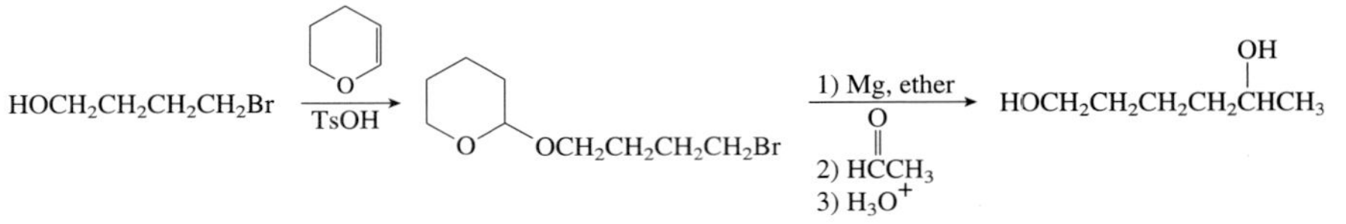

**23.4** a) 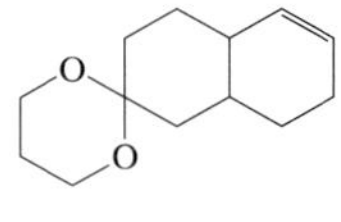 b) 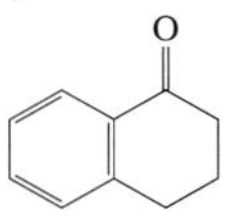

**23.5** a) 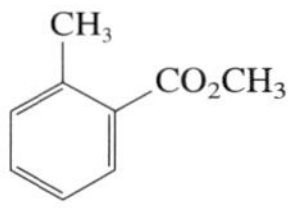 b) 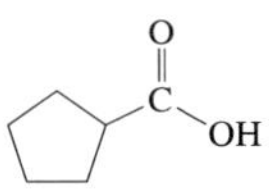

c) 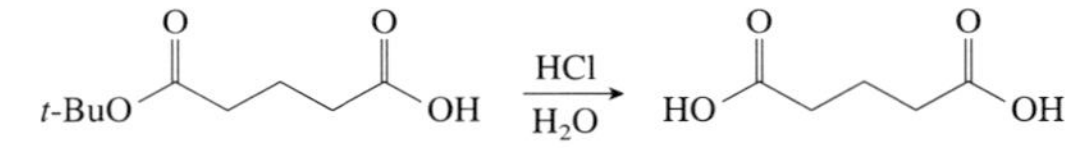 d) 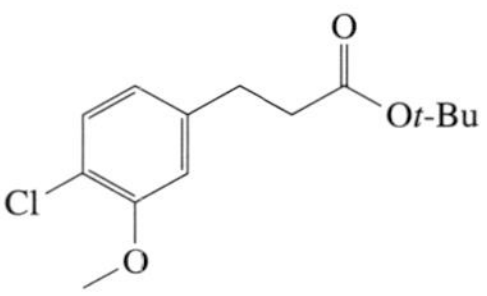

**23.7** a) $PhCH_2O\overset{\overset{O}{\|}}{C}—NH\underset{\underset{CH_3}{|}}{C}H\overset{\overset{O}{\|}}{C}OH$ b) 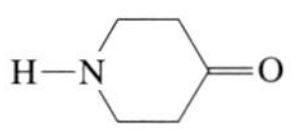 + $CO_2$ + $(CH_3)_3COH$

c) $PhCH_3$ + $NH_2CH_2CH_2Ph$ + $CO_2$ d) $(CH_3)_3CO\overset{\overset{O}{\|}}{C}NHCH_2CO_2H$

**23.8** $t\text{-BuO}\overset{\overset{O}{\|}}{C}NH\underset{\underset{CH_3}{|}}{C}H\overset{\overset{O}{\|}}{C}OH$ $t\text{-BuO}\overset{\overset{O}{\|}}{C}NH\underset{\underset{CH_3}{|}}{C}H\overset{\overset{O}{\|}}{C}N(CH_3)_2$

**A** **B**

The amide cannot be prepared directly because the unprotected amino group will react with the acyl chloride group.

**23.9** The ester bond of the carbamate group is hydrolyzed more rapidly than either amide bond. The resulting carbamic acid then eliminates carbon dioxide to produce the amine. Conditions drastic enough to hydrolyze an amide bond are never employed in this process.

**23.10** a) 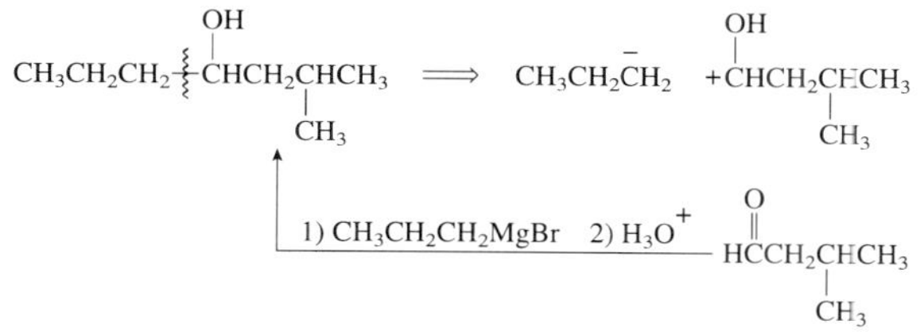

**23.11** a) 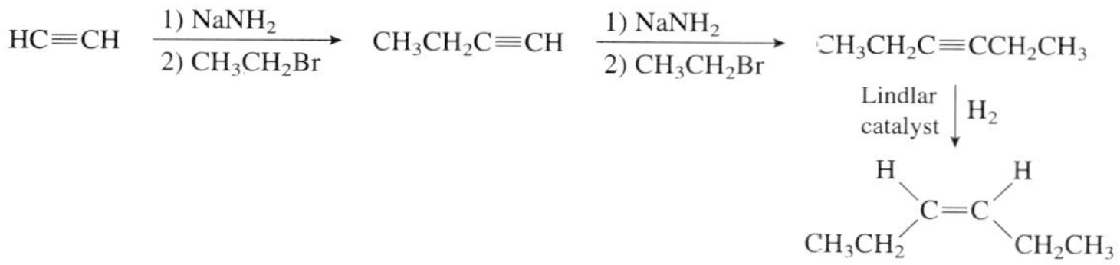

b) 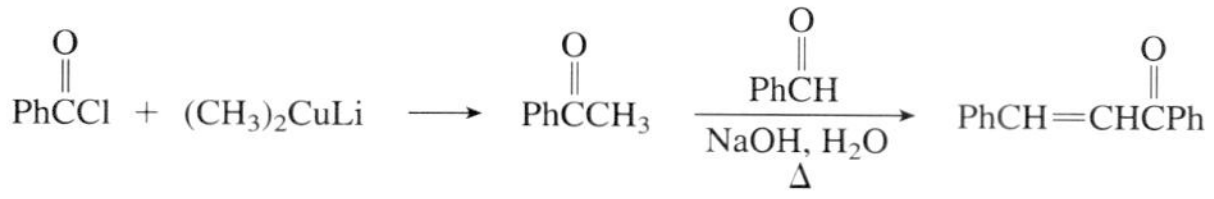

c) 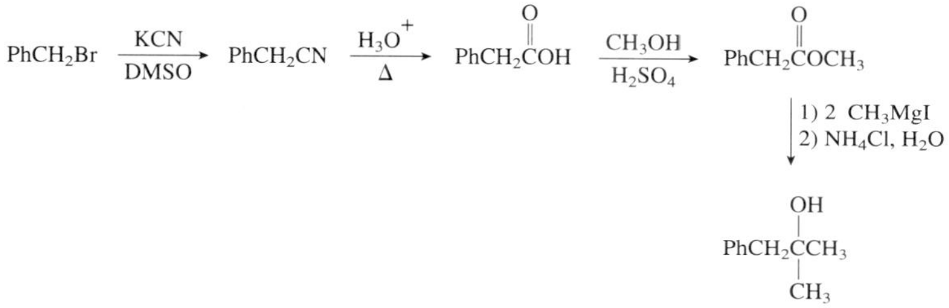

# CHAPTER 24

**24.2** a) 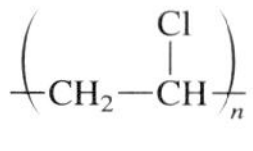 b) 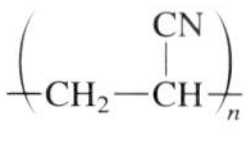 c) 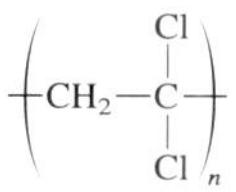

**24.3** a) 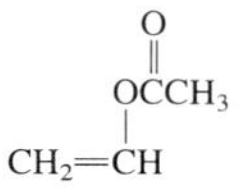 b) 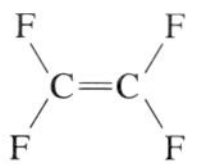

**24.5** Both (a) and (b) can form atactic polymers, whereas (c) cannot.

**24.6** The primary carbocation that is required as an intermediate in the cationic polymerization of ethylene is too unstable.

**24.7** The anionic intermediate formed in the polymerization of acrylonitrile is stabilized by resonance and is readily formed, whereas the anionic intermediate formed in the polymerization of isobutylene is quite unstable and is difficult to form.

**24.8** THF is much less reactive toward nucleophiles than is ethylene oxide because no ring strain is relieved when THF reacts.

**24.9** a) The alkene on the right produces a more crystalline polymer because it has no chirality centers and is more stereoregular.

b) The alkene on the right produces a more crystalline polymer because its side chain is more polar.

c) Coordination polymerization produces a less branched and more stereoregular polymer that is more crystalline.

d) The alkene on the right produces a more crystalline polymer because it has no chirality centers and is more stereoregular.

**24.10** Teflon has no chirality centers, so it has no stereochemical complications; nor does it have any hydrogens that can be abstracted from the interior of the chain, so it is linear.

**24.11** Poly(methyl methacrylate) cannot be prepared by cationic polymerization because the carbonyl group destabilizes the intermediate carbocation. It can be produced by anionic polymerization because the carbonyl group stabilizes the carbanion intermediate by resonance.

**24.12** Radicals prefer to add to C-1 of isoprene because the resulting radical is the most stable of the four possibilities. It is stabilized by resonance, and the odd electron is on a tertiary carbon in one resonance structure and a primary carbon in the other. In contrast, addition at C-2 or C-3 produces less stable radicals because they have no resonance stabilization. Addition at C-4 produces a resonance stabilized radical, but the odd electron is on a secondary carbon and a primary carbon in the two resonance structures.

**24.13** 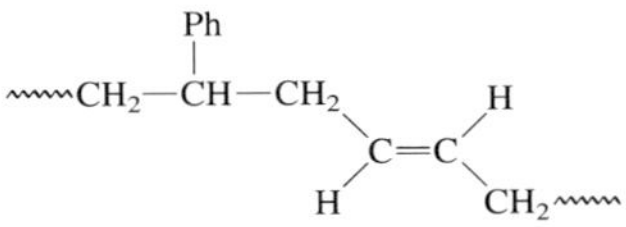

Trans double bonds predominate because they are more stable than cis double bonds.

**24.14** $\left(\overset{O}{\overset{\|}{C}}(CH_2)_4\overset{O}{\overset{\|}{C}}OCH_2CH_2O\right)_n$

**24.15** $HO\overset{O}{\overset{\|}{C}}(CH_2)_8\overset{O}{\overset{\|}{C}}OH + H_2N(CH_2)_6NH_2$

**24.16** If the polyester is to be formed from more diol units, then each polymer chain must terminate with a diol unit at each end. To accommodate even a small excess of diol units, there must be many chains, so the chains must be relatively short.

**24.17** Direct preparation of poly(vinyl alcohol) would require an enol as the monomer. However, recall from Section 11.6 that most enols cannot be isolated because they spontaneously isomerize to the carbonyl tautomer.

# CHAPTER 25

**25.1**
$CH_2OH$
|
$C{=}O$
|
CHOH
|
CHOH
|
$CH_2OH$

**25.2** Eight aldopentoses; four 2-ketopentoses

**25.3** a) 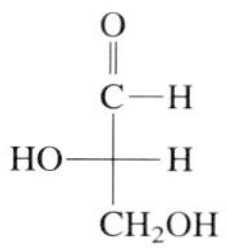 b) 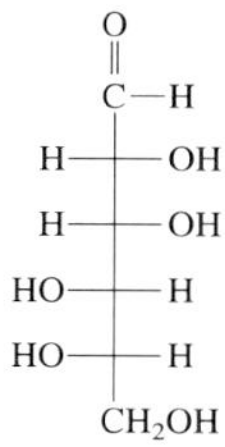

**25.4** a) L-Erythrose b) L-Gulose c) D-Altrose

**25.6**

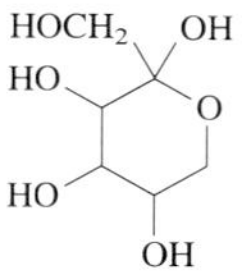

Pyranose

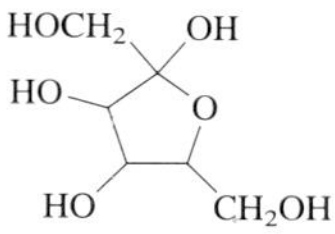

Furanose

D-Fructose has more of its uncyclized form present at equilibrium than does D-glucose because its ketone carbonyl group is less reactive than the aldehyde carbonyl group of glucose.

**25.7** Identical to D-glucose

**25.8**

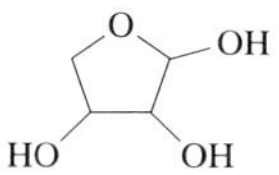

**25.9**

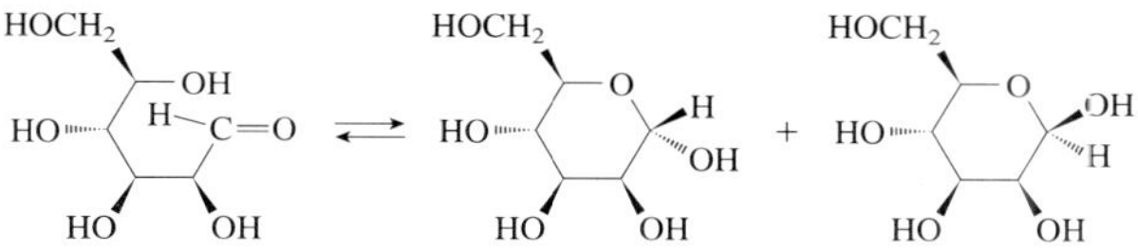

$\alpha$-D-Mannopyranose $\beta$-D-Mannopyrancse

**25.10**

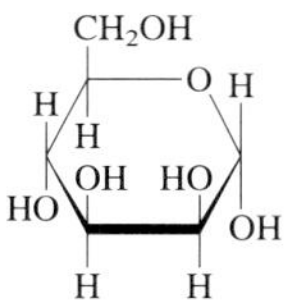

$\alpha$-D-Mannopyranose

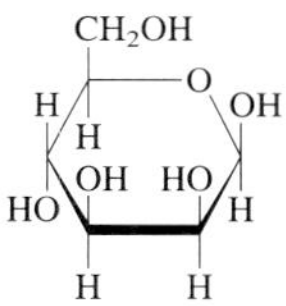

$\beta$-D-Mannopyranose

**25.11**

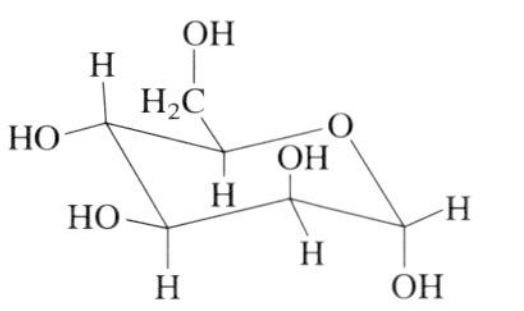

$\alpha$-D-Mannopyranose

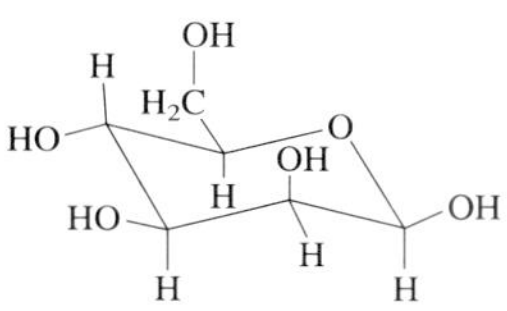

$\beta$-D-Mannopyranose

**25.12** 67.4% $\alpha$, 32.6% $\beta$

**25.13** Galactaric acid is a meso compound.

**25.14** D-Ribose and D-xylose

**25.15** Xylitol is a meso compound.

**25.16** D-Allose and D-galactose

**25.17** Under these reaction conditions, α-D-glucopyranose undergoes isomerization to the β-isomer.

**25.20**

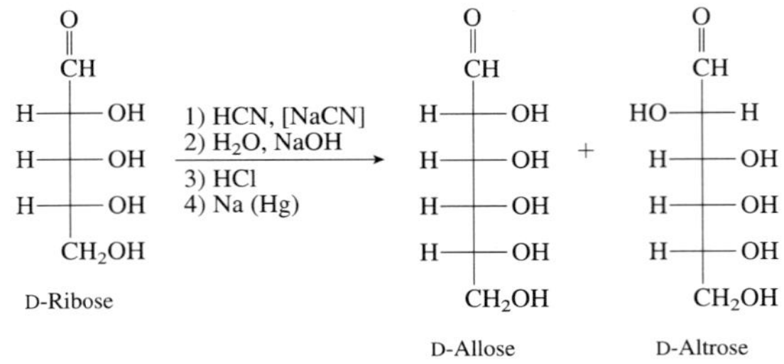

**25.21**

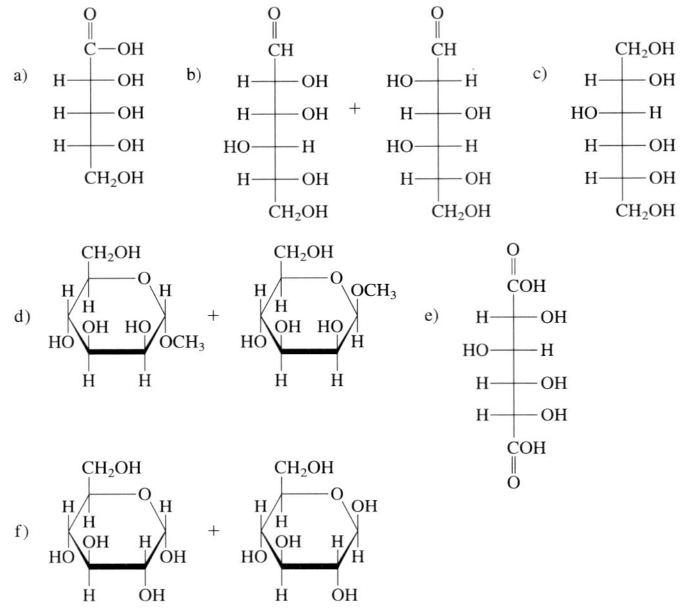

**25.24** Maltose and cellobiose both have a hemiacetal group that is in equilibrium with an aldehyde group in aqueous solution. It is the aldehyde group that gives a positive test for a reducing sugar. Sucrose does not have a hemiacetal group, so there is no aldehyde group present at equilibrium in a solution of sucrose.

**25.25**

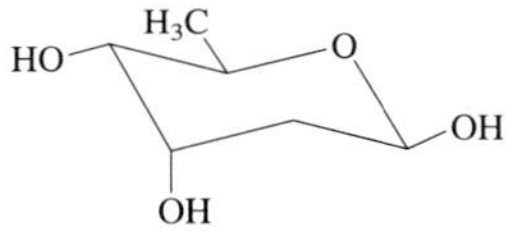

There are no hydroxy groups present on C-2 and C-6.

# CHAPTER 26

**26.1** Isoleucine and threonine

**26.2** The positively charged nitrogen acts as an inductive electron-withdrawing group and therefore makes the carboxylic acid group a stronger acid.

**26.3** The ester is the stronger acid because the inductive electron-withdrawing effect of the ester group increases the acid strength of the ammonium group. The carboxylate anion is an electron-donating group and decreases the acid strength of the ammonium group in the amino acid.

**26.4** The inductive electron-withdrawing effect of the positively charged nitrogen, which increases acid strength, is stronger at the main carboxylic acid group because the distance separating the groups is smaller. Inductive effects decrease rapidly with distance.

**26.5** The carboxylic acid group in the side chain of glutamic acid is farther from the electron-withdrawing positive nitrogen than is the case with aspartic acid.

**26.6**

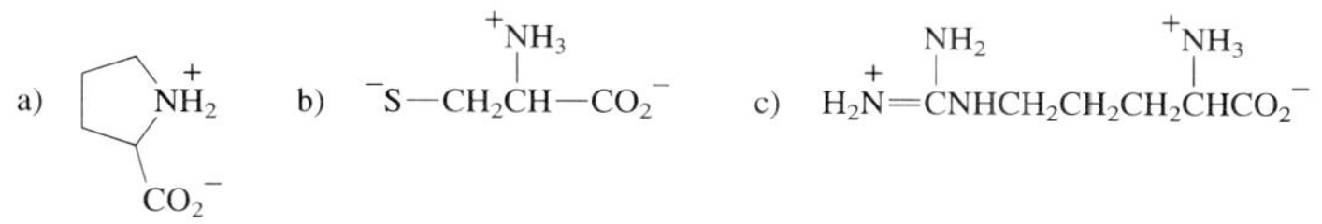

**26.7**

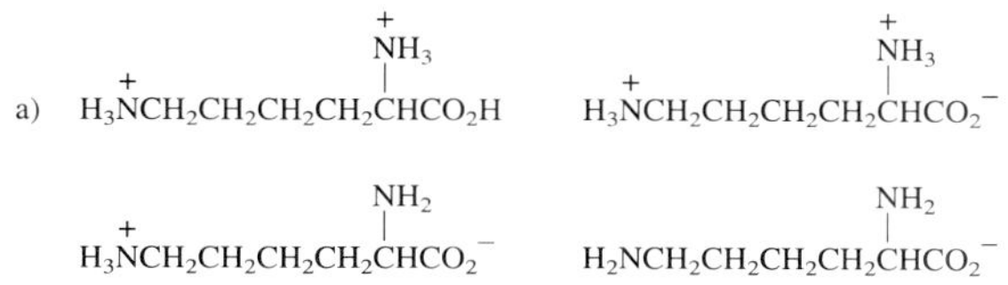

**26.8**

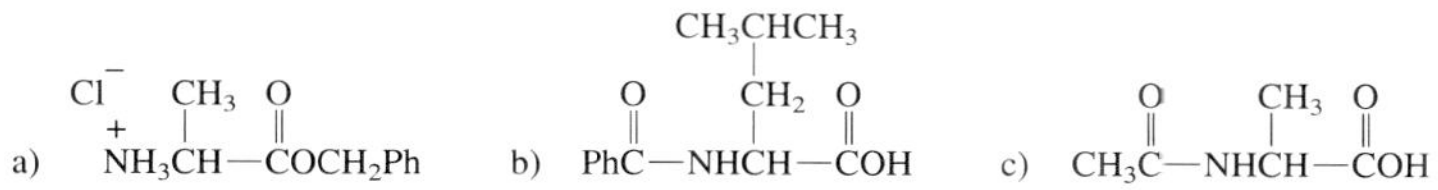

**26.10**

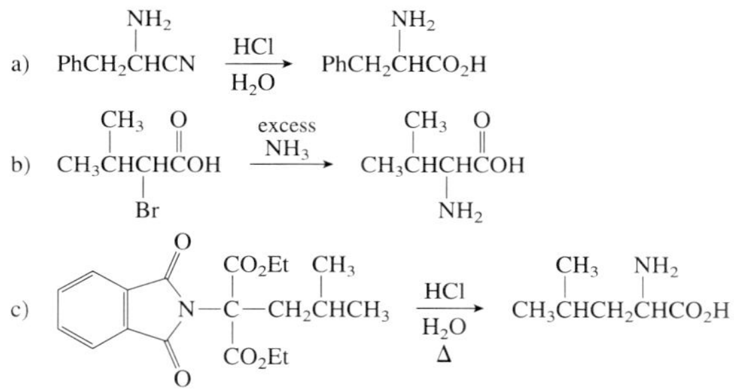

**26.11**

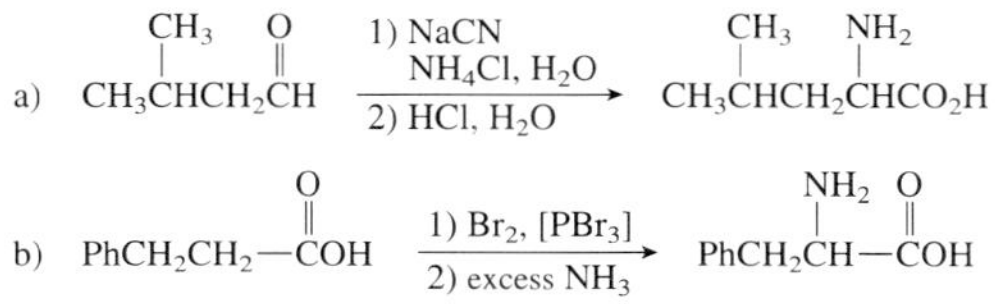

**26.13**

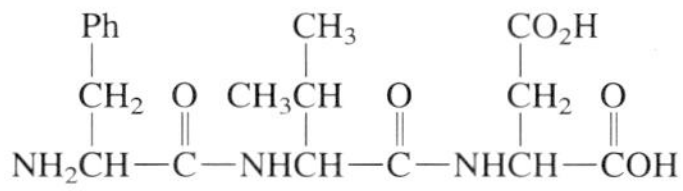

**26.14** Leu-Cys-Tyr-Glu

**26.15** The amide groups in the side chains of asparagine and glutamine residues in a peptide are cleaved under the same conditions that hydrolyze the amide bonds of the peptide. Therefore, aspartic acid and glutamic acid are isolated instead.

**26.17** a) 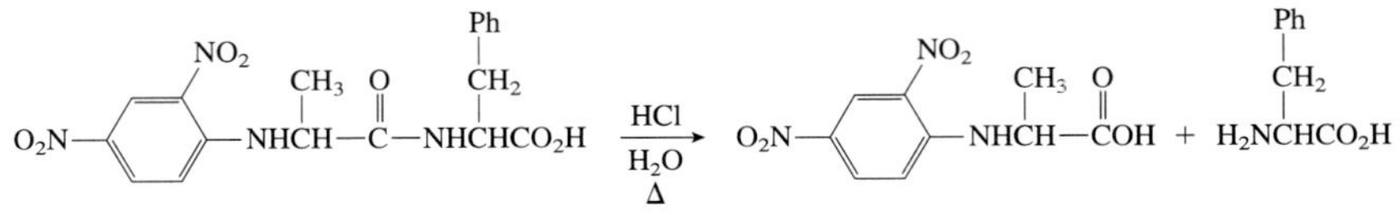

b) 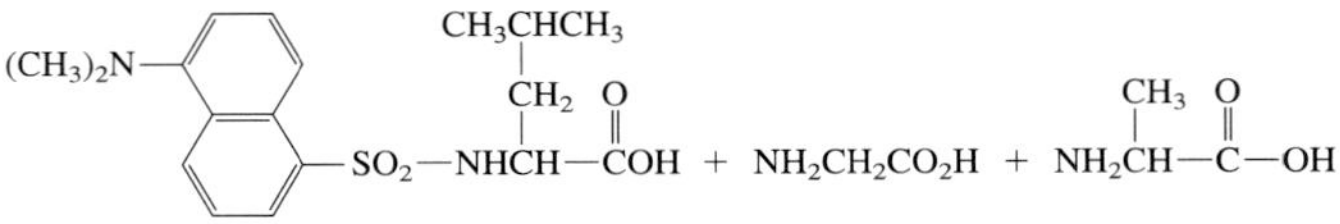

c) 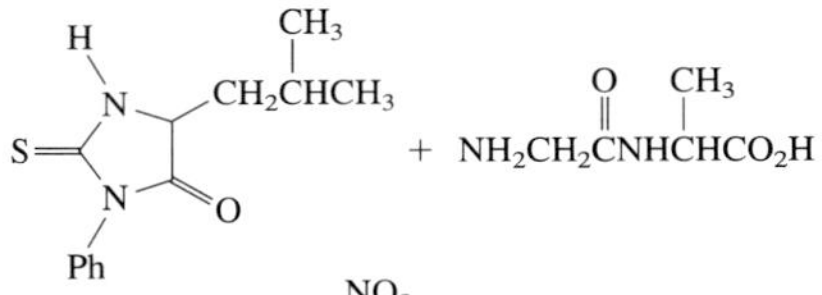

d) 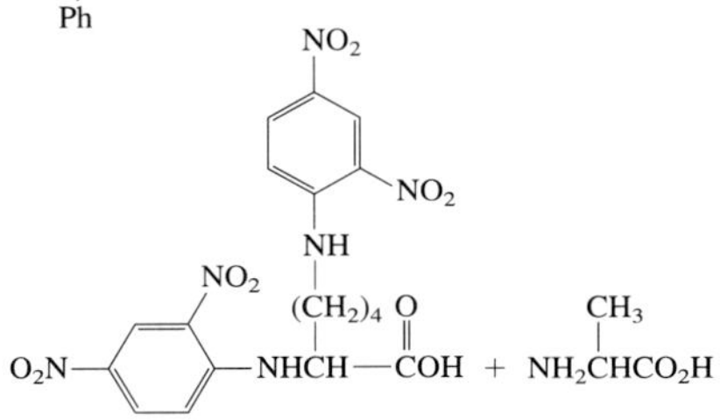

**26.18** Phe-Phe-Ala or Phe-Ala-Phe

**26.21** a) $t\text{-BuOC(=O)NHCH(CH_3)CO_2H}$

b) $t\text{-BuOC(=O)NHCH_2C(=O)NHCH(CH_3)—C(=O)OCH_2Ph} \xrightarrow[\text{Pt}]{\text{H}_2} t\text{-BuOC(=O)NHCH_2C(=O)NHCH(CH_3)—C(=O)OH} \xrightarrow[\text{H}_2\text{O}]{\text{HCl}} \text{NH_2CH_2C(=O)NHCH(CH_3)—C(=O)OH}$

c) $t\text{-BuOC(=O)NHCH(CH_3)—C(=O)NHCH_2C(=O)OCH_3} \xrightarrow[\text{H}_2\text{O}]{\text{HCl}} \text{NH_2CH(CH_3)—C(=O)NHCH_2C(=O)OCH_3} \xrightarrow[\text{H}_2\text{O}]{\text{NaOH}} \text{NH_2CH(CH_3)—C(=O)NHCH_2C(=O)OH}$

d) $\text{PhCH_2OC(=O)NHCH_2C(=O)NHCH(CH_3)—C(=O)OCH_3} \xrightarrow[\text{Pd}]{\text{H}_2} \text{NH_2CH_2C(=O)NHCH(CH_3)—C(=O)OCH_3}$

# CHAPTER 27

**27.1** a) 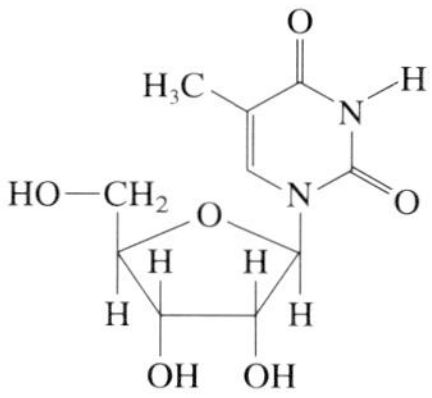 b) 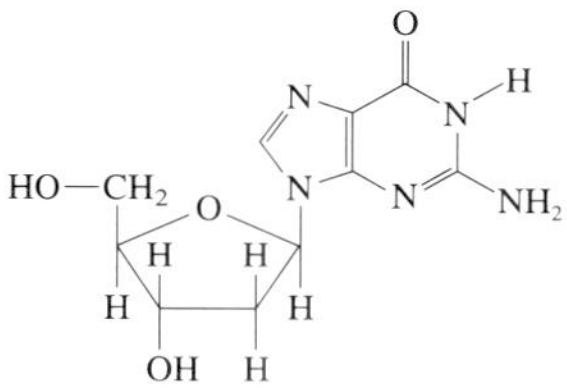

c) 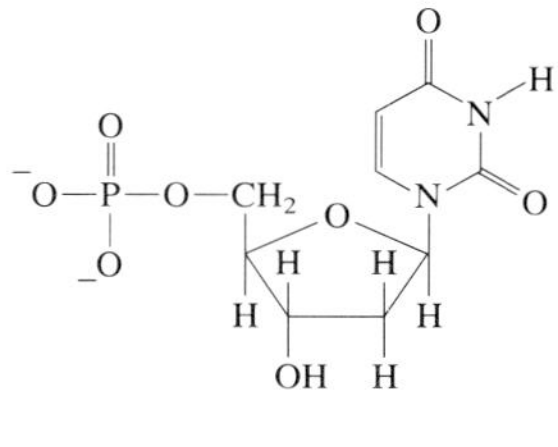 d) 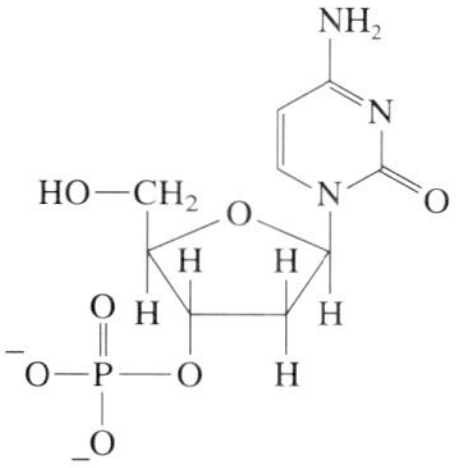

**27.2** a) Guanosine b) Uridine 5'-monophosphate

c) Deoxycytidine 5'-monophosphate

**27.3** Pyrimidine has six electrons in its cyclic pi system and therefore fits Huckel's rule. The unshared electrons on the nitrogens are not part of the pi system. The six-membered ring of purine is aromatic for the same reason as pyrimidine. The five-membered ring is also aromatic. Like imidazole (see Chapter 16), it has a total of six electrons in its cyclic pi system. The electrons on N-9 are part of the pi system, whereas the electrons on N-7 are not.

**27.4** a) 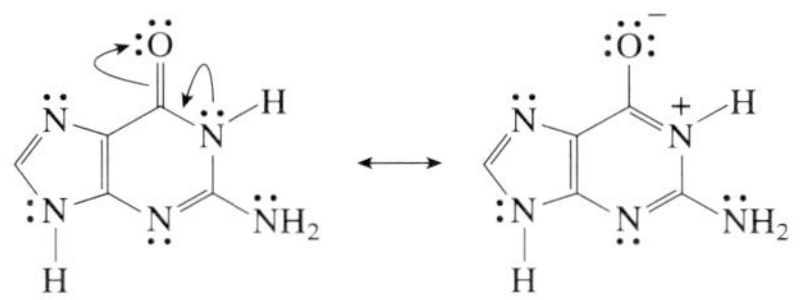 b) 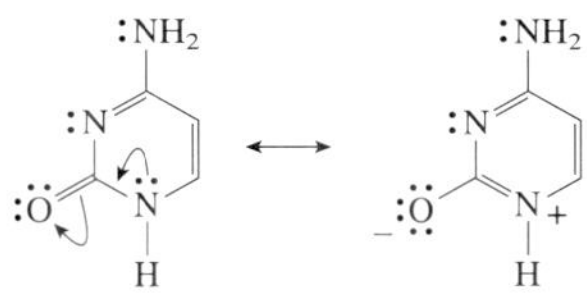

c) 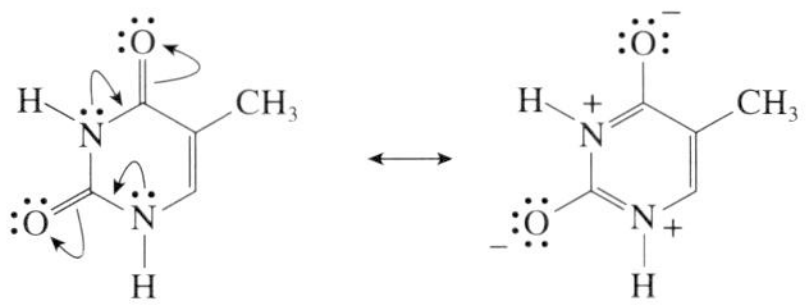

**27.5** 5' end TAACGCTCG 3' end

**27.6**

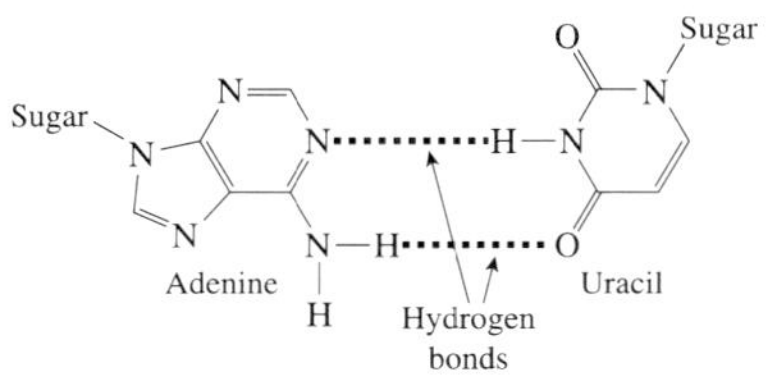

**27.7**

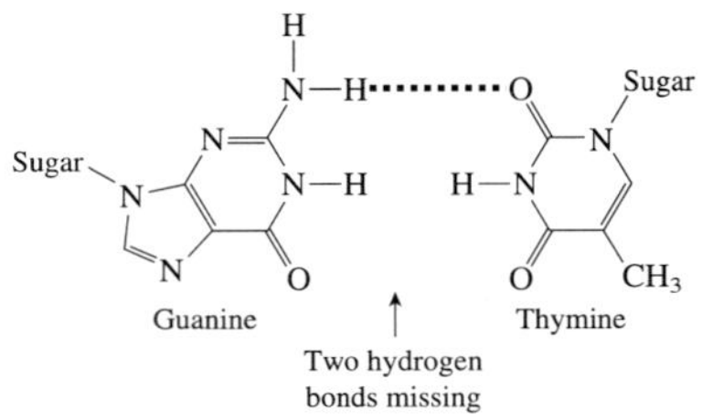


**27.9**

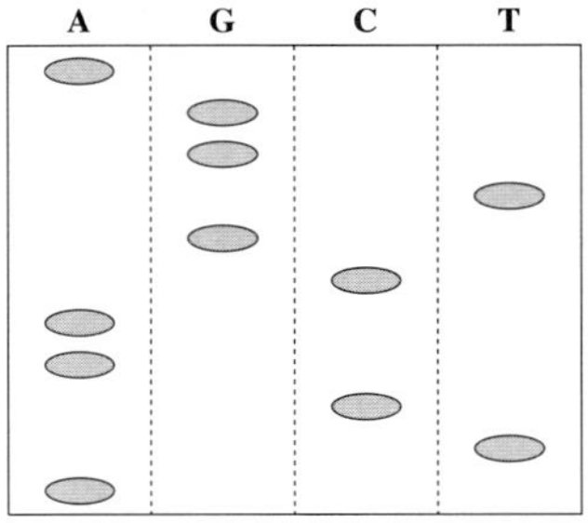


# CHAPTER 28

**28.1** a)

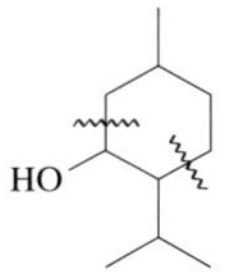

Monoterpene

b)

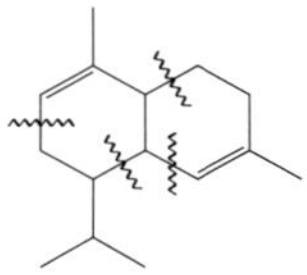

Sesquiterpene

c)

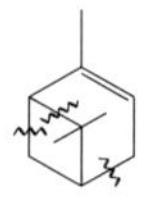

Monoterpene

d)

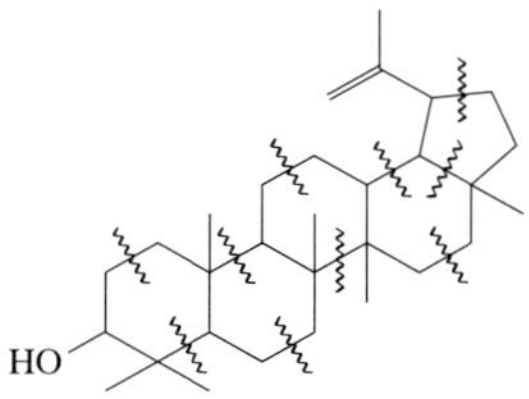

Triterpene

**28.4**

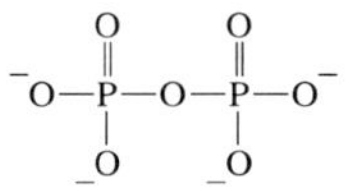

This is a good leaving group because it is a weak base.

**28.7** The cyclization occurs so as to form the more stable tertiary carbocation.

**28.8** Path A is disfavored because it produces a secondary carbocation. It is favored because the five-membered rings that are formed have lower ring strain. Path B is favored because it produces a tertiary carbocation. It is disfavored due to the strain in the four-membered ring of the product.

**28.9** The cyclization occurs so as to form the more stable tertiary carbocation.

**28.11** Both cyclizations occur so as to form the more stable tertiary carbocations.

**28.16** The epoxide opens so as to form the more stable tertiary carbocation.

# Glossary

**Absolute configuration** (Section 7.3): The actual three-dimensional arrangement of groups around a chirality center.

**Acetal** (Section 18.9): The product of the addition of two equivalents of an alcohol to an aldehyde or a ketone; $R_2C(OR')_2$.

**Acetylide anion** (Section 10.8): A carbon nucleophile generated by treating 1-alkynes with a very strong base, such as sodium amide; $RC{\equiv}C{:}^-$.

**Achiral molecule** (Section 7.1): A molecule that is superimposable on its mirror image.

**Acidity constant ($K_a$)** (Section 4.2): An equilibrium constant for the reaction of an acid with water as a base; used as a measure of the strength of an acid. For a general acid, HA, the equation for $K_a$ is

$$K_a = \frac{[A^-][H_3O^+]}{[HA]}$$

**Activation energy** (Section 4.3): The energy required to surmount the energy barrier separating reactants and products.

**Acyl group** (Section 12.5): A carbonyl group with an attached alkyl group.

**Addition polymer** or **chain-growth polymer** (Section 24.1): A polymer formed by a chain mechanism, where one initiator molecule causes a large number of monomers to react to form one polymer molecule.

**Addition reaction** (Chapter 10): A reaction that results in the addition of two groups to opposite ends of a multiple bond.

**Alkaloid** (Section 28.7): A nitrogen-containing natural product that occurs primarily in higher plants and in some fungi, such as mushrooms.

**Alkyl group** (Section 2.7): The part of a compound that has carbons that are only singly bonded to other carbons and hydrogens.

**Alkylation reaction** (Section 20.3): A reaction that results in the attachment of an alkyl group to the reactant.

**Allowed reaction** (Section 22.2): A pericyclic reaction that is energetically favorable because the electrons in the occupied MOs do not increase in energy.

**Allyl group** (Section 5.5): The $CH_2{=}CHCH_2{-}$ group.

**Alpha-carbon ($\alpha$-carbon)** (Section 12.3): The carbon adjacent to a functional group; most commonly used to refer to the carbon adjacent to a carbonyl group.

**Amorphous solid** (Section 24.5): A solid in which the individual molecules have a random arrangement; a glassy solid with no order in the arrangement of its molecules.

**Amphoteric compound** (Section 26.2): A compound that can act as either an acid or a base.

**Angle strain** (Section 6.4): Destabilization, usually found in compounds having three- or four-membered rings, that occurs when the orbitals of a bond do not point directly at each other, so the amount of overlap is decreased.

**Annulene** (Section 16.10): A name sometimes given to rings that contain alternating single and double bonds in a single Lewis structure.

**Anomers** (Section 25.3): Diastereomers that are formed by cyclization of a carbohydrate with differing configurations at the new stereocenter.

**Anti addition** (Section 10.2): The addition of groups to opposite faces of a double bond.

**Anti conformation** (Section 6.3): Conformation in which the dihedral angle between two groups on adjacent atoms is 180°.

**Anti elimination** (Section 9.3): Elimination of groups from a conformation in which the dihedral angle between them is 180°. This is the preferred geometry in the E2 reaction.

**Antiaromatic compound** (Section 16.5): A compound that is destabilized because of the presence of conjugated cycle of $p$ orbitals containing $4n$ electrons.

**Antibonding MO** (Section 3.2): A MO that is higher in energy than the AOs that combine to form it.

**Anti-periplanar bonds** (Section 9.3): Bonds with a dihedral angle of 180°.

**Aprotic solvent** (Section 8.11): A solvent that does not have a hydrogen bonded to nitrogen or oxygen and therefore cannot hydrogen bond.

**Arenium ion** (Section 17.1): The carbocation formed by addition of an electrophile to a benzene derivative.

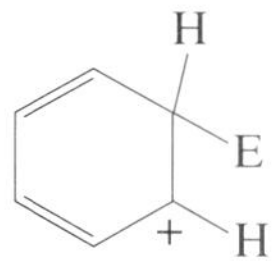


Arenium ion

**Aromatic compound** (Sections 16.1 and 16.5): A compound that is especially stable because of the presence of conjugated cycle of $p$ orbitals containing $4n + 2$ electrons.

**Atactic polymer** (Section 24.2): A polymer with random configurations at its many stereocenters.

**Atomic orbital** (Section 3.1): The region about the nucleus of an atom where, if the orbital contains an electron, the probability of finding that electron is very high.

**Axial bond** (Section 6.5): In the chair conformation of cyclohexane, a bond that is parallel to the axis of the ring.

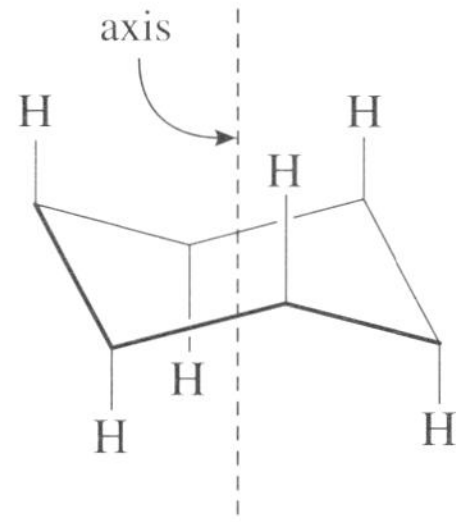


Axial CH bonds

**Axial strain energy** (Section 6.7): The amount of destabilization caused by a group in the axial position in the chair conformation of cyclohexane.

**Base ion** (Section 15.4): The most abundant ion in the mass spectrum.

**Benzyl group** (Section 12.1): The $PhCH_2{-}$ group.

**Benzyne** (Section 17.12): A highly reactive intermediate that has a benzene ring with a formal triple bond.

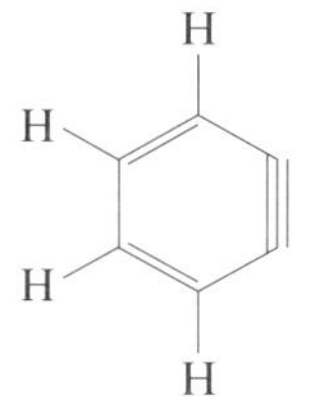


Benzyne

**Boat conformation** (Section 6.5): The boat-shaped conformation of cyclohexane that has no angle strain but does have some steric strain and some torsional strain.

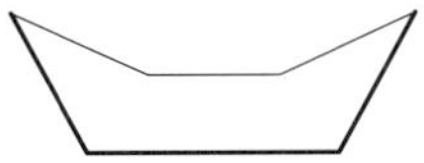

Boat conformation

**Bond disconnections** (Section 23.5): The imaginary process of breaking bonds at or near the functional groups in a compound during the process of retrosynthetic analysis.

**Bond dissociation energy** (Section 2.2): The amount of energy that must be added in the gas phase to break the bond in a homolytic manner.

**Bonding MO** (Section 3.2): A MO that is lower in energy than the AOs that combine to form it.

**Bromonium ion** (Section 11.4): A three-membered ring containing a positively charged bromine atom; an intermediate formed in the addition of bromine to an alkene.

**Bronsted-Lowry acid** (Section 4.1): A proton donor.

**Bronsted-Lowry base** (Section 4.1): A proton acceptor.

**Cahn-Ingold-Prelog sequence rules** (Section 6.2): Rules that are used to assign priorities to groups attached to a stereocenter so that the configuration of the compound can be designated.

**Carbanion** (Section 2.1): A carbon with three bonds, an unshared pair of electrons, and a negative charge.

**Carbene** (Section 11.8): A reactive species having a carbon with only two bonds and an unshared pair of electrons.

**Carbenoid** (Section 11.8): An organometallic species that reacts like carbene.

**Carbocation** (Sections 2.1 and 8.6): A carbon with three bonds and a positive charge.

**Carbohydrate** (Section 25.1): Naturally occurring compounds, often with the general formula $C_x(H_2O)_x$, that are polyhydroxy aldehydes or ketones and derivatives formed from these; includes sugars and starches.

**Carbonyl group** (Section 12.3): A CO double bond.

**Carboxy group** (Section 12.4): A carbonyl group with an attached hydroxy group.

**Chain reaction** (Section 21.6): A reaction in which a reactive intermediate, such as a radical, reacts with a normal molecule, ultimately generating a molecule of product and regenerating the original reactive intermediate, which then causes another reaction cycle to occur. A chain reaction involves three types of steps: initiation, propagation, and termination.

**Chain-growth polymer.** See *Addition polymer.*

**Chair conformation** (Section 6.5): The chair-shaped conformation of cyclohexane that has no angle strain and has no torsional strain either because it is perfectly staggered about all the CC bonds. It is strain free.

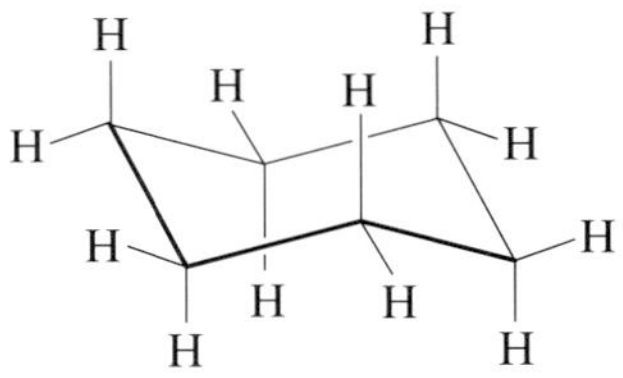

Chair conformation

**Chemical shift** (Sections 14.1 and 14.3): The position of an absorption on the $x$-axis in an NMR spectrum; provides information about the local environment of the atom that is responsible for the absorption.

**Chirality center** (Section 7.2): A carbon or other tetrahedral atom bonded to four different groups; a type of stereocenter.

**Chiral molecule** (Section 7.1): A molecule that is not superimposable on its mirror image.

**Chromophore** (Section 15.2): The part of a molecule that is responsible for the absorption of ultraviolet or visible light.

**Cis–trans isomers** (Section 6.1): Stereoisomers that differ in the placement of groups on one side or the other of a double bond.

**Codon** (Section 27.3): A series of three bases in a nucleic acid polymer that specifies a particular amino acid.

**Concerted reaction** (Section 8.3): A reaction that occurs in one step.

**Condensation polymer or step growth polymer** (Section 24.8): A polymer formed from monomers with two reactive functional groups by normal reactions, such as ester formation, between the functional groups.

**Configuration** (Section 6.2): The three-dimensional arrangement of groups about a stereocenter in a molecule.

**Conformation** (Section 6.3): A shape that a molecule can assume by rotation about a single bond.

**Conformational analysis** (Section 6.3): Analysis of the energies of the various conformations of a compound.

**Conjugate acid** (Section 4.1): The acid formed by protonation of a base in an acid–base reaction.

**Conjugate addition** or **1,4-addition** (Section 18.10): The addition of a nucleophile to the $\beta$-carbon of an $\alpha,\beta$-unsaturated carbonyl compound.

**Conjugate base** (Section 4.1): The base formed by the loss of a proton from an acid in an acid–base reaction.

**Conjugated molecule** (Section 3.6): A molecule that has a series of three or more overlapping parallel $p$ orbitals on adjacent atoms.

**Connectivity** (Section 1.7): The arrangement of bonded atoms in a structure.

**Conrotation** (Section 22.1): Rotation of orbitals in the same direction in an electrocyclic reaction.

**Constitutional isomers** (Section 1.7): Compounds that have the same molecular formula but a different arrangement (connectivity) of bonded atoms.

**Coupling constant** ($J_{ax}$) (Section 14.4): The separation between two adjacent peaks in a group of peaks that results from coupling in an NMR spectrum.

**Covalent bonding** (Section 1.4): Bonding that results from atoms sharing electrons in order to arrive at the same number of electrons as a noble gas.

**Cross-link** (Section 24.7): A group that connects separate polymer chains by covalent bonds.

**Crystalline solid** (Section 24.5): A solid in which the individual molecules are arranged with a very high degree of order.

**Cycloaddition reaction** (Section 22.5): A pericyclic reaction in which two molecules react to form two new sigma bonds between the end atoms of their pi systems, resulting in the formation of a ring.

**Degenerate orbitals** (Section 3.1): Orbitals with the same energy.

**Degree of unsaturation (DU)** (Section 2.4): The total number of multiple bonds plus rings in a compound. The DU is calculated by subtracting the actual number of hydrogens in a compound from the maximum number of hydrogens and dividing the result by 2.

**Delocalized MO** (Sections 3.2 and 3.6): A MO that extends around more than two atoms.

**DEPT-NMR (distortionless enhancement by polarization transfer)** (Section 14.9): A technique used in $^{13}$C-NMR that allows the number of hydrogens attached to each carbon to be determined.

**Dextrorotatory, ($d$)** or **(+)** (Section 7.4): Clockwise rotation of plane-polarized light.

**Diastereomers** (Section 7.5): Non–mirror-image stereoisomers.

**1,3-Diaxial interaction** (Section 6.7): An interaction that destabilizes two axial groups on the same face of a cyclohexane ring because of steric crowding between them.

**Dienophile** (Section 22.6): The species, most often an alkene or alkyne, that acts as the two-electron component in a Diels-Alder reaction.

**Dihedral angle** (Section 6.3): The angle between a marker group on the front atom and one on the back atom in the Newman projection.

**Dipolar ion** or **zwitterion** (Section 26.2): A neutral compound containing a covalently linked cation and anion.

**Dipole moment ($\mu$)** (Section 1.9): The product of the amount of charge separation in a molecule times the distance of the charge separation.

**Disaccharide** (Section 25.6): A carbohydrate formed from two monosaccharide units that are connected by a glycosidic bond.

**Disrotation** (Section 22.1): Rotation of orbitals in opposite directions in an electrocyclic reaction.

**Downfield** (Section 14.3): A chemical shift at a higher delta value in the NMR spectrum.

*E* (Section 6.2): Letter used to designate the isomer of an alkene that has the high priority groups on opposite sides of the double bond.

**E1 reaction** or **unimolecular elimination reaction** (Section 9.5): An elimination reaction that occurs in two steps through a carbocation intermediate.

**E2 reaction** or **bimolecular elimination reaction** (Section 9.2): An elimination reaction that follows a concerted mechanism in which a base removes a proton simultaneously with the departure of the leaving group.

**Eclipsed conformation** (Section 6.3): Conformation in which the bonds on one atom are directly in line with the bonds on the adjacent atom when a Newman projection is viewed.

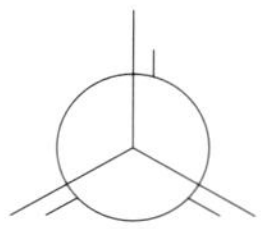

Eclipsed conformation

**Electrocyclic reaction** (Section 22.3): A pericyclic reaction that forms a sigma bond between the end atoms of a series of conjugated pi bonds within a molecule.

**Electromagnetic spectrum** (Section 13.3): The range of electromagnetic radiation (light), from very energetic cosmic rays to low-energy radio waves.

**Electronegativity** (Section 1.9): Electron-attracting ability of an atom.

**Electronic transition** (Section 15.1): The excitation of an electron from an occupied MO to an antibonding MO.

**Electrophile** (Section 8.1): An electron-poor species that seeks an electron-rich site; similar to a Lewis acid.

**Electrophilic addition reaction** (Section 11.1): A reaction that results in the addition of two groups, an electrophile and a nucleophile, to the carbons of a CC double or triple bond.

**Electrophilic aromatic substitution reaction** (Section 17.1): A reaction in which an electrophile is substituted for a hydrogen on an aromatic ring.

**Elimination reaction** (Section 8.14, Chapter 9): A reaction in which groups (most commonly a proton and a leaving group) are lost from adjacent atoms, resulting in the formation of a double bond.

**1,1-Elimination** (Section 11.8): An elimination of two groups from the same carbon to produce a carbene; also called an $\alpha$-elimination.

**1,2-Elimination** (Section 9.1): An elimination of two groups from adjacent atoms to produce a pi bond; also called a $\beta$-elimination.

**Enantiomers** (Section 7.1): Nonsuperimposable mirror-image stereoisomers.

**Endergonic reaction** (Section 8.3): A reaction for which $\Delta G°$ is positive; the products are higher in energy than the reactants and the reaction favors the reactants at equilibrium.

**Endothermic reaction** (Section 8.3): A reaction for which the enthalpy change ($\Delta H°$) is positive.

**Enol** (Section 11.6): A compound with a hydroxy group attached to a CC double bond.

**Enolate ion** (Chapter 20): A carbanion adjacent to a carbonyl group.

**Enthalpy change ($\Delta H$)** (Section 2.6): The heat of reaction; $\Delta H > 0$ for an endothermic reaction and $\Delta H < 0$ for an exothermic reaction.

**Entropy change ($\Delta S$)** (Section 2.6): Entropy is a measure of disorder. Processes that increase the disorder in a system ($\Delta S > 0$) are favored.

**Epoxide (oxirane)** (Section 10.10): A three-membered cyclic ether.

**Equatorial bond** (Section 6.5): In the chair conformation of cyclohexane, a bond that projects outward from the "equator" of the ring.

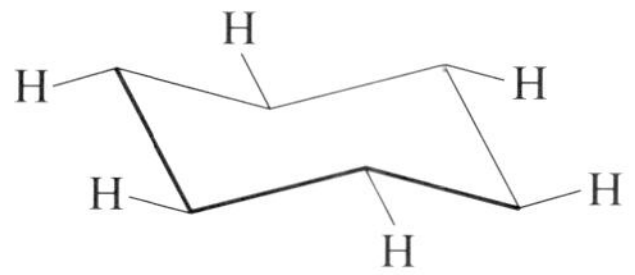

Equatorial CH bonds

**Equilibrium arrows** (Section 1.8): Two arrows that are used to represent an equilibrium reaction where the reactants and products are interconverting. $\rightleftarrows$

**Excited state** (Section 3.1): Any state that is higher in energy than the ground state.

**Exergonic reaction** (Section 8.3): A reaction for which $\Delta G°$ is negative; the products are lower in energy than the reactants and the reaction favors the products at equilibrium.

**Exothermic reaction** (Section 8.3): A reaction for which the enthalpy change ($\Delta H°$) is negative.

**Fat** (Section 28.8): A triester formed from glycerol and long, linear-chain carboxylic acids, known as fatty acids.

**Fingerprint region** (Section 13.9): The region below 1500 cm$^{-1}$ in the infrared spectrum that contains numerous absorptions due to single bond stretches and a variety of bending vibrations. Because of the large number of bands, this is the region where comparison of the spectrum of an unknown to that of a known compound can establish the identity of the unknown.

**Fischer projection** (Section 7.8): A two-dimensional drawing of a chiral molecule in which the chirality center is represented as a cross with the atom at its center. Although the four bonds to the chirality center are shown in the plane of the page, the horizontal bonds project above the plane of the page and the vertical bonds project behind the page.

**Forbidden reaction** (Section 22.2): A pericyclic reaction that is energetically unfavorable because the electrons in the occupied MOs increase in energy.

**Formal charge** (Section 1.7): The approximate charge that is present on an atom in a covalent structure. It is the number of valence electrons in the neutral atom before any bonding (this is the same as the group number of the atom), minus the number of unshared electrons on the atom in the structure of interest, and also minus one-half the number of shared electrons on that atom.

**Free energy of activation, $\Delta G^{‡}$** (Sections 4.4 and 8.3): The energy difference between the transition state and the reactants.

**Free energy change ($\Delta G°$)** (Section 4.2): The difference in energy between the products and reactants. It is related to the enthalpy change, the entropy change, and the equilibrium constant for a reaction by the equations $\Delta G° = \Delta H° - T\Delta S° = -RT \ln K$. For a reaction to be spontaneous, $K$ must be greater than 1 and $\Delta G°$ must be negative.

**Frequency ($\nu$)** (Section 13.1): The number of wave cycles that pass a point in a second.

**Frontier orbitals** (Section 22.2): The highest occupied molecular orbital (HOMO) and the lowest unoccupied molecular orbital (LUMO).

**Functional group** (Section 2.7): The group of atoms and bonds that determines the chemical behavior of a compound.

**Furanose** (Section 25.3): A cyclic form of a carbohydrate that has a five-membered ring.

**Gauche conformation** (Section 6.3): Conformation in which the dihedral angle between two groups on adjacent atoms is 60°.

**Geminal hydrogens** (Section 14.4): Hydrogens bonded to the same carbon.

**Glycoside** (Section 25.4): An acetal formed by the reaction of a carbohydrate hemiacetal with an alcohol in the presence of acid.

**Grignard reagent (organomagnesium halide)** (Section 18.5): An organometallic species with a carbon–magnesium bond; RMgX.

**Ground state** (Section 3.1): The lowest energy state.

**Halogens** (Section 1.5): The elements of group 7A of the periodic table: F, Cl, Br, and I.

**Hammond postulate** (Section 8.6): The structure of the transition state for a reaction step is more similar to that of the species (reactant or product of that step) to which it is closer in energy.

**Heteroatom** (Section 12.5): An atom other than C and H.

**Heterolytic bond cleavage** (Section 21.1): A bond-breaking process in which both electrons of that bond remain with one of the atoms; ions are produced.

**Highest occupied MO (HOMO)** (Sections 15.1 and 22.2): The highest-energy orbital that is occupied by electrons.

**Hofmann's rule** (Section 9.4): The major product of an elimination reaction has fewer alkyl groups bonded to the carbons of the double bond (the less highly substituted product). The Hofmann elimination follows this rule.

**Homolytic bond cleavage** (Section 21.1): A bond-breaking process in which one electron of the bond remains with each of the atoms; radicals are produced.

**Hückel's rule** (Section 16.5): A cyclic, fully conjugated, planar molecule with $4n + 2$ pi electrons ($n$ = any integer) is aromatic.

**Hund's rule** (Section 3.1): Electrons first occupy degenerate orbitals singly, with the same (parallel) spins until they all contain one electron.

**Hydride ion** (Sections 8.14 and 10.7): A hydrogen with a pair of electrons and a negative charge; $H:^-$.

**Hydrocarbon** (Sections 2.3 and 5.1): A compound made up of only carbon and hydrogen.

**Hydrogen bond** (Section 2.5): A relatively strong attraction of a hydrogen bonded to an electronegative atom (O, N, or F) to another electronegative atom (O, N, or F).

**Hydrogenolysis** (Section 23.1): A reaction in which a single bond is broken by hydrogen and a catalyst.

**Hydrolysis reaction** (Section 10.2): A reaction in which water is both the nucleophile and solvent.

**Hydrophilic compound** (Section 2.6): A compound that has a favorable interaction with water because of its polar nature.

**Hydrophobic compound** (Section 2.6): A compound that has an unfavorable interaction with water because of its nonpolar nature.

**Hyperconjugation** (Section 8.7): A stabilizing interaction of a sigma bonding MO with an empty *p* orbital on an adjacent atom.

**Inductive effect** (Section 4.5): The effect of a dipole in a molecule on a reaction elsewhere in that molecule.

**Infrared (IR) spectroscopy** (Section 13.4): A type of spectroscopy that employs infrared light. IR spectroscopy uses transitions between vibrational energy levels to provide information about the functional groups that are present in a compound.

**Integral** (Section 14.1): The area under a group of peaks in a $^1$H-NMR spectrum; proportional to the number of hydrogens that produce that group of peaks.

**Intermolecular reaction** (Section 8.13): A reaction that involves two separate molecules.

**Intramolecular reaction** (Section 8.13): A reaction in which both reacting groups are part of the same molecule.

**Inversion of configuration** (Section 8.4): The stereochemical result of a reaction in which the product has the opposite relative configuration to the reactant.

**Ionic bonding** (Section 1.3): Bonding that results when atoms gain or lose electrons to form ions with the same number of electrons as one of the noble gases.

**Isoelectric point (pI)** (Section 26.2): The pH at which an amino acid has an overall charge of zero.

**Isotactic polymer** (Section 24.4): A polymer with identical configuration at all its stereocenters.

**Leaving group** (Section 8.1): The group that is replaced in a substitution reaction.

**Levorotatory, (*l*) or (−)** (Section 7.4): Counterclockwise rotation of plane-polarized light.

**Lewis acid** (Section 4.1): An electron pair acceptor.

**Lewis base** (Section 4.1): An electron pair donor.

**Lewis structures** (Section 1.5): Structures that show all the electrons in the valence shells of the atoms as dots.

**London force** (Section 2.5): The attraction between nonpolar molecules that results from the interaction of an instantaneous dipole with an induced dipole.

**Lowest unoccupied MO (LUMO)** (Sections 15.1 and 22.2): The lowest-energy empty MO.

**Macromolecule** (Section 24.1): A very large molecule. This term is often applied to polymer molecules, which are composed of a very large number of monomers (hundreds or even thousands) and therefore are extremely large.

**Markovnikov's rule** (Section 11.2): In addition reactions of HX to alkenes, the H bonds to the carbon with more hydrogens (fewer alkyl substituents) and the X bonds to the carbon with fewer hydrogens (more alkyl substituents). A more modern version of Markovnikov's rule, based on mechanistic reasoning, is that the electrophile adds so as to form the more stable carbocation.

**Mass spectrometry** (Section 15.4): An instrumental technique used to measure the molecular mass of a compound; provides information about the structure of the compound from the masses of fragments that are produced from the compound.

***meso*-Stereoisomer** (Section 7.5): A compound that contains chirality centers but is not chiral because it has the same chirality centers, but with opposite configurations, placed symmetrically in the compound, so it has an internal plane of symmetry.

**Methylene** (Section 11.8): The simplest carbene (carbon with only two bonds and an unshared pair of electrons); $CH_2$.

**Methylene group** (Section 5.3): The $CH_2$ group.

**Molecular ion ($M^{\cdot+}$)** (Section 15.4): A radical cation produced in a mass spectrometer that has the same mass as the original molecule but has one less electron.

**Molecular orbital (MO)** (Section 3.2): An electron orbital that extends around more than one atom.

**Monomer** (Section 24.1): One of the individual units that are bonded together to form a polymer.

**Monosaccharide** (Section 25.1): A carbohydrate formed from one sugar unit.

**Multiplicity** (Sections 14.1 and 14.4): The number of peaks in each absorption in a $^1$H-NMR spectrum; provides information about the other hydrogens that are near the hydrogen(s) that produces the peaks.

**Newman projection** (Section 6.3): An end-on view of a bond so that one atom of the bond is directly behind the other. By convention, the front atom is represented by the intersection of its bonds and the back atom is represented by a circle.

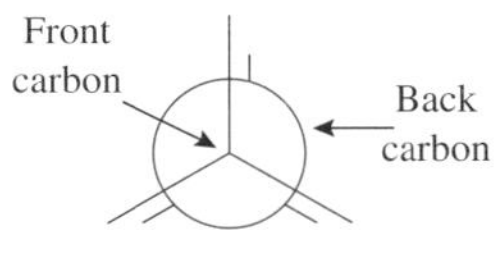


Newman projection

**Node** (Section 3.1): A region of an orbital where the value of the wave function equals zero, and therefore the electron density is zero.

**Nonbonding AO** (Section 3.3): An atomic orbital that is not involved in bonding.

**Nonpolar bond** (Section 1.9): A bond between atoms of similar electronegativities in which the electrons are shared nearly equally.

**Nuclear magnetic resonance (NMR) spectroscopy** (Section 14.1): A type of spectroscopy that uses transitions between the energy states of certain nuclei when they are in a magnetic field to supply information about the hydrocarbon part of a compound. There are two NMR techniques that are of most use to organic chemists: proton magnetic resonance ($^1$H-NMR) spectroscopy, which provides information about the hydrogens in a compound, and carbon-13 magnetic resonance spectroscopy ($^{13}$C-NMR), which provides information about the carbons in a compound.

**Nucleophile** (Section 8.1): An electron-rich species that seeks an electron-poor site; similar to a Lewis base.

**Nucleoside** (Section 27.1): A component of a nucleic acid containing a sugar, either ribose or 2′-deoxyribose, and a base, a cyclic nitrogen-containing compound.

**Nucleotide** (Section 27.1): A nucleoside that has a phosphate group attached to the sugar.

**Octet rule** (Section 1.5): Atoms of the second period of the periodic table need eight electrons in their outer shell to be most stable.

**Optically active** (Section 7.4): A compound that rotates the plane of polarization of plane-polarized light.

**Organometallic compound** (Section 18.5): A compound with a covalent carbon–metal bond. Because the metal is less electronegative than carbon, the bond is polarized in the opposite direction to that found in most organic compounds; that is, the negative end of the dipole is on the carbon and the positive end is on the metal. These often make useful carbon nucleophiles.

**Oxidation reaction** (Section 10.14): A reaction that results in an increase in oxygen content of the compound and/or a decrease in hydrogen content.

**Pauli exclusion principle** (Section 3.1): No two electrons can have all four quantum numbers the same.

**Peptide** (Section 26.5): A term used for a polymer of amino acids that is smaller than a protein.

**Percarboxylic acid** (Section 11.9): A carboxylic acid that has an extra oxygen and an oxygen–oxygen bond; $RCO_3H$.

**Pericyclic reaction** (Section 22.1): A concerted reaction that proceeds through a cyclic transition state in which two or more bonds are made and/or broken.

**Phenyl group** (Section 12.1): A benzene ring group; Ph—.

**Pheromone** (Section 23.5): A compound used by animals, especially insects, for communication.

**Photolysis reaction** (Section 22.1): A reaction caused by light.

**Pi (π) bond** (Section 3.4): A bond formed by overlap of parallel *p* orbitals.

**Plane of symmetry** (Section 7.2): An imaginary plane that passes through the center of an object so that one-half of the object is the mirror image of the other half; also called a mirror plane.

**Plane-polarized light** (Section 7.4): A light beam in which the electromagnetic field of all the waves oscillate in a single plane.

**Polar bond** (Section 1.9): A bond with charge separation because the atoms involved have different electronegativities.

**Polarimeter** (Section 7.4): An instrument used to determine the amount by which a compound rotates the plane of polarization of plane-polarized light.

**Polymer** (Chapter 24): A very large molecule made up of repeating units.

**Polysaccharide** (Section 25.7): A polymeric carbohydrate formed from monosaccharides that are linked by glycosidic bonds.

**Primary carbon** (Section 5.3): A carbon that is bonded to one other carbon.

**Primary natural products** (Chapter 28): Naturally occurring compounds that are found in all types of organisms and are the products of primary metabolism; includes carbohydrates, amino acids, proteins, and nucleic acids.

**Product development control** (Section 9.4): More of the lower-energy product being formed in a reaction because the stability of the products results in a somewhat more stable transition state.

**Prostaglandins** (Section 28.9): A group of naturally occurring carboxylic acids that are related to the fatty acids and have been found to be involved in a number of important physiological functions, including the inflammatory response, the production of pain and fever, the regulation of blood pressure, the induction of blood clotting, and the induction of labor.

**Protecting group** (Sections 18.9 and 23.1): A group that is used to protect one functional group in a complex compound from reacting while a reaction is occurring at another functional group in the molecule.

**Protein** (Section 26.5): A term usually reserved for a naturally occurring polymer that contains a relatively large number of amino acid units and has a molecular mass in the range of a few thousand or larger.

**Protic solvent** (Section 8.11): A solvent that has a hydrogen bonded to nitrogen or oxygen. Water, alcohols, and carboxylic acids are examples of protic solvents.

**Pyranose** (Section 25.3): A cyclic form of a carbohydrate that has a six-membered ring.

**Quaternary carbon** (Section 5.3): A carbon that is bonded to four carbons.

***R* configuration** (Section 7.3): Term used to designate the configuration of a carbon chirality center. When viewed so that the bond from the chirality center to the group with the lowest priority is pointed directly away from the viewer, the direction of the cycle of the remaining groups, proceeding in decreasing order of priority, is clockwise.

**Racemic mixture** (Section 7.4): An equal mixture of enantiomers. Also called a racemate.

**Racemization** (Section 8.4): The stereochemical result of a reaction in which complete randomization of stereochemistry has occurred in the product (50% inversion and 50% retention).

**Radical** (Section 2.1 and Chapter 21): A species with an odd number of electrons.

**Radical anion** (Section 21.10): A species that has both an odd number of electrons and a negative charge.

**Radical cation** (Section 15.4): A species with both an odd number of electrons and a positive charge.

**Rate-limiting step** or **rate-determining step** (Section 8.6): The step in a mechanism that has the highest energy transition state and therefore determines the rate of the reaction.

**Reaction mechanism** (Sections 4.3 and 8.2): The individual steps in a reaction that show how the nuclei and the electrons move, how the bonds change as the reaction proceeds, and the order in which the bonds are made and broken.

**Reactive intermediate** (Section 8.6): A high-energy, reactive species, such as a carbocation, that is formed along a reaction pathway. Under most conditions it has a very short lifetime.

**Reduction reaction** (Section 10.14): A reaction that results in a decrease in oxygen content of the compound and/or an increase in hydrogen content.

**Regiochemistry** (Section 9.4): The result of a reaction that can produce two or more structural isomers.

**Regioselective reaction** (Section 11.2): A reaction that produces predominantly one possible orientation (regiochemistry) in a reaction but does form some of the product with the other orientation.

**Regiospecific reaction** (Section 11.2): A reaction that produces only one of two possible orientations (regiochemistries) in a reaction.

**Relative configuration** (Section 7.3): The configuration of a chiral center relative to that of a chiral center in another molecule.

**Resolution** (Section 7.7): The process of separating the enantiomers of a racemic mixture.

**Resonance arrow** (Sections 1.8 and 3.6): The double-headed arrow (⟷) used to show that structures are resonance structures.

**Resonance hybrid** (Section 1.8): The actual structure of a compound that is represented by two or more resonance structures. It is a blend of the extremes represented by the various resonance structures.

**Resonance stabilization energy** (Sections 1.8 and 3.7): The extra stabilization of a compound because of resonance.

**Resonance structures** (Section 3.7): Structures for a compound that differ only in the position of multiple bonds and unshared electrons.

**Retention of configuration** (Section 8.4): The stereochemical result of a reaction in which the product has the same relative configuration as the reactant.

**Retrosynthetic analysis** (Section 10.15): The process of designing a synthesis by working backward from the target compound.

**Retrosynthetic arrow** (Section 11.14): An arrow used in the development of a synthetic scheme that points from the target to the reactant from which it can be prepared.

Target compound ⟹ Starting material

↑

Retrosynthetic arrow

**Ring-flip** (Section 6.5): The conversion of one chair conformation of cyclohexane to another in a process that changes all axial bonds to equatorial and vice versa.

***S* configuration** (Section 7.3): Term used to designate the configuration of a carbon chirality center. When viewed so that the bond from the chirality center to the group with the lowest priority is pointed directly away from the viewer, the direction of the cycle of the remaining groups, proceeding in decreasing order of priority, is counterclockwise.

**Saponification** (Section 19.5): The hydrolysis of an ester under basic conditions.

**Saturated compound** (Section 5.5): A compound that does not contain multiple bonds.

**Secondary carbon** (Section 5.3): A carbon that is bonded to two carbons.

**Secondary natural products** (Chapter 28): Natural products that are usually produced from primary natural product precursors, such as amino acids or acetate ion, and, in general, are less widespread in occurrence than primary natural products.

**Sigma (σ) bond** (Section 3.2): A bond formed by overlap of orbitals that point directly toward each other so that its MO is symmetric about the internuclear axis.

**Sigmatropic rearrangement** (Section 22.8): The intramolecular migration of a group along a conjugated pi system.

**$S_N1$ reaction** or **unimolecular nucleophilic substitution reaction** (Section 8.6): A reaction in which the nucleophile replaces the leaving group at an $sp^3$-hybridized carbon in a two-step mechanism that proceeds through a carbocation intermediate.

**$S_N2$ reaction** or **bimolecular nucleophilic substitution reaction** (Section 8.3): A reaction in which the nucleophile replaces the leaving group at an $sp^3$-hybridized carbon in a one-step mechanism.

**Solid phase synthesis** (Section 26.7): A synthetic method in which a compound is attached to the surface of insoluble polymer beads. After a reaction is run on the compound, it is only necessary to collect the beads by filtration and wash them to remove any remaining reagent and isolate the product. Not only is the isolation procedure fast and simple but mechanical losses are minimized. After a number of reactions are run, the final product is cleaved from the polymer and isolated.

**Solvolysis reaction** (Section 9.7): A reaction in which the solvent acts as both the nucleophile and the solvent.

***sp*-Hybridized AOs** (Section 3.5): The two AOs formed from combining one *s* orbital and one *p* orbital. These AOs are used to form sigma bonds by atoms with linear geometry.

***sp*²-Hybridized AOs** (Section 3.4): The three AOs that are formed from combining one *s* orbital and two *p* orbitals. These AOs are used to form sigma bonds by atoms with trigonal planar geometry.

***sp*³-Hybridized AOs** (Section 3.3): The four AOs that are formed from combining one *s* orbital and three *p* orbitals. These AOs are used to form sigma bonds by atoms with tetrahedral geometry.

**Specific rotation ([α])** (Section 7.4): The magnitude of rotation of plane-polarized light by a chiral compound at a concentration of 1 g/mL and a path length of 1 dm.

**Spectroscopy** (Chapter 13): The study of the interaction of electromagnetic radiation (light) with molecules.

**Spectrum** (Section 13.2): A plot of the amount of light that is absorbed versus the frequency or wavelength of the light.

**Spin coupling** (Section 14.5): The interaction of the small magnetic fields of nearby nuclei in an NMR experiment that results in the splitting of the absorption into multiple peaks.

**Staggered conformation** (Section 6.3): Conformation in which the bonds on one atom bisect the angle between the bonds on the adjacent atom when a Newman projection is viewed.

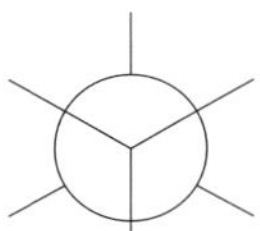

Staggered conformation

**Step growth polymer.** See *Condensation polymer.*

**Stereocenter** or **stereogenic atom** (Section 6.1): An atom at which the interchange of two groups produces a stereoisomer.

**Stereochemistry** (Chapter 6): The three-dimensional structure of a molecule.

**Stereoelectronic requirement** (Section 4.3): The orientation required for the orbitals of the reactants in order for the reaction to occur.

**Stereoisomers** (Chapter 6): Isomers that have the same bonds or connectivity but a different three-dimensional orientation of these bonds.

**Stereoselective reaction** (Section 11.4): A reaction that produces predominantly one stereoisomer in a reaction but does form some of the other stereoisomer.

**Stereospecific reaction** (Section 11.4): A reaction that produces only one of two possible stereoisomers in a reaction.

**Steric strain** (Section 6.1): Strain caused by repulsion between nonbonded atoms that results in distortion of bond lengths and/or bond angles.

**Steroid** (Section 28.5): A naturally occurring compound that has a tetracyclic ring system consisting of three fused six-membered rings and one five-membered ring.

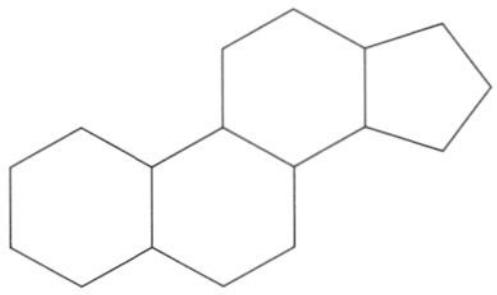

Steroid ring system

**Strain** (Section 6.1): Any factor that destabilizes a molecule by forcing it to deviate from its optimum bonding geometry.

**Structural isomers:** See *Constitutional isomers.*

**Substitution reaction** (Chapter 8): A reaction in which one group bonded to carbon is replaced by another.

**Syn addition** (Section 11.7): The addition of groups to the same face of a double bond.

**Syn-periplanar bonds** (Section 9.3): Bonds with a dihedral angle of 0°.

**Synthetic equivalent** (Section 10.2): A species that is used in place of another reagent in a synthesis. A synthetic equivalent gives the same final product, usually in better yield, as the other reagent, although more steps are required.

**Synthons** (Section 23.5): Electrophilic and nucleophilic fragments generated by bond disconnections during retrosynthetic analysis.

**Tautomers** (Section 11.6): Structural isomers that differ only in the position of a hydrogen and a pi bond.

**Terpene** (Section 28.1): A compound that occurs naturally in plants and can be considered as resulting from the combination of isoprene units.

**Tertiary carbon** (Section 5.3): A carbon that is bonded to three carbons.

**Tetrahedral intermediate** (Section 18.1): The intermediate formed in a substitution reaction at a carbonyl carbon, in which a nucleophile bonds to the carbonyl carbon, resulting in the formation of an *sp*³-hybridized carbon in the intermediate.

**Thermolysis (pyrolysis) reaction** (Section 22.1): A reaction caused by heat.

**Thermoplastic polymer** (Section 24.5): A polymer that is hard at room temperature but softens and eventually melts as it is heated.

**Thermoset polymer** (Section 24.9): A polymer that does not soften or melt on heating but becomes larger, harder, and more insoluble because cross-linking becomes more extensive.

**Torsional strain** (Section 6.3): Destabilization resulting from eclipsed bonds.

**Transannular strain** (Section 6.6): A type of strain that occurs in larger rings because of steric crowding of atoms on the opposite sides of the ring. Also called cross-ring strain.

**Trans-diaxial elimination** (Section 9.3): Elimination of axial groups on adjacent atoms on a cyclohexane ring. This is the preferred geometry for the E2 reaction with cyclohexane derivatives.

**Transition state** (Section 8.3): The structure of the complex at the maximum on the energy versus reaction progress curve and in which all the requirements for a reaction have been met.

**Ultraviolet-visible (UV) spectroscopy** (Section 15.1): A type of spectroscopy that employs ultraviolet or visible light; UV-visible spectroscopy uses transitions between electronic energy levels to provide information about the conjugated part of a compound.

**Umpolung (polarity reversal)** (Section 20.9): The formal reversal of the normal polarity of a functional group in synthetic reactions.

**Unsaturated compound** (Section 5.5): A compound that contains multiple bonds.

**Upfield** (Section 14.3): A chemical shift at a lower delta value in the NMR spectrum.

**Valence bond theory** (Section 3.2): A bonding model that uses overlap of AOs on the two bonded atoms to form MOs that are localized around these two atoms.

**Valence electrons** (Section 1.2): The electrons in the outermost electron shell.

**Valence shell electron pair repulsion theory (VSEPR)** (Section 1.10): A theory that is used to predict geometry based on the principle that pairs of electrons in the valence shell of an atom repel each other and try to stay as far apart as possible.

**van der Waals forces** (Section 2.5): The attraction between molecules that results from dipole–dipole interactions, dipole-induced dipole interactions, and instantaneous dipole-induced dipole (London force) interactions.

**Vicinal hydrogens** (Section 14.4): Hydrogens bonded to adjacent atoms.

**Vinyl group** (Section 5.5): The $CH_2{=}CH{-}$ group.

**Vinyl polymer** (Section 24.1): An addition polymer that is prepared from a monomer that contains a vinyl group.

**Wavelength (λ)** (Section 13.1): The distance of one complete cycle of the light wave; the distance between successive crests or troughs of the wave.

**Wavenumber** (Section 13.4): The reciprocal of wavelength (units are $cm^{-1}$); used in infrared spectroscopy.

**Ylide** (Section 18.7): A carbanion that is bonded to a positive phosphorus group.

***Z*** (Section 6.2): Letter used to designate the isomer of an alkene that has the high priority groups on the same side of the double bond.

**Zaitsev's rule** (Section 9.4): The major product of an elimination reaction is the alkene with more alkyl groups on the carbons of the double bond (the more highly substituted product). Most E1 and E2 reactions follow this rule.

**Zwitterion:** See *Dipolar ion.*

# 찾아보기

## 역 자

김정환　백대진　변상용　서은덕
심현관　엄재국　양성봉　오원태
이갑득　이동웅　이주연　정인찬
지기환　홍　석

(역자 가나다순)

# 유기화학 [제2판]


2008년 2월 20일　초판 인쇄
2008년 2월 [illegible]　초판 발행

저　　자 | Joseph M. Hornback
역　　자 | 화학교재편찬연구회
역자대표 | 허 태 성
펴 낸 이 | 김 중 현
펴 낸 곳 | **녹 문 당**

주 소 | 서울특별시 마포구 염리동 36-249 202호
전 화 | (02) 713-2711
FAX | (02) 713-2710
등 록 | 서울 제 19-100호

ISBN 978-89-88684-58-0　93430　　값 37,000원

## Important Absorption Bands in the Infrared Spectral Region

| Position ($cm^{-1}$) | Group | Comments |
| --- | --- | --- |
| 3550–3200 | —O—H | Strong intensity, very broad band |
| 3400–3250 | $\text{—}\overset{\vert}{\text{N}}\text{—H}$ | Weaker intensity and less broad than O—H; $NH_2$ shows two bands, NH shows one |
| 3300 | ≡C—H | Sharp, C is *sp* hybridized |
| 3100–3000 | $=\overset{\vert}{\text{C}}\text{—H}$ | C is $sp^2$ hybridized |
| 3000–2850 | $\text{—}\overset{\vert}{\underset{\vert}{\text{C}}}\text{—H}$ | C is $sp^3$ hybridized; 3000 $cm^{-1}$ is a convenient dividing line between this type of C—H bond and the preceding type |
| 2830–2700 | $\text{—}\overset{\text{O}}{\overset{\Vert}{\text{C}}}\text{—H}$ | Two bands |
| 2260–2200 | —C≡N | Medium intensity |
| 2150–2100 | —C≡C— | Weak intensity |
| 1820–1650 | $\text{—}\overset{\text{O}}{\overset{\Vert}{\text{C}}}\text{—}$ | Strong intensity, exact position depends on substituents; see Table 13.1 |
| 1660–1640 | >C=C< | Often weak intensity |
| 1600–1450 | 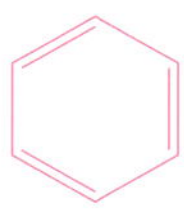 | Four bands of variable intensity |
| 1550 and 1380 | $\text{—NO}_2$ | Two strong intensity bands |
| 1300–1000 | $\text{—}\overset{\vert}{\underset{\vert}{\text{C}}}\text{—O—}$ | Strong intensity |
| 900–675 |  | Strong intensity |

## Approximate Chemical Shifts of Carbons in $^{13}$C-NMR Spectra

| Type of Carbon | Chemical Shift (δ) |
|---|---|
| 1° Alkyl, $RCH_3$ | 0–40 |
| 2° Alkyl, $RCH_2R$ | 10–50 |
| 3° Alkyl, $RCHR_2$ | 15–50 |
| Alkyl halide or amine, $-\overset{\vert}{\underset{\vert}{C}}-X$ (X = Cl, Br, or $\overset{\vert}{N}-$) | 10–65 |
| Alcohol or ether, $-\overset{\vert}{\underset{\vert}{C}}-O$ | 50–90 |
| Alkyne, $-C\equiv$ | 60–90 |
| Alkene, $>C=$ | 100–170 |
| Aryl, 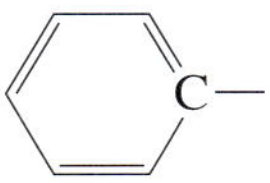 | 100–170 |
| Nitriles, $-C\equiv N$ | 120–130 |
| Amides, $-\overset{O}{\overset{\Vert}{C}}-\overset{\vert}{N}-$ | 150–180 |
| Carboxylic acids, esters, $-\overset{O}{\overset{\Vert}{C}}-O$ | 160–185 |
| Aldehydes, ketones, $-\overset{O}{\overset{\Vert}{C}}-$ | 180–215 |

## Approximate Chemical Shifts of Hydrogens in $^{1}$H-NMR Spectra

| Type of Hydrogen | Chemical Shift (δ) |
|---|---|
| $-C-CH_3$ | 0.9 |
| $C=C-CH_3$ | 1.6 |
| $C\equiv C-H$ | 1.8 |
| $N-H$ | 1–3 |
| $O-H$ | 2–5 |
| $R-O-\overset{O}{\overset{\Vert}{C}}-CH_3$ | 2.0 |
| $\overset{O}{\overset{\Vert}{C}}-CH_3$ | 2.2 |
| $N-CH_3$ | 2.2 |
| $I-CH_3$ | 2.2 |
| $N\equiv C-CH_3$ | 2.2 |
| $Ph-CH_3$ | 2.3 |
| $Br-CH_3$ | 2.7 |
| $Cl-CH_3$ | 3.0 |
| $O-CH_3$ | 3.3 |
| $\overset{O}{\overset{\Vert}{C}}-O-CH_3$ | 3.7 |
| $O_2N-CH_3$ | 4.1 |
| $F-CH_3$ | 4.2 |
| $C=C\diagup H$ | 5.5–6.5 |
| 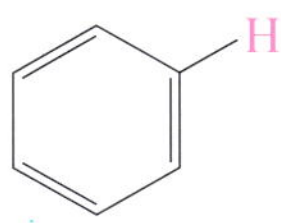 | 7–8 |
| $\overset{O}{\overset{\Vert}{C}}-H$ | 10 |
| $\overset{O}{\overset{\Vert}{C}}-O-H$ | 12 |

Note that these positions are only approximate. Furthermore, most of these positions are given for $CH_3$ groups. $CH_2$ groups appear farther downfield by about 0.3 ppm and CH groups by about 0.7 ppm.